LE LIVRE
DE LA FERME
ET
DES MAISONS DE CAMPAGNE

LISTE DES COLLABORATEURS

C. ALIBERT, docteur en médecine, chevalier de la Légion d'honneur, propriétaire à Saint-Estèphe (Médoc).

E. ANDRÉ, architecte de jardins, jardinier principal de la ville de Paris, secrétaire de la Société impériale et centrale d'horticulture.

Charles BALTET, horticulteur à Troyes.

Ernest BALTET, horticulteur à Troyes.

Ém. BAUDEMENT, professeur de zootechnie au Conservatoire impérial des arts et métiers, membre de la Société impériale et centrale d'agriculture de France, chevalier de la Légion d'honneur.

Louis BIGOT.

Victor BORIE, rédacteur en chef de l'*Écho agricole*.

Docteur CANDÈZE, entomologiste.

CAUMONT-BRÉON, propriétaire-viticulteur.

J. CHERPIN, directeur de la *Revue des jardins et des champs*.

CLAVEL, docteur en médecine de la faculté de Paris.

E. DELARUE, chimiste.

Th. DELBETZ, ancien élève de l'Institut agricole de Grignon.

E. FISCHER, médecin-vétérinaire, cultivateur, ancien représentant du grand-duché de Luxembourg.

G. FOUQUET, professeur d'agriculture et sous-directeur de l'Institut agricole de Gembloux (Belgique).

H. HAMET, professeur d'apiculture au Luxembourg et au Jardin d'acclimatation, directeur de l'*Apiculteur*, secrétaire de la Société d'apiculture de Paris.

HARIOT, pharmacien, ancien interne des hôpitaux de Paris.

L. HERVÉ, écrivain agricole.

P. JOIGNEAUX.

P. J. KOLTZ, élève diplômé de l Académie royale agricole et forestière de Hohenheim, garde-général des eaux et forêts, dans le grand-duché de Luxembourg.

Alexis LEPÈRE fils, horticulteur à Basedow (Mecklembourg-Schwerin), membre de la Société impériale et centrale d'horticulture de France.

LHÉRAULT-SALBOEUF, horticulteur à Argenteuil, membre de la Société impériale et centrale d'horticulture de France.

Comte de la LOYÈRE, propriétaire-viticulteur, président du Comité d'agriculture de l'arrondissement de Beaune.

MAGNE, directeur de l'École vétérinaire d'Alfort, membre de la Société impériale et centrale d'agriculture de France, de la Société impériale et centrale de médecine vétérinaire, etc., etc., chevalier de la Légion d'honneur.

H. MARÈS, membre du Conseil général et secrétaire de la Société d'agriculture de l'Hérault.

Em. PELLETIER, agriculteur et membre du Conseil général de l'Orne.

P. E. PERROT, agronome.

PONS-TANDE, agriculteur à Mirepoix (Ariége).

Eug. RENAULT, inspecteur-général des Écoles impériales vétérinaires, correspondant de l'Institut, membre de l'Académie impériale de médecine, de la Société impériale et centrale d'agriculture de France, président de la Société impériale et centrale de médecine vétérinaire, etc., etc., officier de la Légion d'honneur.

ROSE-CHARMEUX, horticulteur à Thomery, vice-président de la Société d'horticulture de Melun et Fontainebleau, membre de la Société impériale et centrale d'horticulture de France, chevalier de la Légion d'honneur.

A. SANSON, ex-chef de service à l'École impériale vétérinaire de Toulouse, rédacteur en chef de *la Culture*, secrétaire-adjoint de la Société impériale et centrale de médecine vétérinaire, etc., etc.

Baron de SÉLYS-LONGCHAMPS, membre de l'Académie des sciences de Belgique, sénateur.

Vicomte de VERGNETTE-LAMOTTE, ancien élève de l'École polytechnique.

CORBEIL. — TYP. ET STÉR. DE CRÉTÉ.

LE LIVRE DE LA FERME

ET

DES MAISONS DE CAMPAGNE

PAR UNE RÉUNION

D'AGRONOMES, DE SAVANTS ET DE PRATICIENS

Sous la direction de

M. P. JOIGNEAUX

TOME SECOND

PARIS

VICTOR MASSON ET FILS
PLACE DE L'ÉCOLE DE MÉDECINE

F^o TANDOU ET Cie
78, RUE DES ÉCOLES

MDCCCLXV

LE LIVRE DE LA FERME ET DES MAISONS DE CAMPAGNE

DEUXIÈME PARTIE

(SUITE)

CHAPITRE XXXIV

DE L'APICULTURE

L'*apiculture* est l'art de soigner les abeilles et d'en retirer des profits. Cet art est aussi attrayant que lucratif. En effet, l'activité et l'industrie des abeilles, appelées vulgairement *mouches à miel* parce qu'elles produisent le miel et la cire, l'harmonie qui préside à leur organisation et à leurs travaux, les bénéfices que donnent leurs peuplades, tout concourt à appeler sur elles l'intérêt des habitants de la campagne qui cherchent à tirer parti de tous les éléments de production que la nature met à leur disposition. Cet intérêt augmente à mesure qu'on s'est plus familiarisé avec elles, qu'on connaît mieux leur histoire naturelle, et qu'on sait conduire avec plus d'entendement leurs colonies.

Histoire naturelle de l'abeille. — L'abeille (*apis mellifica*) est un insecte de l'ordre des hyménoptères qui vit en famille, colonie ou peuplade qu'on loge dans une ruche. Les naturalistes distinguent un grand nombre d'espèces d'abeilles, mais nous ne devons nous arrêter ici qu'à celles qu'on peut domestiquer. On en connaît une dizaine d'espèces, dont deux seulement se trouvent en Europe : l'*abeille commune*, celle que nous cultivons de temps immémorial, et l'*abeille jaune* des Alpes italiennes (*abeille ligurienne*, Sp. Latr.), que l'on rencontre dans la Lombardie, la Valteline et le Tessin, et que nous propageons depuis peu en France.

Une famille ou colonie d'abeilles se compose, au printemps, de trois sortes d'individus : 1° d'une femelle développée ou *mère*, appelée improprement *reine* par ceux qui ignorent ses fonctions ; 2° de mâles ou *faux-bourdons* dont le nombre varie et s'élève quelquefois à plus d'un millier ; 3° de femelles atrophiées ou *ouvrières* qui composent le gros de la colonie et qui, avec la mère, forment toute la colonie lorsque la saison de l'essaimage est passée. Ce sont ces ouvrières ou abeilles proprement dites qui accomplissent tous les travaux intérieurs et extérieurs, et il y'en a une vingtaine de mille dans une bonne colonie. Ce chiffre donne environ deux kilogrammes, ce qui fait à peu près dix mille abeilles pour un kilogramme.

Les anciens apiculteurs, dit Bosc, se sont mépris grossièrement sur la destination des abeilles. Voyant qu'il existait un ordre admirable dans la société de ces insectes laborieux, et un seul individu différent des autres, ils ont supposé que cet individu était un *roi* ou *chef*, dont les mâles étaient les *soldats* et les ouvrières les *sujets*. On ne voit pas sans peine des auteurs modernes donner le nom de *reine* à l'abeille mère, nom tout aussi impropre et tout aussi absurde que celui de roi ou chef. Il est vrai que quelques-uns de ces auteurs attribuent à l'abeille mère des velléités de commandement et de présidence à l'ordre des travaux intérieurs, et que, selon eux, elle déterminerait, par exemple, la direction à donner aux édifices publics, etc. ; mais ces attributions sont gratuites : elle obéit plutôt qu'elle ne commande.

Toute l'action des abeilles étant absorbée par

le sentiment de la famille, le chacun pour tous est appliqué d'une manière admirable dans leur communauté.

L'abeille mère (*fig.* 650) est facile à distinguer : elle est plus forte et d'un tiers plus longue que l'ouvrière ; elle est moins grise ; plusieurs parties de son corps ont la couleur de l'or bruni ; son abdomen est beaucoup plus développé, et se termine plus en pointe ; ses pattes sont plus fortes et plus jaunâtres. Il s'agit ici de l'abeille mère de l'espèce commune. Celle de l'abeille italienne est plus jaune encore, notamment sous le ventre et aux deux premiers anneaux abdominaux.

Fig. 650 Abeille mère.

La mère ne va pas aux champs et elle ne sort de sa ruche que pour se faire féconder, ce qui a lieu une fois pour toute son existence, dont la durée est de quatre à cinq ans, et aussi pour accompagner l'essaim que donne sa colonie. Ses fonctions se bornent uniquement à pondre : la besogne est suffisante, si l'on pense que la mère d'une colonie qui essaime deux ou trois fois pond annuellement plus de soixante mille œufs, tant pour former les essaims que pour renouveler la population de sa ruche. Or, une ponte aussi nombreuse ne lui laisse pas de temps pour couver. Ce sont les femelles atrophiées, c'est-à-dire les ouvrières, qui s'en occupent.

Les mères ont une telle aversion les unes pour les autres qu'elles ne peuvent se supporter. Aussi, il n'y en a jamais qu'une par colonie. S'il s'en trouve plusieurs, comme à la suite d'une réunion de populations, elles se recherchent et se livrent combat jusqu'à ce qu'une seule survive. Les abeilles d'une colonie ne peuvent non plus supporter une mère étrangère ; elles la tuent ou l'étouffent en se pelotonnant autour de son corps. Nous verrons par la suite les moyens de leur faire accepter une.

Les mâles ou faux-bourdons (*fig.* 651) sont faciles à reconnaître par leur taille plus forte que

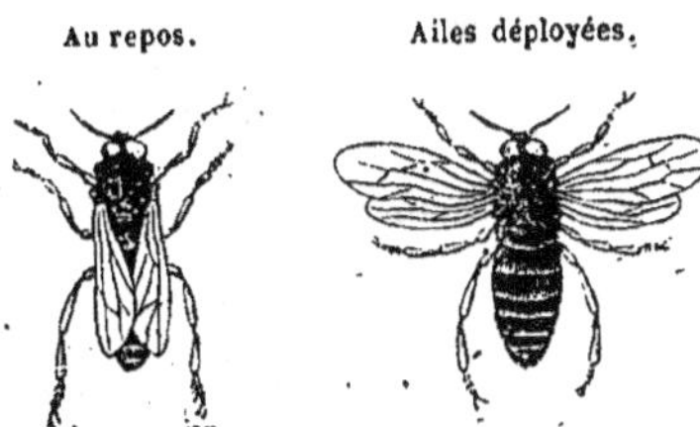

Fig. 651. — Mâle ou faux-bourdon.

celle des ouvrières, par leur couleur plus noire, leurs ailes plus grandes, leur tête à peu près ronde (les ouvrières et la mère l'ont triangulaire), leur abdomen plus large et moins pointu, et aussi par le bruit plus accentué qu'ils laissent entendre en volant. Ces individus ne vont pas à la picorée ; ils sortent de la ruche vers le milieu de la journée, quand le temps est beau, pour prendre leurs ébats et pour féconder les jeunes femelles qui cherchent l'occasion de l'être. Un seul par colonie a l'insigne et fatal honneur de féconder la jeune femelle lorsque celle-ci ne se fait pas féconder par un mâle d'une autre colonie. Nous disons fatal, parce qu'en perdant ses organes générateurs dans le grand acte de l'accouplement, ce mâle trouve une mort inévitable. La nature semble les avoir créés aussi nombreux pour rendre aux jeunes femelles leur rencontre facile. Dans la ruche, ils passent le temps à manger et à digérer du miel ; cependant, on suppose qu'ils rendent quelque service après la sortie du premier essaim, au moment où le nombre des ouvrières est sensiblement diminué ; ils contribueraient alors à entretenir la chaleur nécessaire à l'éclosion du couvain. Du reste, leur existence est très-limitée ; au bout de deux ou trois mois, lorsque l'époque de l'essaimage est passée et qu'il n'y a plus de femelle à féconder, ils sont impitoyablement mis à mort par les ouvrières. Le mâle de l'espèce des Alpes est plus roux que celui de l'espèce commune, surtout sous le ventre. Ses deux premiers anneaux abdominaux portent une bande jaunâtre.

Les ouvrières (*fig.* 652) sont ces intrépides travailleuses qui, pendant la bonne saison, butinent le miel et le pollen. Celles de l'espèce commune sont grisâtres ou noirâtres, selon qu'elles sont jeunes ou vieilles. Leur tête triangulaire porte, sur les côtés, deux gros yeux ovoïdes et fixes, taillés à facettes ; plus, au milieu du front, trois petits yeux également fixes, et deux cornes mobiles qu'on appelle *antennes*, lesquelles sont les organes du toucher et, paraît-il, de l'ouïe. Leur corselet (poitrine) est globuleux et porte en dessus deux paires d'ailes, et en dessous, trois paires de pattes dont la plus postérieure se fait remarquer par des *brosses* en dedans et par des corbeilles ou *cueillerons* en dehors. Ces cueillerons servent à recevoir le pollen des fleurs. Leur abdomen ou ventre est ovale et allongé ; il est recouvert de six bandes écailleuses d'inégale largeur, diminuant de diamètre à mesure qu'elles s'éloignent du corselet, et, en dessous, il est formé de demi-anneaux qui se recouvrent en partie les uns les autres. Entre ces demi-anneaux se trouvent des sacs membraneux dans lesquels vient s'épancher une graisse qui s'y durcit et que les abeilles extraient sous forme de lamelles très-minces ; c'est la *cire* avec laquelle elles construisent leurs édifices dont nous parlerons tout à l'heure. N'oublions pas de citer l'aiguillon, arme défensive dont elles sont munies ainsi que les mères, mais dont les mâles sont dépourvus. Citons encore la bouche, dont les mandibules et la trompe ou langue fléchie constituent des organes d'une grande importance. Nous aurons l'occa-

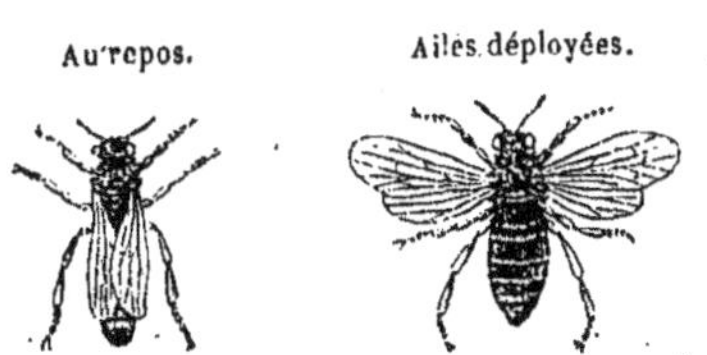

Fig. 652. — Abeille ouvrière.

sion de parler, dans la suite, des principaux organes intérieurs.

L'ouvrière de l'abeille des Alpes (*fig.* 653) diffère de l'espèce commune par sa couleur plus claire et son abord plus doux. Les deux premiers anneaux de son abdomen sont d'un jaune terre de Sienne. L'anneau terminal est plus pointu. Son vol est plus léger et moins bruyant. Elle a, du reste, à peu près la même taille et les mêmes caractères anatomiques.

Fig. 653. — Ouvrière italienne.

Travaux des abeilles. — Les ouvrières exécutent tous les travaux intérieurs et extérieurs, avons-nous dit. Les unes, et c'est le plus grand nombre, vont aux champs récolter la nourriture de la famille et celle employée à l'alimentation du *couvain*, nom qu'on donne aux petits des abeilles au berceau. Elles rapportent tous les matériaux nécessaires à l'entretien de la ruche. C'est pour cette raison que nous les appelons *pourvoyeuses*. D'autres sont chargées de la construction des édifices au moyen de la cire qu'elles sécrètent; on donne à celles-ci le nom de *cirières*. D'autres encore sont chargées de l'éducation du couvain : ce sont les *nourricières*. D'autres enfin s'occupent de la garde de l'habitation, de sa propreté, de sa ventilation, etc. Les pourvoyeuses recueillent le *miel* et toutes les matières sucrées liquides, le *pollen* et la *propolis*. Le miel est récolté à l'aide de la trompe ou langue fléchie sur les fleurs de beaucoup de plantes; il est introduit parcelle par parcelle dans le premier estomac, sorte de poche faite exprès pour le recevoir; il est ensuite apporté à la ruche et dégorgé dans des cellules propres à le contenir et à le conserver. Une fois ces cellules remplies, elles sont bouchées au moyen d'un couvercle de cire. Les abeilles se servent du miel pour leur nourriture et pour préparer celle de leur couvain; elles le transforment aussi en cire. Elles se servent du pollen, matière qu'on croyait autrefois être de la cire à l'état rudimentaire, pour composer avec de l'eau et du miel une bouillie avec laquelle elles alimentent leur couvain. La propolis leur sert à attacher et à consolider leurs édifices et à boucher les fissures des parois de leur ruche.

Quand les cirières ont besoin de produire de la cire, elles absorbent une certaine quantité de miel ou autre matière sucrée liquide, et elles se tiennent tranquilles et à la chaleur pendant qu'elles digèrent cette nourriture, c'est-à-dire qu'elles la transforment en cire. Puis, lorsqu'elles veulent construire les édifices, qu'on nomme *rayons*, *gâteaux* ou *couteaux*, elles détachent, avec leurs jambes postérieures, les lamelles ou écailles de cire placées entre les segments abdominaux et les portent à leurs mandibules pour les pétrir et en faire une sorte de pâte qu'elles appliquent à l'endroit où elles veulent bâtir. D'autres abeilles répètent le même travail jusqu'à ce que la besogne soit achevée. Elles commencent souvent plusieurs rayons à la fois et plusieurs cellules sur chaque rayon; mais ces premières constructions ne sont seulement qu'ébauchées. Plusieurs motifs concourent à ce qu'il en soit ainsi. D'abord, les ouvrières ne peuvent pas toutes travailler au même rayon; ensuite le travail ébauché a le temps de prendre de la consistance; enfin, la réunion de rayons groupe la colonie et concentre la chaleur là où elle est nécessaire. Les rayons (*fig.* 654) sont commencés à la partie supérieure de la ruche et descendent verticalement. Lorsqu'ils sont construits, ils vont d'un côté à l'autre de la ruche, et en ont la hauteur à un centimètre près. Ils sont ordinairement parallèles (*fig.* 655 et 656), mais parfois ils dévient et forment des lignes circulaires ou brisées. Leur épaisseur est de 25 à 30 millimètres lorsqu'ils sont destinés à servir de berceau au couvain; cette épaisseur est quelquefois doublée lorsqu'ils servent de magasin pour le miel. La distance ménagée entre eux sert de rue aux abeilles;

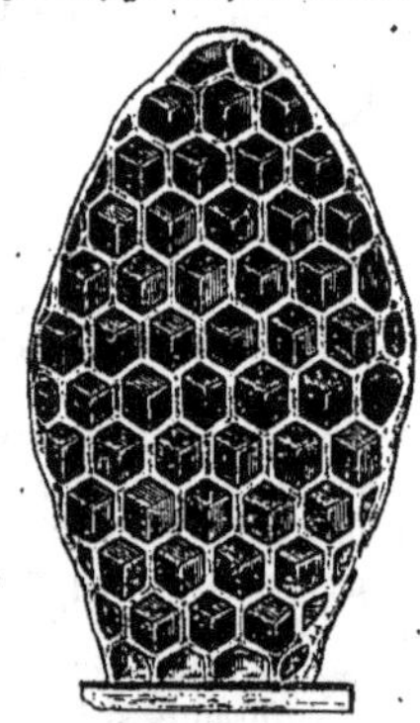

Fig. 654. — Rayon en construction.

Fig. 655. — Disposition des rayons.

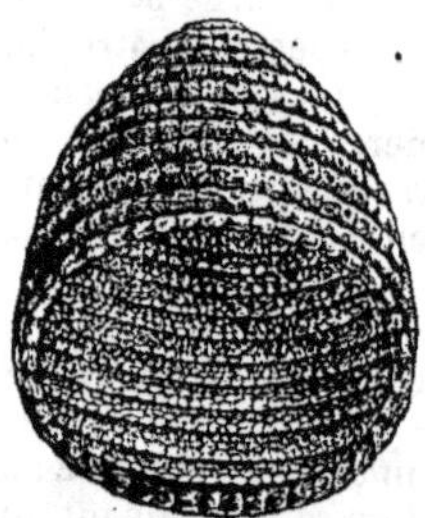

Fig. 656. — Disposition des rayons (coupe horizontale).

elle est combinée de manière que deux ouvrières puissent voyager sur les gâteaux opposés sans se gêner. Les abeilles ménagent aussi des passages dans les rayons étendus, afin de pouvoir aller d'un point à un autre de l'habitation sans de trop longs détours.

Les rayons sont des gaufres formées des deux côtés de cellules hexagonales régulières (*fig.* 654 et 657). Les abeilles édifient trois sortes de cellules ou alvéoles : des cellules d'ouvrières de 0m,012 de profondeur sur 0m,003 de côté (19 cellules d'ouvrières mesurent 0m,1 à 0m,001 près); des cellules de mâles de 0m,015 de profondeur sur 0m,0038 de côté (15 cellules de mâles mesurent 0m,1); des cellules de mères dont la profondeur varie de 0m,018 à 0m,025, et le diamètre de 0m,006 à 0m,010. Mais, en général, les rayons ne sont formés que de cellules d'ouvrières, dans la proportion des trois quarts au moins, et de cellules de mâles dans la proportion d'un quart. Tantôt ils n'ont qu'une sorte de ces cellules, tantôt ils en ont deux sortes, selon l'endroit qu'ils occupent dans la ruche, et aussi selon la disposition de cette ruche.

Les alvéoles d'ouvrières se trouvent toujours

sur les rayons du centre; il en existe aussi dans le haut et dans le milieu des rayons des côtés. Quelquefois ils occupent tout un pan de rayon de côté et sont absents de l'autre. Les cellules de mâles occupent généralement le bas des rayons de côté. C'est un mauvais symptôme que d'en rencontrer au bas des rayons du milieu. Les rayons des chapiteaux en sont quelquefois entièrement garnis. Les alvéoles de chaque sorte (ouvrière et mâle) sont de la même dimension, ou à peu près, excepté ceux qui terminent les rayons, et qui n'ont ordinairement que la forme d'un pentagone.

Ces alvéoles ne sont pas tout à fait horizontaux; ils sont inclinés de haut en bas, et de dehors en dedans, sous un angle de 4 à 5 degrés. Cette inclinaison est souvent plus grande dans les cellules des rayons épais. Les alvéoles maternels n'ont rien de ressemblant avec les alvéoles d'ouvrières et de mâles; ils n'ont pas non plus le même plan et ne sont pas placés dans le même ordre; ils sont au contraire isolés et ont leur direction presque perpendiculaire. Ces cellules sont bâties sur le bord des rayons et ont la forme de la cupule d'un gland, lorsqu'elles ne contiennent pas d'embryon; leur surface est guillochée de petits trous presque triangulaires. Au nombre de cinq ou six dans quelques ruches, ces cellules s'élèvent de dix à quinze, et même de vingt à vingt-cinq dans d'autres. Quelquefois les abeilles construisent des cellules maternelles au milieu des rayons : c'est quand elles ont perdu leur mère et qu'elles veulent s'en procurer une au moyen d'une larve d'ouvrière, ainsi que nous le verrons plus loin.

Fécondation. — Ponte. — Éducation du couvain. — Pour devenir mère, toute femelle a besoin d'être fécondée (1). Donc, quelques jours après être née (six ou sept, si elle a été retenue prisonnière au berceau, et avant si elle ne l'a pas été) la jeune femelle sort vers le milieu de la journée et se met à la recherche d'un mâle, puis s'accouple, si l'occasion se présente. C'est hors de la ruche, en volant, que s'accomplit cet acte, et c'est un aveugle, F. Huber, qui a découvert que cela se passait ainsi. Il est bon d'ajouter que la jeune femelle accepte de préférence un mâle qui n'est pas de sa colonie : les mariages de famille lui répugnent. Nous nous sommes convaincus de ces faits depuis que nous avons réuni deux espèces différentes dans le même rucher. Deux jours (36 heures) après sa fécondation, la jeune mère commence la ponte d'une innombrable famille. Elle pond d'abord des œufs d'ouvrières qu'elle dépose toujours dans des cellules d'ouvrières, puis un peu plus tard, selon que les circonstances le commandent, des œufs de mâles dans des cellules de mâles. La première année, elle ne pond souvent que des œufs d'ouvrières, du moins dans nos latitudes tempérées; il est rare qu'elle ponde des œufs de mâles, et plus rare encore des œufs de futures mères. Mais les années suivantes, elle fait au printemps une *grande ponte* qui commence par des ouvrières, puis alternativement par des mâles, des ouvrières et de futures mères. Quelques jours après l'essaimage, elle ne pond plus que des œufs d'ouvrières.

Trois jours après le dépôt de l'œuf dans le fond de l'alvéole A, A (*fig.* 657), où il est collé à l'aide d'une matière gluante, cet œuf se transforme et donne naissance à un petit ver ou larve qui grandit

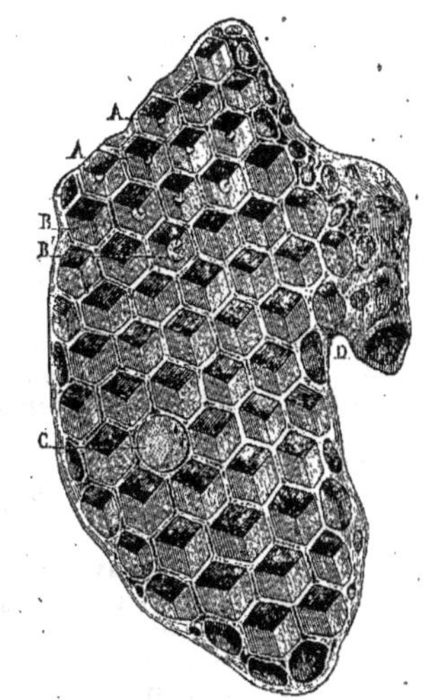

Fig. 657. — Fragments de rayons réunissant les trois sortes de cellules.

Partie supérieure, cellules d'ouvrières. — Partie inférieure, cellules de mâles. — D, cellule maternelle.

et finit par emplir son berceau B, B'. Aussitôt qu'il est né, une abeille nourricière vient déposer près de lui de la bouillie composée de pollen et d'un peu de miel étendu d'eau, ainsi que nous l'avons déjà dit. Cette bouillie est d'abord claire; mais lorsque le ver se développe, elle est apportée plus consistante et plus abondante; tout le fond de la cellule en est couvert, de manière que le ver n'a qu'à ouvrir la bouche pour s'en gorger. Six jours suffisent à la larve pour prendre tout son développement. Les nourricières, reconnaissant qu'elle est au terme de son accroissement, cessent de l'alimenter et ferment sa cellule avec un couvercle de cire légèrement bombé qu'il ne faut pas confondre avec celui qui recouvre le miel des cellules pleines. Les couvercles ou opercules de ces dernières sont souvent déprimés et plus ou moins transparents. C'est dans cette sorte de prison que le ver, après l'avoir tapissée d'un réseau de soie, c'est-à-dire après avoir filé une coque, se change en nymphe. Il accomplit cette opération en se roulant en tous sens et en se redressant. Le temps nécessaire pour cela est d'environ deux jours, après lesquels il passe à l'état de nymphe. On appelle nymphe l'état de mort apparente dans lequel passe la larve de presque tous les insectes avant de devenir véritablement insecte, c'est-à-dire avant de n'avoir plus de métamorphose à accomplir et d'être propre à la génération. La nymphe des abeilles est blanche, et on distingue, à travers

(1) Nous entendons ici pour pondre des *œufs féminins;* mais elle peut pondre des *œufs masculins* sans s'être accouplée; ceux-ci ne reçoivent pas le baptême de la fécondation. La parthénogénèse existe ainsi chez l'abeille. Nous devons cette découverte à Dzierzon, apiphile allemand.

sa peau, les parties extérieures de l'insecte parfait. Dans dix jours ou à peu près, toutes les parties de son corps acquièrent la consistance qui leur est nécessaire; alors elle commence à déchirer son enveloppe : avec ses dents ou mandibules, elle brise le couvercle de sa prison, et bientôt elle en sort la tête, puis les deux premières jambes, puis enfin le reste du corps. Une abeille vigoureuse franchit cette barrière en peu de temps, tandis qu'une abeille faible emploie souvent plusieurs heures, et meurt quelquefois à la besogne. Le couvain d'ouvrières met 21 jours pour accomplir toutes ses transformations, savoir : 3 jours à l'état d'œuf, 6 jours à l'état de ver, 2 jours occupé à filer sa coque, et 10 jours à l'état de nymphe; total, 21 jours. Ce laps de temps est un peu plus grand si la température est froide. Le couvain de mâles reçoit les mêmes soins et subit les mêmes transformations que celui d'ouvrières, mais en un peu plus de temps. Il reste 3 jours à l'état d'œuf, 9 jours à l'état de ver, 3 jours à filer sa coque, et 12 jours à l'état de nymphe; total, 24 jours. Il ne naît quelquefois qu'au bout de 26 ou 27 jours, lorsque la température est basse. La nourriture que reçoit le ver de future mère est particulière : elle est d'abord plus acidulée, puis plus sucrée et plus abondante que celle donnée aux ouvrières et aux mâles. Il en reste presque toujours à l'état concret dans le berceau, après l'éclosion de l'adulte. L'œuf de femelle éclôt au bout de trois jours; la larve qui en sort passe cinq jours en cet état; elle met un jour à filer sa coque qui n'est jamais complète; elle passe deux jours et demi en repos, au bout desquels elle se métamorphose en nymphe; et, après être demeurée quatre jours deux tiers en cet état, elle arrive à celui de femelle parfaite et naît le seizième jour de la ponte. Mais elle peut être retenue plusieurs jours prisonnière dans son berceau, c'est ce qui arrive au moment de la sortie des essaims secondaires. Dans ce cas, les nourricières veillent à ce qu'elle ne s'en échappe pas et lui passent de la nourriture par un petit trou ménagé pour cela au couvercle de sa cellule. Pendant cette réclusion elle fait entendre un cri particulier qu'on appelle son *chant*.

Les œufs qui doivent produire des femelles développées, ne diffèrent en rien de ceux devant produire des ouvrières; le fait a été démontré par Schirach, il y a plus de cent ans. On sait donc qu'*un œuf destiné à produire une ouvrière peut donner une femelle développée*, lorsqu'il est placé dans une cellule spéciale et que le ver qui en naît reçoit une nourriture particulière : il suit de là que toutes les ouvrières sont des femelles, et qu'elles auraient pu devenir des mères si elles eussent été autrement logées et alimentées. Elles sont restées stériles, parce que leurs ovaires ont été comprimés pendant leur développement à l'état de couvain, et aussi parce que les vers n'ont pas reçu la nourriture spéciale qui est donnée aux vers de femelles développées. La bonne nourriture influe beaucoup sur la larve : elle précipite son accroissement, et facilite le développement de l'ovaire. Son influence sur cette partie du corps est telle que si les ouvrières ont un excédant de cette nourriture et le donnent aux larves d'ouvrières, l'ovaire de ces ouvrières se développe de manière à pouvoir produire des œufs. Ainsi, il se trouve quelquefois des ouvrières qui pondent, mais elles ne savent pondre que des œufs de mâles.

D'après ce qui vient d'être dit, les œufs destinés à donner des femelles atrophiées peuvent être amenés à donner des femelles développées. *Tout ver d'ouvrière qui n'a pas plus de trois ou quatre jours d'éclosion, peut être transformé en femelle développée.* Lorsque les abeilles veulent transformer une larve d'ouvrière en larve de femelle développée (cela arrive quand elles viennent de perdre leur mère), elles agrandissent la cellule qui contient le ver, en détruisant les cellules voisines et en donnant une direction oblique à celle qu'elles agrandissent; elles présentent à la larve à transformer la bouillie prolifique dont nous venons de parler, et cette larve accomplit les transformations que nous avons vues plus haut. Au bout de onze ou douze jours de cette transformation, ou de seize jours de la ponte de l'œuf, il en naît une femelle développée, une *femelle artificielle*, qui a toutes les qualités de celles élevées dans les conditions ordinaires.

Les ouvrières chargées de l'éducation du couvain donnent les soins les plus assidus à leurs nourrissons. Si elles ne sont pas mères pour le reste, elles en remplissent dignement le rôle dans cette circonstance. Elles sont si attachées au couvain, l'espoir de la prospérité de leur colonie, que c'est à grand'peine qu'on peut leur faire abandonner les rayons qui le contiennent, et cet attachement se change en fureur au moindre danger. Si un bruit extérieur se fait entendre, elles sortent en nombre, et c'est alors qu'oubliant que la défense de leurs enfants leur coûtera la vie, elles font usage de leur aiguillon, qu'elles perdent la plupart du temps, avec les organes qui l'accompagnent, et y trouvent la mort. Aussi est-il prudent de ne pas tourmenter les ruches lorsqu'elles ont beaucoup de couvain, et de n'en approcher qu'avec précaution. Ce dévouement n'est pas moins grand pour la mère, sur l'existence de laquelle repose la conservation de la colonie. Car sans mère et sans espoir de s'en procurer une, la famille ne peut plus se perpétuer : la colonie tombe en décadence et s'éteint bientôt (1).

Essaim. — Essaimage. — Par suite de la grande ponte dont nous avons parlé, et qui est subordonnée à l'abondance des fleurs et à la douceur du climat, les colonies deviennent très-populeuses; la ruche ne suffit plus parfois à loger tous ses habitants, et, dans ce cas, on les voit se grouper autour de l'entrée et y faire ce que l'on appelle la *barbe*. Si, à ce moment, il y a du couvain de futures mères au berceau, les abeilles pensent à essaimer, c'est-à-dire à produire une colonie nouvelle. Une grande partie des abeilles, accompagnées de la mère, sortent précipitamment de leur ruche, et vont, la plupart du temps,

(1) *Cours pratique d'apiculture*, professé au jardin du Luxembourg, par M. H. Hamet, 2e édition.

se fixer à une branche d'arbre. C'est cette quantité plus ou moins grande d'abeilles émigrantes qu'on appelle *essaim* ou *jeton*. Il y a des colonies qui essaiment plusieurs fois, selon leur force, et selon le temps favorable qu'il fait à l'époque de l'essaimage. L'apparition des mâles ou faux bourdons, est un indice de la sortie prochaine des essaims ; ils apparaissent ordinairement dix ou douze jours avant la sortie des essaims primaires. On en voit les premiers jours de mai, et quelquefois les derniers jours d'avril, dans la latitude de Paris.

La saison des essaims dure environ six semaines ; elle commence à l'époque où la séve circule abondamment dans les plantes, c'est-à-dire en mai et en juin pour les climats tempérés ; plus tôt pour les climats chauds, et plus tard pour les localités qui n'ont des fleurs abondantes qu'en été ; elle varie aussi selon les années. Quelquefois l'essaimage ne dure qu'une quinzaine de jours. Une grande chaleur ou une grande sécheresse en sont la cause.

Départ et mise en ruche de l'essaim. — C'est ordinairement de dix heures du matin à deux ou trois heures de l'après-midi, que les essaims prennent leur essor. Les abeilles, comme un torrent, se précipitent de la ruche. Bientôt elles tourbillonnent et se croisent en tous sens dans l'air jusqu'à ce que quelques-unes d'entre elles se soient dirigées vers l'objet qu'elles ont choisi pour se fixer. Cet objet, nous venons de le dire, est le plus souvent une branche d'arbre peu élevée. Toutes les abeilles de l'essaim ne tardent pas à venir s'y attacher et à y former une sorte de grappe plus ou moins allongée, qu'il ne faut pas tarder à recueillir. Lorsqu'il ne voltige plus que quelques abeilles, on prend une ruche qu'on a appropriée en la posant sur un feu de paille ; on s'affuble d'un masque lorsqu'on n'est pas aguerri ; d'une main, on présente cette ruche sous la grappe que forme l'essaim, et, de l'autre, on saisit la branche que l'on secoue vivement ; l'essaim s'en détache et tombe dans la ruche qu'on pose doucement sur un linge étendu à terre ou sur un plateau qu'on a disposé à l'avance, ou seulement sur le sol, s'il est égalisé et sec. Les abeilles, qui étaient tombées en masse au fond de la ruche, retombent sur le plateau ; les unes s'envolent, tandis que les autres, le plus grand nombre, montent aux parois intérieures de la ruche en battant le *rappel* (battement d'ailes particulier). Au lieu de placer directement la ruche sur le plateau, il vaut mieux l'asseoir sur une ou deux cales ; on évite ainsi d'écraser des abeilles, et celles-ci entrent plus vite dans l'habitation qu'on leur destine. Si quelques abeilles retournent à l'endroit où l'essaim s'était fixé, on les en fait déguerpir en leur lançant de la fumée, ou en y plaçant une herbe puante. Un quart d'heure ou une demi-heure après la réception, l'essaim doit être porté à la place qu'on lui destine au rucher, place qui sera autant que possible à quelque distance de la ruche mère. Si toutes les abeilles n'étaient pas rentrées, il faudrait leur jeter un peu de fumée.

Lorsque, au lieu de s'attacher à une branche qu'on peut secouer, les abeilles se fixent contre un mur, à un tronc d'arbre ou dans une fourche formée par de grosses branches, on présente la ruche le mieux qu'on peut sous la grappe ; on passe un petit balai sur les abeilles, ou une lame mince de couteau, pour les détacher et les faire tomber. Le reste se fait comme on vient de le voir plus haut. Il y a aussi des essaims qui se posent à terre, ce qui est dû à la faiblesse de la mère ou au mauvais état de ses ailes. Rien n'est plus facile que de recueillir ces essaims ; on pose doucement la ruche dessus ; on la tient soulevée d'un côté à l'aide d'un caillou, et on projette un peu de fumée aux abeilles afin de les déterminer à monter plus vite.

Le carillon que quelques personnes exécutent sur des casseroles, des poêles et des couvercles en fer, lors de la sortie des essaims dans le but de les faire fixer, est sans aucun résultat. Si un essaim reste longtemps à se fixer et fait mine de vouloir s'enfuir, il faut lui jeter de la poussière, ou de l'eau à l'aide d'une pompe de jardinier.

Essaims secondaires. — Le nombre d'abeilles restées dans la ruche qui a essaimé est peu considérable, mais celui du couvain est très-grand et il comblera bientôt le vide fait par l'essaim qui en est sorti. L'abeille mère a eu soin, avant de sortir de sa ruche pour accompagner l'essaim (c'est toujours l'ancienne mère qui accompagne le premier essaim), de laisser des œufs maternels de différents âges ; quelques-uns de ces œufs sont à l'état de nymphe bientôt prête à éclore. Si les abeilles de la colonie jugent à propos de ne plus fournir de migration nouvelle, elles laissent naître la nymphe arrivée à son terme, et celle-ci s'empresse aussitôt d'aller détruire ses sœurs au berceau.

Quelquefois, il en éclôt plusieurs en même temps ; elles se livrent alors combat jusqu'à ce qu'il n'en survive qu'une seule. Si, au contraire, les abeilles jugent la saison propice pour former de nouvelles migrations, elles surveillent les cellules maternelles qui contiennent des nymphes près d'éclore, et les retiennent prisonnières jusqu'au moment où le couvain est né en assez grande abondance et où le temps permet la sortie de l'essaim. Toutes les nymphes maternelles arrivées à leur terme quittent alors leurs cellules et émigrent avec l'essaim ; elles se livrent combat lorsque cet essaim est logé dans la ruche ; il n'est pas rare d'en trouver le lendemain quatre ou cinq sur le plateau, ou à terre, auprès de cette ruche. Les abeilles de la souche (ruche mère) se comportent comme nous venons de le voir suivant qu'elles jugent ou non à propos de donner un troisième et un quatrième essaim. Le deuxième essaim sort ordinairement huit ou neuf jours après le premier ; le troisième sort deux ou trois jours après le second ; le quatrième peut sortir le lendemain du troisième. La veille de la sortie de ces essaims, notamment le soir, on entend le *chant* des mères retenues prisonnières au berceau. Une ruche *qui chante* annonce toujours qu'elle a donné un premier essaim.

Dans quelques localités, notamment dans les

cantons méridionaux, il y a des ruchées qui essaiment trois ou quatre fois, et même davantage; mais ces essaims secondaires sont faibles. Quand on n'a pas su prévenir les derniers essaims, il convient, la plupart du temps, de les rendre à leur ruche mère, qu'ils épuisent, ou de les marier entre eux. On prévient la sortie des essaims secondaires en détruisant, un moment après la sortie de l'essaim primaire, la plus grande partie des alvéoles maternels contenant du couvain, et en décapitant les mâles au berceau. Pour cela on s'arme d'un couteau pointu et tranchant et d'un fumigateur; on projette d'abord de la fumée à l'entrée de la ruche; on renverse cette ruche, et on lance une certaine quantité de fumée aux abeilles afin de les chasser au fond de leur habitation; à l'aide du couteau, on démolit les cellules maternelles qu'on aperçoit contenant du couvain (il faut au moins en conserver une); puis, on passe la lame du couteau sur les rayons qui contiennent du couvain de mâles operculé, de manière à enlever les opercules et à avarier quelque peu ce couvain de mâles. Après cette opération, qui a de l'analogie avec le pincement pratiqué sur les arbres à fruits, les abeilles se débarrassent de tous ces mâles avariés et mis à découvert, et il est bien rare qu'elles songent ensuite à un essaimage secondaire.

Observation sur les essaims. — Les abeilles qui composent un essaim sont de tout âge, mais il y en a plus de jeunes que de vieilles dans les essaims secondaires. Elles ont soin, en quittant leurs ruches pour aller fonder une nouvelle colonie, de se munir d'une provision de miel qui peut les faire vivre environ trois jours. Toutefois, si le temps est mauvais après le départ d'un essaim, et si les abeilles ne peuvent sortir pour butiner, il est bon de leur présenter de la nourriture au bout de quarante-huit heures. Il se trouve toujours peu de mâles dans les essaims primaires; mais ils sont assez nombreux dans les essaims secondaires; cela se comprend, car la jeune femelle qui accompagne ces derniers, n'est pas encore fécondée. Un bon essaim primaire pèse de 2 à 3 kilogrammes; les essaims secondaires ne pèsent pas souvent la moitié : on en voit qui n'atteignent pas un demi-kilogramme. — Si, pour une cause quelconque, une ruche très-forte ne donne qu'un essaim faible, il est toujours aisé de rendre fort cet essaim. Aussitôt qu'il est recueilli et prêt à être emporté au rucher, on enlève la ruche-mère, et on le met sur le plateau de celle-ci. Les abeilles qui reviennent des champs en augmentent bientôt le volume. Il n'y a pas d'inquiétude à avoir sur la souche, si toutefois elle est lourde; le nombreux couvain dont elle est garnie aura bientôt réparé le déficit de sa population. — Lorsque plusieurs essaims sortent en même temps, il est rare qu'on puisse les empêcher de se réunir. Mais si l'un est rassemblé à une branche, on peut éloigner l'autre en lançant force fumée aux abeilles qui se dirigeraient de ce côté. On peut aussi l'envelopper d'une gaze ou d'un linge clair préparé pour cela. — Quelquefois, après s'être balancé un moment dans l'air, l'essaim rentre dans la ruche d'où il vient de sortir. La cause en est, la plupart du temps, que la mère n'est pas sortie, ou qu'elle est tombée quelque part sans que les abeilles sachent la retrouver. Dans le premier cas, cet essaim repartira probablement le lendemain; tandis que, dans le second cas, il ne repartira que huit ou neuf jours après, accompagné d'une jeune femelle.

Réunion des essaims. — Il est de bonne apiculture de préférer la qualité des colonies à la quantité : mieux vaut deux bons essaims que quatre médiocres. On ne doit pas ignorer, par exemple, qu'un essaim de deux kilogrammes et demi d'abeilles aura, à la fin de l'année, trois ou quatre fois autant de miel qu'un autre essaim du même jour ne pesant que moitié. L'expérience apprend que les forts essaims amassent presque toujours leurs provisions d'hiver, et donnent même une récolte dans certaines circonstances; tandis que les médiocres n'y parviennent qu'une année sur trois ou quatre, selon les cantons.

Il convient donc de réunir tous ceux qui n'ont pas 1,500 grammes d'abeilles; et, en général, tous les essaims tardifs, quelle que soit leur force. Il faut aussi profiter de l'essaimage pour fortifier les ruchées faibles. Les colonies médiocres prospèrent quelquefois, dans les bonnes années; mais ces bonnes années ne sont pas les plus communes. On réussit toujours, au contraire, en usant largement de la réunion des colonies douteuses.

Voici comment il faut s'y prendre pour réunir deux essaims du même jour. Le soir, on choisit, près du rucher, un sol uni et sans herbe. Si le rucher est placé dans un lieu enherbé ou nouvellement béché, on étend un linge sur le sol; on place dessus deux baguettes de $0^{m},02$ ou $0^{m},03$ de grosseur, et de $0^{m},50$ environ de longueur, distantes l'une de l'autre d'une quinzaine de centimètres à peu près. Après cela, on projette de la fumée dans les deux ruches jusqu'à ce que les abeilles soient en état de bruissement (fassent entendre un bruit très-fort); on place sur les baguettes celle des deux ruches qui doit contenir la réunion, et on secoue les abeilles de l'autre à son entrée; puis on leur lance encore quelques bouffées de fumée pour les engager à monter dans la ruche commune. Au lieu de placer l'une des ruches sur les baguettes dont il vient d'être parlé, on peut secouer les abeilles des deux ruches, et placer dessus celle de ces deux ruches qu'on leur destine. Dans ce dernier cas, on peut se dispenser de mettre les abeilles en état de bruissement par avance; mais il est bon de leur lancer quelques bouffées de fumée aussitôt qu'on les a secouées et qu'elles cherchent à se reconnaître.

Quand il s'agit de réunir deux essaims dont l'un est du jour et l'autre de la veille ou des jours précédents, il faut secouer les abeilles du dernier venu, à l'entrée de la ruche du premier reçu, à cause des rayons que celui-ci a déjà édifiés. On a eu soin à l'avance de mettre les abeilles en état de bruissement, en leur lançant force fumée, et il faut entretenir cet état une dizaine de minutes en envoyant encore de la fumée aux abeilles pour qu'elles ne pensent pas à s'entre-tuer. On opère de même lorsqu'il s'agit de réunir un essaim du jour à une colonie ancienne. Lorsque le temps est pluvieux ou orageux, les colonies se marient plus difficilement ; il faut avoir soin alors de donner plus de fumée avant et après la réunion. On est toujours assuré du succès lorsque le bourdonnement est complet et qu'il se prolonge. Si on ne l'établissait pas, les abeilles pourraient s'entretuer. La réunion des *chasses* ou *trévas* (colonies transvasées) s'opère comme celle des essaims.

On emploie différents moyens, selon l'époque et la ruche sur laquelle on a à opérer, pour réunir les abeilles d'une colonie logée aux abeilles d'une autre colonie. Si, par exemple, la saison et la ruche dont on veut extraire la colonie, permettent d'en chasser les abeilles par le tapotement ou par la fumée, on pratique d'abord cette opération, puis on fait la réunion comme il a été dit plus haut. Mais, si cette chasse n'est pas possible, il faut avoir recours à l'asphyxie momentanée des abeilles. Nous verrons plus loin la manière de faire cette opération. En arrière-saison et même en hiver, on peut encore réunir des colonies en renversant l'une sur l'autre les deux ruches et plaçant dessus celle qui doit contenir la réunion. Mais avant, il faut verser quelques cuillerées de miel liquide sur les rayons des deux ruches, et même placer entre elles une assiette contenant du miel liquide, après quoi l'on enveloppe les deux ruches abouchées. Voici comment la réunion s'opère alors et sans combat : les abeilles des deux ruches sont préoccupées du miel qu'on leur a présenté ; elles s'en gorgent et vont le porter au plus vite dans le haut de leur habitation ; celles du bas montent dans la ruche du haut où, pleines de miel, elles sont bien reçues.

Essaims artificiels. — L'essaim naturel se compose d'un groupe d'abeilles qui se séparent de la famille pour aller s'établir ailleurs et former une autre famille. Ce que les abeilles font par instinct, l'homme le crée par l'art. Moyennant certaines conditions et en suivant certaines règles, d'une peuplade il en fait deux, et le résultat de cette opération s'appelle un *essaim artificiel*. Un essaim artificiel se compose donc d'un certain nombre d'abeilles qu'on sépare violemment d'une colonie pour en faire une autre colonie. Pour que l'essaim artificiel existe, il faut que les abeilles enlevées possèdent une mère, ou les moyens de s'en procurer une. Il faut aussi que la colonie dont on vient de l'extraire possède également les moyens de remplacer la mère que, la plupart du temps, on lui enlève. Par cette opération on se procure des essaims à volonté, même avant l'époque ordinaire de leur sortie, et l'on prévient la perte des essaims naturels. C'est un moyen d'augmenter les colonies ; mais il faut en user avec circonspection lorsqu'on vise avant tout à des produits.

On fait des essaims artificiels par le transvasement ou la chasse des abeilles pour les ruches communes (en une seule pièce), et par la division ou l'enlèvement de parties de ruches ou de rayons pour les ruches à divisions. Le moment favorable pour faire des essaims artificiels est celui où l'on commence à voir des mâles sortir des ruches : c'est un indice que la mère a pondu des femelles, et qu'ainsi on peut, sans danger, l'enlever de sa ruche. Pour extraire d'une ruche un essaim artificiel, il faut qu'elle soit bien peuplée et qu'elle ait un bon poids. Lorsqu'on procède par la chasse des abeilles, on opère vers le milieu d'une belle journée, et l'on n'extrait pas toutes les abeilles de la colonie sur laquelle on opère, mais la plus grande partie de ces abeilles accompagnées de la mère. Procédons à cette opération.

Transvasement ou chasse des abeilles. — Après avoir enfumé les abeilles et décollé leur ruche, on enlève celle-ci de son plateau et on la transporte à quelque distance, et à l'ombre autant que possible ; on la retourne sens dessus dessous, et on la pose soit sur un tabouret renversé, soit sur un objet quelconque, mais de manière qu'elle ne puisse vaciller et qu'on l'ait à sa portée. Ainsi établie, on pose dessus une ruche vide, celle qui doit loger l'essaim, et on les enveloppe à l'aide d'un linge que l'on fixe par une ficelle (*fig.* 658). Au lieu de renverser la ruche

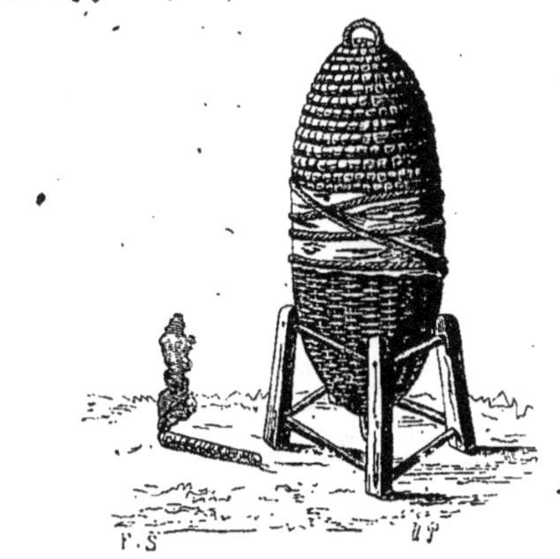

Fig. 658. — Ruches disposées pour le transvasement des abeilles.

pleine d'abeilles, on peut ne renverser que la ruche vide et poser dessus la ruche pleine ; dans ce dernier cas, les abeilles étant peu contrariées, ne pensent pas à tourmenter l'opérateur. Des praticiens habiles et aguerris n'enveloppent pas les ruches : ils opèrent à ciel ouvert et, par là, sont beaucoup plus à même de juger du moment où l'essaim est fait (*fig.* 659). Lors donc que les ruches sont disposées comme on les voit dans les figures 658 et 659, on tapote avec les mains ou avec de petites baguettes autour de la ruche qui contient les abeilles, en commençant par la partie inférieure et en montant graduellement. Au bout de quatre ou cinq minutes de tapotement, quelquefois moins, un bourdonnement assez fort se fait entendre : ce sont les abeilles qui se mettent en marche. Après quinze ou vingt minutes de tapotement, et quelquefois la moitié seulement, il est rare que l'essaim artificiel ne soit pas fait, c'est-à-dire que la plus grande partie des abeilles accompagnées de leur mère ne soient montées. On en laisse le moins possible dans la ruche-mère, notamment si beaucoup sont allées aux champs. On enlève doucement la ruche contenant l'essaim, qu'on pose provisoirement à terre, et on reporte la ruche-mère à la place qu'elle

Fig. 659. — Transvasement des abeilles.

occupait. Toutes les abeilles qui étaient allées aux champs et qui en sont revenues pendant l'opération se hâtent de rentrer. Pour que ces abeilles ne se jettent pas dans les ruches voisines, on a eu soin, pendant l'opération, d'en placer une vide à l'endroit qu'occupait la leur. L'essaim artificiel est porté au rucher, à la place qu'on lui désigne. Mais avant, il faut s'assurer s'il est complet, c'est-à-dire s'il possède sa mère. Il est un moyen bien simple d'acquérir cette certitude; ce moyen consiste à poser la ruche sur un linge de couleur ou sur une plaque de tôle; au bout de quatre ou cinq minutes, on trouvera des œufs sur ce linge ou sur cette plaque, si la mère est dans l'essaim; œufs que, pressée de pondre, elle aura laissés échapper. Il est aussi des précautions à prendre pour qu'un certain nombre d'abeilles de l'essaim ne retournent pas à leur ruche mère. La plus simple consiste à secouer à terre l'essaim artificiel et à placer dessus et avec précaution sa ruche qu'on tient soulevée à l'aide d'une petite cale. Les abeilles se mettent alors à *battre le rappel* et à se comporter comme si elles appartenaient à un essaim naturel qu'on vient de recevoir. Lorsqu'elles sont toutes remontées dans leur ruche, on peut les placer à tel endroit qu'il plaît du rucher; elles l'adoptent comme le font celles d'un essaim naturel. Des apiculteurs portent leurs essaims artificiels à une distance de 2 ou 3 kilomètres. D'autres placent l'essaim à côté de sa ruche, et reculent ou avancent les ruches, afin d'égaliser les populations. Nous indiquerons, en parlant des ruches composées, les moyens de faire les essaims artificiels par division et sans chasser les abeilles.

Des différentes sortes de ruches. — Choix. — A l'état sauvage, les abeilles élisent domicile le plus souvent dans les arbres creux et dans les trous des rochers. En les domestiquant, on a dû les loger dans des vaisseaux portatifs qu'on a appelés *ruches*. Comme ces vaisseaux sont, la plupart du temps, des corbeilles en paille ou des paniers en osier, on donne vulgairement le nom de panier à une ruche, et l'on dit un *panier d'abeilles*, ou un *panier de mouches à miel*, pour désigner le contenant et le contenu. Par extension, l'on emploie le terme *ruche* pour désigner une colonie et ses travaux. Dans ce cas, l'expression *ruchée* est préférable. On bâtit des ruches de toutes les formes et de toutes les grandeurs, et les matériaux qu'on emploie le plus communément sont : la paille, les petits bois, tels que l'osier, la viorne, le troëne, etc., les planches et le liége. La paille est généralement la matière qui convient le mieux; elle se trouve partout, et elle a le grand avantage d'être mauvais conducteur de la chaleur; la ruche en paille garde mieux que toute autre une température uniforme : elle s'échauffe moins en été et conserve mieux sa chaleur en hiver. On a dit des ruches : la meilleure est celle dont on sait le mieux se servir. C'est souvent aussi la moins compliquée et la moins dispendieuse; celle qui permet une récolte facile et sans détruire les abeilles. Nous les divisons en deux classes : les ruches simples ou communes et les ruches composées.

Ruches simples ou communes. — On comprend dans les ruches communes toutes celles en une pièce, quelles qu'en soient la forme et la matière. La plus en usage, dans le nord et dans le centre de la France, est la ruche en cloche, tantôt en paille, et tantôt en petit bois (*fig.* 661). La plus en usage, dans le Midi, est celle en

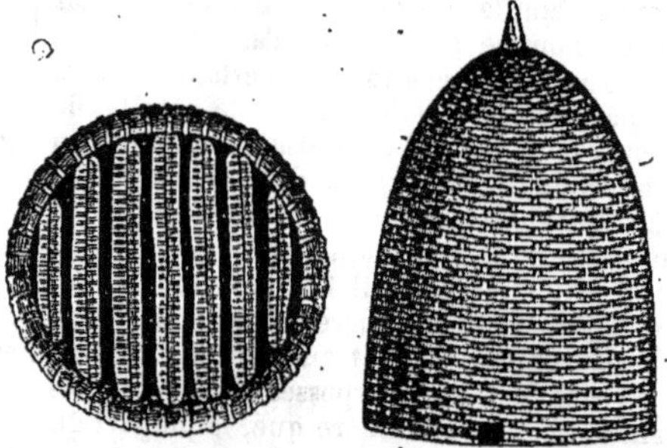

Fig. 660. — Disposition des rayons.

Fig. 661. — Ruche commune en petit bois.

planches (*fig.* 662), ou en liége. A côté de ces deux dernières, il n'est pas rare de rencontrer encore le tronc d'arbre creux. En Algérie, les Arabes se servent d'une ruche longue, construite le plus souvent avec de petites férules (branches de la plante ainsi nommée), ou d'autres fois avec des planches de sapin ou d'un bois résineux quelconque, parce que, d'après une croyance assez générale, qui n'est pas justifiée, l'odeur de ce bois éloignerait la fausse teigne.

Ces ruches sont toutes plus ou moins défectueuses : 1° parce qu'elles ne permettent pas toujours les réunions; 2° parce qu'elles sont souvent très-difficiles à récolter, lorsqu'on veut en sauver les abeilles; 3° parce qu'elles perpétuent l'étouffage dans beaucoup de localités. On peut dire qu'elles sont à l'apiculture ce que les araires romains sont à l'agriculture : des instruments primitifs, grossiers et imparfaits. Cependant elles sont encore les plus répandues, et ce n'est pas de sitôt qu'on les fera abandonner, surtout si l'on recommande à ceux qui les emploient de les remplacer par des ruches compliquées demandant une manœuvre intelligente et nécessitant de grands frais d'acquisition. Il vaut mieux indiquer les moyens de les améliorer sans bourse délier que d'engager à leur substituer des ruches coûteuses. On peut modifier la ruche en cloche en la tenant moins haute, en la faisant à dôme arrondi, aplati même, et en ménageant, par le haut, une issue de 0m,04 ou 0m,05 de diamètre. Elle peut alors recevoir un chapiteau dans lequel on fera des récoltes partielles de beau miel, sans déranger les abeilles. Plusieurs localités de l'Est ont adopté la ruche en cloche ainsi modifiée. Mais beaucoup de possesseurs d'abeilles la tiennent trop évasée du bas ; ils lui donnent de 0m,40 à 0m,44 de diamètre sur 0m,25 à 0m,28 de hauteur. Le diamètre ne devrait pas dépasser 0m,35. Dans le Calvados, on donne à cette ruche de 0m,33 à 0m,34 de diamètre, sur 0m,30 à 0m,32 de hauteur. La capacité des ruches ne saurait être très-uniforme; elle doit varier selon les ressources mellifères de chaque canton, selon la force des colonies, et selon aussi qu'on vise à obtenir des produits ou des essaims. Une petite capacité donne moins de produits qu'une grande, mais elle donne plus d'essaims. Les ruches hautes, ainsi que les ruches longues, peuvent être divisées en deux ou en trois, en les sciant par morceaux. On établit un plancher au-dessus de chaque partie de la ruche élevée, afin de pouvoir opérer la division sans être obligé de briser les rayons des abeilles ou d'avoir recours au fil de fer ou à une lame tranchante. Ce plancher sera à claire-voie; il devra être composé de *barrettes* minces ou petites barres, larges de 0m,03 et distancées de 0m,01. Il pourra être en feuillure mince percée de plusieurs trous, pour le passage des abeilles. Ainsi divisée, la ruche en bois ou en liége est facile à récolter, à marier et à rajeunir. Elle se prête également à l'essaimage artificiel par divisions, comme aussi elle empêche, par l'addition de parties vides, la production trop grande des essaims.

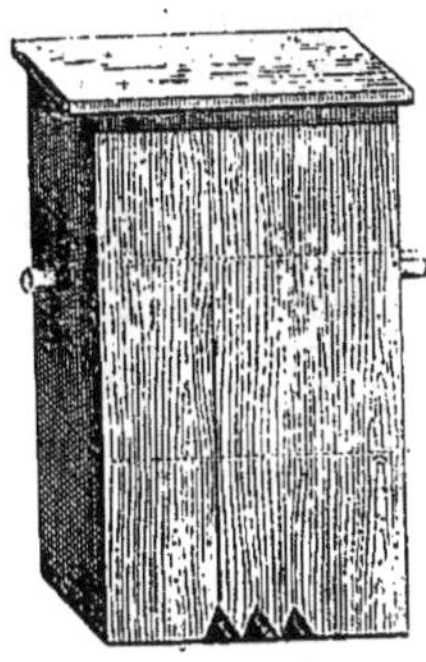

Fig. 662. — Ruche en planches.

La meilleure méthode de récolter les ruches en une pièce, consiste à en chasser les abeilles par le tapotement, ainsi que nous en avons déjà dit un mot en parlant des essaims artificiels. On les récolte entièrement ou partiellement; dans ce dernier cas, on peut pratiquer une opération que nous indiquerons plus loin, en traitant de la récolte partielle des ruches communes. Nous verrons aussi à quelle époque il convient d'opérer. Les ruches communes en bois ou en liége ne se transvasent pas facilement, lorsqu'elles sont élevées comme on les tient dans le Midi; aussi préfère-t-on les récolter partiellement par le haut. Le mode le plus rationnel d'opérer les ruches couchées consiste à les tailler aux extrémités. On les marie en les plaçant bout à bout et en ouvrant, bien entendu, les extrémités qu'on fait coïncider. Nous verrons plus loin la manière de réunir les colonies logées dans les ruches communes.

Ruches composées. — Les ruches composées ou à divisions comprennent : les ruches à chapiteaux, les ruches à hausses et les ruches à feuillets ou à rayons mobiles.

La *ruche à chapiteau* se compose d'un corps de

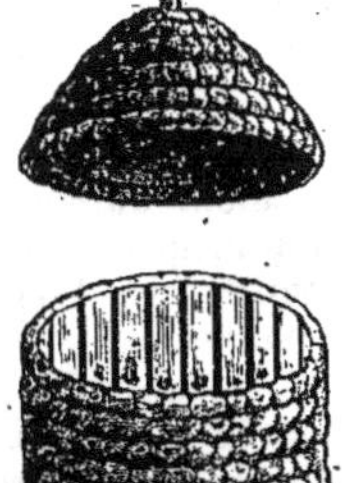

Fig. 663. — Ruche à chapiteau de Lombard.

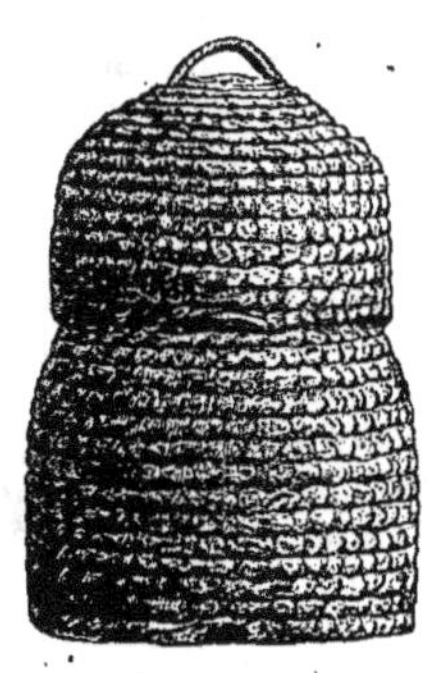

Fig. 664. — Ruche normande à chapiteau (calotte).

ruche inférieur (*fig.* 663, 664 et 665), d'une capacité assez grande pour loger une colonie d'abeilles, capacité qui doit varier selon la force de chaque colonie, et selon le climat et les ressources locales, et d'un chapiteau plus ou moins grand se posant dessus et s'enlevant à volonté. Il y a plusieurs sortes de ruches à chapiteau qui prennent des dénominations différentes, selon les localités où l'on en fait usage. Il y a la ruche à *calotte*, à *capot*, à *cabochon*, etc. La ruche à calotte, dite *normande*, ainsi appelée, parce qu'on l'emploie beaucoup dans le Calvados, est en paille et se compose d'un corps de ruche (*fig.* 664) de 0m,32 à 0m,33 de diamètre, sur 0m,30 de hauteur, et d'un chapiteau plus ou moins grand, affectant la forme de

Fig. 665. — Ruche à chapiteau (cabochon de Lorraine).

dôme. Au haut du corps de ruche est ménagé un trou de 0^m,06 à 0^m,07, que l'on ouvre lorsqu'il s'agit de placer le chapiteau, et que l'on ferme lorsqu'on l'a enlevé. Dans l'Est, où cette ruche est appelée à *capot* ou à *cabochon* (*fig.* 665), le bas du corps est un peu plus évasé que celui de la ruche normande, et le haut plus plat. Le chapiteau ressemble à une corbeille de boulanger. On fait aussi des ruches à chapiteau en bois. Le corps est la plupart du temps en planches, et le chapiteau en vannerie, en boissellerie, en paille ou en poterie.

En parlant de l'emmagasinage du miel, nous avons fait remarquer que les abeilles commencent par le haut de leur ruche. C'est dans cette partie qu'on est sûr d'en trouver, lorsque les abeilles en ont récolté sur les fleurs; et on le trouve là de plus belle qualité que partout ailleurs, parce qu'il a été recueilli au début de l'été, au moment où les fleurs qui s'épanouissent exhalent les parfums les plus suaves; parce qu'il n'est pas mélangé de matières hétérogènes. Il est rare que les abeilles portent du pollen dans cette partie de leur ruche et qu'elles y élèvent du couvain. Si donc, au printemps, on place un chapiteau au sommet d'une ruche, on est certain qu'il sera garni de miel après que la récolte en aura été faite sur les fleurs par les abeilles, et ce miel sera de premier choix. Il pourra être récolté quelques jours après son emmagasinage et sans nuire à la ruchée. L'enlèvement du chapiteau doit avoir lieu après que la principale fleur mellifère est passée. Pour beaucoup de localités, c'est à la fin de juin et au commencement de juillet que cet enlèvement doit se faire. Il faut opérer par une belle journée. On commence par détacher les chevillettes qui fixent le chapiteau au corps de ruche, puis on soulève légèrement ce chapiteau par un côté, afin de le détacher en grande partie; on lance alors de la fumée aux abeilles qui se montrent; on enlève enfin le chapiteau que l'on tient une demi-minute en face du fumigateur, pour que les abeilles, tourmentées par la fumée, pensent à déguerpir; on le pose ensuite sur le sol, et les abeilles, s'apercevant bientôt qu'elles sont isolées de la colonie et se trouvant sans mère, ne tardent pas à sortir en rang serré et à aller rejoindre leur ruche. Cela demande de dix à quinze minutes par un bon temps. Si les abeilles tardaient à sortir, on présenterait le chapiteau à l'entrée de la ruche et on le tapoterait jusqu'à ce qu'elles en fussent toutes délogées. Après l'enlèvement du chapiteau, on ferme l'issue supérieure du corps de ruche, et tout est fait. Quant au chapiteau qu'on a placé sur le sol, à un mètre ou deux de la ruche, il faut l'emporter aussitôt que les abeilles en sont sorties, parce que d'autres abeilles, alléchées par l'odeur du miel, pourraient y venir et se conduire en pillardes. Lorsqu'on veut obtenir des chapiteaux avec des rayons exempts de déchirures de cellules, on les tient soulevés par un côté à l'aide d'une cale grosse comme le doigt, et cela une heure ou deux et même une nuit; pendant ce temps, les abeilles enlèvent le miel des cellules déchirées et réparent les pans brisés de ces cellules.

La ruche à chapiteau se prête au mariage des colonies par la superposition des ruches à réunir; elle permet aussi l'essaimage artificiel par transvasement. C'est principalement le louable but d'enlever le miel sans faire périr les abeilles, et même sans qu'elles s'aperçoivent presque de cet enlèvement autrement que par la privation qui en est la suite, qui a déterminé la construction de ces sortes de ruches, et ce sont celles qui ont été le plus adoptées par les praticiens, sans doute à cause de leur facilité à être confectionnées, de leur prix souvent peu élevé, et de leur grande analogie avec la ruche commune.

La *ruche à hausses* se compose de plusieurs compartiments ou hausses de mêmes dimensions qui se superposent. La capacité des hausses doit varier selon les ressources florales. Il faut les avoir petites dans les localités peu favorables, et grandes dans les localités favorables. On les fait communément de 0^m,10 à 0^m,15 de hauteur, sur un diamètre de 0^m,30 à 0^m,35. Il y a des ruches à trois, à quatre et à cinq hausses. Il y en a dont la partie supérieure est un chapiteau conique, et on les construit en bois (*fig.* 666) ou en paille (*fig.* 667). Ces dernières sont préférables dans beaucoup de circonstances.

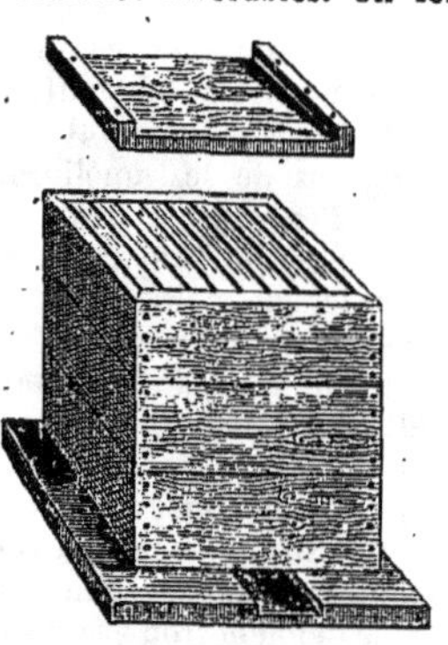

Fig. 666. — Ruche à hausses en planches.

Il convient, pour la facilité de la récolte, de placer un plancher à chaque hausse, et de l'établir de manière que la communication des abeilles ne se trouve pas interrompue, et que la colonie ne soit pas divisée au moment de la saison froide. Les planchers à claire-voie offrent le mieux ces conditions. Les planchettes qui les composent doivent avoir environ 0^m,03 de large, et l'intervalle entre elles doit être de 0^m,008 à 0^m,010. Étant de la largeur des rayons, et l'intervalle celui observé par les abeilles, la circulation de ces insectes ne se trouve aucunement gênée, en supposant toutefois que les édifices des abeilles soient construits dans le sens des planchettes. Pour que cela ait lieu, il faut placer un rayon indicateur ou seulement passer, à l'aide d'un pinceau, de la cire fondue aux planchettes

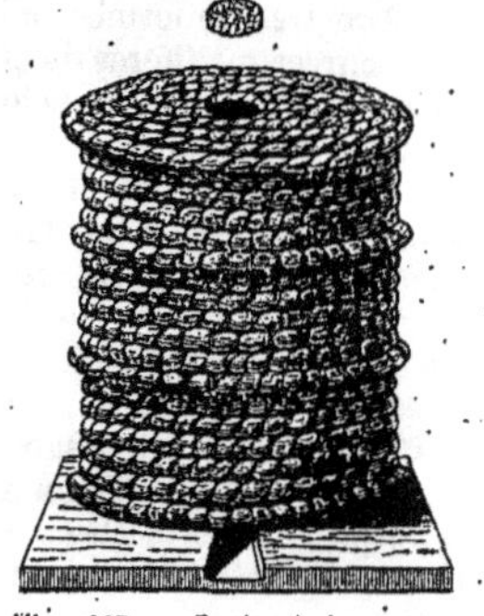

Fig. 667. — Ruche à hausses en paille.

de la hausse supérieure; on peut aussi tailler en biseau le dessous des planchettes. Inutile d'ajouter que les hausses doivent être établies de manière que les planchettes se trouvent toutes dans le même sens, dans celui du rayon indicateur dont il vient d'être parlé; autrement les abeilles édifieraient en travers et les édifices adhéreraient fortement aux planchettes des hausses inférieures. Les hausses sans plancher sont détachées à l'aide d'un fil de fer qui coupe les rayons; mais ce fil de fer peut atteindre nombre d'abeilles et parmi elles la mère; en outre, il fait couler le miel, ce qui peut provoquer le pillage. Les hausses en paille sont fixées les unes aux autres à l'aide de chevillettes en bois ou de mains de fer; celles en planches le sont à l'aide de crochets et de pitons.

La récolte de la ruche à hausses se fait à la même époque que celle de la ruche à chapiteau, c'est-à-dire lorsqu'on juge que la partie supérieure est bien remplie de miel et que les autres parties en contiennent encore une certaine quantité pour les besoins des abeilles, ou bien que la partie supérieure seulement est pleine et que la saison permettra aux abeilles de remplacer la soustraction qu'on se propose de leur faire. Dans ce dernier cas, on enlève la hausse pleine supérieure, et l'on place à la partie inférieure une hausse vide. Dans le premier cas, on n'ajoute pas de compartiment vide, surtout si ceux qui restent sont spacieux. Au lieu de prendre successivement les hausses supérieures et de placer en dessous des parties vides ce qui a l'avantage de renouveler les édifices, mais l'inconvénient de monter au grenier des rayons destinés à rester à la cave, rayons qui servent de berceau au couvain et qui contiennent souvent encore du pollen, lorsqu'ils sont garnis de miel; au lieu, disons-nous, d'opérer ainsi, on peut, au début des fleurs, placer une hausse vide à la partie supérieure, et l'on obtient alors du miel de premier choix, comme en donne le chapiteau.

La ruche à hausses rend facile l'essaimage artificiel par division et la réunion des colonies pauvres. On emploie plusieurs méthodes pour faire les essaims artificiels par division. La plus simple consiste à diviser en parties égales, autant que possible, la ruche qui contient la colonie et à donner à chaque division une ou deux parties vides. Les deux divisions forment deux ruches qui doivent être placées l'une à côté de l'autre et qu'on recule ou qu'on rapproche de l'endroit qu'occupait la souche, afin de rendre leurs populations à peu près égales. Il faut opérer au milieu de la journée et à l'époque où il se trouve du couvain dans la plus grande partie de la ruche, à l'époque de l'essaimage naturel. Voici ce qui arrive dans cette circonstance : la mère se trouve dans l'une des divisions, et l'autre en est veuve; mais cette dernière possède les éléments pour s'en procurer une ; elle peut avoir du couvain maternel au berceau; si elle n'en a pas, ses abeilles transformeront en couvain maternel du couvain d'ouvrière à l'état de larve du premier âge (œufs ou vers de un à quatre jours), et en douze ou quinze jours cette colonie aura une jeune mère.

La réunion des colonies logées dans des ruches à hausses n'est pas moins facile que l'essaimage par division. A la fin de la campagne, lorsque les abeilles occupent le haut de leur ruche, on prend la hausse ou les hausses supérieures de chaque ruche à réunir, on en forme une nouvelle en superposant ces hausses de manière que les moins garnies de provisions se trouvent à la partie inférieure. Il faut avant et pendant l'opération projeter de la fumée aux abeilles pour les éloigner, les maîtriser et les empêcher de s'entre-tuer lorsqu'elles seront réunies. On opère à la fin de la journée, et, autant que possible, on doit réunir des colonies voisines.

On a inventé un grand nombre de ruches dont la plus grande partie, à cause de leur prix élevé, conviennent moins au simple producteur de miel qu'à l'amateur et à l'observateur. Celles qui facilitent le mieux l'étude des abeilles sont les ruches à divisions verticales, à cadres et à rayons mobiles. Parmi ces ruches, il convient de citer celle à feuillets de Huber; les ruches à cadres verticaux de Prokopowitsk et Debeauvoys; la ruche à rayons mobiles de Dzierzon, etc. La *ruche à feuillets* de Huber se compose de huit feuillets ou châssis (elle peut en avoir plus ou moins), ayant chacun $0^m,50$ de hauteur sur $0^m,30$ de profondeur (ces dimensions peuvent varier). L'épaisseur de chaque feuillet est de $0^m,04$, ce qui donne $0^m,32$ de largeur à la ruche. Les deux feuillets des extrémités peuvent recevoir un vitrage et sont recouverts d'un volet mobile. Les châssis sont fixés au moyen de broches en fer ou de barres en bois. L'entrée des abeilles est ménagée dans l'épaisseur du tablier ou plancher de support. Les feuillets étant mobiles, on peut les ouvrir à volonté, et récolter s'il y a lieu. Depuis Huber, on a construit des ruches à feuillets inclinés par le haut, à feuillets obliques, en ogive, etc.; mais, nous le répétons, toutes ces ruches ne sauraient convenir qu'à l'observation, but qui a dirigé le premier inventeur.

La ruche de Prokopowitsk consiste en une caisse haute, formée par l'assemblage de six planches (quatre côtés et deux fonds). Ses dimensions sont variables. L'inventeur lui donnait $1^m,175$ de hauteur, sur une largeur de $0^m,40$ à $0^m,50$ et sur une profondeur de $0^m,35$ à $0^m,45$, dimensions trop grandes pour la plupart de nos cantons. Le devant de la ruche se compose de trois volets qui s'ouvrent à volonté et qui laissent voir trois divisions superposées de cadres, lesquelles divisions reçoivent chacune une série de dix cadres uniformes et mobiles, tenus par des barres transversales. La planchette de la partie inférieure de ces cadres est échancrée, afin de ménager un passage pour les abeilles. Sur l'un des côtés de la ruche se trouvent trois ouvertures avec leur fermeture à coulisses, qui sont les entrées pour les abeilles. Ces entrées sont placées de sorte qu'elles correspondent à chaque division ou compartiment. Les trois séries de cadres sont pour une récolte rotative. Au bout de trois ans la ruche peut être renversée.

La *ruche à cadres mobiles* de Debeauvoys tient de la ruche à feuillets de Huber et de celle à cadres divisés de Prokopowistk. C'est une boîte carrée, un peu plus haute que large (de 0m,35 à 0m,40 de hauteur sur 0m,35 de largeur et 0m,38 de profondeur), dans laquelle sont établis huit ou dix cadres, selon sa largeur. Ces cadres sont mobiles et peuvent s'enlever par les côtés et par le haut de la ruche. Toutefois l'enlèvement des cadres n'est bien facile que lorsqu'il n'y a pas d'abeilles dans la ruche.

La ruche qui jouit aujourd'hui de la plus grande vogue en Allemagne, et que des apiculteurs de ce pays regardent comme supérieure à toutes les autres, est celle qui a été proposée, il y a quelques années, par Dzierzon, sous le nom de *ruche jumelle*, ainsi appelée parce qu'elle se compose de deux loges réunies dans la même enveloppe. C'est une boîte longue, ouverte à ses deux extrémités et divisée en deux par une cloison. Chaque division reçoit de petites planchettes mobiles glissant dans des rainures établies aux trois quarts de la hauteur des côtés longs. C'est à ces planchettes que les abeilles fixent leurs rayons. Plusieurs ruches jumelles peuvent être empilées les unes sur les autres, recevoir une toiture, et former un abeiller affectant la forme d'un colombier. Cette ruche, comme celles à feuillets et à cadres mobiles, offre des avantages pour certaines opérations ; elle permet de fractionner les colonies, ce qu'il convient de faire lorsqu'on veut multiplier les abeilles et qu'il s'agit, par exemple, d'en propager une espèce peu répandue. Mais, pour nos producteurs ordinaires, elle ne vaut ni la ruche à chapiteau, telle qu'on l'emploie dans le Calvados, dans plusieurs localités de l'Est et dans la Suisse, ni celle à hausses en paille ou en bois. Nous en dirons autant d'une foule d'autres ruches qu'on a présentées aux amateurs comme réunissant tous les avantages désirables et qu'on a baptisées de noms sonores, tels que *ruche perpétuelle*, *ruche industrielle*, *ruche à plusieurs fins*, etc., etc. On n'en compte pas moins de soixante différentes aux États-Unis, et presque toutes brevetées, ce qui ne garantit pas leur mérite.

Quelle que soit la ruche qu'on adopte, fût-ce la plus grossière, il ne faut jamais étouffer les abeilles pour s'emparer de leurs produits. Il convient de les en chasser, soit par le tapotement, la fumée ou l'asphyxie momentanée, et de les loger dans de nouvelles habitations ou de les réunir à des colonies faibles en population. Il vaut mieux ne faire qu'une demi-récolte et conserver ses abeilles que d'en faire une entière et les détruire. On ne saurait, il est vrai, multiplier les ruchées au delà des ressources locales; c'est-à-dire que là où il n'y a de fleurs que pour un cent de ruchées, on ne saurait en faire prospérer deux cents; mais on peut toujours grossir les populations. Deux populations réunies ne consomment presque pas plus en hiver qu'une seule population, et elles réussissent beaucoup mieux en été : elles butinent plus du double. Toute bonne apiculture consiste à avoir des populations fortes.

Du rucher. — Le rucher, apier ou abeiller, est l'endroit où l'on réunit des ruches garnies d'abeilles; c'est tantôt un bâtiment couvert, une construction spéciale, et tantôt un terrain circonscrit sur lequel sont alignées des ruches placées en plein vent (*fig.* 668). C'est, le plus souvent, dans le jardin potager qu'on établit le rucher. Il convient que le rucher soit clos lorsqu'il peut être approché par des bestiaux ou par des enfants, et aussi lorsqu'il peut préserver les ruches de l'humidité et des bourrasques qui les renverseraient. Le rucher couvert, affectant une forme légère et rustique, tel que celui du jardin d'acclimatation au bois de Boulogne (*fig.* 669), trouve aussi sa place dans le jardin paysager et d'agrément. Partout ailleurs, il vaut mieux établir les ruches en plein air, de manière à pouvoir circuler autour et y pratiquer toutes les opérations qu'il convient de faire. On les place communément le long des haies qui peuvent les abriter des grands vents, ou bien on les établit au bord des parterres ou des planches de légumes, et toujours de façon que l'allée qui en approche se trouve derrière et non devant, car les abeilles n'aiment pas à être dérangées lorsqu'elles travaillent. On peut encore les établir à l'ombre d'arbres élevés et au bord d'un massif d'arbrisseaux. Mais il faut se garder de les placer le long d'un mur et au pied d'un rocher où les rayons du soleil se concentrent au milieu du jour et procurent une chaleur insupportable. Beaucoup de gens croient que les ruchées réussissent mieux exposées au midi que dans une autre orientation : c'est souvent une erreur ; l'exposition du sud ne vaut généralement rien pour les pays méridionaux, surtout dans les endroits bas et abrités. La grande chaleur n'incommode pas directement les abeilles ; mais lorsque les rayons du soleil de midi tombent en plein sur les ruches, ils en font fondre la cire, en liquéfient le miel qui, en coulant, englue et asphyxie les abeilles. Aussi voit-on une partie de l'été nos travailleuses rester inactives hors de leur ruche lorsque les rayons ardents du soleil tombent dessus ; parfois même, elles désertent

Fig. 668. — Rucher en plein vent.

entièrement leur habitation pour aller en chercher une plus fraîche. Les effets de la chaleur sont moins redoutables dans le nord; cependant il n'est jamais prudent d'y établir des ruches en plein midi sans les couvrir d'un bon surtout de paille et laisser circuler l'air du côté du nord, si elles sont dans un rucher couvert, construit en planches et couvert en ardoises ou en zinc. En

Fig. 669. — Rucher du Jardin d'acclimatation.

hiver, les rayons trompeurs du soleil ne sont pas moins dangereux pour les abeilles : ils viennent les stimuler et leur faire croire que la température permet la reprise des travaux ; un certain nombre de butineuses s'aventurent hors de la ruche, où elles sont surprises par le froid et périssent, pour peu que le soleil soit caché par un nuage ou qu'un coup de vent les balaie au loin. L'exposition du levant est préférée par beaucoup d'apiculteurs qui pensent que la présence du soleil matinal engage les abeilles à sortir plus tôt. Lorsque la saison est douce et que le miel abonde, les abeilles des ruches dont l'entrée est tournée à l'ouest et même au nord sont tout aussi matinales que celles des ruches dont l'entrée est tournée à l'est et butinent autant. Il est vrai que celles orientées au midi et à l'est essaiment souvent plus vite, mais leurs essaims sont souvent plus petits. Si elles essaiment plus tôt, ce n'est pas qu'elles soient plus peuplées, c'est la grande chaleur qu'elles éprouvent à l'heure ordinaire de cette opération qui en est la cause ; celles qui deviennent plus peuplées sont celles qui sont abritées dans les vallées ou par des bois, et que les vents froids de mars et d'avril n'empêchent pas de butiner. Quelle que soit la latitude, il faut donc, avant tout, que les ruches soient le plus possible abritées des vents froids, qui amènent souvent la pluie. Il faut aussi et surtout prendre en considération la distance des pâturages et les en éloigner le moins possible. Il ne doit pas se trouver non plus devant les ruchers, des arbres, des haies vives ou des bâtiments qui contrarient la sortie des abeilles. On ne doit pas établir de ruchers près des voies et passages publics fréquentés, près des rivières et des étangs, lorsque les abeilles sont obligées de traverser l'eau pour rencontrer des fleurs, près des cheminées toujours fumantes des usines, des fours à chaux et à plâtre, des fabriques de sirops, des brasseries, etc. On en établira le moins possible dans les basses-cours, au milieu de la volaille et des autres animaux domestiques, qui, s'ils ne détruisent les mouches, les gênent beaucoup dans leurs travaux. En outre, les abeilles peuvent se jeter sur ces animaux et occasionner des accidents.

Les ruches établies en plein air doivent l'être sur des piquets ou sur des appuis en pierre (*fig.* 668). Il faut les élever peu lorsque le sol est sec et que la position est peu abritée. Cette élévation sera de 0m,20 à 0m,40 selon les circonstances ; il faut aussi ménager entre les ruches une distance qui permette de les manœuvrer à son aise ; on les placera à 0m,50 ou 0m,80, et même à 1 mètre si la place ne manque pas. Chaque ruche doit être posée sur un tablier ou plateau en bois, en pierre, en plâtre ou en ardoises (le bois est préférable). Ce tablier sera rond ou carré, suivant la forme des ruches, et son diamètre aura 0m,4 ou 0m,5 de plus que celui de la ruche. Il doit être assez épais afin de recevoir une entaille pour l'entrée des abeilles, s'il est destiné à porter une ruche qui n'ait pas d'entrée dans le bas. Autrement il peut être plus mince. Chaque ruche établie en plein air sera aussi recouverte d'un *surtout*, c'est-à-dire d'une botte de paille de seigle liée du côté des épis. Ce capuchon est un abri contre la pluie et contre les rayons trop chauds du soleil.

Soins à donner aux abeilles. — Moyen de se familiariser avec elles et de les dompter. — Ce n'est pas assez de loger les abeilles dans des ruches commodes pour elles et pour nous, de les préserver des intempéries des saisons, d'établir le rucher dans un lieu convenable, il faut encore leur donner quelques soins particuliers qui concourent à les faire prospérer. On réussit à soigner convenablement les abeilles en y apportant de l'affection et de la bonne volonté. Lorsqu'on les approche, il faut le faire avec calme et sans gesticuler : les mouvements brusques et le bruit les irritent. Il ne faut pas non plus souffler inutilement dessus, car l'air que nous expirons a une odeur qui les irrite également. Si elles se posent sur nous, même sur notre figure, ce n'est pas dans le but de nous piquer; il faut donc les laisser tranquilles et attendre qu'elles s'envolent, ou bien on doit les y engager en les poussant doucement avec le doigt ou avec un objet quelconque. Si l'on veut les déplacer d'un groupe, on peut le faire avec la main en agissant doucement, ou avec un corps doux, tel que les barbes d'une plume. Les couleurs sombres, telles que le noir, le brun et le bleu, leur plaisent moins que les couleurs pâles : aussi, dans leur colère, elles s'attachent aux chapeaux noirs, s'enfoncent dans les cheveux, se jettent aux sourcils et sur tout ce qui est noir, comme sur tout ce qui remue. Le moyen le plus efficace de les calmer, ou plutôt de les dompter, c'est l'usage de la fumée de chiffons, de bouse de vache sèche, de foin ou d'autres corps en produisant beaucoup. Non-seulement cette fumée les gêne, mais elle leur donne la *crainte* que leur mère n'en soit incommodée. C'est assurément cette crainte qui leur fait quitter la ruche sur laquelle on frappe un certain temps. Donc chaque fois qu'on veut visiter les ruches et y pratiquer quelque opération, il faut être muni de fumée qu'on lance aux abeilles afin de les contrarier. Ces précautions sont inutiles pour les simples visites; les abeilles s'habituent aux personnes qui les fréquentent et se familiarisent avec ce qui remue. Si une cause quelconque les a irritées, il est prudent de n'en approcher que la figure couverte. Elles sont très-irritables lorsque l'air est chargé d'électricité et que le temps est chaud et à l'orage; elles le sont encore lorsqu'elles viennent d'être tourmentées ou qu'elles ont perdu récemment leur mère. Il est des personnes dont l'odeur leur déplaît beaucoup. Sauf dans ces circonstances, les abeilles n'attaquent que pour repousser une agression. Jamais elles ne pensent à le faire lorsqu'elles sont dans les champs occupées à butiner; si on les tourmente alors, elles s'éloignent, non sans avoir témoigné un certain mécontentement, mais qui ne tire pas à conséquence. Il n'en est pas de même aux abords de leur ruche. On reconnaît qu'une abeille est irritée au bourdonnement clair et bruyant qu'elle fait entendre en volant et en tournant autour de la personne qu'elle poursuit : ses mouvements sont rapides et vifs. Il est alors prudent de se retirer à l'ombre et de s'abriter derrière un buisson, surtout si l'attaque paraît violente ; mais si elle ne le paraît pas, il suffit de baisser la tête et de rester immobile pendant une minute ou deux; l'abeille cesse souvent ses démonstrations, qui semblent n'avoir eu pour but que d'intimider, et elle s'éloigne; mais quelquefois c'est pour revenir à la charge. Si l'irritation se communique à plusieurs abeilles, il est prudent encore, à moins qu'on ne soit couvert d'un masque, d'abandonner le terrain et de remettre à un autre moment l'opération qu'on se proposait de faire. Un apiculteur aguerri ne bat jamais en retraite; il parvient toujours à maîtriser les abeilles les plus furieuses.

Piqûre de l'abeille. — Remède. — Avant de parler de la piqûre, il est bon de faire connaître l'appareil qui la procure; c'est l'aiguillon, arme défensive dont la nature a doté l'abeille pour empêcher que les nombreux amateurs de son miel ne la dévalisent à chaque instant.

L'aiguillon se compose de trois filets extrêmement grêles qu'enferme une sorte de gaîne arrondie en dessus, cannelée et ouverte en dessous; deux pièces écailleuses très-déliées, garnies chacune à leur extrémité de dix à seize dentelures invisibles à l'œil nu, complètent cet appareil vers la base duquel existe une ampoule vénifère. Quand l'insecte veut employer son aiguillon, les pièces du fourreau s'écartent après avoir servi de point d'appui aux efforts qu'il a faits pour l'enfoncer, et les dentelures dont nous avons parlé s'opposent souvent à ce qu'il puisse en être retiré. Aussi l'abeille le laisse-t-elle la plupart du temps avec les organes qui l'accompagnent, ce qui lui procure la mort au bout de peu de temps. On doit l'arracher promptement lorsqu'on a été piqué, en ayant soin de ne pas presser la vessie qui renferme le venin, ce que l'on parvient à faire en grattant lestement avec l'ongle la place piquée. Il faut aussitôt sucer la plaie, si cela est possible, ou la frotter fortement avec une plante verte (on recommande les plantes aromatiques, telles que l'absinthe, le persil, la menthe, etc.); la bassiner d'eau fraîche ou mieux d'alcool ou d'alcali volatil, ou encore de laudanum. A défaut de ces liquides, il faut prendre le premier venu. Il est des personnes qui se trouvent bien du miel, de l'huile, du vinaigre, etc.; mais il faut avouer que ces remèdes ne font que calmer un peu la douleur, et s'ils paraissent efficaces pour quelques personnes ils ne le sont pas pour d'autres. L'alcali volatil (ammoniaque) produit de l'effet lorsqu'on l'applique après avoir incisé l'endroit piqué. Il en serait de même de plusieurs autres caustiques; mais la plaie que l'on fait est souvent plus cuisante que la piqûre de l'abeille. Lorsque les animaux domestiques ont été piqués, il faut les bouchonner fortement avec une poignée de paille pour arracher les aiguillons; frictionner les parties piquées avec de l'alcali ou de l'alcool, et, à défaut, avec de l'eau froide; on peut les couvrir d'une couverture mouillée et les inonder d'eau froide pendant un moment et à plusieurs reprises. On a vu des bestiaux se débarrasser des abeilles en se jetant à la nage. Si l'on est à la portée de quelque pièce d'eau, on doit promptement y faire plonger les animaux qui sont poursuivis par des abeilles.

Caractères d'une bonne ruchée. — Une ruchée est d'autant meilleure qu'elle est plus jeune, qu'elle renferme des provisions et une forte population. Par jeune ruchée, il faut entendre celle dont les rayons sont frais, peu colorés et de bonne odeur. Une ruchée devient vieille lorsque ses rayons existent depuis quatre ou cinq ans au moins. Un essaim de l'année a la cire presque blanche; un essaim de l'année précédente l'a d'un jaune terne dans la partie occupée par les abeilles et d'un blanc sale dans les autres parties; à deux ans, la cire est d'un jaune plus foncé; à trois ans, elle brunit et devient presque noire; enfin, à six ans, les rayons du centre sont entièrement noirs. On a de la peine à les froisser entre les doigts, on les déchire plutôt qu'on ne les coupe, car les pellicules qui en tapissent les alvéoles s'opposent à l'action du couteau. En outre, ils sont beaucoup plus lourds que ceux d'une date plus récente; avec un peu d'habitude et d'expérience, on peut, sans peine, faire cette distinction.

Les provisions d'une ruche s'estiment selon les époques de l'année. En octobre, à la fin de la campagne, elles doivent être plus fortes qu'en mars, au sortir de l'hiver. Au printemps, lors de la grande ponte, la moitié du poids d'une ruchée doit se compter pour le couvain. En mars l'essaim de l'année précédente, qui pèserait brut 8[kil],500 peut avoir environ 3 kil. de miel. Voici comment se décompose ce poids : ruche vide, 3 kil.; abeilles, 1 kil.; gâteaux et pollen, 1 kil.; couvain, 500 grammes. Reste miel, 3 kil. (1). Si la ruchée a plusieurs années, il faut augmenter du tiers, et quelquefois du double, le poids des gâteaux et du pollen. Ce poids doit aussi varier en raison de la grandeur de la ruche, de la force et de la vigueur de la population, etc. Celui que nous venons d'établir est pour une ruche qui jauge de 20 à 25 litres. Il est bon de faire remarquer que le poids d'un kilogramme d'abeilles, au commencement du printemps, suppose une bonne population. Il en existe de plus fortes; mais on en voit aussi bon nombre d'inférieures, qui seront souvent doublées et triplées six semaines plus tard, si le miel ne manque pas dans l'intérieur et si les abeilles peuvent aller recueillir le pollen abondant des premières fleurs. Une bonne ruchée se distingue, au printemps, par l'activité de ses abeilles lorsque le temps est beau. On voit des ouvrières sortir en grand nombre et rentrer successivement, la plupart chargées de pelotes de pollen. Pendant tout l'été des abeilles sont groupées à l'entrée, battent des ailes et laissent entendre un bruissement bien nourri. Les colonies faibles et sans valeur restent inactives et calmes.

Ruchée orpheline. — On appelle *ruchée orpheline* celle qui a perdu son abeille mère. C'est une colonie désorganisée et condamnée à s'éteindre si on ne lui procure une autre mère dès les premiers moments qu'elle a perdu la sienne, ou si l'on n'en réunit les abeilles à une colonie bien organisée. On s'aperçoit au printemps qu'une colonie est tombée dans cet état en ce que, à l'extérieur de la ruche, tout est triste et désœuvré. De loin en loin une ouvrière sort, une autre chargée de pollen rentre; l'une et l'autre semblent hésiter pour sortir et pour rentrer; il n'y a pas de battement d'ailes à l'entrée, si ce n'est dans les premiers moments qui suivent la mort de la mère, moments pendant lesquels une grande confusion règne dans la ruche. Des ouvrières courent précipitamment sur les rayons et à l'entrée; elles semblent inquiètes et paraissent chercher l'objet de leur affection; parfois elles se mettent à battre des ailes à l'unisson pour cesser tout à coup. Si l'on examine l'intérieur de la ruche, on voit que les abeilles ne sont pas réunies comme dans une colonie bien organisée; on y remarque en outre l'absence de couvain d'ouvrières; mais assez souvent on y rencontre du couvain de mâles dans des cellules d'ouvrières. Se sentant orpheline, la colonie a essayé de remplacer sa mère; mais, soit que la larve sur laquelle elle a opéré ait été trop avancée, soit que la nourriture qui a été donnée à cette larve n'ait pas été bien conditionnée, la colonie n'a pu se procurer qu'une ouvrière pondeuse. Nous savons que ces ouvrières ne produisent que des œufs de mâles qu'elles déposent la plupart du temps dans des cellules d'ouvrières. Ces cellules sont alors surélevées et fermées par un couvercle très-bombé. On peut estimer à 3 ou 4 pour 100 les colonies qui perdent leur mère en hiver. A la suite d'un essaimage abondant, des colonies deviennent aussi orphelines; on s'en aperçoit toujours à l'inactivité des abeilles. En été, les colonies orphelines sont souvent pillées.

Pillage. — Lorsqu'elles se trouvent dans leur ruche, en famille, les abeilles sont parfaitement unies et vivent toutes dans un intérêt commun et dans une union parfaite; mais il n'en est pas de même à l'égard des autres colonies, qu'elles pillent si l'occasion s'en présente. Une ruche est pillée quand les abeilles d'une autre ruche lui enlèvent son miel, ce qui a rarement lieu sans combat, et ce qui est par conséquent visible. Les abeilles qui veulent piller une ruche commencent par rôder autour de son entrée, qu'elles examinent d'un air suspect; elles finissent par s'y poser, et si une des gardes s'avance vers elles, elles se retirent au plus vite pour revenir un peu après examiner de nouveau le terrain et essayer de mettre en défaut la vigilance d'autres gardiennes. Enfin, quelques pillardes se décident à forcer l'entrée, et c'est alors que le combat s'engage. Les assiégées mettent autant de courage à défendre leur bien que les assaillantes à les en dépouiller : elles s'amoncellent à la porte pour en interdire le passage, se mettent plusieurs contre un seul ennemi, et, pendant qu'une ou deux ouvrières le retiennent par les ptates ou les ailes, d'autres lui montent

(1) *Guide du propriétaire d'abeilles*, 2e édition, par M. S. Collin.

sur le corps et le tuent à coups d'aiguillon s'il ne parvient à se dégager. Pendant que les unes se réunissent en masse pour attaquer ou pour se défendre, d'autres se battent corps à corps. Couvertes de cuirasses, elles s'accrochent, se contournent le corps, pirouettent, dardent à chaque instant leur arme envenimée et cherchent les parties faibles de l'ennemi pour l'y enfoncer. Après s'être longtemps battues, s'être roulées sur le tablier, dans l'air ou sur le sol et avoir fait de vains efforts pour se blesser, elles se séparent, ou l'une d'elles parvient enfin à enfoncer son aiguillon dans le corps de l'autre, qui se recoquille et perd ses forces presque à l'instant. Le vainqueur retire, quoique avec peine, son aiguillon du corps de son ennemi; il n'y parvient qu'en tournant dans tous les sens comme sur un pivot. Il s'en détache enfin et vient se joindre aux autres combattants. Si, après un moment de combat, les assaillantes ne parviennent pas à forcer l'entrée, elles se résignent à abandonner la partie et à se retirer; mais, si elles parviennent à forcer le passage, le combat prend des proportions plus grandes, car alors quelques pillardes, parvenant jusqu'aux provisions dont elles se gorgent avec précipitation, retournent plus vite encore avertir leurs compagnes qui arrivent en foule et finissent par envahir la place, non sans qu'il y ait eu un grand nombre de victimes de part et d'autre. Quand, à la suite du combat, on voit entrer et sortir des masses d'abeilles, on doit juger qu'il n'y a plus de résistance et que le pillage s'effectue. Ce qu'il y a de plus pressé à faire dans cette circonstance, c'est de boucher la ruche et de l'emporter si les pillardes arrivent en grande quantité. On ne l'ouvrira que le lendemain. Il ne faut pas attendre qu'une ruche soit en train d'être pillée pour la secourir. Aussitôt qu'on s'aperçoit que des abeilles font mine de vouloir l'attaquer, on doit rétrécir l'entrée de manière à ne laisser de passage que pour deux ou trois abeilles de front et asperger abondamment les assaillantes avec de l'eau froide. Si celles-ci continuent leur agression, on rétrécira encore davantage l'entrée, en laissant cependant assez d'air pour ne pas asphyxier les habitants. On la bouchera entièrement si les abeilles de l'intérieur n'opposent aucune résistance; on s'assurera ensuite si cette ruche est bien organisée; dans le cas contraire, on la réunira à une autre. Il importe d'autant plus d'arrêter le pillage d'une ruche que ce pillage isolé entraîne souvent celui des ruches voisines. On provoque le pillage lorsqu'on manipule du miel près du rucher et qu'on en présente aux abeilles au milieu de la journée. Les colonies faibles en population qui auraient reçu une atteinte de pillage, doivent être réunies à d'autres.

Ennemis des abeilles. — Fausse teigne. — A cause de leur miel, les abeilles ont des ennemis nombreux. Bien que la nature les ait armées d'un aiguillon pour défendre leur trésor si envié, l'apiculteur ne doit pas moins les aider dans une foule de circonstances. Elles ont des ennemis parmi les quadrupèdes : le rat, le mulot, le blaireau, etc.; parmi les oiseaux : la mésange, le pivert, le guêpier ou *abeillerolle*, etc.; parmi les reptiles et les batraciens : le lézard gris, les couleuvres, le crapaud, etc.; parmi les arachnides et les insectes : l'araignée, une grosse fourmi, la guêpe et le frelon, le sphinx atropos ou papillon tête-de-mort, et par-dessus tous, la *fausse teigne* ou *gallerie* de la cire.

La *fausse teigne* à l'état de larve, est un ver ou chenille qui ronge les rayons de cire où il s'établit, et qui provient d'un papillon de la famille des nocturnes. On distingue deux espèces de ces galleries : l'une, appelée par les savants *galleria cerilla*, et l'autre, *galleria alvearia*. La chenille de la première a $0^m,020$ ou $0^m,025$ de longueur sur $0^m,002$ ou $0^m,003$ de diamètre lorsqu'elle est développée; elle est d'un blanc sale avec des points verruqueux isolés; sa tête est d'un brun marron, ainsi que l'écusson et l'extrémité postérieure; son corps est cylindrique, annulaire et présente seize pattes. La chenille du second papillon ne diffère de la précédente que par la grosseur et la longueur. Aussitôt que ces chenilles sont sorties de l'œuf, elles entrent dans les gâteaux vides de miel et de couvain, en mangent la substance et s'y construisent une galerie de soie qu'elles fortifient avec des parcelles de cire et leurs excréments. Tant qu'elles sont petites et peu nombreuses, elles font peu de ravages; mais lorsqu'elles grossissent et se multiplient, elles ont bientôt envahi les rayons de la ruche et forcé les abeilles à fuir. Parvenues à toute leur croissance, les chenilles des galleries se réunissent ordinairement au milieu de la ruche, ou quittent les gâteaux et vont dans un des coins se bâtir chacune une coque soyeuse, dans laquelle elles se transforment en chrysalides, d'où sortent, un mois après, les insectes parfaits, c'est-à-dire des papillons qui se recherchent aussitôt, s'accouplent, pondent et meurent dans l'espace de très-peu de jours. Ces papillons pondent tout l'été à partir d'avril. On commence à voir la chenille de la fausse teigne vers le mois de mars. A cette époque, on en rencontre le matin, à l'entrée des ruches d'où les abeilles les ont extraites pendant la nuit. Elles proviennent d'œufs qui ont été pondus avant l'hiver. Il faut aux chenilles de la fausse teigne une température assez élevée pour prendre leur accroissement. Pendant l'hiver, on en découvre de tout âge qui restent engourdies jusqu'à ce que la chaleur des parois intérieures de la ruche leur permette de manger et de grandir.

On reconnaît la présence de la fausse teigne dans une ruche à ses excréments, que l'on trouve sur le tablier, mêlés à de nombreuses parcelles de cire. Ces excréments sont noirs et du volume des grains de la poudre à canon. La fausse teigne exhale aussi une odeur qu'on distingue aisément. La destruction de ce parasite est assez difficile dans les ruches qui en sont fortement attaquées; mais les bonnes colonies, les ruchées populeuses en sont généralement exemptes. Donc, pour éviter la fausse teigne, on doit avoir des colonies fortes et tenir plus à la qualité qu'à la quantité. Dès qu'on s'aperçoit de la présence de cet ennemi dans une ruche, il faut se hâter d'enlever les rayons ou parties de rayons dans lesquels il se trouve, et si l'on possède une population disponible, la donner à la colonie affectée. Si la fausse teigne a fortement endommagé les rayons, on n'a rien de mieux à faire que de s'emparer de la population, de la réunir à une autre et de vider entièrement la ruche. On doit aussi faire la chasse aux papillons qui engendrent ces chenilles. Les débris de vieux rayons les attirent. Il ne faut jamais en laisser en été au rucher. Les chauves-souris détruisent un grand nombre de ces papillons.

Maladies des abeilles. — Les principales maladies qui affectent les abeilles sont la dyssenterie, la constipation et la loque. Dans les conditions normales, les abeilles ne laissent pas tomber leurs excréments dans la ruche, elles vont les perdre dehors. On s'en aperçoit principalement à la fin de l'hiver, lorsqu'elles ont été retenues un mois ou deux prisonnières par le froid. Elles n'épargnent alors ni les habits de ceux qui les visitent, ni le linge que les ménagères font sécher près du rucher. Mais si l'air de la ruche est altéré par l'humidité ou par toute autre cause, les abeilles retenues prisonnières sont bientôt atteintes de *dyssenterie*. Elles lâchent alors leurs excréments sur les parois et le tablier de la ruche, sur les rayons, sur leurs compagnes qu'elles engluent. Ces excréments, noirs et larges comme des lentilles, finissent par faire une masse fort épaisse et en exhalant une odeur méphitique, ils achèvent de corrompre entièrement l'air de la ruche; aussi la colonie atteinte périt-elle si l'on ne vient à son secours. Comme la cause principale est l'air altéré, il faut se hâter de renouveler cet air en renversant la ruche, en essuyant autant que possible les parois salies, en enlevant les rayons malpropres, en lavant le tablier. Puis, lorsqu'on a replacé la ruche sur son siége, on y laisse entrer librement l'air et l'on peut présenter aux abeilles un peu de bon miel tiède. Il est des personnes qui conseillent d'ajouter à ce miel un peu de sel et de vin. Nous ne pensons pas que l'usage de ces ingrédients soit d'un bon effet. C'est en automne, et principalement au sortir de l'hiver, que cette affection règne; elle est due notamment à l'humidité, à un miel inférieur et aux ruches qui abritent mal les abeilles. Lorsqu'une ruchée a été assez gravement atteinte de dyssenterie, il faut s'emparer de sa population et la marier à une autre. La ruche doit être vidée et soigneusement lavée avant qu'on s'en serve pour y loger une autre colonie. Une colonie qui a eu la dyssenterie devient souvent loqueuse à la suite.

La *constipation* est le résultat d'un abaissement de température dans la ruche à l'époque où les abeilles ont leur abdomen rempli de résidus. Cet abaissement de température à l'intérieur est dû à un abaissement extérieur brusque et fort. Au printemps des années pluvieuses, il arrive quelquefois que la température des mois de mars et d'avril se trouvant à 15 degrés au-dessus de zéro, tombe en quelques heures à 3 ou 4 degrés au-dessous avec un vent pénétrant. Les abeilles des ruches peugarnies et mal closes s'efforcent alors d'absorber du miel pour rétablir la chaleur, mais leur corps étant plein, elles ne peuvent pas atteindre le but qu'elles se proposent et deviennent constipées. Sous une température plus élevée, elles en auraient été quittes pour une dyssenterie; mais sous une température basse les excréments s'épaississent dans leur abdomen au point qu'elles ne peuvent plus s'en débarrasser. Un certain nombre d'abeilles constipées essaient de s'envoler, mais souvent elles tombent sur le tablier ou meurent même entre les rayons. Les abeilles atteintes de constipation ne veulent pas prendre les aliments qu'on leur présente. Le moyen de sauver une colonie dont toutes les abeilles ne sont pas affectées, consiste à réunir cette colonie à une autre bien saine. Les populations fortes, bien pourvues d'aliments et convenablement logées, sont exemptes de cette affection, qui atteint cependant individuellement quelques abeilles au début du printemps; mais les cadavres de ces abeilles étant soigneusement enlevés par les ouvrières, ils n'ont pas le temps d'exhaler l'odeur malfaisante qui rend la maladie contagieuse.

La *pourriture* ou *loque* est une affection qui atteint d'abord le couvain. Celui-ci se décompose et produit une odeur qui empoisonne les abeilles de la colonie affectée et s'étend aux colonies voisines. Cette maladie n'attaque isolément que les colonies faibles, mal logées, et cela le plus souvent au commencement du printemps, après un hiver doux, qui a permis à l'abeille mère de hâter sa ponte et de l'étendre inconsidérément. S'il survient alors un abaissement de température sensible, les abeilles sont contraintes de quitter le couvain éloigné du centre de la ruche; ce couvain, ne tardant pas à mourir, se décompose et devient mou comme une loque, d'où le nom de *loque* donné à la maladie et celui de *loqueuses* aux ruchées qui en sont atteintes. L'odeur que produit une colonie loqueuse a une grande analogie avec celle de la viande gâtée: elle est si forte que l'apiculteur ne tarde pas à la découvrir, et si pénétrante qu'elle devient une véritable peste pour toutes les abeilles du rucher. Le couvain pourri, le plus souvent operculé, se décompose très-vite et ne forme bientôt plus, avec la cire, qu'une masse brunâtre qui ressemble à de la pulpe d'abricot pourri.

Dans les cantons méridionaux où les nuits d'été sont souvent très-fraîches, cette affection a quelquefois lieu après l'essaimage et en arrière-saison. Elle se montre aussi dans les ruches dont on a extrait un essaim artificiel et qu'on a trop fortement dégarnies d'abeilles. Les grandes ruches, celles qui concentrent mal la chaleur, sont plus sujettes à la loque que les petites qui la concentrent bien.

On doit se hâter d'apporter un remède aux colonies atteintes de la loque. On reconnaît qu'elles sont dans cet état à un ralentissement sensible dans l'activité des abeilles et, nous l'avons dit plus haut, à l'odeur désagréable qu'exhalent les ruches. Il faut aussitôt chasser les abeilles dans des ruches vides, enlever les parties de rayons qui contiennent le couvain gâté, enlever même le couvain en bon état placé près de celui qui est pourri, et brûler sous la ruche une forte mèche soufrée, après quoi on y réintègre les abeilles. Ces moyens suffisent pour sauver la colonie, lorsque la maladie n'est pas trop invétérée. Dans le cas contraire, il faut transvaser les colonies atteintes dans des bâtisses passées au soufre, et leur donner du miel liquide dans lequel on met une pincée de fleur de soufre. On pourra réunir plusieurs colonies attaquées au même degré. Ces colonies devront, autant que possible, être isolées du rucher. Si, malgré le traitement que nous venons d'indiquer, l'affection se développait, il faudrait éloigner les ruches non encore atteintes. On doit se garder de donner le miel des ruches loqueuses aux colonies saines, car ce miel communiquerait l'affection, même longtemps après avoir été récolté.

Les autres affections qui frappent les abeilles présentent moins de gravité. Cependant, il faut se méfier des ruches qui ont du couvain atteint de dessiccation, car elles pourront devenir loqueuses par la suite. La moisissure des rayons qui altère la cire, est due à un excès d'humidité. Il faut enlever les parties de rayons affectées. Le *vertige* est une affection qui frappe individuellement les abeilles vers le printemps et l'été. Celles qui en sont atteintes courent et tournoient sur le sol jusqu'à ce qu'elles soient épuisées. Quelquefois cette affection devient épidémique. On ne sait à quoi l'attribuer, et on ne connaît aucun remède pour la guérir.

Moyen d'équilibrer la population des ruches. — Aux mois de mai et de juin, et même plus tard, lors de la grande production du miel, on peut équilibrer les populations des ruches, c'est-à-dire renforcer les faibles par un moyen bien simple, qui consiste à mettre les ruches faibles à la place des ruches fortes et *vice versâ*. Cette opération doit se faire par une belle journée de travail, au moment où les abeilles se trouvent en grand nombre en campagne. On fait permuter les ruches, mais non leurs tabliers, qui doivent rester à la même place. Voici ce qui arrive dans cette circonstance: les abeilles qui reviennent des champs, chargées de butin, rentrent sans défiance dans la ruche qu'elles croient être la leur; celles de la ruche forte, très-nombreuses, rentrent dans la faible qu'elles repeuplent d'autant; quelques-unes, reconnaissant leur méprise, ressortent presque aussitôt; mais l'odeur du tablier finit par les faire rentrer après un moment d'hésitation. Quant au plus grand nombre, elles sont si préoccupées de la récolte du miel, laquelle semble les enivrer, qu'elles vont déposer de confiance leur butin dans la nouvelle habitation, et qu'elles repartent aussitôt aux champs pour de nouvelles provisions. Quelques heures après cette transposition les colonies sont souvent aussi calmes que si elle n'avait point eu lieu, et pas une seule abeille ne périt. Il y aurait combat entre les abeilles, si les fleurs ne donnaient pas de miel; il faut donc choisir, pour faire cette opération, une journée où la miellée est abondante. Par ce moyen, on rend fort un essaim faible en le mettant à la place de sa ruche-mère, et en éloignant celle-ci. Si cette ruche-mère a été opérée artificiellement, elle peut être mise à la place d'une ruche forte qu'on éloigne.

Récolte des ruchées. — Subordonnée à la flore locale et aux circonstances atmosphériques, la récolte a ordinairement lieu, tantôt vers la deuxième période du temps de l'essaimage, tantôt au moment de la défloraison de la principale fleur mellifère. On peut encore récolter à l'automne, et même après l'hiver, lorsqu'on ne l'a pas fait plus tôt; mais à ces époques, les produits sont inférieurs, parce qu'ils sont souvent mélangés. La récolte est partielle ou entière. Elle se fait partiellement par l'enlèvement des chapiteaux, pour les ruches à chapiteaux, et des hausses supérieures, pour les ruches à hausses. Elle se fait entièrement avec les ruches en une pièce, par le transvasement ou la chasse des abeilles, et aussi par leur asphyxie momentanée. Elle peut se faire partiellement sur ces ruches, par la *taille* des rayons, surtout quand on opère en arrière-saison et qu'on a affaire à des ruches spacieuses qui ne permettent que difficilement la chasse des abeilles. On ne doit récolter que les ruchées fortement garnies de miel, celles qui ont un excédant de provisions, celles dont les édifices commencent à vieillir. Nous ne reviendrons pas sur la manière de récolter les chapiteaux et les hausses; nous l'avons indiquée précédemment en parlant des ruches à chapiteau et à hausses; mais nous nous arrêterons à la récolte des ruches communes.

Récolte entière des ruches communes. — La récolte générale des ruches en cloche se fait par la chasse des abeilles ou par leur asphyxie momentanée. En parlant des essaims artificiels, nous avons décrit l'opération du transvasement par tapotement. Nous devons ajouter que, lorsqu'il s'agit de récolter, ce transvasement doit être complet, c'est-à-dire que toutes les abeilles seront expulsées de leur ruche. Celles qui s'obstinent à ne pas déloger après un tapotement de vingt à trente minutes, sont expulsées à l'aide de la fumée et des barbes d'une plume. L'on opère souvent à deux fois; la première, on chasse les abeilles comme pour un essaim artificiel (c'est bien un essaim artificiel qu'on forme), et vingt et un ou vingt-deux jours après, on chasse une seconde fois, c'est-à-dire le reste des abeilles qu'on réunit aux premières. Tout couvain a alors disparu de la ruche, ce qui donne des produits plus nets. Dans les localités où le miel est abondant et se produit vite, on chasse une vingtaine de jours après la fauchaison de la principale fleur mellifère, communément le sainfoin, et il y a toujours, à cette époque, peu de couvain dans les ruches, parce que du moment où la récolte du miel est très-abondante, la mère ne trouve plus de cellules où déposer des œufs. On donne le nom de *chasse*, *chassé* ou *trévas* aux colonies qu'on a ainsi forcées de sortir de leurs ruches. Les chassés ou trévas doivent être doublés et quelquefois triplés, lorsqu'ils proviennent de ruchées opérées après la principale production du miel. Mais ils peuvent être laissés seuls, s'ils sont obtenus avant la fin de la production mellifère, et s'ils sont populeux. Toutefois, ils ne réussissent pas toujours, à moins qu'on ne leur fasse une avance qu'ils rendent à gros intérêts. Cette avance consiste à leur donner 2 ou 3 kilogrammes de miel commun ou de sirop de sucre, qu'on leur administre en deux fois, les deux premières nuits de leur installation. Ces 2 ou 3 kilogrammes de nourriture leur valent mieux que 6 kilogrammes en arrière-saison; c'est-à-dire que, moyennant une dépense de 2 à 3 francs, on est presque certain de leur réussite trois années sur quatre.

Asphyxie momentanée des abeilles. — En mettant les abeilles en contact avec la fumée de quelques corps âcres et délétères, on obtient leur asphyxie momentanée, si ce contact n'est pas trop prolongé, car autrement l'asphyxie deviendrait définitive. C'est assez dire que le moyen est rigoureux, héroïque, et qu'il faut en user avec circonspection. Cependant, on ne sacrifie presque pas d'abeilles, lorsqu'on apporte de la prudence et des soins dans l'opération, et, après tout, il vaut mieux y avoir recours que d'étouffer ces abeilles, comme le font encore les *éteigneurs*. Les substances dont on fait usage pour obtenir l'asphyxie momentanée des abeilles sont : la vesse-de-loup ou lycoperdon, l'azotate de potasse ou sel de nitre (salpêtre), etc. La manière d'opérer peut différer; mais l'essentiel est de ne pas laisser trop longtemps les abeilles en contact avec la fumée asphyxiante. Voici comment on peut opérer avec la vesse-de-loup : vous faites un trou en terre d'environ 0^{m},20 à 0^{m},25, et assez large pour y placer un vase vernissé sous lequel vous avez soin d'étendre un essuie-mains. Vous enfilez dans du fil de fer cinq ou six vesses-de-loup sèches et grosses comme des noix, dont vous ouvrez la tête; vous les passez sur la flamme de plusieurs allumettes réunies, et vous fichez ce fil de fer dans le côté latéral du trou. Au lieu d'un fil de fer, on peut prendre une boule de toile métallique dans laquelle on met les vesses-de-loup, ainsi que plusieurs charbons ardents, et placer cette boule de manière que lorsque les abeilles tombent, elles en soient éloignées. Vous posez la ruche dessus et vous relevez contre cette ruche les bords de l'essuie-mains, et la buttez à l'aide de la terre que vous avez extraite du trou, afin d'empêcher la fumée de sortir. Quatre ou cinq minutes après, vous pouvez relever votre ruche, toutes ou à peu près toutes les abeilles sont tombées dans le vase. Comme vous faites la même opération en même temps sur deux colonies que vous voulez marier, vous prenez les assiettes pleines d'abeilles et vous les mettez dans la ruche dans laquelle vous vous proposez de les loger; vous reportez la ruche au rucher et le travail est terminé. On peut se borner à asphyxier seulement les abeilles de la ruche qu'on veut récolter et les donner à celle que l'on désire conserver. On fait ordinairement cette opération vers le soir. Lorsque les abeilles ont été placées dans la ruche qui doit les réunir, on en bouche à peu près l'entrée, de manière que ces abeilles ne puissent s'en échapper lorsqu'elles reviennent à la vie. Le lendemain matin, dès qu'on leur rend la liberté, elles sont aussi vives que la veille et aussi unies que si elles eussent toujours vécu ensemble.

On peut opérer de la même manière, lorsqu'on se sert de sel de nitre. Il en faut 5 grammes pour l'asphyxie d'une colonie. Le nitre ne s'emploie pas tel qu'il est; on le dissout dans un demi-verre d'eau et on en imprègne des chiffons ou de la filasse que l'on fait sécher. Au lieu de faire tomber les abeilles dans un vase, on peut les recevoir dans une hausse à fond, placée sous la ruche à asphyxier, laquelle hausse est mise, après l'opération, sous la ruche à laquelle on veut donner les abeilles asphyxiées. On se sert alors de l'enfumoir (*fig.* 660), pour produire la fumée asphyxiante et on lance cette fumée par l'entrée de la ruche. Deux ou trois minutes suffisent pour asphyxier, par le sel de nitre, les abeilles d'une ruche; un plus long contact avec la fumée asphyxiante pourrait être dangereux pour nos insectes. La fumée de la vesse-de-loup est moins délétère; avec elle, on peut prolonger l'opération sans altérer la santé des abeilles. Il arrive souvent, lorsque la ruche est grande, que les mouches asphyxiées ne tombent pas toutes; on se sert alors d'une barbe de plume, on secoue la ruche et on frappe dessus avec la main. Si l'on ne peut faire tomber toutes les abeilles, on les asphyxie de nouveau lorsqu'elles sont revenues à la vie.

Récolte partielle des ruches communes. — Taille. — La récolte partielle se fait à la même époque que la récolte entière, bien qu'on puisse la faire à différentes autres époques de l'année. On la pratique après avoir enlevé, ou sans avoir enlevé les abeilles de la ruche. Dans le premier cas, on extrait, à son aise, les rayons ou parties de rayons qu'on veut récolter. Dans le second cas, on pratique une *taille* qui est un peu plus compliquée. Voici une manière d'opérer sur la ruche en cloche : après avoir introduit quelques bouffées de fumée par la porte de la ruche, et après avoir décollé et soulevé cette ruche au moyen d'une petite cale, on l'enfume de nouveau pour mettre les abeilles en état de bruissement; on la transporte à la place désignée, près des ustensiles nécessaires, et on la renverse à ciel ouvert. Là, après avoir reconnu la partie occupée par le miel, on place une tuile creuse sur l'autre partie, celle où se trouvent le couvain ou les rayons vides, et l'on continue de lancer de la fumée aux abeilles en cognant un peu la ruche. La fumée et les coups donnés avec le couteau à miel forcent les mouches à se réfugier sous la tuile. Dès que les gâteaux deviennent libres, on les enlève et on chasse les quelques abeilles qui s'y trouvent; puis on secoue ou on balaye la tuile pour faire tomber toutes les mouches dans la ruche, qui, à l'instant, est reportée à sa place. Cette méthode ne présente ni difficulté ni danger d'aucune nature, quand la saison est encore bonne et qu'on a affaire à des ruches peu profondes; mais, lorsque la campagne n'offre plus de ressources, il est bien difficile de maîtriser les abeilles; elles s'obstinent, malgré la fumée, à rester au fond de leurs gâteaux. Il est bon alors d'avoir recours à l'asphyxie momentanée. Lorsqu'on a affaire à des ruches élevées, à des ruches en planches, en liége ou en tronc d'arbre, comme on en rencontre dans le Midi, on les *taille* par la partie supérieure. Cette opération se pratique au milieu de la journée. Après avoir décollé le couvercle de la ruche, on lance de la fumée aux abeilles, pour les éloigner, et, à l'aide d'un couteau à lame recourbée (*fig.* 670), on extrait les gâteaux ou parties de gâteaux qu'on veut enlever; on remet le couvercle et l'opération est terminée. La taille a des inconvénients, notamment lorsqu'elle est forte; mais elle vaut cent fois mieux que l'étouffage.

Provisions que doivent avoir les colonies pour passer la mauvaise saison. — Nourrissement. — Les colonies consomment en moyenne de 6 à 8 kilog. de miel, depuis septembre jusqu'en avril. Il y en a qui consomment plus et d'autres moins. Cette quantité varie selon le climat et selon l'année; on peut même ajouter selon l'état de chaque colonie, car il en est qui mangent plus que d'autres, et ce ne sont pas toujours les plus populeuses qui, comme on pourrait le croire, mangent le plus. En estimant la quantité de provisions que contient une ruche, il faut avoir égard à son âge et se souvenir que les rayons noirs des vieilles ruchées pèsent deux ou trois fois plus que les rayons blancs des essaims. On doit aussi tenir compte, approximativement, de la quantité de pollen qui peut exister dans les ruches. On est fixé sur ce point par celles qu'on a dépouillées. Une ruchée de 15 kilog. pourra s'apprécier de la manière suivante : ruche vide, 4 kilog.; abeilles, 1k,500; rayons (cire et propolis), 1 kilog.; pollen, 500 gr.; miel, 8 kilog., total : 15 kilog. Les colonies populeuses qui n'auraient pas cette quantité de miel en automne, doivent recevoir un complément, et il vaut mieux leur donner ce complément lorsque la saison est encore chaude que d'attendre qu'elle devienne froide. C'est une erreur de croire que les abeilles puissent abuser de la nourriture qu'on leur donne et qu'elles en deviennent plus paresseuses. Il est vrai que, quand on leur en présente prématurément, elles en emploient aussitôt une partie à alimenter du couvain; mais ce couvain augmente et ravive la colonie. Si l'on a des parties de ruches, hausses ou chapiteaux, qui contiennent du miel en rayons dont on n'aurait pas tiré parti, ou qu'on aurait réservé pour les abeilles, on leur présentera ce miel, soit en ajoutant la partie de ruche, soit en plaçant le soir les rayons sous la ruche. Deux kilogrammes de miel en rayons, et non granulé, bien entendu, font plus de profit que trois kilogrammes de miel coulé. Les miels coulés, dont on se sert le plus souvent pour nourrir les abeilles, et qui conviennent le mieux parce qu'ils sont les moins chers, sont ceux dits de presse, et les miels de bruyère et de sarrasin (miel de Bretagne); ces derniers sont réputés froids et ne doivent pas être donnés en grande quantité. Il faut les choisir durs et de bon goût, et les faire fondre avant de les présenter aux abeilles. On se gardera d'y ajouter du vin ou de l'eau de vie, comme l'ont recommandé des auteurs anciens. A défaut de miel, on peut user de sucre, que l'on fait fondre en y ajoutant le même poids d'eau, et bouillir à consistance de miel en sirop; c'est un excellent aliment auquel on peut ajouter du sirop de fécule. La nourriture est présentée aux abeilles dans un vase plat et à bords droits qu'on place le soir sous leur ruche; on soulève celle-ci au moyen de cales ou d'une hausse, si ses rayons descendent jusqu'au bas. La ration journalière à administrer doit être d'un kilogramme au moins. Plus les rations sont divisées, moins elles profitent aux abeilles; il y a toujours une déperdition plus ou moins grande. Le vase dans lequel on met la nourriture doit être enlevé tous les matins, s'il contient encore du miel; autrement il pourrait provoquer le pillage.

Achat et transport des abeilles. — On achète, et par conséquent on vend des colonies à trois époques principales : au sortir de l'hiver, au moment de l'essaimage, et en arrière-saison. Après l'hiver on paye un peu plus cher, mais on est plus certain de ce que l'on achète : on n'a plus à redouter les temps froids, pendant lesquels des abeilles-mères peuvent mourir. Au moment de l'essaimage on court le plus de mauvaises chances, car on achète des colonies qui ne possèdent rien, des *essaims à la branche* qu'on paye peu cher, qui seront peut-être bons si la saison est favorable, mais qui ne vaudront rien si elle ne l'est pas. En arrière-saison on est assuré des provisions, mais on a l'hiver à traverser. Le prix des colonies varie donc selon l'époque de l'achat; il varie aussi selon la force des colonies et selon les cantons. Un essaim primaire à la branche se paye de 6 à 15 francs, selon la localité. On vend, à la fin de l'été et en automne, de bonnes colonies à conserver de 12 à 24 francs selon la localité et l'année; ces mêmes colonies sont payées de 15 à 28 francs à la fin de l'hiver et au commencement du printemps.

On doit, autant que possible, acheter des colonies dans un rucher nombreux et éloigné de 2 ou 3 kilomètres au moins de l'endroit où on propose de les établir, si cela a lieu pendant la bonne saison, car, à une distance plus rapprochée, un certain nombre d'abeilles retourneraient à l'ancien rucher. Cet inconvénient n'a plus lieu à la fin de l'automne et au commencement de l'hiver. Il faut aussi tirer les abeilles du même cru, c'est-à-dire ne pas en prendre dans une localité dont la fleur principale donne du miel rouge pour les apporter dans une autre dont les fleurs ne donnent que du miel blanc.

Le transport des abeilles nécessite des précautions à prendre, notamment en été et lorsqu'il s'agit de fortes ruchées. L'enlèvement d'une ruche n'offre pas de difficulté lorsqu'elle a été bien enveloppée et que son intérieur est garni de bâtons suffisants pour maintenir les rayons. On se sert pour cet enveloppement d'une toile claire ou d'un canevas fort qui permet à l'air de circuler. C'est le soir, lorsque les abeilles sont toutes rentrées, ou le matin avant leur sortie, qu'il faut entoiler leur ruche. On commence par lancer un peu de fumée à l'entrée de la ruche, puis, après l'avoir décollée et exhaussée à l'aide de petites cales, on jette encore de la fumée afin de faire monter les abeilles qui se trouveraient sur le plancher. On place la ruche sur la toile dont on lie les coins et qu'on fixe autour de cette ruche à l'aide d'une ficelle qui en fait le tour et empêche les abeilles de s'échapper. Lorsqu'il s'agit d'un essaim, la ruche peut être portée à la main. Une ruche garnie est placée sur une hotte ou sur des crochets, ou bien elle est portée sur une civière. On peut la transporter à dos de bête de somme ou en voiture, en évitant autant que possible les cahots. Il faut nécessairement avoir recours à la voiture lorsqu'on a un certain nombre de ruches à transporter et que la distance est longue. On a soin de les établir sur des hausses vides si elles sont fortement garnies de provisions et d'abeilles ; on met aussi au fond de la voiture des paillassons sur lesquels on place une échelette ou seulement des pièces de bois qui supportent les ruches et permettent à l'air de circuler. On a soin de placer les ruches de manière que les rayons des abeilles se trouvent en travers de la voiture ; le cahotement pourrait les détacher s'ils étaient en long. Si l'on place deux rangs l'un sur l'autre, il est bon de conserver les ruches les plus pleines et les plus lourdes pour le rang supérieur. On peut placer ces dernières sens dessus dessous. Il faut avoir soin de mettre de la paille entre les ruches pour les empêcher de bouger et de souffrir des cahots. Quand le transport s'effectue durant les chaleurs, il doit avoir lieu la nuit ; ce serait plus que de la témérité de s'exposer à le faire pendant le jour. Aussitôt leur arrivée à destination, on place les ruches à l'endroit qui leur est destiné, mais en ayant soin de laisser dessous un courant d'air ; au bout d'une demi-heure ou d'une heure, on délie la toile qui les enveloppe, toile qu'on n'enlèvera qu'un peu plus tard, si beaucoup d'abeilles sont dessus. Lorsque l'arrivée a lieu dans le courant de l'après-midi, on peut attendre la nuit pour détoiler les ruches. Dans ce cas les abeilles ne s'envolent pas et l'opérateur est plus à son aise. Mais on peut toujours maîtriser les abeilles en leur lançant de la fumée à travers la toile ; l'enlèvement de cette toile en devient plus facile.

Dans plusieurs cantons on profite de diverses fleurs mellifères que ne donne pas la localité, en transportant les colonies où sont ces fleurs. Aux débuts de la campagne on les transporte, par exemple, près des bois à essences hâtives, tels que saule marceau, noisetier, cornouiller, cerisier, etc. et, un peu après, parmi les colzas ou navettes printaniers. Vers le courant de mai on les transporte aux sainfoins, puis en été aux blés noirs ou sarrasins et à la bruyère. On conduit aux fleurs hâtives dans le but d'un essaimage abondant et précoce ; on conduit aux colzas et aux sainfoins en vue d'une ample récolte de miel blanc ; on conduit enfin aux sarrasins et à la bruyère dans le but de remonter les colonies que l'on a récoltées précédemment. Le transport des abeilles se pratique notamment aux environs de Caen, dans le Gâtinais et une partie de la Beauce, dans quelques localités du Nord, de l'Est et du Midi. La distance qu'on parcourt est parfois assez grande ; on a alors recours aux chemins de fer. C'est par ce moyen qu'en juillet et en août, les apiculteurs des environs de Pithiviers conduisent leurs abeilles en Sologne. C'est par le même moyen qu'ils peuvent faire venir des colonies de la Bourgogne, du Berri, du Perche, du Mans et même de la Savoie.

Façonnement du miel.—Nous avons dit que le miel doit être manipulé aussitôt après son extraction de la ruche, et qu'il doit être extrait de la ruche aussitôt que les abeilles en sont sorties, car alors il est chaud, limpide, et coule facilement ; mais si on le laisse refroidir dans les rayons, il n'en sort entièrement qu'à l'aide d'une chaleur artificielle et d'une pression qui en altère plus ou moins la qualité. Cependant il convient de laisser refroidir dans les rayons, — et par conséquent de ne pas extraire ceux-ci de suite, — le miel limpide et non operculé qui a été recueilli ce jour-là ou la veille par les abeilles, car ce miel contient encore une surabondance d'eau qui empêcherait sa granulation par la suite. Lorsqu'on n'a que quelques ruches, quelques hausses ou quelques chapiteaux à récolter, on arrive facilement à en extraire le miel avant qu'il se soit refroidi, surtout lorsqu'on opère en été ; mais il n'en est pas de même lorsqu'on opère sur un grand nombre de ruches et en saison froide. Il faut alors posséder un local spécial, un laboratoire dont on puisse élever la température à volonté. C'est dans ce laboratoire qu'il convient d'extraire le miel quand on veut opérer en grand et avec promptitude; il est indispensable aux apiculteurs qui ont beaucoup de ruches, et non aux cultivateurs qui n'entretiennent qu'un petit nombre de paniers dans leurs fermes. Pour une petite quantité on s'installe dans une pièce sèche et bien close, ayant, autant que possible, une croisée au midi qui laisse entrer les rayons du soleil, et on est muni des appareils nécessaires pour l'extraction des rayons et pour le tamisage du miel. Ces appareils consistent en couteaux, tenailles, terrines, tamis ou claies et en vases pour recevoir le miel. Les couteaux dont on fait usage pour extraire les rayons se composent : 1° d'un *cératome*, A (*fig.* 671), dont la longueur varie en raison de la profondeur des ruches qu'on a à récolter ; 2° d'un couteau à lame recourbée, B, qui peut remplacer le premier ; 3° d'un couteau à lame droite et demi-pliante, C, qui sert à entamer et à décoller les rayons attachés aux parois latérales ; 4° d'une spatule-couteau ou *brise-propolis*, D, qui sert à enlever les parties de rayons fortement attachées aux parois de la ruche. Cette spatule sert également à décoller les ruches de leur plateau, les chapiteaux du corps des ruches,

Fig. 671. — Couteaux.

et peut être utilisée comme truelle pour calfeutrer les ruches; 5° d'un couteau effilé E qui sert à couper les parties de rayons secs et de couvain qui ne doivent pas être mêlées au miel. Les terrines et les pots doivent être vernissés. Quant aux tamis, on se sert de ceux affectés aux différents usages de la cuisine; on les remplace quelquefois par des claies en osier blanc. Au lieu de terrines et de tamis, on peut se servir d'un appareil spécial appelé *mellificateur*, qui se compose tantôt d'une boîte divisée horizontalement par une toile métallique galvanisée et fermée par une vitre qui laisse entrer les rayons du soleil, et tantôt d'une double burette en fer-blanc ayant les mêmes dispositions. On a inventé d'autres appareils chauffés artificiellement par un tuyau de chaleur, qui les traverse ou les entoure. A l'aide de ces appareils, on peut obtenir jusqu'à la dernière goutte de miel sans avoir recours à la presse ou au four, comme on le fait quelquefois.

Nous arrivons à l'extraction des rayons; il s'agit par exemple de la dépouille d'une ruche commune : on commence par enlever les boiseries allant d'une paroi à l'autre pour maintenir les gâteaux; on les cogne d'un côté de la ruche, et de l'autre on les prend et on les fait tourner avec des tenailles; ensuite on tient la ruche de manière que les gâteaux soient de champ, et on la frappe contre un objet quelconque pour détacher à la fois tous les rayons lorsqu'ils sont tous pleins de miel et qu'il ne se trouve pas dans le fond de la ruche des boiseries transversales ou obliques que l'on n'a pu enlever. Dans le cas contraire, les rayons sont extraits entiers ou par fragments au moyen des couteaux recourbés et pliants (*fig.* 670). On a soin d'enlever des rayons les abeilles vivantes qui se trouveraient encore dessus, et les mortes que l'on découvrirait dans des cellules vides. Les abeilles vivantes qui tombent dans le miel et y restent un moment y laissent une certaine quantité de leur venin qui communique à la matière sucrée une âcreté désagréable et malfaisante, et leur cadavre y introduit un principe fermentescible également nuisible. Au fur et à mesure que les rayons sont enlevés de la ruche, ils sont triés; tous ceux qui contiennent du miel pur, du miel exempt de pollen et logé dans de la cire neuve, ou dans de la cire vieille qui n'a pas servi de berceau à du couvain, sont mis dans un tamis de crin placé sur une terrine, et sont rompus pour que le miel puisse s'en écouler; ce miel sera de premier choix. Tous ceux qui contiennent du miel mêlé de pollen, ou du miel logé dans des cellules qui ont contenu du couvain, seront mis dans un autre tamis; ils seront également écrasés et donneront du miel de deuxième choix. Les parties de rayons contenant du couvain et du pollen doivent toujours, autant que possible, être retranchées des parties voisines qui renferment du miel. Les rayons secs, qui ne contiennent aucun miel, ne seront pas non plus placés dans les tamis. Quand le miel de premier choix est séparé de la cire, on prend les résidus; on les écrase de nouveau et on les réunit à ceux du miel de second choix. Au bout de quelques heures, et même le lendemain, on place ces résidus dans un canevas et on les soumet à la presse, si l'on en a une; si l'on en manque, on les place dans une terrine qu'on met dans un four après la sortie du pain. Le peu de miel qui reste ne tarde pas à couler, vu que la cire fond; mais, comme celle-ci est plus légère, elle reste à la surface de la terrine, où elle se fige en refroidissant. Il est alors facile de l'extraire à part, ainsi que le miel, qui est inférieur ou de troisième choix.

Lorsqu'on rencontre du miel candi dans une ruche, il faut le mettre à part, si la quantité en vaut la peine. Dans ce cas, on le fait fondre au bain-marie et, après fusion, on le laisse refroidir, ou à peu près, et on le passe au tamis. Souvent il n'est plus que de deuxième qualité.

Le miel étant séparé de la cire, on le laisse un demi-jour ou un jour entier dans les terrines où il a été coulé. Pendant ce temps, une écume composée de petites parcelles de cire se forme à sa surface; il faut avoir soin d'enlever cette écume, qui fait fermenter le miel, lorsqu'elle n'a pas été enlevée ou que le miel a été mal écumé. Le miel écume mal, quand il est fait à une température basse; dans ce cas, il n'est pas limpide, et les parcelles de cire qu'il contient ne peuvent monter à la surface; c'est pourquoi il doit toujours être façonné dans un local dont la température soit élevée.

On peut aromatiser le miel; c'est en le coulant qu'on lui donne l'arôme qu'on désire. On n'a besoin pour cela que de mettre sur le tamis ou la claie destinée à la filtration, la fleur, la plante, ou le fruit dont on veut que ce miel prenne le goût. En plaçant, par exemple, quelques amandes douces concassées et divisées sur le tamis, le miel qui passe dessus s'imprègne de l'arome de ce fruit, arome qui plaît généralement. Une vingtaine d'amandes suffisent pour aromatiser une potée de miel de 10 kilogrammes. On emploiera des fleurs d'oranger, si l'on désire obtenir le parfum de cette fleur.

Les vases destinés à contenir le miel doivent être propres et n'avoir aucun mauvais goût. Si on le met en tonneaux, ceux-ci doivent être neufs, ou, s'ils sont vieux, ils doivent avoir été soigneusement lavés à l'eau bouillante, dans laquelle on a ajouté un peu de potasse, s'ils ont acquis le goût de moisi ou si un reste de miel y a fermenté; ils doivent être secs lorsqu'on y introduit le miel et être lavés d'avance lorsqu'ils sont destinés à être vendus. On conserve une certaine quantité de miel en pot de différentes formes et de différentes matières; ceux en grès résistent mieux que ceux en terre, qui sont sujets à se briser lorsque le miel granule rapidement.

Nous ferons remarquer en passant qu'un pot de *sept décilitres* contient un kilogramme de miel. Ainsi, sachant la capacité d'un vase, on peut connaître la quantité de miel qu'il renferme, sans avoir besoin de le peser.

Lorsque le miel aura été entonné ou empoté, les vases ne seront pas fermés de suite, et on les placera dans un endroit sec et aéré; on évitera de le mettre dans les caves humides; mieux vaut le monter au grenier. Il faut aussi que l'endroit où l'on place le miel en sirop soit sain et ne contienne aucune liqueur en fermentation; autrement ce miel ne prendrait pas et pourrait fermenter au bout de quelque temps. Les vases sont fermés lorsque le miel est bien pris. Les miels des crucifères prennent très-vite de la consistance; ceux des plantes herbacées en prennent plus ou moins vite, selon l'élévation de la température. Mais les miels provenant des arbres sont longtemps à se granuler et souvent granulent mal. Ceux qui sont chauffés granulent à plus gros grains que ceux qui ne le sont pas.

Les miels qui s'en vont, c'est-à-dire qui tombent en sirop après avoir granulé, doivent être chauffés jusqu'à ébullition au bain-marie; après refroidissement, on y ajoute un peu de miel nouveau, bien pris, ou un peu de sucre blanc qui concourt à les faire reprendre.

Les qualités du miel dépendent des lieux et des plantes où les abeilles le récoltent. Le meilleur est recueilli sur le sainfoin, l'oranger et les labiées qui poussent sur les montagnes. Il doit être limpide et bien filant, lorsqu'il vient d'être récolté; plus tard, il doit prendre en grains ni trop gros ni trop fins, et devenir d'un blanc transparent. Son odeur doit être douce, agréable et aromatique; il ne doit pas prendre à la gorge, et doit avoir peu de ce goût particulier qui le fait reconnaître quoique mêlé à d'autres aliments. Dans les localités à cultures variées, le miel diffère de qualité selon la fleur qui domine. Les prairies naturelles et les prairies artificielles fournissent généralement un miel blanc, doux et aromatisé; le sarrasin et la bruyère, un miel rougeâtre ayant un goût prononcé; la plupart des arbres donnent un miel séveux qui happe à la gorge, excepté le tilleul et quelques autres arbres dont le miel est très-doux; quelques plantes et quelques arbustes produisent un miel verdâtre et âcre : tel est celui récolté sur le buis. La nature du sol et les circonstances météorologiques influent aussi sur la qualité comme sur la quantité du miel. Les miels de France les plus prisés sont : le miel du Gâtinais, butiné sur le sainfoin; celui de Chamounix (Savoie), butiné sur des labiées et le mélèze; celui de Narbonne, butiné sur les labiées (thym, romarin, serpolet, etc.), qui couvrent une colline de 12 à 16 kilomètres, située aux Corbières, près de Narbonne. Nos miels inférieurs sont : ceux de Bretagne, butinés sur le sarrasin; des landes de Bordeaux, butinés sur la bruyère; de Sologne, butinés sur le sarrasin et la bruyère. Ces miels ont leur principal usage dans la médecine vétérinaire et dans la fabrication du pain d'épices. Les miels étrangers les plus renommés sont ceux du mont Hymette (Grèce), de Mahon (île de Minorque), de l'île Maurice (mer des Indes), de Portugal, etc. Les inférieurs sont ceux de la Havane, de Cuba et de Saint-Domingue.

Voici les caractères et la composition du miel de Chamounix. Consistance : ferme, grenu à petits grains brillants avec séparation partielle de sucre fluide. Couleur : citrin pâle, passant au blanc de pain. Odeur : peu accentuée, fine. Saveur : sucrée, douce, ne laissant pas d'âcreté sensible à la gorge. La solution aqueuse a une teinte citrine légère, rougit le bleu de tournesol et se colore à peine en se convertissant en sirop à 30 degrés, par une concentration à feu nu. Ce miel blanchit tout à fait et perd complétement son odeur *sui generis* quand on l'expose par couches à l'air froid, procédé que suivent les industriels apiculteurs qui ont à leur portée les glaciers du Mont-Blanc. Proportions : sucre solide (glucose et sucre de canne), 55,35; sucre fluide (mélasse), 33,00; eau d'hybridation, 8,00; matière colorante, 0,60; mannite, matière muqueuse, acide libre, 3,05. Total : 100 (1).

Le miel est un excellent aliment. Il nourrit beaucoup, dit Bosc, sous un très-petit volume, et son usage n'a d'autre inconvénient que de lâcher quelquefois le ventre et d'affaiblir l'estomac, qu'il ne leste pas assez; mais en le mêlant à d'autres nourritures, on diminue ces inconvénients au point de les rendre insensibles. Il est ordonné dans les marasmes, dans les maladies de poitrine. On le regarde comme propre à prolonger la vie des vieillards qui s'en nourrissent exclusivement. Outre ces usages, comme aliment, le miel s'emploie dans la pharmacie et dans quelques arts. On en fait de l'hydromel et il est employé concurremment avec les sirops de fécules pour la fabrication de la bière. On peut l'employer avec avantage dans les moûts de vin qu'on veut fortifier ou allonger.

Fonte et épuration de la cire.—On emploie différents moyens, selon la quantité de résidus à fondre et selon l'outillage dont on dispose. Plus la cire est fondue en grand, plus elle est belle, à conditions égales de provenances. Pour les petites quantités et lorsqu'on ne dispose pas d'une presse, on a plus ou moins de déchets, et la qualité laisse souvent à désirer. S'il s'agit d'une petite portion à fondre, les débris d'une ou de deux ruches, par exemple, un des moyens les plus simples consiste d'abord à bien laver à grandes eaux ces débris, à les mettre ensuite dans un tamis en fer ou dans une corbeille en osier posée sur une terrine qu'on porte au four aussitôt que le pain vient d'en être extrait. Bientôt la chaleur du four fait fondre la cire qui tombe dans la terrine où elle reste un moment liquide et se fige en refroidissant. Pour que la cire ait le temps de s'épurer, on a soin de mettre par avance un litre ou deux d'eau bouillante dans la terrine; cette eau chaude maintient plus longtemps la fusion et permet aux parties hétérogènes de tomber. Le pain de cire qu'on obtient n'a presque pas de pied. Le *pied de cire* est la partie noirâtre ou verdâtre que l'on trouve au bas des pains ou des briques formées avec de la cire mal épurée. Ce pied est loin d'ajouter à la qualité de la cire.

Au lieu d'avoir recours au four, on peut faire fondre les résidus dans de l'eau, et, après fusion, les verser avec l'eau dans un canevas carré ou dans une toile claire dont on réunit les coins et qu'on presse fortement. Il faut avoir soin de faire fondre à petit feu afin d'éviter une ébullition trop grande. La cire fond à 62 degrés. Chauffée trop fort, elle reçoit un coup de feu qui la rend brunâtre. La plupart du temps l'on n'ob-

(1) *Mémoire sur les miels de la Savoie*, par M. C. Calloud.

tient pas, par ce procédé, une cire épurée à la première fusion : il faut fondre une seconde fois avec ou sans eau, selon les résultats de la première fonte. On a soin, après avoir retiré la bassine du feu (la cire demande à être fondue dans une bassine en cuivre ou dans un vase en terre vernissée), que la cire reste le plus longtemps possible en fusion ; c'est pendant ce temps qu'elle s'épure. Au moment où elle commence à prendre à la surface, lorsque sa température est de 70 à 72 degrés, il convient de la couler dans des moules en fer-blanc ou en terre vernissée. Coulés à une température plus élevée, les pains qu'on obtient sont excavés et crevassés ; à une température plus basse, les côtés et le dessous des pains grimacent. Il faut aussi que la température du local où on coule la cire soit élevée, si l'on veut obtenir des pains qui ne laissent pas à désirer.

Dans la fabrication en grand, on réunit les débris de rayons, c'est-à-dire les tourteaux qu'on a obtenus en pressant le miel, et les rayons secs, ceux qui contiennent du pollen et du couvain ; on les divise le plus possible et on les lessive plusieurs fois à grandes eaux ; on les met ensuite dans une chaudière qui a reçu de 15 à 25 litres d'eau, selon sa capacité et la quantité de cire à fondre, et, lorsque l'ébullition approche, ainsi que pendant qu'elle a lieu, on remue de temps en temps avec un bâton. Lorsqu'on voit que la cire est entièrement fondue, on l'enlève avec son marc et un peu d'eau, et, à l'aide d'un poêlon à long manche, on la verse dans le seau ou auge d'une presse, laquelle auge est garnie d'un canevas fort, doublé d'un peu de paille. Une partie de la cire et de l'eau sort immédiatement et est reçue dans un baquet à anse ou dans un seau en bois placé sous la gouttière du pressoir. Elle est versée au fur et à mesure dans un *épurateur*. C'est une sorte de tonneau défoncé par le haut, fait en planches épaisses. Lorsque toute la cire et ses résidus sont enlevés de la chaudière (ayant pour poids spécifique 0,972, la cire surnage sur l'eau), on rabat les coins du canevas, et l'on fait agir la presse, d'abord doucement, puis vigoureusement, afin de dessécher le plus possible les résidus. La cire qui coule est versée dans l'épurateur où elle laisse tomber toutes les matières hétérogènes qu'elle contient ; puis, après une heure ou deux, et même davantage, elle est soutirée à l'aide de cannelles placées à différents points, et est versée dans des moules comme nous l'avons indiqué plus haut. Si la cire est destinée au blanchiment, on peut indifféremment la couler dans toutes sortes de moules, ainsi que celle qui ne doit pas être vendue. Mais si elle est destinée au commerce, soit pour le frottage ou pour d'autres usages, il convient de la couler dans des moules affectant la forme de briques de savon.

Telle qu'elle est livrée au commerce, sous la dénomination générale de *cire jaune*, la cire est une substance compacte, plus ou moins dure, d'une nuance plus ou moins jaune, suivant la fleur et le pays où elle est récoltée et le plus ou moins de soins qu'on a mis à la fondre. L'odeur en est aromatique, le goût presque insipide, la cassure nette, et la surface qu'elle laisse un peu grenue. Étant d'une valeur assez grande, cette substance a dû exciter la sophistication. Les fraudeurs y mêlent des résines, le galipot, des substances terreuses, du soufre en fleur, de l'amidon, du suif, de la stéarine, et surtout de la cire végétale ; mais l'addition de la plupart de ces matières est facile à reconnaître, et celui qui s'y livre peut être poursuivi par les tribunaux.

La cire jaune sert aux encaustiques, au frottage des parquets et des meubles, à la confection de certains cirages, pour la pharmacie, la chimie, etc. Celle qui est susceptible de blanchir est employée, lorsqu'elle est blanchie, à la confection des cierges, bougies, etc. Toutes les cires ne perdent pas également leur couleur originelle ; plusieurs sont rebelles au blanchiment. Celles qui blanchissent le mieux sont celles des grandes landes de Bordeaux, celles de Corse, de Bretagne et de la basse Normandie.

Utilisation des eaux miellées. — Hydromel. — Les eaux qui ont servi à laver les rayons et les tourteaux de cires grasses, ainsi que celles dans lesquelles on a fondu des cires grasses, peuvent être utilisées. Contenant encore une certaine quantité de matière sucrée, on les convertit en boisson légère, si elles n'ont pas de mauvais goût, et on les distille lorsqu'on ne veut pas en faire de la boisson et qu'elles ont mauvais goût. On lave les rayons de deux façons, à l'eau froide ou à l'eau chaude. Dans le premier cas, on place les résidus dans un baquet, on verse dessus de l'eau froide et on laisse macérer pendant vingt-quatre heures. Dans le second cas, on verse de l'eau chaude et on décante au bout de quelques heures seulement. On fait ou on ne fait pas bouillir la boisson avant de l'entonner, c'est-à-dire qu'on procède à froid ou à chaud. Dans le premier cas, on entonne l'eau miellée tirée à clair. Dans le second cas, on la fait bouillir pendant une heure environ dans une chaudière en cuivre avant de l'entonner ; on l'écume pendant l'ébullition, et, après refroidissement, on la tire à clair pour l'entonner dans des tonneaux propres et exempts de mauvais goût ; on emplit entièrement ces tonneaux qu'on laisse débondonnés et qu'on place dans un endroit aéré dont la température est élevée de 15 degrés au moins et de 25 degrés au plus. Au bout de deux ou trois jours, la fermentation s'établit ; elle est tumultueuse d'abord et un peu de boisson s'extravase ; on remet dans les tonneaux la partie qui a coulé dehors, lorsque la fermentation est moins forte. Cette fermentation n'est pas entièrement achevée avant un mois ou six semaines. Après ce temps, on peut descendre à la cave et laisser quelques jours la boisson s'éclaircir avant de la mettre en perce. On peut boire au tonneau ou mettre la boisson en bouteilles, si l'on tient à ce qu'elle soit mousseuse. Dans l'un et l'autre cas, elle est bienfaisante et vaut le meilleur cidre, pourvu qu'elle ait été convenablement façonnée et que la dose de matière sucrée soit assez forte. A défaut de débris de cires grasses, on peut prendre du miel coulé, à raison de 1 kilogramme pour

5, 6 ou 8 litres d'eau, selon la force de la boisson qu'on veut obtenir, et opérer comme ci-dessus pour le reste. Nous indiquerons plus loin la manière d'obtenir l'hydromel complet, l'hydromel liquoreux. La boisson qui doit être distillée s'obtient de la manière suivante : pour 50 kilogrammes de cires brutes ou résidus de ruches grasses dont on a extrait le miel, on prend 225 à 230 litres d'eau ; on les fait bouillir ensemble pendant une demi-heure environ. Après avoir enlevé la cire de la chaudière, on recueille l'eau et on la verse dans des tonneaux pour qu'elle se mette en fermentation et qu'elle puisse être ensuite distillée. Les 230 litres d'eau qui ont servi à la fonte de 50 kilogrammes de cire donnent de 8 à 10 litres d'alcool à 94 degrés. On conçoit que la quantité d'alcool est plus grande lorsque les gâteaux de cire n'ont pas été bien pressés et qu'ils contenaient encore une certaine quantité de miel qu'on aurait pu extraire. Les frais de distillation sont de 3 fr. 50 c. à 4 fr. par hectolitre d'alcool, lorsqu'on est convenablement outillé. Quand on ne possède qu'un simple alambic, on se contente d'obtenir des flegmes, que l'on vend aux personnes qui peuvent les rectifier. Au lieu de résidus, on peut distiller le miel (boisson au miel), lorsque le prix de ce produit est peu élevé.

Nous arrivons à la fabrication de l'hydromel liquoreux tel qu'on le trouve dans quelques localités du Nord. On prend autant de demi-kilogrammes de miel que de litres d'eau. On fait bouillir ensemble dans une chaudière ou bassine en cuivre pendant trois ou quatre heures. Il faut avoir soin de modérer le feu quand l'ébullition se montre, car autrement la liqueur pourrait s'emporter et sortir de la chaudière ; on a soin aussi de l'écumer, notamment au début de l'ébullition. Lorsque la boisson est suffisamment réduite, suffisamment cuite, elle est versée dans une cuve propre où on la laisse refroidir. Elle est ensuite décantée et mise dans un fût placé dans un lieu sain dont la température est de 15 à 25 degrés. La fermentation s'accomplit comme nous l'avons vu plus haut. Pendant la première année cette boisson ressemble à du sirop ; mais après un an elle acquiert un goût de vinosité qui en change les qualités. Les miels dont on se sert le plus souvent pour façonner l'hydromel sont ceux de sarrasin et de bruyère ; ce ne sont pas les meilleurs, mais ce sont les moins chers. Pour déguiser le plus possible le goût prononcé de ces miels, on ajoute au moment de l'ébullition différentes plantes et fruits aromatiques, tels que de la cannelle, de la coriandre, de la noix-muscade, etc. Dans de justes proportions, ces ingrédients sont loin de nuire à la liqueur. Mais lorsqu'on n'emploie que des miels au goût fin, l'on peut se dispenser de ces arômes. Les hydromels de Metz, autrefois si renommés, étaient façonnés avec des miels blancs de la Lorraine et ne recevaient aucun arôme artificiel.

On peut faire différentes liqueurs au miel aussi agréables que bienfaisantes. La plupart de ces liqueurs sont une combinaison d'hydromel et d'eau-de-vie de bonne qualité. Ainsi, on obtient de l'hydromel à la rose, à la menthe, à la vanille, etc., en faisant macérer des pétales de roses, des fleurs de menthe, etc., dans de bonne eau-de-vie que l'on mêle, en certaine proportion, à de l'hydromel vineux. Ces proportions varient selon le goût des consommateurs.

Le miel donne aussi du vinaigre. Pour obtenir du vinaigre de la boisson au miel, il faut, lorsque cette boisson a accompli sa fermentation vineuse ou alcoolique, lui faire subir une fermentation acide, ce à quoi on parvient en la plaçant à l'air à une température de 30 degrés environ. On y ajoute une *mère de vinaigre*, ou sorte de levain acidulé. On obtient cette *mère* en plaçant au soleil de l'écume de boisson, de l'écume extraite de la chaudière au moment où la liqueur au miel entre en ébullition. La force de ce vinaigre est en raison de la dose de miel contenue dans la boisson. Un demi-kilogramme de miel peut donner deux litres de bon vinaigre. Pour rendre plus fort le vinaigre au miel, il faut le laisser séjourner sur des copeaux de hêtre. On doit le conserver dans un endroit sec, cave ou cellier.

Considérations économiques. — Conseils. — L'apiculture est l'occupation champêtre qui procure les plus beaux bénéfices avec le moins de capitaux ; elle n'exige ni engrais, ni labours, ni semences, a dit Réaumur ; en outre, elle ne demande pas des études bien longues ni des travaux bien pénibles ; tout habitant de la campagne peut s'y livrer. Il n'est point de ferme qui ne puisse posséder un rucher d'une douzaine ou deux de colonies d'abeilles, lesquelles produiront annuellement au moins une cinquantaine de kilogrammes de miel, sans compter la cire. Le rendement sera d'autant plus grand que le rucher se trouvera à proximité de champs de colza, de navette, de sarrasin, de prairies artificielles, telles que sainfoin, luzerne, trèfle blanc, mélilot, etc., de bois à essences tendres, d'arbres fruitiers, de bruyères, etc. Dans les localités qui possèdent des fleurs mellifères en abondance, le rapport d'une ruchée d'abeilles peut être évalué en moyenne le prix d'achat de cette ruchée, c'est-à-dire qu'une colonie payée 15 francs donne annuellement, tant en essaim qu'en miel, un revenu de 15 francs, pourvu, toutefois, qu'elle ne soit pas abandonnée à elle-même, mais qu'elle reçoive des soins convenables ; que, par exemple, une population lui soit ajoutée si elle tombe en décadence ; que sa mère soit remplacée lorsque la sienne est trop vieille ; que de la nourriture lui soit donnée si ses provisions sont insuffisantes à la fin de la campagne ; que le nombre des colonies ne soit pas élevé au delà des ressources florales.

La prudence conseille aux débutants de commencer avec quelques ruchées et d'en augmenter le nombre à mesure qu'on acquiert l'art de les soigner. Dans toutes les circonstances il ne faudra pas oublier 1° qu'on conserve les ruchées en bon état en augmentant leurs populations et leurs provisions par des réunions artificielles, en les dépouillant partiellement et avec modération, en s'opposant, autant que possible, à la formation des essaims secondaires ; 2° qu'on augmente la quantité du miel et celle de la cire : en établissant les ruches dans les endroits riches en fleurs qui se succèdent, en modérant l'essaimage, et en ne conservant que des ruches bien peuplées et convenablement approvisionnées ; 3° qu'on améliore la qualité du miel et celle de la cire en ne laissant pas séjourner trop longtemps ces produits dans les ruches, c'est-à-dire en récoltant l'été et non après l'hiver ; 4° qu'on obtient des essaims volumineux en employant des ruches de bonnes dimensions, en limitant le nombre d'essaims fournis par chaque ruchée, en supprimant les essaims secondaires, en grossissant les peuplades par des réunions artificielles, en hâtant ou en retardant, selon les besoins, l'époque de l'essaimage. Nous insistons particulièrement sur les colonies populeuses, parce qu'avec elles on est toujours certain de tirer des bénéfices pour peu que la localité soit favorable. On peut toujours les avoir fortes, par conséquent être certain de réussir en faisant des réunions, en n'étouffant jamais les abeilles des ruches qu'on récolte, mais en les réunissant à celles qu'on ne récolte pas. Celui qui étouffe des abeilles agit comme le cultivateur qui jetterait son fumier dans la rue ; et, cependant, cette coutume stupide est encore pratiquée par un certain nombre de possesseurs de ruches.

On peut évaluer au minimum à 2,000,000 le nombre de colonies d'abeilles cultivées en France, dont le revenu est de 20 à 25 millions de francs. Mais ce nombre peut être facilement doublé et même triplé. Si, par exception, quelques localités possèdent la quantité de ruchées qu'il leur est possible d'entretenir, il en est une foule qui peuvent en avoir trois ou quatre fois autant qu'elles en ont. Il en est d'autres qui n'en possèdent pas du tout, et qui peuvent en entretenir un grand nombre avec succès. Les localités qui offrent le plus de ressources aux abeilles sont : le Gâtinais et une partie de la Beauce, contrées qui s'étendent entre Étampes, Fontainebleau, Pithiviers, Orléans, Chartres et Rambouillet, et où la culture du sainfoin se fait sur une large échelle. On y paie les bonnes ruchées à conserver de 15 à 18 francs avant l'hiver, et jusqu'à 20 ou 22 francs après. La Normandie, principalement les environs de Caen et d'Argences, dont le miel est remarquablement blanc lorsqu'il est butiné sur le sainfoin, et plus commun lorsqu'il provient du colza, offre des ressources aux abeilles. Les ruchées y valent de 14 à 16 fr. avant l'hiver. Dans la basse Normandie, la Manche et une partie de l'Orne, où la culture du blé noir est étendue et où celle du colza s'introduit, les abeilles trouvent amplement à butiner. Les ruchées s'y vendent de 13 à 15 fr. Beaucoup de localités du Maine (Sarthe, Mayenne) cultivent également le blé noir, et possèdent, en outre, de vastes terrains boisés et couverts de bruyères où les abeilles trouvent une nourriture abondante à la fin de l'été. Les ruchées s'y vendent de 12 à 17 fr., selon qu'elles proviennent de crus donnant du miel blanc ou de crus donnant du miel rouge. La Bretagne, avec ses blés noirs et ses landes étendues, offre de bien grandes ressources aux abeilles ; les colonies s'y paient de 8 à 14 fr. La contrée qui s'étend de Bordeaux à Bayonne, avec ses bruyères abondantes et ses arbres verts, n'offre pas moins de ressources à l'apiculture qui y est dans l'enfance. Le prix des colonies est à peu près le même qu'en Bretagne. Beaucoup de localités du Midi, qui ont des montagues couvertes de labiées et des vallées semées de prairies artificielles, peuvent également augmenter le nombre de leurs ruchées. La Provence, avec son sol varié, ses montagnes boisées et ses plaines semées de luzerne et d'autres plantes mellifères, est un lieu propice aux abeilles, ainsi que la Savoie qui se distingue par son miel de Chamounix. Les Alpes, le Dauphiné, la Franche-Comté, le Jura et la plupart des localités qui avoisinent la Suisse, offrent aussi de grandes ressources aux abeilles et donnent un miel généralement beau. Le prix des ruchées y varie de 12 à 20 fr. selon la localité. Au nord-ouest, les Vosges et les Ardennes possèdent des localités très-favorables aux abeilles. Les cantons des départements de l'Aisne et de l'Oise qui cultivent le colza, la luzerne et le sainfoin, offrent des pâturages où les abeilles prospèrent. Les colonies s'y paient de 12 à 18 fr. La Champagne, avec son sol et sa culture variés, possède un grand nombre de localités favorables à l'apiculture. Le Berri et la Sologne, avec leurs bruyères immenses et leur sarrasin, peuvent entretenir deux ou trois fois plus de colonies d'abeilles qu'ils n'en possèdent. Les ruchées y valent de 10 à 15 fr. La Bresse et le Bugey, qui cultivent des prairies, le colza, la navette, le sarrasin, etc., peuvent également entretenir plus d'abeilles qu'ils n'en entretiennent. Le Centre a aussi des cantons très-favorables aux mouches à miel : la Corrèze, la Haute-Vienne et les départements voisins, avec leurs châtaigniers, leurs prairies, leurs blés noirs, leurs fleurs variées, sont susceptibles d'entretenir un grand nombre de colonies dont le prix varie de 8 à 15 fr. Comme contrée favorable, nous ne devons pas omettre la Corse, où l'apiculture a tant à faire. Les ruchées y valent de 8 à 16 fr. Citons encore l'Algérie, la patrie par excellence des abeilles qui y prospèrent d'une manière prodigieuse pour peu qu'on en prenne soin. Le prix des colonies y varie de 6 à 15 fr.

Si de nombreuses localités offrent de brillantes ressources à l'apiculture, des préjugés, fruits de l'ignorance, en arrêtent encore le développement dans plusieurs cantons. Dans le Midi, beaucoup de gens de la classe peu éclairée croient encore que les abeilles achetées à prix d'argent ne prospèrent pas. Il est à penser qu'un grand nombre d'essaims achetés ont péri la première année, à raison de ce qu'ils étaient faibles ou mal logés, à raison aussi de l'inexpérience de l'acquéreur : de là l'idée que toute acquisition en argent de ruchées d'abeilles était funeste, et l'on ne voulut plus en faire que par échange. Dans quelques localités, ce n'est pas seulement celui qui achète qui a des appréhensions, c'est aussi celui qui vend, s'imaginant que ce genre de bénéfice sera funeste à son industrie. Ce préjugé sera né sans doute à la suite de ventes où les vendeurs auront fait des pertes remarquables dans leurs ruchers ; et de là l'usage propagé dans ces localités d'aimer mieux étouffer les abeilles que de les vendre, lorsqu'on en a plus qu'on ne peut en loger. Dans quelques localités de l'Ouest, il se trouve encore des cultivateurs assez ignorants pour croire que la présence des abeilles dans leurs champs de *carabin* (sarrasin) à l'époque de la floraison, empêche cette plante de grener; que l'abeille enfin, par ses promenades sur les fleurs, stérilise la récolte; c'est le contraire qui a lieu. Il est d'autres préjugés plus innocents. Bien des gens, par exemple, font porter le deuil à leurs abeilles à la mort du propriétaire de la maison; ils se figurent que s'ils n'attachaient pas un chiffon noir aux ruches, les abeilles ne tarderaient pas à périr ou à se sauver. Ce préjugé a été d'autant plus facile à se perpétuer que souvent, les soins n'étant plus les mêmes, les abeilles ont dû en souffrir.

Il ne nous reste à dire qu'un mot sur la législation des abeilles. « La culture des abeilles, comme celle de tous les animaux, n'est soumise à aucune restriction, » a posé en principe la loi du 28 septembre 1791 sur la matière : ce qui veut dire que toute personne a le droit d'entretenir autant de colonies d'abeilles que bon lui semble sur son terrain, « pourvu, toutefois, qu'elle se conforme aux règlements locaux, » est venue depuis ajouter la loi sur la police municipale. Par cette dernière, les maires peuvent établir une distance des ruchers aux chemins, routes et places publiques, et dans toute localité où il existe un arrêté de police municipale sur les abeilles, les possesseurs de ruches sont tenus de s'y conformer. Toutefois, si le règlement est pris pendant la saison des fleurs, depuis le mois de mars jusqu'au mois de novembre inclusivement, ils peuvent ne pas s'y soumettre avant le mois de décembre. Voici, à cet effet, l'article de loi qu'ils doivent invoquer. « Pour aucune cause, il n'est permis de troubler les abeilles dans leurs courses et travaux (art. 479 du Code civil); en conséquence, même en cas de saisie légitime, les ruches ne peuvent être déplacées que dans les mois de décembre, janvier et février.

« Les ruches à miel sont immeubles par destination, quand elles ont été placées par les propriétaires pour le service et l'exploitation du fonds. » Par conséquent « elles ne peuvent être saisies ni vendues pour contributions publiques, ni pour aucune cause de dettes, si ce n'est par celui qui les a vendues ou celui qui les a concédées à titre de cheptel ou autrement. » Mais, si elles ne sont pas placées par *destination* sur un fonds; si, par exemple, elles sont placées sur un terrain loué, ou si elles sont à cheptel, elles sont meubles et, par conséquent, saisissables.

Le propriétaire d'un essaim a droit de le réclamer et de s'en saisir tant qu'il n'a pas cessé de le suivre; autrement, l'essaim appartient au propriétaire du terrain sur lequel il est fixé (loi de 1791). Il serait à désirer que cet article de loi fût modifié et qu'on en revînt aux *Établissements* de saint Louis, qui conservaient les droits au propriétaire, même lorsque les abeilles avaient disparu de sa vue, pourvu qu'il en prouvât l'identité (1).

H. HAMET.

CHAPITRE XXXV

DE LA SÉRICICULTURE

Historique. — Nous sommes, dit-on, redevables à la Chine, et peut-être aux régions élevées de l'Inde, de l'art d'élever les vers à soie, mais l'histoire de la sériciculture ne commence réellement à se dégager de l'obscurité que dans le sixième siècle (552), époque à laquelle deux moines grecs apportèrent de Sérinde à Constantinople le ver à soie en même temps que la graine du mûrier blanc. Cet arbre fut cultivé bientôt dans le Péloponèse et s'y répandit à tel point que cette contrée de la Grèce prit le nom de *Morée* (du latin *morus*, mûrier), sous lequel nous la connaissons aujourd'hui. Roger II, comte et premier roi de Sicile, s'étant emparé de Corinthe, de Thèbes, d'Athènes et de Négrepont, rapporta le ver à soie du Péloponèse en 1147, et en ramena des ouvriers exercés. La sériciculture fit des progrès rapides dans la Calabre, et la France resta tributaire de l'Italie, pour les étoffes de soie, pendant plusieurs siècles. Mais, vers la fin du quinzième siècle, dit-on, des gentilshommes qui avaient accompagné Charles VIII, pendant la guerre d'Italie, emportèrent de Naples des mûriers que l'on planta dans le Dauphiné et la Provence. « Il y a une trentaine d'années, dit M. Milne-Edwards, dans son *Cours élémentaire d'histoire naturelle* (édition de 1862), on voyait encore à Allan, près de Montélimart, le premier de ces arbres planté en France : il y fut apporté par Guy Pape, de Saint-Auban, seigneur d'Allan. » On assure d'autre part, et peut-être avec plus de raison, que la culture du mûrier a commencé sous les papes d'Avignon, dans le Comtat.

Cette culture nouvelle, circonscrite à quelques domaines d'amateurs, ne s'étendit pas aussi vite qu'on pourrait le croire. Elle ne prit réellement de l'importance que sous Charles IX. En 1554, un

(1) Les personnes qui désirent faire de l'apiculture une industrie consulteront avec fruit le *Cours pratique d'apiculture*. P. J.

jardinier de Nîmes, François Traucat, créa la première grande pépinière qui devait approvisionner de plants le Dauphiné, le Languedoc et la Provence. En 1606, il se glorifiait d'en avoir répandu plus de quatre millions et proposait à Henri IV une plantation de vingt millions de pieds dans les généralités d'Orléans, de Tours, de Paris et de Lyon. Ce fut ce même François Traucat, d'après M. de Quatrefages, qui, après s'être enrichi à vendre des mûriers, se ruina en faisant fouiller la tour Magne où il croyait découvrir un trésor.

Vers la fin du seizième siècle, Olivier de Serres encourageait de son mieux, par l'exemple et par les écrits, la culture du mûrier blanc et l'éducation des vers à soie, et s'adressant au prévôt des marchands, aux échevins, conseillers et autres officiers de l'hôtel de ville de Paris, il leur disait, qu'à peu d'exceptions près, la soie pouvait être récoltée par tout le royaume. Il pensait que la Normandie, la Bretagne et la Picardie avaient chance de réussir. « Quant à la Brie, Champaigne, Bourgogne, Nivernois, Beaujolois, Masconois, Lyonois, Limosin, Berry, Poitou, Xaintonge, Guienne, Gascogne, mêmes Orléans, Chartres, Tholoze, Bourdeaux, la Rochelle, disait-il, quelles excuses peuvent avoir ces provinces-là de ne s'emploier à tant fructueuse culture? Aiment-elles mieux donner leur argent aux estrangers que d'en recevoir d'eux? »

D'après les ordres de Henri IV, Olivier de Serres fit faire, en 1601, des plantations de mûriers dans le jardin des Tuileries, au nombre de 15,000 à 20,000 pieds. Ces arbres furent très-négligés sous le règne de Louis XIII.

Louis XV établit des pépinières royales dans le Berri, la Bourgogne et quelques autres provinces, afin d'encourager la multiplication des mûriers par la distribution gratuite des sujets aux cultivateurs.

Depuis lors, la culture des mûriers et par conséquent l'éducation des vers à soie ont été tentées, non plus seulement dans un rayon rapproché de Paris, mais en Belgique, en Bavière, en Prusse et sur quelques points de la Russie. En deçà de la bonne région des vignes, la sériciculture peut être entreprise, sans doute, et les Prussiens le prouvent, mais les grands avantages, quoi que l'on dise et que l'on fasse, resteront toujours aux éleveurs du Midi.

Des vers à soie. — Nous ne nous occuperons ici que du ver à soie le plus connu, car les espèces nouvelles cultivées à titre d'essai, notamment celle de l'ailante, n'ont pas encore fait suffisamment leurs preuves.

Notre ver à soie est tout bonnement la chenille d'un papillon de nuit que nous figurons ici, et auquel on a donné successivement les noms de bombyce du mûrier (*bombyx mori*), de lasiocampe du mûrier (*lasiocampus mori*) et de séricaire du mûrier (*sericaria mori*). Cette dernière dénomination est adoptée par beaucoup de naturalistes. Les Méridionaux appellent le ver à soie *magnan*; de là le nom de *magnaneries*, appliqué aux établissements où l'on élève ce précieux insecte, et celui de *magnaniers*, appliqué aux individus qui se livrent à son éducation.

En deux mots, voici l'exposé des transformations que subit cet insecte : le papillon femelle, après la fécondation, pond des œufs qui sont, pour nous servir de l'expression reçue, les *graines de ver à soie*. Ces œufs conservés pendant un certain temps et soumis à divers soins, dont il sera parlé, éclosent sous l'influence d'une température connue et produisent des larves ou chenilles; ces larves ou chenilles, qui sont nos *vers à soie*, sont d'abord très-petites, mais elles se développent promptement, changent plusieurs fois de peau en se développant, et, dès qu'elles sont arrivées au terme, elles se filent des coques, pour se transformer en chrysalides, dont voici la figure. Ces coques sont nos *cocons* de soie à filer, c'est-à-dire le produit cherché et obtenu. C'est dans ces coques que la chrysalide se transforme en papil-

Fig. 671. — Bombyx du mûrier.

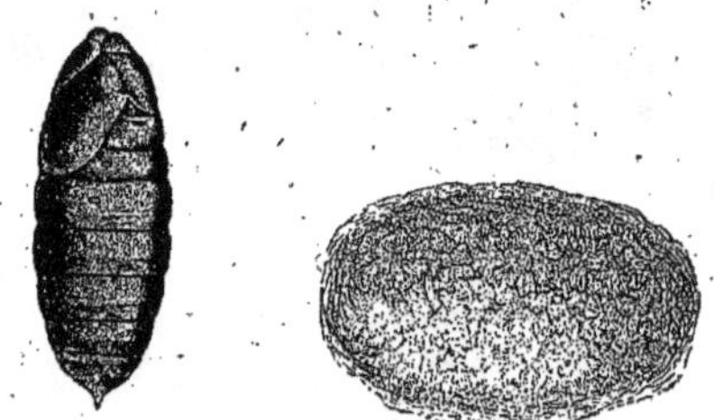

Fig. 672. — Chrysalide. *Fig.* 673. — Cocon.

Fig. 674. — Chenille.

lon, quand on lui en donne le temps, papillon qui nous fournit de nouveau de la graine.

Une seule femelle pond de 200 à plus de 750 œufs. Le poids de ces œufs est très-variable; nous verrons plus loin ce qu'il en faut pour faire une once (30 grammes). L'éducation ne doit pas porter sur moins de ce poids de graine.

« La soie, dit M. Milne-Edwards, se produit dans des glandes qui ont beaucoup d'analogie avec les glandes salivaires des autres animaux, et la matière dont elle est composée est molle et gluante au moment de sa sortie, mais ne tarde pas à se durcir à l'air. Il en résulte que les divers tours de ce fil unique s'agglutinent entre eux et constituent une enveloppe dont le tissu est ferme et dont la forme est ovoïde. La couleur de cette soie varie : tantôt elle est jaune, tantôt d'un blanc éclatant, suivant la variété du ver qui l'a produite, et la longueur de chaque fil dépasse souvent 600 mètres, mais varie beaucoup, ainsi que le poids des cocons. Les vers nés d'une once de graine peuvent en donner jusqu'à 130 livres; mais une telle récolte est rare, et souvent on n'en retire que 70 à 80 livres de cocons. »

Les vers à soie du mûrier, d'après Dandolo, se partagent en quatre variétés ou races : 1° les petits vers à soie de trois mues; 2° les gros vers à soie de quatre mues; 3° les vers à soie ordinaires blancs de quatre mues; 4° les vers à soie ordinaires jaunâtres et aussi de quatre mues.

Dandolo a beaucoup vanté les vers à soie de la petite race, à cause de la finesse des produits et de la courte durée de leur éducation; nos magnaniers français en ont fait l'essai et les ont abandonnés. Dandolo estime qu'il faut 42,620 œufs pour faire une once et que 600 cocons pèsent une livre et demie (750 grammes).

La grosse race du Frioul à quatre mues, essayée en Italie, n'y a point obtenu de succès. On porte à 37,440 œufs le nombre nécessaire pour faire une once, et 150 cocons seulement pèsent une livre et demie. Avec cette race, la durée de l'éducation se prolonge trop; les mauvaises chances augmentent par conséquent, et l'effeuillage tardif des mûriers a des inconvénients.

La race ordinaire des vers à soie blancs est avec raison très-estimée, malheureusement elle est délicate et la blancheur de ses produits ne garde pas longtemps sa beauté d'origine; elle perd son éclat, se ternit, se salit en quelque sorte et ne saurait par conséquent être recommandée.

La race ordinaire des vers à soie jaunâtres est celle qui convient le mieux à nos climats. On estime à 39,168 œufs la quantité nécessaire pour faire une once : il faut 360 cocons pour le poids d'une livre et demie et un peu plus de 10kil,250 de feuilles de mûriers, pour obtenir ces 360 cocons.

Des magnaneries. — Avant d'aborder l'éducation des vers à soie, il nous semble convenable de dire quelques mots des établissements affectés à cette éducation. Tout d'abord, et afin de ne point décourager les personnes qui seraient désireuses de se livrer à cette intéressante industrie, nous ferons remarquer que très-peu d'éducateurs ont des locaux spéciaux à leur disposition. En général, on se contente de la cuisine, d'une ou de plusieurs chambres de la maison, que l'on arrange à cet effet, soit au village, soit à la ville. De cette manière, il n'est pas nécessaire de s'imposer de grosses avances et la sériciculture devient un art à la portée des plus petites bourses. Aussi n'est-il pas rare de rencontrer des femmes qui font de cet art une distraction, même aux environs de Paris. Mais en allant vers le Midi, la sériciculture devient une occupation sérieuse, et chaque fois qu'on le peut, on devrait lui consacrer des bâtiments spéciaux. Dandolo voulait qu'ils fussent vastes et que l'on opérât le plus possible sur une grande échelle, ce qui, malheureusement n'est pas donné à tout le monde. Beaucoup d'éducateurs repoussent les vastes espaces d'une seule venue et préfèrent les divisions par chambrées. De ce nombre est M. Alphonse Taurigna, qui nous dit dans son *Manuel pratique de l'éducateur des vers à soie* : « Une magnanerie ou chambrée destinée à une éducation de cinq onces (155 grammes), doit avoir au moins 72 mètres de surface, c'est-à-dire 12 mètres de longueur et 6 de largeur; sa hauteur doit être au moins de 4 mètres, ce qui produit un vide de 288 mètres cubes, soit 57 mètres cubes par once de 31 grammes.

« On établira dans la hauteur, ajoute-t-il, sept à huit rangs de tables ou claies superposées de façon à ce que l'on obtienne au moins une surface carrée de 300 mètres, soit 60 mètres par once; les vers pourront alors parcourir ainsi convenablement toutes les phases de leur existence. »

M. Taurigna a pris largement ses mesures, et nous ne l'en blâmons point, car les mesures prises trop juste ne répondent pas aux prescriptions de l'hygiène et pourraient bien n'être pas étrangères aux maladies qui compromettent si souvent nos éducations.

Le plus ordinairement, les claies sont fixées contre les murs. M. Taurigna n'adopte pas cette disposition; il demande qu'on les rapproche du centre de la chambrée et qu'il y ait possibilité de circuler librement autour de ces claies. Ce qu'il conseille surtout, c'est une aération bien ordonnée que l'on obtient au moyen de larges fenêtres ouvertes aux quatre faces de la magnanerie, de trappes mobiles aux quatre angles du plancher supérieur et au milieu (dans le genre de ces ouvertures que l'on rencontre encore au plancher de quelques vieilles maisons, et qui permettent de voir du premier étage ce qui se passe au rez-de-chaussée), de prises d'air sur les côtés supérieurs et de cheminées établies aux angles de la magnanerie. Il garnit ses divers soupiraux de toiles métalliques, pour tamiser l'air, ralentir les courants et empêcher les rats de s'introduire par ces ouvertures.

Tout ceci nous paraît excellent, mais quelquefois impraticable avec les petites magnaneries qui servent à plusieurs fins. En pareil cas, on se contentera de ménager des fenêtres autant que possible à l'exposition du levant, d'ouvrir un soupirail au plancher supérieur, et l'on aura soin que les courants d'air établis dans l'atelier n'offensent pas directement les vers à soie. Les cheminées et les poêles en briques, les meilleurs de tous pour la répartition de la chaleur, ne servent pas seulement à chauffer les magnaneries; ils servent également à renouveler l'air. Des éleveurs très-éclairés ne se contentent point de ces dispositions pour l'aérage; ils forment leur plancher supérieur à claire-voie, au moyen de claies de châtaignier ou de toute autre essence.

Toute magnanerie doit avoir le plus près possible de l'atelier, son magasin à feuilles de mûrier, et il va sans dire que la pièce destinée à recevoir ces feuilles remplira d'autant mieux le but qu'elle sera fraîche, à demi obscure et modérément aérée. Presque toujours, c'est une cave qui tient lieu de magasin. On y jette les feuilles à terre, souvent par couches trop épaisses que l'on foule un peu trop aussi. On a blâmé sévèrement ce mode d'emmagasinage, et c'était justice, mais il eût été convenable d'en proposer un meilleur. Or, on n'a su que critiquer et conseiller de déposer les feuilles sur un plancher, sur un pavé, en ayant soin de ne guère les entasser et de ne point dépasser une épaisseur de $0^m,15$. En conscience, le remède offert ne vaut guère mieux que le mal.

On veut obtenir une conservation aussi prolongée que possible (de deux à trois jours), sans nuire à la qualité de la feuille. Pour cela que faut-il? Empêcher la fermentation qui altère et empêcher l'évaporation qui flétrit les feuilles. Or, on empêcherait la fermentation en aérant les tas de feuilles, et du même coup, pensons-nous, on empêcherait la flétrissure, en plaçant un ou deux baquets d'eau dans le magasin. Pour aérer les feuilles, il faut, au lieu de les déposer à terre, ou sur un plancher, ou sur un pavé, les placer sur des claies élevées de quelques centimètres au-dessus du sol et ne touchant pas au mur. De cette manière, on se ménagerait une prise d'air que l'on pourrait faire circuler dans le tas au moyen de cheminées d'appel ou de simples fagots de ramilles. Ce mode d'aération, qui a déjà été conseillé dans le *Livre de la Ferme*, pour la conservation des racines, permettrait peut-être d'augmenter la couche de feuilles et préviendrait suffisamment la fermentation. Rien ne s'opposerait d'ailleurs à ce que l'on assurât le succès de ce moyen en remuant les feuilles de fois à autres.

De la graine de vers à soie. — De la qualité des œufs dépend le succès de l'éducation. Personne n'en doute, mais beaucoup procèdent comme s'ils ne s'en doutaient pas. Dans ces dernières années, des discussions d'une vivacité extrême se sont élevées sur la question de savoir s'il valait mieux s'approvisionner de graines à l'étranger que dans le pays. Ces discussions, pleines de gros mots, et entretenues par des intérêts commerciaux qui ne prenaient pas toujours la peine de se dissimuler, n'ont point abouti et ne devaient pas aboutir. Les injures ne sont pas des raisons. Dans l'appréciation que nous allons soumettre à nos lecteurs, on nous permettra de prendre position en dehors des appétits du négoce, et de chercher tout bonnement la vérité, sans le moins du monde nous inquiéter des récriminations intéressées.

Selon nous, la qualité des œufs, *sur place*, est d'autant meilleure que le climat est plus favorable au ver à soie. Or, il est évident que certains climats de l'Italie, de l'Espagne, de la Turquie, de la Grèce ont un avantage marqué sur nos contrées méridionales, et doivent, à soins égaux, fournir de la graine préférable à la nôtre; mais la question de transport se présente naturellement. Si l'expédition a été faite négligemment; si, pendant le trajet, les œufs de provenance étrangère ont eu à souffrir des brusques variations de température, tantôt d'un excès de chaleur, tantôt d'un excès d'humidité, il reste évident que l'avantage que nous leur accordons sur place, sur le lieu de production, disparaît, et que nos graines du pays qui valaient moins d'abord valent plus ensuite. En définitive, les mauvaises chances sont en raison directe des distances à parcourir et en proportion des inconvénients qu'offrent les moyens de transport. Vous achetez, à quelques centaines de lieues de chez vous, de la graine robuste, bien conditionnée; elle peut vous arriver robuste encore, mais le plus souvent sa vitalité a été compromise. Il suit de là que la graine du pays, bien faite chez soi, non colportée de village en village, présente plus de garanties que les graines étrangères du commerce et même que les graines françaises livrées au colportage. Si un transport entouré de toutes les attentions possibles n'est pas exempt d'inconvénients, que pouvons-nous attendre d'un transport négligé?

A ce propos, nous trouvons dans le *Dictionnaire d'agriculture pratique* un fait qu'il nous paraît utile de reproduire ici : — « En janvier 1839, M. Charrel, de Voreppe, fit un voyage en Italie et se procura de la graine de vers à soie chez un éducateur des environs de Milan. Il rapporta dans le département de l'Isère 120 grammes de cette graine, vers la fin de février, après avoir pris en route des précautions assez minutieuses pour qu'elle ne s'échauffât point. Ainsi, il l'avait enfermée dans une boîte de plomb et avait eu le soin de faire placer sa malle dans la partie la plus fraîche de la voiture. De retour chez lui, il mit de suite la boîte aux œufs dans une cave, dont la température ne s'élevait pas à plus de 8 ou 9 degrés centigrades; puis, pour s'assurer s'ils étaient en parfait état, il en soumit une petite partie à l'incubation, et ne fut pas peu surpris de voir les vers éclos le quatrième jour. Il devenait évident pour lui que les œufs avaient souffert pendant le voyage, et, en effet, quand vint le moment de faire éclore les autres, c'est-à-dire environ deux mois plus tard, il n'eut pas à se louer du résultat; il obtint des vers à soie d'une couleur rousse, c'est-à-dire maladifs, attendu que la couleur brun violacé seule est un indice de santé. Ils finirent tous par succomber à différents âges.

En résumé, la graine étrangère, le plus souvent supérieure à la nôtre, quand, bien entendu, elle a été faite avec soin, ne peut conserver cette supériorité en voyage que sous l'influence des plus grands soins et d'une température exceptionnelle; autrement, elle devient inférieure à notre bonne graine de pays.

Le mieux, nous le répétons, c'est de fabriquer notre graine chez nous et pour nous, car nous ne faisons pas grand cas de celle que l'on achète, puisqu'elle a été colportée et par conséquent presque toujours plus ou moins altérée.

Quand nous traiterons de la production des œufs, nous indiquerons nécessairement les soins à prendre pour prolonger leur conservation jusqu'à l'époque où la végétation du mûrier permet de les faire éclore.

Par cela même qu'il n'est pas toujours possible de faire sa graine chez soi, — nos magnaniers ne l'ont que trop appris dans ces derniers temps, — il faut bien s'en procurer quelque part. Mais comment faut-il s'y prendre pour distinguer celle qui est bonne de celle qui ne l'est pas, celle qui a été falsifiée de celle qui est naturelle? Les plus habiles seraient fort en peine de répondre à cette question. La loupe ne nous apprend rien; le lavage peut indiquer une coloration artificielle et autoriser les soupçons de fraude; la densité n'est pas un indice suffisant; l'appareil de M. d'Arbalestier, sorte de chambre obscure qui permettrait de percevoir dans l'intérieur des œufs la couleur bleu-lilas qui caractérise, dit-on, ceux de bonne qualité, n'est pas encore dans les mains des éducateurs; mais enfin, il faut espérer que l'on aboutira à déjouer la fraude et que nous aurons quelque jour des essayeurs de graines. En attendant, nous sommes et restons dans l'embarras. L'odorat nous signale les œufs moisis, mais ce n'est pas assez. M. Kaufmann s'est imaginé de recourir à la dégustation. Il assure que la bonne graine broyée sous la dent a rigoureusement la saveur des amandes douces qui sont fraîches; que la graine non fécondée a d'abord un goût légèrement sucré qui devient savonneux avec l'âge; que la graine moisie a un goût aigre; que la graine pourrie a un mauvais goût bien marqué; que la graine colorée artificiellement laisse quelquefois reconnaître le principe colorant. Mais cette dégustation exige un palais délicat et exercé et ne passera point dans la pratique. Nous préférons les indices fournis à M. Kaufmann, par les recherches auxquels il s'est livré pour arriver à reconnaître les œufs que les fraudeurs font cuire pour les conserver plusieurs années. Ces indices sont les suivants : — En jetant un peu de graine dans de l'eau bouillante, elle prendra, si elle est bonne, la *teinte lilas* ou *violette*. Plus le *lilas* sera foncé, mieux elle vaudra; si elle devenait jaune, rouge ou brunâtre, elle serait mauvaise. M. Kaufmann n'en était qu'à ses premiers essais sur de la graine de plusieurs mois et n'osait point encore garantir l'infaillibilité des résultats. Toutefois, prenons bonne note de la découverte.

Et pourquoi ne consignerions-nous pas encore ici des observations qui ont paru dernièrement dans les journaux du Midi. Si elles sont justes, on le saura bientôt et l'on nous remerciera de les avoir accueillies; si elles n'ont aucune valeur, nous en serons quitte pour quelques lignes perdues. Voici donc purement et simplement ce que nous avons lu :

« Un sériciculteur nous communique le procédé suivant relatif au grainage, et qui lui a toujours permis de reconnaître la qualité de sa graine.

« Le voici : comme tous les éducateurs, il tend une étoffe perpendiculaire et il y place ses papillons, qui grainent sans bien se déranger. Si le papillon était sur une surface horizontale, il courrait beaucoup.

« La graine de tout papillon qui, après la ponte, ne vit pas dix jours est mauvaise;

« La graine de celui qui vit dix jours au moins est bonne;

« S'il vit de douze à quinze jours, elle est très-bonne;

« S'il vit jusqu'à vingt jours, elle est parfaite.

« Ce procédé est aussi simple qu'il paraît rationnel.

« Qu'est-ce qui prouve mieux la santé, la vigueur, la rusticité qu'une longue vie? Chose extraordinaire, vraiment incroyable, c'est qu'une idée aussi primitive ne soit venue à aucune des milliers de personnes peut-être, et parmi elles des savants, qui ont étudié la question sous toutes les faces possibles ! »

De la préparation des œufs. — Avant de faire éclore les œufs, c'est-à-dire vers la fin de mars en Lombardie, et seulement dans la deuxième quinzaine d'avril ou au commencement de mai dans nos climats méridionaux, il faut les détacher des linges sur lesquels ils ont été pondus et auxquels ils adhèrent assez fortement. A cet effet, on plie ces linges de manière à former plusieurs doubles, puis on les plonge dans un baquet d'eau de puits, de citerne ou de rivière, et on les y agite pour mieux les mouiller. Au bout de six ou huit minutes d'immersion, la matière gluante qui agglutine les œufs et les colle au linge est convenablement ramollie, et il est temps de les sortir de l'eau pour détacher la graine.

A cet effet, on place les linges sur une table et on les tend de la main gauche, pendant que l'on détache les œufs de la main droite avec un fort couteau de bois ou un couteau de table à tranchant émoussé. Au fur et à mesure qu'une certaine quantité de graine se trouve détachée et réunie sur le linge, on la met dans une assiette creuse, une terrine ou un vase quelconque; puis, quand l'opération est terminée, on verse de l'eau sur la graine, on la lave délicatement afin de compléter la séparation et, on enlève, pour les jeter, les œufs trop légers qui surnagent. Cela fait, on filtre le tout sur un tamis fin ou un linge clair et les œufs, débarrassés de l'eau malpropre, sont versés quelquefois dans un autre vase où, sur la recommandation de Dandolo, quelques personnes les arrosent d'un petit vin rouge ou blanc, dans lequel on les agite de nouveau, mais le plus ordinairement on se contente d'un lavage à l'eau, et après le filtrage, on verse la graine par couches minces sur du linge sec que l'on étend sur des claies. Au bout de quarante-huit heures environ, la graine est sèche et il ne reste plus qu'à la mettre dans des assiettes par couches de un centimètre environ et à placer les assiettes à l'abri des rats, dans une pièce fraîche, sèche, où le thermomètre centigrade ne marque pas plus de 15°, plutôt moins.

Le thermomètre, ne l'oublions point, est un des instruments indispensables au magnanier. Cependant beaucoup d'éducateurs se soucient fort peu de le consulter, et il n'est pas rare de rencontrer dans une chambre tiède, chambre à coucher, cuisine, etc., des œufs lavés et ressuyés pour l'éclosion. Que si vous leur adressiez, à ce propos, de sages observations, soyez sûr qu'ils y répondraient par des paroles moqueuses à l'adresse des théoriciens. On peut indiquer comme endroits propres à la conservation de la graine préparée, les corridors, les montées d'escaliers, les manteaux de cheminées où l'on ne fait pas de feu, et au besoin le cellier ou la cave s'ils ne sont pas trop humides.

De l'éclosion. — C'est sur l'état de végétation du mûrier qu'il faut se régler. Du moment où les yeux des rameaux se gonflent, il est bon de se tenir sur ses gardes et de faire ses préparatifs. On choisit une petite pièce de préférence à une grande nécessairement, parce qu'il est plus facile d'y obtenir une température régulière à meilleur compte. On y place un poêle en briques si c'est possible, parce que sa chaleur est plus facile à gouverner et à entretenir que celle d'un poêle en fonte. Cela fait, on dispose à une distance convenable du poêle et des courants d'air une claie ou un grillage sur lesquels on tend un linge; c'est sur ce linge qu'on verse la graine par couches de 0m,002 à 0m,003 au plus et on recouvre le tout avec une étoffe légère, afin de préserver un peu les œufs de la poussière.

Ces préparatifs terminés, il ne faut pas chauffer de suite; on laisse ainsi les œufs pendant quelques jours sous l'influence de la température ordinaire, en ayant soin de renouveler l'air de temps en temps. Pour le moment de chauffer, c'est toujours la végétation du mûrier qui sert de guide à l'éducateur. Aussitôt que les bourgeons s'ouvrent et que la feuille se montre, il faut songer à ceux qui doivent la consommer et commencer la consommation par le mûrier sauvage des haies. Pendant ce temps-là les feuilles des mûriers greffés prennent leur développement complet.

Le premier jour et le deuxième jour de l'incubation, certains éducateurs élèvent la température de la chambre d'éclosion à 17°,5 centigr.; le second jour à 18°,5; le troisième jour à 19°,5; le quatrième jour à 20°,5; le cinquième jour à 21°,5 et à partir de ce moment jusqu'au dixième jour, ils maintiennent la chaleur à près de 27°. C'est aller trop loin. On devrait commencer à 15° et s'arrêter à 24°.

Quelques éducateurs ont proposé de ne point chauffer la nuit pendant les quatre premiers jours, mais à partir du quatrième, de maintenir à 20° au moins la température de nuit; et ceci pour se conformer, disent-ils, aux lois naturelles, comme si, sous le climat de la Chine, les six ou sept dernières nuits de l'incubation devaient être plus chaudes que les quatre ou cinq premières. La pratique peut être bonne, mais la base qu'on lui donne n'est pas solide.

L'éclosion se fait à partir du dixième jour ordinairement, parfois même plus tôt. L'air doit être renouvelé de temps à autre, et quand la chambre est chauffée au moyen d'un poêle, il convient de placer sur ce poêle un vase plein d'eau, afin de produire un peu de vapeur au milieu de l'atmosphère trop sèche. En même temps qu'on renouvelle l'air plusieurs fois par jour, il faut chauffer plus énergiquement le poêle, afin que le degré de chaleur ne s'abaisse point.

On reconnaît que l'éclosion approche quand les œufs, d'abord gris cendré, puis bleuâtres, violacés, redeviennent gris, puis un peu jaunes et enfin d'un blanc sale.

C'est le moment d'enlever l'étoffe qui les recouvre et de la remplacer par une feuille de papier criblée de trous ou mieux par du canevas sur lequel on place de jeunes rameaux de mûrier à trois ou quatre feuilles seulement. Quand ces petits rameaux sont garnis de vers, on les enlève doucement, on les dépose sur une claie ou une planchette garnie d'une feuille de papier blanc et on les transporte de là à la chambre d'éducation, dont la température doit être la même que celle de la chambe d'éclosion. Il est inutile d'ajouter que les rameaux enlevés sont remplacés par d'autres que l'on enlève à leur tour dès qu'ils sont garnis de vers, et ainsi de suite jusqu'à éclosion complète. Mais à chaque levée de vers qu'on transporte sur la claie occupée par les premiers nés, on doit ménager un certain espace entre les rameaux, afin de ne pas attirer ces premiers nés vers le feuillage frais. Puis, on garnit les intervalles avec de la feuille coupée très-menu et prise autant que possible sur le mûrier sauvage des haies. La levée du lendemain est placée de la même manière sur une claie particulière, la levée du surlendemain sur une troisième claie.

Les meilleurs vers sont ceux qui éclosent les deux premiers jours; ceux du troisième jour valent moins; ceux du quatrième jour devraient être sacrifiés comme malades de naissance. On reconnaît que les vers sont bien constitués et sains à la couleur châtain foncé des poils qui les recouvrent. Les couleurs rousse ou noire sont de mauvais indices. Pour égaliser les vers, on tient les derniers venus plus chaudement et on les nourrit un peu mieux.

Au lieu de chambres chauffées ou étuves, on se sert aussi de divers incubateurs, de l'incubateur Buisson, de la couveuse de Crest, de celle de M. Jules Liron d'Airoles, etc., mais, à tort ou à raison, on leur paraît préférer toujours les étuves, parce que, dit-on, l'air y circule mieux que dans les couveuses et que la santé des œufs et des vers s'y trouve moins compromise.

Certains petits éducateurs du midi de la France et du Dauphiné n'en sont encore ni à l'étuve, ni à la couveuse, ni au thermomètre, et continuent de se cramponner aux vieux systèmes des derniers siècles. Les femmes de ces éducateurs placent toujours la graine de vers à soie dans de petits sacs qu'elles portent sur elles pendant la journée et qu'elles mettent dans leur lit pendant la nuit.

Quelle régularité peut-on attendre d'éducations ainsi conduites, d'une couvaison ainsi entendue ?

Éducation des vers à soie. — Nos vers sont éclos ; ils sont maintenant dans l'atelier d'éducation ; et notez qu'à défaut d'un atelier spécial, les personnes qui font de petites colonies peuvent très-bien se servir à toutes fins de la chambre à éclosion. Les étagères destinées à recevoir les

Fig. 675. — Étagère de la magnanerie.

claies, ne constituent pas l'éducateur en grande dépense ; elles consistent le plus souvent en un bâti de bois blanc aussi simple et aussi léger que possible. Celle que nous figurons ici est l'étagère de luxe de la magnanerie du Jardin d'acclimatation au bois de Boulogne. Elle ne saurait faire modèle. Il s'agit donc d'élever les petits vers sur les claies des rayons et de leur prodiguer toutes sortes d'attentions jusqu'à leur complet développement. Pour en arriver là, ils ont à subir quatre mues qui constituent ce que l'on est convenu d'appeler quatre âges. On doit compter sur environ quarante jours de soins assidus, à partir de la naissance jusqu'à la récolte des cocons ; toutefois on pourrait à la rigueur réduire de quatre ou cinq jours ce laps de temps en chauffant un peu plus fort que d'habitude, mais, en abrégeant ainsi la vie des vers, on les rend plus délicats et on s'expose à de graves inconvénients.

Premier âge. — La température de l'atelier doit être la même que celle qui a favorisé l'éclosion ou de 24°. Il ne faut pas plus de 2^{m},50 carrés pour élever les vers d'une once d'œufs durant le premier âge, c'est-à-dire jusqu'à la première mue ; mais toutes les fois qu'on le pourra, on fera bien de disposer de 3 mètres carrés de surface, attendu que les vers ne s'en porteront que mieux. Quant à la nourriture nécessaire à ces vers, elle doit être au moins de 3^{kil},5 de feuilles de mûrier bien mondées et finement découpées au moyen d'un couteau imaginé à cet effet. On leur distribue cette feuille en quatre fois, du soleil levant au soleil couchant. Pour le premier repas, on n'en donne qu'une petite quantité et l'on augmente graduellement jusqu'au dernier. Le second jour on augmente un peu la ration et on la leur partage également en quatre repas; le troisième jour, l'appétit est mieux ouvert, et par conséquent il convient d'augmenter encore la quantité de feuilles coupées et parfois le nombre des repas. Le quatrième jour, l'appétit diminue et l'on doit réduire un peu la feuille. Les vers deviennent transparents, secouent la tête ou la tiennent levée ; on s'aperçoit que la mue va commencer. Il est essentiel pendant le premier âge, avant chaque repas et le jour qui précède la mue, de dédoubler les vers, de leur donner de l'espace, et pour cela il suffit de placer de petits rameaux de mûrier sur les claies encombrées. Les vers s'y attachent et on les transporte un peu plus loin sur des cadres vides.

Le cinquième jour, la plupart des vers sont dans un état de léthargie. Il suffit donc d'éparpiller par moments un peu de feuille verte pour nourrir ceux qui s'agitent encore. A la fin de cette journée le sommeil est ordinairement général. Les vers ont alors sept jours en comprenant les deux jours de l'éclosion, et ils pèsent quatorze fois plus qu'au moment de leur naissance.

La mue dure à peu près trente heures.

Pendant l'éducation du premier âge, il est convenable d'aérer l'atelier, mais on doit le faire avec précaution, de manière à éviter les transitions brusques. Quelques éducateurs font faire jusqu'à huit repas par jour, sans dépenser plus de feuilles. C'est un abus. D'autres ne donnent aux vers que trois repas, ce qui vaut peut-être mieux que d'en donner quatre. En général, on nourrit trop et les indigestions font des ravages que l'on met au compte de nous ne savons quelles maladies.

Deuxième âge. — Le deuxième âge commence à la fin de la première mue et finit à la seconde. Quand les vers sont pleinement réveillés, on leur sert de la feuille toujours bien menue, et la plupart du temps on la sert sur la vieille litière. Faisons remarquer, en passant, qu'il nous faudra cette fois à peu près 5 mètres carrés de claies pour loger convenablement nos vers à soie d'une once de graine, parvenus à la fin du second âge. Il est d'usage de réduire d'un degré au moins la température de l'atelier, probablement parce qu'on suppose le ver plus robuste au bout de sept ou huit jours qu'au moment de l'éclosion. Nous ne contestons point la chose, mais nous croyons que dans leur pays d'origine, les vers à soie n'ont pas à subir cette réduction de chaleur au fur et à mesure de leur développement ; il n'y a donc vraisemblablement aucun inconvénient à maintenir le degré que nous avons fixé au début de 20 à 22°.

Par once de graines, les vers consomment au moins 10^{kil},250 de feuilles pendant les quatre jours qui composent le second âge.

Nous avons vu tout à l'heure qu'on leur servait le premier repas sur la vieille litière. Au second repas, il s'agit de déliter, autrement dit d'enlever la litière en question. A cet effet, on prend du canevas, du filet ou des feuilles de papier troué, sur lesquels on répand de la feuille divisée, et l'on en recouvre successivement les claies, avec toutes les précautions possibles, de façon à ne pas offenser les insectes. Les vers montent; on enlève les canevas ou les filets, on les étend sur des tablettes et on les transporte sur d'autres claies où on les fait glisser doucement. Il est rare que tous les vers soient enlevés en une seule fois; il faut presque toujours recourir une seconde fois au même procédé. Après cela, on jette la litière qui salissait les premières claies, et on balaye la magnanerie.

Durant cette période de l'éducation, on continue de donner quatre repas, on dédouble au besoin, au moyen de petits rameaux de mûrier, afin que les vers ne soient point à l'étroit, et au moment du dernier repas qui précède la deuxième mue, on délite encore, pour que la propreté et la pureté de l'air laissent le moins possible à désirer. L'aération doit être pratiquée sobrement.

C'est d'ordinaire au commencement du cinquième jour que la mue se produit; elle s'annonce par les caractères que nous connaissons déjà : corps transparent, couleur jaunâtre livide et défaut d'appétit. L'état de somnolence dure environ trente heures.

Troisième âge. — Cet âge arrive à la fin de la seconde mue et se termine à la troisième. La température de l'atelier reste la même; on doit préparer 12 mètres carrés de claies pour recevoir les vers, et il faut compter sur 35 kilos de feuilles au moins pour la consommation de cette période qui dure de cinq à six jours. On découpe la feuille moins finement que s'il s'agissait de nourrir des vers d'un âge moins avancé.

Dès que les vers sont presque tous éveillés, on peut leur servir un premier repas sur le peu de litière qui recouvre les papiers des claies, et au second repas, on délite par les moyens que nous connaissons. Le délitement demande à être renouvelé; souvent même, on délite jusqu'à trois fois durant cette période, car les déjections prennent de l'importance et la propreté commande. C'est une opération qui n'offre aucune difficulté et s'exécute rapidement, tandis que d'autre part on transporte les vers sur des claies préparées pour les recevoir. On enlève la litière avec le papier qui la contient et on la porte à l'extérieur de la magnanerie. Là, on l'examine avant de la jeter, et, s'il s'y trouve des vers en bon état, on les recueille.

Le premier jour, on donne assez généralement quatre repas; quelques éducateurs cependant s'en tiennent à trois. Les deux premiers repas seront légers; les deux autres plus copieux.

Le second jour, on triple la dose de feuilles, mais l'on a soin de donner les deux premiers repas plus faibles que les derniers.

Le troisième jour, la ration n'augmente que fort peu, l'appétit, qui était très-développé vers la fin du second jour et dans la matinée du troisième, commence à baisser vers le soir, en sorte que cette fois les deux principaux repas sont les deux premiers.

Le quatrième jour, l'appétit diminue encore, les vers souffrent visiblement, et par conséquent il n'est pas nécessaire de donner beaucoup de feuilles.

Le cinquième jour, la ration n'est que la moitié de la précédente; l'appétit s'éteint de plus en plus, l'assoupissement se fait de toutes parts; le corps se vide, et il est essentiel de renouveler fréquemment l'air de l'atelier, d'allumer du feu dans les cheminées pour activer les courants, de promener dans tous les sens et plusieurs fois dans la journée de la paille ou des chènevottes allumées, d'ouvrir les soupiraux. Mais il est essentiel aussi que le renouvellement de l'air ne fasse pas baisser trop sensiblement la température de l'atelier.

Le sixième jour est parfois employé en grande partie à l'assoupissement, mais c'est rare. Cet état dure en moyenne trente-six heures, quelquefois moins si la température est très-élevée, quelquefois plus si elle s'abaisse.

« Dès que cet âge est accompli, écrit le comte Dandolo, le corps des vers est beaucoup plus ridé, particulièrement la tête; leur couleur est d'un blanc jaunâtre, ou pour mieux dire peau de chamois. Vu à l'œil nu, leur corps paraît n'avoir plus de poils.

« Les pattes membraneuses, et particulièrement celles qui sont à l'extrémité postérieure, ont acquis à cet âge beaucoup de force et peuvent s'attacher fortement à tout ce qu'elles touchent. Dans ce troisième âge, on entend, lorsqu'on donne à manger aux vers, un petit bruit ressemblant assez à celui du bois vert qui brûle. »

Quatrième âge. — Cette période commence à la fin de la troisième mue et se termine à la quatrième. Elle dure environ sept jours. La température de l'atelier est maintenue au même degré que précédemment; il faut, pour recevoir les vers d'une once de graine, environ 28 mètres carrés, et pour les nourrir 105 kilogrammes, au moins, de feuilles mondées et coupées grossièrement.

Le premier jour, dès que les vers sont à peu près tous bien éveillés, on les change de claies et on les délite au moyen de petits rameaux de mûriers ou au besoin de petits paquets de feuilles réunies par leurs queues ou pétioles. Quand ces feuilles sont mangées, on leur en distribue d'autres pour compléter le premier repas, et l'on devrait avoir soin toujours de les diviser grossièrement avant de les leur distribuer. Cependant, la plupart des éducateurs les donnent entières. Les deux premiers repas doivent être faibles, les deux autres copieux.

Le second jour on augmente la ration de plus d'un tiers et on la partage également en quatre repas, deux faibles, un moyen et le quatrième copieux.

Le troisième jour, on augmente encore la ration et on la distribue comme celle de la veille.

Le quatrième jour, la quantité de feuilles à distribuer reste la même que celle du jour précédent; seulement, les forts repas sont ceux du matin et le plus faible celui du soir.

Le cinquième jour, on réduit la feuille de moitié parce que l'appétit baisse considérablement, et on la fait manger principalement au repas du matin. L'assoupissement se produit dans l'après-midi.

Le sixième jour, les vers sommeillent presque tous, et il ne faut plus qu'une petite quantité de feuilles pour rassasier ceux qui sont en retard pour la mue.

Le septième jour a lieu le réveil.

Pendant cet âge, il importe de déliter souvent, au moins tous les deux jours, de donner de l'espace aux vers en dédoublant, d'aérer plusieurs fois dans la journée par tous les moyens possibles.

Cinquième âge. — Cette dernière période commence avec la fin de la quatrième et dernière mue et se termine au moment où le ver va se métamorphoser en chrysalide. Il faut cette fois au moins de 600 à 650 kilogrammes de feuilles entières, et il convient d'abaisser un peu la température de l'atelier. Les vers auront besoin pour se développer complétement de 30 à 34 mètres carrés par once. M. Godinot donne, par once et demie, au dernier âge, 24 claies de 2^m,30 de longueur, sur 0^m,70 de largeur.

Le premier jour, il faut changer les vers de claies, les nettoyer, leur donner du large et les nourrir avec modération, car on doit toujours les considérer comme en état de convalescence.

Le second jour, on augmente faiblement la dose de nourriture.

Le troisième jour, les repas deviennent copieux, les vers grossissent et il faut en enlever pour dégarnir les cadres encombrés et en garnir de vides.

Le quatrième jour, l'appétit devient exigeant; la quantité de nourriture doit y répondre.

Le cinquième et le sixième jour, la grande *briffe* ou grande *frèze* se déclare ; on entend par là un appétit furieux, et il est question de 81 à 97 kilogrammes de feuilles mondées pour assouvir la faim des vers provenant d'une once de graines.

Le septième jour, l'appétit diminue un peu et les vers atteignent leur plus grande longueur et leur plus grand poids. Ils n'avaient qu'une ligne (0^m,022) au moment de leur naissance, ils ont à présent 38 (0^m,067) et même 40 (0^m,089) lignes.

Le huitième jour, il y a décroissance; l'appétit n'est plus dévorant; les vers approchent de la maturité.

Le neuvième jour, la maturité est parfaite, l'appétit baisse toujours et la montée va se faire. Une nouvelle métamorphose se prépare.

Avant d'aller plus loin, nous ferons observer que pendant cette période, l'atmosphère de l'atelier devient humide, infecte et étouffante. Il importe donc de déliter tous les deux jours après avoir pris les vers avec leurs feuilles et les avoir déposés sur la table de transport; il importe également de renouveler l'air par tous les moyens au pouvoir du magnanier. Il est essentiel surtout de déliter et d'éclaircir les vers à l'approche de la grand *frèze.* C'est cette cinquième période qui détermine le plus d'accidents et de maladies, et le meilleur des préservatifs, c'est une ventilation bien entendue, une sollicitude de tous les instants.

Revenons au huitième ou au neuvième jour. Les vers ne veulent plus de la feuille du mûrier; ils s'agitent et cherchent à quitter les claies pour grimper quelque part, y filer leurs cocons soyeux et s'y métamorphoser. Il faut donc en toute hâte faciliter cette *montée des vers* et opérer le *ramage.* A cet effet, on prend, si l'on se conforme au vieil usage, de la bruyère, du genêt, du bouleau ou de la paille de colza ; on en forme de petits paquets que l'on courbe légèrement et que l'on place à 0^m,30 ou 0^m,35 l'un de l'autre, le pied sur la base des claies et la tête sous les claies du second étage afin de former les cabanes. Cela fait, les vers *montent à la bruyère*, selon l'expression consacrée, et s'y établissent pour filer leurs cocons. On tient pour excellente une montée qui se fait en vingt-quatre heures; le plus souvent elle n'est complète qu'au bout de trente-six ou quarante-huit heures. Il arrive parfois que les vers ne cherchent pas la bruyère et paraissent manquer d'énergie. Dans cette circonstance, on conseille d'opérer, le lendemain ou le surlendemain du ramage, un délitement d'après le système chinois. Il consiste à prendre de la paille hachée, à la répandre sur les vers dans les cabanes, de manière à former une nouvelle couche, sur laquelle arrivent ces vers. On leur donne ensuite un léger repas de feuilles de mûrier.

Quand le plus grand nombre des vers sont à la bruyère, on écarte l'un de l'autre ceux qui se touchent; on recueille les traînards dont on tire parti en les changeant d'atelier ; on relève et on replace ceux qui tombent, on enlève les dernières litières avec la précaution de ne rien déranger aux cabanes; on maintient la température à un degré élevé, tout en continuant d'agiter l'air de l'atelier et de le renouveler avec prudence.

Dans les établissements bien tenus, on commence à substituer à la bruyère les échelles coconnières Davril. Avec elles, il n'y a pas de place pour deux vers, et les cocons doubles ne sont pas à craindre, ce qui est certainement avantageux, puisque ces cocons doubles sont rejetés parmi les rebuts. Un second avantage des échelles coconnières en question, c'est qu'on y voit de suite les morts, tandis que la bruyère les masque souvent. Enfin, le décoconnage ou déramage est plus expéditif qu'avec la bruyère.

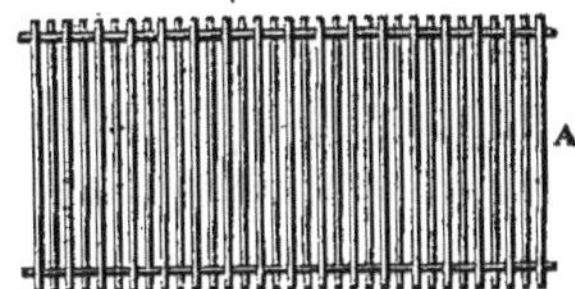

Fig. 676. — Échelle coconnière Davril.

Deux ou trois jours après la montée des vers, on suspend la ventilation, on se contente de brûler des copeaux ou des allumettes de temps en temps, mais, aussitôt que les cocons sont formés, il n'y a pas d'inconvénient à ouvrir au grand large fenêtres et soupiraux; au contraire, l'abaissement de température dans l'atelier est hygiénique et ne peut qu'avoir une heureuse influence sur la fin de cette période d'éducation.

Les cocons sont achevés au bout de trois jours et demi à quatre jours, et chacun d'eux contient, au lieu de la grosse chenille que nous avons figurée plus haut, la chrysalide que nous avons également représentée (*fig.* 673).

Déramage. — On dérame, autrement dit on enlève la bruyère au bout de quatre ou cinq jours et l'on procède à la récolte des cocons. Cependant, si la montée avait été irrégulière, si des précautions avaient été négligées, il serait peut-être bon de ne déramer que huit jours après la montée des premiers vers. Dandolo garantissait qu'en suivant sa méthode à la lettre on devait obtenir d'une once d'œufs depuis 56 jusqu'à 63^k,500 de cocons de première qualité. Pour ne pas se tromper, il faut rabattre de ce chiffre et se rappeler que souvent la récolte ne va pas au delà de 35 à 40 kilogrammes.

On ne doit point perdre les rames ou petits fagots qui ont servi à fixer les cocons. La bruyère et le genêt valent mieux la seconde année que la première, parce que l'extrémité des rameaux a moins de souplesse et offre plus de résistance.

Ce sont des femmes qui détachent les cocons des rames, gardent les plus beaux pour graines et mettent le reste dans des corbeilles. Il faut ou vendre ces derniers de suite, tels quels, ou détruire les chrysalides qu'ils renferment. Sans cela, on aurait bientôt des papillons qui, en trouant l'une des extrémités des cocons, en amoindriraient beaucoup la valeur. Mais la destruction des chrysalides est une opération délicate. Si le moyen employé n'est pas assez énergique, quantité de chrysalides résistent à son action; s'il est au contraire d'une énergie considérable, il est à craindre qu'en tuant les chrysalides, il ne détériore la soie. Il est d'usage d'étouffer les chrysalides en question, soit en les mettant dans des paniers par couches de 0^m,15 d'épaisseur et les exposant à la chaleur d'un four aussitôt après la cuisson du pain, soit en les exposant à un courant de vapeur d'eau. Dans le premier cas, la soie peut être brûlée; dans le second, on la mouille nécessairement et il faut s'occuper ensuite de la sécher. Le système Beauvais, qui consiste à se servir d'un courant d'air chaud, est très-bon et devrait être substitué aux deux autres.

Choix des cocons pour graines. — Le mieux, nous en convenons, serait d'élever les vers avec un soin tout particulier et de faire, dès le premier ou le deuxième âge, un bon choix parmi les plus vigoureux. On ne le fait pas, et l'on a tort. Nous nous contentons de mettre à part, après le déramage, les cocons les plus remarquables et les premiers filés. On reconnaît à peu près, à certains signes, ceux de ces cocons qui renferment les papillons mâles et ceux qui renferment les femelles. Ces derniers sont les plus gros et les cocons mâles s'en distinguent par un étranglement assez marqué vers leur milieu. On les sépare donc d'après ces caractères, on les débourre pour faciliter l'éclosion; quelquefois même, on la facilite en entamant avec une lame de canif l'une des extrémités des cocons femelles; puis on étend tous ces cocons par couches de deux travers de doigt sur des cadres garnis de toile, les femelles d'un côté, les mâles d'un autre côté; on diminue un peu le jour de l'atelier ou de la chambre; on élève la température entre 19 et 23° centigrades et l'on attend. Au bout de douze ou treize jours, de quinze ou vingt quand on ne chauffe pas, les papillons sortent des cocons. D'ailleurs, leur sortie prochaine est annoncée par un faible bruit dans les cocons et par l'humidité qui ramollit l'une de leurs extrémités. L'éclosion faite, on choisit de part et d'autre les sujets les mieux conformés, on se débarrasse de ceux qui laissent à désirer, après quoi on ouvre les volets pour mettre les mâles en mouvement et on les prend pour les réunir aux femelles. L'accouplement ne tarde pas à se faire.

« A six heures du soir, dit M. Charrel, si la température est de 15 à 16° Réaumur, et à quatre si elle est de 18 à 20° Réaumur, j'ouvre les volets pour donner de la lumière et mettre les mâles en mouvement; je les prends alors et je les réunis aux femelles. Au même instant ils se cherchent et s'accouplent.

« Au fur et à mesure que les couples se forment et adhèrent étroitement, je prends les mâles et les femelles en même temps par les ailes et je les place sur les linges où les femelles doivent pondre. Ces linges, qui sont en laine ou en coton, sont tendus et inclinés à 45°.

« Le lendemain matin, dès l'aube du jour, une partie des mâles ont déjà quitté les femelles; je les enlève et les jette; je procède alors à la séparation de ceux qui sont encore accouplés, ce qui, à cette époque, est très-facile, l'adhérence n'existant pour ainsi dire plus. »

Quelques éducateurs préfèrent avec raison l'emploi des cartons à l'emploi de la laine ou du coton. Les cartons ont l'avantage de ne pas échauffer les œufs. Une fois qu'ils en sont chargés, on les conserve dans des filets suspendus.

Les femelles cramponnées aux linges mettent environ quarante-huit heures à pondre leurs œufs lorsqu'il fait obscur dans la pièce, et un peu plus de temps quand on permet à la lumière d'y pénétrer, ou quand cette ponte a lieu dans la journée plutôt que dans la nuit.

Lorsque la ponte est terminée, la plupart des éducateurs enlèvent les femelles, plient les linges dès qu'ils sont bien secs et les placent dans la cave jusqu'au printemps suivant, et après avoir pris la précaution de les soustraire de leur mieux à la voracité des rats qui sont très-avides des graines de vers à soie. D'autres cessent de chauffer la chambre et attendent une quinzaine de jours. Pendant ce temps-là, les œufs, d'abord d'une couleur jonquille, se foncent, deviennent d'un gris roussâtre et prennent en dernier lieu une teinte ardoisée pâle. Alors, les éducateurs plient les linges et les placent dans un endroit frais et assez sec où l'on ne redoute ni la grande chaleur ni les grands froids. Ils les déplient et les visitent tous les quinze jours pendant l'été pour les aérer, les replient et les remettent en place.

« Pour conserver les linges toujours à l'air frais, dit Dandolo, on les place dans un châssis de corde qu'on attache à la voûte ou au plancher d'un lieu frais et sec. De cette manière, les linges ont de l'air de tous côtés; les souris ne peuvent pas les atteindre et ils se conservent très-bien. On doit les visiter à peu près tous les mois.

« Les œufs s'altèrent dans un lieu humide et les vers à soie qu'ils produisent ne sont pas vigoureux.

« Lorsqu'on a perdu des couvées entières et qu'on est remonté à l'origine du mal, on a facilement découvert que les œufs avaient été tenus dans un lieu humide qu'on n'avait pas imaginé pouvoir être la cause de cette perte. »

Il résulte des observations du même auteur que 180 papillons femelles pondent, à raison de 310 œufs en moyenne 55,800, œufs qui pèsent à peu près une once et demi.

M. Alphonse Taurigna conseille, pour la bonne conservation des œufs, un procédé sur le mérite duquel nous ne saurions nous prononcer. Il veut que huit ou dix jours après la ponte on trempe les linges couverts de graines dans un vase rempli d'eau fraîche, qu'on les y laisse deux ou trois minutes, qu'on les fasse sécher ensuite dans une chambre dont les fenêtres seront ouvertes et qu'on les suspende, s'il est possible, le long des murailles dans une pièce inhabitée. Il ne s'en tient pas à ce seul lavage, il en conseille un second dans le courant du mois d'octobre, et comme les chambres inhabitées sont rares, il admet que les linges secs seront roulés après qu'on aura pris la précaution de placer du côté de la graine un autre linge en toile assez neuve ; puis on les suspendra en un lieu sec et frais jusqu'aux premiers jours du printemps, époque à laquelle on les mouillera une troisième fois. Il va sans dire que les œufs qui se détachent pendant ces opérations doivent être recueillis, séchés et conservés dans des boîtes en fer-blanc.

« Les œufs, non séparés des linges, dit-il, peuvent supporter, dans nos climats, jusqu'à 5 ou 6 degrés de froid. Nous avons élevé de très-beaux vers provenant de graines suspendues à la muraille extérieure d'une maison pendant l'hiver, et les résultats de la récolte n'ont rien laissé à désirer. »

Des maladies des vers à soie. — Les vers à soie sont sujets à un grand nombre de maladies, la plupart mal étudiées. Cornalia en indique onze, parmi lesquelles nous remarquons la *muscardine* ou *dragée*, la *grasserie* ou *jaunisse*; l'*hydropisie* ou *luzette* ; l'*atrophie* ou *gattine* ; l'*apoplexie* ou *morts tripés*, *morts flats*, *flétris* ; les *courts* ou *raccourcis* ; la *gangrène* ou *négrone*. Il faut ajouter à ces maladies les *arpians* et enfin la *pébrine* qui, selon M. de Quatrefages, a été jusqu'à lui et bien à tort confondue avec la muscardine. Cette confusion vient de ce que, dans ces deux cas, les cadavres des vers pébrinés et muscardinés durcissent à devenir cassants. M. de Quatrefages distingue les pébrinés des muscardinés par l'absence chez les premiers et la présence sur les seconds de filaments cryptogamiques, bien visibles à la loupe. Les vers pébrinés ont un point noir à la queue, ce qui n'est pas chez les muscardinés.

Nous n'avons pas à décrire ces maladies ; nous nous contentons de les signaler, et cela suffit puisque l'on ne connaît aucun moyen de les guérir.

Généralement, les causes de toutes ces affections sont soupçonnées; on les attribue à une éducation contre nature, à la malpropreté, à une atmosphère viciée, à une alimentation qui laisse quelque chose à désirer.

L'éducation contre nature est vraisemblablement la cause première de toutes les affections dont nous avons à nous plaindre. Notre ver à soie est une espèce dégénérée, et dégénérée à tel point que son papillon a perdu jusqu'à la force de voler. Il s'attache à une place et bat des ailes; c'est tout ce qu'il peut faire. Il y a lieu de croire qu'à l'état sauvage et dans son pays natal, il volait très-bien; c'est ce qui paraît résulter, nous dit-on, des essais faits par M. Martins, professeur à Montpellier. La civilisation l'a perdu, et, malheureusement, même en Chine, on ne le trouve plus à l'état sauvage; cependant, on le cherche et on ne désespère pas de le rencontrer quelque part. Nous faisons des vœux pour que l'on y réussisse. On s'explique très-bien la dégénérescence des vers à soie du mûrier, quand on remarque qu'avec nos bombyciens indigènes tenus en captivité, on ne peut pas obtenir plus de trois générations.

Il est évident que l'air des chambrées et la chaleur des poêles et des cheminées ne valent ni l'air libre ni la chaleur solaire du pays natal et que nos insectes ne sauraient se porter aussi bien dans le climat artificiel que dans le climat naturel. On comprend dès lors que des vers et des papillons fabriqués en serre chaude doivent être moins robustes que les vers et les papillons qui se développeraient et se multiplieraient à l'état sauvage. On comprend également que les petits d'êtres affaiblis héritent de la faiblesse de leurs parents et que les générations de ce temps-ci soient plus fragiles que les générations du temps de Henri IV. Il y a eu bien certainement dégénérescence. Ce n'est pas tout : l'insecte dégénéré est moins bien nourri à l'état domestique qu'à l'état sauvage, puisqu'il ne mange la plupart du temps que des feuilles de mûriers greffés qui ne valent point celles du mûrier des haies, de l'aveu de tous les bons éducateurs ; et aussi, parce que, ne prenant pas autant d'exercice qu'en liberté et ayant moins d'appétit par conséquent, il reçoit des rations trop fréquentes et trop fortes qu'il a de la peine à digérer ou qu'il digère mal. On ne remarque pas assez l'influence des méthodes de culture artificielle sur les végétaux; on ne tient pas assez compte des modifications qu'elles apportent à la nature des produits. On ne taille pas, on ne greffe pas un arbre sans le faire souffrir plus ou moins, et toute souffrance est suivie d'altérations quelconques. Les fruits de l'arbre franc de pied et de plein vent sont plus savoureux et peut-être bien aussi plus faciles à digérer que les fruits de l'arbre taillé et greffé ; les légumes de la culture ordinaire sont bien préférables, sous tous les rapports, à ceux des maraîchers; les légumes de pleine terre sont autrement bons que ceux de couche et vraisemblablement d'une digestion plus prompte. Pourquoi n'en serait-il pas ainsi des feuilles du mûrier par rapport aux vers à soie? L'analyse chimique n'a rien à voir ici; c'est l'affaire de l'estomac.

En définitive, nous soumettons les vers à soie à une éducation forcée, à toutes sortes de mauvais traitements, et nous agissons de la même manière à l'endroit des mûriers destinés à les nourrir. Nous les greffons, nous les taillons et pour comble de cruauté nous les effeuillons nécessairement. Ainsi tout est violenté, tout est forcé; donc tout doit être altéré. Les gens qui raisonnent en conviennent.

Partant de là, on se dit que pour refaire des races de vers à soie solides, il faut se rapprocher des méthodes naturelles. C'est aussi notre avis, seulement nous demandons que l'on s'en rapproche avec intelligence et que l'on établisse une distinction entre l'insecte domestique et l'insecte libre, entre le civilisé et le barbare. Si nous insistons sur ce point, c'est que certains novateurs nous paraissent un peu trop disposés à franchir les limites et que si on les laissait faire, ils en viendraient peut-être à vouloir nous prouver que nos générations du dix-neuvième siècle se trouveraient à merveille du régime et du costume primitifs de vieux Celtes.

Pour rester dans les limites raisonnables, nous croyons que les seules recommandations importantes à formuler sont celles-ci : 1° Ne pas faire d'éducations trop nombreuses dans la même chambrée; 2° donner plus d'espace aux vers; 3° chauffer un peu moins; 4° ventiler plus et assurer la ventilation au moyen de planchers supérieurs en claies; 5° diminuer le nombre de repas, le chiffre de la ration et substituer la feuille des mûriers des haies à celle des mûriers greffés; 6° déliter tous les deux jours et même au besoin tous les jours; 7° éloigner les ordures du voisinage de la magnanerie; 8° faciliter la montée par une disposition préférable au cabanage ordinaire; 9° prendre la graine de papillons produits à la température ordinaire, sans l'intervention des poêles; 10° multiplier les mûriers sauvages, ne fût-ce que dans le but de nourrir exclusivement de leurs feuilles les sujets destinés à la reproduction; 11° tout au moins n'employer pour le greffage des sauvageons que des scions pris sur des arbres qui ne soient soumis ni à la taille ni à l'effeuillage, et enfin préférer toujours la feuille des vieux arbres à celle des jeunes.

M. Ernst Kaufmann, vice-président de la société d'acclimatation de Prusse, a publié en 1860, sous le titre de *Progrès de la sériciculture*, un excellent rapport auquel nous nous permettons d'emprunter les passages suivants : — « Tous les sériciculteurs désireraient volontiers ne donner aux vers pendant les premiers âges que la feuille de sauvageons. Pourquoi, si elle jouit réellement de la vertu que tout le monde lui attribue, ne la donnent-ils pas aux vers jusqu'à la fin de l'éducation ?

« Je pourrais citer des exemples où des vers incommodés par la nourriture de feuilles grasses, ont été ramenés à un état de santé satisfaisant et ont fait de beaux cocons par suite de leur transport dans un endroit où ils ne recevaient que de la feuille de vieux sauvageons.

« Un fait général constate que les arbres greffés atteignent un âge bien inférieur à celui des sauvageons; il est donc incontestable que la greffe ne doit pas être salutaire aux mûriers. »

Enfin, un peu plus loin, M. Kaufmann rapporte que la sériciculture en Prusse, et par conséquent la plantation des mûriers, date de Frédéric II, et que la feuille d'un certain nombre de ces arbres vierges alimente encore aujourd'hui leurs vers à soie; puis il ajoute :

« Il se peut que ma vénération pour ces arbres historiques me prédispose en faveur des mûriers non greffés, ni taillés; toutefois, il est incontestable que ces arbres ont produit la superbe *race jaune prussienne*, pareille à la belle race milanaise qui, de l'aveu des sériciculteurs et des filateurs experts de la France et de l'Italie, a presque disparu dans le midi de l'Europe depuis nombre d'années. »

Enfin, dans une brochure publiée en 1862, et qui a pour titre : *Recherches sur les causes des maladies actuelles du ver à soie*, M. L. Deboutteville, président de la société d'horticulture de la Seine-Inférieure, rassemble les observations des hommes les plus compétents dans l'art séricicole et se prononce en faveur des feuilles des meilleures variétés de mûriers sauvages.

Peut-être convient-il de faire observer, en terminant, que le greffage des mûriers n'est pas la seule cause de leur altération. L'effeuillage souvent renouvelé y est pour quelque chose aussi, ainsi que le maintien prolongé des plantations à la même place, et souvent aussi le rapprochement excessif des pieds.

Mais quelle que soit la valeur des raisons invoquées en faveur du mûrier sauvage, nos populations méridionales ne se décideront pas de sitôt à le substituer au mûrier greffé. Avec celui-ci, la feuille est large, abondante et la cueillette facile; avec l'autre, il n'en est pas de même. C'est aux hommes éclairés à donner le bon exemple et à convaincre par les résultats qu'ils obtiendront.

Produits. — La sériciculture a, chez nous, une importance capitale.

On peut en juger par les chiffres suivants tirés d'un rapport fait à l'Académie par M. Dumas en 1857, au nom de la Commission des vers à soie. De 1700 à 1788, la France produisait chaque année, en moyenne, environ six millions de kilogr. de cocons. Sous la République, cette production baissa beaucoup, presque de moitié, et ne se releva qu'à partir de 1821. De cette année-là à 1830, le chiffre annuel fut 10,800,000 kilogr.; de 1831 à 1840, 14,700,000 kil.; de 1841 à 1845, 17,500,000; de 1845 à 1852, 24,000,000; en 1853, 26,000,000. Au siècle passé, les cocons valaient en moyenne 2 fr. 50 le kilogr.; en 1850, ce prix s'élevait à 5 fr.; ce qui donne pour 1853 cent trente millions. Il est inutile d'ajouter que les pépinières de mûriers étaient également dans un état de prospérité remarquable. Mais, à partir de 1854, la production a baissé de 4 millions de kilogr., en 1855 de 6 millions; en 1856 et 1857 de 7 millions 1/2; total des pertes en poids 18 millions 1/2, et, en argent, perte approximative de 90 millions. Voilà ce que nous ont valu la gatine, la muscardine et la pébrine.

Les excréments des vers à soie sont recherchés pour la culture des mûriers; mais quand on les laisse dans les cours de ferme, ils communiquent à la chair des poules et à leurs œufs une saveur détestable; aussi se méfie-t-on de la volaille et des œufs en question, au temps de l'éducation. Les excréments de vers à soie sont mangés par les chevaux, les porcs et surtout par les moutons dans les Cévennes.

On nous permettra de garder un silence à peu près complet sur l'éducation des espèces nouvelles de vers à soie. Encore une fois, elles n'ont pas fait leurs preuves. Contentons-nous de dire que les bombyx de l'ailante et du ricin sont deux espèces très-voisines; peut-être même, ce sont tout simplement deux races provenant de la même espèce, mais localisées. Toutes deux mangent du ricin et de l'ailante; elles peuvent manger en outre du chardon à foulon et du chou. Les chenilles sont tuberculeuses et les tubercules portent quelques poils comme dans les Attacus. Sur les chenilles de l'ailante, il y a des points noirs; sur celles du ricin il n'y en a pas. Le bombyx de l'ailante est celui qui nous intéresse le plus, car celui du ricin ne convient qu'aux pays chauds et nous vient des Indes. Le ver de l'ailante est à moitié domestique; il a été apporté du Japon et du nord de la Chine en Italie par un missionnaire. On l'éleva d'abord à Turin. C'est de là qu'il a été envoyé en 1858 à M. Guérin-Menneville.

La soie de l'ailante est loin de valoir celle du mûrier. On a eu tort de soutenir qu'elle était plus tenace que celle de nos vers à soie ordinaires.

P. Joigneaux.

CHAPITRE XXXVI

DES ANIMAUX VERTÉBRÉS NUISIBLES OU UTILES

On divise habituellement les animaux utiles ou nuisibles en deux grandes catégories. La première renferme ceux qui ont une charpente osseuse et que l'on nomme VERTÉBRÉS; la seconde, ceux qui n'ont pas de charpente osseuse et qui sont les INVERTÉBRÉS.

Les INVERTÉBRÉS se subdivisent à leur tour en plusieurs groupes qui sont : les *mollusques*, les *articulés* et les *rayonnés*.

On entend par *mollusques*, les hélices et les limaces; par *articulés*, les annélides (sangsues, lombrics ou vers de terre); les crustacés (crabes, écrevisses, cloportes, etc.); les arachnides (scorpions, araignées, mites); les myriapodes (scolopendres, iules et glomeris appelés mille-pieds); et les insectes. On entend, enfin, par *rayonnés*, les échinodermes, les intestinaux, les acalèphes, les polypes et les infusoires.

Nous n'avons à nous occuper, dans ces deux grandes catégories, que des animaux qui intéressent tout particulièrement les cultivateurs, et, bien entendu, en dehors de ceux qui sont ou domestiqués ou qui font l'objet d'éducations spéciales, comme nos animaux de basse-cour, nos abeilles et nos vers à soie, dont il a été parlé précédemment.

M. le baron Ed. de Sélys-Longchamps, membre de l'Académie des Sciences de Belgique, a bien voulu se charger du travail qui concerne les animaux vertébrés sauvages.

Nous dirons, après M. de Sélys, nos observations pratiques sur les hélices, les limaces, les vers de terre, les cloportes et les myriapodes.

M. le docteur Candèze, dont la réputation d'entomologiste est bien établie, terminera la seconde partie du *Livre de la Ferme*, par un travail fort intéressant sur les insectes. P. J.

ANIMAUX VERTÉBRÉS SAUVAGES UTILES OU NUISIBLES A L'AGRICULTURE

Peu d'animaux peuvent être qualifiés absolument de *nuisibles* ou d'*utiles*. Ils ne méritent, en général, cette dénomination qu'à un certain degré, ou à un certain point de vue. Beaucoup d'animaux féroces, redoutables pour l'homme lui-même, donnent lieu à un commerce important de pelleteries; d'autres, compris sous le nom de gibier, endommagent nos cultures, tandis qu'ils entrent pour une part respectable dans l'alimentation publique; enfin, même en ne considérant que les intérêts de l'agriculture et de l'économie rurale, nous trouvons des espèces qui sont utiles dans certaines circonstances, et nuisibles dans d'autres : qu'il nous suffise de citer pour exemple les taupes, les belettes, les corbeaux, les moineaux, etc., dont nous aurons à entretenir plus loin nos lecteurs.

Chercher à discerner le juste de l'injuste, est ici synonyme de constater nos véritables intérêts; car l'homme méconnaît trop souvent ses amis et ses ennemis, en agriculture comme ailleurs.

Nous aurons quelquefois des préjugés très-répandus à battre en brèche, de pauvres innocents à réhabiliter. D'autres fois, en comparant les services que rend telle espèce et les torts qu'elle cause, nous serons embarrassés pour décider de quel côté penche la balance, et si l'animal doit être protégé ou proscrit. Le jugement peut d'ailleurs être différent selon les circonstances locales et le genre de culture adoptée.

En général, on peut avancer que les animaux insectivores, et dans une certaine limite les carnivores, sont utiles à l'agriculture; et que les granivores, frugivores et herbivores, aussi avec certaines restrictions, lui sont préjudiciables. Mais beaucoup d'animaux appelés par exagération omnivores, ont un régime très-varié, et ce sont ceux-là dont la cause est la plus difficile à juger équitablement.

N'ayant pas à entrer ici dans les détails d'une classification zoologique, nous nous bornerons à exposer séparément et successivement ce qui concerne les mammifères (quadrupèdes), les oiseaux, les reptiles (amphibies) et les poissons.

Notre cadre, au point de vue géographique, comprend les animaux les plus importants à signaler dans l'Europe tempérée occidentale.

I. — MAMMIFÈRES (QUADRUPÈDES).

Les plus recommandables, les seuls même qui soient tout à fait dignes de notre protection, sont les *chauves-souris* et les *musaraignes*, animaux insectivores que l'on cherche généralement à exterminer, sans se douter des services signalés qu'ils rendent.

Les chauves-souris de nos contrées (1) qui, quoi qu'on en dise, n'ont l'habitude de s'attacher aux cheveux de personne, vivent uniquement d'insectes nuisibles, papillons de nuit, hannetons, cousins, moustiques, qui, voltigeant pendant l'obscurité, échappent aux oiseaux insectivores diurnes. Ce sont les hirondelles de la nuit. Comme ces dernières, elles vivent sous le même toit que nous, et méritent la même protection; car elles veillent autour des maisons à la tranquillité de notre sommeil, et si elles attaquent les insectes parfaits et non les larves, elles opèrent en cela la destruction la plus expéditive, puisque ces insectes iraient pondre des milliers d'œufs sur les végétaux utiles (2).

On ne s'explique donc la guerre injuste qui est faite aux chauves-souris, qu'en raison de leur figure hétéroclite, de leur nom qui implique une ressemblance bien fausse avec les souris, et enfin de leurs habitudes nocturnes.

Apprenons donc de bonne heure aux enfants à connaître la conformation si curieuse et si intéressantes des chauve-souris; ajoutons qu'elles sont, après les singes, les quadrupèdes qui retiennent encore quelques traits de l'organisation supérieure de l'homme (3), et l'on aura bientôt éteint chez nos cultivateurs, comme chez nos citadins,

Fig. 677. — Chauve-souris Oreillard.

la répugnance imméritée que les chauves-souris inspirent, et avec cette répugnance disparaîtra l'habitude déplorable de les détruire.

Fig. 678. — Musaraigne.

Les musaraignes, ou musettes, forment une famille également utile. Elles purgent les jardins, les espaliers, les alentours des habitations des insectes, des larves et des limaçons qui sont à leur portée. A la faveur de leur petite taille (ce sont les plus petits mammifères connus) elles pénètrent dans les moindres cavités, dans les fissures des murailles, et ont l'ouïe et l'odorat très-fins. Elles préservent les fruits des espaliers des atteintes des cloportes, des perce-oreilles et des mille-pieds. Les musaraignes sont proscrites parce qu'elles ont le malheur de ressembler grossièrement aux souris par leur stature, bien qu'en faisant attention à leur long museau pointu, semblable à celui des taupes, elles soient faciles à reconnaître. Elles ne mangent ni fruits, ni graines, ni racines. Le seul reproche qu'on pourrait leur faire est de manger les jeunes grenouilles, dont nous aurons à faire l'éloge plus loin. Dans les temps anciens, on croyait leur morsure venimeuse pour le bétail. Il n'en est rien, et ces jolis petits animaux ne cherchent à mordre que si on les prend dans la main.

Le *hérisson*, autre proscrit, est sans doute encore un animal insectivore fort utile, mais nous ne le mentionnons que pour mémoire, attendu qu'il est peu répandu.

Il est presque superflu de protester encore contre la réputation qu'il a en Belgique de teter les vaches et d'occasionner de graves désordres à leurs mamelles. Toutes les investigations faites pour constater le fait, ont abouti à des verdicts de non-lieu. Il ne tette pas plus les vaches que l'oiseau nommé crapaud volant (vulgairement,

(1) Dans les parties tropicales de l'ancien continent, les grandes chauves-souris *roussettes* sont frugivores et dévastent les vergers. — Dans les contrées correspondantes de l'Amérique, les grandes espèces de chauves-souris *vampires* sucent le sang des animaux domestiques, parfois même de l'homme.

(2) M. Koltz, dans un article intéressant publié par la *Feuille du cultivateur*, en 1861, rapporte que le naturaliste Kuhl vit une petite chauve-souris dévorer l'un après l'autre treize hannetons; une autre, soixante-dix mouches; une troisième, douze grands papillons.

(3) Les genres Homme, Singe et Chauve-souris constituent dans le système de Linné l'ordre des Mammifères primates.

tette-chèvre) ne tette les chèvres. On lui reproche encore d'aimer les pommes. Nous savons qu'il

Fig. 679. — Hérisson.

accepte cette nourriture, mais comme il est incapable de grimper sur les arbres, il ne peut attaquer que quelques fruits tombés (1).

Pour terminer l'énumération des mammifères insectivores, il nous reste à parler de la *taupe*, sujet fort délicat et très-controversé. Les taupes

Fig. 680. — Taupe.

sont-elles nuisibles? Nous répondrons oui et non; c'est selon les circonstances. Les taupes sont insectivores et vermivores; leur appétit est très-vorace, de sorte qu'elles dévorent une quantité immense de larves pernicieuses, et notamment les vers blancs (larves du hanneton), et la courtilière (grillon-taupe). Elles ne se nourrissent pas d'ailleurs de substances végétales.

On a remarqué, du reste, que lorsqu'on était parvenu à extirper les taupes, les racines des herbes étaient sujettes à être détruites par les larves de hannetons et autres coléoptères phytophages. Sous tous ces rapports, les taupes sont donc des animaux auxiliaires fort utiles. Mais, d'un autre côté, nous ne voulons pas dissimuler qu'en creusant leurs garennes, elles bouleversent les racines des plantes, les déchirent pour se frayer un passage, et que les éminences arrondies qu'elles amoncellent au-dessus du sol sont disgracieuses et risquent d'enterrer ou d'écraser les semis. Telles sont les taupes sous leur mauvais aspect.

Nous concluons en permettant de détruire les taupes lorsqu'elles habitent un terrain ensemencé de plantes annuelles, comme cela a lieu dans les terres labourables et les jardins potagers. Mais, malgré l'opinion générale, hostile aux taupes des prés et des pelouses, nous persistons à croire que leur présence en nombre modéré y est nécessaire, et qu'il faut bien se garder de les y détruire entièrement. La terre finement ameublie des taupinières est facile à étendre sur le gazon, auquel elle est favorable, et ses nombreuses garennes qui parcourent le sol, presque à fleur de terre, forment une sorte de drainage d'autant plus utile que les taupes en modifient le parcours à tout moment (2).

Les quadrupèdes carnassiers ne font pas de tort aux cultures, mais il en est plusieurs que les éleveurs de bestiaux ou de volailles doivent proscrire.

Nous citerons, en tête de la liste, le *loup* qui, dans certaines circonstances, attaque l'homme lui-même, et dont les méfaits n'ont pas besoin d'être rappelés ici.

A peu près dans la même catégorie se plaçaient autrefois l'*ours* et le *lynx* (ou loup-cervier), mais ce dernier est pour ainsi dire éteint dans l'Europe tempérée, et l'ours est devenu de plus en plus rare, même dans les solitudes alpestres où il est relégué.

Viennent ensuite les carnassiers de taille moyenne ou petite : ceux-ci ne sont hostiles qu'à la volaille ou aux poissons des étangs; on pourrait ajouter au gibier, mais le bon cultivateur n'ayant guère le temps de chasser, n'a pas à s'inquiéter spécialement de la conservation du gibier qui, s'il était trop abondant, ferait même du tort à ses récoltes.

Le *renard* rôde autour des basses-cours, s'y introduit nuitamment et enlève la volaille. Il est particulièrement à craindre pour les oies et les canes qui couvent trop volontiers hors des habitations. Remarquons cependant, qu'il détruit une grande quantité de mulots et de campagnols.

Le *blaireau*, peu nuisible et peu carnivore, ne s'éloigne guère des bois; encore moins, le *chat sauvage*. Ce dernier est fort malfaisant; en ce qu'il dévaste les nids des petits oiseaux utiles.

Les espèces de la famille qui comprend la *martre*, la *fouine*, le *putois*, l'*hermine* et la *belette* sont à redouter pour les poulaillers et les pigeonniers, parce que, lorsqu'elles s'y introduisent, elles égorgent tout ce qu'elles rencontrent, se bornant à sucer un peu de sang à chacune des victimes. La martre est rare et ne se trouve guère que dans les grandes forêts; la fouine, qui se tient dans les granges et à l'entour des habitations, est beaucoup plus à craindre. On peut lui assimiler le putois, qui est en quelque sorte un furet sauvage; il tue, il est vrai, beaucoup de rongeurs nuisibles; mais il dépeuple les garennes des lapins clapiers que les cultivateurs élèvent à

(1) M. Koltz dit qu'il attaque les loirs, les rats, les souris, les jeunes lapins et levrauts. Nous ne pouvons guère admettre qu'il puisse atteindre ces animaux à l'état adulte, la démarche du hérisson étant assez lente. Nous doutons aussi que la taupe puisse faire aux rats et aux souris la chasse qu'il lui attribue, sauf en dévorant les petits encore au nid.

(2) M. Koltz mentionne qu'il y a une dizaine d'années, dans certaines contrées de l'Allemagne, chaque commune avait un taupier. Il en résulta que les vers blancs parurent par myriades, et firent des dégâts considérables dans les prairies. On s'aperçut alors de l'erreur qu'on avait commise, et aujourd'hui, lorsque les taupinières ne sont pas trop nombreuses, on ne cherche plus à détruire les taupes.

domicile, et il détruit aussi beaucoup de poissons lorsqu'il s'établit près des étangs. Quant à l'hermine, qui est de taille moindre, nous ne sommes pas assurés qu'elle soit fort nuisible. Si, comme toutes ses congénères, elle fait à nos dépens la récolte des œufs des poules et des canes, elle atténue sa culpabilité en étranglant les rats et autres rongeurs destructeurs.

Nous hésitons beaucoup à nous prononcer quant à la belette, la naine du genre. Nous ne croyons pas qu'elle attaque habituellement les

Fig. 681. — Belette.

oiseaux de basse-cour, si ce n'est les jeunes individus, et nous sommes certains qu'elle vit principalement de mulots, de campagnols et autres petits animaux nuisibles. La belette est intelligente, curieuse, peu farouche; et puisqu'on a réduit à un état de servitude son proche voisin le *furet,* pour l'employer à poursuivre les lapins dans leurs garennes, nous nous demandons s'il ne serait pas possible de la domestiquer, afin de l'employer à tuer dans ses terriers le redoutable rat surmulot. On pourrait aussi tenter l'expérience avec l'hermine.

A la suite de la famille dont nous venons de parler, se place son représentant aquatique, la *loutre,* qui ravage les étangs et ne rend aucun service.

Nous arrivons aux rongeurs, animaux spécialement nuisibles, qui ne rachètent, sous aucun rapport, le mal qu'ils nous font.

Nous commencerons par le genre des *rats.* Le *surmulot,* le plus robuste de tous, originaire de l'Inde, est arrivé en Europe il y a un peu plus d'un siècle; on croit qu'il a été transporté dans la cale des navires qu'il infeste; cependant, vers la même époque, Pallas en a observé une énorme migration à travers la Perse et la Russie méridionale. C'est la plus détestable acclimatation qui se soit faite depuis les temps historiques. Il vit partout, et mange de tout. C'est le rat des bords des rivières, des égouts, des ports, des écuries, des caves, des cuisines, des poulaillers et des granges, mais il ne monte pas souvent dans les greniers élevés, sans doute parce que le voisinage de l'eau ou des immondices liquides est une nécessité de sa vie. Sa force de destruction est déplorable. Il perce des garennes à travers les fondations des maisons, perfore les canaux d'écoulement, dévore les œufs, les poulets, parfois même les volailles adultes, enlève les provisions de toute espèce et s'établit au milieu des récoltes dans les greniers peu élevés.

Les piéges à pincettes et à assommoirs et les boulettes au phosphore semblent jusqu'ici les moyens les meilleurs à employer pour diminuer le nombre des surmulots. Les administrations publiques feraient chose urgente en encourageant sérieusement la destruction de cet animal qui est un véritable fléau (1).

Il nous a cependant rendu un service relatif, en débarrassant beaucoup de localités de l'espèce du *rat noir,* qui est moins fort que lui, et qui se tenait surtout dans les greniers secs et dans le haut des habitations. Comme il paraît, d'après des mœurs si différentes, que les deux espèces pouvaient coexister, en vivant à nos dépens, l'une au grenier, l'autre au rez-de-chaussée, il y aurait lieu de chercher comment le rat noir a pu être tout à fait expulsé de beaucoup de cantons par le nouveau venu.

Malheureusement, depuis une trentaine d'années, on a constaté en France la présence d'une troisième espèce, qui a les formes et les mœurs du rat noir et la couleur du surmulot, c'est le *rat d'Alexandrie* (le rat des toits de M. Savi, — rat à ventre blanc de M. Pictet). Il est originaire du nord de l'Afrique et paraît s'être introduit en Italie pendant le siècle dernier. On sait que du temps de Pline il n'existait encore en Italie aucune des espèces de rats que nous avons mentionnées.

La *souris,* le commensal incommode et cosmopolite de l'homme, est un diminutif du rat noir; elle est trop connue pour qu'il soit nécessaire de prouver les dégâts qu'elle fait en rongeant les provisions de bouche, le linge, les papiers, etc.; mais ce que l'on ignore peut-être, c'est que la souris ne vit pas exclusivement dans les maisons et les granges. Nous en avons observé plus d'une fois, un grand nombre, dans des meules de blé et d'avoine assez éloignées de toute habitation.

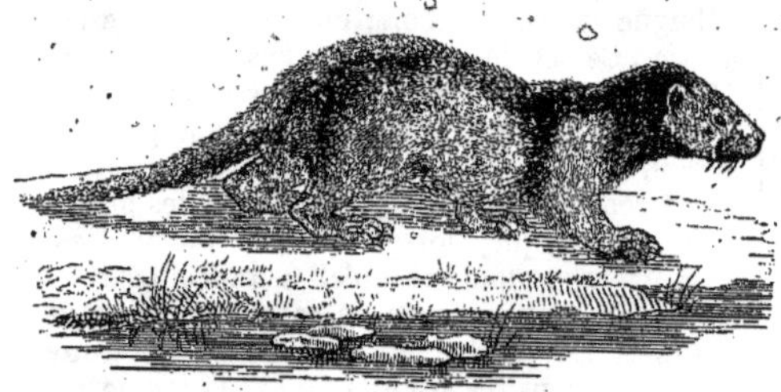

Fig. 682. — Loutre commune.

Le *mulot* ressemble un peu au surmulot par la couleur, mais avec la petite taille de la souris; ses habitudes sont différentes : il fréquente de préférence les jardins, les bois et les haies, quoiqu'on le rencontre aussi dans les champs. En automne, il s'introduit dans les caves où l'on conserve des légumes ou des fruits et dans les magasins situés au rez-de-chaussée. Il est d'autant plus à redouter, qu'il a l'habitude de former des provisions considérables à une distance souvent

(1) On sait que chaque année la ville de Paris le fait traquer dans les égouts et qu'on en extermine de cette façon un grand nombre.

éloignée du lieu du pillage. A l'arrière-saison, il établit aussi ses colonies dévastatrices dans les meules de bléà la campagne.

En Allemagne, au delà du Rhin, et en Russie, se trouve abondamment une espèce voisine et tout aussi nuisible, le *rat des champs* (*mus agrarius*, Pallas), reconnaissable à une ligne noire très-nette qu'il porte sur l'échine, depuis la nuque jusqu'à la queue.

Nous aurions bonne envie de faire grâce au *rat nain*, joli petit animal fauve à ventre blanc, qui construit, au milieu des céréales, un nid suspendu avec art et analogue à celui des fauvettes aquatiques ; mais il faut bien reconnaître que c'est un animal granivore ; que s'il fait moins de mal que les autres, c'est qu'il est plus petit. Il se retire pendant l'hiver dans les meules de blé et surtout d'avoine. Il faut lui rendre cette justice qu'il ne s'introduit pas dans les habitations.

Le *hamster*, encore plus robuste que le rat, est un terrible emmagasineur de céréales. C'est un vrai fléau dans plusieurs provinces de l'Allemagne et de la Russie, et la vente de sa fourrure est loin de racheter le blé qu'il a mangé. Heureusement pour l'occident de l'Europe, que sa limite ne dépasse pas beaucoup le cours du Rhin. Elle répond presque exactement à celle de la

Fig. 683. — Hamster.

langue allemande dans cette direction. En partant de la frontière hollandaise elle effleure la Belgique, à l'ouest d'Aix-la-Chapelle, respecte les Ardennes, se dirige vers les Vosges à travers le Luxembourg allemand et se termine au centre de la Suisse sans dépasser les Alpes.

Les *campagnols*, reconnaissables à leur queue plus courte que celle des rats, et à leurs yeux

Fig. 684. — Campagnol des champs.

plus petits, sont des rongeurs fouisseurs fort nuisibles, surtout le *campagnol des champs*, qui, en certaines années, pullule au point de détruire complétement les récoltes aussi bien que les racines des plantes semées pour l'année suivante, notamment celles des céréales et des trèfles. Les carottes et les pommes de terre sont aussi dévorées par les campagnols. En automne, ils se retirent dans les meules de blé, où ils causent de grands dommages. Les buses et les oiseaux de proie nocturnes sont ses ennemis les plus efficaces. En Belgique, lorsqu'ils se montrent à l'état de fléau, ce qui se renouvelle d'ordinaire tous les dix ou quinze ans, on en détruit beaucoup en forant dans les champs, au moyen d'une tarière en fer, des trous de $0^m,35$ de profondeur sur $0^m,12$ à $0^m,13$ de diamètre. Les campagnols y tombent, et le cultivateur les tue en faisant sa ronde chaque jour.

Nous ne pouvons approuver le procédé de destruction qui consiste à répandre dans les campagnes des graines ou des boulettes empoisonnées, parce que nous redoutons les conséquences funestes qui peuvent en résulter lorsque la volaille et le gibier mangent de ces appâts. On a aussi essayé d'enfumer les campagnols, mais nous ne pensons pas que ce système, tel qu'il peut être pratiqué, soit fort efficace. Lorsqu'on a affaire à un terrain argileux peu perméable, on peut encore avec avantage noyer les campagnols dans leurs garennes, qui sont courtes et à fleur de terre.

En 1836, nous décrivîmes le *campagnol souterrain*, espèce confondue avec le campagnol des champs, et que nous pensions particulier à la Belgique et au nord de la France. Aujourd'hui on a constaté que sa patrie est beaucoup plus étendue. Il existe dans une grande partie de la France, en Hollande et sur les bords du Rhin. C'est un petit animal qui diffère du campagnol des champs par son pelage gris noirâtre et par ses habitudes. Il vit principalement dans les jardins potagers et ne se montre que rarement hors de ses garennes. Il fait beaucoup de tort aux racines de différents légumes, notamment aux carottes, céleris, panais, artichauts, cardons, pommes de terre. Un bon jardinier doit lui déclarer une guerre à outrance au moyen de petits piéges amorcés d'un morceau de carotte et placés en travers d'une de ses garennes.

Les autres espèces terrestres de campagnols de nos contrées ne sont pas à redouter, vivant en nombre restreint dans les bois ou dans les prairies, et ne se nourrissant pas spécialement des racines cultivées.

Il n'en est pas de même du *campagnol amphibie* (rat d'eau de Buffon), qu'il ne faut pas confondre avec le rat surmulot, nommé improprement rat d'eau dans diverses localités. Il ne se borne pas à fréquenter les cours d'eau et les marais, où il vit de racines sauvages et ne fait d'autre tort que de molester les écrevisses ; il habite malheureusement aussi les jardins fruitiers et les potagers humides, et là, il ronge, comme le campagnol souterrain, les racines des légumes et coupe souvent celles des jeunes arbres fruitiers au point de les faire périr (1).

Les espèces du genre *loir*, qui passent l'hiver dans un sommeil léthargique, se nourrissent de fruits qu'elles vont attaquer sur les arbres.

(1) Le *lemming* de Scandinavie est un animal voisin des campagnols, qui, en certaines années, émigre en nombre immense d'une contrée à une autre, en ravageant tout sur son passage.

Le *loir proprement dit* est commun dans le midi et le centre de la France. C'est un joli animal, qui ressemble à un écureuil, et fait le désespoir des jardiniers, en dévastant les arbres fruitiers. Le *lérot*, un peu moins gros, a les mêmes habi-

Fig. 685. — Lérot.

tudes et se trouve malheureusement dans presque toute l'Europe. Il se tient dans les arbres creux et dans les fentes des murailles à espaliers. Il mérite d'être pourchassé avec soin. La troisième espèce de nos contrées, le gentil *muscardin*, le nain du genre, un écureuil en miniature, n'habite que les bois et ne fait pas grand dommage. Il vit principalement de noisettes et de faînes.

On ne doit pas laisser les *écureuils* se multiplier abondamment, parce qu'ils détruisent les nids des petits oiseaux utiles et qu'ils mangent les noix et les châtaignes. Dans les forêts de conifères, ils se nourrissent des graines renfermées dans les pommes de pin.

Le *castor* n'est mentionné ici que pour mémoire. Sa race est presque éteinte en Europe. En

Fig. 686. — Castor.

France, il n'y en a plus que quelques-uns sur les bords du Rhône entre Avignon et la Méditerranée. Il se nourrit particulièrement de jeunes pousses de saules.

Nous terminerons l'énumération de nos rongeurs en parlant du *lièvre* et du *lapin* qui, comme on sait, sont herbivores.

Le lapin sauvage, lorsqu'il existe en trop grand nombre, est un animal d'autant plus nuisible aux trèfles et aux céréales qui sont à portée de ses garennes, qu'il ne s'éloigne pas beaucoup de son domicile pour brouter sa nourriture.

Le lièvre serait nuisible s'il était aussi prolifique que le lapin, ce qui n'est pas le cas. Ce n'est guère que dans certains territoires de chasses trop bien conservées que les cultivateurs ont sérieusement à s'en plaindre. Il circule d'ailleurs à de plus grandes distances que le lapin et pâture la campagne d'une façon plus égale. Ces deux animaux, en temps de neige, poussés par le manque d'herbages, font beaucoup de mal aux jeunes plantations, en rongeant l'écorce et les pousses des jeunes arbres et en attaquant les légumes dans les potagers qui ne sont pas bien clôturés.

Le *sanglier*, le seul pachyderme sauvage qui existe en Europe, ne rend aucun service; au contraire, il déracine les jeunes arbres des forêts et dévaste les récoltes des champs voisins. Nous le livrons donc sans scrupule à la vindicte des forestiers et des cultivateurs.

Autrefois, deux grands ruminants peuplaient les bois de nos pays : le *cerf* et le *chevreuil*. Aujourd'hui, ils auraient entièrement disparu sans la protection de ceux qui jouissent du droit de chasser dans les grands bois. Comme leur nombre dépend de cette protection, c'est à ceux qui la leur accordent à juger jusqu'à quel point elle doit être limitée pour ne pas être trop préjudiciable, car ces animaux herbivores mangent aussi l'écorce des arbres, leurs jeunes pousses et font des incursions fâcheuses dans les moissons des champs qui avoisinent les forêts. Le cerf est plus particulièrement nuisible. Il est très-difficile d'élever de jeunes pins ou sapins dans les bois où il existe en assez grand nombre, et il endommage fortement le tronc des baliveaux par le frottement de ses cornes à certaines époques de l'année.

II. — OISEAUX.

En considérant les oiseaux d'une manière générale, nous voyons qu'il y a lieu de les répartir de la même façon que nous l'avons fait pour les quadrupèdes.

Les oiseaux utiles seront surtout les insectivores et les vermivores, qui sont obligés, pour se substanter, de dévorer chaque jour une quantité d'insectes égale au poids de leur corps (1).

Les espèces pour lesquelles il y a une balance à établir, à cause de leur régime varié, sont plusieurs carnivores, omnivores et granivores ; ces derniers étant presque uniquement insectivores pendant leur premier âge.

Enfin, les oiseaux nuisibles sont quelques carnivores, frugivores et omnivores ; ceux surtout, parmi ces derniers, qui, étant ovivores, détruisent les nids des petits oiseaux utiles.

Il est à remarquer que presque aucun mammifère n'est indifférent au cultivateur ; chacun a un mérite ou un défaut, ou bien des mérites et des défauts réunis. Parmi les oiseaux, au contraire, bon nombre d'espèces sont pour nous inoffensives, sans nous être non plus utiles ; tels sont la plupart des oiseaux d'eau, qui vivent en général

(1) Dr Turrel, *Bullet. de la Soc. d'acclimatation*, mai 1861, p. 197.

d'herbes marécageuses, de petits coquillages ou d'insectes aquatiques.

Les oiseaux de proie se nourrissent exclusivement d'autres animaux. Ils sont difficiles à classer rigoureusement, au point de vue de leur mérite, parce que la faim les oblige souvent à s'écarter de leur nourriture de prédilection. Nous devons nous prévaloir d'avance de cette circonstance atténuante, si des observations isolées étaient en contradiction avec ce que nous allons exposer de leur alimentation habituelle.

En résumé, les oiseaux de proie seraient plus utiles que nuisibles aux cultivateurs, si plusieurs d'entre eux ne détruisaient les petits oiseaux. Cette circonstance nous fera accepter leur condamnation en exceptant la buse, la bondrée et la famille des hiboux et des chouettes.

Ce genre nombreux des oiseaux de nuit vit presque exclusivement de rongeurs. Nous recommandons tout particulièrement à l'affection des agriculteurs l'*effraie*, la commensale de nos maisons, qui purge nos greniers des rats et des souris, et nos jardins des mulots et des lérots. Souvent on

Fig. 687. — Effraie.

voit des effraies installer leur nid dans les vieilles tours, à côté de ceux des pigeons, sans leur faire aucun mal. La *petite chouette* qui habite les arbres

Fig. 688. — Hibou (*Scops vulgaire*).

creux des vergers, ne vit également que de rongeurs, ainsi que le *scops* ou petit duc, qui assaisonne sa nourriture de bon nombre de hannetons et autres gros coléoptères. La *grande chevêche* ou hibou à courtes oreilles, est voyageuse. Elle s'établit au milieu des champs, dans les endroits où les campagnols abondent. Le *hibou* a la même

Fig. 689. — Hibou grand duc.

nourriture et rend les mêmes services dans les bois et les jardins, mais il guette volontiers les la-

Fig. 690. — Buse commune.

pins aux abords de leurs terriers. Est-ce un mal et peut-on lui en vouloir beaucoup si, à l'obscurité, il prend parfois un levraut pour un lapereau?

Le *grand duc*, l'aigle de la nuit, est un oiseau de forte taille, qui se nourrit d'ordinaire de rats et de petits rongeurs, mais qui préfère les lièvres et les lapins. Il est rare, d'ailleurs, et ne fréquente que les rochers et les grandes forêts.

Parmi les oiseaux de proie diurnes, il faut par-

Fig. 691. — Buse bondrée.

ticulièrement louer la *buse commune*. Nous en avons disséqué beaucoup, et nous les avons tou-

Fig. 692. — Crécerelle.

jours trouvées repues de campagnols et de mulots, jamais d'oiseaux. Nous ne voulons pas nier qu'elles ne s'abattent avec plaisir sur un lièvre blessé, ni que, poussées par la faim, elles ne se jettent parfois, lors des neiges, sur une poule sortie par mégarde de la ferme; mais ce sont des exceptions et combien ne rachètent-elles pas ces méfaits isolés par le nombre immense de petits rongeurs qu'elles dévorent (1)!

En Belgique, les buses arrivent dans les plaines de la Hesbaye en automne et s'éloignent au prin-

Fig. 693. — Autour.

temps. On les voit sans cesse à l'affût, à l'entrée des garennes des campagnols, et lorsque ces rongeurs sont multipliés outre mesure, le nombre de buses qui viennent se cantonner dans nos champs augmente en proportion.

Fig. 694. — Épervier.

(1) M. Koltz estime qu'une buse consomme par an 6 à 8,000 souris, ou bien 16 de ces rongeurs par jour. M. de Tschudi, président de la Société d'agriculture du canton de Saint-Gall, évalue à 4,000 le nombre de campagnols qu'une buse mange par an, et cela concorde davantage avec mes propres observations.

M. Ch. Fr. Dubois, naturaliste allemand, établi à Bruxelles conseille aux cultivateurs de placer dans leurs champs des morceaux de troncs d'arbres, ou des pieux, pour faciliter aux buses la chasse aux muridées. (Article sur l'UTILITÉ DES OISEAUX DANS LES JARDINS, *Belgique horticole*, 1861.)

La *bondrée* est encore un animal fort recommandable, qui se nourrit de chenilles, de guêpes et de larves de coléoptères nuisibles.

Comme oiseaux de proie à nourriture variable,

Fig. 695. — Milan.

nous citerons la *crécerelle*, le *milan*, les *busards*. Ils prennent ce qu'ils peuvent : menu gibier, oi-

Fig. 696. — Vautour fauve.

seaux, rongeurs, larves d'insectes, grenouilles. Les oiseaux de proie à condamner sont les *aigles*, (d'ailleurs fort rares), les *faucons*, les *autours* et les *éperviers*. Ces deux dernières espèces poursuivent les pigeons et les petits oiseaux.

Quant aux *vautours*, qu'on rencontre dans le midi de la France, on sait qu'ils ne vivent que de chair morte et de charognes, et que dans les cli-

Fig. 697. — Engoulevent à collier roux.

mats méridionaux, ils rendent sous ce rapport de grands services à l'hygiène publique.

La tribu nombreuse des petits oiseaux qui se nourrissent exclusivement d'insectes doit être

Fig. 698. — Martinet.

placée sous la sauvegarde publique; tels sont surtout les *engoulevents*, les *martinets*, les *hirondelles* et les *gobe-mouches*. Les trois derniers genres font, pendant le jour, autour de nos habitations, la même chasse incessante que les chauves-souris pendant la nuit (1). Les engoulevents sont nocturnes et attrapent une foule de coléoptères et de phalènes dont les larves infestent les végétaux

Fig. 699. — Pie-grièche.

cultivés. Tous les oiseaux dont nous venons de parler prennent les insectes au vol.

Les *pies-grièches* ont le même régime et dévorent

(1) On estime à 500 le nombre des insectes que prend par jour un martinet.

en outre quantité de chenilles; mais les grandes espèces du groupe s'attaquent aussi à l'occasion aux jeunes oiseaux.

La grande division des oiseaux appelés en gé-

Fig. 700. — Bergeronnette grise.

néral *becs-fins*, détruisent une quantité incroyable d'insectes sous leurs divers états. Ce sont les *ber-*

Fig. 701. — Rouge-gorge.

geronnettes, les *traquets*, les *rouges-queues*, les *rouges-gorges*, les *rossignols*, les *accenteurs*, les *fauvettes*, les *pouillots*, les *troglodytes* et les *roitelets*. Ces innocents petits oiseaux purgent nos jardins, nos prés et nos bois des ennemis de nos cultures et remplissent nos bosquets de leur chant gracieux et varié. Presque tous nous quittent pendant la mauvaise saison, lorsque le manque d'insectes les force à émigrer vers le sud. Il ne nous reste que le troglodyte, le roitelet, le rouge-gorge et l'accenteur qui bravent les frimats et butinent frugalement les œufs d'insectes déposés sur les plantes. Ils complètent leur nourriture au moyen de cousins, de vermisseaux et de petites grenailles sauvages (1). Le *grimpereau*, la *sittèle* et les *mésanges* ne nous quittent pas non plus. Ils sont pen-

Fig. 702. — Accenteur des Alpes.

dant tout le jour dans une activité continuelle à la recherche des œufs et des larves d'insectes qui

Fig. 703. — Troglodyte.

sont cachés dans les fissures des écorces et dans les bourgeons des arbres. On conçoit facilement que la disparition des insectes parfaits pendant l'hiver pousse les oiseaux insectivores qui nous restent à la recherche des œufs et des larves engourdies. La sittèle et les mésanges pourvues d'un

(1) Les troglodytes et les roitelets, dit M. de Tschudi, portent en moyenne à leurs petits trente-six fois par heure leur nourriture de larves, d'œufs et d'insectes. Selon M. Toussenel, on a constaté qu'un couple de troglodytes apportait à sa famille cent cinquante-six mille chenilles dans une seule journée.

bec assez fort, se nourrissent également des baies à pepins, des graines de conifères et de quelques

Fig. 704. — Roitelet couronné.

autres graines. Si l'on voit les mésanges grignoter à l'occasion les bourgeons dans les vergers, que

Fig. 705. — Sittelle torche-pot.

l'on ne s'effraye point, le plus souvent c'est que le bourgeon renferme de petites larves (1). Les *alouettes*, quoiqu'en partie granivores, sont très-friandes d'insectes. Elles détruisent une quantité énorme de cécydomies (mouche de Hesse) et

Fig. 706. — Mésange charbonnière.

de larves d'élatérides (taupins), ces deux fléaux du blé.

Les *grives* et les *merles* sont de grandes fau-

Fig. 707. — Mésange azurée.

vettes. Elles en ont le chant et la nourriture. Il arrive qu'à la fin du printemps le merle peut devenir incommode dans un petit jardin, parce qu'il mange les cerises. En toute autre saison le complément de sa nourriture consiste en baies de sureau, d'épines, de gui, de sorbier et d'if que nous n'avons pas intérêt à protéger.

(1) M. Koltz avance qu'on a calculé qu'une mésange consomme trois cent mille œufs d'insectes par an. M. de Tschudi rapporte qu'en quelques heures une mésange nonnette nettoya deux mille pucerons qui infestaient un rosier.

Si un cultivateur, un jardinier pensait à la quantité de chenilles que dévorent tous les petits

Fig. 708. — Tarin.

oiseaux que nous venons de nommer, jamais il ne permettrait à ses enfants de les dénicher. Chacun

Fig. 709. — Bec-croisé.

de ces petits chanteurs a sa nourriture particulière, attachée à telle ou telle famille de larves ou d'insectes; la *bergeronnette* poursuit ceux qui courent à terre dans les allées et les pâtures. Le *tarin* butine dans les prés humides, le *traquet* poursuit la pyrale des vignobles; le *troglodyte* explore le toit des cabanes et les monceaux de fagots; le *rouge-queue* veille sur nos maisons; le *grimpereau* et la *sittelle* parcourent les troncs d'arbres; les *mésanges*, en troupes nombreuses, circulent d'arbre en arbre dans les vergers; les autres becs-fins chanteurs sont dans les taillis et les haies; tous sont occupés à sauver nos semis et nos récoltes; et nous, nous leur laissons faire une guerre d'extermination. Nous aurions tort, du reste, d'en faire un reproche aux enfants qui détruisent les nids, car nous leur donnons l'exemple en prenant par centaines de mille les oiseaux eux-mêmes avec des filets et des piéges de toute

Fig. 710. — Bec-fin riverain.

espèce, comme cela a lieu surtout dans l'est et le midi de la France et en Italie, où toute espèce de

Fig. 711. — Bec-fin orphée.

petit oiseau est recherché comme nourriture! et ce que nous disons ici s'applique non-seulement aux oiseaux à bec fin insectivores, mais

Fig. 712. — Huppe.

encore aux petits oiseaux à gros bec appelés gra-

Fig. 713.— Gros-bec.

nivores, qui, nous allons le voir, rendent aussi de grands services (1).

Il faut encore recommander comme grands destructeurs de larves deux oiseaux plus grands : la *huppe* et le *coucou*. Ce dernier a pour mission, ainsi que le rappelle à propos le docteur Turrel,

Fig. 714. — Ortolan.

de se nourrir de grosses chenilles velues que peu d'autres oiseaux peuvent digérer, et l'on peut compter qu'il détruit au moins tous les cinq minutes une chenille, ce qui fait cent soixante-dix par jour. M. de Tschudi remarque que les oiseaux qui se nourrissent d'insectes mangent presque toute la journée, parce que les chenilles contiennent beaucoup d'eau et peu de matières nutritives solides.

Parlons maintenant des petits oiseaux nommés en général *gros-becs* : au premier abord, on serait porté à considérer ces granivores comme nuisibles, si l'on ne réfléchissait que la plupart vivent de semences de plantes sauvages, ou de graines cultivées tombées à terre et qui sans eux resteraient sans emploi, et si l'on n'ajoutait que, dans le jeune âge, ces oiseaux sont presque exclusivement insectivores. Paix donc aux *chardonnerets*, *linottes*, *pinsons*, *verdiers*, *bruants*, *bouvreuils*, *becs-croisés*, et si quelques-uns, comme les *ortolans*, sont condamnés à paraître sur nos tables, qu'on ne leur fasse la chasse qu'à la fin de l'été, le seul

(1) Un naturaliste estime approximativement à plus de quatre-vingts millions, le nombre d'œufs de petits oiseaux qui sont détruits chaque année en France. Le cardinal Donnet, archevêque de Bordeaux, en signalant ce fait, remarque que c'est par milliards qu'il faut compter les insectes nuisibles qu'auraient fait périr les quatre-vingts millions d'infatigables échenilleurs qui seraient nés de ces œufs ravis en pure perte, et il ajoute judicieusement que les propriétaires, les pères, les mères, les instituteurs et les institutrices doivent user de leur influence pour protéger les nids des petits oiseaux.

moment où ils sont gras et bons à manger.

Nous n'avons pas cité le *gros-bec* parce que,

Fig. 715. — Chardonneret.

quand cet oiseau se rassemble en troupes, il cause un préjudice sérieux aux fruits à noyaux.

Il nous reste maintenant à juger équitablement,

Fig 716. — Bouvreuil.

si c'est possible, la cause des *moineaux*, qui sont partout les compagnons de l'homme. Ces oiseaux sont sans doute incommodes lorsqu'ils dévalisent nos cerisiers, nos petits pois, ou quelques parcelles restreintes de céréales semées trop près des habitations; mais d'un autre côté, on a constaté le nombre étonnant de chenilles et autres larves et insectes nuisibles qu'un moineau porte à ses petits pendant les trois ou quatre couvées qu'il élève dans l'année. « On a compté (dit M. de « Tschudi), qu'un couple de moineaux emploie « chaque semaine environ 3,000 insectes, larves, « sauterelles, chenilles, vers, fourmis pour la « nourriture de sa couvée, chacun des parents « lui apportant au moins vingt fois par heure la « becquée... Un très-petit nombre de ces oiseaux « nettoie, en fort peu de temps, des massifs de « rosiers de tous leurs pucerons. A mesure que « l'on diminue le nombre des moineaux, celui « des chenilles augmente. On ne devrait pouvoir « prendre les moineaux que là où il y a, à côté « d'eux, un nombre suffisant d'autres oiseaux in- « sectivores. »

M. Florent Prévost, aide-naturaliste au Jardin des Plantes, qui a fait de longues, consciencieuses et utiles recherches sur l'alimentation des oiseaux, rapporte qu'à l'entour d'un seul nid de moineau, établi sur une terrasse de la rue Vivienne à Paris, on trouva les débris de 700 hannetons, dont il avait nourri ses petits. — « En Prusse, dit M. Koltz, « il a existé une loi qui permettait de payer les « contributions avec des têtes de moineaux. « Ceux-ci disparurent rapidement, mais des my- « riades de chenilles apparurent en même temps « et l'on fut forcé d'importer des moineaux de « l'étranger. »

Les mêmes effets se sont produits en Angleterre, dans des localités où l'on avait détruit les moineaux, car ces oiseaux étant sédentaires, ne seraient pas revenus de sitôt, si on ne les avait réimportés. Nous pourrions nous prévaloir de beaucoup d'autres citations aussi concluantes. Nous pensons que ce serait superflu, et que la cause est suffisamment entendue.

L'*étourneau* est un oiseau précieux, grand amateur de chenilles, de vers et de limaçons. On ne peut lui reprocher que son goût pour les cerises,

Fig 717. — Étourneau.

dont il est du reste plus facile de l'éloigner que les moineaux. En automne, il se réunit en grandes troupes qui moissonnent dans les champs et les prés une foule d'hôtes malfaisants. Plus heureux que les grives et les alouettes, il est détestable à manger.

Le magnifique *loriot*, l'oiseau doré de nos bois, est encore une individualité digne de respect, se nourrissant surtout de chenilles. Ne peut-on lui pardonner de les assaisonner de quelques cerises pour son dessert?

La question des *corbeaux* et de leurs voisins les *pies* et les *geais* est tout aussi controversable que celle des taupes. Tâchons d'établir le bilan de ces oiseaux plus ou moins omnivores.

Il faut distinguer selon les espèces, les saisons et les localités.

Quoique les *pies* et les *geais* avalent beaucoup de larves et de gros insectes, nous les classerons décidément parmi les animaux nuisibles, parce qu'ils sont avides des œufs des petits oiseaux et de leurs petits, mangent les fruits des jardins et dévastent certains produits des potagers, les pois par exemple.

Nous condamnerons la *corbine* ou corneille noire, par les mêmes motifs. Elle vit par petites familles, dans les jardins, et se rapproche des habitations, enlevant les jeunes canards et les poussins jusque dans les basses-cours.

La *corneille grise* ou mantelée niche dans le

Fig. 718. — Corneille mantelée.

nord et l'orient; quelquefois dans les dunes du nord de la France, et ne diffère de la corbine que par ses couleurs; mais elle ne vient dans nos contrées que pendant la mauvaise saison, de sorte que nous ne la considérons pas comme nuisible. Le *choucas* ou petite corneille à collier gris habite les clochers et les rochers; il échenille très-favorablement les arbres des villes.

Le gros *corbeau*, nommé *coicre*, dans le pays de Liége, est rare. Il vit par couples, dans les rochers et les grands bois, et pourchasse les autres espèces de corbeaux et les oiseaux de proie. Il s'attaque aux petits animaux nuisibles ou utiles jusqu'à la grosseur des levrauts.

Le *freux* ou moissonneuse est cette espèce de corbeau noir, à reflets violets et à bec déplumé, qui se réunit à l'arrière-saison en troupes innombrables et qui, aux mois de mars et d'avril, niche en société sur les grands arbres. Les freux font une guerre persévérante à toutes les mauvaises larves dans toutes les saisons. Ils détruisent dans

Fig. 719. — Corbeau choucas.

les campagnes quantité de limaçons et suivent le sillon derrière la charrue, pour ramasser les vers blancs du hanneton et d'autres larves nuisibles.

Nous connaissons un petit bois de 7 à 8 hectares, où chaque année se construisent de 600 à 1,200 nids de ces oiseaux. Il faut convenir que les cris incessants des parents et des jeunes, le guano qu'ils répandent sous les arbres (nous avons vu jusqu'à 100 nids sur un seul peuplier blanc), les pointes des jeunes sapins, quelquefois cassées par les corbeaux qui s'y posent, les petites branches coupées pour construire les nids (chaque nid équivaut au quart d'un fagot), il faut convenir, disons-nous, que tout cela est peu agréable, quoiqu'on puisse utiliser les fagots fournis par les nids, les œufs (non couvés) qui ressemblent, pour le goût et la couleur, à ceux des vanneaux, et les jeunes freux qui, préparés convenablement, ont de l'analogie avec la chair de pigeon.

Les inconvénients dont nous avons parlé sont peu de chose en comparaison des services immenses que rendent les freux en accompagnant le laboureur et en épurant des vers blancs les prés où cette vermine arrive parfois à faire périr complétement l'herbe. A notre avis, on ne pourrait détruire sans danger les freux que dans les localités où les taupes seraient nombreuses et protégées. Ces deux animaux ne se ressemblent que par leur couleur et leur nourriture, mais ils peuvent se remplacer l'un par l'autre pour l'utilité agricole. On peut choisir selon son goût et le genre de culture adoptée.

En automne, les freux ont le tort de dépouiller les noyers, les châtaigniers et de trop glaner dans les champs ensemencés et dans ceux de pommes de terre où au printemps ils déterrent assez souvent les tubercules que l'on vient de planter.

Considérer les *pics* comme nuisibles aux forêts, parce qu'ils percent des trous dans les arbres, est une opinion répandue et qui semble juste au premier abord; mais nous croyons que c'est une erreur, et que malgré ces apparences fâcheuses sous lesquelles se montrent les pics, ce sont, comme le dit justement M. Toussenel, les grands conservateurs de nos forêts. Nous ne sommes pas certains, comme le répète à son exemple M. le docteur Turrel, que les pics n'attaquent jamais qu'un arbre malade, mais nous croyons que c'est le cas de beaucoup le plus fréquent. Le pic vert (1), le plus commun de tous, et qui est sédentaire, se nourrit uniquement d'insectes nuisibles. Il pourchasse le long des troncs d'arbres les larves destructrices qui sont la terreur des forestiers, telles que celles des sirex, des capricornes, des bostryches, des scolytes. Quand la saison le permet, il pâture et enfonce dans les fourmilières sa longue langue visqueuse et extensible. Nous croyons que si les arbres des promenades de nos villes, notamment les ormes, sont si sujets à périr sous les atteintes du scolyte destructeur, c'est que les pics, qui sont des oiseaux farouches, ne s'y aventurent jamais. Quant aux cavités qu'ils creusent dans les arbres pour y nicher au printemps et pour y dormir le restant de l'année, nous ajouterons qu'une fois ces trous établis, ils servent tant que l'arbre est sur pied aux pics présents et à venir.

Fig. 720. — Pic (moyen Épeiche.)

Les *pigeons sauvages* ne sont jamais assez nombreux pour être véritablement nuisibles aux semailles.

Les *perdrix* et les *cailles*, quoique granivores, sont très-avides de mouches, de larves et de limaçons, qui pendant leur jeune âge forment leur nourriture presque exclusive. Elles rendent d'immenses services pour la défense des jeunes récoltes. Quoique la loi sur la chasse prohibe la capture des cailles au printemps, au moment où elles reviennent en Europe pour se reproduire, on continue à les prendre, et M. Pellicot évalue à plus de 200,000 le nombre de celles qui sont détruites à cette époque dans le seul département de l'Hérault. Quelle perte pour le cultivateur et pour le chasseur qui, respectant la loi, ne les tire qu'après que les couvées ont eu lieu!

Les *oiseaux d'eau* à l'état sauvage n'offrent rien de fort intéressant au point de vue de l'économie rurale. Ils se nourrissent principalement d'herbes et d'insectes aquatiques, de coquillages, de vers et de petits poissons.

La *cigogne*, vivant par préférence de reptiles, mériterait une mention honorable, si dans nos contrées la vipère était commune; mais les autres reptiles étant beaucoup plus nombreux et fort

Fig. 721. — Cigogne.

utiles, nous nous bornons à respecter la cigogne sans regretter infiniment qu'elle ne soit pas plus répandue (2).

Le *héron ordinaire* est incommode dans les propriétés où l'on élève des poissons, sur une échelle restreinte, mais nous croyons que, quant aux poissons qui peuplent les grandes rivières et les lacs, son influence destructrice est nulle. Les vrais ennemis des poissons sont les bâteaux à vapeur qui éloignent le poisson et dérangent le frai, ceux qui tolèrent la pêche en toute saison et les industries qui corrompent les eaux.

Quelques palmipèdes marins ou du haut nord, comme les *cormorans*, les *plongeons*, les *harles*, avalent beaucoup de poissons, mais nous ne voyons ces oiseaux dans l'intérieur des terres qu'accidentellement, alors que les étangs sont gelés, et leur séjour ne dure jamais longtemps.

Les *oies sauvages* ne font que passer et paraissent en général quand la terre est couverte de neige. Les ravages qu'elles exerceraient en pâturant les jeunes blés ne peuvent donc guère être à redouter.

III. — REPTILES ET AMPHIBIES.

Les personnes éclairées doivent prendre sous leur protection nos reptiles, excepté les *vipères*, le seul genre de serpents venimeux qui existe en Europe.

Le préjugé qui existe contre toutes les autres espèces de cette classe est injuste; ces animaux se rendent au contraire extrêmement utiles, en détruisant un nombre étonnant d'insectes, qui forment leur nourriture presque exclusive.

(1) Le *pic épeiché* a l'air de dépecer les noisettes et les pommes de conifères, mais nous ne doutons pas qu'il ne brise ces graines pour y manger les larves qu'on y trouve si fréquemment et dont un œil perspicace aperçoit les traces.

(2) Nous avons en France des contrées où la vipère n'est que trop commune, tandis que la cigogne y est pour ainsi dire inconnue. On la remplace très-bien au moyen de primes d'extermination. P. J.

Les *lézards* explorent sans cesse les espaliers, les vignobles, à la poursuite des insectes nuisibles; l'*orvet* fait la même chasse aux larves dans les

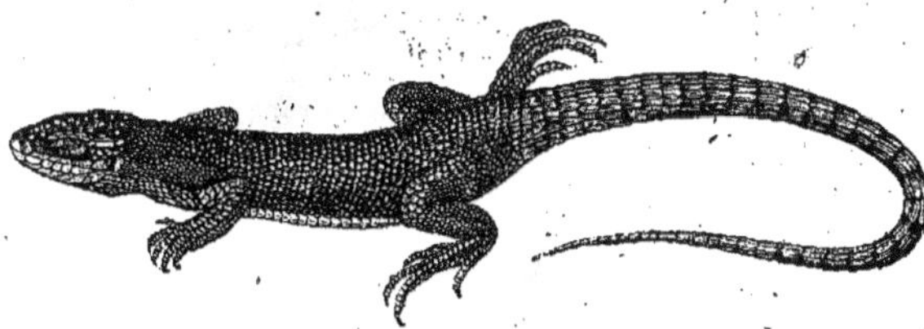

Fig. 722. — Lézard vert piqueté.

bois et les haies; les *couleuvres* ont pour nourriture principale les insectes auxquels les grandes espèces ajoutent, il est vrai, des grenouilles et

Fig. 723. — Crapaud.

parfois (c'est un tort, j'en conviens) quelques petits oiseaux.

Les batraciens ou reptiles amphibies (*grenouilles, rainettes, crapauds, salamandres*) sont éminemment utiles dans les jardins, y vivant d'in-

Fig. 724. — Rainette.

Fig. 725. — Salamandre aquatique.

sectes, de larves et de limaçons; cela est si bien reconnu qu'en Angleterre on a vendu des crapauds provenant du continent, pour les placer dans les potagers clos de murs comme sauvegarde des fruits et des légumes (1). Les *tritons*, ou salamandres aquatiques, font encore du bien, en détruisant dans l'eau les larves des cousins et des moustiques, qui nous sont si incommodes après s'être transformés en insectes ailés.

Il est grand temps de réhabiliter les reptiles aux yeux des jardiniers et des gens du monde, qui leur font généralement une guerre aussi acharnée qu'injuste et contraire à leurs meilleurs intérêts.

IV. — POISSONS.

Nous ne mentionnons ici les poissons que pour mémoire. Ils ne font d'ailleurs que du bien, en mangeant beaucoup d'insectes à l'état de larves aquatiques.

On peut ajouter qu'ils sont favorables à l'hygiène, en assainissant, dans une certaine limite, les eaux stagnantes où pullulent les plantes aquatiques qui, par leur décomposition, engendrent des miasmes. On sait, en effet, que si dans les *aquarium* d'appartement on peut conserver indéfiniment de l'eau qui ne se corrompt pas, quoiqu'en contact avec l'air et la lumière, c'est grâce à la présence simultanée de végétaux et d'animaux qui forment un laboratoire où, par suite de leur équilibre, la pureté de l'eau est incessamment maintenue.

En profitant de cette indication, et pour rendre plus salubres les abreuvoirs d'eau pluviale destinés aux animaux domestiques, on pourrait essayer d'y placer des poissons, comme les *carpes* et la *loche des fossés* qui vivent bien dans les eaux de cette nature et qui échappent à la gelée en s'enfonçant dans la vase.

Ceux qui ont de la peine à revenir sur les idées reçues, disons le mot, sur les préjugés qui se perpétuent de génération en génération, trouveront sans doute que nous sommes trop indulgents en faveur de beaucoup d'animaux qui ont été, de tout temps, regardés comme nuisibles. Nous engageons ces personnes à observer elles-mêmes la nature; c'est à la fois utile et intéressant; et nous sommes certains qu'elles se convaincront que nous avons cherché de bonne foi la vérité, sans aucune idée préconçue.

Nous n'avons pas la prétention, pour le moins excentrique, de nous poser en réhabilitateurs des animaux nuisibles; nous ne cherchons en aucune façon à étendre à tout le règne animal le principe humanitaire de l'abolition de la peine de mort; enfin, nous espérons qu'on ne nous représentera pas comme des missionnaires de ces sectes de l'Inde dont procèdent les végétalistes européens. Tout ce que nous demandons, c'est que notre attitude hostile ou protectrice envers les animaux soit conforme à nos intérêts bien entendus. En

(1) En Belgique, des horticulteurs placent également des crapauds dans les serres chaudes pour la destruction des cloportes et autres insectes. Ils les préfèrent aux grenouilles pour ce service, parce que ces dernières brisent parfois des plantes en sautant et ne restent pas aussi sédentaires.

passant en revue avec l'agriculteur les animaux sauvages, nous lui disons : Voilà ceux qui vous rendent service ; voici ceux qui vous font du tort. Diminuez autant que possible le nombre de ceux-ci, mais protégez ceux-là que vous ne vous approprierez qu'avec ménagement; lorsqu'ils ont une valeur réelle pour vous, soit comme aliment, soit comme objet de commerce ou d'étude scientifique.

Le règne de la mort marche vite dans la nature ; assez d'espèces sont déjà éteintes ou presque détruites. D'autres, parmi celles qui nous sont utiles, menacent de disparaître par suite de l'imprévoyance et de l'inintelligence de notre race, qui, cependant, sans leur auxiliaire, ne pourrait pas subsister !

Ne tuons donc pas les animaux par plaisir et sans nécessité ou utilité.

EDM. DE SELYS-LONGCHAMPS.

CHAPITRE XXXVII

DE QUELQUES ANIMAUX INVERTÉBRÉS

MOLLUSQUES.

Les mollusques auxquels nous avons affaire sont les hélices et les limaces. Les cultivateurs les connaissent bien et ont souvent à se plaindre de leur voracité.

Hélices. — Les naturalistes donnent ce nom à des animaux que nous appelons vulgairement escargots ou colimaçons. Il existe un grand nombre d'hélices, parmi lesquelles nous citerons : 1° L'hélice vigneronne ou escargot de vignes (*helix pomatia*) ; 2° l'hélice à bouche noire ou *terrassan* des environs de Marseille (*helix melanostoma*) ; 3° l'hélice naticoïde (*helix naticoïdes*) ; 4° l'hélice némorale (*helix nemoralis*) ; 5° l'hélice des jardins (*helix hortensis*) ; 6° l'hélice chagrinée (*helix aspersa*) ; 7° l'hélice mignonne ou petite striée de Geoffroy (*helix pulchella*) ; 8° l'hélice luisante (*helix lucida*) ; 9° l'hélice peson (*helix algira*).

L'*hélice vigneronne* est la plus grosse de ce pays. Elle est rare dans le Midi, mais très-commune en allant vers le Nord. Elle abonde en Bourgogne, en Champagne, etc., et depuis quelques années surtout, on en consomme des quantités considérables à Paris.

L'*hélice à bouche noire* se rencontre principalement au pied des amandiers, après les pluies ; elle est mangée par nos Méridionaux.

L'*hélice naticoïde*, commune en Italie et en Espagne, ne se trouve guère chez nous qu'en Provence où on la recherche pour la délicatesse de sa chair.

L'*hélice némorale* est très-commune dans les bois, ainsi que l'*hélice sylvatique* qui s'en rapproche beaucoup et qui habite plus au nord. Nous avons rencontré celle-ci dans les bois des environs de Rochefort (province de Namur). Sans être délicate, elle est mangeable.

L'*hélice des jardins* et l'*hélice chagrinée*, très-communes dans les jardins des environs de Paris, sont également des espèces comestibles.

L'*hélice mignonne*, un peu plus grosse qu'un grain de millet, a la coquille blanche ou jaunâtre.

L'*hélice luisante* se rencontre dans les lieux humides, dans le voisinage des pièces d'eau et fréquemment dans les jardins de Paris.

L'*hélice peson* enfin, d'une forte taille et propre au Midi, détruit les autres espèces.

Les hélices vivent dans les jardins, les bois, les haies, les vignes, les prairies et au bord des fossés. La plupart redoutent la sécheresse et se cachent pour ne sortir que la nuit ou le jour en temps de pluie. En hiver, elles se réfugient dans les tas de pierres, dans les murs à sec, sous la mousse, dans la terre à peu de distance de la surface, à l'exception de l'hélice naticoïde qui s'enfonce profondément. Là, les hélices recouvrent l'orifice de leur coquille d'un opercule calcaire, et elles passent ainsi l'hiver dans un état de somnolence, dont elles ne sortent qu'au printemps. Quelques espèces ne bouchent point leur coquille et se fixent aux pierres ou à l'écorce des arbres, au moyen d'une matière gluante qu'elles se créent. Elles vivent de feuilles et de fruits, la plupart du moins, car quelques-unes sont carnivores, et de ce nombre, nous avons déjà cité le peson du Midi.

Les hélices pondent des œufs enveloppés de carbonate de chaux, tantôt dans le tronc des vieux arbres, tantôt au pied de ces arbres ou sous les feuilles mortes et humides. L'éclosion ne se fait pas attendre longtemps.

Ces mollusquesgros et petits ne causent de grands dégâts que lorsqu'ils abondent sur un espace restreint. Ces cas se présentent rarement. Pour s'en défaire, le mieux est de les chasser à la suite d'une pluie d'orage, de les prendre avec la main partout où on les aperçoit et de les écraser du pied. Nous conseillerions bien de donner les petites hélices à la volaille, mais nous avons remarqué cette année que les poules même qui en sont d'abord très-friandes, s'en dégoûtent très-vite, et que cette nourriture communique aux œufs une saveur désagréable.

Dans les contrées où l'on forme des *escargotières*, on y entretient nécessairement les espèces comestibles, afin de les multiplier et de les conserver pour les vendre vers la fin de l'hiver. Très-souvent, comme en Suisse, par exemple, ces escargotières se composent de compartiments de prairies limités par des digues en sciure de bois. Cela suffit pour les empêcher de passer outre. Or, rien que d'après cette pratique imaginée par de simples paysans, on comprend qu'il serait, à la rigueur, facile et peu coûteux d'arrêter les hélices dans leurs excursions et de prévenir leurs déprédations.

Limaces. — Les limaces sont bien autrement redoutables que les hélices et ne nous rendent aucun service. Elles commettent des dégâts considérables dans les emblaves de la grande culture, dans les potagers, les serres, etc. Elles pondent leurs œufs dans la terre, sous la mousse, dans des lieux frais, humides, inaccessibles aux rayons du soleil. Le plus habituellement, elles ne sortent que le matin, le soir et par les temps de rosée et de pluie. Elles craignent moins le froid que les hélices et ne se cachent qu'aux premières gelées, en terre, dans les troncs d'arbres, dans les fentes de murs, sous les pierres, etc. Là, elles s'enroulent, forment la pelote et attendent le retour de la douce température dans un véritable état de sommeil ou de léthargie. En mars ou en avril, selon les climats, les limaces sortent de leurs retraites et commencent à nous donner du souci, surtout dans le voisinage des haies et des bois.

Nous avons à nous défendre contre les limaces rouges, les limaces jaunes, les limaces cendrées, les limaces noires qui sont les grosses espèces et dont il est facile de se défaire, parce qu'on les découvre aisément et qu'elles ne sont pas très-multipliées ; mais nous avons à nous défendre surtout contre les limaces agrestes que nous nommons petites limaces grises. Celles-ci sont les plus nuisibles à l'agriculture et à l'horticulture. Pour donner à nos lecteurs une idée de leur fécondité, il nous suffira de rappeler que Leach rapporte que deux individus de cette espèce, après l'accouplement, ont pondu 776 œufs.

A moins de faire le guet à la nuit tombante ou de grand matin, il est difficile ou mieux impossible de les surprendre. Dès que le jour se montre, elles gagnent leurs retraites, ou entrent en terre au pied même des plantes dont elles vivent. Il nous est arrivé d'en saisir quelques-unes à ce moment, mais pour les découvrir, il fallait nécessairement les toucher ; l'œil ne saurait les distinguer des particules terreuses, avec lesquelles elles se confondent par leur couleur.

Dans les champs, elles se montrent très-avides de céréales d'automne, de seigle notamment. Dans les potagers, elles font beaucoup de tort aux choux, aux haricots, aux jeunes plants de courges, etc. ; et les dégâts sont d'autant plus à craindre que les légumes sont plus près des haies, des murs crevassés ou des parties de gazon.

Les hommes de la grande culture emploient, contre les limaces, de la chaux vive en poudre et font passer le rouleau sur les emblaves. Quelques-uns ouvrent avec la charrue un sillon profond tout autour des pièces de céréales, afin d'empêcher les limaces du voisinage d'y arriver. Une fois dans ce sillon, on les prend, on en remplit des vases, et on les donne à la volaille ou aux porcs ; quelques-uns encore, mais trop rarement, lancent à leur poursuite des troupeaux de dindons. Dans la petite culture, on arrose parfois la nuit ou le matin avec de l'eau salée. Le moyen est bon, mais si l'on exagérait la dose de sel, on compromettrait les plantes. On emploie aussi la suie et la cendre qui arrêtent les limaces d'abord, mais pendant quelques jours seulement. Avec de la sciure de bois ou du poussier de charbon de bois autour des plantes, on réussit mieux. Au fur et à mesure que ces limaces avancent, la sciure ou le charbon en poudre s'attache à elles et ne tarde pas à les arrêter dans leur marche.

Nous nous demandons si au moyen d'un rouleau très-léger, vide à l'intérieur et armé de nombreuses pointes à la circonférence, on ne réussirait pas à détruire beaucoup de limaces. C'est à examiner.

« On a conseillé, pour les détruire, dit M. Candèze, de semer dans les potagers des écailles de moules ou d'huîtres réduites en poudre grossière. Les fragments d'écailles, ainsi concassés, présentent des arêtes aiguës et tranchantes qui les blessent, les arrêtent et les font périr. Un autre moyen est de jeter çà et là, entre les légumes, des cœurs de laitue, que ces animaux préfèrent à toute autre nourriture ; ces appâts sont récoltés avant le lever du soleil et on détruit toutes les limaces qui se trouvent dessus.

« Enfin, un procédé recommandé comme infaillible, mais qui n'est praticable que pendant un petit nombre de jours au printemps, consiste à former, dans une partie quelconque du jardin, un tas de fleurs de robinier (*acacia* commun) et de recouvrir celles-ci de feuilles du même arbre. Les limaces, paraît-il, sont très-friandes de ces fleurs et arrivent de tous les côtés, pendant la nuit, pour les dévorer. Le matin on visite ces tas et on fait une razzia complète de ces animaux. »

Nous ajouterons que, pour détruire les limaces, on s'est servi avec succès d'un troupeau de dindes.

« On ne mange point les limaces, dit Bosc, quoiqu'elles soient aussi bonnes que les hélices, ainsi que j'en ai fait l'expérience, mais on les emploie dans les bouillons rafraîchissants et pectoraux. »

Les limaces ne visitent pas seulement nos champs et nos jardins ; nous les rencontrons jusque dans nos habitations ; une de leurs espèces, de couleur roussâtre, est appelée limace des caves. Les limaces cendrées et grises arrivent souvent dans les parties humides et un peu obscures de nos rez-de-chaussée ; elles fréquentent surtout nos laiteries et nécessitent une grande surveillance de la part des ménagères. P. J.

ANNÉLIDES, CRUSTACÉS, ARACHNIDES ET MYRIAPODES

Annélides. — Les sangsues et les lombrics ou vers de terre appartiennent aux annélides. Tous nos lecteurs les connaissent, au moins de vue, et il ne nous paraît pas nécessaire de les décrire. L'éducation des sangsues constitue une des branches les plus intéressantes de l'industrie rurale, mais elle n'a rien de commun avec l'agriculture. On use des chevaux à nourrir des sangsues avec leur sang ; voilà tout. Ceci revient à dire que l'éducation des sangsues se pratique aux dépens des animaux de la ferme.

Les *vers de terre* qui sont très-communs dans les terrains argileux frais, mais qui le sont surtout dans l'humus des potagers et dans les terrains légers des climats humides, sont utiles selon les uns et nuisibles selon les autres. Des naturalistes anglais en ont parlé comme de draineurs actifs et tiennent leurs galeries pour très-avantageuses à la végétation. On peut soutenir cette opinion ; toutefois, il faut se méfier des exagérations systématiques. Dans l'est de la France, les vers de terre nous trouvent tout à fait indifférents ; nous ne leur attribuons ni qualités ni défauts. Dans l'Ardenne belge, au contraire, où ils se multiplient prodigieusement parmi les jardins humides, on leur reproche les plus grands méfaits, et c'est à qui les détruira. Ce n'est pas le gros lombric commun qui passe pour le plus dangereux, c'est un ver plus petit, plus effilé et dont la vivacité rappelle celle de la sangsue. On l'accuse de détruire les jeunes semis, de s'attacher aux jeunes plantes repiquées, de les tordre et de les couper par l'extrémité. Nous ne savons trop que penser de cette accusation, car nous n'avons jamais surpris de vers en flagrant délit; cependant, nous sommes tenté de la croire fondée, à cause de l'acharnement que mettent les Ardennais à les poursuivre. En été, pendant les nuits pluvieuses, ils se munissent de lanternes, vont au jardin et en ramassent lestement des quantités considérables.

Pendant le jour, les vers de terre se tiennent dans leurs galeries, à une profondeur d'autant plus considérable que l'air est plus sec et plus chaud ; ils ne se rapprochent de la surface que lorsque l'atmosphère se charge d'humidité et que la pluie menace. Ils ne sortent habituellement que la nuit ou bien, dans le jour, quand les taupes les poursuivent ou quand on trouble leur tranquillité, d'une manière quelconque. C'est ce qui arrive, par exemple, toutes les fois qu'on bêche, qu'on frappe la terre avec une batte, qu'on y enfonce des pieux, qu'on la piétine ou qu'on arrose avec des liquides désagréables aux lombrics. Au lieu de faire la chasse aux vers pendant les nuits pluvieuses, il nous paraît plus simple de les déloger durant la journée. A cet effet, on place un gros pieu à l'extrémité de chaque planche du potager et deux hommes les enfoncent à coups de maillet, tandis que des femmes ou des enfants s'emparent des vers qui sortent à chaque secousse. On a conseillé aussi dans le même but de simples arrosages avec de l'eau alcaline ou avec de l'urine de cheval nourri au vert.

Les taupes détruisent beaucoup de vers de terre ; quelques insectes en détruisent aussi. Ces annélides vivent de substances animales et végétales ; ils mangent de l'humus. En hiver, ils se retirent au fond de leurs galeries et n'en sortent qu'au retour de la douce température.

Crustacés. Les crabes et les écrevisses qui sont des crustacés, nous intéressent nécessairement, mais nous n'avons pas à en parler ici. Les seuls crustacés qui nous préoccupent dans les opérations horticoles sont les *cloportes* (*oniscus asellus* de Linné). Notre cloporte ordinaire, appelé aussi vulgairement clou à porte, porcelet de saint Antoine, habite les lieux frais et sombres, les caves, les celliers, les trous de murs, le dessous des pierres, des pots de fleurs et des vieux bois, l'intérieur des couches vitrées, les champignonnières, etc. Il évite de son mieux la lumière et ne sort guère qu'en temps de pluie ou d'humidité.

« On doit, dit Bosc, le mettre au rang des ennemis des agriculteurs, surtout des amateurs du jardinage, car s'il mange quelquefois de la chair, il vit habituellement de végétaux, dévore surtout le germe des plantes à mesure qu'il se développe, nuit enfin aux semis d'une manière très-marquée, principalement aux semis faits sous châssis ou sur couche.

« Comme les cloportes multiplient avec une prodigieuse rapidité, il devient assez difficile de les détruire. Les pots vernissés qu'on enterre quelquefois à cet effet sur les couches afin qu'ils tombent au fond en allant d'une place à l'autre, remplissent ce but d'une manière trop lente et trop incertaine. Arroser les couches avec des eaux amères, ne fait que les écarter pour quelques jours, et n'en fait mourir qu'un petit nombre. Le mieux serait sans doute de savoir quelle est la substance qu'ils aiment le mieux, et de l'empoisonner ; mais il n'y a pas, à ma connaissance, d'observation qui l'indique. Je crois pouvoir proposer un moyen avoué par l'expérience, et qui vaut mieux que tous ceux ci-dessus, c'est de mettre sur une planche fixée contre et ras la couche un morceau de vieux paillasson mouillé et soulevé en plusieurs endroits avec de petites pierres. Les cloportes, attirés par l'humidité et l'obscurité, se réfugient sous ce paillasson et on les tue chaque matin. »

Le *Bon Jardinier* dit que l'on accuse à tort le cloporte de manger les feuilles des plantes vivantes, car, assure-t-il, il se nourrit principalement de plantes mortes ou de détritus végétaux. A ce propos, on nous permettra de faire observer qu'il commet des dégâts très-sérieux sur les couches à champignons qui sont cependant des plantes vivantes. Avec des tiges creuses de plantes mortes, des sabots de cochon ou de mouton, des cornes, on se défait très-aisément des cloportes qui s'y réfugient pendant le jour. Les cultivateurs de champignons prennent deux ou trois de ces champignons très-développés, enlèvent le pied avec précaution et placent la calotte sur la couche. Les cloportes s'y cachent dans la journée et on les prend.

Arachnides. — C'est parmi les arachnides que se trouvent les scorpions, les araignées et les mites. Les *scorpions* ne sont pas très-répandus en France ; on ne les rencontre qu'en Provence et l'agriculture n'a rien à leur reprocher, si ce n'est la destruction de quelques insectes utiles, tels que les carabes. En retour, les scorpions ne ménagent ni les charançons, ni les cloportes, ni un certain nombre d'autres insectes nuisibles. Leur piqûre, il est vrai, celle du scorpion roussâtre ou souvignargues, notamment, présente des dangers, mais c'est l'affaire des médecins, non la nôtre.

Les *araignées* ne sont pas des animaux intéressants, mais elles ne méritent pas tout le mal qu'on en a dit et que l'on en dit encore. Leurs toiles donnent à nos étables, à nos écuries, à nos habitations négligées un aspect de malpropreté fort regrettable; cependant, il faut reconnaître que ces mêmes toiles tendues à titre de piéges nous délivrent d'un grand nombre de mouches et de cousins. Les *fils de la Vierge* que nos cultivateurs tiennent pour un bon signe au temps des semailles, ne sont autre chose que des toiles d'araignées des champs.

Les auteurs de livres de jardinage nous disent que les carottes sont exposées dans leur jeunesse aux ravages de l'araignée et que le meilleur moyen d'éloigner celle-ci, c'est d'arroser plusieurs fois par jour avec une infusion de suie. Non-seulement, nous ne savons pas de quelle araignée il est question ici, mais nous n'avons jamais été dans nos cultures témoin des ravages qu'on lui reproche. Bosc ne croit pas, est-ce à tort ou à raison, à la destruction des semis par cet animal. «Toutes les araignées, dit-il, sont carnivores, c'est-à-dire ne vivent que du sang des insectes qu'elles saisissent; ainsi, lorsqu'on les accusera d'avoir détruit un semis, fait couler les abricots en mangeant les jeunes pousses, en piquant les boutons à fleurs, etc., on peut le nier avec assurance; c'est à des coups de soleil, à des gelées ou autres causes atmosphériques qu'il faut attribuer ces accidents, souvent même à la faute du jardinier. J'ai vu deux ou trois fois des semis prétendus détruits par elles et qui s'étaient fondus parce qu'on n'avait pas renouvelé l'air des châssis sous lesquels ils étaient faits. Il est si commode à l'ignorance ou à la paresse de se disculper ainsi par des mots ! »

Les *mites, acares* ou *cirons,* qui sont de la même famille que les araignées, se rencontrent dans certaines substances animales ou végétales en voie d'altération. Ils sont à peine visibles, tant ils sont petits, et pour bien les voir il faut recourir à l'emploi de la loupe. Ces mites ou acares existent dans le pain vieux, la viande sèche et le fromage sec qu'ils ne tardent pas à réduire en poussière. Ils font aussi de grands dégâts dans les collections d'histoire naturelle, dans les réserves de farines, etc. On évite l'invasion des mites en plaçant les substances en question dans les meilleures conditions de propreté possibles; on les détruit en soumettant les substances attaquées à la chaleur du four.

Myriapodes. — Les myriapodes comprennent les scolopendres, les jules et les glomeris, en un mot toutes sortes de petits animaux que nous appelons vulgairement *mille-pieds* ou *cent-pieds.* Dans le nombre, les uns, comme les scolopendres, se nourrissent d'insectes, tandis que les autres se nourrissent de fruits ou de substances végétales plus ou moins altérées. Ce sont ces derniers que les horticulteurs pourraient redouter le plus s'ils étaient en nombre considérable, mais ils n'abondent point et il est facile de s'en emparer, comme de tous les animaux qui fuient la lumière, au moyen de bottes de rameaux fanés et de petits tas de mousse humide dans lesquels ils se réfugient pendant le jour.

P. J.

CHAPITRE XXXVIII

DES INSECTES NUISIBLES OU UTILES.

Si nous écrivions exclusivement pour les gens du monde, il nous semblerait nécessaire de débuter par faire ressortir l'utilité pratique que l'on trouve dans l'étude des insectes, indépendamment de l'attrait que nous fait éprouver la recherche des mœurs si curieuses de ces animaux. Mais comme ce livre s'adresse surtout aux cultivateurs et qu'il n'est aucun d'entre eux qui ignore le préjudice que lui causent annuellement les milliers de petits ennemis qui vivent aux dépens de ses champs et de ses potagers, et l'avantage qu'il trouverait à les connaître pour les mieux combattre, nous aborderons sans autre préambule le sujet que nous avons à traiter ici.

Exposons d'abord, en quelques mots, le plan que nous allons suivre.

Ce premier chapitre comprendra un aperçu sommaire de la classification des insectes. Les suivants seront consacrés à l'étude des principaux insectes nuisibles aux céréales, aux plantes potagères, aux racines comestibles, aux fourrages naturels et artificiels, aux plantes industrielles, aux arbres fruitiers, etc. Nous indiquerons, en même temps, les services que nous rendent, par compensation, quelques-uns d'entre eux; faisons d'abord connaître ce que l'on comprend sous la dénomination d'*insectes.*

On donnait autrefois le nom d'insectes à peu près indistinctement à tous les animaux privés de squelettes intérieurs et dont le corps, divisé en un nombre plus ou moins grand d'articulations, n'est soutenu que par la rigidité de l'enveloppe extérieure. Aujourd'hui, ce nom a un sens plus restreint; on l'applique aux Articulés qui ont le corps divisé en trois parties distinctes : 1° la tête portant des antennes; 2° le tronc ou thorax portant en dessus, à de très-rares exceptions près, une ou deux paires d'ailes, et en dessous trois paires de pattes ; 3° l'abdomen, de forme très-variable, quelquefois visible, quelquefois caché par les ailes.

Ajoutons à ces caractères que, presque toujours, les insectes subissent des métamorphoses, c'est-à-dire qu'à la fin de leur existence ils ne ressemblent plus du tout à ce qu'ils étaient dans le jeune âge.

Personne n'ignore les transformations de la chenille en chrysalide et en papillon, mais ce qui est moins généralement connu, c'est que les mouches, les bourdons, les abeilles, les hannetons, les demoiselles, les cousins, enfin cette multitude d'insectes qui remplissent l'air, en été, ont eu, tous, une existence plus modeste, se sont développés, ont vécu plus ou moins longtemps sous la terre, dans l'eau, dans la tige, les feuilles, les fruits, les racines des plantes, à l'état de *larve*, c'est-à-dire de ver informe et rampant.

Si cette métamorphose a quelque chose de surprenant, le changement de vie qui en est presque toujours la conséquence, n'est pas moins admirable. Le papillon, sous la forme de chenille, ronge les feuilles ; plus tard il suce le nectar des fleurs. Les cousins sont, dans leur jeune âge, des vers sans pattes qui nagent avec vivacité dans l'eau comme de petits poissons. Les demoiselles, qui voltigent avec tant de grâce au-dessus des eaux, ont passé la première partie de leur existence dans cet élément.

Si, maintenant, nous examinons attentivement quelques insectes pris au hasard parmi les plus communs, tels que les hannetons, les abeilles, les mouches de nos maisons, les éphémères, les papillons, etc., nous remarquerons des différences notables dans les structures et le nombre de leurs ailes. Ajoutons à cela leur genre de vie et quelques particularités offertes par leurs métamorphoses, nous aurons les éléments qui ont servi à les classer en neuf ordres auxquels on a appliqué les noms suivants :

Coléoptères, Orthoptères, Névroptères, Hyménoptères, Lépidoptères, Hémiptères, Diptères, Parasites et Thysanoures.

Nous allons passer successivement en revue les neuf ordres, en donnant les caractères principaux et une figure d'un représentant de chacun d'eux.

Les Coléoptères, dont le nom vient de deux mots grecs qui signifient : *ailes en étuis*, ont la bouche organisée pour se nourrir de substances solides, c'est-à-dire qu'ils ont deux dents mobiles, dures, placées transversalement, qu'on appelle *mandibules* ; leur tête porte deux appendices de forme variable, appelés *antennes*, qui sont les organes du toucher et peut-être de l'odorat. Les *ailes* sont au nombre de quatre : deux supérieures, formant par leur réunion une sorte de cuirasse solide, deux autres en dessous, membraneuses, transparentes, plus longues que les premières, mais repliées de façon à être complétement cachées par celles-ci lorsque l'insecte est au repos.

C'est au moyen des ailes inférieures que s'accomplit le vol ; elles manquent quelquefois, par exception, et, dans ce cas, l'insecte est dans l'impossibilité de voler.

Les ailes supérieures, ou *élytres*, sont souvent parées des couleurs les plus brillantes et les plus variées qui se conservent très-bien chez l'insecte desséché, ce qui engage beaucoup de personnes à les réunir en collections. C'est ici que l'on remarque ces belles teintes métalliques qui font ressembler certains d'entre eux à des morceaux d'or bruni.

Les métamorphoses des coléoptères sont complètes, c'est-à-dire que le produit de l'œuf pondu par la femelle est un ver ordinairement mou et dont la tête seule est dure et cornée. Ce ver se développe peu à peu, et lorsqu'il a atteint sa taille définitive, il se change en *chrysalide* ou *nymphe*, sorte de forme transitoire qui tient encore du ver, mais sous laquelle on peut déjà reconnaître la future organisation de l'insecte parfait.

Ce passage est un moment critique pour l'animal, pendant lequel il ne peut se mouvoir et échapper à ses ennemis ; aussi, rien de plus admirable que les moyens divers mis en œuvre par chaque espèce, pour assurer sa sécurité durant les quelques semaines nécessaires à sa transfiguration.

Sous la forme de larves, les coléoptères vivent souvent un temps très-long. C'est alors que les espèces qui se nourrissent aux dépens de nos légumes, de nos fruits, de nos plantations, nous portent le plus de préjudice. Beaucoup de personnes ignorent et n'apprendront pas sans surprise que le hanneton, qui apparaît vers la fin d'avril ou le commencement de mai, pour disparaître après deux ou trois semaines, a déjà vécu trois ans sous le gazon de nos pelouses, auquel il cause un grand dommage. La larve des lucanes, ou cerf-volants, vit six ans ; on soupçonne que celles de certaines grandes espèces des pays chauds ont une existence encore plus longue. A ce propos, voici un fait curieux qui a déjà été signalé et dont nous avons pu nous-même vérifier l'exactitude : certaines larves placées dans des conditions qui ne leur sont pas habituelles, ont le pouvoir de fixer, d'immobiliser en quelque sorte le cours de leur existence et de retarder leur transformation en nymphes, absolument comme les poissons placés dans des bocaux trop petits, arrêtent leur croissance et proportionnent leur taille à l'espace qu'on leur accorde. Nous avons élevé des larves d'élatérides, pour en obtenir des insectes parfaits, et ce résultat n'a pu être obtenu pour plusieurs d'entre elles ; elles vivaient parfaitement, mais ne se transformaient pas. On pourrait croire que nous les traitions avec trop de sollicitude, ce qui les engageait à ne pas hâter la fin de cette douce existence, si les conditions naturelles n'étaient pas les meilleures pour ces animaux. Tous ceux qui élèvent des chenilles savent qu'on peut brusquer leur transformation en chrysalide, à un certain degré de développement, en leur coupant les vivres.

Les coléoptères ont des habitudes très-variées en ce qui concerne leur genre de vie. Pour ce qui nous touche, on peut dire que, pris en masse, ils sont nos ennemis. Bien que quelques-uns nous rendent des services, soit en faisant disparaître les matières putrides qui vicient l'atmosphère, soit en faisant la chasse aux espèces nuisibles, la plupart prélèvent une forte dîme sur les biens que la terre accorde à notre travail, et ce sont eux, avec les lépidoptères, qui fournissent le plus fort contingent d'insectes nuisibles.

On en connaît déjà près de 80,000 espèces et l'on en trouve tous les jours de nouvelles; il n'est pas impossible de croire qu'on en découvrira encore trois ou quatre fois autant, si l'on tient compte de la richesse entomologique de beaucoup de pays qui n'ont encore été qu'effleurés par les naturalistes voyageurs. Les trois quarts, sur le nombre, vivent aux dépens des végétaux dont ils rongent, soit les feuilles, soit les tiges, soit les racines, et comme ils ont tous leurs plantes propres qui les nourrissent exclusivement, les espèces qui attaquent les végétaux que nous cultivons tout particulièrement, comme les céréales, les légumes, les arbres à fruits, etc., deviennent particulièrement aussi nos ennemies.

Nous citerons, parmi les insectes coléoptères, les plus nuisibles et les mieux connus, les *hannetons*, qui dévorent les feuilles de nos vergers; les *charançons*, et entre autres les *calandres*, sur lesquelles nous aurons à revenir plus loin; les *dermestes*, qui vivent dans le lard; les *vrillettes*, qui criblent de trous nos meubles et les poutres de nos maisons; les *scolytes*, qui font périr tant d'arbres dans les forêts; les *chrysomèles*, qui nous disputent la jouissance de nos légumes; et parmi les utiles, les *carabes*, ou jardinières, qui font une guerre active aux limaces et constituent, à ce titre, la meilleure sauvegarde de nos laitues; les *calosomes*, mangeurs de chenilles; les *coccinelles*, ou bêtes à Dieu, mangeuses de pucerons; les *bousiers*, les *silphes* et les *aphodies* qui débarrassent la terre des excréments et des cadavres en putréfaction et empêchent les maladies pestilentielles que ne manqueraient pas de causer leurs émanations. N'oublions pas la *cantharide*, ce joli coléoptère d'un vert magnifique, qui, dans les parties méridionales de l'Europe, pullule sur le frêne et le lilas.

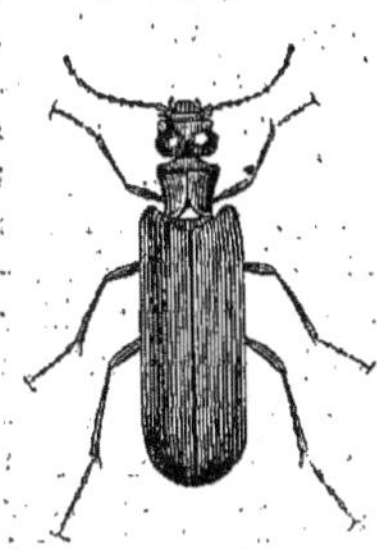

Fig. 726. — Cantharide (Coléoptères).

Les ORTHOPTÈRES, ou insectes *à ailes droites*, par opposition aux coléoptères qui ont les ailes de dessous reployées, ont la bouche conformée comme ces derniers. Ils ont également quatre ailes, mais celles qui représentent les élytres sont ordinairement moins consistantes que chez les coléoptères; les inférieures sont membraneuses et restent jusqu'à l'extrémité dans une direction longitudinale, lorsque l'insecte est au repos; fort souvent ces ailes sont plissées à la façon d'un éventail.

Les métamorphoses des orthoptères sont incomplètes, c'est-à-dire que la larve et la nymphe ressemblent à l'insecte parfait, à ceci près qu'elles sont privées d'ailes. Tout le monde connaît les blattes ou cancrelats, si abondantes dans nos cuisines, et qui multiplient quelquefois tellement qu'elles en deviennent fort incommodes; les blattes appartiennent à l'ordre actuel; ceux qui ont eu la curiosité de les examiner de près savent que les unes sont d'un noir lisse et brillant avec le dos sillonné par des lignes ou divisions transversales, tandis que d'autres ont le dos plat, brun, protégé par deux grandes lames foliacées qui se recroisent à demi; or, les premières ne sont que les larves, le premier état, le jeune âge des secondes.

Tous les orthoptères sont terrestres, c'est-à-dire que pas une seule de leurs espèces ne vit dans l'eau.

On les a divisés en *coureurs* et en *sauteurs*.

Parmi les coureurs, outre les *blattes* que nous venons de citer, nous trouvons encore les *forficules* ou *perce-oreilles* qui ont l'abdomen très-développé et armé d'une pince à son extrémité; les *mantes* qu'on ne trouve que dans le Midi, et les *spectres*, bizarres insectes des pays chauds, dont le corps, quelquefois de $0^{m},33$ de long, ressemble à s'y méprendre, tant pour la forme que pour la couleur, à un fragment desséché de branche d'arbre, portant six rameaux espacés qui sont les pattes.

Les principaux représentants des sauteurs sont: 1° les *grillons*, dont une espèce habite nos maisons en compagnie des blattes. On trouve dans les champs des grillons de très-grande taille qui ont pour demeures de petits terriers à l'orifice desquels, pendant les journées brûlantes de l'été, ils viennent faire entendre leur chant bien connu. Disons en passant que c'est par un frottement rapide de leurs élytres l'une sur l'autre que ces petits musiciens produisent l'harmonie si sonore, mais un peu trop monotone, qui nous agace les nerfs ou nous égaye, selon la disposition de notre esprit.

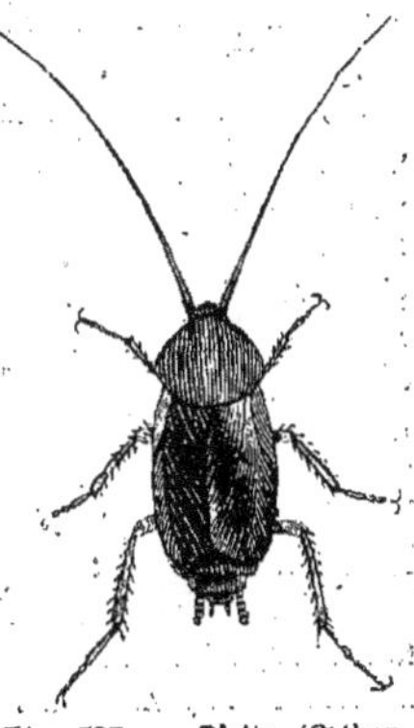

Fig. 727. — Blatte (Orthoptères).

Les sauterelles, célèbres depuis Moïse, qui, par leur multiplication prodigieuse dans certaines années et dans certaines contrées de l'Orient, transforment souvent, en quelques heures, la plus belle campagne en un désert aride et désolé. Le criquet de passage, l'une des espèces les plus redoutables, sous ce rapport, s'est avancé quelquefois jusque dans le midi de la France, et à ce titre, nous aurons à nous en occuper plus loin.

Mentionnons encore ici la courtilière dont nous aurons aussi à tracer l'histoire, insecte qui devrait compter parmi nos amis, si, comme la taupe, l'activité qu'il déploie dans la recherche souterraine des larves qui font sa nourriture, ne portait préjudice aux plantes de nos parterres. C'est un allié incommode.

Le troisième ordre des insectes est constitué par les Névroptères.

Ces gracieux insectes, dont les *libellules* ou *demoiselles* sont le type, se distinguent des précédents par leurs quatre ailes de même consistance, formées par une membrane d'une ténuité extrême, à laquelle une infinité de nervures entrecroisées dans tous les sens donnent la rigidité nécessaire et l'aspect d'un réseau.

Ces ailes sont, en général, très-développées, eu égard au volume du corps, ce qui fait de ces insectes de véritables habitants de l'air.

Les névroptères varient sous le rapport de leurs métamorphoses. Les uns ont des larves aquatiques, les autres passent toutes les périodes de leur vie sur la terre. Ils ne varient pas moins quant à leurs habitudes, aussi ne nous étendrons-nous pas davantage sur ces généralités; nous examinerons plus en détail quelques-uns des genres les plus connus.

Nous venons déjà de citer les *libellules*. Qui n'a pas vu, au bord des eaux, ces légers insectes voler avec tant de rapidité que l'œil a peine à les suivre. Une espèce de grande taille se plaît dans les chemins creux, bordés de haies élevées; elle les parcourt perpétuellement d'une extrémité à l'autre. Ses ailes sont si transparentes, elles se meuvent avec tant de vivacité qu'elles échappent au regard, et le corps paraît suspendu dans l'air par quelque moyen surnaturel; on l'appelle, dans certains pays, *marteau volant*.

On compte encore parmi les Névroptères, les *hémérobes*, les *perles*, les *phryganes*, les *éphémères*, les *myrméléons* et les *termes*.

Les *hémérobes*, dont le nom signifie *vie d'un jour*, sont ces jolis insectes d'un vert tendre, ornés d'yeux semblables à deux grains d'or, à corps ténu, à ailes très-développées. Contentez-vous de les regarder, mais ne cherchez pas à les saisir, car ils ont une odeur infecte. Nous aurons à parler de leurs larves qui font une grande destruction d'insectes nuisibles.

Les *perles* et les *phryganes* vivent au bord des eaux. Ce sont ces grandes mouches noirâtres, bien connues des pêcheurs à la ligne, si importunes, quelquefois, par leur familiarité. Leurs larves rampent au fond des eaux, habillées d'une sorte de fourreau formé de fins graviers agglutinés, ou de fragments de bûchettes qui les protégent contre la voracité de leurs ennemis.

Les *éphémères* sortent aussi des eaux. Leurs larves vivent plusieurs années enfouies dans le sable où elles se nourrissent de l'humus qui s'y trouve mélangé. Dans le courant du mois d'août, elles se transforment et les insectes apparaissent tout à coup, le soir, par myriades, volent çà et là, s'accouplent et meurent bientôt après. La surface des eaux, les quais dans les villes, surtout au-dessous des réverbères, sont jonchés de leurs cadavres. C'est une nuit de bombance pour les poissons qui en sont fort friands.

Les éphémères ne se transforment que pour accomplir l'acte qui doit perpétuer leur espèce, car ils ne prennent pas de nourriture à l'état d'insectes ailés; on peut dire qu'ils ne sont pas nés viables. Inutile d'ajouter que cette particularité de leur existence a fourni un joli thème aux poëtes amis de l'allégorie.

Les *myrméléons* ou *fourmilions* ressemblant

Fig. 728. — Fourmilion (Névroptères).

aux libellules, à ceci près que leur tête est pourvue de longues antennes, nous n'en parlerions pas si leurs larves n'avaient des habitudes qui les rendent très-dignes d'intérêt.

Fig. 729. — Larve.

Ces larves vivent enfouies dans le sable, au fond d'un entonnoir creusé par elles, et où elles attendent patiemment qu'une fourmi passe et vienne tomber dans leur piége.

A l'ordre des Névroptères se rattachent encore les *termes*, plus connus sous le nom de *fourmis blanches*. Les termes vivent en société et construisent, dans les pays chauds, des édifices très-élevés et d'une grande solidité. Une espèce est acclimatée en France, dans quelques localités du département de la Charente-Inférieure, où ses ravages ont donné lieu à des plaintes fondées de la part des habitants. A ce titre, nous en parlerons plus longuement lorsqu'il sera question des insectes incommodes de nos maisons.

Les Hyménoptères arrivent en quatrième lieu dans la série naturelle que nous avons adoptée.

L'Abeille que nous choisissons pour type de cet ordre, est une mouche à quatre ailes et à bouche armée de deux dents mobiles ou mandibules; ces ailes sont membraneuses comme chez les névroptères, mais beaucoup moins réticulées; les nervures qui en constituent la charpente sont plus fortes, plus espacées, et affectent plus généralement une direction longitudinale. Les mandibules ne sont plus ici que des pièces accessoires, car les autres parties de la bouche s'allongent en une trompe ou suçoir destinée à pomper des aliments liquides.

Les Hyménoptères forment donc le passage des insectes masticateurs aux insectes suceurs auxquels nous allons arriver. Beaucoup d'entre eux ont l'extrémité de l'abdomen pourvu d'un aiguillon envenimé qui, dans certaines circonstances, peut devenir redoutable pour l'homme lui-même.

Ils ont des métamorphoses complètes, comme les coléoptères, et leur genre de vie est des plus variés. C'est dans cet ordre que l'on trouve les mœurs les plus curieuses à étudier. Malheureusement le cadre de notre sujet ne nous permet pas de nous étendre longuement là-dessus. Nous ne pourrons qu'effleurer l'histoire de quelques espèces; mais établissons d'abord ce fait de la plus haute importance pour les lecteurs de ce livre, c'est que beaucoup d'Hyménoptères sont les auxiliaires indispensables des cultivateurs, en s'opposant à la multiplication exagérée des insectes nuisibles. Allons plus loin et avançons hardiment, d'accord en ceci avec tous les naturalistes, que la suppression complète de ces insectes de la surface du globe entraînerait inévitablement un tel défaut d'équilibre dans l'ordre naturel, que la perte de l'humanité entière en serait la conséquence : nous le prouverons lorsque nous parlerons des chenilles.

On a divisé les hyménoptères en deux groupes, auxquels on a donné les noms de *Térébrants* et de *Porte-aiguillons*.

Les premiers doivent leur nom à une sorte de tarière que les femelles portent à l'extrémité de l'abdomen et au moyen de laquelle elles insinuent leurs œufs dans divers corps. Ils comprennent les *Porte-scies* et les *Pupivores*; ceux-ci nous intéressent vivement par la guerre efficace qu'ils font aux chenilles.

Les Porte-aiguillons renferment les espèces les plus remarquables par leurs instincts. Il nous suffira de citer sous ce rapport les abeilles et les fourmis. On les divise en quatre groupes : les *Hétérogynes*, les *Fouisseurs*, les *Diploptères* et les *Mellifères*.

Choisissons dans l'histoire de ces insectes quelques particularités de leurs mœurs comme nous l'avons fait pour les ordres précédents.

Les habitudes des abeilles et des fourmis sont assez connues ; prenons d'autres exemples.

Les *Ichneumons* (*fig.* 730), dont le nom est emprunté à un animal que les Égyptiens emploient depuis la plus haute antiquité pour purger leurs maisons des rats et des souris, sont des hyménoptères du groupe des pupivores, remarquables par l'allongement de toutes les parties de leur corps. Leur abdomen attaché au tronc par un filet très-grêle et portant à l'extrémité, chez les femelles, trois longues soies, donne à ces insectes une tournure qui les fait reconnaître au premier coup d'œil.

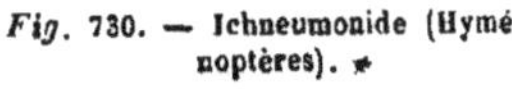
Fig. 730. — Ichneumonide (Hyménoptères).

Les ichneumons femelles passent leur existence à faire la chasse aux chenilles, et sont, pour ces dernières, des ennemis bien autrement redoutables que ne l'est pour les rats et les souris leur homonyme d'Égypte. Ce n'est cependant pas pour les dévorer que nos insectes les recherchent, mais pour déposer dans leur corps un œuf d'où sortira un ver qui les rongera toutes vivantes.

Dès qu'un ichneumon a découvert une chenille à sa convenance, il fond sur elle et, avec la rapidité de l'éclair, il lui enfonce dans le dos la tarière qui termine son abdomen, et du même coup inocule un œuf dans la plaie. Avant que la chenille n'ait vu le danger, l'opération est faite ; jamais elle ne donnera naissance à un papillon. Cependant elle n'en continuera pas moins à vivre pour cela. L'œuf éclôt, et le ver qui en sort chemine dans le tissu graisseux de sa victime, en respectant soigneusement les organes vitaux. La chenille grandit ; elle se transforme en chrysalide, mais là s'arrête le cours de ses évolutions. Le jeune ichneumon qui n'a plus rien à ménager l'achève, et quand il a tout dévoré, il procède à son tour à sa métamorphose.

On ne peut se faire une idée de la quantité prodigieuse de larves et de chenilles que détruisent de cette façon les ichneumons, ou plutôt les ichneumonides, car nous nous sommes servi d'un nom imposé par Linné à tout un groupe d'insectes dont les espèces sont en nombre immense. Il y en a de toutes les tailles et il n'est pas pour les larves de retraite si sûre en apparence qui ne soit exposée à la visite d'un de ces terribles chasseurs ou de son stylet. Bien souvent, en effet, l'animal se borne à insinuer celui-ci sous les écorces, et sans voir sa victime et sans en être vu, va dans les profondeurs de sa retraite, lui donner le coup mortel.

Peu d'insectes, dans leur état de larves, n'ont pas quelque espèce d'ichneumonide acharnée à leur perte. Les pucerons eux-mêmes sont en butte aux persécutions d'un microscopique ichneumon qui leur confie le soin de nourrir sa progéniture de la façon que nous venons d'indiquer.

Il est d'autres Hyménoptères, les fouisseurs, qui ont le singulier pouvoir de frapper de paralysie la proie dont ils ont fait choix, au moyen d'un poison particulier, sans pour cela la tuer. Des araignées, des chenilles mises hors d'état de fuir, sont emportées et déposées en terre par leur ennemi qui pond ses œufs sur leur corps. Quand les jeunes larves éclosent, elles trouvent des vivres frais et abondants qu'elles dévorent en ménageant, comme toujours, les organes essentiels à la vie.

Voyons les mœurs d'un autre genre d'Hyménoptères, toutes différentes, mais non moins curieuses.

Nous sommes dans la section des porte-aiguillons, famille des Mellifères, tribu des apiaires où nous rencontrons le genre *Mégachile*.

Les mégachiles sont, dans la séri enaturelle, toutes voisines des abeilles. Comme celles-ci, elles ménagent, pour leur progéniture, des provisions de miel, mais elles ne se réunissent pas en société.

Quand le moment de la ponte approche, la mégachile du rosier creuse en terre un trou profond, cylindrique, dont elle tasse avec soin les parois. Voilà l'habitation des larves préparée, il s'agit de l'orner ; dans ce but, l'insecte se met à la recherche d'une rose. Lorsqu'elle a trouvé celle qui lui convient, elle découpe habilement avec ses mandibules une pièce en forme de disque dans le plus beau pétale de la fleur; elle l'emporte dans son trou ; ce sera le plancher de l'habitation. Elle retourne à la rose et taille de nouveau, par une coupe en spirale, une longue bande dont elle fera la tapisserie de sa loge en l'appliquant contre les parois. Cela fait, elle élabore une quantité déterminée de miel qu'elle dépose, avec un œuf, sur son plancher et recouvre le tout d'une feuille semblable à la première. Ces opérations sont répétées jusqu'à ce que le trou soit rempli, puis un peu de terre tassée sur le dessus sert de toit à cette admirable construction.

Fig. 731. — Mégachile.

Il y a la mégachile du pavot, qui n'emploie que cette fleur; celle de la campanule, qui a sans doute une prédilection pour les tentures de couleur bleue, et bien d'autres.

Les osmies, appelées *abeilles maçonnes*, s'y prennent d'une autre manière pour construire leurs nids. Elles font choix d'une muraille ou d'un tronc d'arbre bien exposé au soleil; puis, au moyen d'un mortier préparé avec une terre très-fine, convenablement humectée et pétrie, elles façonnent dix à douze loges, dans chacune desquelles elles déposent un œuf et la dose de miel nécessaire à l'évolution de la larve. Tout le monde a vu de ces constructions qui, à l'extérieur, ressemblent à de petits tas de boue desséchée ; personne, s'il n'est initié aux mystères des insectes, n'y a soupçonné l'œuvre d'un habile architecte.

Nous arrivons aux insectes suceurs proprement dits, dont la série s'ouvre par les *lépidoptères*.

Les Lépidoptères, mieux connus sous le nom de Papillons, sont bien caractérisés par la nature de leurs ailes, recouvertes d'un enduit ténu de fines écailles, ordinairement colorées des teintes les plus vives et les plus variées. En outre, leur bouche, tout à fait privée de mandibules, est munie d'une trompe souvent très-longue, roulée sur elle-même en spirale au repos.

Ajoutons à ces caractères distinctifs que les lépidoptères ont des métamorphoses complètes.

Les papillons, ces gracieuses fleurs animées, comme les appellent les poëtes, sont le plus redoutable fléau de nos cultures dans leur état de larves, c'est-à-dire sous la forme de chenilles.

Combien de fois n'avons-nous pas entendu lancer des malédictions contre cette engeance insatiable qui transforme quelquefois en un seul jour l'arbre le plus feuillu en un squelette du plus triste aspect. Leurs ravages, souvent si considérables dans les arbres fruitiers, ont nécessité des ordonnances obligeant les propriétaires de jardins de les rechercher pour les détruire à certaines époques de l'année.

Rendons cependant justice aux chenilles, leur rôle est admirablement tracé au point de vue de l'ordre naturel, de l'équilibre indispensable au maintien de cet ordre. Elles s'opposent à la multiplication excessive des végétaux qui finiraient par envahir la surface du globe à leur propre détriment et à celui des animaux. Si l'homme a lieu de s'en plaindre, c'est que lui-même tend à rompre les lois de pondération et d'équilibre qui s'opposent à l'envahissement de telle ou telle espèce aux dépens des autres. Quand, dans ces riches plaines cultivées où, aussi loin qu'on étende les regards, on ne voit que des blés onduler sous le vent, là où la nature abandonnée à elle-même eût fait croître une infinité de plantes que nous appelons sauvages et qui sont les véritables propriétaires du sol, ne devons-nous pas nous dire que c'est nous-mêmes qui provoquons les ennemis de nos cultures. Nous sommes des usurpateurs contre lesquels la nature proteste sans cesse et perpétuellement. Nous devons lutter contre elle ; ce sont ces petits animaux, si misérables pris isolément, si redoutables quand ils sont réunis en masse, qu'elle déchaîne contre nous, qu'elle oppose à nos envahissements pour nous rappeler à toute heure que ce n'est pas en vain que l'on enfreint ses lois. C'est humiliant à dire, pour nous qui nous considérons comme les rois de la création, mais c'est une vérité à reconnaître, vérité reconnue de tous ceux qui ont pu étudier les lois admirables qui président à la conservation et à la propagation des êtres créés, que la nature a autant fait sous ce rapport pour le plus chétif insecte que pour l'homme lui-même ; que si l'homme est parvenu à étendre sa domination et à s'asservir certains animaux, ce n'est que grâce à sa force et à son intelligence ; mais, encore une fois, il n'est, dans l'ordre naturel, qu'une espèce au même titre que n'importe quelle créature.

Nous voici, à propos des chenilles, entraînés dans des considérations philosophiques qui ne sont pas de notre ressort. Laissons ce terrain épineux à d'autres que nous et revenons à nos insectes.

Les chenilles se nourrissent, à peu d'exceptions près, de substances végétales et surtout de feuilles. Comme elles multiplient prodigieusement, il s'ensuit qu'elles auraient bientôt anéanti tout ce qui est plante et arbre sous le soleil, si la prévoyante nature n'y avait mis bon ordre en opposant, comme contre-poids à leur funeste exubérance, des espèces qui leur font une guerre sans relâche, qui peuvent opposer le nombre au nombre, la ruse à la ruse. Nous avons cité les ichneumonides et nous avons dit à ce propos qu'ils étaient la sauvegarde des végétaux auxquels notre propre existence est intimement liée. Supposons en effet les chenilles soustraites aux atteintes de ces cruels persécuteurs, qu'adviendrait-il ? Les chiffres vont répondre éloquemment.

Une femelle de Bombyx pond 500 œufs en moyenne. Admettons que nous en ayons une centaine dans notre jardin, ce n'est pas trop ; elles vont semer 50,000 œufs sur nos arbres. Les oiseaux et autres auxiliaires nous débarrasseront bien des quatre cinquièmes des chenilles qui sortiront de là, mais le cinquième restant arrivera à son terme, puisque nos alliés, les ichneumons, nous font défaut. Il y aura autant de papillons qu'il y avait de chenilles. Faisons encore la part belle aux oiseaux, et bien qu'aussitôt métamorphosés, les bombyx s'accouplent et pondent leurs œufs, en mettant de côté les mâles et ne laissant pondre qu'un tiers des femelles, soit 2,000, il n'y aura pas moins d'un million de chenilles prêtes à entrer en campagne l'année prochaine. Or, une chenille de moyenne taille consomme au moins 20 grammes de feuilles dans le cours de son existence ; cela fait juste 20,000 kilogrammes de vivres que nous devrons leur fournir! Notre jardin n'y suffira guère. Il faudra recourir au voisin, mais le voisin est dans le même cas. Les feuilles des bois manqueront aussi, car les chênes, les hêtres, les bouleaux, les pins, les sapins ont également leurs chenilles à nourrir.

Qu'arrivera-t-il l'année suivante ?

Plus de verdure, plus de bestiaux, plus de gibier, plus de grains, plus de pommes de terre, plus de légumes, la plus effroyable disette va balayer de la surface du globe la race humaine entière. Mais hâtons-nous de nous rassurer, fions-nous à notre sage et bonne mère, la nature, qui ne permet pas que l'harmonie de ses œuvres soit ainsi troublée.

Si, par quelque cause accidentelle, le nombre des chenilles s'accroît tout à coup d'une façon inquiétante dans certains cantons et certaines années, les ichneumons sont là, et leurs phalanges protectrices se multiplient dans des proportions telles que bientôt, et sans que nous nous en mêlions, l'équilibre se rétablit.

Il va sans dire que d'autres causes interviennent aussi pour empêcher ce bouleversement de l'ordre établi, mais celle-ci est l'une des principales, et nous devons voir, dans les ennemis ailés des chenilles, l'agent le plus vigilant de notre sécurité.

On a établi, dans ces lépidoptères, trois grandes divisions chez lesquelles les caractères zoologiques concordent assez bien avec les habitudes des espèces qui les constituent. Ces divisions ou familles ont reçu le nom de *Diurnes*, *Crépusculaires* et *Nocturnes*.

Les diurnes volent pendant le jour. Ils sont gé-

Fig. 732. — Vanesse (Lépidoptères).

néralement parés des plus brillantes couleurs. Leurs antennes sont effilées et terminées par un bouton. Ils tiennent leurs ailes redressées lorsqu'ils sont posés.

Les crépusculaires sont d'ordinaire parés de teintes plus douces, plus fondues ; leur corps est plus massif, leurs ailes sont plus étroites, plus aiguës, repliées au repos le long du corps, en forme de toit. Ils ont les antennes renflées au milieu et terminées en pointe. Leur trompe est fort longue et ils pompent le suc des fleurs sans se poser.

Les nocturnes, ou papillons de nuit, sont plus lourds dans leurs mouvements, ce qui tient à leurs ailes moins développées. Leur livrée rappelle celle des oiseaux qui ne se montrent, comme eux, qu'après le coucher du soleil. Les antennes sont filiformes, ou dentées comme un peigne, ou plumeuses.

Fig. 733. — Chrysalide d'un papillon diurne.

Il y a, bien entendu, des exceptions à ce que nous venons de dire, surtout en ce qui concerne les couleurs. Nous n'avons voulu indiquer que les caractères généraux de ces trois divisions, prises en masse.

Pour se transformer en nymphe, les chenilles de la plupart des diurnes se suspendent par la queue sans prendre la précaution de s'entourer d'une coque protectrice. Les nymphes sont souvent ornées de taches dorées ou argentées, ce qui leur a fait donner le nom de *chrysalides*. Leur forme est des plus bizarres et sans faire de grands efforts d'imagination, on peut y voir la figure d'un diablotin avec son nez pointu et les cornes traditionnelles.

Les crépusculaires et les nocturnes sont plus soigneux. Les uns s'enfoncent en terre, les autres s'entourent de feuilles ou bien se filent une coque soyeuse, comme le *ver à soie*. La nymphe est brune ou noirâtre, et son corps, tout d'une venue, a la tournure bien connue d'un poupard.

Fig. 734. — Chrysalide d'un papillon nocturne.

Ce qu'il y a de plus remarquable dans les nymphes des lépidoptères, c'est qu'elles sont complétement emmaillottées dans une enveloppe dure et résistante, tandis que celles des autres ordres ont les membres simplement revêtus d'une pellicule souple qui les maintient rapprochés du corps sans les souder aussi intimement.

Nous aurons tant de mal à dire des lépidoptères dans les chapitres qui vont suivre, que nous sommes heureux d'avoir à citer ici, parmi eux, le nom du ver à soie, modeste chenille d'un papillon plus modeste encore, mais l'un des animaux les plus utiles que l'homme ait su s'asservir. Cet insecte, qui fut introduit pour la première fois en Europe il y a treize ou quatorze cents ans, est originaire de la Chine. L'importance que son éducation a prise dans les provinces du midi de la France est trop connue pour que nous nous étendions plus longuement à son sujet.

Le ver à soie du mûrier, l'espèce chinoise, n'est pas le seul qui fournisse cette précieuse matière. Une foule d'insectes en fabriquent, mais aucun n'a encore présenté des avantages suffisants pour détrôner l'espèce dont nous venons de parler. Tout le monde sait que certaines araignées renferment leurs œufs dans un cocon de soie d'une ténuité extrême unie à une grande solidité ; on a fait même, au moyen de cette substance, des tissus de la plus grande beauté ; mais l'insociabilité bien connue de ces petits animaux, n'a pas permis, jusqu'ici, d'exploiter en grand le produit de leur travail.

Le second ordre des insectes suceurs comprend ceux que l'on désigne sous le nom d'HÉMIPTÈRES.

Ce nom est formé de deux mots grecs qui signifient, l'un *moitié*, l'autre *ailes ;* il a été appliqué à ces insectes par Linné, parce que la plupart d'entre eux ont les élytres, ou ailes supérieures, dures et cornées à la base, puis terminées brusquement par une partie membraneuse. Ajoutons, pour compléter ces caractères, qu'en dessous des élytres on trouve deux ailes entièrement transparentes, et que la bouche est munie d'une trompe très-mince, solide, renfermant quatre stylets mobiles ; l'animal applique au repos cette trompe contre la face inférieure de son corps.

Les métamorphoses des hémiptères sont incomplètes, c'est-à-dire que les larves diffèrent seulement des insectes parfaits par l'absence des ailes ; il arrive même que, chez certaines espèces, celles-ci ne se développent jamais. Un hémiptère bien connu, la punaise des lits, en est un exemple.

Les représentants de cet ordre que, soit dit en passant, nous devons classer parmi nos ennemis, présentent une grande variété de formes ; nous allons donner un aperçu de leur classification et mentionner en même temps quelques espèces choisies parmi les plus connues ou les plus curieuses.

Une première section, comprenant les espèces qui ont les élytres mi-partie de consistance cornée et membraneuse, renferme deux familles : les *géocorises* ou punaises terrestres et les *hydrocorises* ou punaises aquatiques.

Les espèces qui ont, au contraire, les élytres entièrement membraneuses, forment la seconde section et se répartissent en trois familles : les *cicadaires*, les *pucerons* et les *gallinsectes*.

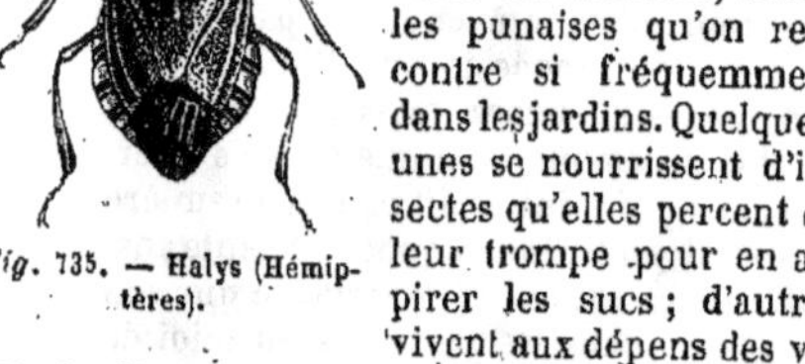

Fig. 735. — Halys (Hémiptères).

Les géocorises comprennent, outre la punaise des maisons, toutes les punaises qu'on rencontre si fréquemment dans les jardins. Quelques-unes se nourrissent d'insectes qu'elles percent de leur trompe pour en aspirer les sucs ; d'autres vivent aux dépens des végétaux. Toutes sont remarquables par l'odeur particulière et repoussante qu'elles laissent aux doigts lorsqu'on les touche.

Les hydrocorises vivent toutes dans l'eau ; elles comprennent les *nèpes* et les *notonectes*. Les premières, ou scorpions d'eau, sont de hideux insectes grisâtres qu'on voit ramper sur la vase. Les secondes, moins disgracieuses, habitent les eaux limpides où on les voit nager vivement, sur le dos, au moyen de deux longues pattes qu'elles agitent comme des rames.

Les cicadaires renferment les *cigales* et les *cicadelles*.

Les premières sont remarquables par le bruit strident qu'elles produisent au moyen de deux

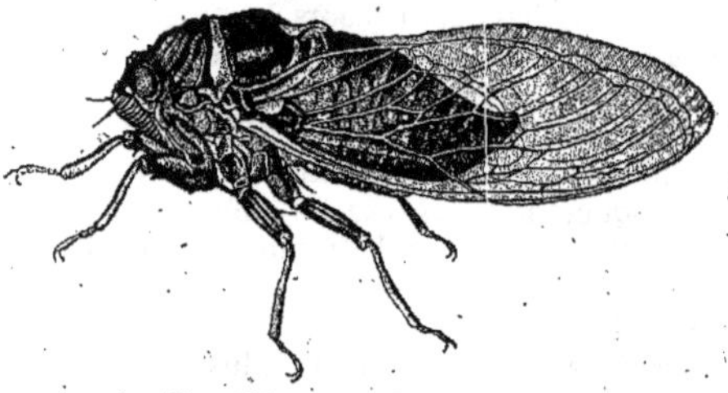

Fig. 736. — Cigale commune.

appareils très-compliqués et très-curieux qu'elles portent sur la partie inférieure du corps. On ne les trouve que dans le Midi où, parfois, perchées en troupes sur les tiges des graminées, elles assourdissent le passant de leur voix bruyante et métallique. Les cicadelles ou cigales muettes, sont ces petits insectes triangulaires si communs dans nos jardins, qui, au moindre attouchement, sautent vivement en produisant un bruit sec, dû au choc de leurs élytres contre l'objet qui les porte.

Il existe, dans les régions tropicales, de grandes cicadaires appelées *fulgores*, qui portent sur la tête une protubérance en forme de mitre ; ce singulier ornement projette une vive lumière pendant la nuit.

Nous ne ferons que mentionner ici les pucerons, qui forment la quatrième famille des hémiptères. Un chapitre spécial sera consacré plus loin à ces insectes nuisibles.

Les gallinsectes, ainsi nommés parce que les femelles, lorsqu'elles ont été fécondées, se fixent sur des végétaux de diverses espèces, gonflent, meurent, se dessèchent et servent de demeure à leur progéniture, ce qui leur donne assez bien l'apparence de galles ; les gallinsectes, disons-nous, comprennent les *cochenilles* et les *kermès*.

La cochenille du Nopal est originaire du Mexique où elle était cultivée, antérieurement à la conquête, par les Indiens qui en tiraient cette belle couleur que nous connaissons. Pendant longtemps, la cochenille, importée en Europe pour les besoins du commerce, passa pour une graine. Ce ne fut que vers la fin du dix-septième siècle, qu'un jésuite, le P. Plumier, fit connaître que c'était un insecte. Plus tard, le célèbre Réaumur en écrivit l'histoire complète.

La cochenille a détrôné le kermès dont se servaient les anciens avant la découverte de l'Amérique. Les teinturiers font cependant encore usage de ce dernier qui donne un rouge moins brillant, mais d'un prix moins élevé.

Le kermès est un hémiptère gallinsecte, comme la cochenille ; ses mœurs sont les mêmes. L'espèce qu'on exploite, vit sur un petit chêne à feuilles épineuses qui croît dans les contrées méditerranéennes. La femelle, sphérique, d'un rouge luisant dans son jeune âge, ressemble, lorsque son corps desséché, boursouflé et renfermant des œufs, est intimement soudé à l'écorce ou aux feuilles du chêne, à une petite galle d'un rouge brunâtre. Cette galle, formée par la peau distendue de l'animal, renferme de 1,500 à 2,000 œufs : ceux-ci constituent la matière tinctoriale elle-même.

La récolte du kermès, qui se fait deux fois dans les bonnes années, est une affaire importante pour beaucoup de localités du midi de l'Espagne.

Nos arbres fruitiers fournissent plusieurs espèces de kermès qui, par leur prodigieuse multiplication, leur font souvent beaucoup de tort. Les pêchers, notamment, ont parfois leurs branches tellement chargées de ces parasites, que l'écorce en devient invisible.

Les Diptères forment le septième ordre des insectes.

Tous les ordres que nous avons passés jusqu'ici en revue, sont composés d'insectes à quatre ailes, sauf quelques espèces éparses qui, par exception, en sont totalement dépourvues.

Chez les Diptères, le nombre de ces organes locomoteurs est invariablement de deux. Ajoutons à cela que la bouche est organisée pour la succion, et nous aurons suffisamment caractérisé ces insectes. On peut du reste se faire une idée de leur forme générale par celle de la mouche commune de nos maisons.

Tous les Diptères ont des métamorphoses complètes. A l'état parfait, ils se nourrissent de substances liquides de toute nature ; sous la forme de larve, leurs habitudes sont encore plus variées. Depuis les *œstres* qui vivent dans le corps de plusieurs animaux et même de l'homme, jusqu'au *cousin* dont la larve est aquatique, et certaines *tipules* qui rongent les céréales, leur longue série renferme une multitude d'espèces contre les atteintes desquelles nous devons sans cesse nous prémunir.

Leur tête mobile est attachée au tronc par un cou d'une gracilité extrême; elle est hémisphérique et constituée presqu'en entier par les yeux. Le tronc porte deux ailes membraneuses semblables à celles des hyménoptères ; la seconde paire d'ailes est remplacée par deux petits corps mobiles globuleux, pédiculés, qu'on a appelés *balanciers*.

L'abdomen est assez large à la base, et n'est pas attaché comme chez la plupart des hyménoptères, par un simple filet; enfin, il n'est jamais armé d'aiguillons. Les mouches qui sont quelquefois si incommodes par leurs piqûres, comme les taons, les moustiques, etc., ne le sont pas à la manière des guêpes et des fourmis. Celles-ci ne nous recherchent pas et ne piquent que pour se défendre, tandis que les autres nous harcèlent sans relâche pour sucer notre sang.

Les Diptères ne se bornent pas à nous gratifier d'espèces simplement incommodes : certaines *lucilies* des régions tropicales déposent leurs œufs dans les narines des gens endormis; les jeunes larves qui en sortent montent dans les fosses nasales et y produisent des désordres qui entraînent quelquefois la mort de leurs malheureuses victimes. Ceci n'arrive, bien entendu, qu'à ceux qui n'abusent pas des soins de propreté. Il existe dans l'Afrique centrale, au rapport du docteur Livingstone une mouche nommée *tsétsé*, qui tue les chevaux et les bœufs en les piquant; il est à remarquer que cet insecte n'est redoutable que pour ces animaux et quelques autres, mais jamais pour l'homme.

Les *œstres* s'attaquent parfois à l'homme lui-même, dans nos campagnes, et leurs larves, s'insinuant sous la peau, provoquent la formation d'abcès purulents au milieu desquels elles se développent. Nous aurions encore d'autres exemples à citer, mais ceux-ci suffisent pour montrer la malfaisance de quelques diptères ; disons encore pour finir, que les piqûres ordinairement inoffensives des taons peuvent, dans certaines circonstances, acquérir un caractère fort pernicieux, lorsque, par exemple, ces animaux viennent de plonger leur dard dans la peau d'un cheval morveux, ou d'une bête affectée de maladie charbonneuse.

Par une sorte de compensation, les diptères font la guerre à plusieurs insectes nuisibles; nous en parlerons en temps et lieu. D'autres nous débarrassent des matières putréfiées et contribuent ainsi à préserver l'atmosphère des émanations mortelles qu'elles y répandaient. C'est une chose digne de remarque que le peu de temps nécessaire à quelques mouches pour faire disparaître le cadavre d'un animal de grande taille. On sera moins surpris lorsqu'on apprendra la prodigieuse fécondité de ces insectes. Un habile entomologiste Hollandais du siècle dernier, Leuwenhœck, a eu la patience de compter le nombre d'œufs pondus par une seule mouche dans l'espace de trois mois : il est arrivé au chiffre fabuleux de 746,496 ! Trois mouches consomment le corps d'un cheval aussi vite qu'un lion, a dit un célèbre naturaliste. On comprend, dès lors, le rôle important que jouent dans l'harmonie du globe, ces innombrables désinfecteurs.

Les Diptères se répartissent en six grandes sections, dont nous allons citer quelques-uns des principaux représentants.

Les *cousins* et les *tipules* forment la première

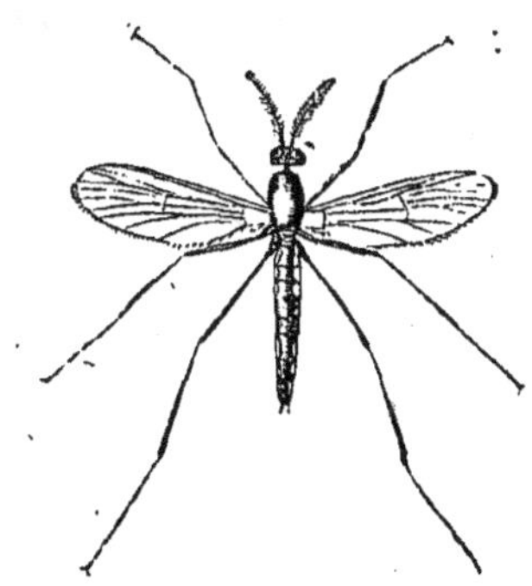

Fig. 737. — Cousin (Diptères).

section. Ce sont des Diptères remarquables par la gracilité de leurs formes, due en grande partie à l'allongement excessif de leurs pattes. Les cousins, ces incommodes visiteurs nocturnes, nous occuperont tout spécialement dans un autre chapitre. Quant aux tipules qui en ont la tournure avec une taille souvent beaucoup plus grande, elles sont inoffensives pour l'homme. Quelques petites espèces sont nuisibles aux céréales, à l'état de larves ; nous en parlerons plus loin. Ce sont aussi de petites tipules qui, rassemblées en masses serrées, forment, par les belles soirées d'automne, les colonnes nuageuses que l'on considère comme un pronostic de beau temps pour le lendemain.

Une autre section, celle des *Athéricères*, comprendra une prodigieuse quantité de formes. C'est ici que nous trouvons les *œstres*, grosses mouches velues, à ailes écartées, dont les larves vivent, comme nous l'avons dit, dans le corps de divers animaux ; les mouches domestiques, les mouches dorées, les mouches de la viande ; les *scathophages*, les mouches jaunes qui hantent les excréments, les *scathopses* et les *oscines*, si nuisibles aux céréales ; les *ortalides*, dont la larve est ce ver qu'on trouve dans les cerises ; les *piophiles* ou vers du fromage, etc., etc.

Enfin, nous trouvons dans une dernière section, une série de Diptères, à formes aberrantes, nommés par Réaumur, les *mouches araignées*, qui vivent en parasites sur les quadrupèdes et les oiseaux. Nous citerons particulièrement l'*hippobosque* du cheval que l'on trouve sur ces animaux et aussi sur les bœufs et les chiens. On rencontre fréquemment dans le voisinage des nids d'hirondelles, une mouche aplatie, à ailes grandes, étendues, blanches ; cette mouche s'attache au corps des oiseaux en question et s'appelle *ornithomyie*. D'autres oiseaux, tels que les martinets, les moineaux, les vautours, etc., nourrissent aussi diverses espèces de ces singuliers Diptères.

Les deux derniers ordres des insectes, les *Parasites* et les *Thysanoures*, sont caractérisés par l'absence complète et normale des ailes, chez les espèces qu'ils embrassent.

Celui des Parasites renferme d'abord les *puces*, dont plusieurs auteurs ont fait un ordre à part, à cause des métamorphoses complètes qu'elles subissent ; ensuite les *poux*, qui n'ont pas de métamorphoses et sortent de l'œuf avec leur forme définitive ; enfin les *ricins*, qui se trouvent quelquefois en telle abondance sur les bestiaux qu'ils les épuisent et font courir à leur vie un danger sérieux.

Nous reviendrons plus loin sur toute cette engeance, et nous indiquerons les moyens à employer contre chaque espèce, soit pour en préserver, soit pour les détruire.

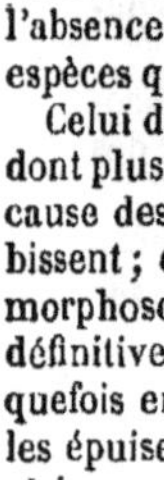

Fig. 738. Lépisme.

Les Thysanoures sont des insectes aptères, très-agiles, vivant de substances végétales. Ils forment deux genres principaux. 1° Les *lépismes* que l'on rencontre dans les maisons, dans les lieux où on serre les provisions ; surtout le sucre. Tout le monde connaît les insectes allongés, d'un blanc nacré, si agiles, qui peuplent les armoires de nos offices, et que les enfants comparent volontiers à de petits poissons tant ils leur ressemblent par la forme et la couleur.

2° Les *podurelles*, insectes sauteurs, agiles, de couleur noirâtre ou brune, à corps mou et velu. Leur multitude couvre quelquefois de grands espaces, soit dans les allées humides de nos jardins, soit sur les étangs.

Les thysanoures terminent l'immense série de petits animaux que les naturalistes comprennent sous le nom d'*insectes*. L'aperçu rapide que nous venons de donner était indispensable pour l'intelligence des chapitres qui vont suivre. Nous allons, maintenant que nous connaissons les différents ordres dans lesquels ils se classent, les étudier à un autre point de vue, celui de leur utilité et de leur nocibilité ; nous chercherons à faire connaître au cultivateur ses amis et ses ennemis afin qu'il ménage les premiers et fasse aux seconds une guerre d'autant plus efficace qu'il sera mieux au courant de leurs habitudes, de l'époque de leur apparition, et de la durée de leur vie.

Et à ce propos nous tenons à faire une déclaration qui détermine nettement le but que nous nous proposons dans la suite de ce travail. Qu'on ne s'attende pas à nous voir indiquer des recettes infaillibles pour détruire les insectes nuisibles de nos campagnes et de nos bois. Dans l'état actuel de la science, on ne connaît encore aucun moyen efficace pour préserver les grandes cultures de l'attaque des insectes, lorsque ceux-ci apparaissent tout à coup en nombre considérable, pas plus qu'on ne peut les garantir de la grêle et de l'ouragan ; en ceci nous sommes d'accord avec tous ceux qui ont fait une étude spéciale du sujet qui nous occupe. Nous pouvons tout au plus diminuer le nombre de nos ennemis, et pour cela la connaissance de leurs mœurs nous aidera, en nous apprenant le moment favorable où il faut les attaquer. Un autre avantage qu'offre à l'agriculteur l'étude de l'entomologie, c'est de lui faire connaître les insectes qui lui viennent en aide par la guerre qu'ils font aux autres : là est le point essentiel. A ces êtres innombrables, rusés, insaisissables, opposons dans la mesure de notre pouvoir, leurs ennemis naturels. Depuis longtemps, l'homme s'est associé le chien pour chasser le lièvre, il emploie le furet contre le lapin, et le chat contre la souris. Si nous ne pouvons dresser des ichneumons à faire la chasse aux chenilles, nous pouvons au moins favoriser la destruction qu'ils en font, ou, tout au moins ménager la vie de ces utiles amis. Trop souvent, nous voyons l'homme de la campagne confondre tous les insectes dans sa haine aveugle ; il écrase le carabe en même temps que le hanneton, la cicindèle avec le taupin, sans se douter du tort qu'il se fait à lui-même en agissant de la sorte. Si donc nous parvenons à lui faire reconnaître avec certitude ses ennemis et ses alliés, pour qu'il respecte ceux-ci et combatte ceux-là avec discernement, notre but principal sera atteint ; ceci ne nous empêchera point, bien entendu, d'indiquer, au fur et à mesure que l'occasion s'en présentera, les moyens proposés comme les plus efficaces pour la destruction de telle ou telle espèce nuisible. Nous n'avons pas prétendu dire que l'agriculteur devait se croiser les bras devant les champs ravagés et laisser à la nature seule le soin d'agir en sa faveur : il peut toujours, en temps ordinaire, diminuer le nombre des déprédateurs s'il ne peut les anéantir complétement, sauver une partie de la récolte, sinon le tout, dans les cas exceptionnels. Si petit résultat que nous obtenions sous ce rapport, nous aurons la satisfaction d'avoir concouru pour notre part à rendre ce livre utile à tous ceux auxquels il s'adresse.

Quant à la marche que nous suivrons dans l'étude des insectes nuisibles, il nous a semblé préférable d'examiner chaque culture séparément et de faire l'histoire des espèces qui s'y rapportent, plutôt que de traiter les insectes famille par famille en indiquant à quelles plantes ils font dommage. Ce plan présente bien quelque défectuosité en ce que certaines espèces, comme le hanneton par exemple, nuisent à différentes cultures; nous serons entraînés dans quelques redites, mais il a cet avantage d'être plus clair pour le lecteur et plus commode au point de vue de l'utilité pratique.

CHAPITRE XXXIX

DES INSECTES NUISIBLES AUX CÉRÉALES

Nous diviserons ce chapitre en deux parties. Dans la première, nous examinerons les insectes qui attaquent les blés en herbe ; dans la seconde, ceux qui dévorent les grains.

ZABRES ET AMARES

Parmi les coléoptères de la famille des Carnassiers, c'est-à-dire de ceux qui se nourrissent exclusivement de proie vivante, il s'en trouve, par exception, quelques-uns qui recherchent des substances végétales. Les *zabres* et les *amares* sont dans ce cas. Ce que nous dirons des premiers s'appliquera également aux seconds qui en sont très-voisins.

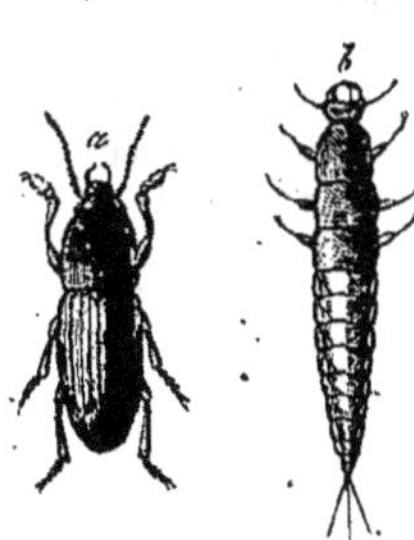

Fig. 739. — Zabre bossu, insecte parfait et sa larve.

Zabre bossu. — Le *zabre bossu* (*zabrus gibbus*) est, à l'état d'insecte parfait, d'un noir brun, luisant, ressemblant assez, pour la forme et la couleur, à l'espèce que produit le ver de farine, mais moins allongé, plus trapu. On le trouve fréquemment, surtout en automne, dans les sentiers qui traversent les champs de blé, les fossés qui les bordent, etc.

Sa larve (*fig.* 739, *b*) est allongée, brunâtre, avec la partie postérieure de couleur claire. Elle est plus agile que l'insecte parfait. La durée de sa vie est de deux à trois ans, et c'est pendant cette période qu'elle nuit aux céréales.

Voici quelques détails sur ses habitudes :

Pendant le jour elle se tient dans des trous de plusieurs pouces de profondeur ; à l'approche de la nuit, elle en sort pour commettre ses déprédations. Au moyen des puissantes mandibules dont sa tête est armée, elle fouille à la base de la plante. Si celle-ci est jeune, elle la coupe et l'attire dans son trou. Lorsqu'elle est sur le point de se métamorphoser, elle s'enfonce en terre et y reste trois à quatre semaines. Sa transfiguration opérée, et cela a lieu au mois de juillet, elle se montre sous sa forme définitive (*fig.* 739, *a*). Le zabre, à l'état parfait, est encore nuisible au blé. Le jour, il est caché sous les pierres, sous les mottes de terre, enfin sous tout ce qui peut lui servir d'abri, et ce n'est que le soir qu'il se met en mouvement. Il grimpe alors le long des chaumes et va dévorer le grain dans l'épi ; comme il est d'assez grande taille, on conçoit que la consommation que peut faire chaque individu est considérable.

En temps ordinaire, les dévastations du zabre passent inaperçues parce que cet insecte n'est pas bien abondant, mais il s'est déjà montré dans certaines contrées et par certaines années, en tel nombre que les cultivateurs s'en sont émus.

En 1776, il dévasta complétement toutes les campagnes de la haute Italie.

En 1812, les dégâts qu'il commit dans certaines localités de la Prusse furent tels que les cultivateurs s'en plaignirent hautement et s'adressèrent à l'autorité pour qu'elle prît des mesures contre cet ennemi commun.

Enfin, pour citer encore un exemple, les campagnes des environs de Huy, en Belgique, eurent à souffrir du zabre pendant les derniers mois de l'année 1858 et le printemps de l'année suivante.

Nous trouvons dans un rapport fait à l'une des sociétés agricoles du pays, que dans sept communes seulement, 114 hectares sur 457 ensemencés de seigle, furent complétement rasés. Le seigle ne fut pas la seule plante attaquée ; quelques pièces de froment eurent également à souffrir de la voracité des zabres.

Les moyens proposés pour détruire ces insectes sont nombreux, sinon d'une efficacité reconnue. Quoi qu'il en soit, il est toujours bon de les mentionner, n'eussent-ils pour effet que d'en diminuer le nombre. On recommande : 1° de faire connaître l'insecte parfait aux cultivateurs, aux maîtres d'école des villages et, par ceux-ci, aux enfants qui, moyennant une légère récompense, en détruiront une grande quantité ; 2° de ménager les oiseaux insectivores, notamment les corneilles qui en consomment beaucoup.

Ces moyens préventifs sont évidemment bons, en thèse générale, et applicables à tous les insectes nuisibles que leur taille rend accessibles, mais ils ne remédient pas directement au mal causé par les larves lorsqu'il se produit. A cette fin, on a proposé 1° de semer sur les terres, au printemps, des cendres de tourbe ou de la chaux ; 2° de retourner profondément la terre au commencement de l'automne et de choisir, pour faire cette opération, un jour de gelée légère ; par ce moyen les oiseaux en détruiront une quantité notable ; 3° de passer sur les terres infestées un rouleau étroit et très-pesant ; ce moyen ne sera, du reste, efficace que s'il est pratiqué pendant la nuit, alors que les larves sont sorties de leurs retraites ; on en écrasera de la sorte une bonne partie. Les larves des zabres, comme celles de tous les carabiques, sont très-délicates et la moindre blessure les tue. Le roulage employé contre d'autres larves, telles que celles d'*élaters*, le serait évidemment en pure perte, mais ici, par la raison que nous venons de donner, il a quelque chance d'atteindre son but.

Terminons cette courte notice sur le zabre par une remarque qui peut s'appliquer également à d'autres insectes nuisibles, c'est que par certaines années, tout à coup et sans qu'il y ait eu gradation préalable, on en voit apparaître une prodigieuse multitude. La récolte est compromise, on s'émeut, on s'adresse aux académies, aux sociétés savantes : celles-ci nomment des commissions qui étudient la chose à fond. Les procédés de destruction sont indiqués et chacun est prêt à lutter contre l'ennemi lorsqu'il se montrera l'année suivante. L'année suivante arrive, mais les insectes ont disparu. A quoi a tenu cette multiplication extraordinaire ? A quoi tient cette disparition subite ? Personne ne peut l'expliquer. Quoi qu'il en soit et sans que l'homme y ait mis les mains, tout est rentré dans l'ordre.

Anisoplie. — Lorsque les seigles et les froments sont en fleurs, on voit souvent, accroché à l'épi, un petit hanneton peu différent de celui si connu qui fréquente les roses. Il est de formes trapues, noirâtre, avec les élytres brunes, revêtu de poils gris, long en tout d'une dizaine de millimètres. Cet insecte est une *anisoplie*. Il paraît faire sa nourriture des grains encore tendres renfermés dans l'épi et chaque individu peut en manger un bon nombre. Quand il y en a quelques milliers dispersés sur un champ de blé, on conçoit le dommage qu'ils lui causent. Ces *anisoplies* sont très-accessibles et si la disposition des champs le permet, quelques enfants, marchant entre les sillons, peuvent en détruire une très-grande quantité en une seule journée. N'oublions pas de dire que ces insectes sont ailés et peuvent se transporter d'un champ dans un autre ; il serait donc indispensable, pour que ce moyen eût du succès, que tous les fermiers d'un canton le pratiquassent et s'entendissent à cet effet.

Fig. 740. — Anisoplie arvicola.

Élater ou taupin (*agriotes segetis, sputator, etc.*). — Plusieurs espèces de taupins sont nuisibles aux plantes que nous cultivons pour l'usage de la table. Nous parlerons spécialement ici du taupin des blés (*elater* ou *agriotes segetis*) qui attaque les céréales et surtout l'avoine, nous réservant de revenir plus loin sur ceux qui commettent des dégâts dans les potagers.

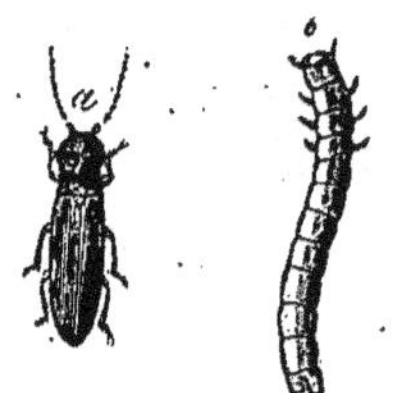

Fig. 741. — Élater du blé (*a*) et sa larve (*b*).

L'espèce en question est un insecte brunâtre, étroit et allongé, terminé en pointe en arrière, de forme cylindrique, long de $0^m,010$ à $0^m,012$, qui possède, comme tous les élatérides, la singulière faculté de sauter quand on le place sur le dos. Il supplée ainsi à la brièveté de ses pattes qui ne lui permet pas de se retourner lorsqu'il est renversé. Le mécanisme au moyen duquel le saut s'exécute est des plus curieux ; voici en quoi il consiste : la pièce antérieure du corps, très-mobile, porte sur son bord postérieur, en dessous, une saillie en forme d'épine, qui est reçue, au repos, dans une rainure ou demi-gaîne du tronc où elle joue librement. Quand le taupin veut sauter, il se cambre en élevant la poitrine de façon que son corps n'est plus soutenu que par ses extrémités et que le milieu du dos porte à faux ; il appuie l'extrémité de l'épine dont nous venons de parler contre le bord antérieur de la rainure, puis, par un mouvement musculaire énergique, la détente se fait, la partie moyenne du dos frappe vivement le plan de position et le corps est lancé en haut. Le taupin réitère ce manége jusqu'à ce qu'il retombe sur ses pattes.

La larve est un ver allongé, luisant, brunâtre, tout à fait semblable, pour la forme et la consistance, à un ver de farine de petite taille. C'est elle qui cause au blé le préjudice qui range l'*élater segetis* au nombre des insectes nuisibles aux campagnes, lorsque, par quelque cause inappréciable, il apparaît en plus grand nombre que de coutume. La durée de sa vie est au moins de deux ans, et pendant cette période, qu'elle passe en terre, elle se nourrit des racines du blé.

C'est, on le comprend facilement, lorsque la plante est jeune qu'elle a le plus à souffrir de cette larve.

On ne connaît aucun bon moyen pour détruire la larve d'*élater*, au moins un moyen pratique, applicable à la grande culture. Elle ne s'enfonce pas bien profondément, mais la résistance de ses téguments la met parfaitement à l'abri de l'écrasement par le roulage. Il faut donc s'en rapporter à ses ennemis naturels du soin de la détruire, et ses ennemis sont principalement les coléoptères carnassiers, outre les oiseaux et les petits quadrupèdes insectivores, les lézards, les orvets, etc. Si le cultivateur a à se plaindre des *élaters*, qu'il souffre la présence des taupes dans son champ, qu'il respecte surtout tous les petits coléoptères bronzés, cuivrés, dorés, qu'il verra courir dans les sillons : ils travaillent pour lui.

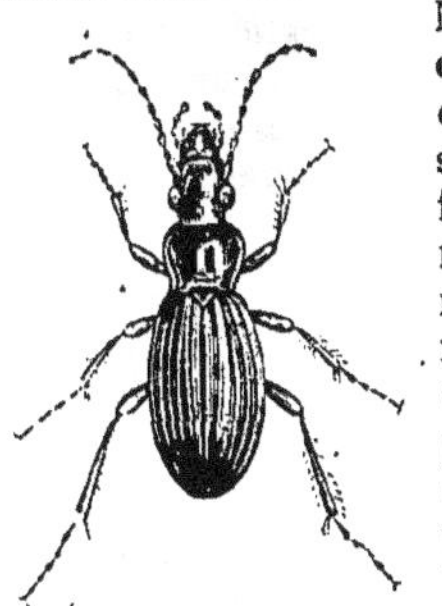
Fig. 742. — Carabe.

Nous en figurons un ci-contre afin qu'il les reconnaisse, en l'avertissant de ne pas les confondre avec ces *zabres* nuisibles qui, malheureusement, appartiennent au même groupe, mais qui s'en distinguent par leurs formes beaucoup plus trapues et surtout leurs allures plus lourdes.

Une indication précise, qui n'est pas à négliger, à propos de l'élater, c'est que cet insecte paraît se plaire dans les terrains détrempés. On a remarqué leur abondance dans certains champs humides, tandis que tout à côté, dans des terres drainées, il n'y en avait pas.

Hanneton. — Le hanneton est l'ennemi de presque toutes nos cultures. Tous ceux qui s'occupent de faire produire à la terre les végétaux qui servent à notre subsistance, à nos diverses industries, à notre agrément, le connaissent et le détestent. Sous la forme d'insecte parfait, ailé, il dévore le feuillage des arbres; sous celle de ver ou de larve, il s'attaque aux racines.

La larve du hanneton, appelée *turc, man, ver blanc, cottereau* (en Bourgogne), est quelquefois très-abondante dans les champs de céréales, à tel point même qu'on s'est déjà vu obligé d'ensemencer de nouveau des pièces de terre où elle avait tout détruit. On doit donc la compter au nombre des insectes nuisibles aux blés, et bien que son nom doive paraître souvent à propos des différentes cultures dont nous aurons à parler plus loin, comme, parmi celles-ci, les céréales occupent le premier rang, nous tracerons ici son histoire.

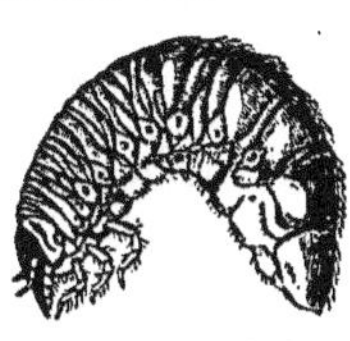
Fig. 743. — Larve du hanneton, man, ou ver blanc.

Beaucoup d'auteurs ont écrit sur le *ver blanc* et il est peu d'ouvrages traitant de l'agriculture ou du jardinage qui ne lui consacrent pas un article. Nous n'avons donc, pour nous guider dans celui-ci, que l'embarras du choix. Nous ne pouvons mieux faire que de résumer un article écrit par O Heer, entomologiste distingué, qui a fait de cet insecte une étude spéciale, et qui a publié ses observations au point de vue de sa destruction.

C'est au mois de mai que la femelle du hanneton s'enfonce en terre pour y déposer ses œufs. Les jeunes larves qui en sortent au bout de quelques semaines recherchent immédiatement des racines pour se nourrir. En automne, les vers qui ont déjà acquis une certaine taille, s'enfoncent profondément dans la terre pour passer l'hiver. Au printemps suivant, ils remontent et s'installent aux racines des plantes qui doivent les nourrir et s'y creusent une multitude de galeries; quand ils ont dévoré une plante ils passent à une autre; c'est pendant cette seconde année de leur existence, qu'ils font le plus de dégâts, parce que leur taille prend tout son accroissement durant cette période.

Au mois de septembre ou d'octobre, les larves s'enfoncent de nouveau, quelquefois à plus d'un mètre, pour passer dans le repos le temps de la mauvaise saison.

Vers le mois d'avril de la troisième année, elles remontent encore une fois dans la couche de terre végétale, mais comme elles n'ont plus à grandir, elles prennent moins de nourriture, et sont, pour cette raison, moins préjudiciables; en outre, dès le mois de juillet, elles commencent les apprêts de leur métamorphose finale. Elles redescendent alors à une profondeur qui varie entre $0^m,65$ et $1^m,30$; arrivées là, elles se façonnent une loge, puis se transforment en nymphes dans le courant de novembre. Elles restent deux mois sous cette forme. En janvier, la transfiguration complète est achevée, mais le hanneton ne sort pas encore de terre; à cette époque, il ne trouverait rien à manger. Il s'élève seulement peu à peu, et dès le mois d'avril il est très-rapproché de la surface. Par une belle soirée ou une pluie chaude, il se dégage entièrement et vole sur le premier arbre qui se trouve à sa portée.

On voit que la vie souterraine des hannetons dure juste trois ans.

A l'état d'insectes parfaits, leur existence est de dix à quinze jours : mais comme ils ne sortent pas de terre tous ensemble, on en voit pendant un mois et plus. Durant cette période ils s'accouplent trois fois, et après chaque fécondation, la femelle va pondre à $0^m,08$ ou $0^m,10$ dans la terre un petit monceau de 25 à 30 œufs agglomérés. La troisième ponte achevée, elle meurt à la place où elle a déposé ses œufs. Le mâle ne survit guère non plus au troisième accouplement.

Les hannetons craignent beaucoup le froid humide; aussi, quand le mois de mai est pluvieux et froid, il en périt un très-grand nombre par le fait même de la température. Ils restent alors accrochés au revers des feuilles, engourdis, sans mouvement. Si, au contraire, l'atmosphère est chaude, ils volent le soir jusqu'à minuit. Le matin on les trouve au repos, immobiles sous les feuilles, comme paralysés; c'est le bon moment pour les abattre.

On a remarqué que les hannetons évitaient les odeurs fortes et fétides et ne déposaient pas leurs œufs là où on avait répandu des vidanges de fosses d'aisance ou de l'urine fermentée et allongée d'eau. Il paraît que les cendres des tourbes, les déchets de fabriques de savon ou de produits chimiques les éloignent également. On peut mettre cette connaissance à profit en temps opportun, c'est-à-dire avant l'époque de la ponte. La suie aurait également, dit-on, la propriété de faire fuir ces insectes. Mais nous devons faire observer que ce procédé ne les détruit pas et que ceux qui l'emploieraient enverraient simplement les hannetons pondre chez leurs voisins.

Contre la larve elle-même on ne connaît pas de

moyen de destruction efficace autre que de retourner la terre et d'en détruire à la main le plus grand nombre possible ou de les exposer à la voracité des oiseaux. On a aussi conseillé de laisser les terres, infestées de vers blancs, en jachères pendant quelques mois d'été ; on leur coupe de la sorte les vivres, et comme ils ne peuvent pas se transporter bien loin, ils périssent faute de nourriture. Il est à noter, en effet, que ces animaux se tiennent de préférence dans les endroits où la végétation n'est pas interrompue, comme dans les prairies et les champs de seigle ou de trèfle, tandis que dans ceux de froment, qui sont dépouillés pendant la seconde moitié de l'été, ou ceux de pommes de terre qui n'ont pas encore levé à l'époque du vol des hannetons, on ne rencontre guère le ver blanc.

Si on craint une année de hannetons, et nous venons de voir que c'est trois ans après un printemps chaud pendant lequel ils se sont montrés en abondance, qu'on doit craindre de les voir apparaître en très-grande quantité, il sera bon de disposer les cultures en conséquence, car c'est l'année de la ponte, quand le ver est jeune, qu'il est plus vite détruit par la famine. Il faudra donc planter cette année-là le plus possible de pommes de terre et arroser les champs, si faire se peut, avec les engrais liquides que nous avons mentionnés.

S'il est difficile, pour ne pas dire impossible, d'atteindre le ver blanc, dans la grande culture, il n'en est pas de même du hanneton sous la forme d'insecte parfait. On peut en détruire un très-grand nombre avant qu'ils ne déposent en terre leur funeste semence ; si l'on ne peut parvenir à en purger un canton, on peut toujours en décimer la masse, et c'est déjà un résultat avantageux.

O-Heer rapporte qu'on en prit en Suisse, pendant l'année 1807, plus de 17,000 mesures pouvant renfermer 9,000 hannetons chacune, et qu'on en détruisit ainsi au delà de 150,000,000. Il est évident qu'on a sauvé, cette année-là, beaucoup de plantes dans ce pays.

Nous lisons ailleurs que le Conseil général du département de la Sarthe vota, en 1835, une somme de 20,000 francs pour la mise à mort des insectes en question. Près de 60,000 décalitres de hannetons furent échangés contre autant de primes de 0f,30. Or, comme un décalitre en contient plus de 5,000, il fut anéanti, en cette occasion, la masse énorme de 300,000,000 d'insectes.

Pour être efficace, cette chasse aux hannetons ne doit pas être faite en aveugle. Il est nécessaire de la commencer dès que les premiers de ces insectes apparaissent et de la continuer sans relâche jusqu'à la fin de mai, afin de les détruire avant qu'ils ne pondent. Il faut surtout se garder d'en abandonner la poursuite dès que le nombre en paraît diminué ; une seule heure peut en voir naître plus qu'on n'en a détruit jusque-là. C'est le matin qu'il est bon de les chercher, car alors ils sont immobiles et comme engourdis, et le moindre choc imprimé à l'arbre qui leur sert de refuge, les fait tomber. On peut, dans les villages, charger les enfants de cette besogne et stimuler leur zèle en instituant une prime pour chaque kilogramme d'insectes recueillis.

Nous venons de voir, par les chiffres que nous avons cités, jusqu'où peut aller le produit de cette récolte. Or, il est possible d'utiliser ces insectes de différentes manières, soit comme engrais, après les avoir tués par l'eau bouillante, soit comme aliment pour les poules qui en sont très-friandes (1). Enfin, d'après Ch. Morren, les hannetons renferment une huile qui jouit, comme l'huile de pistache, de la propriété de ne se décomposer qu'à une haute température, en sorte qu'il serait possible de l'employer pour graisser les essieux des voitures, indépendamment des autres usages auxquels les qualités qu'elle possède en commun avec tous les corps gras, pourraient la faire servir.

Terminons cet article, comme nous venons de le faire pour le taupier, par un nouveau plaidoyer en faveur des taupes, des hérissons, des chauves-souris, des carabes, qui font jour et nuit une guerre à outrance aux hannetons ; respectons les pies, les corneilles, les geais, les mésanges, les petits oiseaux de proie, qui volent aux environs de la ferme ; ils sont créés pour faire la chasse aux insectes, et ils s'en acquittent beaucoup mieux que nous. Leur odorat subtil, leurs yeux perçants savent les découvrir jusque dans leurs retraites les plus cachées.

Aiguillonier. — Cet insecte appelé par les entomologistes *agapanthia marginella* F., est un coléoptère de la famille des longicornes, tribu des saperdes (*fig.* 744).

Le nom d'aiguillonier, tiré de ses habitudes, comme nous allons le voir, lui a été donné par les cultivateurs des environs de Barbezieux (Charente), où il a causé, il y a une quinzaine d'années des ravages tels, dans les céréales, que la perte s'est élevée à un cinquième et même à un quart de la récolte.

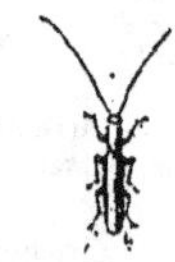
Fig. 744. Agapanthia marginella.

L'aiguillonier est long de 0m,010, effilé, ferrugineux, avec les élytres plus claires ; sa tête est munie de deux antennes, ou cornes grêles, aussi longues que lui ou même un peu plus longues ; il apparaît au mois de juin, lorsque les blés sont en fleur. La femelle perce alors le chaume un peu au-dessous de l'épi et y dépose un œuf. Elle va ainsi successivement sur chaque plante jusqu'à ce que tous ses œufs soient pondus : on comprend le nombre considérable de tiges que peut infester un seul insecte. Au bout de quelques jours, l'œuf donne naissance à une larve qui ronge l'intérieur du chaume en descendant et perçant les nœuds. Elle grandit ainsi peu à peu, et lorsqu'elle est arrivée à 0m,06 ou 0m,08 du collet, elle se construit une coque et se transforme en nymphe. C'est dans cet état qu'elle passe l'hiver.

Les tiges de blé, attaquées de la sorte, ne produisent que des épis stériles, quand elles ne sont pas brisées par le vent. Elles sont, selon l'expres-

(1) Nous devons toutefois faire observer que la volaille soumise à ce régime donne une chair et des œufs détestables. P. J.

sion des cultivateurs, *aiguillonnées*, et c'est en effet une sorte de piqûre que fait l'insecte avec ses mandibules pour y déposer son œuf.

On a mis à profit la connaissance des mœurs de l'aiguillonier, pour le combattre, et cela avec succès, ce qui prouve une fois de plus l'utilité que les agriculteurs peuvent retirer des connaissances entomologiques. Nous venons de voir que l'insecte passe l'hiver à l'état de nymphe à quelques centimètres du collet de la plante; il suffira donc, lorsqu'on s'apercevra que les blés en sont attaqués, de les faucher très-bas, on enlèvera ainsi l'insecte avec la paille ; or, l'expérience a démontré que la nymphe a besoin d'une certaine humidité pour vivre, et qu'elle ne trouve ces conditions que lorsque le chaume qui la renferme, reste sur le sol. Ce procédé a été reconnu efficace par les agriculteurs de l'Angoumois, qui avaient pour habitude de faucher à $0^m,25$ ou $0^m,30$ du collet; mais il est bon de faire observer qu'il ne réussit qu'à la condition d'être pratiqué par tous les cultivateurs du canton infesté. L'insecte en question vole, en effet, très-bien, et peut se transporter à d'assez grandes distances, en sorte que le fermier qui se serait mis en mesure de combattre le fléau chez lui pourrait être infesté, l'année suivante, par ses voisins plus négligents.

Noctuelle moissonneuse. — Cette noctuelle, nommée par les naturalistes *agrostis segetum*, est un papillon de nuit, long de $0^m,015$ à $0^m,018$ et du double d'envergure. Ses ailes supérieures sont d'un gris foncé réticulé de brun, chez les mâles, d'un brun obscur avec le bord rougeâtre chez les femelles; les inférieures sont blanches dans les deux sexes. Le corps est du ton des premières ailes avec l'abdomen plus clair.

Sa chenille est rose, rayée longitudinalement de brun et de gris obscur avec une bande dorsale gris clair. Elle vit à peu près un an. Durant le printemps et l'automne, on la trouve à la racine des céréales, dont elle se nourrit; l'hiver, elle s'enfonce à quelques pouces en terre et s'y façonne une loge ovoïde où elle passe, dans le repos, les plus mauvais mois. Elle se transforme en chrysalide vers le commencement de juillet et en papillon dans le courant d'août.

L'habitat de cet insecte est très-étendu. On le trouve dans toute l'Europe et en Afrique, paraît-il, jusqu'au cap de Bonne-Espérance. La Prusse, la Pologne, le nord de l'Allemagne, l'Angleterre, ont eu tour à tour vivement à se plaindre de ses déprédations. C'est en octobre, en novembre, en décembre même, si le temps est doux, puis en avril, en mai, en juin qu'elle exerce ses ravages; c'est donc le blé d'hiver qui a le plus à souffrir de ses atteintes.

On a conseillé divers moyens pour détruire cette chenille, mais nous croyons peu à leur efficacité. On a dit qu'elle craignait l'odeur qui s'échappait du bois de pin fraîchement coupé et on a recommandé d'en planter çà et là dans les champs infestés. On a encore conseillé d'allumer la nuit des feux aux environs des champs à préserver, à l'époque de l'apparition des papillons, afin que ceux-ci attirés par l'éclat de la flamme vinssent s'y précipiter; on a encore conseillé beaucoup d'autres choses du même genre.

Nous pensons, quant à nous, que pour cette espèce au moins, il faut s'en rapporter à ses ennemis naturels du soin d'en empêcher la trop grande multiplication. Comment atteindre dans des champs étendus, ces milliers de petits insectes toujours enfouis dans la terre? Comment atteindre ces papillons qui en peu d'instants, peuvent se transporter à de grandes distances?

La connaissance des habitudes de cette chenille nous fournira cependant un renseignement utile. Si le cultivateur a perdu son blé d'hiver par le fait de la présence de ces insectes dans son champ, qu'il se garde bien d'y resemer des céréales, ce serait fournir une nouvelle pâture à leur voracité; qu'il change ses cultures.

Cécydomyes. — Petits insectes de l'ordre des Diptères, section des Némocères, division des Tipules, ressemblant à de microscopiques cousins, ainsi qu'on peut le voir par la figure ci-contre.

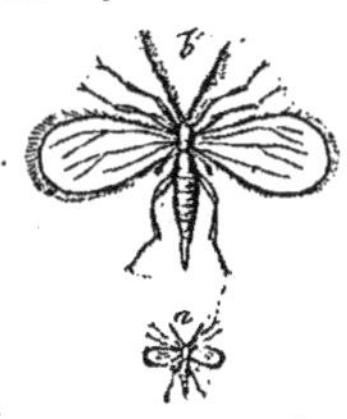

Fig. 745. — Cécydomye du froment grossie (b), et grandeur natur. (a).

C'est à l'état de larve que les cécydomyes commettent leurs dégâts dans les champs de blé. Nous parlerons de deux espèces qui jouissent à cet égard d'une très-fâcheuse réputation : la *cécydomye du froment*, dont les larves vivent dans l'épi, lorsque celui-ci commence à se montrer, et la *cécydomye destructrice* qui chemine dans l'intérieur de la tige.

La *cécydomye du froment* (*cecydomya tritici*) est entièrement jaune; les deux figures ci-dessus, dont l'une représente l'insecte de grandeur naturelle, et l'autre, le même vu sous un verre grossissant, nous dispenseront d'en décrire les formes.

Elle se montre d'ordinaire vers l'époque où l'épi commence à apparaître entre les feuilles supérieures de la plante. Lorsque le temps est bien calme et un peu humide la femelle se pose sur l'épi, et, au moyen d'une petite tige creuse dont son abdomen est muni à l'extrémité, elle insinue dans le cœur de l'épi une douzaine d'œufs, qu'elle fixe avec une matière gluante.

Quelques jours après, de ces œufs sortent autant de petits vers qui vont s'installer entre les glumes des épillets et rongent les rudiments des étamines, des styles, enfin de toutes les parties constituantes de la fleur future.

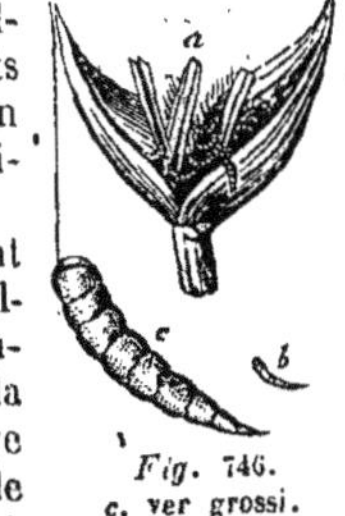

Fig. 746. c, ver grossi.

Si l'on ouvre, dans le courant du mois de juillet, l'un des épillets (*a*) ainsi attaqué, on découvre au centre même, toute la petite famille de la cécydomye occupée à le ronger. Ce sont de très-petits vers rougeâtres (*b*), à corps divisé en une douzaine d'anneaux par des étranglements situés de distance en distance, à tête obtuse, à extrémité opposée terminée en pointe.

Vers la fin de juillet ou le commencement

d'août, les larves, arrivées à leur taille définitive, sortent de l'épi, se laissent tomber sur le sol et s'y enfoncent à quelques pouces de profondeur. Bientôt leur corps se raccourcit, se gonfle en proportion et prend une forme ovoïde; il se durcit, acquiert une couleur rougeâtre et ne peut plus se mouvoir : la transformation en nymphe est opérée. C'est dans cet état de momie que la larve traversera l'été, puis l'automne, puis l'hiver, pour apparaître au mois de juin suivant transfigurée en cécydomye ailée prête à s'accoupler, à pondre, et à fournir enfin une nouvelle génération de petits vers.

En temps ordinaire, les dégâts commis par cette mouche passent inaperçus, mais il n'en est malheureusement pas toujours ainsi. En 1827, elle apparut en si prodigieuse quantité par toute l'Irlande qu'elle réduisit à un quart le produit ordinaire de la récolte du froment, et occasionna au pays une perte de plusieurs millions.

Nous lisons dans les *Mémoires de la Société agricole de l'État de New-York* que cette cécydomye fit en 1832 de tels ravages dans les graines de plusieurs cantons aux États-Unis, que l'on dût y abandonner pour quelque temps la culture des céréales. Dans les États du Maine et de Vermont, la perte s'éleva à plusieurs millions de dollars.

D'autre part, Ch. Morren rapporte, dans son *Journal d'Agriculture*, qu'en 1846, le tiers de la récolte fut dévoré par la cécydomye en Belgique et il n'estime pas à moins de 2,007,980 hectolitres, soit une somme ronde de 40,000,000 de francs, la quantité de blé que cette mouche anéantit cette année-là dans le pays.

Ce pernicieux insecte a, heureusement, un ennemi dans un petit ichneumonide de la tribu des *Oxyures*, appelé *psylle de Bosc* (*psylla Boscii*). C'est un très-petit hyménoptère entièrement noir, très-reconnaissable à un appendice redressé et recourbé en avant que porte la base de son abdomen. Il pond ses œufs dans le corps des larves de la cécydomye qu'il va trouver dans leur retraite; il en détruit de la sorte une grande quantité.

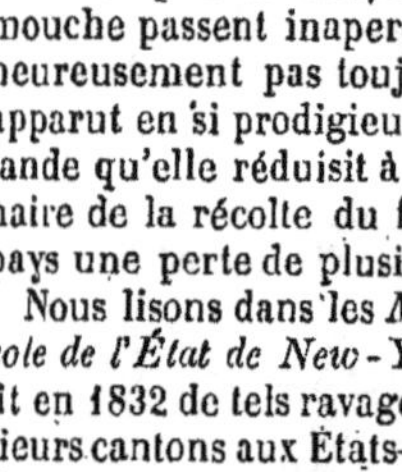

Fig. 747. — Psylle de Bosc, grandeur naturelle (*a*) et grossie (*b*).

Nous venons d'esquisser brièvement l'histoire des habitudes de la cécydomye du froment. Cette connaissance nous est-elle de quelque utilité pratique ?

Déclarons d'abord que si les blés sont déjà envahis par les vers, le mal est sans remède, car on ne connaît encore aucun moyen, et l'on n'en connaîtra probablement jamais, d'atteindre ceux-ci au cœur même de l'épi pour les faire périr. Mais en ce cas, il est nécessaire de prendre certaines précautions pour atténuer autant que possible les pertes que pourrait causer une nouvelle invasion, l'année suivante.

M. E. Dupont, qui a observé avec soin les mœurs de ces insectes, lors des dégâts qu'ils commirent au Canada en 1834 et pendant les années qui suivirent, a fait quelques remarques importantes, desquelles il a tiré de précieuses indications.

La mouche à blé, dit-il, est délicate et ne peut guère se transporter qu'à quelques arpents de l'endroit qui l'a vue naître, et encore lui faut-il un temps calme. Les champs semés en blé et qui ont déjà été attaqués l'année précédente sont beaucoup plus maltraités que les nouveaux défrichements. Enfin, un observateur a remarqué des quantités prodigieuses de cécydomyes sur des tiges de patates plantées dans un champ qui avait donné du blé l'été d'auparavant; ces mouches de venaient désormais inoffensives. De là, ressort évidemment l'indication bien précise d'alterner les cultures et même d'éloigner le plus possible le froment des lieux qui ont été précédemment ravagés.

Autre remarque : le blé n'a guère à redouter sa ponte fatale que dans les trois jours qui suivent l'apparition de l'épi entre les feuilles. Si donc, pendant les trois jours, il règne un vent assez fort pour agiter constamment les tiges du froment, ou bien s'il tombe une pluie persistante, ou encore si le thermomètre descend pendant la nuit à 8° ou 9° Réaumur et qu'il ne se soit pas élevé pendant la quinzaine précédente au-dessus de 11°, si, disons-nous, l'un de ces cas se présente, quelle que soit la quantité de cécydomyes que l'on ait vues dans les champs avant l'épiage, les dégâts seront peu considérables, car la ponte aura été contrariée, et beaucoup d'œufs déposés sur les tiges ou les feuilles, produiront des larves qui devront forcément périr, faute de nourriture convenable.

L'observation, dit M. Dupont, a encore démontré qu'en reculant ou en avançant le moment de l'épiage de façon à le faire arriver avant le 15 juin ou après le 20 juillet, c'est-à-dire avant ou après le temps pendant lequel apparaît la cécydomye, on échappe encore aux atteintes de cet insecte.

Disons donc aux cultivateurs, avec M. Dupont : Si vous redoutez la mouche à blé pour l'année prochaine, ne semez plus votre grain dans le même champ ni même dans un voisinage trop rapproché; en second lieu, faites, s'il est possible, vos semailles en avril, sinon aux premiers jours de juin; enfin, que vos champs soient nets de mauvaises herbes qui ne manqueraient pas d'offrir des retraites assurées aux mouches.

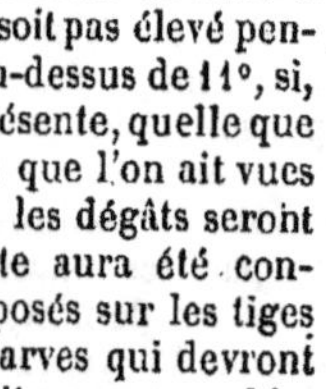

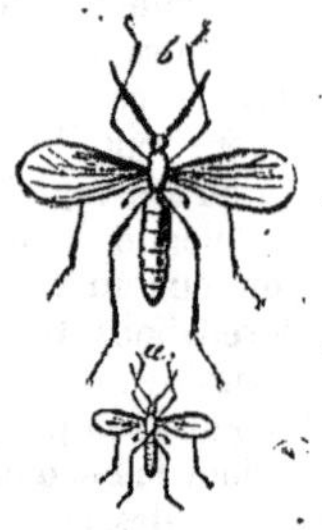

Fig. 748. — Cécydomye destructrice, grandeur natur. (*a*) et grossie (*b*).

La seconde espèce de cécydomye préjudiciable aux campagnes est la *cécydomye destructrice* (*cecydomya destructor*).

Cette mouche est appelée par les Américains *mouche hessoise* (*Hessian fly*), parce que son apparition aux États-Unis ayant eu lieu lors de la guerre de l'indépendance, ils la supposèrent importée par les troupes européennes; c'est une tipulide semblable pour la forme à un petit cousin.

Nous ne la mentionnerons que pour mémoire, car il n'est pas bien établi qu'elle ait causé en Europe les dégâts qu'on lui a attribués; mais en Amérique elle a, pendant l'espace de vingt années, anéanti des récoltes entières.

Cette mouche attaque surtout les blés d'automne; l'insecte parfait apparaît en juin et la femelle pond ses œufs avant l'hiver, à la naissance des feuilles des jeunes pousses. Les larves éclosent au premier printemps, perforent la tige, et vont ronger le cœur de la plante. Celle-ci se dessèche avant l'épiage.

La cécydomye en question a un ennemi dans un petit ichneumonide appelé *céraphron destructeur*, très-commun à l'époque où les larves atteignent tout leur développement; c'est à cette heureuse circonstance que nous devons sans doute d'avoir été préservés jusqu'ici des atteintes de ce redoutable ravageur du froment.

OSCINES

Nous comprenons sous ce nom de petits Diptères athéricères qui ont été répartis par les naturalistes, dans les genres *Sapromyza*, *Chlorops*, *Tephritis*, *Oscinis*, etc., et qui tous, à l'état de larves, vivent dans les tiges de diverses céréales auxquelles elles causent de grands dommages.

Fig. 749. — Oscine du seigle, grossie (*b*) et grandeur naturelle (*a*).

Il y a plus d'un siècle, Linné a fait mention d'une mouche qu'il a nommée *musca frit* et qui, chaque année, détruisait une telle quantité d'orge, en Suède, que le dommage n'allait pas à moins de 100,000 ducats. Cette mouche était une *sapromyza*.

Différents auteurs en ont successivement décrit plusieurs autres espèces, notamment Olivier qui a publié, en 1813, un mémoire sur ces insectes. Olivier en décrit six, sans y comprendre l'*oscine rayée*, bien connue en France par ses déprédations.

L'*oscine rayée*, longue de 0m,005 à 0m,006, est presque entièrement jaunâtre. Son corselet, ou tronc, est rayé de noir; ses ailes sont transparentes et irisées. Elle attaque surtout le froment.

Les six espèces d'Olivier sont :

La *téphrite* ou oscine *de l'orge*, petite mouche longue de 0m,003 à 0m,004, d'un noir bronzé, recouverte d'une légère efflorescence grise; la tête et le tronc portent quelques longs poils noirs. Les yeux sont d'un vert brillant. Les ailes sont transparentes, irisées; les balanciers sont jaunes.

L'*oscine du seigle* ou *mouche du nain*, parce que sa larve vit dans les seigles nains. Sa taille est de 0m,005 Elle a la tête jaune avec les yeux noirs; le tronc, ou corselet, noir, orné de quatre lignes jaunes; l'abdomen jaune fascié de noir. Les balanciers et les pattes sont jaunes; les ailes sont transparentes et irisées.

L'*oscine à pattes jaunes*, noire avec les pattes jaunes; l'*oscine noire*, entièrement de cette couleur sauf les balanciers qui sont jaunes; la *leptocère noire*, avec les pattes rougeâtres; enfin la *téphrite pâle*, tout entière d'un cendré clair. Ces quatre dernières espèces n'ont guère que 0m,002 de longueur.

C'est à la fin de mai et au commencement de juin que ces mouches se montrent; mais celles-ci sont inoffensives par elles-mêmes. Elles s'accouplent, pondent et meurent. Les œufs déposés probablement en terre passent l'hiver et donnent, au commencement du printemps, naissance à de petits vers qui perforent la tige des blés naissants et s'installent au cœur même de la plante.

Les blés ainsi attaqués s'arrêtent dans leur développement et s'étiolent. Il arrive quelquefois, lorsque le pied dévoré par la larve est déjà vigoureux, qu'il talle du collet et alors il est sauvé; cela arrive surtout chez le seigle et l'orge. Mais le froment, plus délicat, se dessèche, d'ordinaire, entièrement.

On conçoit que le cultivateur est impuissant contre ce chétif ennemi, logé dans l'intérieur de la plante, et par là même tout à fait à l'abri de ses atteintes. Il a heureusement des auxiliaires qui, s'ils ne sauvent pas les blés malades, empêchent au moins les oscines de multiplier outre mesure et de tout anéantir l'année suivante.

Ces utiles auxiliaires sont des ichneumons qui pénètrent, grâce à leur petite taille, dans les galeries creusées par les larves d'oscine, afin de pondre leurs œufs dans leur corps. Nous avons dit, lorsqu'il a été question des ichneumonides en général, ce qu'il advenait de ces œufs et comme quoi les jeunes larves qui en sortaient vivaient aux dépens des autres, mais sans les tuer. Les blés attaqués ne sont donc pas sauvés, puisque la larve continue à vivre, mais la métamorphose de celle-ci étant impossible, sa multiplication l'est également; c'est en cela que consiste le service que nous rendent les ichneumons.

Voici à quels caractères on reconnaîtra ces utiles insectes dont nous signalons, d'après Olivier, trois espèces.

Rappelons d'abord que ce sont des hyménoptères et qu'ils sont, conséquemment, pourvus de quatre ailes comme les abeilles.

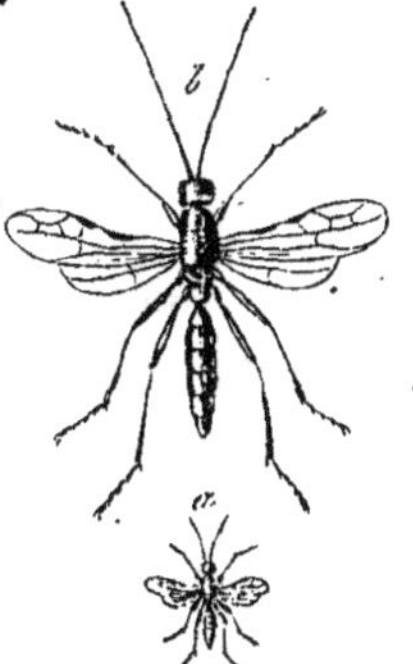

Fig. 750. — Alysie noire, grandeur naturelle (*a*) et grossie (*b*).

L'*alysie noire* est longue de 0m,005 avec des cornes ou antennes de même longueur, d'un noir luisant, avec la partie postérieure du tronc et la base de l'abdomen un peu chagrinées; les ailes sont transparentes, irisées, et celles de dessus portent un point allongé, noir, au bord antérieur.

Le *bracon destructeur* est plus petit, sa taille n'est que de 0m,002. Sa tournure est à peu près la même que celle de l'*alysie*, mais il a les pattes jaunes et l'abdomen plus court et renflé au milieu.

Le *chalcis brillant* est d'un beau vert bleuâtre et luisant, avec les pattes jaunes; la base seule de celles-ci est noire. Sa longueur est de $0^m,003$ à $0^m,004$. Ses antennes sont coudées à la naissance et tombent au-devant des yeux; l'animal les agite constamment.

Ces petits ichneumons aux allures vives, à la marche saccadée, qu'on reconnaît facilement quand on les a vus une seule fois, sont donc notre sauvegarde contre la multiplication des oscines et nous pouvons nous en rapporter à eux du soin d'arrêter leur exubérance. Il est cependant une indication fournie par la connaissance que nous avons des mœurs de ces dernières. Nous avons vu plus haut que les oscines pondent en terre, l'été, des œufs d'où sortiront les larves l'année suivante. Or, ces larves sont privées de pattes et ne peuvent par conséquent se transporter bien loin; si donc, un champ a été fortement attaqué par ces insectes, il est à supposer que son sol recevra un grand nombre d'œufs qui produiront autant de larves au printemps suivant. Il importe en conséquence de supprimer à cette place la culture des céréales et d'y planter des pommes de terre ou toute autre plante qui n'ait aucun rapport avec les blés. Les larves d'oscines qui y écloront devront nécessairement périr, faute de nourriture, car elles ne peuvent se nourrir que de céréales, ou au moins de graminées.

Nous avons passé en revue les principaux insectes qui attaquent les céréales dans les champs; examinons maintenant ceux qui commettent leurs déprédations dans les greniers où l'on conserve les produits de la récolte.

Charançon du blé. — Cet insecte, trop connu, arrive en première ligne parmi les insectes nuisibles. Il appartient à l'ordre des Coléoptères, famille des charançons, tribu des calandres, genre *sisophile;* aussi l'appelle-t-on indifféremment *calandre* ou *charançon*.

Sa longueur est de $0^m,003$ à $0^m,004$; son corps est étroit, de forme cylindrique, d'un brun obscur, terminé en avant par un bec effilé; il est muni d'ailes recouvertes par une paire d'élytres, ou ailes cornées, marquées de sillons longitudinaux. Sa démarche est lente et il se cramponne assez fortement au corps qui le supporte.

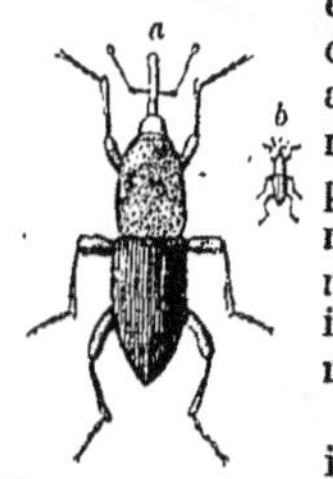

Fig. 751. — Calandre du blé grossie (*a*); de grandeur naturelle (*b*).

C'est pendant l'été que cet insecte apparaît. Il s'accouple, et la femelle se met peu après en quête d'une provision de blé. Quand elle l'a trouvé, elle pond un œuf sur chaque grain: or, le nombre des œufs que peut fournir successivement une seule femelle ne s'élève pas à moins de 8 à 10,000, peut-être plus encore, s'il faut en croire certains naturalistes. L'œuf est placé dans une petite cavité que fait l'animal et recouvert et fixé solidement au moyen d'une matière gluante qui a la couleur de l'écorce du grain. Bientôt une petite larve, en forme de ver, sort de l'œuf, s'enfonce au cœur même du grain et se développe aux dépens de la substance de celui-ci, en ménageant soigneusement la partie corticale qui la cache et la protége. Cette larve est blanchâtre, molle, sans pattes, à tête ronde et armée de fortes mandibules.

Quand elle a tout mangé, sauf une mince coque formée par le son, elle se transforme en nymphe, puis enfin, après quelques jours, elle subit sa dernière transfiguration et brise son enveloppe pour s'échapper à l'état d'insecte parfait.

On comprend que, par cette manière de procéder, rien ne paraît à l'extérieur du blé attaqué. Le fermier croit posséder une riche provision quand il n'a qu'un tas de son. Il n'a d'autre moyen de s'assurer de l'intégrité de son grain qu'en en prenant une poignée et la jetant dans l'eau. Tout ce qui est sain tombe au fond, le reste surnage.

Il faut à la larve de cinq à six semaines pour dévorer entièrement un grain de blé, c'est-à-dire que la durée de sa vie, sous cette première forme, équivaut à ce laps de temps.

Chaque larve n'attaque qu'un grain, mais nous venons de mentionner la prodigieuse fécondité des femelles de charançons; trois ou quatre d'entre elles peuvent anéantir un kilogramme de blé. Toutes les espèces de grains leur conviennent.

Quels moyens peut-on opposer aux ravages d'un aussi redoutable ennemi?

Les moyens proposés sont nombreux, mais ils ne sont pas tous également efficaces; il s'agit donc de faire un choix. Avant tout, il importe de les classer en deux ordres, selon l'état du blé à sauvegarder: ils seront *préventifs* si celui-ci est encore sain, *destructifs*, si la larve est déjà développée au cœur des grains.

On a beaucoup recommandé, pour écarter les calandres des tas de blé, de déposer à leur surface des herbes aromatiques dont l'odeur leur est antipathique; nous citerons particulièrement l'absinthe et la tanaisie. Nous ne croyons pas, bien entendu, quoi qu'on ait dit, que les émanations de ces plantes tuent les calandres et encore moins leurs larves, mais il paraîtrait qu'elles font fuir ces insectes. C'est donc un bon moyen préventif, et qui a cet avantage d'être d'un emploi facile.

On a beaucoup parlé — dans ces derniers temps — des vertus insecticides d'un genre de plante de la même famille que celles que nous venons de citer, des *pyrèthres*, et notamment du *pyrethrum caucasicum.* Plusieurs entomologistes ont fait des essais qui sont venus confirmer ce qui avait d'abord été annoncé à cet égard. Nous engageons donc fortement les cultivateurs à se procurer des graines de cette plante utile, à les semer dans quelque coin perdu de leur jardin pour s'en servir à l'occasion, non seulement contre les calandres, mais aussi contre les blattes, les punaises, et en général tous les insectes nuisibles facilement accessibles.

Nous ne ferons que mentionner en passant les moyens préventifs qui consistent à battre le blé de bonne heure et à l'enfermer de suite dans des endroits bien clos, tels que des tonneaux, des cuves à vin, des sacs de toile forte et serrée, etc.; ou bien à ventiler et refroidir les greniers où l'on a mis la récolte, pour s'opposer à l'accouplement et à la ponte des calandres qui ont besoin, pour entrer en activité, d'une température supérieure à 10° ou 12° du thermomètre centigrade; ou bien encore à déposer dans un endroit du grenier un petit tas de grains, de l'orge surtout, que les calandres affectionnent tout particulièrement, et de n'y plus toucher, puis de remuer, pelleter, tourmenter les blés de toute façon : les insectes, qui aiment la tranquillité, abandonneront ceux-ci pour se jeter sur l'orge où ils ne seront pas inquiétés.

Le premier de ces trois procédés est dangereux en ce que le grain échappe alors à toute surveillance, et si l'ennemi est déjà dans la place, c'est-à-dire s'il y a seulement quelques œufs pondus, on risque de tout perdre. Le second n'est praticable qu'en hiver, alors que le thermomètre marque moins de 10°, et dans ce cas, il est efficace. Le troisième, qu'on appellerait en médecine la méthode dérivative, paraît avoir donné de bons résultats.

Ces différents moyens, remarquons-le bien, ne peuvent avoir quelque succès qu'avant la ponte ; ils ne sont dirigés que contre les calandres ailées et pour les éloigner des provisions de blés, mais ils n'ont aucune action sur les larves.

Si donc, par malheur, en dépit de toutes les précautions, les grains sont attaqués; si on reconnaît, par l'épreuve de l'eau, que l'œuvre de destruction a commencé, il faut recourir, et promptement, aux grands moyens, aux remèdes héroïques, et ne pas oublier que chaque jour perdu représente, sans qu'il y paraisse, un poids considérable de farine dévorée par les vers.

Ici, plusieurs procédés sont en présence : nous n'examinerons que ceux qui nous semblent sérieux.

Le premier consiste à soumettre les grains envahis à une forte chaleur, qui tue inévitablement les larves, soit dans des étuves, des fours, chauffés à 80°, soit dans de l'eau à peu près bouillante, et cela pendant quelques minutes. Ce procédé est incontestablement très-bon au point de vue de la destruction des larves. Mais il a ce grave inconvénient d'être d'une exécution difficile et d'avarier le grain d'une manière notable. Outre que le grain ainsi traité, perd la faculté de germer, il donne une farine de qualité inférieure.

Un autre procédé est celui-ci : on prend un tonneau de grande dimension et on le remplit aux deux tiers du grain suspect. On introduit ensuite dans l'intérieur un bout de mèche soufrée et allumée, puis on ferme la bonde. Au bout de quelques minutes, quand on suppose que l'air renfermé dans la cavité est bien saturé de l'acide sulfureux, on roule le tonneau à diverses reprises pour bien en imprégner le grain. On fait subir ce traitement successivement à toute la provision qu'on suppose envahie par les larves de calandres. Il convient d'attendre plusieurs minutes avant de déboucher le tonneau afin de laisser au gaz sulfureux le temps de pénétrer jusqu'à la larve.

Le gaz en question ne nuit nullement au grain, lorsqu'on ne prolonge pas le contact au delà de quelques minutes. Nous recommandons ce procédé quand on ne pourra pas faire usage du suivant qui, paraît-il, est plus efficace encore, et n'enlève absolument rien à la qualité du blé.

On savait depuis longtemps que certains agents anesthésiques tels que le chloroforme, la benzine, le sulfure de carbone, jouissaient de la propriété de tuer rapidement tous les petits animaux de quelque nature qu'ils fussent. Un naturaliste français, M. Doyère, a imaginé d'appliquer cette propriété à la destruction de la calandre du blé, et les expériences faites en grand avec le sulfure de carbone paraissent avoir été couronnées de succès.

L'essai a été fait en Algérie, dans les magasins de l'administration, devant une commission nommée à cet effet, sur près de 1,200 hectolitres d'orge. Cette masse énorme de grains a été soumise à l'action de 59 kilogrammes de sulfure de carbone, dont l'influence a suffi pour tuer toutes les larves de calandres qui la dévoraient.

M. Doyère s'est servi, pour les essais, de grands silos parfaitement clos, de son invention, mais ceci n'est indispensable que quand on opère sur des masses telles qu'en renferment les arsenaux et autres grands magasins.

Pour le cultivateur, il ne lui faut qu'un tonneau de la taille la plus grande possible, tels que ceux qui servent à renfermer les vins du Rhin, et qui peuvent tenir de 900 à 1,000 litres. Comme pour le soufrage, on y introduit une quantité de grains telle qu'il reste un certain espace vide. On se procure une de ces boîtes ovoïdes en fil de fer tissé, à mailles serrées, ou tout simplement en osier fin, d'un demi-litre de capacité ; cette boîte est remplie de coton sur lequel on verse du sulfure de carbone dans la proportion de 500 grammes par 1,000 kilogrammes de blé à traiter, puis on la jette dans le tonneau après l'avoir fermée, et, au bout de quelques minutes, on roule celui-ci de façon à lui faire exécuter quelques tours. On agite de nouveau après douze heures; enfin, vingt-quatre heures après l'introduction du sulfure de carbone, on vide le tonneau pour opérer sur une nouvelle quantité de grains.

Il est bon de prendre une poignée du grain sur lequel on vient de faire agir l'agent insecticide, de la jeter dans l'eau, de recueillir les grains qui flottent et de les exposer pendant un jour à l'air, au soleil, ou à une douce chaleur devant le feu. On les ouvre et on s'assure si les larves qu'ils renferment sont privées de mouvement. Dans le cas où plusieurs vivraient encore, il serait indispensable d'augmenter la dose du sulfure de carbone ou le temps pendant lequel on le fait agir sur le grain.

Il est reconnu que les blés traités de la sorte, non-seulement conservent toute leur faculté germinative, mais encore ne perdent rien de leurs qualités au point de vue de leur aspect et de leur goût; l'odeur fétide qu'ils ont contractée, se dissipe en quelques jours au point qu'il n'en reste plus de trace.

Enfin, ce qui prouve l'innocuité de cette opération, c'est que les animaux mangent le grain au sortir même du tonneau où il vient d'être soumis aux vapeurs de l'agent chimique, sans que les émanations qu'il dégage, leur répugnent et leur fassent le moindre tort.

Lorsqu'on pourra disposer de tonneaux, de cuves, ou bien encore d'une pièce hermétiquement close pour y enserrer tout le produit de la récolte, une petite quantité de sulfure de carbone, qu'on y versera, pourra suffire, parce que alors le temps d'exposition à ses vapeurs sera permanent.

Enfin, pour nous résumer, toute combinaison, quelle qu'elle soit, qui permet d'exposer le grain au contact des émanations du sulfure de carbone, remplit les conditions voulues; le point essentiel, c'est de proportionner le temps d'action à la dose du toxique employé. Cette action doit être longtemps prolongée si la quantité de liquide est faible relativement à l'espace dans lequel il agit; si celle-ci est très-forte, il ne peut, dans tous les cas, rien en résulter de fâcheux pour le grain.

Quelques mots sur le sulfure de carbone termineront ce travail.

Le carbure de soufre ou sulfure carboné, ou sulfure de carbone, comme on l'appelle indifféremment, est un liquide transparent, très-volatil, d'une odeur pénétrante et très-fétide, d'une saveur âcre et brûlante, très-inflammable. Sa vapeur, mêlée à l'air, détone au contact d'un corps enflammé. Il est donc de la plus haute importance d'éloigner toute lampe, toute bougie, tout corps en ignition de l'endroit où on le manie; on doit en un mot prendre avec lui les mêmes précautions qu'avec l'éther, le naphte et la térébenthine. Versé dans l'eau, il ne se mélange pas plus que l'huile avec elle; mais, au lieu de surnager, il tombe au fond.

Il se mêle au contraire avec l'alcool, l'éther, les huiles fixes et volatiles. Répandu sur une étoffe, il s'évapore sans laisser de résidu; il ne fait donc pas tache.

Son prix est peu élevé. Les marchands de produits chimiques peuvent le livrer à moins d'un franc le litre. M. Deiss, qui le fabrique en grand, à Pantin, le livrait même déjà, il y a quelques années, à raison de 40 fr. les 100 kilogrammes, alors que son usage industriel était restreint à la vulcanisation du caoutchouc.

Alucite. — On désigne sous ce nom un petit papillon, long de 0m,005 à 0m,006 et de 0m,015 à 0m,016 d'envergure, portant ses ailes couchées le long du dos à la manière des teignes, entièrement de couleur café au lait en dessus avec les ailes de dessous obscures. Son nom dans la science est *œcophora granella*, mais il est plus connu des agriculteurs du Midi sous celui d'*alucite*.

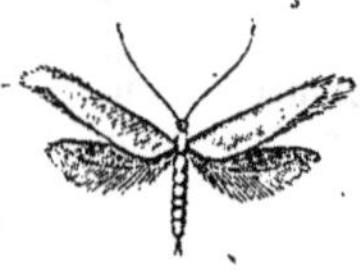
Fig. 752. — Alucite grossie.

Tous les livres qui en parlent font mention des dégâts qu'il commit dans l'Angoumois en 1770 et qui donnèrent lieu à des plaintes si nombreuses de la part des cultivateurs que l'Académie des sciences désigna deux de ses membres, Duhamel-Dumonceau et Tillet, pour se transporter sur les lieux et s'occuper de cet objet.

L'alucite, qui n'est guère à craindre que dans le Midi, nuit au blé de la même manière que le charançon, c'est-à-dire que le papillon pond un œuf sur chaque grain, que la larve ou chenille qui éclôt de cet œuf pénètre au centre même du grain dont elle ronge la substance en ménageant l'écorce, qu'elle s'y métamorphose en chrysalide, puis enfin en papillon et qu'elle n'en sort que sous cette dernière forme.

Il paraît que c'est dans les champs mêmes, lorsque le blé est mûr ou sur le point de l'être, que le papillon dépose ses œufs. Le grain paraît sain, rien ne se montre au dehors lorsqu'on serre la récolte au grenier, puis un beau jour il sort des tas de blé des papillons par milliers; le mal est fait lorsqu'on s'en aperçoit, seulement, alors, il est irréparable.

Lorsque le cultivateur a reconnu la présence de l'alucite dans son champ avant la moisson, lorsqu'il a vu voltiger ce petit papillon au-dessus du blé à la chute du jour, il doit prendre de soigneuses précautions pour éviter un désastre.

Voici dans ce cas ce qu'il est bon de faire :

Ne pas laisser trop longtemps le blé en gerbes ou en meules; se hâter de le battre.

Lorsqu'il est mis en tas, le surveiller attentivement et lui faire subir de temps en temps l'épreuve de l'eau, comme nous l'avons indiqué à propos du charançon, c'est-à-dire en prendre quelques poignées en différentes places et les jeter dans un baquet d'eau. On ouvrira avec précaution les grains qui surnageront et on examinera le ver qui se trouve dedans. Quel qu'il soit du reste, il faudra le combattre; mais il est toujours bon de savoir à quel ennemi on a affaire. On reconnaîtra la chenille de l'alucite à la présence de petites pattes qui lui permettent de marcher, tandis que la larve du charançon en est totalement dépourvue, et conséquemment ne marche pas.

La chenille de l'alucite a la vie moins dure que la larve du charançon et, toutes choses égales, les moyens à employer contre elle peuvent être moins énergiques que ceux dirigés contre la seconde. C'est ainsi qu'une chaleur de 60 à 70° du thermomètre centigrade, qui n'altère en aucune façon le blé, la fait périr, si cette température est prolongée pendant quelques heures; mais ce procédé a des inconvénients très-sérieux qui le rendent peu praticable à la campagne. Ainsi, à moins d'avoir des appareils spéciaux, il est difficile d'obtenir une température constante pendant plusieurs heures et parfaitement graduée dans les fours à cuire le pain, les seules étuves que l'on possède dans les fermes, alors surtout que l'on est obligé d'ouvrir souvent le four pour remuer le grain, car les couches inférieures et supérieures s'échaufferaient seules sans cette précaution. Nous conseillons donc plutôt le soufrage ou l'exposition à la vapeur de sulfure de carbone, en opérant comme nous venons de l'indiquer pour la calandre. On pourra seulement simplifier un peu l'opération en employant des doses moins fortes de sulfure ou en laissant les grains moins longtemps exposés à l'influence du gaz.

Teigne des blés. — Autre papillon, aussi connu dans les provinces du Nord que dans le Midi, et dont la chenille, appelée *fausse teigne des blés*, ne le cède guère au charançon pour les ravages qu'elle commet dans les greniers à grains qu'elle a envahis.

Fig. 753.—Teigne des grains.

Cette teigne, nommée par les entomologistes *tinea granella*, est du genre de celles dont les chenilles rongent les étoffes de laine, les poils des pelleteries, etc. Elle est plus grande que l'alucite, ses ailes supérieures sont marbrées de noir, de brun et de gris, les inférieures sont noirâtres.

Les femelles pondent leurs œufs sur les grains dans les greniers. La chenille qui éclôt file une sorte de soie au moyen de laquelle elle réunit plusieurs grains qui lui forment une sorte de fourreau au centre duquel elle vit. Elle se nourrit en même temps aux dépens de ces grains. Lorsque les tas de blé sont envahis par un grand nombre de fausses teignes, ils se couvrent bientôt d'une multitude de fils de soie qui se croisent dans tous les sens et les fait paraître comme revêtus de toiles d'araignées. Dans cet état, le blé ne tarde pas à s'échauffer ; bientôt il contracte une mauvaise odeur : il est perdu.

Si l'on ouvre un de ces fourreaux dont nous venons de parler, on découvre la chenille de la teigne qui a quelques millimètres de longueur, est d'un blanc jaunâtre et marche vivement au moyen des pattes dont elle est pourvue.

Le meilleur moyen pour éloigner les insectes, c'est de pelleter souvent le grain. Toutes les teignes aiment le repos et l'obscurité et ne confient guère leur progéniture là où il y a mouvement et lumière. Tout le monde sait que les vêtements de laine et les pelleteries sont respectées de ces pernicieux insectes quand on a soin de les visiter et de les secouer de temps en temps ; ce n'est qu'au fond des armoires qu'ils commettent leurs déprédations. Si donc on a la précaution de visiter fréquemment son grenier, d'ouvrir portes et fenêtres, et cela autant que possible vers le milieu du jour, on n'aura guère à redouter cet ennemi.

Une pratique usitée dans certains cantons, surtout dans le Midi, c'est de mettre dans les greniers à blé des oiseaux qui se nourrissent exclusivement d'insectes : des bergeronnettes, des rouges-gorges, des fauvettes, enfin, des becfins en général ; ce moyen a eu, paraît-il, du succès, non-seulement contre les teignes, mais encore contre les charançons et les alucites. Nous n'y attachons pas une bien grande importance, cependant il mérite d'être signalé.

C'est dans le courant de l'été, c'est-à-dire en mai, juin, juillet et août, que les teignes à l'état parfait se montrent. C'est à cette époque qu'elles s'accouplent et pondent leurs œufs ; c'est alors que la terrible chenille est à redouter et qu'il importe de surveiller les provisions. Lorsque, par sa négligence, le fermier a laissé envahir son grain par la teigne et que les toiles qui ne tardent pas à le recouvrir viennent lui donner l'éveil, qu'il se hâte d'arrêter le mal et de sauver au moins une partie de la récolte, en passant son blé soit à l'étuve, soit au soufre, soit au sulfure de carbone, en employant, en un mot, l'un des principaux procédés que nous avons décrits à propos de la calandre.

M. Doyère, que nous avons cité tout à l'heure, a imaginé une machine très-ingénieuse pour détruire les teignes aussi bien que les charançons et les alucites qui dévorent le grain. Le nom qu'il lui a donné : *tue-teignes*, nous a engagé à en parler ici, bien qu'il puisse être employé aussi à la destruction des deux espèces précédentes.

Le *tue-teignes* est un appareil qui a pour but de soumettre les grains de blé à un choc violent qui, paraît-il, tue la larve contenue dans leur intérieur ou celle qui, comme la teigne, s'en fait un fourreau. Il consiste dans deux cylindres concentriques dont l'intérieur, qui porte quelques palettes courtes, est mis en mouvement au moyen d'un engrenage et d'une manivelle ordinaire. Le grain à purifier est versé, par une trémie, dans l'intervalle des deux cylindres, et dans sa chute il est frappé violemment par les palettes du cylindre intérieur, lequel est animé d'un mouvement de rotation très-vif, et lancé contre les parois du cylindre enveloppant qui le renvoie à son tour contre l'autre. Il n'en sort donc qu'après une série de chocs successifs.

Ces appareils sont dans le commerce, brevetés en faveur de M. Doyère, qui a reçu, en 1854, un prix Monthyon de l'Académie des sciences en récompense des excellents résultats de son invention. Une machine ordinaire, mue par trois ou quatre hommes, peut purifier dix à quinze mille kilogrammes de blé par heure.

CHAPITRE XL

DES INSECTES NUISIBLES AUX PLANTES POTAGÈRES

Nous passerons en revue, dans ce chapitre, les insectes qui se nourrissent aux dépens des plantes cultivées pour l'usage de la table. Les limites dans lesquelles nous devons nous maintenir ne nous permettent pas de nous étendre très-longuement sur ce sujet; nous nous bornerons à examiner les espèces les plus nuisibles.

Bruches. — Les graines des plantes légumineuses, telles que les pois, les lentilles, les haricots, etc., sont en butte aux attaques de plusieurs espèces d'insectes coléoptères, de la famille des Charançons, que les naturalistes désignent par le nom de *Bruches* (*Bruchus*).

On n'a guère à se plaindre des *bruches* dans les régions tempérées et froides de l'Europe, mais il n'en est pas de même dans les parties méridionales, où ces insectes commettent des dégâts assez considérables pour appeler l'attention des cultivateurs.

Nous n'entrerons pas dans de grands détails sur les mœurs des *bruches* : elles sont semblables à celles de la *calandre du blé*. Comme celle-ci, la femelle des bruches pond un œuf sur les gousses encore vertes des légumineuses, au point correspondant à chaque graine; la larve qui éclôt s'enfonce dans les cotylédons et s'y développe en ménageant le périsperme. En voici les principales espèces.

La *bruche du pois* (*bruchus pisi*) est un insecte long de 0m,004, assez large, noir, couvert d'une fine pubescence blanchâtre qui lui communique une teinte générale grise, avec quelques mouchetures blanches formées par des poils plus serrés; l'extrémité postérieure du corps est blanche avec deux points noirs. La larve vit dans les pois.

Fig. 754. Bruche des pois.

La *b. nébuleuse* (*b. nubilus*), dont la larve se nourrit aux dépens des lentilles, est de même forme, mais un peu plus petit; elle est brune avec une bande longitudinale jaune sur le dos, des mouchetures blanches en arrière, l'extrémité des élytres noires, les pattes et la base des antennes jaunes.

La *b. des graines* (*b. granarius*) est noire avec des taches et des points blancs sur le tronc et les élytres, et les pattes roussâtres. Cette espèce nuit surtout à la fève de marais.

On peut employer avec succès, pour détruire cet insecte, le procédé de M. Herpin dont nous venons de parler à propos des teignes du blé. Ceux qui ne possèdent pas la machine en question obtiendront le même résultat au moyen de la chaleur, lorsque les graines attaquées ne seront pas conservées pour semence; la chaleur en effet anéantit leur faculté germinative quand elle est poussée à 50 ou 60° centigrades, point nécessaire pour tuer les larves. On peut chauffer les graines soit dans un four, soit dans l'eau portée à la température que nous venons d'indiquer.

Quant à la méthode de M. Doyère, c'est-à-dire l'exposition aux vapeurs du sulfure de carbone, des pois, lentilles, vesces ou fèves envahis par les bruches, il est hors de doute qu'elle aurait la même efficacité que pour les blés attaqués par la calandre.

D'autres charançons plus petits, à bec allongé, nommés *apions*, fournissent aussi quelques espèces qui vivent aux dépens des fèves, des vesces et des lentilles, mais le préjudice qu'ils nous causent n'est pas, à beaucoup près, comparable à celui qui est commis par les *bruches*. Nous les citons ici pour mémoire. Plus loin, à propos des fourrages artificiels, nous aurons à revenir plus longuement sur une espèce du même genre, l'*apion apricans*, qui ravage les champs de trèfle.

Élater. — Nous avons parlé plus haut d'un *élater* qui nuit beaucoup au seigle. Il s'agit ici d'une autre espèce qui ravage les potagers.

Les jardiniers s'aperçoivent souvent que les laitues récemment repiquées languissent pendant quelque temps, s'étiolent et meurent. Si l'on fouille à la racine des plantes malades, on découvre un ou plusieurs vers allongés de 0m,018 à 0m,020, un peu aplatis, jaunâtres, cornés, ressemblant, en un mot, pour la forme, à celui de l'*elater segetis* que nous avons représenté plus haut.

Le tort que fait ce ver, qui n'est autre que la larve d'un autre élater (*l'e. sputator*), est très-considérable, et l'on ne connaît d'autre moyen de le combattre que d'arracher les plantes qui commencent à se flétrir, pour rechercher entre les racines ou dans leur voisinage la larve qui les dévore, et l'écraser afin de préserver les pieds encore sains.

Il est digne de remarque que cet insecte ne s'attaque qu'aux plantes en souffrance, soit par suite d'un repiquage récent, soit par le fait de la présence d'un autre ennemi, soit par le passage d'une courtilière au travers des racines.

Hanneton. — Le cultivateur rencontre la larve du hanneton partout, aussi bien dans les champs que dans les carrés de son potager. Là, il doit battre en retraite en laissant les terres quelques mois en jachère pour affamer son ennemi et le faire périr par la disette; ici, l'espace est plus restreint, il peut le combattre avec avantage.

Lorsqu'il s'aperçoit que ses légumes sont attaqués par le ver blanc, qu'il se hâte de semer à la volée de la graine de laitues. Les vers abandonneront leur proie pour se jeter sur ces dernières lorsqu'elles auront levé.

S'il s'agit de préserver des salades, nous ne connaissons d'autre moyen que celui que nous avons indiqué à propos de l'*élater*, c'est-à-dire surveiller les plantes, arracher celles qui jaunissent et rechercher les larves qui rongent leurs racines.

Si, avant de planter les laitues, on a quelque crainte fondée de rencontrer des vers blancs dans le terrain qu'on leur destine, il faudra les rechercher en fouillant le sol à 0m,15, profondeur suffisante si on pratique cette opération au mois de mai, car alors les vers sont rapprochés de la superficie. Il sera bon de circonscrire le carré de laitues par un petit fossé de un demi-mètre au plus, afin d'empêcher les larves du voisinage de s'y transporter.

Lorsque la portion de terrain à soigner est très-restreinte, et que l'on veut y cultiver des plantes rares et précieuses, lorsque par exemple il s'agit d'essais de légumes nouveaux, il importe d'autant plus de les préserver des vers blancs. A cet effet, on nettoiera parfaitement le sol comme nous venons de le dire, puis, à l'époque de la ponte des hannetons, on tiendra la surface du terrain bien binée et finement ratissée et on le surveillera tous les jours. Si l'on aperçoit un trou d'un centimètre de diamètre, on doit supposer qu'une femelle de hanneton est entrée à cet endroit pour pondre ses œufs; on creusera alors avec une palette en suivant la direction du trou, ce qui sera facile si l'on a eu soin d'y introduire préalablement une paille ou une baguette mince, et on écrasera les œufs qui se trouveront au fond.

Disons en terminant que le fumier de vache passe pour attirer les vers blancs dans les terres où on l'emploie.

Charançon du chou. — Les charançons occupent une large place parmi les insectes nuisibles aux cultures. Les choux ne sont pas à l'abri de leurs atteintes, et au nombre des espèces qui s'en nourrissent, nous citerons le *ceutorynche sulcicolle* qui, à l'état de larve, l'attaque à ses racines.

Ce petit charançon, long de 0m,004, est noir et revêtu de poils gris en dessus, brun et écailleux en dessous, la tête et le prothorax sont finement ponctués; ce dernier est en outre creusé d'un sillon longitudinal au milieu; ses élytres sont marquées de sillons rapprochés et parallèles. Il apparait à la fin de mai. La femelle pond alors ses œufs au pied des jeunes choux. Les larves éclosent, gagnent les racines et y forment des excroissances charnues en forme de galles de la grosseur d'un pois, où elles passent l'été et l'automne, temps nécessaire à leur complet développement. Quand elles ont acquis toute leur taille, qui est de 0m,006, elles percent leur coque et vont achever leur métamorphose en terre.

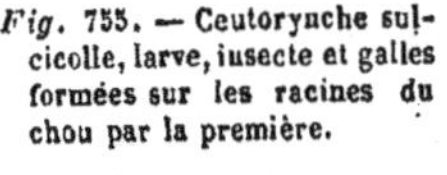

Fig. 755. — Ceutorynche sulcicolle, larve, insecte et galles formées sur les racines du chou par la première.

Ces charançons, ou plutôt leurs larves, ont leur ennemi dans un petit ichneumon du genre *Colyptus* qui s'oppose, en temps ordinaire, à leur trop grande multiplication. Néanmoins, en Angleterre, on a beaucoup à se plaindre du *ceutorynche* qui n'exerce pas autant de ravages sur le continent. Ch. Morren conseille, comme moyen à employer contre cette espèce, dans le cas où elle deviendrait exubérante, l'écrasement des nymphes par un roulage pesant, moyen très-usité, dit-il, chez les Anglais. Il faut pour cela saisir l'époque où ces insectes sont sous la forme en question. Or, c'est le mois de décembre et de janvier qui nous paraît le temps le plus convenable pour faire cette opération. Nous avons, en effet, affaire ici à une nymphe molle et délicate que la plus légère pression de la terre qui l'entoure peut tuer et qui ne peut se dérober aux moyens de destruction dirigés contre elle. Lorsque la larve est attachée aux racines, l'insecte parfait caché dans les feuilles de la plante, ils échappent à nos atteintes.

Les *ceutorynches* sont préjudiciables aux navets, aux turneps, etc., comme aux différentes espèces de choux.

Altises. — Les entomologistes désignent sous ce nom un genre d'insectes coléoptères, comprenant un nombre considérable d'espèces qui, pour l'Europe seule, ne s'élèvent pas à moins de trois cents.

Toutes ces espèces vivent, aussi bien à l'état parfait que sous la forme de larves, aux dépens des végétaux et elles leur font beaucoup de tort, malgré leur petite taille, parce que les individus pullulent prodigieusement sur les plantes qu'ils envahissent.

La vigne, le lin, le houblon, le colza, le navet, la betterave, plusieurs autres, et jusqu'aux céréales, nourrissent leurs espèces d'*altises*. Les choux sont dévorés par quelques-unes d'entre elles. Nous traiterons donc de l'histoire des altises en général, et de l'altise du chou (*a. brassicæ*) en particulier; les mœurs des différentes espèces étant les mêmes, ce que nous dirons de l'*A. brassicæ* s'applique également aux autres que nous nous bornerons à décrire brièvement à mesure que nous parlerons des végétaux sur lesquels elles vivent.

L'*altise du chou* (*a. brassicæ*) est un petit insecte long de 1 mill. 1/4 à 1 mill. 1/2, ovale, bombé, court, revêtu de téguments durs, lisses, finement ponctués, noirâtres avec deux petites lignes longitudinales jaunes placées bout à bout.

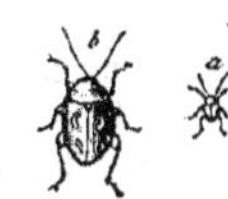

Fig. 756. — Altise du chou, grandeur naturelle (*a*) et grossie (*b*).

Cette espèce, comme toutes les autres *altises*, a la faculté de sauter par une brusque détente de ses pattes de derrière, dont les cuisses sont renflées et logent dans leur boite cornée des muscles puissants. Le saut des altises, eu égard à la taille de l'animal, est en effet d'une puissance extraordinaire : longue d'un millimètre et demi, elle peut faire un bond d'un mètre, c'est-à-dire de six à sept cents fois sa hauteur. Cette faculté a fait donner à ces insectes le nom de *puces de terre*.

C'est au commencement du printemps que l'altise se montre dans les jardins. Les femelles pondent alors leurs œufs sur les jeunes plantes de choux. Les petites larves qui en sortent s'enfoncent dans le parenchyme de la feuille et y tracent de nombreuses galeries en rongeant sa substance.

Les points attaqués de la sorte se flétrissent, se dessèchent et se manifestent par des taches blanchâtres. Lorsque la larve a atteint sa taille définitive, c'est-à-dire 0m,002, elle se laisse tomber sur le sol, s'y enfonce à quelques pouces pour se métamorphoser. C'est là qu'elle passe l'hiver, dans l'inaction et l'attente de la belle saison.

Outre l'*a. brassicæ*, on trouve encore sur les choux :

1° L'*altise noire* (*a. atra*), qui est un peu plus grande, aplatie, oblongue-ovale, d'un noir brillant, avec les antennes ferrugineuses à la base.

2° L'*altise potagère* (*a. oleracea*), encore plus grande, 0m,003, ovale, convexe, d'un verdâtre brillant avec les antennes noires. Cette espèce vit encore sur d'autres plantes telles que les blés, les haricots, le lin, les luzernes, les trèfles, les chênes, les noisetiers, etc., etc.

3° L'*altise à pattes noires* (*a. nigripes*), qui est de la taille de l'*atra*, 0m,00133, de la couleur de l'*oleracea*, mais plus aplatie, et qui a en outre les pattes noires comme les antennes.

4° L'*altise des bois* (*a. nemorum*), qui, en dépit de son nom, se trouve communément sur les choux et autres crucifères comestibles. Elle est longue de 0m,002 à 0m,0025, noire, avec une bande jaune, longitudinale, droite, sur chaque élytre.

5° L'*altise flexueuse* (*a. flexuosa*), semblable à la précédente, mais à bande jaune sur des élytres flexueuses. On la trouve principalement sur le chou de Chine (*brassica chinensis*).

Voyons maintenant quels sont les procédés les plus efficaces pour combattre cette funeste engeance?

On en a signalé de deux sortes: des moyens préventifs, lorsqu'on a lieu de craindre une invasion, et des moyens curatifs, quand le mal est déclaré.

« Pour empêcher, » écrit Huart-Chapel, « mes navets, mes choux et les crucifères en général d'être dévorés par les altises, je mêle de la fleur de soufre à la semence quelques jours avant de semer; j'ai soin d'agiter la graine avec le soufre afin qu'elle en soit bien couverte. Jamais, dans ma longue expérience, je n'ai vu mes feuilles endommagées. Il y a plus, il m'était resté une partie de ma semence de navet dans le soufre de l'année 1848, je l'ai fait semer en 1849, ce semis a parfaitement levé, aussi vite que la graine de l'année, et a produit une très-bonne récolte.

« J'engage beaucoup les cultivateurs à suivre ce procédé si facile et si utile. La fleur de soufre ne coûte pas cher. Il n'en faut pas plus que ne coûte le pralinage des graines. J'entends par là qu'il faut que la graine soit bien couverte de toutes parts de cette poudre. Il est facile de s'en assurer par la couleur de la graine après l'opération.

« Je sais bien qu'il est toujours difficile à la physiologie végétale d'expliquer comment le soufre déposé sur ces graines, dont les enveloppes restent en terre, peut agir sur de jeunes plantes qui n'en sont pas recouvertes, mais il me semble qu'il faut d'abord se demander si ce soufre qui reste dans la terre n'agit pas pour éloigner les insectes. Tout prouve que ceux-ci ont l'odorat très-développé, et si le soufre ne sent pas pour nous, rien ne nous dit que les insectes ne le sentent pas. Dans ces sortes de matières, l'expérience est le fait principal, et de celle-là nous garantissons l'efficacité. » (*Journ. d'agric.*, de Ch. Morren).

Quant aux moyens destructifs, il paraît que l'infusion d'absinthe répandue sur les plantes chasse les altises d'une manière complète.

Pour exécuter cette opération on fait chauffer jusqu'à l'ébullition quelques seaux d'eau dans une grande chaudière, puis on y met infuser, pendant deux ou trois heures, autant de livres de tiges et de feuilles d'absinthe qu'il y a de seaux d'eau.

On peut ajouter, pour rendre l'infusion plus efficace encore, quelques onces d'aloès hépatique, tel que celui qu'on emploie dans la médecine vétérinaire et qui se trouve chez tous les droguistes, ou bien encore quelques cuillerées de *chlorure de chaux*, qui se vend à vil prix chez les pharmaciens.

Quand le liquide est froid, on le répand au moyen d'un arrosoir à pomme sur les choux et autres plantes attaqués par les altises.

Il est inutile d'ajouter que l'absinthe se vend chez les herboristes; nous conseillons cependant aux cultivateurs d'en semer dans quelque coin perdu de leur jardin, afin de l'avoir sous la main pour s'en servir à l'occasion. Nous avons déjà recommandé la culture du *pyrèthre du Caucase* dont les différentes parties, réduites en poudre, ont des propriétés insecticides bien constatées. Cette plante, qui, du reste, est de la famille de l'absinthe, serait peut-être encore plus efficace que cette dernière pour protéger les choux des atteintes des altises et autres insectes nuisibles.

On a encore conseillé, dans ce but, de semer sur les plantes dévorées par cette vermine de la poussière de rue. Il paraît que ce moyen a eu du succès dans beaucoup de cas. Enfin, on a proposé aussi de former dans les potagers et même dans les champs des tas de foin et de paille mêlés et d'y mettre le feu. Il importe de ne faire cette opération que le soir et par un temps calme. La fumée passant sur les plantes laisse à la surface des feuilles une faible portion de ses principes créosotés, âcres et fortement odorants, très-antipathiques aux insectes.

Nous ne terminerons pas l'article relatif aux altises sans parler, mais seulement pour mémoire, de la brouette de Hamm, qui consiste en une sorte de caisse ouverte en avant, montée sur deux roues, munie de deux manches et enduite en dedans de goudron minéral. Cette brouette est promenée rapidement au travers des champs infestés par les altises. Celles-ci effrayées par l'arrivée subite de l'appareil, sautent de côté et d'autre et beaucoup viennent s'engluer sur les planches enduites de goudron. Chaque opérateur, comme on le comprend, peut varier à son gré la forme de cette brouette, d'après la nature des cultures à nettoyer.

Criocères. — Les plants d'asperges sont en butte aux attaques de deux petits insectes coléoptères, appartenant au genre *criocère*, qui, sous les deux états de larve et d'insecte parfait, rongent leurs feuilles durant l'été et l'automne. On comprend que la plante dépouillée de ses organes, souffre, et que le tort qui lui est fait dans ses tiges réagit sur les racines, qui donnent au printemps suivant des jets moins nombreux et moins nourris.

Fig. 757. — Criocère de l'asperge.

L'un de ces insectes est la *criocère de l'asperge* (*crioceris asparagi*), longue de 0m,006 à 0m,007, étroite, linéaire, glabre, lisse et brillante, bleue, avec le corselet rouge et marqué de deux points noirs, les élytres ornées de quatre taches blanches sur le fond externe.

L'autre est la *criocère à douze points* (*crioceris duodecim punctata*); elle est plus large en proportion et rouge, avec six points noirs sur chaque élytre.

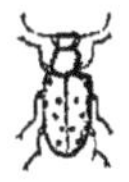

Fig. 758. — Criocère à douze points.

La larve des deux espèces est un petit ver olivâtre, avec les pieds et la tête noirs, à corps annelé, recourbé, mou, portant sur le dos une sorte de pulpe verdâtre qui n'est autre que ses excréments, dont elle se recouvre pour tromper l'œil des oiseaux et de ses différents ennemis.

Le seul moyen à employer pour détruire cette larve et son insecte consiste à les recueillir à la main sur la plante même et à les écraser. La gracilité du feuillage des plantes d'asperge qui permet de les apercevoir aisément, rend cette opération facile.

Cassides. — A côté des criocères, se placent, dans la série naturelle, d'autres coléoptères connus sous le nom de *cassides*. Ce sont des insectes ovales, bombés, ayant, en petit, la forme d'un bouclier. Ils sont presque tous de couleur vert tendre. Quelques-uns sont bruns avec une ligne dorée ou argentée sur chaque élytre. Leurs larves, de forme très-bizarre, ont la singulière habitude, comme celles des criocères, de se recouvrir de leurs excréments, avec cette différence que les matières se dessèchent sur le dos des cassides, tandis qu'elles restent molles et pulpeuses chez les criocères.

La *casside nébuleuse* (*cassida nebulosa*), à l'état de larve, vit sur les betteraves dont elle crible les feuilles de petits trous. Les artichauts sont aussi en butte aux attaques d'une autre espèce (*cassida viridis*). Nous avons représenté la larve dépouillée de ses excréments, mais ce n'est pas ainsi qu'on la voit sur la plante. Elle ressemble alors à une petite masse informe de pellicules grisâtres agglomérées.

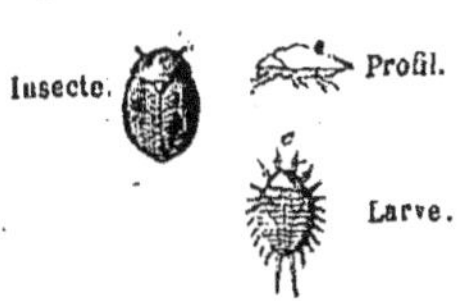

Fig. 759. — Casside nébuleuse et sa larve.

Punaises des jardins. — Les choux et autres plantes de la même famille comptent parmi leurs ennemis plusieurs insectes de l'ordre des *hémiptères*. Nous citerons particulièrement deux punaises appelées par les entomologistes : *pentatome élégante* (*pentatoma ornata*, L.) et *p. des choux* (*p. oleracea*, L.).

La première est longue de 0,m008 à 0m,012 de forme hexagonale, aplatie, rouge, avec un grand nombre de taches, la tête et les ailes noires.

Fig. 760. — Pentatome élégante.

La seconde est à peu près de même forme, mais plus petite, vert bleuâtre, avec une ligne sur le corselet, un point sur l'écusson et un autre sur chaque élytre, blancs ou rouges.

Les larves de ces insectes ne se distinguent de ceux-ci que par l'absence des ailes, mais leurs habitudes sont les mêmes. Sous leurs deux états, les pentatomes sont nuisibles ; ils plongent le dard dont leur bouche est armée dans les feuilles des choux, et en pompent la sève. On ne connaît d'autres moyens de les détruire que de leur faire directement la chasse.

Pucerons des plantes potagères. — Nous ne parlerons pas des pucerons d'une manière générale. On trouvera plus loin quelques détails sur leurs mœurs et les moyens de les détruire. Nous ne ferons ici que mentionner en passant diverses espèces propres à certaines plantes potagères.

1° Le *puceron du chou* (*aphis brassicæ*) qui vit en famille dans les anfractuosités du revers des feuilles de choux. Il est vert avec la tête, le cou, le disque du corselet, des bandes transversales sur l'abdomen et les pattes noires.

2° Le *puceron de la rave* ou *du radis* (*aphis rapæ*). qui vit de la même manière sous les feuilles de la rave et du radis. Il diffère peu du précédent.

3° Le *puceron de l'oseille* (*aphis rumicis*) qui est presque entièrement vert.

4° Le *puceron de la fève* (*aphis fabæ*), gros et noir ; il est parfois tellement abondant qu'il donne cette couleur à toute la plante. Ce puceron a anéanti à peu près complétement la récolte des fèves de marais, en 1861, aux environs de Liége.

5° Le *puceron des racines* (*aphis radicum*). M. le colonel Goureau, dans un excellent traité qu'il vient de publier tout récemment sur les insectes nuisibles, a, le premier, appelé l'attention sur cette espèce qui ne vit pas à découvert comme les autres, sur les feuilles ou les tiges des végétaux, mais qui s'attaque à leurs racines. Ce sont les artichauts principalement qui ont à en souffrir. Le *puceron des racines* a 0m,003 de longueur ; il est blanc verdâtre avec les yeux et les tarses des quatre premières pattes noirâtres. On le trouve, en masse considérable, fixé un peu au-dessous du collet de la plante, qu'il ne tarde pas à épuiser en détournant à son profit la sève destinée à nourrir la tige et les feuilles.

Au milieu des pucerons, on voit courir une quantité de fourmis qui se trouvent là, non pour les manger, mais pour sucer la matière sucrée qu'ils sécrètent par deux petits tubes saillants à la partie postérieure de leur corps.

Ce qu'il y a de plus curieux, c'est la sollicitude qu'ont les fourmis pour les pucerons qui remplissent vis-à-vis d'elles le rôle de vaches laitières. Il paraîtrait que quand les pucerons, qui sont peu ingambes de leur nature, ont épuisé la plante qui les a nourris, les fourmis se chargent de les transporter délicatement sur une autre encore pleine de vigueur. Si ce fait incroyable ne trouvait sa confirmation dans d'autres du même genre, connus depuis les observations de l'illustre Réaumur, on serait tenté de le considérer comme un conte ridicule.

Piérides. — On désigne sous ce nom un groupe de plusieurs espèces de papillons dont les chenilles sont fort communes dans les jardins potagers. Elles y ravagent les choux, les navets, les

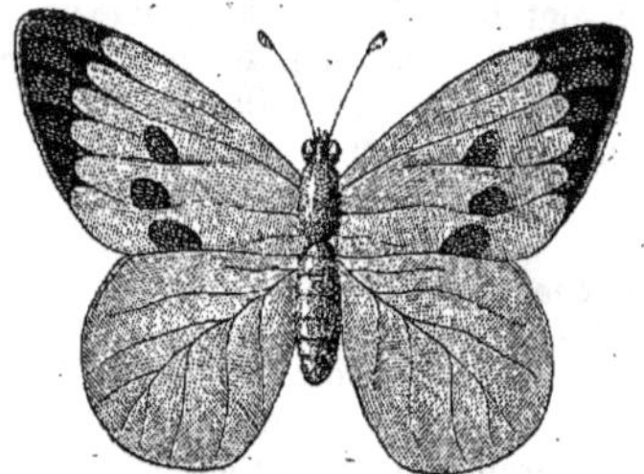

Fig. 761. — Piéride du chou.

radis, les turneps, et généralement toutes les plantes appartenant au genre *brassica* et aux genres voisins.

Nous parlerons de trois espèces, qui sont la *piéride du chou* (*pieris brassicæ*), la *p. de la rave* (*p. rapæ*) et la *p. du navet* (*p. napi*).

La *piéride du chou* a les ailes oblongues, à bords arrondis et entiers, blanches, les supérieures noirâtres au sommet et marquées de deux ou trois gros points noirs; le dessous des inférieures d'un jaune pâle nébuleux.

La chenille est d'un vert bleuâtre, finement velue, rayée de jaune et parsemée de points noirs. On la trouve pendant tout l'été sur les différentes espèces de plantes du genre des choux.

La nymphe, d'un vert jaunâtre avec des points noirs, a la forme générale de toutes celles des papillons diurnes. On la rencontre suspendue aux murailles, aux arbres qui se trouvent dans le voisinage des lieux où la chenille a vécu.

La *piéride de la rave* est un peu plus petite que la *piéride du chou* à laquelle elle ressemble du reste beaucoup; ses ailes supérieures ont moins de noir au sommet et pas de taches au bord interne. La chenille est semblable à celle de la précédente et vit des mêmes plantes; sa chrysalide est d'un gris cendré avec des points noirs.

La *piéride du navet* a les ailes blanches, légèrement cendrées à la base; les supérieures sont marquées, chez les femelles, de deux taches noires et d'une raie terminale de même couleur; chez les mâles, elles sont quelquefois entièrement blanches, quelquefois marquées d'une seule tache noire. Les quatre ailes sont veinées de verdâtre en dessous. La chenille est toute verte et couverte de poils courts. Elle se montre en été sur les mêmes plantes que les deux autres. La chrysalide est d'un gris verdâtre pointillé de noir.

Ces différents déprédateurs de nos plantes potagères ont heureusement d'actifs ennemis naturels qui s'opposent à leur trop grande multiplication. Nous disons heureusement, car on ne connaît aucun moyen efficace à employer contre eux. Ces ennemis appartiennent à la classe des ichneumons. Nous parlerons spécialement du *microgastre pelotonné* (*microgaster globatus*) et du *ptéromale des nymphes* (*pteromalus nympharum*), qui en font une immense destruction.

Le premier est noir avec les pattes jaunes; sa forme générale est conforme à celle des autres ichneumonides. La femelle dépose ses œufs dans le corps des chenilles des papillons brassicaires, mais sans les tuer. La chenille continue à croître et se change en nymphe, mais celle-ci meurt dévorée par les parasites qui avaient ménagé jusque-là les organes essentiels à la vie. Le second a des mœurs semblables. Il faut bien se garder, dit Kollar, dans son *Traité des insectes nuisibles*, d'écraser les chrysalides qui présentent une coloration d'un brun rougeâtre et qui ne se meuvent pas quand on les touche; ces chrysalides sont mortes et servent de demeure à une petite colonie de vingt à trente ichneumons qui feront, l'année suivante, une chasse active aux piérides et réduiront à la stérilité un nombre proportionnel de leurs pernicieuses chenilles.

Noctuelle du chou. — La noctuelle du chou (*noctua brassicæ*, L.) est un papillon de nuit de

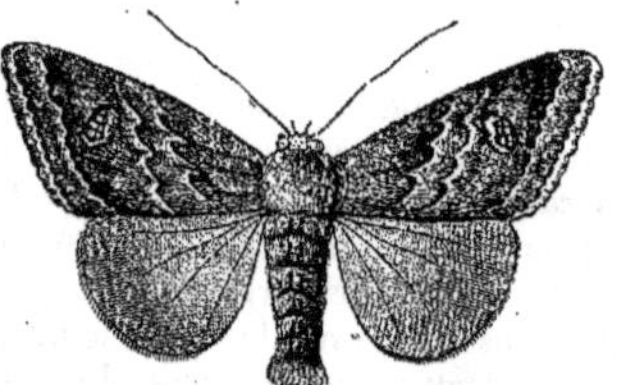

Fig. 762. — Noctuelle du chou.

0m,040 d'envergure, à ailes supérieures brunes parcourues transversalement par des lignes ondulées noirâtres et blanches, marquées d'une tache ovale blanchâtre vers le milieu, à ailes inférieures d'un brun sans tache et s'éclaircissant vers la base.

La chenille de cette noctuelle est d'un gris jaunâtre marbré de brun ou d'un vert foncé marbré de noir, ornée de cinq raies longitudinales, dont trois d'une teinte pâle, sur le dos, les deux autres blanchâtres, placées latéralement.

Elle est fort commune, dans les potagers, sur les différentes espèces de choux, et notamment sur le chou *pommé blanc*. Elle commence par attaquer les feuilles extérieures, puis, quand elle a acquis toute sa taille, c'est-à-dire après sa dernière mue, elle pénètre au cœur de la plante où elle mange avidement et y commet beaucoup de dégâts sans que rien paraisse à l'extérieur.

C'est vers la fin de l'été que la chenille a pris presque tout son développement et cesse d'être accessible en pénétrant dans l'intérieur du chou.

Il faut donc la détruire avant cette époque, et l'échenillage est le procédé le plus simple et le plus efficace pour s'en débarrasser.

A la fin de septembre, les chenilles quittent la plante, s'enfoncent à une petite profondeur en terre pour s'y métamorphoser en chrysalides. C'est sous cette forme qu'elles passent l'hiver.

La noctuelle du chou est quelquefois un fléau pour d'autres cultures, la betterave, par exemple. M. Guérin Méneville rapporte qu'un agriculteur du Midi essaya de cultiver cette plante pour se livrer à l'industrie sucrière. Il fit d'abord construire des usines, puis il ensemença. La chenille en question détruisit tout. Il ensemença une seconde fois, puis une troisième, et toujours les betteraves furent dévorées. Notre industriel, de guerre lasse, finit par changer ses cultures.

Noctuelle potagère. — Celle-ci (*noctua oleracea*) est de la taille de la précédente et de même

Fig. 763. — Noctuelle potagère.

forme, mais d'une couleur différente. Les ailes supérieures sont d'un brun ferrugineux avec trois ou quatre lignes onduleuses transversales, et une terminale blanche qui forme un M dans son milieu ; elles portent, en outre, deux taches dont l'externe est rousse. Les ailes inférieures sont à peu près comme chez la noctuelle du chou. La partie antérieure du tronc est de la couleur des ailes supérieures, la partie postérieure de celle des inférieures.

La chenille est tout entière d'un vert jaunâtre quand elle est jeune. Plus tard elle devient plus foncée, et en même temps apparaissent cinq raies longitudinales dont trois supérieures blanches et deux latérales jaunes. Elle est en outre marquée de points blancs. Après la dernière mue elle change encore. Les deux lignes latérales jaunes pâlissent et les trois blanches disparaissent, tandis que les points blancs deviennent noirs ; en même temps la teinte générale du corps devient brun rougeâtre.

Cette chenille est commune en France et en Belgique, dans les jardins potagers où elle se nourrit de différentes plantes et entre autres des épinards, des laitues et des choux. Sa transformation a lieu à la fin de l'été et elle passe, comme la précédente, l'hiver en terre.

Noctuelle gamma. — Cette jolie espèce est encore de la taille des précédentes. Ses ailes de

Fig. 764. — Noctuelle gamma.

dessus sont denticulées au sommet, d'un gris soyeux avec des marbrures brunes, noirâtres et bronzées. Elles présentent, au centre, un trait argenté ayant la forme du *g* grec ou *gamma* (γ), ce qui lui a valu son nom. Les ailes inférieures sont brunes vers le pourtour et d'un gris jaunâtre bronzé vers la base ; la frange est blanchâtre entrecoupée de noir.

Le corps est gris et satiné.

La chenille est parsemée de poils fins et courts ; elle est verte avec six lignes longitudinales très-étroites, bleuâtres ou blanches, et deux lignes latérales jaunes.

La noctuelle *gamma* est répandue dans toutes les régions tempérées de l'hémisphère septentrional. On trouve le papillon pendant tout l'été, mais il paraît que c'est en juillet et en octobre qu'il est le plus commun. Sa chenille vit sur diverses plantes dont quelques-unes sont cultivées dans les jardins potagers, tels que les pois, les épinards, etc., mais ce n'est qu'accidentellement qu'elle est réellement nuisible, et nous n'en parlons ici que parce qu'elle est citée par Réaumur comme ayant commis de grands dégâts dans les jardins légumiers, en 1735.

Noctuelle de la laitue. — Les laitues qu'on laisse monter en graines sont souvent entièrement dévorées par des chenilles d'un vert brunâtre en dessus, vert clair en dessous, parées sur le dos de raies longitudinales brunes et jaunes. Ces chenilles, qui apparaissent en été, acquièrent en septembre toute leur taille qui est de $0^m,025$. Elles sont fort friandes des graines encore tendres des laitues.

Le papillon qu'elle produit (*noctua disodea*) a une trentaine de millimètres d'envergure ; ses ailes supérieures sont variées de gris, de jaune et de blanc, disposés en raies transversales ; les inférieures sont blanchâtres avec le bord passant au brun.

Il n'y a d'autre moyen à opposer aux ravages de la chenille que de lui faire directement la chasse sur la plante même.

Noctuelle fiancée. — Les laitues, les oseilles, les épinards, sont quelquefois détruits vers la fin de l'été et en automne par une grosse chenille d'un vert jaunâtre ou d'un vert obscur à reflets cuivreux, avec deux raies ou plutôt deux rangées de taches noires le long du dos. Si on recherche pendant le jour l'auteur des dévastations qu'on observe dans les carrés, on ne le découvre pas parce que cette chenille ne sort pour manger que la nuit ; le jour elle se cache. Aux premiers froids la chenille entre en terre pour y passer l'hiver et subir en même temps ses métamorphoses. Le papillon se dégage en juin.

La *noctuelle fiancée* (*noctua pronuba*) est d'assez grande taille ; la mesure de ses ailes étendues est de $0^m,055$ à $0^m,060$. Elle a les supérieures d'un brun approchant de celui du vieux bois de chêne avec deux anneaux, vers le milieu, blanchâtres ; les inférieures d'un jaune feuille morte clair, bordées d'une large bande noire.

Les habitudes nocturnes de la chenille en rendent la destruction fort difficile, pour ne pas dire impossible.

Noctuelle du salsifis. — Les ailes supérieures sont brunes, avec trois points d'un brun plus obscur, placés en triangle dans leur centre; les inférieures sont de la même couleur avec la base passant insensiblement au brun très-clair. Le corps est de la teinte générale. Cette noctuelle, appelée par les entomologistes *noctua tragopogonis*, est de moyenne taille, son envergure est de $0^m,030$.

La chenille est lisse, verte, avec six lignes longitudinales blanches et quelques points blancs semés çà et là.

On la trouve assez communément sur les épinards, les salsifis, les choux, etc.

Phalène ondée. — La chenille de cette phalène (*Melanthia fluctuata*) vit sur les mêmes plantes que la précédente. Elle varie de couleurs. Il y en a de vertes ou de grises, avec des points rougeâtres sur la queue; il y en a aussi de brunâtres avec des lignes longitudinales en avant, des lignes croisées sur le milieu et une raie dorsale tachetée en arrière, d'un brun obscur.

Le papillon, qui apparaît en août, est large de $0^m,020$ à $0^m,025$, d'un gris blanc, avec une multitude de lignes transversales grises, ondulées, et quelques taches noirâtres. Il est fort abondant dans tous les jardins légumiers.

Teigne de l'oignon. — Les oignons sont attaqués par un petit papillon de la famille des teignes appelé *lite* (*lita vigeliella*). La chenille est cylindrique, d'un blanc sale, longue de $0^m,008$ quand elle a acquis toute sa taille, ce qui a lieu à la fin d'octobre; elle vit dans les feuilles et les tiges des oignons et des poireaux où elle creuse de nombreuses galeries qui n'intéressent que la moitié de l'épaisseur du parenchyme. Lorsque cette teigne est abondante, elle cause des dégâts assez considérables; malheureusement, on ne connaît pas de moyens de la détruire sans détruire en même temps la plante elle-même.

Teigne du pois. — Nous avons parlé plus haut des *bruches* qui sont un fléau pour les pois secs. La teigne dont il est ici question, n'est pas moins préjudiciable aux pois sur pied. C'est aux mois de juillet et d'août qu'on la trouve surtout, parfois en grande abondance, dans les cosses de cette légumineuse. La chenille en ronge successivement tous les pois. Vers la fin d'août, cette chenille se laisse descendre sur le sol, s'enfonce en terre pour s'y changer en chrysalide et passe sous cette forme l'automne et l'hiver. Le papillon (*Grapholitha pesana*), qui en sort au printemps, a la taille et la forme habituelles des teignes. Il est d'un gris satiné avec quelques petites taches blanches sur les ailes supérieures.

On ne connaît aucun bon moyen de la combattre.

Pyrale fourchue. — La pyrale fourchue (*botrys forficalis*, Hubn.) est un petit papillon qui ne se montre que la nuit et qui est fort commun dans les jardins potagers où on cultive les choux. Ses ailes supérieures sont d'un blanc jaunâtre, marquées de bandes obliques plus obscures; les inférieures sont d'une teinte plus claire avec une bande obscure parallèle au bord libre.

La chenille est nue, épaisse en avant, amincie en arrière, verdâtre avec des points blancs en dessus et une ligne jaune de chaque côté. La tête et les pattes sont brunes. Elle vit dans l'intérieur des feuilles de choux, et comme elle est généralement très-abondante, elle fait beaucoup de tort à ces plantes. Il y en a deux générations par an, la première, pendant les mois de juin et de juillet, la seconde en septembre et en octobre. Les papillons de la première génération paraissent en août; ceux de la seconde, au printemps de l'année suivante. C'est l'accouplement de ceux-ci qui donne lieu à la génération du mois de juin.

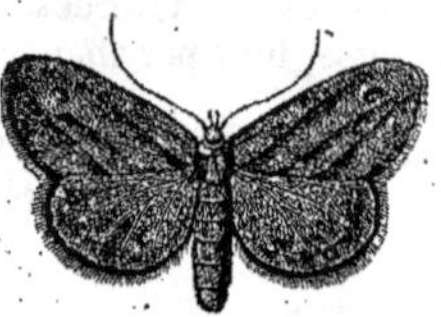

Fig. 765. — Pyrale fourchue.

Cette chenille, vivant dans le tissu même de la feuille, n'est pas accessible, comme celles des noctuelles dont nous venons de parler. Il n'y a qu'un moyen efficace de destruction à employer contre elle, c'est d'enlever les feuilles extérieures des choux, qui sont les premières attaquées, à l'époque où elle commence à exercer ses ravages, c'est-à-dire en juin. La première ponte est alors terminée, et les plantes n'ont plus rien à craindre de ces insectes jusqu'au mois de septembre qui est le temps de la seconde apparition.

Il est encore un grand nombre d'autres chenilles qui vivent aux dépens des plantes potagères, mais leur description et celle des papillons qui en sortent, nous entraîneraient trop loin et nous obligeraient à sortir du cadre restreint dans lequel nous devons enfermer notre sujet. Nous nous sommes borné à indiquer les espèces principales, celles qui sont les plus nuisibles. Quant aux autres, le tort qu'elles nous font, est, en général, léger, sauf de cas accidentel où telle ou telle espèce apparaît en plus grand nombre que de coutume.

Anthomyies. — Les *anthomyies* appartiennent à l'ordre des Diptères; leurs larves vivent au collet de diverses plantes; elles occasionnent la pourriture de la racine et le dessèchement des feuilles. Comme plusieurs d'entre elles attaquent quelques plantes potagères, telles que les oignons, les navets, les rutabagas, etc., nous avons à nous en occuper ici.

Anthomyie des oignons. — Cette mouche (*anthomyia ceparum* ou *platura*) est longue de $0^m,008$ à $0^m,010$ sur $0^m,015$ d'envergure. Sa couleur est d'un gris cendré chez les femelles, avec des rayures noires chez le mâle. Sa larve, longue de $0^m,010$ quand elle a acquis tout son développement, est d'un blanc sale, subtranslucide; elle est cylindrique, tronquée en avant, terminée en pointe en arrière; les anneaux dont son corps est formé, sont à peine séparés par de faibles sillons.

Fig. 766. — Anthomyie des oignons (*a*) et sa larve (*b*).

La femelle dépose ses œufs sur les feuilles des

diverses espèces du genre *ail*, auquel appartient l'oignon ordinaire (*allium cepa*). Dès que les petites larves sont écloses, elles pénètrent dans le bulbe en perçant les premières enveloppes et se nourrissent aux dépens de la substance de ce dernier dont elles amènent bientôt la destruction complète. En automne, les larves, arrivées à leur taille définitive, quittent leur résidence pour s'enfoncer en terre où elles ne tardent pas à se transformer en chrysalide. Cette chrysalide est une sorte d'ovoïde allongé, brunâtre, à téguments assez résistants. C'est dans cet état que l'insecte passe l'hiver pour se dégager au printemps sous la forme de mouche ailée.

Les moyens de combattre cette espèce nuisible, sont encore à trouver (1).

Anthomyie du chou. — L'anthomyie du chou (*anthomyia brassicæ*) a la taille de la précédente. Elle est d'un gris cendré avec trois stries noires sur le dos ; l'abdomen est étroit, entièrement gris chez la femelle et varié de raies noires chez le mâle ; les ailes sont transparentes. La larve et la nymphe ressemblent à celles de l'*anthomyie des oignons* ; la première est seulement plus robuste ; ses mœurs sont les mêmes.

C'est, paraît-il, dans les régions sablonneuses que cette mouche exerce le plus de ravages. Voici ce qu'on observe chez les plantes attaquées : quand elles n'ont encore que quelques feuilles, si on les tire du sol, on voit sur la racine de petites tumeurs qui contiennent dans leurs interstices une quantité de jeunes larves. Ces larves font tourner à leur profit la séve absorbée par les racines et transforment celles-ci en masses informes, renfermant une matière putrilagineuse au milieu de laquelle elles achèvent leur développement.

Ces larves sont très-préjudiciables aux cultures en question, et les ravages qu'elles commettent ont attiré depuis longtemps l'attention des cultivateurs. Nous trouvons dans un article publié à ce sujet dans les bulletins de l'Académie de Belgique, par M. P. Lejeune, que sur 64,000 hectares, consacrés dans les deux Flandres à la culture du navet, la production moyenne est de 22,000 kilogrammes de racines par hectare, alors qu'il serait possible d'en faire produire à la terre une quantité double. L'auteur n'hésite pas à attribuer à l'anthomyie cette réduction dans les résultats obtenus.

Il n'y a certainement rien à faire contre les larves quand elles sont produites ; il est impossible d'aller les chercher sous terre pour les détruire. On ne pourrait non plus faire la chasse aux anthomyies pour les empêcher de pondre, mais ne peut-on les éloigner des champs de navets? Différents moyens ont été employés dans ce but. On a recommandé, comme pour l'*altise*, le pralinage des graines; on a aussi conseillé les arrosements avec l'infusion d'absinthe, peu après la levée des graines, mais ces moyens, efficaces dans certains cas, ne paraissent pas aussi bien réussir ici.

M. Lejeune recommande aux cultivateurs dont les champs sont infestés par cette mouche pernicieuse la culture d'une variété de navets désignée par les agriculteurs flamands sous le nom de *navet-betterave*, variété obtenue en faisant lever les graines de navet dans une betterave dont on a préalablement enlevé le collet, que l'on a creusée et remplie de terre. Les jeunes plantes ainsi nourries de la substance de la betterave décomposée, participent plus ou moins de la nature de celle-ci et sont, paraît-il, moins recherchées de l'anthomyie.

Psylomyie des carottes. — La *psylomyie des carottes* ou *de la rose* (*psylomyia rosæ*) est une mouche d'un noir métallique à reflet verdâtre, avec la tête d'un jaune rougeâtre. Sa longueur est de 0m,005 à 0m,006. Elle cause dans les carottes, à l'état de larve, les mêmes dégâts que l'*anthomyie* dans les navets. Le seul moyen à opposer à ses ravages, moyen indiqué par Kollar, est d'arracher les plantes malades qui se trahissent par la coloration jaune des feuilles (*rouille*), afin de diminuer la propagation des insectes qu'elles renferment.

Nous signalerons encore parmi les insectes nuisibles aux carottes, 1° un petit coléoptère de la famille des longicornes, nommé par les entomologistes *phytæcia ephippium*, dont la larve creuse de nombreuses galeries dans les racines. Cette espèce est propre au midi de la France ; 2° une teigne (*hæmilis daucella*), qui vit à l'état de chenille dans les fleurs et les graines de la plante en question. Chaque chenille, dit M. Goureau, « prend possession d'une ombelle de fleurs qu'elle lie avec des fils de soie tirés de sa bouche ; elle se tient au milieu et ronge à son aise ce qui l'entoure. Lorsqu'elle a pris sa croissance, elle a 0m,013 de longueur. Elle est d'un gris verdâtre tirant au jaune avec des points verruqueux noirs, portant un poil court répandu sur tout le corps ; la tête et le dos du premier segment sont bruns ou noirs.

Cette chenille abandonne sa demeure à la moindre secousse, aussi est-il facile, en secouant au-dessus d'un plat chaque ombelle qui en contient, d'en purger tout un champ en peu de temps.

Tipule potagère. — La *tipule potagère* (*tipula oleracea*) appartient au même ordre d'insectes que les *anthomyies* et les *psylomyies*, mais elle est beaucoup plus grande et d'une autre forme. Elle est rougeâtre et ressemble à un cousin de très-grande taille, ce qui est cause que beaucoup de personnes la redoutent, fort à tort, car elle est inoffensive sous cette forme. Ce qui nous la fait ranger au nombre des insectes nuisibles, c'est que sa larve, qui a l'apparence d'un ver blanchâtre, translucide, sans pattes, long de 0m,025, recouvert d'une peau très-coriace, vit aux pieds et aux dépens des betteraves, des pommes de terre, des laitues, etc. C'est pendant le printemps et le com-

(1) M. Goureau attribue à l'*anthomyia platura* ce que nous appelons l'échauffement des échalottes. Selon nous, cette affection provient d'un excès d'humidité, non de l'attaque d'un insecte ; mais peut-être l'attire-t-elle. Une échalotte qui *s'échauffe* et jaunit peut être rétablie rien que par l'effet du déchaussement. P. J.

mencement de l'été qu'elles commettent leurs déprédations.

Il n'y a d'autre moyen de la détruire que de la rechercher, de grand matin, à la base des plantes qui, par leur état maladif, font soupçonner sa présence.

Phytomyze géniculée. — Petit diptère de 0m,002 à 0m,003 d'envergure, noir avec les yeux rouges, la face et les genoux blancs, ce qui lui a valu son nom. La femelle a l'extrémité de l'abdomen munie d'un tube au moyen duquel elle perce les feuilles de différentes plantes pour y déposer ses œufs.

Tout le monde a remarqué ces lignes blanches contournées qui marbrent les feuilles des choux, des capucines, etc. Ces lignes proviennent de galeries faites dans le parenchyme des feuilles par les larves de la *phytomyze* dont il est question ici; l'épiderme seul est conservé, et, en se desséchant, prend la coloration qui décèle les portions minées.

Cette larve fait en général peu de mal et nous n'en parlons que pour mémoire. On ne peut du reste s'opposer à sa multiplication qu'en coupant les feuilles attaquées.

Pégomyie de l'oseille. — La *pégomyie de l'oseille* (*pegomyia acetosæ*) est encore un diptère, mais du double plus grand que le précédent. Sa couleur est fauve avec la face blanche, la base de l'abdomen noire chez le mâle, les pattes fauves avec la moitié des cuisses antérieures et les tarses noirs. Sa larve fait aux feuilles de l'oseille le même tort que la précédente aux feuilles des choux. Elle vit sous cet état pendant l'été et se transforme au mois d'août.

Forficulés. — Les *forficules*, plus connues sous le nom de *perce-oreilles*, nom effrayant qu'elles doivent non pas à la prétendue habitude qu'elles auraient de s'introduire dans les oreilles pour aller y percer la membrane du tympan, mais parce que la pince qui termine leur corps, ressemble à celle qu'employaient autrefois les orfèvres pour percer le lobe de l'oreille, afin d'y suspendre des anneaux, ainsi qu'on le fait encore aujourd'hui aux petites filles; les forficules, disons-nous, appartiennent à l'ordre des Orthoptères, famille des *Forficulaires*. Elles sont trop connues pour que nous les décrivions.

La *forficule commune* (*forficula auricularia*) se nourrit des jeunes pousses de diverses plantes potagères. Elle est parfois si abondante dans les jardins qu'on doit aviser au moyen de la détruire. Le procédé généralement employé consiste à placer sur un piquet, au-dessus des plantes que l'on veut préserver, un petit pot à fleur renversé et préalablement rempli de mousse. Tous les matins on fait la visite de ces pots et on noie ou on écrase les forficules qui s'y sont réfugiées (1).

Courtilières. — Il est fâcheux que nous devions ranger la courtilière au nombre des ennemis de nos jardins, car cet insecte, essentiellement carnassier, fait une guerre active aux différentes larves souterraines dont nous avons tant à nous plaindre, mais elle met une telle ardeur dans sa poursuite que rien ne l'arrête; elle se fraye un passage à travers tous les obstacles qu'elle rencontre; or, ces obstacles sont principalement, dans les jardins, les racines des plantes que nous cultivons pour notre utilité ou notre agrément; ces plantes maltraitées de la sorte ne tardent pas à s'étioler et à mourir.

On a accusé la courtilière de dévorer les racines mêmes des plantes, mais cette accusation paraît mal fondée; c'est au moins ce qui résulte d'expériences nombreuses faites par différents observateurs.

Quoi qu'il en soit, que cet insecte se borne à couper les racines pour éviter les détours dans sa marche souterraine, ou bien qu'il en dévore quelque brin en passant, il n'en est pas moins vrai que tous les jardiniers le maudissent et le considèrent comme un véritable fléau dans leurs carrés.

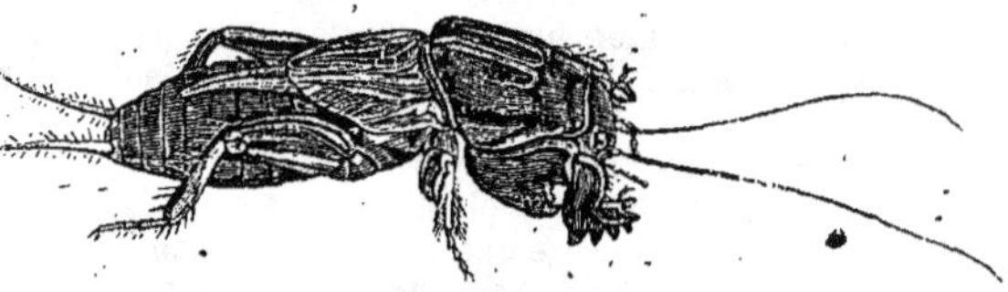

Fig. 767. — Courtilière.

La courtilière, ou taupe-grillon, est un insecte de l'ordre des Orthoptères, de la tribu des *Grillons*. Son corps est allongé, brunâtre. Sa tête porte deux antennes longues comme le tiers du corps. Le corselet est bombé, en forme de carapace, assez solide pour résister à une pression modérée; les ailes sont courtes; l'abdomen est volumineux et terminé par deux filets de la longueur des antennes. La particularité la plus curieuse que présente la courtilière réside dans les pattes antérieures qui sont courtes, très-robustes et terminées par une sorte de plaque digitée au moyen de laquelle elle fouille la terre. Cette forme des pattes ainsi que ses habitudes lui ont fait donner le nom de *taupe-grillon* sous lequel elle est connue dans beaucoup de localités.

Les courtilières s'accouplent au printemps et, peu de temps après, la femelle pond en terre à quelques pouces de profondeur, dans une cavité qu'elle se ménage à cet effet, une ou deux centaines d'œufs agglomérés, de la grosseur, chacun, d'un grain de millet, réunis par une matière gommeuse. De ces œufs éclosent de petites larves qui ont la forme générale des adultes, mais qui sont privées d'ailes; il leur faut trois ans pour atteindre leur taille définitive.

Comme la plupart des animaux inférieurs, les courtilières passent l'hiver dans l'engourdissement et à une assez grande profondeur dans le sol. Au printemps, elles remontent, et, arrivées à

(1) Nos cultivateurs de pêchers de Montreuil se contentent de placer çà et là contre l'espalier, de petites bottes de rameaux après l'ébourgeonnement. Dès que ces rameaux commencent à se flétrir, les forficules s'y réfugient. P. J.

un pouce ou deux de la superficie, elles creusent une multitude de galeries horizontales qui se trahissent au dehors par le desséchement et le fendillement de la terre. Elles habitent de préférence les lieux où la terre est légère, et on les rencontre indifféremment dans les champs cultivés et les jardins. On reconnaît leur présence à l'état de souffrance de la végétation.

Bien des procédés ont été indiqués pour détruire les courtilières, mais nous devons avouer qu'il n'en est aucun de véritablement efficace qui soit applicable à la grande culture ; tout au plus peut-on en diminuer le nombre dans les potagers. Un bon moyen consiste à creuser un trou dans l'endroit où l'on a constaté la présence des courtilières et à y enterrer du fumier de vache à demi desséché, ou plutôt arrivé à ce point où il est rempli d'insectes. Les courtilières recherchent ce fumier où elles trouvent du gibier en abondance. Le lendemain, on retire le fumier et on tue les courtilières que l'on y rencontre. Comme il importe de faire cette opération avec rapidité, car ces insectes ont l'ouïe fine et se réfugieraient dans leurs galeries à la première alerte, il est bon de renfermer le fumier dans un filet à larges mailles ou dans un panier à claire-voie, afin de pouvoir retirer brusquement du trou toute la masse à la fois ; on prévient de cette façon la fuite des courtilières.

Les piéges consistent en pots à demi remplis d'eau et enterrés ; les aspersions d'eau mélangée d'huile, et autres moyens semblables peuvent en détruire, mais d'une façon bien incomplète. En tout cas, voici comment il convient de pratiquer le premier de ces procédés : on creuse une tranchée d'une quinzaine de centimètres de profondeur, et d'une largeur égale au travers du terrain à purger, en ayant soin d'en tailler les bords à pic. On peut faire une seconde, une troisième, une quatrième tranchée, parallèles à la première et espacées de 1 à 2 mètres. On enterre ensuite, de distance en distance, dans ce fossé, des pots à fleur à demi remplis d'eau, de façon à ce que leur bord soit de niveau avec le sol du fond de la tranchée ; il va sans dire que le trou percé au fond du pot doit être préalablement bouché. Les courtilières, dans leurs courses souterraines, arrivent à la tranchée, y tombent, la suivent dans sa longueur pour chercher une issue commode, vont tomber dans le premier pot qu'elles rencontrent et s'y noient.

Ce procédé est bon pour les petits carrés de légumes fins, les couches de jeunes semis, en un mot, pour les cultures restreintes et soignées, mais on comprend qu'il est peu praticable dans les cultures de quelque étendue.

On a préconisé aussi contre les courtilières l'emploi du fumier de porc.

Enfin, on a imaginé différentes sortes de trappes qui toutes ont plus ou moins de ressemblance avec certaines souricières ou avec les nasses à prendre les poissons, et qu'on établit dans les galeries des courtilières, mais ces différents moyens ne sont guère admissibles que dans les plates-bandes des jardins d'agrément, les couches, les petites cultures, et, en pareil cas, nous préférons encore le système des tranchées.

Nous ne pouvons terminer le chapitre qui concerne les insectes nuisibles aux plantes potagères, sans parler d'un de leurs plus grands ennemis, le *carabe doré* connu sous le nom de *jardinière* ou de *vinaigrier*, espèce de coléoptère extrêmement commune dans les jardins.

Les carabes, en général, sont de grands insectes fort agiles, ornés, pour la plupart, de couleurs brillantes et métalliques. Nous en avons déjà figuré un ci-dessus (page 72), ce qui nous dispensera de donner le dessin du carabe doré des jardins qui lui ressemble de tout point pour la forme et la taille. Ce dernier a pour caractères spécifiques sa couleur d'un vert éclatant et doré en dessus, ses élytres sillonnées et surmontées chacune de trois côtes arrondies, ses pattes rouges et son ventre noir.

Le carabe doré, comme tous ses congénères, est essentiellement carnassier, et à l'état de larve aussi bien qu'à celui d'insecte parfait, il fait une chasse active aux limaces et aux vers de terre.

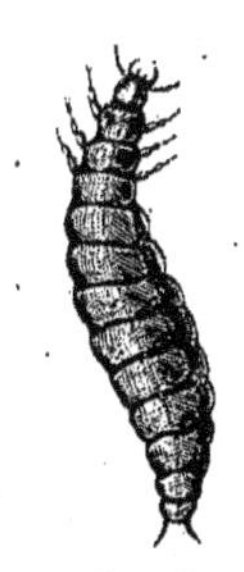

Fig. 768. — Larve du carabe.

La larve, qui est longue de 0m,0025 à 0m,003, est d'un noir brillant en dessus, blanchâtre avec des mamelons noirs et lisses en dessous ; elle est très-agile. On la rencontre moins fréquemment que le carabe lui-même, parce que le jour elle se tient cachée dans des trous, sous les feuilles sèches, sous les pierres, et ne se met en quête de sa nourriture que pendant la nuit. Quand elle découvre une limace, elle fond dessus et enfonce dans son corps les mandibules dont sa tête est armée. Ces mandibules sont en forme de tenailles, très-aiguës et parcourues dans leur longueur par un étroit canal ; elles servent à l'animal pour pomper les sucs de sa proie qu'il épuise et fait rapidement périr. Quand la larve est repue, elle est énormément gonflée et peut à peine se traîner pour regagner son abri.

Le carabe, comme on voit, est fort utile dans les jardins, et il importe de le ménager.

CHAPITRE XLI

DES INSECTES NUISIBLES AUX FOURRAGES

Apions.— Nous avons déjà mentionné les charançons désignés sous le nom d'*apions*, à propos des insectes qui attaquent les pois et les lentilles.

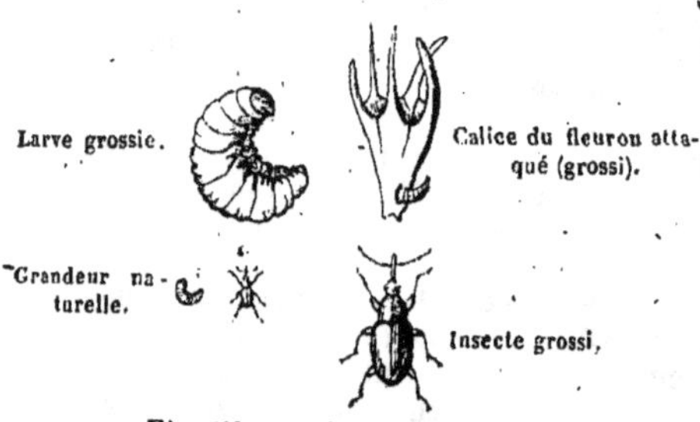

Fig. 769. — Apion apricans.

Une espèce, nommée *apion apricans*, fait beaucoup de tort aux récoltes de graines de trèfle.

Nous empruntons à M. Guérin-Méneville, les figures et les détails de mœurs qu'il donne sur cet insecte.

L'*apion apricans* est long de 0m,0025, noir, à corps globuleux en arrière, prolongé en avant en une sorte de bec qui porte ses antennes.

La femelle pond ses œufs sur les capitules du trèfle, avant la floraison. Il sort de ces œufs une petite larve blanche, sans pattes, à corps divisé en anneaux, à tête cornée, ronde, jaune, munie de mandibules. Cette larve perce la base des fleurons et pénètre dans leur intérieur où elle ronge les parties parenchymateuses qui plus tard seraient devenues la graine. Chaque fleur attaquée avorte. Quand la larve a atteint la taille de 0m,002, elle sort du calice, en le trouant à la base, et s'établit entre les divers fleurons des capitules pour s'y transformer en nymphe, puis en insecte parfait.

Les larves d'*apion* ont des ennemis dans deux petits ichneumonides qui les recherchent activement pour pondre leurs œufs dans leur corps. L'un de ces ichneumonides est le *calypte à grosse tête*, petite mouche à quatre ailes irisées, à corps noir, luisant, long de 0m,003, à base des pattes jaune, dont la femelle est munie d'un stylet plus long que le corps lui-même, stylet qu'elle insinue dans les fleurons attaqués et au moyen duquel elle pond ses œufs dans le corps des larves d'*apions*. L'autre est plus petit, orné de couleurs métalliques et se nomme *pteromale pione*.

Une autre espèce d'apion, l'*a. à pattes jaunes*, vit de la même manière sur le trèfle blanc ou hollandais (1); une troisième, l'*a. à cuisses fauves*, sur le trèfle pourpré.

(1) En agrologie, nous ne désignons sous le nom de trèfle de Hollande, que le trèfle rouge commun (*trifolium pratense*). P. J.

Hylaste du trèfle. — L'*h. du trèfle* (*hylastes trifolii*) fait partie d'un groupe de coléoptères bien connus, sous les noms génériques de *scolytes* et de *bostriches*, par les dévastations qu'ils causent dans les forêts. Celui dont il est ici question vit, par exception, dans les racines du trèfle commun, auquel il nuit parfois beaucoup lorsqu'il se multiplie outre mesure.

Fig. 770.—Hylaste du trèfle grossi (*b*) et grandeur naturelle (*a*).

C'est un petit insecte long de 0m,002, cylindrique, brunâtre, de la forme générale des insectes si communs sous les écorces des pins et qui appartiennent au même genre.

Chrysomèles.— On désigne, sous ce nom, une immense série de coléoptères qui tous vivent à l'état de larve aussi bien qu'à celui d'insecte parfait, aux dépens des feuilles des végétaux. Les chrysomèles sont de jolis insectes, ornés de couleurs vives, souvent métalliques, quelquefois extrêmement brillantes, qui leur donnent l'aspect de pierres précieuses, de fragments d'or, de bronze ou de cuivre poli ; leur forme est généralement globuleuse ou ovoïde.

Nous en ferons connaître quelques-unes qui sont fort préjudiciables à diverses cultures, notamment aux prairies artificielles.

Au nombre des plus redoutables, se place le *colaphus* ou *colaspis noir* (*colaphus ater*, Ol.), et surtout la larve de cet insecte.

« Dans le mois de mai 1813, dit M. L. Dufour, en parcourant la riche plaine de Saint-Philippe, dans le midi du royaume de Valence, je vis des luzernières fort étendues, tellement dévastées par cette larve vorace, qu'il ne restait plus de la plante que la base des tiges et les pétioles dépourvus de folioles. La larve de ce *colaspis* a la structure générale de celles des autres coléoptères de la famille des chrysomélines. Elle est hexapode, noirâtre, glabre, longue de trois lignes sur une ligne environ d'épaisseur. Les paysans valenciens la connaissent sous le nom de *cuc* (kouk), terme générique qui signifie ver ou chenille. Ils n'ont d'autre moyen d'arrêter les progrès de cette rapide dévastation que d'enlever ces larves avec une sorte de sac court, large, mais peu profond, formé d'une toile grossière et forte, fixée autour d'un cerceau emmanché d'une longue barre.

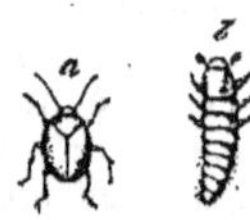

Fig. 771. — Colaphe noir (*a*) et sa larve (*b*).

« C'est à peu près le *filet faucheux* des entomologistes. Ils le promènent sur la luzerne, en faisant le mouvement de faucher, et en moins de deux minutes il y a au fond du filet plusieurs livres de ces larves.

« On les écrase sous les pieds pour recommencer ensuite la chasse. J'ai été témoin de celle-ci. L'insecte parfait qui dévore aussi la luzerne, comme je m'en suis assuré, se trouve en petite proportion dans les masses des larves, un vingtième tout au plus. » (*Ann. de la Soc. entom. de Fr.*, 1836.)

Bien que cette observation ait été faite en Espagne, nous la reproduisons parce que le *colaphus ater* est tout aussi répandu dans les champs de luzerne du midi de la France qu'en Espagne, parfois même si abondamment qu'il les rend tout noirs, ainsi que les sentiers qui les traversent.

L'*eumolpe noir* (*eumolpus obscurus*) est une autre chrysomèle fort redoutable pour le trèfle, dans les provinces méridionales.

Fig. 772. Eumolpe noir.

L'eumolpe noir, espèce voisine de l'*eumolpe de la vigne*, dont nous aurons à parler plus loin, est un insecte long de $0^m,004$ à $0^m,005$, trapu de forme, à élytres carrées, plus larges que le corselet, à antennes longues, de couleur noire et d'un luisant tempéré par une fine pubescence grise.

La larve, qui ressemble beaucoup à celle du *colaphus*, se comporte de la même manière à l'égard du trèfle.

On peut la combattre par le procédé usité en Espagne et que nous venons de rapporter d'après M. Dufour.

Coccinelle globuleuse. — Les *coccinelles* ou *bêtes à bon Dieu* sont de petits coléoptères hémisphériques, rouges, ou jaunes pour la plupart, et parés généralement de petites gouttes noires ou blanches. Ce sont des insectes utiles en ce qu'ils se nourrissent, à l'état de larves, des pucerons qui infestent tant d'espèces de plantes. Les coccinelles font une immense destruction de ces fâcheux parasites, et l'on doit soigneusement respecter leur présence dans les jardins.

Il en est cependant qui font exception et qui se nourrissent de divers végétaux ; c'est ainsi que l'espèce actuelle vit aux dépens de la luzerne, du trèfle, des vesces, etc.

La femelle pond au printemps sur les feuilles. Les jeunes larves, qui ne tardent pas à sortir des œufs, se répandent sur la plante et rongent le parenchyme des feuilles en y laissant des traces semblables à celles qu'y ferait un peigne rudement promené sur leur surface.

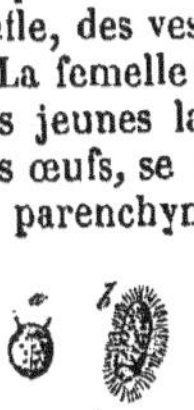

Fig. 773. — Coccinelle globuleuse (*a*) et sa larve (*b*).

Cette larve est longue de $0^m,005$ à $0^m,006$, grisâtre, hérissée de poils rudes peu serrés. Quant à l'insecte parfait, il est hémisphérique, rougeâtre, avec quelques taches noires et légèrement velu, ce qui le distingue de la plus grande partie des coccinelles qui sont glabres. Son nom scientifique est *lasia globosa*.

Criquet voyageur. — L'un des insectes les plus redoutables pour les cultures, dans les pays chauds. Il vient quelquefois par troupes innombrables, dans certaines régions de l'Afrique et de l'Asie, s'abattre sur un canton et y dévorer tout ce qui est feuille. Quand il ne reste plus un brin de verdure, la bande dévastatrice s'élève dans les airs et va envahir un autre canton, et ainsi successivement, laissant derrière elle la plus affreuse désolation. Il y a de ces troupes de criquets qui se composent d'un nombre si effroyable d'individus, que leur masse, quand ils volent, forme des nuages opaques, longs de un à deux kilomètres sur plusieurs centaines de mètres de largeur.

La famine a été souvent la conséquence funeste de l'apparition de ces insectes pour beaucoup de pays. Ce n'est pas tout. Arrivés au terme de leur course, ils tombent par milliards, et leurs cadavres amoncelés se putréfient rapidement sous les rayons ardents du soleil de ces régions. Les miasmes pestilentiels qu'ils dégagent corrompent l'atmosphère, et les horreurs de la peste s'ajoutent aux horreurs de la famine.

Heureusement, ce fléau sévit rarement en Europe, et jamais à un degré aussi funeste qu'en Afrique. Cependant, le criquet voyageur se montre quelquefois dans le midi de la France. Sa tête a été mise à prix dans beaucoup de communes de la Provence. A Sainte-Marie, on a recueilli 82,000 kilogrammes d'insectes en une seule année, ce qui ne devait pas faire moins d'un milliard d'individus. Il y a une quarantaine d'années, on payait, à Marseille, 50 centimes le kilogramme d'œufs, 25 centimes le même poids d'insectes, et cette ville dépensa 20,000 francs en primes de cette nature.

Le *criquet voyageur* (*acridium migratorium*), appelé aussi *sauterelle de passage*, *sauterelle voyageuse*, est un insecte de l'ordre des Orthoptères. Sa longueur est de $0^m,04$ à $0^m,06$, et son envergure de $0^m,10$. Il est brun, grisâtre ou rougeâtre avec des cuisses postérieures rouges; ses ailes inférieures sont teintées de jaunâtre ou de rougeâtre à la base; quant à sa forme générale, elle est celle du petit criquet, ou sauterelle, si commun dans les prairies au mois d'août.

Le criquet voyageur et toutes les espèces du même genre se nourrissent de substances végétales, et, à ce titre, sont les ennemis de nos cultures. On ne parvient à s'en débarrasser, quand ils tendent, par leur nombre, à devenir sérieusement préjudiciables, qu'en leur faisant la chasse, ce que leur grande taille rend assez facile. Nous ne prétendons cependant pas dire qu'on peut toujours s'en débarrasser de cette façon. S'il arrivait par malheur qu'ils se montrassent ici en troupes innombrables comme parfois en Égypte, il faudrait bien courber la tête devant le fléau et laisser faire jusqu'à ce qu'il plût au ciel d'en purger le pays.

Bombyx nègre. — Le *nègre* (*bombyx morio*) est un papillon de nuit de $0^m,02$ à $0^m,03$ d'envergure, à ailes d'un brun noirâtre, presque transparentes, avec les nervures et le bord libre noirs et opaques. Le mâle se distingue par ses antennes plumeuses. La femelle a ces mêmes organes filiformes; elle est, en outre, plus petite et ses ailes sont plissées et chiffonnées au bout, dans son état naturel.

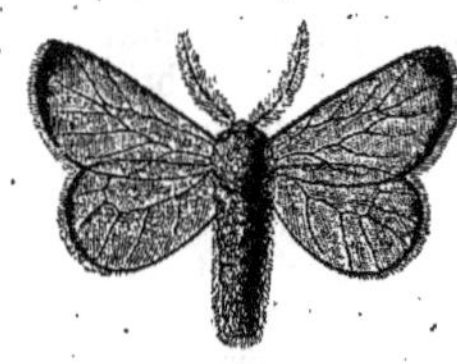

Fig. 774. — Bombyx nègre.

La chenille est d'un noir brunâtre avec des rangées de tubercules d'un rougeâtre ferrugineux surmonté de poils raides, verticillés, d'un gris cendré. Elle apparaît en avril et mai et vit surtout aux dépens du ray-grass. Quand elle est abondante, elle cause un dommage réel dans les prairies. Kollar rapporte que pendant le mois de mai de 1836, elle dévasta de grands espaces de prés dans les environs de Vienne, en Autriche. En France, selon Godart, elle ne se trouve guère que dans les départements méridionaux.

Un procédé de destruction qui nous paraît applicable contre cette chenille, est un roulage pesant, au moyen duquel on en écrasera un grand nombre.

Noctuelle du gramen. — Bien que cette noctuelle soit rare chez nous, nous en parlons ici parce qu'elle a, comme insecte éminemment nuisible aux prairies, une très-fâcheuse réputation dans le nord de l'Europe, dans l'Allemagne septentrionale et l'Angleterre. Il se pourrait qu'elle apparût un jour, tout à coup, plus au sud, de sorte qu'il n'est pas hors de propos de la faire connaître aux lecteurs de ce livre.

La *noctuelle du gramen* (*noctua graminis*), appartient à la division des papillons de nuit. Elle a de 0m,035 à 0m,04 d'envergure; ses ailes supérieures

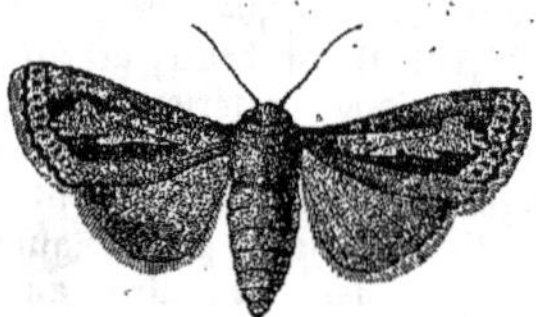

Fig. 775. — Noctuelle du gramen.

sont grises avec une tache longitudinale blanche et quelques taches brunes; les inférieures sont entièrement grises.

Voici ce que dit Engramelle de ses ravages :

« Cette espèce appartient presque exclusivement aux pays du Nord. Sa chenille y est fort redoutée pour les ravages qu'elle fait dans les prés. Elle s'enfonce en terre pour y ronger les racines de toutes les espèces de gramen. On cite plusieurs années où les chenilles s'étant extrêmement multipliées dans quelques provinces de Suède et de Norwége, firent un tel dégât, que les prairies furent entièrement desséchées. Elles épargnent l'*alopecurus pratensis*, L. ou *vulpin des prés* et le *trèfle* (*trifolium pratense*, L.) Elles refusent encore la plupart des herbes des jardins. Elles se tiennent plus volontiers sur le bord des fleuves que dans l'intérieur des terres.

« Il y a des peuples du Nord qui s'imposent des pratiques de pénitence au commencement de l'été, lorsqu'ils s'aperçoivent que les chenilles dévastent leurs prairies, et ils rendent grâces à Dieu lorsqu'elles se sont transformées, parce qu'ils s'imaginent que leurs prières les ont fait disparaître.

« On trouve l'histoire très-détaillée de ces chenilles dans les *Mémoires de l'Académie des sciences de Suède*. Nous y apprenons qu'elles sont rases, d'un gris obscur, avec une raie jaune de chaque côté du corps, et une autre de même couleur sur le dos. Elles paraissent en mai, juin et juillet. Les corbeaux et les cochons en sont très-friands. Le plus ordinairement, c'est vers la fin de juin ou au commencement de juillet qu'elles se transforment en chrysalides, d'où le papillon sort au bout de quinze jours. »

Noctuelle glyphique. — Quoique appartenant à la division des nocturnes, cette jolie espèce vole en abondance, pendant le jour, sur les champs de trèfle, de luzerne, où a vécu sa chenille.

Fig. 776. — Noctuelle glyphique.

La *noctuelle glyphique* (*noctua glyphica*, L.), a 0m,030 d'envergure; le fond de ses ailes est d'un gris brun, avec deux taches irrégulières cerclées d'un cordon gris clair sur les ailes supérieures et des taches d'un jaune très-pâle sur les inférieures.

La chenille est jaune, avec des lignes longitudinales obscures. Elle apparaît deux fois dans l'année, d'abord dans le courant de juillet, puis en septembre. Les chenilles de la seconde génération passent l'hiver à l'état de chrysalides pour se transformer en papillons au mois de mai de l'année suivante.

Phalène biponctuée. — Cette phalène (*eubolia bipunctata*), dont la chenille vit également sur le trèfle et la luzerne, est large de 0m,030 à 0m,035, d'un gris cendré bleuâtre avec de nombreuses lignes transversales d'un gris plus foncé. Sa chenille, courte, épaisse, d'un gris terreux, a toute sa taille en juillet.

Phalène à barreaux. — Autre phalène fort préjudiciable aux luzernes. Elle a 0m,025 d'envergure. Ses ailes sont jaunes, parsemées de points bruns très-nombreux, marqués de quelques ondulations blanchâtres et de lignes brunes transversales qui croisent les nervures également brunes.

Sa chenille est longue de 0m,025 à 0m,030, lorsqu'elle a acquis toute sa taille, c'est-à-dire en avril et en juin, car il y en a deux générations. Elle est grêle, cylindrique, d'un bleu verdâtre avec trois lignes brunes sur le dos et deux blanches, latérales. Sa tête est blanche et bordée de noir.

Sa chrysalide est courte, luisante, brune avec la couverture des ailes noire; on la trouve à nu sur la terre.

Le nom scientifique de cette espèce est *strenia clathrata*. Elle est fort commune par toute la France.

Agromyze pied noir. — La luzerne est encore attaquée par un autre insecte, dont la larve se loge dans le parenchyme des feuilles et produit rapidement la dessiccation des portions qu'elle mine de la sorte; aussi sa présence se révèle-t-elle par des taches blanches, nombreuses, qui finissent par envahir toutes les parties vertes.

Cette larve est celle d'un petit diptère appelé par les entomologistes *agromyze pied noir* (*agromyza nigripes*) de 0m,004 à 0m,005 d'envergure, d'un noir luisant, avec les yeux bruns, les balanciers blancs, les ailes transparentes avec les nervures noires.

Quand cette mouche est fort abondante dans un champ de luzerne, elle peut faire un tort considérable aux cultivateurs, car la larve est très-vorace, et il y en a plusieurs générations dans l'année. Il faut se hâter de faucher dès que le mal prend des proportions inquiétantes et sauver une partie de la récolte si l'on ne veut courir le risque de perdre le tout.

CHAPITRE XLII

DES INSECTES NUISIBLES A QUELQUES PLANTES INDUSTRIELLES

Atomaire. — Voici ce que M. Bazin écrivait en 1854 à l'Académie des sciences de France :

« Il existe un tout petit coléoptère, très-friand de la betterave, qui se reproduit avec une fécondité surprenante et qui échappe très-facilement aux regards de l'observateur. Il va, en effet, se cachant dans le sol, où il ronge les germes des betteraves à mesure qu'ils apparaissent. Qu'on soulève légèrement les mottes de terre et l'on en verra souvent des quantités innombrables. Il n'est pas rare d'en trouver plusieurs autour d'une même graine. Quand leur nombre est si considérable et que leur éclosion précède la levée des betteraves, la récolte est entièrement compromise. Mais si les insectes ne paraissent qu'après la levée des plantes, les dommages sont moins grands. Ils attaquent les racines, y creusent de petits trous et les minent en partie, mais ils ne les détruisent pas toujours. Les betteraves échappent souvent à la mort, surtout si la terre est humide, compacte, et la végétation active.

« Cet insecte ne se contente pas d'attaquer la racine : quand le temps est beau, il sort de terre, monte sur la tige et mange les feuilles. Nous avons vu quelquefois de ces petits coléoptères réunis par groupes sur une petite betterave qui, au bout de quelques heures, n'offrait plus qu'une tige sans feuilles, bientôt flétrie et morte. Quand les betteraves sont levées, elles ne sont donc pas toujours à l'abri du danger. Il arrive même souvent qu'un certain nombre d'insectes sont occupés à ronger la racine, pendant que d'autres se nourrissent aux dépens de ses feuilles. Ce cas est, comme on le pense, fort grave et souvent mortel.

Fig. 777.—Atomaire linéaire, très-grossie (*b*) et grandeur naturelle (*a*).

« Le coléoptère qui cause tous ces ravages est l'*atomaria linearis* (Steph.). Il est étroit, linéaire, long à peine de 0m,0005. Sa couleur varie du roux ferrugineux au brun noir. C'est en 1839 que nous avons pu pour la première fois observer cet insecte au Mesnil-Saint-Firmin. Il y a sept ou huit ans, il a été signalé par M. Macquart, aux cultivateurs du Nord. Il se montre en mai et en juin, plus rarement en juillet et en août. Voici les moyens que nous employons avec succès pour préserver les betteraves contre les ravages de l'*atomaria linearis*.

« Le premier est de faire alterner les récoltes.

« Le second consiste à plomber le sol avec des rouleaux. Il paraît que les *atomaria* ne se plaisent pas dans un milieu compacte. Et de plus, la terre comprimée autour de la plante empêche celle-ci de mourir, même lorsque sa racine a été attaquée et coupée sous terre par des insectes.

« Le troisième précepte est de préparer bien son champ, fumer convenablement et semer quand la saison est assez avancée pour que la végétation ne languisse pas : alors la plante, poussant activement, répare par de nouvelles feuilles les pertes que lui font éprouver ces insectes, et résiste malgré les dommages qui entravent son développement.

« Quatrièmement, enfin, quand on voit les insectes se multiplier outre mesure, et surtout si l'on est obligé de semer une seconde fois, il faut se garder d'une économie mal entendue de graines et savoir augmenter, doubler même quelquefois, dans les cas désespérés, la quantité de la semence.

« Ce sont là des moyens vraiment pratiques agricoles et que nous avons reconnus efficaces. Depuis que nous les employons nos betteraves sont toujours épargnées, tandis que celles de nos voisins sont souvent détruites. Cette année encore, l'*atomaria* a causé dans plusieurs pays des dégâts considérables. Les agriculteurs les plus capables n'en ont pas été préservés. »

Ajoutons à cette liste des moyens à opposer aux *atomaria*, indiqués par M. Bazin, celui qui consiste à oindre les graines de betterave d'huile de caméline, avant de les confier à la terre. Il paraît que ce procédé, employé dans certaines localités du nord de la France, est d'une efficacité reconnue par tous ceux qui le mettent en pratique.

Sylphe opaque. — Les sylphes ou boucliers sont des coléoptères aplatis, ovales, de couleur généralement noire. Ils vivent, pour la plupart, de matières animales en putréfaction et contribuent, ainsi que leurs larves, à faire disparaître les cadavres d'animaux abandonnés à la surface du sol. Il en est cependant quelques-uns qui dévorent les substances végétales.

La *sylphe opaque* (*sylpha opaca*) est de ce nombre.

Cette espèce, répandue dans toute l'Europe, fait

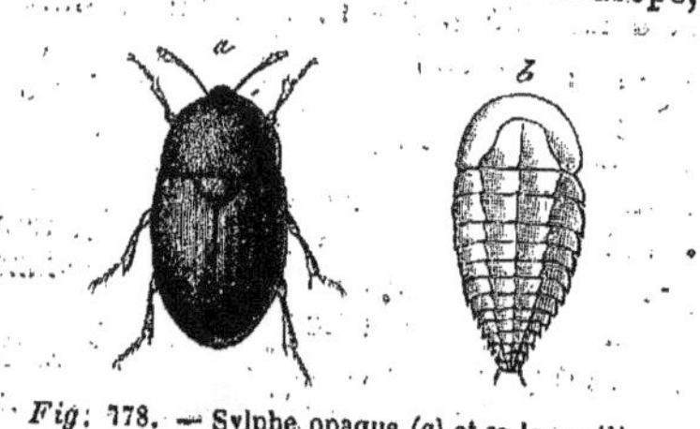

Fig. 778. — Sylphe opaque (*a*) et sa larve (*b*).

parfois, lorsqu'elle est abondante, de grands ravages dans les plantations de betteraves. Sa larve en mange les feuilles. Quand la plante est encore jeune et qu'elle est attaquée par plusieurs larves, celles-ci l'ont bientôt rasée jusqu'au collet.

Comme procédé de destruction, le nettoyage des plantes à la main est le seul moyen efficace que nous connaissions. On peut charger de cette besogne des enfants qui recueilleront aisément la majeure partie des insectes. Ceux qui échapperont seront en petit nombre et conséquemment ne nuiront plus assez aux plantes pour les faire périr.

Altises. — Nous avons parlé des altises à propos des insectes nuisibles aux plantes potagères. Nous avons brièvement rapporté leurs mœurs. Quelques espèces de ce genre de coléoptères nuisent beaucoup à certaines plantes cultivées pour les besoins de l'industrie; nous les décrirons sommairement ici, renvoyant le lecteur à l'article précité pour la connaissance de leurs mœurs et des moyens de destruction à employer contre elles.

1° *Altise à antennes noueuses* (*phyllotretra nodicornis*), longue d'un peu plus de 0m,002 et de moitié moins large, aplatie, finement ponctuée, d'un bronzé brunâtre avec les pattes noires. Le quatrième article des antennes est fortement dilaté chez les individus mâles. Cette espèce est très-commune par toute la France, sur la gaude (*reseda luteola*).

2° *Altise à antennes brunâtres* (*podagrica fuscicornis*), deux fois plus grande que la précédente. Ovale, noire, avec la tête, la base des antennes et le corselet rouges, les élytres d'un bleu obscur ou verdâtre, brillant; très-finement ponctuée partout. Elle se trouve en grande abondance sur la guimauve (*althea officinalis*) dont elle dévore les feuilles.

3° *Altise du houblon* (*altica humuli*). Celle-ci est longue de 0m,002 et tout entière d'un vert bronzé luisant. On la trouve sur le houblon pendant le printemps, parfois en telle abondance qu'elle ne laisse pas une feuille à la plante. La chaux en poudre, semée sur les pieds de houblon, envahis par cette funeste vermine, est un moyen efficace pour la détruire.

4° *Altise potagère* (*altica oleracea*). Elle nuit beaucoup au lin. Pour la détourner, quelques cultivateurs ont l'habitude d'entourer leurs linières d'une large ceinture de plants de moutarde ou d'une crucifère quelconque, genre de plantes que les *altises* préfèrent à toute autre.

Punaises grise et bleue. — Les tabacs ont souvent beaucoup à souffrir de deux espèces de punaises qui piquent les tiges et les feuilles de leur dard, et en pompent la séve.

L'une de ces punaises est la *p. grise* (*cimex griseus*) qui a la tête en museau allongé, déclive, le corps d'un jaune pâle, avec des points noirs en dessus; le dernier article des antennes d'un rougeâtre fauve. Le célèbre naturaliste suédois Degeer rapporte, à propos de cette espèce, une particularité remarquable. Il vit un jour, dit-il, sur un bouleau une femelle du *C. griseus* suivie d'une quarantaine de petits. La sollicitude de la mère pour ses jeunes rappelait tout à fait les agitations et les inquiétudes de la poule entourée de ses poussins.

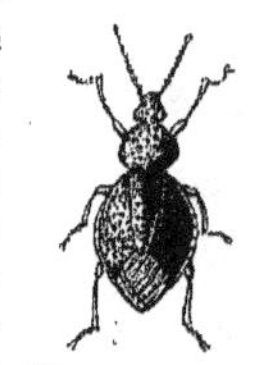

Fig. 779. — Punaise grise.

L'autre espèce nuisible aux tabacs est la *p. bleue* (*cimex cœruleus*) qui est d'un bleu verdâtre sans tache, avec la partie membraneuse des élytres noire.

Le meilleur moyen de débarrasser les plantes de ces hôtes malfaisants, est de secouer chaque pied de tabac au-dessus d'un large sac attaché à un cercle en fer ou en bois, qui le maintient ouvert, et d'écraser toutes les punaises qui y tombent.

Pyrale du pastel. — Cette pyrale (*botys isatidalis*) a 0m,030 d'envergure. Elle est d'un gris bleuâtre marqué de points noirs, avec la base des ailes supérieures passant insensiblement au brun foncé et la base des inférieures passant de la même façon au blanc jaunâtre.

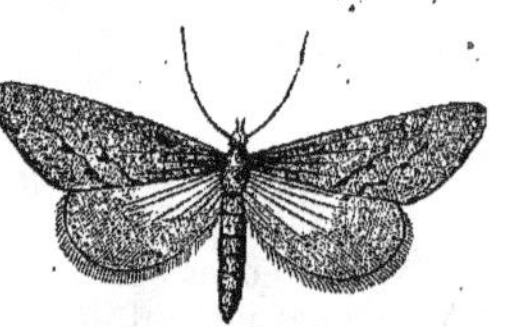

Fig. 780. — Pyrale du pastel.

La chenille est d'un vert pâle avec des bandes longitudinales jaunes. Elle porte de petits tubercules noirs, surmontés chacun d'un poil blanchâtre.

Elle vit en société sur le pastel, cachée d'abord dans les jeunes feuilles du sommet des pousses, qu'elle lie avec des fils de soie; quand elle est plus âgée, elle va ronger les feuilles, puis enfin elle perce les tiges et s'enfonce dans la moelle qu'elle dévore de même.

Sa chrysalide est d'un rouge obscur, allongée, munie à la queue de soies crochues. On la trouve, enveloppée d'une coque soyeuse, blanche, entre les feuilles, dans la tige ou parmi les débris divers qui jonchent le pied de la plante.

Pour la détruire, on doit, au printemps, surveiller les plantes et supprimer toutes les sommités qui servent de retraite aux jeunes chenilles.

Sphinx de la garance. — Ce papillon appartient à la division des crépusculaires; son nom scientifique est *sphinx gâllii*. Ses ailes supérieures ont une bande olivâtre marquée de noir; les inférieures, une tache d'un rouge de brique; l'abdomen porte une série de points blancs le long du dos.

La chenille est d'une teinte olive avec une bande dorsale et des taches latérales d'un jaune clair. Elle s'enfonce en terre dans le courant de l'automne pour se métamorphoser en nymphe et apparaît l'été suivant sous sa forme définitive.

Ces chenilles sont rarement assez abondantes pour causer de grands dégâts dans les champs de garance. On doit toutefois surveiller les plantes à l'époque du sarclage pour les débarrasser de ces parasites.

Pyrale de la garance. — Cette pyrale (*scopula sophialis*) a les ailes supérieures d'un gris obscur, avec des bandes transversales en zigzag d'un blanc bleuâtre. Ses ailes inférieures sont d'un blanc sale avec une double bordure brune.

Fig. 781. — Pyrale de la garance.

La chenille vit sur la garance. Elle est, quoique plus petite, plus à craindre que la précédente, parce qu'elle apparaît généralement en plus grande abondance. On s'en débarrassera par le même moyen.

Hépiale du houblon. — Les entomologistes comprennent, sous le nom d'*hépiales*, quelques espèces de papillons de nuit qui se distinguent, entre autres caractères, par la brièveté de leurs antennes.

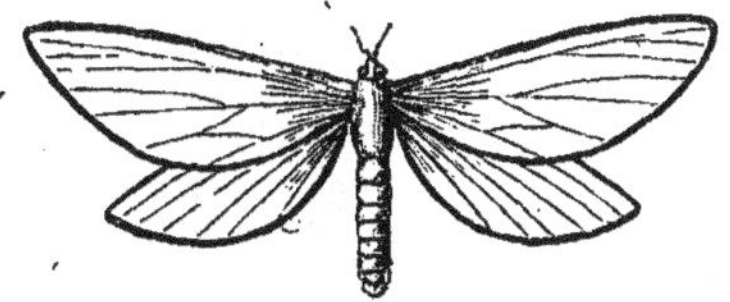

Fig. 782. — Hépiale du houblon.

Leurs chenilles vivent en terre aux dépens des racines de différentes plantes. L'espèce dont il est ici question fait beaucoup de tort au houblon.

L'*hépiale du houblon* (*hepialus humuli*) dont la figure ci-jointe montre la forme et la grandeur, a les quatre ailes blanches bordées d'un liséré rouge chez le mâle; chez la femelle, les ailes supérieures sont jaunes avec une bordure, des taches et deux bandes obliques rouges; les inférieures sont d'un jaune rosé, bordées de rouge seulement à l'extrémité. Le corps est jaunâtre dans les deux sexes.

Ce papillon apparaît en juin et juillet. Il s'accouple et la femelle pond en terre, au pied des plants de houblon, une multitude de petits œufs d'un noir luisant.

Sa chenille est d'un blanc jaunâtre avec la tête et deux plaques écailleuses brunâtres, sur les deux premiers anneaux. Les autres portent de petits tubercules jaunes sur chacun desquels est implanté un poil noir. Cette chenille qui a les mouvements très-vifs, se développe pendant l'été et l'hiver en rongeant les racines du houblon; au mois d'avril, elle se file une coque allongée et cylindrique, fermée à l'une de ses extrémités par quelques fils de soie lâches, où elle subit sa dernière transformation.

Le meilleur moyen, paraît-il, de débarrasser les houblonnières de cette pernicieuse chenille, est d'arroser les plantes avec de l'eau dans laquelle on a délayé de la fiente de porc.

On peut en détruire aussi beaucoup lors de la taille des pieds de houblon, à la fin d'avril ou au commencement de mai.

Pyrale du houblon. — Les houblons sont encore attaqués par la chenille d'un autre papillon, mais celle-ci vit dans l'intérieur des tiges de la plante.

La *pyrale du houblon* (*grapholitha silaceana*, Hub.) est un petit papillon de nuit de 0m,020 à 0m,025 d'envergure. Les ailes supérieures sont, en dessus, d'un jaune obscur, avec une bande dentelée transversale d'un jaune serin et plusieurs taches et bandes rouges. Les ailes inférieures sont blanchâtres avec quelques taches purpurines et le bord jaunâtre.

Fig. 783. — Pyrale du houblon.

La chenille est longue de 0m,020, d'un blanc sale, sauf une ligne médiane obscure, la tête brune, le premier anneau brun avec une ligne centrale blanche, les autres surmontés chacun de trois tubercules noirâtres, luisants. Cette chenille est adulte en automne.

Hypène rostrale. — L'*hypène rostrale* (*hypena rostralis*) est un papillon brunâtre de 0m,025 d'envergure. Sa tête porte une sorte de trompe formée par les palpes (trompe apparente, bien entendu), ce qui lui a valu son nom. Sa chenille est verte, avec une ligne dorsale brune et les deux latérales blanches; çà et là, sur le corps, sont semées de petites verrues noires. Elle vit, comme les précédentes, sur le houblon.

Noctuelle peltigère. — La chenille vit sur le tabac. Rare dans le nord de la France, cette espèce est fort commune dans le midi. Elle a les ailes supérieures couleur café au lait clair, avec des zones transversales un peu plus foncées, des stries rougeâtres et deux taches triangulaires d'un brun obscur; ses ailes inférieures sont d'un gris de fer avec la base blanche.

Sa chenille est d'un jaune verdâtre avec des raies longitudinales blanches et de petits traits noirs placés dans le même sens. Entre les articulations existent des points blancs cerclés de noir.

L'échenillage est le seul moyen efficace de s'opposer aux dégâts que peut faire cette espèce, ainsi que les précédentes, dans les cultures qu'elles recherchent.

CHAPITRE XLIII

DES INSECTES NUISIBLES AUX ARBRES ET ARBRISSEAUX A FRUITS

Nous avons sous les yeux un livre consciencieusement écrit par un entomologiste de mérite et fort habile observateur, M. Gehin, de Metz. Ce livre est en deux parties et ne comprend pas moins de trois cents et quelques pages; il est intitulé: *Insectes qui attaquent les poiriers.* Le nombre des insectes indiqués par l'auteur comme vivant aux dépens du poirier s'élève à cent cinq espèces! et encore dans ce nombre les chenilles ne sont point comprises.

Audouin, d'autre part, a écrit un très-gros ouvrage sur les seuls insectes qui ravagent les vignobles, notamment sur la *pyrale de la vigne.*

Les annales des différentes sociétés d'agriculture, les journaux et autres publications périodiques qui traitent ce sujet, offrent çà et là des articles sur les ravages de tel ou tel insecte et sur les moyens plus ou moins efficaces qu'on peut lui opposer.

En présence d'un aussi vaste sujet et ne pouvant consacrer qu'un petit nombre de pages à ce chapitre, nous devrons nécessairement nous borner à exposer les habitudes de quelques espèces seulement, choisies parmi les plus nuisibles aux arbres fruitiers, en laissant de côté toutes celles qui ne commettent que des dégâts de peu d'importance. La liste en est encore assez longue.

Rhynchites. — On désigne sous ce nom un genre de charançons comprenant plusieurs espèces qui toutes nuisent beaucoup aux arbres sur lesquels elles vivent. Les *rhynchites* sont tous de jolis insectes parés de couleurs vives, quelquefois métalliques. L'un des plus brillants et en même temps des plus nuisibles est le:

Rhynchite Bacchus. — Celui-ci est long de 0m,008 à 0m,010, d'un rouge doré métallique, à reflets verts. Le bec est noir ou violet comme l'acier.

Fig. 784. — Rhynchite Bacchus.

Dès le commencement du printemps on trouve cet insecte, parfois en très-grand nombre, sur les pommiers et les poiriers; il se tient accroché aux jeunes pousses qu'il perce de sa trompe pour en aspirer la séve. Il cause déjà de la sorte un grand dommage aux arbres, d'abord en détournant à son profit une portion de la séve, ensuite en faisant perdre de sa solidité à la branche attaquée, qui casse au premier coup de vent. Mais là ne s'arrêtent pas ses déprédations. Au mois de juin, la femelle perfore, au moyen de sa trompe, les jeunes fruits et y dépose un œuf. La larve, petite, d'un blanc rosé, sans pattes, à tête noirâtre, qui éclôt bientôt, chemine dans l'intérieur du fruit et en dévore la pulpe. Un mois plus tard, elle a acquis toute sa taille; elle s'enfonce alors en terre, y passe le reste de l'été et tout l'hiver pour apparaître au printemps suivant sous la forme d'insecte parfait.

Quant au fruit qui l'a nourrie, il est inutile de dire qu'il se dessèche et tombe bien avant sa maturité.

Rhynchite conique. — Ce rhynchite conique (*rhynchites conicus*) est plus petit que le précédent, d'un beau bleu brillant et velu. Il est connu des jardiniers sous les noms de *lisette* et de *coupe-bourgeon.* On le trouve au mois de mai sur les arbres fruitiers; il se nourrit, comme le *bacchus*, de leur séve.

Mais c'est surtout au temps de la ponte que cet insecte est nuisible. Ce n'est pas dans les jeunes fruits que celui-ci dépose ses œufs, mais dans les pousses de l'année. La femelle fore un trou dans le rameau encore tendre, dépose un œuf au fond de ce trou, puis coupe, au moyen de ses mandibules, la jeune branche un peu au-dessous, mais seulement de manière à la casser sans la détacher entièrement. On voit souvent, dans les jardins, des arbres ayant les extrémités de toutes leurs branches cassées, pendantes et flétries. Beaucoup de personnes ignorent que cette mutilation est le fait d'un insecte. Si elles veulent s'en assurer, elles n'ont qu'à détacher le rameau à demi desséché; elles trouveront, en l'ouvrant, une petite larve logée dans la moelle. Cet insecte a, paraît-il, une prédilection marquée pour les greffes.

Rhynchite du bouleau. — Espèce qui serait mieux nommée rhynchite de la vigne, car c'est à cet utile végétal qu'elle s'adresse de préférence. Le *r. du bouleau* (*rhynchites betuleti*), l'*urbec* des viticulteurs, est d'un beau vert brillant en dessus, avec une teinte dorée en dessous. La femelle pond ses œufs dans les feuilles qu'elle a préalablement roulées en cornet. Afin de rendre cette opération plus facile, elle coupe à demi le rameau qui les porte. La feuille flétrie perd son élasticité et se prête mieux au travail de l'insecte. La larve vit, dans l'intérieur du rouleau, aux dépens de la substance même de la feuille. Le *rhynchite du bouleau* se rencontre aussi sur les noisetiers, les tilleuls, les hêtres, les peupliers, les poiriers, etc.

Rynchite cuivreux. — Ressemblant beaucoup au *bacchus* pour la couleur, mais de moitié plus petit; revêtu d'un léger duvet grisâtre.

Cette espèce a les mêmes habitudes que le *bacchus*, mais ce sont les fruits à noyaux, surtout les prunes et les cerises, qu'elle recherche.

Le genre *rhynchite* renferme encore d'autres espèces dont les mœurs sont semblables à celles que nous venons d'esquisser, mais qui nous sont moins préjudiciables, parce qu'elles ne se rencontrent pas dans les jardins.

Le meilleur procédé de destruction à employer contre eux est de leur faire directement la chasse. Dès qu'on les verra apparaître, on secouera les arbres, ou chacune de leurs branches, sur des toiles étendues à leur pied; on écrasera les insectes à mesure qu'ils tomberont. Ce moyen est, il est vrai, d'une exécution peu commode; il est imparfait en ce que beaucoup d'insectes échappent à la destruction, mais c'est le seul quelque peu efficace que l'on connaisse.

Apions. — Nous avons parlé plus haut de l'*apion apricans* qui cause parfois de grands dommages au trèfle en déposant sa progéniture dans les fleurons de cette plante. Une autre espèce du même genre, l'*a. pomona*, se comporte de la même manière à l'égard des pommiers et des poiriers.

Fig. 785. — Apion pomona.

L'*a. pomona* est plus grand que l'*apricans*, mais de même forme. Il est noir avec les élytres ovales, globuleuses, striées, bleues. Il est rare qu'il se rencontre en assez grande quantité pour être fort préjudiciable. Si ce cas se présentait, il n'y aurait à employer contre lui que le moyen indiqué pour les *rhynchites*.

Anthonomes. — A l'époque où les pommiers sont en pleine floraison, si l'on examine leurs bouquets de fleurs, on aperçoit des boutons qui ne se sont pas épanouis et dont la corolle, restée globuleuse, a pris une teinte rougeâtre et fanée. Si l'on ouvre l'une de ces fleurs avortées, on trouve, à l'intérieur, un petit ver blanchâtre, fusiforme, sans pattes, à téguments translucides; ce ver est la larve d'un charançon nommé *anthonome des pommiers* (*anthonomus pomorum*) dont voici l'histoire en peu de mots :

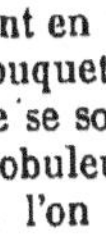

Fig. 786. — Anthonome des pommiers.

Cet anthonome, figuré ci-contre, est long de 0m,005 à 0m,006, brunâtre, avec une bande oblique limitée en avant et en arrière par une bande plus foncée sur chaque élytre. Sa trompe est assez longue, grêle et arquée.

Il est fort commun dans toute l'Europe tempérée. On le voit apparaître dès les premiers beaux jours du mois d'avril. Peu de temps après l'accouplement, les femelles se mettent en quête des boutons de pommier, ou à leur défaut de merisier, ou bien de poirier. Au moyen de leur trompe, elles perforent celui dont elles ont fait choix, puis insinuent un œuf dans son centre. Elles réitèrent cette opération, en ne déposant qu'un seul œuf dans chaque bouton, jusqu'à ce que toute la série de leurs œufs soit pondue. Un seul insecte peut, comme on voit, infester un grand nombre de boutons.

Sept ou huit jours après la ponte, l'œuf éclôt, et la jeune larve qui en sort se met immédiatement à ronger tout ce qui est à sa portée : les étamines, les pistils et souvent l'ovaire lui-même. En tout cas le bouton est perdu; il ne s'épanouit pas et prend l'aspect que nous avons dit. Il faut à la larve à peu près un mois pour acquérir sa taille définitive. Elle se transforme alors en nymphe dans le bouton même où elle a vécu et non en terre comme les *rynchites*; les insectes parfaits sortent quinze jours ou trois semaines après cette transformation. L'évolution complète de l'insecte ne dure donc que six semaines. Pendant les mois de juin et de juillet ils sont fort abondants, puis peu à peu leur nombre diminue par le fait de la destruction qu'en font leurs ennemis naturels. Ceux qui échappent passent l'hiver dans les crevasses de l'écorce des arbres, dans la mousse qui revêt leur pied, sous les feuilles sèches et ailleurs, ce sont ceux qui apparaîtront au printemps suivant.

Y a-t-il un bon moyen de s'opposer aux ravages de l'anthonome? nous ne le croyons pas. Après avoir lu ce qu'ont écrit à ce sujet Fritsche, Ch. Morren, Kollar, Schmidberger, Ratzebürg et Gehin, nous restons convaincu que cet insecte échappe complétement à nos atteintes. Nous ne discuterons pas les différents procédés indiqués; l'espace nous manque. Nous ne pouvons cependant nous dispenser d'émettre quelques réflexions à propos de celui-ci que nous trouvons généralement conseillé et qui est formulé de la manière suivante dans une publication récente : « Le seul moyen vraiment efficace, consiste à écraser, entre les doigts, tous les boutons roussis, de manière à écraser la larve elle-même, ou à la mettre à découvert, ce qui lui est également funeste. Malheureusement, ce procédé ne peut s'appliquer qu'aux petits arbres et ne peut être praticable en grand. » Nous nous demandons quelle est l'efficacité de ce moyen, même à l'égard des petits arbres. Si la larve, après avoir attaqué un bouton, se transportait sur un autre, nous concevrions mieux l'utilité de l'opération; mais la larve est apode et n'a d'action que sur le bouton où elle a été déposée, et quand ce bouton est roussi, il est, de toute façon, perdu. Le résultat qu'obtiendrait en définitive l'opérateur, serait de diminuer d'autant d'individus qu'il pourrait en écraser, la masse des anthonomes destinés à agir sur les arbres fruitiers l'année suivante. Or, il n'est pas d'entomologiste qui ne sache que, sous ce rapport, l'action de l'homme est absolument nulle, que l'abondance et la rareté de telle ou telle espèce d'insecte, par certaine année, sont soumises à des conditions météorologiques ou autres, qu'il ne peut ni favoriser, ni empêcher, ni même prévoir; que si les anthonomes sont excessivement rares cette année, ils peuvent être excessivement abondants l'année prochaine, ou *vice versa*, et cela sans qu'il en connaisse la raison.

Que l'amateur de jardins fasse plutôt la chasse aux anthonomes, au mois d'avril, avant et pendant la ponte, s'il n'a rien de mieux à faire ; il pourra peut-être ainsi sauver quelques-uns de ses fruits; mais la peine qu'il se donnera ne sera guère compensée par les bénéfices de l'opération, car les anthonomes volant parfaitement, il sera chaque fois envahi par de nouvelles bandes arrivant du voisinage, tant que durera l'époque de la ponte.

Phyllobies. — Les *phyllobies* sont encore des charançons. Ils vivent, comme leur nom l'indique, au détriment des feuilles de différents arbres. Nous parlerons ici spécialement du *phyllobie oblong* (*phyllobius oblongus*) que l'on trouve souvent en très-grande quantité sur les cerisiers, les pommiers, les poiriers, à la fin de mai et au commencement de juin.

Fig. 787. — Phyllobie oblong.

Le *ph. oblong* est long de 0m,004 à 0m,006, bombé en arrière, rétréci en avant, à bec beaucoup plus court et plus épais que celui des anthonomes, d'un brun plus ou moins ferrugineux ou noir, revêtu de poils très-fins et généralement assez serrés. Ses pattes et ses antennes sont rougeâtres.

On ne connaît d'autre moyen de s'en défaire ou plutôt d'en diminuer le nombre, qu'en secouant, le matin, au-dessus d'une toile, les arbres qui en sont chargés.

Balanin. — Le *balanin des noisettes* (*balaninus nucum*) est un joli charançon revêtu de poils couchés, d'un vert jaunâtre, d'aspect soyeux, de forme rhomboïdale, long de 0m,005 à 0m,006, à bec très-long, très-grêle et un peu courbé.

Fig. 788. — Balanin des noisettes.

On le voit apparaître au mois de mai. A cette époque, les noisetiers ont déjà leurs fruits formés ; les femelles, peu de jours après l'accouplement, perforent la cupule des petites noisettes et insinuent un œuf dans leur intérieur, opération qu'elles exécutent facilement, grâce à la longueur de leur rostre. L'amande continue de se développer; la larve grandit en même temps et à ses dépens. En automne, celle-ci, qui a acquis toute sa taille, fore dans le bois de la noisette ce trou parfaitement circulaire que tout le monde connaît, puis elle va achever en terre ses dernières métamorphoses, pour reparaître au mois de mai suivant sous sa nouvelle forme.

Scolytes. — Les *scolytes* forment, avec les *bostriches*, un groupe d'insectes coléoptères tristement célèbres par les ravages qu'ils font dans les bois. Tout le monde a été à même d'observer les galeries qu'ils creusent entre l'écorce et l'aubier des arbres. Ce sont eux qui forment les dessins bien connus que nous figurons ci-contre et que l'on découvre en soulevant l'écorce du bois mort ou malade des pins, des ormes, des frênes, des pommiers, etc.

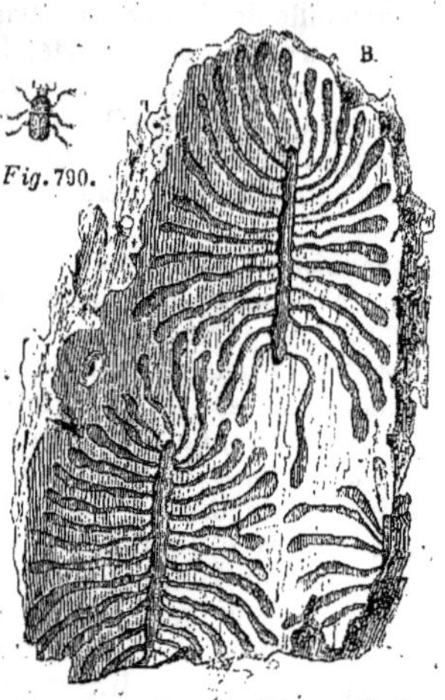

Fig. 789. — Morceau d'écorce d'arbre sculpté par les scolytes. — *Fig.* 790. — Scolyte du prunier.

Les pins sont les arbres qui ont le plus à souffrir des *bostriches* ; les ormes et les pommiers sont les principales victimes des *scolytes*. Nous parlerons ici de ces derniers et surtout du *scolyte du prunier*, que l'on rencontre indifféremment sur le prunier, le poirier et surtout le pommier.

Le *sc. du prunier* (*scolytus pruni*) est un insecte long de 0m,003, de la forme indiquée ici, brunâtre, luisant, avec les élytres d'un brun plus ou moins rougeâtre.

On trouve les scolytes sous l'écorce des vieux arbres en souffrance. Nous n'examinerons pas ici la question de savoir si ce sont eux qui mettent les arbres en cet état, ou bien s'ils ne recherchent que les arbres malades. Cette question a été longuement discutée. Quoi qu'il en soit, ce sont des hôtes très-malfaisants, à cause des nombreuses galeries qu'ils forent dans la partie la plus sensible de l'arbre, galeries par où la séve s'écoule au lieu d'aller former et nourrir les feuilles.

Quand une femelle est sur le point de pondre ses œufs, elle s'enfonce dans l'écorce. Arrivée à l'aubier, elle change de direction et creuse une galerie à la superficie de ce dernier. C'est la ligne noire, longitudinale du dessin ci-dessus. A mesure qu'elle avance, elle dépose de distance en distance un œuf, et chemine de la sorte jusqu'à ce que la série de ses œufs soit épuisée. Les jeunes larves qui en sortent se mettent aussitôt à ronger le bois, en s'écartant, à angle droit, de la galerie principale, mais restant toujours entre l'écorce et l'aubier. Leurs galeries deviennent de plus en plus larges à mesure que les larves avancent et grandissent, et, ce qui est très-remarquable, jamais elles ne se rencontrent. Quand les larves ont atteint leur taille définitive, elles se rapprochent de la superficie et se transforment en nymphes, puis en insectes parfaits qui se dégagent en perçant la mince couche qui les sépare de l'extérieur.

Les femelles des scolytes sont extrêmement fécondes, et ces insectes, s'ils étaient à l'abri de toute persécution, ne tarderaient pas à anéantir les espèces d'arbres qui les nourrissent. Mais la prévoyante nature leur a créé de nombreux ennemis qui, les poursuivant dans leurs galeries mêmes, en font une immense destruction. Nous retrouvons encore, dans le nombre, plusieurs de nos utiles alliés, les ichneumons.

Nous indiquerons plus loin, à propos des *bostriches*, et seulement pour mémoire, les procédés qui ont été conseillés pour préserver de la mort les arbres envahis par ces fâcheux ravageurs ; disons ici qu'ils sont malheureusement inefficaces et qu'on ne connaît encore rien, jusqu'à présent, pour arrêter leur multiplication.

D'autres espèces de scolytes fréquentent divers arbres fruitiers, particulièrement les *scolytes ruguleur, hémorrhoïdal* et *destructeur*. Ce dernier est surtout préjudiciable aux ormes ; nous en parlerons plus loin. Tous ont, du reste, les mêmes mœurs que le *scolyte du prunier*.

Rongeurs de la vigne. — Les vignes vieilles, malades, de mauvaise venue, sont fréquemment attaquées par deux espèces de *bostriches* que les viticulteurs appellent le *grand* et le *petit rongeur de la vigne*, et qui sont désignés par les naturalistes sous le nom de *sinoxylon sexdentatum* et *xylopertha sinuata*.

Le premier est long de 0m,004, épais, cylindrique, bossu et rugueux en avant, noir avec la base des élytres souvent rougeâtre ; celles-ci sont tronquées en arrière et le bord de la troncature est armé de six petites épines. Le second est plus long et beaucoup plus étroit ; ses élytres sont également cylindriques et tronquées au bout, mais le bord de la troncature, au lieu d'être denté, est simplement sinueux.

Tous deux pondent leurs œufs dans les sarments de la vigne. Les larves qui en proviennent et qui sont de petits vers blancs, ressemblent assez aux vers des noisettes, s'enfoncent dans le bois, le creusent dans tous les sens d'une infinité de galeries, ce qui a pour conséquence de lui ôter toute sa solidité, au point qu'il se rompt au moindre coup de vent.

Ces bostriches n'attaquant guère que les vignes déjà malades, on doit veiller au bon entretien des sarments pour les tenir à distance.

Ils ne se rencontrent que dans les contrées du Midi.

Rongeurs de l'olivier. — Deux petits insectes, xylophages, font à l'olivier le même tort que les bostriches font à la vigne. L'un (*hylesinus oleiperda*) est long de 0m,003, cylindrique, noir, hérissé de poils roux, arrondi à l'extrémité postérieure ; l'autre (*phloiotribus oleæ*) est d'un tiers plus petit et ressemble pour le reste au précédent, pour des yeux peu exercés. Tous deux, à l'état de larves, minent les branches des oliviers lorsque ces arbres sont languissants et chargés de bois mort.

Fig. 791. — Eumolpe de la vigne.

L'indication, quant au traitement, est la même que pour la vigne.

Eumolpe de la vigne. — Semblable pour la forme à l'*Eumolpe noir*, dont nous avons parlé plus haut, mais distinct par sa taille plus grande et ses élytres rouges (*fig.* 791).

Cette espèce ne se rencontre pas dans le Nord. En revanche elle est parfois très-abondante dans les régions méridionales, et nuit beaucoup à la vigne.

Fig. 792. — Bombyx livrée.

Pour s'en délivrer, il n'est pas d'autre moyen que de lui faire la chasse en secouant vivement les sarments infestés au-dessus d'un parapluie que l'on tient dans une position renversée. On peut de la sorte, en se promenant, recueillir un grand nombre de ces insectes et nettoyer un vaste espace de terrain. Il est évident que beaucoup échappent à la destruction, mais leur nombre est alors relativement trop faible pour que les plantes en souffrent (1).

Bombyx livrée. — Ce *bombyx* (*bombyx neustria*) a de 0m,0030 à 0m,0035 d'envergure ; il est entièrement d'un ferrugineux clair avec les ailes supérieures marquées de deux bandes étroites, transversales, blanchâtres. (*fig.* 792).

Sa chenille est bien connue des jardiniers et de tous les amateurs d'arbres à fruits. Elle est longue et étroite, d'un noir velouté avec deux bandes bleues latérales, quatre bandes rousses, et une bande blanche sur le dessus ; toutes ces bandes sont disposées longitudinalement. Sa tête est d'un bleu d'ardoise avec deux taches noires. On trouve ces chenilles pendant l'été sur différents arbres, mais principalement sur les poiriers ; elles vivent en société nombreuse sous une toile en soie, qu'elles se fabriquent aussitôt après leur naissance, et d'où elles partent pour aller à la pâture.

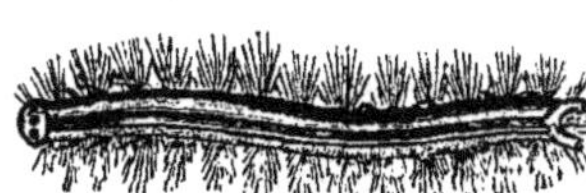

Fig. 793. — Chenille du bombyx livrée.

Cette chenille est arrivée à toute sa croissance dans le courant de juin. Elle se file alors, ordinairement entre deux ou trois feuilles qu'elle rapproche à cet effet, une coque blanche, d'un tissu serré, sur laquelle elle répand un liquide qui, en séchant, forme une poussière d'un jaune de soufre.

Sa chrysalide est brunâtre, saupoudrée de jaune. Les œufs (qu'il importe de connaître), sont disposés en forme de bracelets ou plutôt de petits cylindres autour des rameaux les plus minces

(1) Dans la troisième partie de cet ouvrage, à l'occasion de la *culture des vignes fines* de la Côte-d'Or, M. de Vergnette-Lamotte a donné sur l'eumolpe de la vigne, la pyrale et l'attelabe, des détails intéressants et complets. P. J.

des arbres sur lesquels vivront les chenilles. Ils sont gris cendré et agglutinés par une liqueur qui, en séchant, donne à la masse une grande solidité. C'est en cet état qu'ils passent l'hiver.

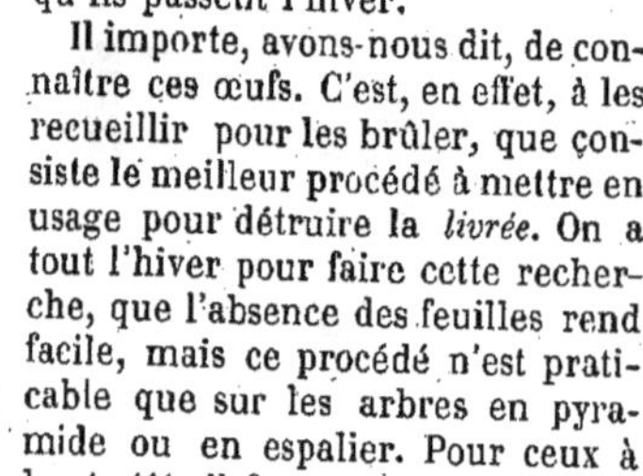

Fig. 794. — Œufs du bombyx livrée.

Il importe, avons-nous dit, de connaître ces œufs. C'est, en effet, à les recueillir pour les brûler, que consiste le meilleur procédé à mettre en usage pour détruire la *livrée*. On a tout l'hiver pour faire cette recherche, que l'absence des feuilles rend facile, mais ce procédé n'est praticable que sur les arbres en pyramide ou en espalier. Pour ceux à haute tête il faut attendre l'éclosion des chenilles, au printemps, et les détruire toutes en masse, lorsqu'elles sont réfugiées sous leurs tentes.

Le nom de *neustrien*, qui est le nom scientifique de l'espèce en question, a été donné il y a deux cents ans, par Charleton, naturaliste anglais, aux premières chenilles qu'il eut l'occasion d'observer et qui venaient de la Normandie (*Neustria*). La disposition de ses couleurs lui a fait donner le nom de *livrée* par les jardiniers.

Bombyx du prunier. — Celui-ci (*gastropacha pruni*) a le dessus des ailes supérieures d'un jaune fauve avec deux lignes transversales et le bout ferrugineux; entre les deux lignes se voit un gros point blanc. Les ailes inférieures sont d'un rouge de brique clair avec le tiers postérieur plus pâle. Ce bombyx est très-grand : il a $0^m,06$ à $0^m,07$ d'envergure.

La chenille est d'un gris cendré ou rougeâtre avec deux raies bleuâtres, bordées de jaune foncé sur le dos ; le corps est marqué en outre de taches blanches. Elle a un collier orange bordé de bleu.

Elle vit sur différents arbres fruitiers, notamment sur le prunier, le pommier et le poirier.

Bombyx queue d'or. — Excessivement abondant à la fin de juillet. On le rencontre quelquefois en quantité prodigieuse, accroché aux troncs des arbres, à terre dans les sentiers, sur les plantes, dans les jardins, les promenades, partout.

Ce papillon (*arctia chrysorrhea*), large de $0^m,030$ à $0^m,040$, est tout blanc, sauf l'extrémité de l'abdomen qui est fauve.

Sa chenille, qui éclôt à la fin d'août, est noirâtre, ornée d'une double ligne rouge, comprise entre deux rangées de taches blanches, et à six séries d'aigrettes de poils roussâtres. Elle passe l'hiver, en société, dans une sorte de tente soyeuse que la communauté se construit dans ce but. Cette tente est divisée à l'intérieur en autant de cellules qu'il y a d'individus.

Cette chenille est extrêmement préjudiciable à un grand nombre d'arbres. Il faut, pour la détruire, écheniller dans le courant de l'hiver, lorsqu'elle est retirée dans son nid. Plus tard, quand les individus se sont dispersés sur les arbres, la destruction deviendrait impossible.

Bombyx disparate. — Véritable fléau des jardins, ce bombyx sous sa première forme est, dans certaines années, tellement abondant, qu'il détruit complétement le feuillage des arbres d'un canton. Presque toutes les essences conviennent à sa chenille, et comme celle-ci est de grande taille, il n'en faut qu'un petit nombre pour dépouiller de toutes ses feuilles un arbre de moyenne taille.

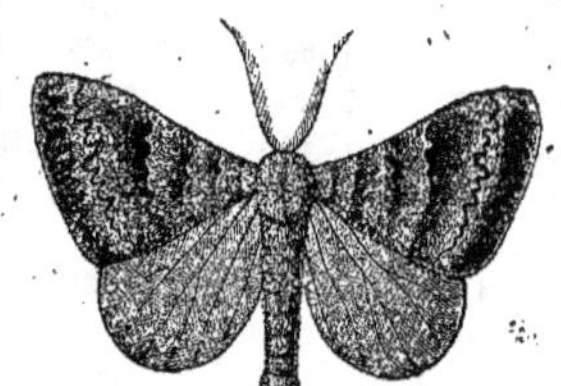

Fig. 795. — Bombyx disparate (mâle).

Le *bombyx disparate* (*liparis dispar*) mâle, a $0^m,040$ d'envergure; les ailes supérieures sont nuancées de brun clair et de brun obscur, teintes disposées par bandes ondulées; les ailes inférieures sont d'un brun uniforme jusqu'à la bordure qui est d'un brun obscur. Il se distingue surtout par ses antennes très-plumeuses.

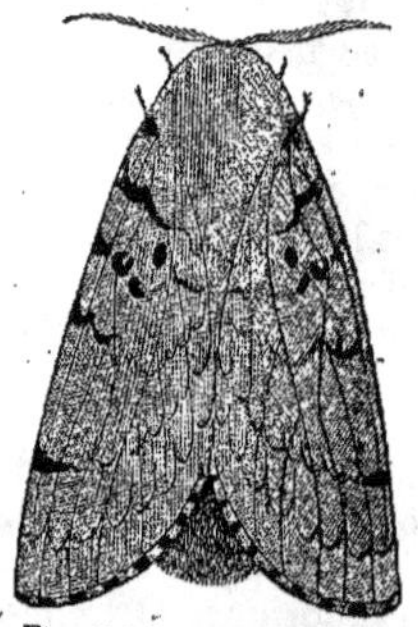

Fig. 796. — Bombyx disparate (femelle).

La femelle est du double plus grande, et beaucoup plus massive. Ses ailes sont d'un blanc légèrement teinté de jaunâtre ou de gris, ornées de lignes transversales en zigzag, noires. Son corps est terminé par un gros pinceau de poils bruns.

La chenille, d'un brun noirâtre, est finement réticulée de gris cendré et porte à chaque anneau des tubercules sur lesquels sont implantés de longs poils verticillés, noirs et roux ; ces tubercules sont bleus piquetés de noir sur les cinq premiers anneaux et sur le dernier ; les autres sont rougeâtres. Quand la chenille a atteint toute sa taille, elle a de $0^m,060$ à $0^m,070$ de longueur. On la rencontre souvent dans les crevasses des écorces. Pendant les fortes chaleurs, elle se retire sous les branches, et là, on en voit plusieurs ensemble disposées parallèlement, formant des groupes plus ou moins nombreux. Il ne faut toucher cette chenille qu'avec précaution, et surtout éviter, lorsqu'on l'a touchée, de porter les doigts aux yeux ou bien partout où la peau est tendre, car les poils qu'elle abandonne avec facilité, au moindre contact, occasionnent des démangeaisons insupportables. Nous reviendrons plus loin, à propos de la *processionnaire*, sur cette propriété de certaines chenilles.

La chrysalide est brun noirâtre, brillante, avec le milieu des anneaux garni de quelques poils d'un jaune brunâtre ; on la rencontre suspendue simplement par la queue ou enveloppée d'un léger réseau de soie grisâtre, contre les troncs d'arbres, dans les crevasses de l'écorce, entre les pierres des murailles, etc., dans le voisinage des lieux où la chenille a vécu.

Les papillons s'accouplent aussitôt après leur éclosion, et bientôt la femelle procède à la ponte de ses œufs. Elle dépose généralement ceux-ci sur le tronc des arbres et les enveloppe, à mesure qu'ils sortent de son corps, d'une couche de duvet. La réunion de ces œufs, ainsi revêtus, forme une masse oblongue, bombée, ressemblant assez bien à un morceau de feutre, de couleur brune.

La femelle meurt peu de temps après cette opération.

Comme pour la *livrée*, les moyens de destruction consistent dans la recherche des œufs pendant l'hiver et la chasse aux chenilles pendant l'été. On brûlera les premiers. Quant aux secondes, on profitera, pour les rechercher, des temps froids et brumeux, ou bien, si la température est chaude, du moment où le soleil donne le plus de chaleur. Dans les deux cas, les chenilles se rassemblant en troupes sous les grosses branches ou dans les creux de l'écorce, on les écrase en masse au moyen d'un tampon lié à l'extrémité d'une perche. On peut encore, en se promenant dans son jardin, armé de ciseaux, en détruire en peu de temps un grand nombre, en coupant en deux toutes celles qui sont accessibles sur les arbres de petite taille.

Noctuelle double oméga. — Les pêchers, les amandiers, les abricotiers, les cerisiers, nourrissent la chenille de la noctuelle figurée ci-contre.

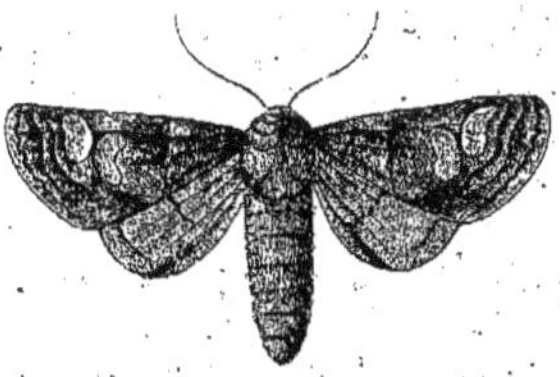

Fig. 797. — Noctuelle double oméga.

Cette noctuelle (*noctua cæruleocephala*) a les ailes supérieures d'un gris bleuâtre nuancé de brun avec des taches brunes et une tache centrale verdâtre, figurant deux haricots accolés par leur bord convexe. Les ailes inférieures sont d'un cendré bleuâtre clair avec des taches brunes. Le tronc est fort velu, brun en avant, gris en arrière. L'abdomen est de cette dernière couleur.

La chenille est longue de 0m,040, d'un jaune clair, avec deux bandes longitudinales bleues de chaque côté et quelques petits tubercules noirs surmontés d'un poil roide et court, de la même couleur. La tête est bleue.

A la fin de juin, cette chenille file une coque de soie blanche dans laquelle elle se change en chrysalide. Le papillon apparaît au mois de septembre.

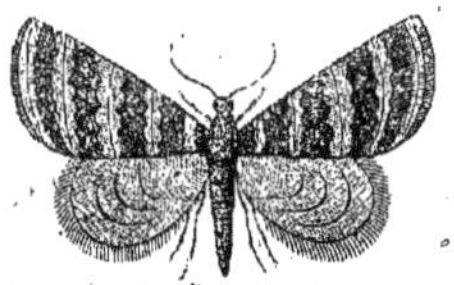
Fig. 798. — Phalène hyémale (mâle).

Phalène hyémale. — Cette phalène se montre parfois en quantité considérable, surtout après une année sèche, circonstance qui est favorable à sa multiplication. Comme la chenille vit sur différents arbres fruitiers, elle devient en ce cas un véritable fléau pour les jardins.

La *phalène hyémale* (*larentia brumata*) appartient à la division des papillons de nuit. Elle a 0m,030 à 0m,035 d'envergure : les ailes supérieures sont d'un gris vineux, semées de très-petits points bruns, rayées transversalement de gris obscur. Ceci ne s'applique qu'au mâle. La femelle n'a que des rudiments d'ailes, et son abdomen, beaucoup plus volumineux, est terminé par un tronc de soies grisâtres.

Fig. 799. — Phalène hyémale.

On la rencontre en automne et plus ou moins tard, selon que l'hiver est plus ou moins précoce. Les œufs que pond la femelle à cette époque, éclosent au premier printemps; les chenilles grandissent rapidement et ont acquis toute leur taille au mois de mai. Elles varient beaucoup quant aux couleurs ; en général, elles sont noirâtres avec des lignes longitudinales blanches, jaunes ou verdâtres; d'autres fois, elles sont d'un blanc verdâtre avec une raie brune sur le dos, placée entre deux raies blanches. La nature des feuilles dont elles se nourrissent n'est sans doute pas étrangère à ces variations.

Au sortir de l'œuf, la jeune chenille pénètre dans les bourgeons des poiriers, des pommiers, des abricotiers, etc. Plus tard, lorsque les bourgeons sont épanouis, elle se place entre deux feuilles qu'elle maintient collées l'une contre l'autre par quelques fils de soie. Lorsqu'on la tire de son réduit, elle se meut avec beaucoup de vivacité.

Lorsque la fréquence de ce papillon, en automne, fera craindre une ponte abondante, on se hâtera d'appliquer au pied des arbres une couche de goudron minéral, en forme d'anneau. Cet anneau est une barrière infranchissable pour la femelle qui, incapable de voler, ne peut que grimper le long du tronc pour aller déposer ses œufs sur les bourgeons.

Phalène effeuillante. — Plus grande que la précédente. Son envergure est de 0m,040 à 0m,050. Ses ailes supérieures sont en dessus d'un

Fig. 800. — Phalène effeuillante (mâle).

jaune d'ocre pâle avec des points bruns, nombreux ; elles sont marquées de deux bandes d'un jaunâtre obscur, l'une située à la base, l'autre vers le milieu ; ces bandes ont les bords placés en regard, sinueux; les autres se fondent dans la couleur du fond. Les ailes inférieures sont d'un jaune pâle, avec des points bruns. Comme pour la *ph. hyémale*, cette description ne concerne que le mâle ; la femelle est tout à fait privée d'ailes ; son corps est très-volumineux, non velu, jaune, avec trois rangs de gros points noirs. Les pattes et les antennes sont longues et annelées de noir et de jaune.

La *ph. effeuillante* (*hibernia defoliaria*) paraît en automne et au printemps. Les femelles, dès qu'elles sont fécondées, grimpent sur les arbres et vont pondre leurs œufs sur les bourgeons. Les chenilles se développent au printemps. On les trouve sur tous les arbres fruitiers et même sur d'autres arbres, tels que les chênes, les tilleuls, les bouleaux, etc.

Fig. 801. — Phalène effeuillante (femelle).

Elles sont brunes, avec les jointures grises et une bande longitudinale jaune de chaque côté. Leur attitude est toute particulière. Elles se tiennent accrochées, comme le montre la figure ci-jointe, par les pattes de derrière, le corps fortement courbé en arc, et la tête seule redressée.

Fig. 802. — Chenille de la phalène effeuillante.

Lorsqu'elles ont acquis toute leur taille, ce qui a lieu dans le courant de l'été, elles descendent en terre pour s'y transformer en chrysalides. Les papillons éclosent partie en automne, partie au printemps suivant.

Le moyen indiqué pour s'opposer aux ravages de cette chenille est le même que celui qui est recommandé pour l'espèce précédente. La femelle, étant privée d'ailes, est obligée de grimper aux troncs des arbres pour aller pondre ses œufs, en sorte que tout obstacle infranchissable pour elle, tel qu'un anneau de goudron, non-seulement l'empêche d'accomplir cette importante opération, mais encore en fait périr beaucoup. Or, une seule femelle de cette phalène peut pondre trois cents œufs. Malheureusement ceci n'est qu'un moyen préventif, et, la plupart du temps, on ne cherche à remédier au mal que cause la chenille que quand on s'aperçoit que les feuilles des arbres sont sur le point d'être entièrement dévorées; les chenilles sont alors dispersées et à peu près hors d'atteinte; on ne peut les détruire qu'en secouant les arbres et en écrasant toutes celles qui tombent.

Phalène Wau. — A la fin de mai ou au commencement de juin on trouve, sur les groseilliers à grappe, une chenille allongée, cylindrique, d'un vert bleuâtre, avec deux lignes latérales jaunes et deux lignes dorsales blanches. Cette chenille est parfois fort abondante et fait grand tort à l'arbrisseau en question. Au mois de juillet, elle a acquis toute sa taille. Elle descend alors et se change en chrysalide à la superficie du sol.

Le papillon (*halia wavaria*) est large de 0m,030 à 0m,035 lorsqu'il a les ailes étendues; celles-ci sont d'un gris cendré avec le bord noirâtre et quatre taches rousses sur la côte, dont une, ayant la forme d'un V, s'étend jusqu'au milieu de l'aile; les ailes inférieures sont sans taches, mais semées seulement de points noirs.

Zérène du groseillier. — Le même arbrisseau nourrit encore une autre chenille arpenteuse, grêle et très-longue, blanchâtre, tachetée de noir avec une bande jaune de chaque côté. Cette chenille se multiplie parfois tellement dans les jardins, qu'elle dépouille entièrement les groseilliers de leurs feuilles. Elle donne, à la fin de juillet, naissance à un beau papillon, large de 0m,040 à 0m,045, blanc à corps jaune, maculé de noir, à ailes ornées de nombreuses taches noires, les supérieures parées en outre de bandes aurores. La chrysalide, qui est nue, luisante, noire ou brune, cerclée de jaune, se rencontre suspendue par un fil de soie aux branches ou aux feuilles.

La transformation de la chenille n'a lieu qu'au printemps et elle passe l'hiver engourdie dans les feuilles tombées au pied de l'arbuste. Ainsi, il est facile de la détruire dans cette saison, en ramassant ces feuilles et en les brûlant.

Phalène du prunier. — Cette phalène (*cidaria prunata*) a les ailes supérieures d'un brun noisette foncé, traversées par des lignes blanches coudées et ondulées. Les inférieures sont d'un blanc jaunâtre avec plusieurs lignes ondées, couleur de bistre. Son envergure est de 0m,030 à 0m,035.

La chenille qui vit, depuis le mois de mai jusqu'en juillet, sur presque tous les arbres fruitiers, mais surtout sur le prunier, est verte, grise ou brune, avec un collier noir, plus une ligne dorsale interrompue et une rangée latérale de petites taches rouges.

Les papillons se montrent à la fin de l'été et pondent en septembre; les œufs passent l'hiver.

Yponomeute du cerisier. — Petit papillon blanc, moucheté de noir, avec les ailes inférieures d'un gris noirâtre, garnies d'une frange blanche.

Fig. 803. — Yponomeute du cerisier.

Les chenilles sont d'un blanc sale piqueté également de noir; la tête est de cette dernière couleur. Elles vivent en sociétés nombreuses sur divers arbres, notamment sur les cerisiers, dont elles dévorent toutes les feuilles. Elles se retirent chaque jour dans une vaste tente de soie, où elles subissent aussi leur métamorphose.

L'éclosion a lieu au commencement de juillet.

Tordeuses. — Linné a donné ce nom à une série de petits papillons de nuit formant un groupe d'espèces nombreuses, à cause des mœurs de plusieurs de leurs chenilles. Celles-ci ont, en effet, pour habitude de rouler en cornets les feuilles des arbres sur lesquels elles vivent. Enfermées dans ces cornets, elles en rongent l'intérieur, protégées en même temps contre les injures de leurs ennemis. Fabricius a changé sans motifs ce nom en celui de *pyrales*, qui a été adopté par Latreille et après lui par beaucoup d'entomologistes.

Quoi qu'il en soit de leur nom, ces insectes sont, en général, fort nuisibles aux arbres. Si nous devions parler, même brièvement, de tous ceux qui nous portent quelque préjudice, nous serions entraînés au delà des limites que nous nous sommes imposées dans cet aperçu. Nous ne ferons donc mention que de quelques espèces choisies parmi les plus communes et les plus nuisibles.

Tordeuse ou **Pyrale de la vigne.** — La plus funeste, sans contredit, de toutes celles du groupe, à cause des ravages qu'elle commet dans les vignobles pendant certaines années où elle se montre extrêmement abondante.

Fig. 804. — Pyrale de la vigne.

La *pyrale de la vigne* (*tortrix pilleriana* ou *vitisana*), a 0m,020 d'envergure. Ses ailes supérieures sont d'un jaune verdâtre avec un reflet métallique, ornées de trois bandes transversales ferrugineuses; les ailes inférieures sont d'un gris brun à reflet satiné, avec la frange plus pâle.

La chenille est verdâtre, quelquefois un peu jaunâtre, avec la tête brune. Elle est parsemée çà et là de quelques poils.

Ces insectes s'associent pour se construire un abri où ils passent le jour, car ce n'est que la nuit qu'ils se répandent sur les ceps pour en ronger les feuilles, les jeunes grappes, les tiges encore tendres. Cet abri consiste en deux ou trois feuilles réunies au moyen de fils de soie.

Les chenilles se métamorphosent en papillons à la fin de juillet ou dans la première quinzaine d'août. Les femelles, peu de temps après l'accouplement, pondent, sur les feuilles, leurs œufs qu'elles font solidement adhérer au moyen d'une colle verdâtre, insoluble dans l'eau. De ces œufs, sortent, après quelques jours, une nouvelle série de chenilles qui grandissent rapidement en dévorant, comme les premières, les feuilles qu'elles ont à leur portée. Dès que les froids arrivent, elles se retirent au pied du cep et se rassemblent sous les portions détachées de l'écorce ou dans les fentes des échalas, et là, elles se filent une coque soyeuse. Cette opération achevée, elles tombent dans l'engourdissement. C'est en cet état qu'elles traversent la mauvaise saison, pour se réveiller aux premières chaleurs et recommencer leur invasion dévastatrice. On comprend quel tort peuvent faire à une plante encore peu fournie de feuilles des chenilles déjà adultes.

L'ennemi d'une culture aussi importante que la vigne a appelé, à juste titre, l'attention des savants aussi bien que celle des cultivateurs. Audouin a publié à ce sujet un remarquable ouvrage; nous y renvoyons ceux qui désireraient acquérir sur l'histoire de la pyrale des notions étendues.

Quant aux moyens de destruction, nous nous bornerons à indiquer celui qui paraît devoir réussir lorsqu'il est employé avec soin. Ce procédé consiste à arroser pendant l'hiver avec de l'eau bouillante chaque cep de vigne, de manière à ce que toutes les parties de la plante soient baignées par le liquide. Un litre d'eau est la quantité nécessaire pour chaque pied. L'opération se fait facilement au moyen d'une cafetière. Des aides suivent l'opérateur avec une provision d'eau bouillante suffisante pour arroser un grand nombre de ceps, afin d'éviter la perte de temps qu'entraînerait un va-et-vient continuel. L'innocuité de cet arrosage, pour la plante, est reconnue. Quant aux chenilles, qui se trouvent alors retirées dans les fentes du bois et sous l'écorce, comme nous l'avons dit, toutes celles qui sont atteintes par l'eau bouillante, périssent inévitablement (1).

Tordeuse du prunier. — D'un brun obscur et marbré de diverses teintes, avec une grande tache irrégulière jaune à l'extrémité des ailes supérieures.

Fig. 805. — Tordeuse du prunier.

La chenille est verte dans son jeune âge, puis plus tard d'un vert noirâtre, parsemée de petites verrues noires; la tête et le dessus du premier anneau sont d'un noir luisant.

On la trouve, pendant le mois d'avril et la première quinzaine de mai, sur les différentes espèces de pruniers et de cerisiers dont elle ronge les feuilles.

Le papillon (*penthina pruniana*) apparaît dans le courant de juin.

Tordeuse du cerisier. — Ce papillon (*tortrix cerasana*) a de 0m,030 à 0m,035 d'envergure. Ses ailes supérieures sont d'un jaune obscur à la base, d'un jaune clair au sommet, avec deux larges bandes obliques ferrugineuses. Les inférieures sont d'un gris noirâtre avec une frange de poils jaunes.

Fig. 806. — Tordeuse du cerisier.

La chenille est d'un vert pâle. Elle roule les feuilles des cerisiers, des pruniers, etc., sur lesquels elle vit, pour se transformer en chrysalide.

Tordeuse de Holm. — Celle-ci (*tortrix holmiana*) vit sur le poirier. Elle est un peu plus petite que la précédente. Ses ailes de dessus sont brun fauve avec une tache triangulaire blanche; celles de dessous d'un gris noirâtre.

Fig. 807. — Tordeuse de Holm.

La chenille est d'un jaune uniforme, avec la tête rougeâtre et une tache noirâtre, luisante, derrière celle-ci. Elle se nourrit des feuilles de divers arbres fruitiers, notamment du poirier. Au mois de juillet, elle roule une feuille pour se transformer en

(1) Voir partie III du Livre de la Ferme, chapitre de la *Culture des vignes fines de la Côte-d'Or*, les renseignements que M. de Vergnette-Lamotte donne sur l'échafaudage de la pyrale. P. J.

chrysalide. L'insecte parfait apparaît au commencement d'août.

Carpocapses. — Tout le monde connaît les pommes et les poires véreuses, mais peu de personnes savent quelle est la nature du ver qui nous dispute ainsi la jouissance de nos plus beaux fruits.

Fig. 808. — Carpocapse des pommes.

Ce ver est la chenille d'un petit papillon de nuit, de la tribu des *tordeuses*, appelé par les entomologistes : *carpocapsa pomonana, carpocapse* ou *pyrale des pommes*, large de 0m,010, d'un gris de fer marbré de noirâtre, avec l'abdomen et les ailes de dessous d'une couleur jaune feuille morte. « La chenille, » dit Duponchel, « vit dans l'intérieur des pommes et des poires, dont elle mange les pepins avant d'entamer les parties environnantes. Voici comment elle se trouve logée au centre d'un fruit sans qu'on aperçoive au dehors par où elle y est entrée ; car les pommes ou les poires dites véreuses, c'est-à-dire qui présentent un trou à l'extérieur, ne contiennent plus de chenilles, comme nous le dirons plus bas. Un de ces fruits est à peine noué que la femelle du papillon dépose un œuf dans l'ombilic. Cet œuf ne tarde pas à éclore, et la petite chenille qui en sort, perce un trou pour pénétrer jusqu'au cœur du fruit, qui n'en continue pas moins à grossir. Or, ce trou étant proportionné au diamètre de la chenille, qui est à peine grosse comme un crin au moment de son éclosion, on conçoit qu'il s'oblitère facilement et qu'il n'en reste plus aucune trace à l'extérieur au bout d'un certain temps. C'est ici le cas de faire observer qu'on ne trouve jamais qu'une seule chenille dans un fruit. Cette chenille parvient ordinairement à toute sa taille à la fin de juillet ou au commencement d'août, c'est-à-dire lorsque les pommes et les poires sont aux deux tiers de leur grosseur. Elle peut avoir alors 0m,021 de longueur. Sa couleur varie du blanc jaunâtre au roux sale, ses côtés sont marqués irrégulièrement sur chaque anneau de plusieurs petits points noirâtres, disposés deux par deux. Sur la partie antérieure du premier anneau, on voit un écusson gris ou brun, divisé en deux. La tête est d'un rouge brun luisant, et les pattes sont de la couleur du corps. »

« Lorsque cette chenille est arrivée à l'époque de sa transformation, elle sort du fruit qui l'a nourrie par un trou qu'elle perce du centre à la circonférence, ce qui explique pourquoi les pommes ou les poires qui offrent un trou à l'extérieur ne contiennent plus de chenille. Elle se retire alors sous les écorces et même quelquefois dans la terre, où elle se forme une coque d'un tissu blanc et serré, mêlé de parcelles de bois rongé ou de débris de feuilles sèches. Elle passe ainsi toute la mauvaise saison, et ne se change en chrysalide qu'en mai ou juin de l'année suivante, pour devenir insecte parfait trois semaines après. La chrysalide est d'un brun jaunâtre, avec quelques poils raides à sa partie postérieure. »

« La *pomonana* est répandue dans toutes les parties de l'Europe où l'on cultive le pommier et le poirier. On a remarqué que les fruits rongés à l'intérieur par cette chenille mûrissent plus tôt, et n'ont pas moins de saveur que ceux qui n'ont pas été attaqués. »

Une autre espèce du même genre, connue sous le nom de *carpocapse de Wœber*, est également très-nuisible aux arbres fruitiers, entre l'aubier et l'écorce desquels la chenille se creuse de nombreuses galeries, qui se trahissent au dehors par la poussière résultant du travail de l'insecte.

Fig. 809. — Carpocapse de Wœber.

Le papillon est un peu plus petit que la *c. des pommes*. Il est d'un fauve doré, avec des marbrures obscures ; des traits blancs renfermés dans un anneau de même couleur ornent l'extrémité des ailes supérieures. Les ailes inférieures sont d'une teinte uniforme plus claire vers la base.

Les prunes sont aussi dévorées par une espèce du même genre (*carpocapsa funebrana*) qui a des habitudes semblables à celles de la *carpocapse des pommes*. Son papillon est peu différent.

Nous devons encore citer celle des châtaignes (*carp. splendana*) dont les ailes supérieures sont brunes, piquetées de gris ; les inférieures grises. Le papillon vole en juin et juillet.

Teigne de l'olivier. — La *teigne de l'olivier* (*elachista oleella*) est un petit papillon d'un beau gris argenté, cylindrique lorsqu'il a les ailes au repos, muni de longues antennes filiformes. Sa chenille, qui est fort petite, vit dans le parenchyme des feuilles de l'olivier qu'elle macule et finit par dessécher. Elle n'est nuisible à cet arbre, que quand elle apparaît en abondance, ce qui arrive quelquefois. C'est à la fin de l'hiver qu'elle commet le plus de ravages. Le papillon apparaît au premier printemps. On ne connaît aucun bon moyen pour la faire périr.

Œcophore de l'olive. — Autre espèce de teigne, un peu plus grande que la précédente, d'un gris foncé, portant également de longues antennes. Sa chenille ne vit pas dans les feuilles, mais bien dans les fruits de l'olivier. Elle réside dans le noyau. Au moment de sa métamorphose qui arrive vers la fin d'août, elle perce le noyau vers son point d'attache et se laisse tomber à terre pour y achever sa dernière transformation. L'olive, blessée dans son pédicule, ne tarde pas à se détacher de l'arbre.

Guêpes. — Ces insectes appartiennent à l'ordre des Hyménoptères, comme les abeilles. De même que ces dernières, les guêpes vivent en société dans de vastes nids qu'elles construisent soit en terre, soit dans les cavités des vieux arbres, ou qu'elles suspendent aux branches, mais elles en diffèrent en ce qu'elles en forment les parois et les cloisons, avec une sorte de papier et non avec de la cire, et en ce que leur miel est moins abondant et de mauvais goût.

Il existe plusieurs espèces de guêpes dans nos contrées : les plus communes sont la grosse guêpe ou *frelon*, et la petite guêpe ou *guêpe fran-*

caise. Elles font beaucoup de tort dans les jardins où elles attaquent les pêches, les abricots, les raisins, les poires, etc. Elles en percent facilement la peau au moyen de leurs puissantes mandibules et préparent ainsi la voie aux cloportes, aux perce-oreilles, aux mouches, qui en achèvent rapidement la destruction.

Toutefois, ce n'est pas aux dégâts qu'elles commettent dans nos espaliers, que les guêpes doivent la fâcheuse réputation dont elles jouissent; le terrible venin que distille leur aiguillon les rend bien plus redoutables. Ce venin est aussi pernicieux que celui des vipères et des crotales, mais chaque guêpe n'en porte heureusement et n'en peut injecter qu'une très-petite quantité. Tout le monde sait, au reste, qu'il est dangereux d'être blessé par plusieurs guêpes à la fois, surtout par les frelons.

Dès qu'on a été piqué par un de ces insectes, il faut se hâter d'extraire le dard de la plaie, s'il y est resté, et avoir soin d'opérer cette extraction sans comprimer la petite masse charnue qui surmonte la base du dard et qui renferme la vésicule venimeuse. Si la partie blessée est accessible à la bouche, il faut sucer le plus fortement possible la blessure en la mordillant pour en faire sortir le venin. Peut-être ce massage violent exécuté par les dents, peut-être aussi la salive, ont-ils une action spéciale; toujours est-il que ce moyen, quand il peut être employé, empêche la tuméfaction et arrête les accidents extérieurs de la piqûre. A défaut de ce traitement qui n'est pas toujours possible, les lotions ammoniacales, d'eau salée, d'eau blanche, de jus de persil, de suc de baies de chèvrefeuille, les frictions avec une huile quelconque, sont les meilleurs moyens à employer. Quand les piqûres sont multiples, les symptômes graves sont combattus par l'alcali volatil, pris à l'intérieur, à la dose de quelques gouttes dans un verre d'eau.

A l'époque où les guêpes sont abondantes, lorsque, pendant les repas, les fenêtres étant ouvertes, on est visité par ces dangereux insectes, il importe de ne rien porter à la bouche sans y jeter un coup d'œil. On doit prendre cette précaution, surtout à l'égard des boissons et des mets sucrés. Il est arrivé que des piqûres au voile du palais, à la luette, au pharynx ont causé des accidents funestes. En effet, le gonflement de ces parties, en bouchant les voies respiratoires, peut amener une asphyxie rapidement mortelle. Si une guêpe est avalée sans avoir piqué les parties dont nous venons de parler, on ne doit pas trop s'en inquiéter. Les piqûres qu'elle fait dans l'estomac ne sont ni plus ni moins graves que celles qui sont faites à la peau; tout au plus peuvent-elles amener des vomissements, qu'il faut, au reste, se garder de provoquer ou de favoriser, car en faisant repasser la guêpe encore vivante par le chemin qu'elle a déjà suivi, ce serait s'exposer une seconde fois au danger bien autrement grave d'être piqué à l'arrière-bouche, danger auquel on a eu déjà le bonheur d'échapper.

Nous ne parlerons guère des moyens à employer pour préserver nos fruits des atteintes des guêpes. On comprend que les procédés de destruction sont inutiles à l'égard d'insectes qui peuvent se transporter au loin et venir en peu de temps de lieux très-éloignés. Les fruits rares, précieux, auxquels on tient tout particulièrement, seront protégés par des cornets de papier, des enveloppes de gaze, ou tout autre moyen que chacun peut imaginer et varier à son gré. Quant aux autres, il faut bien se résoudre à laisser les guêpes prélever leur dîme et en prendre philosophiquement son parti.

Il va sans dire, toutefois, que si l'on découvre quelque guêpier dans son voisinage, on devra le détruire. Pour faire cette opération, on attendra la nuit, d'abord afin de surprendre toutes les guêpes au logis, puis pour ne pas être inquiété par des sorties devant lesquelles on devrait battre en retraite. Voici comment on devra procéder :

On placera contre l'orifice du nid une mèche soufrée à laquelle on mettra le feu. Quand elle sera bien allumée, on posera dessus en le retournant, un pot à fleur dont on aura bouché le trou qui se trouve dans le fond ; le peu d'air arrivant par le dessous suffira pour entretenir pendant quelques minutes la combustion du soufre et les vapeurs sulfureuses s'introduisant dans le nid, asphyxieront rapidement toutes les guêpes (1).

Fourmis. — Les fourmis sont de petites guêpes sans ailes. Elles appartiennent au même ordre d'insectes. Le plus grand tort qu'elles nous font, c'est de bouleverser la terre au pied des arbres et d'imprégner leurs racines de l'acide brûlant qu'elles dégagent (2).

Nous aurions bien encore quelques reproches à leur faire, à propos des soins tout particuliers qu'elles donnent aux pucerons, les plus grands ennemis de nos cultures.

Nous avons parlé plus haut du goût des fourmis pour les matières sucrées que sécrètent les pucerons, et de la sollicitude qui les porte à transférer ceux-ci des plantes qu'ils ont épuisées sur des plantes saines, afin de leur ménager une nourriture plus succulente dont elles tirent elles-mêmes bon profit. Il y en a même qui vont jusqu'à entretenir des pucerons dans leurs habitations : « Une fourmilière, » dit Huber, leur historiographe, « est plus ou moins riche selon qu'elle a plus ou moins de pucerons. C'est leur bétail, ce sont leurs vaches et leurs chèvres. »

Or, en vertu de ce principe que les alliés de nos ennemis ne sont pas nos amis, nous ne sommes tenus à aucun ménagement à leur égard. Différents procédés sont conseillés pour les éloigner

(1) Il nous semble que si, partout, l'on mettait à exterminer les guêpes autant d'activité que les cultivateurs de chasselas de Thomery, on s'en débarrasserait encore assez vite. Ceux-ci font rechercher de tous côtés dans la commune, par les gardes et les enfants, les nids de guêpes qui s'y trouvent. A mesure qu'on en rencontre, on plante un échalas à côté, afin de les retrouver à la nuit tombante. C'est alors qu'on asphyxie les guêpes, soit avec une mèche soufrée, soit avec de l'eau froide qu'un homme verse dans le trou, pendant qu'un aide fourgonne avec un bâton. Les guêpes sont, à cause de cela, rares à Thomery. P. J.

(2) Nous avons vu assez souvent de jeunes rameaux de poiriers couverts de fourmis à leur extrémité tendre et en souffrir beaucoup. Ces fourmis n'y étaient pas attirées par les pucerons.

L'huile empyreumatique qui provient de la distillation des os, chasse les fourmis. P. J.

ou les faire périr quand elles deviennent incommodes. L'eau bouillante, si leur nid est loin des arbres, l'eau additionnée d'un peu d'huile, ou de sublimé corrosif, sont de bons moyens. On nous a assuré que l'urine, répandue à diverses reprises sur les troncs d'arbres, les murs, les plantes qu'elles fréquentent, les fait fuir sans retour.

Tenthrèdes ou **mouches à scie.** — Dans le courant du mois d'août, on voit apparaître sur différents arbres fruitiers, notamment sur le cerisier et le poirier, une multitude de petites larves molles, d'un noir verdâtre luisant, renflées à une de leurs extrémités, ne ressemblant pas mal à de petites limaces. Si on passe le doigt sur leur corps, on s'aperçoit que leur couleur tient à une sorte d'enduit humide qui les recouvre et qui s'enlève aisément. Leur peau est, en réalité, jaunâtre et à demi transparente.

Ces larves sont celles d'un *Hyménoptère* ou mouche à quatre ailes, de la famille des *Tenthrèdes*, nommé par les naturalistes *allantus* ou *selandria cerasi*.

L'*allante* est noir, luisant, large, les ailes étendues, de $0^m,015$. Ses ailes supérieures sont traversées vers le milieu par une bande brunâtre; les inférieures sont obscures à l'extrémité; elles ont toutes quatre les veines noires.

Fig. 810. — Allante du cerisier.

Ces mouches pondent en juillet. Elles ne se bornent pas, comme la plupart des insectes, à coller leurs œufs sur les feuilles; elles les insinuent dans le parenchyme, en perçant leur épiderme au moyen d'une tarière dont est munie l'extrémité de leur abdomen.

Bientôt les larves éclosent; elles se répandent sur la face supérieure des feuilles qu'elles rongent, en respectant toutefois l'épiderme inférieur ainsi que les nervures, en sorte que celles-ci ne tardent pas à se flétrir bien qu'elles conservent toujours leur forme.

Les larves changent plusieurs fois de peau, comme les chenilles; elles grandissent rapidement, et vers le milieu d'octobre, elles ont atteint toute leur taille qui est de $0^m,0012$, à $0^m,0015$. Elles se laissent alors tomber sur le sol, s'y enfoncent et se construisent une coque où elles subissent leur première métamorphose, c'est-à-dire leur changement en nymphes. C'est ainsi qu'elles passent l'hiver pour se dégager définitivement sous la forme de mouche, au printemps suivant.

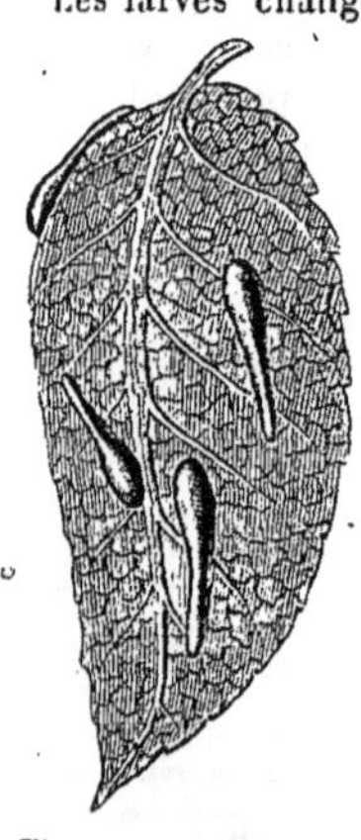

Fig. 811. — Larves d'allantes ou vers limaces.

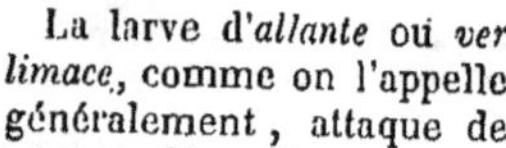

La larve d'*allante* ou *ver limace*, comme on l'appelle généralement, attaque de préférence les arbres en espalier. Cette circonstance est favorable en ce qu'elle rend les procédés de destruction plus faciles. Le meilleur moyen de s'en défaire est de saupoudrer les arbres avec des poudres alcalines, telles que la chaux, ou simplement de la cendre de bois. L'opération se fait comme le soufrage de la vigne. Il est bon de la réitérer pendant plusieurs jours consécutifs. Le peu de larves qui échappent ne peuvent plus nuire à la plante.

Beaucoup d'autres espèces de tenthrèdes sont encore préjudiciables à différents arbres et arbustes. La plupart ressemblent à des chenilles, mais on les en distingue aisément au nombre des pattes qui est au plus de seize chez celles-ci, tandis que les larves de tenthrèdes en ont vingt au moins, à savoir : six en avant du corps, et sept paires de ventouses ou *fausses pattes* en arrière. Plusieurs ont l'habitude de se rouler en spirale, lorsqu'on les touche. Presque toutes donnent plusieurs générations de larves dans l'année. Nous mentionnerons les suivantes.

1° La *tenthrède du poirier* (*lyda pyri*). Cette mouche a $0^m,020$ d'envergure : elle est noire avec les antennes d'un gris noirâtre sale, jaunes à la base; le devant de la tête est marqué d'une tache jaune chez la femelle; le mâle a l'abdomen d'un jaune brun avec une tache obscure.

Les femelles de lyda sont munies, à l'extrémité du corps, d'une tarière, au moyen de laquelle elles introduisent leurs œufs dans le parenchyme des feuilles du poirier. Cette ponte se fait en juin; les larves, qui ressemblent à de petites chenilles jaunes, apparaissent peu de temps après.

Ces larves s'associent pour filer en commun autour des feuilles, un réseau de soie d'un tissu très-léger, au travers duquel on les aperçoit très-bien. Quand elles ont mangé toutes les feuilles qui se trouvent à leur portée, elles se laissent descendre au moyen d'un fil, à la manière des araignées, sur d'autres branches qu'elles dépouillent de la même façon. Arrivées à toute leur taille, vers le commencement d'août, elles s'enfoncent en terre pour s'y métamorphoser.

2° La *tenthrède comprimée* (*cephus compressus*). Celle-ci a à peu près la même taille. Elle est noire avec le milieu de l'abdomen rougeâtre; son corselet est paré de taches jaunes; ses jambes sont variées de noir et de blanc. La femelle porte aussi au bout du corps une petite tarière, qui lui sert à introduire ses œufs dans les bourgeons du poirier. Elle n'en dépose qu'un seul dans chaque bourgeon.

Les larves, qui naissent peu de jours après, et qui ont la forme de vers blancs, n'apparaissent pas au dehors : elles s'enfoncent dans le rameau et y rongent la substance médullaire. Elles y passent tout l'été et s'y forment, vers le mois d'octobre, une cellule pour se transformer en nymphes. C'est dans cet état qu'elles attendent le printemps, époque de leur métamorphose finale.

On reconnaît les jeunes pousses de poirier qui recèlent une de ces larves, à leur aspect flétri d'abord, puis, plus tard, à leur dessèchement et à leur teinte noire. Si on les examine avec attention, on remarque dans leur étendue une portion gonflée et marquée de petits points noirs disposés en spirale : c'est là que l'œuf a été pondu. Si l'on fend la branche, on ne tarde pas à découvrir la larve, à un degré de développement plus ou moins avancé, suivant l'époque où on fait cette recherche.

3° La *tenthrède du groseillier* (*nematus ribis*). Il arrive parfois que les groseilliers à grappes et à maquereau sont tout à coup, en peu de jours, dépouillés complétement de leurs feuilles, alors que chargés de jeunes fruits et dans le plus bel état de végétation, ils annonçaient une récolte abondante de groseilles. C'est la larve d'une tenthrède qui cause ce dommage. Elle ressemble à une chenille. Sa taille est de 0m,015 à 0m,020 ; sa couleur est verte, sauf la tête et des points rangés longitudinalement sur le corps, qui sont noirs. C'est dans le courant du mois de mai qu'on les voit apparaître. En trois ou quatre semaines, leur désastreuse besogne est terminée ; elles s'enfoncent alors en terre pour s'y transformer. La mouche est jaunâtre avec la tête et le dessus du corselet noirs.

Cette tenthrède donne, en été, une seconde génération de larves qui attaquent de nouveau, en juillet, les groseilliers qui ont profité de la trêve pour refaire de nouvelles feuilles.

Une troisième apparition de larves a encore lieu en automne, mais celles-là ne se transforment pas dans la même année; elles passent l'hiver en terre et produisent la génération de mai de l'année suivante.

Ces différentes espèces de tenthrèdes sont, à cause de leur nombre et de leur voracité, fort préjudiciables aux végétaux qui les nourrissent, aussi doit-on chercher à les détruire. Celles qui vivent sur les feuilles se laissent presque toujours tomber à terre lorsqu'on secoue vivement la branche qui les porte ; on profitera de cette habitude pour les recueillir sur des draps étendus au pied des arbres, et les écraser. Quant aux *cephus*, on ne peut les atteindre qu'en coupant les rameaux qui les recèlent.

Pucerons. — Nous avons réservé ce qui concerne les pucerons pour le chapitre actuel, parce que, bien que nuisibles à toutes les cultures, ces fâcheux insectes le sont particulièrement à certains arbres, tels que les pommiers et les pêchers.

Les pucerons appartiennent à l'ordre des Hémiptères, dont ils sont une forme aberrante. Ils sont trop bien connus de tout le monde pour qu'il soit nécessaire de les décrire ; nous dirons seulement un mot de leur prodigieuse fécondité.

On sait depuis longtemps, grâce aux observations de Réaumur et de de Geer, que les pucerons peuvent fournir, par an, dix générations successives pour une seule fécondation. Les femelles de certaines espèces pondent des œufs, d'autres de petits pucerons tout formés. Une femelle pond ordinairement une cinquantaine d'œufs ou des petits, qui tous seront des femelles. Celles-ci pondent à leur tour, sans l'intervention du mâle, des femelles qui, tantôt seront aptères, tantôt ailées, et les générations se succéderont de la sorte jusqu'en automne. Alors arrive une génération mêlée de mâles et de femelles, et les œufs provenant de cette génération, pendant laquelle l'accouplement aura eu lieu, passeront l'hiver pour éclore seulement au printemps suivant.

Il est facile, d'après cela, de calculer ce qu'une seule femelle, une seule fois fécondée, peut produire d'individus par ces générations successives. Les descendants de cette seule femelle seraient, en automne, de trente billions d'individus pour huit générations de vingt femelles chacune, mais iraient à près de cent millions de milliards de pucerons pour dix générations de cinquante femelles.

Toute la végétation du globe serait anéantie en une seule année, s'il était permis aux pucerons de prospérer et de multiplier en paix. Mais, outre qu'ils ont un nombre prodigieux d'ennemis, les variations de température suffisent pour en faire périr une immense quantité.

Parmi les ennemis des pucerons, nous citerons en première ligne les oiseaux, qui en font une ample consommation ; puis, chez les insectes, les coccinelles qui à l'état de larves et d'insectes parfaits en font leur nourriture exclusive. Il faut donc soigneusement respecter ces petits animaux. Différents ichneumons déposent aussi leurs œufs dans le corps des pucerons et les font périr. Enfin plusieurs espèces de *syrphes*, genre de diptères, leur font une guerre à outrance, dans leur premier âge, c'est-à-dire sous la forme de larve.

Fig. 812. — Coccinelle.

Fig. 813. — Syrphe.

Ce qui importe le plus au cultivateur, dans l'histoire des pucerons, c'est le meilleur moyen d'en débarrasser les arbres et les plantes qui en sont infestés. Aussi sans nous étendre davantage sur le nombre des espèces de pucerons, les différences qu'elles présentent, etc., nous allons indiquer les procédés que l'on dit les meilleurs pour les détruire.

Ces procédés peuvent se classer en quatre ordres de moyens qui ont tour à tour leurs avantages, selon les plantes qu'il s'agit de nettoyer ; ce sont : 1° l'écrasement à la main ; 2° les aspersions avec des liquides préparés ; 3° les insufflations de poudres insecticides ; 4° les fumigations.

L'écrasement n'est possible que pour les plantes basses, peu fournies de rameaux et d'une culture restreinte, telles que les plantes de serres.

Les aspersions d'eau ne réussissent qu'autant que celle-ci est lancée avec assez de force pour mouiller toute la plante et les pucerons eux-mêmes : les petites pompes foulantes portatives sont très-convenables pour faire cette opération. Quant au liquide, on a recommandé l'eau de savon, l'eau de chaux simple ou chlorurée, l'eau salée, les décoctions d'absinthe, de tabac, de noyer, de suie, de coloquinte, de quassia, d'aloès, etc. Il est indispensable que ces décoctions ou dissolutions soient suffisamment concentrées, sinon elles seraient sans effet. Il est indispensable également de tenir compte de la sensibilité de la plante elle-même, afin de ne pas nuire à celle-ci, en cherchant à la soulager par un agent trop énergique.

Le troisième ordre de moyens, celui qui consiste dans l'insufflation de poudres insecticides, est très-efficace, mais d'une exécution trop difficile lorsqu'il s'agit de végétaux élevés et rameux. Les meilleures poudres insecticides sont les poussières provenant des manufactures de tabac, celles de fleurs et de feuilles d'absinthe, de têtes de pyrèthres, des différentes armoises, de camomille, de bois de quassia, etc. On les appliquera au moyen d'un petit crible ou mieux d'un de ces soufflets qui servent au soufrage de la vigne et que l'on vend maintenant partout. Les insufflations sont efficaces pour la destruction des pucerons, mais il est nécessaire de répéter de temps en temps l'opération.

Il nous reste enfin à parler des fumigations. Celles-ci se font surtout, au moyen du tabac à chiquer. On l'emploiera de préférence pour les arbres en espalier. Voici comment il faut procéder : on applique d'abord sur l'arbre une toile assez grande pour le couvrir entièrement ; cette toile est assujettie au mur par le haut et les côtés, le dessous seul est libre, un peu écarté du pied de l'arbre et légèrement relevé. On introduit en dessous un réchaud allumé sur lequel on projette des morceaux de tabac, dont on active la combustion à l'aide d'un soufflet. Le goudron, brûlé de la même manière, a aussi été conseillé. On peut encore faire les fumigations d'une autre façon, au moyen de l'instrument que voici. Cet instrument (*fig.* 814) consiste en deux cylindres en tôle s'emboîtant l'un dans l'autre et terminés tous deux en bec à l'une de leurs extrémités. On bourre de tabac (le plus noir est le meilleur) le cylindre interne, on place dessus un morceau d'amadou allumé, on emboîte le cylindre externe qui doit entrer avec frottement et dont l'extrémité rétrécie reçoit le bec d'un soufflet ordinaire. On fait agir celui-ci et le jet de fumée qui sort par l'autre bout est dirigé sur les parties de l'arbre chargées de pucerons.

Fig. 814. — Appareil à souffler la fumée du tabac.

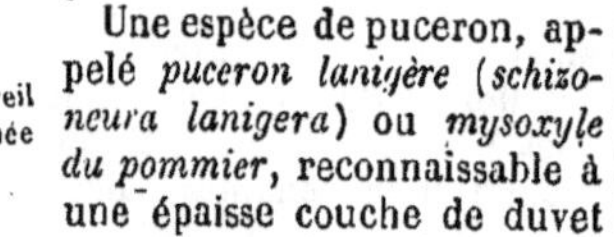

Une espèce de puceron, appelé *puceron lanigère* (*schizoneura lanigera*) ou *mysoxyle du pommier*, reconnaissable à une épaisse couche de duvet blanc qui le recouvre, attaque de préférence les pommiers et devient parfois, pour les arbres, un véritable fléau. Il vit sur le jeune bois et y provoque des nodosités ou exostoses qui nuisent beaucoup à l'arbre. On a recommandé, pour le détruire, de barbouiller les branches infestées avec de l'huile grasse, de l'huile de schiste, du goudron, ou bien, l'hiver, de passer rapidement dessous une torche de paille enflammée qui les grille.

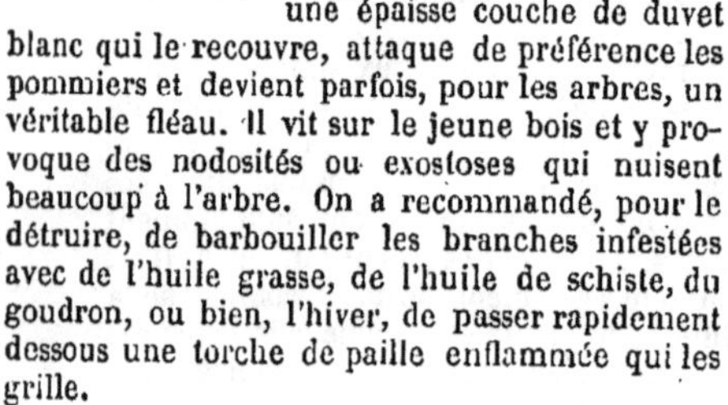

Psylles. — Petits insectes de l'ordre des Hémiptères comme les pucerons, et vivant comme eux sur les plantes et les arbres dont ils tirent la sève au moyen d'un suçoir. On en connaît beaucoup d'espèces ; il suffit de parler ici de celle du poirier qui fait quelquefois beaucoup de mal à ces arbres.

La *psylle du poirier* (*psylla pyrisaga*) est longue de 0m,003, d'un rougeâtre foncé avec des taches et des bandes brunes. La forme est indiquée par la figure ci-jointe qui la représente grossie.

Fig. 815. — Psylle du poirier.

Le *suceur de poires*, comme l'appellent les Allemands, apparaît vers la fin d'avril, parfois en grande abondance, sur le poirier et plus rarement sur le pommier. La femelle, peu de temps après qu'elle a été fécondée, se pose sur le pétiole des jeunes feuilles ou sur le pédoncule du fruit et y fait au moyen de sa tarière, une piqûre dans laquelle elle introduit un œuf. Elle répète cette opération autant de fois qu'elle a d'œufs à pondre.

Quelques jours après, il sort de ces œufs de petites larves allongées qui ne diffèrent de la mère que par l'absence des ailes. Ces larves grandissent rapidement, puis se transforment en nymphes ; c'est alors surtout que l'insecte devient nuisible.

Fig. 816. — Larve de psylle grossie.

La nymphe est aplatie, plus large et plus courte que la larve, présentant deux appendices latéraux qui sont les rudiments des ailes futures. On la trouve fixée à la base des jeunes rameaux, la trompe enfoncée dans l'écorce et laissant suinter par l'anus des gouttelettes visqueuses qui salissent d'un enduit d'aspect graisseux les branches et les feuilles qui sont en dessous. Les fourmis sont avides de ce liquide, aussi en rencontre-t-on beaucoup sur les arbres infestés de *psylles*.

Fig. 817. — Nymphe de psylle grossie.

Le meilleur moyen de débarrasser les arbres de cette vermine, est de frotter les parties de l'écorce où elle se tient en troupe, avec un pinceau roide ou une brosse.

Tingis ou tigre. — « Sous ce nom de tigre, » dit M. Gehin dans son excellent ouvrage sur les insectes du poirier, les jardiniers ainsi que plusieurs auteurs d'ouvrages sur l'arboriculture, désignent des insectes et des choses bien différentes, et pour lesquelles il est nécessaire de bien nous entendre pour éviter la confusion :

« On distingue d'abord deux sortes de *tigres :* le *tigre sur bois* et le *tigre sur feuille.* En ce qui regarde les arbres fruitiers en général, le tigre sur bois n'est autre chose que la cochenille, soit qu'elle affecte la forme hémisphérique comme la cochenille du pêcher (1) ou celle du pommier, soit qu'elle ait la forme conchylienne comme

(1) V. *Kermès.*

l'*aspidiotus*, dont il sera question plus loin.

« Le tigre sur feuille se dit des insectes qui, comme les cochenilles des camélias, du laurier-rose, de l'oranger, etc., forment avec leurs corps des taches blanchâtres ou jaunâtres plus ou moins nombreuses sur les parties herbacées d'un grand nombre de plantes cultivées dans nos serres tempérées ; ou bien encore des insectes qui, par leurs piqûres et leurs déjections, maculent plus ou moins les feuilles de certains arbres, comme c'est le cas pour le *tingis pyri* dont nous nous occupons. »

Le *tingis pyri* est un hémiptère de très-petite taille, car il atteint à peine $0^m,002$ de longueur ; son corps est brunâtre ou noirâtre bordé d'une expansion foliacée blanche. Son corselet forme un renflement vésiculeux qui s'avance au-dessus de la tête ; ses élytres sont marquées à la base de deux taches brunes ; on en observe également deux autres vers l'extrémité ; le dessous du corps est verdâtre.

C'est au mois d'août ou de septembre qu'on trouve ces insectes sous les différents états de larves, de nymphes et d'insectes parfaits, rassemblés en nombre parfois incalculable à la face inférieure des feuilles des poiriers, des abricotiers, des pêchers, des pruniers, etc. Ils font à ces feuilles de nombreuses piqûres par où s'échappe la séve qui s'épanche à la surface, y forme un vernis en tombant en gouttelettes, et macule tout ce qui se trouve au-dessous.

On conçoit que l'arbre souffre non-seulement de cette déperdition de séve, arrivant à une époque où se produisent les boutons à fruits pour l'année suivante, mais encore d'une véritable asphyxie résultant de l'occlusion des ouvertures respiratoires par la séve épanchée et épaissie.

Les moyens de destruction sont les mêmes que pour les pucerons.

Aspidiotes. — Si l'on examine de près l'écorce de certains arbres fruitiers et, notamment, les poiriers en espalier, il est rare qu'on n'y découvre pas un nombre plus ou moins considérable de très-petites excroissances brunes, bombées, allongées, arrondies, à un bout, terminées en pointe à l'autre, imitant assez bien la forme d'une valve de moule en miniature, appliquée intimement contre l'écorce et semblant faire corps avec elle. Si, cependant, on racle celle-ci avec un couteau, on s'aperçoit que les excroissances se détachent facilement ; si on les écrase, il en sort un liquide rougeâtre.

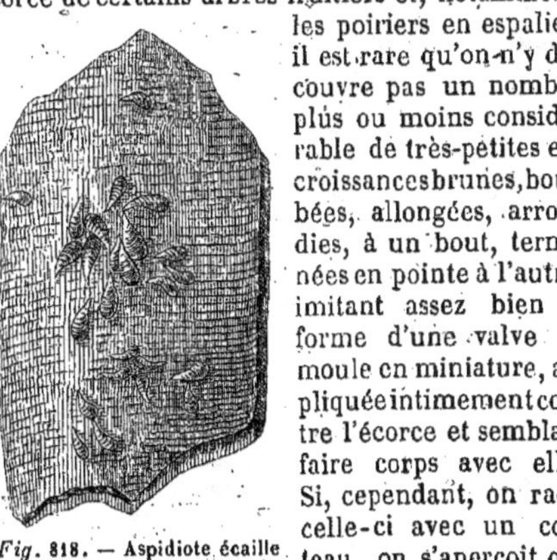

Fig. 818. — Aspidiote écaille de moule (tigre sur bois.)

C'est là le véritable *tigre sur bois* des jardiniers ; c'est la femelle d'une sorte de cochenille, appelée par les entomologistes *aspidiotus conchyformis*, laquelle se dessèche sur place et protége de son enveloppe durcie, les œufs qui doivent propager son espèce.

Ces œufs éclosent vers la fin de mai et l'animal qui en sort est un très-petit pou blanchâtre qui se meut avec agilité. Bientôt les femelles fécondées se fixent sur l'écorce, grandissent en pompant la séve de l'arbre, puis, meurent et se dessèchent en protégeant, de leurs corps, une nouvelle génération.

Les *aspidiotes* sont quelquefois en telle quantité qu'ils recouvrent et masquent complétement l'écorce à laquelle ils donnent un aspect rugueux. L'arbre en souffre alors considérablement.

Le remède à employer dans ce cas est de badigeonner tout le tronc et les branches envahies avec un mélange de goudron et d'huile de lin fondus ensemble ; cet enduit doit être appliqué chaud au moyen d'un gros pinceau ou d'un tampon de feutre.

Un moyen préférable encore, paraît-il, est de se servir de la même façon d'une décoction épaisse, faite avec des feuilles de tabac bouillies dans une forte lessive. On fera l'opération au premier printemps avant l'éclosion des bourgeons.

Gallinsectes ou **kermès.** — Les *gallinsectes* ont des habitudes semblables à celles des cochenilles, c'est-à-dire que les femelles se fixent à l'écorce des arbres, et que leur corps boursouflé et desséché sert d'abri à leurs œufs. On rencontre des *kermès* sur presque tous les arbres fruitiers. Ce sont des excroissances hémisphériques, brunes, de la grosseur d'un petit pois, parfaitement organisées, quoique immobiles, constituant un animal au printemps, mais réduites à une coque dure et remplie de petits grains rougeâtres et de filaments blancs en automne et pendant l'hiver.

Fig. 819. — Kermès.

Lorsque les *kermès*, et c'est le cas habituel, sont en petit nombre et dispersés sur les branches, ils ne font aucun tort. Il arrive quelquefois, cependant, qu'ils se multiplient outre mesure ; alors ils deviennent nuisibles et on doit aviser à leur destruction. Le procédé pour atteindre ce but est rendu facile par la taille relativement grande de cet insecte ; il consiste à frotter l'écorce avec une brosse rude partout où l'on en aperçoit. C'est la fin de juin qui est l'époque la plus favorable pour le mettre en pratique.

Les espèces qui nous intéressent le plus sont les suivantes.

La *gallinsecte de la vigne* (*lecanium vitis*). — Lorsqu'on examine au printemps les pieds de vignes, vieux et souffrants, on remarque sur l'écorce des excroissances charnues, hémisphériques, fauves, marbrées de noir, entourées, surtout en arrière, d'un bourrelet duveteux d'un blanc très-pur. Ces excroissances sont les femelles de l'insecte dont il est question ici.

Dans le courant du printemps, ces femelles pondent leurs œufs et les accumulent sous leur corps. Bientôt après la ponte, celui-ci se dessèche et il se transforme en une sorte de capsule de consistance assez solide qui ne sert plus qu'à protéger les œufs qu'il recouvre complétement.

Vers la fin de juin, les petits éclosent, percent leur enveloppe et se répandent sur les feuilles pour en pomper la séve. Ils grandissent pendant l'été. Vers le mois de septembre, on remarque qu'il y en a de deux tailles : les plus petits sont ailés, ils ont le corps rougeâtre avec le corselet noir et les ailes blanches bordées extérieurement de rouge. Quant aux autres qui sont les femelles, ils sont privés d'ailes. Ces derniers ne tardent pas à venir se fixer sur l'écorce d'une manière définitive, en y enfonçant leur trompe. C'est ainsi qu'ils passent l'hiver, puis ils se dessèchent au printemps en donnant leurs œufs, ainsi que nous venons de le dire.

La *gallinsecte du pêcher* (*lecanium persicæ*) diffère peu de celle de la vigne. Elle est de 0^{m},006 à 0^{m},007 de longueur sur 0^{m},003 à 0^{m},004 de largeur ; sa couleur est brunâtre et elle présente à la partie postérieure du corps une sorte de fente ou échancrure longitudinale. C'est au mois de juin qu'elle a acquis toute sa taille. La ponte des œufs, le dessèchement du corps de la mère, l'évolution des jeunes se font comme chez les précédents. C'est aussi sur les arbres souffrants qu'on la rencontre en plus grand nombre, et la question a été agitée, de savoir si elle-même cause l'état maladif de l'arbre ou si cet état préexiste à sa présence. Il paraît que la première de ces deux hypothèses est la vraie.

La *gallinsecte de l'olivier* (*lecanium oleæ*) est plus petite que celle du pêcher et plus arrondie, elle a deux replis transversaux sur le dos et sa couleur est d'un gris jaunâtre ou noirâtre. Son histoire est la même que celle des précédentes.

La *gallinsecte de l'oranger* (*lecanium hesperidum*) n'a que 0^{m},002 de longueur ; sa couleur est brune, sa forme ovale. Elle vit sur l'oranger auquel elle fait, parfois, un tort considérable.

Les lauriers, les myrtes, les lauriers-roses, nourrissent aussi des gallinsectes.

Oscine de l'orange. — Petite mouche ou Diptère, dont la larve fait beaucoup de tort aux cultures de l'oranger dans le Midi.

L'oscine de l'orange (*Cerasisis hispanica*) a 0^{m},005 de longueur, le thorax noir ligné de blanc, l'abdomen jaunâtre foncé avec deux bandes transversales d'un gris bleuâtre, les ailes hyalines marbrées de jaunâtre et de noir.

Lorsque les oranges sont encore petites, la femelle de cette mouche en perce l'écorce au moyen d'une tarière qu'elle porte au bout de l'abdomen et dépose un œuf dans la pulpe du fruit. Peu de temps après, un petit ver sort de cet œuf et commence à ronger la substance au sein de laquelle il est logé. A mesure que le ver grandit, le désordre qu'il produit dans l'orange devient plus considérable. La pulpe qui l'entoure se désorganise, devient putrilagineuse, l'écorce correspondant à la portion attaquée s'altère et noircit ; enfin, le fruit se détache avant sa maturité et tombe sur le sol.

La larve, qui est alors arrivée à toute sa taille, abandonne l'orange et s'enfonce dans la terre pour procéder à sa transformation.

L'insecte ailé apparaît au commencement du printemps.

Oscine de l'olivier. — *L'oscine* ou *téphrite de l'olivier* (*dacus oleæ*), est très-petite, noire, avec la tête, le bord du corselet et le dessous du corps jaunâtres ; au printemps on la voit voler en grande quantité autour des oliviers. Peu de temps après la floraison de ceux-ci, la femelle pond ses œufs sur les jeunes fruits ou plutôt sous leur épiderme en y introduisant la tarière dont l'extrémité de son corps est armée. Les œufs éclosent et les larves grandissent aux dépens de la pulpe de l'olive qu'elles sillonnent de nombreuses galeries.

Arrivées à leur complet développement, les larves sortent du fruit, se laissent tomber sur le sol et s'y enfoncent pour se changer en nymphes. Elles restent en cet état tout l'hiver pour apparaître au printemps, sous leur dernière forme.

Nous avons encore pour ennemis, dans nos jardins fruitiers, plusieurs insectes appartenant à l'ordre des Diptères. Nous citerons en particulier l'*ortalide du cerisier*, la *cécydomyie noire* et le *sciare du poirier*.

Ortalide. — Une espèce de ce genre vit, à l'état de larve, dans l'intérieur des cerises, notamment des bigarreaux, et a été appelée pour cette raison *ortalide du cerisier* (*ortalis cerasi*). Tout le monde connaît ce petit ver blanchâtre, à demi transparent, que l'on trouve dans les fruits en question. Ce ver est adulte à l'époque de la maturité des cerises ; il en sort alors, se laisse tomber sur le sol où il s'enfonce à une légère profondeur, pour s'y changer en nymphe. La nymphe, à son tour, devient une mouche de 0^{m},004 à 0^{m},005 de longueur, d'un noir à reflet légèrement métallique, à tête d'un jaune fauve avec le bord des yeux blanc ; l'extrémité de ses pattes est de la couleur de la tête ; les ailes sont marquées de quatre larges bandes noires. L'*ortalide des cerises* apparaît au commencement du printemps. Après l'accouplement, la femelle pond ses œufs sur les petites cerises encore vertes, peu de temps après la chute des pétales de la fleur.

Cécydomye noire. — Il a déjà été parlé plus haut des *cécydomyes*. L'espèce appelée *cécydomye noire* (*cecydomya nigra*) est une petite mouche de 0^{m},002 de longueur, noire avec les ailes brunes, le corselet gris en arrière, les bords de l'abdomen et les balanciers (petits appendices situés en arrière des ailes) rougeâtres.

Cette mouche apparaît vers le milieu du mois d'avril, à l'époque où les poiriers commencent à montrer leurs boutons. Lorsqu'elle est sur le point de pondre, la femelle se pose sur un de ces boutons et y introduit, avec sa tarière et en perçant les pétales, une cinquantaine d'œufs. Les larves éclosent quelques jours plus tard, dévorent les étamines et pénètrent dans l'ovaire qu'elles rongent à son tour. Tant que les larves sont petites, la jeune poire grossit, mais bientôt sa croissance s'arrête, elle se dessèche et tombe ; les larves en sortent alors et s'enfoncent en terre pour se métamorphoser en nymphes. Leur évolution finale a lieu, comme pour les *ortalides*, au printemps suivant.

Sciare du poirier. — Le *sciare du poirier* (*sciara pyri*) est une petite mouche de la taille de la précédente, mais autrement colorée : sa tête est brunâtre, son corselet et ses antennes sont noirs. Elle a l'abdomen satiné avec l'extrémité bleuâtre, enfin ses balanciers sont blancs.

Cette espèce a les mêmes habitudes que la *cécydomyie noire*.

On comprend qu'il est difficile, sinon impossible de s'opposer aux déprédations de ces microscopiques ennemis. Le mal n'apparaît que lorsqu'il est déjà trop tard pour y remédier. Il faudrait pouvoir prévenir la ponte avant la floraison des poiriers, mais par quel moyen ? Quant à nous, nous n'en connaissons aucun de sérieux. On a proposé de ramasser au mois de mai les petites poires tombées au pied des arbres et de les brûler ; on détruit de la sorte une grande quantité de larves qui auraient produit autant de ces mouches funestes l'année d'ensuite. A cela nous répondrons ce que nous avons déjà dit à propos de *l'anthonome* : que l'action de l'homme sur la rareté ou l'abondance de telle ou telle espèce d'insecte *l'année suivante* est tout à fait nulle, cette rareté ou cette abondance étant déterminée par des conditions météorologiques ou autres qui sont complétement en dehors de notre portée : qu'eussions-nous détruit des milliards d'*ortalides* ou de *cécydomyes* dans notre jardin, l'espèce y sera peut-être aussi abondante l'année d'après, sur nos arbres fruitiers. Que l'on nous comprenne bien, nous n'entendons parler ici que de l'inutilité des moyens employés contre les insectes dans le but de prévenir les dévastations causées par la génération *suivante*, comme c'est le cas pour l'*anthonome* et les diptères en question. Quand on peut agir sur la génération nuisible elle-même, il y a toujours avantage à le faire ; en détruisant les œufs des papillons et des chenilles, on sauve un nombre proportionnel de feuilles, et le résultat obtenu, si petit qu'il soit, est toujours appréciable dans l'année où on a fait l'opération ; mais celle-ci n'influe pas d'une manière sensible sur la quantité des individus qui se montreront l'année suivante.

CHAPITRE XLIV

DES INSECTES NUISIBLES AUX ARBRES FORESTIERS

En commençant le chapitre qui précède, nous faisions observer qu'en présence de l'étendue du sujet à traiter, d'une part, et de l'autre du peu de pages que nous pouvions y consacrer, nous nous bornerions à en effleurer les points principaux. Nous en dirons autant à l'occasion du chapitre actuel.

On a considérablement écrit sur les insectes qui portent préjudice aux arbres des forêts. M. Ratzeburg, professeur à Neustadt-Eberswald, est l'auteur d'un admirable ouvrage sur cette matière. M. Perris, de Mont de Marsan, a fait une étude toute particulière des insectes qui attaquent le pin maritime, et ses observations publiées dans les *Annales de la société entomologique de France*, forment un travail considérable.

Renvoyant aux traités spéciaux ceux de nos lecteurs qui désireraient avoir à ce sujet des notions plus étendues, nous nous contenterons de donner un aperçu abrégé de quelques espèces choisies parmi les plus nuisibles aux arbres forestiers.

Scolytides. — Nous ne reviendrons pas sur l'histoire des *Scolytes* que nous avons donnée brièvement plus haut, à propos du *scolyte du prunier*. Nous avons à parler ici d'une espèce du même genre qui nuit beaucoup aux ormes et que les naturalistes désignent par le nom de *scolyte destructeur* (*scolytus destructor*).

Cette espèce a la forme du *sc. du prunier*, mais elle a les élytres rouges et sa taille est plus grande.

Fig. 820. — Scolyte destructeur.

Ses mœurs sont absolument les mêmes, si ce n'est que l'orme est la victime qu'elle choisit de préférence. Nous n'en parlerons qu'au point de vue de sa destruction.

Malheureusement, tout ce que nous pouvons dire à ce sujet, c'est qu'il résulte d'expériences nombreuses faites dans le but de détruire ces insectes, qu'on ne connaît encore aucun bon moyen d'arriver à un résultat satisfaisant. On a tour à tour essayé et vanté le badigeonnage des arbres attaqués, avec le goudron, la chaux, l'huile de baleine, la térébenthine ; on a surtout hautement conseillé la décortication partielle des troncs (procédé Robert), consistant dans l'enlèvement de bandes longitudinales d'écorce. Tout bien considéré, il n'y a que l'abatage des pieds les plus envahis, pendant l'hiver, et leur destruction immédiate par le feu qui puissent être conseillés comme des moyens certains de diminuer, sinon d'arrêter complètement le mal, dans les plantations d'ormes.

Les *tomices* ou *tomiques* (confondus anciennement avec les *bostriches* et connus sous ce nom) appartiennent au même groupe de coléoptères que les *scolytes*. Ils sont particulièrement nuisibles aux pins, aux sapins, aux mélèzes, enfin à tous les arbres résineux. Leur manière de pondre, de cribler les écorces de trous, de galeries, est en tous points semblable à celle des *scolytes*.

Voici les espèces les plus communes et conséquemment les plus nuisibles :

1° Le *t. typographe* (*tomicus typographus*). C'est le plus grand de tous. Il a la forme d'un petit cylindre tronqué à ses extrémités, long de 0m,006 à 0m,007, de couleur noirâtre, brune ou jaune. Il attaque surtout le sapin rouge.

Fig. 821. — Tomique typographe.

2° Le *t. chalcographe* (*t. chalcographus*). Ressemble pour la forme et la couleur au précédent, mais il est beaucoup plus petit. Les canaux qu'il fore sous les écorces ont aussi une autre forme. Le *typographe*, en effet, creuse d'abord une longue galerie d'où partent les galeries des larves, à angle droit et parallèlement entre elles. Les galeries principales du *chalcographe* vont au contraire en rayonnant d'un centre commun. Il attaque la même essence.

3° Le *t. sténographe* (*t. stenographus*). Il ressemble au premier abord au *typographe* et on ne l'en distingue que par les dentelures, qui garnissent, en arrière, la troncature des élytres, et qui sont ici au nombre de douze, tandis qu'il n'y en a que huit chez le premier. Il vit dans les pins.

4° Le *t. du mélèze* (*t. laricis*). Celui-ci, un peu plus petit encore, brun, avec un renfoncement à l'extrémité postérieure bordé de plusieurs dents obtuses. Il attaque non-seulement le mélèze, mais encore différentes espèces de pins et de sapins.

5° Le *t. curvident* (*t. curvidens*). Ce tomique ressemble à celui du mélèze, mais les dents postérieures sont plus aiguës et un peu recourbées; ce qui lui a valu son nom. On le trouve sous les écorces du sapin blanc.

6° Le *t. strié* (*t. lineatus*). Il est très-petit et n'a pas de renfoncement en arrière et par conséquent pas de dents. Il est brunâtre avec des raies longitudinales plus claires sur les élytres. Cette espèce s'enfonce au cœur même du bois et le perfore de nombreuses galeries.

7° Le *t. piniperde* (*hylesinus piniperda*). Vrai fléau des bois de pins. Il varie de couleur comme le *typographe*, mais il est plus petit que ce dernier et se reconnaît aisément au rétrécissement très-apparent de la partie antérieure du corselet, qui a la forme d'un cône tronqué, et à la partie postérieure du corps, arrondie et non renfoncée.

Toutes ces espèces et d'autres que nous passons sous silence parce qu'elles sont moins nuisibles, ont heureusement, pour ennemis, une longue série de petits animaux qui vivent à leurs dépens. Ceux-ci s'opposent à leur multiplication qui, sans cela, prendrait en peu d'années des proportions telles, que pas un seul arbre n'échapperait à la destruction. Sans parler des oiseaux qui font une grande consommation de *Scolytides*, à l'époque où ceux-ci se promènent sur l'écorce pour chercher à s'accoupler, il existe un grand nombre d'insectes qui, soit à l'état de larves, soit à l'état parfait, en font leur nourriture exclusive. Ils nous rendent sous ce rapport de plus grands services que les oiseaux, car leur petite taille leur permet de poursuivre les larves de *Scolytides* dans les galeries mêmes où elles se cachent. L'énumération de ces insectes utiles et leur description nous entraîneraient au delà des bornes qui nous sont imposées; nous nous contenterons d'indiquer qu'ici encore nous trouvons en première ligne plusieurs représentants de la précieuse tribu des *Ichneumonides*.

Processionnaires. — L'illustre Réaumur a donné ce nom à des chenilles qui ont la singulière et remarquable habitude de voyager à la file les unes des autres, et de figurer sur les arbres, le sol, partout où elles marchent, une sorte de cordon ininterrompu.

On distingue deux espèces de *Processionnaires*, l'une qui vit sur le chêne, l'autre sur le pin. Toutes deux, parfois, sont fort nuisibles à ces arbres.

La chenille de la première est grise, avec le dos noirâtre, chargé de tubercules rougeâtres sur lesquels sont implantés des faisceaux de longs poils. Elle vit en sociétés nombreuses dans une sorte de sac formé d'une soie grisâtre où l'on trouve en outre les peaux provenant des diverses mues, des poils, des excréments, etc. Ces sacs ou nids, attachés au tronc des chênes, ont quelquefois près de 1 mètre de longueur sur 0m,2 à 0m,3 de largeur et 0m,1 d'épaisseur. On en voit souvent deux, trois ou quatre sur le même arbre. Ils présentent, au sommet, une ouverture par où les chenilles entrent et sortent. « Ce n'est guère, » dit Duponchel, « qu'après le coucher du soleil, que les chenilles vont manger les feuilles de l'arbre. Si elles quittent leur demeure pendant le jour, elles se placent soit sur une branche, soit sur le tronc, et elles y restent collées les unes contre les autres. Quand elles sortent, une chenille ouvre la marche, une seconde la suit, puis une troisième, etc., sur une longueur d'environ 2 pieds. Ensuite, la file se double, c'est-à-dire que les individus marchent alors deux à deux. Après plusieurs rangs de deux viennent des rangs de trois, puis de quatre, de cinq, enfin de dix, et même de vingt. Tous les mouvements de la conductrice sont ponctuellement exécutés par les autres. »

Pour se changer en chrysalides, elles filent leurs coques dans l'habitation commune et se placent parallèlement l'une à l'autre, en sorte que le nid est alors transformé en une masse solide constituée par la réunion de toutes les coques.

Le papillon qui en provient est appelé par les naturalistes : bombyx processionnaire (*bombyx processionea*). Il est blanc nuancé de gris avec des lignes transversales noirâtres. La figure ci-jointe nous dispensera d'une plus longue description. Nous ferons observer seulement que c'est celle du mâle. La femelle en diffère par sa taille plus grande, ses antennes moins plumeuses, ses raies noires moins accusées et par la présence d'un gros pinceau de poils noirs à l'extrémité du corps.

Fig. 822. — Processionnaire du chêne.

La processionnaire du pin (*bombyx pityocampa*) a les mêmes mœurs que celle du chêne. Les chenilles sont bleuâtres avec des tubercules rouges chargés d'aigrettes de poils, roux sur le dos, gris sur les flancs. Leurs nids ne sont pas attachés au tronc comme ceux de la précédente, mais suspendus aux branches ; ils ressemblent à des bourses qui ont quelquefois la grosseur de la tête d'un homme.

Fig. 823. — Processionnaire du pin.

Son papillon est blanc avec des raies transversales noires.

On doit éviter avec le plus grand soin de toucher aux nids de processionnaires. La poussière qui s'en dégage et qui est formée de fragments de leurs poils, a des propriétés on ne peut plus irritantes. « Les personnes, » écrit M. Trousseau, « qui ont souvent herborisé dans les forêts ou qui se sont occupées de l'histoire naturelle des insectes, savent très-bien que si l'on touche un nid de processionnaires, si même on le remue avec un bâton et qu'on reste exposé, quoique de loin, aux émanations qui s'en échappent, tout le corps se recouvre presque immédiatement d'une éruption papuleuse plus ou moins confluente. Cette éruption, qui persiste plusieurs jours, s'accompagne d'une démangeaison des plus vives. »

Nous avons été nous-même victime de ces pernicieuses émanations pour avoir exploré quelques nids, à la recherche des larves de *calosomes* (qui vivent aux dépens des chenilles), bien que nous eussions pris la précaution de nous placer au-dessus du vent de l'arbre et d'éviter prudemment tout contact immédiat avec les nids. Une éruption des plus douloureuses et qui dura près d'une semaine, nous punit de notre imprudence. Ces accidents qui peuvent acquérir beaucoup de gravité, surtout chez les enfants, sont fréquents dans les endroits où abondent les processionnaires, et la cause en est souvent méconnue.

On se trouve bien du suc de persil allongé d'eau et appliqué en lotions, pour combattre ces éruptions et calmer le prurit violent qu'elles produisent.

Les chenilles processionnaires ont pour ennemi un grand insecte ressemblant assez à la *jardinière*, mais plus large, bleu mat, avec les élytres d'un vert à reflet cuivreux ou doré très-brillant. Cet insecte, qui s'appelle le *calosome sycophante*, appartient à l'ordre des Coléoptères. On le voit courir rapidement sur les troncs et au pied des arbres infestés par les chenilles en question. La larve, semblable à celle des jardinières dont nous avons parlé plus haut, vit dans les nids mêmes et y fait une grande consommation de processionnaires. Le calosome est donc un insecte très-utile et nous devons le respecter soigneusement. Parmi les oiseaux, le coucou doit être cité en première ligne, comme l'un des plus grands destructeurs de processionnaires. Le coucou, en effet, ne se laisse pas rebuter par les poils qui revêtent le corps de ces chenilles et il en fait, dans la saison, sa principale nourriture.

Quand l'action de ces utiles auxiliaires est insuffisante et que les processionnaires se multiplient au point de prendre des proportions inquiétantes, il faut alors intervenir, et, dans ce but, voici le mode d'échenillage conseillé par M. Ratzeburg, dans l'ouvrage dont nous avons parlé ci-dessus.

Le procédé le plus efficace est d'arracher et de brûler les nids à l'époque où toutes les chenilles s'y sont retirées pour se métamorphoser en nymphes, c'est-à-dire vers la fin de juillet et dans le courant du mois d'août. Il va sans dire que cette opération dangereuse doit se faire au moyen de longues perches armées de crochets, un jour de grand vent, si c'est possible, et en prenant la précaution de se placer de manière à ce que les émanations qui s'échappent des nids soient emportées dans une direction opposée à celle où l'on opère. On rassemble les nids sur quelques menues branches sèches et on y met le feu.

En attendant l'époque favorable pour procéder à cette destruction, il est bon de veiller à ce que les troupeaux n'approchent pas des cantons infestés, car on doit redouter, pour les animaux aussi, les atteintes des chenilles. On a vu des chevaux et des vaches pris d'une telle furie après avoir pâturé dans des lieux où existaient des nids de processionnaires, qu'ils devenaient indomptables et dangereux pour ceux qui voulaient les approcher, sans compter qu'ils peuvent périr par suite de l'inflammation violente de la bouche et des voies digestives, occasionnée par l'ingestion de quelques-uns de ces insectes.

Cossus gâte-bois. — La plupart des chenilles vivent de feuilles. Les ravages qu'elles font dans les plantations n'ont, conséquemment, qu'un caractère passager; ils sont réparés chaque année, sauf les cas exceptionnels d'une multiplication extraordinaire. Il n'en est pas de même de la chenille dont il est ici question et qui vit du bois même des chênes, des ormes, des peupliers, des saules, dans le tronc desquels elle se creuse de larges et nombreuses galeries.

Cette chenille est de grande taille. Adulte, elle ne mesure pas moins de 0m,07 à 0m,08 ; elle est d'un rose foncé, passant au brun sur les anneaux ; la tête est de cette dernière couleur. Elle révèle sa présence autant par l'odeur particulière qu'elle exhale et qu'on sent lorsqu'on approche de l'arbre où elle réside, que par la vermoulure qu'elle rejette au dehors. Sa transformation en chrysalide, qui n'a lieu qu'après trois ans, se fait dans les profondeurs du bois où elle a vécu. Quand elle est sur le point de se métamorphoser en papillon, la nymphe se livre à des mouvements qui ont pour but de l'amener peu à peu à l'orifice de sa galerie, ce que lui rendent possible les épines qui garnissent les anneaux de son abdomen, et qui sont disposées de telle façon que chaque mouvement de celui-ci la fait avancer. Le papillon se dégage à son tour, lorsque la chrysalide est à demi sortie de l'arbre.

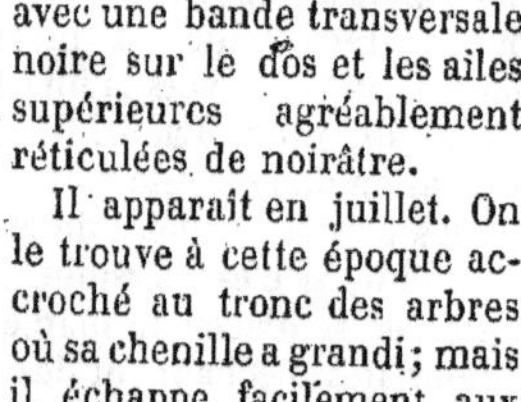

Fig. 824. — Chenille du cossus.

Le papillon (*cossus ligniperda*) a le corps très-gros et près d'un décimètre d'envergure. La teinte générale est d'un beau gris cendré, avec une bande transversale noire sur le dos et les ailes supérieures agréablement réticulées de noirâtre.

Il apparaît en juillet. On le trouve à cette époque accroché au tronc des arbres où sa chenille a grandi; mais il échappe facilement aux regards, grâce à sa couleur qui tranche peu sur celle de l'écorce.

La chenille du gâte-bois est fort abondante dans certains cantons, et y fait périr un grand nombre d'ormes et de saules, ou bien si elle ne les fait pas périr complétement, elle en commence la destruction qui est bientôt achevée par les *scolytes* et d'autres insectes.

On ne connaît aucun moyen praticable pour se défaire de cet ennemi lorsqu'il a pénétré dans la

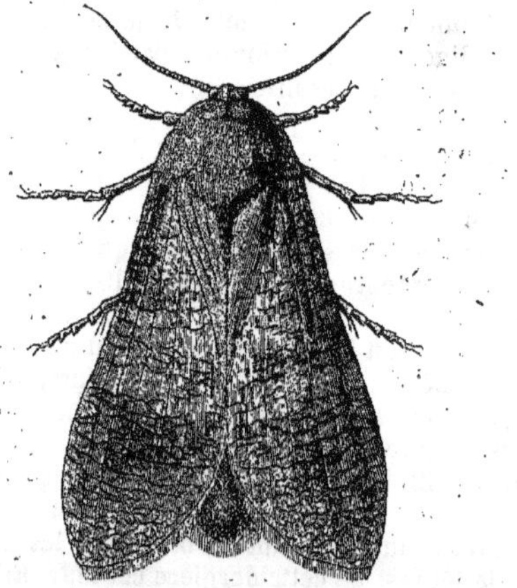

Fig. 825. — Cossus gâte-bois.

profondeur du bois. La décortication de la partie attaquée n'est utile que la première année, quand la jeune chenille est encore dans l'écorce ; plus tard celle-ci a pénétré dans le bois et est hors d'atteinte. On a donné le conseil de faire, pendant le mois de juillet, la chasse au papillon lorsqu'il pullule dans un canton au point de faire craindre la destruction prochaine de tous les arbres qui y croissent (ce qui a été le cas pour certaines localités). C'est sur les troncs mêmes qu'il faut alors chercher le papillon, à l'époque indiquée ci-dessus. Les enfants se livreraient volontiers à cette chasse moyennant une faible rétribution, et la dépense occasionnée pour la destruction des *cossus* serait, dit-on, amplement compensée par le résultat obtenu.

Il est certain qu'on diminuerait ainsi le nombre des *cossus;* toutefois, nous croyons que la proportion des insectes détruits serait bien faible relativement à la masse de ceux qui échapperaient.

Nous terminerons ce qui a rapport aux insectes nuisibles aux arbres des forêts, par une réflexion qui aurait peut-être été mieux placée en tête de cet article, mais qui, d'un autre côté, peut lui servir de conclusion, car elle résulte de l'étude particulière des divers insectes déprédateurs que nous venons de passer en revue.

Il est des cas, malheureusement trop peu nombreux, où l'homme peut combattre ces microscopiques ennemis et obtenir un résultat avantageux de ses soins, une compensation évidente des peines qu'il se donne pour les détruire; c'est lorsqu'il a affaire à des insectes vivant à découvert, en famille, et lorsqu'il ne s'agit de protéger que des cultures restreintes. Tel est le cas pour les *chenilles*, les *pucerons*, les *altises*, qu'il rencontre sur ses espaliers et ses légumes. Dans ses champs, il peut encore agir avec efficacité, soit par des assolements judicieux, soit en avançant ou en retardant ses semailles, soit en affamant certaines espèces souterraines et sédentaires par un système de jachère bien entendu.

Mais quand l'ennemi, logé au cœur même de la place, ne révèle son existence qu'alors que le mal est fait, quand, s'attaquant aux arbres des forêts, il est disséminé sur un vaste espace, il est évident que toute lutte est inutile, qu'il faut se croiser les bras et laisser à la nature le soin de rétablir l'harmonie un moment interrompue, rôle auquel celle-ci ne fait, du reste, jamais défaut en suscitant aux espèces déprédatrices trop multipliées, d'autres espèces qui les combattent.

Afin de prouver l'inutilité des efforts de l'homme dans un tel cas, nous citerons un exemple qui, pensons-nous, convaincra tout le monde de la vérité de ce que nous avançons.

Dans un pays, tel que le nôtre, où la population est si condensée, il n'est pas un hectare de terrain qui ne soit exploité chaque année par un chasseur, au moins, et où les lièvres et les perdrix ne soient l'objet d'une recherche active. Or, le chasseur, qui consacre à cette recherche un temps considérable et y déploie presque toujours une ardeur passionnée, se fait encore aider dans cette besogne par un animal intelligent et dont les sens subtils viennent suppléer à l'imperfection des siens. Ajoutons au chasseur le paysan braconnier qui, de son côté, détruit deux ou trois fois plus de gibier que lui. Bref, les lièvres et les perdrix seraient les plus nuisibles des animaux qu'on n'emploierait pas d'autres moyens pour s'en débarrasser. Il en échappe pourtant chaque année, et beaucoup. Que dire, après cela, de notre action sur des animaux insaisissables, presque invisibles, bien autrement nombreux, bien autrement protégés!

CHAPITRE XLV

DES PARASITES DE L'HOMME ET DES ANIMAUX QUI SERVENT A SON USAGE; DES INSECTES NUISIBLES A L'ÉCONOMIE DOMESTIQUE.

Punaises. — Bien que les punaises forment un groupe d'insectes composé d'un nombre fort considérable d'espèces, leur nom générique seul, sans désignation spécifique, suffit lorsqu'on veut parler de la punaise des lits, qui est, pour nous, le plus désagréable représentant de la famille.

La punaise des lits (*acanthia lectularia*) est trop connue pour que nous la décrivions. Elle appartient, comme toutes ses congénères, à l'ordre des *Hémiptères*, famille des *Géocorisse*, et se distingue au premier abord de celles des jardins par l'absence complète des ailes.

Cet insecte est un véritable fléau pour certaines villes. On sait que Londres et Paris, ainsi que les villes méridionales, en sont infestées. C'est surtout dans les vieilles maisons, dans les appartements secs, chauds, exposés au midi qu'elles habitent de préférence. Il y en a plus sous les combles que dans les étages inférieurs; c'est le compagnon de lit du pauvre plutôt que du riche, c'est un hôte qu'on n'avoue pas.

Il est de fait et nous devons à la vérité de le déclarer, dussions-nous blesser quelques susceptibilités, que leur présence dans une maison accuse ordinairement peu de soin de la part de la ménagère. Leur nombre est en raison inverse de l'activité de celle-ci. Les punaises, comme tous les insectes, aiment la tranquillité, ils ne souffrent guère qu'on les inquiète dans la retraite qu'ils se sont choisie; les persécutions les font fuir.

Les procédés pour détruire les punaises ne manquent pas. Les livres qui traitent de l'économie domestique produisent tous une série de moyens à employer pour se débarrasser de cet incommode ennemi. Il serait trop long de les reproduire et même de les résumer tous. Nous ne parlerons que de ceux dont l'efficacité a été bien constatée.

Disons d'abord que le premier de tous les moyens, nous venons de l'indiquer, c'est de tracasser les punaises en visitant souvent les literies, les rideaux de lit, en décrochant les tableaux qui ornent la chambre à coucher, en démontant de temps en temps le bois de lit; c'est de faire dans les fentes de la tapisserie, le long des lambris, des plinthes, autour des chambranles des portes, une recherche soigneuse. Le plus puissant insecticide est l'œil de la ménagère.

Mais il est des cas nombreux où la maîtresse de maison ne peut s'occuper par elle-même de ce soin. Il faut alors faire choix d'une poudre ou d'un liquide possédant la propriété de faire périr les punaises.

Il existe un nombre illimité de mixtions composées dans ce but et réputées infaillibles par leurs auteurs. Les pharmaciens, les droguistes, les épiciers, les peintres, les décorateurs, les tapissiers, ont tous leur *bouteille* insecticide, leur *secret* pour la destruction des punaises. Or, toutes ces mixtions, ou au moins les neuf dixièmes, doivent leur efficacité, la plupart du temps très-réelle, à une dose plus ou moins forte, soit d'*acide arsénieux*, soit d'*arséniate de soude* ou de *potasse*, soit de *biiodure*, ou de *bichlorure de mercure* ou *sublimé corrosif;* chacun varie à son gré la préparation en y ajoutant quelque acide, quelque sel, quelque décoction de plante vénéneuse ou odorante, quelque solution d'extrait ou de suc végétal, tel que : l'aloès, la gomme-gutte, ou l'extrait de coloquinte. Tout cela ne fait rien ou n'ajoute que peu de chose à la vertu réelle de l'*arsenic* ou du *sublimé* qui en constitue la base essentielle.

Toutefois, nous recommandons d'apporter la plus grande prudence dans le maniement de ces liquides et de ne jamais perdre de vue qu'ils renferment d'énergiques poisons. Nous ne déconseillons pas leur emploi, nous indiquons seulement le danger qu'il y aurait à le faire d'une manière inconsidérée.

Beaucoup de personnes se trouvent bien des lotions à l'eau de savon bouillante ou à la térébenthine. On se sert d'un pinceau pour faire pénétrer ces liquides dans les joints des boiseries et partout où l'on soupçonne la présence des punaises.

Parmi les poudres, la plus efficace est, sans contredit, la *poudre persane* qui a pour base les sommités pulvérisées de différentes espèces de *pyrèthre*, notamment du *pyrethrum caucasicum*. Nous avons déjà signalé plusieurs fois la propriété insecticide bien constatée de cette plante orientale. La *poudre de Vicat*, qui a peut-être une composition analogue, est également très-recommandable. Nous en avons fait différentes fois usage et toujours, quand elle est fraîche, avec succès, non-seulement contre les punaises, mais aussi contre les blattes, les grillons, les anthrènes et autres insectes.

En terminant ce qui a rapport aux procédés de destruction des punaises, disons un mot d'un moyen indiqué dans presque tous les livres qui traitent ce sujet ; nous voulons parler des fumigations à l'acide sulfureux qu'on fait en brûlant de fortes quantités de fleur de soufre, dans une chambre dont toutes les ouvertures ont été préalablement calfeutrées. Nous avons eu l'occasion d'employer ce procédé dans un dortoir infesté par les punaises, et bien que les plus minutieuses précautions eussent été prises pour le faire réussir, que les joints des fenêtres et des portes eussent été parfaitement bouchés avec de l'étoupe, que la quantité de soufre brûlée fût énorme, et que l'appartement ne fût ventilé que plusieurs heures après l'opération, nous devons déclarer, pour l'édification de ceux qui seraient tentés d'user de ce moyen, que pas une punaise ne périt. On nous objectera peut-être que si nous n'avons pas réussi, c'est que nous avons mal opéré : à cela nous répondrons que si ce procédé exige pour sa réussite plus de soin que nous n'en avons mis, son application présente alors trop de difficultés pour être d'un usage pratique, qu'en conséquence il est mauvais.

MM. Trousseau et Pidoux, dans leur excellent *Traité de thérapeutique et de matière médicale*, recommandent les vapeurs mercurielles, comme très-efficaces pour détruire les animaux parasites en général. Après avoir parlé de l'action des sels de mercure contre les vers intestinaux, ils continuent : « A ces faits nous en ajouterons d'autres qui prouvent mieux encore, s'il est possible, l'action mortifère du mercure sur les insectes, et notamment sur les animaux parasites de l'homme. Ils nous ont été communiqués par M. Fayard, pharmacien à Paris. Nous les laissons sous sa responsabilité.

« Un matin, un grainetier de la rue Montholon, à Paris, trouva sa boutique et toutes les marchandises qu'elle renfermait infestées d'une innombrable quantité de poux. Le pauvre homme, qui ne pouvait se rendre compte d'un pareil phénomène, s'imagina qu'on lui avait jeté un sort et s'en alla pieusement trouver le curé de Saint-Vincent de Paul, pour le prier de l'aider de son intercession et de ses bons conseils. Le pasteur était fort éclairé et ne croyait pas facilement aux sortiléges ; il engagea le bonhomme à s'adresser au pharmacien son voisin qui, dit-il, lui indiquerait quelque drogue plus utile que l'eau bénite. Le pharmacien, c'était M. Fayard, qui alla voir la boutique, n'osa y entrer tant était considérable le nombre de poux qui inondaient le plancher. Il ne put s'expliquer cette incroyable et rapide multiplication d'insectes ; mais il avisa au moyen de les détruire, et il s'y prit de la manière suivante. Il fit allumer au milieu de la boutique un réchaud sur lequel on plaça une capsule de porcelaine dans laquelle était une livre de mercure cru ; puis on ferma exactement les portes.

« Vingt-quatre heures après, quand on entra dans la pièce on trouva tous les poux morts. Ce fut alors qu'on alla à la recherche de la source de cette singulière calamité. On trouva, dans le fond de la boutique, un sac de son encore presque rempli de poux morts. Il paraît que, chez le meunier, quelques poux avaient été renfermés dans le sac de son ; ils y avaient multiplié tranquillement, et quand le son avait été dévoré (!), ils s'étaient échappés par une issue qui s'était trouvée dans le sac, et ils avaient inondé la boutique du grainetier. Tout le monde sait que pour détruire les punaises qui infestent une chambre, il suffit de faire volatiliser dans un vase de terre 50 à 60 grammes de cinabre, en ayant soin de bien clore la pièce. On ouvre tout, au bout de deux heures, et on reste pendant deux jours, sans habiter la chambre, qui doit être soigneusement ventilée. »

Tout en faisant nos réserves sur l'explication du phénomène dont le grainetier en question fut victime, nous admettons volontiers l'efficacité du moyen employé pour le débarrasser des immondes envahisseurs de sa boutique, et de l'application du même procédé à la destruction en masse des punaises d'un appartement. C'est ce qu'il nous importe le plus de savoir.

Puces. — Les puces forment, pour les naturalistes, une petite famille à part dans le grand ordre des insectes. Elles se rapprochent des Hémiptères par la structure de leur bouche, allongée en un suçoir armé de stylet ; elles s'en écartent, d'autre part, par leurs métamorphoses complètes.

Pour l'admirateur des merveilles de la création, la puce est incontestablement l'une des créatures les plus merveilleuses qui existent, par l'étonnante puissance de son appareil musculaire : c'est le coryphée des sauteurs. Quand, au moment de mettre le doigt dessus, nous la voyons tout à coup disparaître, par un bond gigantesque, et se mettre instantanément hors de notre portée, nous n'éprouvons d'ordinaire qu'un sentiment de dépit fort éloigné de l'admiration qu'un tel tour de force devrait nous inspirer. De quel étonnement ne serions-nous pas saisis, si nous voyions un animal de la grosseur d'un rat sauter par-dessus nos édifices les plus élevés. Tout est relatif à la taille, cependant, et la puce en s'élevant à un demi-mètre du sol par un effort musculaire unique, exécute un bond bien plus puissant que celui que ferait un homme en sautant par-dessus la plus élevée des pyramides d'Égypte.

Mais cette petite merveille est parfois bien incommode, et comme ce n'est pas son apologie que les lecteurs de ce livre réclament de nous, mais les moyens de la détruire, nous allons en parler dans ce sens, après avoir indiqué les espèces dont le genre se compose, et dire quelques mots de leurs mœurs.

Il est fait mention, dans les auteurs, de différentes espèces de puces qui vivent sur les bœufs, les écureuils, les blaireaux, les hérissons, les rats, etc., et qui toutes diffèrent spécifiquement ; mais il n'y a que celles des chiens et des chats qui nous intéressent, parce que ceux-ci étant les seuls animaux qui vivent dans notre intimité, leurs puces sont les seules qui nous tourmentent.

La multiplication des puces se fait avec une grande rapidité lorsqu'on la laisse s'opérer en paix. Peu de jours après l'accouplement, la femelle pond une douzaine d'œufs de forme oblongue, blancs, enduits d'une humeur visqueuse, qui les fait adhérer aux vêtements, aux poils, aux différents objets sur lesquels ils sont déposés. Bientôt il sort de ces œufs de petits vers, blancs d'abord, rosés plus tard, filiformes, annelés, avec les anneaux munis de faisceaux de poils et l'extrémité du corps armée de deux crochets ; ces détails ne se voient, bien entendu, qu'au microscope. Lorsqu'on les touche, ils remuent vivement en pliant leur corps en différents sens, et exécutent les contorsions les plus bizarres. Leur séjour de prédilection est sous les ongles des personnes malpropres, dans les replis de la peau de ceux qui font rarement usage du savon, enfin dans les ordures, les nids d'oiseaux, des pigeons surtout, dans les fumiers et autres lieux du même genre. Après une dizaine de jours, les larves, qui ont acquis leur taille définitive, se filent une petite coque soyeuse, comme le ver à soie, s'y enferment, s'y transforment en chrysalide, puis en puce, puis bientôt en sortent armées de toutes pièces. Ces diverses évolutions ne durent pas plus de trois semaines.

On voit, par ce que nous venons de dire, que le meilleur moyen de se préserver des puces, c'est d'entretenir sur soi et autour de soi une propreté rigoureuse. Les personnes qui tiennent des chiens et des chats dans leurs appartements, doivent veiller à ce qu'elles ne multiplient pas trop sur ces animaux, et le meilleur moyen pour atteindre ce but est de les laver de temps en temps, plus souvent en été qu'en hiver, avec une forte décoction de tabac. L'eau de savon seule et à plus forte raison l'eau pure ne suffit pas pour tuer les puces. On a laissé de ces insectes immergés dans l'eau pendant vingt-quatre heures sans qu'ils en souffrissent d'une manière sensible. Il paraît que les feuilles de noyer mêlées à la paille ou au foin qui sert de litière aux chiens sont employées avec avantage pour éloigner ces insectes.

Quand les chiens deviennent vieux et maladifs, ils sont parfois tourmentés par une telle quantité de puces que les moyens ordinaires ne suffisent plus pour les en délivrer. Il sera bon, dans ce cas, d'employer des remèdes plus énergiques, tels que l'infusion de *staphisagria* dans le vinaigre, ou mieux encore l'onguent gris. On prendra gros comme une noisette de celui-ci et on en frictionnera le dos de l'animal en ayant soin que le corps gras pénètre jusqu'à la peau. Après une couple d'heures, temps nécessaire pour tuer les puces, on enlèvera l'onguent par un lavage ordinaire à l'eau de savon.

Si désagréables que soient les piqûres de nos puces et si insupportable que soit le chatouillement causé par leurs petites pattes, lorsqu'elles courent sous nos vêtements, tout cela n'est pas à comparer au supplice que fait éprouver aux habitants des pays chauds, du Brésil et des Antilles principalement, une espèce de puce appelée *chique*, *vigua*, *pique*, *bicho*, selon la langue du pays, et que les naturalistes désignent sous le nom de *puce pénétrante* (*pulex penetrans*).

Celle-ci a un dard aussi long que son corps, au moyen duquel elle perce la peau ; mais elle ne se borne pas à en sucer le sang ; elle s'y enfonce tout entière, s'y installe, y pond, y élève sa famille, et, à moins que l'on n'y mette bon ordre, ne tarde pas à y produire des ulcères qui prennent parfois une fort mauvaise tournure.

Ne nous plaignons donc pas trop de notre puce d'Europe ; ses piqûres nous paraîtront des caresses, si nous les comparons à celles de la détestable *chique* américaine.

Poux. — Si les puces ont une vivacité d'allure, un air de propreté dû à leur peau lisse et luisante, qui rachètent jusqu'à un certain point leurs fâcheuses qualités, les poux n'ont absolument rien qui plaide en leur faveur. Leur démarche lourde, leur couleur sale, leurs pattes crochues, leur vilaine tête triangulaire les rendent un objet de dégoût pour tout le monde, puis ce n'est que secondairement que les puces nous recherchent : leurs victimes naturelles sont les chiens et les chats, tandis que les poux, ceux au moins dont nous avons à parler ici, sont la vermine humaine par excellence.

L'homme nourrit trois espèces de poux : le *pou de tête* (*pediculus cervicalis*), le *pou de corps* (*p. vestimenti*), et le *pou du pubis* (*p. pubis*).

Ces différentes espèces ont des mœurs communes et des habitudes particulières. Toutes multiplient avec une prodigieuse rapidité. Les femelles déposent à chaque ponte une cinquantaine d'œufs qu'elles attachent solidement, aux cheveux, aux poils, aux habits. Ces œufs, nommés *lentes*, sont allongés, longs d'un $0^{m},001$, d'un blanc sale. Ils éclosent au bout de six jours et les petits qui en sortent sont adultes, c'est-à-dire en état d'engendrer à leur tour, après une semaine. En supposant une telle famille composée d'un nombre égal de mâles et de femelles, il est aisé de calculer la progression qui aurait lieu, par plusieurs générations successives, s'il était permis à cette vermine de multiplier sans obstacle. Or, il existe encore bon nombre de gens qui pensent que la présence des poux sur la tête d'un enfant est un signe de bonne santé et qui se gardent de les détruire : stupide préjugé qui a dû être inventé, comme excuse, par quelque mère négligente.

Les poux de tête recherchent de préférence les enfants, qui ont le cuir chevelu plus tendre et conséquemment plus facile à entamer. Si grand soin que l'on ait d'entretenir la tête des enfants dans la plus grande propreté, il est difficile, pour ne pas dire impossible, d'en empêcher complétement l'accès à quelque rôdeur isolé, perdu par son propriétaire. C'est surtout à l'école, dans les églises, partout où il y a des réunions nombreuses et mêlées que les enfants vont ramasser la vermine. Ceci, disons-nous, est inévitable : le grand point est d'en empêcher la multiplication par des soins journaliers et l'usage fréquent du peigne fin. On a remarqué que les enfants convalescents, débilités par quelque maladie grave, sont des sujets de prédilection pour les poux ; ce qui, par parenthèse, vient singulièrement à l'encontre du préjugé dont nous venons de parler.

Lorsque le peigne est impossible ou insuffisant, soit quand il existe quelque affection du cuir chevelu, soit pour quelque autre motif, il faudra lotionner la tête avec une décoction de petite centaurée dans une eau rendue alcaline par quelques pincées de carbonate de soude (vulgairement *sel de soude*). On fera bien d'ajouter à cette décoction quelques gouttes d'huile de lavande. La camomille, le pyrèthre, la staphisaigre, le quassia, peuvent remplacer la petite centaurée. Nous proscrivons, au moins pour les enfants, la décoction de tabac qui peut présenter des inconvénients sinon des dangers.

Un moyen infaillible de détruire la vermine est de frictionner la tête avec l'onguent gris, mais hâtons-nous de dire que les frictions peuvent provoquer la salivation mercurielle (moins à craindre au reste chez les enfants que chez les adultes), et qu'on ne doit y avoir recours que dans les cas extrêmes et sous la surveillance du médecin.

Les poux de corps sont plus grands et plus allongés que les précédents ; ils ont aussi les pattes plus longues. On ne les rencontre guère que chez les individus malpropres et qui renouvellent rarement leur linge ; lorsqu'ils existent en grand nombre, ils déterminent une maladie particulière, appelée *phthiriase* ou *maladie pédiculaire* qu'il est parfois fort difficile de guérir.

Cette maladie se manifeste par des altérations assez graves de la peau, telles que des pustules ou taches tuberculeuses, des papules rougeâtres, des excavations, le tout s'accompagnant de démangeaisons des plus vives et qui portent les individus affectés à se gratter avec fureur, ce qui ne contribue pas peu à augmenter les désordres en question.

Comme ce livre n'est pas un traité de thérapeutique, nous n'entrerons pas dans les détails des traitements de la maladie pédiculaire, qui réclame les soins du médecin. Nous nous bornerons à indiquer les bains sulfureux comme un moyen efficace à diriger contre la vermine du corps. Quant aux vêtements, aux literies, qui seront soupçonnés de recéler des poux, il faudra les entasser dans une caisse, un vieux tonneau, une armoire fermant bien, et verser dessus quelques grammes de sulfure de carbone, ou y déposer une éponge imbibée d'une forte solution de chlorure de chaux, en prenant la précaution que celle-ci ne mouille pas les objets en question s'ils sont altérables de leur nature.

Le pou du pubis, plus connu sous un nom assez malsonnant pour les oreilles délicates, n'habite jamais les cheveux, bien qu'il recherche les endroits du corps recouverts de poils. Il est plus petit que les deux autres, plus globuleux et a plutôt l'aspect d'une petite araignée que d'un pou. Les démangeaisons qu'il produit, sont bien plus vives et plus insupportables que celles qui sont causées par le pou de tête et feraient croire à l'existence de la gale, n'étaient les parties du corps où elles se font sentir. Les personnes les plus soigneuses peuvent les prendre dans les cabinets de bains, dans les lits d'auberges, les latrines publiques, et en être infestées avant d'avoir reconnu leur présence. On s'en débarrassera facilement au moyen de quelques frictions à l'onguent gris, qui n'a pas ici, ou n'a qu'à un faible degré, les inconvénients que nous avons signalés plus haut.

Tiques. — Ces animaux sont souvent désignés par le nom de *ricins*, bien que les véritables ricins soient des insectes assez voisins des poux et ne ressemblent pas à ceux dont il est question ici. Les *tiques* ou *ixodes* appartiennent au même ordre que les araignées. Ce sont des animaux de forme arrondie, petits et aplatis quand ils sont à jeun, mais prenant un développement relativement énorme quand ils sont repus. Leur bouche est armée d'un bec ou suçoir composé de trois lames, dont la moyenne porte sur les côtés une multitude de dents, ce qui lui donne, au microscope, l'aspect d'une double scie. Le corps lui-même consiste en une sorte de sac coriace en avant duquel, au-dessus de la tête, on observe une petite écaille de couleur foncée. Les pattes sont grêles et au nombre de quatre de chaque côté. Les tiques vivent en parasites sur les chiens, les bœufs, les moutons, etc. On en connaît un grand nombre d'espèces, parmi lesquelles nous citerons les suivantes.

Fig. 826. Tique.

L'*ixode ricin* (*ixodes ricinus*), *tique des chiens*, *louvette*, est d'un rouge de sang avec la plaque écailleuse antérieure d'un rouge foncé ; les côtés du corps rebordés et garnis de quelques poils. Il vit sur le chien.

L'*ixode plombé* (*ixodes plumbeus*) est d'une couleur verdâtre foncée ou plombée, lorsqu'il est gonflé. Il s'attache aussi aux chiens et ne les quitte que quand il est complétement repu.

L'*ixode réticulé* (*ixodes reticulatus*). Celui-ci a de petites taches et des lignes annulaires d'un brun rougeâtre sur un fond cendré. Les côtés du corps sont striés. On le trouve, parfois en nombre considérable, sur les bœufs et les moutons.

Les *ixodes* pondent une énorme quantité d'œufs, non point sur le corps des animaux où ils ont vécu, mais sur le sol. Les petits qui en sortent grimpent sur les plantes, s'accrochent aux feuilles par deux de leurs pattes et, les autres étendues, attendent patiemment qu'il passe, à leur portée, un animal qui leur convienne. On comprend qu'ils peuvent attendre fort longtemps et que beaucoup périssent d'inanition, bien que, de même que les araignées, ils puissent supporter un jeûne très-prolongé. Ces animaux, en effet, ne font guère usage de leurs pattes, quoiqu'ils les aient assez longues.

Quand un *ixode* a été assez heureux pour saisir un animal au passage, il s'enfonce successivement entre les poils et gagne, avec un instinct remarquable, un endroit du corps rapproché de la tête, et où il soit hors de l'atteinte des dents de sa victime. Il enfonce alors son suçoir tout entier et même sa tête dans la peau, y produit une irritation et une tuméfaction considérables ; il s'y fixe avec une telle force, grâce aux dentelures dont son bec est garni, que fort souvent l'on ne peut l'en détacher sans le déchirer et abandonner sa tête dans la plaie, ou bien arracher une petite portion de la chair qu'il a saisie.

Lorsque les *ixodes* sont en petit nombre sur un animal, il n'y a guère à se préoccuper de leur présence, mais quand ils sont en quantité considérable, ils peuvent faire périr celui-ci d'épuisement. On cite des cas de ce genre.

Le procédé le plus simple pour en débarrasser les animaux est de faire quelques frictions avec l'onguent gris; cela vaut mieux que de les arracher, ce qui ne laisse pas de présenter des dangers lorsqu'ils sont fort abondants. On les fait périr aussi, rapidement, en les touchant avec un pinceau imbibé d'un mélange d'huile ordinaire et de térébenthine.

Rouget. — Le rouget est une petite araignée nommée par les naturalistes *lepte automnal* (*leptus autumnalis*). Il est parfois fort abondant dans certaines parties de la France, notamment, dans le département de la Charente-Inférieure, où il est connu sous le nom de vendangeron, parce qu'il apparaît à l'époque des vendanges. Comme l'indique son nom, il est rouge, de forme oblongue et porte six longues pattes; nous l'avons figuré ci-contre, fort grossi.

Fig. 827. Rouget.

Le *lepte automnal* est un parasite de l'homme; comme les *ixodes*, il se tient sur les plantes en attendant les passants, aux vêtements desquels il s'accroche. De là, il s'insinue jusqu'à la peau et y introduit son suçoir à la façon des tiques. Les démangeaisons qu'il occasionne sont parfois des plus incommodes. Le meilleur moyen, paraît-il, pour s'en délivrer, est de lotionner avec de l'eau vinaigrée les parties qui en sont attaquées.

Mouches. — On rencontre dans les habitations plusieurs espèces de mouches, qui toutes sont incommodes; nous parlerons ici de deux de ces espèces, la *mouche domestique* et la *mouche à viande*, dont l'histoire résume, au point de vue des désagréments qu'elles nous causent, celle de toutes les autres.

La *mouche domestique* (*musca domestica*) est l'hôte le plus importun de nos appartements, notre commensal obligé pendant toute la belle saison, goûtant de tous nos mets, salissant de ses ordures les murailles, les glaces, les tableaux, les plafonds, tous les objets sur lesquels elle se pose.

Les mouches sont surtout communes à la campagne, dans le voisinage des étables et des écuries, parce que c'est du fumier que sortent ces insectes. C'est là, en effet, que les mouches vont déposer leurs œufs. Ces œufs donnent naissance à de petits vers qui grandissent rapidement, et se transforment en chrysalides ou petites larves brunes, cylindriques, arrondies aux extrémités, puis bientôt en mouches ailées.

La mouche à viande (*musca vomitoria*) est plus grosse, noirâtre, avec l'abdomen d'un bleu d'acier. Son vol produit un bourdonnement très-sonore. Elle recherche le garde-manger pour déposer les œufs sur les viandes. De petits vers sortent en très-peu de temps de ceux-ci, lesquels, grâce à une liqueur qu'ils sécrètent, activent la putréfaction de la viande à l'endroit où ils ont déjà pris naissance et forment des foyers putrilagineux au milieu desquels ils grandissent rapidement.

Des livres de ménage enseignent, pour détruire les mouches, mille moyens qui tous ont du bon, depuis le bâton enduit de glu, de résine fondue avec de l'huile, ou de sirop, et pendu au plafond, jusqu'aux liqueurs arsenicales, déposées dans des vases plus ou moins élégants suivant le genre d'appartement où l'on fait la guerre aux mouches. Nous avons de la répugnance pour ces liqueurs empoisonnées qui se débitent la plupart chez les droguistes et qui, toutes, ont pour base une composition arsenicale quelconque additionnée de sucre. Le sucre attire les enfants aussi bien que les mouches, et un malheur est bientôt arrivé.

Beaucoup de personnes emploient la décoction de *quassia amara* dans le même but, et s'en trouvent bien. On fait bouillir pendant dix minutes quelques grammes de rognures de bois de *quassia* dans trois ou quatre onces d'eau, on exprime la liqueur, on la sucre, et on la dépose dans une assiette ou, s'il s'agit d'un salon, dans une de ces coupes qui se placent comme objets d'ornement sur les cheminées. La quassie qui est un tonique bienfaisant pour l'homme, est un poison mortel pour les mouches qui ne paraissent pas sentir son extrême amertume ou du moins qui n'en sont pas rebutées. Celles-ci n'ont pas plutôt aspiré la liqueur traîtresse qu'on les voit s'élever en tournoyant, d'un vol alourdi, pour aller frapper de la tête contre les murs et tomber pour ne plus se relever.

Pour ce qui est de la mouche à viande, chacun sait que le seul moyen d'en préserver les substances alimentaires est de renfermer celles-ci dans des garde-manger garnis d'une toile grossière ou d'un tissu métallique à mailles assez larges pour permettre à l'air d'y entrer librement, mais trop étroites pour donner passage aux mouches.

Cousins. — Ces représentants des moustiques et des maringouins dans nos climats tempérés, appartiennent, comme les mouches, à l'ordre des *Diptères*. On rencontre surtout les cousins dans le voisinage des eaux stagnantes, parce que c'est dans l'eau qu'ils passent la première période de leur vie. Qui n'a pas eu l'occasion de remarquer dans les tonneaux que l'on place sous les gouttières, pour recueillir les eaux de pluie, ces petits vers verdâtres, à demi transparents, à grosse tête et à corps annelé, qui se tiennent immobiles à la surface du liquide, qui plongent rapidement dès qu'ils sont inquiétés : ce sont les larves des cousins.

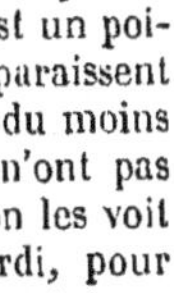

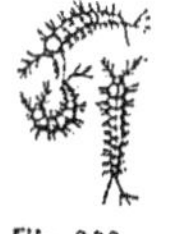

Fig. 828. — Larves des cousins.

Les *cousins* (*culex pipiens*) sont surtout abondants aux approches de l'automne. Ils volent le soir, et c'est alors qu'ils pénètrent dans les appartements, lorsqu'on n'a pas pris la précaution de fermer à temps les fenêtres. Ils occasionnent parfois, surtout aux femmes et aux enfants, qui ont la peau plus fine, des enflures souvent douloureuses et toujours fort disgracieuses. Ces enflures ont heureusement une durée très-courte et cèdent assez facilement aux lotions faites avec un liquide acide, tel que le vinaigre, ou astringent, tel que l'eau de Goulard ou une dissolution faible de sulfate de fer (vitriol vert ou couperose verte).

Il y a des localités où ces insectes sont en si grand nombre qu'ils deviennent pour les habitants une incommodité sérieuse.

Il est des maisons de campagne qu'ils ont rendues inhabitables et considérablement dépréciées. C'est alors un véritable fléau auquel il importe de remédier. C'est souvent d'un étang situé dans le voisinage que sortent ces hordes d'insectes sanguinaires. Quelques paniers de chaux ou un kilogramme de fleur de soufre jetés dans l'étang, de quinze en quinze jours, auront bientôt fait justice de toutes les larves qui s'y développent et qui, renfermées de la sorte dans un espace assez restreint sont plus accessibles aux moyens de destruction que les insectes eux-mêmes.

Un autre moyen, aussi bon et plus profitable, est de peupler les eaux stagnantes, voisines des habitations, de poissons du genre *cyprin* qui sont insectivores, tels que les *tanches*, les *dorades* de la *Chine* ou *poissons rouges*, les *carpes*, les *goujons*, les *barbeaux*, etc.

Stomoxes. — Les *stomoxes* (*conops calcitrans*) ressemblent beaucoup aux mouches communes, mais ils sont plus courts, leurs ailes sont plus écartées, leur trompe est dirigée en avant et terminée en pointe aiguë. On les rencontre communément dans les habitations en automne. Ils piquent fortement, ce qui les distingue encore mieux des mouches communes qui ne sont qu'incommodes.

Taons. — Ils appartiennent, comme les précédents, à l'ordre des Diptères, où ils forment une petite famille, sous le nom de *Tabanides*. Ce sont de grosses mouches, bien connues par les tourments qu'elles font éprouver aux bœufs et aux chevaux qu'elles harcèlent sans cesse pour sucer leur sang. Les taons sont surtout nombreux dans les pâturages avoisinant les bois humides. Nous en citerons deux espèces :

Le *taon du bœuf* (*tabanus bovinus*) qui a $0^m,025$, de longueur, le corps brun en dessus, gris en dessous, les yeux grands, verts, des taches triangulaires et des lignes transversales jaunes sur l'abdomen, les pattes fauves, les ailes transparentes et veinées de brun.

Le *taon du cheval* (*chrysops cæcutiens*) plus petit, gris, rayé et maculé de noir en dessus, remarquable par ses yeux verts à reflet doré et ponctué de pourpre ; ses ailes transparentes avec trois taches brunes.

On ne fait rien, en général, pour protéger les animaux de la piqûre des taons, lorsque ceux-ci sont peu nombreux, mais dans les localités où ils abondent, on emploie quelques moyens fort simples pour les écarter : tels que des filets garnis de houppes de laine que l'animal remue constamment en paissant et qui font l'office d'épouvantail. Certaines odeurs, essentiellement antipathiques à tous les insectes, quels qu'ils soient, comme celle de la térébenthine, du naphte, de la benzine, du tabac, etc., peuvent aussi éloigner les taons. L'une ou l'autre de ces substances incorporée à de l'axonge et appliquée en friction sur les parties que les taons attaquent de préférence, remplira le but que l'on se propose (1).

Les piqûres des taons sont parfois suivies d'accidents redoutables. Il est arrivé que ces insectes inoculaient à l'homme des virus qu'ils avaient été prendre sur des animaux atteints de maladies charbonneuses ou de la morve. Un médecin de nos amis nous citait dernièrement le cas d'un jeune homme à qui on avait dû faire l'amputation du poing pour une pustule maligne provoquée par la piqûre d'un taon (2).

Des faits de ce genre sont quelquefois rapportés dans les journaux : ils ne sont malheureusement que trop vrais. Leur rareté seule doit nous rassurer. Il est bon, toutefois, lorsqu'on habite un canton où existent des cas de typhus charbonneux parmi les bestiaux, de prendre quelques soins, d'une exécution facile du reste, des piqûres de taons, dans le but de prévenir les accidents qui pourraient en être la conséquence. Nous avons conseillé comme premier remède à employer contre les piqûres de guêpes, de mordiller et de sucer vivement la partie blessée : on fera bien d'en faire autant dans ce cas-ci. Si le point piqué devenait, après quelques heures, le siége d'un prurit ou d'un picotement vif et passager auquel succéderait une vésicule remplie d'une sérosité grisâtre, il faudrait se hâter de le cautériser au moyen d'une aiguille chauffée à blanc.

Œstres. — Les *œstres* sont des mouches d'assez grande taille, ne ressemblant pas mal à la mouche à viande, mais beaucoup plus velues. Leur genre de vie est des plus curieux ; nous allons l'esquisser en quelques mots.

Les *œstres*, à l'état parfait, c'est-à-dire sous la forme de mouche, ne paraissent avoir d'autre fonction que de reproduire leur espèce. Privés, en effet, d'organes buccaux, ils sont dans l'impossibilité complète de prendre aucune espèce de nourriture et condamnés, dès leur éclosion, à un jeûne absolu. Sous ce rapport, leur conformation est semblable à celle des *éphémères* dont nous avons parlé précédemment.

Aussitôt après leur métamorphose, les *œstres*, qui n'ont guère de temps à perdre, comme on le conçoit, se recherchent pour s'accoupler ; puis les femelles se mettent en quête d'un lieu propre à recevoir leurs œufs, afin que les petits vers qui en sortiront et qui, eux, sont pourvus d'une bouche et d'un estomac complets, soient à même de satisfaire l'appétit vorace dont ils sont doués. Or, ces vers ne peuvent trouver la nourriture qui leur convient que dans le corps des animaux vivants, et les *œstres* femelles ne sont munies d'aucun instrument capable d'entamer les tissus de ces

(1) Dans l'Ardenne belge, on frotte quelquefois les chevaux avec des feuilles de noyer. L'odeur éloigne les taons pendant une heure au plus, après quoi, ils reviennent à la charge. P. J.

(2) Bon nombre d'enfants se laissent piquer par les taons et se donnent le plaisir de les écraser sur la plaie. On voit, par ce qui précède, que le jeu peut avoir des suites terribles. P. J.

derniers pour y déposer leur progéniture; d'un autre côté, leur grande taille, leurs longues ailes, leurs pattes grêles et faibles ne leur permettraient pas de l'introduire par les ouvertures naturelles.

Les *œstres* parviennent à leur but cependant, et le moyen fort simple qu'ils emploient montre une fois de plus l'admirable variété des ressources de la nature pour arriver à ses fins.

On a cru, pendant longtemps, que l'*œstre* du cheval, l'espèce la plus commune et la mieux étudiée, déposait ses œufs dans le voisinage de l'anus de l'animal et que les jeunes larves, qui en sortaient, s'insinuaient dans l'intestin, puis de là gagnaient l'estomac; mais les choses ne se passent pas ainsi. Voici à cet égard ce qui résulte des observations faites, il y a déjà un demi-siècle, par Bracy Clark, célèbre vétérinaire anglais mort dans ces dernières années.

Lorsqu'une femelle d'œstre cherche à pondre, elle s'approche de l'animal dont elle a fait choix, en volant et tenant son corps dans une position presque verticale; au moment de la sortie de l'œuf, elle relève brusquement son abdomen, l'allonge, puis vient frapper l'animal à la partie interne des jambes ou vers les épaules, jamais ailleurs. L'œuf enduit d'une humeur visqueuse, adhère aux poils de ces parties. La mouche répète cette opération autant de fois qu'elle a d'œufs à pondre. Bientôt les larves éclosent. Elles sont privées de pattes, mais la même humeur visqueuse qui recouvrait les œufs et les avait collés aux poils, les entoure encore et les maintient fixées à la peau. Leur corps est garni à l'extrémité de petites épines, qui dans les mouvements que leur corps exécute, chatouillent l'animal; celui-ci se lèche et les petites larves, prises par la langue, sont bientôt portées dans l'estomac.

Il est évident que la nature qui a créé les larves pour vivre dans l'estomac des chevaux, leur a donné en même temps la puissance de résister aux sucs dissolvants que sécrète cet organe. Les vers, accrochés à ses parois, grandissent rapidement en détournant à leur profit une partie du chyme produit par la digestion et ne tardent pas à acquérir leur taille définitive. Ils sont alors longs de $0^m,012$ à $0^m,015$, blancs, cylindriques, annelés, avec les anneaux garnis chacun d'une rangée circulaire de petites épines dirigées en arrière et noires au bout.

Quand les larves ont pris tout leur accroissement, elles quittent l'estomac et se laissent entraîner, avec le chyme, dans l'intestin qu'elles parcourent dans toute son étendue. Arrivées à l'orifice anal, elles se laissent tomber sur le sol et vont achever en terre leur métamorphose.

Fig. 829. — Œstre du cheval (larve).

Il ne paraît pas que les animaux qui portent des *œstres* dans leur estomac, en soient incommodés. Réaumur, qui a observé pendant plusieurs années des chevaux dont le corps renfermait une grande quantité de ces parasites, rapporte qu'ils ne se portaient ni mieux ni plus mal que ceux qui en étaient exempts.

L'*œstre du cheval* (*œstrus equi*), est, comme nous venons de le dire, une grosse mouche de la taille de la mouche à viande. Elle est fauve et revêtue de poils ferrugineux, sauf une bande sur le thorax et des taches sur les anneaux de l'abdomen, formées par des poils noirs. C'est l'espèce la plus répandue et la mieux connue. Ce que nous venons de dire des *œstres* se rapporte à elle.

Fig. 830. — Œstre du cheval.

Hypodermes. — Peu différents des *œstres* sous leur forme définitive, les *hypodermes* s'en éloignent par leur genre de vie à l'état de larve. La mouche est longue de $0^m,008$ à $0^m,012$, noire, avec des poils d'un jaune clair; la partie postérieure du thorax a cinq lignes longitudinales de poils noirs et la partie moyenne de l'abdomen porte également des poils de cette couleur.

Comme les *œstres*, les *hypodermes* attachent leurs œufs aux poils des cuisses et des épaules des animaux. Ce sont les jeunes vaches et les veaux qu'elles choisissent de préférence. Les larves éclosent, mais au lieu de se laisser emporter dans l'estomac par la langue de l'animal, chacune d'elles pénètre sous sa peau, y forme une tumeur purulente au milieu de laquelle elle grandit. Plus tard, elle quitte cette tumeur pour s'enfoncer en terre et y achever ses métamorphoses.

Fig. 831. — Hypoderme du bœuf.

Les troupeaux qui paissent dans les bois sont seuls en butte aux attaques de ces mouches. Ceux qui vivent dans les prairies n'ont que peu ou point à en souffrir.

L'homme n'est pas exempt des atteintes de l'*hypoderme du bœuf* ou d'une espèce voisine. Les recueils scientifiques mentionnent un assez grand nombre de cas où des abcès ont été provoqués par leurs larves.

Céphalémyies. — Ce sont encore des *œstres*, mais dont les larves se développent dans les fosses nasales des animaux. Elles se rencontrent principalement chez les moutons. La *céphalémyie du mouton* (*cephalemyia ovis*) est longue de $0^m,012$; son thorax est grisâtre avec de petits tubercules noirs portant chacun un poil; l'abdomen, d'une teinte blanchâtre à reflet soyeux, est varié de taches noirâtres.

Les larves sont peu différentes de celles des *œstres*. Leur corps est garni d'épines dirigées en arrière. Elles vivent, avons-nous dit, dans les fosses nasales des moutons et font endurer à ces animaux des douleurs vives qui les rendent furieux et les portent à se frapper la tête contre tous les corps durs qui se trouvent à leur portée. On peut détruire ces parasites par des injections d'une eau contenant en dissolution une petite quantité de sublimé corrosif: 30 centigrammes pour un litre, par exemple, sont une proportion convenable.

Blattes. — Les blattes font partie de l'ordre des *Orthoptères*, famille des *Coureurs*. Celles qui infestent les maisons, sont désignées dans beaucoup d'endroits par le nom de *bêtes noires;* leur nom scientifique est : *blatte orientale* (*blatta orientalis*).

Cette espèce, originaire du Levant, habite les cuisines, les garde-manger, les fournils, etc., où elle pullule prodigieusement lorsqu'elle y trouve des conditions favorables, c'est-à-dire une température élevée, des vivres abondants et des cachettes nombreuses. Le sucre et la farine sont les aliments de prédilection des blattes; toutefois elles ne dédaignent pas la viande, la graisse et généralement tout ce qui sert à notre propre consommation. On rencontre des blattes sans ailes, des blattes ailées, et d'autres qui n'ont que des rudiments d'ailes. Les premières sont les larves, les secondes les mâles, les troisièmes les femelles.

Nous avons figuré le mâle en parlant des *Orthoptères* en général (*fig.* 727).

Les blattes sont des insectes nocturnes; c'est donc le soir qu'il faut leur tendre des piéges pour les détruire. Le meilleur procédé que nous connaissions pour atteindre ce but, consiste à poser sur le sol un plat de faïence à bords assez élevés et bien lisses en dedans, tel qu'un saladier contenant un peu de bière ou de lait, et dont l'accès soit rendu facile par des draps enroulés autour et atteignant le bord supérieur. On multiplie ces piéges à volonté. Pendant la nuit, les blattes rôdant çà et là, rencontrent les plats, y descendent facilement, mais ne peuvent en sortir; le matin on trouve ceux-ci à demi remplis par une masse noire et grouillante sur laquelle on répand de l'eau bouillante.

Cette opération, répétée plusieurs fois, suffit pour anéantir la plus grande partie des *bêtes noires* qui infestent une maison.

Grillons. — Du même ordre que les blattes, mais de la famille des *Sauteurs*. Ces insectes ne sont nullement nuisibles; la monotonie parfois ennuyeuse de leur *chant* est le seul grief que l'on puisse articuler contre eux, et encore ce bruit doux et sonore en même temps ne déplaît-il pas à tout le monde : le *rossignol du foyer* a eu l'honneur d'être chanté par les poëte.

Quoi qu'il en soit, nous dirons à ceux dont les nerfs acoustiques sont désagréablement agacés par le cri du grillon, qu'il faut chercher cet insecte dans le voisinage du foyer où on ne manquera pas de découvrir sa cachette. Il sera facile de l'y tuer ou, s'il n'est pas accessible, de l'y asphyxier au moyen d'une allumette soufrée.

Beaucoup de personnes croient que le cri du grillon est produit par sa bouche : c'est une erreur. Ce cri résulte d'un frottement rapide des élytres ou ailes supérieures contre les pattes postérieures, qui sont munies en dedans d'une sorte de râpe.

Teignes. — Les anciens naturalistes désignaient par le nom de *teignes* une immense série de petits papillons de nuit, caractérisés par des ailes ornées d'une frange élégante, de longs poils soyeux, les supérieures étroites et souvent parées de couleurs éclatantes, les inférieures plus larges et plissées au repos. Aujourd'hui, ce groupe est divisé en une grande quantité de genres et les teignes proprement dites ne renferment plus qu'un nombre restreint d'espèces, parmi lesquelles on compte les suivantes qui nous intéressent par leurs ravages.

La *teigne des pelleteries* (*tinea pellionella*). Petit papillon de $0^{m},015$ d'envergure, à ailes supérieures étroites, allongées, d'un gris argenté, marquées, chacune, de deux petits points noirs. Sa chenille vit aux dépens des pelleteries dans les poils desquelles elle chemine en les coupant à la base.

Fig. 832. — Teigne des pelleteries.

La *teigne des draps* (*tinea sarcitella*) qui est de même taille et d'un gris blanchâtre avec quelques taches diffuses plus obscures sur les ailes supérieures. Celle-ci, à l'état de chenille, vit dans les étoffes de laine, surtout dans les draps. Elle habite un fourreau de soie qu'elle recouvre des poils qu'elle a détachés.

La *teigne du crin* (*tinea crinella*). Tout entière d'un fauve pâle. Elle se montre en grand nombre dans les appartements peu occupés, depuis la fin d'avril jusqu'au commencement de juin; elle se tient habituellement au dossier des fauteuils et des canapés. Sa chenille vit dans le crin dont on rembourre les meubles; elle se transforme en chrysalide, en mars, après avoir percé l'étoffe qui recouvre ceux-ci.

Fig. 833. — Teigne du crin.

La *teigne des tapisseries* (*tinea tapezella*), dont les ailes de dessus sont noires avec l'extrémité, la tête et les ailes inférieures blanches. La chenille forme, dans les étoffes de laine, une galerie qu'elle allonge à mesure qu'elle avance.

Fig. 834. — Teigne des tapisseries.

La *teigne à front jaune* (*tinea flavifrontella*), jaunâtre avec le sommet de la tête d'un jaune plus vif. Elle vit dans les collections d'animaux empaillés, d'insectes, etc.

La *teigne des blés* (*tinea granella*). Nous avons parlé plus haut de cette espèce qui ravage les grains renfermés dans les greniers.

Toutes les teignes aiment le repos et l'obscurité. Le meilleur moyen de s'opposer à leurs déprédations est donc de les inquiéter en visitant et secouant de temps en temps les fourrures, les vêtements où elles cherchent à se loger. Beaucoup de personnes sont dans l'usage, quand arrive l'été, de placer des substances très-odorantes, telles que le poivre, le camphre, dans les armoires où elles serrent leurs habillements d'hiver. Ces moyens ont sans doute quelque efficacité, mais ils sont loin d'être suffisants et il ne faut pas trop s'y fier ; on peut du reste les employer concurremment avec celui que nous avons indiqué en premier lieu.

Réaumur recommande les fumigations de tabac et les frictions à la térébenthine contre les teignes.

Parmi les genres détachés des véritables teignes, nous citerons encore :

L'*aglosse de la graisse* (*aglossa pinguinalis*). Classée aujourd'hui dans les *pyrales*, elle est beaucoup plus grande que les teignes proprement dites. Son envergure est de $0^m,025$ à $0^m,035$. Elle a les ailes d'un gris fuligineux sombre, les supérieures ornées de raies en zigzag, alternativement noirâtres et gris clair, les inférieures d'une teinte uniforme.

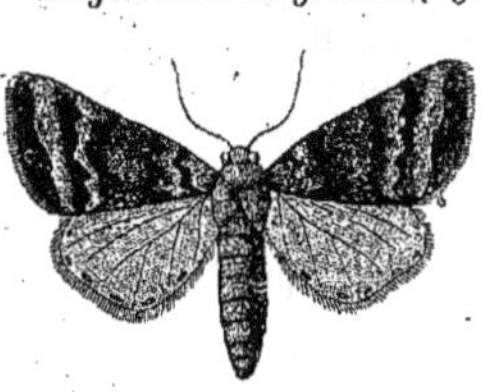

Fig. 835. — Aglosse de la graisse.

La chenille est longue de $0^m,025$ à $0^m,030$; elle est tout à fait rase, ou au moins paraît telle à l'œil nu ; sa couleur est d'un brun noirâtre luisant. Elle vit principalement de beurre, de lard et d'autres substances animales grasses; c'est dans les cuisines et les offices tenus malproprement et où elle peut vivre, se transformer et multiplier à son aise, qu'on la rencontre principalement.

Cette chenille a une assez mauvaise réputation: elle peut, paraît-il, vivre dans l'estomac de l'homme et y causer des désordres très-graves. Ce fait incroyable au premier abord, a été, sinon avancé pour la première fois, du moins affirmé par Linné, qu'on ne peut certes accuser d'ignorance ou de crédulité en cette matière. Depuis, d'autres auteurs sont venus produire des observations qui ont confirmé cet illustre témoignage. Tout le monde a eu l'occasion de lire dans les journaux que des personnes ont vomi des chenilles après avoir éprouvé des douleurs atroces dans l'estomac : « Il y a du vrai dans ces histoires; ces chenilles sont et ne peuvent être que des chenilles d'*aglosse*, ingérées avec le beurre ou la graisse, qui contenait soit des jeunes, soit des œufs. Seulement, le journaliste ajoute, et ceci est de la haute fantaisie, que les personnes avaient aspiré les œufs en question avec le parfum d'une rose ou de toute autre fleur, ce qui lui donne l'occasion de faire une belle tirade sur les dangers cachés sous les apparences les plus engageantes.

Hâtons-nous de dire, pour rassurer ceux que ce que nous venons de rapporter pourrait effrayer, que ces petits vers *blancs* qu'on trouve si fréquemment dans le lard, les viandes fumées, le fromage, etc., n'ont rien de commun avec la terrible *aglosse* que de se nourrir des mêmes substances. Ces vers, qu'on peut avaler sans crainte, sont des larves de Diptères, qui périssent aussitôt qu'elles sont en contact avec les sucs acides de l'estomac : nous en dirons un mot tout à l'heure.

L'*aglosse cuivrée* (*aglossa cuprealis*). Celle-ci est plus petite et plus jolie que la précédente. Ses ailes supérieures sont d'un brun ferrugineux; avec deux raies en zigzag d'un beau rose; leur bord antérieur est de cette dernière couleur avec de petites taches noirâtres. Les ailes inférieures sont uniformément gris pâle.

La chenille de l'aglosse cuivrée, dont Réaumur a parlé sous le nom de *fausse teigne des cuirs*, vit de toute espèce de substance animale desséchée. Les bibliothèques peu fréquentées par leurs propriétaires sont sujettes à ses dévastations.

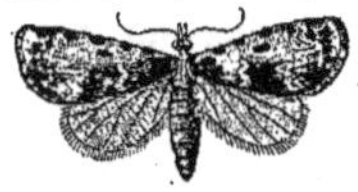

Fig. 836. — Aglosse cuivrée.

La *gallérie de la cire* (*galleria cerella*) ou *teigne des ruches*. Du groupe des *Crambites*. Papillon de la taille de l'aglosse cuivrée, à ailes supérieures d'un gris violacé dans leur moitié antérieure, jaunâtre avec quelques taches pourprées dans l'autre moitié ; à ailes inférieures blanchâtres, veinées longitudinalement de gris sombre. Le mâle est plus petit et a les couleurs plus vives que la femelle. Plusieurs auteurs les considèrent à tort comme des espèces différentes.

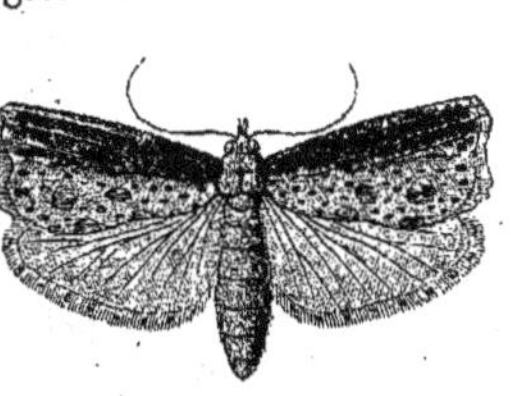

Fig. 837. — Gallérie de la cire.

La chenille est grosse, fusiforme, d'un blanc sale, parsemée de petites verrues brunes, paraissant rase à l'œil nu. « Elle vit, » dit Duponchel, « dans les ruches, aux dépens, non du miel, mais de la cire, et se loge de préférence dans les gâteaux dont les cellules sont vides. Là, elle brave impunément le dard empoisonné de l'abeille, en se fabriquant, à sa sortie de l'œuf, et avec la substance même de la cire, un tuyau cylindrique, fixé sur les côtés de la ruche, ou sur les alvéoles mêmes, et dans lequel elle passe toute sa vie à l'abri des atteintes de celle dont elle usurpe et dégrade la propriété. Ce tuyau, proportionné à la taille de la chenille qu'il recèle, n'est d'abord pas plus gros qu'un fil, mais, à mesure que celle-ci grandit, il s'allonge et s'élargit de manière à laisser au reclus le moyen de se retourner et de jeter ses excréments au dehors. On trouve de ces tuyaux qui ont jusqu'à près d'un pied de longueur, mais le plus ordinairement ils n'ont que cinq à six pouces. Leur intérieur est tapissé d'une soie blanche très-serrée, et leur extérieur est couvert d'une couche de grains de cire ou d'excréments tellement pressés les uns contre les autres, que ces tuyaux semblent n'être composés que de cette matière grenue.

« Parvenue à toute sa taille, la chenille se construit, dans l'intérieur même de son tuyau ou de sa galerie, une coque d'un tissu fort et serré, ayant l'apparence du cuir et s'y change en une chrysalide d'un brun rouge.

« Une ruche dans laquelle on a laissé cette chenille se multiplier, en renferme jusqu'à trois cents : alors elle est bien certainement perdue pour le cultivateur. Les dégâts de ces insectes pernicieux sont plus considérables dans les pays chauds que dans ceux qui le sont moins et ils augmentent en raison de la sécheresse de la saison. »

Les papillons apparaissent deux fois par an, en avril et en juillet. Ceux du printemps proviennent de chenilles écloses en août de l'année précédente, ceux de l'été d'œufs pondus en avril. Les premiers passent donc neuf mois sous leur premier état, les seconds seulement trois.

Les chenilles de la *gallérie* causent parfois de grands préjudices aux propriétaires de ruches. Voici le moyen indiqué pour les détruire : on découvre le dessus de la ruche envahie (ce qu'on reconnaît à la présence d'une poudre brunâtre, composée de leurs excréments, répandue sur le plancher de la ruche), on y fixe un panier vide; puis on enfume l'habitation infestée, et lorsque toutes les abeilles se sont réfugiées dans le panier, on renverse le tout et on nettoie avec précaution les portions attaquées. On doit écraser avec soin toutes les chenilles que l'on découvre.

D'autres insectes vivent encore en parasites dans les ruches; tels sont le *philanthe apivore*, les larves des *clairons apiaires* et *alvéolaires*, etc.; mais comme ils s'y trouvent en petit nombre et sont généralement peu nuisibles, il est inutile que nous nous en occupions.

Piophile du fromage. — Linné a donné ce nom à une petite mouche, ou Diptère, de la famille des Muscides, dont le corps est d'un noir luisant avec le devant de la tête et les antennes fauves; ses pattes sont de cette dernière couleur avec l'extrémité des cuisses antérieures, les pieds et des anneaux aux cuisses postérieures, bruns.

Elle recherche le fromage pour y déposer ses œufs, d'où naissent de petits vers blancs qui se nourrissent de cette substance. Ces larves ont une singulière faculté pour des vers, celle de sauter, quoiqu'elles soient assurément dépourvues de pattes. Voici comment elles exécutent cette manœuvre : au moment de sauter, elles se dressent sur leur extrémité postérieure, ce qu'elles peuvent faire, grâce à quelques petits tubercules qui s'y trouvent; ensuite, recourbant leur corps, elles accrochent cette extrémité avec leurs mandibules, puis, par une détente brusque, elles frappent vivement de la tête le plan de position. Elles peuvent bondir de la sorte à 0m,25 à 0m,30 de hauteur.

Piophile du Jambon. L'illustre et vénérable doyen de l'Entomologie française, L. Dufour, a doté la science d'un savant mémoire sur le ver du jambon. « La cuisinière de ma maison, » dit-il, « en entamant, vers la mi-novembre 1843, un jambon de porc salé, jeta un cri d'alarme à la vue des milliers de vers qu'elle y rencontra. Ce malheur de ménage devint pour moi une bonne fortune; je m'empressai de faire la part de l'entomologiste en coupant une tranche de ce jambon si prodigieusement peuplé de larves qu'elle semblait marcher d'elle-même...; avec ce précieux butin, je me sauvai dans mon laboratoire, pour en faire l'objet d'une scrupuleuse étude. »

Cette larve, qui est blanche, cylindrique, apode, comme tronquée et biépineuse en arrière, a les mêmes habitudes que celle du fromage et exécute, comme elle, ce bizarre *saut de carpe*, lorsqu'on la place sur un plan résistant.

La petite mouche (*piophila petasionis*) qui provient de sa métamorphose est noire et brillante, avec la face, les cuisses antérieures, les tarses intermédiaires et postérieurs fauves. Sa longueur est de 0m,004 à 0m,005.

Elle multiplie prodigieusement, et quand elle prend possession d'un jambon, celui-ci ne tarde pas à être entièrement perdu. Lorsqu'on s'aperçoit à temps de cette invasion, il faut se hâter de porter ce jambon au four. La larve de *piophile* ne communique, du reste, aucune qualité malsaine à la viande qui peut être mangée impunément.

Dermestes. — Les *dermestes* sont des Coléoptères dont les larves vivent dans nos habitations aux dépens de diverses matières animales qui s'y trouvent. Nous en citerons deux espèces.

1° Le *dermeste du lard* (*dermestes lardarius*), qui est ovale, aplati, noir avec la base des élytres cendrée et ponctuée de noir. Sa longueur est de 0m,006. Il est peu à craindre, mais sa larve fait de grands dégâts dans les pelleteries, les collections d'histoire naturelle, etc. Elle est longue de 0m,010 à 0m,012, brune, écailleuse en dessus, blanche en dessous, très-poilue, épaisse vers la tête et graduellement amincie en arrière; elle se meut avec agilité.

2° Le *dermeste pelletier* (*attagenus pellio*). Celui-ci est plus petit, noir, avec trois points blancs sur le corselet et un de la même couleur au milieu de chaque élytre. Sa larve est agile, d'un brun rouge avec un pinceau de longs poils fauves à la queue.

On se préservera des atteintes de ces larves par les mêmes moyens que ceux indiqués ci-dessus contre les teignes.

Vrillettes. — On a donné le nom de *vrillettes* à de petits coléoptères cylindriques, les uns noirs, (*anobium pertinax*), les autres brunâtres (*anobium paniceum, molle*, etc.), de la même famille que les rongeurs de la vigne dont nous avons parlé précédemment. A l'état de larves, ils perforent nos meubles d'une multitude de petits trous qui ne sont que l'orifice de longues galeries qu'ils se creusent dans le bois. Ils trahissent leur présence par un peu de poussière blanchâtre qu'ils rejettent au dehors, et, dans certaine saison, par un bruit sec, semblable au tic tac rapide d'une montre, qu'ils répètent de temps en temps, ce qui leur a valu le nom d'*horloge de la mort*.

Il est assez difficile de déloger les vrillettes des meubles qu'elles ont envahis. On a recommandé comme un bon moyen, l'emploi de la térébenthine additionnée d'un dixième d'huile essentielle de laurier, qu'on applique avec un pinceau sur tous les endroits où l'on remarque des trous faits par ces insectes. Le liquide pénètre peu dans les galeries des larves, mais sa vapeur, mortelle pour ces petits animaux, s'y insinue jusqu'au fond et va les asphyxier. Il ne nous reste plus, pour compléter la liste des principaux insectes nuisibles, qu'à parler de deux petits coléoptères qui, sous une de leurs formes, nous causent du dommage, et sous l'autre nous rendent des services; ce sont la *cadelle* et le *sylvain à six dents*.

La *cadelle* (*trogossita mauritanica*) est un insecte long de 0m,008 à 0m,010, noir brunâtre, aplati, de forme parallèle, qui se rencontre abondamment, dans le Midi, dans les greniers où l'on serre le blé. Cet insecte y est utile à cause de la chasse active qu'il fait à la *teigne du grain*. Malheureusement, sa larve n'y est pas aussi bien venue. Cette larve est blanche avec la tête noire, longue de 0m,015, large de 0m,002, composée, y compris la tête, de treize segments bien distincts. Ce n'est pas qu'elle dévore le grain : il paraît assez bien démontré aujourd'hui qu'elle est elle-même carnassière, mais dans la recherche qu'elle fait de sa proie, elle ne ménage pas les grains de blé qu'elle perfore de ses puissantes mandibules. On peut donc la comparer à la courtilière qui ne fait du tort dans les jardins qu'en apportant trop d'ardeur dans sa chasse.

Le *sylvain à six dents* (*sylvanus sexdentatus*) nous vient, paraît-il, de l'Amérique. C'est un petit insecte brun, un peu plus long que le charançon du blé, mais beaucoup plus grêle. On le rencontre quelquefois en grande quantité, dans le riz, les caisses de figues sèches, les boîtes où on serre le sucre, etc. Sa larve est un très-petit ver jaunâtre, aplati, assez agile. Il a les mêmes habitudes que la *cadelle*, et, comme elle, ne se rencontre guère en abondance que dans les contrées méridionales.

Dr CANDÈZE.

TROISIÈME PARTIE

ARBORICULTURE ET HORTICULTURE

CHAPITRE PREMIER

GÉNÉRALITÉS RELATIVES A L'ARBORICULTURE

L'arboriculture est l'art de cultiver les arbres, arbustes et arbrisseaux en général. Elle embrasse diverses branches qui sont : 1° la viticulture ou culture de la vigne ; 2° l'arboriculture fruitière ou culture des arbres à fruits de nos vergers ou de nos jardins ; 3° la culture des arbres d'ornement ; 4° la sylviculture ou culture des forêts.

L'art de cultiver les arbres ne relève la plupart du temps que de l'empirisme, tandis qu'il devrait s'appuyer toujours sur des connaissances scientifiques. Pour devenir bon cultivateur, il faudrait commencer par devenir bon botaniste, c'est-à-dire par apprendre à bien connaître les organes qui constituent la plante ou l'arbre et les fonctions de ces organes. Malheureusement, la botanique est encore dans l'enfance, sous ce rapport, et n'est point en mesure de répondre à beaucoup de questions que la pratique serait tentée de lui soumettre. On sait quelque chose en anatomie végétale, mais on ne sait presque rien en physiologie. « De tout temps, a écrit M. Payer, on a cherché à connaître le jeu des organes, et, par conséquent, on s'est occupé de cette branche de la science. Mais les problèmes sont si compliqués, ils exigent tant de connaissances en physique, en chimie, qu'on peut dire que la physiologie végétale est la partie de la botanique la moins avancée, malgré les beaux travaux des de Saussure et des Hales. » Nous ajouterons que c'est fort regrettable, car, aussi longtemps que nous n'aurons pas un appui solide de ce côté, les aventuriers auront beau jeu en arboriculture.

L'ignorance dans laquelle nous sommes, nous commande la réserve et la prudence. Nous nous contenterons donc d'exposer ici quelques généralités que les praticiens doivent connaître.

Nous semons une graine en terre fraîche. Elle y fermente sous l'influence de l'air, de l'eau et de la chaleur ; en un mot, elle se renfle, se décompose, s'ouvre et donne naissance à deux organes. L'un paraît fuir la lumière et s'enfonce dans la terre : c'est la *racine* ; l'autre cherche la lumière et s'élève vers le ciel : c'est la *tige*.

Le point de séparation entre la racine qui descend et la tige qui monte, s'appelle le *collet* de l'arbre ou de la plante. On attribue à ce collet nous ne savons quelles fonctions très-essentielles ; ce serait une espèce de laboratoire mystérieux ouvert par la nature à l'élaboration de la séve brute. Le mieux est de déclarer que nous n'en savons rien et de faire remarquer qu'un rameau, greffé sur une racine, y pousse très-bien, sans que la nature ait mis entre les deux le fameux collet de séparation.

La première racine formée par une graine qui germe, est toujours pivotante ; elle correspond à la tige pour la fixer et aussi pour la nourrir. Cette racine pivotante a d'autant plus de tendance à s'allonger souterrainement que la tige a elle-même plus de tendance à s'élever dans l'air. Si nous coupons la tige, nous rendons le pivot à peu près inutile, en sorte qu'il s'atrophie et laisse aux racines latérales le soin de nourrir et de maintenir l'arbre. « L'expérience, nous écrivait un forestier de nos amis, démontre, en effet, que l'exploitation en taillis a ordinairement pour résultat d'amoindrir le développement du pivot au profit des racines latérales. Ce fait a été constaté, non-seulement en France, mais encore et surtout en Allemagne, où il est considéré comme un axiôme par les meilleurs auteurs forestiers. Ainsi, le docteur Pfeil, ancien directeur de l'école forestière de Reustadt, près de Berlin, dit formellement que le pivot d'un brin de semence meurt aussitôt après l'ablation de la tige, et c'est à ses yeux ce qui explique pourquoi le mode de traitement en taillis convient mieux aux terrains à sol peu profond que le traitement en futaie. »

Ce qui est vrai dans une forêt, l'est également dans un verger ou dans un jardin fruitier.

Si, en coupant la tige, nous rendons le pivot inutile, il y a lieu de croire qu'en coupant le pivot ou en arrêtant son développement par des moyens quelconques, nous empêcherons l'arbre de se développer en hauteur. C'est pour céla que les jardiniers suppriment les pivots de certains arbres à la transplantation. Nous avons cultivé des poiriers et des amandiers sur une montagne où la terre manquait, et ils se sont *couronnés* au bout de deux ou trois ans; autrement dit, les tiges ont péri par la tête aussitôt que les pivots n'ont plus trouvé de terre. Nos pêchers de vignes, dans les terres argileuses de la Bourgogne, périssent également par la tête, dès que le pivot ne peut plus vivre dans les couches profondes. Entre Floreffe et Malonne (province de Namur), il y a un petit bois sur le coteau. Quand les chênes, arrivés à un certain âge, touchent le rocher, la tête meurt. On a accusé de cela la fabrique de glaces de Floreffe qui en était fort innocente.

Du moment où il existe des relations entre le pivot et la tige, il doit en exister aussi entre les racines latérales et les branches latérales. C'est ce que nous allons voir, mais il s'agit d'abord de s'entendre sur la valeur des mots et de savoir ce que c'est qu'une branche.

Quand vous examinez la jeune tige d'un arbre, ce que les cultivateurs appellent la *flèche*, vous y découvrez, de distance en distance, des nœuds vitaux qui ont ou la forme d'un petit cône ou la forme d'un petit œuf. Les praticiens nomment ces nœuds vitaux *yeux* et les botanistes les nomment *bourgeons*. Chacun de ces yeux ou bourgeons contient un rameau qui, dans des conditions régulières, ne se développe qu'au bout d'un an, mais qui, parfois, se développe l'année même de sa formation et donne un *faux rameau*. Mais supposons un développement régulier : — Le rameau sort de l'œil ou du bourgeon et s'allonge, sur le côté de la tige, en formant, lui aussi, des nœuds vitaux qui se développeront l'année d'après sous forme de rameaux. Nous aurons alors la *branche* latérale. Cette branche latérale n'est donc, en définitive, que le rameau de deux ans qui a développé ses bourgeons en jeunes rameaux qui, à leur tour, deviendront branches de second ordre.

En même temps que les branches latérales se forment, il se forme aussi en terre des racines latérales qui correspondent à ces branches; et vraisemblablement, toute branche secondaire qui établit une ramification sur les branches principales, tout rameau qui sort d'un bourgeon, provoque une ramification des racines.

« En général, nous écrit-on, il y a chez les arbres une grande analogie entre le développement et la conformation des branches et des racines. Par exemple, un chêne implanté dans un sol sablonneux profond, présente un long pivot médiocrement garni de racines latérales, et la tige est droite, élevée et peu branchue.

« Chez les arbres de lisière et de carrefour, les branches et les racines ne se développent que du côté de l'air et de la lumière. »

M. Payer, dans ses *Éléments de botanique*, va plus loin : — « Nous avons vu, dit-il, qu'à part quelques exceptions, il y avait une relation intime entre la tige et le pivot de la racine, et que l'une était, en général, en proportion de l'autre. La croissance et le développement des branches et des racines ont aussi beaucoup de rapports. Si l'on retranche d'un arbre quelques branches considérables, les racines qui y correspondent souffrent toujours et quelquefois périssent. Si l'on taille les branches pour les aligner, les racines ne s'étendent plus et prennent insensiblement la forme que le ciseau donne à l'arbre ; si l'on coupe la sommité de la tige, ces branches latérales prennent plus de vigueur, comme les racines latérales quand on retranche l'extrémité du pivot. Réciproquement, les racines d'un côté d'un arbre rencontrent-elles un terrain stérile, les branches de ce côté prennent moins de force et montrent moins de vigueur. »

Il suit de cette relation intime, entre les racines et les branches, que si nous transplantons un arbre avec ses racines presque entières, nous devons à peine raccourcir les branches, et que si, au contraire, nous le transplantons avec des racines très-raccourcies, nous devons retrancher des branches en proportion. Il suit de là, aussi, que si nous empêchons les rameaux de pousser, nous empêchons la formation des racines.

Lorsqu'on songe à la relation qui existe entre les racines et les branches, on est presque autorisé à ne pas admettre la différence que les botanistes établissent entre les organes aériens et les organes souterrains. Les premiers, nous disent-ils, ont des nœuds vitaux ; les seconds n'en ont pas. Les pommes de terre qui ont des nœuds vitaux sont des rameaux, tandis que les tubercules de dahlias qui n'en ont point sont des racines (Payer). Que les yeux n'aient pas la même conformation, qu'ils soient visibles d'un côté et ne le soient pas de l'autre, il faut bien l'admettre, mais de là à nier leur existence sur les racines, il y a loin. S'il n'y a pas de bourgeons rudimentaires sur les racines, comment les pruniers, les acacias, etc., font-ils donc leurs drageons ? S'il n'y avait pas de bourgeons rudimentaires, les ramifications devraient se produire indistinctement sur tous les points des organes souterrains, tandis qu'il n'en est pas ainsi. Voyez ce qui se passe dans le bouturage et le marcottage ; les racines partent toujours du niveau des bourgeons enterrés ou du voisinage des ramifications, quand on taille les racines.

Pour constater une fois de plus l'intimité de relations qui existe entre les rameaux et les racines, nous ferons remarquer que les rameaux vont toujours du côté où l'air, la chaleur et la lumière favorisent le mieux la végétation et que, de leur côté, les racines ont une tendance marquée à se porter du côté où la terre est le plus meuble et substantielle.

Nous avons vu tout à l'heure que les arbres se développent au moyen de bourgeons. Parlons un peu de ces bourgeons ou *yeux*, comme disent les praticiens. D'après eux, il y a des yeux à bois, des yeux à fleurs et des yeux latents qui finissent par s'éteindre si la main de l'homme n'aide pas à leur développement. Selon les botanistes, ces distinctions ne sont qu'apparentes ; et, en effet, le bourgeon est le même, soit qu'il donne de la feuille, soit qu'il donne de la fleur, soit qu'il s'éteigne. Si nous donnons beaucoup de sève à un bourgeon près de s'éteindre, il se ranime et se développe; si, de même, nous donnons beaucoup de séve à un bourgeon disposé à produire de la fleur, il produit du bois et de la feuille; si, enfin, nous tourmentons des bourgeons prêts à se développer en rameaux, si nous les éborgnons, si nous arquons ou tordons le bois qui les porte, de façon à les empêcher de prendre une forte quantité de séve, nous arrivons à convertir ces bourgeons à bois en bourgeons à fruits que les praticiens appellent *boutons*. Rien que d'après cela, vous voyez que le bourgeon est subordonné à la séve qu'il reçoit, et que le plus ou moins de nourriture décide de son avenir.

En définitive, les *bourgeons à bois* ou *yeux* caractérisent la jeunesse et la santé de l'arbre. Ils sont pointus et s'allongent en rameaux dont les nœuds vitaux sont très-espacés. Ils forment la charpente et travaillent à l'accroissement de l'arbre. Un sujet vigoureux, où la séve circule en abondance et qui donne de longs rameaux, fait dire *qu'il charge beaucoup en bois*. C'est ce que vous aurez dans une bonne terre, avec des arbres de semis ou greffés sur franc.

Les *bourgeons à fleurs* ou *à fruits*, ou, comme l'on dit encore, les *boutons*, sont arrondis, ne s'allongent guère, ont les feuilles en petit nombre et très-ramassées en rosette. Ils caractérisent ou l'arbre qui souffre dans sa jeunesse, ou l'arbre qui ne souffre point, mais qui est arrivé à l'âge mûr et dont le développement se ralentit, ou l'arbre caduc qui va mourir. En somme, les bourgeons qui prennent beaucoup de séve, donnent des rameaux vigoureux, et ceux qui n'en prennent guère, ne donnent que de très-courts rameaux et de la fleur. Un arbre ne peut fleurir impunément qu'à la condition d'être convenablement charpenté; ainsi, un jeune arbre qui se couvre de fleurs dans un délai rapproché de la date de sa plantation, ne produit que peu ou point de rameaux; il est nécessairement malade; souvent il n'a pas la force de nourrir ses fruits, ou bien, s'il en nourrit quelques-uns, ceux-ci manquent de saveur et fatiguent l'arbre outre mesure. Un petit arbre qui donne du fruit au bout d'un an ou de deux ans de transplantation, ressemble aux femelles d'animaux qui donnent une portée avant leur complet développement. Les petits sont chétifs, et la santé des mères est compromise.

Les arbres greffés sur des sujets n'appartenant pas au même genre ou à la même espèce que la greffe, offrent cette fécondité prématurée. Les poiriers placés sur cognassier, sur aubépine, et même sur sorbier, le prouvent.

Les jeunes arbres, transplantés souvent, ainsi que ceux tourmentés par l'arqûre ou par un palissage serré, sont également d'une fécondité prématurée. Les semeurs d'arbres qui sont impatients de savoir ce que seront leurs gains, les transplantent tous les ans, afin d'avoir sûrement des fruits au bout de quatre ou cinq années. Nous savons, d'un autre côté, que si nous avons affaire à deux arbres de même variété et d'égal développement, nous obtiendrons plus tôt du fruit de celui que nous serrerons à l'espalier et dont nous courberons les branches, que de celui que nous laisserons à peu près ou tout à fait libre dans sa végétation. Seulement, celui que nous gênerons pour le forcer, ne donnera pas d'aussi bons fruits et ne vivra pas aussi longtemps que celui qui ne sera point contrarié.

On doit s'attendre encore à une fécondité prématurée, lorsque les arbres, que l'on transplante, ont été depuis longtemps arrachés de la pépinière, lorsque leurs racines ont souffert du contact de l'air, lorsque le trajet a été long et rude, lorsqu'on les enlève d'un terrain frais et riche pour les replacer dans un terrain sec qui ne fournit guère de séve, ou lorsqu'en les replantant, on ne donne pas l'espace nécessaire aux racines; lorsqu'enfin l'on s'attache à la transplantation d'arbres d'un âge avancé. Ce sont autant de moyens de convertir les bourgeons à bois en bourgeons florifères, parce que la prise de séve est faible et qu'ils souffrent. Un véritable connaisseur n'entend pas que ses arbres fructifient trop vite; un cultivateur ignorant ou très-pressé de jouir est, au contraire, enchanté d'une floraison rapide et abondante. C'est cette ignorance et cette impatience qui font le succès des pépiniéristes, des mauvais jardiniers et des brocanteurs d'arbres.

Sur un arbre qui a atteint l'âge mûr, qui est solidement charpenté, les bourgeons à bois fonctionnent en même temps que les bourgeons à fruits. Si ces derniers fatiguent l'arbre plus ou moins, les autres le nourrissent et réparent les pertes. Cet âge mûr n'a pas d'époque fixe; il varie avec les espèces et avec les variétés; il arrive plus tôt avec celles qui ont la vie courte qu'avec celles qui ont la vie longue, plus tôt avec le prunier ou le pêcher qu'avec le poirier, plus tôt avec les arbres soumis aux tortures de la taille et de l'espalier qu'avec les mêmes arbres livrés à eux-mêmes. Sur les hautes tiges en plein vent, l'âge mûr n'arrive parfois qu'au bout de 20 ou 25 ans et dure pendant 40, 50 ans et plus; sur les basses tiges de la même espèce, soumises à la taille, l'âge mûr arrive au bout de 8 à 10 ans et dure 20 ou 25 ans.

Cependant, quand on s'impatiente d'attendre le fruit, rien n'empêche de forcer les bourgeons à bois à devenir bourgeons à fleurs. Pour cela, on s'arrange de façon à ralentir la circulation de la séve, à modérer sa fougue. Les uns trouent les troncs d'arbres avec une vrille et y mettent un tuyau de plume; les autres y plantent des clous, tordent les branches ou couchent les tiges, comme avec le figuier. L'arqûre des branches est le meilleur moyen.

Quand un arbre est décrépit, les bourgeons à bois se transforment naturellement en bourgeons à fleurs, et la mort ne se fait guère attendre. Il n'y a pas d'arbre qui fleurisse plus que celui qui est presque sur le point de mourir.

Sur un arbre bien constitué et robuste, la tige doit toujours amener une séve abondante pour son propre usage et pour le service des branches. Donc, les bourgeons de cette tige, surtout vers l'extrémité supérieure, doivent être de nature à fournir du bois, non de la fleur. Un arbre dont la flèche se couvre de boutons, c'est-à-dire de bourgeons à fruits, est un arbre impropre à prendre une quantité convenable de séve; il est malade ou très-affaibli.

Sur un arbre jeune et vigoureux, les bourgeons terminaux, autrement dit ceux qui occupent l'extrémité des rameaux, doivent toujours être des bourgeons à bois. Ce sont eux qui prennent le plus de séve et qui font les prolongements ligneux. Cependant il arrive que ces bourgeons terminaux, même sur de jeunes arbres fruitiers, en apparence bien portants, deviennent boutons à fruits. Ceci prouve ou que l'on a affaire à des variétés délicates ou que les arbres ne se portent pas très-bien et qu'ils ont plus de tendance à fructifier qu'à se développer en bois. Ceux-là se couvrent habituellement de rameaux défectueux, très-fructifères, qui sont appelés *dards*, *brindilles* sur les poiriers et les pommiers; *bouquets de mai*, *chiffonnes*, sur les pêchers.

Fonctions des bourgeons. — Les bourgeons, nous venons de le voir, remplissent deux fonctions. Les uns font du bois, les autres font du fruit; les premiers fortifient l'arbre, les autres l'affaiblissent plus ou moins. Il est facile de s'en convaincre. Assez souvent, sur un même arbre, vous trouvez deux rameaux allongés, mais d'un faible diamètre, et l'un de ces rameaux est, à la sortie de l'hiver, garni de bourgeons pointus ou à bois, tandis que l'autre ne porte que des bourgeons arrondis ou à fleurs. Ce sont là deux situations bien différentes. Le premier va fournir beaucoup de bois et de feuilles, parce qu'il se porte bien et qu'il prendra beaucoup de séve; le second va fournir beaucoup de fleurs, parce qu'il se porte mal et qu'il prendra peu de séve. Le premier se développera parfaitement, le second se ruinera et ne grossira pas. Aussi, les bons praticiens, qui ne l'ignorent point, laissent-ils tous les yeux à une branche faible en ne la taillant pas, tandis qu'ils taillent fort court une branche faible chargée de boutons. La fonction des bourgeons à bois est d'autant plus active que ces bourgeons occupent le sommet de la tige, l'extrémité des branches et des rameaux, le dessus de ces branches et qu'ils se développent dans le sens vertical. Un bourgeon, placé en dessous, reçoit peu de séve, se développe mal et devient promptement fructifère.

Les bourgeons jouissent de la faculté de commander en quelque sorte aux racines et d'appeler à eux la séve dont l'arbre a besoin pour se développer et multiplier. On a donné à cette faculté le nom de *force vitale*. On ne l'explique pas, on la constate. Ce n'est pas la seule force qui agisse et fasse monter la séve des parties souterraines vers les parties aériennes, mais c'est la principale, et si nous supprimions tous les bourgeons d'un arbre, nous le verrions bien. La pression de l'air, la capillarité, l'endosmose ne suffiraient point, en dehors de la participation des bourgeons, à répartir promptement la séve sur de grandes surfaces.

Mais qu'est-ce que la séve? C'est de l'engrais liquide que les racines prennent dans la terre. Nous ne croyons qu'à une seule séve qui monte pour allonger la tige, les branches et les rameaux, et qui descend ensuite par d'autres voies pour accroître le diamètre de cette tige, de ces branches et de ces rameaux. La descente de séve est en raison de l'ascension; plus il en monte et plus il en descend. Or, il en monte d'autant plus qu'il y a plus de bourgeons à bois qui fonctionnent. Une tige grossit d'autant plus qu'on lui laisse plus de branches latérales; et une branche grossit de son côté d'autant plus qu'on lui laisse plus de bourgeons à bois. Il suit de là qu'un arbre ébranché souvent perd en diamètre ce qu'il gagne en hauteur, et qu'un arbre élevé en massif, de façon à empêcher ses branches latérales de se former, ne prend pas de corps et devient une *perche*.

Demandons-nous maintenant par où monte la séve. Quand l'arbre est jeune, elle monte par toutes les parties du bois, et d'autant mieux que ce bois est plus tendre. La vigne et les bois blancs le prouvent. Quand l'arbre est vieux, que le bois durcit et que les vaisseaux s'obstruent, la séve monte par les parties les moins dures et surtout par l'aubier. Au fur et à mesure qu'elle passe à portée des branches, des rameaux ou des yeux, elle y est attirée plus ou moins fortement et va surtout du côté où l'appel est le plus énergique. Sur les arbres à racines pivotantes, elle se porte vers les branches supérieures; sur les arbres à racines traçantes, comme le pommier, les branches de la base sont mieux servies que celles des étages supérieurs. Avec le poirier, c'est précisément le contraire qui arrive. Les premiers étages de branches latérales prennent peu de séve, tandis que les étages supérieurs ont de la tendance à en prendre trop.

Arrivée à sa destination, c'est-à-dire aux extrémités feuillues des divers rameaux, la séve subit l'influence de l'air par l'intermédiaire des feuilles, perd son eau, s'épaissit et descend entre l'aubier et les feuillets du liber (seconde écorce) jusqu'à l'extrémité des racines.

On prouve que la séve monte par le bois en faisant une incision profonde ou un cran qui l'empêche de passer. En même temps qu'elle s'emploie en partie à cicatriser les plaies, à refaire son passage, elle se jette sur les bourgeons ou dans les branches placées dans le proche voisinage et au-dessous des parties incisées ou coupées. On prouve également que la séve descend entre l'aubier et les feuillets du liber, en enlevant un anneau d'écorce à un rameau ou en le ligaturant de manière à barrer le passage. La séve s'arrête au-dessus de la partie incisée ou au-dessus de la ligature et y forme un bourrelet.

Fonctions des feuilles. — Sans trop d'invraisemblance, on peut croire que la séve, fournie par les racines, développe les bourgeons, les feuilles, et allonge tout simplement les diverses parties de l'arbre, y compris les fruits, tandis que cette même séve, modifiée au moyen des feuilles qui lui apportent des éléments atmosphériques, du carbone surtout et de l'azote, reprend un autre chemin et descend pour augmenter le diamètre des tiges, des branches, des rameaux et des fruits. Les feuilles sont donc tout aussi indispensables que les racines. On a dit qu'elles sont les poumons des arbres. Nous ne savons si la comparaison est d'une exactitude irréprochable, mais toujours est-il que le rapprochement nous donne une idée de l'importance qu'il faut attacher aux feuilles. Vous remarquerez d'ailleurs que chaque œil est accompagné d'une feuille qui nécessairement contribue à le nourrir. On a donc raison d'épargner les feuilles le plus possible et de les arroser au besoin pour en faciliter les fonctions respiratoires. Des feuilles chargées de poussière, au bord des routes, ont la ressource des pluies et des coups de vent pour se nettoyer, mais dans un appartement, dans une serre à forcer, ces ressources leur échappent, et il est bon que la main de l'homme intervienne de temps en temps. Quand un arbre a été dépouillé de ses feuilles par les chenilles ou par d'autres insectes, il souffre visiblement et peut en mourir. Quand les mûriers ont été dépouillés pour les vers à soie, ils souffrent de même visiblement; aussi a-t-on soin dans le Nord de ne pas les effeuiller deux années de suite. Sans cette précaution, en Belgique, on tuerait promptement les arbres en question.

Nous n'avons pas à nous occuper ici des différentes formes de feuilles. Ces formes ont certainement leur raison d'être, mais nous ne la connaissons point et ne la soupçonnons même pas dans la plupart des cas. Contentons-nous de dire que la queue ou support des feuilles se nomme *pétiole*, que la partie élargie et ordinairement verte se nomme *limbe* ou *disque*. Il y a des feuilles à un seul limbe, comme, par exemple, celles du pommier, du poirier, du pêcher, de la vigne, etc., etc. On les appelle pour cela *feuilles simples*. Il y en a à un pétiole commun. L'acacia, le fraisier, le rosier, le trèfle sont dans ce cas. On dit alors que les feuilles sont *composées*. On les dit *décomposées* ou *surdécomposées* quand les petits pétioles attachés au pétiole commun donnent naissance à des pétioles plus petits encore ou *pétiolules*.

On croit que, pendant le jour, les feuilles s'emparent de l'acide carbonique de l'air, fixent le carbone et exhalent l'oxygène, et que, pendant la nuit, elles absorbent de l'oxygène et dégagent de l'acide carbonique. Les dernières expériences de M. Boussingault établissent qu'il y a dégagement d'oxyde de carbone. On n'a pas encore constaté l'importance pratique de cette découverte.

Fonctions des fleurs.— Le bourgeon, qui produit le rameau et les feuilles, peut produire les fleurs. Donc, il est permis de dire que les fleurs sortent du même nid que les feuilles, ou mieux que les fleurs sont formées de feuilles disposées d'une façon particulière, et colorées d'une façon particulière aussi. Une fleur complète se compose de quatre cercles d'organes qui sont, en partant de l'extérieur : 1° le *calice;* 2° la *corolle;* 3° les *étamines;* 4° les *pistils*. Le calice est la partie verdâtre qui forme en dessous l'entonnoir pour recevoir la corolle. La corolle est ce que nous appelons la fleur ou l'ensemble des *feuilles* de la fleur; les étamines sont les organes mâles en forme de filets surmontés d'une poche qui contient le pollen ou poussière fécondante; les pistils qui sont les organes femelles, occupent le centre et reçoivent le pollen pour le conduire à l'ovaire. C'est là que se forme le fruit.

Une fleur complète est donc hermaphrodite, puisqu'elle réunit les organes mâles et les organes femelles. Il y a beaucoup de fleurs incomplètes, et, sur les arbres notamment, il n'est pas rare d'en rencontrer qui ne réunissent point les deux sexes. Le noisetier, par exemple, nous offre sur le même pied, avant le développement des feuilles, ses fleurs mâles en forme de chatons jaunes, et ailleurs ses fleurs femelles solitaires et à styles rouges. Le noyer nous offre également des fleurs unisexuelles sur le même sujet. Les fleurs mâles sont disposées en épis ou chatons, tandis que les fleurs femelles sont ordinairement accouplées deux à deux, quelquefois isolées ou réunies par trois ou quatre. Le châtaignier réunit aussi des fleurs unisexuelles sur un même individu.

D'autres espèces ont des pieds mâles et des pieds femelles, comme le chanvre, le houblon et le dattier; mais elles sont rares et n'intéressent point l'arboriculture indigène.

Les fleurs, au moins dans la plupart des cas, sont supportées par des queues que les botanistes nomment *pédoncules*. Ces pédoncules sont simples dans la poire, la pomme, la prune, la cerise, etc.; ils sont composés dans la groseille à grappes et dans le raisin. Les baies de la groseille à grappes sont attachées au pédoncule commun par d'autres petites queues appelées *pédicelles*, et quand ces pédicelles se bifurquent, les parties bifurquées qui portent le fruit, comme dans le raisin, sont appelées *pédicellules*.

Les fonctions de la fleur consistent à reproduire l'espèce ou la variété. Dans la fleur complète, alors que la corolle est bien épanouie, les étamines se rapprochent du pistil et lui versent le pollen destiné à féconder les ovules de l'ovaire. Quand la fleur est incomplète et que les sexes sont séparés, l'air se charge de transporter le pollen sur les organes femelles. Les insectes ne sont pas étrangers non plus à l'acte de la fécondation; les abeilles surtout y remplissent un rôle important, et l'on a remarqué que les arbres fruitiers placés dans le voisinage d'un rucher sont plus productifs que les arbres qui reçoivent rarement la visite des abeilles. En retour, il est à remarquer aussi que ces insectes amènent les croisements et les hybridations, parce qu'ils vont des fleurs d'une espèce ou d'une variété aux fleurs d'une autre espèce ou d'une autre variété. C'est un avantage ou un inconvénient, selon la manière d'envisager le résultat, avantage pour ceux qui cherchent des races nouvelles, inconvénient pour ceux qui voudraient reproduire fidèlement le type. Prenons pour exemple les arbres à noyaux, dont quelques-uns, à la condition d'être francs de pied, non greffés, se reproduisent fidèlement de graine. Le pêcher des vignes de la Côte-d'Or est dans ce cas, et voilà des centaines d'années qu'il se multiplie de lui-même avec des fruits de sa récolte. Eh bien, supposez que, dans le voisinage des vignobles, on élève des variétés de pêcher différentes de celles-là et greffées; supposez, en outre, que la floraison se fasse en même temps sur les variétés diverses;

les abeilles iront de l'une à l'autre et féconderont les pêchers de vigne avec le pollen des pêchers tardifs d'espalier, et vous aurez le croisement, et, peu à peu, la disparition d'une race à laquelle on tient avec raison.

Les semeurs d'arbres, qui sont à la recherche de nouveautés, peuvent trouver leur intérêt dans le croisement et l'hybridation et les favoriser par une fécondation artificielle.

« L'homme de la nature, l'Arabe, dit M. Carrière, pratique lui-même cette opération de la fécondation artificielle, sans peut-être se rendre bien compte de son effet. Ne va-t-il pas, à l'époque où ses dattiers sont en fleurs, chercher des fleurs de dattiers mâles (qu'il ne cultive pas parce qu'il sait qu'ils ne donnent pas de fruits), pour les secouer et saupoudrer de la poussière qui s'en échappe (le pollen) les fleurs de ses arbres femelles ? L'observation lui a donc appris ce que le raisonnement nous démontre. »

Rien n'empêche d'imiter les Arabes et de prendre du pollen sur les étamines d'un arbre pour le porter sur le pistil d'un autre arbre, au moyen d'un pinceau délicat. — « Les circonstances atmosphériques les plus favorables pour opérer la fécondation, dit M. Carrière, sont un temps clair, chaud et surtout sec ; l'heure qui paraît être la plus convenable est de onze heures à deux heures après midi, au moment où la chaleur du soleil a pu déjà faire dilater et ouvrir l'anthère et augmenter aussi l'excitabilité du stigmate. » La pluie, les brouillards et les bourrasques ne conviennent pas plus à la fécondation artificielle que naturelle.

La fécondation artificielle entre des variétés d'une même espèce produit des *croisements* ; entre espèces du même genre, elle produit des *hybrides*. Les horticulteurs, nous ne savons pourquoi, confondent les uns avec les autres.

Un grand nombre de fleuristes pratiquent la fécondation artificielle.

Du fruit. — Le fruit est le produit ou le résultat de la fécondation. Il se compose de deux parties, pour nous servir de la définition de M. Moquin-Tandon : l'une accessoire et protectrice, le *péricarpe*, l'autre essentielle et protégée, la *graine*. Le péricarpe est le développement de l'ovaire ; la graine est le développement de l'ovule. Les péricarpes ne se ressemblent guère, en apparence du moins, dans les diverses sortes de fruits. Dans la poire et la pomme, le péricarpe est ce que nous nommons la chair du fruit, ce que nous mangeons ; la graine est le pepin qui se trouve séparé de la chair par une partie cartilagineuse. Dans le pêcher, l'abricotier, le prunier, le cerisier, l'amandier, le noyer, le péricarpe prend le nom de drupe. Il est pulpeux dans le pêcher, le prunier, le cerisier ; charnu dans l'abricotier ; sec, cassant et coriace dans l'amandier et le noyer. Les coques sont les parties sèches et dures du péricarpe. Les péricarpes mous et succulents à leur maturité, se nomment baies. Tels sont la groseille, le raisin, l'airelle myrtille, l'épine-vinette.

Le péricarpe se partage en trois parties qui sont l'*épicarpe*, le *mésocarpe* et l'*endocarpe*. Dans la poire et la pomme, l'épicarpe est la peau ; le mésocarpe, la partie charnue et comestible ; l'endocarpe, cette partie cartilagineuse qui enveloppe les pepins. Dans les fruits à noyaux (abricot, pêche, prune, cerise) l'épicarpe est la peau, le mésocarpe la pulpe ou la chair, et l'endocarpe est le noyau qui protége l'amande ou graine.

La graine est, pour ainsi dire, l'*œuf des végétaux*. Sa partie la plus essentielle est le germe ou *embryon;* c'est cet embryon qui contient l'arbre comme le germe de l'œuf contient l'oiseau. L'embryon de la graine pas plus que le germe de l'œuf ne dure indéfiniment ; au bout d'un certain temps, l'un et l'autre meurent. La durée de l'embryon est tantôt courte, tantôt longue, selon les espèces, selon les soins que l'on donne aux graines, selon le milieu dans lequel elles se trouvent placées, et aussi selon leur état plus ou moins complet de maturité. Le mieux est de s'attacher aux graines des fruits bien mûrs et de les semer le plus tôt possible. Les graines vieilles ne donnent jamais des arbres aussi vigoureux que les graines fraîches.

Certains vignerons de la Bourgogne ont une manière de reproduire leurs pêchers de vignes qui nous paraît très-rationnelle et sur laquelle nous appelons l'attention de nos lecteurs. Ils ramassent à terre les pêches mûres qui se détachent naturellement des arbres et les enterrent tout entières, chair et noyau. Ne serait-il pas convenable de procéder ainsi avec les abricots, les prunes, les cerises, les amandes, les noix, etc.? Ce n'est point l'usage des pépiniéristes. En ce qui concerne les fruits à pepins, ceux-ci se procurent des pepins, à l'automne et en hiver, et ils les sèment dès la fin de février, ou, au plus tard, en mars. Quelques personnes les conservent en cave, mêlés à du sable de rivière sec, et conseillent de les laver soigneusement avant de les semer, afin d'enlever la matière visqueuse qui les recouvre et de hâter la germination. Il existe une exception à l'endroit du cognassier et du mûrier que l'on sème d'ordinaire aussitôt que les fruits sont mûrs. On sème indifféremment les groseilliers en automne ou à la sortie de l'hiver. Quant aux fruits à noyaux, il est d'usage de stratifier ces noyaux pour en faciliter la germination. A cet effet, on prend des caisses, et l'on y met alternativement des couches de graines, de terre fine ou de sable. On place ensuite ces caisses dans une cave ou au pied d'un mur exposé au midi, à une certaine profondeur. La germination commence en février, et on met les noyaux en place au commencement de mars. Pour ce qui est des fruits en chatons, nous dirons que l'on peut semer les châtaignes à l'automne, ou les stratifier jusqu'à la fin de février. On stratifie également les noix et les noisettes pour les semer au printemps. Nous renvoyons au chapitre suivant pour de plus amples détails.

La graine est certainement le moyen le plus naturel de reproduire les végétaux, tantôt avec une grande fidélité, tantôt en donnant des variétés nouvelles. La reproduction est d'autant plus conforme au type, que ce type a été moins modifié par la culture et que la graine est plus nouvelle. Ainsi, la graine nouvelle reproduira exactement l'arbre sauvage qui l'aura produite, tandis que la graine affaiblie par l'âge pourra donner des variétés. Ainsi, encore, la graine obtenue d'un arbre venu directement de pepin ou de noyau aura de la tendance à reproduire fidèlement son type, tandis qu'une graine récoltée sur des arbres greffés, bouturés ou marcottés, n'aura pas la même tendance. Les pêchers de vignes, répétons-le, se multiplient très-bien de noyaux, tandis que les pêchers d'espalier se multiplient fort mal par le même moyen; les choses se passent de même avec les abricotiers francs de pied et les abricotiers greffés.

Nous ferons remarquer, en dernier lieu, que si les graines de fruits à pepins reproduisent plus difficilement les types que les graines de fruits à noyaux, c'est parce que nos poires et nos pommes de table sont beaucoup plus éloignées de l'état sauvage que ne le sont nos pêches, nos prunes, nos cerises et nos abricots. Une pomme ou une poire à cidre non greffée se reproduit assez exactement, tandis qu'il ne faut pas attendre le même résultat d'un calville blanc ou d'une duchesse.

De la multiplication des arbres par les moyens artificiels. — On multiplie artificiellement les arbres par le *marcottage*, le *bouturage* et le *greffage*. M. Ch. Baltet a traité plus loin de ces diverses opérations; pour le moment, nous nous bornerons à constater que ces modes de reproduction, ordinairement très-avantageux dans la pratique, ne donnent jamais des sujets aussi beaux, aussi robustes, aussi durables que les graines. En retour, ils sont plus précoces et plus productifs. Les graines d'arbres marcottés, bouturés ou greffés ne valent point pour la reproduction les graines des arbres de semis, mais elles donnent plus communément des variétés affaiblies. La nature proteste.

Des amputations pratiquées sur les arbres. — Les arbres, placés dans de bonnes conditions et livrés à eux-mêmes, vivent plus longtemps que les arbres soumis à la taille et à l'ébranchage, parce qu'ils sont moins maltraités. En retour, ils fructifient moins vite et donnent de moins beaux fruits; seulement, ces fruits sont ordinairement plus savoureux. Quoi qu'il en soit, nous avons un intérêt incontestable à soumettre la plupart de nos arbres de choix aux opérations de la taille. L'essentiel, c'est de bien raisonner ces opérations, afin de les rendre moins meurtrières et d'en tirer le meilleur parti possible. Or, l'art de bien tailler les arbres consiste tout simplement à savoir bien gouverner la sève, et, maintenant que nous croyons posséder des notions assez exactes sur la circulation de cette sève, son gouvernement ne doit plus nous présenter de difficultés sérieuses.

Nous n'avons qu'à répéter ici ce que nous avons écrit en Belgique, dans un petit livre qui a pour titre : *Conférences sur le jardinage et la culture des arbres fruitiers* :

« La plupart des arbres fruitiers peuvent être soumis à la taille; cependant il en est qui résistent et protestent contre les caprices de l'homme. Tous, non plus, ne sauraient être assujettis aux mêmes formes. Il est bon de consulter leurs tendances naturelles avant d'opérer. Les arbres francs de pied sont moins dociles que les arbres greffés ou sur cognassier, ou sur sujet nain, parce qu'ayant plus de vigueur, ils protestent avec plus de force contre les amputations. Voilà pourquoi nous affectionnons, pour la taille, les arbres d'une vigueur modérée. Moins la végétation est fougueuse, plus les bourgeons ont de tendance à fructifier à l'excès, plus nous pouvons supprimer de bois. C'est ce qu'on nomme la *taille courte*. Plus la végétation est fougueuse, moins nous devons retrancher de bois à la taille. C'est ce qu'on appelle la *taille longue*. Si les suppressions étaient faibles sur des arbres d'une végétation paresseuse, nous obtiendrions trop de fruits et pas assez de bois pour les nourrir; si, au contraire, les suppressions étaient fortes sur des sujets vigoureux, nous n'obtiendrions que du bois et très-difficilement du fruit.

« Avant de tailler un arbre, il convient donc de connaître ses tendances naturelles, et de tenir compte du climat, du sol et de l'exposition. Sous un climat humide, dans un sol frais, avec des arbres fougueux, il faut nécessairement tailler long; sous un climat très-tempéré, à l'exposition du midi, dans un terrain sec et avec des arbres peu vigoureux, il faut nécessairement tailler court.

« L'amputation doit être faite à quelques millimètres du bourgeon que l'on veut développer, mais jamais aussi près de ce bourgeon en Belgique qu'en France. Toutes les fois que la taille est éloignée du bourgeon (œil), la sève qui n'est point appelée vers la plaie, ne saurait y monter pour la cicatriser et le bois meurt, pour former des chicots qui pénètrent assez avant dans le bois vif; le biseau de la taille ne doit être ni trop allongé, ni trop horizontal. Dans le premier cas, la cicatrice se fait difficilement; dans le second, l'eau des pluies ne s'écoule pas assez vite et séjourne sur la plaie...

« La taille se pratique au-dessus, au-dessous et sur les côtés des rameaux et des branches. Si l'on veut continuer une branche horizontale ou oblique, comme dans les pyramides, on taille au-dessus d'un œil de dessous qui continuera la branche. Si l'on veut regarnir un vide, on taille sur un bourgeon de côté; si l'on veut redresser une branche faible qui s'écarte trop de la tige, on taille au-dessous d'un bourgeon ou œil de dessus. Ces règles, empressons-nous de le dire, ne sont pas sans exceptions; aussi croyons-nous devoir nous en tenir à ces quelques mots, persuadé plus que jamais que la plume est impuissante à enseigner la taille d'une manière suffisamment intelligible. En quelques minutes, au jardin, on fera plus de besogne et de meilleure besogne qu'avec une plume sur des centaines de pages de papier. »

On a songé à remplacer l'opération de la taille par le pincement qui consiste à rogner avec les ongles l'extrémité des jeunes rameaux; mais on n'a pas remarqué qu'on nuirait beaucoup ainsi à l'émission des racines et que les déchirures faites avec les ongles se guérissent moins bien que les plaies nettes du sécateur et mieux encore de la serpette. Le pincement doit venir en aide à la taille; mais jamais il ne la remplacera. D'ailleurs, à moins d'être un très-savant physiologiste, il devient impossible de pincer convenablement et à propos toutes les parties d'un arbre.

Les amputations faites aux arbres leur sont d'autant plus pénibles qu'elles sont plus multipliées, qu'elles affectent des membres d'un plus gros volume et que la végétation est plus active. On a donc raison de tailler et d'ébrancher, surtout vers la fin de l'automne et en hiver. Un des grands inconvénients du pincement, c'est d'attaquer l'arbre plein de vie et sur trop de points à la fois. Les praticiens taillent les vieux arbres ou les arbres délicats avant que la séve remue, pour les faire moins souffrir, tandis qu'ils taillent les arbres trop fougueux tardivement, pour les faire souffrir davantage et les forcer à fructifier plus tôt.

Pour ce qui est des amputations pratiquées pendant le cours de la végétation, il est évident que celles faites au moment où la séve s'apaise sont moins pénibles que celles pratiquées au commencement de la feuillaison. Dans le premier cas, on coupe le passage à un ruisseau paisible; dans le second, on le coupe à un torrent, et la séve déborde de tous les côtés par les issues qu'elle trouve à sa portée. Nous avons alors des gourmands et des têtes de saule. Mais quand les issues manquent, la séve surabondante s'épanche sous l'écorce, fermente et détermine les chancres.

Dans certaines contrées, il est d'usage d'ébrancher les arbres fruitiers d'un certain âge, c'est-à-dire d'enlever à coups de serpe ou avec la scie les branches basses de ces arbres. Nous ne nous expliquons pas la nécessité de ces mutilations qui, dans la pensée des opérateurs, ont pour objet de *rajeunir les sujets*. Loin de les rajeunir, on les use.

Les généralités qu'on vient de lire, renferment les données les plus essentielles à connaître. Nous ne pouvions pas rester en deçà, et il ne nous paraît pas nécessaire d'aller au delà; si nous cherchons à sortir de l'obscurité où nous tient la routine aveugle, ce n'est pas pour nous jeter étourdiment au cou des hommes de science et retomber dans une autre obscurité. La lumière ne s'est pas encore faite convenablement autour d'eux, et nous attendrons qu'elle se fasse. Le plus sûr moyen de ne pas se fourvoyer, c'est de s'écarter le moins possible du domaine des faits et de se montrer sobre d'explications. Beaucoup de raisons que l'on tient pour excellentes aujourd'hui, pourraient ne plus rien valoir demain.

En arboriculture, il faut bien le reconnaître, les praticiens sont les maîtres de la situation. Commençons donc par nous emparer de leurs observations qui ont au moins le mérite de l'exactitude; puis, souhaitons que la science s'en empare aussi, s'en rende compte, pose des règles et jalonne notre route.

Avant de parler de la culture propre à chaque espèce ou à chaque variété d'arbre, il s'agit d'abord de nous occuper des moyens de multiplier les végétaux ligneux et de leur éducation dans la pépinière. Nous laissons ce soin à un arboriculteur très-avantageusement connu. P. JOIGNEAUX.

CHAPITRE II

DE LA MULTIPLICATION DES VÉGÉTAUX LIGNEUX

Les végétaux se multiplient naturellement et artificiellement.

La multiplication naturelle est obtenue par le semis des graines. Elle produit des individus généralement semblables au type, en ce qui concerne l'espèce; quant aux caractères de la variété, il arrive souvent qu'ils subissent des modifications plus ou moins importantes. Ainsi, des graines de poirier et de rosier produisent des poiriers et des rosiers, mais ceux-ci n'ont ni le bois, ni le feuillage, ni la fleur, ni le fruit identiques à ceux du sujet qui a fourni les semences, tandis qu'une foule d'autres genres se reproduisent sans variation.

La multiplication artificielle comprend le marcottage, le bouturage, le greffage. Elle a pour but et pour résultat de reproduire exactement la variété, dans toutes ses parties. Un écart ne serait qu'accidentel; et encore proviendrait-il d'une altération du fragment du végétal multiplié.

Ces accidents de reproduction, joints aux caprices du hasard, forment la source des nouveautés qui paraissent chaque année dans le commerce horticole.

Nous examinerons successivement chacun des moyens de multiplication, en suivant l'ordre de la nature, c'est-à-dire en commençant par le semis, et en continuant par les procédés artificiels. Une fois nos opérations exécutées, nos plants obtenus, nous parlerons de l'emploi de ces plants, c'est-à-dire de l'établissement d'une pépinière, de son entretien et de son exploitation.

I. — DU SEMIS.

Le semis est l'opération par laquelle on confie des graines au sol, dans le but de reproduire une plante. La pratique de cette opération n'est pas absolument la même pour les divers végétaux; elle varie quant au choix de la saison et quant à la manière d'agir.

Époque du semis. — La nature nous conseille par ses exemples, de semer les graines aussitôt après leur maturité complète; mais les conditions faites à l'horticulteur ne nous permettent pas de suivre ces conseils en toute circonstance. Nos semis à l'air libre ont lieu à deux époques de l'année : 1° d'avril en juin; 2° d'août en octobre.

Nous semons aussitôt après les avoir récoltées : 1° les graines d'espèces promptes à lever et dont les tissus peuvent devenir rapidement ligneux pour résister à l'hiver. L'orme est dans ce cas. Il fleurit et fructifie au printemps, en sorte que sa graine, semée de bonne heure, arrive, avant la chute des feuilles, à produire de bonnes plantes de pépinière.

2° Nous semons de même, immédiatement après la récolte, les noyaux à enveloppe dure qui, pour s'ouvrir et livrer passage à l'embryon, ont besoin de subir longtemps l'action de la terre et de l'eau, comme, par exemple, les noyaux du prunier, du cerisier, du pêcher, de l'amandier et du Sainte-Lucie;

3° Enfin, nous semons encore, aussitôt après la maturité, les espèces à écorce moins rude, à semence plus volumineuse, et susceptible de perdre vite au contact de l'air ses facultés germinatives, comme le gland, le marron, la noix et la baie du laurier.

En copiant ainsi la nature, la germination est souvent mieux assurée, la végétation plus précoce au printemps et le plant plus robuste.

Hâtons-nous d'ajouter que la médaille a son revers, et qu'avec les semis faits avant l'hiver, on peut craindre la pourriture et les ravages des animaux. C'est pour éviter ce double inconvénient que l'on a imaginé une sorte de semis transitoire entre le moment de la récolte des graines et le temps de leur propre végétation. Il s'agit de la stratification des semences, et il en sera parlé plus loin.

Pour les semis de printemps, nous attendons le mois d'avril. Alors, nos plantations sont achevées, la température est convenable dans notre climat et la terre est déjà tiède. Si, cependant, on avait à craindre des hâles desséchants ou à subir des pluies incessantes, on devrait ajourner l'opération et attendre le retour d'une température propice.

Les semis d'automne sont moins exigeants que ceux du printemps. Comme la germination n'a souvent lieu qu'après l'hiver, il suffit que le terrain disposé pour recevoir les graines soit dans un état convenable de culture et de propreté.

Préparation des graines. — On attend, pour récolter les graines, qu'elles soient complétement mûres. Les unes tombent d'elles-mêmes, ou changent de couleur à leur point d'attache; l'enveloppe des autres se détruit ou se dessèche. En somme, il est impossible d'indiquer, dans une formule générale, les caractères auxquels on reconnaît le parfait état de maturité des diverses graines. Ceci est l'affaire des bons observateurs et des hommes du métier qui s'y trompent rarement.

Après un orage et à l'approche des rosées froides, il faut ramasser les graines qui jonchent le sol; mais la plupart réclament la cueillette manuelle ou la chute forcée à coups de gaule. On met de côté, pour les semer promptement, les graines de fruits comestibles, après la consommation du fruit, ou à la suite de son pressurage.

Nous laissons la graine dans son enveloppe, lorsque celle-ci n'est pas de nature à la faire moisir ou fermenter, et qu'elle ne gêne point sa manipulation. C'est le cas d'une pulpe promptement décomposée, d'une silique, d'une capsule. Quand l'altération de l'enveloppe peut nuire, on en extrait la graine peu de temps après la récolte, ou pendant la morte saison, et, il va sans dire qu'on ne la lave pas, car le lavage forcerait de la semer de suite. Nous la plaçons dans des casiers de bois sain, ou dans des sacs de toile bien étiquetés, que nous conservons en un lieu qui n'ait pas à craindre un excès de chaleur ou d'humidité, mais à la rigueur plutôt trop sec que trop frais. En outre, nous soustrayons les graines de notre mieux au contact de la gelée et de la lumière.

Le point essentiel est donc de conserver la semence en bon état jusqu'au moment du semis. Et pour qu'elle se garde ainsi sans se rider ni moisir, et sans que son germe s'altère ou disparaisse, il convient de la soigner tout particulièrement le jour même de sa récolte. On commence donc par la faire *essorer*, c'est-à-dire par l'exposer à l'air qui la ressuie peu à peu sans l'altérer en rien. Nous procédons, à cet effet, de la manière suivante :

Aussitôt que la semence est ramassée ou cueillie, nous la débarrassons de ses parties inutiles, et l'étendons sur un plancher, sur une aire, une toile, une claie, ou sur de la paille, au sec et à l'ombre. De temps en temps, nous l'aérons, en la remuant et la retournant à plusieurs fois, jusqu'à ce que son épiderme paraisse suffisamment assaini. Quand elle se trouve étendue sur un plancher, on reconnaît qu'elle est essorée, le jour où l'humidité qu'elle communique au bois a disparu.

Il est à peu près inutile d'agir ainsi vis-à-vis des graines fines, de celles qui naissent dans une gaine hermétiquement fermée, ou qui vont être immédiatement semées ou stratifiées.

Il y a certaines graines enveloppées d'une pulpe charnue, huileuse, telles que celles de l'if, du houx, du buisson-ardent, du magnolier et de quelques fruits comestibles, qui germent plus régulièrement, lorsqu'elles ont subi une trituration dans le sablon frais, puis un lavage avec de l'eau rendue alcaline. Le semis, ou définitif ou préparatoire, doit venir immédiatement après.

La semence d'arbres résineux ne s'extrait facilement des cônes qu'à la condition de les exposer à une grande sécheresse. Cependant, le cèdre du Liban est un de ceux qui font exception à la règle. Avant d'égrener ses cônes, on les laisse séjourner quelque temps dans la mousse humide.

Pour ce qui est des graines fines, comme celles de l'aune, nous en récoltons les ovaires avant leur maturité et les exposons sur un tapis au soleil. Quand les graines peuvent s'égarer en l'air comme celles du saule, nous coupons les branches couvertes de chatons, au moment où le duvet commence à s'écarter, et les fichons en terre, inclinées sur le carré destiné au semis. Cette manière d'opérer serait impossible que nous frotterions les graines dans nos mains pour en détacher l'aigrette ou la membrane. On rencontre de ces membranes tellement adhérentes, comme dans le charme, qu'il convient de mettre les graines en tas, à l'ombre, de les mouiller modérément, de les battre et de les passer au crible. Les marcs de pommes et de poires à cidre seront étendus à l'air, et grossièrement nettoyés en brisant les pelotes, et les passant à la claie.

Les noyaux de prunes, de cerises, de pêches et d'abricots devront, s'il est possible, conserver de la pulpe attachée à leur écorce plus ou moins raboteuse. Ces débris de pulpe contribuent à maintenir les graines en bon état.

Pour les semences adhérentes à un réceptacle charnu, comme la fraise, par exemple, on fait sécher le fruit au soleil pour le broyer ensuite entre les mains, et semer aussitôt la graine mêlée avec de la terre douce.

Nous opérons de même avec les baies à pulpe liquide, telles que la framboise et la groseille. Quand la pulpe est ferme, ainsi que dans les fruits du rosier, on met ces fruits en tas et on les humecte pour en hâter la décomposition.

Une vieille graine qui n'aurait pas complétement perdu ses facultés germinatives aurait besoin d'être réveillée par un trempage dans de l'eau chauffée au soleil, dans de l'eau salée. Répétons, encore que le semis devrait en être immédiat, car nous n'admettons l'humidité autour de la semence que lors de sa mise en terre.

On se rend compte du bon état des graines en examinant leur intérieur qui, naturellement, doit être parfaitement sain et intact; mais comme on ne saurait généraliser ce moyen, on fait ordinairement baigner les graines dans un vase rempli d'eau, pendant un temps qui peut varier entre deux et vingt-quatre heures selon leur nature. Celles qui surnagent sont réputées douteuses. Cependant, au lieu de les jeter, on préfère les semer à part, à une distance plus rapprochée que les semences certaines. Il n'en est pas moins vrai que pour se conformer aux prescriptions physiologiques, on devrait les rebuter tout à fait. C'est ce qui n'a pas lieu.

Stratification des graines. — La stratification des graines est une façon de semis transitoire exécuté entre l'époque de leur récolte et le temps du semis définitif. Elle est applicable aux semences à germination paresseuse, à celles qui ont de la tendance à perdre vite leurs facultés germinatives, à celles enfin qui sont avidement recherchées des oiseaux pillards, corbeaux, pies, geais, et des quadrupèdes rongeurs, rats, souris, mulots.

Aucune végétation extérieure ne devant en résulter, il y a tout avantage à stratifier les graines au pied d'un mur ou dans la cave et dans une caisse, un panier ou un tonneau.

Le semis en place des graines aussitôt leur récolte, éviterait ce travail, mais elles seraient exposées aux ravages de leurs ennemis, aux accidents de pourriture, d'inondation, et le sol resterait improductif jusqu'au moment où la plantule sortirait de terre. Nous citerons l'aubépine qui reste vingt mois en terre avant l'évolution des cotylédons.

La stratification, comme on le voit, est une opération nécessaire avec les marrons et châtaignes, noix et noisettes, glands et faînes, noyaux et amandes; avec les graines dures, osseuses, comme chez l'aubépine, le buisson-ardent; enfin avec celles qui germent tardivement et qui se dessèchent vite.

Nous employons comme récipient, un tonneau, une caisse, un vase, une terrine; la paroi inférieure doit être percée de trous et recouverte de pierraille, de cailloux ou de débris de poterie. On assure ainsi l'égouttage et l'aération. Une couche assez épaisse de terre sableuse recouvre ce drainage grossier; un lit de graines est étendu dessus; sur ce lit de graines, nous mettons une couche de terre, puis encore un nouveau lit de graines, et ainsi de suite, jusqu'à ce que le vase soit rempli. Cependant, un trop grand nombre de lits ferait *graisser* les semences charnues et moisir les autres. On estime à cinq le terme moyen des couches superposées de chaque sorte.

La terre employée doit être d'une nature sèche, meuble et douce. Nous recommandons le sable terreux extrait de la rivière, soumis aux influences atmosphériques pendant au moins une année et remué à diverses reprises. En le plaçant, nous le pressons légèrement avec le dos de la main, pour unir la surface de la couche à laquelle nous donnons une épaisseur telle que la radicule des semences ne puisse atteindre le lit de graines immédiatement inférieur, soit environ de $0^m,01$ à $0^m,05$ suivant la grosseur de ces graines.

Les graines sont placées l'une à côté de l'autre sans se presser. Le travail de la germination s'accomplit librement, et pour qui connaît le développement de l'embryon, la position imposée à la graine peut influer sur la direction de la plantule. Avec une semence placée dans le sens normal, c'est-à-dire dans le bon sens, le collet ne sera pas coudé.

La caisse ou le tonneau devant être mis dans la cave ou sous un hangar sombre, il convient d'y transporter tout de suite les matériaux et de stratifier sur place. Si l'on avait à craindre les rats, les souris, les mulots, on leur opposerait un obstacle en recouvrant la dernière couche de terre avec des planches, des tuiles, des ardoises.

L'arrosage doit être modéré; deux mouillures suffisent, et, généralement, on n'arrose qu'une fois, à peu près au milieu de la période de temps consacrée à la stratification. Du 15 février au 15 mars, on s'assure de l'état de germination; s'il y a du retard, on renouvelle la mouillure, ce serait le premier arrosage si la stratification avait été faite en janvier.

L'époque de la stratification doit être calculée sur la facilité de germination de la semence et sur le temps qu'elle met à ouvrir ses cotylédons. En hâtant une germination déjà précoce, on expose le plant, par un semis prématuré, à subir la température capricieuse du premier printemps. Aussi faut-il commencer par les espèces qui germent le plus difficilement, le plus lentement, et après en avoir ramolli l'enveloppe coriace par un trempage à l'eau durant une journée ; les noyaux sont dans ce cas. Les semences d'amandier stratifiées en janvier-février, après un bain semblable et arrosées un mois après, seront disponibles en avril pour la plantation, et c'est assez tôt.

Il faut également tenir compte de la température du lieu où sont déposées les graines. Une chaleur douce activerait nécessairement la végétation.

A moins que le cellier ne soit une glacière, la végétation sera toujours plus tardive en plein air que sous abri. Nous commencerons donc par la stratification au dehors.

On choisit pour cela un coin abrité du jardin, sec, non sujet à retenir l'eau, par exemple le pied d'un mur, d'un bâtiment, etc. On y creuse un trou, de forme faiblement conique, c'est-à-dire ayant le fond un peu plus large que l'ouverture. On y alterne la graine avec une terre légère, et afin de prévenir les effets de l'humidité et même de la gelée, le lit de terre supérieur doit avoir une inclinaison en avant et être recouvert de paille ou de feuilles sèches. A tout événement, l'intérieur des fosses pourrait être entouré de ramilles, de planches ou de briques.

Quand l'humidité est fort à craindre, on doit préférer le mode de stratification par butte à celui de la stratification par trou. On recouvre la butte d'une couche épaisse de terre et d'un lit de paille, de fougère ou de feuilles maintenues par de la ramille. On coiffe le sommet du cône avec un pot renversé, et autour de la butte, à sa base, on ouvre une petite rigole d'assainissement. L'humidité peut encore être combattue par un fond de cailloutage et par une légère élévation de la butte par rapport au sol de l'emplacement.

Nous avons recours à la stratification à l'air libre pour les espèces robustes, que l'on possède par quantités considérables, et l'on ne saurait pour cela leur refuser les précautions indiquées précédemment. Ainsi, pour les graines d'érable et de frêne, nous les stratifions avant qu'elles ne se dessèchent, parce que leur germination n'aurait lieu qu'au bout de dix-huit mois. Cependant, il faut calculer que si on les stratifiait de trop bonne heure, leur germination hâtive obligerait à un semis assez prompt qui pourrait être surpris par les froids printaniers. Et si l'on voulait, en semant plus tard, éviter la perte de l'embryon par l'abaissement de la température, on risquerait de fatiguer les plantules laissées en tas. Les unes pourrissent, les autres se tordent et produisent un plant crochu au collet. On évitera cet inconvénient en opérant à froid, c'est-à-dire au nord et dans la cave, sans *pousser à l'eau*. Si la graine n'était pas exposée à se dessécher, nous attendrions janvier-février pour notre stratification.

Lorsque nous avons affaire à des semences rares, à des végétaux délicats, nous avons recours à la serre à multiplication. Le vase étant relégué sous une tablette, derrière un gradin, la germination ne tarde pas à s'accomplir, et par la culture qui suit, nous gagnons une campagne sur leur végétation, tout en nous garantissant les chances de succès.

La stratification présente encore cet avantage pour les espèces à racine pivotante : c'est que, lors du semis définitif, il devient facile de pincer, de couper avec les ongles l'extrémité de la radicule suffisamment allongée. Le pivot se transforme en griffe chevelue, ce qui est favorable à la transplantation des arbres de pépinière.

Il y a certaines graines fines que l'on n'a pas l'habitude de stratifier, et qui lèvent plus facilement, plus régulièrement, si on a le soin de les mêler avec du sable dans un vase quelconque, un mois avant leur semis de printemps. Cette opération, faite à la main de façon que les graines aient chacune leur milieu de terre, n'est plus astreinte aux lits alternés de la stratification régulière. Les vases, pots à fleur ou terrines, sont déposés contre un mur au soleil, recouverts d'un paillis et mouillés assez souvent, quoique avec modération.

Les vases employés à la stratification ne doivent pas être trop profonds ; ils nécessiteraient des lits de graines trop nombreux. Ensuite, l'eau des arrosages ne pénétrerait qu'avec peine jusqu'au fond, en sorte que les couches supérieures seraient noyées, tandis que celles du dessous souffriraient de la soif. D'un côté, la graine pourrirait ; de l'autre, elle se dessècherait. On a donc intérêt à se servir de vases peu élevés, et d'un petit volume, ajoutons-nous, car ils deviennent faciles à manier et à transporter sur les différents points de la pépinière.

Il faut avoir soin d'étiqueter chaque vase et d'inscrire sur l'étiquette la date de l'opération. C'est le seul moyen de se renseigner sur le laps de temps nécessaire à chaque espèce, et de faire soi-même son éducation d'horticulteur.

Préparation de la terre à semis. — Le terrain destiné à la plantation d'une pépinière n'a pas besoin d'être aussi minutieusement ameubli que s'il s'agissait d'une culture maraîchère ou fleuriste. La trop grande porosité du sol serait parfois nuisible. Mais les carrés consacrés à l'élevage du plant, au semis enfin, seront remués et ouverts, sinon profondément, du moins assez fréquemment pour que le sol se trouve bien divisé.

Quand les places choisies pour ce genre de multiplication sont de bonne qualité, le défoncement n'est pas nécessaire. A l'automne, un premier bêchage ou *lochetage* (1) profond d'un bon fer de bêche favorise en hiver l'effet de la gelée ; un second labourage après l'hiver ouvre le sol aux rayons du soleil et à l'air tiède une quinzaine de jours avant de semer. On achève l'ameublissement et on nivelle avec la fourche de fer. Enfin, quelques heures avant de répandre la graine, on brise les mottes ; puis avec un grappin (trident crochu) ou un râteau, on donne la dernière façon.

Les terres fatiguées pourraient être améliorées par un apport de terres nouvelles, par l'enfouissement d'une récolte en vert, faite sur place,

(1) Ou mieux *louchetage*, de *louchet*, nom donné à la bêche dans le Nord.

une saison avant le semis, ou par du fumier dans un état de décomposition avancée.

Nous arrivons donc au printemps, après nos bêchages successifs. Le sol est rendu friable en le battant, le roulant et le râtissant; plus la graine qu'on va lui confier sera fine, plus le terrain devra être meuble et moelleux. S'il restait encore motteux et sec, nous l'arroserions la veille ou le matin du semis pour en briser plus facilement les mottes, et communiquer une fraîcheur favorable à la germination des semences.

Lors de ces dernières cultures préparatoires, nous répandons, s'il y a lieu, quelque engrais léger, en assez minime quantité, tel que cendre, râclures d'os, terre de bruyère, terreau, poussière de route, sable de curage, noir animal, etc., et nous enterrons cet engrais avec la griffe de fer, le trident ou le râteau.

Si l'on travaillait sur un terrain encore neuf, on devrait le fumer copieusement à l'automne, afin de donner le temps au fumier de se consumer comme il faut et de s'unir intimement au sol avant l'époque du semis.

L'épandage des engrais qui agissent promptement ne doit guère précéder le travail du semis; il arrive même souvent que l'on sème et que l'on amende tout à la fois. La nature et la quantité des engrais sont nécessairement subordonnées à la composition du sol et aux besoins de l'essence végétale. Pour aider à la germination des graines fines, nous jetons avant la semence un compost léger de terre brûlée, de sable tamisé, de terre de bruyère, ou de quelque chose d'analogue.

Disons encore qu'un terrain trop poreux doit être battu ou roulé de suite avant ou après le semis. Dans une terre aride, nous semons aussitôt la dernière culture pour enterrer, dit-on, de la fraîcheur avec la graine; si l'on tardait, il serait prudent de mouiller le terrain au moment du semis. En pareil cas, il est bon de tenir le niveau du sol au-dessous de celui des chemins, afin d'y concentrer encore la fraîcheur.

Par contre, si le terrain est humide, nous l'élevons au-dessus du niveau des sentiers. Nous attendons pour l'ensemencer que le soleil et le hâle en aient desséché la surface.

Il faut toujours et partout savoir utiliser la chaleur et l'humidité, qui sont les agents principaux de la végétation, quand ils sont sagement combinés. Tel est le motif qui nous engage à choisir pour nos semis une terre douce et généreuse, bien préférable aux natures extrêmes, sèches ou froides.

Nous devons enfin, à chaque maniement du sol, enlever rigoureusement toutes les mauvaises herbes, les racines, les pierrailles, qui sont, avec les insectes, la plaie des semis, à tel point que souvent l'on est vaincu par leur envahissement et contraint de transporter ses cultures ailleurs.

Modes de semis. — En plein air, les semis se font à la volée, en lignes et en poquets ou à trous. Par ces mots, on comprend de suite la manière d'opérer.

Semer à la volée, c'est répandre la graine confusément, avec la main ou avec le semoir, sur le terrain préparé, puis l'enterrer par un coup de herse, de grappin ou de râteau.

Semer en lignes, c'est ouvrir un rayon ou une rigole avec une houe, une binette, un bâton ou une charrue. On y dépose la graine régulièrement avec la main ou avec un instrument, et on la recouvre en abattant les bords de la rigole, ou en y jetant la terre du rayon voisin.

Semer en poquets ou à trous, c'est ouvrir des trous çà et là, avec la pioche, la bêche, le plantoir ou la main, y mettre la graine et remplir ces trous, soit avec la terre qui en provient, soit avec la terre tirée des trous voisins.

Ce dernier mode étant plus spécialement destiné à la sylviculture, nous ne nous y arrêterons pas. Disons seulement qu'il suffit de placer la graine à l'endroit réservé au plant; et, dans la prévision d'accidents, on l'accompagne d'une seconde et d'une troisième graine. Lorsque tout danger est passé, on enlève les plants superflus; ceux qui restent se fortifient.

Nous n'avons à nous occuper ici que du semis de pépinière, c'est-à-dire du semis destiné à produire des plants que l'on enlève à un moment donné, pour les replanter ensuite.

Dans les conditions où nous nous plaçons, il convient de disposer son terrain par planches ou carrés allongés, ayant une longueur indéterminée et une largeur de 0m,80 à 1m,30. Un sentier de 0m,25 à 0m,35 les sépare. Plus le plant est vigoureux et envahissant, plus le sentier sera large. Si le terrain était réglé sous le même niveau, nous indiquerions les extrémités du sentier pour le reconnaître au moment des premiers sarclages et arrosages.

Lorsque chaque planche est consacrée à une variété d'arbre, la végétation s'y fait remarquer par son uniformité; mais quand on est obligé d'y réunir plusieurs sortes, on les choisit à végétation analogue. Dans le cas où les variétés d'une même espèce, malgré l'étiquetage, pourraient amener de la confusion, on intercale entre deux variétés, une essence dont les caractères distincts marquent bien la séparation. Pour ce qui est du semis en rayons, toutes les lignes seront ouvertes dans le sens de la longueur de la planche, et séparées l'une de l'autre par un intervalle de 0m,20 environ.

Soit qu'on la sème à la volée, soit qu'on la sème en lignes, la graine doit être répandue aussi uniformément que possible, à une distance calculée sur la vigueur du plant, sur sa destination et d'après le nombre d'années qu'il doit y rester. Un semis trop dru étiole le plant en l'obligeant à s'élever; trop écarté, le plant reste court et peut se ramifier; avec un terme moyen, nous l'obtiendrons trapu, bien constitué. Maintenant, à quelle profondeur devons-nous placer nos graines?

Règle générale : une graine sera d'autant moins enterrée qu'elle sera plus petite, que le climat et le terrain seront plus froids, et que l'époque de sa mise en terre se rapprochera plus du temps de sa germination.

Il ne serait donc guère possible de semer les grosses graines autrement qu'en rayons ou en poquets. Par un motif semblable, les graines excessivement fines seront semées à la volée et on ne les enterrera pas; on les couvrira simplement de litière menue ou de mousse hachée. Afin de mieux répartir ces graines fines, nous les mêlons avec du terreau et répandons le mélange sur les planches déjà chargées de terre brûlée, de terre de bruyère ou de sable fin. Après cela, nous appuyons sur le tout avec une batte, et mouillons très-légèrement avec l'arrosoir à pomme. Pour en finir avec ces espèces délicates, nous dirons que si l'on n'a pas choisi une place à mi-ombre, on étendra pendant les chaleurs qui accompagnent la levée des plantes, un lit de grande paille qui plus tard sera graduellement enlevée à mesure que ces jeunes plantes se fortifieront. Des rameaux de genêt, des branchages enfoncés obliquement au bord méridional du semis, peuvent les ombrager utilement, tout en les préservant du givre.

Revenons, si vous le voulez bien, aux espèces plus robustes.

Une fois le semis terminé, on piétine, ou l'on roule le terrain, en temps de sécheresse. Si une grande pluie survenait au moment du semis, on serait obligé le lendemain, au retour du beau temps, de rompre la croûte du sol avec un râteau à dents de fer. La pluie est salutaire sur un semis piétiné ou roulé, quand elle tombe après que le soleil ou le vent a hâlé le terrain.

On ne doit pas se hâter de semer les conifères, du moment où les graines ont été stratifiées en vases à l'air libre, six semaines avant la saison du semis. On attend que les hâles desséchants du printemps aient cessé et que la température soit bien assise. Alors, on choisit une place un peu ombragée, s'il est possible, on ameublit parfaitement son terrain, avec un râteau qui rejette les mottes hors du champ; on trace les planches, on les recouvre de vieux sable terreux tamisé; puis on y sème la graine assez dru et régulièrement. On répand sur ce semis de la terre brûlée, du vieux sable de curage ou de la terre de bruyère passée à la claie; et un léger tassement, avec une planche ou une batte, termine l'opération.

En fait de terrain ombragé, nous n'aimons pas celui qui est situé sous de grands arbres, à cime élargie, parce que la chute des grosses gouttes de pluie qui se détachent des feuilles et des branches, nuit singulièrement à la germination et à la conservation du jeune plant.

Nous semons, au printemps, les graines que nous avons stratifiées, tout en attendant que les contretemps soient passés; il y aurait du danger à les semer quand la tigelle prend son essor. La radicule est sortie, cela suffit, la germination est assurée. Si l'on attendait trop, la jeune tige se développerait, et se fatiguerait au contact des mains et de l'air, et courrait le risque d'être froissée ou brisée.

Nous conduisons les vases à stratifier sur le lieu du semis, et nous les vidons dans de petits paniers, au fur et à mesure que nous répandons les graines sur le terrain ou dans les rigoles.

Il y a tout avantage à tenir les semences à couvert avec le sable qui les entoure et à éparpiller le tout à la fois.

Quand ce sont de grosses graines, noyaux, glands, marrons, noix ou amandes, on les place dans la rigole de façon que la jeune racine et la jeune tige prennent l'une et l'autre leur direction naturelle, sans être forcées de décrire une courbe, attendu que les parties courbées gênent la circulation de la séve. Mais avant de mettre dans les rigoles les graines stratifiées et germées dont il vient d'être parlé, on a soin de pincer l'extrémité du jeune pivot radiculaire pour le contraindre à émettre des racines latérales et du chevelu.

Les graines qui ne donneraient aucun signe de germination, seront semées à part, ou entre les autres, ou bien remises en stratification. Certaines espèces peuvent germer l'année suivante.

Les jeunes végétaux susceptibles de souffrir, pendant leur premier âge, du froid, du soleil et des variations de température, seront semés à froid, en terrine, en pot, ou en caisse, convenablement drainés par un cailloutage. On placera le vase sous cloche, sous châssis, et mieux sur la tablette de la serre à multiplication. Une fois levés, les plants seront repiqués en godets ou en pleine terre dans une bâche, et plus tard amenés insensiblement à l'air libre.

Pour ce genre de semis, on ne doit pas remplir la terrine, le pot ou la caisse jusqu'au bord supérieur, parce que l'eau des arrosages entraînerait la graine au dehors. Certaines grosses graines de Conifères, comme l'araucarier, le pin pignon, seront enfoncées verticalement, la pointe en bas, de manière que la tête de la semence (un tiers de sa longueur) reste hors de terre. A ces conditions, elles germeront.

Nous n'avons rien dit des semis sur les terrains en pente parce que c'est encore l'affaire du sylviculteur. Toutefois, si le cas se présentait chez nous, et nous faisait craindre que les terres ne descendissent du sommet vers la base de la pépinière, nous exécuterions nos opérations de culture, telles que bêchage, fourchetage, ouverture des rigoles, transversalement à la pente du terrain, et, avec les mottes ramassées pendant le ratissage, nous formerions un rebord au côté supérieur des sentiers.

Premiers soins à donner aux semis. — A l'époque de la germination, et pendant la première jeunesse du plant, les arrosages et les sarclages seront fréquents. Le *sarclage* ou *esherbage* consiste à enlever toutes les plantes étrangères au semis. On exécutera cette besogne à la main le plus délicatement possible, car le sarclage avec un outil pourrait fatiguer les plants. Les sentiers qui séparent les planches seront nettoyés avec la binette et râtissés aussitôt.

On ne saurait donc négliger le sarclage ni le commencer trop tôt. Et, à ce propos, rappelons-nous qu'il ne suffit pas de rompre le brin d'herbe; il faut le déraciner entièrement. Plus on tarde, plus la racine devient envahissante, plus elle prend de la nourriture destinée à l'arbuste, et plus enfin elle a de chances d'arriver à graine et d'infester de sa race les cultures à venir. Laissons aux sylviculteurs la précaution des semis mixtes ayant pour but de procurer de l'ombre aux plants à l'aide d'une race éphémère semée en même temps. Ils ne regardent pas à quelques sujets de plus ou de moins; ils ne tiennent pas à gagner plusieurs années sur l'élevage du plant. L'essentiel pour eux, c'est de s'affranchir des soins minutieux. Quant à nous, c'est différent. Si l'ombrage nous est nécessaire, ne le demandons pas aux semis mixtes; cherchons un endroit qui ne soit pas découvert, ou créons un ombrage artificiel avec des claies, de la ramille, des branchages quelconques, et de la longue paille, que nous enlèverons graduellement, à mesure que le plant se fortifiera ou quand le soleil ne sera pas trop ardent. L'arrosage du semis est nécessaire après le sarclage, lorsque, bien entendu, l'état de sécheresse du terrain l'exige. On n'arrose guère plus d'une fois par jour. Trop d'eau aurait presque autant d'inconvénient que point d'eau.

L'arrosage d'un semis ne doit pas être aussi grossièrement donné que s'il s'agissait d'une plantation d'arbres. Il faut savoir simuler une pluie douce en employant l'arrosoir à pomme tenu assez bas. Les bavures, les projections brusques battent et encroûtent le terrain et nuisent par conséquent au développement de l'embryon. En pareil cas, et si le germe ne commençait qu'à se montrer, on devrait, dès le lendemain, gratter légèrement la surface du sol battu avec un râteau à dents de fer.

Un paillis très-menu, ni pourrissant, ni lourd, ni de nature à servir de repaire aux insectes, de la paille hachée court, de la mousse déchiquetée ou du vieux fumier sec, par exemple, est toujours à recommander. L'eau qui tombe sur un paillis de cette nature, même très-clair-semé, n'encroûte pas le terrain. Quant aux moyens de se procurer l'eau pour les arrosages, dans un grand établissement consacré à la culture des pépinières, on économiserait des frais considérables de main-d'œuvre en organisant un réservoir alimenté par un manége, un moulin à vent ou une pompe, et distribuant l'eau à l'aide de tubes auxquels s'adapterait un boyau muni d'une lance à pomme d'arrosoir. Une personne seule pourrait ainsi mouiller un grand espace de terrain, sans se fatiguer beaucoup.

Oiseaux et insectes nuisibles aux semis. — La chasse aux oiseaux, la destruction des insectes nuisibles ne sont pas des soins moins importants que ceux qui précèdent.

Les oiseaux viennent extraire du sol certaines essences au moment de la sortie des cotylédons. Nous ne conseillons pas de les tuer, parce que s'ils se comportent en ennemis vis-à-vis de nous, ils n'en sont pas moins nos auxiliaires précieux, dès qu'il s'agit de faire la guerre aux insectes. On se contentera donc de les éloigner par des épouvantails mobiles : tubercules bardés de plumes simulant un oiseau de proie planant dans les airs, miroirs à double face attachés à des baguettes flexibles et s'agitant aux moindres mouvements de l'air, etc.

Des ramilles épineuses, des herbes distribuées momentanément sur le terrain, sont encore des obstacles à leur rapacité.

Quant aux insectes nuisibles, on ne leur fera pas de quartier. On usera de tous les moyens imaginables pour s'en débarrasser.

Nous combattons les pucerons en les saupoudrant dès le matin avec de la cendre de bois ou de la chaux en poudre. Nous cherchons la retraite des courtilières, et quand nous l'avons trouvée, nous y versons d'abord, au moyen d'un entonnoir, quelques gouttes d'huile, et par-dessus environ deux litres d'eau.

Pour saisir le ver blanc (larve du hanneton), nous plantons quelques touffes de fraisier ou des pieds de laitue au bord des planches ensemencées et dans les places libres. Aussitôt que leurs feuilles commencent à faner, nous soulevons la plante attaquée, nous y trouvons l'ennemi sur la racine, et nous l'écrasons.

Pour ce qui est des mollusques, limaces et escargots divers, nous leur faisons la chasse après les pluies.

Nous n'épargnons pas non plus les taupes, dont les dégâts nous semblent payer trop cher les services. Nous les prenons avec les piéges ordinaires.

Les semis d'arbustes rares, que l'on voudrait sauvegarder, pourront être entourés de tuiles ou de planches en bois sulfaté. Ces planches, assez larges, enterrées sur champ, feront saillie de 0m à 003, environ hors du sol, et seront enduites de coaltar, ou goudron de houille, qui répugne à beaucoup d'insectes. Il est bien entendu qu'on aura recours au même moyen pour les espèces ordinaires, élevées dans un endroit défavorable sous le rapport des dégâts causés par les insectes qui se multiplient d'une façon désespérante.

Éclaircie du plant. — Les semis faits trop dru, par suite de l'incertitude de la qualité de la graine, ou par tout autre motif, seront éclaircis dès que les jeunes plantes auront leur première paire de feuilles. Les sujets supprimés pourront être replantés dans une terre bien ameublie, et tenus ombragés jusqu'à ce qu'ils aient donné signe de végétation.

Au moment où la circulation de la séve commence à se ralentir, il convient encore d'éclaircir les sujets trop serrés l'un contre l'autre, et de garantir du froid ceux qui seraient mal aoûtés. Pour cela, on les place en jauge au nord et sous un abri.

Les semis d'automne, qui auraient devancé le temps ordinaire de la germination, seront éclaircis avant l'hiver et préservés du froid par une couverture non pourrissante ; mais il est bon de ne pas forcer cette première éclaircie et de la compléter au printemps, car il arrive souvent que les rigueurs de l'hiver détruisent une partie du plant. Il est donc prudent de compter sur cette éventualité.

Quant aux semis faits en poquets, et à ceux qui ne doivent pas être déplantés, nous procédons à un éclaircissage successif. On commence par supprimer les moins beaux plants et ceux qui sont trop rapprochés ; on finit par laisser en place seulement les sujets qui doivent y rester.

Si le semis avait été fait dans de mauvaises conditions, et si à l'apparition des premières feuilles, nous voyions les jeunes plantes dépérir, il faudrait se hâter de les enlever toutes avec précaution, et d'en opérer le repiquage dans un endroit meilleur.

Préservatifs contre le froid. — Un soin que nous rappellerons lors de l'hivernage, c'est d'épargner aux végétaux sensibles au froid les atteintes des premières gelées blanches. Vers le mois de septembre, on pince la sommité herbacée du plant délicat, et l'arrêt de la séve hâte l'aoûtement des tissus. On y aide encore en coupant sur leur pétiole les feuilles de la base. Il ne faut ni pincer trop tôt, de crainte de faire partir à l'arrière-saison les yeux latéraux, que la gelée surprendrait; ni trop tard, car l'absence de séve empêcherait la cicatrisation des plaies. On ne pince pas les espèces qui réclament impérieusement la conservation de leur bourgeon terminal, comme le marronnier et les conifères.

Il convient encore de cesser les arrosages à l'arrière-saison, pour éviter la végétation tardive. Si les plants sont réunis en carrés, on étend une claie à quelques centimètres au-dessus d'eux, quand les matinées d'automne commencent à devenir fraîches. Des feuilles sèches ou de menues pailles, répandues sur les planches ensemencées, empêchent l'action du froid en hiver.

Les plants, mal assujettis au sol, seront chaussés de terre, ou mis en pots et rentrés à l'abri.

Repiquage des jeunes plants. — Le repiquage est la plantation provisoire des jeunes sujets.

Son but est de les maintenir trapus, et d'augmenter le nombre des racines latérales et du chevelu, de manière à leur donner toutes les qualités requises pour assurer le succès d'une plantation de pépinière, de bois, de haie vive, etc.

Le repiquage est inutile aux plants semés sur leur emplacement définitif.

Il n'y a point d'inconvénient à renouveler le repiquage des plants que l'on désire avoir trapus et bien enracinés; ce serait même obligatoire pour les espèces qui ont une tendance à pivoter et à laisser leur tige dégarnie.

La préparation du sol est celle que nous avons indiquée pour le semis.

Les soins de culture, comprenant les labours, les arrosages et l'emploi des paillis, sont nécessairement les mêmes que ceux recommandés pour le semis et pour la pépinière, car un plant repiqué est justement dans cette position mixte.

La saison du repiquage est celle des plantations d'arbres: en août-septembre et en mars-avril pour les végétaux toujours verts; depuis novembre jusqu'en mars pour ceux à feuilles caduques. Parlons d'abord de ces derniers.

Repiquage des végétaux à feuilles caduques. — On attend, pour arracher le plant, que la séve soit arrêtée, ce qui n'arrive guère, chez les individus de cet âge, avant la première quinzaine de novembre. S'il y avait incertitude, il vaudrait mieux tarder de quinze jours.

Un temps doux étant choisi, on soulève le plant avec une bêche, tandis que d'une main on le tient pour l'extraire et le mettre à l'ombre. Le mieux est de tout déplanter et de former plusieurs catégories de sujets à repiquer, selon leur force. Pour une espèce à racines non pivotantes, il suffirait cependant, à la rigueur, d'enlever à la main les plantes trop rapprochées pour les repiquer, et de laisser le surplus pour l'année suivante, après en avoir chaussé le collet et affermi la terre avec la main. Mais nous n'hésitons point à dire qu'il vaut mieux déplanter le tout. D'abord, l'extraction, aidée de la bêche, se fait dans de meilleures conditions, et à part la qualité acquise au plant par suite de son repiquage, nous lui trouvons souvent une végétation meilleure que s'il n'avait pas été déplanté. Il semblerait qu'il a épuisé, en une seule campagne, tous les éléments favorables à la nutrition de son espèce.

Aussitôt le plant sorti de terre, nous le partageons en deux séries: le grand et le petit, que nous mettons séparément en jauge, à moins que nous ne le repiquions de suite. Le motif de ce classement est d'obtenir une végétation uniforme, et d'éviter que les petits ne soient étouffés par les grands. En même temps que ce triage, on fait subir au plant son premier habillage. Il consiste à écimer avec la serpette ou le sécateur l'extrémité des pivots dénudés, et la sommité aérienne des exemplaires trop fluets, toutes les fois, bien entendu, qu'il n'y a aucun inconvénient à leur supprimer la tête.

Le repiquage se fait au plantoir ou en rigole ouverte à la bêche. L'emploi de la houe présente l'inconvénient de déterminer la courbure du plant, à la base, par suite de la position quasi horizontale du pivot dans le rayon tracé par l'outil. Les plants auront entre eux un intervalle de 0m,08 à 0m,12 sur la même ligne; et les rangs seront écartés de 0m,25 à 0m,30; il suffit que l'outil de culture puisse s'y engager facilement lors des binages.

Les rangs seront plus rapprochés pour les plants fins à végétation faible, et pour les repiquages en godets, parce qu'ils seront nettoyés par le sarclage, comme un semis ordinaire.

Repiquage des végétaux toujours verts. — Les conifères et les arbustes à feuillage persistant se repiquent du 15 août au 15 septembre, par un temps doux, après une pluie, assez tôt pour que les racines puissent encore fonctionner et fixer le plant au sol, sans qu'il y ait à craindre une végétation nouvelle, ou une souffrance de la partie verte, trop longtemps arrêtée dans ses rapports avec les racines. Aussi, est-il toujours prudent de les couvrir d'un paillis très-léger, ou de grande paille de seigle, et de les mouiller copieusement, les rayons solaires étant parfois assez vifs à cette époque tardive. Cet inconvénient est moins à craindre dans les pays favorisés par les brouillards qui viennent mitiger l'effet de l'ardeur du soleil.

Si nous étions totalement privés de ces abris météorologiques, à moins de soins exceptionnels, nous devrions renvoyer au printemps le repiquage de nos arbres et arbustes verts. Nous attendrions la fin des gelées et des hâles de mars, et l'arrivée des pluies pour que l'atmosphère et le terrain fussent dans un état de fraîcheur favorable à la réussite de nos plants toujours verts. Les mois d'avril et de mai nous offrent ces conditions de succès. Les temps contraires persisteraient que nous préférerions attendre jusqu'en juin. Passé cette saison, nous arriverions au repiquage de fin d'été.

L'opération peut se faire à la cheville (plantoir), ou en rigole, dans un endroit assez aéré, s'il n'a pu être choisi à mi-ombre. Les plants délicats sont repiqués en godets, et ceux-ci rangés sur un lit de sable ou de cendre de houille, entourés de terre légère, et placés au nord d'un bâtiment, d'un mur, d'une clôture, d'un abri quelconque. Un ou deux ans après, ils seront rempotés dans un vase plus grand, ou confiés à la pleine terre.

Le repiquage de ces végétaux est renouvelé assez fréquemment; il sera annuel, bisannuel, trisannuel, selon l'âge du sujet et son apparence maigre ou touffue. Au moyen de ces repiquages, il acquiert un port plus régulier; ses petites racines se concentrent autour du tronc; sa valeur augmente parce qu'il prend une bonne tournure, et que sa réussite devient immanquable.

La distance à observer entre les plants est pareille à celle que nous avons indiquée pour les espèces à feuilles caduques. A chaque transplantation nouvelle, on agrandit cet intervalle.

Nous dirons qu'ici l'habillage est inutile; il faut toujours s'abstenir d'étêter les arbres verts, et de leur retrancher des racines; seuls, les arbustes à feuilles persistantes pourraient être pincés en été lorsqu'ils sont trop effilés.

On ne devra pas négliger les mouillures aussi bien sur les tiges que sur le terrain, jusqu'à ce que la réussite soit complète.

II. — DU MARCOTTAGE.

Sous le nom de marcottage, nous entendons un mode de multiplication qui diffère du bouturage en ce qu'on l'exécute avec le concours du pied mère. Celui-ci est chargé de pourvoir à la première nourriture de l'élève. On ne l'en détache que lorsqu'il est assez enraciné, et assez bien constitué pour se suffire.

Nous distinguons trois sortes de marcottage: le couchage, la cépée et le drageonnage.

MARCOTTAGE PAR COUCHAGE

Ce genre de marcottage se fait à peu près toute l'année, mais plus spécialement à l'entrée du printemps, et à la fin de l'été. La marcotte couchée porte, suivant les localités, les noms de provin, chevelée, sautelle, etc. On l'obtient par divers moyens plus ou moins compliqués.

Couchage simple (*fig.* 838). — Nos pieds mères sont des touffes (A) maintenues à basse tige par un recepage qui provoque en même temps la sortie des rameaux à multiplier. Nous ouvrons une tranchée autour de la mère, pour y amener les branches marcottables (B). Nous les y couchons assez près de la souche, et les faisons couder brusquement pour en redresser la sommité (D) que nous taillons à deux yeux hors terre, quand la fosse est remplie. Si la branche se prêtait difficilement à cette position, nous en maintiendrions la base dans la tranchée, avec un crochet (C) fiché en terre, et nous en dresserions le sommet en le fixant à un échalas (E).

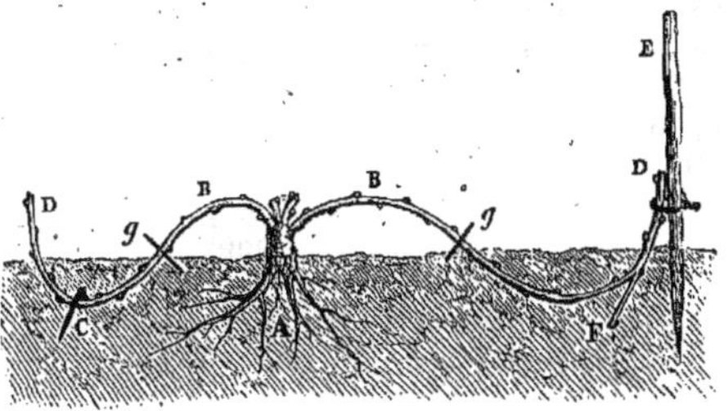

Fig. 838. — Couchage simple.

Quand l'espèce est rétive à l'émission des racines, nous violentons la partie couchée, par la torsion, l'incision annulaire, la strangulation ou tout simplement par une fente en long (F), à moitié bois, de bas en haut, à partir du coussinet d'un œil jusqu'au milieu du mérithalle. A de rares exceptions, la taille courte du sommet active la végétation ainsi que la formation du chevelu. Beaucoup d'arbrisseaux fruitiers et d'arbustes d'ornement se multiplient par le couchage ordinaire; tels sont la vigne, le noisetier, le mûrier, le groseillier épineux, le cognassier, les lilas varin, boule de neige, forsythia, groseillier à fleurs, cornouiller sanguin, certaines spirées, les alaternes, magnolier, rhododendron, bourgène, aucuba, laurier-sauce, laurier-amande, le sequoia, le taxodier toujours vert, la sabine, etc., etc.

Il en est, le thuya et l'if, par exemple, qui réussissent au couchage, mais qui ne sauraient y former de beaux exemplaires à tige centrale comme les sujets de graine; dans ce cas, nous pouvons les utiliser en haie vive et en garniture naine de massifs.

De grosses touffes de rhododendron, par exemple, peuvent être couchées tout entières, au mois de septembre, dans une tranchée ouverte à leur pied. Nous les maintenons dans cette position par de forts crochets; et tandis qu'un aide remplit la tranchée de bonne terre composée, nous redressons au moyen de baguettes-tuteurs, de crochets, de liens, chaque petite branche, chaque extrémité, tout ce qui, en un mot, est susceptible de prendre racine, de bourgeonner et de former un nouveau sujet. Nous abritons de la gelée, en temps et lieu; et à l'automne suivant, nous nous occupons du sevrage et de la déplantation. Cependant, nous devons reconnaître que le couchage des races toujours vertes réussit mieux par le marcottage en vase.

Sevrage et déplantation. — Le sevrage, c'est-à-dire la séparation de l'élève de sa mère, n'a lieu qu'à l'époque de la déplantation habituelle des végétaux.

On s'assure de l'état des racines, en dégageant la terre près de la courbure. Si elles ne paraissent pas suffisantes, on recommence l'incision et on rechausse avec de la terre meuble. La sommité hors terre est de nouveau taillée court, et le bras (B) correspondant à la souche, peut subir l'incision circulaire.

Quand, au contraire, les petites racines sont assez nombreuses, nous détachons le nouvel individu de la souche par un coup de serpette en deçà de l'arqûre enracinée (en *g*) et nous le déplantons. Alors, on soumet les élèves à un triage immédiat; les uns sont destinés à être mis en place, les autres à être replantés en pépinière. Les uns sont mis en pot, les autres en nourrice. Nous les plantons par catégories séparées.

Lorsque la souche est débarrassée de ses élèves, nous recommençons le couchage, après avoir supprimé les chicots et les parties non employées, à moins qu'elles n'aient une autre destination, comme la vigne en treille. Mais si les pieds commencent à s'user, nous les rasons pour obtenir de nouveaux jets, et ne recouchons que tous les deux ans.

Couchage en serpenteau (*fig.* 839). — Certaines espèces grimpantes et rampantes : les chè-

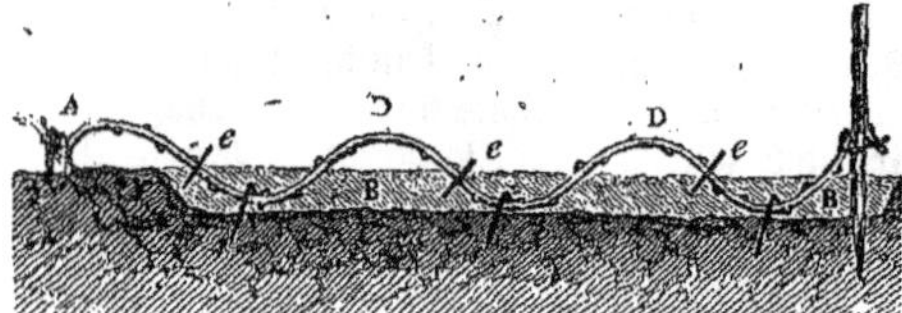

Fig. 839. — Couchage en serpenteau.

vrefeuilles, les aristoloches, les glycines, les célastres, les vignes-vierges, les lierres, les ronces, etc., produisent de longues branches qui conviennent au marcottage en serpenteau.

Une petite rigole (B), plus longue que large, est ouverte sous la branche; nous y introduisons celle-ci (A) en la faisant serpenter. Les replis du serpenteau seront d'autant plus nombreux que le rameau sera plus vigoureusement constitué. Une fente longitudinale aux mérithalles couchés, et un compost de bonne terre hâteront la formation du chevelu sur les races plus rétives. Chaque partie concave, retenue par un crochet prendra racine, tandis que l'arceau (D, D) placé hors terre, développera ses bourgeons. Il en résultera une série de pieds sur le même brin. On les sèvrera tous à la fois en opérant la section aux points où la courbure devient souterraine (*e*, *e*, *e*).

Nous ajouterons qu'on ne doit pas abuser de ce moyen assez séduisant par la forme, mais qui, trop répété, ou poussé à l'excès, ne procréerait que des élèves chétifs, mal enracinés. Aussi est-on souvent obligé de remettre en nourrice les marcottes ainsi obtenues.

Le marcottage d'été convient à cette tribu sarmenteuse. Au moment où les tissus commencent à s'aoûter, les racines se formeront de suite, et le sevrage sera fait en hiver. Le couchage printanier leur est également favorable; mais on a moins de rameaux à mettre en terre que pendant la végétation.

Couchage en vase. — *Procédé souterrain* (*fig.* 840). — Cette façon de couchage n'est qu'un

Fig. 840. — Couchage en vase.

accessoire des autres; c'est le marcottage simple ou compliqué, avec un vase en plus.

On enfonce en terre, à l'endroit convenable, un vase quelconque (V) et l'on y introduit le brin à marcotter (X), soit par une ouverture latérale, soit par l'orifice supérieur, de manière qu'il s'y trouve suffisamment coudé (Y) pour provoquer la sortie des radicelles. Une direction trop naturelle, imprimée au rameau couché, n'aurait pas le même résultat qu'un changement forcé de position qui oblitère les vaisseaux, tourmente les tissus, comprime les cellules, et favorise, par l'arrêt de la séve descendante ou cambium, l'émission des jeunes racines.

Les arbustes verts et les espèces délicates se marcottent avantageusement en pots, parce que le transport et la transplantation des élèves s'effectuent sans qu'ils soient fatigués.

On fabrique des vases exprès pour ce genre de marcottage, mais rien n'empêche, en pareil cas, d'utiliser encore les poteries ébréchées. La brèche (Z) facilite l'introduction du rameau.

Habituellement, on emploie pour la vigne et pour quelques autres arbrisseaux, de petits paniers ou corbeilles grossièrement fabriqués en osier vert non écorcé, et mis en terre avant qu'ils soient desséchés. Entre les vides que laisse l'osier, les racines se développent librement, et les marcottes s'y maintiennent mieux et plus longtemps que dans un vase à parois serrées ou compactes.

Le sevrage (en *s*) et la déplantation s'opèrent comme si l'on avait affaire aux marcottes à racines nues.

Couchage en vase. — *Procédé aérien* (*fig.* 841, 842). — On possède parfois des sujets mères qui, en raison de la fragilité de leur bois ou de la position élevée des rameaux, ne sauraient se courber jusqu'à terre. Puisqu'ils ne peuvent venir à nous, c'est à nous d'aller à eux, de porter et d'appliquer contre les parties à marcotter, la terre nécessaire à l'émission des racines.

Pour maintenir cette terre, il nous faut des vases en métal formant l'entonnoir, des pots à fleur fendus sur le côté, et au besoin du fort papier, roulé en cornet, pour les opérations à courte échéance.

Le maintien de la branche, dans sa direction naturelle, n'aidant pas à la formation des racines, nous tâchons de la courber dans le vase, ou bien nous lui appliquons la torsion ou l'incision annulaire, et nous l'entourons d'un compost de bonne terre, retenu dans le récipient. Nous recouvrons cette terre d'un lit de mousse fraîche pour y en-

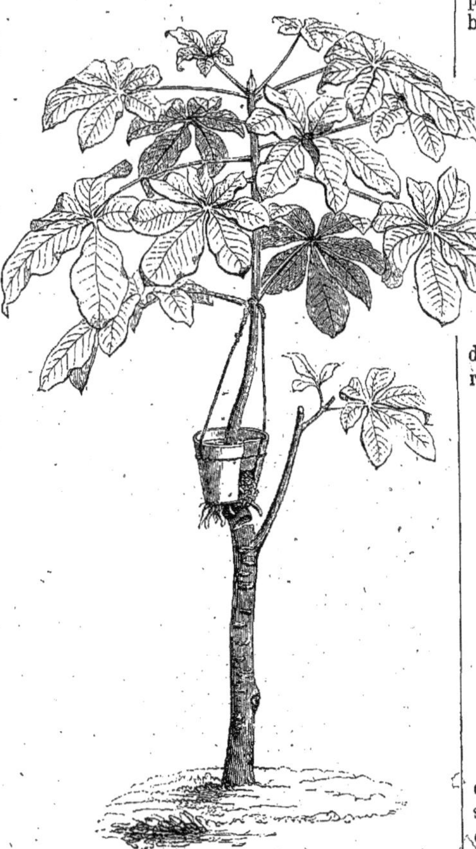

Fig. 841. — Marcottage d'un *Carolinea insignis*.

tretenir l'humidité qui tend naturellement à disparaître, malgré les arrosements.

Le sevrage doit avoir lieu graduellement, en

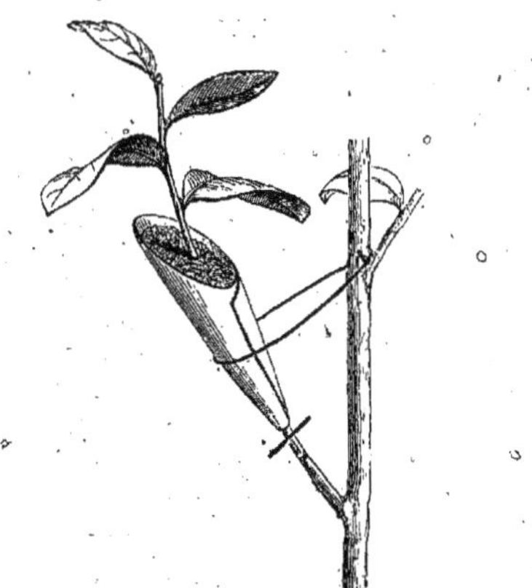

Fig. 842. — Marcottage à l'aide d'un cornet.

commençant par une simple incision circulaire contre la paroi inférieure du vase, et se terminant par la section définitive trois semaines après. Si des supports ou des liens sont nécessaires pour maintenir les vases, on ne devra pas les oublier.

MARCOTTAGE PAR CÉPÉE

Par cépée ou buttage (*fig.* 843), on entend des buissons coupés rez terre, produisant des rameaux que l'on butte en été avec de la terre, quand ils sont encore à l'état herbacé, afin de les contraindre à prendre racine.

Si le chevelu se forme dès la première année, on déchausse le tronc et on éclate les plants en s'aidant d'un couteau. Si les racines étaient insuffisantes, au lieu d'arracher les plants, nous les laisserions adhérents à la mère, puis nous les rechausserions avec

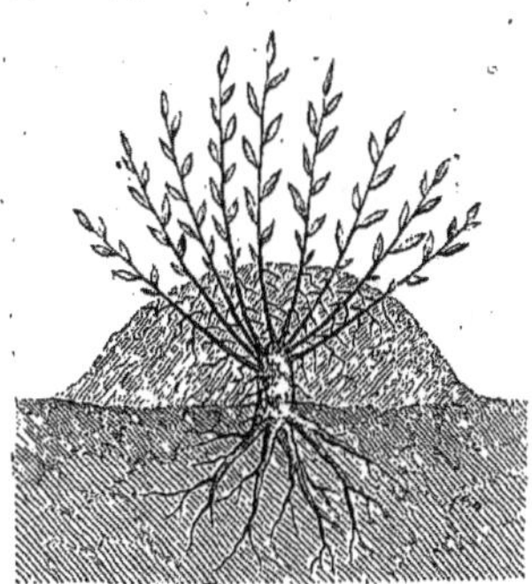

Fig. 843. — Marcottage par cépée.

de la terre sèche et meuble, nous couperions la sommité de leur tige ou de leurs rameaux, et nous ajournerions l'arrachage à l'année suivante.

Il est bien rare que tout le produit de la touffe convienne à une plantation définitive. On choisit d'abord les meilleurs brins, puis on repique les plus faibles et tout ce qui paraît mal conditionné.

Le tronc repoussera de nouveaux jets; nous le butterons encore et perpétuerons ainsi la cépée sur le même tronc.

Le ravalement de la souche se fait après l'hiver; en la coupant à l'automne, il faudrait avoir soin de butter le tronc pour le préserver du froid qui viendrait en affaiblir les facultés.

Telle est à peu près la méthode en usage dans plusieurs contrées, pour l'élevage du plant de cognassier, de pommier paradis, de pommier doucin, de prunier Saint-Julien, de prunier d'Agen, etc.

Les pommiers paradis et doucin s'enracinent dès la première sève; mais le cognassier réussit mieux sur bois de deux ans. La première année, on le laisse donc pousser librement sur le tronc recepé; au printemps suivant, on supprime les brins trop maigres, on écime les autres pour les faire grossir, en maintenant la sève vers la base; enfin, on butte la souche. A l'automne de la même année, on y trouvera du plant racineux.

MARCOTTAGE PAR RACINES

Le marcottage par racines ou par drageons (*fig.* 844) est un moyen naturel de reproduction, attendu que c'est l'arbuste lui-même qui produit sur ses racines des bourgeons qui se transforment en rameaux. Ceux-ci étant détachés de la mère avec le fragment radiculaire qui les porte, formeront de nouveaux plants.

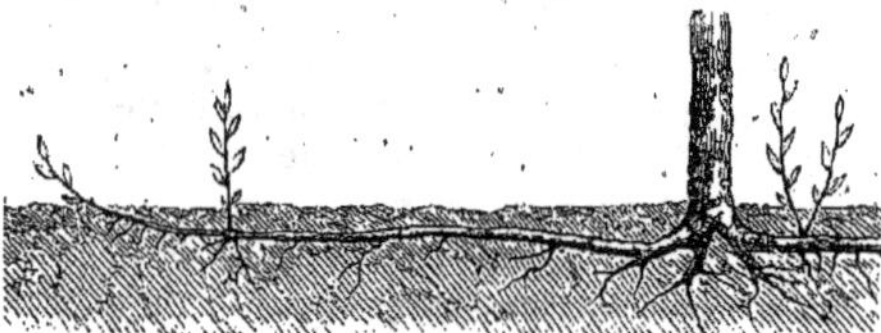

Fig. 844. — Marcottage par racines.

Le drageonnage est propre à certaines races : au framboisier, au sumac, au lilas, au pavier à épis, à divers pruniers et cerisiers, à plusieurs spirées, aux rosiers églantiers, cent-feuilles, provins, pompon, etc.

On rencontre de grands arbres, tels que le peuplier blanc, le robinier, l'ailante, dont les racines drageonnent sur un assez vaste parcours; mais l'émission de leurs rejets n'ayant lieu que sur des racines déjà fortes, il en résulterait des plants d'une médiocre valeur. Une croyance, peut-être trop facilement acceptée, attribue à ces élèves des dispositions à se rabougrir; si cependant on ne les abandonnait pas à eux-mêmes, si la mère recepée, dans sa jeunesse, avait reporté sa nourriture vers ses enfants, si, enfin, ceux-ci étaient après cela arrachés et soignés comme d'autres plants, il y a lieu de croire qu'ils se transformeraient, à de rares exceptions près, en exemplaires aussi beaux que les arbres de bouture et de semis.

Arrêtons-nous seulement aux espèces qui nous semblent les plus propres au drageonnage. Nous le faciliterons par une taille courte des mères et par la lésion des racines à coups d'instruments.

Les drageons ou éclats seront arrachés depuis novembre jusqu'en mars, lorsqu'ils nous paraîtront suffisamment enracinés; ici, la racine passe avant la tige. Nous les planterons à demeure, ou les repiquerons en nourrice, suivant leur état.

Les plants, obtenus ainsi, sont moins convenables que les plants de semis pour recevoir la greffe. Dans la pépinière, on reconnaît les pruniers et les lilas de drageons en ce qu'ils drageonnent à leur tour, en ce qu'ils sont affamés par leurs rejets, dès qu'ils ont été tronçonnés pour recevoir la greffe.

La multiplication du figuier, du noisetier, du poirier du Japon, du rosier Manetti, par troncs buttés et par drageons éclatés, tient, en quelque sorte, le milieu entre le drageonnage et la cépée.

Nous pourrions en dire autant de l'hortensia, du laurier-tin, de la pervenche, de la pivoine en arbre, qui produisent sur leurs racines des rameaux adventifs que l'on détache avec du chevelu pour les replanter provisoirement en pleine terre ou en pot.

III. — DU BOUTURAGE.

On désigne sous le nom de *bouture* un fragment de végétal, bourgeon, feuille, rameau, branche ou racine, doué de la faculté de reproduire un individu exactement semblable à celui qui l'a fourni. On appelle *bouturage* l'opération qui consiste à faire radifier et à élever la bouture. Toutes les espèces d'arbres ne sont pas indistinctement propres à être bouturées. S'il en est qui s'y prêtent très-bien, d'autres ne s'y prêtent pas du tout.

Parmi les espèces fruitières, il n'y a guère que la vigne, le cognassier, le groseillier, le prunier myrobolan, les pommiers paradis et doucin qui se reproduisent aisément de bouture.

Parmi les grands arbres, le peuplier, le saule, le platane, le paulownia et l'ailante, sont dans le même cas.

Parmi les arbustes et les arbrisseaux, nous citerons les rosiers, deutzia, sureau, seringa, groseillier, weigelia, spirée, jasmin, tamarix, chèvrefeuille, cornouiller. Nous pourrions en citer une infinité d'autres à feuilles caduques et à feuilles persistantes.

Si la chaleur et l'humidité sont indispensables à la reprise des boutures, il n'en est pas moins vrai que cette chaleur et cette humidité ne doivent pas être excessives, et que pour le bouturage en plein air, la meilleure place est celle qui se trouve abritée contre l'action directe du soleil et préservée d'une humidité permanente. Une situation à demi ombragée et modérément fraîche, est celle qui convient le mieux.

Il y a trois principaux modes de bouturage qui sont : 1° le bouturage au moyen de rameaux; 2° le bouturage au moyen de racines; 3° le bouturage par les bourgeons.

BOUTURAGE AU MOYEN DE RAMEAUX

Bouture simple. — *Préparation.* — Le procédé le plus ordinaire pour la préparation des boutures de végétaux à feuilles caduques, consiste à couper, dès le mois de janvier-février, des rameaux bien constitués, longs de $0^m,10$ à $0^m,30$, de manière qu'ils soient munis de quatre ou cinq bourgeons (yeux), dont un tout à la base, contre la section du rameau. On les enterre au nord, isolément, par lignes ou par paquets, en attendant le moment de la plantation. Un autre système, meilleur encore, et que nous pouvons recommander sciemment, consiste à couper les boutures comme nous venons de le dire, en commençant même à l'entrée de l'hiver. Jusqu'ici, rien n'est changé; la seule différence qui existe entre les deux modes de procéder, réside dans la mise en jauge. Au lieu d'enterrer les boutures dans le sens normal, c'est-à-dire la tête en l'air, on les retourne dans l'autre sens, et on les place dans la jauge la tête en bas, et la base en haut; puis on les recouvre de terre, non plus partiellement, mais totalement, de façon qu'il ne reste aucune partie exposée à l'air. Qu'arrive-t-il? Le premier mouvement de la sève étant ascensionnel, et la branche se trouvant renversée, il est à supposer que le cambium ne tarde pas à s'épaissir à la base devenue sommet, que des mamelons radiculaires sont formés au moment où l'on sort les boutures de la jauge; aussi, dès qu'elles sont plantées à leur place définitive, — et dans leur position normale, — la végétation est immédiate, et la réussite complète.

Pour ce mode de préparation, il convient de réunir les boutures à l'avance, par paquets numérotés. Le maniement en est plus commode, on n'a pas à craindre la confusion entre les variétés et la boue qui les salit n'empêche plus de les reconnaître.

Il n'est pas nécessaire de tenir les jauges à boutures à l'abri du nord; la situation en plein air leur est indifférente; seulement, comme ces jauges sont couvertes, on devra en marquer la place au moyen de petits bâtons ou de baguettes fichés en terre.

Le rosier réussit à peu près en toute saison. Si l'on opère quand la végétation n'est pas suspendue, on emploie des rameaux semi-aoûtés, munis de quatre yeux. Les feuilles qui accompagnent les deux yeux de la base sont supprimées, parce que cette portion du rameau doit être enterrée. Quant aux deux feuilles du sommet, on se contente de les *ébouqueter*, c'est-à-dire d'en retrancher la foliole terminale.

Bouture compliquée. — Quelques espèces toujours vertes, le laurier-rose, l'aucuba, prendront plus tôt racine, si préalablement on a tenu la base des boutures plongée dans une fiole d'eau, jusqu'à ce que des gibbosités, sinon les premières radicelles, aient commencé à naître au talon.

Les espèces sujettes à drageonner au collet, le groseillier à fruits comestibles, par exemple, montent difficilement, ou périssent plus tard partiellement si l'on n'a pas le soin de supprimer, d'un coup d'ongle, les yeux situés à la base du rameau-bouture, dans toute la partie destinée à être mise en terre; les radicelles naîtront sur le coussinet, à la place des yeux supprimés. Pour les autres essences, la suppression de ces yeux ne présente aucun danger.

D'autres, comme la vigne, ont les tissus recouverts d'un épiderme qui forme cuirasse, et qui s'oppose à l'émission du chevelu qui ne peut alors sortir que vers l'œil. Quand il s'agit d'un marcottage, la force de la sève parvient toujours à vaincre cet obstacle et à garnir le mérithalle (entre-nœuds) de petites racines; mais une simple bouture, livrée à ses propres forces, ne pourrait guère y parvenir, surtout dans un terrain sec. Aussi, obvie-t-on à cet inconvénient en faisant tremper pendant huit jours, et souvent plus longtemps, le rameau-bouture dans l'eau, et seulement la partie inférieure qui doit être mise en terre. Dès qu'on le retire de l'eau, on racle l'épiderme humide, pour en enlever la première couche, sans toucher aux couches herbacées, et rien que sur la partie qui va devenir souterraine. On plante aussitôt, et les racines percent librement dans l'entre-nœuds.

Les peupliers et les saules peuvent encore se multiplier par bouture-plançon, c'est-à-dire par branches ramifiées, hautes de 1 mètre jusqu'à 3 ou 4 mètres.

On les trouve dans les taillis, sur les têtards; on les épointe au pied pour la facilité de la mise en terre. Leurs plus grosses branches latérales sont élaguées, les moyennes taillées partiellement, et les petites laissées intactes, ainsi que la cime que l'on se garde d'étêter, surtout chez le peuplier destiné à devenir un grand arbre. On aurait l'intention de le former en têtard, qu'il serait plus convenable de lui couper la tête quelques années après sa plantation.

Trois moyens sont proposés pour forcer l'émission des radicelles sur les espèces récalcitrantes, quoique susceptibles d'être bouturées : 1° la strangulation préparatoire à l'aide d'un fil de métal; 2° l'incision annulaire, pratiquée en été sur la branche tenant à la mère. A l'automne, un bourrelet s'est formé au bord supérieur de l'incision; on coupe la bouture immédiatement audessous de ce bourrelet, on taille la bouture audessus de quatre yeux, et on l'enterre la tête en bas dans toute sa longueur; 3° au lieu de couper le rameau sous un œil, on l'éclate sur son empatement en s'aidant d'un couteau, de manière à lui conserver son talon. L'agglomération des vaisseaux sur ce point, comme sur le coussinet des bourgeons éborgnés, provoque la sortie des radicelles. Le cognassier, les arbustes à feuilles persistantes, les conifères sont assujettis à ce procédé que nous préférons aux précédents, à la condition, toutefois, de n'opérer que sur des parties à supprimer à la taille, parce que l'arrachage du rameau fatigue trop la branche qui le portait.

Plantation des boutures. — La terre destinée à recevoir des boutures sera bêchée et fourchetée. Quoique mieux tenue que la terre affectée aux plantations ordinaires, il ne sera pas nécessaire de l'ameublir aussi rigoureusement que celle réservée aux semis. Le fumier chaud, ou nouvellement enfoui au niveau de la profondeur présumée des boutures, s'opposerait à l'émission des racines au lieu de la favoriser. On s'abstiendra donc de cet engrais.

La saison du bouturage est fixée aux mois de février, mars et même avril, si la végétation est en retard. Les mois d'août et septembre conviennent aux arbres et arbustes verts; pour ceux-ci, l'époque varie, à trois semaines près, selon les dispositions de l'espèce; il suffit que la bouture s'enracine assez pour passer l'hiver, sans donner extérieurement des signes de végétation.

Nous plantons les boutures par planches larges de $0^m,80$ à 1 mètre, et séparées par un sentier. La distance à observer entre elles est calculée approximativement sur leur végétation présumable. Si elles ne sont mises là qu'à titre de plant en nourrice, nous les espaçons de $0^m,05$ à $0^m,08$ sur des rangs larges de $0^m,20$. Si elles doivent séjourner plus d'une année, pour former des touffes ou des plants pour cépage, la distance des plants sera de $0^m,10$ à $0^m,15$; celle des rangs, de $0^m,25$ à $0^m,30$.

Des rangs isolés le long des chemins conviennent également au bouturage ; les plants y auront plus d'air, et occuperont, pour ainsi dire, une place perdue.

Dans un bon sol, les boutures de peuplier et de saule peuvent être mises en pépinière à leur place définitive, comme des plants enracinés.

Les boutures-plançons de ces essences sont plantées à demeure ; on les enfonce convenablement ; puis on tasse la terre avec le pied, et on la recouvre de plaques de gazon, pour peu que l'on redoute la sécheresse.

Pour les boutures ordinaires, nous les enfonçons en terre en ouvrant cette terre avec un plantoir. Sans cette précaution, on pourrait détruire les mamelons radiculaires ou les bourgeons déjà renflés. On presse la terre avec l'outil, et on la piétine encore, si elle est très-poreuse et l'époque avancée.

Nous répéterons ici ce que nous disions à l'occasion du semis. Quand plusieurs variétés analogues seront plantées dans le même carré, on les séparera, malgré leur numérotage et leur inscription au registre, par d'autres sortes ayant une végétation semblable, mais des caractères extérieurs distincts et parfaitement saisissables.

Nous bouturons à l'ombre et au nord les espèces délicates ou à feuillage persistant : les laurier-tin, laurier-amande, cognassier du Japon, weigelia, deutzia gracilis, troëne de Californie, fusain du Japon, lierre, andromède, romarin, aucuba, buis, etc. Tous ces genres peuvent être multipliés en juillet, août et septembre, quand leur nouveau tissu quitte l'état herbacé pour passer au ligneux. Nous coupons des rameaux courts, aoûtés, munis de leur empatement ; nous supprimons les feuilles de leur base, et les plantons dans un terrain sablonneux, assez rapprochés l'un de l'autre, à la cheville ou en rigoles, en ne leur laissant qu'un ou deux yeux hors de terre. Un vitrage quelconque en assure mieux la reprise ; c'est pourquoi nous employons un châssis ou une cloche, si nous opérons en plein air. Nous pourrions nous servir de la serre à multiplication, en plantant nos boutures en godets sous la bâche chauffée, et sous cloche.

Que le bouturage ait lieu à l'air libre ou en serre, il n'en faudra pas moins, en été, jeter de l'ombre sur les boutures avec des paillassons, des claies, ou des toiles sur les vitres, et les préserver du froid en hiver, toujours au moyen de paillassons. Au dehors, on entoure les cloches et les coffres d'une couche de feuilles, en laissant le dessus exposé à la lumière.

Dès que les racines sont développées, on repique les boutures de plein air en godet sous châssis froid, et celles de la serre sur les tablettes non chauffées ; puis, on les confie à la grande culture en leur faisant encore subir, s'il y a lieu, la transition des abris et des ombrelles.

Certains arbres résineux, tels que le *sequoia gigantea,* le *thuyopsis boreale,* venus par boutures de branche latérale, conservent leur port pyramidal et leur cime presque aussi régulièrement que s'ils étaient nés d'un semis ; mais leur bouturage en plein air ne provoque que difficilement l'émission des racines. On emploie donc la serre à multiplication.

Les sujets étalons sur lesquels on prend les boutures, sont rentrés vers le mois de février et chauffés. Lorsque les pousses nouvelles commencent à durcir, à peu près vers le mois de juin, on les coupe sur leur empatement, et on les bouture en godet, sous cloche, sous la bâche chauffée, ainsi qu'il vient d'être dit pour les arbustes délicats.

Au fur et à mesure qu'on les amène à la pleine terre, on leur donne une nourriture plus substantielle en corrigeant le sable avec de la terre de bruyère, puis avec de la terre franche ; et tant que l'élève reste en vase, le fond en est drainé par une légère épaisseur de sablon ou de cendre de tourbe. Toutes les poteries sont elles-mêmes rangées sur une pareille couche de nature assainissante ou sur un lit de gravier ordinaire.

Le sequoia gigantesque se bouture encore en août-septembre avec des rameaux tendres, ni trop herbacés ni trop ligneux, placés en terrines, sous cloche et à l'ombre. Des mamelons se forment à la base de la bouture. Plus tard, en février-mars, on met les boutures en godets pour les rentrer en serre. Une fois soumises au chauffage du laboratoire, elles ne tardent pas à émettre de petites racines.

BOUTURAGE AU MOYEN DE RACINES

Le bouturage par racines et par rhizomes s'applique au paulownia, à l'ailante (vernis du Japon), au sumac, au maclure, au lilas, à l'angélique épineuse, au yucca, au lyciet, au rosier de Provins, au cognassier du Japon, à l'araucaria, au podocarpe, au gingko, etc. On opère au commencement du printemps et à la fin de l'été. A cet effet, nous dégageons nos souches, et nous y coupons des racines assez nombreuses, assez allongées pour alimenter notre multiplication, mais de manière toutefois à ne pas trop fatiguer les pieds mères.

Nous divisons nos boutures en fragments ou tronçons longs de $0^m,05$ à $0^m,08$; nous les plantons en rigoles, à l'ombre, dans une position ou verticale, ou semi-inclinée, ou même horizontale, peu importe la direction, pourvu qu'une faible partie de chaque bouture se trouve exposée à l'air. On entoure le sommet de terre de bruyère ; on paille modérément et on arrose.

Plusieurs bourgeons se développent en rameaux ; on supprime les faibles et on conserve celui qui se trouve le mieux placé, ou le plus fort. Ces jeunes plants seront ensuite repiqués en pleine terre ou en pot, comme ceux de semis.

Les rhizomes de yucca, les tronçons de paulownia, de podocarpe, de cunninghamie, d'aralia, s'enracineront plus vite sur couche chaude et sous cloche.

On peut augmenter le nombre de plants, en fendant les boutures-racines longitudinalement, et en découpant plus tard tous les rameaux nouveaux avec les chevelus adhérents à cette fraction.

BOUTURAGE AU MOYEN DE BOURGEONS (YEUX)

Le bouturage fait simplement avec un œil ou bourgeon rudimentaire, enlevé comme un écusson de bouton à fruit, n'est pas encore vulgarisé. Tandis que le fleuriste sait utiliser ce procédé pour un grand nombre de plantes de serre (le begonia se reproduit par feuille et par fragment de feuille), l'arboriculteur ne l'emploie guère que pour quelques rares végétaux.

La vigne se soumet à ce genre de bouturage ; on y a recours en hiver, et pour les variétés rares. On prend un sarment que l'on fractionne par morceaux de 0m,05, munis d'un œil à leur milieu; on les fend longitudinalement par un coup de serpette sur l'étui médullaire, de manière à en faire deux parts; on conserve celle qui porte le bourgeon pour la coucher horizontalement, l'œil à fleur de terre dans une terrine ou un pot, préparé à cet effet. Le vase étant mis sous cloche et dans la serre à multiplication, le bourgeon ne tarde pas à *débourrer* (s'ouvrir).

On donne de l'air à mesure que les feuilles et les jeunes racines se développent; et quand les gelées du printemps ne sont plus à craindre, les plants peuvent être confiés à la pleine terre.

Pour la pivoine en arbre, qui se prête également à ce mode de bouturage, nous enlevons l'œil du rameau, en conservant à sa base une plaque d'écorce garnie d'une couche d'aubier. Nous le mettons ainsi dans un godet rempli de terre de bruyère, de manière que le bouton se trouve à fleur de terre; et nous le transportons sous une cloche, à l'étouffée, dans la serre à boutures. On donne de l'air aussitôt que le bourgeon se développe, et que la formation des racines est assurée.

Celui qui ne posséderait pas une serre à multiplication, pourrait employer un moyen assez naturel, quoique peu connu. Prenons encore la pivoine arborescente pour sujet.

En août-septembre, on pratique une incision sous les yeux des branches, comme si on voulait lever des écussons; on entame l'aubier en remontant à quelques millimètres au-dessus du gemme, et on s'en tient là; le cambium recouvrira partiellement les tissus tranchés. En février, on incline les branches opérées, on les maintient horizontales à l'aide d'un crochet, et on les recouvre d'un compost substantiel. Le bourgeon devient rameau, et l'incision se garnit de chevelu. A la fin d'août, on déchausse la souche, on extrait les plants enracinés et on les plante aussitôt en pépinière. Dans les pays froids, le buttage aura lieu à l'automne, et les touffes seront toujours maintenues basses et buissonneuses.

Ce genre de multiplication participe du bouturage et du marcottage: c'est une bouture marcottée.

IV. — DU GREFFAGE.

Le greffage est une opération par laquelle on soude un végétal à un autre. Le végétal sur lequel on soude, se nomme *sujet*. Celui que l'on soude est appelé *greffon*, *greffe*, *scion*, *écusson*, *ente*, etc. Le sujet est le père nourricier de la greffe; c'est lui qui prend la nourriture dans le sol et l'apporte à cette greffe, sans pour cela se confondre avec elle.

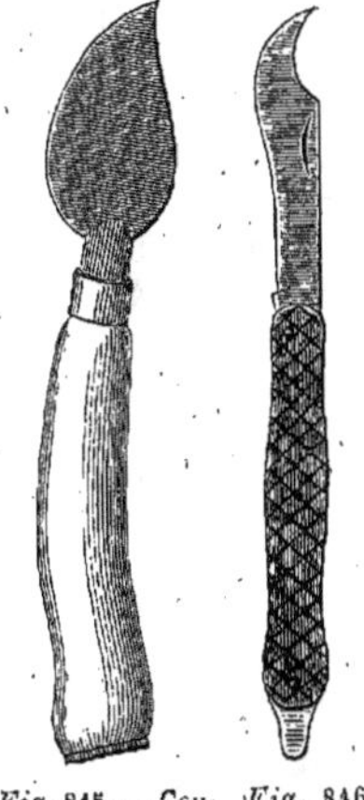

Fig. 845. — Couteau à greffer. *Fig.* 846 Greffoir.

Ce mode de multiplication est applicable à la majeure partie des végétaux ligneux et praticable pendant tout le temps de la végétation active. Quand il gèle, on peut faire des greffes dans la serre à multiplication, parce que l'homme y entretient artificiellement cette végétation.

Les moyens de greffer sont nombreux, et laissés pour ainsi dire à la discrétion de l'opérateur qui les simplifie ou les complique à sa guise; l'imprévu y entre aussi pour sa part.

Quel que soit le mode adopté, on ne saurait s'écarter de ce principe, à savoir que le point capital est d'unir deux fractions d'arbres de la même espèce ou d'espèces très-rapprochées, et de mettre en communication intime leur liber et leur aubier dans le tissu desquels circule la séve : alors la soudure s'accomplit.

Tout en recommandant d'allier des sujets conformes entre eux sous le rapport de la vigueur, nous engagerons, dans le cas de forces inégales, à greffer les sujets peu vigoureux avec des greffons de race plus fougueuse en végétation. Les variétés délicates seront greffées sur des sujets de bonne vigueur moyenne; mariées avec un sujet faible, elles produisent un arbre qui reste chétif; greffées sur un sujet trop vigoureux, elles ne peuvent pas répondre à l'abondance de séve fournie par les racines, et l'arbre qui en provient est mal constitué et finit par languir. C'est là une des causes de l'inégalité de force que l'on rencontre sur des arbres de variétés semblables, plantés dans le même sol.

Quant à la sympathie des diverses séves entre elles, sympathie qui favorise l'union entre sujets et greffes, la science n'a pu encore s'en rendre compte. La structure des organes, la nature des sucs nourriciers ne nous expliquent rien. Tout ce que nous savons est dû à l'expérience; nous ne possédons guère que des faits.

Un arbre à feuilles caduques ne saurait vivre longtemps sur un autre à feuilles persistantes, tandis que nous voyons journellement réussir l'opération inverse. Ainsi, le photinia et le bibacier se greffent sur cognassier; les cotoneaster et buisson ardent, sur aubépine; le mahonia, sur épine-vinette; le laurier-amande sur cerisier-merisier et sur merisier à grappes, etc.

De prime abord, ces arbres paraissent assez dissemblables, et cependant ils ont une grande analogie, — organiquement parlant, — ce qui n'empêche pas quelques-uns de ces procédés de greffage de rentrer dans le domaine de la fantaisie. C'est aussi le caprice plutôt que la raison qui porte certains amateurs à demander à un même pied d'arbre des prunes, des pêches, des abricots et des amandes, ou bien encore à un même pied des poires, des sorbes, des alises, des coings, des nèfles. Ce sont là des excentricités horticoles réalisables, mais très-incertaines, et qui ne sauraient amuser longtemps des hommes sérieux qui poursuivent le bénéfice net par une autre voie que celle des merveilles.

Nous n'examinerons donc que les procédés de greffage, réellement avantageux et facilement applicables.

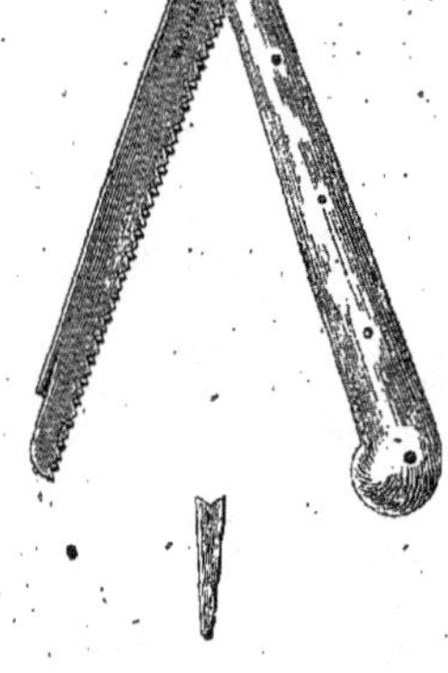

Fig. 847. — Scie égohine.

Comme on n'opère pas sans outils, il s'agit d'abord de bien choisir les nôtres et de les tenir constamment en parfait état. Les outils qui nous deviennent absolument nécessaires pour le greffage sont : une *scie égohine* (*fig.* 847) pour tronquer les gros sujets; une *serpette* (*fig.* 848) pour parer ou unir la plaie, pour remplacer la scie sur les moyennes tiges et couper les rameaux à greffer; un *greffoir* (*fig.* 846) destiné à tailler les greffons; un *couteau à greffer* (*fig.* 845),

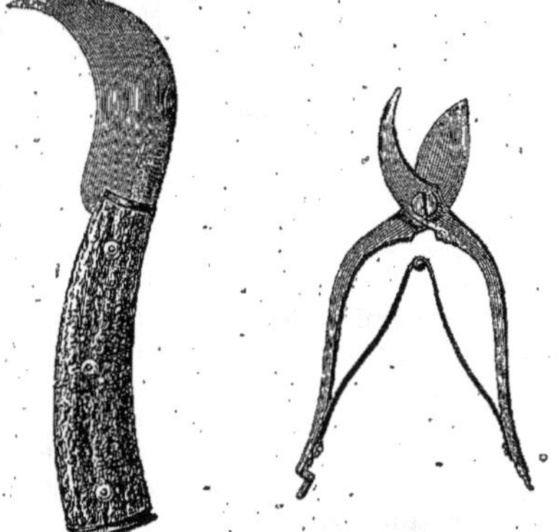

Fig. 848. — Serpette. *Fig.* 849. — Sécateur.

à lame courte, en forme de virgule, pour fendre les tiges quand il y a lieu. Si l'on emploie le *sécateur* (*fig.* 849) pour étêter les sujets, il faut unir la plaie avec la serpette, car toutes les coupes doivent être nettes et avivées, sans déchirure ni éclat. Jusqu'ici, ces divers outils, séparés, nous ont paru préférables aux instruments compliqués et embarrassants qui réunissaient, disait-on, en un seul, les avantages de tous les autres.

On s'approvisionnera de ligatures fermes et souples, c'est-à-dire assez solides pour maintenir la greffe sur le sujet, et qui ne soient pas résistantes au point de gêner le grossissement de celui-ci et de l'étrangler. Les meilleures ligatures sont les déchets de laine, la corde de tilleul, le coton filé, la natte de Russie, les feuilles de la massette des marais, séchées, puis trempées.

Le mastic à greffer, dont on se servira pour recouvrir les plaies, sera malléable, ni brûlant ni durci, non sujet à fondre ni à se gercer.

Enfin, nous choisirons, pour opérer, une température calme, plutôt chaude que pluvieuse ou froide, et n'emploierons que des greffes saines sous tous les rapports. Un rameau sain et vigoureux reproduira des individus de choix, comme une branche panachée qui est un signe de faiblesse, et une branche pleureuse, le résultat du hasard, reproduisent des individus maladifs ou bizarres.

Nous avons à examiner successivement le greffage par inoculation ou écussonnage, le greffage par application, en fente, en couronne, par approche, et enfin divers greffages de fantaisie.

GREFFAGE PAR INOCULATION

Greffe en écusson ou bourgeon inoculé (*fig.* 851). — Ici, la greffe n'est pas un rameau,

Fig. 850. — Scion de poirier.

c'est un œil ou bourgeon, accompagné d'une portion de l'écorce qui l'entoure, et découpé à peu près sous la forme d'un écusson d'armoirie. Cet œil, détaché du rameau avec un couteau-greffoir, sera inoculé entre le liber et l'aubier du sujet. Le morceau d'écorce qui l'encadre doit comprendre, dans son épaisseur, toutes les couches qui constituent l'écorce du végétal, sans en rien excepter, mais sans aller au delà. Dans tous les cas, on entamerait l'aubier qu'il y aurait moins d'inconvénient qu'à oublier un feuillet du liber.

Les rameaux à greffer, qui ne sont ici que des porte-greffes, seront des rameaux de l'année, sains et vigoureux, en séve, et suffisamment aoûtés. On les distingue à la conversion de leur teinte herbacée en une nuance bien accusée, à la formation de l'œil terminal; et dans les tissus, on sent, au contact de la main, une élasticité qui résiste. Tel est le moyen mécanique de reconnaître leur constitution. Leur état de séve, indispensable au succès de l'opération, se constate en grattant l'écorce qui doit se détacher librement de l'aubier.

Le sujet doit également se trouver en séve. On s'en assure en soulevant son écorce avec le greffoir; elle s'isolera du bois sans déchirure, sans adhérence, et laissera voir une légère humidité due au cambium sans lequel la soudure de l'écusson n'est pas possible.

Nous insistons sur ce point, parce que le succès de l'opération dépend, — à part l'habileté du greffeur, — du bon choix des rameaux porte-greffes et de l'état réel de séve du sujet.

Un sauvageon greffé trop faible ne produirait qu'un arbre chétif, qui s'en ressentirait longtemps; nous saurons donc le choisir de bonne force, assez gros ou suffisamment trapu, capable de supporter sans danger l'ébourgeonnement de l'année suivante.

Les scions à greffer étant cueillis au moment de s'en servir, dans les conditions d'aoûtement indiquées, on n'en utilise guère que les yeux du milieu du rameau; ceux de la base et ceux du sommet sont ou incomplétement formés ou trop disposés à fleurir avant d'avoir végété. Ici, une greffe de choix est un œil bien constitué, ni latent, ni fructifère, ni avarié par les insectes. Un rameau anticipé ne saurait donner de bons écussons; on ne l'accepterait chez certaines espèces qu'à l'état de dard trapu, court, ligneux. Ainsi, le rameau A (*fig.* 850) étant choisi, nous en retranchons les parties B et C impropres au greffage, et nous coupons les feuilles sur leur pétiole, à $0^m,01$ du gemme de la partie conservée D, de manière qu'il en résulte le greffon multiple D'.

Il n'y a aucun inconvénient à enlever les stipules qui bordent le pétiole; les bourgeons munis de plusieurs feuilles sont également bons, chaque feuille étant coupée sur son pétiole.

Dans le pêcher, l'œil triple est le meilleur (on rencontre, en plein air, des greffons de pêcher plus avantageux qu'en espalier), et pour les rosiers qui ne remontent pas franchement, on recherche les yeux placés immédiatement au-dessous des fleurs, car les greffons de rosier à préférer sont ceux qui viennent d'accomplir leur floraison.

Une fois les scions préparés, nous les plaçons à l'ombre et au frais, soit en leur plongeant la base dans une eau dormante, soit en les entourant de mousse humide ou d'un linge mouillé. Il est assez prudent de les employer dans les vingt-quatre heures qui suivent leur préparation.

Le greffoir va fonctionner. C'est un outil qui se compose de la lame, du manche et de la spatule. La lame a à peu près la forme de celle de la figure 846; on la tiendra toujours propre et finement affilée; on la repassera, de temps en temps, sur une pierre fine et sur un cuir doux. Le manche en corne, en buffle, en os, en bois, peu importe, se termine par une spatule en os ou en ivoire, mobile et adhérente, ou faisant corps avec lui.

Dès que les préparatifs sont terminés, il n'y a plus qu'à écussonner.

Nous commençons par la levée de l'œil ou bourgeon. Nous prenons notre rameau d'une main, et notre greffoir de l'autre, et nous marquons d'abord les bords supérieur et inférieur de notre écusson.

Pour cela, nous faisons d'un coup de greffoir, à $0^m,010$ $0^m,015$ au-dessus de l'œil, un trait transversal qui tranche les couches d'écorce, et un trait semblable à $0^m,015$ $0^m,020$ au-dessous de l'œil, comme on le voit en *f*, *f*, sur le fragment de rameau E (*fig.* 851), la lame étant tenue perpendiculairement au greffon.

Maintenant, en suivant les indications de la figure 851 pour la position des mains, nous plaçons

Fig. 851. — Greffage en écusson.

notre lame au-dessus du trait supérieur, et, l'inclinant obliquement, nous la faisons pénétrer jusqu'à l'aubier; puis, en la faisant glisser en descendant sous l'écorce, nous arrivons au trait inférieur, après avoir suivi la ligne ponctuée *gg* et observé l'inflexion coudée du rameau sous l'œil en *g'*.

Par le fait des deux coupes transversales primitives, l'écusson se trouve obtenu comme il est figuré en H, tranché net à ses deux extrémités.

On voit qu'au revers, il ne reste de bois que sous le bourgeon; c'est son germe, pour ainsi dire; sans lui, pas de végétation possible. S'il était accompagné d'une esquille d'aubier, en haut et en bas, on pourrait l'enlever en la détachant vivement par la sommité; car, en la soulevant par la base, il y aurait à craindre d'arracher le germe, et l'œil ainsi vidé serait impropre à la multiplication. Cependant, quand le sujet est en grande séve, il n'y aurait aucun inconvénient à laisser une mince parcelle de bois sous l'écorce de l'écusson; elle rendrait la jonction plus intime. Mais un greffeur habile retranche bien rarement ce morceau d'aubier; d'abord, il sait l'éviter, ensuite il craindrait de fatiguer l'œil par son extraction ou de l'exposer trop longtemps à l'air. Quand il a suffisamment de rameaux à greffer, il n'hésite point à rejeter un écusson levé d'une manière douteuse, pour inoculer sur-le-champ celui qui se trouve réussi. A peine prend-il le temps de recouper carrément les bords supérieur et inférieur, irrégulièrement tranchés.

Arrivons donc de suite à la seconde partie de l'opération. Aussitôt l'écusson détaché du rameau, nous ouvrons l'écorce du sujet avec le greffoir, en pratiquant, sur toute son épaisseur, deux incisions en forme de T (*j* et K, *fig.* 852 O); et nous soulevons les bords du trait longitudinal K à son point de jonction sur le trait *j*, avec la spatule adhérente au

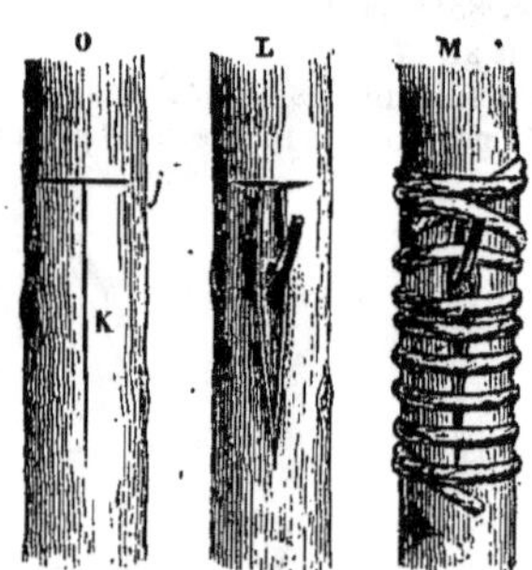

Fig. 852. — O, sujet incisé. — L, sujet écussonné. — M, sujet écussonné et ligaturé.

manche de l'outil. Tandis qu'une main opère avec le greffoir, l'autre, toute prête, placée au-dessus, tient l'écusson par la base du pétiole et l'introduit vivement, afin d'éviter la flétrissure des parties internes, où la soudure doit se faire (*fig.* 853). La portion du sujet écussonné est représentée alors par la figure 852 L.

Il reste à compléter le travail par la ligature. Son but est de rapprocher les écorces et de les maintenir serrées; le résultat est la cicatrisation de la plaie par suite de l'union forcée entre les deux parties.

Les liens que nous préférons sont la laine et la feuille de massette (plante des marécages). On emploie encore le coton, la natte d'emballage, le jonc, etc., etc.

La massette se récolte vers la fin de l'été, sur le bord des étangs, des viviers et des rivières; on en sépare les feuilles qui sont agglomérées à leur base, et on les accroche au grenier, par paquets noués à leur sommet. Elles se dessèchent ainsi à l'ombre, et l'année suivante, au moment de s'en servir, il n'y a plus qu'à les diviser par longueurs convenables. Après cela, on les fait tremper quelques heures dans l'eau, puis on les presse bien pour en enlever l'humidité surabondante.

Ces feuilles n'ont pas seulement le mérite de

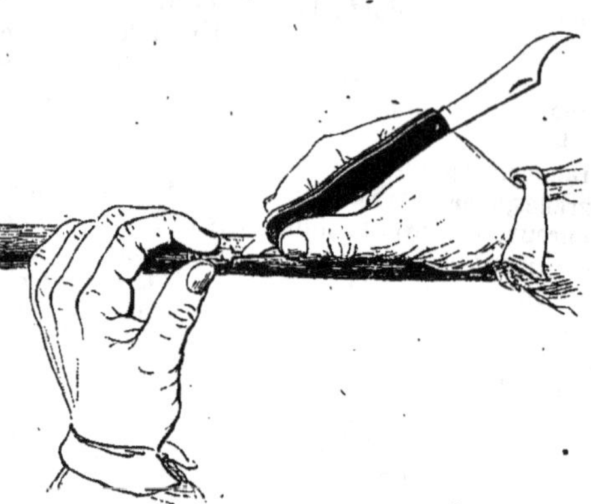

Fig. 853. — Insertion de l'écusson.

réaliser des économies de quelque importance dans les écussonnages sur une grande échelle, elles ont celui, en outre, d'offrir un peu d'élasticité, de se prêter au développement du sujet, ou bien de se rompre plutôt que d'étrangler la greffe, comme l'étranglent les écorces de tilleul, et d'autres encore. Sur les branches fines, la laine est de beaucoup préférable aux fils de chanvre et de coton. Pour ligaturer, on imprime plusieurs tours successifs en spirale, autour du sujet comme le représente le dessin M de la figure 852. En commençant par le haut, on place un bout de la ligature sur le trait *j* du dessin O; on croise le brin de jonc ou de laine, deux ou trois tours par-dessus cette extrémité, et on continue pour arriver à la base du trait K; le deuxième bout de la ligature est passé sous l'avant-dernière spire, et serré convenablement. Les points qui demandent à être assez comprimés, sont le sommet et la base de l'incision, la gorge du bouton et le dos de son coussinet. Quand nous disons comprimé, nous n'entendons pas qu'il faille nouer la ligature à déchirer la plaie, à érailler l'écorce; nous ne voulons qu'une tension suffisante pour qu'une fois l'opération faite, le doigt, passant sur le lien, ne puisse pas le déranger.

En employant une substance comme la feuille de massette, il convient de la fendre longitudinalement avec le pouce, lorsqu'elle est trop large pour le sujet; puis on la pose sur champ, et non à plat, et on la cordelle à chaque spire; autrement elle se déroulerait promptement d'elle-même. Il n'y a pas nécessité de couvrir complétement l'incision avec la ligature; c'est quelquefois au détriment de sa tension; nous aimons mieux laisser un léger intervalle entre les spires, et serrer le lien comme il faut.

Tel est le moyen le plus généralement employé pour l'écussonnage; nous connaissons d'autres procédés de fantaisie, mais il nous suffit d'avoir indiqué le plus expéditif.

Toutefois, nous ajouterons que si l'on rencontrait de trop gros yeux pour le sujet (ceux du marronnier à fleurs, par exemple), il faudrait recourir à l'incision cruciale + et inoculer l'écusson de manière que l'œil se trouvât au point d'intersection des deux traits. Grâce à cette modification, la greffe serait beaucoup plus solide.

Nous pensons que les deux incisions faites en sens inverse et formant un ⊥ renversé, conviendraient pour les sujets doués d'une séve fougueuse.

Deux saisons conviennent au greffage en écusson : l'été, pour l'écussonnage à œil dormant ; le printemps, pour l'écussonnage à œil poussant.

Écussonnage à œil dormant. — On appelle œil dormant celui qui ne doit pas végéter avant le printemps qui succède à son inoculation.

Les mois de juin, juillet, août, septembre, sont consacrés à ce genre de greffage. Le moment dépend de l'état des sujets. Les plus âgés, ceux dont la végétation s'arrête de bonne heure, seront opérés les premiers ; les plus jeunes, les plus vigoureux, viennent ensuite. Ainsi, toute proportion gardée, nous écussonnons la haute tige avant la basse tige, le plant de l'année avant le plant des années précédentes; le prunier, le merisier, plus tôt que le Sainte-Lucie et l'amandier ; le poirier sauvageon, l'aubépine, avant le cognassier et le pommier; les érables et les frênes après les marronniers et les lilas, etc.

Si l'on craint de voir la séve des sujets arrêtée avant la maturation des greffes, on hâte l'aoûtement de ces dernières par le pincement de leur sommet; pincement d'autant plus sévère qu'elles devront être employées plus tôt, et cela au moins quinze jours avant de s'en servir. Pincées trop tôt, quand les bourgeons (yeux) ne sont point apparents, ils se développent avant l'aoûtement du rameau. D'un autre côté, on peut prolonger la végétation active du sujet par des arrosements combinés avec des labours. Retardée ici, devancée là-bas, la séve finit par se trouver à peu près en harmonie dans les deux parties qui vont être rapprochées.

Habituellement, nous donnons un binage quelques jours avant d'écussonner, afin de stimuler la séve, et un second le lendemain de l'écussonnage, afin de l'entretenir.

Il serait imprudent d'écussonner quand la séve est au paroxysme de sa fougue : « l'œil, disent les praticiens, serait noyé. » D'un autre côté, l'on doit accélérer les écussonnages en retard, quand la rosée commence à devenir froide. La séve alors perd son activité, et l'écorce des rameaux à greffer devient adhérente à l'aubier.

Si, vers cette époque, les sujets étaient encore pourvus d'une séve abondante qui se continue jusqu'au mois d'octobre, on les écussonnerait du 15 août au 15 septembre. Les greffes sont encore bonnes. Un instant avant d'écussonner, on réunit les branches du sauvageon en les liant, et, aussitôt le greffage terminé, on coupe l'extrémité de ces branches aux deux tiers de leur longueur. La fougue de la séve éprouve un temps d'arrêt, et la soudure de l'œil est très-rapide. Le Sainte-Lucie, l'amandier, l'érable Negundo et autres espèces à végétation luxuriante et prolongée, sont astreintes à ce régime.

Quand on a des greffes de qualité douteuse, ou si, pour toute autre cause, l'opération court des chances d'insuccès, on double l'écussonnage en posant plusieurs bourgeons sur les parties le plus en séve. Du reste, deux bourgeons opposés, sur un gros sujet, ont l'avantage de former promptement un arbre de pépinière; mais pour l'avenir, on fera disparaître le moins bien placé, après une année de végétation.

Un autre conseil profitable à la pratique, c'est d'écussonner les plants dans le sens des rangs. Le travail du greffage en est accéléré, le coude de l'écusson disparaît dans la ligne, et l'onglet, plus facile à enlever, laisse une plaie moins exposée au soleil.

En opérant sur des sujets destinés à l'espalier, comme le pêcher, et qui forment souvent un coude au collet par suite de la plantation du noyau en rayons, il est urgent de placer l'écusson dans le sens de la direction de la radicule, afin que, lors de la plantation de l'arbre en espalier, la griffe chevelue soit tournée en avant pour ne pas heurter la fondation du mur. En même temps, la coupe de l'onglet regardera le mur et se trouvera abritée du soleil.

Nous avons encore l'habitude de placer nos écussons au côté nord des sujets, quand il s'agit d'espèces délicates, redoutant les frimas du printemps, comme le pêcher et l'abricotier.

Si l'écussonnage est fait dans une situation où la chaleur intense se concentre trop, ou à l'aspect sud d'un bâtiment, nous attachons une feuille d'arbre assez large au-dessus de l'œil, en guise d'ombrelle, et en vue de le protéger contre la vivacité soutenue des rayons solaires.

Lorsqu'on passe en revue les écussons trois semaines après qu'on les a posés, on remplace ceux qui ont manqué et que l'on reconnaît à leur épiderme noirci et ridé; le pétiole de la feuille y est encore adhérent. La circulation de la séve est déjà très-ralentie, et il faut pour ainsi dire en chercher les derniers courants, soit à la gorge d'une branche latérale, soit sur la tige et immédiatement au-dessous du talon d'une branche vigoureuse. Il arrive assez fréquemment que la réussite de ce deuxième greffage est plus certaine que celle du premier, quand on s'est trop hâté de le faire.

Pendant que les sujets grossissent, il faut surveiller la ligature. Aussitôt qu'elle commence à pénétrer dans l'écorce, on lui donne un léger coup de greffoir sur le côté opposé à l'écusson, et on la laisse tomber d'elle-même. Cependant, si elle y était trop incrustée, on serait forcé de l'enlever. Avec les greffes appartenant à des espèces ou à des variétés sensibles au froid, on attendrait que l'hiver fût passé pour ôter les ligatures en question.

Tout à l'heure, à l'occasion des soins généraux, nous dirons un mot des opérations complémentaires du greffage en écusson, du tronçonnement du sujet, de l'ébourgeonnement, de la suppression de l'onglet.

Ecussonnage à œil poussant. — L'écussonnage à œil poussant doit être pratiqué de façon que le bourgeon se développe dans le courant de l'année où il a été greffé.

Nous l'employons pour le rosier, pour quelques arbustes d'ornement, et dans la catégorie des arbres fruitiers, lorsque nous voulons précipiter la multiplication de certaines variétés rares. Le pêcher s'y prête, et c'est d'autant plus heureux qu'il réussit difficilement au greffage en fente.

En hiver, et tant que la végétation est engourdie, nous coupons nos rameaux à greffer pour les enterrer au nord, en les couchant de toute leur longueur à une profondeur de 0m,08 à 0m,09. Quand les sujets sont assez séveux pour que l'écorce puisse se détacher aisément de l'aubier, nous déterrons nos greffes, et nous en écussonnons les bourgeons (yeux) par les procédés ordinaires.

L'écimage ou étêtage, c'est-à-dire la suppression de la tête du sujet, en vue de favoriser le développement du bourgeon écussonné, doit avoir lieu partiellement, huit jours après l'opération. Si l'écusson paraît être soudé, nous ébranchons la partie située au delà de la greffe, en coupant les branches à moitié de leur longueur. La semaine suivante, nous retaillons ces branches encore plus près de leur talon, et nous écimons le prolongement de la tige à 0m,30 au-dessus de l'écusson. Si les branches latérales faisaient défaut, on ménagerait plusieurs scions herbacés que l'on contiendrait par le pincement. Enfin, lorsque le bourgeon écussonné aura atteint 0m,20 de longueur et qu'il sera assez solide pour être abandonné à lui-même, le sujet sera définitivement étêté à 0m,16 au-dessus du point de l'écussonnage, et les scions d'appel seront supprimés en deux ou trois fois.

Pour les rosiers, on n'emploie pas seulement des rameaux de l'année précédente. L'églantier, sujet du rosier, ayant au printemps projeté ses rameaux à droite et à gauche, nous conservons les deux ou trois mieux placés, et lorsqu'ils ont atteint la grosseur d'un tuyau de plume à écrire, ils peuvent recevoir l'écusson. A ce moment, fin mai ou commencement de juin, nous trouvons à greffer de jeunes rameaux qui ont fleuri, et quelques instants avant d'en opérer l'écussonnage, nous arquons les rameaux de l'églantier en les ramenant et les attachant sur la tige ; il y a temps d'arrêt dans la séve, et l'œil écussonné à la gorge de ces rameaux se soude promptement au sujet.

Huit jours plus tard, l'écimage des rameaux commence et se continue tous les huit ou quinze jours, à mesure que la greffe se développe, de manière à les tronçonner, à l'automne, à 0m,05 du point greffé.

Passé la saison du printemps, il y aurait danger à faire pousser l'écusson ; il n'aurait pas le temps de s'aoûter assez pour braver l'hiver, et sa végétation future serait chétive, inférieure à celle d'un bon œil dormant. Aussi, pour contraindre un écusson, posé de bonne heure, à rester dormant, nous nous abstenons de lui retrancher la moindre parcelle de branche, pas même les rameaux latéraux qui commencent à percer sur la tige. Leur présence arrête le drageonnage des racines et le développement de l'écusson. On ajourne les suppressions à l'hiver suivant.

Puisque nous avons cité le rosier, ajoutons que certaines variétés à bois moelleux, comme les rosiers thés, les mousseuses, les hybrides délicates, réussissent mieux écussonnées à œil dormant, en deuxième saison.

L'écussonnage, fait dans la serre à multiplication, est encore à œil poussant ; mais la végétation n'y étant plus à son état normal, nous n'avons pas à nous en occuper.

Greffe de rameau inoculé. — Nous employons des sommités de rameaux pour greffes, et si nous n'en avons pas assez, nous prenons des fragments de 0m,05 à 0m,10, portant des yeux bien formés. Nous en taillons la base en biseau pied-de-biche ou bec-de-flûte, par une coupe nette, sans cran ni encoche, partant de la moitié du greffon, en face d'un œil, jusqu'à son extrémité, en arrivant en pointe contre l'écorce.

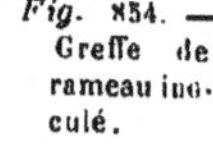
Fig. 854. — Greffe de rameau inoculé.

Nous l'inoculons sur un sujet en séve au moyen d'une incision décrite à l'écussonnage ; et pour faciliter l'application du coude, situé à la jonction du biseau sur le sommet du greffon, nous surmontons le T d'une légère entaille, indiquée sur notre dessin.

Au lieu d'une incision à deux bras perpendiculaires, nous pourrions nous contenter d'une simple ouverture en œil-de-bœuf, en lucarne, en fronton, par laquelle nous glisserions notre rameau et le ferions pénétrer sous l'écorce sans l'avoir fendue ; ce serait là une véritable inoculation.

Avec l'incision ordinaire, on peut tailler son greffon de manière à lui conserver un œil sur le dos du biseau ; et l'on agira ainsi chaque fois que l'on occupera un greffon privé de son bouton terminal.

On ligature solidement, et on garnit de mastic ou de boue la tête de l'incision, car les lèvres de l'écorce ne sauraient se rejoindre comme si elles couvraient une simple plaque très-mince.

Le moment de faire ce greffage, est celui de l'écussonnage. On choisit, à cet effet, des scions aoûtés, des dards, des brindilles fermes, etc., effeuillés bien entendu. On peut encore exécuter utilement cette greffe au printemps quand la séve isole l'écorce du bois. On se sert de rameaux conservés en terre, couchés de toute leur longueur, et relevés au moment de l'emploi.

Ce greffage mérite d'être plus répandu. Il est facile à opérer ; en outre, il rendrait de grands services dans la multiplication des arbres fruitiers et des arbustes d'ornement. Avec lui, on utilise des sommités de rameaux que l'on rejetait souvent comme impropres à l'écussonnage, aussi bien pour le poirier que pour le rosier, le cornouiller, le hêtre, etc. ; nous inoculons ainsi une greffe sur une tige rendurcie qui se serait refusée au bourgeon-écusson. On comprend de suite l'avantage de pouvoir, par cette greffe, garnir une pyramide ou un espalier dénudé.

L'étêtage du sujet est encore le même que pour l'écussonnage. Nous le pratiquons au printemps qui suit l'opération, quand le greffage a été fait à œil dormant; et si nous avons greffé en avril-mai, à œil poussant, nous étêtons huit ou quinze jours après, en tronçonnant à plusieurs fois les sommités, de manière à laisser un onglet de 0m,10.

GREFFAGE PAR APPLICATION

Greffe en placage par bourgeon (*fig.* 855). — Dans le greffage en écusson, lorsque le sujet est trop faible en diamètre, comparativement au greffon, ou d'une configuration qui s'oppose à l'inoculation de celui-ci, nous aurons recours à une sorte de greffe en placage. L'œil du rameau porte-greffe est enlevé ainsi que nous l'avons expliqué à propos de l'écussonnage, ou comme l'indique la greffe A; il suffit de quatre traits de greffoir en haut, en bas et de chaque côté du bourgeon, puis on saisit celui-ci à la base du pétiole, et par un demi-tour de main donné sèchement, on le détache de son rameau. Si l'on craignait de vider l'œil, on s'aiderait de la spatule de l'outil, que l'on ferait glisser entre le liber et l'aubier.

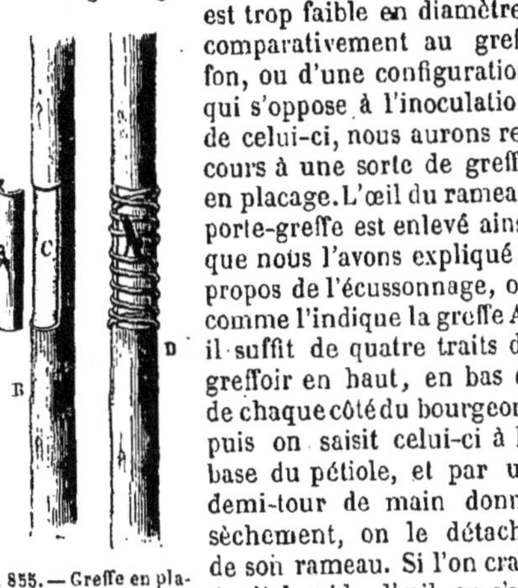

Fig. 855. — Greffe en placage par bourgeon.

Sans perdre une seconde, nous portons la greffe sur le sujet (B) à l'endroit qui doit la recevoir; avec la lame du greffoir, nous y traçons la silhouette de la plaque à greffer, et il n'y a plus qu'à enlever vivement l'écorce du sujet, ce qui laisse une place nue (C) contre laquelle on plaque la greffe (A). En deux mots, nous prenons la mesure exacte de la greffe sur l'écorce du sujet; nous enlevons cette écorce et nous logeons à sa place la plaque qui porte la greffe. Après cela, nous ligaturons comme on le voit en (D); mais en prenant plus de précautions que s'il s'était agi d'un écussonnage ordinaire.

Un végétal à feuillage caduc demande que la feuille du greffon soit préalablement coupée sur son pétiole; du reste, on prépare le rameau à greffer tout comme celui du greffage précédent.

L'étêtage du sujet est immédiat et par gradation, si l'opération est faite à œil poussant; il aura lieu après les gelées, si elle est à œil dormant. Nous recommandons de ne pas négliger le palissage de la greffe.

Greffe en placage par rameau (*fig.* 856). — Ce deuxième procédé est, pour ainsi dire, exigé par les espèces à feuillage persistant : les rhododendrons, les camellias, les azalées, les conifères, etc. La greffe est un fragment de rameau ligneux, muni de deux, trois ou quatre yeux, et autant que possible d'un œil terminal; sa longueur peut varier entre 0m,02 et 0m,10; on laissera les feuilles à cette greffe, si elle est de race toujours verte.

La saison d'opérer est indiquée par les premiers mouvements de la séve, de mars-avril jusqu'en mai, et l'on se sert des rameaux de la dernière année. On peut encore attendre le déclin de la séve, c'est-à-dire les mois d'août, de septembre, quelquefois d'octobre, lorsque le liber n'est pas encore adhérent à l'aubier, et qu'il se trouve assez de cambium pour souder les deux parties. Alors on emploie des rameaux bien constitués, de l'année courante.

On taille la base de la greffe en biseau plat, dit pied-de-biche, par une section droite commençant en face d'un œil et se terminant à la base de la greffe, sans cran ni languette. On place cette greffe contre le sujet (B), au point qui lui est réservé, et, comme pour le système précédent, on y prend la mesure du biseau; on enlève l'écorce comprise dans le tracé, et à sa place on loge la greffe qui doit remplir exactement le vide.

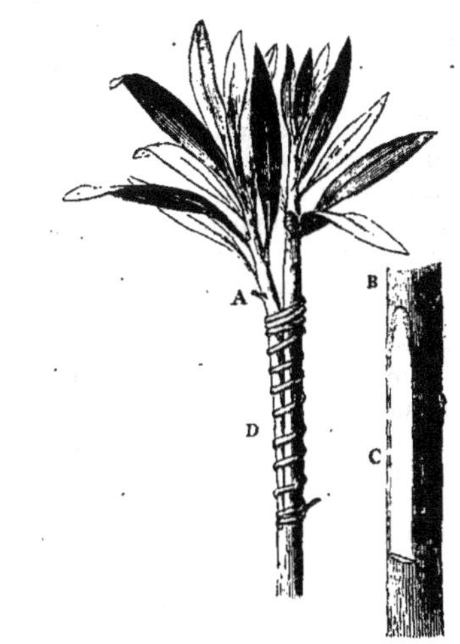

Fig. 856. — Greffage en placage par rameau.

On maintient la plaque au moyen d'une ligature rapprochée, que nous qualifions de cordelage, et on recouvre les parties vives exposées à l'air avec un mastic onctueux et froid.

La greffe (A) de rhododendron, rapportée en D, présentera alors l'aspect de la figure 856. Toutefois, en agissant sur un sujet d'une circonférence assez forte, on aurait la faculté de grouper deux ou trois greffes à la même hauteur.

Le moment de l'étêtage est subordonné à l'époque de l'opération.

Le greffage du printemps étant destiné à fournir une pousse dans la même année, nous commençons à étêter quinze jours après l'opération, et nous arrivons graduellement, à mesure que la greffe se développe, à raccourcir le sujet à 0m,10 au-dessus du point greffé. On ménagera quelques feuilles sur l'onglet des races toujours vertes.

Les greffes d'automne seront affranchies au mois de mars suivant, et d'une manière plus radicale. On reconnaît le bon état de la greffe à son aspect non ridé, à ses bourgeons fermes et rebondis; on tronçonne la tige à 0m,10 au-dessus de l'insertion de la greffe. Celles qui auraient manqué pourraient être recommencées à œil poussant, aux premiers mouvements de la séve. Ici, comme pour le greffage précédent et pour celui qui va suivre, il convient de s'aider d'un tuteur pour soutenir le jet de la greffe.

Greffe de rameau incrusté. — Bien que nous ayons entendu appeler ce greffage *greffe Lée*, *greffe à la Pontoise*; nous prenons la liberté de lui appliquer une dénomination qui caractérise plus spécialement le mode d'opérer.

Le sujet est tronqué au printemps, avant que la séve s'agite; on unit bien la plaie et on prépare sa greffe. Cette greffe est prise sur un rameau de l'année précédente, conservé à la cave dans un vase plein de terre, ou enterré dans une plate-bande au nord. On fractionne ce rameau en morceaux d'une longueur qui peut aller jusqu'à 0m,12, selon l'étendue du mérithalle; il suffit de deux ou trois yeux en tête de la greffe, et d'une longueur semblable à la base. Cette base, qui comprend la moitié du greffon, sera taillée en coin triangulaire (non pas en coin aminci en lame de couteau), dont les parois avivées soient à peu près d'égale largeur au dos du biseau. Si la greffe était trop grosse pour le sujet, on obtiendrait son amincissement par une légère encoche au sommet du biseau.

Nous appliquons le dos du biseau contre le sujet, pour en marquer les dimensions, et avec un greffoir ordinaire ou muni d'une lame en gouge angulaire, nous faisons à cet endroit, en tête de la tige, une entaille cunéiforme de dimension semblable au coin du greffon. L'outil tranche l'écorce et les premières couches d'aubier qu'il enlève; il en résulte une ouverture dans laquelle nous incrustons la base du greffon. La ligature et l'engluement complètent ce greffage qui convient à la multiplication des arbres fruitiers et d'ornement, de l'oranger et d'autres essences toujours vertes, qui ne demandent pas à avoir le tronc fendu, et qui ne se prêteraient pas à l'inoculation.

Nous pourrions encore nous en servir avec des rameaux légèrement coudés, que l'on enchâsserait ainsi sur une tige non tronquée, mais que l'on étêterait à une époque calculée d'après le moment du greffage, ainsi que nous l'avons dit précédemment.

Dans cette même catégorie, nous pouvons ranger la greffe de rameau incrusté obliquement, surtout spéciale au houx.

Le greffon (E, *fig.* 857) est une sommité de rameau; nous en amincissons la base sur deux faces, en forme d'anche de hautbois. On voit en B le biseau (C) taillé comme il faut. Nous pratiquons ensuite avec une serpette ou un greffoir sur le sujet (A) l'incision (D), faite en biais, avec l'extrémité supérieure arrondie en faucille, tranchant obliquement l'écorce et les premières couches d'aubier. Nous y insérons le greffon qui s'y trouvera naturellement dans une position penchée, à moins que le biseau n'ait été lui-même taillé en biais, et on la maintient par un cordelage de laine ou de coton. L'engluement n'est pas obligatoire

Cette greffe faite au mois d'avril et au mois d'août est soumise à l'ébranchage successif ou

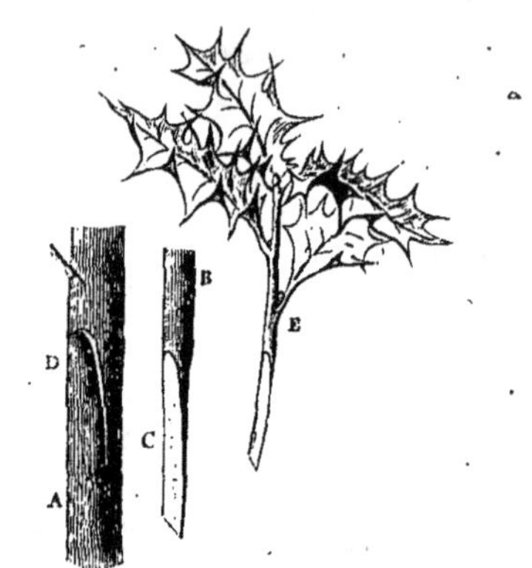

Fig. 857. — Greffage de rameau incrusté.

à l'étêtage complet, ainsi que nous l'avons déjà dit.

GREFFAGE EN FENTE

La greffe en fente est utilisée pour propager la majeure partie des végétaux à fruits comestibles et des arbres d'ornement. Le pépiniériste y a recours pour multiplier de suite les variétés qu'il se procure en hiver, et pour regreffer les sujets qui n'ont pas réussi à l'écussonnage. L'amateur l'emploie encore pour changer la nature d'un arbre qui ne pourrait plus supporter le bourgeon-écusson, en lui greffant ses branches avec une autre variété.

Le sujet doit être tronçonné au moment de l'opération; en le préparant trop tôt, on craindrait de fatiguer la sommité tranchée.

La greffe est un fragment de rameau muni d'un œil ou de plusieurs yeux. On a remarqué que dans une terre froide, dans un climat humide et sur un sol généreux, les greffes à quatre ou cinq bourgeons (yeux) sont préférables aux greffes courtes, tandis que dans un terrain maigre et sous un climat sec et chaud, les greffes courtes sont préférables aux greffes longues. Prenons le terme moyen ordinaire, deux ou trois yeux; elle a de 0m,08 à 0m,10 de longueur; c'est du poirier ou du pommier, du prunier ou du cerisier.

Nous taillons la partie inférieure de la greffe sur deux faces, en biseau presque triangulaire. Nous disons presque, attendu que les deux côtés taillés, en s'amincissant, ne se rencontrent à vive arête que vers la pointe; il reste fort souvent une lamelle d'écorce, avec du bois au-dessous, bien entendu, qui va en s'élargissant jusqu'au sommet du biseau. A l'opposé de cette arête est le dos du biseau laissé intact par l'outil, commençant immédiatement sous un œil et se terminant en pointe à l'extrémité inférieure de la greffe. Quelquefois même, un ouvrier habile sait ménager sur le dos du biseau un bourgeon qui se trouve enchâssé dans le sujet; le scion qui en résultera sera moins exposé aux balancements du vent. Le bourgeon placé au sommet du biseau, et qui se trouvera par le fait à la hauteur du tronçonnement du sujet, jouira du même privilége.

Quand on veut asseoir parfaitement le rameau-greffon sur le sujet, on fait au sommet du biseau, en tête de chaque paroi amincie, une légère entaille horizontale ou oblique, dans le sens de la coupe de la tige. Cette entaille ne saurait être profonde parce qu'elle nécessite un amincissement plus fort des deux faces taillées du biseau, ce qui rend le maniement du greffon, lors de son insertion, plus minutieux; et d'un autre côté, l'étendue du cran est au détriment de la solidité de la greffe.

Quand plusieurs greffes sont réunies sur la même tige, on s'exempte de faire cette entaille transversale, et l'on ne s'en trouve pas mal.

La préparation de la greffe s'obtient plus aisément en la tenant couchée horizontalement sur la main gauche, allongée sur l'index. La main droite armée d'une petite serpette ou d'un greffoir, la taille vivement en lissant chaque côté du biseau; la moindre inégalité s'opposerait à sa coïncidence exacte sur le sujet; la pointe doit être légèrement émoussée afin de faciliter le glissement.

Le sujet est tronçonné au moment de l'opération, au point destiné à recevoir la greffe. Lorsqu'on emploie la scie et le sécateur pour l'étêter, on unit la plaie avec la serpette, on la rend nette, on efface les déchirures, les mâchures de l'outil, on nivelle en un mot les inégalités de surface.

Si la tige est de moyenne grosseur, nous ne lui appliquons qu'une greffe; alors nous établissons l'aire de la coupe dans un sens légèrement oblique; mais si la force du sujet exige plusieurs greffes, nous faisons la coupe sur un plan horizontal.

Dans le premier cas (*fig.* 858), le sujet A étant tronçonné obliquement en B, le sommet C de la coupe sera aplani horizontalement; puis, en y plaçant le bec de la serpette, ou la lame du couteau à greffer, nous balançons l'outil par secousses légères et brusques, en appuyant et le modérant à la fois, de manière qu'il en résulte une fente verticale D de la longueur approximative du biseau de la greffe. Le talent du greffeur consiste à ne pas fendre transversalement le sujet. Ce mouvement saccadé de la main qui tient l'outil a encore pour but de trancher l'écorce et les premières couches d'aubier, pour que la fente ait, on peut le dire, son chemin tracé; les parois de cette fente seraient irrégulièrement séparées, que nous nous abstiendrions de les lisser, ou pour le moins, d'y enlever des éclats.

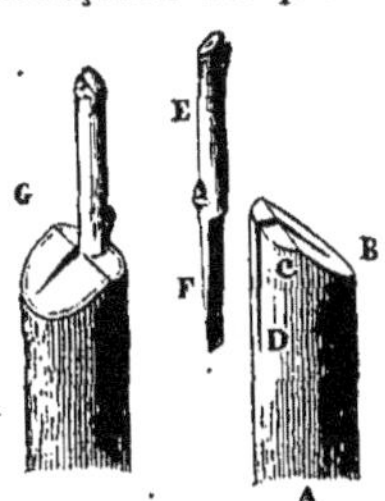

Fig. 858. — Greffe en fente.

Au moment où cette fente est aux deux tiers finie, de l'autre main, nous prenons la greffe, et nous l'y insérons par l'orifice supérieur, en la faisant descendre à mesure que l'incision s'agrandit. Nous retirons même l'outil assez tôt pour que la greffe, se trouvant poussée par la main, achève de préparer son logement. On a le soin de la faire glisser de suite dans sa position définitive, de façon que son écorce coïncide avec celle du sujet, sans saillie, sans cavité prolongée. La tige aurait une écorce épaisse, que nous inclinerions faiblement la greffe dans la fente, rentrant au sommet, sortant à la base, de sorte que le croisement des couches de liber et d'aubier des deux parties, amènerait inévitablement quelque point de contact.

On serait tenté de croire que la greffe E placée à la base de la coupe B, se desséchera moins vite que dans la figure G : c'est une erreur. La capillarité et diverses forces dont nous n'avons pas à nous occuper, font monter parfaitement la séve dans les canaux les plus élevés.

Avec une fente partielle, le sujet se trouve bridé plus solidement qu'avec une fente de part en part; aussi la ligature est-elle à peu près inutile, nous disons à peu près, parce que certaines tiges trop fendues, ou directement frappées par le soleil, ou ayant une tendance à laisser éclater leur ouverture, réclament un cordelage de trois ou quatre tours en ficelle ou en corde de tilleul; on serre le lien convenablement au sommet de la tige, et en toute occasion, on recouvre d'un mastic onctueux les parties opérées, mises à nu.

Quand le sujet réclame deux greffes, le tronc A par exemple (*fig.* 859), la coupe B sera horizontale, et nous le fendrons diagonalement en C. Dans ce but, nous plaçons sur toute la largeur de l'aire, une serpette ou un couteau à lame rectangulaire, la lame perpendiculaire à la tige, et au milieu de la coupe. Nous appuyons des deux mains; si le bois est résistant, il faut le secours du maillet; les greffes sont dans notre bouche, ou mieux dans un vase contenant de la mousse fraîche. Quand la fente est aux deux tiers finie, nous retirons l'outil sur un bord, de manière que l'incision soit toujours entre-bâillée; nous plaçons une greffe D à l'autre bord, et en employant l'outil comme un levier, nous faisons pénétrer la greffe complétement. L'insertion de l'autre n'est plus difficile; peut-être faudra-t-il encore placer la lame dans la fente C, vers l'étui médullaire, et forcer un peu l'ouverture, pour faciliter le glissement de la deuxième greffe.

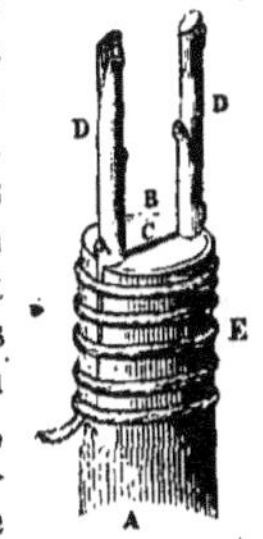

Fig. 859.

Si cette pression de l'outil devait présenter quelque inconvénient, nous introduirions provisoirement, un petit coin de buis au milieu de la fente C. Il nous permettrait d'introduire librement les deux rameaux, sans toutefois agrandir la fente, ce qui empêcherait les deux parties du sujet fendu de se rapprocher naturellement et de serrer les greffes.

La ligature est à peu près indispensable; l'engluement est rigoureusement nécessaire. Actuellement, on trouve dans le commerce des mastics poisseux que l'on applique à froid, à l'aide d'une spatule, sur les parties avivées d'une greffe et sur les plaies des arbres. Nous les préférons aux compositions de poix noire, de poix blanche, de cire, de suif, de résine, d'ocre ou de cendre, etc., qui nécessitent un attirail de fourneau, un entretien à la chaleur, et qui ont le tort plus grave de pouvoir brûler les organes qui les reçoivent. A la campagne, les cultivateurs emploient le fameux onguent de Saint-Fiacre, qui est un mélange de bouse de vache et d'argile, ou se servent de boue grasse qu'ils recouvrent d'un linge pour la soustraire au soleil et à la pluie. L'essentiel est de ne pas se servir d'un mélange capable de fatiguer le végétal, de se gercer à l'air ou de fondre au soleil.

Une tige déjà forte réclame plus de deux greffes pour que la force vitale aérienne s'harmonise avec la force des racines; mais, n'y pouvant placer que deux rameaux par ouverture, il y aurait à redouter d'autres fentes transversales qui finiraient par trop affaiblir le tronc. Nous aurons recours à un procédé qui ménage le cœur de l'arbre tout en augmentant le nombre d'incisions, et, partant, le nombre de scions à greffer.

Nous pratiquons plusieurs fentes de côté *a*, *a*, *a* (*fig.* 860), qui, géométriquement parlant, sont à l'aire de la coupe, des cordes tendues dans le cercle, et non des rayons.

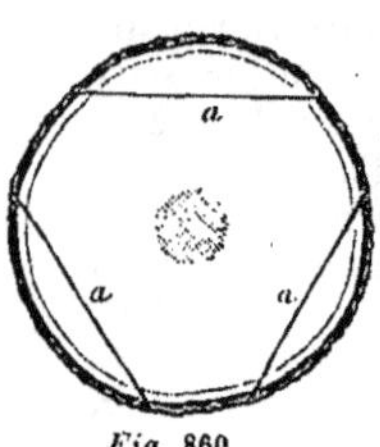

Fig. 860.

Les greffes auront, comme toujours, un œil à la hauteur du tronçonnement; et s'il peut s'en trouver un sur le dos du biseau, on augmente le nombre de scions qui sauront mieux résister aux bourrasques; car ce système de greffage est surtout applicable aux vieux arbres.

Nous verrons tout à l'heure, à l'occasion de chaque greffage en fente, comment il convient de choisir ses greffes. Faisons cependant rentrer dans les généralités les quelques remarques suivantes :

Certaines espèces recherchent un œil terminal à la greffe, et nous citerons le noyer, le marronnier à fleurs, l'érable, le houx. Les unes, comme le néflier du Japon, exigent un bourgeon terminal ou un rameau âgé de deux ans.

D'autres, et dans le nombre le févier, réclament ce bois de deux ans, seulement pour la partie taillée en biseau, de sorte que la greffe a deux ans à sa base, un an au sommet. Pour le hêtre, au contraire, c'est l'endroit du sujet greffé qui doit avoir plus d'un an, etc. Ces particularités guideront dans le choix des scions à greffer.

Voyons maintenant les époques qui conviennent au greffage en fente. Nous entendons l'époque propre à l'espèce, et non pas cette supposition absurde de la tradition, qui attribue à la lune une influence quelconque sur l'avenir des greffes. Certaines personnes ont encore la bonhomie de croire que les greffes appliquées en lune nouvelle, sont plus vigoureuses, et celles de vieille lune, plus fructueuses.

Greffe en fente de printemps. — Les mois de mars et d'avril sont les époques habituelles pour ce greffage en fente. On commence naturellement l'opération par les espèces ou variétés plus hâtives en végétation, ou situées dans un pays plus chaud. Une température ordinaire convient assez; la pluie serait moins pernicieuse qu'une grande sécheresse.

Les rameaux à greffer sont coupés en hiver et descendus à la cave, le pied enfoncé dans une caisse contenant du sable terreux. Au moment du greffage, on met la caisse dehors, dans un endroit ombragé. On peut encore les enterrer de suite au nord; mais s'ils étaient mal placés, il vaudrait mieux ne les couper qu'au moment de s'en servir, avant leur bourgeonnage.

S'il y avait inégalité de séve entre le sujet et la greffe, il serait plus logique que la greffe fût en retard, parce que, dans l'hypothèse contraire, elle attendrait du sujet une nourriture qui ne lui viendrait pas, et finirait par dépérir.

Quand survient la température capricieuse d'avril et de mai, la végétation est encore faible et peut s'anéantir chez quelques espèces délicates; un préservatif bien facile à appliquer, c'est une feuille de papier gris engluée dans le mastic autour de la greffe, et non fermée par le haut; ou bien encore, un cornet de papier coiffant la greffe comme un capuchon, ouvert à la base. On les enlève quand les hâles et les frimas ne sont plus à redouter.

Greffe en fente d'automne. — La greffe en fente de l'automne se pratique en tous points comme celle du printemps; il n'y a que l'époque de changée. La période est comprise dans les mois de septembre et d'octobre; mais il faut savoir saisir le moment où la séve touche à son déclin, où les rameaux du sujet ont leurs tissus formés, et où les feuilles, quoique encore adhérentes, s'apprêtent à tomber. Posée trop tôt, la greffe pourrait bourgeonner, et cette précocité d'arrière-saison lui serait funeste en hiver; elle offrirait plus de prise au froid que si elle était restée dormante; par contre-coup, si la greffe était posée trop tard, elle ne pourrait plus s'unir au sujet par suite de la disparition du cambium, et se trouverait desséchée quand arriverait la végétation du printemps.

Ainsi, on le voit, nous ne saurions poser en règle invariable l'époque convenable à chaque espèce ou variété; le degré de végétation est le pivot sur lequel repose la principale condition de succès. Deux sujets voisins, d'espèce semblable, peuvent réclamer un greffage d'automne à trois semaines d'intervalle. Aux personnes peu habituées à ce genre d'observation, nous dirons :

Essayez, tâtonnez, votre inexpérience sera votre meilleure école. Commencez vers le 15 septembre par les sujets les moins vigoureux; faites-en encore au 15 octobre sur ceux qui vous paraissent plus riches en séve, ou d'une végétation prolongée : la pratique est la démonstration la plus sage.

Parmi les essences que nous greffons à l'automne, le prunier et le cerisier-merisier, qui s'y prêtent, y trouvent cet avantage que, leur développement au mois d'avril suivant étant plus précoce que s'ils étaient greffés au printemps, ils auront moins à redouter les variations de température, et sauront mieux se défendre contre les insectes.

On comprend que les greffes seront coupées au moment de leur emploi, qu'elles seront aussitôt effeuillées et tenues au frais comme des scions destinés à l'écussonnage.

Greffe en fente d'été. — Plusieurs arbres résineux se multiplient en mai-juin, par la greffe en fente de rameaux herbacés surmontés de leur bourgeon ou œil terminal.

Le sujet (*fig.* 861) étant tronqué, on enlève les feuilles autour du sommet (B), sauf une petite couronne que l'on conserve à l'extrémité pour y appeler la séve. L'incision est faite comme les précédentes, et on y insère la greffe (C). Il arrive fort souvent que le sujet et la greffe sont de la même grosseur; alors celle-ci, au lieu d'être taillée en coin triangulaire, sera amincie régulièrement sur ses deux faces, et introduite à la tête du sujet fendu diamétralement, de manière que le sommet du biseau pénètre à $0^m,01$ au-dessous de la partie tronquée.

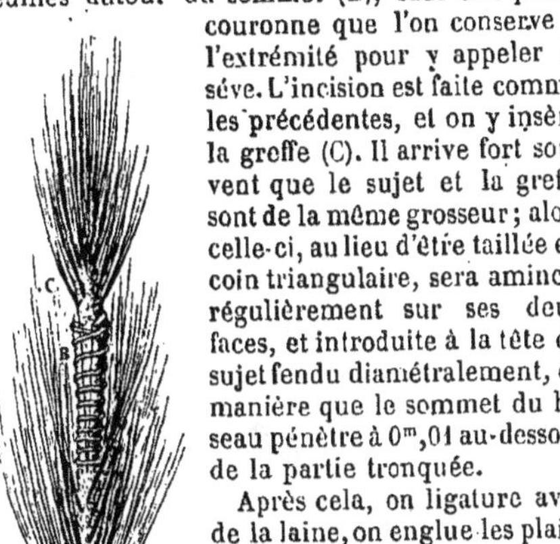

Fig. 861. — Greffe en fente d'été.

Après cela, on ligature avec de la laine, on englue les plaies exposées à l'air, et on ombrage l'endroit greffé avec une feuille d'arbre ou un morceau de papier. Aussitôt l'opération finie, on met un tuteur au jeune arbre, afin de prévenir le décollement, puis on rompt les jeunes rameaux immédiatement inférieurs à la partie greffée; tels sont les compléments obligés de ce greffage estival.

Cette façon de greffer les conifères ne s'applique qu'à des espèces ou variétés susceptibles de former par ce moyen des arbres aussi jolis que s'ils provenaient directement de semis. De ce nombre sont le pin cembro, le libocedrus et quelques autres dont on peut trancher la cime avec l'espoir d'en former une nouvelle à l'aide de bourgeons latéraux. Ce mode de greffage trouverait surtout son emploi sur les arbres pleureurs ou autres réclamant la greffe sur *haute tige*. Nous devons reconnaître que la greffe de rameaux inoculés ou plaqués avec des sommités de branches verticillaires et faite sur *basse tige*, présente des avantages au moins aussi nombreux que la greffe en fente.

Greffe en fente sur racine. — Au printemps, on opère, sur tubercule et sur tronçon de racine, la bignone, la pivoine en arbre, etc., avec une greffe ligneuse B (*fig.* 862) taillée en coin que l'on incruste sur le tronçon (A) portant une ouverture angulaire analogue au coin de la greffe. On ligature avec précaution. Quant à l'engluement, il est inutile, parce que la terre recouvrira les parties tranchées. L'opération finie, on met ces fragments de végétaux en pot et sous cloche à l'étouffée. Lorsque la végétation commence, on soulève la cloche, et, peu à peu, on arrive à l'enlever tout à fait. Dès que les jeunes élèves n'ont plus rien à craindre, on les rempote et on les enterre à l'abri, en attendant l'heure de les confier à la pleine terre.

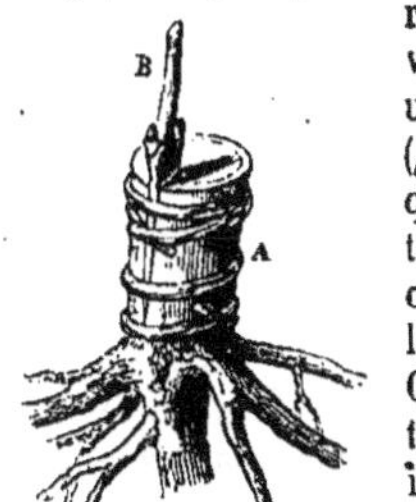

Fig. 862. — Greffe en fente sur racine.

Le biseau n'étant pas inséré complétement, et le tubercule-sujet étant enfoncé au-dessous du niveau du sol, la greffe produira du chevelu, et, par suite, s'affranchira pour former un végétal simple et complet. Il n'y aura plus à redouter le drageonnage pernicieux d'une racine étrangère.

Parmi les plantes molles, le dahlia et la rose trémière s'accommodent de ce procédé de multiplication.

Le greffage des clématites, en serre, se fait habituellement sur tronc de racine, avec des rameaux coupés sur des sujets en serre, au moment où le bourgeon se gonfle pour végéter. Cependant la réussite est plus certaine avec des greffes herbacées, en séve, non effeuillées, et cueillies en serre. Quand les racines nouvelles apparaissent autour de la motte — on s'en assure par le dépotage — et que le bourgeon se développe, on enlève la cloche; et on laisse encore quelque temps les nouveaux sujets se fortifier; puis on les rempote pour les placer sous châssis en attendant le plein air définitif.

L'althea réussit complétement à l'air libre, greffé rez-terre sur la variété ordinaire, mais il a l'inconvénient d'émettre au-dessous du bourrelet de la greffe une foule de rameaux épuisants. Nous éviterons cet inconvénient en pratiquant la greffe sur tronc de racine, immédiatement au-dessous du collet, ou sur racine secondaire. La végétation de l'althea indique que le greffage n'a pas besoin d'être fait de bonne heure. On remarquera, en outre, que les rameaux destinés à fournir les greffes redoutent les froids de l'hiver et qu'il est toujours prudent de les préparer dès l'automne, et de les enterrer au nord d'un abri ou à la cave. Une fois les fragments greffés, on les plante avec le plantoir dans une terre ordinaire, mais bien ameublie.

Plusieurs plantes d'une multiplication difficile peuvent se reproduire par le greffage d'un rameau sur un morceau de leur propre racine. Nous considérons ce procédé comme étant admissible pour la reproduction d'une foule de végétaux ligneux, avec différentes modifications propres à l'espèce. Des expériences sont commencées; et le succès déjà obtenu nous fait augurer un avenir heureux pour cette opération peu connue.

Greffage à l'anglaise. — La greffe à l'anglaise est variable dans ses formes, et susceptible d'être modifiée selon la disposition des parties et la fantaisie du greffeur.

C'est l'ente du charpentier. Le greffon (B, *fig.* 863) a toujours une longueur d'environ un mérithalle au sommet et autant à la base. S'il est à peu près de la grosseur du sujet, nous en taillons la base en bec de flûte allongé, et pratiquons une fente longitudinale vers la moitié de ce biseau.

Le sujet (A) subit une opération semblable, mais appliquée en sens inverse. D'abord, nous l'étêtons à la hauteur du point à greffer; nous donnons à l'aire de la coupe un biais semblable à celui du greffon; et, par un nouveau coup de serpette, nous pratiquons sur sa moitié une fente longitudinale; puis, y appliquant la greffe de manière que les deux fentes soient bout à bout, nous les agrafons réciproquement, la pointe (D) de l'un dans le cran (C) de l'autre. Au lieu d'une fente au milieu, nous pouvons la pratiquer au tiers ou aux deux tiers de la surface, non-seulement le canal médullaire sera ménagé, mais l'emboîtement sera plus facile. On ménage un œil (E) à la base du rameau, quand il y a possibilité de le faire. Quand la greffe est moins grosse que le sujet, nous la rapprochons du bord du biseau de manière à ce que les deux écorces correspondent entre elles. Au besoin, on pourrait y mettre une seconde greffe.

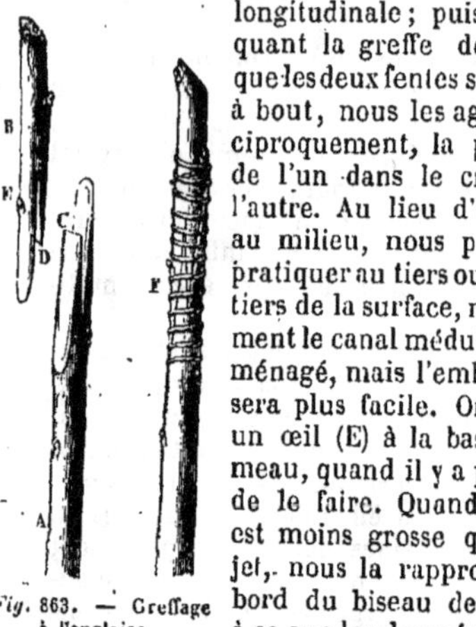

Fig. 863. — Greffage à l'anglaise.

Une ligature décrivant seulement quelques spires sur les extrémités qui tendent à s'écarter, et un masticage complètent le travail. La figure (F) représente l'opération terminée.

Le principal mérite de la greffe anglaise est de fournir un grand nombre de points de contact entre les deux parties.

Presque tous les végétaux acceptent ce mode de greffage. Il est recommandable pour la multiplication des individus qui ont un très-faible diamètre. On l'exécute habituellement au printemps, c'est-à-dire en mars-avril. On pourrait encore réussir à l'automne, au moment où la circulation de la séve se ralentit.

GREFFAGE EN COURONNE.

Le greffage en couronne est d'un bon emploi pour un grand nombre d'arbres et d'arbustes de divers genres. On l'exécute au printemps aussitôt que l'écorce se détache bien de l'aubier, mais on a la précaution de préparer les sujets à l'avance, de les étêter trois ou quatre semaines environ avant de les greffer. Nos aïeux donnaient le nom d'*ébottage* à cette opération préparatoire et la pratiquaient très-souvent à l'automne, c'est-à-dire plusieurs mois avant le greffage. Au moment de poser les greffes, on rafraîchit nécessairement avec la serpette les plaies plus ou moins cicatrisées. Avec le greffage en couronne, nous n'avons pas à fendre le sujet; nous plaçons les greffes entre l'aubier et le liber.

Les rameaux à greffer sont coupés en hiver, avant l'ascension de la séve, puis mis en terre, soit dans une caisse à la cave, soit au nord d'un bâtiment, dans une position verticale ou horizontale, couchés à moitié ou tout en long; l'essentiel est qu'ils ne bourgeonnent pas avant le temps et que leur écorce ne se dessèche point.

Une ligature ni lâche ni serrée, ne comprimant pas trop l'écorce, est nécessaire après l'insertion des greffes. Le mastic que nous employons est le même que pour le greffage en fente, mais, pour en faciliter l'adhérence, il convient, avant de l'appliquer, d'éponger le liquide séveux qui suinte des parties amputées.

Dans le cas où l'on aurait oublié de faire le greffage en fente, celui qui est en couronne servirait à réparer l'oubli. Il est d'ailleurs préférable au premier quand on agit sur de gros arbres, attendu qu'on peut insérer un aussi grand nombre de greffes que la circonférence le permet, avantage que l'on n'a pas avec celui-là, qui a en sus le défaut de mutiler le bois, ce qui est très-grave sur des individus déjà vieux, parce que la cicatrisation devient difficile. Toutefois, nous ferons observer en ce qui concerne le rajeunissement des vieux arbres que la durée des sujets rajeunis est en raison du nombre de branches opérées et qu'il convient de greffer toutes celles de troisième ordre. Elles sont bien préférables aux autres pour assurer le succès de l'opération. On laissera toujours entre les greffes insérées, sur une même branche une distance minimum de 0m,05; en les rapprochant trop, il serait à craindre que la soudure ne se fît pas complétement.

Greffe en couronne ordinaire. — Le sujet écimé provisoirement, est tranché net au moment du greffage; la surface de la coupe, parée à la serpette, est tenue obliquement si elle ne doit recevoir qu'une seule greffe, et horizontalement si elle en doit recevoir plusieurs.

La greffe est un fragment de rameau long de 0m,05 à 0m,12. Sa moitié supérieure aura deux ou trois bourgeons; sa moitié inférieure sera taillée en biseau, non plus en biseau triangulaire, comme pour la greffe en fente, mais en biseau plat, dit pied-de-biche ou bec-de-flûte; en examinant la base de la greffe, nous voyons que la portion retranchée est à peu près égale à la portion restante, c'est-à-dire que le biseau occupe la moitié du bout de rameau. Il doit commencer en face d'un œil et se terminer en s'amincissant, mais sans que son diamètre se trouve réduit. Un petit cran, ménagé à la partie supérieure du biseau est fort utile, en ce sens qu'il permet d'asseoir carrément la greffe sur le sujet.

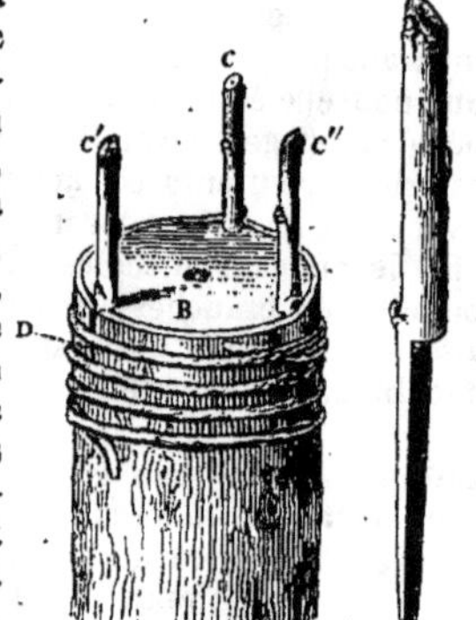

Fig. 864. — Greffage en couronne ordinaire.

L'insertion de cette greffe se fait en tête du sujet (*fig.* 864) sur la coupe (B) entre l'écorce et le bois; on amincit les deux faces de la pointe du biseau pour en faciliter le glissement; souvent même le greffeur se contente d'humecter cette pointe entre ses lèvres. La figure ci-dessus représeule la greffe c'' insérée sous l'écorce qui forme une légère saillie.

L'introduction de la greffe est singulièrement facilitée dans la plupart des cas par la circulation de la séve qui isole le liber de l'aubier. Cependant, il peut arriver que des greffes d'un gros volume menacent de déchirer les tissus, et alors, pour éviter cette déchirure, le mieux est de donner un coup de greffoir en long sur l'écorce du sujet. Le secours de cette incision longitudinale, répétons-le, est réellement nécessaire pour les insertions difficiles, ou lorsqu'on a plus d'une greffe à faire entrer sur la même tige. Ainsi la greffe c' a dû son introduction à la fente (D), l'écorce se trouvant trop tendue par les rameaux c, c''.

Les greffeurs ont habituellement à leur disposition un petit instrument en bois ou en ivoire, taillé en coin, ou en bec de flûte, qui leur sert à préparer, à essayer le logement de la greffe. Ils l'introduisent à l'endroit désigné, le retirent, et placent aussitôt la greffe dans l'ouverture. Avec cette précaution, on n'a pas à craindre de briser les rameaux délicats ou d'en déchirer l'écorce.

On saisit toujours la greffe par la tête et on la fait glisser entre le liber et l'aubier, comme s'il s'agissait d'un écusson.

Il n'y a plus ensuite qu'à ligaturer et à recouvrir d'un mastic, la plaie du sujet, les incisions latérales, et le sommet de chaque greffe; alors même qu'on n'aurait pas pratiqué d'incision, on doit toujours mastiquer le point d'insertion de la greffe; on prévient ainsi les déchirures d'écorce qui peuvent avoir lieu ultérieurement, pendant la reprise.

Greffe en couronne perfectionnée. — Cette greffe diffère de la précédente par deux particularités essentielles.

1° Le sujet (A, *fig.* 865) étant taillé en biseau (B) la greffe (F) est insérée à son sommet, avec une

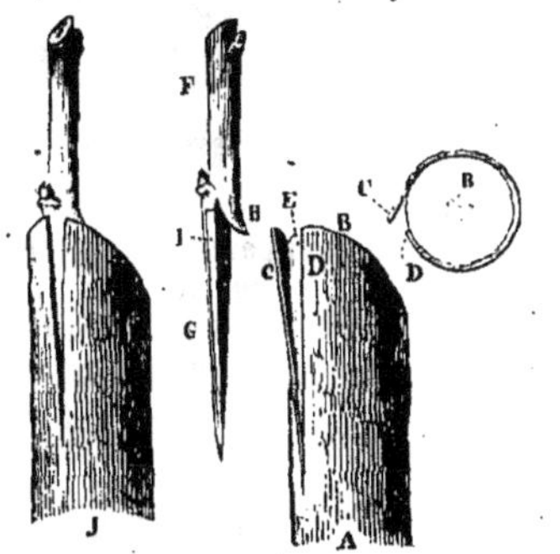

Fig. 865. — Greffe en couronne perfectionnée.

encoche (H) à angle aigu, qui l'accroche parfaitement sur le biais de la coupe.

2° L'incision du sujet est obligatoire; le coup de greffoir étant donné, on soulève avec la spatule un côté seulement de la partie incisée (C); on fait glisser la greffe dans cette ouverture, de telle sorte que l'intérieur avivé du biseau soit appliqué contre l'aubier (E), et le dos (G) recouvert par la lèvre (C).

Nous augmenterons encore les chances de réussite, en enlevant une faible bande d'écorce sur le côté (I) du biseau correspondant avec la lèvre (D) du sujet, non détachée de l'aubier, et contre laquelle il viendra se juxtaposer.

Nous donnons en J l'aspect du travail terminé, avant toutefois la ligature et l'engluement. Nous joignons le plan du sujet: la surface tronquée (B), la portion d'écorce (C) soulevée du bois; et l'autre (D) qui reste en place.

On voit que ces petits perfectionnements, dus au raisonnement et à la pratique, n'ont d'autre but que d'augmenter le nombre des points de contact, afin de hâter la soudure de la greffe.

GREFFAGE EN APPROCHE

Le greffage en approche est, dans son genre, une sorte de marcottage. Pendant que la greffe se soude au sujet, la racine mère continue de la nourrir. Lorsque la soudure est faite et que le secours de la mère n'est plus nécessaire, on sèvre l'enfant qui ne se nourrit plus, après cela, que de la séve du sujet.

Ce mode de greffage est le plus ancien de tous. Nous le devons à la nature; c'est elle qui nous l'a enseigné pratiquement et qui nous l'enseigne fréquemment encore, dans les forêts et surtout dans les haies en charmille.

Le rameau à greffer, toujours attenant à son arbre, est amené contre le sujet; et quand on a trouvé l'endroit où ils peuvent être unis l'un à l'autre, on pratique sur les deux une entaille de même dimension avec crans et encoches, pour les mieux agrafer. Après cela, on ligature et on recouvre de mastic.

Le rapprochement forcé de deux arbres ou d'une branche contre une autre branche doit être maintenu par de solides liens ou par des tuteurs.

La greffe en approche se fait pendant tout le cours de la belle saison, depuis le mois de mars jusqu'au mois de septembre.

La première moitié de cette période est plus généralement adoptée; car il arrive souvent qu'une greffe de ce genre, faite au début de la végétation, est assez soudée pour supporter vers le mois d'août-septembre un sevrage complet. Mais s'il y avait doute sur l'adhérence, il vaudrait mieux ajourner l'opération à l'été suivant.

Ici le sevrage est double; il faut d'abord couper la tête du sujet, puis séparer la greffe de sa mère. Nous agissons graduellement, non brusquement. En premier lieu, nous faisons la section partielle de la sommité du sujet; huit jours après, nous pratiquons une incision annulaire sur l'arbre à greffer, à 0m,10 au-dessus du point de jonction. Une semaine plus tard, nous rabattons la tête du sujet à 0m,10 au-dessus de la soudure; en dernier lieu, nous séparons la greffe de son tronc nourricier en la coupant à la base de l'encoche.

Nous ne préconisons pas l'incision annulaire d'une façon absolue; on peut opérer le sevrage par une entaille que l'on rend insensiblement plus profonde, jusqu'à la section définitive. On peut encore amener la séparation graduellement par une succession d'incisions ou d'entailles sur le bras de la greffe à une certaine distance de son point de contact avec le sujet. A mesure que l'on rapproche les entailles de ce point, on les fait plus profondes.

Fort souvent, on ne prend pas autant de précautions. Dès que la soudure paraît certaine, on coupe net contre la greffe, et on couvre la plaie d'un onguent ou mastic.

Que le sevrage soit pratiqué par huitaine, par quinzaine ou sur-le-champ, la transplantation ne doit avoir lieu qu'après cicatrisation complète des plaies; et quand, après le sevrage, il est possible de laisser le sujet en place pendant une année, on s'en trouve bien; la soudure y gagne en solidité.

La greffe en approche convient pour la multiplication du hêtre, du noyer, du magnolier, etc.

En arboriculture fruitière, on l'emploie pour regarnir un arbre dénudé. A cet effet, on emprunte des scions à l'arbre même ou à ses très-proches voisins.

Dans une pépinière bien ordonnée, on plante les mères en même temps que les sujets; alors même que sujets et mères ont la hauteur voulue, on ne doit pas les greffer de suite; il faut attendre qu'ils aient végété et que la reprise soit assurée. S'ils ne sont encore qu'à l'état de petits plants, on les laisse grandir; et une fois assez forts, on incline les pieds à greffer vers les sujets destinés à recevoir la greffe. Si les arbres à greffer sont trop élevés, on abaisse les rameaux vers les sujets; ou bien, quand la chose est faisable, on met les sujets en pots, puis on les place à une hauteur convenable.

La position la plus commode est à fleur de terre. L'arbre étalon étant un buisson, on en greffe les rameaux à basse tige sur les sujets rangés tout autour.

De tous les greffages faits en plein air et pendant la séve sur les espèces à feuilles caduques, celui en approche est le seul qui n'exige pas la suppression préalable des feuilles sur la greffe.

GREFFAGE DE FANTAISIE

Nous n'avons pas l'intention de décrire tous les modes de greffage plus ou moins sérieux, dus au hasard ou à l'imagination des greffeurs; les moyens de souder des végétaux sympathiques, varient et peuvent varier à l'infini.

Nous nous bornerons à vous entretenir de quelques manières d'opérer, qui, sans être précisément indispensables à la multiplication des végétaux, nous rendent cependant parfois des services.

Greffe en flûte. — La greffe en flûte ou en sifflet se fait quand la séve est active, au moment du greffage en couronne et de l'écussonnage.

Cette greffe (A, *fig.* 866) consiste en un anneau d'écorce portant un œil ou deux yeux. On le détache du rameau en pratiquant d'abord une incision circulaire à 0m,03 au-dessus de l'œil et une autre au-dessous. Ces deux traits limitent la hauteur de la greffe; on pratique ensuite avec le greffoir une incision longitudinale qui relie les deux autres, et enfin, par un mouvement de main brusqué avec adresse, on détache la partie d'écorce incisée, mais sans arracher le germe des bourgeons.

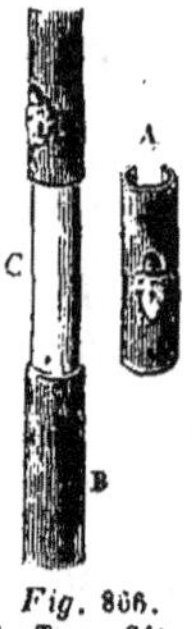

Fig. 866. — Greffe en flûte.

Cela fait, nous appliquons notre anneau d'écorce sur un sujet non étêté (B) aux lieu et place d'un anneau semblable de pareille hauteur (C), enlevé à l'instant même et de la même façon. Nous le plaçons de manière que son œil soit immédiatement au-dessous d'un bourgeon du sujet. Il n'y a plus qu'à ligaturer après cela et à recouvrir d'un onguent froid les parties mal jointes de l'écorce.

Si la greffe avait un diamètre plus fort que celui du sujet, il deviendrait facile de les équilibrer en retranchant à cette greffe une bande longitudinale d'écorce d'une largeur égale à la différence.

Il existe une autre manière de greffer en flûte, qui ne diffère de la précédente que par l'application de la greffe (*fig.* 867). Au lieu d'enlever complétement la portion annulaire du sujet, nous coupons l'écorce en lanières, non détachées à la base, nous les abaissons (F), et une fois la greffe posée en E, nous les relevons sur celle-ci et les y maintenons par la ligature G. Ce système a l'avantage de pouvoir couvrir, avec les lanières, le vide laissé par une greffe dont le diamètre est inférieur à celui du sujet. L'étêtage de l'arbre a toujours lieu au printemps de l'année suivante. On pourrait cependant écimer le sujet d'une greffe faite au départ de la séve, lorsque la liaison paraît être assurée.

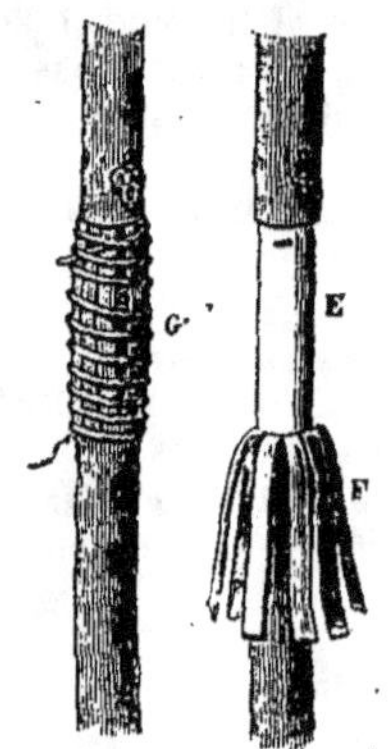

Fig. 867. — Autre greffe en flûte.

La greffe en flûte est peu usitée parce qu'on sait la remplacer par quelques-unes des précédentes. On l'emploie plus spécialement pour la propagation des variétés du noyer, du châtaignier, du mûrier, du figuier.

Greffe de rameau-bouture. — Pour multiplier certains genres qui réussissent parfaitement au bouturage, et imparfaitement au greffage par rameau, comme la vigne, le cognassier, le platane, nous avons recours à un procédé mixte que voici :

Nous amputons le sujet à 0m,10 ou 0m,20 du collet; le cognassier peut être coupé ras-terre, et la vigne au-dessous du niveau du sol; nous prenons un rameau à greffer d'une longueur suffisante pour que, sa base étant enfoncée en terre comme une bouture à côté du sujet, il puisse être greffé par une insertion quelconque, en fente, sous l'écorce, en placage, à l'anglaise, etc., et que le sommet de ce rameau à greffer dépasse la partie tronquée du sujet de la hauteur de deux yeux ou bourgeons. La sève arrivant par deux voies, par la bouture et par le sujet, l'union sera plus prompte, plus certaine, et la vigueur de plusieurs variétés plus grande que si la multiplication n'avait eu lieu que par simple bouturage.

Si nous ne voulons pas étêter le sujet (E, *fig.* 868) nous introduisons la greffe (F) par le moyen du

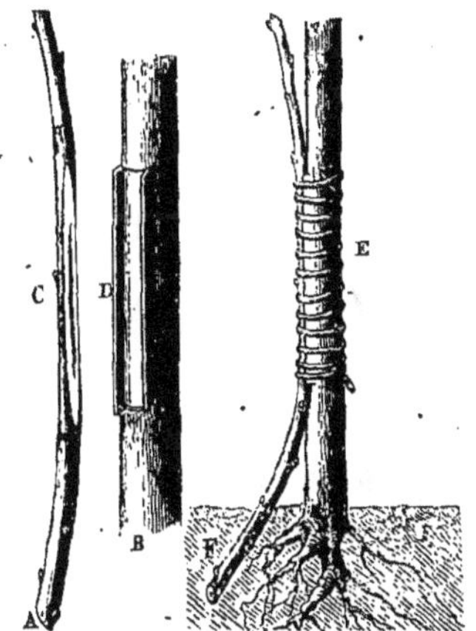

Fig. 868. — Greffe de rameau bouture.

greffage en approche, avec languette et cran, ainsi que nous l'avons dit. A côté, le rameau A, avivé en C, est appliqué sur le sujet B par l'incision D ouvrant l'écorce à droite et à gauche. Le sevrage se fait encore par l'ébranchage partiel, commencé quelques jours après l'opération, et continué jusqu'à ce que la soudure soit bien accusée. On ne greffera ainsi que des sujets ayant au moins un an de plantation.

Pour ce qui est du sevrage du rameau puisant une nourriture supplémentaire dans le sol, nous attendons qu'il annonce, par sa végétation et par le bourrelet qui se forme aux points de contact, que désormais les racines du sujet suffiront à son entretien. Ici encore, nous sevrons en deux ou trois fois, d'abord par l'incision annulaire sur le bras compris entre la greffe et le terrain, puis par une section définitive, qui pourrait être retardée jusqu'à la fin de la saison.

Si la longueur du rameau à greffer était insuffisante pour lui permettre d'être à la fois enfoncé dans le sol et greffé à la hauteur voulue, nous y suppléerions au moyen d'un vase rempli de terre ou d'une fiole d'eau placée à une hauteur convenable et dans lequel on introduit la base de la greffe. En greffant une vigne avec un rameau non enraciné, la partie opérée doit toujours se trouver enterrée ou enveloppée de terre.

On voit qu'il y a entre la greffe-bouture et le bouturage, les mêmes rapports qui existent entre la greffe par approche et le marcottage.

Greffe de rameau écussonné. — On rencontre des essences, telles que le pêcher, l'abricotier, qui réussissent mieux à l'écussonnage qu'au greffage en fente ; et cependant, il n'est pas toujours possible de recourir quand même à leur système de prédilection.

Ainsi, supposons une tige de prunier trop endurcie pour recevoir une greffe en œil. Il serait imprudent de la tronquer pour en obtenir des jets latéraux qui seraient à écussonner. Que faire donc? Greffer cette tige en fente avec une race de prunier sympathique au pêcher ou à l'abricotier. La nouvelle tête se développe; au premier été ou au second, nous plaçons nos écussons à la base de cette couronne, sur les greffons précédents. Ce mode est déjà connu, mais en voici un autre qui l'est moins. A l'inverse du premier, on écussonne d'abord, on greffe en fente ensuite. L'avantage de ce procédé est d'être plus expéditif et de faire gagner une année sur l'autre. De plus, il permet d'utiliser des scions à greffer qui arrivent souvent en maturation lorsque la sève du sujet est arrêtée, ou qui sont trop fins, trop maigres pour se marier convenablement à une vieille souche, et cela aussi bien en arbre fruitier à pepins qu'en arbre fruitier à noyaux.

Voici comment nous procédons :

Dans le cours de l'été qui précède le moment du greffage en fente, nous écussonnons les bourgeons à reproduire sur de beaux rameaux d'espèce analogue, ou s'alliant parfaitement avec elle. Naturellement, ces rameaux restent adhérents à l'arbre jusqu'à nouvel ordre. On dissémine les bourgeons le long de la branche, par séries distantes de $0^m,10$ au moins l'une de l'autre. Ainsi, supposons un rameau (*fig.* 869); c'est du prunier myrobolan ; nous y trouverons encore, au mois de septembre, assez de sève pour lui écussonner de l'abricotier ; nous inoculons nos yeux d'abricotier par groupes en C et en C' ; nous faisons voir en C, C, C, que l'on place les yeux dans une position alterne et en C', C', C', ils sont opposés, selon la structure de l'espèce. Les bourgeons d'abricotier sont naturellement alternes ; mais pour cette opération, il n'y a rien à craindre en les opposant. La disposition en C' conviendra aux arbres destinés à former une palmette symétrique.

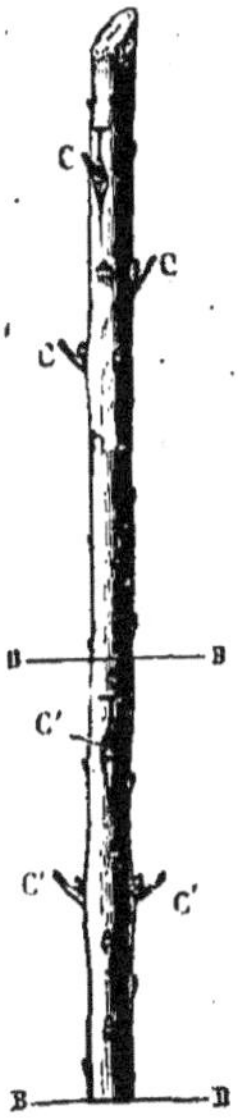

C
C
C
B B
C'
C' C'
B B

Fig. 869. — Greffe de rameau écussonné.

Le moment du greffage en fente étant arrivé, soit au mois d'octobre suivant, soit en mars-avril, nous fractionnons notre rameau en B, B ; ce qui nous procure des greffes chargées d'yeux étrangers ; nous taillons en biseau triangulaire la base non écussonnée, et nous l'introduisons comme il est dit au greffage en fente, sur un prunier ou trop vieux pour être écussonné, ou rebelle à la greffe en fente directe de l'abricotier. Nous ne manquerons pas aux soins de l'ébourgeonnage; nous pourrions préalablement épointer d'un coup d'ongle les bourgeons inutiles.

Les autres systèmes de greffage par rameau, comme le greffage anglais, le greffage en couronne, conviendraient aussi bien que le greffage en fente; il suffirait de se conformer aux prescriptions indiquées à chacun d'eux.

Puisque nous avons cité le pêcher et l'abricotier qui se soumettent difficilement au greffage en fente, nous ajouterons que pour assurer l'avenir de ce procédé mixte, il faudra prendre pour greffe intermédiaire, des rameaux de variétés qui leur soient sympathiques, telles que la prune-pêche pour le pêcher, la reine-claude de Bavay pour l'abricotier.

On nous permettra de passer sous silence le *greffage des boutons à fruits* et le *greffage de raccord* qui ne sont pas des moyens de multiplication dans le sens rigoureux du mot. Il en sera parlé à l'occasion de la culture du poirier et du pommier.

CH. BALTET.

CHAPITRE III

DE LA PÉPINIÈRE

Maintenant que nous connaissons les moyens de multiplier les végétaux et que nous supposons nos plants arrivés à leur premier âge, il s'agit de continuer leur éducation. Il leur faut un autre genre de vie; de là, la nécessité d'organiser une pépinière.

On appelle pépinière, une partie de terrain consacrée à l'élevage et à la culture préparatoire des arbres utiles et des végétaux d'ornement.

La pépinière n'est souvent qu'un champ isolé; quelquefois c'est un établissement considérable.

Nous examinerons la question sous un point de vue mixte, qui nous permettra de fonder nous-même une petite pépinière appropriée à nos besoins, ou d'en faire l'objet d'une exploitation commerciale.

Dans ce but, nous allons passer en revue les conditions à observer pour sa création et pour son entretien. Nous parlerons de l'emplacement, des travaux qui ont pour objet la culture de la terre et la formation des arbres, et nous accompagnerons nos élèves depuis leur enfance jusqu'à leur sortie de l'établissement; c'est-à-dire jusqu'au moment où ils sont bons à être plantés à demeure.

Choix de l'emplacement. — L'emplacement le plus favorable au succès d'une pépinière, c'est un bon sol, aéré, n'ayant pas à craindre les inondations ou les sécheresses permanentes, ayant un cours d'eau, ce qui n'est pas absolument de rigueur, et autant que possible dans une situation abritée contre les ouragans, les brouillards froids et les gelées printanières.

Le proche voisinage d'une ville, d'une station de chemin de fer ou d'une route, est un précieux auxiliaire pour les facilités de transport et l'avantage de l'exploitation.

Les soins continuels, les travaux nombreux exigés par une pépinière, ainsi que la surveillance et la direction intéressée qui ne doivent jamais faire défaut, surtout aux époques de la multiplication et de la vente des végétaux, sont des raisons majeures pour qu'elle ne soit pas trop éloignée de l'habitation du maître, ou tout au moins d'un contre-maître intelligent.

Un bon sol produira de bons arbres; un mauvais sol produira des sujets chétifs, souffreteux, moussus ou coriaces avant l'âge. Il est reconnu d'un autre côté qu'une terre trop enrichie par la prodigalité des engrais, donnerait des sujets vigoureux, mais ils n'auraient pas cette robusticité que les bonnes terres composées d'éléments naturels variés, procurent à leurs produits.

Nous choisirons donc autant que possible un bon terrain contenant les divers principes essentiels à la végétation; et si plusieurs natures de terre se rencontrent dans le même champ, nous nous en féliciterons, puisque nous aurons ainsi la faculté d'y élever des végétaux exigeant divers genres de nourriture.

Nous éviterons aussi bien les terres trop poreuses, sujettes à un excès de sécheresse, que les terres trop compactes sujettes à un excès d'humidité.

Sans être infaillible sur ce point, un praticien exercé se rend assez facilement compte de la valeur d'un terrain. Il le sonde, l'analyse à sa manière et examine la végétation des arbres qui l'avoisinent.

En cas d'incertitude, il serait prudent d'essayer provisoirement dans le terrain diverses essences végétales, et d'ajourner l'époque de la plantation définitive.

Préparation du sol de la pépinière. — Un terrain, quelque bon soit-il, réclame toujours une culture préalable; et s'il est de médiocre qualité ou privé de certaines substances, il faut, avant tout, songer à l'améliorer.

Nous dirons, en thèse générale :

On améliorera les terres légères et desséchantes à l'aide de fumier d'étable, d'engrais végétaux, de paillis, d'arrosements, d'irrigations bien conduites. Les allées y seront plus élevées que les carrés; un défoncement profond permettra aux eaux pluviales de s'y introduire en abondance et d'y former des réservoirs précieux pour les temps secs; il permettra en outre aux racines de courir librement à de grandes distances souterraines, et de se soustraire, par le fait, aux effets des chaleurs trop intenses.

Quant aux terrains très-mouillés, on leur appliquera les moyens d'assainissement connus, les tuyaux de drainage, l'empierrement des chemins abaissés au-dessous du niveau du sol, le défoncement et les binages multipliés en temps chaud.

Pour les terrains compactes, nous recommanderons un défoncement raisonné d'après l'état des couches inférieures, des labours fréquents dans chaque saison, et l'emploi d'engrais d'écurie, de cendre de bois ou de houille et du sable.

On rencontre des terrains dont la couche arable est fatiguée par des productions antérieures, mais dont le sous-sol n'est point à dédaigner. Avec ceux-ci encore, on devra recourir au défoncement, soit pour ramener en haut la terre du dessous et rejeter en bas celle du dessus, soit pour les croiser ou les alterner, ce qui nous semble préférable.

Défoncement. — Le défoncement est un travail connu; il n'en est pas toujours mieux pratiqué pour cela. Voici notre manière d'opérer : nous ouvrons des tranchées successives et parallèles; les terres de la deuxième tranchée remplissent la première; celles de la troisième comblent la seconde, etc. Lorsque l'on commence dans la partie en contre-bas d'un champ mal nivelé, et que l'on surveille le rejet des terres hors de la tranchée, on arrive, de prime abord, à donner au terrain un aplomb d'ensemble.

Au lieu de superposer les couches de terre, comme on le fait journellement, nous préférons les croiser, les mélanger en les jetant sur le talus de la tranchée voisine.

Tout lit de mauvaise terre est descendu au fond de la tranchée ou transporté dans les chemins, ainsi que les bancs de gravier, de glaise, de cailloux, de pierres, toutes choses impropres à la végétation. On ramène à leur place la bonne terre des allées, ou des terres nouvelles prises à la superficie des champs soumis à la culture.

Quand le fond de la tranchée, d'une composition encore passable, est trop ferme, on le pioche, on le remue sans le sortir de la jauge, et on le farcit de terre végétale ou de gazons hachés.

Les pierres grosses et moyennes sont un obstacle à la culture quand elles se trouvent trop nombreuses; nous les extrayons et les employons à consolider nos chemins. Celles qui se délitent par l'action de la gelée et du soleil peuvent être disséminées à la surface du terrain, à la condition qu'elles ne soient ni trop nombreuses, ni d'une composition chimique contraire à l'amendement du sol. La craie est d'un bon effet sur les terres tourbeuses, et les cailloux divisent avantageusement les terres tenaces.

Les gazons seront enterrés. Les racines et les mauvaises herbes, telles que chiendent, liseron, pourpier, yèble, tussilage, laiteron, seront extirpées et brûlées sur place.

Le travail de défoncement, pour être très-efficace, sera fait dans le cours de l'été ou de l'automne, et complété par un bêchage qui nivellera le terrain. Plusieurs bêchages réitérés sont nécessaires après le défoncement en terrain compacte et froid, ou quand ce défoncement a été pratiqué par un temps humide. La terre à pépinière ne demande pas à être ameublie aussi finement que s'il s'agissait d'un semis ou de plantes herbacées. On se gardera bien de remuer cette terre par la gelée blanche, la neige glacée, le dégel ou la boue.

Plus un sol est épuisé, plus on doit en transposer les couches, et plus on doit l'améliorer par des terres neuves et des engrais. Il serait même très-convenable de ne faire les plantations qu'après avoir laissé exposée à l'air, pendant une année environ, la nouvelle couche arable, et, tout en la mettant au repos, de l'entretenir par des labourages superficiels répétés.

Il arrive fort souvent qu'un terrain léger, de composition uniforme, à sous-sol perméable, analogue, ou à peu près, à la terre de la surface, n'a pas besoin d'être défoncé. On le bêche ou on le pioche, selon l'usage, à la profondeur d'un bon fer de bêche; on l'ameublit ensuite avec la fourche, ou bien encore l'on se dispense de ce travail et l'on se contente de briser les mottes et de niveler au moment de la plantation.

Engrais de pépinière. — Sous ce titre, nous comprenons les substances capables de rétablir la fertilité d'un terrain plus ou moins épuisé, ou de lui communiquer les éléments qui lui manquent.

Tout a été dit, quant aux engrais, dans le premier volume du *Livre de la ferme ;* il ne nous reste plus qu'à donner la liste de ceux dont nous nous servons le plus habituellement. Le fumier de ferme bien consumé est un excellent engrais de pépinière. Viennent ensuite les boues de rues, les feuilles, les herbages, les débris de jardins, les raclures de cour, les déchets de laine, dont on forme des composts avec du fumier ordinaire, par lits alternés.

Les plâtras, les décombres salpêtrés, conviennent aux terres froides. Les curures d'étang, les sables limoneux de rivière, agissent bien sur les terres légères. Les déjections humaines, le sang d'abattoir, les débris d'animaux vieillis, décomposés par la chaux, le sulfate de fer et le noir animal, sont bons à peu près partout.

Le moment de l'emploi, c'est au moins un mois avant la plantation, soit à l'époque du labour à la bêche qui suit le défoncement, soit au moment du bêchage unique quand les circonstances l'ont permis; alors ce bêchage devra être complété par un fourchetage plusieurs semaines après l'enfouissement des substances fertilisantes.

On les enfouit à $0^m,20$ dans la jauge, en les entremêlant de terre. Il ne faut pas que les racines du plant rencontrent un engrais énergique, sans mélange avec des parties terreuses, car cet engrais engendrerait la moisissure au lieu de provoquer l'émission de jeunes racines.

Clôture de la pépinière. — En plein champ,

une pépinière est rarement fermée; mais si elle a quelque importance, si elle se trouve exposée au passage des importuns, des maraudeurs, des bestiaux, ou si elle est contiguë à la maison d'habitation, il est préférable de la clore.

Nous acceptons les murs, sous la condition qu'ils ne s'opposent pas trop aux courants d'air et qu'ils ne concentrent pas une chaleur trop intense. La construction en est coûteuse, mais elle permet de cultiver des espaliers formés, de collectionner les pêchers, les vignes, etc. Une rivière naturelle ou un fossé creusé par la main de l'homme autour de la pépinière aurait encore l'avantage de nous approvisionner d'eau pour les arrosements et d'assainir un sol humide. Enfin on peut employer une palissade morte, composée de lames de bois de sciage ou d'échalas sulfatés, d'une hauteur moyenne, ou bien une haie vive, bien compacte, quoique d'une largeur restreinte. Si ce dernier moyen clôture convenablement, il a l'inconvénient d'attirer les insectes, d'exiger une tonte semestrielle et de nécessiter une large allée de ceinture, à cause de l'ombre projetée par la haie et de l'extension que prennent les racines. Par compensation, un horticulteur intelligent, à qui rien n'échappe, utilise la haie vive au profit de l'étude. Il y plante diverses essences à branchages ramifiés, défensifs, et apprécie les plus convenables. Telles seraient les espèces suivantes : aubépine, sapin épicéa, genévrier, fèvier féroce, robinier, nerprun, houx, arbousier, cornouiller, épine-vinette, charme, troëne, tamarix, olivier de Bohême, maclure, ajonc, buisson ardent, etc.

Les provinces méridionales ou celles du littoral de la mer utilisent certaines espèces que l'on ne saurait recommander généralement.

Eau de la pépinière. — Si la pépinière est grande, si le climat ou le genre de culture réclame de fréquents arrosages, il convient de faire circuler l'eau sur les points nécessiteux par de petits canaux ou par des tubes souterrains correspondant au fossé principal et aboutissant à des puisards. Les tubes seront en métal ou en terre cuite, cimentés à leur point de jonction, ou encore en bois d'aulne perforé, chaque morceau étant muni d'un bec s'emmanchant dans le col de son voisin.

Les puisards seront des tonneaux, des cuves, et le plus souvent un trou garni de maçonnerie ou de fortes planches maintenues par des pieux.

Nous ne parlerons ni des manéges mus par une force animale ou mécanique, ni des systèmes d'arrosage sans arrosoir, à l'instar des pompes à incendie. C'est une question de convenance ou d'argent qui intéresse plus particulièrement le maraîcher et le jardinier fleuriste, chez qui le besoin d'eau est pour ainsi dire journalier.

Allées de la pépinière. — La contenance du champ, sa configuration et le va-et-vient qui doit y régner sont les premiers guides à consulter pour le tracé des allées et la disposition des carrés.

Un chemin de ceinture, deux grandes allées centrales se croisant à angle droit, servent au passage des voitures. D'autres moins larges, se reliant entre elles, sont aussi nombreuses que le service l'exige. Ce sont des artères de circulation en même temps que des voies à courants d'air et de lumière nécessaires à la saine constitution des arbres.

Un plus grand nombre d'allées produit davantage de carrés; or, plus les carrés sont restreints dans leur étendue, plus les soins de culture et de multiplication sont faciles, et moins fréquentes sont les erreurs.

L'allée en ligne droite est préférée pour la commodité du parcours et la simplification du travail.

A part les allées charretières, qui doivent avoir 2m,30 au moins, les autres mesureront de 1 mètre à 1m,60 de largeur, suivant leur destination et le genre de plantation qui les bordera.

Si le terrain était trop sec ou trop mou, nous ferions concourir les chemins à ramener le sol à un état normal, tout simplement en réglant leur niveau. Ainsi, des allées établies en contre-bas du carré qu'elles environnent, contribuent à son desséchement et conviennent, par conséquent, aux terres froides ou humides. Par une raison contraire, nous élevons nos allées, nos chemins ou nos sentiers au-dessus des carrés d'une nature poreuse, légère et brûlante, afin d'y déverser les eaux pluviales qui tombent sur ces chemins.

Au besoin, lorsque le terrain est constamment humide, les allées peuvent fort bien remplir l'office de drains, et, à cet effet, nous les creusons de 1 mètre environ; nous répandons la terre qui en est extraite sur les places qui en ont besoin, et nous remplissons cette allée-tranchée de cailloux, de pierraille, de scories de forges qui, tout en la comblant, laissent des vides pour le passage de l'eau soutirée des carrés. Quant à la surface de l'allée, on la garnit de matériaux plus fins, comme gravier, sable, cendre de houille, sciure de bois, tannée.

Sur nos allées, nous répandons la vieille écorce qui a servi au tannage des peaux, et nous en obtenons cet avantage que l'herbe n'y pousse pas en été et que l'on est exempt du gâchis des dégels en hiver.

Bordure des allées. — Tout espace de terrain, entouré d'allées, forme ce qu'on appelle un carré de pépinière, quel que soit le nombre de côtés. Chaque carré porte un numéro d'ordre correspondant au plan du jardin et répété sur les registres de pépinière.

Quand les allées sont larges, les limites des carrés pourraient former des plates-bandes consacrées aux mères, aux sujets d'échantillon. On les voit plus souvent bordées de conifères qui s'y garnissent régulièrement, ou de merisiers qui réussiront mieux à l'écussonnage.

Les allées intermédiaires sont bordées de sujets de multiplication qui ne restent pas longtemps en place; on y met au besoin les plants bouturés ou repiqués, les groseilliers, etc.

Quant aux allées étroites, elles se trouvent naturellement limitées par les arbres des carrés adjacents.

Cependant, l'ornement et la variété ne sont pas déplacés dans une pépinière fréquentée par le public. Il conviendrait donc de choisir pour la bordure des plates-bandes et des massifs établis au premier plan ou à proximité de l'habitation, des arbustes nains, des plantes vertes, des plantes vivaces, des plantes annuelles, etc.

Nous avons vu des briques ornementées, des pierres à rocher, qui, posées avec goût, contrastaient heureusement avec les bordures végétales.

Habituellement, on ne s'occupe des bordures qu'après la plantation terminée.

PLANTATION DE LA PÉPINIÈRE

La plantation d'une pépinière se fait ou dans les mois de novembre et décembre, ou plus généralement en février et mars, quand il n'y a plus à craindre les soulèvements de terrain qui exposent le collet des arbres à la gelée. On choisit un beau temps, couvert sans pluie, ou chaud sans hâle.

Préparation du plant.—Les meilleurs plants sont jeunes, trapus, bien enracinés. Ils réunissent ces conditions quand ils ont été clair-semés dans un sol ameubli. Les plants repiqués sont bons lorsqu'ils sont encore jeunes, vigoureux, sans écorce durcie; autrement ceux de l'année leur sont préférables.

La déplantation se fait à partir du mois de novembre, quand la sève est complétement arrêtée. L'arrachage à la main ne vaut pas l'emploi de l'outil qui descelle la terre et soulève le plant, tandis que la main l'extrait par secousses. Aussitôt déplantés, nous mettons les jeunes végétaux en jauge à mi-ombre et à portée du carré où ils devront être plantés; nous les espaçons convenablement; nous pressons la terre avec le pied sur chaque tranchée, nous rechargeons de terre, et à la fin nous donnons une bonne mouillure.

Avant la mise du plant en place définitive, on l'*habille*, sauf quelques espèces formant exception.

Cette opération se fait aussitôt après l'arrachage, et plus souvent dans le cours de l'hiver, quand les jours de pluie ou de dégel arrêtent les travaux. L'enlever de la jauge, le préparer et le mettre en terre contribuent encore à retarder sa végétation.

L'habillage consiste à enlever avec une serpette ou un sécateur les extrémités de racines trop longues, desséchées ou meurtries, et à rabattre la tige à $0^m,25$ du collet, si le plant est destiné à l'écussonnage; à $0^m,10$ s'il ne doit pas être greffé en pied, et encore, dans cette occurrence, vaut-il mieux l'étêter à $0^m,25$ et le receper l'année suivante. Les ramifications du plant sont écourtées, sauf les petits dards qui contribuent à appeler la sève. On conserve les branches principales aux sujets destinés à former des buissons.

Les conifères et la majeure partie des arbustes à feuillage persistant ne subissent aucune amputation. On doit aussi laisser en entier la cime de quelques espèces à bois creux, ou dont la suppression du bourgeon terminal ne serait pas sans inconvénient. Le marronnier, le tulipier et le noyer sont dans ce cas.

Au lieu de couper le pivot charnu du baguenaudier, du genêt, du mûrier, du caragana, et de quelques essences fruitières et forestières, au moment de la plantation, on en ramènera l'extrémité vers le collet en lui faisant décrire une courbe, ou par un nœud simple non serré; des chevelus plus abondants, plus rapprochés de la surface du terrain, sont le résultat de ce petit travail qui nécessite une légère précaution en plantant et en arrachant le sujet.

Lors de l'extraction du plant, on a déjà choisi le meilleur; on renouvelle le triage en le préparant; on jette de côté, pour le mettre en nourrice, celui qui se trouve fatigué, lésé, faible, mal conditionné; le fretin nuirait à la régularité de la végétation; et dans une pépinière, l'ensemble doit se recommander par la régularité.

Manière de planter le jeune arbre. — La plantation est faite sur des lignes parallèles que l'on appelle rangs. Leur distance se calcule sur la végétation probable des plants, et sur le temps que les sujets doivent y rester. Pour les arbres d'ornement et les arbres fruitiers qui viendront à tige, en pyramide, en palmette, les plants auront $0^m,50$ d'intervalle, et les rangs $0^m,66$. Pour les arbustes et les arbres fruitiers destinés aux petites formes, les rangs auront $0^m,50$ d'écartement, et les plants $0^m,30$.

Les petites touffes peuvent encore être placées en planches rectangulaires, larges de 1 mètre à $1^m,30$, composées de trois à cinq rangs, séparées entre elles par un sentier de $0^m,50$. Chaque planche sera occupée par la même variété ou par des espèces à végétation analogue. Il est permis cependant de ne pas suivre toutes ces prescriptions à la lettre. Ainsi, on accordera plus d'espace aux sujets qui resteront plus longtemps en pépinière, ou qui auront les ramifications plus étendues.

Quand la déclivité du sol ne s'y oppose pas, on oriente les rangs du sud au nord.

Il est bon d'exécuter la plantation en quinconce; chaque sujet a ainsi une part égale de nourriture; le terrain est uniformément occupé et l'arrachage devient plus facile.

Avant de planter, on marque les extrémités de tous les rangs du carré en y enfonçant une baguette, puis on développe un cordeau que l'on tend d'une marque à la marque correspondante. Un ouvrier distribue les plants le long du cordeau, selon les mesures indiquées, et met de côté, s'il y a lieu, ceux qui ont de larges racines, afin qu'on les enterre à la bêche ou à la pioche. Aussitôt de bons ouvriers les plantent, soit au plantoir, soit à la bêche ou à la houe. Les plantoirs les plus commodes sont des chevilles en bois, coudées à la partie supérieure, ferrées en pointe à l'autre bout. On tasse fortement la terre contre le plant avec l'outil ou avec le pied; on l'arrose ensuite, à moins que le terrain ne soit frais, la température douce, ou même la végétation au repos.

Au lieu de jeter le plant à l'avance sur le cordeau, l'ouvrier peut le tenir dans un panier garni de terre, qu'il fait suivre à côté de lui.

Il est toujours plus prudent de garder auprès des planteurs la provision de plants tenus au frais et en jauge. Si la saison était avancée et desséchante, on tremperait d'abord les racines dans un baquet rempli d'un mélange de boue, d'argile et de bouse de vache.

TRAVAUX D'ENTRETIEN

Soins de culture de la pépinière. — Le défoncement, le bêchage, font partie de la culture d'organisation, de la culture préparatoire. Ici, nous avons à nous occuper de l'entretien de la terre; et, à cet effet, nous allons traiter des labours, des arrosages et du paillis, qui sont nécessairement subordonnés à la composition du sol, à l'état de la température et à la nature de l'espèce végétale. Le principal mérite du pépiniériste est de savoir les combiner de manière à obtenir, par leur action mutuelle, l'amélioration du sol et une végétation vigoureuse.

Labourage de la pépinière. — Pour le labourage, nous proscrivons des pépinières l'emploi de la charrue, et ne nous servons que de la fourche de fer, de la pioche et des instruments à biner, dont les formes varient avec les localités et la nature des terrains. Nous excluons même la bêche et lui préférons les outils à dents et ceux à lame qui ne pénètrent pas dans le sol au delà de quelques centimètres, tant nous craignons de mutiler les jeunes racines.

Les ouvriers chargés des labourages d'entretien éviteront de froisser et d'écorcer le plant. Nous dirons à ce propos que nous avons vu d'excellents vignerons faire de mauvais garçons pépiniéristes.

Pour commencer la besogne, il n'est pas nécessaire d'attendre que l'herbe pousse; l'utilité de l'ameublissement passe avant la propreté. Les labours profiteront d'autant mieux à un terrain léger que la pluie les aura précédés; et d'autant mieux à un terrain frais qu'on les exécutera par un temps chaud.

On renouvelle ces labours tous les ans; le premier au printemps et le dernier à l'automne; ils auront un peu plus de profondeur que les autres. La fourche pourrait être employée pour les premiers; la binette suffirait pour les seconds. Par un temps pluvieux et à l'arrière-saison, un coup de râteau est indispensable pour enlever l'herbe que l'on ramasse en tas dans la cour aux engrais.

Arrosage de la pépinière. — L'excès d'arrosement est un vice égal à l'absence d'arrosement; il faut mouiller d'autant plus que la sécheresse est plus persistante et le sol plus poreux; mais des végétaux ligneux ne seront point *poussés à l'eau* comme des plantes herbacées, maraîchères ou d'ornement.

En pépinière, on arrosera surtout au premier printemps qui suit la plantation, et, s'il s'agissait d'une plantation tardive, dans un sol peu consistant, on ajouterait à l'eau du purin ou de l'engrais très-soluble.

Paillis de pépinière. — Un paillis n'est jamais inutile : il augmente le bon effet des arrosements, tout en empêchant de les multiplier, ce qui est une économie de main-d'œuvre. On ne peut lui reprocher que sa difficulté d'application, quand on opère sur une vaste échelle.

Le paillis sera du fumier usé, de la paille consumée, des feuilles, des herbes, de la fougère; enfin ce qu'on aura sous la main, au plus bas prix possible. L'essentiel, c'est que le paillis en question soustraie la terre à l'action du soleil et n'ait pas d'effet désastreux sur les plants.

Si l'opération devenait impossible avec une plantation tardive en terrain sec, nous conseillerions de tasser la terre autour du plant, avec les pieds, après une pluie ou un arrosement.

Insectes, animaux et maladies nuisibles à la pépinière. — Les insectes et animaux dont nous avons à nous plaindre dans les pépinières ont été cités et décrits précédemment dans ce livre, et seront cités de nouveau dans les monographies consacrées à chaque arbre fruitier. Nous ne nous en occuperons donc pas ici.

En ce qui concerne les maladies, dont il sera également parlé plus tard à l'occasion de chaque monographie arboricole, nous nous bornerons à une simple et courte énumération.

Les pépinières sont plus ou moins exposées aux cryptogames (champignons), à la jaunisse et aux chancres. Contre les cryptogames, et l'oïdium est du nombre, nous employons la fleur de soufre projetée à sec sur les parties infestées. Quelquefois les engrais et la bonne culture suffisent pour rétablir les jeunes arbres atteints de la jaunisse; d'autres fois, nous la combattons en arrosant avec une dissolution contenant 10 grammes de sulfate de fer par litre d'eau. Par moments, la jaunisse ne cède ni à la bonne culture ni au sulfate de fer, et nous nous voyons forcés de déplanter les sujets pour les replanter tout aussitôt dans des conditions meilleures.

Pour ce qui est des chancres, nous les cernons avec la serpette, les grattons jusqu'au vif et les recouvrons de mastic à greffer (1).

En somme, les moyens préventifs sont plus efficaces que les moyens curatifs. Si on laisse le mal arriver et se développer, il devient difficile de le guérir. Le mieux est de n'épargner ni la surveillance, ni les bons soins de culture et de propreté.

Hivernage des végétaux qui craignent le froid. — Les végétaux qui redoutent la rigueur des froids ou les brusques changements de température hivernale et printanière, seront mis à l'abri; les uns buttés, enterrés, les autres enveloppés d'une toile, d'un capuchon; ceux-ci groupés et recouverts d'un paillasson, d'une claie; ceux-là transplantés au nord d'une clôture ou d'un rideau d'arbres verts, dirigé de l'est à l'ouest.

Les plus délicats seront rentrés dans une orangerie, dans un cellier aéré ou sous une toiture

(1) Nous considérons les chancres comme le résultat d'un arrêt de séve. Du moment où elle arrive en abondance et rencontre un obstacle quelconque à sa circulation, elle fermente sous l'écorce et produit les chancres. S'il est bon de les circonscrire, de les gratter et de les mastiquer, il est bon aussi d'inciser l'écorce au-dessus des parties malades et de conduire les incisions vers les parties vigoureuses de l'arbre, afin d'ouvrir des issues à la séve.
P. J.

vitrée : cloche, châssis, bâche, serre, et encore les vitres seront-elles couvertes de paillassons au moment des neiges et des gelées.

Nous préservons le pied des arbustes gelables, élevés en plein air, par des feuilles sèches ramenées autour du tronc. A défaut de feuilles, nous y accumulons de la terre. On sait que le rosier se conserve mieux en terre que sous tout autre abri. Les rosiers à basse tige, et sensibles aux fortes gelées, sont buttés; ceux à tige élevée sont arqués, et la tête amenée contre le sol est recouverte de terre jusque et y compris le collet de la greffe. Dans les champs de rosiers, on marque avec un brin de jonc les églantiers à coucher, et dont l'écusson est déjà poussé, de sorte qu'au moment des arrachages, on les distingue de suite des églantiers restés à œil dormant.

Nous faisons passer l'hiver aux jeunes arbustes à feuillage persistant, par un moyen qui mérite d'être plus connu qu'il ne l'est. Les sujets étant mis en pot dès l'automne, nous les enterrons côte à côte, non pas dans la position verticale habituelle, mais inclinés sur un angle de 35° environ. Ils sont rangés par lignes parallèles, de manière à ne pas être serrés l'un contre l'autre. Ensuite, nous plaçons horizontalement, tout autour de ces arbustes, des perches supportées par de petits pieux, à une hauteur calculée de façon que le paillasson qui sera étendu sur ces perches laisse entre les plantes et lui un intervalle de 0m,05 à 0m,10 pour la circulation de l'air.

Les paillassons ne seront enlevés qu'après tout danger passé. On les replacerait bien vite, si l'on s'était fait illusion et s'il arrivait une recrudescence de froid.

Le carré consacré à cet hivernage est distribué par planches d'une largeur presque égale à celle d'un paillasson, et séparées entre elles par des sentiers de service. Une situation un peu ombragée convient à ce carré, parce qu'elle a le mérite de ne pas exposer les végétaux à l'action immédiate du soleil, lorsqu'on a jugé à propos de les découvrir.

Les plantes vertes et arbustes à feuilles persistantes qui ont été abrités, ne doivent être rendus au soleil et à l'air libre que graduellement. Sans cette précaution essentielle, ils jauniraient et ne tarderaient pas à perdre leurs feuilles. On les met d'abord à l'ombre d'un massif ou d'un bâtiment, puis à mi-ombre, enfin au grand jour. Nous savons bien que certaines localités à température régulière, ou favorisées par le voisinage de la mer, ne réclament pas autant de soins ; malheureusement, toutes les contrées n'ont pas hérité de ce privilége.

Les arbustes qui ont été cachés, buttés et empaillés seront découverts au printemps, quand la température s'adoucira définitivement. Nous les traiterons avec ménagement, pour que leurs tissus un peu douillets s'habituent sans brusquerie à l'air vif et aux rayons solaires.

Il ne faut pas non plus laisser s'étioler les jeunes plants mis sous verre. Pendant l'hiver, on les a arrosés seulement pour qu'ils ne souffrent pas trop de la soif; une fois les beaux jours arrivés, on les éloignera les uns des autres ; on lèvera les vitres pendant la chaleur et on finira par les sortir tout à fait.

TRAVAUX DE TAILLE

Taille des arbres de pépinière pendant le repos de la végétation. — Nous ne redirons pas pourquoi l'on taille un arbre, ni comment on s'y prend pour le tailler; c'est expliqué dans les *Considérations générales*, et puis les chapitres consacrés aux espèces fruitières nous apprendront par quels moyens on forme un arbre et donneront l'application des principes qui régissent sa mise à fruit.

Il nous faut, pour l'instant, supposer nos arbres arrivés à point pour la transplantation. S'ils n'ont été ni enlevés ni vendus, on les laissera nécessairement encore dans la pépinière. Qu'allons-nous en faire? Nous abandonnerons les uns aux caprices de la nature pour les besoins du verger ou les plantations forestières; mais nous soumettrons les autres à l'opération de la taille. Une serpette bien affilée est l'instrument spécial à la taille; elle se compose de deux parties : le manche, long de 0m,10 à 0m,12, assez gros pour emplir la main; la lame, qui se termine en bec crochu formant avec elle un angle de 45 degrés.

Le sécateur est employé pour les espèces moins précieuses ou moins commodes à tailler.

Taille des arbres à haute tige. — Les poiriers que l'on trouve vigoureux et forts seront dirigés selon leur disposition naturelle, en gobelet ou en pyramide sur tige. La forme pyramidale se commence avec un fort rameau que l'on arrête à 0m,20 ou 0m,25 et en taillant ses collatéraux à 0m,15 ou 0m,20. La forme évasée exige trois ou quatre branches principales, assez régulièrement placées, qui seront taillées à 0m,10, 0m,15, 0m,20 et même 0m,25 de l'empatement, suivant leur régularité et leur disposition à se dénuder.

Les sujets dont la tête est irrégulière ou portée par une tige flexible auront les deux ou trois plus belles branches raccourcies à quelques yeux.

Une tête à bois court, trapu, de variété se ramifiant naturellement, pourrait être laissée intacte ; on lui retrancherait seulement les rameaux inutiles à la charpente.

Le pommier, le prunier et le cerisier, préférant la forme en vase ou en boule, sont taillés sur leurs plus vigoureux rameaux et les mieux placés à une longueur de 0m,10 à 0m,20.

Le pêcher et l'abricotier sont taillés à 0m,10 de la greffe, si le jet est solitaire ou garni de brindilles; et s'il est fortement ramifié, on taille à deux yeux les scions principaux, de manière à obtenir un commencement de disposition pour espalier ou une tête de plein vent.

L'amandier, le mûrier reçoivent une demi-taille qui les empêche de se dégarnir, en les tenant arrondis.

Le châtaignier, le cornouiller, le noyer sont abandonnés à eux-mêmes, en leur écourtant, néanmoins, les rameaux gourmands ou capables de nuire à l'ensemble de l'arbre.

Le cognassier et le néflier sont débarrassés d'une partie de leurs rameaux et taillés la première année, si leur tournure est difforme. Quand ils prennent une direction convenable, on ne retranche rien.

Les arbres d'ornement subiront de légers retranchements en vue de leur conserver une bonne allure ; les uns s'élèvent, et il suffira de donner quelques coups de sécateur aux branches latérales pour les approprierà la direction pyramidale de la cime ; les autres perdront les branches de face, afin d'être élargis en éventail ; d'autres encore resteront en boule et seront nettoyés de leurs rameaux inutiles, en même temps que les branches principales seront taillées court ou taillées long, suivant l'espèce et l'état de l'individu. Une taille appliquée sur un sujet délicat l'affaiblirait encore ; nous saurons nous en abstenir.

Taille des baliveaux et des basses tiges. — Les arbres fruitiers, dirigés en pyramide, sont continués d'après les principes ordinaires de la taille. Leur plantation rapprochée en pépinière ayant une tendance à affaiblir la base au profit du sommet, on taillera court la flèche et les rameaux qui l'avoisinent, tandis qu'on tiendra longs les rameaux de la partie inférieure, et qu'on favorisera le mieux possible leur développement au moyen de crans et d'incisions longitudinales dont il sera parlé bientôt.

Les jeunes palmettes, les vases, les fuseaux seront taillés d'après leur vigueur, les exigences de la forme et la nature de la variété.

Les greffes d'un an seront taillées sur des bourgeons placés de manière à obtenir un candélabre, un U, un cordon, etc.

On élague les arbres mal garnis et qui s'élancent trop en tige ; on ravale ceux qui s'élèvent difficilement, en rapprochant au-dessus de quelques yeux les branches de côté et en rasant les gourmands sur leur talon. Les opérations d'été sauront tirer parti de la végétation ainsi que des sujets rabougris que l'on recèpe à l'empatement d'une couple de branches latérales pour provoquer l'émission de jets nouveaux.

Les espèces d'ornement reçoivent une taille presque analogue quand on leur réserve une forme particulière.

On sait que les conifères ne subissent aucune amputation ; il n'y a guère que trois ou quatre tribus assez dociles à la tonte pour être converties en rideaux, en girandoles, en cônes, etc.

Avec les arbrisseaux à feuilles persistantes, les pincements d'été sont moins funestes que la taille d'hiver.

Du cran ou entaille (*fig.* 870). — Le cran se pratique au-dessus d'un œil vif ou latent que l'on veut faire développer et au-dessus d'une branche faible qui a besoin d'être fortifiée.

Le meilleur moment de l'appliquer est l'époque de la taille, pendant le repos de la séve. A cet effet, on se sert d'une serpette pour les jeunes branches et d'une scie-égohine pour les branches plus âgées.

L'opération consiste à enlever un morceau d'écorce en forme de fer-à-cheval (C) immédiatement au-dessus du rameau ou du bourgeon que l'on veut faire développer. La partie mise à nu encadre la moitié supérieure de l'œil éteint ou du talon de la branche, et la domine de 0m,001 ou 0m,002.

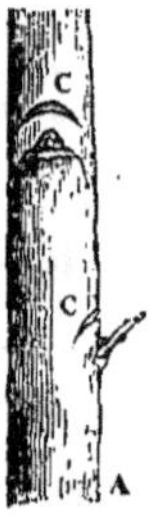

Pour ouvrir un cran avec la serpette, on entrace les deux bords avec le milieu de la lame, et on enlève l'écorce comprise entre les deux traits. Il n'y a aucun inconvénient à entamer les premières couches d'aubier ni à mordre les bords de l'écorce tranchée ; au contraire, l'opération y gagne.

La séve arrêtée dans sa marche est forcée de s'engager dans les canaux voisins ; de là l'évolution du bourgeon.

Fig. 870. Cran.

L'intervalle compris entre les deux traits de serpette varie suivant la grosseur de la branche, de un demi-millimètre jusqu'à 0m,004 ; cette dimension se compte, bien entendu, à l'endroit le plus large du cran, à son sommet. Quand on a l'habitude de ce travail, on l'accomplit aisément en deux coups de serpette.

On se sert de la scie pour les tiges plus fortes ; deux traits de scie donnés obliquement se rejoignent en angle au-dessus du bourgeon ou de la branche à faire développer. Les mâchures produites par les dents sur les lèvres de l'écorce, sur le liber et sur l'aubier, retardent la cicatrisation de la plaie et prolongent l'action de la séve sur les parties inférieures. Ici sa largeur varie entre 0m,004 et 0m,010.

Si l'effet du cran ou de l'entaille ne se produit pas dès la première année, on le renouvelle à la taille suivante.

Le cran ou entaille pratiqué en sens inverse au-dessous de la naissance de la branche, produira évidemment un effet contraire : le développement sera retardé.

Il ne faut pas ouvrir un cran au-dessus d'une lambourde dans l'espoir d'en faire grossir le fruit ; le résultat serait tout différent. Nous croyons que le cran aurait des inconvénients sur les espèces qui renferment dans leurs tissus de la gomme et de la résine.

Cette opération, de même que l'incision dont nous allons vous entretenir, ne doit jamais être appliquée sur un sujet nouvellement planté et à peine fixé au sol. Elle l'énerverait au lieu de produire le résultat désiré.

De l'incision longitudinale. — L'incision longitudinale consiste en un trait de serpette ou de greffoir qui tranche l'écorce, s'enfonce jusqu'au bois et s'étend tout le long d'une branche, sur la face exposée au soleil, au midi principalement. Si aucune partie de la branche ne se trouve frappée par le soleil, le succès de l'opération, quoique plus lent, n'en est pas moins certain.

L'écorce est simplement tranchée ; rien n'est enlevé.

Le cambium, dégorgeant par cette issue, s'épaissit ; de nouveaux tissus, de nouveaux vaisseaux se forment, et la branche a grossi d'autant.

On peut l'employer après l'hiver quand les

grands froids ne sont plus à craindre, au moment de la taille du printemps, pendant la fougue de la séve et même pendant l'été. Elle est nécessaire :

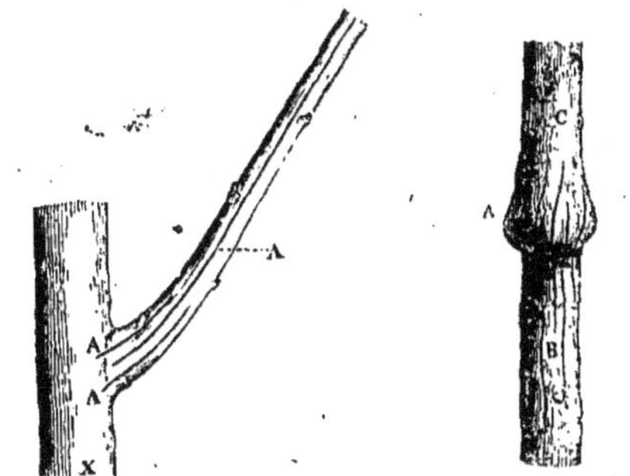

Fig. 871. — Incision longitudinale. *Fig.* 872. — Incision.

1° Pour fortifier une branche maigre ; lorsque son périmètre le permet, on peut y pratiquer plu-

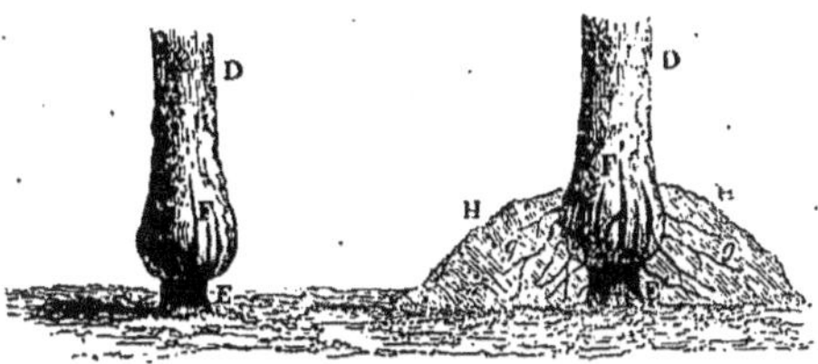

Fig. 873. — Incision longitudinale.

sieurs incisions longitudinales, parallèles (A,A,A) et arrivant jusque sur son empatement ;

2° Pour augmenter le volume d'une partie de branche relativement exiguë ;

3° Pour rétablir la circulation de la séve sous les écorces durcies ;

4° Pour animer la séve dans le support bourrelé d'un bourgeon de prolongement qui aurait une tendance à fructifier ;

5° Pour harmoniser les forces d'un arbre greffé, souvent trop faible au-dessous du bourrelet (A) de la greffe (C). Dans ce cas, l'incision ou plutôt les incisions commenceraient sur le bourrelet (A) et se prolongeraient sur toute la partie chétive (B) ;

6° Pour affranchir de son sujet (E,E') un arbre greffé (D') manquant de vigueur quoique sain. Plusieurs petites incisions sont pratiquées tout autour du bourrelet (F,F') de la greffe en manière de crevés ; un compost de bonnes terres amendées (HH) recouvre les parties opérées ; des radicelles (*g*, *g*) y naissent, deviennent fortes racines et affranchissent l'arbre qui, puisant lui-même sa nourriture sans le secours d'un sujet étranger, acquiert une vigueur nouvelle. Le poirier greffé sur cognassier, le pommier sur doucin, etc., sont dociles à cette opération.

Recepage des jeunes sujets. — Receper un arbre, c'est le couper radicalement sur son tronc, à ras-terre ou à $0^m,02$ au-dessus du sol, de façon que le collet ne soit point entamé.

Le but du recepage est de ranimer la vigueur du sujet en concentrant sa force végétative sur un seul bourgeon et d'obtenir ce sujet plus promptement et d'une plus belle venue. Au lieu d'un seul bourgeon, on peut en ménager plusieurs, suivant la destination de l'arbre.

Pendant la première année de végétation, nous abandonnons à eux-mêmes les plants destinés à être recepés ; toute opération en vert serait superflue ; le plant n'a qu'à bien se fixer au sol, et il y parviendra d'autant mieux qu'on lui aura laissé plus d'organes foliacés. Mais au mois de février suivant, alors que les grands froids ne sont plus à redouter, nous rasons les sujets contre terre.

Un recepage automnal courrait le risque d'être avarié par la gelée s'il n'était suivi d'un buttage, surtout pour les espèces délicates ou dans un sol humide. Cette complication de la besogne nous porte à choisir l'époque de février-mars.

A la suite de ce retranchement total, plusieurs rameaux apparaissent au collet ; nous les ébourgeonnons dès leur troisième ou quatrième feuille, en conservant le plus propre à nos besoins ; et comme mesure de précaution, nous en ménagerons même un second, gardé en réserve, et le modérerons par le pincement. Il sera supprimé quand son collatéral sera hors de danger.

Le recepage des espèces qui produisent difficilement un rameau vertical sans qu'il en résulte un coude trop saillant au talon, pourrait se faire par le procédé ordinaire, avec adjonction immédiate d'un échalas pour le palissage du rameau, ou bien en rabattant le sujet à $0^m,10$ du sol sur un onglet. Le scion conservé est traité comme un écusson ; on ébourgeonne le chicot, on y palisse ce rameau, et vers le mois de septembre on supprime l'onglet.

Cette accumulation de séve sur un seul jet le contraint parfois à prendre une tournure quelque peu tourmentée ; nous y remédions avec le tuteur, que l'on choisit de suite assez grand pour n'avoir point à en mettre un second la même année.

Dans l'été, on est sobre de pincement sur les scions latéraux, si la flèche ne s'en trouve pas incommodée. Le mois de septembre arrivé, on applique un cassement partiel aux plus allongés et sur les gros sujets.

Lors de l'étêtage des carrés greffés à basse tige, nous recepons les exemplaires qui n'ont pas retenu la greffe, et s'ils devaient encore être greffés sur le tronc, au lieu de les ravaler, nous nous bornerions à écimer leurs branches pour en ranimer la vigueur.

On ne doit pas craindre de rabattre les arbres à écorce durcie, d'une végétation languissante, et qui néanmoins semblent doués d'une constitution assez bonne pour émettre de nouveaux jets capables de reconstituer l'arbre. S'ils résistent à cette opération, ils ne sont propres qu'à être jetés au feu.

En recepant les tiges tortueuses, chancreuses de l'ailante, du catalpa, du paulownia et de tout autre genre, on provoque la séve à faire jaillir un scion nouveau, fort et droit, qui, dès la première année, peut atteindre la hauteur de la couronne. Ajoutons que ce luxe de végétation obligerait, chez les espèces à bois creux, à en effeuiller la base et à en pincer les sommités au mois de septembre, afin de hâter l'aoûtement des tissus.

Le recepage ne s'applique pas aux essences qui réclament la conservation de leur bourgeon terminal.

TAILLE DES ARBRES PENDANT LA VÉGÉTATION

Ébourgeonnement. — L'ébourgeonnement est la suppression par un coup d'ongle ou avec la serpette des bourgeons foliacés inutiles à la charpente de l'arbre. Cette opération se fait au moment des premières évolutions du bourgeon ; elle est surtout nécessaire aux bourgeons multiples, aux sujets nouvellement greffés, à la suite des recepages, des ravalements, des tailles courtes et sur les arbres soumis à une forme symétrique.

Un ébourgeonnement trop général détourne l'affluence de la séve et peut amener une perturbation chez l'individu opéré.

Pincement. — Le pincement est une opération qui consiste non pas à pincer purement et simplement, mais à couper, à retrancher avec les ongles la sommité herbacée d'un rameau en végétation, dans le but de le faire ramifier par anticipation, ou de l'affaiblir au profit d'un autre. En effet, la séve contrariée se porte vers les bourgeons voisins et le développement de la partie pincée s'arrête.

Pincer un rameau faible, c'est l'énerver sans obtenir le résultat cherché.

On ne doit pas pincer le rameau de prolongement des espèces qui tiennent à la conservation de leur bourgeon terminal.

Cassement. — Quand le rameau passe de l'état herbacé à l'état ligneux, le pincement devient impossible, parce que les tissus ont trop de fermeté; alors on casse au lieu de pincer. Il suffit d'appliquer le taillant de la serpette contre le rameau, de placer à l'opposé le pouce de la main qui tient l'outil, de faire un mouvement sec, brusque, et le scion est rompu.

Le cassement ne doit pas être fait immédiatement sur les yeux qui supporteront la taille future, parce qu'ils pourraient se développer avant la chute des feuilles.

Lorsque le pincement n'est plus possible, nous cassons les rameaux de côté trop envahissants, les rameaux que l'on a oublié de pincer pour les rendre fructifères, et ceux qui compromettent la régularité d'une charpente, mais que l'on n'oserait pas supprimer entièrement.

Le cassement s'applique aussi aux espèces de pleine terre, dont la végétation luxuriante pourrait être surprise et interrompue trop brusquement par le froid. En rompant à demi ou entièrement l'extrémité de leurs rameaux à l'époque où la circulation de la séve se ralentit, les tissus s'aoûtent vite, autrement dit deviennent ligneux, et n'ont plus rien à craindre des rigueurs de la température.

Taille en vert. — Cette taille s'exécute à la façon de la taille en sec ou taille d'hiver, au moyen d'une serpette ou d'un sécateur, avec cette différence que l'opération est faite pendant la circulation de la séve, depuis le mois de mai jusqu'en septembre. Elle a une grande importance parce que, appliquée sur les parties fortes dans les situations inégales, elle produit un arrêt de vigueur immédiat sur le membre tronqué, et la séve se porte vers les parties faibles qui grossissent à leur tour.

La taille en vert s'effectue tantôt sur les rameaux de l'année, que l'on rabat sur un rameau anticipé ou simplement près d'un bourgeon non développé, et tantôt sur une branche plus âgée, munie de rameaux herbacés, en pratiquant le retranchement contre un de ces rameaux, immédiatement au-dessus de son empatement.

Si cette branche trop fougueuse concourt à la charpente du sujet, on la rabat sur un rameau destiné à la continuer, en lui ménageant un onglet ou en l'accompagnant d'un tuteur pour l'y attacher. On agit de même à l'égard des rameaux taillés au-dessus des scions anticipés.

Si l'on craignait d'amener une révolution trop brusque dans la constitution de l'individu, on opérerait partiellement en rabattant la partie dominante en deux ou trois fois pendant huit à quinze jours; on la réduirait successivement et on pincerait, on casserait les jets latéraux trop vigoureux.

Nous employons la taille en vert à l'occasion de la branche fruitière, dans des arbres à pepins, pour supprimer les gourmands, les rameaux trop vigoureux; et dans les arbres à noyau, à l'effet de ravaler les coursons improductifs, et de retrancher ceux qui nuisent à la sage répartition de la séve. C'est un puissant moyen de maintenir l'équilibre dans les arbres à forme symétrique.

Les espèces d'ornement subissent également la taille en vert, quand l'ensemble de leur forme manque d'harmonie, comme, par exemple, lorsque les hautes tiges prennent une mauvaise tournure, lorsque les buissons tendent à s'affaiblir, et ont besoin de nouveaux rameaux pour la floraison du printemps suivant.

Sur les tiges élevées, inabordables à la main ou à l'échelle, on exécute la taille en vert avec l'échenilloir ou le sécateur attaché au bout d'une perche.

Les végétaux à feuillage persistant préfèrent ce mode de taille à la taille d'hiver, et les conifères s'en accommodent toutes les fois que la variété ne craint pas la coupe de la sommité de ses branches latérales.

Complément de la taille. — Dressage. — L'opération à laquelle on donne le nom de *dressage* a pour but d'imprimer des formes convenables à la charpente des arbres. Ce n'est, au bout du compte, que le palissage des branches charpentières, le seul qui intéresse plus particulièrement le pépiniériste. Le palissage des rameaux qui se pratique pendant le cours de la végétation ne lui est pas indifférent sans doute; il a besoin d'y recourir aussi, mais cette opération rentre dans le domaine des cultures spéciales ; à demeure, plutôt que dans celui de la pépinière.

Le dressage consiste à assujettir contre un mur, ou, en plein air, contre des tuteurs, onglets, fils de fer ou baguettes, les rameaux qui sont destinés à former la charpente des arbres, que ces rameaux soient à l'état herbacé ou à l'état ligneux, peu importe. Pour dresser les premiers, on se sert d'une ligature en jonc, tandis qu'avec les rameaux ligneux, les grosses branches et les tiges, on a recours à des attaches en osier.

On dresse les arbres aussitôt après la taille d'hiver, et en été, on continue ce dressage chaque fois qu'on le juge nécessaire.

Si l'on négligeait cette opération, les branches pourraient prendre une fausse direction, se contourner et émettre des rameaux gourmands aux parties coudées. Si on la pratiquait trop tardivement, on contrarierait en temps inopportun la circulation de la sève, et l'on changerait dans bien des cas la position naturelle des feuilles, ce qui serait funeste à la végétation, surtout contre les murs exposés au midi.

Quand on dresse une jeune branche destinée à être abaissée graduellement, on ne doit pas lui laisser former à son point d'insertion un angle trop aigu avec le tronc. On lui imprimera donc une légère courbure, pour qu'à l'époque de l'inclinaison forcée, elle s'y prête docilement et n'éclate point.

Ce n'est pas seulement pour créer et maintenir l'équilibre entre les diverses parties de la charpente d'un arbre, que le dressage est nécessaire; il l'est encore pour rétablir cet équilibre, quand celui-ci n'existe plus. Ainsi, une branche est-elle trop forte, on l'arrête dans son développement, en l'abaissant provisoirement au-dessous de la ligne qu'elle occupera plus tard. On l'abaisse d'autant plus qu'elle a plus de force. Est-elle, au contraire, trop faible, on la relève dans le sens de la verticale; on la ramène en avant du mur, si l'arbre est en espalier; on la dégage du feuillage voisin, si l'arbre est en plein air, et on la maintient dans cette situation nouvelle, au moyen d'une ligature lâche. Puis, quand l'équilibre se trouve rétabli par l'affaiblissement de la branche forte et l'accroissement de la branche faible, on les replace insensiblement l'une et l'autre dans la position normale qu'elles doivent occuper.

Le dressage des jeunes greffes contre les onglets ou tout autre tuteur, est de la plus rigoureuse nécessité. L'échalassement des arbustes sarmenteux, des arbres qui se laissent tourmenter par le vent, ou qui sont trop disposés à devenir fluets ou tordus, n'est, en définitive, qu'un dressage aussi nécessaire que le précédent.

C'est donc le moment de dire un mot des tuteurs, des baguettes, de l'osier et du jonc qui servent au dressage.

Tuteurs. — Il faut avoir des tuteurs de dimensions différentes, et appropriés aux genres de végétaux que l'on cultive. Les semis naturels d'arbres résineux coupés dans les sapinières, lors des éclaircies, fournissent des tuteurs droits et arrondis. Les bois blancs, le saule, le peuplier, le châtaignier, l'acacia, sont également recherchés pour cet usage. Le bois de brin est moins sujet à froisser l'arbre que le bois fendu.

Nous posons les tuteurs vers le printemps, aussitôt la taille finie, et aussi en été, quand il s'agit de soutenir de jeunes greffes, et dans les cas imprévus.

Quand une pépinière est importante, il y a de l'ouvrage pour trois hommes; mais un seul y parviendrait de même en y consacrant plus de temps. D'ordinaire, un ouvrier distribue les tuteurs dans les carrés, en les fichant provisoirement au pied des arbres, et les classant selon leur grosseur et leur hauteur; un autre vient ensuite les enfoncer par la force des bras et l'appui du genou, en s'aidant au besoin d'un maillet ou d'un peu d'eau versée à l'endroit qui leur est destiné; enfin, le troisième ouvrier attache l'arbre à chaque tuteur, de façon qu'il soit redressé sans être trop étreint ou *colleté*. On emploie de l'osier fin pour retenir les tiges ligneuses, de la paille mouillée, ou, mieux encore, du jonc, pour accoler les rameaux herbacés.

Un arbre nouvellement greffé en tête réclame un tuteur qui domine l'endroit de la greffe, afin qu'on puisse y dresser ou palisser le rameau qui se développera. Autrement, on serait obligé de lui adjoindre une baguette assez forte, que l'on fixerait, à l'aide de deux liens d'osier, au-dessous de la greffe, et contre l'onglet qui la domine.

Les tuteurs droits sont les meilleurs; néanmoins, un échalas difforme peut toujours être utilisé, à la condition de n'y relier le sujet qu'aux points se trouvant dans le sens de la ligne verticale; aussi n'y a-t-il pas nécessité de l'enfoncer tout près du collet de l'arbre.

Si l'on n'avait pas assez de tuteurs longs et forts, il faudrait employer les plus courts pour maintenir les sujets gros de tige, et ayant une tête parfaitement soudée. En dehors de cette condition, il vaudrait mieux abandonner le sujet à lui-même, que de lui brider la base, en exposant sa couronne à être rompue par le vent.

Une précaution qui nous paraît bonne à observer, c'est de placer les échalas au nord de l'arbre, et de les ficher en terre dans le sens des rangs, c'est-à-dire de façon à ce qu'ils disparaissent dans la ligne, et ne gênent point l'action des rayons solaires.

Lorsqu'on prévoit de grands vents, des bourrasques, il faut se hâter de faire une tournée dans la pépinière, pour compléter la besogne; c'est un cas de force majeure.

A la chute des feuilles, avant la déplantation des arbres, on enlève les tuteurs aux sujets qui peuvent se soutenir d'eux-mêmes, et on les met à couvert, autant que possible, pour les retrouver au printemps suivant.

Les bâtons usés, devenus trop courts pour le soutien des arbres, sont employés au dressage des arbres fruitiers formés, des arbustes grimpants, ou bien ils servent aux couchages, à la vigne, etc.

Nous devons ajouter que les arbres morts en pépinière, les églantiers secs, etc., seront utilisés comme tuteurs, et que tous les bois impropres au service seront relégués au bûcher.

Baguettes. — Il est bon d'avoir chez soi des touffes d'amorpha, de spirée à feuilles d'obier, de seringa pubescent, et d'autres arbrisseaux qui, rasés au pied chaque année, produisent des baguettes droites et longues pour soutenir les arbustes fins, les jeunes greffes, les plantes herbacées, etc. D'autres essences, comme le baguenaudier, le noisetier, les saules, les peupliers, fourniront des rameaux flexibles pour la conduite des arbres formés en palmettes, candélabres, pyramides, vases, etc.

On tirera également parti des restes d'élagages, de recepages de prunier myrobolan, des érables plane, sycomore, negundo et à grande feuille, enfin de tout ce qui n'est pas trop noueux, tortu ou herbacé.

On supprime les brindilles et les épines qui les garnissent, et on les amincit à la base. Les baguettes que l'on destine à l'accolage des greffes ramifiées, pourront conserver leurs branches latérales.

Quoique de minime valeur, ces baguettes seront trempées dans le sulfate de cuivre. Pour notre compte, nous les réunissons d'abord en petites bottes classées par taille, et, après l'immersion, nous les montons au grenier, en attendant que nous en ayons besoin.

Osier. — L'emploi de l'osier est assez considérable dans une pépinière. Les tuteurs, le palissage, les emballages, en usent une notable quantité. Les meilleures espèces ou variétés d'osier sont d'une nature franche, à écorce brune ou jaune, donnant des brins vigoureux, bien élancés, peu branchus et dociles à la torsion.

Nous pouvons donc, en dehors de l'enclos, consacrer une partie de terrain à la production de ces osiers. Si nous n'usons pas tout, nous vendrons le reste.

La culture des oseraies n'est un secret pour personne; on plante, dans un assez bon sol, des boutures ou du plant enraciné à 0m,25 de distance, sur des lignes écartées de 0m,40. On bine rigoureusement pour éviter surtout les herbes grimpantes; on forme la tête, au moyen d'une taille courte, et la récolte se fait après la chute des feuilles.

Dans une pépinière éloignée de la maison d'habitation, quelques troncs d'osier sont fort utiles. On les relègue aux bordures extérieures, ou près d'un ruisseau. Mises à la portée des besoins, les espèces branchues ne sont pas à dédaigner, car les petites ramifications sont employées pour le palissage en vert.

Au moment de la cueillette de l'osier, on fait un triage; on met d'un côté les liens pour les emballages et les fagots, d'un autre côté les brins moyens pour le service des tuteurs, et enfin, à part encore, les brins les plus fins pour le palissage. On les rentre par paquets placés debout sous une remise, à l'ombre; le grand soleil et l'humidité leur sont contraires. S'ils étaient desséchés au moment de s'en servir, on les tremperait dans l'eau; si la gelée avait enlevé la souplesse aux tissus, il suffirait de les exposer quelques instants devant un bon foyer.

Tout ce qui n'a pas été utilisé dans le cours de l'hiver est rentré au grenier; et lorsqu'on veut s'en servir, on a recours à l'immersion dans l'eau pendant au moins vingt-quatre heures.

Jonc. — Les botanistes désignent sous les noms de jonc étalé, jonc glauque, les espèces de jonc employées pour l'accolage des plantes tendres, et le palissage des parties herbacées des végétaux ligneux.

On rencontre des espèces locales de jonc comme des espèces locales d'osier, que l'on utilise si elles remplissent les conditions voulues. — On en divise les touffes, et on en plante les éclats au bord d'une rivière, autour d'un bassin, ou en bordure d'allée, à 0m,20 de distance.

La provision de jonc se fait vers la fin du printemps, quand les brins ont atteint toute leur longueur. On le coupe, on l'étend au soleil, et une matinée suffit pour le ramollir et en faciliter l'usage immédiat.

Le jonc qui n'est pas employé de suite, doit être desséché, puis mis en petits paquets, et conservé au grenier. La dessiccation à l'ombre vaut mieux que la dessiccation au soleil. Quand vient le moment de s'en servir, il suffit de le faire tremper pendant une journée dans l'eau froide.

Préparation des sujets pour le greffage. — Le sujet qui va recevoir une greffe doit toujours être assez fort ou assez trapu, non-seulement pour supporter l'opération, mais encore pour produire un jet vigoureux.

Les greffages en fente et en couronne, par exemple, qui exigent une amputation préalable, seront pratiqués à une hauteur telle que le sujet amputé puisse se soutenir de lui-même. Sa tige ne sera ni maigre ni mal bâtie. Quand on n'est pas suffisamment exercé pour répondre de ne pas se tromper au premier coup d'œil, il vaut mieux greffer bas que haut.

Les modes de greffage qui ne nécessitent pas de fortes amputations, comme l'écussonnage, le greffage par approche, etc., sont soumis à des lois communes, et il nous suffira, pour les faire connaître, de traiter de la préparation qui intéresse l'écussonnage à œil dormant, qui est le plus employé.

Dans les pépinières, on a pour ainsi dire des hauteurs réglementaires pour le greffage des arbres. C'est la force du plant qui le plus souvent guide l'arboriculteur; des sujets faibles, greffés plus bas que d'ordinaire, pourraient fort bien rester invendus et le constituer en perte; c'est pour cela qu'en cas de doute sur la force du plant, il est prudent d'ajourner le greffage à l'année suivante. On y gagne d'abord sous tous les rapports. La végétation est plus vigoureuse, et l'arbre se forme plus promptement.

L'écussonnage étant décidé, il faut y disposer l'arbre en enlevant net, quatre ou cinq semaines à l'avance, et sur une étendue de 0m,10, les branches latérales qui occupent l'endroit destiné à la greffe. On conserve de petits rameaux sur un sujet faible parce qu'ils contribuent à son grossissement.

Quand le greffage n'a pas lieu la première année de plantation, l'élagage préparatoire doit être commencé sur les rameaux ligneux à l'époque de la taille d'hiver. Si nous le pratiquons un mois d'avance sur les scions herbacés, c'est afin que la séve ait le temps d'y revenir; car si l'on tardait trop, il vaudrait mieux ne s'en occuper qu'au moment du greffage. Nous avons établi précédemment que la soudure de la greffe est d'autant plus certaine que les séves des deux parties sympathisent mieux. Ajoutons maintenant que l'absence de séve est un défaut pire que le cas contraire, parce qu'avec l'excès on a la ressource ou de reculer l'opération, ou d'incliner les rameaux, ou de les maintenir arqués et attachés sur la tige au moment du greffage, en supposant qu'il ait lieu sur des branches latérales. On reconnaît que la circulation de la séve se ralentit à la couleur moins brillante du feuillage et à l'apparition du bourgeon terminal.

Étêtage du sujet pour faire développer la greffe. — Notre greffage en écusson, en placage, en flûte ou de côté étant fait d'après les règles précédemment exposées, le moment de l'étêtage arrive dans le cours de l'hiver, à l'époque où les grands froids cessent. Cette opération est appelée improprement *sevrage* dans certains pays, et, en effet, le sevrage consiste à séparer complétement l'enfant de sa mère, comme pour le marcottage et le greffage en approche. Ici, au contraire, nous nous arrangeons de façon que la séve apportée du sol par la mère au sujet soit presque entièrement absorbée par la greffe, et n'aille plus au delà, pour nourrir la tête du sujet. Nous ne privons pas l'enfant de sa mamelle; nous la lui présentons au contraire, pour qu'il y boive à discrétion. Donc il n'y a pas sevrage. Il y a étêtage du sujet, ce qui est précisément l'opposé du sevrage.

On étête à 0m,10 au delà du point greffé, et les 0m,10 de tige qui restent au-dessus de la greffe constituent ce que nous appelons vulgairement l'*onglet* ou *chicot*; le but de cet onglet est d'appeler d'abord la séve vers la greffe au moyen de ses bourgeons, et de servir ensuite de support au jet de la greffe. L'onglet sera plus court au-dessus d'un écusson douteux ou placé sur une branche latérale, tandis qu'il pourra être plus long au-dessus de greffes branchues et exposées à être brisées.

A l'occasion de ce travail, on recèpe les sujets à basse tige sur lesquels la greffe a manqué, et l'on retaille court ceux qui sont à haute tige. Diverses espèces peuvent être utilisées franches de pied, comme l'amandier, le cognassier, le mahaleb, les espèces d'ornement; alors nous les élaguons ou nous les ébranchons, afin qu'elles occupent moins de place. Un certain nombre pourraient servir de sujets pour le greffage en fente, en couronne, à l'anglaise, etc.

Opérations en vert sur les jeunes greffes. — Pendant la première séve qui suit l'étêtage, nous *ébourgeonnons*, autrement dit nous enlevons avec la main ou la serpette tous les jeunes rameaux qui poussent sur la portion de tige comprise entre le sol et la greffe, et dès qu'ils entr'ouvrent leurs premières feuilles. On n'en conserve guère que sur les tiges faibles, pour empêcher l'amaigrissement de ces tiges.

Les petits rameaux qui se développent au-dessus de la greffe seront ébourgeonnés partiellement. Nous en conservons seulement quelques-uns qui, pincés à leur troisième ou quatrième feuille, remplissent l'office d'*appelle-séve*; mais nous les supprimons aussitôt que le jet de la greffe est assez vigoureux pour se passer d'auxiliaires et prendre lui-même la séve qui lui est nécessaire.

Dès que notre greffe atteint au moins 0m,10 de longueur, nous l'accolons à son onglet avec un brin de jonc; plus tard, un support-tuteur ou baguette viendra la préserver des vents et des bourrasques; car le seul poids du feuillage suffirait à séparer brusquement la tête du tronc.

Plus tard, nous pinçons à 0m,15 ou 0m,20 de son point d'insertion tout rameau herbacé, principal ou secondaire, que nous voulons faire ramifier, et à 0m,25 ou 0m,30 lorsqu'il s'agit de ralentir momentanément son élongation. Avec ces données, nous pincerons en première saison les greffes à faire ramifier, et en deuxième saison, les jets latéraux qui tendraient à s'emporter au détriment des autres. Au besoin, nous les cassons à mi-bois, et nous rasons net les brindilles inutiles qui naissent sur le bourrelet de la greffe.

Suppression de l'onglet de la greffe. — Quand l'arrêt de la végétation s'annonce, nous retranchons le chicot réservé lors de l'étêtage du sujet, et cela vers le mois de septembre et le commencement d'octobre. Le pépiniériste choisit ce moment où l'écussonnage terminé lui laisse des loisirs; cependant la suppression de ce moignon en juillet-août, suivie de l'englument de la plaie, ne serait pas sans avantage.

Le coup de serpette qui enlève l'onglet n'est pas le plus facile à donner; il faut une certaine adresse pour l'abattre sans entamer la greffe.

Quand le chicot est trop gros ou en bois sec, on emploie la scie-égohine, puis on pare la plaie avec la serpette.

Nous commençons par supprimer l'onglet sur les espèces où nous pourrions craindre la décollation de la greffe, si la cicatrisation n'était pas en voie de s'opérer avant la chute des feuilles : tels sont le poirier sur cognassier, l'abricotier, le pêcher, le cerisier sur Sainte-Lucie.

Quand la greffe est faible, nous laissons l'onglet jusqu'à l'année suivante, ou bien nous le rabattons à quelques centimètres au-dessus du point greffé.

Double greffe. — On double souvent les chances de succès, en plaçant une deuxième greffe en face de la première. Nous avons donc parfois des onglets à retrancher entre deux greffes, ce qui exige de l'attention pour ne pas mutiler ou froisser celles-ci avec l'outil. Comme il est rare que les deux greffes soient de force égale, on supprime la plus faible. Nous savons bien qu'un arbre portant une double greffe aurait plus de *livrée*, c'est-à-dire se vendrait mieux, mais avec une seule, la tête conserve plutôt son équilibre et résiste mieux aux ouragans. Elle se lie intimement au tronc et fait désormais partie de son individualité, tandis qu'il n'en est pas ainsi avec la double greffe.

Cela étant, nous devons préparer le sujet à la suppression, en pinçant constamment la greffe plus faible ou moins bien placée, qui disparaîtra en même temps que l'onglet.

Le multiplicateur emploie la double greffe, lorsqu'il doute de la réussite, ou bien encore pour commencer la charpente des palmettes symétriques, à branches mères disposées en U. Seulement, il va sans dire que, dans ce dernier cas, il n'y a rien à supprimer.

Élagage des arbres de pépinière. — Les arbres destinés à être dirigés sur une tige, qu'ils soient greffés ou francs de pied, seront élagués tous les ans au moment où la végétation s'arrête, c'est-à-dire à l'époque de la chute des feuilles.

Après cette époque, si l'opération n'a pas eu lieu, on l'ajournera jusqu'en février-mars, avant l'ascension de la séve, afin de ne pas exposer une plaie non cicatrisée aux rigueurs de l'hiver.

Nous élaguons en août-septembre, durant la période qui précède celle de la léthargie, les essences largement pourvues de moelle, le noyer, par exemple. Élaguées trop tard, elles redoutent l'action du froid; élaguées au réveil de la végétation, il en résulte un égout; la séve *pleure*. Les espèces délicates sont dans une position analogue.

L'élagage consiste à raser les branches inutiles sur leur talon. Le coup de serpette est donné de bas en haut; pour le donner en sens inverse, il faut une grande habileté de main secondée par un instrument bien affilé, sans quoi on s'expose à déchirer l'empatement. Tout en supprimant la branche le plus bas possible, il convient de ménager un peu de cet empatement, au revers plutôt qu'à la gorge de la branche enlevée ; n'y aurait-il qu'un petit menton de quelques millimètres d'épaisseur, la tige continuera de grossir, tandis que la plaie se cicatrisera.

On sait qu'une forte branche est d'autant plus facile à enlever d'un coup de serpette, qu'on la rapproche davantage de la tige mère. On a donc soin de la tenir dans cette position favorable avec la main gauche ou avec l'épaule. Si le coup de serpette, au contraire, devait être donné dans le sens inverse, il faudrait abaisser doucement l'extrémité de la branche.

Nous n'employons guère le sécateur que pour les espèces épineuses; et là encore, on s'aide en appuyant la branche à l'opposé de la lame tranchante.

L'élagage demande à être raisonné. Lorsque la tige est forte, il n'y a aucun inconvénient à supprimer radicalement les branches latérales du collet à l'endroit destiné à la greffe, ou jusqu'à la hauteur fixée pour la première couronne de branches charpentières.

Chez les espèces qui s'élèvent lentement, en restant trapues, on peut élaguer toutes les ramifications de la tige jusqu'au niveau de la pousse de l'année précédente. Les rameaux anticipés sur la nouvelle flèche seront *coursonnés*, s'ils sont trop allongés. *Coursonner* une branche, c'est la raccourcir à la moitié, au tiers, au quart environ de son développement, de manière à la réduire à l'état de courson.

Si la force d'une tige ne se continue pas sur toute sa longueur, on suspend l'élagage complet vers les parties les plus faibles qui, dépourvues de ramifications, ne pourraient plus se soutenir sans l'aide d'un tuteur. On coursonnerait les ramifications les plus longues et on ménagerait les plus courtes.

Quelle que soit la grosseur de la tige, il faut toujours raser net les branches gourmandes qui absorbent toute la séve au détriment des parties utiles.

Nous élaguons partiellement un sujet faible, en supprimant çà et là les rameaux grands et vigoureux, et en coursonnant les moyens. Nous ne touchons pas aux petits; leur présence attire encore la séve; leur absence appauvrirait l'arbre par trop; cependant, quand ils sont très-rapprochés, on les éclaircit. On doit s'abstenir de toute entaille sur les sujets maigres, étiolés, qui n'ont jamais trop d'*appelle-séve* pour activer leur végétation languissante. La même recommandation peut être faite à l'occasion des sujets malades, dont la débilité augmente en raison des retranchements qu'on leur impose.

Écimage des sujets de pépinière. — L'écimage, c'est la taille de la sommité de la tige ou de la flèche.

On écime : 1° les arbres faibles, quoique vigoureux, afin de les obliger à prendre du corps; 2° ceux que l'on destine au greffage sur tige, afin de concentrer la séve vers l'endroit à greffer; 3° ceux qui doivent avoir une tête branchue ou arrondie.

Quand on est forcé d'étêter un arbre sans vouloir le priver de sa flèche pour l'avenir, il faut appliquer l'ébourgeonnement et le dressage au rameau réservé pour le prolongement de la tige.

On s'abstiendra d'écimer : 1° les sujets qui doivent grandir sans déviation ni coude sur la tige, comme le peuplier; 2° les essences qui redoutent les amputations terminales, comme le marronnier, le tulipier, le châtaignier, le cornouiller et les conifères.

On rencontre des essences qui ont le bois nerveux, comme le robinier, le févier, et qui souffrent d'un écimage sur tige âgée de plus d'une année, à moins, toutefois, que l'écimage n'ait pour but le greffage du sujet.

TRAVAUX DE DÉBLAVE

Déplantation des végétaux à feuilles décidues. — Le moment de déplanter les arbres et arbustes à feuilles caduques commence à la mi-octobre pour finir vers la mi-avril. La végétation plus tardive ou plus précoce en recule ou en avance les limites. Il y aurait danger à déplanter avant l'arrêt complet de la séve, ou après son réveil, et la prudence ne nous permet pas d'arracher ou d'expédier des arbres quand il gèle.

Malgré tout le désir que l'on peut avoir de planter de bonne heure, il faut attendre, pour les premières déplantations, que la chaleur ait cessé et que la pluie ait détrempé la terre.

On commence la déplantation par les arbres les plus âgés, par ceux qui les premiers se dépouillent de leurs feuilles; on attend jusqu'au milieu de novembre pour les plus jeunes et les plus vigoureux, pour les pêchers, les amandiers, la vigne, les pommiers, les greffes d'un an, les rosiers, etc. En définitive, lorsque les nuits deviennent froides, les matinées fraîches, que la séve s'arrête, et que les gelées blanches font tomber les feuilles, on peut arracher sans crainte; surtout si les pluies ont ramolli la terre et par conséquent facilité la besogne : quand il y a nécessité d'opérer avant les pluies, on y supplée par un copieux arrosage, quelques heures auparavant.

On ne saurait apporter trop d'attention pour déplanter un arbre. Il faut bien dégager la terre avant d'attaquer une racine; prendre de la distance et tâcher d'arriver jusqu'à l'extrémité des radicelles. Après avoir employé un outil à lame pour déterrer le tronc, on prend un outil à dents, s'il le faut, pour gratter autour des racines; puis, saisissant l'arbre avec les deux mains, on lui imprime des secousses répétées; et au besoin, on attire à soi chaque racine avec la main, et le sujet ne tarde pas à être extrait convenablement.

Il vaut mieux porter ses soins à la conservation des racines, et négliger ce qu'on appelle la motte, composée de terre usée, désormais inutile.

Au fur et à mesure de leur déplantation, les arbres sont mis à l'ombre ou en jauge, ou bien transportés sous le hangar aux emballages, quand il s'agit d'un établissement commercial.

Un carré de pépinière destiné à être déblavé dans la même saison pourrait se trouver vide dès l'automne : on arrache à cette époque tous les arbres qui le garnissent; on fait un triage selon la destination des sujets; les uns sont replantés de suite, et les autres placés en jauge en attendant qu'ils soient vendus ou mis à demeure.

Déplantation des végétaux toujours verts. — Les conifères, les arbres et arbustes à feuillage persistant peuvent être déplantés plus tôt et plus tard que les précédents. La transplantation d'hiver présente des inconvénients et nous laissons aux physiologistes le soin de les expliquer.

En choisissant le moment où la végétation se ralentit, de la mi-août à la mi-octobre, les racines reprennent immédiatement, et les rapports entre les organes aériens et souterrains se continuent. Les jeunes arbres passent l'hiver sans craindre les tourmentes; ils sont fixés au sol. Cette saison est excellente dans les pays où les brouillards de l'automne et les temps couverts sont assez fréquents.

Une époque presque aussi avantageuse, mais préférable pour les situations moins brumeuses de l'arrière-saison, c'est celle du réveil de la séve, du 15 mars au 15 mai. Alors aussi la reprise est très-rapide.

Si un temps couvert est avantageux à la replantation des espèces à feuilles caduques, il devient en quelque sorte obligatoire pour les végétaux toujours verts, que l'on opère à l'automne ou au printemps. Il vaut mieux ajourner la déplantation à plusieurs semaines que de s'exposer à tout perdre en un jour de sécheresse pour avoir voulu trop se hâter. L'essentiel est de soustraire les jeunes plants à une évaporation mortelle, et le moyen c'est de les mettre en place par une pluie, un brouillard ou tout au moins quand le ciel est nuageux : si l'on était surpris par le soleil, il faudrait ombrager et mouiller.

Une pluie d'abord, un temps doux ensuite, sont très-favorables à l'arrachage. A leur défaut, on arrose copieusement.

Les soins d'arrachage seront très-rigoureux; ici toute section de racine est funeste à l'organisme de l'individu. Les précautions pour l'extraction seront d'autant plus minutieuses que le temps de sa plantation précédente remontera à une époque plus éloignée.

Le maintien de la terre autour des racines favorise la reprise des arbres verts. Si l'exemplaire déplanté est déjà gros, on tâche de lui conserver sa motte en l'enveloppant d'une chemise de paille liée en dessous, par les épis, et réunie au collet. Un canevas, une natte, des planches reliées entre elles atteignent évidemment le même but. Mais avant de replanter le sujet, il conviendra de gratter la surface extérieure de la motte pour mettre les jeunes racines en relation immédiate avec la terre nouvelle.

L'incertitude de la reprise et les soins à prendre pour le maniement des arbrisseaux résineux ou à feuilles persistantes, sont encore des raisons qui militent en faveur de leur culture en pots et en paniers.

Mise en jauge des arbres déplantés. — Mettre un arbre en jauge, c'est lui placer le pied dans la terre, en attendant sa plantation définitive. Par jauge, on entend une fosse ou tranchée assez profonde et assez large pour que les racines des arbres y soient à l'aise. Une fois là, on les recouvre de terre jusqu'à ce qu'on n'aperçoive plus le collet et en ayant soin qu'il n'y ait pas de vides entre elles.

Pour un groupe d'arbres à mettre en jauge, on procède par tranchées peu étendues, mais répétées successivement. On arrose copieusement aussitôt la besogne terminée, et on recharge de terre le collet dans le cas où la mouillure l'aurait mis à découvert.

L'emplacement le plus convenable pour les jauges n'est pas difficile à trouver; il suffit d'éviter les endroits trop exposés aux grands vents, les terrains constamment humides, les encoignures de murs ou de bâtiments frappés directement par le soleil.

Dans ces bonnes conditions, un arbre en jauge ne souffre point et se maintient parfaitement.

Les plantes vertes sont jaugées au nord dans une plate-bande légèrement élevée, d'une nature de terre moelleuse et légère. On les mettrait de suite en pot qu'elles souffriraient moins.

Dans toute espèce de jauge, les arbres sont classés par catégories étiquetées, et on les place de manière que leurs branches ne se gênent point et que l'extraction du sujet ne présente aucune difficulté.

Déblave des carrés de pépinière. — Quand un carré de pépinière a été beaucoup fouillé et que les sujets restants ne méritent pas, par leur nombre ou par leur nature, d'occuper le terrain davantage, on doit le déblaver totalement. Il est à remarquer que dans certains sols très-bouleversés par des arrachages répétés, les arbres qui restent diminuent de valeur; les racines souffrent, l'écorce de la tige et des branches blanchit et se couvre de mousse.

On débarrasse le terrain à l'automne; les sujets défectueux sont mis en tas, et servent à faire des tuteurs ou des fagots aux heures de loisir ou de mauvais temps, tandis que les bons arbres sont mis en jauge.

On en trouve parfois qui sont d'assez bonne qualité sans être parvenus encore à l'état d'arbres faits; on replante ceux-là sans les tailler (sauf les pêchers); un écimage suffit; ils seront recepés l'année suivante et gagneront une vigueur nouvelle.

Dans ces sortes de carrés aux trois quarts vides, nous repiquons, pour une saison ou deux, nos jeunes plants d'arbres verts ou de tout autre genre réclamant un demi-ombrage; nous les enlevons ensuite pour les replanter ailleurs.

Le terrain se trouvant nettoyé assez tôt, on le mettra en bon état de culture avant les gelées; on le fumera, on y rapportera des terres nouvelles, et l'on aura soin de ne pas y recommencer de suite la culture de la même essence végétale.

ACCESSOIRES DE LA PÉPINIÈRE

La connaissance des sujets que nous allons traiter n'est pas absolument indispensable aux personnes qui ne se livrent qu'à une culture restreinte, mais elle est de rigueur pour la bonne gestion d'un établissement horticole de quelque importance. Nous examinerons d'abord les moyens de nous procurer les éléments de nos multiplications ordinaires, puis nous verrons comment on opère à l'égard des végétaux délicats ou d'une reproduction plus difficile.

DES MÈRES NÉCESSAIRES A LA MULTIPLICATION.

Les mères forment la base d'une bonne multiplication; sans elles on est exposé à fonctionner dans le vague, à cultiver des variétés douteuses. Sous le nom de mères, on désigne les sujets qui nous approvisionnent de graines, de boutures, de greffes et de marcottes. Outre ce mérite capital, les mères en question ont encore celui d'appeler nos observations et de nous mettre en mesure d'étudier et d'apprendre des particularités qui peuvent intéresser le public. Ainsi, en examinant chaque type, nous nous rendons compte de son port, de sa vigueur, de l'effet produit par l'écorce ou par le feuillage, de sa floraison, de sa fructification, enfin de tout ce qui constitue ses qualités et ses défauts.

Nous consacrons aux mères un carré ou bien des plates-bandes, les limites des chemins, le bord des rivières, le voisinage des murs, etc. Nous plantons un ou deux sujets de chaque variété, nous les numérotons strictement et transcrivons les numéros sur un registre spécial avec nos observations en regard.

Par suite de la quantité considérable de nouveautés qui viennent tous les ans grossir les collections, nous devons éliminer ce qui nous est suffisamment connu, et d'abord les non-valeurs, les variétés à rejeter et les synonymes que l'on supprime totalement, à moins qu'on ne regreffe ceux qui peuvent l'être. Quand on ne tient pas à se rendre compte de l'ensemble de la végétation, on a la faculté de greffer plusieurs variétés sur le même tronc. Nous ne recommandons guère cette manière de procéder, pas même lorsque le manque d'espace semble l'autoriser.

Nous formons naturellement deux catégories de reproducteurs; la première comprend les végétaux à fruits comestibles; la seconde, les végétaux d'ornement.

Mères de végétaux à fruits comestibles. — Cette catégorie est la plus importante, non-seulement parce qu'elle rend des services incontestables, mais aussi parce qu'elle est la pierre de touche de l'intelligence, de l'esprit d'ordre et de la loyauté du pépiniériste. Un amateur n'entend pas qu'on lui livre une variété pour une autre; il ne pardonne pas une erreur de cette sorte et retire sa confiance plus vite qu'il ne l'a donnée. Tout pépiniériste donc qui prend souci de sa réputation doit pouvoir répondre hardiment de ce qu'il livre, et, dans bien des cas, pour en répondre, il faut avoir la mère chez soi, sous sa main et même ne s'en rapporter qu'à soi pour la multiplication, l'étiquetage et la transcription au registre.

Créons donc une école fruitière et instruisons-nous. La considération méritée qui entoure des noms justement célèbres en pomologie, en arboriculture et en horticulture commerciale doit être le point de mire de tout homme qui choisit cette profession. Il n'est pas défendu de faire du métier, mais c'est à la condition de le faire loyalement, sans préjudice pour personne.

Nous planterons nos sujets-mères comme nous le disions tout à l'heure; quant à la forme à leur donner, laissons-la au caprice de l'imagination. L'arboriculture moderne a des principes qui permettent de récolter à la fois des fruits et des rameaux pour boutures et pour greffes.

Mères de végétaux d'ornement. — Cette catégorie pourrait aisément se subdiviser en arbres à haute futaie, en arbrisseaux baliveaux, en arbustes en touffes; en espèces robustes, et en espèces délicates.

Il ne nous est guère possible d'indiquer pour chaque espèce la forme et la place qui conviennent. La nomenclature en est tellement considérable, que nous aimons mieux laisser à l'initiative du cultivateur le soin de les diriger à son gré.

La forme à leur imposer est ou la haute tige, ou la demi-tige, ou le cône, ou le buisson. Les mères destinées au couchage restent en touffes; celles que l'on emploie pour le greffage en approche, sont en baliveau et en basse tige.

Les mères élevées pour la graine deviennent plus fécondes, quand on les laisse végéter librement sans les tondre. En taillant les sujets porte-boutures et porte-greffes, on obtient des scions plus nombreux; mais les greffes de variétés qui demandent à être écussonnées de bonne heure s'aoûtent plus vite sur une branche non taillée. La cueillette de ces greffes en juin-juillet constitue une taille en vert qui provoque l'émission de nouveaux rameaux que l'on ne taille pas en hiver.

La taille partielle d'un sujet, ou alternée sur deux sujets de même variété, concilie la production de la graine avec celle des rameaux de multiplication. Une branche taillée court donnera de beaux jets pour le bouturage d'hiver; taillée long ou laissée intacte, elle se garnira de jeunes scions pour le bouturage d'été.

Nous pouvons nous dispenser de planter séparément les espèces qui produisent en pépinière l'effet que nous désirons connaître, quand bien entendu nous pouvons trouver sur ces espèces nos éléments de multiplication.

Il en est de même pour celles qui croissent dans les forêts, sur le bord des routes, des promenades, dans les haies, etc., et qui nous approvisionnent, au delà de nos besoins, de graines, de boutures et de greffes.

Les conifères plantés en rideaux nous fournissent suffisamment de graines et de boutures; mais les variétés plus rares peuvent sans inconvénient être disséminées dans la pépinière ; leur port et leur verdure donneront de la vie à la propriété toute l'année.

Les arbustes à feuilles persistantes seront placés au nord ou à mi-ombrage, sous une forme appropriée à leur genre de multiplication.

Nous avons déjà dit que les mères destinées au couchage en pleine terre seraient constamment rasées en pied, et qu'il ne faudrait pas leur laisser, au moment du couchage, la moindre branche qui ne fût pas employée. Leur suppression oblige la séve à se maintenir vers les parties couchées, tout en préparant de nouveaux rameaux pour l'année suivante.

Ces mères sont plantées en carré, en ligne, en planche, à une distance en rapport avec leur végétation.

SERRE A MULTIPLICATION

Cette serre est utile à l'horticulteur pour la multiplication rapide, forcée, des nouveautés, des arbres rares, et pour la multiplication ordinaire des arbres résineux, des arbustes verts, et en général des végétaux auxquels on veut donner un abri et une température factices.

Construction extérieure de la serre. — Les dimensions à donner à ce genre de laboratoire, son mode de construction, dépendent un peu des dispositions du lieu et de l'importance de l'exploitation.

La serre doit être bien abritée, bien exposée, enfoncée en terre, et non sujette à l'envahissement des eaux.

Afin de nous rendre plus intelligible, nous prendrons pour modèle la serre à multiplication établie sur nos cultures en 1860.

Son style est hollandais, c'est-à-dire à deux versants; l'axe, dirigé du sud-est au nord-ouest, oblige le soleil du midi et le vent du nord à glisser obliquement sur ses faces inclinées.

Extérieurement, elle a 16 mètres de longueur sur 5 mètres de largeur. Sa hauteur intérieure a 3 mètres; elle est à $0^m,90$ en contre-bas du sol. Deux escaliers en pierre la desservent à chaque extrémité.

La maçonnerie est en briques et en pierre dure; le reste est en bois, fer et plomb.

La toiture est à double façade; chaque versant, incliné à 25 degrés environ, se compose de 24 châssis placés sur deux rangs égaux, l'un au-dessus de l'autre, et munis de charnières et de crémaillères pour l'aération. Ils sont séparés entre eux par un intervalle de $0^m,02$, formant gouttière dans la charpente qui les supporte, pour l'écoulement des eaux pluviales.

La charpente de la serre et les cadres des châssis sont en vieux chêne, non susceptible de se tourmenter; les traverses intérieures des châssis, vulgairement petits-bois, sont en fer. Le verre employé est du verre double. Toutes les pièces de charpente sont recouvertes d'une feuille de plomb épais. Le sommet de la toiture est un pan coupé horizontal, une plate-forme en plateau de chêne, bordée d'une balustrade en fer; on y monte par une échelle en fer.

Les paillassons pour l'hiver, les claies pour l'été, sont retenus à la galerie. Ils sont passés au sulfate de cuivre, pour la prolongation de leur durée.

Cette toiture de 48 châssis est supportée par une maçonnerie. Aux deux côtés longitudinaux, c'est un petit mur en soubassement qui arrive à $0^m,30$ hors de terre; sa crête est une ligne de dalles à surface externe légèrement inclinée en dehors pour la chute d'eau. Les deux autres parois latérales de la serre, se prolongeant jusqu'au faîte, sont également en briques; une porte d'entrée est ménagée au centre de chacune d'elles; et le profil des premiers et des derniers châssis coïncide naturellement avec la partie supérieure de ces parois.

Aménagement intérieur de la serre. — Deux cloisons également en briques divisent l'intérieur de la serre en trois compartiments, communiquant entre eux par des portes vitrées.

Le premier compartiment, au sud-est, a 4 mètres de longueur. Il ne reçoit pas de chaleur artificielle; c'est le conservatoire des arbustes délicats.

Un autre compartiment plus court, à l'extrémité nord-ouest, contient, à droite et à gauche, une tablette de travail, et au centre, adossée à la cloison, une chambre en briques réfractaires renfermant un appareil de chauffage. Le compartiment du centre est le plus grand; il est bordé tout autour de deux tablettes larges de 0m,85, supportées par des consoles en fer. Le parquet de ces deux tablettes est en planchettes de terre cuite posées sur des tringles en fer; le bord extérieur est une lame de bois sulfaté, large de 0m,15, posée sur champ. Sous ces tablettes sont rangés les plants pour la greffe.

Au milieu existe une bâche, haute de 0m,90, large de trois cloches, avec plancher en terre cuite, garni d'un lit de 0m,12 à 0m,15, de tannée dans une partie et de gravier fin dans l'autre, pour recevoir les trois rangs de cloches. La bâche est séparée des tablettes par un sentier large de 0m,60. Montée en briques, ses côtés sont percés à la base de larges ouvertures facilitant la ventilation, et l'emploi de son intérieur à certaines conservations.

Pour utiliser l'espace, un étage suspendu intérieurement sous la galerie, reçoit encore une collection de poteries.

Chauffage de la serre à multiplication. — La serre est chauffée au moyen d'un thermosiphon, composé d'une chaudière tubulaire, en cuivre, d'où part un tuyau de même métal, traversant la cloison, et se partageant en deux bras qui s'appuient de chaque côté, sur le bord de la bâche du milieu; puis, arrivés à l'extrémité de celle-ci, ils se replient sur eux-mêmes par une courbure, passent sous le plancher de la bâche, et reviennent dans l'appareil après s'être réunis en un seul corps. L'eau, devant emplir le tout, est versée dans un réservoir en zinc, situé à l'opposé de la chaudière, sur la courbure des tuyaux; en hiver on trouve dans ce vase de l'eau douce ou tiède, pour l'arrosement des végétaux les plus délicats et surtout pour les bassinages.

Le foyer, situé sous la chaudière, est alimenté avec du charbon de terre; il est allumé pendant les nuits fraîches de l'automne et de la fin de l'hiver, et presque continuellement lors des fortes gelées; on le gouverne de manière à maintenir sans aucune interruption, une température moyenne de 15° centigrades dans la serre, chaleur suffisante pour la multiplication des végétaux de pleine terre. Une atmosphère chargée d'humidité demande un degré plus élevé pour la santé des plantes. Les limites du thermomètre au chauffage sont 12° et 20° centigrades.

La bâche intérieure seule se trouve donc chauffée directement; elle est, par conséquent, destinée à la culture à chaud, tandis que les tablettes sont pour les multiplications à froid.

Multiplications faites dans la serre. — Théoriquement, les semis et les boutures doivent se faire à chaud, les greffes et les repiquages à froid; mais souvent, dans les végétaux ligneux, on intervertit l'ordre, et l'on réussit. C'est un peu l'affaire de la pratique.

Le multiplicateur prépare dans son cabinet de travail ses dernières manipulations de terre. Il fait le semis en terrines qu'il place sur tablette. Les boutures sont en godets et sous cloche; la chaleur est indispensable aux boutures herbacées. Les greffes également à l'étouffée ne seront découvertes qu'après l'union intime des deux parties. Les sujets en ont été mis en pots à l'avance, rangés dans un coin de la serre, et greffés après y avoir déjà formé de nouvelles racines; les greffes cueillies en serre au moment où elles deviennent ligneuses sont très-sympathiques aux sujets; cependant les greffes de plein air ne sont pas à rejeter.

Les cloches sont en verre uni; tous les jours, on essuie la *buée* qui vient en mouiller l'intérieur.

Sans vouloir répéter nos recommandations inscrites à chaque paragraphe de la multiplication, nous rappellerons seulement, à l'occasion des élèves venus sous cloche, que du moment où leur réussite paraîtra certaine, ils seront aérés, puis rempotés et portés sur les tablettes. Au bout de quelque temps, nous les amenons graduellement à l'air libre en les faisant passer sous châssis d'abord fermé, puis ouvert peu à peu; ensuite contre un abri, et enfin en plein air. Cette filière habituera, sans brusque transition, nos jeunes sujets aux caprices atmosphériques de la nature.

Claies à ombrer la serre. — Nous savons déjà que les paillassons forment la couverture d'hiver; il nous faut en outre un préservatif contre l'ardeur des rayons solaires de l'été. Nous employons à cet effet des claies en paille tressée à larges mailles, confectionnées dans le genre des paillassons: chaque pincée de paille est séparée de sa voisine par trois ou quatre nœuds de ficelle; quelques baguettes sont disséminées transversalement sur la claie, pour en augmenter la solidité; elles sont attachées, en même temps que la paille, à 1 mètre l'une de l'autre environ. Une fois terminés, on trempe ces abris dans un bain de sulfate de cuivre, afin d'en prolonger la durée. Ce système est usité pour ombrer les châssis, les cloches, même les végétaux repiqués en plein air, à l'exposition d'*un soleil ardent*, et pour abriter contre les premières gelées blanches les jeunes semis sensibles au froid.

Les abris en roseaux et en lames étroites de bois blanc, façonnés de la même manière et imprégnés de sulfate de cuivre sont également bons.

Le badigeonnage des vitres avec le vert anglais, préparé à la colle, est aussi le préservatif d'une lumière trop vive; il évite la main-d'œuvre exigée par le maniement souvent réitéré des abris mobiles; mais il dure moins longtemps.

Le paillasson, fort souvent employé, n'est pas d'un aussi bon usage que la claie; il a le tort de trop intercepter les rayons lumineux, de sorte qu'en enlevant le paillasson, le passage d'une situation à une autre devient trop brusque pour les végétaux. Le paillasson est une bonne couverture; mais c'est une mauvaise ombrelle.

ABRIS ET OMBRELLES POUR LES MULTIPLICATIONS DÉLICATES EN PLEIN AIR

Sous ce nom, on comprend toute espèce de construction ou de plantation établie dans le but d'abriter les végétaux du soleil, du froid, des vents et des variations brusques de température.

Nous ne nous occupons ici que des abris vivants, composés d'arbres verts, d'arbustes ou d'arbres fruitiers plantés en lignes formant rideaux, sévèrement tendues, et orientées de l'est à l'ouest.

L'abri est plus spécialement à feuillage persistant; l'ombrelle, à feuillage caduque.

Composition et entretien des abris et des ombrelles. — Les essences convenables doivent avoir les racines peu envahissantes, et la partie aérienne d'une végétation uniforme, se ramifiant facilement, sans lacunes, et supportant la tonte. Tels sont les thuyas de Chine, thuya du Canada, genévrier commun, genévrier de Virginie, cyprès, tamarix, buis en arbre, charme, le cornouiller à fruits comestibles, la vigne, le poirier et d'autres espèces fruitières vigoureuses, d'un beau port.

Nous ne parlerons ni des espèces qui exigent un climat spécial, comme les lauriers et l'alaterne; ni de celles qui peuvent atteindre une hauteur assez considérable, comme le peuplier d'Italie, le tilleul argenté, etc. Il faut consulter son emplacement et ses besoins.

Le résultat sera d'autant plus vite obtenu que les sujets auront été choisis plus forts, et plantés à une distance plus rapprochée, soit de 0m,30 à 0m,50 entre eux; la régularité d'ensemble s'acquerra par l'homogénéité, c'est-à-dire au moyen de lignes composées de la même espèce. Le poirier lui-même convient mieux, si l'on plante une seule variété par rideau. On taille sévèrement les rameaux de face, et on allonge les branches latérales, que l'on soutient par un petit tuteur fiché en terre entre deux arbres.

Les ombrelles en tamarix ont besoin d'être soutenues avec deux ou trois piquets et quelques perchettes en travers. On a encore la ressource des fils de fer horizontaux, retenus par un pieu à chaque extrémité.

Les tailles se font avec des cisailles, au printemps et à l'automne.

Nous avons dit que la plantation s'effectuait du levant au couchant; mais si l'on préférait un brise-vent au brise-soleil, on dirigerait la ligne de manière que le revers du rideau reçût en plein les coups des vents les plus redoutables. On peut encore augmenter l'obstacle par la plantation, derrière les abris, d'arbres toujours verts de haute-futaie, de branches étalées. En outre, il est facile de disséminer quelques petits abris de refend, perpendiculaires aux autres, contribuant à cncloîtrer les végétaux non habitués aux rayons solaires, aux bourrasques, aux accidents de température. Enfin, des claies en paille, en lattes fines ou en roseaux, des toiles à maille claire disposées en avant-toit, sont d'excellents préservatifs du givre et du soleil ardent.

L'hivernage à l'aide de paillassons, de buttages ou de feuilles sèches n'en sera pas moins obligatoire.

Un endroit déjà abrité naturellement est assez convenable pour cet objet; cependant, il faut le plus possible se rapprocher de la serre et des bâches pour centraliser les opérations.

Il y a deux manières de disposer les abris. L'une — celle que nous tenons pour la meilleure — consiste à planter les lignes d'arbres à 3 mètres de distance, à laisser de chaque côté d'elles un sentier large de 0m,80, et à convertir le milieu (largeur 1m,40) en une plate-bande pour les végétaux à abriter.

L'autre système n'accorde que 2 mètres d'écartement entre les ombrelles; la plate-bande leur est adossée au côté nord, et devant il règne un sentier de 0m,90. En observant cette manière, qui est assez répandue, les plus grands végétaux seront placés contre l'abri, pour former amphithéâtre; tandis que dans l'autre, les plus grands exemplaires seront mis au centre de la plate-bande; il en résultera une sorte d'étagère à double versant, avec une égale répartition d'air et de lumière.

Mise en place des végétaux à racines nues. — Il convient de ne pas mélanger les végétaux en pots avec ceux qui ne s'y trouvent pas. Pour ceux-ci, nous enlevons de la plate-bande une couche de terre épaisse de 0m,30; on jette dans le fond des débris de terre de bruyère, et l'on comble avec un compost de terreau, de feuilles, sable de curage, humus tourbeux, herbe pourrie, terre franche, terre de bruyère broyée et non tamisée, etc., par quantités proportionnées au genre de nourriture assimilable à l'espèce. Le terreau de couches et le fumier ne conviennent guère aux jeunes plants, surtout lorsqu'ils sont à feuillage persistant.

Au fur et à mesure que les individus grandiront, on les transplantera chaque année en leur accordant une nourriture de plus en plus substantielle.

Mise en place des végétaux en pots. — Les sujets en pots seront placés sur un lit de cendres de houille ou de gravier, ayant pour avantage d'activer l'écoulement de l'eau et d'empêcher les ravages des vers de terre ou lombrics. Les intervalles seront ensuite remplis de terre moelleuse, de sable siliceux, de cendres de houille, ou de mâchefer pulvérisé.

Lorsque, dans les terrains un peu humides et dans ceux qui sont ravagés par les vers, on a des godets de dimension assez restreinte à enterrer, on trace, sur le terrain bien ameubli, les lignes où l'on devra les placer; puis, avec un plantoir, dont la grosseur varie en raison du diamètre des pots, on fait des trous profonds mais moins larges que les vases qu'ils doivent recevoir, de manière qu'en y faisant entrer ceux-ci de force, tout leur pourtour se trouve en contact avec le sol, tandis que dessous il reste un vide faisant fonction de drainage.

Si le collet de la plante était hors du vase, on étendrait sur la plate-bande plantée, un lit de feuilles ou de paille qui pût préserver ce collet de l'action atmosphérique, sans l'exciter à former de nouvelles radicelles. Il se durcira peu à peu et pourra, lors du rempotage, être laissé impunément au grand ria.

Plus tard, selon la nature et la robusticité de l'espèce, les sujets seront livrés à la pleine terre.

Telle est l'acclimatation naturelle d'un végétal. Les races exotiques ne s'y soumettront que si leur *habitat* présente une grande analogie avec leur demeure actuelle.

EMPOTAGE DES VÉGÉTAUX

On a toujours, dans une grande propriété, sous des arbres ou derrière un bâtiment, une place propre à recevoir des terres préparées, des engrais, les vases à fleurs, etc. Cette place ne doit pas être éloignée de la serre, des châssis, des abris, du centre de multiplication des végétaux délicats.

Un hangar est nécessaire pour la manipulation des substances, et une grande table pour le travail des empotages.

Terres préparées pour les empotages. — Les terres réellement indispensables sont :

1° La *terre de bruyère.* Celle que l'on trouve dans les bois vaut mieux que celle de plaine, parce qu'ici les eaux pluviales entraînent ou lavent ses principes nutritifs et la chaleur solaire en absorbe, tandis que là elle entretient ses bonnes qualités par le fait de l'ombrage, de la pourriture des feuilles et herbages, etc. On choisit la plus noire en couleur, quoique suffisamment saupoudrée de silex blanc; on l'enlève par gazons sans entamer le lit inférieur, et on en fait un tas dont le sommet forme toiture. Pour l'employer, on la bat, on en brise les mottes, on la pulvérise sans la tamiser; les racines sont extraites, et les débris mis à part seront utilisés au fond des plates-bandes consacrées aux végétaux dits de terre de bruyère. La pluie et le soleil lui étant nuisibles, elle gagnera à séjourner sous un abri quelconque.

2° Le *sable de rivière* qui n'est point, bien entendu, le gravier destiné à sabler les allées, mais le sable terreux, mélangé de détritus végétaux ou animaux; c'est la vase, la première couche du fond des eaux courantes qui traversent les villes ou qui sont bordées de végétaux feuillus. On ne l'emploie que lorsqu'il a séjourné à l'air pendant les chaleurs de l'été et les rigueurs de l'hiver, et qu'il a été remué et retourné fréquemment.

3° Les *curures d'étangs* ou *de fossés* à eau dormante, améliorées, elles aussi, par les influences énergiques du soleil et de la gelée.

4° Le *terreau* de couches, le terreau de feuilles, le terreau poudreux qui couvre superficiellement le sol des forêts compactes et des vieux taillis.

5° La *terre noire* chargée d'humus tourbeux; celle qui est un peu tenace aux doigts est préférable à la plus légère, trop souvent parsemée de taches de rouille.

6° Le *sablon* de couleur jaune de chrôme, comme on en rencontre dans certaines carrières; il convient pour le drainage des arbustes en pots. Il entre dans la composition des terres de bruyère factices dans la proportion d'un tiers ou d'un quart contre 2/3 ou 3/4 de curures de fossés et de feuilles de chêne ou de châtaignier, exposées à la gelée et pulvérisées ensuite par un battage.

On tire parti de tout ce qui peut être employé dans l'exploitation. Les débris du jardin, les feuilles, les herbes, la gadoue, les balayures, les déchets, les rebuts de la cuisine et du ménage, les raclures de cour, tout cela, mis en tas, saupoudré de sel marin, de chaux, de plâtras, arrosé d'eaux de lessive, d'urine, trouvera son emploi.

Nous avons encore les cendres de bois et de houille, la suie, qui entretiennent la propreté du terrain et la santé des arbres; et les vidanges brassées avec de la chaux, qui activent la végétation.

La manipulation des terres doit être d'autant plus soignée que les végétaux à alimenter sont plus jeunes ou d'espèces plus délicates. Chaque substance est remuée, nettoyée, passée à la claie ou au tamis. Le mélange de diverses sortes se fait intimement, à la pelle ou à la main, en retournant le compost en tous sens, de manière à ce que chaque élément de la composition soit réparti aussi uniformément que possible.

La terre franche ou la nature de terre essentielle à la plante entrera toujours en notable proportion dans le mélange; et cette proportion deviendra plus forte à chaque rempotage du même individu.

Poteries employées dans la pépinière. — Pour une multiplication bien entendue, il faut des poteries de toutes dimensions, depuis le godet étroit comme un fourneau de pipe jusqu'au vase à fleur grand comme un bac à oranger. Il faut aussi des terrines pour les semis. Tous ces récipients sont en terre cuite, poreuse, non vernissée, ne contenant point de paillettes de chaux qui finiraient par faire éclater le vase.

Les pots sont de forme évasée, avec bord extérieur, quand la dimension le permet, d'une profondeur à peu près égale au diamètre de l'orifice; ils sont percés d'un trou au milieu du fond ou d'un trou latéral correspondant à une rigole ménagée dans le fond du vase. Leur épaisseur est en raison de leur volume.

Les terrines sont de forme arrondie et ont de $0^m,25$ à $0^m,35$ de diamètre sur $0^m,08$ à $0^m,10$ de profondeur; l'orifice supérieur est muni extérieurement d'une sorte de menton pour en faciliter le maniement, et le fond est percé de nombreux trous.

Les cassures de pots sont conservées pour garnir le fond des caisses à semis, des terrines ou des pots, pour empêcher l'eau de séjourner autour des racines des plantes.

Un lit de sablon étendu sur le tesson qui couvre le trou du vase, est d'un bon effet.

La terre, préparée comme nous l'avons dit, est placée autour des racines; on la fait pénétrer partout avec une spatule en bois, et en imprimant au vase de légères secousses à plat sur son fond ou sur le côté, en le faisant tourner avec la main. On fait en sorte que le collet de l'arbuste se trouve à quelques millimètres au-dessous du sommet du vase pour que la terre, arrivée à ce niveau, laisse un espace qui recevra l'eau des arrosements.

Il faut toujours choisir les vases appropriés au développement des racines: trop grands ou trop petits, ils présentent des inconvénients. Les végétaux à racines pivotantes doivent être mis dans des pots profonds et étroits, et ceux à racines traçantes auront des vases plus larges et moins profonds. A chaque rempotage, on les prend d'une dimension supérieure aux précédents; on avive la motte en la grattant avec les doigts ou avec la spatule, et l'on fait tomber les gravats qui restent en dessous.

Paniers employés dans la culture. — Quand les arbrisseaux sont déjà forts et que la culture en vase est nécessaire, il serait à craindre que les grands pots ne fussent d'un maniement difficile, sujets aux accidents et qu'ils ne suffisent plus aux racines. Alors on se sert de paniers d'osier en forme de corbeilles et munis d'anses pour en faciliter l'usage. Grâce aux vides du panier, le tronc ressent la température du sol environnant, sans être exposé à une sécheresse permanente, ni à une humidité pourrissante comme dans un vase en terre cuite; et les racines, s'échappant à travers les mailles, procurent au sujet une nourriture supplémentaire.

Après deux ou trois années, le panier se pourrit et l'on transvase alors l'arbrisseau dans une corbeille plus grande.

Caisses employées dans la culture. — Les caisses rectangulaires, les bacs coniques employés pour les grands végétaux, ont cet inconvénient que l'arrosage, pénétrant avec difficulté jusqu'à l'extrémité éloignée de la motte, les chevelus périssent de soif, tandis que l'autre extrémité voisine du collet se trouve constamment dans un état voisin de la pourriture. Nous pensons qu'il serait facile d'y remédier en établissant à l'intérieur de la caisse ou du bac, et à une faible distance du bord extérieur, une cloison en matière spongieuse, poreuse, la terre cuite ou une pierre à filtre par exemple. Le vide compris entre les deux parois interne et externe serait garni de mousse pilée de telle façon qu'en la mouillant, l'eau filtrerait à travers la séparation et humecterait les radicelles.

Ainsi, ce serait un vase poreux enfermé dans le premier.

Voilà l'idée; peut-être qu'en la modifiant ou la complétant dans l'application, on lui reconnaîtrait des avantages.

En attendant, contentons-nous de caisses ordinaires bâties en cœur de chêne, percées de trous à la paroi inférieure et pouvant se démonter à volonté pour rendre le décaissage plus facile. Au lieu de bois de chêne, on peut former les côtés avec des feuilles d'ardoise et les montants avec de la fonte, etc., c'est une question de budget.

CULTURE D'ARBRES FORMÉS

Aujourd'hui que le goût de l'arboriculture gagne de nombreux amateurs de tout âge et de toute condition, il s'en trouve beaucoup qui sont pressés de jouir et veulent des arbres tout formés. Ils sont vieux, disent-ils, et n'ont plus le temps d'attendre. Parmi les jeunes, il s'en trouve aussi qui manquent de patience, qui doutent de leur habileté et qui tiennent également à planter des arbres formés.

C'est au pépiniériste à satisfaire ces désirs, et comme il y va de son intérêt, il ne négligera rien pour cela.

Un carré de pépinière, planté d'arbres fruitiers inégaux en force, conviendrait à la rigueur; mais il pourrait fort bien arriver que les arbres dressés entravassent la culture et la déblave du carré, que leur écorce blanchît, en un mot, qu'ils souffrissent plus ou moins et que les plus petits fussent étouffés par les gros. Donc, tout compte fait, nous trouvons moins d'avantages que d'inconvénients à procéder ainsi. Mieux vaut consacrer des carrés spéciaux pour la formation des arbres, choisir une bonne terre et une exposition assez aérée pour que l'étiolement des jeunes branches charpentières ne soit pas à craindre.

Arbres formés pour le plein air. — Nous plantons les sujets par rangs à la distance minimum de 1 mètre de l'un à l'autre, suivant l'étendue approximative de leur charpente et le nombre d'années que nous comptons les laisser dans le carré. Si nous ne pouvons attribuer une seule forme à chaque ligne d'arbres, au moins devons-

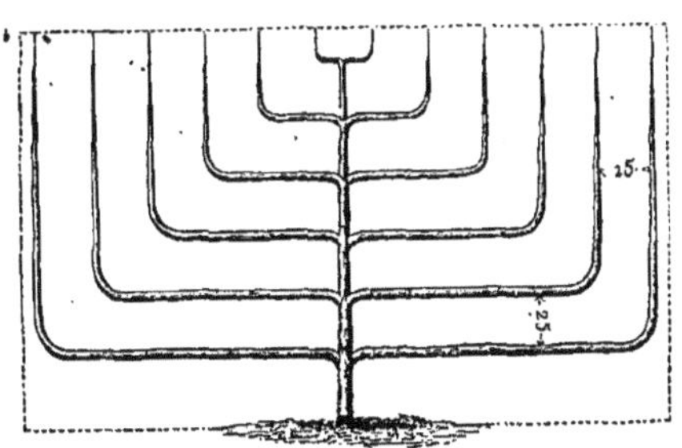

Fig. 874. — Palmette-candélabre.

nous dresser dans le même rang les formes plates comme palmette simple ou double, à branches verticales ou obliques, palmette candélabre, cordon, candélabre à trois branches, etc.

A chaque extrémité du rang nous enfonçons un pieu en bois sulfaté, haut de 2 mètres environ, maintenu vertical au moyen d'un arc-boutant rentrant dans la ligne et arrivant aux trois quarts de sa hauteur. Des fils de fer galvanisé sont tendus horizontalement de 0m,25 en 0m,25, sur ces deux pieux, en vue de faciliter le dressage; un treillage en fil de fer formant carré ou losange pourrait encore y être ajouté pour le palissage des branches de troisième ordre. Les fils de fer principaux seraient du nº 16 à la base, nº 15 au centre et nº 14 au sommet.

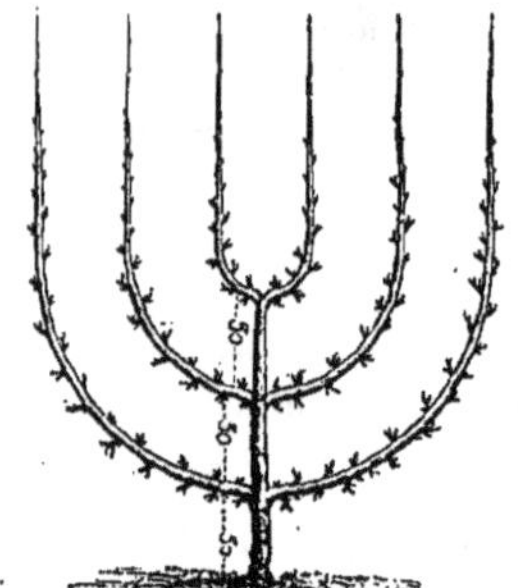

Fig. 875. — Candélabre à trois branches.

Les treilles sont espacées de 1m,50 l'une de l'autre. Les cordons horizontaux seront établis aux bords du carré ou en bordure contre les treilles.

Les hautes tiges susceptibles d'ombrager seront reléguées au nord des carrés.

Les pyramides alternées avec les fuseaux viendront ensuite, et enfin les lignes de palmettes occuperont la partie la plus éclairée.

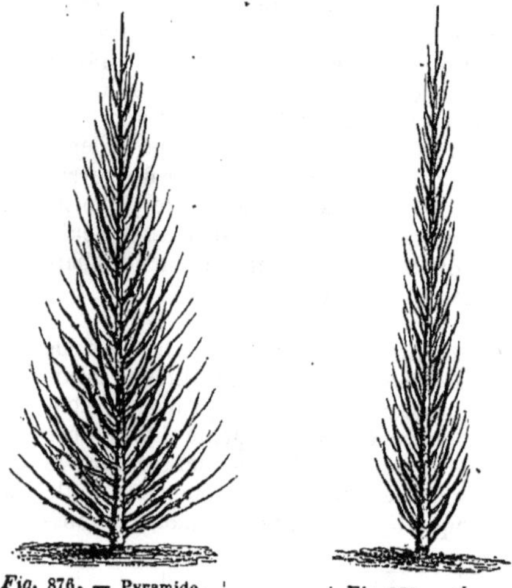

Fig. 876. — Pyramide. *Fig.* 877. — Fuseau.

Quant aux formes de fantaisie : vase, spirale cylindrique ou infundibuliforme, etc., on les obtient la majeure partie du temps avec des sujets rebelles à toute autre direction, car l'acheteur en demande si peu qu'ils pourraient courir le risque de rester fonds de pépinière.

Le carré une fois bêché et fumé, nous le plantons en bonne saison avec les essences d'arbres fruitiers à pepin et à noyau que nous voulons y élever. Nous choisissons à cet effet des greffes d'un an, ou encore des sujets plus âgés, qu'ils soient bien ou mal bâtis, peu importe. Le point essentiel, c'est qu'ils aient de bonnes racines et une tige bien portante. La première année, on se borne à écimer les rameaux, à retrancher le cinquième environ de leur longueur et à supprimer les branches tout à fait inutiles. En fait de soins généraux, on donne un paillis et l'on arrose. Nous n'ébourgeonnons rien, nous pinçons très-modérément et cassons quelquefois des jets trop fougueux et mal placés.

L'année suivante nous recepons les branches des hautes tiges jusqu'à la base de leurs rameaux précédents, et même jusqu'à leur talon, suivant leur régularité et la forme projetée.

Les greffes d'un an sont taillées sur les bourgeons de charpente. Les sujets plus âgés sont rabattus sur leur tige, soit à moitié, aux deux tiers de sa hauteur, soit à 0m,40 à 1 mètre du sol, plus ou moins, d'après la symétrie et la force des membres latéraux; nous ravalons la tige d'autant plus que ses branches sont plus rares, plus maigres ou plus irrégulières. Sur les arbres ramifiés, les branches de côté seront rasées sur leur empatement; mais si nous avons jugé à propos d'étêter l'arbre au delà de 0m,40 du sol, ces mêmes membres, au lieu d'être radicalement enlevés, recevront déjà une taille proportionnelle. Ceux de la base seront arrêtés à 0m,25 ou 0m,35 de leur naissance, ceux du sommet rapprochés vers leur empatement, et les branches intermédiaires subiront la graduation conique; mais, pour agir de suite ainsi, il faudrait que nos arbres fussent déjà réguliers de forme, de bonne constitution et bien enracinés.

Nous n'en dirons pas davantage sur le traitement applicable à la formation de nos élèves, car nous voulons éviter les redites et tenons à ne pas empiéter sur les cultures spéciales, où nécessairement il sera question des formes à établir.

Arbres formés pour espalier. — Tout ce qui vient d'être dit s'applique aux essences fruitières qui peuvent être élevées en plein air, avec l'agrément des conditions climatériques où nous vivons. Comme plusieurs sujets sont destinés à être placés plus tard contre un mur, il y aurait à craindre que le développement des racines, rayonnant autour du tronc, ne permît plus à l'arbre d'être immédiatement adossé contre ce mur; alors nous avons recours à un stratagème.

Nous enfonçons au pied de l'arbre, à son côté nord et lors de sa plantation, une dalle, une lave, une pierre plate dans une position verticale. Pour un rang complet, nous prenons une large planche sulfatée que nous enterrons sur champ, tout près du tronc. Cet obstacle simule la fondation du mur et oblige la racine à se porter en avant.

Maintenant, si nous opérons sous une latitude tempérée, il est bien rare que nous puissions nous priver de murs; l'abricotier et surtout le pêcher y réclament un abri pour un séjour de plusieurs années.

Si donc notre terrain ne se trouvait pas entouré de murs, nous devrions en construire à l'intérieur de la propriété afin de tirer parti des deux façades. Nous n'entrerons point dans les détails de cette construction, subordonnés à la nature des matériaux et aux ressources locales. Les murs les plus économiques, à notre avis, sont en pisé ou en terre, avec fondation et piliers en pierre dure ou en briques, et crépis en chaux et sable.

Nous recommanderons les chaperons qui, depuis le mois de mars jusqu'en juin, abritent l'espalier des pluies froides et des gelées blanches.

Si le prix des matériaux de construction était, comme aux environs de Troyes, d'un prix exorbitant, il faudrait, ainsi que nous avons dû le faire, aviser à des moyens plus économiques. En disant ici comment nous avons opéré, nous souhaitons que l'on découvre quelque chose de plus simple et de plus économique encore.

Nous avons établi une série d'abris parallèles de diverses hauteurs, depuis 1m,50 jusqu'à 3 mètres, disposés en amphithéâtre, et construits en bois immergés au sulfate de cuivre. Il y en a de sapin, de hêtre, et principalement de peuplier; les poteaux, les panneaux, les traverses, les couvre-joints, les chaperons, le treillage, tout est de même nature. Ce genre de cloison aurait à la rigueur l'avantage d'être mobile.

D'après la végétation belle et régulière des arbres, il semblerait que la nature du bois et sa couleur terne aient conservé à l'espalier une température plus uniforme qu'aux murailles en pierre ou en plâtre, à surface dure ou lisse. C'est

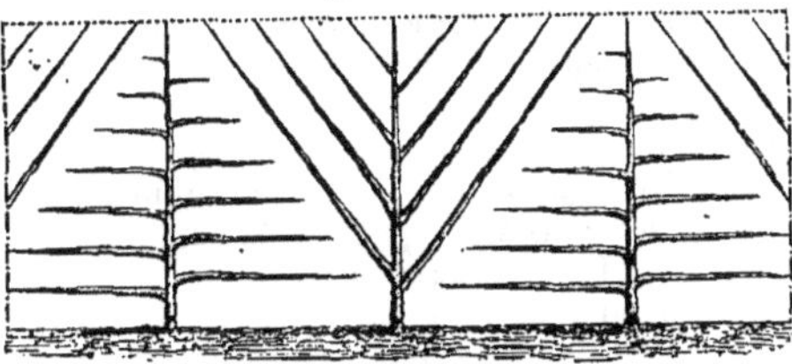

Fig. 878. — Palmettes simples.

un résultat que nous constatons, mais que nous n'avons pas la prétention d'expliquer.

Contre ces cloisons, nous plantons des pêchers,

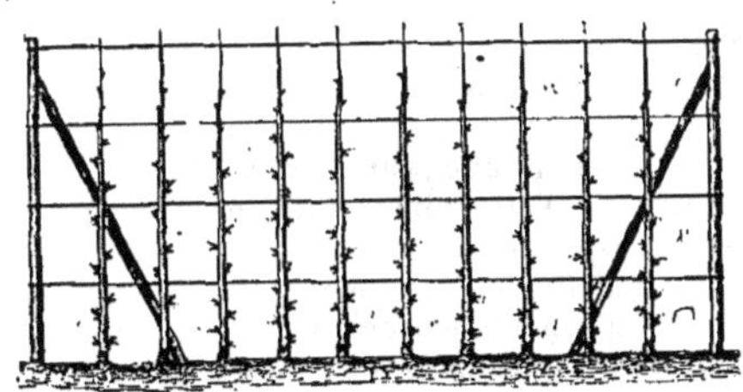

Fig. 879. — Cordon à une tige.

des abricotiers, quelques pruniers et cerisiers, tous sujets en greffes d'un an, et dirigés sous les

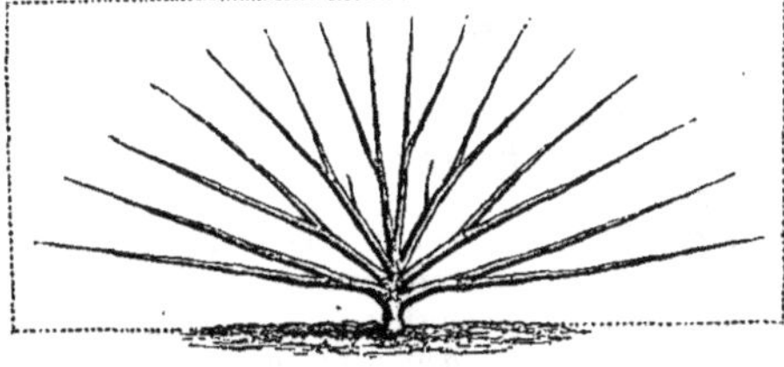

Fig. 880. — Éventail.

formes les plus demandées : palmette simple, palmette double, palmette-candélabre, cordon à une tige, cordon en U, éventail, etc.

Les abris plus élevés ont en outre reçu des hautes tiges des mêmes essences. Elles sont

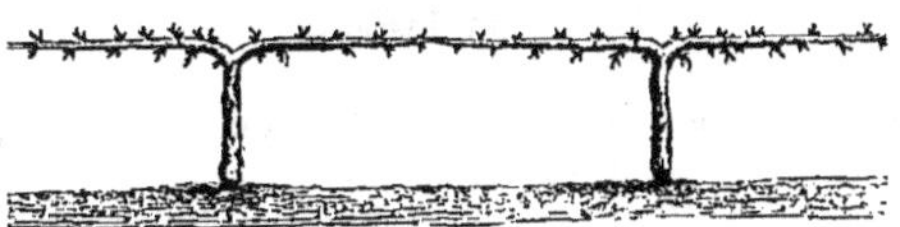

Fig. 881 — Cordon horizontal à deux branches.

plantées contre les poteaux (tous les 1m,65) et taillées également en éventail et en palmette.

Une plate-bande est dessinée autour de ces

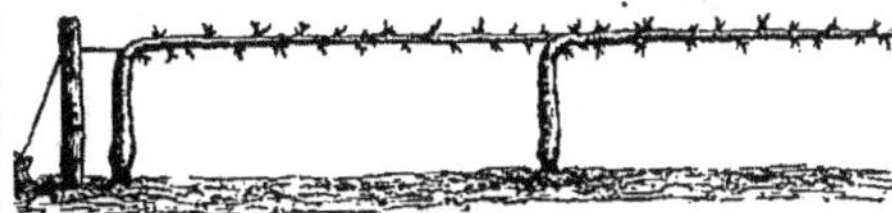

Fig. 882. — Cordon horizontal simple.

cloisons, avec des pommiers dressés en cordon horizontal pour bordure.

Des arbustes délicats, des semis, des plants repiqués, de petits sujets en pots garnissent ces plates-bandes et contribuent, de concert avec le paillis, à s'opposer à l'action de la sécheresse au pied des espaliers.

Quand arrive le temps des arrachages, nous commençons par enlever un sujet entre deux, et à faire partir ceux qui seraient disposés à gêner leurs voisins; en supposant, bien entendu, qu'ils soient convenables.

Tout en desserrant nos arbres, nous n'en replantons pas moins d'autres à la place des absents, après un apport de terre meuble et de bonne qualité. Ils occuperont la place des premiers; plus tard nous déplanterons leurs voisins; et ainsi de suite, en entremêlant les grandes et les petites formes pour éviter une confusion entre les membres de charpente.

Quand on a le choix pour l'orientation de ses murs ou abris, on les dirige soit du nord au sud, soit du nord-ouest au sud-est, pour leur procurer sur toutes faces la plus grande somme possible de bonne chaleur.

ACCESSOIRES DIVERS

Étiquetage et registres.—A propos des bordures d'allées, nous avons dit que chaque carré portait un numéro d'ordre. Dans une pépinière en plein champ, ce numérotage n'existe pas toujours, matériellement parlant; mais il est pour ainsi dire exigible dans les grandes pépinières, où la multiplication est variée, et fréquemment renouvelée.

Le numéro sera inscrit sur un pieu terminé en spatule, ou sur une plaque en tôle peinte, supportée par une tige en fer.

Il faut absolument écrire sur un livre de pépinière les multiplications en même temps qu'on les exécute, surtout celles qui comportent plusieurs variétés dans le même carré, en semis, en boutures ou en greffes. Par mesure de sûreté, nous transcrirons ces registres en double sur un livre qui reste au bureau. On aura toujours à se féliciter de ce surcroît de précaution, aussi bien que de la conservation des anciens catalogues de ce genre.

Outre les registres de multiplication, nous conseillons des registres matricules contenant les listes alphabétique et numérique de chaque espèce fruitière et ornementale cultivée dans l'établissement. On y aura recours pour numéroter les multiplications. La marque la plus employée est une petite bande de plomb sur laquelle on a poinçonné avec une série de chiffres mobiles, le numéro de la variété.

On reporte, sur le livre de pépinière, son nom accompagné du numéro dans la colonne destinée au carré, et l'on y constate le nombre de rangs consacrés à la variété, ou la désignation des variétés contenues dans le même rang. Quand ce dernier cas se présente, on borne par un pieu chiffré le commencement et la fin de chaque sorte; si, au contraire, la variété embrasse plusieurs rangs, chacun d'eux porte à son extrémité sa bande de plomb numérotée. S'il était impossible de suivre un ordre rigoureux de multiplication dans un carré de hautes tiges, nous marquerions les sujets en mélange au moyen d'un chiffre romain gravé sur l'écorce par un simple trait de greffoir.

Toute équivoque doit être évitée au moment de la vente des arbres. Un moyen bien simple de s'y soustraire, c'est d'ajouter vers cette époque, à chaque séparation de variété, une étiquette en bois peint reproduisant le nom de la variété. Celui qui tient à diriger loyalement ses affaires n'hésitera pas à accepter cette mesure qui aurait encore pour but d'accélérer la préparation des commandes. L'ouvrier chargé de l'arrachage ne saurait se tromper, guidé par cette indication positive, et l'acheteur, présent, peut lui-même s'assurer de ce qu'on lui vend.

Quand l'établissement a pris l'ordre consciencieux pour base de sa réputation, il n'y a pas de trop menus détails dans ses rapports commerciaux avec le public.

Lorsqu'on déplante les sujets, le patron ou l'un des garçons les étiquète de suite; c'est plus tôt fait, et l'erreur est moins à craindre que si l'on attendait la fin de l'arrachage. L'étiqueteur porte avec lui de petites plaquettes en bois peint, de forme rectangulaire, munies d'un fil métallique assez souple. A leur défaut, il emploie des étiquettes en carton ou en parchemin. L'étiquette est attachée solidement à la tige de l'arbre, mais de façon à ne pas l'étrangler : s'il se trouve plusieurs sujets de la même variété, on les réunit avec un lien, et le paquet reçoit une étiquette collective.

Les multiplications en godets sont munies d'une petite lame de plomb poinçonnée ou d'une spatule en bois peint sur laquelle on écrit au crayon le numéro ou le nom de la variété.

La seule raison sérieuse que l'on puisse opposer à l'avantage de l'inscription fixe du nom dans la pépinière, c'est d'exposer les arbres au pillage des rameaux-boutures ou des greffes; alors on emploie un signe abréviatif de convention, si l'on ne préfère se contenter de l'inscription au registre.

Emballage et expédition des végétaux de pépinière. — Nous avons indiqué le moment propice à la déplantation des végétaux. Examinons dans quelles conditions nous devrons les envoyer lorsqu'il s'agira de les confier à des mains tierces se chargeant de les rendre à destination par les voies de terre, de fer et d'eau.

Nous emballerons nos arbustes. Les soins de l'emballage dépendent de la nature des arbres expédiés, de la température, des moyens de transport et de la distance à parcourir. A tout hasard, il vaut mieux pécher par excès de précaution. Un emballage insuffisant peut occasionner la perte d'une fourniture d'arbres et affaiblir la renommée d'une maison, quand même encore l'avarie serait le fait de l'incurie du garçon emballeur ou de la négligence du commissionnaire expéditeur. Le marchand doit toujours avoir présent à l'esprit cette vérité de tous les temps, à savoir que mieux les arbres réussiront, plus il en vendra.

Un magasin est nécessaire pour les emballages. Il doit être divisé par compartiments et greniers pour y loger les caisses, les paniers, la paille, la mousse, l'osier et autres accessoires.

Un sous-sol ou une *vinée* servira pendant les gelées pour y enfermer les colis arrivants, ou ceux qu'on hésite à expédier par suite d'un revirement de température.

Un bureau adjacent sera consacré aux écritures relatives aux envois, telles que : adresses, plaques numérotées, feuilles de voiture, livre-brouillard de la vente, etc.

La remise aux voitures, la bascule à peser les colis y seront également contiguës.

Des hommes spéciaux, chargés de l'emballage sous la conduite d'un chef, garantissent à la besogne la certitude d'être mieux finie et d'éviter les erreurs d'expédition.

S'il nous fallait ajouter une observation qui paraîtra bien naïve aux personnes peu habituées aux affaires, ce serait de recommander une rédaction d'adresse spécifiant correctement la voie de transport, la station de dépôt et le trajet à suivre. Un seul mot oublié peut occasionner la perte d'une collection d'arbres, et une surcharge de dépenses.

Emballage en paille. — Les végétaux sont déjà réunis et attachés par variétés; puis, de ces petits groupes, nous faisons des paquets d'un volume qui permette de les manier facilement sans les maltraiter.

Nous entremêlons dans les branches, de la paille douce de froment ou d'avoine, brisée si elle est trop rude, et nous garnissons les racines de paille d'orge, d'herbe sèche ou de mousse. On choisit de la mousse légèrement humide pour combattre le hâle, et de la mousse sèche si l'on craint la gelée.

Les sujets délicats sont soumis à un empaillage préalable avec baguettes préservatrices à la tige, et capuchon de paille emmoussé autour de la racine; leur place est au milieu du colis.

Les arbustes de petite taille seront enclavés dans les interstices des autres, de manière à former un ballot compacte moins accessible à la pénétration de l'air extérieur.

Ce genre d'emballage préparatoire pourrait suffire à des sujets placés dans une voiture avec précaution, sans le voisinage d'autre marchandise, voyageant par un temps certain, et ne devant pas rester plus d'une journée en route.

S'il en est autrement, nous les enveloppons d'une chemise de paille assez épaisse, surtout aux racines, et retenue par des liens d'osier ou des cordages fortement serrés. Le colis sera plus docile aux chargements et déchargements répétés, si une corde ou un osier renoue sur quatre faces tous les liens entre eux.

Dans la prévision d'un long trajet, nous doublons le pied du ballot d'une seconde chemise de paille, ou d'une toile grossière imperméable. Ainsi conditionné, il pourrait subir quelques degrés de froid.

Emballage en panier. — Les arbustes élevés en vase seront dépotés; la motte étant enveloppée de mousse et ficelée, on les agglomère verticalement dans un panier. Les branches de chaque sujet sont réunies avec du jonc; et l'ensemble du groupe est resserré par un cordelage en paille; comme il est probable que tout ce branchage se trouve hors du mannequin, on le préserve définitivement par une série de bâtons, dont la base s'engage dans les mailles du panier, et dont les sommets sont réunis et liés; puis entre eux on place debout de la paille de seigle maintenue par une grosse ficelle. On obtient ainsi un capuchon de forme pyramidale.

Les forts arbrisseaux, élevés en panier, seraient d'un arrachage difficile lorsque le panier est pourri, si nous n'avions le soin de retenir les mottes avant leur sortie du trou par une enveloppe de grosse paille, et de les remettre aussitôt dans un panier-corbeille ayant une dimension analogue. Sans autre appareil, leur livraison pourrait être faite au messager, au chemin de fer ou au bateau. Souvent, l'employé au transport prendra plus de précautions en voyant la tige ramifiée du sujet, non empaillée, et confiée à sa garde.

Mais dans l'incertitude de pareils soins qui ne se rencontrent malheureusement pas encore sur toutes les routes, on réunit les branches par des liens de paille ou de jonc; puis avec le concours de bâtons fixés dans la corbeille et attachés ensemble à leur sommet, on tresse une sorte de paillasson sans fin, d'un aspect conique.

Les jeunes plants à racine nue sont empilés dans un mannequin ovale-carré. On met de la paille debout, tout autour de l'intérieur, de la mousse sèche autour des racines, une couche de menue paille, et par-dessus un lit de grande paille serré par une corde faisant large maille et accrochée aux bords du panier; il n'en faut pas davantage.

Nous avons à peine besoin d'ajouter que l'écorce tendre des jeunes plants est sujette aux écorchures dans les mouvements trop brusques, et que ceux à feuilles persistantes trop comprimées, trop tassés, peuvent s'échauffer pendant un long trajet.

Les objets fragiles et les multiplications de la serre chaude pourront être laissés en vase que l'on maintient dans une tontine; la baguette-tuteur sera bourrelée de coton, et le feuillage entouré d'un morceau de papier. Leur emballage définitif se fera dans une bourriche ou bannette, en tamponnant de mousse les intervalles, et en refermant l'orifice de la banne au moyen d'une couche de paille bridée par un ficelage en zigzag ou lacet.

Cet emballage, qui ne suffirait point pour un long voyage, serait remplacé au besoin par l'encaissage.

Emballage en caisse. — On bâtit une caisse de bois blanc, solide quoique légère; les plantes dont nous venons de parler étant préparées comme il est dit, on les y range symétriquement par lits superposés dans une position horizontale, le pied du plant touchant à la paroi de la caisse, et les branches dirigées vers l'intérieur. On empêche leur vacillation au moyen de forts bâtons placés en travers, dans le sens des lits, tout contre les pots ou au niveau des collets, et cloués à la caisse par leur extrémité.

Une caisse assez large peut contenir deux séries semblables de lits superposés, placées en face l'une de l'autre contre deux parois opposées; on termine l'encaissage en clouant le couvercle.

Ce mode d'expédition convient encore pour les jeunes multiplications en pots, telles que semis, greffes, boutures, auxquelles la motte est indispensable autour des racines, et, qui, par leur taille raccourcie, se logeraient difficilement dans un ballot ordinaire.

Les arbres fruitiers formés demandent la plus grande attention pour qu'ils arrivent intacts, sans aucun membre avarié, ni racine brisée; or, il n'est pas pour eux d'emballage plus commode et plus sûr que les caisses formées de voliges légères plus ou moins jointes, suivant la rigueur de la température, et la distance à parcourir.

Mais pour l'exportation, pour un voyage au long cours, une caisse hermétiquement et solidement close est de première nécessité. Malgré le bon effet de la mousse sèche remplissant les moindres vides, il faut encore, la veille de l'emballage, plonger la racine des arbres dans une boue onctueuse, ni trop liquide, ni trop épaisse, et qui forme, en se séchant, une croûte conservatrice autour des racines.

Les sujets sont disposés les uns dans les autres de manière à ne laisser aucun point inoccupé; de la menue paille est semée légèrement sur les branches garnies de dards et lambourdes, et la mousse sèche calfeutre le reste.

La quantité d'arbres introduits dépassant les bords de la caisse, on est obligé pour y faire joindre le couvercle, d'employer une mécanique faisant pression, un serre-joints; puis on le fixe au moyen d'équerres en fer et de fortes pointes.

De tous les emballages, celui-ci est certainement le meilleur.

SULFATAGE DU BOIS EMPLOYÉ DANS LA PÉPINIÈRE

Toute espèce de bois devient incorruptible par suite de l'introduction du sulfate de cuivre dans son tissu; nous n'hésitons donc point à considérer comme étant de la plus haute importance, cet emprunt de la culture à la science industrielle; car les bois employés dans les jardins et dans les champs sont nombreux et nécessitent un renouvellement assez onéreux.

Introduire dans les pores du bois une eau saturée de sulfate de cuivre à 2 degrés, tel est le principe de l'opération; maintenant voyons-en l'application.

Deux systèmes sont en présence : l'injection et l'immersion; nous adoptons ce dernier parce qu'il est plus facile et plus convenable pour les bois de pépinière. Mais, il ne faut pas se le dissimuler, il est moins efficace que l'autre.

Il faut d'abord un réservoir : un tonneau, une cuve, une auge ou un bassin quelconque ; cela dépend des besoins. L'essentiel est que le récipient conserve le liquide intact, c'est-à-dire que ses matériaux de construction n'absorbent pas le sulfate, ne le laissent pas fuir, et qu'ils ne renferment aucune substance susceptible d'être altérée par le sel de cuivre où capable de le dénaturer.

Après avoir considéré les inconvénients de l'auge en pierre ou en bois, voici ce que nous avons fait construire pour les besoins de notre exploitation horticole. C'est une citerne en maçonnerie longue de 4 mètres, large de 2 mètres, sur 1 mètre de profondeur. Elle a pour base un rocher grossier de pierre et mortier, recouvert d'un béton. La paroi intérieure formant cuvette est un mélange d'un tiers de chaux et de deux tiers de cendres de houille et de mâchefer pulvérisé. Cet enduit mastiqué sur le béton est doué d'une force de cohésion qui l'empêche de se fendiller, (une addition de ciment et de suie conviendrait là où les résidus de houille sont rares).

Avant d'emplir d'eau le réservoir, nous y plaçons notre bois.

Dans nos contrées, le saule et le peuplier sont les essences les plus répandues; et nous trouvons dans leur sulfatage, un avantage d'autant plus grand que leur durée naturelle est très-limitée, et qu'ils absorbent parfaitement le sel de cuivre. Nous préparons nos morceaux de bois tels qu'ils doivent être définitivement, parce qu'après le trempage, la besogne serait plus difficile.

Ainsi donc, les tuteurs sont écorcés et aiguisés ; les planches pour coffres à châssis, ou pour tout autre emploi, sont ouvragées définitivement; les pieux avivés et épointés; enfin, on façonne les morceaux comme s'ils devaient être employés immédiatement ; c'est alors qu'on les place dans le bassin, en les mettant à plomb, de toute leur longueur, pour qu'ils n'y prennent point une mauvaise forme; puis on remplit d'eau, de manière que tout le bois soit submergé, et, au moyen de poids ou d'une pression quelconque, on l'empêche de surnager.

La dissolution du sulfate se fait alors à froid, dans la proportion de 3 kilogrammes de sel de cuivre par hectolitre d'eau. Nous le faisons fondre dans deux petits paniers placés à fleur du bain, en y jetant les morceaux d'abord, et y versant de l'eau ensuite.

Des expériences sont tentées pour savoir si le sulfate de zinc pur ou mixte, plus économique, ne produirait pas d'aussi bons résultats; on a déjà reconnu que le sulfate de fer n'avait pas la même propriété. En attendant, nous continuons d'employer le sulfate de cuivre, appelé dans le commerce vitriol bleu, et vitriol de Chypre.

Le bois est retiré de la citerne au bout de huit ou quinze jours de trempage, suivant sa porosité, et suivant aussi son état frais ou déjà sec, car le trempage doit être moins prolongé avec le bois vert qu'avec le bois coupé depuis plusieurs semaines et à plus forte raison depuis plusieurs mois.

Une fois le trempage fini, on fait sécher le bois à l'ombre pour qu'il ne se tourmente pas.

Si l'on opérait au mois de septembre ou en mars-avril avec du bois nouvellement coupé, il suffirait de le placer debout, le pied seul dans le bassin. Le liquide conservateur monterait dans les vaisseaux du bois en raison de la capillarité et produirait promptement l'effet que nous lui demandons.

Ainsi, les personnes qui n'auraient guère de tuteurs à employer, pourront les sulfater debout, dans un tonneau impropre à tout autre usage. Ceux qui ne présenteraient pas, sur toute leur surface, un aspect verdâtre au bout de huit jours, seront replongés dans le fût par leur autre extrémité, et y resteront la même période de temps.

Pour ce qui concerne le réservoir destiné à l'immersion complète, on ajoute du sulfate et de l'eau toutes les fois que le bois n'est plus entièrement couvert par le bain, et comme les proportions deviennent alors difficiles à établir, on se sert de l'aréomètre. Introduit dans le bain, il doit marquer deux degrés; sinon, on ajoute du sulfate ou de l'eau pour y arriver. Il est prudent de renouveler totalement le bain après un séjour répété de morceaux de bois en séve (1).

Le fer mis en contact avec le sulfate de cuivre s'oxyde promptement ; en conséquence, il convient d'employer du fer galvanisé chaque fois que le métal devra se trouver en rapport direct avec du bois sulfaté.

Le bois n'a pas seul le précieux privilége de bénéficier du sulfatage ; les tissus, la paille y participent. C'est un avantage pour les jardins, puisque nous pouvons imprégner de sulfate de cuivre les paillassons, les claies, les chaumes, les cordages, les toiles, etc., qui se détériorent vite aux injures du temps.

Après une immersion de cinq ou six jours dans

(1) Les procédés de sulfatage, recommandés par notre estimable collaborateur, ont évidemment un mérite reconnu. M. Baltet en use pour tous ses bois et s'en trouve bien, mais le dernier mot n'a pas été dit là-dessus, et nous appelons l'attention de nos lecteurs sur un autre procédé conseillé par M. de Vergnette-Lamotte dans un chapitre suivant. (P. J.)

la cuve, ils gagnent une prolongation de durée, en même temps qu'ils redoutent moins les attaques des animaux rongeurs.

Nous avions raison d'avancer que cette découverte si bien accueillie d'abord par les compagnies de chemins de fer, et par l'administration des lignes télégraphiques, et susceptible encore de perfectionnements, était appelée à rendre d'importants services à l'agriculture et au jardinage.

CH. BALTET.

CHAPITRE IV

CLASSIFICATION DES ARBRES FRUITIERS D'APRÈS LEURS FRUITS

A chacune des monographies que nous consacrerons à nos espèces fruitières, nous dirons nécessairement le nom de la famille à laquelle l'espèce appartient ; mais, pour des raisons de pratique, nous croyons devoir établir notre classification d'après la structure des fruits, afin de nous rapprocher le plus possible de la division par groupes, en usage parmi les horticulteurs de profession, et d'amener plus facilement ceux-ci à se mettre d'accord avec les botanistes.

Les botanistes en question distinguent les fruits en *fruits simples*, *fruits multiples* et *fruits agrégés*.

La baie du raisin, la grenade, l'orange, la pomme, la poire, la prune, la cerise, la pêche, l'abricot, la nèfle, la jujube, l'olive, l'amande, la noisette, etc., sont des *fruits simples*, provenant soit d'un ovaire simple, soit de plusieurs ovaires confondus ensemble.

La framboise est un *fruit multiple*, parce que toutes les petites drupes dont il se compose proviennent d'une même fleur, et que leur ensemble est entouré à sa base par le calice qui a persisté (Payer).

Les châtaignes renfermées au nombre de trois ou quatre dans leur enveloppe épineuse, les mûres, les figues sont des fruits *composés* ou *agrégés*, parce qu'ils proviennent de plusieurs fleurs et sont si rapprochés les uns des autres, que l'on croirait n'avoir affaire qu'à un seul fruit.

I. — FRUITS SIMPLES

Les fruits simples, les seuls qui aient une grande importance en arboriculture fruitière, comprennent deux grandes divisions : celle des FRUITS CHARNUS, celle des FRUITS SECS.

Les fruits charnus n'ont pas tous la même structure ; c'est pour cela que les praticiens établissent entre eux des distinctions et les groupent sous les différents noms de baies, de fruits à pepins, de fruits à noyaux, de fruits à osselets, etc. Ces distinctions laissent beaucoup à désirer, et nous gagnerions tous à adopter celles des botanistes modernes. Nous dirons donc avec ceux-ci que nos fruits charnus comprennent : 1° les *baies* ; 2° les *mélonides* ; 3° les *drupes*.

Baies. — « On nomme *baie*, disent MM. Decaisne et Naudin (1), un fruit résultant d'un ovaire libre, dont le péricarpe tout entier est devenu charnu et succulent et qui contient une ou plusieurs graines. » D'autres définissent la baie : « un fruit aqueux sans noyaux. » Enfin, M. Moquin-Tandon se montre un peu plus difficile et ne veut pas que les grenades et les oranges soient des baies dans la rigoureuse acception du mot. Selon lui, les vraies baies sont des fruits aqueux sans loges apparentes. D'après sa classification, les fruits aqueux, avec loges membraneuses irrégulières, comme la grenade, sont des *balaustes*, non des *baies* ; tandis que les fruits aqueux avec loges membraneuses régulières, comme l'orange, sont des *hespéridies*, non des *baies*. Ces distinctions nous paraissent sérieuses au point de vue scientifique, mais au point de vue pratique, nous cherchons le plus possible à éviter les complications, et nous continuerons de classer parmi les baies tous les *fruits aqueux, sans noyaux*. Ainsi, nous disons que :

La vigne	produisent des baies ou fruits aqueux sans noyaux.
Le groseillier	
Le dattier	
Le vinettier	
Le grenadier	
Et le citronnier-oranger.	

Mélonides. — Les mélonides, d'après M. Moquin-Tandon, sont des fruits pulpeux avec des graines au centre. Nos fruits à pepins appartiennent à cette catégorie. Ainsi :

Le pommier	produisent des mélonides ou fruits charnus avec des graines au centre.
Le poirier	
Et le cognassier	

Drupes. — « Une drupe, disent MM. Decaisne et Naudin, est une baie, dont le péricarpe, charnu à l'extérieur, s'est durci intérieurement sur une épaisseur plus ou moins grande, pour former un noyau ligneux, autour de la graine. De son côté, M. Moquin-Tandon les définit en ces termes : « Les drupes sont des fruits pulpeux, non recouverts par le calice, à écorce très-mince et à noyau, contenant une graine solitaire. » M. Payer, enfin, dans ses *Éléments de botanique*, nous dit : « Les drupes sont des fruits charnus au milieu desquels on trouve un ou plusieurs noyaux qui

(1) *Manuel de l'amateur des jardins.*

renferment les graines. » Or, selon cette dernière définition que nous adoptons ici, presque tous nos fruits à noyaux et à osselets rentrent dans cette catégorie. Il s'ensuit que

Le prunier Le cerisier Le pêcher L'abricotier Le néflier Le jujubier Le pistachier L'olivier	produisent des drupes ou fruits charnus à un ou plusieurs noyaux.

Les fruits secs diffèrent des fruits charnus par un caractère fortement accusé. Dans les fruits charnus, qu'ils s'appellent baies, mélonides ou drupes, tout le péricarpe, ou au moins la plus grande partie de ce péricarpe, est comestible. Dans les fruits secs complétement développés, le péricarpe devient plus ou moins ligneux, plus ou moins coriace, et ne peut être mangé.

L'amandier Le noyer Le noisetier	produisent des fruits secs ou à péricarpe non comestible.

II. — FRUITS MULTIPLES

Les fruits multiples ne seront représentés dans nos monographies que par le fruit du framboisier.

III. — FRUITS COMPOSÉS OU AGRÉGÉS

Les fruits composés ou agrégés, dont nous aurons à nous occuper, sont ou charnus ou secs.

Le figuier Le mûrier	produisent des fruits charnus.
Le châtaignier	produit des fruits secs.

Cette classification qui, on voudra bien le remarquer, est un hommage rendu à la botanique par les praticiens de l'arboriculture fruitière, cette classification trace notre route et nous pose des jalons dont nous ne nous écarterons pas.

Par un hasard heureux, dont nous nous félicitons, on voudra bien remarquer aussi que la vigne ouvre la marche scientifiquement, de même qu'elle l'ouvre pratiquement, en raison de son importance vraiment exceptionnelle.

Et puisqu'il s'agit en ce moment de la vigne, on nous permettra quelques observations à cet endroit. On comprendra que dans une publication qui a, comme celle-ci, les caractères d'une encyclopédie, il ne pouvait nous venir à l'esprit d'examiner les questions viticoles et vinicoles sur tous les points de la France et de l'étranger. Ceci est l'affaire des ampélographes et des livres spéciaux. Pour notre part, nous nous contentons et devons nous contenter de prendre nos exemples et nos modèles sur quelques points de nos contrées privilégiées, dans la Côte-d'Or, par exemple, pour la Bourgogne; dans le Médoc, pour le Bordelais; dans l'Hérault, pour le Languedoc; sur les coteaux de l'Ermitage, pour le Dauphiné; dans la Marne, pour la Champagne; et sur les coteaux de Ribeauvillé, pour l'Alsace. Nous ajouterons enfin que nous n'entendons pas nous constituer juges du mérite relatif des divers vignobles et de leurs produits, que les places assignées aux différents crus n'ont à nos yeux et ne doivent avoir aux yeux de nos lecteurs aucune signification. Il n'y a dans nos chapitres, consacrés à la viticulture, ni premières ni dernières places. Les premiers venus figurent en tête, les derniers en queue; c'est ainsi que les cépages des arrière-côtes de Nuits précèdent les cépages du Médoc, qui pourtant leur sont incontestablement supérieurs.

P. J.

CHAPITRE V

I. FRUITS SIMPLES (BAIES). — DES VIGNES DE LA COTE-D'OR

VIGNES FINES DE LA CÔTE-D'OR

Préliminaires. — La *vigne cultivée* (*vitis vinifera*, Lin.) est un arbrisseau de la famille des Vinifères ou Sarmentacées. Sa grappe porte le nom de *raisin*; les grains ou grumes de cette grappe sont des fruits simples en même temps que de véritables *baies* ou fruits aqueux sans noyaux, selon la définition de quelques botanistes.

Si de longs développements sur l'histoire de la vigne ne doivent et ne peuvent contribuer en rien aux progrès des arts qui se rattachent à sa culture, il n'est cependant point inutile, dans ce chapitre spécial, d'entrer dans quelques détails à ce sujet, parce que l'histoire d'une plante se lie intimement à sa physiologie.

Dans les plus anciennes traditions qui nous soient parvenues des premiers législateurs de notre globe, il est parlé de la culture de la vigne et des propriétés enivrantes du suc de son fruit lorsqu'il a fermenté. Nous ne rappellerons ici ni les brillantes et poétiques descriptions de la mythologie sur le dieu du vin, ni les passages des livres saints sur le patriarche qui, le premier, cultiva la vigne, mais il résulte pour nous de ces faits que la plante est originaire de l'Asie (1). Il

(1) C'est une opinion que ne partage pas absolument notre collaborateur M. H. Marès, ainsi qu'on le verra plus loin dans ses préliminaires à la culture des vignes dans le midi de la France.
P. J.

est probable qu'elle fut importée en Grèce par les peuples agricoles qui civilisèrent ces belles contrées et qu'elle suivit les Grecs en Italie. Enfin, nous trouvons dans Cicéron, Diodore de Sicile, Justin, que la vigne fut introduite dans les Gaules par les navigateurs qui s'adonnaient au commerce sur le littoral de la Méditerranée, et si nous ajoutons foi à l'autorité de ces grands historiens, nous devons aux Phocéens qui fondèrent Marseille l'importation de ce précieux arbrisseau dans notre riche pays.

La culture de la vigne éprouva dans les Gaules plusieurs vicissitudes remarquables, dont les historiens de Rome nous ont transmis le souvenir. Ainsi, un édit de Domitien fit rendre à la culture du blé toutes les terres qu'on avait plantées en vignes. L'arrêt du despotique empereur voulait prévenir une famine, dit-on, mais il avait plutôt pour but de rendre la Gaule tributaire des vins de l'Italie. Plus tard, mais seulement sous Probus, à la fin du troisième siècle, un nouvel édit rendit la vigne à nos ancêtres.

Dès le onzième siècle, on fit peser sur cette culture les impôts les plus onéreux. Malgré cela, et nonobstant encore une nouvelle proscription qui, au seizième siècle, la frappa momentanément, sous le prétexte qu'elle nuisait à la culture du blé, la vigne, chaque année, s'est, et avec raison, de plus en plus multipliée sur notre sol. Nous disons avec raison, car nulle contrée ne produit une plus grande variété de vins remarquables, et nous pouvons hautement proclamer qu'aujourd'hui la France est la vraie patrie de la vigne.

Si notre climat convient en général à cette culture, pour chaque région différente et pour des sols de nature diverse, on récolte des vins ayant des caractères parfaitement distincts. Ainsi aux vins secs ou sucrés, mais surtout spiritueux des contrées méridionales, succèdent, quand on s'avance vers le nord, les vins déjà moins forts des côtes du Rhône, les vins délicats ou acerbes du Bordelais; puis viennent les produits de la Bourgogne, produits éminemment caractérisés par leur finesse et leur bouquet ; enfin, on doit à la Champagne ces vins mousseux qui ont rendu si généralement célèbres les coteaux de cette région.

Certains vignobles, très en renom au moyen âge, sont complétement oubliés de nos jours. Il n'en est point ainsi des crus de la Bourgogne. Les plus anciennes chroniques des douzième et treizième siècles parlent déjà avec éloge de nos vins ; l'engouement, la mode n'ont donc jamais été pour quelque chose dans leur célébrité ; et c'est à des circonstances locales toutes particulières et immuables que nous devons les hautes qualités qui les caractérisent ; nous croyons d'après cela qu'il est essentiel de préciser autant que possible les conditions dans lesquelles se trouvent nos vignobles.

Position géographique. — Les montagnes de la Côte-d'Or sont dirigées vers le nord-est et séparées du Jura par une plaine de formation tertiaire, dont la largeur moyenne est d'environ 60 kilomètres. De la plaine à la ligne de partage des eaux, perpendiculairement à la chaine, on compte de 16 à 20 kilomètres. Dans cette largeur s'élèvent deux étages de collines ; sur le premier versant, exposé au sud-est, sont cultivés les grands crus de la Bourgogne ; sur le versant du second étage sont récoltés des vins inférieurs, dits vins d'arrière-côte. Entre Santenay et Dijon qui sont les deux points extrêmes des riches vignobles de la Côte-d'Or, la chaîne est coupée perpendiculairement à sa direction par un grand nombre de petites vallées dont les eaux affluent dans la Saône.

C'est à l'abri des montagnes de l'arrière-côte et aux influences météorologiques qui se développent dans le vaste bassin qu'elles dominent, que nous devons un climat si éminemment favorable à la culture de la vigne.

Un habile météorologue que la Côte-d'Or n'a possédé malheureusement que peu d'années, M. Ritter, ingénieur des ponts et chaussées, avait établi sur plus de deux cents communes du département des observatoires dans lesquels on tenait chaque jour note des quantités d'eau tombées, de la sérénité du ciel, de la direction des vents, de la température, etc., etc. Un fait très-remarquable qui est ressorti de ce travail est celui-ci : c'est que sur tout le vignoble des grands vins, les jours où le ciel est serein sont plus nombreux que dans la montagne ou dans la plaine, sous la même latitude. M. Ritter donne de ce fait l'explication suivante : les nuages que les vents amènent au-dessus de nos coteaux y trouvent une température supérieure à celle qu'ils possèdent et se dissipent souvent sous cette influence, pour, plus tard, se reformer sous un nouvel abaissement de température dans la plaine ou dans la montagne. On comprendra toute l'importance de ce fait, quand on saura que si les quantités de chaleur que reçoit le raisin aident au développement de la partie sucrée de ses baies, la matière colorante et le sucre aussi augmentent dans le fruit en raison directe de la lumière solaire qu'il reçoit.

L'étendue des terrains consacrés à la culture des vignes fines des premier, deuxième et troisième crus, entre Santenay et Dijon, est de 3,750 hectares, dont le produit moyen par hectare ne dépasse guère 15 hectolitres.

Climat. — On a cru que les vignobles ne donnaient plus les mêmes qualités de produits qu'autrefois, parce que la température de la terre n'était plus la même. C'est une erreur. En remontant aux temps historiques, on trouve, dans les Commentaires de César, que la Seine gelait tous les hivers; dans Strabon, que le Pont-Euxin a été couvert de glace ; que l'Adriatique, le Pô, que le Nil même ont gelé dans certains hivers rigoureux. De nos jours on a observé encore quelques-uns de ces effets des froids intenses ; nous sommes aujourd'hui dans les mêmes conditions de température extrême que jadis, et dans les mêmes conditions de température que le Bordelais et les crus du Rhin, situés comme nous sur les limites de la culture du maïs.

Dans la Côte-d'Or, de la plaine à la montagne,

la température varie en moyenne de 1 degré à 2 degrés et demi centigrades. Mais si l'on se trouve dans des conditions différentes d'exposition) quand bien même les hauteurs relatives ne changent pas), les vignes ne donnent plus les mêmes produits, et souvent elles ne peuvent fructifier. C'est ainsi que, sur les pentes des arrière-côtes exposées à l'est, on cultive encore la vigne avec succès à 180 mètres de hauteur au-dessus de la plaine, et sous l'influence d'une chaleur moins élevée que dans la Côte, tandis que sur le versant ouest, à cette même hauteur, la vigne n'amène ses fruits à bonne fin que dans quelques années privilégiées.

Les plus grands froids observés à Beaune depuis 1838 sont consignés dans le tableau suivant :

1838	1839	1840	1841	1842	1843	1844	1845
— 10°	— 5	— 5	— 8	— 15	— 17	— 11	— 18

Aux températures extrêmes de — 10° centigrades, les ceps peuvent subir les atteintes du froid. En 1845, par une température de — 18°, les vignes n'ont cependant pas sensiblement souffert : cela tient à ce que les terres étant couvertes de neige, la gelée n'a pas envahi le sol jusqu'aux dernières racines de la plante. Dans l'hiver de 1829 à 1830, par un froid égal, mais plus prolongé, et quand la terre était moins couverte de neige, beaucoup de plants ont péri.

Quant aux limites de la plus grande chaleur, on n'a point observé plus de 38° (été de 1793). Voici, enfin, pour donner un aperçu de la température maxima moyenne de l'année, depuis 1838, les nombres qui représentent la somme des maxima de température recueillis chaque jour.

1838	1839	1840	1841	1842	1843	1844	1845
4769	5179	4917	4996	5374	5440	5175	»

Les vents dominants du pays sont : la bise ou vent du nord-est, l'est et les vents d'ouest et sud-ouest. Les vents d'ouest sont très-chargés de vapeurs ; et quand ils se mêlent avec des couches d'air qui en contiennent peu, cela donne lieu à une précipitation d'humidité et à un dégagement de chaleur qui élève momentanément la température de l'atmosphère. On ne trouve point ce caractère dans les vents d'est qui traversent des continents.

Les vents les plus favorables aux produits de la Bourgogne sont les vents du nord-est, surtout quand ils règnent dans la période qui précède la vendange ; cela tient à ce qu'ils sont moins chargés de vapeurs d'eau ; et on sait que les pluies sont très-funestes au raisin mûr. En 1837 et en 1838, la récolte, qui n'eût lieu qu'au 10 octobre, fut précédée par plusieurs jours de bise (vent du nord-est).

De 1838 à 1844 inclusivement, il est tombé en moyenne par an $0^m,745$ d'eau, et cela en cent huit jours de pluie.

Le sommet de la chaîne de nos grands crus est en général dénudé. Sur quelques points seulement se trouvent des bois peu garnis et d'une pauvre végétation (Santenay, Chassagne, Savigny, Pernand, Aloxe, Nuits, Gevrey, etc.).

Le second étage est planté. Il s'y trouve des forêts d'une assez vaste étendue et d'une belle croissance. La plaine, à la distance de 6 ou 8 kilomètres de la Côte, est couverte de bois d'une superbe végétation qui s'étendent jusqu'à la Saône, éloignée de 16 à 20 kilomètres de nos vignobles. Par suite du déboisement des sommités des premières collines, et des travaux d'assaïnissement exécutés dans la plaine, le sol doit se dessécher plus rapidement que jadis ; l'état hygrométrique a donc pu varier. Il est une époque de l'été où le raisin demande une certaine humidité de l'atmosphère ; c'est dans cette période de sa croissance qui précède la maturation. Si le terrain est desséché, que l'air ne soit pas chargé de vapeurs, le fruit *arsit* ou *s'enferre*, et son développement languit.

Les reboisements du sommet de nos montagnes contribueraient à rendre ce mal moins fréquent. Toutefois, comme c'est à une époque très-reculée qu'ont disparu les bois de la Côte, on ne doit pas attribuer à ce fait une grande action sur les qualités de nos produits, dont les siècles antérieurs ont fait la réputation.

En résumé, les grands crus de la Côte-d'Or sont exposés au sud-est, sur la pente de collines hautes de 180 mètres au-dessus de la plaine. Ces collines sont elles-mêmes abritées par un second étage élevé de 520 mètres au-dessus du niveau de la mer. Enfin, la plaine est à 220 mètres de hauteur absolue au-dessus de ce même niveau.

Les vignobles de la Côte-d'Or sont situés, comme ceux du Rhin et du Bordelais, sur la ligne qui fixe les limites de la culture du maïs, et par conséquent dans des positions isothermes.

Les températures extrêmes observées dans la Bourgogne sont de 22°,05 centigr. de froid (hiver de 1795), de 38° cent. de chaud (été de 1793). Quand la température totale (somme des maxima) du mois de mars dépasse 200 degrés, la vigne est très-exposée en avril à des gelées qui détruisent tout espoir de récolte (en 1843). Un mois d'avril dont la température dépasse 500 degrés (1840-1844) est très-favorable à une végétation rapide du printemps. Les mois de juin et d'août doivent être chauds, et leur température dépasser 750 degrés (1842), pour donner un vin de qualité. La température des mois de mai et de juillet, destinés, le premier à la végétation de la plante, et le deuxième à l'accroissement du fruit, doit être variable. Il est de la plus haute importance que les quinze jours qui précèdent la vendange aient une température de 15 à 20° centigr. en moyenne, et surtout qu'ils soient sans pluie.

Les quantités d'eau tombées par an sont de $0^m,745$; le nombre de jours de pluie correspondant est de 108. Les pluies des mois de juin et de septembre sont essentiellement funestes à la vigne :

dans le premier cas, en déterminant la coulure de la fleur; dans le second, en faisant pourrir le raisin (1840), ou aidant à de nouvelles combinaisons chimiques qui renferment les mêmes éléments groupés dans un autre ordre que sous les influences contraires. On se trouvera dans des circonstances favorables quand on aura moins de huit jours de pluie dans le mois de juin (1840, 1842), et moins de trois dans la quinzaine qui précède la vendange (1838).

Les boisements, comme la dénudation des sommets des premières collines, paraissent sans influence sur les qualités des vins produits par les crus qu'ils dominent.

Sol et sous-sol. — Les montagnes de la Côte-d'Or sont de formation oolithique. A partir de la plaine se trouve d'abord une pente douce, puis une pente brusque qui s'infléchit de nouveau et se relève jusqu'aux escarpements du sommet de la montagne; ce fait s'explique par une différence de structure dans les couches qui composent cet étage oolithique. Ainsi, là où la pente est brusque, au milieu comme au sommet du versant, se trouve un calcaire dur et peu susceptible de désagrégation. Dans les intervalles, on rencontre des

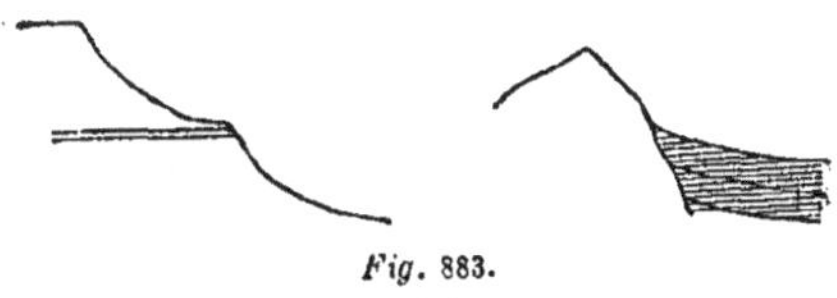

Fig. 883.

calcaires tendres et des marnes qui ont moins résisté à l'action des agents atmosphériques.

Les divers étages de la formation oolithique inférieure, sur lesquels reposent les grands crus de la Côte, impriment aux vins des caractères propres à chacun d'eux. Les plantations faites sur un sous-sol de calcaire oolithique dur, doivent peut-être à la prédominance de la silice et de l'oxyde de fer dans la terre végétale le cachet de finesse remarquable qui caractérise ces vins. Les vignobles de Santenot, Chevrey, Cailleret, Fremier, Rugien, Clos des Mouches, Cras, Grèves, etc., sont dans ce cas; il en est de même du célèbre cru de Musigny-Vougeot. Les terrains à sous-sol marneux, plus calcaires, plus riches en argile, et par conséquent en potasse, donnent une végétation plus vigoureuse, des produits plus chargés de tartre; et c'est à ces causes qu'on attribue les qualités des vins des Clos des Chênes, des Chanlins, des Marconnets, des Vergelesses, des Cortons, du Chambertin, etc.

Quand l'alluvion argilo-calcaire ferrugineuse qui se trouve en face des vallées et de quelques dépressions locales, comme à Pommard, Volnay, Nuits, Vougeot, etc., deviendra assez puissante pour s'élever au niveau de la zone des bons crus, c'est-à-dire entre 15 mètres et 78 mètres de hauteur absolue au-dessus de la plaine, les vins récoltés sur ces terrains riches en argile et en oxyde de fer, devront contenir une plus grande proportion de bases alcalines et ferrugineuses unies à l'acide tartrique, et seront recherchés, comme crus de Champan, Taillepied, Bouche-d'Or, etc., à Volnay; et comme crus du vignoble de Pommard, où ces terrains sont très-fréquents, depuis les Bretins jusqu'aux Épenots, etc., etc. Certains crus de Nuits, de Vosne et de Morey (et des meilleurs), la plus grande partie du clos de Vougeot sont aussi plantés sur un sous-sol appartenant soit à l'alluvion ancienne, soit à des alluvions locales.

Enfin, les calcaires magnésiens, qui donnent une végétation peu vigoureuse, comme au climat des Arvelets, des Pezzerolles, des Charmots, etc., à Pommard, produiront un vin qui devra peut-être à cette cause le cachet de haute finesse qui le caractérise. Les formations de calcaires oolithiques et demi-marneux et les dépôts magnésiens conviendront à la culture des vins blancs à cépages plus agrestes, et donneront: les premières, les vins de Montrachet, Combette, Charme, etc., etc.; les secondes, les crus des Perrières, Genevrières et Santenot, etc., etc., à Meursault. On expliquera la différence qu'on observe entre les vins de Montrachet et ceux des Bâtard et Chevalier-Montrachet, par la variété de sous-sol constatée dans ces trois vignobles étagés les uns au-dessus des autres. Au-dessous du chemin qui domine le Bâtard-Montrachet est une oolithe régulière. Le Montrachet a pour sous-sol un calcaire demi-marneux; enfin le Chevalier-Montrachet est sur un calcaire demi-magnésien, et au-dessus de lui se trouve le banc dolomitique qui est supérieur aussi aux meilleurs crus en blanc de Meursault. Les figures 883 et 884 représentent plusieurs coupes géologiques de la chaîne de la Côte-d'Or.

En somme, nous tirons de ce qui précède cette autre conclusion : si, sans quitter la Côte-d'Or, dès que la vigne change de sous-sol, on obtient un type de vin différent; si, dès que l'on s'écarte à peine, en montant ou descendant, de la zone des grands crus, on trouve des crus secondaires; que l'on pénètre plus avant dans la montagne ou qu'on descende dans la plaine, on récolte des produits communs : nous pouvons affirmer qu'en aucun lieu du globe ne se retrouveront dans un ensemble complet toutes les conditions nécessaires au développement de vins pareils à nos premiers produits. Nous devons donc nos crus d'ordre à un concours si complexe de circonstances toutes locales, qu'ils resteront seuls de leur type; les nouvelles plantations de la Prusse, de l'Allemagne, des bords de la Mer Noire, ne donneront, quoi qu'on fasse, jamais des produits qui leur soient comparables; et les vins de Volnay par exemple, seront encore longtemps, comme ils l'étaient au quatorzième siècle sous nos ducs, qui y possédaient les vignobles de Cailles-de-Roi (Caillerets), les premiers vins du monde.

Disons à présent quelques mots des dépôts de terres végétales, qui sont superposées aux formations dont il vient d'être parlé très-succinctement, comme il convenait de le faire dans une publication de cette nature.

Au-dessus des assises oolithiques, la superficie du sous-sol se compose de bancs schisteux très-minces, se délitant facilement, et dont les débris sont souvent mélangés à la terre végétale. La profondeur de cette terre varie de $0^m,40$ à $0^m,60$

(Santenot de Meursault, Cailleret, Chevrey, Fremier de Volnay, Rugiens de Pommard, Clos des Mouches de Beaune, etc., etc.). La profondeur de la terre végétale atteint quelquefois

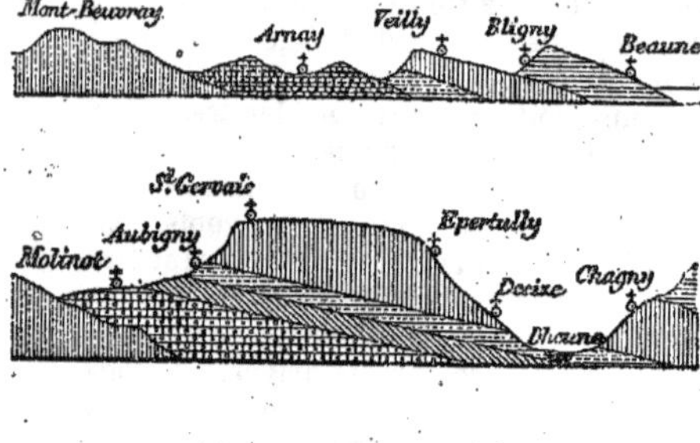

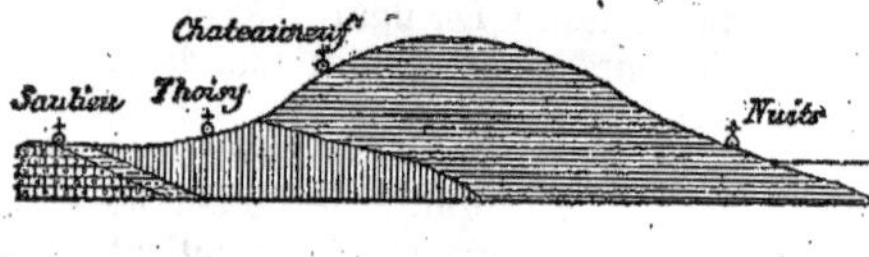

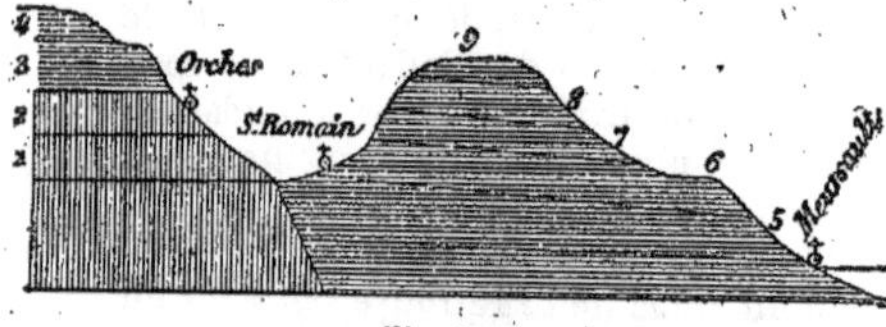

Fig. 884.

1. Calcaire à gryphites.	6. Forest marble.
2. » » à bélemnites.	7. Combrash.
3. » à entroques.	8. Oolithe d'Oxford.
4. » à buchardes.	9. » grossière. (Coralrag ?)
5. Oolithe de Bath.	

de plus grandes proportions. Ainsi, dans la Romanée Saint-Vivant à Vosne, et dans certaines parties du Clos de Vougeot, nous trouvons plus de 1^{m},40 de terre avant d'arriver au sous-sol.

La terre de nos vignobles fait en général pâte avec l'eau; elle est de couleur brun rouge foncé et d'aspect très-ferrugineux. Les terres qui accompagnent les marnes blanches sont d'un brun jaune, parsemées de petits grains argileux blanchâtres, et de consistance pâteuse quand elles sont humides. On ne rencontre le sous-sol qu'à une profondeur qui varie de 0^{m},80 à 1 mètre. Puis vient un banc marneux jaunâtre de 0^{m},40 d'épaisseur, qui sert de passage à la marne pure que j'ai décrite plus haut (climats des Terres-Blanches de Meursault, du Clos des Chênes de Volnay, des Chanlins, des Noisons de Pommard, des Montremenots et Marconnets de Beaune, des Vergelesses de Pernand, Corton d'Aloxe, etc., etc.).

Au-dessus des calcaires magnésiens, la terre végétale est peu profonde et très-légère; cependant elle est encore grasse (climats des Arvelets, Charmots de Pommard, etc., etc.).

Les alluvions qui sont en face des vallées et des dépressions locales signalées dans quelques parties, sont recouvertes d'abord par un sol d'alluvion sableuse mélangée d'argile (les angles des cailloux, comme je l'ai déjà dit, ne sont pas arrondis, ce qui indique qu'ils ont peu séjourné dans les eaux). On trouve ensuite un banc demi-argileux très-mélangé de pierres, faisant encore pâte avec l'eau; enfin une couche végétale rouge noirâtre, d'aspect ferrugineux, assez pierreuse, et dont la profondeur varie de 0^{m},40 à 1 mètre.

Les tableaux suivants donneront la composition de quelques-uns des terrains et de quelques-unes des terres végétales que l'on rencontre dans les grands crus de la Côte-d'Or. Nous avons dû ces analyses à l'obligeance de M. Berthier (de l'Institut).

TERRAIN VÉGÉTAL.

Gros et menu dépôts (de nature calcaire)	30,10	29,15
Carbonate de chaux	12,95	17,20
Carbonate de magnésie	3,98	
Fer oxydé	12,72	10,50
Alumine	5,93	7,17
Silice	28,93	32,98
Matières organiques	5,39	3,00
	100,00	100,00

SOUS-SOL CORRESPONDANT.

Carbonate de chaux	88,00	78,00
Matières argileuses	12,00	22,00
	100,00	100,00

CÉPAGES DES VIGNES FINES DE LA CÔTE-D'OR

Les cépages ou variétés de vignes cultivés dans la Côte-d'Or, se divisent en deux familles, celle des *Pinots* qui comprend les variétés de choix; et celle des *Gamais* qui comprend les variétés d'ordre inférieur. Nous n'avons à nous occuper ici que des Pinots qui forment exclusivement la base des premiers crus de la Bourgogne.

On en distingue plusieurs races qui sont : 1° le Franc Noirien; 2° le Pinot dru ou Pinot aigret; 3° le Mour; 4° le Noirien de la grande race. Les ampélographes du pays ont reconnu ou prétendent avoir reconnu dans nos vignobles près de quinze variétés de pinots. Comme ici nous nous occupons seulement des grands vins de la Bourgogne et des causes qui concourent à leur production, nous ne décrirons pas certaines de ces variétés dont, pour toutes d'ailleurs, le principal mérite est d'être plus productives que les anciennes. Et si l'on était appelé à faire de nouvelles plantations, nous donnerions toujours le conseil de choisir le plant dans les anciennes vignes, dont le cru possède un renom célèbre et mérité. Ce plant sera celui que nous avons désigné sous le nom de Franc Noirien. Voilà pour les raisins noirs que l'on rencontre dans nos vignobles. On y admet encore le Beurot ou Noirien gris et le Chardenet ou Noirien blanc.

Le plant de Pernand et le Giboudot, qui ont remplacé le franc noirien dans quelques localités, seront décrits à la suite des pinots proprement dits.

Franc Noirien. — La première place dans l'ordre de description que nous avons adopté, appartient de tout droit au franc noirien. Ce cépage se retrouve dans beaucoup d'autres vignobles, et partout il en est le plus précieux ornement. On le connaît sous divers noms. Notre noirien de Beaune s'appelle *Auvernat noir* dans le département d'Indre-et-Loire, *Plant doré noir* en Champagne, *Servanien* en Suisse, *Blawer Clavener* en Allemagne, *Czerna okrugla rauka* en Hongrie, *Black Morillon* en Angleterre. Son bois est mince, dur, d'une couleur fauve tirant sur le violet. Il est jointé long et présente souvent à *l'œil*, outre le bouton principal, un bouton supplémentaire vulgairement appelé puce ou bourgillon. Les feuilles, rondes et épaisses, sont d'un vert assez vif et foncé. Les grappes sont généralement petites et peu allongées; les grains du fruit un peu ovoïdes sont noirs et couverts d'un duvet bleuâtre, la pellicule en est épaisse et riche en matières colorantes. La floraison et la maturité de ce cépage sont également hâtives. Dans les années les plus favorables, comme en 1822, la floraison commencée le 22 mai, était complétement terminée le 5 juin; le fruit avait atteint une maturité parfaite le 30 août. D'autres fois, comme en 1823, quand la floraison a été contrariée par les froids et les pluies qui surviennent souvent dans le mois de juin, le raisin ne forme ses grains qu'à la fin de juillet, et, dans ce cas, au 15 octobre on n'obtient qu'une demi-maturité dans les fruits que l'on récolte. On sera dans de bonnes conditions quand le noirien, entrant en fleur au commencement de juin, aura noué au 25 de ce mois. En moyenne, de 90 à 95 jours, à partir de ce moment, le fruit aura acquis une maturité convenable pour donner un vin de qualité. Nous tenons à bien préciser les époques de la floraison et de la maturité du noirien, parce qu'elles nous serviront de point de comparaison pour les observations analogues qui seront faites sur les autres cépages de la Côte-d'Or.

Les terrains inclinés au levant et à sous-sol siliceo ou argilo-calcaire, les alluvions caillouteuses que l'on trouve à l'ouverture des vallées, sont les terrains les plus favorables à la culture du franc noirien. Il existe dans les sols de cette nature, des vignes âgées de plusieurs siècles et qui donnent encore aujourd'hui des produits suffisamment abondants. Dans la znoe des grands crus, dont nous avons fixé la position, le noirien est peu sujet à la coulure; il y est aussi à peu près hors des atteintes des gelées de mai, gelées toujours si funestes à la vigne. Mais l'action, sur ses longs ceps, du verglas et des froids prolongés d'un hiver rigoureux est essentiellement funeste à ce cépage.

On le taille en mars, à une seule branche ou courson, sur laquelle on laisse de deux à quatre yeux.

La production moyenne du noirien est de 15 hectolitres à l'hectare. La finesse et le bouquet sont les caractères distinctifs du vin qu'il produit. Si, ce vin atteint son apogée au bout de six ans pour les crus les plus délicats, il en est d'autres dont la durée se prolonge bien au delà. Enfin, et sans nul doute, nous devons à ce cépage dont la maturité est précoce et le vin éminemment fin et parfumé et souvent vineux, la haute réputation que possèdent depuis si longtemps les grands crus de la Bourgogne. On ne saurait reprocher au noirien que la faiblesse de ses sarments, qui ne peuvent se soutenir sans l'aide d'un échalas, car s'il est peu productif, les remarquables qualités de son vin compensent largement ce défaut.

Pinot dru, ou **Pinot aigret.** — Le bois de ce cépage est plus violacé, plus dur et d'une végétation plus vigoureuse que celui du précédent. Ses feuilles, d'un vert plus foncé, sont profondément lobées et légèrement cotonneuses en dessous. Ce plant, très-peu productif, donne un raisin plus allongé que le franc noirien, ses grains sont noirs, espacés et inégaux. On ne connaît pas le vin de ce pinot, car sa production est tellement incertaine qu'on en trouve à peine quelques individus dans les vignobles de la Côte; le franc noirien lui est partout substitué dans le renouvellement des ceps par le provignage.

En détachant avec soin la moelle du bois de l'année et la pesant immédiatement, on trouve qu'elle n'entre que pour 9 p. 100 du poids du sarment, tandis que dans le noirien, ce poids s'élève à 11,40 pour 100. Or, en général, dans les cépages remarquables par leur abondante production, n'importe la famille à laquelle ils appartiennent, il y aura dans le sarment une proportion plus élevée de substance médullaire que dans les plants peu fertiles. D'après ce fait, il sera donc très-utile dans la description d'un cépage d'insister sur sa manière d'être à cet endroit.

Mour ou **Mouret.** — Ce cépage appelé *mohrou Konig* en Styrie, et autre part encore *Tête de nègre*, est très-facile à distinguer des deux variétés qui précèdent. Son bois est un peu plus rouge que celui du noirien, et un peu plus moelleux; il est jointé court. La feuille est légèrement lobée et cotonneuse en dessous dès la pousse; le parenchyme des feuilles est teinté de points rouges entre les nervures; placées entre l'œil et la lumière, les parties colorées sont opaques. A l'arrière-saison, ces taches sont d'un beau rouge cerise caractéristique. La grappe est un peu plus allongée que celle du noirien, et la teinte rouge est fortement prononcée au collet de cette grappe et au pédicelle de la baie qui est petite. Le grain, d'un beau noir luisant, et parfaitement rond, est porté par un pédoncule assez allongé; la pellicule en est épaisse, la chair ferme, le suc légèrement coloré. La floraison et la maturité du mour suivent celles du noirien. Sous le rapport de la taille, de la production, de la sensibilité aux influences atmosphériques, il se comporte exactement comme le noirien, mais il exige un sol plus substantiel. Le mour, qui appartient évidemment à la catégorie des teinturiers ou raisins riches en matières colorantes, est encore assez répandu dans les vignobles de la Côte; on doit même regretter qu'il ne le soit pas davantage, car il a une certaine influence sur les qualités du vin qui en reçoit une plus riche couleur et quelque chose de plus nerveux.

Noirien de la grande race. — Pinot-Crépet à Dijon. — Le bois vigoureux et de couleur fauve rappelle celui du gamais. La feuille est très-ample et d'un vert foncé; mais ce qui le caractérise, c'est la forme de sa grappe très-allongée, volumineuse et ailée. Les grains sont plus gros, plus ronds, moins rouges et moins couverts de duvet que ceux du noirien. Si ce cépage débourre aussitôt que le noirien, il entre plus tard en fleur et sa maturité reste aussi de huit jours au moins en arrière. Il paraît plus sujet à la coulure, mais quand la floraison s'effectue dans des conditions atmosphériques favorables, ce plant est très-productif, surtout dans les sols riches de nos coteaux. Dans les terrains exposés aux gelées de printemps, sa culture n'a même pas l'avantage de la production, car, aussi précoce que le noirien, il gèle comme lui et ne repousse pas comme le gamais. Il est peu répandu dans la Côte-d'Or, et encore l'est-il trop, car son fruit est rarement mûr à l'époque de la vendange, et sa saveur d'une acidité très-prononcée nuit toujours à la qualité des produits de la cuve dans laquelle il a fermenté.

Beurot ou Pinot franc gris. — Le beurot est un cépage presque aussi répandu que le noirien. Nous le retrouvons en Champagne sous le nom de *fromenteau;* sous celui de *malvoisie* ou *auvernat gris* en Touraine; d'*auxerrois* dans la Moselle; de *graner tokayer* sur les bords du Rhin; de *barattzin rzoko* dans la Hongrie, où il fut importé de la Bourgogne par l'empereur Charles IV.

Le beurot est associé à notre pinot dans les vignobles de la Côte-d'Or. Tous les caractères de sa végétation le rapprochent tellement du noirien qu'il est difficile de l'en distinguer quand le cep ne porte pas de fruit; mais la couleur rouge clair à reflets bleus du raisin suffit pour le faire reconnaître facilement. La pellicule du grain est plus mince que dans celui du franc noirien, et si son suc est plus doux et plus fin, il ne donne point un vin aussi solide et aussi corsé que ce dernier. Il est plus sujet à la coulure que le noirien; il atteint plus tôt sa maturité et il craint davantage la pourriture qui suit les pluies d'automne. La grappe est plus serrée que celle du noirien, et les ceps qui produisent sont toujours chargés de fruits.

L'union de ce cépage aux autres plants fins n'est rationnelle que pour les crus qui donnent un vin éminemment dur et corsé, car là où le vin est déjà fin et léger, le beurot contribuerait encore à augmenter ces tendances qui pourraient dégénérer en faiblesse.

Noirien blanc. — C'est ainsi que l'on nomme à Meursault le cépage appelé *chardenet* en Saône-et-Loire; *plant doré blanc* en Champagne; *auvernat blanc* dans le Loiret; *weisse clavener* en Allemagne. Ce cépage est très-commun dans le département de la Côte-d'Or. Il est cultivé seul, à l'exclusion de tout autre, au Clos Montrachet et dans tous les grands vignobles blancs de Meursault. Associé au franc noirien, on le rencontre encore dans plusieurs de nos premiers crus rouges, où souvent il entrait jadis dans la proportion de 1/10 de la plantation.

Le chardenet réussit dans les terrains les plus maigres; il lui suffit de 0m,22 de terre végétale sur un sous-sol de calcaire fendillé où il puisse faire pénétrer ses racines, pour y conserver la fertilité qui lui est propre. Son bois, plus jaune que celui du franc noirien, est dur et cassant; il est jointé long; on le taille plus court que le noirien. Sa feuille large est d'un vert tirant sur le jaune; les nervures en sont d'un vert plus clair encore. Rudes à la surface, ces feuilles sont légèrement cotonneuses en dessous; elles tiennent au sarment par un pétiole assez long. La grappe est petite et légèrement allongée. Les grains petits, un peu oblongs, sont, à leur maturité, couverts d'un riche reflet doré du côté du soleil. Il débourre et fleurit huit jours plus tôt que le noirien; malgré cela, on ne le récolte que huit jours plus tard. Il est d'ailleurs toujours moins productif. Quand la pousse atteint 0m,08 ou 0m,10, le jeune raisin qui vient de débourrer est excessivement sensible aux pluies froides; souvent alors il s'allonge et se transforme en vrilles. A l'époque de la fleur, il craint moins la coulure, et à l'automne, il est moins exposé à la pourriture que le noirien.

Ce cépage donne un vin d'une grande finesse, d'un bouquet particulier et d'une très-longue durée. Le mélange à la cuve de ses raisins avec ceux du franc pinot, communique du nerf et de la vivacité au vin qui en résulte.

Plant de Pernand. — Ce cépage a certains caractères qui le rapprochent du gamais; peut-être n'est-il qu'un hybride du franc noirien et du gamais? Mais comme il est cultivé dans quelques vignobles de plants fins, nous le décrirons comme cépage intermédiaire entre les deux grandes familles qui sont admises dans nos cultures. Le bois est d'un fauve tirant sur le gris, et plus clair que le bois du noirien. Dans le sarment, dont les jets sont moins élancés, la substance médullaire est assez abondante, ce qui le rend très-cassant. Ses boutons sont plus rapprochés que ceux du franc pinot. Ses feuilles sont larges, rondes et peu lobées; moins épaisses que celles des variétés qui précèdent, elles sont d'un vert jaunâtre caractéristique. La grappe est peu allongée; la baie, légèrement oblongue, est noire, plus grosse et moins duvetée que celle du noirien. Le raisin est plus serré; aussi, bien qu'il soit prompt à former son grain, il fleurit quelques jours plus tard que le franc pinot, mûrit plus tardivement, et s'il produit davantage, la qualité de son vin est médiocre.

Le vin du plant de Pernand est en général peu fin, peu coloré, vert et plat; mais quand le cépage est cultivé sur le sol profond et substantiel qui lui convient, son rapport s'élève facilement à 36 hectolitres par hectare. Quand il est jeune, on lui laisse deux tailles ou coursons à deux yeux chacun. Aux vieux ceps, on ne laisse qu'une branche sur laquelle on réserve deux ou trois boutons. On taille souvent ce cépage comme le gamais, en rabattant le vieux bois et établissant la taille sur un sarment de un ou deux ans issu de la souche. Cette opération ne se pratique point sur le noirien, à moins qu'on ne puisse trouver sa taille dans le sarment de l'année qui a poussé à l'extrémité du cep. Le plant de Pernand est peu sujet à la coulure, mais les froids rigoureux ont une action funeste sur son bois éminemment cassant et riche en substance médullaire.

On cultive encore dans quelques nouvelles plantations de la Côte-d'Or un *pinot*, dit *pinot grosse race*. Cette variété, plus vigoureuse que les précédentes, a de gros fruits et est très-productive. Elle mûrit dix jours plus tard que le franc pinot. Ce pinot grosse race est peu sujet à la coulure; il exige un sol riche de coteau, une bonne exposition et beaucoup d'engrais.

Giboudot. — Le giboudot est très-répandu dans les vignobles de la côte Châlonnaise, où il paraît aujourd'hui être presque exclusivement cultivé. Son bois est d'un blanc fauve; il est gros; ses nœuds, ses boutons sont aussi développés que ceux du gamais, et ils sont très-rapprochés. Les feuilles larges, cotonneuses et fines au toucher, ont une belle teinte verte et un long pétiole; le sommet du rameau est souvent blanchâtre. La grappe est moins ronde que celle du noirien; elle tient à un pédoncule plus allongé. Le grain est très-rond et d'un noir moins foncé que dans le pinot. Bien qu'il débourre et fleurisse plus tôt que le noirien, il arrive plus tard à une maturité complète. Il craint peu la coulure, mais il est très-sensible aux gelées de printemps; les froids de l'automne lui sont également funestes. Sa production moyenne peut être évaluée à 36 hectolitres à l'hectare. Il prospère dans les terrains en pente, légers et caillouteux; on lui laisse deux tailles, et souvent, en outre, un *archet* ou *pleyon* (long bois), dont l'extrémité est attachée au cep (*fig.* 885) Si le vin qu'il produit ne manque point de finesse et de légèreté, il est, en retour, généralement faible et de courte durée.

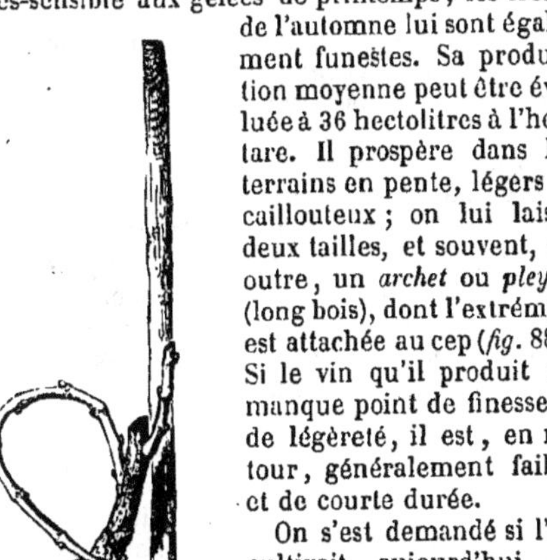
Fig. 885. — Taille à Mercurey (cosette des environs de Nancy).

On s'est demandé si l'on cultivait aujourd'hui en Bourgogne les mêmes cépages que jadis. Pour ce qui est des cépages fins, voici ce que nous avons à répondre :

Le franc noirien était connu en Bourgogne sous le règne de nos premiers ducs; il en est parlé dans un acte qui date du milieu du treizième siècle, et par lequel il était dû à Hugues IV, fils de Eudes III et d'Alix de Vergy, une rente de quatre muids de vin de noirien Pomard (1); plus tard, une ordonnance de Philippe le Hardi, des arrêts du parlement de Metz et de Besançon ont proscrit la culture de l'infâme gamais que l'on substituait au noirien, moins productif. Enfin, nous savons que le pinot gris fut importé de Bourgogne en Bohême par l'empereur Charles IV et que le Pontac, depuis si longtemps naturalisé au cap de Bonne-Espérance, est encore notre pinot. Si, d'après ces faits historiques, on nous accorde que, dans les temps les plus reculés, le noirien était le cépage qui produisait les vins déjà réputés de nos coteaux, est-il aussi certain que nous cultivions aujourd'hui la même variété? Nos pères n'auraient-ils point substitué le franc pinot de nos jours au pinot aigret, par exemple? Aurions-nous, comme certains ouvrages spéciaux nous en accusent (*Maison rustique du dix-neuvième siècle*), remplacé dans nos vignes le noirien par le meunier? Comme c'est notre noirien et non le pinot aigret que nous retrouvons dans les contrées qui, de temps immémorial, ont importé chez elles les plants de la Bourgogne, nous devons en conclure que ce cépage était déjà à une époque reculée le cépage dominant de nos vignobles et d'ailleurs. Les archives de la Bourgogne viendront encore à notre aide. Au quatorzième siècle, les ducs de la seconde race possédaient à Volnay 400 ouvrées de vignes situées aux Cailles-de-roi (*Caillerets* d'aujourd'hui), aux Chênes, etc. De 1338 à 1368, ces vignes ont rapporté en moyenne chaque année 116 muids 7 setiers, le muid valant 218 litres et le setier 13 litres 62 centilitres. 400 ouvrées ou 17 hectares 14 ares 28 centiares ont ainsi donné 257 hectolitres 83 litres, ou par ouvrée (4 ares 28) 64 litres 45, et par hectare 15 hectolitres 68 litres. Or, le pinot aigret ou noirien mauvais grain n'aurait jamais pu donner un produit aussi élevé. On cultivait donc un autre cépage qui ne peut être que notre noirien. Le comte Odart, il est vrai, nous reproche d'avoir propagé outre mesure la variété connue sous le nom de meunier, mais il a pu se convaincre qu'il avait été mal informé, car les ampélographes les plus distingués de la Côte-d'Or n'ont pas plus que nous pu trouver un seul plant de meunier dans nos vignes. On peut donc affirmer que nous cultivons encore aujourd'hui ces cépages qui ont valu aux crus de la Bourgogne cette vieille réputation dont nous avons hérité et que nous devons soutenir.

Préparation du terrain. Choix des plants. Plantation. — Lorsqu'un terrain est destiné à être cultivé en vignes, on a soin de l'y préparer en faisant précéder la plantation d'une culture en prairie artificielle. Dans les sols de la Côte, et en général pour tous les sols légers, on sème du sainfoin, et souvent, — surtout si on opère sur un terrain qui a déjà été planté en vigne, — c'est seulement au bout de six ans, qu'on établit sa plantation. Dans les terrains forts, on cultive de préférence du trèfle et on plante à la fin de la troisième année.

(1) Le muid valait 218 litres.

Qu'il s'agisse de la culture des plants fins ou des gamais, les procédés de plantation suivis dans la Côte-d'Or sont les mêmes.

Dans les terres légères, on plante dès le mois de novembre et jusqu'aux gelées; dans les terres fortes, on choisira de préférence l'époque de février et de mars.

Comme, dans la Côte-d'Or, le provignage est une des opérations importantes de nos cultures, nos plantations sont faites en vue de ce travail ultérieur.

Voici comment on y procède :

On ouvre des fosses qui, dans les terres légères, ont une profondeur de 0m,35. Dans les terres fortes, cette profondeur ne dépasse pas 0m,30. Dans aucun cas d'ailleurs, on ne fouille son terrain au-dessous du sous-sol. On donne à ces fosses une largeur de 0m,33. Enfin, elles sont séparées par des intervalles de 1m,60; mais comme ce vide comprend les 0m,33 de la fosse, s'il doit y avoir, en réalité, 1m,60 entre les lignes de ceps, il n'y a que 1m,60 moins 0m,33 ou 1m,27 de sol non fouillé entre les deux fosses.

La direction de ces fosses qui s'étendent en ligne droite sur toute la largeur du terrain de la plantation est en général perpendiculaire à la plus grande pente du sol. Cette disposition est habituelle quant aux vignes à plants fins de nos coteaux. On a essayé avec succès, dans les terrains forts de la plaine, et pour la culture des gamais, de diriger les fosses suivant la pente du sol. Nous verrons plus tard, en parlant des modifications que nos méthodes de culture peuvent et doivent recevoir, que ce mode de plantation est appelé à se généraliser.

Nous ferons remarquer, en passant, que dans les terres fortes, on obtiendra de très-bons résultats en ouvrant les fosses trois mois avant la plantation.

Une fois ce travail terminé, on apporte avec soin à la vigne les *chapons* ou boutures et les plants enracinés destinés à la plantation, et seulement au fur et à mesure des travaux de la journée. Si l'on emploie des boutures, elles devront avoir été mises huit jours à l'avance dans une eau courante. Si on a des plants enracinés à sa disposition, on devra prêter la plus grande attention à leur arrachage. Il arrive souvent que, pour aller plus vite, on arrache ces plants à la main, sans les avoir préalablement soulevés avec une pioche ou une houe, et alors une partie de leur chevelu se déchire et reste adhérente au sol. On évitera avec grand soin cette fausse manœuvre qui ôte au plant racineux presque toutes ses chances de reprise et fait qu'il vaut dès lors moins qu'une bouture.

Si les chapons ou les plants enracinés doivent passer la nuit dans le chantier de la plantation, on les couvrira de terre pour les soustraire à l'action du froid.

Les plants racineux sont placés dans la osse à 0m,50 les uns des autres; on les couche de manière que la tige soit appuyée sur la paroi qui a la meilleure exposition. On recouvre le jeune sujet de 0m,15 de terre végétale prise sur l'ados. Sa tige doit d'ailleurs avoir au-dessus du sol la même saillie qu'elle avait dans la pépinière. C'est sur ces données qu'on règle la mise en place dans la vigne.

Nos vignerons ne fument pas habituellement leurs plantations; mais ceux qui fument procèdent de la manière suivante : on fixe le plant dans la fosse avec une motte de terre, puis on la remplit de fumier dans la proportion de 12,000 kil. à l'hectare. On recouvre alors le fumier de 0m,10 à 0m,12 de terre, et on presse avec soin le tout avec les pieds, de manière à ce que les racines du plant ou la bouture adhèrent fortement au sol.

Après l'hiver, si la plantation a été faite en automne, ou quinze jours après la plantation, si elle a été faite au printemps, on *rabat* les plantes.

Ce travail consiste à abattre l'angle A du sol de

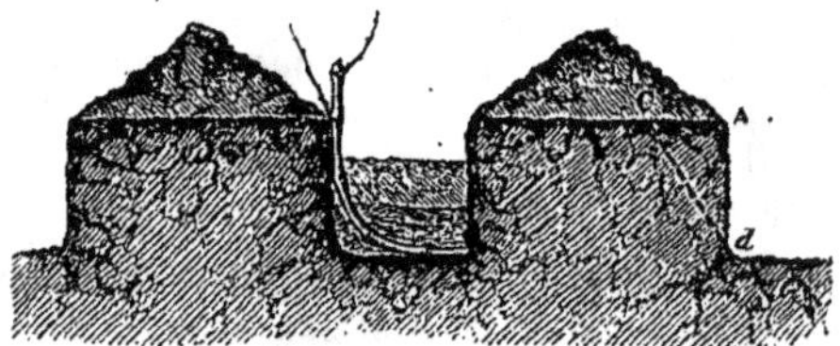

Fig. 886. — Plantation pour rabattre au printemps.

la fosse en face du plant suivant la direction Cd. On ne fait point cette opération avant l'hiver, parce que la paroi de la fosse sert d'appui et d'abri au jeune plant pendant toute cette saison.

Voici maintenant quels sont les frais de plantation pour un hectare de vigne :

Fouille et mise en place des plants enracinés.	192 fr.
12,000 plants enracinés, à 10 fr. 83 le millier.	129 96
Total............	321 fr. 96

Si on ajoute du fumier à la plantation, cette dépense de 321f,96 sera augmentée de 129f,60. Le prix de revient de un hectare de plantation, faite dans les conditions que nous avons admises, variera donc de 321f,96 à 451f,56, suivant qu'on y emploiera ou non du fumier d'étable.

Ce prix de revient serait un peu faible pour cette année (1862), la main-d'œuvre étant plus payée aujourd'hui qu'elle ne l'était il y a un an. On se rendra d'ailleurs suffisamment compte de la marche que doit suivre cette augmentation de prix par les considérations suivantes :

Avec ces procédés de plantation que nous avons décrits, on fouille à 0m,30 de profondeur, 2,060 mètres carrés par hectare, ce qui donne un cube de 618 mètres cubes. Le terrassement du mètre cube de terre végétale fouillée à la bêche et déposée sur la berge d'un fossé, valait 0f,20. On le payerait aujourd'hui 0f,30. Le défonçage des fosses qui coûtait 123f,60, coûtera aujourd'hui 185f,40. La mise en place des plants enracinés, est toujours assez payée à 69 francs par hectare. Le prix des plants enracinés étant le même (nous avons supposé qu'on avait élevé soi-même dans une pépinière les sujets dont on pouvait avoir besoin), le prix de revient de la plantation d'un hectare en plants enracinés coûtera donc :

Fouille	185 fr. 40
Plantation	69 »
12,000 plants enracinés	129 96
12 mètres cubes de fumier, à 10 fr. 80 le mètre cube, rendu à la vigne	129 60
Total	513 fr. 96

Un vigneron qui n'emploierait à la plantation ni engrais, ni plants enracinés, et qui se contenterait de boutures recueillies dans les vignes, établirait comme il suit le prix de sa plantation :

Fouille	185 fr. 40
Plantation	68 »
12,000 boutures à 2 fr. 50 le mille	30 »
Total	284 fr. 40

Préparation des plants destinés à la création d'une vigne. — On distingue dans la Côte-d'Or, parmi les plants employés, la *bouture* qui est un sarment de l'année mis en terre sans racines, la *chevolée* ou marcotte qui est un sarment couché sous terre sans avoir été détaché du cep, et qui, dans cette position, a émis de nombreuses racines ; enfin le *plant racineux* qui provient d'une bouture mise en pépinière pour y prendre racine, comme nous l'expliquerons tout à l'heure.

Fig. 887. — Bouture par crossette.

Autrefois, dans la Côte-d'Or, on se servait surtout de boutures pour la plantation des vignes. Lorsque les saisons étaient favorables à ce mode de multiplication, on conçoit que la vigne se trouvait garnie dans la meilleure condition de végétation ultérieure, puisque les plants qui la

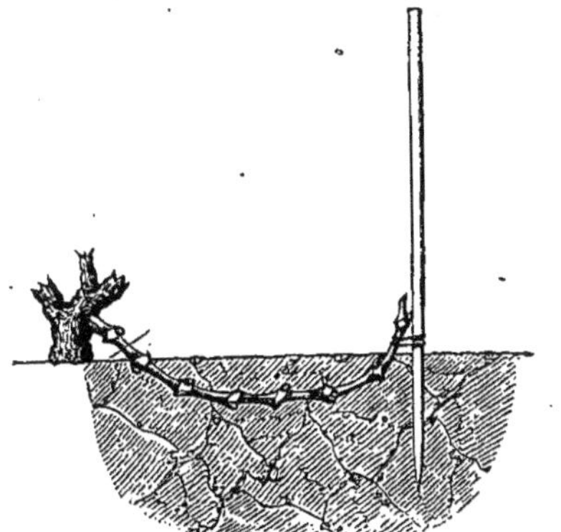

Fig. 888. — Marcotte de vigne.

garnissaient avaient été créés sur place, sans transplantation qui pût leur faire subir de mutilation. Mais, malheureusement, les étés généralement très-secs de la Bourgogne et l'aridité naturelle du sol ont rendu ce mode de plantation tellement incertain que depuis longtemps nous y avons renoncé.

Avant d'en venir aux plants racineux, on commença par substituer les chevolées aux boutures. Les vignerons en produisaient bien une certaine quantité dans leurs vignes, et pour celles-là, ils étaient sûrs du mérite des cépages qu'ils avaient choisis. Mais sans parler de l'épuisement qu'éprouvent les ceps, dont on a marcotté ou *chevolé* plusieurs sarments, il est arrivé ceci : les plantations ont pris beaucoup de développement et les chevolées sont devenues insuffisantes. Lorsque, dans ce cas de pénurie, on s'adressait au loin pour en avoir, on n'obtenait souvent que des chevolées provenant de vignes épuisées et qu'on

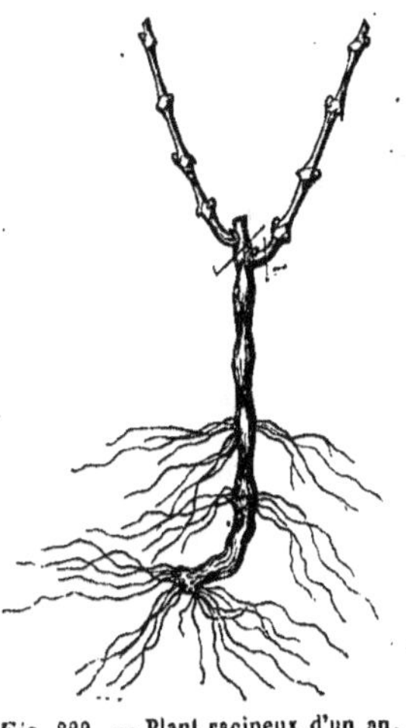

Fig. 889. — Plant racineux d'un an.

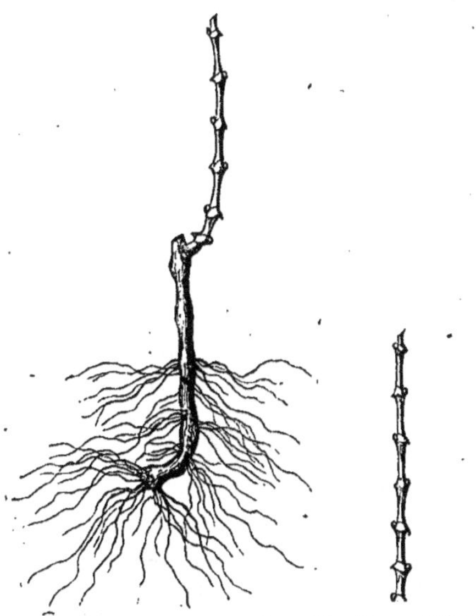

Fig. 890. — Plant racineux de deux ans.

Fig. 891. — Bouture proprement dite.

devait arracher. Enfin, l'expérience a démontré que les chevolées n'avaient pas toute la durée qu'on devait espérer.

C'est alors qu'en Bourgogne, nous nous sommes presque exclusivement servis de plants racineux.

Avant de parler de la création de la pépinière destinée à former ces plants, disons un mot de la préparation des sarments utilisés à cet effet.

Ces sarments sont recueillis au fur et à mesure

de la taille de la vigne et servent à faire les boutures avec ou sans vieux bois. La bouture avec vieux bois ou *crossette* (*fig.* 887) est très-préférée au bout de sarment ordinaire par tous les vignerons de la Bourgogne. Les racines sortent surtout du bourrelet qui sépare le vieux bois du nouveau, en sorte que la reprise des crossettes est plus assurée que celle du sarment de l'année. Dans son ouvrage sur la viticulture, le docteur Jules Guyot ne partage pas cet avis, mais, à nos yeux, nos vignerons n'en sont pas moins dans le vrai. D'ailleurs, le prix de vente des crossettes est partout plus élevé que celui des boutures ordinaires, ce qui n'a lieu que parce que leur supériorité est parfaitement établie.

Une fois les boutures simples ou les crossettes recueillies, on les réunit par paquets de 500 ; on les met le pied dans l'eau, autant que possible dans une eau courante et de source, non susceptible de se congeler. Elles ne doivent pas y plonger à plus de 0m,20 et il est essentiel que le niveau de l'eau ne change pas.

Il arrive souvent que les boutures restent ainsi des mois entiers dans l'eau avant d'être mises en terre. Nous condamnons cette méthode. Nous avons toujours reconnu que les sarments ne pouvaient rester plus de quinze jours dans les eaux dormantes sans que l'écorce fût détruite; elles résistent plus longtemps dans les eaux courantes quand elles ne sont pas chargées de limon, mais ce n'est point un motif pour aller au delà d'une limite raisonnable.

Avant de mettre les boutures en place, quelques vignerons en écrasent l'extrémité inférieure avec un maillet, afin de faciliter la reprise. Dans ces derniers temps, on a conseillé d'enlever l'écorce sur une longueur de 0m,20, sans toucher au liber. Ce procédé a donné de très-bons résultats, et dans les pépinières qui l'ont admis, la reprise a été plus satisfaisante que par l'ancien usage.

Voici maintenant comment nous procédons à l'éducation de nos sujets de pépinière, dits plants racineux.

Le terrain qui convient le mieux aux pépinières est le sol frais et fertile des prairies et des jardins; mais nous avons remarqué que les plants racineux sortis de terres légères et chaudes réussissaient plus sûrement après la transplantation. Ceci tient à ce que ces terres se rapprochent davantage du sol de nos vignobles, mais il est à noter que les pépinières en terre légère et chaude exigent beaucoup de soins et outre cela du fumier, souvent même quelques arrosages à l'époque des chaleurs du mois d'août, tandis que dans les terres riches et humides, la reprise du sarment est pour ainsi dire assurée, sans qu'il y ait lieu de s'en occuper.

Dans tous les cas, le sol de la pépinière devra, à l'avance, avoir été labouré et nettoyé de façon que toutes les herbes aient été détruites.

Sur ce terrain ainsi préparé, nos vignerons ouvrent une fosse de 0m,33 de largeur sur 0m,16 de profondeur. Lorsque cette fosse est suffisamment vidée, une femme y couche la bouture, en ayant soin de piquer l'extrémité du sarment au fond de la paroi gauche de la fosse (*fig.* 892), comme le représente la figure ci-jointe, et elle ne laisse sortir

Fig. 892. — Plantation.

que deux bourres hors de terre. Les sarments sont placés à la distance de 0m,02 les uns des autres. On les recouvre alors de terre végétale jusqu'au niveau du sol, si on n'ajoute point d'engrais, mais dans le cas où, pour mieux assurer la reprise des boutures de la pépinière, on juge convenable de la fumer, on a soin de recouvrir les boutures de 0m,03 seulement de terre, et on fume la fosse dans la proportion de 2 kilos par mètre courant, puis on achève de la remplir de terre. On devra toujours fouler cette terre fortement, de manière à donner une entière fixité aux sarments enfouis. D'ailleurs, s'ils avaient le contact de l'air, ils pourraient souvent se dessécher.

A 0m,50 de la plantation qu'on vient d'établir, on en fait une seconde, tracée au cordeau et conditionnée comme la première ; puis on continue ainsi jusqu'à l'emploi complet de tous les sarments qu'on veut convertir en plants racineux.

Si les boutures étaient d'inégale longueur, on les taillerait pour établir le niveau, aussitôt la pépinière terminée, en ne laissant, comme nous l'avons déjà dit, que deux yeux seulement hors de terre.

L'époque la plus favorable pour l'établissement des pépinières est le mois d'avril. Un homme peut aisément, dans une journée, mettre en place 2,000 boutures.

D'après les données qui précèdent, il nous sera très-facile d'établir le prix de revient d'une pépinière. La plantation d'un hectare de vigne exige en Bourgogne 12,000 plants; en admettant que la pépinière subisse un déchet de 33 pour 100, il faudra donc employer à sa création 18,000 boutures.

Nous calculerons en conséquence, comme il suit, les frais de cet établissement :

18,000 boutures à 5 fr. le mille..............	90 fr.
9 jours pour la plantation, à 3 fr. par jour...	27
4 binages à 1f,25..........................	5
Location du sol (60,000 plants pour 10 ares)...	8
TOTAL...........	130 fr.

Cette pépinière nous donnera, à l'époque de l'arrachage, au bout d'un an, 12,000 sujets qui auront coûté 10f,83 le mille. Ce sont les plants racineux que nos vignerons vendent 15 à 20 fr. le mille. En 1860, à la suite de la sécheresse des années 1858 et 1859 et grâce aux exigences des plantations considérables qui furent faites dans toute la France, le millier de plants enracinés s'est vendu de 25 à 30 francs.

En laissant les boutures deux ans en pépinière, on obtient des sujets beaucoup plus forts qui conviennent parfaitement aux terrains riches. Généralement, on préfère les plants enracinés d'un an, parce qu'à deux ans, et à plus forte raison à trois ans, ils ont de trop longues racines. L'arrachage leur fait alors subir une mutilation partielle qui les affaiblit; pour nous, nous donnerons la préférence aux plants enracinés de deux ans.

Du semis de la vigne. — En dehors des modes de multiplication de la vigne dont il vient d'être parlé, et qui consistent dans le bouturage et le marcottage, nous avons encore à vous entretenir de la multiplication par le semis et par la greffe, dont il sera question plus loin.

La propagation par boutures, marcottes et greffes n'est pas autre chose que le prolongement de l'individu primitif par un rameau ou un œil. C'est donc la continuation d'une même individualité. Reste à savoir combien doit ou peut durer cette vie artificielle de l'individu primitif, et à nous demander si le principe vital que nous voyons s'éteindre dans tous les êtres ne finit pas par succomber dans l'être végétal comme dans l'être animal.

Tout en admettant ces principes de physiologie végétale, nous devons reconnaître que nos cultures de pinot n'ont pas eu jusqu'à présent à souffrir sensiblement de la multiplication artificielle.

Le franc pinot, propagé par voie de bouturage, de temps immémorial, dans nos vignes, a-t-il réellement dégénéré, et sa vie artificielle a-t-elle atteint sa dernière phase?

Nous ne le pensons point. Il existe à Volnay des vignes de pinots qui, on peut l'affirmer, n'ont pas été arrachées depuis quatre siècles. Ces vignes ont été renouvelées par le provignage; elles nous représentent donc encore aujourd'hui la variété de pinot qui était cultivée à cette époque, puisque le cep de 1861 n'est que le prolongement de l'individu primitif.

Que conclure de ce fait, sinon que l'*individu vigne* a une longévité considérable et que notre pinot est encore en possession d'une verte vieillesse pour laquelle nous ne devons prendre nul souci.

Ce qui tend encore à nous tranquilliser, c'est la comparaison que nous pouvons établir entre les vignes de notre époque et celles des temps antérieurs, au double point de vue du rendement et de la qualité. Des statistiques qui méritent toute confiance, constatent que :

De 1338 à 1368, l'hectare de vigne a rendu en moyenne.				15h,681
De 1716 à 1745,	—	—	—	21 ,72
De 1746 à 1775,	—	—	—	19 ,59
De 1776 à 1805,	—	—	—	23 ,67
De 1806 à 1838,	—	—	—	16 ,27

Le rendement du noirien n'a donc que peu ou point varié dans la période de cinq siècles qui s'est écoulée de 1338 jusqu'à nos jours. Nous avons vu qu'en 1341, sous Hugues IV, les vins de Pomard jouissaient d'une haute renommée; n'en est-il point encore de même aujourd'hui, et les premiers crus de cette localité ne sont-ils pas au dix-neuvième siècle encore en possession de produire des vins éminemment distingués et solides? S'il est impossible de discuter comparativement les qualités des récoltes du quatorzième siècle et la valeur des nôtres, car les chiffres de vente ne peuvent être d'aucune ressource dans cette question, nous savons par les plus vieux titres que, sur dix années, on avait trois fois des vins remarquables, quatre fois des vins de qualité ordinaire, trois fois des vins mauvais. Si nous discutons attentivement le mérite de chacune des récoltes du dernier siècle, nous voyons que, à cet endroit encore, nous sommes absolument dans les mêmes conditions que nos pères. Enfin, sans médire de la fameuse année 1700 et des autres récoltes distinguées qui l'avaient pu précéder, pense-t-on que nos aïeux aient jamais eu des vins supérieurs au vin de la comète (année 1811). Nous en doutons et croyons être en droit de conclure que le noirien de la Bourgogne n'a point encore dégénéré.

Les modifications momentanées et isolées dont on s'est plaint sont dues à des abus de culture et surtout à l'abus des engrais azotés. Nous disons qu'un effet de la culture est d'exagérer le développement de certaines parties du grain, au préjudice des autres, qu'ainsi dans le raisin des ceps très-cultivés, la pellicule est plus mince, la grappe plus serrée, le parenchyme plus abondant, et qu'en dernier résultat, on y trouve à la fin et prédominance des principes les plus funestes aux bonnes qualités et à la durée du vin, et disette des substances colorantes, sucrées et acerbes, si nécessaires pour en assurer le mérite et l'avenir. Mais la nature du plant n'a point changé jusqu'à présent. Rendez le cépage à la culture normale qui lui convient, et vous le retrouverez ce qu'il était avant vos essais malheureux.

D'après le système de Knight, les individus végétaux, semblables en cela aux animaux en approchant du terme de leur vie, faiblissent plus promptement dans les uns ou les autres de leurs principaux organes. Ici, les racines succombent les premières, là le système de circulation par l'écorce ou par le bois, et ailleurs le système foliacé. Ici, notre pinot qu'on provigne au bout de 15 à 20 ans, parce qu'il est devenu faible, vieillirait par ses racines, mais avec le provignage, on le rajeunit en donnant à ses sarments de nouvelles racines. Dans le pinot donc, la racine vieillirait plus que les branches?

Est-ce à dire que par cela même que nous ne reprochons rien encore aux modes artificiels de propagation, l'on ne doive point s'occuper du semis? Loin de là notre pensée. C'est par la voie du semis que nous devons chercher de nouvelles variétés de vignes. Mais d'abord commençons par bien poser la question :

La Bourgogne, nous l'avons dit, cultive de temps immémorial sur ses coteaux le pinot, uniquement le pinot. Cette variété de raisin a fait jadis la réputation de nos produits; aujourd'hui elle donne des vins aussi célèbres qu'ils le furent jamais (récoltes de 1802, 1811, 1819, 1822, 1825, 1834, 1842, 1846, 1858); le pinot est aussi productif que du temps de nos pères; nous n'avons donc aujourd'hui rien à changer, rien à innover quant au choix des cépages dans la culture de nos grands crus. Nous avons pendant vingt ans étudié avec soin à Meursault une pépinière dans laquelle nous avions réuni plus de neuf cents variétés de raisins. Eh bien, nous pouvons le dire, aucune pour la précocité du fruit, comme pour la richesse saccharine du moût, ne nous a donné des résultats comparables à ceux qu'a présentés le pinot. Un éminent ampélographe de nos jours, et peut-être le plus éminent, parce qu'il était, à nos yeux, « le plus consciencieux, » M. Demermety, étudiait chaque année la richesse du moût dans les nombreux raisins de sa collection, et on sait que ses travaux arrivent à la même conclusion.

Mais si de ce côté nous avons pleine satisfaction, ce n'est point une raison pour condamner les semences au repos et assurer qu'il n'est pas possible de gagner des cépages fins très-méritants. D'ailleurs, la Côte-d'Or ne possède pas seulement des vignobles de noirien ; on y cultive aussi le gamais qui a son mérite et sa raison d'être quoi que d'aucuns en disent. Il est évident que là il y a quelque chose à faire et que si l'on pouvait améliorer le vin de ces cultures sans diminuer leur production, en y introduisant des cépages nouveaux, on rendrait un grand service au pays.

M. Puvis, dont personne plus que nous n'a apprécié les nombreux et utiles travaux, a été trop exclusif dans la question du semis. Voyant que dans les fruits de table, les variétés anciennes avaient dégénéré, il en a conclu que pour le raisin aussi bien que pour les autres fruits, le semis était un grand moyen de régénération, et que, même pour nos crus les plus célèbres, on devait chercher par le semis des races nouvelles.

S'il s'agit des vignobles communs, nous comprenons ces essais, mais pour ce qui regarde les vignes fines de nos coteaux, nous ne saurions trop conseiller une extrême prudence aussi longtemps que notre pinot restera toujours jeune. Les dangers de l'inconnu sont trop graves, et il convient d'y bien réfléchir avant de s'y jeter.

D'ailleurs, que devrait-on chercher? Est-ce un raisin dont les grains auraient plus de chair que le nôtre, c'est-à-dire l'analogue des beaux fruits nouveaux dus aux efforts des pomologistes? Assurément non, car très-probablement moins riche en matière sucrée que notre franc pinot, ce nouveau raisin donnerait un vin moins alcoolique et moins corsé (1). Et, pour nos vins fins, nous ne devons jamais perdre de vue que la qualité ne peut être, en aucun cas, sacrifiée à la quantité.

Les semis devraient surtout avoir pour but de nous donner un raisin qui, 1° contînt autant de matière sucrée que notre pinot ; 2° qui ne fût ni plus acide, ni plus sujet à la pourriture ; 3° et qui surtout pût mûrir de 8 à 10 jours plus tôt que lui.

Ce sera certainement là un beau et grand sujet d'études, et des semis de pepins de noirien franc que l'on aurait fécondé avec la fleur du pinot de la madeleine, donneront peut-être un jour des raisins qui, tous les ans, atteindront en Bourgogne une maturité complète. Si nous avons obtenu peu de résultats dans les essais de cette nature, d'autres, il faut l'espérer, seront plus heureux ; mais dans tous les cas, jamais on ne devra, pour les vins fins, s'exposer à changer les plants de nos vignobles avant qu'une longue expérience ait prononcé sur le mérite des vins qu'auront donnés les nouveaux fruits.

Quant aux gamais, la question nous semble toute différente, parce que nous avons moins à exposer. Aussi la recherche de nouveaux cépages nous paraît avoir de l'avenir dans cette culture, et déjà, dans chaque vignoble de ce genre, on annonce des variétés nouvelles. Malheureusement, partout on ne tient compte que de l'abondance du produit, et, à notre avis, on devrait aussi, pour cette classe de vins, tâcher d'obtenir des fruits qui pussent mûrir plus tôt que ceux des variétés connues jusqu'à ce jour.

Des semis de hasard ont déjà doté la Bourgogne de plusieurs variétés de gamais plus productives que les anciennes (le gamais d'Evelle, le gamais du Moulin Moine, celui des Carmes, etc.) Nous avons aussi, sans nul doute, quelques nouvelles variétés de pinot, dues à des semis non prévus ; mais nous ne sachions pas que dans ces variétés qui produisent plus que l'ancien pinot, il y en ait qui soient plus précoces. Au contraire, sur ces plants nouveaux, le raisin, étant plus fort et plus serré, mûrit moins bien.

Du greffage de la vigne. — Ce moyen de propager la vigne, fort peu usité dans la Côte-d'Or, est cependant très-précieux et très-utile dans différents cas, surtout lorsqu'il s'agit de substituer rapidement des cépages méritants à des cépages mauvais ou médiocres. Comme l'opération du greffage a été déjà et sera décrite plus loin ainsi que le provignage, autre moyen de multiplication beaucoup plus important, nous ne nous en occuperons pas ici.

Des engrais employés dans la culture de la vigne. — On forme avec les marcs de raisins, de la terre et de la chaux, un excellent compost pour la vigne.

Les fumiers de litière donnent des résultats plus immédiats. Dans ces engrais, la paille agit moins par ses principes huméfiables et son azote (dont elle ne contient que des traces), que par ses principes minéraux : potasse, acide phosphorique, chaux et silice. La potasse se trouve dans la paille de froment à raison de 5 à 6 pour 100. Le fumier de vache convient surtout au sol maigre et aride de nos cultures de pinots. Toutefois, son emploi comme celui de tous les autres fumiers de ferme, doit être très-limité et n'être admis pour les premiers crus que dans quelques cas exceptionnels, lorsque, par exemple, et par une cause quelconque, la végétation des ceps est si languissante que leur dépérissement devient presque inévitable.

Les vignerons qui tiennent plus à l'abondance

(1) Ne sait-on pas que de toutes les variétés de beurrés, par exemple, c'est encore le vieux beurré gris qui contient le plus de matière sucrée ?

qu'à la qualité de leurs produits, admettent les engrais azotés dans leurs cultures. Voici comment et dans quelles proportions ils les emploient. Chaque fosse de provins reçoit l'hiver, dans l'année qui suit le provignage, quelques pelletées d'engrais. Un mètre cube de fumier suffit à la fumure de 150 à 200 fosses de 1 à 2 provins. Dans les vignes de gamais, on élève la proportion.

On peut encore se servir de tourteaux de colza concassés ; 250 grammes sur chaque souche suffiraient. C'est un engrais durable et moitié moins cher que le fumier ordinaire. Pour l'appliquer, on déchausse la vigne et on met le tourteau au pied de chaque cep. M. Paul Thenard emploie avec succès cet engrais pour combattre les ravages que l'écrivain ou gribouri fait dans nos vignobles.

Nous avons essayé, sur de petites étendues de terrain, l'action des urines, des poudres d'os, des débris de corne, des chiffons de laine, etc. En Allemagne, on emploie beaucoup de chiffons. M. Jourdan, de Disdesheim, fait un compost dans lequel il entre de la terre, du fumier, du marc de raisins, des chiffons et du purin, et dont le prix de revient est moitié de celui du fumier de ferme.

Il est certain que beaucoup de substances pourraient être substituées aux fumiers de litière. Les urines et la poudre d'os paraissent influer très-puissamment sur la fructification, et nous pouvons affirmer que, sous cette influence, la fleur de la vigne est moins sujette à couler. Nous croyons qu'à l'époque du premier labour, l'emploi des engrais liquides dans de petites proportions, produirait les meilleurs effets sur la végétation et diminuerait beaucoup la tendance à la coulure. Les débris de corne, les chiffons de laine donnent dans les cultures de gamais, les résultats les plus avantageux. Leur effet est immédiat et prolongé ; les vignes qui ont reçu ces engrais sont surtout remarquables par la teinte foncée de leurs feuilles.

A propos de la coloration du feuillage, disons en passant que le sulfate de fer agit de la manière la plus efficace sur les vignes dont le feuillage revêt une nuance jaune clair. Il semble que dans ce cas, la maladie du cep puisse être assimilée à une sorte de chlorose.

Nous avons, au moment de la végétation, essayé l'effet des eaux de lessive sur des ceps qui souffraient, et nous nous en sommes très-bien trouvé. Nous recommandons surtout ce moyen pour les treilles dont les feuilles pâlissent, se dessèchent et dont les raisins s'étiolent.

En général, on ne doit pas confier tous les engrais au sol à la même époque de l'année. Les fumiers de litière, les résidus de distillerie, les râpures de cornes peuvent être déposés avant et pendant l'hiver, dans les fosses à provins. Mais nous n'emploierions qu'à l'époque du premier labour les chiffons et les engrais liquides. Toutes les fois que, durant le cours de la végétation, on voudra porter remède à l'état maladif d'un sujet, ce sera exclusivement à ces derniers engrais que l'on devra avoir recours. Nous recommanderons donc alors les urines plus ou moins étendues d'eau, les gadoues et les eaux de lessive.

Le sang de bœuf et de mouton, additionné de 10 fois son volume d'eau et employé dans la proportion de 10 litres par cep de treille, nous a souvent donné d'excellents résultats.

Un demi-kil. de purin étendu d'eau suffit à la fumure d'un cep. En ajoutant du plâtre au purin, dans la proportion de 1 kil. de plâtre pour 100 de purin, on empêche la déperdition d'ammoniaque qui résulte de sa décomposition.

Le marc de raisin est répandu sur toute la surface du sol, là où la vigne manque de vigueur. Son effet est très-prononcé sur la végétation. On l'emploie dans une forte proportion (environ 20,000 kil. par hectare).

Le véritable guano, employé dans les vignes sur un sol argilo-siliceux, a donné d'excellents résultats. Seulement, il paraît que si après la fumure par le guano, il ne survient pas de pluie, son action est presque nulle. Les proportions dans lesquelles il a été employé, sont de 30 à 45 grammes par cep.

Conformément à la théorie du savant chimiste Liebig qui établit d'une part : que dans son état normal, la vigne ne demande que carbone et potasse, et d'autre part que ces deux corps se trouvent dans le sarment mûr, ce sarment devrait être considéré comme le plus rationnel de tous les engrais. Sur la foi d'une autorité aussi compétente, bien des essais ont été tentés avec le sarment. S'il paraît réussir dans certains vignobles du Rhin, où on l'emploie depuis plusieurs années avec succès, nous devons dire qu'en Bourgogne, nous n'en avons obtenu aucun effet avantageux. Il en est de même dans le Beaujolais où le sarment est resté improductif depuis huit ans qu'on l'emploie, et malgré la précaution prise de le réduire à un état d'extrême division au moyen d'un moulin à tan. Ces insuccès, toutefois, ne doivent pas décourager les viticulteurs. Il résulte de quelques expériences faites sur les ligneux considérés comme engrais, qu'il est essentiel avant de les employer de les soumettre à un commencement de décomposition. Voici de quelle manière on utilise le sarment dans le département de l'Ain, où les résultats qu'il donne passent pour avantageux : — au moment du provignage, lorsqu'on a couché le cep dans la fosse, on le recouvre d'abord d'une couche de terre, puis on étend sur cette terre le sarment dont on délie le paquet.

On en met en moyenne 4 kil. 1/2 par fosse de trois provins et on charge le sarment de terre.

Nous avons étudié de notre mieux l'influence que les engrais organiques, les engrais animaux surtout, exercent sur le vin. Nous avons soumis à de fréquents essais les moûts de raisins récoltés sur des ceps fumés. Au moyen d'analyses comparatives sur les fruits de sujets du même âge et de la même vigne, nous avons pu nous convaincre que l'action des engrais a pour résultat certain d'augmenter dans le suc des raisins la proportion d'eau et d'acide malique. Il est constant, en outre, que dans ce cas le moût contient aussi une proportion beaucoup plus considérable de ferment.

Est-ce une raison pour proscrire l'emploi des engrais dans la culture des pinots ? Nous répondrons oui, en tant qu'il s'agit des crus distingués qui ont établi la réputation des vins de Bourgogne. Dans ces vignobles, on ne devra admettre d'engrais que si la végétation des ceps souffre assez pour qu'il y ait danger de les voir périr. Dans ce cas, on essaiera simultanément la suppression du provignage, les fumures par épandage général, la culture à la pioche; on taillera, en outre, très-court, en ne laissant à chaque cep qu'une branche à deux ou trois yeux, y compris celui dela couronne ou talon. Il est peu de vignes que deux ou trois années de cette culture n'aient réussi à rétablir.

La suppression du provignage ne devra pas être absolue; mais alors on devra réunir deux ceps pour un seul provin de deux saillies, lorsque, au contraire, dans les vignes qui présentent une grande vigueur, on obtient deux et trois saillies d'un seul cep provigné.

Mais laissons là cette digression et revenons à l'application de nos engrais.

Si nous ne pensons pas qu'on puisse les admettre avec avantage dans nos grands vignobles, en revanche, nous insistons pour qu'on les emploie dans la culture des gamais. Là, en effet, il s'agit de produire au plus bas prix possible un aliment de première nécessité. Dans la Côte-d'Or, les vins gamais sont supérieurs à tous les autres vins ordinaires des départements de l'Est, et nous n'avons nullement à craindre que l'accroissement de production nuise tellement à leur qualité qu'ils perdent ce rang. Il est évident que pour les vins communs comme pour toutes les denrées qui servent à l'alimentation des masses, le point essentiel est d'abaisser autant que faire se peut, et sans offenser l'hygiène, le prix de revient des produits. Et toujours ce sera un service à rendre à l'humanité et une conquête de la science agricole que de faire entrer dans la nourriture des travailleurs des objets de consommation dont l'usage leur avait été jusqu'alors interdit par un prix relativement trop élevé.

Du marnage des vignes. — Cette opération qui rentre nécessairement dans la question des fumures, puisqu'il s'agit de l'emploi d'un engrais minéral, est très-peu répandue dans la Côte-d'Or. On comprend qu'il en soit ainsi en se rappelant que le sol de nos vignobles est généralement riche en calcaire. Voici cependant un fait que nous pouvons citer et qui devrait engager à essayer le marnage.

Au-dessous de l'alluvion sableuse de la plaine de Beaune, on trouve souvent à une profondeur peu considérable une couche de marne argileuse qui retient les eaux. Les vignes qui sont plantées sur cette alluvion, recouverte par une mince couche de terre végétale, ont très-peu de vigueur. M. Flasselier, dont le vignoble est dans ces conditions, a eu l'idée de répandre à la surface de sa plantation une couche de 3 à 4 centimètres de la marne du sous-sol, et cet amendement a eu les meilleurs résultats. Cet essai devra engager ceux de nos vignerons dont les terres sont dans des conditions analogues à répéter ces expériences.

Nous pensons que, dans ce cas, la marne augmente la consistance du sol et sert à son renouvellement par les principes minéraux qu'elle met au service de la végétation.

Terrage de la vigne. — Les plants fins de la Côte-d'Or sont cultivés sur des coteaux à pente plus ou moins rapide. Le travail annuel des vignes, les pluies, les orages, etc., font descendre vers la base de ces coteaux la couche de terre végétale ameublie par les instruments. Le sol de ces vignobles tend donc chaque jour à glisser dans la plaine, en sorte que pour une culture, dont les frais d'établissement sont aussi considérables, il devient très-important d'arrêter autant que possible cette chute du sol. Pour y parvenir, on a coupé les pentes par des terrasses nombreuses; tous les chemins qui desservent nos vignobles sont parallèles à la chaîne, et des murs construits à l'aval de nos vignes arrêtent la chute des terres. Mais cela ne suffit pas, et on doit à des intervalles souvent très-rapprochés remonter les terres qui s'amassent au-dessus de ces murs.

Ce travail se fait avec une grande régularité. Dans la partie basse de la vigne, on ouvre une tranchée de 1 mètre de profondeur sur 2 mètres de largeur, et la terre de cette fouille est portée à dos d'homme dans le haut de la vigne. Lorsque cette besogne peut s'exécuter par des chemins accessibles aux voitures, elle est nécessairement moins coûteuse.

Voici quels sont, à peu près, les prix de revient de ces terrassements d'une utilité si reconnue dans tous les vignobles de la Côte. Le mètre cube de déblai coûte pour la fouille et le chargement 40 centimes. Le transport du mètre cube par voiture à 100 mètres de distance, coûte 50 centimes.

Si le travail se fait à dos d'homme, on peut évaluer le prix de revient de ce transport à 80 centimes le mètre cube pour une distance de 30 à 40 mètres. Seulement, il est à remarquer que l'époque choisie pour ces travaux est celle des froids secs de l'hiver. Alors le prix de la main-d'œuvre est moins élevé et les ouvriers de nos vignobles qui n'auraient rien à faire, sont très-heureux de s'occuper à des terrassements qui leur rapportent 1 fr. 75 à 2 fr. par jour.

Souvent aussi, l'on a porté au sommet des vignobles de nos coteaux des terres végétales venant de la plaine; mais en ceci, il faut agir très-prudemment. Il est arrivé que ces terres étaient impropres à la culture de la vigne. Nous signalerons surtout celles qui proviennent des jardins potagers, des prairies, et, à un autre point de vue, celles qui proviennent de fouilles un peu profondes.

Il sera très-prudent, lorsque le grain de la terre ne ressemblera plus à celui du vignoble à amender, de n'en couvrir le sol que sur une très-faible épaisseur, de 2 à 3 centimètres par exemple, et d'en faire au-dessus des vignes un dépôt que l'on ne répandra chaque année que partiellement et par petites fractions sur le terrain d'aval.

Le *remontement* des terres, s'il est permis de s'exprimer ainsi, donne dans la Côte-d'Or de très-bons résultats, malgré les frais élevés qu'il entraîne, et il n'est pas rare que, dans la première ou au plus tard la seconde année qui suit l'opération, l'excédant de récolte obtenu n'en paie et au delà tous les frais.

Taille de la vigne. — Cette opération est une des plus importantes de la culture de la vigne; aussi lui consacrerons-nous de longs développements. Nous dirons d'abord comment cette opération se pratique dans nos vignobles, et nous terminerons par un rapide exposé des nouvelles méthodes de taille qui nous sont proposées par plusieurs viticulteurs.

Époque de la taille. — La taille ne devrait commencer que vers le 20 février, quelque favorable qu'ait été d'ailleurs la saison avant cette époque. Et cependant, comme la taille d'une plantation de 2 hectares à 2 hectares 1/2, demande vingt jours, il arrive très-souvent, trop souvent même, que nos vignerons commencent ce travail dès les premiers jours du mois de février. Au reste, il en a été ainsi de tout temps, et nous avons deux vieux proverbes bourguignons qui constatent que la taille de la vigne, pour être faite dans de bonnes conditions, devrait l'être du 15 février au 15 mars.

Le premier dit :

Si tu tailles en feuvreille
Tu mets le raisin dans ton peuneille.
(Si tu tailles en février
Tu mets le raisin dans ton panier.)

Voici le second :

Taille le jô de lai saint Aubin
Po aivoi de gros raisins.
(Taille le jour de la saint Aubin (1er mars)
Pour avoir de gros raisins).

Nous verrons plus tard que d'habiles viticulteurs ont recommandé dernièrement la taille tardive, et nous examinerons cette méthode au point de vue physiologique.

Détails de l'opération de la taille. — La taille sera pratiquée sur la branche la plus élevée du cep, et en général sur le rameau qui a fructifié. On sait généralement que le bois de la taille n'est bon que s'il est porté sur le sarment de l'année précédente. Ce sarment sera coupé à 0m,015 environ au-dessus de la bourre (œil ou bourgeon rudimentaire). La taille sera faite en sifflet, de bas en haut et à l'opposé de la bourre (*fig.* 893), qui se trouvera ainsi préservée de l'humidité produite par la perte de la séve. La bourre mouillée ne résiste pas aux gelées de printemps, et celle-ci précisément est la plus fructifère de celles qu'on laisse sur le cep. Il est donc essentiel de la protéger contre cet accident.

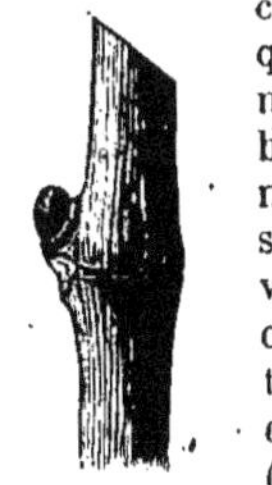
Fig. 893. — Taille à 0m,015 au-dessus de la bourre.

Il est essentiel aussi, dans la pratique de la taille, de se servir d'instruments bien affilés. Nos vignerons n'emploient pas le sécateur, ils s'en tiennent à la vieille serpe, dont voici la figure, et ils la manient avec une grande adresse. Avec cet instrument, ils coupent plus nettement des branches qu'ils auraient de la peine à enlever au moyen du sécateur. Ils *parent* mieux le cep. Malgré cela, nous croyons que la serpe ne devrait pas exclure le sécateur, et qu'en adoptant le sécateur pour la taille proprement dite, on pourrait conserver la serpe pour opérer les rapprochements et couper le gros bois qui résisterait au sécateur. On a cru reconnaître, il est vrai, que cet instrument froisse toujours un peu les tissus, mais il suffirait d'éloigner la coupe de l'œil, et la meurtrissure des tissus serait sans inconvénient.

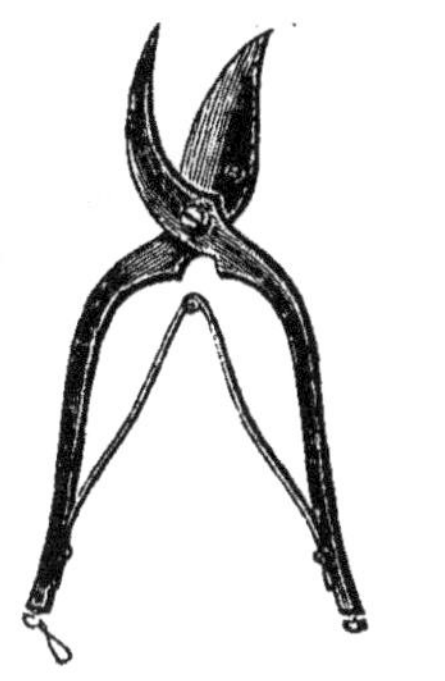
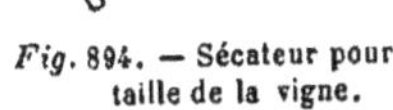
Fig. 894. — Sécateur pour la taille de la vigne.

Fig. 895. — Serpe pour la taille de la vigne.

Démonter un cep, dans la Côte-d'Or, c'est enlever une partie du vieux bois et établir la taille sur les branches inférieures. Cette opération ne doit être pratiquée qu'à de rares exceptions. Dans les vignes qui sont cultivées à prix d'argent, il convient d'exercer une grande surveillance à ce sujet, car il est reconnu, pour ce qui est des noiriens, que les ceps longs sont ceux qui produisent le meilleur vin et que les branches supérieures sont, comme nous l'avons déjà dit, les plus fructifères. Si l'on considère qu'en démontant un cep, le vigneron qui veut aller vite en besogne, le taillera en deux coups de serpe, tandis qu'il lui en faut quatre pour obtenir la taille rationnelle que nous avons conseillée, on comprendra la nécessité d'une surveillance active.

Ainsi, en supposant (*fig.* 896) que le cep n'ait

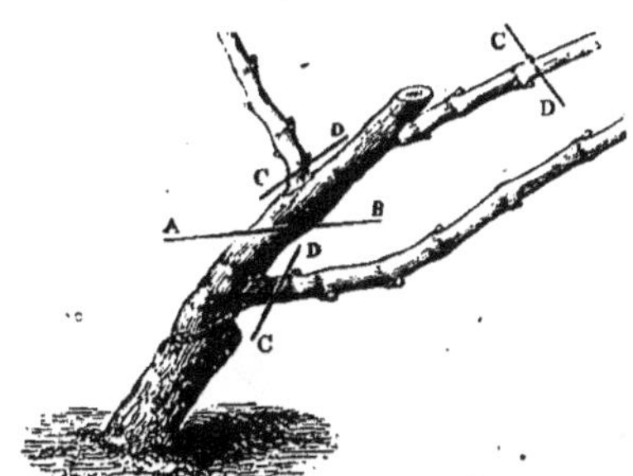

Fig. 896. — Taille du bon et du mauvais vigneron.

que trois branches (et souvent il en a quatre ou cinq) le bon vigneron pratiquera la taille indiquée par les traits CD, et le vigneron qui travaillera sans conscience, taillera comme le représentent les traits A, B.

Il arrive qu'à la suite des gelées qui détruisent les bourres, le vieux bois seul pousse quelques rejets, sur lesquels on est obligé d'établir la taille l'année suivante. Dans ce cas, on doit démonter le cep, mais on sait, ainsi que nous l'avons dit plus haut, que ce bois ne devient réellement fructifère qu'au bout de deux ans.

Dans nos cultures de pinots, nous ne laissons qu'un seul rameau à chaque cep ; la taille lui conserve de trois à quatre yeux, suivant la richesse du sol.

Si les plants féconds (*fig.* 897), les gamais, etc., c'est-à-dire ceux qui portent leurs fruits sur les premiers yeux, doivent être taillés courts, ceux, au contraire, qui ne portent leurs fruits que sur les yeux éloignés, tels que les pinots, doivent être taillés plus longs. Mais on ne doit pas dépasser certaines limites, car nos vignerons savent tous que les ceps taillés très-longs, *à taille perdue*, suivant l'expression du pays, sont promptement épuisés. Le vin qu'ils produisent est d'ailleurs d'une qualité inférieure. Nous devons donc toujours, dans l'opération de la taille, ne point perdre de vue la double nécessité où nous nous trouvons de conserver longtemps la vigueur de nos vignes et de ne point compromettre la qualité de leurs produits.

Fig. 897. — Taille à un sarment.

Plusieurs méthodes ont été proposées pour remplacer notre ancienne taille du pays. Nous allons en dire quelques mots ; nous engagerons même nos vignerons à les soumettre à l'essai, mais seulement sur de petites surfaces, avant de condamner ou d'adopter ces modifications capitales à nos anciens usages.

M. le docteur Jules Guyot, pendant les trois premières années qui suivent la plantation, taille comme nous, mais, à partir de la quatrième, il établit sa taille telle qu'elle doit l'être pour toute la durée de la vigne.

« Tous les sarments doivent tomber au ras de la souche, sauf les deux sarments principaux et les mieux disposés. L'un, qui doit former la branche à fruit, est laissé de toute sa longueur, abaissé horizontalement et attaché à un petit pieu ; l'autre sarment est rogné en crochet, à deux yeux, et constitue la branche à bois. »

La figure 897 donne une idée exacte de la méthode en question. AB est la branche à fruit ; CD est la branche à bois.

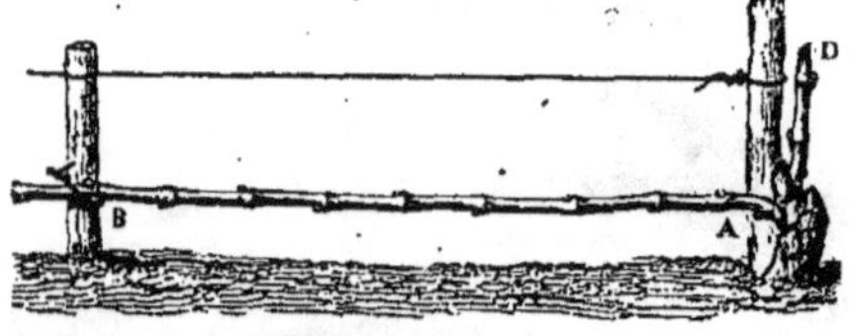

Fig. 898. — Système Guyot.

Sur la branche à fruit, M. Guyot compte à la récolte jusqu'à dix raisins, et annonce une production moyenne de 40 hectolitres à l'hectare lorsque la vigne appartient aux cépages fins. L'année suivante, il supprime la branche à fruit avec le sécateur et choisit sur les sarments qu'a donnés la branche à bois les deux brins qui servent à constituer, l'un la branche à fruit de l'année, l'autre la branche à bois (1).

Si l'on examine au point de vue physiologique les avantages de cette méthode, on reconnaîtra qu'elle est très-rationnelle. Il est établi que les plus hauts yeux d'un sarment sont les plus fructifères. En laissant tous ses yeux à la branche à fruit, M. Guyot obtient plus de raisins que nos vignerons qui ne conservent dans leur taille que les yeux inférieurs. D'ailleurs, la position horizontale qu'affecte la branche à fruit est, comme le savent tous les arboriculteurs, éminemment favorable à la production des fruits. Par des raisons toutes contraires, en élevant verticalement la branche à bois, on se place dans les meilleures conditions pour obtenir une grande force végétative. Voilà longtemps que, sous une autre forme, le système du docteur Guyot est employé dans les vignobles de la côte Châlonnaise et ailleurs.

A Mercurey, près de Châlon-sur-Saône, on cultive sur les pentes du coteau deux cépages, le giboudot et le noirien. On laisse à la taille une branche à bois et une branche à fruit. La branche à bois est, comme dans le procédé Guyot, élevée verticalement le long d'un échalas. Quant à la branche à fruit, au lieu de l'étendre horizontalement, on la courbe en archet et on l'attache par son extrémité, soit à l'échalas, soit au pied du cep (*fig.* 884).

L'année suivante, on démonte la branche à fruit et, comme dans la méthode proposée, on choisit sur les sarments que la branche à bois a donnés, les deux brins sur lesquels on établit, d'après les mêmes principes, la taille de l'année.

Nous savons tous que ce mode de taille est très-productif, mais nous savons aussi qu'au bout de vingt ans, malgré les engrais dont on charge les vignes et malgré les soins qu'on leur donne, elles doivent être arrachées. Vingt années de cette culture les ont complétement épuisées. Est-ce là l'avenir des vignes qu'a plantées et élevées selon son système M. le docteur Guyot ?

Nos vignes de plants fins, dans la Côte-d'Or, durent plusieurs siècles. Elles donnent un produit beaucoup moins abondant que celui que nous annonce l'auteur champenois, mais c'est une grave affaire que de soumettre ses vignobles à un assolement de trente ans, dont dix ne produiraient que de maigres fourrages. Et d'ailleurs, on a cru reconnaître que lorsqu'un cep était très-chargé de fruits, la qualité du raisin, au point de vue de la richesse saccharine, diminuait sensiblement.

Autre méthode. — Un cultivateur de Montreuil, M. Trouillet, a proposé un système de taille dont les cinq figures suivantes donneront facilement une idée.

(1) Ce système est pratiqué d'ancienne date, en Belgique, sur les coteaux de Huy et de Liége. P. J.

En augmentant successivement chaque année le nombre de branches qu'on laisse à la vigne,

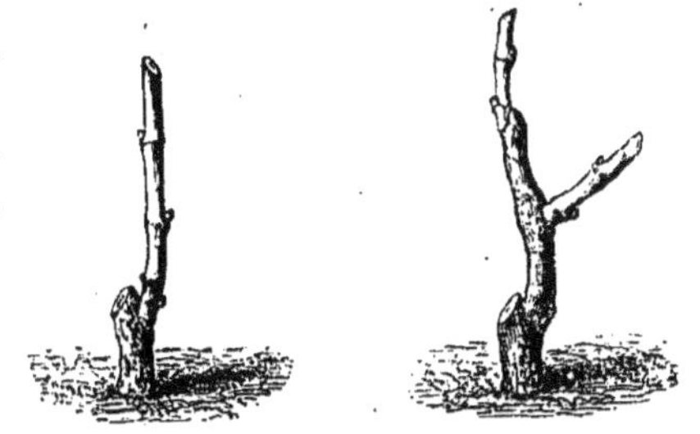

Fig. 899. — Taille de première année (système Trouillet). *Fig.* 900. — Taille de deuxième année.

l'auteur, dès la cinquième année, porte à sept ou huit le nombre des coursons de son cep. Il les

Fig. 901. — Taille de troisième année.

taille chacun à deux yeux, et obtient, dit-il, de très-abondantes récoltes.

Nous doutons fort que nos plants fins puissent

Fig. 902. — Taille de quatrième année.

se prêter à cette taille. Leur tige est trop flexible pour soutenir la taille en gobelet. Les plants de gamais qui, en termes de viticulture, portent bien leur bois, pourraient être traités d'après cette méthode, sur le mérite de laquelle nous n'avons pas à nous prononcer en ce moment.

Beaucoup d'autres méthodes, et entre autres celles de feu M. Gentil-Jacob, dans l'Aube, de l'abbé Cornesse, dans la Côte-d'Or, et de Lehrmann en Hongrie, ont été proposées pour la taille de la vigne. Toutes ont eu leurs partisans et leurs adversaires; que faut-il en conclure? C'est, comme nous l'avons démontré dans un mémoire sur la physiologie de la vigne, que cette plante, essentiellement vivace, résiste à toutes les mutilations plus ou moins rationnelles auxquelles on la soumet, et que dans un terrain fertile, elle peut donner d'énormes produits, de quelque manière

Fig. 903. — Taille de cinquième année.

qu'on la traite. L'aramon, avec la taille du Midi et 3,000 ceps à l'hectare, a quelquefois rendu jusqu'à 300 hectolitres, et le melon (raisin blanc des bords de la Saône), taillé à deux coursons et deux yeux (taille de Bourgogne) et à raison de 24,000 ceps à l'hectare, a pu produire 200 hectolitres. Ces deux variétés de vignes, traitées d'une manière si différente, ont donné de tels résultats qu'on ne décidera pas plus les vignerons du Midi que ceux de la Bourgogne à chercher mieux.

Obtenir des plants fins une production qui réunisse la qualité à l'abondance, tel est le problème que s'est proposé le docteur Guyot, et il ne nous paraît pas l'avoir résolu, et puis, nous le répétons, il y a encore un troisième élément de la question sur lequel nous ne sommes pas suffisamment éclairé : c'est celui de la durée de ses vignobles lorsque, comme on l'a essayé en Bourgogne, on emploie un système mixte. On ne sera donc pas surpris si nous engageons nos vignerons à mettre beaucoup de prudence dans l'essai de ce système.

Nous résumerons en quelques mots notre appréciation des nouveaux systèmes de culture et de taille qui nous ont été proposés :

Si l'on admet la plantation ou le redressement en lignes de nos vignes de pinots (et, je le répète, je demanderai qu'une longue expérience nous éclaire sur la valeur de ce procédé à l'endroit de la qualité des produits), on devra laisser entre les lignes un intervalle de 1 mètre, afin de pouvoir plus tard essayer dans ces vignes la culture à la charrue. Dans les vignes espacées de $0^m,80$ à $0^m,90$, la culture à la charrue est très-difficile pour ne pas dire impossible.

On remplacera les échalas par des supports en fil de fer, établis d'après le système Collignon, d'Ancy. Depuis plus de dix ans, nous avons essayé ce système à Pommard et à Meursault, et il présente une grande économie sur l'ancien échalassement (*fig.* 904).

Les ceps seront, dans chaque ligne, espacés de

0m,60; on les taillera comme nous taillons en Bourgogne.

Lorsque le moment sera venu d'attacher les rameaux, nous les fixerons d'abord sur le fil inférieur en les étendant ensuite sur le fil de fer du sommet. De cette manière les rameaux seront convenablement palissés. Ce système s'éloigne aussi peu que possible de celui que nous suivons en Bourgogne, puisqu'on remplace de même par des provins les ceps qui périssent. Nous avons depuis longtemps des spécimens de cette culture. Si nous y trouvons, avec une économie sur l'échalassement, la possibilité de nous servir de la culture à la charrue, nous devons ajouter cependant, qu'après dix ans de cette culture, nos vignes ont peu de vigueur. Leur produit est, en quantité comme en qualité, à peu près celui des vignes cultivées d'après l'ancien système.

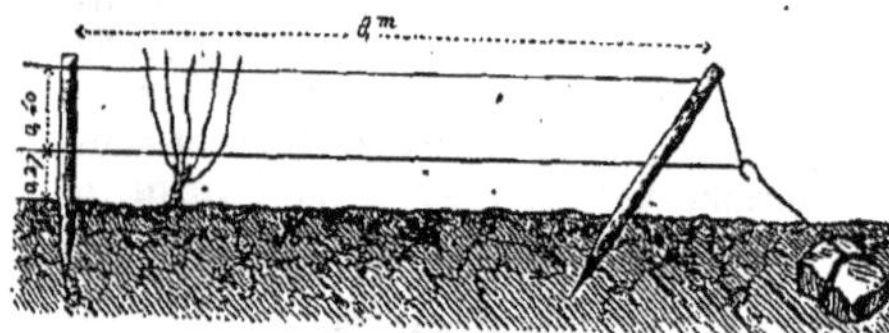

Fig. 904. — Système Collignon d'Ancy.

Vous voulez des produits abondants, mais des vins médiocres et des vignes plus vigoureuses; appliquez, tel qu'il le décrit, le système préconisé par M. Guyot, ayez peu de ceps (10,000 à l'hectare), des cépages communs qui débourrent tard, taillez comme le docteur Guyot; enfin, usez largement des engrais.

Mais nous n'admettons pas de système mixte. Si vous avez des cépages fins (le pinot), dans un vignoble traité d'après la méthode du docteur Guyot, ses produits seront de médiocre qualité. Nous avons dit pourquoi. Si cette méthode avec des cépages fins est appliquée à un vignoble sujet aux gelées de printemps, vous êtes obligé d'avoir recours aux abris, paillassons, etc. On peut demander à M. Jacquesson, de Sillery, ce que vaut ce système et ce qu'il coûte.

Donc, avec le système Guyot, produit abondant, nous l'admettons, mais avec des cépages communs, et vins médiocres.

Avec un système mixte, c'est-à-dire la taille à long bois et un grand nombre de ceps (18 à 20,000 ceps à l'hectare), les vignes ne sauraient durer longtemps, comme on l'observe à Châlon, et ici encore, si le produit est plus abondant, le vin est de médiocre qualité.

Nous avons dit que la culture en lignes, que nous avons conseillée, peut nous permettre l'emploi de la charrue. Nous nous servirons de la charrue Messager (*fig.* 905) pour le premier labour et de son soc (*fig.* 906) pour les binages. C'est la seule charrue que nous ayons vue fonctionner régulièrement, et, nous devons le dire, avec un succès réel.

De diverses opérations viticoles.—Comme, à propos de la culture de la vigne dans la côte et l'arrière-côte de Nuits, toutes les opérations seront décrites à un point de vue exclusivement pratique et dans l'ordre qui leur convient, nous nous contenterons de dire ici que l'on donne aux vignes un premier labour dans le mois de mars, qu'on les échalasse ensuite, qu'on les ébourgeonne après cela, que le second labour s'exécute avant la floraison, que pendant la floraison on observe un repos complet; qu'une fois les raisins noués, on donne le troisième labour; que l'accolage des rameaux aux tuteurs vient ensuite, puis l'épamprage ou rognage, et enfin l'effeuillage. Quelques vignerons exécutent un quatrième labour après la récolte.

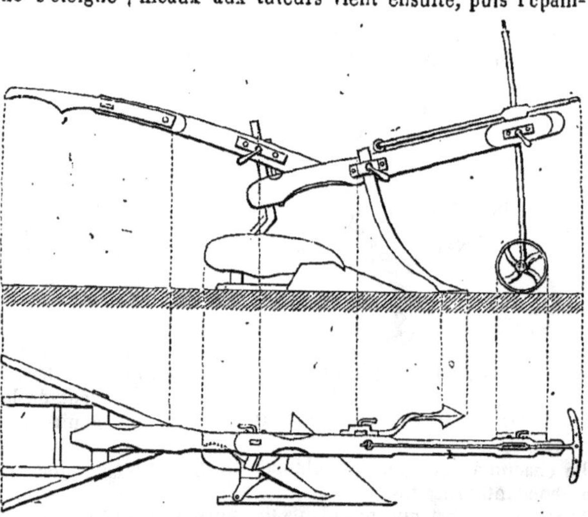

Fig. 905. — Charrue Messager.

Nous pouvons ajouter, à titre de considérations générales, quelques observations relatives à l'échalassement, au rognage et à l'effeuillage.

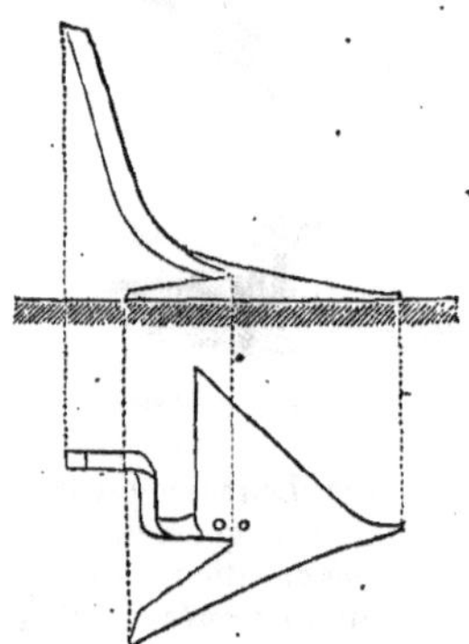

Fig. 906. — Grand soc double de la charrue Messager.

Pour ce qui est de l'échalassement, il impose

aux vignerons des sacrifices si considérables, qu'on a depuis longtemps cherché le moyen de s'y soustraire. On a proposé la substitution des fils de fer aux tuteurs en bois; elle n'a encore été adoptée qu'à titre d'essai; on a proposé, sous le nom de méthode de l'abbé Cornesse, des tailles en vert multipliées qui devaient nous délivrer des échalas et nous dispenser des fils de fer; mais cette méthode n'a pas été acceptée. Le mieux donc, en attendant que le problème soit résolu, c'est de chercher à utiliser des essences moins coûteuses que le chêne et de demander à la science le moyen d'en prolonger la durée. Ce moyen, la chimie nous l'a indiqué. Il consiste à prendre des bois blancs, fraîchement coupés, à les écorcer et à les plonger de suite dans un bain dans lequel on a fait dissoudre du sulfate de cuivre dans la proportion de 1 kil. 1/2 pour un hectolitre d'eau.

Quelques personnes se contentent d'immerger le bois dans une solution à froid, de l'y laisser une quinzaine de jours, et elles affirment que des tuteurs en bois blanc ainsi préparés durent de quatre à cinq ans. Pour notre compte, nous n'avons qu'une médiocre confiance dans l'efficacité de ce sulfatage à froid, et nous conseillons de le faire dans un bain chauffé à 60° centigrades, et d'y laisser les échalas jusqu'au refroidissement du bain (1).

L'échalassement, contre lequel on se récrie tant, a peut-être sa raison d'être. Les vignerons d'Argenteuil vous affirmeront que leurs gros échalas en bois de châtaignier, qui leur reviennent sur place à 10 centimes pièce, les préservent des gelées du printemps. Dans la Côte-d'Or, nous nous sommes assuré qu'avec tous les procédés de culture qui excluent l'échalassement ou le palissage, la maturité était moins complète qu'elle ne l'est avec l'emploi des échalas ou *paisseaux*. En conséquence, nous avons la conviction qu'en supprimant l'échalassement dans les vignobles de pinots, on altérerait profondément la qualité de nos vins.

Pour ce qui est du rognage et de l'effeuillage, voici ce que nous avons à dire :

Quand nos vignerons, au mois de juillet, rognent le jeune sarment au niveau de l'échalas, ils laissent en moyenne, à chaque cep, quatre-vingt-huit feuilles, qui, sur leurs deux faces, donnent une superficie de 140 décimètres carrés. A la production moyenne de 20 hectolitres à l'hectare, correspond, pour chaque cep, un poids moyen de 123 grammes de raisin, contenant environ 19 grammes de carbone. Nous savons tous aujourd'hui, depuis les beaux travaux de MM. Liebig et Boussingault, que les feuilles sont les poumons des plantes, et qu'elles puisent dans l'air la plus grande partie du carbone qui est nécessaire à leur alimentation.

Ayant, d'un côté, calculé ce que les 140 décimètres carrés de superficie, que présentent les feuilles, pouvaient assimiler de carbone, et, de l'autre, expérimenté directement, pour un accroissement annuel, quelle a été l'augmentation en carbone du cep entier, nous sommes arrivé à ce résultat : que le cep enlevait en moyenne 90 grammes de carbone à l'atmosphère.

19 grammes seulement de ce carbone se retrouvant dans le raisin, il nous a paru évident que, dans notre culture de pinot, nous pouvons, sans inconvénient, supprimer une partie du feuillage.

Les essais que nous avons faits sur l'effeuillage et le rognage nous ont démontré qu'on ne devait pas, dans cette suppression (opérée seulement au commencement de juillet, ou, pour l'effeuillage, lorsque le raisin est en voie de maturation), aller au delà du tiers des feuilles. En dépassant cette limite, le suc du raisin obtenu contient comparativement, s'il vient à bien, une plus forte proportion d'acides libres.

Mais maintenant, si nous considérons que le gamais, dont le produit est plus abondant que celui du pinot, doit donner au moins par cep, en moyenne, 300 grammes de raisin, il faudra évidemment lui laisser encore plus de feuillage que n'en doit porter notre pinot.

(1) On dissout à chaud le sulfate de cuivre en portant la température à 60° centigrades. Les paisseaux ont été préalablement plongés dans le liquide. On laisse refroidir le bain et on les en retire lorsque la température est descendue à 20 ou 25 degrés. Il arrive ceci dans cette manière d'opérer : sous l'influence de la chaleur et de la pression du liquide, tous les gaz contenus dans le bois en sont chassés, et par le refroidissement, les eaux de dissolution pénètrent jusqu'au centre de l'échalas.

On emploie, nous le répétons, 1k 1/2 de sulfate de cuivre par hectolitre d'eau; le degré de la dissolution est et doit toujours être maintenu à 6° ou 6° 1/2 du pèse-sels de Barnbern. Comme on doit opérer sur des bois verts qui contiennent encore de la séve, les eaux du bain se chargent de ces sucs séveux, et leur titre diminue assez sensiblement pour qu'on soit obligé de souvent l'élever par de nouvelles additions de sulfate; l'usage du pèse-sels devient donc indispensable. Les cuves dont on se servira pour cette opération devront être cerclées en bois, car les liquides chargés de sulfate de cuivre ont très-promptement attaqué les cercles et les instruments en fer, tels que crochets et grappins, dont se servent les ouvriers. Si l'on n'opère pas sur une grande échelle, on peut se servir de chaudières en cuivre pour ce travail; dans le cas contraire, on emploiera de vastes cuves en bois et on les chauffera avec un jet de vapeur.

Voici maintenant quels sont les frais de trempage pour 100 javelles contenant chacune 50 échalas.

Sulfate de cuivre, 19 kil. à 116 fr. les 100 kil.	22 fr. 040
Charbon, 0h,75 à 2 fr. 50	1 875
Main-d'œuvre, 1 journée 1/2 à 3 fr......... ..	4 50
TOTAL.............	28 fr. 415
On devra déduire de cette somme, pour résidu dans les bassins d'eaux saturées de sel....	5 fr. 70
RESTE	22 fr. 715

Le trempage coûtera donc 0,227 par javelle.

La durée des paisseaux de bois blanc trempés est considérable, et au bout de plusieurs années, la pointe de l'échalas est intacte. Pour s'assurer que le bois est bien pénétré jusqu'au centre du paisseau, on le coupe perpendiculairement à sa longueur, et sur la surface de la section on verse quelques gouttes d'une dissolution de prussiate de potasse. Si le trempage est réussi, la tranche entière se colore en rouge cuivre foncé; dans le cas contraire, les bords seuls de la section se colorent, et le centre reste blanc.

Nous avons dit qu'on devait, pour le trempage, employer du bois vert; avec du bois vieux, fût-il de l'année précédente, nous n'avons jamais obtenu que des résultats très-incomplets; la dissolution ne pénètre pas facilement jusqu'au centre de l'échalas.

Nous avons fait plusieurs essais avec d'autres sels que le sulfate de cuivre; aucun d'eux n'a présenté les mêmes avantages.

Depuis quelques années, l'emploi des échalas trempés se généralise dans la Côte-d'Or. Cette opération permet d'utiliser pour le paisselage de nos vignes, les bois blancs (tremble, verne, saule) qui, autrefois, n'avaient pas grande valeur sur nos marchés à cause du peu de durée de leurs échalas. De V. L.

Puisque l'épais ombrage des vignes trop garnies nuit à la bonne venue du fruit, il nous a paru utile de rechercher s'il ne serait pas opportun d'introduire dans la culture quelque travail accessoire qui pût obvier à ces fâcheuses influences d'un feuillage trop touffu.

Nous avons reconnu que, dans certaines années, un effeuillage partiel pratiqué à la base du cep, à l'époque de la maturation, était favorable au développement des matières colorantes et du sucre. Ayant calculé d'ailleurs, d'après des données physiologiques dont l'exposé serait déplacé ici, que les 140 décimètres carrés de superficie que nous laissons au feuillage du cep (cette superficie mesurée sur les deux faces des quatre-vingt-huit feuilles que porte en moyenne un cep de noirien en bon état de végétation et rogné au niveau de l'échalas qui le soutient) dépassaient de près d'un tiers la superficie nécessaire à la nutrition organique de la plante, nous avons essayé si, quand le vigneron rogne la vigne, il n'y aurait pas opportunité et avantage à supprimer une plus forte longueur de la jeune tige sarmenteuse.

Dans des expériences tentées à cet effet en 1845 et 1846, nous avons constaté les faits suivants : si, dès que le raisin a noué et que le grain est en gros plomb, on supprime, en en coupant les extrémités, du quart au tiers environ du jeune sarment, la croissance du fruit n'en est pas modifiée, non plus que la bonne qualité de son suc, et on obtient cet avantage, que, la lumière et la chaleur pénétrant mieux le cep, on hâte la maturation du bois et du raisin.

Et d'ailleurs, en diminuant les organes qui eussent assimilé inutilement les substances inorganiques du sol, on n'épuisera point sa fertilité. Enfin, les tiges herbacées que l'on enfouira dans la terre, en donnant le troisième labour, serviront d'engrais à la vigne.

On comprendra que cette suppression des jeunes tiges devra être faite rationnellement, varier d'un sol à l'autre, et varier encore suivant le nombre de raisins portés par chaque tige, et surtout suivant la vigueur du sujet, car il faudra toujours que le sarment présente un nombre de feuilles qui puisse suffire à l'assimilation de la nourriture organique nécessaire à la croissance du fruit et à la maturation du bois que l'on a conservé.

Accidents et maladies. — Si la Bourgogne a été assez favorisée jusqu'ici pour échapper aux ravages de l'oïdium, nous devons ajouter que malheureusement nos vignes ont à redouter beaucoup d'autres fléaux. Quelques-uns, tels que la grêle et la brûlure des grains, n'ont pas seulement pour effet de détruire tout ou partie de la récolte, mais ils peuvent encore, dans certaines conditions, altérer profondément la qualité du vin.

Nous craignons pour nos cultures de pinots, deux sortes de *gelées :* la gelée d'hiver et celle de printemps. Nous disons que nos vignes *gèlent d'hiver,* lorsque, par un froid rigoureux de 12 à 15° au-dessous de 0, les ceps sont assez atteints dans leurs racines et leurs organes intérieurs pour qu'ils périssent. Plusieurs fois, la Bourgogne a, sous cette influence, et surtout lorsque la terre n'était point couverte de neige, subi d'immenses désastres. Nous nous rappelons encore l'hiver de 1820 à 1830, à la suite duquel il ne restait certainement pas dans nos vignes plus du tiers des ceps qu'elles contenaient.

Quelquefois ce n'est pas la vigne qui périt comme plante des pays chauds ou tempérés qui ne peut vivre en dehors de certaines limites de température ; mais c'est le cep qui perd toutes ses bourres sous l'action de la gelée et ne pousse plus au printemps, à moins qu'il n'émette du pied quelques bourgeons, sur lesquels il est difficile, comme nous l'avons vu, d'établir une bonne taille. Nos vignerons disent alors que les *bourres* de leurs vignes sont *cuites.* En effet, lorsqu'on presse ces bourres sous le doigt, elles tombent en poussière, comme si elles avaient été desséchées par l'action de la chaleur. On remarque que, aux expositions du sud et de l'ouest, les vignes sont plus atteintes de ce fléau, qu'à celles de l'est et du nord. Ainsi, dans les vignes qui seront abritées par des murs, les ceps exposés au nord ou à l'est auront moins souffert que les ceps voisins. On comprendra ce fait en se rendant compte des causes qui dans ce cas détruisent les bourres de nos vignes. Le mal se produit lorsque les ceps sont mouillés par la pluie ou le givre ; qu'une gelée intense survienne, que le bois se couvre de verglas, et on peut être assuré qu'une grande partie des boutons seront désorganisés par le froid. Eh bien ! comme dans notre climat, ce sont les terrains exposés à l'ouest ou au midi qui sont les plus humides, il n'est pas étonnant que ce soient les vignes qui ont cette exposition qui souffrent le plus. Voilà les deux plus grandes causes de dépeuplement de nos vignes. On y remédie avec le provignage et souvent, comme à la suite de l'hiver de 1829 à 1830, la récolte est compromise pendant plusieurs années, jusqu'à ce qu'on ait pu couvrir de nouveaux ceps les nombreuses places vides du vignoble, et comme nous savons d'ailleurs que nos vins ont d'autant plus de qualité que les ceps qui les produisent sont plus vieux, les récoltes qui surviennent à la suite des gelées d'hiver n'auront donc plus, encore pour cette cause, les qualités qu'elles auraient dû avoir.

Les *gelées de printemps* détruisent seulement la récolte de l'année, sans compromettre ni la vie du cep, ni la qualité des récoltes suivantes.

Voici dans quelles circonstances elles se produisent :

Il arrive souvent que les mois de mars et d'avril ont une température assez douce pour que la vigne débourre de bonne heure. Qu'il survienne alors une bourrasque chassée par un vent de nord-ouest, ce que nous appelons dans le pays une *giboulée de mars;* presque toujours succède à cette bourrasque un vent du nord ou du nord-est, le temps s'éclaircit, le vent s'apaise ; au lever du soleil, le thermomètre descend à peine à 0; mais sous cette influence du rayonnement vers les espaces célestes qui produit la rosée en été et qui au Bengale détermine sous certaines conditions la congélation de l'eau, les bourres (surtout si elles ont été mouillées et si la terre est humide), les bourres, disons-nous, gèlent, et si les premiers rayons du soleil levant sont assez vifs pour que la glace qui les a durcies fonde rapidement, leur système foliacé est complétement désorganisé et elles tombent en poussière. On a remarqué que si le dégel a lieu par un temps brumeux, les bourres résistent à l'action du froid; il en est de même lorsque la terre est sèche et que l'atmosphère est légèrement agitée par le vent.

On peut sauver sa récolte, en couvrant la vigne avec un abri. Que l'on emploie les paillassons du docteur Guyot, les cornets en carton de Jobard, ou tout autre moyen de couvrir temporairement les ceps, on réussira, sans aucun doute, à préserver le vignoble contre les gelées du printemps. Malheureusement, quoique la dépense de ces abris soit considérable, chacun de nous serait disposé à les employer en vue de la valeur des produits que l'on sauve, si la difficulté de trouver, à un moment donné, un nombre suffisant de bras pour la pose et l'enlèvement de ces abris, n'en rendait pour longtemps encore l'usage presque impossible. Cela est très à regretter, et tous nous cherchons des moyens plus simples qui nous permettent, avec moins de main-d'œuvre, d'obvier au mal. On a réussi en allumant de grands feux au milieu d'un vignoble à produire assez de fumée pour que, couvertes d'un nuage artificiel, les bourres des ceps puissent dégeler lentement sans souffrir des atteintes du soleil.

Dans les cultures de pinots, la sous-bourre de ce cépage, n'étant pas fructifère comme dans le gamais, les gelées de printemps perdent, si elles sont intenses, une grande partie de la récolte. Il arrive fort heureusement ceci: c'est que les grands crus, et surtout les plus grands de la Côte-d'Or, sont situés à mi-côte de nos montagnes, sur un sol généralement sec et très-perméable et que, dans ces conditions, ils échappent assez souvent et aux gelées qui s'étendent sur la plaine et à celles qui atteignent les vignobles des sommets, lorsqu'une *neige giboulée* de quelques heures vient à en couvrir la surface.

Les gelées de printemps ne compromettent jamais la qualité de la portion de récolte qu'elles nous laissent, et même, comme le plus souvent nos vignes ne gèlent que si la végétation a été très-précoce, presque toujours, ces années-là, le raisin mûrit dans d'excellentes conditions et la récolte est de grande qualité. Nous citerons à l'appui de cette opinion, la récolte de 1802 qui fut une des plus remarquables de ce siècle.

La *coulure* est un des grands fléaux de tous les vignobles, et à ce sujet, nous ferons la distinction que voici :

Les vignes peuvent couler, parce que les organes de la reproduction ne seront pas, par un fait organique, dans des conditions convenables pour que la fécondation ait lieu, ou bien la saison sera tellement peu favorable à cette fécondation qu'elle restera improductive; le fruit noué tombe, la récolte est perdue.

Ceci bien compris, si la vigne a donné des récoltés successives très-abondantes, si à la suite d'un automne pluvieux et froid, arrive un hiver rigoureux, la plante peut se trouver, au point de vue de sa reproduction, dans un état d'affaiblissement tel que les fleurs avortent, et cela souvent même avec la plus belle apparence de floraison. Il en sera encore de même lorsque les ceps auront, dans l'année précédente, eu leurs bourres ou leurs sarments plus ou moins atteints par la grêle.

Nous savons aussi que les pepins contiennent beaucoup de phosphates, et comme dans la nature la formation du pepin est le but de la fructification, il est évident que si le sol est épuisé, la plante n'y pourra plus trouver les éléments chimiques qui sont nécessaires au développement de ses graines. Il arrivera encore que, par une trop riche expansion du système foliacé, la fécondation devient impossible.

D'autres fois, enfin, le fruit ne peut nouer, parce que le froid ou les pluies nuisent à la fécondation; mais souvent le fruit noue dans de bonnes conditions, et cette récolte qui nous paraît assurée, les intempéries de l'atmosphère nous l'enlèvent en quelques jours; il fait chaud, la vigne coule; il fait froid, il pleut, elle coule encore. On se demande d'après cela ce que doit être le temps pour que l'on n'ait pas à s'en plaindre.

Les vignes blanches (le chardenet surtout) coulent par le froid et le brouillard. Le pinot rouge craint les alternatives de pluie et de soleil, les pluies ou les froids prolongés, et surtout certains brouillards, qui, dans une seule journée, détruisent toute une récolte. Souvent nous avons vu le fruit complétement noué tomber à la suite d'une chaude journée d'été. Enfin, et surtout lorsque les pluies du solstice sont continues, le système foliacé prend un tel développement que le fruit s'atrophie, se fane et se dessèche.

Avec un ciel couvert, une température modérée, plutôt sèche qu'humide et un grand calme de l'atmosphère, nous nous trouverons dans les meilleures conditions pour que la fleur passe rapidement et que le fruit noué vienne à bien. On ne peut réellement être assuré de l'avenir de la récolte que le jour où le raisin qui, jusqu'à la floraison, se dresse droit ou légèrement incliné sur son pédoncule, se renverse sous le poids de ses grains et semble comme suspendu par ce pédoncule à la tige sarmenteuse.

Il y a peu à faire contre la coulure. Si la vigne est fatiguée à la suite d'une trop abondante production; si des causes maladives ont atteint ses organes, on peut, avec un emploi sagement raisonné d'engrais spéciaux, obvier partiellement au mal; si elle présente un trop grand développement du système foliacé, le pinçage, le rognage permettront au fruit de recevoir une plus abondante nourriture. Voilà tout ce que nous pouvons contre la coulure que j'appellerai coulure organique.

Contre les intempéries de l'atmosphère, nous aurons les abris, mais là encore, les frais de main-d'œuvre rendront presque impraticable l'emploi de ce moyen.

Nous avons encore à parler de trois fléaux très-préjudiciables au développement complet du raisin. Ce sont : la *grêle*, la *brûlure des grains*, enfin la *pourriture*. Pour bien comprendre tout le mal qu'ils peuvent causer, nous décrirons avec quelques détails les organes du grain de raisin.

Le grain reçoit sa nourriture du pédicelle, au moyen de deux systèmes de vaisseaux (*fig.* 907). Du centre du pédicelle, partent les cordons qui aboutissent à l'ombilic et aux pepins, et concourent au développement des organes de la reproduction. Le cordon qui aboutit à l'ombilic se ramifie à l'infini à l'entour de ce point et nourrit la pellicule du fruit jusqu'autour du pédicelle; les organes extérieurs adhèrent à ce pédicelle seulement par juxtaposition. Des bords du pédicelle, s'épanouit un vaste réseau de fibres qui sont dispersées au milieu du parenchyme du fruit, et qui concourent à son développement. Si nous coupons nettement un grain de raisin par le milieu, comme le représente la figure 907, on observe d'abord un cordon médial qui, du point *b*, traverse le grain en passant entre les pepins pour aboutir à l'ombilic, auquel il adhère fortement; de petits cordons latéraux vont du même point aux sommets des pepins; la circulation propre des grains part du point *a*, en suivant la direction des flèches; ces petits cordons ont, dans l'état de maturité, une couleur brune assez prononcée, et présentent une ténacité assez remarquable. Au pédicelle séparé du grain, restent attachées les têtes de ces cordons, et c'est à ces fibres qu'on doit la couleur brune qui caractérise le pédicelle du grain mûr. Quelques pepins embryonnaires (un ou deux à chaque grain) restent attachés aux cordons entre le pédicelle et les pepins normaux; ces pepins, placés de chaque côté du cordon ombilical, ont une convexité externe à peu près concentrique à celle du grain; la partie intérieure est légèrement concave; la pointe du pepin est à la partie supérieure. Leur nombre varie de un à quatre dans chaque grain; chaque pepin est entouré d'une enveloppe charnue lisse et brillante. Nous savons que cette enveloppe est très-riche en tannin. Dans le raisin mûr, la base du pepin est d'un vert foncé tirant sur le jaune; le milieu est d'un vert plus tendre, le sommet presque blanc; à ce sommet, on trouve un point noir, qui était celui par lequel il adhérait au cordon. Privé de sa peau, le pepin a la couleur du bois; il est fort dur, est partagé en deux lobes distincts à la base de sa partie convexe, en trois lobes à sa partie concave; le germe se montre, comme dans toutes les amandes, au sommet du pepin. Partagé en deux par une section bien nette, on distingue facilement : 1° l'enveloppe dure, parfaitement analogue à la coquille des fruits à noyaux et à goût éminemment amer; 2° la petite amande à chair gris blanc, qui s'y trouve contenue et qui a un goût assez agréable; c'est cette amande qui est de nature oléagineuse.

Fig. 907. — Baie de raisin coupée en deux.

Le parenchyme du grain a une consistance plus ferme dans celle de sa portion qui est en contact avec la partie convexe du pepin; ce qui se trouve entre ces pepins et le cordon ombilical, d'un côté, et la pellicule du grain, de l'autre, est plus liquide. Enfin, à l'ombilic comme autour de la pellicule, le parenchyme est beaucoup plus ferme.

Une tranche du grain, examinée au microscope, montre que la matière colorante réside dans le tissu de la pellicule et s'épanche, sur une légère épaisseur, dans la portion du parenchyme qui la touche; c'est à l'ombilic et sur le côté extérieur du grain, que la coloration atteint son maximum. C'est par l'ombilic et le cordon qui y est attaché que la matière colorante arrive au pédicelle du grain. Plusieurs fibres qui s'attachent au cordon principal traversent en tous sens le parenchyme, et, dans une maturité complète, elles se colorent en partie, à la façon du cordon ombilical et des cordons de la graine. Lorsque ces fibres acquièrent un grand développement, le raisin devient *teinturier*.

Voyons maintenant ce qui se passe lorsque, sous l'influence d'une température humide, le grain du raisin vient à pourrir.

De la pourriture. — Par l'effet d'une humidité prolongée et du défaut d'aération, il s'établit, aux points de juxtaposition de la peau avec le pédicelle, une exsudation des parties liquides du fruit, et il apparaît bientôt dans cette partie une végétation composée d'une infinité de petites tiges de couleur grise, se groupant par touffes isolées et présentant assez l'aspect (à la couleur près toutefois) de bouquets de mousse. La pellicule ne tarde point à s'altérer dans le voisinage de cette végétation; de brillante et lisse qu'elle était, elle devient terne et de couleur fauve, elle s'amincit considérablement en allant du pédicelle à l'ombilic; les mousses se propagent et toute la peau est bientôt envahie. Dans cet état, le parenchyme reste encore intact, et il continue de recevoir la nourriture des vaisseaux externes du pédicelle; seulement il reste acide, ce qui nous est une preuve que la matière sucrée se développe par l'action des vaisseaux nourriciers internes, qui sont précisément ceux qui produisent aussi la matière colorante. Dès que la peau a subi en entier l'action de la végétation qui la couvre, la matière colorante est totalement détruite; la maladie envahit le pédicelle, qui devient jaune et sans vie; les sucs du parenchyme servent à alimenter les mousses de la surface, et bientôt le grain, à l'exception du pepin, est complétement détruit, si la maladie commence organiquement aux points de la juxtaposition de la peau avec le pédicelle. Une fois qu'elle a envahi un raisin, elle se propage par contact; les petites végétations passent d'un grain à l'autre, indistinctement, sur différentes parties de leur surface, et dès lors la pourriture fait des progrès rapides, qui ont bien vite détruit tout le raisin. Dans cet état, le grain tombe ou est dévoré sur place par les animalcules qui se développent dans les fruits en putréfaction. La pourriture est, en somme, une maladie de la peau qui est contagieuse.

Lorsque les vignes ont été frappées par la *grêle*, il peut en résulter pour le raisin trois sortes d'altérations très-différentes.

Quand la grêle frappe le grain avant sa maturité et que la blessure se cicatrise, le grain présente, à l'endroit blessé, une dureté qui contient un produit résineux et peut donner un goût d'amertume prononcé au vin. La grêle, en frappant la grappe, peut, sans la détruire, paralyser son développement. Dans ce cas, il y a des grains qui mûrissent mal et ont une saveur acide particulière. Quand le raisin est mêlé, la grêle entame les grains; le suc qui était renfermé dans la baie est exposé au contact de l'air et ne tarde pas à éprouver un commencement de fermentation acéto-putride. Le vin provenant de ces raisins a souvent un goût de pourri. Enfin, quand la grêle frappe les pousses de la vigne avant la fleur, la plante subissant nécessairement une modification dans sa végétation ultérieure, on peut encore trouver, dans le vin provenant de ces fruits, un cachet particulier.

Le goût des raisins pourris ou grêlés se retrouve souvent dans le vin qui en provient, en tant seulement qu'il s'agit des vins rouges.

Enfin souvent dans le mois d'août, lorsque le soleil est très-ardent et que le temps est calme, le grain du raisin est littéralement cuit par les rayons solaires. Ce sont les fruits découverts du côté du couchant qui sont les plus exposés à la *brûlure*, et c'est à deux heures de l'après-midi que le mal se produit. On comprend aisément, si on veut bien se rappeler ce que nous avons dit de la physiologie du grain, combien les sucs de ceux de ces grains qui ont été pourris, grêlés ou brûlés doivent éprouver d'altération dans leurs principes constituants. Le résultat le plus fréquent de tout ceci, c'est que les baies ouvertes deviennent le siége de fermentations acéteuses ou lactiques, qui plus tard altèrent la franchise du goût du vin.

Heureusement, lorsque l'été est chaud et sec, le grain qui s'est ouvert par une de ces causes se dessèche sur la grappe et finit par ne plus être qu'un corps dur et ligneux qui ne joue aucun rôle dans l'acte de la fermentation.

Seulement il est très-important, comme nous l'avons déjà dit, que la vendange ne soit pas précédée de quelques jours de pluie. Dans ce cas, le grain desséché devient le siége d'une nouvelle altération : il s'y développe une petite végétation qui s'étend à la façon des lichens; d'autres fois, il se couvre de pucerons gris qui peuvent attaquer les grains voisins; si alors on ouvre un de ces grains, qui paraissent à peine atteints, on y trouve toute une famille de ces pucerons; leurs pattes de derrière ont un grand développement, leurs antennes sont fort longues, et ils échappent promptement à l'observateur au moyen de bonds prodigieux. Ces insectes dévorent complétement le parenchyme, et le grain qu'ils ont attaqué ne présente bientôt plus qu'un pepin décharné; la peau, d'ailleurs, n'est plus qu'un parchemin complétement sec.

Nous avons le soin, pour obvier aux inconvénients qui résultent, dans la cuve, de la présence de ces grains plus ou moins altérés, de les faire enlever quelques jours avant la vendange. Suivant que les fruits sont plus ou moins atteints, la dépense varie de 5 francs à 7 fr. 50 c. par hectare. Ce sont des femmes que l'on charge de ce travail.

Souvent, si l'automne est froid et la récolte tardive, des gelées précoces peuvent frapper nos vignobles; si la maturité du raisin est suffisamment avancée, elles n'altèrent pas la composition des sucs. Il n'en est pas de même lorsque le fruit n'est pas mûr : le raisin devient flasque, la grappe s'atrophie et ne nourrit plus le grain; ce grain rougit, se décompose partiellement et éprouve un commencement de fermentation acétique.

Enfin, nous avons dit ce que les pluies qui précèdent la vendange avaient d'influence désastreuse sur la composition des moûts. On voit, d'après ce long et triste exposé, combien la vigne a d'épreuves à traverser avant de nous donner ces vins qui ont depuis si longtemps fait la renommée de la Bourgogne (1), et combien il nous faut d'efforts pour conjurer les fléaux qui, à chaque époque de l'année, menacent les précieuses cultures de nos riches coteaux. Aussi on verra, plus loin, ce que la production des vins fins de la Côte-d'Or présente d'éventualités dans son revenu net.

Nous pouvons dire dès à présent que nous établirons le prix de revient de notre culture pour trois années seulement; nous produisons, avec tous nos frais, un hectolitre de vin, comme le fabricant de velours ou d'acier produit un mètre de velours ou une tonne d'acier. Seulement, si la production du velours ou de l'acier ne donne pas un prix suffisamment rémunérateur, on suspend la production; pour nous, il nous faut compter avec les saisons, et souvent, quand la marchandise manque sur le marché, la récolte manque aussi; tandis que d'autres fois les vins sont abondants, leurs qualités sont parfaites, et les débouchés restent insuffisants. Ces observations expliqueront au lecteur comment il arrive que, si des vins médiocres sont quelquefois livrés à la consommation à un très-haut prix, comme en 1856, il arrive aussi que de grands vins sont vendus très-peu cher.

(1) Tableau des améliorations apportées à la culture de la vigne, et au commerce des vins de Beaune.

Vignes propagées en Bourgogne par les ordres et sous la protection de l'empereur Probus, en	282
Améliorées par plusieurs édits des GRANDS JOURS jusqu'en	1350
— par un édit de Philippe le Hardi	1395
— par un édit de Philippe le Bon	1459
— par l'abbaye de Citeaux jusqu'en	1789
Vins de Beaune, leur renommée établie :	
Par l'historien Grégoire de Tours	550
Par le poëte Guillaume Breton	1210
Par les ducs de Bourgogne, 1re race, jusqu'en	1361
Par Philippe de Valois, à son sacre	1328
Par Citeaux pendant que la cour de Rome était à Avignon	XIVe siècle.
Par Pétrarque, lettre au pape Urbain V	1366
Par Philippe le Hardi, par ses présents à Benoit XIII	1395
Par Jean sans Peur, par ses présents au concile de Constance	1415
Par Chasseneuz le Juriste, dans un distique latin	1510
Par une lettre d'Érasme	1522
Par le poëte Royer de Coleyre	1527
Par Louis XIV, par un arrêt de son conseil	1662
Par Fagon, médecin de Louis XIV	1665
Par le poëte Bénigne-Grenan	1690
Par Philippe V, roi d'Espagne, édit	1700
Par Hugues de Salins, dans ses écrits	1701
Par les commissionnaires jusqu'en	1789
Par les négociants de la Côte-d'Or	....

Oïdium. — En 1845, un jardinier de Margat, M. Tucker, observa sur la vigne cultivée, soit en serre, soit en plein air, une sorte d'efflorescence blanche, sous l'influence de laquelle les feuilles, les jeunes pousses et la grappe se décomposaient. Le raisin contractait une saveur très-désagréable, et ne tardait point à se gâter. Le savant M. Bertholon soumit ces efflorescences à l'observation microscopique, et y reconnut une nouvelle espèce de champignon du genre oïdium. En 1849, l'oïdium qu'avait décrit M. Tucker, et auquel on avait donné son nom, — l'*oïdium Tuckeri*, — envahit la serre de Versailles. En même temps que MM. Baudry et Montagne l'observaient sur ce point, M. Pajeard en constatait les ravages dans les vignes de Suresnes et de Puteaux. Voici ce qu'il en écrivait : « Les jeunes rameaux et les feuilles présentent des taches brunes et rousses; la pellicule du grain perd son élasticité, le grossissement ne peut plus se faire, les grains n'atteignent plus que la grosseur d'un pois, et lorsque l'époque de la maturité approche, les grains se fendent et laissent apercevoir les pepins qui sont mis à découvert (*fig.* 908 et 909). »

Fig. 908. — Rameau taché par l'oïdium.

Fig. 909. — Grain fendu par l'oïdium.

Les ravages de l'oïdium qui n'avaient atteint que les raisins de serre provenant d'une culture forcée, ou ceux des vignes voisines, prirent, en 1851, un développement qui appela l'attention de tous les viticulteurs.

On m'écrivit dès cette époque, de Turin, qu'en Italie, la maladie attaquait sans distinction les raisins de table et ceux de pressoir. L'honorable président de la Société d'agriculture de Lyon reconnut qu'elle se propageait dans les raisins blancs de Pouilly et de Fuissé, près Mâcon; il la trouvait aux environs de Lyon, le 8 août, sur les gamais rouges, et enfin elle parut, cette même année, dans le vignoble du mont d'Or. Chasselas, muscat, madeleine-rouge, persaigne, etc., raisins de table, raisins de pressoir, tous ont été également attaqués dès cette époque.

Voici maintenant quelle est la forme et la végétation de ce champignon. Il est constitué par deux sortes de filaments, dont les premiers (qui forment le système végétatif) rampent sous l'épiderme, quand la plante se développe sur les feuilles ou les jeunes rameaux, et sur l'épicarpe, lorsqu'elle se montre sur le fruit (*fig.* 910).

Les seconds filaments, qui forment le système reproducteur, sont dressés verticalement à la plante, cloisonnés de distance en distance, et évasés à leur extrémité (*fig.* 911).

Le dernier article du filament fertile se transforme en spore, et comme cette métamorphose peut se répéter un grand nombre de fois, et que la croissance de ces parasites est éminemment active, les spores ou séminules se produisent en immense quantité, et la prompte dissémination qui s'en fait communique bien vite la maladie aux ceps voisins du premier qui a été infecté.

Ainsi, dans les vignes atteintes de cette terrible maladie, les jeunes rameaux, les feuilles, paraissent, à l'époque de l'invasion, couverts d'une sorte d'enduit farineux. Elles présentent plus tard de

Fig. 910. — Filaments d'oïdium.

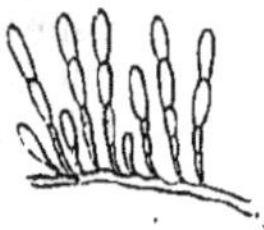

Fig. 911. — Filaments reproducteurs de l'oïdium.

larges taches brunes et rousses, premiers signes d'une prochaine décomposition. Les grains de raisin sont aussi revêtus de cette même efflorescence. La surface de la baie se déprime et se tache en brun, comme elle le serait à la suite d'une talure; plus tard, elle s'ouvre et laisse le pepin à découvert : la maturité devient alors impossible. Si l'invasion a lieu sur un fruit varié, la décomposition est plus prompte encore, et la putréfaction suit immédiatement la rupture du grain.

Examinés avec un grossissement de 250 diamètres, les filaments végétatifs qui rampent à la surface des fruits nous ont présenté une largeur de 0,01 de millimètre; ils sont très-multipliés, et couvrent le raisin d'une sorte de toile d'araignée. Les filaments fertiles, longs de 1/5 de millimètre, sont cloisonnés de distance en distance, et terminés par un petit corps ovoïde ayant la forme et la structure intérieure du champignon; ce corps ovoïde présente un diamètre de 1/20 de millimètre; toute la surface et le dessous du champignon sont couverts de spores ovoïdes en chapelet, ayant isolément un diamètre de 1/250 de millimètre. La couche des spores est épaisse de 0,01 de millimètre.

Tous les filaments sont recouverts de spores déjà détachés du champignon.

On conçoit, d'après ces dispositions et le nombre de tigelles qui se dressent sur le fruit, quelle est l'immense quantité de spores qu'ils doivent produire, et combien doit être prompte la dissémination de corps aussi ténus.

Ces spores, en germant, reproduisent la plante.

D'après le docteur Montagne, les filaments fertiles sont cloisonnés, comme nous l'avons déjà dit, et c'est le dernier article des filaments qui se transforme en spore. Le filament croissant incessamment, cette métamorphose se répète un grand nombre de fois. Comme les spores ne tombent pas au fur et à mesure de leur production, on en trouve quelquefois trois ou quatre qui se suivent et forment le chapelet.

M. Amici, de Florence, a bien observé aussi ces filaments articulés; mais il a reconnu, d'autre part, à l'extrémité de certaines tiges, une sorte de capsule jaunâtre, creuse, remplie de corpuscules ovoïdes qui finissent par s'échapper de l'enveloppe crevée. Selon lui, ce sont là les véritables spores (*fig.* 912).

La maladie constatée, bien vite on se demande quelle en est la cause, et comment on peut la guérir. — Malheureusement, il est beaucoup plus facile d'observer et de décrire une maladie que d'en connaître la cause première, et d'en délivrer l'organisme.

L'oïdium Tuckeri a-t-il déjà attaqué la vigne, et peut-on lui appliquer la description que donne Pline d'une maladie qui s'était de son temps développée sur le raisin, sous l'influence d'une température chaude et humide? Voici (liv. XVII, chap. XXXVII, § II) ce que Pline dit de cette maladie :

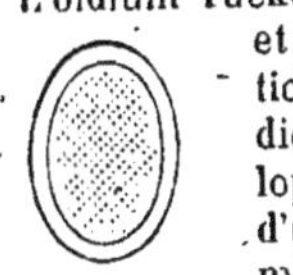

Fig. 912.—Spores d'oïdium dans leur enveloppe.

« Nascitur hoc malum tempore humido et lento, fit et aliud vitium ex eodem, si sol acrior insecutus incessit ipsum vitium, ideoque mutavit.— Est etiamnum peculiare olivis et *vitibus* (*araneum vocant*) quas *veluti telo involvunt, fructum et absumunt.* »

Ou bien la maladie que nous décrivons est-elle due à quelque génération spontanée résultant des conditions nouvelles qui ont présidé à la culture de la vigne. Il y a beaucoup à dire sur ces deux hypothèses; mais comme, en définitive, l'essentiel pour nous est de guérir d'un mal si terrible le précieux arbrisseau qui fait la richesse de la France, voyons bien vite par quels moyens on a réussi à le combattre.

Commençons par dire que si, en Bourgogne, toutes nos treilles ont été atteintes de l'oïdium, les grands vignobles de nos coteaux ont échappé à ses ravages.

Si nous donnons la description de tous les moyens qui ont été essayés pour guérir les vignes malades, c'est afin que nos lecteurs ne cherchent pas, comme cela arrive chaque jour, à s'attacher à des procédés qui ont déjà été expérimentés, et souvent l'ont été sans succès.

A Turin, le savant professeur Cantu, aidé du docteur Grisni, a essayé des bains de lait de chaux et des fumigations de gaz hydrosulfurique.

On a aussi, après avoir lavé à grande eau la feuille et les fruits, projeté sur eux, à l'aide d'un soufflet, de la poussière de chaux et de soufre.

Le moyen qui avait le mieux réussi consistait en aspersions et lotions faites avec un mélange de soufre et d'eau de chaux.

M. Grisou, jardinier des serres du potager de Versailles, mouille, à l'aide d'une pompe seringue (à l'usage des serres), toutes les parties attaquées par l'oïdium avec de l'eau chargée de sulfure de calcium.

Préparation du liquide Grisou. — Pour obtenir ce liquide, M. Grisou emploie 500 grammes de fleur de soufre et un volume égal de chaux, fraîchement éteinte. On mêle intimement ces deux substances, puis on les jette dans une marmite en fonte, dans laquelle on a mis 3 litres d'eau, et on laisse bouillir le tout pendant dix minutes environ, en ayant soin de remuer. On décante dès que la liqueur est éclaircie et on obtient environ 2 litres et demi de solution sulfurée.

Le liquide employé dans les arrosages se compose de 1 litre de cette préparation et de 100 litres d'eau.

Dans ce procédé, 500 grammes de soufre peuvent suffire pour le traitement de 4 ares 28 centiares de vigne.

M. Turrel, de Toulon, ayant employé le procédé Grisou sur une étendue de 10 hectares, et en ayant obtenu de bons résultats, la Société centrale n'a pas cru cependant devoir se prononcer sur le mérite de cette application faite en grand, d'un remède curatif apporté à la maladie de la vigne, et a désiré être plus amplement éclairée.

Procédé Payen. — M. Payen a proposé un procédé plus économique. Il s'agit d'un liquide sulfuré qu'on obtient en traitant par l'eau bouillante les résidus de la lessivation de la soude; ces résidus donnent 12 à 13 centièmes de leur poids d'un sulfure que l'on substituait à celui que l'on fabrique d'après le procédé Grisou.

Pour préparer ce liquide, on fait bouillir le marc de soude avec cinq ou six fois son poids d'eau, on laisse reposer et on décante.

Le sulfure de calcium a été indiqué et employé depuis plusieurs années en Angleterre.

Dans les environs de Toulon, la maladie a paru pour la première fois dans les cultures de 1851 et 1852; la récolte entière fut compromise. A Nyons, dans les vignes attaquées depuis 1850, beaucoup de ceps se desséchaient et mouraient en 1852.

En 1851, l'oïdium n'avait paru que tardivement et le raisin avait pu mûrir. En 1852, le raisin encore vert ayant été atteint, fut arrêté dans son développement et le désastre fut complet.

Les chaleurs excessives favorisèrent la transmission et le développement de l'oïdium.

C'est sous l'impression de ce désastre que l'emploi d'un moyen curatif fut, comme nous l'avons dit, pour la première fois appliqué sur la grande culture par M. Turrel, de Toulon. Voici comment il a opéré.

Mode de l'emploi du sulfure de chaux (procédé Grisou recommandé par M. Turrel).—Le liquide mêlé à l'eau dans la proportion de 1 pour 100, fut porté sur le champ malade dans des vases de la contenance de 25 litres. Deux hommes munis de seaux et de balais de bruyère passaient de chaque côté des rangées de ceps, et faisaient des aspersions sur les feuilles et les raisins malades. Lorsque l'oïdium recouvrait la grappe comme d'une toile grisâtre, l'opérateur en frottait la surface avec le balai dûment imbibé de liquide. *De six à huit heures* du soir (moment que M. Turrel regardait comme le plus favorable), *deux hommes* pouvaient ainsi soumettre à l'aspersion *mille ceps.* Cinq jours après l'aspersion, les réseaux de l'oïdium avaient disparu. On a dû quelquefois recourir à deux ou trois aspersions. M. Turrel recommandait de mettre ce procédé en usage d'une manière préventive de suite après la floraison et lorsque les grains commencent à se former.

Dans le Languedoc, on a pratiqué des insufflations de fleur de soufre sur la vigne et les grappes préalablement mouillées. Ce double procédé était d'une application difficile, puisqu'il exigeait deux opérations successives.

M. Turrel demandait que, comme pour l'échenillage, des instructions émanées de la Société centrale préconisassent les moyens à employer et les rendissent obligatoires pour cause d'utilité publique.

Emploi du sulfate de protoxyde de fer (couperose verte). — M. Mézu, pharmacien à Lyon, a essayé l'emploi du sulfate de fer dissous dans l'eau, dans la proportion de 500 grammes pour 40 litres d'eau. L'efficacité de ce moyen lui a paru certaine, et son action se fait remarquer dans les vingt-quatre heures. Les taches noires recouvertes de poussière blanche disparaissent, le raisin recouvre sa couleur verte. Le sulfate de fer coûte 0 fr. 25 le kilogramme, et 1 kilogramme dissous dans 80 litres d'eau peut suffire pour 4 ares 28 centiares.

Emploi de l'ammoniaque. — M. Mézu a aussi obtenu de bons effets des lotions ammoniacales employées dès le début de la maladie; il préfère cependant le sulfate de fer.

Le procédé Grisou a, dès le début, été employé sur les treilles de Thomery.

Ce moyen de guérison a donné de bons résultats; mais les cultivateurs ayant dû sans cesse renouveler les arrosements, et cela jusqu'à dix fois, ils ont pris le parti d'y renoncer. Aujourd'hui, ils emploient la fleur de soufre et ils l'appliquent à l'état sec.

Le procédé Grisou arrête la maladie de la vigne, mais ne la prévient pas. — Ils ont d'ailleurs reconnu que d'un autre côté, si le sulfate de fer dissous dans l'eau et dans la proportion de 500 grammes par 40 litres d'eau et employé dans la seconde quinzaine de juillet, n'a pas permis à la maladie de reparaître, il a l'inconvénient de noircir les grains fendillés. On trouve aussi que la difficulté de disposer d'une grande quantité d'eau pour les arrosages rend *inapplicables dans la grande culture* tous les moyens qui exigent l'emploi des solutions sulfurées ou sulfatées.

M. Heuzé a aussi employé à l'état sec et sous forme de poudre, *le marc de soude*, résidu sans valeur des fabriques de sels de soude. Voici l'opinion de M. Heuzé sur le procédé Grisou.

A la fin de juillet et après un premier succès, la maladie a reparu sur les grappes et les résultats du traitement employé ont été moindres qu'on ne l'espérait. On dut avoir recours à un second arrosage; 2/5 des grappes malades ont atteint leur développement, 2/5 n'ont grossi que très-incomplétement, mais ont pu mûrir; 1/5 n'a pas mûri.

D'après M. Turrel, les sporules de l'oïdium devaient se conserver pendant l'hiver sur le cep lui-même, dont l'écorce est favorable au recel de ces germes; aussi a-t-il proposé de barbouiller soigneusement les ceps d'une solution assez concentrée de sulfure de calcium.

Procédé de M. Hardy. — On verse dans un baquet : 1 kilogramme de chaux grasse vive, on l'éteint avec un peu d'eau; quand le foisonnement est complet, on ajoute :

1 kilogramme de fleur de soufre; on remue et on ajoute 15 litres d'eau ordinaire.

Le sulfure qui s'est formé ne tarde pas à se dissoudre.

1 litre de cette dissolution de sulfhydrate de chaux, mêlé à 100 ou même à 150 litres d'eau, a permis à M. Hardy d'arrêter complétement le développement de l'oïdium.

M. Hardy conseille :

Un premier mouillage avant la floraison; un second, dès que les raisins sont formés; un troisième est souvent utile.

Soufflet Gontier. — Tous ces essais, dont nous avons donné un rapide exposé, n'ont, à vrai dire, jamais été suivis d'une réussite complète. C'est alors que M. Gontier, de Montrouge, inventa un appareil fort simple, au moyen duquel il put couvrir de soufre, et sans de grands frais de main-d'œuvre, de vastes surfaces de vigne.

Il avait d'abord, comme nous l'avons dit, humecté toutes les parties de la vigne, à l'aide d'une pompe ordinaire d'arrosage. C'était sur les feuilles et les grappes mouillées que l'on projetait la fleur de soufre. On reconnut bientôt que l'emploi du soufre à l'état sec donnait les mêmes résultats. Voici comment on opère. M. Gontier a interposé sur la douille d'un soufflet (*fig.* 913) une boîte

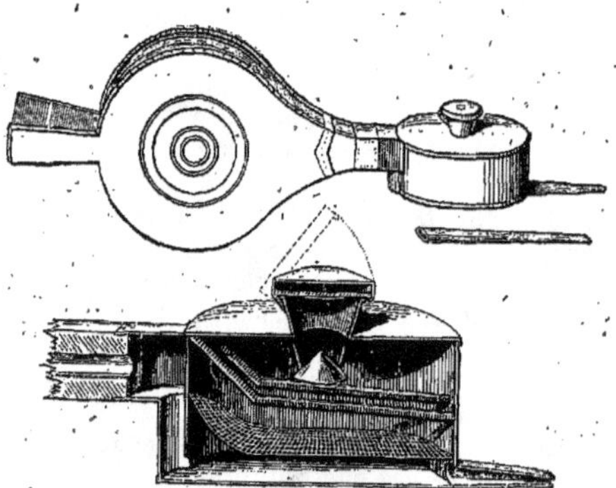

Fig. 913. — Soufflet Gontier.

remplie de fleur de soufre, et l'air de ce soufflet entraîne avec lui une fine poussière, dont on peut ainsi couvrir tous les organes de la vigne.

Ce procédé, dont M. Marès a généralisé l'usage dans les vastes vignobles de l'Hérault, est le seul qui soit employé aujourd'hui dans la grande culture. On a aussi essayé avec succès des mélanges de soufre et de plâtre; enfin, nous avons obtenu de bons résultats, en mélangeant au soufre un sulfure de calcium que nous préparons de la manière suivante : On calcine en vase clos deux parties de sulfate de chaux ou plâtre, et une partie de charbon de bois en poudre. Un mélange de un de soufre et de deux de ce sulfure a donné une réussite entière.

Procédé Bergmann (pour les serres). — Dans les serres, dès que la maladie se montre, on peut aussi mouiller avec une seringue la partie extérieure des tuyaux de chauffage du thermosiphon, et les couvrir de fleur de soufre. On répète cette opération deux ou trois fois, et la maladie disparaît. Ce moyen a réussi admirablement dans toutes les serres des environs de Paris.

M. Payen regarde comme très-heureux de pouvoir attaquer et détruire la maladie dans les bâches, d'où les spores se répandent ensuite sur les vignobles voisins, et il a reconnu que le procédé Bergmann offrait, à ce point de vue, un véritable intérêt pour la viticulture.

Température nécessaire au développement de l'oïdium. — La moisissure des pains de munition (*oïdium aurientiacum*), observée par le savant secrétaire perpétuel de la Société centrale, se développe surtout sous l'action d'une température de 48° cent. L'oïdium Tuckeri trouve, dans les serres des cultures forcées, une humidité constante et une température de 30 à 35°; c'est dans ces conditions qu'il s'est produit. Aussi est-ce dans les mois chauds de l'année, en juillet, août et septembre, et sur des raisins verts, qu'il se développe avec le plus d'intensité.

Prix de revient des divers procédés qui ont été conseillés contre les ravages de l'oïdium. — Le seul procédé qui soit employé aujourd'hui dans la grande et la petite culture, est celui de M. Gontier. Le soufre, en poudre fine, est projeté au moyen d'un soufflet (nous préférons l'emploi du soufflet à celui de la houppe).

Le prix de revient de ce procédé est, pour un hectare, de 31 fr., il exige	30 kil. de soufre....	15 fr.
	Main-d'œuvre.......	16
		31 fr.
Le procédé Mézu demande......	24 kil. sulfate de fer.	6 fr.
	Main-d'œuvre... ...	14
		20 fr.
Le procédé Grisou...............	20 kil. de soufre....	10 fr.
	6 hect. de chaux....	12
	Main-d'œuvre.......	14
		36 fr.
Le procédé Marès...	10 kil. soufre.......	5 fr.
	20 kil. plâtre..	2
	Main-d'œuvre.......	16
		23 fr.

En résumé, la maladie que l'oïdium Tuckeri développe sur tous les organes de la vigne, a paru pour la première fois dans les serres de l'Angleterre. Elle a ensuite envahi d'abord les treilles et les vignes cultivées en hautains. Depuis 1851, elle a exercé ses ravages sur presque tous les vignobles de l'Europe et de l'Asie.

Les vignes qui produisent les grands vins de la Bourgogne ont jusqu'à présent échappé à l'invasion du mal.

Les vignes basses paraissent moins sujettes à la maladie que les vignes qui sont cultivées avec d'autres systèmes de taille. C'est sans doute à cette circonstance, et à la sécheresse du sol de nos coteaux, que nous devons la faveur tout exceptionnelle du bon état de nos vignobles. Nous citerons, à ce sujet, ce fait remarquable, qu'à Ugine (département de la Savoie), nous avons observé, en 1862, dans le même vignoble, *que l'oïdium avait envahi des pinots élevés en hautains, tandis qu'à côté, des pinots cultivés en vignes basses* avaient entièrement échappé aux atteintes de la maladie.

On a constaté que les cépages venus d'Amérique, tels que la catawba et l'isabelle, étaient ceux qui résistaient le mieux à l'invasion de l'oïdium. Au contraire, le frankenthal, les chasselas, la folle-blanche, l'aramon, etc., sont les variétés qui, dans tous les vignobles, sont le plus promptement et le plus complétement affectées.

On voit fréquemment, à la fin de l'automne, l'oïdium atteindre les raisins tardifs, dits *recognets*, des vignobles dont la récolte n'a pas été atteinte. En 1853 et 1862, ce fait s'est produit en Bourgogne, dans quelques localités, sur la culture du gamais.

On n'a pas observé d'altération dans les racines des vignes envahies par l'oïdium.

L'emploi du soufre en poudre est, de tous les moyens curatifs, celui qui a le mieux réussi. On soufre avec un soufflet approprié à cette opération. Notre collaborateur, M. Marès, qui a publié un remarquable travail sur l'oïdium et sur ce procédé, expliquera dans tous ses détails la manière dont il est pratiqué dans le Midi.

On doit soufrer la vigne au moment où elle débourre. Un second soufrage a lieu lorsque le grain est formé. Quelquefois on est encore obligé d'avoir recours à un troisième soufrage, lorsque le raisin varie.

Les frais moyens d'un soufrage peuvent être évalués à 30 francs par hectare.

Cottis. — Quelques-unes de nos vignes ont, dans ces dernières années, été atteintes d'une maladie que, dans la Charente, on nomme le cottis ou pousse en ortille. Voici la description qu'en donne M. Ladrey, dans sa *Revue viticole* :

« Dans les vignes atteintes du cottis, les feuilles se rétrécissent, et présentent des dentelures plus profondes; elles offrent d'abord une coloration foncée vert-bouteille, puis se recoquevillent et finissent par passer à l'étiolement blanchâtre, signe de mort prochaine de tout le cep. Un cep malade du cottis est bientôt entouré d'autres ceps qui semblent prendre la maladie à leur tour, et des espaces assez grands se dépeuplent. Le cottis met une ou deux années à tuer le cep, mais il le tue infailliblement.

Cette maladie paraît résider dans le sol; elle se manifeste davantage dans les terres blanches et humides que dans les terres rouges. Elle s'attaque aux racines et au corps même du cep. Lorsqu'un cep est mort du cottis, on trouve des moisissures blanches le long de ses racines; et si l'on donne un coup de pied sur le tronc, il se casse net comme ferait une carotte. »

Nous avons remarqué que le cottis attaquait toute espèce de vigne. Des vignes de gamais, jeunes et largement fumées, étaient envahies comme les vieilles vignes. Pour nous, la cause de la maladie réside dans le champignon que l'on trouve le long des racines. Elle se propage par une sorte de contagion souterraine, et le seul moyen d'en arrêter les progrès est de se hâter de sacrifier les ceps malades, en traitant les vignes atteintes par le cottis comme on traite la luzerne envahie par la cuscute, en circonscrivant le mal. Une culture temporaire de prairies artificielles, de sainfoin, de luzerne ou de trèfle, achèvera de détruire le pernicieux cryptogame.

Il est probable que des arrosages d'eaux chargées de sulfure de calcium agiraient aussi sur le champignon. Il en sera de même de l'aérage du sol, que l'on obtiendra au moyen d'un drainage partiel.

Des insectes nuisibles à la vigne. — De l'eumolpe ou écrivain. — L'eumolpe, connu aussi sous le nom d'écrivain et appelé par les entomologistes *cryptocephales vitis*, ou gribouri de la vigne, est un petit coléoptère qui a 0m,007 de longueur sur 0m,006 de largeur. La tête, le corselet, les pattes, les antennes et le dessus du corps sont de couleur noire; le dessous du corps est d'un rouge châtain. Cet insecte très-agile feint d'être mort quand on l'approche. Au moindre choc qu'éprouve le cep, au moindre bruit, il resserre ses six pattes contre son corps et se laisse tomber à terre où, restant immobile dans les interstices du sol, il échappe à toute recherche.

L'écrivain cause d'immenses dommages dans nos vignes, soit à l'état d'insecte ailé, soit à l'état de larve. Au mois de mai, les écrivains s'accouplent à la façon des hannetons, et la femelle dépose sur les feuilles, le vieux bois, et surtout sur la terre de la vigne, des groupes de petits œufs oblongs et transparents. Peu de jours après, ces œufs longs de 0m,002 et agglutinés les uns contre les autres, deviennent opaques et à l'une de leurs extrémités apparaît un point noir qui est la tête de la larve. Cette larve naît dix jours environ après la ponte. Elle disparaît très-promptement dans la terre où elle passe l'hiver. A cet état, munie de six pattes et de mandibules fort dures, elle sillonne profondément les racines de la vigne, et là atteint la longueur de 0m,010. Au mois de mars, cette larve devient nymphe, et peu de temps après, il en sort un insecte ailé qui est l'écrivain.

L'écrivain attaque aussitôt les bourgeons de la vigne; plus tard, il dévore les feuilles qu'il sillonne par de petites découpures longitudinales rappelant tout à fait certains caractères hiéroglyphiques ; enfin, il trace les mêmes lignes sur le pédoncule de la grappe, sur les tiges du jeune bois, sur la pellicule de la baie. Il arrive que, par les ravages de cet insecte, les fonctions des feuilles de la vigne sont troublées ; souvent même ces feuilles sont coupées à leur pétiole et les jeunes raisins à leur pédoncule ; si le grain du fruit a été fendu, le tissu de la pellicule est détruit, et la baie dans cette partie n'est plus recouverte que par un mince épiderme. A l'entour de la plaie se détermine une cicatrice dure et épaisse, qui donne à la peau une saveur éminemment amère.

Il résulte des ravages de cet insecte que, la végétation étant frappée dans le développement des feuilles et des raisins, la vigne dépérit. D'ailleurs, les rares fruits que donne la plante sont en général de mauvaise qualité.

Si le contact des matières oléagineuses tue l'écrivain, si des arrosements faits avec des liquides infects (à supposer que ces arrosements ne soient pas nuisibles à la vigne) peuvent éloigner ces insectes des terres arrosées, ces moyens seront insuffisants pour nous en débarrasser.

On a reconnu depuis longtemps que l'écrivain séjournait pendant trois ou cinq ans dans le même canton de vignes, après quoi il en disparaissait entièrement. Des recherches faites dans le but d'étudier les mœurs de cet insecte m'ont conduit à constater à cet endroit un fait assez important et assez remarquable.

Ayant un certain nombre d'insectes microscopiques sur des écrivains recueillis dans une vigne ravagée depuis longtemps par ces coléoptères, je ne tardai pas à m'apercevoir que ces insectes, qui appartenaient à la famille des Acares, et s'étaient implantés sur le corselet de l'écrivain, aux points d'attache des pattes, prenaient un développement rapide, et que l'écrivain, au contraire, dépérissait très-promptement. N'est-il point probable que c'est à la présence de ces acares, dès qu'ils prédominent, que nous devons la disparition complète du coléoptère, comme nous devons la destruction des chenilles et des pyrales aux ichneumons de ces insectes.

Nous avons recherché dans quelles périodes de son développement il était le plus facile d'attaquer l'écrivain. Ce coléoptère ne déposant pas ses œufs uniquement sur les feuilles, la cueillette des feuilles chargées de pontes est un moyen très-incomplet. Puisque la larve vit dans la terre jusqu'à sa transformation en nymphe, l'échaudage des ceps n'aurait aucun effet. Comme la larve de l'écrivain est très-sensible au froid, on peut, en retournant, dans le mois de novembre, la terre des vignes infestées, exposer ces larves à l'action de la gelée qui les fait périr. J'ai essayé ce moyen qui est en usage dans les vignobles de l'Auxerrois, et j'ai lieu de croire qu'il peut souvent être employé avec succès ; seulement, comme il faut bêcher la terre à 0m,20 de profondeur avec la bêche à deux dents, on doit craindre de perdre quelques ceps dont les racines auront été dénudées et saisies par le froid.

M. Fournier, maire de Savigny (1847), a proposé un engin destiné à la destruction de l'écrivain. Cet engin, dont l'emploi est facile et le résultat assuré, est composé d'une toile attachée à un cerceau en fil de fer, à la façon de la trouble qui sert aux pêcheurs, du filet que l'on destine à la chasse des papillons ; seulement l'engin est ouvert par le milieu, de manière à ce qu'on puisse par cette fente l'engager sous le cep dont il embrasse le pied. Cet instrument est saisi par la main droite de l'ouvrier au moyen d'une poignée en bois ; on donne de la main gauche un petit coup sec sur le cep, l'insecte tombe dans la toile, et de temps à autre on vide l'engin dans une boîte en fer-blanc qui ferme hermétiquement, pour, plus tard, noyer dans l'eau tous les écrivains qu'elle renferme.

En employant à cet ouvrage des femmes et des enfants qui tiendront par personne quatre ouvrées par jour (l'ouvrée est de 4a,28), et en supposant (ce qui est indispensable), qu'on y revienne à deux reprises, en mai quand la vigne a débourré, et en juin avant la fleur, on peut évaluer à 1 fr. par ouvrée le prix de revient de cette opération, déjà soumise à de nombreux essais, et dont la réussite paraît aujourd'hui certaine.

De la pyrale (1). — Depuis les beaux travaux de

(1) La pyrale a été désignée dans ce livre, par M. le docteur Candèze, sous le nom de *tordeuse de la vigne*. P. J.

M. Audouin sur les mœurs de la pyrale, il ne reste plus rien à dire sur cet insecte. Il résulte des recherches de ce savant que la pyrale ou ver de la vigne est une petite chenille longue de $0^m,014$, qui a seize pattes, une tête noire moins grosse que le corps; ce corps d'une couleur fauve est composé de dix anneaux. Avec les crochets en ciseaux dont sa bouche est armée, la pyrale ronge le pourtour des feuilles, coupe leur pétiole, ainsi que le pédoncule de la grappe et le pédicelle de la baie. Elle étend des fils soyeux au milieu de la grappe ou des feuilles, et c'est de-là qu'elle sort pour exercer ses ravages sur le cep. A la fin de juin, la chenille devient chrysalide; la coque grise de cette chrysalide est mêlée avec les débris des fleurs et des jeunes grains. Quinze jours plus tard, il sort de la coque une petite phalène à ailes grises rayées de noir, et à corps jaune. Ce papillon nocturne dépose sur les feuilles des œufs ronds et plats d'un vert pâle; bientôt, il en sort une petite larve d'un gris vert qui pénètre dans les fibres corticales du cep et dans les fentes des vieux échalas; là, elle s'entoure d'une enveloppe soyeuse où elle peut résister aux froids les plus rigoureux de l'hiver. Dès le retour du printemps, la chenille se porte sur les jeunes feuilles pour y causer les dommages dont nous avons donné l'exposé; ses dégâts sont très-considérables si l'année est pluvieuse. Quand l'année est chaude, la chenille, qui est plus tôt métamorphosée, a moins de temps pour exercer ses ravages.

Il existe une mouche-ichneumon qui souvent anéantit complétement, dans une contrée entière, la pyrale au moment où cet insecte y exerce les plus terribles dégâts. Cet ichneumon, au moyen d'un anus oviducte, dépose ses œufs dans le corps de la chenille. Chaque pyrale servant ainsi à la reproduction en grand nombre des insectes qui la tuent, on comprend que, sous l'empire de certaines circonstances, il arrivera un moment où les ichneumons auront pris un tel développement que la pyrale devra succomber au nombre. C'est en effet ce qui s'observe dans certains pays.

Mais l'homme ne s'est point contenté des lois providentielles qui le débarrassent de ce fléau; il a recherché dans l'étude de l'insecte de nouvelles armes contre ses ravages. Deux moyens ont été employés avec succès pour la destruction de la pyrale. Par la cueillette faite, à deux reprises, en juillet (à quinze jours de distance), des feuilles sur lesquelles ont été déposés les œufs, on a pendant plusieurs années pu, dans le Beaujolais, sauver les récoltes des ravages de cette chenille. Depuis, on a substitué à cette méthode un nouveau procédé qui, d'après l'opinion des commissaires de la Société d'agriculture de Lyon, a été reconnu pour être encore plus efficace et plus économique.

Ce procédé consiste à verser au mois de mars sur chaque cep de vigne un litre environ d'eau bouillante, à l'aide d'une cafetière à très-long col. Un ouvrier auquel on apporte l'eau bouillante, peut échauder trois à quatre ceps par minute. L'appareil qui sert à échauffer l'eau est simple et peu coûteux, et, en tenant compte de tous les frais, tant des frais de main-d'œuvre que du coût du combustible, il résulte de la notice de M. Sauzet, que l'échaudage d'un hectare de vigne ne coûte que 25 fr. D'ailleurs, ce procédé est sans aucun danger pour la vigne dont la bourre résiste à l'action de l'eau bouillante; on n'a jamais remarqué que les vignes échaudées eussent moins de vigueur dans leur végétation. Ce procédé est aujourd'hui tellement répandu dans le Beaujolais, qu'un propriétaire ne trouverait pas de cultivateur s'il ne s'obligeait dans son bail à faire échauder ses vignes. On peut encore, en pressant les feuilles attaquées, écraser l'insecte et enlever les feuilles desséchées ou fanées qui renferment la chrysalide.

Par les soins éclairés de messieurs les Administrateurs des hospices, l'essai de l'échaudage a été fait en 1847 sur des vignes appartenant à l'Hôtel-Dieu de Beaune; mais les moyens d'exécution ne sont pas aussi faciles en Bourgogne que dans le Beaujolais où l'imperméabilité du sol permet de retenir dans chaque vigne assez d'eau pour qu'on puisse desservir les chaudières destinées à l'échaudage.

De l'urebère (1). — L'urebère ou becmare, appelé aussi lisette, est un charançon désigné par quelques entomologistes sous le nom de *rhynchites bacchus*. Ce petit coléoptère d'un beau vert tirant sur le bleu, est long de $0^m,008$; sa tête allongée est munie d'antennes droites. L'urebère s'attache au jeune sarment, coupe les pétioles des feuilles et les pédoncules des grappes.

Au mois de juin, il roule les feuilles en spirale et y dépose ses œufs. Quinze jours après, il sort de ces œufs une larve blanche à tête jaune, qui disparaît dans la terre où elle passe l'hiver; au mois de mars, cette larve passe à l'état de nymphe, et au printemps elle se métamorphose.

Cet insecte, qui attaque les jeunes sujets de préférence aux vieux ceps, exerce souvent de grands dégâts dans les vignobles; s'il est probable que l'urebère doit disparaître aussi sous l'action de lois providentielles analogues à celles dont nous avons parlé au sujet de l'écrivain ou de la pyrale, on doit encore rechercher un moyen d'obvier plus promptement à ses ravages. Ici, la cueillette des feuilles chargées d'œufs est plus facile que lorsqu'il s'agit des pontes de la pyrale; car, ces feuilles étant roulées en forme de cornet, il est très-facile de les enlever toutes pour les brûler ensuite. On devra pratiquer cette opération dans le courant du mois de juin, et à deux reprises différentes, à quelques jours d'intervalle, afin d'être plus sûr de ne laisser aucune ponte.

Les larves de l'urebère étant, comme celles de l'écrivain, très-sensibles au froid, on peut aussi, en donnant au mois de novembre un labour profond à la vigne, ramener ces larves à la surface du sol où la gelée les fera périr.

L'urebère attaque de préférence les vignes de gamais ou les ceps de plants gris dont les feuilles sont plus tendres que celles du pinot.

Kermès (2). — Il existe un insecte dont les ra-

(1) M. le docteur Candèze a décrit l'urebère ou urbec, dans ce livre, sous le nom de rhynchite du bouleau (*Rhynchites betuleti*). P. J.

(2) Voy. *Gallinsectes*, p. 110 de ce volume, pour la description de cet insecte. P. J.

vages peuvent faire périr les vignes qui sont plantées en treilles : c'est le kermès ou cochenille de la vigne. Cet hémiptère oblong, de couleur brunâtre, se fixe sur le tronc et les branches de la vigne dont il altère la végétation. Bien que cette cochenille ait un ennemi puissant dans l'ichneumon coccorum, qui dépose ses œufs dans son corps (1), on peut aussi l'enlever des treilles au moyen d'un instrument aigu qu'on passera entre l'insecte et l'écorce (2).

Ver rouge. — Il existe enfin un ver désigné sous le nom de *ver rouge* qui paraît au moment de la fleur, et que l'on retrouve dans le grain du raisin au moment de sa maturation. A ce dernier état il est long de 0m,008, d'un rouge pâle, à tête noire ; les raisins attaqués ont beaucoup d'acidité, et cet insecte peut altérer singulièrement la qualité du vin, comme on l'a observé notamment en 1810 et 1836, où ces vers surnageaient le vin dans la cuve. On manque encore de moyens de faire la guerre à cet insecte, dont on devra étudier les transformations (3).

De la vendange. — Les pluies de l'automne, on ne saurait trop le redire, ont une influence regrettable sur la qualité de la récolte. C'est une idée banale dans beaucoup de vignobles que (nous citons les mots qui expriment cette idée) une petite pluie adoucit le grain à la veille de la vendange et contribue à la qualité du vin. Rien n'est plus faux. Voici toutefois comment nous avons cru pouvoir expliquer ce fait. Lorsque les raisins sont récoltés par un temps chaud, et à la suite d'une série de jours secs, il est hors de doute que la conduite des cuves est beaucoup plus difficile que si l'on avait affaire à des raisins mouillés et délavés par la pluie. Alors, si l'on n'apporte pas à la fabrication du vin tous les soins convenables, il peut arriver qu'il contracte un goût d'*échaud*. Ce goût méfranc résulte de ce qu'une partie du moût a pu, sous l'influence de la chaleur, éprouver un commencement de fermentation acétique. Ce fait s'est produit dans la Côte-d'Or en 1819, en 1822, etc. Mais ne serait-il pas nécessaire de veiller davantage au travail de la vinification et de n'y employer que des moûts aussi concentrés que possible.

Nous recommandons de ne pas vendanger par la pluie. On va nous dire que rien n'est plus éventuel, dans le mois de septembre, qu'une longue suite de beaux jours, et que nous comptons ici sans celui qui fait pleuvoir. A cela nous répondrons qu'il résulte de données de statistique très-consciencieuses que dans les quinze derniers jours du mois de septembre, il y a en moyenne beaucoup plus de jours de pluie que du 1er au 15 septembre et du 1er au 15 octobre, et que nos pères vendangeaient évidemment en moyenne moins tard que nous.

Suivant l'état de maturation du raisin au commencement de septembre, il nous semble donc que l'on pourrait décider dès cette époque si la récolte doit être faite avant ou après l'équinoxe. Fixer d'après ce principe le moment de la vendange serait sans nul doute se placer dans des conditions de bonne récolte beaucoup plus favorables que celles où nous nous trouvons aujourd'hui.

Voici d'ailleurs les considérations que nous croyons devoir présenter sur cette si grave question de la récolte des vins fins.

De tous les travaux de la viticulture, le plus important est sans nul doute celui de la cueillette des raisins. Pour comprendre cette assertion, on voudra bien ne pas oublier que nous traitons seulement ici les questions qui se rattachent à la production des grands vins de Bourgogne.

Suivant un vieux dicton de ce pays, pour faire d'excellent vin, les vignes doivent, à la vendange, avoir un tiers de leurs raisins vert, un tiers mûr, un tiers *figué*, c'est-à-dire mûr au point de se rider légèrement. Cela est un fait que nous croyons vrai et que les limites assignées à notre travail ne nous permettent pas de discuter maintenant. Il arrive que souvent la récolte se présente dans ces conditions et que le vigneron n'a pas à s'en préoccuper. Mais que de fois, dans l'impatience qu'il a de voir cette récolte à l'abri des intempéries des saisons, n'en a-t-il pas compromis la qualité en la rentrant trop vite! Dans toutes les années précoces, le raisin mûrit du milieu à la fin de septembre, et c'est surtout alors que l'on doit apporter le plus de soins à la vendange, si l'on veut obtenir de grands vins, et voici pourquoi :

Le vin de Bourgogne n'est réellement complet que si une portion notable des raisins (nous ne disons pas le tiers, ce serait peut-être trop exiger) est *figuée* sur le cep. Or, le raisin ne figue ou ne *passerille* que s'il est parfaitement mûr, et, pour arriver à cet état, il lui suffit alors de quelques jours chauds et éclairés par un riche soleil. Si, lorsque le raisin est figué, on ne le récolte pas et qu'on l'expose à recevoir des pluies abondantes, les grains figués ou tombent ou perdent une partie de ce goût de raisin cuit que nous trouvons seulement dans les grands vins. On sait d'ailleurs que dans toutes les circonstances il est très-défavorable de vendanger immédiatement après la pluie.

On devra donc suivre avec le plus grand soin les phases de la maturation du raisin et se mettre, pour le cueillir, autant que possible dans les conditions que nous venons de décrire. Nous ajouterons, malgré l'opinion de quelques auteurs qui ne veulent pas de l'intervention de la science dans notre viticulture, qu'elle nous sera ici d'un grand secours.

(1) D'après M. Ch. Goureau, les ennemis naturels de la gallinsecte ou kermès de la vigne, sont le *celia troglodytes* et l'*encyrtus Swederi*. Le premier, qui est le plus redoutable, est un petit hyménoptère de la famille des fouisseurs et de la tribu des Crabrouites. Le second appartient à la famille des Pupivores et à la tribu des Chalcidites. Ses mœurs ont de grands rapports avec celles des Ichneumons. P. J.

(2) On pourrait aussi, selon nous, pour la destruction de la Gallinsecte de la vigne, recourir aux moyens employés pour se défaire de la gallinsecte du pêcher ou *punaise du pêcher*, comme disent les Montreuillois. Vers la fin de l'hiver, alors que l'insecte est très-visible, ils *brossent la punaise* avec une brosse de chiendent. Dans quelques localités, on fait un mélange de chaux et de savon noir, dont on enduit les arbres attaqués. P. J.

(3) Il nous a été impossible de découvrir le nom scientifique de cette larve ou *ver rouge*, qui nous paraît être la même que celle appelée *teigne* dans le canton de Nuits. P. J.

Si nous recherchons, au moyen de liqueurs titrées, quelle est la quantité d'acides libres que contient le jus du raisin, nous voyons que, au fur et à mesure que la matière sucrée se produit dans le fruit, les acides libres disparaissent. Sans entrer dans les détails de ces recherches que nous avons publiées dans le *Bulletin de la Société d'encouragement*, nous avons trouvé que si, par exemple, la quantité d'acide libre était représentée par le nombre 150 dans le raisin vert, au moment où il commence à *varier*, cette quantité n'était plus représentée que par le nombre 53 dans le fruit mûr et complet qui nous donne de grands vins. D'un autre côté, si avec le saccharimètre de Dubosc, nous recherchons les quantités de sucre que contiennent des raisins cueillis dans les meilleures conditions, nous trouvons que la richesse saccharine du jus peut s'élever jusqu'à 25 p. 100 (année 1846); enfin, chacun sait que plus le suc du raisin est sucré, plus sa densité augmente; si un mauvais jus n'a qu'une densité de 1065, nous avons trouvé en 1858 du jus de 1112. Sans employer toujours pour cette étude de la densité les procédés précis de nos laboratoires, on peut s'en rendre suffisamment compte au moyen d'aréomètres spéciaux, appelés gleucomomètres. Personnellement, nous nous servons pour nos essais d'un instrument fort simple, de notre invention. Il se compose de trois petites sphères métalliques, creuses, dont le poids est calculé de telle manière, au moyen de liqueurs titrées, que toutes les trois vont au fond du liquide qui n'a qu'une densité de 1065. Une d'elles surnage, si la densité est de 1075; deux surnagent, si la densité est de 1085; trois surnagent, si la densité s'élève à 1100. Nous préférons l'emploi de notre instrument à celui des gleucomomètres en verre qui sont si fragiles. Les gleucomomètres en métal sont d'un prix élevé et pour tous la lecture des degrés est souvent variable à cause des effets de la capillarité sur la tige de l'instrument.

On devra donc, avant de vendanger, étudier dans le suc du raisin la teneur en matières sucrées ou acides, et on sera très-étonné de voir combien il suffit souvent de quelques jours à peine pour modifier profondément la qualité du moût. On procédera à la cueillette des fruits dès que la composition de ces moûts se rapprochera autant que possible de celle dont on aura obtenu de bons résultats.

Quelques considérations générales nous paraissent encore nécessaires sur ce sujet. Nous avons trouvé que la matière colorante des raisins est contenue dans les vaisseaux de la pellicule du fruit. Le sucre se trouve surtout dans de petites utricules placées sous l'épiderme; les acides, les gommes, les sels, l'eau abondent dans la partie charnue de la baie. Contre l'opinion généralement reçue, la râfle ne contient que de très-faibles proportions de tannin. Cette substance abonde, au contraire, dans le pepin (1); elle s'y trouve dans la très-mince pellicule qui recouvre la boîte osseuse du pepin. On peut s'assurer de ce fait en recherchant le tannin dans le pepin, après lui avoir enlevé cette pellicule au moyen d'une liqueur suffisamment étendue d'acide sulfurique pour qu'elle puisse la détruire. Lorsque la boîte osseuse est dénudée, on la lave pour enlever toute trace d'acide, et on reconnaît alors qu'elle ne contient plus de tannin.

Cette étude de la structure du raisin va nous aider à éclairer quelques questions qui tiennent à l'œnologie. Plus les grains du fruit seront petits, plus ils contiendront de sucre, bien entendu pour une même quantité de jus; plus aussi ils contiendront de tannin; moins enfin ils contiendront d'acides libres.

Pour la production d'un bon vin, il est donc de la plus haute importance que nous ayons un fruit dont les grains n'atteignent pas un fort développement. Ce résultat, nous l'obtenons avec notre vieux système de culture. En sera-t-il de même avec le système que recommande et propage aujourd'hui le docteur Guyot. Les raisins que porte la branche à fruits de ses vignes sont plus forts que les nôtres; d'ailleurs, si nous avons de 20 à 24,000 ceps à l'hectare dans les vignes de la Bourgogne, celles du docteur Guyot n'en ont que 10,000; pour le même produit, chaque cep devra donc donner deux fois plus de fruits que les nôtres; la composition du suc sera-t-elle la même? Nous disons non, et déjà voici une autorité très-compétente qui vient appuyer nos assertions. M. Fleurot a trouvé dans les raisins de la branche à fruits préconisée par le docteur Guyot, moins de sucre et plus d'acides libres que dans les raisins de notre culture. Nous répéterons donc que, en tant qu'il s'agit de la production des grands vins, nous devons mettre beaucoup de réserve dans nos essais de réforme. Les conseils du docteur Guyot nous semblent donc surtout à l'adresse des producteurs de vins communs. L'emploi des pleyons, arcûres, branches à fruits continuera sans nul doute à donner de plus abondantes récoltes. On fumera fortement la vigne quand sa production faiblira; on l'arrachera quand elle sera épuisée, et toujours on fera du vin médiocre. Nous sommes près d'un vignoble où ce système est suivi depuis longtemps; nous ne le croyons pas destiné à être encouragé ni à réussir dans le nôtre, car, avant tout, nous devons maintenir la haute réputation de nos vins.

Une des conditions essentielles pour que le vin soit bon, est qu'il présente une grande franchise de goût. On devra donc encore, avant la vendange, enlever soigneusement de la vigne tous les grains de raisin qui seraient ou tachés par la grêle ou brûlés par le soleil. Cette opération doit seulement être faite quelques jours avant la récolte, afin que les grains qui seraient blessés dans ce travail n'aient pas le temps de pourrir ou de se dessécher avant la vendange. Nous conseillerons d'ailleurs, si les fruits ont été grillés ou grêlés, d'égrapper les raisins. Cette opération qui, généralement, donne d'excellents résultats, présente en outre ici cet avantage qu'après le premier foulage, la plus grande partie des grains secs viennent à la surface de la cuve et qu'on peut très-aisément les enlever. Ces grains peuvent donner un goût de méfranchise au vin dans les condi-

(1) Voir les mémoires publiés dans le *Bulletin de la Société d'encouragement*.

tions que voici : s'ils sont mouillés par la pluie, ils se recouvrent d'une végétation cryptogamique qu'on reconnaît facilement au microscope et contractent un goût prononcé de moisi, et si les grains sont nombreux, ce goût peut se communiquer au vin.

Un soin que l'on devrait encore toujours prendre, lorsqu'on vendange nos grands crus, ce serait de ne jamais cueillir les raisins qui sont mouillés par la rosée. On sait que les corps qui affectent la couleur noire se recouvrent d'une plus abondante couche de rosée ; ce fait se produit d'une manière remarquable dans les vignes, et lorsque le raisin est en partie à découvert par suite de la chute des feuilles, il n'est pas rare, le matin, avant le lever du soleil, de le trouver complétement couvert d'eau. On a tort de le vendanger dans ces conditions. D'abord, on augmente très-sensiblement la proportion d'eau qui est contenue dans le suc du fruit, mais il arrive surtout que les raisins froids mis dans la cuve tardent à entrer en fermentation, et l'on sait, depuis les beaux travaux de M. Pasteur, ce qu'il advient souvent des jus sucrés qui ne subissent pas de suite dans la cuve la fermentation alcoolique.

Nous recommandons de tenir chaque année des notes bien exactes de toutes les circonstances qui ont accompagné la vendange et le travail de la fermentation. C'est le seul moyen que nous ayons de nous rendre compte des résultats obtenus. L'examen de ces notes devra, après une période de quelques années, guider le vigneron dans cette si importante opération de la récolte.

Afin de pouvoir opérer avec tout le soin que demandent les immenses résultats qui sont engagés dans la culture des vignes fines, il est de toute nécessité que le propriétaire soit libre de vendanger quand bon lui semble.

Malheureusement, il n'en est pas ainsi. La date de la récolte est fixée par un ban, donné aujourd'hui, non comme autrefois par le seigneur de l'endroit, mais par la commune. Nous avions, il y a peu d'années, un ban collectif arrêté au chef-lieu de l'arrondissement par un conseil de prud'hommes délégués par les communes intéressées ; le système actuel est un pas de plus fait vers celui de la liberté, le seul qui soit dans nos mœurs d'abord et qui puisse ensuite donner les meilleurs résultats. Dans l'état actuel des choses, dès qu'une commune a publié son ban de vendange, le pays est envahi par des masses de travailleurs venus de la plaine, du Morvan et des départements voisins.

Ce sont eux qui réellement décident du jour de la vendange par la crainte que l'on a de leurs déprédations. D'ailleurs, si l'on tarde trop à rentrer sa récolte, les grappilleurs dévastent souvent vos vignes, quoi que vous puissiez faire.

Selon nous, on devrait se contenter de proclamer que pour la vigne, on a, comme pour les autres récoltes, un droit entier de liberté sur les fruits du sol. Mais aussi il est de toute nécessité que l'on interdise le grappillage sous les peines les plus sévères, et cela pendant un délai très-long et sagement arrêté. Il suffirait de quelques agents de l'autorité qui seraient envoyés dans les principaux villages de la côte pour que la loi fût respectée.

Disons encore deux mots des frais de la vendange. Ils varient suivant que la récolte est plus ou moins abondante. Si nos vignes doivent produire 25 hectolitres à l'hectare, il faut dix-huit ouvriers par hectare et les frais de la vendange sont toujours, par hectare, de 57 fr., et par hectolitre de 2 fr. 70. Lorsque la récolte est seulement de 9 hectolitres, on doit compter qu'il faudra quatorze ouvriers. Dans ce cas, les frais de vendange s'élèveront à 35 fr. par hectare, et à 3 fr. 90 par hectolitre.

Lorsque nous en serons au moment de traiter la question des vins, on expliquera combien il importe que, pour les grands crus, les cuves soient promptement remplies. Généralement, nous prenons nos mesures pour qu'elles le soient en un seul jour.

On doit, autant que possible, chercher à apprécier avant la récolte ce qu'elle sera en quantité. Voici par quels procédés nous sommes parvenus à nous rendre *à priori* un compte suffisamment exact de la production d'un vignoble :

Soient x, x', x''... le nombre de pièces (228 litres par pièce) de vin que produira chaque vigne, n, n', n''... a, a', a'' le nombre de raisins que porte chaque cep, et la contenance en ouvrées (4a, 28) de chaque vigne ; enfin L le nombre de ceps que contient une ouvrée et K le nombre de raisins nécessaires pour faire une pièce de vin. On aura $x + x' + x''... = \frac{L}{K}(n + n') = \times$ ou la quantité de vin de tout son vignoble.

Nous avons trouvé $\frac{1}{4}$ pour la valeur de $\frac{L}{K}$ dans les années abondantes, et $\frac{1}{5}$ pour cette valeur dans les années peu abondantes, lorsque le raisin est moins fort. Il suffit, pour chaque récolte, de déterminer la valeur de n, n'... Pour cela, on compte les raisins de dix ceps dans plusieurs parties de la vigne, on prend la moyenne du chiffre obtenu et on arrive à ce résultat que pour les valeurs suivantes de n, $n = 0,62$, $n = 1,04$, $n = 2,08$. On a pour le nombre de pièces ou fractions de pièce correspondantes par ouvrée $x = 0,125 \times 228$ litres, $x = 0,25 \times 228$ litres, etc. Il est très-important que l'on soit de bonne heure fixé sur le produit d'un vignoble, afin d'abord de se munir d'un nombre suffisant de futailles, et aussi de combiner ses cuvées de manière à n'être pas trompé au moment de la récolte.

Dans un mémoire sur la nature des terrains qui, dans la Côte-d'Or, sont livrés à la culture de la vigne, nous avons établi trois grandes divisions. La première comprend les vignes à sous-sol de rochers calcaires ; la seconde celles qui reposent sur la marne ; la troisième enfin celles qui sont cultivées sur de puissantes alluvions tertiaires. La maturation varie chaque année avec la nature du sous-sol et l'état atmosphérique des saisons. Ainsi, lorsque l'été est pluvieux, l'avantage reste aux vignes situées sur les rochers et les alluvions ; c'est le contraire qui arrive dans les années de sécheresse ; ce sont alors les vignes à sous-sol marneux qui donnent les meilleurs raisins. Nous entrons dans ce détail, parce qu'il arrive souvent que par un mélange bien compris des fruits de ces diverses provenances, on obtient un meilleur vin que si l'on traite séparément dans la cuve les raisins qui viennent d'un seul et même terrain.

Observations microscopiques. — Nous avons déjà dit que l'analyse chimique des moûts et des vins présentait de grandes difficultés; et cependant, rien ne nous aiderait davantage à pouvoir *à priori* juger de l'avenir d'un vin, comme à fixer d'une manière rationnelle le moment de la vendange; mais nous avons reconnu que, sans aborder le long et pénible travail d'une analyse qualitative et quantitative des moûts, on pouvait, par quelques essais fort simples, se rendre suffisamment compte de leur composition.

Voici, depuis 1837, en quoi consiste le travail que nous faisons sur les moûts et les vins nouveaux. Chaque année, nos expériences ont porté, non-seulement sur les produits du pinot, mais aussi sur ceux des gamais et de quelques autres variétés de vignes de notre collection. Nous ne parlerons ici que du pinot, en faisant observer que nous avons toujours opéré sur les moûts et les vins de la même vigne, et cela dans le but de rendre plus comparables les résultats de notre travail.

Nous déterminons d'abord par des pesées, et à la température de 15° cent., la densité du moût et celle du vin. Nous recherchons ensuite les quantités d'acides libres qu'ils contiennent. La potasse dont nous nous servons pour saturer nos liqueurs est préalablement titrée au moyen d'acide sulfurique normal à 66°, et de cette manière nous évaluons les acides du moût en acide sulfurique. Enfin, nous déterminons la quantité de sucre que contient le moût, la richesse alcoolique du vin, la quantité de matière extractive qui reste dans ce vin, et le poids des résidus que donne l'incinération de la matière extractive.

Nous avons résumé dans le tableau suivant les résultats de ces divers essais.

ANNÉES.	DENSITÉ du MOUT.	SUCRE pour 100 gr. DE MOUT.	ACIDES LIBRES pour 100 gr.	DENSITÉ DU VIN.	RICHESSE alcoolique DU VIN.	ACIDE LIBRE.	MATIÈRE EXTRACTIVE p. 100 gr.	CENDRES p. 100 gr.
1847 (pinots)	1097	21,42	0,50	0.995	11,70	0,45	2,57	0,60
1848 id.	1101	21,86	0,44	0,99	11,64	0,41	2,37	0,41
1849 id.	1103	22.10	0,43	»	11,60	»	2,32	0,32
1850 id.	1085	19,40	0,51	»	10,74	»	2,46	»
1851 id.	1080	17,50	0,52	»	9,90	0,51	»	»
Raisins verts et durs (1851)	1017	»	2,60	»	»	»	»	»
Raisins verts et déjà transparents.	1037	»	1,92	»	0,79	»	2,40	»
Raisins mûrs desséchés sur des claies (un mois d'exposition)	»	31,74	0,44	»	»	»	»	0,20
1852	1099	19.40	0,53	»	10,90	»	»	»
1853	1082	18,70	0,52	»	10,34	»	»	»
1854	1104	24.50	0,44	0,99	13,07	»	»	»
1855	1090	17,90	0,51	»	9,97	»	»	»
1856	1096	19,75	0,46	»	11.15	»	»	»
1857	1102	22,40	0.43	»	12,20	»	»	»
1858	1112	24,90	0,36	0,991	13.24	0,33	3,20	0,40
1859	1105	22,96	0,42	»	12,25	»	»	»
1860	1070	14.30	0,67	»	8,46	»	1,85	0,21
1861	1098	22,14	0,43	»	11,75	»	»	»
1862	1095	21,80	0,44	»	11,57	»	»	»
Pinot 1848 (2e cru) vendangé :								
le 28 septembre	»	»	0,54	»	10,99	»	2,19	0.27
le 10 octobre	»	»	0,38	»	11,54	»	2,63	0,22
le 6 novembre	»	»	0,42	»	12,79	»	3,98	0,18
Pinot 1848 (vin de goutte)	»	»	»	»	10,99	0,54	2,54	»
Dernier vin de presse	»	»	»	»	7,50	0,52	2,55	»
Pinot 1842. Vin de Pommard de retour de l'Inde	»	»	»	»	12,24	0,32	»	»
Le même à Pommard	»	»	»	»	12,38	0,34	»	»
Madère (sec)	»	»	»	1,103	20,29	»	4,19	0,20

En discutant les chiffres de ce tableau, nous voyons que le moût le plus dense a été celui de l'année 1858, le moût le plus faible celui de 1860. Le moût des raisins verts et durs a une densité peu élevée; il contient une forte proportion d'acides libres. Le moût du raisin vert, mais déjà transparent, a une densité moins faible. Il contient moins d'acide libre, peut déjà fermenter, et donne une trace d'alcool.

Nous avons fait dessécher sur des claies, pendant un mois, des raisins mûrs de la récolte de 1851. Le moût devient très-dense; il est très-riche en matière sucrée, et son acidité a sensiblement diminué.

Les moûts de 1858 contenaient 24gr,90 de sucre pour 100 grammes de moût; ceux de 1860, seulement 14gr,30 pour 100 grammes.

L'acide libre d'un moût de raisin peut varier de 2gr,60 (raisins verts et durs) à 0gr,36 (vin de 1858).

Lorsque, dans un moût, le poids de l'acide dépasse 0gr,55, le vin de ce moût ne peut entrer dans le commerce comme vin de bouteille; et pour nous servir d'une expression locale, *il n'est point marchand.*

Il arrive souvent qu'en laissant les raisins sur les ceps plus qu'il ne conviendrait, le poids de l'acide libre augmente. Cela tient à ce que, sous l'influence des gelées, de la rupture des baies, etc., il se produit dans le fruit de petites quantités d'acide acétique. Si la peau du fruit reste entière, et que le raisin soit très-sain, dès que le pédoncule de la grappe est ligneux, on voit constamment la quantité de sucre augmenter dans le moût, et le poids de l'acide diminuer.

La densité des grands vins de Bourgogne varie à peine de 0,98 à 0,995.

En traitant l'article *Œnologie*, on dira avec détail ce qu'est la richesse alcoolique des vins de Bourgogne. Nous n'avons cependant pas cru inutile de mettre pour chaque année, en regard de la densité de nos moûts de pinots, les chiffres qui donnent la quantité correspondante d'alcool.

Les derniers vins de presse contiennent peu d'alcool. Nous avons expliqué ailleurs que contre l'opinion généralement admise, ils contenaient aussi très-peu de tannin.

Le poids de l'acide libre des vins est moins élevé que celui des moûts qui les ont donnés.

Lorsqu'on évapore jusqu'à siccité un poids donné de vin, il reste une certaine quantité de matière extractive qui joue plus tard un très-grand rôle dans l'hygiène des vins. Plus les raisins ont de maturité, plus est élevé le poids de cette matière extractive. On voit cependant quelquefois de très-bons vins et de très-médiocres, donnant à l'évaporation la même quantité d'extrait sec.

Un vin de Pommard 1842, retour de l'Inde, que M. Coste nous a communiqué, différait très-peu du même vin resté à Pommard. Il était seulement un peu moins coloré, moins acide, moins riche en alcool.

Nous avons donné la richesse alcoolique et la densité d'un vin de Madère, et ceci dans le but de faire mieux comprendre les observations qui suivent.

Dans les vins communs, les acides libres dominent; ils ne contiennent que de faibles proportions d'alcool, et cependant ils se conservent bien. Dans les vins fins de la France, il y a peu d'acide libre, et une riche proportion d'alcool. Ils contiennent aussi plus d'extrait sec que les vins ordinaires. Enfin, dans les vins de liqueur, il y a à la fois beaucoup d'alcool et beaucoup d'extrait sec.

Pour nous, lorsque les vins fins de la France contiennent, relativement à leur alcool, une trop forte proportion de matière extractive, et peu d'acides libres, ils se trouvent dans de mauvaises conditions hygiéniques; on devra donc, comme on l'expliquera plus tard, attendre qu'ils soient fortement dépouillés dans le fût avant de les mettre en bouteilles. Si l'alcool domine, les vins se rapprochent des vins de liqueur, qui généralement, avec 16 p. 100 d'alcool, ne fermentent plus.

Si nous sommes entré dans ces détails, qui seraient mieux placés au chapitre *Œnologie* qu'au chapitre *Viticulture*, cela tient à ce que nous ne croyons pas inutile (dans l'impossibilité où nous sommes de connaître pour tous nos vins la composition exacte de l'extrait sec qu'ils contiennent) de dire quelques mots des nouvelles recherches que nous avons faites à ce sujet. Nous voulons parler des observations microscopiques auxquelles nous avons soumis les divers produits de la vigne. Déjà, nous disions, en 1845 (Congrès de Dijon) : « *Il ne serait pas sans intérêt d'examiner au microscope diverses substances provenant de vins malades et altérés...* » Déjà, à cette époque, nous parlions « *d'animalcules trouvés sur les végétations que présentent souvent les faussets des fûts,* » et des « *végétations de la fleur du vin et du vin poussé* (1). »

Un savant observateur, M. Pasteur, a reconnu ces végétations dans la fleur du vin et dans le vin poussé, et il a découvert et démontré qu'elles constituaient de nouveaux ferments, sous l'action desquels les vins se décomposaient.

Nous savons que s'il est difficile, pour ne pas dire impossible, de guérir des vins malades, on peut aisément les préserver des maladies qui si souvent les atteignent. Ne pourrait-on, avec l'aide du microscope, découvrir à l'avance les dispositions maladives des vins? Tel est le problème que nous nous sommes proposé depuis longtemps. Nous donnerons un court résumé des essais que nous avons faits et des résultats que nous avons déjà obtenus.

Le travail que nous avons fait consiste à observer au microscope les cristaux que laisse sur une lame de verre une goutte de vin soumise, sous une cloche, à l'évaporation spontanée.

Lorsque l'on dépose une goutte de vin sur une lame de verre préparée pour les observations microscopiques, il faut, pour que l'évaporation soit complète, une durée de temps très-variable. Nous ajouterons que si l'on veut obtenir une cristallisation régulière, l'évaporation doit être spontanée, et qu'il faut opérer dans une chambre dont la température variera de 15 à 18° centigrades. Plus le vin contient de matière extractive, plus l'évaporation est lente ; et tandis que l'évaporation d'une goutte d'Ermitage 1846 durait 31 heures 23 minutes, celle d'un vin de Pommard 1842 demandait 71 heures 25 minutes, et celle d'un vin de Tokay et d'un vin de Champagne n'était pas complète au bout de 22 jours. En général, il faut de 20 à 75 heures pour qu'une goutte de vin de l'ordre des Bordeaux, Bourgogne ou Ermitage, puisse s'évaporer et cristalliser dans les conditions que nous avons indiquées.

Dans la figure 914, les n°s 1 à 29 représentent les formes principales qu'affectent les cristaux des vins que l'on abandonne directement à l'évaporation spontanée.

Nous regrettons que le talent de nos plus habiles graveurs ait échoué devant la reproduction des planches que nous avons obtenues en 1858, avec les puissants appareils de photographie microscopique de MM. Bertsch et Arnaud. Le seul aspect de ces planches, dont les cristaux varient si essentiellement avec le vin qu'elles représentent, montre mieux que les plus longues descriptions, tout le parti qu'on peut retirer, dans l'étude des vins, des recherches microscopiques.

Nous avons déjà vu que les vins contiennent une très-variable proportion d'acides libres, et les

(1) Mémoire sur la vinification dans la Côte-d'Or, p. 112.

recherches qui ont été faites sur ces acides ont démontré qu'ils n'étaient pas les mêmes dans tous les vins. Ainsi, dans les raisins peu mûrs, on trouve de fortes proportions d'acide malique; les

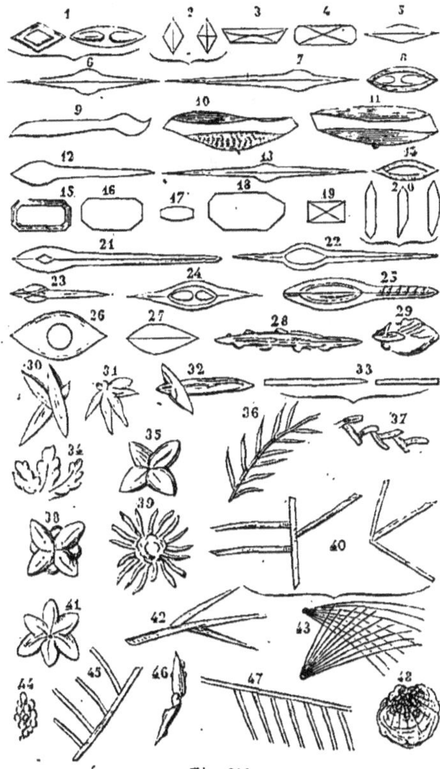

Fig. 914.

raisins gelés, pourris ou grêlés contiennent de très-sensibles proportions d'acide acétique. On sait d'ailleurs que, dans certains cas, les vins contiennent de l'acide paratartrique, de l'acide acétique, des acides succinique, butyrique, etc., etc. Comme ces acides ne cristallisent pas en général par l'évaporation spontanée, et que rien ne peut indiquer leur présence avec les méthodes d'examen que nous avons décrites, nous avons, avant de soumettre les vins à l'évaporation, commencé par saturer tous leurs acides, au moyen de l'ammoniaque. Il est évident que les sels ammoniacaux qui résultent de cette réaction devront donner à nos cristaux un caractère plus spécial.

Les n°s 30 à 48 représentent quelques-uns des cristaux nouveaux que nous avons obtenus en opérant de cette manière.

Comme nous avions d'ailleurs remarqué que souvent le même vin ne donnait pas identiquement la même cristallisation, nous avons, avant de faire notre préparation microscopique, commencé par évaporer la solution ammoniacale. Nous avons ensuite lavé les cristaux avec de l'alcool pur, de manière à les séparer de la matière extractive non cristallisable qui les enveloppait. En dissolvant ensuite ces cristaux dans l'eau distillée, et se servant de cette nouvelle solution pour la préparation microscopique, on obtient une cristallisation beaucoup plus régulière et plus spéciale.

Disons enfin que si l'on veut conserver indéfiniment les préparations microscopiques des vins, on doit prendre certaines précautions que voici :

La lame de verre sera lavée avec soin, avec de l'eau distillée d'abord, puis avec de l'alcool. Lorsqu'elle sera sèche, on fera avec un pinceau, sur

Fig. 915.

cette lame, une cellule en gomme arabique (*fig.* 915, *abcd*). C'est au milieu de cette cellule que sera mise la goutte de liqueur à évaporer. Dès que l'évaporation sera complète, si les cristaux sont enveloppés d'une matière non cristallisable, on la lavera avec soin avec quelques gouttes de benzine rectifiée, ou d'alcool à 90°; puis, lorsqu'ils seront secs, on les recouvrira avec une mince lamelle de verre, ayant les dimensions de la cellule; on commencera par envelopper les cristaux avec une goutte de substance résineuse, préparée comme il suit :

On dissout à chaud, dans un tube de verre, trois parties de baume du Canada, très-pur, dans une partie de benzine rectifiée, et on recouvre la préparation microscopique avec une goutte de cette substance. Afin que la lamelle de verre adhère facilement à la cellule, et aussi afin de n'emprisonner aucune bulle d'air pouvant nuire à la netteté de la préparation, on applique cette lamelle après l'avoir à l'avance trempée dans l'alcool, et on la présente sur la cellule par un de ses angles. Au bout de quelques jours, l'adhérence est complète, et cette préparation de vin est inaltérable.

Nous avons soumis à ce moyen d'investigation quelques liquides plus ou moins exposés aux falsifications, le vinaigre, par exemple; et les préparations du vinaigre naturel présentent de telles différences avec celles des vinaigres falsifiés (le fussent-ils dans de faibles proportions), que la fraude devient manifeste. Ainsi, supposons que l'on fasse photographier les vinaigres falsifiés, et que des épreuves de ce travail soient mises entre les mains des experts assermentés, nul doute que la vérification du liquide soumis à leur examen ne devienne d'une facile et prompte appréciation.

Nous avons déjà expérimenté ce procédé d'investigation sur un grand nombre de vins. Nous n'abuserons pas de nos lecteurs en traitant cette question comme on pourrait le faire dans un mémoire spécial; nous nous contenterons de dire comment on doit faire ce genre d'observations, et aussi de discuter brièvement quelques-uns des résultats obtenus.

Romanée 1846. — Durée de l'évaporation, 71 heures 10 minutes. Cristaux peu nombreux, 4/10 de la cristallisation en cristaux, n° 7; longueur, $\frac{152}{100}$ de millimètre; largeur, $\frac{20}{100}$ de millimètre.

4/10 de la cristallisation en cristaux du n° 8.

2/10 de la cristallisation en cristaux du n° 8.

Longueur, $\frac{14}{100}$ de millimètre ; largeur, $\frac{1}{100}$ de millimètre.

On remarque de petites cristallisations, en forme d'arborisations, le long des fuseaux n° 7.

Avec l'aide de la cristallographie, on donnera des mesures d'angles et des indications plus scientifiques et plus précises, surtout en opérant avec les liqueurs préparées au moyen du lavage à l'alcool.

Nous résumerons en quelques mots les données générales qu'on peut déduire de l'examen de ces préparations microscopiques.

Dans les vins nouveaux de pinots, on trouvera principalement les n°s 1 et 15 ; et les n°s 30 et 38 avec l'emploi des solutions traitées par l'ammoniaque. S'il s'agit des vins de gamais, ce seront les n°s 40 que l'on rencontrera le plus souvent.

Les vins vieux de pinots donnent surtout des cristaux à formes allongées, comme les représentent les n°s 6, 7, 12, 28, 46. Dans les grands vins blancs (de Montrachet), la forme des cristaux est celle des n°s 21 et 22; dans les vins malades, nous trouvons les n°s 29, 34, 37, 39, 48. Les vinaigres de vins naturels sont caractérisés par les cristaux du vin, et aussi par les numéros en arborisation, 34 et 36. Les vinaigres de vins falsifiés au moyen des plus faibles quantités d'acide sulfurique, sont caractérisés par les n°s 33 et 43.

Lorsque, en 1855, nous donnâmes pour la première fois de la publicité à ce travail, on voulut bien en exagérer l'importance, en indiquant qu'avec ce nouveau mode d'investigation, il n'y avait point de mélange, point de falsification de vins que l'on ne pût reconnaître. Nous sommes loin d'attribuer à ces recherches une valeur aussi complète. Cependant, nous ne doutons pas qu'entre les mains d'un expérimentateur soigneux, elles ne fournissent, dans l'étude des vins, comme nous l'avons très-souvent reconnu nous-même, des indications très-précieuses.

Frais d'établissement d'un vignoble. — Nous terminerons ce travail en indiquant les frais d'établissement d'un vignoble dans les crus fins de la Côte-d'Or.

A Pommard, par exemple, la valeur du sol est pour les premiers crus de 16 à 18,000 francs par hectare.

On aura dû cultiver pendant trois ans au moins, du sainfoin sur les terrains qui sont destinés à une plantation. Le but de cette culture est de purger le sol de toutes les excrétions que la vigne arrachée a pu y accumuler. Depuis longtemps on a reconnu que, de toutes les plantes fourragères, le sainfoin était celle qui remplissait le mieux cette destination. La plantation faite comme nous l'avons expliqué coûtera 233 fr. 60 par hectare. Ici nous ferons cette remarque : une opinion accréditée parmi nos vignerons est que plus le sol est ferme autour des fosses qui reçoivent les jeunes plants, plus la plantation a de chances de réussite. Nous ne partageons pas cette manière de voir : pour nous la reprise sera plus assurée, les jeunes vignes présenteront une plus grande vigueur, si elles sont établies dans un sol défoncé. Nous avons vu, en 1862, dans quelques vignobles très-soignés de la Savoie, des vignes qui, plantées dans un terrain profondément défoncé (à 0m,45 de profondeur), avaient, au bout de deux ans, une force de végétation que nous n'obtenons guère qu'à quatre ans en Bourgogne. Seulement les frais de défonçage seront de 500 francs par hectare, et ceux de la plantation au plantoir, de 70 francs. Pendant trois ans, la jeune vigne recevra quatre labours chaque année. Le prix de cette culture sera de 140 francs. Nous savons d'ailleurs que si nous tenons à l'avenir de notre plantation, on ne devra pas y établir de cultures intermédiaires sur les ados ; pendant ces trois premières années, nous aurons encore dû remplacer 1/5 environ des plants enracinés de notre jeune vigne. Et comme nous y aurons déjà planté 11,700 sujets par hectare, nous aurons en définitive employé 14,000 plants valant 210 francs.

Dans les deux ou trois années qui suivront, nous aurons à garnir notre vigne au moyen du provignage et à la paisseler ou échalasser.

Les vignes fines de la Bourgogne contiennent environ 23,000 ceps à l'hectare; notre plante demandera 5,650 provins à trois saillies pour être complétement garnie. Nous ne pouvons évaluer à moins de 7 francs le cent les provins à trois saillies. Reste enfin le paisselage ou échalassement.

Si nous avons adopté la plantation en lignes, nous proposerons pour le palissage de la vigne les supports en fil de fer de M. Collignon d'Ancy. Voici la description qu'en donne M. le professeur Du Breuil :

« M. Collignon d'Ancy, de Metz, nous paraît avoir résolu complétement la question du palissage. Son procédé se résume dans les opérations suivantes :

« 1° Placer à chaque extrémité de la ligne de plantation un fort support en bois (A, *fig.* 916)

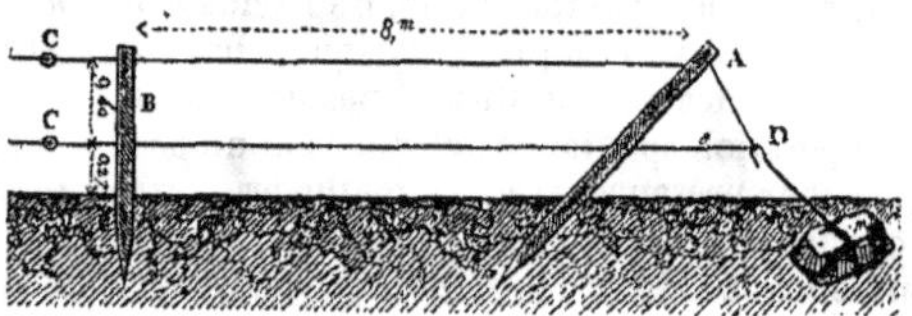

Fig. 916. — Supports en fils de fer (système Collignon d'Ancy).

de 1m,40 de longueur et de 0m,05 d'équarrissage ; l'incliner en dehors sous un angle de 45°. Percer deux trous au travers de ces supports, l'un à 0m,27 au-dessus du sol, l'autre à 0m,67 aussi au-dessus du sol.

« 2° Ouvrir à chaque extrémité des lignes, et à 0m,80 des supports précédents un trou de 0m,30 de largeur et de 0m,40 de profondeur, dans lequel on placera un moellon d'environ 0m,25 cubes entouré de fil de fer galvanisé plié en deux. Accrocher à ce collier l'une des extrémités d'une agrafe galvanisée, dont la moitié de la longueur devra être enterrée. Remplir ensuite les trous et damer fortement la terre.

« 3° Enfoncer sur chaque ligne une série de supports B parfaitement alignés avec ceux des extrémités. Ces supports, de 1m,35 de longueur et de 0m,04 d'équarrissage, devront s'élever de 0m,70 au-dessus du sol. Fixer sur le côté de chacun de ces supports deux pointes à crochet, la première à 0m,27 au-dessus du sol, la seconde à 0m,40 au-dessus de la première. Pour augmenter la durée de tous ces supports, il sera utile de brûler et de goudronner la partie qui doit être enterrée, ou d'imprégner le tout de sulfate de cuivre.

« 4° Faire passer à travers l'un des supports inclinés l'extrémité d'un fil de fer galvanisé n° 13, et l'attacher à l'agrafe voisine D. Conduire ce fil de fer jusqu'à l'extrémité de la ligne, en l'accrochant aux pointes à crochet fixées sur les supports intermédiaires; couper ce fil de fer à la longueur voulue, puis y faire glisser par cette extrémité un roidisseur C; faire passer le fil de fer à travers l'autre support incliné, et l'attacher sur l'agrafe voisine. Enfin, enfermer le fil de fer dans les pointes à crochet, en frappant légèrement sur celles-ci, puis tendre le fil de fer au moyen du roidisseur placé vers le milieu de la longueur de la ligne.

« Le second fil de fer est placé de la même manière, et ainsi de suite pour chacune des autres lignes de plantation.

« On a imaginé, pour tendre les fils de fer, un

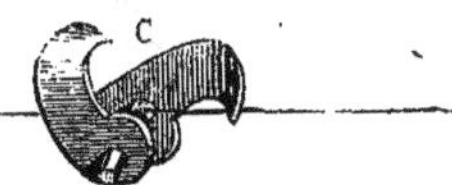

Fig. 917. — Roidisseur Thiry.

grand nombre de roidisseurs différents. Nous conseillons pour le vignoble celui qui a été récemment imaginé par M. Thiry, et qui est représenté par la figure 917. Il donne tous les résultats désirables, et son prix est extrêmement modique (0 fr. 10). On fait agir ce roidisseur de la manière suivante :

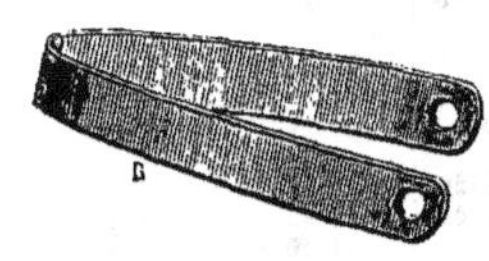

Fig. 918. — Pince pour faire fonctionner le roidisseur.

« La ligne de fil de fer étant fixée à ses deux

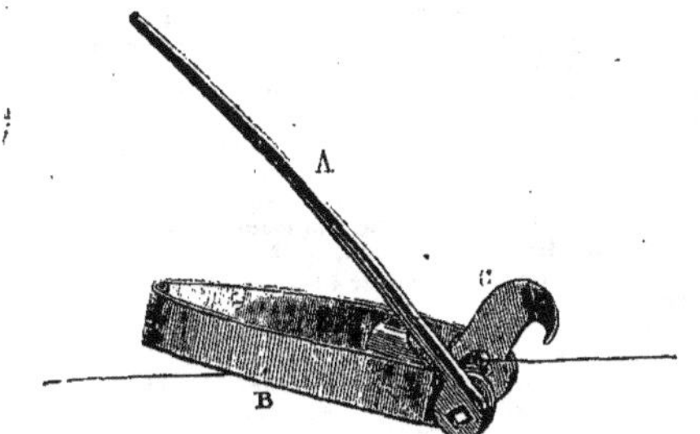

Fig. 919. — Roidisseur mis en action

extrémités, et le roidisseur glissé vers le milieu de cette ligne, introduire les deux extrémités carrées de l'axe du roidisseur dans les anneaux de la pince indiquée par la figure. 917. Cette pince à charnière est en tôle forte galvanisée, et ne coûte que 0 fr. 30. La figure 919 indique la position de cette pince après qu'elle a été placée. Elle est solidement maintenue dans cette position avec la main gauche. On place avec la main droite la clef (*fig.* 920) sur l'extrémité carrée A de l'axe du roidisseur, puis on imprime à celui-ci un mouvement de rotation suffisant pour bien tendre le fil de fer. L'arrêt se fait au moyen de l'un des deux crochets qui terminent l'extrémité des branches du roidisseur C (1).

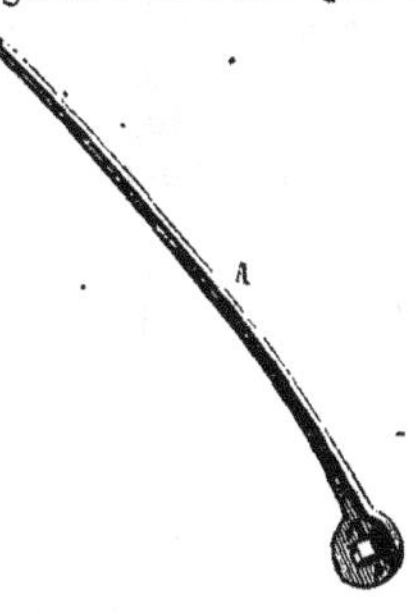

Fig. 920. — Clef du roidisseur.

« Pour une ligne de ceps de 100 mètres de longueur, une double ligne de fil de fer galvanisé, n° 13, de 200 mètres de longueur, pesant 5 kilogr., à 1 fr. le kilog.	5 f. »
2 piquets d'extrémité, en bois sulfaté, à 20 c. l'un......	» 40
2 culées, fil de fer et moellon, à 30 c. l'un........	» 60
12 piquets intermédiaires, en bois sulfaté, à 10 c. l'un. .	1 20
Pointes à crochet....................................	» 10
2 roidisseurs, à 10 c. l'un............................	» 20
Pose.	» 30
	7 f. 80

« Une surface d'un hectare de 100 mètres de côté plantée à raison de 20,000 ceps disposés en lignes, peut recevoir 100 lignes de ceps. Ce nombre de lignes multiplié par 7 fr. 80 donne une dépense totale de 780 francs par hectare, dont 200 francs pour les piquets en bois.

« La durée des fils de fer peut être facilement portée à 40 ans, ou 580 fr. divisé par 40..................	14 f. 50
La durée des piquets, en bois sulfaté, est au moins de 25 ans, ou 200 fr. divisé par 25..................	8 »
Intérêt à 5 p. 100 du prix des piquets pendant leur durée = 250 fr. qui, répartis sur les 25 années de durée, donnent par an..............................	10 »
Intérêt à 5 p. 100 du prix des fils de fer pendant leur durée = 1,160 fr. qui, répartis sur les 40 ans de durée, donnent par an..............................	29 »
	61 f. 50
La même surface échalassée coûte..................	105 »
Il y a donc, au profit des fils de fer, une économie annuelle de................................	43 f. 95 »

Si nous avons planté notre vigne avec le système de plantation confuse qui de temps immémorial est en usage en Bourgogne, nous devrons munir chaque cep d'un échalas en bois. Nous donnons le choix aux échalas de bois blanc trempés que nous payons 1 fr. 50 les cinquante pointes. Il nous faudra, dans un hectare, 23,000 pointes à 0 fr. 03, la dépense du paisselage sera donc de 690 francs. On ne devra point perdre de vue que le palissage en fil de fer aura une durée de quarante ans en moyenne, tandis que le paisselage en bois sulfaté durera à peine de douze à quinze ans.

(1) M. Thiry, rue Bergère, 9, à Paris, livre ces roidisseurs, les fils de fer et tout ce qui est nécessaire pour ce mode de support dans les vignobles.

Nous devons enfin ajouter à tous ces frais l'intérêt du capital représentant la valeur du sol pendant sept ans; le seul produit annuel agricole de notre plantation sera représenté par une coupe de sainfoin (93 fr. 40), et cela seulement encore pendant les trois années qui auront précédé la plantation.

Nous pouvons donc maintenant donner dans le tableau qui suit le prix de revient d'établissement d'un vignoble, pour une surface de 1 hectare :

Plants enracinés	210 f. 60	
Plantation	233 60	
Culture (pendant 4 ans)	560 32	
Provignage	395 50	
Paisselage	690 »	
Intérêts du capital pendant 7 ans (16,352) à 5 1/2 p. 100	4,006 24	
Revenu (sainfoin) pendant 3 ans	» »	280 f. 32
Dépenses de la plantation	» »	5,815 91
	6,096 f. 26	6,096 f. 26

Dans le cas où l'on aurait choisi la plantation en lignes faite sur un terrain défoncé, nous établirions comme il suit le prix de revient de ce travail :

Plants enracinés	300 f. »	
Défonçage et plantation	570 »	
Culture pendant 4 ans	560 32	
Palissage en fil de fer	780 »	
Intérêts du capital pendant 7 ans	4,006 24	
Revenu (sainfoin) de 3 ans	» »	280 f. 32
Prix de revient effectif de la plantation	» »	5,936 24
	6,216 f. 56	6,216 f. 56

Nous voyons que dans les deux systèmes de culture dont il a été question, le prix d'établissement de notre vignoble sera à peu près le même. Mais si, avec l'emploi des lignes en fil de fer, nous avons une durée du palissage bien supérieure à celle du paisselage, nous trouvons d'un autre côté que la vigne qui aura été provignée aura plus de vigueur et plus d'avenir que celle qui ne l'aura pas été (1).

Avec l'un ou l'autre des deux systèmes, nous voyons donc qu'en tenant compte de la valeur du sol, le prix de l'hectare de vignes fines sera dans le premier cas de 16,352 fr. + 5,815 fr. = 22,167 fr. et dans le second de 16,352 + 5,936 fr. = 22,288 fr.

C'est bien là le prix que l'on paye aujourd'hui l'hectare de vignes fines lorsqu'il est situé dans les meilleurs crus de Pommard et Volnay et que ces vignes sont en plein rapport.

Voyons maintenant quel peut être le revenu net de l'hectare.

Rien n'est plus variable que le produit des vignes fines. Nous allons donner, pour trois années, le prix de revient de l'hectolitre de grand vin, et on verra que, si le revenu net s'élève quelquefois à 12 ou 15 p. 100 du capital, souvent le produit brut de l'hectare ne couvre pas les frais de culture. Dans les trois années que nous avons choisies, la première (1854) a donné une récolte très-peu abondante dont le vin a atteint un prix élevé. Dans la deuxième (1858), la récolte a été abondante et de qualité; enfin, dans la troisième (1860), nous n'avons eu sous le rapport de la quantité qu'un produit un peu au-dessous de la moyenne et le vin de cette année était détestable.

(1) Il demeure entendu que cette comparaison des deux systèmes suppose qu'ils ont été employés dans des terrains ayant reçu la même préparation.

Les deux tableaux suivants donnent, l'un les dépenses annuelles de la culture de un hectare ; l'autre les récoltes qu'on peut espérer en Bourgogne des produits de la vigne.

	1854	1858	1860
Culture (1)	280f 32	280f 32	280f 32
Paisselage (2)	70 08	70 08	70 08
Contributions	42 04	42 04	42 04
Vendanges	23 36	70 03	42 05
Vinification	5 »	18 »	12 »
Tonneaux (3)	15 »	230 »	104 65
Intérêt du capital. Vigne de 22,500 fr. à 3 1/2 p. 100	787 50	787 50	787 50
Intérêt du capital d'exploitation (2,500 fr. par hectare) à 5 p. 100 (4)	125 »	125 »	125 »
Amortissement du matériel d'exploitation (500 fr. par hectare) (4)	25 »	25 »	25 »
Location des bâtiments d'exploitation (3,000 fr. pour 4 hectares)	37 50	37 50	37 50
Totaux	1410f 80	1685f 52	1526f 14

Dans le tableau suivant nous disons pour ces mêmes années et pour un hectare ce que sont les produits de nos vignes fines :

	1854	1858	1860
Nombre de litres de vin récoltés sur 1 hectare de vigne	266l 00	2700l 00	1200l 00
Prix de 1 litre de vin sur lie et aussitôt après la récolte (5)	2f 20	1 35	» f 48
Marcs de raisin (pour 1 hectare). Prix	12 »	35 »	16 »
Produit brut	» »	» »	» »
Vins (pour 1 hectare). Prix	585 20	3645 »	576 »
Produit brut (par hectare). Total	597 20	3680 »	592 »
Produit net (par hectare)	813 60	1994 48	934 14
Prix de revient de l'hectolit.	530 »	62 40	127 10

(1) Pour le prix de 280 fr. 32 c. par hectare, le vigneron fait tous les travaux de la vigne, qui sont :

Le dépaisselage, — l'aiguisage des échalas, — la culture d'hiver, — la taille et l'attache des ceps,

Le 1er labour. Le provignage (700 fosses de deux ceps ou saillies par hectare),

Le 2e labour (1er binage), — l'accolage et l'ébourgeonnement,

Le 3e labour (2e binage), — le rognage des bourgeons et relèvement, — le desherbage.

(2) Nous calculons que dans une vigne en état, l'entretien du paisselage exige par an 46 javelles de 50 pointes par hectare. Les débris des vieux échalas comme le bois des sarments, sont abandonnés au vigneron en outre du prix de 280 fr. par hectare. Ils n'entrent donc ni au doit, ni à l'avoir de notre vignoble.

(3) Les grands vins de la Bourgogne sont toujours envaisselés dans des fûts neufs ; leur contenance est de 228 litres.

(4) On doit compter qu'un vignoble de 4 hectares exige comme capital d'exploitation une somme de 10,000 fr. représentée par les avances de la culture, le dû pour ventes de vin et aussi pour la valeur des vins non vendus qui restent en cave.

Ce même vignoble de 4 hectares demande pour bâtiments d'exploitation (halles à pressoir et cuves) une maison d'une valeur de 3,000 fr. environ, et enfin un matériel d'exploitation (pressoir, cuves, rondeaux, bennes, marres, etc.) valant 2,000 fr.

(5) Nos grands vins qui sont vendus sur lie à un prix souvent très-peu élevé, comme en 1858, demandent de tels soins avant d'être livrés à la consommation, que ces prix atteignent quelquefois plus tard un chiffre qui est le double et même le triple du prix initial de vente.

Nous voyons d'après ces tableaux que si, en 1858, le produit net total de 1 hectare de vignes fines valant 22,500 fr. a été de 787 fr. 50 (1) + 1,994 fr. 48 = 2,781 fr. 98, le propriétaire de ce même hectare, non-seulement n'a pas retiré en 1854 et 1860 l'intérêt à 3 1/2 p. 100 de son capital, mais qu'il a été en perte de 813 f. 60 — 787 f. 50 = 26 fr. 10 par hectare en 1854 et de 934 fr. 14 — 787 fr. 50 = 146 fr. 64 par hectare en 1860.

L'examen de ces tableaux nous montre ce que, dans la Côte-d'Or, la culture des plants fins présente d'éventualités. Il n'en est pas de même pour le produit des vignes de plants communs. Dans les vignobles de cet ordre, le rendement en hectolitres varie d'abord moins que pour les vignes de pinots; ensuite le prix de l'hectolitre se base le plus souvent (en dehors de la qualité) sur le plus ou moins d'abondance du marché. Il en résulte que généralement les produits bruts des vignes de gamais ne présentent pas les écarts de prix auxquels on est si souvent exposé avec les cultures de pinots. Nous citerons ce seul fait à l'appui de cette opinion : c'est que les détestables vins de gamais de 1860 se sont vendus aussitôt après la récolte 10 fr. par hectolitre plus cher que les vins de 1858 qui étaient parfaits.

On le comprendra, si l'on veut bien considérer avec nous que tandis que les vins communs entrent presque immédiatement dans la consommation, les vins fins de la Côte-d'Or ont au moins cinq années d'âge, lorsque l'on commence à les boire. Les frais d'entretien de 1 hectol. sont déjà de dix litres au moins dans l'année qui suit la récolte, et de six litres dans les années suivantes. L'intérêt du capital engagé par le commerce dans ses achats de vins et ses frais de commission viennent encore augmenter le prix de revient des vins de ses caves. Aussi, dès la première année, pour livrer le vin qui porte l'étiquette du vendeur, le commerce doit augmenter de près de 40 p. 100 le prix qu'il a donné au producteur.

Il résulte de ces observations que les publications qui sont faites du prix de vente obtenu chaque année dans le vignoble, doivent avoir les conséquences que voici :

Si le consommateur est sûr de pouvoir faire soigner ses vins pendant trois ans au moins (comme on l'expliquera plus tard), avant qu'ils soient mis en bouteilles, qu'il vienne profiter des bas prix auxquels nous vendons, et faire lui-même ses achats, il y trouvera un avantage considérable. Mais s'il veut des vins dépouillés de leur lie et déjà tout *élevés*, pour nous servir d'une expression consacrée dans le commerce, il faut qu'il consente à ne plus exiger que le prix de vente, soit celui que le producteur a obtenu aussitôt après la récolte, dans des ventes publiques et officielles. Si, ne comprenant pas ces données économiques, données qui se rencontrent dans toutes les affaires commerciales, l'acheteur persiste à exiger du négociant le prix de vente du producteur, le prix de fabrique en un mot, alors la qualité de la chose vendue est immédiatement abaissée, à moins que le vendeur n'ait la conscience et le courage de refuser des affaires qui lui sont offertes dans des conditions impossibles.

On a souvent, en général, attaqué le commerce des vins sur le peu de sincérité de ses livraisons. Eh bien ! pour nous, si les vins de France n'ont pas toute la réputation qu'ils méritent, cela tient aussi aux exigences peu intelligentes du consommateur pour les vins, comme, du reste, pour beaucoup d'autres produits (dans ce siècle si curieux de vanité); il veut du luxe, mais du luxe à bon marché, et le plus souvent, lorsqu'il s'adresse à des gens peu consciencieux, de la chose il n'a que l'étiquette. Loin de nous l'idée d'excuser le vendeur. Ici, nous nous bornons à constater un fait, et, nous le répétons, rien, malgré toute la loyauté de notre commerce, rien n'a plus nui aux grands intérêts de la Bourgogne que ce fait regrettable.

Vte de VERGNETTE-LAMOTTE.

CHAPITRE VI

DES VIGNES DE LA COTE ET DE L'ARRIÈRE-COTE DE NUITS (COTE-D'OR)

Cépages rouges. — Les variétés ou cépages rouges cultivées dans la côte et l'arrière-côte de Nuits sont au nombre de cinq principales; il se rencontre des sous-variétés nombreuses dont nous ne parlerons point, à cause de leur peu d'importance dans la culture.

Au premier rang, se trouve le *Pinot* ou *Noirien*, le franc Bourguignon, le Plant noble, comme il est désigné dans les anciens auteurs. Le pinot n'est cultivé dans le canton de Nuits que sur les jolis coteaux qui limitent son territoire au couchant, sur un parcours de 10 kilomètres du nord au sud, ayant leur face à l'est et au sud-est, et d'une contenance d'environ 610 hectares.

Le pinot noir a sa grappe petite et régulière, portée par un pédoncule court et de couleur foncée; son grain petit est légèrement oblong, serré et de couleur rouge, sa pellicule est fine et mince. Il ne contient d'ordinaire que deux ou trois pepins. Le bois du pinot est rampant, menu, peu allongé, et d'une légère couleur rosée; ses nœuds sont

(1) Le chiffre de 787 fr. représente l'intérêt à 3 1/2 p. 100 du capital vigne que l'on aura placé dans 1 hectare de vignes fines valant 22,500 fr.

éloignés les uns des autres ; sa feuille est attachée au bois par un pétiole assez long ; elle est de couleur vert foncé, et très-peu garnie de duvet. Ce plant hâtif et très-délicat ne prospère ici que dans les terrains calcaires légers et profonds, et à une exposition de choix, telle qu'elle existe, peut-être unique au monde, de Gevrey-Chambertin à Santenay. Ce sont ces coteaux qui fournissent les vins délicieux que la renommée ne cesse de placer au premier rang.

Le *Gamet rond* (1) a tiré son nom de sa forme ordinairement ronde. Il a la grume ou baie grosse et sphérique, attachée à de longs pédicelles qui deviennent rouges lors de la maturité ; le raisin est supporté par un pédoncule qui forme angle droit avec le cep ; celui-ci est brun piqueté de taches noires légères. Ses feuilles sont larges, rondes, à nervures très-marquées et couvertes en dessous d'un duvet assez épais, caractère ordinaire des feuilles de gamet. Ce cépage qui, par son produit, se rapproche un peu du pinot, donne un vin d'une qualité supérieure aux autres gamets ; ses grumes grossissent jusqu'à la vendange ; il résiste fort bien aux fraîcheurs de l'automne ; mais il faut éviter de le planter dans un sous-sol humide, car dans les années pluvieuses, son bois, naturellement vigoureux, double sa force au détriment du fruit.

Le *Gamet d'Arcenant*, dit gros gamet, ou gros plant, est, comme le précédent, cultivé dans les montagnes, et dans les terres fortes de la plaine, au pied même des coteaux où croît le pinot.

Le gamet d'Arcenant, qui a tiré son nom de la localité où il a été découvert et livré à la culture pour la première fois, pousse un peu moins vigoureusement que le gamet rond ; son bois est plus vert, sa feuille moins large, plus lobée, et ses nervures sont moins apparentes. Le raisin d'Arcenant acquiert un grand développement en longueur et en grosseur ; il est très-facile de le distinguer des autres gamets par sa structure particulière : il possède presque toujours deux grosses et longues grappes qui prennent naissance à la tête du raisin, et qui sont attachées de chaque côté du pédoncule ; les grumes sont grosses et en grand nombre, serrées les unes contre les autres, à cause du peu de longueur de leur support. En conséquence, les grumes de l'intérieur, privées d'air et de soleil, n'acquièrent leur maturité complète que dans les années de chaleur exceptionnelle. Ce raisin, très-sensible aux fraîcheurs de l'automne, perd facilement ses feuilles et sa sève nécessaires ; il devient mou ; ses grumes rougissent et ne tardent pas à pourrir. Le vin que donne ce plant est très-grossier, et, comme le produit ordinaire de tous les gamets, il n'est pas susceptible de se conserver longtemps, et ne s'améliore jamais. Il est, en revanche, très-abondant.

Le *Gamet de Bévy*, quant au bois et aux feuilles, a une telle ressemblance avec le plant d'Arcenant, que souvent on peut les prendre l'un pour l'autre ; leur vigueur, leur force sont absolument les mêmes. Quant aux fruits, c'est différent ; ils ne présentent pas un aussi volumineux ensemble, ils ne possèdent point ces deux grappes ou *cabres* qui donnent aux gamets d'Arcenant une physionomie toute particulière : seulement, il faut observer que le raisin est construit d'une manière remarquable pour faciliter sa maturité, même dans les années les plus défavorables ; la grappe est supportée par un pédoncule fort allongé et formant angle droit avec le cep, de façon à en éloigner le raisin qui reçoit parfaitement les influences atmosphériques. Ce pédoncule se colore en rouge au moment de la maturité du fruit, particularité qui ne s'observe point sur le pédoncule du gamet d'Arcenant. Les baies du gamet de Bévy sont de moyenne grosseur, de forme légèrement ovoïde, et supportées par un pédicelle long et assez fort pour les tenir toujours éloignées du centre, de manière à laisser pénétrer aisément entre elles le moindre rayon de chaleur. Ce raisin atteint chaque année, et quelle qu'en soit la conduite, une maturité satisfaisante ; il n'est point sujet à la pourriture, et résiste aux fraîcheurs de l'automne. Il a, en outre, l'avantage de s'améliorer selon les terrains et l'exposition qu'on lui donne. Son produit est un peu moins abondant que celui du plant d'Arcenant, mais il est infiniment supérieur en qualité.

Les vignerons qui, depuis quelques années, ont appris à connaître le gamet de Bévy, et qui savent l'apprécier, lui ont donné la préférence sur le gamet d'Arcenant.

Le *Gamet bâtard* est un ancien plant que l'on ne rencontre guère que dans les vieilles vignes, et que l'on cultive seulement par habitude. Il est confondu souvent avec une autre variété de gamet nommée plant de Chevrey. Ils ont l'un et l'autre beaucoup de ressemblance avec les précédentes variétés ; seulement, les raisins du gamet bâtard ne se présentent jamais sous une forme fixe et régulière dans le même sol ; ils ont deux inconvénients qui les caractérisent encore : c'est d'être exposés à la coulure, plus que les autres variétés, et les grumes sont sujettes à s'altérer, à ne prendre qu'une demi-croissance. C'est cette maladie qui est connue et désignée par les vignerons sous le nom de *millerand* ou *guilleret*. Nous parlerons plus tard de cette maladie et de ses causes. Les vignerons ont heureusement remarqué que toutes les variétés de gamets recherchent un terrain calcaire compacte, quelle qu'en soit la profondeur, et refusent la production dans les calcaires légers et profonds où le pinot donne de si bons produits.

Cépages blancs. — Les variétés de raisins blancs cultivées dans le canton de Nuits sont peu nombreuses.

Dans la côte, on rencontre parmi des propriétés particulières, quelques centiares en pinot blanc connu sous le nom de *Chardenet*. C'est le plant qui produit le Montrachet (côte de Beaune-Meursault). Le vignoble des fins vins de Nuits n'est planté qu'en pinot noir.

La montagne, dans son vignoble de la contenance de 2,300 hectares, ne produit que rarement des variétés blanches. Deux ou trois villages

(1) On écrit indifféremment *gamet*, *gamais*, *gamai* ou *gamay*.

seulement les cultivent sur leur territoire. C'est d'abord l'*Alligotay*, qui pousse avec vigueur dans tous les terrains. Son bois est rosé, sa feuille est large et profondément lobée, couverte au revers d'un léger duvet blanc. Le raisin est allongé et porté sur un pédoncule long et horizontal. Sa grume, grosse, ovoïde, acquiert, à sa complète maturité, une belle teinte de jaune d'or transparent. Les produits de l'alligotay ne sont bons qu'autant que le plant, cultivé dans un terrain léger, a été favorisé par une température sèche et chaude, comme dans les années remarquables 1857, 1858 et 1859.

On y cultive encore le *Melon*. Ce plant est aussi vigoureux que le précédent, mais son bois est moins rosé; sa feuille, plus large et moins dentelée, est d'un beau vert; la grappe est plus volumineuse que celle du précédent, mais moins allongée; les grumes grosses et blanches jusqu'à la maturité, sont groupées les unes contre les autres, et par conséquent très-exposées à la pourriture.

Les produits de ce raisin sont prodigieux; il donne jusqu'à 64 hectolitres par mesure de 34 ares 28 centiares; mais le vin est très-grossier. Ce plant est particulièrement cultivé dans les terres profondes de la plaine, où il trouve une nourriture abondante et substantielle.

Préparation du terrain. — Choix des plants. — Plantation. — Les vignes en pinot de la côte de Nuits, ne sont arrachées que très-rarement; nos pères n'avaient jamais vu détruire un seul cep de ces vignes privilégiées, de Chambolles à Premeaux, par la raison que plus un cep est vieux, meilleur en est le produit; et celui qui agirait autrement préférerait la quantité à la qualité. Nous dirons plus tard quel est le mode de renouvellement employé pour les vignes fines.

Il y a un demi-siècle environ que les terres fortes de la plaine et celles des vallées du canton de Nuits ont été envahies par le gamet, auquel il faut de l'espace. Autrefois, les coteaux seuls étaient couverts de vignes; c'étaient des gamets ronds, le moins mauvais de l'espèce, mélangés à l'ancien pinot ou noirien que l'on renouvelait à peu près comme cela se pratique encore dans la côte, et que l'on arrachait rarement. Ces produits très-peu abondants, mais supérieurs en qualité aux produits actuels, suffisaient à une consommation alors fort restreinte.

Quand arriva la découverte du gros gamet, au moment même où la propriété se trouva divisée par la force irrésistible des choses, on s'empressa de remplacer le pinot, dont les médiocres produits ne suffisaient plus aux nouveaux besoins de la population, par le gros plant de gamet d'Arcenant que l'on multiplia avec rapidité : c'était moins bon, mais le rendement était supérieur. Ce fut une des sources principales de la richesse de nos populations viticoles. Les terres des montagnes à sous-sol alumineux et marneux ne convenaient pas plus à la nature délicate du pinot, que l'exposition mauvaise et la température sensiblement plus basse que celle de la côte, ne convenaient à la précocité de ce cépage.

Par conséquent, en décrivant ici le mode adopté dans le canton de Nuits pour la préparation du terrain et la plantation de la vigne, c'est particulièrement de la plantation des gamets que nous parlerons; d'ailleurs, le travail est exactement le même pour le pinot.

Dès qu'un vigneron des montagnes s'aperçoit que sa vigne, en décrépitude, cesse de produire selon ses désirs, il songe à la remplacer; mais, avant de la faire disparaître, il veut encore, pour la dernière fois, qu'elle puisse lui donner un rendement quelconque, souvent incertain. Un an donc avant de l'arracher, il la taille à plusieurs coursons, et sur deux ou trois bourres ou yeux. Cette taille est nommée *taille perdue*. L'année suivante, après la récolte, il procède sans retard à son arrachage. Ce travail s'exécute à l'aide de la pioche à dents et de la pioche large qui sert à couper les vieilles souches entre deux terres et

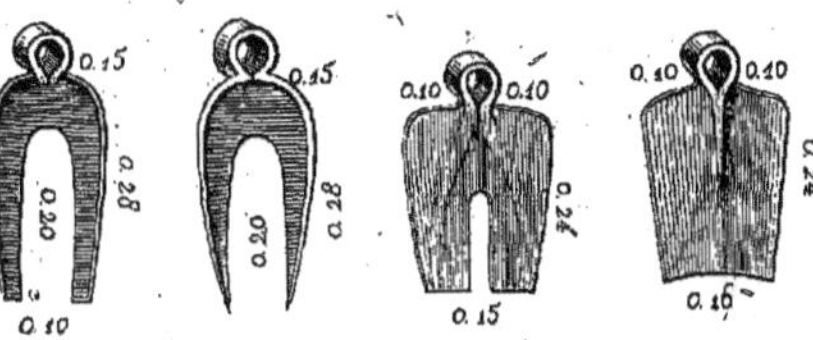

Fig. 921. — Pioche à dents. *Fig.* 922. — Pioche à dents. *Fig.* 923. — Pioche large. *Fig.* 924. — Pioche large et pleine.

les grosses racines seulement. Le reste de ces souches et de ces racines, en pourrissant dans le sol, ne laisse pas que d'être un engrais très-convenable à la vigne. Le défoncement ne doit pas être prolongé au delà de 0m,10 à 0m,15 de profondeur; il est reconnu que la reprise des jeunes ceps n'est assurée qu'autant qu'ils sont plantés dans le sous-sol non défoncé d'un terrain depuis longtemps en friche, par la raison d'abord que les terres calcaires de nos coteaux rapides sont si légères et si perméables, qu'elles se dégraderaient aux moindres pluies, et laisseraient souvent les ceps à nu, si ces terres se trouvaient trop ameublies; en second lieu, il serait parfois dangereux de ramener sur le cep la couche inférieure de nature alumineuse ou marneuse et conséquemment trop froide. Dans les vignes fines de la côte, comme dans les terres fortes de la plaine, on emploie le même mode de plantation sur des sols en friche.

Après l'hiver, au mois de février ou de mars, on donne au terrain à planter un nouveau binage à la pioche ou à la charrue, selon sa position plus ou moins facile; puis on y sème de l'orge avec du sainfoin. Ce système de couvrir de légumineuses vivaces et de céréales une terre épuisée par la culture de la vigne, semble lui rendre toute sa fertilité première.

On moissonne l'orge à l'époque ordinaire, et l'on fait au printemps suivant une récolte de sainfoin, qui se renouvelle pendant quatre ou cinq années. Dans les fortes terres de la plaine, où le sainfoin ne viendrait pas, il est d'usage, après l'arrachage de la vigne, d'y semer du blé, puis, l'année suivante, un mélange d'orge et de trèfle.

Le trèfle est maintenu pendant deux années, après quoi l'on se prépare à planter.

Il y a deux époques pour la plantation de la vigne : la plantation de l'automne se fait avec les plants racineux *chevelus* ou *chevolées;* celle du printemps se fait avec les boutures ou *chapons*.

On nomme *chevolée* le jeune cep de vigne qui sort de la pépinière au bout de deux ans.

Le *chapon* est tout simplement le sarment de l'année, taillé au printemps, et mis en terre à demeure, soit immédiatement, soit après avoir été laissé à l'eau préalablement pour l'entretien de la séve. Le *chapon-crossette* est le sarment pourvu de $0^m,05$ ou $0^m,06$ de bois de l'année précédente ; les vigneron sont longtemps préféré le chapon à la crossette ; depuis, ils se sont aperçus que le vieux bois était dépourvu de bons rudiments radiculaires, et qu'il reprenait avec moins de facilité que le sarment qui ne contenait point de crossette. Dans certaines parties du vignoble, on ne plante cependant encore que ces derniers.

Beaucoup de propriétaires donnent la préférence au chapon sur la chevolée : celle-ci sortant toujours d'un terrain supérieur en bonté où elle s'est enracinée, et où elle a acquis toute sa force, s'acclimate avec beaucoup de peine dans un terrain inférieur ; elle éprouve des retards, des difficultés de végétation, des maladies, entre autres celle désignée sous le nom de *crossonnement*. Un cep crossonne quand il pousse un grand nombre de petites crosses ou rameaux à bois qui atteignent peu de hauteur, et, par conséquent, il est difficile d'y asseoir la taille de l'année suivante.

Les chapons, au contraire, s'acclimatent naturellement dans le sol où ils sont plantés, surtout quand la plantation a été exécutée dans un moment opportun, à la suite d'une pluie de printemps, et dans un terrain depuis longtemps inculte et garni d'un épais gazon, dans une vieille *toppe* enfin. Les vignerons donnent ce nom aux terres en friche destinées à la plantation de la vigne. La vigne se plaît encore dans des sous-sols de roches fendillées, au travers desquelles les racines trouvent une nourriture substantielle à des profondeurs étonnantes.

Les fosses, ou *terraux* destinés à recevoir les plants de vigne, sont creusées dans le sens opposé à l'inclinaison du terrain, pour empêcher les pluies d'entraîner les terres dans la partie basse. Ces fosses sont tracées en lignes droites et s'étendent sur toute la longueur du sol à planter ; on leur donne une profondeur de $0^m,45$, sur une largeur de $0^m,28$; elles sont éloignées entre elles de $1^m,33$. C'est dans l'espace compris entre ces fosses que l'on dépose la terre qui en a été extraite.

Dès qu'une fosse est achevée, ou au fur et à mesure qu'on la vide, une personne s'occupe à placer à $0^m,33$ les uns des autres dans les terres fortes, et à $0^m,50$ dans les terres faibles, les brins de sarments ou chapons, dont l'extrémité inférieure est appuyée contre l'angle intérieur du bas côté de la fosse, puis le sarment, couché au fond dans le sens de sa largeur, est relevé à angle droit contre le côté opposé qui est toujours celui du haut de la fosse. On recouvre alors la bouture avec la terre gazonneuse des bords, puis on remplit à demi la fosse avec la terre déposée sur les intervalles. On a soin de laisser au sarment plusieurs yeux en terre ; le brin qui sort du sol est laissé intact dans toute sa longueur, et ne doit recevoir la taille que dans la deuxième année de la plantation.

Quand on plante des chevolées, il faut laisser aux racines la facilité de s'étendre sans obstacles ; alors, les pieds doivent être éloignés de $0^m,80$ à 1 mètre les uns des autres, pour en assurer la reprise ; on laisse hors de terre toutes les petites ramifications qui ne seront taillées qu'un an après la plantation, car on n'ignore pas que plus on réserve de feuilles à un végétal quelconque lors de la plantation, plus ces feuilles feront naître de racines.

Le nombre des chapons de gamet qui entrent dans une plantation d'un journal ou 34 ares 28 centiares s'élève à 6,400, soit pour un hectare 19,200.

Les chevolées, également en cépage gamet, n'entrent que pour moitié dans la plantation d'un hectare, soit le nombre de 9,600. Mais ce nombre s'accroît chaque année par le provignage, se double, et se triple pour les gamets que l'on compte souvent au nombre de 50,000 par hectare dans les terres fortes, tandis que les plants fins ne dépassent jamais le nombre de 30,000 ceps par hectare dans les vignes de vingt ans de plantation.

Premiers soins à donner à la plante. — *Culture de la vigne en plein rapport.* — A peine plantée, la jeune vigne exige déjà les soins les plus assidus. Dans l'été qui suit la plantation, on lui donne deux bons labours à la meigle, et l'on utilise la terre en y plantant des pommes de terre, la première année, et, successivement, du maïs et des haricots les deux années qui suivent.

Au printemps de la seconde année, on commence à donner la première taille à la chevolée qui a dû pousser pendant l'été précédent ; on rabat toutes les petites ramifications, et l'on taille sur deux yeux le sarment le plus vigoureux, et le plus près de terre, si cela est possible. Cette première opération se nomme *écosner*.

Le chapon n'est taillé qu'à la troisième année de sa plantation, parce qu'on a dû lui laisser tout le temps de pousser le plus de sarments possible afin d'en choisir un propre à asseoir la taille.

En exécutant les labours de chaque année, l'opération essentielle consiste à dégager avec soin la terre à l'entour de chacun des jeunes ceps, afin de faciliter la sortie de l'œil qui se trouverait à pousser entre deux terres.

Dès la quatrième année, la plante que nous supposons être venue dans les meilleures conditions possibles, donnera déjà du fruit ; les sarments auront acquis assez de longueur pour avoir besoin d'échalas dont on les pourvoira ; on commencera à y faire des provins, et dès lors, elle prendra rang parmi les vignes pour lesquelles un travail régulier est de rigueur.

Or, ce travail commence immédiatement après

la vendange, par l'arrachage des paisseaux ou échalas qui servent de tuteurs à chaque cep. L'échalas est une perche en bois de chêne fendu, de 1m,50 de hauteur, sur 0m,02 ou 0m,03 de diamètre. Il est aiguisé à l'une de ses extrémités. Quand on l'arrache de la terre, avant l'hiver, on a soin de rafraîchir sa pointe, puis on en fait de distance en distance des tas uniformes, les pointes toutes dirigées dans le sens de la déclivité du terrain. Les échalas qui ne posséderaient plus la longueur voulue, par suite du service, ou qui seraient gâtés, sont mis à la réforme, et prennent alors le nom de *choichons*.

Tant que les fortes gelées et les neiges ne sont point venues arrêter la besogne, le vigneron poursuit sans relâche son travail essentiel de l'hiver qui consiste premièrement à déchausser tous les jeunes ceps, à supprimer tous les gourmands qui naissent au collet des racines, à rechausser les vieux ceps, à porter les terres qui servent d'amendements, et les engrais qui consistent en gennes ou marcs de raisins que l'on met de préférence dans les portions maigres des vignes fines de la côte. Le fumier de cheval est destiné aux terres marneuses et froides, et le fumier de vache convient particulièrement pour les terres à sous-sol de roche.

Le fumier est toujours placé entre deux terres, non au collet des racines, mais à proximité des radicelles au bout desquelles se trouvent les suçoirs par où la nourriture s'introduit dans la plante. On ne donne d'engrais à la jeune plante qu'autant qu'elle se trouve déjà en état de rapporter.

Les vignes en gamet sont plantées, pour la plupart, sur des coteaux à pentes rapides et dans des terres légères que les moindres pluies entraînent dans les bas où l'on prend la précaution de les retenir, et de les rassembler dans de petits réservoirs creusés à cet effet, ou contre des murs; tous les deux ou trois ans au plus, on reporte dans la partie haute de la vigne, les terres qui, en descendant chaque année, ont laissé à nu jusqu'aux racines du plus grand nombre de ceps.

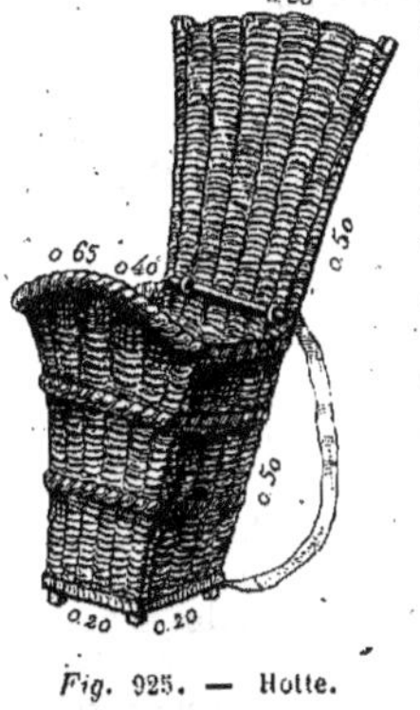

Fig. 925. — Hotte.

Dans la culture *en foule*, suivant l'expression dont on s'est servi exceptionnellement pour désigner les vignes dont les ceps ne conservent aucune ligne, et sont pêle-mêle, le vigneron, pour y transporter les terres et les fumiers avec plus de facilité, se sert d'un panier en osier d'une forme particulière, nommé *hotte*, qu'il porte suspendu à ses épaules à l'aide de deux courroies.

De la taille. — Dès que les plus fortes gelées ne sont plus à craindre, on exécute la taille de la vigne. Pour les pinots, cette opération a lieu vers la fin de janvier; les gamets de la montagne, où la température est un peu plus froide, ne doivent être taillés que dans la première quinzaine de février; l'instrument servant à ce travail qui demande autant de soins que d'intelligence, est une serpette vulgairement appelée *gousotte*, dont la lame est immobile au bout du manche.

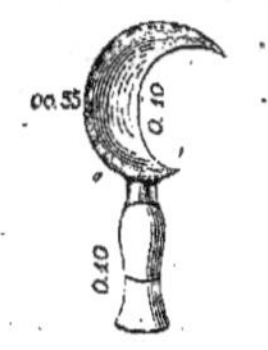

Fig. 926. — Gousotte.

Ce sont ordinairement les femmes qui exécutent cette opération délicate avec autant de rapidité que d'habileté.

La taille pour le pinot, comme pour le gamet, s'établit sur un seul sarment, celui qui tient au vieux bois, et se fait sur deux ou trois yeux au plus, de 0m,005 à 0m,010 au-dessus de l'œil terminal; la section est faite en biseau opposé à cet œil, afin que la séve en s'écoulant ne puisse point le noyer, ni l'humidité le faire perdre par les gelées tardives, ce qui arrivait anciennement quand la section du sarment était faite horizontalement. L'eau des pluies et la séve étant forcées de demeurer sur la coupe, faute de pouvoir s'écouler, il s'ensuivait que dans les nuits froides, ou par des vents du nord très-âpres, le cep se fendait jusqu'au-dessous de l'œil qui était perdu irrévocablement. Les ceps gelés ainsi se nomment *échamplés*. L'échamplure est d'autant plus à craindre encore que la taille a lieu trop tôt, ou dans des conditions peu favorables.

Les ceps sont non-seulement dégagés de tous les autres sarments coupés sur le vieux bois, ils sont en outre nettoyés de toutes les exubérances provenant soit d'une taille précédente vicieuse, soit des gelées qui provoquent des émissions défectueuses.

Puis, les sarments coupés sont ramassés et mis en petits fagots destinés au foyer; ceux destinés à former des pépinières, sont rassemblés avec soin en paquets de 500 brins et plongés le pied dans l'eau en attendant leur plantation; c'est alors qu'ils prennent le nom de *chapons*.

Du provignage ou marcottage. — Les provins s'exécutent avant et pendant la taille, tout le temps que la terre n'est point durcie par la moindre gelée. C'est une opération essentielle et qui exige la plus grande attention, car le succès d'une récolte dépend non-seulement du soin que l'on apporte dans la confection d'un provin, mais aussi de la température favorable et des conditions dans lesquelles se trouve le cep. Lors du bouturage, nous avons dit que les vignerons se gardaient bien de provigner quand la terre était gelée; nous ajoutons, en outre, que les ceps mal aoûtés ne sont point recouchés, et quand le vent du nord-est (la bise) a soufflé durant plusieurs jours, il est dangereux de chercher à tordre des ceps dont le bois desséché se casserait facilement. Le meilleur moment donc pour provigner est une température douce, un ciel couvert à la suite d'une petite pluie, et le vent du sud.

Voici la manière de provigner employée pour les vignes à vins fins, comme pour les gamets : on creuse au pied du cep qui doit être renouvelé, et que l'on a soin de marquer d'avance avant la vendange, une fosse de 0m,40 à 0m,45 de profondeur sur 0m,33 à 0m,35 de largeur, et d'une longueur indéterminée, car il arrive de coucher les sarments de deux ceps dans le même provin, et parfois de trois ceps en bifurquant la fosse selon l'espace que l'on veut occuper. Le provin creusé et nettoyé, les ceps sont couchés avec soin dans le fond, puis l'extrémité de chacun est relevée, le tout est maintenu par quelques centimètres de terre seulement, et chaque saillie sortant de terre est taillée sur deux ou trois yeux ; quant aux engrais employés au provignage, ils sont toujours étendus entre deux terres, et ne doivent jamais toucher les racines.

Pour les pinots, le nombre des provins est fort restreint. A Chambolle, dans les Músigny, et sur tout son vignoble, ils n'excèdent point 200 sur 34 ares 28 centiares, et 800 saillies. A Nuits et à Vosne on se borne à 160 provins, et 460 saillies pour 34 ares 28 centiares.

Dans les gamets, le nombre des provins que l'on établit chaque année, n'est point déterminé ; on arrache une grande quantité de vieux ceps qui sont remplacés de suite par de nouvelles marcottes ou saillies qui s'élèvent ordinairement de 600 à 700 par 34 ares 28 centiares, ce qui fait supposer 300 à 350 provins. Sur le nombre, 160 ne sont point mis en ligne de compte pour le propriétaire, soit la quantité de 20 provins par ouvrée ou 4 ares 28 centiares.

Du greffage. — Un moyen expéditif de changer la mauvaise nature d'un cep, est certainement le greffage ; c'est au printemps, à l'époque de la taille et du provignage, que l'on peut faire cette opération avec le plus de succès. Voici de quelle manière la greffe s'applique : le cep qui doit être opéré, est déchaussé à 0m,15 ou 0m,20 au-dessous du sol ; le sarment qui a été conservé est rogné à 0m,06 et fendu ; l'on introduit ensuite dans la fente la greffe fraîchement taillée en bec de flûte et portant trois yeux, et on la fixe immédiatement au sujet avec du chanvre ; cela fait, on la couche et on la recouvre de terre. Deux yeux seront hors du sol, mais il est essentiel qu'il y ait un œil en terre. L'année d'ensuite, la greffe reprise est couchée plus profondément encore ; elle acquiert alors assez de force et de vigueur pour être provignée et se mettre en plein rapport dès la seconde année.

Du premier labour. — C'est à la fin de mars, ou au commencement d'avril, selon la température, que l'on exécute le premier labour nécessaire à la vigne ; on le désigne sous la dénomination de *bêchage*. L'instrument qui sert à cette première opération se nomme *meigle* ou *meille*. L'ancienne meigle était à une pointe, en forme triangulaire, et assez semblable à un fer de charrue ; elle a été remplacée par une meigle à deux pointes, imitée du modèle de la meigle dont se servaient les moines de Cîteaux pour la culture du clos de Vougeot. C'est à ces religieux que nous devons la manière de cultiver la vigne dans le canton de Nuits.

Avec cet instrument, le vigneron remue la terre à peu près à 0m,10 de profondeur, et la divise assez pour faire pénétrer dans l'intérieur et

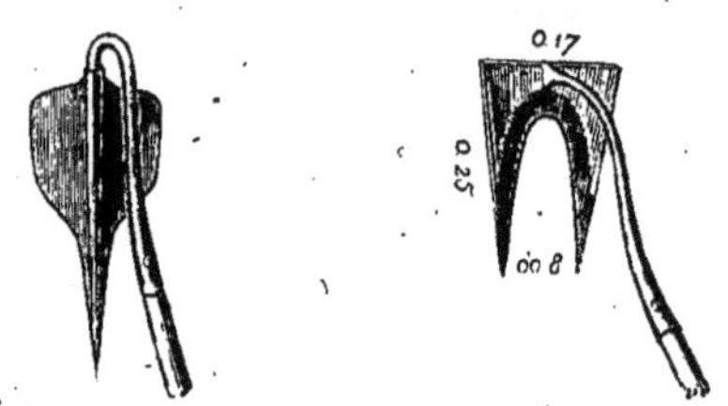

Fig. 927. — Ancienne meigle. *Fig.* 928. — Nouvelle meigle.

autour des ceps les rayons bienfaisants d'un soleil printanier.

Ce travail doit être fait par une température très-favorable, sans pluies froides, sans brouillards, et surtout sans la fâcheuse influence des vents contraires du sud-ouest et du nord-ouest, qui produisent dans l'atmosphère des variations glaciales d'autant plus dangereuses pour la vigne qu'elle peut se ressentir longtemps d'un labourage donné dans ces mauvaises conditions.

Nous avons vu des vignes qu'il a fallu arracher après un seul labour donné sous une température de 4° au-dessus de 0, sous des giboulées du nord-ouest. Une forte gelée qui survint le lendemain matin produisit un effet tellement désastreux sur chaque cep, que pas un seul n'y résista.

De la plantation des échalas. — A peine le premier labour est-il achevé, qu'un solide tuteur est donné à chaque cep dont le bois long et faible ne pourrait se soutenir sans cet appui indispensable, d'après le mode de culture usité dans le canton de Nuits.

Les femmes sont chargées de cette nouvelle besogne, et elles y apportent tous les soins nécessaires. L'échalas est planté verticalement, et assez près du cep pour que celui-ci puisse y être attaché et maintenu dans sa position naturelle, et tenir sans trop d'efforts à l'aide d'une ligature de glui ou d'un brin de chanvre.

Si, par suite d'une végétation hâtive, les jeunes rameaux se trouvent trop avancés, la planteuse d'échalas prend toutes les précautions utiles en pareil cas, afin de ne pas rompre ces rameaux qui sont fort tendres, et tiennent à peine aux ceps. Aussi arrive-t-il rarement que ce travail délicat ne soit pas entièrement fini avant le moindre mouvement de la végétation, car les dommages causés par la chute des rameaux herbacés deviendraient très-onéreux.

L'échalas que nous avons décrit plus haut, se vend à la javelle ou botte de 50, à raison de 1 fr. 50 à 2 fr. ; pour les vignes en pinot, ce sont des échalas de qualité supérieure (1) ; les qualités inférieures, qui sont réservées pour les gamets, se payent 1 fr. 25 à 1 fr. 75, et quelquefois le prix est moins élevé encore. Dans les vignes en pinot, le nombre des échalas varie entre 600 et 800 pour un tiers d'hectare.

(1) On les nomme *échalas de quartier*, parce qu'ils sont tirés d'une branche fendue en quatre parties.

Les échalas de l'année précédente qui ne sont pas hors de service, y sont comptés à peu près pour la moitié.

Dans les vignes en gamet, les échalas neufs y entrent chaque année au nombre de 800 ou de 16 javelles de 50 par tiers d'hectare en plein rapport; les vieux échalas y sont également compris pour moitié.

De l'ébourgeonnage. — Quand la jeune pousse a atteint $0^m,05$ ou $0^m,10$ de longueur et que les grappes sont toutes à peu près dehors, on commence à *évasiver*. C'est le terme dont les vignerons se servent pour désigner l'ébourgeonnage.

Cette opération consiste à enlever avec précaution tous les faux rameaux qui naissent au collet du rameau à fruit; si parfois les faux rameaux sont pourvus de grappes, il faut les conserver, car on est certain que dans ce cas, ils ne se changeront point en branches à bois. On débarrasse en outre le vieux bois de tous les gourmands qui y croissent toujours en abondance, et qui absorberaient une grande quantité de nourriture au préjudice du raisin et de sa maturation.

Quand une vigne vigoureuse jette trop de rameaux à bois, le vigneron en retarde l'ébourgeonnage. Cette richesse de végétation est assez fréquente dans le gamet; mais le contraire arrive pour le pinot; aussi l'ébourgeonnage de ce cépage a lieu plus tôt; on se hâte de faire tomber les rameaux à bois en faveur des grappes, afin de leur procurer la force qu'elles ne possèdent pas toujours assez.

Du second labour. — Cette seconde opération qui a lieu avant l'apparition de la fleur des raisins, est connue des vignerons sous la désignation de *refuer*, et s'exécute avec le *fessou*, outil qui a la forme d'un trapèze, et qui est emmanché

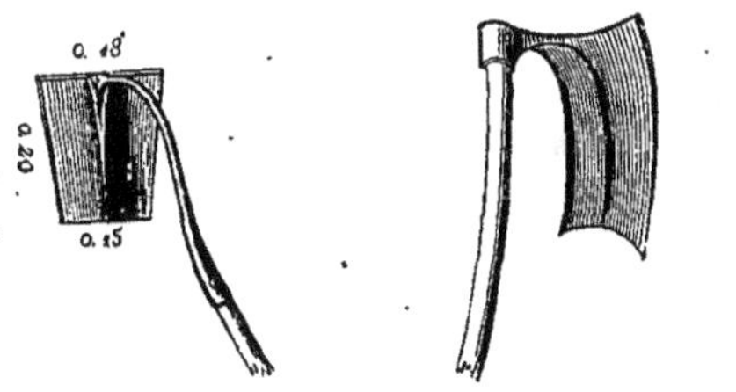

Fig. 929. — Fessou. *Fig.* 930. — Autre modèle de fessou.

de la même manière que la meigle. Il sert à soulever la terre de quelques millimètres seulement, d'abord afin de la débarrasser de certaines plantes parasites, ensuite pour faire pénétrer au pied des ceps toute la chaleur dont ils ont besoin pour traverser la période essentielle dont dépend l'avenir de la récolte.

Mais pour que ce travail délicat offre toutes les garanties désirables, il est nécessaire de le faire par une température chaude, avec une terre sèche, et un vent du nord-est qui chasse l'appréhension de la moindre fraîcheur et de ces gelées tardives si dangereuses pour la végétation à cette époque de la fin de mai ou du commencement de juin. Les vignerons n'ignorent pas que la gelée est d'autant plus à craindre que le sol est fraîchement remué et que l'humidité qui y était contenue, donne pendant le jour des vapeurs qui se condensent pendant la nuit au grand préjudice de la vigne et ne se congèlent que trop souvent.

De la floraison. — Durant ce moment si critique et si difficile à passer pour la vigne, et qui arrive dans nos climats à la fin de mai pour les pinots situés à une exposition favorable, et un peu plus tard pour les gamets, plants plus tardifs, qui occupent ordinairement des expositions moins avantageuses, les vignerons s'abstiennent de tout travail qui serait de nature à tourmenter la vigne en pleine végétation. La moindre atteinte, portée au cep, donnerait lieu à des accidents funestes déjà trop fréquents à cette époque, entre autres à la coulure, dont nous parlerons plus loin, en énumérant les maladies auxquelles la vigne est exposée.

Du troisième labour. — Lorsque la fleur est passée et qu'une petite pluie douce est venue à propos nettoyer les grains du raisin (qui vont acquérir du volume), d'une infinité de petits pétales flétris, qui tombent difficilement sans ce secours, le vigneron commence son troisième labour, travail d'autant plus nécessaire qu'il contribue à donner de la force à la vigne épuisée par l'important labeur qu'elle vient d'accomplir. Ce binage ravive la séve du raisin et débarrasse le sol des plantes nuisibles à sa réussite, plantes qui vivent toujours à ses dépens.

L'exécution de ce troisième labour, en terme de vignerons, se nomme *tiercer*.

De l'accolage. — Le bois de la vigne atteint avec rapidité une grande hauteur. Semblable à tous les végétaux sarmenteux et faibles, il est utile de le soustraire à la violence des vents et des orages auxquels il ne saurait résister. De plus, il conserve longtemps son état herbacé au point même où il est attaché à la souche, et pour éviter qu'il ne s'en sépare, il est nécessaire de l'assujettir à l'échalas par le moyen d'un brin de paille de seigle. Cette besogne a lieu dès que le rameau est arrivé à 35 ou 40 centimètres de longueur, et doit être exécutée avec beaucoup de précautions.

Du rognage. (*Épamprement.*) — Enfin, après l'accolage, vient le rognage qui est d'autant plus nécessaire que les pluies de l'arrière-saison ont procuré au bois une recrudescence de vigueur qui deviendrait préjudiciable aux raisins, si l'on ne prenait la précaution de rogner le bois à l'aide de la serpe, ou de le tordre et de l'attacher à l'extrémité de l'échalas. Cette opération est d'autant plus utile qu'elle ralentit la circulation de la séve au profit du fruit.

Ici se terminent les travaux d'entretien d'une vigne pendant l'année. En attendant le moment de la vendange, les vignerons préparent les ustensiles nécessaires pour recevoir la récolte Entre-temps, nous dirons rapidement quelques mots sur les accidents, maladies et insectes qui nuisent à notre vignoble.

ACCIDENTS, MALADIES ET INSECTES NUISIBLES.

Gelées d'hiver. — Dans l'hiver, la vigne a particulièrement à redouter l'effet des gelées arrivant à la suite d'un dégel momentané qui imprègne d'eau son bois poreux. La température descendant tout à coup au-dessous de zéro par un vent du nord-ouest ou même du nord-est, la gelée anéantit alors les rameaux et fait fendre le bois des vieux ceps plus souvent encore que celui des jeunes, par la raison peut-être que ceux-ci ont une écorce plus lisse, moins fendillée, dans l'intérieur de laquelle l'humidité ne pénètre pas aisément, ou peut-être aussi parce qu'il y a plus d'élasticité dans les jeunes tissus que dans les vieux. Ce dégât se nomme *échamplure*, ou *bourres cuites*. La neige, lorsqu'elle tombe en quantité suffisante pour couvrir les ceps, devient un préservatif contre les gelées de l'hiver et le verglas.

Le plus terrible verglas que les vignes aient eu à supporter, fut celui de 1789, qui fendit une grande quantité de ceps dans les vignes en pinot de la côte de Nuits. Les gamets de la montagne éprouvèrent moins de dommage.

Gelées de printemps. — C'est un redoutable fléau à craindre pour les vignes que les gelées blanches du printemps, surtout lorsqu'elles se font sentir à la fin d'avril ou au commencement de mai, quand tous les rameaux développés sont encore dans leur état le plus tendre. Les pluies amenées par un vent glacial du nord-ouest et qui ont quelques jours de durée, font jaunir les jeunes rameaux et les rendent très-sensibles à l'atteinte de la moindre fraîcheur. Si le vent du nord-est souffle pendant la nuit sur un sol mouillé, les nuages se dissipent successivement et le thermomètre descend à zéro; le matin, les rayons d'un soleil brûlant viennent frapper les pousses tendres et malades de la vigne, en arrêtent la séve et anéantissent et désorganisent tous les tissus de la jeune plante. Si, au contraire, le ciel demeure couvert et pluvieux, la glace qui entoure le rameau fond à la longue, la séve continue sa marche et la plante est sauvée.

Il n'est certainement pas facile d'éviter entièrement la gelée, mais il existe de nombreux moyens d'en atténuer les dangereux effets. Les vignes plantées dans des terrains bas et humides, celles qui se trouvent dans le voisinage des bois, des prairies et des céréales; celles qui ont reçu un labour par une température humide et glaciale, sont plus exposées à la gelée que les autres. Le pinot, plant hâtif et délicat, en est d'autant plus fréquemment victime, qu'il n'a point l'avantage de reproduire de nouveaux rameaux quand il a été gelé. Les gamets, plus robustes, poussent souvent sur le vieux cep soit des rameaux à fruits, soit au moins des rameaux à bois sur lesquels on peut asseoir la taille de l'année suivante.

On met en pratique plusieurs procédés pour garer les vignes de ces désastreuses gelées de printemps : les uns ont recours à la fumée épaisse produite par des tas de paille humide, à laquelle on met le feu pendant la nuit et au moment du lever du soleil; mais cette fumée ne résiste que rarement au vent du nord qui la chasse rapidement devant lui et tous ses effets sont atténués.

Les autres, mais c'est le petit nombre, se servent de cornets de papier avec lesquels ils coiffent chaque cep. Ce moyen ingénieux que nous avons vu expérimenter au printemps de 1857, à la veille d'une gelée depuis quelques jours menaçante, produisit d'assez satisfaisants résultats. Les abris en paille nouvellement recommandés et qui doivent être d'un grand secours contre les effets déplorables des gelées et des pluies, ne peuvent être employés dans nos vignes du canton de Nuits, dont le mode de culture ne conserve point la ligne parallèle et droite indispensable à ce genre d'abri.

De la coulure. — La coulure ou l'avortement, qui arrive à l'époque de la floraison, est d'autant plus à craindre que la température s'est montrée défavorable à la vigne dès les premiers jours de la végétation et l'a prédisposée à devenir victime des moindres accidents. Quoi qu'il en soit et en quelque état que la grappe se trouve, si les vents froids du nord-ouest et du sud-ouest amènent des pluies glaciales, la fleur n'y résiste pas; elle avorte; les grains tombent et le raisin se change en vrilles. Il y a des années où la coulure a emporté les deux tiers des fruits. Ni les incisions annulaires, ni le pincement des grappes pour maintenir la séve, ne sont des moyens assez efficaces pour empêcher la coulure. Ces différents procédés ont été employés, mais toujours sans succès.

De la grêle. — La grêle est un de ces fléaux auxquels aucun végétal ne peut résister. La grêle, en frappant la vigne, lui cause des dommages que plusieurs années sont impuissantes à réparer. Non-seulement elle déchire ses feuilles, blesse profondément son bois, abat des rameaux par centaines, mais encore tous les grains, en quelque état qu'ils soient, sont meurtris gravement, ne prennent plus la séve nécessaire à leur développement ou à leur maturité, et ne grossissent que du côté qui n'a pas été touché. La meurtrissure leur communique une saveur amère que la fermentation dans la cuve ne peut faire disparaître et que le vin conserve.

Maladie des feuilles. Le rougeot. Raisins arsis ou bouillus. — Les feuilles de la vigne sont sujettes à souffrir des variations de température, des brusques transitions de froid et de chaleur qui causent un temps d'arrêt dans la circulation de la séve. Alors la feuille souffrante passe du vert au rouge foncé, se dessèche et tombe. Les raisins attachés à des ceps ainsi privés de feuilles, ne pouvant plus, de leur côté, recevoir la nourriture suivant leurs besoins, ne résistent point à l'ardeur du soleil, se rident et se dessèchent. Les vignerons disent alors que les raisins sont *arsis* ou *bouillus*. Un sol peu profond, trop léger, pourra occasionner la flétrissure des grappes aux époques de sécheresses extraordinaires, alors même que le cep conserverait toutes ses feuilles.

Durant la sécheresse de 1857, nous avons été témoin des essais d'un vigneron novateur. Sachant, par suite d'observations, que la paille avait la propriété d'attirer l'humidité, il en avait répandu autour des ceps d'une jeune vigne plantée dans un des sols perméables de nos montagnes, et il en avait obtenu des résultats d'autant plus heureux, que seule, dans le nombre des jeunes plants du même climat, cette vigne avait résisté à l'ardeur du soleil, et conservé en même temps que son fruit, toute sa vigueur et toute sa séve. Cet excellent résultat ne viendrait-il pas surtout de ce qu'un lit de paille, de même qu'une fumure en couverture, est un obstacle permanent à l'évaporation de l'humidité terrestre ?

La jaunisse ou chlorose.— Les vignes plantées sur un sous-sol de cailloux roulés ou *chaillots*, que les eaux ont fait descendre primitivement des montagnes, et qui placés généralement sur la glaise, rendent le terrain mobile et froid, sont dans des conditions défavorables. Dès que les racines de la vigne ont atteint ce sous-sol, elles ne rencontrent plus de nourriture et pourrissent aussitôt ; entre le chaillot et la glaise, les feuilles ne tardent pas à changer de couleur, le bois s'affaiblit, cesse de croître et de donner du fruit. Quand le vigneron veut occuper un pareil terrain, il commence par l'assainir à l'aide du drainage et par renouveler la terre pour l'ameublir.

De l'érinée et de l'oïdium. — L'érinée est un champignon que les vents froids et humides font naître sous les feuilles de la vigne. Dès qu'elles en sont atteintes, elles se crispent, se racornissent, se dessèchent et tombent. Le vigneron a soin d'enlever toutes les feuilles malades afin d'éviter la propagation de ce parasite.

Jusqu'alors, nous n'avons pas encore eu à déplorer l'apparition de l'oïdium sur nos vignes en pleine terre; quelques treilles seulement en ont souffert, mais elles se sont rétablies d'elles-mêmes, les unes au bout de la première année, les autres, deux ans après. Le champignon connu sous le nom d'*oïdium Tuckeri* attaque, on le sait, les raisins, les feuilles et le bois, et débute aussitôt que le grain est formé.

L'Eumolpe ou gribouri. — Nous allons maintenant signaler les insectes nuisibles à nos vignes. Nous plaçons au premier rang l'eumolpe ou gribouri, vulgairement connu sous le nom d'*écrivain*, parce que les traces de ses morsures sur les feuilles forment des lignes bizarrement entremêlées que les vignerons ont comparées à des caractères d'écriture.

Cet insecte a été décrit dans le *Livre de la ferme* par le docteur Candèze et surtout par M. de Vergnette-Lamotte; il n'est donc pas nécessaire de le décrire de nouveau (1). Il se montre au commencement de la végétation de la vigne, et disparaît à la fin de l'été; à l'état de larve, il attaque les racines ; à l'état d'insecte parfait il attaque les baies de raisins qu'il fend, et les feuilles qu'il ronge en tous sens. Pour se soustraire aux recherches, il possède un instinct tout particulier, qui consiste à se laisser tomber au moindre bruit, au plus petit mouvement que l'on imprime au cep, au pied duquel il se réfugie, et se cache sous de petites mottes de terre dont il a la couleur.

Pour le saisir, nous étendons au pied du cep un linge blanc sur lequel il tombe. Les vignerons ont quelquefois soin de semer quelques graines de chanvre dont l'odeur, dit-on, répugne aux eumolpes. Nous avons remarqué que les vignes situées dans le voisinage des habitations et fréquentées par les poules très-friandes de cet insecte, n'étaient jamais ravagées par lui.

Les dommages qu'il cause sont toujours très-préjudiciables ; les vignes qui en sont attaquées, jaunissent, ne donnent plus de bois, diminuent sensiblement de rapport, et très-souvent ne résistent point à l'invasion de l'écrivain qui dure quelquefois trois ou quatre années consécutives, au bout desquelles on est forcé de les arracher, et de retourner fortement le sol afin de faire périr les larves qui se réfugient entre deux terres pour y passer les jours froids; ensuite, on le laisse reposer fort longtemps avant de le remettre en état de produire de nouveau.

Nous pouvons citer un climat de la contenance de plus de 20 hectares en gamet, qui subit en entier, mais successivement, les attaques de l'*écrivain*, qui se l'était partagé en coupes réglées ; l'insecte, après en avoir ravagé une partie qu'il abandonnait entièrement au bout d'un an, allait porter la désolation plus loin, et ainsi de suite, jusqu'à ce que toutes les vignes de ce canton eussent eu leur tour. Puis il disparut pour aller exercer ses ravages sur d'autres points, éloignés de plusieurs kilomètres.

La pyrale. — Comme l'écrivain, la pyrale ou tordeuse de la vigne envahit un climat et le ravage sans merci d'un bout à l'autre. Sa larve établit sa demeure dans l'intérieur de la grappe et ronge les jeunes bourgeons à mesure qu'ils croissent : tous les moyens employés jusqu'ici pour se défaire de ce dangereux ennemi de la vigne sont restés impuissants ; mais les vignerons ont remarqué que les vignes les moins ravagées sont celles situées à proximité des habitations et fréquentées par la volaille (2).

L'Attelabe de la vigne ou becmare. — Cet insecte, connu sous le nom d'*Ulbère* ou *Ulbard* par nos vignerons, est d'une belle nuance bleue, mélangée du plus beau vert. Il a un talent tout particulier pour construire son habitation dans une feuille qu'il enroule avec art, après l'avoir piquetée fortement afin de détourner la séve qui ne lui permettrait pas de la recroqueviller à son

(1) Voir les pages 100 et 217 de ce volume.

(2) Voir pour de plus amples détails les pages 104, 217 et 218 de ce volume.

gré ; la femelle dépose ses œufs dans le cornet préalablement doublé de soie. On saisit ce moment pour les détruire, et, souvent avec eux, le mâle et la femelle qui s'y trouvent.

Les larves de l'attelabe, de même que l'insecte à l'état parfait, se nourrissent des jeunes bourgeons, des pédoncules, des feuilles ; ils attaquent même le fruit en pleine maturité (1).

Le ver blanc. — Le ver blanc est la larve du hanneton, appelée *man* ; elle est connue par nos vignerons sous les noms de tocria, cottereau, toquereau, suivant les localités, vraisemblablement en mémoire de la secte hérétique des *cottereaux* qui s'installa en Bourgogne vers le treizième siècle. Cette larve est très-fréquente dans les vignes où les arbres sont en quantité ; elle habite sous terre, et attaque particulièrement les racines de la vigne qu'elle ronge jusqu'au collet, et cause souvent la mort du cep. Le meilleur moyen de ne point avoir de vers blancs consiste soit à arracher les arbres des vignes, soit à faire une guerre acharnée aux hannetons dont les larves restent trois ans dans cet état avant de devenir insectes parfaits (2).

Les teignes. — Il y en a de deux espèces : les teignes qui s'attachent à des grains isolés et qui en rongent l'intérieur ; celles-là sont connues sous le nom de Chenilles de la teigne du grain ; les autres, désignées sous le nom de Chenilles de la teigne de la grappe, font leur apparition durant la floraison, quand le vent du sud contribue à faire éclore les œufs ; elles se logent dans l'intérieur de cette grappe, qu'elles ont l'instinct de rapprocher à l'aide de fils de soie, et rongent la surface des jeunes grains à leur portée. Il est facile de se rendre maître de ces chenilles ; c'est de les écraser en pressant avec les doigts la bourre qui les renferme.

Les escargots et les limaces. — Les petits escargots et les limaces se répandent dans les vignes au printemps et les attaquent avec avidité, mais il est facile de s'en défaire.

Dans les années chaudes et humides, les petits escargots surtout envahissent les ceps en grand nombre, rongent les jeunes rameaux à leur naissance, et les rognent quand ils sont un peu avancés.

MATURITÉ DES RAISINS ET VENDANGE.

Maturité des raisins. — Manière de la reconnaître. — La maturation des raisins, dans les années chaudes et sèches, se constate dès le mois d'août. Le bois change de couleur, de vert clair et vif qu'il était, le ralentissement de la sève abondante le fait devenir pâle et cassant, les feuilles perdent aussi de leur éclat ; dès lors le vigneron remarque chaque jour de nouveaux progrès dans le changement de la couleur des grumes, surtout à la suite des nuits ordinairement tièdes du mois d'août, durant lesquelles le thermomètre monte parfois jusqu'à 18 et 20° Réaumur. Quand le pédoncule, chez les pinots, prend une teinte rouge violacé, quand, en pressant la grume et en roulant la pellicule entre les doigts, il en sort une liqueur rouge qui a tout le caractère et la couleur du vin, on est assuré que le raisin vient d'atteindre sa maturité complète. Nous ajouterons que le pepin, étant dans la condition de maturité, change sa couleur vert clair contre une teinte brune foncée.

Un œnologue distingué, M. de Vergnette-Lamotte, que le département de la Côte-d'Or, et surtout l'arrondissement de Beaune, compte avec honneur au premier rang des savants qui ont fait faire le plus de progrès à la viticulture et à la science œnologique, M. de Vergnette-Lamotte a enseigné la manière facile de reconnaître la maturité d'un vignoble. Plusieurs années de suite nous avons suivi avec succès la méthode de notre savant collaborateur. Elle a été décrite au chapitre précédent par son auteur, et nous ne devons pas y revenir.

Du ban de vendange. — Voici une coutume fort ancienne qui est restée longtemps en usage dans nos vignobles du canton de Nuits, pour reconnaître la maturité des raisins et décider de l'ouverture de la vendange par un ban.

Quinze jours environ avant la récolte, le conseil municipal dans chaque village était invité par le maire du chef-lieu du canton à choisir trois commissaires chargés de vérifier dans trois visites faites par intervalles l'état de maturité des raisins sur toute l'étendue du territoire. Ces visites achevées, les commissaires en faisaient leur rapport, puis, au jour désigné, les maires des communes se rassemblaient au canton, ou dans quelque commune de la côte ou de la montagne et prenaient un arrêté ou *ban* pour fixer l'ouverture de la vendange dans chacune des localités. C'était ensuite à la diligence du maire qu'était confiée la publication de ces *bans* afin d'attirer le plus de vendangeurs dans le vignoble. On a modifié depuis peu la manière de décider la vendange ; les maires, après le rapport des commissaires, prennent dans chaque commune un arrêté qui fixe le ban d'ouverture, sans déférer au canton.

Cette vieille coutume féodale fut instituée, en 1187, par Hugues de Bourgogne, pour faciliter les moines et les seigneurs dans la perception de la dîme dans chaque localité, et pour que les vendangeurs vinssent en plus grand nombre, et que leur salaire fût conséquemment moins élevé. Dans ce dernier cas, et à notre époque encore, les bans de vendange dégagés de tout ce qu'ils présentaient d'arbitraire dans leur application ancienne, sont considérés par beaucoup de personnes comme avantageux aux propriétaires. L'ouverture des vendanges pour les pinots a toujours lieu huit à dix jours avant la vendange des gamets, par conséquent les travailleurs ont tout le

(1) Cet insecte a été décrit par M. le docteur Candèze, sous le nom de *rhynchite du bouleau*, p. 97 de ce volume, et par M. de Vergnette-Lamotte, p. 218.

(2) Voir p. 72 et 81 de ce volume ce que M. le docteur Candèze a dit du hanneton et de sa larve.

temps d'achever une contrée, pour se présenter en nombre dans une autre, dont les bans d'ouverture sont connus à l'avance.

Toutefois les lenteurs apportées à la publication de l'ouverture de la vendange n'étaient que favorables à la récolte; on regrette aujourd'hui que les commissaires chargés de déterminer par un arrêté cette ouverture soient imbus de l'idée générale que la quantité est préférable à la qualité, et que, tourmentés du désir immodéré de la possession, ils se hâtent trop chaque année pour la publication des bans de la vendange.

De la manière de récolter. — Cette opération essentielle de la récolte exige les plus minutieux préparatifs avant de commencer. Ce sont d'abord les cuves que l'on met à même de recevoir les raisins, les pressoirs que l'on essaie, que l'on répare ainsi que les balonges, sortes de grands cuviers ovales, et de la contenance de six cents doubles en raisins, dans lesquelles on transporte la vendange de la vigne à la cuverie, à l'aide de

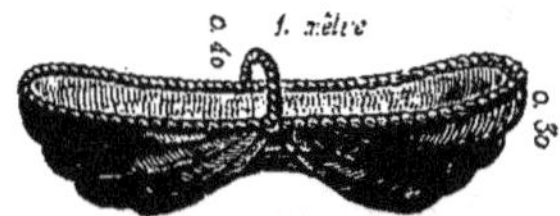

Fig. 931. — Panier à vendanges.

voitures louées à cet effet. On prépare les paniers destinés à déposer les raisins à mesure qu'ils sont coupés, et à les transporter de l'intérieur de

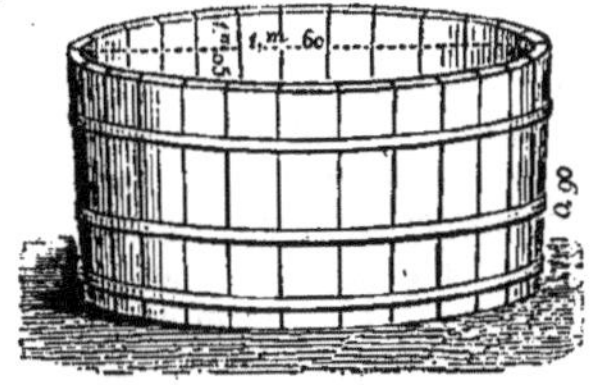

Fig. 932. — Balonge.

la vigne dans les balonges; la contenance de ces paniers à vendange est d'environ trois doubles décalitres ou 60 litres en raisins.

Le jour de la vendange fixé, dès le matin, maîtres et vignerons se rendent au lieu où s'assemblent les vendangeurs. Ces vendangeurs viennent à peu près tous des pays boisés qui avoisinent l'Auxois et le Morvan. Aussitôt que le salaire de la journée est débattu et arrêté (1), les maîtres se hâtent de conduire les vendangeurs aux vignes après les avoir fait préalablement déjeuner. Là, chacun se livre avec entrain à la besogne; les vendangeuses sont pourvues d'un petit panier nommé *vendangerot*, dans lequel elles mettent les raisins qu'elles coupent avec une petite serpette ou *gousotte*; dès que le vendangerot est rempli, un jeune vendangeur, nommé *vide-panier*, va verser les raisins dans ces grands paniers dont nous avons parlé plus haut, et qui sont placés de distance en distance dans l'intérieur de la vigne; ceux-ci étant pleins à leur tour, on donne aux porteurs le signal de les sortir de la vigne et de les transporter à dos dans les balonges, et ainsi de suite, jusqu'à midi, heure où a lieu le second repas, après lequel la besogne se continue jusqu'au soleil couchant.

Fig. 933. — Vendangerot.

Fig. 934. — Serpette.

Dans les vignobles de la côte, les vendangeurs, la journée achevée, sont payés et renvoyés au bout de la vigne; dans ceux de la montagne, il est d'usage de ramener les vendangeurs à la maison, de leur payer leur salaire, de les faire souper et de leur offrir le coucher durant toutes les vendanges.

Ne retrouverait-on pas là cette vieille et franche habitude de l'hospitalité burgonde envers les étrangers, qui ne serait point encore éteinte dans le caractère et les mœurs de nos vignerons des montagnes? Nous avons cru devoir signaler ici cet usage qui résiste bravement aux tendances égoïstes du siècle.

Époques de la vendange. — Dans nos climats à température variable, les époques de la vendange sont soumises aux caprices de ces variations.

Si, dans les années chaudes, la maturation du raisin s'annonce dès le commencement d'août, comme on a dû le remarquer pour les trois années extraordinaires 1857, 1858 et 1859, et si les vendanges ont lieu à la fin de ce même mois d'août, comme en 1822, ou dans les premiers jours de septembre ; ces années à récolte hâtive sont tellement rares, que leur nombre, de 1790 à 1860, dans une période de 71 ans, ne s'élève qu'à vingt, tandis que les années tardives et les vendanges en octobre se comptent au nombre de 40, dans le parcours de ces mêmes 71 années.

Il ne faut cependant pas conclure de là que chaque fois que les vendanges arrivent en octobre, la récolte soit mauvaise; on a vu les années 1819, 1825, 1835, 1852 produire de bons vins, quoique les raisins eussent été vendangés en octobre.

Quand la maturité s'annonce si tardivement, par suite d'une température froide sans être humide, les gelées hâtives sont moins à redouter, tandis que l'abaissement du thermomètre à 0 et au-dessous est d'autant plus à craindre en octobre, que l'année a été humide et froide comme en 1860, où, dans le seul mois d'août, les jours de pluie ont été de 27 sur 31; où, dans la nuit du 27 juillet précédent, le thermomètre était descendu à 0, tandis que, dans la journée du 29 de ce même mois de juillet, les montagnes furent couvertes d'une légère couche de neige et de grésil; or, dans des conditions aussi défavorables, les récoltes sont tardives et les produits fort mauvais.

(1) Ce salaire varie selon le nombre des travailleurs présents, de 1 fr. 25 à 2 fr. 50, et dans les années pluvieuses et froides, dans l'appréhension des gelées, etc., le prix qu'exigent les vendangeurs s'élève à 3 fr. 50 et 4 fr. par jour, comme en 1860, où la vendange commença partout après la gelée du 13 octobre, et avant que les vendangeurs ne fussent tous arrivés.

Conclusion. — Nous croyons qu'il est utile, pour compléter ce travail sur la vigne, de faire connaître à nos lecteurs, premièrement le taux des salaires dus aux vignerons, dont l'usage est de travailler à l'année dans les vignes plantées en pinot, comme dans celles plantées en gamet; secondement, de les renseigner sur les prix actuels des crus en pinot, qui donnent les têtes de cuvée du canton de Nuits, d'après les ventes qui ont eu lieu dans le cours des années 1857, 1858 et 1859.

Nous sommes bien loin de l'époque où le duc de Bourgogne, Philippe le Hardi, lançait de sévères ordonnances contre les gamets. Certes, en dépit de l'ordonnance, jamais ce plant n'a cessé d'être cultivé dans les terres qui lui sont propres, et, depuis un demi-siècle, le gamet s'est multiplié en raison de l'extrême division de la propriété. Le grand rapport de ce cépage a procuré aux vignerons qui le cultivent, une aisance qui est venue fort à propos les affranchir du servage. Il devait en résulter naturellement une augmentation dans leur salaire, la qualité des récoltes récentes devait avoir aussi d'heureux résultats en faveur du travailleur devenu chaque année propriétaire; or, les trois façons exigées (1) pour les vignes fines, avaient été payées longtemps la somme de 240 francs par hectare; on les paye actuellement 270 fr. Un vigneron laborieux, et qui tient à exécuter avec soin le travail qui lui est confié, ne peut dépasser la quantité de 2 hectares 34 ares 28 centiares (ou 7 journaux de Bourgogne). Les provins qui se font au nombre ordinaire de 480 à 500 par hectare, se payent à raison de 5 cent. chacun, et doivent se composer de 4 saillies (on nomme ainsi le brin de sarment qui sort de terre et sur lequel est assise la taille de l'année).

Les réparations qui consistent en transports de terres, en distributions de gennes et de fumiers, etc., se comptent à part, et se payent à la journée et selon les saisons, de 2 fr. 50 c. à 3 fr. Voilà pour les vignerons qui cultivent le pinot. Les propriétaires ont, en outre, à leur charge les paisseaux ou échalas neufs qui doivent chaque année remplacer ceux qui sont hors de service, et les impositions foncières.

Le salaire des vignerons des montagnes ou arrière-côtes qui ne sont plantées qu'en gamet, tend depuis peu à prendre aussi une augmentation corrélative au bien-être que la propriété leur a procuré avec plus de facilité qu'aux cultivateurs du pinot, dont le prix plus élevé des terres leur est moins accessible. Les trois façons ou binages exigés pour les gamets ont été payés longtemps de 100 à 110 fr. l'hectare; on solde actuellement pour le même travail 180 fr. Les provins, se multipliant dans les vignes en gamet, atteignent souvent la quantité de 2,000 par hectare, et se payent à raison de 5 cent. Le prix de la journée pour réparations utiles, suivant les besoins que la vigne exige, s'élève, nourriture comprise, de 1 fr. 75 c. à 2 fr. 25 c., selon la saison, et les échalas sont, de même que les contributions, à la charge du propriétaire.

A Chambolle, les terres de premier choix qui produisent les têtes de cuvée s'estiment et se vendent de 12 à 15,000 fr. l'hectare. Le climat des *Musigny* (Chambolle), qui donne des produits hors ligne, s'élève au prix de 20 à 25,000 fr. l'hectare.

Nous ne parlerons point du prix des terres au clos de Vougeot, il nous suffit d'informer le lecteur qu'en 1791, les 50 hectares qui le composent, considérés alors comme propriété nationale, furent adjugés avec le climat des Richebourg, pour la somme de 1,140,600 fr.

Les *Echézeaux*, climat de Flagey, hors ligne, s'élèvent au prix de 10 à 15,000 fr. l'hectare. Sur *Vosne*, le terrain qui produit la *Tâche* et la *Romanée*, est estimé à raison de 25,000 fr. l'hectare. Ici le sol est plus précieux que l'or, celui même qui produit les vins inférieurs de gamet s'élève de 8 à 10,000 fr. l'hectare.

A Nuits, le climat qui fournit le Saint-Georges, s'élève au prix de 25,000 fr. Les *Vaucrins*, les *Pruliers*, qui sont également des terrains de premier ordre, et dont les produits sont hors ligne, se vendent à raison de 20,000 fr. l'hectare. Les terres qui, à Nuits, sont plantées en gamets, ont également une grande valeur en raison de la population nombreuse et riche des vignerons qui les recherchent avec avidité; aussi ne sont-elles adjugées qu'à des prix fort élevés, comme 9,600 fr. l'hectare.

A Premeaux, enfin, les climats où l'on cultive les pinots, ont été vendus, en 1857, 18,000 fr. l'hectare. Toutes ces terres à pinot ont un produit fort borné, à peu-près 20 hectolitres par hectare, dans les meilleures années, et les terres qui ne sont plantées qu'en gamets s'élèvent à 6,700 fr.

Le prix des terres à gamet des montagnes n'est plus à comparer à celui des terrains riches de la côte; là, l'hectare de vigne ne s'élève pas à plus de 1,900 à 2,000 fr., et peut produire, année commune, de 54 à 60 hectolitres par hectare.

P. Caumont-Bréon.

(1) Ces façons comprennent les trois binages donnés en temps et saisons convenables, la taille, la plantation des paisseaux, l'ebourgeonnage, l'accolage et le roguage.

CHAPITRE VII

ESSAI DE CULTURE EN LIGNES A SAVIGNY-SOUS-BEAUNE.

On a dû remarquer, à la lecture du travail de M. de Vergnette-Lamotte, que cet habile et savant viticulteur bourguignon n'est point rassuré sur l'application aux vignes fines de la méthode préconisée par M. le docteur Jules Guyot. On connaît les raisons que M. de Vergnette-Lamotte oppose à cette méthode, et certainement, il serait à désirer que l'on connût les réponses que M. le docteur Guyot peut y faire. Mais un livre n'est pas une arène ouverte à la discussion. D'ailleurs, l'examen et la critique du système proposé ont été faits à un point de vue élevé, comme il convenait de les faire, non de parti pris. C'est une fort grosse entreprise que de tenter une révolution viticole et de se heurter à des usages séculaires, alors même qu'on s'y croit autorisé; il est donc tout naturel que cette tentative hardie cause des soucis et rencontre des résistances. Au reste, c'est à l'avenir qu'appartient le dernier mot dans cette affaire, et, en attendant qu'il le dise, nous plaçons ici avec plaisir de rapides renseignements dus à M. le comte de la Loyère, l'un des plus intrépides promoteurs de la culture en lignes et de la taille longue. P. J.

Jusqu'à ces dernières années, la culture de la vigne avait été la branche de l'agriculture la plus négligée.

Les propriétaires n'avaient pas compris qu'elle était la plante la plus productive, l'arbrisseau national par excellence. Le Gouvernement ne l'estimait que comme matière imposable. Impôt foncier, impôt indirect, octroi, douane, elle suffit à tout sans s'épuiser, elle paye de plus les folies de nos agronomes, à la remorque de nous ne savons quelles méthodes nouvelles.

Pourtant, il faut le reconnaître, un certain revirement s'opère en sa faveur. Les transports rapides, les traités de commerce lui sont favorables et, comme rien n'est aussi mobile que l'opinion en France, tout le monde aujourd'hui plante ou va vouloir planter de la vigne. La chose dont on s'occupe le moins, c'est du plant à choisir et du mode de culture. Il faut au moins trois ans à la vigne avant de donner ses fruits; si elle est peuplée d'un mauvais cépage, si elle est repartie sur le terrain de manière à empêcher une culture économique, si les bras devenus rares sont à un prix inabordable, si une foule d'autres déceptions surviennent, à un engoûment irréfléchi, succédera un découragement insensé qui fera disparaître le travail et le capital dépensés. C'est à prévenir autant que possible ce résultat que sont destinées les indications suivantes.

Mode de plantation. — On a fait bien des recommandations sur le choix du terrain; mais, comme pour le propriétaire ce choix est rarement possible, nous nous bornerons à dire : le grand précepte est de planter en lignes.

Mais quelle direction suivre et quelle largeur fixer? Pour la direction, c'est un peu comme pour le choix du terrain. Si la configuration de la pièce, si l'inclinaison du sol vous laissent toute liberté, la direction la meilleure est du nord-est au sud-ouest. La vigne présente ainsi le flanc successivement au soleil levant et au soleil couchant, puis son feuillage préserve les fruits des rayons brûlants du midi qui se concentrent sur le terrain pour l'échauffer et hâter la maturation. L'espace à laisser entre les lignes est soumis à une règle fixe : l'ouverture nécessaire pour le passage du cheval ou du moteur destiné au labour, et non davantage, puisqu'il mène un instrument léger, capable de faire l'ouvrage en une seule fois. On l'estime de $0^m,70$ à 1 mètre. — Ceci admis, la distance d'un cep à l'autre est proportionnée à la vigueur du plant et à la richesse du sol. Elle peut varier de $0^m,70$ à $1^m,50$.

Le terrain doit être profondément défoncé. Deux charrues à la suite l'une de l'autre dans le même sillon, et dont une sans versoir, sont un moyen excellent et peu coûteux. Pour établir un vignoble de longue durée, les simples boutures sont, à notre avis, préférables aux plants enracinés. La mise en place en est très-simple. A l'aide d'un fichet, on fait un trou de $0^m,25$ à $0^m,30$ dans lequel on introduit le plant debout, on l'affermit en place en tassant tout autour un peu de terreau ou engrais humide. Pour faire cette plantation bien régulière, on jalonne d'abord les lignes; puis on se sert d'un long cordeau sur lequel on marque, par des nœuds, la distance fixée entre les ceps, de sorte qu'il indique en même temps la direction et l'espacement des plants.

Choix des cépages. — Le docteur Guyot, n'eût-il que vulgarisé cette vérité que les plants fins peuvent devenir très-fertiles au moyen de la taille à long bois, aurait déjà rendu le plus éminent service à la viticulture. Nous sommes Bourguignon, et, en cette qualité, nous dirons : Plantez le pinot; votre gamet ne sera jamais pour la quantité à la hauteur du *terret bourret* (1).

Vous avez un sol privilégié dont les produits seront toujours recherchés, si vous savez leur conserver leur qualité, et si vous pouvez abaisser vos frais de production.

Palissage. — Le mode de palissage, pour les

(1) Cépage du midi.

plants fins, le plus simple et le plus satisfaisant, à notre avis, consiste dans l'emploi simultané de l'échalas et d'un fil de fer. Deux fils de fer fixés à des pieux sont aussi chers et présentent moins de fixité aux ceps qui, au moindre vent, se balancent comme sur une escarpolette, exercice qui les froisse et les meurtrit. Le fil de fer n° 11, qui donne 60 mètres au kilogramme, est suffisamment fort. Il coûte, galvanisé, 1 fr., soit 170 fr. en moyenne par hectare; 12,000 échalas, injectés et en place, à 5 fr. le 100, reviennent à 600 fr. Total : un peu moins de 800 fr.

Nos échalas n'ont que 1m,20 (la longueur du bois de moule). Pour leur donner plus de durée, on les injecte avec du sulfate de cuivre; on les plante à demeure à l'aide d'un petit plantoir spécial qui vaut 4 fr., et qui avance la besogne tout en soulageant le planteur. Le fil de fer est fixé sur chaque échalas à l'aide d'une petite ligature à 0m,30 environ au-dessus de terre. Une pierre enfoncée aux extrémités de chaque ligne sert de point d'attache.

Taille. — La taille est, avec le pincement, l'opération la plus importante de toute la culture. Le docteur Guyot indique une branche à fruits couchée horizontalement et pincée, puis une ou plusieurs branches à bois montant le long de l'échalas pour entretenir la vigueur du cep, et préparer une branche à fruits pour les années suivantes. M. J. Courtois, de Chartres, explique les opérations de cette taille par trois formules saisissantes : *Taille du passé*, suppression de la branche à fruit qui vient de rapporter; *taille du présent*, transformation de la branche à bois en branche à fruit; *taille de l'avenir*, raccourcissement, sur deux nœuds, de la pousse choisie pour devenir la branche à bois de l'année.

On nous permettra, après ces autorités, d'ajouter deux observations : la première, c'est que la branche à fruit peut être conservée plusieurs années de suite ; les expériences de M. Fleury Lacoste, président de la Société d'agriculture de Savoie, l'ont prouvé. Pour le pinot, cette pratique aurait l'extrême avantage de donner du fruit sur le vieux bois et détruirait l'objection de l'amoindrissement de la qualité.

La seconde observation, c'est qu'on peut facilement se passer du petit échalas destiné à fixer horizontalement la branche à fruit. Il suffit pour cela de planter l'unique échalas à 0m,20 ou 0m,25 du cep. Dans cette position, il supporte la branche à fruit jusqu'au moment où l'on peut attacher les pousses sur le fil de fer; et la courbure imposée à la branche à bois pour le rejoindre est sans inconvénient.

Lorsqu'une vigne est ainsi disposée, il ne reste plus qu'à l'attacher, à la pincer et à la rogner en saison avec les soins convenables.

Culture. — Un fait assez remarquable, c'est que, depuis plusieurs siècles, le mode de culture de la vigne n'a pas varié en Bourgogne. Ce sont les mêmes méthodes, les mêmes instruments portant les mêmes noms. Comparez la culture du temps des ducs et celle de nos jours, vous n'y verrez d'autres différences qu'un peuplement devenu trop considérable et un provignage excessif. C'est là, non une amélioration, mais un vice qui explique le retard de la maturation et l'abaissement de la qualité dont on se plaint.

Le problème à résoudre est celui-ci : diminuer les frais de main-d'œuvre par un outillage bien entendu et augmenter la production par une culture plus rationnelle.

La taille à long bois, les pincements, la disposition en lignes, plus d'espace et d'air donnés à chaque cep, assurent une production plus abondante et meilleure.

La charrue et la houe remplaçant le travail de l'homme, constituent une véritable économie.

Voici, en quelques mots, l'exposé de notre culture :

Après les vendanges, dans les lignes espacées de 0m,90, on fait passer un cheval attelé à une petite charrue jumelle fort légère qui retourne le sol à la profondeur de 0m,10 au plus, profondeur qu'il ne faut pas dépasser, sous peine de détruire les racines superficielles.

Fig. 935. — Charrue la Loyère.

Lorsqu'on veut fumer, on remplace, sur la même armature, les deux socs par un buttoir, et on ouvre toutes les deux lignes au plus un sillon où le fumier est déposé, puis recouvert par un contre-buttoir. Ce nom, nouveau comme l'instrument qu'il désigne, s'explique suffisamment de lui-même; c'est le buttoir partagé par le milieu, dont les deux moitiés ont été éloignées et changées de place et qui rejette sur le fumier la terre extraite du sillon.

Pour les trois ou quatre labours du printemps et de l'été qui ne doivent être, pour la vigne, que de simples sarclages, on ajoute un couteau entre les deux versoirs du contre-buttoir. Les effets obtenus sont : les herbes coupées entre deux terres, puis recouvertes par le contre-buttoir qui dégage en même temps le dessous des ceps.

Préservatifs contre les gelées et la coulure. — Ici, nous ne pouvons encore donner aucun résultat complet; c'est seulement à titre de renseignements que nous notons nos essais.

Les gelées sont peu à redouter tant que la végétation est endormie ; ce n'est que sur les jeunes pousses qu'a lieu le ravage dont le vigneron a tant à se plaindre. C'est le rayonnement qui les désorganise ; il faut donc interposer un abri entre la plante et le ciel. Si les paillassons étaient applicables à la grande culture, il ne faudrait pas chercher autre chose.

On empale sur l'échalas un petit fagot de sarments; la main-d'œuvre est minime et la matière première est fournie par la vigne, — ou bien on saupoudre les jeunes pousses, qui s'entr'ouvrent en forme de coupe, avec des cendres ou de la sciure de bois, plutôt avec de la sciure, plus légère et plus adhérente.

Les gelées frappent vivement les rameaux les plus rapprochés du sol; on taille donc long et on laisse la branche droite sur l'échalas, ce qui a l'avantage de retarder la pousse des bourgeons inférieurs et de leur donner ainsi une nouvelle chance d'échapper; ou bien encore, à l'aide du buttoir, on chausse un peu les ceps et l'on retarde ainsi le départ de la végétation ou débourrage.

Comparaison des deux méthodes. — Par notre mode de culture, on laisse les échalas en place, en sorte qu'on économise l'arrachage à l'automne, la mise en meule, l'aiguisage et la replantation; soit, par hectare, 36 francs.

Le provignage est supprimé à peu près complétement, soit 48 fr.

Les trois façons qui reviennent, dans la culture à bras d'homme, à 180 francs, sont exécutées en moins de trois journées de cheval, puisqu'un cheval peut facilement cultiver 2 hectares par jour équivalant à un trajet de 20 kilomètres, mais nous comptons trois journées, car nous donnons quatre façons au lieu de trois.

3 journées de charrue à 8 fr.	24 fr.
12 journées d'homme pour cultiver sous les ceps des trois coups, à 3 fr. par jour	36

Autrement dit, les journées de charrue et les journées d'hommes reviennent à 60 fr. au lieu de 180, ce qui nous donne une économie de 120 fr.

A ces diverses économies, ajoutons celle du transport des terres, des engrais, de la récolte qui se fait partout à dos d'homme, et qui, pour nous, a lieu au moyen d'une voiture à essieu coudé qui l'élève assez haut pour passer au-dessus des échalas. Le cheval occupe une ligne, et les roues passent dans les deux lignes voisines. Ce travail est complétement satisfaisant, et depuis que l'on se sert de cette voiture, on n'a ni accroché un échalas ni froissé un cep. Nous évaluons que l'économie de ce chef dépasse le surcroît de main-d'œuvre résultant du pinçage et de l'accolage — travail d'ailleurs peu cher, puisqu'il peut être fait par des femmes et des enfants. Le prix de ce travail est de 24 fr. à l'hectare.

Le prix de la culture de l'hectare étant de 288 fr. (12 fr. l'ouvrée), et l'économie réalisée de 204 fr., en faveur de la méthode nouvelle, la culture ne reviendrait plus par hectare qu'à 84 fr., s'il n'y avait pas à tenir compte de l'imprévu et de l'achat de l'outillage; mais personne ne pourra élever d'objection si l'on se contente d'affirmer que les frais sont au moins moitié moindres.

Nous ne terminerons pas cette notice sans signaler son côté le plus sérieux, à notre avis : c'est le côté moral de la culture ainsi entendue.

L'homme est un instrument très-médiocre comme force, mais très-parfait comme intelligence. Demander moins à ses bras et plus à son esprit, faire du manœuvre un artiste, c'est ennoblir le travail, rendre la culture facile et abordable pour la femme et pour l'enfant; c'est accroître le bien-être de l'habitant de la campagne. Il ne reste plus, pour l'attacher à son clocher, qu'à l'intéresser au succès de sa culture ; c'est ce que nous avons tenté et ce qui nous réussit.

Outre leur salaire, nous donnons aux vignerons une somme convenue par hectolitre récolté dans leurs vignes. Aussi mettent-ils plus d'intérêt et d'amour-propre que nous-même à réussir, et loin d'avoir à leur imposer les méthodes nouvelles, nous les trouvons prêts à accepter et même à rechercher toutes les améliorations réalisables.

En résumé donc, plus de moitié d'économie dans les frais, plus du double dans la quantité récoltée : voilà des avantages qui méritent d'être signalés, et dont la conquête vaut bien quelques efforts.

Comte DE LA LOYÈRE.

CHAPITRE VIII

DES VIGNES DU MÉDOC

Médoc est l'ancienne dénomination d'une région aujourd'hui comprise dans le département de la Gironde, et presque en entier dans l'arrondissement de Lesparre.

Cette région est limitée au nord par la Gironde; au midi, par les landes de Gascogne; au levant, par l'arrondissement de Bordeaux, auquel elle emprunte les communes de Cussac, Lamarque, Arcins, Soussans, Margaux, Cantenac, Ludon et Labarde; au couchant, par les alluvions déposées par la Gironde et par les dunes.

Cette région a une contenance approximative de 65,800 hectares, sur lesquels 30,000 environ sont consacrés à la culture de la vigne.

Cette culture, faite avec des soins exceptionnels, des cépages choisis, et enfin des pratiques minutieuses pendant la vinification, produit des vins remarquables par leur séve, leur tenue, et justement appréciés dans le monde entier.

Il semble que l'art de cultiver la vigne ait acquis là son plus haut degré de développement.

A ce titre, il est utile d'en faire la description dans une publication de la nature de celle-ci, destinée à fournir des données pratiques, sanctionnées par l'expérience, aux agriculteurs des divers pays qui cherchent le progrès dans le rapprochement et la comparaison de leurs méthodes.

Un travail de ce genre, même succinct, doit cependant décrire d'abord ce qui tient :

Au climat ;
Au sol ;
Aux cépages ;
A la plantation ;
A la taille ;
Aux labours et travaux à la main ;
Aux vendanges ;

et ensuite ce qui tient :

A la cuvaison ;
Au décuvage ;
A la mise en barriques ;
Aux soins à donner aux vins.

C'est l'ordre qui sera suivi.

Climat. — Le climat du Médoc est analogue à celui des autres régions du sud-ouest de la France. L'hiver s'y fait généralement remarquer par la persistance des vents d'ouest et des pluies que ceux-ci amènent.

Le printemps est, depuis quelques années, fort irrégulier. Les chaleurs ne commencent guère qu'au mois de juin.

L'été est généralement sec ; les vents de nord et d'est sont, pendant cette saison, prédominants.

L'automne est très-beau, et il n'est pas rare que les beaux jours se prolongent jusqu'au mois de janvier.

Le froid extrême dépasse rarement 5 à 6 degrés au-dessous de zéro, et la chaleur *maxima* ne s'élève pas, à l'ombre, au-dessus de 36° centigrades.

Ces conditions sont, par leur ensemble, excellentes pour la culture de la vigne.

Le sol affecté à la vigne est généralement exhaussé ; le pays est découvert ; les vents circulent avec liberté, et compensent les pertes de calorique que la vigne éprouve par le rayonnement sidéral dans les nuits sereines d'avril et de mai. Aussi les gelées printanières sont-elles ordinairement sans action contre les vignobles non abrités du Médoc.

Des pluies, depuis quelques années très-fréquentes en mai et juin, déterminent la coulure de la vigne, et c'est à cette cause, autant au moins qu'à l'oïdium, qu'on doit attribuer l'insuffisance des récoltes.

Des coups de vent d'ouest, très-communs dans ce pays, en avril et mai, rompent les jeunes pousses à peine soudées, et occasionnent quelquefois d'irréparables ravages.

Sol. — Le sol du pays appartient à la formation tertiaire. Il est formé de sables, de cailloux roulés et d'argile, en proportions variables.

Dans l'ordre de superposition des différentes couches, celle qui apparaît généralement à la surface est le mélange de sable, d'argile et de graviers siliceux dont nous venons de parler. Les graviers sont l'élément prédominant de ce mélange. Ils ont la grosseur moyenne d'une noix.

Le sous-sol est formé, dans certaines parties, par un sable ferrugineux connu sous le nom d'*alios*, par de l'argile plastique ou de la marne.

En des points nombreux de cette région, les couches argileuses et marneuses servent de support à des dépôts de calcaires sableux grossiers. Ces calcaires contiennent des débris de coquilles en très-grande quantité. Ces débris coquilliers se rattachent aux paludines, aux limnées, aux mélanies, aux cidaris, aux encrinites, aux ananchytes et aux spatangus. On y trouve quelquefois de grandes agglomérations de foraminifères.

Le pays est ondulé. Ses ondulations, larges et dessinées à grands traits, forment une succession de coteaux arrondis et réguliers qui laissent entre eux de spacieux vallons.

Cette disposition est d'autant plus caractérisée qu'on se rapproche davantage du fleuve ; c'est donc dans le nord du Médoc qu'elle est le plus saillante.

Les croupes sont éminemment favorables à la culture de la vigne par la nature même du sol et du sous-sol, par la configuration des terrains et la facilité avec laquelle les eaux s'égouttent ; enfin, par l'aération qu'elles reçoivent, aération qui met d'abord la vigne à l'abri des gelées auxquelles elle est exposée au réveil de sa vie végétative, et qui lui est ultérieurement si nécessaire pendant ses diverses évolutions.

Les parties basses que les croupes laissent entre elles sont généralement marécageuses. Le sol de quelques-uns de ces marais est formé d'alluvions fluviales où l'argile prédomine. Le sol des autres est tourbeux.

Ces marais ont un niveau qui diffère peu du niveau moyen de la Gironde. Grâce à cette circonstance, leur assainissement est rendu facile par un système de canaux qui déversent leurs eaux dans le fleuve, quand celui-ci est à marée basse, à la faveur d'écluses ou de vannes autoclaves.

Suivant le degré d'assainissement, on livre ces marais à la culture des céréales, ou on les abandonne à la végétation herbacée qui produit des foins de diverses qualités et des joncs propres à la litière.

Ainsi que nous le dirons ultérieurement, les travaux relatifs au sol, dans les vignobles du Médoc, sont, en très-grande partie, faits par les animaux. De là la nécessité d'avoir sur chaque exploitation un certain nombre d'attelages, et l'évidente utilité des parties marécageuses du sol qui semblent placées à côté des vignobles comme un accessoire indispensable à leur culture.

Il se peut que les émanations marécageuses, nuisibles assurément à la santé des habitants riverains, ne le soient pas à la vigne. L'observation démontre que les meilleurs vignobles sont placés à proximité des marais. Cette circonstance n'implique cependant pas un rapport de cause à effet. Dans les soulèvements postérieurs à la formation tertiaire, les parties exhaussées ont laissé, à côté d'elles, des dépressions correspondantes, et la qualité du vignoble dépend probablement plus du sol élevé sur lequel il est planté que du sol déprimé qui l'avoisine.

L'analyse du sol qui avoisine le château Lafitte a donné à M. d'Armailhacq les résultats suivants :

	grammes.
Cailloux roulés siliceux plus ou moins gros...	629,00
Sable fin...	283,00
Silice pure...	62,20
Humus...	12,80
Alumine...	7,54
Chaux...	40,00
Fer...	86,00
Perte...	4,20
Total...	1000

Ce tableau montre que l'élément siliceux est très-prédominant dans ces sortes de terrains. L'alumine et la chaux n'y sont signalées qu'en petites quantités. Le fer y existe à une dose assez élevée.

Tous les terrains affectés dans le Médoc à la culture de la vigne sont loin d'avoir la même composition. Il en est où le sable prédomine et où l'on ne trouve plus de cailloux siliceux ; d'autres où l'argile a une plus large part ; d'autres où des cailloux calcaires occupent une place importante, et où le sous-sol est formé, à une petite profondeur, de larges et puissantes assises de calcaires coquilliers grossiers ou d'argiles marneuses ; d'autres, enfin, où la terre arable est entièrement composée de ce sable noir humifère et ferrugineux dont sont formées les landes de Gascogne. Ce sable repose généralement sur un sous-sol imperméable d'argile ou d'alios.

La qualité des vins (les cépages et les soins étant supposés identiques) a d'étroits rapports avec la composition des sols. Les sols où les cailloux siliceux dominent, donnent les vins les plus distingués; viennent ensuite quelques landes dont le sous-sol est formé d'un cailloutis siliceux très-fin ; puis les sols à prédominance calcaire, et enfin les sols à prédominance argileuse. On peut affirmer que les vins sur lesquels se fondent la renommée et la supériorité du Médoc, ne sont produits que par les deux premières catégories de terrains. Il n'est pas téméraire de dire que, par un choix judicieux des cépages et par l'imitation de notre taille, de nos travaux, de nos procédés de vinification, et surtout de nos soins minutieux pour la conservation des vins, on pourrait, en beaucoup de lieux, produire des vins égaux en qualité à ceux qui sont fournis par les vignes plantées sur nos terrains argilo-calcaires.

Nous aurons l'occasion de dire plus bas que les divers cépages ne s'accommodent pas également bien de tous les sols, et d'indiquer celui qui convient plus particulièrement à chacun d'eux.

Chaque sol (toutes autres conditions étant égales) n'a pas le même degré de fertilité.

Les bonnes graves, en croupes régulières et aérées, donnent une moyenne de 2,736 litres à l'hectare en bon rapport, c'est-à-dire dans l'âge adulte de la vigne.

Les landes ne donnent guère que 1,368 litres.

Les bons sables ont un rendement à peu près égal à celui des graves.

Les terrains argilo-calcaires donnent 3,340 litres pour la même surface.

Ces considérations sommaires sur le climat et le sol du Médoc suffisent pour faire juger du pays où la culture de la vigne occupe une si large place. Il serait superflu de leur donner plus d'extension. La pratique ne pourrait y puiser que des indications de convenance qu'elle saura y trouver aisément. Le sol et le climat sont, dans toute culture, des éléments imposés; l'imitation n'a rien à leur emprunter, et le seul enseignement que le praticien peut prendre à la description dont ils sont l'objet est de savoir si le climat et le sol qu'il a sont comparables à ceux dont on lui fait le récit.

Tels ne sont pas les autres éléments de la viticulture du Médoc. Ils ne tiennent pas aux lieux, mais ils dérivent de la volonté de l'agriculteur et sont, dans leur expression actuelle, le fruit d'une expérience viticole qui remonte déjà à une antiquité reculée. A ce titre les viticulteurs de tous les pays peuvent trouver dans leur étude attentive d'utiles renseignements.

Des cépages. — Le choix des cépages n'est pas indifférent. Pour que ce choix soit fait avec intelligence, il faut : 1° que le cépage soit, par ses habitudes végétatives, apte à résister aux influences climatériques du lieu; 2° qu'il donne, par la quantité des produits, un rendement rémunérateur; 3° que, par la qualité des vins, le débouché soit rendu facile.

Un nombre considérable de cépages a été essayé en Médoc. Le résultat de cette longue enquête poursuivie expérimentalement à travers les siècles, a été d'indiquer à l'attention des viticulteurs de ce pays certains cépages qui, remplissant les conditions plus haut énoncées, sont définitivement restés les cépages préférés. Ce n'est pas qu'au point de vue du mérite absolu ils vaillent peut-être mieux que d'autres, mais ce sont ceux qui, étant donnés notre sol et notre climat, réalisent le mieux les trois conditions de résistance, de quantité et de qualité. Ces cépages sont connus ici sous les noms de :

Cabernet — Cabernet-sauvignon — Carménère — Malbec — Merlau — Verdot.

Le *cabernet* ou gros cabernet est un cépage qui convient parfaitement dans les bonnes graves. Sa feuille est très-dentelée. Il donne un raisin dont la baie est de moyenne grosseur et à peau assez épaisse, ronde et serrée sur la grappe. Le rendement de ce cépage est assez régulier. Sa floraison, dans les graves élevées, a lieu vers le 15 juin, et sa maturité vers le 1er octobre.

Ce cépage pousse hâtivement, et il serait souvent atteint par les gelées printanières s'il n'était planté sur des croupes non abritées où il reçoit, sans obstacles, les brises diverses qui, à l'époque de sa végétation, ont une température supérieure à zéro, et s'opposent à sa congélation.

La moyenne de la production de ce cépage, en grave franche et sur croupe assainie, ne dépasse pas, ainsi que nous l'avons dit plus haut, 2,736 litres à l'hectare.

Le vin produit par le cabernet a de la vinosité, de la distinction, de la tenue et de la séve. Médiocrement riche en alcool, il est surtout remarquable par son bouquet.

Ce cépage est celui qui prédomine dans les crus les plus renommés.

A la décuvaison, le vin de cabernet est brillant et rutilant, mais il n'a pas ce rouge foncé que donnent d'autres cépages, et qui ressemble à la couleur d'une mince couche de brôme, étendue sur une plaque transparente, et vue par réfraction.

En revanche, le vin de cabernet prend de la couleur en vieillissant. Cette particularité singulière s'explique aisément. Le sol des graves contient, par 1,000 grammes, 86 grammes de fer. Du fer pris au sol par la végétation existe aussi dans le vin sous une forme que l'analyse n'a pas exactement déterminée. Quand ce vin est mis dans des barriques de chêne neuves, conformément aux usages du pays, il se forme, par le contact du liquide et du solide, du tannate et du gallate de fer, en petite quantité sans doute, mais en quantité suffisante pour que la teinte du vin devienne plus foncée.

Le parfum du vin de cabernet se développe par l'âge. Il tient à des conditions encore mal déterminées. Après les vendanges, on ne juge dans le vin nouveau que les qualités communes : la *vinosité*, la *couleur*, la *maturité*, la *correction*; plus tard se développent les qualités spéciales, et notamment le *bouquet*. Ce bouquet paraît dû à l'action lente des acides du vin sur l'alcool. Le sol où le vin a puisé sa constitution originelle joue là un rôle important ; le cépage en a un autre qui est au moins équivalent. Quand les éléments dont les combinaisons doivent, par l'effet du temps, produire ce parfum spécial auquel la chimie n'a pas donné de nom technique (1) sont encore à l'état de mixture, et qu'ils n'ont pas épuisé les uns vis-à-vis des autres leurs obscures affinités, il est impossible de dire comment ils se conduiront. On traduit ordinairement *à posteriori* cette infirmité de nos appréciations premières en disant : Voilà un vin *qui a bien tourné*.

Ainsi, à l'issue de la cuve, le vin de cabernet n'a rien de bien caractéristique; mais l'expérience démontre que, par le temps, c'est celui qui prend le plus de bouquet, et qui *tourne* le mieux.

La maturité du cabernet étant un peu tardive, il n'est pas rare que le vin qui provient de ce cépage ait un peu de *verdeur*, c'est-à-dire d'acidité. Quand cette acidité est peu accusée, elle s'épuise aux dépens de l'alcool et au profit de l'arôme. Quand elle est très-prononcée, elle appauvrit le vin et le rend de mauvaise conservation.

Cabernet-sauvignon. Carménère. — Le cabernet-sauvignon et la carménère offrent avec le gros cabernet des différences d'aspect que la description ne ferait saisir qu'incomplétement.

Ces cépages égalent en finesse le gros cabernet. Les mêmes sols leur conviennent, et toutes les observations qui précèdent sur le gros cabernet leur sont applicables. La production en est cependant un peu moindre.

Malbec. — Le malbec est aussi connu dans le Médoc sous le nom de *gros noir* et d'*étranger*.

Le pédicelle des raisins de malbec est d'un rouge foncé. Les raisins en sont gros et ronds, médiocrement pressés les uns contre les autres, et la grappe est formée de sous-grappes espacées. Le fruit est d'une saveur sucrée et excellente; l'enveloppe est fine et peu résistante.

Le bois est gros, de couleur marron foncé; les bourgeons sont moins espacés qu'ils ne le sont aux cépages plus haut décrits.

La pousse du malbec, planté d'ailleurs dans le même sol que le cabernet, est d'environ huit à dix jours en retard sur la pousse de celui-ci.

La floraison a lieu huit ou dix jours après celle du cabernet. La maturité est en avance de cinq à six jours sur celle du cabernet.

Si le malbec était planté sur les terrains exhaussés du Médoc, il ne redouterait pas les gelées ; mais les sables à sous-sol calcaire sont les fonds qui lui conviennent le mieux. Ces sables forment des ondulations de terrain peu élevées, analogues à des plaines. La partie de ces ondulations placée sous le vent rayonne, dans les nuits transparentes de la fin d'avril et du commencement de mai, sans récupérer par le contact de l'air ses pertes de calorique, et le malbec qui y est planté est ainsi atteint par les gelées.

Ces conditions géographiques expliquent la bizarrerie apparente d'une gelée printanière qui atteint un cépage tardif dans sa végétation, et respecte un cépage hâtif.

Le malbec n'a pas, dans son rendement, la régularité du cabernet, et il est plus sujet que lui à la coulure.

Sans cause bien appréciable, souvent cette coulure a lieu non-seulement pendant la floraison, mais même jusqu'à la véraison.

Malgré cela, la moyenne de la production du malbec, planté dans le terrain qui développe ses aptitudes, est supérieure à la moyenne du cabernet en graves franches. Elle s'élève à 3,192 litres par hectare.

Le cépage du malbec n'est admis qu'avec grande réserve dans les crus classés et dans les crus non classés des paroisses supérieures. Il est, au contraire, prédominant dans les crus du Bas-Médoc.

Le vin de malbec est d'un rouge foncé; il a moins de corps que celui de cabernet et moins de finesse.

Au lieu d'augmenter de couleur en vieillissant

(1) M. Fauré, dans un travail d'analyse important et justement estimé, donne le nom d'*œnanthine* au produit qui communique aux vins ce que, dans la langue des affaires, on appelle *le velouté*. MM. Pelouze et Liebig appellent éther œnanthique le produit de la fermentation qui donne l'odeur vineuse commune à tous les vins, produit qu'ils ont obtenu par la distillation des lies. Le *bouquet*, qui différencie les vins des divers vignobles, est un produi variablet de vin à vin et dont la formule chimique sera longtemps une énigme. M. Fauré désigne ce produit sous le nom d'*esprit recteur*. Dans la suite de ce travail nous lui conserverons le nom de *bouquet*. C'est assurément un éther qui se forme par l'action des acides libres du vin sur l'alcool. Les vins faits avec des raisins bien mûrs, dépourvus d'acides libres, n'acquièrent pas de bouquet.

il perd assez vite l'excès de celle-ci. Ce résultat paraît tenir à deux causes : l'une est que le sol où se plaît le malbec est point ou très-peu ferrugineux, et que le vin de malbec, ne contenant pas de fer, le tannin et l'acide gallique de la barrique neuve ne le colorent pas; l'autre est qu'il y a certainement des différences de densité, encore indéterminées, entre la matière colorante des divers cépages, différences qui retardent ou accélèrent la précipitation.

La vie végétative du raisin de malbec, depuis la floraison jusqu'à la maturité parfaite, étant de dix à quinze jours plus courte que celle du raisin de cabernet, il s'ensuit que le malbec exige moins de chaleur pour la maturation que le cabernet. Il est donc assez ordinaire que la maturité du cabernet soit incomplète, et que celle du malbec soit parfaite.

Le vin qui provient des raisins de malbec, bien mûrs, ne renferme pas d'acides organiques libres destinés à réagir sur l'alcool, et il resterait plat et sans distinction si on le laissait tel. L'expérience a appris à le modifier par des moyens pratiques que les données scientifiques justifient très-bien. Chaque exploitation viticole, où prédomine le malbec, comprend une certaine surface plantée en *folle-blanche*. Ce cépage aime les fonds argilo-calcaires, compactes, humides, où le malbec donnerait beaucoup de feuilles et peu de fruits. Venus dans ces sols, les fruits de folle-blanche arrivent très-rarement à maturité. Le moût qui en provient est mis dans des barriques débondées, où l'exiguïté de la surface en contact avec l'air, rend la fermentation longue et incomplète. Ce moût conserve longtemps de la viridité en excès. On utilise celle-ci en mélangeant ce moût, dans des proportions qu'on ne peut indiquer par des chiffres, mais que l'habitude apprend, avec le vin de malbec, immédiatement après la décuvaison. Les acides libres du vin blanc viennent ainsi donner au vin de malbec ce qui manque à celui-ci, et préparer ces réactions obscures entre eux et l'alcool d'où doit naître le bouquet. Les paysans traduisent ce résultat en disant qu'avec du malbec et de la folle blanche on fait du cabernet.

Merlau. — La description du merlau ne ferait pas saisir les différences qui le distinguent du malbec.

Comme celui-ci, il pousse tardivement et mûrit hâtivement.

Son vin a moins de couleur que celui du malbec. La maturité en est le plus souvent complète, et les observations présentées à propos du vin de malbec s'appliquent au vin de merlau.

Le merlau pousse dans les sols qu'affectionne le malbec, mais cependant la végétation en est plus franche et plus régulière dans les graves qui plaisent au cabernet.

A raison de cette circonstance, ce cépage n'est pas banni des paroisses supérieures. Le mélange de son vin, généralement mûr, avec celui de cabernet, qui a quelquefois de la viridité, est un mélange dont les deux vins se trouvent bien; il épuise la viridité de l'un, et développe le bouquet de l'autre.

Le *verdot* (son nom semble l'indiquer) est un cépage qui arrive rarement à complète maturité.

Il aime les sols argileux, profonds et humides. Dans le Médoc il n'existe pas en vignobles; mais, à raison de quelques-unes de ses qualités, il n'est pas banni des vignobles les plus renommés. Dans les bonnes années, son vin, mélangé à celui de cabernet, bien mûr, lui donne les acides libres qui manqueraient à la formation du bouquet. Dans les mauvaises années, où la maturation est incomplète et où le vin de cabernet a déjà un excès de viridité, il serait imprudent d'opérer ce mélange.

Le rendement du verdot est bien plus considérable que celui du cabernet.

Ce cépage pousse beaucoup sur vieux bois et peut, par la taille, être ainsi bien tenu.

Il y a dans les vignobles du Médoc bien d'autres cépages, mais ils ne donnent pas lieu à des exploitations étendues et distinctes.

Les différentes variétés de cabernet, la carménère, le malbec, le merlau, accidentellement le verdot, et, comme complément, en divers lieux, la folle-blanche : voilà les cépages élémentaires de notre viticulture.

Ces cépages sont assurément peu nombreux; mais l'expérience démontre que, plus le nombre en est restreint, plus le viticulteur se rend compte de ses opérations.

Chaque cépage a ses habitudes végétatives, exige telle ou telle taille, tels ou tels sol et sous-sol, tels et tels soins, telle vendange, telle cuvaison, etc.. Si l'esprit du cultivateur s'exerçait sur un grand nombre de variétés, les résultats ne dépendraient plus de sa direction; ils seraient le fruit imprévu et sans enseignement du hasard. Partout où la viticulture est perfectionnée, elle s'exerce sur un très-petit nombre de cépages, et partout où elle est rudimentaire, l'indigence viticole se cache sous le luxe d'une infinité de cépages. Par certains côtés le viticulteur tient de la nature de l'artiste; il ressemble au peintre qui trempe son pinceau dans deux couleurs, et qui calcule à l'avance la moyenne qui doit sortir de leur mélange; mais s'il jetait à la fois toutes ses couleurs sur sa palette, comment jugerait-il *à priori* de leur moyenne?

Des plantations. — Quand le viticulteur a fait choix des cépages, il doit : 1° se procurer des plants; 2° faire préparer les terrains; 3° planter.

Plants. — La vigne se reproduisant parfaitement par bouture, il suffit d'en couper une branche pendant l'hiver, et de la planter dans un sol convenable pour qu'au réveil de la végétation elle prenne racine. Mais cette branche, ainsi prise au hasard, serait souvent impropre à porter des fruits. L'expérience apprend que le plant est bon *quand il a été pris sur la branche à fruit de l'année précédente; sur une vigne adulte, saine; qu'il a porté lui-même des raisins.* Ce sont là des principes qu'il ne faut pas oublier. Il y a, dans tous les vignobles, quelques pieds qui se font remarquer par une belle végétation, et qui ne donnent jamais de fruits. Il faut, autant que possible, éviter d'emprunter à ces pieds des branches qui conservent les aptitudes négatives de la souche-mère à la fructification.

Quelques viticulteurs attachent ailleurs de l'importance à ce que le plant soit encore adhérent, par une de ses extrémités, à la branche qui l'a porté. Il prend alors le nom de plant *à crossette* (*fig.* 936). Ici on ne reconnaît pas l'utilité de la crossette, et on ne cherche pas à la conserver.

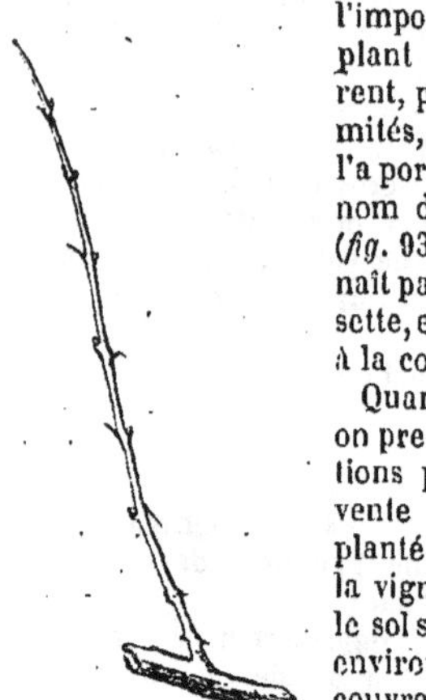

Fig. 936. — Plant à crossette.

Quand le plant est choisi, on prend diverses précautions pour qu'il ne s'évente pas. S'il doit être planté avant la pousse de la vigne, on le couche sur le sol sous un angle de 45° environ (*fig.* 937), et on couvre de terre la partie inférieure. S'il ne doit être planté qu'en mai ou juin, on l'enterre en entier dans une fosse (*fig.* 938) où il est horizontalement disposé. Cette fosse doit avoir 0m,66 de profondeur, et ne pas être perméable à l'eau. Les plants, placés à l'abri de l'air et de la lumière, y conservent leur vitalité, et on peut ainsi en retarder la plantation jusqu'à la fin du mois de juin.

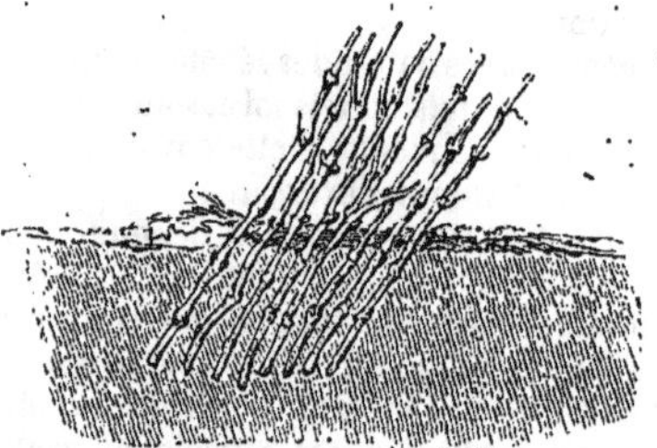

Fig. 937. — Plant couché sur le sol sous un angle de 45°, à demi-couvert et destiné aux prochaines plantations.

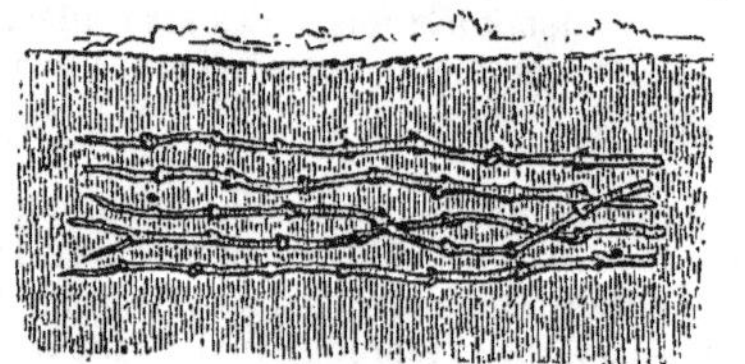

Fig. 938. — Plant enterré en entier.

Dans quelques pays les plants sont plantés d'abord en lignes serrées et on les laisse là jusqu'à l'année suivante. Ils ont alors poussé des radicelles. Ils prennent le nom de *barbeaux* (*fig.* 939). On les arrache alors avec précaution, et on les transplante sur le sol qu'ils doivent définitivement occuper.

Ce mode de plantation est mauvais. Le jeune plant ne se trouve pas bien de ces déplacements, et la plantation, à raison des précautions qu'elle exige, est dispendieuse. Cependant, quand on crée un vignoble, on établit une petite pépinière afin de pouvoir, pendant les deux premières années, remplacer les plants morts par des plants de pépinière du même âge.

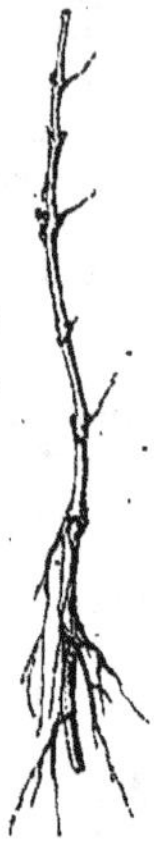

Fig. 939. — Barbeaux.

Préparation du terrain. — La préparation du terrain comprend diverses opérations qui sont : l'*ameublissement*, l'*amendement*, le *nivellement*, l'*assainissement*.

L'*ameublissement* du sol s'obtient ici de diverses manières. Dans les sols riches et profonds, il suffit des procédés habituels de labourage pour obtenir le résultat recherché.

Quand le sol, riche d'ailleurs, repose sur un sous-sol imperméable, composé le plus souvent de roches d'ulmate de fer ou de calcaire tertiaire, on rend le sous-sol perméable par un *défoncement*. Cette opération est pratiquée à bras au moyen d'une forte houe (*fig.* 940).

Dans certains cas, le défoncement laisse le sol et le sous-sol dans leur situation respective. On en agit ainsi quand le sous-sol présente assez de fertilité.

Fig. 940. — Houe du Médoc.

Quand le sous-sol est infertile, on opère le défoncement de manière à l'amener à la surface. Cette opération qui fait du sol le sous-sol et qui a pour objet de faire pivoter les racines de la vigne, prend ici le nom de *renversement*.

L'*amendement* du sol s'obtient de diverses manières.

Dans les sols riches, antérieurement occupés ou non occupés par la vigne, on se contente de semer pendant deux ou trois ans des céréales et de les fumer abondamment.

Dans les sols de graves ou de landes on amende à la faveur de composts formés par des couches de fumier et de curures de fossés. Ces curures de fossés sont elles-mêmes des débris des terrains alluvionnaires ou tourbeux qui forment la rive gauche de la Gironde et le thalweg des vallons qui ondulent le Médoc.

Il n'y a pas même de moyenne pour les quantités de compost à employer. Chaque propriétaire se dirige à cet égard d'après les ressources de son exploitation et les nécessités du sol à planter. On évite cependant l'excès d'amendement afin de ne pas abâtardir le sol, de lui conserver ses aptitudes originelles, de ne pas affaiblir la distinction du vin, et même de ne pas ajourner la production de la vigne qu'une végétation trop luxuriante rend inféconde d'abord et prédispose ultérieurement à la coulure.

Généralement le compost est répandu sur le sol avant le défoncement en couche uniforme.

Par le défoncement simple le compost est intimement mélangé avec le sol. Par le renversement il vient occuper, avec le sol dont il suit la destinée, la place du sous-sol.

Assainissement. — La vigne aime les fonds parfaitement assainis. Partout où le sol et le sous-sol retiennent l'eau à l'état stagnant la vigne souffre. Elle traduit cette souffrance par l'infériorité de ses produits, l'irrégularité de sa fructification et une prompte dégénérescence.

L'assainissement bien entendu est donc une opération indispensable au succès de la plantation et à l'avenir d'un vignoble.

L'assainissement du sol est obtenu en donnant à la surface à planter une courbe légèrement convexe, dans le sens de l'axe des billons.

On obtient l'assainissement du sous-sol par des fossés remplis de sarments et couverts de terre, ou remplis de moellons recouverts aussi de terre, et, enfin, depuis quelques années seulement, et dans un très-petit nombre de vignobles, par le drainage. Le temps ne s'est pas encore prononcé sur les avantages de cette dernière méthode, et il n'est pas permis de la juger d'une manière définitive dans ses applications à la viticulture. Nous craignons qu'on n'ait exagéré son utilité. En agriculture les thèses absolues sont le plus souvent fausses, et s'il est un art où les principes doivent céder le pas à des nécessités contingentes, c'est assurément l'art de cultiver. Nul doute que les drains n'assainissent parfaitement le sol, et si leur utilité à ce point de vue n'est pas contestable pour la culture de plantes herbacées, il y a lieu de se préoccuper de l'envahissement des tuyaux par le chevelu des racines, quand ceux-ci sont placés au-dessous de plantes arborescentes.

A priori, l'ancienne méthode d'assainissement par des fascines ou des moellons nous paraît préférable.

Le *nivellement* ou, pour mieux dire, la régularisation de la surface, se pratique ici comme partout à la brouette, au tombereau, quelquefois à la ravale, et ne mérite pas une description spéciale.

Plantation. — Quand le terrain a reçu les préparations diverses qui viennent d'être succinctement énumérées, il est procédé à la plantation.

Les plants sont avivés au couteau et réunis en faisceau. La partie avivée est pendant un ou deux jours plongée dans l'eau.

Les surfaces à planter sont régulières ou irrégulières.

Les surfaces régulières sont, en général, des carrés, des rectangles, des parallélogrammes, des trapèzes, des triangles. On ne trouve jamais, sur le terrain, des cercles, des ellipses ou des polygones réguliers.

Les surfaces irrégulières sont quelquefois des polygones irréguliers et quelquefois des surfaces limitées par des côtés courbes.

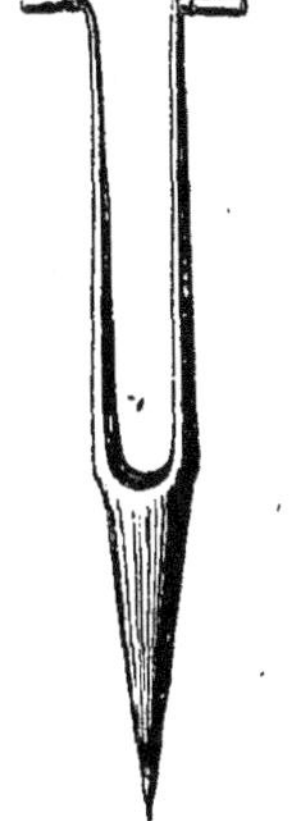

Fig. 941. — Grosse haque.

Pour que la plantation soit bien faite, il faut que les surfaces irrégulières soient décomposées en surfaces régulières, ce qui est presque toujours facile.

Une surface irrégulière quelconque étant donnée, l'habitude apprend vite comment il faut la planter.

Il est de principe que la ligne de plantation soit dirigée du nord au sud ou de l'est à l'ouest. A moins d'impossibilité absolue, toutes nos plantations sont ainsi faites. On s'est demandé si l'une de ces directions n'est pas préférable à l'autre. Nous les croyons également avantageuses.

Le billon doit avoir 1 mètre de large et environ 80 mètres de long. Si un terrain a 100 ou 110 mètres, il est préférable de le couper en deux parties par un sentier laissé dans le milieu, et de réduire le billon à 50 ou 55 mètres. Chaque plant doit être distant de son voisin d'un mètre. Ainsi, nos billons sont espacés d'un mètre, et, sur le même billon, nos ceps sont aussi espacés d'un mètre.

La plantation se fait au cordeau; celui-ci est

Fig. 942. — Cordeau pour la plantation, tendu au treuil portatif.

tendu à la faveur d'un petit treuil (*fig.* 942).

Différents modes sont suivis pour atteindre le succès de la plantation. Dans les bonnes terres bien fumées et dans les mauvaises terres qui ont été renversées et amendées, on se contente de perforer le sol avec une petite taravelle dont l'extrémité inférieure est conique et a environ $0^m,30$ de longueur et $0^m,05$ de largeur à la base. Cette taravelle porte ici le nom de *haque* (*fig.* 942).

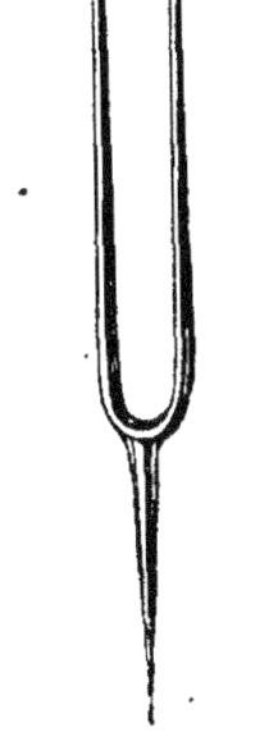

Fig. 943. — Petite haque ou taravelle.

Si l'on compte moins sur la richesse du sol ou sur les préparations qu'on lui a fait subir, on plante à la grosse taravelle, instrument de même forme que le précédent, mais qui fait un trou bien plus large (*fig.* 941). On met le plant dans ce trou, et on remplit celui-ci avec du terreau.

Si le sol est pauvre et n'a subi aucune préparation, on plante à fossé, c'est-à-dire qu'on pratique dans la direction du cordeau un fossé étroit et profond, et on y met les plants à la distance voulue. La partie inférieure de ce fossé est garnie d'une couche suffisamment épaisse de bonne terre ou de terreau. Afin de simplifier la main-d'œuvre, l'ouvrier le remplit avec la terre qu'il extrait en creusant le fossé voisin.

Enfin, dans certains cas, quand on veut procéder avec plus d'économie, on plante *à la fosse*, c'est-à-dire qu'on pratique une petite fosse d'environ $0^m,30$ de longueur et de $0^m,25$ de profondeur pour recevoir chaque plant. Cette fosse est ensuite remplie de terreau bien consumé.

Ainsi, en résumé, on plante en Médoc à 1 mètre de largeur par billon et à 1 mètre de largeur par cep. On plante à la petite ou à la grosse taravelle, à la fosse, au fossé ou par défoncement.

Les plantations sont *pleines* ou *alternées*. Nos

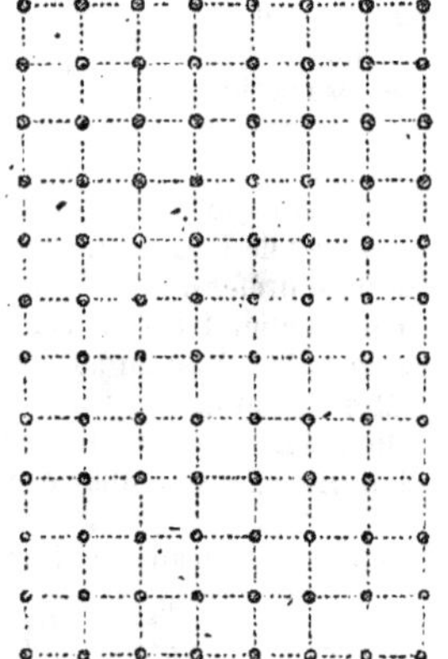

Fig. 944. — Aspect d'une plantation pleine.

plantations sont dites pleines quand toute la surface est occupée par la vigne (*fig.* 944). Elles sont

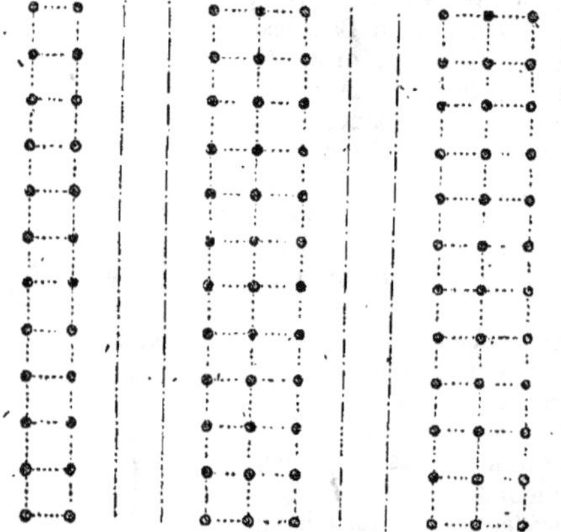

Fig. 945. — Aspect d'une plantation en joualles.

alternées ou *à joualles*, quand à des rangs de vigne succèdent des places vides. Ce mode comporte plusieurs variétés. Généralement on plante deux billons de vigne et on les sépare par deux billons de terre. On peut aussi planter trois, quatre, cinq billons de vigne et laisser des intervalles d'un, deux, trois, quatre et cinq billons de terre (*fig.* 945).

La terre intercalaire est livrée aux cultures habituelles. Elle reçoit des fumures répétées qui s'infiltrent dans le sol et dont la vigne bénéficie.

Une vigne à joualles, à deux rangs de vigne, sur deux rangs de terre, donne autant de produits que si elle était pleine.

Mais ce mode présente quelques dangers. Les vignes ainsi plantées sont plus atteintes que les autres par les insectes malfaisants et les limaçons qui trouvent abri dans les cultures voisines; elles sont aussi plus accessibles aux gelées à cause de l'abri que ces mêmes cultures font aux jeunes pousses pendant les nuits printanières.

Quel que soit le mode de plantation, il est de règle de ne planter dans la même pièce qu'un seul cépage, afin que les phases de la végétation aient lieu sur tous les ceps avec simultanéité et que la maturité des fruits arrive sur chaque cep à la même époque.

Si l'on plantait un mélange de nos cépages, il adviendrait qu'au moment de vendanger, le raisin de tel serait vert, de tel autre mûr, de tel autre pourri.

De telles conditions annihileraient l'intelligence du viticulteur tant pour le choix du moment propice à la cueillette que pour le résultat final des cuvaisons.

Ainsi, l'uniformité des cépages sur une même pièce est si importante que sans elle il n'y a pas de bonne viticulture.

Quand la plantation est faite, on amène la terre au pied des plants par le labour à la faveur d'un araire dont l'action et la forme seront expliquées à l'article *labours*, et on taille les plants à $0^m,20$ au-dessus du sol. On plante un échalas à chaque pied et on attache le plant à l'échalas.

Si le sol est desséché et si la pluie se fait longtemps attendre, on fait arroser les pieds.

Une jeune plantation doit être entretenue dans un état de netteté parfaite, et recevoir pendant la saison voulue de six à huit labours, afin que la végétation parasitaire n'ait pas lieu aux dépens de celle des jeunes plants.

La plantation à la petite taravelle revient à peu près à 64 francs l'hectare.

La plantation à la grande taravelle coûte environ 82 francs.

La plantation à la fosse coûte environ 184 francs.

La plantation à fossé coûte environ 304 francs.

La plantation par défoncement coûte en moyenne 1,200 francs. Elle varie suivant la composition du sous-sol.

La plantation par renversement coûte en moyenne 1,500 francs.

Dans les grands crus, ce dernier mode, malgré sa cherté, est celui qui est le plus généralement adopté. Il devient, en fait, le plus économique, parce que l'expérience apprend qu'il abrége au moins d'une année l'enfance de la vigne. Or, le revenu d'une année de production, dans les crus de bonne nature, compense assurément les frais de plantation.

De la taille. — Quand la vigne est plantée, elle exige pendant les quatre premières années une taille de ménagement dont la description n'est pas possible ici, cette taille n'ayant pas de principes. Devenue adulte, la vigne exige une taille définitive. En Médoc, on ne varie pas sur les bases fondamentales de celle-ci, et c'est celle que nous allons décrire.

Tailler un arbre fruitier quelconque est un art, infini dans ses détails, dont le but est de tourner les forces végétatives vers la production du fruit. Il semble qu'il y ait une sorte d'antagonisme entre la production foliacée et la production fructifère. L'art consiste à diminuer la première au profit de la seconde. Mais comme les feuilles sont les organes respiratoires de l'arbre et qu'il y a solidarité intime entre leur action et celle des racines, toute taille qui ne tiendrait pas compte de cette solidarité porterait une atteinte profonde à la santé de l'arbuste. Ce principe général qui domine l'art de la taille ouvre la voie à une foule de modifications dans la pratique de cet art. Ces modifications n'ont rien de spécial ; elles se présentent en tous pays.

Il en est d'autres qui sont commandées par des habitudes locales. Celles-ci paraissent ne dériver d'abord que du hasard ou d'un caprice, mais, si l'on y regarde de près, on les trouve presque toujours intimement liées, soit à la nature du sol, soit au climat, soit à d'autres particularités.

La taille du Médoc est dans ce dernier cas. Elle tient à des nécessités locales. Elle a atteint la perfection pour le pays où on la pratique, ce qui ne veut pas dire qu'on ne puisse aussi bien faire ou même mieux faire ailleurs avec une taille différente, mais, en Médoc, la taille de la vigne est ce qu'elle peut être.

Le sol maigre du Médoc ne donne un produit rémunérateur que par la vigne.

Le vignoble médocain occupe une surface d'environ 30,000 hectares. Il fournit du travail à 9,000 vignerons, 9,000 femmes et 1,500 terrassiers. Si ce vignoble devait être cultivé à bras, ou bien il devrait être restreint de moitié, ce qui n'est pas praticable, vu l'infertilité des terres pour toute autre culture, ou bien la gent vigneronne devrait être triplée, solution qui n'est guère plus praticable que la première.

En présence d'un sol qui veut de la vigne et rien que de la vigne, et d'une population au-dessous, par son chiffre, des besoins de ce sol, on a songé, comme moyen de conciliation de ces conditions opposées, aux labours.

Ainsi, notre taille est destinée à s'adapter à un système de viticulture dont les labours font partie obligée.

Décrire donc la taille du Médoc n'est pas l'offrir comme un type à suivre partout, mais on peut dire sans présomption, qu'elle peut être signalée comme taille modèle à tous les viticulteurs qui ont des terrains aptes à produire des vins délicats, qui ne redoutent pas la dépense, et qui doivent, par un motif ou un autre, substituer les labours aux travaux à bras.

Ces faits posés, voici en substance ce qui caractérise nos habitudes.

Nos vignes sont taillées de novembre à mars, mais, dans les vignobles étendus, il est de règle que la taille soit terminée à la fin de décembre. Sous ce rapport, notre taille n'est-elle pas inférieure aux tailles tardives? On a apporté en faveur des tailles hâtives et des tailles tardives des arguments qui nous paraissent loin d'être décisifs. L'expérience nous apprend que l'époque de la taille est indifférente pourvu que celle-ci soit pratiquée pendant le sommeil de la végétation. On peut donc tailler chez nous avec la même immunité et les mêmes espérances de succès depuis le 1er novembre jusque vers le 1er mars. Si l'on a l'habitude de finir la taille en décembre, c'est que le vigneron a besoin d'un mois et demi de travail pour faire, après la taille, les diverses opérations qui lui sont confiées et qui seront ultérieurement décrites.

Nos vignobles sont partagés en ce que l'on appelle ici des *prix-faits*. Chaque *prix-fait* occupe une surface d'environ 2 hectares 66 ares.

Cette surface est attribuée à un vigneron qui, à *prix-fait*, par lui ou sa femme, *taille*, *échalassonne* et *plie*.

Pour que ces diverses opérations soient faites sur ladite surface, trois mois et demi de travaux du vigneron, assisté de sa femme, sont nécessaires.

La taille occupe la première phase. Qu'on taille ailleurs tard et qu'on essaie de justifier cette pratique, qu'on prouve même qu'elle est bonne; en Médoc, les grands vignobles ne peuvent la suivre.

La taille est pratiquée à la faveur d'un instrument qui porte le nom de *serpe*.

Fig. 946. — Serpe du Médoc.

Il a la forme de la figure 946. Sa longueur est de 0m,13 et sa largeur de 0m,13 de la pointe au dos. Il est léger à la main et pèse 365 grammes. Il est tranchant dans toute la partie concave et dans les deux tiers supérieurs du dos.

Cette serpe ainsi faite remplit les fonctions de sécateur, de petite hache et même de scie.

S'agit-il de tailler une branche, le vigneron se sert de préférence de la partie concave. S'agit-il, au contraire, d'abattre la tige ou un de ses gros bras, le vigneron appuie son sabot contre la partie à retrancher, afin de donner à celle-ci de la fixité, et frappe sur elle au point voulu, avec le dos tranchant de l'instrument, jusqu'à ce que la section soit opérée. Alors, s'il y a lieu, il en régularise les bords ou la surface avec la partie concave. Notre vigneron n'a donc entre les mains qu'un seul instrument pour pratiquer la taille. Le travail y gagne en célérité; il n'y perd pas en perfection, attendu que l'habitude apprend à nos vignerons à manier cet instrument avec une rare habileté.

Si la taille dérivait de principes absolus, elle ne serait pas un art sujet à une foule de modifications. Malgré sa méthode générale, notre taille varie suivant les terrains, suivant les cépages, et même, on peut le dire, de pied à pied, suivant des circonstances inattendues.

La décrire complétement serait assurément une tentative impossible, et il n'entre dans notre pensée que d'en faire saisir les procédés généraux.

Il est d'observation que le fruit vient sur le bois nouveau. De là dérive un premier principe de notre taille qui est de *conserver le bois poussé dans l'année*, bois sur lequel viendront les raisins de l'année suivante.

Combien de branches de bois nouveau faut-il conserver? — Ici, l'expérience répond qu'en moyenne deux ou trois branches pourvues chacune de deux, trois, quatre, ou au plus cinq bourgeons sont suffisantes. Qu'on n'en infère rien de général et d'absolu. Cette expérience émane de nos cépages et de notre sol ingrat planté à 10,000 pieds par hectare.

Quelle doit être la longueur de ces branches? — Cinquante centimètres environ, pour qu'elles puissent être attachées à la latte transversale placée au-dessus d'elles et destinée à les soutenir.

Quelle doit être la direction de ces branches? — Dans les cultures à bras cette direction n'a pas d'importance. Dans nos cultures, ces branches doivent être dirigées dans le sens du billon, afin que l'araire ne les emporte pas.

Tous ces principes de notre taille sont observés autant que les circonstances le permettent. *Tailler sur bois nouveau; à deux ou trois bras; dans le sens du billon; à trois, quatre ou cinq bourgeons;* voilà ce qui caractérise la taille du Médoc.

Le cep doit être toujours tenu court afin que nos araires destinés à passer au-dessus de lui, ne l'endommagent pas.

La brièveté obligée du cep et la nécessité de la taille sur bois nouveau semblent s'exclure. Chaque année le cep s'allongerait si l'on n'y obviait par un artifice. Le vigneron respecte une ou deux pousses de l'année, venues sur vieux bois. Il les taille très-court, ne leur laissant qu'un ou deux bourgeons. Ces branches écourtées portent ici le nom de *cots*. Elles donnent, les premières années, beaucoup plus de bois que de fruits, et permettent, à la taille suivante, de rabattre le cep et de prévenir ainsi son élongation.

Un cep bien taillé a la forme représentée dans la figure 947. B, B' sont des bras de l'année que la

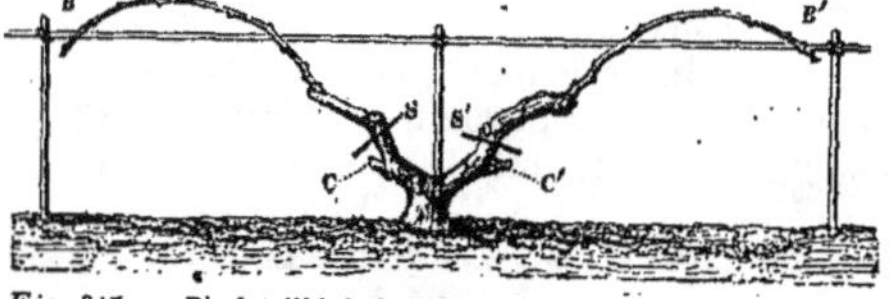

Fig. 947. — Pied taillé à deux astes ramenées sur la latte des deux côtés.

taille a conservés et qui sont destinés à produire des raisins. C, C' sont deux cots laissés sur vieux bois qui donneront des branches en général sans fruits. Après les vendanges, au lieu de conserver à la taille une des branches nées sur B ou sur B', on conserve une branche née sur C et une branche née sur C' et on opère la section du cep en S' et S'.

Ainsi, la distinction, parfaitement juste d'ailleurs, en *branches à bois* et *branches à fruits* est faite par nos vignerons de temps immémorial, et utilisée dans la pratique de la façon la plus ingénieuse.

De même que les branches à fruits doivent être prises dans la direction des billons, de même les branches à bois ou cots doivent avoir la même direction. Elles ne doivent pas faire saillie dans les billons pour ne pas être violentées ou même emportées par l'araire qui déchausse la vigne.

Quelquefois, au lieu d'écourter la branche à bois, on lui donne une longueur suffisante pour atteindre la latte transversale à laquelle sont attachées les branches à fruits, mais on l'ébourgeonne en entier, en exceptant toutefois les deux bourgeons inférieurs. Ainsi constituée, la branche à bois a plus de tenue. Elle perd le nom de *cot* et prend celui de *tiret*. B, B' sont deux branches à fruits, T, T' sont les deux tirets ou branches à bois (*fig.* 948).

Le point de bifurcation de la souche est en gé-

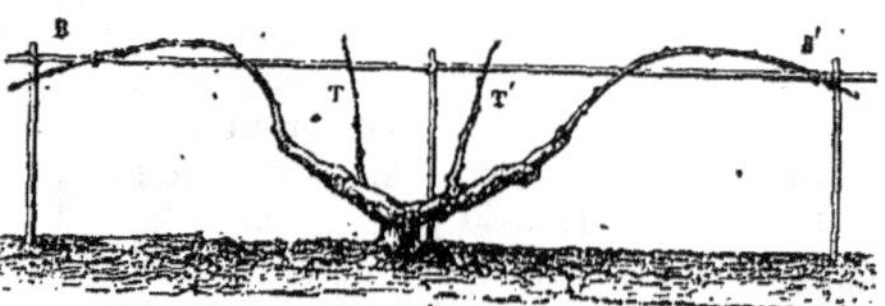

Fig. 948. — Pied taillé à 2 bras et 2 tirets.

néral, dans les vignes adultes, à $0^m,20$ au-dessus du sol à niveau. Quand la vigne est chaussée, le sommet de l'angle de bifurcation ne doit pas être à plus de $0^m,05$ de la crête du billon.

L'ébourgeonnement de la branche à fruits est fait avec intelligence. Le vigneron laisse en général des bourgeons qui doivent donner des pousses parallèles à la ligne du billon.

La branche à fruits elle-même n'est pas prise sans discernement parmi toutes les branches de l'année. Il faut, avons-nous dit déjà, qu'elle soit dans la direction du billon. Mais, de toutes celles qui remplissent cette condition, le vigneron choisit *la plus forte, la plus rapprochée de la tige* et qui a *porté le plus de raisins*.

Outre les branches terminales, au nombre desquelles notre taille choisit la branche ou *aste* à fruit, outre les branches qui naissent sous la tige ou les grandes divisions, et parmi lesquelles la taille prend les branches à bois, il existe encore des branches qui poussent avec plus ou moins d'énergie du collet de la racine. On les désigne ici sous le nom de *chausserons*. Quelquefois elles sont taillées en tirets, attachées à la latte, suffisamment ébourgeonnées, et elles remplissent alors les fonctions de branches à bois. Quand le cep offre d'autres ressources pour les branches à bois, quand on peut prendre celles-ci sur la tige ou sur les bras, où elles sont mieux soudées que sur les racines, on sacrifie les chausserons qui absorberaient à leur profit une portion de la séve au détriment des autres parties du végétal.

Ainsi, la taille du Médoc est d'une extrême simplicité, mais ses procédés sont raisonnés. Elle ne laisse rien à l'aventure.

Dans la pratique on apporte sans doute une foule de modifications aux principes que nous avons énumérés plus haut, et c'est là qu'intervient l'habileté du vigneron. Celui-ci varie sa taille suivant que la vigne est jeune, adulte ou vieille; suivant que le sol est plus ou moins riche; suivant que la végétation est plus ou moins active; suivant que le cépage pousse de préférence en haut ou en bas; mais, quelles que soient ces modifications commandées par les circonstances, les principes restent les mêmes.

Si la taille, telle qu'elle est enseignée, était pratiquée d'une manière aveugle et uniforme, elle serait désastreuse. C'est surtout dans le traitement des divers cépages que le vigneron fait montre de sagacité. Le malbec et le merlau poussent beaucoup dans le bas, et doivent être tenus courts. Trois à quatre boutons suffisent à l'aste à fruits. Les cabernets et carménères, tenus trop courts, ne donneraient guère que du feuillage. L'expérience enseigne que pour ces sortes de cépages il est inutile de supprimer des boutons, ou qu'on ne doit le faire qu'avec prudence.

Le *provignage* et le *greffage* qui tiennent à la conduite et à la conservation de la vigne devraient être décrits à l'occasion de la taille dont ils forment des accessoires, mais ces opérations ne présentent ici rien de particulier et ne méritent pas description dans un travail qui n'a d'autre but que de mettre en lumière ce que la viticulture du Médoc a de spécial.

Quand le vigneron a *taillé*, *provigné* et quelquefois mais rarement *greffé*, d'autres travaux complémentaires lui incombent. Ces travaux sont connus ici sous les noms de *garnissage* et de *pliage*.

Le *garnissage* est l'opération par laquelle le vigneron *garnit* son prix-fait des échalas et des lattes nécessaires.

L'échalas du Médoc a 0m,66 de longueur. Il est en bois de pin, quelquefois en vieux pin qui a été longtemps exploité pour la résine, quelquefois en acacia, quelquefois enfin en châtaignier. Le plus généralement les échalas sont en pin maritime de vingt à trente ans.

Nos échalas portent le nom de *carassons*. Ils ont chacun 0m,66 de hauteur, et sont pointus d'un bout (*fig.* 950).

Garnir la vigne est mettre à chaque cep et à la distance voulue le nombre d'échalas qu'il faut. Dans ce but, le vigneron parcourt chaque billon, portant sous son bras gauche un faix de cinquante échalas, qu'il distribue sur son passage suivant les exigences de la taille. Il les implante légèrement dans le sol avec la main droite, et les place dans un alignement géométrique.

Fig. 949. — Maillet.

Jusqu'alors les carassons implantés dans le sol avec la main droite seulement, n'auraient pas une fixité suffisante. On leur donne la solidité nécessaire en les enfonçant en terre à 0m,20 ou 0m,25 avec un maillet en bois (*fig.* 949). Cette opération complémentaire s'appelle *mailler*. En *maillant*, le vigneron a l'œil sur le billon; il appuie le sabot de son pied droit sur la partie inférieure du carasson, et pendant qu'il frappe il exerce avec son sabot une pression latérale dans tel ou tel sens pour que le *maillage* ne modifie pas la ligne parfaitement rectiligne des *carassons*.

Après le *maillage*, le vigneron distribue les *lattes* au pied des carassons.

On désigne par le mot *lattes* de jeunes pins maritimes d'une dizaine d'années. Ces pins sont semés dru et, végétant les uns trop rapprochés des autres, ils acquièrent de la hauteur, de la rectilignité, et n'ont pas de branches sur leur tige étiolée. A dix ans, ces pins ont une hauteur moyenne de 5 à 6 mètres. On les vend par faix de cinquante. Le vigneron prend un de ces faix et étend les lattes au pied des carassons, en les plaçant dans la situation qu'elles devront avoir plus tard au sommet des carassons. Il a le soin de donner au *lattage* de la consistance et de l'uniformité. Dans ce but, il fait plus ou moins empiéter sur le bout mince de la latte qu'il vient de déposer sur le sol, le bout inférieur, toujours plus fort, de la latte qu'il dépose après celle-là.

Quand cette opération est achevée, le travail du vigneron est momentanément suspendu. Il occupe ses bras à des travaux accessoires tels que transport de sentiers, provins, etc., qui ne sont pas compris dans le *prix-fait* et sont payés à part. Sa femme le remplace alors dans le prix-fait. Pendant la taille, elle avait suivi de près le vigneron; elle avait ramassé les branches supprimées, les avait rassemblées en petits fagots, et avait fait ce qu'en tout pays on appelle les *sarments*. Plus tard, pendant que le vigneron *carassonnait* et *maillait*, sa femme ramassait les carassons vieillis, rompus, destinés à être remplacés, que le vigneron avait abattus dans le billon avant de garnir; elle les rassemblait aussi en faix de cinquante ou soixante.

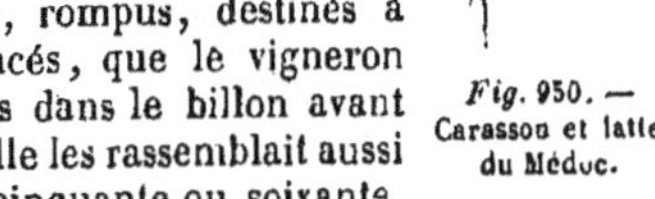

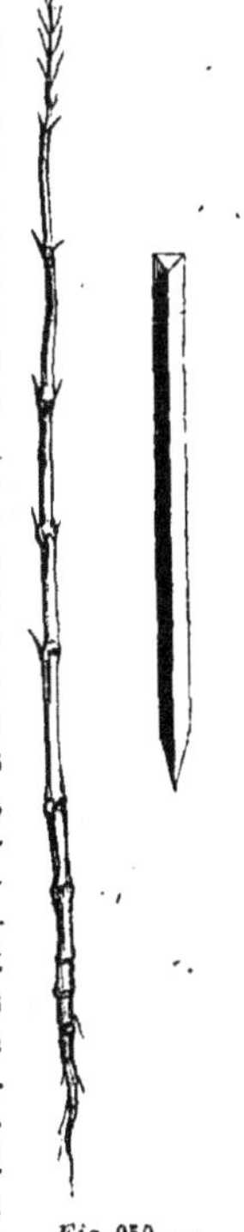
Fig. 950. — Carasson et latte du Médoc.

Ces carassons vieillis, impropres à tout autre usage qu'au feu, sont appelés *secailles*. En les ramassant, la femme du vigneron *secaillait*.

Sarment et secaille sont, par les soins de la femme et du mari, portés au bout du billon, et, en temps utile, viennent les bouviers qui emportent tous ces débris.

Ainsi, jusqu'à présent, le vigneron a *taillé*, *garni*, *maillé*. La femme a *sarmenté*, *secaillé*. Maintenant elle va terminer les œuvres qu'exige le prix-fait par le *pliage*.

Le pliage comprend deux opérations successives et distinctes, à savoir : l'une qui consiste à attacher les lattes à l'extrémité des carassons, l'autre qui consiste à attacher les *astes* aux lattes. La première précède la seconde.

L'une et l'autre sont faites avec de l'osier, vulgairement appelé *vime*. Chaque osier est fendu en trois dans le sens de sa longueur. Ce sont ces brins d'osier qui servent au pliage.

Le vigneron et sa femme reçoivent du propriétaire l'osier tout fendu. Celui-ci le fait fendre à ses frais ; le plus ordinairement il applique ses domestiques à ce travail pendant les soirées d'hiver. Ce travail, qui, au premier abord, paraît minutieux et long, se fait avec une extrême rapidité. On incise d'abord en trois la partie terminale de chaque osier, et quand tous les osiers ont été ainsi préparés, on introduit entre les trois bran-

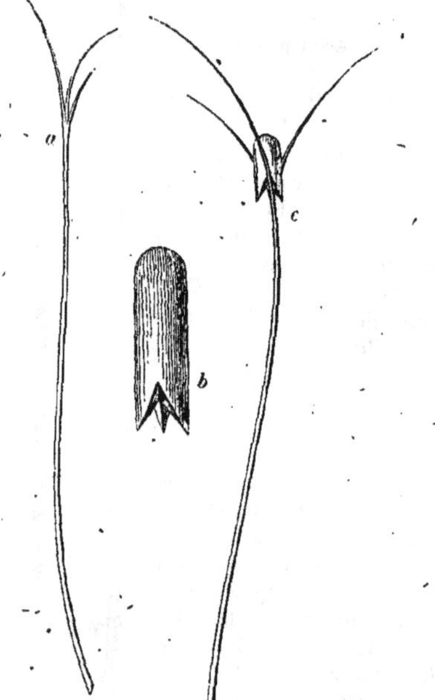

Fig. 951. — *a*. Vime préparé pour être fendu. — *b*. Instrument pour fendre le vime. — *c*. Instrument en fonction.

ches un instrument en bois dur (*fig.* 950), qui, poussé par la main, opère d'un bout à l'autre une section longitudinale régulière, à trois brins.

La femme qui va plier, porte à sa ceinture, maintenu avec une courroie, un paquet d'osier fendu, et *lève* toutes les lattes à $0^m,40$ ou $0^m,42$, en les attachant à mesure, d'une manière solide, à l'extrémité des carassons. Chemin faisant, elle attache et ramène, par une traction suffisante, au carasson correspondant, le cep qui a de la tendance à s'en écarter et à se déjeter dans le billon. Quand ce travail est terminé, l'ensemble forme système, et est un palissage régulier (*fig.* 951).

Alors, la femme parcourt de nouveau les billons, et attache les lattes, les *astes* et les *tirets*.

Ces travaux nécessitent une certaine habitude et de l'intelligence. Quelquefois la taille faite n'indique pas suffisamment comment les astes doivent être attachées. La femme supplée à cette incertitude par l'habitude qu'elle a de la conduite

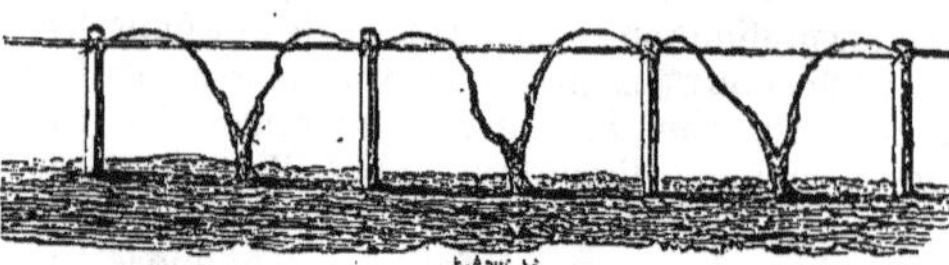

Fig. 952. — Ligne de carassons lattés.

de la vigne. Quelquefois les astes dépassent de beaucoup en hauteur le niveau de la latte ; il faut les y ramener avec prudence, sous peine de les rompre, et en leur faisant décrire un arc aussi régulier que possible. Ici, comme pour la plupart des arbres fruitiers, l'*arqûre*, ralentissant la marche de la sève, paraît favoriser le développement des bourgeons les plus rapprochés du tronc, ce qui est extrêmement avantageux pour la taille future, et même la fructification, ce qui ne l'est pas moins pour les vendanges prochaines.

Quand le travail du *pliage* est terminé, chaque rang de ceps représente un espalier bas et très-régulier. Si le billon est dirigé du nord au midi, les carassons et les lattes forment espalier au couchant de la ligne géométrique des ceps, et à $0^m,03$ de celle-ci. Toutes les astes et tous les tirets sont attachés au levant des lattes. Si le billon va de l'est à l'ouest, les astes et les tirets sont attachés au midi des lattes.

Il est de principe d'éviter de plier quand le temps est trop sec, parce qu'alors les astes se rompent facilement.

Quand le pliage est fini, le travail à forfait du vigneron est achevé. Il y a lieu de faire un retour sur ces diverses opérations, et de se demander ce qu'elles coûtent par hectare.

La *taille*, le *garnissage* et le *pliage* coûtent.	64 f.	»
Le prix-fait composé de $2^h,66$, en moyenne, coûte donc	149	33
En dehors de cette somme payée à forfait, le vigneron reçoit pour les provins 2 fr. 50 le cent. En moyenne un prix-fait en comprend 800 qui, à 2 fr. 50, font	20	00
En outre, le vigneron a pour lui la moitié des sécailles, soit environ	24	»
Il a aussi la moitié des sarments, soit environ.	32	»
Il reçoit, à titre de boisson, une barrique de vin de presse valant en moyenne	80	»
Il est payé des plants qu'il ramasse pour le propriétaire à 2 fr. le mille, soit en moyenne.	5	»
En tout, le vigneron et sa femme reçoivent.	360 f.	33
Le propriétaire a en outre à payer les carassons, les lattes et l'osier. Quand on met tout cela pour la première fois, il faut par prix-fait 64,000 carassons et 320 faix de lattes. Quand le palissage est établi et qu'il s'agit seulement de l'entretenir, il faut en moyenne 18,000 carassons et 60 faix de lattes. Le carasson a différents prix suivant sa nature et sa qualité. Le carasson en pin non gemmé, le plus généralement employé, coûte 5 fr. 50 le mille, soit pour 18,000	99	»
Afin que ce carasson ait plus de durée, on a coutume de le faire tremper dans une dissolution de sulfate de cuivre ou d'enduire le bout inférieur de coaltar. Ces opérations coûtent 1 fr. par mille, soit	18	»
A reporter	477 f.	33

Report..................	477 f. 33
La latte coûte 1 fr. le faix de 50 lattes, soit pour 60 faix........................	60 »
Il faut pour plier un prix-fait 15 gerbes d'osier qui coûtent en moyenne 4 fr. 50 la gerbe...	67 50
Tout ce qui se rapporte à la taille, au pliage, au carassonnage et au lattage, coûte donc au propriétaire........................	604 f. 83

Chaque hectare coûte donc, d'après des évaluations moyennes, plutôt restreintes qu'exagérées, 226 fr. 60 c.

Des transports. — Par leur action réitérée, les araires dont on se sert en Médoc amènent la terre au bout des billons, et élèvent ainsi le niveau des sentiers. Après quelque temps, ces sentiers forment bourrelet perpendiculairement aux billons, et gênent l'écoulement des eaux. Il est fort utile de porter ces terres dans la vigne; elles la fertilisent, et, en rendant libres les ouvertures des billons, elles facilitent l'assainissement du sol.

Il est de remarque que, dans un vignoble bien conduit, ce transport des sentiers doit se faire tous les trois ans. On l'opère à la brouette ou au bayard. Les sentiers ont 4 mètres de largeur, à moins qu'ils ne soient mitoyens. Dans ce cas, ils ont aussi 4 mètres, mais ils appartiennent par moitié aux héritages contigus. Le réseau des sentiers a, par prix-fait, un développement moyen de 432 mètres en longueur, et de 4 mètres en largeur. Le transport en est fait par tiers, soit 144 mètres par an. Généralement, ce travail est donné à la tâche, à raison de 30 centimes le mètre. Ensemble, pour les 144 mètres, 43 francs 20 centimes.

Extraction du chiendent. — Le chiendent est le fléau de la plupart des vignes du Médoc. Quand il est très-abondant, il appauvrit les terres et enlace le chevelu des racines de la vigne, de telle manière qu'il nuit singulièrement à la végétation de celle-ci. Son extraction est donc subordonnée à sa quantité plus ou moins grande. Ce n'est pas là une opération régulière dans ses retours, et qui puisse figurer dans l'énumération des dépenses que nos vignes réclament annuellement. Cette extraction ne se fait point avec la pioche pleine; celle-ci couperait les tiges parasitaires, et les multiplierait, mais avec la pioche à deux branches, qui soulève les tiges de chiendent et permet d'arriver, sans les rompre, jusqu'à leurs racines.

Quand elle est nécessaire, l'extraction du chiendent coûte environ 200 francs par hectare. Dans les lieux qui en sont infestés, on ne saurait évaluer à moins de 60 francs, par prix-fait, la dépense annuelle moyenne qu'amène cette plante incommode.

Enfin la vigne est taillée, garnie, pliée, les sentiers sont portés, le chiendent est extrait. Ces travaux successifs ont nécessité un temps assez long, et nous sommes arrivés au 1er mars.

Il faut que la terre soit ameublie, que la végétation herbacée soit détruite, que le pied du cep soit dégagé, et reçoive l'influence bienfaisante du soleil. L'œuvre des labours arrive.

Labours. — Les labours que nécessite la vigne ont pour objet : 1° de la déchausser, en prenant la terre au pied des ceps, et en la rejetant dans le sillon; 2° de la chausser, en reprenant la terre dans le sillon, et en la rejetant au pied de la vigne.

La première opération porte, en Médoc, le nom d'*ouvrir la vigne*, ou celui de *faire cavaillon*. La seconde s'appelle *réger*.

A priori, il est évident qu'un labour profond, pour déchausser la vigne, aurait pour résultat de couper les racines horizontales de celle-ci, et porterait atteinte à sa vitalité. Un labour trop profond pour la chausser aurait le même inconvénient, mais à un degré moins marqué, le soc de l'araire traçant, dans ce cas, sa voie dans le milieu du billon, et par conséquent à 0^{m},50 de la ligne des ceps. Cependant le raisonnement indique que ce dernier labour ayant pour effet de creuser l'axe du billon, et d'exhausser la terre au pied des ceps, doit avoir plus d'entrure que l'autre.

Ce qu'indique l'induction est parfaitement réalisé à la faveur de deux araires qui sont propres au Médoc, et qui font, pour nos vignes, un travail aussi satisfaisant qu'on peut l'attendre des procédés mécaniques.

Pour bien en comprendre le fonctionnement, rappelons-nous que nos billons ont 1 mètre de largeur seulement.

Dans une voie aussi étroite, on ne peut songer à faire passer de front deux bœufs ou deux chevaux.

Pour rendre la description plus intelligible, supposons d'abord que le labour est fait avec une paire de bœufs.

L'un des bœufs est dans un sillon, et l'autre dans le sillon voisin. Ils sont accouplés par un joug ayant en moyenne 1 mètre de longueur. Le milieu du joug correspond ainsi à la ligne des ceps. La tête de chaque bœuf correspond au milieu du billon dans lequel le bœuf est placé.

L'age de l'araire est articulé au milieu du joug. Si l'araire était rectiligne, le soc viendrait porter sur la ligne même des ceps. Pour éviter ce résultat, l'araire, dont l'objet est de déchausser la vigne, décrit une oblique à droite. L'araire, dont le but est de chausser la vigne, décrit une oblique à gauche. Le premier a reçu le nom de *cabat* (*fig.* 953); le second a reçu le nom de *courbe*. — Le cabat est un araire formé d'un age, d'un soc, d'un sep et d'une oreille.

L'age a 4^{m},33 de longueur. Il présente une double sinuosité. Pour bien le comprendre, il faut supposer l'instrument en fonction. Les bœufs sont accouplés; l'age est adapté au joug, et les bœufs occupent chacun le centre d'un billon. A partir du joug, et sur une longueur de 2^{m},50, la projection verticale de l'age vient se confondre avec la ligne des ceps, c'est-à-dire que, dans cette longueur, l'age se trouve dans le plan vertical élevé sur la ligne des ceps. Dans ce même plan se trouve aussi le système des échalas et des lattes. Tout en restant dans le même plan, l'age descend vers la ligne des lattes. Arrivé à 0^{m},40 au-dessus de la ligne supérieure du palissage, l'age du cabat oblique à droite, à peu près horizontalement. La projection verticale de la partie la plus convexe

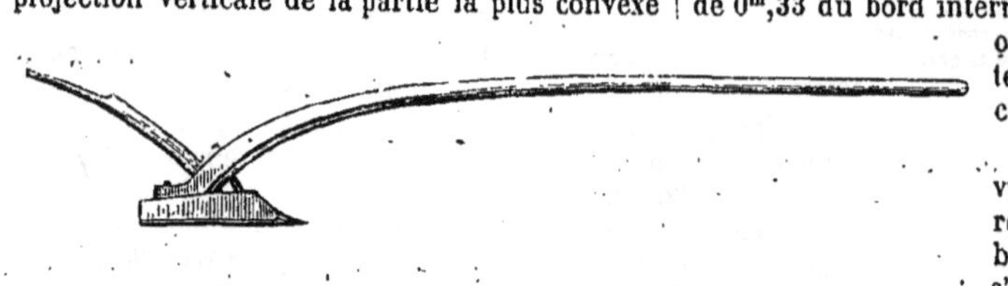

Fig. 953. — Cabat et projection du cabat (Médoc).

de cette courbe horizontale viendrait se faire à peu près à $0^{m},40$, à droite du plan de palissage. De là, l'age s'incline vers le sol, et un peu de droite à gauche, en courbe arrondie, de manière à ce que son talon vienne reposer à $0^{m},02$ ou $0^{m},03$ de la ligne des ceps.

Il résulte de cette description, que l'age du cabat touche par son talon, à gauche, la ligne des ceps; qu'il s'élève en une première courbe de bas en haut jusqu'à une hauteur de $0^{m},84$, et qu'il se continue de là par une nouvelle courbe de droite à gauche, et va rejoindre la partie rectiligne à $2^{m},50$ du joug.

Cette disposition est difficile à faire saisir par la description; mais le lecteur la trouvera de lui-même, s'il veut se mettre en face du problème à résoudre. Qu'il suppose ses bœufs attelés à un araire droit, il verra que, pour que celui-ci n'arrache pas les ceps, il faut que l'age, à une certaine partie de sa longueur, s'incurve à droite ou à gauche, et que, pour que le palissage puisse passer sous cet age, il faut que celui-ci n'aille pas du joug au sol par une pente régulière, mais qu'il s'exhausse aussi à partir de son talon jusqu'à la rencontre de l'incurvation latérale.

Cette incurvation latérale pourrait être indifféremment à droite ou à gauche; mais elle est ici à droite, parce que le laboureur tient le mancheron de la main gauche, et que l'oreille est à droite.

Le soc est celui de l'araire de Provence. Sa pointe passe à $0^{m},12$ de la ligne géométrique des ceps, afin de ne pas endommager ceux-ci, et, de sa pointe placée ainsi un peu à droite de cette ligne, il rejoint le talon de l'age, qui passe sur une ligne tangente à la tige des souches. Ainsi, au lieu de former le triangle rectangle ABC (*fig.* 954), tranchant par son hypoténuse BC, il a la figure du triangle scalène ADC, tranchant par son côté DC.

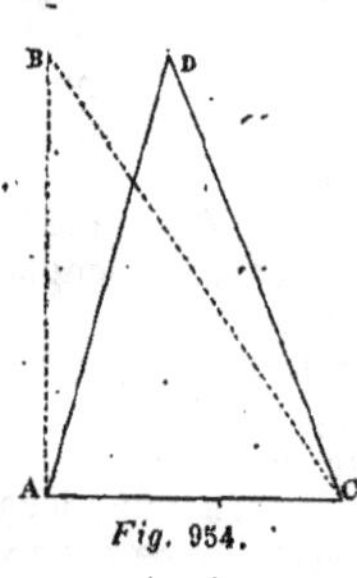

Fig. 954.

La base AC du soc du cabat a 22 centimètres.

Aux points A et C et dans une certaine étendue, les côtés du soc se recourbent en dessous et reçoivent le sep qui a environ $0^{m},15$ à $0^{m},16$ de largeur.

L'oreille monte perpendiculairement au sep et offre, à sa partie la plus large, un écartement de $0^{m},33$ du bord interne au talon de l'age. En outre, elle diminue de hauteur à mesure qu'elle s'écarte.

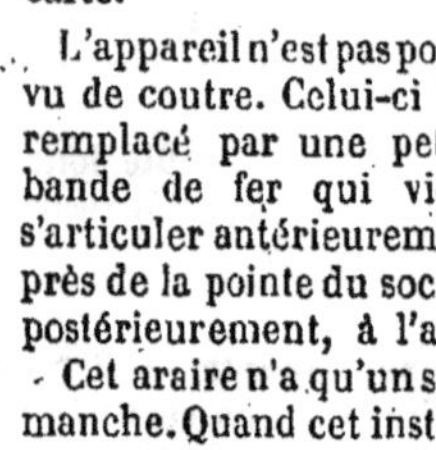

L'appareil n'est pas pourvu de coutre. Celui-ci est remplacé par une petite bande de fer qui vient s'articuler antérieurement près de la pointe du soc et, postérieurement, à l'age.

Cet araire n'a qu'un seul manche. Quand cet instrument est bien construit, il faut, malgré ses sinuosités, qu'à l'instar de l'araire droit, le sep conserve l'horizontalité quand l'araire est suspendu par les extrémités libres du mancheron et de l'age. Il faut aussi que le plan vertical passant par la partie droite de l'age vienne passer par le bord interne du talon. A part les exigences des courbes, il y a dans la confection de cet instrument des difficultés qui tiennent à la densité du bois et qui sont empiriquement résolues.

Quand il est en fonction, il y a plusieurs décompositions de forces, d'une analyse difficile à cause des sinuosités; mais, en définitive, la ligne de traction est sensiblement parallèle et presque contiguë à la ligne des ceps.

Ainsi, cet araire est, à part ses sinuosités, le vieil araire de Virgile, adapté à la culture des vignes. Autant il présenterait d'imperfections pour les labours habituels, autant il offre d'avantages pour déchausser les vignes. Il permet d'amoindrir l'espace du billon et de faire passer un bœuf dans chaque billon; il passe si près des souches qu'il ne laisse de l'une à l'autre, dans la direction de leur alignement, qu'une langue de terre insignifiante et dont la destruction n'occasionne qu'un léger travail à bras (1); il a très-peu d'entrure; aussi peut-il être dirigé par le laboureur avec facilité et de telle manière que les vieux ceps déviés de leur ligne primitive sont aisément évités; il n'a pas de coutre, aussi ne porte-t-il point dommage aux racines superficielles de la vigne qui, dans les terrains à sous-sol pauvre, comme les nôtres, sont très-nombreuses; le soc a, dans le même but, sa pointe écartée de la ligne des ceps; la terre détachée par le soc l'est à une profondeur suffisante pour que la végétation herbacée soit détruite; elle ne forme pas tranche et elle est poussée par l'oreille à l'intérieur du sillon sans être retournée, et à l'état pulvérulent; pour que sa désagrégation soit plus facilement obtenue, l'oreille diminue de hauteur vers sa partie postérieure.

Le seul défaut du cabat est de donner lieu à une perte considérable de force. La traction se faisant par l'extrémité de l'age, la ligne de trac-

(1) En 1861, nous avons vu au concours régional de Toulouse une charrue ou araire à *cavaillonner* qui enlevait entièrement la langue de terre et dispensait par conséquent de tout travail à bras. Elle avait été faite par un constructeur des Landes, dont le nom nous échappe. P. J.

tion étant oblique de cette extrémité au milieu de la base du soc, ces conditions défavorables étant encore augmentées par les deux grandes sinuosités de l'age, il est certain qu'il y a dans le jeu de cet instrument une assez grande somme de forces dépensée en pure perte. Ce n'est pas que ce labour fatigue les bœufs, vu la médiocrité de la résistance, mais on est amené, par la construction du cabat, à appliquer deux bœufs à un travail qu'un seul cheval pourrait faire, quelquefois sans trop de fatigue.

Cette considération a amené quelques propriétaires à faire déchausser la vigne par un cheval; dans ce but on se sert d'un instrument appelé dans le pays *charruet à cavaillons*. Le soc, le sep,

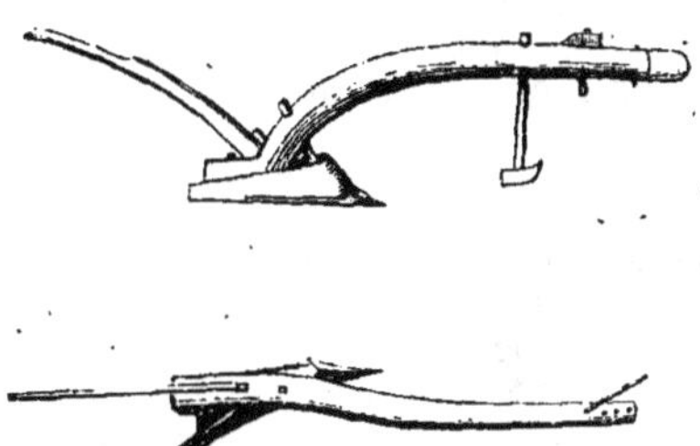

Fig. 955. — Charruet à cavaillon et projection.

l'oreille en sont comme ceux du cabat. Il ne diffère du cabat que par l'age (*fig.* 955).

Celui-ci a 2 mètres de longueur et présente une déviation de gauche à droite. Tandis que son talon vient toucher la ligne des ceps, son extrémité libre correspond au milieu du billon. Cette extrémité libre est rectiligne dans une étendue d'un mètre. Le soc est articulé de manière à ce que son axe soit parallèle à la partie rectiligne de l'age. Il est donc aisé de comprendre que la partie antérieure de l'age et l'axe du soc procèdent parallèlement, l'un au milieu du billon et l'autre à toucher la rangée des souches.

L'age du charruet porte à sa partie antérieure un sabot mobile qui règle l'entrure et un régulateur fort simple pour modifier latéralement la ligne de tirage et amener l'extrémité de l'age à 0m,50 de la ligne des ceps.

La tête de l'age s'articule à un palonnier concave qui reçoit lui-même les traits du cheval.

Cet instrument fait un travail aussi bon que le cabat et perd moins de forces.

Dans une journée de dix heures de travail une paire de bœufs déchausse, avec le cabat, environ 37 ares. Dans le même temps un bon cheval déchausse avec le charruet 50 ares. Le charruet présente donc sur le cabat un avantage marqué, aussi sa pratique tend-elle à se généraliser dans les terres légères.

Un cabat bien fait coûte trente francs. Un charruet en coûte vingt-quatre.

Quand le cabat ou le charruet a fait son œuvre, il reste, d'une souche à l'autre, dans la ligne de plantation, une languette de terre inattaquée. On la jette dans le sillon par un travail complémentaire à la main armée d'une houe légère analogue à celle des jardiniers. Cette opération s'appelle *tirer cavaillons*. Elle est facile à faire et ne coûte que 6 francs par hectare.

Quand les souches sont déchaussées avec le cabat ou le charruet et que les cavaillons sont tirés, on dit que la vigne est *ouverte*. On la laisse en cet état pendant trois semaines ou un mois. Elle subit l'action bienfaisante du soleil et les terres étalées à plat dans le billon s'amendent.

Après ce temps, la vigne reçoit une seconde façon. On la chausse. Cette opération est pratiquée à la faveur d'un nouvel araire qu'on nomme *courbe* (*fig.* 956). Nous n'entrerons pas dans de minutieux détails pour la description de cet instrument. Ce que nous avons dit du cabat lui est en partie applicable. Son age au lieu de se dévier à droite comme celui du cabat et de venir correspondre par son talon à la ligne des ceps, se dévie à gauche et vient projeter son talon à 0m,50 de la ligne des ceps. Il est armé d'un coutre. Le soc, le sep et l'oreille ne diffèrent pas de ceux du cabat. Cet araire a plus d'entrure que le cabat, son oreille ne renverse pas la tranche, mais elle la pousse contre les pieds de vigne où son extrémité vient passer. La courbe élève ainsi le billon à 0m,27 environ au-dessus de l'horizontale sur laquelle l'instrument a été mis en jeu.

La courbe est armée d'un coutre, parce que traçant sa voie dans le milieu du billon, c'est-à-dire à 0m,50 des ceps, il ne coupe pas les racines superficielles qui naissent du collet de ceux-ci.

Par ses grandes sinuosités, par l'obliquité considérable de la ligne de traction, par l'entrure profonde du soc et du coutre, par la résistance de la tranche sur l'oreille, la courbe est un araire qui exige bien plus de force que le cabat. Les bœufs sont nécessaires pour la faire marcher avec aisance et régularité dans les sols un peu résistants. On pourrait faire le même travail avec un charruet disposé pour cela et traîné par un seul cheval, mais il faudrait que celui-ci fût de grande force et que le sol ne fût pas compacte.

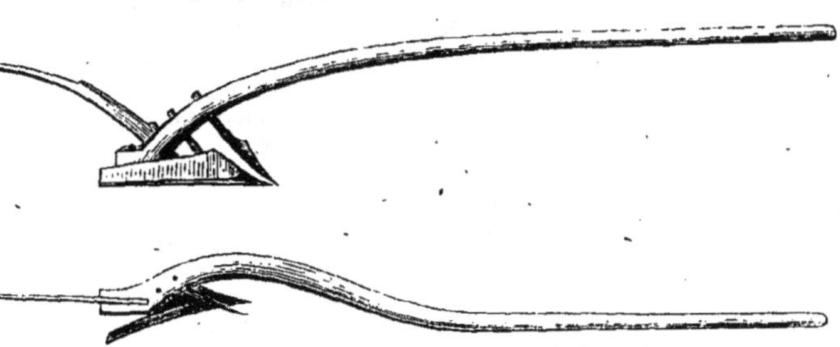

Fig. 956. — Courbe et projection verticale de la courbe.

Deux bœufs attelés à la courbe chaussent 30

ares de vigne en moyenne, en dix heures de travail.

Quand nos vignes ont été *ouvertes* avec le cabat, *cavaillonnées* avec la houe et *régées* avec la courbe, on reprend les mêmes opérations dans le même ordre.

Ainsi, nos vignes reçoivent quatre labours et deux demi-façons à la main.

Ainsi que nous l'avons dit plus haut, le laboureur déchausse 37 ares par jour et chausse 30 ares. Le labour moyen est donc de 33 ares 50 centiares.

Le mois, distraction faite des jours de fête, du temps perdu et des jours pluvieux, ne comprenant guère que 23 jours de travail réel, le laboureur fait par mois 770^{ares},05. En quatre mois, temps pendant lequel il est seulement possible d'appliquer le labour aux vignes, c'est-à-dire en quatre fois 23 jours, soit en 92 jours, un laboureur travaille avec ses bœufs 30^{hect},36. Cette surface réduite au quart à cause des quatre façons qu'elle reçoit est ramenée à 7^{hect},84 de vignes qu'un laboureur et une paire de bœufs peuvent façonner en temps utile. Cette surface peut, à la vérité, être élargie, mais alors l'attelage doit travailler par tous les temps et même après la première quinzaine de juillet, époque où il fait de grands dégâts dans les vignes.

Pour rester dans la bonne pratique, chaque vignoble doit avoir une paire de bœufs et un bouvier par 7^{hect},84.

Nos bœufs sont de grande taille, généralement de race maraîchine, parthenaise quelquefois, mais rarement, de race garonnaise, quelquefois aussi de race de pays qui n'a pas de caractère constant, qui manque de type, mais qui, élevée dans les palus, a bon pied, de la rusticité, et s'accommode d'une nourriture qui ne serait pas de première qualité.

Nous disons que nos bœufs sont de grande taille, non que la difficulté des œuvres l'exige, mais parce qu'il est important qu'ils portent haut la tête pour que nos courbes et cabats passent au-dessus des jeunes pousses de vigne sans les endommager.

Ils sont attelés au joug. Ici, bien des lecteurs du nord de la France trouveront notre méthode barbare et arriérée. L'expérience apprend que si, attelé sous cette forme, le bœuf ne donne pas la totalité de sa puissance, il en donne suffisamment pour les travaux qu'il doit faire dans nos vignes et que, lié étroitement à son compagnon, les mouvements des deux forment système, deviennent très-réguliers et assurent à la marche de l'instrument une parfaite rectilignité. Ces conditions sont importantes dans un travail où le moindre écart tant de l'araire que des pieds des bœufs peut occasionner d'irréparables désordres.

Les bœufs sont quelquefois remplacés à la courbe ou au cabat par une paire de chevaux. Dans ce cas, l'age de l'araire est soutenu par un anneau dans lequel il s'engage et où il joue librement. Cet anneau termine inférieurement une tringle fenêtrée qui s'articule en haut à une barre transversale qui repose sur les bâts des chevaux. La courbe et le cabat sont armés d'un crochet à 1^{m},60 environ du talon, crochet auquel s'adaptent les palonniers.

Les chevaux gagnent les bœufs en vitesse, mais ils font un travail moins parfait. Dans un labour aussi minutieux que celui des vignes, où il faut suivre non-seulement d'une manière générale la ligne du palissage, mais encore toutes les ondulations légères que cette ligne a subies par les déviations des ceps, il faut, dans les animaux de trait, de la lenteur, de la patience et une extrême docilité. Ces qualités sont celles des bœufs et point celles des chevaux. La résistance les irrite ; leurs mouvements ne forment pas système, la traction a moins d'uniformité et les écarts soit de l'instrument soit des pieds des chevaux, dans un billon d'un mètre, surtout quand la végétation est déjà avancée, causent des dégâts.

Nous avons dit plus haut que le soc du cabat présente à sa base de 0^{m},22 à 0^{m},25 de développement, et que le soc de la courbe a la même largeur.

Or, la pointe du soc de la courbe trace sa voie au milieu du billon, à 0^{m},50 de la ligne des ceps. Le soc coupant une tranche de 0^{m},25, il s'ensuit qu'il existe encore entre la voie normale du soc de la courbe et l'alignement des souches un espace d'environ 0^{m},25 dans lequel la terre n'est jamais ameublie. Cet espace est réduit à 0^{m},20 environ par les déviations qu'a subies la ligne primitive de plantation.

Ici, deux cas se présentent : l'un où le sol est peu profond, et le sous-sol stérile. Dans ce cas, un grand nombre de racines superficielles partent du collet de la souche, s'épanouissent horizontalement et il y a intérêt à les ménager. Alors, le défaut d'ameublissement signalé est un avantage plutôt qu'une lacune dans nos labours. Dans l'autre cas, le sol est profond, compacte, un peu argileux, riche alors ; les racines latérales ont moins d'importance sous le rapport de la vitalité de la vigne. Les mauvaises herbes et le chiendent surtout forment des plexus compactes dans les parties inattaquées et il y a lieu de les détruire. On donne ici le nom de *corronte* à la bande de terre non coupée par la courbe.

On appelle *courbe à corronter* un nouvel araire destiné à opérer cette section. La courbe à corronter diffère de la courbe ordinaire en ce que la sinuosité qui déjette celle-ci à 0^{m},50 dans le billon a moins de portée. Dans les courbes à corronter, la pointe du soc est déjetée à 0^{m},25 seulement de la ligne de plantation. Le soc n'a à sa base que 0^{m},20 et il est un peu plus effilé que l'autre. L'entrure de cet araire est moindre aussi. Il résulte de ces dispositions que la courbe à corronter tranche la terre sur une largeur de 0^{m},20 et qu'elle arrête son action à 0^{m},05 de la ligne de plantation. Cette courbe n'est employée qu'exceptionnellement, mais, dans des cas déterminés, elle fait un travail précieux (*fig.* 957).

Dans leur ensemble, que dire de ces façons successives qui ont pour objet de déchausser et de chausser, d'endommager plus ou moins le chevelu et d'exposer la plante à passer sans transition à des conditions climatériques très-opposées ? Nul doute que ces pratiques n'aient leurs inconvénients. Aussi, partout où la main-d'œuvre est abondante et peu coûteuse, il est bon de préférer la force intelligente des bras à la force plus ou

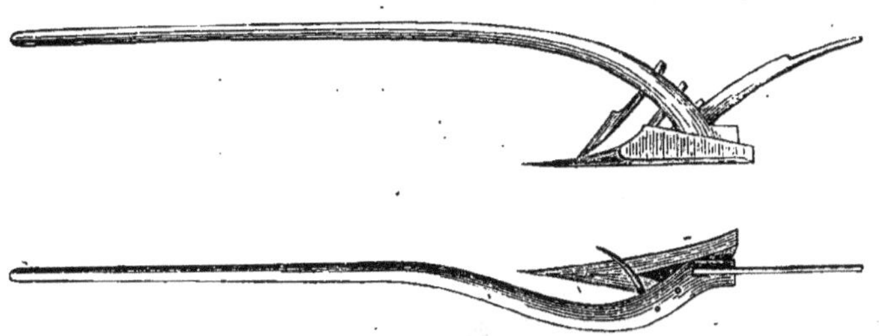

Fig. 957. — Courbe à corronter et projection verticale de la courbe.

moins aveugle des instruments. Mais partout où, par force majeure, à cause de la grande étendue du vignoble, de la cherté de la main-d'œuvre et de l'insuffisance des bras, les labours doivent être substitués aux travaux à la main, on doit s'appliquer à rendre ces labours tout à la fois aussi efficaces et aussi inoffensifs que possible. Posée en ces termes, la question se résout à l'avantage de nos araires, et nous n'avons pas vu qu'en aucun lieu la plantation étant ce qu'elle est en Médoc et le sol ce qu'il est ici, on puisse mieux faire qu'avec nos instruments.

Ces procédés se commandent l'un l'autre. Une vieille expérience qui remonte trop haut pour qu'on veuille en nier l'enseignemen, tapprend qu'à dix mille ceps par hectare, on utilise les forces productives du sol sans les dépasser. L'aptitude de nos terres à la production viticole se manifeste par un rendement plus rémunérateur que par les cultures de céréales. On est amené à donner au vignoble médocain de telles dimensions, qu'il ne faut plus songer à la culture à bras; on invente des instruments moins parfaits dans leur action que les bras, mais aussi ingénieux que possible; la taille de la vigne se subordonne forcément à leur emploi. Ainsi, obligations viticoles nées de la pauvreté du sol, taille basse à espaliers rectilignes et instruments sinueux forment système. C'est dans leur ensemble et point isolément qu'il faut les juger. Or, dans leur ensemble, ils forment une solidarité si judicieuse que, bien que nos serviteurs ne soient pas intéressés à l'exploitation, et qu'à ce titre ils n'aient pas une insurmontable routine, bien que le sol médocain appartienne en grande partie à des étrangers riches, éclairés, novateurs souvent, et que les essais n'aient pas manqué, les vieux us ont toujours fini par triompher de toutes les novations imprudentes. Nous n'en sommes pas assurément à la perfection, mais, dans la grande viticulture, nos méthodes sont encore celles qui en approchent le plus.

Voici maintenant ce que coûtent nos labours :

Gages du bouvier tant en argent qu'en nature.	764 f.	»
Nourriture d'une paire de bœufs, à 60 livres de foin par jour, celui-ci évalué à 3 fr. 75 les 50 kilogrammes	821	75
Intérêt de 1,000 fr., valeur moyenne de la paire de bœufs	50	»
Dépréciation des bœufs	60	»
Forgeron	60	»
Total	1755 f. 75	

Ainsi, les 7 hectares 84 ares que façonne le bouvier avec sa paire de bœufs nous coûtent 1755 fr. 75 c., soit, par hectare la somme de 223 fr. 94 c.

Façons diverses. — Afin de ne pas interrompre le récit de nos labours, nous avons négligé à dessein de parler des travaux supplémentaires qui se font intercurremment et dont la description succincte doit trouver ici sa place.

Ablation du chiendent. — A mesure que le laboureur trace son sillon, des femmes, louées à la journée, le suivent pour ramasser le chiendent dont l'araire a rompu les tiges. Celles-ci, flottantes maintenant et disséminées par l'instrument, ne tarderaient pas à prendre racine et à occasionner une fâcheuse multiplication de cet incommode parasite. Sept journées de femmes à 0f,50 l'une, suffisent, par hectare, à cette besogne, ci 3f,50. Le chiendent est rassemblé en tas sur le sentier et incinéré.

Cavaillons. — Le cabat passe, avons-nous dit, très-près de la ligne des ceps. Son action ne se porte pas sur la terre qui est dans la ligne même de ceux-ci et qui en a la largeur. Il y a donc une languette de terre inattaquée, ayant environ un décimètre d'épaisseur et occupant toute la longueur du palissage. Cette languette est appelée *cavaillon*.

Le cavaillon est détruit par le vigneron et amené dans les espaces intercalaires qui séparent les lignes de palissage, à la faveur d'une houe large et légère. Ce travail s'appelle *tirer les cavaillons*. Il est payé à raison de 4f,50 par hectare à chaque façon, soit de 9 fr. pour les deux façons, ci 9 fr.

Attache des jeunes flages. — La vigne se développe comme chacun le sait, avec une extrême rapidité. Ses premières flages (1) chargées de feuilles sont très-tendres et mal soudées. En cet état, les coups de vent d'ouest, si fréquents dans nos parages, les rompraient et occasionneraient d'irréparables ravages. On s'oppose à ce fléau en attachant les jeunes pousses, soit en faisceaux, soit aux parties fixes les plus voisines. Ce travail est exécuté par des femmes à la journée. Il coûte environ 10 francs par hectare : ci, 10 francs.

Soufrage. — Le soufrage, depuis que la vigne est atteinte par l'oïdium, est devenu, dans la plupart des vignobles du Médoc, une opération complémentaire indispensable. Son efficacité ne se démontre plus; elle a fini par frapper les viticulteurs les plus réfractaires, par l'évidence de ses résultats. Néanmoins, sa pratique n'a pas lieu sans hésitation. L'expérience a prouvé que les raisins soufrés transmettent souvent aux vins une odeur désagréable. Lors même que cette odeur n'existerait pas, les courtiers de vins ne manquent pas

(1) Nom donné aux rameaux herbacés. P. J.

de demander si les vignes des propriétaires ont été soufrées. Ainsi, il ne suffit pas que nos vins soient corrects; semblables à la femme de César, ils ne doivent pas être soupçonnés. De là, sont venues des habitudes timides de soufrage et des demi-succès pour la conservation du fruit.

Cependant, quelques propriétaires, cruellement éprouvés par l'oïdium, ont fait litière de ces craintes et ont résolûment mis en pratique le remède héroïque.

Nous n'avons point à parler ici de la valeur comparée des différents soufres, ni des procédés à la faveur desquels on distingue les sophistications de cette matière et les caractères du soufre sublimé. Ces détails trouveraient leur place dans un traité didactique sur la vigne en général. Ce travail n'a pour objet que de signaler ce que la viticulture du Médoc offre de particulier.

Le soufrage est pratiqué en trois fois :

Avant la floraison, quand les grappes commencent à paraître;

Pendant la floraison;

A l'époque de la véraison.

Le premier soufrage est fait avec des boîtes à houppes, ou simplement des boîtes à crible;

Le second et le troisième sont faits avec le soufflet.

Des femmes ou des hommes exécutent ces opérations. Le bec du soufflet doit être engagé sous le cep et la poussière de soufre doit sortir en nuage de bas en haut. Chaque ligne de ceps doit recevoir deux soufrages latéraux.

Après la véraison, c'est-à-dire après le 15 ou 20 juillet, il ne faut plus soufrer afin que les pluies aient le temps d'entraîner la poussière de soufre et que le vin n'en prenne pas l'odeur.

Le soufre sublimé nous coûte 31 francs les 100 kilogrammes.

Il en faut environ 72 kilogr. pour donner les trois soufrages à un hectare de vignes, soit.	22 f. 32
La main-d'œuvre coûte par hectare environ..	9 »
Total..............	31 f. 32

Insectes.— De nombreux insectes nuisent à la vigne. Ceux qui, dans nos contrées, font le plus de ravages, sont les escargots, les attelabes, les altises, les chenilles.

Quand le bourgeon s'épanouit par un temps humide, les escargots peuvent, en quelques jours, dévorer une récolte. On se met à l'abri des attaques de ces hôtes incommodes en les faisant ramasser par des femmes à la journée. Celles-ci ne voient guère que les gros et ce sont les moins malfaisants. On fait détruire les petits en établissant dans les vignes des volières portatives. Les poules, les dindes et les canards sont d'infatigables ouvriers sur le zèle et la gourmandise desquels on peut se reposer en toute sécurité pour la conservation des bourgeons.

Ils font aussi prompte et sévère justice des attelabes, des altises et des chenilles.

L'histoire naturelle de l'attelabe et de l'altise est faite, la répéter ici serait une superfluité (1).

(1) L'attelabe est le *rhynchite du bouleau*, dont il a été question, page 97 de ce volume. L'altise, dont se plaint notre collaborateur, est l'*altise potagère*, décrite page 83.

La pyrale n'existe pas dans nos vignobles, ou du moins, elle doit y être si rare que je ne l'ai jamais aperçue. Nos chenilles habituelles sont la noctuelle pronube, le bombyx caja et le bombyx moucheté; on trouve aussi, mais en moins grand nombre, des sphinx elpénors (1).

Tous ces insectes n'ont pas de plus redoutables ennemis que nos oiseaux de basse-cour. Autrefois, on les faisait détruire par des femmes à la journée. Ce travail était illusoire pour les altises et les attelabes; les journalières en étaient réduites à faire l'œuvre des Danaïdes. Servis par leurs instincts, nos insectes se rendaient insaisissables en volant ou en se laissant tomber, avec toutes les apparences de la mort, au milieu des herbes ou des mottes de terre, et reparaissaient sur le théâtre de leurs déprédations, quand la cohorte de chasse était passée.

Nos volières portatives rendent d'inappréciables services. Elles sont mobiles, construites en planches et semblables à la figure 958. Les poules,

Fig. 958. Volière portative.

dindes ou canards les habitent depuis le 1er mars jusque vers le 15 juin. Pendant ce temps, ils donnent au propriétaire un double profit, celui de débarrasser ses vignes de tous les insectes nuisibles que notre œil ne distinguerait pas, qui lasseraient notre patience, qui tromperaient notre sagacité, et qui sont sans ruses vis-à-vis de nos volatiles, et celui de vivre là économiquement et on peut le dire luxueusement.

Une volière coûte environ 6 francs et elle peut aisément durer dix ans. La dépense en est insignifiante.

Les gros escargots seuls, dans les vignes où on ne met pas de canards, nécessitent des recherches actives. Elles sont, ainsi que nous l'avons dit, pratiquées par des femmes, et comme elles sont de courte durée, la dépense à laquelle elles donnent lieu peut être évaluée à 6 francs par hectare.

Ébourgeonnement. — L'ébourgeonnement n'est pas pratiqué en Médoc avec la sévérité qu'on met ailleurs à cette opération.

Les branches à fruits ne sont jamais ébourgeonnées.

Mais il naît sur les vieux bois, et le plus souvent au collet de la racine, des branches gourmandes qui portent ici le nom de *chausserons*. Leur suppression est de règle. Cette opération est confiée au vigneron. Elle coûte par hectare 3 francs.

Le vigneron ne la pratique pas d'une manière

(1) Il a été parlé de la noctuelle pronube sous le nom de noctuelle fiancée, page 86.

aveugle et il respecte, quand il le faut, un chausseron venu sur un cep vieux, déjeté, à demi pourri quelquefois, lequel chausseron permettra de rabattre le cep à la taille suivante et de lui donner une meilleure direction et plus de vitalité.

Le non-ébourgeonnement des branches à fruits est-il justifié?

En d'autres lieux, il serait fâcheux peut-être de laisser absorber par des pousses stériles une partie des sucs nécessaires aux flages fécondées, mais, en Médoc, il faut se souvenir que notre taille est déjà très-sobre de bois et de bourgeons, et que, supprimer encore ceux-ci, même quand leur stérilité est constatée, serait assurément diminuer le volume des feuilles dans une proportion nuisible à la santé de l'arbuste. Nous croyons néanmoins que sur ce point nos habitudes sont trop systématiques et trop absolues. Il y a des vignes jeunes que leur exubérance de feuilles rend sujettes à la coulure et qui se trouveraient bien, à notre sens, de l'ébourgeonnement des pousses stériles.

Quant à la suppression des chausserons, il est évident qu'en ne dérivant plus la séve vers les parties inférieures et en forçant son ascension on concourt à une meilleure et plus riche fructification.

L'ébourgeonnement des branches bourdes qui naissent sur le corps de la souche ou le collet est donc une bonne opération en principe. Elle doit cependant être pratiquée avec discernement. Les cabernets et carménères, un peu âgés, poussent peu sur vieux bois aussi; un vigneron intelligent respecte-t-il souvent une branche bourde, nuisible peut-être actuellement, mais qui permet à la taille suivante de rabattre le pied et de lui donner plus de correction. On apporte en général moins d'attention à l'ébourgeonnement des malbec et merlau, parce que ces cépages bourgeonnent beaucoup sur vieux bois. Une branche bourde, indûment arrachée, une année, peut, sur ces cépages, être retrouvée l'année suivante.

L'époque de l'ébourgeonnement n'est pas indifférente. En Médoc, dans les vignobles bien conduits, on fait ébourgeonner dans les premiers jours du mois de mai. Les jeunes rameaux parasites n'ont pas encore acquis de la vigueur et n'ont pas détourné à leur profit une partie de la séve.

Ces rameaux sont enlevés de différentes manières. Généralement par arrachage et torsion, quelquefois, quand ils viennent du collet, par section.

Dans certains cas, l'arrachage répété sur des cépages tels que le malbec et le merlau, détermine, au collet, des boursouflures fongueuses, analogues à des champignons; celles-ci sont le point de départ d'altérations qui finissent par compromettre l'arbuste. Elles doivent donc être soigneusement enlevées.

Nos vignerons savent bien que cette ablation est de bonne pratique, mais comme elle exige du temps et que l'ébourgeonnement est un travail à la tâche, ils s'abstiennent de la faire s'ils ne sont pas surveillés, ou bien, ils l'opèrent d'un seul coup avec une bêche tranchante, qui enlève non-seulement les boursouflures, mais encore une partie des racines superficielles, ce qui est fâcheux.

Épamprement. — A l'époque de la floraison, on épampre nos vignes en les taillant en brosse à la faveur d'un morceau de vieille faux adapté à un manche et que le vigneron dirige horizontalement. Cet instrument ressemble ainsi à un grand couteau et est grossièrement articulé. Le vigneron supprime les longueurs exagérées des sarments tant au-dessus que dans le billon.

Quand il a accompli son œuvre, la ligne de ceps ressemble à une haie fraîchement taillée.

Nos habitudes sur ce point sont faciles à justifier. L'épamprage, tel que nous le pratiquons, a pour effet : 1° de dégager le billon d'une végétation exubérante et qui gênerait le passage des bœufs; 2° de permettre au cabat et à la courbe de fonctionner avec plus d'aisance et au laboureur de les diriger avec plus de sûreté; 3° de laisser passer les rayons solaires dans le fourré trop épais du feuillage; 4° de prévenir la coulure.

Les trois premiers résultats de l'épamprement sont de toute évidence; le dernier n'est pas aussi généralement admis.

Il est d'observation que l'exagération de la production foliacée est en état d'antagonisme avec celle du fruit. On a donc supposé, et avec quelque raison, ce semble, que diminuer artificiellement le volume des feuilles, c'est tourner les forces végétatives vers la fructification. La section des pampres est faite pendant la floraison. La fleur reçoit ainsi l'influence bienfaisante de l'air et de la lumière, et la séve elle-même, ne s'appliquant plus à la prolongation démesurée du sarment, se concentre vers les parties conservées et leur donne beaucoup plus de force.

Comme toutes les autres œuvres que nécessite la vigne, l'épamprement doit être pratiqué avec intelligence. Une vigne fougueuse peut supporter un épamprement sévère qui ne manquerait pas de nuire à une vigne affaiblie.

Ainsi, c'est le vigneron lui-même qui pratique l'épamprement. Il a soin de conserver et d'attacher sur la latte, là où des vides l'exigent, les sarments longs et vigoureux qui permettront de remplacer les ceps morts par des provins.

Après la floraison, on épampre encore avec légèreté dans les quinze premiers jours de juillet, afin de laisser arriver la chaleur directe du soleil dans le billon et de rendre plus libre la voie que parcourent les bœufs. L'utilité de ce second épamprement est moins contestable que celle du premier. Si l'observation semble prouver que la chaleur directe du soleil est souvent nuisible à la fleur, elle démontre au contraire qu'elle est très-favorable au développement du fruit, à sa maturation, à sa couleur, à sa richesse saccharine.

Enfin, on épampre une troisième fois au moment des vendanges, pour que les vendangeurs puissent avancer facilement dans les billons.

La dépense occasionnée par ces trois épamprements peut être évaluée à 6 francs par hectare.

Effeuillage. — L'effeuillage des vignes du Médoc n'est pas de règle. Il est pratiqué dans les vignes vigoureuses et dans les années pluvieuses, dans celles où le raisin n'atteint qu'une incomplète maturité.

L'effeuillage se fait à la main et peu à peu afin que les raisins ne soient pas soumis sans ménagement et sans transition à l'action directe des rayons solaires.

Dans les vignes maigres ou pendant les années chaudes et sèches, l'effeuillage est nuisible. Il accélère la maturité aux dépens du volume. On tient compte aussi non-seulement de l'année, du sol, de la prospérité de la vigne, mais encore des habitudes végétatives des cépages. Le malbec et le merlau, qui mûrissent avant le cabernet, ont rarement besoin d'être effeuillés. Le cabernet s'en trouve généralement bien; il est rare que pour arriver à maturité le verdot puisse être dispensé d'effeuillage.

La dépense occasionnée par l'effeuillage peut être évaluée à 3 francs par hectare.

Quand la vigne a subi toutes les opérations qui viennent d'être successivement décrites, elle a parcouru en même temps les phases de sa végétation et ses fruits ont mûri. Il ne resterait plus qu'à raconter comment on fait la récolte et comment on la manipule pour en faire du vin, mais nos vignes reçoivent de temps à autre quelques amendements ou engrais sans lesquels leur fertilité ne tarderait pas à s'épuiser, et il est utile d'en dire un mot ici avant de décrire les vendanges.

Engrais, amendements. — Dans un traité didactique de la vigne, il y aurait un long et intéressant chapitre à faire sur les engrais et amendements. Ici, nous n'avons pas à décrire les engrais et amendements employés en différents lieux, ni à les juger, mais seulement à raconter nos coutumes à cet égard.

Le seul engrais dont on se serve en Médoc est le fumier d'étable, très-rarement seul, le plus souvent réduit en compost, par un mélange de terre et amené à l'état de terreau par l'action du temps. On n'ignore pas ici l'usage qu'on fait ailleurs d'ossements, de lainages, de rognures de cuir, de détritus animaux, etc.; mais on n'emploie pas ces engrais. Nul doute qu'on ne pût, avec quelques-uns d'entre eux, augmenter la fécondité de nos vignes, mais ce serait probablement aux dépens de la qualité des vins.

Le terreau est l'engrais unique des vignes du Médoc.

Il y a plusieurs manières de le distribuer dans les vignes.

La première consiste à le répandre uniformément à la surface du sol et à s'en rapporter au labour pour opérer le mélange du terreau avec la couche arable. Ce mode a l'inconvénient de faire pousser beaucoup d'herbes dans les vignes pendant quelques années, et, en outre, d'appeler à la surface du sol un grand nombre de racines que les araires coupent à chaque façon.

La seconde consiste à pratiquer des excavations autour de chaque cep et à les remplir de terreau. Ce procédé a l'inconvénient de détruire la plupart des racines superficielles.

Enfin, la meilleure manière de terreauter nos vignes consiste à tracer dans le milieu du billon un petit fossé de 0m,20 de largeur et de 0m,35 de profondeur. On dépose sur le plafond de ce fossé une couche de terreau d'environ 0m,20 d'épaisseur et on la recouvre de terre. L'action de cet engrais ainsi placé, est lente, mais le terreau ne tarde pas à appeler à lui les racines de la vigne qui, amenées ainsi dans les parties profondes du sol et dans un plan inférieur à celui de l'action des araires, ne sont jamais violentées par le jeu de ces instruments.

La nécessité des fumures se fait sentir d'une manière intermittente. La périodicité de cette intermittence n'est pas la même pour tous les vignobles, ni, dans chaque vignoble, pour toutes les pièces dont celui-ci se compose. A cet égard, on consulte la nature du sol et l'état plus ou moins prospère de la vigne. Il est important d'agir avec jugement. Il faut se souvenir que les engrais favorisent singulièrement le développement du bois et du feuillage, mais qu'ils n'ont pas sur le fruit une même action et qu'il n'est pas rare de voir une vigne dont la végétation a été rendue luxuriante par l'exagération des engrais devenir peu apte à la fécondation et être ainsi stérilisée pendant plusieurs années. Quand donc une vigne a une végétation suffisamment vigoureuse, qu'elle donne des fruits de moyenne grosseur et en quantité moyenne, respectez-la. Quand les raisins n'ont plus le volume habituel, terreautez en très-petite quantité, sauf à renouveler plus souvent l'opération. Si vous avez une vigne vieille, depuis longtemps souffrante et à végétation chétive, alors, mais alors seulement, employez le terreau sans ménagement. Si vous avez le choix des procédés, préférez le fossé au centre du billon. Si la nature pierreuse de votre sous-sol ne vous permet pas d'employer ce mode, préférez le simple épandage aux excavations creusées à chaque pied. Nous considérons ce dernier mode comme le plus mauvais.

Il n'est pas possible d'évaluer, même approximativement, ce que coûte, en Médoc, la fumure des vignes, tant les conditions en sont variées de vignoble à vignoble. Le prix de la terre destinée à être mélangée avec le fumier, la distance où il faut aller la prendre, la quantité de fumier dont on dispose, la quantité de terreau exigée par les vignes, enfin, le mode suivi pour distribuer celui-ci, sont des éléments qui varient d'un point à l'autre. Dans le chapitre des dépenses du vignoble, que nous rappellerons à la fin de ce travail, ce qui est relatif aux engrais ne figurera qu'en mémoire.

En Médoc, les amendements par la marne, la chaux, employés ailleurs avec succès, sont inconnus. On amende les terres de nos vignobles par le transport qu'on y fait d'autres terres. Les alluvions fluviales sont excellentes dans les terres sableuses qui manquent de cohésion; les curures des fossés de nos palus y jouent le même rôle. Dans quelques sols compactes, les tourbes de nos marais produisent d'excellents effets.

Les engrais inorganiques ont moins d'activité que les engrais organiques, mais leur effet est plus durable. En thèse générale, ils sont préférables à ces derniers dans les vignes en plein rapport. Les viticulteurs qui amenderaient les vignes par un mélange judicieux et ménagé de terre, n'auraient jamais besoin de les fumer. Dans les crus classés, les amendements de ce genre ne sont pas faits sans discernement. On donne au sol la fertilité qu'une longue existence de la vigne a amoindrie, mais on le fait avec mesure et même avec parcimonie, pour ne pas altérer les aptitudes originelles des fonds et modifier, d'une façon trop radicale, la qualité des produits.

Gelée. — Coulure. — Grêle. — Avant la cueillette des raisins, la vigne est soumise à des accidents redoutables qui tiennent à des conditions météorologiques particulières. Dans un travail d'ensemble sur la vigne, ces accidents, leurs causes et leurs conséquences mériteraient d'être décrits avec détail. Dans une œuvre succincte qui n'a pour objet que de mettre en lumière les pratiques d'une contrée viticole, il serait superflu de parler de ces accidents autrement que pour signaler les pratiques spéciales auxquelles ils donnent lieu dans la contrée.

La *grêle* laisse le viticulteur complétement désarmé; il ne la prévient pas et, quand elle a exercé ses ravages, et qu'elle laisse pour la taille suivante un bois mutilé, meurtri, altéré, le vigneron répare ce désastre comme il peut. Dans des cas de ce genre, le type de la taille du Médoc, à deux astes et deux cots, est autant que possible réalisé, mais souvent une branche à bois vient prendre la place de la branche à fruits. L'année suivante des rabattages ramènent la norme.

La *coulure* est un fléau quand elle tient à des causes météorologiques générales. Contre ce fléau, le viticulteur ne peut rien. Des brumes malfaisantes, des pluies longtemps prolongées, l'alternance de pluies douces et de coups de soleil empêchent la fécondation de l'ovaire. Fécondé, l'ovaire ne grossit pas; son pédicelle se dessèche et le grain tombe. Ce sont là des *coulures* qui tiennent à l'inclémence des saisons.

Il est d'autres causes de la coulure contre lesquelles le viticulteur a plus d'action. Ces causes sont l'humidité du sous-sol, l'exagération de la vigueur de la vigne, la surabondance des engrais de toutes sortes. Les signaler, c'est indiquer aussi la manière de les corriger. On vient à bout des deux dernières, quand elles existent déjà, en modérant, par la taille, l'exubérance de la végétation. La première exige quelquefois du coup d'œil et de la sagacité. Quand on le peut et qu'il ne faut pas aller chercher trop loin un débouché, on assainit le sous-sol par le drainage à fascines, à moellons ou à tuyaux. Faute de recourir à temps à ce procédé, la vigne perd l'habitude de porter des fruits; elle dégénère; son aspect reste d'ailleurs le même. Les ceps stériles ont même de meilleures apparences que les autres; ils conservent, à l'automne, plus longtemps leur feuillage, mais ils ne portent jamais de raisins.

Les autres procédés conseillés contre la coulure sont de pure théorie, et ne trouvent pas place dans nos habitudes.

La *gelée*, à l'exemple de la coulure, dépend de causes générales et de causes locales. Le rôle du viticulteur pratique en face de son éventualité n'est pas absolument passif.

Les vignes placées sous le vent sont les seules que la gelée atteigne; pour que la gelée frappât les autres, il faudrait que le vent lui-même eût une température inférieure à zéro, ce qui, dans nos contrées, est très-rare après le mois de mars. Ainsi le viticulteur doit s'appliquer à placer ses vignes dans le parcours du vent, en abattant haies, bois, murailles, etc., qui forment obstacle à l'accès de celui-ci. La plantation à joualles augmente la production, mais elle augmente aussi les chances de gelée, en formant à la vigne des abris, à la faveur des cultures intercalaires. Quand le viticulteur se décide à planter à joualles, il doit mesurer ses risques et ses avantages. En thèse générale, et toutes les fois qu'on le peut, il faut rendre la vigne accessible au vent, de quelque côté de l'horizon qu'il vienne. On diminue par là les chances de gelée.

En outre, il faut éviter de labourer les vignes sujettes à la gelée, jusqu'au temps où celle-ci n'est plus à craindre. Ici l'expérience parle, et la théorie n'a pas de peine à la justifier. Les vignes récemment labourées sont plus facilement gelées que les autres. Dans la nuit désastreuse du 6 au 7 mai 1861, la gelée frappa la moitié d'une de mes vignes, et respecta l'autre. La partie labourée la veille fut celle qui fut gelée; la gelée s'arrêta au sillon même où le bouvier avait laissé son araire pour reprendre son travail le lendemain. Cette apparente bizarrerie s'explique assez bien. Grâce aux ingénieuses recherches du docteur Wels, tout le monde connaît les causes de la gelée; on sait que ce météore doit être attribué au rayonnement de notre planète vers les espaces sidéraux. L'intensité de ce rayonnement dépend elle-même du pouvoir émissif des corps. Or, ce pouvoir émissif varie, non-seulement de substance à substance, mais même suivant tel ou tel mode d'être de la même substance. Ainsi le docteur Wels constatait avec surprise que la laine en flocons rayonnait davantage que la même laine en tissu; il en était de même pour le coton. Il en est ainsi pour la terre. La terre fraîchement remuée est plus brune, ce qui veut dire qu'elle réfléchit moins les rayons solaires et qu'elle les absorbe plus. Or le pouvoir émissif est égal au pouvoir absorbant. Cette même terre qui, pendant le jour, a absorbé la chaleur solaire avec facilité, la perd pendant la nuit avec une égale facilité. Si elle n'avait pas été labourée, elle se serait, pendant le jour, plus difficilement échauffée, et la nuit elle eût mieux gardé sa chaleur. Or, quand le sol perd beaucoup de calorique, la plante qu'il supporte en perd elle-même davantage. Elle entre en équilibre de température avec la terre dans laquelle plongent ses racines. Ainsi la vigne, dans les nuits sereines, non-seulement rayonne vers les espaces célestes, mais elle rayonne encore vers le sol où elle est implantée, et le calorique qu'elle émet est d'autant plus considérable, que ce sol lui-même en appelle davantage.

A ce point de vue donc, les labours précoces, dans les parties abritées du vignoble, doivent être évités. L'échange de calorique qui a lieu entre le sol et la plante, ne dépend pas seulement de l'ameublissement du sol; il dépend aussi de la conductibilité de celui-ci. Quand la terre est sèche, elle absorbe entre ses pores une grande quantité d'air atmosphérique; quand elle est humide, les gaz sont remplacés entre ses pores par de l'eau. Dans le premier cas, elle conduit mal la chaleur; dans le second, elle la conduit bien.

Le pouvoir émissif n'en est pas modifié; mais les conséquences ne sont plus les mêmes. Une terre sèche et ameublie rayonne et emprunte peu de calorique aux ceps qu'elle supporte; une terre ameublie et humide rayonne de la même manière, et emprunte davantage aux ceps.

De là vient que telle nuit sereine d'avril est redoutable quand la terre est humide, et ne l'est pas quand la terre est sèche.

Nos laboureurs expliquent ces résultats à leur façon, d'une manière fort peu scientifique sans doute, mais l'enseignement expérimental reste; aussi évitent-ils de labourer prématurément les parties basses du vignoble, et surtout quand il a plu. Lors même qu'il n'aurait pas plu depuis quelque temps, les parties excavées retiennent habituellement de l'eau d'infiltration, que la capillarité amène à la surface, et il serait sage de s'abstenir d'y toucher jusqu'après le mois d'avril.

Au surplus, la science est loin d'avoir dit son dernier mot sur les causes de la gelée. Il en est quelques-unes qui semblent jeter un défi aux explications rationnelles. Ainsi, on ne s'explique pas trop pourquoi une gelée intense, à laquelle ne succède pas le soleil, n'est généralement pas malfaisante. L'abaissement de la température, la cristallisation des liquides végétaux, la rupture des vaisseaux, ne sont pas les seules causes de désastre à invoquer. Le soleil joue là un rôle important et encore inconnu. La gelée commence l'œuvre de la destruction, et le soleil la termine. Est-ce parce que, pour repasser de l'état solide à l'état liquide ou gazeux, la séve cristallisée emprunte au végétal instantanément des quantités considérables de calorique? Cela est possible. Ce qui est certain, c'est que la gelée suivie de pluie, ou d'un temps couvert, est inoffensive.

Les explications générales qui précèdent s'appliquent à tous les cépages, mais à des degrés différents. Les cépages rouges sont moins attaqués que les blancs, par la gelée, dans nos contrées. Cela tient-il à ce que le pouvoir émissif des cépages blancs est plus grand, à ce que leur conductibilité est meilleure, à ce qu'elle est rendue plus facile par la taille à court bois, suivant laquelle on les aménage, à ce qu'ils occupent de préférence les parties basses, humides, argileuses du vignoble? Probablement, toutes ces causes concourent à exagérer leur susceptibilité.

Quelque singularité qu'offre la gelée dans le choix de son théâtre, il demeure constant que le rayonnement vers les espaces sidéraux en est la cause principale. Le problème posé à la sagacité des physiciens est donc celui d'empêcher ou d'amoindrir ce rayonnement. En ce qui tient au sol, on le résoudra peut-être un jour par l'ensemencement de plantes, telles que le seigle, le blé ou autres que la gelée n'atteint pas, et qui seraient, aux premiers labours, enfouis en vert. En ce qui tient à la vigne, peut-être parviendra-t-on à réduire son pouvoir émissif, en modifiant la couleur des jeunes branches par des liquides qui n'en altéreraient pas la texture.

Les moyens de détourner la gelée ne doivent pas être classés au nombre des chimères, et un temps viendra sans doute où la viticulture n'aura plus à compter avec ce redoutable fléau.

On ne saurait, dans l'état de nos connaissances, avoir le même espoir en ce qui concerne la coulure générale et la grêle.

D'ingénieux procédés, applicables à la petite viticulture ont été, dans ces derniers temps, préconisés contre la gelée, et leur efficacité n'est pas contestable. Il est regrettable que le *paillassonnage*, proposé par M. Guyot, ne puisse être mis en pratique dans nos contrées. Chaque hectare de vigne nécessiterait 10 kilomètres de paillassons; et si on n'était arrêté par la dépense, on le serait assurément par l'impossibilité de donner journellement à ces abris les diverses positions qu'ils doivent prendre. Ce qui est bien en horto-viticulture serait bien partout; mais des conditions de temps, d'argent, de bras, d'espace, avec lesquelles il faut toujours compter, arrêtent souvent le viticulteur judicieux.

Quant aux nuages artificiels de fumée, c'est un procédé académique, auquel on ne peut reprocher que l'impossibilité radicale d'y recourir dans nos campagnes du Médoc, où la propriété est très-morcelée, où le vent prend toutes les lignes de la rose, et où il faudrait par conséquent tenir aux quatre coins de chaque pièce de vigne des tas de combustibles prêts à être allumés, et des observateurs armés de thermomètres.

Quand la gelée a atteint un vignoble, on a conseillé de remédier à ses ravages par des tailles particulières pratiquées sans délai. En Médoc, on a l'habitude d'abandonner la vigne à la végétation spontanée. Si la pousse se fait mal sur les astes à fruits, ou même si elle y est nulle, d'ordinaire il vient des branches sur la souche ou le collet, et on les respecte, afin de les utiliser l'hiver suivant, pour donner au cep le port et la direction qu'il doit avoir. Rarement ces branches donnent des fruits sur les cabernets; elles en portent quelquefois sur le merlau et le malbec; mais, quoi qu'il advienne, le cep est conservé, et son port rétabli; c'est là l'important. L'an d'après, la fructification recommence.

Vendanges. — Enfin, la vigne a parcouru les phases de sa végétation, et le raisin doit être cueilli. La cueillette des raisins et les diverses opérations qui la suivent portent en tous pays le nom de *vendanges*.

Maturité. — Il est de règle de ne vendanger que lorsque la maturité a lieu. Cette règle ne peut pas être toujours observée. Nos cépages appartiennent à la catégorie de ceux que M. de Gasparin classe dans la quatrième époque; il est des limites de temps au delà desquelles on ne pourrait pas espérer de les voir acquérir la maturité, si celle-ci n'existait déjà. Quand les raisins ne sont pas mûrs, dans le Médoc, vers le 1er octobre, on doit peu compter sur une maturation ultérieure.

Dans nos contrées, d'après les observations de M. Petit-Lafitte, professeur d'agriculture à Bordeaux, la chaleur absorbée par la maturation, dans une année normale, est de 2100 degrés. La moyenne de temps nécessitée par cette maturation, depuis le temps moyen de la floraison jusqu'au temps moyen des vendanges, est de 108 jours. Il suit de là que la moyenne de température de ces 108 jours doit être 19°,44 centigrades. L'observation enseigne que quand la somme de degrés de chaleur, depuis la fécondation jusqu'aux vendanges, est inférieure à 2100, la maturation est incomplète. L'année 1860 a été signalée, en Médoc, par des vins de très-mauvaise qualité. Ces vins provenaient de raisins qui n'avaient reçu que 1803° centigrades de chaleur. Les vins de 1861 provenaient de raisins ayant reçu 2138° centigrades, et ils étaient excellents.

Ainsi, la grande influence dans la maturation revient au soleil. Il est cependant probable que l'état hygrométrique de l'air, et même la manière d'être de la chaleur, suivant qu'elle est directe ou réfléchie, que le ciel est clair ou couvert, bien que moins important, jouent cependant dans ce phénomène un certain rôle. Sous ce rapport, l'honorable et consciencieux professeur que nous avons cité plus haut, a rassemblé des observations dignes d'intérêt.

En dehors de ces causes générales de maturation, il en est de spéciales, qui tiennent à la nature du sous-sol, du sol, et à l'exposition. Grâces à celles-ci et à la variété des cépages, la maturité d'un vignoble n'a pas lieu le même jour, et on n'a pas besoin de mettre une hâte extrême dans la cueillette.

Le viticulteur pratique n'a pas pris d'observations thermométriques ou hygrométriques; il ne pèse pas le moût, et ne fait pas d'essais sur la richesse saccharine. Il goûte le raisin, et consulte son expérience. Quand il acquiert la certitude que la maturité est complète, ou que, incomplète qu'elle est, elle ne sera pas dépassée, il se décide à vendanger.

Ici, cette relique des temps féodaux connue sous le nom de *ban de vendanges* provoque, quand on en parle, le sourire. Nos paysans ne croient pas à l'existence d'une coutume aussi barbare et aussi nuisible à la bonne vinification. Rien, au point de vue économique, n'est plus contraire à la juste réputation que les vins de France prendraient sur le marché du monde entier, que l'obligation où est le viticulteur de cueillir, dans certaines contrées, les raisins à jour fixe. En Médoc, chaque propriétaire vendange quand il veut et comme il veut, en totalité ou par parties, avec suite ou avec intermittences.

Cueillette. — Quand le moment de la cueillette est venu, le propriétaire de vignes ne peut pas compter sur la population locale qui serait insuffisante. Les vendanges appellent, en Médoc, un grand nombre d'étrangers venus des départements limitrophes et même de départements éloignés. Chaque propriétaire traite avec une compagnie de ces étrangers; cette compagnie s'appelle une *manœuvre*. La manœuvre comprend, 1° les ouvriers employés à la cueillette; ceux-ci portent le nom de *coupeurs;* 2° les ouvriers qui reçoivent dans des hottes le raisin cueilli par les coupeurs; ils sont appelés *porte-hottes;* 3° les ouvriers qui commandent la manœuvre, qui, le matin, donnent le signal du départ et le soir celui de la cessation du travail, et qui veillent, dans les billons, à ce que les coupeurs exécutent bien leur travail et n'oublient pas de couper tous les raisins; ces derniers portent le nom de *commandants.*

L'importance de la manœuvre est subordonnée à l'étendue du vignoble, à la quantité approximative de la vendange, à la capacité des cuves dont on dispose, et enfin à la succession que des différences de maturité obligent de mettre dans la cueillette.

On compte que chaque coupeur cueille en moyenne, quand la récolte est abondante, une barrique et demie de vendange, laquelle équivaut à une barrique de vin. A défaut d'abondance, douze coupeurs ne cueillent guère que quinze barriques de vendange soit 1,25 barrique par coupeur.

Chaque coupeur est armé d'une main d'un petit couteau et tient de l'autre un panier étanche en bois léger, et pouvant contenir 10 kilogrammes de raisins.

Les porte-hottes ont une hotte suspendue à leur dos par des courroies qui passent sur les épaules. Cette hotte est en bois cerclée en fer et d'une capacité de cinq paniers. Pleine, elle pèse donc environ 50 kilogrammes. Le porte-hotte tient à la main droite un bâton qu'il place de temps à autre sous la hotte pour en soutenir le poids, quand le chargement se ralentit.

Il faut un porte-hotte par six à sept coupeurs.

Les commandants ne travaillent pas. Ils se bornent à surveiller chacun la partie de la manœuvre qui lui est attribuée. Ils tiennent à la main une longue latte terminée par une branche d'osier. Quand un coupeur commet un oubli, le commandant au lieu de l'avertir oralement et de distraire ainsi les autres, le touche légèrement avec sa latte et pose celle-ci sur le cep où l'oubli a été commis. Il faut un commandant par dix ou douze coupeurs.

A l'extrémité des billons, sur le sentier de la vigne, sont des charrettes sur lesquelles sont placés deux vaisseaux connus dans le pays sous le nom de *douils*. La capacité de chacun d'eux est de 340 litres environ. La charrette est parfaitement assujettie. Une courte échelle, apposée contre elle, permet aux porte-hottes d'y gravir avec facilité. Par une inclinaison du tronc, chacun d'eux déverse le contenu de sa hotte dans le douil. Il a le soin de fouler la vendange avec son bâton, afin que le douil soit bien rempli. Quand les charrettes sont chargées, les bouviers qui reviennent du cuvier abandonnent leurs charrettes portant les douils vides, et amènent au pressoir celles dont les douils viennent d'être remplis. Quand tout a été disposé avec intelligence, il n'y a d'autres repos dans le travail de la manœuvre que ceux qui sont nécessaires aux repas.

La manœuvre fait trois repas, à savoir : un premier, à la vigne, à huit heures du matin, avec du pain et des raisins seulement; un second, à la vigne, à midi, avec de la soupe et du bouilli; enfin, un troisième, le soir, au manoir, avec de la soupe et un ragoût de viandes. Les jours où le maigre est de rigueur, la viande est remplacée par de la morue, des haricots, des pois, des sardines, etc. Le pain et la boisson sont à discrétion. La boisson qu'on donne à la manœuvre porte le nom d'*homme-debout*. Elle est faite avec des raisins de qualité inférieure, généralement cueillis dans de jeunes vignes, et tassés dans des barriques défoncées. Quand ils sont en fermentation, les barriques reçoivent tout le complément d'eau qu'elles peuvent contenir. On adapte un robinet à la partie inférieure, et on a le soin de compenser, par du moût versé sur les raisins, les pertes successives de liquide qu'on fait subir à la barrique pour les besoins de la manœuvre.

Deux barriques ainsi disposées peuvent fournir, pendant vingt jours au moins, une boisson salubre et stimulante à trente personnes.

La manœuvre et tout le personnel employé aux vendanges sont nourris par le propriétaire. On compte sur une livre de viande de bœuf ou de mouton par personne, chaque jour, et sur trois livres de pain par homme, et deux livres et demie par femme. En général, il y a parmi les coupeurs beaucoup plus de femmes que d'hommes; mais, comme les vendanges sont une opération pressée, on prend les manœuvres telles qu'on les trouve. Le choix est difficile, et l'économie ruineuse en pareil cas.

En sus de la nourriture, les coupeurs sont payés à raison de 0f,75 par jour, et les porte-hottes à raison de 1f,25.

Quand le travail est interrompu par cause de mauvais temps, le propriétaire nourrit à ses frais la manœuvre; mais le salaire est suspendu.

Des considérations diverses auxquelles a donné lieu le sol du Médoc, il résulte que la production moyenne en vin est de 2482 litres par hectare. En raisins, cette production moyenne est très-approximativement de moitié en sus, soit de 3723 litres.

Chaque coupeur cueillant en moyenne 284 litres de raisins par jour, on arrive à cette conséquence, qu'il faut très-approximativement treize coupeurs pour vendanger en un jour un hectare de vignes. Ces treize coupeurs nécessitent deux porte-hottes et deux bouviers. Les bœufs et les bouviers sont déjà portés en dépense à l'article *Labours*, et ce serait faire double emploi que de les porter ici une seconde fois; mais les deux bouviers doivent y figurer à cause de la nourriture qu'ils reçoivent accidentellement en temps de vendanges. Ces explications données, voici ce que coûte la cueillette des raisins pour un hectare de vignes en Médoc.

13 coupeurs à 75 c.		9 fr. 75
2 porte-hottes à 1 fr. 25		2 50
1 commandant à 1 fr.		1 »
Nourriture :		
13 coupeurs;		
2 porte-hottes;		
1 commandant;		
2 bouviers.		
18 personnes	à 1 livre bœuf	10 80
	à 3 livres pain	16 20
Boisson		Mémoire.
TOTAL de ce que coûte la cueillette d'un hectare de vigne		50 fr. 25

Ce chiffre suppose un travail continu non interrompu par la pluie, ce qui est très-rare, et par les pertes de temps pour aller d'un point à l'autre du vignoble.

En parlant des plantations, nous avons fait remarquer qu'en Médoc, il est d'usage de ne planter qu'un cépage dans la même pièce de vigne. Si celle-ci n'est pas trop étendue, trop accidentée, trop variable par la nature du sol et du sous-sol, l'uniformité du cépage a pour résultat d'amener l'uniformité de la floraison et la simultanéité de la maturité. C'est là un fait important. La manœuvre a peu de choix à faire, et presque pas de temps à perdre. Chaque coupeur cueille les raisins d'un billon de ceps; le commandant est placé derrière sa brigade, et si le coupeur, ici, perd quelque temps à ramasser des baies tombées, là à faire un triage entre des raisins mûrs, et des raisins pourris, verts ou échaudés, les mêmes causes de retard se produisent en même nombre à chaque billon, et la brigade arrive de front à la fin des billons, comme elle en était partie au commencement. En versant les raisins dans le douil, le porte-hotte a soin de les agiter avec son bâton. Cette agitation amène à la surface les feuilles mortes, qu'il extrait, et les raisins de mauvaise qualité, qu'il extrait aussi.

Ainsi, l'uniformité de la qualité des raisins résulte d'abord de l'uniformité du cépage, secondairement du triage du coupeur et de l'attention du commandant, et enfin de l'examen du porte-hotte.

L'identité de cépage sur une même pièce de vigne a une telle importance que, sans elle, on n'arriverait que très-rarement à faire la cueillette au moment opportun, et que, sans elle, la qualité du vin dépendrait du hasard, bien plus que de l'intelligence du viticulteur.

En divers lieux, on conseille de faire la cueillette à telle ou telle partie du jour; en Médoc, on la commence de bonne heure, et elle n'est jamais interrompue que par la pluie. Comme on ne cherche pas ici à faire des vins de liqueur, la rosée du matin, quelque abondante qu'elle soit, n'est pas un obstacle au travail de la manœuvre.

Quand le viticulteur se décide à vendanger, il prend cette détermination parce que, dans sa pensée, le moment est venu de faire la cueillette, et que toute attente nuirait à la qualité et à la quantité de la vendange. Quand la maturation est aussi complète qu'elle peut l'être, la cueillette des raisins des jeunes vignes, des vignes récemment amendées ou fumées, enfin des vignes plantureuses, est celle qui presse le plus, pour que la pourriture soit évitée. Les vignes vieilles et les vignes maigres sont celles dont la cueillette est le moins pressante, attendu que les raisins s'y conservent assez longtemps.

Le malbec et le merlau doivent être cueillis avant le cabernet et le carmenère; puis vient le verdot, et enfin la folle-blanche, quand on en a.

Il suit de là que, quelque célérité qu'exige la cueillette, il faut cependant mettre un certain ordre et une certaine modération à ce travail, sous peine de rassembler d'une manière trop hâtive des fruits encore mal élaborés et qui seraient cause d'une mauvaise vinification. Il est une moyenne de temps pour la cueillette, qui permet de donner satisfaction aux exigences diverses du terrain et du cépage; cette moyenne est quinze jours. En un grand vignoble, toute cueillette qui se fait en moins de quinze jours peut être souvent faite sans à-propos; et toute cueillette qui dure davantage, expose le propriétaire à des pertes de quantité et à des altérations dans la qualité.

Le nombre des coupeurs que le propriétaire arrhe n'est donc pas une affaire de hasard. Il faut le calculer de manière à ce que la cueillette soit faite en dix jours. Si le temps l'exige, on hâte le travail; s'il le permet, on le modère, et, grâce à des sacrifices bien entendus, on cueille les raisins sans précipitation, mais en temps voulu.

Quand le vignoble n'est pas très-étendu et qu'il présente une grande uniformité sous le rapport des cépages et des terrains, il importe de faire la cueillette très-vite. Dans ce cas, on prend une manœuvre plus importante.

En thèse générale, un vignoble de 10 hectares exige une manœuvre de quinze coupeurs, deux porte-hottes et un commandant.

Ici se termine la partie agricole proprement dite de la viticulture du Médoc.

Les pratiques de cette contrée, en ce qui concerne la vinification et la conservation des vins, donnent lieu à d'importantes considérations qui trouveront leur place au chapitre des produits de la vigne.

Afin de présenter sous une forme rapide et concrète ce qui a été dit de nos diverses opérations et de leur succession, il est bon de reproduire dans un tableau récapitulatif les dépenses de tout genre qu'occasionne la culture d'un hectare de nos vignes dans les paroisses supérieures.

Plantation d'un hectare par renversement	1,500
30,000 plants à 3 p. 1,000	90
1,200 tombereaux de bonne terre	1,200
Nivellement et assainissement, environ	100
Total	2,890

Chaque prix fait ne comprend guère qu'un vingtième de sa surface à planter par an.

C'est donc par hectare le 1/20 de 2,890, soit 144 fr. 50 c. qu'il faut annuellement et en moyenne porter en dépense pour les plantations, ci	144 f 50
Taille, garnissage et pliage	226 15
Transports par hectare	5 64
Extraction du chiendent	7 50
Labours	223 94
Ablation du chiendent	3 50
Attache des flages	10 »
Cavaillons étendus à la houe	9 »
Soufrage	32 »
Destruction des insectes	6 »
Ébourgeonnement	3 »
Épamprement	6 »
Effeuillage	3 »
Engrais et amendement tous les dix ans par hectare 700 fr., soit le 1/10	70 »
Cueillette des raisins	50 25
Total	800 f. 48
A cette somme il convient d'ajouter l'intérêt du capital d'achat de l'hectare de vignes. Ce capital est d'environ 12,000 fr. dans les paroisses supérieures. L'intérêt annuel de cette somme est	600 00
Total général	1,400 f. 48

Ainsi la culture des bonnes vignes du Médoc occasionne une dépense moyenne annuelle très-approximative de 1,400 fr. 48 c. Dans ce compte ne figurent même pas l'entretien des bâtiments, le payement du vétérinaire, des impositions, assurances, etc., qu'en bonne règle chaque hectare doit supporter proportionnellement à l'étendue du vignoble. Chaque hectare doit aussi supporter dans sa mesure le prix des barriques destinées à loger le vin et les dépenses des vendanges.

Ces dernières dépenses sont omises à dessein; elles seront évaluées à l'article *vinification* et ajoutées aux précédentes.

Il est bon de noter seulement que, par suite des travaux plus haut relatés et de l'intérêt du capital foncier seulement, chaque hectare de bonnes vignes, dans les crus soignés, coûte annuellement au propriétaire 1,400 fr. 48 c.

Rappelons aussi que la production moyenne est dans ces mêmes crus de 2,482 litres, et que, par suite, chaque litre de vin revient déjà au producteur à 57 centimes. C'est à ce chiffre qu'il conviendra d'ajouter les dépenses occasionnées par les opérations qui restent à décrire depuis le moment où les raisins entrent dans le cuvier pour y être métamorphosés en vin, jusqu'à celui où le vin est vendu par le viticulteur.

C. Alibert.

CHAPITRE IX

DES VIGNES DU MIDI DE LA FRANCE

Préliminaires. — La culture de la vigne s'étend actuellement en France à plus de deux millions d'hectares, et cependant toutes les régions du territoire ne la possèdent point.

D'après la statistique de 1842, dix départements situés le long de la mer, depuis l'extrémité de la Bretagne jusqu'à la Belgique, et avec eux l'Orne et la Mayenne qui sont limitrophes, sont dépourvus de vignes.

Les montagnes du centre de la France sont à peu près dans le même cas que la région du Nord. La rigueur de leur climat, leur pauvreté, sont des obstacles qui n'ont point encore été surmontés. Ainsi, la culture de la vigne est nulle dans la Creuse, presque nulle dans le Cantal et insignifiante dans la Lozère. Quinze départements sur 89 peuvent donc être considérés comme privés de vignobles. On en trouve dans tous les autres, mais leur nombre et leur importance y sont très-variables; le département de l'Eure en possède à peine 1,400 hectares, et le département de l'Hérault 160,000; le département des Ardennes 1,800 environ, et le département de la Gironde plus de 110,000. On pourrait multiplier les exemples de ce genre.

Cette grande inégalité de répartition s'explique, lorsque l'on considère qu'il s'agit d'un végétal aussi susceptible que la vigne d'éprouver les effets des variations atmosphériques, et dont les fruits ne mûrissent suffisamment que sous l'influence d'étés secs et chauds. Il en résulte aussi que la partie méridionale de la France, située au sud de la Loire, est de beaucoup la plus riche en vignobles; mais elle forme une vaste contrée qui présente, comme le reste du territoire français, de grandes différences de sol, d'exposition et de climat. La vigne n'y aurait jamais occupé les vastes surfaces qu'elle couvre, si la viticulture n'était point parvenue à créer pour chaque région des variétés qui s'y développent d'une manière plus spéciale, et qui les caractérisent, soit que l'on considère les méthodes culturales auxquelles on les assujettit, soit qu'on se borne à la qualité et à la quantité de leurs produits. C'est pour cette raison principalement que la culture de la vigne varie en France, et pour les méthodes et pour l'importance des surfaces qu'elle y occupe. Plus les variétés, ou cépages propres à chaque région, sont différentes, plus on y verra différer aussi les procédés d'exploitation et la nature des produits. On s'expliquera ainsi combien il est difficile de pouvoir traiter de la culture de la vigne d'une manière générale, et la nécessité de diviser l'étude dont elle doit être l'objet, selon les régions dans lesquelles le climat et le sol ont conduit à la propagation des cépages qui les caractérisent.

A ce point de vue, une des régions les plus naturelles, et des mieux définies, est celle du Midi qui comprend plus particulièrement les sept départements riverains de la Méditerranée (1), et subsidiairement, le long des vallées du Rhône et de la Durance, les départements de la Drôme, de l'Ardèche, de Vaucluse et des Basses-Alpes; enfin la Corse, quoiqu'on n'y cultive pas les mêmes cépages, et que le climat y présente des différences notables.

Chaque département, dans cette région, produit des crus distingués, et renferme des vignes conduites avec une grande intelligence; mais celui qui s'est placé au premier rang par l'immense développement de ses vignobles et la perfection de leur culture, est le département de l'Hérault. Sa position centrale entre la Provence et le Roussillon, dans la partie la plus fertile du Bas-Languedoc, permet d'y observer les méthodes et les cépages qui conviennent à toute la région. C'est dans les usages qui sont plus particulièrement suivis dans ce département, ainsi que dans l'expérience d'une pratique journalière déjà ancienne, que nous prendrons les principes de viticulture qui seront exposés dans ce travail.

Surfaces occupées par la vigne.— La vigne croît dans la région méridionale de la France, à peu près partout; les parties montagneuses et trop élevées de sa surface, ainsi que les portions marécageuses, font seules exception. Les premières y occupent, il est vrai, une place très-considérable et y resserrent beaucoup l'espace utile (1).

Depuis les Alpes et leurs contre-forts qui s'étagent à travers la Provence, jusqu'aux Cévennes, et des Cévennes jusqu'aux Pyrénées, on trouve tout le nord de la région défendu par ces barrières naturelles qui, en hiver, l'abritent des vents glacés de l'intérieur, et, en été, élèvent la température de la zone qui borde la mer.

C'est principalement dans cette zone que se développe la culture de la vigne. Elle est en majeure partie comprise depuis Nice jusqu'à Leucate, entre le 1er et le 5e degré de longitude orientale du méridien de Paris, et entre le 43e et le 44e degré de latitude nord. Une petite portion s'étend plus au midi, dans les départements de l'Aude et des Pyrénées-Orientales, entre 0° et 1° de longitude orientale, et le 42e et 43e degré de latitude nord.

Au nord, le long de la vallée du Rhône, elle atteint presque le 45e degré de latitude.

Géographiquement, les limites des surfaces sur lesquelles s'étend la vigne dans la région méridionale de la France, ont un grand développement le long de la mer, puisqu'elles sont comprises entre Nice et Collioure, sur une longueur de 530 kil. environ, mais elles sont généralement étroites et resserrées entre les contre-forts des montagnes et le rivage méditerranéen.

Le relief de ce territoire forme un vaste plan incliné du nord au sud, modelé sur les contre-forts des montagnes, et vallonné dans plusieurs directions par les cours d'eau qui l'arrosent. La

(1) Les Alpes-Maritimes, le Var, les Bouches-du-Rhône, le Gard, l'Hérault, l'Aude, les Pyrénées-Orientales.

(1) RÉGION MÉRIDIONALE DE LA VIGNE EN FRANCE.

DÉPARTEMENTS.	SURFACE TOTALE.	SURFACE EN VIGNES. — Statistique de 1842.	SURFACES INCULTES, pâtis, landes, bruyères, bois, routes, eaux, maisons.
	hectares.	hectares.	hectares.
Drôme	653,557	22,671	339,661
Ardèche	538,988	22,395	312,212
Vaucluse	347,377	26,697	141,930
Basses-Alpes	682,643	9,926	508,526
	2,222,565	81,689	1,302,329
Var	726,866	59,243	399,742
Bouches-du-Rhône	512,991	24,091	299,995
Gard	591,108	63,875	327,758
Hérault	621,362	117,497	316,321
Aude	606,397	52,818	295,429
Pyrénées-Orientales	411,623	35,403	265,619
	3,474,347	353,827	1,904,864
Alpes-Maritimes	?	?	?
Corse	874,741	11,584	?

largeur en est très-variable; presque nulle sur certains points, elle n'atteint guère sur la plupart des autres au delà de 15 à 20 kilomètres, excepté dans les vallées qui pénètrent plus profondément dans l'intérieur; celles du Var, du Gard, du Vidourle, de l'Hérault, de l'Orbe, de l'Aude, etc., sont des exemples de cette disposition des lieux. Le Rhône fait une exception toute particulière, par la largeur et la profondeur de l'ouverture que forme sa vallée, ainsi que par le grand développement du bassin de son cours inférieur.

Ainsi resserrée sur le littoral, la culture de la vigne s'y est développée depuis fort longtemps dans les terrains de tous genres; elle s'est implantée à la fois, non-seulement sur les coteaux, mais encore dans les terres plus fertiles et jusque dans les plaines. Ses empiétements successifs sur les sols capables de produire des céréales, ne sont point de date récente; ils sont aussi anciens que la production et le commerce des eaux-de-vie et des trois-six, auxquels servaient les vins de plaine, et par conséquent antérieurs à la révolution de 1789. Depuis, les plantations de vignes n'ont cessé d'augmenter dans le Midi et y sont devenues la culture dominante. On les étend encore aujourd'hui à la fois sur les coteaux, sur les garrigues et sur les plaines, en remplissant les vides qui existent (1). Le Midi tend ainsi, sur le littoral, à devenir un immense vignoble, dont les produits destinés à la consommation du nord de l'Europe, peuvent alimenter un des commerces les plus étendus, parmi ceux auxquels donnent lieu les productions naturelles de notre sol.

Vignes sauvages. — Ce n'est pas seulement à l'état cultivé que la vigne croît dans la région méridionale de la France, c'est aussi à l'état sauvage. Le fait nous paraît assez remarquable pour nous y arrêter un moment au début de ce travail, car il touche aux origines mêmes de la vigne, et peut jeter quelque jour sur une question qui ne manque pas d'intérêt, au point de vue de la propagation de sa culture et de la formation des cépages propres à chaque région.

La vigne sauvage, dans le midi de la France, porte vulgairement le nom de *lambrusque*. On la rencontre dans les terrains les plus différents et aux expositions les plus variées. Dans les sols d'alluvion, elle s'élance au sommet des plus grands arbres, les couvre de ses rameaux, et finit avec l'âge par acquérir des dimensions considérables. Dans les terrains pierreux, dans les fentes des rochers, elle se développe vigoureusement, malgré la chaleur et la sécheresse; elle couvre le roc de sa végétation ou s'enlace aux broussailles avec une force et une résistance remarquables; partout sa longévité est très-grande. Chacun connaît les lambrusques de la Camargue et des taillis situés sur les rives du Grand-Rhône et du Petit-Rhône en Provence et en Languedoc. On les trouve aussi sur les rivages de la plupart des cours d'eau du Midi, mêlées aux broussailles et aux taillis. Dans les environs de Montpellier, on les rencontre dans une foule de localités; par exemple dans les alluvions du Lez, parmi les haies touffues, autour des prés et des champs de la commune de Lattes; dans les collines de la Gardiole, au milieu des éboulements de pierres, mêlées au chêne vert, au figuier et à l'olivier sauvages; dans les bois de Valène, où elle est associée au chêne vert et à l'arbousier. Elle croît, dans cette dernière localité, au milieu des taillis d'yeuses, dans les terrains les plus arides, à travers des amas de rocailles, et des crevasses profondes qui découpent des rochers compactes dont le sol est formé.

Ces lambrusques, de même que les chênes verts, croissent à Valène sur de hautes collines, très-éloignées des habitations et à peu près désertes. Elles sont d'un âge inconnu et doivent être fort anciennes. On les coupe à l'époque de l'exploitation des taillis auxquels elles sont enlacées, à seize ou vingt ans d'intervalle, selon la grosseur des arbres, et elles repoussent avec eux. Les vignes sauvages se mettent à fruit la seconde ou la troisième année après le ravalement, et donnent alors une certaine quantité de raisins. Les paysans les cueillent quand la saison est favorable et en font du vin.

En Camargue, on recueille aussi les fruits des lambrusques et on en fait du vin, ordinairement très-coloré, mais dur, plat, et peu agréable. Celui des rochers de Valène est préférable, quoique inférieur encore à celui des vignes cultivées.

Les lambrusques présentent un grand nombre de variétés; beaucoup diffèrent considérablement par le bois, les feuilles, le fruit, le port, ainsi qu'on le voit dans la plupart des différents cépages assujettis à la culture de nos vignobles. Pour l'observateur, certaines parties du bois de Valène, forment une espèce de vigne, venue naturellement avec le chêne vert, et peuplée de variétés qui peuvent être considérées comme indigènes.

Il serait curieux de rapprocher les lambrusques de divers points de la région, et d'examiner les rapports qu'elles présentent entre elles et avec les cépages cultivés. Divers essais ont été faits dans ce but; mais ils n'ont point abouti, que nous sachions, à des résultats suffisants. On a seulement réussi à constater que la plupart des lambrusques paraissent réfractaires aux moyens de culture em-

(1) Tableau des surfaces cultivées en vignes antérieurement à 1826 d'après Cavoleau, et en 1842 d'après la statistique de la France dans les départements maritimes de la Méditerranée :

	1826	1842
	hectares.	hectares.
Alpes-Maritimes..........	?	?
Var	15,895	59,243
Bouches-du-Rhône......	27,338	24,991
Gard....................	51,198	63,875
Hérault...............	91,941	117,497
Aude....................	36,064	52,818
Pyrénées-Orientales......	29,913	35,403
	252,349	353,827

Depuis l'année 1842, la culture de la vigne s'est étendue à de grandes surfaces dans chacun de ces départements; en 1859, on estimait que dans l'Hérault elle couvrait plus de 150,000 hectares. En 1862, elle ne doit pas s'y étendre à moins de 160,000 hectares. Dans les départements voisins, le mouvement qui entraîne la culture vers la vigne est moindre peut-être, mais il est analogue. Il ne serait pas extraordinaire que la vigne occupât prochainement, dans les sept départements méditerranéens, une surface de 500,000 hectares environ.

ployés pour les vignes ordinaires. Ainsi, plantées ou greffées, et taillées à court bois, elles se refusent à fructifier; les rameaux se chargent de fleurs régulièrement conformées, qui finissent toutes par avorter. Pareil fait m'est arrivé pour celles que j'ai tirées soit de Valène, soit des bords du Rhône. Il ne faut point ou presque point tailler les lambrusques si on veut en obtenir des fruits.

Dans leur végétation, elles ont généralement le caractère des lianes, et cultivées comme les autres vignes, elles rampent à la surface du sol et se forment difficilement en souche. Quand on les abandonne à elles-mêmes, en les laissant couvrir soit les murs, soit les arbustes de leurs longs rameaux, elles finissent par se mettre à fruit, mais il leur faut un temps assez long, qui excède fréquemment quatre ou cinq années de plantation.

Les raisins des lambrusques sont petits et à petits grains; il ne peut guère en être autrement, car nos espèces cultivées, abandonnées à elles-mêmes, tendent à donner aussi des fruits peu volumineux, et à grains réduits; la taille est nécessaire pour réprimer la fougue naturelle à la vigne et pour faire servir sa vigueur à l'élaboration de fruits de bonne qualité.

Origines de la vigne et de sa culture. — Ces détails sont de nature à faire admettre que la vigne est indigène dans le midi de la France, et probablement dans tout le midi de l'Europe. Cette opinion paraît avoir été celle de D. Simon Roxas Clemente, et pourrait servir de conclusion au chapitre v de son *Essai sur les variétés de la vigne en Andalousie*. Chaptal, en disant que la culture de la vigne fut introduite par les Phéniciens dans les îles de l'Archipel, dans la Grèce, dans la Sicile, en Italie et dans le territoire de Marseille, rappelle que dès le temps d'Homère, la vigne croissait sauvage, en Sicile et probablement en Italie.

M. le docteur Baumes, de Nîmes, dans son *Mémoire sur la culture de la vigne*, dit, « qu'elle est indigène, sur les bords du Rhône, et qu'elle y vit à l'état sauvage de temps immémorial. » Nous partageons cette opinion non-seulement pour les bords du Rhône, mais encore pour des contrées fort étendues sur les bords de la Méditerranée, où il est facile de l'observer à l'état sauvage, et sous la forme de nombreuses variétés.

En considérant ce qui se passe en Amérique, où la vigne sauvage croît en abondance, et forme des cépages tout à fait tranchés par les différences qu'affectent le bois, les feuilles et les fruits, nous pensons qu'il en a été de même dans l'ancien monde, avant que les hommes connussent la culture de cette plante.

La vigne, comme un assez grand nombre de végétaux, tout en conservant les mêmes caractères botaniques, a varié ses allures et ses apparences, selon les climats, les sols et les expositions. La culture a développé cette tendance, et fixé ensuite pour chaque contrée, les caractères et les propriétés des cépages qui lui sont le mieux appropriés. C'est ainsi que s'expliquent naturellement la création des variétés propres à chaque région, et la difficulté qu'on éprouve à en introduire la culture hors de leur berceau.

Il est probable que jamais la vigne n'eût été cultivée sur une grande échelle, en Bourgogne ou en Champagne, si l'on n'y eût connu que les terrets, l'aramon, le grenache, la carignane, etc., si répandus dans le Midi, et dont les fruits ne peuvent mûrir au delà de Lyon; pas plus qu'il n'est probable qu'elle eût jamais occupé de grandes surfaces en Provence et en Languedoc, si l'on n'y eût connu que le pinot, dont les produits sont tellement faibles, qu'ils ne peuvent suffisamment couvrir les frais de culture.

En Amérique, les efforts des hommes les plus compétents n'ont pu acclimater, aux États-Unis, la culture des cépages européens; on se voyait réduit à abandonner la vigne après de longs efforts, lorsqu'on a changé de système. On s'est adressé aux variétés indigènes, et on en a tiré des sujets qu'on soumet à la culture; leurs fruits se perfectionnent; ils résistent à la gelée, à l'humidité et aux intempéries que ne pouvaient supporter ceux d'Europe, et tout porte à croire qu'ils finiront par former des variétés propres à permettre avec succès, dans plusieurs parties du continent américain, la production du vin, qui d'abord paraissait impossible.

Notre conclusion serait donc que la vigne est indigène dans le midi de la France, où elle est actuellement cultivée sur de si grandes surfaces, et que plusieurs des cépages qui forment la base de nos richesses viticoles, pourraient bien être eux-mêmes indigènes; un assez grand nombre, cependant, nous sont communs avec l'Espagne, et nous viennent de cette contrée. Mais s'ils ont réussi dans nos départements, c'est qu'ils y ont trouvé un sol et un climat analogues à ceux dans lesquels leurs caractères se sont fixés, et qu'ils ont pu y prospérer. Plusieurs cépages peuvent ainsi nous avoir été légués par les contrées voisines et être fort anciens. Pourquoi ne posséderions-nous pas encore une partie de ceux qui ont été cultivés dans l'antiquité et dont Caton, Varron, et surtout Columelle, ont décrit la culture avec une fidélité qui reproduit un grand nombre de nos usages méridionaux. La zone méridionale de la France, si longtemps gouvernée par les Romains, jouit d'un climat analogue à celui d'une portion considérable de l'Italie, et son agriculture était conduite d'après les mêmes méthodes. Aujourd'hui même on retrouve la tradition latine, encore suivie dans nos campagnes et ses instruments aux mains de nos paysans. Il est donc naturel de penser que nous possédons encore certains des cépages de cette époque. On connaît des variétés qui persistent sans changement depuis plus de six siècles, par exemple le raisin cornichon, décrit par l'auteur arabe Ebn-el-Beithar, et cité par le comte Odart, dans l'*Ampélographie universelle* (page 411, 5e édit.). Certains de nos cépages doublant, et au delà, cette durée, pourraient bien être parvenus des Romains jusqu'à nous.

Cette opinion a été émise et discutée par le même auteur, et pour notre part, nous sommes porté à la croire fondée, surtout en comparant nos procédés de viticulture à ceux des anciens; mais nos connaissances, à cet égard, sont bornées, et une grande obscurité règne encore sur cette partie de l'ampélographie.

Dans tous les cas, il nous paraît difficile d'admettre que la vigne soit originaire d'Asie seulement, ainsi que l'ont répété la plupart des auteurs qui ont écrit sur la viticulture. Nous croyons plutôt que la *culture de la vigne* est originaire d'Asie, ce qui est bien différent, et qu'elle a suivi la civilisation à mesure que celle-ci a pénétré dans les contrées dont le climat permet de retirer de la vigne des produits utiles. Nous serions ainsi d'accord avec les faits qu'on peut directement observer dans les lieux où la vigne croît spontanément, et avec les traditions historiques les plus anciennes.

Influence du climat sur la vigne. — La vigne subit profondément l'influence du climat dans les produits qu'elle est susceptible de donner; elle la subit au contraire beaucoup moins dans les caractères essentiels qui constituent la manière d'être de chaque cépage. Ainsi certains d'entre eux, tirés du Midi et plantés depuis longues années dans la collection du Luxembourg, à Paris, y fournissent des sarments qui, plantés de nouveau dans le midi de la France, reproduisent l'individu tel qu'il était auparavant. Le comte Odart nous a envoyé de la Dorée (1) plusieurs cépages originairement tirés du Midi, et qui, plantés à Montpellier, ont reproduit tous leurs caractères avec une vigueur de végétation et une fertilité remarquables. L'olivette de Cadenet, le muscat Caminada, sont dans ce cas. Il en est de même des cépages de l'Espagne, de l'Italie, etc. Il en résulte qu'on a pu conclure que les variétés de vignes ou cépages propres à chaque contrée, conservent leur caractère et ne dégénèrent point. Le comte Odart a soutenu cette opinion avec beaucoup de force contre Chaptal, Rozier, Dussieux, Bosc, etc., et grâce à une étude approfondie de l'ampélographie à laquelle il a attaché son nom, il a démontré qu'elle est parfaitement fondée. La connaissance plus complète de l'ampélographie manquait à ses illustres prédécesseurs. Ils auraient sans doute conclu comme lui s'ils eussent été éclairés, comme il l'a été, par une étude aussi longue et persévérante des cépages, réunis en collection, ou épars dans les vignobles. D. Simon Roxas Clemente, qui a longtemps observé les cépages de l'Andalousie, croyait aussi à la fixité de leurs propriétés, et il en a donné des preuves nombreuses. L'étude de l'ampélographie, jointe à une pratique journalière de la culture de la vigne, confirme pour nous cette opinion, et nous la fait considérer comme une des bases sur lesquelles reposent à la fois la viticulture et l'œnologie. En présence de la stabilité des caractères de la plupart des variétés de vignes connues, les rares exemples de dégénérescence que présentent parfois certaines d'entre elles, ne sont que des exceptions sur lesquelles on ne peut se fonder pour admettre le défaut de fixité des cépages cultivés.

La collection du Luxembourg qui a servi de dépôt à une foule d'envois partis des points du globe les plus éloignés, a été un puissant et heureux moyen pour démontrer que chaque cépage conserve ses caractères, malgré les conditions nouvelles où le place une transplantation sous un ciel étranger. Ces caractères se développent en liberté quand le climat le permet; le cépage peut se montrer alors avec tous ses avantages et dans son entier développement; dans le cas contraire, la vigne se borne à végéter selon le climat, le sol et l'exposition; elle y produit ce que permettent les nouvelles conditions où elle est placée, mais elle conserve néanmoins la faculté de reproduire le cépage et ses caractères, quand elle est replacée dans des conditions convenables.

Climat de la région méridionale. — Le climat exerce donc une action spéciale sur les produits et sur la culture de la vigne. Celui de la région méridionale de la France qui nous occupe, a des caractères qui lui sont particuliers et qui peuvent se résumer d'une manière générale par les traits suivants :

Climat ordinairement sec, quoique la quantité d'eau qui tombe sur la terre soit considérable; mais les pluies ont lieu presqu'à la fois et aux mêmes époques, et ne se renouvellent ensuite qu'à des intervalles éloignés.

Vents du nord fréquents et d'une grande intensité.

Printemps tempéré, souvent sec, accompagné cependant de quelques pluies de mars en juin.

Été sec et chaud; la sécheresse a fréquemment une durée de deux à trois mois environ. Dans cet intervalle, ordinairement compris de la mi-juin à la mi-septembre, la pluie est nulle, ou tout à fait insignifiante. La chaleur se fait sentir ordinairement à la fin de juin et continue en juillet et en août. Il est rare que son maximum n'atteigne point à l'ombre 30° centigrades pendant plusieurs jours consécutifs. Au soleil et sur le sol le thermomètre monte à 45° et quelquefois à 50° et au delà.

Il arrive souvent qu'à l'ombre la température s'élève bien au-dessus de 30°, pendant d'assez longues périodes; ainsi en 1859, le 5 juillet, on a observé à Montpellier la température de 42° centigrades. La même année on a observé, en juillet et août, des séries de jours pendant lesquelles la température des maxima variait de 32° à 37°.

Le plus souvent, la chaleur se maintient la nuit, malgré la sérénité du ciel, au-dessus de 15° centigrades.

La chaleur est tempérée dans le jour par le vent de mer désigné vulgairement sous le nom de Labech; il se lève le matin vers les dix heures, acquiert la plus grande intensité de une à deux heures après-midi et se calme à cinq heures. Pendant la sécheresse le vent marin tempère aussi la chaleur, il souffle quelquefois plusieurs jours, sans amener de pluie, mais il couvre le ciel de nuages et rend l'atmosphère humide.

Pendant le printemps et l'été, le ciel est pres-

(1) La terre qui porte le nom de la Dorée est près de Tours, dans le département d'Indre-et-Loire.

que toujours serein et le soleil vif et ardent ; les vents secs de l'ouest, du nord-ouest et du nord, sont dominants. Ces vents soufflent parfois avec violence. Dans la vallée du Rhône et dans les départements limitrophes, le vent du nord (le mistral) acquiert une intensité bien connue et quelquefois désastreuse. Les époques où règnent ces vents secs, combinés avec la chaleur de la saison, modèrent ou arrêtent la végétation, dessèchent les campagnes, les couvrent de poussière, et donnent à cette partie du Midi ce caractère particulier, que possèdent les climats chauds dont le sol est desséché par le soleil, et dont les campagnes paraissent toujours poudreuses.

L'automne est plus particulièrement la saison humide ; elle s'annonce dès le mois de septembre, soit par des vents marins, soit par de petites ondées qui tempèrent la chaleur de l'été ; l'équinoxe d'automne amène l'époque des pluies. Elles ont lieu ordinairement en octobre, en novembre et en décembre, en plus grande quantité que dans les autres mois de l'année. Les pluies d'automne sont parfois si intenses et si précoces que les vendanges en souffrent beaucoup : par exemple, en 1857 et en 1862.

Le sol est alors tellement détrempé, et l'humidité si grande, que les travaux de la campagne deviennent impossibles. En regard de ces pluies si abondantes, on trouve quelquefois des périodes de sécheresses vraiment désastreuses ; une des plus remarquables, dont le souvenir est encore présent aux agriculteurs du Midi, a été celle de 1838 à 1839 ; dans un intervalle de 16 mois, de juin 1838 au 26 septembre 1839, la quantité de pluie tombée à Montpellier, ne s'éleva qu'à 0m,268 ; la moyenne annuelle est de 0m,780. Il en résulta de vraies calamités.

L'hiver est ordinairement tempéré. Dans une partie de la région (les Pyrénées-Orientales, Nice, la Corse), les gelées à glace sont fort rares. Dans les autres, bien qu'elles soient plus fréquentes et qu'on les observe chaque hiver, elles sont de courte durée. Elles prennent parfois l'intensité des froids piquants, et il n'est pas rare de voir tomber le thermomètre à — 5°, et jusqu'à — 7° ; plus rarement, il tombe à — 10° et à — 12° centigrades, mais ordinairement ces abaissements de température sont très-courts. Les observations de M. Martins, professeur à la faculté de médecine de Montpellier et directeur du jardin botanique, ont vivement éclairé cette partie de la météorologie du Midi de la France. Il a fait remarquer que, favorisés par la sérénité du ciel et le rapprochement de montagnes couvertes de neige, les abaissements de température en hiver sont fréquents, mais de courte durée. Le dégel se produit à peu près tous les jours sous l'influence du soleil, et s'oppose à la pénétration du froid dans les plantes. Elles résistent alors à des températures auxquelles elles succomberaient infailliblement si elles les subissaient plus longtemps. La sécheresse habituelle du climat combat aussi très-efficacement les effets du froid. Quand le sol et l'atmosphère sont secs, des végétaux relativement délicats, tels que les figuiers, les oliviers, les lauriers, supportent des abaissements de température de — 7° à — 8°, et quelquefois plus ; ils n'y résistent pas sans dommage, lorsque le sol est mouillé, et si l'atmosphère contient une grande humidité ; alors, tous les arbres délicats de la région des oliviers, et la vigne elle-même, sont plus ou moins atteints.

La vigne a souffert assez fréquemment des grands froids, et les hivers qui maltraitèrent si fort les oliviers en 1709, 1789, 1819, 1829, etc., endommagèrent aussi beaucoup de vignobles. Les bas-fonds et les terrains en plaine, où l'humidité peut persister, sont beaucoup plus éprouvés par le froid que les coteaux élevés et les lieux secs et aérés. C'est une des conséquences de la désastreuse intervention de l'humidité dans les brusques variations de température dont souffrent les végétaux. Dans ce cas, chaque fois que les gelées sont piquantes et prolongées, il est rare que dans les bas-fonds, où se rassemblent les vapeurs et les brouillards, les vignes, comme les oliviers, n'aient pas quelque dommage à supporter. Ordinairement, les yeux du cep sont plus ou moins atteints sous le duvet qui les protége ; on se plaint alors au printemps des retours de séve. Cela n'arrive que bien rarement sur les coteaux dont le sol est ressuyé.

A la fin de l'hiver et au commencement du printemps, les gelées blanches sont assez fréquentes, et ravagent les vignes ; leur récolte en est toujours très-diminuée. C'est en mars, en avril et en mai qu'on est exposé à ce fléau. Nous aurons lieu d'y revenir plus loin (1).

En nous résumant, nous disons que, par rapport au reste de la France, la région méridionale, que nous considérons, possède un climat sec et chaud, excessif dans ses variations vers la chaleur, la sécheresse et l'humidité.

(1) D'après Poitevin, les deux extrêmes du climat de Montpellier sont entre 38°,5, observés le 30 juillet 1705, par le président *Bon* ; et — 13°,5 le 11 janvier 1709, observés par le même.

Ces deux extrêmes ont été saisis dans un intervalle fort court.

Nous extrayons des observations de M. E. Roche, professeur à la Faculté des sciences à Montpellier, les chiffres suivants qui s'appliquent aux six dernières années 1857, 1858, 1859, 1860, 1861, 1862.

Année 1857. — La température moyenne de l'année, conclue du maximum et du minimum de tous les jours, a été de 14°,1.

La plus haute température observée M, a été 36°,8 le 29 juillet ; la plus basse *m*, — 5°,5 le 7 février.

Il y a eu dans l'année 32 jours de gelée. Le thermomètre a monté 32 fois au-dessus de 30°.

Pluie, 92 jours. Hauteur d'eau tombée, 1m,246.

Année 1858. — Température moyenne de l'année, 14°,55.

M = 37° le 19 juillet ; *m* = — 6°,5 le 6 janvier.

Jours de gelée, 32. Thermomètre, 40 fois au-dessus de 30°.

Pluie, 77 jours. Hauteur d'eau tombée, 645 millimètres.

Année 1859. — Température moyenne de l'année, 15°,09.

M = 40° le 5 juillet ; *m* = — 7° le 21 décembre.

Il y a eu dans l'année 28 jours de gelée. Le thermomètre a monté 50 fois au-dessus de 30°.

Pluie, 73 jours. Hauteur d'eau tombée, 506 millimètres.

Année 1860. — Température moyenne de l'année, 13°,35.

M = 34°,6 le 28 juin ; *m* = — 6°,5 le 11 mars.

Jours de gelée, 27. Thermomètre, 17 fois au-dessus de 30°.

Pluie, 90 jours. Hauteur d'eau tombée, 1m,005.

Année 1861. — Température moyenne de l'année, 14°,9.

M = 35°,5 le 10 et le 14 août ; *m* = — 4°,2 le 19 janvier.

Jours de gelée, 18. Thermomètre, 40 fois au-dessus de 30°.

Pluie, 68 jours. Hauteur d'eau tombée 841 millimètres.

Année 1862. — Température moyenne de l'année, 15°.

M = 35°,5 le 21 juillet ; *m* = — 7° le 19 janvier, le 10 et le 11 février.

Le blé y atteint sa maturité du 6 au 25 juin.

La vigne y mûrit son fruit pour la vendange, selon certains cépages caractéristiques, aux époques suivantes :

Les pinots, du 12 au 24 août (leur moût donne alors 12° Baumé); les aramons, du 5 au 25 septembre; les terrets, du 25 septembre au 15 octobre.

Les considérations qui précèdent suffisent pour faire apprécier le rôle prépondérant qu'est appelée à prendre, sous un pareil climat, la culture des arbres et des arbustes, et plus particulièrement celle de la vigne.

Les longues sécheresses, les humidités excessives sont de mauvaises conditions pour cultiver les céréales avec succès et profit; aussi réussissent-elles généralement assez mal dans la région méridionale. Il en est de même des fourrages. Les chaleurs de l'été leur sont fatales, excepté dans les terrains qui peuvent être soumis à l'arrosage, et dans les sols d'alluvion voisins des cours d'eau. On sait que les uns et les autres n'occupent dans les contrées du Midi qu'une faible surface.

Développement de la végétation de la vigne. — Sous le climat dont nous venons d'esquisser les traits principaux, la végétation de la vigne suit ordinairement la marche suivante :

C'est dans le courant du mois de mars que la séve entre en mouvement; alors les vignes commencent à mouiller l'extrémité de leurs coursons, et on dit que la vigne pleure. Si elles ne sont pas encore taillées, la séve coule lorsqu'on coupe le sarment; et quand on les taille dans cet état, on pratique la *taille à séve coulante*. En général, lorsque la séve se met en mouvement, la température moyenne des maxima et des minima de chaque jour, observés à l'ombre $\left(\frac{M+m}{2}\right)$ se fixe à 9°, 5. A partir de cette époque, la circulation de la séve devient plus active; elle se prononce davantage encore dans le courant d'avril; du 15 mars au 15 avril les bourgeons se gonflent et

Jours de gelée, 15. Thermomètre, 27 fois au-dessus de 30°. *Pluie*, 86 jours. Hauteur d'eau tombée, 1^m,299.

ANNÉES.	NOMBRE DES JOURS			JOURS de pluie.	PLUIE en millimètres.
	Beaux.	Nuageux.	Couverts.		
1857	161	98	106	92	1,246
1858	196	99	70	77	645
1859	175	110	80	73	506
1860	148	128	90	90	1,005
1861	189	97	79	68	841
1862	176	110	79	86	1,299
Moyenne.	174	107	84	81	924

A Paris, il y a annuellement en moyenne : 56 jours beaux, 139 nuageux, 170 couverts.

Le 12 mai 1861, il est tombé, en 24 heures, 123 millimètres d'eau.

Le 11 octobre 1861, 62 millimètres en moins de 2 heures.

Le 11 octobre 1862, 220 millimètres, de 7 heures du matin à $11^h\,1/_2$, en $3^h\,1/_2$. Cette pluie torrentielle a été la cause des plus graves désastres.

commencent à se développer; ils rompent leur enveloppe, et, dans les terrains peu profonds, les plus disposés à subir les premières impressions de la chaleur, ils atteignent une longueur de 0^m,04 à 0^m,05 environ.

Les espèces précoces, comme les *aramons*, montrent déjà la seconde et la troisième feuille. Dans les terrains plus profonds, les mêmes cépages ne montrent encore que la première feuille. La température moyenne des maxima et des minima se fixe alors entre 11 et 12°.

Du 15 avril au 10 mai, les progrès de la végétation sont plus rapides. Ordinairement, on commence à apercevoir le raisin dans le bourgeon, dans la deuxième quinzaine d'avril; du 25 avril au 10 mai, les aramons atteignent de 0^m,15 à 0^m,30 de longueur. Ceux des autres variétés moins précoces ont de 0^m,08 à 0^m,15; l'époque des gelées blanches est passée, et la végétation se prépare à prendre un essor rapide; la température moyenne atteint alors 13°, 5.

A partir du 10 mai, la floraison se prépare pour les espèces précoces, et elle commence dans les années ordinaires pour les terrains de coteaux (les garrigues), vers le 20 mai; elle continue encore, selon la chaleur, pendant dix à quinze jours. Dans les terrains moins chauds, la floraison commence vers la fin de mai et continue encore pendant une quinzaine de jours. Les variétés tardives, comme les *terrets*, fleurissent plus tard. Dans les vignes de cette espèce, on trouve encore des raisins en fleur du 20 au 25 juin, mais ce sont les derniers. L'époque moyenne de la floraison paraît être le 5 juin. La température moyenne atteint alors 18° à 19°.

La vigne a végété très-vigoureusement, et ses bourgeons ont acquis déjà une longueur considérable. Pour en donner une idée, je citerai celles que j'ai mesurées le 5 juin 1861, dans une vigne de 40 ans environ, plantée en bon terrain, intermédiaire entre la plaine et le coteau. Les aramons étaient en pleine fleur; les autres cépages, aspirans, carignanes, grenaches, espars, terrets, entraient en fleur. Sur les coteaux la fleur était passée, sauf sur les variétés tardives, telles que les terrets, quelques carignanes, etc.

Aramons : longueur des *bourgeons maîtres* fructifères venus sur les coursons; de 0^m,92, à 1^m,05.

Aspirans, mêmes bourgeons, de 0^m,70 à 1^m.

Carignanes, mêmes bourgeons, de 0^m,60 à 0^m,80.

Grenaches, mêmes bourgeons, de 0^m,70 à 1^m,05.

Terrets noirs et *gris*, mêmes bourgeons, de 0^m,70 à 1^m,10.

Passarille blanche, gibi, de 1^m à 1^m,80.

Certaines variétés d'*espar* à feuilles très-vertes, et revers très-cotonneux, de 1^m à 1^m,60.

Sur toutes ces souches on rencontrait aussi des bourgeons beaucoup moins forts, ayant poussé du sous-œil, ou sur les vieux bois, quelquefois aussi sur les coursons; leur longueur atteignait de 0^m,25 à 0^m,30.

Dans les vignes de coteaux (garrigue), les sarments des aramons, des aspirans, des terrets, des carignanes, et des grenaches, quoique moins vigoureux, avaient à peu près la même longueur.

Il faut ajouter que l'année 1861 a été favorable au développement de la végétation de la vigne et à sa fructification.

A cette époque (5 juin) les bourgeons commencent à se croiser d'une rangée de souches à l'autre (1). Dans les aramons, ils s'entrelacent, et deviennent rampants. Les cépages à sarments érigés se maintiennent encore.

C'est aussi le moment où les vignes poussent avec le plus de vigueur, et c'est alors que leurs sarments prennent l'allongement le plus rapide. Plus tard, ils restent stationnaires.

Dans les mêmes vignes citées plus haut, j'ai mesuré l'allongement d'un bourgeon vigoureux; du 30 mai au 6 juin, il a été de 0m,45, soit de 0m,065 en 24 heures. L'allongement moyen est loin d'être aussi rapide, mais il atteint cependant à plusieurs centimètres par jour. Au mois de juin, l'humidité que possède encore le sol, la chaleur de l'atmosphère, la hauteur du soleil, excitent au plus haut point la végétation de la vigne.

Vers la fin de juin la floraison est terminée et les raisins grossissent rapidement, la vigne pousse encore avec vigueur; la température moyenne s'élève alors à 20°,5, et souvent plus haut. Dans les vignes vigoureuses la terre est entièrement couverte par les rameaux des ceps. Ainsi ombragée, elle se dessèche moins et les herbes adventives croissent avec moins de facilité.

La période de sécheresse et de chaleur commence et elle persiste pendant les mois de juillet et août. Les grandes chaleurs, quand elles atteignent 35° (et à plus forte raison quand elles les dépassent), et que les vents secs règnent en même temps, fanent la vigne, en dessèchent les feuilles les plus anciennes et arrêtent sa végétation. Le sarment cesse de croître dans les terrains secs et rocailleux, et, dans ceux qui sont plus frais, il ne pousse plus que lentement. Les raisins grossissent rapidement et les plus précoces arrivent à maturité.

Dans les années très-sèches, la vigne souffre en été dans les terrains de garrigue, et dans les coteaux, où le sol manque de profondeur; le seul effet de la sécheresse fait périr un grand nombre de raisins, et éclaircit le feuillage. Quand on la voit en pareil état, on n'est plus étonné qu'en Andalousie les vignes soient arrosées, ainsi que le rapporte don Simon Roxas Clemente, et qu'il en soit de même en Grèce et à Astrakan (2). Dans certains cas, si une température élevée est favorable à la vigne, il faut convenir aussi qu'elle redoute les chaleurs trop fortes et les sécheresses trop prolongées; ses produits en sont très-diminués sous le double rapport de la quantité et de la qualité.

Nous reviendrons plus loin sur ce sujet, ainsi que sur les accidents qui atteignent la vigne dans le Midi, pendant le cours de sa végétation. Il nous suffit pour le moment d'examiner rapidement les différentes phases qu'elle parcourt sous le climat où nous l'étudions.

Dans les plaines à sous-sol frais et dans les terrains profonds bien cultivés, la vigne végète tout l'été et produit des raisins volumineux, et en grande abondance. Ils sont moins sucrés, et mûrissent plus tard que sur les coteaux, où les sucs s'élaborent dans les ceps, sous l'influence d'une séve moins riche en parties aqueuses, et où ils se concentrent plus particulièrement dans le fruit, alors que le sarment ne s'allonge plus.

La véraison des raisins, c'est-à-dire leur changement de couleur, a lieu vers la fin de juillet dans les terres chaudes et pour les variétés précoces, comme l'œillade, le cinsaut, l'aramon, l'aspiran, etc., vers le 5 août, dans les terres plus profondes. La vigne concentre alors toutes ses forces pour accomplir la transformation de ses différentes parties, qui, pour la plupart, commencent à prendre leur maturité. La végétation s'arrête, la feuille perd sa verdure brillante, et devient plus pâle; le grain du raisin change de couleur, la grappe se colore légèrement, le sarment, vert et tendre jusqu'alors, tend à durcir, il se colore aussi, son écorce se dessèche, et il devient ligneux. Les vignerons du Midi disent alors que la vigne *est en douleur* (2); elle est en *travail*, en effet, et en ce moment ses diverses parties semblent se contracter et diminuer de volume; la récolte paraît alors en péril. C'est que la plante fait effort sur elle-même, et qu'elle a besoin, pour accomplir les transformations importantes qui s'opèrent en elle, d'être secondée par une bonne culture, et surtout par un temps favorable. De légères humidités, telles qu'une pluie douce, ou mieux encore quelques jours de vent marin, aident la vigne à traverser cette époque critique. C'est principalement alors qu'on reconnaît l'avantage que donne aux vignobles, soit pour la quantité, soit pour la qualité de leurs produits, le voisinage de grandes masses d'eau qui modèrent la sécheresse de l'atmosphère, et agissent favorablement sur la maturité. Sous ce rapport, la proximité de la mer et des étangs est, pour la région méridionale, un avantage précieux, qui assure la plupart des bons effets de la sécheresse, et en neutralise les mauvais.

De la véraison du raisin à sa maturité, pour la plupart des variétés à grains rouges cultivées dans le Midi, il s'écoule environ un mois; la température moyenne se fixe alors entre 22° et 23° centig. Les cépages à raisins blancs dont les fruits sont destinés à la cuve, tels que les clairettes, les piquepoules, les terrets, mûrissent plus lentement. D'ailleurs, on ne les vendange ordinairement que dans un état de maturité relativement plus avancé.

Pendant cette période d'un mois, la vigne accomplit la maturité de ses diverses parties vertes comme celle de ses fruits; elle reprend, sous l'influence d'une température moins élevée et de la fraîcheur de nuits plus longues, une teinte plus brillante, les raisins grossissent et arrivent à leur terme.

(1) Les ceps sont plantés à 1m,50 de distance en tous sens.

(2) De Gasparin, t. IV, p. 627. En Grèce, on arrose aussi les ceps qui produisent le raisin de Corinthe.

(2) Sé vos veyré la vigna en sa doulou, régarda-la soun veyrou. (Dicton languedocien.)

La vendange commence alors, c'est-à-dire du 5 au 15 septembre pour les cépages précoces, et du 20 au 25 septembre pour ceux qui le sont moins. Elle se prolonge pendant un mois ou six semaines environ, selon que le temps est plus ou moins favorable. La température moyenne pendant cette période est variable, elle se fixe à 20° centigr. à peu près, pendant le mois de septembre, et tombe ensuite entre 15 et 16° pendant le mois d'octobre. C'est alors que les vendanges sont exposées aux dérangements qu'occasionnent les grandes pluies de l'équinoxe. Ces dernières sont une des perturbations les plus sérieuses qu'ait à redouter la viticulture pour la bonne qualité de ses produits.

Après la vendange, la maturité du sarment s'accomplit et les feuilles tombent dans le courant de novembre; la température moyenne s'abaisse alors à 10° environ; toute végétation dans la vigne est suspendue, on commence à la tailler et à se livrer aux travaux de l'hiver.

Tel est le cercle que parcourt chaque année la végétation de la vigne sous le climat du Midi. Les gelées blanches, le charbon, l'échaudage, les froids extraordinaires, outre les insectes, la grêle, l'oïdium, sont autant d'obstacles et d'accidents qui viennent la troubler aux diverses époques de l'année; nous avons renvoyé l'examen de ces divers fléaux de la vigne à un chapitre spécial, placé après celui qui traite plus particulièrement de la culture (1).

DU TERRAIN PROPRE A LA VIGNE. — DE LA SITUATION, DE L'EXPOSITION QUI LUI SONT FAVORABLES.

La vigne favorisée par le climat croît dans tous les terrains de la région méridionale; on peut dire qu'à la rigueur elle ne se refuse à végéter dans aucun d'eux. Ainsi on la trouve dans les calcaires de tous les étages géologiques, dans les schistes, dans les débris granitiques, dans les sols volcaniques, dans les alluvions, anciennes et modernes, dans les sables des plages, etc., etc., partout elle y donne des produits, et ces produits peuvent être distingués. Ce fait d'ailleurs n'est point particulier à la région, et il paraît être général lorsque l'on considère l'ensemble de la culture de la vigne sur le globe; aussi M. de Gasparin a-t-il pu dire : « Après avoir passé en revue la « nature du sol d'un grand nombre de vignobles « renommés, il est impossible de trouver une « seule nature de terrain qui ne fournisse un « exemple d'un vin célèbre naissant à sa sur- « face. » (T. IV, p 638, *Cours d'agriculture.*).

L'examen du sol que recouvre la vigne dans la région méridionale, sous un climat des plus favorables à sa culture ainsi qu'au développement et à la maturation de ses fruits, confirme cette assertion et offre de nombreux exemples à l'appui.

Les vignes des coteaux de l'Hermitage croissent sur des terrains granitiques; celles de Roquemaure, sur des débris volcaniques; celles de Saint-Gilles, dans un dépôt de cailloux roulés, mélangés de débris quartzeux, de sable et d'argile;

A Lamalgue, dans les schistes micacés;

A Lunel, les muscats proviennent de sols argilo-calcaires caillouteux;

A Frontignan, des calcaires jurassiques de la petite chaîne de collines de la Gardiole;

A Maraussan et Cazouls, des terrains marneux, des dépôts tertiaires marins; et de cailloux roulés mélangés de sable et d'argile;

A Saint-Georges, la vigne est cultivée dans des calcaires et dans les dépôts de cailloux roulés;

A Marseillan, les vins blancs de clairette, connus sous le nom de picardan, et les piquepouls, sont cultivés pour la plupart dans des marnes tertiaires tantôt compactes, très-argileuses, tantôt légères et maniables.

A Agde, dans un rayon de 3 à 4 kilomètres, les terrains de sable presque pur des plages, sont plantés de piquepouls gris; les terrains volcaniques du mont Saint-Loup d'Agde sont couverts de vignobles à cépages blancs et rouges; un peu plus bas, la vigne s'étend dans les riches alluvions de l'Hérault, et jusqu'au bord des terres salées qu'on y rencontre.

Dans une foule de communes, on pourrait citer des vignes cultivées tantôt dans l'argile presque compacte, tantôt dans les terrains sableux les plus légers, tantôt dans les calcaires fendillés à peine recouverts de pierrailles et d'une légère couche de terre végétale; dans les terrains froids et humides; dans les sols les plus secs et les plus brûlants.

Dans l'Aude et dans le Roussillon, on pourrait multiplier les exemples déjà cités, et conclure que les terrains de toute nature peuvent être cultivés en vigne, et qu'ils renferment tous les éléments nécessaires à sa végétation.

C'est une des raisons qui expliquent pourquoi les vignobles peuvent couvrir, dans le midi de la France, d'aussi vastes espaces. Il faut néanmoins reconnaître que l'immense majorité parmi eux se développe dans les terrains calcaires, soit purs, soit magnésiens, soit mélangés de silice et d'argile, et que ce sont les sols à base de calcaire qui

(1) Dans la zone méridionale, le climat de Montpellier est un de ceux qui ont été le mieux étudiés; il est l'objet d'observations météorologiques déjà fort anciennes, dont les premières, faites par le président Bon à la cour des comptes de Montpellier, remontent à 1705. A cette époque, les moyens d'observation étaient imparfaits; néanmoins, malgré cette imperfection et les lacunes qu'on trouve dans la liste des années observées depuis les premiers travaux de Bon jusqu'à nos jours, des matériaux précieux ont été amassés et permettent de se faire une idée exacte du climat de cette station importante du midi de la France. Nous renvoyons ceux de nos lecteurs qui voudront en faire une étude approfondie, au mémoire de Poitevin, intitulé: *Essai sur le climat de Montpellier*; aux observations météorologiques faites au Jardin des plantes par M. Martins, professeur de botanique à la Faculté de médecine de Montpellier, et aux observations météorologiques publiées par M. E. Roche, professeur de la Faculté des sciences de Montpellier. Les observations de M. Martins sont insérées au *Journal d'agriculture pratique*. M. Martins en a fait le sujet de nombreux articles insérés aux comptes rendus de l'Académie des Sciences; dans les publications de l'Académie des sciences et des lettres de Montpellier et dans les Bulletins de la société d'agriculture de l'Hérault. Celles de M. Roche se trouvent en détail dans les mémoires de la section des sciences, de l'Académie des sciences et lettres de Montpellier, et leurs résumés sont insérés dans le Bulletin de la Société d'agriculture de l'Hérault.

fournissent les exemples de fécondité de la vigne les plus remarquables.

Mais si on veut étudier les conditions dans lesquelles sont placés les terrains propres à être avantageusement cultivés en vigne, on reconnaîtra qu'à la nature du sol il faut joindre les considérations tirées de la situation et de l'exposition du terrain. Ces deux dernières conditions ont, comme la première, une importance spéciale et ne peuvent être séparées.

Situation des terrains cultivés en vigne. — En général la vigne n'est point cultivée sur les hauts plateaux montagneux qui occupent une très-grande surface dans la région (1). Cela tient autant à leur élévation au-dessus du niveau de la mer, qu'à leur situation ; ils sont exposés aux vents les plus froids et presque continuellement balayés par eux ; non-seulement les grandes gelées, mais encore les gelées blanches tardives, les brouillards du printemps, les orages de l'été, la grêle, les pluies de l'arrière-saison auxquels ils sont ordinairement plus sujets que les coteaux et les vallées ouvertes du côté de la mer, sont des obstacles qui diminuent considérablement les produits qu'on pourrait en obtenir. Ces produits sont en outre d'une qualité inférieure et ne peuvent supporter la comparaison avec ceux qu'on récolte dans les climats meilleurs.

La vraie place de la vigne, dans la région méridionale, est dans les vallées ouvertes qui des montagnes descendent vers la mer. Elle peut y occuper la vallée toute entière, sauf les terrains inférieurs trop exposés aux inondations, aux brouillards et ceux où l'eau séjourne en hiver; elle s'élève d'étage en étage, couvrant en entier les coteaux abaissés, les terrains vallonnés, et s'arrêtant sur le flanc des montagnes, à des hauteurs variables selon l'exposition et la pente du sol (2). S'il en est ainsi, c'est que la région est placée sous le climat de l'olivier, au milieu de la zone propre à la vigne, et non sur ses confins. Telle exposition froide, tel sol riche en plaine, qui, dans les contrées situées près de la limite du climat de la vigne, ne pourrait lui convenir, comme en Champagne, en Bourgogne, au pied des Alpes, au nord de la vallée de la Loire, peut au contraire lui être favorable dans la région méridionale.

Si l'on a égard à ces conditions générales qui limitent les surfaces susceptibles d'être utilement occupées par la vigne, on rentre, quant à la nature du sol, à sa situation et à son exposition, dans un autre ordre d'appréciation.

Sols ingrats pour la vigne. — Les terrains très-sablonneux et le tuf, les graviers lavés par les eaux, les dépôts en couches minces sur des roches compactes, les couches d'argile tenace, sont les terrains les plus ingrats pour la vigne. Il faut y ajouter ceux où l'eau séjourne ou qui sont sujets aux brouillards et aux inondations, car la vigne redoute l'humidité trop persistante dans le sol et dans l'atmosphère.

Ces terrains présentent les uns et les autres les dispositions extrêmes les plus opposées. Ainsi les sables, les graviers qui ne sont liés entre eux ni par des marnes ni par des argiles, n'offrent aucune consistance ; la vigne y souffre et y supporte mal les chaleurs ; la floraison et la fructification s'y accomplissent imparfaitement. Sur le tuf les conditions sont encore plus mauvaises ; dans ces terrains la vigne produit peu et dure peu.

Il en est de même dans les dépôts en couches minces, sur le roc compacte.

Dans les couches d'argile tenace, la vigne se conduit encore plus mal lorsque le terrain est horizontal, et ne peut être égoutté ; il vaut mieux dans ce cas en abandonner la culture ; continuellement mouillé en hiver, desséché et profondément crevassé en été, un pareil sol ne peut porter que des ceps chétifs exposés à tous les accidents atmosphériques qui produisent les gelées, la coulure, le charbon, la pourriture, etc.

Lorsque les argiles sont inclinées et qu'elles peuvent être ressuyées par le drainage, les conditions sont moins mauvaises. Les sols trop ingrats ne supportent une culture aussi coûteuse que celle de la vigne que dans certains cas exceptionnels ; le plus souvent, il vaut mieux les aménager autrement, à moins qu'ils ne soient susceptibles d'améliorations, au moyen d'amendements appropriés capables de modifier leur nature.

Sols d'alluvions riches formées par les rivières. — Les terrains des plaines d'alluvion à sol riche et profond, formés par les dépôts successifs des cours d'eau, et dont le sous sol est entretenu par eux dans un état de fraîcheur constant, sont ceux qui donnent les quantités de raisins les plus considérables lorsqu'ils sont plantés de cépages appropriés, tels que l'aramon et le terret Bourret. Les exemples les plus complets de ces terrains se trouvent dans le Gard, aux environs de Nîmes dans les plaines du Vistre ; dans l'Hérault, aux environs de Lunel, sur les bords du Vidourle, le long de l'Hérault, dans les communes de Bessan, Florensac, Agde, Vias, etc., en suivant l'Orbe dans la commune de Villeneuve ; dans l'Aude, sur les rives de l'Aude dans les communes de Coursan, de Salles d'Aude, etc.

Lorsque l'année a été favorable (ce qui n'est pas fréquent pour ces terrains), et qu'ils ont été épargnés par les hivers froids, les gelées blanches, la coulure, les inondations du printemps et de l'automne, et par les invasions d'insectes, les vignes plantées en aramon peuvent y donner des produits énormes. On en cite qui ont fait de 300 à 400 hectolitres de vin par hectare. Ce vin est, il est vrai, très-léger, peu susceptible de conservation et ne renferme pas plus de 6 à 6 1/2 pour 100 d'alcool. Autrefois, il était destiné à la chaudière et donnait de bons alcools, mais aujourd'hui, lorsqu'il n'a contracté aucun mauvais goût, il entre dans les coupages au moyen desquels on parvient à faire des vins à bas prix.

Lorsque la production de ces vignes de plaine est plus modérée, et que la saison a été favorable,

(1) Le grand plateau du Larzac, au nord de Lodève, peut être pris pour exemple.

(2) La plupart sont comprises entre 1 mètres et 200 mètres au-dessus du niveau de la mer.

le vin est meilleur, mais il n'acquiert jamais la qualité des vins de coteaux, le cépage restant le même dans les deux cas. La quantité seule peut y être obtenue.

Ces terrains d'alluvions riches, à sous-sols frais, près des rivières, ont été tour à tour plantés et arrachés plusieurs fois dans une période de quarante ans environ. Ce fait s'est produit à des intervalles plus ou moins rapprochés, selon que les plaines, dont il est ici question, ont été plus souvent ravagées, et selon que le prix du vin a varié. (Cela suffit pour donner une idée de l'irrégularité de leur production.)

Les années sèches, celles dont les périodes de sécheresse comprennent plusieurs saisons, et surtout le printemps et l'automne, sont pour eux les plus favorables. Au contraire, les pluies persistantes leur sont fatales; si elles ne les inondent pas, elles ramollissent le sol, empêchent de pénétrer dans la vigne, et provoquent la pourriture du raisin. La récolte est alors perdue presqu'en entier, sinon en totalité. D'un autre côté, comme ces terrains sont très-propres à la production de la luzerne et y donnent de riches produits, c'est en luzernières que l'on convertit ceux dont les vignes sont arrachées.

Sol des plaines sans rivières. — Au-dessus des plaines d'alluvions formées par les rivières, on rencontre des terrains dont la situation n'est pas encore celle des coteaux, mais qui forment la transition entre eux et les alluvions récentes. Ils se trouvent entre la mer et les premiers escarpements des montagnes, recouvrant des plaines plus ou moins inclinées ou ondulées, dont le sol est à l'abri des eaux, et qui présente cependant assez de profondeur pour promettre une végétation vigoureuse. Le plus souvent, dans le Gard, l'Hérault, l'Aude, ces terrains appartiennent aux couches supérieures des terrains tertiaires, et sont formés par les dépôts du terrain subapennin.

On y rencontre des terres de tous genres, franches, fortes ou légères, selon que l'argile y domine plus ou moins. Elles sont la plupart calcaires, le plus souvent mélangées de silice en quantités variables; leur sous-sol est lui-même très-sujet à changer, tantôt formé par des argiles, des marnes plus ou moins compactes, des sables et des graviers, etc.; il est alors plus ou moins perméable, et communique aux terres dont il est recouvert des propriétés particulières, bien connues des agriculteurs.

Ce sont les terrains de ce genre désignés vulgairement, dans l'Hérault, sous le nom de *terres de Soubergue*, qui forment la majeure partie des vignes à produit riche et régulier, et qui fournissent la masse énorme des vins que la région a expédiés au dehors depuis quelques années. Il faut leur joindre encore les dépôts nombreux de cailloux roulés dont certaines plaines sont couvertes, dépôts qu'on retrouve aussi sur les coteaux, et qui produisent des vins de haute qualité.

Les terrains de ces plaines élevées, à sol assez profond, susceptible de défoncement en terre franche bien ressuyée, sont ceux qui donnent les produits moyens les plus élevés, quoiqu'ils n'atteignent pas les cas de fécondité extraordinaire des alluvions de plaine. Les produits de ces terrains varient de qualité selon leur abondance et les propriétés du sol. Ils se confondent tantôt avec les meilleurs vins de plaine, tantôt avec ceux de coteau, qu'on nomme aussi *vins de montagne, vins de garrigue*. On y trouve des vins noirs et corsés, dont ceux de Villeveyrac et de Cers sont le type dans l'Hérault, ceux de Narbonne dans l'Aude; des vins plus fins, vifs et de belle coloration, propres à être consommés en nature, et des vins d'aramon, d'une jolie couleur, d'un rouge brillant, nets et francs, dont les vins de Gigean, près de Cette et de Montpellier, sont un exemple. Dans les terrains légers et maigres de cette nature, on trouve des vins fins de qualité plus relevée, comme ceux de Langlade.

Généralement les terrains argileux (1) fortement colorés d'oxyde de fer, donnent des vins plus riches en couleur et plus fermes.

Les terrains remaniés, lorsqu'ils sont formés de terre substantielle et de pierrailles à sous-sol de marne perméable, sont les plus fertiles, et leurs produits sont en même temps de bonne qualité. C'est le terrain dans lequel se plaît plus particulièrement l'aramon, donnant à la fois la quantité, et une qualité de vin moyenne, de bonne conservation, et très-propre à la grande consommation courante.

Les sols où la silice est mêlée au calcaire donnent des vins moins colorés, mais plus fins et plus susceptibles de bouquet. Ces propriétés se dessinent plus nettement lorsque les cailloux roulés s'y rencontrent. Les vignobles de Saint-Georges et de Langlade en sont un exemple.

Les terrains de plaine ne produisent guère de vins blancs distingués, parce qu'ils sont ordinairement plantés de terrets bourrets, cépage dont le produit est plus ou moins bon selon les années, mais qui n'atteint jamais la distinction des piquepouls, des clairettes, des picardans, malvoisies, etc. Ce sont d'ailleurs les parties de ces plaines les plus basses et les plus sujettes aux gelées qu'on plante ainsi en terret-bourret, et la qualité du vin en est encore diminuée. Ces vins de terret gris, sauf quelques liquides de choix, étaient envoyés à la chaudière; ils produisaient d'excellents alcools, et mieux encore des eaux-de-vie de grande qualité.

De tous les terrains cultivés en vigne, ceux des plaines élevées sont les plus susceptibles d'amélioration, soit par défoncements, soit par drainages, amendements, fumures et culture soignée. La vigne y acquiert généralement une magnifique végétation, et y résiste bien aux chaleurs de l'été.

(1) Les terrains argileux qui sont formés par la désagrégation de roches feldspathiques, contiennent naturellement plus de potasse que les autres. Le feldspath est un minéral alumineux à base de potasse, de soude, de chaux, etc. La potasse qu'il renferme se retrouve dans les argiles, et donne à la végétation de la vigne beaucoup de vigueur et de force. Les terrains purement calcaires ou siliceux manquent d'éléments potassiques, et ne donnent jamais des produits aussi abondants. Le mélange des éléments argileux et calcaires, qu'on trouve dans certains sols et sous-sols marneux, est une des conditions les meilleures pour assurer la durée de la vigne et l'abondance de ses produits.

Terrains de coteaux ou de garrigues. — Au-dessus des plaines, à l'abri des inondations, s'élèvent les coteaux ; ils s'étagent sur le flanc des montagnes, ou forment en entier des ondulations fortement accusées. Ce sont généralement des terrains maigres, peu profonds, plus ou moins inclinés; il y en a de toute nature. Celui qu'on désigne plus particulièrement sous le nom de *Garrigues*, est formé d'une légère couche de terre végétale, mêlée de pierrailles, déposée sur des calcaires profondément fissurés. Il occupe d'immenses surfaces dans la région, et forme les pâturages des troupeaux de bêtes à laine (1).

Dans les parties qui conviennent le mieux à la vigne, il est naturellement recouvert de cystes, de genêts épineux, quelquefois de bruyères, de chênes verts et de petits chênes kermès (*Quercus coccifera*), à feuilles piquantes. Ces derniers s'étendent sur le sol en broussailles épaisses, et sont de beaucoup les plus nombreux. Comme on les désigne, en languedocien, sous le nom de *Garrouya*, ils ont donné leur nom au terrain dans lequel ils croissent. Chaque année on défriche des lambeaux de garrigue et on les plante; cette opération est très-coûteuse, et comme les meilleures garrigues ont déjà été défrichées, la transformation de ce qui reste est fort lente.

D'ailleurs, la production de pareils sols est ordinairement peu abondante. On en tire cependant d'excellents vins; mais comme leur prix, comparativement à celui des vins de plaine, n'est point en proportion de leur qualité, on en obtient des profits beaucoup moindres.

Les garrigues sont formées quelquefois par des couches de marne sableuse très-maigre; leurs produits sont alors généralement moindres que dans les calcaires fissurés, mais leur défrichement est beaucoup plus facile.

Ces marnes sont susceptibles de fournir des vins blancs très-distingués, doux ou secs; des muscats et des grenaches, dont la qualité dans les bonnes années, égale celle des vins d'Espagne.

On trouve aussi des garrigues couvertes de cailloux roulés, tantôt calcaires, tantôt mélangés de quartz et de silice. Ces terrains, souvent désignés, dans le pays, sous le nom de *Grès*, donnent aussi des produits de qualité. Les coteaux, plantés de cépages à raisins très-colorés, fournissent les vins les plus foncés que le commerce recherche avec empressement pour le coupage des vins inférieurs.

Les terrains lacustres de la période tertiaire occupent aux environs de Montpellier des surfaces considérables dans les communes de Saint-Gely du Fesc, les Matelles, Teyran, Assas, etc., et forment pour la plupart des coteaux dont les vins corsés et d'une belle couleur sont justement estimés; ces coteaux sont généralement très-pierreux et mêlés de marne argileuse.

La plupart des sols de garrigue sont des terrains chauds dont les récoltes sont plus précoces que celles de la plaine ; ceux qui reposent sur le roc fendillé, sont toujours parfaitement ressuyés et présentent ce caractère de précocité au degré le plus élevé; les autres viennent ensuite, selon l'état de perméabilité de leur sous-sol.

Les vignobles en coteaux occupent dans la région méridionale une place très-considérable, probablement la plus grande en surface, et ils sont d'autant plus intéressants qu'ils pourraient difficilement être cultivés autrement qu'en vignes. Comme situation, leur place est généralement la meilleure dans les parties du sol qui forment la naissance ou le pied des collines; ils y sont à l'abri des humidités de la plaine, des gelées blanches, et y reçoivent une chaleur réfléchie plus considérable que partout ailleurs. Lorsqu'ils s'élèvent à des niveaux trop hauts, leur situation est moins bonne et leurs produits diminuent tout à la fois en quantité et en qualité.

Les vins les plus distingués parmi ceux de la région, appartiennent à peu près tous aux vignes des coteaux. Si les tendances du commerce et de la consommation encourageaient davantage la production des vins de qualité, la culture des coteaux s'en ressentirait avantageusement, et on pourrait en tirer beaucoup plus de vins fins de tous genres, qu'on ne le fait aujourd'hui. Il faudrait pour cela apporter plus de soin à l'entretien de ces terrains, leur donner des façons plus fréquentes, en réformer les cépages vicieux, et veiller à la fabrication du vin avec la plus grande attention. Cela serait d'autant plus nécessaire, que leur sol est plus pauvre ; dans ce cas, une culture intelligente peut seule racheter le défaut de fertilité naturelle. On peut obtenir de grands résultats dans cette voie lorsque le terrain et le cépage peuvent assez bien s'allier pour donner des produits perfectionnés. Le Médoc en est un brillant exemple ; des terrains naturellement stériles y ont acquis aujourd'hui, grâce à leurs vins, la plus haute valeur.

Pour le moment, tous les efforts sont plus particulièrement dirigés vers la production des vins communs de consommation courante, dont les débouchés sont plus faciles, et qui forment la base de la consommation populaire; les produits des coteaux servent, pour la plupart, à améliorer les crus inférieurs, en attendant le jour où on les recherchera pour leurs qualités propres.

Dans cet examen des terrains de divers genres occupés par la vigne, il n'a pas été question de ceux qui donnent aux vins des goûts de terroirs particuliers, que tantôt on recherche, tantôt on repousse; la plus grande obscurité règne encore sur les causes qui peuvent engendrer ces particularités. Il faut, jusqu'à présent, se borner à les constater, afin d'en éviter, autant que possible, les inconvénients.

Les goûts de terroir désagréables sont beaucoup plus fréquents dans les vins rouges que dans les vins blancs. Les terrains forts, très-argileux, sont plus sujets à les produire que les terrains plus calcaires et siliceux. Tel terrain argileux, qui produit des vins rouges fatigants par leur mauvais goût, donne lieu à des vins blancs de haute qualité (2).

(1) Les garrigues se trouvent principalement dans les formations du terrain jurassique et de la craie.

(2) J'ai eu l'occasion d'observer fréquemment ce fait dans les vignes que j'ai cultivées sur les bords de l'étang de Thau.

Les sols siliceux donnent des produits qui possèdent généralement plus de finesse que ceux des terrains forts, et sont moins sujets aux goûts de terroir désagréables; mais, généralement aussi, leurs vins sont moins colorés et moins fermes.

Les calcaires, selon qu'ils sont plus ou moins mêlés d'argile ou de silice, participent des propriétés des terrains argileux ou siliceux.

Les sous-sols influent aussi considérablement sur le goût propre des vins de chaque terrain; et, comme la vigne y pénètre profondément, il est difficile de modifier par des amendements ces dispositions des produits.

D'ailleurs, on peut y arriver autrement, soit par le choix des cépages, soit par les procédés de vinification, et il en sera question plus loin.

Exposition. — L'exposition des terrains destinés à la vigne exerce certainement son influence sur la nature des produits; mais elle est si variée et se trouve liée à tant d'autres conditions auxquelles le vignoble se trouve assujetti, qu'on voit les vignes prospérer et donner des vins remarquables à toutes les expositions. Celle du midi est généralement indiquée par les auteurs comme préférable, parce qu'elle est plus longtemps frappée par les rayons du soleil; mais cette raison, qui peut avoir de la valeur dans les vignobles du Nord, à la limite de la culture de la vigne, en a beaucoup moins dans la région méridionale (1), où le climat est si chaud que les vignes ont souvent à souffrir des ardeurs du soleil, et que leurs fruits mûrissent toujours complétement chaque année, quelles que soient les variétés cultivées.

L'exposition au nord présenterait alors des avantages incontestables contre les étés trop chauds, pendant lesquels les raisins sont grillés par les coups de soleil; elle a de plus l'avantage de permettre au vent du nord d'exercer plus facilement son influence favorable sur le vignoble.

Cette opinion, émise d'abord par Columelle, est confirmée par Olivier de Serres; l'un et l'autre écrivaient dans la région méridionale, où la vigne jouit à profusion de chaleur et de lumière, et nous la croyons parfaitement fondée. Nous n'avons pas observé que les vignes exposées au nord eussent à souffrir plus que les autres des grandes gelées de l'hiver; comme elles poussent plus tard au printemps, elles sont moins sujettes aux gelées blanches, et, en outre, elles reçoivent plus directement l'impression des vents secs qui en chassent et les brouillards et l'humidité. Elles ont moins à souffrir des coups de vent marin, qui peuvent exercer sur elles l'influence la plus fâcheuse à l'époque de leur première végétation. Cette action des forts vents de mer a été observée à diverses reprises, et notamment en 1851; le 22 avril, après une journée de vent marin très-violent, la plupart des pousses tendres des arbres et celles des vignes, furent détruites; dans les terrains abrités du vent marin, le mal fut beaucoup moins grand.

D'un autre côté, l'exposition au midi augmente la précocité des récoltes et permet de vendanger plus tôt; c'est une considération importante. Il est vrai qu'elle est souvent bien compensée par la nature du sol, et que les terrains brûlants, situés au nord, mûrissent leurs fruits beaucoup plus tôt que les terrains frais au midi.

Cette série de considérations prouve que, si l'exposition exerce quelque influence sur la vigne, cette influence est bien moindre que celle de la situation et du terrain.

Dans la plaine, elle est moindre encore et disparait, pour ainsi dire. Les plaines ouvertes, assez hautes pour être à l'abri des eaux, et dans lesquelles l'air circule librement, sans être gêné par des rideaux d'arbres ou d'autres obstacles, sont dans d'excellentes conditions; elles peuvent produire, si le sol le permet, des vins de la plus haute qualité : le médoc en est un exemple célèbre.

DES CÉPAGES CULTIVÉS DANS LA RÉGION MÉRIDIONALE

La vigne, tout en conservant les mêmes caractères botaniques, présente à tous ses états, sauvage ou cultivée, une foule de variétés. Il en est ainsi depuis une haute antiquité, puisque Virgile, avec le style imagé des poëtes, compare leur nombre à celui des *grains de sable que le zéphire agite dans la mer de Libye.*

Columelle, en rapportant l'opinion de Virgile, cite un assez grand nombre des variétés cultivées à l'époque où il écrivait (2) (premier siècle de l'ère chrétienne).

Avant et après lui, Caton, Varron, Pline, Palladius, en traitant de la vigne, parlent aussi de ces variétés.

Il est regrettable qu'en les mentionnant, ils n'en aient pas donné les descriptions; car, depuis eux, les dénominations ont tellement changé qu'il n'est guère possible de retrouver avec exactitude, parmi les vignes que nous possédons, certains cépages remarquables de l'antiquité.

De même que nous, les anciens possédaient des Muscats (*Apianæ*), des vignes à raisins blancs, rouges, roses (*Helvolæ*), des cépages à sarments érigés ou rampants, des raisins d'ornement pour la table, pour le pressoir, etc. Comme chez les modernes, la synonymie de la vigne a été un embarras, car le même cépage a été, dans l'antiquité, désigné de différentes manières, selon la localité où il a été cultivé.

Olivier de Serres, dans le livre de son *Théâtre d'agriculture* qu'il a consacré à la vigne, cite aussi les noms d'un assez grand nombre de variétés, mais il n'en a pas laissé la description.

(1) Le comte Odart cite en Champagne les vignobles des côtes d'Épernay, de Mailly, de Chigny, de Rilly qui sont au nord, et cependant supérieurs à ceux de Saint-Thierry et autres vignobles voisins exposés au midi; quelques coteaux du Rhin des mieux famés, plusieurs coteaux de Saumur et d'Angers; aux environs de Tours, les coteaux de Joué et de Saint-Avertin. (*Manuel du vigneron*, p. 60).

(2) Ce sont les Aminées, dont les anciens comptaient cinq espèces; les Vénuncules, les Céraunies, le raisin de Rhodes, de Numidie, les Marounées, les Vésuviennes, les Nomentanes, les Visules, les Eugénies, les Helvoles, les Argites, les Cocolubes, les Basiliques ou Royales, les Pergulanes, les Frégellanes, les Murgentines, les Helveuques, les Duracines, les Bituriques, les Spionées, les Apianæ (muscats), etc., etc.

Parmi elles, certaines sont restées dans nos cultures avec les dénominations qu'il leur a données, et elles présentent encore les caractères de la végétation la plus vivace et la plus vigoureuse (1); d'autres ont été abandonnées, ou peut-être ont perdu leurs noms pour en prendre d'autres.

Les questions qui touchent au choix des cépages et à leur grand nombre, sont donc fort anciennes et tiennent à la nature même de la vigne. En effet, elle se reproduit à la fois de graines et de boutures, mais avec cette différence bien remarquable, que les graines ou pepins ne reproduisent point fidèlement la variété dont elles ont été tirées, tandis que le sarment la reproduit, au contraire, avec tous ses caractères. Ainsi on peut obtenir, au moyen de semis de pepins, une multitude pour ainsi dire indéfinie de variétés, dont certaines se rapprochent plus ou moins du cépage d'où la semence a été tirée, et peuvent alors faire partie de la même tribu, mais dont beaucoup sont aussi bien différentes (2). Il en résulte qu'on peut ainsi augmenter à volonté le nombre des cépages connus, et compliquer incessamment la connaissance de l'ampélographie; mais il faut reconnaître aussi que si les variétés de vignes cultivées que nous possédons, et que nous voyons douées de si admirables qualités, quand on les compare aux vignes sauvages, ont été formées par semis; il est bien rare que ce mode de reproduction de la vigne donne des sujets nouveaux comparables à ceux que nous possédons déjà.

Les recherches du comte Odart, lorsqu'il a discuté et établi les principes de l'ampélographie, ne laissent aucune incertitude à cet égard, et démontrent le rôle tout à fait secondaire que jouent les semis de pepins dans la culture de la vigne, quoique dans la nature ce moyen soit le seul destiné à propager la vigne ou à la modifier. La propagation par bouture, qui conserve à chaque variété ses caractères particuliers : couleur, grosseur, saveur des fruits, fertilité, port de la souche, est, au contraire, par le fait, le moyen cultural par excellence pour conserver aux espèces acquises et fixées toute leur valeur, et pour les multiplier avec la plus grande facilité en peu de temps.

Les cépages ou variétés de vignes se forment donc principalement, ou presque exclusivement, par semis, et ils se propagent et se conservent par boutures.

Leurs propriétés sont si différentes et tellement tranchées, que le succès d'un vignoble, soit pour la qualité des produits, soit pour leur abondance, dépend principalement de l'espèce ou des espèces dont il est complanté. Si le climat et le sol font subir au cépage leur influence, ainsi que nous l'avons dit plus haut, ce dernier exerce à son tour sur le vin une action particulière dont il ne peut s'affranchir.

Cette triple action du climat, du sol et du cépage concourt donc à donner à chaque vignoble et à ses produits, leur vrai caractère; et chacun des éléments qui concourent à la former, doit nécessairement entrer dans l'étude dont la vigne est l'objet de la part du cultivateur. Mais celui qui doit attirer au plus haut degré son attention, parce qu'il est libre de le modifier ou de le changer à son gré, est certainement le cépage; tandis que les deux autres lui sont imposés par la nature, et qu'il n'a sur eux qu'une action limitée.

Pendant trop longtemps on n'a point assez fait la part de cette action particulière du cépage; il a fallu, pour l'apprécier à sa juste valeur, les efforts faits depuis l'abbé Rozier, pour constituer la synonymie de la vigne et arriver à la connaissance approfondie de ses variétés; il a fallu dissiper les erreurs répandues sur l'instabilité des caractères propres à chaque cépage, et faire apprécier leur valeur selon les sols qui leur conviennent le mieux.

Aujourd'hui, cette étude est à peu près faite; commencée par l'abbé Rozier, poursuivie par Chaptal et Bosc avec des idées différentes de celles qu'on a aujourd'hui, les contemporains, à la tête desquels s'est placé le comte Odart, l'ont bien avancée, et ont ainsi établi les vrais principes sur lesquels elle repose. Elle a imprimé à la viticulture actuelle un mouvement tout particulier, qui tend à la fois à en perfectionner les produits, à en accroître la quantité par le choix judicieux du cépage, autant que par l'amélioration des procédés de culture. Elle l'a placée dans la voie réelle du progrès rapide, par la connaissance plus approfondie de l'élément principal, au moyen duquel il est possible de féconder les propriétés naturelles du sol et du climat.

On ne peut disconvenir, cependant, de l'importance qui, de tout temps, a été attachée au choix du cépage; la preuve en est dans les écrits des anciens (par exemple, Caton et Columelle), et dans ceux des modernes, Olivier de Serres, Rozier, D. Simon Roxas Clemente, Lenoir, etc. Ils donnent au cépage une attention toute particulière et en apprécient la grande influence.

Dans la pratique on trouve aussi cette preuve dans le grand nombre de vins qui portent les noms des variétés d'où ils proviennent, par exemple : les Muscats, les Piquepouls, les Grenaches, Clairettes, Picardans, Malvoisies, etc.

(1) De ce nombre sont dans la région méridionale : *Piquardant*, *Ugnes*, *Malvoisie*, *Marroquin*, *Bourboulenc*, *Colitor*, *Grecs*, *Augibis*, *Clairette*, *Piquepoule*, *Daccane*.

Nous reviendrons plus loin sur ces divers cépages en les décrivant. Il cite aussi les noms de Pinot, Tresseau, Lombard, Morillon, Meslier, etc. Cette persistance des variétés de vignes très-anciennes, leur vigueur et leur fertilité, autorisent à croire que plusieurs de nos cépages méridionaux pourraient nous venir des anciens, ou tout au moins appartenir aux tribus de leurs bonnes variétés.

(2) Rozier a depuis longtemps fait connaître les résultats des semis de pepins qu'il avait faits. Des graines de raisins excellents en donnèrent de fort mauvais; des pepins de raisins blancs donnent assez souvent des fruits rouges ou roses. Duhamel, Van Mons, Morelot, M. Hardy, cités par le comte Odart, ont expérimenté les semis de pepins et n'ont pas observé plus de régularité dans les jeunes sujets qu'ils ont obtenus; beaucoup se rapprochent de la vigne sauvage. Une foule d'autres expérimentateurs ont eu recours au même moyen; s'ils ont formé une foule de variétés nouvelles, bien peu ont été jugées dignes d'être conservées. Les raisins précoces de MM. Malingre et Courtiller sont, avec quelques autres, des exceptions à citer et à donner comme exemple, car il serait à désirer que les semis de pepins devinssent parmi les amateurs un moyen de recherche. Quoiqu'il soit très long et très-difficile d'en obtenir des résultats utiles, il pourrait cependant s'en produire d'inattendus dont les conséquences seraient importantes à cause des surfaces de plus en plus grandes que la vigne occupe dans nos cultures. Le semis est un incontestable moyen d'augmenter le nombre des sujets des tribus les plus avantageuses à cultiver; les chasselas, les pinots, les muscats, les gamais dont les variétés sont aujourd'hui si nombreuses, en sont un exemple.

L'étude plus approfondie que, de notre temps, on a faite de leurs propriétés particulières et de leur synonymie, justifie l'importance qu'on leur a attribuée, et a mis en évidence leur vrai rôle dans la viticulture. On sait qu'il n'est plus permis de faire abstraction du cépage dans la confection des grands vins, et qu'il y contribue comme le cru : ainsi, les Pinots font les grands vins de la Bourgogne, les Carbenets ceux du Médoc, les Syrrah ceux de l'Hermitage, les Muscats ceux de Frontignan, les Grenaches ceux du Roussillon, etc. On sait qu'un des meilleurs moyens d'approcher de la perfection de ces vins fameux, est de cultiver les cépages d'où ils proviennent dans des conditions analogues à celles où ils se trouvent placés dans les grands vignobles, et d'employer les mêmes moyens de vinification. D'autre part, lorsqu'il s'agit de produire de grandes quantités de vins dans les terrains fertiles, on sait qu'on ne peut en obtenir qu'au moyen de certaines variétés, comme les Aramons, les Terrets, les Gamais, la Folle blanche, etc.

Les bonnes variétés de vignes sont donc une richesse précieuse, sur laquelle on ne saurait trop attirer l'attention des viticulteurs, et dont la connaissance devrait leur être familière. A ce point de vue, rien n'est plus intéressant et plus utile à la fois, pour celui qui veut bien connaître la vigne et ses ressources, qu'une collection des principaux cépages de nos meilleurs vignobles. Rien ne peut mieux fixer l'observateur sur leur valeur relative, et sur les questions de tous genres qui s'y rattachent, telles que les divers modes de taille, la durée des ceps, certains cas d'altération qu'on est convenu d'appeler dégénérescence, etc., etc.

De toutes les contrées où la vigne est cultivée, la région méridionale est une des mieux placées pour être riche en cépages de toute espèce. Elle est placée à la limite où se fait la transition des climats chauds aux climats tempérés, et elle occupe la partie moyenne de la zone où se plaît la vigne; ainsi elle touche à la fois, par la France, l'Espagne et l'Italie, aux vignobles les plus célèbres et les plus anciens du nord et du midi. Favorisées par le climat et par le sol, toutes les variétés de vignes connues y donnent des fruits qui arrivent à leur développement complet et à une maturité parfaite. De là les vins de tout genre qui abondent dans cette région, rouges et blancs; corsés et spiritueux, colorés ou légers de corps et de couleur; secs ou doux; vins muscats, vins de liqueur, vins de chaudière de tous genres. De là aussi le grand nombre de raisins de table et d'ornement qu'on y trouve.

La région méridionale peut donc choisir plus que toute autre, pour peupler ses vignobles des cépages les plus variés. Mais cette grande abondance de matériaux serait elle-même un embarras, si l'usage et l'expérience, ainsi que les observations des praticiens les plus éminents, n'avaient fait connaître ceux qu'il est le plus avantageux d'employer, selon le but qu'on se propose. Parmi les travaux publiés, ceux de MM. Cazalis-Allut, de l'Hérault; Baumes, du Gard; Pellicot et Laure, du Var; Regnier, d'Avignon; Jaubert, des Pyrénées-Orientales, d'autres encore, et enfin les articles spéciaux de l'*Ampélographie universelle* du comte Odart, ont traité un grand nombre des questions qui concernent la description des variétés de vignes de la région méridionale. On trouvera dans leurs ouvrages des détails dans lesquels le cadre de ce travail ne nous permet pas d'entrer. Nous nous bornerons à décrire les cépages qui peuplent réellement les vignobles de la région et en produisent les vins si variés, ainsi que les raisins de table et d'ornement qui lui sont particuliers.

Les cépages qui n'ont donné lieu qu'à des essais encore isolés, et qui ne lui appartiennent point, rentrent dans un autre ordre d'études qui tient à l'ampélographie proprement dite, et si nous en mentionnons quelques-uns, nous serons très-brefs à leur égard.

CÉPAGES DE LA RÉGION MÉRIDIONALE

Nous classerons les cépages de la région méridionale, au point de vue de leur étude pratique, en deux sections qui sont, par ordre d'importance, les suivantes :

1° Les cépages cultivés pour la production du vin;

2° Les cépages destinés à produire des raisins de table et d'ornement.

Le même cépage peut appartenir à la fois à chacune des deux divisions. Il y sera mentionné pour en présenter la collection avec plus de clarté.

Cépages pour la production du vin. — Les cépages pour la production du vin sont les seuls qui présentent, jusqu'à présent, une importance considérable; ils couvrent presque en entier les immenses surfaces que la vigne occupe dans la région méridionale. Les autres n'ont qu'une importance secondaire, bien que leurs produits entrent pour une part appréciable dans l'alimentation publique pendant près de deux mois (septembre et octobre). Les chemins de fer tendent à augmenter leur valeur, par l'exportation de très-grandes quantités de raisins pour le nord, quantités qui pourraient s'accroître dans des proportions extraordinaires, si les tarifs qui leur sont appliqués étaient mieux entendus, plus modérés, et si le service de grande vitesse était plus régulier et plus rapide.

Les cépages pour la production du vin forment, au point de vue du vin lui-même, deux grandes catégories: ceux à raisins rouges, dont on fait des vins rouges, et ceux à raisins blancs, gris ou roses, dont on fait des vins blancs. Mais une pareille division, rationnelle au point de vue de la culture, aurait pour la classification le grave inconvénient de séparer des cépages dont l'analogie et la parenté sont si évidentes que la couleur seule du raisin en fait la différence. Nous adopterons donc de préférence la division en tribus, qui réunit les variétés similaires en familles naturelles.

Nous donnerons d'abord la liste des cépages, avant de procéder à leur description. Ce sont les suivants :

1° *Aramon* (1), *Rabalaïre*, *Plant riche* (Hérault ; *Aramon* (Aude, Gard, Pyrénées-Orientales) ; *Ugni noir* (Var, Bouches-du-Rhône).

2° *Ugni blanc*, *Uni blanc* (Gard, Bouches-du-Rhône, Var).

3° *Morrastel*, *Mourrastel*, *Monestel* (Hérault, Aude, Pyrénées-Orientales).

4° *Espar*, *Spar* (Hérault, Gard); *Plant de Saint-Gilles* (Gard) ; *Mataro* (Pyrénées-Orientales) ; *Mourvèdre* (2), *Mourvès* (Bouches-du-Rhône, Var); *Mourvègue* (Basses-Alpes).

5° *Carignane* (3), *Carignan*, *Crignane*, *Bois dur*, *Plant d'Espagne*, *Catalan* (Hérault, Aude, Gard, Pyrénées-Orientales); *Mataro* à Saint-Gilles, désigné page 504 de l'*Ampélographie universelle* du comte Odart (Morrastel, etc.).

6° *Grenache*, *Granache*, *Alicant*, *Bois jaune* (Hérault, Aude, Gard, Pyrénées-Orientales) ; *Roussillon*, *Rivesaltes*, *Alicant* (Var et Bouches-du-Rhône).

7° *Grenache blanc* (Pyrénées-Orientales).

8° *Œillade*, *Ouillade*, *Ulliade* (Hérault, Aude, Gard, Var, Bouches-du-Rhône, Pyrénées-Orientales).

9° *Œillade blanche*, *Picardan* (Hérault) ; *Gallet* (Gard).

10° *Cinsaut*, *Cinq-Saou* (Hérault) ; *Boudalès*, *Bourdalès* (Pyrénées-Orientales); *Moutardier* (Vaucluse).

11° *Aspiran noir* (4), *Epiran* (Hérault); *Piran* (Gard) ; *Riveyrenc* (Aude).

12° *Aspiran gris*, *Verdal* (Hérault).

13° *Aspiran blanc* (Hérault).

14° *Terret noir* (Hérault, Gard, Aude, Var, Bouches-du-Rhône).

15° *Terret-Bourret*, *Terret gris* (Hérault, Gard, Aude, Var).

16° *Terret blanc* (Hérault, Gard, Aude).

17° *Brun fourca* (Bouches-du-Rhône, Var, Hérault) ; *Morrastel fleuri*, *Moureau* (Hérault); *Moulan* (Gard).

18° *Piquepoul noir* (Hérault, Gard, Aude, Var, Pyrénées-Orientales, Bouches-du-Rhône, Vaucluse).

19° *Piquepoul gris ou rose* (Hérault, Gard, Aude, Var, Bouches-du-Rhône, Vaucluse, Pyrénées-Orientales).

20° *Piquepoul blanc* (Hérault), répandu à Pinet et Pomerols (Hérault).

21° *Calitor noir*, *Fouîral* (Gard) ; *Charge-mulet*, *Fouîral* (Hérault) ; *Péconi touar* (Var).

22° *Calitor gris*, *Fouîral gris* (Gard, Hérault); *Saoûle-Bouvier* (Hérault).

23° *Calitor blanc*, *Fouîral blanc* (Hérault, Gard).

24° *Clairette rose* (Hérault, Aude, Gard).

25° *Clairette blanche* (Hérault, Aude, Gard, Bouches-du-Rhône, Var, Pyrénées-Orientales). Très-répandu.

26° *Muscat rouge* (toute la région). Peu répandu.

27° *Muscat blanc* (toute la région). Très-répandu.

28° *Primavis muscat* (Var, Bouches-du-Rhône).

29° *Malvoisie blanche* à gros grains (Hérault, Gard, Pyrénées-Orientales).

30° *Maccabéo* (Hérault, Pyrénées-Orientales).

31° *Furmint*, *Tokay* (Hérault, Gard, Aude).

On trouve encore répandus dans les vignes de la Provence les cépages suivants, qui n'ont qu'une médiocre importance pour les autres parties de la région, et que nous nous bornerons à mentionner.

Le *Gibi*, *Augibi* (Hérault, Gard); *Passarille blanche* (Hérault).

Le *Colombaud*, *Colombaou* (ancienne Provence); *Grègues*, dans l'Hérault, à Marseillan. Cépage à raisins blancs.

Le *Barbaroux* ou *Grec rose*.

Le *Pascal noir* et le *Pascal blanc*, l'un et l'autre estimés, mais très-sujets à pourrir.

Le *Tibouren*, *Antibouren*, *Gaysseren*, violet, donne un vin vif et petillant, est estimé comme raisin de table aux environs de Toulon.

Le *Téoulier*, cépage à raisins noirs, donne un vin coloré, de bonne qualité, très-précoce au débourrage et sujet aux gelées.

Le *Plant de Salès*, *Ugne lombarde*, *Gros-Pinot de la Loire*, *Chenin*, cépage à raisins blancs, de bonne qualité.

Le *Mayorquen* ou *Plant de Marseille*, beau cépage, fertile, vigoureux, très-beaux raisins bons pour la cuve et pour la table ; craint l'humidité.

La *Petite Syrrah* et la *Grosse Syrrah*, cépages à raisins rouges, sont cultivées à l'Ermitage (Drôme). La petite donne le fameux vin de ce nom.

La *Roussanne* et la *Marsanne* produisent les vins blancs estimés du même vignoble.

Hors du département de la Drôme, dans la région méridionale, on ne cultive point ces quatre cépages.

Cépages pour la production des raisins de table et d'ornement. — Les raisins de table les plus répandus dans la région, parce qu'ils sont aussi employés pour la fabrication du vin, sont :

Dans l'Hérault, le Gard, l'Aude et les Pyrénées-Orientales :

L'*Aspiran noir* et l'*Aspiran gris* ou *Verdal*.

Le *Terret noir*.

L'*Œillade*, le *Cinsaut*.

La *Clairette blanche*, la *Clairette rose*.

Les *Muscats rouges* et *blancs*.

Tous ces raisins sont pour la cuve en même temps que pour la table, et nous y reviendrons en les décrivant.

On pourrait y joindre aussi le *Maccabéo*.

Mais à cette première liste, composée de cépages adoptés dans la grande culture, et dont les produits sont en immenses quantités à portée de la consommation, il faut en joindre une autre beaucoup plus nombreuse, dont les fruits, produits sur une moindre échelle, sont destinés presque exclusivement à la table ou à l'exportation. Ce sont les suivants, par ordre de maturité :

Jouannen de Vaucluse (Odart), *Jouannen charnu* (Congrès pomologique). Maturité du 15 au 25 juillet, peu fertile, belle grappe à grains oblongs, jaune doré, ambré, excellent, comparable aux

(1) Aramon, nom d'une petite ville (2,500 h.) du département du Gard, sur le Rhône.

(2) *Murviedro*, ville d'Espagne, royaume de Valence (6,250 h.). — Tinto à Malaga, Tintilla Alicante à San Lucar, Xérès, Pajarete.

(3) Caryniaua, vignoble d'Espagne, en Aragon.

(4) Aspiran, village du département de l'Hérault.

meilleurs raisins de table. Très-répandu dans le département de Vaucluse; çà et là dans la région. En treille de préférence, laisser plusieurs verges si on cultive en souche.

Morillon hâtif (Odart) (Congrès pomologique) ou *raisin noir de la Magdeleine*. Maturité du 15 au 20 juillet, plus fertile que le précédent, raisin très médiocre; çà et là dans toute la région; réussit en souche et en treille.

Précoce blanc de Malingre (Odart) (Congrès pomologique). Variété nouvelle de semis, obtenue par Malingre. Maturité du 15 au 25 juillet; fertile, donne beaucoup de grappillons qui mûrissent en septembre; en souche et en treille.

Précoce musqué de Courtiller (Odart) (Congrès pomologique). Variété nouvelle de semis, obtenue par Courtiller. Maturité du 25 au 31 juillet; blanc ambré, agréable. D'après le comte Odart, cette variété a été obtenue d'un semis de pepins de raisins noirs d'Ischia; en souche et en treille.

Chasselas de Fontainebleau (Odart). *Chasselas doré* (Congrès pomologique). Jaune doré, comme ambré, grappe moyenne, allongée, sans ailes prononcées, grain rond, moyen. Maturité du 10 au 15 août, très-répandu, très-fertile; en souche et en treille.

On en plante dans la région des vignes entières de plusieurs hectares de superficie, dont les raisins sont exportés.

Outre le Chasselas doré de Fontainebleau, on cultive dans la région plusieurs autres variétés de cette tribu. Les chasselas dont les pepins ont été si souvent semés, forment une des tribus les plus nombreuses. Nous n'entreprendrons pas de la décrire ici, et nous nous bornons à indiquer parmi les variétés, ou les plus estimées, ou les plus répandues, les suivantes :

Chasselas de Montauban à gros grains (Odart). Excellent; en treille, en cordons et en souche. Maturité du 10 au 15 août.

Chasselas musqué (Odart), désigné aussi par l'auteur de l'*Ampélographie universelle* sous le nom de *Muscat Salamon*. Excellent, petites grappes; il est moins fertile que les autres chasselas; réussit mieux en treille et en cordons qu'en souche. Maturité du 15 au 20 août.

Chasselas Ciotat (Odart) (Congrès pomologique), *Chasselas à feuilles laciniées*, *Petersilien-Traube* des Allemands. Maturité fin août; blanc jaunâtre, assez fertile, moins estimé que les précédents. Objet de curiosité à cause de la singularité de son feuillage; en treille et en souche.

Chasselas rose (Congrès pomologique). Maturité du 20 au 25 août. Belle grappe à grains ronds, rose clair, très-fertile, excellent; en souche, en treille et en cordons.

Chasselas de Négrepont (Odart). Maturité du 20 au 25 août, un peu plus coloré que le précédent et d'un plus beau rose, moins fin au goût; en souche et en treille.

Fendant roux (Odart), *Chasselas fendant roux* (Congrès pomologique). Maturité du 1er au 5 septembre; belle grappe, rose clair un peu roux, grain rond moyen; excellent, très-fertile. C'est pour le Midi une des meilleures variétés précoces pour la table, et probablement pour la cuve. Le Fendant roux est très-estimé en Suisse pour le vin qu'il produit; le cultiver en souche.

Muscat Caillaba (Congrès pomologique). *Caillaba* (Odart), décrit par Bosc; vient des Hautes-Pyrénées. Maturité vers le 15 août, grappe moyenne, grains assez gros, ronds, noir velouté, très-estimé; en souche et en treille.

Muscat noir (Congrès pomologique). *Muscat noir commun* (Odart). Maturité fin mars, grappe moyenne, grains moyens, légèrement ovoïdes, noirs; agréable; en souche et en treille ou en cordons.

Primavis muscat, Pascal musqué (Odart). Maturité fin août, grappe moyenne, grains moyens, ronds, jaune ambré, très-agréable, fertile, se pourrit facilement, recherché par les mouches et les abeilles; en souche et en treille.

Muscat bifère (Odart). Maturité fin août et fin septembre, grosseur moyenne, grains moyens, blanc, agréable, assez fertile. La deuxième récolte se compose de grappillons qui arrivent à bonne maturité à la fin de septembre, et sont à cette époque agréables à manger.

Muscat de Smyrne, Isaker Daïsico (Odart). *Muscat de Syrie* (Congrès pomologique). Maturité 1er au 10 septembre, excellent, belles grappes, à grains moyens, blanc, fertile.

Aléatico nero (Odart). Maturité du 15 au 20 septembre, grappe moyenne, grains moyens noirs; excellent raisin à manger, saveur moins prononcée que celle du muscat. Il donne en Toscane un vin de premier ordre, assez fertile; en souche.

Panse jaune, Raisin des dames, Bicane, Chasselas Napoléon (Odart). *Panse jaune* (Congrès pomologique). Maturité du 15 au 20 septembre, grappes très-belles, à gros grains ovoïdes, blanc-doré, transparents, médiocre à manger, fertile; en souche et en treille.

Panse musquée, Muscat d'Espagne, Muscat romain, Muscat d'Alexandrie (Odart). *Muscat d'Alexandrie* (Congrès pomologique). Maturité du 15 au 25 septembre; souche très-vigoureuse, grappes très-grosses, à gros grains ovoïdes, jaune ambré, à chair croquante, très-fertile, sujet à la coulure, très-répandu pour faire des raisins secs et des grains à l'eau-de-vie; en souche ou en cordons, en treille.

Muscat Caminada (Odart), présente une grande analogie avec le précédent; il est plus précoce, plus beau et plus fertile.

Olivette rouge, Perle rose (Odart). Maturité du 20 au 25 septembre, beau raisin à grains roses olivoïdes, assez agréable, souche vigoureuse, assez fertile; en souche et en treille ou cordons.

Olivette noire, Olive noire (Odart). Maturité du 25 au 30 septembre, très-beau raisin, à grains noirs fleuris, olivoïdes, assez agréable au goût, souche vigoureuse; en souche ou en treille.

Olivette blanche (Odart). Maturité du 25 septembre au 10 octobre, très-beau raisin, excellent à manger, grains gros, blanc ambré, olivoïdes, se conserve tout l'hiver, assez fertile; en souche et en treille. Exposition chaude.

Olivette de Cadenet (Odart). Sous-variété de la précédente, un peu plus précoce et plus fertile.

Rosaki de Smyrne. Maturité du 10 au 15 septembre, belles grappes, un peu claires, à gros grains ovoïdes renflés vers le bout, jaune d'or; très-beau raisin, excellent à manger; en treille ou mieux en cordons; produit aussi en souche, mais irrégulièrement. Souche très-vigoureuse. Il m'a été envoyé de Smyrne, où il est très-estimé pour la table.

Raisin cornichon (Odart). Grappes grosses, à grains allongés et recourbés, blanc jaunâtre, beaucoup de chair, médiocre à manger. Souche très-vigoureuse, peu fertile; en treille. Espèce très-ancienne, décrite il y a six siècles par l'auteur arabe Ebn-el-Beithar (Odart).

Sultanieh ou *Sultan, Kechmish blanc, Kechmish à grains oblongs, Couforoyo* des Grecs (Odart), connu des amateurs à cause de sa beauté, décrit par les voyageurs comme donnant un vin délicieux; mais il est peu fertile, a besoin de la treille; belle grappe séduisante par sa forme et sa couleur, grains olivoïdes de moyenne grosseur, d'une belle couleur blanche ambrée. Maturité du 10 au 15 septembre.

Il m'a été envoyé de Smyrne, sous le nom de Sultanieh, avec le Rosaki; ils passent l'un et l'autre, en Asie Mineure, pour les meilleures espèces de table.

On pourrait encore allonger beaucoup cette liste déjà longue.

Nous nous bornerons à citer, parmi les raisins de table et d'ornement importés dans la région, les suivants :

Les trois *Corinthes, noir, rose et blanc.* Maturité mi-septembre.

Le *Gros-Damas violet.*

L'*Hycalès blanc*, fertile.

Le *Crujidero.*

Le *Brustiano de Corse.*

La *Malvoisie de la Chartreuse, Malvasia de la Cartuja* (Odart).

La *Malvoisie à gros grains, Vermentino de Corse* (Odart).

La *Malvoisie de Sitges Clères*, dans le Gard, *Tintoblanc* (Vaucluse), *Verdal* (Hautes et Basses-Alpes).

Le *Muscat rouge de Madère.*

Le *Muscat noir d'Eisenstadt.*

L'*Albourlah rose de Crimée.*

Le *Sabalkanskoi* ou raisin des Balkans.

Le *Gros-Guillaume*, etc., etc.

DESCRIPTION DES PRINCIPAUX CÉPAGES CULTIVÉS POUR LA PRODUCTION DU VIN DANS LA RÉGION MÉRIDIONALE.

Aramon. — Synonymie. *Aramon, Babalaïre, Plant riche* (Hérault); *Aramon* (Aude, Gard, Pyrénées-Orientales); *Ugni noir, Uni noir* (Var, Bouches-du-Rhône).

L'Aramon est, à tous les points de vue, un des cépages les plus importants de la région méridionale; sa grande fertilité en a considérablement répandu la culture. Il tend évidemment à remplacer divers cépages qui, dans l'Hérault et ailleurs, étaient regardés comme *anciens plants du pays.* Nous allons essayer d'en faire connaître les caractères principaux (1).

Description. Souche : forte, très-vigoureuse dans les terrains riches où il se plaît; de très-longue durée.

Sarments : rampants, gros, longs et vigoureux dans les terrains riches, plus courts dans les terrains secs, beaucoup de moelle, bois tendre, nœuds assez espacés, bien renflés, moins espacés dans les terrains secs et lorsque la souche est vieille, d'une couleur rouge clair, passant au gris en hiver.

Feuilles : moyennes, dentelées, trilobées, peu découpées, moyennement lisses, un peu cotonneuses sur leur revers, couleur vert jaunâtre, portées par un pétiole rouge clair; le plus souvent elles ne font que jaunir à l'arrière-saison, quelquefois elles rougissent sur les bords et par places, certains rameaux rougissent même en entier.

Grappe : volumineuse, longue, presque cylindrique; *grains* : ronds, gros et très-juteux, très-doux et sucrés, d'un goût relevé, assez agréables à manger, couleur rouge noir, comme veloutée dans les terrains de coteaux; dans les terrains riches où la souche est très-chargée, les raisins sont très-volumineux, restent rouge clair, traînent sur le sol ou sont entassés les uns sur les autres; dans ce cas, le côté qui ne voit pas le soleil reste d'une couleur verte, quoique le suc en devienne doux.

Le pédoncule de la grappe et les pédicelles sont tendres, se cassent facilement, se colorent en rouge dans les terrains où la souche est peu chargée, restent verts dans les autres. Ils sont assez tendres pour qu'on puisse vendanger l'Aramon sans serpette ni ciseaux; on détache facilement le raisin en pressant la queue entre l'index et l'ongle du pouce. Maturité : premiers jours de septembre.

Le sarment porte ordinairement deux grappes maîtresses, dont la première est insérée au quatrième nœud, c'est-à-dire loin du courson sur lequel pousse le bourgeon. Aussi ce dernier ne laisse-t-il voir le raisin qu'après avoir atteint une certaine longueur.

L'Aramon porte fréquemment trois grappes maîtresses sur les bourgeons principaux dans les vignes à sol riche bien cultivé. On trouve même jusqu'à quatre grappes maîtresses sur certains bourgeons, mais le cas est rare. L'Aramon est un des cépages les plus fructifères que l'on connaisse; non-seulement tous ses bourgeons, mais encore ses faux bourgeons (les *bourrillous* en languedocien) sont à fruits, et les raisins qu'il produit sont très-gros et tout en jus. Il n'est pas rare de voir des raisins d'un kilogramme et plus; ceux d'un demi-kilogramme sont communs. De là, la fertilité extraordinaire de l'Aramon dans les bons sols. Il fait peu de grappillons; les vrilles sont fortes et assez nombreuses. Il pousse très-facilement sur le vieux bois, et se répare vite lorsqu'il a perdu ses membrures. Il repousse également, du pied et donne alors ces rejetons longs et vigoureux, désignés dans nos cultures sous le nom de

(1) Les caractères indiqués dans les descriptions des cépages, se rapportent à l'époque de la maturité du raisin.

sagattes. Il est naturellement si fertile, qu'il n'est pas rare de voir les bourgeons qui sortent sur le vieux bois chargés d'un raisin, de deux quelquefois. La sagatte d'Aramon se met à fruit dès la seconde année.

Le port de l'Aramon dans les sols fertiles, indique la force et l'abondance; ses longs rameaux, horizontalement étalés, garnis de nombreux raisins, couvrent entièrement le sol, son feuillage est épais et le défend bien contre les ardeurs de la sécheresse. Dans les sols maigres et secs, il est moins beau, ses sarments sont plus courts, son feuillage plus clair, ses fruits risquent alors d'être grillés par les grandes chaleurs. La souche est toujours forte et bien nouée.

L'Aramon pousse de très-bonne heure. De tous nos cépages, c'est le premier à débourrer; il précède la plupart des autres espèces d'une quinzaine de jours, aussi est-il sujet à être endommagé par la gelée blanche. Son bourgeon, qui est très-tendre et gonflé de sucs, est plus facilement détruit par la gelée que celui des autres espèces. Il souffre donc souvent des derniers froids qui accompagnent les premiers jours du printemps, mais il repousse avec une grande vigueur sur le vieux bois et sur les yeux de secours. Dans ce cas, il présente assez de fruit pour donner encore une demi-récolte, lorsque les bourgeons gelés sont peu avancés; mais quand ils sont déjà longs et forts, comme à la fin d'avril, et dans les premiers jours de mai, la vigne peut bien réparer ses pertes en feuillage, mais elle ne repousse plus qu'une faible partie de ses fruits.

L'Aramon dont le bois est gros et bien garni de moelle, est sujet à souffrir des grands froids de l'hiver dans les terres humides, mais il les redoute peu dans les autres.

Il est médiocrement sujet à la coulure; cependant il en est atteint dans les terrains exposés à l'humidité, où il est attaqué par le *charbon* ou *anthracnose* (maladie noire), dans les années chaudes et humides à l'époque de la floraison. Dans les terrains secs et élevés, il y est moins sujet, quoiqu'il coule quelquefois.

Le soufrage au début de la floraison atténue beaucoup cette tendance à la coulure.

Les insectes, tels que : l'altise, l'attelabe, le gribouri, ont une préférence particulière pour l'Aramon ; sa feuille et son bourgeon sont tendres, et ils les préfèrent à ceux de la plupart des autres variétés. Cependant, comme il repousse avec une vigueur toute particulière, il répare encore assez bien les pertes que ces insectes lui ont causées.

Le gribouri est un de ses ennemis les plus redoutables, et lui fait subir les plus grands dommages.

Dans les terrains secs et brûlants, où la vigne n'a pas un grand luxe de végétation, l'Aramon redoute les fortes chaleurs et perd un grand nombre de fruits par le grillage; aucun cépage n'en éprouve d'aussi grandes pertes; les coups de soleil dessèchent le pédoncule de la grappe, et elle périt alors tout entière. Dans les bons terrains, où son feuillage est plus épais, il résiste beaucoup mieux.

Les fruits de l'Aramon mûrissent de bonne heure; parmi les cépages de la région méridionale, c'est un de ceux qu'on peut vendanger les premiers. Dans les coteaux on le récolte du 5 au 15 septembre, et dans les fonds riches, du 15 au 30 du même mois, souvent plus tôt. La grosseur de son fruit, la finesse de la peau dont il est recouvert, le rendent sujet à pourrir, surtout dans les jeunes vignes, où les coursons sont placés moins haut que dans les vieilles, et où les raisins plus volumineux traînent souvent par terre. Aucun cépage n'a besoin d'être plus activement vendangé que l'Aramon aussitôt qu'il est mûr, car aucun plus que lui, n'est sujet à pourrir dans les bons terrains. Dans les coteaux et dans les vignes où ses raisins sont bien suspendus au-dessus du sol, cet inconvénient est beaucoup moindre.

L'oïdium attaque l'Aramon comme la plupart des autres cépages, mais il lui résiste bien, et le soufre l'en débarrasse facilement. Deux ou trois soufrages en temps opportun sont suffisants. Un seul suffit quelquefois, mais ce cas est plus rare.

L'Aramon croît dans tous les terrains, mais il donne peu de produits dans ceux qui sont trop maigres, trop secs ou trop froids. Les terres franches, profondes, perméables lui conviennent mieux que toutes autres. Comme il est très-fructifère, il est exigeant et il a besoin de bonne culture et d'engrais abondants pour soutenir sa fertilité.

Quand le sol n'est pas assez substantiel et que l'engrais lui manque, ses raisins grossissent moins et leurs grains s'éclaircissent par la coulure. Lorsqu'il pousse une foule de petits bourgeons stériles sur le vieux bois, c'est un signe de vieillesse ou de culture insuffisante.

L'Aramon possède la propriété remarquable de produire suivant la fertilité du sol où il est cultivé. Dans les terrains de coteaux rocailleux (garrigues), sa production varie de 25 à 50 hectolitres à l'hectare; le vin en est alors excellent, corsé, spiritueux, bien coulant, d'une belle couleur rouge dont la vivacité est particulière, ferme et solide, de longue durée. Ces qualités décroissent à mesure que la production devient plus forte. Dans certaines années, le vin est encore bon quand elle atteint 100 hectolitres à l'hectare; il devient faible à 150 hectolitres. Certaines vignes de plaine atteignent, dans les années d'abondance, 300 hectolitres et au delà. Le vin est alors rouge clair, sans force, et si les raisins ont traîné par terre, il a un goût de terroir ou de pourri.

De pareils liquides passent à la chaudière, et quand ils sont nouveaux, donnent encore de bons alcools, mais ils ne constituent que de mauvais vins, dont le cépage est encore moins responsable que le sol qui les a produits.

En moyenne, dans les sols de coteaux, l'Aramon produit de 35 à 45 hectolitres par hectare; dans les sols de plaine, environ 100 hectolitres; entre ces deux moyennes, on en trouve d'autres qui s'appliquent aux divers genres de terrains classés entre les pierrailles de la garrigue et les limons des plaines.

L'Aramon fait de bon vin dans les conditions normales de sa production. Comparé à celui des autres cépages, on peut lui donner un rang très-honorable, surtout quand on le destine à la consommation directe, sans le faire passer par des coupages auxquels il n'est guère propre.

C'est l'Aramon qui produit dans l'Hérault, à raison de 75 hectolitres à l'hectare, les vins désignés sous le nom de *petits vins*; rouges et vifs de couleur, fermes, francs, dosant 10 p. 100 d'alcool en moyenne; ils constituent pour l'homme de travail la boisson la plus salutaire et la plus agréable.

En somme, malgré ses défauts (sujet aux gelées, à la coulure, au grillage, à la pourriture, aux insectes), l'Aramon, dans les sols de fertilité moyenne, où il se plaît, enrichit son propriétaire et gagne tous les jours du terrain.

Origine. — L'Aramon est un cépage ancien qui nous paraît appartenir à la région, et en être originaire. Il appartient au même type que l'*Ugni blanc* ou *Uni blanc* de la Provence, qui est aussi le *Trebbiano bianco* de la Toscane, cépage des plus anciens, dont l'origine pourrait bien remonter, comme on le verra plus loin, aux temps de l'antiquité. C'est pour cette raison que nous avons placé l'*Ugni blanc* aussitôt après l'Aramon, car entre eux la ressemblance est évidente, et si l'on n'admet pas l'identité, sauf la couleur, on peut admettre la parenté, et les ranger dans la même tribu. Ces deux cépages ne sont point cultivés dans les mêmes contrées, et présentent sous ce rapport une particularité qui mérite d'être signalée. Ainsi l'on trouve l'Aramon sur d'immenses surfaces dans le bas Languedoc, et on le rencontre peu en Provence; on voit l'Ugni blanc très-répandu en Provence, et on le trouve peu ou point dans le bas Languedoc, surtout dès qu'on s'éloigne du Rhône.

Les origines de l'Aramon pourraient donc être fort anciennes, quoiqu'il n'ait pris une importance capitale que depuis un petit nombre d'années. Il n'y a guère plus de quarante ans qu'il a commencé à s'étendre d'une manière sérieuse, et à devenir l'objet d'une culture exclusive en grandes surfaces. Aux environs de Montpellier on le trouve dans de vieilles vignes, au moins séculaires, mélangé au Grenache, à l'Aspiran, etc.

L'Aramon paraît s'être propagé de l'est à l'ouest, en partant du Rhône. Cette circonstance, jointe à son nom d'*Aramon*, qui est celui d'une petite ville située sur la rive droite du Rhône, dans le département du Gard, autoriserait à croire qu'il est originaire de cette localité. Toutefois, il est connu en Provence sous le nom d'*Ugni noir*, et comme Olivier de Serres, dans les cépages cultivés de son temps, cite les *Ugnes* (au pluriel), il est probable que l'Aramon et l'Ugni blanc étaient l'un et l'autre compris sous cette dénomination d'*Ugnes* du patriarche de l'agriculture française. Son ancienneté serait ainsi bien établie et nous paraît d'ailleurs fort probable.

Ugni blanc. — Synonymie : *Ugni blanc*, *Uni blanc*, *Queue de renard* (Bouches-du-Rhône, Var), *Bouan*, *Ecou* (près du Var), *Trebbiano bianco*, en Toscane.

Caractères :

Souche : forte, vigoureuse, d'une longue durée, fertile.

Sarments : rampants, allongés, d'un gris roux, plus gris à l'arrière-saison, nœuds forts, espacés au milieu et au bout du sarment, plus courts noués à sa base.

Feuilles: moyennes, à cinq lobes bien dentelées, couleur vert jaunâtre taché de jaune, face supérieure rugueuse, revers cotonneux; nervures légères colorées en jaune, de même que le pétiole.

Grappe : volumineuse, longue, un peu ailée, à pédoncule allongé, vert et tendre.

Grains: ronds, gros, peu serrés, à chair molle, juteux, très-doux, blancs, transparents, à peau fine; un peu sujets à la pourriture quand ils sont trop rapprochés du sol.

Maturité: précoce, du 5 au 10 septembre.

L'ugni blanc a de grandes analogies avec l'Aramon (Uni ou Ugni noir en Provence); il est presque exclusivement cultivé dans les départements de la Provence; on ne rencontre que peu ou point les autres. C'est un cépage distingué qui mériterait cependant d'être propagé. En Provence, il est fertile, de longue durée, et produit un vin blanc très-estimé; aussi est-ce une des variétés à raisins blancs les plus répandues. On le mêle à la vendange du vin rouge, pour lui donner plus de spirituosité.

Les terrains substantiels, assez riches et pierreux, conviennent le mieux à ce cépage, qui est assez exigeant, parce qu'il est fertile.

Il est, comme l'Aramon, prompt à débourrer, et par conséquent sujet à la gelée. Il craint comme lui l'humidité, mais il pourrit moins. Il coule peu.

Il est assez sujet aux insectes.

Il résiste à l'oïdium, quoique ses raisins en soient très-éprouvés; ils se fendent, se dessèchent et ne rendent rien à la cuve. Il a donc besoin d'être soufré avec soin.

Origine.—L'*Uni blanc* est un cépage très-ancien, d'origine italienne. Il est connu en Toscane sous le nom de *Trebbiano bianco*; en Piémont, sous celui de *Trebbiano vero*, *Trebbiano fin*, *Erbalus*.

Selon Baccio, dit le comte Odart, ce serait le *Trebulanus* de Pline, et alors sa culture remonterait au temps de la Rome antique.

L'article de l'*Ampélographie universelle* rapporte aussi la mention que fait de ce cépage, au quinzième siècle, Petrus de Crescentiis, sénateur de Bologne, et le goût que le pape Paul III (Alexandre Farnèse) marquait de préférence pour le vin de Trebbiano (1534-1549). Olivier de Serres mentionne les Ugnes parmi les cépages cultivés de son temps; il est probable que l'Ugni blanc fait partie des espèces qu'il a voulu désigner sous ce nom.

M. Pellicot, dans son *Calendrier du cultivateur provençal*, a consacré une notice à l'*Uni* ou *Ugni blanc*, et en constate les propriétés remarquables. Il mentionne aussi une variété d'*Ugni* qu'il désigne sous le nom d'*Ugni roux*, et dont les raisins se colorent en rose à l'époque de la vendange.

Morrastel.—Synonymie : *Morrastel*, *Mourrastel*, *Monestel* (Hérault, Aude, Pyrénées-Orientales).

Les caractères du Morrastel sont les suivants :

Souche : assez forte, élevée, fertile.

Sarments : érigés, durs, rouges, un peu moins gros et forts que ceux de l'Espar ou Mourvèdre, de longueur moyenne, à entre-nœuds moyens, nœuds moyennement renflés.

Feuille : forte, d'un beau vert, de trois à cinq lobes, peu découpée, moins encore que celle de l'Espar; rugueuse par-dessus, face inférieure assez cotonneuse, moins cependant que celle de l'Espar; pétiole rouge, nervures rouges; à l'arrière-saison jaunit en se tachant de rouge.

Grappe : ligneuse, dure, assez grosse, ailée, à *grains* serrés, très-noirs, petits, doux, juteux, ronds; la première grappe est placée sur le sarment au troisième nœud.

Très-fertile dans les terrains qui lui conviennent.

Il mûrit vers la mi-septembre.

Le Morrastel est cultivé depuis longtemps dans l'Hérault et dans les départements qui le continent jusqu'à l'Espagne; il est peu connu dans le reste de la région. Il est souvent confondu avec l'Espar ou Mourvèdre, avec lequel il a, d'ailleurs, plus d'un rapport; mais il est plus fertile que lui dans les terrains de coteaux, où il se plaît, et produit un vin plus foncé. De tous les cépages méridionaux, c'est celui dont le vin est le plus noir. Cette propriété a fait la fortune du vignoble de Villeveyrac, où il est très-répandu. Comparé avec le vin du Teinturier ou Gros noir mâle du nord, récolté dans les mêmes terrains (1), il l'a emporté par l'intensité de la couleur autant que par le goût, le corps et la spirituosité.

Le Morrastel est un excellent cépage dans les sols bien ressuyés en côteau, forts et argileux; il se plaît aussi dans les terres de consistance moyenne. Il est de longue durée et soutient bien sa fertilité en vieillissant. Il débourre tard et craint peu la gelée. Il charge régulièrement; coule peu, ne charbonne pas, n'est point attaqué par les insectes, résiste bien à l'oïdium, ne pourrit jamais. Le vin qui en provient est excellent, très-foncé, d'une teinte grenat fort intense; il suffit d'une petite quantité de Morrastel pour améliorer et colorer les vins légers; aussi est-il fort recherché. Avec de pareilles qualités, il devrait se propager rapidement, mais il a des inconvénients qui s'y opposent.

Tous les terrains ne lui conviennent pas; il produit peu dans les sols légers; dans ceux qui retiennent l'eau, la partie extérieure du cep périt de bonne heure, la racine seule se conserve et repousse, mais le nouveau cep périt encore après s'être reconstitué. Son produit est alors nul, et le meilleur parti à prendre est de le greffer.

Il redoute les retours de séve, surtout lorsque le froid se produit quand le sol est humide.

Quoique le Morrastel soit fertile et se couvre de raisins, la quantité de vin qu'il produit reste toujours assez limitée parce que les petits grains de son raisin donnent peu de jus. Dans les terrains profonds et fertiles, il ne donne guère plus, quelquefois moins que dans les coteaux, et son vin est moins bon. Il est rare qu'il donne plus de 50 hectolitres à l'hectare, et le plus souvent il se limite de 25 à 30 hectolitres, mais ce produit est régulier. Il ne suit pas, comme l'Aramon, la fertilité du terrain, les grains de son raisin restent toujours petits et n'acquièrent point ces dimensions énormes qui aident tant à la fertilité de certains cépages; dans les bons fonds, ses sarments et ses feuilles se développent souvent outre mesure, plutôt au détriment qu'à l'avantage des fruits.

Le Morrastel doit donc être planté dans les terrains de coteaux. On le mélange ordinairement avec le Grenache et la Carignane, avec l'Aramon, auxquels il se marie bien et dont il colore les moûts.

Le raisin du Morrastel, à grosse grappe, à petit grain un peu âpre et cependant douceâtre, à pulpe molle peu rafraîchissante, à peau épaisse, est presque immangeable.

Origine. — Ce cépage paraît être originaire d'Espagne; dans son *Ampélographie des vignes de l'Andalousie*, don Simon Roxas Clemente, a décrit, sous le n° 43, un Morrastel dont quelques caractères se rapportent au nôtre, mais qui ne nous paraît pas identique. Cela n'a rien d'étonnant, car on trouve dans les anciennes vignes de la région, quelques variétés de Morrastel qu'on rejette des plantations à cause de leur propension à couler, et du grand nombre de petits grains, tantôt mûrs, tantôt verts, qu'on trouve dans le raisin, mélangés aux autres.

Le cépage décrit par don Simon paraît très-estimé et sert comme le nôtre à colorer les bons vins.

D'après M. Laure, le Morrastel porte aussi dans le Var le nom de *Mataro*. C'est celui d'une ville de Catalogne, où il doit être cultivé.

Espar. — Synonymie : *Espar*, *Spar* (Hérault, Gard); *Plant de Saint-Gilles* (Gard); *Mataro* (Pyrénées-Orientales); *Mourvède*, *Mourvèdre*, *Mourvès*, *Tinto* (Bouches-du-Rhône, Var); *Benadu* ou *Benada* (Vaucluse); *Mourvègue* (Basses-Alpes).

Les caractères de l'Espar sont les suivants :

Souche : assez forte, élevée, robuste, de longue durée, fertile.

Sarments : très-érigés, de consistance solide, rouge foncé, forts, à entre-nœuds courts, nœuds renflés.

Feuilles : assez grandes, moyennement découpées, à cinq lobes, vert foncé, cotonneuses en dessous, ce qui leur donne un aspect blanc, rugueuses par-dessus; pétioles et nervures rouges très-foncés; à l'arrière-saison les feuilles se frappent de rouge sur les bords.

Grappe : ligneuse, dure, moyenne, à petites ailes, ce qui lui donne une forme conique; *grains* noirs, serrés, ronds, égaux, assez petits, un peu plus gros que ceux du Morrastel, fleuris, doux et sucrés, d'un goût un peu acerbe, désagréables à manger. Pulpe molle et assez juteuse. La première grappe est placée tout à fait à la base du sarment, au deuxième nœud, quelquefois au premier.

Il mûrit vers la fin de septembre.

L'Espar est un des cépages les plus importants de la région; il est plus répandu que le Morrastel, avec lequel il est assez souvent confondu. Ces deux cépages sont d'ailleurs de la même tribu et offrent de nombreuses analogies; mais l'Espar, quoique se plaisant dans les mêmes sols que le

(1) A Launac, près de Montpellier.

Morrastel, est moins délicat que lui pour le choix du terrain et moins exigeant pour les soins et la culture; il est aussi moins fertile et moins précoce.

Les sols de coteau pierreux, assez consistants et profonds, formés de cailloux roulés et improprement nommés *grès* dans la région, lui conviennent le mieux.

Comme le Morrastel, il est peu sujet à la coulure, débourre tard et ne craint pas les gelées, charge régulièrement, ne charbonne pas, n'est point attaqué par les insectes, résiste bien à l'oïdium, ne pourrit jamais. Il produit un vin foncé, d'une belle couleur, un peu dur et austère, d'un goût agréable, qui s'améliore en vieillissant et dure fort longtemps. C'est un des meilleurs vins de commerce et de coupage de la région.

Quand l'année permet de le vendanger dans un état de maturité avancée, il donne un bon vin de liqueur.

C'est le cépage le plus estimé et le plus répandu dans la Provence, dans le Comtat, dans le Gard, où il couvre seul de vastes terrains. Il est aussi très-cultivé dans l'Hérault et l'Aude, mélangé à d'autres cépages. Dans les Pyrénées-Orientales, on le retrouve encore sous le nom de *Mataro*, mélangé au Grenache et à la Carignane.

L'Espar doit la préférence dont il est l'objet à sa rusticité, qui en permet la plantation dans une foule de sols, à sa vigueur, à sa forme érigée qui en facilite la culture au moyen des instruments de labour, à la grande régularité de ses produits; car, outre les avantages qui ont été énoncés plus haut, il n'est point sujet aux retours de séve.

Il ne suit pas, comme l'Aramon, la fertilité du terrain, aussi exige-t-il peu d'engrais. Dans les vignes qu'il forme exclusivement, le labour à l'araire est si facile qu'il est seul usité. Ces diverses circonstances font de l'Espar, le cépage de la région le moins coûteux pour les frais de culture.

Il ne produit guère au delà de 25 à 30 hectolitres par hectare; dans les terrains légers, il produit moins encore.

Origine. — L'Espar est d'origine espagnole, ainsi que l'indiquent les différents noms qu'il porte:

Le nom de Mourvèdre, qu'il porte en Provence, lui vient de la ville de Murviedro dans le royaume de Valence, d'où il a été probablement tiré.

Celui de Mataro, qu'on lui donne en Roussillon, est tiré de la ville du même nom, en Catalogne.

Le comte Odart a consacré, dans l'*Ampélographie universelle*, deux articles à l'Espar, sous les noms de *Mourvède* et de *Tintilla* (p. 462 et 513, 5e édit.). Il en donne une longue synonymie, car ce cépage n'est pas seulement cultivé en Espagne et dans la région méridionale, mais encore dans les Charentes, la Vienne, la Dordogne, etc. Le docteur Baumes de Nîmes en a fait l'objet d'un article important sous le nom d'*Espar*. Don Simon l'a décrit dans son *Ampélographie de l'Andalousie*, au n° 39, sous le nom de *Tintilla*, *Tinto*, *Tinta*, *Alicante*. Les caractères qu'il indique ne laissent aucune incertitude sur l'identité de son cépage et de celui qui nous occupe.

Carignane. — Synonymie : *Carignane*, *Crignane*, *Carignan*, *Bois dur*, *Plant d'Espagne* (Hérault, Aude, Gard, Pyrénées-Orientales); *Catalan*, à Marseillan (Hérault); *Mataro*, à Saint-Gilles (Gard); *Monestel*, dans le Var.

Les caractères de la Carignane ou Crignane sont les suivants :

Souche : forte, élevée, de durée moyenne, très-fertile.

Sarments : érigés, rouge clair, durs et cassants, forts, très-vigoureux, longs; entre-nœuds serrés à la base, mais longs sur le reste des sarments, nœuds colorés et assez gros.

Feuilles : grandes, larges, fortes, tourmentées, à cinq lobes, profondément divisées, dentelées, d'un vert moyen, assez cotonneuses en dessous, un peu rugueuses par-dessus; pétioles rouges; elles sont frappées de rouge vineux à l'arrière-saison sur les bords, et assez souvent sur la feuille entière et même sur les rameaux entiers.

Grappe : grosse et forte, ligneuse, divisée en plusieurs lobes, sans ailes régulières; *grains*: assez gros, ronds, noirs, juteux, fermes, égaux, peu agréables à manger. La première grappe est placée ordinairement au troisième nœud.

Il mûrit à la fin de septembre.

La Carignane ou Crignane est surtout cultivée dans les Pyrénées-Orientales, l'Aude et l'Hérault, moins dans le Gard, et beaucoup moins encore dans la Provence.

C'est un cépage important qui, dans certains vignobles du département de l'Aude, est prédominant et cultivé seul; dans les autres on le mélange au Grenache, à l'Espar, au Morrastel, à l'Aramon, avec lesquels il fait d'excellent vin.

Le vin qu'on désigne sous le nom de *gros vin du Midi* ou vin de coupage, provient principalement du mélange de la Crignane, de l'Espar, du Morrastel, qui donnent la couleur, le corps et le feu, et du Grenache qui leur donne aussi du corps et de la souplesse.

Le port de la Carignane annonce la richesse et la vigueur par ses sarments élancés, ses larges feuilles, ses nombreuses grappes.

Il se plaît sur le littoral, à peu de distance de la mer, bien mieux que dans l'intérieur, où il est beaucoup plus sujet à couler et à charbonner. Il préfère les terrains substantiels, un peu élevés, à l'abri de l'humidité; les sols rocailleux un peu forts lui conviennent aussi. Les terrains humides, trop rapprochés des plaines, lui sont défavorables; il y charbonne presque continuellement.

Il débourre tard et ne craint pas les premières gelées, mais il est ensuite bien plus sensible à celles d'avril et de mai.

Il est peu sujet aux ravages des insectes. Il résiste assez bien à la pourriture, quoiqu'il se maintienne moins bien que le Morrastel et l'Espar.

Il mûrit assez tard, mais il est très-fertile; cependant son produit varie beaucoup, selon les années. Dans certains terrains il proportionne, comme l'Aramon, ses produits à la fertilité du sol. Il est exigeant pour la culture et les engrais.

Il donne un bon vin, coloré, rude, spiritueux, ayant de la durée; quand ses produits sont très-abondants, le vin est moins bon, comme dans le cas de l'Aramon.

A côté de ces qualités, la Carignane a de graves inconvénients, qui en ont limité la culture ; ce sont les suivants :

Elle est fort sujette à la coulure dans les années humides ; non-seulement le raisin s'éclaircit, mais il tombe tout entier, couvert de taches et de blessures noires sur les grains, les pédicelles et les pédoncules ; le tissu du bourgeon lui-même est profondément lacéré par les mêmes blessures noires. C'est l'affection qu'on désigne sous le nom de *charbon*, et à laquelle MM. Dunal et Esprit Fabre ont donné celui d'*anthracnose* ou maladie noire. Les plus belles apparences de récolte disparaissent sous son influence. Aucun cépage n'en est plus atteint que la Carignane. Elle en souffre moins dans les vignobles en terrains secs près de la mer que dans les autres.

Elle est également très-sujette à être attaquée d'oïdium. C'est par elle que commencent les invasions de ce cryptogame parasite, alors que les autres cépages n'en présentent pas trace. Il n'est pas rare de l'observer, en avril, quelques jours après la sortie des bourgeons ; dans ce cas, si l'oïdium n'est pas énergiquement combattu, il envahit la vigne, se propage sur les autres variétés et fait le plus grand mal. La Carignane est réellement le cépage propagateur de l'oïdium, aussi les vignobles qui en sont formés en ont-ils souffert plus que tous les autres.

Aucun cépage n'a plus besoin, à toutes les époques de sa végétation, d'être énergiquement soufré, soit pour combattre la coulure et le charbon, soit pour combattre l'oïdium. Sous l'influence réitérée du soufre, la Carignane perd de ses inconvénients, elle fleurit mieux, charbonne moins, se débarrasse entièrement de l'oïdium et acquiert une magnifique végétation. Ses fruits deviennent alors d'une beauté et d'une intensité de couleur remarquables. Le soufre est devenu indispensable pour assurer les résultats de sa culture.

La Carignane présente encore l'inconvénient de donner lieu, sur certains ceps et quelquefois dans la vigne entière, à une production considérable de grappillons ronds, qui poussent au bout des sarments à la sortie des bourgeons secondaires ; dans ce cas, les gros raisins maîtres placés à la base des sarments manquent au cep. Ce cas se produit surtout lorsque la vigne a souffert des printemps pluvieux, ou qu'ayant été surmenée par une taille trop longue, la culture et les engrais lui ont fait défaut.

Malgré tous ces inconvénients, la Carignane est un des cépages les plus fertiles et les plus cultivés de la région ; elle produit en moyenne, selon les terrains, de 30 à 70 hectolitres par hectare. Dans les années d'abondance, certaines vignes en bons sols, donnent jusqu'à 200 hectolitres. On la cultive assez facilement au moyen d'instruments de labour, jusqu'à la fin de juin, à cause de son port érigé, ce qui est une considération importante partout où la main-d'œuvre est rare et chère.

Origine. — La Carignane, ainsi que l'indiquent ses différents noms, est d'origine espagnole. Son nom de Carignane ou Crignane lui vient de *Cariñena*, en Aragon, localité qui produit un vin rouge renommé. On le désigne à Cariñena sous le nom de *Tinto*. Le nom très-usité de *Carignan* est une corruption des précédents et ne lui convient pas, car rien n'indique pour lui une origine italienne. Le nom de *Mataro*, qu'il porte à Saint-Gilles, est celui d'une ville de la Catalogne, où il est cultivé et d'où il a été probablement tiré.

Don Simon Roxas Clemente n'en parle pas dans son *Ampélographie de l'Andalousie*, ou du moins aucune des descriptions qu'il donne des cépages à raisins rouges ne se rapporte à la Carignane. Elle paraît donc originaire de l'Aragon ou de la Catalogne plutôt que du sud de l'Espagne.

Grenache. — Synonymie : *Grenache*, *Granache*, *Alicant*, *Bois jaune* (Hérault, Aude, Gard, Pyrénées-Orientales) ; *Roussillon*, *Rivesaltes*, *Alicant* (Var et Bouches-du-Rhône).

Les caractères du Grenache sont les suivants :

Souche : très-forte, très-élevée, de longue durée, très-fertile.

Sarments : érigés, gros, assez fermes, courts, couleur jaune rougeâtre, ponctués çà et là, nœuds gros, peu espacés à la base ; l'extrémité du sarment s'aoûte souvent assez mal et se dessèche.

Feuille : petite, peu découpée et dentelée, lisse sur ses deux faces, couleur vert jaunâtre, jaunissant à l'arrière-saison, pétioles et nervures jaunes.

Grappe : grosse, ligneuse, lobée sans régularité, grains obronds, sous-moyens, serrés, très-fleuris, bien colorés sans être très-noirs, très-juteux, très-sucrés, se passarillant facilement. La première grappe est ordinairement insérée au troisième nœud, très-près de la base du sarment. Maturité fin septembre et octobre.

Le *Grenache* ou *Alicant* est un des cépages les plus répandus et les plus cultivés de la région, aussi peut-il être considéré comme un des plus importants.

Le port du Grenache exprime la force et la fertilité. Dans les terrains où il se plaît, les vignes assez nombreuses qui en sont exclusivement composées semblent formées d'arbustes fortement charpentés, élevés de $0^m,60$ à $0^m,75$. Aucune autre souche, parmi celles de grande culture, n'atteint aussi vite des dimensions plus fortes que les siennes.

Le Grenache est cultivé sur de vastes espaces dans toutes les portions de la région, soit mélangé à d'autres cépages (Morrastel, Espar, Carignane) pour faire les gros vins de coupage, soit tout seul. Le vin qui en provient dans ce dernier cas prend alors le nom de *Grenache*, du cep qui l'a produit.

Les sols dans lesquels il se plaît le mieux sont les bonnes terres calcaires, caillouteuses, assez profondes, bien ressuyées, qui conviennent aussi à l'Aramon. Il y donne de beaux produits en quantité qui n'exclut pas la qualité.

Il est exigeant et a besoin, pour soutenir ses produits et sa durée, d'engrais et de bonnes cultures.

Dans les sols trop légers qui manquent de consistance, dans ceux où l'élément calcaire fait défaut, le Grenache vieillit vite et ses produits décroissent si rapidement qu'on est forcé de l'arracher. C'est ce qui a fait dire que ce cépage n'avait point de durée; mais il n'en est point ainsi dans les sols à la fois consistants, caillouteux et ressuyés; on y trouve d'énormes souches séculaires qui se chargent chaque année d'une façon merveilleuse.

Le Grenache débourre un peu plus tôt que l'Espar et la Carignane, mais plus tard que l'Aramon, et comme sa souche est très-haute, il redoute peu la gelée blanche. Les grands froids de l'hiver dans les sols humides l'éprouvent beaucoup plus; les ceps du Grenache périssent alors plus facilement que ceux des espèces précédentes, et il est plus sujet aux retours de séve qui détruisent les yeux des coursons sous leur duvet; mais ces inconvénients, très-graves dans les terrains humides et qui atteignent plus ou moins toutes les variétés de vigne, sont bien moindres et disparaissent même dans les sols caillouteux et secs.

Il coule dans les années humides et se charbonne, mais beaucoup moins que la Carignane, et comme pour elle cet inconvénient est fort atténué par l'emploi du soufre.

Il redoute peu les attaques de l'attelabe, du gribouri, qui se jettent de préférence sur l'Aramon, l'Œillade, etc., mais l'altise dévore volontiers ses feuilles et ses bourgeons.

Il est peu sujet à l'oïdium ; c'est même un des cépages qui en sont toujours attaqués les derniers; cependant il finit par en subir aussi les atteintes, et ses récoltes en souffrent beaucoup, surtout lorsque la saison des vendanges est humide.

Il charge régulièrement et donne un vin très-remarquable par ses qualités. Quand il est fait en rouge, ce vin est corsé, moelleux, fin, spiritueux, d'une belle couleur rouge mordorée; en vieillissant il devient encore plus spiritueux et sa couleur jaunit. Allié à d'autres cépages, tels que l'Aramon, le Terret, l'Espar, le Morrastel, la Carignane, il communique à leurs vins la finesse et le moelleux qui lui sont propres et les améliore. Il entre pour beaucoup dans la plupart des grands crus de Roussillon; ainsi les vins de Banyuls, de Port-Vendres, de Collioure sont formés de Grenache et de Carignane; ceux de Rivesaltes, de Grenache, de Carignane, d'Espar, etc. On le trouve aussi dans les bons vins de la côte du Rhône, on pourrait dire dans tous ou presque tous ceux de la région.

Quand il est vendangé à un degré de maturité avancée, on en fait du vin blanc ou du vin rouge tirant sur l'orangé, d'une haute qualité, qui ne le cède à aucun autre. Les moûts du Grenache marquent alors de 16 à 20 degrés de Beaumé et même davantage. On connaît la grande réputation des Grenaches de Collioure et de Banyuls.

Le Grenache produit selon les sols de 20 à 75 hectolitres à l'hectare. Quand on le récolte déjà desséché ou passarillé, cette quantité diminue beaucoup.

Les grandes qualités, qui font du Grenache un des cépages les plus remarquables de la région méridionale, en ont fort étendu la culture. Le soufrage a encore augmenté ces avantages; aussi peut-il être considéré comme le cépage le plus généralement répandu de la région.

Origine. — Le Grenache est d'origine espagnole. D'après le comte Odart, il a été tiré originairement du camp de Cariñena en Aragon et importé sur le littoral français de la Méditerranée. Il porte en Aragon le nom de *Granaxa*, sous lequel je l'ai reçu de *Cariñena* et de *Lladoner* en Catalogne. Son nom d'*Alicante*, fort répandu dans le midi de la France, indique aussi la localité d'où il a été probablement importé.

Grenache blanc. — Le *Grenache blanc* est une variété du précédent; il en a les caractères et les avantages, mais sa maturité est beaucoup plus tardive; il n'est guère cultivé qu'en Roussillon, où il produit des vins d'une qualité fort remarquable.

Œillade. — Synonymie : *Œillade, Ulliade, Ouillade* (Hérault, Aude, Gard, Var, Bouches-du-Rhône, Pyrénées-Orientales).

Les caractères de l'Œillade sont les suivants :

Souche : moyenne, vigoureuse, fertile.

Sarments : demi-érigés, forts, demi-durs, rouges, nœuds moyennement espacés, assez renflés.

Feuille : forte, vert foncé, bien découpée, à cinq lobes, dentelée, moyennement cotonneuse à la face inférieure, un peu rugueuse à la face supérieure.

Grappe : grosse, belle, à pédoncule tendre, tantôt ailée, tantôt divisée en plusieurs lobes, sans qu'ils affectent la forme d'ailes, grains oblongs, gros, peu serrés, d'un beau noir violet, très-fleuris, très-sucrés, rassasiants, croquants, charnus, excellents à manger.

La première grappe est placée tout à fait à la base du sarment, au premier ou deuxième nœud.

Maturité fin août. Précoce.

L'Œillade est assez répandue dans la région, mais elle est beaucoup moins importante que les cépages précédents. On la trouve en assez grande quantité dans les anciennes vignes des départements de l'Hérault et du Gard, mélangée aux anciens plants du pays : le Terret, l'Aspiran, le Charge-mulet, la Clairette; mais elle est moins commune ailleurs, et on la conserve comme raisin de table précoce et d'ornement, autant que pour la cuve.

L'Œillade débourre de bonne heure, plus tard cependant que l'Aramon; dans les terrains bas, elle craint la gelée.

L'Œillade produit cependant d'excellent vin très-estimé. Il est d'une grande finesse, moelleux, parfumé, spiritueux, d'une belle couleur rouge, mais qui n'est point foncée. L'Œillade se plaît dans les terrains francs, de fertilité moyenne, secs et caillouteux. Quoique très-fertile certaines années, elle ne charge pas toujours régulièrement et elle est assez sujette à la coulure; ses raisins, gros et charnus, recouverts d'une peau fine, d'une maturité précoce, sont piqués par les mouches et les abeilles et sujets à pourrir. Leur poids, qui souvent les fait traîner par terre, aggrave encore cet inconvénient. Elle débourre d'assez bonne heure et souffre des gelées blanches dans les sols humides.

L'Œillade peut produire, selon les terrains, de 25 à 60 hectolitres par hectare, quelquefois plus.

Elle n'est que moyennement sujette à l'oïdium et aux insectes.

On la conserve partout comme raisin de table, mais on la multiplie peu pour la cuve, parce que le commerce préfère dans les vins la couleur et la fermeté, à la finesse et à la liqueur; l'Aramon donne, en quantité supérieure, un vin aussi coloré que celui de l'Œillade, aussi lui est-il préféré.

Origine. — L'Œillade est considérée comme un des anciens plants du pays et paraît être en effet originaire des départements languedociens, d'où elle s'est répandue dans le reste de la région et les départements voisins. Comme elle est précoce et fort belle, elle peut avec succès être cultivée plus au nord.

Œillade blanche. — Synonymie : *Œillade blanche*, *Picardan* (Hérault); *Gallet* (Gard).

Les caractères de l'Œillade blanche ou Picardan ont assez de ressemblance avec ceux de l'Œillade noire, mais ils ne sont pas identiques, sauf la couleur du raisin, comme cela arrive dans un assez grand nombre de tribus. Ainsi les sarments sont plus érigés, leur bois un peu plus clair, le vert des feuilles plus jaune, leurs découpures plus profondes.

Les raisins se ressemblent à la couleur près; le goût de ceux du Picardan est très-fin, très-doux et relevé d'un très-léger goût de musc qui les rend agréables, mais très-rassasiants. Comme fertilité, ce cépage nous paraît ne pas valoir l'Œillade noire, quoiqu'il s'en rapproche.

Comme elle, il débourre de bonne heure et redoute les gelées blanches.

Il est très-sujet à l'oïdium et souffre considérablement de son atteinte; il est, comme la Carignane, envahi des premiers et a besoin d'être surveillé et soufré avec un soin particulier.

Ce cépage existe encore dans les anciennes vignes de l'Hérault et du Gard, et il devait autrefois y être très-répandu, car il a donné son nom de *Picardan* à un genre de vin blanc très-estimé qu'on a dû faire anciennement avec ses raisins, mais qu'on produit aujourd'hui en grande quantité avec ceux de la Clairette blanche.

Le cépage désigné dans le Var sous le nom d'*Araignan* et qui, d'après M. Pellicot, serait le même que le *Milhaud blanc*, serait aussi l'Œillade blanche qui nouso ccupe, car l'Œillade blanche est synonyme, d'après le comte Odart, avec celui du Milhaud blanc.

Depuis quelque temps on ne le multiplie plus, et il finira par devenir très-rare dans les vignobles de la région, s'il n'en disparaît pas.

Origine. — Ce cépage est originaire de la région, où il est certainement fort ancien. Olivier de Serres fait mention, parmi ceux qu'il cite comme cultivés de son temps, d'un *Piquardant* qui pourrait bien être celui qui nous occupe.

Cinsaut. — Synonymie : *Cinsaut*, *Cinq-Saou* (Hérault); *Boudalès*, *Bourdalès* (Pyrénées-Orientales); *Moutardier* (Vaucluse).

Le Cinsaut a été confondu, par la plupart des auteurs, avec l'Œillade noire. Ces deux cépages sont, il est vrai, de la même tribu et on ne peut méconnaître les analogies qui les rapprochent, surtout sous le rapport du raisin; mais ils diffèrent complétement par les sarments, les feuilles et le port.

Les caractères du Cinsaut sont les suivants :

Souche : de force moyenne, très-fertile.

Sarments : surbaissés, minces, fins, de longueur moyenne, couleur rouge assez foncée, nœuds espacés, de grosseur moyenne.

Feuilles : plus petites que celles de l'Œillade, plus profondément découpées, d'un vert moins foncé et plus jaune, un peu moins rugueuses sur leur face supérieure et cotonneuses à leur face inférieure.

Grappe : grosse et belle comme celle de l'Œillade, à pédoncule tendre, *grains* oblongs, un peu plus gros que ceux de l'Œillade et comme eux d'un beau noir violet fleuri, même saveur, charnus et croquants.

Maturité un peu plus précoce que celle de l'Œillade, du 15 au 30 août.

Le Cinsaut est cultivé comme l'Œillade et confondu avec elle; cependant, il est d'une fertilité plus régulière et plus soutenue; il débourre à peu près comme elle, mais il coule moins; il est moins riche en sarments et en feuillage, mais plus riche en fruit. Il souffre moins du grillage pendant les grandes chaleurs de l'été. C'est un très-beau et très-bon raisin de table.

Comme raisin de cuve, il produit un excellent vin, moelleux, d'une belle couleur rouge, qui cependant n'est pas foncée, et d'un parfum qui rappelle celui du fruit; ce parfum se développe avec l'âge et acquiert même assez d'intensité. Mais il est très-agréable quand le Cinsaut est allié à d'autres espèces, comme l'Aspiran, le Grenache, l'Aramon, le Morrastel.

Il se plaît dans les terrains chauds, caillouteux, élevés, de consistance un peu forte.

Il donne un produit moyen un peu plus élevé que l'Œillade, et surtout plus régulier (de 30 à 60 hectolitres par hectare).

Il est peu sujet aux insectes et à l'oïdium, mais comme l'Œillade il pourrit les années humides et s'égrène quand on le vendange un peu tard.

C'est un excellent raisin de cuve, particulièrement doué de la propriété de parfumer les vins, dans lesquels il entre, et qui doit être multiplié dans les vignes où l'on voudra obtenir des produits fins et délicats.

Origine. — Comme l'Œillade, c'est un des anciens plants du pays, qu'il serait regrettable de voir négliger. Il y a lieu de croire qu'il est originaire de la région.

Aspirans. — Les Aspirans forment une tribu importante, qui comprend, outre des sous-variétés, trois variétés bien distinctes : à fruit noir, à fruit gris, à fruit blanc. On les trouve surtout répandus dans les trois départements du Bas-Languedoc, où ils sont considérés comme les meilleurs des raisins de table.

La variété noire est la plus répandue.

Aspiran noir. — Synonymie : *Aspiran, Verdal* (Hérault), *Piran* (Gard), *Riveyrenc* (Aude).

Les caractères de l'Aspiran sont les suivants :

Souche : assez forte, d'une grande longévité, très-fertile.

Sarments : demi-érigés, fins, assez forts, longs, couleur rouge clair, glauques, nœuds espacés, moyennement renflés.

Feuille : assez grande, mince, de forme élégante, à cinq lobes, dont les sinus sont profondément découpés, bien dentelée, d'un vert jaunâtre, bordée de rouge çà et là à l'arrière-saison. Revers sans coton ; pétioles frappés légèrement de rouge à l'arrière-saison.

Grappe : moyenne, un peu lobée, à petites ailes, très-jolie, à pédoncule rouge, demi-ligneux. Grains plus ou moins serrés selon l'année, de grosseur moyenne, légèrement oblongs, violets, très-pruinés, à peau fine, très-juteux, croquants, durs et légèrement acidulés, ne rassasiant jamais, délicieux à manger.

Maturité précoce, commencement de septembre.

L'Aspiran est élégant dans son port, dans ses formes, dans ses feuilles et ses fruits. Il est difficile de ne point le reconnaître quand on l'a vu une fois, car ses caractères sont tranchés.

L'Aspiran est important dans la région, surtout dans les trois départements du bas Languedoc, où il est préféré à tous les autres raisins pour la table. On le recherche moins en Provence, où, d'après le docteur Baumes, il n'a plus la même qualité. Comme il ne rassasie jamais, qu'il est exquis et très-salubre, on en mange dans le Midi d'énormes quantités ; aussi, pendant la fin du mois d'août, tout le mois de septembre, et une partie d'octobre, entre-t-il pour une portion notable dans l'alimentation publique.

Il est aussi très-estimé pour la cuve ; son vin est vif, petillant ; fin, délicat, légèrement parfumé, d'une jolie couleur rouge-clair. C'est un excellent vin de table, dont la durée, sans être très-longue, est cependant de cinq à six ans, quelquefois plus, mais pour le commerce il manque de couleur et d'une certaine rudesse, qu'on recherche comme un signe de fermeté. L'Aspiran devrait, comme le Cinsaut et l'Œillade, entrer dans la composition des vins fins de la région méridionale. On trouve d'ailleurs ces trois cépages dans les anciennes vignes de Saint-Georges, près Montpellier, dont le vin jouit d'une juste réputation.

Il croît et donne des produits dans tous les terrains, mais il se plaît plus particulièrement dans les sols rocailleux, assez substantiels. Il y donne les plus abondantes récoltes.

Il débourre, en temps moyen, plus tard que l'Aramon, un peu après l'Œillade, n'est pas exposé aux gelées, car sa souche est assez haute, coule peu, n'est pas atteint plus particulièrement par les insectes ou par l'oïdium ; redoute peu le grillage pendant les chaleurs, pourrit facilement en temps humide, quoiqu'il ne touche pas terre, à cause de la finesse de sa peau. Il charge régulièrement, et produit de 25 à 50 hectolitres par hectare, selon les terrains et la culture.

L'Aspiran, avec toutes ses qualités comme fruit de table, n'est guère connu et apprécié que dans le bas Languedoc, et peut-être en Roussillon ; ailleurs, et surtout plus au nord, quoiqu'il soit précoce, on n'a pu en obtenir de très-bons fruits, même en attendant longtemps leur maturité. Cela vient probablement des conditions qu'exige ce raisin pour atteindre une maturité qui développe convenablement ses qualités. Il a besoin, à la fois, d'une somme de chaleur et de lumière assez considérable, qu'il ne trouve que dans le Midi, et en même temps de l'humidité atmosphérique qu'apporte le voisinage de la mer ou des grandes masses d'eau. Ces conditions sont difficiles à remplir ailleurs que dans certaines parties de la zone méridionale.

D'autres cépages, l'Aramon, par exemple, partagent avec lui la même particularité. Au midi, ils occupent comme précocité la fin de la troisième époque, et sont au nord classés dans la cinquième. La qualité des Aspirans comme raisins de table varie, même dans le Midi, selon les localités ; ainsi il existe aux environs de Montpellier un village renommé par ses Aspirans, c'est *Pignan*. Ils y sont précoces et réellement exquis. Pignan approvisionne de préférence le marché de Montpellier.

Aspiran gris. — *Verdal* (Hérault).

L'Aspiran gris est une variété du précédent, qui n'en diffère guère que par la couleur du raisin et le ton plus clair des feuilles et des sarments. Il est également agréable à manger et mûrit aux mêmes époques. Le raisin est d'un gris clair particulier, qui tantôt passe au vert sur les grains à l'ombre, tantôt au violet très-léger, dans les parties qui sont frappées par le soleil. Il existe un assez grand nombre de sous-variétés d'Aspirans gris, qui diffèrent, dit-on, par la grosseur, la fertilité, le goût, la nuance ; nous n'en sommes point étonnés, car l'Aspiran, si recherché pour la table, est très-répandu et a dû non-seulement être placé en treille, en hautains, en souches, à toutes les expositions ; mais encore être l'objet de semis spéciaux, qui ont produit des sous-variétés. Celles que nous connaissons ne nous paraissent pas assez définies pour mériter une description séparée : elles ont toutes le caractère commun à l'Aspiran, élégance de port, de feuillage, belles grappes de grosseur moyenne, très-pruinées, ce qui leur donne un aspect d'une fraîcheur veloutée particulière ; goût délicieux.

L'Aspiran gris fait d'excellent vin blanc, petillant et d'une transparence toute particulière. On ne le cultive pas pour la cuve. On en trouve un cep en treille, devant la plupart des habitations en Languedoc.

Aspiran blanc. — L'Aspiran blanc est la troisième variété de l'Aspiran. Il diffère un peu des deux précédentes, quoique les sarments, la feuille et le raisin aient les mêmes caractères. Le ton et la couleur en sont encore plus clairs que dans les deux autres. La couleur du raisin est très-blanche et relevée par la poussière glauque qui s'y trouve abondamment.

Il nous a paru moins fertile que les deux premiers, quoiqu'il produise d'une manière satisfaisante. Il est comme eux délicieux à manger, mais il n'acquiert sa maturité que quelques jours plus tard.

L'Aspiran blanc est, comme les deux autres, un raisin si élégant, si frais, qui orne si bien un dessert, que sa place est marquée dans toutes les collections de cépages du Midi, dans lesquelles on voudra réunir les beaux et bons raisins de table.

Origine. — L'Aspiran est originaire du bas Languedoc; il est probablement très-ancien, car on en trouve de très-vieux dans les vignes les plus vieilles. Il est considéré comme un des *anciens* plants du pays. Il y a dans le département de l'Hérault, près du fleuve du même nom, un village nommé *Aspiran*, duquel il pourrait bien avoir tiré son nom. M. H. Bouschet a émis cette opinion, qui, à défaut de preuves contraires, nous paraît assez probable.

Terrets. — Les Terrets forment, dans la région méridionale, une tribu fort importante, cultivée, comme celle des Aspirans, pour la table et la cuve, mais surtout pour la cuve. Elle comprend, outre des sous-variétés mal définies, trois variétés principales : la noire, la rose ou grise, et la blanche.

On trouve principalement les Terrets, comme les Aspirans, dans les trois départements qui formaient autrefois le bas Languedoc.

La variété noire et la rose sont les deux plus répandues.

Terret noir. — Synonymie : *Terret noir* (Hérault, Gard, Aude, Pyrénées-Orientales).

Les caractères du Terret sont les suivants :

Souche : moyenne, peu ramassée, disposée à vieillir assez vite, très-fertile.

Sarments : érigés, peu abondants, vigoureux, noués long, assez forts, nœuds bien accusés; couleur rouge peu foncée.

Feuille : de grandeur moyenne, presque lisse, un peu cotonneuse sur le revers, 5-lobées, lobes supérieurs bien accusés, tandis qu'à la partie inférieure de la feuille, ils se confondent avec les dentelures qui sont grossières; couleur vert clair. Pétioles verts, se desséchant et tombant vite à l'arrière-saison.

Grappe : grosse, forte, à grains serrés, irrégulièrement ailée; pédoncules ligneux, tenaces.

Grains : gros, rouge violet clair, obronds, à peau ferme et dure, croquants, très-juteux, légèrement acidulés, d'une saveur fraîche et agréable. Bons à manger vers le milieu d'octobre.

Maturité : tardive; du 5 au 15 octobre, selon les années.

Le Terret a été un des cépages les plus importants dans l'Hérault, le Gard et une portion de l'Aude; mais cette importance, quoiqu'elle soit encore considérable, décroît tous les jours. Dans l'Hérault, ce cépage était, il y a trente ans, le plus répandu de tous; c'est lui qui formait le fond de la plupart des plantations, soit dans la plaine, où il ne redoute ni la gelée ni la pourriture, soit sur les coteaux, où il produit d'excellents vins, frais, légers et bouquetés, quand ils sont faits d'une manière convenable. Aujourd'hui le Terret noir est à peu près abandonné partout, et on le remplace par l'Aramon, plus précoce, plus productif, et dont le vin a une couleur d'un plus beau rouge.

Le Terret noir est à la fois un raisin de cuve et de table; dans l'arrière-saison, alors que les Aspirans passent, il les remplace, et entre dans l'alimentation pour une proportion considérable.

C'est un cépage qui se met vite à fruit; dès la troisième année il donne des récoltes abondantes; il ne pousse de sarments que sur les yeux des coursons et fort peu sur le vieux bois, aussi ne présente-t-il pas ce luxe de végétation qu'on trouve chez les Aramons, les Clairettes, les Piquepouls.

Il vieillit vite.

Il produit abondamment et régulièrement. Dans les terres bien ressuyées, graveleuses et un peu fortes, où il se plaît, il donne de 60 à 75 hectolitres par hectare, quelquefois beaucoup plus.

Il croît et fructifie dans tous les terrains; aussi le cultive-t-on dans la plaine et sur les coteaux. Dans la plaine, parce qu'il débourre très-tard, et n'est que bien rarement gelé; parce que ses raisins à peau dure et ferme résistent bien à la pourriture; sur le coteau, parce qu'il y est encore plus fertile qu'un grand nombre d'autres cépages, et qu'il ne redoute pas les insectes.

Si on réforme aujourd'hui le Terret qui peuple encore toutes les anciennes vignes, cela tient aux raisons suivantes :

D'abord, le vin qu'il produit dans les bons terrains manque de solidité et de couleur; il y est moins fertile que l'Aramon, tout en produisant des vins moins recherchés par le commerce. Il vieillit beaucoup plus vite. Enfin, de tous nos cépages, c'est celui qui est le plus sujet à dégénérer. Il devient *coulard* et *avalidouïre*. Il est *coulard*, lorsque sur toutes les grappes du cep les grains coulent les uns après les autres, et qu'il ne reste plus qu'une grappe démembrée avec deux, trois ou quatre grains seulement. Chaque année le même phénomène se reproduit et la souche devient infertile.

Il est *avalidouïre,* lorsque sur le cep toutes les grappes se dessèchent à leur insertion sur le sarment. C'est après la floraison que le raisin disparaît de cette manière, sans laisser de traces.

Les ceps ainsi dégénérés, ne reprennent plus leur fertilité; il ne reste plus qu'à les greffer ou à les arracher. On ignore les causes de cette altération. Il y a des vignes de Terret très-vieilles, où il est fort rare de voir un cep dégénéré; il y en a d'autres où ils sont, au contraire, fort nombreux. Dans une vigne de deux hectares qui contient environ neuf mille ceps de Terrets noirs, j'en ai fait greffer, depuis six ans environ, quinze cents devenus coulards ou avalidouïres. Chaque année on découvre de nouvelles souches dégénérées.

Les Terrets de toutes variétés sont profondément atteints depuis l'invasion de l'oïdium; ils ne dépérissent pas sous l'influence des ravages de ce cryptogame parasite, car l'emploi du soufre les en débarrasse et leur donne une remarquable vigueur, mais ils sont attaqués, beaucoup plus qu'autrefois, par le *rougeau*, que nous avons décrit et désigné en 1853 sous le nom de *rougeau* des Terrets; leur végétation semble s'arrêter, la maturité ne se fait plus, ou bien elle est entravée et la récolte est très-compromise. Ces effets se produisent, principalement, à la fin de juillet et dans le courant d'août, à l'époque où se font sentir les chaleurs et la sécheresse d'été. Enfin, les raisins du Terret sont assez facilement grillés par les coups de soleil.

Toutes ces causes jointes au défaut de précocité font abandonner la culture du Terret dans les terres assez profondes et fertiles; l'Aramon l'y remplace avec avantage, et dans ce cas nous ne saurions le regretter.

Mais il n'en est pas de même dans les coteaux. Le vin qu'il y produit est de bonne qualité; il n'est pas chargé en couleur, c'est vrai, mais dans les bonnes années, il est léger, bouqueté, et nous paraît être un des bons vins de table de la région. Aujourd'hui, un pareil vin n'a guère de prix pour le commerce, qui recherche avant tout la fermeté et la couleur; mais si les besoins viennent à changer, et qu'on demande de jolis vins frais, légers et parfumés, on reviendra au Terret dans les coteaux graveleux. Les vins de Saint-Georges et de Langlade étaient autrefois produits, à l'époque de leur plus grande réputation, principalement par des Terrets, accompagnés d'Œillades, de Cinsauts et d'Aspirans. Aujourd'hui les meilleurs proviennent encore des mêmes cépages.

Origine. — Le Terret est originaire du bas Languedoc, et probablement de l'Hérault, où il est multiplié plus que partout ailleurs. C'est un de ceux qu'on place au premier rang, parmi les *plants dits du pays*. Il est très-ancien. On ne sait rien de plus sur son origine. Il n'a pas de synonymes. Olivier de Serres n'en fait pas mention. Comme il mûrit fort tard, on ne peut le cultiver que dans les parties de la région méridionale, à la fois chaudes et sèches, et comme il craint l'excès de chaleur, il ne convient pas aux climats trop brûlants. De là, probablement, la cause qui a empêché sa culture de se répandre hors de son pays d'origine.

Il existe un assez grand nombre de variétés de Terrets, comme cela arrive pour tous les cépages très-anciens et très-cultivés, mais ces variétés sont elles-mêmes, le plus souvent, mal définies et incertaines, en ce qui concerne au moins les Terrets noirs. Le sol, la culture et l'exposition, ainsi que la tendance naturelle de ce cépage aux modifications spontanées, peuvent expliquer la formation de ces sous-variétés, mais elles ne nous paraissent pas comporter une certitude suffisante. Le Terret gris ou Terret bourret, et le Terret blanc, sont au contraire parfaitement caractérisés et bien connus.

Terret bourret. — Synonymie : *Terret bourret, Terret gris* (toute la région).

Ce Terret présente, pour la souche, le port, les sarments, la feuille et le fruit, les caractères du Terret noir.

Il paraît cependant plus vigoureux; il est généralement beaucoup plus fertile, et la couleur du sarment et celle de la feuille sont un peu plus claires que dans la variété noire. — Le raisin est d'une couleur rose tirant sur le gris, assez prononcée, mais il donne un jus tout à fait incolore, et entre dans la confection des vins blancs communs.

Le Terret bourret est un des cépages les plus répandus dans le bas Languedoc; les bas-fonds sujets aux gelées en sont, pour la plupart, plantés; il y est d'une grande fertilité, et comme il pousse tard, il y redoute moins les froids tardifs que les autres cépages. Dans certains sols, il produit autant que l'Aramon, et plus régulièrement. Aussi peut-il y donner 100 hectolitres par hectare; certaines années ce produit est susceptible de doubler. Il est vrai qu'il se réduit à rien lorsque les vignes sont ravagées par les gelées tardives, car les seconds bourgeons du Terret ne sont pas fructifères comme ceux de l'Aramon; ils ne produisent guère que des grappillons qui n'arrivent pas à maturité.

Dans les sols moins riches, lorsque sa fertilité n'est pas exagérée (50 à 60 hectolitres par hectare), le vin qu'il produit est de bonne qualité, solide, corsé, spiritueux, incolore, mais il manque généralement de finesse et d'agrément.

Dans les sols fertiles, il produit les meilleurs vins de chaudière, car, lorsque les vendanges ne sont pas trop humides et qu'on le récolte sans pluies, on en obtient un vin assez capiteux, dont le prix est encore assez avantageux, quoique destiné à la chaudière.

Depuis quelques années, les Terrets bourrets se montrent sujets aux mêmes inconvénients que le Terret noir pour le rougeau; ils vieillissent vite comme lui, et leur vin, qui est blanc, a beaucoup moins de valeur que le rouge; aussi le remplace-t-on par l'Aramon. Il n'est pas sujet à la dégénérescence comme le noir; sa fertilité se soutient au contraire très-bien, mais il est sujet à varier pour la couleur de ses fruits; il n'est pas rare de lui voir produire à la fois sur le même cep des raisins blancs, gris et noirs. Parfois le raisin est moitié gris et moitié blanc; moitié noir, moitié gris. Les grains sont quelquefois mi-gris, mi-noirs.

Cette tendance à changer de couleur se manifeste surtout du gris vers le noir, la tendance à passer au blanc est beaucoup plus rare.

Le Terret gris est agréable à manger, mais pour la table, il est moins estimé que le noir.

Terret blanc. — Synonymie : *Terret blanc* (toute la région).

Ce Terret possède les mêmes caractères généraux que les deux précédents, quant à la vigueur, aux sarments et aux feuilles. Le ton de ces dernières est cependant un peu plus clair. Ses grappes sont d'un blanc très-pâle, et assez belles.

Il est généralement moins fertile que le Terret gris et mûrit un peu plus tôt.

Le vin qu'il produit est aussi de meilleure qualité.

Ses raisins se conservent bien dans l'arrière-saison. Ce cépage est peu répandu.

Brun-fourca. — Synonymie : *Brun-fourca* (Var, Bouches-du-Rhône, Hérault, Gard); *Farnous*

(Provence); *Moulan, Mourrastel-flourat, Morrastel-flourat, Moureau* (Hérault).

Les caractères du Brun fourca sont les suivants :

Souche : moyenne, assez vigoureuse, très-fertile dans les terrains où elle se plaît.

Sarments : érigés, forts, d'un rouge grisâtre poussiéré, très-lisses, longs, entre-nœuds longs, nœuds assez forts.

Feuilles : moyennes, plutôt petites, lisses sur les deux faces, luisantes, un peu recoquillées en dedans, d'un beau vert pendant la végétation; teintées en rouge, en entier, ou seulement sur les bords, pendant l'arrière-saison; de forme arrondie, presque entières, à cinq lobes peu accusés, à dentelures grosses et sans profondeur.

Grappe: ligneuse, grosse, longue, ailée, à gros *grains* oblongs, noirs, très-fleuris ou pruinés, charnus, de saveur sucrée et acidule, s'égrenant facilement lorsqu'ils sont mûrs. De gros grains jaunes qui ne se colorent pas restent parfois dans la grappe; certains ceps produisent un assez grand nombre de grappillons.

Le Brun-fourca débourre tard, avec un très-petit bourgeon, d'un vert jaunâtre particulier; le raisin se montre dès la sortie du bourgeon; il végète ensuite très-vigoureusement, et mûrit de bonne heure (du 1er au 10 septembre). Les raisins sont volumineux et à gros grains, couverts de farine, si abondamment qu'on l'a nommé *farnous* (farineux) en Provence, *Morrastel-flourat*, ou simplement *flourat* en Languedoc.

Les fruits sont massés à la base des sarments, très-rapprochés les uns des autres, et forment comme un monceau de raisins.

Dans les terrains où il se plaît, le Brun-fourca est un des cépages les plus fertiles de la région, et le vin qu'il produit est bon et d'une belle couleur. Il suit assez volontiers la fertilité du sol, comme l'Aramon, ce qui est un précieux avantage. Les terrains profonds, et surtout bien ressuyés, en terre franche un peu graveleuse, lui conviennent particulièrement; il y donne 75 hectolitres à l'hectare, et quelquefois plus. Il prend de boutures avec la plus grande facilité, et donne la même année de longs sarments. Dès la troisième année il est à fruit, et commence à produire.

Il a besoin d'être soutenu par des engrais et de bonnes cultures; quand il est négligé, il produit peu. Dans les terrains rocailleux, et dans ceux qui sont trop arides et trop pauvres, sa fertilité et sa durée se réduisent beaucoup.

Le Brun-fourca est, au contraire, fertile dans les bons terrains; il débourre tard et redoute peu la gelée; il n'est pas sujet à la coulure. On le vendange de très-bonne heure et il produit un bon vin, de belle couleur, d'une limpidité qui m'a paru particulière; voilà ses avantages.

Ses inconvénients sont nombreux. Il ne croît pas bien dans tous les terrains; alors il produit peu, et dépérit vite; il est fort sujet aux retours de sève, et en souffre plusieurs années de suite, car il ne refait pas son bois avec facilité. Les altises l'attaquent avec une préférence marquée, et lui font subir les plus grands dommages. Les seconds bourgeons ne sont pas fructifères comme ceux de l'Aramon ou des Gamais. Il s'égrène avec la plus grande facilité, et pourrit très-vite; aussi a-t-il besoin d'être activement vendangé; voilà ses défauts. Ils sont assez grands pour l'avoir fait réformer dans un assez grand nombre de localités.

L'oïdium l'attaque généralement assez tard, mais ses dégâts sont très-considérables quand on le néglige, à cause de la disposition du raisin, qui est serré.

D'après M. Pellicot, il y a trois variétés de Brun-fourca : la bourre longue ou farnous, bonne variété; le bouquetier, dont les grains coulent; et enfin une dernière à grappes dont les grains sont très-serrés et mûrissent d'une manière inégale. — On ne connaît dans l'Hérault que la première; quant aux deux autres, elles nous ont paru des dégénérescences de la première, plutôt que des variétés distinctes, comme cela arrive pour le Terret.

Origine. — Le Brun-fourca paraît être originaire de Provence. Depuis quelques années il tend à se répandre dans le Bitterois et le Narbonnais, où il était à peu près inconnu.

Aux environs de Montpellier on en trouve quelques vieilles vignes, dans les communes au nord de l'arrondissement; sur le littoral, il est peu connu et encore peu cultivé.

Piquepouls. — Les Piquepouls forment, dans la région méridionale, une tribu bien caractérisée, et très-importante. Ils comprennent les trois variétés noire, rose et blanche.

On les cultive exclusivement comme raisins de cuve, car ils sont presque immangeables. On les trouve dans les Bouches-du-Rhône et le Gard, mais beaucoup moins que dans l'Hérault, où ils couvrent de vastes surfaces, et dans l'Aude et les Pyrénées-Orientales.

La variété noire est la moins importante; la rose est la plus cultivée; la blanche tend à se répandre.

Piquepoul noir. — Synonymie : *Piquepoul noir, Picpouille, Picapulla* (Hérault, Gard, Bouches-du-Rhône, Pyrénées-Orientales).

Les caractères du Piquepoul noir sont les suivants :

Souche : forte, très-vigoureuse, de longue durée, fertile.

Sarments : érigés, forts, vigoureux, noués court, assez rayés, nœuds forts, rouge clair.

Feuilles: moyennes, un peu rugueuses sur les deux faces, quelques villosités sans coton à la face inférieure, à cinq lobes moyennement découpés, les deux sinus supérieurs plus profonds que les autres; bien dentelées, d'une couleur vert gai, jaunissant à l'arrière-saison, sans se frapper de rouge chez les variétés rose et blanche, pétioles verts; dans la varité rouge, la feuille rougit un peu, ainsi que son pétiole.

Grappe : moyenne, très-ailée, à grains serrés.
Grains: petits, un peu oblongs, noirs, très-juteux, sujets à s'égrener, à suc très-doux, à peau fine, assez sujets à pourrir.

Maturité tardive, premiers jours d'octobre.

Ces caractères s'appliquent également aux trois variétés, sauf la couleur du raisin.

Le Piquepoul noir est plus répandu dans le Roussillon que dans le Languedoc et la Provence. On le réforme généralement; il produit cependant un bon vin, assez fin et spiritueux, mais il est moins fertile que l'Espar, le Morrastel, la Carignane, etc., et son vin est moins ferme et moins coloré. On le trouve mêlé çà et là aux cépages qui forment les vieilles vignes, mais on n'en plante plus, ou fort peu.

C'est par excellence le cépage des terrains pauvres et arides; il y végète vigoureusement et y donne quelque produit. Dans les bonnes terres il est d'une vigueur exubérante; comme ses fruits sont à petits grains, il n'est pas très-productif.

Le Piquepoul gris étant de beaucoup la plus importante des trois variétés, nous réservons pour ce cépage les détails qui concernent les Piquepouls.

Piquepoul rose ou gris. — La description des caractères du Piquepoul noir, s'applique au Piquepoul rose, sauf la couleur des raisins qui, dans celui-ci, est d'un rose foncé tirant sur le gris. D'ailleurs le Piquepoul gris se transforme en Piquepoul noir, de même que le Terret gris en Terret noir; les cas de cette transformation sont assez fréquents.

Ce cépage est plus fertile que la variété noire, aussi la culture du Piquepoul gris est-elle très-considérable dans les arrondissements de Béziers et de Montpellier, où de vastes vignobles en sont exclusivement plantés.

De tous les cépages, c'est celui qui s'accommode le mieux des terrains pauvres et arides; il y croît vigoureusement et y donne de bons produits. Sa grande vigueur le rend particulièrement propre à devenir sujet de greffe, dans les sols où les variétés qu'on veut greffer ne prospéreraient pas suffisamment.

Les terrains qui conviennent le mieux au Piquepoul, sont les sols caillouteux ou marneux un peu forts. On le cultive cependant dans les plages les plus sablonneuses, sur les bords de la mer, à Agde et à Marseillan, et il y fructifie malgré les inconvénients d'une pareille situation.

Le Piquepoul est exclusivement un raisin de cuve; il produit selon les terrains de 20 à 40 hectolitres par hectare. Sa longévité est très-considérable. Le vin qui en provient porte le nom générique du cépage : Piquepoul. Il est incolore, limpide, spiritueux, fin, petillant, bouqueté, sec, et très agréable. Le Piquepoul de bon cru est comparable aux meilleurs vins blancs analogues aux Sauternes.

Il est regrettable que ce genre de vin ne soit pas mieux connu, hors des lieux de production. Mêlé aux vins rouges, il leur donne de la finesse, de la spirituosité, et une qualité particulière.

Le Piquepoul pousse tard et n'est pas sujet à la gelée; son raisin, placé à la base même du sarment, paraît dès la sortie du bourgeon.

S'il ne redoute pas la gelée, il est plus sensible à la coulure; les années à printemps humide lui sont fatales; on voit à la fin de mai, et dans la première quinzaine de juin, des récoltes de Piquepouls disparaître, pour ainsi dire, sous l'influence des brouillards. On trouve quelques Piquepouls *avalidouïres*, c'est-à-dire dont la grappe, après avoir fleuri, se détache à son point d'insertion sur le sarment, et disparaît en entier; mais ce cas est moins fréquent que chez les Terrets.

Les insectes ampélophages n'ont point de préférence pour le Piquepoul, aussi est-il peu sujet à leurs attaques.

L'oïdium l'envahit avec une intensité toute particulière, et en détruit les récoltes en peu de jours, si l'on n'en surveille pas soigneusement les atteintes. Il ne se montre pas sur le Piquepoul aussitôt que sur la Carignane, mais les dégâts qu'il lui fait subir, sont au moins aussi grands. Les vignes de Piquepoul ont été des plus éprouvées depuis l'apparition de l'oïdium. Beaucoup d'entre elles, réduites dès les premières années à une infertilité complète, ont été arrachées, ce qui est très-regrettable; d'autres ont été greffées. Depuis que le soufrage est adopté, les Piquepouls ont repris leur fertilité et donnent de bons produits.

Le Piquepoul mûrit tard, et ne doit être vendangé que lorsqu'il est complétement mûr; alors la peau du raisin, réduite à son épaisseur la plus faible, se détache du grain aussitôt qu'on le touche. Dans ces conditions, son moût donne à l'aréomètre de Baumé de 12 à 14°. Sa vendange a lieu ordinairement du 10 au 25 octobre.

Il présente l'inconvénient de s'égrener avec une grande facilité, et de pourrir vite. Le Piquepoul a besoin d'un climat chaud, car sa maturité se fait tard, et d'un automne sans pluies. C'est dans ces conditions qu'il donne les meilleurs produits.

Les communes de Pomerols, Pinet, Mèze, Marseillan, Florensac, etc., dans l'Hérault, forment le centre de la grande culture des Piquepouls; on en trouve aussi de fort distingués aux environs de Montpellier, et çà et là, sur une foule de points de la région, mais plus particulièrement dans le bas Languedoc.

Piquepoul blanc. — Le Piquepoul blanc est la variété blanche de la tribu des Piquepouls. Il ne présente rien de particulier que la couleur de son raisin. Il est aussi fertile que le rose, et comme il mûrit un peu plus tôt, il est susceptible de donner des vins blancs plus corsés, qu'on peut mélanger avec de la Clairette.

C'est un cépage beaucoup moins répandu que le rose; comme ce dernier, on le cultive principalement dans les communes de Pinet et de Pomerols.

Origine. — Le Piquepoul est un cépage très-ancien; bien qu'il soit cultivé en Espagne, il paraît être originaire du bas Languedoc, où il est répandu plus que partout ailleurs. Olivier de Serres le mentionne, sous le nom de *Pique-poule*, au nombre des cépages cultivés de son temps.

Calitors. — La tribu des Calitors est répandue en Provence et dans le bas Languedoc, mais beaucoup plus dans la première de ces contrées que dans la dernière. On les trouve dans le Gard plus que dans l'Hérault et l'Aude, et dans les Bouches-du-Rhône et le Var plus que dans le Gard. Ils sont connus sous un assez grand nombre de noms différents, et leurs qualités varient selon le sol et l'exposition. On ne les rencontre plus guère que çà et là, dans les vieilles vignes. On les réforme généralement partout, malgré leur vigueur, parce que leur fertilité n'est comparable ni à celle de l'Aramon, ni à celle du Terret; qu'ils donnent un vin sans couleur, de qualité commune, et qu'ils sont fort sujets à pourrir.

On en connaît trois variétés, la noire, la grise et la blanche. La noire est la plus répandue. Le comte Odart, dans l'*Ampélographie universelle*, désigne le cépage qui nous occupe sous le nom de *Bouteillan à gros grain*, — *Cayau*, — *Cargomnou*, — *Sigotier* (Hautes et Basses-Alpes, Bouches-du-Rhône).

Calitor noir. — Synonymie : *Charge-mulet*, *Fouïral* (Hérault). *Calitor noir* (Gard). *Mouillas*, (Aude). *Cargo-muou*, *Bouteillan*, *Pecoui-touar* (Bouches-du-Rhône, Var).

Les caractères du Charge-mulet, ou Fouïral de l'Hérault, Calitor noir du Gard, etc., sont les suivants :

Souche: forte, très-vigoureuse, fertile, de longue durée.

Sarments: demi-érigés, forts, noués court, couleur rouge clair, rayés.

Feuille: moyenne, vert foncé, à cinq lobes très-découpés, à dentelures profondes et aiguës, à sinus inférieurs moins profonds que les supérieurs; un peu rugueuses dessus, à revers blanchâtre et cotonneux.

Grappe: assez forte, cylindrique, couleur rouge-violet clair, à grains assez gros, ronds, juteux, à suc très-doux et fade, à peau fine, sujets à pourrir.

Maturité, vers la fin de septembre.

L'importance du Charge-mulet diminue tous les jours. Dans le Bas-Languedoc, il est considéré comme un mauvais plant, et on le réforme partout; notre avis est qu'on fait bien.

Ce cépage ne présente d'ailleurs rien de bien remarquable, sous le rapport de la pousse, de la couleur, de sa propension à être attaqué par les insectes et l'oïdium.

Toutes ses variétés sont sujettes à pourrir.

Calitor blanc. — La variété blanche est connue plus spécialement sous le nom de Calitor blanc; elle est fertile, et pour cette raison cultivée dans le Gard, où elle est assez répandue.

Calitor gris. — La variété grise se rencontre çà et là dans les vieilles vignes de Piquepoul; on la désigne dans quelques communes de l'Hérault sous le nom de *Saoûle-Bouvier*. Elle produit un bon vin, mais elle n'est pas l'objet d'une culture spéciale, comme pour la plupart des cépages dont il a été question jusqu'à présent.

Origine. — La tribu des Charge-mulets ou Calitors, Bouteillans, etc., est fort ancienne; on la voit répandue dans toute la Provence, et dans le bas Languedoc, sous un assez grand nombre de noms, et il est naturel de penser qu'elle est originaire de l'une ou de l'autre de ces contrées; Olivier de Serres en fait mention sous deux noms différents : *Foirard* et *Colitor*. Foirard et Fouïral sont tout à fait synonymes, et indiquent suffisamment les propriétés laxatives de la variété qui nous occupe. Quant à la dénomination de Colitor, elle est la reproduction à peu près exacte de Calitor, nom qu'il porte aujourd'hui. Ce dernier nous paraîtrait devoir être adopté de préférence aux autres, à cause de son ancienneté.

Clairettes. — La tribu des Clairettes est une des plus importantes de la région méridionale; on n'en connaît que deux variétés, l'une blanche et l'autre rose, également propres l'une et l'autre à donner d'excellents raisins de table et d'ornement, et des vins blancs du plus haut mérite. On ne connaît point de Clairette noire, violette ou rouge capable de donner des vins rouges, ce qui est regrettable, à cause des propriétés si tranchées et si remarquables du type auquel appartient la Clairette.

Sauf la couleur du raisin, qui est d'un très-joli rose clair, ce qui s'applique à la description de la Clairette blanche, peut être attribué à la rose. Cette dernière passe cependant pour être un peu plus fertile, et pour donner des vins plus secs.

Clairette blanche. — Synonymie : *Clairette*, *Clarette* (toute la région), *Blanquette* (quelques communes de l'Aude).

Les caractères de la Clairette blanche sont les suivants :

Souche: forte, très-nouée, atteignant une longévité extraordinaire, très-fertile.

Sarments: érigés, longs, fins, lisses, rayés longitudinalement, glauques; entre-nœuds moyens, couleur rouge très-claire, contenant peu de moelle.

Feuille : moyenne, à cinq lobes peu découpés, surtout à la partie inférieure, face supérieure rugueuse et d'un vert très-foncé, revers très-cotonneux et tout blanc, pétiole teinté de rose.

Grappe : fort jolie, moyenne, assez longue, ailée, dont les grains ne sont pas serrés. *Grains :* oblongs, sous-moyens, d'un blanc transparent, très-élégants de forme et de couleur, pruinés, d'une saveur douce et cependant relevée, très-agréable, à peau fine, susceptible de se passariller au soleil quand la saison est sèche.

Maturité tardive, du 5 au 15 octobre.

On trouve la Clairette répandue en abondance dans toute la région. Elle porte si bien son nom caractéristique de *Clairette*, qu'elle a peu ou point de synonymes. Dans quelques localités, et notamment dans l'Aude, on la désigne bien sous le nom de *Blanquette*, mais ce n'est que tout à fait local. D'ailleurs, il ne faut pas la confondre avec la Blanquette qui sert à faire le vin blanc connu sous le nom de Blanquette de Limoux; ce sont deux cépages bien distincts et sans analogie. Le vrai nom de cette dernière est *Mauzac*.

La Clairette est cultivée sur de vastes surfaces pour la production du vin blanc. On la plante aussi dans quelques vignes rouges pour donner au vin du corps et de l'agrément. Quoiqu'on la rencontre dans toute la région, c'est dans l'Hérault que sa culture paraît avoir pris le plus grand développement. On la trouve surtout dans les communes de Marseillan, Mèze, Florensac, Pomerols, Pinet, Addissan, Maraussan, Villeneuve, etc.

La Clairette forme exclusivement de grandes vignes, dont on tire les vins blancs connus sous le nom de *picardans*.

La culture de la Clairette est conduite d'après les mêmes principes que celle des autres cépages de la région, sauf quelques modifications que nous indiquerons sommairement.

On plante sur défoncement, à trous, ou au pal, ou sans défoncement, selon le terrain; on forme la souche sur trois ou quatre bras, à $0^{m},20$ de hauteur environ du sol à la naissance des bras; comme la Clairette est d'une très-grande vigueur, on lui donne un assez grand nombre de coursons et on taille toujours à deux yeux francs. J'ai vu laisser de 6 à 12 coursons sur les souches d'une Clairette de cent ans d'âge environ, plantés à $1^{m},50$ en carré. La vigne était encore dans toute sa vigueur, et portait bien cette grande quantité de bois. On écime les bourgeons au moment de la floraison, pour faire retenir le fruit et combattre la coulure. La vigueur de la clairette lui fait supporter sans inconvénient ce traitement, dont beaucoup d'autres cépages ne s'accommoderaient pas.

La Clairette ainsi cultivée est d'une durée pour ainsi dire illimitée; nous en avons exploité à Marseillan dont l'âge était inconnu, et que les hommes les plus âgés de la commune n'avaient vues qu'à l'état de vignes vieilles; ces Clairettes plus que séculaires étaient dans un état de conservation excellent, et donnaient des produits considérables. Aussi dit-on qu'une vigne de Clairette n'est jamais vieille.

Ce cépage est si robuste qu'il résiste même à l'abandon sans culture. Nous avons vu des vignes centenaires dans ce cas; après une série d'années, la Clairette a été retaillée, le sol défriché, et un an après, elle recommençait à donner des produits.

A côté de ces faits qui attestent la force et la durée de ce cépage, il faut en mentionner d'autres qui rendent sa culture assez chanceuse; ainsi, il est sujet, vers l'âge de sept à vingt ans, à une maladie particulière, qui en stérilise les souches et les fait périr. On observe tout d'un coup que les coursons meurent, et que de longs sarments poussent du tronc, rampent sur le sol et atteignent plusieurs mètres de longueur. Quand il en pousse d'autres sur les bras de la souche, ils sont de contexture lâche et molle, comme cariés à l'intérieur; ils ne tardent pas à périr. C'est à l'intérieur de la vigne principalement, qu'on trouve le plus grand nombre de ceps ainsi atteints; le mal s'augmente chaque année et s'étend de proche en proche, de sorte que les produits finissent par devenir nuls. Alors on arrache la vigne.

On ne connaît pas de remède contre cet état de dépérissement; il arrive quelquefois qu'après avoir ainsi langui longtemps, la Clairette se remet, et reprend sa fertilité. Cette maladie a été décrite par M. E. Fabre, d'Agde, sous le nom d'*Anthracnose ponctuée*, ou maladie noire ponctuée, parce que les sarments semblent cariés et noircis à l'intérieur, et sont comme ponctués à l'extérieur. On a cru remarquer qu'elle se développe lorsque les Clairettes ont été fumées, et qu'on leur a ainsi donné une vigueur exubérante. Cette cause ne nous paraît point suffisamment fondée, et son origine nous semble toute différente.

La maladie des Clairettes s'observe surtout dans les terrains argileux et tenaces, susceptibles de devenir mouilleux pendant les années humides. C'est à la suite d'humidités persistantes, qu'on voit les jeunes Clairettes contracter l'anthracnose, et comme c'est le centre de la vigne qui est ordinairement plus exposé à l'humidité que les bords, à cause des fossés dont ceux-ci sont entourés, c'est au milieu que le mal commence. Les Clairettes plantées en terrain bien ressuyé ne sont pas attaquées de cette maladie, et nous avons rétabli par un drainage énergique des vignes qui en étaient atteintes. Le drainage est donc le moyen de remédier à l'anthracnose ponctuée, ou plutôt de l'empêcher de se manifester, car les Clairettes qui en sont attaquées en souffrent beaucoup et se remettent rarement bien.

Comme les sols où ce cépage donne ses plus grands produits sont ceux dont le terrain est marneux, argileux, tenace et profond, la plupart ont besoin de drainage, car un petit nombre seulement se trouvent dans des conditions où l'assèchement se fait spontanément.

La Clairette est encore sujette à un autre inconvénient; on trouve çà et là des ceps sur lesquels le raisin disparaît aussitôt après la floraison; ils deviennent *avalidoutres*, comme cela a lieu pour le Terret. Le raisin se dessèche à son insertion sur le sarment, et il tombe sans laisser de traces. On désigne les ceps qui présentent cette particularité sous le nom de *Clairettes de Saint-Jean*. Ordinairement ce sont elles qui se couvrent du plus grand nombre de fleurs. On trouve aussi dans les Clairettes des *ceps coulards*, dont les raisins ne portent que deux, trois ou quatre grains.

Le seul parti à prendre pour les uns et pour les autres est de les greffer.

La Clairette dont la durée est si longue se met à fruit dès la troisième année, quelquefois à la seconde, et sa fertilité se soutient d'une manière continue; cependant elle reste fort longtemps à l'état de *plantier*, c'est-à-dire avec les apparences de la jeunesse. La souche qui devient si forte et si nouée, ne grossit que plus tard, vers trente ou quarante ans, à l'âge où beaucoup d'autres espèces déclinent et dépérissent.

La Clairette croît avec vigueur dans tous les sols; les terrains marneux, forts, pierreux, profonds et bien ressuyés sont ceux où elle réussit le mieux. Les terrains légers lui conviennent peu. Elle pousse tard, et laisse paraître en débourrant un bourgeon tout blanc, dont le fruit se montre avec les premières feuilles. Elle est peu sujette à la gelée, mais elle redoute beaucoup l'humidité et les brouillards, et elle coule souvent. Les grands vents qui renversent ses bourgeons, très-faciles à se décoller, lui font beaucoup de mal, surtout dans les plantiers.

En un mot, elle est sujette à s'*éliober*, si on veut employer une expression spéciale et peu connue.

Elle redoute peu les insectes. L'oïdium ne l'envahit guère qu'à l'époque des chaleurs, mais quand il est négligé, il y commet de grands dégâts.

La Clairette est vendangée tard, afin d'obtenir une maturité suffisante, aussi redoute-t-elle la pourriture dans les années humides, à cause de la finesse de la peau de ses grains; d'un autre côté, comme elle se dessèche facilement sur la souche, on peut l'attendre fort longtemps dans les années où l'automne n'est pas pluvieux.

Le produit de la Clairette est des plus variables. On l'observe fréquemment entre 15 et 50 hectolitres à l'hectare; ce sont ordinairement les vignes vieilles qui produisent le plus, et qui font les vins de la meilleure qualité. La moyenne nous paraît atteindre environ 25 hectolitres par hectare.

Les vins de Clairette, désignés en Languedoc sous le nom de *picardans*, sont pleins, corsés, très-agréables, et conservent les premières années un goût de fruit prononcé. Ils sont secs ou doux selon le degré de maturité qu'on laisse atteindre au raisin.

Les vins secs imitent avec succès les vins de Madère. Les vins doux prennent avec l'âge un arôme et un goût de rancio fort remarquable.

On ne fait guère les vins secs que lorsque le moût atteint de 14 à 15°, et on attend ordinairement 16° de l'aréomètre de Baumé.

On fait les vins doux lorsque le moût arrive de 18° à 20°; il s'épaissit quelquefois davantage, par exemple, lorsqu'à une série de jours humides qui a poussé à la maturité, succèdent les vents du nord si connus sous les noms de *Tramontane* et de *Mistral*. Alors le raisin, dont la peau est très-attendrie, se dessèche et se passerille; la quantité est très-diminuée, mais les qualités deviennent supérieures. Le degré du moût dépasse 20° et atteint jusqu'à 25°.

La Clairette donne d'excellents raisins de table, qui se conservent fort longtemps intacts. Suspendus au moyen de fils, ou placés sur des claies couvertes d'une légère couche de paille, dans un fruitier sec, exposé au nord, ils se rident légèrement, prennent un goût parfait, et arrivent sans se gâter, jusqu'en avril. C'est, à notre avis, le meilleur raisin à conserver pour l'hiver. Il est susceptible de voyager sans altération, aussi nous paraît-il appelé à prendre une des places principales parmi les raisins de table.

Cultivée en treille, la Clairette est d'une fertilité extraordinaire. Ses raisins sont encore agréables à manger, mais ils ne font qu'un vin ordinaire. Il leur faut la maturité que donne la souche pour qu'ils puissent donner des vins de qualité.

La possession de vignes de Clairettes vieilles et fertiles, comme on en trouve dans les territoires des communes citées plus haut, constitue une richesse toute particulière, dont la valeur augmentera sans cesse, car on plante peu de Clairette comparativement aux autres espèces. Les produits de ce cépage seront de plus en plus recherchés, soit sous forme de vins, soit sous forme de raisins de table.

Origine. — La Clairette est un des cépages les plus anciens de la région; elle paraît en être originaire. C'est dans le bas Languedoc une des variétés connues sous le nom de *plant du pays*. Au vignoble de Marseillan, indiqué sur les cartes de Cassini, il y a plus de deux siècles, la Clairette tient le premier rang. Olivier de Serres la mentionne sous le nom de *Clerette*, parmi les espèces cultivées de son temps. Ce beau Cépage pourrait bien être originaire des bords de la rivière d'Hérault, où on le trouve si largement répandu dans les vignobles, depuis Clermont jusqu'à Agde.

Muscats. — Les Muscats forment une tribu fort nombreuse et sont répandus dans toute la région. Les variétés cultivées pour en obtenir du vin sont également bonnes à manger; mais il en est un grand nombre qu'on réserve pour la table seulement, et qui ne donnent à la cuve que des produits médiocres. Nous ne nous occuperons point de ces derniers, qui, pour la plupart, sont énumérés parmi les cépages de table et d'ornement.

Les grands crus de Muscat sont rares; on les trouve dans la région, à Rivesaltes, à Frontignan, à Maraussan et Cazouls, près Béziers, et à Lunel. On en fait aussi sur d'autres points du Midi, notamment dans les Bouches-du-Rhône et dans le Var, en associant au raisin Muscat d'autres cépages blancs; mais la quantité en est trop petite pour donner lieu à un commerce important, et leur réputation n'est point établie comme celle des crus cités plus haut.

Le Muscat cultivé à Frontignan, à Maraussan et à Lunel, dans l'Hérault, est le même; c'est dans cette tribu le cépage le plus important. Celui de Rivesaltes est une variété distincte. Les vignobles les plus considérables sont ceux de Maraussan, qui s'étendent aussi sur les communes voisines et couvrent des centaines d'hectares. Maraussan est le centre de la grande production des Muscats de l'Hérault; elle y est beaucoup plus importante que partout ailleurs; on y trouve des vins de qualité supérieure, qui peuvent être assimilés, selon les points du territoire où ils sont récoltés, à ceux de Frontignan et de Lunel; ils présentent soit le parfum exalté et la spirituosité des premiers, soit la légèreté et la délicatesse des seconds, et se distinguent eux-mêmes par une douceur moelleuse très-distinguée (1).

Muscat blanc de Frontignan. — *Synonymie.* Le Muscat blanc cultivé dans l'Hérault est plus particulièrement connu sous le nom de *Muscat de Frontignan;* on ne lui donne pas d'autre dénomination.

Ses caractères sont les suivants :

Souche : moyenne, de longue durée, fertile.

Sarments : rampants, assez forts, de longueur

(1) Le comte Odart déclare que le meilleur muscat qu'il ait bu de sa vie, est du muscat de Maraussan de 1848, que je lui envoyai en 1859. (*Ampélographie universelle*, 4e édit., p. 385.)

Le même Muscat a obtenu la médaille d'or à l'exposition du Concours régional à Carcassonne.

moyenne, plus courts dans les terrains maigres; couleur rouge brun; nœuds rapprochés, moyennement renflés.

Feuille: moyenne, mince, unie, assez découpée, à cinq lobes aigus, dentelée, d'un beau vert, plus pâle sur le revers que sur la face supérieure, à nervures saillantes.

Grappe : moyenne, allongée, assez régulière, à pédoncule long et vert; *grains :* moyens, ronds, jaune ambré, transparents, fortement dorés par le soleil; se passerillant facilement; à pédicelles assez longs, peu serrés, ordinairement égaux, à chair ferme très-sucrée, d'un goût musqué très-développé, délicieux à manger, mais prenant à la gorge, et provoquant vite la satiété.

Maturité précoce; du 20 au 25 août, pour la table; septembre, pour la vendange, et quelquefois plus tard.

Le Muscat de Frontignan est un des raisins les plus délicieux à manger, et comme il est précoce, on en trouve toujours quelques pieds autour des habitations, soit en souche, soit en treille.

Il est beaucoup plus fertile, cultivé de cette dernière façon, et donne alors en raisins des produits considérables, mais il fait du vin médiocre.

En souche, il n'est pas toujours productif; aussi les vignobles de Muscat ne sont-ils pas faciles à créer partout, comme ceux des autres variétés.

Ces vignobles sont eux-mêmes peu étendus lorsqu'on les compare à ceux de la région, qui sont plantés en variétés rouges; ainsi, Lunel et Rivesaltes ne comptent qu'un petit nombre d'hectares de Muscat. Frontignan est plus important à la fois par le cru et par la surface, mais cette dernière n'excède guère quelques centaines d'hectares. Maraussan comprend la plus grande superficie, et cependant elle n'y dépasse guère, pour le Muscat, plus de 1,200 hectares.

D'après Cavoleau, en 1827, le vignoble de Lunel ne renfermait que 90 hectares de Muscat, celui de Frontignan 490 hectares, et celui de Maraussan 1,168 hectares. Ces proportions sont aujourd'hui certainement modifiées. Lunel a vu diminuer ses Muscats, que l'oïdium avait réduits au plus déplorable état. Frontignan peut avoir conservé les siens, mais leur culture n'y a point encore progressé; à Maraussan, au contraire, elle s'est étendue, car dans cette localité les vignobles ont beaucoup moins souffert de l'oïdium qu'à Lunel et Frontignan, et les plantations nouvelles sont nombreuses. Dans tous les cas, en admettant encore quelques vignes de Muscat, répandues çà et là dans quelques localités où il était autrefois cultivé, mais qui l'ont abandonné, on voit que dans l'Hérault, où les Muscats s'étendent plus que partout ailleurs, la surface qu'ils occupent atteint à peine 2,000 hectares, tandis que dans le même département les autres cépages en couvrent plus de 150,000. C'est une proportion relativement très-faible, mais il ne peut guère en être autrement, parce que les vignes de Muscat ne produisent que des vins de luxe, comparativement chers, dont la consommation est limitée.

Ces considérations n'enlèvent pourtant rien à l'estime si méritée dont jouit le Muscat de Frontignan. Les terrains à la fois rocailleux ou pierreux et un peu forts, substantiels, mais bien ressuyés, dans lesquels le raisin peut acquérir la maturité la plus complète, et se dessécher en partie sans pourrir, sont les plus favorables au Muscat; il y produit environ de 15 à 25 hectolitres par hectare, parfois beaucoup moins.

Chacun connaît le vin muscat de Frontignan, type qu'on retrouve dans les deux autres crus de l'Hérault, et ses qualités exquises. C'est, avec le vin muscat de Rivesaltes, le premier et le plus inimitable des vins de liqueur; suavité, distinction, spirituosité, parfum exquis, le grand Muscat réunit tout. Pour en obtenir ces qualités, il faut le vendanger lorsque son moût donne à l'aréomètre de Baumé de 19 à 20°, et éviter autant que possible la pourriture qui altère les raisins et ôte à leur jus le goût suave de muscat qu'ils possèdent. On vendange quelquefois les moûts à un degré plus élevé; ils sont alors très-gras et sirupeux, et mettent un temps considérable à acquérir les qualités qui les rendent propres à être bus. Quand on les vendange à des degrés trop bas, les Muscats n'ont plus le même corps; ils perdent leur souplesse et sont sujets à devenir secs.

Quand le vin muscat devient vieux, il perd son goût de musc; cela arrive ordinairement après douze ou vingt ans d'âge. Il prend alors un goût de rancio particulier très-distingué, qui lui conserve toujours le premier rang parmi les vins de liqueur.

Le Muscat débourre de bonne heure, mais il souffre peu des gelées tardives, parce qu'on ne le plante que dans les terrains secs et élevés; ailleurs il y serait sujet. Il redoute beaucoup les grandes gelées de l'hiver, et quand il en a été atteint, il s'en remet bien difficilement. Les observations de M. Cazalis-Allut, après les grands froids de 1829, ne laissent point d'incertitude à cet égard; d'après lui, les sarments périssent, la souche elle-même est atteinte, et c'est la racine qui repousse seule, lorsque le mal a été profond; dans ce cas, les Muscats perdent leur fertilité.

Les Muscats sont aussi sujets à d'autres inconvénients; on en trouve dont les grappes sont en grande partie formées de tout petits grains, gros comme des pois, et de quelques autres de grosseur ordinaire; il faut avec soin réformer ces sous-variétés infertiles, qui se produisent sans qu'on en connaisse la cause, et qu'on trouve parmi la plupart des espèces très-anciennes et très-cultivées, qui ont donné lieu, comme le Muscat, à de nombreuses variétés.

Le Muscat de Frontignan est assez sujet à la coulure dans les années humides; il redoute les attaques des insectes ampélophages, et souffre des chaleurs trop fortes de l'été; les coups de soleil lui sont contraires, et grillent facilement ses raisins.

Il souffre beaucoup des attaques de l'oïdium et y est très-sujet. Aussi a-t-il besoin d'être soufré avec un soin particulier.

Il faut avoir grand soin d'éloigner les mouches à miel des vignes de Muscats, comme elles sont très-avides de leur raisin si doux, elles le dévorent un à un, piquent les grains, les détériorent ou les font pourrir, et compromettent à la fois la récolte et sa qualité. Les anciens, frappés de cette avidité des abeilles pour les Muscats, désignaient ces derniers sous le nom d'*Apianæ*, du mot *apes*, qui signifie *abeille*; nous-mêmes, nous désignons le même cépage sous le nom de Muscat, du mot latin *musca*, qui signifie *mouche*.

Le Muscat reste jeune fort longtemps ; c'est un cépage qui ne vieillit que lentement, et il n'atteint sa perfection que lorsqu'il est assez âgé; le temps nécessaire pour cette transformation varie selon les terrains, mais il est long comparativement à celui qu'exigent les autres vignes. On voit des Muscats, à vingt ans, qui sont encore *plantiers*, comme cela arrive pour les Clairettes; la durée du Muscat est d'ailleurs très-longue.

On le cultive comme les autres cépages, en souches espacées de 1^m,50 dans tous les sens, et on le taille court, en donnant au courson un œil ou deux yeux francs, suivant la vigueur de la vigne.

Origine. — L'origine du Muscat de Frontignan est fort ancienne. Le vignoble de Frontignan, d'où il provient, est lui-même très-ancien, et remonte à l'époque de la création des vignobles dans cette commune. La ville de Montpellier, dans le douzième et le treizième siècle, faisait déjà un commerce considérable des vins de ses environs, et parmi eux de vins muscats. Les Romains connaissaient les Muscats (*Apianæ*), et en possédaient plusieurs variétés; il serait fort possible que celle dont nous parlons eût été cultivée par eux et nous fût ainsi venue de l'antiquité, à travers le moyen âge et les temps modernes. Olivier de Serres parle des *Muscats* cultivés à Frontignan, à Mireval, etc., où on les trouve encore aujourd'hui.

Muscat de Rivesaltes. — Le Muscat de Rivesaltes paraît être une variété distincte du Muscat de Frontignan. On désigne ainsi, dans l'Hérault, un Muscat dont la face inférieure de la feuille serait plus blanche; ce serait le trait le plus saillant de ce Muscat, qui nous paraît avoir besoin d'être mieux étudié pour être distingué d'une manière spéciale du précédent. Il ne faut point perdre de vue que certains cépages paraissent modifiés par le sol et l'exposition, lorsqu'on les place en terrains secs, peu fertiles, sur des coteaux brûlés par le soleil; leurs fruits, leurs feuilles, leurs sarments semblent diminuer au point de constituer des variétés nouvelles, qui pourtant n'existent pas.

Le vin de Rivesaltes produit par la variété de Muscat qu'on y cultive, est exquis; il est considéré comme le premier des vins de ce genre, lorsqu'il est d'une année réussie. On n'en récolte guère chaque année que 300 hectolitres, sur 50 hectares environ.

Muscat rouge. — On cultive à Frontignan, dans quelques vignes, une variété de Muscat à fruits violets, de laquelle on tire un vin rosé très-fin et très-recherché. Ses caractères, sauf la couleur du raisin, ressemblent à ceux du Muscat blanc de Frontignan. On préfère ce dernier, lorsqu'il s'agit de former des vignes, à cause de la belle couleur ambrée qu'il donne au vin. Le Muscat rouge est plutôt considéré comme un raisin de table, quoiqu'il donne aussi, au pressoir, des vins très-distingués.

Malvoisies. — Les Malvoisies forment une tribu fort nombreuse et très-estimée, mais, dans la région méridionale qui nous occupe, elles sont peu cultivées pour la production du vin. Le comte Odart leur a consacré, dans l'*Ampélographie universelle*, un long article dans lequel il cite et décrit seize Malvoisies blanches et quatre de couleur.

On n'en trouve guère qu'une seule qui soit cultivée dans la région méridionale, c'est la *Malvoisie blanche* des Pyrénées. On la nomme simplement *Malvoisie* dans les Pyrénées-Orientales, et dans l'Hérault on en rencontre quelques vignes. C'est d'elle seule que nous parlerons.

Malvoisie. — Synonymie : *Malvoisie, Malvoisie des Pyrénées*.

Les caractères de cette Malvoisie sont les suivants :

Souche : moyenne, de longue durée, de moyenne fertilité.

Sarments : rampants, fins, longs, ayant beaucoup de moelle, d'une couleur rouge claire, nœuds bien marqués.

Feuilles : moyennes, presque pleines, à dentelures grossières et inégales, lisses sur les deux faces; villosités sur les nervures; couleur d'un vert franc, jaunissant à l'arrière-saison, et présentant alors çà et là quelques taches rouges.

Grappe : assez volumineuse, ailée, ligneuse, à queue courte; *grains* : obronds, légèrement ovoïdes, de moyenne grosseur, blancs et transparents, dorés du côté du soleil, à peau fine; juteux, très-doux et savoureux, pourrissant facilement.

Maturité du 5 au 15 octobre.

Cette Malvoisie produit des vins excellents, de très-longue garde, qui en vieillissant se perfectionnent de la manière la plus remarquable. Elle est peu cultivée, sans doute à cause de sa fertilité qui n'est que moyenne, et du temps fort long nécessaire aux vins qui en proviennent, pour acquérir leur perfection. Elle se plaît dans les bonnes terres graveleuses, un peu fortes, mais bien ressuyées.

Elle coule dans les années humides, et elle redoute beaucoup la pourriture. Elle est d'ailleurs peu sujette aux attaques des insectes et de l'oïdium.

Dans les sols élevés où elle est cultivée, elle craint peu la gelée ; elle débourre en même temps que le Grenache, l'Œillade, etc.

Elle n'est pas précoce, et on ne peut guère la vendanger que dans le courant d'octobre, à cause de la maturité complète qu'il faut laisser prendre au raisin.

Pour que le vin acquière la qualité convenable, le moût doit donner à l'aréomètre de Baumé environ 15°.

Origine. — Les Malvoisies sont d'origine fort ancienne. Elles tirent leur nom de Malvoisie, ville de Grèce, en Morée, plus connue sous le nom de *Nauplie*, ou *Napoli di Malvasia*, aux environs de laquelle on récolte un excellent vin de Malvoisie.

Olivier de Serres parle, dans son *Théâtre d'agriculture*, de vignes tirées de Grèce par le *sieur de Montbazenc*, et de Malvoisie, par le *sieur de Saint-Drézéri*. Or, Montbazenc et Saint-Drézéri sont deux communes du département de l'Hérault, et peu éloignées l'une et l'autre de Montpellier. Il serait possible que la Malvoisie des Pyrénées fût celle du sieur de Saint-Drézéri, mais ce n'est qu'une hypothèse; comme elle est répandue dans les Pyrénées-Orientales, et qu'on trouve en Espagne plusieurs variétés de Malvoisies, on peut aussi bien supposer qu'elle est originaire du Roussillon ou de la péninsule Espagnole.

Maccabéo. — Synonymie : *Maccabéo, Maccabeu.*

Caractères : souche très-forte, de longue durée, fertile.

Sarments : érigés, gros et forts, assez longs, rayés longitudinalement, de couleur rouge, nœuds espacés bien marqués, peu de moelle.

Feuilles : très-grandes, tourmentées et lisses, à cinq lobes bien découpés, bien dentelés, à revers assez cotonneux, nervures belles et colorées en jaune, couleur vert jaunâtre, jaunissant à l'arrière-saison; pétiole long, fort, coloré en jaune.

Grappe : grosse, très-belle, longue, à long pédoncule, divisé en plusieurs parties, sans ailes régulières. *Grains* : ronds, de belle grosseur, charnus, portés sur de longs pédicelles blancs tachetés, dorés du côté du soleil, très-doux, d'un goût relevé et fin; un peu sujets à la coulure, se passarillant facilement par une grande maturité.

Maturité : du 5 au 15 octobre.

Le Maccabéo est principalement cultivé dans les Pyrénées-Orientales, à Rivesaltes, où il donne un des plus grands vins de liqueurs connus. C'est un magnifique cépage; sa forte souche, élevée, garnie de beaux sarments, et ses grandes feuilles tourmentées, entremêlées de longs et gros raisins, lui donnent une apparence de force et de richesse toute particulière.

Sa fertilité est satisfaisante, aussi pensons-nous qu'il mériterait d'être cultivé sur une plus grande échelle.

Il ne nous a point paru plus sujet qu'aucun autre cépage aux attaques des insectes et de l'oïdium. Il craint les retours de sève, et a besoin d'un sol bien ressuyé, caillouteux et pourtant substantiel.

Le Maccabéo produit peu dans les terrains secs et maigres, où il n'est pas suffisamment entretenu; mais dans les sols de meilleure qualité, sur les coteaux, où il est terré et fumé de temps en temps, il peut produire de 30 à 40 hectolitres à l'hectare.

Origine. — Le Maccabéo paraît être d'origine espagnole. Le comte Odart pense qu'il aura été probablement introduit aux Pyrénées-Orientales, des parties de l'Espagne où il est cultivé.

Le même auteur ajoute cependant que M. Jaubert de Passa, homme d'un grand savoir, affirme qu'il a été importé d'Asie Mineure.

Furmint. — Synonymie : *Furmint, Tokay.*

Les caractères du Furmint sont les suivants :

Souche : moyenne, peu fertile.

Sarments : érigés, moyens, noués court, brun jaunâtre, rayés.

Feuilles : moyennes, trilobées, presque entières, plus larges que longues, vert foncé à la face supérieure, à revers très-cotonneux, nervures très-saillantes.

Grappe : moyenne, à peu près cylindrique, à pédoncule faible et fragile, à *grains* moyens, de grosseur inégale et mélangés de petits grains, ronds, blanc jaunâtre, tachetés, dorés du côté du soleil, juteux très-doux, se passarillant facilement lorsqu'on lui laisse prendre une grande maturité.

Maturité : précoce; dans les premiers jours de septembre; mais on ne vendange ordinairement qu'en octobre.

Le comte Odart a consacré au Furmint, dans l'*Ampélographie universelle* (pages 307 à 312, 4e édition), un article descriptif détaillé, dans lequel on trouvera la plupart des caractères du Furmint, que nous venons de décrire, et une étude complète de ce cépage. Nous en extrayons plusieurs des principaux traits.

Le Furmint est cultivé sur une petite échelle dans l'Hérault et dans le Gard, par quelques œnologues distingués. Il est originaire de Hongrie, où il produit dans l'Hegy-allya le grand vin de Tokay.

M. de Villerase l'importa à Béziers au commencement du siècle; peu après il fut encore envoyé dans l'Hérault par le général Maureilhan. C'est ainsi qu'il s'est répandu dans le midi de la France.

M. le docteur Déjean, à Montagnac, M. Cazalis-Allut, à Aresquiers, M. Baumes, dans le département du Gard, aux environs de Saint-Gilles, l'ont cultivé avec succès, et en ont obtenu des vins exquis, qui ont rivalisé avec les grands vins de Hongrie.

Le vin de Tokay-Princesse de M. le docteur Baumes, primé dans les concours où il a paru, a établi la réputation des vins de Tokay, qu'on peut obtenir du Furmint cultivé en Languedoc. Ce cépage se plaît dans les sols bien ressuyés, un peu forts et pierreux. — Il est peu fertile, ce qui est un obstacle à la propagation de sa culture.

Il a besoin d'être vendangé lorsqu'il est très-mûr et en partie passarillé, ou bien lorsqu'il est légèrement pourri.

Des trente cépages qui viennent d'être décrits, et desquels proviennent tous les vins de la région méridionale, il est probable qu'aucun ne pourrait être utilement cultivé dans les vignobles français, situés au nord de la Loire. Cependant il est plusieurs de ces variétés de vignes, dont les fruits mûrissent, dans le Midi, à la fin d'août, ou dans les premiers jours de septembre. De ce nombre, sont l'Œillade, le Cinsaut, l'Aspiran, l'Aramon, tous considérés comme précoces dans la région méridionale. En Bourgogne la terre classique des grands vins, ils n'atteignent pas une maturité complète, ou si cela arrive, le cas est rare. Dans le Bordelais, la plupart d'entre eux seraient dans le même cas. L'Italie et surtout l'Espagne possèdent un certain nombre de ces cépages, mais beaucoup d'entre eux et des meilleurs, comme l'Aramon, l'Aspiran, les Terrets, semblent appartenir exclusivement au littoral français de la Méditerranée, et caractériser cette région placée au centre de la zone sur laquelle s'étend la culture de la vigne en Europe.

L'époque à laquelle mûrissent les fruits des cépages que nous venons de décrire, n'est pas moins digne d'attention. On verra qu'elle ne suit pas toujours l'ordre constaté par le comte Odart sous le climat de Tours; il est probable que l'humidité atmosphérique, la lumière, autant que la chaleur du climat, contribuent à ce résultat, qui avait d'ailleurs été prévu par l'auteur de l'*Ampélographie universelle*, puisqu'il invitait les possesseurs de collections à dresser, comme lui, par époques, le tableau de la maturité des cépages.

Voici comment on peut l'établir pour la région méridionale, d'après les observations que j'ai recueillies à Launac, près Montpellier, dans ma collection et dans mes vignes.

Je me bornerai aux espèces que j'ai citées plus haut, en y joignant les Pinots et les Gamais, principalement cultivés en Bourgogne et dans le centre, les Cabernets-Sauvignon et les Côts, répandus dans la Gironde, le Lot et le Cher. Je dirai, comme l'auteur de l'*Ampélographie*, que la nature du sol et l'exposition peuvent faire varier quelquefois ce tableau. Celui que je donne a été dressé pour des terrains de fertilité moyenne, intermédiaires entre la garrigue et les sols profonds, et pour une année où les chaleurs et les pluies se rapprochent des moyennes observées.

Première époque; du 15 au 25 juillet.

Morillon hâtif ou Raisin de Juillet; — Jouannenc de Vaucluse; — Précoce de Malingre; — Précoce musqué de Courtiller.

Deuxième époque; du 1er au 15 août :

Tous les Pinots noirs, gris et blancs; — Chasselas musqué; — Ch. doré de Fontainebleau; — Ch. de Montauban.

Troisième époque; du 15 au 30 août:

Les Muscats blancs et rouges de Frontignan; — Muscat de Rivesaltes; — Cinsaut; — Œillade; — Brun-fourca; — les petits Gamais; — les Teinturiers; — la tribu des Gamais; — les Côts; — Cabernet-Sauvignon; — Chasselas Cioutat; — Chasselas rose; — Fendant roux; — Caillaba; — Primanis muscat; — Muscat rouge de Madère; — Muscat noir d'Eisenstadt; — Muscat de Smyrne.

Quatrième époque; du 1er au 15 septembre :

Aramon; — les Aspirans; — Tibouren; — Teoulier; — Barbaroux; — les Syrrah; — Pascal; — Ugni blanc; — Furmint; — Sultanieh; — Corinthes.

Cinquième époque; du 15 au 30 septembre.

Morrastels; — Espar; — Carignane; — Les Calitors; — Aléatico; — Colombaud; — Mayorquen; — Augibi; — Roussanne; — Marsanne; — Chenin; — Pansejaune; — Muscat Caminada; — Muscat d'Espagne; — Olivette noire; — Olivette rose; — Rosaki; — Gros Damas; — Hycalès; — Sabalkanskoi; — Malvoisies à petits grains.

Sixième époque; du 5 au 15 octobre :

Les Grenaches; — les Terrets; — les Piquepouls; — les Clairettes; — la Malvoisie des Pyrénées-Orientales; — Maccabéo; — Olivette blanche; — Olivette de Cadenet; — Raisin-Cornichon; etc.

PLANTATION. — TAILLE ET CULTURE DE LA VIGNE

La vigne est cultivée dans la région méridionale en souches basses, le plus souvent également espacées entre elles. Tel est le caractère distinctif qu'affecte cette culture.

Les échalas, tuteurs et autres supports n'y sont point employés. La vigne se soutient elle-même, et végète librement sans être liée, rognée, et sans cesse gênée dans sa végétation.

Tous les cépages qui ont été décrits précédemment se prêtent à la formation de souches régulières et équilibrées dans le sens qui convient le mieux à la distribution des ceps sur le terrain.

On plante le plus souvent en carré ou en quinconce, en espaçant les ceps à 1m,50 les uns des autres. On réduit quelquefois l'espacement à 1m,25. On le porte aussi, dans quelques cas, à 1m,75.

En Provence, on plante beaucoup en lignes doubles, dans lesquelles les ceps sont placés à 1 mètre les uns des autres; on laisse entre chaque double rangée, une distance désignée sous le nom d'*ouillère*, à laquelle on donne le plus souvent 4 mètres; on l'augmente jusqu'à 8 mètres dans les plaines.

On plante aussi dans toute la région en lignes simples, dans lesquelles les ceps sont espacés de 0m,75 à 1m,20 sur les lignes; ces dernières sont distantes entre elles de 2m,25 à 3m,50. C'est principalement en Provence qu'on trouve les lignes formées de souches à 0m,75, et séparées par un intervalle de 3m,50. Cette disposition, comme celle des lignes doubles, permet de consacrer le terrain fort large qui les sépare à des cultures étrangères à la vigne. Quand les lignes sont plus rapprochées les unes des autres, par exemple de 2m,25 à 2m,75, la surface entière du terrain est consacrée à la vigne; on rencontre cette dernière disposition dans toutes les parties de la région. Elle tend à s'y répandre, parce qu'elle facilite les labours au moyen d'instruments aratoires et de bétail de trait; mais elle est beaucoup moins usitée que la disposition en carré ou en quinconce, qui partout, sauf la Provence, est dominante.

Les procédés employés pour la préparation du sol, la plantation, la formation en souche de la jeune vigne ou *plantier*, sont les mêmes, quelle que soit la disposition des ceps sur le terrain, lorsqu'il est tout entier occupé par la vigne.

Ce sont eux que nous décrirons dans les paragraphes qui vont suivre. Quand le sol n'est que partiellement occupé, sa préparation et sa plantation ont lieu successivement sur les portions où végète la vigne. Mais ce mode de culture partielle, en lignes simples ou doubles, diminue tous les jours, et finira par être abandonné. Il n'a plus sa raison d'être depuis l'abolition de l'échelle mobile et l'accroissement de la consommation du vin. Ce nouvel état de choses a produit dans le

Midi un double fait : abaissement du prix moyen des céréales, augmentation de celui du vin.

Le midi de la France, où, par le fait de l'ancienne législation, le prix du blé tendait à s'élever plus que partout ailleurs, est devenu la contrée où il atteint les cours les plus réguliers, grâce aux importations qui ont lieu des provinces de la mer Noire par les ports de Marseille et de Cette, et à l'amélioration des routes et des chemins vicinaux, ainsi qu'à l'établissement des voies ferrées.

Aussi les céréales ont-elles baissé de prix dans toute la région, depuis qu'elles entrent dans les ports français de la Méditerranée, sans payer d'autre impôt qu'un droit de balance de 0f,25 par hectolitre, destiné à constater leur mouvement.

Le perfectionnement général des voies de communication, joint aux traités de commerce dans le sens de la liberté commerciale, ont agrandi le marché sur lequel pénètrent les vins, et en ont augmenté à la fois la demande et le prix.

L'importation des céréales pour la région méridionale qui n'en produit pas assez pour ses besoins, et l'exportation des vins dont elle abonde, sont devenues la base d'un mouvement commercial et maritime des plus importants, qui est destiné à s'accroître encore, et à fonder sa prospérité. Désormais la culture des céréales sera combinée de manière à produire les pailles et les fourrages indispensables, bien plus difficiles à se procurer que le grain lui-même; et le sol qui leur est nécessaire sera limité aux proportions qu'indique l'expérience, et conservé plus particulièrement dans les emplacements les moins favorables à la vigne. C'est pour cette raison que les cultures partielles sont condamnées à disparaître. Elles ne donnent d'ailleurs que des résultats défectueux, lorsqu'on les compare à ceux qu'on obtient en séparant chaque production, et en lui consacrant le sol qui convient le mieux.

Préparation du sol. — Le sol qu'on veut planter en vigne peut se présenter sous trois états différents, soit qu'il appartienne aux garrigues, aux terres profondes insubmersibles, ou aux plaines d'alluvions.

1° Il peut avoir été déjà cultivé en vigne; celle-ci vient d'être arrachée, et on veut la renouveler.

2° Il est cultivé depuis longtemps en céréales, fourrages, mûriers, oliviers, etc., après avoir été déjà planté en vignes, ou sans en avoir jamais porté.

3° Il est en friche, couvert de broussailles et de pierres, et il n'a jamais été cultivé. Ce dernier cas est ordinairement celui des garrigues.

Nous allons examiner chacun de ces états du sol à planter.

Avant tout, il doit être débarrassé de tout végétal étranger, et des obstacles qui en empêcheraient la culture, soit par l'action des instruments de labour, soit par celle des outils à main.

Pour cela, il faut couper d'abord les broussailles ou les arbres s'il en existe, extirper du sol les racines, et enlever les pierres ou le rocher à une profondeur suffisante.

Lorsqu'on défonce le sol, cette première préparation se trouve comprise dans le défoncement; mais cette dernière opération, qui occasionne une dépense considérable, n'est pas toujours pratiquée, et elle n'est pas même toujours nécessaire.

Afin de rendre plus clair ce qui va suivre, nous dirons que tout labour à 0m,40 de profondeur et au-dessous peut être considéré comme un défoncement, et que cette préparation du sol comprend l'extirpation du chiendent, de toute racine et plante quelconque, lorsqu'elle est vivace ou trop volumineuse, ainsi que l'enlèvement des pierres d'un trop gros volume, et enfin l'ameublissement de la terre.

Un grand nombre de défoncements sont pratiqués à une profondeur de 0m,40 à 0m,60, soit à la main, soit à la charrue. Dans les terrains naturellement meubles ou peu tenaces, une forte charrue de défoncement, attelée de six ou huit bœufs, ou une charrue ordinaire à deux bœufs, suivie d'une charrue Bonnet, peuvent descendre la première de 0m,40 à 0m,50, les secondes à 0m,60. Quand on rencontre des pierres et de grosses racines, il faut avoir recours aux bras de l'homme, autrement on risque de briser les instruments.

Lorsque le défoncement doit pénétrer au-dessous de 0m,60 et que le sol est tenace, s'il renferme des obstacles, on l'attaque à bras d'hommes avec la grosse pioche, le pic et la pince; on descend alors à 0m,75, et quelquefois à 1 mètre.

De pareils travaux sont extrêmement coûteux, plus particulièrement dans le dernier cas, et leur prix varie selon les terrains.

On les exécute de préférence en été ou en hiver aux époques de morte saison, lorsque la main-d'œuvre est à bas prix, et on n'y emploie que des bras vigoureux.

Quel que soit le mode qu'on adopte, il est avantageux de les exécuter quelques mois à l'avance, et surtout en été, pour soumettre le sol à l'action fertilisante des agents atmosphériques. La vigne y croît mieux et plus vite, quand on a pris cette précaution.

Quand on défonce avec la charrue à six bêtes dans une terre franche et peu tenace, on peut pénétrer de 0m,40 à 0m,50 et préparer par jour *douze ares* de terrain. La journée de charrue comprenant deux hommes et six bœufs coûte 15 fr. à raison de 5 francs pour les deux hommes et de 10 fr. pour les bœufs. Il en faut huit et demi pour labourer 100 ares, ce qui entraîne une dépense par hectare de 127 fr. 50.

Avec la charrue Bonnet précédée d'une Dombasle ordinaire qui ouvre un premier sillon à 0m,25 de profondeur, la dépense est un peu plus forte. Il faut dans les mêmes sols :

7 journées d'araire, conduit par un homme et deux bœufs, à raison de 6 fr. l'une, soit......	42 fr.
Et 7 journées de charrue Bonnet, conduite par deux hommes et quatre bœufs, à raison de 12 fr. l'une, soit........................	84
TOTAL...........	126 fr.

Il est vrai que souvent on pénètre de cette manière à 0m,60 de profondeur au lieu de 0m,40 à 0m,50 lorsque le sol n'est pas trop résistant.

A ces frais, il faudrait ajouter par journée de charrue ceux d'une journée de femme ou d'enfant, pour ramasser et emporter le chiendent soulevé par la charrue, s'il en existe encore dans le sol ; soit 1 fr. par jour. Dans tous les cas, il vaut mieux avoir fait périr les mauvaises herbes vivaces par des labours d'été multipliés et agir sur une terre où il n'en existe plus.

Il faut aussi tenir compte de l'usure et de l'entretien des charrues, qu'on peut compter à raison de 1 fr. par jour.

Le défoncement à la charrue coûtera :

Dans le premier cas	127 fr.
Plus 8 journées 1/2 à 1 fr. l'une	8 50
Usure de charrue	8 50
Total	144 fr.
Et dans le deuxième	126 fr.
Plus 7 journées à 1 fr. l'une	7
Usure de la charrue	7
Total	140 fr.

Quand on défonce à la main les mêmes terres et que le travail est courant, on emploie ordinairement pour descendre à 0m,50 de profondeur deux cent dix journées de huit heures de travail effectif. Pour descendre à 0m,75, il en faut trois cent cinquante, et souvent plus.

En attribuant à la journée un prix de 2 fr. qui est aujourd'hui bien dépassé, le défoncement à bras des terres franches coûtera par hectare :

A 50 centimètres de profondeur	420 fr.
A 75 id.	700

Il est vrai que dans chacune de ces conditions, le travail à bras d'hommes est très-supérieur à celui de la charrue, les racines et les pierres sont mieux enlevées et le sol est parfaitement purgé.

Quand le défoncement à bras est effectué dans un terrain plus fort qui n'est pas régulier, ce qui est le cas le plus fréquent, son prix s'élève considérablement ; il en est de même si la sécheresse a durci le sol ; il arrive alors que les chiffres qui sont donnés plus haut peuvent doubler.

Dans mes terrains profonds, j'estime qu'un défoncement à bras à 0m,50 coûte au moins 700 francs par hectare, quand il est fait en été ; c'est dire qu'on y emploie environ trois cent cinquante journées de huit heures de travail effectif. A des profondeurs plus grandes, la dépense augmente encore ; elle dépasse 1,200 fr. par hectare à 0m,75 de profondeur.

M. Cazalis-Allut estimait, en 1846, que dans ses garrigues où la pierre s'enlève assez bien, un défoncement à bras d'hommes à 0m,50 de profondeur, s'élèverait à 1,000 ou 1,200 francs ; aujourd'hui il faudrait probablement doubler la dépense pour atteindre le même résultat. Dans les garrigues où le roc est vif et tenace, on peut considérer le défoncement comme trop cher, pour être raisonnablement possible.

Nous avons cru devoir entrer dans ces détails sur les défoncements, pour faire voir combien la dépense en est variable et élevée. Il importe donc de préciser les cas où ils sont nécessaires et ceux dans lesquels on peut s'en passer.

Les sols qui n'ont jamais porté de vignes, peuvent généralement être plantés sans défoncement profond, à moins qu'il ne soit indispensable d'en arracher des arbres et d'en extirper de grosses racines. Mais ce cas est peu fréquent.

Quand il s'agit d'un sol en garrigue rocailleux, couvert de broussailles, reposant sur une roche fendillée qui rend le terrain parfaitement perméable, il suffit d'enlever les grosses pierres et le roc qui gêneraient les labours. On coupe les broussailles et on arrache leurs racines à une profondeur de 0m,20 à 0m,25. Généralement le produit qu'on en retire en bois à brûler paye une partie des frais. Il est des cas, lorsque les pierres ne sont pas trop abondantes ou quand on en a la vente, où cette première dépense est peu importante.

On la fait suivre d'un labour à la charrue quand c'est possible, ou à bras d'homme, qui pénètre à 0m,20 en moyenne.

Quand le sol est dans cet état, on le plante en faisant à la place que doit occuper chaque cep, un trou de 0m,33 en tous sens.

De semblables plantations en garrigue m'ont coûté, selon la difficulté du terrain, pour sa préparation, le percement des trous et l'enlèvement des pierres, de 500 francs à 1,500 francs l'hectare (1).

Quand les pierres sont très-abondantes, on en fait autour de la vigne même de grandes murailles dont l'épaisseur varie selon la quantité dont on dispose.

Ces travaux sont extrêmement coûteux, et ils le seraient bien plus s'il fallait défoncer de pareils terrains. Le plus souvent, il faudrait même y renoncer. Mais l'expérience a appris que dans ce cas, le défoncement appauvrit le sol et que la vigne y vient moins bien que lorsqu'il a été simplement ameubli à la surface et débarrassé de toute végétation étrangère.

M. Cazalis-Allut, chez qui se trouvent de beaux exemples de pareils défrichements, dans la commune de Vic, près Frontignan, est affirmatif à cet égard. (*Bulletin de la Soc. d'Agric. de l'Hérault*, année 1846, pages 294 et suivantes.)

M. Laure dans son *Guide du cultivateur du midi de la France*, conclut, en disant que, dans les terrains rocailleux, « *les défoncements profonds sont une dépense inutile et quelquefois préjudiciable.* » (Page 503.)

Lorsque les garrigues sont formées d'une couche de marne peu perméable, exemptes de pierres, et couvertes cependant de cystes, de kermès, de broussailles de chêne, le défoncement, ou tout au moins le labour profond à 0m,40 est indispensable ; il faut laisser la terre longtemps exposée au soleil, et enfin la drainer pour l'assécher convenablement. Le défoncement est indiqué toutes les fois que par leur nature le mélange du sol et du sous-sol, peut améliorer la terre ; par exemple, si un sol sableux repose sur une bonne marne, et réciproquement.

Lorsqu'on défriche une prairie, il suffit, si le terrain est perméable, d'ameublir la surface jusqu'à 0m,30 de profondeur, et on plante ensuite à trous ou au pal, selon les usages. Si le sol n'est pas perméable, il faut le drainer ; de cette manière, on évite la nécessité du défon-

(1) Cette dépense s'applique à des défrichements faits de 1854 à 1857, quand les journées valaient de 1 fr. 75 à 2 fr. La main-d'œuvre est aujourd'hui plus chère de moitié.

cement. Cette dernière opération produit souvent l'effet du drainage pendant les premières années qui la suivent, mais le sol finit par se tasser; on perd les avantages qu'on avait d'abord obtenus, et on se trouve dans de mauvaises conditions après avoir dépensé des sommes bien supérieures à celles qu'aurait coûtées le drainage (1).

Les terrains déjà cultivés qui n'ont point encore porté de vignes ou qui n'en ont porté que depuis longtemps, peuvent être préparés de la même manière.

On les rompt à la charrue de 0^m,40 à 0^m,60 de profondeur, si c'est possible, ou à bras d'homme à 0^m,50. On extirpe toutes les mauvaises herbes et surtout le chiendent, on nivelle le sol, et on plante soit à trous, soit au pal.

Si on veut se dispenser du défoncement profond et mettre définitivement le terrain dans l'état le plus convenable, il faut le drainer, s'il est mouilleux, afin de le rendre perméable. Les drainages simplifient beaucoup, dans ce cas, la question des défoncements; ils permettent souvent de les éviter dans les terrains forts et rendent beaucoup plus efficaces ceux qu'on peut opérer économiquement à de moindres profondeurs. Dans les terrains argileux ou à sous-sols de marne tenace, à la surface desquels on trouve une grande quantité de pierres ou de gros cailloux roulés qui gênent la culture, la meilleure manière de s'en débarrasser est de creuser des tranchées de drainage assez grandes et profondes pour les contenir; on les fait ainsi disparaître, en transformant la nature du sol de la manière la plus avantageuse. De mauvaises terres froides et mouilleuses peuvent devenir ainsi de bonne nature. Dans les terrains de cette sorte les défoncements sont dangereux, parce qu'ils ramènent à la surface du sol des argiles ou des marnes crues qui ne perdent leur stérilité qu'après une exposition de plusieurs années à l'air et au soleil; les drainages y sont moins chers et n'ont jamais cet inconvénient.

Quand on veut renouveler une vieille vigne et la replanter après l'avoir arrachée, il faut agir selon la nature du terrain, et selon qu'il a été déjà défoncé ou non. Il y a des sols qui s'épuisent vite, et dans lesquels la vigne ne dure pas. Il ne faut pas songer à les replanter tout de suite; s'ils peuvent être cultivés utilement en céréales et en fourrages, il faudra les fumer et les défoncer en arrachant les vieux ceps, et ne replanter qu'après une période de dix à quinze ans. On cherchera à les amender par des marnages s'ils sont trop sablonneux, et on les drainera énergiquement s'ils sont mal ressuyés, ou si les sous-sols sont imperméables. On peut alors espérer que la nouvelle vigne viendra aussi bien, sinon mieux, que la première, et qu'elle aura plus de chances de durée.

Un des cas les plus intéressants est la replantation des terres de garrigues peu profondes et perméables, dans lesquelles la vigne a duré soixante ans et plus, parfois plus d'un siècle. Si elles sont trop pauvres pour produire utilement des grains ou du fourrage, on les aménagera en pâturages bien entretenus par des nivellements et des transports de terre; on ne replantera qu'à longs intervalles, par exemple quinze ou vingt ans. Le sol sera ensuite rompu jusqu'au roc, et semé en sainfoin trois ans avant l'époque où il sera replanté. Il est probable qu'il sera encore susceptible de faire une vigne passable, s'il n'a pas été dégradé ou abandonné.

Quand on veut replanter dans les bons terrains, il faut défoncer à souche perdue en arrachant la vigne, c'est-à-dire de 0^m,50 à 0^m,60 de profondeur, extirper les racines, drainer, si le sol a besoin d'être ressuyé, et semer un mélange de sainfoin et de luzerne. On fume préalablement à raison de 80,000 kilogrammes de fumier d'écurie à l'hectare.

La prairie dure six à sept ans, au bout desquels on peut replanter sur un labour de 0^m,40 de profondeur.

La luzerne et le sainfoin semés dans ces conditions donnent de bons résultats, pourvu que les printemps ne soient pas trop secs. Leur produit varie alors de 8 à 10,000 kilogrammes de fourrage à l'hectare, qui valent 10 francs les 100 kilogrammes. Ils donnent donc un revenu brut de 900 francs environ par hectare, qui indemnise largement des avances faites pour reconstituer un bon sol (2). En admettant que ces dernières s'élèvent à 2,000 francs, en sept années le produit de la prairie sera de 6,300 francs; il laissera pour huit années un revenu annuel de 550 francs et un sol en parfait état.

Il arrive souvent qu'on arrache la vieille vigne sans la défoncer; on se borne à extirper les souches, et on laboure le sol de 0^m,30 à 0^m,35 de profondeur; on sème un sainfoin, on le rompt après trois ans, et on replante la quatrième année sur un labour qui ne peut guère descendre plus bas que le premier, la terre contenant encore une foule de vieilles racines. Cette manière d'opérer est plus économique que la première, mais elle est mauvaise: d'abord, parce que la vigne replantée n'y acquiert pas une vigueur comparable à celle de la première, et dès lors qu'elle produit moins et dure peu, et ensuite parce qu'elle met le propriétaire en perte.

En effet, en admettant que la valeur des souches de l'ancienne vigne en paye l'arrachage, il faudra compter le labour de défoncement pour 140 fr. environ; il faudra purger la terre de chiendent, et il y en a toujours dans les vieilles vignes.

Soit	140 fr.
Deux labours préparatoires pour détruire le chiendent, à raison de 20 francs par hectare chacun et sept journées de femme coûtent	47
La graine de sainfoin et les labours de semis coûtent	63
TOTAL de la dépense	250 fr.

(1) Un drainage établi à 1^m,20 de profondeur, par lignes espacées de 10 mètres, coûte, à raison de 1,000 mètres de longueur par hectare et de 0^f,50 le mètre courant, 500 fr. par hectare. Un défoncement à 0^m,50 seulement, coûte presque toujours beaucoup plus, et il est moins avantageux pour la préparation définitive du sol.

(2) Le défoncement coûtera, à 0^m,60 de profondeur, environ ... 1,000 fr.

Le défoncement coûtera, à 0^m,60 de profondeur, environ	1,000 fr.
La fumure, 80 colliers à 10 fr. l'un	800
Graine de luzerne et sainfoin	60
Labours de semis et sarclages	120
TOTAL de la dépense	1,980

Le sainfoin, dans ces conditions, produit dans les trois années qui suivent celle de la luzerne trois coupes de 4,000 kilogrammes de fourrage à l'hectare chacune, lesquels, à raison de 10 francs les 100 kilogrammes, produisent 1,200 francs. En déduisant pour les frais 250 francs, il restera pour les quatre années un produit brut de 950 francs, soit 237 francs par année. La terre sera mal reposée et le sol peu capable de reproduire une bonne vigne. Il suffit de mettre en comparaison les résultats des deux opérations pour les faire promptement apprécier.

On replante enfin la vigne aussitôt après l'avoir arrachée. Dans ce cas, on défonce de 0m,50 à 0m,75 en arrachant la vieille vigne après la vendange; puis on extirpe toutes les racines et le chiendent; on fume à raison de 40,000 kilogrammes de fumier d'écurie par hectare avant le défoncement, et on incorpore ce fumier dans le sol en le rompant; on replante avec des plants racinés de préférence aux boutures simples.

Dans ce cas, les frais de préparation sont :

Un défoncement qui vaut, en moyenne, à 75 centimètres de profondeur	1,400 fr.
Une fumure de 40 colliers	400
Total	1,800 fr.

C'est une avance faite à la vigne.

Dans certains terrains, on peut exécuter une pareille opération, et obtenir encore une vigne d'un bon produit; mais il est rare de bien réussir. C'est toujours risquer beaucoup, et, en tout cas, les vignes ainsi replantées, de même que celles qu'on rétablit trop tôt dans un terrain mal préparé, sont toujours les plus sujettes aux attaques des insectes et aux maladies de tout genre qui désolent la viticulture. Quant à nous, nous ne saurions conseiller la replantation immédiate. La méthode qui nous paraît la meilleure est celle qui consiste à laisser le sol le plus longtemps possible sans vigne, après l'avoir défoncé à 0m,60 en arrachant, ou du moins à pénétrer jusqu'au roc, s'il manque de profondeur; à l'engraisser successivement par de bonnes fumures, en ne lui confiant que les récoltes qu'il est susceptible de porter, et à le semer en sainfoin pour le rompre à la troisième ou la quatrième année, lorsque le temps de faire la deuxième plantation sera venu. Lorsqu'on est pressé de remettre le terrain en vigne, le semis de sainfoin et luzerne, sur défoncement fumé tel que nous l'avons exposé, nous paraît le meilleur parti à prendre.

De toutes les plantes les plus aptes à régénérer le sol propre à la vigne, le sainfoin est celle qu'il faut préférer. Les sols où il se plaît le mieux sont aussi ceux que la vigne préfère.

Les terrains forts, assez argileux, à la fois calcaires et magnésiens, à sous-sols bien perméables, sont ceux qui supportent le mieux la replantation; ils reproduisent sans cesse les substances potassiques nécessaires à la vigne, et y donnent d'abondants produits (1). Les sols légers qui manquent de corps, où l'argile et les calcaires dolomitiques font défaut, ont sans cesse besoin d'engrais pour réparer les pertes annuelles que leur fait subir la vigne; lorsque les sous-sols de marne leur manquent, ils supportent difficilement la replantation, et les vignes y sont de courte durée.

On a souvent agité la question de savoir s'il était avantageux ou non de défoncer le sol où on veut planter la vigne; on a cité de nombreux exemples pour et contre. Ce qui précède est de nature à éclaircir cette question, qui par elle-même est complexe. On a vu que dans les terrains rocheux et rocailleux, très-perméables, le défoncement n'est pas avantageux. Il semble les appauvrir. Dans les terrains à sous-sols infertiles, le défoncement est dangereux et paraît stériliser la terre les premières années; les sous-sols ramenés à la surface ont besoin d'être mûris, soit par les agents atmosphériques qui en les oxydant les font changer de couleur, soit par une fumure qui produit très-vite le même effet. Dans ce cas, pour ameublir le fond, on peut se servir de fouilleuses qui pénètrent jusqu'à 0m,60 de profondeur, et labourent le sol sans remonter à la surface les couches infertiles, lorsqu'il n'existe pas d'obstacles capables de les arrêter.

Dans ces terrains, si l'infertilité du sous-sol vient de son imperméabilité, il vaudra mieux drainer que défoncer; on peut au moins drainer avant de défoncer.

Le défoncement est, au contraire, indiqué toutes les fois qu'il s'agit de renouveler la vigne et de préparer un sol nouveau remanié, engraissé sur une épaisseur suffisante. Voilà pourquoi, dans les vignobles anciens, on défonce presque toujours les terrains qu'on veut planter : c'est que déjà la vigne y a longtemps végété. Le défoncement est également indiqué, comme nous l'avons dit plus haut, lorsque le mélange du sol et du sous-sol forme un terrain meilleur que chacun d'eux séparément.

Quand on veut planter un coteau fort incliné, il faut avoir soin d'en couper les pentes, en disposant le terrain en escaliers, auxquels on donne le plus de profondeur possible. Une pente uniforme trop forte exposerait le sol à de continuelles érosions, et la culture en ruinerait très-vite les parties supérieures. Il faut de même disposer des obstacles dans les plis de terrain par où s'écoulent naturellement les eaux, afin qu'ils ne soient pas ravinés. On y parvient facilement en conduisant les eaux qui s'y rassemblent par des rigoles perpendiculaires à la direction des plis de terrain, jusqu'aux fossés destinés à les écouler. On pave le fond de ces fossés lorsqu'ils se dégradent trop facilement.

Tout propriétaire soigneux doit sans cesse veiller à conserver le sol des terrains en pente. Ceux-ci offrent souvent de merveilleux exemples de belles cultures étagées jusqu'au sommet des coteaux; leurs produits y sont presque toujours de qualité supérieure, et d'autant plus précieux qu'aucune autre culture ne saurait y remplacer la vigne.

(1) Le vignoble de Marseillan, sur les bords de l'étang de Thau, en est un exemple. Sur les cartes de Cassini, qui datent de plus de deux siècles, le territoire de cette commune est presqu'en entier figuré comme ancien vignoble. Depuis cette époque il n'a pas cessé de l'être et il produit toujours abondamment. Les terres y sont fortes et les sous-sols marneux.

Plantation de la vigne. — Lorsque le sol a été préparé, qu'il a été rompu ou ameubli à une profondeur convenable, et purgé de toute racine vivace, de chiendent surtout, on le nivelle et on marque l'emplacement que doivent occuper les ceps.

La disposition la plus usitée est celle qui consiste à espacer uniformément les ceps à $1^m,50$ les uns des autres (*fig.* 959); chacun d'eux doit alors

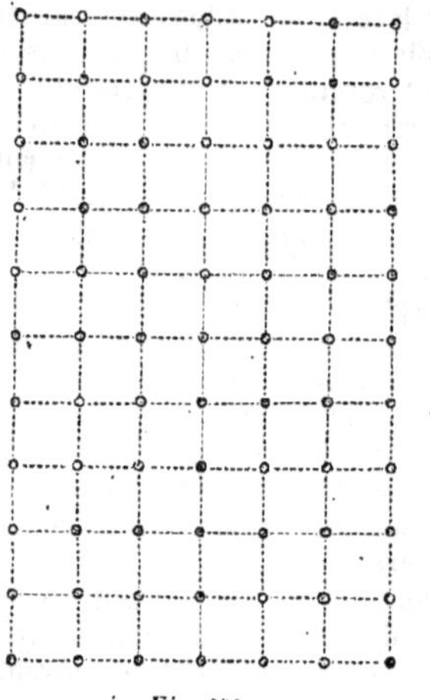

Fig. 959.

occuper une surface de $2^m,25$, ce qui en fait entrer par hectare 4,444.

Dans les terrains de garrigue où la végétation n'atteint pas un développement considérable, et qu'on destine à être cultivés à la charrue, on espace fréquemment les ceps à $1^m,75$ en carré. L'hectare en contient alors 3,600 seulement. La plantation en carré présente l'avantage de répartir les ceps sur le sol d'une manière uniforme et utile pour le développement et la fructification de chacun d'eux.

Elle permet de remplacer ceux qui meurent par

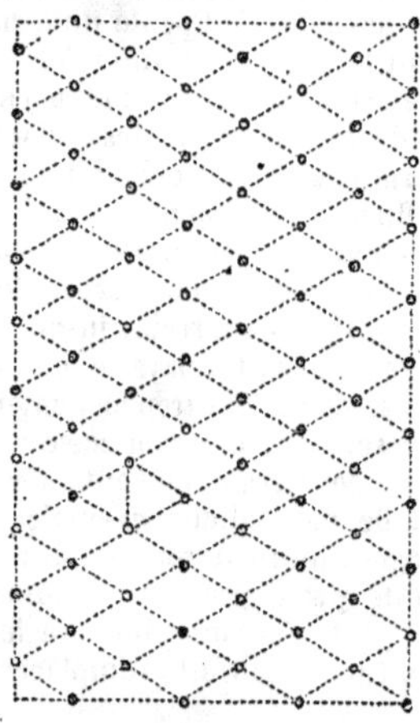

Fig. 960.

le provignage de chacun de leurs voisins, et d'assurer ainsi à la plantation une plus longue durée.

Pour la culture, un pareil espacement permet de donner des labours dans deux sens opposés, et si on le juge nécessaire suivant les deux diagonales des carrés formés par les ceps. Toute la terre peut être alors parfaitement remuée, même par les instruments les plus imparfaits.

On plante aussi en quinconce à $1^m,50$ dans tous les sens; le terrain est divisé en triangles équilatéraux de $1^m,50$, au lieu de carrés (*fig.* 960).

Cette disposition, quoique peu usitée, est la plus avantageuse, parce qu'elle permet de répartir les ceps le plus également possible, de labourer dans trois directions en prenant une largeur égale, de provigner au moyen de six souches au lieu de quatre lorsqu'il faut pourvoir à un remplacement, et enfin de faire entrer sur la même surface un plus grand nombre de plants. En effet, chacun d'eux, au lieu d'occuper un carré de $1^m,50$ de côté, soit de $2^m,25$ de superficie, a pour emplacement un losange de $1^m,50$ de base sur $1^m,25$ de hauteur, soit $1^m,875$; ce qui donne par hectare 5,204 ceps au lieu de 4,444.

Il est certain qu'il n'est aucune disposition qui soit préférable à la plantation en carré ou en losange, lorsqu'on cultive des cépages à sarments érigés, dont le développement principal se fait tard, à l'époque de la sécheresse; par exemple : le Morrastel, l'Espar, la Carignane, les Tinto, etc. On est alors maître de la culture jusqu'à la fin de juin, et on peut passer dans les vignes avec les instruments de labour sans difficulté.

Mais, lorsqu'on adopte les cépages à sarments rampants et à végétation précoce, comme l'Aramon, la plantation en carré ne se prête plus, dès la fin de mai, d'une manière convenable qu'à la culture à bras. Quand la vigne vieillit et que le vieux bois rétrécit les intervalles libres dans les rangées de souches, la culture à bras devient seule avantageuse, et on tombe alors dans les inextricables difficultés du défaut de main-d'œuvre, contre lesquelles lutte aujourd'hui le Midi tout entier.

C'est pour cette raison que dans les plantations où l'Aramon domine, et où la culture au moyen des instruments de labour est une nécessité, on plante en lignes les terrains dans lesquels la végétation acquiert un grand développement. Dans les garrigues où les pentes sont peu inclinées, et dont le sol est à peu près horizontal, on plante en carré ou en losange à $1^m,75$.

Dans les terrains de ce genre et à cette distance, la végétation n'est pas assez forte pour couvrir le sol de ses rameaux au point d'empêcher la manœuvre des instruments, comme cela arrive dès le 20 juin dans les terres qui ont plus de fraîcheur. Aussi cet espacement, qui réduirait trop les produits dans les bons fonds, donne-t-il de bons résultats pour la culture à l'araire, dans les terrains maigres.

Quand on adopte les lignes, on les dispose à une distance de $2^m,35$ les unes des autres, et dans les lignes on plante les ceps à $1^m,10$ (*fig.* 961). Chacun d'eux occupe ainsi $2^m,58$ de surface et il en entre 3,880 par hectare. On espace encore les lignes à $2^m,50$ et on plante à 1 mètre sur les lignes. On obtient ainsi 4,000 ceps à l'hectare. Dans la première disposition l'espace entre les souches, dans les lignes, est assez grand pour pouvoir donner

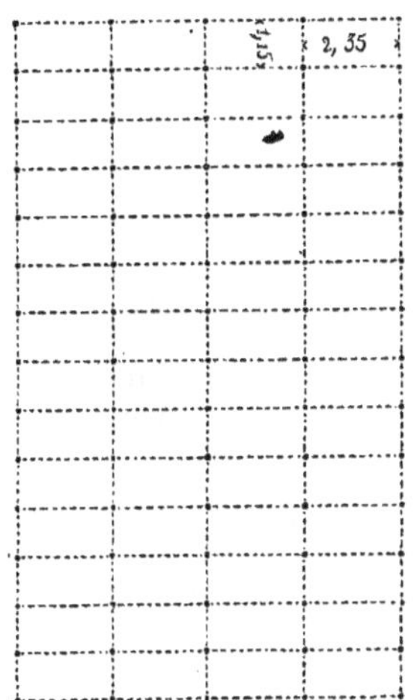

Fig. 961.

deux ou trois raies de labour, perpendiculairement à la direction des lignes, et rompre ainsi la direction des sillons; dans la seconde, on ne peut agir ainsi que pendant les premières années.

La disposition en lignes facilite les cultures à tous les points de vue : les larges intervalles qu'elles laissent entre elles, permettent les labours pendant toute l'année; on peut y employer des araires perfectionnés dont les versoirs ne présentent aucun danger; les atteler sans inconvénient avec un palonnier au lieu de brancards ou de timons, indispensables dans des lignes étroites, atteler les bœufs ou les mulets de front au lieu de se borner à faire tirer l'araire par une seule bête, ou par deux bêtes accouplées au moyen de jougs et marchant dans des lignes différentes.

Avec de bons instruments qui ne nécessitent pas des labours croisés, les travaux sont plus expéditifs.

Pour le répandage du fumier, on peut faire passer les chars ou les tombereaux dans les lignes et répartir l'engrais sans frais.

Ainsi, au point de vue cultural, tout est plus expéditif, tout se fait mieux par la disposition en lignes.

Au point de vue du résultat comme produit, la comparaison d'une vigne de 120 ares plantée en lignes et en Aramon, avec d'autres Aramons de la même surface plantés en carré, a laissé une infériorité marquée à la vigne en lignes.

Il s'y forme autant de raisins, mais ils deviennent moins gros. Les différences de récolte pour un produit moyen de 100 hectolitres à l'hectare, sont de 20 hectolitres environ, au détriment des lignes, soit un cinquième.

En admettant que le vin vaille 10 francs l'hectolitre, c'est une diminution de produits de 200 francs par hectare, qui compense largement l'économie qu'on obtient en remplaçant la culture à bras par le labour. Aussi la culture en lignes ne nous paraît-elle pas destinée à se propager dans les localités où la main-d'œuvre n'est pas tout à fait insuffisante. Elle deviendra au contraire indispensable partout où on cultivera l'Aramon, et où les bras feront défaut. En adoptant des cépages érigés on pourrait s'en passer. C'est ce qui a lieu dans le Narbonnais et le Roussillon, où la Carignane, le Grenache, l'Espar et le Morrastel forment le fond des vignobles.

Il faut avoir soin de planter les lignes en laissant au bout un espace libre de 1^m,50 pour faire tourner les attelages; on arrive économiquement à ce but en bornant chaque terre par des chemins perpendiculaires à la direction des lignes.

L'orientation de ces dernières est à peu près indifférente, et elle est subordonnée à la forme du terrain à planter, ou à son inclinaison quand il est en pente. Dans ce dernier cas, on les dispose perpendiculairement à la ligne de plus grande pente, afin d'empêcher la dégradation des terres. Quand le terrain est horizontal, on les dispose dans le sens de la plus grande longueur, afin de perdre le moins possible de terrain utile, et d'avoir moins souvent à tourner. On recommande cependant d'orienter autant que possible les lignes de l'est à l'ouest, afin que les ceps, s'ombrageant mutuellement, résistent mieux aux coups de soleil en été. Dans les bons sols cela ne nous a point paru nécessaire; il vaudrait mieux faire en sorte de diriger les lignes dans le sens des vents les plus violents, c'est-à-dire du nord au midi, pour que les ceps, se prêtant un mutuel appui, pussent mieux leur résister. Ils ont ainsi moins à souffrir, surtout quand ils sont jeunes.

Raisons de l'espacement adopté pour les ceps dans la région méridionale. — Quel que soit le mode de plantation adopté, en ligne, en carré ou quinconce, en losange, pour la distribution des ceps sur le terrain, on voit que leur nombre varie à peu près entre 4,000 et 5,000 par hectare. Ce sont deux chiffres peu différents et qui prouvent que la raison et l'expérience ont démontré que, dans la région méridionale, la surface la plus convenable à donner à chaque souche est de 2 mètres à 2^m,50. On obtient ainsi le produit le plus avantageux, et une très-longue durée de la vigne.

On a reconnu que les plants trop rapprochés entre eux, par exemple à 1^m,25, ne résistaient pas suffisamment à la sécheresse; alors ils ne peuvent plus nourrir leurs raisins, ceux-ci se dessèchent, ou s'échaudent et se développent mal; le vin est en petite quantité, et de qualité inférieure; quand les ceps sont plus espacés, la masse d'eau qu'ils peuvent tirer du sol pour subvenir à l'évaporation par les feuilles et les fruits étant proportionnellement plus grande pour chacun d'eux, ils souffrent moins. Un trop grand rapprochement a encore l'inconvénient de ne plus permettre que la culture à bras, car les cépages de la région sont très-vigoureux et finissent par former de fortes souches dont les branches occupent au moins un cercle de 0^m,50 de diamètre; il ne reste entre les souches que 0^m,75 pour la manœuvre du cheval et de l'araire, ce qui est complétement insuffisant. Quand l'année est assez pluvieuse pour que la sécheresse ne se fasse pas trop sentir, ce qui est assez rare, la végétation est assez forte pour que les fruits se développent mal; ils grossissent moins et mûrissent péniblement.

D'un autre côté, un trop grand espacement a l'inconvénient de diminuer considérablement les produits; jusqu'à une certaine limite, ceux-ci semblent proportionnels au nombre des ceps, et cette limite est précisément celle de 4,000 à 5,000 ceps à l'hectare. Dans les bons terrains, un trop grand espacement pousse au développement du bois et du feuillage aux dépens des fruits; alors la maturité du raisin est retardée et sa qualité est moins bonne. Dans les garrigues où le sol est moins riche, on n'a pas à redouter cet inconvénient.

Dans les conditions du climat de la région, avec les cépages qui y sont adoptés, et les procédés de culture en usage, les espacements indiqués plus haut sont les meilleurs; vouloir les modifier serait préparer en même temps la modification de toutes les méthodes culturales de la vigne dans le Midi, ce qui ne nous paraît pas admissible.

On marque la plantation en traçant sur le sol des lignes parallèles aux distances voulues, en long et en large, au moyen d'un petit araire à bras, que conduit un homme. On divise ainsi le terrain avec une régularité parfaite. Chaque point d'intersection indique la place que doit occuper le cep.

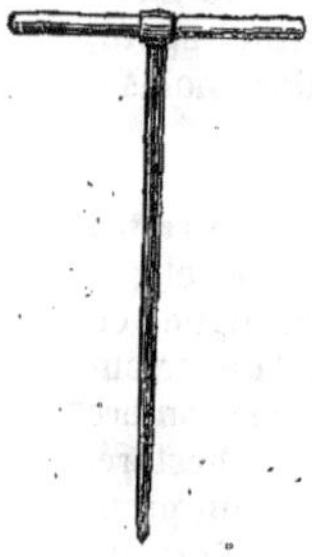

On procède ensuite à la plantation.

Fig. 962. — Pal.

Deux méthodes sont usitées dans la région :

Dans l'une on se sert du pal, pieu ou taravelle, *Birone* en languedocien, barre de fer emmanchée (*fig.* 962), qui sert à percer dans le sol un trou vertical, dans lequel on place le jeune plant;

Dans l'autre, on creuse des trous de 0m,33 en tous sens et on y plante le sujet.

La plantation au pal ou barre, suppose ordinairement un défoncement préalable, excepté dans les terrains d'alluvion frais et profonds, où un simple labour est jugé suffisant. On enfonce la barre à une profondeur qui varie de 0m,40 à 1 mètre, selon les localités; on y place comme bouture un sarment de l'année, ou bien un sujet raciné d'un an; on garnit le trou en y faisant couler de la terre fine, on tasse fortement, et on rabat le sujet à deux yeux au-dessus de terre.

Il est essentiel que le vide formé par la barre de fer soit bien garni, afin que le sujet touche la terre sur toute sa surface.

Les plantations au pal ont ordinairement lieu à une profondeur assez considérable, à cause de la facilité avec laquelle on peut descendre le trou. Cependant donner une grande profondeur aux plantations au pal, même dans les terrains secs, nous paraît inutile; nous sommes persuadé qu'un trou de 0m,40 à 0m,50 est bien suffisant. Lorsque la vigne veut pénétrer plus bas, les racines descendent dans le sol, sans qu'il soit nécessaire d'enfoncer la souche à une trop grande profondeur. La vigne venue de semis en est un exemple; elle commence sa croissance à la surface même du sol, et y descend ensuite très-bas.

Quand on arrache une souche, on remarque que les racines principales se forment à peu de profondeur, et qu'elles pénètrent ensuite dans toutes les directions. Comme ces racines se développent naturellement au bourrelet qui forme l'extrémité inférieure du sarment, on en facilite la formation en évitant de planter trop bas.

Quand on plante à trous, on commence par enfoncer une cheville de bois (*fig.* 963) de 0m,25 de longueur à l'intersection des deux raies qui marque la place des jeunes plants; on creuse ensuite

Fig. 963. — Plantation à trous.

derrière un trou de 0m,33 cubes, sur la paroi duquel la cheville enfoncée marque exactement la place du sujet.

On plante dans le trou, soit une bouture de sarment, qu'on désigne sous le nom de *crossette* ou de *plant*, soit une bouture racinée d'un an, qui est désignée sous le nom de *barbée* ou *barbade*. On préfère généralement les barbées d'un an à celles de deux, quoique celles-ci soient excellentes quand elles sont bien arrachées; elles nous paraissent même meilleures que les autres, car elles poussent avec plus de vigueur et sont d'une reprise plus assurée. On place la crossette ou la barbée dans le trou après avoir renversé au fond environ 0m,05 d'épaisseur de la terre du bord supérieur du trou, et on en coude légèrement les deux bourgeons inférieurs (*fig.* 964). Ce coude doit former un angle très-ouvert, de manière à ne point faire sur le sujet un pli brusque qui empêcherait le développement des racines inférieures.

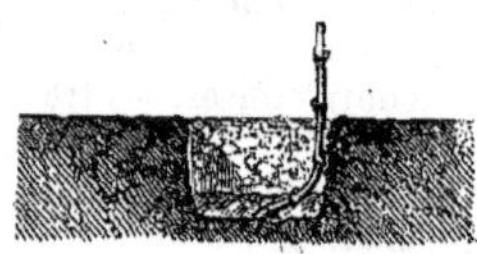

Fig. 964. — Disposition du plant.

On maintient le sarment ainsi coudé avec le pied et on remplit le trou en prenant la terre des bords supérieurs, et en ayant soin de la bien fouler.

Cette manière de planter, qui permet d'établir les ceps à une profondeur toujours égale de 0m,30 environ, qui favorise par une légère déviation du jeune plant la formation des racines les plus importantes, qui permet d'étaler dans le trou, sans les froisser, celles des barbées, nous paraît à la fois la meilleure et la plus rationnelle. Nous l'avons employée avec un égal succès dans les sols les plus fertiles et dans les garrigues rocheuses les plus arides. Dans ce dernier cas, les trous sont le plus souvent percés avec le pic dans la rocaille.

On les garnit de bonne terre en y mettant le jeune plant, et la reprise en est d'autant mieux assurée, ses racines se glissent ensuite dans les fissures du sol pierreux et y trouvent la fraîcheur pendant tout l'été.

Préparation des plants. — Quand tout est préparé pour la plantation, on plante soit de simples boutures de sarments, qu'on désigne sous le nom de *crossettes*, soit des sarments déjà racinés (*barbées*) qui ont passé un an ou deux en pépinière.

Le sarment de l'année qu'on désigne sous le nom de *crossette* porte à la base un morceau du sarment de l'année précédente. Les anciens le

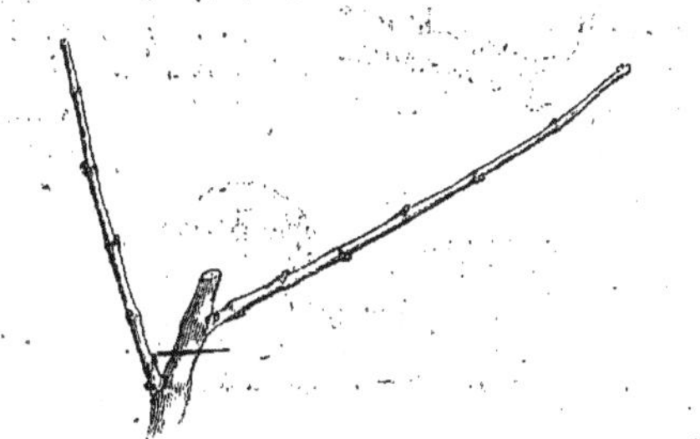

Fig. 965. — Courson de l'année précédente portant deux crossettes.

désignaient sous le nom de *malleoli* et recommandaient expressément de le préférer à tout autre pour la plantation; ils excluaient avec soin le bout du sarment, qu'ils appelaient *flagellum*. Sans nous montrer aussi exclusifs, nous pensons aussi que les crossettes doivent être choisies préférablement aux autres sarments, pourvu qu'elles soient vigoureuses et garnies de bons yeux. Le morceau de vieux bois qu'elles portent est une garantie qu'elles ont poussé de l'œil maître du courson de l'année précédente et qu'elles sont bien fructifères, car ce sont les sarments ainsi placés qui portent ordinairement les plus beaux raisins.

On coupe la crossette, avant de la planter, à son insertion même sur le vieux bois, afin d'en séparer tout ce qui pourrait être noirci et altéré, et on lui conserve le bourrelet qui se forme ordinairement à l'insertion; c'est de là que partent ordinairement les racines les plus vigoureuses.

On a soin de tirer les crossettes de vignes vigoureuses, *fertiles*, dans la force de l'âge, et de ne choisir que de bons sarments.

On les met ordinairement à tremper pendant huit jours, en faisant baigner leur partie inférieure sur une longueur de $0^{m},20$ environ. Cette précaution, qui est indispensable lorsqu'on plante en terrain sec et dans les premiers mois de l'hiver, n'est pas nécessaire lorsque le sol est assez humide, à la suite de pluies récentes et quand on plante à la fin de février ou en mars, alors que, sans être encore en séve, le sarment commence cependant à se gonfler. Dans tous les cas il convient d'en écorcer çà et là les premiers entre-nœuds à partir de la base jusqu'à $0^{m},20$ de hauteur, d'après la méthode Leroy. Ainsi on écorce seulement la portion de bouture qui doit être enterrée, en la raclant imparfaitement d'un nœud à l'autre. On pénètre jusqu'au liber en l'entamant. Les blessures ainsi faites sur la portion du sarment de laquelle partent les racines, en facilitent l'émission et assurent la reprise des boutures, ainsi que leur vigueur, d'une manière surprenante. C'est à ce point que, dans les terrains profonds à sous-sols assez frais pour que la reprise du sarment soit assurée, la plantation en boutures nous paraît devoir être préférée à toute autre (1).

On plante aussi des sarments racinés d'un an, qu'on désigne sous le nom de *barbées*. Cette méthode est devenue générale; elle est adoptée dans les vignobles les plus soignés.

On prépare les barbées en ouvrant, dans un terrain défoncé à l'avance, des fosses de $0^{m},30$ de

Fig. 966. — Préparation des barbées.

profondeur sur $0^{m},25$ de largeur, et en y plaçant les crossettes préparées et écorcées, à une distance de $0^{m},05$ les unes des autres (*fig.* 966). On les incline légèrement dans la fosse pour que l'arrachage soit plus facile l'année suivante. On espace les fosses à $0^{m},50$ les unes des autres. On fait entrer ainsi quarante boutures par mètre carré. Il faut comprimer avec force la terre sur les boutures pour qu'elles ne prennent pas d'air. On les rabat ensuite de manière à laisser au sarment une longueur de $0^{m},20$ au-dessus de terre. On a soin de donner aux barbées de nombreuses cultures pour en faciliter la reprise; cela vaut mieux que de les arroser et de les mettre en terrain de jardin trop frais et trop engraissé. On évite ainsi les altérations fréquentes que contractent les boutures soumises à l'arrosage, et on évite la transition, toujours fâcheuse pour les sujets, de terrains riches et substantiels à ceux qui le sont beaucoup moins.

Les barbées doivent être arrachées avec soin, on en enlève à la serpette, ou au sécateur, toutes les racines meurtries et les portions de bois noircies. On les serre en paquets pour qu'elles ne sèchent pas. On doit les planter avec soin en étalant leurs racines comme nous l'avons recommandé plus haut.

La plantation au moyen des barbées d'un an, *et mieux de deux ans*, nous paraît la plus avantageuse dans les terrains secs et dans les garrigues. Quand les plants sont vigoureux, ménagés et bien plantés dans des trous, non-seulement la reprise en est assurée, quelle que soit la sécheresse de l'année, mais encore le produit de la vigne se trouve avancé d'un an.

(1) Dans un bon terrain de consistance moyenne, une vigne plantée en aramon avec des boutures écorcées, n'a pas présenté plus de 2 p. 100 de mortalité. Les boutures n'avaient point trempé; elles furent taillées, écorcées et plantées le même jour, à la fin de février; le terrain avait été défoncé par un labour de $0^{m},30$ de profondeur et ensuite troué. Malgré un printemps sec, la reprise fut excellente, et les boutures poussèrent des sarments dont la longueur moyenne dépassait un mètre.

La plantation au moyen de plants racinés, quand elle est faite avec soin et dans des trous, nous paraît être celle qui convient le mieux pour la majorité des terrains propres à la vigne. Nous n'en exceptons que les terrains assez frais et assez bien travaillés pour que la reprise du sarment écorcé soit assurée. Dans ce cas, l'écorcement rend le développement du jeune cep si rapide, qu'il atteint et dépasse celui du plant raciné. Pour ces terrains, l'emploi de la simple bouture est plus économique et par conséquent préférable.

On a prétendu que l'emploi des sarments racinés abrégeait la durée de la vigne, en faisant subir au jeune cep la mutilation d'un grand nombre de ses racines. Ce reproche ne nous paraît pas fondé; quand l'opération est faite avec soin, les plantiers formés par l'une et l'autre méthode ne nous ont jamais présenté de différences appréciables, même après vingt-cinq années de comparaison.

L'époque la plus convenable pour faire les plantations est le mois de décembre lorsqu'on emploie les plants racinés. On peut aussi les planter pendant tout l'hiver et une partie du printemps jusqu'au mois d'avril si on le veut; mais la plantation qui permet aux racines de s'asseoir et de bien s'établir dans la terre avant de prendre de nouveaux développements, est la meilleure.

On ne doit jamais planter tant que les barbées conservent leurs feuilles; il faut attendre qu'elles soient tombées. Lorsqu'on se sert de crossettes, l'époque la plus avantageuse est la fin de février ou le commencement de mars, quand le premier mouvement de la végétation se fait sentir. On plante aussi pendant tout l'hiver et tout le mois d'avril, si les circonstances y obligent. Il est rare qu'on plante au delà de ce terme, quoique les barbées et les sarments bien conservés puissent reprendre même pendant le mois de juin si la terre est humide.

Le prix des crossettes varie de 3 à 5 francs le mille; il convient que le choix en soit bien fait. Pour éviter le mélange d'espèces qu'on ne veut pas planter, il suffit de faire passer d'abord dans la vigne de laquelle le plant doit être tiré un homme qui taille et emporte les sarments des souches de ces espèces. Quand on veut faire un mélange, il est toujours bon de réunir à part les variétés qui doivent le composer, et de les mêler ensuite dans les proportions voulues.

Les plants racinés valent de 30 à 40 francs le mille.

Ravalement. — Lorsque la plantation est faite, on rabat les boutures ou les jeunes plants de manière à laisser hors de terre deux nœuds.

Si l'on plante des barbées et que leur pousse soit assez longue pour former un jeune sarment, on taille ce dernier en lui laissant deux ou trois yeux, selon la force.

On donne le nom de *Plantier* à la jeune vigne; elle le conserve au moins six ans et souvent davantage, selon son développement.

Du mélange des cépages dans les vignes. — Faut-il, oui ou non, mélanger les cépages dans les plantations. Cette question est une des plus intéressantes parmi celles que présente la viticulture; elle a été fort discutée, et, comme tout ce qui est complexe, elle n'a pas été résolue.

Selon le but qu'on veut atteindre, selon les terrains et les moyens de culture, il est avantageux tantôt de séparer, tantôt de mélanger les cépages dans les plantations. La région présente de nombreux exemples de l'une et de l'autre pratique. Dans la Provence, l'Espar forme seul de vastes vignobles; dans le Languedoc, à Saint-Gilles, il en est de même; dans l'Hérault, l'Aramon occupe seul de grandes surfaces. Les Piquepoules, les Clairettes, les Grenaches, les Terrets noirs et gris, les Muscats, etc., y sont dans le même cas; dans le Narbonnais, le Carignan seul forme de grandes vignes; dans le Roussillon, le Grenache, l'Espar, le Morrastel, la Carignane, etc., sont aussi cultivés séparément. A côté de ces exemples, on trouve de grands vignobles, soit jeunes, soit anciens, où la plupart de ces variétés sont mélangées. La pratique et l'expérience justifient les deux méthodes. Vainement, en se prononçant contre les mélanges, a-t-on prétendu que les variétés les plus fortes détruisent peu à peu les plus faibles. Ce raisonnement n'est pas partout justifié par l'expérience. Nous avons vu des vignes plus que séculaires où une foule de cépages sont mélangés; aucun n'a succombé. J'en possède qui ont plus de soixante ans, et dans lesquelles Aramons, Œillades, Cinsauts, Terrets, Morrastels, Espars, Grenaches, Carignanes, Aspirans, etc., vivent parfaitement ensemble. Là n'est point la raison contre les mélanges. On a prétendu que les cépages ou variétés différentes mûrissent leurs fruits à des époques différentes, et que, dès lors, ils ne peuvent être cultivés ensemble. Tout en reconnaissant ce qu'il y a de fondé dans cet argument, disons cependant qu'il n'est point décisif, parce que dans la plupart des terrains secs et maigres, nombre de variétés mûrissent à courts intervalles, et que le raisin mûr s'y conserve bien quoiqu'on en retarde la cueillette. Il y en a d'autres, il est vrai, où il faut récolter tout de suite, mais l'argument qu'on peut invoquer pour ceux-ci ne s'applique pas partout. Évidemment aucun des motifs qui précèdent n'est absolument décisif.

Nous pensons que les raisons déterminantes sur lesquelles on se fonde pour séparer les varietés sont tirées, d'abord de la qualité du vin qu'on veut produire : ainsi on plante séparément les cépages qui donnent leur nom au vin, par exemple : les Muscats, les Clairettes, les Piquepoules, Malvoisies, etc.

Ensuite du sol : dans les terrains fertiles où on vise à la quantité, on plante séparément les variétés les plus productives comme l'Aramon, le Terret-Bourret. Les variétés à petits grains colorés n'y produisent presque rien, et leur vin y est médiocre; il ne convient donc pas de les mélanger aux précédents. Quand on veut obtenir des vins très-noirs, on plante le Morrastel seul dans les terres où il se plaît. Quand on veut dans le vin la fermeté, la couleur et la quantité, on plante la Carignane. Dans les localités où on recherche des vins d'exportation, fermes, colorés, alcooliques; quand on s'attache à une production modérée, régulière, quand on est obligé de cultiver à l'araire, on plante l'Espar à l'exclusion de toute autre variété. Quand un terrain est si mauvais, qu'on n'y peut cultiver aucun cépage rouge, on y plante du Pique-poule rose.

Certains cépages, tels que le Charge-Mulet, présentent des anomalies; cultivé seul, il est improductif; mélangé avec d'autres variétés, il est fertile.

Dans certains sols secs et très-chauds, comme ceux des garrigues, les époques de maturité des divers cépages, ainsi que leur fertilité, se rapprochent beaucoup; l'Aramon et le Terret, qui dans les terrains de plaine mûrissent à trois semaines de distance, sont quelquefois mûrs ensemble dans les terres brûlantes. L'Aramon, dont les raisins deviennent si gros et si nombreux dans les plaines, a des fruits plus petits, plus rares, dans les garrigues; les Morrastels, les Carignanes, les Grenaches, qui s'emportent en bois dans les terrains gras, qui y sont charbonnés si souvent, et n'y donnent point de fruits, chargent au contraire régulièrement dans les bonnes garrigues, ils y produisent autant et plus que l'Aramon; de même pour le Terret, l'Œillade, etc.

Dans les terrains pierreux ou rocailleux, dans ceux des coteaux moyens, le mélange des variétés convient; il est plus avantageux qu'une seule variété, parce que le vin en est meilleur, plus régulièrement égal d'une année à l'autre; de même les produits en quantité, sont moins variables. Si une variété manque, les autres ont plus de chance pour réussir, car il est bien rare que toutes fassent défaut à la fois.

J'ai éprouvé directement que pour les vins ordinaires des environs de Montpellier, les mélanges donnent des produits commerciaux supérieurs à ceux de chaque cépage pris isolément. C'était, dit-on, un fait de vieille expérience, je m'en suis convaincu de nouveau pour l'Aramon, l'Œillade, le Cinsaut, le Terret, le Morrastel, le Grenache, la Carignane, l'Aspirant, le Brun-fourca tirés de la même vigne, vendangés ensemble et séparément. Pour la fabrication des grands vins, je crois que mes conclusions seraient différentes et conformes à celles de la Bourgogne pour le Pinot; du Médoc, pour le Carbenet; de l'Hermitage, pour la petite Syrrah, parce que la perfection du vin oblige à choisir avant tout le cépage le plus parfait. Mais pour les vins rouges ordinaires, dans les sols de garrigues et de coteaux, le mélange nous paraît avantageux à tous les points de vue. On le varie à l'infini selon les terrains, en évitant les maturités trop disparates; par exemple: Cinsaut ou Brun-Fourca et Terret. Dans beaucoup de cas l'Aramon et le Grenache s'allient très-bien. La Carignane et le Grenache donnent en Roussillon, de remarquables produits. Sur les terres de coteaux, l'Aramon pour moitié, allié au Grenache, à l'Espar, au Morrastel, au Cinsaut, donnent en assez grande quantité, des vins distingués, d'une belle couleur, d'un goût fin. L'Espar, la Carignane, le Grenache, le Morrastel, par égale part, donnent dans les terrains forts les gros vins colorés de coupage.

Dans les sols fertiles, les mélanges sont plus rarement avantageux; la quantité l'emporte toujours pour leurs produits sur la qualité. Cette dernière y reste trop médiocre. Qu'on réserve pour eux les cépages que l'expérience aura démontrés les plus productifs.

Qu'on plante séparément les cépages à vins spéciaux; quant aux autres, surtout dans les sols de coteau, les mélanges nous paraissent le parti le plus avantageux.

Greffage de la vigne. — La greffe de la vigne dans la région méridionale a une importance toute particulière, qu'elle ne possède point dans les vignobles où le sol est occupé par un très-grand nombre de ceps. Dans ce dernier cas, elle devient trop coûteuse, s'il faut l'appliquer à toutes les souches pour en changer la variété. Il en est de même lorsqu'on entretient la vigne en pratiquant le recouchage de la souche entière afin de la rajeunir; il faut abandonner alors même l'idée de greffer, car on ne peut recoucher, sans risque de la casser, une souche greffée, et on s'exposerait à n'avoir qu'un mélange des variétés anciennes et des nouvelles, au lieu d'une vigne entièrement renouvelée.

Dans le Midi, au contraire, où les ceps sont au nombre de 3,500 à 5,000 par hectare, et où ils forment des souches solides et bien établies, la greffe se prête d'une manière parfaite à la transformation du cépage sur de grandes surfaces, et elle présente une facilité d'exécution et une économie de main-d'œuvre qu'on ne peut trouver dans les vignobles qui contiennent par hectare de 10,000 jusqu'à 40,000 ceps grêles et minces, dont la transformation exige alors, comme on le verra plus loin, des précautions et une adresse qui compliquent beaucoup l'opération. Ces considérations expliquent pourquoi dans le Midi on rencontre un assez grand nombre de vignes entièrement greffées, et pourquoi il n'en est pas de même dans le Nord; pourquoi la greffe est pour les vignobles de la région méridionale une opération de premier ordre, des plus importantes, et pourquoi elle n'a qu'une valeur très-secondaire dans ceux où le système de culture n'est point le même.

Dans le Midi, la greffe est un moyen simple et relativement peu coûteux, de régénérer une vigne sans l'arracher, lorsqu'on veut en changer le cépage, de réformer les cépages vicieux s'il en existe, et de rajeunir les ceps en quelque sorte, lorsque les souches, ou trop vieilles, ou déformées, ou atteintes par quelque accident, ne donnent plus des produits suffisants et paraissent avoir perdu leur fertilité, tout en conservant cependant une vigueur de végétation convenable.

Elle permet aussi en peu de temps l'essai des cépages nouveaux et leur juste appréciation.

La greffe de la vigne vient prendre place dans le Midi, à côté de la plantation, comme un moyen d'entretenir la durée et la fertilité des vignobles, et d'en perfectionner la culture.

L'art de greffer la vigne est fort ancien. Les agronomes latins: Caton, Varron, Columelle, Palladius en font mention, et entrent à son égard dans une foule de détails qui prouvent que la pratique leur en était familière. Columelle est celui qui décrit le mieux les procédés les plus usités à l'époque où il vivait (première année de l'ère chrétienne, sous Auguste et Tibère). On y reconnaît exactement les méthodes employées de nos jours dans les grands vignobles de la Provence et du Languedoc pour y régénérer des vignes entières (voyez : J. M. Columella, *De re rustica*, lib. IV, cap. XXIX).

Il est donc probable que les Romains ont appliqué la greffe à leurs vignobles dans le même but, et que les procédés d'opération que nous suivons aujourd'hui dans les contrées qu'ils ont cultivées jadis, nous ont été transmis par eux.

Olivier de Serres a parlé avec détail de la greffe de la vigne; à une époque plus récente, Chaptal en a fait mention, et M. Cazalis-Allut en a fait le sujet de divers articles insérés aux Bulletins de la Société d'agriculture de l'Hérault.

Le genre de greffe plus particulièrement adopté dans le Midi, est *la greffe en fente, à rameaux placés sur la circonférence du sujet sans offenser la moelle*. C'est aussi celui que les agronomes latins ont signalé comme le plus connu des vignerons de leur temps (1). C'est le même qu'Olivier de Serres et Chaptal ont décrit. Il s'applique également bien à la vigne en souches peu élevées au-dessus de terre et en hautains, aux treilles dont les troncs acquièrent d'assez gros diamètres. C'est par conséquent celui qui s'applique le mieux aux vignes des contrées méridionales de la France et de l'Europe (2).

Voici l'indication sommaire des diverses parties de l'opération; nous reviendrons ensuite sur chacune d'elles. Avant tout, on a dû choisir et conserver les sarments propres à servir de greffe.

On découvre le pied de la souche et on la coupe de 0m,10 à 0m,20 au-dessous du niveau du sol.

On la fend avec un ciseau en forme de lame de couteau.

On prend un sarment de la variété qu'on veut greffer, et assez long pour porter de quatre à cinq bourgeons. On le taille à la base en forme de lame de couteau, comme le ciseau qui a servi à fendre la souche, et on l'insère dans la fente de manière qu'il y soit exactement ajusté et que les écorces des deux sujets coïncident.

Les liens sont inutiles parce que la fente serre la greffe avec beaucoup de force; on n'a besoin de ligature que pour les ceps de faible diamètre.

C'est le cas pour ceux de la région de l'Est et du Nord, tandis qu'il est fort rare pour ceux du Midi.

On mastique les bords de la fente avec de l'argile bien pétrie, afin que l'air ne pénètre pas dans la plaie et ne puisse la dessécher.

On recouvre la greffe de terre meuble qu'on approche avec précaution, et qu'on relève autour d'elle en forme de cône assez haut pour n'en laisser sortir qu'un bourgeon.

On cultive la greffe pendant tout l'été avec un soin particulier duquel dépend principalement le succès de l'opération.

De l'époque la plus convenable pour greffer la vigne. — Cette époque est celle de la première végétation de la vigne, qui correspond à la fin de février, au mois de mars tout entier, et aux premiers jours d'avril, selon la précocité des variétés et la douceur de l'année. Elle peut se prolonger pendant trente jours encore, mais avec moins de chances de succès.

Le meilleur moment est celui où la séve commence à monter dans la souche; si les sarments destinés à servir de greffe ont été bien conservés, ils seront moins en séve que le sujet sur lequel ils vont être implantés. Cette condition, qui est générale pour assurer le succès de toutes les greffes, ne doit pas être négligée. On peut, à la rigueur, si les circonstances y obligent, greffer en plein hiver, ou en mai; ainsi j'ai réussi des greffes faites, les unes dans le mois de décembre, les autres à la fin de mai avec des sarments dont les bourgeons étaient déjà développés; mais il serait fort imprudent de faire, à pareilles époques, une opération de quelque importance. En général, il vaut mieux avancer l'époque de la greffe que de la retarder. On s'expose, dans ce dernier cas, à voir beaucoup de sujets ne pousser qu'en juillet ou même à la fin d'août, et on en perd un bien plus grand nombre.

Il faut autant que possible choisir pour greffer un temps clair et sec. La pluie contrarie particulièrement ce travail. Si elle se prolonge, elle nuit beaucoup au succès qu'on en attend. Aussi la greffe réussit-elle moins bien pendant les années humides que pendant les années sèches.

Du choix des sarments destinés à servir de greffes. — Lorsqu'on greffe avant la pousse de la vigne, du 1er au 15 mars (ce qui est le meilleur parti à prendre), on conserve, sans les tailler, des ceps de la variété qu'on veut propager, et on en tire des sarments à mesure des besoins, pour en faire des greffes.

On les choisit de moyen diamètre, bien sains, peu garnis de moelle si c'est possible. Aux heures de repos, pendant qu'on pratique l'opération, on les coupe en morceaux de 0m,30 environ, de manière à leur conserver quatre ou cinq bourgeons; on ne les taille définitivement à la forme convenable qu'au moment de l'emploi.

Si l'on ne greffe qu'après la pousse de la vigne (fin mars, avril et mai) et lorsque les bourgeons sont déjà développés, il faut couper à l'avance, pendant l'hiver, en quantité suffisante, les sarments dont on veut faire les greffes, et les enterrer entièrement, dans un endroit abrité du soleil, et à l'exposition du nord. On les couche dans une fosse assez profonde, pour qu'ils soient couverts de 0m,20 de terre; ils se conservent ainsi très-bien, sans pousser, jusqu'au milieu de mai.

(1) Cette manière de greffer, dit Columelle, est la plus usitée, et celle que presque tous les cultivateurs connaissent. (*Sed illa frequentior et penè omnibus agricolis cognita insitio*, Columella, *De re rustica*, lib. IV, cap. XXIX.)

(2) On pratique aussi quelquefois, dans les vergers, la *greffe en fente de rameaux sur des branches nouvellement marcottées*, qu'on désigne aussi sous le nom de *greffe provin*. Elle consiste à greffer, sur le sarment couché pour provin, un ou plusieurs autres sarments placés bout à bout et liés ensemble en plaçant la greffe taillée en coin, dans le sarment à greffer préalablement fendu, de manière à ce que le dernier enfourche le premier. On lie avec une écorce fraîche, et on couvre de cire à greffer ou d'argile les fentes de jonction. Le sieur Masclau, jardinier à Grammont, près Montpellier, avait pratiqué, en 1820, une greffe de ce genre, qui, partant de la souche-mère, s'en éloignait à la distance de 5 à 6 *toises*; il avait fallu ajouter quatre sarments bout à bout à celui de la souche. Le succès fut complet, dès la première année cette greffe donna du fruit. *Bulletin de la Société d'agriculture de l'Hérault*, année 1839, p. 165-166.

On peut, à la rigueur, greffer avec des sarments dont le bourgeon est déjà développé, mais alors l'opération devient plus délicate, et nous ne la conseillerons pas si elle doit être appliquée sur une grande échelle. Le premier bourgeon développé meurt au bout de quelques jours, et ce sont les bourgeons de secours qui se développent plus tard et forment le cep.

Détail des opérations pour pratiquer la greffe. — On déchausse plus ou moins bas, selon leur âge, les souches destinées à être greffées; mais il faut toujours respecter les grosses racines lorsqu'on y arrive. Si tout le tronc est sain, comme cela a lieu ordinairement pour les vignes jeunes de six à vingt ans d'âge, on le coupe à 0m,10 ou 0m,12 au-dessous de terre, et on greffe à cette profondeur. C'est la meilleure méthode, parce qu'elle permet d'enterrer assez bas le sarment pour que la sécheresse n'y pénètre point facilement en été et que le vent ne le dérange pas. Elle permet cependant, l'année d'après, de recouper la souche un peu plus profondément et d'y placer une nouvelle greffe, si la première n'a pas réussi.

Les vignes vieilles sont en général greffées plus bas que les jeunes, parce que le bois de leur tronc est toujours plus ou moins sec ou carié quand on s'éloigne de la racine; il faut donc descendre plus près d'elle pour trouver de belles surfaces de bois sain. Dans ce cas, le déchaussement pénètre jusqu'aux grosses racines, qu'on aura soin toutefois de ne pas offenser. On peut alors choisir, selon la conservation du tronc, la place la plus convenable pour le couper, et poser la greffe sur une bonne veine.

Lorsque la greffe a été pratiquée assez bas, les premiers bourgeons se transforment en racines; cette circonstance, qui est différemment jugée, n'exerce pas d'influence sensible sur la prospérité de la greffe, si les grosses racines de la souche mère n'ont pas été offensées: dans le cas contraire, la greffe ne prend jamais autant de vigueur, bien qu'elle puisse raciner elle-même. C'est probablement pour cette cause que quelques praticiens disent qu'il ne faut pas placer la greffe assez bas pour qu'elle pousse des racines.

Les instruments dont on se sert pour couper la souche sont de divers genres, selon l'état de la vigne. Lorsqu'elle est jeune, si le tronc n'est pas altéré par du bois sec et carié, et que son diamètre ne soit pas trop gros, on le coupe très-bien soit avec de forts sécateurs, soit avec des tenailles tranchantes pourvues de longs manches (0m,75 ou 0m,80 de longueur). Mais si les souches sont d'un gros diamètre, l'emploi de pareils outils retarde le travail et ne permet pas de l'accomplir dans de bonnes conditions; les sécateurs sont trop faibles et les tenailles compriment tellement les fibres du bois que la souche en est altérée; alors on entaille le tronc avec une petite hache à main, et on termine l'opération avec des tenailles.

Ces méthodes d'amputation sont toutes plus ou moins vicieuses; il vaut mieux employer une petite scie à main (*fig.* 967) tendue sur un arc en fer. Elle permet de couper plus vite les troncs, quels que soient leur état de conservation et leur grosseur, sans les endommager en les ébranlant et en les comprimant; enfin elle permet de choisir aussi juste qu'on le veut la place de l'amputation.

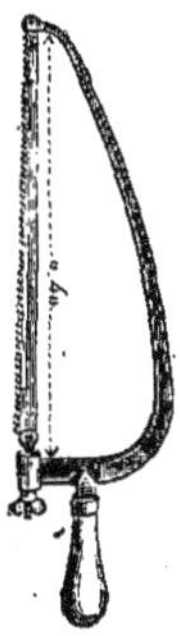

Le déchaussement et la section des souches doivent être faits avant que les greffeurs arrivent au cep. On confie ces opérations préliminaires à des ouvriers distincts qui précèdent ceux qui greffent; ces derniers trouvent donc le cep tout préparé.

Ils portent de petits paniers dans lesquels ils mettent leurs outils et une provision de sarments choisis, de diverses grosseurs et coupés assez longs pour conserver quatre ou cinq nœuds (mérithalles). Les outils des greffeurs sont :

Fig. 967. — Scie à main.

Un ou plusieurs ciseaux d'épaisseurs différentes de 0m,35 de longueur, dont la tige est terminée en forme de lame de couteau (*fig.* 968); une pioche-marteau qui sert à la fois pour frapper sur le ciseau et dégager le tronc des souches mal déchaussées (*fig.* 969); deux serpettes, dont l'une est bien affilée et sert à tailler les greffes; l'autre sert à rafraîchir la section de la souche, et au besoin à en déterminer la fente régulière.

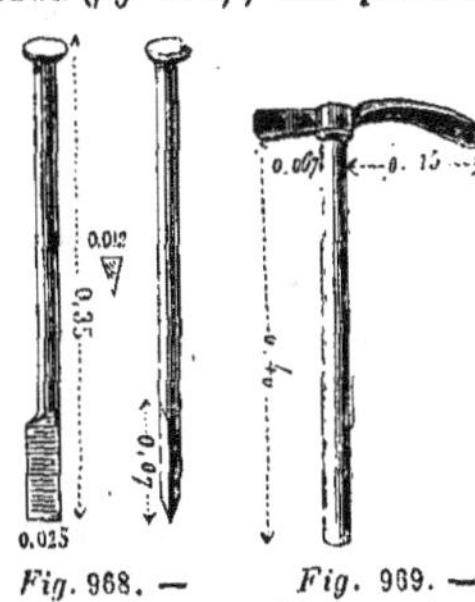

Fig. 968. — Ciseaux. *Fig.* 969. — Pioche-marteau.

Le greffeur commence par retailler avec son couteau le bois de la souche amputée, afin de s'assurer qu'il est bien sain et de choisir une bonne place pour la greffe. Si le bois n'a pas une couleur normale, ou s'il ne présente pas une veine assez forte pour y pratiquer une bonne fente, il fait scier de nouveau la souche un peu plus bas. Il s'assure ainsi qu'elle est bonne. Alors il prend son ciseau et fend cette souche avec précaution, de manière à ne pas toucher avec le fer la place où il insérera la greffe.

Il laisse le ciseau dans la fente et il taille le sarment qu'il doit y placer. Ce dernier ne porte que trois bourgeons ordinairement; il doit avoir la forme d'une lame de couteau sur une longueur qui peut varier de 0m,03 à 0m,04 (*fig.* 970). Afin que la greffe soit moins sujette à se fendre quand elle est serrée par la souche, une des faces de la taille doit montrer toute la section de la moelle *a*; l'autre ne pénètre que légèrement dans le bois du sarment *p*. Avec un peu d'adresse et d'habi-

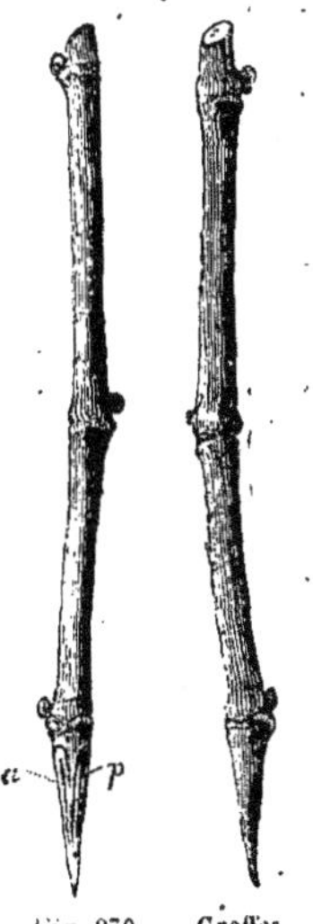

Fig. 970 — Greffes.

tude, on le façonne ainsi en deux coups seulement; c'est la meilleure manière d'obtenir une taille bien nette et d'opérer rapidement. Ce petit détail est une des parties les plus délicates de l'opération; cependant un homme habile ne le manque jamais.

Le sarment doit être taillé à la base d'un nœud, de manière que ce dernier soit placé immédiatement au-dessus du tronc. On l'insère à frottement dans la fente que le ciseau maintient ouverte; on fait en sorte qu'il en remplisse exactement l'ouverture et que son écorce coïncide bien avec celle de la souche. Alors on enlève doucement le ciseau, la fente se referme et serre fortement la greffe; la pression est quelquefois assez forte pour l'écraser si l'on emploie des sarments trop pourvus de moelle et d'un tissu trop lâche. La greffe serrée dans la fente est solidement assujettie, et n'a besoin d'aucun lien.

Lorsqu'on greffe des sujets trop jeunes ou d'un trop petit diamètre, il faut au contraire les entourer d'un ligament, ce qui rend l'opération plus longue et plus coûteuse.

On était autrefois dans l'usage de placer deux greffes sur les souches, afin d'en avoir toujours une bonne dans le cas où l'autre viendrait à manquer. On y a renoncé, parce qu'on ralentissait ainsi considérablement l'opération, qu'on endommageait davantage la souche mère en la fendant deux fois, et qu'on a pu se convaincre qu'un seul sarment bien posé et convenablement soigné donnait un résultat à peu près assuré. Dans le cas où l'on aurait placé sur la souche deux greffes qui auraient bien pris, il sera bon la seconde année d'en supprimer une; l'autre prend plus de force et forme bientôt une nouvelle souche qui remplace l'ancienne.

Il arrive parfois que la souche à greffer se présente dans une position plus ou moins inclinée; on se sert alors d'un sarment coudé, qui, placé dans la fente, forme une nouvelle tige verticale (*fig.* 971).

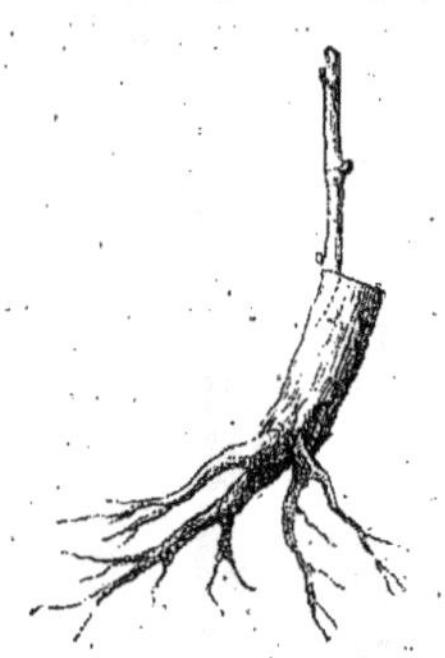

Fig. 971. — Greffe sur souche inclinée.

Dès que le greffeur a quitté la souche, un enfant vient mastiquer la fente et le pied de la greffe avec de l'argile bien pétrie, de manière que l'air ne puisse pénétrer dans la plaie et dessécher les surfaces mises en contact. Après l'enfant passe un homme qui recouvre le déchaussement et garnit la greffe de terre avec précaution; il en forme autour d'elle un cône assez haut pour ne laisser sortir que le bourgeon de son extrémité supérieure (*fig.* 972). L'opération est alors entièrement terminée.

Il ne suffit pas de greffer une vigne avec adresse pour assurer la réussite de cette opération, il faut encore la cultiver avec un soin tout particulier.

Culture de la première année. — Une vigne greffée ne doit être façonnée, pour tous ses labours, qu'à main d'homme, et du mois de mars au mois d'août elle doit en recevoir au moins

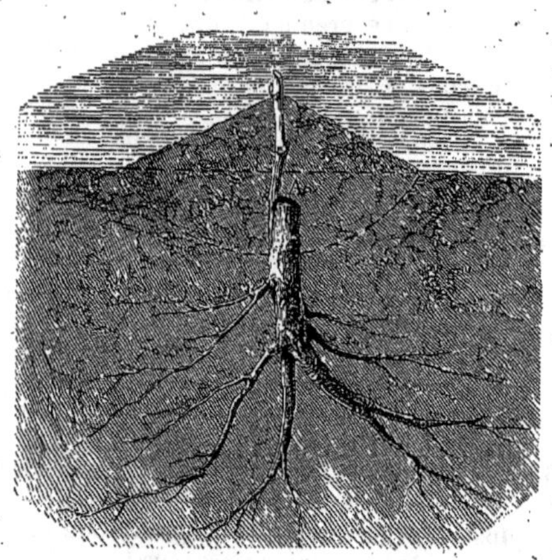

Fig. 972. — Greffe avec sa butte.

trois. Il faut entretenir les greffes soigneusement buttées comme au moment où elles viennent d'être couvertes par l'ouvrier qui suit le greffeur. On évite ainsi : 1° que les souches greffées un peu haut ne soient découvertes, et que la chaleur ne dessèche le jeune sarment; 2° que, dans le courant de l'été, le vent ne renverse et ne casse dans leur fente les jeunes greffes dont les bourgeons sont très-développés.

A partir du mois de mai, il convient de visiter chaque cep au moins une fois par mois, afin d'extirper les rejetons que la vieille souche émet ordinairement en grand nombre, et qui étoufferaient la greffe si l'on n'avait soin de les ôter. L'enlèvement de ces rejetons doit être fait avec précaution et à la main, après avoir déchaussé d'un peu loin chaque pied, afin de ne pas ébranler la greffe. On ne doit confier cette opération qu'à un petit nombre d'ouvriers soigneux, car elle est délicate et entraîne la perte des sujets dérangés de leur position. Elle doit toujours précéder un labour à la main, afin que les hommes qui exécutent ce dernier n'aient qu'à piocher devant eux sans arriver jusqu'à la souche. On évite ainsi une des plus grandes causes de dommage.

A partir du mois de septembre, on ne doit plus enlever les rejetons des souches dont la greffe n'a pas pris. Elles sont ainsi marquées pour être regreffées au printemps suivant. La conservation de leurs rejetons est d'ailleurs utile pour leur garantir de la force et de la vie, et c'est une faute de les ôter, si on doit greffer de nouveau la souche.

Les greffes, placées en mars, poussent ordinairement dès le mois d'avril ou le mois de mai; celles des mois d'avril et de mai poussent quelques jours après avoir été posées. Cependant, il arrive assez fréquemment que le premier bourgeon des uns et des autres ne continue pas à végéter, et périt; on ne doit pas s'en inquiéter, car il en pousse un second un peu plus tard, dans le courant de l'été, en juillet ou en août. Il y en a même qui ne se développent qu'en septembre, et leur croissance est encore si rapide, qu'elles peuvent former des sarments assez longs et bien aoûtés. La greffe si tardivement développée n'en est pas moins réussie; et quoiqu'elle paraisse faible la première année, elle végète la seconde avec beaucoup de vigueur, et forme une bonne souche.

Les greffes qui poussent en avril, mai et juin, donnent ordinairement des raisins qui arrivent à maturité. Nous avons compté, en 1855, huit raisins sur une greffe d'Aramon entée sur une souche de Piquepoul au mois de mars de la même année; ils sont tous arrivés à maturité, et la greffe n'en a pas moins pris un développement extraordinaire. Mais de pareils cas sont rares, et il vaut mieux ne pas compter sur une récolte la première année. Les greffes qui ne poussent qu'en juillet, août et septembre, ne portent guère de fruits; d'ailleurs, celui qui se montre ne mûrit pas.

Lorsque la greffe a été pratiquée par un homme entendu, que l'année a été favorable, c'est-à-dire sèche et chaude en été, et que la vigne a été cultivée avec soin, il manque peu de sujets. Dans les terres de peu d'étendue, plantées de ceps encore jeunes, la perte ne s'élève pas à 5 p. 100. Dans les terres plus grandes, où plusieurs greffeurs travaillent ensemble, elle s'élève ordinairement à 10 p. 100. Elle peut monter beaucoup plus haut lorsque la culture est négligée et que l'année a été pluvieuse; alors elle peut atteindre et même dépasser 30 p. 100.

Dans ce cas, l'opération devient bien plus coûteuse, à cause du grand nombre de sujets qu'il faut regreffer l'année suivante, et des provins qui deviendront nécessaires. Toutefois, à part ce surcroît de dépense, et la diminution de récolte qu'on éprouve les deux premières années, on répare bien les pertes d'une vigne dont la greffe a été d'abord mal réussie, et on en obtient de bons produits. Nous avons pu nous en convaincre par expérience.

Lorsque les greffes sont cultivées avec soin, elles prennent, dès la première année, un développement considérable, aussi bien sur leur pousse d'été que sur celle de printemps. Il n'est pas rare d'en trouver dont les sarments atteignent jusqu'à 3 mètres de longueur, et parfois davantage.

Culture de la deuxième année. — Le produit d'une vigne greffée est considéré comme nul l'année même de l'opération, quoiqu'on en retire toujours quelques raisins; mais, la seconde année, elle commence déjà à donner un bon produit. Si l'opération a été réussie, on peut l'estimer à la moitié, et quelquefois plus, de celui que la vigne donnera plus tard. Dans cette deuxième année, les soins particuliers que réclament les greffes doivent continuer encore. On ne les taillera qu'après les froids, c'est-à-dire dans les premiers jours de mars; on aura soin de laisser un nombre de coursons proportionné à la vigueur de chaque sujet, afin que les rameaux qui en sortiront aient assez de consistance et ne soient pas trop facilement renversés. On doit toujours tailler de préférence sur le rameau le plus rapproché de terre, de manière à former la souche assez bas. On évite ainsi de charger la greffe à une de ses extrémités, ce qui finit par la courber, et souvent par l'arracher pendant la saison.

Il faudra regreffer en mars ou avril les ceps dont les greffes n'auront pas pris. Quelques personnes provignent dès cette seconde année les souches mortes; c'est une faute, parce qu'on dérange toujours, en courbant les sarments, un assez grand nombre de sujets qui, dès lors, ne manquent pas de périr. Il ne faut provigner que la troisième année; alors le jeune cep est assez fort et assez bien soudé à la souche mère pour que cette opération ne présente plus d'inconvénients. — On doit continuer la seconde et la troisième année de cultiver la vigne à bras d'homme, et de lui donner trois labours. — On devra tenir les souches soigneusement buttées. Si l'on néglige cette précaution, on s'expose à voir les ceps de la plus belle apparence et chargés de raisins arrachés de la souche mère par le vent, en juin ou en juillet. On détruira les rejetons qui sortent encore en grand nombre pendant l'été du pied de la souche mère en usant des mêmes précautions que l'année précédente.

Culture de la troisième année. — On taille les greffes la troisième année à la même époque que l'année précédente. On a le soin de provigner auparavant les souches qui manquent; c'est une opération facile, car les greffes soignées et réussies poussent beaucoup de bois la seconde année, et si vigoureusement, que leurs sarments atteignent fréquemment 4 mètres de longueur dans les bonnes terres. On fait toujours un grand nombre de provins la troisième et la quatrième année, pour remplacer définitivement les souches sur lesquelles la greffe n'a pas pris, et qui ont fini par mourir ou perdre leur vigueur. En moyenne, on ne peut en estimer le nombre à moins de 3 p. 100; l'hectare contenant 4,450 souches plantées en carré à 1m,50, il en résulte qu'on aura à pourvoir par le provignage au remplacement de 133 souches. Parfois, ce nombre est beaucoup plus considérable; les frais sont alors plus élevés; mais quand les provins sont bien faits, la vigne est bien réparée.

On greffe pour la troisième fois les souches bien vivantes qui n'ont pas réussi; leur tronc est ainsi retaillé pour la troisième fois; cependant, elles peuvent porter encore de bonnes greffes, et finissent par former de belles souches, pourvu qu'on n'ait pas coupé leurs grosses racines.

On cultive encore la vigne à la main; on la tient buttée, et on détruit pendant tout l'été les rejetons des vieilles souches.

La troisième année, une vigne greffée donne un produit égal et quelquefois supérieur au produit normal qu'on en obtiendra à l'avenir, si elle a été réussie, bien soignée, et que la gelée, les insectes ou la maladie ne l'aient pas ravagée.

Après la troisième année, une vigne greffée est dans toute sa vigueur, et elle rentre dans les conditions de la culture ordinaire. La greffe est alors parfaitement soudée au vieux cep; elle forme elle-même une jeune souche, en tout semblable à celle des autres vignes; on ne peut la distinguer qu'en la déchaussant pour retrouver l'amputation du vieux tronc.

Des variétés les plus propres à être greffées. — Nous avons greffé l'Aramon, le Terret, la Clairette blanche, l'Aspiran, du Brunfourcat, de l'Alicant, du Morrastel, sur toutes sortes d'autres cépages; nous avons greffé les variétés sur elles-mêmes; nous avons greffé greffe sur greffe. Toutes les fois que l'opération a été bien soignée, la souche mère étant vigoureuse, on a obtenu de beaux résultats. Dans les vignes dont les souches mères sont de variétés mélangées : Terret, Carignane, Morrastel, Espar, Aspiran, Alicant, Œillades, etc., greffées d'Aramon, on n'a pu établir de différence bien positive entre les uns et les autres. Cependant, un des plus beaux résultats que nous ait donnés la greffe de la vigne a été obtenu sur du Piquepoul gris enté d'Aramon et de Brunfourcat.

Une autre vigne de 3 hectares, plantée aussi de Piquepoul, située dans un sol maigre de garrigue, et âgée de cinquante ans au moins, a été greffée avec un mélange d'Aramon, de Brunfourcat, de Morrastel et d'Alicant; le succès a été complet. Cette vigne était, comme la précédente, attaquée depuis trois ans (1851) par des invasions successives de maladie qui paraissaient l'avoir épuisée. Elle n'en est pas moins remarquablement belle, et très-productive. Depuis trois ans nous avons greffé du Grenache sur du Pinot, et à notre grand étonnement, nous avons obtenu des souches fortes et vigoureuses, très-fructifères.

Nous pensons qu'on peut greffer toutes sortes de variétés les unes sur les autres; toutefois, les variétés vigoureuses à fortes souches, comme le Piquepoul, le Grenache, l'Aramon, l'Espar, l'Aspiran, nous paraissent destinées à donner les meilleurs résultats, lorsqu'elles doivent porter des cépages très-vigoureux et très-forts eux-mêmes, comme l'Aramon, le Brunfourcat, la Clairette, etc.

A quel âge convient-il de greffer la vigne? — Nous avons greffé et vu greffer des vignes de tout âge, depuis dix ans jusqu'à soixante ans; les unes et les autres ont également prospéré. M. Cazalis-Allut assure avoir greffé une vigne âgée de quatre-vingts ans, qui, depuis plus de trente ans qu'elle est entée, ne cesse de donner de beaux produits. J'ai dans mon vignoble plusieurs vignes greffées en 1830 sur des ceps de douze ans; elles sont dans toute leur force. Il nous paraît donc difficile d'indiquer des limites d'âge pour greffer la vigne; cette opération sera pratiquée avec succès toutes les fois qu'elle s'appliquera à des ceps vigoureux et qui seront bien cultivés.

Dans le cas où la vigne est déjà avancée en âge, l'opération de la greffe paraît la rajeunir; ceci est d'ailleurs conforme à ce qu'on sait de sa longévité; ses parties extérieures vieillissent et se détériorent, mais ses racines, dans les sols qui lui conviennent, semblent indestructibles. Aussi voit-on les vignes greffées se comporter les premières années qui suivent l'opération avec une vigueur surprenante; plus tard celle-ci diminue et se règle. — Une vigne jeune peut être greffée dès que sa souche est assez forte pour comprimer suffisamment la greffe, c'est-à-dire, vers l'âge de cinq à six ans.

On sait que la vigne craint les terrains aqueux, mal égouttés, à sous-sol imperméable, et qu'elle n'y dure pas; les greffes sont encore plus délicates sous ce rapport que les souches mères; on les a vues s'étioler et périr peu à peu dans les terres de ce genre. On fera donc bien de les drainer vigoureusement si l'on veut y conserver la vigne.

Produits des vignes greffées; leur durée. — Les vignes greffées paraissent ne vieillir que lentement; au bout de quelques années on s'aperçoit que leur développement, d'abord si rapide, est cependant moins grand que celui des vignes plantées à l'époque où elles ont été greffées. Après dix ans, par exemple, la différence est sensible. On remarque aussi que, toutes choses égales d'ailleurs, elles produisent moins de sarments, mais elles donnent tout autant de fruits.

Un des inconvénients des vignes greffées en cépages à sarments rampants, est de former des souches qui restent toujours très près de terre; leurs fruits traînent en partie sur le sol, et doivent être vendangés dès leur maturité pour éviter la pourriture.

Nous avons des vignes greffées en Aramon depuis trente-trois ans; lorsque nous consultons les tableaux de leurs produits et les comparons à ceux des autres vignes du même âge, il ne s'y trouve point de différence sensible, si le sol est également fertile dans les deux cas. Les conditions de durée et de fertilité de la greffe paraissent donc égales à celles des autres ceps.

Il en résulte qu'on peut facilement apprécier les produits que donnera une vigne greffée dans de bonnes conditions, relativement à ceux qu'elle donnait précédemment. Ces produits seront entre eux comme la fertilité des variétés qu'on a remplacées l'une par l'autre. — Il en sera de même pour la qualité du vin. — Ainsi supposons qu'on greffe une vigne de Piquepoul avec de l'Aramon. Au bout de la troisième année les produits de l'ancienne vigne seront, à ceux de la nouvelle, comme les produits du Piquepoul à ceux de l'Aramon. Or, ce dernier rend, en moyenne, dans une bonne terre, *quatre-vingts* hectolitres par hectare, tandis que le Piquepoul n'en donne que *quarante*. Par conséquent l'opération aura eu pour résultat de changer, par hectare, 40 hectolitres de vin blanc Piquepoul pour 80 hectolitres de vin rouge d'Aramon.

Chaque fois qu'un propriétaire connaîtra bien son terrain et la fertilité des cépages qui lui conviennent, il pourra donc facilement prévoir les résultats que lui donnera la greffe. Tout ce qui précède s'applique, bien entendu, à des terres plantées à peu près à la même époque. Il n'en est plus de même si l'on compare une vigne vieille greffée avec une vigne jeune plantée sur un terrain neuf ou parfaitement renouvelé et préparé : cette dernière donne, dans ce cas, des produits plus élevés. Cependant, la différence n'est pas grande, si la vigne qu'on lui compare est encore dans sa force. Ainsi une de mes vignes, greffée en Aramon depuis vingt-cinq ans et âgée de quarante-cinq ans, a donné, pendant les huit années qui ont précédé la maladie de la vigne, un produit moyen inférieur d'un dixième seulement à celui d'une jeune vigne d'Aramon âgée de seize ans. Ces exemples suffisent pour faire apprécier le parti qu'on peut tirer de la greffe.

Mais cette opération présente encore d'autres avantages. On peut la faire servir à prolonger utilement la durée de certaines vignes plantées dans les sols qui ne peuvent porter autre chose. C'est ainsi que le docteur Baumes a pu dire en parlant de la greffe : « *Je suis si satisfait de mes épreuves qu'au lieu d'arracher désormais de vieilles vignes, je les greffe, remédiant par là à une foule de non-valeurs et à la perte de temps qui résultent de la rénovation de la vigne après arrachement.* »

Dépense nécessaire pour greffer la vigne. — Quels que soient les avantages de la greffe, on ne peut les juger exactement qu'en mettant en regard les dépenses auxquelles on s'oblige en y ayant recours. Elles sont variables suivant l'âge des vignes et le nombre de greffeurs qu'on emploie. On voit souvent un seul homme, lorsqu'il taille adroitement son sarment et qu'il fend bien la souche, placer autant de greffes à lui seul que deux autres ensemble. Nous n'indiquerons donc que des moyennes tirées de nombreuses opérations appliquées à des surfaces considérables (20 hectares).

La greffe de la vigne oblige à deux genres de dépense : 1° celle qui concerne l'opération elle-même ; 2° celle qui s'applique à la culture.

Première partie de la dépense pour 100 souches, l'hectare en contenant 4,450.

1° Déchaussement de la souche large et profond à 80 centimes le cent	» f.	80
2° Amputation du cep à la scie à 12 centimètres en terre ; 500 par journée de 3 fr.	»	60
3° Pose de la greffe ; 300 par jour, à 4 fr. la journée.	1	35
4° Lutage à la terre glaise ; 600 par jour, à 1 fr. la journée	»	16
5° Pour recouvrir les greffes ; 500 par jour, à 3 fr. la journée	»	60
	3 f.	51
A ajouter un dixième pour greffer l'année suivante les sujets qui ont manqué	»	35
Total pour 100 souches	3 f.	86

Dans les vignes jeunes, la dépense pourra s'abaisser à 2f,50. Dans les vignes plus fortes ou plus vieilles, elle pourra s'élever à 4f,50 et au delà, si la réussite de la première année est médiocre. L'hectare contenant 4,450 souches, la dépense s'élèvera donc en moyenne à 170f,60, et variera selon l'âge et la conservation de la vigne, de 115 à 200 fr.

Deuxième partie de la dépense. Frais de culture. — La culture des greffes pendant la première année est presque entièrement à la charge de cette opération, car on ne retire de la vigne d'autre récolte que les bois à brûler que fournissent les souches amputées, et quelques sarments d'une valeur insignifiante.

La seconde année, on obtient déjà une demi-récolte, d'une valeur égale, ou à peu près, aux frais de culture.

Quant aux frais fixes comprenant : le loyer de la terre, l'impôt, l'intérêt du capital d'exploitation, ce sont autant de dépenses qu'on ne peut éviter la première année, même en arrachant la vigne, et qui ne figurent pas réellement dans les déboursés.

Nous établirons donc le compte de la deuxième partie de la dépense de la manière suivante, pour un hectare de vigne greffée :

Première année.

Quatre cultures à la main	175 f.	»
Quatre nettoyages des souches pour enlever les rejetons	10	»
Taille et liage des sarments	15	»
Un cinquième de la fumure complète de la terre qui a lieu tous les cinq ans	20	»
Troisième année.		
Travaux à faire la troisième année pour repeupler entièrement la vigne ; 133 provins par hectare, à raison de 15 cent. l'un, plus 10 cent. pour le fumier, soit 25 cent. l'un	33	25
Total des frais de culture par hectare	353 f.	25

La dépense nécessaire pour greffer un hectare de vigne s'élève donc :

D'une part, pour l'opération elle-même de greffer, à	170 f.	60
D'autre part, pour frais de culture, à	353	25
En moyenne. — Total pour un hectare	523 f.	85

Si l'opération réussit mal, ou si elle est appliquée à une vigne dont le bois est difficile, les frais peuvent s'élever à 600 fr., et dépasser même cette somme.

Les frais diminuent de la valeur du bois que fournissent les souches amputées ; elle est faible pour les vignes jeunes, mais pour celles qui sont déjà fortes, comme on peut, en moyenne, estimer le poids des souches à 9,000 kilogr., par hectare, et leur prix à 1 fr., les 100 kilogr., elles fournissent un produit de 90 fr., qui compense l'excédant de frais auxquels elles donnent lieu comparativement aux vignes jeunes.

Dans tous les cas, quelque considérable que soit la dépense occasionnée par la greffe, elle n'est point comparable à celle qu'entraînent l'arrachement de l'ancienne vigne et la plantation de la nouvelle qui la remplace. Le défoncement du sol à bras d'hommes à 0m,70 de profondeur, seul moyen de bien renouveler la terre, coûte le plus souvent à lui seul 800 fr. par hectare. En admettant qu'on puisse replanter l'année même, ce qui est bien rare, et ce qui oblige à des achats d'engrais très-coûteux, il faut ajouter encore quatre années de culture, la perte de la rente de la terre et de l'intérêt du capital d'exploitation pendant quatre ans !

Dans un grand nombre de terrains rocailleux, il n'est même pas possible d'arracher et de replanter à courts intervalles, à cause des frais énormes qu'entraîne l'opération et que le sol ne peut supporter.

La greffe de la vigne se présente alors comme le seul moyen de continuer l'exploitation utile de la terre, quand elle peut payer cette aggravation de frais, et quand les motifs qui auraient déterminé la destruction des ceps ne sont pas leur vieillesse et leur épuisement.

Résumons-nous :

La greffe de la vigne est une opération à la fois

simple et pratique, surtout dans les vignobles où les ceps sont cultivés en souches bien espacées, comme dans le midi de la France.

Elle est avantageuse dans un grand nombre de cas, tant que les ceps conservent de la force, de la vigueur, et ne sont pas assez vieux pour décliner rapidement.

Elle rajeunit la vigne dans une certaine mesure, surtout lorsqu'on lui applique une culture bien soignée, et dans ce cas elle en prolonge *utilement* la durée.

Elle permet de propager les bonnes variétés et de réformer les mauvaises avec une merveilleuse facilité. Elle nous paraît particulièrement utile, dans les circonstances actuelles, pour transformer un grand nombre de vignes que leur nature rend plus susceptibles d'être envahies par l'oïdium, et pour empêcher la destruction prématurée de celles qui occupent un sol qui n'est propre à aucune autre culture.

Culture des jeunes plantiers. — Les jeunes plantiers doivent être labourés la première année le plus souvent possible, pour que la terre soit toujours meuble, fraîche et purgée d'herbes. De mars en septembre, on ne leur donne pas moins de trois labours, et souvent ils en reçoivent six.

Plus on travaille la terre du plantier pendant les chaleurs de l'été, plus fort il devient et plus tôt il se met à fruit.

On n'est point dans l'usage de fumer les jeunes plantiers, on supplée à l'engrais par de nombreux labours. Cependant une légère fumure la deuxième année, lorsque la reprise est faite, est une bonne opération, qui avance parfois d'un an l'époque où la vigne entre en rapport. Elle est surtout avantageuse dans les terres dont le sous-sol est infertile et lorsqu'il a été mélangé en proportion plus ou moins forte avec la couche de terre supérieure.

Un des meilleurs moyens d'activer le développement des jeunes plantiers est de leur donner deux soufrages, l'un en juin, l'autre en août.

On regarnit en hiver les vides que présentent les plantations, et on se sert pour cela de plants racinés d'un an ou de deux ans, qu'il faut toujours avoir en réserve. On doit remplacer les sujets qui n'ont donné signe de vie que passé le mois d'août et dont la pousse est trop faible; ils présentent presque toujours des tares sur le bois qui doit former le tronc et ne constituent que de faibles souches.

La seconde année on donne encore aux plantations de nombreux labours, comme l'année précédente. On a la précaution de faire suivre le premier d'un léger déchaussement qu'on laisse ouvert jusqu'aux premiers jours de mai (*fig.* 973); non-seulement il sert à cultiver le pied de la souche que les araires ne touchent point, mais il permet d'enlever complétement les drageons qui poussent toujours du pied même du jeune plant et l'empêchent de se former en souche vigoureuse sur les coursons ménagés par la taille.

Au commencement de mai, on fait tomber ces drageons qui ont alors environ 0m,30 de longueur, et on rechausse la souche; les rameaux herbacés

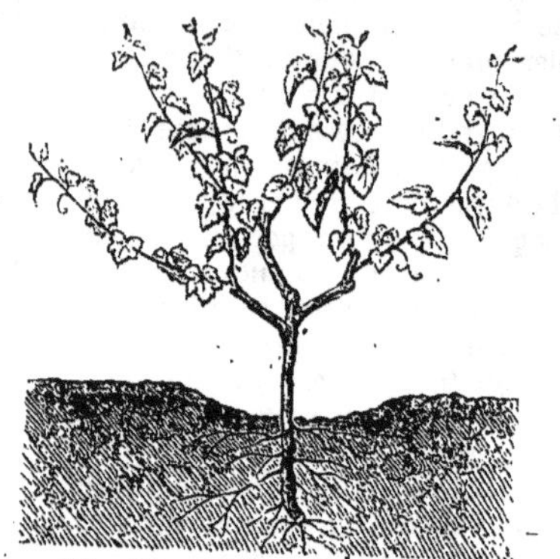

Fig. 973. — Déchaussement de la vigne.

commencent à charger le jeune sujet, et celui-ci risquerait d'être renversé et cassé si le vent le faisait ballotter. On prévient cet accident en le buttant à 0m,10 au-dessus du sol (*fig.* 974).

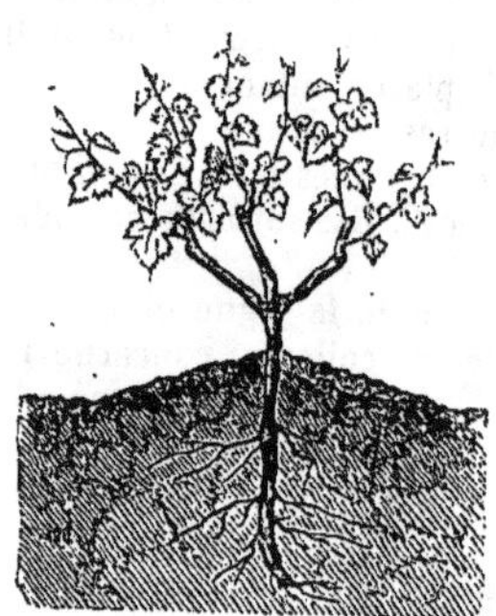

Fig. 974. — Cep butté.

On prend les mêmes soins dans le cours de la troisième année, et on continue de fréquents labours, soit à l'araire, soit à la main. C'est à la seconde et à la troisième feuille, dans les mois de mai et de juin, que les plantiers sont le plus exposés à perdre leurs rameaux. Ils sont tellement gonflés de séve que le moindre vent suffit pour décoller les jeunes pousses et les renverser. On voit alors les plantations dévastées de la manière la plus déplorable. Elles perdent non-seulement leurs fruits, mais les sarments qui auraient été fructifères l'année suivante; leur produit est ainsi retardé d'une année, ou tout au moins fort amoindri. On prévient cet accident par une taille convenable dont il sera question plus loin, et en buttant les ceps qu'il faut bien se garder de laisser déchaussés.

Certaines souches sont tellement dévastées qu'elles ne conservent plus un seul rameau et en sont réduites à leurs coursons comme en plein hiver. Ce spectacle est d'autant plus pénible qu'on voit à leurs côtés, renversées par terre, des pousses de plus d'un mètre, garnies de raisins. Cet accident se répare; il sort de nouveaux rameaux sur lesquels on établit la taille l'année suivante, mais c'est aux dépens du cep et de ses produits pendant un an et souvent plus.

Dans les plantiers composés de cépages à sarments érigés, on peut toujours facilement faire entrer le bétail et les araires pour la culture, à toutes les époques de l'année, mais dans ceux dont les rameaux sont rampants, comme l'Aramon, ils deviennent assez forts pour se fermer, dans le courant de juin, dès la troisième année. On commence aussi à la troisième feuille du plantier à voir quelques raisins; ils sont généralement peu nombreux sur l'Aramon, qui ne se met guère à fruit que la quatrième année; mais dans les variétés plus précoces, comme le Grenache, le Brunfourca, le Terret, etc., ils peuvent former une récolte assez importante pour donner un demi-produit.

A partir de la quatrième année, lorsque le plantier a été réussi, on le cultive comme une vigne faite, l'année suivante.

Taille des plantiers. — L'année même de la plantation, on rabat le sarment à deux nœuds au-dessus de terre; si on le laisse plus long pour mieux le distinguer quand on donne les labours, on a soin d'éborgner les yeux supérieurs afin qu'ils ne poussent pas (*fig.* 975).

On forme la souche à 0m,20 de terre environ, dans les terrains bas qui craignent l'humidité; alors on rabat le sarment à trois yeux de terre au lieu de deux, et on place un tuteur pour soutenir le cep les deux premières années.

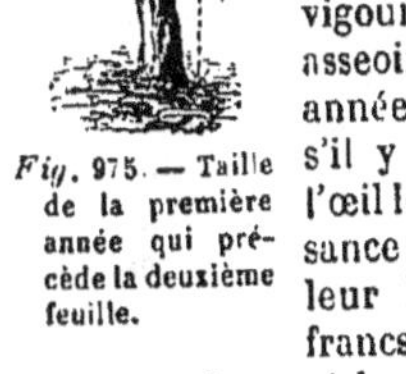

Fig. 975. — Taille de la première année qui précède la deuxième feuille.

Dans les terrains secs et de coteau, on forme la souche à 0m,10 ou 0m,15 de terre environ.

Quand la reprise du plantier a été bonne, et que les yeux ont vigoureusement poussé, on peut asseoir la taille dès la première année; on laisse deux coursons s'il y a deux sarments sortis de l'œil le mieux placé pour la naissance des bras de la souche, et on leur laisse deux ou trois yeux francs; il vaut mieux laisser trois yeux que deux, si le plantier est vigoureux et le sol fertile. Tous les yeux et les sous-yeux pousseront, répartiront mieux la séve, leur grosseur ne sera pas disproportionnée à celle du jeune cep et le vent ne renversera pas les pousses.

Autrefois on plantait les terres les plus maigres, on soignait médiocrement les jeunes plants; il en résultait un faible développement des bourgeons (1) des boutures, alors on ne les taillait pas quand ils étaient trop faibles, ou bien on taillait à un seul bourgeon; le sarment qui en sortait n'était pas aussi exposé, par trop de vigueur, à être renversé. Aujourd'hui les soins multipliés dont les plantiers sont l'objet, soins qui avancent l'époque où ils commencent à produire, obligent à multiplier les yeux qu'on leur laisse pour que leur pousse ne soit pas disproportionnée à leur grosseur et toujours exposée à être décollée par le moindre accident.

Il faut avoir soin de ne tailler les jeunes plantiers qu'à la fin de mars ou au commencement d'avril, selon la précocité de la végétation, afin qu'ils soient moins exposés aux fâcheux effets des gelées tardives. Comme ils poussent beaucoup plus tôt que les vignes faites, leurs bourgeons se développeraient trop vite s'ils étaient taillés à la même époque; ils seraient aussi beaucoup plus exposés aux effets des grands froids s'ils avaient lieu au moment de la taille. A la fin de mars et en avril, les grandes gelées ne sont plus à craindre, et les ceps entrent en séve. Celle qui se répand quand on taille les plantiers retarde leur pousse et en diminue la force; ils sont ainsi moins sujets à être gelés, et plus tard à être décollés par le vent. On taille aussi en mars ou en avril, à la deuxième et à la troisième année de taille. Dans les années suivantes, il n'est plus aussi nécessaire d'observer les mêmes précautions, et on taille les plantiers de quatre à six ans, aussitôt après les vignes plus vieilles.

Fig. 976. — Taille de la deuxième année qui précède la troisième feuille.

Au commencement de la troisième année, qui précède la troisième feuille, le plantier est taillé pour la seconde fois; on donne alors aux ceps deux, trois, ou quatre, ou six coursons, selon leur force, et on leur laisse deux ou trois bourgeons francs, s'ils sont vigoureux et en bon terrain bien cultivé. Dans tous les cas, il faudra laisser deux yeux francs. C'est l'année où le plantier risque le plus de perdre ses rameaux par le décollage. On évite cet accident en multipliant les coursons et les bourgeons.

Fig. 977. — Taille de la troisième année qui précède la quatrième feuille. (Cep vigoureux en terrain fertile.)

La jeune plante a tant de vigueur, qu'elle pousse sur tous les yeux et les sous-yeux des coursons qu'on lui laisse; elle pousse même sur le tronc de la souche. Les racines se développent proportionnellement au feuillage, et le cep s'enracine solidement et fortement. On ne peut obtenir de pareils résultats par une taille trop courte et sur un seul courson, les premières années, comme la pratiquent encore beaucoup de vignerons, et on s'expose à voir les plantiers ravagés par le vent de la manière la plus fâcheuse. Il faut réserver aux terres arides et mal cultivées de pareilles méthodes, encore sont-elles inopportunes, car elles gênent le développement naturel qu'il faut au contraire favoriser chez les jeunes plantiers, tant qu'ils n'occupent pas le sol tout entier.

Au commencement de la quatrième année, on taille les ceps sur un bois beaucoup plus fort et plus développé que les années précédentes; les sarments sont généralement gros, vigoureux, et la membrure de la souche est formée. On fait en sorte de l'équilibrer, et on augmente le nombre des coursons, pour le porter de quatre à six, selon la force des sujets (*fig.* 977). On règle la taille, on donne un bourgeon franc et le sous-œil dans les terrains pauvres, et deux bourgeons francs dans les autres.

(1) Il s'agit ici des rameaux herbacés. P. J.

Pour les années suivantes, la conduite des plantiers rentre dans les principes généraux de la taille de la vigne. Ils sont alors formés, la souche est établie, et on la développe, selon le sol, la culture, la végétation ou les accidents de l'année.

Taille de la vigne. — Une fois les plantiers établis et entrés en rapport, ce qui arrive à la quatrième et à la cinquième feuille, il reste à considérer les diverses façons et cultures que reçoit la vigne en produit, quel que soit d'ailleurs son âge.

Quand une vigne a été vendangée, et que les premiers froids de l'arrière-saison en ont fait tomber les feuilles, on peut la tailler. C'est l'opération qui commence la série des travaux d'une nouvelle année, et au moyen de laquelle on prépare une nouvelle récolte. En général, la chute des feuilles n'est complète que vers le 15 novembre, quelquefois plus tard; il faut attendre que les sarments soient entièrement dépouillés de leur feuillage avant de tailler. Tant que la feuille tient, le bois se nourrit et se renforce. Quelquefois même on voit, à la suite d'automnes très-doux, les vignes pousser encore dans l'arrière-saison, on dit alors qu'elles *automnent*; dans ce cas, il est très-regrettable qu'elles soient taillées, car la séve est en mouvement, et elle agit sur les yeux qui renferment l'espoir de la récolte prochaine. Quand les sarments sont longs, la végétation se fait sur leur extrémité, et si un froid brusque se fait sentir, on n'a pas à redouter, comme dans le premier cas, des retours de séve quelquefois désastreux.

Époque de la taille.—La taille ne commence donc dans la région méridionale que vers le 15 novembre, lorsque la végétation des ceps est bien arrêtée, et on la pratique tant que la nouvelle séve ne se met pas en mouvement, c'est-à-dire jusque vers le 15 mars. A cette époque, elle est généralement terminée. Quand on taille plus tard, on pratique ce qu'on appelle la taille à *séve coulante;* cette dernière a de graves inconvénients, et elle est partout abandonnée, à de rares exceptions près.

La majeure partie des vignes est taillée en décembre, non que ce soit l'époque la plus convenable, mais parce qu'elle facilite les travaux subséquents, pour le provignage, la fumure, les terrassements et les façons d'hiver.

La nécessité et la rareté de la main-d'œuvre obligent d'ailleurs à tailler, sans perdre un instant, pendant toute la période où la taille est praticable sans de graves inconvénients, c'est-à-dire pendant les quatre mois qui séparent le 15 novembre du 15 mars. On a généralement soin, quand on a des vignes d'âges très-différents, de tailler les plus vieilles les premières, et de finir par celles dont la pousse est la plus précoce.

Si l'on pouvait choisir l'époque de la taille, il faudrait préférer sans hésiter la fin de l'hiver, c'est-à-dire le mois de février, alors que les gros froids sont passés, et que le tissu du sarment a acquis toute sa fermeté.

Il faut éviter avec soin de tailler à l'époque où la vigne entre en séve, car elle est considérablement affaiblie par les déperditions de liquide qu'elle subit. Les jeunes plantiers supportent seuls, sans inconvénient, une taille aussi retardée.

Dans tous les cas, quelle que soit l'époque de la taille, il ne faut la pratiquer que par un temps sec et vif, et éviter des jours de fortes gelées, de pluie, de neige, de givre. On s'expose aux retours de séve et à la perte des coursons qui éclatent, quand on néglige ces précautions. Elles sont d'ailleurs faciles à observer, car les grands froids et les mauvais temps sont de courte durée dans la région.

Principes de la taille dans la région. — On forme les ceps en souches basses comme on vient de le voir aux paragraphes qui concernent les plantiers. On continue tous les ans la même taille, en plaçant le plus souvent à l'extrémité de chaque bras un courson, sur lequel on taille à un ou deux yeux francs, selon la fertilité du sol, son entretien, sa culture, et la vigueur des ceps. On laisse plus d'un courson à chaque bras, lorsque la force de végétation de la vigne le permet.

On fait en sorte de conserver toujours à la souche une membrure forte et régulière. Cette précaution est indispensable, car les souches, étant régulièrement espacées et disposées, il faut qu'elles soient maintenues dans un juste équilibre de fructification et de végétation. Les coursons se trouvent ainsi symétriquement placés et portés sur des bras d'une hauteur proportionnelle à la force du tronc, afin d'empêcher les fruits de traîner par terre dans les cépages à sarments non érigés.

Ce genre de taille, d'une si grande simplicité, se prête d'une manière admirable aux exigences du climat de nos départements méridionaux, et à la nature des cépages qui y sont cultivés.

Ainsi le caractère particulier du climat, celui dont il faut constamment tenir compte dans toutes les opérations de culture, c'est la sécheresse et la grande chaleur qui règnent pendant trois mois, du 15 juin au 15 septembre; ce sont les vents secs et violents, comme le mistral, qui y sont dominants.

Les caractères des cépages adoptés sont : d'être tous fructifères sur les yeux de la base du sarment; de se former en souches basses solidement membrées avec la plus grande facilité.

Aussi la taille et la culture sont-elles combinées pour laisser le sol ombragé et couvert par les rameaux des ceps pendant les ardeurs de l'été; pour abriter les raisins par le feuillage même des ceps, tout en les laissant assez près de terre afin de profiter de la chaleur réfléchie par le sol. Les fruits sont ainsi garantis contre le grillage et les insolations, si fréquentes en été, et la terre reste plus fraîche.

Les coursons, ne portant que des yeux fructifères, sont à la fois branches à bois et branches à fruit; ils se chargent d'une foule de raisins, bien distribués autour du cep, et suspendus de manière à recevoir les influences favorables de l'air, de la lumière et de la chaleur (1).

Combinée avec la répartition régulière des ceps à la surface du sol, la taille en souches basses a permis d'apporter à la culture de la vigne l'économie la plus grande qu'on puisse espérer, en supprimant les échalas, les supports, les pincements, et en permettant les labours au moyen d'instruments aratoires conduits par des bêtes de trait.

Elle permet aux ceps d'atteindre un âge avancé; en d'autres termes, elle assure à la vigne une longue durée et une production satisfaisante. Elle permet d'obtenir, selon le sol et le cépage, et avec la moindre dépense possible, ou des produits très-distingués d'une haute valeur commerciale, ou des récoltes d'une telle abondance, que, nulle part, elles n'ont encore été égalées.

On taille, pour former les coursons, sur les sarments vigoureux, les mieux placés pour laisser le moins possible de vieux bois sur la souche; c'est ce qu'on appelle *tailler le vieux bois et former sur le jeune*, parce qu'on coupe le bois de l'année

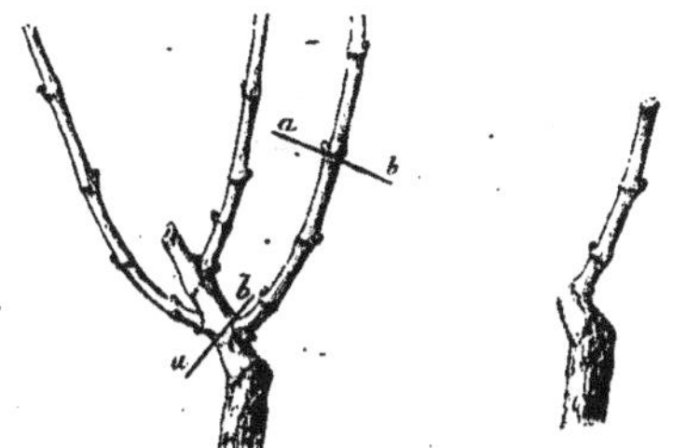

Fig. 978. — Avant la taille. *Fig.* 979. — Après la taille.

précédente. Telle est la règle, afin d'éviter autant que possible l'accumulation du vieux bois sur les ceps. On y déroge cependant, lorsque le sarment inférieur n'est pas assez fort pour former un bon courson fructifère, ou lorsqu'il n'est point placé avec assez de symétrie.

Le vieux bois qui est le produit successif de la taille de chaque année, finit par affaiblir et stériliser la vigne, lorsqu'il est trop long et trop noué; c'est pour cette raison qu'on taille de manière à ne point en charger trop vite la souche. C'est encore pour la même raison qu'il ne faut pas laisser trop de longueur aux coursons; il vaut mieux, pour obtenir sur une souche la même quantité de rameaux fructifères, augmenter le nombre des coursons et diminuer leur longueur; plus tard, il est toujours facile de supprimer ceux qui sont de trop.

Deux yeux francs sont généralement laissés sur chaque courson; l'expérience a prouvé que, dans la plupart des bonnes vignes, cette proportion est la meilleure. On taille sur un seul œil franc, les ceps faibles ou vieux, qu'on veut ménager ou remettre à fruit, et les vignes en terrain maigre qu'on ne fume pas. On donne trois yeux à certains plantiers d'une très-grande vigueur, et qui sont capables de pousser sur chaque œil. Dans les vignes ordinaires, de vingt à quarante ans d'âge, si l'on conserve sur la souche de quatre à six coursons, selon l'usage, et qu'on taille chacun d'eux à trois ou quatre yeux, le plus souvent, les deux derniers seulement, à l'extrémité du sarment, pousseront, et ceux qui sont placés inférieurement ne se développeront pas, ou ne donneront que des sarments faibles; ils formeront du vieux bois qui vieillira le cep avant l'âge, et qui en gênera la culture.

La taille longue à plus de deux bourgeons, abrége considérablement la durée de la vigne, surtout quand elle est vieille, et elle diminue la qualité de son produit. Une vigne jeune, si elle est en bon terrain, supporte plus facilement une taille allongée, mais elle s'use plus vite.

Les vignes qu'on veut épuiser rapidement pour les arracher ensuite, sont taillées long sur leurs coursons, c'est-à-dire à trois yeux, et on leur laisse en outre des sarments ou lacets, qu'on plie en cerceaux (*fig.* 980 et 981).

Fig. 980.— Souche qu'on taille pour l'épuiser avant de l'arracher.—Souche taillée long, avec ployons en cerceaux.

Fig. 981.— Souche chargée à la taille, avec des sarments taillés long à cinq bourgeons.

Ces faits sont bien connus des vignerons expérimentés, et il suffit de les rappeler pour justifier les principes de la taille courte et en souches

Fig. 982. — Souche de la figure 983 après la taille.

basses, adoptées dans le Midi. La taille longue ne convient point aux vignes en souches basses, et c'est avec raison que les vignerons expérimentés la considèrent comme très-dangereuse. Productive les premières années, elle détériore la qualité des produits, et elle finit bientôt par épuiser les ceps. On pourra l'appliquer aux jeunes vignes

(1) Une souche vigoureuse taillée à deux yeux francs, et le sous-œil, peut donner, sur chaque courson, 3 rameaux portant chacun de 2 à 3 raisins; 6 coursons donneront 18 rameaux portant de 36 à 54 raisins. Il n'est pas rare, sur de grandes vignes d'Aramon, de Terrets, de Grenache, etc., taillées à 6 coursons par souche, de trouver en moyenne 25 raisins sur chacune d'elles.

pour en modérer la végétation lorsqu'elle est trop luxuriante ; aux vignes qui s'emportent en bois et produisent beaucoup de sarments et peu de fruits ; à celles dont on veut tirer une abondante récolte, sans ménagement de l'avenir, et enfin, comme on l'a vu, à celles qu'on veut arracher. Les mêmes considérations peuvent s'étendre aussi à la taille tardive à *sève coulante*.

Fig. 983. — Souche d'Aramon de dix à douze ans.

On exécute la taille au moyen du sécateur ; on en a de grandeurs variables selon qu'on taille les sarments de l'année, ou les vieux bois.

Partout on a abandonné l'usage de la serpe ou *pandadouïre* en languedocien, pour adopter le sécateur, qui est plus expéditif, plus commode, moins dangereux.

Fig. 984. — Courson taillé à deux yeux francs, et le faux bourgeon.

Une bonne taille doit laisser sur la coupure, les bois nets et sans onglets, ni éclats ; les sarments enlevés doivent être rognés juste à leur insertion sur le vieux bois, et bien *parés*, c'est-à-dire qu'il ne doit pas y rester de faux bourgeons ou sous-yeux. Les coursons doivent être taillés sur le nœud

Fig. 985. — Souche d'Aramon de quarante ans.

placé au-dessus du dernier bourgeon ; celui-ci est ainsi protégé par toute la longueur de bois que forme l'autre nœud (*fig.* 985).

Rabaissements. — Quand une vigne est trop chargée de vieux bois, que ce dernier est taré, obstrué par des parties sèches ou vermoulues, la végétation s'affaiblit beaucoup, et avec elle le produit en raisins. Si les ceps conservent encore de la vigueur, ils poussent des sarments le long des bras, au-dessous des parties les moins tarées (*fig.* 988). Ces sarments sont toujours plus forts que ceux du courson ; il faut alors, si on veut conserver encore longtemps la vigne, et lui rendre sa vigueur, amputer le bras au-dessus du sarment adventif, et conserver celui-ci pour en faire un courson. Les figures 988 et 989 donnent une idée de cette opération qu'on désigne sous le nom de *rabaissement*.

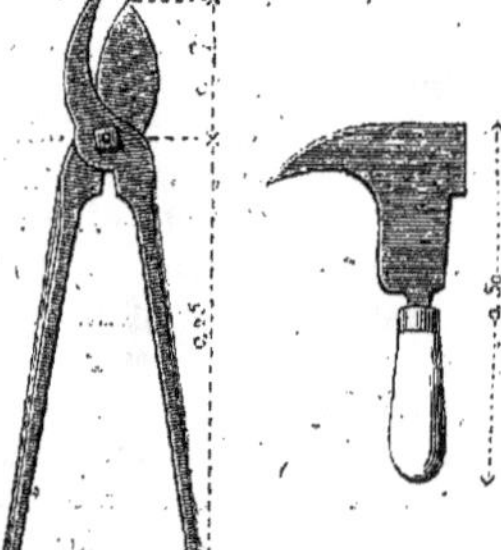

Fig. 986. Sécateur pour la taille de la vigne.

Fig. 987. Pandadouïre.

On rabaisse en amputant les vieux bois, au moyen de gros sécateurs à manches de 0m,70 de longueur. Les ceps sont ainsi remis sur du bois jeune. Ils reprennent une nouvelle force, et avec elle leur fertilité première.

Les cépages qui repoussent facilement, comme l'Aramon, le Piquepoul, le Chargemulet, etc., se prêtent mieux que les autres au rabaissement, car on trouve toujours sur leurs bras des

Fig. 988. — Souche vieille avant le rabaissement.

sarments adventifs; dans les autres cépages, il est plus long et difficile; mais il réussit également bien, à la condition de fumer et de cultiver d'une manière convenable.

Fig. 989. — La même souche après le rabaissement.

Les propriétaires de vignes jeunes ont peu ou point de rabaissements à faire; mais dans les vignes vieilles, ils sont indispensables pour assurer leur entretien et leur durée.

La meilleure méthode de faire les rabaissements est d'y procéder peu à peu, en les préparant à l'avance. Ainsi, lorsqu'on trouve un sarment adventif vigoureux sur un bras trop long, dont le courson s'affaiblit, on le taille en courson; si la séve se détourne sur ce dernier et qu'elle abandonne l'autre (ce qu'on voit aussitôt à la force des sarments), l'année suivante on rabaisse sur le courson inférieur. La vigne est ainsi ménagée, et on opère à coup sûr. Les rabaissements pratiqués sur des sarments trop faibles, ou mal placés, fatiguent beaucoup les ceps, et en diminuent le produit, quelquefois pendant plusieurs années. Il ne faut donc les faire que prudemment.

Ils conviennent aux vignes situées en bons terrains, où la végétation est vigoureuse. Ils sont parfois dangereux dans les sols maigres qui craignent la sécheresse, quand ils ne sont pas exécutés avec beaucoup de ménagement.

Taille des vignes exposées aux gelées blanches. — Dans les terres exposées aux gelées blanches et dans les sols fertiles, on charge la souche d'un grand nombre de coursons, et on conserve sur un des bras, ou sur le corps de cette souche, un ou plusieurs sarments, qu'on taille longs à quatre ou cinq bourgeons francs (*fig.* 979). On leur donne le nom de *lances, pailles*, etc. Ces pailles ne poussent ordinairement que sur leurs deux yeux les plus hauts; aussi doivent-elles être supprimées à la taille de l'année suivante. Elles ne doivent pas avoir plus de quatre à cinq nœuds, parce que, si elles sont trop longues, leurs fruits les font courber, et ils traînent par terre.

Les ceps taillés avec des pailles donnent certaines années d'énormes quantités de vin, quand ils échappent à la gelée; mais ils éprouvent une fatigue qui abrége la durée de la vigne, si on continue à les conduire d'après ce système. On peut cependant tirer un bon parti de ce genre de taille, soit en diminuant le nombre des coursons, et en ne laissant à chaque souche qu'un ou deux sarments, comme *pailles;* soit en supprimant les pailles pendant un certain nombre d'années, si la vigne est fatiguée. Quand elles sont bien placées, elles diminuent sensiblement les effets désastreux des gelées tardives. Ainsi, lorsque les yeux des coursons et ceux de l'extrémité supérieure des pailles sont détruits, il reste encore sur ces dernières les bourgeons inférieurs qui sont intacts. Ils repoussent, et peuvent donner une récolte satisfaisante.

On a proposé de laisser aux vignes exposées aux gelées blanches, un sarment auquel on conserve toute sa longueur, et qui sert de branche à fruit, lorsque les bourgeons des coursons sont détruits. Ce sarment doit être, dans ce cas, plié en arc et attaché aux bras du cep; il donne, en effet, un assez grand nombre de fruits; mais ils réussissent moins bien que sur les pailles (qui se comportent comme des coursons), et ils ont l'inconvénient de fatiguer tellement le bras de souche sur lequel ils sont placés, que ce dernier est exposé à périr; de plus, les fruits de ces longs bois sont de qualité inférieure; ils traînent par terre et sont en danger de pourrir. La méthode des pailles, qui est une sorte de transaction entre la taille longue et la taille courte, nous paraît donc préférable; elle est avantageuse dans les terrains fertiles, exposés aux gelées blanches, mais à la condition de supprimer les longs bois, si la vigne paraît fatiguée.

Taille tardive. — Les ravages causés par les gelées blanches ont conduit à retarder la taille des vignes qui y sont exposées jusqu'au moment où les bourgeons de l'extrémité des sarments commencent à pousser.

A cette époque, qui correspond ordinairement aux premiers jours d'avril, les ceps sont en pleine séve, et en répandent abondamment si on les taille; on dit alors que la taille est pratiquée à *séve coulante*, par opposition à la taille d'hiver qu'on désigne sous le nom de *taille sèche*. Quand on a taillé à séve coulante, la végétation subit un temps d'arrêt et les bourgeons des coursons ne commencent à se développer qu'une quinzaine de jours après. On réussit ainsi à atteindre les derniers jours d'avril, et on échappe aux gelées blanches qui signalent ordinairement ce mois.

Quand les gelées blanches ont lieu plus tard, (ce qui arrive quelquefois), la taille tardive ne met pas les vignes à l'abri de leurs atteintes, et les bourgeons n'en sont pas moins détruits.

La taille tardive n'est donc pas un préservatif tout à fait efficace des gelées blanches; mais son plus grave inconvénient, est dans les effets désastreux qu'en éprouvent les vignes où elle est pratiquée. On a remarqué qu'elle les affaiblit graduellement, au point de les rabougrir en peu d'années, et qu'il faut alors les arracher.

Le remède serait donc pire que le mal.

De nombreuses observations ne nous laissent aucun doute sur les déplorables effets de ce genre de taille. Sous son influence, les meilleures vignes perdent leur vigueur au bout de trois à quatre années; il est quelquefois impossible de la leur rendre, malgré le retour à la taille d'hiver, malgré la suppression de nombreux coursons, leur raccourcissement, et de bonnes fumures. Les sarments restent courts, la fertilité des ceps disparait, et leur renouvellement devient nécessaire.

Dans les vignes de bas-fonds, exposées aux gelées de printemps, l'emploi des *pailles* de quatre à cinq nœuds est préférable à la taille tardive, qui finit par ruiner graduellement la vigne. La taille à séve sèche serait préférable aussi malgré les chances de gelée, car si on est exposé à perdre une récolte dans une année à printemps froid, on conserve au moins les autres, et la vigne ne perd point sa fertilité. On a remarqué, au contraire, qu'après une gelée la récolte suivante est généralement plus forte.

On a recours dans un certain nombre de localités à une taille intermédiaire entre la taille à séve sèche et la taille à séve coulante. Elle consiste à enlever en hiver tous les sarments qui ne doivent pas former les coursons. Les autres sont conservés et ne sont raccourcis à deux bourgeons francs qu'à l'époque de la taille *à séve coulante* (*fig.* 990).

Quoique moins mauvaise que la taille tardive,

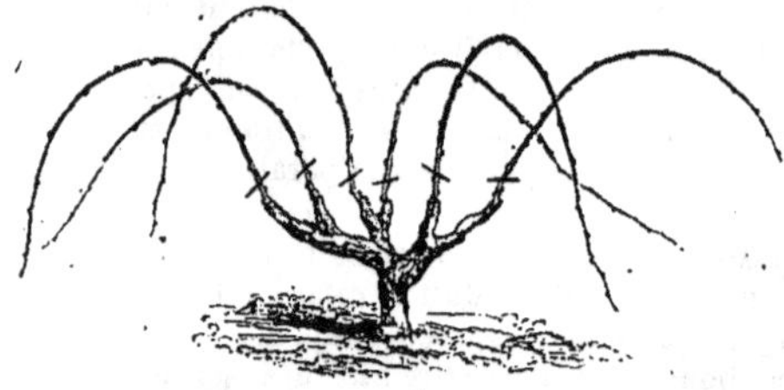

Fig. 990. — Taille intermédiaire.

nous ne saurions cependant recommander ce terme moyen qui s'en rapproche, car les vignes restent affaiblies par la déperdition considérable de séve qu'elles subissent, et elles finissent par se rabougrir, lorsqu'elles ont perdu la première vigueur de leur jeunesse.

Du sécateur. — On a vu plus haut que le sécateur est l'instrument au moyen duquel on exécute la taille de la vigne, et que la serpe, autrefois en usage, est abandonnée.

L'introduction du sécateur dans le Midi, pour la taille de la vigne, remonte à quarante années environ; d'après M. Bouscaren, c'est en 1823, que le sieur Laurent Billot, maréchal ferrant à Saint-Félix de Lodez (Hérault), envoya avec des sécateurs de sa fabrication, chez M. Cazalis Allut, les premiers vignerons qui taillèrent la vigne avec cet instrument, aux environs de Montpellier.

Son adoption a été un des moyens de perfectionnement les plus remarquables de la culture de la vigne dans l'Hérault et les départements voisins.

Elle a facilité le travail à tous les points de vue; ainsi elle l'a rendu plus expéditif, car on taille deux fois plus vite avec le sécateur qu'avec la serpe; elle l'a rendu plus facile en outre, parce que tout homme peut tailler au sécateur sans avoir besoin d'un long apprentissage, comme cela est nécessaire avec la serpe; on a pu dès lors, à mesure des besoins, multiplier sans peine le nombre des ouvriers capables. Avec le sécateur, tout danger a disparu, le travail est mieux fait, moins fatigant, et il peut être accompli sans blesser ou ébranler les ceps comme avec la serpe ou la hachette.

Nous sommes convaincu que, sans l'adoption du sécateur, la culture de la vigne, dans l'Hérault, n'aurait pu s'étendre comme elle l'a fait et doubler presque en quarante ans.

Le sécateur de taille courante doit être léger, très-affilé et trempé de manière à ne jamais s'ébrécher. La taille doit en être douce et ne pas éclater le bois. Le clou qui sert à réunir les deux parties doit être placé aussi haut que possible et près de la lame, afin d'augmenter l'énergie de l'instrument. Celui-ci doit pouvoir s'ouvrir entièrement, afin que la base de la lame puisse servir aussi bien que la pointe. On donne aux branches, à partir du clou, une longueur de $0^m,25$. La distance du milieu du clou à la pointe de la lame est de $0^m,07$; la lame n'est point rapportée sur la branche, et, pour plus de solidité, elle est faite du même morceau de métal.

On manie l'instrument avec les deux mains, de sorte qu'il ne doit porter ni ressort ni mécanisme pour le faire ouvrir.

Les maréchaux et les taillandiers des communes rurales de l'Hérault le fabriquent dans d'excellentes conditions; il coûte de 4 à 5 francs selon l'habileté et le soin du fabricant; il est toujours garanti comme trempe et solidité.

On suit les mêmes principes pour la construction des gros sécateurs. On renforce surtout la force de la lame, et on la trempe avec un soin particulier, pour qu'elle puisse résister à l'action des nœuds de bois sec, et aux efforts considérables qu'on lui fait supporter.

Un homme ordinaire taille couramment avec le sécateur de 300 à 400 ceps moyens, dans une journée de six heures de travail effectif. Quand il travaille à la tâche, il double la quantité des ceps qu'il ferait à la journée, et peut facilement en tailler 700 à 800. Dans les coteaux, il peut même atteindre le chiffre de 1,200 et plus.

La taille d'un hectare de 4,400 souches moyennes, emploie donc 11 journées environ à 2 francs l'une, et coûte 22 francs.

Du provignage. — On exécute, en même

temps que la taille, le provignage, qui sert à regarnir les vignes dans lesquelles quelques ceps ont succombé.

On provigne en choisissant à proximité de la place vide qu'il faut remplir, une souche pourvue d'un sarment assez long, et bien placé ; on commence par fouiller à l'endroit où a péri le cep, afin d'extraire complétement les racines et la souche souterraine, dont on désigne l'extrémité, en languedocien, sous le nom de *Coùdèl*. C'est la partie inférieure du sarment qu'on a coudée, en plantant. On fait ensuite une fosse de la souche mère au point où il faut en former une nouvelle. La tranchée doit avoir 0m,25 de profondeur et autant de largeur. On couche le sarment au fond et on le fait sortir à la place que doit occuper le nouveau cep ; on le soutient par un tuteur auquel on le lie, et on le rabat en laissant sortir deux yeux de terre. Quand un fort sarment sort du tronc même de la souche, on le choisit de préférence. Dans tous les cas, on évite

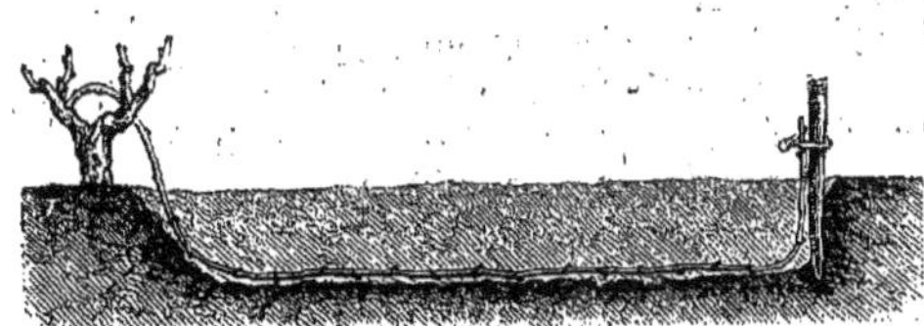

Fig. 991. — Sarment provigné.

de prendre ceux qui sont placés au bout des bras, à la place que peut occuper un courson, parce qu'ils détournent toute la séve à leur profit et font périr le bras, lorsque plus tard on détache le provin de la mère.

On a soin de coucher avec précaution le sarment qu'on provigne, pour ne pas le casser ou l'éclater, et de préférence par un temps doux, afin qu'il ait plus de souplesse. La gelée et le vent sec du nord facilitent sa rupture, et avant tout, il faut éviter cet accident, qui rend inutile tout le travail de fouille déjà fait.

Pour empêcher le sarment de pousser sur les premiers yeux de sa base, on les enlève tous, depuis sa naissance sur la souche, jusqu'au point où il pénètre dans la terre.

On couvre le sarment au fond de la fosse de 0m,10 de terre, qu'on serre bien contre lui, et par-dessus on fume avec une corbeille de fumier de 7 à 8 kilogrammes. On finit de combler le vide en couvrant à son tour le fumier.

La façon d'un provin, en terre franche, coûte 0f,15, non compris le fumier. Ce dernier vaut de 0f,08 à 0f,10.

En terrain rocheux, le prix de la main-d'œuvre est beaucoup plus élevé.

La meilleure époque pour provigner est l'entrée de l'hiver ; le séjour du sarment dans la terre, longtemps avant qu'il entre en végétation, le dispose à s'enraciner plus vite et à pousser plus vigoureusement. On provigne cependant jusqu'à l'époque où la vigne entre en végétation. Le provin bien soigné donne, la même saison, de deux à quatre raisins; aussi est-il passé en proverbe qu'il paie son maître dès la première année.

On taille le provin comme une jeune souche, et on ne le détache de la souche mère qu'après trois ans. Il forme alors lui-même une souche dont la durée est assurée.

Quand on détache le provin trop tôt, on s'expose à le voir longtemps végéter, sans profit. Sa souche reste petite, porte peu de fruits; elle finit même par succomber.

Le provignage dans les terrains secs et peu fertiles, pratiqué sur des souches déjà âgées, les fatigue tellement qu'elles dépérissent et finissent par mourir. Le provin reste lui-même chétif; il en résulte une double perte au lieu d'une place regarnie. Dans ces conditions, on remplace avantageusement le provin par la plantation d'un plant raciné de deux ans, à l'endroit qu'il faut regarnir; on procède ainsi qu'il suit :

On commence par extirper en entier la vieille souche morte ; on fait ensuite, à la place qu'elle occupait un trou de 0m,40 en tous sens. On le garnit au fond de terre meuble, prise à la surface ; on plante le sujet à 0m,30 de profondeur et on couvre ses racines de bonne terre; on ajoute, par-dessus, une corbeille de fumier, comme pour le provin, et on nivelle la terre.

Les jeunes souches ainsi plantées entrent en rapport de la quatrième à la cinquième année, et réussissent parfaitement, pourvu qu'elles soient convenablement soignées. Nous avons fait de cette manière des remplacements depuis douze ans, et ils donnent un produit très-satisfaisant.

Cette manière de regarnir les vides est moins coûteuse que le provignage (1), et elle est moins chanceuse dans les vignes tenues au labour. Il arrive fréquemment, dans ces dernières, que le soc accroche le jeune provin et le casse. Il est alors perdu, ainsi que le fumier et le travail. Cet accident est évité par le remplacement direct au moyen d'un nouveau plant raciné. Un autre avantage que présente ce dernier, lorsqu'il s'agit de vignes plantées de divers cépages, c'est qu'on choisit la variété de remplacement, et qu'on n'est point forcé de prendre nécessairement celle du cep le plus voisin, qui souvent n'est point avantageuse.

Dans les vignes jeunes et vigoureuses, le provignage ne présente pas pour la souche les mêmes inconvénients, car elle n'en éprouve pas de fatigue sensible. Aussi, comme le provin est plus précoce dans ses produits, c'est à lui qu'il convient d'avoir recours, à moins qu'on ne veuille faire le remplacement par un cep d'une autre variété.

Ramassage, liage et enlèvement des sarments. — Aussitôt après la taille, les sarments sont ramassés, liés et sortis de la vigne par des femmes qui travaillent à la tâche.

Elles réunissent d'abord une vingtaine de sarments qu'elles lient, ce qui forme un premier paquet ; ceux-ci sont ensuite rassemblés en fagots de 8, 10 ou 12 paquets, selon leur gros-

(1) Dans des terrains de garrigue, les trous cubes de 0m,40 de côté, nous reviennent à peine à 0f,10 ; ils sont creusés sur l'emplacement d'un ancien trou, qu'on agrandit à peu près de moitié, et sur la fouille qu'il faut pratiquer pour extraire du sol la souche morte.

seur; verts, ils pèsent environ 5 kilogrammes.

Le cent de fagots coûte à lier de 4 à 5 francs. Les sarments doivent être sortis et mis en tas réguliers sur le bord de la vigne, prêts à être enlevés par les charrettes.

Près des villes, le cent de fagots vaut de 7 à 10 francs, sur place, selon les années ; les sarments payent alors une partie de la taille, quelquefois même ils en couvrent les frais, et sont un produit. Loin des centres de population, ils ne valent pas même ce qu'ils coûtent à ramasser, et ils sont un embarras.

Alors, on a voulu les employer comme engrais dans les vignes, mais la difficulté de les diviser convenablement pour ne pas gêner les cultures, n'a point permis encore de leur donner économiquement cette destination. On cherche depuis quelques années, pour l'Hérault, à construire une machine pour diviser à bon marché les sarments séparés des ceps par la taille; malgré des essais de nature à être encouragés, on n'a encore rien trouvé qui soit satisfaisant. Néanmoins le problème reste à l'étude et on peut espérer qu'il finira par être résolu.

Dans tous les cas, il n'est pas indifférent de chercher quelle proportion d'engrais peuvent représenter les sarments rendus au sol qui les a produits.

Si je consulte les tableaux de la production des sarments dans mes vignes pendant les cinq dernières années (1857-62) (1), je trouve que dans les bons terrains, le produit des vignes vieilles (de quarante ans environ) est de 422 fagots par hectare, lesquels à 5 kilogrammes l'un, font 2,110 kilogrammes de sarments verts; celui d'une vigne jeune de quinze ans est de 633 fagots, soit de 3,160 kilogrammes de sarments verts.

Dans les terrains secs de coteaux, la production a été la suivante :

Vignes vieilles de 60 ans d'âge :

252 fagots, soit à 5 kilogrammes l'un, 1,260 kilogrammes de sarments verts.

Vignes jeunes de 16 ans :

277 fagots, soit à 5 kilogrammes l'un, 1,385 kilogrammes par hectare.

On voit que les vignes jeunes, dont la végétation est la plus vigoureuse, fournissent aussi plus de sarments; mais la différence est plus sensible dans les bons terrains que dans les coteaux. Ainsi, tandis que dans les bons terrains la différence est de 50 p. 100, dans les coteaux elle n'est guère que de 10.

Nous devons ajouter que dans les vignes vieilles en bons terrains, la production du vin a été plus forte que dans les jeunes de 30 p. 100, et que pour celles de coteaux elle a été sensiblement la même.

D'après M. Ladrey, la moyenne des cendres que fournit le sarment desséché est de 2,90 p. 100.

D'après mes expériences, 6 kilogrammes de sarments secs fournissent 190 grammes de cendre, soit 3,16 p. cent de leur poids. Ces mêmes cendres renferment $14^{gr},80$ de potasse, soit vingt-cinq millièmes du poids des sarments et 7,780 p. 100 de leur propre poids.

D'après M. de Vergnette-Lamotte, le sarment frais desséché à 100 degrés perd 53 p. 100 d'eau.

D'après M. de Gasparin, il renferme à l'état sec, 0,23 p. 100 d'azote, et 0,09 p. 100 de potasse.

Les sarments frais dosent donc :

Azote	0,1081 p. 100
Potasse	0,250 — (1)

Or, le fumier de ferme normal frais renferme, d'après M. Boussingault :

Azote	0,41
Cendres et terre	6,07

Ces dernières renferment en alcalis, potasse et soude 7, 8 p. 100, ou $5^{gr},2$ par kilogramme de fumier, ce qui équivaut à cinquante-deux millièmes du poids du fumier.

Ces proportions sont pour l'azote quatre fois plus fortes, et pour la potasse doubles de celles que présente la composition du sarment : il en résulte qu'un kilogramme de fumier de ferme ordinaire peut être considéré comme au moins équivalent en engrais au double d'un poids égal de sarment. Le fumier de ferme a une valeur vénale de 8 francs les 1,000 kilogrammes. Les sarments divisés ne peuvent pas même être estimés, comme engrais, à raison de 4 francs.

Si l'on évalue que les frais nécessaires pour les diviser, afin de les laisser sur le sol, soient équivalents à ceux du liage et de l'enlèvement, on arrive à ce résultat, que si on peut vendre les sarments 4 francs les 1,000 kilogrammes, il est préférable de les lier et de les emporter. Si on les vend beaucoup moins, il vaut mieux les abandonner sur la terre.

Ainsi qu'on l'a vu, le prix des sarments varie près des villes entre 7 et 10 francs les 500 kilos, soit en moyenne 17 francs les 1,000 kilos. Il y a donc grand avantage, dans ce cas, à les faire lier.

Les sarments sont, à ce prix, un excellent combustible de ménage, dont la consommation est assurée.

Quant à la quantité d'engrais potassé que représentent les sarments qu'on enlève au sol, elle peut être annuellement évaluée à $\left(\frac{2110}{2}\right) = 1{,}055$ k. de fumier de ferme ordinaire pour les vignes vieilles de plaines ; à $\left(\frac{3160}{2}\right) = 1{,}580$ kilos pour les vignes jeunes ; et à $\left(\frac{1385}{2}\right) = 692$ kilos pour les vignes de coteau.

Une fumure ordinaire de fumier de ferme qui dure de trois à quatre ans est de 22,000 kilogrammes par hectare.

Les sarments restitués au sol peuvent donc être considérés comme formant environ du cinquième au sixième de l'engrais potassé qu'on donne à la vigne lorsqu'on la fume. Sous le rapport de l'azote, l'équivalent du sarment frais est encore moitié moindre.

Cette proportion est minime et insuffisante

(1) Ces vignes sont plantées dans un sol calcaire légèrement siliceux, à sous-sol marneux.

(1) D'après M. de Gasparin, cette quantité serait de 0,477.

pour pousser à la production, les vignobles assujettis à une riche culture, destinée à fournir des quantités plutôt que des vins de qualité; mais elle est importante pour ceux qui ne sont jamais fumés, et elle pourrait notablement augmenter leurs produits, ainsi que leur durée, sans nuire à la qualité du vin. Il faut aussi considérer que dans un grand nombre de cas le sarment peut agir sur le sol mécaniquement, en le divisant, et avoir sur lui une action très-favorable.

L'emploi du sarment dans les vignes, comme engrais, présente donc un intérêt réel; il faut cependant ne pas l'exagérer, car il ne pourrait suppléer efficacement à la fumure qu'on est dans l'usage de donner aux vignes fertiles.

De la fumure des vignes — On fume les vignes tout l'hiver, aussitôt que la taille et l'enlèvement des sarments sont effectués. Cette opération peut donc être faite pendant une période de quatre mois, du commencement de décembre à la fin de mars.

Deux méthodes sont usitées :

1° La fumure en plein, qui consiste à répandre l'engrais sur le sol et à l'enterrer par un labour;

2° La fumure à déchaussement, qui oblige à déchausser préalablement les souches; on dépose ensuite, dans l'auget formé à leur pied, l'engrais qu'on leur destine.

Cette dernière méthode est la plus répandue, et elle nous paraît supérieure à l'autre, quoique plus coûteuse.

Elle permet, en effet, d'employer sans inconvénient des engrais de toutes les formes, volumineux ou non, longs ou divisés, et de les répartir sur chaque cep de la manière la plus égale. De plus, l'engrais est mieux couvert et conservé. Au point de vue cultural, elle conduit à donner à la vigne une des façons les plus avantageuses, le déchaussement à large ouverture, dans lequel sont déposés les fumiers.

On peut adopter la fumure en plein pour les engrais divisés ou pulvérulents, comme les tourteaux réduits en poudre, le guano, certains fumiers de bergerie ou d'écurie à pailles courtes, etc. On a soin de les répandre seulement au moment du labour, afin qu'ils ne sèchent pas avant d'être enterrés. Le labour doit être effectué à l'araire à versoir ou à bras d'homme; dans ce dernier cas, il faut bien retourner la terre à plat, et la niveler à mesure.

Quand on déchausse, on exécute le travail à la

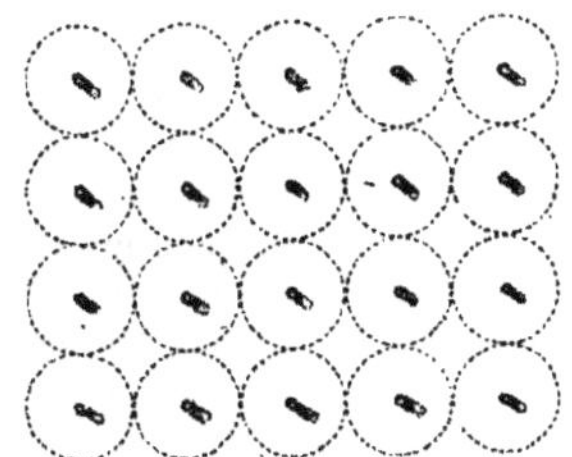

Fig. 992. — Déchaussement pour la fumure en plein.

tâche, soit à la houe pleine, soit à la pioche à deux ou trois dents. Il convient de déchausser de manière à faire toucher entre eux les augets, et à donner à ceux-ci environ 0m,18 de profondeur moyenne.

Le sol est ainsi cultivé sur la moitié de sa surface, et particulièrement sur les portions qui sont le moins soumises à l'action des instruments. Les ceps déchaussés doivent être visités et purgés de tous les rejetons sortis de leur pied, et qui sont pour eux une cause d'affaiblissement. Ces rejetons ne sont conservés que s'ils se produisent vigoureux, au collet de souches faibles déjà tarées; alors on les taille, afin de former une nouvelle souche en remplacement de l'ancienne.

Le déchaussement à large ouverture dans les terrains qui n'ont préalablement point reçu de labours, coûte de 80 cent. à 1 fr. le cent, dans les plantations à 1m,50. Lorsqu'on a donné un labour à l'araire, qui facilite le maniement de la terre, le prix diminue de 20 centimes environ.

Le transport du fumier, du bord de la vigne à chaque cep, est fait par des femmes ou des enfants, au moyen de corbeilles capables de contenir environ 10 kilogr. de fumier ordinaire. C'est le poids qu'on divise en deux parties égales, de manière à fumer deux souches par corbeille. Quand on emploie des chiffons ou des tourteaux, le travail marche beaucoup plus vite, car on fait avec une corbeille de chiffons de 5 kil. environ 10 souches, et avec un seau de tourteaux on en fait le double. Dans les vignes plantées en lignes à plus de 2 mètres, les chars de fumier entrent dans les intervalles et déposent l'engrais par petits tas à proximité des ceps. Dans les vignes plantées en carré, le transport du fumier ordinaire, au pied de la souche, revient à 25 centimes le cent, et il exige un nombreux personnel, ce qui est un grave inconvénient.

Des quantités d'engrais employées pour fumer la vigne. — Fumiers de ferme. — On donne à chaque souche environ 5 kilogrammes de fumier d'écurie ordinaire; chaque hectare en reçoit donc 22,000 kilogrammes, à raison de 4,400 ceps (plantation en carré à 1m,50).

Cette proportion paraît être la plus convenable dans les vignes en bon terrain, fumées tous les trois ans. Certains propriétaires emploient quelquefois des quantités doubles. Dans ce cas, outre que la fumure s'élève à un prix très-élevé, elle a l'inconvénient de pousser outre mesure à la végétation, ce qui contrarie souvent la fructification, surtout dans les vignes jeunes, et d'influer d'une manière quelquefois peu favorable, sur la qualité des produits. Dans les terrains légers, l'action du fumier est très-énergique et peu durable, et de si fortes proportions rendent les inconvénients que nous venons de mentionner encore plus graves. Dans les terres fortes, ils sont moindres; l'action de l'engrais et sa décomposition se font plus lentement; néanmoins, ils doivent être pris en considération, car il est bien reconnu que les vignes se trouvent mieux d'être fumées plus souvent, et avec de moindres quantités à la fois; leur végétation, leur fructification et la quantité de leurs produits sont plus régulières et y gagnent sensiblement.

Fumiers de bergerie. — Quand on emploie des fumiers de bergerie, qui sont généralement beaucoup plus secs que ceux d'écurie, on en met par souche de 3 à 4 kilogrammes. Cet engrais, très-abondant dans la région, où les bêtes à laine mettent en valeur d'immenses surfaces incultivables, est aussi un des meilleurs qu'on puisse donner à la vigne. Il pousse à la fructification d'une manière remarquable, et il dure au moins trois ans.

Lorsque, dans les bergeries, on mélange des terres dans les litières, on donne à chaque cep environ 5 kilogr. d'engrais moitié terre, moitié fumier; ce mélange forme d'ailleurs un compost précieux pour la vigne.

Depuis longtemps, on engraisse des moutons avec des marcs de raisin distillés, dans le but spécial d'en obtenir des engrais pour les vignes.

Ce genre d'industrie est principalement concentré dans le Gard et l'Hérault, et plus particulièrement dans ce dernier département. On estime à 30,000 le nombre des moutons qui sont engraissés dans les seuls vignobles de l'Hérault; ils consomment chacun, outre des foins de marais avec un peu de son ou de tourteau, le marc qui a produit 70 hectolitres de vin; c'est donc le résidu en marc de plus de deux millions d'hectolitres de vin qui est ainsi utilisé.

Cette quantité peut recevoir des accroissements très-considérables, car le département de l'Hérault est actuellement capable de produire de 5 à 7 millions d'hectolitres de vin; le nombre de bêtes à laine susceptibles d'être engraissées sur son territoire par les marcs pourrait donc tripler. Les fumiers de ces engrais de moutons sont très-estimés pour leur qualité, tandis que le marc l'est médiocrement. Il convient donc de pousser au développement d'une industrie qui augmente considérablement la valeur d'un résidu très-abondant de la fabrication du vin, et qui sert à créer, outre la viande, aliment de première nécessité, des fumiers meilleurs et en plus grande quantité.

Marcs de raisin. — Quand on emploie le marc de raisin directement comme engrais, on en met une corbeille de 8 kilogrammes par souche, soit 35,000 kilogrammes par hectare. Comme les marcs sont riches en azote et en potasse, une pareille fumure rend au sol une masse importante d'éléments favorables à la vigne. D'après mes analyses, le marc de raisin de Launac (1) présente la composition suivante :

Eau et alcool	60,840	(desséché à 100°)
Cendres	2,550	
Azote	0,924	
Autres matières sèches	35,686	
	100,000	

Les cendres renferment 26,6 p. 100 de carbonate de potasse, soit 17,21 de potasse, ce qui donne pour 1 kilogramme de marc, 4gr,38 de potasse.

Un kilogramme de marc de raisin distillé renferme donc :

Azote	9gr,24
Potasse des cendres	4 ,38

(1) Launac est le nom du domaine que je possède à 15 kilomètres à l'ouest de Montpellier, commune de Fabrègues.

tandis que le fumier de ferme normal contient par kilogramme, d'après M. Boussingault (*Économie rurale*, t. II, p. 73 et 333) :

Azote	4gr,10
Potasse et soude des cendres	5 ,20

Ainsi, le marc de raisin est un peu moins riche en alcalis que le fumier de ferme normal, mais sa richesse en azote est plus que double.

Comme on en donne à la terre, dans une seule fumure, un poids très-considérable, on l'enrichit considérablement. Cependant, aux yeux des praticiens, le marc de raisin passe pour un engrais médiocre. Cette opinion ne m'a jamais paru fondée, car dans mes terres, les vignes fumées avec du marc de raisin ont donné de remarquables produits, et comme on le voit l'analyse justifie ces résultats. Mais ce qui pourrait expliquer jusqu'à un certain point la réputation médiocre du marc de raisin, comme engrais, c'est qu'il se décompose lentement et qu'il ne pousse pas à la végétation ligneuse et foliacée, comme les engrais dont la décomposition est plus prompte. Il sera avantageux, lorsqu'on pourra disposer d'une grande quantité de marc, d'en fumer successivement toutes les terres des vignobles, surtout les plus productives. On pourrait encore s'en servir pour enrichir les fumiers de ferme dont on dispose, en le répartissant sur leurs masses en couches horizontales, qu'on tranche verticalement, et qu'on mélange ensuite en chargeant les charrettes. Il sert ainsi à fumer de plus grandes surfaces, puisqu'il n'est employé, comme les fumiers, qu'à la dose de 22,000 kilogramme par hectare au lieu de 35,000.

Tourteaux de graines oléagineuses. — Les tourteaux de graines oléagineuses sont une précieuse ressource pour l'agriculture de la région. Le plus grand centre de fabrication de ces tourteaux, la ville de Marseille, est placé presque au milieu du littoral méditerranéen de la France, et l'importance de l'industrie dont les tourteaux sont un des produits, tend sans cesse à s'accroître. Il est permis d'espérer que dans un avenir prochain les autres ports du littoral, et celui de Cette plus particulièrement, seront aussi le siége d'une active fabrication d'huiles de graines, et apporteront au Midi une masse de tourteaux de plus en plus grande. Il y a quelques années, on les employait peu ou point à la fumure des vignes, surtout en dehors du rayon de Marseille et d'Avignon. Aujourd'hui leur emploi tend à se généraliser. On se sert avec un égal succès des tourteaux de sésame blanc ou noir, de colza, d'arachide, de coton, etc. On les emploie concassés, ou mieux réduits en poudre grossière, au moyen des moulins à tourteaux qu'on trouve aujourd'hui dans tout le Midi, à la dose de demi-kil. ou 3/4 de kilogramme par souche, soit 2,200 à 3,300 kilogr. par hectare.

Les quantités employées varient comme le prix du tourteau lui-même, selon sa richesse en azote et en acide phosphorique. Ceux de colza sont proportionnellement plus chers, à cause de la propriété qu'on leur attribue de détruire certains insectes, et notamment le gribouri, lorsqu'ils n'ont pas été soumis, dans leur fabrication, à une température trop élevée; ils peuvent alors donner lieu à la production d'une certaine quantité d'huile essentielle de moutarde, qui fait périr l'insecte. Au prix moyen de 14 fr. les 100 kilogrammes, la fumure d'un hectare par le tourteau coûte, à raison d'un 1/2 kilogr. par souche, 308 fr. pour 2,200 kilogrammes, non compris les frais de main-d'œuvre.

Si l'on estime le fumier ordinaire à 8 fr. les 100 kilogrammes, le prix de l'engrais, pour 2,200 kilogrammes, sera de 176 fr.

La quantité d'azote de la fumure, estimée en moyenne à raison de 5 p. 100, dans le tourteau non desséché, sera pour 2,200 kilogrammes de 110 kilogrammes, et dans le fumier de 90k,2 seulement.

Les tourteaux agissent plus promptement et plus activement que le fumier ordinaire, ils poussent à la fois à la fructification et à la végétation. Ils conviennent plus particulièrement pour les vignes fatiguées, dont la végétation a besoin d'être soutenue. On estime la durée de leur action à deux années. Comme on le voit, c'est un engrais très-coûteux.

Chiffons de laine. — Les chiffons de laine, de même que les débris de laine, tels que tondelles, bourrettes, etc., sont depuis longtemps en usage pour les vignes. Ils constituent un engrais de premier ordre, dont les effets sont remarquables sous tous les rapports. On les emploie, comme les tourteaux, à la dose d'un demi-kilogramme par souche, soit 2,200 kilogrammes par hectare. On les étend dans l'auget formé par le déchaussement, et on les couvre ensuite en remettant la terre au pied de la souche.

Lorsque les chiffons sont de bonne qualité (ce qu'il faut toujours vérifier) et qu'ils ne sont pas trop chers, leur emploi est avantageux. Au prix de 14 fr. les 100 kilogrammes, la fumure d'un hectare de vigne coûte, comme pour le tourteau, 308 fr., mais la durée de l'engrais, qui est estimée à cinq ans, est beaucoup plus longue, et compense le prix élevé de la première dépense. Les chiffons de laine, dans leur état ordinaire, dosent 17,98 p. 100 d'azote. Cette énorme proportion explique les grands effets qu'ils produisent tout en se décomposant lentement. On les emploie avec avantage dans tous les terrains. Dans ceux qui sont le plus exposés à la sécheresse, et dans les fonds argileux, ils divisent le sol, et agissent à la fois mécaniquement et chimiquement.

Engrais divers. — On fume encore la vigne avec un grand nombre d'autres engrais. Près des marais Roseliers, aux environs des étangs, sur les bords du Rhône et à Saint-Gilles, on couvre le sol de débris de joncs et de plantes palustres; leur action est surtout mécanique, et en outre elle préserve le sol des effets de la sécheresse et de la grande chaleur. Leur emploi est très-favorable et avantageux.

On utilise de même les algues des étangs, dans les vignobles qui en sont voisins. C'est une ressource assez importante, fort estimée dans certaines localités, par exemple sur tout le littoral du grand étang de Thau, depuis Balarue jusqu'à Agde.

D'après nos observations, les algues n'altèrent pas le goût des vins blancs, mais elles influent défavorablement sur celui des vins rouges.

On a proposé l'emploi de récoltes enterrées en vert, comme des vesces, du lupin, etc., qu'on aurait préalablement semé le long des ceps en lignes. Dans les plantations en carré, de pareils moyens ne sont guère praticables, les souches ne laissant point d'intervalles suffisants.

Partout où la vigne occupe tout le terrain et ne souffre point de culture intercalaire, ce moyen nous paraît défectueux; il gêne les cultures d'hiver, si favorables à la vigne, et il empêche en temps utile celles de printemps qui lui sont indispensables.

Un engrais assez répandu sur certains points de la région, est le feuillage des buis et des cystes, qu'on trouve en abondance dans certaines garrigues à portée des vignobles; leur emploi est avantageux à tous les points de vue, et comme amendements dans les terres fortes, et comme engrais riche en azote et en potasse; leur durée est de trois ans environ. Le feuillage de buis frais dose 1,17 d'azote p. 100; le fumier de ferme ordinaire ne dose que 0,41.

Les engrais industriels fabriqués avec une foule d'ingrédients, et très-prônés par leurs auteurs, forment une catégorie particulière parmi ceux qu'on emploie pour la vigne. Ils agissent généralement par les proportions d'azote, de potasse et d'acide phosphorique qu'ils renferment; il est donc nécessaire d'en connaître la composition pour les apprécier d'une manière sérieuse, et on ne doit les acheter que sur analyse. On peut alors se faire une idée de leur valeur probable, en les comparant aux engrais dont la composition et l'action sont bien connues.

Quel que soit d'ailleurs l'engrais auquel on recourra pour fumer la vigne, la première condition qu'il doit remplir, c'est de n'être point infect. Tous ceux qui répandront une odeur forte et désagréable, seront bannis des vignobles jusqu'au moment où ils l'auront perdue, et où ils seront suffisamment consumés. Les raisins prennent souvent les mauvais goûts de ces engrais et donnent alors des vins et des eaux-de-vie de détestable qualité.

Des terres et composts. — Les terres et les composts terreux, surtout lorsqu'ils renferment des cendres de végétaux, agissent sur les vignes d'une manière très-favorable. On parvient à rétablir de vieilles vignes, tout en conservant la haute qualité de leurs produits, en les terrant périodiquement. Partout où les vignobles sont voisins de vastes terrains vagues, on peut se procurer beaucoup d'excellentes terres au moyen de barrages établis dans le fond des vallons pour arrêter les limons charriés par les eaux.

Les terres calcinées provenant de terrains écobués, exercent aussi sur la vigne et sur ses produits une action des plus favorables. Elle a été particulièrement signalée par M. J. Pagezy; il a fait voir, entre autres effets remarquables, qu'elles augmentent la spirituosité du vin.

L'effet des terres rapportées dans les vignobles, a le grand avantage d'être de longue durée, pourvu qu'on en emploie suffisamment, par exemple de 40 à 50 mètres cubes par hectare.

Consommation de la vigne en engrais. — Divers auteurs ont déjà examiné quelle quantité de matière sèche est enlevée au sol chaque année par la vigne, au moyen des récoltes, ainsi que les principaux éléments dont elles sont formées. Parmi eux, MM. de Vergnette-Lamotte et Boussingault ont démontré, le premier en Bourgogne, le second en Alsace, que la vigne enlève au sol annuellement une quantité d'alcalis moindre qu'une récolte de blé, de pommes de terre, de betteraves, etc.

Nous ferons un calcul analogue pour les vignes du Midi, plus particulièrement pour celles dont la fertilité moyenne est considérable. Ainsi, certaines vignes plantées en Aramon en bon terrain, mais hors des plaines d'alluvion, donnent en moyenne 120 hectolitres de vin par hectare. Ces mêmes vignes, produisent sur la même surface, ainsi qu'on l'a vu plus haut, 3,160 kilogrammes de sarments.

Il résulte d'un grand nombre de moyennes que pour un hectolitre de vin, le raisin des terrains en question donne 14 kilogrammes de marc.

La récolte annuelle fournit donc, en produits qu'on enlève de ces vignes :

Vin	120 hectol.
Marc	1,680 kilogr.
Sarments	3,160 —

Les diverses analyses que j'ai faites des cendres extraites de vins de cette nature, m'ont donné, par litre, selon les années, depuis 2gr,020, jusqu'à 2gr,840. La moyenne entre ces deux extrêmes peut être prise pour celle des cendres d'un litre de vin, qui serait alors de 2gr,43. J'ai trouvé qu'elles dosent en potasse de 0gr,420 à 0gr,402 p. 100, soit de 0gr,85 à 1gr,20 de potasse par litre de vin. La moyenne donne par litre 1 gramme de potasse (1).

L'analyse d'un vin normal des environs de Montpellier, faite en 1856 par une commission composée de MM. Bérard, Chancel et Cauvy, a donné par litre de vin, 2gr,048 de cendres, dosant en potasse 0gr,425, soit par litre de vin 0gr,85 (2).

Quant à l'azote contenu dans le vin, je n'en ai point fait le dosage; nous trouverons cependant des indications dans l'analyse du vin de Saint-Georges, près Montpellier, par M. Blaanderen, que M. Ladrey rapporte dans sa *Chimie appliquée à l'œnologie* (p. 562). Un décilitre de vin de Saint-Georges, près Montpellier, renferme 0gr,020 d'azote.

Le marc de raisin de Laûnac renferme, d'après mes analyses :

Azote	0,924 p. 100
Potasse (3)	0,462 —

Les sarments frais renferment :

Azote	0,1081 p. 100
Potasse (4)	0,250 —

La consommation annuelle en azote et en potasse, d'une vigne d'Aramon dont la production moyenne atteint 120 hectolitres par hectare, ce qui est très-considérable, serait la suivante :

PRODUCTION PAR HECTARE.	POTASSE. kil.	AZOTE. kil.
120 hectolitres vin, renferment	12,00	2,40 (5)
1,680 kilogrammes marc de raisin	7,76	15,42
3,160 — sarments verts	3,95	3,41
TOTAL	23,71	21,23

Quant à l'acide phosphorique, les analyses que

(1) Vin d'Aramon de Launac :

Cendres de 1 litre de vin = 2gr,840

Analyse des cendres en centièmes :

Matières insolubles dans les acides	0,040
Silice	0,045
Oxyde de fer, alumine, acide phosphorique	0,185
Chaux	0,028
Magnésie	0,027
Potasse	0,402 (*)
Acide sulfurique	0,060
Chlore	0,040
Acide carbonique	0,135
	961
Pertes	39
	1,000

(*) Cette proportion donne 1gr,20 de potasse par litre de vin.

(2) Vin de Castelnau, près Montpellier :

Cendres par litre de vin = 2gr,048.

Composition des cendres :

Solubles...	Sulfate de potasse	0gr,260
	Carbonate de potasse	1 ,092
	Phosphate de potasse	0 ,064
Insolubles..	Silice et oxyde de fer	0 ,080
	Phosphates de chaux, de magnésie et d'alumine	0 ,376
	Chaux	0 ,064
	Magnésie	0 ,044
		1gr,980
	Perte	0 ,068
		2 ,048

(3) D'après mes analyses, composition du marc de raisin frais :

Eau hygroscopique	57,5000
Alcool pur en poids	3,3400
Cendres	2,5500
Azote	0,9240
Matières solubles dans l'éther et l'alcool	4,5100
Cellulose, etc	31,1760
TOTAL	10,0000

Analyse des cendres de ce marc :

Carbonate de potasse	26,03
— de chaux	24,00
— de magnésie	3,20
Acide phosphorique et alumine	14.33
Oxyde de fer	1,20
Silice	30.04
TOTAL	100,00

(4) Je n'ai pas dosé l'acide phosphorique de mes sarments. D'après M. Boussingault, les cendres de ceux qu'il a examinés en Alsace en renferment 10,4 p. 100.

(5) Il faut encore tenir compte des quantités d'azote et de potasse contenues dans les lies et le tartre qui se déposent dans les futailles pendant les six mois qui suivent la fabrication du vin. Quoique peu considérables, ces quantités viendraient cependant augmenter le chiffre auquel nous sommes arrivé.

j'ai données font voir qu'il n'équivaut guère qu'au tiers du poids de la potasse enlevée au sol (1).

Les feuilles ont été négligées, car elles retournent dans le sol, et n'en sont point emportées, comme les raisins et les sarments.

Ces chiffres, qui s'appliquent aux plus fortes récoltes moyennes des vignes fécondes du Midi, prouvent comme l'avait déjà démontré M. Boussingault, que la vigne enlève au sol moins de matériaux minéraux, et aux engrais et à l'atmosphère moins d'éléments que la plupart des récoltes ordinaires que produit une terre cultivée.

Il est vrai que les vignes plantées en Aramon donnent, dans certaines années extraordinaires, des récoltes doubles de la moyenne que nous avons indiquée, et que, dans ce cas, il faut sinon doubler, au moins augmenter en forte proportion les quantités de potasse et d'azote contenues dans les produits enlevés à la vigne, mais on est encore loin des doses d'alcalis contenues dans une récolte de pommes de terre ou de betteraves, et des doses d'azote contenues dans la luzerne (2).

Le froment, à raison de 17 hectolitres, et l'avoine, de 28 hectolitres à l'hectare, enlèvent à peu près autant de potasse, mais ils consomment plus d'azote. Il faut ajouter encore que j'ai considéré le cas des produits moyens les plus élevés, dans des vignes en bon sol, bien cultivées et suffisamment fumées, et que ces conditions comparées à l'ensemble des vignobles, peuvent passer pour exceptionnelles.

En effet, la moyenne des produits des vignes de plaines fertiles est estimée de 90 à 100 hectolitres de vin par hectare; celle des terrains ordinaires bien cultivés et entretenus varie de 50 à 60 hectolitres.

Les coteaux varient de 20 à 30, et ne dépassent guère 35 hectolitres; quand on ne fume jamais et que la culture est négligée, ces produits diminuent beaucoup.

Dans tous les cas, si on les prend pour moyenne et qu'on leur applique les calculs que nous avons faits plus haut pour connaître la consommation de la vigne, on verra que, dans la plupart des cas, cette dernière se réduit beaucoup. Si l'on admet, en moyenne générale, le chiffre de 35 hectolitres par hectare, qui nous paraît encore élevé pour la région, il faudra réduire de plus des deux tiers les chiffres trouvés plus haut. On tombe alors, pour la potasse, sur des chiffres inférieurs à ceux de M. Boussingault.

Ce qui précède démontre que si la vigne a moins besoin d'engrais que les récoltes de racines, de fourrages, de légumineuses, de céréales qu'on demande au sol, et que s'il ne convient pas de la fumer à doses trop considérables, les cépages fertiles enlèvent cependant à la terre une assez forte proportion des matériaux les plus indispensables à la formation de leurs produits, pour avoir besoin d'être régulièrement soutenus par de bonnes fumures.

Ces proportions s'approchent, en effet, pour l'azote, de celles qu'on trouve dans une récolte moyenne de céréales, blé ou avoine, et elles sont équivalentes pour les quantités de potasse et d'acide phosphorique. C'est dans le vin et le marc, c'est-à-dire dans le raisin, qu'on trouve surtout accumulés la potasse, l'acide phosphorique et l'azote.

Le marc, qu'on peut rendre au sol, est de beaucoup le plus riche en azote; c'est une particularité qu'il ne faut point perdre de vue. Le sarment est au contraire relativement pauvre, et c'est ce qui indique qu'on ne doit pas en attendre de bien grands effets comme engrais.

Si l'on compare les proportions de potasse, d'azote et d'acide phosphorique enlevées au sol par la vigne avec celles qui lui sont rendues par les engrais, on trouve les résultats suivants :

NATURE DES ENGRAIS.		PRIX par 100 kil.	PRIX de l'engrais par hectare.	PRIX de l'engrais par année et par hect.	POTASSE et SOUDE données par année et par hectare.	AZOTE par année et par hectare.	A. PHOSPHORIQ. par année et par hectare.
		fr.	fr.	fr.	kil.	kil.	kil.
Fumier de ferme ordinaire..	22,000 kil. en 3 ans.	0.80	176,00	59.00	38.1	30,1	15,1
Fumier de ferme du Midi....	id.	1,00	220,00	73.00	49.8	54,6	20.0
Fumier de mouton..........	18,000 kil. en 3 ans.	1,25	225,00	75,00	?	66.6	?
Tourteaux de colza	2,200 kil. en 2 ans.	14,00	308,00	154,00	?	59,4	32.75
Marcs de raisin............	35,000 kil. en 3 ans.	0,60	210.00	70,00	51.1	98,8	?
Chiffons de laine............	2,200 kil. en 5 ans.	14,00	308,00	61,50	?	50,0	?

Dans les départements du Midi, les fumiers de ferme étant plus secs que ceux du Nord, et coûtant environ 1 fr. les 100 kilogrammes, c'est la deuxième ligne plutôt que la première qu'il convient d'adopter pour titre et valeur de la fumure au moyen de cet engrais.

Pour établir ce tableau, nous nous sommes

(1) M. Boussingault a obtenu les résultats suivants pour une vigne du Bas-Rhin de 170 ares, en terrain calcaire :

			POTASSE.	ACIDE phosphorique.
Vin, 55h, soit par hectare...	33h	contenant	7,10	2,05
Marc séché à l'air, 492k, soit par hectare...............	290k	—	2,73	1,33
Sarments, 2,624k, soit par hect.	1,543	—	6,78	3,91
			16,61	7,29

L'azote, calculé d'après les données qui m'ont servi de base, ne s'élèverait pour les produits mentionnés qu'à 4k,99 par hect.

Vin, 33 hectol................	0k,66	4k,99.
Marc, 290 kilogr.............	2 ,67	
Sarments, 1,543 kilogr... ...	1 ,66	

(2) SUBSTANCES.		RÉCOLTE par hectare.	POTASSE et soude contenues.	AZOTE contenu.	ACIDE phosphorique.
		kil.	kil.	kil.	kil.
Pommes de terre.		2,800	63,5	46,3	13,9
Froment.	Grain.	11,343	8,1	26,4	12,9
	Paille.	3,052	15,1	9.0	5,2
Avoine ..	Grain.	1,344	5.5	23,3	6,4
	Paille.	1,800	18,9	5,1	1,9
Luzerne sèche....		8,000	?	188,0	?
Betteraves.......		26,000	89,9	53,9	1.20

servi des analyses de M. Boussingault pour les fumiers de ferme, de mouton, et les chiffons de laine; de celles de M. Girardin, pour le tourteau de colza (1), et des nôtres pour le marc de raisin.

On pourra étendre ce tableau autant qu'on le voudra, selon les divers engrais à employer, dès qu'on en connaîtra la composition.

Ainsi qu'on le voit, les fumures qu'on donne à la vigne sont généralement plus que suffisantes pour remplacer les pertes que l'enlèvement des récoltes fait subir au sol, si elles sont régulièrement administrées. Cependant il est probable que les tourteaux et les chiffons, s'ils étaient exclusivement employés dans des terrains légers, pauvres en potasse, ne compenseraient pas les pertes du sol, et que celui-ci s'appauvrirait assez vite; ils conviendraient donc de préférence aux terrains argileux ou forts dans lesquels abondent les éléments potassiques.

Les marcs de raisin sont au contraire très-favorables pour enrichir le sol de toute manière, et leur emploi pourrait être très-avantageusement combiné avec celui des tourteaux.

Est-il avantageux de fumer les vignes? — Les détails qui précèdent permettent d'apprécier dans quelles proportions on peut utilement fumer les vignes dans le Midi.

Mais pour résoudre la question complexe qui est en tête de ce paragraphe, il faut tenir compte des conditions dans lesquelles on voudra produire le vin, et de la nature du terrain dans lequel sera cultivée la vigne.

On a contesté qu'il fût avantageux de la fumer; un homme dont les opinions reposent sur une longue expérience viticole, M. Cazalis-Allut, a soutenu cette thèse. D'après lui, les frais considérables auxquels oblige la fumure de la vigne ne sont point suffisamment remboursés par l'augmentation des produits. Sans vouloir entrer de nouveau dans les détails de cette question (et apporter des exemples d'ailleurs difficiles à trouver, car ils doivent s'étendre à des périodes de vingt à trente ans au moins), nous dirons que les praticiens qui recherchent partout l'engrais avec tant de soin, et le payent si cher, ont résolu la question affirmativement, au point de vue des quantités de vin à produire. Sans doute il faut proportionner le fumier au sol; dans les terrains arides, sans cesse exposés à souffrir de la sécheresse, et cependant suffisamment pourvus de potasse, il ne faut pas s'attendre à obtenir des engrais, de grands effets; notre opinion pourrait, dans certains cas de cette nature, être conforme à celle de M. Cazalis; mais dans les sols capables de résister à la sécheresse, où la végétation est plus riche, l'engrais est indispensable pour soutenir une production considérable. Sans lui, elle n'est pas possible, et elle se réduit alors à de faibles proportions au détriment du travail et du capital représenté par le sol.

Lorsqu'il s'agira de produire des vins communs destinés à être consommés dans le courant de la première ou de la deuxième année, et auxquels on demande des propriétés hygiéniques alimentaires et fortifiantes, plutôt que l'agrément, le bouquet, la perfection particuliers aux vins fins, l'emploi des engrais sera avantageux, car il ne diminuera pas sensiblement la qualité et la valeur du vin, et dans un grand nombre de cas il peut en doubler la production.

Dans le cas de terrains à vins fins, et lorsqu'il s'agira de produits de haute valeur, dont on recherche avant tout la perfection, l'usage des engrais devra se borner aux proportions indispensables pour soutenir suffisamment la végétation et la fructification des ceps, et ne point altérer la qualité de leurs fruits. Dans ces vignes l'usage des engrais pourrait être une mauvaise opération, et une augmentation de produit ne suppléerait point à la diminution de qualité.

Enfin, nous pensons qu'il faut proportionner la quantité d'engrais à la production moyenne du sol et du cépage. Un compte exact des produits de chaque parcelle donnera au propriétaire de sûres indications. Aux cépages très-fertiles, comme l'Aramon, le Terret-bourret, la Carignane, le Grenache, dans les sols profonds, les fumures soutenues. Aux cépages plus fins, comme les Morrastels, l'Espar, le Cinsaut, l'Œillade, l'Aspiran, les Muscats, les Clairettes, etc., dans les coteaux où ils se plaisent, les engrais ménagés, à petites doses, l'emploi des terres et des composts.

Nous ne terminerons point ces considérations sans parler de l'influence qu'exerce le travail sur la vigne conjointement et comparativement à celle des engrais. M. de Gasparin, recherchant quelle est la quantité de vin que produisent les départements où on ne fume pas absolument les vignes, trouve pour 13 départements, 12 hectolitres 91 par hectare; soit, en compte rond, 13 hectolitres par hectare. Parmi les départements cités, figurent : Les Pyrénées-Orientales, pour 11 hectolitres 50, et le Vaucluse pour 16 hectolitres, qui l'un et l'autre appartiennent à la région méridionale. Ces chiffres rapportés aux terrains ordinaires plantés en vignes, et *assujettis à une bonne culture*, nous paraissent trop faibles, et le rôle

(1) Extrait du Mémoire de M. J. Girardin, SUR LA COMPOSITION DES TOURTEAUX (*Journal d'agriculture pratique*, t. II, année 1862, p. 36).

COMPOSITION SUR 1,000 PARTIES DES TOURTEAUX DU COMMERCE

TOURTEAUX	EAU.	HUILE.	MATIÈRES organiques.	AZOTE dans ces matières.	SELS minéraux.	SELS solubles.	PHOSPHATES.
D'arachide	120	120	710	60,7	50	2,7	12
De cameline	145	122	751	55,7	82	0,98	42
De chanvre	138	63	694	62,0	105	5,77	71
De colza ordinaire	132	141	662	55,5	65	1,3	65
Id. de Bombay	67	105	738	56,5	90	3,5	53
De cotonnier	112,5	63,5	765	40,8	59	4	45,5
De faine	140	40	758	45	62	1,24	21
De lin	110	120	700	60	70	7	49
De niger	145	75	732,5	45	47,5	3,2	36,7
D'œillette	110	142	623	70	125	6,2	36
De palmiste	60	170	715	23,8	55	3,3	21,3
De pignon d'Inde	100	145	710	34	45	0,8	26,5
De ricin	125	70	730	38,3	75	12,5	53,8
De sésame	110	130	665	55,7	95	5,7	32

important et prépondérant de la culture, relativement à la production de la vigne, ne nous paraît pas suffisamment apprécié. Dans l'Hérault, des terres de garrigues plantées de cépages mêlés (Aramons, Carignans, Morrastels, Espars, Œillades, Terrets) produisent, sans fumier, de 24 à 25 hectolitres par hectare; les terres de fonds dans les mêmes conditions, produisent environ 40 hectolitres. Lorsque la culture est négligée, c'est-à-dire quand on se borne à un ou deux labours au lieu de trois, lorsqu'ils sont mal donnés et trop superficiels, lorsqu'on laisse les mauvaises herbes envahir le sol en été, quand elles l'épuisent et le dessèchent, comme cela arrive toujours sous l'influence de labours mauvais et insuffisants, alors la production de la vigne s'abaisse progressivement, et finit par devenir nulle. Dans ces conditions, l'emploi des engrais, quand il n'est pas accompagné d'une augmentation de travail suffisante, ne change pas sensiblement l'état des choses; les mauvaises herbes végètent plus vigoureusement aux dépens du fumier, mais la vigne reste dans la situation misérable où le défaut de culture l'a réduite.

La culture, les labours réitérés donnés à propos en toute saison, à une profondeur suffisante; la destruction de toute plante parasite : telles sont, pour les vignes, les premières et indispensables conditions de produit. La main-d'œuvre passe donc avant l'engrais; c'est pour cette raison que les vignes des petits propriétaires qui cultivent eux-mêmes sont souvent plus productives quoiqu'elles manquent généralement d'engrais. Bien plus, quand on fumera une vigne, on ne perdra pas de vue que la première conséquence de la fumure, afin d'en assurer les résultats, sera d'augmenter et de perfectionner les cultures. Pour que les engrais agissent utilement sur la vigne, il faut d'abord la purger des mauvaises herbes et en tenir le sol constamment souple et meuble. A ces conditions, dans les terrains capables de résister à la sécheresse, les cépages naturellement fertiles reconnaissent largement la fumure. On les voit doubler et tripler leurs produits. Le propriétaire de vignes dont les moyens sont bornés consacrera donc son capital d'abord à bien cultiver, il en retirera ainsi un intérêt bien plus considérable que s'il le dépensait en engrais, sans accompagner ceux-ci d'un surcroît de main-d'œuvre; il ne fumera qu'après avoir pourvu largement aux besoins de la culture.

Amendements. — Les terrains en vignes peuvent, comme les autres, être avantageusement amendés par la marne, par la chaux, par les terrages et les composts, dont nous avons dit quelques mots plus haut, et enfin, dans certains cas, par l'introduction de pierres de petit volume. Le comte Odart, qui a conseillé cette dernière opération, l'a désignée sous le nom de *pierraillement*.

La pierraille améliore considérablement les produits de la vigne; elle échauffe et ressuie le sol; nous l'avons vue réussir dans tous les terrains où elle n'existe pas naturellement. Elle est malheureusement assez chère, à cause du transport, et son emploi ne peut être tenté que dans les sols à proximité desquels on la trouve en abondance.

Les cendres de coke et de houille, le mâchefer grossièrement pulvérisé, sont d'excellents amendements, surtout pour les vignes en terrains forts.

Les cendres de four à chaux et de four à plâtre, peuvent aussi servir dans le même but. On les emploie plus spécialement sur les sols froids, compactes, qui manquent d'éléments calcaires, et qui ont besoin d'être réchauffés et délités.

Les proportions à employer dépendent de la nature des terrains. Le marnage et le chaulage des vignes rentrent dans la question générale de l'amélioration des terres par les amendements, et c'est à ce chapitre du *Livre de la Ferme* que nous renverrons nos lecteurs.

Leurs effets sont à la fois d'améliorer les produits de la vigne et d'en hâter la maturité.

Les anciens connaissaient cette dernière propriété de la chaux, puisque Pline en parle et dit que de son temps elle était employée pour les vignes et pour divers arbres fruitiers.

Du drainage des vignes. — Un moyen puissant d'améliorer d'une manière définitive les vignobles à sols et sous-sols mouilleux, froids, compactes, est le drainage. Nous ne saurions trop le conseiller, indépendamment des amendements et autres améliorations, partout où il sera indiqué par la nature du terrain.

Il échauffe le sol et le rend perméable; il avance notablement l'époque de la maturité des raisins, et il améliore leur qualité. Dans un grand nombre de cas, la fertilité de la terre en est tout à coup augmentée. L'effet des engrais après le drainage est plus considérable, et permet avantageusement la culture des cépages fertiles, comme l'Aramon, dans les terrains compactes où ils réussissent mal.

On draine en hiver après la taille et l'enlèvement des sarments, soit au moyen de fossés, de 1 mètre à 1m,50 de profondeur, qu'on empierre sur une hauteur de 0m,50 environ, en disposant, au fond, un canal construit en grosses pierres et recouvert ensuite de pierrailles, soit avec des tuyaux de drainage. Ces derniers ne sont pas engorgés par les racines de la vigne, d'après les expériences de M. Bouscaren, mais il faut les placer hors de la portée des racines des autres arbres, par lesquelles ils sont facilement obstrués.

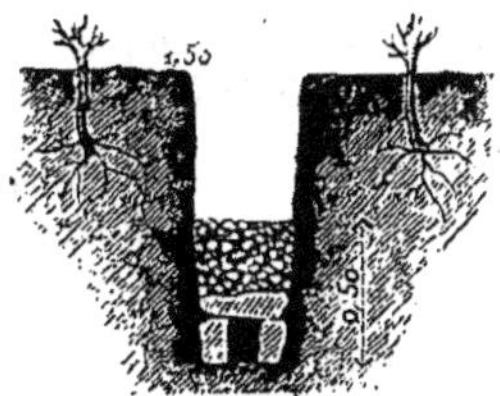

Fig. 993. — Drainage à fossé empierré dans la vigne.

Les drainages dans les vignes s'établissent comme dans tous les autres terrains cultivés, et c'est au chapitre qui en traite spécialement dans le *Livre de la Ferme* que nous renverrons nos lecteurs.

A défaut de drainage profond et souterrain, un drainage superficiel au moyen de fossés ouverts, placés dans les parties mouilleuses du sol, entre les rangs de souches, produira de bons effets.

Ces fossés sont cultivés comme le reste de la vigne quand il n'y a pas d'eau. Ils doivent toujours avoir une issue sur un fossé plus profond qui borde la terre. Ces fossés intérieurs ainsi établis et cultivés, ne doivent pas avoir plus de 0m,40 de profondeur. On leur donne, dans le Languedoc, le nom de *lagues*. Dans les terres cultivées au labour, les lagues doivent être bien évasées et nettoyées à main d'homme après chaque trait d'araire.

Fig. 994. — Lagues du Languedoc.

Cultures annuelles ou labours. — Dès que la vigne est débarrassée de ses sarments, on se préoccupe des cultures annuelles ou labours qu'elle doit recevoir, pour aider à sa végétation, ainsi qu'à la formation et au développement de ses fruits.

Dans les grands vignobles, afin qu'il n'y ait point de temps perdu, on conduit à la fois les travaux de fumure et de provignage, qui occupent les bras des hommes inhabiles à tailler, et ceux du premier labour dans les terrains cultivés à l'araire par le bétail de trait.

On débute donc de très-bonne heure, aussitôt que le permettent l'état du sol et la température. Comme dans la région les humidités et les froids sont rarement de longue durée, ils n'apportent guère d'obstacles à ces premiers travaux.

Les cultures sont données à la vigne à bras d'homme, ou au moyen d'instruments aratoires. Selon les localités, on emploie exclusivement l'un ou l'autre système, ou un système mixte.

Quand on peut n'employer que les bras d'hommes et qu'on a un personnel suffisant, les cultures sont toujours mieux faites, les ceps sont plus ménagés, et le produit final est plus considérable. Mais, dans ces conditions, la vigne exige un personnel si nombreux, et le prix des journées est devenu si élevé, la surface des vignobles s'est tellement accrue, que l'emploi de l'araire et du bétail constitue depuis longtemps une nécessité dans la majeure partie de la région. Les deux cultures reposent sur les mêmes principes généraux, mais elles présentent des différences dans leur exécution, et nous allons les décrire successivement.

On donne à la vigne au moins deux labours, qui lui sont indispensables : le premier, de janvier à la fin de mars ; le deuxième, du 15 mai au 24 juin. On a reconnu que ces deux labours ne sont point suffisants si l'on veut amener le raisin à un développement convenable et avantageux, et qu'un troisième intercalé entre les deux premiers, ou pratiqué dans la première quinzaine de juillet, ameublit la terre, la purge d'herbes et prépare une récolte bien meilleure.

Les labours sont alors échelonnés ainsi qu'il suit : le premier, de janvier à la fin de mars ; le second, de la fin de mars à la fin de mai ; le troisième de la fin de mai à la mi-juillet. Quand ils sont bien donnés, ils forment une culture bonne et soignée, et ils doivent être indépendants de ceux que comporte la fumure, lesquels s'ajoutent en augmentation de dépense.

Dans les années à printemps humides, il faut ajouter pour certaines terres une quatrième façon, mais le cas est exceptionnel, et le plus souvent, indépendamment des travaux de fumure, trois labours principaux aux époques favorables, doivent non-seulement suffire, mais être préférés, comme ensemble, à un nombre plus grand. Il suffit pour cela de les donner à propos.

Chaque labour porte un nom particulier, qui atteste sa haute antiquité ; on y trouve la preuve de leur nécessité et de leur convenance, puisque, depuis plus de deux mille ans, les vignerons des mêmes provinces ont été conduits à les pratiquer aux mêmes époques (1).

Le premier labour ou première façon porte le nom de *foncha*, du mot latin *fodere*, fouir, fossoyer, en français on le nomme *pioche*. Il doit remuer la terre plus profondément que les autres ; il descend en moyenne à 0m,20 environ. Quand il est mal donné et trop superficiellement, le sol ne s'ameublit pas suffisamment, et dès les premières sécheresses, il perd la fraîcheur si nécessaire à la vigne pour résister aux ardeurs de l'été.

Le deuxième labour porte le nom de *majenqua*. C'est la façon du mois de mai. Son nom indique la meilleure époque pour le donner. En français c'est le *binage*. Il est destiné à faire périr un grand nombre d'herbes que les pluies de mars et d'avril ont fait sortir, et à conserver au sol le guéret du premier labour ; il doit donc à peu près pénétrer aussi bas.

Le troisième labour porte le nom de *tierca*, c'est-à-dire la troisième façon, ou tierçage en français. Il est destiné à rompre les croûtes que les dernières pluies du printemps ont produites sur la terre, et à faire périr les mauvaises herbes estivales qui sortent en foule à cette époque. Le sol est alors bien ameubli et nettoyé. Le tierçage doit être donné du 15 juin au 15 juillet ; il suffit qu'il soit superficiel, et qu'il pénètre de 0m,08 à 0m,10 ; les façons précédentes ont assoupli plus profondément le terrain, cette dernière en ameublit la surface, et lui permet de conserver tout l'été la fraîcheur dont la vigne a besoin. A cette époque (15 juin-15 juillet) les sarments ont acquis la plus grande partie de leur longueur, les cépages à rameaux rampants se croisent d'une rangée à l'autre, ils couvrent la terre, la défendent des ardeurs du soleil et gênent la croissance des mauvaises herbes.

Les cépages à sarments érigés, s'enlacent quelques jours plus tard, et ombragent le sol à leur tour.

(1) Nous rappellerons la citation que M. Petit-Laffite, de Bordeaux, fait dans son travail *des Raisons de la Culture de la Vigne*, etc., du passage suivant de Columelle : « Celsus et Atticus conviennent qu'il a y trois mouvements naturels dans la vigne, ou plutôt dans toute espèce d'arbre ; le premier qui les fait grossir, le second qui les fait fleurir, et le troisième qui les fait mûrir. Ils pensent donc que les labours servent à animer ces mouvements, parce que la nature ne parvient à l'objet de ses désirs qu'autant qu'elle est aidée par le travail joint à l'étude. » (Columelle, liv. IV, chap. XXVIII.)

Nous ne croyons pas que, dans la plupart des cas, il soit nécessaire de donner plus de trois façons complètes quand elles ont eu lieu à propos et assez énergiquement ; elles suffisent et elles laissent à la vigne le temps de repos dont elle a besoin après chacune d'elles pour donner à la végétation un nouvel élan, et pour élaborer ses fruits.

Il y a en effet des époques critiques où les labours peuvent avoir, selon le temps, un effet préjudiciable :

1° Lors de la sortie des rameaux, pendant la période où ils peuvent être détruits par la gelée blanche ; elle comprend les derniers jours de mars, jusqu'au 10 mai. La terre fraîchement remuée augmente considérablement les ravages de la gelée blanche sur les jeunes rameaux.

2° Pendant la floraison ; l'humidité du sol fraîchement remué peut considérablement augmenter la coulure, lorsqu'aux brouillards et aux rosées abondantes, succèdent des coups de soleil.

3° Pendant les chaleurs ; lorsque le verjus est déjà fort, à partir des premiers jours de juillet, on fait échauder beaucoup de raisins, si on les touche alors que la température est élevée, et que le temps est calme et très-sec. Ce dernier cas se présente fréquemment, il occasionne la perte d'un grand nombre de fruits.

Il ne faut donc pas s'exposer à augmenter les chances si nombreuses de dommages dans les vignes en voulant trop bien faire. Il faut surtout cultiver à propos, et s'efforcer, aux époques favorables, de tenir le sol toujours meuble pendant la chaleur, et bien purgé d'herbes. Il faut que l'ameublissement s'étende à une certaine épaisseur pour conserver la fraîcheur de la couche dans laquelle végètent les racines. Quand les premières cultures n'ont point assez profondément pénétré, et qu'elles sont restées à $0^m,04$ ou $0^m,05$ de la surface, au lieu de descendre à $0^m,18$ ou $0^m,20$, le sol durcit dessous ; les instruments glissent dessus comme s'il était pavé, et, à l'époque de la sécheresse et de la chaleur, il se fend profondément et se dessèche. Le développement des fruits et des rameaux de la vigne se trouve arrêté, les feuilles tombent et les raisins s'échaudent. Voilà ce qui arrive trop souvent dans les terres fortes, et dans celles qui ont du corps. Dans les terrains légers, les effets sont moins mauvais, parce que de pareils sols se contractent moins sous l'influence des températures élevées. Dans ces terrains plus meubles de leur nature, la couche arable s'assouplit et s'aère plus facilement.

De ce qui précède il est facile de conclure relativement à la question des labours profonds et des labours superficiels. Soutenir que la vigne n'exige que des façons très-superficielles, comme on l'a fait dans ces derniers temps, c'est juger la question pour les climats frais, dans lesquels des pluies assez fréquentes rafraîchissent le sol et l'atmosphère, et pour des terrains légers très-maniables. Au point de vue des climats chaud et secs, et des terres fortes, conditions les plus communes dans la région méridionale, c'est une erreur.

Les deux premiers labours doivent pénétrer dans le sol assez bas, sans pourtant offenser les racines des ceps ; on obtient ce résultat en descendant de $0^m,18$ à $0^m,20$ en moyenne ; le troisième seul doit être superficiel ; ainsi donné, il suffit pour détruire les herbes et pour conserver les effets produits par les deux précédents.

Cultures à bras d'homme. — Quand on travaille à bras d'homme, on exécute la pioche et la majenque avec la pioche à deux ou trois pointes (*fig.* 995). C'est le *bigot* ou *croc* en languedocien.

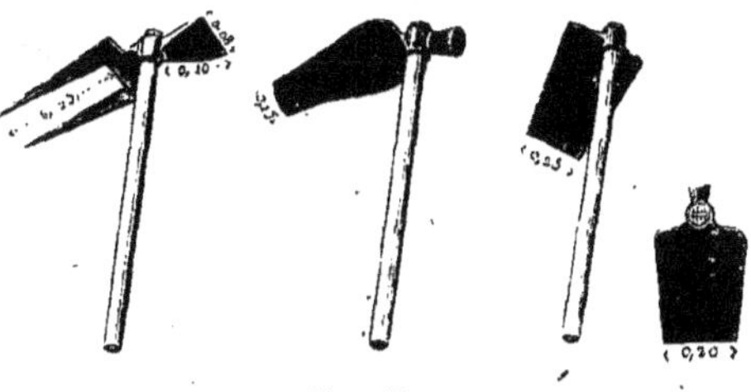

Fig. 995.

Bigot ou pioche à deux dents. — *Trinqua* ou houe pleine. — Rabassié. — Autre houe pleine.

Ces pointes ont $0^m,25$ de long ; à l'opposé se trouve le galet, petite houe tranchante qui sert à abattre les herbes que laissent passer les pointes. L'outil pèse, non compris le manche, de 1 kil. et demi à 2 kilogrammes, selon la difficulté des terrains.

Dans certaines localités de l'Hérault et du Gard, telles que Lunel, Massillargues, etc., où le sol n'est pas pierreux, on se sert de la bêche ou luchet (*fig.* 996). C'est aussi l'outil qu'emploient les femmes à Marseillan.

Fig. 996. Bêche ou luchet.

On pioche à la première façon, en mettant chaque homme dans une rangée de souches dont il cultive l'intervalle de $1^m,50$, en suivant la direction *ba* (*fig.* 997) ou dans l'intervalle formé par les diagonales des carrés, en suivant la direction *bc*. Dans ce dernier cas, la largeur cultivée ne dépasse guère $1^m,05$. Aussi la quantité de travail rendu par chaque homme est-elle bien moindre que dans les lignes de $1^m,50$. La différence s'élève au septième environ.

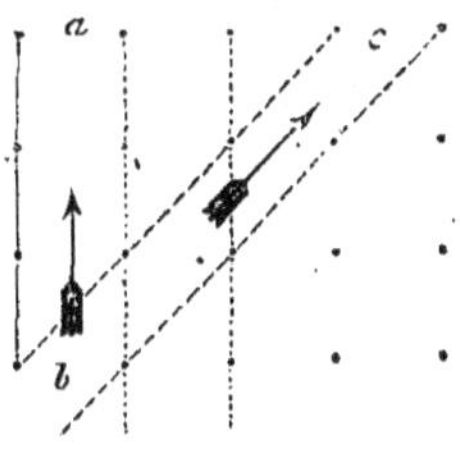

Fig. 997. — Culture à bras.

On pioche à plat en retournant sur place la terre emportée à chaque coup et en la répartissant également ; on *enselette*, en relevant en dos d'âne, entre les souches, les mottes arrachées par la pioche. On a soin, lors de cette première œuvre, de ne pas briser les mottes. Elles se cuisent au soleil et subissent sur une surface très-considérable, l'action fertilisante des agents atmosphériques ; on favorise ces effets par la disposition que donne au sol la culture en selette. La surface de la vigne est alors vallonnée selon la direction de la culture, les souches se trouvant au fond de chaque ondulation (*fig.* 998). La *selette* relève

Fig. 998. — Pioche en selette.

le sol suivant le foisonnement de la terre de $0^m,20$ à $0^m,25$ au sommet de l'ondulation. Cette méthode tend à se répandre et à remplacer la culture à plat. Non-seulement elle met en contact avec l'air des surfaces beaucoup plus grandes, mais elle facilite considérablement le ressuyage et l'assèchement du sol; les mauvaises herbes périssent beaucoup mieux et la terre ne se durcit jamais après les pluies comme sur un labour à plat. Il en résulte que la deuxième œuvre (majenqua) se donne bien plus facilement. Il n'y a pas lieu de se préoccuper, lors de la pioche, du dessèchement du sol et de l'existence de mottes, car on travaille avant l'époque des pluies, et les mottes tombent en poussière quand elles ont été mouillées. Un grand mérite de cette culture vallonnée est de déchausser pour ainsi dire la souche, et de profiter des avantages qu'on recueille des déchaussements en nettoyant les ceps des gourmands, et en détruisant les insectes et la vermine qui viennent ordinairement se loger à leur pied.

Ces considérations font estimer la pioche en selette comme la première œuvre à bras, comme un perfectionnement qui doit être recommandé.

Quelques propriétaires font précéder la première œuvre d'un déchaussement à large ouverture dont les augets sont contigus, exécuté en plein hiver (décembre et janvier). Dans la région méridionale où les froids sont de courte durée et sans intensité, cette pratique a de grands avantages, comme nous l'avons dit plus haut; mais quand on pioche en selette, on peut s'en dispenser, tout en obtenant à peu près les mêmes résultats; il suffit pour cela d'avancer l'époque de la première culture.

La deuxième façon (majenqua) est donnée avec le même outil que la première, afin de conserver le guéret à la terre, et de l'augmenter même, lorsque le travail de la pioche a été difficile, par exemple lorsque le sol a été durci par de longues et fortes pluies, et que les gelées ne l'ont point ensuite soulevé. On dispose les hommes comme pour le premier labour, mais en leur faisant prendre une direction perpendiculaire. Ils rompent les selettes, détruisent les mauvaises herbes, brisent les mottes et nivellent le sol. Si, lors de la première œuvre, on a pu façonner la terre, sans se préoccuper de la sécheresse et de la chaleur, il n'en est plus de même à la seconde, aussi faut-il bien niveler et émotter.

La troisième façon (tierça) est donnée à la houe pleine; on la désigne en languedocien sous le nom de *trinqua*. Elle porte à l'opposé du fer plein un petit marteau pour briser les mottes (*fig.* 995). On se sert aussi du *rabassié*, dont le fer est beaucoup plus large, plus incliné sur le manche, et ne porte pas de tête à marteau. Ce dernier sert principalement dans les terrains sans pierres déjà très-ameublis. Les travailleurs du pays se servent de ces outils dans les vignes les plus fourrées, avec une adresse étonnante.

Cette dernière œuvre laisse le sol net d'herbes et bien nivelé.

Il est aujourd'hui de rigueur de la donner partout où l'on se pique de bien cultiver; autrefois il n'en était pas ainsi, et la plupart des vignes ne recevaient que deux façons. Aussi étaient-elles remplies de mauvaises herbes, et les raisins y prenaient-ils moins de développement.

Cette troisième façon perfectionne beaucoup la culture. Non-seulement elle nettoie la terre d'herbes épuisantes et elle lui conserve sa fraîcheur en été, mais encore elle fait périr une foule d'insectes dont les larves descendent dans le sol pour y accomplir leurs transformations.

Les cultures à bras d'homme sont exécutées par des journaliers du pays ou étrangers, réunis en troupe (*Colla* en languedocien) sous la conduite d'un *patron*.

La *colla*(1) travaille sous l'œil du propriétaire ou d'un surveillant qui ne doit pas la quitter, si l'on veut que le temps soit bien employé. La durée des journées d'hiver (de novembre à fin février) est de huit heures (de huit heures du matin à quatre heures après midi). Celle des journées d'été est de dix heures (de sept heures du matin à cinq heures après midi). Quand on la fait durer plus longtemps, on paye les heures en sus.

Depuis quelques années, le prix des journées dans l'Hérault varie de 1 fr. 50 à 5 francs. La moyenne tend à se rapprocher de 3 francs.

On se sert aussi de *mézadiers* ou travailleurs loués au mois et conduits par un patron. Les mézadiers sont nourris par le propriétaire, qui leur fournit aussi les outils. La durée de leur journée est de *douze heures*, à partir du mois de mars, et de neuf à dix heures dans les mois d'hiver. Le prix de leur mois outre leur nourriture, s'échelonne de 15 à 40 francs, quelquefois plus. Ce sont des montagnards des départements voisins : Tarn, Aveyron, Lozère.

Ils quittent le pays des vignes à la fin de juin pour aller faire chez eux la moisson; ils reviennent avec leurs familles à l'époque des vendanges, repartent en novembre et descendent encore en janvier. L'émigration de ces populations vers les vignobles, est une indispensable nécessité, car le Midi manque de bras dans la région de la vigne.

Le seul département de l'Hérault appelle à son aide au moins quarante mille travailleurs étrangers à son sol, et à l'époque des vendanges, lorsque la récolte est abondante, les femmes et les enfants qui les accompagnent, doublent ce nombre. Il est indubitable que l'établissement des voies ferrées descendant des montagnes vers le littoral (Rodez à la Méditerranée, etc.) facilitera très-avantageusement, à tous les points de vue, ces grands déplacements de population, vraies émigrations périodiques. En faisant disparaître les fatigues de la route pour les faibles, on

(1) *Colla* vient du mot latin *colligere*, qui signifie rassembler

trouvera tout d'un coup parmi les populations pauvres des montagnes, un plus grand nombre de bras si utiles, pour cueillir et enfermer promptement les récoltes.

Cultures ou labours à l'araire. — L'instrument le plus répandu pour labourer la vigne dans la région méridionale, est l'ancien araire romain (*fig.* 999) qu'on nomme dans le pays *araïré*

Fig. 999. — Araire plat.

plat, parce qu'il laisse la terre à plat. On lui donne aussi les noms de *doublis* quand il est attelé de deux bêtes au moyen d'un timon, et de *fourcat* quand il est conduit par une seule, placée dans un brancard.

Fig. 1000. — Araire plat monté en fourcat. — *x*, *x*, *x*, liens en fer.

Cet araire n'est, à vrai dire, qu'un extirpateur à un seul soc, auquel on attelle une ou deux bêtes au besoin, et dont l'énergie est considérable.

Il trace dans le sol un sillon triangulaire de $0^m,15$ à $0^m,20$ de profondeur, selon le sol et la résistance qu'il rencontre; il n'a point de versoir, aussi faut-il assez rapprocher les raies pour obtenir un labour passable. Pour que tout le sol soit remué, il faut *croiser le labour*, c'est-à-dire en donner sur le premier un second dans une direction perpendiculaire.

Il a l'inconvénient de faire peu de travail, car en moyenne, on ne laboure guère à l'araire dans un seul sens plus de 33 ares par journée de travail effectif. Il ne retourne pas la terre, et ne fait que l'ameublir. Enfin, le cep (*dentaou*, en languedocien; *dentale*, en latin) traîne sur la terre en la comprimant quand elle est humide.

Ses avantages sont les suivants : il est très-bon marché (22 francs); il sert à tous les travaux d'ameublissement du sol, dans le Midi, car il n'est point d'instrument aratoire plus commode et plus simple, quand il faut agir sur des terrains secs et les remuer à $0^m,20$ de profondeur. Aussi le trouve-t-on sur toutes les exploitations rurales. Labour superficiel des champs, semences sous raies, labour des terrains rocailleux, etc., il est apte à tout.

Il se casse et se dérange moins que tout autre instrument, et aucun ne résiste mieux au choc dans les terrains pierreux ou rocheux.

On le répare avec la plus grande facilité.

Pour le labour des vignes en terrain peu profond, inégal, rocheux, comme il en existe d'immenses surfaces dans la région, je ne connais aucun instrument susceptible de le remplacer. En résumé, il est encore généralement préféré et adopté; il fonctionne dans tous les terrains bons ou mauvais, profonds et réguliers, rocheux et inégaux; il sert à tous les travaux d'ameublissement; il est peu coûteux, d'un faible entretien, et généralement bien adapté à la nature du climat et du sol, dans le Midi.

Pour les sols assez profonds où les pierres ne sont point un obstacle, on a construit de petites charrues en fer, à versoir, au moyen desquelles on exécute de bons labours. Dans ces conditions, elles tendent à se répandre et rendent de bons

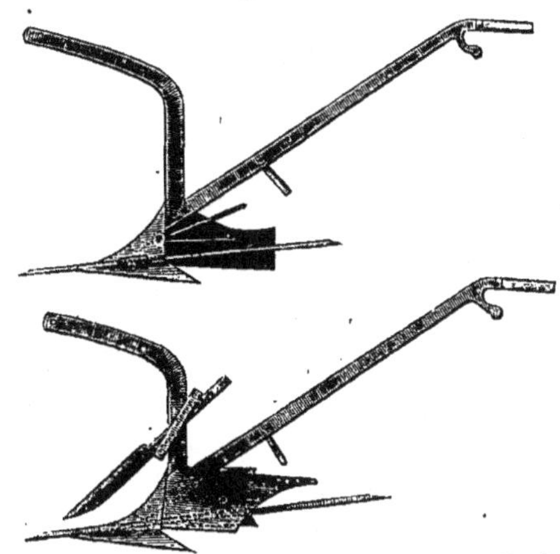

Fig. 1001 *et* 1002. — Charrues à versoir de M. Barral, d'Agde.

services. Mais elles n'ont point réussi, malgré leur supériorité, à supplanter l'araire plat, qui fonctionne toujours à côté d'elles. Celles de M. Barral, d'Agde, dont nous donnons le dessin (*fig.* 1001), sont bien entendues, solides, et fort bien construites.

Elles coûtent 40 francs.

On en établit de différents modèles dans la plupart des villes agricoles du Midi, comme Montpellier, Nîmes, Béziers, Narbonne, Perpignan, etc.

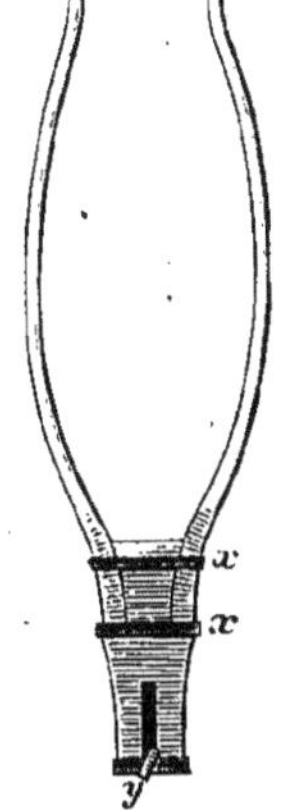

Fig. 1003. — Brancard portatif de la charrue de M. Barral, d'Agde. — *x*, *x*, liens en fer. — *y*, vis de pression.

Les conditions qu'elles doivent remplir, sont : 1° d'être solides et légères, susceptibles d'être conduites par une seule bête, avec un brancard (1); 2° de porter un versoir disposé pour offenser le moins possible, les bras des ceps et les coursons; 3° d'avoir sur le sol une assiette solide.

On s'est beaucoup préoccupé dans ces derniers temps de construire des charrues vigneronnes de

(1) On évite les palonniers parce qu'ils accrochent les rameaux, les coursons ou les bras des souches, et font beaucoup plus de mal que le brancard.

manière à faciliter le labour jusque sous la souche, afin d'éviter d'avoir recours à la main de l'homme pour compléter la culture. Le plus souvent on a coudé le corps de l'instrument afin de le rapprocher des ceps, sans obliger le cheval à s'en approcher autant.

On a imaginé une foule d'autres combinaisons ingénieuses, mais la plupart coûteuses et compliquées.

Nous sommes persuadé qu'on s'est exagéré la valeur du but à atteindre. D'abord, il ne nous paraît guère possible de se passer entièrement du concours de la pioche et de la houe dans les vignes bien tenues; ensuite l'acquisition et l'entretien de trop nombreux outils, sont bien plus coûteux au fond, que la dépense de quelques journées de travail, et ces dernières permettent d'obtenir des résultats qui en payent largement la dépense.

Mais revenons à l'*araire plat;* il est conduit ordinairement par un seul cheval ou mulet de forte taille placé dans des brancards.

On l'attelait autrefois avec deux bêtes, mules ou chevaux réunis par un joug fixé au timon; chaque bête marchait dans une rangée de souches différentes, et leur distance était réglée à chaque raie par les aiguilles mobiles entre lesquelles sont fixés les colliers de travail (*fig.* 1004).

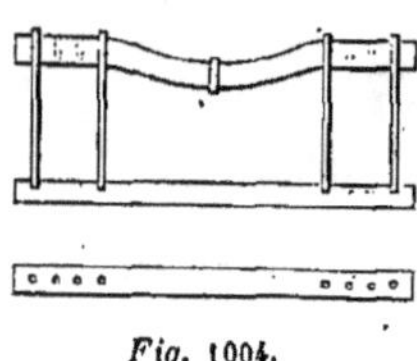

Fig. 1004.

On remplace partout cet attelage double par l'emploi de bêtes de grande taille placées dans un brancard. On obtient ainsi des labours plus réguliers et plus économiques. Comme l'attelage et l'araire sont l'un et l'autre plus maniables, on casse beaucoup moins de rameaux et on tourmente moins les ceps, surtout aux extrémités des rangées, quand il faut tourner.

Dans les vignes plantées à 1m,50, on commence à tracer cinq raies dans l'intervalle qui sépare les rangées. On *croise* ensuite le labour dans une direction perpendiculaire, en donnant encore cinq raies d'une souche à l'autre. Il ne reste alors au pied des souches qu'un petit bourrelet de terre non cultivé. Quand on laboure de grandes surfaces de vignes, on donne d'abord la première raie à tout le vignoble, on procède ensuite à la seconde, ce qui met entre elle et la première quelques jours d'intervalle. La terre est ainsi tout à fait ameublie en deux opérations exécutées à quelques jours de distance, ce qui est généralement avantageux, et augmente l'efficacité du labour. Quand on ne cultive que des surfaces réduites, on croise généralement aussitôt après la première raie, afin de terminer le labour qui n'est pas considéré comme complet, s'il n'a été exécuté dans les deux directions. Pour finir la première œuvre ou façon d'hiver (*foncha*), on déchausse les souches après le labour, et ceux qui se piquent de bien cultiver font toucher entre elles les fossettes du déchaussement. Dans cet état, une vigne peut être fumée si on le juge convenable. Dans tous les cas, elle a reçu sa première façon d'une manière complète, et peut attendre les labours de mai.

Si l'on fume, on recouvre le fumier en donnant une raie de chaque côté de la souche, aussitôt qu'il a été déposé dans toutes les fossettes. On passe d'abord à droite et à gauche, et ensuite dans les deux directions perpendiculaires.

On recommence les labours de mai comme les premiers, en les croisant, afin que l'œuvre soit complète. Ces labours renversent la terre dans les fossettes du déchaussement, et nivellent le sol. Quand ils sont terminés d'assez bonne heure dans les vignes dont le sol est meuble, qu'ils n'ont point été embarrassés par de mauvaises herbes, et que celles-ci ont été coupées et renversées, il n'est pas nécessaire de faire suivre le travail de l'araire de façons complémentaires, mais il est rare qu'il en soit ainsi; il est toujours utile de passer après l'araire pour compléter son œuvre, surtout pour cette deuxième façon.

Dans les terres où il y a du chiendent, chaque laboureur est accompagné par une femme ou un enfant, afin d'enlever la mauvaise herbe à mesure qu'elle est arrachée; on évite ainsi d'en répandre les racines peu à peu sur toute la surface de la vigne. Si les herbes sont déjà dures et fortes, ce qui est fréquent dans les années pluvieuses, on fait cultiver après le labour le pied des souches, pour abattre les herbes que les araires n'ont pu atteindre; en même temps on détruit celles qui n'ont point péri dans les raies, et on brise les grosses mottes, s'il y en a. Suivant l'état du sol, un pareil complément de façon coûte de trois à neuf journées d'hommes, par hectare ou l'équivalent en journées de femmes; c'est une dépense considérable, mais la terre est bien nettoyée, et on a eu l'avantage d'abord de pouvoir l'ameublir en peu de temps, avec les attelages, au moment le plus pressant; ensuite on a terminé par l'extirpation des herbes, alors que le durcissement du sol n'a plus été à craindre.

Le deuxième labour exige de la part de ceux qui l'exécutent, de l'adresse et de l'attention; à l'époque où on le donne, les rameaux des ceps sont à la fois assez longs, et très-faciles à décoller. Les mouvements brusques, une mauvaise direction, font tomber les jeunes pousses chargées de raisins, cassent les coursons, et causent des pertes irréparables. Dans les tournants, tous ces inconvénients s'aggravent beaucoup; aussi est-il indispensable de n'introduire dans les vignes que des instruments aratoires légers, maniables, et de les faire tourner sur des chemins ou de larges bordures de fossés.

On donne la troisième façon à l'araire dans le mois de juin, autant que possible dans la première quinzaine, pour les cépages à sarments rampants; plus tard, leurs rameaux occupent tout le sol; ils sont liés entre eux par leurs vrilles, et on en ferait périr beaucoup en labourant. Avec les cépages à sarments érigés, on n'a pas à redouter les mêmes inconvénients, et on peut pénétrer dans les allées jusqu'au mois de juillet.

On exécute ce troisième labour, soit avec l'araire ordinaire, si on n'est pas pressé par le temps, soit avec l'araire monté en raclette (*fig.* 1005).

Sur chaque côté du fer du soc et à la base du triangle formé par les côtés, on place une lame de 0m,10 environ de largeur, et de 0m,46 de longueur. On forme ainsi un grand triangle, dont la

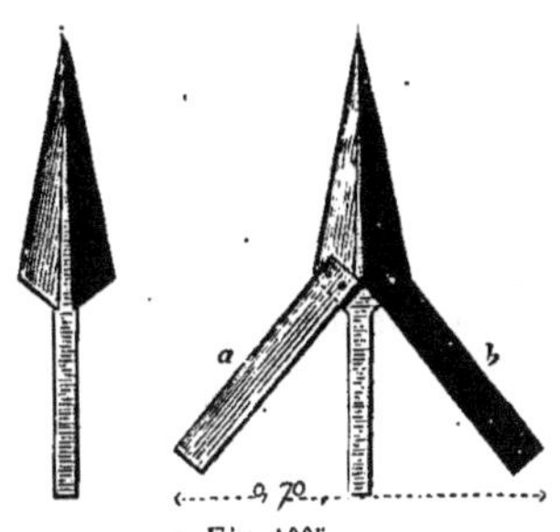

Fig. 1005.

Soc d'araire ordinaire. Soc d'araire monté en raclette.

pointe du soc constitue le sommet; les côtés sont formés par ceux du soc, prolongés par les deux lames coupantes. La base de ce triangle comprend une largeur de 0m,70. Il glisse dans le sol à une profondeur de 0m,05 environ, l'écroûte, et coupe les herbes. Un seul va-et-vient suffit pour cultiver l'intervalle de 1m,50 qui sépare les souches. Un araire ainsi monté laboure plus d'un hectare par jour. Il donne ainsi une façon fort légère comme culture, mais efficace pour la destruction des mauvaises herbes (*cirsium*, *raphanus*, *polygonum*, etc.).

Quand on laboure avec des charrues vigneronnes à versoir, un seul labour dans une direction suffit pour cultiver le sol, sans y laisser de trop forts coussins, sauf une bande de terre tout le long des souches; elle varie généralement de 0m,20 à 0m,25 de largeur. C'est pour faire disparaître cette espèce de courroie non labourée qu'on coude l'age de la charrue qui est destinée à passer spécialement le long des ceps; les charrues à age non coudé labourent ensuite l'intervalle. On place entre les rangées distantes de 1m,50, de quatre à cinq raies, selon l'instrument dont on dispose. Dans le cas de la charrue vigneronne à versoir, on place et on déplace la terre, et on laisse un sillon creusé le long des souches. On fait en sorte de l'alterner à chaque labour, pour ne pas vallonner la terre, de manière à n'être pas gêné pour donner plus tard le labour dans une direction perpendiculaire.

Les charrues vigneronnes à versoir servent à donner les deux premières façons, mais elles descendent trop bas, et façonnent trop la terre pour la troisième; pour cette dernière, on préfère employer l'araire plat ou l'araire monté en raclette.

Les vignes plantées en lignes espacées entre elles de 2m,35 à 2m,50 sont parfaitement disposées pour les labours à l'araire à versoir. Il y fonctionne beaucoup mieux que dans les autres; une fois le sillon ouvert, on donne jusqu'à dix raies dans les intervalles, et le labour y est parfaitement régulier. Dans les intervalles de 1m,50, où le nombre de raies n'est guère que de quatre, la première qui ouvre le travail étant toujours plus ou moins défectueuse, comme une raie d'araire plat, le labour n'est jamais bien bon, s'il n'est pas croisé; si on croise, on tombe dans l'inconvénient de l'araire plat, avec lequel on fait peu de travail. Cela n'a point lieu dans les vignes en lignes espacées. Ces dernières présentent encore un autre avantage : on peut les faire cultiver bien plus facilement que les autres par des animaux couplés deux à deux, et marchant de front, comme les bœufs, et avec des charrues à palonnier. Dans ce cas, de petites Dombasles légères sont d'un excellent usage pour la première œuvre, surtout dans les sols lourds et résistants, battus par les pluies. En pareilles circonstances, le labour dans une seule direction, s'il n'est pas exécuté *avec de bons instruments*, donne rarement de bons résultats; il reste incomplet, et la terre n'est point assez ameublie au moment où elle en a le plus besoin.

Dans les vignes en lignes espacées, qu'on ne peut croiser, chaque labour principal doit être accompagné par la culture à bras de la bande de terrain non cultivé qui règne le long de chaque ligne de ceps. Elle équivaut à peu près au sixième de la surface totale.

Dans toutes les vignes cultivées au labour par instruments, il est indispensable de rechercher le chiendent et de le faire périr. Tous les araires sèment cette mauvaise herbe, et la terre finit par en être tellement infestée, que la vigne ne peut plus y croître dans de bonnes conditions. Le chiendent envahit ainsi toutes les vignes négligées. On l'arrache en été pendant les chaleurs, à l'époque de la morte saison qui, pour le vigneron du Midi, précède la vendange. On visite les vignes pour le chiendent chaque deux ans ou chaque trois ans. On l'arrache à bras d'hommes, avec la pioche à deux dents, et on pousse jusqu'aux racines les plus profondes. On le fait aussi périr, dans les étés très-chauds, en le coupant entre deux terres, lorsque le sol est très-échauffé; mais ce moyen est moins sûr que le premier. Une fois bien arraché, et jeté au soleil, le chiendent ne revient plus.

Entre la culture exclusivement à bras, et celle où ne sont employés que les araires, il y a une culture mixte par laquelle on combine les avantages que les bras et les araires peuvent mutuellement se prêter. Dans les vastes domaines bien cultivés, on en retire de grands avantages, soit pour réduire les dépenses, soit pour donner les labours à propos. On divise les vignes en catégories, réservant pour les bras les plus fortes comme souches, et les plus fertiles, et pour l'araire seul, les plantations en lignes espacées, et en carré à 1m,75 dans les coteaux. Les autres sont labourées par les instruments à la première façon, tant qu'elles n'ont pas poussé (*à souche-morte*, selon l'expression vulgaire). On traite de même pour la deuxième œuvre les plantiers ou les vignes jeunes, dont les souches sont petites, et les sarments encore peu développés. La troisième façon, quand elle est urgente, peut être donnée par un coup de raclette, partout où les vignes ne sont pas fermées. Comme le travail à bras de la troisième œuvre est léger, et marche très-vite, c'est celui qu'on exécute avec le plus de facilité, malgré le départ des travailleurs étrangers, qui a lieu vers la fin de juin. La combinaison des cultures à l'araire et à bras d'hommes présente de précieuses ressources, et permet d'utiliser très-avantageusement le bétail de trait et les valets à l'année, dont on ne peut se passer, soit pour les vendanges, soit pour les transports d'engrais, l'enlèvement des sarments, etc., etc.

La culture à l'araire s'applique surtout aux terrains pauvres des garrigues, aux cépages à sarments érigés, aux contrées où les bras manquent. Dans le premier et le dernier cas, elle est une nécessité; il est heureux qu'on puisse y avoir recours, car, sans elle, la culture de la vigne serait impossible; et cependant cette culture met en valeur des terrains ingrats qui n'en supporteraient point d'autre.

Dans les vignes plantées en lignes espacées, elle est à la fois économique et complète, pour les sols fertiles comme pour les autres. Elle s'y trouve à sa vraie place,

Dans les sols fertiles, plantés de cépages féconds, pour ceux dont les sarments ne sont point érigés, pour les terres plantées en carré, à 1m,50, et à une distance moindre, la culture à l'araire est inférieure à la culture à bras; et, sous le rapport de la conservation des ceps et de la perfection du travail elle ne peut lui être comparée.

Dans les vignes plantées en carré, à 1m,50, lorsque les bras ne sont pas d'une cherté excessive, et d'une rareté qui nuit aux cultures, ils donnent des résultats supérieurs à ceux qu'on obtient avec l'araire employé dans les meilleures conditions, c'est-à-dire dans les plantations à lignes espacées.

Pour nous, l'emploi de l'araire facilite et permet la culture de la vigne dans une foule de cas où elle ne serait pas possible, mais s'il en favorise l'extension, il n'en constitue point un perfectionnement, dans la signification propre de ce mot, puisque, d'une manière absolue, il donne des résultats moins bons que la pioche et les bras du vigneron. Tant que ceux-ci ne seront pas trop rares et trop chers, il y aura avantage à y recourir. C'est pour cette raison que le petit propriétaire, qui soigne lui-même, de sa main, son coin de vigne avec tant de sollicitude et d'à-propos, parvient à lui faire produire de si brillants résultats.

Comparaison des frais de culture de la vigne à bras d'hommes et aux instruments de labour. — Si l'on considère les frais de culture de chaque système indépendamment de la taille, de la fumure, du soufrage et des vendanges, qui dans tous les cas seraient les mêmes, on arrive aux résultats suivants :

Culture à bras :

1re *façon*. Pioche. En moyenne, 25 journées par hectare à 2 fr. 50 l'une	62 f. 50
2e *façon*. Majenca. En moyenne, 20 journées par hectare à 3 fr.	60 »
3e *façon*. Tierça. 14 journées à 2 fr. 50	35 »
Total (1)	157 f. 50

(1) Ces prix ont été considérablement dépassés depuis quelques années; la moyenne, pour les trois façons, s'élève pour la journée au-dessus de 3 fr.

Culture à l'araire plat :

1re *façon*. Labour croisé. Par hectare, 6 journées à 6 fr. l'une (2)	36 f. »
2e *façon*. Labour croisé. Par hectare, 6 journées à 6 fr. l'une	36 »
3e *façon*. Labour à la raclette, croisé. 2 journées à 6 fr. l'une	12 »
Déchaussement pour terminer la 1re façon, à 40 cent. le cent, pour 4,400 souches	17 60
A la 2e façon, pour renverser les herbes autour des souches, etc., 5 journées à 3 fr.	15 »
Total	116 f. 60

Culture à l'araire à versoir :

1re *façon*. Un labour simple. 4 journées à 7 fr. (3)	28 f. »
2e *façon*. Un labour croisé	56 »
3e *façon*. A la raclette	12 »
Déchaussement pour la 1re façon	17 60
A la 2e et à la 3e façon pour renverser les herbes, 3 journées à 3 fr.	9 »
Total	122 f. 60

On peut à la rigueur économiser la moitié des labours croisés de la seconde façon, soit 28 francs, mais dans ce cas, il faut tripler les journées de main-d'œuvre pour cultiver la bande de terrain laissée par l'araire le long des souches, et ajouter 18 francs aux 9 francs portés pour cette dépense. L'économie se réduit alors à 10 francs.

Culture à l'araire à versoir dans les vignes en lignes :

1re *façon*. Un labour simple	28 f. »
2e *façon*. id.	28 »
3e *façon*. Labour simple à la raclette	6 »
Un sixième de la culture à la main pour le déchaussement et la culture des vignes	16 »
Total	78 f. »

Dans l'exploitation par l'araire, la main-d'œuvre joue un rôle important qui varie de 27 à 33 francs environ, par hectare, soit du tiers au quart de la dépense totale. Cette main-d'œuvre assure, il est vrai, les bons résultats des labours par les instruments, et je la crois indispensable pour le bon entretien et la durée de la vigne.

Les plantations en lignes espacées présentent seules une grande économie pour l'exécution des cultures; mais l'avantage est encore plus grand si l'on considère la rapidité avec laquelle on donne les labours aux moments favorables. Quoique dans ce système les ceps soient moins régulièrement équilibrés que dans celui de l'espacement uniforme de la plantation en carré ou losange, et qu'ils produisent moins sous l'influence d'une culture parfaitement soignée, notre avis est qu'il doit prévaloir partout où la rareté de la main-d'œuvre se fait trop vivement sentir.

Du pincement, de l'ébourgeonnage, du rognage des sarments et de l'effeuillage. — Le pincement, l'ébourgeonnage, le rognage et

(2) Le prix de 6 fr. comprend la location de l'homme, du cheval et de l'araire. Pour les propriétaires qui entretiennent à l'année l'homme et le cheval, ce prix pourrait être diminué et fixé à 5 fr. par jour.

(3) Le prix de la journée est plus élevé que celui de l'araire plat, parce qu'il faut une bête plus forte et un outil plus cher. Le travail est plus lent parce que le tirage est plus grand.

l'effeuillage sont des opérations qu'on pratique successivement sur la vigne pendant le cours de la végétation. Dans les vignobles du Nord et du Centre, elles sont à peu près indispensables, mais il n'en est pas de même dans la région méridionale.

Le pincement consiste à retrancher l'extrémité des sarments fructifères, quelques jours avant la floraison. On l'enlève avec l'ongle du pouce sur une longueur d'un centimètre environ.

On arrête ainsi la végétation du sarment, au profit des raisins ; la fleur s'épanouit plus vite ; les fruits nouent plus régulièrement, et la coulure est moins à craindre. Dans le Midi cette opération n'est régulièrement pratiquée que sur un seul cépage, *la Clairette*. Elle a été fréquemment essayée sur les autres, et toujours abandonnée.

Les vignes de Clairette ont une telle vigueur, et s'emportent si facilement en bois, aux dépens du raisin, qu'on les *châtre* dans le courant de la semaine qui précède la floraison. On pratique l'opération en passant entre les rangées de souches et en abattant avec une baguette, l'extrémité des sarments. C'est aux hommes âgés qu'on la confie ordinairement. Ce pincement grossier produit de bons effets et suffit le plus souvent pour prévenir la coulure. Jeunes ou vieilles, toutes les vignes de Clairette y sont assujetties.

Nous avons vu plusieurs fois pincer ou *châtrer* (selon l'expression locale) les vignes d'Aramon, de Carignane, de Grenache, etc., — et nous devons convenir que sous l'influence de ce traitement la récolte de la première année était sensiblement augmentée, mais il n'en était plus de même les années suivantes; la vigne dépérissait, se trouvait visiblement fatiguée, et la récolte subissait une diminution considérable. Les vignes jeunes résistent plus longtemps que les autres, mais elles finissent par subir le sort commun. Aussi le pincement n'est-il point adopté dans le Midi. Si, dans les années humides, sujettes à la coulure, il est susceptible de combattre le mal dans une certaine mesure, d'un autre côté, dans les années sèches et chaudes (les plus fréquentes dans le Midi), il fatigue considérablement les ceps. Il en est peu qui fassent exception.

Dans un climat où les grands vents et la sécheresse arrêtent si fréquemment la végétation trop fougueuse de la vigne, les pincements dont l'effet est le même, ne présentent plus les avantages qu'on en retire dans les contrées plus arrosées et moins ventilées. Ils fatiguent outre mesure les ceps, en s'ajoutant à l'action naturelle du climat, et ils en appauvrissent le produit au lieu de l'augmenter. Si le pincement peut être appliqué sans inconvénient aux vignes jeunes qui s'emportent en bois, notre opinion est qu'il doit être évité dans les vignes vieilles, dont la végétation est mieux réglée, et dans toutes celles qui présentent un juste équilibre entre la production du sarment et du fruit.

L'ébourgeonnage est plus répandu que le pincement, cependant il ne constitue pas une pratique générale partout admise et reconnue avantageuse. Il consiste, aussitôt après la floraison, à supprimer les bourgeons (1) non fructifères. On concentre ainsi sur ceux qui restent la force de la végétation.

Il en est de cette opération comme de la précédente; elle est avantageuse dans les vignes bien formées, très-touffues, et lorsque l'année n'est pas trop chaude et trop sèche ; mais dans les vignes où les rabaissements sont nécessaires, elle a de grands inconvénients, car les femmes chargées d'enlever les rameaux font indistinctement disparaître les brindilles sans valeur (*Rousigaous* en languedocien), et les sarments propres au rabaissement. Dans les journées très-chaudes, lorsque les vignes sont frappées par l'échaudage, comme cela arrive à la fin de juin, en juillet et quelquefois en août, la perte d'une partie de leur feuillage leur est préjudiciable et augmente les dommages qu'elles ont à subir.

Ayant fait ébourgeonner plusieurs années de suite, et comparativement, des vignes d'Aramon, le résultat final s'est trouvé nul et nous n'avons plus continué.

Certains cépages poussent beaucoup de brindilles et de faux rameaux, par exemple l'Aramon, le Piquepoul, l'Aspiran, etc., c'est à eux que l'ébourgeonnage peut être appliqué avec le plus de succès.

Les Tinto, l'Espar, le Morrastel, la Carignane, poussent au contraire sur les yeux de leurs coursons et non sur les bras de la souche ; aussi n'ont-ils pas besoin d'être ébourgeonnés.

Le rognage consiste à rogner les sarments des ceps, dans le courant de l'été, pour favoriser le développement des grains du raisin, et pour faire pénétrer dans la vigne plus de chaleur et de lumière. C'est une opération qui est diamétralement contraire aux conditions dans lesquelles doit se trouver la vigne dans le Midi. La chaleur et la sécheresse exigent que le sol y soit couvert et ombragé par les pampres, et que les raisins soient abrités sous un feuillage capable de les préserver du grillage. Le rognage n'est point pratiqué, que nous sachions, dans les vignobles de la région ; notre opinion est qu'il y serait désastreux.

L'effeuillage consiste à enlever les feuilles qui couvrent les raisins dans les vignes touffues, quelques jours avant la vendange.

C'est une opération pratiquée dans quelques vignes très-chargées de récolte. Les résultats n'en sont pas toujours favorables; la perte des feuilles arrête la végétation, et quand elle est poussée trop loin, elle paralyse la maturation au lieu de la favoriser. Il ne faut donc effeuiller qu'avec prudence et seulement après les grandes chaleurs.

Dans les localités exposées à la grêle, il en sera de même ; l'absence de feuillage sur les raisins aggrave considérablement le désastre, s'il vient à se produire.

En résumé, dans un grand nombre de vignobles de la région méridionale, on ne pratique ni le pincement, ni l'ébourgeonnage, ni le rognage, ni

(1) Il s'agit ici des rameaux herbacés, non des bourgeons comme l'entendent les botanistes. P. J.

l'effeuillage; le rognage est inconnu; les autres opérations, quand on y a recours, ne sont point régulièrement appliquées. Dans les vignobles les mieux cultivés de l'Hérault, elles sont abandonnées depuis que le soufrage est devenu d'un usage général, et la fertilité des ceps loin d'en souffrir, s'est accrue depuis qu'il en est ainsi.

INTEMPÉRIES. — MALADIES. — INSECTES NUISIBLES

La région méridionale, malgré la beauté de son climat, n'est point exempte des fléaux qui ravagent ailleurs les vignobles. La vigne y subit des intempéries, des maladies et des invasions d'animaux nuisibles qui en diminuent considérablement les produits. Ce sont :

1° *Intempéries :* La grêle, les gelées d'hiver et de printemps; la coulure, la sécheresse et la chaleur excessive; les grandes humidités, les grands vents.

2° *Maladies :* Les principales sont : L'oïdium, l'erineum, l'anthracnose, le gros rougeot ou apoplexie, la jaunisse.

3° *Insectes et animaux nuisibles*, dont les principaux sont :

L'altise, l'attelabe, le gribouri ou eumolpe, ou écrivain, la pyrale, la cochylis ou teigne de la grappe, les limaçons, escargots, les guêpes et les abeilles, les oiseaux, les quadrupèdes de tous genres, etc., etc. Le chapitre qui traite de ces matières exigerait de longs développements et pourrait former à lui seul un volumineux ouvrage; mais le *Livre de la Ferme* contient déjà divers paragraphes sur le même sujet; aussi tâcherons-nous d'abréger ce que nous avons à en dire.

INTEMPÉRIES

Grêle. — De toutes les intempéries, la plus effrayante, et une des plus désastreuses, est certainement la grêle. Les vignobles y sont exposés aussitôt que les rameaux ont pris quelque développement, c'est-à-dire dès les premiers jours de mai.

Admettons le cas d'une grêle assez forte pour détruire la récolte. Lorsque les rameaux sont frappés pendant la première période de leur végétation, c'est-à-dire avant le 20 juin, ils sont encore tellement tendres que les blessures formées par les grêlons sont profondes; elles désorganisent le tissu entièrement vert du sarment, et le laissent dans un état de rabougrissement qui réagit sur la souche entière. En pareil cas, la récolte est non-seulement perdue, mais celle de l'année suivante est gravement compromise. Il convient alors de tailler de nouveau la vigne sur les jeunes rameaux, en conservant sur eux les coursons, comme on le ferait en plein hiver en taillant sur les sarments. On laisse deux yeux francs. Les ceps repoussent à nouveau des sarments qui deviennent presque aussi longs que les premiers, et s'aoûtent complétement. Ils portent même des raisins dans les bons terrains; mais, quoique ces derniers puissent encore mûrir dans l'arrière-saison, il est bon de ne point compter sur leur produit. Les vignes jeunes, en bon terrain, supportent bien un pareil traitement; mais les terrains maigres et les vignes vieilles se réparent moins facilement; cependant c'est encore la manière la plus convenable de les traiter, lorsqu'elles ont été fortement atteintes. Les cultures et les soufrages doivent être donnés avec d'autant plus de soin que les ceps ont plus souffert.

Lorsqu'ils ne sont pas gravement atteints, le mieux est de se borner aux cultures ordinaires; la récolte est diminuée des raisins qui ont été cassés ou froissés; quelques sarments sont altérés; mais la vigne pousse à nouveau et répare ses pertes en bois.

Lorsque la grêle frappe les vignobles en mai, juin et juillet, et que le mal est grave, les effets de désorganisation sur les sarments se produisent d'autant plus que la saison est moins avancée; dans ce cas, les raisins frappés se dessèchent et tombent; ceux qui restent mûrissent normalement et donnent encore de bon vin. Quand la saison est très-avancée, l'inverse se produit; les sarments résistent mieux, parce qu'ils sont plus durs et mieux formés; les raisins persistent encore, mais ils sont altérés, leur maturité est entravée, et le vin qu'ils produisent est toujours entaché d'un mauvais goût particulier.

Certaines localités sont plus particulièrement sujettes à la grêle, et ses ravages y sont tellement désastreux qu'elle est un véritable obstacle à la culture de la vigne. Dans les cantons où son apparition est rare, elle est néanmoins une menace inquiétante; de bonnes assurances sont alors le seul moyen à prendre pour diminuer les conséquences malheureuses de son passage; mais jusqu'à présent le taux des assurances a été si élevé qu'il n'a guère été accepté que par les vignobles les plus exposés. Il en est résulté un malaise fâcheux pour les compagnies, qui sont toujours en perte en assurant les terres très-exposées, et pour l'agriculture sérieuse une lacune d'autant plus regrettable que la vigne exige des frais d'établissement et de culture très-dispendieux.

Le problème des assurances contre la grêle, pour les vignobles, n'est donc point résolu; cependant il serait digne de l'attention des grandes compagnies qui ont réussi à organiser la plupart *des assurances* d'une manière avantageuse au point de vue financier. La sécurité que trouverait alors le cultivateur l'encouragerait à perfectionner la culture, déjà si chère, des vignobles, et contribuerait à la propager partout où elle est possible.

Des gelées. — Quoique les gelées soient moins fréquentes et moins intenses dans la région méridionale que dans les contrées plus septentrionales, elles sont une cause de graves dommages pour les vignes.

Les gelées se font sentir à partir de la fin d'octobre, ou des premiers jours de novembre, jusqu'au 10 mai environ, pendant une période de six à sept mois.

Gelées d'automne. — Les premières sont rarement désastreuses pour le Midi; elles y ont peu d'intensité, et ne se produisent qu'après les vendanges, ou lorsque la maturité des raisins est accomplie. Si, pour le Nord, elles ont fréquemment de très-graves inconvénients, il n'en est pas de même dans le Midi.

Gelées d'hiver. — A mesure qu'on avance en hiver, la température s'abaisse, l'époque des grands froids arrive, les gelées deviennent à la fois longues et intenses. On a vu, dans le chapitre qui traite du climat de la région, que si les froids y sont par moments très-piquants, ils sont presque toujours de courte durée, et que la sécheresse habituelle du sol en rend les effets beaucoup moins redoutables. Cette dernière circonstance surtout est à remarquer; c'est à elle qu'on doit la résistance aux basses températures, d'une foule de végétaux qui succombent dans le Nord, sous l'influence d'une humidité beaucoup plus grande que dans le Midi. De même, sous nos climats, on voit les hivers sévir bien plus fortement dans les bas-fonds, où le sol est toujours plus ou moins humide, que sur les hauteurs, où il est ordinairement sec et ressuyé.

Quoique dans la région, la vigne souffre rarement des grandes gelées, cependant elle a payé son tribut pendant les hivers très-rigoureux, surtout dans les terrains de plaine; les dates de 1709, 1789, 1819, et surtout 1829 à 1830, ont laissé, sous ce rapport, de tristes souvenirs et des ravages qui s'étendirent à une série d'années; les vignobles souffrirent longtemps des rudes secousses qu'ils éprouvèrent. Ils supportèrent des pertes énormes. Quelques vignes périrent. Il est vrai que le froid dura plusieurs semaines, que la terre fut gelée à deux pieds de profondeur, et que le thermomètre descendit au-dessous de — 10° (1). Il fut constant, après cet hiver, que les vignes vieilles souffrirent dans les mêmes terrains plus que les jeunes, que certaines variétés résistèrent au froid moins que d'autres. Ainsi le Grenache, ou Alicante et le Muscat, furent les plus atteints.

Dans un grand nombre de cas, la souche périt extérieurement; mais les racines restèrent intactes et repoussèrent. M. Cazalis constata que les Muscats ainsi maltraités perdirent leur fertilité et ne la recouvrèrent pas. Les vignes déchaussées souffrirent généralement plus que les autres; il en fut de même des vignes fumées. Les vignes taillées perdirent, pour la plupart, leurs bras et leurs coursons, tandis que celles qui ne l'étaient pas résistèrent beaucoup mieux.

Dans les bas-fonds humides, un froid vif (— 8°) de quelques heures de durée suffit pour faire périr les bourgeons sous leur duvet. J'ai eu l'occasion de constater le fait en 1850. On dit alors que la vigne a des retours de séve. Dans ce cas, les coursons ne poussent pas; les rameaux sortent du pied ou sur les bras; mais ils ne portent point de fruit.

Lorsqu'une vigne, en bon terrain, aura été profondément atteinte par les grands froids, et aura perdu un nombre de souches assez grand pour rendre le recepage entre deux terres nécessaire, notre opinion est que le meilleur parti à prendre est de la greffer ou de la renouveler en l'arrachant. Le recepage est une opération chanceuse qu'il convient d'éviter. Les grandes gelées sont d'ailleurs un cas si rare qu'on ne prend aucune précaution pour en combattre les effets. La meilleure serait de ne tailler qu'à la fin de l'hiver, car le froid pénètre les ceps par les blessures de la taille; on pourrait aussi butter les souches jusqu'à la naissance des bras (2).

Gelées de printemps. — Les gelées de printemps sont plus fréquentes, et par conséquent leurs dommages sont plus à craindre dans le Midi.

Comme la vigne commence à entrer en végétation dès le milieu de mars, dans les années à hiver sec, ses bourgeons sont assez développés pour être gelés dès la fin du même mois. Si je consulte mes notes à partir de 1848, je trouve que les principales gelées qui ont détruit les jeunes bourgeons se sont produites ainsi qu'il suit :

ANNÉES	DÉGATS	DATE DE LA GELÉE	NATURE DE LA GELÉE
1849	Beaucoup de mal.	26 et 27 mars.	Gelée à glace.
1852	Assez de mal....	21 et 22 avril.	Id.
1856	Beaucoup de mal.	6 mai......	Gelée blanche.
1859	Assez de mal...	2 et 18 avril.	Id.
1862	Peu de mal.....	4 mai......	Id.

Si on ne considère que les quinze dernières années (1848 à 1862), on trouvera qu'il y en a eu cinq signalées par les gelées tardives, soit, en moyenne, une sur trois; l'intensité du mal a été deux fois très-grande, deux fois assez forte, et une seule fois de peu d'importance. Comme on le voit pour certains printemps, en 1859 par exemple, les gelées tardives frappent à plusieurs reprises, à la fin de mars d'abord, et ensuite à la fin d'avril.

Dans une période de plus de trente années, les gelées les plus tardives ne se sont pas produites après le 6 mai. Cependant j'ai entendu de vieux praticiens affirmer avoir vu des vignes atteintes de gelée blanche le 19 mai. Cette époque serait une extrême limite.

La gelée de printemps peut se produire sous deux formes différentes : la gelée à glace, qu'on observe lorsque le thermomètre descend au-dessous de zéro; dans ce cas, on donne à la gelée le nom de gelée noire;

Et la gelée blanche, qui se produit, de 0° à + 2°, du thermomètre, par la congélation des gouttelettes de rosée.

Les premières ont lieu habituellement en mars, rarement en avril, presque jamais en mai. Quand le temps et le sol ne sont pas humides, et que le soleil ne vient pas faire dégeler rapidement les bourgeons, ils résistent fort bien à un abaissement de température au-dessous de zéro; au contraire, si le dégel est rapide et qu'il s'opère

(1) *Bulletin de la Société d'agriculture de l'Hérault*, année 1830, p. 69. Observations du chevalier de Roquefeuil sur les effets des dernières gelées.

(2) D'après le comte Odart, dans le Jura, sur les bords du Rhin; à Tokay, en Hongrie, on enterre la vigne pour la préserver de la gelée, et retarder son développement.

sous l'influence de l'humidité, les rameaux périssent à peine formés, les yeux sont frappés même sous le duvet qui les protége, et il en résulte une répercussion de la séve; c'est ce qui arriva, notamment en 1849, année où les retours de séve furent si nombreux.

Les conséquences de la répercussion de la séve après les fortes gelées, en mars et en avril, sont toujours très-fâcheuses; non-seulement les yeux tués sous le duvet ne poussent plus, mais il arrive souvent que le courson lui-même périt, et entraîne aussi la perte du bras qui le porte : la récolte est alors perdue pour plusieurs années.

Ces répercussions de séve occasionnent aussi sur les vieux bois des souches, aux bifurcations des branches, et près du courson, le développement de broussins d'apparence spongieuse quoique leur consistance soit dure (*fig.* 1006); ils sont

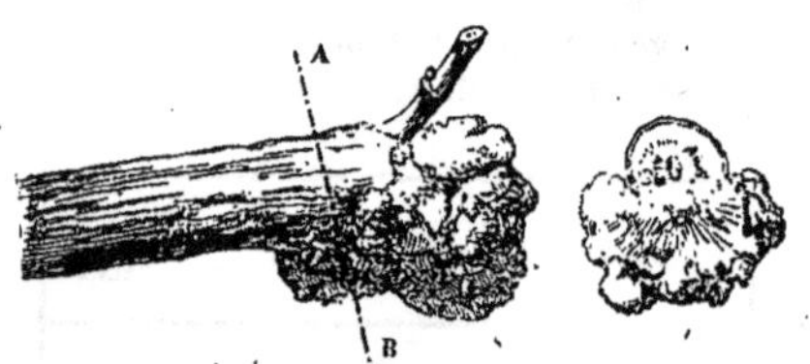

Fig. 1006. — Broussins occasionnés par retours de sève sur le Brun-Fourca.

dus à des accumulations de séve qui, ne pouvant s'organiser dans les yeux détruits, forme une excroissance, d'abord demi-ligneuse ou verdâtre, et ensuite tout à fait ligneuse. Ils défigurent les ceps; comme ils pénètrent dans le bois, il convient ou de les enlever, ou d'amputer les membrures sur lesquelles ils se trouvent.

La gelée blanche se produit en mars, en avril, et surtout en mai. C'est la plus dangereuse, parce qu'elle est plus fréquente que l'autre. On sait qu'elle ne se produit que par un temps calme et un ciel serein. Elle est due au refroidissement que subissent, dans ces conditions, les corps peu conducteurs de la chaleur, lorsqu'ils rayonnent vers les espaces célestes; leur température s'abaisse au-dessous de l'air ambiant, ils en condensent l'humidité sous forme de gouttelettes; celles-ci, se refroidissant à leur tour, se congèlent autour d'eux sous forme de petits cristaux. Si l'air est agité par le vent; si le ciel n'est pas serein, la gelée blanche ne se produit pas. Lorsqu'elle a lieu sans être suivie de temps calme et de soleil dès le matin, le dégel s'opère lentement et sans dégâts, mais si le cas contraire se présente, les rameaux périssent. On les voit noircir en peu d'heures, s'altérer profondément, et se dessécher de manière à se réduire en poussière au moindre contact. Aussi dit-on qu'ils ont été grillés ou cuits par la gelée et le soleil. Ils ont en effet subi une désorganisation particulière. Quand on interpose un obstacle entre le soleil et le rameau gelé blanc, le dégel se produit, le plus souvent, sans accident, surtout si le sol est sec; dans le même cas, si la gelée a été à glace, le rameau est beaucoup moins préservé, surtout si le sol est humide. Ainsi le dégel lent est un moyen de diminuer les ravages de la gelée, mais il réussit moins dans le cas des abaissements de température au-dessous de zéro.

En résumé, la désorganisation produite sur les jeunes rameaux à tissu lâche, tendre et gorgé de sucs, par les gelées, ne paraît point provenir, comme Dupetit-Thouars et Dunal l'ont observé, d'une destruction des tissus causée par la dilatation des liquides qu'ils renferment, mais de la brusque transition de température qu'ils subissent, lorsque, tout couverts encore de légers cristaux de glace, ils sont frappés par les rayons solaires.

Aux faits observés sur les phénomènes qui accompagnent les effets de la gelée sur les végétaux à tissus tendres, comme la vigne, j'ajouterai le suivant, c'est que lorsqu'elles sont couvertes de gelée blanche, les pousses de ces végétaux sont dans un état d'équilibre qu'il est fort dangereux de rompre. Ainsi un rameau blanchi par la gelée et ensuite garanti par un abri, noircit si on le touche avec la main, avec une étoffe, une baguette; sur les tiges de luzerne, on obtient le même effet; il se produit aussi sur le mûrier. Le simple contact suffit pour désorganiser ces jeunes tissus comme la brusque transition du gel au dégel.

Les gelées tardives se produisent lorsque, après une série de jours chauds, le vent tourne brusquement à l'est ou au nord-est, et qu'il est accompagné de pluie. La température est alors tout à coup refroidie, le cercle de montagnes qui enserre la région du côté du nord se couvre de neige, et un vent froid et violent succède à la douce chaleur du printemps. Si le vent tombe la nuit et que le ciel reste serein, le lendemain la gelée est certaine. On peut donc la prévoir un ou plusieurs jours à l'avance, et se mettre en mesure de la combattre, si l'on croit courir des risques. D'après un dicton populaire, certains jours sont plus particulièrement signalés pour les gelées blanches, ce sont en avril et en mai ceux qui sont désignés dans le calendrier sous le nom de *Cavaliers*.

Saint Georges le 23 avril.
Saint Marc le 25 avril.
Sainte Croix le 4 mai.
Saint Jean Porte-Latine le 6 mai.

Quelle que soit la confiance qu'on veuille accorder à la mauvaise influence des *Cavaliers*, on ne peut se refuser à reconnaître que le temps, à l'époque où ils arrivent, est ordinairement très-variable dans le Midi, et sujet soit à des rafales de vent violentes, soit à de brusques variations de température, et on peut en tenir compte, en ce qui concerne les chances de gelée.

L'intervention ou la présence de l'humidité aggrave les ravages des gelées tardives. Ainsi les bas-fonds et les terrains voisins des cours d'eau y sont généralement très-sujets, les autres en souffrent beaucoup moins (1).

(1) M. Martins a fait voir que, sur les hauteurs, la température est un peu plus élevée que dans les bas-fonds. Or, comme il suffit parfois d'une différence de 1 degré pour que les effets de la gelée ne puissent se manifester, les coteaux sont épargnés par le seul fait d'un refroidissement moindre. Sur les hauteurs, l'air est aussi plus agité, et comme la gelée blanche n'a lieu que par le temps calme, cette condition se rencontre plus fréquemment dans les bas fonds que partout ailleurs.

Lorsque le sol d'une vigne est couvert d'herbes qui retiennent la fraîcheur des rosées, il est plus atteint que s'il n'en existait pas. Lorsque la terre a été remuée depuis peu et que sa surface encore humide offre au rayonnement nocturne une couche poreuse et peu conductrice, favorable au dépôt de la rosée, le mal est plus grand que si le sol est resté tassé et sans culture. Il en résulte que le dommage causé par une gelée blanche peut être aggravé ou évité selon l'état du sol.

Le cultivateur n'est pas maître de produire à son gré la pluie qui mouille la terre, mais il peut la drainer pour la dessécher plus vite ; il peut la cultiver en hiver pour y faire périr les herbes abondantes, qui transforment en vraies prairies certaines vignes dans les mois d'avril et de mai ; il peut éviter les labours d'avril et des premiers jours de mai, si funestes lorsque les gelées se manifestent (1). Il peut enfin éviter de planter les bas-fonds trop sujets aux brouillards et aux grandes humidités.

Fig. 1007. — *a*, portion cultivée et ravagée. — *b*, portion sans culture dont le sol est battu, non ravagée.

De simples précautions peuvent donc suffire pour atténuer considérablement les conséquences des gelées blanches, si l'on ne peut les empêcher entièrement.

Mais on a été plus loin et on a cherché à éviter leurs ravages au moyen d'abris placés au-dessus des ceps, de manière à empêcher le rayonnement nocturne des rameaux et le contact des rayons du soleil levant.

Chacun connaît les moyens ingénieux proposés dans ce but, par M. le docteur Jules Guyot. Pour les appliquer, les vignes doivent être échalassées, palissées, et garnies sur chaque ligne de paillassons ou nattes, qu'on manœuvre pour protéger les ceps aux époques critiques. Mais pour que les moyens de préservation par le paillassonnage soient praticables, M. Guyot déclare que le vin des vignes à préserver doit avoir une valeur de 30 francs l'hectolitre ; quant à leur produit moyen, il doit se maintenir à 50 hectolitres par hectare.

Il est à regretter que ces conditions ne soient point applicables à la région méridionale dont les vignes ne sont ni palissées, ni échalassées, dont la plupart des vins sont d'un prix fort inférieur à 30 francs, et dont la fertilité moyenne n'atteint 50 hectolitres par hectare que sur une portion relativement faible des surfaces qu'elles occupent.

A défaut d'un paillassonnage régulier dont le prix est trop élevé, on a proposé d'autres abris tels que des rameaux de pins, des fagots de sarments, etc. placés au levant de manière à ombrager les rameaux. Mais ces expédients ne sont point pratiques et ont été abandonnés.

M. Gaudion, propriétaire de Conas, près Pézénas, a proposé des abris faits en canne de roseau. Ce sont de petites claies carrées qui ont 50 centimètres de côté. On en place deux contre chaque souche en les appuyant l'une contre l'autre en forme de tente, et on les maintient fortement par leur base en ramenant sur elles la terre à une certaine hauteur (*fig.* 1008). Les claies sont placées sur les souches le 15 mars et y restent jusqu'au 15 mai. Elles coûtent 5 centimes chacune et durent 10 ans. Il faudrait donc pour construire ces abris, un capital de 450 francs par hectare, lequel serait perdu en 10 ans, soit 45 francs de dépense par hectare et par an, outre l'intérêt du capital avancé, et la main-d'œuvre pour placer et déplacer les claies.

Quand les souches deviennent plus fortes avec l'âge et que leurs bras s'allongent, les abris de M. Gaudion ne sont plus suffisants ; alors il taille en faisant disparaître tous les bras, et il ne conserve que les sarments venus sur le haut du tronc. Il laisse sur le moignon ainsi formé, 8 à 10 coursons. C'est la taille en tête de chat usitée sur les bords du lac de Genève.

Fig. 1008. — Souche jeune abritée par les claies de M. Gaudion.

Il suffit de l'exposé de cette méthode pour faire voir à quelles conséquences elle conduit. Il nous paraît évident qu'il vaut encore mieux courir les chances de la gelée blanche, une année sur trois.

Un autre moyen plus pratique de préservation, est celui qui consiste à interposer entre les terres à protéger et les rayons du soleil levant, un nuage d'épaisse fumée. On produit ainsi un écran qui amortit les effets des rayons solaires, et empêche le prompt dégel, si fatal aux pousses tendres. La fumée provient de tas d'herbes et de paille mouillée, mêlés de fumier, qu'on dispose le long des vignes dans la direction du levant ; on les allume au point du jour lorsqu'on suppose qu'ils seront nécessaires. On a soin de les renouveler ensuite afin de les conserver en permanence tant que dure le danger. Les auteurs les plus dignes de foi (MM. Boussingault, de Gasparin, etc.) parlent avec confiance de ce moyen. Nous ne l'avons jamais vu employer. En admettant qu'il soit bon, ce qui doit être, un de ses inconvénients est la surveillance incessante qu'il exige, et son inutilité dans les années où il ne gèle pas.

Autant que possible, il faudrait trouver un moyen dont l'application ne serait point faite en pure perte, et qui, dans tous les cas, profitât à la vigne quand les gelées feraient défaut.

Les cultivateurs se dégoûtent des travaux qui ne leur sont d'aucun profit immédiat.

Jusqu'à présent les moyens de se garantir des effets des gelées tardives autres que ceux tirés du cépage, de l'époque de la taille, de l'état du sol,

(1) Lorsque la gelée frappe les vignes piochées à la main et plantées en carré, au moment du travail on trouve souvent les souches, les ceps épargnés juste au point où cesse le labour, de sorte que le fléau est juste confiné par les échelons formés dans la vigne par la disposition des travailleurs entre les rangées de souches (*fig.* 1007).

ont peu réussi; ces derniers ne sont point infaillibles, mais ils atténuent cependant le mal, quand ils sont bien appliqués.

Le choix du cépage est un point délicat; si les espèces tardives à la pousse, comme les Terrets et les Carignanes, échappent aux premières gelées, en revanche elles souffrent beaucoup plus aux dernières, parce qu'à cette époque elles ont toujours poussé, que leurs yeux de secours ne sont pas fructifères et qu'elles sont très-sujettes aux retours de séve. Les variétés précoces, comme l'Aramon, peuvent être frappées deux fois, d'abord par les gelées de mars, et ensuite par celles d'avril et de mai; alors leur produit est très-faible, mais quand elles n'ont à supporter qu'une seule gelée, si les rameaux détruits sont peu avancés, ceux de secours présentent encore assez de fruits pour donner une demi-récolte.

L'expérience et les usages de la contrée où on plante décideront du meilleur cépage à choisir. Quant à la taille, nous ne ferons que rappeler ce que nous avons déjà dit. Si l'on peut une fois, sans inconvénient, tailler tardivement une vigne encore jeune, on finit cependant par la ruiner assez vite si l'on continue; la vigne vieille s'épuise en peu de temps. Le meilleur parti à prendre est de laisser par souche un ou deux coursons de quatre yeux, et de courir la chance de la gelée pour les autres. On a soin chaque année d'enlever entièrement à la taille les longs coursons, et on y renonce aussitôt qu'on reconnaît qu'ils fatiguent les ceps.

Dans tous les cas, on tiendra hautes de tronc les souches des terres sujettes aux gelées; elles seront ainsi moins endommagées. On ne perdra pas de vue que les vignes jeunes dont les rameaux sont plus gorgés de sucs que ceux des vignes vieilles, sont plus facilement ravagées que ces dernières.

Le sol, s'il est mouilleux, doit être drainé profondément ou superficiellement, si le drainage profond n'est point praticable. On le cultivera seulement aux époques où les gelées ne seront plus à craindre, on le tiendra net d'herbes. Les déchaussements à large ouverture, pratiqués en hiver, mettent le sol dans un état des plus favorables pour diminuer les dégâts de la gelée.

En résumé, tous les moyens propres à éloigner de la vigne l'humidité si nuisible aux tissus tendres des rameaux, peuvent être employés avec succès à l'époque des gelées.

De la coulure. — La coulure est le nom qu'on donne à la perte que la vigne éprouve de ses fruits, soit à la suite d'accidents météorologiques, depuis le moment où elle approche de l'époque de la floraison, jusqu'à celui où ses fruits sont formés (10 mai-24 juin); soit à la suite de dégénérescences dont le résultat est l'avortement systématique de ses fleurs.

C'est un des fléaux les plus désastreux parmi ceux qui ravagent les vignes; celles du Midi n'en sont point exemptes. On peut le mettre au même rang que les gelées tardives pour les pertes qu'il occasionne, et avec d'autant plus de raison qu'il est dû fréquemment aux mêmes causes principales, qui sont l'altération du tissu tendre des parties vertes de la vigne par les brusques variations de température accompagnées d'humidité.

La coulure ne se produit pas toujours avec les mêmes apparences et dans les mêmes conditions; aussi agit-elle d'une manière très-variable, selon le temps et les localités.

Les causes desquelles elle dépend sont aussi fort différentes et souvent complexes, et elles n'ont point encore été suffisamment distinguées et signalées. Parmi elles il y en a qui sont variables, ce sont celles qui dépendent de la météorologie de l'année et de la culture.

D'autres sont permanentes, elles tiennent à la nature du sol, à la propension plus ou moins grande de certains cépages à couler, et à la dégénérescence spontanée et définitive de certains d'entre eux. Nous allons les examiner successivement.

L'influence du temps est la principale cause de la coulure. On l'observe surtout dans les années humides, chaudes, chargées de brouillards, lorsque la température est très-variable, et que les rosées sont abondantes. Les pluies continuelles, le défaut de chaleur en été, sont aussi des causes de coulure.

La coulure prend diverses formes selon les cépages. La plus redoutable, dans le Midi, est celle qu'on désigne sous le nom de *Charbon ou Brûlure*; MM. Dunal et Esprit Fabre l'ont désignée sous le nom d'*anthracnose* (maladie noire). Nous croyons devoir lui conserver son ancien nom de *charbon de la vigne*, parce qu'il désigne clairement l'état particulier de brûlure et de désorganisation dont les jeunes rameaux sont atteints.

Description du charbon de la vigne. — On observe surtout le charbon de la vigne en mai et en juin; il est parfois moins intense en juin, parce que les jeunes pousses sont plus fortes et moins délicates.

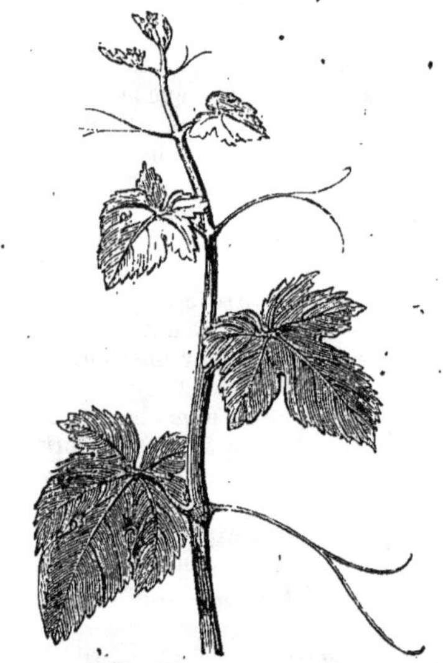

Fig. 1009. — Rameau sain.

Il se produit surtout à la suite *de temps humide prolongé*, lorsque le temps chaud et lourd est au brouillard, après d'abondantes rosées, et quand, à travers le ciel ainsi chargé, dardent des coups de soleil ardent.

Lorsque la végétation n'a pas été d'abord sous l'influence d'humidités prolongées, les alternatives de chaleurs et de brouillards sont bien moins funestes à la vigne, et la coulure par le charbon est moindre.

Fig. 1010. — Rameau charbonné.

Fig. 1011. — Rameau avec raisin charbonné au moment de la floraison. — *e*. Raisin sain.

Les jeunes tiges charbonnées sont couvertes de blessures plus ou moins profondes, de formes irrégulières, affectant généralement la direction des fibres (*fig.* 1010).

Ces blessures laissent souvent apercevoir dans leur profondeur les fibres elles-mêmes en voie de formation, et forment sur leurs bords un cercle noir. Parfois elles sont tellement rapprochées qu'elles couvrent le sarment et les pédoncules tout entiers. Elles sont alors confluentes, mais on voit que l'altération résulte d'une série de plaies distinctes, comme le seraient une suite de piqûres profondes faites dans le sens des fibres de la tige.

Les taches noires sont parfois petites et couvrent le sarment d'une sorte de ponctuation. On les observe presque toujours dans la position qu'occuperaient une série de gouttelettes déposées sur la face supérieure du sarment quand il est placé horizontalement, ou dans une position inclinée. Cette disposition rappelle invinciblement celle des globules de rosée ou de brouillard déposés sur des tiges inclinées, et dans les espèces de gouttières formées par les fibres des tissus. Elles indiquent l'origine des blessures qui accompagnent le charbon.

Sur les feuilles, cette disposition est aussi la même.

Tous les tissus ainsi altérés sur les rameaux, les feuilles, les vrilles, les grappes, les pédoncules, etc. sont frappés de mort, et les parties sur lesquelles ils se trouvent sont bientôt réduites à un état de rabougrissement excessif. Les feuilles sont frappées par le charbon comme les tiges, les pédoncules, les rachis et les pédicelles. On les voit se déformer en se contractant, et se recoquiller les revers en dedans, couvertes de taches noires, inégales, bordées quelquefois d'une teinte jaune. Les mêmes altérations se font remarquer sur la queue des feuilles et des raisins, mais, dans le dernier cas, comme cette partie herbacée du fruit est encore plus délicate que le jeune sarment, elle est toujours mortellement atteinte; tout ce qui se trouve au-dessous de la blessure finit par tomber et se dessécher. La plupart des raisins atteints périssent ainsi, soit avant soit après la floraison; il n'en reste parfois que des débris, ou seulement la queue, qui plus tard tombe à son tour sans laisser de traces. Quand les fruits sont

Fig. 1012. — Feuilles charbonnées.

déjà noués et assez gros, les grains se tachent de plaques noires qui durcissent et en empêchent le développement (*fig.* 1013) (1).

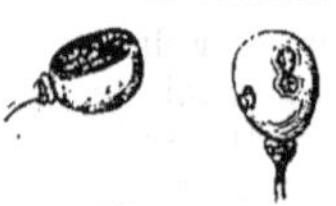

Fig. 1013.

Les excoriations produites par les blessures sont tantôt larges et profondes (*fig.* 1014 et 1015), tantôt petites et superficielles en forme de ponctuation (*fig.* 1016). Les premières pénètrent parfois jusqu'à la moelle du jeune sarment, et alors elles le font périr; les autres ne paraissent pas sérieusement

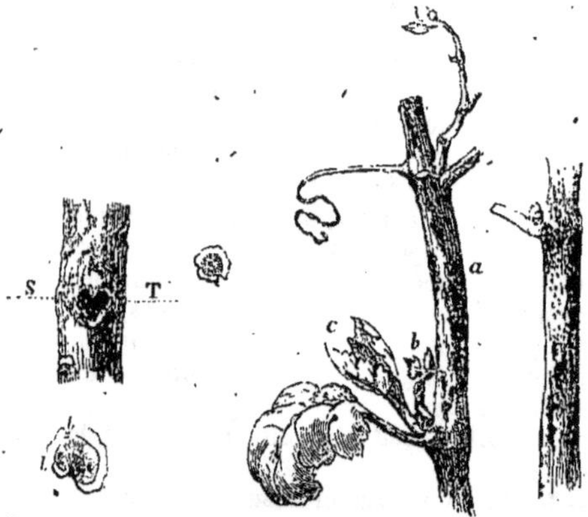

Fig. 1014. — Blessures profondes occasionnés par le charbon.

Fig. 1015. — *a*, Rameau charbonné. — *b*, Rameau qui a poussé après et qui a été charbonné. -- *c*, Rameau qui pousse.

Fig. 1016. — Mérithal'e sur lequel sont figurées les petites pustules.

altérer le sarment. Il est facile d'observer des altérations à tous les degrés d'intensité, selon la désorganisation plus ou moins profonde qu'ont subie les tissus.

Les rameaux les plus fortement atteints, surtout quand ils sont jeunes, finissent par périr en entier; ils disparaissent dans le cours de la saison, un mois, deux mois, trois mois après l'accident, nécrosés et rabougris.

Le charbon atteint les vignes tout d'un coup et le mal se fait tout à la fois. Quand il est très-récent, on aperçoit d'abord les blessures sous forme de taches brunes et d'excoriations qui semblent au premier aspect provenir de morsures d'insectes. Mais on n'en aperçoit aucun, et les blessures sont en nombre infini; d'ailleurs elles se développent très-vite tout autrement que lorsqu'elles proviennent d'une action mécanique, et on ne les observe que lorsque les conditions météorologiques décrites plus haut viennent de se produire. Le charbon peut frapper les vignes à plusieurs reprises dans le cours de la saison; ce cas est même le plus fréquent. On voit alors les rameaux altérés repousser par les yeux placés dans l'aisselle des feuilles au-dessous des endroits les moins atteints. Chaque fois que le brouillard ou la rosée et le soleil se sont succédé brusquement, les altérations se renouvellent et pourraient être régulièrement comptées. En 1856 et en 1859, j'ai très-nettement pu distinguer les altérations successives ainsi produites. Au bout de quelques heures, les tissus désorganisés noircissent davantage; ils sont contractés par places, qui plus tard forment des excoriations et des taches noires plus ou moins profondes.

Quand on examine ces altérations sous le microscope et qu'elles sont assez récentes, on voit les tissus entièrement désorganisés et remplis de matière noire, au lieu de chlorophylle. Cette matière est liquide, âcre, résineuse et à réaction acide. Il y a eu une désorganisation partielle comme celle qui proviendrait d'un commencement de coction.

Quand les tissus des rameaux, déjà longs, ont

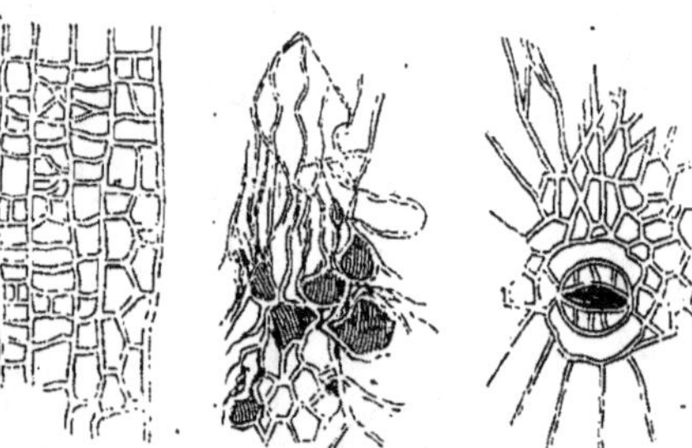

Fig. 1017. — Tissu sain du rameau.

Fig. 1018. — Tissu altéré du rameau.

Fig. 1019 — Stomate.

été partiellement désorganisés, sur leur extrémité seulement, par une gelée blanche très-tardive, comme celle du 6 mai 1856, ils sont dans un état dont l'analogie avec les bourgeons charbonnés est trop frappante pour ne pas être signalée. Il est bien évident que la même cause, mais en s'exerçant à des degrés différents, a produit les deux résultats, et cette cause est, comme on l'a vu, la brusque variation de la température accompagnée d'humidité. Quand cette dernière affecte l'état globulaire à la suite de brouillards ou d'abondantes rosées, son intervention est encore plus nuisible que lorsqu'elle n'a d'autre origine que la pluie.

Les circonstances atmosphériques qui déterminent l'altération profonde des jeunes rameaux dans les vignes sont aussi celles qui produisent la rouille des blés, qui couvrent les feuilles de mûriers de taches jaunes, certains arbres à fruits, et notamment les poiriers, de taches noires et opaques sur leurs feuilles et leurs fruits. Dans chacun de ces cas on trouve des cryptogames dans les parties altérées des végétaux attaqués. La vigne ne fait pas exception.

En examinant, à la fin de l'été, les sarments altérés au mois de juin par le charbon, MM. Dunal et E. Fabre trouvèrent dans les excoriations un petit champignon analogue à un Hypoxylé ou *Pyrenomycetes* qui se rapporterait à l'ancien genre *Xyloma*. Il est très-petit, conique, vient sous l'épiderme, et finit par montrer au dehors sa substance noire. Ce cryptogame existe en effet, mais il ne se développe que plus tard, quelques jours après, dans les altérations du sarment, et il n'en est pas la première cause.

D'après M. Dupuis, lorsque les pluies sont pro-

(1) On désigne dans le Nord ces grains de raisins sous le nom de grains *taconnés*.

longée pendant la floraison, et que le temps reste constamment couvert, si la température ne s'abaisse pas au-dessous de 10°, il n'y a pas de coulure. Bien qu'un pareil concours de circonstances soit fort rare dans le Midi, à cause de la sérénité du ciel dans les intervalles de pluies, l'observation de M. Dupuis, rapportée par le comte Odart dans son *Manuel du vigneron*, nous paraît fondée.

Le charbon de la vigne sévissait à l'époque de l'antiquité grecque et romaine comme de nos jours. Théophraste, écrivain grec regardé comme le père de la Botanique, et qui vivait trois siècles avant Jésus-Christ, le désigne sous le nom technique de κράμβος (1).

Influence du cépage. — Certains cépages présentent une propension particulière au charbon et à la coulure qui en résulte, tandis que d'autres en sont exempts.

Dans la région méridionale, celui qui en souffre le plus est la *Carignane*. Elle en éprouve parfois dans les sols humides et profonds où elle est le plus ordinairement maltraitée, de tels dommages qu'elle en est défigurée ; la plupart de ses fruits et de ses rameaux sont atrophiés. Ces derniers repoussent à nouveau, mais la souche s'en ressent, et perd quelquefois des coursons et des parties de sa membrure.

La Clairette est aussi très-gravement atteinte par le charbon ; les blessures pénètrent son bois plus profondément encore que celui de la Carignane, l'éclatent, font périr les coursons et les bras, et deviennent l'origine d'une maladie grave qui, dans les sols humides, amène peu à peu son dépérissement.

Les gros Muscats d'Espagne, le Rosaki, sont aussi très-sujets à être charbonnés.

Les Grenaches, l'Aramon, les Muscats ordinaires sont aussi atteints par le charbon et la coulure qui en résulte, mais à des degrés moindres.

D'autres cépages, tels que les Piquepouls, les Terrets noirs, les Œillades, etc., sont sujets à la coulure, mais elle ne se manifeste sur eux que très-rarement par le *charbon*. Les tissus du sarment restent sains, tandis que les grappes s'éclaircissent peu à peu, mais sans taches noires. Les grains avortent, disparaissent ou restent petits comme de grosses têtes d'épingles ; à peine en reste-t-il çà et là quelques-uns qui grossissent. Il arrive aussi que nombre de grappes entières se dessèchent et tombent sans laisser de traces ; ce dernier accident est fréquent chez le Piquepoul.

Ces phénomènes se manifestent soit à la suite des conditions de température qui provoquent le charbon, soit après des froids prolongés et des pluies continuelles qui contrarient la fécondation des fleurs, et favorisent la végétation du sarment, tout en affaiblissant les organes de la génération. C'est ainsi que les vignes qui s'emportent en bois laissent couler leurs raisins, et qu'on voit ceux-ci filer en vrilles lorsque l'humidité de la saison favorise trop constamment la végétation des ceps. Ce dernier accident est fréquent dans les climats frais, mais on l'observe plus rarement dans la région.

Si je consulte mes notes depuis l'année 1848, je trouve en quinze années huit coulures avec *charbon* ou *anthracnose*. Cinq ont causé de graves dommages, ce sont celles de 1849, 1853, 1854, 1856 et 1859 ; trois ont fait moins de mal et n'ont point empêché les récoltes d'être bonnes ou assez bonnes, ce sont celles de 1848, 1852, 1860. Comme on le voit, on peut observer fréquemment le charbon ou la coulure, mais ses ravages sérieux ne se sont produits, en moyenne, qu'une année sur trois. Il est à remarquer que 1849, 1856, 1859 ont été signalées à la fois par les gelées tardives et la coulure. Leurs ravages furent à peu près égaux et détruisirent les deux tiers de la récolte.

Influence de la culture. — La culture influe sur la coulure et sur le charbon. On a remarqué depuis longtemps que les vignes mal cultivées lui résistent beaucoup moins que celles qui sont bien tenues. La présence d'un grand nombre d'herbes parasites aggrave la coulure ; il en est de même d'un labour donné mal à propos, un peu avant l'apparition de rosées ou de brouillards suivis de coups de soleil (2). Le développement de l'humidité, qui est la conséquence de ces deux états du sol, augmente l'étendue du mal comme dans le cas de la gelée blanche.

Influence du sol. — Les sols argileux et imperméables qui retiennent l'eau avec une grande énergie, ceux dont le sous-sol est mouilleux, les terrains frais, sont plus exposés que les autres au charbon et à tous les genres de coulure.

Coulure par la dégénérescence de certains cépages. — *Ceps avalidouïres et coulards.* — Les phénomènes ordinaires qui produisent la coulure sont indépendants des dispositions particulières de certains sujets dont la constitution s'est spontanément modifiée, et que j'ai déjà signalés sous le nom d'*avalidouïres* en parlant des Terrets et des Clairettes. Les sujets dont il est question se couvrent de fleurs qui avortent toujours, et bientôt après leurs grappes, qui se sont desséchées à leur insertion sur le sarment, dispa-

(1) Voici comment s'exprime Théophraste : « Ταῦτα μὲν οὖν τῶν δένδρων αὐτῶν ἐστι νοσήματα καὶ πάθη. Τὰ δὲ τῶν καρπῶν εἶεν τῶν μὲν βοτρύων ὁ καλούμενος κράμβος. Τοῦτο δὲ ὅμοιον τῇ ἐρυσίβῃ. Γίνεται γὰρ ὅταν, ὑπούσης ὑγρότητος μετὰ τὰς ψεκάδας, ἐπικαύσῃ σφοδρότερον ὁ ἥλιος. Ὅπερ συμβαίνει καὶ ἐπὶ τῶν οἰναρῶν. » (*De causis plant.*, lib. V, cap. XIII, p. 336 ; edente Heusio, *Lugduni Batavorum*, 1613.) Traduction d'après le docteur C. Montagne : « Tels sont les accidents et les maladies auxquels sont sujets les arbres ; ceux « des fruits et en particulier du Raisin consistent dans le *grésil-* « *lement* (appelé en grec κράμβος), affection assez semblable à « la rouille : cela a lieu par des temps humides, lorsqu'à la « suite d'une rosée abondante, le soleil darde avec force ses « rayons. Il produit le même effet sur les pampres. » Les cultivateurs du Midi, qui vivent sur les bords de la Méditerranée, sous le même climat que l'auteur grec, reconnaîtront facilement dans ce passage de Théophraste les circonstances dans lesquelles se produit le charbon de la vigne, et sa désignation (τοῦτο δὲ ὅμοιον τῇ ἐρυσίβῃ, cela est semblable à la rouille). La rouille se dépose par places, et ronge les parties attaquées. J'ajouterai que le Rosaki, cépage grec de l'Asie Mineure, est des plus sujets au charbon. Cet accident maltraite tellement les variétés qui y sont sujettes, qu'il a dû être remarqué par les observateurs partout où il se produit.

(2) J'ai vu plusieurs fois certaines vignes maltraitées après de pareils labours en 1856 et en 1859.

raissent entièrement. On les rencontre principalement dans les vignes de Terrets et de Clairettes, tantôt isolés, tantôt par groupes de deux, trois, quatre souches. J'en ai trouvé aussi parmi des Brunfourcas, des Grenaches, des Maccabéos et des Morrastels, rabougris par un sol mouilleux qui ne leur convient pas, mais ce cas est beaucoup plus rare.

Les ceps *avalidouïres* présentent d'ailleurs, dans leur mode de floraison, une particularité très-remarquable qui n'a point encore été signalée. Leurs fleurs s'ouvrent entièrement sur la grappe sans que la corolle s'en détache. Ainsi les cinq pétales dont elle est composée restent attachés

Fig. 1020. — Fleur anormale épanouie.

Fig. 1021. — Fleur anormale s'ouvrant.

Fig 1022. — Fleur anormale après la floraison avec les restes de la fleur à la base du grain.

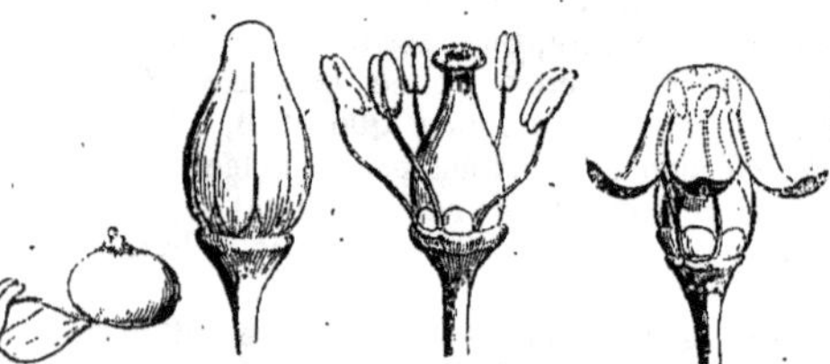

Fig. 1023. — Fleur anormale de Terret à la fin de la floraison.

Fig. 1024. — Fleur normale de Terret encore fermée.

Fig. 1025. — Fleur normale de Terret ouverte.

Fig. 1026. — Fleur normale de Terret s'ouvrant.

à la base de l'ovaire après s'être complétement épanouis. Le pistil et les étamines sont d'ailleurs normalement constitués.

Dans le mode de floraison ordinaire de la vigne, les pétales de la corolle se détachent par en bas, restent réunis par leur sommet et forment un petit capuchon à cinq découpures qui tombe poussé par l'épanouissement du pistil et des étamines. Il en résulte que l'aspect des deux fleurs, les unes avalidouïres, les autres fertiles, est très-différent.

Les avalidouïres paraissent plus vertes, plus épaisses que les autres et comme doubles. On les distingue facilement de loin pour peu qu'on en ait l'habitude. Les fleurs avalidouïres présentent la singulière particularité de ne posséder qu'une odeur très-faible et quelquefois nulle. Chez les Clairettes et les Terrets noirs, les ceps ainsi dégénérés sont pleins de vigueur et de santé. Leurs sarments et leurs provins reproduisent des ceps infertiles comme eux, et je n'en connais pas encore qu'un traitement quelconque ait guéris de ce défaut de fructification. Chez les Maccabéos et les Morrastels au contraire, je n'ai trouvé *avalidouïres* que de rares ceps sans vigueur, rabougris par une humidité surabondante, ce qui indique probablement la cause première de cette singulière altération. Elle se produit d'ailleurs spontanément, sans cause apparente (1), dans les vignes les plus fortes et les mieux cultivées. C'est un des cas de dégénérescence les plus curieux à observer ; il est d'autant plus intéressant qu'il présente, comme on le voit, un mode de floraison de la vigne tout particulier (2).

On trouve aussi sur les Terrets, les Clairettes, les Piquepouls, les Brunfourcas, etc., des raisins dont tous les grains coulent à l'exception de deux ou trois, qui deviennent gros, tandis que les autres avortent ou restent toujours verts et très-petits. On les désigne sous le nom de *coulards*. Ils fleurissent comme les vignes ordinaires, sans que leur inflorescence soit modifiée. Ce sont les terrains mouilleux qui présentent le plus souvent des *coulards*, quoiqu'on les rencontre aussi dans les autres. On a soin de les greffer comme les avalidouïres, car ils ne redeviennent pas fertiles.

Ces coulards ont de l'analogie avec les ceps des mêmes variétés, maltraités par la coulure pendant les années humides, mais ils en diffèrent en ce qu'ils restent définitivement dans leur état de fructification anormale, tandis que chez les autres, il dépend de l'année et n'est que passager. Comme on le voit, c'est un état intermédiaire entre le cep fertile et celui qui est devenu avalidouïre, mais la transformation ne se continue pas, et le coulard ne devient pas avalidouïre. On ne rencontre point sur les mêmes souches des raisins normaux et des avalidouïres ou des coulards ; chacun d'eux se trouve toujours séparément sur une souche qui est entièrement normale, ou avalidouïre, ou coulard.

Moyens de combattre la coulure. — L'analogie qui existe entre les causes de la coulure et de la gelée blanche conduit à employer aussi des moyens analogues pour préserver les vignes de ses ravages. Les abris dans le genre de ceux que M. le docteur Guyot a imaginés sont de nature à atténuer la coulure, s'ils sont placés de manière à garantir les ceps des coups de soleil après les rosées et les brouillards. On a vu qu'ils ne sont pas applicables aux vignobles de la région, mais ils pourraient être employés dans les jardins sur les ceps cultivés en cordons.

On aura soin de suspendre les cultures, si on le peut, aux époques où la coulure sévit, lorsque le temps sera lourd, chaud et humide, sinon partout, au moins dans les sols argileux et consistants qui y sont plus exposés que les autres.

(1) Le recepage n'a pas d'influence sur elle quoiqu'on le considère comme une cause puissante de dégénérescence. J'ai fait receper plus de deux mille très-vieux Terrets noirs fertiles, sans en retrouver un seul *avalidouïre* ou *coulard* quand ils ont repoussé.

(2) La figure 1026 de la fleur normale du Terret s'entr'ouvrant, peut servir à figurer aussi celle des autres espèces de vignes dont la floraison est normale. On voit que la fécondation du grain de raisin s'opère à couvert et à l'abri de l'espèce de pavillon formé au-dessus du pistil et des étamines par l'épanouissement inverse de la corolle. Cette circonstance si remarquable fait défaut dans la floraison des ceps *avalidouïres*.

Un des moyens les plus efficaces de combattre la coulure est de pincer l'extrémité des rameaux à fruits. J'ai plusieurs fois réussi de cette manière, non à l'empêcher, mais à en diminuer les ravages. Malheureusement les pincements ont sur un grand nombre de vignes une influence fâcheuse, dont j'ai parlé plus haut.

Mais le moyen le meilleur, c'est le soufrage par le soufre en poudre. Le soufre exerce une action favorable sur toutes les phases de la végétation de la vigne, et la fructification, qui en est une des plus importantes, non-seulement ne fait pas exception, mais elle ressent cette action à toutes les époques de son développement, d'une manière remarquable.

J'ai le premier signalé, il y a déjà huit ans, les effets extraordinaires que produit sur la vigne l'application du soufre à l'époque de la floraison ; dans le cas qui nous occupe, il y a lieu de les rappeler encore, car un de ces effets est d'obtenir des raisins mieux noués, et d'accélérer la fructification d'une manière notable.

L'emploi du soufre ne fait pas disparaître des vignes la coulure et le charbon, mais il en atténue considérablement les dommages. Nos expériences comparatives sont à cet égard des plus concluantes.

Un léger soufrage donné dans la dernière quinzaine de mai, quelques jours avant l'épanouissement des fleurs, et un deuxième, vers la mi-juin, assurent les résultats de la floraison, et coïncident en même temps avec l'époque où les germes de l'oïdium se développent avec une dangereuse activité.

L'incision annulaire pratiquée au-dessous de la première grappe, est un moyen cité pour combattre les effets de la coulure. On peut le pratiquer dans les jardins, mais il n'est pas applicable dans la culture des vignobles. Non-seulement la qualité du vin est altérée malgré la précocité des raisins, mais les ceps en sont très-affaiblis. De plus le moindre vent suffit pour les casser à l'endroit de l'incision, et pour mettre la vigne dans l'état le plus affreux. Dans une contrée aussi exposée aux grands vents que la région méridionale, il faut attacher à un tuteur les sarments incisés, si on ne veut pas les voir brisés.

Des chaleurs excessives.—Les chaleurs sont un des privilèges de la région méridionale, mais, quand elles dépassent certaines limites et que leur durée se prolonge, leurs effets, ordinairement si favorables à la vigne, deviennent désastreux.

Les années de chaleurs excessives et soutenues sont heureusement très-rares.

Poitevin a rapporté dans son *Essai sur le climat de Montpellier*, les effets observés en 1705 par le président Bon (1).

Plus récemment, en 1859, nous avons été témoin de phénomènes du même genre. Le 5 juillet la température s'éleva au-dessus de 40 degrés centigrades à l'ombre et au nord. Les luzernes furent desséchées sur pied et arrêtées dans leur croissance, la terre se fendit et se crevassa profondément ; les vignes d'Aramon perdirent leurs raisins exposés du côté du midi à l'action des rayons solaires ; les autres variétés les perdirent en partie, leurs feuilles se flétrirent ; un assez grand nombre se dessécha, et la récolte fut réduite dans une proportion très-considérable.

Mais, en dehors de ces faits extraordinaires, on observe chaque été, dans le midi de la France, ordinairement en juillet et août, plus rarement en juin, des jours de vives chaleurs pendant lesquels bon nombre de raisins périssent par insolation ; on dit alors que les vignes et les raisins ont été *échaudés*.

Les pertes par échaudage sont toujours très-apparentes, parce qu'elles portent sur les fruits les plus exposés à la vue, et souvent sur les plus gros et les plus avancés, et on est alors assez disposé à les exagérer, mais elles n'en sont pas moins sensibles.

D'ailleurs, l'échaudage a un inconvénient plus grand encore que celui de diminuer les quantités, il altère quelquefois la qualité du vin. Voici dans quelles conditions nous avons reconnu que l'échaudage se produit.

Lorsque le temps est calme et très-sec, que l'atmosphère est sous l'influence des courants d'air venant du nord et du nord-ouest, si la température à l'ombre et au nord s'élève à 33°, les raisins sont échaudés, du côté du midi, partout où ils ont été frappés verticalement par le soleil.

Dans ce cas, ceux qui traînent sur le sol sans être ombragés souffrent le plus, la plupart périssent en entier. Dans ceux qui sont suspendus aux ceps, on observe soit des grains isolés, soit des portions de grappes, soit des grappes entières desséchées et grillées.

Les Aramons dont la grappe n'est pas ligneuse, sont les raisins les plus éprouvés, parce que la

(1) « L'été de 1705 amena des chaleurs excessives. Elles causèrent, aux environs de Montpellier, en plusieurs endroits, la « perte de la récolte du vin, plusieurs vignes ayant été brûlées, « ainsi qu'un très-grand nombre d'arbres fruitiers, en un seul « jour, le 30 juillet, époque du plus grand chaud, suivant les ob« servations du président *Bon*. L'air était aussi brûlant que celui « qui sort d'une fournaise ardente ; on ne trouvait d'autre asile « où on pût respirer que les caves ; on fit cuire des œufs au « soleil. Un thermomètre d'Amontons, dont *Plantade* était pos« sesseur, quoiqu'il fût dans un lieu où l'air n'entrait pas libre« ment, monta fort près du degré où le suif doit se fondre. *Bon* « fit une autre observation encore plus surprenante, il exposa au « soleil un pareil thermomètre vers les trois heures du soir, et il « vit la liqueur s'élever en 38 minutes et se soutenir, pendant une « demi-heure, au 73e pouce, c'est-à-dire au degré où Amontons « a marqué le terme de l'eau bouillante. Tous ces faits ne lais« sent aucun doute sur l'intensité de la chaleur qui fut extrême « et telle que de mémoire d'homme on ne se souvenait pas d'en « avoir éprouvé de semblable. Le thermomètre d'*Amontons* mar« qua 58 pouces 4 lignes 1/2, qui correspondent à 30° 1/2 de « *Réaumur* (38° C.). Ils n'ont point paru suffire pour expliquer « les funestes effets qui furent observés, puisque l'on a vu ce « dernier thermomètre s'élever depuis au même point, pendant « l'été, sans que cette chaleur fût accompagnée de circonstances « semblables. On est tenté d'inculper le thermomètre d'*Amon*« *tons*, mais ce qui paraît plus juste, c'est de remarquer que ces « grandes chaleurs durèrent depuis le 17 juillet jusqu'au 30 août, « c'est-à-dire 45 jours, terme très-long, pendant lequel on peut « évaluer à 27° de Réaumur la chaleur moyenne observée par « *Bon* dans cet intervalle, degré qui excède de 8° ou à peu près « la chaleur moyenne ordinaire, et qui par sa continuité peut « servir à rendre raison de la dessiccation des fruits, de la diffi« culté de respirer, et autres circonstances de cet été remar« quable. » (Poitevin, *Essai sur le climat de Montpellier*, p. 139 et 140.)

queue s'échaude fréquemment et entraîne la perte du raisin entier. Dans les variétés à grappe dure et ligneuse, l'échaudage n'atteint guère que les grains frappés par le soleil ; il faut des chaleurs réitérées pour attaquer les pédicelles ou la grappe elle-même.

Ce sont les rayons du soleil qui déterminent l'échaudage, aux heures les plus chaudes de la journée (de 1^h à 3^h), en élevant momentanément la température des surfaces qu'ils viennent frapper verticalement, mais il faut que la sécheresse de l'air aide à leur action ; lorsque le vent vient de l'est ou du marin, il est humide, et quoique la température monte à 36 et 37°, les effets d'échaudage ne se produisent pas.

D'après nos observations, au niveau du sol, ces élévations de température peuvent être, en été, dans les jours chauds, de 22° au-dessus de la température de l'air ambiant à l'ombre, et quelquefois plus fortes ; ainsi en pareil cas nous avons plusieurs fois mesuré de 55 à 60° sur la terre sèche, tandis qu'à l'ombre nous observions de 33 à 37°. La température au soleil diminue progressivement à mesure qu'on s'élève au-dessus du sol, mais elle dépasse encore assez fréquemment de 10° le degré observé à l'ombre, à $0^m,50$ au-dessus de terre, hauteur à laquelle se trouvent une foule de raisins suspendus aux sarments des souches. Dans ce cas, le raisin peut s'échauffer jusqu'à 45°, lorsque l'air est à 35°, et cette température suffit par un temps sec pour en déterminer l'*échaudage*. On voit alors les parties échaudées rougir peu à peu et finir par se dessécher. La mort et la dessiccation sont d'autant plus rapides que le fruit est plus jeune : ainsi dans les premiers jours de juillet le raisin sèche en vingt-quatre heures ; plus tard il reste rouge plus longtemps ; et quand la véraison s'est accomplie, c'est-à-dire dans le courant du mois d'août, on trouve des fruits dont la maturité reste entravée, mais qui ne sèchent point ; ils se sont colorés, mais, frappés par un commencement d'échaudage, ils ne peuvent bien mûrir et acquérir le volume, la douceur et le goût des bons fruits. Les pédicelles du raisin sont alors légèrement ramollis et prennent une couleur rougeâtre particulière. Dans ce cas, le vin est défectueux, il se dépouille mal après la fermentation tumultueuse, quand il est mis en futaille, et souvent il finit par tourner.

Ce cas est heureusement assez rare, parce qu'il ne se produit guère que si les chaleurs et les circonstances propres à provoquer l'échaudage, durent une série de jours ; cependant il a été observé dans les localités chaudes, notamment en 1861.

Les viticulteurs praticiens connaissent bien les effets de l'échaudage, mais ils ne se rendent guère compte des circonstances dans lesquelles il se produit, aussi sont-ils généralement surpris par cet accident. On peut jusqu'à un certain point le prévoir, en observant le thermomètre et la girouette. Lorsque le maximum de la journée pourra dépasser 33°, et que le temps sera au nord, il faut cesser toute culture et défendre d'entrer dans les vignes.

L'échaudage est considérablement aggravé lorsqu'on laboure le sol par le temps où il se produit, lorsqu'on touche les raisins ou qu'on déplace les rameaux qui couvrent le sol.

Il semble que sous l'influence des températures très-élevées (comme aussi sous l'influence des gelées), le fruit soit dans un état d'équilibre que la moindre cause peut rompre : ainsi il arrive que le simple contact suffit alors pour déterminer l'échaudage. Le raisin touché rougit et se désorganise très-vite.

Dans les vignes d'Aramon, qui sont de beaucoup les plus éprouvées en pareille circonstance, le soufrage, comme toute autre façon de culture, doit être momentanément suspendu. Dans les vignes d'autres cépages, comme les Terrets, les Grenaches, les Morrastels, etc., où l'action de la chaleur n'a pas les mêmes conséquences, on peut passer outre si l'opération est pressante.

Les cépages qui souffrent le plus des ardeurs du soleil, sont par ordre de sensibilité :

L'Aramon, principalement dans les terrains maigres, où son feuillage n'ombrage pas suffisamment le sol et les raisins ;

Les Morrastels, les Terrets noirs et gris ; les Piquepouls noirs et gris ; les Carignanes ; le plus souvent leurs grappes ne sont que partiellement détruites du côté du midi, sur les points où le soleil les frappe d'aplomb.

Le Grenache et l'Espar, quoique sujets aux mêmes atteintes, en souffrent moins. Les raisins blancs sont généralement moins éprouvés que les autres. Enfin certaines espèces présentent à l'échaudage une résistance particulière. Nous citerons le Chasselas comme une des plus remarquables. Ses raisins, couchés sur le sol en plein soleil, résistent à l'excès de la chaleur, tandis que les Aramons, les Terrets, les Morrastels, etc., dans la même situation, sont impitoyablement grillés.

De la sécheresse prolongée. — Les cas de sécheresse estivale de trois à quatre mois de durée, sont assez fréquents dans la région et caractérisent son climat ; ils présentent généralement des inconvénients peu sérieux ; il n'en est pas de même de ceux de sécheresse prolongée qui sont heureusement très-rares. Les cultivateurs se rappellent les années 1838 et 1839, pendant lesquelles il ne tomba, dans une période de seize mois (juin 1838 au 26 septembre 1839), que $0^m,268$ d'eau (1), tandis que la moyenne annuelle en douze mois a atteint $0^m,780$ d'après Poitevin, et a dépassé $0^m,924$ de 1857 à la fin de 1862.

Les sources furent taries, et non-seulement les blés et les fourrages furent perdus dans un grand nombre de terres, mais les vignes elles-mêmes succombèrent dans les terrains à sous-sols salés, près des étangs.

Elles souffrirent beaucoup dans une foule de localités, notamment dans les terrains maigres où la récolte fut perdue.

Les sécheresses estivales de trois à quatre mois

(1) *Bulletin de la Société d'agriculture de l'Hérault*, année 1840, p. 105 et 106.

sont déjà fort longues et éprouvent beaucoup les raisins des vignes peu feuillées dans les sols légers et brûlants. On les voit alors, à l'époque de la véraison, se contracter, diminuer de volume et durcir; leur maturité est dès lors entravée, et le vin qui en provient est à la fois médiocre et en très-faible quantité. Ces raisins ne noircissent jamais bien, leur peau reste épaisse et mal colorée. On dit alors qu'ils sont *arrêtés*. Les vents marins et de légères pluies sont le seul remède à cet état de choses.

Les bonnes cultures et les vents marins, ainsi que la proximité de la mer, tempèrent la chaleur et la sécheresse de l'air et en atténuent l'action. C'est lorsque les années sèches viennent éprouver les vignobles du Midi, qu'on reconnaît l'indispensable nécessité de remuer assez profondément le sol et d'en ameublir une couche assez épaisse, lors des premières façons. Dans le cas où elles sont trop superficielles, la terre durcit, se contracte et se fend profondément. La vigne perd dans ce cas ses feuilles, et bientôt après ses fruits.

C'est alors aussi qu'on reconnaît combien il est imprudent de pincer les rameaux et d'amoindrir le feuillage destiné à protéger les fruits et à couvrir la terre.

Des grands vents. — Les grands vents sont habituels dans la région; s'ils éprouvent beaucoup les jeunes plantiers, surtout quand ils sont taillés trop court, ils font peu ou point de mal aux vignes faites. Elles sont d'ailleurs disposées, par leur mode de plantation et par la liberté qu'on laisse à leur végétation, pour braver la fureur du vent. Dans le climat où règne soit le mistral, soit le vent d'autan, la culture de la vigne sur appuis élevés n'est guère possible. De pareils vents sont aussi un obstacle à la construction d'abris permanents contre la gelée et la coulure.

Des pluies continuelles. — Les pluies continuelles sont un accident fort rare dans le Midi; cependant elles se produisent quelquefois aux époques les plus critiques pour la viticulture, par exemple, au mois de mai ou pendant les vendanges, et causent alors de grands dommages.

Les pluies ne tombent point dans la région méridionale d'une manière uniforme. Les périodes de sécheresse sont suivies de pluies persistantes et abondantes qui se manifestent principalement à l'époque des équinoxes, c'est-à-dire lors du premier développement de la végétation, et ensuite pendant la vendange. Elles détrempent alors le sol profondément, de la manière la plus nuisible. C'est ce qui arriva notamment en 1856, au mois de mai; les cultures s'en ressentirent beaucoup, car elles furent données sur une terre mal ressuyée, pétrie par l'action successive des labours et de l'humidité. On sait combien, dans ces circonstances, les cultures sont mauvaises et leurs effets peu durables.

Les vendanges de 1857 furent signalées dès la fin de septembre par une série de pluies diluviennes, les raisins furent lavés et ensuite pourris en peu de temps, sans qu'on pût aller les cueillir, tellement les sols, même les plus perméables, étaient détrempés.

La fin de l'été et l'automne de 1862 ont été signalés aussi par une série de pluies heureusement fort rares, mais elles n'eurent pas à beaucoup près la même intensité qu'en 1857. Partout où les vendanges de 1862 n'ont pas été rapidement conduites, la qualité des vins a beaucoup souffert.

Ces accidents sont relativement rares dans le Midi quand on les compare à ce qui a lieu dans les vignobles du Nord; néanmoins, ils se produisent encore trop fréquemment, et on ne doit pas négliger les moyens de les combattre. Les meilleurs sont un bon système d'assèchement du sol; la culture des cépages précoces préférablement aux autres, quand ils conviennent au terrain; une installation qui permette de vendanger vite. On ne perdra pas de vue que la vigne redoute l'humidité à toutes les époques de l'année, mais surtout au printemps et à l'automne. En hiver, elle provoque les retours de séve, et la destruction des vieux bois ainsi que des racines profondes; elle prédispose les ceps à diverses maladies, notamment à la jaunisse et à l'apoplexie. Au printemps, elle aggrave l'effet des gelées, celui de la coulure, elle empêche les cultures en temps utile, elle favorise les ravages de l'oïdium. En été, il en est de même et, de plus, elle gêne le développement des raisins, retarde leur maturité, prépare les qualités de vin médiocres; à la vendange elle est désastreuse, parce qu'elle compromet les résultats de l'année entière, en nuisant à la fois à la quantité et à la qualité du vin. Les années humides sont donc fatales aux vignes, et ce n'est pas sans raison qu'on les redoute même dans le Midi.

DES MALADIES AUXQUELLES LES VIGNES CULTIVÉES SONT SUJETTES.

Les maladies principales dont souffrent les vignes cultivées sont les suivantes :

1° *La maladie de la vigne*, nom vague et général donné à un état maladif particulier de la vigne, caractérisé par un petit cryptogame parasite, auquel on a donné d'abord le nom d'*Oïdium Tuckeri*, tiré de celui de M. Tucker, qui le premier l'a observé. Cette maladie, la plus redoutable de celles qui attaquent la vigne, nous paraît devoir être désignée sous le nom du parasite qui la caractérise, l'*Oïdium*.

2° L'*Erineum*, autre maladie due aussi à un cryptogame parasite, nommé *Erineum;* elle est bien moins dangereuse et moins répandue que la précédente.

3° L'*Anthracnose*, ou maladie noire, conséquence des altérations produites par le charbon de la vigne en mai et juin. Cette maladie fort redoutable n'attaque sérieusement que les Clairettes; on la trouve, à un degré moindre, sur les Carignanes; sur les autres cépages, elle est insignifiante ou nulle.

4° L'*Apoplexie*, maladie terrible qui, dans la

courant de l'été, frappe de mort la souche, lorsqu'elle est en pleine végétation et couverte de fruits.

5° Le *Rougeot*, diminutif de l'apoplexie, avec laquelle il a des analogies.

6° La *Jaunisse*, caractérisée par la couleur des feuilles et la langueur des ceps.

Nous allons successivement exposer les caractères de ces diverses affections, leurs causes et les moyens d'en combattre les effets.

MALADIE DE LA VIGNE. — OÏDIUM.

Historique. — La maladie de la vigne a été observée pour la première fois dans les serres à vignes (Grappery) et sur les treilles des environs de la ville de Margate, port de mer du sud-est de l'Angleterre, par M. Tucker, jardinier d'un riche propriétaire.

Cet observateur l'ayant vue se reproduire trois années de suite, en fit l'objet d'une courte notice dans le *Gardner's Chronicle* (1847, p. 212).

La même année, le révérend M. J. Berkeley, savant botaniste de King's-Cliffe, à l'examen duquel M. Tucker soumit les vignes attaquées, signalait au monde savant la nouvelle maladie spéciale de la vigne, dans le numéro du *Gardner's Chronicle*, du 27 décembre 1847.

Ce travail remarquable est le point de départ de tous ceux qui ont été faits depuis sur le même sujet.

M. Tucker et M. Berkeley reconnurent l'un et l'autre dans les efflorescences blanchâtres qui accompagnent sur la vigne le début de la nouvelle maladie, la présence d'un petit cryptogame microscopique parasite. Ils lui attribuèrent les dommages éprouvés par les vignes. M. Berkeley l'ayant étudié et décrit, le considéra comme une espèce nouvelle du genre *Oïdium* à laquelle il donna le nom d'*Oïdium Tuckeri*, voulant ainsi le rendre inséparable de celui de son premier observateur.

D'après M. L. Leclerc (Rapport 1852), on le vit, en 1847, d'abord dans les cultures forcées des environs de Paris, d'où il passa sur les treilles, comme en Angleterre.

En 1848, on l'observa à la fois en France, à Paris, à Versailles et en Belgique, dans les serres chaudes et sur les treilles; il se répandit la même année sur les ceps cultivés en plein air.

En 1849, la maladie reparut et s'étendit encore dans le nord de la France, mais en affectant de préférence les serres chaudes et les treilles; on ne la trouvait que çà et là sur quelques groupes de ceps de vignes cultivées en plein air pour la production du vin.

En 1850, il n'en fut pas de même, la maladie se répandit dans une foule de contrées, elle y attaquait les vignes à vin. On la signala à la fois, cette année-là, en Italie et sur les bords de la Méditerranée, dans la région méridionale qui nous occupe spécialement; ainsi il est positif qu'elle pénétra en 1850 dans le beau vignoble de Lunel, sur les confins des départements du Gard et de l'Hérault, mais son apparition étant toute récente, elle ne fit que se répandre sur les ceps, et y causa encore peu de mal.

Les treilles des environs de Paris, où elle était plus ancienne, furent ravagées.

M. Montagne porta le premier cette question au sein des sociétés d'agriculture le 1er mai 1850, en en faisant l'objet d'une communication particulière à la Société impériale et centrale d'agriculture à Paris. Il est ainsi le premier qui, sous le rapport agricole, ait pressenti l'importance considérable qu'elle devait prendre, et qui ait mis en garde les viticulteurs sur les conséquences qu'ils avaient à en attendre.

Cependant, en 1850, l'oïdium était encore une curiosité dont on ne s'inquiétait guère; on se doutait si peu des funestes effets qu'il était à la veille de produire, que l'Assemblée nationale procédait, en France, à une enquête solennelle sur l'impôt des boissons, par suite du malaise général que le bas prix des vins, résultat d'une série d'abondantes récoltes, avait provoqué dans les contrées viticoles.

En 1851, la maladie fut signalée dans presque toutes les parties de la France à la fois; il en fut de même en Italie, dans presque tout le bassin de la Méditerranée, des rivages de la France à ceux de l'Algérie, des côtes de l'Espagne à celles de la Syrie et de l'Asie Mineure. Enfin elle fit irruption en Hongrie et en Allemagne.

L'année 1851 est donc remarquable à cause de l'immense extension que prit l'oïdium.

Cette année fut généralement chaude et très-sèche, favorable à la végétation de la vigne; aussi la récolte fut-elle bonne en France, et plus particulièrement dans la région du Midi. Dans les départements dont elle est formée, cette année (1851) a été fort remarquée, parce qu'elle a été considérée comme la date *certaine* à laquelle on peut faire remonter l'apparition de l'oïdium, dans les vignobles qu'on y cultive. Dans l'Hérault, c'est dans le courant du mois de juillet qu'il fut observé sur plusieurs points du territoire à la fois. Toutefois les dommages qu'il y occasionna furent très-différents; ils suivirent la direction de l'est à l'ouest, s'affaiblissant à mesure vers l'occident. Ainsi, tandis qu'ils étaient insignifiants dans le grand vignoble de Béziers, à l'ouest de Montpellier, celui de Lunel, à l'est, se trouvait assez atteint pour que la récolte en fût sensiblement diminuée.

Depuis cette époque, l'oïdium a successivement attaqué à divers degrés toutes les vignes de la région; nous n'en connaissons point qui soient restées complétement épargnées. Non-seulement ses ravages n'y ont plus cessé, mais ils s'y sont aggravés tous les ans, jusqu'au moment où l'emploi du soufre est devenu général et en a neutralisé les effets désastreux.

Ces détails, joints à ceux qu'a donnés M. de Vergnette-Lamotte (chap. v, p. 213), permettent de se faire une idée de l'apparition et des rapides développements de la maladie. Son immense extension, sa généralité, l'intensité de ses ravages, sa persistance avaient inspiré les craintes les plus vives. On se demandait avec effroi quel avenir un pareil fléau réservait à la viticulture.

En 1852, les rapports officiels de MM. Leclerc et Rendu, auxquels des missions spéciales furent confiées par le gouvernement, constatent l'impuissance de tous les moyens employés contre la terrible maladie, le malaise et l'inquiétude des propriétaires de vignes. Mais nous devons ajouter que nulle part l'oïdium ne s'est répandu autant que dans la région du Midi, dont les vignobles sont placés pour la plupart à proximité de la mer. La chaleur précoce du climat, l'humidité atmosphérique provenant du voisinage d'immenses réservoirs d'eau, la nature particulière des cépages, paraissent lui avoir donné une généralité et une intensité maligne qui n'a été égalée dans aucune autre partie de la France. Si le centre et le nord de la France ont vu s'affaiblir, selon les années, sa maligne influence, sans qu'il ait été nécessaire de la combattre par des moyens spéciaux, il n'en a pas été de même dans les départements riverains de la Méditerranée; il y commet encore d'affreux dégâts, partout où il n'est pas combattu. Contrairement à ce qu'on observe sur la marche des fléaux qui atteignent les êtres vivants, il s'est étendu sans rien perdre de son intensité, et il reparaît toujours aussi dangereux et tenace, malgré les succès avec lesquels on le combat par l'emploi réitéré du soufre. Des vignes de Carignane, que depuis dix ans nous soufrons à quatre et cinq reprises dans le cours de la saison, n'en sont pas moins atteintes, et régulièrement attaquées chaque année, avec une telle intensité, que la récolte périt sur les souches sur lesquelles on omet, à dessein, de jeter du soufre. On peut dire sans exagération que c'en était fait pour longtemps de la viticulture de cette portion si intéressante des vignobles français, si l'introduction du soufrage n'eût point permis d'*arrêter à coup sûr* les ravages de l'oïdium, et de rendre à la vigne toute sa fécondité.

C'est le département de l'Hérault qui le premier a généralement adopté, dès 1857, ce moyen de salut dans ses immenses vignobles, quoiqu'il y ait donné lieu, pendant plusieurs années, à des discussions et à des oppositions très-vives qui d'abord en ont retardé l'emploi. Nous avons été assez heureux pour les combattre avec un plein succès et pour faire reconnaître la vérité de la proposition que nous avons soutenue et démontrée, à savoir : *que l'emploi méthodique du soufre en poudre permet* toujours, *et* à coup sûr, *d'empêcher les ravages de l'oïdium sur les vignes qui en sont attaquées, et de plus qu'il favorise la végétation et la fructification des ceps.*

La Société d'agriculture de l'Hérault, à laquelle furent soumises les pièces du débat, fit faire des expériences par une commission spéciale, et confirma les résultats que nous annoncions et que notre pratique journalière mettait depuis trois ans sous les yeux du public. (*Bulletins de la Soc. d'agric.*, année 1856, p. 357.)

Les oppositions si vives qu'avait excitées la question du soufrage de la vigne dans le département de l'Hérault, ont alors servi à la résoudre définitivement dans le sens que nous avons indiqué, et lui ont donné la plus grande publicité. Adopté par ceux même qui l'avaient combattu, et par la masse des agriculteurs intelligents, le soufrage a fait la fortune de la viticulture du département de l'Hérault et lui a donné l'ascendant incontestable qu'il exerce aujourd'hui sur les autres parties de la région.

La Société d'encouragement pour l'industrie nationale et la Société impériale et centrale d'agriculture de France ont confirmé les résultats que nous leur avions soumis. Leur jugement à l'occasion du Concours universel, dont la maladie de la vigne a été l'objet, résolut définitivement, en 1856 et 1857, la question du soufrage de la vigne qui exerce aujourd'hui une si grande influence sur toute la région méridionale.

Depuis l'année 1857, les progrès extraordinaires accomplis par le département de l'Hérault, et par une portion de l'Aude, qui a suivi son exemple, ont frappé tous les yeux, et la pratique du soufrage se répand dans les autres vignobles. Il tend ainsi à se développer sur une grande échelle dans la région méridionale, où, plus que partout ailleurs, l'emploi du soufre est indispensable, à cause du caractère de malignité que l'oïdium y acquiert.

Mais revenons à la maladie de la vigne, nous reprendrons ensuite l'étude de l'emploi du soufre auquel elle a donné lieu.

Description de la maladie de la vigne (1). — Les caractères essentiels de la maladie de la vigne sont partout les mêmes. Qu'on l'observe en Angleterre dans les serres chaudes, en Languedoc, sur les vignes sauvages des forêts, ou dans les immenses vignobles qui couvrent le pays, en Espagne, en Grèce, en Italie, on les trouve identiques. La maladie de la vigne résulte donc d'une cause qui est partout la même.

Cependant l'apparence, l'aspect extérieur de la vigne malade, *son facies*, en un mot, semble varier avec l'espèce de cépage, sa force, son développement. Il en est de même suivant que le cep est attaqué depuis plusieurs jours ou plusieurs semaines; enfin, sous son influence, certains cépages sont plus sujets à contracter d'autres maladies dont la malignité devient redoutable (le Rougeot). Ce sont, sans doute, ces diverses causes réunies qui ont fait émettre sur la maladie de la vigne des hypothèses si diverses.

Si l'on examine en été un cep de vigne malade depuis quelques jours, on lui trouvera un aspect languissant. La couleur de son feuillage a perdu sa vivacité et son éclat; elle est devenue d'un jaune livide. Ses parties vertes, produit de la végétation de l'année, sont couvertes çà et là sur toute leur surface d'une espèce de poussière blan-

(1) Pour l'étude complète de la maladie de la vigne et des documents qui s'y rapportent, nous renvoyons aux publications de MM. Payen, Montagne, Amici, H. Mohl, de Vergnette-Lamotte, Duchartre, Bouchardat, Tulasne, Gontier, de la Vergne, etc., aux nombreux documents consignés dans les *Bulletins de la Société impériale et centrale d'agriculture de France*, dans ceux de la *Société d'agriculture de l'Hérault*, et enfin à notre Mémoire sur la maladie de la vigne, inséré dans les *Mémoires de la Société impériale et centrale d'agriculture*, année 1855, et dans ceux de *la Société d'agriculture de l'Hérault*, année 1856.

châtre peu adhérente, d'où s'exhale toujours une odeur de moisissure *sui generis*. Cette poussière est, en effet, une espèce de moisissure ; elle est formée par les diverses parties d'un petit cryptogame parasite de la famille des Mucédinées, c'est elle qui a été nommée par M. Berkeley : *Oïdium Tuckeri*.

Pour peu que les divers caractères énumérés soient développés, le cep paraît attaqué d'une espèce de lèpre qui dévore à la fois ses tiges, ses feuilles et ses fruits. Le vieux bois et les racines ne sont le siége d'aucune altération.

Fig. 1027. — Grain fendu par l'oïdium.

Les plaques légères de poussière blanche dont sont couverts les jeunes sarments prennent, au bout de quelques jours, une couleur grise ; il se forme alors aux mêmes places des taches brunes qui restent isolées ou deviennent confluentes, selon qu'elles sont plus ou moins rapprochées ou que la persistance du mal est plus grande.

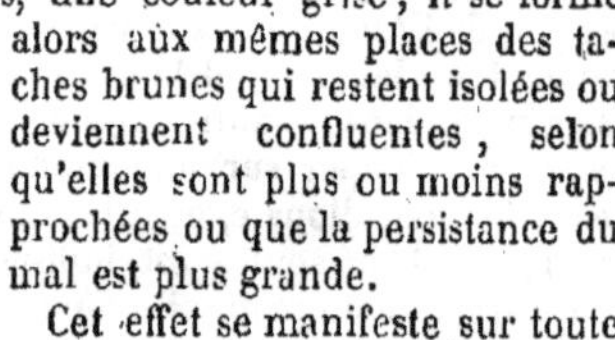

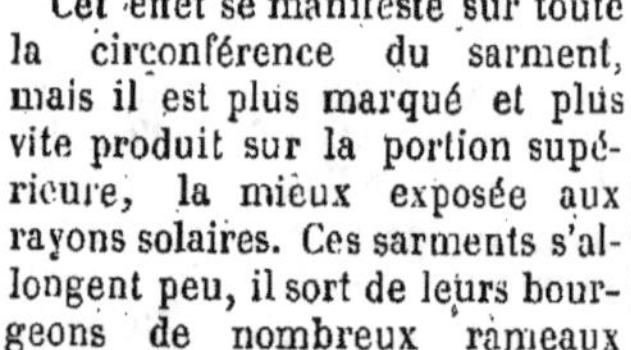

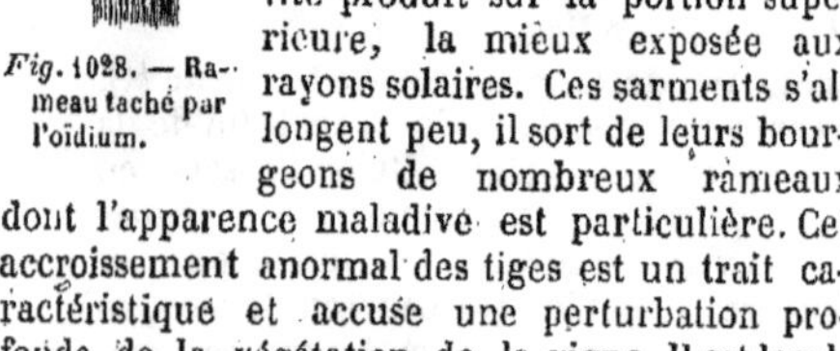

Fig. 1028. — Rameau taché par l'oïdium.

Cet effet se manifeste sur toute la circonférence du sarment, mais il est plus marqué et plus vite produit sur la portion supérieure, la mieux exposée aux rayons solaires. Ces sarments s'allongent peu, il sort de leurs bourgeons de nombreux rameaux dont l'apparence maladive est particulière. Cet accroissement anormal des tiges est un trait caractéristique et accuse une perturbation profonde de la végétation de la vigne. Il est local, c'est-à-dire que sur un même cep on ne l'observe que sur les sarments envahis par les poussières blanches, et plus tard par les taches brunes.

Les feuilles les plus jeunes, placées à l'extrémité des rameaux, sont généralement crispées ; elles se recoquillent plus ou moins, la face inférieure en dehors. Leur face supérieure est parsemée de légères poussières blanches, en plaques plus ou moins irrégulières ; il en est de même de leur face inférieure. C'est toujours celle qui est la première et la plus profondément attaquée. Lorsque cette face est couverte de villosités, la végétation cryptogamique forme sur elle une sorte de feutrage particulier, facilement reconnaissable. Quand la maladie reparaît sur un cep, les premiers symptômes du mal commencent presque toujours par se manifester sur les revers des jeunes feuilles par l'apparition de plaques feutrées. Le pétiole des feuilles se couvre, comme le sarment, de taches noires.

Les raisins attaqués par la maladie sont aussi couverts de poussière blanche, mais bien plus abondamment que les sarments et les feuilles ; on les trouve tantôt entièrement envahis par elle, tantôt atteints çà et là, soit sur un grain, soit même sur une portion de grain.

Tant que la maladie est récente, la poussière reste blanche et grasse au toucher. Si on l'enlève en frottant la surface du grain, on n'observe pas qu'elle laisse encore des traces apparentes sur l'épiderme, celui-ci est encore intact. Au bout de quelques jours la poussière devient grise ; alors, si on la fait disparaître, on distingue de petites taches noires disséminées sur la place qu'elle occupait.

Une observation attentive démontre que l'épi-

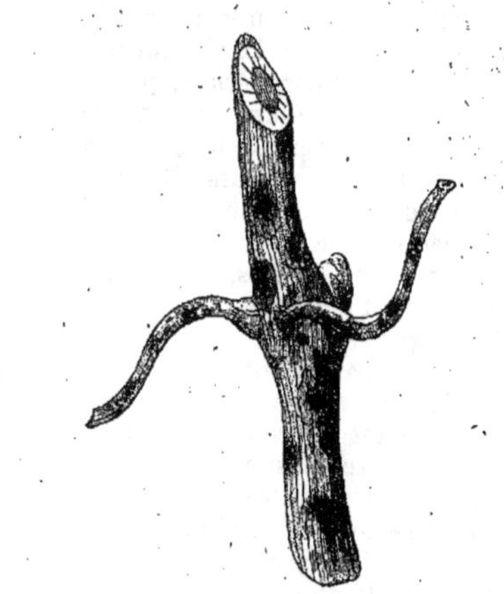

Fig. 1029. — Sarment de vigne attaqué par l'oïdium.

derme seul est attaqué ; les tissus sous-jacents restent intacts. Il en est de même pour les sar-

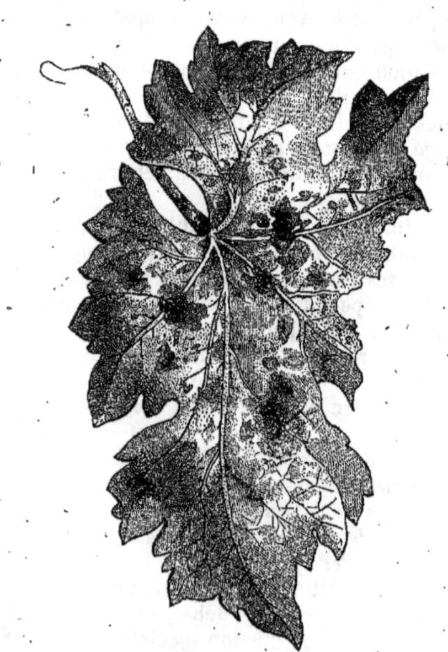

Fig. 1030. — Fragment de feuille de vigne attaquée par l'oïdium.

ments et les feuilles atteintes de la maladie ; l'épiderme seul est le siége du mal.

Les taches qu'on observe sur la peau du raisin forment elles-mêmes de légères aspérités et sont le siége d'altérations dont les conséquences empêchent la conservation et le développement du fruit. Leur effet est de durcir l'épiderme et de lui ôter toute élasticité; le grain n'en continue pas moins son développement intérieur, de sorte que son enveloppe, qui n'est point susceptible d'extension, finit par se rompre. La rupture se fait ordinairement dans la direction des parties attaquées en suivant une ligne inégalement brisée. L'ouverture ainsi déterminée s'agrandit souvent assez pour laisser apercevoir les pepins placés au centre du fruit. Bientôt après il se dessèche et périt.

Fig. 1031. — Raisin attaqué par l'oïdium.

La perte est plus rapide encore quand il est attaqué aussitôt après la floraison. Son petit volume rend facile l'altération de la surface entière, alors il s'atrophie et se dessèche. Quand le raisin approche de sa maturité, il résiste mieux, il paraît accomplir régulièrement les diverses phases de son développement; mais, au moment de mûrir, le grain se crève, et occasionne toujours une perte considérable, lorsque la vigne n'est pas immédiatement vendangée.

L'état de maladie des sarments, des feuilles et des raisins peut être général ou seulement local, suivant que le mal est plus ou moins développé. Il peut être observé ainsi localisé, soit sur une vigne entière, soit sur un cep isolé. La maladie peut conserver ce caractère local dans toutes les circonstances.

Partout où l'on trouve une vigne malade, des sarments noircis, des feuilles crispées, des lésions sur le raisin, ces désordres auront été la conséquence de l'apparition, aux mêmes places, de la végétation parasite de l'oïdium, ainsi qu'il est facile de s'en assurer au moyen du microscope. La présence de cette Mucédinée parasite constitue donc le *caractère fondamental* de la maladie de la vigne. Il est remarquable que l'épiderme seul des parties vertes est le siége de son développement. Il ne pénètre pas dans l'intérieur des tissus, même lorsqu'ils se fendent, comme ceux du raisin, sous l'influence des lésions provoquées par sa présence. Dans le sarment, les tissus intérieurs restent toujours sains, à moins que la tige n'ait été nécrosée sur une partie de sa longueur par un défaut de maturité.

Les racines et le vieux bois sont toujours sains; cependant, lorsque la vigne est vieille et que la maladie réitère ses attaques plusieurs années de suite, il en résulte un étiolement général qui finit par enlever à l'arbuste toute sa vigueur. Mais cet effet est tout à fait secondaire, et il ne résulte que de l'oblitération des canaux déjà vieux, dans lesquels circule la séve; on ne l'observe pas sur les vignes jeunes.

La vigne peut être attaquée par la maladie à tout âge et à toutes les époques de sa végétation, depuis le moment où le bourgeon sort de son enveloppe, jusqu'à celui où les feuilles sont entièrement tombées. Il est facile de comprendre qu'entre ces deux extrêmes il y a une infinité de degrés intermédiaires, mais au fond les caractères de la maladie sont toujours les mêmes: poussières blanches exhalant une odeur de moisissure, se répandant sur l'épiderme des parties vertes du cep, à l'exclusion du vieux bois; altérations produites par ces poussières qui sont un champignon microscopique, l'*Oïdium Tuckeri;* trouble évident dans la végétation des rameaux dont elles ont envahi les fruits, les feuilles et les tiges (1).

La maladie, quand elle sévit avec intensité pendant les années chaudes et humides, et lorsqu'on n'oppose aucun obstacle à sa propagation, s'attaque à toutes les variétés de vignes, mais à des degrés différents. Ainsi certaines variétés résistent à l'invasion beaucoup plus que d'autres; par exemple, la vigne américaine l'*Isabelle*. Elle a peu souffert. D'autres, au contraire, sont toujours attaquées les premières et très-ravagées, par exemple, la Carignane. Voici dans quel ordre les principaux cépages de la région peuvent être classés, les plus maltraités étant désignés les premiers :

1° La Carignane, invasion précoce dès la fin d'avril, le plus sujet de nos cépages à être envahi; il propage ensuite la maladie autour de lui.

Le Picardan se conduit à peu près comme lui.

2° Les Piquepouls blancs, roses et violets, les Muscats. Invasion plus tardive, destruction rapide du raisin.

3° L'Œillade, le Cinsaut, les Chasselas, les Malvoisies, les Terrets. Envahis aux mêmes époques que la précédente; ils résistent davantage.

4° L'Aramon, l'Aspiran, le Grenache, le Brunfourca, l'Espar, le Morrastel, le Charge-mulet, les Clairettes, etc.

5° Les Gamais, les Pinots, etc.

6° L'Isabelle, le Katawba.

Les terrains exercent une influence marquée sur le développement de la maladie. Dans ceux qui sont chauds et précoces, elle apparaît plus tôt que dans les autres, et elle y exerce ordinairement des ravages plus grands, parce qu'ils ont une plus longue durée, et que la vigne, envahie sur des organes plus tendres et plus jeunes, oppose moins de résistance. Plus la maladie se développe de bonne heure, plus les ravages sont grands.

L'état du sol est aussi à considérer. Dans ceux qui sont mal cultivés, couverts de mauvaises herbes, ravinés par les eaux, et qui se dessèchent de

(1) On a fait de nombreuses recherches pour savoir si l'oïdium a déjà attaqué la vigne. Jusqu'à présent rien ne vient justifier cette hypothèse; les textes de Théophraste et de Pline, cités précédemment, ne peuvent s'appliquer à l'oïdium qui est caractérisé par des poussières. J'ai fait voir que le *crambos* de Théophraste est très-probablement le charbon. L'*araneum* de Pline, qui s'applique aux oliviers et aux vignes dont il n'attaque que le fruit, ne peut être considéré comme pouvant s'appliquer à l'oïdium. Les recherches dans les auteurs modernes n'ont pas eu plus de succès. L'oïdium paraît devoir être considéré comme une maladie nouvelle.

bonne heure, la vigne est sujette aux invasions les plus précoces.

La disposition de la vigne et la hauteur à laquelle on la maintient par la taille, exercent aussi une influence directe sur la facilité avec laquelle l'oïdium se développe sur elle. Les treilles et les hautains subissent les plus grands ravages; la maladie y est souvent précoce et dévastatrice, tandis qu'elle sévit à peine sur les souches basses. Cette particularité tient aux conditions de température dans lesquelles sont placés les ceps tenus très-haut, et à la facilité avec laquelle ils réunissent les germes innombrables que charrie l'atmosphère.

Les vignes vieilles souffrent beaucoup plus que les jeunes. La séve ayant à parcourir dans les vieux bois un trajet plus long à travers des canaux où elle circule plus lentement, elle finit par les oblitérer. La fructification cesse, et la végétation devient si languissante, que la portion extérieure périt; la souche repousse alors du pied.

Tels sont les désordres qu'on observe le plus souvent; une foule de circonstances accidentelles peuvent les modifier, mais alors on n'observera guère ces modifications que comme des exceptions.

L'Oïdium Tuckeri. — Nous sommes entré dans quelques détails en décrivant la maladie de la vigne, afin d'en préciser les traits et d'écarter d'un seul coup les nombreuses hypothèses qui se sont produites relativement à la cause du mal. Nous n'avons point parlé d'insectes, parce que les observateurs qui ont étudié la maladie en ont rarement trouvé, tandis qu'ils ont toujours vu l'oïdium en immense quantité. Nous avons fait un très-grand nombre d'observations sur la vigne malade à toutes les époques de sa végétation, nous avons toujours vu beaucoup d'oïdium, et ce n'est que très-accidentellement que nous avons trouvé certains insectes isolés. L'idée de leur attribuer les ravages dont la vigne malade est le siége, est généralement abandonnée; jusqu'à présent, elle ne paraît pas admissible.

Nous avons insisté sur ce fait remarquable, que la maladie peut être localisée, et qu'elle attaque, soit une portion du cep, soit tout le cep à la fois; que les désordres qu'elle occasionne ont uniquement pour siége l'épiderme des parties vertes; que si on en observe d'autres plus tard, ils résultent d'effets secondaires; enfin, que les vieux bois et les racines ne sont point altérés.

Tous ces faits s'expliquent parfaitement par la présence de l'oïdium, de sorte que l'étude de la maladie et celle de l'oïdium sont inséparables et paraissent se confondre.

Ce sont les développements de ce dernier qui donnent à la maladie des apparences si diverses, selon l'époque à laquelle on l'examine, et le degré d'intensité qu'elle a acquis. Il convient donc de s'en faire une idée exacte (1).

L'*oïdium Tuckeri* est un cryptogame microscopique, qui a les plus grands rapports avec les Erysiphés, petits champignons parasites de la plus dangereuse espèce. Il n'est donc lui-même qu'un parasite qui se nourrit aux dépens de la substance même des parties vertes des différents organes de la vigne, sur lesquels il s'implante, et paralyse ainsi leur développement. Jusqu'à présent il n'a encore été observé que sur la vigne; il ne se développe point sur d'autres végétaux. Les cryptogames qu'on a observés sur divers arbres fruitiers, sur les houblons, les liserons, les rosiers, etc., sont tous différents de l'oïdium ou érysiphe de la vigne, quoique leur structure soit analogue. Celui du pois (*Erysiphe pisi*), qui a la plus grande ressemblance avec lui, a résisté à tous nos efforts pour le transporter sur la vigne, et constitue aussi une variété distincte.

L'oïdium, ou érysiphe de la vigne, se compose :

1° De filaments rampants très-déliés, faisant fonctions de racines (*fig.* 1032, *m*, *m*); ils sont très-nombreux, allongés, ramifiés, non cloisonnés, et couvrent d'un inextricable réseau les parties envahies. Ils sont garnis de renflements, en forme de pelote (*fig.* 1033, *c*, *c*), qui pénètrent dans l'épiderme des tissus, où ils font l'office de crampons. Ces crampons forment peu à peu autour d'eux les taches noires qu'on remarque sur les sarments, les feuilles et les raisins, lorsque, par une cause quelconque, les poussières cryptogamiques de l'oïdium ont disparu. On désigne cet ensemble de filaments rampants sous le nom de *mycélium*.

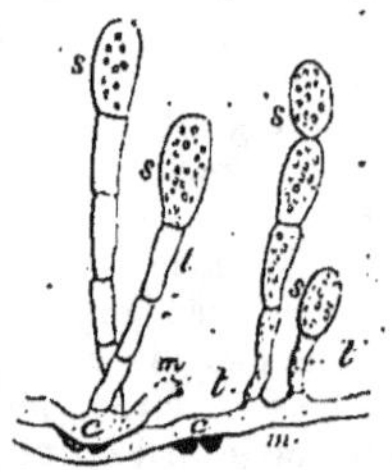

Fig. 1032. — Oïdium.

2° De filaments érigés, cloisonnés de distance en distance, et affectant la forme de massues (*fig.* 1032, *t*, *t*). Les cloisons sont susceptibles de se transformer chacune en une sorte de graine particulière (*fig.* 1032, *s*, *s*). On désigne ces filaments sous le nom de *tigelles* ou *filaments fertiles*, par opposition à ceux du mycélium, qui sont désignés sous le nom de *filaments stériles*.

3° De spores ou sporules (*fig.* 1032 et 1034, *s*, *s*). Ce sont des corpuscules ellipsoïdes, engendrés par les cloisons des tigelles, portés par elles, et placés bout à bout à leur extrémité. Ces spores, sans être de

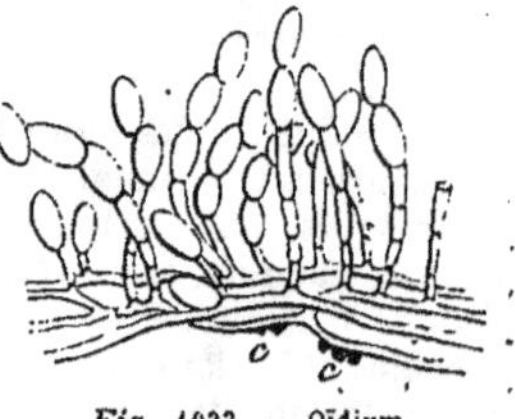

Fig. 1033. — Oïdium.

(1) M. Berkeley a caractérisé l'oïdium Tuckeri de la manière suivante :

« *Oïdium Tuckeri* : Espèce nouvelle, filaments fertiles allongés, à la fin cloisonnés; spores larges, elliptiques ou oblongues.

« Les spores, probablement à cause de leur dimension plus grande, tombent plus tôt que dans les autres espèces, et conséquemment ne forment pas des filaments moniliformes. » (*Gardner's Chronicle*, 27 novembre 1847. Page 779.)

vraies graines, en remplissent les fonctions; elles germent et reproduisent le champignon parasite dans toutes ses parties.

Ainsi l'oïdium est muni d'organes distincts, faisant fonctions de racines, de tiges et de graines.

Il faut un microscope pour bien voir l'oïdium, car il est extrêmement petit. On en jugera par les chiffres suivants qui expriment ses dimensions (1).

Les filaments du mycélium ont de 3 à 5 millièmes de millimètre d'épaisseur. Isolés, ils sont imperceptibles à la vue simple, et ne peuvent être aperçus que groupés en masse. Les tigelles ont un diamètre de 4 à 5 millièmes de millimètre, dans leur partie la plus étroite, à la base; il est souvent double au sommet. Leur longueur varie entre 7 et 15 centièmes de millimètre.

Les spores (*fig.* 1034) sont assez souvent de grosseur variable; en général, leur grand diamètre a une longueur de 2 centièmes et demi, ou 25 millièmes de millimètre; il est souvent moindre. Leur petit diamètre est environ de un centième de millimètre. Souvent il est plus petit.

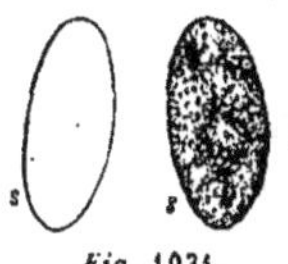

Fig. 1034.

M. Amici, de Florence, a signalé un mode particulier de fructification, mentionné par M. de Vergnette, page 213; mais on le rencontre très-rarement.

Partout où on aperçoit les diverses parties de la vigne malade couverte de moisissures, l'oïdium présente un nombre immense d'individus. Les fragments du mycélium le reproduisent comme des boutures; les spores, comme des graines (*fig.* 1035). On peut donc considérer chaque petite surface couverte de moisissures, comme une pépinière susceptible de fournir une prodigieuse quantité d'éléments reproducteurs, que les mouvements de l'air répandent ensuite de tous côtés.

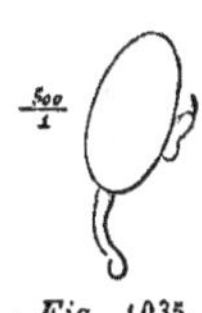

Fig. 1035.

L'oïdium commence à se développer lorsque la température moyenne (c'est-à-dire la moyenne des maxima et minima de la journée) atteint de 11 à 12° centigrades; dans les années ordinaires, cette température correspond, dans le Midi, à la fin d'avril ou aux premiers jours de mai. Il faut à cette époque quelques jours de chaleur soutenue pour aider à son développement qui, étant à son début, et ne s'exerçant que sur des rameaux encore très-jeunes, est relativement peu considérable. Il pousse rapidement lorsque la température moyenne se fixe à 20°, et que l'atmosphère est humide. Il trouve dans cette réunion de circonstances les meilleures conditions pour se développer et produire une immense quantité de tigelles et de spores.

(1) Elles ne concordent pas bien exactement avec celles qu'a indiquées M. de Vergnette-Lamotte et avec celles de M. Payen, mais ce sont les chiffres que j'ai trouvés à Montpellier par l'examen direct d'un très-grand nombre d'échantillons. D'ailleurs, de pareilles différences peuvent se rencontrer, les observateurs tirant leurs échantillons de vignes très-différentes, végétant sous des climats eux-mêmes très-différents.

Une chaleur trop forte gêne sa croissance et détermine sa mort. Nous avons reconnu que cet effet commence à se produire vers 38°; à 45°, l'oïdium ne peut plus végéter et périt; mais ses débris peuvent le reproduire plus tard, s'ils se trouvent de nouveau dans des conditions convenables. Cette chaleur de 45° se produit facilement en été au niveau du sol frappé par le soleil; aussi les raisins qui touchent terre, et voient le soleil, sont-ils exempts de maladie.

L'humidité soutenue et persistante arrête la végétation de l'oïdium (1); si on le voit se développer dans les années humides, c'est toujours après les périodes d'humidité, lorsque les chaleurs succèdent aux temps pluvieux. La sécheresse persistante est nuisible au développement de l'oïdium; sous son influence, il périt, ou reste confiné aux surfaces sur lesquelles il s'est d'abord montré, mais sans pouvoir s'y étendre.

Quand la température moyenne tombe à 4 ou 5°, il périt.

Ses germes (mycélium, spores) se dessèchent; ils ont d'énergiques propriétés adhésives sur les surfaces lisses, et conservent d'une année à l'autre la propriété de pousser, lorsqu'on les met dans des conditions convenables de température et d'humidité.

D'après nos observations, l'oïdium, sous l'influence d'une température moyenne de 20 à 25°, parcourt en 25 jours environ, les diverses phases de son existence; mais il se reproduit presque aussitôt sur les nouvelles surfaces placées à proximité, et donne lieu de cette manière à une série de générations successives.

La sécheresse, la chaleur, la grande humidité, les grandes averses, les abaissements de température, sont les accidents qui gênent et arrêtent dans le courant de l'été ces générations successives; mais comme leurs germes ne périssent pas, elles se reproduisent dès qu'elles rencontrent de nouveau les circonstances qui leur sont favorables, et finissent le plus souvent par couvrir tout le cep. Il arrive parfois qu'elles s'arrêtent spontanément, par exemple dans les années de sécheresse. La vigne reprend alors ses allures ordinaires.

Par un temps chaud et humide, comme celui qui accompagne le vent marin, l'oïdium se multiplie très-vite par boutures et par spores, et infeste tout d'un coup de grandes étendues de vignes. Il rampe à la surface de l'épiderme des parties vertes, il s'y attache, l'enlace d'une multitude de filaments de son mycélium, sur lesquels se redressent en un temps très-court, comme sur une surface veloutée, les tigelles chargées de spores. Quand le temps est sec et que l'air est agité par le vent, ses germes se répandent au loin et se propagent sur d'immenses étendues. Dans les premiers jours qui suivent son apparition, les tissus sur lesquels il rampe ne sont pas altérés; mais peu à peu ils se tachent, se corrodent et se détruisent. Il en résulte la désorganisation des parties sur lesquelles il végète, et notamment des raisins. On peut donc empêcher les

(1) On peut s'en assurer, en mettant un jeune cep de vigne oïdié, dans un vase, et en le tenant constamment arrosé.

mauvais effets de la présence de ce parasite, en l'attaquant et en le détruisant dès qu'on le voit paraître, et avant qu'il soit solidement établi sur les fruits et les rameaux. Si l'on attend trop longtemps, il poursuit son œuvre de destruction, et il est trop tard pour porter remède au mal, qui est dès lors consommé.

Nature de la maladie de la vigne. — Cet ensemble de propriétés, si remarquable, explique comment la maladie se propage et se développe, comment elle produit tant de ravages, lorsque les circonstances favorisent la végétation de l'oïdium, et qu'on ne s'oppose pas à son développement; comment l'oïdium persiste à se reproduire d'une année à l'autre avec tant de ténacité. Aussi est-on conduit à considérer ce cryptogame comme la cause de la maladie. Cette manière de voir paraît encore plus autorisée depuis qu'il a été prouvé qu'on peut guérir la maladie sur les parties nouvellement attaquées, en faisant disparaître l'oïdium, soit par le simple frottement, soit en le détruisant d'une manière quelconque.

Ainsi l'étude directe de la maladie a amené comme conclusion :

1° Que l'oïdium permet seul de la constater et de la reconnaître;

2° Que sa disparition, partout où il n'a pas déjà altéré les tissus, amène la disparition de la maladie et de ses effets.

La conséquence logique de ces conclusions est que l'oïdium produit la maladie de la vigne en se développant sur elle, en troublant sa végétation, et en l'épuisant à la manière des parasites.

On se trouve ainsi conduit à écarter l'hypothèse d'un état maladif intérieur du cep, dont la conséquence serait l'apparition de l'oïdium, qui serait alors l'effet et non la cause de la maladie. Cette explication pourrait être fondée, si l'on savait à quoi attribuer l'état de maladie intérieure du cep ; mais jusqu'à présent rien n'est venu justifier cette supposition. Outre que le vieux bois et les racines des ceps attaqués sont restés intacts à l'abri d'altérations spéciales, les vignes sont malades dans toutes les contrées, à toutes les expositions, dans tous les sols, quelle que soit leur nature, sauvages ou cultivées, venues de semis ou de bouture. Tous les traitements par les fumiers, les amendements, la taille, la culture, etc., ont échoué.

Bien plus, depuis dix ans, des vignes atteintes d'oïdium sont soufrées chaque année, elles ont repris et conservé une haute fertilité, les ravages de l'oïdium y sont combattus avec un plein succès, et cependant, si on suspend sur elles l'usage du soufre, le cryptogame parasite, dont les germes persistent toujours, en reprend possession, altère les rameaux et détruit les fruits. Est-il admissible que depuis un temps aussi long, des vignes luxuriantes de végétation et de fructification restent sous l'influence d'un mal intérieur, dont on ne peut constater la présence par aucune altération intérieure.

Nous ne le pensons pas.

Le parasitisme d'un cryptogame qui chaque année peut renouveler ses attaques, et les faire durer indéfiniment avec une intensité variable selon les circonstances qui favorisent son développement, ou qui lui nuisent, concorde avec tous les faits observés, et nous paraît satisfaisant.

Le rôle du soufre s'explique alors très-bien, quand on le voit agir sur l'oïdium, en désorganisant sa végétation parasite, sans en faire périr cependant tous les germes (1).

Nous considérerons donc la maladie de la vigne, conformément aux faits dont nous sommes témoins, depuis qu'elle a envahi les vignobles, comme un effet de parasitisme. On se débarrasse de ses ravages en détruisant le parasite, mais on le voit chaque année se reproduire toujours redoutable, si on ne lui oppose aucun moyen pour le combattre.

Telle est actuellement la situation de la viticulture en présence de l'oïdium, et plus particulièrement dans la région méridionale.

Heureusement, le spécifique de l'oïdium a été trouvé; c'est le soufre en poudre; les meilleures manières de l'employer sont parfaitement connues; elles sont assez pratiques pour ne point entraver les travaux de culture. Le soufrage dans son ensemble n'est point assez coûteux pour aggraver dans des proportions excessives les frais de culture; aussi le problème du moyen pratique de combattre l'oïdium, est-il résolu d'une manière satisfaisante, et tout à fait inespérée.

Nous ajouterons même que l'usage du soufre a fait reconnaître à cet agent la propriété de favoriser la fructification de la vigne, et d'en stimuler la végétation. Ces propriétés que nous avons signalées en 1855, sont aujourd'hui partout constatées dans le département de l'Hérault.

Les vignobles qui ont adopté le soufrage comme partie essentielle de leur culture, ont retrouvé la richesse et la sécurité.

C'est donc ce moyen que nous exposerons dans ce qui va suivre ; nous croyons cependant devoir dire quelques mots des autres procédés par lesquels on s'est efforcé de combattre l'oïdium.

Des divers procédés employés pour combattre l'oïdium. — Les procédés culturaux, tirés de la taille, des incisions, des pincements, des labours, des engrais et amendements ont donné des résultats insuffisants.

La taille longue, les fumiers ou engrais paraissent souvent aggraver l'état de la vigne, en favorisant le développement de l'oïdium. Les pincements, et les amendements au moyen de terres rapportées, retardent ses invasions, et peuvent, selon les circonstances, en diminuer l'intensité. Ce sont des moyens sinon d'empêcher, au moins d'atténuer quelquefois ses ravages.

Le soufre en poudre employé comme un engrais, en l'enterrant au pied de la souche,

(1) C'est cette action si particulière que j'ai le premier signalée dans mon Mémoire en 1855, et sur laquelle j'insiste encore.

L'expérience de dix années a justifié ces observations, et a mis clairement en évidence le rôle du soufre, tel que je l'ai signalé dans mes premiers travaux.

ne paraît pas exercer d'influence sensible sur l'oïdium.

Le couchage des ceps et des raisins sur le sol, est un moyen barbare et coûteux, qui peut bien préserver les raisins, mais qui les expose à la pourriture, donne mauvais goût à la vendange, et ruine les ceps les plus précieux (ceux qui sont déjà âgés).

Les moyens par lesquels on s'est efforcé de détruire directement l'oïdium ont abouti au soufrage de la vigne ; mais avant d'y arriver on a essayé une foule d'autres procédés. Tous ou presque tous ont réussi à détruire localement l'oïdium, mais ils ont échoué, sauf le soufre en poudre, quand il a fallu poursuivre pratiquement le parasite, sur tous les ceps de vastes vignobles.

On remarquera, en effet, que l'oïdium est composé de tissus très-petits et très fragiles qui, tant qu'ils ne sont pas desséchés, résistent peu à l'action des agents extérieurs, aussi est-il désorganisé et arrêté dans sa végétation par un grand nombre d'agents quand ils entrent en contact avec lui. Les acides, les alcalis, les corps gras et savonneux, les essences, etc. sont de ce nombre. Il ne se laisse bien mouiller que par les corps savonneux.

Le soufre et les sulfures alcalins le détruisent très-vite par le simple contact; le frottement suffit pour le désorganiser et le faire périr.

Le contact réitéré des poussières n'empêche pas sa végétation, mais il la gêne en faisant tomber les tigelles et les spores.

L'oïdium tant qu'il végète est donc facile à détruire puisqu'il n'offre par lui-même aucune résistance. Sa force est ailleurs, elle réside dans sa dissémination, dans la persistance avec laquelle il se reproduit sur les organes d'où on l'a chassé; dans la facilité de conservation de ses propagules quand ils se sont desséchés. Il faut donc agir en employant des moyens capables d'une action prolongée, susceptibles d'être réitérés aussi souvent que cela est nécessaire, et qui puissent pénétrer partout où pénètrent les germes du parasite.

On a essayé une foule d'agents, sur la vigne taillée, pendant l'hiver, lorsque la végétation est arrêtée. Les caustiques les plus violents, l'eau bouillante, le flambage, l'acide sulfureux gazeux, etc.; tout a échoué.

En admettant que ces moyens eussent réussi à détruire une partie des propagules, il eût suffi que d'autres vinssent du dehors, ou des enveloppes du bourgeon lui-même, pour engendrer de nouveau le terrible cryptogame pendant le cours de la végétation.

Les moyens qui procèdent par mouillage ou par immersion sur la vigne pendant qu'elle végète, sont gênants, coûteux ou incomplets. Dans la culture en grand, ils se sont trouvés si peu pratiques qu'il a fallu les abandonner.

Les fumigations ont également échoué. Comment d'ailleurs les employer pour des vignes qui forment sur le sol une couche de verdure ?

Les poussières ont été, jusqu'à présent, le seul moyen praticable.

Celles du soufre possèdent, sur l'oïdium, l'action la plus sûre et la plus énergique, et elles exercent en même temps sur la vigne une influence très-favorable. En outre, le soufre est si répandu dans la nature qu'on peut en consommer des quantités indéfinies, sans en diminuer sensiblement les sources.

Soufrage de la vigne. — L'idée d'appliquer le soufre à la maladie de la vigne est déjà ancienne ; elle date presque de l'apparition de cette maladie, car elle fut proposée par un jardinier anglais de Leyton, M. Kyle, et par M. Tucker, le premier observateur de l'oïdium, qui le combattait par le soufre associé à la chaux. M. Berkeley, en parle aussi dans l'article du *Gardner's Chronicle*, de 1847, que nous avons cité plus haut.

C'est en France que l'application du soufre a été réellement étudiée et propagée. Ainsi en 1850, M. Gontier, l'habile horticulteur de Montrouge, près Paris, en obtint dans ses serres et ses jardins d'excellents effets, et il imagina alors de se servir du soufflet pour les répandre, après avoir préalablement mouillé les raisins.

Vers la même époque, en 1850, M. Bergmann, jardinier en chef du baron de Rothschild, à Ferrières, obtint des résultats complets, dans les serres chaudes, en répandant la fleur du soufre par traînées sur les tuyaux des thermosyphons qui servent à maintenir la chaleur. Ces tuyaux atteignent ordinairement une température de 45 à 50°, elle suffit pour vaporiser assez de soufre et pour en provoquer une émanation constante de vapeurs capables de détruire l'oïdium.

De 1850 à 1853, on employa le soufre dans une foule de localités, à Paris, à Bordeaux, à Montpellier, etc., avec des succès très-contestés et très-inégaux; à cette époque déjà, il était le moyen le plus recommandé, mais on n'en obtenait comme le constatent les rapports de MM. Leclerc et Rendu, aucune réussite régulière, et les praticiens le regardèrent comme insuffisant dans les vignobles.

D'après le rapport de M. Rousselon, en 1854, à la Société Impériale d'horticulture de Paris, ce serait M. Rose Charmeux, de Thomery, qui aurait eu l'idée de répandre le soufre à sec sur le feuillage et sur les fruits malades de la vigne.

Les résultats du soufrage à sec à Thomery en 1853, reçurent une grande publicité par le rapport dont ils furent l'objet de la part d'une commission de la Société impériale d'horticulture. Ce rapport fut publié sous forme d'instruction avec le titre suivant : *Sur la maladie de la vigne, moyen de sauver la récolte*. La commission conseille de pratiquer un premier soufrage entre le 15 mai et le 15 juin; de recommencer la même opération après la floraison lorsque le grain est gros comme du plomb de chasse, si l'oïdium a reparu; enfin de jeter une troisième fois du soufre lorsque les grains ont acquis la grosseur des petits pois.

En 1854, après ce rapport, le soufrage à sec a été mis en pratique sur presque tous les points de la France viticole. On en obtint les effets les plus contradictoires; les prescriptions indiquées n'étaient point suffisantes pour donner un résultat toujours favorable, et de nouvelles recherches étaient encore nécessaires.

Aujourd'hui la lumière est faite, et la certitude

du succès n'est pas douteuse pour ceux qui appliquent avec intelligence les règles du soufrage.

Quoi qu'il en soit, c'est dans la région méridionale, où la maladie sévissait de la manière la plus cruelle, que le soufre parut surtout insuffisant. Ce fut à partir de cette année 1854, qu'après en avoir fait usage sur une grande échelle et l'avoir étudié dans ses rapports avec l'oïdium, nous en avons recommandé l'emploi. L'année suivante, en 1855, après de nombreuses recherches sur l'oïdium, nous avons indiqué d'une manière précise les règles du soufrage, et la sûreté de son action; en même temps, nous avons signalé le soufre trituré comme pouvant remplacer avec succès la fleur de soufre, qui jusqu'alors était exclusivement employée, et l'identité d'action des deux soufres.

C'était le seul moyen de donner une grande extension au soufrage des vignes. La fleur de soufre manquait et elle était devenue si chère que son prix de 18 fr. les 100 kilogrammes au début, en 1854 et 1855, monta plus tard en 1857 à 70 fr. La fabrication du soufre trituré qui mit en œuvre des quantités de matière dix fois plus grandes que celles du sublimé, a ramené le prix des poudres de soufre à leur taux normal, et elle est devenue la base réelle de leur production, dont les sublimés ne sont restés aujourd'hui que l'accessoire.

L'emploi des sulfures alcalins (liquide Grison, Hardy), dont l'action sur l'oïdium est très-énergique, a été abandonné, à cause de la forme liquide qu'il a fallu leur donner. Elle mérite d'être signalée cependant à l'attention de ceux qui continuent à rechercher les moyens de détruire définitivement l'oïdium.

Propriétés du soufre en poudre. — Les propriétés du soufre en poudre sont les suivantes :

1° *Lorsqu'on le met en contact avec l'oïdium, il le désorganise et arrête sa végétation.* On peut observer directement cette action sous le microscope (*fig.* 1036 et 1037). Une condition est toutefois nécessaire, c'est que la température s'élève à 20° centigr.

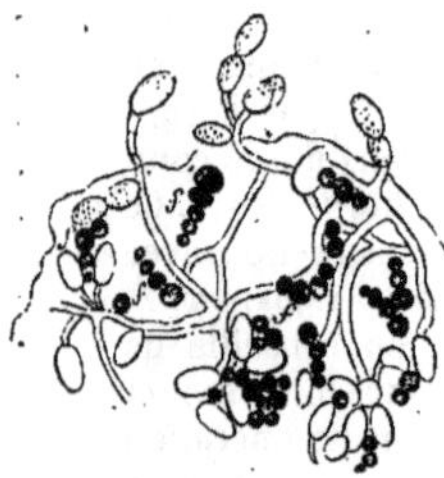

Fig. 1036. — Fragment de la pellicule d'un grain de raisin envahi par l'oïdium, sur lequel a été disséminée de la fleur de soufre. — *f, f, f*, Grains de fleur de soufre.

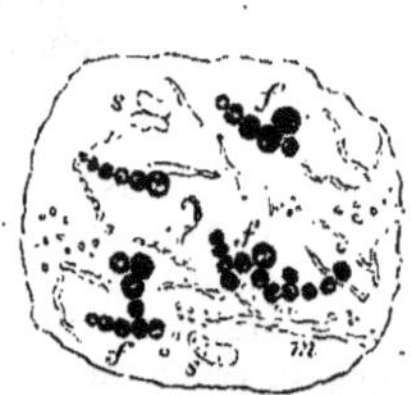

Fig. 1037. — Fragment d'une pellicule de grain de raisin, envahi par l'oïdium et soufré depuis huit jours. — *f, f, f*, Grains de fleur de soufre. — *s, s, s*, Spores contractées et déformées; la plupart ont disparu. — *m, m*, Fragments de mycélium rompus et déformés.

lorsque le contact s'opère. Or cette condition est toujours remplie à l'époque où les rameaux commenceront à pousser, en avril et en mai, et si le soleil les frappe de ses rayons. Plus tard dans les jours d'été, la température dépasse presque toujours cette limite, même à l'ombre; comme l'oïdium ne se propage et ne se développe rapidement que sous l'influence d'une température de 25 à 30°, cette chaleur assure l'action du soufre. Cette action, sur l'oïdium, ne devient apparente qu'au bout de quelques jours, quoiqu'elle se produise assez vite. Elle est beaucoup plus rapide et plus énergique sous l'influence de la chaleur du soleil. On voit alors au bout de 24 heures environ se produire les effets représentés par la fig. 1037, l'oïdium est rompu et désorganisé, et il n'en reste que des débris sur les endroits où il végétait.

2° *Le soufre ne prévient pas le développement de l'oïdium, et n'en détruit pas complétement les germes.* — L'oïdium ne se développe pas sur les surfaces occupées par les poussières sulfureuses, mais dès qu'elles ont disparu emportées par le vent, par la pluie, ou par le développement rapide des organes au début de leur végétation, l'oïdium peut faire irruption sur les ceps comme s'ils n'eussent pas été soufrés.

Ce qui prouve qu'il en est ainsi, c'est qu'on trouve *toujours* de l'oïdium dans les vignes soufrées *préventivement*, et qu'on est obligé de renouveler les prétendus soufrages préventifs, plus souvent que les autres.

S'il en est ainsi, ce qui n'est pas contestable, il faut en conclure que ces soufrages préventifs ne préviennent rien. D'ailleurs ces soufrages dits préventifs ont besoin d'être renouvelés au moins aussi souvent que les autres, ce qui prouve qu'ils ne préviennent point les réapparitions de l'oïdium.

3° *Le soufre est volatil aux températures que le sol et la vigne atteignent en été, soit à l'ombre soit au soleil. Cette particularité remarquable rend son action très-énergique et plus étendue.*

4° *Il stimule la végétation de la vigne et il en favorise la fructification.* — Il lui communique ainsi la vigueur nécessaire pour réagir contre les attaques de son parasite.

La forme de poussière, très-fine, qu'on donne au soufre avec tant de facilité, permet d'en envelopper par une simple dispersion, ou par insufflation, tout le cep en végétation, et d'y atteindre l'oïdium partout où il se trouve.

Principes du soufrage de la vigne. — La connaissance de cet ensemble de propriétés, et celle des conditions auxquelles se trouvent assujettis la végétation et le développement de l'oïdium, déterminent les règles à suivre pour le combattre sur la vigne, à coup sûr, toujours avec un succès complet. On peut les formuler ainsi qu'il suit :

1° Le soufrage doit être pratiqué dès qu'on voit les premiers symptômes de l'oïdium se manifester. Ces premiers symptômes, sont la teinte terne et jaunâtre que prend le feuillage de la vigne, ou l'apparition des plaques feutrées sur le revers des feuilles de l'extrémité des jeunes sarments, où l'apparition de légères efflorescences blanches sur les grains de raisin.

2° Le soufrage doit être renouvelé chaque fois que l'oïdium menace de reparaître; ce qu'on reconnaît aux signes que nous venons d'indiquer.

3° Les soufrages doivent être bien faits, et s'étendre à toute la vigne, ainsi qu'à toutes les parties du cep attaqué, fruits, feuilles et sarments.

4° Il faut combiner les soufrages, de manière à mettre à profit l'action du soufre sur la végétation et la fructification, et pour cette raison, soufrer une fois à l'époque de la floraison. Celle-ci comprend une douzaine de jours depuis le moment où la fleur se prépare, jusqu'à celui où le grain commence à se former. Cette dernière opération est des plus importantes, et coïncide d'ailleurs avec l'époque où le développement de l'oïdium prend une grande activité.

Le principe fondamental du soufrage des vignes malades se résume donc ainsi : *Répandre la poussière de soufre sur toutes leurs parties vertes, dès les premiers symptômes de la maladie et en renouveler l'application chaque fois qu'elle reparaît sur les ceps*; subsidiairement, *donner un soufrage à l'époque de la floraison.*

Ce principe est général et comprend tous les cas, depuis ceux auxquels suffit une seule opération, jusqu'à ceux qui en exigent jusqu'à cinq et même six.

Application des principes du soufrage. — L'application de cette méthode conduit aux conséquences suivantes : c'est qu'au lieu de soufrer uniformément toutes les vignes d'après des règles empiriques, dont l'emploi n'est pas toujours suivi d'une réussite complète, on les soufre dans une juste mesure et proportionnellement aux besoins de leur situation.

Ainsi les sols maigres et brûlants de garrigue, de coteaux, de cailloux, sont généralement attaqués les premiers, quand ils sont plantés des mêmes cépages que les terrains plus profonds; comme l'oïdium s'y montre ordinairement plus précoce et plus tenace, les vignes ont besoin d'y être plus soufrées et plutôt que dans les terrains plus frais. Quand ils sont plantés d'Aramons, de Grenaches, de Morrastels, d'Espars, d'Aspirans, de Cinsauts, cépages que l'oïdium n'envahit guère que dans le courant de mai, et quelquefois plus tard, le premier soufrage se confond ordinairement avec celui qui accompagne la floraison, et a lieu du 15 au 20 mai; on le donne plus tôt si c'est nécessaire.

Généralement, ce premier soufrage empêche l'oïdium de reparaître pendant trois ou quatre semaines, quelquefois plus, selon le temps et la pluie, car l'oïdium bien désorganisé par un premier soufrage, ne se réorganise pas sur les surfaces nouvelles qu'a produites le développement de la végétation ou sur les rameaux qu'il occupait, avant trois semaines. Le second soufrage, lorsqu'il est fait à la fin de juin, conduit quelquefois à la récolte; mais quand l'été est à la fois chaud et humide, et que l'oïdium acquiert de l'intensité, un troisième soufrage devient nécessaire vers le 20 juillet, et conduit alors sûrement à la récolte. La véraison des raisins, qui a lieu dans les premiers jours d'août, met les fruits à l'abri de toute nouvelle attaque de l'oïdium, pourvu qu'ils ne soient pas déjà envahis. Quand ils le sont, il faut encore leur donner un soufrage. Mais ordinairement il n'est point nécessaire, si l'on a suivi les indications qui viennent d'être exposées.

Quand les mêmes terrains sont plantés en Carignanes et en Picardans, ou que ces cépages sont mélangés aux autres, on les verra dans les vignes, attaqués par l'oïdium quelques jours après la sortie de leurs rameaux, dès la fin d'avril ou les premiers jours de mai ; c'est alors qu'il faut donner le premier soufrage. On peut le borner aux variétés attaquées, mais la dépense de soufre est alors si minime, qu'il vaut mieux l'appliquer à la vigne entière. Ce premier soufrage conduit jusqu'à la fin de mai, c'est-à-dire à l'époque de la floraison; on en donne alors un deuxième.

Comme les Carignanes et les Picardans restent toujours plus sujets à l'oïdium que les autres variétés, on voit ordinairement les efflorescences blanches reparaître sur eux vers le 20 juin, quelquefois plus tard. On donne alors le troisième soufrage. Dans les années précoces, sèches et chaudes, où l'oïdium perd de son intensité, il peut arriver qu'on n'ait pas besoin d'en ajouter d'autres, mais ce cas est le plus rare. Les symptômes d'oïdium se reproduisent dans le courant de juillet et obligent à une nouvelle opération. C'est ordinairement la dernière, mais il arrive assez fréquemment qu'il faut encore avoir recours à une cinquième, immédiatement avant la véraison, surtout si le temps a été humide et s'il a plu.

Cet exemple qui s'applique à la plupart des Carignanes de coteaux, met en évidence la susceptibilité de cette variété pour l'oïdium, et la surveillance soutenue qu'il faut apporter aux vignes où ce cépage se trouve disséminé. Si on le traite comme les autres variétés, on ne réussit pas à le préserver, ses raisins périssent, et tous les ceps de son voisinage sont plus ou moins atteints.

Certaines vignes, en terrain profond, se conduisent quelquefois comme dans les coteaux; on y suivra les mêmes règles pour y contenir l'oïdium.

Un très-grand nombre de terrains profonds, plantés d'Aramons, beaucoup de vignes de plaine à sous-sols frais, ne réclament pas plus de deux soufrages : le premier à la fin de mai, lors de la floraison; le deuxième à la fin de juin ou dans les premiers jours de juillet. On donne le troisième s'il est nécessaire, mais souvent la maturité se fait sans que l'oïdium ait reparu, et alors on peut l'éviter.

Dans certains plantiers, un seul soufrage au commencement de juin est quelquefois suffisant; il peut arriver aussi qu'on soit obligé de le renouveler deux ou trois fois (1).

Les vignes plantées de Terret-Bourret, cépage tardif, ne sont ordinairement envahies par l'oïdium qu'après la floraison, aussi convient-il généralement de les soufrer à la fin de mai, ou au commencement de juin (soufrage de la floraison), à moins qu'on ne reconnaisse les symptômes qui obligent à opérer plus tôt.

(1) Il est avantageux, dans l'intérêt de leur prompt développement, de soufrer les jeunes plantiers de l'année une ou deux fois dans le courant de l'été; par exemple, vers la mi-juillet et à la fin d'août. La dépense est insignifiante, et les résultats sont remarquables.

Ce premier soufrage conduit aux premiers jours de juillet, époque où le deuxième est nécessaire ; il en faut souvent un troisième à la fin de juillet ou dans les premiers jours d'août, si l'on ne veut pas voir éclater le Rougeot, auquel ce cépage est très-sujet.

Les Piquepouls, dont la grappe est serrée, et dont les baies sont petites et à pellicule fine, ne sont guère attaqués que dans le courant de mai, mais l'oïdium y cause des dégâts extraordinaires, s'il n'est pas aussitôt combattu; trois soufrages suffisent ordinairement pour les préserver.

Il en est de même des Muscats et des Clairettes, ainsi que de beaucoup d'autres cépages délicats. Jusqu'à présent, les Carignanes et les Picardans sont les seules variétés pour lesquelles l'oïdium affecte une préférence si marquée, qu'il est nécessaire de les soufrer une, deux ou trois fois de plus que les autres. A ce prix, on les préserve parfaitement, et elles acquièrent la vigueur et la beauté les plus remarquables.

Ces exemples font voir comment et pourquoi les méthodes empiriques peuvent se trouver en défaut, selon les cépages, les terrains et le temps. Un tableau indiquant la date de chaque soufrage pour chaque parcelle de vigne, simplifie et facilite la surveillance et la conduite des opérations.

Dans le plus grand nombre des cas, trois soufrages suffisent pour combattre l'oïdium et développer la végétation de la vigne, mais il ne faut les administrer, ni trop tôt en voulant soufrer préventivement, ni trop tard, lorsque l'oïdium est déjà fortement implanté sur les ceps, et en a altéré les fruits et les rameaux. Il faut les administrer selon la précocité des cépages et du terrain. On ne perdra pas de vue que pour les Carignanes et les Picardans en terrains chauds, trois soufrages sont le plus souvent insuffisants.

Quand la pluie succède à un soufrage au moment où il vient d'être fait, il faut le recommencer, mais on peut soufrer plus légèrement, car il est rare que tout le soufre de la première opération soit perdu; il produit quelquefois une action suffisante pour débarrasser la vigne. Quand la pluie ne lave le soufre que le lendemain de son application, et que le soleil a lui dans l'intervalle, l'effet de désorganisation est produit sur l'oïdium, cependant, en pareil cas, il conviendra de mettre moins d'intervalle d'un soufrage à l'autre.

De plus, outre ce qui précède, on suivra les indications suivantes : Il faut cultiver avec un soin particulier les vignes attaquées d'oïdium ; il trouble profondément la végétation des ceps, il faut la ranimer par la culture et par le soufre, tout en désorganisant le parasite.

Si l'on fume les ceps, il faudra soufrer avec plus de soin.

Il vaut mieux donner les soufrages trop tôt que trop tard. Quand l'oïdium est fortement établi sur les ceps, il est difficile de les en débarrasser complétement ; il faut alors des soufrages plus nombreux et plus énergiques, tandis qu'au début le soufre désorganise le jeune cryptogame avec la plus grande facilité. La multiplicité des soufrages ne présente d'ailleurs aucun inconvénient, tant que les fortes chaleurs ne se font pas sentir.

Quand un soufrage est pressant, il faut l'appliquer sans délai, quel que soit le temps, à moins qu'il ne pleuve.

On ne peut bien juger de l'effet d'un soufrage, que dix jours, environ, après son application ; il faut, en effet, donner à la végétation le temps de reprendre sa marche normale et de se développer de nouveau.

Lorsque les raisins sont arrivés à l'époque de la véraison, sans être attaqués par l'oïdium, ils sont à l'abri de ses atteintes ; c'est pour cette raison que les soufrages exécutés vers la fin de juillet, et à propos, sont définitifs et qu'ils n'ont plus besoin d'être renouvelés.

Exécution du soufrage de la vigne.— Deux sortes d'instruments sont en usage pour répandre le soufre sur la vigne : le sablier ou boîte à soufre et le soufflet.

Ces instruments ont été l'un et l'autre modifiés de diverses manières. Ainsi, on a mis une houppe en laine à l'extrémité du sablier, et on l'a nommé boîte à houppe. Cette modification qui avait pour but de mieux disséminer le soufre est abandonnée.

Les premières descriptions du sablier (*fig.* 1038) furent données par M. Cazalis-Allut en 1854.

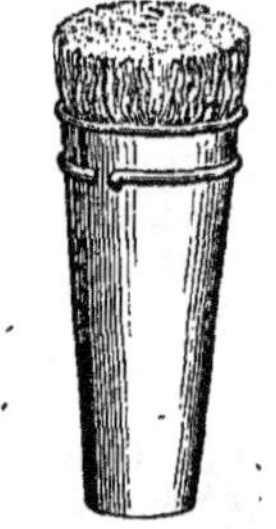

Fig. 1038 — Boîte à soufre ou sablier.

Cet instrument est très en usage chez les paysans et les petits propriétaires qui, tenant à voir leurs ceps jaunis par le soufre, le répandent en excès. Son principal avantage est de n'exiger aucun entretien, et de ne point se déranger ; mais il dépense beaucoup de soufre, et il ne permet point d'accélérer assez le travail. Il perd tous les jours du terrain ; le soufflet, qui est plus expéditif et plus économique, quant à la dépense de soufre, tend à le remplacer.

Le soufflet Gontier fut d'abord employé ; il est figuré dans ce livre, p. 215, *fig.* 913. On y renonça, parce qu'il est trop sujet à se déranger et d'un prix trop élevé ; il ne contient qu'une charge de soufre trop faible, et encore est-il fatigant parce que cette charge est placée au bout d'un bras de levier fort long.

Il a été remplacé, dès l'année 1854, par le soufflet ordinaire, dont le corps remplit l'office de réservoir, et qui porte à son extrémité une tuyère en deux pièces, garnies l'une et l'autre d'une toile métallique à fortes mailles (*fig.* 1039). La tuyère étant en deux pièces, dont l'une est mobile, on peut, au moyen de rechanges, lui donner toutes les formes, et l'allonger ou la raccourcir autant qu'on le veut. Si les toiles métalliques s'engorgent, on les nettoie avec la plus grande facilité, en démontant la pièce mobile. Nous avons fait construire ce soufflet d'après l'idée que nous en

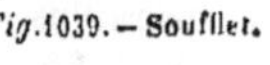

Fig. 1039. — Soufflet.

donna M. Vergnes, notre collègue à la Société d'agriculture de l'Hérault, et nous en avons publié la première description, sous le nom de *Soufflet Vergnes*, au commencement du mois d'août 1855 (*Bulletin de la Société d'agric. de l'Hérault*, p. 78). Jusqu'alors rien d'analogue, que nous sachions, n'avait encore paru.

L'idée principale sur laquelle repose cet instrument, c'est que l'entrée et la sortie de l'air se faisant par la tuyère, le soufre est incessamment mis en mouvement ; il est ainsi mieux divisé, et moins sujet à produire les engorgements si fréquents dans les soufflets à boîte.

En outre, le poids principal se trouvant très-rapproché de la main de l'opérateur, l'instrument est peu fatigant.

On le garnit par un trou, pratiqué sur le bois supérieur, et on le ferme par un simple bouchon.

La charge d'un soufflet ordinaire est en moyenne de 1/4 de kilogramme de soufre sublimé, et 1/2 kilogramme de trituré. On peut en poudrer environ 30 souches vigoureuses, en pleine végétation, telles qu'elles sont à la fin de juin.

Les garnitures en peau de ces soufflets doivent être de première qualité, et très-souples ; autrement elles sont vite corrodées et percées, ce qui occasionne une perte de matière considérable. Le peu de durée des peaux est l'inconvénient que présente cet instrument, et il conviendrait d'imaginer une disposition pour y remédier (1).

On accompagne chaque soufflet d'une boîte à soufre dans laquelle l'ouvrier porte avec lui sa provision, afin de ne point interrompre son travail. Ces boîtes sont en fer-blanc légèrement coniques; plates sur une de leurs grandes faces, et garnies d'une courroie pour la porter autour des reins. Elles contiennent environ 2 kilogrammes 1/2 de soufre.

Elles sont préférables aux sacoches en toile ou en peau que le soufre use très-vite, et qui une fois percées, deviennent ruineuses en laissant perdre la matière. Une cuiller de capacité déterminée, sert à y puiser le soufre, et à remplir le soufflet juste à la mesure. Cette précaution est importante, car il est de toutes façons très-dommageable de trop les garnir. D'une part, le soufre sort en flocons, et on en use, en pure perte, de grandes quantités; d'autre part, les peaux trop distendues se percent très-vite et sont mises hors d'usage en quelques minutes.

On projette le soufre avec le soufflet, en soufflant à coups réitérés, sans effort, et en lançant la poussière dans toutes les directions. On met la tuyère dans le feuillage lorsque la vigne est touffue, pour emprisonner du soufre sous les pampres, et en répandre ainsi sur tous les raisins.

Quand le soufrage est bien fait, on trouve de la poussière déposée sur le cep, comme si un nuage l'eût uniformément enveloppé ; on doit la distinguer, ainsi répandue, lorsqu'on regarde à contre-jour une partie quelconque du cep, raisin, feuille ou sarment.

(1) On répare facilement les peaux trouées en collant, avec de la colle forte, sur les parties endommagées, un morceau rapporté. L'entretien des soufflets doit être l'objet de soins particuliers ; autrement ils fonctionnent mal et perdent beaucoup de matières.

L'opération se fait ainsi très-lestement, jusqu'au 20 juin; quoique nos vignes soient généralement fortes, une femme soufre, en huit heures de travail effectif, un hectare par jour. Au mois de juillet, quand les ceps sont très-feuillés, elle soufre encore de 50 à 60 ares.

Temps favorable au soufrage. — On peut soufrer la vigne par tous les temps, et à toutes les heures du jour, sauf les exceptions suivantes :

1° Quand il pleut;

2° Quand il fait très-chaud, et que l'on prévoit que les raisins peuvent être échaudés (c'est quand le temps est calme, très-sec, au nord, sans nuage, et que le thermomètre approche de 33°) ;

3° Quand le vent est trop violent. Si l'opération est urgente, on peut soufrer, malgré le vent, mais on emploie beaucoup plus de poussière.

Les conditions les meilleures pour le bon emploi du soufre, et pour que son action soit vive et prompte, sont un jour sec, assez chaud, sans que la chaleur soit trop forte, un soleil brillant, un vent léger.

Quantité de soufre employée au soufrage. — Quand on soufre avec le soufflet et du sublimé de bonne qualité (60° de preuve), la dépense, pour des vignes vigoureuses, peut être évaluée ainsi qu'il suit par hectare :

Soufrage de mai :			
Fleur de soufre, 15 kil. à 27 c. l'un.....	4 f.05		5 f.55
Journée de femme, 1 à 1 fr. 50 c.......	1	50	
Soufrage du 15 au 30 juin :			
Fleur de soufre, 30 kil. à 27 c...........	8	10	11 10
Journées de femme, 2 à 1 fr. 50 c......	3	»	
Soufrage de juillet :			
Fleur de soufre, de 40 à 50 kil., selon la vigueur des vignes, à 27 c...........	13	50	16 50
Journées de femme, 2 à 1 fr. 50 c.......	3	»	
TOTAL pour trois soufrages			33 f.15

Le soufre sublimé, consommé pour les trois opérations, s'élève à 95 kilogrammes par hectare; soit en compte rond à 100 kilogrammes, chiffre qui représente assez bien la consommation moyenne d'un hectare. Elle peut augmenter ou diminuer, selon qu'on augmente ou qu'on diminue le nombre des opérations; selon l'adresse des ouvriers et l'état d'entretien de leurs instruments; selon la finesse du soufre.

Quand on emploie du soufre trituré, le poids du soufre employé est généralement plus considérable; selon la perfection de la trituration, il augmente de 25 à 100 kilogrammes; alors la consommation par hectare varie de 125 à 200 kilogrammes. Quand les triturés sont très-fins et bien fabriqués, on n'en use pas plus que de sublimé. On en use moins si on les compare au sublimé grossier trop commun dans le commerce. Les paysans qui se servent du sablier, en emploient même bien davantage, car ils en jettent outre mesure; il n'est pas rare qu'ils répandent par hectare de 300 à 350 kilogrammes de trituré. Ils n'en obtiennent point pour cela de meilleurs effets. On voit combien sont variables les quantités employées, selon la qualité des poudres de soufre, le jugement et l'adresse de l'opérateur.

Des poudres de soufre employées pour le soufrage et leur valeur relative. — On emploie pour soufrer la vigne les poudres de soufre pur et les mélanges.

Nous nous occuperons d'abord des poudres de soufre pur, les seules qui aient une valeur commerciale ; nous parlerons ensuite des mélanges et de leur emploi.

Soufre sublimé. — Les poudres de soufre vendues dans le commerce, sont :

1° Le soufre sublimé ou fleur de soufre ; c'est le premier dont on ait fait usage. Son prix qui, en 1854, n'était que de 16 à 18 francs les 100 kilogrammes, s'est élevé graduellement, en 1857, jusqu'à 70 francs ; aujourd'hui il vaut de 25 à 28 francs les 100 kilogrammes, selon sa qualité. Il est le produit de la distillation du soufre. On fond le soufre brut dans de grandes chaudières en fonte, mises en communication avec de vastes chambres en maçonnerie. On le chauffe jusqu'à ébullition, alors il se vaporise ; ses vapeurs viennent se condenser en poussières fines dans les chambres qui servent de récipient.

Les vapeurs ainsi *sublimées* forment une vraie neige de soufre d'autant plus ténue que la condensation a eu lieu à une température plus basse et dans des espaces plus vastes.

La poussière recueillie dans les chambres prend le nom de *fleur de soufre ou soufre sublimé*. Elle est d'un beau jaune serin, douce et moelleuse au toucher ; pressée entre les doigts, elle fait entendre un cri particulier ; quand on la brûle, elle ne doit laisser aucun résidu. Examinée sous le microscope, avec un grossissement de 500 diamètres, on la voit (*fig.* 1040) sous la forme de petites sphères agglomérées, de dimensions variables. La surface de ces globules est toute hérissée de petites aspérités, et leur permet d'adhérer assez facilement aux corps lisses.

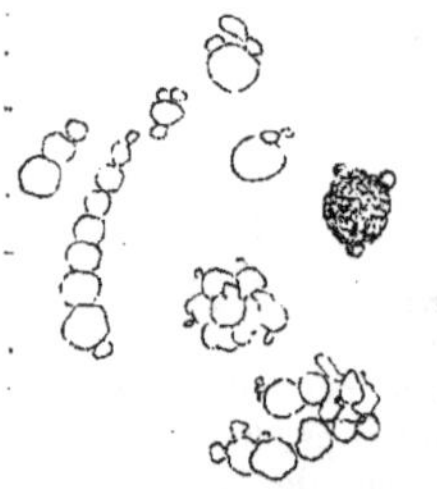

Fig. 1040. — Soufre sublimé vu au microscope.

Les bonnes fleurs sont acides ; quand elles sont récemment fabriquées, elles renferment à la fois de l'acide sulfureux et de l'acide sulfurique ; le premier est en petite quantité et disparaît bientôt en se transformant en acide sulfurique : c'est ce dernier qui les accompagne ordinairement ; elles contiennent le plus souvent *de 15 à 30 dix millièmes de leur poids d'acide sulfurique*. On a cru d'abord que c'était à leur acidité qu'il fallait attribuer leur action sur l'oïdium ; nous avons fait voir par les résultats que donne l'usage du soufre trituré, qu'il n'en est rien, puisque ce dernier soufre n'est point acide, et qu'il agit avec autant d'énergie que le sublimé.

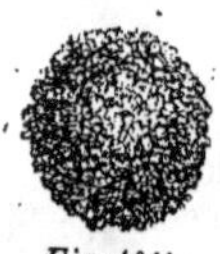

Fig. 1041.

L'action du soufre sur l'oïdium est une propriété qui lui est inhérente, et qui ne dépend pas des corps étrangers qu'il renferme.

Quand les fleurs de soufre sont mal fabriquées, c'est-à-dire à des températures trop élevées, elles perdent leur douceur, leur souplesse et leur légèreté. On y trouve un grand nombre de grains durs, désignés sous le nom de *sablons* (*fig.* 1042). Ils se composent de fleurs agglutinées par la chaleur, dont l'action ne peut s'exercer que sur un seul point, tandis qu'elle se serait exercée sur une infinité, s'il eût été réduit en poussières fines.

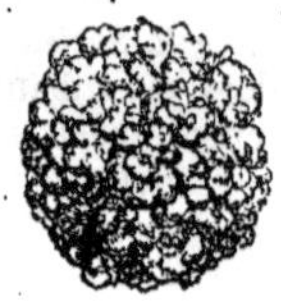

Fig. 1042. — Sablons.

Ceci explique pourquoi *l'action des poudres de soufre dépend de leur état de division*, et non pas seulement de leur poids.

Or, l'expérience apprend que *plus le soufre est divisé, plus il occupe de volume dans le même poids.*

Elle apprend, en outre, que *moins le soufre occupe de volume dans le même poids, plus on en consomme dans les opérations de soufrage, et que dans ce cas les quantités employées sont en raison inverse des volumes occupés.*

Nous avons démontré depuis longtemps déjà l'exactitude de ces diverses propositions, au moyen desquelles on peut apprécier avec la plus grande facilité la valeur des poudres de soufre. Il suffit d'en prendre un volume déterminé, puis de le peser ; plus le poids sera fort, moins le soufre sera divisé, moins il vaudra (1).

2° **Soufre trituré.** — On désigne sous ce nom, du soufre en pierre ou en canon, directement réduit en poussière par la trituration sous une meule ou entre des cylindres ; il est ensuite bluté, pour en régulariser le titre et la finesse.

Ce soufre est plus ou moins pur, selon la pureté du soufre qu'on soumet à la trituration. On se sert aujourd'hui pour cet usage de soufre brut dit : *belle seconde*, qui ne renferme ordinairement que deux pour cent de matières étrangères, pour la plupart à l'état de sulfures. Il convient parfaitement à cette destination.

Le soufre trituré se présente sous la forme d'une poudre d'un jaune clair, dont la finesse est variable, selon les soins apportés à la trituration. Plus il est fin, plus la couleur en est claire. Examiné sous le microscope, on trouve le soufre trituré formé d'une multitude de petits cristaux plats, plus ou moins anguleux (*fig.* 1043), dont la forme n'a aucune analogie avec les globules sphériques de la fleur. Aussi ce caractère permet-il de distinguer les deux soufres et leur mélange avec une grande facilité.

Fig. 1043. Soufre trituré.

Les triturés fins sont souples, crient légèrement sous les doigts, ils ont une grande force adhésive, et sont légers. Ils le sont pourtant moins que les bonnes fleurs.

(1) Le tube appréciateur de M. Chancel pour l'essai des soufres en poudre, est fondé sur ce principe ; il permet d'apprécier leur valeur relative avec la plus grande facilité.

Chez les triturés communs, comme chez les mauvais sublimés, ces qualités s'effacent, et l'emploi des uns et des autres est onéreux.

Les sublimés sont relativement plus légers que les triturés; néanmoins, comme ils sont d'une production bien plus difficile et qu'on les vend beaucoup plus cher; comme ils engorgent les instruments plus facilement que les triturés, on fabrique ces derniers sur une bien plus grande échelle.

Dans l'Hérault, l'emploi du trituré est au moins dix fois plus considérable que celui du sublimé. En présence des quantités immenses de soufre que réclame la viticulture, le trituré seul a permis de suffire à ses besoins ; et c'est à lui désormais de subvenir à la grande consommation des vignobles. Le sublimé qui se produit si lentement et si chèrement, n'est désormais qu'un appoint, et ne forme plus la base de la fabrication.

La trituration du soufre est une opération des plus simples, qu'on exerce aujourd'hui dans tous les moulins ; elle coûte à peine 1 franc les 100 kilogrammes. Elle permet de jeter sur le marché, en un temps fort court, autant de poudre de soufre qu'on le veut. La sublimation exige des appareils spéciaux; elle est lente, et ne peut livrer à la consommation que des quantités fort restreintes de matière. Elle coûte environ 6 francs par 100 kilogrammes.

Quant aux propriétés des deux soufres, nous avons prouvé depuis longtemps qu'elles sont identiques.

Des mélanges de soufre et de poussières (1). — On emploie le soufre en poudre, non seulement à l'état pur, mais encore mélangé à des poussières plus ou moins inertes.

Après nous être servi exclusivement du soufre pur, nous avons été conduit à l'examen des mélanges, et nous avons trouvé que ceux de plâtre cuit et de cendres fraîches, donnent les résultats les plus avantageux.

En dehors des avantages immenses que produit le soufrage méthodique dans les vignobles, on lui a adressé divers reproches qui sont fondés :

1° Les poudres de soufre fatiguent les yeux des ouvriers, et finissent par amener des ophtalmies, chez ceux dont la vue est délicate;

2° Le soufre pur (et particulièrement le sublimé qui est acide), aide au grillage des raisins dès que les chaleurs deviennent intenses. En 1859, 1861 et 1862, plusieurs vignes ont été fort maltraitées par le grillage, à la suite de soufrages qui ont coïncidé avec les jours de chaleur;

3° Le vin des vignes qu'il faut soufrer un peu tard est sujet à garder un goût de soufre, qui nuit à la vente du vin au moment de la récolte;

4° On consomme inutilement, pour produire les mêmes effets, des quantités de soufre beaucoup trop grandes, ainsi que le prouvent les expériences faites au moyen de poudres à divers titres. On peut donc réduire le poids du soufre consommé, tout en conservant au soufrage ses bons effets. On le rend ainsi beaucoup moins coûteux.

Nous avons proposé de remédier à ces diverses objections par le mélange du soufre avec le plâtre cuit bien pulvérisé, ou avec les cendres fraîches ou lessivées. 34 de soufre pur et 66 de plâtre ou de cendre, en poids, forment un mélange suffisamment actif. On peut augmenter les doses de soufre, le mélange n'en sera que plus énergique. Il ne convient pas de les diminuer.

Les poudres de cette nature doivent être bien incorporées ensemble par trituration et blutage, ou tout au moins par blutage, pour rendre le mélange bien homogène. Le plâtre étant plus commun que les cendres, et à très-bas prix, nous l'avons plus spécialement indiqué.

Il ne faut point se méprendre sur la valeur de ces mélanges, car c'est le soufre qu'ils renferment, qui est l'agent actif; le plâtre ou les cendres sont d'une action presque nulle.

Mais de pareilles poudres présentent de grands avantages.

Elles fatiguent peu ou point les yeux des ouvriers;

Elles échaudent peu ou point les raisins;

Elles ne donnent pas de goût (surtout le soufre plâtré) au vin;

Elles sont très-économiques, car on n'en use guère plus que de soufre pur, et elles ne coûtent pas la moitié.

Leur emploi convient surtout pour les derniers soufrages, qui sont les plus pénibles et les plus coûteux. Il importe de faire le premier, et notamment celui de la floraison, au soufre pur, car à l'époque où on le pratique, les objections élevées contre l'emploi sont à peu près nulles.

Leur usage convient aussi pour les vignes et les cépages que l'oïdium n'attaque pas avec une intensité particulière. Certainement, puisque le soufre est la seule poussière active du mélange, ce dernier aura une action moindre que la poudre de soufre pur; la constatation de ce fait a été le point de départ de nos recherches. Mais une fois établi, la question à résoudre était celle de savoir si la nouvelle poussière serait *suffisamment active*. Eh bien! ce fait est aujourd'hui démontré; dans les Aramons, les Terrets, les Grenaches, les Œillades, les Morrastels, les Piquepouls même, le dernier ou les derniers soufrages opérés avec les mélanges donnent des résultats complets; depuis quatre années, nous avons lieu de les constater dans notre pratique.

D'après M. Cazalis, les Carignanes seules n'ont pas toujours été délivrées d'oïdium par le soufre plâtré. Quoique le même fait n'ait pas été observé partout (1), admettons-en la réalité; on les soufrera au soufre pur; pour les autres cépages on emploiera les mélanges.

Dans les années très-sèches et très-chaudes, comme celle qui s'écoule (1863), l'oïdium perd beaucoup de son intensité, et le danger du grillage du raisin est au contraire sérieux; c'est

(1) Pour de plus amples détails, voir notre brochure sur le Soufrage économique. (*Bull. de la Soc. d'agriculture de l'Hérault*, année 1861.)

(1) En 1863 notamment, comme les années précédentes, les Carignanes traitées par le soufre plâtré ont été très-bien préservées des ravages de l'oïdium, soit à Larnac, soit chez d'autres propriétaires.

alors surtout que l'emploi des mélanges est avantageux, et qu'il trouve son application.

On peut alors proportionner l'usage du soufre comme spécifique à l'intensité du développement de l'oïdium, et arriver au résultat final qu'on poursuit avec moins d'inconvénients et une dépense moindre. C'est précisément le but qu'on atteint au moyen du soufre plâtré.

Dans ces conditions, et tel que nous l'avons présenté, le soufrage au moyen des mélanges nous paraît contenir en germe, une série de perfectionnements, et nous le recommandons à l'attention des praticiens.

Influence du soufrage sur la viticulture. — Résumons, en terminant ce bien long chapitre, notre opinion sur le soufrage de la vigne.

De toutes les innovations apportées à la culture de la vigne, l'emploi méthodique et périodique du soufre en poudre, soit pour combattre les invasions parasites de l'oïdium, soit pour agir sur la fructification et la végétation des ceps, est la plus considérable qu'on ait encore imaginée et fait accepter par la pratique. Son influence sur la production des vignobles est décisive. Jusqu'à présent elle a eu pour résultat une augmentation considérable de produit. Combinée avec une bonne culture et l'usage des engrais, les rendements de la vigne sont devenus à la fois plus réguliers et plus abondants. La végétation des vignes soufrées est plus brillante; leur fructification est moins exposée aux ravages de la coulure.

Le soufre active la maturation des raisins d'une manière très-remarquable. Ainsi, depuis que le soufrage est adopté dans l'Hérault, les vendanges sont devenues beaucoup plus précoces. Antérieurement, elles ne commençaient guère que du 20 au 25 septembre; elles ont lieu depuis, du 1er au 12 du même mois.

D'après nos observations, le soufrage avance de 10 jours environ la maturité du raisin (1). C'est un avantage inappréciable à tous les points de vue, car non-seulement il assure plus tôt les résultats du travail de toute l'année, mais il contribue à améliorer la qualité du vin; il perfectionne le raisin sous le rapport de sa couleur et de son développement; aussi le vin des vignes soufrées, dans le Midi, est-il relativement meilleur et plus coloré.

Le soufre exerce une certaine action sur les insectes dont les vignes sont attaquées; cependant elle n'est point assez forte pour les détruire ou pour les éloigner tout à fait. Ainsi il n'a empêché les invasions ni du gribouri, ni de l'attelabe, ni de l'altise; mais il peut détruire un grand nombre de ces dernières au mois de juin, à l'époque où naissent les larves sur le revers des feuilles. Quand celles-ci sont poudrées de soufre et exposées au soleil, elles meurent.

Les avantages de l'emploi du soufre sont tels que son usage dans les vignobles persistera indépendamment de l'oïdium, partout où il aura été suffisamment étudié. Nous sommes persuadé qu'il sera un des moyens qui, dans l'avenir, contribueront le plus à faire étendre la culture de la vigne.

On peut le considérer pour les vignes comme un engrais, ou plutôt comme un amendement d'un ordre particulier (1).

Partout où il existe des vignes, on ne saurait trop recommander d'essayer, dans l'intérêt de leur culture, l'emploi du soufrage méthodique.

Si nous devons en juger par ce qui se passe dans les vignobles du Midi, l'apparition de l'oïdium, qui a causé de si vives alarmes à la viticulture, aura été en définitive, par l'acquisition du soufrage, l'occasion du progrès le plus considérable qu'elle ait fait depuis bien longtemps; et au lieu de la ruine, comme on le craignait, l'oïdium sera devenu pour elle une cause de prospérité et de perfectionnement.

De l'Érinéum. — L'Érinéum est une maladie particulière qu'on n'observe que sur les feuilles de la vigne. Elle est peu dangereuse, car les fruits et les sarments n'étant pas atteints, elle n'a d'autre résultat que de diminuer la vigueur de la végétation des ceps qu'elle attaque. On la rencontre principalement sur les jeunes plantiers de 3 à 8 feuilles. Quoiqu'elle atteigne aussi les vignes vieilles, elle y est beaucoup plus rare; elle y est disséminée sur des ceps isolés, tandis qu'ils sont bien plus nombreux et réunis, dans les vignes jeunes.

Description. — Dès les premiers jours de mai, lorsque les rameaux atteignent de 30 à 50 centimètres de longueur, on observe dans les jeunes plantiers attaqués d'Érinéum des feuilles déformées par des boursouflures, qui forment des proéminences sur la face supérieure. La face inférieure, au revers, est, aux mêmes places, enfoncée et tapissée sur les enfoncements de taches blanches irrégulières, dont l'apparence est celle d'une sorte de feutre spongieux. Les feuilles en sont parfois tellement couvertes, qu'elles sont entièrement déformées; elles perdent alors leur légèreté et leur souplesse, et ne peuvent plus fonctionner. Les sarments ne sont point attaqués, mais ils font peu de progrès; ils mûrissent mal, et restent faibles.

(1) Tableau indiquant le commencement des vendanges à Launac, de 1838 à 1862.

	Commencé le :			Commencé le :	
1838	1er	octobre.	1851	19	septembre.
1839	25	septembre.	1852	21	—
1840	19	—	1853	19	—
1841	20	—	1854. Soufre.	8	—
1842	16	—	1855. —	15	—
1843	25	—	1856. —	15	—
1844	19	—	1857. —	14	—
1845	22	—	1858. —	6	—
1846	17	—	1859. —	1er	—
1847	13	—	1860. —	12	—
1848	21	—	1861. —	12	—
1849	14	—	1862. —	3	—
1850	18	—	1863. —	13	août.

(1) On observera qu'à l'inverse de la plupart des autres engrais ou amendements qu'on enfouit dans le sol, le soufre est administré par dispersion sur les parties aériennes de la vigne; ce fait est remarquable et doit attirer l'attention des agronomes. Le plâtre (sulfate de chaux) répandu sur les vesces, le trèfle, la luzerne, est jusqu'à présent un des rares amendements dont l'emploi présente de l'analogie avec celui du soufre. Au point de vue chimique, nous avons trouvé dans le raisin des vignes soufrées plus de soufre que dans le raisin des vignes non soufrées, mais les sarments et les feuilles nous ont offert de part et d'autre la même composition.

L'extrémité du sarment mal aoutée, finit souvent par périr dans les ceps les plus attaqués. Dans ce cas aussi, les raisins mûrissent mal. Les taches blanches des feuilles prennent une couleur plus foncée à mesure qu'elles vieillissent et deviennent d'une teinte rouge de vanille. C'est dans cet état qu'on les trouve en été, pendant les mois de juillet, août et septembre. Les ceps ainsi attaqués sont beaucoup plus atteints par la sécheresse que les autres. L'Aramon est un des cépages les plus sujets à ce genre de maladie ; elle est rare sur les autres cépages.

Les taches qu'on observe sur les feuilles sont formées par un petit cryptogame parasite, décrit par *Schrader* sous le nom d'*Erineum vitis*. Il se compose de longues cellules en forme de tubes, qui se grappent par masses sur le revers des feuilles vivantes et y forment des enfoncements.

On connaît peu de moyens de combattre cette maladie; on s'en préoccupe d'ailleurs fort peu, car bien qu'elle se reproduise d'une année à l'autre, elle n'acquiert pas d'intensité dévastatrice; elle retarde tout au plus le développement des plantiers et finit par disparaître spontanément. Nous avons essayé de la combattre par le soufre; on y réussit assez bien, mais plutôt en augmentant la vigueur du plantier qu'en faisant périr le cryptogame.

Il convient de régler la taille des jeunes plantiers atteints d'Érinéum et de leur donner de fréquentes cultures.

De l'Anthracnose. — L'Anthracnose ou *maladie noire* se développe sur les sarments des ceps à la suite des désorganisations que leur fait subir le charbon. MM. Dunal et E. Fabre l'ont confondue avec ce dernier. Nous avons cru devoir la distinguer ainsi que je l'ai exposé plus haut, et réserver le nom d'*Anthracnose* aux conséquences ultérieures du charbon, qui ont été étudiées par les mêmes auteurs sous le même nom (anthracnose). Celles-ci se traduisent par des altérations qui désorganisent les sarments, et même le vieux bois, en amènent la mort, troublent les fonctions de la souche et finissent par la faire périr, si les circonstances qui ont déterminé le charbon se reproduisent à courts intervalles.

Description. — Les cépages sujets à être attaqués par le charbon, sont les seuls qui soient atteints d'*Anthracnose*, ce sont principalement la Carignane, les Clairettes, le Grenache, l'Aramon. Parmi eux l'anthracnose ne prend réellement de gravité que sur les Clairettes et les Carignanes. Ces dernières s'en débarrassent assez facilement et recouvrent promptement leur vigueur et leur fertilité. Les Grenaches et les Aramons se guérissent plus vite encore, et dès l'année même. Il n'en est pas de même des Clairettes : elles continuent à languir, et comme elles perdent leur fertilité, on finit par les arracher. On désigne cet état sous le nom de *maladie des Clairettes*, dans les vignobles où ce cépage est très-répandu, comme celui de Marseillan, par exemple.

L'anthracnose se déclare dans les années humides lorsque le charbon a sévi avec intensité sur les rameaux encore tendres, particulièrement à l'époque de la floraison. Le mal est alors très-grand, comme nous l'avons dit plus haut ; non-seulement les raisins sont désorganisés, mais encore les sarments se couvrent de blessures dans lesquelles sont engendrées plus tard des végétations cryptogamiques noires, de consistance dure, que M. Dunal a rapportées à l'ancien genre *Xyloma*. On s'aperçoit alors qu'au lieu de s'arrêter, comme cela arrive presque toujours pour les Aramons et les Grenaches, le mal grandit, surtout dans les Clairettes. La base du sarment se crevasse; le bois s'altère à l'intérieur, il devient comme spongieux, et la végétation prend un caractère maladif particulier. Le plus souvent les coursons meurent, puis les bras, et il sort du tronc de la souche un ou deux sarments qui acquièrent une grosseur et une longueur démesurées. Ils se crevassent à leur tour, l'année suivante, donnant une végétation maladive, ou périssent. Les années humides aggravent considérablement cette situation.

Les jeunes Clairettes sont plus particulièrement attaquées de cette maladie dans les terrains humides. Les vieilles le sont beaucoup moins ou ne le sont point, dans les mêmes sols, mais on retrouve ordinairement chez elles des indices qui prouvent qu'elles ont été attaquées et que la maladie est ensuite passée. C'est généralement dans l'intérieur de la pièce de vigne, loin des fossés, que l'anthracnose se déclare ; elle se propage ensuite d'une année à l'autre, surtout si le temps est humide.

C'est dans les terres fortes, ou dans les marnes compactes, dont les sous-sols sont peu perméables, qu'on observe presque toujours ce genre d'altération, sur les Clairettes et la Carignane ; ou bien encore dans celles qui ressuient beaucoup d'eau, pendant les saisons pluvieuses.

Moyen de combattre l'anthracnose. — L'humidité du sol, et celle de l'atmosphère sont à la fois les causes de cette maladie. On l'évite en plantant les deux cépages qui y sont principalement sujets sur des coteaux ou dans des terrains bien ressuyés. Dans les vignes attaquées, qu'on ne veut pas arracher, de bons drainages peuvent être un remède radical. Mais si le sol est naturellement mouilleux, et qu'il ressuie beaucoup d'eau par les temps pluvieux, l'humidité qui tient à sa situation, et dont le drainage ne peut le débarrasser complétement, perpétuera l'état de maladie des ceps.

Dans les Clairettes vieilles, autrefois attaquées, il est probable que les racines en s'enfonçant très-bas, finissent par atteindre une couche plus perméable, où leur végétation peut se rétablir.

Les moyens culturaux échouent contre l'anthracnose ; ainsi les engrais aggravent l'état des Clairettes qui en sont atteintes; la taille longue provoque le dépérissement plus rapide des sarments ; le recépage entraîne souvent la perte entière de la souche. — Le drainage paraît donc le seul moyen à prendre, et nous devons ajouter que dans plusieurs cas il nous a réussi.

De l'Apoplexie. — Nous désignons sous ce nom, une maladie terrible et très-anciennement connue, qui frappe isolément les ceps au milieu de l'été en pleine végétation, chargés de fruits, et les fait périr en quelques jours.

Les paysans de l'Hérault disent que les souches ainsi attaquées sont *foullétadas*, c'est-à-dire tourbillonnées, et ils attribuent leur mort au passage de ces tourbillons de vent qui, dans une journée calme et chaude, se produisent tout à coup, et présagent un changement de temps.

Nous avons longtemps observé les vignes attaquées d'apoplexie, et nous n'avons pas reconnu que l'opinion vulgaire fût fondée. Heureusement cette maladie ne fait que sévir çà et là et frappe les ceps isolément, sans être contagieuse ou épidémique, car autrement elle deviendrait l'obstacle le plus sérieux à la culture de la vigne.

L'apoplexie se développe surtout dans les sols riches et profonds, dans ceux qui sont frais, à peu de distance de couches aquifères, dans ceux qui par leur nature sont peu perméables. Après une année très-pluvieuse, on observe ordinairement plus d'apoplexies dans les vignes que pendant les années sèches.

Description. — La maladie sévit principalement du 15 juillet au 15 août, et tout à coup, sans symptômes précurseurs, on voit les feuilles, les fruits et les sarments se dessécher et périr. Quelquefois les sarments meurent imparfaitement, ou sont hémiplégiques. Dans ce cas, la souche peut durer encore, mais elle n'est plus fructifère, et finit par périr misérablement. La mort gagne le cep du haut en bas des sarments, elle s'étend aux branches et au tronc, et descend ensuite aux racines. On ne remarque sur ces dernières aucune végétation cryptogamique, mais leur couleur à l'intérieur est d'une teinte rouge brun, qu'elles n'ont pas lorsqu'elles sont saines.

A l'intérieur, quand on coupe le vieux bois, on le trouve rouge veiné de brun ; les altérations se produisent aussi de haut en bas. Il arrive fréquemment que les souches frappées d'apoplexie meurent jusqu'à l'extrémité coudée de leur racine qu'on désigne en languedocien, sous le nom de *couïdel*, et que ce dernier se conserve encore. Alors il repousse, mais il ne forme jamais qu'une petite souche souffreteuse, qui finit par périr elle-même.

Tous les cépages sont frappés d'apoplexie, mais il y en a chez lesquels cette maladie est beaucoup plus fréquente. L'Aramon est un des plus atteints; le Terret y est aussi fort sujet.

Nous ne connaissons pas de remède à ce genre de maladie. Quand on remplace les ceps dans le courant de l'hiver suivant, il faut en extirper la souche et les racines avec le plus grand soin, et bien en nettoyer l'emplacement. On regarnit le vide soit par un provin, soit par une bouture de deux ans.

Du Rougeot. — Le rougeot paraît être un diminutif de l'apoplexie. On l'observe sur un grand nombre de cépages, mais plus particulièrement sur les Terrets chez lesquels il prend la forme épidémique, sous l'influence de l'oïdium. Nous l'avons d'ailleurs observé isolément, sur l'Aramon, le Morrastel, la Carignane, l'Aspiran, le Piquepoul, etc. Sur ces divers cépages, il n'attaque dans les vignes qu'un petit nombre de souches, et ses ravages sont peu considérables. Il en est tout autrement des Terrets; il peut arriver que dans les vignes de cette espèce, tous les ceps en soient atteints. En 1855, nous avons désigné cette maladie sous le nom de *Rougeot de Terrets;* nous l'avons décrite alors comme une conséquence de l'oïdium sur la végétation des Terrets. Notre opinion n'a point changé, d'autant plus que le rougeot ne s'est répandu et n'est devenu réellement une maladie importante que depuis l'invasion de nos vignobles par l'oïdium.

Description. — Le rougeot se déclare sur les ceps en pleine végétation, au commencement de l'été, lorsque les premières chaleurs se font sentir.

Les feuilles commencent par s'altérer; elles se parcheminent et perdent leur souplesse; leur parenchyme devient rouge, tandis que les nervures restent encore vertes, ce qui leur donne une apparence toute particulière; les raisins se flétrissent, le sarment reste jaune. Si la maladie s'aggrave encore, les feuilles se dessèchent entièrement, et le sarment meurt partiellement, en se nécrosant, de l'extrémité à la base. Il est quelquefois atteint sur un seul côté, qui devient brun, tandis que le reste se conserve vert.

On voit fréquemment à l'arrière-saison les souches ainsi attaquées de rougeot, repousser de jeunes rameaux sur les sarments.

Les ceps malades du rougeot ne meurent point, comme dans le cas de l'apoplexie, mais ils sont fort maltraités, et leur fertilité naturelle diminue considérablement. Ils ne la reprennent qu'au bout de quelques années. C'est pour cette raison que, depuis l'invasion de l'oïdium, les Terrets qui en ont été atteints, ne sont plus aussi productifs qu'autrefois.

Le rougeot ne devient épidémique que sur les Terrets, et plus particulièrement sur les Terrets gris, ou Terrets-bourrets; il se déclare alors toujours après l'invasion de l'oïdium, et lorsque celle-ci a été mal combattue, ou trop tard. Des soufrages énergiques et en temps utile, sont dans ce cas le meilleur moyen de le combattre. Malgré cela, on peut bien encore trouver des souches disséminées qui en sont atteintes, mais le mal n'est alors que très-partiel, et ne s'étend pas à la vigne entière.

On observe le rougeot dans tous les sols, mais il est bien plus fréquent dans les terrains frais et profonds où sévit l'apoplexie, que sur les coteaux et dans les garrigues. Les ceps frappés de rougeot non-seulement font moins de raisins les années suivantes, mais encore ils sont exposés à perdre des coursons et des bras quand ils sont fortement attaqués.

On remarque dans la marche de l'altération des diverses parties du cep, une grande analogie avec ce qu'on observe pour le cas d'apoplexie. La mort des parties, quand elle a lieu, se produit de haut en bas. Quand la souche a perdu plusieurs de ses branches et qu'elle a profondément souffert, elle ne donne plus de produits et finit par périr au bout de deux à trois ans. Dans ce cas, le meilleur parti à prendre, selon le conseil de M. E. Fabre, est de la receper entre deux terres. Elle repousse avec une grande vigueur de beaux sarments, sur lesquels on rétablit promptement une jeune souche fertile et vigoureuse.

Quand les sarments ne sont pas morts, il faut les tailler comme à l'ordinaire, en ayant soin de laisser peu de coursons, et de les tenir courts. La souche se remet alors en bois, et reprend peu à peu sa fertilité naturelle.

Les soufrages réitérés, à partir de la floraison, et l'assèchement du sol, sont des moyens sûrs de combattre cette maladie qui, depuis dix ans environ, occasionne sur les Terrets des pertes importantes.

De la Jaunisse. — La jaunisse est une maladie particulière qui se traduit par le jaunissement des feuilles.

Elles conservent cependant leur souplesse, et restent plus vertes sur les nervures que sur le parenchyme.

Le cep tombe dans un état de langueur qui empêche le développement normal des fruits et des sarments. C'est vers le mois de mai que se manifeste ordinairement la couleur jaune des feuilles.

La jaunisse paraît due surtout à l'influence de certains terrains glaiseux, recouverts de marnes blanchâtres. On la voit se manifester même sur de jeunes boutures de deux ans. On l'attribue à un défaut d'oxydation du sol où végètent les ceps.

En général, elle est confinée dans les vignes, à de petites surfaces, et elle n'a pas une grande importance. Il est souvent difficile de s'en débarrasser. Le drainage est naturellement indiqué comme le moyen le plus rationnel et le plus efficace, pour la faire disparaître.

Insectes nuisibles. — Les animaux nuisibles à la vigne sont principalement des insectes.

Dans les chapitres du *Livre de la ferme* qui précèdent notre travail, l'histoire de ces insectes a déjà été exposée; aussi devant limiter l'étendue déjà trop grande, nous bornerons-nous à citer les principaux, parmi ceux qui ravagent les vignobles de la région.

Ce sont les suivants :

L'Altise. — L'Altise (*Altica oleracea*), petit Coléoptère, vert foncé ou bleuâtre, long de $0^m,005$. Il saute avec beaucoup d'agilité, lorsqu'il n'est pas engourdi par la fraîcheur du matin.

Il dévore la vigne au mois d'avril lors de l'apparition des rameaux. Plus tard, il fait beaucoup de mal, au mois de juin, lorsqu'à l'état de larve, il ronge les feuilles inférieures des sarments, les jeunes écorces et les grappes.

On le détruit en lui faisant une chasse active; en hiver, en incendiant les broussailles; au printemps, en le prenant au moyen de plats en fer-blanc, dont le milieu est percé d'un trou qui aboutit à un sac placé inférieurement et destiné à recueillir les insectes. On le prend aussi à l'état de larve, au mois de juin, quand il est en grand nombre, en faisant enlever les quatre à cinq premières feuilles placées à la base des sarments. Les œufs de ces insectes étant déposés sur le revers de ces feuilles, leur destruction est certaine par ce moyen.

Les Altises produisent la même année deux générations d'insectes parfaits qui naissent, la première, à la fin de juillet, la seconde, à la fin de septembre; ceux-ci hivernent au pied des souches, sous les écorces, dans les broussailles, le long des fossés, et reparaissent en nombre prodigieux au printemps.

Elles disparaissent spontanément à la suite de coups de vent qui les emportent, ou d'étés longs et chauds à la suite desquels elles font une deuxième ponte dont les larves périssent dans l'arrière-saison.

Les Altises ont fait de grands ravages à certaines époques. Elles ne persistent pas et disparaissent au bout de la première ou de la seconde année.

Les cépages qui ont souffert le plus, et pour lesquels elles montrent une préférence particulière, sont l'Aramon et le Brunfourca.

Un des ennemis naturels de l'Altise est une punaise bleue (*Pentatoma cerulea*) qui la dévore à l'état d'insecte parfait et de larve. Il faut éviter de la détruire en chassant les Altises.

L'Attelabe. — L'Attelabe (*Attelabus Bacchus*, Lab., *Cerealis Bacchus*, L. *Rynchites Bacchus*, Latr.) est l'insecte qu'on désigne vulgairement sous le nom de Becmare vert, Beccut, Cigarreur, coupe-bourgeons. C'est un coléoptère de la grosseur d'un fort grain de blé, de forme élégante, d'une belle couleur vert doré, armé d'une petite trompe avec laquelle il pique le pétiole des feuilles, ou l'extrémité des jeunes rameaux au début de la végétation.

Dès la fin d'avril, on le voit paraître ; il s'attaque alors aux jeunes rameaux si les feuilles ne sont pas encore assez développées ; il les perce souvent, au-dessous du fruit, d'un trou rond, au-dessus duquel périt toute la partie supérieure ; la récolte des jeunes pousses est alors perdue. Ce cas est heureusement rare. Il s'attaque plus particulièrement aux feuilles. Dès qu'il en a piqué la queue avec sa trompe, elles se flétrissent et deviennent assez souples pour qu'il puisse les rouler en forme de cigares, en les pliant et repliant sur elles-mêmes. C'est dans ces feuilles qu'il dépose ses œufs au nombre de trois ou quatre; on en trouve quelquefois un plus grand nombre; dans ce cas, plusieurs attelabes se sont réunis pour pondre dans la même enveloppe.

Les feuilles ainsi roulées se dessèchent et restent suspendues aux sarments.

Ces insectes se succèdent ainsi pendant plus de deux mois, piquant les feuilles à mesure qu'elles poussent. Ils disparaissent du 10 au 15 juillet quand leurs pontes sont finies.

Pendant les jours de chaleur, les attelabes volent, et se déplacent à des distances assez grandes. On les voit alors arriver tout à coup en masses, dans des localités où ils étaient peu nombreux.

Jusqu'à ces derniers temps, sauf de rares exceptions, on ne les avait encore observés, dans le

Midi, qu'en nombre trop petit pour exercer de sérieux ravages sur les vignes. On rencontrait çà et là quelques feuilles roulées, mais leur nombre n'était pas assez grand pour gêner la végétation des ceps et les dépouiller de leur verdure ; aussi ne se préoccupait-on point de l'attelabe.

Depuis deux ans, il est devenu tellement nombreux et si répandu, qu'il a causé les dégâts les plus sérieux. Sur de vastes surfaces, toutes les feuilles des sarments ont été piquées, il a même attaqué l'extrémité des rameaux. Il respecte ordinairement les raisins, dont les queues lui offrent un tissu moins tendre et dans lesquels il ne dépose pas ses œufs. Mais exposées à toutes les intempéries de la saison, au moment de fleurir, les grappes portées sur des baguettes dénudées de feuilles, se développent mal, et font de petits raisins, quand elles ne coulent pas.

Dans le courant de l'été, les larves naissent dans la feuille sèche, s'en nourrissent, la percent et s'enfoncent dans le sol pour s'y transformer en nymphes et atteindre le moment de leur dernière métamorphose. Elle a lieu ordinairement vers la fin de septembre. On voit reparaître à cette époque les insectes parfaits en grand nombre. Ils se nourrissent du parenchyme des feuilles jusqu'au moment où l'abaissement de la température en détermine la chute. Ils hivernent au pied des souches, à 5 centimètres environ sous terre, et reparaissent à la fin d'avril.

Autrefois on ne chassait pas l'attelabe ; on le détruit activement depuis qu'il a commis de grands dommages. En avril, on le prend avec les plats en fer-blanc qui servent pour les altises, et plus tard en recueillant les feuilles roulées et en les brûlant. On le détruit aussi au moyen d'une troupe de jeunes poulets qu'on garde en mai et juin (1).

Cet insecte s'attaque à tous les genres de cépages, mais plus particulièrement à l'Aramon, dont la feuille fine et souple se prête à l'enroulement. Le Grenache en est presque exempt, par la raison contraire, sa feuille étant plus ferme et plus forte.

Le Gribouri (*Eumolpus vitis*, Latr.). — Il porte aussi les noms d'Eumolpe, Écrivain, Diablotin. C'est un Coléoptère dont les élytres sont couleur marron, ainsi que le corselet. Cet insecte est de la grosseur d'un pepin de raisin ; il est pourvu de petites antennes et de trois paires de pattes ; quelquefois il vole, mais il ne saute pas, et se laisse tomber par terre dès qu'il entend le moindre bruit. Sa couleur et sa petite taille le dérobent aux poursuites.

C'est un des ennemis les plus acharnés et les plus dangereux de la vigne ; il en ronge à la fois toutes les parties vertes : sarments, grappes, raisins et feuilles, depuis la fin d'avril jusqu'à la mi-juillet, et plus tard même. C'est à l'époque de la floraison et ensuite dans le courant de juin qu'il exerce ses plus grands ravages. Les traces qu'il laisse sur les feuilles, les écorces, les pédoncules, pédicelles, grains, sont en forme de découpure allongée et vermiculée, ce qui lui a fait donner le nom d'Écrivain.

(1) On a généralement remarqué que dans le voisinage des habitations où les moineaux sont nombreux, on ne trouve qu'un petit nombre d'attelabes ; aussi les vignes y sont-elles exemptes de leurs ravages. Les perdrix, de même que les poulets, les dévorent avidement.

Les vignes attaquées par cet insecte sont rabougries, quelle que soit leur vigueur ; elles perdent leurs fruits et tombent dans le plus triste état. Ce sont les jeunes Aramons qu'il attaque de préférence, et, d'après nos observations, on le rencontre plus particulièrement dans les vignes plantées en terrain peu perméable et mal ressuyé. On le rencontre peu sur les autres cépages.

La malignité des ravages de cet insecte tient à ce que ses larves attaquent aussi les racines de la vigne, ainsi que l'a reconnu M. le baron Paul Thénard. Comme il se reproduit en nombre considérable pendant trois mois que durent ses attaques, la chasse qu'on lui fait à l'état d'insecte parfait, est souvent insuffisante pour le détruire. M. Thénard s'en est débarrassé en fumant les ceps au mois de mars, à raison de 1,200 kilogrammes par hectare, avec des tourteaux de colza dont l'huile a été extraite à une chaleur de 80° seulement. D'après lui, l'huile essentielle de moutarde que ces tourteaux renferment, fait périr les larves dans le sol même ; en même temps, le tourteau est un puissant engrais.

Ce procédé serait d'un emploi facile, si l'on pouvait se procurer des tourteaux dans les conditions indiquées. Ceux que nous avons employés dans ce but, concurremment avec plusieurs de nos collègues de la Société d'agriculture de l'Hérault, ont été tirés de toutes les parties de la France ; et cependant comme destructeurs du gribouri, aucun ne nous a donné des résultats satisfaisants, car nous avons vu revenir sur la vigne cet insecte en abondance, quoique le tourteau eût été répandu sur le sol dans les meilleures conditions et à la dose, non de 1,200 kilogrammes, mais de 1,800 kilogrammes par hectare.

Néanmoins, comme engrais, l'action des tourteaux a été remarquable, et combinée avec une chasse active et continue, faite au gribouri, en mai et juin (1), au moyen de grands cartons blancs qu'on plaçait à la fois sous les souches en sens opposé, nous avons pu nous en débarrasser assez pour permettre à la vigne de conserver ses fruits et de végéter avec vigueur. M. Thénard conseille encore, comme moyen de destruction, les cultures d'hiver, afin de soumettre les larves à l'action du froid. On fera bien d'employer contre le Gribouri tous ces moyens à la fois, car il n'est point pour la vigne de plus dangereux ennemi. Les troupes de jeunes poulets, rendent aussi contre lui d'utiles services. D'une manière générale, il serait bon d'en entretenir dans les vignes, au moyen de poulaillers roulants, pour détruire les myriades d'insectes de tout genre, dont elles sont infestées depuis quelques années. On suppléerait ainsi aux services que rendaient autrefois les perdrix dans les vignobles, alors qu'elles y étaient nombreuses et qu'une chasse impitoyable et imprévoyante, jointe aux excès du braconnage, ne

(1) Voir les indications de M. de Vergnette-Lamotte.

les avait point encore fait disparaître de nos campagnes.

Les ravages du gribouri, dans le Midi, sont de date récente; il a néanmoins déjà paru dans plusieurs vignobles, toujours sur des Aramons encore jeunes, et s'y est maintenu plusieurs années de suite avant de disparaître. Les vignes qui en ont été fortement attaquées restent assez longtemps affaiblies.

La Pyrale. — Depuis les travaux de M. Audouin, chacun connaît l'histoire de la pyrale. La pyrale (*Pyralis vitana*, Fabr.), désignée sous le nom de *Babota*, Ver coquin, etc., est une phalène classée par Linnée parmi les phalènes tordeuses, parce que les chenilles de ces insectes tordent les feuilles des plantes sur lesquelles elles vivent. La pyrale a fait en France les plus grands ravages, non-seulement dans la Bourgogne et sur les rives du Rhône, mais dans plusieurs des principaux vignobles de l'Hérault, à Marseillan, à Florensac, à Vias, etc. Elle existe encore aux environs de Béziers en assez grande quantité pour qu'on soit obligé de la détruire par le procédé Raclet, au moyen de l'échaudage des ceps par l'eau bouillante.

C'est à l'état de chenille ou de larve que la pyrale exerce ses ravages. Elle est verte, un peu jaunâtre, rayée de bandes vert obscur, avec des taches punctiformes, lisses, blanchâtres, munies d'un poil. La tête est noire ainsi que le premier anneau. Elle se montre dans le courant de mai, et habite à la fois les feuilles et les grappes. Elle les tord, les enlace de ses fils, et fait tomber les fleurs et les grains. La récolte est très-vite détruite. Dunal rapporte que Draparnaud, qui décrivit ses ravages en 1801 et 1802, dans les communes de Marseillan et Florensac, dit qu'on ne peut se faire une idée du tableau hideux que présentaient les vignes ainsi dévastées. J'ai plusieurs fois entendu dire aux propriétaires de cette localité que ces ravages étaient tels, qu'au mois de juin on avait été réduit à mettre les troupeaux dans les vignes, pour leur faire dévorer rameaux et pyrales, dans l'espoir de se débarrasser ainsi, par famine, de ce terrible ennemi.

Dans le courant de juin, la pyrale se transforme en chrysalide, et, au bout d'une vingtaine de jours, donne naissance à un papillon de l'espèce des phalènes, de 12 à 15 millimètres de long. La tête, le corps et les pattes sont gris jaunâtre, et comme argentés; les ailes supérieures sont de la même couleur, caractérisées à leur face supérieure par trois bandes brunes transversales. Les ailes inférieures sont grisâtres, unies, avec le bord jaunâtre argenté. Ce papillon pond ses œufs à la partie supérieure des feuilles; ils y forment des taches d'un jaune blanchâtre facilement reconnaissables.

Nous renverrons à l'ouvrage de M. Audouin, *Des Insectes ennemis de la vigne*, pour l'étude des mœurs de la pyrale. Nous nous bornerons à dire que le seul moyen efficace pour la détruire est le procédé imaginé par M. Raclet, de Romanèche. Il consiste à échauder les ceps avec de l'eau bouillante, pendant l'hiver. Nous n'entrerons pas dans les détails de l'opération, qui se pratique d'ailleurs chaque année d'une manière courante dans les environs de Béziers. On trouve dans cette ville des dépôts de petites chaudières portatives pour faire bouillir l'eau, et des cafetières à bec pour la verser.

La Cochylis. — La cochylis de la grappe, (*Cochylis omphactella*), est aussi désignée sous les noms de Teigne de la grappe, Teigne de la vigne, Ver de la vendange, Ver coquin. C'est une petite chenille ou ver qui, plus tard, donne naissance à un petit papillon semblable à ceux des teignes.

C'est aussi à l'état de larve que cet insecte commet ses ravages. Il y a peu d'années qu'il était inconnu dans le Midi, mais depuis 1860, on a commencé à se plaindre de sa présence. Il est incontestable qu'il est aujourd'hui répandu sur de grandes surfaces, principalement dans l'arrondissement de Béziers, où il a paru d'abord, et dans celui de Montpellier; il tend à se propager dans toutes les directions, et il commet de sérieux dégâts.

Cette chenille se montre au mois de mai, et exerce d'abord ses ravages à l'époque de la floraison. Elle colle les uns contre les autres, les fleurs et les grains déjà formés, en construisant entre eux, comme les teignes, un petit cocon cylindrique. Elle les fait tomber, ou les dévore. Quand le petit grain est assez gros, elle se loge dedans et le vide. Mais ce qu'il y a de plus dangereux, c'est qu'elle pique la grappe sur son axe principal, se loge dedans et détermine la mort et la chute de toute la partie inférieure du raisin. On rencontre ainsi, au pied des souches attaquées, des raisins entiers coupés, alors que leurs grains sont de la grosseur d'une lentille. Cette petite chenille est d'un brun clair, à tête noire; elle a seize pattes, et une longueur de 10 à 12 millimètres seulement.

Elle se transforme en nymphe, dans le courant de juin; le papillon naît en juillet, et pond ses œufs sur les raisins; dans le courant d'août, ils donnent naissance à une seconde génération de larves, qui percent les grains, pénètrent dans leur intérieur et les vident. Elles font ainsi beaucoup de dégâts, non-seulement par le raisin qu'elles détruisent, mais encore en altérant la qualité du vin.

Le papillon n'a pas plus de 7 à 8 millimètres de long. Les ailes antérieures sont jaunâtres, rayées par une bande brun foncé; les ailes postérieures sont gris cendré. Cet insecte est trop petit et trop multiplié pour qu'on puisse lui faire spécialement la chasse; à l'époque de la vendange on le prend tout en cueillant le raisin, mieux que par la chasse la plus active, et on en fait périr d'énormes quantités. En dehors de ce moyen, la seule manière de le détruire est de traiter les ceps par l'eau bouillante, comme dans le cas de la pyrale.

Audouin a décrit la cochylis, et avant lui, Bonnet en 1740, Béguillet en 1770. L'abbé Rozier en fait mention sous le nom de teigne de la grappe. D'après lui, on la trouvait de son temps dans les provinces de l'Est (Bourgogne, Champagne, Dauphiné, Lyonnais et Beaujolais). Il ne fait point mention du Midi, aujourd'hui envahi, ni des provinces de l'Ouest.

La cochylis attaque toute espèce de cépage; mais nous l'avons plus particulièrement trouvée répandue à l'époque de la vendange, sur les Aspirans et les Terrets.

L'Écaille caja. — L'écaille caja (*Chelonia caja*, God.; *Bombyx caja*, L. Fab.), ou grosse chenille noire velue, se montre presque tous les ans, dès la sortie des rameaux, au mois d'avril. Elle les coupe et les dévore très-lestement, et peut causer d'assez grands dégâts quand on ne lui donne pas la chasse. Il est d'ailleurs facile de s'en débarrasser.

Elle a de 4 à 5 centimètres de longueur, est couverte de poils noirs sur le dos, et roux sur le côté.

Le papillon fait deux pontes chaque année. Il est long de 0m,04 environ. Ses ailes antérieures sont d'une couleur brune, traversées par des bandes sinueuses qui se croisent. Ses ailes postérieures sont d'un rouge brique, avec six ou sept taches bleu foncé bordées de noir légèrement entouré de jaune.

Nous terminerons ici la liste des principaux insectes ennemis de la vigne. Les limites de ce travail ne nous permettent point d'en mentionner quelques autres dont l'importance est secondaire, de traiter des escargots et limaces, des inconvénients graves des ruchers d'abeilles dans les contrées de vignobles, et enfin, dans la revue rapide de l'histoire des insectes que nous venons de tracer, d'entrer dans les détails pratiques qu'exigerait cet intéressant sujet. Relativement à leur histoire naturelle, nous renvoyons pour de plus amples informations aux travaux d'Audouin et de Dunal.

De nombreuses observations restent encore à faire sur ce sujet, car l'histoire de la plupart de ces insectes offre une foule de lacunes dont la connaissance conduirait peut-être à des moyens de destruction plus sûrs et plus commodes que ceux dont on se sert aujourd'hui.

H. Marès.

CHAPITRE X

DES VIGNES DE L'ERMITAGE

Personnellement, nous ne connaissons le coteau de l'Ermitage que pour l'avoir vu en traversant le département de la Drôme, ce qui revient à dire que nous ne le connaissons pas. Heureusement, M. Rey, viticulteur et propriétaire à Tain, a publié, en 1861, une monographie de ces vignobles, qui a été fort bien accueillie, et qui nous fournira les quelques renseignements dont nous avons besoin.

« Le coteau de l'Ermitage, dit-il, est situé au nord-est de la petite ville de Tain, sur la rive gauche du Rhône. Ses murs de clôture se prolongent jusqu'aux habitations, qui n'en sont pas éloignées de 200 mètres.

« En descendant rapidement en chemin de fer, ou plus gaiement et plus fraîchement, en été, le cours poétique du Rhône, le voyageur aperçoit à sa gauche, derrière la ville même qu'elle domine et protége contre les vents du nord, une petite montagne, travaillée, cultivée jusqu'à son sommet, qui s'abaisse ensuite dans la direction de l'est, et se ramifie au loin en petites collines qui semblent fuir le lit du Rhône.

« C'est le coteau de l'Ermitage.

« Il est situé par 2° 28′ 42″ de longitude est de Paris, et 45° 4′ 39″ de latitude septentrionale, d'après les observations de M. de Flaugergues, astronome de Viviers (Ardèche). La hauteur du coteau, prise sur l'emplacement des ruines de l'ancienne chapelle, est de 273 mètres au-dessus du niveau de la mer, et de 162 mètres au-dessus du niveau du Rhône.

« Le torrent de Greffieux, dont le lit est constamment à sec lorsqu'il ne pleut pas, divise en deux vignobles le coteau proprement dit de l'Ermitage. Si l'on en excepte les vignes situées dans le ravin formé par ce torrent, les deux vignobles se trouvent exposés au sud-ouest, de telle sorte qu'ils ne perdent pas un rayon de soleil depuis son lever jusqu'à son coucher, et se trouvent parfaitement abrités des vents du nord. Leur température moyenne, par quinze années d'observation, est de 13°,90 centigrades. Souvent on peut y voir travailler le vigneron pendant qu'aux alentours la terre est encore couverte de neige.

« Les pentes des deux collines sont également roides; les terres en sont retenues par des murs en pierres sèches, construits en travers à peu de distance les uns des autres. Sans cette précaution, les eaux pluviales descendraient dans le bas toute la terre végétale dont la profondeur très-souvent n'excède pas 70 centimètres. »

Les vignobles de l'Ermitage ne produisent que des vins rouges et se partagent en divers cantons ou crus, désignés dans la Drôme sous le nom de *mas*, vieux mot qui correspond à celui de *meix*, connu sur différents points de la Bourgogne. Ainsi, les mas du *Bessard*, du *Méal* et de *Greffieux*, qui sont plantés en cépages rouges, comprennent un peu plus de 45 hectares ensemble. En y ajoutant un certain nombre de parcelles, des défriches récentes et le mas de l'Ermite, on trouve pour la totalité de contenance du coteau de l'Ermitage, un peu plus de 60 hectares, dont le produit moyen est de 1,500 hectolitres de qualité variable.

Les mas de *Beaume*, de *Rocoule*, des *Murets*, etc., qui produisent des vins blancs très-estimés et des vins rouges de troisième et de quatrième ordre, livrés au commerce les uns et les autres sous le nom de *vins de l'Ermitage*, n'appartiennent pas au coteau de l'Ermitage proprement dit; mais il n'en est pas moins vrai qu'ils le continuent et que tout le monde n'accepte pas la distinction établie.

Nature du sol. — Dans les parties supérieure et moyenne du mas du Bessard, la vigne se trouve cultivée dans l'*arène* des géologues ou granit désagrégé, et ce sol repose sur des roches granitiques plus ou moins dures. Les parties inférieures de ce mas du Bessard sont, dit M. Rey, « composées d'une terre végétale calcaire tamisée par les eaux dans les régions supérieures, et mélangée à des cailloux siliceux, calcaires et granitiques dans la partie qui touche au Greffieux. La présence de l'élément calcaire, ajoute-t-il, explique la supériorité du vin produit ici par un sol granitique. On sait que le granit fournit ordinairement un vin peu distingué. Les fissures de la zone granitique du Bessard contiennent, jusqu'à une profondeur considérable, des lames de feldspath calcaire d'une grande pureté. Elles sont dues à un séjour prolongé des eaux sur ces roches, à l'action des acides sur leur surface, à d'autres causes dont notre sujet ne comporte pas la description, et s'expliquent aussi par la nature des collines qui en dépendent. »

Le sol du Méal est une alluvion mêlée de cailloux siliceux, calcaires et granitiques reposant sur le granit. Le calcaire y figure pour 35,50 p. 100, la silice à l'état soluble pour 0,9, et les sels alcalins pour 0,7.

Le sol du Greffieux est également une alluvion de sable fin siliceux, plus riche en matières organiques, en sels alcalins et alumine que le précédent, mais très-pauvre en carbonate de chaux, puisqu'au lieu de 35 1/2 p. 100, il n'en contient que 5 1/2. Cette alluvion, poreuse et maigre, repose, au moins vers son sommet et à une certaine profondeur, sur le même sous-sol que le Méal.

Pour ce qui est des terrains où les cépages blancs sont associés en petite proportion aux cépages rouges, un ancien ingénieur en chef des mines, M. E. Gueymard, a été prié d'en faire l'analyse. Le mas de Beaume lui a donné p. 100 : 63,5 sable et silicate, et 32,5 carbonate de chaux; le mas de Rocoule, 63 sable et silicate, 31,5 carbonate de chaux; enfin, le mas des Murets, 84 sable et silicate, et seulement 12 carbonate de chaux.

Variétés cultivées. — Dans les vignobles de l'Ermitage et des environs, il existe un certain nombre de cépages, mais la *petite syra* est la variété qui produit les vins rouges d'élite, comme en Bourgogne le pinot. La *grosse syra* produit plus, mais son vin est commun et elle a d'autres défauts encore. Pour ce qui est des raisins blancs, on cultive la *roussanne* et la *marsanne*. Il y a deux roussannes comme il y a deux marsannes. La petite roussanne est préférable à la grosse, quant à la qualité; la grosse produit plus et vaut moins. La marsanne proprement dite est la seule estimée; la marsanne *bourrue* l'est fort peu.

« Le seul plant, dit M. Rey, cultivé pour le vin rouge à l'Ermitage et dans le canton, dans les expositions qui peuvent fournir des vins de luxe, est la petite Syra, à sarment gris cendré sur jeune plant, et cannelle foncée sur vieille souche, à nœuds distants, d'un rouge sale sur vieux bois, à feuilles fines, assez larges, d'un vert gai, médiocrement lisses à la surface, duveteuses en dessous et ordinairement à cinq lobes. L'extrémité des jeunes tiges est très-cotonneuse; les feuilles se détachent du *bourgeon* irrégulièrement teintées d'un rose vif et les nervures sont épaisses. La grappe en est cylindrique, claire ou serrée, selon la fertilité du sol ou l'âge du sujet, longue, ailée, à grains inégaux, ovalaires, noir violet, juteux, très-sucrés, à peau craquante et d'une maturité précoce. »

Voici maintenant ce qu'en a dit M. Puvis : — « La Syra de l'Ermitage est remarquable sous bien des rapports, mais particulièrement par la durée qu'elle donne aux vins; aussi la vendange tardive, qui compromet leur durée dans la Côte-d'Or et dans la plus grande partie du Midi, n'empêche pas que l'Ermitage ne soit peut-être le vin le plus durable de France; c'est encore un grand avantage que ce plant a sur le Pinot. La durée qu'il donne au vin qu'on en fabrique se transmet, à ce qu'il semble, à tous ceux qu'il produit ailleurs que dans son climat originaire; elle peut aussi donner, à distance du vignoble-type, des vins qui se confondent aisément avec les seconds crus de l'Ermitage, avantage qui ne se reproduit pas aussi bien pour ceux qu'on fabrique avec le Pinot hors des côtes de Bourgogne »

On reproche à la petite Syra d'être sujette à la coulure dans les vignes d'un âge assez avancé, et l'on attribue cette prédisposition regrettable à la dégénérescence du cépage. En conséquence, on conseille le semis pour créer une génération nouvelle de Syra. Nous avons si souvent donné ce conseil pour tous nos cépages que, dans ce cas particulier, nous ne pouvons qu'applaudir.

Pour ce qui est de la Roussanne et de la Marsanne, M. Rey les décrit en ces termes : — « La Roussanne a les nœuds rougeâtres et plus rapprochés que ceux de la Marsanne; son sarment est d'un gris moins clair que celui de cette dernière. Ce sont ces caractères distinctifs et particulièrement apparents qui guident les vignerons dans les triages destinés aux plantations locales ou aux exportations. Les feuilles de la première sont épaisses, tourmentées et d'un beau vert; elles ont de trois à cinq lobes. La Marsanne est nouée fort long, et sa feuille, souvent boursouflée, a ordinairement cinq lobes. La râfle de la Roussanne est allongée, ailée, formant souvent un double ou triple raisin sur le même pédoncule; le grain est clair-semé, petit, rond, mais souvent inégal; sa véraison est tardive; à l'époque de la maturité, il devient roux doré et croquant.

« La Marsanne a une grappe généralement moins longue, moins colorée, à grains gros et serrés au point de les déformer. Elle est préférable pour le rendement et son vin fermente plus longtemps, etc. »

Multiplication. — On reproduit la vigne au

moyen des crossettes ou boutures avec talon de vieux bois, des plants racinés ou des marcottes: quand une vigne est épuisée, ce qui arrive au bout d'une vingtaine d'années, on fait défoncer le terrain, opération souvent rude, difficile et coûteuse à cause du sous-sol, et se payant en ce temps-ci depuis 50 centimes jusqu'à 2f,50 le mètre carré, effondré à la profondeur de 1m,30. Une fois le défoncement exécuté, on sème sur la défriche de la luzerne ou du sainfoin, ou toute autre plante fourragère. Au bout de trois, quatre ou cinq ans, selon que le terrain était plus ou moins appauvri au moment de l'effondrage, on le remet en vigne. Ce travail de renouvellement doit se faire d'année en année, « de telle sorte qu'en vingt ou vingt-cinq ans la totalité ait été replantée et qu'on n'ait point cessé de récolter toujours à peu près la même quantité de vin. »

On commence nécessairement par rompre le gazon de la prairie artificielle et par unir convenablement le terrain; puis on procède à la plantation de février en avril, le plus souvent avec des crossettes tirées de jeunes vignes cultivées en terrain neuf. Il est rare que l'on se serve de plants enracinés. Voici la manière de procéder : — Au moyen d'un cordeau, on trace en long et en large, à 1 mètre de distance l'une de l'autre, des lignes qui se coupent à angle droit. Ces lignes une fois tracées, on ouvre à chaque point d'intersection, à l'aide d'un pal en fer, des trous de 70 centimètres de profondeur environ, et l'on y place les crossettes, tantôt une à une, tantôt deux par deux, afin de mieux assurer une reprise complète, car sur deux boutures il y a chance que l'une d'elles reprendra. Cependant, il est rare que le succès soit parfait du premier coup, et alors il faut regarnir l'année suivante et parfois même plusieurs années de suite. On regarnit ou avec de nouvelles boutures, ou bien encore avec des marcottes, quand les boutures de l'année précédente ont produit des sarments assez développés pour se prêter au provignement. Ainsi, en supposant que deux crossettes aient repris dans le même trou et donné de longs rameaux, on en couche une dans une fosse de 75 centimètres de profondeur sur 1 mètre de longueur pour remplacer une autre crossette morte dans le voisinage. On recouvre la vigne provignée de quelques centimètres de terre et on fume par-dessus sans combler le provin. On entretient ainsi la fraîcheur et on favorise l'enracinement. En aucun autre cas on ne fume les vignes, soit vieilles, soit jeunes, car le fumier enterré superficiellement détermine, dans le voisinage du collet, la formation de petites racines qui ne résistent pas aux sécheresses du Midi. Comme les provins finissent par devenir très-rapprochés, l'ensemble de la plantation profite des fumures copieuses qu'on leur donne.

Lorsqu'il arrive de se servir exceptionnellement de plants enracinés, que, dans le pays, on nomme *barbeaux* (plants à barbes), synonyme de *chevelées, chevolées* ou *chevelus* (plants à cheveux ou à perruques de petites racines), on ouvre des tranchées ou des provins de 1 mètre de profondeur et à 3 mètres de la ligne la plus voisine. On plante les barbeaux à 1 mètre l'un de l'autre en ligne, on recouvre leurs racines de terre, puis on fume. Dès que les sarments sont devenus vigoureux, on en couche de quoi former des rangées de provins dans l'espace de 3 mètres ménagé entre les lignes de barbeaux. On exécute ce marcottage ou provignement aussitôt que les premières feuilles de la vigne commencent à tomber, et dans chaque provin on met environ 20 kilos de fumier de cheval. « Pour maintenir une vigne en bon état, dit M. Rey, il faut creuser en moyenne 40 provins par 5 ares et par an. »

« Autant que possible, ajoute-t-il, on ne provigne que des souches de bon plant, marquées d'avance. Le moment où elles portent leur fruit est le plus propice à ce choix, la végétation n'étant pas une indication suffisante à établir la qualité du plant. Une seule souche remplace rarement deux souches voisines par un provin de trois pointes; ce genre de remplacement, indispensable lorsqu'il manque des sujets de bon plant, épuise rapidement les souches ainsi provignées, surtout dans les terrains les plus secs et les plus arides. Il en est autrement du provin à trois pointes fait avec deux souches, l'une chétive, l'autre à longs sarments gris cendré; celle-ci fournit deux pointes, la première une seule; on fume en conséquence et on a évité la façon d'un provin pour l'année suivante.

Taille de la vigne. — Sur le coteau de l'Ermitage, ainsi que dans les vignes des environs, on taille chaque cep sur un ou deux sarments, en laissant d'autant plus de bourgeons (*bourres* ou *nœuds*) que la vigueur du cep est plus forte. En général cependant on ne laisse à la souche qu'un sarment taillé à trois nœuds, et quelquefois un second sarment taillé à un œil seulement et placé plus bas que l'autre, ce qui permet de rapprocher à la taille suivante les ceps qui s'élèvent trop. Dans les sols très-fertiles et sur les cépages communs très-vigoureux, on conserve deux sarment taillés au-dessus du troisième nœud. On obtient ainsi plus de raisins, mais on assure que le vin perd en qualité ce qu'il gagne en quantité. Naturellement, parmi les cépages fins, on pratique la taille sur le sarment le plus fort et le plus rapproché du pied. Les vignerons disent alors qu'ils *taillent sur le vin*. Au nombre des rameaux réservés pour la taille, ils ne comptent pas le plus inférieur qu'ils appellent le *sourd* et qui souvent fructifie.

On a essayé d'appliquer la taille courte ou *à cot* ou à *court bois* dans quelques vignes plantées en petite Syra, mais cette variété est précoce, sujette à la gelée, et dès que le bourgeon se trouvait attaqué, la récolte entière était compromise. Avec la taille longue, quand le bourgeon le plus près de la partie taillée vient à être gelé, il y a encore de la ressource avec ceux du dessous. Et puis on pense que le long bois arqué est plus gracieux qu'un sarment droit, et que les raisins sur l'arc reçoivent mieux l'influence du soleil que dans toute autre situation. Nous nous bornons à exposer une opinion reçue; nous ne la discutons pas, bien qu'elle puisse être discutée. Nous ajoutons que l'on taille, soit en décembre, soit en février ou mars, mais que la taille de décembre ou *des avents* passe pour être la plus avantageuse. Quelle que soit la date à laquelle on s'arrête, on recherche pour l'opération un vent sec qui aide à la cicatrisation de la plaie, et il est d'usage de couper le sarment à 5 ou 6 centimètres au-dessus de l'œil supérieur, afin de ne pas l'offenser et de l'éloigner de l'action du froid sur la moelle.

Pour ce qui est des cépages à raisins blancs, on pratique sur eux la taille courte ou à court bois. « L'expérience, dit M. Rey, a démontré que, par la taille à revers (ou à long bois arqué), ces cépages donnaient moins de vin. La séve se porte aux extrémités, les bourgeons inférieurs retiennent peu et nuisent néanmoins aux bourgeons supérieurs. »

Ce fait tendrait à établir que les cépages blancs de l'Ermitage sont, en définitive, moins robustes que les cépages rouges. Ce qui le prouverait, d'ailleurs, c'est qu'ils produisent plus sans long bois que la Syra, c'est qu'ils sont plus maltraités qu'elle par l'oïdium. On objecte, il est vrai, que ces cépages blancs craignent moins la gelée que les rouges et qu'ils vivent plus longtemps; mais ces arguments ne prouvent pas grand'chose. Moins la séve est active dans un végétal, moins la gelée est à craindre. Un arbre planté depuis quelques semaines seulement ou un arbre très-vieux dans lequel la séve ne sera pas fougueuse, ne souffrira point de la gelée comme un arbre parfaitement repris, jeune et plein de séve. En ce qui regarde la durée des cépages blancs comparativement à celle des cépages rouges, ce n'est pas non plus une preuve de force. Il est évident que la petite Syra, soumise à la taille longue et à l'arcûre, souffre plus et doit vivre moins longtemps que la Roussanne ou la Marsanne soumise à la taille courte. Rien ne fatigue une souche de vigne comme le long bois arqué en vue d'une production forcée. Si les cépages blancs ne produisent pas ou ne produisent guère sous cette forme à l'Ermitage, c'est uniquement parce qu'ils ne disposent pas d'une quantité de séve suffisante pour nourrir les raisins disposés en arc.

Labours ou façons. — Les opérations de labourage sont au nombre de trois : 1° le *déterrage;* 2° le *fosserage;* 3° le *binage*. Toutes se font à la houe. On commence le *déterrage* du 10 au 15 mars. Ce travail consiste à ouvrir au pied de chaque cep un bassin de 60 centimètres environ de diamètre et de 10 centimètres de profondeur vers son centre. En ouvrant ces bassins, on fait plus que d'enlever les mauvaises herbes et de dégager la souche; il nous semble qu'on ménage ainsi de petits réservoirs aux eaux pluviales, ainsi que cela se pratique d'ailleurs fort souvent avec diverses plantes dans les terrains secs et poreux. Cette explication n'est pas celle qu'on donne du côté de Tain; là, on suppose que le bassin a pour but de concentrer la chaleur solaire et de hâter la végétation, ce qui, franchement, ne nous paraît pas d'absolue nécessité sur un coteau granitique à pente rapide et sous un climat aussi chaud que celui de la Drôme.

Vers la fin d'avril ou au commencement de mai, on procède au *fosserage*, qui consiste à remuer la terre et à la mettre en monticules entre quatre ceps. Ces monticules sont d'un effet original et agréable. Les mauvaises herbes y pourrissent, la terre y reçoit bien les influences atmosphériques, et l'eau des pluies du printemps s'y maintient. A Argenteuil, on forme de semblables buttes vers la fin de l'automne.

Trois semaines plus tard on pratique le *binage*, et autant que possible après une pluie. Ce binage consiste à étendre les tas de terre bien uniformément.

Travaux d'entretien. — Au moment du déterrage, les vignerons plantent les échalas ou remplacent ceux qui ne valent plus rien par d'autres en bon état. Ces échalas, en châtaignier ou quelquefois en acacia, ou en mûrier, sont placés à quelque distance de la souche. Lorsque la floraison est terminée, on attache à ces tuteurs les longs bois (ou *arçons* ou *revers*) au moyen de liens d'osier, et l'on y fixe aussi avec de la paille les rameaux tendres que le vent pourrait rompre, sans cette précaution. En même temps, on supprime les rameaux qui ne portent pas de fruits. C'est l'épamprage ou épamprement, comme on voudra l'appeler. Quelque temps après, lorsque les jeunes rameaux, accolés une première fois avec des brins de paille, ont pris un grand développement, on rassemble en tête tous ceux d'une même souche, et on les attache aux tuteurs avec un lien de paille, afin que l'air et le soleil aient partout un libre accès. Puis on épampre encore, on supprime les pousses inutiles.

Vers la fin d'août, on épampre de nouveau, on relève les rameaux déliés qu'on accole avec de la paille; puis, avec la houe, on enlève un peu de terre au-dessous des grappes des arçons, parce que ces grappes, qui sont très-basses, pourraient pourrir sous l'influence de l'humidité du sol à l'époque des pluies de l'équinoxe. « Cette précaution, dit M. Rey, est rendue indispensable par notre genre de taille, qui consiste à rabaisser le fruit le plus près possible du sol pour obtenir une maturité plus complète. Les provins surtout ont besoin que la pioche du vigneron enlève les terres vers lesquelles les nombreux raisins qu'ils portent se sont allongés, sans cela les pluies de septembre les pourriraient, si les vents ne les égrenaient pas en les agitant sur le sol. La négligence serait ici payée bien chèrement, aussi la pratique que nous mentionnons est-elle d'un usage général. »

On n'effeuille que dans les bas-fonds et seulement quelques jours avant la vendange. Le raisin, découvert en ce moment, profite bien de l'action des rayons solaires.

Vendange ou cueillette. — Les vignobles de l'Ermitage sont soumis à l'usage du ban de vendange, autrement dit on ne commence la cueillette que lorsqu'une commission de propriétaires a fixé une date. Au jour convenu, les vendangeurs se mettent à la besogne après la rosée. On les divise en *coupeurs, porteurs* et *trieurs*. Les coupeurs sont ceux qui cueillent les raisins, les porteurs ceux qui les emportent de la vigne dans des bannes en bois, les trieurs ceux qui enlèvent les raisins de ces bannes, un à un, pour mettre séparément en d'autres bannes, ici les plus belles grappes, là les raisins verts, les raisins incomplétement mûrs et les grains pourris.

Le triage des raisins rouges terminé, on les porte à la cuverie. On verse d'abord les bannes sur la grille d'un égrappoir; on égrappe avec la main, ou mieux avec un râteau de bois à grosses dents auquel on imprime un mouvement continuel de va-et-vient. Tous les grains qui se détachent passent à travers la grille, tombent sur un plan incliné et vont dans un récipient en bois. Quand ils n'y vont pas d'eux-mêmes, on les y force avec un racloir, et de là on les verse dans la grande cuve. Il ne reste donc sur la grille de l'égrappoir que les râfles et les grains verts ou incomplétement mûrs que l'on foule de suite sur un pressoir et dont le jus est versé dans la grande cuve aussi. Les grappes dépouillées sont ensuite jetées au fumier et servent ainsi d'engrais (*fig.* 1044).

Fig. — 1044. Égrappoir

Le travail de l'égrappoir pourrait être suivi de l'emploi d'une machine à broyer les grains de raisin, comme celle de Lartaud.

Fig. 1045. — Machine de Lartaud.

On vendange les raisins blancs à la même époque que les rouges; on les jette de suite sur le pressoir où on les foule, et aussitôt le moût exprimé, on le verse dans les futailles où la fermentation s'opère à bonde ouverte.

Ceci est du ressort de la vinification et non de la viticulture. Ainsi donc, n'anticipons pas et contentons-nous, pour le moment, d'avoir planté, labouré, taillé et entretenu la vigne, d'avoir cueilli le raisin et livré la Syra à la cuve, la Roussanne et la Marsanne au pressoir. Aux chapitres de la vinification, il sera question de la fermentation et des soins à donner aux vins.

P. J.

CHAPITRE XI

DES VIGNES DE LA CHAMPAGNE

Préliminaires. — Entre la culture des vignes de la Côte-d'Or et celle des vignes de la Champagne, il y a tant de points de ressemblance que nous aurions pu très-bien nous dispenser d'en parler. Mais si les vignobles champenois n'ont point de cachet assez original pour appeler l'attention des observateurs, les vins, en retour, ne ressemblent en rien aux autres vins, et jouissent, dans le monde entier, d'une réputation qui a fait beaucoup de jaloux. Il est donc tout naturel que nous disions quelques mots de la source de ces produits si renommés.

Autrefois, il n'y a pas un siècle de cela, on ne connaissait sous le nom de vins de Champagne que les vins rouges de Sillery, de Bouzy, de Verzenay et de Mailly. Ils provenaient de cépages fins, surtout du franc Pinot bourguignon que les Champenois appellent *Plant doré*, mais, pour des raisons de sol, de sous-sol et peut-être aussi de climat, ils ne pouvaient, malgré leurs qualités, soutenir la comparaison avec les grands vins de la Côte-d'Or. On les trouvait un peu secs et un peu plats; ils étaient caractérisés par le *goût de pierre à fusil*. Aujourd'hui, il n'est plus question de ces vins dans le commerce ; il n'y a plus qu'un petit nombre de propriétaires qui, de loin en loin, dans les grandes années seulement, en fabriquent encore pour leur usage particulier. Les raisins rouges de la Champagne ne servent plus qu'à faire des vins blancs mousseux, les seuls, pour ainsi dire, qui aient le titre de vins de Champagne. Nous ajouterons que ces produits appartiennent exclusivement au département de la Marne.

Sol et exposition. — « La statistique générale de la Marne, rapporte M. Victor Rendu, dans son *Ampélographie française*, porte à 17,412 hectares la surface plantée en vignes dans ce département. Trois arrondissements seuls se livrent avec succès à cette culture spéciale, envisagée ici dans ses principaux crus : l'arrondissement de Reims, celui d'Épernay et le canton de Vertus, dépendant de Châlons ; les autres arrondissements ne produisent que des vins communs.

« Deux grandes artères topographiques partagent la contrée vraiment viticole du département : la *rivière de Marne* et la *montagne de Reims*. La première comprend tous les vignobles situés près de la Marne. Elle se ramifie en trois chaînes principales, savoir : 1° la *rivière de Marne proprement dite*, en plein midi, commençant à Cumières et finissant à Mareuil : elle renferme les vignobles distingués de Cumières, Hautvillers, Disy, Ay et Mareuil, dont l'extrémité orientale confine au territoire d'Avenay ; 2° la *Côte d'Épernay*, parallèle à la rivière de Marne proprement dite, mais s'avançant davantage vers le sud-est : les vignobles d'Épernay, de Pierry, de Moussy et de Vinay y sont assis ; 3° la *Côte d'Avize*, s'allongeant, dans la direction du sud-est, parallèlement à la côte d'Épernay : elle porte les vignobles de Cramant, Avize, Oger, Mesnil et Vertus, tous situés sur son versant oriental; Cuis et Grauvesse trouvent sur le revers, à l'ouest.

« La seconde division générale des grands crus de la Marne embrasse tous les vignobles du pays rémois. Une chaîne de collines, la montagne de Reims, les sépare des contrées arrosées par la Marne ; elle se partage, à son tour, en *haute* et *basse montagne*. La première zone, en allant de l'est à l'ouest, renferme Verzy, Verzenay, Sillery, Mailly, Ludes, Chigny et Rilly ; à la seconde zone appartiennent Saint-Thierry, Marsilly, Hermonville, etc. ; enfin, une petite région, intermédiaire à la plaine et à la montagne, termine la liste des meilleurs vignobles de la Champagne ; c'est là que se rencontre le coteau de Bouzy, dont celui d'Ambonnay fait la continuation.

« La plupart des grands vignobles de la Champagne reposent sur des calcaires crayeux recouverts d'une couche végétale généralement très-superficielle. Toutes choses égales, ces terrains sont ceux qui donnent les produits les plus distingués. Le carbonate de chaux entre pour les quatre cinquièmes dans la composition du sol, l'argile et la silice se partagent le reste. Cette nature générale du terrain souffre peu d'exceptions; quand elle varie, c'est surtout par la proportion plus ou moins forte d'argile qui s'y trouve mêlée; l'oxyde de fer s'y rencontre aussi parfois. »

Cépages cultivés. — Les variétés de vignes cultivées dans le département de la Marne, sont le Franc-Pinot ou Noirien de la Côte-d'Or qui s'appelle en Champagne *Plant doré d'Ay*, un autre Pinot plus robuste mais moins fin que le précédent, que l'on nomme *Plant vert doré* ; le Pinot gris ou *Plant gris* que l'on appelle ailleurs Beurot, Bureau, Beuret, Ornaison grise, Malvoisie grise, Muscadet, Auxerrois, Fromenteau, Fromanté, Iris Cordelier, Aserat, Tokai gris, etc.; puis vient le Pinot blanc, nommé *Épinette* ou *Plant doré blanc* qui, selon les uns, est le Chardenet de la Côte-d'Or, et selon les autres une variété différente. A ces cépages fins viennent se joindre de temps en temps des cépages communs qui se propagent beaucoup trop, assure-t-on.

Plantation. — D'après M. Rendu, les vignobles d'Ay sont des modèles entre tous ; le terrain destiné à recevoir une vigne est défoncé à $0^m,50$ ou $0^m,60$. On le nivelle ensuite, on y trace des sillons avec le hoyau, puis on ouvre des fosses dans ces sillons pour y mettre le plant. Le plus ordinairement, on se sert de plants racinés qui ont deux ou trois années de pépinière. On les dispose en quinconce à $0^m,90$ d'une ligne à l'autre et à $0^m,50$ sur chaque ligne, et l'on a soin de fumer. La plantation se fait d'habitude à partir du mois de décembre et se poursuit, parfois, jusqu'à la fin de mars.

Dans la côte d'Épernay, on commence les plantations dès le mois de novembre. En terre douce et pierreuse, on donne aux fosses $0^m,10$ de largeur sur une longueur et une profondeur de $0^m,40$; les lignes sont distantes de 1 mètre l'une de l'autre et l'espace ménagé entre les fosses sur chaque ligne est de $0^m,80$. Dans les terres argileuses, la fosse n'a que $0^m,30$ de profondeur ; dans le calcaire $0^m,25$, et dans le crayon $0^m,20$ seulement.

Toute plantation nouvelle offre l'apparence d'une régularité parfaite, mais cette régularité ne se maintient pas longtemps ; comme dans les vignes fines de la Bourgogne, le provignage ne tarde pas à la faire disparaître.

Culture et provignage. — A Ay, les vignerons donnent quatre sarclages à la jeune vigne, le premier en mai, le second en juin, le troisième en juillet et le quatrième en septembre. « L'année suivante, dit M. Victor Rendu, on taille le plant à un ou deux yeux, selon sa force, on lui applique un bêchage en mars avec le hoyau, puis il reçoit trois sarclages, durant l'été : dans un bon sol, tel que celui d'Ay, quand tout a été bien conduit et que le temps a favorisé la végétation, on a déjà, à la seconde feuille, des pousses dont on peut tirer parti pour garnir ou peupler la vigne, on s'en sert pour faire un premier provignage désigné en Champagne sous le nom d'*assiselage*, sur le tiers environ du terrain complanté. Le second provignage ou *déroutage* détruit de plus en plus l'alignement primitif de la plantation, déjà rompu par le premier provignage. A la troisième année, on pratique un *assiselage général* ; tout ce qui est en état d'être provigné subit alors cette opération ; elle assoit la vigne et la répartit sur toute la surface du sol en espaçant les ceps à $0^m,32$ environ les uns des autres. L'engrais n'est pas épargné ; chaque fois qu'on assisèle, on remplit le trou des provins de terre neuve mélangée avec du fumier traité en compost : ces diverses œuvres s'effectuent dans le courant d'avril et de mai. »

Dans la vallée d'Épernay, on ne procède pas comme à Ay. On ne provigne qu'après la troisième feuille et la quatrième feuille, en deux fois, à un, deux ou trois brins, selon la force des souches.

Travaux divers. — On taille d'ordinaire la vigne en février et même en mars sur deux ou trois yeux. Après la taille, c'est-à-dire en mars et avril, on exécute un labourage avec le hoyau. Cette façon porte le nom de *bêchage* ou *hoyerie*. En avril et mai, on plante les échalas. Du 15 mai au 15 juin, on donne avec la rouale un labourage de $0^m,07$ à $0^m,08$; c'est le *labour au bourgeon*. Vers le 24 juin, la vigne est ordinairement en pleine fleur. Les travaux qui suivent la floraison sont l'accolage et le rognage ; puis viennent l'ébourgeonnage et un nouveau labourage. Vers la fin de juillet, les vignerons ont du répit, mais ils en profitent pour former des composts de fumier et de terre au bord des vignes. A Ay, Épernay et Avize, on ne met pas le pied dans les vignes durant tout le mois d'août. En septembre on ébourgeonne de nouveau, s'il y a nécessité de le faire, on donne un labour superficiel qui se nomme *raclage* et l'on s'arrange de façon à ce que les grappes de raisin ne touchent pas le sol.

Récolte. — Dans la Champagne on ne connaît pas de ban de vendange ; chacun est libre de cueillir ses raisins quand bon lui semble. Si l'année a été très-favorable, cette cueillette a lieu du 15 au 20 septembre, le plus ordinairement dans la première huitaine d'octobre ; dans les années tardives, vers le 15 octobre.

Les raisins sont cueillis par des femmes et épluchés sur place, soit avec la pointe de la serpette, soit avec des ciseaux. Toutes les baies en mauvais état sont supprimées avec soin. A mesure que les petits paniers des vendangeuses se remplissent, des porteurs les prennent et vont les vider dans des mannes de la contenance de 70 kilogrammes de raisin environ. Des *débardeurs* enlèvent ensuite ces mannes que des bêtes de somme transportent à dos jusqu'au pressoir.

P. J.

CHAPITRE XII

DES VIGNES DE L'ALSACE (RIBEAUVILLÉ)

La situation géographique des meilleurs vignobles de l'Alsace, qui sont ceux du Haut-Rhin, est entre le quarante-septième et le quarante-huitième degré de latitude nord. Ceci revient à dire qu'elle n'est pas précisément favorable, mais elle rachète ses désavantages par les abris et les heureuses expositions que présente le pied de la chaîne des Vosges, ainsi que le fait justement remarquer M. Rendu, dans son *Ampélographie française*. Les vignobles en réputation dans le Haut-Rhin sont ceux de Ribeauvillé, Guebwiller, Türckheim, Thann, Riquewihr et Hunawyhr. Ces divers territoires se partagent nécessairement à leur tour en un certain nombre de cantons ou crus qui se recommandent par des qualités particulières. Ainsi, les meilleurs crus de Ribeauvillé occupent les côtes d'*Osterberg*, de *Geisberg* et de *Rauenbiehl-le-Haut* ; à Guebwiller, on cite les bons vins blancs de *Kessler*, *Kütterlé*, *Saering* et *Wann* ; à Thann, on cite les cantons de *Rangen* et *Stauffen*.

On estime à plus de 25,000 hectares la superficie de terrain occupée par les vignes dans l'Alsace. Sur ce chiffre, d'après M. Rendu, le vignoble de Ribeauvillé comprend 374 hectares, celui de Guebwiller 239, celui de Thann 107. Dans presque tout le Haut-Rhin, les vignes occupent des coteaux.

Comme les procédés de culture sont, à quelques détails près, assez uniformes dans toute l'Alsace, nous nous bornerons ici à exposer ceux que nous a indiqués M. Alphonse Beysser. Ils lui sont propres et intéressent spécialement le vignoble de Ribeauvillé.

Sol. — Le sol de la contrée, dont l'épaisseur de couche végétale mesure de $0^m,40$ à $0^m,50$, seulement, est surtout marneux ; quelques parties sont de nature argilo-siliceuse ; la silice à peu près pure est rare. Généralement, le sous-sol est peu perméable, ce qui, dans les années pluvieuses, empêche l'absorption complète des eaux et force les cultivateurs à avoir recours à une sorte de drainage en cailloutis, en usage dans le pays de temps immémorial.

Cépages cultivés. — Les variétés de vignes cultivées à Ribeauvillé de nos jours paraissent être les mêmes qu'au dixième siècle. Ce sont, pour les vins ordinaires : les *Chasselas* blanc et rouge, le *Burger* ou *Elbling* de la vallée du Rhin, le *Petit-Mielleux* ou *Knipperlé* et le *Rœuschling* ou *Gros-Fendant* ; pour les vins blancs fins : le *Riesling* ou *Gentil-Aromatique*, le *Tokay*, le *Gentil-Duret* ou *Traminer* ; pour les vins rouges : le *Pinot noir*.

Chaque variété de raisin donne son nom au vin qu'elle produit.

Il ne nous paraît pas nécessaire de décrire ici les caractères des cépages communs ; nous nous bornerons donc à ceux des cépages fins, et, pour cela, nous nous en rapporterons à l'*Ampélographie rhénane* de M. Stoltz et à l'*Ampélographie française* de M. Rendu.

D'après le premier de ces ouvrages, les caractères du *Riesling* ou *Gentil-Aromatique* primitif et à raisins blancs sont les suivants : « Tronc ordinairement peu gros, ayant l'écorce plus dense, moins gercée et plus rembrunie que ne l'est celle de la plupart des autres cépages.

« Sarments nombreux, plus ou moins longs, droits, déliés, tendres et flexibles, de couleur jaune clair, rayés de brun, devenant gris lustrés ou comme argentés après la chute des feuilles et parsemés irrégulièrement de petits points noirs; ils mûrissent de bonne heure. Leurs nœuds sont un peu saillants, assez rapprochés, excepté sur les sarments qui poussent immédiatement de la souche. Les boutons sont aigus ; les rameaux secondaires sont assez nombreux, on y voit quelques grappillons.

« Feuilles de dimension moyenne, quelquefois petites, épaisses, un peu rugueuses ou sinuées, fort souvent bullées, de forme irrégulière, tantôt presque entières et sous-orbiculaires, tantôt plus allongées, tri ou quinquélobées, avec échancrures plus ou moins profondes et ordinairement arrondies ; denture courte et inégale ou à deux séries. Couleur vert foncé à luisant terne en dessus, devenant jaune marbré à l'époque de la vendange ; vert pâle ou vert gris en dessous, à cause du coton qui couvre cette face, parfois lanugineuse et velue à la fois. Le coton est adhérent. Pétiole de longueur et de grosseur moyennes, velu, vert, terni de rouge violet plus ou moins intense et jusqu'à teindre la base ou l'empâtement des nervures. Les feuilles tombent des premières, après la vendange.

« Raisins assez nombreux. Grappe ordinairement courte, quelquefois plus allongée (de $0^m,08$ à $0^m,12$) ; elle figure parmi les plus petites portées par les cépages cultivés dans la vallée du Rhin. Sa forme est cylindro-conique ; elle est composée à sa partie supérieure ; le pédoncule est court, médiocrement gros, et très-fragile lorsque le raisin est mûr ; les pédicelles sont longs en proportion du volume du grain, avec bourrelet renflé et garni de petites verrues.

« Grains tantôt serrés, tantôt un peu disséminés sur la grappe, de $0^m,010$ environ de grosseur, quelquefois plus menus ou entremêlés de grains plus petits, ronds et comme comprimés à leur base, quelquefois un peu oblongs, à superficie unie, avec stigmate persistant et gros, de couleur verdâtre ou jaune clair avec veines vertes ; pointillés, demi-transparents ; lors d'une maturité très-avancée, quelquefois légèrement rosés ou brunis ; sous-bruine légère d'un gris blanc; ils se séparent peu facilement de leur pédicelle, auquel ils laissent un petit pinceau de pulpe : pellicule épaisse mais molle; chair pas très-juteuse, d'une saveur très-sucrée à parfaite maturité et très-aromatique ; dans un état de maturité moins complète, cette saveur est toujours un peu acide. L'arome est très-fin, de nature toute particulière, et propre à cette seule espèce. Leinweber le compare à celui qui résulterait d'un mélange de cannelle, de noix-muscade et de poivre de la Jamaïque; quant à moi, je crois devoir le rapporter à celui d'un mélange de cannelle, d'écorce d'orange et de clous de girofle. »

Voici maintenant les caractères du Tokai, d'après M. Rendu : — « Sarments noués long. Feuilles grandes, assez épaisses, plus longues que larges, ordinairement à trois lobes, d'un vert clair. Fleur coulant très-facilement. Grappe petite, presque allongée, garnie de grains assez serrés, souvent inégaux, petits, ovalaires, de couleur gris rougeâtre, fortement brunis, ce qui les fait paraître comme enfumés, très-juteux, d'une saveur fine et très-sucrée, à peau très-fine. Maturité tardive. »

Les caractères distinctifs généraux du Gentil-Duret sont les suivants d'après M. Stoltz : « Sarments rampants, grêles. Raisins de moyenne grandeur ($0^m,08$ à $0^m,09$ de longueur) à grains d'ordinaire serrés; de forme pyramidale, peu longs, obtus, à pédoncules courts. Grains rond-oblongs, à pellicule épaisse et coriace, un peu charnus, d'un goût sucré et un peu aromatique. Feuilles presque rondes, trilobées, peu incisées, parfois entières, à pétiole court; surface supérieure unie, légèrement cotonneuse, l'inférieure très-cotonneuse.

Ce Gentil-Duret du Haut-Rhin n'est autre que le *Klævner* des arrondissements de Saverne, de Strasbourg et de Scehlestadt.

Pour ce qui est des caractères distinctifs du Pinot, nous renvoyons nos lecteurs à la description qu'en a faite M. de Vergnette-Lamotte, dans le chapitre où il traite de la culture des vignes fines de la Côte-d'Or.

Plantation. — Lorsqu'il s'agit de planter une vigne, on commence par défoncer le terrain, le niveler et l'ensemencer en trèfle ou en luzerne; puis, au bout de deux ans, et un peu plus même, s'il s'agit de luzerne, on rompt la prairie artificielle pour s'occuper de la plantation de la vigne. Ce travail se fait avec des chevelus ou plants racinés, provenant de boutures de $0^m,20$ de longueur que l'on a mises en pépinière et élevées ainsi pendant deux ans.

L'époque de la plantation commence habituellement à la fin de février et se termine à la fin de mars. On dispose les jeunes ceps en lignes espacées entre elles de $0^m,80$ à 1 mètre, et à cette même distance les uns des autres sur la ligne. Généralement on plante en carré, non en quinconce, par double rangée dans chaque fosse de $0^m,80$ à 1 mètre de largeur sur $0^m,50$ de profondeur, et l'on a soin nécessairement de placer la terre végétale au fond des fosses, tandis que la terre de qualité inférieure est rejetée de chaque côté, de manière à former des rebords de $0^m,40$ à $0^m,50$ d'élévation.

La première année de la plantation, le sarment est recepé au-dessus de la troisième bourre, soit avec la serpette, soit avec le sécateur, indistinctement. Quelquefois, mais très-exceptionnellement, on cultive des légumes entre les lignes. Dans le courant de l'année, on donne trois façons avec le crochet à deux dents (pioche).

La culture de la seconde année est en tout semblable à celle de la première, si ce n'est toutefois qu'on laisse trois sarments à chaque cep et de cinq à six yeux à chaque sarment.

La troisième année a lieu l'échalassement. On se sert, à cet effet, d'échalas de 3 mètres de longueur, en sapin, chêne ou châtaignier. Cette dernière essence est généralement préférée.

Cinq années après la plantation, la vigne est en plein rapport.

Engrais. — Le seul engrais employé est le fumier de vache ou de cheval bien consumé. Ses effets se font sentir pendant six à sept ans; la végétation est plus vigoureuse et le rendement augmente. L'on ne fume cependant pas généralement les jeunes vignes à la deuxième et à la cinquième année. Les autres sont fumées exceptionnellement. On a remarqué qu'une fumure copieuse favorisait l'oïdium; aussi, lorsqu'on a recours à l'engrais, on se contente de 60 à 70 mètres cubes par hectare.

Taille. — L'époque de la taille pour l'entretien des vignes commence, comme dans une plantation de l'année, à la fin de février et se continue tout le mois de mars. Quand on opère tardivement, on obtient plus de raisins; quand on opère de bonne heure, on obtient plus de bois. On maintient le cep à une hauteur moyenne de $0^m,80$ à 1 mètre; on taille à trois branches et le bois de l'année est recourbé vers la terre.

Opérations qui suivent la taille. — Après la taille on raffermit les échalas (ils restent en place toute l'année), et l'on remplace ceux qui deviennent trop courts. Ces échalas s'achètent aux prix de 15, 25 et 35 francs le cent, selon la qualité; il en faut par hectare autant que de ceps, c'est-à-dire 10,000.

Les façons à donner à la vigne sont au nombre de trois et s'exécutent avec le crochet à deux dents, la première en avril ou mai, la deuxième en juin, la troisième en août.

Avant de procéder à l'ébourgeonnement et à l'accolage, c'est-à-dire dans le courant de mai, on s'occupe du liage de la vigne. Ce travail consiste à attacher les trois branches du cep au tuteur, au moyen de liens d'osier. Ce liage est suivi de la courbure des sarments provenant de la taille de l'année; on les attache également au tuteur, mais on a soin de les espacer de manière à ne point entraver la circulation de l'air, et l'action des rayons solaires.

L'ébourgeonnement a lieu en mai et juin, l'accolage en juillet et le rognage en août. Depuis un an, on commence à pincer suivant la méthode Trouillet; c'est à l'expérience maintenant à se prononcer sur le mérite de l'innovation.

Floraison. — La floraison de la vigne varie évidemment avec les années; elle est subordonnée à l'état de la température, et se produit du 20 mai au 24 juin. La maturation du raisin se fait du 8 au 30 septembre, et quelquefois même, comme en 1862, par exemple, dès le 8 ou le 10 août.

Dans les vignes de la plaine, particulièrement, afin de favoriser la maturation des grappes, on pratique l'effeuillage.

Provignage. — Le provignage encore généralement usité à Ribeauvillé, il y a une vingtaine d'années, tend à disparaître de plus en plus; mais ceux qui continuent à le pratiquer font cette opération à la fin de mars. Les vignes restent en lignes régulières tout le temps de leur durée qui varie entre 40 et 60 ans. Quant aux cépages, ils sont les mêmes qu'avant la révolution de 89, et en même nombre, 10,000 à l'hectare.

Insectes nuisibles. — Dans le Haut-Rhin, les insectes nuisibles ne causent pas de dégâts sérieux; on n'y connaît réellement que la pyrale, et encore le mal qu'elle fait a si peu d'importance qu'on ne songe à aucun moyen de la combattre.

Maladies. — L'oïdium a paru en Alsace, mais par petites places et sans y causer de dommages sensibles. Pour le prévenir et le combattre, on s'est jusqu'ici contenté de l'effeuillage, afin de laisser un libre accès au soleil, car on suppose, à tort ou à raison, que l'humidité du sol est la principale cause de cette affection.

Vendange. — La vendange se fait ordinairement du 1er au 20 octobre; cependant, par exception, elle a eu lieu le 20 septembre 1862. Les raisins blancs coupés sont transportés dans de petites cuves, contenant environ 2 hectolitres. Une fois remplies, on les charge à bras sur des voitures, au nombre de huit ou dix par voiture, et on les conduit dans des celliers, où, après un foulage, les raisins fermentent sur grappes environ 24 heures. On les presse ensuite, et on verse le moût dans des foudres de 30 à 50 hectolitres, qu'on remplit sauf un vide de 80 à 100 litres; puis on couvre la bonde. Quand la fermentation est finie, on remplit entièrement les foudres et on les ferme avec soin. On soutire ces vins blancs trois fois par an, en mars, juin et août.

Rendement. — On estime à 75 hectolitres, en moyenne, le rendement du vignoble par hectare. Les vins de Ribeauvillé et de quelques autres bons crus, en réputation depuis le dixième siècle, sont remarquables par leur bouquet et leur vinosité. Ils se conservent presque indéfiniment de 50 ans à un siècle et ne font que s'améliorer par l'âge et le séjour en bouteille. La mise en bouteille ne doit avoir lieu qu'au bout de cinq ans. Ces vins, assure-t-on, ont largement contribué, par leur mélange avec les vins du Rhin, à la réputation de ces derniers, en leur communiquant la force et la douceur qui leur manquent. Malheureusement, la loi de 1822 et le Zollverein prussien, en élevant à 64 francs par hectolitre, le droit d'entrée en Allemagne, ont supprimé le principal et fructueux débouché des vins de l'Alsace. Aujourd'hui, on les consomme en majeure partie dans les centres industriels du pays et en Suisse. Cependant, depuis quelques années, il est à observer que les vins fins du Haut-Rhin commencent à pénétrer dans l'intérieur de la France. A Paris, on les vend communément sous le nom de vins du Rhin. Si le marchand y trouve son compte, le producteur n'y trouve pas le sien. P. J.

CHAPITRE XIII

CULTURE DE LA VIGNE EN TREILLES

Toute vigne soumise au palissage contre un mur, contre des planches, contre un treillage quelconque, en bois ou en fil de fer, forme ou contribue à former une treille. En Bourgogne, chaque cep ainsi palissé est une treille, tandis qu'aux environs de Paris, à Fontainebleau, à Thomery, etc., une treille se compose de tous les ceps qui garnissent un mur.

Toutes les fois donc qu'il y a palissage et treillage, il y a treille dans la rigoureuse acception du mot. Nous avons des treilles en plein vent, comme nous avons des treilles au mur; nous avons des treilles destinées à produire des raisins à vin, comme nous avons des treilles destinées à produire des raisins de table, et les unes et les autres doivent être conduites à peu près de la même manière.

C'est ici le lieu d'en parler, quelle que soit la destination des fruits. Après cela l'œnologie nous formulera ses principes, et la vinification s'y conformera de son mieux. Chaque chose arrivera ainsi à son heure et à sa place dans l'ordre que nous avons adopté.

Pour le moment, nous en sommes toujours à la culture de la vigne, et il s'agit de la terminer avant de passer à la manipulation de ses produits.

Or, en ce qui regarde les treilles, nous ne connaissons pas de plus habile cultivateur que notre estimable collaborateur M. Rose Charmeux, et le mieux que nous puissions faire, c'est de lui céder bien vite la plume. A chacun sa spécialité. Nécessairement, M. Rose Charmeux ne traitera que de la culture de la vigne à Thomery, mais on voudra bien remarquer qu'il serait impossible de trouver de meilleur modèle que dans le département de Seine-et-Marne. C'est à nos lecteurs à faire la part des climats et à modifier au besoin les applications. Ainsi, par exemple, la hauteur des murs de Thomery ne doit pas faire règle partout; plus on ira vers le nord, moins on donnera d'élévation à ces murs, plus on réduira le nombre des cordons et plus ces cordons seront rapprochés de terre. Plus on se rapprochera du midi, plus aussi les murs seront élevés, et souvent même on devra se contenter de treillages en plein air. Dans ce cas aussi, la vigueur de végétation étant très-forte, il ne sera pas nécessaire de rapprocher autant les pieds de vigne les uns des autres; en outre, l'évaporation étant plus considérable que dans le nord, on laissera plus de sarments, plus de feuilles aux treilles, et l'on aura soin de moins découvrir les grappes qui, autrement, auraient à souffrir de l'intensité de la chaleur solaire. Enfin, à mesure qu'on se rapprochera des contrées méridionales où la vigne prend des proportions très-fortes, on pourra tailler plus long et demander plus de grappes aux rameaux fructifères. Pour ce qui est du choix des cépages, on devra, pour obtenir des raisins de garde, préférer des variétés hâtives au chasselas de Fontainebleau. Tout ceci est une affaire d'intelligence, de raisonnement et d'expérience locale. P. J.

DES TREILLES DE THOMERY

Historique. — Il n'y a pas encore deux siècles que l'on cultive le chasselas à Thomery; vers 1720, on ne le cultivait qu'au jardin de Fontainebleau, et l'on en parlait nécessairement comme du raisin par excellence. Il est inutile d'ajouter que la récolte était destinée à la table royale, et qu'il n'en paraissait point dans le commerce. Ce fut mon bisaïeul François Charmeux qui, le premier, songea à se procurer le cépage en réputation, à l'introduire sur le territoire de Thomery et à créer un espalier. Il lui fallut une autorisation pour élever un mur, car ce mur pouvait gêner les chasses du roi; aussi ne l'obtint-il qu'à la condition d'y ménager une porte qui devait rester constamment ouverte. L'espalier en question fut établi en 1730, et la vigne que l'on y palissa conserva le nom de plant de Fontainebleau. On dit ce cépage originaire de Cahors ou du Piémont, on ne sait au juste.

Le premier essai fut heureux, et nécessairement il amena des imitateurs de loin en loin, mais on ne cultiva réellement le chasselas sur une grande échelle, à Thomery, qu'à partir de 1800.

Sol et exposition — Les terrains où la vigne en général prospère, doivent convenir évidemment au chasselas. Les nôtres sont assez poreux et d'un travail facile; ils sont de nature sablo-argileuse, avec mélange de cailloux dans le voisinage de la rivière, où la couche arable manque de profondeur. Partout ailleurs la couche végétale mesure de 1m,50 à 2 mètres. En dessous, on rencontre de l'argile rougeâtre, aussi de 2 mètres environ d'épaisseur, et au delà de ladite argile, de la pierre à bâtir, en roches brisées et crevassées, très-faciles à exploiter. Le raisin mûrit plus tôt dans la terre caillouteuse, maigre et sans profondeur que dans les parties riches et profondes.

Non-seulement, Thomery a pour lui les avantages du sol et du sous-sol, il a de plus ceux d'une situation abritée au nord et à l'ouest, et enfin ceux de l'exposition du sud-est et du sud.

Cépages cultivés. — Nous cultivons en pépinière, pour les besoins du commerce de plants,

Fig. 1046. — Chasselas non ciselé.

un grand nombre de cépages, dont une cinquantaine au moins sont recommandables à divers titres et se propageront tôt ou tard, mais l'industrie viticole de la localité, pour ce qui regarde la vente des raisins, s'attache surtout au *chasselas doré*, dit de *Fontainebleau*, et au *Frankenthal*, belle

Fig. 1047. — Frankenthal.

et bonne variété rouge qui fut introduite à Thomery vers 1840, mais qui ne s'est bien répandue qu'à partir de 1850. Dans notre *Culture du chasselas*, nous avons dit et nous répétons ici qu'il y a deux sortes de Frankenthal : l'une à feuilles rougeâtres, et l'autre à feuilles d'un vert blond. Cette dernière est préférable à la première quant au produit et à la beauté du raisin.

Pour ce qui est des caractères du chasselas de Fontainebleau dont les délicieux grains dorés et croquants sont si recherchés des amateurs, son bois est rougeâtre, sa feuille d'un vert gai en dessus, non duveteuse en dessous et assez profondément découpée. La longueur ordinaire des mérithalles est de 0m,080. Il en existe une sous-variété à feuilles blondes, dont les grains ne prennent pas aisément le ton doré, mais qui n'en est pas moins de qualité supérieure.

Dispositions à prendre pour la culture des treilles. — Les murs sont de rigueur, au moins chez nous. Nous les élevons ordinairement à 10 mètres de distance l'un de l'autre, et chacun d'eux a 3 mètres de hauteur. Pour la construction, nous nous servons de pierres dures et de mortier de terre; nous crépissons avec un mélange de sable et de chaux et nous fouettons ce crépi avec un lait de chaux et de sable.

Nous recouvrons nos murs d'un petit toit en tuiles plates, dont les inférieures avancent de 0m,22 à 0m,25 et forment chaperons. En dessous de ces chaperons protecteurs, nous fixons des supports en fer qui, à leur tour, avancent de 0m,50 sur le toit et sont destinés à recevoir des abris momentanés. Ces supports sont placés à 1 mètre l'un de l'autre, et légèrement inclinés en avant. Les abris que nous mettons dessus sont ou des planches ou mieux des châssis légers de 2m,66 de longueur, sur 0m,50 de largeur, châssis recouverts de toile bitumée tendue au moyen de petits clous. On ne se sert de ces abris mobiles qu'après la maturité complète des raisins, vers le 15 septembre, en vue de les soustraire aux grandes pluies de l'arrière-saison. La largeur que nous venons d'indiquer pour les abris en toile bitumée, n'est pas invariable. Elle dépend de la hauteur des murs, de l'exposition, et nous pouvons ajouter du climat. A Thomery, elle devrait toujours être de 0m,80 au lieu de 0m,50, avec des murs de 3 mètres de hauteur, exposés au midi. On devrait donner plus de largeur encore à l'exposition de l'ouest, à cause des pluies.

Jusqu'à ce moment, nous nous sommes servis, pour palisser nos vignes, de treillages en lattes croisées à angle droit et fixées aux murs. Ces treillages ont le triple inconvénient d'éloigner la vigne du mur, de favoriser la multiplication des insectes nuisibles et d'exiger des frais d'entretien assez lourds. On commence donc à les remplacer par des fils de fer galvanisés, tendus horizontalement. Le premier fil est fixé à 0m,30 ou 0m,40 du sol, les autres sont éloignés entre eux de 0m,22 environ.

Les terrains compris entre les murs d'espalier de nos jardins, reçoivent de la vigne en contre-espaliers. Nous n'avons pas à nous en occuper ici; pour tout ce qui concerne l'établissement de ces contre-espaliers qui, certainement, ont leur importance, nous prenons la liberté de renvoyer le lecteur à notre traité spécial de la *Culture du chasselas*.

De la multiplication de la vigne — A présent que nos dispositions sont prises, et avant de nous occuper de la plantation, il nous faut dire un mot des divers moyens de multiplier la vigne, c'est-à-dire du semis, du bouturage, du marcottage et du greffage. Le seul, parmi les cultivateurs de Thomery, nous avons fait des essais de semis. Nous n'en avons obtenu encore que deux ou trois bonnes variétés, mais certains sujets à l'étude nous donnent de l'espoir.

Nous avons fréquemment recours au bouturage, au marcottage et au greffage, trois opérations dont il a été parlé au chap. II de ce volume et dont nous n'avons par conséquent pas à nous occuper. Cependant on nous permettra de rappeler en passant les détails d'un mode de greffage qui nous est propre et de reproduire mot pour mot les lignes que nous lui avons consacrées dans notre petit traité.

« Nous greffons toutes les fois que nous avons à substituer une bonne variété à une variété défectueuse ou à un plant dégénéré; nous greffons aussi lorsque nous voulons hâter la fructification d'un plant nouveau. Autrefois, on greffait en fente, ce qui ne réussit pas très-bien; maintenant on a changé de méthode, et les cultivateurs de Thomery ont adopté celle qui nous est propre. Elle consiste en ceci : on rabat le cep le plus ordinairement à $0^m,20$ ou $0^m,25$ du sol et l'on ouvre une rainure (*fig.* 1049) sur le côté le plus

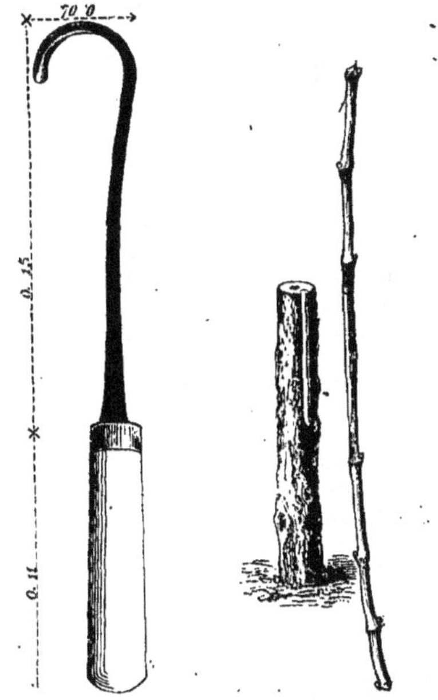

Fig. 1048. — Gouge à greffer.

Fig. 1049. — Greffe par bouture.

lisse de ce cep, à l'aide de la gouge courbée, que nous figurons ici. La rainure exécutée, nous prenons un plant enraciné et nous y ajustons le sarment après l'avoir écorcé du côté de l'entaille, c'est-à-dire dans la partie qui doit s'y engager davantage. En somme, c'est tout bonnement le greffage par approche un peu modifié. Le vieux cep sert de sujet, et le plant enraciné, que l'on met à côté, sert de greffe. La reprise des racines de ce plant favorise évidemment la soudure des tissus au point de rencontre du jeune bois avec le vieux bois.

« Rien n'empêche, à défaut de plant raciné, de greffer de la même manière une simple bouture.

« Il n'est pas absolument nécessaire de raccourcir le cep pour exécuter l'opération; on peut très-bien greffer ainsi à différentes hauteurs et sur une même vigne, autant de variétés qu'on le désire. Ce travail se fait au moment où la séve commence à remuer.

« Dès que les greffes sont appliquées dans les rainures ou entailles ouvertes à la gouge, on les maintient avec de la laine *corde* et on recouvre la plaie d'une cire liquide ou d'un mastic quelconque. Nous laissons deux ou trois bourres à nos greffes, au-dessus du point de soudure (*fig.* 1050).

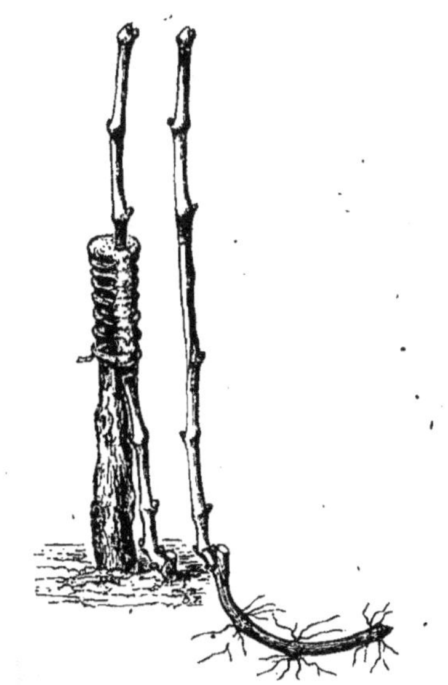

Fig. 1050. — Greffe par chevelée.

« La reprise a lieu dans le courant de juin. Alors tous les bourgeons partent, et quand les pousses ont $0^m,10$ ou $0^m,12$ de longueur, nous supprimons la plus faible et laissons les deux plus fortes. Pendant le cours de la végétation, il est essentiel de ne pas enlever les entre-cœurs; il suffit de les pincer au-dessus de la première feuille, autrement les yeux pourraient se développer par anticipation. »

Préparation du terrain, engrais et plantation. — La plantation de la vigne en espalier exige un défoncement de 1 mètre de profondeur sur $2^m,50$ de largeur au moins. C'est en été qu'il convient de pratiquer ce défoncement pour la plantation d'automne. Si l'on devait planter au printemps, ce qui n'est pas à recommander, on ouvrirait le sol à l'approche de l'hiver.

Quand nous avons affaire à un terrain très-léger ou très-chargé de cailloux, nous y amenons de la terre substantielle pour en corriger le défaut. Ceci ne nous empêche pas de recourir aux engrais, notamment au fumier de ferme, moitié de cheval et moitié de vache. Pour ce qui est de l'emploi, il varie avec les circonstances, selon qu'il s'agit de fumer une vigne en rapport ou une vigne que l'on plante. Dans le premier cas, on peut enterrer l'engrais comme on peut aussi l'étendre tout simplement en couverture. S'agit-il de l'enterrer, on ouvre une tranchée de 0m,15 de profondeur sur 0m,50 à 0m,60 de largeur, tout le long de la plate-bande de l'espalier et à 0m,10 seulement des pieds de vigne. On met le fumier dans cette tranchée sans le tasser, sur une épaisseur d'environ 0m,10, et on recouvre de suite avec la terre. Quand on se borne à l'étendre en couverture, on ne l'enfouit qu'à l'époque du premier labourage. Souvent aussi, nous utilisons avec avantage, à titre d'engrais en couverture, les feuilles mortes qui ont servi d'accots aux bâches ou serres à forcer.

Nous verrons tout à l'heure comment on se sert de l'engrais pour la plantation des chevelées en panier et des chevelées simples.

Pour planter une chevelée en panier, nous commençons par supprimer le plus faible des deux sarments et par ouvrir une tranchée de 1m,20 de longueur en travers de la plate-bande, de 0m,30 de profondeur et de 0m,40 de largeur. Après cela, nous prenons le panier qui contient la vigne enracinée et la plaçons dans la tranchée, de façon que l'extrémité du pied soit à un mètre du mur.

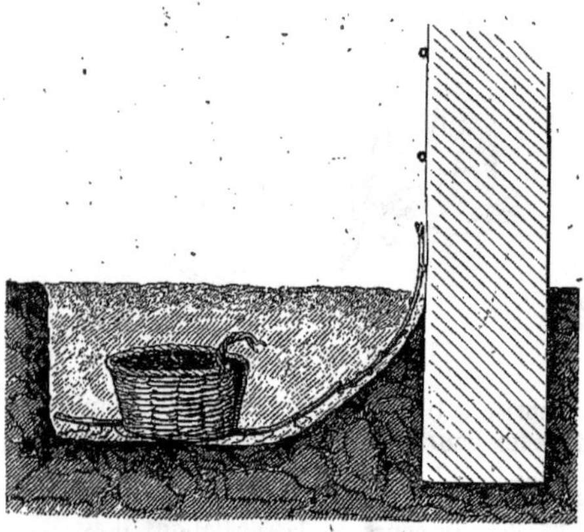

Fig. 1051. — Plantation de la chevelée en panier.

Comme on a eu soin de fendre le panier avec un couteau, du côté de l'anse ou du mur, on couche la tige de vigne dans la fente ; puis on la relève au pied de l'espalier, en laissant deux ou trois bourres sortir de la fosse. On met autour du panier 0m,08 à 0m,10 de terreau, puis 0m,08 à 0m,10 de terre ordinaire ; cela suffit pour la première année ; en sorte que le panier est à peine recouvert. Aussi, en cas de chaleur un peu forte, il devient prudent de le charger d'un paillis et d'arroser de temps en temps.

Si, au lieu d'avoir à planter une seule chevelée, on en plantait tout le long d'un mur, à 0m,40 de distance l'une de l'autre, comme c'est l'usage à Thomery, il est clair qu'on n'ouvrirait pas une fosse pour chacune d'elles ; on n'ouvrirait qu'une seule tranchée sur toute la longueur. Pour le reste, on procéderait comme nous venons de le voir.

La seconde année après la plantation, on comble la fosse avec 0m,08 ou 0m,10 de bon fumier d'abord et de la terre par-dessus.

Avec les chevelées simples, on plante à la profondeur de 0m,30, on s'arrange en sorte que l'extrémité du pied de la chevelée soit à 1 mètre du mur, on couche la tige jusqu'à 0m,40 ou 0m,50 de ce mur, on met de l'engrais, puis de la terre sur cette tige couchée, puis on en redresse l'extrémité que l'on fixe à un échalas. Une année ou deux années après, selon l'état de vigueur de la plante, on la couche de nouveau jusqu'au mur, on charge encore de fumier et de terre, et enfin on relève l'extrémité du sarment contre un tuteur, après avoir taillé à deux ou trois bourres.

Donc deux ou trois rameaux se développent ; nous n'en laissons partir que deux ; nous supprimons le plus faible lorsqu'il n'est encore qu'à l'état herbacé.

Au printemps suivant, nous avons donc affaire à deux sarments. Nous enlevons le plus faible à sa base, et nous taillons le plus fort au niveau du premier fil de fer qui est, avons-nous dit, à 0m,30 ou 0m,40 du sol. Une fois ce sarment taillé, nous lui donnons un tuteur et l'y accolons avec un brin d'osier.

Maintenant que nos treilles sont établies, rappelons-nous que chaque courson a donné dans l'année un ou deux sarments. Il s'agit donc de tailler ces sarments. Si nous en avons deux, nous supprimons le plus faible à la base, nous gardons le plus fort pour porter fruit, et nous le taillons à deux yeux, y compris l'œil du talon. Si, cependant, le sarment le plus fort que nous venons de conserver, était moins bien placé que le plus faible, nous devrions tailler le plus faible au-dessus de l'œil du talon qui produira le sarment à fruit pour l'année suivante, sarment dont il faudra favoriser le développement, en pinçant l'autre, c'est-à-dire le plus fort, immédiatement au-dessus de la dernière grappe.

Si, au lieu de deux sarments, nous n'en avons qu'un, nous le taillons également à deux yeux. Lorsque le courson se trouve trop allongé, et qu'une petite pousse s'est faite à la base sur le vieux bois, nous la protégeons par le moyen indiqué plus haut, autrement dit, nous en favorisons le développement en pinçant les sarments de l'année au-dessus des dernières grappes, et l'année suivante, ou bien au bout de deux ans, quand on suppose le rameau de remplacement assez fort pour porter fruit, nous rabattons le courson à proximité de ce rameau ou sarment.

Entretien du sol pendant la végétation.— En avril, dès que la taille est finie, nous labourons la plate-bande de nos treilles avec un outil à deux dents appelé crochet (fig. 1052). Si le terrain a reçu vers l'entrée de l'hiver du fumier en couverture, ce fumier se trouve nécessairement enfoui par ce labourage. A des époques indéterminées, et aussi souvent que les mauvaises herbes salissent le terrain, nous opérons des binages superficiels pour les détruire.

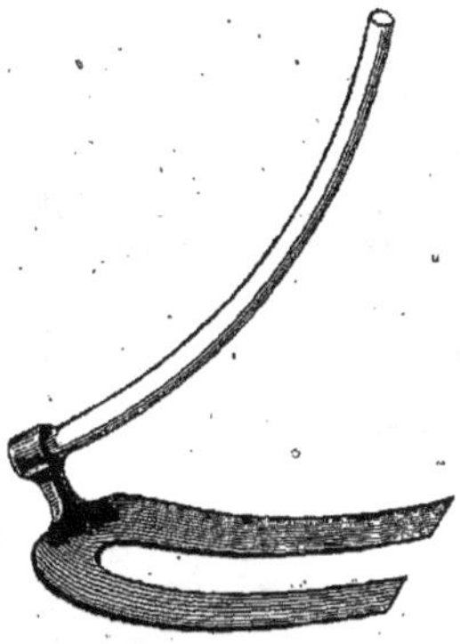

Fig. 1052. — Crochet.

Insectes et animaux nuisibles. — Nous avons à nous plaindre de l'eumolpe de la vigne, de l'attelabe, de plusieurs chenilles, d'une petite larve ou *ver* qui se montre au moment de la floraison, des guêpes, des petites sauterelles vertes, des moineaux, des souris, des mulots, et surtout des loirs. Pour ce qui regarde les insectes, nous prions nos lecteurs de se reporter à l'intéressant travail qui leur a été consacré dans cet ouvrage par M. le docteur Candèze, de Liége, et aux observations que leur a consacrées, en outre, M. de Vergnette-Lamotte, dans le chapitre qui traite de la culture des vignes fines de la Côte-d'Or. Pour ce qui est des mammifères, parfaitement appréciés dans le *Livre de la Ferme* par M. le baron de Sélys-Longchamps, nous avons une petite lacune à combler. Tous les moyens employés à la destruction ou à l'éloignement du loir n'ont pas été indiqués. A Thomery, nous avons constaté que l'arsenic ne réussit pas bien, et que la noix vomique lui est préférable. Nous prenons donc de cette noix vomique en poudre, et nous en assaisonnons fortement une omelette au lard. Après cela, nous coupons l'omelette en question par petits morceaux du volume d'une noix, et nous les mettons dans de petits godets que l'on suspend à la partie supérieure des murs, au dernier fil de fer, car les loirs se promènent sous les chaperons, et ne commettent leurs dégâts qu'au haut des treilles.

Voici encore un autre moyen qui nous est propre et qui est très-efficace. Il consiste à faire cuire des œufs au dur, à les couper ensuite en travers par le milieu, à y ajouter de la noix vomique, et à suspendre ces moitiés d'œufs empoisonnés entre le mur et le dernier fil de fer du treillage.

Quelques personnes tuent les loirs à coups de fusil, après le coucher du soleil, c'est-à-dire au moment où ils sortent pour aller manger les raisins. D'autres se contentent de leur barrer le passage et de les éloigner en engageant des branches de houx entre le chaperon du mur et le dernier fil de fer.

Maladies de la vigne. — Nous nous bornerons à reproduire textuellement ici ce que nous avons dit dans notre petit livre sur la *Culture du chasselas* à Thomery : — « La plus grave de toutes les maladies est certainement l'*oïdium*. Elle date chez nous de 1849 ou 1850. Elle commence quand les rameaux ont à peu près 0m,30 ou 0m,40 de

tres sur les feuilles. Au bout de huit ou dix jours, ces petits points s'élargissent et finissent par envahir toute la feuille, qui, alors, perd sa nuance gaie et s'assombrit. C'est surtout par le revers de la feuille que l'affection se produit ; puis elle traverse le tissu du limbe, qui prend l'aspect d'une moisissure. Le bois se macule de noir. Quelquefois les grappes sont atteintes, sans que le feuillage trahisse l'invasion de la maladie. Une poussière blanche à la surface, grisâtre en dessous, offrant à la loupe l'aspect d'une multitude de champignons, couvre les grains de la grappe et présente toujours à la loupe l'aspect d'un pointillé brun. Le développement du grain s'arrête ; il durcit, se fend, et finit par laisser entrevoir les pepins. La grappe devient noire, et se dessèche complétement.

En 1850, nous employâmes contre l'oïdium la fleur de soufre, après avoir mouillé la vigne, ce qui rendait le raisin sale et invendable. Nous employâmes aussi l'hydrosulfate de chaux ou eau Grison. En 1851, l'eau manqua, et nous nous servîmes de fleur de soufre seule, sans mouillure préalable, sur environ 100 mètres de mur. Le résultat fut excellent. L'année suivante, nous reprîmes le même procédé, et au lieu d'en faire mystère, nous laissâmes ouvertes toutes les portes de nos jardins, afin que chacun pût voir notre manière d'opérer. L'exemple fut bientôt suivi. Par cela même que notre méthode de soufrage dispensait de l'eau ainsi que de son pénible et coûteux transport, les viticulteurs de Thomery en saisirent de suite l'avantage capital.

La première année du soufrage, alors qu'on mouillait la treille d'abord, on se servit du soufflet Gontier pour lancer et éparpiller la fleur de soufre. L'année suivante, nous fîmes améliorer ce soufflet par le zingueur Gaffé, de Fontainebleau ; et

Fig. 1053. — Soufflet projecteur et coupe du soufflet.

cet instrument modifié est resté le meilleur jusqu'à présent.

Dans ces derniers temps, M. Pauwels a imaginé un ventilateur portatif, facile à manier, et qui peut-être détrônera le soufflet.

Quant à la houppe, très-recommandée dans les vignobles, elle ne saurait nous servir pour le soufrage des treilles. On l'a essayée, et l'on s'est aperçu qu'elle ne répartissait pas le soufre d'une manière convenable.

L'opération du soufrage fait nécessairement

partie des travaux d'entretien exigés par la vigne pendant le cours de sa végétation. Nous y reviendrons donc en temps et lieu.

Miellée.—Avant l'apparition de l'oïdium, on remarquait sur les treilles des terrains légers, sablonneux, et depuis plus de cinquante ans, une affection particulière, appelée *miellée.* Elle consistait en une croûte grise sur le dessus des grains, et les feuilles étaient également tachées. La végétation s'arrêtait, et le grain se crevait comme avec l'oïdium. Depuis l'emploi du soufre, la miellée a disparu.

Jaunisse et panachure.—Lorsqu'une vigne a porté trop de raisins, et qu'on n'a pas eu soin de la soulager, voici ce qui se passe l'année suivante : la feuille devient jaune ou se panache, les jeunes rameaux s'étiolent et se recroquevillent à l'extrémité ; les raisins sont maigres ; la pellicule est d'un jaune clair transparent, et les grains ne grossissent pas. Le mieux est de supprimer la récolte pour guérir la treille. Il est donc avantageux de ne jamais laisser une surcharge de fruits, puisqu'elle entraîne un sacrifice l'année suivante.

On doit fumer à l'automne, et même pendant l'été, ces vignes malades.

Maladie de misère. — Quand un sol sablonneux et léger est épuisé, les pieds des treilles ne grossissent plus, les feuilles restent petites et sont dentelées comme des feuilles d'ortie ; les raisins sont maigres. Pour rétablir ces vignes, il faut mélanger des terres argileuses avec du fumier, ouvrir une fosse de 2 mètres de largeur au pied de l'espalier, jusque sur les pieds mères, y mettre de ce mélange sur une épaisseur de $0^m,20$, recouvrir avec de la terre ordinaire, et compléter l'opération par un paillis copieux.

Du charpentage et de la conduite des treilles. — C'est encore à notre livre sur la *Culture du chasselas* que nous devons emprunter ce qui a rapport au charpentage et à la conduite des treilles, car il nous serait impossible de faire en d'autres termes une description plus exacte et plus succincte des diverses opérations.

La vigne se prête à des formes très-variées ; mais il s'agit moins ici d'une nombreuse collection de formes que d'un choix sévère parmi celles qui doivent être recommandées. A Thomery, nous n'en adoptons que cinq. Ce sont les suivantes :

1° Cordon horizontal Rose Charmeux ;

2° Cordon vertical simple à coursons alternes ;

3° Cordon vertical Rose Charmeux à coursons alternes ;

4° Cordon vertical Rose Charmeux à coursons opposés ;

5° Cordon oblique.

Cordon horizontal Rose Charmeux. — Autrefois, on étageait régulièrement les cordons de vigne en manière d'escalier. Le cep n° 1 faisait le premier cordon ; le cep suivant ou n° 2, le second cordon ; le troisième cep, le troisième cordon, et ainsi de suite. Cette disposition primitive avait l'inconvénient de gêner les cordons inférieurs dès leur jeunesse, de les contrarier par l'ombrage des cordons supérieurs ; en sorte que ceux du dessous, privés d'air et de lumière, étaient faibles comparativement aux autres. Mon père fut le premier à remarquer cet inconvénient et à chercher une disposition charpentière plus convenable. Il conçut le projet, mais il ne vécut pas assez pour le mettre à exécution. Cette besogne nous était réservée.

Il s'agissait de substituer à l'ancien cordon horizontal la forme que voici (*fig.* 1054) : — Notre cep

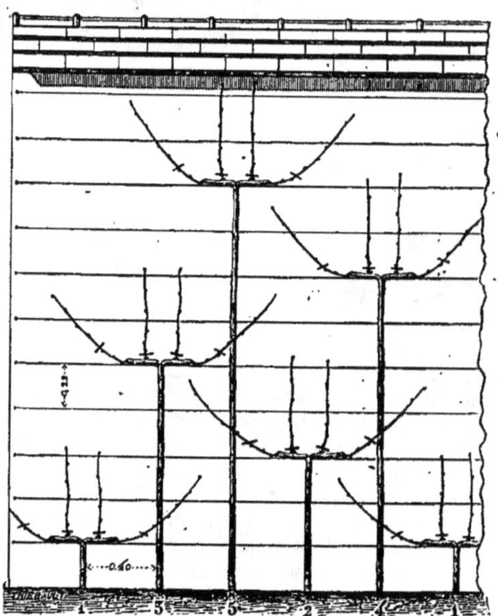

Fig. 1054. — Cordon horizontal Rose Charmeux.

n° 1 forme le premier cordon. Le cep qui vient ensuite porte le n° 3, parce qu'il est destiné à faire le troisième cordon. Par cette disposition, on voit que le premier cordon n'a pas à craindre l'ombre projetée par le cep qui avoisine son pied. Vient ensuite le troisième cep que nous nommons le n° 5, parce qu'il est destiné à constituer le cinquième cordon, tout à fait supérieur. Le quatrième cep, portant le n° 2, doit former le deuxième cordon. Le cinquième cep est notre n° 4, appelé à faire le quatrième cordon. Si nous plantons six ceps au lieu de cinq, notre sixième cep devient le n° 1 d'une autre série. De cette façon, les différents pieds de treille ont entre eux, dans le sens de la hauteur, et pendant leur jeunesse seulement, bien entendu, l'intervalle vide de deux cordons, tandis que dans le principe, avec la forme ancienne, l'intervalle se réduisait à un seul cordon.

Nous plantons nos ceps à $0^m,40$ l'un de l'autre, et nous ménageons entre nos cordons une distance de $0^m,42$ à $0^m,45$, selon la hauteur des murs. La plus petite distance est pour les murs les moins élevés, et la plus grande distance pour les murs les plus élevés.

Maintenant que nos dispositions générales sont arrêtées, que nos ceps sont plantés, que la place de nos cordons est marquée au mur ou au treillage, si treillage il y a, il nous reste à exécuter la formation de nos cinq cordons.

On se rappelle que nous avons taillé chaque cep

à deux yeux en le plantant, que ces deux yeux ont donné d'abord deux rameaux herbacés, et que le plus faible de ces rameaux a été supprimé au moment de l'ébourgeonnement, lorsqu'il n'avait encore que 0m,08 ou 0m,10. L'autre a continué de végéter, et nous a donné un sarment ligneux ou *aoûté*, que nous avons dressé contre un tuteur. C'est à ce sarment que nous avons affaire.

Nous commençons par notre jeune cep n° 1. Lorsque son rameau herbacé a dépassé le premier cordon de la hauteur de quatre yeux à peu près, nous supprimons, avec la serpette ou les ongles, cette partie de rameau, au-dessus de l'œil qui se trouve à 0m,01 ou 0m,02 au-dessous de la ligne de fil de fer qui doit soutenir le cordon. Quelquefois cependant, disons-le bien vite, l'œil n'est pas placé aussi bien qu'on le désirerait, et alors, bon gré, mal gré, il nous faut pincer ou plus bas en dessous du fil de fer, ou plus haut en dessus. Dans le premier cas, pour ressaisir le niveau, on doit, au printemps suivant, à l'époque de la taille, déchausser le cep avec précaution jusqu'aux racines, et le soulever délicatement jusqu'à ce que l'œil soit au niveau nécessaire. Dans le second cas, le cep doit être également déchaussé et enfoncé un peu avec le pied, afin de faire descendre l'œil au niveau en question.

Nous supposons le niveau établi et le pincement exécuté. Il se développe un rameau anticipé que nous nommons *entre-cœur*, à Thomery, et que, sur d'autres points, on nomme *aileron*. On devra supprimer cet entre-cœur, aussitôt qu'il aura 0m,01 ou 0m,02 de longueur. Grâce à cette suppression, l'œil terminal profitera de toute la séve. Dans le cas où d'autres entre-cœurs se développeraient au-dessous de cet œil, on les supprimerait également, toujours pour le favoriser.

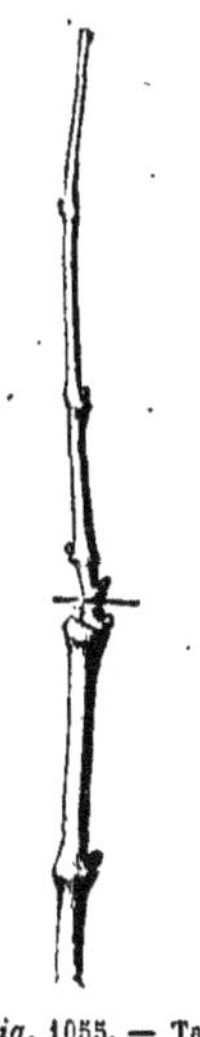

Fig. 1055. — Taille en vert destinée à former les deux bras d'un cordon.

Notre œil terminal poussera immédiatement et atteindra l'année même un développement suffisant, quoique variable. Il s'aoûtera et fournira à sa base, à droite et à gauche, plutôt deux yeux qu'un, de chaque côté.

Au printemps suivant, au moment de la taille, nous coupons notre sarment pincé l'année d'avant, et le coupons au-dessus des yeux de la base, comme nous l'indiquons ici (*fig.* 1055). Ces yeux se développent nécessairement. Nous choisissons parmi les rameaux herbacés qui en sortent, le mieux conformé de chaque côté, et dès que ceux-ci paraissent à l'abri de tout accident, nous enlevons les autres rameaux herbacés dont nous n'avons plus besoin.

Ce sont nos deux rameaux de réserve, opposés l'un à l'autre, qui formeront les deux bras du cep et lui donneront la forme d'un T. Tant que ces rameaux sont herbacés, on les palisse obliquement, de manière à ne pas les rompre; puis, lorsqu'ils sont en partie ligneux ou à bois, on les incline doucement sur le fil de fer ou cordon, auquel on les accole avec du jonc, sans trop les serrer. On pince les jeunes pousses dès qu'elles ont atteint environ 1 mètre de développement. La date de l'opération dépend nécessairement du plus ou moins de vigueur de la végétation. Les entre-cœurs ou ailerons qui poussent sur ces rameaux pendant qu'ils se développent, doivent être pincés au-dessus de la première feuille, non-seulement afin de favoriser la croissance des rameaux en question, mais aussi dans le but d'empêcher les yeux de se développer par anticipation.

Ce procédé, imaginé par nous, donne des résultats très-satisfaisants, parce que la répartition de la séve se fait également par les deux bras. Nous le préférons de beaucoup à l'ancien mode qui consistait à former les cordons par la courbure du sarment, au-dessus d'une bourre qui se développait de suite. Par ce vieux procédé, la partie coudée du sarment reçoit moins de nourriture que l'autre bras qui a toujours une tendance à absorber les deux tiers de la séve, même quand il a été soumis à l'arcûre.

Nous venons de parler de la formation des deux bras d'une vigne au moyen du pincement. On peut les obtenir encore par un autre moyen qui consiste en ceci: au lieu de pincer le rameau herbacé qui doit nous donner les deux branches du T, nous laissons ce rameau se développer, nous le maintenons par l'accolage et pinçons les entre-cœurs à une feuille, c'est-à-dire au-dessus de la première feuille. Au printemps suivant, nous pratiquons la taille au-dessus de l'œil le plus rapproché du cordon. Et, dans le cas où cet œil serait trop bas ou trop haut, on s'y prendrait, pour l'élever ou l'abaisser, comme on s'y prend avec la méthode du pincement dont il vient d'être parlé.

Une fois la taille faite, les yeux ou bourres partent des différents nœuds qui se trouvent dans toute la longueur réservée. Nous ébourgeonnons en grande partie les rameaux herbacés provenant de ces bourres; nous ne conservons que les trois, quatre ou même cinq sortis des yeux supérieurs. Nous palissons verticalement le rameau de l'extrémité et le pinçons lorsqu'il a atteint 1 mètre de hauteur. Pour ce qui est des autres rameaux, nous les palissons obliquement et les pinçons à 0m,50 ou 0m,60, suivant la force de la végétation. Ces rameaux obliques nous donnent du fruit, ainsi que le rameau vertical, et modèrent l'ascension de la séve vers l'extrémité. Il n'est pas nécessaire d'ajouter que pendant le cours de la végétation, on doit pincer les entre-cœurs au-dessus d'une feuille et même les rameaux herbacés qui se développeraient par anticipation.

L'année suivante, les sarments que nous venons de palisser obliquement sont taillés au-dessus de deux yeux apparents, toujours dans le but d'obtenir du fruit. Quant au sarment vertical qui forme tige, nous le coupons au-dessus de deux yeux opposés, les plus rapprochés du talon, afin que ces deux yeux fassent en se développant les deux bras du cordon. Nos sarments inférieurs, c'est-à-dire les obliques, sont taillés de même sur deux bourres. Ces deux bourres émettent deux rameaux fructifères que l'on pince immédiatement au-dessus de la première grappe, et que l'on supprime l'année d'après, afin d'aider au développement des deux bras qui doivent être palissés horizontalement. Chacun de ces deux bras devra être pincé ou arrêté à 1 mètre ou 1m,50 de longueur, selon la force de la végétation.

Nous conseillons surtout le premier mode de formation en T par le pincement, mais nous faisons remarquer que le second procédé que nous venons de décrire peut être appliqué dans le cas où l'un des deux rameaux destinés à former les bras, viendrait à être enlevé par un accident quelconque, ou bien encore dans le cas où il prendrait fantaisie au propriétaire de retarder d'un an la formation du T.

Quel que soit le mode adopté, supposons la charpente de notre cordon horizontal établie. Il s'agit à présent d'obtenir les rameaux fructifères sur les deux bras. A cet effet, au printemps, nous taillons chaque bras au-dessus de trois yeux bien visibles, à partir de la tige. Le troisième œil au-dessus duquel nous taillons, doit occuper le dessous du sarment, car il servira d'œil de prolongement, autrement dit, il fournira le rameau de l'année chargé de continuer le bras. Le deuxième œil, placé en dessus du sarment, fournira, lui aussi, son rameau de l'année qui, l'année d'après, sera taillé à deux yeux de la base pour former ce que nous appelons un *courson* (*fig.* 1054). Le premier œil qui se trouve en dessous du sarment, au talon, tout près de la tige, devra être supprimé lors de l'ébourgeonnement.

Il va sans dire que l'opération, pratiquée comme nous venons de l'enseigner, sur un des bras du T, devra être faite en même temps et de la même manière sur l'autre bras.

Nous aurons donc l'année suivante un courson de chaque côté du T, et de chaque côté aussi un œil de prolongement destiné à allonger le bras et à donner de nouvelles séries de coursons chaque année. Ces coursons seront éloignés l'un de l'autre de 0m,10 à 0m,12 environ. Ceci dépendra plus ou moins des variétés cultivées et de l'étendue des entre-nœuds.

Lorsque nous avons formé trois coursons de chaque côté, nous ne taillons plus qu'à deux yeux le rameau de prolongement, de manière à ralentir le plus possible l'allongement des bras, à ne plus produire de coursons que tous les deux ou trois ans, et de manière encore à ce que le bras du cep n° 1 de gauche ne se rapproche pas à moins de 0m,30 du bras du cep n° 1 de droite. Quand les deux bras des ceps placés sur le même plan, viennent se rejoindre, la récolte baisse, et il est nécessaire de raccourcir le vieux bois et de le remplacer par de jeunes sarments.

La seconde année, nous procédons avec le cep n° 2 comme nous avons procédé avec le cep n° 1. La troisième année, nous formons le T avec le cep n° 3 ; la quatrième année, nous le formons avec le n° 4, et la cinquième année avec le n° 5. Toutefois, chaque année, nous taillons nos différents ceps à la hauteur de celui qui va former le T. Il est inutile d'ajouter que chaque année aussi nous laissons aux ceps non formés des rameaux fructifères le long de la tige, rameaux que nous supprimons définitivement la première année de la formation du T. Ceci n'a d'autre but que de tirer parti des tiges en attendant que les bras soient faits.

Les opérations dont il vient d'être parlé s'appliquent à des vignes plantées à l'état de *chevelée en panier* ou en couchage peu vigoureux. Mais s'il s'agissait d'un couchage ou marcottage fait avec des pieds vigoureux, fortement enracinés, on pourrait parfois former les bras des cinq cordons en deux ou trois ans, et même en une seule année.

Cordon vertical simple à coursons alternes. — Le cordon vertical simple à coursons alternes s'applique aux espaliers de 2 mètres de hauteur et aux contre-espaliers de 1m,20 à 1m,50.

Commençons par l'application aux espaliers. En ce qui regarde la plantation et la première taille, nous nous y prenons comme avec la forme précédente, et il en sera de même pour toutes les autres formes dont nous aurons à vous entretenir. La première année, tous les ceps, plantés à 0m,70 de distance, ne doivent conserver qu'un rameau bien maintenu sur le tuteur ; le rameau le plus faible est constamment sacrifié. Si la végétation de celui que nous conservons est vigoureuse, nous l'arrêtons à 1 mètre de hauteur par le pincement.

L'année suivante, au printemps, c'est-à-dire au moment de la taille, tous les ceps de l'espalier doivent être taillés uniformément un œil au-dessus de la première rangée de fil de fer, c'est-à-dire à 0m,30 ou 0m,35 du sol. Tous les yeux se développent nécessairement et donnent de jeunes rameaux herbacés. Nous conservons sur chaque cep les trois supérieurs. Le plus élevé des trois continuera la tige, celui du milieu formera un courson ; le troisième, c'est-à-dire le plus inférieur, sera utilisé momentanément pour appeler la séve dans le cep et le nourrir par conséquent (*fig.* 1057). Pour ce qui est des autres rameaux herbacés placés en dessous des trois dont

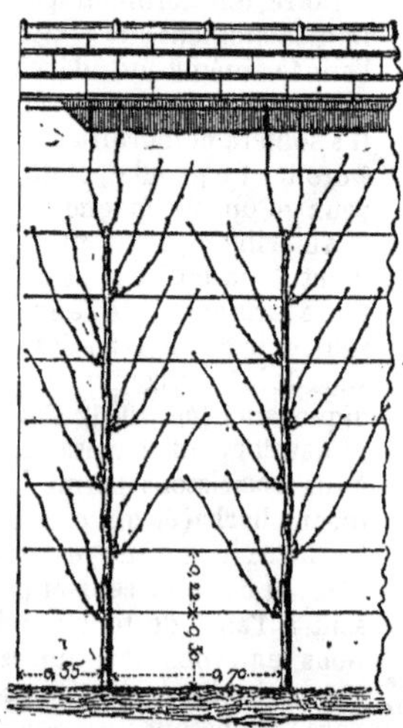

Fig. 1056. — Cordon vertical simple à coursons alternes.

il vient d'être parlé, nous les supprimerons tout à fait avec les ongles à l'époque de l'ébourgeonnement, alors qu'ils ont $0^m,5$ ou $0^m,6$ de longueur.

Lorsque cette opération est exécutée, nous palissons verticalement le rameau le plus élevé, dit rameau de prolongement; puis nous palissons les deux autres obliquement à droite et à gauche de la tige, et si la végétation se développe avec énergie, nous les pinçons tous trois à leur extrémité dès qu'ils atteignent 1 mètre de hauteur.

A l'époque de la troisième pousse, au printemps, nous supprimons entièrement le rameau inférieur; nous taillons celui du milieu à deux yeux pour former le courson. Quant au rameau supérieur, nous le taillons un œil au-dessus du deuxième fil de fer qui est à $0^m,22$ ou $0^m,23$ du premier (*fig.* 1057). En admettant que notre premier courson soit établi sur la gauche du cep, tous les premiers coursons des autres ceps devront être à gauche également. Afin d'alterner, on aura soin d'établir à droite tous les seconds coursons. Souvent on rencontre de petites difficultés quand il s'agit de placer les coursons à droite et à gauche dans un ordre régulier. Pour en triompher, on saisit le sarment avec la main, on lui imprime une légère torsion qui change au besoin la situation des yeux, et on l'attache solidement avec un osier pour qu'il ne bouge point de la position forcée à laquelle on l'assujettit. De cette façon, on établit indistinctement les coursons à droite et à gauche.

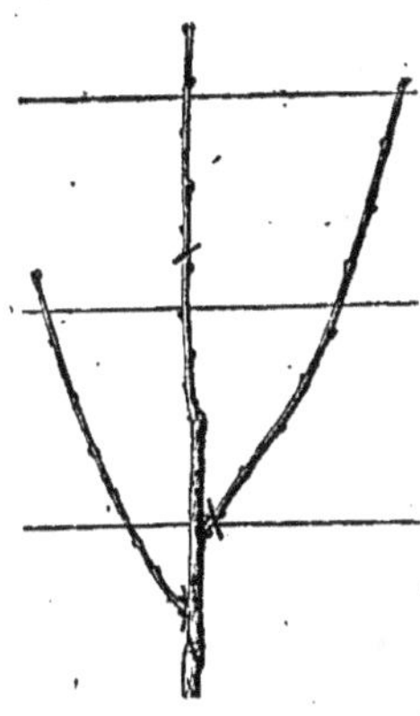
Fig. 1057. — Taille de 3e année.

Dans le courant de l'année, les deux yeux ou bourres de notre premier courson de la base émettent deux rameaux, tandis qu'il en sort trois ou quatre du prolongement de la tige. A l'époque de l'ébourgeonnement, nous ne touchons pas aux deux rameaux herbacés du courson; nous les conservons. Nous en gardons trois sur le prolongement de la tige, jamais plus, et sur ces trois nous palissons le supérieur verticalement et les deux autres obliquement, ainsi que ceux du courson. Nous avons donc en tout cinq rameaux herbacés palissés. Ils s'allongent et, au temps venu, nous pinçons les deux du courson au-dessus du troisième fil de fer, et les trois autres à 1 mètre environ.

A la taille suivante, on supprime un des rameaux ligneux du courson, le plus éloigné de la tige, et on taille l'autre à deux yeux. Cependant, si ce dernier était trop faible, on le taillerait au-dessus d'un œil de la base et on garderait l'autre pour lui faire porter fruit, en ayant soin toutefois de pincer le plus fort des deux afin de fortifier le plus faible par un apport de sève.

Le troisième rameau, qui se trouve à gauche, doit être supprimé; le quatrième, qui se trouve à

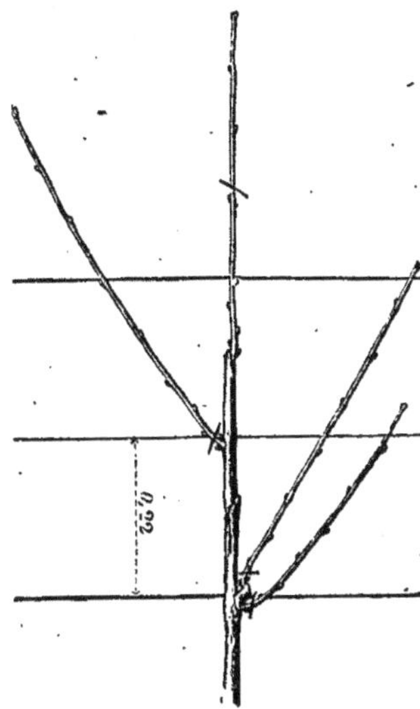

Fig. 1058.

droite, près du second fil de fer, sera taillé à deux yeux pour former courson ; le cinquième, qui est le rameau vertical de prolongement, sera taillé un œil au-dessus du troisième fil de fer, et de manière qu'un œil se trouve à gauche de ce troisième fil de fer pour former le troisième courson, tandis qu'un œil du dessus continuera le prolongement, et ainsi de suite, jusqu'au sommet du mur, en procédant toujours comme précédemment.

Pour appliquer ce système aux contre-espaliers, on double le nombre des coursons ; chose facile. Il suffit, en effet, de ne pas supprimer à la taille le troisième rameau inférieur du prolongement

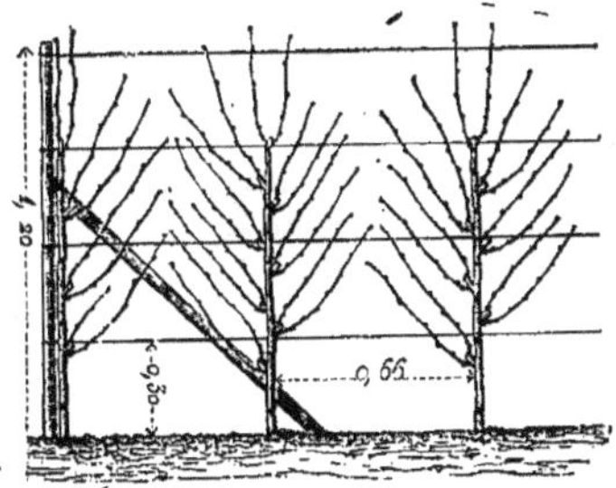

Fig. 1059 — Contre-espalier (cordon vertical).

dont nous avons conseillé tout à l'heure la suppression (*fig.* 1059).

Cordon vertical Rose Charmeux à coursons alternes. — Cette forme diffère de celle qui précède, en ce que les pieds sont plantés à $0^m,40$ les uns des autres, au lieu de l'être à $0^m,70$, et aussi en ce qu'elle est applicable à des murs plus élevés, c'est-à-dire de $2^m,50$ à 4 mètres et plus.

Le premier cep prend ses coursons à partir de

la première ligne de fil de fer, et les continue jusqu'à la moitié de la hauteur du mur (*fig.* 1060).

Le deuxième cep ne porte pas de coursons depuis la base jusqu'à la moitié du mur; mais, à partir de là, il commence à les prendre et les continue jusqu'en haut.

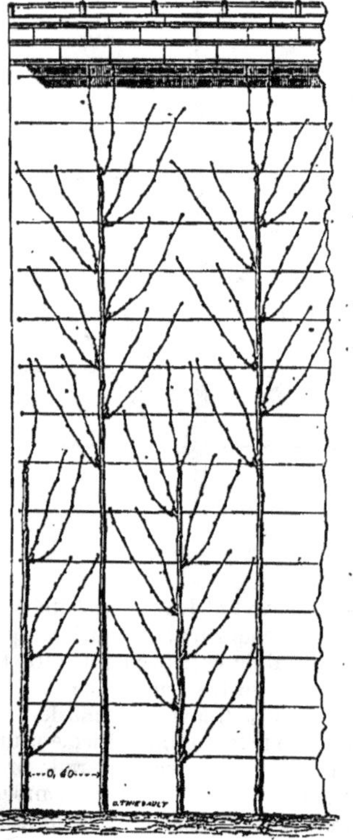

Fig. 1060. — Cordon vertical Rose Charmeux à coursons alternes.

Le troisième cep prend ses coursons comme le premier; le quatrième comme le second, et ainsi de suite alternativement.

Quant aux ceps qui ne doivent coursonner qu'à partir de la seconde moitié du mur, on les taille de façon à les conduire, en deux ou trois ans, et même en une seule année, — si la végétation le permet, — jusqu'au milieu du mur en question, à l'endroit où ils doivent prendre leur premier courson. Si on les conduisait plus lentement, l'ombrage de leurs feuilles serait contraire aux ceps coursonnés à partir du premier fil de fer.

L'avantage de ce cordon vertical sur le précédent est très-grand, en ce sens que les pieds étant plus rapprochés, on n'a pas besoin de charger trop fortement chaque pied pour arriver à une forte récolte; et naturellement les produits y gagnent en qualité. Il est à remarquer, en outre, que les pieds qui prennent leurs coursons à la base, ne s'élèvent pas à une grande hauteur, au préjudice de ces mêmes coursons. Il est à remarquer enfin que, du moment où les pieds les plus élevés ne prennent leurs coursons qu'à la moitié du mur, il est permis de les conduire à une grande élévation, au moins dans notre climat, sans craindre l'étiolage de ces coursons.

Pour ces diverses raisons, nous croyons que cette forme doit être préférée à toutes les autres.

Cordon vertical Rose Charmeux à coursons opposés. — La dénomination seule de cette forme indique en quoi elle diffère de la précédente. Le cordon vertical dont nous venons de vous entretenir a les coursons alternes; celui dont nous allons vous parler a les coursons opposés. Pour l'un comme pour l'autre, la distance entre les pieds est la même, $0^m,40$ (*fig.* 1061).

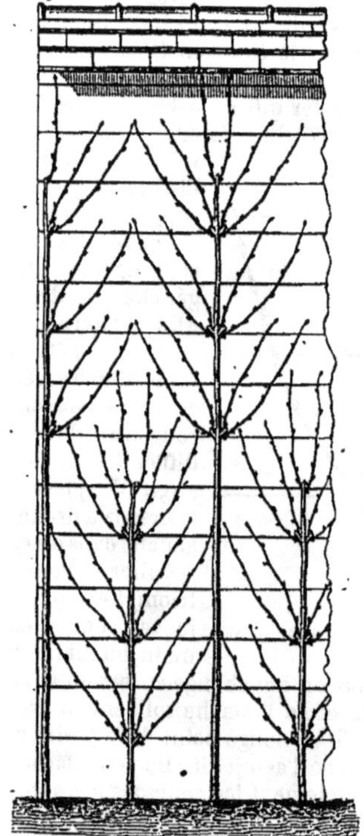

Fig. 1061. — Cordon vertical Rose Charmeux à coursons opposés.

Pour avoir des coursons opposés, on pince comme lorsqu'il s'agit d'obtenir le T des cordons horizontaux. Seulement, la taille diffère en ce sens qu'il faut se réserver un œil de prolongement au-dessus des deux yeux opposés, afin de former la tige (*fig.* 1062).

Avec le cordon à coursons alternes, chaque fil de fer porte son courson, tantôt à droite, tantôt à gauche, tandis qu'avec la forme qui nous occupe, les coursons se trouvent à la distance de deux fils de fer, afin d'éviter toute confusion et de ne pas étioler les rameaux herbacés.

Cette forme, quant aux produits, n'a pas d'avantage sur les autres; elle retarde au contraire la fructification, à cause de la formation de ses coursons. Son unique mérite, c'est la régularité, et c'est à ce titre seul que nous la conseillons aux amateurs.

Cordon oblique de contre-espalier applicable aux vignobles. — On peut établir les

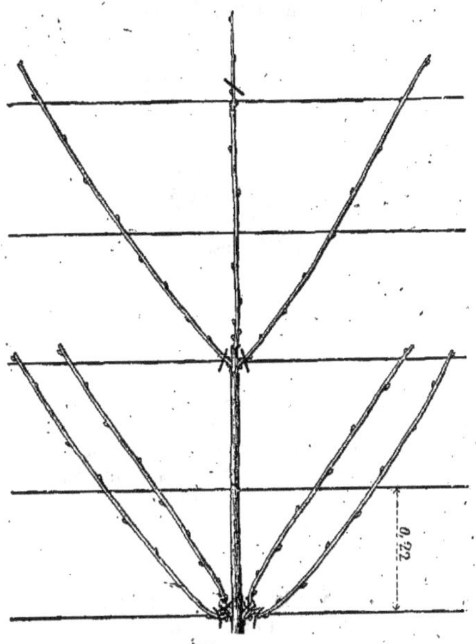

Fig. 1062.

contre-espaliers non-seulement avec des cordons verticaux ordinaires, mais aussi avec des cordons obliques ayant un angle de 30 degrés. A cet effet, on plante les ceps à $0^m,50$ de distance l'un de l'autre. Quant à la conduite de chaque cep, elle ressemble pour ainsi dire exactement à celle qui s'applique à la formation du cordon horizontal simple, et pour cela, il suffit de soumettre à la taille tous les rameaux ou sarments qui sortent le long de la tige oblique. Seulement, on double le nombre des coursons.

Si l'on voulait appliquer ce système aux vignobles, c'est-à-dire aux vignes à vin, on devrait palisser les deux rameaux du courson terminal, tandis que les autres, sur toute la longueur de la tige, seraient pincés immédiatement au-dessus des dernières grappes. Quant aux rameaux anticipés qui viendraient à se développer, ils devraient être pincés aussi à un œil au-dessus de la base.

Nous recommandons vivement aux cultivateurs de vignobles l'adoption de cette méthode dans leurs plantations nouvelles d'abord, et quand ils en auront apprécié les résultats, nous sommes persuadé qu'ils l'appliqueront bien vite aux plantations anciennes.

On peut, en examinant la figure qui représente cette forme, se convaincre de ses excellentes dispositions, et remarquer qu'elle se prête très-bien à l'emploi des abris (*fig.* 1063 et 1064).

Du renouvellement ou rajeunissement de la vigne. — Lorsqu'une vigne est trop vieille et que la quantité aussi bien que la beauté baisse, il faut songer à la renouveler ou à la rajeunir. Dans ce but, on supprime les cordons jusqu'aux coursons les plus rapprochés de leur insertion sur la tige du T, s'il s'agit d'une forme horizontale, ou jusqu'aux coursons les plus inférieurs sur la

Fig. 1063. — Contre-espalier abrité contre la gelée.

tige, s'il s'agit d'une forme verticale ou oblique. Les coursons au-dessus desquels l'amputation a eu lieu produisent de beaux sarments. Au printemps suivant, on taille ces sarments à trois ou

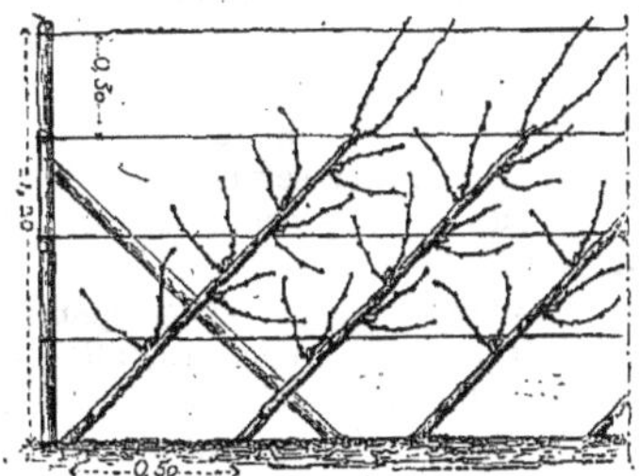

Fig. 1064. — Contre-espalier (forme oblique).

quatre yeux, afin d'obtenir de fortes pousses. On conserve les deux ou trois plus vigoureuses, et, quand ces rameaux ont environ $1^m,50$ de longueur, on les pince pour en arrêter le développement.

L'année d'après, toujours au printemps, on ouvre au pied du mur une fosse de $1^m,20$ de largeur sur une profondeur que nous ne saurions fixer rigoureusement. On cesse de creuser dès qu'il y a danger d'offenser la souche souterraine de la vieille marcotte. Cela fait, on couche avec précaution les pieds à rajeunir ; autrement dit, on les marcotte ou on les provigne, et, la même année, on obtient ainsi deux ou trois nouveaux pieds destinés à renouveler la treille usée. Il nous paraît inutile de faire observer que les souches donnant les plus beaux raisins sont celles qu'il convient de marcotter ou coucher.

On peut encore, en vue de renouveler une vigne, se servir des rameaux qui poussent au pied des treilles. Au bout de deux ans de taille, on supprime le vieux bois et l'on commence à former les cordons comme si l'on avait affaire à de jeunes plants. Ou bien encore, on renouvelle la treille en couchant le vieux bois dans la terre.

S'il s'agissait de renouveler un cordon vertical sans coucher le pied, on choisirait un courson au milieu de la tige ; on le taillerait à trois yeux pour avoir trois rameaux ; on palisserait verticalement celui de l'extrémité, et, l'année suivante, on retrancherait la tête du vieux bois au-dessus de la base de la nouvelle tige. C'est un excellent moyen de prolonger la durée d'une vigne tout en la maintenant en bon rapport.

De la modification des formes. — Si l'on tenait à changer seulement la forme d'une treille, à modifier sa charpente, il suffirait chaque année de rabattre un des ceps de cette treille à 0m,40 du sol. On conserverait et on palisserait le sarment le plus vigoureux, et l'année suivante, on s'occuperait de la nouvelle forme à donner, sans préjudice de la récolte qui se produirait en même temps.

Opérations à faire pendant le cours de la végétation. — L'*ébourgeonnement* commence la série de ces opérations. Il consiste à abattre d'un coup de doigt, dès qu'ils ont 0m,12 ou 0m,15 de longueur, les rameaux herbacés trop faibles et ceux qui ne portent pas de fruits. On n'en conserve qu'un ou deux à chaque courson. On fait tomber de la même manière les rameaux des branches de prolongement à l'exception du plus fort qui continuera la tige et d'un rameau latéral destiné à constituer le courson. Cependant, si la vigne était vieille et si les coursons s'allongeaient par trop, on devrait réserver de petits rameaux à la base, afin de rapprocher ces coursons un peu plus tard.

Le *soufrage* arrive aussitôt après l'ébourgeonnement. Pour le pratiquer, on ne doit pas attendre que la température en plein air atteigne 28° centigrades. Si la chaleur dépassait cette limite, le grain serait promptement désorganisé. Il n'y a aucun inconvénient à soufrer pendant la rosée. Un second soufrage doit avoir lieu quand les grains du raisin ont atteint le volume d'un pois, et même plus tôt si l'on remarquait des traces d'oïdium. Nous pensons qu'il vaudrait peut-être mieux encore soufrer pendant la floraison.

On se sert, pour cela, de soufre sublimé et d'un soufflet projecteur. Nous opérons d'ordinaire le matin et le soir, et toujours par un temps calme. Quand le soleil donne, l'effet du soufre se produit rapidement. Dans le cas où une averse suivrait de près le soufrage, il serait prudent de renouveler l'opération.

Pour trois opérations, nous employons 60 kilogrammes de fleur de soufre par hectare composé de 10 à 12,000 ceps. Un homme peut soufrer au moins un demi-hectare par jour. L'*évrillage*, *la suppression des entre-cœurs* ou *rameaux stipulaires* et le *pincement* sont trois opérations que l'on exécute une quinzaine de jours après l'ébourgeonnement. On supprime les vrilles avec les ongles le plus près possible du rameau. On abat les entre-cœurs avec les doigts sur les vignes d'une vigueur modérée, tandis que l'on se contente de les pincer au-dessus de la première feuille sur les vignes jeunes et vigoureuses. On pince enfin tous les rameaux qui dépassent deux intervalles de fils de fer, en A, B, C. Nous parlons ici, bien entendu, du pincement des vignes formées ; si l'on avait affaire à des vignes en formation, on pincerait à 1 mètre au moins, au lieu de 0m,43 ou 0m,45.

Une dizaine de jours après le pincement, vers

Fig. 1065. — Pincement.

le 20 ou le 25 mai à Thomery, plus tôt ou plus tard ailleurs, selon les climats, il faut songer au palissage. Le *palissage* consiste à accoler avec du jonc l'extrémité de chaque bras, tantôt plus ou moins obliquement, tantôt dans le sens de la verticale, de manière à bien couvrir le mur. Mais lorsqu'on a affaire à des cordons verticaux, on palisse verticalement les deux ou trois rameaux de l'extrémité de chaque pied, et obliquement tous les rameaux des coursons.

L'*éverrage* consiste dans la recherche de la larve ou ver de la fleur, dont il a été parlé précédemment.

Le *repalissage* est à proprement parler un second palissage. Certains rameaux qui n'avaient pas assez de longueur pour être accolés au moment du premier palissage, doivent être cette fois pincés à la hauteur des autres et fixés au moyen du jonc. Si l'on rencontrait des pousses anticipées à l'extrémité des rameaux palissés en premier lieu, on les romprait ou on les couperait. C'est aussi le moment de débarrasser la vigne de ce que nous appelons les *feuilles frisées*, feuilles mal développées, rapprochées du mur, et embarrassées dans les sarments.

Le *cisèlement* vient après le repalissage et s'applique aux grappes, dont les grains les plus gros ont le volume d'un pois ordinaire. Il consiste à enlever avec des ciseaux tous les petits grains des grappes peu serrées, et, en outre, le tiers ou le quart des grains ordinaires aux grappes très-serrées. Ceux qui restent prennent plus de développement et mûrissent plus tôt. Ajoutons qu'on ne se borne pas toujours à éclaircir. Lorsque les grappes de chasselas sont d'une longueur démesurée, on cisèle 0m,02 ou 0m,03 de leur extrémité.

L'*effeuillage* extérieur devient nécessaire au moment de la complète maturité du raisin ; il aide à la compléter ; il aide à dorer le raisin. Cette opération commande une extrême prudence ; il ne faut découvrir d'abord que partiellement, et avoir soin de laisser un bout du pétiole qui est la queue de la feuille. Vers les premiers jours d'octobre, on découvre plus complétement pour que le soleil, la rosée et le brouillard agissent comme il faut sur les grappes.

Maintenant que nous en avons fini avec les opérations à faire pendant le cours de la végétation, il nous reste à dire quelques mots de la récolte, de l'emballage et de la conservation des raisins.

Récolte des raisins.—Nous commençons la cueillette par les raisins du bas de l'espalier, parce qu'ils se conservent moins bien sur la treille et au fruitier que ceux des étages supérieurs. Nous opérons le matin et le soir plutôt qu'au milieu de la journée, à moins que le temps ne soit couvert. Dans ces conditions, c'est-à-dire quand les vignes sont à l'ombre, on distingue bien la teinte du raisin. Nous prenons un petit panier d'osier blanc à deux anses, dont le fond a été garni de feuilles de vigne; nous tenons ce panier de la main gauche, nous coupons les grappes de la main droite avec une petite serpette, et les mettons avec précaution dans le panier. Il en contient environ 1kil,500. Une fois rempli, nous le déposons sur la plate-bande de l'espalier et en reprenons un autre. Un aide les enlève au fur et à mesure, et les transporte au milieu ou à l'entrée du jardin, pour les placer ensuite, au nombre de 12 ou de 16, sur un *crochet à raisins* que nous figurons ici. Dès que ce crochet est garni, il l'endosse au moyen des bretelles, et l'emporte dans une chambre spéciale ou magasin destiné aux emballages.

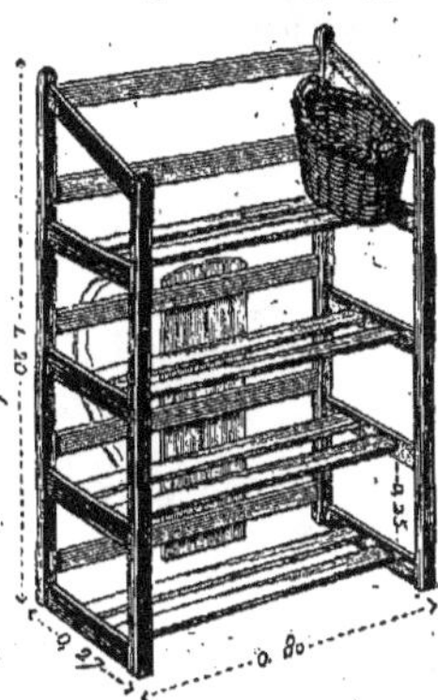

Fig. 1066. — Crochet à raisins.

Emballage des raisins.—Nous commençons par faire un choix parmi les plus beaux raisins; nous les épluchons sans les déflorer et les mettons un à un dans des caisses que l'on garnit de papier blanc, et de façon que le plus beau côté de chaque raisin regarde le fond de ces caisses que nous clouons ensuite et que nous retournons sens dessus dessous. Il suit de là qu'en les ouvrant, nous mettons sous les yeux de l'acheteur la plus jolie face de l'emballage.

Rien n'empêche de renfermer dans des caisses les raisins de second choix, mais le plus ordinairement, nous nous servons, pour les emballer, de petits paniers coniques en osier très-clair, que nous garnissons de fougère ou de regain au fond et sur les côtés. Sur la fougère ou le regain, nous étendons une feuille de papier, dont nous rabattons ensuite les coins; nous recouvrons enfin avec de la fougère, du foin ou de la paille d'avoine et une feuille de chou, et nous maintenons le tout avec une ligature d'osier.

Les raisins de troisième qualité sont emballés dans de petits ou de grands paniers, de la même manière, et sont vendus dans les rues de Paris.

Conservation des raisins.—Les grappes que nous nous proposons de conserver, sont prises aux étages supérieurs des treilles. Nous ne les cueillons que dans la seconde quinzaine d'octobre, par un beau temps, et en l'absence de toute rosée. Si nous voulons les conserver avec la râfle fraîche, nous coupons nos raisins avec un bout de sarment, ayant trois yeux sous la grappe et deux au-dessus. Nous ôtons de suite les feuilles pour diminuer l'évaporation; nous transportons nos raisins au fruitier avec de grandes précautions, et nous plongeons le gros bout du sarment dans de petites fioles remplies d'eau jusqu'au goulot deux ou trois jours à l'avance, eau dans laquelle nous versons une cuillerée à café de charbon de bois pulvérisé. Chaque fiole, de la forme de celle que nous représentons ici avec sa grappe, contient 125 grammes d'eau.

Nous suspendons les fioles à des échancrures d'étagères; nous n'y touchons plus, et nous nous

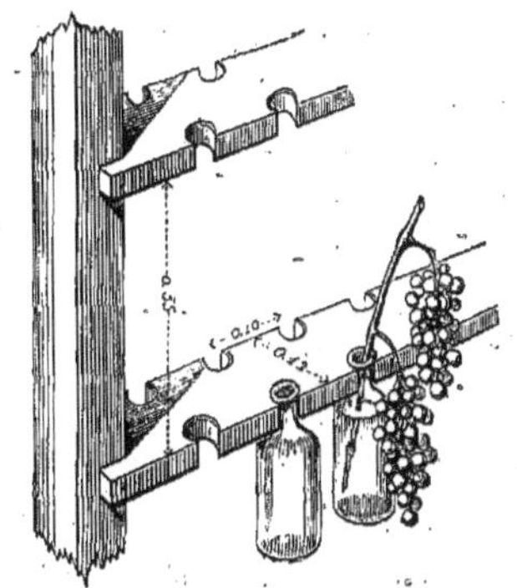

Fig. 1067. — Fiole contenant le sarment de la grappe.

arrangeons de manière qu'elles ne reçoivent ni courant d'air ni lumière, et qu'elles n'aient point à craindre un abaissement de température au-dessous de 1 ou 2 degrés au-dessus de zéro. Il n'est pas nécessaire de boucher ou de cacheter les fioles; il n'est pas nécessaire non plus de changer l'eau, du mois de novembre jusqu'en mai, extrême limite de la conservation, après quoi on remplace les raisins de garde par des raisins forcés en serre chaude.

Pour ce qui est de la conservation du raisin à

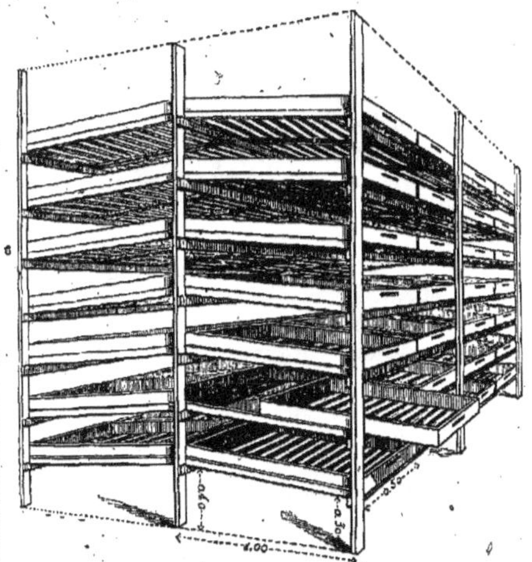

Fig. 1068. — Conservation du raisin à râfle sèche.

râfle sèche, on se sert tout simplement d'étagères munies de tiroirs ouverts par le haut, et garnis au fond de fougère bien sèche, ou de paille de seigle. On range les raisins dans ces tiroirs, les uns à côté des autres; on a soin de les visiter de temps en temps et d'enlever les grains gâtés.

La chambre destinée à servir de fruitier aux raisins à râfle fraîche et à râfle sèche, doit occuper le premier étage, et autant que possible le milieu du bâtiment. Deux fenêtres, dont une au midi et l'autre au nord, suffisent, et encore ne les ouvre-t-on que lorsque le fruitier est vide, pour le nettoyer et l'aérer. Lorsqu'il est plein, on les tient fermées, et pendant les rigueurs de l'hiver, on les double avec des matelas bourrés de mousse passée au four ou de *zostère*, sorte d'algue marine qui sert à fabriquer de la literie économique. Par prudence, il est bon de ménager dans une cheminée voisine du fruitier, une ou plusieurs bouches de chaleur, afin de prévenir un trop fort abaissement de température dans les hivers exceptionnels. Il est prudent aussi d'établir des ventilateurs qui ne doivent fonctionner que lorsque l'odeur de moisi se répand dans le fruitier, ce qui arrive de loin en loin.

Pour compléter la culture des treilles, nous aurions à traiter ici du forçage de la vigne, mais, tout bien examiné, nous renvoyons le lecteur à notre petit traité spécial, et nous ajoutons que s'il est possible de faire un bon cultivateur de treilles en plein air avec les conseils donnés par écrit, il est très-difficile, pour ne pas dire impossible, d'arriver aux mêmes résultats pour la culture forcée. Le mieux et le plus économique est de faire son apprentissage sur le terrain. ROSE CHARMEUX.

CHAPITRE XIV

ŒNOLOGIE. — VINIFICATION DANS LA COTE-D'OR

Si les soins que l'on apporte à la vendange contribuent pour une grande part, comme nous l'avons vu, à la qualité de nos vins, le travail de la cuve ou la vinification demande encore une plus sérieuse surveillance. Lorsqu'on fabrique des vins de chaudière, on n'a pas à se préoccuper des nombreux détails que nous allons exposer, et qui deviennent indispensables lorsqu'il s'agit d'un produit de luxe, dont les principales qualités sont une grande franchise de goût et un bouquet d'une extrême finesse.

C'est dans le tonneau que le suc des raisins blancs subit la fermentation qui le transforme en vin; c'est dans la cuve, en contact avec sa grappe et la cellule du grain, que le suc des raisins rouges est soumis au travail de la vinification.

Les vins blancs d'une même année et de crus semblables présentent au début la plus complète identité; les vins rouges, dans des circonstances analogues, offrent souvent les dissemblances les plus tranchées.

Les vins blancs et les vins provenus des raisins rouges qui n'ont point fermenté à la cuve, ne sont pas sujets aux mêmes maladies que les vins rouges ou les vins jaunes provenant du cuvage des raisins blancs.

Les vins blancs sont plus riches en alcool et en sels acides que les vins rouges des crus analogues. Ceux-ci, au contraire, contiennent une plus forte proportion de tannin et de matières extractives.

Il résulte de ces données, que le cuvage détermine dans les vins des caractères très-variables de composition, caractères qui influent sur leurs qualités et sur les maladies auxquelles ils sont sujets.

Pour arriver à une étude utile et complète des opérations qui se succèdent dans le cuvage, il est essentiel d'en faire un exposé succinct; plus tard, on les discutera isolément, et on verra quelle part chacune d'elles peut avoir dans le résultat de la vinification.

De la cuverie. — La cuverie contient un ou plusieurs pressoirs, et les cuves doivent y être en nombre suffisant pour que toute la récolte d'un domaine puisse s'y loger. Ses dimensions permettront en outre la libre circulation des voitures qui portent la vendange. Les anciennes halles à pressoir étaient généralement mal couvertes, mal fermées, et on ne se préoccupait pas de l'exposition de leurs ouvertures. Nous dirons que la cuverie, devant conserver une bonne température moyenne, sera pourvue d'un plancher épais, que l'exposition du midi est celle qui conviendra le mieux à toutes ses ouvertures; et enfin, qu'on devra pouvoir la tenir parfaitement close.

Les cuves seront disposées, s'il est possible, de manière à ce que le pressoir occupe la partie centrale de la halle.

Des cuves.—Il résulte pour nous, d'une longue expérience, que la vinification réussit mieux dans

Fig. 1069. — Cuve.

les grandes cuves que dans les petites. Ces cuves sont en bois, et leurs douves sont maintenues par des cercles en fer. Elles affectent la forme d'un cône tronqué reposant sur sa plus grande base. Elles doivent pouvoir contenir de 30 à 50 hectolitres; le fond de ces cuves devant porter un poids considérable, elles reposent sur un marre M, en chêne, de 0m,20 à 0m,25 d'équarrissage, placé perpendiculairement aux joints de ces fonds. Des chantiers C supportent la cuve dans la direction de ces joints. On peut, en les enlevant, abaisser la cuve de manière à la vider plus aisément.

Quelques jours avant la vendange, les cuves doivent être abreuvées et nettoyées avec le plus grand soin.

Dès que les raisins arrivent au pressoir, il se présente de suite une importante question à résoudre. Doit-on ou non égrapper la vendange? On a souvent discuté cette question. L'égrappage avait ses partisans, ses détracteurs, et toujours on mettait en avant le rôle important que devait jouer la grappe dans la vinification, en cédant au vin une grande partie du tannin qu'elle contenait. Malheureusement, la théorie reposait sur un fait faux et qu'on s'était abstenu de vérifier: la grappe ne contient pas de tannin. Dans l'étude que nous avons faite des diverses parties du raisin (*Bulletins de la Société d'encouragement*), nous avons démontré que tout, ou presque tout le tannin que le vin doit aux raisins, provient de la pellicule qui enveloppe le pepin. Comme d'ailleurs, lorsque la grappe est verte, elle contient beaucoup de substances acides et se comporte dans un liquide alcoolique comme les fruits que l'on conserve dans l'eau-de-vie, et qui échangent leurs sucs acides contre l'alcool qu'ils absorbent, nous conseillerons l'égrappage. Il deviendra moins nécessaire lorsque la grappe sera ligneuse, ce qui se produit quelquefois, quand le raisin est très-mûr et que ses grains sont peu serrés.

En Bourgogne, nous égrappons en jetant et broyant à la main, sur une claie d'osier (*fig.* 1070) posée sur une petite cuve dite *ronde* ou *rondeau*,

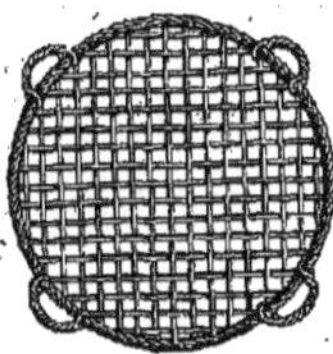

Fig. 1070. — Claie à égrapper.

les raisins qui viennent de la vigne. Les interstices de la claie laissent passer tous les grains du fruit, la grappe seule reste sur cette claie. Deux hommes peuvent aisément égrapper dans une journée les raisins de 40 à 50 hectolitres de vin.

Au fur et à mesure que les raisins sont égrappés, on les jette dans la cuve, et autant que possible, dans une grande exploitation, nous cherchons à remplir une cuve dans une seule journée, et comme on sait d'ailleurs que dans la fermentation tumultueuse qui doit se produire, le volume des substances soumises au cuvage augmente d'un sixième environ, le niveau du liquide ne devra pas s'élever jusqu'au bord du vaisseau vinaire; on le laissera vide sur une hauteur qui, suivant le plus ou moins de richesse saccharine des sucs, variera de 0m,20 à 0m,30.

Ceci fait, on égalise avec le plus grand soin la surface de la vendange; on la bat avec le dos d'une pelle, de manière à la rendre aussi unie que possible. On comprendra l'importance de cette recommandation, quand on saura combien le contact de l'air atmosphérique avec le raisin est funeste à la bonne réussite du vin. Sous son influence, les grains (et les grappes, s'il en reste) qui sont mouillés et présentent à l'air une grande surface, peuvent subir une autre fermentation que la fermentation vineuse. Chaque année on voit des cuvées perdues, parce que le marc présente une acescence très-prononcée. D'autres fois, comme nous l'avons observé en 1843 et en 1845, le marc éprouve à sa surface un commencement de fermentation lactique.

Quelquefois, pour parer à ces inconvénients, on recouvre les cuves avec de faux planchers qui font toujours baigner le raisin dans les liquides de la cuve. Enfin, on a essayé de la fermentation en vases clos. Nous exposerons plus loin notre manière de voir sur la valeur de ces procédés.

Suivant que la température est plus ou moins élevée, que le raisin est plus ou moins riche en matières sucrées, la fermentation est prompte ou tardive. Généralement, lorsque nous vendangeons dans le mois de septembre, et que la température de l'air est de 15 à 20° centig., nos cuvées entrent immédiatement en travail; elles ne tardent pas à éprouver une fermentation tumultueuse qui soulève à la surface de la cuve toutes les parties solides de son contenu, en rejetant sur les bords de belles écumes d'un rose vif. Ces parties solides de la cuvée constituent ce que nous appelons son *chapeau*.

Il est de la plus haute importance que le chapeau ne subisse aucune altération étrangère au travail de la fermentation alcoolique. Voici pourquoi: dans le foulage, qui est une opération qui consiste à mélanger à plusieurs reprises toutes les parties de la cuvée, on donne au vin les goûts étrangers que le chapeau aurait pu contracter. Aussi de deux choses l'une: ou préservez par des soins incessants le chapeau de toute altération, ou, s'il présente quelque goût de non-franchise, tel qu'une odeur acéteuse très-facile à reconnaître, n'hésitez pas à enlever à sa surface tout ce qui n'aura pas à l'odorat la franche odeur vineuse des cuvées bien faites.

Le but du foulage est de mettre au contact du liquide alcoolique qui est le produit de la fermentation, la matière colorante que contient la peau du raisin et les pepins qu'il renferme. Nous savons tous que des foulages répétés (deux ou trois foulages) augmentent la richesse colorante du vin. On doit fouler lorsque les liquides de la cuve ont le goût franchement vineux; à ce moment, ils marquent un ou deux degrés au-dessous du zéro des œnomètres (1), qui sont en usage dans le pays. En choisissant, pour fouler, le point de densité que nous avons indiqué, on obtient cet avantage

(1) Le zéro de ces œnomètres est le degré où ils s'enfoncent dans l'eau distillée à 15° de température centigrade.

qu'on élève toujours de quelques degrés la température de la cuve, et qu'ainsi l'on se rapproche de ce qui se passe dans les années de qualité. La fermentation agissant comme une combustion, on comprend qu'elle donnera un développement d'autant plus considérable de calorique, qu'il y aura dans le suc du raisin plus de substances riches en carbone. C'est pour cela que, dans les années à moûts très-denses et très-sucrés, la chaleur de la cuve est toujours plus élevée. On explique de la même manière comment, par un foulage donné au fort du travail, et qui fournit un nouvel aliment à la combustion, on doit obtenir le maximum d'effet.

En Bourgogne, on foule les cuvées en y faisant entrer un ou plusieurs hommes nus; ils enfoncent le chapeau dans le vin en s'aidant de leurs pieds et de leurs mains. Quatre hommes mettent près d'une heure à bien fouler une cuve de 50 hectolitres. Si la cuve n'était pas pleine, on doit avoir grand soin de chasser les gaz qui sont au-dessus du chapeau. Ces gaz, où domine l'acide carbonique, ont une action délétère très-prononcée, celui qui les respire est promptement asphyxié. Nous avons souvent cherché pour ces motifs, et pour d'autres encore que l'on comprendra sans que nous les disions, à substituer à ce mode de foulage, quelque moyen plus mécanique et qui ne nécessitât pas cette intervention d'un homme nu. Ainsi, on a proposé des fouloirs en bois que des hommes enfonçaient dans le chapeau ; non-seulement ce mode d'opérer était très-pénible, mais il ne donnait que des résultats incomplets. Aussi allons-nous décrire ici avec quelques détails un procédé de cuvage qui nous a très-bien réussi et qui permet de n'avoir pas recours au foulage des cuvées.

Nous avons remplacé les cuves ouvertes dont nous nous servons ordinairement par des *foudres*. Nous appelons ainsi, en Bourgogne, d'énormes fûts dont la contenance est quelquefois de 80 à 100 hectolitres. Ceux que nous employons pour le cuvage sont placés sur le côté, comme tous les vaisseaux ordinaires ; ils ont à la bonde une ouverture elliptique de 0m,30 sur 0m,20. La porte du fond, au lieu de s'appliquer sur ce fond du dedans au dehors du vase, est fixée à l'extérieur par deux boulons. Cette disposition nous permet d'ouvrir le foudre en tirant la porte à nous ; avec l'ancien système de fermeture, le marc de raisin qui, au tirage, occupe le bas du foudre, empêche qu'on ne puisse l'ouvrir.

Pour encuver la vendange, on emploie un large entonnoir en fer-blanc surmonté d'une trémie, et dont la douille a les dimensions de l'ouverture de la bonde.

Quand le foudre est suffisamment plein, et dès que le niveau du liquide est à 0m,40 de la porte supérieure, on nivelle la surface du chapeau ; la fermentation marche dans nos foudres-cuves de la même manière que dans les cuves ouvertes. On obtient d'ailleurs ces deux excellents résultats que la chaleur développée par le travail de la vinification se conserve mieux, et aussi que le chapeau conserve un goût absolu de franchise pendant toute la durée du cuvage. Nous ajouterons que les fermentations qui réussissent le mieux, sont celles qui se sont accomplies à une température élevée. Aussi, avec ce système, avons-nous pu sans inconvénient prolonger le cuvage pendant vingt-deux jours, et ceci devient un avantage, aujourd'hui que le goût du consommateur demande à nos vins plus de corps et de couleur qu'on n'en exigeait autrefois. Pour décuver, nous tirons tout le vin clair avec le robinet ordinaire, dit *fontaine*, de nos tonneliers. Pour extraire le marc, on commence par enlever par la porte inférieure, et avec une grappe munie d'un long manche, toute la portion du marc qui se trouve dans le voisinage du fond. Dès que le vide qui résulte de ce travail permet à l'air extérieur de circuler d'une ouverture à l'autre du foudre, et qu'on s'est assuré que la lumière d'une bougie ne s'y éteint pas, un homme peut entrer sans danger dans le foudre et achever le décuvage.

De la fermentation. — Nous avons eu beaucoup de théories sur la fermentation ; aujourd'hui, depuis les derniers travaux qu'on a publiés à ce sujet, on s'accorde à reconnaître ceci : le ferment vinaire prend vie dans le suc des liquides sucrés. Le résultat de sa végétation microscopique est une transformation chimique des sucs de ces liquides, une portion de ses éléments s'échappe de la cuve à l'état d'acide carbonique ; l'autre portion devient un produit nouveau qu'on appelle alcool. Nous ne pouvons, dans un ouvrage destiné aux praticiens et aux gens du monde, entrer dans plus de détails sur les remarquables transformations que subissent les liquides envahis par un ferment ; voyons seulement ce qui se passe dans le travail des cuves.

Si les raisins arrivent de la vigne sans que l'enveloppe des baies ait été brisée par la grêle ou la pourriture, un seul ferment prend vie dans ces fruits, c'est le ferment alcoolique ; mais si l'on opère sur des raisins déjà altérés, il est hors de doute qu'ils arrivent à la cuve avec d'autres principes fermentescibles. Dans ces derniers temps, on s'est beaucoup occupé de ces questions, et des hommes d'une grande valeur, mais qui n'avaient étudié que dans leur laboratoire, ont prétendu qu'un liquide mis en mouvement de décomposition chimique par l'action d'un ferment, ne pouvait subir à la fois qu'un seul mode de fermentation. Le fait est parfaitement vrai, si l'on opère, comme dans un laboratoire, sur un liquide sucré homogène, et suivant qu'on l'attaquera avec le ferment alcoolique ou lactique, on obtiendra l'une des deux fermentations. Avec nos cuves, nous ne sommes malheureusement pas dans ces conditions favorables. Sous le chapeau de la cuve et dans toute la partie liquide du mélange (*fig.* 1071), c'est bien la fermentation alcoolique, et la fermentation alcoolique seule, qui se produit. Ainsi, de *a* jusqu'à

Fig. 1071. — Fermentation.

b, le sucre se transformera en alcool et en acide carbonique; mais de *b* en *c*, et surtout en *c*, à la surface du chapeau et au contact de l'air extérieur, nous avons, dans les cuves ouvertes, une matière sucrée qui, sous certaines influences, peut passer très-rapidement à l'état vineux, puis à l'état acétique, et peut aussi quelquefois directement subir la fermentation lactique. Nous avons vu en 1845, sur une même cuve, les trois fermentations se produire : autour du chapeau, les raisins étaient comme agglutinés par une substance gommeuse, résultat de la fermentation lactique; au centre et à la surface du chapeau, le marc avait une odeur acéteuse très-prononcée; enfin, sous le chapeau, le moût du raisin subissait la fermentation alcoolique. On comprend combien il peut arriver souvent que ces faits se produisent, lorsqu'on a vu l'état dans lequel sont, la plupart du temps, les raisins de la surface de nos cuvées.

Ceci bien compris, et si l'on veut bien encore admettre avec nous que le vin d'une cuvée qui a subi ces diverses fermentations, doit être plus sujet que d'autres à des fermentations secondaires, nous allons dire comment nous comprenons qu'on peut préserver nos vins de ce genre d'altération.

On voudra bien ne pas oublier qu'il n'est toujours question ici que des vins fins de la Côte-d'Or; mais quand même on trouverait que pour cette sorte de produits, nous nous préoccupons trop de la manière dont la fermentation doit être conduite, nous conseillerions encore de ne négliger aucun des soins que nous prescrivons, lorsqu'il s'agira de faire des vins plus communs.

Nous dirons donc que s'il y a homogénéité dans les matières qui composent la cuvée, il ne s'y produira que la fermentation alcoolique. On obtiendra ce résultat en enfonçant très-fréquemment le chapeau dans le vin de la cuve, comme cela se pratique dans le vignoble de l'Ermitage. Cette opération sera renouvelée au moins deux fois par jour, et à chaque fois on nivellera la surface de ce chapeau ; mais dès qu'on s'apercevra que le marc prend une odeur d'acide acétique, dès qu'on verra voltiger sur ce marc une myriade de petits insectes, il ne faut plus faire baigner le chapeau dans le vin, sous peine de le perdre. Dans ce cas, on attend patiemment que la fermentation de la portion liquide soit terminée, et dès qu'elle marquera 0° à l'œnomètre, on enlèvera avec soin toute la partie supérieure du chapeau ; dès que le marc présentera une franche odeur vineuse, on pourra fouler la cuve et la tirer douze heures plus tard. Cette manière de faire résulte pour nous de cette longue expérience que la surface seule du chapeau est infectée, et que l'altération acétique se produit seulement à la surface sur une épaisseur de 10 ou 12 centimètres.

Lorsqu'il s'agit de vins communs, nous avons, pour préserver le chapeau de toute altération provenant des agents extérieurs, souvent employé avec succès le moyen que voici : après avoir soigneusement nivelé les raisins de la cuvée, nous couvrons le chapeau d'une couche de plâtre fin que nous distribuons également avec un tamis, et à laquelle nous donnons une épaisseur de 1 centimètre. Nous créons ainsi, à la surface de la cuvée, une véritable fermeture hermétique qui se meut avec le chapeau et préserve les raisins de toute action atmosphérique. Il est bien entendu qu'on enlève cette couche de plâtre avant de fouler la cuvée.

Nous donnerons ici une sorte de compte rendu de la manière dont déjà en 1842 nous dirigions la fermentation de nos cuves; on verra mieux d'après cela quelle est l'importance du tableau que l'on trouvera à la fin de ce travail.

Conduite de la fermentation des cuves en 1842. — Une cuve de la contenance de 20 pièces de 228 litres chacune fut remplie de raisins récoltés avant la pluie, le 18 septembre, par une température de 24° centigrades. Son moût marquait 1,117 de densité, cette densité prise à la température du 15° cent. Elle entra immédiatement en fermentation. Foulée le 21, à sept heures du matin, sa température ayant atteint 35° centigrades, et comme elle marquait 3° au-dessous de zéro du gleuco-œnomètre, elle fut foulée une seconde fois le même jour, à huit heures du soir, et mise sur le pressoir le 22, à huit heures, à 1° au-dessous de zéro du gleuco-œnomètre. Il s'était écoulé quatre-vingt-quatre heures entre la fin de l'encuvage et le tirage de ce vin; la fermentation avait marché régulièrement; on n'avait égrappé que les derniers paniers de la vendange, et cela dans le but de mieux égaliser la surface de la cuve; en 1842 la grappe était très-ligneuse; le chapeau avait conservé un goût parfait; malgré cela, avant le premier foulage, on en avait rejeté toute la partie supérieure, enlevée sur une profondeur de 3 centimètres; le résultat des dernières serrées avait été mis de côté dans la proportion d'un vingtième du produit total. Le vin récolté et fermenté dans ces conditions a présenté, au début et plus tard, tout ce qu'on devait attendre d'un excellent cru dans une année de qualité.

Autrefois, on faisait en Bourgogne des vins très-légers de couleur et de goût, et nos vins ne cuvaient guère que vingt-quatre à quarante-huit heures; aujourd'hui, le consommateur les demande riches en couleur, pleins de goût et de *mâche*, et nous avons dû nous conformer au goût des buveurs. Aussi, dans les années chaudes, les vins cuvent-ils de quatre-vingt-seize à cent vingt heures; avec l'emploi de foudres, nous pourrons obtenir un cuvage de vingt jours, et livrer à la consommation des vins riches en matières extractives et surtout fortement chargés de tannin.

Dans les années froides, lorsque la vendange a été tardive, la fermentation de la cuve est très-lente, et c'est alors surtout que le chapeau nous offre toutes les sortes d'altérations dont nous avons parlé; nous conseillerons dans ce cas d'échauffer la vendange aussitôt après l'encuvage. On peut le faire en chauffant directement dans une vaste chaudière quelques hectolitres de moût ; on peut aussi employer à cet effet un cylindre de bains en fer-blanc, ayant une hauteur de 2m,50. On le place au centre de la cuve; on le chauffe au charbon de bois, et au bout de deux heures une cuve de 50 hectolitres est assez échauffée pour que la fermentation s'y établisse. Un autre moyen dont nous nous sommes souvent servi avec avantage est celui-ci : Nous tirons à l'avance en vin blanc quelques hectolitres de vin, on les enfûte et on les place dans une cave chaude ; le moût fermente promptement dans ces conditions. Il suffit, lorsqu'une cuvée ne fermente pas, de jeter au milieu de son marc quelques litres de ce moût qui est en plein mouvement. La fermentation part presque aussitôt et se propage à la manière d'une vraie contagion.

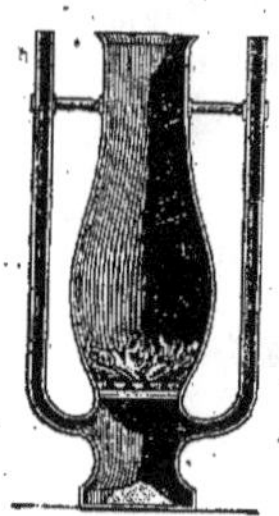

Fig. 1072. — Cylindre de bains en fer-blanc.

Si quelquefois nous avons vu (en 1846 et 1858) la température des cuves s'élever jusqu'à 33 et 35° centigrades, disons que souvent la fermentation s'achève sans que le thermomètre accuse plus de 25°.

Encore un mot sur la fermentation : depuis longtemps nous avions constaté et signalé ce fait que les quantités d'alcool qu'on trouvait dans un vin ne correspondaient jamais, d'après les chiffres atomiques, aux quantités de sucre que contiennent les moûts. Que devenait une partie du sucre? Un savant membre de l'Institut dont les travaux ont déjà jeté une vive lumière sur les secrets de l'œnologie, M. Pasteur, a trouvé que dans la fermentation alcoolique, une portion de la matière sucrée se transformait en glycérine et en acide succinique.

Si nous avons parlé de ce fait, c'est que, avec notre cuvage en foudre, nous avons obtenu une richesse alcoolique supérieure à celle qu'on a ordinairement, et se rapprochant davantage du rendement théorique. Dans notre système la matière sucrée du raisin augmenterait-elle comme le pense M. Sampayo ?

Il nous reste à expliquer comment on décuve. On commence par tirer tout le vin clair de la cuve, soit au moyen d'un robinet placé à sa partie inférieure, soit au moyen d'un grand siphon en fer-blanc, qu'on amorce en le remplissant par le haut en *a*; avant d'ouvrir le robinet on ferme avec un bouchon l'orifice *a*, et au moment même où l'on tourne le robinet *r*, on enlève le bouchon *c*, en faisant jouer par un coup sec de la main la tringle *bc*.

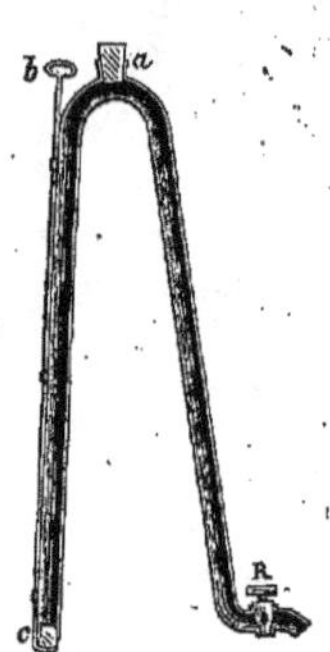

Fig. 1073. — Siphon pour le décuvage.

Le vin qui sort de la cuve est le vin de goutte. On le porte de suite dans les tonneaux que l'on remplit aux trois quarts. Lorsque ce tirage est terminé, un ou plusieurs hommes, s'il le faut, entrent dans la cuve, et le marc est porté sur le pressoir. On le presse à trois fois différentes, et chaque pression est précédée du coupage des bords du *sac*.

Nous ne donnerons pas la description de tous les pressoirs, plus ou moins brevetés, des soixante-cinq départements viticoles de la France. Ils doivent tous leur force à l'emploi de la vis. Les engrenages qui la mettent en mouvement sont plus ou moins ingénieux. La manœuvre du pressoir est plus ou moins facile. Le principe de la force produite est toujours le même, et pour nous on doit faire mieux. Cependant on peut signaler les pressoirs de Dézaunay, à Nantes, et ceux de Lemonnier-Jully et Gaillot, dans la Côte-d'Or, et,

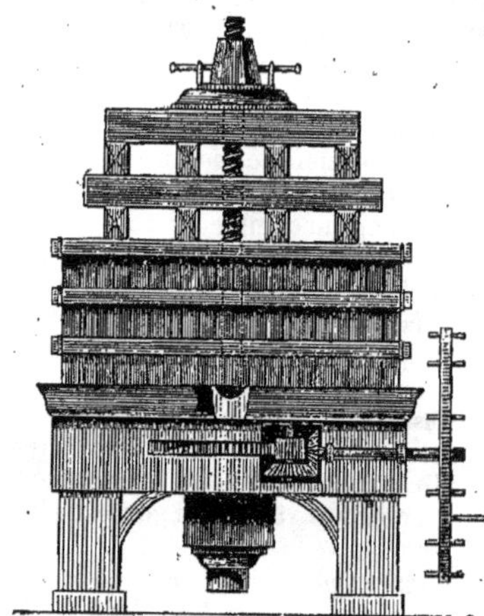

Fig. 1074. — Pressoir de Gaillot.

ajoute-t-on, ceux de Lartaud, à Chagny (Saône-et-Loire). Toutefois nous dirons encore que les pres-

Fig. 1075. — Pressoir de Lartaud.

soirs qui donnent les meilleurs résultats sont ces énormes engins dits pressoirs à arbre, qui consistent en un puissant levier qu'on manœuvre avec une vis et qui presse le marc sur le plancher du pressoir ou matis ; ces machines ont de nombreux inconvénients, elles tiennent beaucoup de place dans la halle à pressoir, coûtent fort cher et exigent un nombreux personnel lorsqu'il s'agit de les faire fonctionner. Aussi conseillerons-nous les pressoirs nouveaux. Si le marc est enfermé dans une cage, on devra laver avec soin les barreaux de cette cage avant de s'en servir. Les derniers vins de presse seront toujours mis de côté. Nous avons souvent eu à constater que ces vins, surtout ceux qui coulent du pressoir goutte à goutte, ont une faible richesse alcoolique, et moins de tannin qu'on ne le croit généralement. Pour nous, le meilleur pressoir sera celui dont la manœuvre sera prompte et facile. Avec nos anciennes machines (les presssoirs à grue) quatre hommes mettent une journée entière à tirer une cuvée de 40 hectolitres. C'est trop. Les pressoirs nouveaux donnent déjà de meilleurs résultats ; mais, nous le répétons, nous n'en avons point encore trouvé qui soient irréprochables. A notre avis, on devra arriver à l'emploi de la presse hydraulique ; une disposition analogue à celle que l'on rencontre dans les huileries bien montées permettrait de serrer par fractions le marc de la cuvée, et en deux heures on serrerait complétement le marc de 40 hectolitres.

Les grands vins de Bourgogne sont toujours envaisselés dans des fûts neufs; nous évitons de cette manière tous les goûts de non-franchise qui résultent si souvent pour des vins plus communs de l'emploi de vieux fûts.

Le département de la Côte-d'Or produit de très-grands vins blancs. Le vin de Montrachet, heureux rival des plus célèbres Sauternes, est le plus connu de ces vins. Il ne faut pas croire que la fermentation de ces vins blancs ne demande pas de soins.

On écrase les raisins avec des cylindres en bois, et on porte de suite le vin dans les tonneaux. Généralement les pressurages sont mélangés au vin de goutte dans la proportion de 1 de pressurage pour 3 de vin de goutte. Selon nous, il y aurait avantage, encore bien plus dans ce cas que pour le vin rouge, à mettre de côté les vins de goutte. Nous avons souvent essayé de séparer ces deux qualités de moût, et constamment nous avons trouvé au vin de goutte une qualité supérieure. Cependant, lorsque les raisins sont en partie figués, les vins de presse valent les autres.

Le moût de raisins blancs est envaisselé dans des fûts neufs placés sur les marres de nos caves. La fermentation marche ordinairement moins vite que dans les cuves; pendant toute la durée de la fermentation tumultueuse, il surnage à la surface du vin une écume de couleur jaune terreuse que le vin rejette par la bonde. Beaucoup de personnes, en reconnaissant que ce travail est accompagné d'une certaine déperdition de leur vin, ne remplissent pas suffisamment les tonneaux, de telle manière que l'écume finit par tomber au fond du fût, lorsque la fermentation s'arrête. On a grand tort d'agir ainsi ; les vins blancs fins qui n'ont pas rejeté cette écume sont moins francs de goût, plus jaunes, et un peu moins alcooliques. Lorsque la fermentation tumultueuse des vins blancs est terminée, ils éprouvent un travail lent qui se prolonge souvent pendant plus d'un mois ; il faut, tant que dure ce travail, remplir souvent les vins, rouler les tonneaux, de façon à mêler la lie au vin. On couvre légèrement la bonde, et on ne ferme complétement les tonneaux que deux mois après qu'ils ont reçu le vin nouveau.

Nous ne terminerons pas ce chapitre sans faire encore l'observation suivante :

Utilité de se rendre compte des opérations qui président à la vinification. — Il est très-important, afin de se bien fixer sur la valeur des méthodes que l'on a employées dans la vinification, de noter sur un registre toutes les observations des faits qui ont présidé à ce travail. C'est dans le but d'aider à cet examen, que nous donnons le tableau suivant ; en en remplissant chaque année les colonnes, on se créera ainsi le meilleur guide qui puisse diriger dans ces opérations, puisque, à côté de la manière dont on aura procédé, on pourra toujours consigner la nature des résultats obtenus.

Désignation de la halle à pressoir, de la cuve, sa contenance.	Date et heure de la mise en cuve du premier panier de vendange.	Date et heure de la mise en cuve du dernier panier de vendange.	Nombre des paniers encuvés.	Climats d'où sort la vendange, et nombre de paniers de chaque climat.	État atmosphérique du jour de la vendange.	Température maxima et minima du jour de la vendange.	Densité du moût.	Température du moût.	1er FOULAGE.		2e FOULAGE.		DÉCUVAGE.		Date et heure du décuvage.	Durée du cuvage.	Produit évalué en pièces de 228 lit.	Goût du chapeau.	Entonnage.	Caractère du vin.	OBSERVATIONS.
									Température du vin.	Densité du vin.	Température du vin.	Densité du vin.	Température du vin.	Densité du vin.							

Vte DE VERGNETTE-LAMOTTE.

CHAPITRE XV

DE LA VINIFICATION DANS LE MÉDOC.

Nous avons décrit dans un chapitre précédent ce que la viticulture du Médoc a de spécial. Il nous reste à raconter les diverses pratiques qui, dans cette contrée, s'appliquent à la vinification et à la conservation du vin. Si nos cépages, notre taille et nos labours offrent à l'imitation des sujets contestables, il n'en est pas de même des soins particuliers dont nos vins sont l'objet. Que les viticulteurs des diverses contrées ne songent pas à faire du vin de Médoc ; ils n'y réussiraient probablement pas. Qu'ils empruntent à notre viticulture l'habitude de ne planter qu'un seul cépage dans une même pièce de vigne et qu'ils obtiennent la cessation du *ban de vendanges*, s'ils y sont soumis, et ils auront déjà fait de grands progrès dans l'art de cultiver la vigne. Qu'ils demeurent fidèles à leurs cépages acclimatés.

Mais en ce qui tient à notre vinification, ils ont tout avantage à nous copier de tous points, s'ils veulent avoir du *vin de garde*. En France, c'est moins la viticulture qui pèche que la *vinification*, et ce qu'en langue commerciale on appelle *la conduite du vin*. Rien n'est généralement plus défectueux que les soins donnés aux vins ; rien n'est peut-être plus minutieux que ceux dont ils sont l'objet en Médoc. A ce titre, nous devons décrire ces soins avec détails. Nous n'hésitons pas à dire que les viticulteurs de tous les pays pourront y trouver matière à d'utiles emprunts.

De l'égrappage. — Chargés dans des douils, sur les sentiers de la vigne, les raisins sont portés au cuvier par des charrettes à bœufs ou à chevaux.

Là, les douils sont vidés dans un pressoir.

Nos pressoirs sont des carrés longs, de 6 mètres sur 3, limités latéralement par des madriers en bois de 0m,50 de hauteur, et divisés en deux parties égales par un compartiment de même nature. Ils sont foncés inférieurement. Le bois exclusivement employé pour nos pressoirs est le chêne. Les pressoirs ont sur l'horizon une inclinaison légère, afin que le moût se rassemble à la partie la plus déclive. Cette partie est percée d'un trou par lequel le moût tombe dans un vase en bois ayant une capacité de trois barriques, et qui porte le nom de gargouille.

Quand les raisins sont déversés sur le pressoir, on les égrappe.

L'égrappage est une opération qui consiste à séparer la baie des pédoncules vulgairement appelés *râfle*. L'utilité de cette opération a été contestée au moins autant qu'elle a été prônée. Nous croyons qu'il y a exagération des deux parts, dans l'égrappage complet et dans le non-égrappage. Pour donner quelque appui à cette manière de voir, il faudrait entrer dans des détails théoriques dont la place n'est pas dans ce travail. Bonne ou mauvaise, l'opération de l'égrappage est pratiquée en Médoc à peu près généralement. On y procède de deux façons : tantôt en jetant les raisins sur des claies, où ils sont pressés à la main, et à travers lesquelles passent les baies et non les râfles, et le plus souvent à la faveur de petits râteaux en bois. Ce dernier mode est moins expéditif, mais il est plus avantageux que le premier. La claie laisse passer les grains des raisins, quelle qu'en soit la qualité ; le râteau, mené avec ménagement, sépare les baies mûres de la râfle, mais laisse les raisins verts adhérents à celle-ci.

L'égrappage se fait ainsi d'une manière assez complète. Les râfles sont amenées en tas, et, le jour même, elles sont pressées pour en extraire les moûts qu'elles contiennent. Généralement, ce moût âpre des raisins verts est jeté dans la cuve des seconds vins.

Du foulage. — Quand les raisins sont égrappés, on les rassemble en un tas conique, avec une pelle en bois, et on les foule.

Le foulage se fait en Médoc avec les pieds nus.

Les fouleurs se promènent circulairement, d'abord à la base du cône de vendange, et continuent ainsi en spirale, jusqu'à ce qu'ils aient atteint le sommet du cône, et que toute la vendange, ainsi étalée et aplatie, ait passé sous leurs pieds.

Cette opération est répétée trois fois de suite, et de la même façon.

Après cela, la vendange foulée est jetée dans la cuve, soit à coups de pelles, quand la distance le permet ; soit par comportes, quand la cuve est éloignée. Ces comportes sont appelées, dans le pays, *aubardes*. Elles sont traversées, un peu au-dessus de leur centre de gravité, par une tige en bois qui permet à deux hommes de porter ce vase plein sur leurs épaules, et de le faire basculer dans la cuve avec facilité. Une échelle, à rampe assez large pour que deux hommes puissent y monter de front, est solidement fixée à la cuve en charge.

Deux hommes vaillants, au cuvier, égrappent, pressent et portent en cuve la vendange coupée par treize coupeurs. Nous avons dit que ceux-ci cueillent un hectare de raisins par jour. Deux fouleurs foulent donc et mettent en cuve, en un jour, les raisins provenant d'un hectare de vignes. Si les cuves sont éloignées du pressoir, il faut trois hommes. C'est le cas général.

L'égrappage, le foulage et la mise en cuve d'un hectare de vignes coûte donc :

3 hommes à 1 fr.	3 fr. »
3 livres bœuf à 60 cent.	1 80
9 livres pain à 30 cent.	1 35
Boisson	Mémoire.
Total	6 fr. 15

A mesure que le foulage s'opère, le moût s'égoutte, se rend à la partie la plus inclinée du pressoir, passe par le trou qui y est pratiqué, et tombe dans la gargouille. Une pompe foulante le prend dans celle-ci et l'amène dans telle cuve qu'il faut. La pompe foulante fatigue beaucoup les fouleurs; aussi, dans la plupart des exploitations, préfère-t-on une pompe aspirante, qui élève le moût à un pied au-dessus du niveau des cuves. Du robinet de la pompe, le moût tombe dans une rigole portative en bois qui l'amène dans la cuve en charge.

Ainsi, en Médoc, le foulage est une pratique générale. L'expérience, cette grande maîtresse, en a démontré l'utilité. Il a pour objet de déchirer la pulpe des raisins, d'opérer un mélange entre les parties aqueuses, sucrées, muqueuses, colorantes, qui les soumette toutes d'une façon uniforme à l'action des ferments. Le foulage est pratiqué avec les pieds nus, et point avec les pieds armés de sabots, comme en beaucoup de lieux, parce que le pied nu écrase la partie charnue de la baie, mais pas les graines qui contiennent une huile de mauvaise qualité qui altérerait l'arôme futur du vin. Pour le même motif, le pied nu est préférable à la force aveugle des machines. Si quelques grains verts ont échappé au râteau, ils glissent sous le pied, et on les sépare de la bonne vendange avant de jeter celle-ci dans la cuve. Enfin, le foulage se pratique en Médoc sur un pressoir à fond légèrement incliné, parce que le moût s'égoutte à mesure, et que le foulage, ainsi fait à sec, s'opère beaucoup mieux. Les grains de raisin échappent à la pression des pieds, quand ils baignent dans un liquide.

De la mise en cuve. — Les cuves du Médoc sont des vaisseaux vinaires d'une capacité variable. Elles ont toutes la forme de troncs de cônes. Elles sont en chêne, et cerclées en fer. Nous disons que nos cuves ont une capacité variable. La capacité moyenne est de 10 à 12 tonneaux de vin, soit 15 à 18 tonneaux de vendange, soit 136 à 164 hectolitres. Une cuve qui contient 136 hectolitres a environ 3m,20 de diamètre à la base inférieure, 3 mètres à la base supérieure, et 2m,23 de côté.

Il y a des raisons pour que les préférences des propriétaires se soient généralement arrêtées aux cuves de dimension moyenne que nous venons d'indiquer. Une de ces raisons se tire de la manière même dont la fermentation s'opère dans une masse de moût. Ici l'expérience enseigne que la surface d'évaporation doit avoir un diamètre égal à peu près à la hauteur du liquide. Ainsi, la surface d'évaporation étant de 2m,50, il faut que la vendange occupe dans la cuve une hauteur approximative de 2m,50. Devant les faits expérimentaux tous les raisonnements perdent de leur valeur. C'est donc en se fondant sur des aperçus théoriques, que l'expérience ne confirme pas, que des chimistes, illustres d'ailleurs, ont conseillé l'usage de cuves très-larges et peu profondes.

La condition tirée des rapports de la surface d'évaporation avec la hauteur de la vendange, pourrait être respectée, même avec de très-grandes cuves; mais il est une seconde raison qui met des limites à leur capacité. Il est de règle que la fermentation une fois commencée ne doit pas être troublée par l'addition d'une vendange non encore fermentée. Or cela aurait infailliblement lieu si les cuves avaient une trop grande capacité. Les manœuvres qu'emploient les moyennes exploitations ne disposeraient pas d'assez de bras pour les remplir en un jour.

Il résulte des calculs plus haut relatés qu'un coupeur cueille en moyenne 284 litres de raisin par jour. Or, pour remplir en un jour une cuve dont la capacité est de 13,600 litres, il faut le travail de 48 coupeurs, de 7 porte-hotte et 4 commandants, c'est-à-dire d'une manœuvre de 59 personnes.

En général, dans les moyennes exploitations, le personnel de la manœuvre ne dépasse pas ce chiffre. Dans les grands vignobles on a des manœuvres plus considérables et on les utilise à remplir plusieurs cuves en un seul jour.

Dans les petites exploitations on se sert de cuves plus petites parce que la manœuvre est moins nombreuse, et que si la cueillette était interrompue par le mauvais temps, il y aurait péril à laisser une cuve à demi pleine pendant plusieurs jours. Il n'y a pas de péril quand l'intermittence dans la cueillette ne dépasse pas 48 à 60 heures. La fermentation s'opère d'ailleurs très-bien dans les petites cuves, pourvu que les conditions de la structure des grandes y soient observées et que la base supérieure du tronc de cône soit sensiblement égale à la hauteur de celui-ci.

La forme de nos cuves dérive de motifs de solidité seulement.

Le choix du bois de chêne repose sur les mêmes motifs.

On s'est demandé s'il ne serait pas plus économique et aussi avantageux d'avoir des cuves en maçonnerie, revêtues à l'intérieur d'un ciment imperméable. Plus économique, cela n'est pas douteux, mais aussi avantageux, il est permis de ne pas le supposer. Il se pourrait que le ciment cédât au vin des éléments qui altéreraient la délicatesse de celui-ci. D'une autre part, une cuve en maçonnerie enlèverait à la masse en fermentation une quantité de calorique beaucoup plus considérable qu'une cuve en bois; la fermentation en serait assurément ralentie, et, dans certaines années, où l'insuffisance du principe sucré et l'abaissement de la température ambiante rendent celle-ci languissante, cette soustraction de calorique par le volume et la conductibilité de la cuve, serait un inconvénient sérieux et peut-être un obstacle à une bonne vinification.

Pendant longues années les cuves du Médoc n'ont pas été fermées, et très-généralement encore la vinification s'opère dans des cuves sans couvercles. Dans ces derniers temps on a fait usage, dans diverses exploitations, de cuves fermées après le chargement. Le couvercle de ces cuves a reçu différentes dispositions. Le procédé de la fermentation en vase clos compte déjà en Médoc de nombreux partisans et des plus éclairés. On a affirmé que, par la clôture, on évite la perte des gaz odorants que la fermentation développe, et que le vin ainsi fait a de la supériorité sur celui qui est fait en cuves découvertes. Ceci nous paraît très-hypothétique. La clôture, si elle était complète, serait impuissante assurément à s'opposer à la force expansive des gaz, et les vases seraient rompus ; si elle est incomplète, elle n'atteint pas le but qu'on poursuit. En donnant passage à l'acide carbonique, elle laisse aussi la voie libre à de l'alcool et à des éthers qui s'échappent de la cuve.

Mais par ce procédé on oblige la râpe à plonger presque en entier dans le moût, par sa partie inférieure, et, par sa partie supérieure, dans une atmosphère d'acide carbonique ; à se trouver ainsi au milieu de la masse fermentante, à lui céder toute la substance fermentescible qu'elle contient, à lui abandonner plus de matière colorante, à avoir avec l'air un contact difficile à cause de la couche d'acide carbonique contenue entre le couvercle et elle, et à ne pas passer trop vite à l'acescence. Ces résultats sont assez importants pour assurer la vulgarisation de la couverture des cuves. Les propriétaires intelligents adoptent peu à peu les cuves closes. En vertu des obstacles créés à l'accès de l'air, la fermentation est moins active dans les cuves closes. C'est là un résultat avantageux quelquefois, mais qui, d'autres fois, ne doit pas l'être. Bien que très-étudiée, la fermentation est loin de s'être dépouillée de ses mystères, et nous ne savons guère, *à priori*, quelles seront les conséquences de toute modification apportée à ses évolutions spontanées.

La clôture des cuves nous paraît réduire ses avantages à ceux que nous avons signalés plus haut; l'hermétisme que les propriétaires recherchent et veulent assurer là a faveur d'une lutation minutieuse est une chimère.

En Médoc l'esprit d'invention s'est déjà exercé à modifier les couvercles de différentes façons. Il en est de simples, il en est de doubles. Ils sont en bois de peuplier ou de chêne. Leur description serait sans utilité. Chacun peut fermer sa cuve comme il l'entend, pourvu que le but ne soit pas trop bien atteint sous peine de la faire éclater.

Il est d'ailleurs de règle de ne fermer la cuve que lorsque la fermentation est déjà commencée, c'est-à-dire deux ou trois jours après le chargement.

La chaleur développée dans le moût en fermentation est variable, suivant la qualité de la vendange, suivant la température extérieure et même suivant le volume de la cuve. Quand la vendange est peu riche en glucose, la fermentation manque d'activité; elle est languissante aussi par un temps d'une froideur insolite; enfin, toutes choses égales d'ailleurs, la chaleur se conserve mieux dans une grande cuve que dans une petite, parce que les surfaces des troncs de cône à base parallèle ne sont pas proportionnelles à la capacité de ceux-ci, et qu'une cuve double d'une autre en volume n'est pas double en surface; qu'il y a ainsi par cette surface une déperdition de chaleur moindre dans la grande cuve que dans la petite.

Dans nos contrées la température du cuvier étant, en moyenne, de 20° centigrades, celle d'une cuve de 136 hectolitres, en pleine fermentation, atteint 32° à 33° centigrades.

Le local qui contient les cuves s'appelle *cuvier*. En divers lieux le cuvier est une cave où la température varie peu, sans doute, mais où elle est souvent au-dessous du calorique extérieur et de celui qu'exige une bonne fermentation. On supplée à cet inconvénient par la caléfaction artificielle du cuvier. Cette caléfaction peut être réglée de telle façon, qu'on maintient dans le cuvier une température invariable. C'est là une excellente condition à notre sens. En Médoc, cette uniformité de température n'est pas atteinte, n'est pas même recherchée, et s'il n'en résulte pas d'inconvénients manifestes pour la fermentation, cela tient à la température de nos contrées, qui, bien que très-différente de la nuit au jour, se maintient cependant, dans nos cuviers, à environ 19° centigrades pendant la première quinzaine du mois d'octobre.

De la cuvaison. — On appelle cuvaison le temps pendant lequel la vendange reste dans la cuve.

En Médoc il n'y a pas de règle fixe pour la durée de la cuvaison. On se laisse diriger par ce qui est supérieur à tous les raisonnements scientifiques : par l'expérience.

Or, l'expérience enseigne que pour que nos vins aient pris les qualités qui les caractérisent, il faut que la fermentation soit achevée. On juge de l'achèvement de la fermentation, 1° par l'auscultation de la cuve, 2° par la température du vin, 3° par sa couleur, 4° par son goût. Quand l'auscultation de la cuve révèle un bruit de bouillonnement, la fermentation continue ; quand le vin est encore chaud, il y a lieu de croire que la fermentation n'est pas terminée ; on porte le même jugement, quand il n'a pas acquis une transparence parfaite ; enfin, quand le vin est encore sucré, il y a lieu de supposer que la fermentation n'a pas encore dédoublé le glucose en alcool et en acide carbonique, et qu'il est prudent de laisser le liquide dans la cuve pour ne pas s'exposer à une fermentation latente, indéfinie et dangereuse dans les barriques.

De même que la fermentation dépend, quant à son activité, de la richesse en glucose et en ferment et de la température, éléments qui varient d'année à année, de même la cuvaison subit d'une année à l'autre des fluctuations dans sa durée En général elle est de dix à quinze jours.

Quelques propriétaires se servent du gleucomètre pour donner satisfaction à leur curiosité, mais il n'en est pas qui s'en rapportent à cet instrument pour décider si le moment des vendanges est venu. De même, quand la vinification s'opère, on ne consulte pas l'alcoomètre pour savoir si tout le sucre a subi sa métamorphose et s'il y a correspondance exacte entre les degrés alcoométriques actuellement constatés et les degrés précédemment accusés par l'aréomètre. On s'abandonne assez volontiers à l'indication de ces instruments parfaits d'analyse œnologique qu'on appelle l'œil, le nez, le palais. Le vulgaire des viticulteurs ignore même ce que marque le moût au gleucomètre; les savants seuls ont constaté qu'en 1860 les moûts du Médoc marquèrent en moyenne 8°,2 et qu'en 1861 ils ont marqué 11°,15.

De la décuvaison. — Quand le moût est dans la cuve et que la fermentation s'en est emparée, nous avons dit qu'on s'en rapporte en général à l'expérience pour déterminer le moment où le vin est fait.

Or, l'expérience suppose un expert. Dans l'espèce, l'expert est le *maître de chai* dans les grandes exploitations, et le *tonnelier* dans les petites. Malgré la différence des appellations, ces deux personnages jouent le même rôle. Un maître de chai est un tonnelier toujours occupé dans le même chai, et un tonnelier est un maître de chai qui a plusieurs petits chais à surveiller. Le maître de chai est, en général, payé à l'année; le tonnelier l'est à la journée ou à la tâche, suivant les cas.

Le maître de chai ou le tonnelier sont les experts qui décident du moment de la décuvaison. Après les vendanges, le propriétaire abdique son autorité à leur profit. Leurs fonctions commencent à la naissance du vin. Le propriétaire émet sans doute son avis, mais celui du maître de chai est généralement écouté.

La décuvaison est décidée par eux, et les dispositions sont prises pour que cette opération ait lieu sans retard.

Les barriques sont achetées à l'avance en tel nombre qui convient et qu'indique la capacité des cuves pleines. Nous dirons plus bas quelles barriques on emploie. Ces barriques sont neuves et percées d'un petit trou au point que la bonde devra occuper. On les *souffle* par ce trou. Le maître de chai appose ses lèvres sur le trou, et, à la faveur de quelques expirations successives et violentes, il condense de l'air dans la barrique. Si la barrique ne le perd pas, elle sera étanche au vin. Si elle le perd, on cherche le point par où l'air se dégage, point ordinairement signalé par un léger murmure, et on le ferme suivant les principes de l'art.

Quand les barriques ont été soufflées, on perce les bondes à la faveur d'une tarière en forme de cornet; on les rince après cela à l'eau tiède. Quelques propriétaires les rincent encore avec du vin, d'autres avec un peu d'eau-de-vie de Cognac ou d'Armagnac. On les laisse égoutter et on les dispose enfin en lignes sur des tins, dans le chai, où elles doivent définitivement rester.

La capacité des cuves pleines étant connue, on sait le nombre de barriques qu'il faut disposer pour recevoir le vin que les cuves contiennent.

On adapte à la partie inférieure de la cuve à vider un gros robinet en cuivre. Ce robinet coule perpendiculairement dans un vase ayant à peu près 460 litres de capacité. Le vin y est puisé par un ou deux hommes à la faveur d'un seau oblong nommé *canne*, et versé en quantités égales dans des comportes traversées par une tige rigide, que deux hommes chargent sur leurs épaules. Chaque comporte exige ainsi deux porteurs.

Le contenu des comportes est versé dans les barriques à la faveur d'entonnoirs en bois. Deux ou trois hommes ont pour fonction de veiller aux entonnoirs et de les faire passer d'une barrique à l'autre à mesure qu'arrivent les porteurs. Ces pratiques semblent minutieuses et puériles; elles sont cependant importantes en ce qu'elles permettent d'obtenir, après la décuvaison ainsi faite, un vin parfaitement homogène dans toutes les barriques. Soit la capacité des cuves pleines, de 160 barriques, soient les cuves d'une capacité, chacune, de 40 barriques. La première cuve mise en perce devra se répartir sur les 160 barriques vides. La canne (unité de mesure), contenant 14 litres, chaque barrique devra recevoir quatre cannes, soit 56 litres, chiffre qui se rapproche beaucoup du 1/4 de 228 litres, qui est la capacité légale de la barrique bordelaise. Afin d'atteindre une homogénéité plus parfaite, ces quatre cannes sont distribuées sur chacune des 160 barriques en deux fois. Au premier tour, les porteurs sont chargés à deux cannes, et vont successivement verser cette charge dans les barriques. Ils recommencent ensuite à verser deux cannes de plus dans chaque barrique avec le même ordre. Ainsi fait-on de toutes les cuves mises en perce jusqu'à la dernière. De ces pratiques il résulte que chaque barrique, quand elle est pleine, contient une égale quantité de vin de chaque cuve; il en résulte aussi que le vin d'une même cuve, avec les différences de couleur qu'il a au commencement et à la fin de la décuvaison, est réparti également entre toutes les barriques.

Le vin qui coule le premier de la cuve est en général un peu trouble. Il serait mal qu'une seule barrique le reçût. Il tombe d'abord dans la gargouille, où il se mélange avec le vin qui coule incessamment, et le défaut de transparence du premier jet est corrigé par le grand volume de vin limpide avec lequel ce premier jet est mélangé. Quand on arrive à la fin de la décuvaison d'une cuve, le vin qui coule est trouble aussi. Ce vin s'appelle fort improprement *fond de cuve*. Le mot ferait croire que la couche la plus inférieure du vin sort alors. Il n'en est pas ainsi : les couches inférieures sortent les premières, et ce que l'on nomme fond de cuve est précisément la couche supérieure du vin. Son défaut de transparence provient de ce que la râpe, à défaut de liquide intermédiaire, vient alors s'appliquer sur le fond de la cuve, et y subir la pression de son poids. Cette pression en dégage un vin plus chargé que l'autre de parties solides. A ce moment, on arrête l'écoulage. On laisse la râpe s'égoutter, mais le vin qui en découle est recueilli dans des barriques à part qui sont destinées au second vin.

Pressage.—Après l'écoulage, et autant que possible sans retard, on presse la râpe. Elle est extraite de la cuve après que l'on a constaté que celle-ci ne contient pas d'acide carbonique. S'il y en a en telle quantité que la combustion d'une bougie ne puisse se faire, on agite cette atmosphère d'acide carbonique avec des rameaux chargés de leurs feuilles. Ces mouvements amènent de l'air dans la cuve et font déborder l'acide carbonique. La différence légère de poids spécifique qui existe entre les deux gaz explique ce résultat. Quand il est certain qu'on peut pénétrer dans la cuve sans danger, un homme s'y engage. La râpe en est extraite, quand la cuve est rapprochée du pressoir, en la projetant avec une pelle sur un plan incliné qui l'amène sur le pressoir; et, quand la cuve en est éloignée, avec des comportes à bras. — Cette râpe est mise à la presse.

Les presses dont on se sert en Médoc sont formées d'une cage circulaire, munie d'une vis centrale. Quand la cage est remplie, on pose le fond supérieur, formé de madriers solides et articulés, et on adapte à la vis un large et puissant écrou dans lequel viennent s'implanter des leviers. Des hommes, en nombre suffisant, poussent les leviers; l'écrou marche sur le pas de la vis, le fond supérieur est abaissé sur la râpe, et celle-ci contenue par la cage solide où elle est enfermée, subit une pression plus ou moins forte, et abandonne une partie du liquide qu'elle contient.

Avec ce mode de pression, on retire environ 1/12 de vin, c'est-à-dire que la râpe de telle cuve, qui a donné 40 barriques de vin, fournit encore par l'action de la presse deux barriques. Ce résultat moyen est modifié par l'année et par le cépage. Dans les années plantureuses, la râpe rend davantage; dans les années sèches, elle rend moins. La râpe de Cabernet rend moins que celles de Merlau ou de Malbec.

Nos presses exercent une pression insuffisante. Leur action est loin d'approcher de celle des presses hydrauliques, et même de celle des presses à vendange employées en différents pays où la viticulture est assurément moins avancée qu'en Médoc. La râpe qui sort de nos presses contient encore une assez grande quantité de vin. Au premier abord, on croirait que nous apportons dans ce détail une certaine incurie; ce jugement serait inexact; on ne pèche pas ici par ignorance. La râpe pressée est reprise et rejetée dans les cuves; on l'étend avec une certaine quantité d'eau, dans laquelle on la fait macérer pendant une quinzaine de jours, et cette macération donne le liquide connu sous le nom de *piquette*.

La piquette entre comme élément essentiel de nos pratiques agricoles; elle figure dans les gages en nature des bouviers, des domestiques de tout genre, dans ceux des vignerons, et le propriétaire la fournit à tous les terrassiers qu'il emploie.

Or, il est évident que si la râpe était pressée jusqu'à épuisement, la macération ne donnerait qu'une piquette sans vinosité et impropre à la boisson.

Telle que la fournissent nos râpes incomplétement pressées, la piquette est déjà faible et s'altère pendant l'été. Dans les bonnes exploitations où le maître prend souci du bien-être de ses ouvriers (ce sont ici les plus nombreuses), il est suppléé à l'altération des piquettes par une certaine quantité de vin de presse que le propriétaire donne à ses valets et à ses vignerons, à titre gracieux.

En ramenant à l'hectare choisi comme unité de surface les frais de décuvaison, de pressage et de préparation des piquettes, nous trouvons, par des calculs inutiles à reproduire ici, que ces frais sont d'environ 7f,50 ci............. 7,50

En outre, le matériel vinaire en cuves, douils, comportes, gargouilles, entonnoirs, pressoirs, presses, hottes, paniers, etc., pour un domaine de 10 hectares de vignes, ne peut pas être évalué moins de 4,000 fr., soit 400 fr. par hectare. Chaque hectare de vigne doit donc supporter un intérêt ou diminution de valeur provenant du capital mobilier d'environ 10 pour 100, soit. 40 fr.

Barriques. — Les vins sont décuvés et répartis également entre toutes les barriques, ainsi qu'il a été dit. Quand cette opération est terminée, la récolte se compose de quatre parties; l'une fournie par les vignes et les cépages les plus distingués: c'est *le premier vin;*

L'autre, par les vignes et les cépages de moindre qualité: c'est le *second vin;*

La troisième, par les *fonds de cuve;*

La quatrième, par les *vins de presse.*

Chacun de ces lots présente une parfaite uniformité de barrique à barrique.

Les trois premiers vins sont reçus dans des barriques neuves et sont destinés à la vente.

Le vin de presse est logé dans des barriques vieilles qui font partie du mobilier vinaire; ce vin est destiné à être consommé sur place par le personnel de la propriété ou à être vendu sans marque d'origine.

Ainsi les vins de Médoc sont toujours logés dans des barriques neuves. Ces barriques ont une capacité déterminée; en outre, on ne les accepterait pas dans les transactions, si elles n'étaient confectionnées en tel ou tel bois.

On ne saurait donc parler de la viticulture du Médoc sans décrire aussi ce qui a trait aux barriques employées dans cette contrée.

La capacité des barriques bordelaises est d'environ 228 litres. Nous disons d'environ parce que la barrique est, dans tous les pays, un vase dont le volume ne peut être géométriquement déterminé; ce volume est apprécié par le procédé empirique appelé *veltage.*

Les dimensions des parties constitutives de la barrique bordelaise ont été fixées par deux arrêts du Parlement aux dates des 28 août 1772 et 21 avril 1773.

Par une délibération en date du 8 février 1854, la Chambre de commerce de Bordeaux a apporté aux arrêts précités de légères novations et a fixé ainsi que suit les dimensions de la barrique bordelaise.

La partie la plus renflée de la barrique forme une circonférence appelée *bouge.* Le bouge de la barrique bordelaise doit avoir 2m,18.

Le *bout* mesuré extérieurement à niveau du *fond* doit avoir 1m,90.

Les *douves* doivent avoir 0m,91 de longueur. Leur largeur varie suivant la nature du bois employé, et leur épaisseur suivant la force de la barrique. D'après la délibération précitée, l'épaisseur des douves doit être au bouge de 0m,12.

La *fonçure* doit avoir 0m,18 d'épaisseur.

Le lieu où la fonçure s'engage dans la rainure circulaire des douves s'appelle *fisteau*.

La partie libre des douves qui fait saillie depuis le fisteau s'appelle *peigne*.

Cette peigne doit former un rebord extérieur de 0m,07.

La barrique étant un solide qui tient à la fois du cylindre, du tronc de cône et de la sphère, a un volume qui ne peut être mathématiquement déterminé. L'expérience enseigne que lorsque la barrique est faite d'après les bases sus-indiquées elle contient 228 litres. Une tige rigide introduite obliquement de la bonde à la partie inférieure du fisteau accuse, de droite et de gauche de la barrique, une distance du fisteau au trou de la bonde égale à 0m,72. On dit alors que la barrique contient 30 veltes. Chaque velte est ainsi la trentième partie de 228 litres et est égale à 7l,60.

Ainsi la velte est une mesure idéale de capacité équivalente à 7l, 60.

La tige de fer qui sert à opérer le veltage présente 30 divisions.

Ces divisions ne sont pas et ne peuvent pas être égales entre elles et il n'est pas possible d'indiquer ici la distance qui sépare chacune d'elles du trait qui précède et du trait qui suit.

Bien que remplissant en apparence toutes les conditions de structure qui, déterminées par les arrêts du Parlement et les délibérations de la Chambre de commerce, sont les conditions légales de la place de Bordeaux, les barriques de notre pays n'ont pas la même contenance. Cette différence tient à diverses causes. Pour les signaler toutes, il faudrait descendre dans les secrets et les stratagèmes de l'art du tonnelier, ce qui serait ici un hors-d'œuvre; nous nous contenterons donc d'indiquer les deux causes principales qui expliquent dans notre pays la différence de capacité des barriques ayant même veltage.

Nous avons dit que le bouge doit avoir 2m,18 de circonférence. Cette circonférence n'est pas exactement circulaire, puisqu'elle se compose de douves planes; elle est polygonale. Or, le polygone inscrit est toujours plus petit que le cercle qui le circonscrit. Ce qui est vrai pour les surfaces l'est aussi pour les volumes. C'est ainsi que le prisme inscrit se rapproche d'autant plus en capacité du cylindre qui le circonscrit qu'il a plus de faces.

Appliquées aux barriques, ces vérités géométriques enseignent qu'à même veltage la barrique a d'autant plus de capacité qu'elle est formée de plus de douves.

Pour que la capacité de la barrique, à dimensions légales, ne dépasse pas 228 litres, l'expérience enseigne qu'elle doit être formée de quinze douves et demie.

Quelques-uns des bois employés par notre tonnellerie ont des douves assez larges pour que quinze et demie de celles-ci suffisent à la confection d'une barrique; quelques autres ont leurs douves plus étroites et la capacité des barriques auxquelles elles sont employées en est augmentée. Quand la différence en plus a lieu sur un très-grand nombre de barriques le propriétaire a de la perte. Le plus souvent il ne peut éviter celle-ci. Les vins distingués du Médoc doivent être logés dans le bois dont les douves sont précisément les plus étroites.

L'augmentation de capacité des barriques tient aussi très-souvent à une pratique frauduleuse de la tonnellerie. Cette opération, connue sous le nom de *chantournage*, consiste à enlever par un trait de scie un fond dans l'épaisseur des douves. Soit AB CD une douve vue dans le sens de son épaisseur ; la chantourner c'est lui enlever sur la face interne une partie de cette épaisseur par un trait de scie suivant EE'E". Quand cette douve est enveloppée de cercles, les parties AB,DC qui

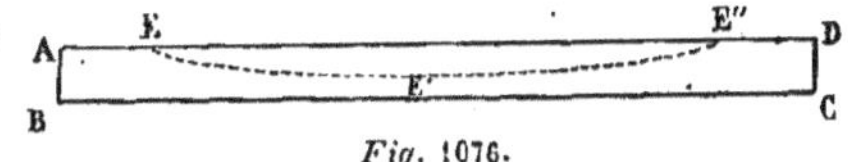

Fig. 1076.

forment les peignes sont de belle apparence, mais la partie mitoyenne de la douve qui correspond au bouge est affaiblie. Pour suppléer à l'affaiblissement de la douve, on augmente très-légèrement sa convexité. Dès lors cette augmentation de convexité entraîne une augmentation de capacité. D'une autre part, la partie supprimée EE'E" est occupée par du vin sans que le veltage de la barrique soit changé. Si l'on songe que pour les corps sphériques il suffit d'une petite différence dans les rayons pour qu'il en existe une grande dans les volumes, on comprendra comment il peut se faire que, de deux barriques en apparence les mêmes, l'une chantournée et l'autre franche de confection, la première contienne environ 15 litres de plus que la seconde.

Les fabricants de barriques chantournent afin d'employer moins de bois. Chaque suppression analogue à EE'E" sert à foncer la barrique.

Cette fraude n'est avantageuse qu'au marchand de barriques. Elle est ruineuse pour le propriétaire et elle n'enrichit pas le commerce de Bordeaux qui livre, sur les divers marchés, les barriques avec le veltage exigé par les coutumes de notre place.

Nos barriques sont cerclées avec vingt-quatre cercles de châtaignier ou avec quatre cercles de châtaignier aux peignes et six cercles de fer au corps de la barrique.

Pour en finir avec ce qui a trait à la capacité de nos barriques, on s'est plusieurs fois demandé si, pour avoir des volumes d'une mensuration exacte, il ne serait pas possible d'adopter un autre vase que la barrique. Il est des esprits qui aiment à se repaître de chimères. La barrique est une des choses les plus merveilleuses que l'homme ait inventées. Elle n'est pas assurément sortie tout d'un coup de son cerveau ; elle est le fruit de l'expérience et des tâtonnements des siècles. Si l'on examine dans ses détails ce vase admirable, on verra qu'il n'en est pas qui réalisent mieux que lui les conditions de grande amplitude avec peu de matière, de solidité extrême avec des feuilles assez minces, de légèreté, de résistance aux chocs et enfin d'économie. Le génie pratique de l'homme a épuisé là sa sagacité.

Une question plus opportune, ce semble, dont la généralité nous touche, est celle de savoir s'il ne serait pas avantageux que toutes les barriques de France eussent une capacité décimale exacte et que la barrique bordelaise fût de 200 litres au lieu de 228. L'uniformité dans la mesure des vins et des alcools rendrait les transactions plus faciles assurément, mais de pareilles réformes soulèvent des difficultés, et c'est à raison de ces difficultés, faciles à prévoir, qu'on ne touche qu'avec hésitation aux habitudes séculaires. Nul doute que le commerce et les producteurs de vins n'acceptassent sans plainte la réduction à 200 litres de la capacité de la barrique bordelaise, mais une pareille réforme devrait entraîner une réforme correspondante dans la confection des merrains; or ceux-ci nous viennent de différents lieux du nord de l'Europe et même d'Amérique, c'est-à-dire de pays sur lesquels nous n'avons pas d'action.

Ces détails sur la capacité de nos barriques sommairement donnés, il nous reste à parler des bois avec lesquels elles sont faites.

Ces bois débités en *merrains* sont du chêne et proviennent:

1° Du nord de l'Europe. Ils sont connus sous les noms de merrains de Dantzig, Lubeck, Riga, Mémel et Stettin;

2° De l'Amérique septentrionale et de diverses provenances. Ces bois sont expédiés par les ports atlantiques depuis le golfe du Mexique jusqu'au golfe Saint-Laurent;

3° De la partie méridionale de l'empire d'Autriche et de la partie septentrionale de la Turquie. Ces merrains sont connus dans le commerce sous le nom de bois de Bosnie;

4° De chênes de pays. Ces bois sont fournis principalement par les landes de Gascogne, l'Angoumois et le Périgord. Ces merrains sont connus dans le commerce sous le nom de *flèche garnie*.

Abstraction faite des qualités intrinsèques de ces bois, qualités que nous indiquerons tout à l'heure, il en est d'extrinsèques qui ne rendent pas leur choix indifférent.

Les bois du Nord sont les plus chers et ceux aussi dont les douves ont le moins de largeur. Une barrique faite en bois du Nord coûte donc plus qu'une autre, à cause de la qualité de la marchandise, et, en outre, elle contient en général plus de 228 litres, bien que veltant à 0m,72.

Les bois d'Amérique ne sont pas à beaucoup près aussi chers que les précédents, mais les merrains en sont irréguliers, beaucoup plus épais sur une tranche que sur l'autre, de telle manière qu'à la fabrication il y a du bois perdu. En outre, les douves se sont pas larges. Ce bois est aussi très-sujet à être attaqué par les scolytes.

Les merrains dits de Bosnie sont de belle épaisseur, réguliers et de bonne largeur. Ils sont moins chers que les merrains du Nord. Une barrique en Bosnie est faite en général avec quinze douves et demie. Elle est belle, forte et, veltant légalement, elle ne contient que 228 litres. Les merrains de Bosnie peuvent souvent être dédoublés par la scie dans le sens de l'épaisseur, et chaque moitié forme encore une douve suffisamment forte. Ce bois est le plus communément employé.

Les merrains en bois de pays sont irréguliers; ils proviennent en outre d'arbres souvent mal émondés, attaqués de nécroses par infiltration et qui communiquent ultérieurement au vin un mauvais goût. Ces bois sont à juste titre repoussés par les propriétaires du Médoc.

En dehors de ces qualités extérieures des divers merrains, il en est d'intérieures qu'une longue expérience avait révélées et dont les causes ont été mises en lumière par les analyses de M. Faure, pharmacien distingué de Bordeaux.

M. Faure a constaté que nos merrains contiennent :

1° De la cérine;
2° De la quercine ;
3° Du quercitrin;
4° Du tannin;
5° De l'acide gallique;
6° De la matière extractive amère ;
7° Du mucilage;
8° De l'albumine;
9° Du ligneux;
10° Du carbonate de chaux ;
11° Du sulfate de chaux ;
12° De l'alumine;
13° De l'oxyde de fer;
14° De la silice.

Laissant de côté les principes insolubles et les principes en trop petites quantités pour pouvoir exercer quelque modification sur les vins, M. Faure s'est principalement appliqué à étudier la *quercine*, le *tannin*, la *matière extractive*, la *matière mucilagineuse*, la *matière colorante* ou *quercitrin* et l'*acide gallique*, soit pour juger des proportions dans lesquelles les divers merrains les contiennent, soit pour apprécier leur action sur le vin avec lequel ces principes sont en contact.

Il serait superflu de reproduire les détails d'un travail, rempli d'ailleurs d'intérêt, mais trop spécial pour trouver ici sa place. D'accord avec les faits, ce travail a démontré, en ce qui tient aux vins rouges, que les vins fins du Médoc doivent être logés en bois du Nord; que les vins plus communs peuvent être logés dans des bois de Bosnie sans y péricliter. Quand la chimie confirme l'expérience, on est heureux de cette coïncidence; mais quand il y a dissidence entre l'une et l'autre, il est sage d'opter pour l'expérience. Les qualités que M. Faure accorde au bois du Nord pour la conservation des vins fins, il les octroie généreusement aux bois d'Amérique. Or ces bois sont mal famés auprès des viticulteurs. Il se peut qu'ils vaillent mieux que leur renommée, mais, en l'état des choses, il n'est pas, croyons-nous, un cru classé qui y abritât ses produits sans de grandes appréhensions. D'une autre part les Bosnies empiètent tous les jours sur le vieux domaine des bois du Nord; ils mettent pied dans les crus classés et on n'a pas remarqué que les vins en fussent désavantageusement modifiés.

Dans l'ordre pratique et vrai de leur mérite, les merrains employés en Médoc doivent être ainsi classés : d'abord les bois du Nord; ensuite les bois de Bosnie, et enfin les bois d'Amérique. Les bois de pays doivent être proscrits quand il s'agit de loger des vins élégants.

Nous nous séparons aussi de M. Faure quand

il signale les avantages qu'il y aurait à n'employer pour la fabrication des barriques que du bois flotté et dépouillé par un long séjour dans l'eau de ses principes solubles. L'expérience, cette grande maîtresse, nous enseigne que le meilleur merrain est celui qui possède toutes ses qualités virginales. Il cède au vin et il lui emprunte ; il résulte de ce mariage de telles modifications qu'il est de la dernière évidence que le vin du Médoc se bonifie très-vite dans une barrique neuve. Tout concourt sans doute à cet effet et il est difficile de démêler l'écheveau des affinités complexes, obscures, lentes qui s'exercent entre les principes du vin et ceux du bois. Comme nous n'employons en Médoc que des barriques de chêne, nous ne saurions dire si les essences qui se rapprochent de celle-ci, telles que le châtaignier, ont le même privilége, mais tous les viticulteurs de notre pays savent que le vin évolue très-bien en bois neuf et mal en vieux bois. Cette différence vient de ce qu'épuisée par les vins qu'elle a antérieurement logés, la vieille barrique ne peut plus rien céder d'elle-même. Opérer artificiellement par le flottage ce même épuisement, ce serait une pratique qui paraît mauvaise.

La douzaine de barriques en Bosnie coûte en moyenne 185 francs; chaque barrique revient donc à 15f,52. La production moyenne par hectare dans les bons crus étant, avons-nous dit précédemment, de 2,482 litres, il faut pour loger ce vin 10 barriques, et 0,87 de barrique, lesquelles au prix moyen de 15f,52 grèvent chaque hectare de nos vignes d'une dépense annuelle de 167f,61.

Des chais. — Nos celliers portent vulgairement le nom de *chais*. En Médoc ils n'offrent rien de spécial. Nos chais sont des salles plus ou moins vastes, à niveau du sol. En général, les chais du Médoc sont très-clos, exposés au nord par une de leurs principales façades, et au midi par la façade parallèle. Autant que possible on abrite artificiellement celle-ci par des plantations d'arbres contre l'action directe des rayons solaires. Un plafond en planches, placé à 10 pieds de hauteur, met le chai à l'abri des variations provenant de l'échauffement ou du refroidissement de la toiture. Il y a donc entre la toiture et le chai un espace plus ou moins grand, ordinairement utilisé en grenier, à ce titre presque toujours fermé, rempli d'air qui ne se renouvelle pas et qui est un mauvais conducteur du calorique.

Préservés autant que possible de l'alternance du froid au chaud et réciproquement, nos chais ont une température qui varie sans doute de saison à saison, mais sans secousses et avec mesure. Une température invariable serait préférable peut-être pour les vins vieux, mais il serait difficile de l'obtenir autrement que par la substitution de caves aux chais. Dans un pays aussi humide que le Médoc cette substitution présenterait en bien des lieux des inconvénients réels.

Les mesures qu'on prend pour mettre les chais à l'abri des variations de température les préservent aussi de l'aération. Leur capacité arrive ainsi à la saturation hygrométrique et s'y maintient sans trop emprunter au liquide contenu dans la barrique. Un air saturé d'humidité forme autour de la barrique une enveloppe protectrice qui ne permet ni à la partie aqueuse, ni à la partie spiritueuse, ni à la partie balsamique du vin de trouver passage à travers les pores du bois. Un chai mal clos non-seulement absorbe beaucoup de vin, mais il change aussi les aptitudes originelles de celui-ci. Quand l'eau s'évapore aisément à travers une barrique desséchée, l'alcool et le bouquet suivent la même voie. Il est d'observation que les vins de Médoc sont bonifiés dans les voyages de long cours. On a attribué ce résultat à l'agitation du vin produite par la navigation ; je ne répondrais pas qu'il ne fût dû à l'hermétisme et à l'humidité des cales qui deviennent à ces deux titres d'excellents chais.

En général il se forme dans nos chais des végétations cryptogamiques appartenant le plus souvent à la section des Mucédinées. Quelquefois, quand une barrique mal jointe laisse filtrer le vin d'une manière insensible, il se forme sur le point défectueux de belles houppes de byssus.

L'examen de ces moisissures donne à première vue une idée assez nette du mérite d'un chai. On sait que la matière verte des plantes exige pour se développer l'action de la lumière. Or, si les moisissures des barriques sont vertes, il est certain que le chai reçoit de la lumière et par suite qu'il prend de l'air. Si les moisissures sont blanches, le chai ne donne pas accès à la lumière et il est parfaitement clos. C'est ainsi qu'un détail en apparence sans utilité, devient pour les viticulteurs attentifs la source de bonnes indications.

Du soin des vins. — Quand les barriques ont été posées sur des tins dans le chai, en lignes régulières et la bonde ouverte en haut, on fait *le plein* avec un vase en fer-blanc analogue à un petit arrosoir privé de sa pomme. Ce vase contient 8 litres et s'appelle *bidon*.

Les barriques ainsi pleines sont bondées avec une bonde en bois, très-légèrement posée pendant le premier mois qui suit les vendanges, afin que, si la fermentation n'est pas encore achevée et se continue dans la barrique, les gaz qu'elle engendre puissent trouver un passage facile. Pendant les premiers mois on maintient les barriques à l'état de plénitude en leur restituant avec le secours du bidon, deux fois par semaine, ce que le bois et l'évaporation leur ont pris. Cette opération s'appelle *ouiller le vin*.

Après le premier mois, quand la fermentation est épuisée, on entoure les bondes de linge et on les pose en les frappant avec un maillet. A dater de ce mois on ouille une fois par semaine seulement.

Vers le mois de mars on décante chaque barrique. Cette opération s'appelle *tirage au fin*. Elle est faite avec un très-grand soin et avec le secours d'instruments parfaits.

La description minutieuse de ces instruments nous ferait dépasser les bornes imposées à cet article. Le lecteur apprendra seulement qu'afin de vider une barrique sans l'agiter, on adapte à sa bonde un soufflet; un robinet suivi d'une sorte de boyau est adapté à la partie inférieure d'un des fonds. Le boyau vient par son autre bout en bois s'adapter à la barrique vide. Les dispositions ainsi prises, on ouvre le robinet. Le vin passe de la barrique pleine dans la barrique vide et se met de niveau dans les deux. C'est alors qu'on implante dans le trou de la bonde le bec d'un soufflet et qu'on comprime de l'air dans la barrique à vider. Cette compression se transmet avec uniformité à la surface du vin et le pousse vers le robinet d'où il s'échappe sans secousse. Quand l'air arrive au niveau du robinet, on ferme celui-ci et l'action du soufflet est finie. Il reste encore dans la concavité inférieure de la barrique au-dessous du niveau du robinet, une certaine quantité de vin. On soulève la barrique avec lenteur et uniformité. Ce vin passe par le robinet et tombe dans un vase large. Le tonnelier l'examine dans sa tasse en argent. Dès que le liquide louchit, il ferme le robinet. Ce qui reste dans la barrique est mis dans une barrique à part. Ces résidus portent le nom de *lies*. Les lies se clarifient par leur séjour dans les barriques où on les a mises, et elles fournissent encore après repos la moitié de leur volume en vin dit *vin de lie*. Ce qui reste est la lie pure composée de matières colorantes et de différents sels utilisés par l'industrie.

La barrique qui vient d'être vidée est immédiatement rincée à l'eau fraîche jusqu'à ce que la limpidité de l'eau ne soit pas troublée et placée à côté d'une barrique pleine pour recevoir son contenu comme le sien a déjà été reçu. Mais elle reçoit une petite préparation préliminaire. On fait brûler dans cette barrique un morceau de mèche soufrée suspendue à un crochet de fer adapté lui-même à une bonde. On implante d'abord le crochet dans le fragment de mèche, on enflamme celui-ci et on le plonge dans la barrique. La bonde à laquelle le fer est adapté vient obstruer l'ouverture de la barrique, et la combustion du soufre s'opère ainsi dans la barrique sans que l'air extérieur puisse y avoir accès. Cette opération s'appelle *soufrer la barrique*.

Une fois soufrée, la barrique reçoit le contenu de sa voisine par les procédés indiqués.

Quand toutes les barriques ont été soutirées ainsi et débarrassées de leurs lies, elles sont ouillées chaque semaine jusqu'au mois de juin.

A cette époque elles sont soumises à un second soutirage. Elles en subissent un troisième avant la fin de l'année, et un quatrième au mois de mars de l'année suivante.

Après ce soutirage, la barrique, qui jusqu'alors avait eu la bonde en haut et avait été régulièrement ouillée une fois par semaine, est tournée un peu sur le côté et n'est plus ouillée. Dans cette position nouvelle, la bonde est au-dessous du niveau du liquide. L'évaporation par le bois soustrait une certaine quantité de vin. Cette soustraction occasionne l'abaissement de son niveau, et il se forme entre le liquide et la paroi interne de la barrique une chambre occupée par des vapeurs vineuses, mais dans laquelle l'air n'a pas accès.

Le vin qui a été mis *bonde par côté* est soutiré en mars et en août seulement.

Ces diverses pratiques, que nous avons décrites sans les justifier, afin d'en faire bien comprendre la succession, ne sont pas seulement le fruit de l'expérience, elles sont d'accord avec ce que la science apprend.

L'*ouillage* a pour objet de tenir les vaisseaux constamment pleins et de préserver le liquide de tout contact avec l'air, afin de prévenir toute production cryptogamique à sa surface et de ne pas permettre la fermentation acéteuse qui ne manquerait pas de se produire au contact de l'air dans un liquide faiblement alcoolisé et riche encore en matières organiques tenues en suspension.

Les *tirages au fin* ont pour objet de séparer le vin des matières impures que les écoulages ont entraînées, et qui, par leur contact prolongé avec le vin, détermineraient l'altération de celui-ci.

Le *soufrage des barriques* a pour objet de désoxygéner l'atmosphère de la barrique et d'asphyxier les ferments qui, après le lavage, pourraient y demeurer adhérents. Ces ferments, on l'avait longtemps supposé, on le sait aujourd'hui d'une manière certaine, appartiennent au règne organique.

Enfin, dépouillé par quatre soutirages des parties qui se précipitent et qui sont étrangères à sa constitution, parties qui auraient nui à sa délicatesse, et débarrassé par quatre soufrages de ferments qui auraient fait craindre la transformation de l'alcool en vinaigre, le vin n'a plus d'autre ennemi que l'air qui lui ravirait ses aromes et son alcool. On l'abrite alors contre celui-ci en mettant la barrique *bonde par côté*.

Les époques du soutirage ne sont pas indifférentes. En Médoc on choisit généralement pour pratiquer ces opérations les mois de mars, de juin et de novembre pour les vins nouveaux et les mois de mars et de juin seulement pour les vins vieux. On évite de soutirer pendant les jours tempêtueux.

Ici comme en beaucoup de choses, une observation superficielle a cru trouver dans de simples coïncidences un rapport de cause à effet. On a supposé que le liquide qui contient cette matière, cet *esprit*, dont le nom est dans toutes les langues l'apanage et comme le symbole de la vie, avait aussi lui-même quelque part à la vie générale et qu'il tenait encore par des liens mystérieux aux diverses phases de l'existence de la vigne sa mère.

La science est plus sévère dans ses investigations; là où l'opinion publique a vu la manifestation d'affinités secrètes, la science ne voit que les phénomènes les plus communs du monde inorganique, c'est-à-dire des questions de densité.

La lie se précipite parce que sa densité n'est pas égale à celle du vin ; elle remonte quand des variations brusques de température venant retentir toujours d'une manière plus caractérisée sur le vin que sur les particules solides qu'il contient viennent troubler l'équilibre des densités. On dit que le vin *travaille* et qu'il participe dans sa mesure au désordre des éléments quand, après des journées froides de janvier, suivent des rafales violentes de l'ouest imprégnées des tièdes vapeurs du *gulf stream*, qui nous amènent une élévation subite de température de 10 à 12°. Le vin contracté la veille par le froid se dilate et exerce une vive pression sur les parois du vase qui le contient.

On soutire en mars parce que la lie, plus pesante que le vin, a eu pendant l'automne et l'hiver le temps de se déposer. Après les premiers soutirages, le vin contient en suspension des particules dont la densité égale la sienne. Viennent les chaleurs qui troublent cet équilibre. Le vin se dilate dans une mesure plus marquée que les particules solides, et celles-ci, devenues d'une densité relative plus grande, se précipitent encore. Voilà l'explication de nos deux soutirages de printemps et d'été.

Quand cette opération a été répétée pendant trois ans, ou quatre, suivant la richesse du vin, toutes les parties colorantes que celui-ci contient ont la même pesanteur que lui et ne peuvent guère se précipiter. Afin de saisir celles qui ne seraient pas encore parfaitement diluées et qui ne seraient pas des parties réellement constituantes du vin, on soumet ce liquide à une nouvelle opération connue en beaucoup de lieux sous le nom de *collage* et en Médoc sous celui de *fouettage*.

Le fouettage des vins consiste à verser dans une barrique de 5 à 12 blancs d'œufs rendus au préalable spumeux par l'agitation qu'on leur imprime avec quelques brins de bois et l'air qu'on introduit ainsi dans leur masse, et, après les avoir versés dans la barrique, à agiter vivement la masse liquide à la faveur d'une tige en fer armée à son bout inférieur de longues soies transversales de sanglier, par des mouvements cadencés dont la succession échappe à la description.

Par le fouettage l'albumine est étendue dans la masse entière du vin. Elle englobe toutes les particules solides en suspension, s'en empare et les entraîne dans sa précipitation. Son action ne se borne pas à cet effet mécanique. Attaquée probablement, à la suite d'un contact longtemps prolongé, par les acides et par le tannin, l'albumine débarrasse le vin de l'excès de ses acides, diminue son astringence et s'oppose à l'appauvrissement de son alcool. A ce dernier titre, les colles employées en divers lieux ne valent pas l'albumine.

Quand le vin a passé par toutes ces épreuves, il est mis en bouteilles. Nous n'avons pas mission de poursuivre plus loin son existence, de parler du sort heureux qui lui est généralement réservé, ni du rôle qu'il joue dans les destinées des nations.

Les diverses opérations sus-énumérées n'incombent pas toutes au viticulteur. Quelques-unes sont à la charge du commerçant. Elles n'en doivent pas moins figurer ici en ligne de compte pour établir le prix de revient d'un litre de bon vin de Médoc.

Résumons-nous. Après la cueillette, le vin revenait au propriétaire à 0f,57 le litre.

Il est grevé depuis cette époque :

1° Des frais d'*égrappage* et de *foulage*, que nous avons évalués à	6 f. 15
2° Des frais de *mise en cuve*, de *décuvaison* et de *pressage* que nous avons évalués par hectare à	7 50
3° Des frais de barriques que nous avons évalués par hectare à	167 61
TOTAL	181 f. 26

Chaque litre supporte sa part de ces frais dans le rapport de $\frac{181,26}{2482} = 0^f,07$.

A ce moment et avant que le vin ait séjourné dans les chais il revient au propriétaire à 0f,64.

Restent à apprécier les frais ultérieurs d'ouillage, de soutirage, de fouettage, qui se dédoublent en frais de main-d'œuvre et perte de matière, et qui, à ce titre, nécessitent des explications.

Chaque soutirage coûte 1 fr. de main-d'œuvre par 912 litres. Chaque litre coûte donc $\frac{1}{912}$ de franc. Les quatre soutirages coûtent $\frac{4}{912}$ de franc. La production moyenne de l'hectare étant, avons-nous dit, de 2,482 litres, la part des frais de soutirage incombant à un hectare de vigne est de $\frac{4\times 2482}{912} = 10^f,88$.

Le soutirage et les ouillages enlèvent 5 p. 100 de la masse totale, soit 20 p. 100 en 4 ans, ce qui, à la vente, réduit la production de l'hectare de 2,482 litres à 1,986 litres.

Le fouettage à dix œufs par barrique coûte 0f,50 et 0f,25 pour la main-d'œuvre ; en tout 0f,75 par barrique. Ramenée au litre, la dépense du fouettage est $\frac{0^f,75}{228}$, et ramenée à l'hectare cette dépense est $\frac{0,75\times 1986}{228} = 6^f\,58$.

Cette dépense est minime sans doute, mais le fouettage fait perdre environ 5 litres par barrique, soit $\frac{5}{228}$ de litre, soit par hectare $\frac{5\times 1986}{228} = 43$ litres.

La production par hectare, déjà réduite par les soutirages et l'ouillage à 1,986, tombe par le fouettage à 1,943 litres.

Dans la partie de notre travail relative à la viticulture du Médoc, nous avons établi que, d'après le rendement moyen de 2,482 litres par hectare, le litre coûtait déjà au moment des vendanges, 0f,57 au producteur, et qu'après les vendanges, les frais divers jusqu'à la mise en barrique élevaient le prix de revient à 0f,64.

Nous venons de raconter comment il se fait que, depuis les vendanges jusqu'à la mise en bouteilles, le produit moyen descend de 2,482 litres à 1,943 litres ; ce n'est donc plus 0f,64 que coûte le litre, mais $\frac{2483\times 64}{1943} = 0^f,82$. La main-d'œuvre pour le soutirage et les fouettages est de 17,46 par hectare ou pour 1,943 litres, soit de 0f,009 par litre ; ce qui élève le prix de revient du litre à 0f,829.

Ajoutons pour en finir avec ces calculs que, d'après le prix moyen de vente de l'hectare de vignes que nous avons fixé à 12,000 fr., l'hectare a été à juste titre grevé, dans nos calculs de dépense, d'une somme annuelle de 600 fr. Les vins de Médoc n'étant livrés à la consommation qu'après quatre années de préparation, les dépenses de l'hectare sont augmentées par ce fait de 120 fr. et celle du litre de $\frac{1943}{120} = 0^f,16$.

Ceci fait monter le prix moyen de revient après quatre années à 0f,989 le litre. Ainsi la révision des données fournies par notre viticulture, opérée à la faveur des éléments que nous a apportés l'exposé de la vinification nous amène à établir le prix de revient du litre à 0f,64 pour le producteur immédiatement après les vendanges, et à 0f,989 après quatre années.

La capacité du tonneau bordelais composé de quatre barriques est de 912 litres. Si donc le viticulteur vend immédiatement après vendanges sa récolte au prix de 0f,64 le litre, soit de 547f,20 le tonneau, il retire de sa culture une rémunération à 5 p. 100. Pour que la rémunération soit la même, il faut que le tonneau soit vendu 901f,96 après quatre années de soins.

Afin d'éviter ce qui ouvrirait un champ libre à des appréciations trop élastiques, nous n'avons pas parlé de l'entretien annuel des bâtiments, des impositions, des assurances et d'une foule d'autres frais que le viticulteur doit supporter et qui varient d'exploitation à exploitation. Dans les vignobles bien tenus, ces frais sont, par aperçu, de 300 francs par hectare. Ils élèvent assurément le prix de revient du vin d'environ 110 francs par tonneau. On reste dans la vérité en affirmant qu'à l'époque de la mise en barrique le vin revient en Médoc au propriétaire d'un bon vignoble à 657 francs le tonneau.

Cette étude de la viticulture et de la vinification du Médoc doit avoir un enseignement. En descendant dans les détails de nos pratiques, nous n'avons pas eu seulement pour but de fournir un aliment à la curiosité du lecteur, mais bien celui de nous conformer à l'esprit pratique du *Livre de la Ferme*.

Que les viticulteurs de tous les pays se gardent de nous imiter d'une manière irréfléchie. A coup sûr leurs efforts seraient suivis de mécomptes. Nos cépages conviennent à notre sol; ce n'est pas à dire qu'ils ne puissent bien végéter ailleurs, mais avant d'en faire l'essai en grand, il est sage de s'assurer des aptitudes du terrain. Nos cépages exigent 108 jours de chaleur entre la floraison et les vendanges, à la température moyenne de 19°,44. Il faut, par des observations thermométriques, savoir si cette température est celle du lieu où on veut faire une plantation de nos Cabernets, de nos Malbecs et de nos Merlaus. Supérieure, cette température amènera des vins durs et sans parfum; inférieure, elle produira des vins avec excès de viridité.

Notre taille est adaptée à nos labours et nos labours sont nécessités par l'insuffisance des bras. Si l'on peut substituer les bras aux labours, quelque chère que soit la main-d'œuvre, il y aura économie à l'employer. Mais si les bras manquent et qu'il faille absolument recourir aux labours, on peut sans crainte imiter notre taille et nos araires; nous ne croyons pas qu'il y en ait de plus parfaits. Préconiser en tout pays tel ou tel cépage, telle ou telle taille, c'est engager les viticulteurs inexpérimentés dans une voie désastreuse. Les cépages et le mode de taille n'ont qu'une valeur relative et pas une valeur absolue. D'ailleurs, que le praticien sache combien notre viticulture est coûteuse; en agriculture il est sage de ne tenter que sur de petites surfaces ce qui coûte cher.

Nous n'éprouvons pas la même hésitation en ce qui tient à la vinification. Nous la recommandons sans réserves; partout où l'on fait des vins de consommation, on se félicitera de laisser cuver comme l'expérience nous a appris à le faire; de mettre le vin dans des barriques pareilles aux nôtres; d'ouiller, de soutirer et de fouetter comme on fait en Médoc. La supériorité de nos vins tient assurément à notre sol, à notre climat, à nos cépages, mais elle tient davantage aux soins que reçoivent nos vins. Nous n'hésitons pas à dire que si nos vins ne les recevaient pas ils seraient les pires de tous.

Classement des vins de Médoc. — Le commerce de Bordeaux divise les vins de Médoc en plusieurs classes connues sous les désignations de *premiers crus, deuxièmes crus, troisièmes crus, quatrièmes crus; cinquièmes crus; bourgeois supérieurs.*

Au-dessous de ces catégories viennent les vins non classés des *bons bourgeois*, des *bourgeois ordinaires*, des *paysans*, des *paroisses supérieures*, des *bourgeois du Bas-Médoc* et des *paysans du Bas-Médoc*. Cette division, léguée par la tradition, a été confirmée, en 1855, par la chambre syndicale des courtiers de Bordeaux. Nous donnons à la page 414 ci-après, dans un tableau synoptique, le classement tel que celle-ci l'a arrêté.

Ainsi, bien qu'il y ait en Médoc plusieurs milliers de domaines, soixante-quatre environ sont classés par le commerce comme donnant des produits hors ligne.

Ce classement a pour lui l'autorité d'une chose jugée. Il établit dans les prix une échelle de proportion qui a varié à diverses époques, mais qui est actuellement à peu près celle-ci.

1ers crus	100	nombre pris comme unité de mesure.
2mes crus	75	
3mes crus	50	
4mes crus	45	
5mes crus	37,50	
Bourgeois supérieurs	35	

La récolte de 1862 a été vendue conformément à cette échelle de proportion, à savoir :

1ers crus	4,000	fr. le tonneau.
2mes crus	3,000	—
3mes crus	2,000	—
4mes crus	1,800	—
5mes crus	1,500	—
Bourgeois supérieurs.	1,400	—

Le classement admis comme servant de base aux transactions est fondé sur des qualités qui ne sont pas comparables et qui d'ailleurs ne peuvent être traduites. Nous disons d'abord que ces qualités ne sont pas comparables en ce qu'elles varient d'une commune à une autre, non-seulement du plus au moins, mais par leur essence même. Bien que les vins de Médoc aient un type commun et une parenté évidente, ils ont des traits distincts qui les caractérisent. Si tel vin a pour lui la grâce, tel autre milite par la virilité. Le parallèle devient ainsi fort difficile. Nous disons en outre, que nous serions inintelligible si nous essayions de traduire ici les qualités diverses de nos vins. Rien n'est plus pauvre que le goût pour traduire ou pour raisonner même ses propres impressions. L'œil a le pouvoir d'évoquer des images absentes et de les rapprocher

CRUS.	NOMS DES CRUS.	COMMUNES.	NOMS DES PROPRIÉTAIRES.
1ers.	Château-Lafite	Pauillac	Sir Samuel Scott.
	Château-Margaux.	Margaux	Aguado.
	Château-Latour	Pauillac	Plusieurs propriétaires en société.
	Haut-Brion	Pessac	Larrieu.
2mes.	Mouton	Pauillac	Rotschild.
	Rauzan Ségla	Margaux	Castelpers.
	Rauzan Gassies	Margaux	Viguerie.
	Léoville	St-Julien	DeLascazes; de Poy-Féré; Barton.
	Vivens-Durfort	Margaux	De Puységur.
	Gruau-Laroze	St-Julien	Bethman; Sarget; Boisgerard.
	Lascombes	Margaux	Mlle Hue.
	Brane.	Cantenac	Baron de Brane.
	Pichon-Longueville.	Pauillac	Baron de Pichon-Longueville.
	Ducru-Beaucaillou.	St-Julien	Ducru-Ravez.
	Cos-d'Estournel	St-Estèphe.	Martyns.
	Montrose	Id.	Dumoulin.
3mes.	Kirwan	Cantenac	Godart.
	Château-d'Issan	Id.	Blanchy.
	Lagrange	St-Julien	Comte Duchâtel.
	Langoa	Id.	Barton.
	Giscours	Labarde	Pescatore.
	St-Exupéry	Margaux	Fourcade.
	Boyd	Cantenac	Divers.
	Palmer	Id.	Émile Péreire.
	La Lagune	Ludon	Piston.
	Desmirail	Margaux	Sipierre.
	Dubignon	Id.	Dubignon.
	Calon	St-Estèphe.	Lestapis.
	Ferrière	Margaux	Ferrière.
	Becker	Id.	Sznajdersky.
4mes.	St-Pierre	St-Julien	Bontemps-Dubarry. Veuve Roullet.
4mes. (Suite.)	Talbot	Id.	Marquis d'Aux.
	Duluc		Veuve Duluc.
	Duhart	Pauillac	Çastéja.
	Pouget-la-Salle	Id.	Izan.
	Pouget	Cantenac	De Chavaille.
	Carnet	St-Laurent.	De Luetkens.
	Rochet	St-Estèphe.	Veuve Lafon de Camarsac.
	Château-de-Beychevelle.	St-Julien	Guestier.
	Le Prieuré	Cantenac	Rosset.
	De Thermes	Margaux	Sollberg.
5mes.	Canet	Pauillac	De Pontet.
	Batailley	Id.	Guestier.
	Grand-Puy	Id.	Frédéric Lacoste.
	Artigues-Arnaud.	Id.	Duroy.
	Lynch	Id.	Jurine.
	Lynch-Moussas	Id.	Vasquez.
	Dauzats	Labarde	Wiebrok.
	D'Armailhacq	Pauillac	D'Armailhacq.
	Le Tertre	Arsac	Henry.
	Haut-Bages	Pauillac	Libéral.
	Pédesclaux	Id.	Pédesclaux.
	Coutanceau	St-Laurent.	Bruno-Devez.
	Camensac	Id.	Popp.
	Cos-Labory	St-Estèphe.	Martyns.
	Clerc-Milon	Pauillac	Clerc.
	Croizet-Bages	Id.	Prosper Clavé.
	Cantemerle	Macau	De Villen. Durfort.
Principaux BOURGEOIS supérieurs	La Lande	St-Estèphe.	Cellerié.
	Morin	Id.	Dr Alibert.
	Le Boscq	Id.	Eug.-de Camiran.
	Château-Pavenil	Soussans	Miovieille.
	Château-de-Bel-Air.	Id.	Mme de Pomeren.
	Lanessau	Cussac	Louis Delbos.
	Pédesclaux	Pauillac	Pédesclaux.
	Divers dans plusieurs Communes.		

d'images réelles pour en discerner le mérite respectif; l'oreille rappelle sans peine les sons qui la charmèrent. Le goût n'a pas de mémoire et l'odorat en est aussi dépourvu que lui. Cette infirmité les oblige, pour comparer des vins, à avoir en présence en même temps les types à juger. Quand le goût a porté son jugement, il a pour le traduire un langage de convention qui n'est intelligible que sur les lieux. Il dit que le vin a de la *sève*, qu'il est *onctueux*, qu'il est *dur*, qu'il est *moelleux*, qu'il est *sec*, qu'il est *velouté*, etc. Il faut évidemment renoncer à expliquer au lecteur ce que ces termes empruntés aux autres sens veulent dire quand on les applique à la dégustation des vins. Sous ce vocabulaire si riche en apparence, le goût cache une réelle indigence.

Au milieu de ces subtiles distinctions il est une grande division de nos vins que le lecteur saisira parfaitement. Les uns ont pour eux la tenue, le corps, la couleur; les autres ont la délicatesse, la légèreté, la suavité et un bouquet indéfini qui rappelle le souvenir indécis de plusieurs parfums sans ressembler nettement à aucun. Les premiers ont des qualités austères et cachées, qui les font parfaitement juger des connaisseurs; les autres ont des vertus profuses qui n'ont pas besoin d'être méditées et qui se livrent sans voiles à tous les buveurs. Les premiers ont pour eux le culte des adeptes éclairés, et les autres celui du monde entier. C'est ainsi que les vins de Saint-Estèphe, qui sont le type des vins légers et gracieux, ont une réputation universelle, et nous ajoutons une réputation méritée.

C. Alibert.

CHAPITRE XVI

DES GRANDS VINS BLANCS DE LA GIRONDE

Entre Langon et Arbanats, sur la rive gauche de la Garonne, dans un espace de 20 kilomètres de long sur 6 de large, quinze communes environ ont le privilège de produire ces grands vins blancs qui, sous la dénomination générique de *vins de Sauterne*, sont connus dans le monde entier.

Rien n'est, on peut le dire, plus suave et plus

délicat que ces vins blancs. Moins liquoreux que ceux du Languedoc, d'Espagne ou de Portugal, ils ont le privilége de ne pas lasser le goût, et, d'une autre part, l'extrême élégance de leur bouquet leur assure sur tous les vins blancs une supériorité incontestée. On trouve des vins blancs plus sucrés, on en trouve de plus secs, de plus et de moins alcooliques, à parfum plus pénétrant ou sans parfum. Les vins blancs de la Gironde ont pour eux la mesure; une qualité n'exclut pas l'autre et ils possèdent l'ensemble harmonieux d'éléments que la nature a ordinairement répartis avec parcimonie aux autres vins blancs. Ils ont la grâce et le nerf; ils sont moelleux, suaves, et cependant énergiques; ils charment l'œil par la pureté de leur transparence, l'odorat par un incomparable bouquet, et le palais par une délicatesse parfaite et un tempérament exquis du doux et du sec. Enfin ces vins n'exercent pas sur le cerveau une action brutale; ils surexcitent légèrement les fonctions de cet organe et donnent à la pensée une direction en général joyeuse.

Ici, comme en Médoc, la nature a fait quelque chose et l'art beaucoup plus que la nature. On n'apprendra pas sans intérêt la part qui revient aux lieux et celle qui revient à l'homme, et peut-être pourra-t-on trouver dans ce récit quelques enseignements pratiques.

Le sol de la région des grands vins blancs est en général formé d'argile sableuse, de sables blancs et, en quelques parties, de graves très-fines. Ce sol a une épaisseur moyenne de $0^m,50$ et repose presque partout sur de puissantes assises de calcaires coquilliers, appartenant à la formation tertiaire.

Le climat n'y diffère pas de celui du Médoc, mais les vents d'ouest y sont moins violents.

Les cépages cultivés dans les grands crus sont le *Sémillion* et le *Sauvignon*.

Le Sémillion se plaît sur les sous-sols pierreux et secs; le Sauvignon s'accommode mieux des sous-sols frais et caillouteux.

Les vieilles plantations contiennent encore des cépages connus sous les noms de *Pruerat, Muscades, Verdot, Folle-Blanche, Chalosse, Blanquette, Blancdoux, Rochalin*, etc.; on trouve aussi ces cépages dans les crus communs, mais les crus classés ont définitivement adopté comme seuls cépages le Sémillion et le Sauvignon.

Le rendement de ces cépages est d'environ 2,736 litres par hectare, en vignes pleines, en moyenne.

Les plantations sont faites, comme dans les bons crus du Médoc, avec grand soin. Elles sont précédées de l'*ameublissement*, de l'*amendement*, du *nivellement* et de l'*assainissement* du sol; ces opérations n'ont rien de spécial dans cette contrée.

Le sol étant préparé, on plante.

La plantation a lieu suivant deux modes, à savoir : en *joualles* et en *vignes pleines*.

La plantation à joualles est ainsi appelée parce qu'elle est composée d'une ligne de ceps et de $1^m,40$ de terre. Deux lignes de ceps voisines comprennent ainsi entre elles une bande de terre de $1^m,40$ de largeur.

Dans le sens de l'alignement, la distance d'un cep au suivant est de $0^m,80$.

La vigne est dite *pleine* quand les lignes de ceps sont séparées l'une de l'autre par $0^m,89$ et que les ceps sont distants de 1 mètre l'un de l'autre dans le sens de l'alignement.

La taille de ces vignes se fait à court bois. Dans le pays, ce mode est appelé *taille à cot*.

Chaque cep est chargé de deux, quelquefois de trois branches qu'on coupe au-dessus du second bourgeon.

Comme en Médoc, on taille de novembre à janvier.

Cette taille est faite, point avec une serpe, mais avec un sécateur.

La taille et la plupart des soins qu'exigent les vignes sont donnés à la tâche à des vignerons qu'on nomme *prix-faiteurs*.

Chaque prix-faiteur suffit aux diverses opérations réclamées par 1 hectare 50 centiares de vigne, opérations qu'il serait superflu de décrire ici avec trop de détails.

Elles sont, dans l'ordre de leur succession : 1° un chaussage de la vigne fait à la houe, après vendanges, lequel porte le nom d'*écolage*.

2° La taille; 3° l'aiguisage des échalas; 4° l'échalassage; 5° le liage; 6° l'ébourgeonnement.

L'écolage coûte par hectare	15 fr.
La taille, l'aiguisage, l'échalassage et l'ébourgeonnement coûtent ensemble, par hectare	30
TOTAL	45 fr.

La dépense annuelle en échalas est pour ces vignes, par hectare, de 340 fr.

Tous les trois ou quatre ans on fait aussi transporter dans les vignes la terre que les araires ont amenée dans les sentiers. Ces transports sont payés à la journée. Le prix de celle-ci est $1^f,50$. La dépense moyenne annuelle afférente au transport des sentiers peut être approximativement évaluée à $5^f,64$.

En mars commencent les façons exigées par la vigne. Elles ont lieu suivant les modes suivants : 1° à bras; 2° par des labours avec un seul cheval; avec un seul bœuf; et enfin avec deux chevaux en file.

A bras, la vigne déchaussée en mars est chaussée du 15 au 20 mai. Ces façons s'appellent l'une *déchaussage*, l'autre *recouvrage*. Le vigneron qui les pratique est tenu d'arracher les branches bourdes qui naissent du collet et de la tige; ceci s'appelle l'*épamprage*. En mai et juin, il est tenu aussi d'attacher à l'échalas les pousses flottantes de l'année. C'est ce qu'on appelle *amarrage*.

Le déchaussage, le recouvrage, l'épamprage et l'amarrage sont payés ensemble, par hectare, à raison de 30 fr.

Enfin, du 1er au 15 août, on donne une nouvelle façon qui consiste à débarrasser la vigne des plantes herbacées qui l'ont envahie et à la chausser plus haut; à dater de ce moment, le vigneron n'est plus employé qu'à effeuiller, ainsi qu'il sera expliqué plus bas.

La troisième façon, effeuillage compris, coûte 30 fr. par hectare

Quelquefois on substitue les labours aux travaux à la main.

Dans ce cas, ces labours sont faits avec un araire semblable à l'araire de Provence. L'age de cet araire est droit, un seul cheval attelé à un palonnier fixe opère la traction de l'araire parallèlement à l'age.

Ces travaux sont payés à raison de 72 fr. par hectare, ci.	72 f. »
A ce chiffre il convient d'ajouter le payement des cavaillons qui est de 26 fr. 40 par hectare pour les deux façons, ci	26 40
Ensemble	98 f. 40

Après le labour, l'opération la plus importante est celle de l'*effeuillage*. On commence à la pratiquer en septembre avec mesure, afin de ne pas exposer, sans transition, à l'action d'un soleil trop vif, des raisins jusque-là protégés par l'ombrage. On arrive ainsi avec succession à mettre les raisins de Sauvignon à nu. Ceux de Sémillion ne sont pas aussi complétement dépouillés ; on leur laisse un abri du côté du midi.

Le prix de l'effeuillage est compris dans celui que reçoit le tâcheron pour les façons de la vigne quand celles-ci sont faites à bras. L'effeuillage est payé à la journée quand les vignes sont soumises au régime des labours. Cette opération coûte alors environ 12 francs par hectare.

Vendanges. — On vendange en moyenne vers le 1er octobre. Il n'existe pas de *ban de vendanges*. Si les vignes de cette région étaient soumises à cette coutume, la qualité de ses vins, qui tient au choix et à la succession avec lesquels est faite la cueillette, disparaîtrait. Au lieu de vins d'une suprême élégance, on aurait, avec le même sol, le même climat, les mêmes cépages, la même taille et les mêmes labours, des vins sans distinction. On trouve des esprits, d'ailleurs élevés, qui se sont faits les apôtres d'une pratique spéciale et qui préconisent tel cépage et telle taille. Il y a bien à reprendre assurément sur ces deux points dans les habitudes viticoles, mais, qu'on le sache bien, la vinification qui commence, à proprement parler, à la cueillette des raisins est la partie la plus défectueuse de la viticulture française. On ne corrigera jamais cette défectuosité si l'on continue à obliger le viticulteur à cueillir ses raisins à jour fixe. Le *ban de vendanges* est un véritable fléau réglementaire et nous ne comprenons pas qu'en un temps où les idées de liberté économique, commerciale, agricole, ont établi dans les meilleurs esprits un solide empire, la plus surannée des coutumes ait résisté au bon sens et au libre examen des hommes de mérite dont l'agriculture a partout enrichi ses phalanges.

Nulle part ces aperçus ne sont mieux justifiés que dans la région que nous décrivons. Nos aïeux y plantaient de nombreux cépages sans trop de discernement. De nos jours on n'a conservé que les deux meilleurs. Ce choix fait, on a remarqué que la maturité *excessive* donnait seule les grands vins. Or la maturité excessive n'est pas simultanée ; c'est avec succession que chaque baie arrive à cette maturité extrême qui ressemble à l'effet de l'étuve. C'est aussi avec succession que chaque baie est cueillie. Nous ne disons pas chaque grappe, mais une, deux, trois baies dans une grappe. On détache ces baies avec des ciseaux effilés et elles tombent dans un panier de vendanges. Afin que rien ne se mêle au suc précieux qu'elles contiennent et que la rosée elle-même ne puisse contracter avec lui un mariage ailleurs recherché, on a soin de ne vendanger qu'après neuf heures du matin.

A ce métier minutieux soixante vendangeurs ramassent dans une journée deux barriques de baies équivalant à peu près à une barrique de vin.

Quand la manœuvre de vendanges a ainsi, par un triage long et attentif, dépouillé chaque grappe des baies très-mûres et parcouru tout le vignoble, elle recommence le même travail dans le même ordre. A ce second tour, elle trouve de nouvelles baies, incomplétement mûres d'abord, qui le sont devenues. Elles sont cueillies comme l'avaient été les premières. Enfin cette cueillette en deux temps a exigé bien des journées de travail ; la saison est avancée ; on touche quelquefois à la fin d'octobre ; au lieu de maturité on n'a plus à attendre que de la pourriture ; alors on fait une cueillette générale en ayant le soin de ne pas prendre les raisins trop altérés, échaudés, incomplétement mûrs, etc., qui nuiraient à la qualité du moût. Ici, comme pour les grands vins du Médoc, la quantité est quelque chose d'accessoire ; c'est à la qualité seule qu'on vise.

De la description qui vient d'être donnée, il résulte que la cueillette des raisins qui donnent les grands vins blancs de la Gironde est faite en trois temps. Les baies cueillies au premier tour donnent un vin qu'on appelle *vin de tête ;* celles provenant de la deuxième cueillette donnent ce qu'on appelle *vin de centre ;* enfin les raisins provenant de la troisième cueillette donnent les *vins de queue*.

Ces dénominations sont nées de l'ordre suivant lequel le vin provenant de chaque cueillette est placé dans le chai. Naturellement celui de la première cueillette y occupe la tête de la ligne, le second le milieu et le troisième la fin.

Vues de loin, ces distinctions entre des liquides provenant tous d'une même récolte paraissent tenir à des tours de force de goût. Elles sont cependant parfaitement fondées et de la dernière évidence quand on peut goûter comparativement les vins de tête, les vins de centre et les vins de queue.

On ne peut pas donner une moyenne très-approximative de la dépense occasionnée par les vendanges ; cette dépense est subordonnée aux soins plus ou moins minutieux avec lesquels sont faites les cueillettes successives. On paie la journée des hommes 1f,50 et celle des femmes 0f,60. Les frais de cueillette de chaque barrique de vin de tête sont d'environ 60 francs. Les frais de cueillette de chaque barrique de vin de centre sont de 50 francs et les frais de cueillette des vins de queue sont d'environ 4f, 70. La proportion de ces trois qualités est à peu près de $\frac{1}{10}$ pour les vins de tête, de $\frac{4}{10}$ pour les vins de centre, et de $\frac{5}{10}$ pour les vins de queue.

La production moyenne étant de 2,736 litres par hectare, la cueillette d'un hectare donne en vin de tête	273 l. 60
En vin de centre	1,094 40
En vin de queue	1,368 »
TOTAL	2,736 l. »

La contenance des barriques étant de 228 litres, la cueillette d'un hectare coûte donc :

Pour les vins de tête	$\frac{60}{228} \times 273{,}60 =$ 71 f. 13
Pour les vins de centre	$\frac{50}{228} \times 1094{,}40 =$ 240 .76
Pour les vins de queue	$\frac{4.70}{228} \times 1368{,}00 =$ 27 36
PRIX TOTAL MOYEN de la cueillette d'un hectare.	339 f. 25

Ainsi, pour résumer les dépenses afférentes à la culture des vignes qui donnent les grands vins blancs de la Gironde, voici le tableau des diverses opérations dont nous avons parlé :

Plantation d'un hectare	1,500 fr.
Plants	90
Nivellement et assainissement	100
TOTAL	1,690 fr.

Le $\frac{1}{30}$ de cette somme à porter en dépense annuelle	56 f. 33
Écolage	15 »
Taille, aiguisage, échalassage et ébourgeonnement	30 »
Échalas	340 »
Transport des sentiers	5 64
Déchaussage, recouvrage, épamprement et amarrage	30 »
Chaussage d'août et effeuillage	30 »
Labours	72 »
Cavaillons	26 40
Soufrage	35 »
Destruction des insectes	6 »
Fumure à 900 fr. tous les cinq ans	180 »
Cueillette des raisins	339 25
TOTAL	1,165 f. 62

A cette somme il faut ajouter l'intérêt du capital d'achat de l'hectare de bonnes vignes, lequel capital est d'environ 6,000 fr. Intérêt	300 »
TOTAL GÉNÉRAL	1,465 f. 62

La production moyenne de l'hectare étant de 2,736 litres, chaque litre revient déjà, après la cueillette, à $\frac{1465{,}62}{2736} = 0^f{,}53$ pour que le producteur ait l'intérêt du capital agricole à 5 p. 100 —

Nous verrons ultérieurement ce que la vinification ajoute à ces frais.

VINIFICATION.

La vinification des grands vins blancs de la Gironde est des plus simples. Elle n'emprunte rien à l'art et elle est réduite aux pratiques les plus élémentaires.

Quand les raisins de tête arrivent de la vgne au cuvier où les transportent des charrettes et des douils analogues à ceux dont on se sert en Médoc, mais moins évasés et plus profonds, ces raisins sont *égrappés, foulés, pressés.* La pression est pratiquée par des instruments plus parfaits que ceux dont on se sert en Médoc et on s'applique, pour les raisins de tête surtout, arrivés par une maturité excessive à une demi-siccité, à rendre cette pression énergique et prolongée.

Le moût est recueilli dans des vases qui, comme en Médoc, portent le nom de gargouilles. De la gargouille le moût passe dans la barrique. Il n'est pas mis en cuve. La fermentation vineuse s'opère dans les barriques. Les barriques sont débondées et les produits de la fermentation s'échappent librement par la bonde sous forme de gaz et d'écume.

On agit ainsi parce que la cuvaison est inutile, le vin blanc ne devant emprunter à la rafle ni son tannin, ni ses principes acides, ni ses principes colorants.

Les barriques sont placées dans l'ordre de provenance des moûts. Celles qui contiennent le moût de la première cueillette sont appelées barriques de tête, le moût de la seconde cueillette remplit les barriques de centre; le moût de la troisième cueillette remplit les barriques de queue.

La fermentation se prolonge ordinairement beaucoup plus qu'elle ne le ferait dans une cuve, parce que la surface de contact avec l'air est très-petite. Quand elle est terminée, on ouille tous les huit jours. Ces vins sont tirés au fin en mars, juin et novembre, comme ceux du Médoc, mais les barriques sont toujours tenues *bonde en l'air*, et les ouillages sont continués quel que soit l'âge du vin.

Après trois ou quatre ans de barrique, ces vins sont mis dans des foudres d'une capacité variable, mais de dix tonneaux, c'est-à-dire de 40 barriques, en moyenne. Ils y sont ouillés une fois par semaine et tirés au fin deux fois par an.

Les barriques dont on se sert ont une capacité de 228 litres. Ce sont celles dont on fait usage en Médoc. Les considérations diverses auxquelles elles donnent lieu ont été déjà exposées dans le travail qui a trait aux vins de Médoc.

Depuis le moment où les raisins entrent au cuvier jusqu'à la vente, les manipulations auxquelles sont soumis les vins blancs, diffèrent si peu des manipulations pratiquées sur les vins du Médoc que les dépenses, pertes, frais, sont, dans les deux régions, très-approximativement les mêmes. Il est inutile de les répéter ici. Il suffit de rappeler que ces diverses opérations grèvent le litre de 0f,35 environ, dans l'intervalle compris entre l'entrée au cuvier et la quatrième année. Le vin qui, à la cueillette, revenait déjà à 0f,53 au producteur, lui revient à 0f,88 après quatre années, soit à 802f,56 le tonneau.

A l'instar des vins du Médoc, les grands vins blancs ont été l'objet d'un classement officiel opéré par les soins de la Chambre syndicale des courtiers de Bordeaux. Nous donnons ci-contre ce classement qui a dans le commerce force de chose jugée.

Autrefois, à égalité de classe, les grands vins blancs se vendaient moitié moins que les vins du Médoc. Depuis quelques années ces proportions ont changé. Le prix des vins rouges ne sert plus de base aux transactions auxquelles les autres donnent lieu. En outre, le château d'Iquem, mis seul dans une classe hors ligne, ne redoute plus le parallèle et la rivalité. Le prix de ses vins devient une affaire de caprice; ils sont recherchés comme le sont les originaux des grands peintres. L'art se substitue en quelque sorte au commerce, en ce qui les concerne, et leur valeur subit les fluctuations des choses de fantaisie. C. ALIBERT.

CRUS.	NOMS DES CRUS.	COMMUNES.	NOMS DES PROPRIÉTAIRES.
SUPÉRIEUR	Yquem	Sauterne	De Lur Saluces (Bertrand).
1ers.	La tour blanche	Bommes	Veuve Focke.
	Peyraguey	Id.	Veuve Lafaurie.
	Vigneau	Id.	De Pontac.
	Suduirant	Preignac	Guilhot frères.
	Coutet	Barsac	De Lur Saluces (Bertrand).
	Climenz	Id.	Lacoste.
	Bayle	Sauterne	Solar.
	Rieusec	Id.	Mayé.
	Rabaut	Bommes	Deymes.
2mes.	Mirat	Barsac	Henry Molles.
	Doisy	Id.	Daenne.
	Peixotto	Bommes	Veuve Lacoste.
	D'Arche	Sauterne	Lafaurie jeune et compagnie.
	Filhot et Hineaud	Id.	De Lur Saluces (Bertrand).
	Broustet et Reyrac	Barsac	Capdeville.
	Caillou	Id.	Sarrante.
	Suau	Id.	Mme Marion.
	Malle	Preignac	de Lur Saluces (Henry).
	Romer	Id.	De la Myre-Mory.
	Lamothe	Sauterne	Veuve Baptiste.
	Id.	Id.	Massieu.

CHAPITRE XVII

DE LA VINIFICATION DANS LE MIDI DE LA FRANCE

Vendanges. — Il appartenait à M. Henri Marès de traiter de la vinification dans le midi de la France, après nous avoir donné son remarquable travail sur la viticulture dans cette région. Des circonstances indépendantes de la volonté de M. Henri Marès comme de la nôtre, ont dérangé nos combinaisons sur ce point. Nous avons dû, à notre grand regret, nous charger de ce travail, mais pour nous faire pardonner cette hardiesse, nous avons puisé nos documents à bonne source, ainsi que l'on pourra s'en convaincre.

Dans l'Hérault, on vendange le plus ordinairement à partir du 15 septembre et la récolte continue en octobre. Cependant, dans les années exceptionnellement chaudes, la cueillette est avancée d'une quinzaine de jours environ. Ainsi, en 1822, on vendangea à Montpellier le 3 septembre, et M. Cazalis-Allut, qui se montre très-partisan des vendanges précoces pour les crus ordinaires rouges, pense que l'on aurait dû se mettre à la besogne dès le 15 août. Sous ce rapport, M. Marès est dans les mêmes idées que son honorable concitoyen, car il pose en principe qu'il convient de vendanger dès que la maturité est convenable et, autant que possible, *avant toute altération des raisins*. On commence nécessairement le travail par les vignes en coteaux qui sont de quelques jours en avance sur celles de la plaine. La question des vendanges faites à point pour les raisins rouges ordinaires, paraît être d'une importance capitale; si l'on tarde trop, on compromet la qualité du vin et sa solidité, en même temps qu'on expose les raisins à diverses altérations regrettables, occasionnées soit par les pluies, soit par une insolation trop intense.

On constate que dans l'arrondissement de Montpellier, où la cueillette a lieu plus tôt que dans celui de Béziers, on produit très-peu de vins de chaudière, tandis que dans ce dernier arrondissement on observe le contraire.

— « Par un temps normal, dit M. Cazalis-Allut, plus on vendange tard, plus la partie aqueuse du raisin diminue et la quantité de sucre augmente; la partie ligneuse de la grappe se dessèche, elle perd de son ferment, et, le ferment n'étant plus alors en quantité suffisante pour transformer promptement tout le sucre en alcool, il s'établit une fermentation continue, subordonnée, quant à son plus ou moins d'activité, aux influences atmosphériques. Cette fermentation déréglée use les vins, et, pour éviter cet inconvénient, il faut avoir recours à l'alcoolisation, qui neutralise de suite l'effet du ferment et empêche toute nouvelle fermentation. L'alcoolisation, on le voit, est donc indispensable pour conserver les vins très-mûrs, surtout quand on les fait voyager. Les raisins du Midi, vendangés lorsque leur moût ne donne que 9 à 10 degrés, et même moins, à l'aréomètre de Baumé, produisent des vins qui peuvent se passer de toute addition d'alcool. Ces vins constituent la grande majorité des vins du Midi, connus sous le nom de vins d'ordinaire. Sans doute que, à ce point de maturité que j'indique pour la vendange, les raisins contiennent tous les éléments qui sont nécessaires pour donner des vins de bonne conservation. Ces vins ont, en effet, une couleur vive et une parfaite limpidité, qui prouvent que leur fermentation a été complète, et attestent leur bon état de santé, qui les met à l'abri de toute fâcheuse altération.

« Nos vins d'ordinaire bien faits, c'est-à-dire provenant de vendanges faites à propos, offrent aux consommateurs l'avantage précieux d'être bons à boire dès leur première année. Au mois de mars qui a suivi la vendange, et après un collage, ces vins peuvent être mis en bouteille et bus avec plaisir par les personnes habituées à consommer des vins d'ordinaire de bonne qualité. Des vins mis aussi jeunes en bouteille sont plus longs à se faire, mais ils acquièrent plus de perfection que ceux qui vieillissent en futaille. »

L'avantage des récoltes faites de bonne heure a contribué dans certaines limites à mettre en faveur l'Aramon qui se recommande, il est vrai, par l'abondance des produits, mais qui se recommande aussi par sa précocité et est moins facile à altérer que le Terret.

Ce que nous venons de dire ne s'applique pas avec la même rigueur aux raisins blancs qui, à l'exception du Saoulebouvier donnent des vins francs de goût, alors même que la vendange a été tardive et que la pourriture s'est produite sur les grappes. Ainsi, par exemple, la Clairette qui produit les vins de Picardan et qui mûrit au commencement d'octobre, n'est pas vendangée de suite. On attend, lisons-nous dans l'*Ampélographie* de M. Rendu, que le moût marque 15° à l'aréomètre de Baumé pour avoir des vins secs qui ressemblent un peu au Madère. Pour avoir des vins doux, on attend que le moût marque de 18 à 20°.

On ne vendange le Muscat de Frontignan que quand les raisins sont en partie desséchés.

A Rivesaltes (Pyrénées-Orientales), le raisin Muscat reste ou attaché aux ceps ou exposé au soleil sur des claies, jusqu'à ce que l'épiderme des baies soit ridé.

« Les grands propriétaires, a dit M. Cazalis-Allut, n'apprécient pas assez l'avantage que l'on trouve à vendanger promptement. Beaucoup d'entre eux emploient un mois à leur vendange, tandis que quinze jours leur suffiraient. Il faut pour cela que leurs celliers soient disposés de manière à recevoir la vendange en même temps dans deux endroits. Par ce moyen, on arrive à enfermer, sans encombrement, de 500 à 700 hectolitres par jour. Je le répète encore : *On ne fait pas de bons vins d'ordinaire avec des raisins détériorés par la pourriture. Il est donc indispensable de vendanger pendant que les raisins sont sains, si l'on veut obtenir des vins inaltérables.*

« L'intervalle qui s'écoule entre la maturation des raisins et leur détérioration dépend des circonstances atmosphériques qui règnent, mais il est subordonné aussi au plus ou moins de fertilité du sol. Je vais en citer un exemple. Le Roussillon est plus chaud que notre département; le *Carignan* n'y produit guère plus de 14 hectolitres à l'hectare; on le vendange pourtant plus tard que dans l'Hérault, où il donne des produits bien plus considérables, et néanmoins ce vin de *Carignan* conserve toujours, dans le Roussillon, sa bonne qualité et sa magnifique couleur. Si dans l'Hérault nous vendangeons le *Carignan* aussi tard, la peau de ses raisins, déjà détériorée, a laissé échapper sa partie colorante, et on n'en obtient alors qu'un vin à couleur fausse, qui fait habituellement une mauvaise fin, si l'on ne s'empresse pas de le couper avec du vin moins mûr et par conséquent d'une couleur très-brillante. Plus un sol est médiocre, plus la peau des raisins qu'il produit a de la consistance. Les *Carignans* du Roussillon nous en fournissent la preuve. Le tissu plus serré de leur peau s'oppose à toute déperdition de la partie colorante, et jamais, en passant le doigt sur les grains des raisins les plus mûrs, vous ne le verrez se tacher de rouge foncé. Le contraire arrive aux *Carignans* de l'Hérault, et à une époque d'autant plus rapprochée que leur produit est plus considérable.

« Il arrive parfois, dans certaines localités, que les grappes de *Carignan* sont plus ou moins garnies de grains verts au moment de la vendange. Il ne faut pas craindre que ces grains verts aient une influence fâcheuse sur la qualité du vin, puisqu'ils résistent au piétinement des fouleurs et à l'action du pressoir. Je me suis assuré de ce fait l'année dernière, en composant une cuvée de 30 hectolitres de raisins de *Carignan* présentant ce défaut. Le vin qui en est provenu a été trouvé de bonne qualité et s'est bien conservé.

« On trouvera peut-être étonnant ce que j'ai dit plus haut, qu'il faut très-souvent vendanger les vignes les plus fertiles avant celles qui le sont le moins, mais c'est pourtant une nécessité que l'expérience nous a démontrée. La pourriture a sur les premières une action plus prompte, et plus désastreuse par conséquent, que sur les moins fertiles; il y a donc moins de chances de pertes sur celles-ci, tant sous le rapport de la quantité que de la qualité, lorsqu'on les vendange plus tard. »

Dans les départements des Pyrénées-Orientales, du Gard et de l'Aude, on vendange un peu plus tard que dans l'Hérault, vers la fin de septembre. Dans le département de Vaucluse, on ne commence souvent qu'en octobre.

Ce sont des femmes, des enfants, des hommes du pays ou des personnes venues des montagnes où la vigne n'est point cultivée, qui sont chargés de faire la cueillette des raisins, au moyen de petites serpes. Les vendangeurs mettent les raisins cueillis soit dans de petits paniers, comme dans l'Aude, soit dans des seaux en bois munis d'une anse, comme dans l'Hérault: « On les verse ensuite, nous dit M. Marès, dans une comporte cerclée en bois et en fer. C'est cette comporte qu'on charge sur les charrettes. Elle pèse pleine environ 120 kil., vide 18 kil. Une charrette légère, attelée d'une bête, porte de sept à huit comportes. Les seaux de vendange et les comportes sont étanches et empêchent toute déperdition de jus. »

L'essentiel dans la vendange, c'est de la conduire très-rapidement et de remplir chaque cuve dans la même journée, lorsque, bien entendu, il s'agit de la cueillette des raisins rouges.

Des cuves et des foudres. — On se sert pour la fabrication des vins rouges de cuves en bois ou en pierre et aussi de foudres d'une grande contenance. Selon M. Baumes, dont le nom fait autorité en œnologie, le meilleur système de récipient pour la vendange et le vin nouveau est celui des cuves et des vaisseaux vinaires en bois. « La fermentation en cuves de pierre, ajoute-t-il, ôte quelque chose à la qualité du vin. Il peut y contracter un *goût de pierre*, s'il y séjourne trop longtemps. Toutefois, ces cuves seront longtemps préférées par les grands propriétaires. Spacieuses, commodes, économiques, elles se prêtent aisément au déchargement instantané de la vendange. » Au Congrès des vignerons tenu à Dijon en 1845, nous avons entendu dire à M. Cazalis-Allut que les cuves en pierre voûtées sont aussi commodes que celles en bois, mais que les vins dont la fermentation s'y prolonge un peu peuvent s'altérer plus ou moins dans ces cuves en pierre, tandis que le même inconvénient n'est pas à craindre aussitôt avec celles en bois.

« Lorsque les vins étaient à bas prix, dit M. Cazalis-Allut, les propriétaires de vignobles, forcés de réduire leurs dépenses, eurent l'idée de faire construire des cuves en pierre voûtées, dans le double but d'y faire cuver la vendange et d'y loger ensuite le vin. On croyait obtenir par ce moyen une économie notable; mais, comme on a remarqué que cette économie était plus apparente que réelle, on a presque renoncé aujourd'hui à construire de semblables cuves.

« Un foudre de grande capacité revient actuellement, avec les siéges, à..........	55 fr. les 700 litres.
tandis que 700 litres de cuves voûtées ne coûtent que..........................	21 —
« Ce qui établirait une différence en faveur des cuves, de....................	34 fr. par 700 litres.

« Mais comme on retire d'un foudre environ 3 fr. de tartre par an et pour chaque 700 litres, et seulement le quart de cette somme quand on a affaire à des cuves, on a reconnu qu'en définitive il y avait avantage à se servir de foudres. La difficulté qu'éprouve le tartre à s'attacher aux parois des cuves est cause qu'il tombe dans les lies et ne profite pas aux propriétaires, à moins qu'ils ne pressent et ne sèchent eux-mêmes leurs lies, ce qui entraîne beaucoup d'embarras et de main-d'œuvre. Recouvrir de planches les parois des cuves serait un moyen pour recueillir le tartre. Ce moyen n'est pas d'une exécution facile; il occasionne d'ailleurs des dépenses, et on court la chance de donner un mauvais goût au vin, si l'on n'emploie pas des planches qui pourraient servir sans inconvénient à loger du vin.

« Le foudre est un meuble; il a une valeur quand on vend une propriété. La cuve, qu'on ne peut pas déplacer, n'en a point; elle n'exige, à la vérité, aucune dépense d'entretien, mais elle fait aussi plus de consume, jusqu'à ce que les mortiers soient cristallisés. Cet inconvénient n'est que passager, j'en conviens; mais un inconvénient permanent, c'est que les vins ne se font pas dans les cuves. Je vais le démontrer.

« Quand je soutirai mes vins en décembre dernier (1860), la température de mon cellier était à 5 degrés; celle du vin de mes foudres à 6, et celle du vin de mes cuves en pierre voûtées à 12. On voit donc que, par suite de la difficulté qu'éprouve le refroidissement du vin logé dans des cuves en pierre, la fermentation insensible se maintient trop longtemps, et l'on sait bien qu'en se prolongeant elle finit presque toujours par détériorer la qualité des vins.

« Si les vins ne se font pas dans les cuves en pierre, ils s'y conservent très-bien quand on les y met déjà faits et parfaitement clarifiés. Ils s'usent moins que dans le bois, et sont en quelque sorte dans les cuves comme dans des bouteilles. Cet avantage ne peut être que rarement profitable aux propriétaires du Midi. Leurs vins sont employés le plus souvent à des coupages; et, comme les vins nouveaux conviennent mieux, pour ce motif, à presque tous les acheteurs, les propriétaires n'ont aucun intérêt à laisser vieillir leurs vins. »

Un grand nombre de propriétaires du Midi font cuver leurs raisins dans des foudres dont les dimensions sont très-variables; il y en a de 25, 50, 100, 300 et jusqu'à 600 hectolitres, comme le foudre d'Heidelberg. Dans la description de son domaine de Launac, M. Marès parle en ces termes des cuves en pierre et des foudres qui s'y trouvent:

« On fait fermenter les raisins soit dans des cuves en pierre couvertes d'un plancher formé de pièces juxtaposées, soit dans des foudres, dont la partie supérieure est munie d'une porte carrée.

« Les cuves sont en maçonnerie hydraulique parfaitement étanche, et revêtues sur toutes leurs faces et leur fond de briques vernissées. Leur capacité varie de 25 à 60 mètres cubes; leur profondeur est de $2^m,50$; elle est uniforme. On en vide le liquide par un robinet placé à la partie inférieure; on en sort les marcs par la partie supérieure.

« Les foudres sont d'une capacité de 300 hectolitres l'un; on les vide par un robinet placé sur la porte inférieure qui sert aussi de trou d'homme, et par laquelle on enlève les marcs.

« Les cuves en pierre permettent d'apporter à toutes les manœuvres de la vendange plus de rapidité et de facilité. Le foulage se fait sur le plancher qui les couvre. Il suffit de deux hommes qui vident les comportes à mesure que la charrette les décharge. On foule, on ouvre ensuite une des planches et on pousse le raisin dans la cuve. Il faut avoir soin de ne pas la remplir entièrement afin qu'il puisse toujours se former entre le marc et le plancher une couche d'acide carbonique qui empêche la partie supérieure du chapeau de s'aigrir. Cette précaution est importante, car on trouve toujours un peu d'aigre, sur la cuve, s'il y a eu contact entre le plancher qui lui sert de couverture et le marc. On n'en trouve point, au contraire, même après dix jours de fermentation, si l'on a laissé un vide de $0^m,25$.

« Les cuves en pierre, à parois ardoisées et recouvertes par un plancher, sont commodes et très-expéditives. Les vins y prennent promptement leur couleur, y accomplissent parfaitement leur fermentation et s'y dépouillent très-vite. Mais les cuves en pierre sont insuffisantes, lorsqu'on veut les faire servir de tonneaux comme les foudres ou lorsqu'on y laisse séjourner la vendange trop longtemps. Dans ce cas, le chapeau s'aigrit, subit même un mouvement de décomposition putride, altération fort préjudiciable à la qualité du vin ; il ne faut pas considérer les cuves autrement que comme des appareils de vinification. Le foudre, au contraire, peut servir comme cuve et comme tonneau, ce qui en rend l'usage très-avantageux. »

Pour donner une idée plus complète des foudres, ajoutons à ce qui précède ce qu'en a écrit M. le comte Odart dans son *Manuel du vigneron* : « Ce sont, dit-il, des tonneaux à porte, communs dans le Midi, surtout du côté des Pyrénées. Ils ont la forme de tonnes ordinaires, mais en diffèrent par des ouvertures plus grandes et suffisant au passage d'un homme. L'ouverture supérieure est de 0m, 25 à 0m, 30 de côté, et ne sert que pour remplir le foudre de vendanges ; elle est fermée tout le reste du temps par une pièce de bois de la même courbure et de la même épaisseur que les douelles du foudre ; au milieu de cette pièce de rapport est un trou de bonde de grandeur ordinaire. Lorsque le vin a été extrait de ces foudres par un robinet, on en retire le marc par une porte pratiquée au bas d'un des fonds, maintenue et bridée par deux traverses intérieures et extérieures, qu'on assujettit en outre avec deux fortes vis. »

Nous venons de voir comment on s'y prend à Launac pour mettre les raisins en cuve ; mais vous voudrez bien remarquer que les choses ne se font pas partout exactement de la même manière. Sur quelques autres points de l'Hérault, on égrappe et on laisse cuver en cuve ouverte. Dans le Gard, à Saint-Gilles, par exemple, avant d'encuver les raisins, on les dispose en tas pour leur faire subir un commencement de fermentation. Dans les Pyrénées-Orientales, tout au moins à Banyuls-sur-Mer, on se sert pour le foulage des raisins rouges d'une caisse longue appelée *treuil*. Autre part, on emploie des cylindres.

Ces préliminaires de la mise en cuve nous rappellent cependant qu'au Congrès de Dijon (1845), M. Cazalis prétendait que l'usage de fouler les raisins et celui de les écraser au moyen de cylindres avait été abandonné dans le Midi, et que dans les années où la vendange n'est pas bien préparée, il vaut mieux ne pas fouler.

Du plâtrage de la vendange. — C'est au moment où l'on foule les raisins, ou tout aussitôt après le foulage, que l'on procède au plâtrage. Plus tard l'action du plâtre se produirait mal ; le vin, dit-on, garderait un goût particulier et désagréable. La meilleure dose, d'après les renseignements que nous devons à l'obligeance de M. Marès, est de 2 kilos de plâtre blanc répandu sur la vendange qui produit 700 litres de vin rouge. En Roussillon et dans le Narbonnais, les gros vins noirs de coupage, les plus chers et les plus recherchés du commerce, sont plâtrés à la cuve à raison de 4 à 10 kilogrammes de plâtre blanc pour la vendange de 700 litres de vin.

Le plâtrage est très-usité dans la région méridionale, et il a été l'objet de discussions très-animées. Il nous paraît convenable de rappeler rapidement ici ce qui a été dit pour et contre l'opération. Commençons par donner la parole aux adversaires du plâtrage. — Au troisième livre du *Théâtre d'agriculture* d'Olivier de Serres, chap. x, sur le moyen « d'esclaircir tost les vins nouveaux ; les diversifier en couleur et saveur ; les conserver en bonté, remettre les poussés, » nous lisons : « Plusieurs matières y a-t-il desquelles indifféremment on se sert pour parvenir au but de ce chapitre ; mais nous employerons seulement celles qui sont bonnes à manger, puisqu'il est question d'en avaler le goust, rejettant comme pernicieuses à la santé, l'alun, le souffre, l'argille, la chaux, le *plastre*, la rascleure de marbre, la poix, la raisine, et semblables drogueries, que, pour satisfaire à leur avarice, les trompeurs taverniers et cabaretiers employent à sophistiquer leurs vins, sans distinction des qualités des dictes matières, ne du bien, ne du mal qui en peut avenir à ceux qui en boivent. » On voit par cette citation que l'usage du plâtre dans les vins du Midi n'est pas nouveau, mais qu'on en abandonnait l'emploi aux taverniers et cabaretiers.

M. Baumes a dit au Congrès des vignerons en 1845, que le meilleur vin, une fois plâtré, perd sa liqueur, sa finesse, devient dur, âpre, astringent, qu'il dessèche la gorge et provoque la soif. Il le condamne comme nuisible à la santé et favorisant la fraude.

M. le comte Odart s'exprime en ces termes à l'endroit du plâtre : « S'il n'était employé qu'avec modération, ce serait déjà à tort, mais on en fait souvent l'abus le plus condamnable, par exemple au pied des Pyrénées, où l'on en ajoute dans la proportion d'un litre et demi par hectolitre de vin. Son effet bien constaté est de préserver le vin de l'acidité, d'accroître l'intensité de sa couleur et de le rendre plus sec ; mais en même temps il le rend rude et en quelque sorte styptique, de manière qu'au lieu de flatter le goût, il le blesse, et qu'en résultat sa qualité en est altérée. »

Les partisans du plâtrage assurent, de leur côté, que le vin plâtré est meilleur, plus vif de couleur, *plus solide* surtout, et supérieur généralement à celui qui n'a pas été. C'est l'avis de M. Marès ; c'est aussi, et depuis longtemps, celui de M. Cazalis-Allut, qui l'exprimait il y aura bientôt vingt ans. « Les vins, disait-il en substance, au Congrès de Dijon, s'éclaircissent et se conservent beaucoup mieux avec le plâtre que sans lui. » M. Cazalis citait, à ce propos, une expérience comparative faite par lui. Une bouteille contenait du vin plâtré, une autre bouteille du vin non plâtré ; après un certain temps, la première offrait un vin très-franc, la seconde un vin aigre.

A la même époque et dans la même circonstance, M. Baumes, de Nîmes, constatait qu'on avait plâtré à Saint-Gilles depuis que les vins plâtrés de la côtière de Vauvert, bien inférieurs, étaient plus recherchés par le commerce, et il reconnaissait que le plâtre empêche l'acescence des vins de Bourret et d'Aramon, qu'il avive et consolide la couleur, mais il ajoutait qu'il donne un montant qui porte à la tête et permet d'y mettre de l'eau.

M. Bergasse (du Var) a exprimé, en faveur du plâtrage, une opinion que nous retrouvons dans le *Manuel du vigneron* de M. le comte Odart : « J'ai été choqué, dit-il, la première fois que j'ai vu mettre en pratique un procédé qui me semblait tenir des siècles de barbarie, et j'avais évité même d'acheter les vins des propriétaires qui faisaient usage du plâtre. Cependant, lorsque j'eus reconnu que les vins traités de la sorte offraient une couleur plus vive et plus foncée, et que si la présence du plâtre se faisait encore remarquer après le décuvage, la saveur particulière qui en résultait tendait à disparaître à mesure que le dépôt de la lie s'opérait; lorsque j'eus reconnu qu'après de longues traversées, il n'en restait aucune trace et qu'on retrouvait une liqueur d'une belle couleur et d'une suavité bien prononcée, je vins à me persuader que le plâtre produisait incontestablement de bons effets dans certaines circonstances. »

Enfin, MM. Chancel, Bérard et Cauvy, professeurs de la Faculté des sciences, de la Faculté de médecine et de l'École de pharmacie de Montpellier, ont analysé du vin pur, recueilli près de Castelnau, et le même vin plâtré avec du plâtre très-pur, à la dose de 40 grammes par litre, et enfin le même vin plâtré avec le plâtre de Lassalles dans la même proportion. Il en est résulté : 1° que le vin plâtré ne renferme aucune substance minérale nouvelle ; 2° que la quantité de plâtre introduite dans le vin peut être considérée comme nulle, parce qu'il est changé tout entier en sulfate de potasse, sel très-légèrement purgatif et analogue sous ce rapport au tartre.

Nous laissons à nos lecteurs l'embarras de décider de quel côté sont les bonnes et les mauvaises raisons.

Cuvage et décuvage. — « Par la méthode ordinaire, écrit M. Marès, on fait le vin rouge en jetant la vendange dans la cuve, après avoir écrasé les raisins entre les cylindres d'une machine à fouler ; on couvre la cuve avec des planches et on décuve au bout de huit jours. Lorsqu'on se sert de foudres pour y faire cuver la vendange, on peut y laisser le vin plus longtemps en cuve sans inconvénients. Quand on veut faire des vins paillets ou rosés, on ouvre le robinet de la cuve 36 heures après y avoir jeté la vendange, et on met le moût en foudre ; il y achève sa fermentation. Le marc des vins rouges est pressé aussitôt après le décuvage de chaque cuve ou foudre ; il reste 24 heures sur les pressoirs, et subit trois remaniements. »

L'intelligent œnologue que nous venons de citer a introduit dans la fabrication de ses vins rouges, à Launac, une modification heureuse, mais qui ne saurait être imitée partout, puisqu'elle est subordonnée à des conditions que l'on ne peut pas toujours créer à volonté. Écoutons M. Marès : — « Après de nombreux essais, dit-il, j'ai définitivement adopté depuis cinq ans, avec le succès le plus complet, le système que je vais exposer. Je ne sache pas qu'il ait encore été systématiquement employé. Partout où ce système sera possible comme à Launac, il sera appelé à améliorer considérablement, et sans frais, les vins qui y seront soumis.

« La production et la vendange des vignes rouges est combinée de la manière suivante : Les vignes des coteaux, dont la maturité arrive la première, en avance sur celle des fonds de 10 jours environ, sont aussitôt vendangées et donnent en général un produit suffisant pour garnir, sans les remplir entièrement, toutes les cuves, soit 2,500 hectolitres ; on laisse cuver sept jours pleins, le huitième on décuve. Le chapeau est très-frais et ne présente encore aucune altération ; une fois la cuve écoulée, le marc et le vin qu'il renferme comme une éponge, restent au fond. C'est sur ce marc, provenant de raisins fins bien colorés, retenant avec la rafle un cinquième du vin qu'il a produit, qu'on jette la vendange des vignes des terrains fertiles. On commence par remplir les cuves garnies de marcs riches; on laisse la fermentation s'accomplir pendant huit jours ; ensuite on décuve. Le vin qui résulte de ce mélange se rapproche du premier, il en a la vivacité et parfois la couleur et la qualité. Tous les principes colorés et parfumés qui abondent encore dans le premier marc sont ainsi utilisés, mis à profit de la manière la plus avantageuse et contribuent doublement à l'amélioration de la cuvée. On presse le marc après avoir décuvé. »

La durée du cuvage varie beaucoup dans le Midi, et se trouve subordonnée à la nature des raisins et au but que l'on poursuit. Elle est courte pour les vins de table, longue pour les vins du commerce destinés aux coupages. Avec le Muscat rouge de Frontignan, elle n'est que de 24 à 48 heures, tandis que dans certaines localités de l'Aude elle est parfois de 40 jours. C'est un abus ; M. Rolland de Blumac, qui appartient à ce département, voudrait que le cuvage fût très-court et ne durât, pour les vins de table, que le temps exclusivement suffisant pour la coloration.

Dans le Gard, à Saint-Gilles, le cuvage dure de 8 à 15 jours, et quelquefois plus. Il se prolonge d'autant plus que l'année a été plus chaude et la vendange plus mûre. Mais quand il s'agit de fabriquer du *vin rosé* qui passe dans le commerce pour du vin de la Côte-du-Rhône, on se contente d'un cuvage de 24 à 30 heures; 3 ou 4 jours de cuve suffisent au vin de table.

Dans la Côte-du-Rhône, à Châteauneuf-du-Pape, par exemple, le cuvage est de 15 à 18 jours et plus, tandis qu'à Ampuis (Côte-Rôtie), il n'est que de 8 à 10 jours, et parfois moitié moins.

Dans la Drôme (Ermitage), on préconise les avantages d'un cuvage aussi prolongé que dans le Médoc. Dans le Roussillon, à Banyuls-sur-Mer, par exemple, la vendange reste à cuver 20 jours dans les petits foudres, et de 30 à 40 jours dans les grands. A Rivesaltes, le cuvage dure un mois pour les vins foncés du commerce, et 8 ou 15 jours seulement pour ceux de consommation. Toutefois, on rencontre fréquemment, dans les Pyrénées-Orientales, des propriétaires qui laissent leur vendange jusqu'en mars dans des foudres fermés.

Quelquefois, pour hâter la fermentation et rendre le vin plus marchand, on ajoute du moût bouillant à la vendange. « Il est fort singulier, dit M. le comte Odart, que cette méthode soit beaucoup plus commune dans les pays chauds, dans le Midi, en Espagne, en Italie, que dans nos régions du Centre et du Nord. »

Après le décuvage, dans beaucoup de localités du Midi, on laisse le marc dans la cuve et l'on verse dessus une assez grande quantité d'eau qui se convertit en piquette pour l'usage des domestiques et des ouvriers. M. le comte Odart fait observer qu'on a peut-être raison d'en agir ainsi, dans le Midi, parce que la liqueur qu'on extrairait du marc, moitié aigre, moitié putréfiée, contribuerait, si on la mettait avec le vin de goutte, à faire gâter promptement tout le mélange. Cependant, nous dirons que dans la plupart des propriétés bien dirigées on a soin de presser les marcs dès que le vin a été tiré des cuves, de les envoyer à la distillerie aussitôt qu'on les a enlevés du pressoir, et de s'en servir, après cela, pour la consommation du bétail. Ces vins de pressoir qui, en définitive, n'ont pas de mauvais goût lorsque le cuvage n'a duré que 8 ou 10 jours, sont répartis sur les vins de goutte.

Des vins blancs. — Il y a tant de sortes de vins blancs dans le midi de la France, qu'il est aisé de comprendre que les procédés de fabrication ne doivent pas être partout les mêmes. On n'opère pas pour les vins de liqueur comme pour les autres.

A Launac (Hérault), « on fabrique les vins blancs, écrit M. Marès, en foulant le raisin sur le plancher des cuves et en y jetant la vendange. On laisse le robinet de la cuve constamment ouvert; le moût, qui s'écoule à mesure, est versé dans les foudres; il y accomplit sa fermentation. Chaque matin on porte sur les pressoirs la vendange de la journée; elle est pressée et déchargée dans les 24 heures. On ouille ordinairement les foudres de vins rouges et de vins blancs une quinzaine de jours après y avoir mis le vin, mais on ne les bouche pas encore. On ne place les bouchons qu'après les premiers froids, lorsque le vin s'est dépouillé. » M. Marès ajoute que les marcs de raisins blancs encore doux doivent être mis en cuves avec addition d'eau pour en faire des piquettes qui sont ensuite envoyées à la distillerie.

Dans le Gard, à Saint-Gilles, on vendange avons-nous dit, au commencement d'octobre les raisins qui produisent l'excellent vin blanc connu sous le nom de *Tokai-princesse*. On égrappe ces raisins, parce que si on les laissait 24 heures dans une comporte sans les presser, le vin prendrait, au rapport de M. Baumes, un goût de marc insoutenable; puis on foule avec les pieds, on presse le marc à l'aide d'un énergique pressoir à percussion, absolument nécessaire pour extraire le moût de ces raisins passerillés; on verse ce moût dans des futailles méchées ou soufrées, on bonde et on le laisse en repos deux ou trois jours.

Dans la Drôme, aux environs de Die, on égrappe les raisins blancs, on foule, on presse et l'on met en tonneaux.

Dans l'Hérault, où l'on égrappe le Muscat rouge, on n'égrappe pas le Muscat blanc de Frontignan avant de le presser.

Dans les Pyrénées-Orientales, à Rivesaltes, lorsque les raisins muscats ont été ridés par le soleil sur la souche ou sur des claies et qu'ils sont ainsi propres à être convertis en vin de liqueur, on ne les égrappe pas; on les foule avec les pieds ou bien au moyen de fouloirs à cylindre, puis on porte la vendange au pressoir. Le moût que l'on obtient marque de 20 à 25° au pèse-sirop; on le met en tonneaux et on l'abandonne ensuite à lui-même.

Pour le Maccabéo, rapporte M. Rendu, on ne laisse pas les grappes se dessécher sur la souche ou sur des claies; on les cueille dès qu'elles sont mûres, on foule le raisin, on le presse, on passe le jus au feu jusqu'à ce que l'écume se montre; on retire, on laisse refroidir et on met en tonneaux avec un peu de trois-six.

Pour le Malvoisie, rapporte encore M. Rendu, on cueille aussi à la maturité; on a soin de ne pas comprimer le raisin dans les comportes, on met de suite sous le pressoir, et le moût est versé dans les futailles avec un peu de trois-six; on laisse fermenter. Dès qu'il est calmé, on soutire et l'on ajoute encore un peu de trois-six. Pour avoir du Malvoisie sec, on égrappe et on laisse fermenter pendant cinq ou six jours avant de presser.

Parfois, à Rivesaltes, mais rarement, au dire de l'auteur que nous venons de citer, on ajoute du moût bouillant dans les vins blancs pour leur donner un plus fort degré de liqueur. M. le comte Odart fait observer que partout où l'on ajoute du moût cuit, c'est presque toujours à des vins de qualité médiocre. Il condamne la cuisson, comme la condamnait implicitement le pape Paul III qui affectionnait le vin muscat de Taglia, parce qu'il se préparait *sans cuisson*.

Cependant M. Laure (dans le Var) et M. Baumes (dans le Gard) assurent que si le vin cuit est bien soigné et s'il provient de variétés choisies en terrain pierreux, il devient, après huit ou dix ans de bouteille, un vin de liqueur que beaucoup de personnes confondent avec le Malaga.

Dans l'Aude, où la blanquette de Limoux jouit d'une grande réputation, on fabrique ce vin de la manière suivante : on porte les raisins blancs au cellier, on les trie, on enlève les grains altérés, on égrappe, on foule avec les pieds, on filtre le moût dans une manche; on en remplit des tonneaux, on ouille tous les jours et tout le temps que dure la fermentation tumultueuse. On filtre encore deux ou trois fois pendant la première quinzaine et une dernière fois lorsque la fermentation s'arrête, puis on transvase le vin dans des barriques neuves.

Comme on met en bouteilles cette blanquette de Limoux dès le mois de mars suivant, elle mousse naturellement, mais aussi on a recours quelquefois aux procédés des Champenois dans la Drôme, l'Hérault et l'Aude. Le Saint-Péray mousseux se fait comme le Champagne qu'il ne détrônera certainement pas. « Quant à la jolie blanquette de Limoux, dit M. le comte Odart, son seul trait de ressemblance avec le vin de Champagne est sa mousse. Je conçois que cette boisson puisse être trouvée agréable par des femmes, mais des hommes ne se contentent pas de mousse et d'une liqueur sans saveur propre, sans vinosité, d'une limonade gazeuse, en deux mots, moins le goût de citron, comme la nommait judicieusement un œnologue du Gard. »

Rendement des raisins. — Le rendement des vignes en vin est beaucoup plus considérable dans le midi de la France que dans nos autres contrées viticoles. Quand, en Bourgogne, dans nos vignes communes de la plaine, nous arrivons à un chiffre de 97 à 98 hectolitres par hectare, nous en parlons comme d'une récolte très-abondante. Pour ce qui est des vins fins, nous nous contentons très-bien d'une moyenne de 15 hectolitres à l'hectare. Dans le Midi, les chiffres sont autrement élevés. Pour les vignes de bonne qualité dans l'Hérault, on estime comme moyenne un rendement de 45 hectolitres par hectare, mais on rencontre des vignes de plaine qui fournissent des vins de chaudière et qui rapportent jusqu'à 150 et, exceptionnellement, jusqu'à 250 hectolitres de vin par hectare.

Soutirage des vins. — A Launac (Hérault), « on soutire, dit M. Marès, vers la fin de l'hiver, par un temps vif, lorsque le liquide est bien limpide. Il est rare qu'on ait besoin d'avoir recours au collage. Dans ce cas, on se sert de sang de bœuf, qu'on emploie à raison de 1 litre pour 7 hectolitres de vin. On soutire aussitôt que ce dernier est devenu clair. » M. le comte Odart fait remarquer que l'effet du sang de bœuf est très-prompt, qu'il opère du jour au lendemain ou, tout au plus, au bout de vingt-quatre à trente heures. Il en porte la dose à 2 décilitres par hectolitre et recommande de l'employer après l'avoir battu avec un demi-litre de vin. M. Julien et M. Poilvey (du Jura) reprochent au sang l'inconvénient d'affadir le vin ; nous ne savons si ce reproche est fondé.

D'après M. Rendu, on soutire les muscats de Frontignan (Hérault), 1° quinze ou vingt jours après la vendange, 2° vingt jours plus tard ; 3° un mois après ce second soutirage ; 4° un mois après le troisième, puis on colle avec du sang et de la gélatine. Enfin, huit ou dix mois après la vendange, on met ces muscats en bouteilles.

Dans le Gard, à Saint-Gilles, on soutire au mois de mars qui suit la vendange, puis on se borne à ouiller le vin, c'est-à-dire à remplir les futailles jusqu'à la vente. Le Tokai-princesse fait exception à la règle ; on le soutire au bout de deux ou trois jours. Pendant les premières années, on continue les soutirages du Tokai au printemps et à l'automne, ensuite on ne le soutire plus qu'une fois par an.

Dans les Pyrénées-Orientales, à Rivesaltes, on soutire rarement les vins de commerce ; les vins en liqueur et ceux destinés à vieillir sont soutirés tous les trois ou quatre mois.

Du coupage des vins. — Dernièrement M. Cazalis-Allut a publié sur cette opération des observations très-intéressantes que nous croyons devoir reproduire purement et simplement :

« L'avantage des coupages, dit-il, est démontré par la bonne qualité et la solidité des vins provenant de vignes complantées de différentes espèces, ce qui constitue le coupage naturel ; il est également démontré par la qualité supérieure qu'avaient autrefois les vins de la dîme (1), par la bonne conservation des *vins* dits *de cargaison*, qui sont faits habituellement avec des crus secondaires. L'expérience suivante m'a prouvé une fois de plus toute l'utilité des coupages.

« En 1861, dès que j'eus décuvé les 7,000 hectolitres que je fis cette année-là, je composai un échantillon proportionnel de toute ma récolte, logée dans trente-six foudres et deux cuves en pierre. Cet échantillon remplit huit bouteilles, que je laissai débouchées jusqu'au moment où la clarification fut bien complète. Je les bouchai alors seulement et les laissai debout jusqu'à la fin de l'été, sur le porte-fond d'un foudre, dans un cellier mal fermé, puisque deux fenêtres y restèrent constamment ouvertes. Eh bien ! malgré ces conditions défavorables, les vins ainsi coupés se conservèrent parfaitement, tandis que, dès le mois de février, lorsque mon acheteur voulut procéder au soutirage des 7,000 hectolitres de vin que je lui avais vendus, un tiers environ de ce vin était en fermentation, décoloré et d'assez mauvais goût pour qu'on ne pût plus en tirer parti que pour la chaudière.

« Je voulus m'assurer s'il ne serait pas possible de rétablir ce vin détérioré en recourant à un nouveau coupage. Je fis, à cet effet, un nouvel échantillon proportionnel de toute la partie, moins un foudre de 144 hectolitres, dont le vin, déjà expédié, était de qualité supérieure. Cet échantillon fut mis dans des bouteilles que je ne bouchai que lorsque la fermentation eut cessé complétement ; je le plaçai à côté du premier, et il se conserva également très-bien, sous le rapport du goût et de la vivacité de la couleur, qui cependant, je dois le dire, fut un peu moins foncée. En présence de ce fait et de bien d'autres que j'avais déjà constatés, mais qui ne s'étaient jamais présentés dans des circonstances aussi défavorables à la qualité des vins, je n'hésite pas à engager les propriétaires, ceux surtout qui cultivent plusieurs espèces de cépages dans des sols de diverse nature et dont les vendanges durent longtemps, je n'hésite pas, dis-je, à leur recommander de faire un coupage général de tous leurs vins, avant même que leur clarification soit complète, pourvu toutefois qu'il n'existe pas dans ces foudres des vins où toute fermentation aurait déjà cessé et d'autres qui fermenteraient encore. En pareil cas, il vaut mieux faire à part le coupage des vins clarifiés et celui des vins encore en fer-

(1) « Dans certaines communes, les habitants remplissent habituellement, à la récolte, le tonneau de leur curé avec du vin nouveau. Ce vin, qui représente l'ensemble du produit de la commune, a la réputation d'être supérieur en qualité à tous les autres. Voilà qui prouverait une fois de plus que le coupage des vins est une bonne opération. »

mentation, ou attendre, pour les couper tous ensemble, que tous aient fini de fermenter.

« Un coupage général présente des difficultés qui cependant ne sont pas insurmontables. Pour se trouver dans les meilleures conditions possibles, il faut avoir des foudres placés au même niveau et qui communiquent ensemble. Cet arrangement nécessite une dépense assez considérable, mais il y a moyen de l'éviter par des coupages partiels qui atteindront le même but. Après avoir classé tous les vins d'une récolte par catégories, on prendra sur chacune d'elles une quantité proportionnée à son importance pour composer le coupage à faire, et l'on emploiera à cet usage les cuves qui servent à recevoir la vendange. Une pompe puissante, qui activerait l'opération autant que possible, serait indispensable, si l'on adoptait l'opinion, généralement admise, qu'il est essentiel de ne pas laisser le vin trop longtemps en contact avec l'air atmosphérique. Mais cette opinion est-elle fondée? Il est permis de supposer qu'elle ne l'est pas toujours. Les vins récoltés en 1861 nous ont fourni à ce sujet un enseignement important. Ces vins, après s'être parfaitement clarifiés dans les foudres, ne tardèrent pas, pour la plupart, à éprouver une nouvelle fermentation que l'on a nommée fermentation lactique. En mettant ce vin dans des bouteilles non bouchées, cette fermentation cessa bientôt, tandis qu'elle persista pendant plusieurs mois dans le vin laissé dans les foudres. D'autres faits qui corroborent celui-ci se sont encore produits : des négociants qui avaient acheté des vins de 1861 à l'époque de la récolte, et qui les retirèrent de suite, n'eurent pas à souffrir de cette seconde fermentation. Enfin des propriétaires qui avaient logé le vin d'une même cuve partie dans des foudres, partie dans de petites futailles, conservèrent ce dernier et perdirent l'autre. Dans des bouteilles débouchées, dans de petites futailles, le vin étant bien plus en contact avec l'air que dans les foudres, n'est-il pas permis de croire qu'en saturant d'air, par des soutirages les vins de 1861, on contribua à leur conservation, au lieu de leur nuire? Dans certaines localités peu fertiles du Midi, où l'on vendange tard pour obtenir des vins bien mûrs, propres aux coupages, on ne bouche jamais les foudres. Les propriétaires croient avec raison qu'il est indispensable de laisser leurs vins en contact avec l'air, pour que la fermentation de ceux-ci se fasse complétement, et l'expérience a montré, en effet, les avantages de cette ancienne pratique. Il ne faudrait pas néanmoins en faire usage pour les vins d'ordinaire, qui, provenant de raisins moins mûrs, terminent promptement leur fermentation.

« Quoique déjà d'un âge très-avancé, je n'avais jamais vu se produire à une époque aussi rapprochée de la récolte cette seconde fermentation, qui obligea, en 1861, à vendre tant de vins pour la chaudière. Ces vins, que l'on disait *tournés*, auraient pu être presque tous rétablis et vendus pour la boisson, en les traitant comme je vais l'indiquer. Il faut, dès que la fermentation se manifeste, les transvaser dans de petites futailles fortement et nouvellement soufrées, les soutirer après leur clarification, mélanger ceux dont la saveur n'est pas altérée avec d'autres vins à couleur très-brillante et aussi verts que possible. Dans le cas où l'on n'aurait pas de vins verts, on ajouterait au mélange 1 gramme environ d'acide tartrique par litre de vin. Un essai sur une petite quantité déterminée montrera si cette dose est suffisante ou s'il faut l'augmenter. Un second essai indiquera dans quelle proportion le mélange doit s'opérer. A l'aide de ce traitement si simple et si peu coûteux, tous les vins tournés qui se seraient clarifiés sans que leur saveur fût encore altérée, auraient pu certainement être vendus pour la consommation. »

De l'influence du soufre sur les vins. — On s'est plaint des résultats du soufrage en ce qui regarde le goût du vin, mais il a été répondu que le vice de goût ne se faisait remarquer que dans les vins provenant de vignes soufrées trop tardivement ou bien encore de vignes soufrées avec du soufre renfermant des sulfures alcalins. Ces explications peuvent être fondées, mais il n'en est pas moins vrai que le vice de goût se produit de temps en temps et qu'il persiste parfois pendant plusieurs mois, malgré les soutirages qui passent pour le faire disparaître assez vite. On a proposé de le combattre au moyen de l'acide sulfureux, du charbon et de la ventilation. On a essayé l'acide sulfureux et le charbon sur des vins achetés dans l'Aude et l'Hérault, et l'on a réussi, en effet, à enlever le goût, mais en même temps on a détruit une partie de la couleur, ce qui est d'autant plus regrettable que l'intensité de la couleur est une qualité incontestable, surtout chez les vins destinés aux coupages. Le mieux est donc de suivre, dans le soufrage, les prescriptions indiquées précédemment par M. Marès (chap. IX de ce livre, p. 365); les soutirages feront le reste.

Mise des vins en bouteilles. — « Les vins de liqueur et les vins blancs secs bien alcooliques peuvent être conservés longtemps en futailles, écrit M. Cazalis-Allut. Ainsi logés, ils complètent mieux leur fermentation et s'améliorent. Il n'en est pas de même des vins blancs légers et des vins rouges. Ceux-ci, par un trop long séjour dans les futailles, perdent de leurs qualités. Il faut donc les mettre en bouteilles dès que leur fermentation est terminée. Cette époque est plus rapprochée pour les vins peu alcooliques. On reconnaît que la fermentation d'un vin est terminée lorsqu'il ne devient pas louche pendant les grandes chaleurs, et qu'en débouchant le tonneau on n'entend plus le bruit que ferait en s'échappant le gaz acide carbonique, si le vin travaillait encore. Il y a une grande différence entre un vin mis en bouteilles immédiatement après que la fermentation est terminée, et celui que l'on garde en futailles lorsqu'il n'a plus de chances de fermentation. Celui-ci s'use plus vite, se transforme bientôt en rancio, tandis que l'autre conserve plus longtemps sa belle couleur, son arome et son velouté.

« Les caves ont une grande influence sur la

qualité des vins, qu'ils soient logés dans des futailles ou dans des bouteilles. On dit bien qu'on peut tenir les vins de liqueur au grenier. Oui, quand ils ne sont pas faits; mais, passé cette époque, une cave fraîche, d'une température uniforme, leur est extrêmement favorable. J'ai laissé vieillir du Grenache de 1822, en bouteilles, dans une cave souterraine et dans une cave au rez-de-chaussée. Le vin de cette dernière cave n'est pas aussi moelleux que l'autre.

« Le vin fait dans du verre conserve mieux son arome que celui qui a été fait dans des futailles. L'arome, très-fugace, se volatilise sans doute plus difficilement dans le verre, moins poreux que le bois. Quand on fait du vin dans de grandes bouteilles ou dames-jeannes, il faut les bien remplir dès que la fermentation tumultueuse est terminée, et les recouvrir ensuite d'un papier ou d'une toile qui permette l'accès de l'air, afin que la fermentation puisse se compléter. On bouchera les bouteilles, une fois le vin clarifié; on le soutirera avant la pousse de la vigne. En le soutirant, il faudra, dans la crainte que la fermentation ne soit pas terminée, permettre pendant quelques jours l'introduction de l'air, en n'enfonçant pas trop le bouchon, recommencer cette opération à l'époque des grandes chaleurs, et la continuer les années suivantes, si l'état du vin l'exige.

« Tous ces soins sont minutieux, j'en conviens; mais on est bien récompensé des peines que l'on prend : du muscat fait de cette manière a si bien conservé le goût du fruit, qu'en le buvant on croit mâcher le raisin.

« Il est indispensable, quand on bouche de grandes bouteilles, de leur laisser un vide proportionné à leur capacité. Sans cette précaution, la dilatation du vin, à l'époque des chaleurs, ferait éclater toutes celles qui seraient hermétiquement bouchées. »

Classification des vins de l'Hérault. — Ce département occupe une place tellement importante dans la région méridionale, qu'il nous paraît utile de dire un mot de la classification de ses produits. M. Rendu en forme deux grandes catégories : 1° les vins de chaudière; 2° les vins du commerce. Il subdivise ensuite les vins de cette seconde catégorie : 1° en vins de commerce ordinaires rouges et blancs; 2° en vins rouges fins; 3° en vins blancs secs, en vins blancs de liqueur et en Muscats. De son côté, M. Marès en a formé neuf divisions au point de vue de leur richesse alcoolique. Ce sont :

1° Les *vins de plaine*, provenant de l'Aramon et du Terret-bourret gris, vins communs réservés à la distillerie le plus ordinairement, et dont le titre en alcool pur varie entre 7 à 9,76 p. 100 de leur volume;

2° Les *vins rouges ordinaires*, de couleur moyenne, provenant de différents cépages : Aramon, Terret noir, Carignane, Brunfourca, Aspiran, Œillade, etc., vins de commerce et de consommation pour l'ouvrier, dont le titre en alcool varie entre 9,75 et 12 p. 100;

3° Les *vins de montagne*, produits par l'Espar, le Morrastel, la Carignane, le Grenache, l'Œillade, le Brunfourca et même l'Aramon, vins plus ou moins colorés, solides, pouvant au besoin servir au coupage des vins trop légers, et dont le titre en alcool varie entre 11 et 13,40 p. 100 et plus;

4° Les *vins rouges fins*, dignement représentés par le Saint-Georges pour les vins généreux et le Langlade pour les vins froids. Ce sont des vins de coteaux fournis par le Terret noir, l'Aspiran, l'Œillade, le Morrastel, le Piquepoul, la Clairette, et dosant en alcool de 10,80 à 12,50 p. 100 et plus, dans la catégorie des vins généreux, et de 10,70 à 11,90 dans la catégorie des vins froids;

5° Les *vins blancs communs*, provenant de Terrets gris ou blancs et dosant en alcool de 9,75 à 12 p. 100;

6° Les *vins blancs plus fins* ou *Piquepouls*, produits sur de pauvres terrains de coteaux par le Piquepoul gris, et dosant en alcool de 11 à 14 p. 100 et parfois davantage;

7° Les *vins blancs secs* ou *Picardans*, provenant presque tous de la Clairette blanche et de terres graveleuses ou marneuses de coteaux, fort estimés par le commerce, et dont le titre en alcool varie entre 12 et 16,75 p. 100;

8° Les *vins blancs doux de Picardan*, de même provenance que les précédents, mais tirés de raisins passerillés, et dosant en alcool de 11 à 15 p. 100 et davantage;

9° Enfin, les *vins Muscats*, Frontignan, Lunel, Maraussan, etc., qui titrent en alcool de 11 à 15 p. 100, et plus quand ils se sont transformés en rancios.

Des vins du Midi en général. — Il n'y a pas de comparaison à établir entre les vins du Midi et ceux du Bordelais ou de la Bourgogne. M. Eugène Vivarez, dont l'opinion, en pareil cas, ne saurait être suspecte, avoue que la région viticole du Midi ne peut pas avoir la prétention d'offrir à l'appréciation des gourmets des vins qui soient comparables aux grands crus du Médoc et de la Bourgogne, mais cependant, ajoute-t-il, quand on peut offrir au goût du consommateur un choix de vins des plus variés, tels que les vins rouges d'Hermitage, de la Nerthe, de Tavel, de Châteauneuf-du-Pape, de Lédenon, de Langlade, de Saint-Georges, de Saint-Christol, de Lamalgue, de Bandols; les crus si nombreux du Roussillon, les Muscats (les premiers du monde) de Rivesaltes, Frontignan, Lunel et Maraussan; les vins mousseux de Saint-Péray et de Limoux; les blancs doux ou secs de Cassis, de Marseillan, de Florensac et de Pomerols, et tant d'autres crus que nous passons sous silence et qui mériteraient d'être cités, il est bien permis de se considérer comme n'étant pas tout à fait déshérités en fait de richesses œnologiques. »

L'observation est juste; nous n'ignorons pas que le Midi possède des vins très-remarquables, mais il faut bien reconnaître aussi que ses meilleurs vins de table (en dehors des vins de liqueur qui ne sauraient être consommés que vieux et en petite quantité) doivent être bus de bonne heure et ont l'inconvénient de s'altérer très-vite en cave. Dans le Nord, nous les connaissons à peine et ne jugeons les produits de table du Midi que sur des échantillons dénaturés par un cuvage prolongé ou par le vinage. C'est pour cela qu'ils ne jouissent pas au loin de la bonne réputation qu'on ne leur dénierait certes pas sur place dans les conditions de nature et de bonne fabrication.

M. Vivarez attribue la mauvaise réputation qui frappe les vins du Midi en dehors de leur région, à tous les voyageurs, à toutes les personnes étrangères au Midi qui ne boivent réellement dans les hôtels et les restaurants que les produits les plus grossiers. Nous croyons qu'il faut remonter plus haut et qu'il ne serait pas toujours facile aux consommateurs du Nord de se procurer des vins de qualité en les faisant venir directement des celliers des propriétaires. Pour les avoir délicats, on les laisse cuver vingt ou trente heures, deux ou trois jours. Peuvent-ils, dans ces conditions, supporter de longs voyages? Nous ne le croyons pas. C'est parce que la plupart des vins du Midi manquent de solidité qu'on est forcé de recourir au vinage pour en assurer le transport et que l'on use largement du décret qui accorde à sept départements du Midi, une exemption des droits sur les eaux-de-vie employées à l'alcoolisation de leurs vins, jusqu'à ce que ceux-ci contiennent 18 p. 100 d'alcool. C'est, à notre avis, le vinage qui est la cause principale de la mauvaise renommée qui pèse sur les produits méridionaux, car il autorise des dédoublages et toutes sortes de manipulations qui ne sont pas de nature à donner une bonne opinion des lieux de provenance. En un mot, les vins du Midi, à l'exception de ceux de liqueur et des crus étoffés et solides qui sont rarement délicats, ne sauraient nous donner une idée exacte du mérite réel des produits de choix de la région.

P. Joigneaux.

CHAPITRE XVIII

DE LA VINIFICATION DANS LA CHAMPAGNE

Les raisins rouges de la Champagne, avons-nous écrit, ne servent plus qu'à faire des vins blancs mousseux, les seuls, pour ainsi dire, qui aient le titre de vins de Champagne. Cependant, comme on pourrait supposer d'après cela que les raisins blancs de la contrée servent à autre chose, nous devons ajouter bien vite qu'une pareille supposition serait une erreur, et que les vignes de Cramant, d'Avize, d'Orges, du Mesnil, des Vertus, où dominent les cépages blancs, produisent des vins mousseux très-estimés. — « Les vins qu'on obtient des raisins noirs, dit M. Victor Rendu, ont plus de corps, de générosité et de séve; ils sont généralement supérieurs, comme non mousseux et comme vins crémants, à ceux qu'on fabrique avec des raisins blancs, mais ces derniers donnent des vins remarquables par plus de finesse, de légèreté, de transparence et de disposition à la mousse : mélangés du quart au huitième avec les raisins noirs, ils concourent à la perfection du vin, surtout de celui qu'on tire en mousseux. »

Pressurage. — Les raisins qui fermentent produisent nécessairement de l'alcool qui dissout la matière colorante de la pellicule. C'est par suite de cette fermentation, que le moût des raisins noirs se colore en rouge; c'est pour cela aussi que les raisins blancs donneraient un vin plus ou moins jaune, si on les laissait fermenter avant de les livrer au pressoir. Afin donc de prévenir cette coloration des moûts, on procède très-rapidement au pressurage des raisins; aussitôt sortis de la vigne, aussitôt sur le pressoir. Le moût des premières serres ou premières pressées forme naturellement les vins de choix. Ce moût est versé soit dans des cuves d'une contenance variable, soit dans des pipes ou foudres où on le laisse *débourber*, c'est-à-dire déposer sa grosse lie. Ce débourbage dure de 12 à 24 heures environ.

Mise en tonneaux. — Quand le moût a déposé suffisamment, on le met en tonneaux neufs et de bon goût qu'on lave d'abord à l'eau bouillante. Pour s'assurer que les vaisseaux en question n'ont pas ce qu'on appelle un goût de fût, les tonneliers dégustent l'eau de lavage. Le plus ordinairement, on mèche les tonneaux, et, quand ils sont pleins, on les place dans un cellier où ils subissent la fermentation ordinaire, fermentation plus ou moins longue ou plus ou moins rapide, selon que le moût est plus ou moins riche ou plus ou moins pauvre en matière sucrée.

Soutirage, coupage et collage. — Le plus habituellement, vers le 20 décembre, on soutire les vins pour la première fois, à l'aide d'un robinet et de brocs; puis on procède au coupage, c'est-à-dire au mélange de vins de diverses provenances. Toutefois, hâtons-nous de dire que l'on ne coupe pas les vins de raisins rouges de première qualité. — « Les petits vins rouges, au contraire, rapporte M. Rendu, dans son *Ampélographie française*, reçoivent souvent un mélange de vins blancs des dernières serres, qui leur donne plus de force et de régularité. On sait, par expérience, que la montagne de Reims apporte le corps, la vinosité et la solidité; la rivière de Marne proprement dite communique le moelleux; la côte d'Avize, la blancheur, la finesse et la légèreté : cette dernière contrée porte surtout à la mousse. Dans l'opinion de fabricants très-habiles, un mélange par tiers de Sillery, de Verzenay et de Bouzy, un tiers de Mareuil, Ay et Dizy, et un autre tiers de Pierry, Cramant, Avize et le Mesnil, constituent le vin blanc de Champagne par excellence. D'autres, non moins experts, déclarent que le mélange de l'Ay, du Pierry et du Cramant, forme un vin parfait. Chacun de ces crus, pris isolément, laisse quelque chose à désirer; leurs produits, associés, se complètent réciproquement. Du reste, les proportions ci-dessus ne sont ni générales ni absolues; elles varient selon l'espèce de vin qu'on veut faire, selon les habitudes du fabricant et surtout suivant le goût des pays où il expédie ses vins; c'est là, en définitive, son principal guide. On écarte avec soin, dans les mélanges, tout vin qui a contracté un goût de terroir.

Peu de temps après les coupages, on colle légèrement les vins assortis ou non et on ajoute du tannin et de l'alun, afin de prévenir ou la graisse ou le *masque* dans les bouteilles, c'est-à-dire un dépôt trop adhérent, dont il sera parlé plus loin. Les procédés de collage et de tannification sont très-variables; d'après M. Maumené, la meilleure solution de tannin se compose de :

Tannin (de la noix de galle) pur, 200 grammes.
Alcool à 95° C., assez pour faire un litre de dissolution.

— « Un litre de cette solution, dit-il, peut suffire pour 16 pièces de 200 litres : c'est 12gr,5 de tannin par pièce ou 0gr,625 par litre de vin ou enfin 0gr,050 par bouteille. »

Le même auteur indique la composition d'une colle renfermant de l'alun.

Gélatine pure..................	16 grammes.
Alun...........................	8 —
Vin blanc......................	1 litre.

« On fait fondre l'alun dans un décilitre de vin chaud, et la gélatine dans le restant; on mêle les deux liquides encore tièdes, et on laisse refroidir. On emploie un quart de litre environ de cette colle par pièce de 200 litres. C'est 0gr,040 de gélatine par litre ou 0gr,034 par bouteille. C'est 0gr,020 d'alun par litre ou 0gr,015 par bouteille. Il faudrait 0gr,085 de gélatine pour précipiter les 0g,050 de tannin fournis par la solution précédente; l'excédant de ce dernier se précipite avec la matière azotée du vin.

« Le dépôt triple de tannin, de gélatine et d'alun *modifié* se forme toujours pulvérulent, ne s'attache point au verre et laisse un vin très-brillant. Cependant le tannin devrait être pris dans le raisin, et l'alun devrait être remplacé par la crème de tartre qui vient aussi du raisin (1). »

On voudra bien nous permettre d'intercaler ici le procédé que nous signale un fabricant de vins mousseux de la Bourgogne, procédé dont, bien entendu, nous lui laissons l'entière responsabilité.

(1) *Indications théoriques et pratiques sur le travail des vins*, par E. J. Maumené, p. 465.

« Aucun des auteurs qui ont écrit sur le vin, nous dit-il, n'a expliqué la manière de préparer la colle de poisson, ni indiqué les doses convenables pour le collage. C'est là une lacune que je me propose de faire disparaître.

« Pour coller cinq pièces de la contenance de 228 litres chacune, il faut prendre 35 grammes de colle de poisson le plus transparente possible, et dont le reflet tire sur la couleur vert d'eau. On la coupe avec des ciseaux par petits morceaux de 0m,01 de largeur sur 0m,02 de longueur. Ainsi découpés, on les met dans un vase de terre verni intérieurement, on ajoute 1/4 de litre d'eau et on laisse tremper vingt-quatre heures à une température de 12 à 15° Réaumur. Si la colle était dans une température de 25°, elle entrerait en putréfaction. Ce laps de temps passé, on presse la colle dans un linge afin d'en exprimer l'eau qu'elle contient, puis on la prend dans les mains et on la pétrit pendant près d'une heure, en ayant soin de l'humecter de temps en temps. Dès qu'on ne sent plus de membrane sous les doigts, on la délaye dans deux litres d'eau. Ce travail est minutieux et demande encore une demi-heure environ. Pour l'exécuter, on tient la boule de colle de la main droite, et on la frotte sur la paume de la main gauche, en ayant la précaution de mouiller à toute minute. Après cela, on filtre sur un tamis la colle dissoute et s'il reste quelques membranes, on les repétrit comme précédemment.

« Veut-on conserver la colle ainsi préparée, on y ajoute, par litre, 0l,15 de 3/6 bon goût. Veut-on s'en servir de suite, on prend la cinquième partie des 2 litres pour opérer sur une pièce de 228 litres; on délaie cette colle dans 1 litre de vin blanc, on verse dans le tonneau à coller, qui doit être en vidange de 3 litres, et on agite avec un morceau de bois formant spatule, ou tout simplement avec un morceau de latte en chêne.

« On ajoute par pièce une forte cuillerée à bouche de crème de tartre qui rend la colle plus active.

« Quand on opère sur des vins malades, jaunes, roux, gras, filant comme de l'huile, il faut doubler la dose de colle. Ce n'est pas tout : la veille du collage, il convient d'introduire pour chaque pièce deux fortes cuillerées à bouche d'alun calciné, et quelques minutes seulement avant le collage : 1° 100 grammes de tannin; 2° 100 grammes de noir animal lavé à l'acide chlorhydrique; 3° trois cuillerées de crème de tartre. Après l'introduction de chacune de ces substances, on agite le vin avec la spatule. »

Vers la fin de mars ou en avril, les vins tannifiés et collés, destinés à faire les mousseux, sont l'objet d'un second soutirage, qui, de même que le premier, doit être exécuté avec une grande promptitude. L'entonnage a lieu sur tamis à double fond, l'un de crin, l'autre de soie, de façon à bien retenir les impuretés. Pour ce qui est des champagnes non mousseux, ou destinés à la fabrication de la *tisane*, on se dispense d'un second soutirage.

Préparatifs pour le tirage du vin et choix des bouteilles. — Le tirage du vin, c'est-à-dire la mise en bouteilles, commence au mois d'avril et finit au mois d'août. C'est parce que ce délai est très-long qu'on est forcé d'avoir recours à une solution de tannin pour modérer la fermentation en tonneau. Il faut que le sucre naturel du vin ait été détruit aux trois quarts dans les futailles quand vient le moment du tirage. Sans cela, la pression du gaz serait trop forte et la casse des bouteilles trop considérable.

On a recours à plusieurs méthodes pour s'assurer si le moment est propice ou non pour le tirage. L'une de ces méthodes a été indiquée en 1836 par M. François, pharmacien à Chalons-sur-Marne. Voici en quoi elle consiste : On prend 750 grammes de vin que l'on fait réduire à 125 grammes, sur un feu nu et doux, ou mieux au bain-marie, ce qui prend plus de temps. Si, vingt-quatre heures après, le liquide ainsi réduit, marque 5° au-dessous de zéro au gleuco-œnomètre, il ne moussera pas en bouteilles, même à une chaleur de 20 à 25°. Il faut, dans ce cas, ajouter au vin, huit jours avant le tirage, 7 livres de sucre par pièce de 225 bouteilles, ou bien 7 bouteilles de liqueur à vin, faite en ajoutant à du vin autant de livres de sucre candi que l'on veut faire de bouteilles de liqueur. Le gleuco-œnomètre marque-t-il 6°, on ajoute 6 livres de sucre ou 6 bouteilles de liqueur; marque-t-il 7°, on ajoute 5 livres de sucre ou 5 bouteilles de liqueur; marque-t-il 8°, on ajoute 4 livres de sucre ou 4 bouteilles de liqueur; marque-t-il 9°, il ne faut plus que 3 livres de sucre ou 3 bouteilles de liqueur; à 10°, 2 livres de sucre et 2 bouteilles de liqueur suffisent; à 11°, il suffit d'une livre de sucre et d'une bouteille de liqueur. Enfin, quand le gleuco-œnomètre indique 12°, il n'y a rien à ajouter.

Il résulte de ce qui précède qu'au moment du tirage, il faut toujours que chaque bouteille de vin tiré contienne 4 gros de sucre, ce qui fait à peu près 7 livres pour les 225 bouteilles de la pièce. 1 gros ne donne qu'une mousse très-faible; 2 gros donnent une mousse demi-marchande; 3 gros, une mousse prononcée et sortant de la bouteille; 4 gros, une mousse sortant par flots; 5 gros, une mousse violente et folle, rendant les bouteilles très-*recouleuses*; 6 gros amènent une casse presque générale.

Les calculs de M. François se rapportent à des pièces de 225 bouteilles. Avec les pièces de 250, il faut nécessairement augmenter un peu l'addition de sucre ou de liqueur.

Il va sans dire qu'on ne doit pas confondre cette liqueur à vin avec celle dont il sera parlé tout à l'heure, et que l'on introduit dans chaque bouteille après le dégorgement.

Une autre méthode pour s'assurer si le vin est en état d'être tiré en bouteilles, a été indiquée à Épernay, par un opticien ambulant qui avait des pèse-vin à vendre. On essaye avec cet instrument le vin à tirer, et si celui-ci n'est pas au titre, on ajoute en le mesurant le sucre nécessaire pour faire flotter le pèse-vin au zéro. Cette seconde méthode est plus expéditive et plus facile que la première; mais l'une et l'autre ne sont point irréprochables, et M. Maumené en a proposé une troisième, destinée à prévenir la casse, et sur laquelle la pratique est appelée à se prononcer.

Il ne suffit pas seulement de mesurer la force du vin destiné au tirage, il convient encore de bien choisir les bouteilles, qui doivent le recevoir. Or, d'après M. Maumené, elles doivent :

« 1° Peser de 850 à 900 grammes;

« 2° Le verre doit être d'une épaisseur uniforme dans tous les points situés à la même hauteur. Il doit être rond partout.

« 3° Elles ne doivent pas être bleues, ni surtout *irisées*, ce qu'on aperçoit très-facilement en les regardant au soleil dans une position horizontale.

« 4° Elles ne doivent présenter aucune *pierre :* il y a toujours, en pareil cas, des fentes, des *étoiles* presque imperceptibles, surtout si la pierre n'est pas noyée des deux côtés dans le verre, ce qui est très-rare.

« 5° L'embouchure doit être bien conique en s'élargissant de plus en plus à partir du bord supérieur, mais très-faiblement pour retenir le bouchon, ce qui facilite la conservation du vin et rend l'explosion plus violente (à l'agrément du consommateur). »

On peut ajouter à ce qui précède que les bouteilles à vin de Champagne doivent résister à 20° du manomètre. A cet effet, dit M. Victor Rendu, on les éprouve en les tintant deux à deux, l'une contre l'autre; celle qui se casse ou s'étoile est jetée et reste au compte du vendeur. Les verreries les plus renommées jusqu'à ce moment pour cette spécialité sont celles de Quiquengrogne, de Folembray et de Vauxrot.

Le rinçage des bouteilles est exécuté par des femmes et demande beaucoup d'attention. On a commencé par les laver tout simplement avec de l'eau et du plomb de chasse, mais on s'est aperçu que ce plomb avait l'inconvénient de faire empreinte sur le verre et de former avec l'acide tartrique du vin un sel suspect. Alors on a substitué au plomb de chasse des grains d'étain un peu allongés en forme de poire. Ils ne valent pas mieux que les autres, mais enfin ils sont d'un usage à peu près général. Cependant, il existe une machine à rincer de l'invention de M. Caillet, machine fort ingénieuse qui a été décrite dans le livre de M. Maumené, et qu'il nous suffit d'indiquer.

Du choix des bouchons. — Le choix des bouchons a tout autant d'importance que celui des bouteilles. Il est de toute nécessité que le liége soit très-sain, bien mûr, bien homogène dans son tissu, et que son élasticité soit égale et parfaite. S'il n'en était pas ainsi, les bouchons seraient vite détériorés, ne fermeraient pas rigoureusement et occasionneraient par conséquent des pertes énormes. Non-seulement donc, on recherche dans les bouchons les diverses qualités que nous venons d'énumérer, mais on s'attache en outre à leur donner celles qu'ils n'ont pas, ou à corriger certains défauts. Ainsi, par exemple, avant de se servir des bouchons, on les soumet à diverses préparations. Quelques personnes les habituent à l'action des acides du vin en les plongeant dans une dissolution de tartre. D'autres les assouplissent et cherchent à les rendre inattaquables en les plongeant dans de l'huile ou dans un corps gras fondu, après quoi elles les essuient de leur mieux ou les lavent avec de l'eau de savon ou avec de la soude du commerce. D'autres encore soumettent les bouchons à l'action de la chaleur, soit dans l'eau bouillante, soit dans un four de boulanger, soit à l'aide de la vapeur.

« Le mieux, pour donner au liége toutes les qualités désirables, écrit M. Maumené, est de le soumettre en même temps à l'action du vin et à celle de la chaleur. On peut, si l'on veut, se borner à l'emploi du tartre au lieu de vin, et traiter successivement les bouchons par des solutions bouillantes de tartre, puis par la vapeur à une certaine pression. Beaucoup de bouchons sont préparés aujourd'hui à la vapeur et donnent de bons résultats. — Le tartre des vins rouges communique au liége une teinte rosée qui est recherchée. »

On a voulu supprimer le liége et le remplacer par le caoutchouc, mais les résultats, jusqu'ici, n'ont pas été encourageants.

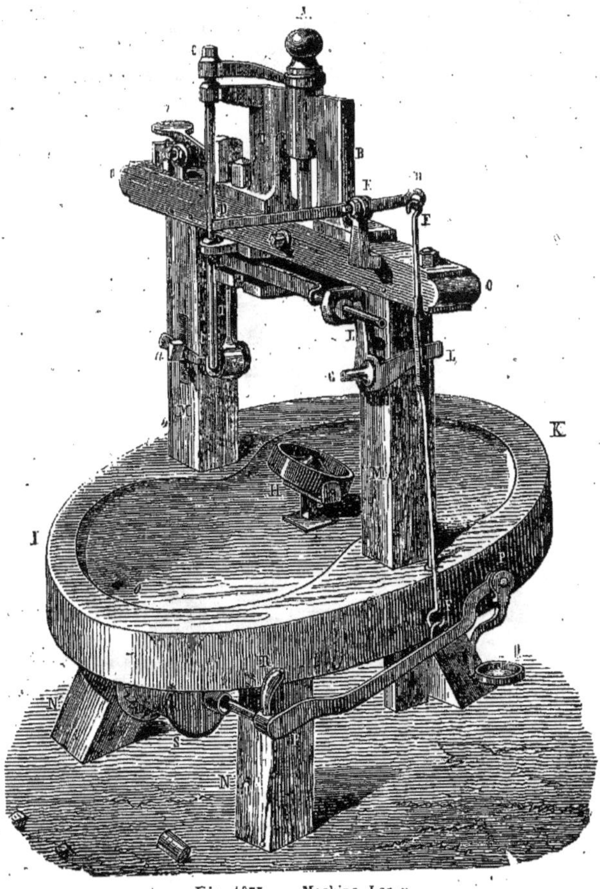

Tirage du vin ou mise en bouteilles. — Nous supposons le vin en état d'être tiré; nos bouteilles sont prêtes, nos bouchons sont là; il n'y a plus qu'à se mettre à l'œuvre, et c'est ce que nous allons faire. C'est au cellier que cette opération a lieu, et, nous le répétons, il est essentiel qu'elle marche rapidement. On se sert pour cela soit d'un robinet simple, soit d'un robinet à deux becs. Ce dernier permet à l'ouvrier tireur d'agir sur deux bouteilles; pendant que l'une s'emplit, il bouche celle qui est pleine. Mais le plus ordinairement on n'emploie que la fontaine de cuivre ordinaire. Une personne emplit les bouteilles de manière à ménager un vide au goulot et les passe au *boucheur*. Celui-ci donne un coup d'œil au vide réservé, s'assure qu'il est convenable, et si le vin n'a pas été sucré huit jours avant le tirage comme le veut la méthode François, dont il a été parlé précédemment, le boucheur verse dans chaque bouteille une dose de liqueur convenable qui varie d'habitude entre $0^l,03$ et $0^l,04$. Après cela, l'ouvrier saisit dans sa mannette un bouchon qui a séjourné dans l'eau deux ou trois jours, et il procède au bouchage de chaque bouteille au moyen d'une machine.

Fig. 1077. — Machine Leroy.

Machines à boucher. — Nous en connaissons deux, la machine Leroy et la machine Maurice. La première est la plus ancienne et la plus usitée. Nous empruntons la description de l'une et de l'autre au livre de M. Maumené sur le travail des vins.

Le principe de la machine Leroy « consiste à serrer le bouchon par degrés dans une ouverture conique, une sorte d'entonnoir, à mesure qu'on le chasse dans la bouteille; cet entonnoir est creusé dans le milieu de la traverse horizontale OO'. Il se compose de deux pièces en acier creusées chacune verticalement d'une cannelure demi-conique. La pièce de gauche (par rapport au *boucheur*), est fixe, celle de droite est mobile et toujours tirée à droite par l'extrémité T du ressort TV, dont on augmente à volonté la tension en baissant la tige *a*V sous l'arrêt *a*, qu'on peut fixer à diverses hauteurs. Dans l'état ordinaire, les deux pièces sont écartées et laissent entre elles un espace beaucoup plus grand que celui nécessaire pour contenir un bouchon. Lorsqu'on veut travailler, on introduit le bouchon *le plus verticalement possible* dans une couronne en acier formant le haut du tube et assez large pour recevoir le liége sans le comprimer, puis on agit sur la pédale Q suspendue à charnière sous l'une des extrémités d'un levier PP fixé par son autre extrémité sur un axe roulant dans deux petits manchons accrochés au bloc de bois IK, l'un par un très-fort crampon R, l'autre en-dessous du bloc par un autre crampon qu'on ne peut voir dans le dessin. La pédale entraîne la tige FF, et par suite l'un des bras LG d'un levier coudé dont l'autre bras s'engage dans une rainure qui traverse la pièce horizontale LD. Cette pièce, ramenée à gauche au travers de l'équerre L, entraîne l'extrémité T du ressort, et, par conséquent, la pièce mobile qui saisit le bas du bouchon et ferme le tube du même coup. Au même instant un talon de fer, destiné à empêcher le retour (on le voit au-dessus de D) tombe par son propre poids entre la pièce mobile et le haut du montant M. On aide, au besoin, sa chute par un coup de maillet. Le tube ainsi consolidé, reste à faire descendre le bouchon dans la bouteille. On dégage d'abord la pédale pour laisser remonter la tige FF et redescendre en même temps le guide CC du mouton A. Ce guide avait été soulevé par le levier DD, sur lequel agissait la tige FF au même moment où elle abaissait le bras du levier LG ; lié comme il l'est au mouton par la traverse CA, il avait entraîné le mouton dans son ascension et dégagé l'ouverture supérieure du tube, la couronne, où le boucheur ne pouvait sans cela placer son liége. Quand on abandonne la pédale son poids la fait retomber, et le mouton applique son extrémité inférieure sur le liége. On frappe légèrement alors sur la tête avec un gros maillet jusqu'à ce que le bouchon descende au niveau inférieur du tube. A ce moment on met la bouteille sur son bloquet H, mobile autour d'un axe horizontal, et relevé en dessous par l'extrémité d'un ressort très-puissant enroulé sur un treuil S portant une roue à rochet au moyen de laquelle on augmente à volonté sa tension. La bouteille, soulevée par ce ressort, presse fortement son embouchure dans un anneau creusé à la partie inférieure du tube, et le boucheur n'a plus qu'un ou deux coups de maillet à donner pour chasser le bouchon dans la bouteille, où il entre sans difficulté nouvelle, car le diamètre du tube, à sa partie inférieure, est un peu plus petit que celui de la bouteille elle-même. Le boucheur peut frapper sans crainte : la longueur du mouton est calculée de manière à ne faire pénétrer dans la bouteille que les 0m,020 ou 0m,022 de bouchon qu'on y introduit ordinairement. — Aussitôt le bouchage effectué, on rouvre le tube en donnant d'abord un coup de maillet sur la *touche* de fer *b*, dont la queue logée dans une rainure au travers du talon (comme on le voit sur le dessin), soulève ce dernier en tournant sur l'axe horizontal *c*. La pédale étant libre, le ressort TV ramène de suite la pièce mobile à droite, le tube s'ouvre et la partie supérieure du bouchon n'est plus comprimée, ce qui permet d'enlever la bouteille sans obstacle. »

Le seul reproche qu'on fasse à cette machine, c'est de faire entrer quelquefois les bouchons de travers, de favoriser ainsi les pertes de gaz et de rendre les bouteilles recouleuses, ou bien de contrarier tout au moins l'explosion.

C'est pour éviter cela que M. Maurice a imaginé une autre machine, dont voici le dessin et la description, toujours d'après M. Maumené. Dans cette machine, « le bouchon est serré par un embouchoir cylindrique formé de trois ou quatre pièces. Il y en a trois dans la disposition représentée figure 1078, la première est une forte plaque de fer, de toute la largeur de la machine EE et constituant l'une de ses faces, la seconde est une autre plaque, aussi très-forte, qui peut être éloignée ou rapprochée de la première au moyen de l'excentrique PP fixé sur l'axe F,

Fig. 1078. — Machine Maurice.

dont le boucheur produit le mouvement en abaissant la poignée G sur la goupille E ; la troisième est une coulisse placée à gauche du boucheur et dont le mouvement est déterminé, comme le précédent, par l'excentrique PP, ou plutôt par une ailette à plan incliné fixée sur cet excentrique.

L'ailette repousse l'équerre *a*, dont l'extrémité ramène la coulisse vers le centre de la traverse E. Ainsi le mouvement des deux pièces mobiles a lieu par suite de celui que reçoit la poignée G. Quand on relève cette poignée, les pièces s'écartent et ouvrent le tube ; quand on l'abaisse, les pièces se rapprochent.

« On voit en quoi consiste la manœuvre ; le boucheur commence par lever la poignée pour écarter les trois pièces du tube ; en même temps il met le pied sur une pédale placée à sa gauche, comme dans la machine Leroy (on ne peut la voir dans le dessin), il fait lever le guide BB', et, par suite, le mouton A. Il place alors son bouchon verticalement entre les trois pièces, et baissant la poignée, il le resserre dans le tube ; il abandonne la pédale, le mouton retombe et le reste se fait comme avec l'autre machine.

« Ici le bouchon est serré dans un cylindre et ne peut manquer de descendre bien verticalement dans la bouteille.

« Cependant on reproche à cette machine de couper le liége et d'y pratiquer latéralement des cannelures qui rendent plus tard la bouteille recouleuse. Les pièces mobiles ont des angles vifs entre lesquels le liége peut être pincé et entaillé ; — Mais on remédie bien simplement à ce défaut : on arrondit légèrement les angles ; le liége porte alors de très-légers cordons en saillie. Ces cordons disparaissent dans la bouteille et n'entraînent aucun inconvénient sensible. »

Du ficelage et de la mise en fil de fer. — Dès que la bouteille est bouchée, on la passe à un ouvrier qui assujettit le bouchon avec de la ficelle

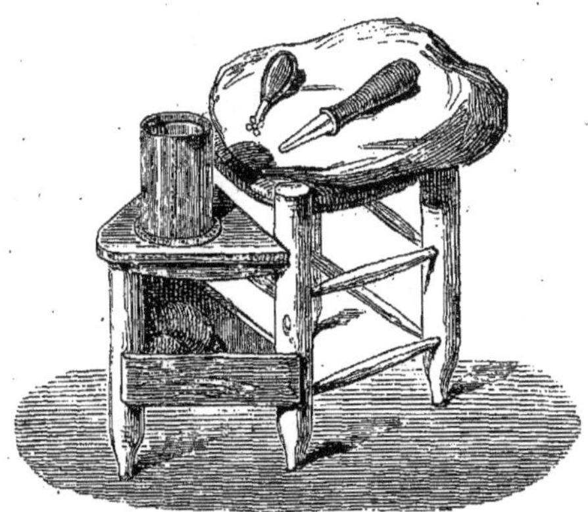

Fig. 1079. — Tabouret.

imprégnée d'abord d'huile de lin. Cet ouvrier est assis sur le tabouret que nous figurons ici avec les deux outils (couteau et *trèfle*) sur le coussin, le moule en cuir pour recevoir la bouteille et les pelotes de ficelle en dessous. Il serre la bouteille entre ses jambes et applique les deux ficelles avec une agilité qu'on ne peut obtenir que de la division du travail et qui permet à un homme de ficeler par jour de 1,000 à 1,200 bouteilles. Ce ficeleur passe ensuite la bouteille au *metteur en fil* qui applique le fil de fer.

M. Maurice a simplifié cette besogne en supprimant la ficelle et en perfectionnant sa machine à boucher (*fig.* 1078), de manière à appliquer une agrafe en fil de fer. Cette agrafe suffit pour un bouchage qui n'est, en définitive, que provisoire, et qui doit être renouvelé pour l'expédition.

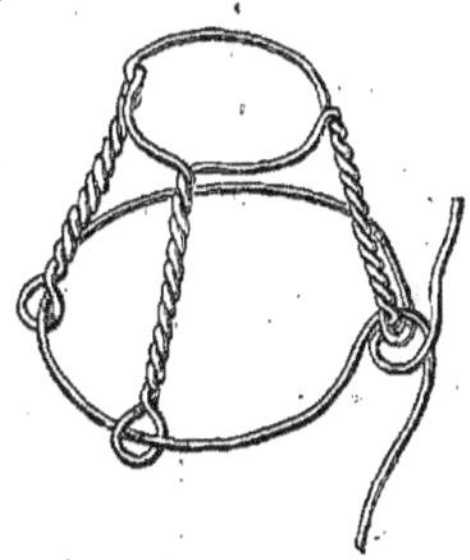

Fig. 1080. — Agrafe.

Entreillage des bouteilles. — Aussitôt que les bouchons sont assujettis par le ficelage, on met les bouteilles dans un panier à cases monté sur une espèce de brouette, et on les transporte à l'endroit où l'on se propose de former les tas ou *treilles*. L'entreillage se fait d'abord au cellier ou magasin. Le procédé d'entreillage le plus simple est celui-ci, d'après M. Maumené qui est en position d'être bien renseigné :

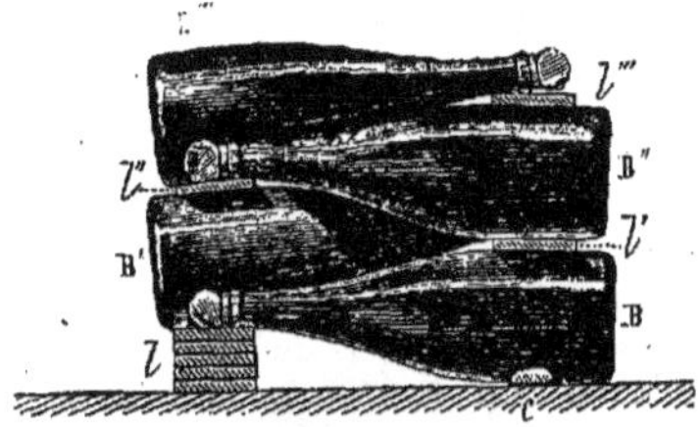

Fig. 1081. — Entreillage.

« On fait d'abord une petite pile de cinq lattes *l* à l'arrière du tas (*fig.* 1081) ; on établit une première rangée B, dont les cols posent sur les lattes. Pour empêcher les bouteilles extrêmes de s'écarter, on les maintient par une petite cale de liége *c* ; on laisse entre les bouteilles un espace suffisant pour loger le col d'une autre bouteille (environ $0^m,05$), on pose alors une latte *l'* sur le corps des premières bouteilles, et on fait une seconde rangée B', dont les corps sont posés sur la pile *l* et les goulots sur la latte *l'*. On continue ainsi les rangées B'', B''', etc., en calant toujours les extrémités avec un morceau de liége.

« La solidité de ces tas est très-grande. On les élève à vingt et même vingt-cinq rangées de hauteur, au milieu des celliers ou des caves, et de fortes secousses, capables de faire pencher le haut des tas de $0^m,05$ à $0^m,10$, ne les renversent point. Cette disposition emploie le moins de lattes possible, et permet de prendre toutes les bouteilles pour les examiner à volonté. »

Entretien du vin entreillé. — A l'époque du tirage des vins, la température est plus élevée au cellier que dans une cave plus ou moins enterrée ; la fermentation se produit, par conséquent plus tôt. C'est pourquoi l'on entreille d'abord au cellier.

On reconnaît qu'un vin prendra bien la mousse lorsque, huit ou dix jours, et même quelques semaines après l'entreillage, on remarque dans les bouteilles un dépôt qui s'étend, qui *fouette*, ou mieux, selon la définition de M. Maumené, qui « présente des palmures, des replis divergeant de l'un des points du goulot. » Le dépôt qui offre ce caractère est appelé *griffe* et considéré comme favorable; le dépôt, au contraire, qui est uni et plus ou moins adhérent au verre, est appelé *masque* et considéré comme défavorable, parce qu'il ne se détache pas toujours et que les bouteilles *masquées* ne conviennent pas pour l'expédition. Il faut dépoter et remettre en cercle le vin qu'elles contiennent.

Cette formation du dépôt et la présence de bulles qui persistent dans le vin quand on retourne brusquement les bouteilles dans le sens de la longueur, annoncent qu'il est temps de descendre à la cave les bouteilles entreillées au cellier. La casse qui, d'ailleurs, commence en ce moment sous une température de 20 à 22°, l'annonce aussi de son côté. Il s'agit donc de réentreiller dans une température moins élevée, dans une cave où le thermomètre, par exemple, ne marque pas plus de 10 à 12°. Dans le cas où la casse dépasserait 7 ou 8 p. 100, il serait utile de trouver pour le réentreillage une température moins élevée encore. C'est pour cela que dans les maisons importantes qui font de la fabrication des mousseux leur unique industrie, on a soin d'établir plusieurs étages de caves qui communiquent entre elles par de larges soupiraux ou *essors* grillés que l'on ouvre à volonté et par lesquels on descend les paniers de bouteilles et les futailles des parties élevées dans les parties basses. C'est pour cela aussi que les procédés d'aération n'y sont point négligés.

Toutes les fois que la fermentation se fait régulièrement dans les bouteilles, que la casse ne donne pas des proportions inquiétantes, la température de 10° c. et même 12° est favorable au vin mousseux. Ce n'est que lorsque la casse est considérable et vient élever la chaleur de la cave, qu'il faut recourir aux grands moyens de refroidissement, qui consistent ou à jeter beaucoup d'eau fraîche sur les treilles, placées d'ordinaire sur des plans inclinés faits en ciment, ou à transporter les bouteilles dans une cave très-fraîche; mais on a dû renoncer à ce procédé fort dangereux, personne ne se souciant de manier du verre sujet à éclater dans les mains. M. Maumené propose d'y revenir et assure qu'un instrument de son invention, l'*aphromètre*, réussit très-bien à indiquer le moment où le transport peut être fait sans danger.

Les temps d'orage et les époques où la vigne fleurit et où le raisin va commencer sa maturation, sont les plus redoutables pour la casse, qui parfois, est désastreuse.

A Épernay, dans les circonstances ordinaires, voici, d'après M. Victor Rendu, comment les choses se passent : — « Le vin reste dans le cellier jusqu'à ce que la mousse soit venue : lorsqu'elle est bien prise, on le descend d'abord dans les parties les plus froides de la cave; l'année suivante, on le monte dans une cave moins basse, et, avant de l'expédier, on le remonte au cellier, afin de l'accoutumer graduellement à la température extérieure, et de prévenir ainsi la casse pendant le voyage. »

En Bourgogne, où l'on fabrique aussi des vins mousseux, on procède de la même manière : — On tire en bouteilles vers le 15 juin et on met en liqueur au moment du tirage. Dans les premiers jours d'août, sous une température de 20 à 25° au cellier ou magasin, la casse commence. On transporte le vin dans la cave où le thermomètre marque de 10 à 12° c.; puis du 10 au 15 octobre, on remonte les bouteilles au magasin pour les laisser passer l'hiver jusqu'au 1er février suivant, époque à laquelle on met les bouteilles sur pointe.

De la mise sur pointe. — En Champagne, la mise sur pointe a lieu au cellier et parfois même au grenier, parce qu'à l'époque où on l'exécute, la température n'est pas assez élevée pour que la casse soit à craindre. A Épernay, et dans beaucoup d'autres localités, on se sert de tables en bois trouées et placées sur des tréteaux; à Reims où la place fait défaut, on se sert de pupitres, disposés en V renversé, ou bien encore,

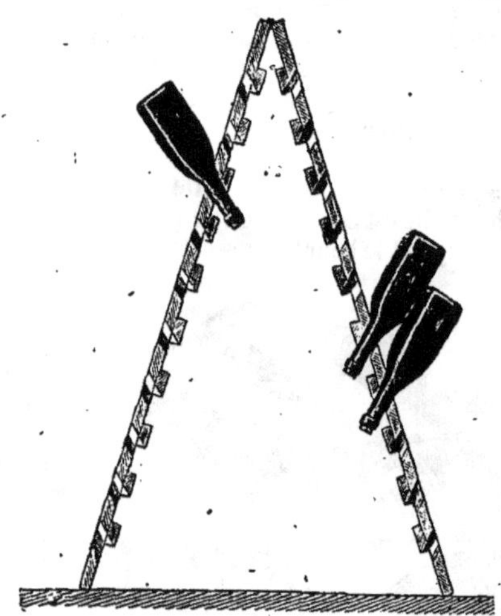

Fig. 1082. — Pupitre.

on dispose les bouteilles comme l'indique la figure ci-jointe. La mise sur pointe a pour but de

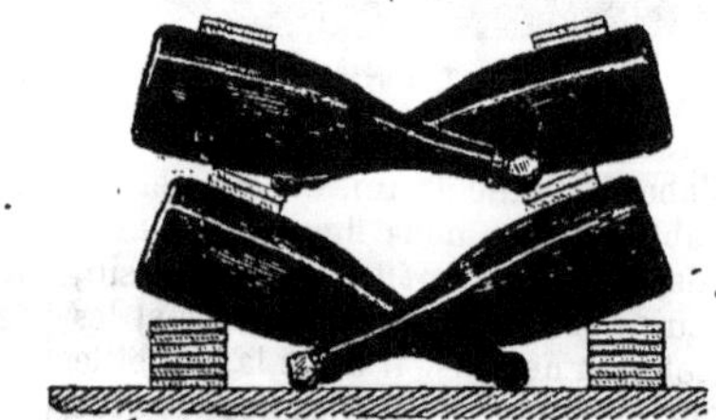

Fig. 1083. — Mise sur pointe.

détacher le dépôt du verre et de le conduire peu à peu sur le bouchon. Les trous des pupitres ou des tables sont de forme ovale et ouverts obliquement. Les bouteilles y sont d'abord très-inclinées, puis tous les jours, pendant une quinzaine environ, à mesure qu'on les retourne, on les redresse un peu. Au bout d'une quinzaine ou d'une vingtaine de jours, les bouteilles se trouvent droites, le fond en l'air, et le dépôt arrive sur le bouchon. C'est le moment de *dégorger*.

Du dégorgement. — Cette opération à laquelle nous avons assisté souvent, a été très-bien décrite par M. Maumené. — « Le dégorgeur, dit-il, prend la bouteille sur un pupitre, ou dans des paniers qui la contiennent, toujours sur pointe, et, la renversant sur son avant-bras gauche, il en détache le fil de fer et les ficelles au moyen du crochet ordinaire (*fig.* 1085); le bouchon commence à glisser, il le maintient avec l'index de la main gauche, et s'en rend maître au moyen de la pince à dégorger ou *patte de homard* (*fig.* 1086), qu'il tient de la main droite. Alors il accomplit en un instant une manœuvre assez longue à décrire; il fait sortir le bouchon, en le tirant vivement, et il le dirige dans le petit tonneau incliné *c* (*fig.* 1084); en même temps, il laisse tomber un peu le fond de la bouteille pour diriger le goulot perpendiculairement à l'ouverture du tonneau, et guider dans cette ouverture les 0l,04 ou 0l,05 de vin qui s'élancent en mousse après l'explosion, et entraînent complétement le dépôt, quand il est d'une espèce bien pulvérulente. — Une partie du vin, parfaitement mousseux et doué de toutes ses qualités, est ainsi perdu, ou à très-peu près; car, après avoir coulé dans le tonneau, et du tonneau dans le baquet, sur les bouchons, ficelles, fils de fer, tout inondés de la matière des dépôts, le vin n'a plus ni mousse, ni fraîcheur, ni finesse. Mais ce sacrifice est nécessaire : il est impossible de se débarrasser plus simplement et plus économiquement du dépôt formé par le vin, dépôt dont la moindre trace fait perdre au liquide tout son brillant et toute sa beauté. — Le vin coule du tonneau, par un trou, dans le baquet *tpo* placé sous les mains du dégorgeur; tous les corps solides qui tombent avec lui sont retenus par un tamis *t* posé dans le baquet sur trois tasseaux *o*; la moitié du tamis, du côté de l'ouvrier, est couverte d'une planche demi-circulaire, sur laquelle reposent le crochet et la pince quand ils sont sans usage. — Après l'explosion et le départ de la majeure partie des corps insolubles formant le dépôt, il reste souvent encore un peu de ces corps adhérents au verre, l'ouvrier passe le bout du doigt au milieu même de la mousse pour détacher ces impuretés qui sont chassées entièrement par le vin dont il stimule le mouvement en frappant quelques légers coups de crochet et tournant sans cesse la bouteille entre ses mains. Alors il ferme la bouteille avec un vieux bouchon provisoire tiré du panier. »

Fig. 1084. — Dégorgement.

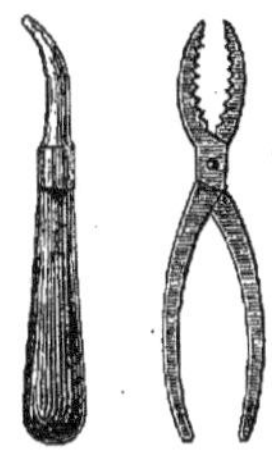

Fig. 1085 *et* 1086.

Quand les bouchons se brisent et qu'il devient impossible de les tirer du goulot avec le crochet et la pince, le dégorgeur se sert de la *machine à déboucher* placée derrière lui. La quantité du vin perdu ou à peu près par le dégorgement est de 0l,06 en moyenne.

Dosage et introduction de la liqueur d'expédition. — Tel qu'il est après le dégorgement, le vin mousseux n'est pas agréable à boire; il est âcre et acide, il s'agit donc, avant de l'expédier, d'y ajouter de la liqueur qui parfois est la même que celle employée au moment du tirage, mais qui le plus ordinairement en diffère. La liqueur *ordinaire*, la meilleure à notre avis, se prépare comme il suit. Admettons qu'il nous faille une pièce de liqueur de 228 litres, nous prenons 150 kil. de sucre candi blanc, sur lequel nous versons 10 litres de cognac fine champagne et nous remplissons la futaille avec de bon vin blanc vieux. Chaque jour, pendant une vingtaine de jours, nous roulons cette futaille dans le cellier, afin de précipiter la dissolution du sucre, puis nous filtrons dans une chausse en feutre, garnie de papier-joseph, et nous la mettons en bouteilles.

Si l'on se contentait toujours de cette composition et si l'on se bornait à mettre de 60 à 70 gram.

de cette liqueur dans chaque bouteille dégorgée, il ne faudrait pas trop se plaindre ; malheureusement, il y a des compositions affreusement complexes et des doses qu'on ne soupçonne pas.

— « Voici, entre vingt autres, rapporte M. Maumené, deux exemples de ces mélanges :

COMPOSITION D'UNE LIQUEUR CUITE POUR LES VINS DESTINÉS A L'ANGLETERRE (1 PIÈCE DE 200 LITRES).

Sucre	50 kilogr.
Eau	15 litres.
Vin blanc (champagne de la cuvée)	20 —

« On fait dissoudre le sucre dans l'eau chaude, on ajoute le vin et on laisse réduire à 50 litres : c'est à peu près le sirop de sucre des pharmacies ; il pèse 35° froid. — On ajoute :

Vin de Porto		38 litres.
Esprit (cognac)		10 —
Eau-de-vie ordinaire cognac		5 —
Eau-de-vie brune cognac		8 —
Teinte de Fismes (1)		2 —
Liqueur.	Sucre 50 kil. } Vin blanc 20 lit. } 30 lit. ; Eau-de-vie de Cognac 15 ; Kirsch 1 ; Alcool framboisé 0,1	87 —
		200 litres.

COMPOSITION D'UNE LIQUEUR A FROID POUR L'ANGLETERRE (1 PIÈCE DE 200 LITRES).

Liqueur cuite précédente	100 litres.
Liqueur pure	20 —
Vin de Porto	30 —
Vin de Madère	8 —
Vin blanc (ordinaire champagne)	10 —
Esprit cognac	12 —
Eau-de-vie cognac	12 —
Eau de-vie cognac brune	6 —
Teinte de Fismes	2 —
	200 litres.

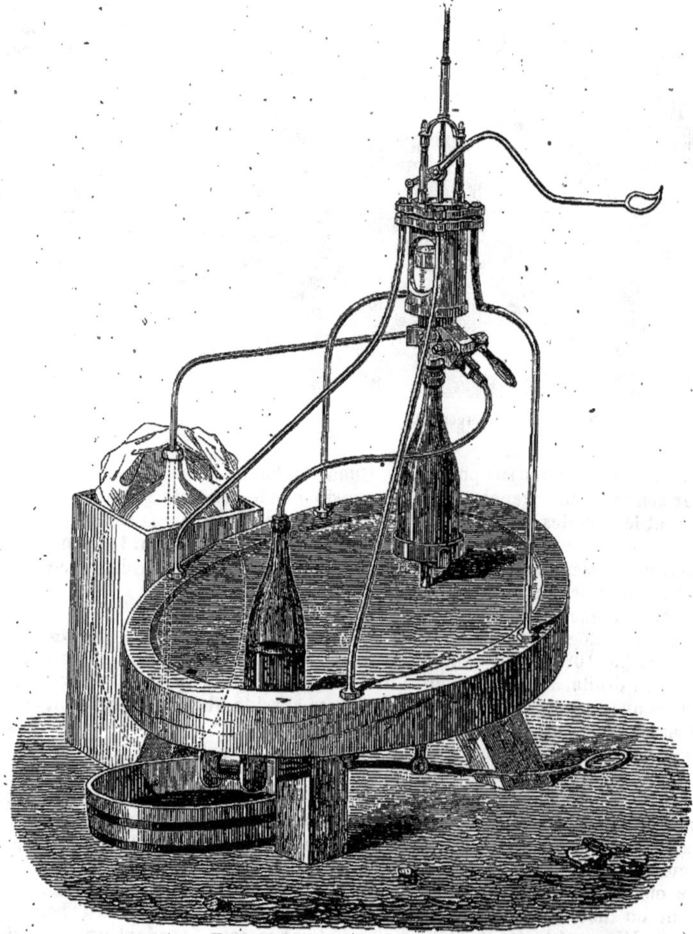

Fig. 1087. — Machine de M. Canneaux.

« La dénomination de liqueur *pure* doit être expliquée ; ces liqueurs sont rarement employées pures. On y ajoute ordinairement par pièce, au moment de l'emploi, deux litres d'une liqueur spéciale, du genre de celle-ci :

Eau	60 litres.
Solution saturée d'alun	20 —
— d'acide tartrique	40 —
— de tannin	80 —
	200 litres.

(1) Liqueur préparée avec des baies de sureau et de la crème de tartre, puis filtrée. P. J.

Arrivons au *dosage*, c'est-à-dire au mesurage de la liqueur destinée à entrer dans chaque bouteille. Le vide laissé par le dégorgement n'étant pas assez considérable pour contenir la forte dose de liqueur qu'on se propose d'ajouter, surtout quand il s'agit de contenter des consommateurs anglais, on doit nécessairement encore enlever à la bouteille une certaine quantité de vin, autrement dit la *décharger de son trop de vin*. En Champagne, on estime à $0^l,10$ par bouteille au moins et à $0^l,26$ au plus, la dose de liqueur à introduire. On conçoit qu'il est impossible, quelle que soit l'habitude qu'on ait de cette opération, de faire exactement le vide nécessaire pour recevoir une dose déterminée ; le mieux est de faire de la décharge en trop, de verser la liqueur dosée à l'aide d'une mesure en fer-blanc, et de remplir par-dessus avec le vin des décharges qui ne vaut déjà plus ce qu'il valait d'abord, à cause de l'exposition à l'air, et qui *casse la mousse*, pour nous servir d'une expression du métier. C'est le *recouleur* qui remplit, puis la bouteille passe de ses mains dans celles du *boucheur* qui emploie ses meilleurs bouchons; puis un autre recommence le ficelage et un autre la mise en fil de fer. Mais n'allons pas trop vite et constatons ici qu'il existe deux machines inventées pour régulariser le dosage et en prévenir les inconvénients. L'une est de M. Canneaux. Elle consiste en un corps de pompe en cristal engagé et fixé dans un cylindre de cuivre étamé. Une partie du corps de pompe est en évidence et porte une échelle de centilitres qui permet au doseur de ne pas s'écarter de la quantité déterminée. La liqueur, placée dans un vase de grès ou de verre, est pompée et amenée dans la bouteille, dont le trop-plein va se déverser dans une autre bouteille (*fig.* 1087).

Le second instrument est de M. Machet Vacquand, chef de cave de la maison Moët. On le préfère au premier. Voici la description et la figure qu'en donne M. Maumené :

« A (*fig.* 1088) est un réservoir de verre, muni d'un couvercle, et soutenu par un très-fort crampon BC; il contient la liqueur; à sa base, est assujettie par une garniture de métal, une mesure F, d'une capacité déterminée. Cette mesure s'ajuste entre deux robinets, E, G, de cuivre, dont le premier sert à établir ou supprimer la communication entre le réservoir et la mesure, et dont le second remplit le même office entre la mesure et la bouteille. Celle-ci repose sur un support J qu'on élève ou qu'on abaisse à volonté au moyen d'un levier à pédale R. Quand on l'élève, la bouteille s'engage sous la garniture du robinet G, munie d'un anneau de cuir ou de caoutchouc pour la recevoir.

« L'appareil fonctionne avec simplicité. Pour remplir la mesure, on ouvre le robinet E; la liqueur tombe par la plus grande partie de la lumière de ce robinet pendant que l'air remonte, en avant, dans le petit tube *aa*; la mesure pleine, on ferme le robinet E, on ajuste une bouteille et on ouvre G; toute la liqueur de la mesure descend pendant que l'air de la bouteille remonte. Lorsque le vin est grand mousseux, on dégage un peu le gaz par le robinet H. »

Lorsque les bouteilles, après le dosage, ont été bouchées et ficelées par les moyens que nous

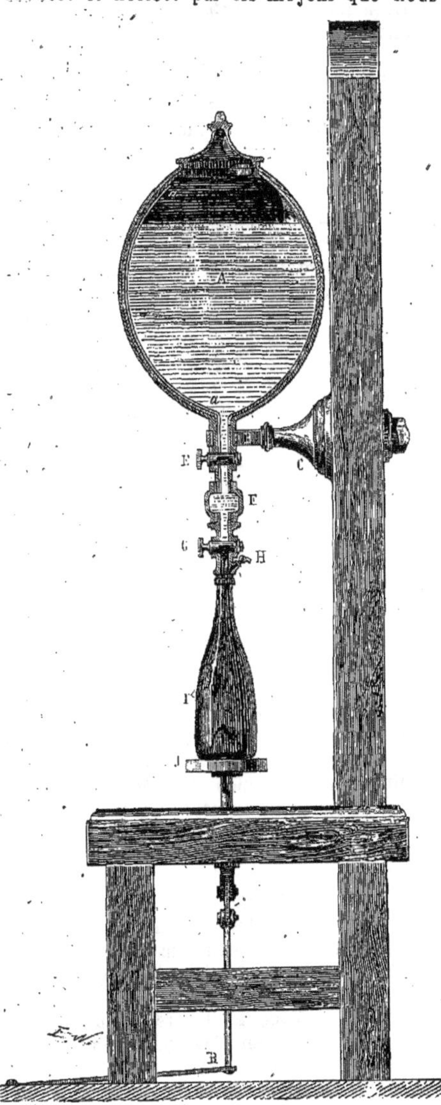

Fig. 1088. — Instrument de M. Machet.

connaissons déjà, on les entreille au cellier, et au bout de quelques jours on peut expédier.

Emballage du vin mousseux. — Au moment de l'expédition, on enveloppe le goulot des bouteilles d'une feuille d'étain, ou bien on goudronne le bouchon et la bague du goulot avec un mélange de poix-résine, de cire jaune et de térébenthine que l'on colore en rouge avec de l'ocre, en noir avec le noir d'ivoire, ou en vert avec du bleu de Prusse et du chromate de zinc. Après cela, on enveloppe les bouteilles avec du papier de couleur non collé, et on les emballe avec soin comme si on les entreillait.

Classification des vins mousseux. — On distingue les vins mousseux de la Champagne en *grand mousseux*, *mousseux ordinaire*, *demi-mousseux* ou *crémant* et *tisane de Champagne*.

Le grand mousseux est très-léger, mais il fait du bruit et mousse énergiquement. Le mousseux ordinaire a plus de corps et mousse un peu moins. Le crémant est le plus vineux et aussi le plus cher des vins de Champagne. Les tisanes sont des mousseux de deuxième et plus souvent de troisième ordre.

Conclusion. — Au résumé, les vins mousseux sont tout simplement des vins mis en bouteilles avant que la fermentation alcoolique soit achevée dans les futailles. Il se forme du gaz acide carbonique qui se dissout en partie ou qui se mêle à l'air dans la chambre de la bouteille. C'est ce gaz comprimé qui, en s'échappant, siffle ou fait sauter brusquement le bouchon. C'est le gaz dissous dans le vin qui le fait pétiller dans le verre et qui produit la mousse, et cette mousse se produit surtout dans les verres à fond pointu. Voilà pourquoi on maintient ce fond pointu même dans les coupes à Champagne, et malgré les inconvénients qu'il présente.

La Champagne n'est pas la seule contrée de notre pays où l'on fasse des vins mousseux ; on en fait en Bourgogne, dans le Jura, etc., etc., on en fait même en Belgique avec les raisins de Huy et de Dinant, mais les produits de choix de la Champagne sont inimitables. Ils ont une finesse, une légèreté, un bouquet qui défient toute concurrence. Pour ce qui est de ses mousseux destinés à agir sur des gosiers endurcis au contact des vins d'Espagne et de Portugal, il ne serait pas difficile de leur trouver des rivaux. A nos yeux, ce n'est plus le vrai vin de Champagne, c'est une composition que l'on peut obtenir partout, et dont on tire plus d'argent que de gloire.

P. Joigneaux.

CHAPITRE XIX

DES IMITATIONS DE VINS DE M. PETIOT

Les imitations de vins sont certainement condamnables chaque fois qu'elles tendent à se substituer aux produits naturels de la vigne, car alors elles constituent la fraude bien caractérisée; mais quand ces imitations sont avouées et ont lieu par des moyens inoffensifs, on aurait tort de les blâmer; elles ne constituent plus, en définitive, qu'une industrie spéciale qui peut rendre des services en temps de disette ou de cherté. Il est à craindre seulement que les vins imités, vendus pour tels à la fabrique, ne soient ensuite vendus déloyalement par les intermédiaires au prix des vins naturels et comme tels.

C'est au chimiste Macquer (Pierre-Joseph), né à Paris en 1718 et mort en 1784, qu'on doit les premières imitations de vins que l'on attribue généralement à Chaptal. Au mois d'octobre 1776, Macquer se procura des raisins blancs très-incomplétement mûrs, presque à l'état de verjus, les fit écraser et en exprima 25 ou 30 pintes d'un moût acide. Il y fit dissoudre du sucre brut, afin de l'adoucir et abandonna la futaille dans une salle, au fond de son jardin. La fermentation s'y produisit le troisième jour et dura une huitaine. Macquer remarqua que son vin nouveau avait une odeur vineuse assez vive et assez piquante. Quant à la saveur, il la trouva un peu revêche; celle du sucre avait disparu complétement. Au mois de mars suivant, il s'aperçut que son vin s'était éclairci, qu'il était devenu plus agréable, et il le fit mettre en bouteilles. Au mois d'octobre 1777, il le trouva « *clair, fait, très-brillant, agréable au goût, généreux et chaud, et, en un mot, tel qu'un bon vin blanc de pur raisin qui n'a rien de liquoreux, et provenant d'un bon vignoble dans une bonne année.* » Macquer a dû juger son vin, nous ne dirons pas avec les yeux de la foi, mais avec le palais de la foi. Il en appela, il est vrai, à la décision de plusieurs connaisseurs, mais ces connaisseurs étaient vraisemblablement de ses amis, et les amis qui ont le courage de la franchise, devaient être aussi rares en ce temps-là qu'en ce temps-ci. En somme, le premier essai eut du succès, et Macquer en tenta un second avec du moût plus vert encore que celui dont il s'était servi d'abord. Il fit dissoudre de la cassonade commune dans son verjus, le plaça dans une cruche et dans une salle où la température était entretenue à 12 ou 13° Réaumur à l'aide d'un poêle. Au bout de huit jours, la fermentation fut dans toute sa force; seize jours plus tard, elle n'était plus sensible extérieurement. En mars 1778, le vin était à peu près clair; la saveur sucrée et l'acidité avaient disparu; ce vin promettait de devenir moelleux et agréable.

Telle est l'origine du sucrage des vins qui, sur les conseils de Chaptal, a pris des proportions considérables et souvent déraisonnables. Telle est aussi l'origine d'un procédé imaginé par M. A. Petiot, négociant à Chamirey, et dont les résultats nous paraissent remarquables et dignes d'être mentionnés dans ce Livre.

Nous laissons la parole à M. Petiot :

— « Convaincu, dit-il, que le raisin seul pouvait fournir les éléments d'un liquide qui méritât le nom de vin, c'est sur le fruit de la vigne que j'ai concentré mes expériences en me proposant pour problème d'obtenir un liquide en tout semblable au vin extrait par les procédés ordinaires, et ne considérant mon but comme atteint qu'autant que ce liquide aurait identiquement les mêmes qualités, le même bouquet, la même faculté de s'améliorer en vieillissant.

« La première chose à faire était d'analyser le jus de raisin; il contient ordinairement, sur 100 parties en poids, 88 à 90 parties d'eau, 9 à 11 parties de sucre (1), une seule partie de tartre, de tannin, de matière colorante, de résine ou d'huile essentielle et d'autres substances, dans des proportions si minimes que toutes ensemble elles ne forment, comme je viens de le dire, qu'environ 1 p. 100 du poids.

Ainsi, l'eau et le sucre forment les 99 centièmes du jus du raisin; les matières donnant la couleur, le goût spécial, le bouquet ou arome particulier de chaque cru n'entrent dans le vin que pour un centième.

C'est cependant cette centième partie qui, à vrai dire, constitue le vin, qui le distingue des autres liquides, et qui lui donne principalement les qualités diverses qui en font le prix.

« Cela constaté, j'en ai conclu que, pour faire du vin, il serait facile de reproduire les 99 centièmes des éléments qui le composent, l'eau distillée étant partout la même, et le sucre de betterave ou de canne se transformant, par la fermentation et le contact des acides, en sucre identique à celui qui se trouve dans le raisin; mes expériences sur le sucrage et la fermentation des vins mousseux ne m'avaient laissé aucun doute sur ce dernier point.

« Il ne fallait donc plus ajouter à l'eau et au sucre que les substances diverses contenues dans cette centième partie qui fournit la couleur, le goût, le bouquet. Mais ces substances précieuses, caractéristiques, il ne me paraissait pas possible de les chercher ailleurs que dans le raisin où la nature les a réunies et amalgamées dans des proportions et des conditions que l'art serait impuissant à imiter.

« Je me suis alors demandé si le jus du raisin, exprimé par les procédés ordinaires, avait entraîné, absorbé tout ce que contenait le raisin de ces matières colorantes et aromatiques; s'il n'en restait pas encore beaucoup dans le résidu solide, la pulpe, la graine, la grappe, dans ce qu'on appelle le marc; enfin, si ce qui restait ne pouvait pas encore s'en extraire et être utilisé pour donner de nouveau à de l'eau et à du sucre, parties intégrantes du vin pour 99 centièmes, le goût, l'arome et les autres qualités du jus du raisin.

« La question ainsi posée, je me mis à la recherche des faits; je reconnus que ces matières, et surtout la plus précieuse, la résine, n'étaient dissoutes et utilisées par les procédés ordinaires qu'en très-minime partie; la matière colorante, dans les années où le raisin a mûri pendant la sécheresse et sous les rayons brûlants du soleil (comme pendant septembre 1855), est en très-grande quantité, et forme contre la pellicule des grains de raisin une couche très-épaisse qui ne se dissout qu'en partie par une seule fermentation. Le tartre est la matière qui s'échappe le plus facilement; le tannin est en proportion considérable dans la peau, les pepins et la grappe. Le plus souvent, ces deux dernières matières sont en excès dans le vin et nuisent beaucoup à son agrément; la proportion de tartre qui est la plus convenable est de 3 à 4 millièmes.

« Convaincu qu'une partie considérable de ces matières restait dans le marc, je ne doutai pas qu'il ne fût possible de les utiliser de nouveau en remplaçant l'eau et le sucre extraits du raisin, sous forme de jus, par une quantité semblable de ces substances, et en provoquant une nouvelle fermentation. La décomposition du sucre et sa transformation en alcool, par la fermentation avec le marc, étaient pour moi, comme je l'ai déjà dit, un fait acquis d'après mes expériences précédentes.

« Au moment des vendanges de 1854, j'avais l'entière conviction que je pourrais doubler au moins la quantité de vin, en ajoutant soit au moût, soit au marc, une quantité d'eau sucrée égale à celle du jus du raisin.

« Le raisonnement m'avait conduit également à la conviction que ce produit doublé devait se bien conserver, parce qu'il contiendrait en suffisante quantité toutes les substances utiles à la conservation du vin ordinaire, et en moins grande proportion celles qui sont la cause de l'altération et de la maladie des vins. Je m'explique.

« Le vin ordinaire contient du ferment en grand excès, et un ferment glaireux qui se trouve près des pepins; les maladies des vins proviennent généralement de cet excès de ferment, qui (surtout dans les mauvaises années) contient beaucoup d'acide malique, d'une nature albumineuse, qui reste en suspension dans le liquide, et qui ne s'enlève qu'imparfaitement par les collages et soutirages (1). Le vin contenant toujours un peu de sucre, lorsqu'il est exposé à la chaleur, le ferment le fait travailler de nouveau et amène une fermentation intempestive très-difficile à maîtriser, parce que, dans cet état, la colle n'agit plus. Aussi le vin, dans ces conditions, s'altère rapidement et finit par tomber en décomposition, produite par une faible fermentation acétique ou lactique.

« Le vin fait sur le marc avec de l'eau sucrée ne devrait contenir, au contraire, que peu de ferment, et surtout un ferment sec provenant en grande partie de la peau du raisin, ferment qui s'enlèverait encore par les collages, et qui, dans tous les cas, demeurerait en quantité suffisante pour produire une fermentation nouvelle.

« Passant du raisonnement à l'expérience ma-

(1) Il y a là une erreur ou plutôt un lapsus grave. Le jus de raisin contient le double de sucre. (MAUMENÉ.)

(1) Il n'y a pas d'acide malique d'une nature albumineuse capable de rester en suspension dans le vin. M. Petiot tombe là dans une erreur dont beaucoup d'œnologues n'ont pas su se défendre. Au commencement de ce siècle, l'acide malique était, dans l'étude des vins, chargé du même rôle que le phlogistique, autrefois, dans la chimie générale. On le mettait partout, dans les explications qui n'avaient pas de base solide. (MAUMENÉ.)

térielle, je me mis à l'œuvre en 1854, et le résultat dépassa toutes mes espérances.

« Avec une quantité de raisins de pineaux noirs, qui, par les procédés ordinaires, aurait produit 60 hectolitres de vin, j'en ai fait 285, près de *cinq fois* plus.

« Voici comment j'ai procédé :

« J'ai extrait de la cuve, aussitôt après que les raisins furent écrasés, et avant la fermentation, tout le liquide qui a pu sortir : cela m'a fait un vin blanc légèrement teinté, très-fin et très-bon. J'en ai extrait de la sorte 45 hectolitres (les trois quarts de ce que j'aurais obtenu, si j'avais pressé le marc).

« J'ai pesé ce jus de raisin au gleuco-œnomètre : il pesait 13 degrés. Pour amener de l'eau sucrée à la même densité, il fallait 19 kilogrammes de sucre par hectolitre d'eau (1).

« J'ai remplacé alors dans la cuve les 45 hectolitres de jus de raisin pur par 50 hectolitres d'eau sucrée, à raison de 18 kilogrammes de sucre raffiné par hectolitre. J'ai laissé fermenter, et, trois jours après, lorsque la fermentation a été terminée, j'ai tiré de cette même cuve 50 hectolitres de vin rouge ayant une belle couleur.

« Voulant pousser l'expérience jusqu'au bout, j'ai renouvelé plusieurs fois l'opération.

« A la seconde, j'ai remplacé les 50 hectolitres par 54 hectolitres d'eau sucrée à 22 kilogrammes, et, après fermentation, j'ai tiré, au bout de deux jours, la même quantité de vin.

« A la troisième, j'ai mis 55 hectolitres d'eau sucrée à 25 kilogrammes, la fermentation a encore duré un peu moins de deux jours ; alors j'ai pressé le marc et j'ai obtenu 60 hectolitres de liquide.

« Au lieu de jeter le marc pressé, je l'ai remis dans la cuve avec 35 hectolitres d'eau sucrée, j'ai laissé fermenter et j'ai retiré 30 hectolitres de liquide.

« Enfin, le vin blanc non cuvé naturel a été placé dans des futailles remplies seulement à moitié, et que l'on a achevé de remplir douze heures après avec de l'eau sucrée à 18 kilogrammes.

« Sur ces divers liquides, voici les résultats constatés :

« *Fermentation*. La fermentation a été très-forte dans les quatre opérations d'eau sucrée. La première a été la plus longue à s'achever et la troisième la plus courte.

« *Couleur*. Des quatre cuvées de vin d'eau sucrée, c'est la troisième qui a le plus de couleur, et la quatrième, celle de marc pressé, qui en a le moins; la troisième cuvée était plus colorée que le vin par les procédés ordinaires.

« *Alcool*. J'ai dit que le jus de raisin pesait 13° au gleuco-œnomètre, et que pour amener un hectolitre d'eau à la même densité, il fallait y dissoudre 19 kilogrammes de sucre : j'ai vérifié que cette eau sucrée au même degré donnait un vin plus alcoolique que le moût, ce que j'attribue à ce que celui-ci contenait des sels. En effet, le vin naturel donnait 12 p. 100 d'alcool, celui d'eau sucrée à 18 kilogrammes en contenait 13 p. 100, celui à 22 kilogrammes, 15 p. 100, et celui à 25 kilogrammes de sucre, 17 p. 100.

« *Goût, bouquet*. Le vin d'eau sucrée est moins acide, plus vineux, plus moelleux, plus *présent à boire* (comme disent les marchands), et a plus de bouquet que le vin naturel; en un mot, il est positivement meilleur.

« *Conservation*. J'ai dit les raisons qui m'avaient convaincu d'avance que le vin d'eau sucrée se conserverait non-seulement aussi bien, mais mieux que le vin naturel. L'expérience a pleinement confirmé mes prévisions. Ce vin est, en effet, d'une solidité extraordinaire; j'en ai mis en bouteilles au mois de juin dernier, j'en ai laissé pendant trois mois à l'office, exposé dans un milieu chaud, les bouteilles étant droites; plusieurs sont demeurées débouchées, vidées successivement par petites parties pour en faire goûter journellement, et cela sans qu'il se soit altéré; le vin est resté jusqu'à la dernière goutte clair et sans aucun goût d'acétification. Enfin j'en ai envoyé à la Nouvelle-Orléans, il y est arrivé en parfait état et a été trouvé très-bon.

« Le vin, quoique contenant probablement une plus grande quantité de sucre non transformé en alcool, ce qui lui donne un goût plus agréable, ne rentre pas en fermentation, parce qu'il ne contient pas suffisamment de ferment pour cela; il est, comme les vins blancs, un peu plus longtemps à s'éclaircir, parce que le ferment est suffisant pour transformer promptement les dernières particules du sucre; mais, une fois plus limpide, il ne se trouble plus.

« Le tartre, le tannin étant utiles pour faire éclaircir promptement les vins, on pourrait croire qu'une addition de ces matières pourrait lui être nécessaire. Je ne le pense pas, parce que si, dans le vin ordinaire, ces matières sont utiles pour précipiter la grande masse de ferment contenue dans le jus de raisin pur, le vin d'eau sucrée, contenant peu de ferment, peut s'en passer.

« Les vins provenant de terrains trop fertiles ou ceux faits avec des vignes trop jeunes ne peuvent, en général, se conserver. Cela provient de ce que les terrains contenant une trop grande quantité d'azote donnent un raisin qui contient infiniment trop de ferment ou d'azote, et surtout de ferment de la plus mauvaise nature. Je suis convaincu que, si l'on utilisait cet excès de ferment avec un mélange de beaucoup d'eau sucrée, on améliorerait le vin et il se conserverait.

« Aux vendanges de 1855, j'ai renouvelé mes expériences de 1854, mais cette fois sur une beaucoup plus grande échelle; au lieu de 285 hectolitres j'en ai fait 3,000. J'ai varié mes opérations, et sur certaines cuvées j'ai renouvelé l'addition d'eau sucrée jusqu'à huit et neuf fois, savoir : deux opérations en vin blanc, avant fermentation; deux en vin rouge fermenté, et

(1) Il est essentiel d'observer que l'on peut diminuer cette quantité de sucre, suivant le degré alcoolique que l'on veut donner au vin et suivant la densité ou le degré d'alcool du vin sur lequel on opère. Ainsi, pour obtenir un petit vin agréable, bien plus alcoolique que la piquette ordinaire et se conservant parfaitement, 5 ou 6 kilogrammes de sucre par hectolitre d'eau suffisent largement, surtout si l'on ne veut obtenir que deux ou trois fois la quantité de vin que l'on obtient ordinairement, et si l'on presse au premier ou deuxième mélange.

quatre ou cinq en vins blancs plus ou moins colorés. Le ferment a toujours été suffisant pour faire tomber promptement l'eau sucrée, qui marquait 10° à zéro. C'est quand le liquide est à zéro que tout le sucre est transformé en alcool et que doit avoir lieu le décuvage.

« Les personnes qui m'ont demandé et auxquelles j'ai fait connaître avec empressement ma manière d'opérer, parmi lesquelles je dois citer mes voisins, MM. Thenard père et fils, célèbres chimistes, ont fait cette année, dans Saône-et-Loire et dans la Côte-d'Or, environ 2,000 hectolitres de vins d'eau sucrée. Ils sont tous satisfaits des résultats. M. Thenard père m'a assuré que le vin produit par mon procédé dans l'Auxerrois était supérieur à celui fait avec des raisins seuls.

« Je dois remarquer que, cette année, la partie colorante était faible dans le raisin, et deux opérations avec fermentation l'enlevaient presque entièrement.

« Le succès de mes procédés est donc aujourd'hui un fait acquis dans ces deux départements, notamment dans la Côte-d'Or, qui produit les plus grands vins. C'est en effet sur les vins des premiers crus que ma méthode peut être appliquée avec le plus grand avantage, car ce qui se conserve le mieux jusqu'à la fin, c'est le bouquet, arome particulier à chaque cru, qui le distingue et qui en fait la valeur.

« J'ai fait goûter à beaucoup de personnes mes vins de 1854, faits avec des raisins de ma propriété de Chamirey, cru de second ordre; toutes les ont trouvés très-bons, et elles n'ont pu distinguer le vin naturel fait avec les mêmes raisins de celui fait avec de l'eau sucrée.

« J'ai expédié des vins en Australie sous le cachet de la douane, et j'attends leur retour au mois de mai prochain, pour constater, de la manière la plus irréfragable, que le vin d'eau sucrée peut supporter les transports les plus lointains et les températures les plus élevées sans s'altérer, et même en se bonifiant.

« Je n'ai pas besoin de faire ressortir les résultats économiques de la vulgarisation de ma découverte; on comprend qu'ils peuvent être immenses, les vins faits de la sorte conservent toutes les qualités des vins naturels, le bouquet particulier de chaque cru, aussi facile à distinguer et à reconnaître que dans le vin fait avec des raisins seuls. Le bénéfice sur le prix s'accroît à mesure que l'on opère sur des crus plus estimés, puisque le prix de revient est toujours à peu près le même, c'est-à-dire celui du sucre, et que la quantité de sucre, que l'on augmente suivant la qualité des crus, est peu de chose en comparaison de la valeur vénale des vins. D'après la bonté et le renom du cru, mon vin de Chamirey, de 1853, fait avec de l'eau sucrée, me revenait à peu près au tiers de la valeur vénale des vins naturels de ce cru, dont on ne pouvait le distinguer.

« La valeur des principaux crus de haute Bourgogne est au moins sextuple du prix de revient du vin d'eau sucrée; il est évident que la valeur vénale diminuerait un peu en raison de l'accroissement de la production, mais pas dans une égale proportion à beaucoup près.

« La France pourrait augmenter immensément ses exportations de bons vins et, dans les mauvaises années, ne serait plus réduite à en importer de l'étranger. Depuis deux ans, cette importation a été très-considérable : elle s'est élevée, pour une seule année, à 400,000 hectolitres qui, à 40 fr., ont dû coûter 16 millions; l'importation des alcools a été de 200,000 hectolitres qui, à 120 fr. l'hectolitre, ont dû coûter 24 millions. C'est 40 millions que la France a portés à l'étranger pour les vins ou alcools.

« Si les droits sur les sucres employés à la vinification étaient supprimés, ou du moins restitués par un drawback au moment de l'exportation des vins, on comprend à quel point serait abaissé le prix de revient du vin d'eau sucrée; ce procédé pourrait alors être appliqué avec avantage même aux crus de qualités inférieures, et la production s'accroîtrait de telle sorte que la consommation à l'intérieur et l'exportation s'augmenteraient presque indéfiniment.

« Les résultats obtenus pour les vins rouges sont superbes, puisqu'on pourrait en tripler la quantité, mais ceux sur les vins blancs, et surtout sur les marcs de blancs, sont encore bien plus merveilleux et amèneront certainement une révolution dans le commerce. »

Les expériences de M. Petiot ont une portée que nous serions au regret d'amoindrir, mais nous ne voulons pas non plus qu'on se l'exagère. Son procédé a rendu et rendra des services, mais les vins naturels préparés dans de bonnes conditions ne seront jamais remplacés par des préparations à l'eau sucrée, quelque ingénieuses et bien conduites qu'on puisse les supposer. P. J.

CHAPITRE XX

DES FALSIFICATIONS DES VINS

Un volume entier ne suffirait pas pour décrire toutes les falsifications dont les vins ont été et sont encore l'objet, mais à mesure que les moyens analytiques se sont perfectionnés, et que la sollicitude de l'administration sur ce point important est devenue plus active, un grand nombre de fraudes ont cessé.

Les falsifications les plus communes consistent à mêler au vin, de l'eau, de l'alcool, du cidre, du poiré, ou bien à y introduire du sucre, de la mélasse, des acides tartrique, tannique, acétique, oxalique, sulfurique, de l'alun, du sulfate de fer, des carbonates alcalins, soude ou potasse, du *plomb*, du *plâtre*; on y ajoute aussi des substances propres à leur donner du goût, à relever le bouquet, la couleur; on en fait avec des lies, on fait même des vins artificiels, dans lesquels il entre de tout, excepté du jus de raisin.

Nous allons essayer de faire connaître toutes ces fraudes, toutes ces falsifications; trop heureux si nous pouvons atténuer le mal qui nous envahit de toutes parts.

Mouillage des vins, ou falsification par addition d'eau. — Le mouillage ou addition d'eau dans le vin, est une fraude qui échappe aux investigations rationnelles de la science; il n'est pas possible de distinguer, avec précision du moins, si la proportion d'eau contenue dans un vin, est frauduleusement additionnée; les vins de même sorte, de même provenance, n'ont pas toujours le même degré alcoolique; on conçoit facilement que les influences climatériques, les conditions variables, sous lesquelles s'opèrent toutes les phases de la végétation, de la maturité, de la fermentation, que toutes ces causes, disons-nous, peuvent faire varier les proportions réciproques d'alcool et d'eau dans tous les vins. L'année 1860 nous en a fourni malheureusement une preuve évidente. Nos grands vins de la Côte-d'Or qui contiennent ordinairement 11 à 12 p. 100 d'alcool, et quelquefois 14, en fournissent à peine 6,20 p. 100 (1); c'est donc un écart possible de 5,80 p. 100. Cependant il est possible, néanmoins, de réunir plusieurs indices qui font présumer, s'ils ne prouvent d'une manière absolue, que les vins ont été mouillés. Ces indices se tirent de la nature et de la proportion des matières solides dissoutes dans le vin.

Les vins naturels contiennent beaucoup moins de sels calcaires que les vins mouillés; les premiers s'en dépouillent presque entièrement avec le temps; aussi donnent-ils généralement de bien plus faibles proportions de précipité, au contact de l'oxalate d'ammoniaque, que les vins qui ont été allongés d'eau, surtout d'eau de puits. Si l'on soumet, par exemple, 100 grammes de vin suspect et une même quantité de vin naturel à l'évaporation, on trouve dans les proportions relatives de crème de tartre, de carbonates alcalins, de tous les autres sels qui se rencontrent naturellement dans les vins, et dans les proportions d'alcool, des différences assez sensibles, qui permettront souvent de dévoiler la fraude.

On connaît aussi les quantités moyennes d'alcool que chaque espèce de vin contient; on sait qu'ils laissent, après l'évaporation, 22 p. 100 de résidu sec : les proportions d'alcool et de résidu seront nécessairement plus faibles, si les vins ont été mouillés; si, aux présomptions de la science, on ajoute un long usage du vin donné, on arrive à un ensemble de probabilités qui fait toucher de bien près à la certitude.

(1) Malgré ces observations que nous croyons sans réplique, nous voyons tous les jours que le tribunal de police correctionnelle de la Seine condamne à l'amende, à la prison même, des individus pour avoir falsifié leur vin par addition d'eau. Nous ignorons si ces jugements s'appuient sur des analyses chimiques, ou simplement sur l'assertion d'experts gourmets : dans ce cas nous n'avons rien à dire, *tot gulæ, tot sensus* : mais deux experts gourmets, comme deux aruspices de Rome, peuvent-ils se regarder sans rire?

Falsification par addition d'alcool. — Le mélange d'alcool au vin est toléré par la loi, on rehausse ainsi des vins trop faibles pour supporter de longs voyages, et qui souvent encombreraient les lieux de production. L'alcool est à cet effet affranchi de tout droit, à la condition que la quantité ajoutée réunie à celle contenue naturellement dans le vin n'excède pas 21 p. 100. C'est sous la protection de cette loi que l'on introduit dans les villes soumises à l'octroi des quantités considérables de vins alcoolisés. Ces mélanges que l'on doit prohiber dans l'intérêt de la santé publique (à moins qu'ils ne soient dénaturés à l'entrée des villes), une fois entrés, sont allongés d'eau, de principes colorants et de substances étrangères à la nature des vins, et d'une pièce on en fait deux, trois et souvent quatre.

Pour reconnaître cette fraude, en un mot, pour démontrer que l'alcool est à l'état de simple mélange dans le liquide, qu'il n'y est pas combiné par la fermentation, on procède de la manière suivante:

On verse le vin à essayer dans une capsule de porcelaine de la contenance de 120 grammes environ; on place sous cette capsule une lampe à alcool et dans la capsule, et au milieu du vin, une coquille de noix remplie d'huile et munie d'une veilleuse. Cette coquille de noix est lestée avec des grains de plomb, de manière à ce que les bords affleurent le liquide. Tout étant disposé de la sorte, on allume la veilleuse et la lampe à alcool. Si l'on a placé un thermomètre dans la capsule, on verra qu'à 45° les vapeurs alcooliques s'élèvent, s'enflamment, en formant autour de la veilleuse une auréole rougeâtre; si l'on répète l'expérience avec du vin naturel, le phénomène de la combustion des vapeurs alcooliques ne se montre qu'au moment où le vin approchera de son point d'ébullition, à 90° par exemple. Dans le premier cas, l'alcool n'était qu'à l'état de simple mélange; dans le second, il était à l'état de combinaison ou peut-être à celui d'*incorporation intime*, et retenu par une force de cohésion qui ne peut être rompue que par un plus haut degré de chaleur.

Falsification par le cidre ou le poiré. — L'addition de cidre ou de poiré est facile à reconnaître; l'arome caractéristique du cidre et la saveur âpre du poiré n'échappent pas à l'organe du goût, quand cet organe n'est pas dépravé.

Si l'on fait évaporer une certaine quantité de vin frelaté, on obtient un résidu qui, soumis à une chaleur de 200°, se caramélise et répand une odeur très-prononcée de poire torréfiée, et ce vin donne toujours une quantité d'extrait d'un tiers ou d'un quart plus forte que celle du vin naturel.

Si l'on distille ce vin, on obtient un liquide très-odorant, qui répand une forte odeur d'éther acétique.

Addition de sucre ou de mélasse. — Cette addition n'étant pas nuisible à la santé, et les moyens analytiques propres à la reconnaître nécessitant une certaine habitude des opérations chimiques, nous croyons devoir la passer sous silence. Les palais fins lui reprochent d'enlever aux vins leur délicatesse ; l'odorat exercé lui reproche, de son côté, d'affaiblir et souvent même de détruire le bouquet.

Falsification par l'acide tartrique. — Aucun vin, si l'on en excepte, d'après Liebig, quelques vins du Rhin, ne contient de l'acide tartrique libre. La présence de cet acide dans un vin est donc une fraude. Nous reconnaissons cette fraude assez facilement : on mêle le vin suspect à deux fois son volume d'une solution de chlorure potassique, saturée à la température de 15°. On agite fortement le mélange avec une baguette de verre, et il se précipite, au bout de 7 *à 8 minutes*, une poudre cristalline de bitartrate de potasse. Le même phénomène ne se présente, dans le vin normal, qu'après plusieurs heures d'agitation.

Ce réactif indique la présence de 1/700 d'acide ajouté ; on ne saurait raisonnablement lui demander une indiscrétion poussée plus loin.

Addition de tannin. — On ajoute quelquefois du tannin au vin, pour lui donner un principe conservateur qui lui manque. Or, selon nous, toute addition d'un principe quelconque à un vin, est tout au moins une tromperie sur la nature de la marchandise vendue. Cependant, nous ne condamnerions pas comme une fraude l'addition de ce principe éminemment conservateur.

Pour déterminer la quantité de tannin dans un vin, voici comment nous opérons : nous préparons une solution avec : gélatine (grenétine), 20 grammes ; alcool, 125 ; eau, 875. 70 centimètres cubes de cette solution précipitent exactement un gramme de tannin.

Nous prenons 100 grammes du vin à essayer et nous ajoutons, goutte à goutte, la solution gélatineuse placée dans une éprouvette graduée. Lorsque la solution cesse de précipiter, de troubler le vin, ce dont nous nous assurons en filtrant quelques centimètres cubes, nous examinons l'éprouvette, nous constatons la quantité de solution gélatineuse employée en centimètres cubes, et nous établissons la proportion suivante : 70 : 1,00 :: A : X.

Exemple. — Supposons que nous ayons employé 5 centimètres cubes de solution, nous avons 70 : 1,00 :: 5 : $x = 0{,}070$.

Nous ferons remarquer que les vins des grands crus de la Bourgogne et de bonnes années, contiennent en moyenne 0gr,081 à 0gr,084 de tannin, pour 100 grammes. Les *Chambertin*, les *Corton*, les *Saint-Georges* font exception ; la moyenne est de 108 ; cette moyenne est de 118 milligrammes dans les grands vins de Bordeaux et des années correspondantes à celles des vins de Bourgogne.

Addition d'acide acétique. — Malgré certains auteurs, nous ne comprenons pas l'addition frauduleuse de l'acide acétique dans le vin ; car quel but se proposerait-on par cette addition ? L'odeur de l'acide acétique est si facilement reconnaissable que personne ne peut s'y tromper ; nous savons du reste que la présence de la plus faible quantité de cet acide est une cause infaillible et rapide de destruction du vin dans lequel il se trouve, destruction que rien ne peut arrêter.

Addition d'acide oxalique. — Bien que nous n'ayons jamais eu à constater cette falsification et que nous ayons toujours reconnu des traces d'acide oxalique dans nos vins, nous avons cru devoir en ajouter à des vins afin d'en faire la recherche et de constater sa présence.

Si, dans un vin suspect, on ajoute une certaine quantité d'eau de chaux, il se forme un précipité abondant, non-seulement de cette chaux, mais encore de celle de tous les sels calcaires, sans en excepter le sulfate. Ce précipité est insoluble dans un excès d'*acide oxalique.* Si l'on emploie une solution d'azotate d'argent, on obtient un précipité blanc, lourd, insoluble, qui, chauffé à la lumière d'une bougie, brunit sur ses bords, détone légèrement, s'évapore en fumée blanche, et abandonne l'argent métallique. Le papier qui a servi à filtrer brûle comme s'il était imprégné d'azotate de potasse.

Addition d'acide sulfurique. — Nous avons eu souvent cette fraude à constater. Elle a pour but de donner *de la verdeur* au vin, qualité assez appréciée dans certaines localités. Plusieurs moyens sont employés pour dévoiler cette épouvantable falsification ; nous nous contenterons de faire connaître les plus simples, ceux qui sont à la portée de tout le monde.

On verse quelques gouttes du vin acidifié sur une feuille de papier, et on les laisse évaporer spontanément. On trouve après l'évaporation une tache *rouge hortensia* ; si le vin est naturel, la tache est *bleu-violacé.*

Si l'on imprègne deux bandes de papier, l'une de vin naturel, et l'autre de vin acidifié, on remarque que la première ne s'altère pas, tandis que l'autre devient cassante et friable.

Addition de l'alun. — L'addition d'alun est une des fraudes les plus fréquentes et les plus répandues. Elle a pour but de communiquer aux *vins plats* plus ou moins d'*âpreté.* Sans donner les moyens chimiques un peu compliqués pour reconnaître cette fraude, nous indiquerons le suivant, qui est suffisant dans la plupart des cas :

Si l'on verse dans un vin naturel un volume égal à celui du vin, d'eau saturé de chaux, il se formera en très-peu de temps des cristaux de tartrate de chaux, qui seront facilement reconnaissables. Si l'opération a été faite sur un *vin aluné*, la formation des cristaux n'aura jamais lieu.

Addition de sulfate de fer. — Cette addition se fait dans le même but que celle de l'alun, mais cette fraude se constate avec la plus grande facilité. Il suffit de verser dans le vin suspect quelques gouttes de chlorure ou de nitrate de baryte, pour obtenir un précipité blanc, insoluble dans un excès de réactif employé. Ce précipité jouit, du reste, de toutes les propriétés des sels de fer. Il se colore en bleu par le cyanure jaune de potasse, en noir par la noix de galle, etc., etc.

Addition des carbonates. — Quelquefois, on sature l'acidité du vin par les carbonates de potasse, de soude, de chaux. On reconnaît si le vin a été saturé par un carbonate calcaire (craie), en le traitant par une solution d'oxalate d'ammoniaque, qui y forme un précipité d'oxalate de chaux, facilement reconnaissable; mais comme les vins contiennent de la chaux, le précipité dans les vins naturels sera à peine sensible; il sera plus ou moins abondant dans les vins saturés.

Pour constater la présence des carbonates de potasse ou de soude, on décolore les vins avec du charbon animal purifié; on filtre, on évapore à siccité; puis on verse sur le résidu deux ou trois fois son volume d'alcool, à 75°. Ce véhicule dissout les acétates de potasse, de soude, de chaux et les sépare des sels naturellement contenus dans les vins.

L'alcool évaporé laisse pour résidu l'acétate qui y existait : 1° on reconnaît l'acétate de chaux, par l'oxalate d'ammoniaque; 2° la potasse formera avec l'acide tartrique des cristaux de bitartrate de potasse; 3° la soude formera un précipité blanc, avec une dissolution concentrée d'antimoniate de potasse.

Falsification par les préparations de plomb. — La présence du plomb et de ses sels dans le vin peut être accidentelle. Elle est due : 1° soit à ce que des vins ont coulé sur des comptoirs dont la table est formée d'alliages où le plomb domine beaucoup; 2° soit à ce que, lors du rinçage des bouteilles, quelques grains de plomb ont pu s'engager dans le fond de ces dernières; soit enfin à ce que les vins, dans certaines maisons, sont montés de la cave au moyen d'une pompe, dont les conduits en plomb restent plus ou moins longtemps en contact avec le liquide.

Mais les vins altérés par une quantité un peu considérable de préparation de plomb, afin d'en masquer la *verdeur*, sont *sucrés*, *styptiques*, peu chargés en couleur; ceux au contraire qui n'en contiennent qu'une petite quantité, due, comme nous le disions tout à l'heure, *à un accident*, ne subissent aucune modification physique, et ne produisent sur nos organes aucune sensation particulière. Le procédé le plus simple pour reconnaître cette falsification est le suivant : on fait évaporer à siccité une certaine quantité de vin à analyser; on calcine le résidu aussi complétement que possible; on traite les cendres par l'acide azotique; on filtre la solution acide; on l'évapore à siccité; on reprend par l'eau distillée. Cette solution donne des précipités blancs par la potasse, l'acide chlorhydrique; des précipités noirs par l'acide sulfhydrique, la solution de sulfure de potassium; des précipités jaunes par l'iodure de potassium et le chromate de potasse.

Addition de plâtre. — Le plâtrage des vins est devenu une question de médecine légale qui a présenté le plus grand intérêt. Blâmée ici, fortement préconisée ailleurs, elle a enfin été considérée comme une opération indispensable à la conservation de certains vins. Pour nous, personnellement, à tort ou à raison, nous ne pouvons l'admettre sous aucun rapport, et à ce point de vue, nous allons donner les moyens de reconnaître cette addition dans certains cas d'excès.

On verse, dans une quantité donnée de vin, une solution d'oxalate d'ammoniaque; il se forme à l'instant un précipité blanc, insoluble dans l'acide acétique, mais soluble dans l'acide azotique.

Substances propres à donner du goût ou à relever le bouquet des vins. — Nous ne pouvons entrer dans aucun détail sur cette falsification, qui, pour la plupart du temps, ne peut et ne doit être considérée que comme une tromperie sur la nature de la marchandise vendue. Nous rangeons dans cet ordre les arcanes vendus et annoncés à la quatrième page de tous les journaux, sous des noms toujours plus ou moins pompeux.

Des matières colorantes employées pour colorer artificiellement les vins. — On colore les vins avec toutes les substances végétales qui peuvent donner une matière colorante plus ou moins foncée. Nous avons été souvent appelé à reconnaître ce genre de falsification, et, lorsqu'il ne s'agissait que de la constater, nous n'employions qu'une solution de gélatine. Le vin naturel, traité par ce réactif, donne un précipité abondant, composé seulement de la matière colorante du vin, mais le réactif en question n'attaque nullement les sucs colorés des fruits, ou les décoctions employées par les fraudeurs. Ainsi, après la précipitation complète de la matière colorante des vins naturels, si ce liquide contient des principes étrangers, il reste coloré.

D'un autre côté, si l'on traite le vin naturel par une solution chlorurée, versée goutte à goutte, on détruit d'abord la couleur bleue (rougie par les sels acides); il reste la couleur jaune de nature résineuse qui ne disparaît que beaucoup plus tard, tandis que si l'on opère sur un vin coloré artificiellement, la couleur disparaît entièrement et spontanément.

Nous terminerons ce que nous avions à dire sur les principes colorants étrangers au vin, en indiquant l'action de la potasse sur ces liquides.

Solution de potasse et vin naturel : précipité vert-bouteille plus ou moins foncé, provenant du principe colorant bleu et du principe colorant jaune.

Solution de potasse et vin coloré par le coquelicot : précipité gris brunâtre passant au noir par un excès d'alcali.

Solution de potasse pour reconnaître la coloration

par les baies de troëne : précipité violet brunâtre.

Solution de potasse pour reconnaître la coloration par les baies du myrtillier : précipité gris bleuâtre.

Solution de potasse pour la coloration par les baies de sureau : précipité violet.

Solution de potasse pour la coloration par le bois de Brésil : précipité gris violet.

Solution de potasse pour la coloration par le bois d'Inde : précipité rose.

Solution de potasse pour la coloration par les fleurs de *roses papales* : précipité vert-bouteille peu prononcé.

Nous croyons avoir donné, sur les diverses falsifications des vins, tout ce qu'il est essentiel de connaître; on nous permettra donc de ne pas nous étendre davantage sur ce sujet. En voulant éclairer les victimes, il est presque toujours à craindre d'éclairer plus encore les trompeurs.

E. DELARUE.

CHAPITRE XXI

DES EAUX DE VIE DE COGNAC.

On voudra bien se rappeler ce que nous avons écrit, page 189 de ce volume, à propos de la viticulture : — « Pour notre part, nous nous contentons et devons nous contenter de prendre nos exemples et nos modèles sur quelques points de nos contrées privilégiées. » La culture de la vigne dans la Charente ne pouvait nous servir à aucun titre d'exemple, au moins en ce qui regarde la production des vins de qualité ; elle a donc été omise à dessein. Cependant, en raison même de ses vices, elle a le mérite de réaliser une économie de main-d'œuvre qui, nous assure-t-on, n'est pas à dédaigner lorsqu'il s'agit de produire des vins destinés à la chaudière. C'est sous ce rapport seulement qu'elle nous intéresse.

On nous permettra donc de donner ici un rapide exposé de la situation des vignobles qui fournissent les meilleures eaux-de-vie du monde, de mentionner les cépages dont on les tire et d'indiquer les procédés viticoles dont ils sont l'objet. Notre savant collaborateur M. Alibert, qui s'est chargé de ce travail, a pensé avec raison qu'en dehors de cet exposé, il devenait impossible de se faire un idée satisfaisante de l'industrie du pays de Cognac qui, en définitive, ne consiste pas uniquement dans une opération distillatoire.

P. J.

La région viticole où se fabriquent les eaux-de-vie de Cognac comprend les arrondissements de Cognac, de Barbezieux, de Jonzac, de Saintes, et une partie de ceux d'Angoulême et de Saint-Jean-d'Angely.

Cette région produit des eaux-de-vie de différentes qualités connues dans le commerce sous les noms de *grande Champagne* ou *fine Champagne; petite Champagne* ; *Bois*. Les *Bois* sont divisés en *premiers* et *seconds Bois*.

Ces dénominations appliquées aux produits le sont aussi à des zones qui embrassent la totalité du sol viticole.

La zone de la grande Champagne est comprise entre la rive gauche de la Charente et la rive droite de la rivière le Né.

La zone de la petite Champagne ou *Champagne bâtarde* est limitée par la rive gauche du Né, par une ligne marquée par la route impériale de Bordeaux à Saint-Malo, et enfin par une ligne suivant la direction de la route de Pons à Jonzac dans un parcours d'environ 13 kilomètres depuis le pont du Saut jusqu'au Trèfle.

La zone dite des Bois est celle qui est au nord, à l'est et à l'ouest des précédentes. Une carte dressée pour les besoins du commerce, et d'un usage habituel dans les Charentes, donne une idée plus nette de la distribution de ces zones que ne saurait le faire leur description. Considérées dans leur ensemble, elles forment une région sensiblement circulaire d'un diamètre moyen de 35 kilomètres, embrassant une surface totale d'environ 1,017,360 hectares.

La vigne occupe dans ces régions le tiers à peu près de la surface du sol, soit 305,780 hectares. Ce chiffre doit se rapprocher beaucoup de la vérité. En 1828, Lenoir estimait déjà à 221,231 hectares la surface des vignes de la Charente et de la Charente-Inférieure. Cette surface a considérablement augmenté depuis cette époque.

Les deux autres tiers sont livrés aux cultures habituelles des céréales et des fourrages artificiels; quelques parties du sol sont occupées par des prairies naturelles et quelques autres par des taillis de chênes.

Le *climat* de ce pays est le même que celui qui a été précédemment décrit à l'occasion de la viticulture du Médoc.

Sol. — Comme celui de la Gironde, le sol de la région que nous décrivons présente des ondulations en général à grands rayons qui font succéder les élévations aux dépressions; mais il n'appartient pas à la même formation géologique.

Ce sol est le produit des dépôts les plus récents de la période crétacée; il se rapporte par conséquent à l'époque qu'en géologie on a coutume d'appeler secondaire. Il fait partie de l'assise la plus élevée du terrain crétacé supérieur, assise distinguée sous le nom de *sénonienne* parce qu'elle présente autour de la ville de Sens ses caractères les plus complets.

La zône appelée *grande Champagne* a reçu cette dénomination parce que le calcaire crayeux, friable, lamellaire, qui la constitue, est précisément celui qui forme le sol de la Champagne.

La zone appelée *petite Champagne* ou *Champagne bâtarde*, est ainsi nommée parce que la couche calcaire que la forme est plus compacte, moins friable, moins délitescente, ayant des strates plus épaisses. D'après l'âge géologique, bien que se rattachant à la même cause, cette couche est antérieure à la précédente. Elle passe d'une compacité assez grande à la friabilité, qui est le principal caractère de la couche campanienne, d'une manière insensible.

Partout où le calcaire n'affleure pas, les dépressions sont remplies par des dépôts quaternaires ou par des sables et des argiles appartenant à l'époque tertiaire. Des coteaux à calcaire compacte contenant des rognons siliceux en plus ou moins grande quantité et caractérisés par la présence dans leur pâte de mollusques brachiopodes cirridés, connus sous le nom de *rudistes*, sont aussi recouverts par des couches tertiaires.

Apres à la végétation forestière, ces couches tertiaires, partout où elles revêtent la charpente campanienne, s'étaient couvertes de bois. Ces bois ont été peu à peu défrichés pour céder à la vigne la place qu'ils occupaient. De là est venue la qualification *d'eau-de-vie des bois*. A la limite des affleurements calcaires, les couches argilo-sableuses de la formation tertiaire ont peu de profondeur; au-dessous d'elles, les racines de la vigne trouvent les strates calcaires dans lesquelles viennent s'implanter leurs racines. A une distance plus éloignée du plateau calcaire, les couches tertiaires ont une profondeur telle, qu'elles alimentent seules la vigne qu'elles supportent. De là viennent les distinctions établies par le commerce en *premiers bois* et *seconds bois*.

Ainsi, les rapports qu'en Médoc on trouve entre le sol et les vins, existent en Saintonge entre le sol et les eaux-de vie. La fine Champagne produit les meilleures eaux-de-vie; viennent ensuite, par rang de mérite, les cognacs de la petite Champagne, des premiers Bois et des seconds Bois.

La fertilité des trois zones n'est pas la même. La zone des Bois est celle qui donne les produits les plus abondants en vin. La zone de la petite Champagne a moins de fertilité. La grande Champagne est la moins productive. Le rendement en eau-de-vie est en sens inverse de la production en vin. Un hectolitre de vin de la fine Champagne donne, à la distillation et à égalité de titre, plus d'alcool qu'un hectolitre de vin de la Champagne bâtarde et des Bois.

Les grandes divisions du territoire viticole, adoptées par le commerce, ne sont pas toujours justifiées. Il y a dans la zone de la petite Champagne des éminences dont le sol est pareil à celui de la grande Champagne et dont les vins donnent à l'alambic des eaux-de-vie de même distinction; dans la zone des Bois, il est aussi telles parties où l'on fait des eaux-de-vie qui valent celles de la petite et même de la grande Champagne.

Du reste, si les eaux-de-vie de Cognac varient de zone à zone, elles n'offrent pas dans la même zone des distinctions sensibles de cru à cru; elles ne donnent pas lieu à ce classement différentiel auquel sont soumis les grands vins de Médoc, qui laisse au goût libre carrière pour exercer sa subtilité. Les eaux-de-vie de Cognac varient suivant provenance par l'intensité de leur arome, mais cet arome reste le même; tandis que les vins d'une contrée viticole renommée ont sans doute une parenté évidente, mais offrent encore dans la qualité même du bouquet des nuances infinies. Ces différences entre les vins et les eaux-de-vie proviennent de ce que la fermentation conserve des éthers que la distillation ne respecte pas, qu'elle entraîne ou qu'elle modifie profondément.

Cépages. — Le cépage le plus généralement adopté est la *Folle jaune*, connue ailleurs sous le nom de *Folle blanche*. Accessoirement on cultive le *Saint-Émilion* et le *Colombat*. Dans quelques parties, il existe des plantations d'un cépage rouge qu'on appelle *Balzar*.

La Folle jaune occupe seule les $\frac{9}{10}$ du vignoble.

Ce cépage est assez connu pour ne pas demander une description particulière. Il est très-rustique, d'un rendement assez régulier, donnant beaucoup de bois, fournissant des sarments sur souche ou du collet en assez grand nombre et donnant du fruit même sur vieux bois.

Ce cépage a donc l'avantage d'abord de s'adapter au sol et ensuite d'avoir des aptitudes végétatives telles qu'il n'a pas besoin d'être soumis à une taille étudiée, à une tenue élégante et à une culture soignée. S'il exigeait des soins minutieux, il cesserait d'être rémunérateur. Il doit à ses habitudes sauvages, la préférence dont il est l'objet.

Ce cépage arrive rarement à maturité complète. Le vin qu'il donne a généralement de la viridité. Il tourne souvent au gras.

Ce qu'on appelle le Saint-Émilion est probablement le *Sémilion*. Ses feuilles sont très-découpées, d'un vert pâle, sans duvet. Il fournit de grosses grappes à baies rondes et peu serrées, de couleur jaune clair. Ce cépage a de la rusticité, mais il exige cependant une culture plus soignée que le précédent.

Le *Colombat* est probablement le *Colomban* de M. Odart. Il est assez productif, mais très-sujet à la pourriture. Il ne mûrit pas mieux que la Folle jaune.

Enfin le *Balzar* est un cépage rouge emprunté au vignoble de Jurançon, qui pousse vigoureusement et dont les sarments ne rampent pas. Ils se soutiennent seuls en l'air et ont assez de force pour supporter les raisins sans s'incliner. Ce cépage est productif, mais sujet à la coulure.

L'eau-de-vie provenant de la distillation des vins de Folle jaune alimente presque seule le commerce de Cognac et est la plus estimée.

Le rendement moyen du vignoble est de 21 hectolitres à l'hectare.

La totalité du vignoble produit donc à peu près en moyenne 6,421,380 hectolitres de vin.

Il faut en moyenne 7^{hect},50 de vin pour obtenir un hectolitre de cognac. La production annuelle moyenne en eau-de-vie est donc de 856,184 hectolitres.

De même qu'il n'existe pas, pour les cognacs produits dans la même zone, des différences marquées de domaine à domaine, il n'en existe pas davantage d'année à année. Les années ne se distinguent l'une de l'autre que par la maturité plus ou moins grande du fruit, par la richesse saccharine, par l'alcoolisation du vin qui est en rapport direct avec elle, et, en fin de compte, par le plus ou moins d'eau-de-vie que le vin rend à la distillation.

Ainsi, pour les producteurs de vins convertis en eau-de-vie, les années ne diffèrent que par la quantité. La situation qui leur est ainsi faite est bien meilleure que celle des producteurs de vins délicats destinés à la consommation. Le commerce que ces vins alimentent tient telle ou telle année en suspicion et n'achète les vins récoltés pendant ces années qu'après les avoir laissés longtemps dans les chais du producteur. Toutes les mauvaises chances et les frais d'entretien restent ainsi à la charge de celui-ci.

Le propriétaire qui distille ses vins subit seulement, en Saintonge, la loi générale de la hausse ou de la baisse, à laquelle sont soumis tous les produits, et la loi locale du classement auquel appartient la zone dans laquelle il exploite.

Pour le commerce, quand il exerce ses opérations sur des produits sincères, tout se réduit à la mesure alcoométrique du produit à acheter et à la détermination de la zone à laquelle il appartient.

Quand la fraude ne vient pas se mêler aux rapports du producteur avec le commerce, rien n'est donc plus exempt de sollicitude pour le vendeur et pour l'acquéreur que les transactions auxquelles le cognac donne lieu. Le producteur n'est préoccupé que de la richesse alcoolique du vin à distiller; l'acheteur, que de la provenance certaine de l'eau-de-vie qui lui est offerte. L'un et l'autre savent que dans l'avenir cette eau-de-vie justifiera leur confiance.

Plantation. — Les plantations sont faites sans de grands frais. En général on ameublit le sol avec une charrue Dombasle à 0^{m},20 seulement de profondeur moyenne. On le nivelle et on l'amende à la fois par le transport des sentiers. On plante ensuite à la grosse taravelle (Voyez p. 248, fig. 941). Quand on le peut, on verse dans l'excavation faite par la taravelle de la boue de mer, c'est-à-dire de la boue alluvionnaire qu'on trouve près de l'embouchure de la Gironde ou des rivières qui déversent leurs eaux dans l'Océan. Cette boue entretient de la fraîcheur à la base du plant, enveloppe parfaitement celle-ci et s'oppose à son éventation.

En général, le sol à planter n'est pas assaini. Quand le sous-sol est humide et retient l'eau, c'est-à-dire quand l'assainissement serait de règle, on ne plante pas, l'expérience ayant démontré que les vignes venues sur des terrains de ce genre sont sujettes à la coulure, donnent fort irrégulièrement des produits et dégénèrent vite.

Le mode de plantation varie suivant les zones. Dans la grande et la petite Champagne, on plante généralement à joualles. Les lignes de ceps sont séparées l'une de l'autre par une bande de terre de 6 mètres de large. Celle-ci est soumise aux cultures habituelles. Elle reçoit ainsi des fumures périodiques dont la vigne profite. Cette pratique est justifiée par le sol maigre de ces régions. Une plantation moins espacée absorberait en peu de temps les éléments assimilables du terrain, et la vigne ne tarderait pas à s'alanguir et à ne plus donner un produit rémunérateur.

Dans les *Bois* où l'assise campanienne est recouverte d'une couche tertiaire plus ou moins épaisse, enrichie elle-même de détritus modernes, on utilise les aptitudes végétatives du sol en plantant les lignes de ceps à un mètre l'une de l'autre.

Les ceps, tant dans les Champagnes que dans les Bois, sont, dans le sens de leur alignement, séparés l'un de l'autre par un intervalle de 1^{m},50.

Taille. — La taille est faite à court bois. Chaque cep supporte en moyenne quatre têtes auxquelles on laisse généralement trois ou quatre bourgeons.

On opère cette taille à la faveur d'une serpe ayant la forme de celle qu'on emploie dans le Médoc, mais présentant à son bord dorsal une saillie en forme de hache. La figure 1089 représente le profil de cette serpe.

Fig. 1089. — Serpe des Charentes.

On taille du 15 décembre jusqu'au 15 mars.

Ce travail est donné à la journée ou à la tâche. Généralement on préfère le donner à la journée. Un vigneron est payé à raison de 1^{f},25 par jour et il est nourri. Il taille environ 400 ceps chaque jour. La partie saillante du dos de la serpe sert à couper les sarments nés du collet; la partie concave sert à tailler les sarments fructifères. Comme partout, on taille sur bois nouveau.

Après la taille, on *provigne* là où il est utile et possible de le faire. Cette opération est pratiquée comme ailleurs, soit en couchant le cep en entier, soit par marcottage.

Après la taille et le provignage, on n'échalasse pas; les jeunes sarments ne sont pas soutenus. Par conséquent, on ne pratique pas les opérations minutieuses de palissage qui dénotent une viticulture soignée. On ne cherche pas non plus à diriger vers la conservation du fruit la force du cep par l'ébourgeonnement. Quand la vigne est taillée, la main du vigneron ne lui vient plus en aide; elle n'emprunte à l'art de celui-ci aucun des procédés qui, en d'autres lieux, modifient d'une manière avantageuse la quantité et la qualité des raisins.

Le bois mort et le bois de taille appartiennent en entier au propriétaire. Le vigneron reçoit sa paye en argent seulement. Il ne participe pas aux produits de la vigne en sarments et raisins.

Transport. — On a soin de faire reporter tous les trois ou quatre ans dans les vignes les terres que l'araire a amenées sur les sentiers. Cette opération coûte, suivant les lieux et les difficultés, de 0f,40 à 0f,50 par mètre cube de terre portée à 60 mètres et répandue sur cette longueur.

Extraction du chiendent. — Quand les vignes sont infestées de chiendent, on fait suivre le laboureur par des femmes qui ramassent les tiges rompues par l'araire et qui les portent sur le sentier. Là, elles sont mises en tas et brûlées. Ce travail est exécuté à la journée. Les femmes sont nourries et reçoivent 0f,50.

Ainsi la tenue des vignes, en Saintonge, est d'une grande simplicité. Elle dérive de motifs d'économie. Elle est à ce point justifiée, que si ce mode de viticulture était abandonné, la culture de la vigne cesserait d'être rémunératrice.

Il est donc sage de ne pas prendre modèle sur la viticulture rudimentaire des Charentes, et il est sage aussi de leur conseiller de ne pas l'abandonner pour lui substituer une viticulture plus minutieuse et plus élégante qui ne les enrichirait pas.

Labours. — Presque toutes les vignes des Charentes sont soumises au régime du labour. Les vignes pleines sont labourées à la faveur d'araires dont l'age procède obliquement au-dessus de la ligne de plantation, et qui ressemblent sous ce rapport à ceux qu'on emploie en Médoc.

Les vignes à terres intercalaires, qui sont les plus nombreuses, sont labourées par une charrue fort ingénieuse qui suffit à chausser et à déchausser. Cet instrument est de l'invention d'un mécanicien de Pons, nommé Chevalier. Il est à age mobile et à double régulateur, l'un vertical et l'autre horizontal. Il résulte de cette disposition, d'abord, que l'entrure de la charrue peut être réglée comme on l'entend, et ensuite que, grâce à la mobilité de l'age et à l'existence du régulateur horizontal, la pointe du soc A peut tracer sa voie à la volonté du laboureur en chacun des points d'une ligne *vv'* (*fig.* 1090). De cette façon, la charrue de

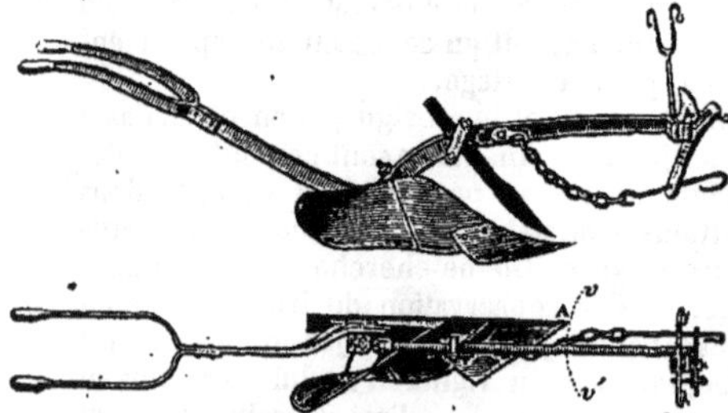

Fig. 1090. — Charrue à age mobile de Chevalier.

Chevalier déchausse quand la pointe du soc est en *v* et chausse quand cette pointe est en *v'*. L'articulation de l'age avec le sep n'est pas fixe. C'est en la modifiant, d'une manière d'ailleurs fort simple, qu'on fait dévier à droite ou à gauche la ligne de l'age.

Avec cette charrue une paire de bœufs laboure environ 34 ares par jour.

Un bouvier reçoit 350 fr. de gages et la nourriture.

La vigne reçoit deux façons de déchaussage et deux façons de chaussage.

Cavaillons. — Les labours laissent exister dans la ligne de plantation une petite langue de terre connue sous le nom de cavaillon dans le Bordelais et de *chavaillon* en Saintonge. Cette langue est détruite à la houe à main et à la journée. Quelquefois ce travail est donné à la tâche au vigneron. Dans ce cas, la taille et les deux cavaillons sont payés 10 fr. par journal de vigne, déduction faite des terres intercalaires.

Gelée. — Le sol accidenté des Charentes, le climat du lieu et le cépage préféré rendent fréquents les ravages de la gelée. On sait que ce météore frappe surtout le cépage blanc. La Folle jaune y est particulièrement sujette, et malheureusement, il n'existe pas de moyen vraiment pratique de l'en préserver. On ne peut estimer à moins de $\frac{1}{4}$ le tribut moyen annuel que la gelée prélève sur le vignoble des Charentes.

Coulure. — La Folle jaune est un cépage rustique, peu sujet à la coulure. Il en est cependant atteint dans une proportion plus ou moins grande quand ce fléau sévit sous l'influence de causes générales, telles que les grandes pluies, les vents violents d'ouest, l'alternance de brumes et de coups de soleil à l'époque de la floraison.

Quand la Folle plonge ses racines dans un sous-sol humide, elle coule fréquemment, et perd peu à peu ses aptitudes fructifères. Ses nœuds se rapprochent, son feuillage devient plus abondant, plus vert et plus persistant à l'automne. En cet état, elle est dégénérée. On la désigne communément alors en Saintonge sous le nom de *Folle blanche*. Ainsi, ce que l'on différencie dans les Charentes sous deux appellations nous a paru être le même cépage, tantôt franc et tantôt dégénéré.

Vendanges. — La Folle fleurit en moyenne du 1er au 15 juin. Elle exige environ 2100° centigrades pour que sa maturité soit satisfaisante entre la fécondation et les vendanges. Généralement la floraison est irrégulière et la maturité l'est aussi. Souvent les raisins de Folle jaune sont atteints par la pourriture avant la maturité.

Les vendanges ont lieu vers le 20 septembre dans les années hâtives, et vers le 5 octobre dans les années tardives.

Le ban de vendanges est en vigueur presque dans toutes les communes des Charentes, mais il est peu respecté.

La cueillette est faite en une seule fois. Elle ramasse en même temps les raisins trop mûrs, ceux qui le sont suffisamment et ceux qui ne le sont pas assez.

L'heure du jour à laquelle on l'opère paraît être sans importance.

Cette cueillette est faite par les gens du pays. Les hommes et les femmes qui y sont employés sont nourris par les propriétaires et reçoivent, les premiers 1 fr., et les secondes, 0f,60 par jour.

Chaque coupeur est armé d'un petit couteau, et porte de la main gauche un panier en bois pareil à celui dont on se sert dans la Gironde.

Le contenu de ces paniers est déversé dans des hottes fort légères, faites en osier et goudronnées à l'intérieur.

Les hottes elles-mêmes déversent leur contenu dans des *douils* appelés *cuves*, ayant 6 hectolitres de capacité.

La vendange est transportée au cuvier dans ces douils.

Là elle est jetée sur une machine à fouler formée de deux cylindres de bois dur, armés de dents et roulant l'un près de l'autre en sens inverse.

Le foulage dégage une certaine quantité de moût qui est rassemblé dans des barriques. La qualité et la capacité de celles-ci n'ont pas d'importance, pourvu que ces fûts ne soient pas altérés. Il importe peu aussi qu'ils soient vieux ou neufs.

Immédiatement après le foulage, le marc est mis en pression dans des presses puissantes et in-

Fig. 1091. — Pressoir.

génieuses que, dans le pays, on nomme *pressoirs*. Le système de pressoir le plus généralement adopté est celui qui est représenté dans la figure 1091. Il a diverses dimensions suivant l'importance des exploitations et donne une pression considérable. Cette pression n'a pas, que nous sachions, été soumise à une analyse mathématique exacte, mais l'inventeur d'un pressoir à peu près semblable nous a affirmé qu'on pouvait obtenir une pression de 17 kilogrammes par millimètre carré. Toujours est-il que le moût est parfaitement exprimé. Ce second moût est mélangé avec le précédent, dans les mêmes vaisseaux.

Quand le moût est mis en barriques, celles-ci sont amenées dans le chai. Elles y sont laissées l'une à côté de l'autre avec la bonde ouverte, et la fermentation s'opère ainsi. Quand elle est terminée, c'est-à-dire du 1er au 15 novembre, les barriques sont bondées.

Ainsi la vinification de la Saintonge par son extrême simplicité ne peut être séparée de l'opération même des vendanges. On peut dire que le vin blanc se fait le jour même de la cueillette du raisin. Le cuvier ne joue dans ce pays qu'un rôle sans importance. Il n'y a pas de triage, pas d'égrappage, pas de foulage intelligent (une machine foule à la fois les baies mûres et les baies vertes); pas de cuves, pas de cuvaison, pas de décuvaison, pas d'ouillage, pas de soutirage, pas de coupage, pas même de choix dans les vaisseaux vinaires, pas de principe pour la construction des chais.

La viticulture de ce pays et sa vinification ne doivent rien à l'art. Mais ce qui caractérise la Charente c'est l'eau-de-vie extraite des vins ainsi faits, eau-de-vie digne de sa réputation universelle, et qui mérite, tant à cause de sa fabrication qu'à raison de diverses considérations qui se rattachent à son commerce, une étude spéciale. Elle trouvera sa place un peu plus loin.

Ajoutons donc aux détails qui précèdent que le prix de l'hectare de vignes varie dans les Charentes de 3,000 à 9,000 fr., et rendons-nous compte de ce que coûte au propriétaire la culture annuelle d'un hectare de ses vignes.

Plantation de $\frac{1}{20}$ d'hectare (le vignoble étant à peu près renouvelé par vingtièmes)........	7 f. 50
Taille et cavaillons........	30 »
Transport de sentiers........	7 70
Labours (gages et nourriture des bouviers et dépenses d'une paire de bœufs)........	170 »
Ablation du chiendent........	3 50
Cueillette des raisins et vendanges........	50 25
Intérêt du capital foncier au prix moyen de 4,500 fr. (1) l'hectare........	225 »
TOTAL........	493 f. 95

La culture des vignes dans les Charentes coûte donc environ 493f,95 par hectare.

Nous avons dit précédemment que le rendement moyen est de 24 hectolitres à l'hectare, et qu'il faut en moyenne 7h,50 de vin pour obtenir 1 hectolitre de cognac.

L'hectare de vignes donne donc à la distillation à peu près 3 hectolitres de cognac. Le producteur n'est couvert de son intérêt à 5 p. 100 que par l'adjonction de cultures intercalaires, et souvent même il n'atteint pas le chiffre de 5 p. 100; mais, ainsi que nous l'avons dit plus haut, sa situation est bien meilleure que celle du producteur de vins délicats. Les cognacs ont toujours un cours et ils ne sont pas frappés de discrédit, suivant qu'ils proviennent de vins d'une bonne ou d'une mauvaise année. Le producteur vend ses eaux-de-vie à un prix plus ou moins élevé, mais il les vend quand il veut. Il a ainsi constamment entre les mains un capital de roulement dont les producteurs de vins manquent souvent. Il n'accumule pas, comme ceux-ci, dans ses chais des réserves forcées et onéreuses.

(1) Le prix moyen est fixé à 4,500 fr. par aperçu, parce qu'il y a beaucoup plus de vignes valant 3,000 fr. que de vignes valant 9,000 fr.

La fermentation des moûts blancs des Charentes mis en barriques débondées est généralement achevée dans les premiers jours de novembre. Ces barriques sont alors bondées et on en distille le contenu pendant l'hiver, c'est-à-dire depuis la première quinzaine de novembre jusqu'au mois de mars.

Le but de cette distillation est d'extraire de ce vin blanc, sous forme d'*eau-de-vie*, l'alcool créé par la fermentation.

Pour comprendre ce qui se rattache à cette opération, quelques détails préliminaires sont utiles.

Le moût contient du sucre de fruit appelé dans le langage chimique *glucose*. La fermentation dédouble ce glucose en acide carbonique qui s'en va dans l'atmosphère et en alcool qui reste dans la masse liquide, mélangé avec l'eau, les sels, la matière colorante, les acides libres et les huiles essentielles dont l'assemblage constitue le vin.

La formule atomique du glucose est $C^{12}H^{12}O^{12}$. La décomposition opérée par la fermentation est représentée par les deux formules $4CO^2$ c'est-à-dire 4 équivalents d'acide carbonique et $2(C^4H^6O^2)$ c'est-à-dire 2 équivalents d'alcool. D'après les recherches récentes de M. Pasteur, il paraîtrait que la fermentation du glucose développe aussi de l'acide succinique, de la glycérine, de la cellulose, de la matière grasse, etc.

Le produit nouveau dont la formule chimique est $C^4H^6O^2$ a reçu le nom d'alcool. Ce mot est d'origine arabe et signifie *subtil*.

Rien n'est plus intéressant à connaître que les causes qui amènent la métamorphose du sucre en acide carbonique et en alcool; mais la nature pratique de ce travail exclut leur exposition.— Il suffit de savoir que l'alcool pur entre en ébullition à 78°,4 centigrades, sous la pression de 0m,76 du baromètre à mercure et que sa densité est à celle de l'eau dans la proportion de 0,794 : 100.

Ainsi l'alcool bout plus vite que l'eau, et par conséquent se volatilise plus tôt. C'est sur ce caractère qu'est fondée la pratique de la distillation.

Cette opération consiste à chauffer le vin en vases clos et à recueillir, condensées artificiellement, les vapeurs alcooliques que la chaleur dégage.

La chaleur exerçant son action à la fois sur l'alcool, sur l'eau, sur les huiles essentielles contenues dans le vin, c'est-à-dire sur toutes les parties volatiles, dégage des vapeurs qui ne sont pas pures, mais où l'alcool prédomine. Ces vapeurs amenées à l'état liquide par le refroidissement, sont connues sous la dénomination d'*eaux-de-vie*. Anciennement on obtenait l'alcool un peu concentré en distillant de nouveau ces premières eaux-de-vie. La théorie de cette opération était fondée sur ce que, à mesure que la distillation était répétée, l'alcool se vaporisant à 78° c., et l'eau à 100° c., les produits devaient devenir de plus en plus riches en alcool. Mais ces distillations successives nécessitaient une grande dépense de temps et de combustible, et ne fournissaient en définitive que des alcools assez faibles. Richter apprit qu'en mélangeant le dernier produit avec une quantité suffisante de chlorure de calcium on pouvait s'emparer de presque toute l'eau qu'il contenait et obtenir de l'alcool en quelque sorte pur. Cet alcool est désigné en chimie sous les noms d'*alcool absolu* ou d'*alcool anhydre*. C'est celui dont nous avons signalé plus haut les caractères nécessaires à l'intelligence de ce travail.

Depuis Richter la fabrication de l'alcool absolu a été confinée dans la pratique des laboratoires. Adam, de Nîmes, apprit à obtenir par une seule distillation un liquide assez riche en alcool. Le principe sur lequel Adam se fondait fut plus tard fécondé par Solimani, et les idées ingénieuses de celui-ci conduisirent Derosne à la construction d'un appareil distillatoire qui peut, en une seule opération, donner de l'alcool qui marque 83° à l'aréomètre de Gay-Lussac, c'est-à-dire qui contient 83 parties d'alcool et 17 parties d'eau. Ce liquide peut être concentré à l'aide du procédé de Richter. Il peut l'être aussi par une singulière propriété que possède la vessie de porc. Elle laisse passer l'eau et retient l'alcool. En enfermant donc un mélange d'alcool et d'eau dans une vessie de porc, la capillarité sépare, après un certain temps, l'eau de l'alcool.

La dénomination d'*eaux-de-vie* s'applique à tous les mélanges, à proportions variables, qui sont le produit d'une distillation imparfaite ou d'une distillation perfectionnée.

On appelle *titre* la quantité d'alcool que ces mélanges contiennent.

Le titre alcoolique d'une eau-de-vie se constate à la faveur d'un aréomètre gradué. Nous aurons l'occasion de parler plus loin de cet instrument.

En ce moment il suffit de se rappeler que la densité de l'eau étant 100, celle de l'alcool est 79. Une eau-de-vie quelconque étant donnée, la détermination du rapport dans lequel l'eau et l'alcool y sont mélangés se réduit à une question de densité. On verra quels sont les divers procédés pratiques usités pour résoudre cette question et celui qui est spécialement adopté dans les Charentes pour constater le *titre* des eaux-de-vie de Cognac.

Pour en finir avec ces détails préliminaires, nous ajouterons qu'on appelle *preuve* le titre constant de certaines eaux-de-vie potables. C'est dans ce sens qu'on dit *preuve* de Hollande pour désigner une eau-de-vie qui marque 50° centésimaux.

La dénomination de *trois-six* s'applique à un liquide alcoolique qui, mélangé avec son poids d'eau, donne une eau-de-vie à 50° centésimaux.

L'opération qui consiste à mélanger de l'eau avec des alcools à titre élevé pour fabriquer des eaux-de-vie potables, s'appelle *mouillage*. Le mouillage donne lieu à une réduction de volume, ce qui veut dire qu'avec un volume de trois-six et un volume d'eau on n'obtient pas exactement deux volumes d'eau-de-vie.

Dans les Charentes on ne s'applique pas à produire des esprits à titre élevé, mais seulement des eaux-de-vie potables. Les appareils distillatoires y sont donc fort simples, et c'est à cette simplicité même qu'ils doivent leurs avantages. L'expérience apprend que plus la distillation est perfectionnée, plus le titre du liquide qui en provient acquiert de richesse, mais plus aussi ce liquide acquiert de neutralité en perdant les huiles essentielles qui, à un titre plus bas, lui auraient imprimé un caractère.

Le propre des eaux-de-vie de Cognac est précisément de conserver ce caractère qu'une distillation perfectionnée leur ferait perdre.

Pendant longtemps la distillation des vins blancs des Charentes a été faite à la faveur d'une simple cornue d'une capacité variable, assise sur un brasier et terminée par un serpentin plongé dans l'eau froide. La chaleur amenait à l'ébullition le vin contenu dans la cornue et dégageait des vapeurs d'eau, d'alcool, d'huiles essentielles ou empyreumatiques que le serpentin condensait. Ce premier liquide appelé *brouillis* était peu riche en alcool. Il était remis dans la cornue et soumis à une seconde distillation qui donnait un liquide plus alcoolique. Ce liquide était l'eau-de-vie de Cognac.

Ce procédé fort ancien, encore employé par beaucoup de propriétaires, a l'inconvénient d'exiger du temps, une double main-d'œuvre et beaucoup de dépense de bois.

On a eu la pensée de le simplifier en conservant cependant le principe même de la distillation de ce pays, qui est de ne pas donner des eaux-de-vie à titre élevé, et on y est parvenu d'une manière ingénieuse. Divers appareils ont été imaginés dans ce but. Celui qui nous a paru fonctionner le mieux est celui dont nous donnons la description figure 1092.

A est un réservoir en maçonnerie pratiqué dans

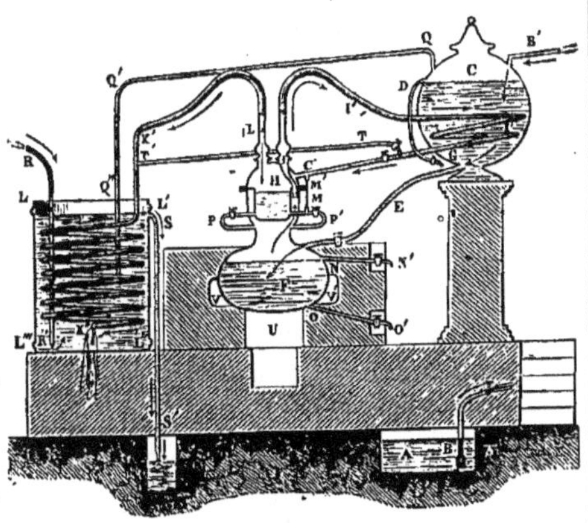

Fig. 1092. — Appareil distillatoire à double effet. (Coupe verticale.)

le sol, réservoir dans lequel est déversé le vin blanc destiné à la distillation.

B est le tube d'aspiration d'une pompe qui laisse tomber par le tube B' le vin dans le vase sphérique C, appelé *chauffe-vin*. D est un petit tube de niveau pour que le vin ne remplisse pas la capacité du chauffe-vin.

E est un tube de communication entre le chauffe-vin C et la chaudière F;

I'I" le tube qui donne issue aux vapeurs dégagées de la chaudière F et qui, contourné en serpentin dans le récipient C, leur permet de s'y condenser.

GG' est un tube qui amène ces vapeurs condensées dans une seconde chaudière H.

H est une seconde chaudière plongée dans les vapeurs chaudes dégagées de la chaudière F et chauffée par elle;

KK'K", un tube d'issue des vapeurs dégagées de la chaudière H, tube terminé en serpentin dans le vase LL'L"L"' rempli d'eau froide. K" est l'ouverture inférieure de ce tube par laquelle s'écoule l'eau-de-vie.

MM' est un tube d'observation en verre pour savoir si le tuyau GG' n'est pas obstrué. Il sert aussi pour indiquer le niveau du liquide dans la chaudière H.

NN' est un tube de nivellement pour la chaudière F, afin que sa capacité ne soit pas entièrement remplie par le vin.

OO' est un tuyau destiné à débarrasser la chaudière F des impuretés que la distillation y accumule.

P', P' sont des tubes de déversement des impuretés de la chaudière H dans la chaudière F.

QQ'Q" est un tube de sûreté pour que la distillation s'opère à la pression d'une atmosphère seulement.

RR' est le tuyau d'une pompe aspirante qui s'alimente dans un puits voisin et qui amène de l'eau froide dans le réservoir LL'L"L"'.

SS' est un tube d'écoulement destiné à maintenir cette eau froide à niveau constant.

TT' est un tube de passage des vapeurs qui ne se sont pas condensées dans le récipient C.

U est le foyer.

VV' est une cheminée en spirale autour de la chaudière F.

Voici maintenant comment la distillation s'opère.

Le vin blanc est versé dans le réservoir A. La pompe aspirante BB' l'amène dans le chauffe-vin C, et de là, dans la chaudière F par le tube E. Quand le vin a atteint dans le chauffe-vin le niveau D et dans la chaudière le niveau N, on arrête le jeu de la pompe et on commence à chauffer. On ferme le robinet des tubes E, D, N.

La chaleur amène l'ébullition et dégage des vapeurs alcoolisées qui trouvent issue par le tube II'I", qui se condensent dans le serpentin et échauffent le vin dans lequel plonge celui-ci.

Le tube GG' amène ces vapeurs condensées dans la chaudière H. Le tube TT' laisse passer celles qui ne se sont pas condensées dans le chauffe-vin; elles vont se déverser dans le tube KK'K" où elles sont condensées par un plus long serpentinage et l'action d'un liquide plus froid.

Conduit dans la chaudière M, à l'état liquide, le produit d'une première distillation se met en équilibre de température avec les vapeurs fournies par la chaudière F, vapeurs qui l'entourent, et ce liquide entre en ébullition. Il fournit alors de nouvelles vapeurs plus alcoolisées que celles de la chaudière F. Ces vapeurs s'écoulent par le tube KK'K", se condensent dans le serpentin et sortent à l'état d'eau-de-vie par l'ouverture K".

Le tube QQ'Q" a pour objet de permettre aux vapeurs alcooliques et aqueuses du chauffe-vin de s'échapper, afin que l'appareil fonctionne toujours à la pression d'une atmosphère. Ces vapeurs se condensent dans le serpentin KK".

Le but de cet appareil est donc d'obtenir en un seul temps une distillation qui, autrefois, en exigeait deux.

L'économie de temps et de main-d'œuvre est évidente. Celle de combustible ne l'est pas moins. La masse liquide contenue dans la chaudière F emporte en passant à l'état gazeux une quantité de calorique autrefois perdue et maintenant restituée à la masse liquide contenue dans le récipient C. La différence de capacité entre la chaudière F et le récipient C est calculée de manière à ce que la totalité de vapeur provenant de la chaudière F ne peut élever le vin contenu dans le récipient C à une température telle qu'il ne condense plus les vapeurs qui circulent dans le serpentin. Si l'on admet par exemple qu'il y ait quatre fois plus de vin dans le récipient C que dans la chaudière F, la volatilisation complète de celui-ci, sous la pression d'une atmosphère, élèverait à 25° centigrades seulement la température du vin contenu dans le récipient C. Ce vase a reçu le nom de *chauffe-vin* à cause de son but. Ce vin est amené dans la chaudière après avoir absorbé le calorique dépensé déjà pour les besoins d'une première distillation, et l'économie de combustible est de moitié.

Dans la pratique, l'opération ne se fait pas telle que nous venons de la décrire. La description est ici successive, tandis que les diverses phases de l'opération sont simultanées. Ainsi on n'attend pas que le liquide des chaudières et celui du chauffe-vin soient épuisés pour les renouveler. Leurs pertes sont réparées à mesure qu'elles se produisent et les niveaux y sont en général entretenus à la hauteur des robinets d'avis. L'eau du réservoir LL'L''L''' est elle-même maintenue à basse température par l'addition presque incessante d'eau froide.

Un seul homme fait fonctionner un appareil de ce genre. Il veille à la régularité du feu, fait mouvoir alternativement le piston de la pompe BB', celui de la pompe RR', donne à la chaudière F, la quantité de vin qui est nécessaire et enfin s'assure que le liquide qui s'écoule en K'' a un titre commercial.

En général les produits d'une distillation qui touche à sa fin sont peu riches en alcool ; la première eau-de-vie est toujours la plus alcoolisée. Ainsi, bien que conduite avec régularité, la distillation ne donne pas, pendant sa durée, un produit uniforme, mais il se fait dans la barrique un mélange continu de ces produits à richesse variable, et l'homme préposé à la distillation veille à ce que ce mélange ait le titre exigé par le commerce de Cognac et de Bordeaux.

L'appareil que nous venons de décrire est construit d'après différentes dimensions, suivant l'importance des exploitations agricoles où il doit être établi. Dans les dimensions moyennes la chaudière contient environ 70 veltes, c'est-à-dire 533 litres. L'appareil est en cuivre et coûte 2,400 francs. Il distille deux hectolitres d'eau-de-vie en vingt-quatre heures. Le feu est réglé d'après l'abondance de l'eau-de-vie condensée dans le tube de sortie. On l'active ou on le modère suivant qu'il convient de le faire. Un feu trop vif nuirait à la qualité de l'eau-de-vie. La chaudière doit être entretenue en ébullition, mais à petit feu et surtout à feu égal.

Il faut 2f,50 à 3 francs de combustible par hectolitre d'eau-de-vie.

TABLEAU

DE CORRESPONDANCE ENTRE LES ARÉOMÈTRES DE TESSA, DE CARTIER, ET L'ALCOOMÈTRE CENTIGRADE OU CENTÉSIMAL DE GAY-LUSSAC

ARÉOMÈTRE de TESSA.	ARÉOMÈTRE de CARTIER.	ALCOOMÈTRE centigrade ou centésimal.	ARÉOMÈTRE de TESSA.	ARÉOMÈTRE de CARTIER.	ALCOOMÈTRE centigrade ou centésimal
	18	45	6 3/4	25 1/2	68
1/4	18 1/4	46	7 7 1/4	25 3/4 26	69
1/2	18 1/2	47	7 1/2 7 3/4	26 1/4 26 1/2	70
1/3	18 3/4	48	8	26 3/4	71
1	19	49	8 1/4 8 1/2	27 27 1/4	72
1 1/4	19 1/4	50	8 3/4	27 1/2 27 3/4	73
1 1/2	19 1/2	51	9	28	74
1 3/4	19 3/4	52	9 1/4 9 1/2	28 1/4 28 1/2	75
2 2 1/4	20 20 1/4	53	9 3/4 10	28 3/4 29	76
2 1/2	20 1/2	54	10 1/4	29 1/4 29 1/2	77
2 5/3	20 3/4	55	10 1/2 10 3/4	29 3/4 30	78
2 3/4	21 21 1/4	56	11 11 1/4	30 1/4 30 1/2	79
3 3 1/4	21 1/2	57	11 1/2 11 3/4	30 3/4 31	80
3 1/2	21 3/4	58	12	31 1/4 31 1/2	81
3 3/4	22 22 1/4	59	12 1/4 12 1/2	31 3/4 32	82
4 4 1/4	22 1/2	60	12 3/4 13	32 1/4 32 1/2	83
4 1/2	22 3/4 23	61	13 1/4	32 3/4	84
4 3/4	23 1/4	62	13 1/2	33	85
5	23 1/2	63	13 3/4	33 1/4 33 1/2	86
5 1/4 5 1/2	23 3/4 24	64	14 14 1/4	33 3/4 34	87
5 3/4 6	24 1/4 24 1/2	65	14 1/2 14 3/4	34 1/2	88
6 1/4	24 3/4	66	15 1/4	35	89
6 1/2	25 25 1/4	67	15 1/2 15 3/4	36	90

En général, il faut compter sur sept à huit barriques de bon vin blanc pour une d'eau-de-vie. Cela revient à dire que 100 litres de vin blanc de bonne qualité fournissent en moyenne par la distillation, telle qu'elle est précédemment exposée, de douze à quatorze litres d'eau-de-vie.

La preuve exigée par le commerce est à 4° de l'aréomètre de Tessa.

Les propriétaires distillent généralement à 6°,50 du même aréomètre.

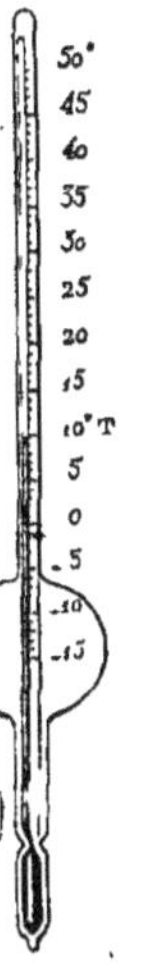

L'aréomètre de Tessa est un instrument fondé sur le même principe que ceux de Baumé, de Cartier, de Gay-Lussac, mais avec une graduation différente.

La figure 1093 le représente. L'alcool et l'eau ayant une densité différente, celle de l'alcool étant moindre que celle de l'eau, il est évident que plus une eau-de-vie contient d'alcool, plus l'aréomètre s'y enfonce. La richesse alcoolique d'une liqueur est proportionnelle au volume déplacé par l'aréomètre. Une échelle graduée indique ce volume et par suite la richesse alcoolique. Ces sortes d'instruments sont en usage partout où l'on fabrique des esprits ou des eaux-de-vie.

Fig. 1093. — Aréomètre de Tessa.

L'alcoomètre de Tessa étant exclusivement employé dans les Charentes, tandis que ceux de Gay-Lussac et de Cartier sont en France d'un usage plus général, il est utile de faire connaître la correspondance des degrés de ces trois instruments; c'est l'objet de la table ci-dessus.

Le commerce, avons-nous dit, exige que l'eau-de-vie soit au titre de 4° de Tessa; il paie 5 p. 100 par degré en sus. Le propriétaire distille à 6°,50 et reçoit ainsi 12°,50 p. 100 en sus du prix stipulé. Ce n'est pas l'appât d'un supplément de prix qui guide le propriétaire dans son opération. L'eau-de-vie destinée souvent, à cause de la stagnation des affaires, à passer plusieurs années dans les celliers, s'appauvrit en alcool et elle descendrait au-dessous du titre commercial, si elle n'avait été distillée à un titre plus élevé.

Néanmoins il y aurait ici une moyenne à prendre. En général, on s'accorde à reconnaître qu'à 6°,50 la distillation détruit une partie du parfum des eaux-de-vie et qu'on aurait du cognac plus distingué, si les propriétaires distillaient à 5° ou 5°,50. Au surplus, en bons vases et en lieu clos, il faut vingt-cinq ans pour qu'une eau-de-vie titrée d'abord à 6°,50 descende au-dessous de 4°. Or, après cette époque, l'insuffisance de son titre n'est pas un obstacle à sa vente. Elle est recherchée et se vend comme eau-de-vie de luxe.

Le titre, avons-nous dit, s'établit par l'examen du tube gradué, marquant la ligne de flottaison de l'alcoomètre. Cette indication n'a pas une valeur absolue. Personne n'ignore que l'alcool est très-sensible aux variations de température, de telle manière que la même eau-de-vie éprouvée avec le même instrument accuserait des titres différents suivant qu'il ferait chaud ou froid. L'aréomètre de Tessa donne ses indications normales à 10° centigrades. L'expérience enseigne qu'il accuse un degré alcoométrique en plus ou en moins par 8 degrés de température en moins ou en plus. Ainsi telle eau-de-vie qui marque 6° alcoométriques à la température de 10° centigrades, marque 5 à la température de 2° centigrades et 7 à la température de 18° centigrades.

La formule algébrique suivante permet de ramener à 10° centigrades les indications de l'aréomètre de Tessa. $R = E - (0°,125 \times t)$.

R est la richesse alcoolique réelle; E, le nombre de degrés marqués par l'aréomètre; t, les degrés de température comptés à partir de 10. On prend le signe + ou le signe — suivant que la température est inférieure ou supérieure à 10.

Ainsi, soit une eau-de-vie marquant 5°,75 à l'aréomètre de Tessa, à la température de 14°, quel serait son titre à 10°? La formule précédente donne R ou richesse réelle = 5°,75 — (0°,125 × 4) soit 5,25.

A mesure que la distillation s'opère, l'eau-de-vie tombe dans une barrique. Celle-ci est quelquefois en vieux bois et quelquefois en bois neuf. Généralement, elle est en bois qui a déjà servi. Cette barrique est bondée, roulée dans le chai et mise en place jusqu'à la vente. Elle ne reçoit aucune espèce de soin, sauf celui de rabattage si elle manque de solidité.

Les soins d'ouillage et de décantage donnés aux vins sont ici inutiles. On sait que l'ouillage a pour but de tenir la barrique pleine afin que, le vin n'ayant pas de contact avec l'air, il ne puisse se développer à sa surface ces végétations mycodermiques qui transforment l'alcool en acide acétique. Pour les eaux-de-vie cette production de mycodermes n'est pas à craindre. De l'eau-de-vie à 6°,50 de Tessa, c'est-à-dire à 67° centésimaux de Gay-Lussac, est un milieu impropre à la vie d'un être organique quelconque.

Les décantages sont aussi sans utilité; un liquide produit par la distillation ne tient pas en suspension des molécules solides qui puissent, dans certaines conditions de température, se précipiter. En somme l'eau-de-vie n'a besoin d'aucuns soins et n'en reçoit pas.

Immédiatement après la distillation, les eaux-de-vie de la fine Champagne, de la petite Champagne et des Bois, n'ont rien qui permette de les différencier. L'arome spécial du cognac n'est pas encore développé. Toutes ces eaux-de-vie se ressemblent, et quelle que soit la délicatesse du palais du dégustateur, il n'est pas possible de distinguer d'abord leur provenance.

Quand le commerce les achète, il procède par voie de confiance; il compte plus sur l'honorabilité du vendeur que sur ses propres appréciations.

L'eau-de-vie jeune a un goût d'alambic, dû à des huiles empyreumatiques créées par la distillation, qui masque complétement l'arome futur du cognac. Ainsi à l'achat l'aréomètre de Tessa révèle la richesse alcoolique, mais les qualités que l'avenir devra mettre en lumière sont à l'état latent; il n'est aucun moyen de les apprécier encore.

Cette insuffisance de contrôle rend les fraudes faciles et nombreuses. L'unes d'elles, la plus fréquente, consiste à vendre comme eau-de-vie des Champagnes de l'eau-de-vie des Bois. L'autre consiste à étendre l'eau-de-vie avec du trois-six; on profite ainsi de la différence de prix qu'il y a entre ces deux produits. On obtient par cette adultération une eau-de-vie marchande, au titre exigé par les habitudes du commerce, mais le temps ne développe pas dans cette eau-de-vie le bouquet particulier qui distingue les bonnes eaux-de-vie de cognac.

Il arrive donc très-souvent que le commerce est victime de ces deux fraudes.

A son tour il soumet quelquefois les eaux-de-vie à certaines manipulations pour les vieillir artificiellement et les rendre plus vite aptes aux besoins de la consommation. Il y a à cet égard de petits secrets qu'il est difficile d'apprendre. L'art sous ce rapport consiste à imiter autant que possible ce que fait la nature. Or, quand une eau-de-vie est vieille, on trouve qu'elle s'est appauvrie en alcool, qu'elle s'est colorée, qu'elle a perdu son astringence et qu'elle a un arrière-goût un peu sucré.

Pour imiter cet effet du temps, on loge l'eau-de-vie en barriques neuves de chêne qui la colorent, et on l'étend avec de l'eau distillée dans laquelle on a fait dissoudre une certaine quantité de caramel.

Il est un moyen de vieillir artificiellement une eau-de-vie sans fraude. Ce moyen consiste à la mettre en barriques neuves et à placer celles-ci en un lieu chaud et aéré. L'évaporation amène une perte considérable de liquide, mais on obtient de la sorte une vétusté anticipée.

Ainsi que nous l'avons dit précédemment, la région viticole des deux Charentes produit annuellement 856,184 hectolitres d'eau-de-vie. Le cours actuel de cette eau-de-vie (1862) est d'environ 140 francs l'hectolitre. Cette branche de notre viticulture met donc en mouvement à peu près 120 millions de francs par an. Cette somme se répartit entre tous les propriétaires de vignes des Charentes. Le commerce de Cognac et subsidiairement celui de Bordeaux s'attribuent ces produits et y assoient leurs spéculations.

Ils les livrent à 3°,50 de Tessa, soit 21°,75 de Cartier et 58° centésimaux.

Dans la Charente, la cote des cognacs se fait aux 27 veltes. Bordeaux les cote aux 50 veltes.

Les cognacs sont logés dans des fûts de trois hectolitres appelés *tierçons*. Mais l'expédition s'en fait dans des fûts neufs de toute capacité.

Ces eaux-de-vie ont leurs principaux débouchés en Angleterre, dans les États-Unis et dans le nord de l'Europe. Il se consomme dans le monde, sous le nom de cognac, beaucoup plus d'eaux-de-vie que n'en produisent les Charentes. Les cognacs doivent l'abus qu'on fait de leur nom à leur supériorité réelle et sans rivale.

Cette supériorité tient sans doute au sol, aux cépages, aux procédés distillatoires, à des réactions lentes et mystérieuses, à la présence de produits balsamiques que le temps crée dans l'eau-de-vie, produits que la chimie n'a pas isolés et qu'elle n'isolera peut-être jamais.

Dans l'état des choses, la production du cognac, comme celle des grands vins de Médoc, de Bourgogne, de Champagne, est une des gloires de la viticulture française. C. Alibert.

CHAPITRE XXII

DE L'EAU-DE-VIE DE MARCS.

Dans la dernière édition de ses *Leçons de chimie élémentaire*, appliquée aux arts industriels, M. Girardin nous dit : « Les appareils au moyen desquels on obtient aujourd'hui l'eau-de-vie et les esprits, sont bien différents de ceux qui servaient il y a soixante ans. A la place de l'alambic ordinaire, qui ne donne que des produits très-aqueux, qu'il faut rectifier un grand nombre de fois et qui ont toujours, d'ailleurs, un *goût* de *feu* ou *d'empyreume*, on opère dans un appareil à marche continue et qui permet d'extraire, d'un seul coup, tous les degrés de spirituosité. La première idée en est due à Édouard Adam, de Rouen, mais c'est à Cellier Blumenthal, Derosne et Cail, Laugier, Dubrunfaut, qu'on en doit les perfectionnements. Dans cet appareil, la chaleur n'étant plus appliquée directement au liquide, et l'alcool étant expulsé de celui-ci par les vapeurs hydro-alcooliques qui proviennent d'une petite fraction du liquide chauffé immédiatement, il en résulte qu'on obtient un alcool plus parfait, sans goût de feu, plus rectifié ou plus fort, avec une grande économie dans la main-d'œuvre, le combustible et le feu. »

Assurément, nous mettons l'appareil distillatoire à marche continue bien au-dessus de l'alambic ordinaire, mais, pour rester dans la vérité, nous devons reconnaître que ce dernier n'est pas abandonné partout, qu'il fonctionne même à côté des appareils perfectionnés et qu'en retour des inconvénients qu'on lui reproche, on le félicite de deux avantages que voici : 1° L'alambic ordinaire ne coûte pas très-cher et reste à la portée de la plupart des cultivateurs, tandis que l'appareil à marche continue est très-coûteux et ne convient réellement qu'à des distillateurs de profession ; 2° l'eau-de-vie obtenue par le moyen de l'alambic ordinaire, au moins celle des marcs de raisins, est plus recherchée et mieux payée que celle obtenue par les appareils à marche continue, et uniquement à cause de son goût d'empyreume qui masque la fraude et la rend par cela même plus facile.

Comme c'est de la distillation agricole qu'il

s'agit ici, non de la distillation industrielle, nous suivrons le travail de l'alambic ordinaire.

Cet alambic se compose 1° d'une chaudière d'une contenance de 450 litres; 2° du chapiteau ; 3° du réfrigérant ou serpentin, fixé dans une tonne d'eau. — Tout prêt à fonctionner, il coûte de 500 à 550 francs.

Des marcs à distiller. — On emploie indistinctement le marc des raisins blancs et celui des raisins rouges, tout en reconnaissant, bien entendu, que celui des raisins rouges est autrement riche en alcool que le blanc, parce qu'il a été plus longtemps en contact avec le moût. Il est à remarquer aussi que les marcs sont d'autant plus riches qu'ils proviennent de raisins de meilleure qualité; il est à remarquer, en outre, que à qualité de raisin égale, le marc des raisins rouges sucrés en cuve contient plus d'alcool que celui des raisins qui n'ont pas été sucrés. Il va sans dire que la richesse en alcool varie avec les années, qu'elle s'élève dans les années chaudes favorables à la vigne, et qu'elle diminue dans les années froides et pluvieuses. Pour ce qui est du prix de la matière première, c'est-à-dire des marcs destinés à la distillation, il est, lui aussi, très-variable, et subordonné non-seulement à leur provenance, mais encore à l'abondance des produits et au cours des eaux-de-vie. En 1862, le marc provenant de raisins rouges ayant produit 456 litres d'excellent vin de Bourgogne, se vendait 6 francs, tandis que dans la même contrée, le marc de 456 litres de gamais rouge ne valait que 4 fr. ; celui des gamais de la plaine moins encore. Quant au marc de raisins blancs fins ou communs, on l'achetait indistinctement à raison de 2f,50.

Conservation des marcs. — Il est essentiel de s'approvisionner de marcs très-frais, c'est-à-dire enlevés aussitôt après la pressée, et de les conserver en bon état. Plus on les laisse en contact avec l'air, plus ils perdent de leur valeur ; au bout de deux jours seulement, la fermentation commence.

Pour la prévenir, on prend les marcs frais et on les entasse dans des fosses ou dans des cuves, avec les précautions que nous allons indiquer tout à l'heure. Mais disons d'abord que les fosses ne conviennent réellement qu'aux grands distillateurs. Elles consistent en tranchées de dimensions variables, murées avec de la chaux hydraulique. Les vignerons n'ont pas besoin de fosses ; ils se servent tout simplement de leurs cuves. Quel que soit le vaisseau d'ailleurs, fosse ou cuve, peu importe, on y place le marc de la même manière. A cet effet, on défait, on désagrége le marc en question avec des pioches à dents ou avec la main, et à mesure que les mottes sont divisées dans la fosse ou dans la cuve, on les étend et on les piétine avec force.

Il convient d'aller vite en besogne et de ne pas remettre au lendemain ce qu'on peut faire la veille.

Quand tout le marc dont on dispose a été émietté et foulé comme nous venons de le dire, on le recouvre de 0m,05 à 0m,07 de mortier de terre argileuse que l'on bat bien. Il ne reste plus, après cela, qu'à surveiller la couverture en question qui, on le sait, est sujette à se crevasser pendant sa dessiccation. A mesure qu'on aperçoit des crevasses, on les bouche avec du mortier de même nature.

Dans ces conditions, très-faciles à remplir d'ailleurs, le marc de raisin peut se conserver aisément toute l'année.

Lorsque vient le moment de distiller, on enlève entièrement le couvercle de mortier de la cuve ou de la fosse et on en utilise le contenu sans relâche. Il est bon toutefois, pendant les *chauffées*, de placer une couverture quelconque en étoffe sur le marc mis à jour.

Chargement de la chaudière et distillation. — On commence par piocher le marc dans la cuve, et, à mesure qu'on le prend, on le met dans des sacs ou bâches, et on l'emporte dans la chaudière. On le verse dans cette chaudière, sans le tasser, et on emplit celle-ci jusqu'à 0m,25 cent. du rebord. Elle peut contenir le marc de 684 litres ou de trois pièces de vin, puis l'eau nécessaire, selon la qualité du marc. Il en faut plus pour les marcs de bonne qualité que pour ceux de qualité inférieure (1).

Une fois la chaudière pleine, on allume le feu avec du bois sec, et pendant que cette chaudière s'échauffe, on place le chapiteau et on le lute, soit avec une bouillie de cendres de bois et d'eau, soit avec de la terre glaise.

Dès que la distillation s'annonce par un petit filet de liquide, on doit régler le feu, afin de ne pas la précipiter. Il importe que le filet ne rende pas plus de 12 à 15 litres à l'heure, et que le produit de la distillation ne s'échauffe pas, autrement il y aurait perte par évaporation et l'alcool contracterait ce qu'on appelle un goût d'échauffé. On donne au liquide qui se produit durant cette distillation le nom de *petite eau*. C'est de l'eau-de-vie de 15 à 20 degrés centigrades qui coule ordinairement six heures. Lorsqu'on suppose que la fin approche, c'est-à-dire qu'il n'y a plus guère d'alcool dans la petite eau, on essaye celle-ci par les moyens suivants : on en prend un peu dans un verre, de celle bien entendu qui continue de couler du serpentin, et on la jette sur le brasier du fourneau ; si elle ne s'allume pas, c'est que la première opération est à peu près finie. D'autres fois, on en jette sur le chapiteau et l'on présente une lumière, chandelle ou allumette enflammée; si la petite eau ne prend pas feu, c'est un signe encore de sa pauvreté en alcool.

(1) On peut ajouter au marc les *dépôts* des vins collés, dépôts qui sont beaucoup moins estimés que les *lies* enlevées au premier soutirage, c'est-à-dire après avoir décanté des vins non collés. Pour ce qui est de ces dernières, on les presse, on vend aux vinaigriers le liquide qui en sort, on forme des pains avec la lie pressée, on divise ces pains par petits morceaux que l'on met sur des planches en plein soleil. En mai ou juin, trois journées chaudes suffisent pour les sécher à peu près; on complète la dessiccation au grenier ou sous un hangar, après quoi on met la lie en sacs pour la vendre. Les prix sont très-variables ; en 1861, les 100 kilogrammes se vendaient 40 fr.; en 1862, ils ne valaient plus que de 28 à 30 fr.

Alors, dans l'un et l'autre cas, on enlève la petite eau recueillie jusqu'à ce moment-là, on la met dans un fût, et l'on place sous le serpentin un vase quelconque pour recevoir la dernière petite eau, toujours de plus en plus faible. On la goûte de temps en temps, et quand on ne sent plus d'alcool, on songe à décharger l'alambic et l'on a soin de jeter de l'eau chaude dans le chapiteau et de la faire passer dans le serpentin pour le nettoyer.

Le marc de 684 litres de vin rend en petite eau de 15 à 20° centigr. :

Marc de bon vin rouge......	45 à 50 litres.
— de gamais..	35 à 40 —
— de vin blanc...........	25 à 30 —

Pour décharger la chaudière, on se sert d'un instrument spécial à deux branches, avec lequel on saisit et on enlève le marc ; puis on vide l'eau avec une poêle, au moins en grande partie. Il est bon qu'il en reste un peu, afin d'empêcher que la chaudière ne brûle.

Ceci fait, on recharge naturellement la chaudière avec de l'autre marc; on verse dessus la petite eau trop faible, afin de ne rien perdre du peu d'alcool qui s'y trouve encore, et au lieu de se servir d'eau froide qui exige toujours une grande dépense de combustible pour élever sa température, on prend celle du réfrigérant qui est très-chaude, on la verse dans la chaudière sur le marc, et on la remplace par de l'eau froide.

Rectification ou repasse. — La rectification ou *repasse* a pour but d'élever la force de la petite eau-de-vie jusqu'à 54° centigrades, c'est-à-dire un peu au-dessus du chiffre exigé par le commerce qui veut que cette eau-de-vie marque 52° à la température de + 15° centigr. Les deux degrés en plus sont donnés en vue de la perte qui a lieu par évaporation. On met du marc dans la chaudière, comme à l'ordinaire, ou moins si l'on veut ; ensuite on verse dessus la petite eau-de-vie jusqu'à ce que le marc en soit recouvert, sans toutefois se rapprocher du rebord plus près que de $0^m,25$. N'était cette précaution, l'ébullition pourrait rejeter le liquide et le marc dans le serpentin.

Cette fois, il est essentiel de tenir l'eau du réfrigérant aussi fraîche que possible, et, pour cela, de renouveler cette eau une ou deux fois pendant l'opération. On l'enlève par le dessus, car elle n'est chaude qu'à une certaine profondeur et froide ou à peu près au-dessous.

Pour recevoir le filet d'eau-de-vie qui tombe du serpentin, on se sert d'un vase capable de contenir tout le produit de la rectification, autrement dit toute la *repasse*. Au moyen de l'alcoomètre de Gay-Lussac et du thermomètre, on s'assure du degré voulu, et dès que l'eau-de-vie descend au-dessous de ce degré, on enlève le baquet et on le remplace par un autre, destiné à recevoir la petite eau pour d'autres rectifications. Il faut de 15 à 17 heures pour chaque rectification.

Les marcs de 1862, en Bourgogne, ont rendu en eau-de-vie rectifiée :

Pour le marc de 228 litres	de vin rouge (pinot)...	5 lit. 1/2
— —	de vin rouge (gamais)..	4 lit.
— —	de vin blanc.........	3 lit.

Le propriétaire, au lieu de vendre le marc de 228 litres de vin fin, à raison de 3 fr., peut donc le distiller et en retirer 5 litres 1/2 d'eau-de-vie rectifiée qui vaut $0^f,88$ le litre. — Le marc de gamais qu'il vend 2 fr. lui rapporte 4 litres d'eau-de-vie à $0^f,88$ également; — enfin le marc de vin blanc, qui n'est estimé que $1^f,25$, lui rapporte 3 litres d'eau-de-vie, toujours à $0^f,88$ le litre.

Le marc qui a subi la distillation et qui est appelé *marc brûlé* ou *genne brûlée*, n'est pas sans valeur. On estime qu'il paye largement le combustible employé pour chauffer la chaudière, et dont le prix s'élève à 3 fr. par jour. En Bourgogne, quand on ne s'en sert pas chez soi à titre d'engrais, on le vend à d'autres qui l'emploient pour fumer leurs provins et paraissent en faire grand cas. On le vend à peu près, aux environs de Beaune, à raison de $0^f,35$ l'hectolitre.

Si, dans la Bourgogne, on recherche beaucoup le marc de raisins pour la fumure des vignes fines, on le recherche aussi beaucoup ailleurs pour d'autres cultures, et aussi pour l'engraissement des moutons ; on dit qu'il les préserve de la cachexie aqueuse. A Argenteuil, on se loue de ses bons effets au pied des figuiers; autre part, on le vante pour la culture des asperges. Il n'agit pas seulement par les substances fertilisantes qu'il renferme, il agit peut-être surtout par la fraîcheur qu'il entretient dans les fosses des vignes marcottées et qui devient précieuse dans les terrains secs des coteaux calcaires; c'est sans doute pour la même raison qu'il est avantageux au figuier qui, s'il aime le soleil à la tête, aime tout autant la fraîcheur à son pied; enfin, pour ce qui est des asperges, on doit admettre que le marc de raisins peut leur être avantageux et dans les terres un peu compactes qu'il soulève et assainit nécessairement, et dans les terres très-poreuses où il entretient quelque humidité (1). P. J.

(1) Le marc ne sert pas uniquement pour la distillation, la nourriture des moutons et la fumure des terres; on a retiré et l'on retire encore de l'huile des pepins qu'il renferme. C'est une industrie qui n'a pas d'avenir. Voici ce qu'en disait Huzard dans ses annotations au *Théâtre d'agriculture* d'Olivier de Serres :

« On exprime des pepins de raisins, qu'on a retirés du marc, par le lavage à l'eau, et qu'on a fait sécher et passer au moulin, une huile qu'on emploie dans les aliments, en Italie surtout, en remplacement de celle de noix; elle sert plus communément à brûler, et pour la tannerie. On a tenté d'en faire en France et même à Paris, et on a réussi; mais le produit n'est pas assez considérable pour couvrir les frais de fabrication, et pour qu'elle puisse entrer dans le commerce en concurrence avec les autres. Les Italiens assurent cependant que 25 livres (13 kil.) de pepins, donnent jusqu'à 5 livres 1/2 (2 kil. 1/2) d'huile. »

De nouveaux essais ont eu lieu en Bourgogne à diverses reprises et nous avons remarqué de beaux échantillons de cette huile de pepins à l'exposition de vins que l'on fit à Beaune en 1862.

CHAPITRE XXIII

DU VERJUS

Historique. — Nous savons quel parti on tire des raisins mûrs; on en fait du vin et de l'eau-de-vie soit par la distillation des vins communs, soit par la distillation du marc. Il nous reste à dire un mot de l'emploi des raisins verts, c'est-à-dire de la préparation et des usages du verjus.

Nos recherches dans les auteurs latins ne nous ont rien fait découvrir de satisfaisant quant au verjus. Les raisins à verjus portent en différentes localités les noms de *bourdelar*, d'*agras*, d'*aigruns* et de *gruns*. Vraisemblablement, l'emploi du verjus pour condimenter les mets, doit remonter à une date très-éloignée, mais nous ne la découvrons pas; les anciens nous parlent beaucoup du vinaigre et ne nous disent rien de précis sur le jus acide des raisins verts.

Olivier de Serres traite du verjus après avoir traité des vinaigres. Il nous rapporte que, de son temps, les verjus les plus communs se faisaient avec des raisins non mûrs, ramassés dans les vignes après les vendanges. Il ajoute que d'autres prenaient leurs raisins à verjus sur des treilles tardives, expressément cultivées à cet effet. On exprimait le jus de ces raisins sous un pressoir, ou à défaut de pressoir, en le pilonnant dans un mortier. On laissait reposer ce jus dans de petites cuves pendant quelques jours, afin qu'il s'éclaircît, puis on le versait dans de petites futailles et on le salait un peu pour mieux le conserver.

Parmentier, dans ses annotations faites au livre d'Olivier de Serres, assure, à tort, que le sel proposé à dessein de conserver le verjus, serait insuffisant, si l'on n'avait pas la précaution de couvrir sa surface d'une légère couche d'huile.

Préparation du verjus. — Le suc de verjus n'est pas difficile à préparer, écrit le même auteur dans le *Nouveau Cours d'agriculture* de Déterville: il s'agit seulement de prendre les grains de raisins qui portent ordinairement ce nom, de les écraser encore verts, et de les laisser ainsi fermenter dans un vaisseau, à découvert, pendant environ trois semaines; après, on exprime le suc par le moyen d'une presse; on mêle le marc avec de la paille hachée pour favoriser l'écoulement du suc; on le laisse dépurer vingt-quatre heures; on le filtre à travers le papier, et on le distribue dans des bouteilles de médiocre capacité après avoir achevé de les remplir avec de l'huile d'œillette, plus propre qu'aucune autre à couvrir les liquides de ce genre, attendu qu'elle conserve sa fluidité en hiver, et ne laisse pas, comme celle qui se fige, passer l'air atmosphérique.

Nos propres renseignements sur la préparation du verjus ne s'accordent pas tout à fait avec ceux qui précèdent. Si nous sommes bien informé, — et nous croyons l'être, — voici comment on procède en Bourgogne où l'on consomme de grandes quantités de verjus.

On se procure les grappillons verts ou *gruns* qui restent aux vignes après la vendange et que l'on expose au marché. Dans les années d'abondance, ces grappillons ne valent guère plus de 1f,25 le grand panier, d'une contenance d'environ 36 kilos; dans les années de rareté, le prix du panier s'élève à 3f,50 et même 4 francs.

On écrase ces raisins verts sur le mâtis ou maie d'un pressoir, en marchant dessus avec des sabots, ou bien, ce qui est préférable, on les écrase entre deux cylindres, comme s'il s'agissait d'une vendange ordinaire en raisins blancs. Après cela, on met le marc en tas et on le presse fortement par les moyens mécaniques dont on dispose.

Le liquide obtenu par le foulage et la pression est le verjus.

Lorsqu'on veut utiliser ce verjus promptement ou assez promptement, dans les trois ou six mois qui suivent son extraction, on le met tout simplement dans des futailles, sans autre soin. Lorsque, au contraire, on se propose de le garder en tonneaux pendant une année et même deux années, on ajoute par tonneau de verjus un kilogramme et plus de sel de cuisine et 100 grammes de poivre blanc en grains.

Emploi du verjus. — Le verjus entre dans la fabrication des moutardes de premier ordre et donne à la pâte cette saveur que l'on n'obtient jamais avec le vinaigre. Dans les cuisines, on se sert aussi de verjus pour relever certains mets, en guise de vinaigre ou de jus de citron.

Avec les baies de raisins de treilles qui ne mûrissent pas, on prépare des conserves connues également sous le nom de verjus. P. J.

CHAPITRE XXIV

DU VINAIGRE DE VIN

Nous ne ferons pas l'historique du vinaigre; la date de sa découverte s'est perdue dans la nuit des temps et bien habile celui qui la retrouvera. Les anciens ne connaissaient pas seulement le vinaigre de vin; ils connaissaient encore aussi bien que nous, si nous en croyons Palladius, le vinaigre de pommes, de poires et même de cormes.

Le vinaigre de vin est une substance condimentaire, que l'on doit considérer comme d'absolue nécessité. Elle a des propriétés hygiéniques toutes spéciales, et, prise dans une juste proportion, elle ne présente aucun danger pour la santé publique. Mais si le vinaigre de vin pur offre toute garantie, en est-il de même de l'usage de ces prétendus vinaigres, fabriqués de toutes pièces, qui contiennent de tout excepté du vin? Évidemment non.

Le vinaigre, dans l'économie domestique, est l'assaisonnement le plus commun, le seul à la portée de la classe la plus nombreuse et la plus pauvre; aussi doit-on veiller avec la plus sévère attention à ce que ce liquide et les diverses préparations culinaires auxquelles il sert de base ne contiennent aucune substance nuisible. Toutes les fois qu'il a été fabriqué dans les conditions normales, il rend les aliments plus tendres, plus faciles à digérer, couvre leur fadeur et en relève le goût.

Le vinaigre n'est pas, comme on le croit généralement, et comme on l'imprime encore trop souvent, de l'*acide acétique* étendu d'eau; non, un tel mélange n'est pas plus du vinaigre que l'alcool étendu d'eau n'est de l'eau-de-vie. Outre de l'acide acétique, le vinaigre contient tous les acides, tous les sels organiques et inorganiques que nous retrouvons dans le vin, c'est-à-dire les acides tartrique, citrique, malique, etc., etc., les tartrates, bitartrates, etc., etc., et en outre un principe gommeux, ou plutôt mucilagineux, de la glycérine, de l'alcool, en proportions très-variables, et qui, se combinant, sous l'influence de certaines circonstances, avec les acides du liquide, lui donnent cette odeur et cette saveur si suaves d'*éther acétique*, odeur et saveur qui ne se retrouvent jamais dans les vinaigres de bière, de cidre, et surtout dans ces vinaigres formés d'acide acétique et d'eau (vinaigres de bois). Disons de suite, pour n'y plus revenir, que tout vinaigre de vin, qui ne contient plus d'alcool (1,50 au moins p. 100) est un vinaigre fini, et prêt à tourner à la fermentation putride, de même que le *vin* qui ne contient plus de *sucre* touche à la fin de son existence comme *vin* et est menacé d'une destruction complète et rapide.

C'est donc à l'ensemble de cette composition complexe (que l'on ne retrouve pas dans cette masse de produits douteux vendus sous le nom de vinaigre) que sont dues les qualités culinaires et hygiéniques, qui font rechercher et si justement estimer le bon vinaigre de vin.

Quant à la théorie de la conversion de l'alcool, ou, pour parler plus exactement, des liquides alcooliques en *acide acétique*, les anciens savaient que la production du vinaigre ne pouvait se faire sans le contact de l'air; qu'un simple mélange d'alcool et d'eau ne pouvait donner du vinaigre, que la présence de matières très-putrescibles (ferment) était également indispensable.

Un chimiste allemand avança que cette transformation s'opérait par l'absorption de l'*oxygène*. En effet, les éléments d'un équivalent d'alcool, $C^4H^6O^2$, combinés avec 4 d'oxygène (4O)=C^4H^4+2HO, un équivalent d'acide acétique.

D'après cette théorie, tout le secret de la fabrication du vinaigre consisterait donc à hâter autant que possible l'absorption de l'oxygène par le liquide alcoolique.

Fabrication du vinaigre en petit. — Autrefois, dans les maisons de quelque importance, les ménagères fabriquaient le vinaigre dont elles avaient besoin et ne craignaient par conséquent rien de la fraude. Aujourd'hui, cette préparation de famille n'est pas abandonnée, mais elle devient de plus en plus rare. Voici de quelle manière on opère : on remplit à moitié et même aux trois quarts de très-bon vinaigre, un baril en bois (nous en avons vu souvent en terre dite de grès). La capacité de ce baril doit être telle qu'elle puisse subvenir à la consommation; une contenance de 8 à 10 litres est bien suffisante. Le baril est muni à la partie inférieure d'un des fonds, d'un robinet en bois, et porte sur une des douves, une bonde un peu plus petite que celle d'une feuillette de 114 litres. Cette bonde n'est jamais scellée qu'avec un morceau de linge, de façon à ce que l'air puisse y pénétrer. On place le baril à la cave, au grenier, ou plus ordinairement à la cuisine. Ainsi disposé, il est prêt à fonctionner. On le nomme la *mère*. Lorsqu'on a besoin de vinaigre, il suffit de tirer par le robinet de bois la quantité de vinaigre nécessaire et de remplacer immédiatement le vinaigre enlevé par une égale quantité de vin de bonne qualité, contenant au moins, 8 à 9 p. 100 d'alcool : on réserve communément pour cette opération les vins de *lies*, les résidus de tonneaux provenant de la mise en bouteilles et préalablement filtrés, mais le plus ordinairement on ajoute tout simplement du vin de la consommation habituelle. Si ce vin ajouté est trop faible en alcool, il ne fera jamais qu'un mauvais vinaigre, qui pourrait même amener la perte de la *mère*. C'est pourquoi nous avons toujours conseillé d'ajouter à chaque litre de vin à vinaigrer 125 à 150 grammes d'eau-de-vie, fût-elle de marcs, pourvu qu'elle n'ait pas le goût de moisi.

Nous avons conservé dans la maison paternelle un baril de cette espèce pendant plus de 60 ans. Une ou deux fois, on a été obligé de renouveler la *mère*, le vinaigre étant devenu putride par suite de la négligence des personnes chargées du remplissage.

Il est inutile, nous le pensons, de faire remarquer que dans cette fabrication toute ménagère, on n'a le plus souvent que du vinaigre rouge ou rose, attendu que l'emploi du vin rouge est presque exclusif dans les usages ordinaires de la Bourgogne, mais il est hors de doute qu'on obtiendrait les mêmes résultats avec les vins *blancs secs*. Les vins blancs sucrés (du Midi) ne donneraient pas de vinaigre. Si l'on tenait à préparer un vinaigre blanc avec des vins rouges, il suffirait de décolorer ceux-ci avec le noir animal bien *lavé*.

Fabrication du vinaigre en grand. — Le moyen dont il vient d'être parlé ne peut s'appliquer que dans un ménage, et seulement encore dans les localités où le vin est la boisson commune, la plus ordinaire et surtout à bon marché. On comprend facilement que dans les localités où il n'en est pas ainsi, il a fallu avoir recours, pour les besoins de la consommation, à une fabrication spéciale.

Il y a quelque vingt ans seulement, Orléans approvisionnait Paris, sans doute aussi la Normandie et une partie des départements de l'Ouest. La Bourgogne approvisionnait l'Alsace, la Lorraine, les Ardennes, une partie des Flandres; mais aujourd'hui que les distances n'existent plus, ces deux grands centres de fabrication se font une concurrence sur tous les points de la France, et ont, pensons-nous, une égale importance. Les produits de la Bourgogne ont dépassé en 1862 1,200,000 fr. Ceux d'Orléans ont-ils atteint ce chiffre? Nous l'ignorons.

Nous craignons que cet état vraiment prospère ne soit tôt ou tard bien modifié ; la science a indiqué depuis quelques années des procédés de fabrication applicables à toutes les localités, procédés qui joignent à une grande simplicité le moyen d'avoir des produits, sinon remarquables, au moins susceptibles d'être employés dans un grand nombre de circonstances.

Autrefois, notre vinaigre de Bourgogne se faisait remarquer par son arome, sa limpidité, sa belle couleur de vin, car on n'employait alors à sa préparation que des vins rouges, et on colorait avec les baies de sureau les vins blancs destinés au vinaigrage.

Mais la rareté des vins rouges, surtout leur prix toujours de plus en plus élevé, la difficulté de s'en procurer, l'usage plus général des vinaigres blancs firent une loi aux fabricants bourguignons en concurrence avec ceux de l'Orléanais de se servir surtout de vins blancs. On employa dès lors presque exclusivement les vins blancs de la Saône, et ceux dits de la Plaine, puis, pour les vinaigres rouges, on se contenta des vins de *lies*, après le premier soutirage, et quand ils ne suffisaient pas, on colorait des vins blancs avec les baies de sureau. Aujourd'hui, cette coloration frauduleuse a disparu, l'usage des vinaigres rouges n'existant plus guère.

Les vins blancs destinés au vinaigrage doivent être à bon marché ; c'est ce qui arrive ou plutôt ce qui arrivait souvent dans les années d'abondance, car, sans avoir égard à la qualité, nous avons vu dans ces années-là conduire sur les lieux de récoltes trois vaisseaux vinaires vides, en remplir deux et laisser le troisième pour prix du vin.

Ces vins, peu riches en alcool (5 à 6 p. 100), riches, au contraire, en acides organiques, donnaient des vinaigres ayant du montant, du piquant, mais qui ne pouvaient se conserver longtemps. Aujourd'hui les mêmes vins à 5 à 6 p. 100 d'alcool, entrent dans les mélanges des vins du Midi, riches en couleur, souvent additionnés d'alcool, et sont vendus à Paris, comme vins de Mâcon, tandis que dans les années de qualité, lorsqu'ils contiennent 8 à 9 p. 100 d'alcool, ils sont consommés en nature sur place, ou expédiés en Alsace et en Suisse.

Mais, nous le répétons, les vins fins riches en alcool, ne pouvant donner qu'un vinaigre faible en acide acétique, et d'une vente difficile, se clarifiant mal et s'exportant avec peine, il fallait avoir recours à une addition d'alcool. Le droit énorme qui frappait et qui frappe encore le produit, était un obstacle à son emploi.

La fabrication eut alors recours à l'emploi des vins blancs du Midi, connus sous le nom de Terret-Bourret. Ces vins ne peuvent seuls faire du vinaigre marchand, parce qu'ils ne contiennent pas assez de ces acides organiques, indispensables à une fabrication normale, et ne sont pas eux-mêmes assez riches en alcool; mais, par suite de la concession d'un privilége, étendu à cinq départements du Midi, ces vins reçoivent une addition d'alcool telle, que leur titre peut être porté à 18 p. 100 et sans l'acquit d'aucun droit. Ainsi enrichis, ils sont expédiés en Bourgogne et très-probablement ailleurs, et mélangés aux vins de la plaine dans une proportion telle, que ce mélange donne 9 à 10 p. 100 d'alcool. Sur la déclaration du fabricant, ces vins, pris en charge, sont immédiatement dénaturés par les employés de la régie des contributions indirectes, et de suite convertis en vinaigre.

De la vinaigrerie ou atelier de fabrication. — Le local consacré à l'établissement d'une fabrique de vinaigre, doit être construit de manière que l'air extérieur puisse y circuler librement pendant l'été. Pendant l'hiver, la vinaigrerie devra être pourvue d'un poêle ou de tous autres moyens d'élever la température à 23° ou 25° centigrades, mais sans aller au delà. Il faut bien se garder, quand l'on veut opérer utilement, de donner à la température une élévation qui faciliterait le dégagement de l'alcool du vin et affaiblirait d'autant la force du vinaigre qui est de l'alcool oxygéné.

Aménagement de la vinaigrerie. — *Râpés.* — Avant toutes choses, quand, bien entendu, l'on est suffisamment approvisionné de vins, il s'agit de disposer des futailles et d'y mettre les *râpés.* Les vinaigriers donnent ce nom à des copeaux de hêtre, dont ils remplissent les futailles en question. Ils le donnent aussi aux futailles qui contiennent les copeaux. Il y a deux sortes de râpés : les *râpés à vin* et les *râpés à vinaigre.*

Tous les auteurs, à l'exception de M. Pasteur, s'accordent à dire que les copeaux agissent comme corps poreux, à la façon du noir de platine qui, arrosé avec de l'alcool étendu d'eau, s'échauffe et donne naissance à de l'acide acétique. On pense que les copeaux condensent l'oxygène de l'air. M. Pasteur considère cette opinion comme tout à fait erronée. D'après lui, les copeaux n'ont aucune action par eux-mêmes; ils ne feraient que servir de support au développement de la fleur du vinaigre qu'il nomme *Mycoderma aceti.* A l'appui de cette explication, M. Pasteur nous dit : « Faisons écouler sur des copeaux ou le long d'une corde, de l'alcool étendu d'eau. Les gouttes qui tombent à l'extrémité de la corde ne renferment pas la plus petite quantité d'acide acétique. Mais, répétons cet essai en trempant la corde, au début de l'expérience, dans un liquide à la surface duquel se trouve une pellicule mycodermique qui reste en partie sur la corde lorsqu'on la retire du liquide : l'alcool que l'on fait ensuite écouler lentement le long de cette corde au contact de l'air, se charge d'acide acétique. »

L'essentiel, pour les praticiens, c'est que les copeaux de hêtre soient bons à quelque chose, n'importe à quel titre.

Les râpés à vin sont les copeaux sur lesquels le vin est versé d'abord. Il s'y clarifie, y dépose sa lie, en même temps qu'il y subit un commencement de transformation, avant d'être repris et versé dans ce qu'on appelle les *montures* ou *mères de vinaigre*, autres futailles où l'acétification se poursuit et se termine.

Fig. 1094. — Râpé à vin.

Les râpés à vinaigre sont les copeaux que l'on met dans une cuve et sur lesquels on clarifie le vinaigre après sa sortie des montures et avant de le livrer au commerce. Cette cuve, nommée râpé à vinaigre, doit être plus ou moins grande, selon l'importance de la fabrication. Elle est foncée des deux bouts et placée dans le sens de sa hauteur.

Le procédé de clarification des vins par les râpés est surtout utile pour les vins provenant des lies, car ceux-ci ne parviendraient que difficilement à s'épurer sans cela.

Les copeaux du hêtre pourpre, nous assure-t-on, seraient préférables à ceux du hêtre commun; mais ne s'en procure pas qui le voudrait. Dans nos localités, on ne rencontre guère cette variété que dans les jardins d'agrément; il conviendrait cependant, si ses propriétés sont reconnues, de la propager dans le but de rendre service aux vinaigriers.

« Les morceaux de hêtre destinés à fournir les copeaux pour le vinaigre, nous dit-on, doivent provenir d'un arbre très-sain, et ne présenter aucune attaque d'insectes. Les copeaux sont faits à l'aide de la plane ou du rabot; ils doivent être longs de $0^m,60$ à $0^m,65$, et n'avoir pas moins de $0^m,05$, $0^m,06$ ou $0^m,10$ de largeur sur une faible épaisseur. Avant d'être placés dans les fûts, les copeaux neufs sont soumis à une préparation préalable qui consiste d'abord à les plonger quelques jours dans l'eau froide, afin de les épurer et de dissoudre la matière mucilagineuse et colorante du bois; ensuite, à les soumettre à un bain de vinaigre en ébullition pour provoquer l'acétification du vin. Ainsi préparés, les copeaux sont mis à plat dans les tonneaux qu'ils doivent remplir aux trois quarts. Ils peuvent être utilisés pendant plusieurs années. »

Des mères de vinaigre ou montures. — Une fois les râpés préparés, il faut songer aux montures. On nomme ainsi, nous le répétons, les futailles dans lesquelles doit s'accomplir le travail de l'acétification, autrement dit la transformation en vinaigre.

Pour établir une monture, on se sert d'un fût de la contenance de 200 à 250 litres, mais le plus ordinairement de 228 litres, ayant déjà contenu du vin ou de l'eau-de-vie ; l'on pratique à l'extrémité supérieure d'un des fonds un trou de $0^m,040$ à $0^m,054$ de diamètre destiné à l'introduction du vin avec l'aide d'un vase en fer-blanc possédant un long tube d'écoulement faiblement recourbé à son extrémité (*fig.* 1095). Cette

Fig. 1095. — Vase pour introduire le vin.

ouverture sert aussi à l'extraction du vinaigre au moyen du siphon. Les montures ainsi préparées sont placées comme on place nos tonneaux de vin, de bière ou de cidre sur des chantiers ou marres élevés de $0^m,50$ à $0^m,80$ du sol : on engerbe les montures sur deux, trois ou quatre rangs selon l'espace dont on dispose, et, cela fait, les fûts sont remplis à moitié de bon vinaigre auquel on ajoute 5 ou 6 litres de vin parfaitement

Fig. 1096. — Montures.

clarifié, ayant la température de 15 à 20° centigrades, afin d'activer l'acétification, et possédant 9° d'alcool pour obtenir un vinaigre supérieur. Du vin à 7° ou 8° d'alcool pourrait donner un vinaigre bien marchand, mais au-dessus de 9° d'alcool, la fermentation devient moins active, et à 12° elle cesse entièrement. (Les vins de 1860, qui ne contenaient qu'une faible partie d'alcool, ne pouvaient point se convertir en vinaigre.)

Appareil pour déterminer la richesse alcoolique du vin. — D'après ce qui précède, on reconnaît qu'il est très-avantageux de pouvoir déterminer à l'avance la quantité exacte d'alcool contenu dans les vins sur lesquels on se propose d'opérer. Or, nous le pouvons grâce à l'alambic

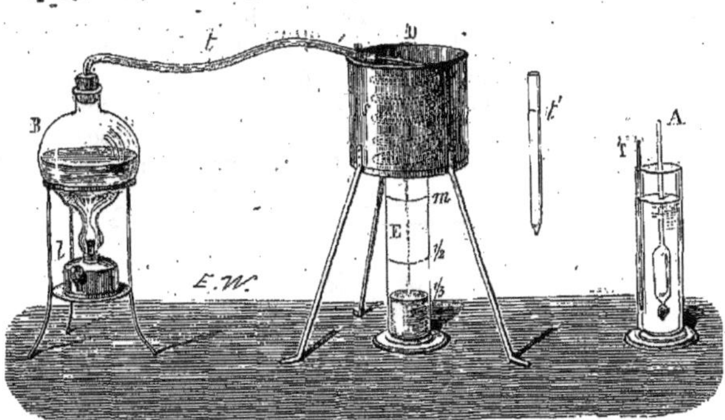

Fig. 1097. — Alambic Salleron.

Salleron, ingénieux appareil qui porte le nom de son inventeur, et que nous figurons ici (*fig.* 1097).

L'alambic Salleron se compose des sept objets suivants :

1° Une lampe *l*, chauffée par l'esprit de vin;

2° Un ballon de verre B, qui sert de cucurbite;

3° Un serpentin *s* contenu dans un vase D, qui sert de réfrigérant. Ce serpentin communique avec la cucurbite au moyen d'un tube en caoutchouc *t*, terminé par un bouchon qui s'adapte au col du ballon;

4° Une éprouvette E, sur laquelle sont gravées trois divisions : l'une *m* sert à mesurer le vin soumis à la distillation; les deux autres marquées 1/2 et 1/3 ont pour but d'évaluer le volume du liquide recueilli sous le serpentin;

5° Un alcoomètre de Gay-Lussac AT;

6° Un petit thermomètre centigrade;

7° Enfin un petit tube en verre servant de pipette *t'*.

Manière de se servir de l'alambic Salleron. — Sur la lampe *l*, l'on pose le ballon B; on mesure, dans l'éprouvette E, le liquide à distiller, que l'on verse dans le ballon ou cucurbite, puis on ferme celui-ci avec le bouchon. On remplit le réfrigérant D d'eau froide; on place ensuite l'éprouvette sous le serpentin, puis on allume la lampe, afin que l'appareil entre en fonction.

Dès que le vin commence à bouillir, ce qui ne tarde pas, la vapeur s'engage dans le serpentin, s'y condense et tombe dans l'éprouvette.

Ici s'élève la question de savoir si tout l'alcool contenu dans le ballon est entièrement distillé. Or, quand on essaye un vin ordinaire, on est certain d'avance que sa richesse alcoolique ne dépasse pas 12 à 15 p. 100. Quand on a recueilli sous le serpentin le tiers du liquide versé dans le ballon, soit 33 p. 100 de son volume, on peut être assuré qu'on a reçu dans l'éprouvette non-seulement tout l'alcool que le vin contenait, mais encore un volume égal d'eau. Pour des vins qui offriraient 20 ou 25 p. 100 d'alcool, comme les vins d'Espagne, par exemple, il est utile de prolonger la distillation jusqu'à moitié de l'éprouvette.

Après avoir recueilli dans l'éprouvette la quantité d'alcool que contenait le vin, on y ajoute de l'eau jusqu'au trait *m*, et pour arriver le plus exactement possible on se sert de la pipette, qui ne laisse tomber l'eau que goutte à goutte; on agite le mélange, puis on y plonge l'un après l'autre le thermomètre et l'alcoomètre.

On note les indications des deux instruments : si l'alcoomètre marque 10, le thermomètre 13, comme pour les vins de la récolte de 1858 que nous avons expérimentés, il faut ajouter 0,3 à 10°; le liquide contiendra par conséquent 10°, 0,3 pour 100 d'alcool, conséquemment, il faut réduire à 7° ou 8° par le moyen de l'eau les vins destinés à faire du vinaigre, et, dans le cas où le vin marquerait moins de 7° on y ajouterait la partie d'alcool nécessaire pour atteindre le degré voulu.

De l'acétification dans les montures. — Du moment où nous connaissons la quantité d'alcool renfermé dans les vins que nous voulons convertir en vinaigre, nous les versons sur le râpé à vin pour les dépouiller de leur lie, puis nous les soutirons et les reversons dans les montures ou mères de vinaigre. C'est donc là que nous devons à présent les suivre dans leur travail de transformation qui ne se produit activement qu'au bout de 8, 10 et quelquefois 15 jours.

Il faut avoir soin, en été et en hiver, de maintenir la température de la vinaigrerie entre 23° et 25° centigrades.

Aussitôt que l'acétification se produit dans la monture, un grand nombre d'animalcules naissent et se remuent dans le liquide acide, et une multitude de moucherons voltigent à l'orifice de la futaille qui demeure constamment ouverte. C'est un signe que le vinaigre est en pleine élaboration. D'un autre côté, il est facile de s'en assurer en plongeant par le trou de bonde de la monture la règle graduée dont on se sert pour reconnaître l'abaissement du liquide. Si l'on aperçoit au sommet de la partie mouillée de cette règle, en la retirant du tonneau, une ligne blanche formée par l'écume du vinaigre, c'est encore une preuve que la mère accomplit son travail; enfin on le reconnaît encore au fort dégagement de l'odeur d'éther acétique qui sort de l'ouverture.

Cependant il ne faut pas conclure d'après tous ces symptômes que le liquide est arrivé à l'état complet d'acétification. Il faut laisser s'accomplir la seconde phase du travail, qui est d'autant plus longue que le vin contient plus d'alcool.

Des mères paresseuses. — Les vinaigriers désignent sous le nom de *mères paresseuses*, celles dont l'acétification s'arrête tout à coup, ou qui devient tardive, ou quelquefois tout à fait réfractaire. Ces accidents, disent les vinaigriers, arrivent à des mères qui sont dans les mêmes conditions de chaleur et d'entretien que d'autres placées au centre de la vinaigrerie. Cependant, nous avons toujours reconnu la cause qui ralentissait ou faisait cesser tout d'un coup le travail des mères; c'est d'abord un courant d'air froid qui, en frappant sur une monture, en arrête immédiatement l'acétification quand on n'a pas soin d'en surveiller la marche. Il peut arriver que quelques-unes se trouvant plus avancées que l'on ne pensait, soient chargées avec un vin d'une température plus basse, et alors il est évident que l'acétification sera naturellement interrompue par le fait de la transition subite; ce dernier inconvénient sera facilement évité, si le vinaigrier a soin d'avoir en réserve une certaine quantité de vin à la température de sa vinaigrerie, à moins que les râpés à vin ne soient placés dans le local même, ce que nous pratiquons quelquefois.

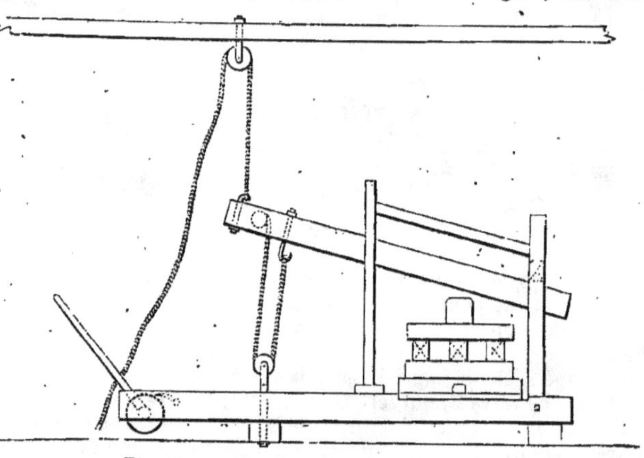

Fig. 1098. — Plan de profil du pressoir à vinaigre.

Du chargement des montures. — Durant le travail qui s'opère dans la monture, il s'évapore à peu près un litre de liquide dans l'espace de 10 à 12 jours; il faut donc avoir soin de remplacer le manquant par du vin sortant du râpé et devenu très-limpide. Quand la monture est pleine, on en tire le vinaigre par le moyen d'un robinet en bois placé à la moitié du fond, mais le soutirage s'opère bien mieux au moyen du siphon que l'on introduit dans le fût, soit par le trou de la bonde, ou bien par l'ouverture du fond.

Lorsqu'on a tiré moitié de la contenance de la monture, on verse ce vinaigre dans le râpé à vinaigre, puis on charge de nouveau la monture pour continuer l'opération.

S'il se trouve une monture paresseuse, on ne chargera celle-ci que tous les quinze ou vingt jours, en diminuant la dose du vin.

Nous évaluons le déficit ordinaire des montures à 1/8°, quoique ce chiffre soit susceptible de beaucoup de variations.

Les renseignements qui précèdent sur le chargement des montures ont été pris à Meuilley (canton de Nuits). On ne procède pas partout exactement de la même manière. Voici la façon d'opérer dans une bonne vinaigrerie de Dijon :

On met dans chaque monture de 228 litres, 100 litres de bon vinaigre, et on ajoute 10 litres de vin à vinaigrer. Huit à dix jours après, on extrait, au moyen d'un siphon en étain, de chaque monture 10 litres de vinaigre; ces 10 litres de vinaigre sont remplacés immédiatement par 10 litres de vin qu'on y introduit avec un broc de construction particulière. La prise sur les montures et leur remplissage s'opèrent donc tous les dix jours, et souvent même toutes les semaines; on voit donc que chaque monture donne par an à peu près deux fois sa capacité de vinaigre.

Des vins de lies à convertir en vinaigre. — Dans la Côte-d'Or, mais principalement dans le canton de Nuits, toutes les lies de vin rouge provenant du premier soutirage des vins nouveaux sont mises en presse sous des pressoirs faits tout exprès pour cet usage (*fig.* 1098); les vins qui en sont extraits, lorsqu'ils sont francs de goût, sont très-convenables pour la fabrication du vinaigre rouge. Le pressoir à lie, d'une extrême simplicité, se compose d'un matis carré appuyé sur deux fortes traverses parallèles en bois; d'un arbre dont l'une des extrémités est arrêtée à l'arrière du matis entre deux montants, à la hauteur des marres et l'autre extrémité mobile suspendue par un câble de hissement à une poulie fixée au plancher, s'abat sur les marres à l'aide d'un levier que l'on adapte à un treuil pourvu d'un engrenage à cliquet. C'est à l'entour de ce treuil que s'enroule l'extrémité du câble de pression, roulant sur deux poulies, et dont l'autre extrémité tient à l'arbre par un crochet. L'arbre est maintenu à droite et à gauche par deux montants fixés en avant du matis. La lie est versée dans de petits sacs en toile qui sont rangés sur le matis les uns à côté des autres, de manière qu'ils puissent être tous soumis à une pression égale. Ces sacs sont recouverts d'une planche sur laquelle se placent huit amarres. En sortant du pressoir, le vin de lie est reçu dans un baquet, puis versé dans le râpé à vin, etc.

Il est assez difficile d'établir avec exactitude le prix moyen des lies, prix qui subit les variations de l'abondance ou de la qualité de la récolte. En telle année, la lie vaut 0f,40 la *sapine* ou *seille de Bourgogne;* dans telle autre, le prix de la lie s'élève à 1f,75 la seille, qui contient ordinairement 17 litres. Or, un hectolitre de lie rend, selon son état, de 25 à 50 litres de vin; il faut 7 sapines environ par hectolitre, et le prix varie de 2f,80 à 12f,25.

Des vins moisis et poussés.—Il arrive quelquefois que le vinaigrier se sert de vins moisis pour les convertir en vinaigre. Ces vins donneront sans doute des vinaigres de qualité inférieure, mais le goût de moisi disparaît entièrement après qu'ils ont subi l'acétification dans les montures, et le vinaigre n'en est point affecté. Le contraire arrive quand un vin a pris le goût de *poussé* par suite de sa fermentation sur lie. Ce goût ne disparaît jamais entièrement, et laisse toujours au vinaigre une saveur des plus désagréables.

Des vins blancs pour vinaigres blancs. — Dans la Côte-d'Or, la fabrication et la vente des vinaigres blancs est infiniment plus étendue que celle des vinaigres rouges. Les vins blancs, d'une nature toujours plus fine que les vins rouges, malgré la différence des années, produisent des vinaigres d'un goût plus délicat et d'une saveur plus parfumée. Ils sont en outre préférables aux vinaigres rouges à cause de leur couleur légèrement dorée et de leur limpidité qui plaisent à l'œil. Outre les vins blancs du pays, on emploie beaucoup de vins blancs du Midi. Ceux-ci contiennent ordinairement, nous l'avons vu, 18 p. 100 d'alcool, par conséquent on est obligé de leur faire subir un dédoublement de moitié d'eau pour les descendre au degré ordinaire de 9 p. 100 d'alcool. On a donc tout avantage à fabriquer du vinaigre blanc, dont le prix de revient est moins élevé que celui du vinaigre rouge, puisqu'il faut souvent ajouter au vin qui a servi à la composition de celui-ci l'alcool nécessaire, qui ne coûte pas moins de 1 fr. de droits par litre, impôt onéreux, qui donne lieu à une multitude de fraudes auxquelles sont exposés les vinaigres rouges.

En somme, pour toutes sortes de raisons plutôt soupçonnées que bien établies, la renommée de nos vinaigres blancs de table est plus grande que celle de nos vinaigres rouges.

Le commerce achète les vinaigres à raison de 1° 1/2 d'intensité, mais beaucoup de fabricants qui tiennent à produire des vinaigres très-forts, donnent aux leurs jusqu'à 2° d'intensité au pèse-vinaigre.

Des prix de revient du vinaigre. — Les prix de revient des vinaigres blancs ou rouges ne peuvent s'établir que d'après l'importance de la fabrication, car les frais sont relativement plus élevés pour une petite vinaigrerie que pour une grande exploitation. D'après nos calculs, basés sur 200 montures, les frais de fabrication du vinaigre s'élèvent d'ordinaire à 2f,75 l'hectolitre, y compris les frais de chauffage, de local, l'intérêt et l'entretien du matériel, la main-d'œuvre, etc.; quant au prix de revient, il ne peut s'établir que d'après les prix des vins, qui sont exposés à des variations continuelles.

Enfin, l'on ne pourra connaître le prix d'un hectolitre de vinaigre qu'en ajoutant au prix d'un hectolitre de vin le déchet ordinaire de 1/8 et le prix de fabrication qui s'élève à 2f,75 par hectolitre.

Caractères d'un bon vinaigre. — Le bon vinaigre *blanc* est blanc jaunâtre, de couleur ambrée plus ou moins foncée, limpide, très-acide, mais sans âcreté, d'une odeur agréable d'éther acétique, sans saveur empyreumatique. Il ne rend pas les dents rugueuses au contact de la langue; sa densité est de 1018 à 1020, c'est-à-dire qu'un litre d'eau distillée pesant 1,000 grammes, un litre de vinaigre pèsera 1,018 à 1,020 grammes, et devra marquer, par conséquent, 2,50 à 2,75 au pèse-liqueur de Baumé, et saturer 6 à 7 p. 100 de son poids de sous-carbonate de soude pur et desséché. Ceci revient à dire qu'un morceau de papier bleu de tournesol, plongé dans 100 grammes de vinaigre, et par conséquent passé à la couleur rouge, reprendra sa couleur bleue si l'on ajoute 6 à 7 grammes de sous-carbonate de soude aux 100 grammes de vinaigre.

Appréciation chimique du vinaigre. — Dans ce qui va suivre, nous n'avons ni l'intention ni la prétention de donner les procédés d'une analyse de vinaigre; notre but est de mettre chacun à même de reconnaître facilement, promptement, sûrement, et surtout sans appareils, la richesse d'un vinaigre en acide acétique, en alcool, et en sels organiques.

Acide acétique. — Aucun des instruments connus sous les noms de *pèse-vinaigre*, *acétimètre*, etc., quelles que soient sa forme, sa perfection, ne peut donner le titre exact d'un vinaigre en acide acétique; nous en ferons connaître plus tard les motifs. Pour arriver à un résultat certain, il faut avoir recours à une réaction chimique.

Voici un des procédés les plus simples, qui ne demande aucun appareil, ni même l'habitude des opérations.

On pèse, ou l'on mesure aussi exactement que possible, 100 grammes de vinaigre, et d'un autre côté 50 grammes d'ammoniaque du commerce; on verse peu à peu, en agitant avec un petit morceau de bois cet alcali dans le vinaigre, et l'on cesse d'en ajouter lorsque le mélange ne rougit plus le papier bleu de tournesol ou le sirop de violette; on pèse alors de nouveau l'alcali (ammoniaque), si le vinaigre est de bonne qualité, on aura dû en employer 15 grammes, ce qui prouvera qu'il contient 6 p. 100 d'acide acétique pur, d'où la proportion :

$6 : 15 :: 1 : x = 2{,}50$, ou plus simplement 2,50 ammoniaque saturent un gramme d'acide acétique pur.

Alcool. — Après avoir saturé 100 grammes de vinaigre par le sous-carbonate de soude desséché, nous filtrons, et nous soumettons le produit clair à la distillation, soit par l'appareil Salleron ou tout autre analogue. Nous retirons 33 grammes de produit distillé, auquel nous ajoutons 67 grammes d'eau, et nous plongeons dans ce mélange le petit alcoomètre de *Salleron*, en négligeant la température; cet instrument nous donne à l'instant même la richesse alcoolique du vinaigre.

Acide tartrique. — On évapore 100 grammes de vinaigre aux 3/4 dans un vase en verre ou en porcelaine, peu importe la nature, pourvu que ce vase ne soit ni en cuivre ni en fer; puis on traite le résidu par une solution concentrée de *chlorure de potassium*. On obtient, après trois ou quatre heures, des cristaux de bitartrate de potasse (crème de tartre), qui, desséchés au moyen de papier gris et pesés, donnent la quantité d'acide tartrique du vinaigre. On sait que 100 parties de bitartrate de potasse sont composées de 25 de potasse, 70 d'acide et 5 d'eau.

En supposant qu'on ait obtenu 5 grammes de cristaux de bitartrate de potasse, on aura la quantité d'acide tartrique contenue dans le vinaigre, par la proportion :

$$100 : 70 :: 5 : x = 3{,}50.$$

Altérations et falsifications du vinaigre. — *Plombage.* — Quelquefois un vinaigre réunissant, au sortir du *râpé*, toutes les qualités physiques et chimiques de ce produit, c'est-à-dire couleur, limpidité, arome, acidité, *noircit* à son exposition à l'air. C'est ce qu'en termes de fabrication on appelle *plomber* (ce phénomène se retrouve souvent dans les vins blancs de faible qualité). Nous avons été à diverses reprises consulté sur ce grave inconvénient qui rend ce produit invendable, ou qui à l'arrivée à destination amène des *laissés pour compte* toujours ruineux. Nous n'avons jamais trouvé d'explication à ce fait capital, ni par conséquent de moyen de l'empêcher de se produire ou de le faire disparaître. Seulement, l'analyse nous a constamment démontré que ces vinaigres étaient fabriqués avec des vins très-faibles en alcool. Nous allons maintenant tâcher de donner les moyens simples et faciles de reconnaître les falsifications les plus ordinaires que l'on fait subir au vinaigre.

Falsification par l'acide sulfurique. — Il y a quelques années encore, on falsifiait assez souvent le vinaigre par l'acide sulfurique; mais ce genre de falsification tend à disparaître de jour en jour, depuis qu'il est facile de la reconnaître, et surtout depuis les poursuites actives dirigées contre les falsificateurs.

Le vinaigre additionné d'une quantité, même très-faible, d'acide sulfurique (2 gouttes sur 100 grammes) exerce sur l'émail des dents une action qui fait paraître celles-ci rugueuses au contact de la langue.

Pour reconnaître la présence de l'acide sulfurique dans le vinaigre, nous avons fait l'expérience suivante, qui nous a donné un excellent résultat : nous avons pris une capsule de porcelaine, nous avons recouvert le fond d'une dissolution de sucre, nous y avons versé du vinaigre additionné de quelques gouttes d'acide sulfurique, et chauffé à une température un peu moins élevée que celle où le sucre commence à se caraméliser. Sur les points touchés par le vinaigre additionné d'acide sulfurique, le sucre s'est carbonisé, tandis que l'opération faite avec du vinaigre pur n'a pas donné ce caractère.

Si l'on projette des gouttelettes de vinaigre sur une bande de papier blanc et qu'on laisse sécher, les taches disparaîtront si le vinaigre est pur, mais elles deviendront noires s'il a été additionné d'acide sulfurique. La fraude du vinaigre par l'*acide sulfurique*, l'*acide nitrique* ou l'*acide hydrochlorique*, se découvre facilement par le procédé suivant : on délaye dans un décilitre de vinaigre soupçonné, $0^{gr},50$ de fécule de pommes de terre, et on fait bouillir pendant 20 à 30 minutes. Si le vinaigre ne contient que de l'acide acétique pur, l'addition d'un peu d'iode au liquide lui communiquera une belle couleur bleue. Si cette couleur ne se manifestait pas, on en conclura que le vinaigre contient un acide étranger. Il suffit de 2/1000 à 3/1000 d'acide sulfurique, pour produire la désagrégation de la fécule, et sa conversion en dextrine, puis en glucose dépourvue de la faculté de prendre la teinte bleue au contact de l'iode.

Nos simples praticiens, qui n'entendent rien aux choses de la chimie, disent à leur tour: 1° que le vinaigre falsifié par l'acide sulfurique agace fortement les dents, brûle la gorge, et que si l'on plonge dans ce vinaigre des *feuilles de laitue*, elles passent subitement du vert au noir; 2° que si l'on verse de ce vinaigre sur des charbons incandescents, il se dégage une odeur de chènevotte soufrée que l'on allume. Ils ajoutent que pour s'assurer de la pureté du vinaigre, il faut tout simplement l'exposer à l'air libre; et plus on apercevra de mouches à vinaigre au-dessus de ce liquide, plus on pourra répondre de sa pureté. Ils conseillent enfin d'en verser dans le creux de la main, de frotter avec l'autre main; si l'odeur qui s'en dégage est agréable, il n'y a pas sophistication.

Falsification par l'acide pyroligneux. — Si l'on fait évaporer à siccité dans une cuiller d'argent un vinaigre contenant 1/1000 seulement d'acide pyroligneux, le produit, se charbonnant, donne une odeur de goudron très sensible, quand même l'acide pyroligneux aurait été purifié autant que possible.

Falsification par l'acide tartrique. — On sature 100 grammes de vinaigre avec la potasse, et on y verse une solution d'un chlorure, soit de baryum, soit de calcium. Si le vinaigre contient de l'acide tartrique, on obtient de suite un précipité de chaux ou de baryte qu'on n'obtiendrait pas si l'on opérait sur du vinaigre pur.

Falsification par le sel de cuisine. — On augmente avec le sel de cuisine la densité du vinaigre. On découvre cette fraude en ajoutant à ce vinaigre un peu d'une solution de nitrate d'argent; il se forme à l'instant un précipité blanc, caillebotté, insoluble dans un excès d'acide nitrique, mais soluble dans l'ammoniaque.

Falsification par les substances âcres (poivre, gingembre, etc.). — On ajoute ces substances au vinaigre afin de lui donner un montant simulé.

Pour reconnaître cette fraude, on fait évaporer à siccité 100 grammes du vinaigre à essayer. Lorsque le produit est arrivé à une consistance molle, il ne doit peser en moyenne que 2gr,95. S'il dépasse ce poids, on peut être assuré qu'il a reçu des corps étrangers dont la saveur piquante indique la nature.

Vinaigre de glucose.—Le vinaigre fabriqué avec les produits obtenus de la fermentation des glucoses se reconnaît facilement, car il suffit de le mélanger avec le double de son volume d'alcool à 90° pour qu'il laisse précipiter de nombreux flocons de dextrine.

Vinaigres de bière, cidre et poiré. — Ces vinaigres ne contenant pas de tartre, peuvent être facilement distingués du vinaigre de vin. Ce dernier, traité par l'extrait de saturne, donne un précipité blanc. Sous l'action du même réactif, les vinaigres de bière, de cidre, de poiré, donnent un précipité gris jaunâtre.

Densité de divers vinaigres. — Voici la densité de divers vinaigres à l'aréomètre de Baumé.

Le vinaigre de vin pur donne de 2,50 à 2,75.

Le vinaigre additionné d'acide sulfurique, dans la proportion de 1, 2, 3, 4, 5 p. 100, donne 2,80, 2,95, 3,15, 3,40.

Le vinaigre additionné d'acide tartrique dans la proportion de 1, 2, 3, 4, 5, p. 100 donne 2,80, 3,40, 4,60, 5.

Le vinaigre additionné de sel de cuisine, dans la proportion de 1, 2, 3 p. 100, donne, au lieu de 2,40, 3,80, 4,20, 5,10.

Le vinaigre de cidre donne 2,20;

Le vinaigre de bière, 3,20.

De l'emploi du vinaigre. — Nous empruntons au *Dictionnaire d'agriculture pratique* de MM. Joigneaux et Ch. Moreau, les lignes qui suivent et qui ont trait à l'emploi du vinaigre :

« Le vinaigre pris pur, dit Barbier, dans sa *Matière médicale*, agit fortement sur les tissus de l'estomac et des intestins; il produit des tiraillements, des douleurs, des crampes, etc. Si l'on répète journellement cette agression, il en résulte bientôt un défaut d'appétit, une perversion de la fonction digestive, un amaigrissement progressif.

« L'eau vinaigrée et édulcorée avec du miel et du sucre, est une boisson que l'on conseille dans les fièvres inflammatoires, bilieuses et adynamiques. Cette boisson convient aussi pour faire cesser la soif en éteignant l'irritation des voies digestives. Elle fait aussi couler les urines.

« Quand on est empoisonné par l'opium ou par des substances narcotiques, on fait vomir, puis boire de l'eau vinaigrée.

« On s'en sert comme gargarisme dans les esquinancies et les maladies de la bouche.

« On met du vinaigre sous le nez des personnes qui tombent en faiblesse; enfin, l'eau et le vinaigre sont conseillés dans les entorses. On entoure la partie malade de compresses imbibées de ce mélange. »

« Nous ajouterons que le *sel de vinaigre*, que l'on respire dans les moments de malaise et de défaillance, n'est autre chose que du vinaigre fort, que l'on a versé dans un flacon contenant un peu de sulfate de soude et que l'on tient soigneusement bouché. On verse du vinaigre sur une pelle rougie ou sur des charbons ardents, pour masquer les mauvaises odeurs dans une habitation. L'*extrait de Goulard* n'est qu'une combinaison du vinaigre avec de la litharge.

Dans les cuisines, on se sert du vinaigre pour l'assaisonnement des mets, pour relever leur fadeur et exciter l'appétit. On s'en sert pour préparer la moutarde (pas celle de la Côte-d'Or), conserver les viandes par le marinage et aussi pour conserver des légumes verts, comme les cornichons, les petits pois, les jeunes cosses de haricots, etc.

« Dans les campagnes, pendant les fortes chaleurs de l'été, les pauvres travailleurs mettent un peu de vinaigre dans l'eau qu'ils boivent, afin de rendre cette boisson plus agréable et plus saine.

« Dans les pharmacies, on prépare avec du vinaigre, du jus de framboises et du sucre, une excellente liqueur, connue sous le nom de *sirop de vinaigre*.

« Le *vinaigre framboisé* de table se prépare en mettant dans une cruche autant de framboises mûres et bien épluchées qu'elle peut en contenir, et en versant du vinaigre dessus. Au bout de huit jours de macération au soleil, on sépare le fruit du vinaigre en versant le tout sur un tamis de crin, et l'on met en bouteilles.

« On prépare encore un vinaigre de table en faisant macérer dans du vinaigre, de l'estragon, de la fleur de sureau, de la sarriette, de l'échalotte, de l'ail et de la menthe.

« Le *vinaigre de toilette* n'est autre chose que de l'acide acétique aromatisé avec diverses essences.

« Les cultivateurs, et surtout les vignerons, se

servent de vinaigre fort pour éprouver la marne qu'ils découvrent. Ils versent un peu de ce vinaigre sur la marne en question, et s'il se produit une effervescence vive, une ébullition apparente, c'est une preuve qu'ils ont affaire à une marne calcaire, excellente pour les terrains argileux et les vignes en général. Si, au contraire, il n'y a que peu d'effervescence, c'est que la marne est argileuse à un haut degré, et par conséquent de qualité très-médiocre. »

E. Delarue et P. Caumont-Bréon.

CHAPITRE XXV

(SUITE DES BAIES.)

DU GROSEILLIER (*RIBES*)

Classification. — Le groseillier est un arbrisseau de la famille des Grossulariées, originaire de l'Europe. Les trois espèces que nous cultivons pour leurs fruits, se rencontrent en France à l'état sauvage. Ce sont : 1° le *Groseillier rouge* ou *à grappes*, qui n'a pas d'aiguillons et dont le calice est presque plan; 2° le *Groseillier noir* ou *cassis*, ou *cassier des Poitevins*, qui n'a pas d'aiguillons non plus, mais dont le calice est campanulé et qui du reste est parfaitement caractérisé par l'odeur aromatique de toutes ses parties, et par la couleur noire de ses baies en grappes; 3° le *Groseillier épineux* ou *à maquereaux*, qui est hérissé d'aiguillons et dont les fruits ne sont pas disposés en grappes. C'est le type sauvage de cette dernière espèce que l'on rencontre souvent dans les haies de certaines contrées de la France, avec des caractères que la culture lui a fait perdre en partie.

Expositions et terrains qui conviennent au groseillier. — On rencontre le groseillier presque partout en France. Dans le Nord, cependant, ses fruits ne mûrissent très-bien qu'en terrain chaud et à bonne exposition; dans le Midi, ils sont, au contraire, presque toujours contrariés par une chaleur excessive qui nuit à leur beauté et à leur qualité. Une situation entre ces deux extrêmes leur est plus favorable.

Dans un climat tempéré, le groseillier s'accommode à peu près de tous les terrains; il préfère néanmoins ceux de consistance moyenne, de quelque nature qu'ils soient, et, tout en aimant un peu de fraîcheur, il prospère en terre poreuse mieux que dans l'argile, car l'humidité constante lui est contraire. Toutes les expositions lui conviennent aussi. Seulement on doit comprendre qu'en terrain sec et chaud, l'ombre lui sera avantageuse, tandis que dans un sol frais, il lui faudra le grand air et le soleil pour donner à ses fruits les qualités nécessaires.

Sa place est au verger, en plein champ, au jardin, en bordure, en haie, en carré, ou isolé sur les plates-bandes.

Des meilleures variétés de groseillier. — La division en trois espèces ou catégories, admise par les botanistes, l'est également par les horticulteurs; nous avons donc à vous entretenir : 1° du Groseillier à grappes; 2° du Cassis; 3° du Groseillier épineux.

Le nombre des variétés cultivées est très-considérable, mais le plus ordinairement les différences de qualités sont peu accusées; il s'ensuit donc qu'il n'y a pas grand avantage à planter une collection complète. Le mieux est de s'en tenir aux variétés ou sous-variétés les plus méritantes.

I. — GROSEILLIER A GRAPPES.

La dénomination scientifique de Groseillier rouge, appliquée au groseillier à grappes, n'est pas heureuse. Et, en effet, cette espèce ne porte pas uniquement des fruits de cette couleur; elle comprend encore des variétés à fruits roses et à fruits blancs. Mais pour éviter les subdivisions

Fig. 1099. — Groseillier à grappes (rouge et blanc.)

inutiles, nous nous contenterons de partager l'espèce : 1° en variétés à fruits rouges; 2° en variétés à fruits blancs.

Groseilliers à grappes et à fruits rouges. — On en compte de nombreuses variétés et sous-variétés. Les principales sont les suivantes :

Groseillier à gros fruits rouges. — C'est l'un des plus estimés, autant par la robusticité et la fertilité du sujet, que par les qualités de ses fruits.

Groseillier cerise. — Peu fertile, si on le soumet à la taille ordinaire; mais en lui laissant beaucoup de brindilles ou petits rameaux, il se couvre de fruits magnifiques. Il faut alors sacrifier la forme à une fructification abondante. Les baies sont généralement clair-semées sur la grappe, mais elles sont les plus grosses de l'espèce.

On ne doit le cultiver que dans les jardins; pour avoir de beaux fruits de table.

Groseillier de Hollande. — Ce groseillier ne fructifie bien qu'après plusieurs années de plantation; alors il devient fertile. Ses grappes sont allongées; ses baies sont grosses et de bonne qualité; sa maturation est tardive; son fruit peut se conserver longtemps sur la branche.

Groseillier hâtif de Bertin. — D'une grande fertilité. Beau fruit, de bonne qualité, que sa maturation précoce rend précieux pour les contrées froides ou ombragées.

Groseillier fertile de Palluau. — Ses qualités sont presque analogues à celles du précédent; il est même plus productif, mais les baies sont un peu plus petites et mûrissent moins tôt.

Groseillier Versaillais. — C'est évidemment l'un des plus méritants. Il est très-fertile; sa grappe longue est chargée de grosses baies d'excellente qualité. Nous le recommandons pour la petite comme pour la grande culture.

Groseillier à fruit rose ou à fruit carné. — Ancienne variété à fruit rose clair, pelure d'oignon, assez beau et l'un des plus acidulés; aussi les conserves qu'on en fait ont-elles le privilége de se garder plusieurs années sans perdre leur agréable saveur acidule.

Groseilliers à grappes et à fruits blancs. — Les groseilliers de cette catégorie sont moins estimés dans le Midi que les précédents, parce que leurs baies ne se conservent pas aussi bien sur les branches, et aussi parce que leur peau roussit et se tache sous l'impression d'une forte chaleur. Les plus recommandables sont les suivants:

Groseillier à gros fruits blancs. — Ce groseillier est délicat et demande une taille courte qui restreigne le parcours de la séve. Son fruit est, comme les fruits blancs en général, moins acidulé que les rouges; il devient gros et jaunâtre à sa parfaite maturité.

Groseillier de Hollande, appelé aussi *d'Angleterre.* — L'un des plus estimés, par sa fertilité, la longueur de ses grappes et le volume de ses baies. Son fruit est plus astringent que celui de la variété précédente. Il se conserve bien sur pied.

Groseillier à fruits transparents. — Très-fertile. La groseille n'est que de moyenne grosseur, mais de première qualité.

A la rigueur, et si bon leur semble, les amateurs peuvent ajouter aux variétés qui précèdent, les groseilliers *Chenonceau, de Verrières, Impérial, Gondouin blanc* et *Gondouin rouge.* La maturation tardive de ce dernier et son acidité le font préférer dans le Midi.

II. — GROSEILLIER NOIR OU CASSIS.

On cultive plusieurs variétés de cette espèce. Celle que nous préférons, au point de vue de la fertilité et de la qualité, est le *Cassis à gros fruit.* Son bois est trapu, sa feuille est large; ses grappes sont bien chargées de baies grosses, noires et excellentes pour les préparations auxquelles on les destine habituellement.

Fig. 1100. — Cassis.

Nous considérons les *Cassis à feuille d'érable, royal de Naples, à fruit blanc*, etc., comme des variétés de collection, ne valant pas celle dont il vient d'être parlé.

La culture du cassis a pris des proportions considérables, notamment dans la Côte-d'Or et aux environs de Paris, parce que les baies de ce groseillier y servent à fabriquer un ratafia très-estimé dont il sera question plus tard.

III. — GROSEILLIER ÉPINEUX.

Les catalogues du commerce mentionnent plusieurs centaines de variétés du groseillier épineux ou à maquereau. L'Angleterre a la plus large part dans cette nomenclature; toutefois, la collection française suffit aux plus exigeants. Nous ne sortirons donc pas du cercle des variétés indigènes. Elles peuvent toutes se rapporter à deux types bien distincts: l'un à fruits lisses, l'autre à fruits hérissés; puis se subdiviser en groupes, sous le rapport de la forme ou de la couleur du fruit. Nous allons en citer quelques-unes des plus estimées. Le nom de chacune de ces variétés équivaut à une description.

Fig. 1101. — Groseillier épineux.

Groseilliers épineux à fruits lisses. — Outre la variété commune à fruit rosé, et qui certainement est de bonne qualité, nous avons les groseilliers *Grosse ronde verte, Grosse verte ambrée, Grosse verte foncée, Grosse verte ovoïde, Blanche transparente, Grosse jaune ovoïde, Grosse rouge clair.*

Groseilliers épineux à fruits hérissés. — Les groseilles les plus recherchées dans cette catégorie, sont la *Grosse verte longue*, la *Verte trans-*

parente, la *Grosse jaune mat*, la *Rose clair* ou *couleur de chair*.

Des moyens de multiplier le groseillier. — Le groseillier, à quelque espèce qu'il appartienne, se multiplie par le semis, le bouturage et le marcottage.

Du semis. — Le semis des graines de groseillier produit des variétés ou seulement des variations ou individualités qui tendent assez généralement à retourner au type primitif; les fruits en sont presque toujours petits et de médiocre valeur. Quelquefois, cependant, il en sort de belles et bonnes variétés; mais comme la fructification lucrative se fait attendre cinq ou six ans, il faut abandonner ce procédé de multiplication aux amateurs qui ont des loisirs et du terrain à sacrifier aux essais et aux recherches dont le résultat n'est pas toujours assuré. Voici comment on procède au semis.

On fait sécher au grand air la graine extraite de la baie, ou le marc provenant de la fabrication des gelées et sirops; on brasse ce résidu, s'il en est besoin, avec du sable fin pour le diviser; puis on sème en terre sableuse, bien douce et bien ameublie, soit en automne, soit au printemps, après avoir stratifié la graine pendant l'hiver. On recouvre cette graine légèrement de terreau bien fait, puis d'une couche de mousse très-mince et très-déliée qui préserve le sol du battage des arrosements, conserve la fraîcheur et soustrait le plant, dans sa première jeunesse, aux ardeurs du soleil. Au printemps suivant, on repique les plants à 0m,15 ou 0m,20 de distance, sur des rangs espacés de 0m,30; on les y laisse se fortifier pendant deux années, et ensuite on les transplante en bonne terre.

Au moment de leur fructification, il est bon d'entourer les groseilliers de terreau ou de fumier à demi consumé, pour en augmenter la vigueur. Les deux premières récoltes laissent presque toujours à désirer, mais il faut patienter, car les fruits n'arrivent à leur état normal, sur les sujets de semis, qu'après plusieurs années de rapport.

Après l'arrachage des plants de semis, il convient de recouvrir la place vide avec un peu de terreau, car beaucoup de graines ne lèvent que la seconde année.

Du bouturage. — Le bouturage est le moyen de multiplication généralement adopté pour perpétuer l'espèce. Il est propre à tous les groseilliers.

Au moment de la maturité des fruits, on remarque les pieds qui en sont le plus chargés et qui portent les plus beaux. C'est sur ces pieds seulement qu'on doit prendre les boutures.

Pour cela, on choisit en automne de belles branches de l'année, que l'on coupe en tronçons de 0m,16 à 0m,20, en opérant la section inférieure immédiatement au-dessous d'un œil ou bourgeon. On enlève avec l'ongle tous les bourgeons (yeux) compris dans la moitié inférieure de chaque bouture, afin que cette partie, qui deviendra souterraine, ne puisse drageonner. Après cela, on met les boutures en bottes, et au moyen de numéros ou d'étiquettes on prévient la confusion des variétés entre elles. Cette précaution prise, on ouvre des jauges et l'on y place les bottes debout dans toute leur hauteur, à l'ombre, en terrain doux, dans le sable par exemple, ni trop sec ni mouillé; on a soin de mettre la tête en bas, de manière que la séve, en prenant son mouvement ascensionnel aux premiers temps doux, forme un bourrelet à la partie supérieure, qui deviendra la partie souterraine, quand, au mois de mars, on les aura plantées à 0m,10 de distance sur des rangs éloignés de 0m,25 ou 0m,30 en les retournant dans leur position naturelle, c'est-à-dire en mettant en terre le gros bout jusqu'à moitié ou aux deux tiers de la longueur totale, selon que le terrain sera plus ou moins frais. L'endroit choisi pour cette plantation devra, autant que possible, être un peu frais sans excès d'humidité, à mi-ombre, et sera minutieusement remué à la fourche pour en extraire les racines, les herbes et les pierres. Pendant l'été, le terrain sera entretenu dans un état constant de propreté et de fraîcheur à peu près uniforme. Un léger paillis ne pourrait qu'être favorable à la réussite.

On pourra, dès l'année suivante, mettre à leur place définitive les pieds qui se seront bien développés; cependant, nous préférons presque toujours attendre deux ans, car les sujets sont alors plus forts et l'endroit où on les plante reste moins longtemps improductif.

Du marcottage. — Nous adoptons le marcottage par couchage pour les groseilliers épineux, et le drageonnage pour ceux à grappes.

Le couchage simple est celui que nous employons. Au printemps, nous cultivons superficiellement la terre tout autour du pied-mère, de manière à n'en pas atteindre les racines; nous rechargeons de terreau, puis nous abaissons successivement les rameaux destinés à être marcottés, que nous enterrons à quelques centimètres, en les recourbant de manière à en relever verticalement l'extrémité, qui est ensuite rabattue à 0m,10 ou 0m,15 au-dessus du sol. L'hiver suivant, nous sevrons tous les élèves, pour mettre en place ceux qui ont suffisamment de racines, et en pépinière, assez rapprochés les uns des autres, ceux qui ne seraient pas assez forts.

La multiplication par drageonnage s'opère lorsque les pieds, épuisés par l'âge, doivent être renouvelés au moyen des jeunes rameaux poussant sur la racine, et appelés *drageons*. Nous les arrachons du pied avec autant de jeunes racines que nous le pouvons, et les mettons en place, s'ils en sont suffisamment pourvus. Quand les drageons sont gros et pauvres en chevelu, nous les rabattons à 0m,10 du tronc.

Il va sans dire que les vieux pieds qui n'ont pas de jeune bois sur leur tronc ne sont propres qu'à être jetés au feu.

Culture du groseillier. — Nous avons dit que le groseillier se plante en bordure ou isolément. De la place qu'il occupe dépend la forme à lui donner, soit en buisson-éventail, soit en vase ou en pyramide.

En bordure, nous distançons les groseilliers de

0m,30 à 0m,60 sur un seul rang, selon que nous voulons en faire une haie ou une simple bordure. Nous les rabattons à 0m,20 du sol pour faire développer tous les bourgeons de la base. L'année suivante, nous supprimons les rameaux qui ont poussé en avant et en arrière, et nous attachons les rameaux latéraux à de petits tuteurs de façon à former l'éventail. Ces rameaux ou branches s'entre-croisent ensuite naturellement et peuvent former une petite haie de séparation. On ne taille que les plus forts, notamment ceux qui poussent verticalement.

Le vase s'établit rez-de-terre ou à la hauteur que l'on veut. Nous choisissons pour cela de cinq à huit branches que nous attachons autour d'un petit cercle, à égale distance les unes des autres; nous les taillons à moitié ou aux deux tiers de leur longueur, en tenant les fortes plus courtes que les faibles, soin que nous devons toujours observer, quels que soient l'âge et l'espèce du sujet. Il se développe des gourmands que nous pinçons à deux yeux pendant le cours de la végétation, pour les rabattre sur leur empatement l'hiver suivant, en ménageant toutes les petites ramifications. Nous laissons les branches se bifurquer dans le sens du périmètre du vase, en observant toutefois qu'une trop grande confusion est toujours nuisible à la beauté comme à la qualité des fruits. Nous enlevons soigneusement les drageons qui sortent de terre, jusqu'au moment où les pieds devenant trop vieux, après huit ou douze ans de fructification, nous devrons pourvoir à leur remplacement.

Les groseilliers soumis à cette forme, ainsi que ceux en pyramide, dont nous allons parler, doivent être plantés à la distance de 0m,80 à 1m,30, selon qu'on les met sur un seul rang ou en carrés.

Nous formons la pyramide avec six ou huit branches latérales, placées tout autour de la tige, qui n'a pas besoin d'être surmontée d'un rameau de prolongement. Nous traitons chaque branche comme nous l'avons dit pour le vase, et lorsqu'elles sont énervées, nous les rabattons toutes ensemble à 0m,10 de leur insertion ou empatement, pour y faire développer les bourgeons latents en de nouveaux rameaux qui viendront remplacer les anciens.

En même temps que nous opérons le rajeunissement des branches, nous stimulons la végétation en donnant aux racines un aliment nouveau. A cet effet, on enlève une partie de la terre qui les entoure pour la remplacer par un bon compost, ou bien on recharge le terrain d'une couche de fumier à demi consumé.

Les groseilliers épineux doivent être soumis à une forme qui permette d'en cueillir les fruits sans se déchirer les mains. Le buisson éventail, le cordon, qu'il soit horizontal, oblique ou vertical, l'arête-de-poisson palissée, et toute autre forme propre à éviter la confusion des branches pourront être adoptés. La fantaisie du planteur ou les exigences de la place guideront à ce sujet mieux que nous ne pourrions le faire ici avec la plume. En Angleterre, où les groseilliers épineux sont cultivés en fort grand nombre, on les plante en bordure dans les vergers comme nous plantons les petits pommiers dans nos jardins. Disons aussi qu'ils conviennent pour établir des haies défensives, et qu'on pourrait les utiliser dans les sols arides où l'aubépine ne se développe pas assez bien, en les associant à une essence vigoureuse, comme le Sainte-Lucie; mais on comprendra qu'alors le produit serait à peu près nul.

Conservation des fruits sur le groseillier à grappes. — Il est facile de conserver les groseilles fraîches sur pied jusqu'à l'approche des fortes gelées. Un peu avant que les grappes soient mûres, c'est-à-dire quand elles se colorent, on enlève une partie des feuilles, sans toucher à celles de l'extrémité des rameaux réservés pour entretenir la circulation de la séve; puis, avant la complète maturité des fruits, par une journée bien sèche, on réunit les branches sans les froisser, et l'on enveloppe tout le pied avec de la paille sèche et propre. Les extrémités des branches, munies de leurs feuilles, ne seront point renfermées dans le maillot; il suffit de bien couvrir les fruits afin de les soustraire à l'action du soleil qui les dessécherait, à l'humidité atmosphérique qui hâterait leur décomposition, et enfin aux attaques des colimaçons ou escargots, et de certains oiseaux qui en sont très-friands à l'arrière-saison.

Insectes qui attaquent le groseillier. — La robusticité du groseillier le met à l'abri des maladies. Ne le voit-on pas prospérer et fructifier sur une tête de saule, même sur un mur, où sa semence a été déposée par un oiseau. En terrain convenable, tous les pieds valides fleurissent abondamment; mais les pluies froides, quand elles arrivent au moment de l'épanouissement de la fleur, nuisent à la fécondation, et font *couler* les groseilles comme tous les autres fruits. Ceci n'est point une maladie; c'est un accident.

Le groseillier est attaqué par plusieurs insectes, qui sont pour lui un véritable fléau. Ceux qu'on y rencontre le plus communément sont les chenilles de la *phalène Wau* (1), du *zérène du groseillier* (2), la *fausse chenille du groseillier*, qui a été décrite par M. le docteur Candèze, sous le nom de *Tenthrède du groseillier*, page 108 de ce volume, et le *puceron*. Pour notre compte, nous redoutons principalement la tenthrède. A l'époque de ses ravages, les fruits qui sont alors en pleine croissance, se dessèchent et ne mûrissent pas, tandis que le groseillier souffre pendant tout le reste de la saison, par suite de la perturbation apportée à la circulation de la séve.

Pour la détruire, ainsi que l'a déjà conseillé le docteur Candèze, on étend une serviette sous les groseilliers atteints, qu'on secoue le matin afin de les en débarrasser; toutes celles qui tombent sont ainsi recueillies, écrasées ou jetées au feu ou dans l'eau chaude. On répète la même opération aussi longtemps qu'on en découvre. On obtient encore de bons résultats avec de la poussière de chaux, de la suie, des cendres de bois, répandues sur les pieds atteints. M. Joigneaux se débarrasse de la chenille du zérène en soufflant de la

(1) Voyez p. 103 de ce volume.
(2) *Ibid.*

poudre de pyrèthre sur ses groseilliers épineux.

Le puceron du groseillier pique les feuilles du sommet des rameaux, qui deviennent rougeâtres, se crispent, et souvent forment des paquets chiffonnés dans lesquels on trouve un grand nombre de ces insectes. On les détruit en trempant et en secouant les parties attaquées dans un vase contenant une dissolution d'eau de savon noir ou une décoction de tabac.

Usages du groseillier.—Les fruits du groseillier à grappes, parfaitement mûrs et adoucis avec du sucre, sont recherchés pour le dessert. La variété rouge est employée pour la préparation du sirop de groseilles, de la gelée de groseilles, d'un vin dit de groseilles, très-vanté en Angleterre, mais dont les Français ne se soucient guère. La variété blanche sert à faire les délicieuses confitures de Bar-le-Duc. On a retiré de l'acide citrique des groseilles; enfin, la médecine emploie les baies du groseillier à grappes pour faire des tisanes, et considère ces baies comme rafraîchissantes et laxatives.

Les fruits, et même aussi les feuilles du groseillier noir, sont employés à la fabrication d'une liqueur de table appelée *cassis*. Le public la dit pectorale, mais la médecine garde le silence sur ce point. Les cassis de Dijon sont renommés à juste titre.

Les fruits du groseillier épineux, à l'état vert, servent à préparer des tartes estimées dans le nord de la France, en Angleterre et en Belgique; ils remplacent le verjus dans la cuisine, pour l'assaisonnement des poissons, surtout du maquereau. Mûrs, ces fruits sont agréables; ils passent pour être excitants. ERNEST BALTET.

CHAPITRE XXVI

(SUITE DES BAIES.)

DU VINETTIER OU ÉPINE-VINETTE COMMUNE (*BERBERIS VULGARIS*)

Nous laissons de côté le *Dattier*, qui ne mûrit pas ses fruits même dans l'extrême midi de la France, et nous arrivons de suite aux vinettiers.

Description. — C'est un arbrisseau de la famille des Berbéridées, qui croît spontanément sur divers points de la France, que l'on cultive très-rarement dans les jardins, mais qui mérite d'y être admis, et pourrait gagner quelque chose à une culture soignée. Ses rameaux sont droits, son écorce est grisâtre, son bois jaune. Ses feuilles, ovales, dentées, d'un beau vert, sont disposées en faisceaux, et chacune d'elles porte à sa base trois épines. Ses fleurs jaunes sont en grappes pendantes et répandent une odeur spermatique, fade, désagréable, qui *porte au cœur* comme celle du châtaignier; elles s'ouvrent d'avril en mai. A ces fleurs succèdent des baies qui, dans les mois de septembre et d'octobre, rougissent en mûrissant.

Fig. 1102. — Vinettier.

Culture.— Jusqu'ici on n'a point songé à cultiver l'épine-vinette; au contraire, on a fait tout ce qu'il fallait pour l'extirper entièrement des contrées où elle croît naturellement. En 1660, le parlement de Rouen ordonna l'arrachage de tous les pieds d'épine-vinette qui se trouvaient dans le ressort de sa juridiction; au dix-neuvième siècle, la Société d'agriculture de Versailles, qui n'avait point la puissance du parlement normand, s'imagina aussi de la proscrire, uniquement parce qu'on a prétendu que cette plante faisait couler et rouiller le froment et qu'elle gâtait l'herbe des prairies. Dans le midi de la France, on a détruit les buissons d'épine-vinette pour s'approprier la matière colorante de ses racines, puis à mesure que l'arbrisseau disparaissait de ce côté, les arracheurs ont visité nos montagnes du Centre et de l'Est et ravagé notre berbéris de leur propre autorité, sans le moins du monde prendre l'autorisation des communes ou des particuliers. C'est ainsi que nous avons été dépouillé, aux environs de Beaune, d'un certain nombre de buissons auxquels nous tenions beaucoup; c'est ainsi, peut-être, que disparaîtront quelque jour toutes ces épine-vinettes de la Bourgogne qui ont fait au village de Chanceaux (Côte-d'Or) une solide réputation pour ses confitures.

Nous comprenons très-bien que l'on arrache cet arbrisseau en vue de tirer parti de ses racines; mais puisque celles-ci sont tant recherchées, comment se fait-il que l'on ne boise pas en épine-vinette de vastes coteaux impropres à toute autre culture. Ce serait vite exécuté, rien qu'en éclatant les vieux buissons qui nous restent encore. Pour ce qui est de l'accusation portée contre l'épine-vinette, nous n'en croyons rien, parce qu'en Ardenne, nous avons semé de l'herbe autour de nos berbéris, et des échantillons de froment à quelques pas de là, et que nous n'avons eu à nous plaindre ni de la qualité de l'herbe, ni de la coulure, ni de la rouille des froments.

L'épine-vinette ne craint pas plus la chaleur que le froid; elle n'est pas non plus difficile sur les terrains. Les plus pauvres, les plus caillouteux sont même ceux qui paraissent lui convenir le mieux, si nous en jugeons par les localités qu'elle choisit naturellement sur nos coteaux calcaires de la Bourgogne. Nous l'avons rencontrée et cultivée en Belgique sur les montagnes schisteuses de la province de Luxembourg.

On peut multiplier l'épine-vinette par le semis de ses baies, par le marcottage et par l'éclatement des vieux pieds et les rejetons. Avec le semis, on obtiendrait évidemment des variétés nouvelles. Aussitôt que les baies sont complétement mûres, c'est-à-dire d'un rouge transparent, on les répand dans de petites rigoles et on les recouvre de terreau. Elles lèvent en grande partie au printemps suivant. On peut aussi les mettre stratifier en caisse et ne les semer qu'après l'hiver, mais à quoi bon prendre cette peine, quand on peut s'en dispenser? Des graines d'épine-vinette non stratifiées, et semées au printemps ne lèveraient qu'au bout de deux ans, mais à coup sûr elles donneraient plutôt des variétés nouvelles que les graines fraîches.

Pour marcotter l'épine-vinette, on attend l'automne, c'est-à-dire la saison où l'arbrisseau se dépouille de ses feuilles. Alors, on prend des rejetons de l'année que l'on couche en terre et dont on dresse l'extrémité à l'aide de tuteurs. A l'automne suivant, les parties enterrées ont émis des racines; en sèvre, on arrache les plants racinés et on les met à demeure.

Pour ce qui est de l'éclatement, on arrache à l'automne de vieux pieds dépouillés de leurs feuilles, puis on en sépare les jeunes tiges d'abord, les vieilles ensuite, que l'on transplante aussitôt à un mètre environ l'une de l'autre.

L'épine-vinette ne dédaigne pas l'engrais. Un mélange de fumier de vache très-pourri, de cendres de bois ou de houille et de bonne terre, lui convient parfaitement.

Il faut donner à l'épine-vinette un labourage d'automne et des sarclages au fur et à mesure des besoins.

Pour ce qui est de la taille, il faut en être très-sobre, parce que si elle profite au développement du bois et de la feuille, elle empêche la fructification, comme on peut s'en convaincre à l'examen des haies d'épine-vinette, soumises à une taille courte. Le mieux donc est d'enlever chaque année le bois mort et de ne supprimer que faiblement l'extrémité des rameaux fructifères au printemps. A l'automne, on enlèvera une partie des pousses de l'année, afin de dégager le pied et de se procurer du plant.

Usages. — Nous les avons indiqués dans le *Dictionnaire d'agriculture pratique* en ces termes: « Les racines soumises à l'ébullition donnent une belle couleur verte, employée pour teindre les peaux de chèvre et de mouton. L'écorce moyenne fournit une belle couleur jaune qui sert à donner un lustre et un brillant remarquable au cuir bien corroyé, et qui est utilisée aussi dans quelques contrées, en Allemagne principalement, pour donner aux laines et aux étoffes une belle teinture de couleur d'or. Son bois est employé par les ébénistes; les bottiers et les cordonniers le recherchent pour fabriquer les chevilles dont ils ont besoin. Dans la Bresse et la Sologne, on mange les feuilles en guise d'oseille, et les personnes qui en font usage s'en trouvent fort bien et les considèrent comme un excellent tonique. Les vaches, les moutons, les chèvres les mangent aussi, et en sont même friands. Ses baies peuvent très-bien remplacer les câpres, et on les conserve pour cet usage dans le vinaigre. Lorsqu'elles sont bien mûres, elles ont une saveur aigrelette et sont rafraîchissantes. Dans quelques pays, on les utilise pour fabriquer une sorte de vin, et avec leur suc on prépare un sirop qui est très-agréable. Ces baies servent encore pour faire des confitures, des gelées et des dragées. Les confitures d'épine-vinette sont très-estimées; on vante celles de Rouen et surtout celles de Chanceaux. »

Il sera parlé de leur préparation au chapitre des recettes, dans la dernière partie du *Livre de la Ferme*.

P. J.

CHAPITRE XXVII

(SUITE DES BAIES.)

DU GRENADIER COMMUN (*PUNICA GRANATUM*)

Description. — Cet arbrisseau que les Romains ont rapporté des environs de Carthage, dit-on, ce qui nous paraît assez vraisemblable, puisque Desfontaine l'y a retrouvé en abondance, ne s'élève guère qu'à 3 ou 4 mètres dans nos climats du Midi. Autrefois, on le plaçait dans la famille des Myrtoïdes; aujourd'hui, il appartient à celle des Granatées. On le cultive sous le nom de *Balaus-*

tier. Voici la description de cet arbrisseau d'après M. Moquin-Tandon : — « Branches nombreuses disposées à peu près en tête. Rameaux épineux à l'extrémité, dans les individus sauvages. Feuilles opposées, petites, brièvement lancéolées, entières, lisses, persistantes, rougeâtres dans leur jeunesse. Fleurs disposées au sommet des rameaux, ordinairement solitaires, presque sessiles, grandes. Calice à 5 ou 6 lobes, coloré, charnu. Pétales au nombre de 5, souvent doublés par la culture, chiffonnés, d'un rouge éclatant. Étamines très-nombreuses. Ovaire infère, surmonté d'un stigmate capitulé. Fruit désigné sous le nom de *Grenade*, de la grosseur d'une belle pomme, sphérique, couronné par les lobes calicinaux. Son écorce est mince, lisse, d'un brun rougeâtre et coriace ; elle se fend souvent à la maturité. Ce fruit est divisé par un diaphragme transversal en deux cavités inégales : la supérieure partagée en sept ou neuf loges ; l'inférieure, plus petite, en trois ou quatre. Les cloisons sont membraneuses et d'un blanc un peu jaunâtre. Les graines sont nombreuses, entourées d'une pulpe aqueuse, d'un rouge brillant. » C'est cette pulpe aqueuse, acidule et rafraîchissante, que nous mangeons avec plaisir dans les temps chauds.

Fig. 1103. — Grenadier à fruits doux.

Variétés. — Le grenadier commun, dont il vient d'être parlé, et qui, à l'état tout à fait sauvage, est très-épineux et ne donne que des fruits médiocres en grosseur et en saveur, ne convient réellement que pour former des haies et des sujets propres à recevoir la greffe des variétés améliorées. Ce n'en est pas moins le type du genre, et ç'a été en le perfectionnant par la culture, que nous avons obtenu le *Grenadier à fruits doux* que l'on rencontre dans les jardins et les vignes du midi de la France, et qui nous intéresse par la bonté des fruits en question aussi bien que par la beauté de ses fleurs. C'est donc uniquement du *Grenadier commun à fruits doux* qu'il s'agit ici :

Climat. — Le grenadier ne mûrit bien ses fruits en plein vent que dans nos contrées méridionales, mais avec la culture en espalier et à bonne exposition, on réussirait peut-être à obtenir cette maturité sur quelques points du centre. C'était l'opinion de Bosc. Pour ce qui est des grenadiers cultivés seulement pour leurs fleurs charmantes, on en trouve presque partout, mais plus souvent en caisse qu'en pleine terre. Nous n'avons pas à nous occuper de ceux-là en ce moment.

Sol et exposition. — Le grenadier aime une terre substantielle et une exposition chaude ; néanmoins, il réussit très-bien dans les terres légères, à la condition d'y être arrosé au besoin.

Culture. — On reproduit le grenadier par le semis, par les drageons qui partent de ses racines, par le marcottage, par le bouturage et par le greffage. Les graines du grenadier commun à fruits acides reproduisent parfaitement le type, mais celles du grenadier commun à fruits doux ne donnent déjà plus que des arbrisseaux à fruits moins doux ; la plupart du temps donc, on ne sème que pour avoir des sujets destinés à recevoir des greffes, et à cet effet on ne se sert que des graines des fruits acides. Le semis se fait au printemps sur une terre bien fumée, bien ameublie et bien exposée, ou encore dans des terrines sur couche et sous châssis. Vers la fin de l'automne ou au bout de dix-huit mois, on repique le plant à demeure, et l'année suivante, on greffe en fente ou à écusson à œil dormant.

Très-souvent on multiplie le grenadier avec les drageons enlevés du pied au bout d'un an ou de deux ans de végétation.

Les rameaux de grenadiers, couchés en terre, prennent racine en deux ou trois mois, si l'on a soin d'entretenir de la fraîcheur dans cette terre, par une température chaude. On sèvre la marcotte à l'automne et on la transplante.

Pour ce qui est du bouturage, on prend une crossette, c'est-à-dire un rameau d'un an avec du bois de deux ans au talon ; on la plante en bon terrain que l'on entretient frais et l'on a un plant raciné pour l'hiver suivant.

Les grenadiers ont la vie longue ; on en connaît qui comptent de deux à trois siècles.

Si Bosc n'est pas le premier qui ait conseillé la culture du grenadier en espalier, toujours est-il qu'il fut l'un des premiers. — « Dans les climats intermédiaires entre celui de Marseille et celui de Paris, écrivait-il, c'est-à-dire dans ceux où le grenadier ne vient pas en pleine terre, mais où les gelées ne sont ordinairement pas assez fortes pour le faire périr, on doit le cultiver en espalier à l'exposition du midi. Peu d'arbres garnissent aussi bien un mur que lui, et aucun ne présente un coup d'œil aussi magnifique, dans cette disposition, lorsqu'il est en fleur. On le plante à 10 ou 12 pieds de distance (3^m,33 à 4 mètres), et même plus selon la hauteur du mur. On lui forme une tige de 5 ou 6 pieds (1^m,60 à 2 mètres) de haut, et ensuite on conduit les branches, comme celles des pêchers, sans se presser, c'est-à-dire en les raccourcissant tous les ans pour les faire garnir davantage. Ces branches n'ont besoin d'être fixées au mur que les deux premières années, attendu que quand elles ont pris une direction elles n'en changent plus. Lorsqu'on a lieu de craindre que les gelées ne nuisent aux grenadiers ainsi disposés en espalier, on peut facilement les couvrir avec des paillassons ou des planches. »

Récolte des grenades. — Les grenades récoltées trop tôt se rident et ne valent rien ; le mieux donc est de les laisser complétement mûrir sur l'arbre ; mais dans ce cas, un inconvénient se présente : elles sont très-sujettes à se fendre. Pour les soustraire à cet inconvénient, il faut les masquer sous leurs feuilles ou par tout autre moyen à l'approche de la complète maturité. Une fois cueillies, on les expose au soleil pendant deux jours, puis on les enveloppe avec du papier et on les conserve en lieu sec; dans un endroit humide, elles moisiraient.

Usages. — L'écorce de racine de grenadier est un vermifuge énergique que l'on emploie surtout contre le ténia ou ver solitaire. Fraîche, elle vaut mieux que sèche. L'infusion a une saveur acerbe très-désagréable; nous le savons par expérience. Les fleurs de grenadier sont recommandées comme astringentes et toniques, et employées à l'extérieur comme à l'intérieur. La grenade contient une pulpe acidule, rafraîchissante et agréable à manger. On en fait un sirop acidule et légèrement astringent. L'écorce de la grenade est très-astringente, à cause du tannin qu'elle renferme.

Depuis l'établissement des chemins de fer, les grenades du Midi sont très-communes à Paris et par conséquent d'un prix très-abordable. Malheureusement, elles n'y arrivent qu'avec l'abaissement de la température. P. J.

CHAPITRE XXVIII

(FIN DES BAIES.)

DE L'ORANGER OU MIEUX CITRONNIER-ORANGER (*CITRUS AURANTIUM*)

La culture des arbres qui rentrent dans le genre Citronnier, — et l'oranger est de ce nombre, — appartient plutôt aux fleuristes qu'aux arboriculteurs proprement dits, au moins pour ce qui regarde la France. Nos plantations d'orangers en plein air sont restreintes à quelques rares climats favorisés; ainsi, nous ne les rencontrons guère qu'au pied des Alpes maritimes et dans le voisinage de la Méditerranée. On cite Nice, Hyères, Grasse, Toulon, Ollioules, Cannes, Vence, Saint-Paul, Antibes, puis divers points de la Corse et de l'Algérie. Cependant il faut constater qu'il existe dans le département de l'Hérault, une situation particulière où les orangers sont cultivés en pleine terre et sans abri. Nous voulons parler du territoire de Roquebrun, arrondissement de Béziers. Cette localité, ouverte au midi, est à l'abri des vents du nord et de l'est, en sorte que, pendant les hivers ordinaires, le thermomètre y descend rarement au-dessous de 0°. Et encore, empressons-nous d'ajouter que dans certaines de ces localités, il devient parfois nécessaire de recourir à l'emploi de murs où à des abris artificiels pour garantir les orangers des vents froids qui se font sentir de loin en loin. L'oranger proprement dit est originaire de la Chine, et le citronnier de l'Asie Mineure, croit-on. Celui-ci arriva chez nous bien avant l'oranger qui ne commença à être cultivé sérieusement qu'après les premières croisades.

Les historiens nous rapportent, quant aux citrons ou limons, qu'il était de bon ton au seizième siècle d'en offrir aux personnes en visite, que les dames de la cour en portaient sur elles pour se parfumer, qu'elles les mordaient de temps en temps pour avoir les lèvres vermeilles, et que les écoliers d'alors devaient à une certaine époque de l'année en offrir un à leurs professeurs, mais un citron dans lequel ils avaient fiché des pièces d'or. Cet usage fut aboli en 1700.

Classification. — Le genre Citronnier est de la famille des Aurantiacées. Il comprend plusieurs groupes, et chacun de ces groupes comprend à son tour plusieurs espèces. Ainsi nous avons: 1° le groupe des *Citronniers-Orangers à fruits doux*; 2° le groupe des *Citronniers-Orangers à fruits amers*, appelés aussi *Bigaradiers*; 3° le groupe des *Citronniers Bergamotiers*; 4° le groupe des *Citronniers proprement dits* ou *Limoniers*; 5° enfin, le groupe des *Citronniers-Cédratiers*, dont les fruits sont plus gros, plus verruqueux, plus tendres et moins acides que nos citrons ordinaires.

C'est le groupe des Citronniers-Orangers à fruits doux qui nous fournit entre autres espèces, l'*orange de Malte* ou *orange rouge de Portugal*, de moyenne grosseur, ronde, d'un jaune rouge, cultivée à Nice; l'*orange de Nice*, très-grosse, souvent aplatie, d'un beau jaune rougeâtre, et très-avantageuse; l'*orange franche* de Poiteau ou *orange douce* ordinaire, ronde, de moyenne grosseur,

Fig. 1104. — Oranger franc.

d'un jaune doré, résistant mieux au froid que les autres espèces, mais produisant peu; l'*orange à larges feuilles* (de Poiteau), sphérique, grosse, à peau mince, assez robuste et cultivée à Nice; l'*orange pyriforme*, c'est-à-dire qui affecte la forme d'une poire; l'*orange de Gênes*, ronde ou un peu aplatie, d'un jaune rouge, sillonnée à sa base; l'*orange de Majorque*, assez grosse, à peau assez mince, lisse, luisante, d'un jaune foncé, se rapprochant beaucoup de l'orange douce ordinaire; et l'*orange tardive*, grosse, très-aplatie, à peau mince, d'un beau jaune, un peu chagrinée.

Le groupe des Citronniers-Orangers à fruits amers ou Bigaradiers nous fournit des oranges,

Fig. 1105. — Bigaradier à fruit corniculé.

dont le jus est un peu amer. On les cultive surtout pour leurs fleurs que l'on distille et qui nous don-

Fig. 1106. — Bergamotier ordinaire.

nent *l'eau de fleurs d'oranger*. Les chinois confits sont les petits fruits du *Bigaradier chinois*.

Le groupe des Citronniers-Bergamotiers se recommande par la suavité de ses petites fleurs et par la forme en poire de ses fruits. On en retire l'huile essentielle de bergamote.

Le groupe des Citronniers-Limoniers produit nos citrons ordinaires ou limons, si précieux pour la

Fig. 1107. — Limonier à grappes.

préparation des limonades et pour condimenter nos mets.

Enfin, le groupe des Citronniers-Cédratiers, nous donne, ainsi que nous l'avons déjà dit, ces

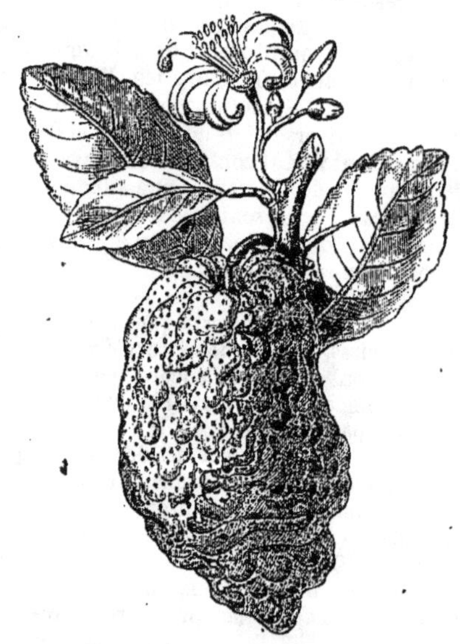

Fig. 1108. — Cédratier à gros fruit.

volumineux citrons à écorce très-raboteuse qui peuvent servir et servent aux mêmes usages que les limons.

Parmi ces divers groupes, celui des Citronniers-Orangers à fruits doux est le seul qui nous intéresse en ce moment, puisque seul il renferme les espèces ou variétés de table.

« Dans la plus grande partie de la France, dit

Louis Noisette, l'oranger ne se cultive qu'en caisse ou en pot, afin de pouvoir être en orangerie pendant l'hiver, et dans ce cas il n'est à proprement parler qu'un arbre d'ornement; il exige des soins particuliers que chacun varie suivant ses observations. Ici nous ne devons l'envisager que comme arbre fruitier et ne donner que sa culture de pleine terre.

« Partout, ajoute-t-il, où l'oranger peut se cultiver en pleine terre, il n'est pas difficile sur le choix du terrain et réussit très-bien dans tous, pourvu qu'ils ne soient ni humides ni froids, ni trop légers ni trop compactes; toutes les expositions libres et aérées lui conviennent, excepté dans sa première jeunesse, époque à laquelle il lui faut absolument celle du midi. La température qui lui est le plus favorable, est celle dont le terme moyen le plus constant est de 10 à 18° de Réaumur, et il paraît qu'il ne la trouve en France que sur les bords de la Méditerranée, ou à 15 ou 20 lieues (60 à 80 kilomètres) tout au plus de ses rivages, car plus avant dans les terres il cesse d'être productif. »

On multiplie les orangers au moyen des graines, des boutures, des marcottes et de la greffe. Nous continuons d'emprunter à Louis Noisette ce qu'il a dit de ces diverses opérations dans son *Jardin fruitier* :

« Pour l'opération du semis, on choisit et prépare les graines ainsi qu'il suit : on prend une certaine quantité des plus beaux fruits, on les met en tas au soleil, et on les y laisse fermenter pendant huit à dix jours, après lesquels on les jette dans de l'eau pour les faire macérer pendant quelques heures; on broie les oranges dans les mains, et on laisse reposer le tout quelques instants; on ramasse alors les pepins qui ont été au fond, et on jette ceux qui surnagent. Si la saison est favorable, c'est-à-dire si l'on est au printemps et que la température soit à 15° on sème de suite; dans le cas contraire, on attend. On fait sécher les pepins à l'ombre, et on les conserve dans des flacons bien bouchés, jusqu'au moment favorable.

« Quand on veut semer, on prépare son terrain en l'unissant le mieux possible; on y enterre des pots ou des caisses dans lesquels on sème les graines, et l'on recouvre le tout d'un pouce de terre légère et meuble, ou mieux de terreau. On arrose, et, si la température est favorable, le semis lève en quinze ou vingt jours.

« Ordinairement, pour avoir des arbres vigoureux, on donne la préférence aux pepins de bigaradier franc ou sauvage; cependant quelques cultivateurs choisissent ceux de l'oranger, quoiqu'ils croissent plus lentement, parce qu'ils résistent mieux au froid, qu'ils sont plus robustes et qu'ils donnent plus de fruits. Enfin, d'autres conseillent de se servir de semences de pompelmouses, et particulièrement du pompoléon.

« Pendant la première année on se contente d'arracher les mauvaises herbes, et de donner des arrosements pour empêcher la terre de se dessécher. La seconde année on les lève, avec la précaution de leur laisser une petite motte aux racines; on coupe les petits rameaux et les feuilles inférieures, et on les replace en terre à 8 ou 10 pouces (0m,216 à 0m,270) les uns des autres. Au printemps de la troisième ou quatrième année de germination, les sujets sont ordinairement assez forts pour être transplantés dans une pépinière plus spacieuse, ou en place. En février ou mars, on les enlève avec la motte et on les espace, dans la pépinière, à 18 pouces (0m,486) les uns des autres; en place, à 6 ou 7 pieds (1m,95 ou 2m,27), si on veut les former en espalier; à 9 ou 10 (2m,92 ou 3m,25), si c'est pour contre-espalier, et à 18 ou 20 (5m,85 ou 6m,49), si c'est pour plein-vent. Du reste, ces distances varient selon les espèces d'orangers et selon la qualité du terrain. Enfin, la cinquième année après qu'ils ont été semés, ils sont en état d'être greffés.

« L'expérience a prouvé qu'il valait mieux greffer les orangers un an ou deux après leur plantation à demeure que dans la pépinière.

« La multiplication par boutures est en usage principalement pour les poncires et cédratiers, quoiqu'elle réussisse également très-bien pour toutes les espèces. Depuis le mois de décembre jusqu'en février, on peut opérer de cette manière : on prépare une bonne terre par des engrais et de profonds labours; on y ouvre des sillons à 18 pouces (0m,486) de distance les uns des autres, et à 15 pouces (0m,405) de profondeur; on choisit sur les orangers que l'on veut multiplier, de petites branches, mieux les longs bourgeons qui ont poussé pendant l'été, que l'on appelle *plumets* ou *gourmands*, et que l'on supprime ordinairement en automne, à moins qu'on ne les ait conservés pour cet usage. On les coupe à la longueur de 18 pouces (0m,486), et on les taille en biseau à la base; on les enterre dans les sillons, en ne faisant sortir à la surface que deux ou trois yeux que l'on a eu le soin de laisser munis de leurs feuilles; on arrose cette plantation quand il en est besoin, et on la couvre de litière pendant les nuits pour la garantir des fraîcheurs. Dès que les boutures ont poussé, on n'a plus à leur donner que les soins ordinaires à la pépinière. Quelquefois on emploie des éclats de racines à l'usage que nous venons de décrire. Le mode de multiplication par boutures est généralement répandu dans toute l'Europe méridionale, parce qu'il est plus prompt que le semis; mais néanmoins il fournit des arbres beaucoup moins vigoureux.

« Quant à la marcotte, elle est rarement employée, parce qu'elle fournit des sujets faibles, chétifs, qui exigent beaucoup de soins; on la fait par étranglement selon la méthode ordinaire, ou par cépée; et, dans ce dernier cas, voici comment on agit : on greffe un sujet fort près du collet de sa racine, et on laisse pousser la tige; lorsqu'elle forme tronc, on la coupe à 3 ou 4 pouces (0m,081 à 0m,108) de terre, ce qui fait pousser un grand nombre de jets qu'on laisse se fortifier pendant deux ans. Alors on fait une ligature serrée à la base de chacun, on butte avec de bonne terre, que l'on rapproche sur la souche de manière à former un encaissement de 7 à 8 pouces (0m,189 à 0m,216) de hauteur. Il ne s'agit plus que de donner les soins nécessaires jusqu'à ce que les marcottes soient bien enracinées. Alors on les lève, et on les met en pépinière.

« On visite souvent les jeunes élèves, soit qu'on les ait obtenus de semences, de boutures ou de marcottes ; on détruit les limaces et les insectes qui les attaquent, on arrache les mauvaises herbes, on bine deux ou trois fois par an, et on donne de fréquents arrosements pendant les chaleurs. »

La taille des orangers ne diffère pas essentiellement de celle des autres arbres fruitiers. On la pratique vers la fin de l'hiver, par un temps sec.

En espalier et contre-espalier, on les conduit comme si c'étaient des poiriers ou des pommiers. En plein vent, on leur forme une tête arrondie, et l'on a soin de dégarnir l'intérieur, afin que les influences du soleil et de l'air s'y produisent librement.

Deux fois par an, au printemps et à l'automne, on laboure profondément au pied des orangers. En septembre et en octobre, ou bien encore en février et mars, on fume copieusement les orangers, et l'on emploie, à cet effet, toutes sortes d'engrais, selon les terrains et les saisons. C'est d'ordinaire avant l'hiver qu'on applique les engrais végétaux, d'une décomposition lente, et après l'hiver, les engrais animaux d'une décomposition plus ou moins rapide et les fumiers de ferme consumés. Pour cela, on ouvre autour de chaque pied d'arbre et à 0m,35 ou 0m,40 de distance du tronc, un bassin de 0m,25 à 0m,28 de profondeur ; on y met l'engrais nécessaire et on recouvre avec de la terre.

Quand le sol est trop desséché, de juin en septembre, par exemple, on arrose de temps en temps avec modération, et toujours avec de l'eau claire dégourdie au soleil.

M. Duchartre a publié, dans le *Journal de la Société centrale d'horticulture*, des renseignements sur les orangers de Roquebrun (Hérault), qui lui ont été fournis par un propriétaire de ce village, M. Moustelou. Nous extrayons de ces renseignements les passages qui suivent :

« Entre le village et le ruisseau d'un côté et la rivière de l'autre, il y a des jardins; c'est dans ces jardins que sont plantés les orangers, exposés au midi autant que possible, au-devant d'un mur de clôture qu'ils dépassent de plus de la moitié de leur hauteur. N'étant pas du tout disposés en espalier, ils croissent comme les oliviers; on en a même moins de soin que de ceux-ci, car on n'a pas d'autre attention que d'en enlever le bois mort, quand il y en a. Lorsqu'on les a plantés et arrosés de temps en temps pour les faire reprendre, tout est fini ; la nature fait le reste.

« Le mode de propagation auquel on a recours est des plus simples : on sème indifféremment, en tout temps, dans un pot à fleurs, les graines de n'importe quelles oranges ; toutes germent, et, la même année, la tige atteint un ou deux décimètres de hauteur. On les transplante ensuite à demeure, soit à nu, soit en motte. On ne prépare nullement la terre; celle des jardins est ordinairement un peu schisteuse, assez légère ; elle a été rendue meuble par le limon qu'y déposent les eaux limoneuses de la rivière dans ses débordements, par les nombreux sarclages et les arrosages nécessaires aux plantes légumineuses, qui y sont cultivées même au pied des orangers.

« En 1860, j'ai fait un essai qui a parfaitement réussi : ç'a été de mettre une branche d'oranger en terre, de la même manière qu'on le fait pour les figuiers. Cette bouture a très-bien repris, et la pousse de l'année s'élevait en septembre 1861 au moins de 0m,40 à 0m,50 de hauteur.

« Il existe actuellement de dix-huit à vingt orangers à l'air libre qui portent du fruit. Je reviendrai sur chacun des principaux en particulier; quant aux autres, qui n'ont pas encore fructifié, leur nombre peut s'élever de quatre-vingts à cent. Ce nombre-là pourrait devenir bien plus considérable, si cet arbre n'était pas regardé comme un simple arbre d'agrément.

« Je n'ai dans mon jardin que trois orangers et un citronnier. Deux des orangers sont gros, l'autre est tout jeune et planté depuis deux ans seulement. Ces deux orangers ont été semés il y a environ quatorze ou quinze ans; ils n'avaient pas encore produit à dix ans. Je crois pouvoir attribuer ce retard à leur rapprochement, car ils n'étaient plantés tout au plus qu'à 2 mètres l'un de l'autre; aussi, lorsque j'eus fait enlever celui qui se trouvait dans l'angle du mur, l'année d'après l'autre avait rempli tout l'espace laissé vide par son voisin; il se couvrit de fleurs et mûrit une centaine d'oranges fort douces, dont la peau était très-fine. Quant à celui qui a été transplanté, il n'a porté du fruit que deux ans après et en petite quantité. La circonférence du tronc de cet arbre est de 0m,53; la hauteur de l'un et de l'autre pied est de 5 mètres. Les branches inférieures commencent à 1m,60 du sol, et elles s'étendent sur un diamètre de 3m,60. J'estime que le nombre des oranges produites par un seul est, en moyenne, de deux cents à trois cents. »

Maladies et accidents de l'oranger. — Cet arbre redoute beaucoup la gelée. Lorsqu'il en est atteint, il devient nécessaire d'amputer les branches et les rameaux, et de mastiquer soigneusement les plaies. Les brouillards et les fortes rosées du printemps occasionnent une maladie connue à Nice sous le nom de *peteia*. C'est une tache d'un rouge brun qui se communique à la pulpe et la gâte tout à fait. On ne connaît aucun moyen de combattre cette affection. Enfin, la *jaunisse* ou *chlorose* n'épargne pas l'oranger. On attribue cette maladie à un excès d'humidité dans le sol; cependant il nous semble qu'il serait plus raisonnable de s'en prendre à l'épuisement de la terre.

Insectes nuisibles à l'oranger. — Les insectes nuisibles sont : 1° la gallinsecte de l'olivier (*coccus oleæ*); 2° la gallinsecte de l'oranger (*lecanium hesperidum*); 3° la mouche de l'oranger (*ceratitis hispanica*, de Brême). La première attaque les branches languissantes de l'arbre et en suce la séve; la seconde attaque également les orangers maladifs. « Le feuillage, dit M. Goureau, devient jaunâtre; les pousses sont faibles, et les fruits, privés de nourriture, n'arrivent ni à leur volume, ni à leur maturité. Il est vraisemblable que le développement de cette espèce est le même que celui de la gallinsecte du pêcher. On a souvent confondu avec la jaunisse le résultat des attaques de la gallinsecte commune sur les orangers qui souffrent de l'humidité du sol, et par suite de cette erreur, on a conseillé le drainage des plantations; néanmoins le conseil est bon. La larve de la mouche de l'orange a une grande ressemblance avec la larve de nos cerises. Si nous ne rencontrons pas d'oranges véreuses dans le commerce, c'est qu'on n'expédie pas ces fruits aux marchands; mais elles ne sont pas rares dans les pays de production. Les oranges attaquées tombent, les vers en sortent et se cachent dans la terre pour s'y métamorphoser.

Plantes parasites de l'oranger. — Risso a signalé comme très-nuisibles deux plantes cryptogamiques, le *demathium monophyllum* et le *lichen aurantii*. Ce ne sont pas les plantes en question qui occasionnent la maladie des orangers; elles ne sont, au contraire, que le résultat de la mauvaise santé des arbres.

Récolte des feuilles, des fleurs et des fruits de l'oranger. — Au moment de la taille de l'oranger, qui est un arbre toujours vert, on effeuille les rameaux coupés, on fait sécher les feuilles à l'ombre, et on les vend pour les besoins de la médecine. En mai et juin, on secoue les orangers fleuris tous les deux jours, par un temps sec et après la rosée; on ramasse les fleurs qui tombent et on les étend à l'ombre comme les feuilles. Les fleurs qui ne se détachent pas des arbres suffisent largement pour la fructification. Pour ce qui est de la récolte des oranges, elle a lieu à trois époques différentes; au commencement de novembre, en décembre et en mars. Les premières cueillies plus vertes que mûres, peuvent être transportées au loin; les secondes, à moitié mûres, sont expédiées dans un rayon plus ou moins rapproché; les troisièmes, tout à fait mûres, ne souffrent pas le transport et doivent être consommées sur place. Il suit de là que, pour manger de délicieuses oranges, il faut aller dans le Midi à la fin de l'hiver, et que dans le Nord nous ne connaissons que les oranges médiocres et celles de basse qualité.

On assure qu'un oranger à fruits doux, en plein rapport vers l'âge de trente à quarante ans, peut rendre une moyenne de 3,000 fruits; que la récolte des oranges amères est plus considérable encore, et que le citronnier proprement dit, ou limonier, en donne beaucoup plus encore. Pour ce qui est des bergamotiers et surtout des cédratiers, la fructification est très-faible.

Emploi des produits. — Les feuilles d'oranger qui sont antispasmodiques et légèrement diaphorétiques, sont administrées fraîches ou sèches, en infusion, et plus rarement en poudre. On les associe souvent au tilleul (Moquin-Tandon). Avec les fleurs, on fait l'eau de fleurs d'oranger, un sirop et une huile essentielle, le *néroli*.

Les toutes petites oranges amères ou bigarades sont utilisées comme pois à cautères. Celles qui tombent de l'arbre peu de temps après la floraison entrent dans la préparation du sirop antiscorbutique. Les tranches d'oranges mûres sont ordonnées, dans la plupart des phlegmasies, pour calmer la soif et tromper l'appétit des malades (Moquin-Tandon). Les oranges et les citrons servent à préparer les boissons rafraîchissantes connues sous les noms d'*orangeade* et de *limonade*. On retire du citron l'acide citrique que M. Tilloy, de Dijon, a retiré aussi de la groseille à grappes. L'écorce de la bigarade sert à fabriquer le *curaçao de Hollande*.

Les oranges crues font partie de nos desserts. On en fait des confitures, des conserves sucrées, etc.

P. J.

CHAPITRE XXIX

I — FRUITS SIMPLES (MÉLONIDES). — DU POMMIER (*MALUS COMMUNIS*).

Historique et classification. — Le Pommier (*Malus communis*, Lam. *Pyrus malus*, Linn.) appartient à la famille des Pomacées. A l'état sauvage, il est de taille moyenne; cultivé, il atteint souvent des proportions qui le rapprochent des arbres de grande taille; ses feuilles sont alternes, d'un vert sombre, en dessus, cotonneuses et blanchâtres en dessous, surtout dans leur jeunesse. Ses fleurs, disposées en ombelles simples, sont assez larges, d'un blanc rosé et plus colorées en dehors qu'en dedans; les pétales sont au nombre de cinq.

Le pommier est un arbre de notre vieux continent, assez commun dans les forêts de certaines localités; ses nombreuses variétés sont le produit de l'espèce sauvage; on les doit au hasard et à la culture. Quant à retrouver l'origine des premières pommes de table, et même des premières pommes à cidre, il n'y faut point songer.

Terrains et situations qui conviennent au pommier. — Le pommier vit dans tous les terrains composés d'éléments variés. Il ne s'accommode pas d'un sol d'une nature exclusive, soit argileux ou calcaire, soit siliceux ou marneux. Il aime une terre d'alluvion où le calcaire s'associe à la silice et à l'argile; il aime aussi les terrains à base granitique; l'humus tourbeux ne lui déplaît pas. Une fraîcheur modérée lui est favorable, quand le sous-sol est suffisamment poreux ou perméable; dans un terrain mou et froid, surtout en vallée, ses fruits deviennent gros, mais peu savoureux, et ne se conservent guère; s'ils présentent un volume moindre dans les sols où l'eau ne séjourne point, en retour, ils ont plus de goût et se conservent mieux.

L'excès d'humidité ou le manque d'air engendre les mousses, les chancres, les pucerons. Une trop grande sécheresse, surtout dans une position chaude, est également nuisible au pommier, en ce qu'elle prive ses racines de la séve indispensable au développement des divers organes de l'arbre, et par suite de cette privation les fleurs tombent, ou bien les fruits, peu abondants, restent petits et sans saveur agréable. Il est encore à remarquer que les insectes se jettent sur ces arbres souffrants plutôt que sur les autres. Pour la santé de l'arbre comme pour la qualité de ses fruits, il convient donc de le placer dans un endroit qui ne soit ni trop aride ni trop mouillé; il est essentiel, en outre, que la situation soit bien aérée; et c'est pour cela que l'espalier ne lui est pas avantageux. Aussi ne doit-on l'y mettre qu'exceptionnellement.

Quant au climat, le pommier n'est pas exigeant; on le rencontre dans presque toute l'Europe centrale; il redoute le Midi plutôt que le Nord. Les contrées brumeuses, comme la Normandie, une partie de l'Angleterre, de l'Amérique, de l'Allemagne septentrionale, sont favorables à sa végétation et à l'abondance des produits; mais les fruits y sont moins succulents que dans les pays plus favorisés du soleil; aussi y cultive-t-on principalement les variétés propres à la fabrication du cidre.

Variétés de pommier à cultiver. — On se plaint avec raison de la confusion qui règne dans la nomenclature des fruits en général; celle des pommes est peut-être la plus embrouillée. Cela tient à plusieurs causes: 1° En raison de sa robusticité, le pommier est l'espèce fruitière la plus répandue; 2° le nombre des variétés cultivées en est considérable; 3° les semences provenant de bonnes variétés, ou mieux de bonnes individualités, donnent assez souvent naissance à d'autres bonnes pommes que l'on baptise aux lieux où elles se localisent; 4° les caractères du bois, des feuilles et des fruits du pommier se ressemblent tellement, que le même signalement peut s'appliquer à plusieurs variétés. Il n'est donc pas étonnant que plusieurs d'entre elles soient connues dans un pays sous tel nom et ailleurs sous tel autre; exemple : le pommier *Belle-fleur* s'appelle aussi *Belle-femme* dans l'Aube, *Auberive* dans la Haute-Marne, *Richarde* dans la Bourgogne, *Monsieur*, *Crôtte* dans le Dauphiné, *Belle-fleur de France*, *Double belle-fleur*, en Belgique, etc.

Quant aux pommes d'origine étrangère que nous n'avons encore pu juger, nous nous bornerons à citer ici les noms des plus vantées. Les descriptions qui les accompagnent nous ont été fournies par des pomologistes distingués et dignes de foi.

L'Allemagne nous offre un riche contingent, qui comprend :

Archiduc Antoine. — Fruit moyen, très-bon; d'hiver.

Borsdorf. — Arbre très-robuste, à floraison tardive, spécialement pour verger.

Calville de Dantzick. — Arbre très-fertile. Fruit gros, bon; d'hiver.

Reinette des Carmes. — Excellent fruit d'hiver.

Fleiner du roi. — Très-gros et bon fruit d'automne.

Golden noble. — Arbre très-vigoureux et fertile. Bon fruit.

Goulderling la longue-verte.

Merveille de Fair. — Très-bon fruit, se conservant jusqu'au printemps.

Pearmain d'été rayé. — Arbre très-fertile. Très-bon fruit.

Pepin d'or d'Allemagne.

Pomme d'Engelberg. — Arbre très-fertile. Fruit petit, très-bon; d'hiver.

Pomme des princes, aussi nommée *P. ananas* et *P. melon.*

Pomme d'Uelzem.

Prince Nicolas de Nassau. — Petit fruit, mais très-bon.

Rambour de Brunswick. — Gros et beau fruit, de qualité ordinaire.

Reinette d'amande rouge.

Reinette Bredon. — Très-fertile; fruit petit, très-bon; de longue conservation.

Reinette de Damason. — Très-fertile; fruit gros, bon; d'hiver.

Reinette Donauer. — Beau et bon fruit, de commencement d'hiver.

Reinette de Gaesdont. — Petite, mais excellente pomme.

Reinette de Madère. — Fruit moyen, très-bon, comparable à notre *Reinette franche.*

Reinette de Parker. — Fruit abondant; gros, très-bon; d'hiver.

Reinette de Tyrol. — Fertile. Bon et très-joli fruit.

Reinette d'Hœrlin. — Très-fertile. Fruit petit, très-bon; d'hiver.

Reinette Burchardt. — Très-fertile. Fruit moyen, jaune et rose strié gris; très-bon; automne.

Reinette Harbert.

Reinette Krœten. — Beau et bon fruit.

Reinette marbrée d'été. — Fertile. Fruit gros, très-bon; d'automne.

Reinette muscat. — Très-fertile. Fruit gros, propre à tous usages; hiver.

Reinette jaune de Willy, ou de *Wuilhaume.*

Rose de Bohême. — Arbre très-fertile. Fruit très-gros, bon; d'automne.

Rouge noble. — Fertile. Fruit moyen, très-bon; hiver.

L'Amérique vante entre autres variétés :

Averill. — Gros et bon fruit d'hiver.

Cornish Gilly flower. — Gros et bon fruit d'hiver.

Esopus Spitzenburg. — Assez lent à produire. Fruit gros, bon; d'hiver.

Ladies' sweet.

Monstruous pippin. — Très-gros fruit d'automne.

Pennock red streak. — Bon et très-beau fruit.

Swaar. — Gros et bon fruit d'hiver.

Winter quening. — Très-fertile. Fruit gros, rouge, côtelé comme un calville, bon ; mûrit en hiver.

L'Angleterre est fière des variétés suivantes :

Cox pomona.

Hughes' golden pippin.

Summer golden pippin. — Bonne variété précoce, de la fin d'août.

Wadhurt's pippin.

Waltham abbey ou *Golden noble.* — L'une des plus belles pommes cultivées en Angleterre.

White non pareil.

La Russie du Nord, ne faisant qu'entrevoir le soleil, préfère les variétés qui mûrissent promptement, comme : *Borowitsky, Comte Orloff, Empereur Alexandre, Grand-duc Constantin, Nicolayer, Pierre-le-Grand, Serinkia,* les *Transparentes blanche, jaune, rouge, verte, etc.* Chez nous, quelques-unes de ces pommes deviennent spongieuses et manquent d'arome ; nous les considérons plutôt comme fruits d'ornement. Telles sont encore les variétés appelées : *Baccifère à fruit violet, B. de Rouen, Api noir, etc.*

Quelques semeurs contemporains, de la Hollande, sont assez heureux dans leurs gains. Nous citerons : *Court-pendu Loisel, Double Agathe, Duchesse de Brabant, du Halder, Prince d'Orange, Reinette de Faulquemont.*

Depuis l'impulsion donnée en Belgique par le célèbre Van Mons, les nouveaux gains, en pommiers comme en poiriers, se succèdent sans interruption. Peut-être même s'y attache-t-on un peu trop à la quantité. Nous ne citerons aucune variété ; nous constaterons seulement que les pommiers de *Court-pendu* et de *Belle-fleur* y sont les plus répandus : les premiers à cause de leur grande production, de la longue conservation de leurs fruits, ainsi que des nombreux emplois culinaires et industriels auxquels ils sont soumis ; les seconds sont également très-fertiles, et leurs fruits y sont employés avantageusement à la fabrication du vinaigre, en remplacement du raisin qui fait défaut dans toutes les provinces, celle de Liége et partie de celle de Namur exceptées.

En France, les *Calville blanc, Reinette de Canada, Reinette franche, etc.*, sont partout fort estimées. M. P. de Mortillet, nous écrivait dernièrement du département de l'Isère : « Dans nos hameaux, où l'on cultive le pommier en grand, chaque habitation en possède un verger et la pomme est l'objet d'un commerce d'exportation assez considérable ; mais les cultivateurs s'en tiennent strictement aux variétés suivantes :

Calville blanc, calville rouge, reinette franche, reinette de Canada.

« A l'automne, ils font des radeaux avec leurs épicéas et leurs sapins, les chargent de caisses faites en voliges du même bois et remplies de pommes, et le tout descend l'Isère pour aller approvisionner les villes du Midi, notamment Marseille. Ils trouvent ainsi le moyen de se défaire de leurs fruits et de leur bois de construction.

« J'ajouterai que dans ces localités, les arbres de *calville blanc* et de *reinette franche* sont toujours très-sains, ainsi que les fruits qu'ils portent. Le *calville rouge* y donne des fruits à intérieur toujours parfaitement saumonné et ne cotonnant jamais. Si j'étais dans la même position, je m'en tiendrais à leurs quatre variétés : ce sont incontestablement les meilleures et les plus profitables, soit pour l'usage personnel, soit pour la vente. J'y joindrais peut-être la *reinette de Hollande.*

« Chez moi, je ne puis avoir en verger que la *reinette de Canada ;* le *calville* et la *reinette franche* ne réussissent pas sous cette forme ; le *calville rouge* viendrait mieux, mais après un été sec et chaud le fruit cotonne ou plutôt tombe en farine. Les variétés les plus rustiques en plein vent sont :

Court-pendu, de Châtaignier, Doux d'argent, Fenouillet jaune, Gros api rose, Pigeonnet, Passe-pomme rouge ou *Calville d'été, Reinette d'Angleterre, Reinette de Canada, Reinette de Hollande.*

« Je ne vous donne pas toutes ces variétés comme de premier choix ; mais il a fallu me plier aux exigences de mon terrain. Je suis donc réduit à cultiver beaucoup de variétés en cordons sur paradis. Les reinettes grises ne réussissent pas chez moi à haut vent : les arbres sont faibles et malingres et les fruits cotonnent. La reinette grise du Canada promet d'être bien plus rustique. »

Les pommiers se divisent naturellement en deux catégories, selon l'usage qu'on fait de leurs fruits : 1° ceux à couteau ou de table ; 2° ceux à cidre. Nous ne nous occuperons maintenant que des premiers.

Les variétés les plus convenables aux vergers sont celles qui réunissent la plus grande somme des qualités suivantes : arbre vigoureux, se conservant généralement sain, de longue durée, à fructification régulière et abondante proportionnellement à la grosseur des fruits, qui devront bien tenir à l'arbre, être de bonne qualité et de longue garde. Nous préférons pour les petites formes celles dont l'arbre est délicat, ou dont les fruits sont trop gros pour être exposés au plein vent.

Voici la nomenclature, par ordre alphabétique, des pommiers dont la culture mérite d'être recommandée :

Alfriston. Arbre vigoureux ; très-fertile, même sur franc. Fruit gros, susceptible de devenir très-gros, côtelé vers l'ombilic, jaune fin sablé de roux par places, bon à cuire ; hiver.

Api rose. — Arbre vigoureux ; d'une très-grande fertilité ; réussissant bien sous toutes formes. Fruit venant par bouquets, très-petit, aplati et finement côtelé, à épiderme si mince qu'on ne doit pas l'enlever, vert clair à l'ombre, jaunissant après l'hiver, recouvert de carmin vif au soleil, chair fine, blanche, ferme, croquante ; ce fruit est bon pendant tout l'hiver et peut se conserver jusqu'au printemps.

On devra laisser aussi longtemps que possible l'api sur l'arbre ; son coloris et sa qualité y gagneront. D'ailleurs il tient bien à la branche, et il peut supporter sans altération les faibles gelées. On fait avec ce joli fruit les plus belles jattes de dessert.

Api gros. — Seulement pour haute tige. L'arbre a beaucoup d'analogie avec le précédent. Son fruit est un peu plus gros, moins joli; il n'est qu'assez bon à manger; on l'emploie aussi à la fabrication du cidre; hiver et printemps.

Azerolly anisé. — Arbre de moyenne vigueur; très-fertile. Fruit petit, plat, luisant, rouge carmin foncé avec des plaques rousses vers l'ombilic et du jaune citron vers le pédoncule; il est bon et mûrit à la fin de l'hiver. Ce pommier est très-répandu dans le département de la Gironde; son bois et son fruit ressemblent au *fenouillet gris*, dont il est une sous-variété.

Baldwin. — Arbre vigoureux; très-fertile. Fruit gros, arrondi, déprimé aux deux bouts, lisse, jaune citron, recouvert ou rayé de rouge au soleil. C'est une belle et excellente pomme de fin d'hiver, et l'une des plus estimées en Amérique.

Barbarie. — Arbre vigoureux; très-fertile. Fruit gros, bon; mûrissant en hiver. Ce pommier est surtout connu en Normandie.

Beauty of Kent. — Arbre vigoureux; fertile. Fruit assez gros, arrondi, vert jaunâtre, jaspé rouge, bon; hiver.

Bedfordshire foundling. — Arbre très-vigoureux; fertile. Fruit gros, quelquefois très-gros, vert passant au jaune fouetté et strié quelquefois de carmin clair, bon; hiver.

Belle de Doué. — Arbre vigoureux; fertile. Fruit moyen, bon et très-bon; se conservant jusqu'à la fin de l'hiver.

Belle Dubois. Spécialement pour basse tige. Arbre très-vigoureux; fertile. Fruit gros, souvent très-gros, un peu côtelé, jaune blanc légèrement coloré de rose, assez bon; commencement d'hiver.

Belle du Havre. — Arbre vigoureux; fertile. Fruit gros, rouge sang strié, plus foncé au soleil et jaune verdâtre à l'ombre, bon; fin d'automne.

Belle-fleur. — Arbre très-vigoureux, très-fertile. Fruit assez gros et gros, côtelé, forme de calville aplati, épiderme jaune lavé de rose fouetté et marbré de rouge sang; il est assez bon cru, très-bon cuit; il mûrit à la fin de l'automne et devient promptement spongieux.

Les pommes de *belle-fleur* sont très-communes en Belgique où elles servent, concurremment avec d'autres variétés juteuses et acidulées, à la fabrication du vinaigre.

Bernède. — Arbre très-vigoureux; fertile. Fruit moyen, bon; durant tout l'hiver.

Blenheim pippin. Orange pippin. — Arbre vigoureux; fertile. Fruit assez gros et gros, plus large que haut, jaune citron teinté rose, bon; mûrit en hiver.

Bonne de mai. — Arbre très-vigoureux; devenant fertile. Fruit moyen et assez gros, épiderme lisse et luisant, blanc verdâtre presque totalement recouvert de carmin foncé, chair ferme, acidulée, assez bonne; mûrissant au printemps.

Cette pomme demande une exposition chaude; aussi est-elle préférée dans nos départements méridionaux, où on la cultive surtout à cause de sa longue garde.

Borowitsky. — Arbre de moyenne vigueur; très-fertile dès sa jeunesse. Pour verger, on doit le greffer sur la tige d'un sujet bien sain, à la hauteur de la tête, et raccourcir ses branches tous les quatre ou cinq ans, surtout après une production fatigante. Pour basse tige, on ne le greffera que sur doucin et sur franc. Fruit moyen ou assez gros, à épiderme fin et luisant, jaune clair presque complétement strié de rouge carmin; sa chair est ferme, juteuse, acidulée, de bonne qualité; elle n'a pas la fadeur pâteuse d'autres pommes de même saison, appelées : *passe-pomme blanche, de madeleine, de moisson, reinette jaune hâtive, transparentes jaune et rouge*, et d'autres récemment introduites de Russie.

Boston Russet. — Arbre vigoureux et fertile. Fruit assez gros, à peau rude, d'un vert herbacé presque entièrement ombré de gris roux; chair ferme, juteuse, très-bonne; se conserve jusqu'au printemps. C'est une bonne variété américaine.

Calville blanc. — Pour haute tige dans les situations très-favorables et en terrain substantiel;

Fig. 1109. — Calville blanc.

car souvent il se couvre de chancres et ne vit pas longtemps; mais sous toutes les autres formes, c'est la variété par excellence.

Son fruit est gros, plus large vers la queue, très-côtelé, surtout vers l'œil; la peau en est très-fine, lisse, d'un blanc d'ivoire susceptible d'une légère teinte vermillon rosé; chair blanche, tendre, d'un arome délicieux. Cette excellente et magnifique pomme se consomme depuis le mois de décembre jusqu'en mai.

Calville rouge d'automne. — Arbre assez vigoureux; fertile. Fruit assez gros, conique, côtelé, rouge sang plus foncé au soleil; sa chair, nuancée

Fig. 1110. — Calville rouge d'automne.

de rose, perd promptement son jus; elle est bonne et très-bonne lorsqu'elle est mangée à point, c'est-à-dire vers la fin d'octobre et en novembre.

Il lui faut un sol substantiel.

Calville rouge d'hiver. — Arbre de moyenne vigueur, et que pour cela on ne doit mettre sur paradis que dans les terrains de qualité exceptionnelle, et le greffer en tête pour haute-tige. Fruit assez gros, un peu allongé, fortement côtelé, à épiderme rouge pâle fouetté de rouge sombre, ayant quelquefois des plaques jaunâtres vers la queue; la chair est tendre, blanche, un peu teintée de rose sous la peau, bonne; sa maturation a lieu de novembre à avril.

Fig. 1111. — Calville rouge d'hiver.

Venue en terre forte, cette pomme se conserve plus longtemps qu'en terrain léger.

Calville Saint-Sauveur. — Arbre assez vigoureux; très-fertile; convenant surtout aux basses tiges. Fruit gros, oblong, tronqué, côtelé, vert clair jaunâtre frappé de rose carminé, bon quand il n'est pas cueilli tard; fin d'automne.

Court-pendu. — En France, on ne cultive guère qu'une variété de *court-pendu*, appelée *C. royal*, *C. rosa*, *C. rouge*, *C. plat*. En Belgique, on classe, sous ce nom, une série de pommes ayant toutes pour signalement: grosseur moyenne, forme obronde, aplatie; pédoncule très-court; œil enfoncé dans une cavité assez profonde; chair ferme, sucrée et acidulée; maturité ayant lieu vers la fin de l'hiver et au printemps. Les plus estimés sont nommés : *C. royal*, *C. blanc*, *C. vert pomme d'Anjou*, *C. gris* ou *doré*, *C. de Tournay*, *C. jaune de Nikita*, *C. Liégel*, etc.

Fig. 1112. — Court-pendu rosa.

Ils fleurissent généralement assez tard pour être garantis des gelées printanières, et l'on en conserve souvent des fruits d'une année à l'autre.

Cox's orange.— Arbre vigoureux et très-fertile. Fruit moyen et assez gros, aplati, jaune orange piqueté et rayé de rouge au soleil; bon et très-bon; mûrissant au commencement de l'hiver. Il est très-estimé en Angleterre.

Cusset. — Arbre n'entrant que très-tardivement en végétation, ce qui met sa floraison à l'abri des gelées tardives. Il est de moyenne vigueur; d'une fertilité presque sûre. Fruit moyen, assez bon; de fin d'hiver.

Doux-aux-vêpes. — Arbre de moyenne vigueur; d'une fertilité presque sûre, faisant rarement défaut. Fruit moyen, jaune pâle, orangé au soleil et strié de rouge vif, bon; mangeable dès la cueillette et se conservant bien jusqu'en mars.

Empereur Alexandre, grand Alexandre. — Arbre très-vigoureux et assez fertile sur franc; vigoureux et très-fertile sur paradis. Fruit magnifique, devenant souvent énorme, en forme de *rambour*, épiderme lisse, fin, jaune pâle presque totalement lavé de rouge vif et strié de rouge foncé au soleil; chair légère, moelleuse, finement aromatisée, bonne; mûrissant fin d'automne.

La basse tige est préférable à la haute tige pour cette magnifique pomme, que son poids rend sujette à tomber; néanmoins on la cultive en verger dans les pays froids, comme la Russie septentrionale, où les pommes dures ne mûrissent point.

Fenouillet gris, Petit Fenouillet, Fenouillet anisé. — Arbre que sa vigueur modérée fait préférer à basse-tige; il est très-fertile. Fruit petit, aplati, de couleur gris terne roussâtre, sans odeur, mais laissant au palais le parfum de l'anis; il est bon et mûrit à la fin de l'hiver.

Fenouillet rouge, Gros Fenouillet. — Arbre assez vigoureux; fertile. Fruit moyen, vert gris fouetté de rouge brun au soleil, bon; mûrissant en hiver.

Fenouillet de Chine. — Arbre de moyenne vigueur; fertile. Fruit moyen, gris et vert, bon; d'hiver.

Frankatu. — Pour haute tige. Arbre vigoureux et robuste; fertile. Fruit moyen, assez bon; hiver.

Cette pomme de table est également propre à la fabrication du cidre.

Gravenstein, Calville Græfenstein. — C'est la variété favorite du nord de l'Allemagne; elle se répand et se fait estimer dans les cultures françaises. Arbre d'une vigueur ordinaire, robuste et fertile. Fruit assez gros et gros, jaune d'or à la maturité, maculé et marbré de rouge diversement nuancé; très-bon; il mûrit fin d'automne et commencement d'hiver.

Fig. 1113. — Calville Gravenstein.

Gros faros ou *fareau.* — Arbre très-vigoureux;

fertile. Fruit assez gros et gros, rouge foncé, bon; il mûrit en hiver.

Gros locard. — Seulement pour haute tige. Arbre vigoureux et robuste. Il fructifie beaucoup et régulièrement; aussi, quoique son fruit ne soit pas de première qualité, il est bon d'en avoir à la ferme, parce qu'on en fait du cidre les années d'abondance, tandis qu'on le mange avec plaisir quand la gelée est venue détruire une bonne partie des autres fruits.

Cette pomme est assez grosse, d'un vert clair coloré rose, juteuse, assez bonne; mûrissant à l'entrée de l'hiver.

Nous citerons aussi, comme étant à peu près dans les mêmes conditions, la pomme appelée *Pain Ménier*.

Grosse reinette grise d'automne. — Arbre très-vigoureux; très-fertile. Fruit gros, jaune verdâtre maculé et marbré fortement de gris roux, souvent frappé de rouge clair au soleil, excellent cru et cuit, surtout quand il commence à se rider. — Fin d'automne et commencement d'hiver.

Haute bonté, reinette franche à côtes. — Arbre de vigueur modérée; fertile. Fruit moyen, souvent côtelé, jaune clair, bon; mûrissant au printemps.

Hubbardston non such. — Variété américaine recommandable surtout pour les vergers. Arbre très-vigoureux; très-fertile. Fruit gros, arrondi, jaune coloré rouge, bon; commencement de l'hiver.

Impériale. — Arbre assez vigoureux; fertile. Fruit moyen, jaune blanc, bon et très-bon; fin d'hiver.

Jacques Lebel. — Arbre vigoureux; fertile. Très-beau fruit, bon et assez bon; commencement de l'hiver.

Joséphine, Belle-Joséphine. — Spécialement à basse tige. Arbre vigoureux; fertile. Fruit très-gros, côtelé, blanc d'ivoire, assez bon; fin d'automne.

Linneous pippin. — Arbre de moyenne vigueur; assez fertile. Fruit assez gros, oblong, blanc verdâtre, très-bon; mûrit au commencement de l'hiver.

Ménagère. — Pour basse tige. Arbre assez vigoureux; assez fertile. Fruit d'apparat, très-gros, souvent énorme, jaune blanc, légèrement lavé de rose au soleil, de qualité passable; mûrissant en automne.

Newton pippin. — Arbre très-vigoureux; fertile.

Cette variété est, en Amérique, ce qu'est chez nous la *reinette de Canada*, c'est-à-dire qu'on la rencontre partout et que partout on en est content.

L'arbre est très-vigoureux et fertile. Le fruit, gros, et très-bon, mûrit pendant tout le cours de l'hiver.

Non-pareille. — Arbre très-vigoureux; fertile. Fruit assez gros, arrondi, déprimé, vert jaunissant un peu à la maturité, bon; hiver.

Northern spy. — Arbre vigoureux; d'une fertilité modérée. Fruit ressemblant au rambour d'été; il est très-gros, large, déprimé à sa base, à peau lisse, jaune d'or strié de rouge. Mûrit en hiver.

Ostogate, Doux d'argent. — Arbre assez vigoureux; fertile. Fruit moyen, arrondi; épiderme mince, lisse, jaune clair, légèrement rosé au soleil, très-bon; mûrit à l'entrée de l'hiver.

Passe-pomme rouge, Calville rouge d'été. — Surtout pour basse tige. Arbre assez vigoureux; très-fertile. Fruit petit, allongé, rouge luisant, bon; mûrissant au mois d'août. La chair perd son jus et son goût quand on la laisse trop mûrir.

Pearmain Herefordshire. — Arbre vigoureux; très-fertile. Fruit assez gros, roux avec quelques plaques jaunâtres, rayé rouge; bon et très-bon; mûrissant de novembre à février.

Pigeon d'hiver, Pigeonnet de Rouen. — Arbre vigoureux; très-fertile. Fruit moyen et assez gros, à épiderme luisant, jaune clair, lavé de rouge vif au soleil; bon; mûrissant en hiver.

Pigeon, Jérusalem. — Arbre vigoureux; très-fertile. Fruit moyen et petit, conique, venant souvent par bouquets; épiderme lisse, jaunâtre, fortement lavé de rose violacé et rayé de cramoisi. Bon; mûrissant à l'entrée de l'hiver.

Pigeon d'Oberdieck. — Arbre vigoureux; très-fertile. Fruit moyen, très-bon; d'hiver.

Pippin de Parker.— Arbre vigoureux; très-fertile. Variété de reinette grise, assez grosse, bonne; mûrissant en hiver et au printemps.

Pomme d'argent (en Touraine); *de jaune* (dans la Sarthe). — Arbre à végétation tardive; vigoureux et d'une constante fertilité. Fruit moyen, blanc jaunâtre, bon; de très-longue conservation. On en garde souvent pendant un an.

Pomme de Boutigné. — Arbre assez vigoureux; fertile. Fruit moyen, allongé, à peau luisante, jaune rosé flagellé de carmin, bon; hiver.

Pomme de châtaignier. — Spécialement pour verger. Arbre vigoureux; devenant fertile. Fruit moyen, aplati, vert lavé de rouge clair et strié de rouge carmin, assez bon; il mûrit en hiver.

Nous recommandons ce fruit, quoique de seconde qualité, parce qu'il n'est pas délicat et qu'on peut l'employer à tout usage, même à la fabrication du cidre.

Pomme de lanterne, Grillot. — Cette variété est assez répandue en Normandie sous le premier nom; on la rencontre aussi dans certains départements de l'Est sous celui de *Grillot*.

L'arbre est vigoureux; très-fertile. Le fruit, assez gros et gros, de forme allongée, un peu élargi aux extrémités et surtout vers le pédoncule, a une peau mince, de couleur jaune très-clair; il est joli, de bonne qualité et se mange à l'entrée de l'hiver.

Pomme d'or.—Arbre peu vigoureux, qu'on doit greffer sur la tige d'une variété robuste pour verger; il est fertile. Fruit moyen, variant dans sa forme, le plus souvent un peu allongé, vert clair passant au jaune, légèrement gris par places, quelquefois lavé de rouge clair au soleil; il est excellent et mûrit en hiver.

Pomme framboise. — Arbre vigoureux; fertile. Fruit assez gros, un peu côtelé, épiderme lisse, vert jaunâtre, maculé de rose violacé, strié de rouge carmin; son arome rappelle celui de la framboise et l'odeur de la violette; bon et très-bon. Mûrissant en automne.

Postophe d'hiver. — Arbre très-vigoureux et de longue durée; il est peu fertile dans sa jeunesse, mais il le devient avec l'âge. Fruit assez gros, jaune vif taché de roux et lavé de rouge au soleil; chair ferme, peu juteuse, cependant bonne; mûrissant pendant tout l'hiver.

Prince d'Orange. — Arbre vigoureux; fertile. Fruit moyen, allongé, à peau lisse, jaune citron maculé de rouge au soleil; très-bon; fin d'automne.

Princesse noble, appelée aussi *Reinette princesse, Reinette d'Orléans, Triumph reinette* en Allemagne. —Arbre vigoureux, fertile. Fruit assez gros, jaune clair légèrement lavé de rouge au soleil, bon; mûrissant au commencement de l'hiver.

Rambour d'été, Rambour franc. — Arbre très-vigoureux; très-fertile. Fruit gros et très-gros, plus large que haut, souvent côtelé, épiderme jaune blanc lavé de rouge clair. Il est assez bon cru, meilleur cuit, et mûrit en octobre. Il devient trop vite fade et farineux. Il excelle en compote.

Rambour d'hiver. —Arbre vigoureux; fertile. Fruit gros, aplati, vert jaunâtre clair tiqueté et rayé de rouge sang, assez bon cru, bon cuit; mûrissant en hiver.

Reine des reinettes. — Arbre vigoureux; fertile. Fruit moyen et assez gros, allongé, peau lisse, jaune citron lavé de rose du côté du soleil, très-bon. Il mûrit à l'entrée de l'hiver.

Reinette à la longue queue. — Arbre vigoureux, assez fertile, surtout propre aux vergers, mais

Fig. 1114. — Reinette à la longue queue.

pouvant former aussi de belles pyramides. L'origine de cet arbre nous est inconnue; nous lui conservons le nom qu'il porte à Varennes-lez-Ruffey (Côte-d'Or). Le pied-mère qui a fourni nos greffes se trouve dans une propriété de Mme Joigneaux. La description nous a été donnée par le directeur du *Livre de la Ferme*.

Fruit petit et moyen; un peu allongé; se rétrécissant du côté de l'ombilic; pédoncule long, mince, implanté obliquement dans une ouverture profonde, régulièrement évasée; peau fine, d'un vert clair à l'ombre au moment de la cueillette, un peu rosée ou même carminée du côté du soleil; devenant à la maturité d'un jaune paille sur lequel se détachent des hachures grises. Chair ferme, peu savoureuse jusqu'à la fin de l'hiver; très-bonne à manger en mars et meilleure encore en avril, mai, juin et même juillet. Sa chair reste toujours ferme et agréablement sucrée. Elle ne vaut rien pour la cuisson.

Reinette Baumann. — Arbre vigoureux; très-fertile. Fruit assez gros, bon; se conservant très-bien.

Reinette d'Angleterre. — Arbre vigoureux; très-fertile. Fruit assez gros, vert devenant jaune ponctué; de bonne qualité, et d'une bonne conservation.

Reinette d'Anjou. — Arbre vigoureux; fertile. Fruit assez gros, bon; de fin d'hiver.

Reinette d'Anthésieux. — Arbre vigoureux; fertile. Fruit gros, bon et très-bon; commencement d'hiver. Cette variété est peu connue.

Reinette de Bréda.—Arbre de moyenne vigueur, qu'on doit greffer en tête pour haute tige; fertile. Fruit moyen, vert piqueté de gris, très-bon; courant de l'hiver.

Reinette de Bretagne.—Arbre vigoureux; fertile. Fruit moyen, à épiderme rouge vif au soleil; il est très-bon et mûrit de novembre à janvier.

Reinette de Canada ou *grosse reinette d'Angleterre.* — Arbre très-vigoureux et très-productif, qui manque rarement de fructifier. Fruit gros et

Fig 1115. — Reinette de Canada.

très-gros, variant dans sa forme, quelquefois aplatie, quelquefois allongée, souvent méplate et renflée d'un côté; peau vert jaunâtre parsemée de points bruns et de taches gris roux, se colorant légèrement de rose carmin au soleil. Cette pomme est excellente, crue ou cuite; on en peut consommer depuis le moment de la cueillette jusqu'au mois de février, en commençant par les plus jaunes et celles qui se rident.

Nous n'avons jamais entendu adresser qu'un reproche à cette variété hors ligne, c'est que la chair se tache sous la peau, devient cotonneuse et perd son eau si on la laisse trop mûrir; mais il nous semble qu'il faut être bien exigeant pour ne pas se contenter d'en manger durant cinq mois.

Reinette de Canada grise, ou *Reinette grise de Canada,* ou *Canada gris.* — Arbre vigoureux; fertile. Fruit gros, plat, arrondi, à peau rugueuse, grise avec quelques plaques verdâtres; bon et très-bon; hiver.

Reinette de Caux.—Arbre vigoureux; très-fertile. —Fruit assez gros et gros, jaune grisâtre, marqué çà et là de taches rougeâtres; très-bon cru et cuit. Il ne faut pas le laisser trop mûrir, surtout pour ce dernier usage. On le consomme de novembre à février.

Reinette de Cusy.—Arbre de moyenne vigueur; fertile. Fruit moyen, méplat, vert clair passant au jaune, bon; hiver.

Reinette de Furnes. — Très-répandue dans la Flandre occidentale. Arbre vigoureux et fertile, produisant régulièrement. Fruit moyen, un peu conique, gris roux jaunissant légèrement à la maturation, qui arrive au commencement de l'hiver.

Reinette de Hollande.—Arbre vigoureux; fertile. Fruit assez gros et gros, allongé, vert clair passant au jaune frappé et strié de rose carmin; très-bon s'il est mangé à point, mais devenant promptement cotonneux; fin d'automne.

Reinette de l'Ohio.—Variété américaine. Arbre vigoureux; fertile. Fruit gros et très-gros, vert jaunissant à la maturité, légèrement tavelé et strié de rouge clair, bon; hiver.

Reinette du Vigan. — Arbre vigoureux; fertile. Fruit assez gros, jaune-citron parsemé irrégulièrement de petits points bruns, bon et très-bon; hiver et printemps.

Reinette étoilée.—Répandue en Belgique et dans le nord de l'Allemagne. Arbre vigoureux; fertile. Fruit moyen très-joli, à épiderme lisse, luisant, rouge sang, parfois teinté de blanc ou ponctué de rouille, bon; commencement de l'hiver.

Reinette franche. — Arbre sujet aux chancres dans les terrains humides et à exposition trop chaude. Il est assez vigoureux; fertile. Fruit moyen, jaune blond, tiqueté de points roux, excellent cru et cuit, recherché pour les tisanes et les gelées; sa maturation se prolonge jusqu'en mai.

Fig. 1116. — Reinette franche.

Reinette grise.—Arbre vigoureux; fertile. Fruit moyen et assez gros, aplati, épiderme gris, épais et rude au toucher, quelquefois plus brillant au soleil et verdâtre à l'ombre, bon et très-bon; hiver. Pour verger on devra la greffer sur la tige de sujets vigoureux, obtenus par l'écussonnage en pied.

Reinette grise de Granville. — Arbre vigoureux, fertile. Fruit assez gros; fond jaune, recouvert de gris roux, très-bon cru et cuit; mûrissant au commencement de l'hiver.

Plusieurs personnes la font synonyme de la reinette grise ordinaire.

Reinette grise de Portugal. — Arbre de vigueur modérée, à greffer en tête pour les vergers; très-fertile. Fruit moyen, aplati, gris fauve, un peu fouetté de rouge au soleil, très-bon; se conservant jusqu'au printemps.

Reinette grise de Saintonge.— Arbre vigoureux; très-fertile. Fruit moyen, conique, tronqué, gris clair bronzé par places; chair demi-tendre, relevée, très-bonne; fin d'hiver.

Reinette Thouin. — Arbre vigoureux, élancé; très-fertile. Fruit moyen, un peu plus allongé qu'une *Reinette franche*, à peau lisse, vert clair passant au jaune pointillé de roux, juteux, bon; se conserve longtemps mûr sans se gâter. On peut en consommer depuis le mois de février jusqu'en juin.

Sur un arbre souffrant ou nouvellement replanté, le fruit est moins bon.

Nous recommandons cette variété surtout pour la ferme.

Reinette verte. — Pour haute tige. Arbre très-vigoureux; fertile. Fruit assez gros, sans côtes, vert mat passant au vert d'eau, assez bon et bon; hiver.

Ribston pippin. — Arbre très-vigoureux; très-fertile. Fruit moyen et assez gros, vert jaune maculé de roux fauve et strié de carmin pourpré au soleil, très-bon. Mûrit en hiver. C'est l'une des pommes favorites des Anglais. En France, elle donne également de bons résultats.

Rose de la Benange. — *Rose de Hollande.*—Arbre vigoureux, que l'époque tardive de son entrée en végétation met à l'abri des gelées printanières. Il est donc presque toujours d'une fructification abondante. Fruit moyen, à épiderme lisse et comme verni, jaune maculé de rose carminé, assez bon et bon; il se conserve jusqu'au printemps.

Royale d'Angleterre.—Arbre vigoureux; fertile. Fruit assez gros, allongé, jaune clair rayé de rouge au soleil, chair blanche, assez ferme, ayant une saveur aigrelette; il est bon et mûrit en hiver.

Surpasse-reinette. — Arbre vigoureux; très-fertile. Fruit assez gros, très-bon; d'hiver.

Wellington, Dumelows Seedling. — Variété anglaise. Arbre très-vigoureux; fertile. Fruit gros et très-gros, jaune-citron strié de rouge carmin, bon; hiver.

Des moyens de multiplier le pommier. — Les procédés de multiplication du pommier consistent dans le semis et dans le marcottage par cépée ou buttage, pour l'obtention des sujets destinés à recevoir la greffe des variétés que l'on veut reproduire.

Presque tous les procédés de greffage peuvent être appliqués au pommier; or, on doit préférer les plus simples et les plus faciles à exécuter: tels que l'écussonnage et les greffages en fente et en couronne.

Les détails de ces diverses opérations étant indiqués au Chapitre II de ce volume, nous y renvoyons le lecteur. Nous dirons seulement que le semis est employé pour le pommier franc, le marcottage pour le pommier doucin et le pommier paradis.

De la nature du sujet dépendent les soins à lui donner ultérieurement.

Du pommier franc. — Le pommier franc est le moins difficile sur la nature et la position du sol; il est en même temps le plus vigoureux et le plus durable ; c'est donc celui qu'on choisit exclusivement pour former les arbres à haute tige, pour verger ou pour bordure de chemin. Il est encore utilisé pour les moyennes formes dans les terrains secs et chauds.

Le plant s'obtient par le semis du marc de pommes après l'extraction du cidre. On brasse le marc dans l'eau afin d'enlever un peu la matière gluante qui agglomère les pepins, et quand ils sont suffisamment divisés, on étend le résidu sur des claies à l'ombre pour l'essorer un peu. On évite une trop grande dessiccation, qui nuirait à la germination de la graine. On sème le tout aussitôt, en terrain sableux, exempt de pierres et de mauvaises herbes, de manière que les pepins se trouvent assez distancés pour que les plants qui en résulteront ne se gênent pas mutuellement. Dans l'été, on sarcle et l'on arrose au besoin. Nous suivrons tout à l'heure l'éducation de nos jeunes sujets, en indiquant les moyens de les faire arriver à haute tige.

Du pommier doucin. — Le pommier doucin est une espèce ou une variété intermédiaire du franc au paradis, autant pour le terrain à lui donner, la forme à lui imprimer, que pour la vigueur, la fructification et la durée du sujet.

Nous obtenons le plant de doucin par le couchage en cépée. On a des carrés de mères à $0^m,75$ de distance sur des rangs espacés de 1 mètre; on les butte quand les rameaux herbacés sont développés, et dans le cours de l'hiver suivant, on éclate les rejets sur le tronc. Ceux qui sont mal enracinés subissent le repiquage, les autres sont plantés en pépinière à $0^m,40$ d'intervalle sur des rangs de $0^m,50$ d'ouverture, et rabattus à $0^m,25$ du collet.

L'écussonnage se fait autant que possible dans la première année. Toutes les variétés de pommier y réussissent; mais il convient de greffer ainsi préférablement les variétés à gros fruits que l'on hésiterait à planter à haute tige, et celles qui forment souvent un arbre chancreux au verger, comme les pommiers calville blanc et reinette franche.

Dans plusieurs localités, les sujets rebelles à ce premier écussonnage, subiront la greffe en fente l'hiver suivant, si leur force le permet.

En ne laissant qu'un intervalle de $0^m,25$ entre les plants, on pourra enlever un sujet sur deux, après que le greffage aura produit des scions d'un an, bons pour toutes les moyennes formes, mais surtout pour le cordon horizontal dans les terres sèches, qui ne conviennent pas au pommier paradis.

Nous leur appliquons les travaux d'été indiqués précédemment; nous les pinçons à $0^m,50$, de manière à faire grossir, mais non à développer, les rameaux destinés à produire la première couronne de branches. Nous préférons des yeux bien constitués aux brindilles anticipées pour constituer une bonne charpente.

Nous dirons plus loin comment on en fait des pyramides des palmettes ou des vases.

Du pommier paradis. — Le pommier paradis demande un sol plus gras et plus frais que le doucin. Il est destiné aux petites formes, soit en cordon, soit en buisson. C'est le sujet qui produit le plus promptement et les plus beaux fruits.

Nous en obtenons le plant par le buttage de cépées, comme pour le pommier doucin.

Sa plantation s'effectue à une distance de $0^m,20$ sur $0^m,40$; on le rabat à $0^m,20$ du sol.

Il convient de ne pas l'écussonner trop haut, parce qu'il se forme presque toujours un bourrelet à la jonction, et que des rameaux pullulent sur le tronc; s'il l'était trop bas, on serait contraint, en le replantant, d'enterrer le bourrelet de la greffe; des racines se formeraient à cet endroit, affranchiraient l'arbre et lui donneraient une vigueur nuisible à la conformation naine, recherchée pour cette espèce de pommier. On posera donc la greffe à $0^m,01$ ou $0^m,02$ au-dessus du sol.

Les scions, fussent-ils destinés à la forme en buisson, ne seront point pincés, par le motif exposé en ce qui regarde le doucin.

Les sujets destinés à former des cordons seront transplantés à un an de greffe; mais on pourra les laisser deux ans en pépinière. On rabattra à $0^m,20$ ceux qui devront faire des buissons.

On aura le soin d'enlever les drageons du pied, et l'on devra s'abstenir de toute culture contre le sujet, car on lui nuirait en dérangeant ses racines, qui sont peu nombreuses et à la surface du sol.

Formes à adopter dans la culture du pommier.— Le pommier ne se prête pas toujours facilement aux caprices de l'homme. Une taille courte, appliquée dans le but de favoriser le développement des rameaux dont on a besoin, produit souvent sur les parties fortes de l'arbre une émission de gourmands qui détruisent la régularité de la forme, et les pincements réitérés sont quelquefois impuissants à concentrer la séve sur le côté faible. Aussi conseillerons-nous, pour la direction du pommier, de suivre autant que possible les tendances naturelles du sujet, sans exiger une régularité géométrique; la santé de l'arbre y gagnera, et sa fructification sera plus abondante.

Nous choisirons la haute tige pour le verger; et pour le jardin fruitier, le vase, la pyramide, la palmette, le buisson, le cordon horizontal.

Du pommier à haute tige. — Nous avons dit que les pommiers à haute tige doivent être exclusivement greffés sur franc. Ce sont les arbres dont les fermiers ont le plus grand besoin ; or, nous leur dirons à tous : Établissez dans votre clos une petite pépinière de pommiers, afin d'en avoir toujours sous la main pour remplacer dans votre verger, ou dans vos champs, le long des chemins, les sujets qui s'épuisent ou qui mourront. Les soins à donner à cette petite pépinière seront plutôt pour vous une distraction, un délassement, qu'un surcroît de besogne. Elle vous rendra de signalés services, surtout si vous n'êtes pas avoisiné d'un pépiniériste. Choisissez donc une bonne place, pas très-grande, mais bien aérée, et ne portant pas de vieux arbres; défoncez-la jusqu'à $0^m,70$ de profondeur, amendez-la s'il en est besoin, et plantez-y de bons plants de pommier franc, âgés d'un an ou de deux ans, pas davantage, mais ayant à leur base au moins la grosseur d'un porte-plume. N'allez pas en chercher dans les bois, parce que le plus souvent ils n'ont qu'un pivot dégarni de chevelu, conséquemment ils réussissent mal ; puis ils sont généralement trop âgés lorsqu'ils ont atteint au bois le volume que nous venons d'indiquer, et leur écorce durcie, épaissie, n'est pas favorable à la reprise de l'écusson. Vous trouverez de bons plants dans le commerce; ou vous pourrez les obtenir vous-mêmes par le semis tel que nous l'avons enseigné, soit avec des pepins recueillis au fur et à mesure de la consommation des fruits de table, soit avec le marc du cidre.

Vous prenez donc des plants venus dans les meilleures conditions; vous rabattez la partie aérienne à 0m,25 du collet, et vous raccourcissez les racines, si elles sont pivotantes ou dégarnies de chevelu. Vous les plantez, à l'aide d'une cheville et en pressant bien la terre autour d'eux, à 0m,50 d'intervalle sur des lignes espacées de 0m,60. Habituellement, ils se développent assez vigoureusement pour être écussonnés au commencement d'août de la même année; exceptionnellement on attend l'année suivante.

On étête les plants greffés, pendant l'hiver qui suit leur écussonnage, à 0m,20 au-dessus du rameau-écusson, sans avoir à redouter l'effet des gelées, comme pour les arbres fruitiers à noyaux.

Les opérations en vert consistent : 1° dans l'ébourgeonnage du porte-greffe; 2° le palissage de la greffe sur l'onglet qu'on a ménagé. On ne doit pas pincer les écussons, puisqu'ils sont destinés à la forme à haute tige. A l'automne suivant, on supprime l'onglet.

Les scions vigoureux seront conservés dans toute leur longueur. Vous pourrez coursonner les branches de la base aux variétés qui se ramifient, et seulement sur les sujets trapus. Vous aurez le soin de mettre un tuteur à ceux qui seront courbés, trop élancés, ou tourmentés par les vents.

S'il y avait des scions trop fluets ou maladifs, vous ne pourriez pas compter sur eux pour obtenir des arbres robustes, de longue durée; il vaudrait mieux les rabattre à 0m,02 ou 0m,03 de leur point d'attache au tronc, pour y développer un nouveau jet, qui serait vraisemblablement mieux nourri que le premier. Dans les établissements commerciaux, on rabat ces greffes à 0m,30 de leur empatement, pour en faire des pyramides, des vases, des palmettes, ou des éventails. Ils sont alors employés dans les terrains trop secs pour le doucin et le paradis.

Mais revenons à nos sujets pour haute tige.

Pendant l'été qui fait développer leur seconde feuille, on pince successivement les rameaux gourmands qui poussent le long de la tige, et surtout ceux qui avoisinent la flèche, pour engager la séve à se porter abondamment dans celle-ci.

A la fin de cette seconde période de végétation, la plupart des greffes auront dépassé la taille où devra se former leur tête. Vous les rabattrez au printemps, à une hauteur variant entre 1m,80 et 2m,50 du sol, selon la destination que vous leur réserverez. Les branches latérales seront supprimées au niveau de la tige, dans sa partie inférieure, tandis que vous devrez vous contenter de tailler les plus fortes de la partie supérieure, en laissant intacts les rameaux faibles. Vous en laisserez d'autant plus que le sujet sera plus mince et plus haut; car ces ramifications appellent la séve en même temps que leurs feuilles aspirent dans l'air les gaz qui leur sont propices. Leur suppression formerait de nombreuses plaies qu'il importe d'éviter.

Les rameaux supérieurs de la flèche taillée pousseront avec vigueur. Vous laisserez se développer librement les trois ou quatre placés le plus avantageusement, et les inférieurs seront traités de la manière que nous venons d'indiquer pour les autres branches latérales.

L'année suivante, à moins que la tige ne soit trop faible, vous supprimerez sur leur empatement toutes les ramifications restantes, tandis que les branches de la tête seront distancées également et rabattues à environ 0m,30.

De tous les rameaux qui se développeront dans la tête de l'arbre, vous conserverez seulement ceux qui ne feront pas confusion, en affaiblissant de préférence ceux qui, par une position plus favorable, attireraient toute la séve au détriment des autres.

C'est alors que votre pommier sera dans les meilleures conditions pour être mis à demeure.

Vous le déplanterez avec soin, de manière à lui conserver le plus de racines possible, et le mettrez de suite à sa place définitive, après y avoir fait un défoncement suffisant pour que le pied se trouve dans un milieu cultivé d'environ 4 mètres cubes, 2 mètres de côté sur 1 mètre de profondeur.

Vous surveillerez encore pendant quelques années les branches de la tête, qui sera arrondie dans son ensemble, et ses branches principales, de force égale autant que possible, formeront le vase-entonnoir.

Après trois ou quatre ans, on abandonne à la nature la formation de l'arbre, et l'on se contente d'enlever les branches trop confuses. C'est alors que la fructification arrive.

Du pommier à basse tige. — Le pommier à basse tige, quelle que soit la direction donnée à ses branches, ne doit pas être susceptible d'un grand développement, parce qu'alors il serait difficile de contenir sa fougueuse végétation, et pour obtenir sa fructification, il faudrait l'abandonner à lui-même, comme ces vieux pommiers en contre-espalier qu'on rencontre sur les plates-bandes des anciens jardins : ils sont chargés de bois, mais de fruits pas assez pour la place qu'ils occupent.

Ils devront donc être greffés sur paradis ou sur doucin, selon la nature du sol, selon l'espace à leur consacrer. Ce n'est qu'exceptionnellement, pour les terrains trop secs par exemple, qu'on peut tolérer à basse tige les pommiers greffés sur franc.

Nous allons examiner successivement chacune des formes à leur faire prendre.

Du pommier en cordon. — Les cordons horizontaux sont employés en bordure d'allée, ou mis parallèlement dans un carré. Nous plantons des sujets greffés sur paradis si le terrain est de qualité ordinaire, ou sur doucin s'il est trop sec et léger. L'intervalle à laisser entre eux varie selon la qualité du sol et la vigueur des variétés employées; il est généralement de 1^m,50 à 2 mètres pour les paradis, et de 2 mètres à 2^m,50 pour les doucins. Ces pommiers peuvent être conduits de deux manières différentes : en cordon unilatéral ou en cordon bilatéral. Nous commencerons par le premier, parce qu'il est le plus simple et le plus facile à diriger, conséquemment celui que nous devons préférer.

Du cordon unilatéral (*fig.* 1117).—On choisit de beaux scions d'un an, ayant une seule tige; on

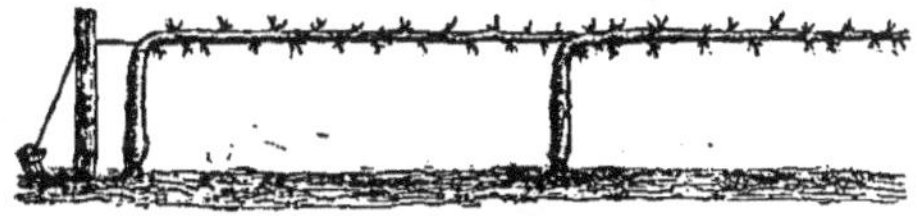

Fig. 1117. — Cordon unilatéral de pommier.

taille celle-ci aux deux tiers de sa longueur, et quelquefois on ne la taille pas du tout, lorsqu'elle est grosse, courte, bien constituée; puis, dans l'un comme dans l'autre cas, on la laisse pousser librement jusqu'à l'hiver suivant. A cette époque, on tend un fil de fer galvanisé, n° 14, sur la ligne de la plantation, à 0^m,30 ou 0^m,40 du sol. Ce fil sera bien tendu et retenu à ses extrémités par de petits pieux en bois ou en fer, consolidés par un arc-boutant dans le sens du tirage, ou en attachant l'extrémité du fil au delà du pieu sur un autre petit piquet à ras de terre, comme dans la figure. Après cela, on abaisse horizontalement, et doucement pour ne pas rompre, préférablement du nord au midi ou de l'ouest à l'est, chacune des tiges, que l'on fixe sur le fil. La partie de l'arbre au-dessous du fil de fer doit être maintenue verticale, et tous les rameaux qu'elle porte seront supprimés, parce qu'ils absorberaient la séve au détriment de la portion horizontale. Sur celle-ci, on taille les rameaux latéraux à deux yeux de leur base, et pendant l'été on pince les pousses, comme nous l'indiquerons en traitant de la fructification du pommier. On laisse complétement libre le rameau de prolongement pendant le cours de la végétation, pour ne pas nuire à son développement, et on l'amène sur le fil pendant l'hiver, en lui ménageant toute sa longueur si elle ne dépasse pas 0^m,40.

La flèche de ces arbres arrive, au bout de quelques années, sur le dos du voisin; on l'y greffe en approche, lorsque son extrémité le dépasse de 0^m,30, en ménageant au moins un œil sur la partie entaillée du rameau. Ce bourgeon consolidera la liaison en se développant, et il sera traité comme rameau fructifère, ainsi que le bout dépassant la soudure.

On emploie encore un autre moyen pour unir ces arbres : à l'endroit où la flèche de l'un rencontre le dos de l'autre, on la coupe en biseau sous un œil, pour l'introduire dans une incision en T renversé, pratiquée sur l'autre sujet.

On établit ainsi un cordon continu, et l'excès de séve des plus vigoureux passe au profit des autres.

Il arrive quelquefois que l'espace laissé à chaque sujet n'est pas proportionné à sa vigueur, qui est ou trop forte ou trop faible. S'il y a excédant de végétation, on peut tendre un nouveau fil de fer à 0^m,30 au-dessus du premier cordon, et former un nouvel étage avec le prolongement de chaque sujet. Quand, au contraire, il en est qui ne peuvent atteindre leur voisin, nous les joignons au moyen de la *greffe par raccord* (*fig.* 1118), pratiquée au mois d'avril. Supposons les sujets A et B à réunir. Nous prenons un rameau C, étranger aux deux arbres qu'il s'agit de faire joindre, d'une longueur supérieure de 0^m,20 ou 0^m,30 au vide à remplir, et nous lui conservons autant que possible son œil terminal. L'extrémité coupée E est taillée en bec de flûte sur ses deux faces,

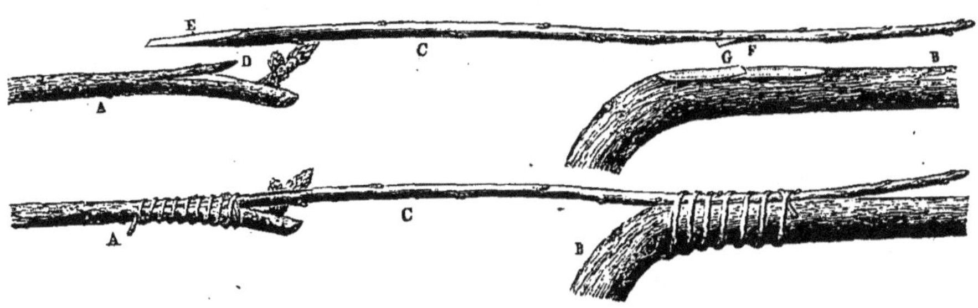

Fig. 1118. — Greffe par raccord.

et introduite en D à 0^m,10 du sommet du premier sujet, par une incision en biais arrivant jusqu'à mi-bois, sous un bourgeon, tandis que la sommité de cette branche rapportée est greffée en approche sur la courbure du sujet suivant. On peut varier le mode d'insertion du rameau greffon, mais nous préférons toujours conserver l'œil terminal naturel du sujet et celui de la greffe. Dans tous les cas, il est nécessaire de ligaturer et de mastiquer pour empêcher tout desséchement. Cette opération s'applique également aux cordons à deux bras, dont nous allons parler.

Du cordon bilatéral (*fig.* 1119). Pour établir cette forme, nous préférons tendre le fil de fer avant la plantation, parce qu'alors nous plaçons nos petits arbres de façon à obtenir une branche de chaque côté, dans la ligne du cordon. Si l'on opère sur des sujets d'un an de greffe, on les rabat de suite sur les bourgeons qui devront fournir les deux branches latérales, placés autant que

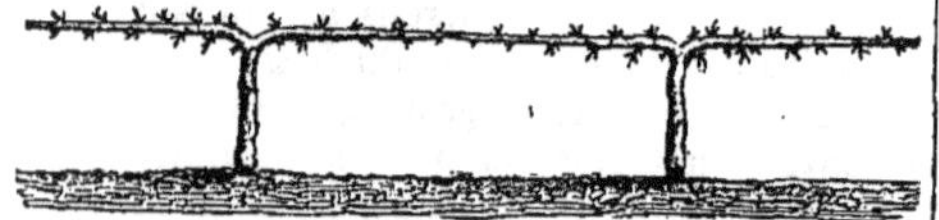

Fig. 1119. — Cordon bilatéral de pommier.

possible à quelques centimètres au-dessous du fil. L'emploi d'arbres de deux ans, portant à peu près à la même hauteur deux rameaux opposés et d'égale force, offre l'avantage d'une formation plus prompte. On coupe ces branches aux deux tiers de leur longueur, puis on les abandonne jusqu'à la taille suivante, et c'est seulement à cette époque qu'on les fixe sur le fil conducteur. On les traite ensuite comme nous l'avons indiqué pour le cordon unilatéral.

S'il y avait disproportion dans la force des deux bras, on établirait leur équilibre en palissant complétement le plus fort, en le taillant plus court et sur un œil de dessous, en le pinçant plus sévèrement, en l'effeuillant partiellement. Ces moyens sont presque toujours suffisants ; s'il en était autrement, on pratiquerait l'incision annulaire à la base du plus fort côté ; mais ce procédé pouvant compromettre l'existence de la branche, on ne doit l'employer qu'avec circonspection, et seulement après avoir usé des autres moyens.

On réunit les bras des arbres voisins quand, à leur point de contact, ils sont assez fortement constitués pour supporter la greffe en approche, augmentée d'une encoche réciproque, qui la consolide en agrafant ensemble les deux arbres. On conserve leurs extrémités, ou au moins quelques yeux pour y attirer constamment la séve et faciliter la soudure. On peut encore tailler en bec de flûte très-allongé et en sens inverse, chacune des extrémités, en conservant un œil au bout du biseau. On les croise l'une sur l'autre en mettant les deux plaies en contact et de manière qu'elles se recouvrent parfaitement, puis on ligature, et l'on entoure de mastic, en ayant soin de ne pas couvrir les yeux que l'on a conservés à l'extrémité, pour qu'ils puissent se développer et faire circuler la séve dans toute l'étendue de la plaie.

Du pommier en buisson. — Les pommiers pour buissons se plantent en lignes au verger ou en massifs au jardin fruitier ; ils offrent en outre le double avantage de l'ornement et de la production dans les jardins d'agrément, où une corbeille remplie de ces petits buissons et entourée d'un cordon également en pommiers, est du plus charmant effet.

On choisit des sujets d'un an de greffe, exclusivement sur paradis, et on les plante à une distance variant entre 0m,80 et 1m,30, selon la qualité du terrain et la vigueur des variétés employées. On recèpe ces petits arbres à 0m,15 environ et l'on conserve, parmi les rameaux qui se développent, trois des mieux placés, qu'on maintient autant que possible d'égale force ; tous les autres sont supprimés.

L'année suivante, on coupe ces trois rameaux à 0m,10 ou 0m,15 de leur empatement, sur des yeux de côté, destinés à fournir des branches qui agrandiront le buisson et laisseront l'intérieur évidé de façon qu'il soit toujours accessible au soleil. La charpente se trouvera ainsi formée de six branches, dont on pourra se contenter si la vigueur du sujet est modérée. Dans le cas où elle serait trop forte, on taillerait de nouveau chaque ramification, et l'on obtiendrait douze branches. Ce nombre est souvent trop élevé, parce que la séve fournie par les racines n'est pas assez abondante pour alimenter tant de conduits. Il est urgent d'empêcher le développement de gourmands à l'intérieur.

On élève encore des buissons proprement dits, sans observer aucune symétrie dans la forme : une tige centrale est entourée de branches latérales qui se bifurquent au fur et à mesure qu'elles s'éloignent du centre. Les rameaux gourmands doivent être soigneusement enlevés. L'ensemble de l'arbre est sphérique, et dépasse rarement 0m,75 de hauteur. Les variétés délicates s'accommodent fort bien de cette disposition, convenable surtout pour les sujets auxquels on ne veut pas consacrer beaucoup de soins.

Du pommier en vase. Le vase est un buisson de grande dimension, dont le nom indique la configuration. Il est applicable à presque tous les arbres fruitiers, et spécialement au pommier. Sa place est isolément au milieu d'une corbeille, ou en groupe dans un carré du jardin fruitier ; au verger on le met aussi entre les grands arbres. C'est une forme à la fois élégante, ornementale et productive. On lui reproche de tenir trop de place et de jeter trop d'ombre, il sera donc mieux dans les grands jardins.

Il y a plusieurs sortes de vases, à contours réguliers ou sinueux, que la place consacrée ou le choix du cultivateur peut modifier. Les uns et les autres s'obtiennent avec des pommiers greffés sur doucin pour la plupart des terrains, ou sur paradis dans ceux de qualité exceptionnelle, ou sur franc dans les sols très-légers et secs.

Nous choisissons des sujets vigoureux, d'un an de greffe, que nous rabattons une année après leur transplantation, à 0m,15 ou 0m,20 de leur base. Des rameaux qui se développent, nous conservons seulement les trois supérieurs, dont nous tâchons d'égaliser la force à l'aide des moyens connus.

C'est alors que nous devons être fixé sur la forme à leur donner. Prenons comme types l'entonnoir et le gobelet, plus généralement employés.

On comprend qu'on peut de même élever des vases sur tiges, de moyenne ou de grande hauteur.

Le *vase-entonnoir* est celui que nous préférons, parce qu'il est le plus facile à obtenir. Pour cela, nous distançons également autour du tronc les trois branches que nous avons conservées, en leur maintenant leur inclinaison naturelle, puis nous les taillons à 0m,10 de leur base sur deux yeux latéraux destinés à fournir les branches circulaires qui devront former le vase. Nous doublons ainsi le nombre de nos branches, et nous agissons de même la troisième année, en taillant cette fois les rameaux à 0m,25 de longueur. Nous égalisons la force de toutes les branches de charpente, et chacune d'elles est ensuite taillée sur un œil en dehors, dont le développement élargira naturellement le vase et sera seul conservé ; tous les autres rameaux seront traités comme rameaux à fruits.

Pour maintenir chaque branche à sa place, on introduit à l'intérieur de l'arbre des cerceaux dont la grandeur varie selon la place qu'ils doivent occuper.

Dans cette forme, comme dans la suivante, les rameaux qui se trouvent en dedans et en dehors, doivent être scrupuleusement pincés et raccourcis ; tandis qu'on peut laisser se développer entre les branches principales des ramifications fruitières plus longues, des brindilles par exemple, en évitant toujours la confusion et surtout les gourmands qui doivent être rigoureusement supprimés.

Le *gobelet* ou vase à branches verticales, n'est propre qu'aux arbres assez vigoureux. Sa grandeur peut varier entre 1 et 2 mètres de diamètre.

Nos trois branches mères étant obtenues, nous les couchons presque horizontalement, sur l'angle de 0m,20 et nous les taillons à 0m,20 de leur base, sur deux bourgeons latéraux que nous laissons se développer librement ; or, l'hiver suivant, nous avons six branches ; nous les conduisons dans la direction commencée par leur souche, et nous les rabattons à 0m,30, pour obtenir à l'extrémité de chacune d'elles deux rameaux que nous laissons pousser verticalement. Le gobelet aura ainsi un mètre de diamètre et douze branches que nous espacerons régulièrement. Elles se trouveront à environ 0m,25 les unes des autres. Nous taillerons chaque année leurs prolongements à 0m,30 jusqu'à ce qu'ils aient atteint une hauteur égale au diamètre du vase, afin de permettre au soleil de pénétrer jusqu'au fond.

Il va sans dire que si l'on agrandit l'ouverture du gobelet, on augmente dans la même proportion le nombre de ses branches.

Si, lorsqu'elles sont arrivées à la hauteur voulue, les branches s'allongeaient encore avec vigueur, on pourrait utiliser cette végétation en recourbant chaque flèche sur sa voisine pour l'y greffer au point de contact. Cette opération termine le vase par un cordon circulaire ayant, en outre, l'avantage de répartir uniformément la séve.

Pour amener chaque branche à sa place et l'y maintenir, nous employons des cerceaux placés à l'intérieur et soutenus par trois piquets fichés dans le sol autour de l'arbre.

Du pommier en pyramide. — Il est assez rare de voir une pyramide de pommier bien régulière, à cause de la difficulté qu'on éprouve à maîtriser sa séve et à la faire passer dans les parties qui en ont besoin. Souvent les pommiers soumis à cette forme ont des branches latérales trop fortes, tandis que d'autres ne veulent pas s'allonger; il arrive aussi que des gourmands se développent non loin de la flèche et l'épuisent.

Le cas échéant, on devra choisir les variétés qui se prêtent le mieux à la forme pyramidale, car il en est beaucoup qui donnent des sujets défectueux et de courte durée.

Les pommiers greffés sur franc, et ceux sur doucin pour les bons terrains, sont les sujets qu'on pourra diriger ainsi.

Les soins à leur appliquer pour leur formation ne différant pas sensiblement de ceux du poirier, nous renvoyons le lecteur au chapitre suivant; seulement on ne devra pas être trop sévère sur la régularité d'une pyramide de pommier; mieux vaut accepter la bifurcation d'une branche latérale pour remplir un vide que d'espérer le développement d'un dard ou d'un bourgeon latent.

Du pommier en palmette. — Dans la palmette, le nombre des branches étant moins grand que sur une pyramide, il sera plus facile de les maîtriser. Néanmoins la séve tendra toujours à se porter vers les bras supérieurs de l'arbre; aussi devra-t-on consacrer deux années au premier étage seul; on lui donnera des sous-mères en le taillant la première année à 0m,30 de la tige, tandis qu'on rabattra à sa base le prolongement de celle-ci pour forcer la séve à se porter en abondance dans les deux bras latéraux. Les étages suivants s'obtiendront successivement, et pas plus d'un par saison, au moyen de la taille d'hiver, non du pincement. Il vaudrait mieux asseoir la taille deux ans de suite sur un étage faible que de chercher à obtenir des branches supérieures.

Pour utiliser la séve au profit du développement de l'arbre, il est nécessaire de maintenir les branches dans une position oblique, et d'en laisser pousser librement le prolongement, qu'on palisse seulement à l'automne, quand la végétation est ralentie.

Taille au point de vue de la charpente du pommier. — Le pommier est peut-être l'arbre fruitier qui entre le plus tardivement en végétation ; on peut donc ne le tailler qu'après les autres espèces.

Les yeux ou bourgeons de la base de ses rameaux sont généralement peu apparents; ils s'annulent si la séve n'est pas concentrée vers eux d'une manière quelconque. Or, on devra appliquer aux branches de charpente une taille courte, à 0m,25 environ de la naissance du prolongement, pour faire pousser tous les yeux. Ceux qui ne voudraient pas sortir seraient surmontés d'un léger cran, en forme de croissant, coupant l'écorce seulement. Les deux terminaux se trouvant favorisés par l'abondance de séve qu'ils reçoivent, seront conservés entiers dans leur développement; tandis que les rameaux produits par les autres subiront les opérations indiquées à la taille au point de vue de la fructification.

Cette bifurcation des branches sera le meilleur moyen d'utiliser la fougueuse végétation du pommier, en évitant les gourmands qui épuiseraient le reste de l'arbre. Elle sera donc employée toutes les fois que les exigences de la forme ne la repousseront pas, et l'on aura bien soin d'éviter toute confusion des branches, afin que chacune d'elles jouisse d'assez d'air et de lumière.

Le pommier en cordon horizontal fait exception. Nous savons que la bonne constitution de sa flèche, sa position, les opérations qu'on applique sévèrement aux ramifications pour les faire fleurir, suffisent pour obtenir le développement de tous ses yeux sur une longueur de 0m,40; on supprime l'excédant.

Il arrive un moment où l'on ne doit plus bifurquer les branches dans la crainte de les affaiblir; c'est quand la végétation se trouve modérée par la longueur des parties que la séve parcourt, ainsi que par leur fructification. On taille alors chacune d'elles en raison de sa force, et assez court pour éviter l'épuisement prématuré de l'arbre. Le rameau terminal seul est conservé comme branche à bois.

Conduite du pommier au point de vue de la fructification. — Pour amener la formation de boutons à fruits sur le pommier, il faut que le sujet y soit disposé naturellement, car sur un arbre d'une végétation trop fougueuse, les opérations pratiquées dans ce but ne produiraient que des rameaux gourmands, déformant l'arbre et épuisant la partie supérieure des branches qui les portent. Or un pommier sur paradis y sera plutôt soumis qu'un autre sur doucin, et celui-ci avant un troisième sur franc. Nous disons ceci pour la généralité des cas, mais on sait que toute règle a ses exceptions.

Supposons notre arbre dans de bonnes conditions de prospérité (un malade ne doit subir aucune amputation pendant le cours de la végétation). Voici les moyens généralement employés pour le mettre à fruit.

Du pincement appliqué au pommier. — L'un des plus puissants procédés est certainement le *pincement réitéré*, pratiqué pendant la première période de la végétation. Voici comment on opère :

Nous n'assignons pas une date invariable, mais nous disons : aussitôt que les rameaux destinés à fructifier ont atteint 0m,10 de longueur, il faut les pincer, c'est-à-dire prendre entre le pouce et l'index leur extrémité herbacée, et la rogner en enlevant à peu près 0m,01. Cette opération doit être faite successivement, pour ne pas causer tout d'un coup un grand dérangement dans la circulation de la séve, car elle se porterait alors en abondance dans les lambourdes, et les ferait pousser à bois. On devra donc commencer sur les arbres les plus vigoureux, par les rameaux avoisinants celui de prolongement, et surtout par ceux qui sont placés à la face supérieure de la branche; ce sont eux qui s'allongeraient le plus.

Le pincement raisonné a encore pour résultat de répartir convenablement la séve; aussi commençons-nous par les rameaux herbacés des branches qui seraient trop fortes, tandis que nous ménageons les parties faibles de l'arbre en leur laissant développer librement tous les rameaux dont la grosseur reste en harmonie avec la branche qui les porte. D'ailleurs, loin de provoquer la fructification sur ces branches, qui y sont toujours plus disposées que les autres, et que la nourriture des fruits affaiblirait encore, nous supprimons, dès le printemps, les boutons fructifères qui s'y trouvent.

Du cassement en vert appliqué au pommier. — A la suite du pincement, un ou plusieurs bourgeons du rameau pincé, selon sa force, se développent en rameaux anticipés. Lorsqu'il en pousse un seul, on le laisse; s'il en pousse plusieurs, on conserve celui du sommet, on rogne les autres sur leur base, et l'on n'y touche plus qu'au moment de l'été où la séve se ralentit, ce qui a lieu généralement vers la fin de juillet ou dans le mois d'août. On applique alors le *cassement partiel* au rameau anticipé. Pour cela, on pose sur le bourrelet de son empâtement le tranchant d'un outil; puis, l'appuyant avec le pouce sur la lame, on le rompt du côté opposé à celle-ci; l'extrémité supérieure à la cassure doit former une ligne brisée avec l'autre partie du rameau sans en être détachée.

Si le cassement était opéré trop tôt, ou s'il était complet, il pourrait arriver que l'œil immédiatement au-dessous se développât. Dans ce cas, on le traiterait de même quelque temps après.

Lors de la taille d'hiver, les plus faibles rameaux sont rabattus au point même de la rupture, tandis qu'aux autres on conserve une longueur de deux, trois ou quatre yeux de la partie cassée; ces yeux se transformeront les premiers en lambourdes, et l'excès de séve se trouvera ainsi utilisée à la nourriture de leurs fruits. Les bourgeons de la partie inférieure grossiront alors sans se développer, et la plupart donneront des fleurs l'année suivante; ce sera le moment de supprimer la partie brisée. Cette seconde manière est surtout nécessaire pour les arbres d'une grande vigueur.

Mise à fruit des rameaux de l'année. — Voici un moyen pour obtenir des boutons à fruits sur les rameaux de l'année même, à la condition toutefois que les sujets sur lesquels on l'appliquera, pommiers ou poiriers, seront d'une végétation modérée : les cordons horizontaux, par exemple.

Les rameaux herbacés sont toujours pincés à 0m,10, et comme nous opérons sur des arbres de moyenne vigueur, il en résulte, ou que l'œil terminal se gonfle et devient bouton à fruit (*fig.* 1120), ou qu'il se développe en rameau anticipé, tandis que l'avant-dernier grossit sans pousser. Dans le premier cas, nous n'avons plus rien à faire, puisque nous obtenons le résultat désiré; si le second cas se présente, à la fin de juillet, lorsque la fougue de la végétation est passée, nous cassons et enlevons le rameau anticipé, immédiatement au-dessous du point de pincement (*fig.* 1121), de manière à laisser un petit chicot destiné à amuser la séve au-dessus de l'œil non développé, qui grossira encore jusqu'à l'automne, époque où il sera transformé en bouton fructifère.

Fig. 1120. — Mise à fruit des rameaux de l'année.

Ce procédé est encore peu connu, il mérite d'être vulgarisé.

Des brindilles. — Les brindilles, ou branches *chiffonnes*, sont les rameaux les plus faibles, qui n'ont pas été pincés. Il est toujours bon d'en ménager sur les pommiers, quelle que soit leur forme : sur les vases, elles sont bien placées dans le périmètre, de chaque côté des branches de charpente; dans les palmettes et les cordons horizontaux, ce sont les rameaux placés à la face inférieure des branches, auxquels leur position n'accorde pas un grand développement; sur les arbres à haute tige, elles sont nombreuses, puisqu'on ne leur applique ni pincement, ni taille sévère, et que la séve se trouve plus divisée. On doit surtout en ménager sur les sujets très-vigoureux, parce qu'elles utilisent une partie de la séve; puis elles sont les premières productions fructifères qui apparaissent, et ont l'avantage de durer plusieurs années. Les boutons de leur extrémité supérieure se renflent d'abord, souvent dès la première année, et lorsqu'ils ont produit, les yeux inférieurs se transforment à leur tour; on supprime alors la partie qui a fructifié.

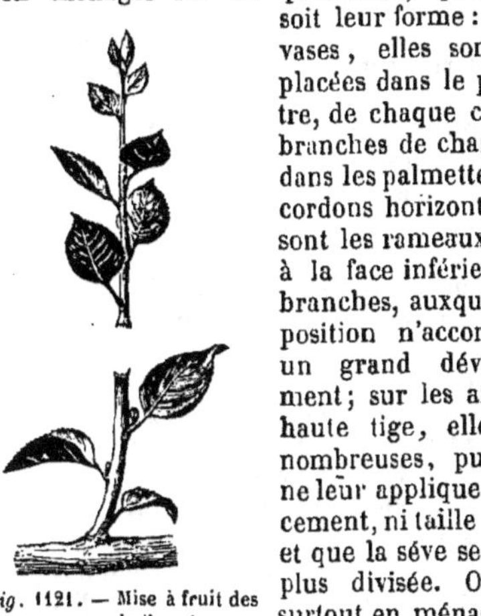

Fig. 1121. — Mise à fruit des rameaux de l'année.

Les brindilles qui continueraient à se développer subiraient le cassement, partiel ou entier, selon qu'elles seraient plus ou moins vigoureuses.

Nous ne parlerons pas plus de l'arcûre que de la torsion, de l'incision annulaire, de la mise à nu des racines ou de la suppression de quelques-unes des plus fortes d'entre elles, etc., qui sont des moyens plus ou moins violents pour amener la fructification. Ils dérangent la forme ou altèrent la santé de l'arbre, et sont du reste inutiles quand on a judicieusement appliqué les procédés moins rudes que nous venons de décrire.

Maladies du pommier. — Les maladies qui sévissent sur le pommier ne sont pas très-nombreuses; la jaunisse et le chancre sont les plus communes et les plus graves.

De la jaunisse. — La jaunisse ou chlorose attaque tous les arbres fruitiers; le pommier et le poirier y sont spécialement sujets. Elle a généralement pour cause l'appauvrissement du sol. Nous y remédions en découvrant le pied de l'arbre sur toute la largeur occupée par les racines, et de manière à atteindre les plus superficielles; puis, nous les recouvrons de quelques centimètres de bonne terre nouvelle, et nous remplissons de fumier, à moitié consumé, que nous arrosons, trois fois dans quinze jours, avec une dissolution de sulfate de fer (vulgairement *couperose verte*), dans la proportion de 10 grammes de sulfate par litre d'eau. Quelquefois aussi, cette maladie est due à certaines influences atmosphériques contraires à la végétation; elle cesse alors naturellement avec la cause qui l'a produite; mais ces cas sont l'exception.

Du chancre. — Le chancre se rencontre très-fréquemment sur le pommier, surtout dans les contrées froides et humides. Certaines variétés délicates y sont plus sujettes que d'autres. Il est produit par un terrain trop mouillé, plus souvent que par un sol trop sec et brûlant, par un manque d'aération ou par une gêne quelconque apportée subitement dans le cours de la séve. Ainsi, les chancres sont déterminés par des suppressions de grosses branches pendant la végétation, par un abaissement subit de la température, par une plaie résultant de la chute d'un grêlon, par un coup de pierre, une meurtrissure quelconque, une piqûre d'insecte, etc. Pour détruire le chancre, on le cerne jusqu'au vif en enlevant tout le bord attaqué, puis on le cautérise en le frottant avec des feuilles d'oseille, et on le recouvre quelques jours après de mastic onctueux, ou bien on l'emplit de plâtre, même de chaux. M. Joigneaux conseille en outre d'inciser l'écorce au-dessus du chancre et de conduire la ligne d'incision jusqu'à une branche vigoureuse, verticalement assise, et capable de servir de déversoir ou d'issue à la séve qui forme des chancres toutes les fois que, pour une cause quelconque, elle s'arrête et fermente sous l'écorce.

Végétaux parasites du pommier. — Nous entendons par là les végétaux qui se nourrissent aux dépens de l'arbre qui les porte. Ainsi, pour le pommier, ce sont le gui, les mousses, les lichens, les champignons.

Du gui. — Le gui est apporté par les grives, qui en mangent les graines sans en altérer les organes germinatifs, et les déposent avec leurs excréments sur les grands pommiers. Cette graine est enveloppée d'une matière gluante qui la colle là où elle est déposée, puis la chaleur et l'humidité l'y font germer. Le pied enfonce ses racines sous l'écorce, et se nourrit de la séve de l'arbre, qui, trouvant une large issue, ne passe plus que faiblement dans la partie supérieure; celle-ci dépérit alors et ne produit que quelques fruits chétifs et sans saveur.

Le moyen le plus efficace pour détruire le mal, est de couper la branche au-dessous de l'endroit occupé par le gui, et suffisamment bas pour en enlever toutes les radicelles. Si l'on ne veut pas en arriver à cette extrémité, on extrait le gui avec la partie d'écorce de l'arbre qui contient ses racines, et l'on recouvre la plaie d'onguent; malgré cela, il repousse presque toujours, mais avec moins de vigueur. On renouvelle l'opération dès qu'on le voit reparaître, et l'on parvient ainsi à s'en débarrasser.

Des mousses, lichens, champignons. — Ces cryptogames obstruent les pores de l'écorce, et hâtent sa décomposition. Les mousses et lichens sont favorisés par une stagnation de l'eau dans le sol, ou par l'humidité retenue entre les vieilles écorces de l'arbre. On les évitera donc en drainant un terrain qui serait trop compacte, et en râclant, à l'aide d'un grattoir en fer ou d'un vieux balai, les écorces les plus écailleuses, qui ont en outre le grand inconvénient de servir d'abri aux œufs d'insectes, aux chrysalides, aux vers, etc.; aussi est-il sage de les ramasser soigneusement et de les brûler. Un badigeonnage de tout l'arbre, avec l'eau de chaux, fait tomber les écailles oubliées et ravive l'écorce.

Les champignons sont ordinairement l'effet de la caducité de l'arbre ou de l'aridité du sol; il suffit de les enlever aussitôt qu'on les voit.

Insectes qui attaquent le pommier. — Les insectes qui attaquent le pommier sont un véritable fléau, car ils se multiplient en nombre considérable, et il n'est pas facile de s'en débarrasser. Les plus redoutables sont : diverses chenilles, le puceron lanigère, les pucerons verts et noirs, la pyrale des pommiers.

Des chenilles. — Celles qui se nourrissent du pommier sont de plusieurs sortes; nous signalerons les *bombyx disparate* et *neustrien*, l'*hyponomeute du pommier*, comme les plus communes. Elles sont généralement par paquets, et s'entourent d'une espèce de tissu gris ou blanchâtre. Tout ce qu'elles enveloppent, feuilles, fleurs, jeunes fruits, est rongé; puis elles se transportent, en famille ou séparément, sur un autre point qu'elles dévorent également.

On peut les détruire par le moyen primitif, consistant à les écraser; ou bien, si cette opération répugne, on peut les saupoudrer de tabac, de poudre de pyrèthre, de chaux vive. Sur les grands arbres, une aspersion d'eau de savon ou d'huile de noix a souvent réussi à les tuer. Mais on en détruira bien plus en échenillant soigneusement tous les arbres en hiver. On enlève les nids d'œufs roulés en anneau autour d'une branche, ou agglomérés dans une feuille sèche roulée, ou bien enveloppés d'une espèce de bourre grisâtre, collée contre l'arbre, notamment sur le tronc. Tout cela doit être jeté au feu.

Des pucerons du pommier. — Nous comprenons sous cette dénomination les pucerons verts et noirs qui s'attachent en dessous des feuilles, qu'ils font recroqueviller, surtout vers la partie herbacée des rameaux. Le résultat pour l'arbre est l'arrêt de sa végétation, et un malaise qui deviendrait funeste si l'on n'y portait remède.

On fait dans un vase d'un maniement facile et à large ouverture, comme une casserole, une dissolution proportionnée de 1 kilogramme de savon gras par 20 litres d'eau; puis on y trempe toutes les parties attaquées en les agitant pour faire pénétrer partout le liquide. A une position très-chaude, on ne doit faire cette opération que vers le soir, car le feuillage serait brûlé par un soleil ardent, frappant immédiatement sur les parties opérées. Un bassinage le lendemain matin serait même prudent, si la température paraissait devoir être très-élevée dans le jour. En même temps, il est toujours bon de cultiver et de fumer le tour de l'arbre, s'il en est besoin, pour lui rendre immédiatement sa vigueur.

Du puceron lanigère. — Voilà le plus terrible ennemi du pommier : il se multiplie avec une rapidité effrayante; ses effets sont mortels; on n'a pu jusqu'alors le détruire radicalement. Il se reconnaît à son épais duvet blanc, et s'attache à la face inférieure des branches, dans les cavités, sous les vieilles écorces, sur le tronc et même sur les racines. Sa piqûre sur l'écorce produit des nodosités qui désorganisent les tissus et obstruent le passage de la séve; par suite, la branche languit et meurt si on ne la débarrasse promptement.

Il est tellement répandu maintenant, et ses effets sont si désastreux, qu'on a essayé plusieurs centaines de moyens pour le détruire; malheureusement, on n'est pas encore parvenu à empêcher son retour.

Aussitôt qu'on en voit sur un arbre, il faut se hâter de les écraser, en les frottant avec un chiffon, ou bien en les grattant avec une brosse quelconque ou un pinceau à poils rudes. Ceux qui auraient échappé à ces moyens mécaniques pourraient être asphyxiés par un liquide gras dont on imbibe l'objet employé; on évitera que le liquide ne soit pâteux, parce qu'il obstruerait les organes respiratoires de l'arbre. Nous recommanderons les huiles grasses, seules ou additionnées de fleur de soufre ou de goudron; une dissolution de savon noir dans la proportion de 1 kilogramme pour 8 litres d'eau.

L'eau chaude a aussi produit de bons résultats; on la fait chauffer auprès du pommier, et dès qu'elle commence à frémir, c'est-à-dire lorsqu'elle est près d'entrer en ébullition, on en imbibe les parties *puceronnées* de l'arbre, à l'aide d'une petite éponge fixée au bout d'un bâton. On presse l'éponge en donnant de légers coups, pour bien faire pénétrer l'eau dans les cavités. Quelque temps après, on recommence l'opération, deux fois, trois fois s'il le faut, et l'on est ainsi parvenu à s'en débarrasser pour plusieurs années.

D'autres liquides sont également d'un bon emploi. Nous citerons : le lait de chaux, un peu épais, dans lequel on a ajouté une petite quantité de potasse; le coaltar ou goudron de houille, employé pur sur les vieilles tiges écailleuses, et mélangé jusqu'à 25 fois son poids d'eau pour les jeunes parties; une bouillie de 30 grammes d'essence de térébenthine, plus 1 kilogramme d'argile pulvérisée, tamisée et exempte de toute matière étrangère, dans 4 litres d'eau; un kilogramme de poivre noir, cuit dans 3 litres d'eau; 1 kilogramme de savon noir dissous dans 20 litres d'eau, bouilli, puis associé à 1 kilogramme de fleur de soufre dans 20 litres d'eau. On mêle le tout en agitant, et, avec ce mélange, on arrose le bois puceronné. On peut encore lotionner avec du vinaigre pur, avec de la benzine, avec de l'eau de lessive, seule ou associée pendant deux jours avec autant d'urine fraîche. L'eau de chaux, l'infusion de tabac, l'urine dans laquelle on a fait infuser des gousses d'ail ou bien de la suie; l'acide pyroligneux, additionné de vieille urine; toutes ces substances, en un mot, auxquelles on ajoute la quantité de terre argileuse nécessaire pour former une bouillie claire, conviennent pour enduire, en hiver, les parties attaquées.

Les matières en question doivent être employées avec discernement; on évitera d'en répandre sur les feuilles qui seraient souvent altérées par leur contact.

On a encore répandu de la fleur de soufre le matin d'une journée très-chaude ; frotté avec des écailles d'oignons cuites; passé rapidement, tout le long des branches infestées, en hiver, une torche de résine enflammée ou des chiffons imprégnés de soufre, etc., etc.

De la pyrale des pommes. — Au moment de la croissance des pommes, il en tombe beaucoup qui ne sont pas arrivées à leur degré de développement. Chacun de ces fruits renferme une chenille blanche : c'est la larve de la pyrale qui nous occupe.

Elle ronge l'intérieur de la pomme; alors, celle-ci tombe et l'insecte ne tarde pas à en sortir; il paraît qu'il va se mettre à l'abri sous une vieille écorce, ou dans les débris de végétaux qu'il rencontre.

On peut empêcher la multiplication d'un grand nombre pour l'année suivante en cueillant les fruits qu'on voit attaqués, ou en les ramassant dès qu'ils tombent. Si le trou que la chenille y a fait est bouché par ses excréments, on peut être certain qu'elle n'en est pas sortie. On donne les fruits aux cochons ou on les emploie à tout autre usage qui détruise immédiatement l'insecte, car il en sort presque aussitôt que le fruit est détaché de l'arbre.

De divers autres insectes. — Là ne se borne pas la liste des insectes qui vivent aux dépens du pommier ; on rencontre encore souvent le *grand* et le *petit rongeur*, qui se creusent des galeries, celui-là dans le tronc, celui-ci à l'extrémité des rameaux ; ils ne se jettent l'un et l'autre que sur des arbres chétifs ou languissants. Le *charançon* perce les fleurs du pommier pour y introduire un œuf, et annule ainsi leur fécondité, etc., etc.

On ne connaît pas encore de moyen bien praticable pour détruire ces insectes; il faut donc tâcher de les éviter par un bon choix et un bon arrangement du sol lors de la plantation, autant que par un entretien des arbres dans un état constant de prospérité. ERNEST BALTET.

CHAPITRE XXX

(SUITE DES MÉLONIDES).

DU POIRIER (PYRUS)

Historique et classification. — Le poirier est un arbre de moyenne taille et même d'une taille au-dessus de la moyenne. Il appartient à la famille des Pomacées. Le poirier commun ou sauvage se rencontre dans les forêts d'une grande partie de l'Europe ; ses feuilles sont d'un vert luisant le plus ordinairement et assez souvent d'un vert pâle dans les variétés hâtives; ses fleurs sont blanches et groupées au nombre de 6 à 12; ses fruits sont très-variables quant à la forme et aux dimensions.

Nos variétés cultivées sont évidemment sorties des pepins du poirier sauvage, et nous les devons, comme les pommes, au hasard et à la culture.

Des terrains et situations qui conviennent au poirier. — Le poirier aime un bon sol, substantiel et profond. Les terres arides ne sont pas favorables à sa végétation; trop humides, elles nuisent à son fruit.

A mérite égal, il aime mieux les endroits secs que les endroits mouillés. On a reconnu que dans une situation froide, son bois se tache, ses fruits se gercent ou manquent de saveur ; et si dans un terrain chaud la végétation est moins luxuriante, les fruits en revanche y viennent plus nombreux et meilleurs.

Les terres franches, les terres argilo-siliceuses, les sables gras, ferrugineux, les terrains légers, un peu frais, où l'humus tourbeux domine le calcaire, tous ces terrains conviennent au poirier, à la condition toutefois que la couche arable soit épaisse, et que le sous-sol soit perméable.

Bien qu'il paraisse difficile sur le terrain, cet arbre est cependant assez robuste pour que l'on en rencontre de superbes exemplaires dans les endroits qui, à première vue, lui sembleraient rebelles. C'est que le sous-sol a permis aux racines de le pénétrer.

En ce qui concerne le climat, le poirier vit difficilement sous une latitude supérieure à celle du midi de la France. Déjà, sur quelques points du littoral méditerranéen, le mistral lui est contraire; en Algérie, il roussit, il se dessèche sous les vents tant redoutés du désert.

Ailleurs, vers le nord, les brouillards permanents de l'Angleterre et le voisinage des glaces de l'Europe septentrionale sont autant d'obstacles à son existence.

Aussi, pour abriter le poirier contre les rigueurs climatériques, les cultivateurs des contrées chaudes le placent sur le versant nord des collines et sur les plateaux où le vent circule librement ; tandis que dans les localités froides on le place sur les coteaux qui regardent le soleil, dans les gorges où l'air et la chaleur se concentrent, dans les plaines assez hautes pour n'avoir pas à craindre une humidité stagnante, mais pas assez pour être exposées aux courants d'air froid.

Dans nos régions tempérées qui plaisent principalement au poirier, les situations exposées aux accidents de la température printanière, aux rosées froides souvent répétées, amènent la coulure des fleurs et détériorent le fruit à son premier âge. Les emplacements tourmentés par les bourrasques provoquent la chute des fruits avant le terme.

On a encore remarqué que le voisinage d'une rivière ne lui est point défavorable, en ce sens, dit-on, qu'il assure la fécondation de la fleur (1).

Quand il s'agit de placer le poirier en espalier, il faut réfléchir avant d'opérer, car toutes les variétés de poirier ne réussissent pas indistinctement aux quatre expositions. Le climat sera d'abord consulté. Ainsi, dans le sud de la France, un mur exposé au midi serait trop brûlant pour le poirier, et dans les contrées humides et septentrionales, la façade nord contrarierait son développement normal. Par une raison semblable, le plein midi d'un terrain sec lui est généralement contraire, aussi bien que le plein nord d'un terrain froid. Il n'y a donc qu'à intervertir l'ordre, de telle sorte que l'exposition compense les rigueurs de la position. En général, l'est et le sud-est sont les meilleures expositions; viennent ensuite le sud-ouest, l'ouest et le nord-ouest.

On ne saurait poser en règle invariable que les fruits d'été ou les fruits d'hiver prospèrent mieux au nord ou au midi d'un mur. Une foule d'exceptions sont basées sur la vigueur ou la fertilité de l'arbre, sur la robusticité de la poire, la nature fondante ou cassante de sa chair, de son eau astringente ou sucrée, musquée ou fade, et sur l'état de son épiderme fin ou épais, susceptible ou non de se colorer.

Il est facile de comprendre que certaines poires d'été, dont le plus grand mérite est la couleur ou le parfum, ne sauraient l'acquérir sans l'influence directe des rayons solaires; d'autres de la même saison ont le tissu tellement délicat qu'elles y blettiraient ou perdraient leur saveur; mais la majeure partie des poires précoces seraient inférieures en qualité contre un mur au nord, le soleil du matin ou du soir leur étant salutaire.

Parmi les fruits d'hiver et de fin d'automne qui accomplissent leur maturation au fruitier, il n'y a guère pour le nord que les poires à chair presque fine, juteuse, ayant une saveur aromatisée, vineuse, bien parfumée. Il en est d'astringentes qui vont au nord; et pourtant, on rencontre de ces goûts âpres qui ont besoin du soleil pour les corriger, les édulcorer, de même que certains fruits à peau épaisse réclament la lumière et la chaleur du midi pour les pénétrer et leur faire développer les principes savoureux qu'ils contiennent.

Tout en acceptant des poires tardives ou à cuire pour le nord, nous exigeons encore que la variété en soit vigoureuse, donnant du bois qui aoûte promptement, et dont les yeux tournent facilement à fruit. La robusticité et la fertilité sont donc nécessaires.

(1) Cette remarque pourrait bien être juste. Du moment où, comme on l'affirme en certains endroits, la fumée de paille ou de foin mouillé dans le voisinage des arbres en fleur, favorise la fructification, nous ne voyons pas pourquoi on contesterait la même faculté aux courants d'air chargés d'humidité par le voisinage des rivières. P. J.

Les sujets d'une végétation faible, les écorces délicates, redoutant le midi, seront destinés aux expositions intermédiaires. On préservera du couchant les fruits sujets à se gercer et à devenir noueux.

Disons enfin que le midi peut déterminer la jaunisse sur l'arbre, et que le nord d'une construction élevée favorise la multiplication de divers insectes nuisibles.

Malgré toutes ces considérations, n'hésitons pas à reconnaître que notre pays se prête aussi complaisamment que possible à la culture du poirier.

Variétés de poirier à cultiver. — Le nombre des variétés de poirier est considérable; il s'élève au chiffre de plusieurs milliers. Pour s'en convaincre, il suffit de suivre, nous ne dirons pas les ouvrages ni les catalogues des pépiniéristes, mais le marché des grandes villes; on est surpris de rencontrer, de Bordeaux à Genève, de Nantes à Bruxelles, de Paris à Berlin, de Turin à Rouen, une profusion de poires dont la qualité ne répond pas toujours à la quantité.

Le campagnard plante trop de sauvageons qu'il oublie de greffer ou qu'il greffe mal; et puis il reproduit fréquemment des variétés dues au hasard, sans se préoccuper de leur mérite ou de leurs défauts. Souvent aussi il hésite à acheter un bon arbre, et lui préfère un sujet de rebut à cause du bas prix. «Bah! dit-il, le fruit se vendra tout de même!»

Le pis de l'affaire, c'est qu'en agissant de la sorte, on fait plus que jeter de mauvais fruits sur le marché, on jette en outre la confusion dans la nomenclature pomologique.

Constatons néanmoins une tendance, chez les planteurs sérieux, à ne cultiver que des variétés de choix, réunissant à la vigueur et à la fertilité de l'arbre, la beauté et la qualité du fruit.

Déjà, sous l'impulsion des sociétés horticoles et des concours, des leçons publiques et des expositions, des livres et des congrès, dont on ne saurait méconnaître les intentions, les bons fruits sont signalés et décrits. On s'efforce de rendre à chacun son nom primitif, de dégager ce nom de la synonymie qui puise sa source dans l'ignorance et la cupidité; et l'on indique les milieux qui sont les plus favorables à la variété.

Aussi, grâce à l'influence des perfectionnements modernes, combinés avec les magnifiques travaux de nos devanciers, on crée des jardins fruitiers, des vergers, conduits d'après les sages préceptes de l'arboriculture et de la pomologie.

Les desserts de la table bourgeoise s'en ressentent heureusement; mais il y a encore beaucoup à dire, à démontrer et à propager, avant que nos halles ne soient plus encombrées de fruits inférieurs.

Ici, nous ne nous occuperons que des variétés vraiment recommandables; et nous pouvons en parler avec d'autant plus de certitude que nous les avons toutes cultivées et dégustées.

Ce n'est pas le lieu de nous aventurer dans le labyrinthe des nouveautés, où certes nous rencontrerions d'excellents gains, ni parmi certaines races locales qui perdent leur valeur quand elles sont dépaysées.

Examinons seulement les variétés les plus avantageuses et les plus méritantes, et occupons-nous d'abord des poires à couteau, c'est-à-dire de celles qui seront consommées à l'état naturel; nous verrons ensuite les poires à cuire, que l'on consomme d'une autre manière.

Procédons par ordre alphabétique, tout autre projet de classification ayant constamment échoué devant l'instabilité de la forme et du coloris, la variation de la chair et du goût, et aussi devant la multiplicité des poires existantes. Les mots de Besi, Beurré, Bon-chrétien, Colmar, Doyenné, qui n'ont plus aucune signification, sont conservés suivant le nom originaire de la variété.

Poires à couteau. — *Alexandrine Douillard;* d'octobre et novembre. — Fruit assez gros, pyri-

Fig. 1122. — Alexandrine Douillard.

forme-turbiné, tronqué, anguleux; épiderme gras, vert d'eau passant au jaune intense avec des reflets lilacés; chair très-fine, presque fondante, assez juteuse, anisée.

Arbre parfaitement ramifié; très-fertile.

Ananas; de septembre et octobre.—Fruit petit,

Fig. 1123. — Ananas de Courtrai.

plus ou moins ramassé; vert-feuille, puis jaune indien nuancé de carmin; chair presque fine, mi-fondante, juteuse, parfumée, musquée.

Arbre vigoureux; très-productif.

Il ne faut pas confondre cette variété avec l'ananas de Courtrai (*fig.* 1123), dont l'arbre est délicat, le fruit assez gros, bon, et d'août-septembre.

Arbre courbé; d'octobre et novembre. — Fruit assez gros ou gros, turbiné; vert maculé de gris ferrugineux; chair mi-fine, parfois granuleuse, fondante, juteuse, sucrée, avec une saveur aigrelette qui ne déplaît pas.

Arbre à rameaux recourbés, capricieux sur cognassier; bien fertile.

Baronne de Mello; d'octobre et novembre. — Fruit moyen, ovoïde, turbiné, roux ferrugineux et cannelle sur fond vert; tavelé quelquefois; chair fine, presque fondante, vineuse.

Arbre élancé, réclamant une bonne situation; d'une grande fertilité.

Bergamote Crassane; de novembre et décembre.

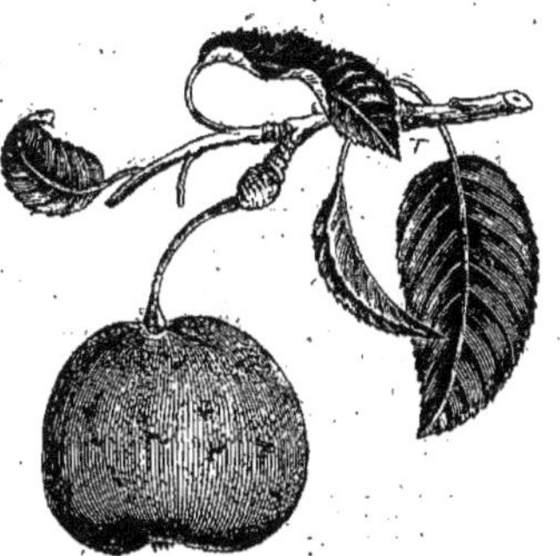

Fig. 1124. — Bergamote Crassane.

— Fruit moyen ou assez gros, rond et plat; vert lentillé olive; chair demi-fine, fondante, pleine d'une eau sucrée, délicieuse quoique astringente.

Arbre à branches tortueuses, plus convenable en espalier qu'en plein vent; fertile.

Bergamote d'été; d'août. — Fruit moyen, turbiné court; vert gai, devenant jaune teinté aurore; chair fine, fondante, neigeuse, parfumée.

Arbre assez vigoureux; très-productif.

Bergamote Espéren; de mars en mai. — Fruit moyen, en forme d'ognon; peau épaisse, vert jaune truité gris sépia; chair ferme, très-fine, presque fondante, aromatisée, excellente.

Arbre vigoureux, produisant par bouquets; fertile.

Bergamote fortunée; de mars en mai. — Fruit moyen, trapu, épiderme assez rude, vert largement maculé de gris ocracé; chair fine, tendre, mi-fondante, fenouillée; également utilisé comme fruit à cuire.

Arbre bien pyramidal, devenant fertile avec l'âge.

Besi de Saint-Waast; de décembre en février.

Fig. 1125. — Besi de Saint-Waast.

— Fruit moyen, court, aplati vers l'œil, souvent

bosselé; vert arrosé de gris et de rose luisant; chair fine, presque fondante, parfumée.

Arbre d'une vigueur ordinaire; fertile.

Beurré Bachelier; de novembre et décembre. — Fruit gros, elliptique, obtus; vert pomme passant au soufré; chair très-fine, fondante, sucrée.

Arbre d'un beau port, très-fertile.

Beurré Capiaumont; d'octobre et novembre. — Fruit moyen, pyriforme; isabelle lavé aurore; chair mi-fine, mi-fondante, vineuse, arome anisé; également employé en compote.

Arbre de vigueur moyenne; très-fertile.

Beurré Clairgeau; d'octobre en décembre. — Fruit gros, souvent très-gros, calebassiforme ou

Fig. 1126. — Beurré Clairgeau.

pyramidal conique, bossu et voûté; jaune ocreux truité de lenticelles grises, fortement coloré de carmin luisant; chair plus ou moins fine et fondante; eau suffisante, d'une saveur variable, sucrée ou parfumée, acidulée ou astringente.

Arbre modérément vigoureux, se fatiguant vite sur cognassier; d'une fécondité excessive.

Beurré Curtet; d'octobre. — Fruit petit, court, rugueux; vert devenant jaune nuancé; chair fine, assez fondante, parfumée.

Arbre vigoureux, produisant par trochets.

Beurré d'Amanlis; de septembre. — Fruit gros, rarement très-gros, turbiné; peau épaisse, vert

Fig. 1127. — Beurré d'Amanlis.

sombre ou jaune herbacé nuancé de rose; chair mi-fine, fondante; eau abondante, assaisonnée d'un acidulé franc qui plaît.

Arbre très-vigoureux, à branches divariquées; très-fertile.

Il a une sous-variété à bois et fruits panachés.

Beurré d'Angleterre; de septembre. — Fruit moyen, pyriforme, ambré clair sablé de noisette; chair mi-fine, fondante, saveur d'amande; mûrissant rapidement.

Arbre pyramidal, rebelle au cognassier, redoutant les pays froids; très-productif.

Beurré d'Apremont; d'octobre. — Fruit assez gros ou gros, calebassiforme, bosselé; coloris isabelle ou café au lait; chair très-fine, fondante, juteuse, exquise.

Arbre d'une vigueur moyenne, délicat sur cognassier; fertile.

Beurré Delfosse; de novembre et décembre. — Fruit moyen, pyriforme, élargi, déprimé; vert

Fig. 1128. — Beurré Delfosse.

olivacé passant au jaunâtre flagellé de roux; chair fine, ferme et fondante, sucrée, relevée d'une saveur agréable.

Arbre vigoureux, faible sur cognassier; bien fertile.

Beurré de Luçon; de janvier. — Fruit assez gros

Fig. 1129. — Beurré de Luçon.

et moyen; oviforme tronqué; vert bronzé ombré de gris rembruni, faiblement coloré; chair mi-

Fig. 1130. — Beurré de Mérode

fine, graveleuse vers l'axe, presque fondante, saveur fenouillée.

Arbre de vigueur irrégulière, se fatiguant sur cognassier, et préférant les terres légères; fertile.

Beurré de Mérode; d'août et septembre. — Fruit gros, parfois très-gros, ovale arrondi tronqué; épiderme épais, vert d'eau devenant jaune de Naples teinté incarnat; chair presque fine, fondante, juteuse, d'un goût franc.

Arbre vigoureux, d'une végétation irrégulière sur cognassier; fertile.

Beurré de Nantes; de septembre. — Fruit audessus de la moyenne; pyriforme oblong; peau

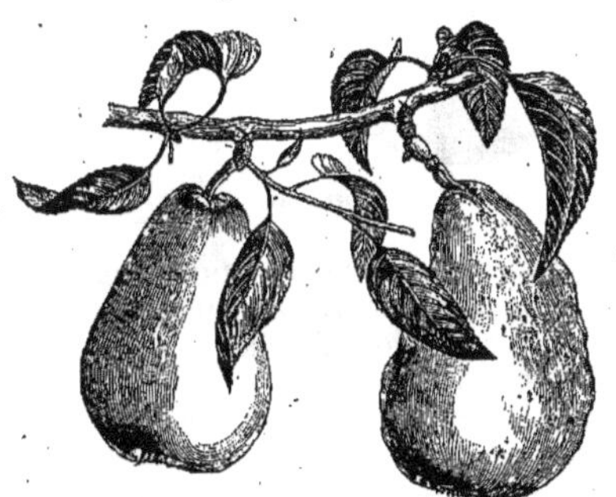

Fig. 1131. — Beurré de Nantes.

douce, blanc verdâtre; chair très-fine, moelleuse, presque fondante, sucrée.

Arbre pyramidal, faible sur cognassier; très-fertile.

Beurré de Nivelles; de janvier en mars. — Fruit moyen et assez gros, turbiné, bossué; vert

Fig. 1132. — Beurré de Nivelles.

pâle heurté de rouge; chair assez fine et fondante, relevée, agréable.

Arbre vigoureux; fertile.

Beurré de Rance; de janvier en mars. — Fruit assez gros, renflé et tronqué aux deux bouts; peau rude, acerbe, vert bronzé; chair grenue, assez fondante, pleine d'une eau acidulée, astringente.

Arbre jetant ses branches avec irrégularité, moins vivace sur cognassier, redoutant les situations froides; fertile.

Beurré d'Hardenpont (1); de décembre en février. — Fruit gros ou assez gros, cydoniforme, peau onctueuse, vert d'eau ou jaune sulfureux; chair très-fine et fondante, juteuse, sucrée, exquise.

Arbre se ramifiant comme il faut, d'une bonne

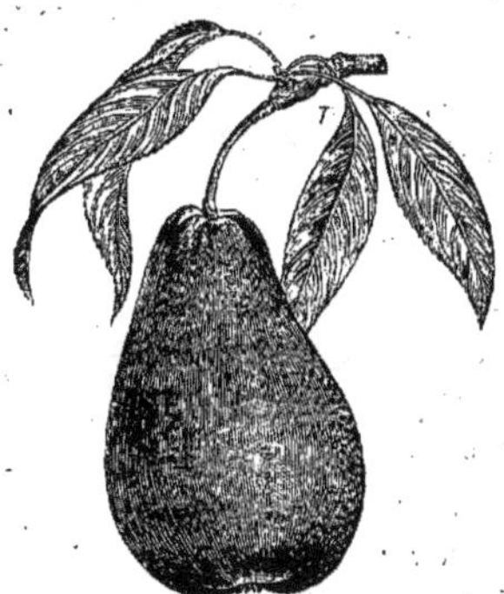

Fig 1133. — Beurré de Rance.

fertilité, surtout dans les grandes formes, ou greffé sur cognassier.

Fig. 1134. — Beurré d'Hardenpont.

Beurré Diel; de novembre en janvier. — Fruit gros ou très-gros, pyriforme tronqué ou turbiné ventru; vert passant au jaune de chrome piqueté de roux; chair mi-fine, ferme, mi-fondante; eau suffisante, parfois musquée, d'un arome franc et sucré.

Fig. 1135. — Beurré Diel.

Arbre très-vigoureux; fertile.

Beurré Dumon-Dumortier; de novembre et décembre. — Fruit moyen pyriforme ventru, vert

(1) En France, *Beurré d'Arenberg.*

feuille ou crème teinté; chair assez fine, fondante, avec un goût franc.

Arbre vigoureux, d'une grande fertilité.

Beurré Giffard; de juillet en août. — Fruit moyen, pyriforme, jaune blond strié rose vif; chair très-fine, fondante; eau douce, parfumée.

Arbre d'une vigueur irrégulière, se fatiguant sur cognassier; fertile.

Fig. 1136. — Beurré Giffard.

Beurré gris doré; d'octobre. — Fruit assez gros, ové, gris doré ou vert teinté rougeâtre; chair

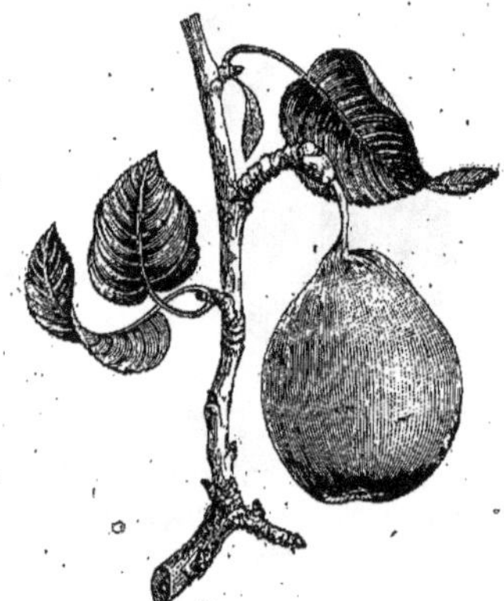

Fig. 1137. — Beurré gris.

presque fine, bien fondante; eau parfumée, sucrée, vineuse, acidulée, exquise.

Arbre vigoureux, réclamant les meilleures situations, et souvent l'abri du mur; fertile.

Beurré Hardy; de septembre et octobre. — Fruit assez gros, souvent gros; obtus ou pyriforme tronqué; coloris noisette nuancé aurore et marron; chair très-fine et fondante, aromatisée.

Arbre très-vigoureux, et d'une fertilité qui gagne avec l'âge.

Beurré Millet; de décembre et janvier. — Fruit moyen, court, vert d'eau granité olivâtre; chair bien fine, fondante, assez beurrée, juteuse, parfumée.

Arbre se ramifiant bien; très-fertile.

Beurré Oudinot; d'août et septembre. — Fruit moyen, pyriforme; vert d'eau piqueté carmin; chair fine, fondante, juteuse, relevée.

Arbre vigoureux, d'une bonne production.

Beurré Six; de novembre et décembre. — Fruit gros ou assez gros, pyramidal ventru; épiderme fin, d'un beau vert parsemé de petits points olivâtres; chair très-fine, fondante, très-juteuse, beurrée.

Arbre d'un beau port, bien ramifié; très-fertile.

Fig. 1138. — Beurré Six.

Beurré superfin; de septembre et octobre. — Fruit assez gros, ové, ventru, atténué et bourrelé à l'insertion du pédoncule; jaune verdâtre arrosé de gris luisant; chair presque fine, fondante, remplie d'une eau délicieuse, sucrée quoique acidulée.

Arbre bien ramifié; fertile sous une grande forme.

Blanquet gros; de juillet-août. — Fruit petit, perlé; l'épiderme semble diaphane, blanc d'ivoire mat; chair demi-fine, assez croquante, juteuse, relevée d'un arome particulier.

Arbre vigoureux; fécond sous une grande forme.

Bon chrétien de Bruxelles; de septembre. — Fruit assez gros et moyen, cydoniforme; vert-feuille fouetté rouge sang, fortement pointillé olive et brun; chair mi-fine, mi-fondante, juteuse, aromatisée.

Arbre à rameaux divariqués; fertile sous une taille allongée.

Bon-chrétien d'hiver; de février en mai. — En plein vent, le fruit est moyen, ventru et tronqué, vert partout; en espalier au soleil, il peut

Fig. 1139. — Bon-chrétien d'hiver.

devenir de première grosseur, calebassiforme, anguleux, bossu; jaune cire satiné rubis. La chair en est assez fine, mi-cassante, douce. Le fruit est recherché pour les compotes.

Arbre ayant un port défectueux, convenable

en espalier, aux expositions chaudes; assez fertile.

Bon Gustave; de novembre et décembre. — Fruit assez gros, oblong ou pyramidal conique, obtus, jaune terne ou blanc sale cendré de roux; chair ferme, fine et assez fondante, juteuse, savoureuse.

Arbre d'une bonne vigueur, manquant de fertilité dans sa jeunesse.

Bonne d'Ézée ; de septembre. — Fruit assez gros ou gros, allongé, cylindrique, bossu; jaune

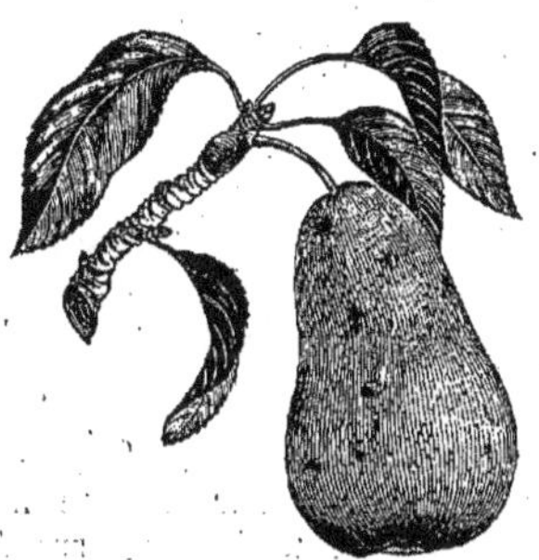

Fig. 1140. — Bonne d'Ézée.

soufre maculé de verdâtre; chair très-fine, neigeuse, fondante, sucrée, avec un léger parfum d'amande.

Arbre d'une vigueur modérée, se fendillant naturellement; très-fertile.

Bonne Louise d'Avranches ; de septembre et octobre.—Fruit assez gros, pyriforme, obtus; vert-

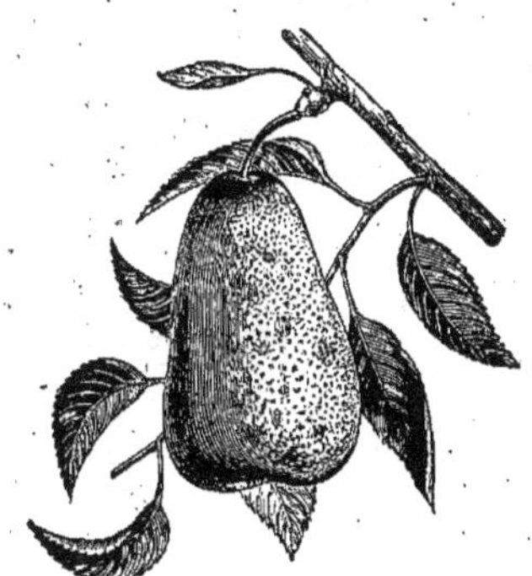

Fig. 1141. — Bonne Louise d'Avranches.

feuille, ou jaune herbacé frappé largement de carmin ponceau; chair assez fine, bien fondante, remplie avec une eau d'un goût acidulé franc, corrigé par une saveur sucrée, très-agréable.

Arbre très-vigoureux, très-fertile.

Boutoc ; d'août et septembre. — Fruit moyen, obtus; vert gris passant au chrome; chair fine, fondante, juteuse, aromatisée.

Arbre très-vigoureux ; très-fertile.

Calebasse Tougard; de novembre. — Fruit au-dessus de la moyenne, parfois gros, pyriforme allongé et aminci; épiderme rugueux, vert clair frotté de bronzé olivâtre; chair teintée saumon, presque fine, fondante, juteuse, assaisonnée d'un acidulé particulier.

Arbre bien vigoureux, et surtout convenable dans une situation chaude, où le fruit se crevasse moins; fertile.

Castelline; de décembre. — Fruit moyen, trapu, vert ambré sablé noisette; chair fine, serrée, assez fondante, très-agréable.

Arbre vigoureux, devenant fertile.

Citron des Carmes ; de juillet et août. — Fruit moyen ou petit, oviforme court; vert-pomme passant au jaune citron ; chair mi-fine, fondante, légèrement aromatisée.

Arbre bien vigoureux ; bien fertile. Il a une sous-variété panachée.

Colmar Nélis ; de décembre. — Fruit petit, sphéroïdal, verdâtre cendré roux; chair très-fine, fondante, sucrée, relevée d'un parfum délicat.

Arbre de moyenne vigueur, à rameaux tourmentés; fertile.

Commissaire Delmotte ; de janvier en mars. — Fruit moyen, élargi et déprimé vers l'œil, at-

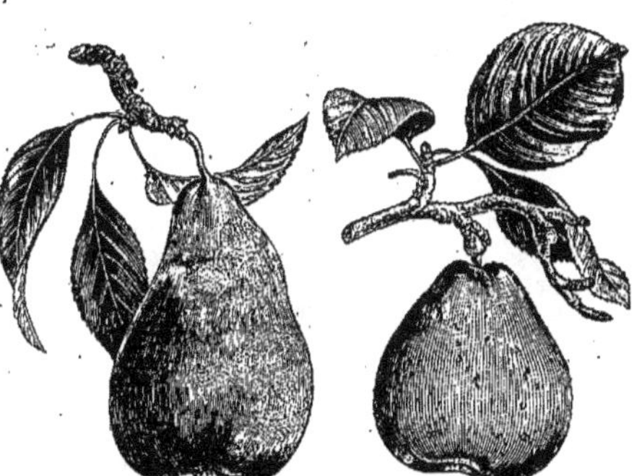

Fig. 1142. — Calebasse Tougard. *Fig.* 1143. — Commissaire Delmotte.

ténué au pédoncule ; vert pâle devenant jaune ocreux, truité grisaille ; chair ferme, presque fine, mi-fondante, juteuse, aromatisée.

Arbre vigoureux ; fertile.

Délices d'Hardenpont ; de septembre et octobre. — Fruit assez gros, oblong, pyriforme, tronqué,

Fig. 1144. — Délices d'Hardenpont.

jaune pâle légèrement coloré; chair très-fine, fondante, juteuse, relevée.

Arbre vigoureux ; fertile.

(En France, on cultive généralement sous ce nom la fondante du Panisel.)

Délices de Lowenjoul ; d'octobre et novembre. — Fruit moyen ou assez gros, ovale tronqué ;

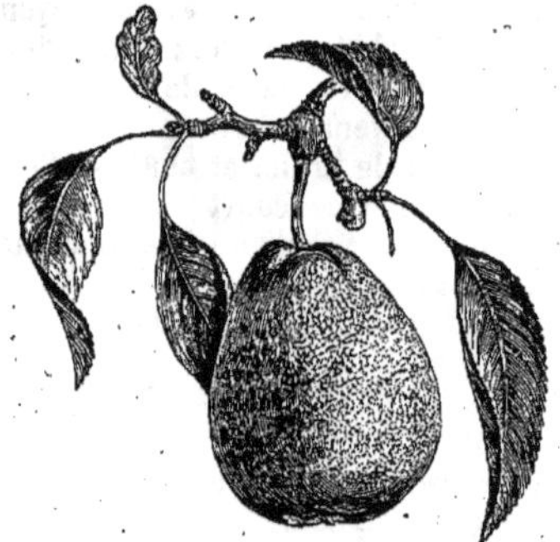

Fig. 1145. — Délices de Lowenjoul.

vert clair, puis jaunâtre marqueté de rouille ; chair presque fine et fondante, juteuse, avec un arome franc ou vineux.

Arbre de vigueur moyenne, s'épuisant trop vite sur cognassier ; très-fertile.

Docteur Lenthier ; de septembre. — Fruit assez gros, oblong, vert de mer devenant jaune fin ; chair très-fine, fondante, juteuse, relevée.

Arbre se présentant bien, délicat sur cognassier ; très-fertile.

Docteur Trousseau ; de novembre et décembre.

Fig. 1146. — Docteur Lenthier. *Fig.* 1147. — Docteur Trousseau.

— Fruit assez gros, pyriforme obtus, vert jaunâtre maculé gris ou rose ; chair assez fine et fondante, savoureuse, astringente dans une situation froide.

Arbre bien vigoureux et productif.

Doyenné blanc ; de septembre. — Fruit moyen, presque rond, jaune soufre tirant sur le blanc, souvent marbré de vermillon, parfois taché noirâtre ; chair très-fine, fondante, neigeuse, avec un parfum exquis.

Arbre de vigueur moyenne, réclamant une bonne position ; très-fertile.

Doyenné d'Alençon ; de janvier en mars. — Fruit moyen, rond ou ovale obtus ; verdâtre sablé de roux ; chair teintée au cœur, assez fine et fondante, juteuse, acidulée.

Arbre vigoureux ; devenant fertile.

Doyenné de juillet ; de juillet. — Fruit petit, ovale arrondi ; citron frappé de carmin vermillonné ; chair presque fine, neigeuse, assez fondante, parfumée, succulente.

Fig. 1148. — Doyenné de juillet.

Arbre de vigueur moyenne, très-fertile, s'épuisant vite sur cognassier.

Doyenné d'hiver ; de décembre en avril. — Fruit gros, obovale, renflé au milieu ; vert parfois

Fig. 1149. — Doyenné d'hiver.

nuancé rougeâtre, et jaunissant à la maturation ; chair assez fine et fondante, avec une eau relevée d'un aigrelet agréable.

Arbre d'un beau port, sujet à produire des fruits rachitiques en plein air ; très-fertile.

Doyenné du comice ; d'octobre en décembre. — Fruit assez gros, souvent gros, sphérique ou turbiné court ; jaune pâle teinté de carmin léger ; chair très-fine, fondante ; eau abondante, sucrée, délicieuse.

Arbre bien ramifié, lent à devenir fertile.

Fig. 1150. — Doyenné roux.

Doyenné roux ; de novembre. — Fruit moyen, arrondi, épiderme roux chamois reflété rose laqueux ; chair très-fine, fondante, neigeuse, sucrée, riche d'un parfum exquis.

Arbre de vigueur modérée, plus délicat sur cognassier, et préférant une bonne position ; très-fertile.

Duchesse d'Angoulême; d'octobre et novembre. — Fruit très-gros ou gros, ventru, tronqué aux extrémités, bosselé ; vert clair ou jaune-citron

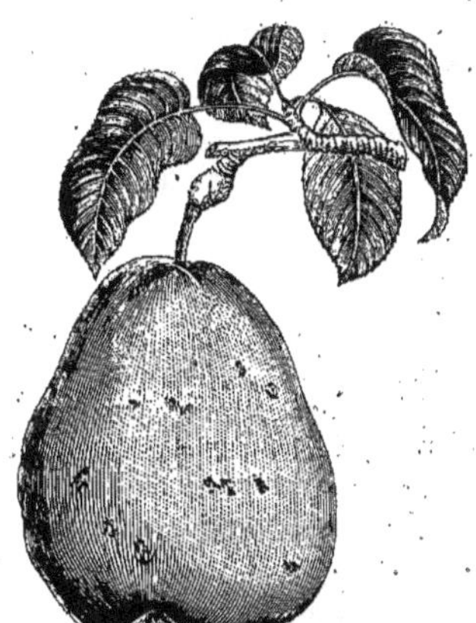

Fig. 1151. — Duchesse d'Angoulême.

pointillé de roux, rarement teinté de rose ; chair mi-fine, souvent granuleuse au cœur, presque fondante, parfumée.

Arbre vigoureux, se fatiguant sur cognassier quand le sol n'est pas riche ; très-fertile.

Il y a une sous-variété à bois et à fruits panachés.

Échassery ; de janvier en mars. — Fruit petit, maliforme, vert terne ou blanc jaunâtre ; chair fine, fondante, aiguisée d'un suc agréable.

Arbre assez vigoureux, à rameaux fluets ; fertile.

Épargne ; de juillet et août. — Fruit moyen, allongé, rétréci aux extrémités ; vert jaunâtre lavé de carmin orangé ; chair assez fine, bien fondante, relevée d'une saveur acidulée qui plaît.

Arbre à rameaux divariqués, bon pour les grandes formes, et pour l'espalier dans un pays froid ; très-fertile.

Fondante du Panisel ; de novembre et décembre. — Fruit moyen, maliforme, bossué ; crème moucheté roux ; chair fine, ferme, mi-fondante, moins savoureuse en terrain froid.

Arbre très-pyramidal, fertile (cultivé en France sous le nom de *Délices d'Hardenpont*).

Arbre bien vigoureux, parfois maigre sur cognassier ; très-fertile.

Figue d'Alençon ; de décembre et janvier. — Fruit moyen ou assez gros, en forme de figue longue ; vert ombré gris, marbré de fauve aurore ; chair ferme, presque fine, mi-fondante ; eau abondante, sucrée, acidulée.

Arbre vigoureux, assez fertile sous une grande forme.

Fondante de Noël ; de décembre. — Fruit moyen, trapu ; épiderme onctueux, jaune-coing jaspé vermillon ; chair fine, ferme, demi fondante, parfumée ou acidulée suivant le terrain.

Arbre de vigueur modérée, réclamant un bon

Fig. 1152. — Epargne. *Fig.* 1153. — Fondante de Noël.

sol, mais chaud ou léger pour la qualité du fruit ; souvent délicat sur cognassier ; fertile.

Fondante des bois ; de septembre et octobre. — Fruit gros, souvent très-gros, ovalaire, tronqué

Fig. 1154. — Fondante des bois.

aux deux bouts, vert passant au jaune-paille fouetté de rouge ponceau ; chair bien fine, fondante, juteuse, sucrée, anisée.

Arbre d'une bonne vigueur ; plus fertile sous une grande forme.

Grand Soleil ; de décembre. — Fruit moyen,

Fig. 1155. — Grand Soleil.

obovale ou en pomme, couleur isabelle sur fond vert ; chair presque fine, assez fondante, sucrée, aromatisée, excellente.

Arbre d'une vigueur modérée, trop faible sur cognassier ; très-fertile.

Hélène Grégoire ; d'octobre. — Fruit assez gros et gros, oblong, ventru, déprimé ; jaune-citron

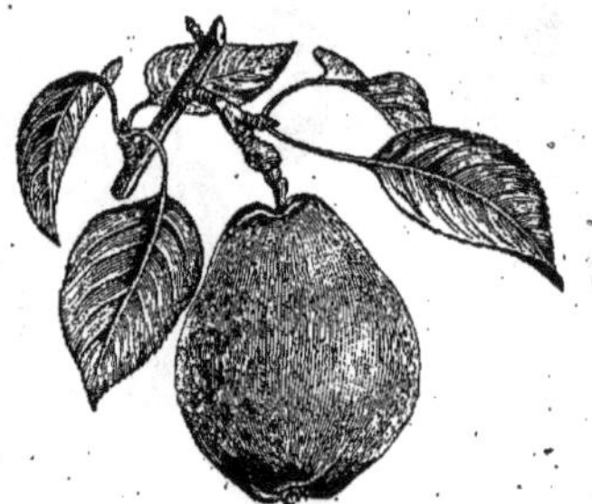

Fig. 1156. — Hélène Grégoire.

nuancé vert gai ; chair très-fine, fondante, relevée d'une saveur d'amande, délicieuse.

Arbre court, ramifié, peu vigoureux sur cognassier ; bien productif.

Jalousie de Fontenay ; de septembre et octobre. — Fruit assez gros et moyen, pyriforme obtus ; maculé de rouille et teinté de rose sur fond vert ; chair presque fine, assez fondante, juteuse, sucrée, avec un arôme pénétrant.

Arbre d'une bonne vigueur ; très-fertile.

Joséphine de Malines ; de décembre en février. — Fruit petit et moyen, rond, plat vers l'œil ;

Fig. 1157. — Joséphine de Malines.

jaune verdâtre rarement nuancé de rose ; chair très-fine, fondante, couleur aurore pâle, vineuse, parfum raffiné.

Arbre à rameaux tourmentés, assez délicat sur cognassier ; devenant fertile avec l'âge et sous une grande forme.

Léon Grégoire ; de novembre et décembre. —

Fig. 1158. — Léon Grégoire. *Fig.* 1159. — Madame Elisa.

Fruit gros et assez gros, ventru, tronqué, bossué, grisaille sur fond vert ; chair très-fine, fondante, juteuse, agréable.

Arbre d'une bonne vigueur et d'une bonne fertilité.

Madame Élisa ; d'octobre. — Fruit assez gros et gros, pyriforme ventru ; blanc jaunâtre terne ; chair fine, fondante, juteuse, relevée.

Arbre très-vigoureux ; fertile.

Madame Treyve ; d'août et septembre. — Fruit assez gros, ventru, déprimé vers l'œil, atténué vers la queue ; vert-feuille souvent nuancé de rose ; chair bien fine et fondante ; eau abondante, sucrée, délicieuse.

Arbre vigoureux ; fertile.

Marie-Louise ; d'octobre et novembre. — Fruit moyen ou assez gros, allongé, boursouflé ;

Fig. 1160. — Marie-Louise.

jaune blême tacheté de vert, avec des zigzags fauves et des macules d'un roux doré ; chair très-fine, fondante, sucrée, délicieusement parfumée.

Arbre à rameaux retombants, prenant mal sur cognassier ; fertile.

Monchallard ; d'août et septembre. — Fruit moyen ou assez gros, presque cylindrique, épiderme gras, vert tendre et jaune mat lavé de rose intense ; chair fine, bien fondante, juteuse, aromatisée.

Arbre d'une belle vigueur ; bien fertile.

Monseigneur des Hons ; d'août. — Fruit au-dessus de la moyenne, pyriforme, jaune herbacé éclairé de rouge et marbré de noisette ; chair mi-fine, fondante ; eau abondante, musquée, aromatisée.

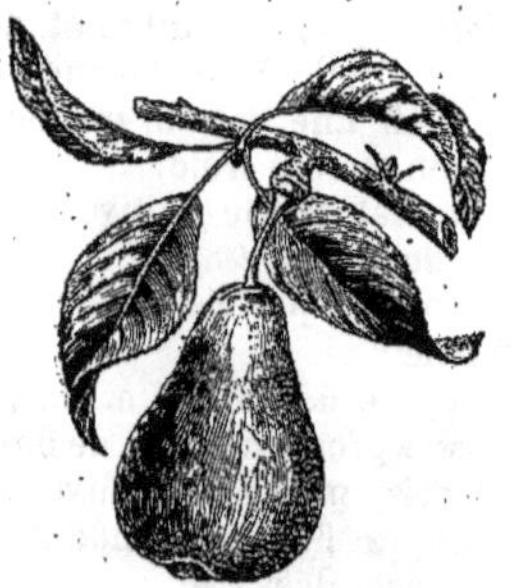

Fig. 1161. — Monseigneur des Hons.

Arbre très-vigoureux ; bien fertile.

Napoléon ; d'octobre et novembre. — Fruit moyen et assez gros, oblong, tronqué aux deux bouts, étranglé au centre ; peau onctueuse, vert tendre ou jaune-citron ; chair bien fine, fondante, acidulée, parfumée.

Arbre de vigueur ordinaire, faible sur cognassier ; fertile.

Nec plus Meuris; de novembre et décembre. — Fruit gros et assez gros, obovale, obtus ; jaune de Naples, faiblement coloré du côté du soleil ; chair bien fine, fondante ; eau vineuse et parfumée.

Arbre vigoureux ; lent à devenir fertile.

Nouveau Poiteau; d'octobre et novembre. — Fruit gros et assez gros, pyramidal oblong et

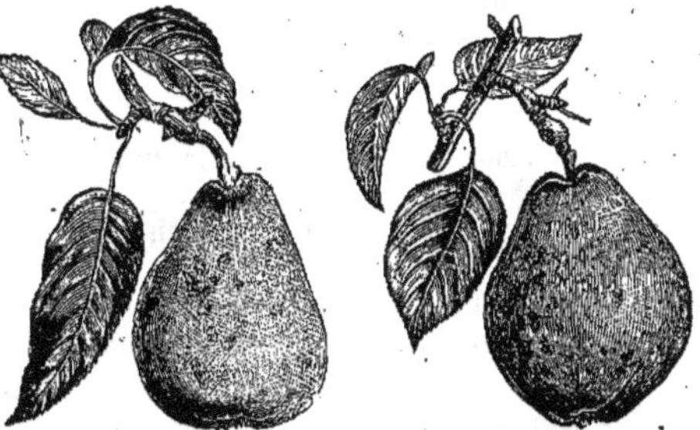

Fig. 1162. — Nec plus Meuris. *Fig.* 1163. — Nouveau Poiteau.

boursouflé, épiderme moucheté de fauve sur une robe jaunissant quand la maturité est passée ; chair très-fine, beurrée, fondante.

Arbre d'un port superbe ; très-fertile.

Nouvelle Fulvie ; de décembre et janvier. — Fruit assez gros, pyriforme, turbiné, large vers l'œil ; jaune herbacé, flagellé de gris doré et d'aurore vermillonné ; chair teintée, ferme, presque fine et fondante, juteuse, aromatisée, excellente.

Arbre à rameaux retombants ; très-fertile.

Orpheline d'Enghien ; de décembre et janvier.

Fig. 1164. — Nouvelle Fulvie. *Fig.* 1165. — Orpheline d'Enghien.

— Fruit moyen, oblong ou raccourci ; vert jaune moucheté de grisâtre vers ses extrémités ; chair assez fine et fondante ; eau vineuse d'une saveur acidulée fine.

Arbre de vigueur modérée, faible sur cognassier, aimant les bonnes situations abritées ; très-fertile.

Passe-Colmar ; de décembre en février. — Fruit moyen, parfois assez gros, pyriforme ou turbiné court ; jaune-serin, sablé de roux ; chair

Fig. 1166. — Passe-Colmar.

ferme, bien fine, presque fondante, vineuse, enrichie d'un fumet délicieux.

Arbre assez vigoureux, à rameaux qui se tourmentent ; très-fertile.

Le Passe-Colmar musqué lui ressemble quant au facies et à la qualité ; mais il mûrit à l'automne.

Passe-Colmar François ; de janvier et février. — Fruit moyen, déprimé vers l'œil, atténué au pédoncule, vert pâle tirant sur le blanc, devenant jaune-primevère ; chair bien fine, fondante, succulente et relevée.

Arbre bien pyramidal, peu vigoureux sur cognassier ; fertile.

Passe-crassane ; de janvier en mars. — Fruit assez gros ou gros, rond, aplati ; jaune herbacé, finement moucheté et pointillé de roux ; chair assez fine, fondante, juteuse, relevée d'un goût acidulé exquis.

Arbre vigoureux, s'éperonnant de branches courtes, fertile.

Poire de Tongres ; d'octobre. — Fruit gros, pyramidal, côtelé ; épiderme rugueux, jaune vert et

Fig. 1167. — Poire de Tongres.

gris doré lavé carmin vermillon ; chair mi-fine, mi-fondante, juteuse, sucrée, avec un acidulé franc.

Arbre vigoureux, quoiqu'ayant ses rameaux minces ; bien productif.

Prince-Albert ; de février en avril. — Fruit moyen ou assez gros, pyriforme, ambré sur fond vert, ponctué de brun ; chair ferme, fine, mi-fondante, peu juteuse, relevée.

Arbre bien vigoureux; plus fertile sous une grande forme et sur cognassier.

Fig. 1168. — Prince-Albert.

Rousselet de Reims; de septembre. — Fruit petit, déprimé aux extrémités; vert-feuille,

Fig. 1169. — Rousselet de Reims.

frotté de pourpre; chair mi-fine, mi-cassante, juteuse, enrichie d'un arome pénétrant qui lui est particulier.

Arbre vigoureux, pour les grandes formes et les bonnes situations; alors il devient fertile.

Royale d'hiver; de janvier et févrieı. — Fruit assez gros et moyen, pyramidal, turbiné, tronqué, vert clair, ombré de gris, capable de devenir jaune-coing, éclairé rose; chair teintée, fine, mi-cassante ou mi-fondante, savoureuse dans un terrain léger, chaud, ou sous un climat méridional.

Arbre à rameaux souvent divariqués, formant un gros bourrelet sur cognassier; fertile.

Saint-Germain d'hiver; de décembre en mars. — Fruit gros ou assez gros, oblong, vert, jaunissant pendant la maturation; chair presque fine, fondante, renfermant une eau sucrée, vineuse, acidulée.

Arbre vigoureux, préférant les localités chaudes, les terrains bien situés, ou l'abri de l'espalier; fertile.

Il y a une sous-variété à bois et fruits panachés, et une autre dont le fruit a l'épiderme gris bronzé. Leurs arbres sont délicats sur cognassier.

Saint-Michel archange; de septembre et octobre. — Fruit assez gros ou gros, pyriforme, ventru; jaune soufre ou vert lisse, truité de carmin et picoté gris; chair fine, fondante, douce, parfumée dans un sol chaud.

Arbre trapu, pyramidal, à ramifications courtes, peu vigoureux sur cognassier; fertile.

Seckel; de septembre et octobre. — Fruit petit, sphérique, épiderme chamois frotté de chocolat et pourpre; chair fine, presque fondante, juteuse, sucrée, avec un arome pénétrant.

Arbre modérément vigoureux, délicat sur cognassier; bien fertile.

Seigneur; de septembre et octobre. — Fruit moyen, maliforme, vert clair passant au jaune

Fig. 1170. — Seigneur.

maculé de roux; chair bien fine, fondante, très-sucrée, excellente.

Arbre d'une vigueur ordinaire, produisant beaucoup et par trochets.

Soldat laboureur; d'octobre en décembre. — Fruit moyen ou assez gros, pyriforme turbiné,

Fig. 1171. — Soldat laboureur.

bossué; primevère clair, granité de fauve; chair presque fine, fondante, relevée d'un arome délicat.

Arbre vigoureux, fertile.

Suzette de Bavay; de février en avril. — Fruit petit, forme et couleur de l'orange adulte dont il a un peu la rugosité, jaunissant à la maturation; chair mi-fine, mi-croquante, juteuse, assaisonnée d'un arome fortement prononcé.

Arbre très-ramifié; en fuseaux étroits il est bien productif.

Sylvange; de novembre et décembre. — Fruit moyen, sphéroïdal; vert, ombré de gris métallique; chair mi-fine, fondante, juteuse, sucrée et musquée tant que l'épiderme n'est pas devenu jaune indien.

Arbre vigoureux, délicat sur cognassier; fertile sous une grande forme.

Tardive de Toulouse; de mars en juin. — Fruit gros et assez gros, ramassé ou pyramidal, ventru, tronqué, souvent sillonné et déprimé sur une face; vert d'eau changeant en jaune-paille, moucheté de roux, parfois éclairé d'incarnat;

chair assez fine, mi-fondante ou mi-cassante, juteuse, relevée d'une saveur qui plaît.

Arbre d'une belle vigueur et d'une bonne fertilité.

Thompson; de novembre. — Fruit assez gros, pyriforme, bossué; jaune sulfureux sur un fond

Fig. 1172. — Triomphe de Jodoigne.

vert; chair bien fine, fondante, moelleuse, contenant une eau sucrée, agréable.

Arbre vigoureux; bien productif.

Triomphe de Jodoigne; de novembre et décembre. — Fruit gros et souvent très-gros, pyramidal, ventru et tronqué, souvent anguleux, bosselé et marqué d'un sillon entre œil et queue; peau grasse, chargée de lenticelles d'un vert foncé, vert fouetté légèrement de rouge obscur; chair mi-fine, assez fondante, juteuse, avec une saveur d'amande quand le fruit a été effeuillé et cueilli tard.

Arbre très-vigoureux, irrégulier; fertile.

Urbaniste; d'octobre et novembre. — Fruit moyen, presque rond; vert clair passant au jaunâtre, parfois éclairé de rose; chair bien fine, fondante, sucrée, aromatisée.

Arbre très-pyramidal, ne venant pas toujours sur cognassier; assez fertile sous une grande forme.

Van Mons; de novembre.

Fruit gros ou assez gros, long, vert pointillé de

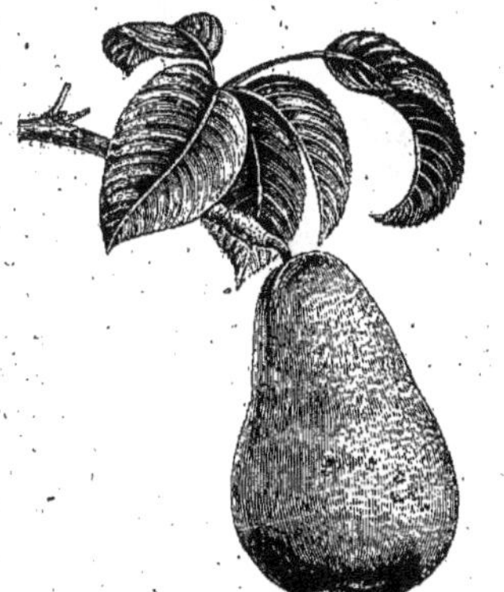

Fig. 1173. — Van Mons.

brunâtre, sujet à se fendiller, ce qui ne détériore point ses précieuses qualités; chair fine, fondante; eau abondante, à la fois sucrée et acidulée.

Arbre assez vigoureux, faible sur cognassier, se crevassant naturellement; fertile.

Vauquelin; de janvier en mars. — Fruit assez gros, allongé ou en forme de coing ou de toupie;

Fig. 1174. — Vauquelin.

vert jaunâtre parfois teinté de rouge; chair assez fine, fondante, avec une eau sucrée, parfumée, agréablement acidulée.

Arbre très-vigoureux, d'un beau port, exigeant l'espalier dans un pays froid; fertile.

Vineuse; de septembre et octobre.— Fruit assez gros, ovoïde, obtus; vert-feuille passant au jaunâtre, à reflets roses; chair assez fine et fondante, juteuse, vineuse.

Arbre assez vigoureux, laissant retomber ses rameaux; fertile.

Virgouleuse; de novembre et décembre. — Fruit moyen, pyriforme obtus, vert d'eau; chair assez fine et fondante, juteuse, relevée.

Arbre très-vigoureux, lent à devenir fertile, propre surtout aux situations chaudes ou abritées.

William; d'août et septembre. — Fruit gros

Fig. 1175. — Virgouleuse. *Fig.* 1176. — William.

ou très-gros, long, bosselé; épiderme fin, d'un beau jaune-citron, parfois mordoré, jaspé de vermillon rosé; chair très-fine, fondante, neigeuse, laissant au palais une saveur musquée, exquise.

Arbre bien vigoureux, se fatiguant sur cognassier dans un sol peu généreux; d'une grande fécondité.

Zéphirin Grégoire; de décembre en février. — Fruit moyen ou petit, arrondi, aplati vers l'œil, replié à l'insertion du pédoncule; vert de mer passant au jaune léger, rarement frappé de rose;

Fig. 1177. — Zéphirin Grégoire.

chair très-fine, fondante, agréablement aromatisée.

Arbre de vigueur moyenne, s'épuisant sur cognassier; très-fertile.

Nous avons essayé, dans cette nomenclature, de faire entrer un nombre de fruits suffisant pour chaque saison.

Cependant les amateurs qui voudraient augmenter leur collection d'excellentes poires mûrissant au commencement de l'automne, peuvent accepter les suivantes :

Bergamote d'Angleterre, *Beurré Boisbunel*, *Beurré Dalbret*, *Beurré Dumont*, *Beurré Dumortier*, *Beurré Goubault*, *Doyen Dillen*, *Doyenné crotté*, *Général Dutilleul*, *Pêche*, *Saint-Nicolas*, *Théodore Van Mons*.

Si l'on préfère d'autres bonnes variétés qui mûrissent à la fin de l'automne et au commencement de l'hiver, nous recommandons :

Anna Audusson, *Besi-mai*, *Beurré Langelier*, *Beurré Sterckmans*, *Broompark*, *Comte de Flandre*, *Doyenné Defais*, *Épine Dumas*, *Marie-Thérèse*, *Olivier de Serres*, *Sénateur Mosselmann*, *Zéphirin Louis*.

Les *Beurré Flon*, *Frédéric de Wurtemberg*, *Lawrence*, *Madame Millet*, *Onondaga*, *Wredow*, ne sont réellement vigoureux qu'après leur greffage sur toutes les branches d'un poirier bien vigoureux; les Colmar de mars et Colmar Van Mons sont dans le même cas.

Notre première nomenclature étant limitée à cent variétés de poires, nous avons dû en négliger d'autres qui ne se montrent pas régulièrement bonnes, surtout dans les situations froides; telles sont :

Beurré Luizet; assez gros; novembre-décembre.

Columbia; assez gros; novembre-décembre.

Besi de Chaumontel; assez gros; décembre-février.

* *Colmar d'Arenberg*; gros ou très-gros; octobre-novembre.

Conseiller de la Cour; gros; octobre.

Curé; gros; novembre-janvier.

* *Des Deux Sœurs*; gros; octobre.

Doyenné Goubault; assez gros, décembre-mars.

* *Espérine*; assez gros ou moyen; octobre.

* *Fondante du comice*; assez gros; octobre.

* *Howell*; assez gros; septembre-octobre.

Jaminette; assez gros; janvier.

* *Prévost*; moyen; février-avril.

Les plus fécondes sont marquées d'un astérisque.

De même nous avons passé sous silence quelques variétés méritantes, lentes à devenir fécon-

Fig. 1178. — Conseiller de la Cour. *Fig.* 1179. — Poire des Deux Sœurs.

des, et conséquemment plus convenables aux grandes formes :

Beurré Benoist, *Bon-chrétien d'été*, *Colmar d'hiver*, *Désiré Cornélis*, *Dix*, *Doyenné Sieulle*, *Duc de Nemours*, *Duchesse de Berry d'été*, *Fondante des Charneux*, *Gloire de Cambronne*, *Graslin*, *Princesse Charlotte*, *Surpasse-Meuris*.

Poires à compote. — Parmi toutes les poires à couteau que nous venons de décrire, il en est quelques-unes à chair moins fine, à suc plus vineux, plus franc, qui pourraient être utilisées à la cuisson. On n'a encore, à ce sujet, que des données vagues, et les essais ne sont pas assez décisifs pour savoir si l'on conservera les Poires à cuire, ou si on les abandonnera ainsi qu'on l'a proposé.

Pour notre compte, nous avons la conviction que la série suivante ne sera pas de sitôt délaissée par le cultivateur. Ses fruits sont plus spécialement destinés à la compote, c'est vrai ; mais on les trouve moins sensibles aux rigueurs atmosphériques ; l'arbre est robuste; et d'un autre côté, le fruit se prête mieux au maniement de la récolte et du transport, trop souvent accomplis sans précaution.

Nous ferons encore observer que la structure de leur chair les garde dans un bon état de maturation, sans les laisser devenir pâteux ou sans saveur, comme il arrive chez une bonne partie des Poires à couteau.

Ces poires à cuire sont les suivantes :

Bon-chrétien d'Espagne; de novembre en février. — Fruit gros, pyramidal ventru, obtus, côtelé ; rouge-sang et cramoisi laqueux vernissé, sur fond jaune grisâtre; chair granuleuse, cassante; arome franc.

Arbre à rameaux fluets; fertile.

Catillac; de janvier en mai. — Fruit gros ou très-gros, ventru, obtus ; blanc verdâtre passant au jaune blond teinté de rose, chair assez granuleuse, cassante, douce.

Arbre vigoureux, robuste; d'une grande production.

Certeau d'automne; d'octobre et novembre. — Fruit moyen, pyriforme oblong; blanc jaunâtre, jaspé de rose vermillon; chair assez fine et cassante.

Arbre bien ramifié, très-fertile.

Colmar Van Mons; de mars en mai. — Fruit moyen, cylindrique ou turbiné, tronqué aux extrémités, côtelé; vert devenant jaune de Naples, parfois flagellé de carmin; chair fine, mi-cassante, acidulée, assez juteuse.

Franc-Réal; de novembre en février. — Fruit assez gros ou moyen, ventru, aminci aux deux bouts; jaune terne truité, maculé cannelle; chair granuleuse, mi-cassante, relevée.

Martin sec; de décembre et janvier. — Fruit petit et moyen, calebassiforme; couleur isabelle pâle à l'ombre, reflets carminés au soleil avec une poussière glauque et pointillé de blanc; chair assez fine, grenue au cœur.

Arbre robuste, fertile en vieillissant.

Messire-Jean; de novembre. — Fruit moyen, turbiné court; peau rude, olivâtre à reflet bronzé, étendue de nuances chocolat et chamois; chair grosse, jaunâtre, graveleuse, cassante, pleine d'une eau aromatisée qui plaît.

Arbre vigoureux, fertile.

Râteau gris; de décembre en mars. — Fruit gros, souvent très-gros, turbiné pyriforme, ventru, tronqué; peau rude, vert plaqué et largement maculé de taches roussâtres; chair ferme, cassante, juteuse, âpre.

Arbre bien vigoureux, d'un port irrégulier; peu fertile dans sa jeunesse.

Sarasin; d'avril en juin. — Fruit moyen ou assez gros, oblong, pyriforme ou cylindrique; jaune pâle chargé de marbrures ocre gris, pointillé plus foncé, fortement coloré de rouge vermillon; chair fine, mi-cassante, juteuse, tendre, relevée d'un parfum acidulé et anisé.

Arbre vigoureux, bien productif.

Tavernier de Boulogne; d'avril en juin. — Fruit gros, pyramidal ventru au milieu, atténué vers la queue; épiderme épais, luisant, vert parsemé de lenticelles olivacées, surmontées d'un point roux; chair assez grosse, cassante, juteuse.

Arbre vigoureux, se ramifiant bien, d'une bonne production.

Signalons encore l'*Angleterre d'hiver*, la *Bellissime d'hiver*, la *Bergamote de Parthenay*, le *Beurré Bretonneau*, le *Gile ô Gile*, la *Saint Père*, excellentes en compote.

Toutes ces poires à cuire sont de bonne qualité, préparées convenablement.

Plusieurs d'entre elles : Beurré Bretonneau, Bon-chrétien d'Espagne, Colmar Van Mons, Martin sec, Messire Jean, Sarasin, sont regardées comme variétés mixtes, bonnes à couteau et à cuire.

Terminons enfin par les *poires d'apparat*, belles sur l'arbre et sur la table, et dont la qualité ne répond pas à la beauté.

Au lieu de nous arrêter auprès de charmants petits fruits assez bons, comme *Forelle* et *verte longue panachée*, nous signalerons les deux variétés réellement d'apparat, au point de vue de l'ornementation du jardin ou du dessert; ce sont :

Belle Angevine. Arbre plus vigoureux que fertile (productif sur cognassier). — Fruit superbe, monstrueux, pyramidal ventru; robe vert d'eau se

Fig. 1180. — Beurré Bretonneau.

fondant avec un jaune terne coloré brusquement de carmin vif; chair grosse, cassante, sans valeur; d'avril en juin.

Van Marum. Arbre plus fécond que vigoureux,

Fig. 1181. — Verte longue panachée.

(délicat sur cognassier). — Fruit magnifique, calebassiforme ou pyramidal allongé; roux doré sur fond vert teinté de rose orangé; chair assez bonne quand elle est prise à point; de septembre et octobre.

La Belle Angevine et le Van Marum sont encore considérés comme bons fruits à cuire.

Des moyens de multiplier le poirier. — En semant les pepins d'une poire, on obtient des poiriers tout différents de la variété originaire, quant au mode de végétation et à la nature du fruit; et neuf fois sur dix, à peu de chose près, une bonne poire sera la mère de rejetons de mauvaise nature.

Pour propager une variété de poirier, il faudra donc recourir aux moyens artificiels de multiplication. Le couchage et le bouturage ayant jusqu'à ce jour laissé trop à désirer dans leurs résultats, le greffage seul est appelé à remplir le but que nous voulons atteindre.

Le poirier réussit lorsqu'il est greffé sur franc, ou sur cognassier, et quelquefois sur aubépine. On peut encore le greffer sur les races sauvages de sorbier et de néflier; il se soude également sur le pommier; mais comme il ne saurait vivre convenablement ni assez longtemps sur ces divers sujets, nous ne nous y arrêterons point : c'est de la fantaisie.

Poirier greffé sur franc. — On appelle *poirier franc* ou sauvageon, le sujet qui provient d'une graine de poirier cultivé; il se prête au greffage de toutes les variétés de poirier.

Le poirier franc aime une couche de terre végétale profonde, qui lui permette d'y enfoncer ses racines pivotantes. Son terrain favori serait plutôt ferme que trop léger, à moins qu'il n'ait un peu de fraîcheur et qu'il ne repose sur un sous-sol perméable ou d'assezbonne comp osition.

Un sous-sol inerte, peu profond, lui serait contraire.

En général, la sécheresse lui est moins pernicieuse que l'humidité.

Il lui faut donc un terrain silico-argileux ou argilo-calcaire veiné de sable, ou bien un terrain demi-léger composé de silice, de calcaire et d'humus. Dans les sols médiocres, il s'arrangera mieux de la silice que de la craie ; et il y vivra plus longtemps, s'il rencontre quelques veines de terre franche ou compacte, et si la couche arable est profonde.

Les engrais qu'il réclame pour les sols ingrats sont la terre franche, la terre de pré, les plâtras de démolitions, les poudrettes, les déjections animales, le fumier léger consumé, et d'autres substances apportant les éléments qui font défaut. On obvie parfois à l'effet d'un mauvais sous-sol en le couvrant avec de vieilles planches en bois blanc dans le parcours des racines; les chevelus s'y forment, et la vie s'entretient.

Le poirier greffé sur franc est plus vigoureux, moins capricieux que sur toute autre espèce; si la fructification de l'arbre est plus lente, sa durée se trouve de beaucoup augmentée. Lorsque arrive l'âge mûr, il conserve sa vigueur tout en produisant abondamment, et prolonge son existence jusqu'à devenir archi-séculaire, quand les milieux qui l'environnent lui sont favorables.

Il convient aux grandes formes, aux vastes envergures, aux sujets que l'on ne taille pas, ou qui réclament une taille longue, c'est-à-dire beaucoup de bois pour s'étendre davantage et fructifier à l'avenant. Sa place est par conséquent dans les jardins fruitiers qui répondent à ces conditions; il est indispensable au verger, aux plantations d'arbres à haute tige, soit en fruits à couteau, soit en fruits à cuire ou à cidre.

On peut dire que c'est l'arbre du planteur qui songe à doter ses héritiers.

Élevage du poirier franc. — Quand nous voulons tirer parti des fruits que nous consommons, nous en mettons les pepins de côté, de manière qu'ils ne se dessèchent pas. Il n'y aurait aucun inconvénient à les conserver dans leur trognon ; toutefois, on peut les placer dans une boîte ou dans un vase fermé, sans les laver ni les essuyer. Il serait bon que la boîte contînt un peu de sable que l'on remuerait à chaque apport de graines. Aussitôt que les pepins semblent vouloir germer, ou dès qu'ils sont en nombre suffisant pour garnir une caisse ou une terrine, nous les y stratifions avec une terre moelleuse; puis nous plaçons la caisse ou la terrine dans un endroit abrité contre la gelée, et ne l'en sortons qu'au moment de la germination, vers le mois de mars suivant.

Les pepins de poires sont répandus sur une terre bien préparée, et recouverts de 0m,01 de terre meuble ; on les sème en place, soit à l'automne aussitôt leur récolte, soit au printemps, quand la stratification les a fait renfler. On n'attend pas toutefois que les cotylédons aient brisé leur tunique.

Si nous opérons dans le but de gagner de bonnes poires nouvelles, il nous faut d'abord choisir les pepins des plus beaux et des meilleurs fruits d'hiver.

Le pepin est semé avec précaution, et la jeune plante est repiquée en godet ou en bonne terre. Quand on opère sur une grande échelle, on repique les plants assez près l'un de l'autre, pour les transplanter successivement, jusqu'à ce qu'ils aient atteint une hauteur de 1 à 2 mètres.

Tout en séparant ceux de mauvais augure, on ne les rejette pas totalement avant d'avoir jugé leurs premiers fruits.

Revenons à notre plant destiné au greffage; dans les pays à cidre, on sait tirer parti des marcs de poiré. Après leur sortie du pressoir, on les laisse sécher modérément, puis on brasse ces marcs pour les débarrasser de l'excès de matière charnue qui entoure les pepins; et on les sème immédiatement en rayons. Une terre douce et fine projetée avec la graine engage la racine à rester vers la surface, au lieu de s'enfoncer verticalement.

Si le terrain n'est pas prêt à temps, on conserve les pepins en tas dans un cellier, de façon qu'ils ne se perdent point par le dessèchement, ni par la fermentation, et on les confie au sol aussitôt après l'hiver; mais la stratification présente moins de danger.

Après une année de végétation aidée par les soins de culture, nous obtenons un bon jeune plant; c'est le plus convenable pour la replantation; plus âgé, il exige le repiquage.

Lors de sa mise en place, nous l'écimons à 0m,25 du collet.

La plantation se fait en bonne terre, pas trop ameublie; la liaison entre la terre et le sujet sera plus intime, le hâle sera moins à craindre; d'ailleurs, le poirier, dans sa jeunesse, redoute l'excès de porosité du sol. Aussi la sécheresse qui se prolonge au début de la végétation, nécessite le tassement forcé de la terre autour du plant. On piétine doucement le lendemain d'un arrosage.

Dans les carrés de pépinière, il arrive que des plants n'ont pas réussi, ou bien ils sont restés tellement chétifs qu'il n'y a rien à en espérer. Nous les remplaçons, vers la fin de septembre, au commencement de la chute des feuilles, avec de fort plant d'un an, ou des sujets de deux ans, repiqués.

Nous n'avons point recommandé l'extraction du plant de poirier franc dans les forêts, dans les haies, dans les bois; on n'en tire que des sujets tortueux, habitués à l'ombrage continuel, ou dépourvus des racines convenables; ils sont en un mot mal conditionnés.

Le temps de les chercher, l'incertitude de la réussite, les déboires de toutes sortes, les années que l'on perd à attendre leur greffage, la crainte surtout de compromettre l'avenir d'une plantation, sont autant de motifs qui nous forcent à rejeter ce mode de culture, quels que soient d'ailleurs les résultats satisfaisants que l'on en obtient de loin en loin.

Greffage du poirier franc. — L'écussonnage à œil dormant est le mode de greffage le plus convenable au poirier. Il n'en est pas moins très-docile aux greffages en scion, soit par inoculation, soit en fente ou en couronne.

L'écussonnage d'un jeune sujet pourrait être pratiqué dès la première année de sa plantation; mais il lui faut pour cela une végétation exceptionnelle et un collet solide et trapu; autrement on ajourne l'opération.

L'époque pour écussonner un poirier franc est dans la saison moyenne consacrée à l'écussonnage; la vigueur du sujet décidera du moment.

Quant à son étêtage pour hâter le développement de la greffe, on n'a pas besoin d'attendre la fin des gelées comme l'exigent les arbres à noyaux; le poirier résiste à l'action du froid.

Sur une forte tige, dont l'écorce est durcie, on remplace l'écussonnage par les greffes en scion. On opère de préférence au printemps, après le greffage des arbres fruitiers à drupe, et avant celui du pommier.

Ici, un rameau trop fin pour la grosseur du sujet aurait pu subir, dès l'été précédent, la préparation indiquée au greffage de rameau écussonné.

Poirier greffé sur cognassier. — Le poirier greffé sur cognassier est moins vigoureux que sur franc; sa fertilité est plus prompte, ses fruits y acquièrent plus tôt un volume, un coloris et un degré de saveur que le poirier franc procure seulement après son âge adulte, alors que plusieurs années de production ont dompté sa vigueur.

La vie du poirier sur cognassier n'est pas aussi régulière ni aussi certaine que celle du poirier sur franc. Cette fructification précoce, poussée à l'excès, est naturellement contraire à l'existence de l'arbre. Sa durée est ensuite subordonnée à la qualité du sol; il peut arriver promptement à la décrépitude comme, dans de meilleures conditions, il peut se soutenir pendant au moins toute une vie d'homme.

Le poirier sur cognassier préfère les endroits frais, les sables d'alluvion, les sols qui ne manquent pas de consistance, les terres noires ou rouges, pourvu qu'elles soient légèrement humides ou assez grasses sans être trop compactes. L'excès de porosité du terrain a des inconvénients toutes les fois que le sous-sol manque d'humidité.

Ici, le calcaire aussi bien que l'argile doit être amélioré par la terre franche, l'humus, la silice ou le sable.

On peut amender le sol avec des substances grasses et fraîches, comme boues de ville, curures d'étang, gazons pourris, déchets de laine, fumier de vache, débris d'animaux ou de végétaux consumés, etc. En les mélangeant avec la terre du jardin dans le rayon à parcourir par le chevelu, le cognassier dirige ses racines horizontalement, ou les concentre auprès du collet.

Si, malgré toutes ces précautions, l'arbre venait à languir, on devrait lui donner des forces nouvelles en l'affranchissant, c'est-à-dire en le faisant vivre par lui-même sans le concours du cognassier. Il s'agit de lui faire développer des racines pour le nourrir.

Deux époques conviennent à cette opération : mars-avril et août-septembre. On ouvre sur tout le périmètre du bourrelet de la greffe de petites incisions longitudinales en forme de crevés, longues de $0^m,03$ à $0^m,05$, pénétrant le renflement du poirier à son point de jonction sur le cognassier; puis on entoure les parties incisées avec un mélange de terreau et de terre douce améliorée, qui aide à l'émission des racines.

Si le bourrelet est au-dessous du niveau du sol, on le dégage pour opérer facilement; puis on le recouvre avec le compost. S'il est plus élevé, on le butte; mais la plantation d'un poirier sur cognassier doit toujours s'effectuer de façon que l'endroit de la greffe repose sur le sol. Alors ce travail devient facile.

La sécheresse de la saison suivante étant combattue par les arrosages et le paillis, de jeunes racines ne tardent pas à percer les lèvres des incisions. Ces racines directement issues du poirier prennent un développement assez rapide pour que l'on ne tarde pas à voir un arbre, hier souffrant, gagner une santé luxuriante. Désormais le tronc du cognassier ne grossit plus, et il finit par disparaître. Ce résultat démontre l'avantage qu'il y aurait à multiplier le poirier par le marcottage ou le bouturage. Si l'on n'y réussit pas, il faudra tourner ses vues du côté du greffage sur racines; il donnerait un résultat au moins aussi important.

Le poirier sur cognassier, par le fait de ses racines traçantes et de la sympathie incomplète entre les deux espèces, ne convient guère aux terrains placés sur une inclinaison rapide, ni dans les situations battues par les grands vents; il préfère la fraîcheur à la sécheresse; il prospère mieux au nord d'un mur qu'au plein midi. Nous ajoutons que le cognassier est favorable aux variétés peu fertiles ou qui mûrissent tardivement. Il ne convient nullement à celles qui forment avec lui un bourrelet démesuré, ou qui sont trop généreuses en fruits, ou qui manquent de vigueur.

Toutes les variétés de poirier ne réussissent pas sur le cognassier; la majeure partie y viennent bien; d'autres y sont languissantes, et la faible minorité lui est antipathique. Chez ces dernières, après deux ou trois années d'une végétation malheureuse, quelques fruits essayent de se montrer, et la mort de l'arbre n'en est que plus prompte.

Cependant, comme la culture du poirier sur cognassier n'est pas sans avantage, on a trouvé le moyen d'y faire croître les variétés rebelles, par le greffage d'un intermédiaire sympathique aux deux parties, et de race vigoureuse. Greffées sur cet intermédiaire, les plus récalcitrantes sont obligées de pousser et de fructifier. A défaut de ce double greffage, on devrait les cultiver sur franc.

Du reste, lorsqu'il y a possibilité de le faire, on a raison de cultiver à la fois le poirier sur franc et le poirier sur cognassier.

Résumons-nous en disant que le poirier sur cognassier a sa place dans les bons terrains, dans les jardins où il peut se plaire; il produit vite et s'épuise vite en donnant promptement des fruits plus beaux, plus fins.

C'est l'arbre du cultivateur qui veut jouir de tout le bénéfice de son travail.

Élevage du cognassier. — Le plant du cognassier s'obtient par semis, par bouture et par marcotte.

On sème en place ou par voie de stratification les pepins du coing quand il est mûr, et aussitôt son emploi. On choisit un terrain frais ou semi-ombragé : en semant dru, le plant monte et ne reste pas buissonneux ; en semant écarté, on peut laisser le plant se fortifier pendant deux années sans le repiquer. On a soin d'arroser, et à l'automne, on abrite le plant contre la température basse.

Le bouturage se fait au printemps avec des rameaux préparés en hiver, longs de $0^m,25$, munis expressément à la base de leur talon naturel, ou d'un bourrelet provoqué par le bouturage compliqué. On les met en jauge préalablement au nord, à l'ombre ; ou bien on les enterre tout entiers, la tête en bas, en plein champ. On les plante en mars-avril dans un bon sol légèrement ombragé, et conservant assez de fraîcheur pour aider à la formation des radicelles. Le bouturage d'automne, au déclin de la sève, aidé de l'effeuillage, est encore applicable au cognassier.

Enfin nous avons recours au marcottage en butte. Des troncs de cognassier étant rasés en pied, de nombreux jets naissent au collet. Vers le mois de juillet, on supprime ceux qui paraissent trop maigres, et on recouvre de terre la base de ceux qui restent, jusqu'à une hauteur de $0^m,04$ à $0^m,08$ pour en adoucir l'écorce. Au mois de mars suivant, on déchausse la touffe, on en retranche les brins faibles et on écime les autres à $0^m,25$ ou $0^m,30$. On butte la touffe à nouveau avec de la terre ordinaire; des chevelus naissent vers l'empâtement de chaque rameau. On les dégage pour les sevrer à partir du mois de novembre, et ceux qui n'ont pas assez de racines sont repiqués pendant une année. Le pied-mère est encore butté aussitôt le sevrage, et l'opération se continue.

Le cognassier réussit de même au couchage simple, secondé par une incision ou une torsion; mais pour la grande multiplication, il y a plus d'avantage à employer le bouturage ou la cépée.

Dans les pépinières, plusieurs systèmes sont adoptés pour la plantation du cognassier; la nature du sol et la qualité du plant influent sur la marche à suivre; l'habitude y entre aussi pour quelque chose.

En opérant sur un riche terrain avec du plant fort, quoique jeune et bien raciné, nous l'écimons à $0^m,25$, et il devra pousser assez pour être écussonné l'été suivant. Dans le cas contraire, nous retardons le greffage d'une année, et au printemps intermédiaire, nous élaguons les branches latérales du sujet et taillons court celles de la tête.

Ici nous éviterons, pour le greffage, les tiges à écorce durcie; mieux vaudrait les ravaler pour obtenir un jeune scion à écussonner.

Un autre procédé assez en usage consiste à habiller le plant très-court, lors de sa mise en place, de façon que sa sommité affleure le sol; nous ébourgeonnons à la première sève, en conservant les trois ou quatre plus beaux brins, que l'on butte faiblement. En octobre-novembre, ou en février-mars suivant, nous déchaussons le tronc afin d'en extraire ces rameaux destinés au repiquage, en y laissant toutefois le plus fort, que l'on étête à $0^m,25$; dans l'été, tout autre brin souterrain serait rigoureusement détruit, et la jeune tige conservée subirait l'écussonnage vers le mois d'août. Nous avons ainsi une inoculation sur écorce de deux ans, et c'est la meilleure. Si nous ne tenions pas à avoir de nouveau plant, ou si nous craignions une végétation faible, dès la première année, on ébourgeonnerait radicalement, en ne conservant que le scion à greffer.

Il existe dans le commerce plusieurs genres de plants de cognassier qui empruntent le nom du pays où les éleveurs les ont adoptés : Cognassier de Fontenay, C. de Doué, C. d'Angers. Les meilleurs sont ceux de race ordinaire, d'une vigueur modérée, ni faible ni excessive, robustes au froid, et ne possédant pas, dans leur jeunesse, des racines trop grosses et longues, au détriment du chevelu. Le cognassier d'Angers, qui a ce dernier défaut, serait alors plus propre aux élevages faits sur place et non soumis aux replantations de la pépinière.

Greffage sur cognassier. — L'écussonnage à œil dormant est le greffage privilégié du cognassier. Parmi les greffes en scion, nous ne voyons que la greffe anglaise et la greffe de rameau inoculé qui ne manquent guère entre des mains habiles. Les greffes en fente et en couronne réussissent volontiers avec certaines variétés qui s'y prêtent particulièrement, par exemple celles qui ont le bois d'apparence rude et les tissus bien corsés. L'inoculation avec rameau peut encore se faire au printemps, à titre de greffe forcée, à œil poussant.

La végétation du cognassier se maintient assez longtemps pour que l'époque de l'écussonnage soit plutôt tardive que précoce, aux trois cinquièmes environ de la saison affectée à ce travail. Deux mois avant l'opération, on supprime les ramifications latérales jusqu'à $0^m,15$ du sol, et dans les huit jours qui précèdent le greffage, on réunit les branches restantes avec un lien.

Le greffage du cognassier se fait toujours à basse tige, à $0^m,10$ du sol. En opérant, le greffeur a soin de conserver assez longue la plaque d'écorce qui accompagne le bourgeon à inoculer, et il évite de laisser à son revers interne des lamelles d'aubier inutiles; par là, il diminue les risques de la décollation trop fréquente du poirier sur le cognassier.

L'étêtage indispensable du sujet a lieu quand les frimas ne sont plus guère à craindre, et avant la végétation précoce du cognassier. Les branches qui résultent de cette opération seront employées au bouturage et immédiatement préparées.

Il ne faut pas se hâter d'ébourgeonner radicalement les individus lents à développer leur bourgeon greffé; il s'ensuivrait une perturbation fatale; un ébourgeonnement tardif et gradué, combiné avec le pincement du sauvageon, ne présente aucun danger.

C'est à ce moment que la chasse aux escargots et autres destructeurs devient indispensable.

Le palissage du jeune scion greffé se fait assez tôt contre l'onglet ou le tuteur, et en août-septembre, la suppression du chicot permet aux vaisseaux tranchés de se cicatriser tout en rendant plus intime la liaison entre les deux espèces.

On sait que pour obtenir sur cognassier une variété qui lui est apathique, on emploie l'intermédiaire d'une variété vigoureuse, comme Curé, Jaminette, Mgr des Hons. Celle-ci, greffée d'abord directement sur le cognassier, est regreffée à son tour avec la variété rétive. Le nouveau greffage se fait dans la gorge du *médium* âgé d'un an, si l'arbre doit rester à basse tige; mais s'il est destiné à former une tige élevée, on opère à la hauteur fixée pour la tête de l'arbre, la tige ayant au moins deux ans de pousse.

Poirier greffé sur aubépine. — Pour nous, le poirier greffé sur l'aubépine, vulgairement *épine blanche*, n'a qu'une importance médiocre. D'un côté, l'alliance entre les deux espèces étant rarement intime, les arbres manquent de vigueur et d'avenir; d'autre part, avec ce genre de multiplication destinée aux terrains brûlants, à sous-sol stérile, impropres aux sujets francs ou au cognassier, on n'a en perspective qu'une production incomplète.

Néanmoins, plusieurs variétés vigoureuses et robustes aussi bien en végétation qu'en fructification, semblent s'y plaire (beurré d'Amanlis, beurré Diel, beurré d'Hardenpont, doyenné d'Alençon, doyenné d'hiver, épine Dumas, Martin sec, Râteau gris, etc.); et l'on cite des plaines arides, crayeuses, des landes, des bruyères, des sables, où le poirier greffé sur aubépine prospère à l'exclusion de tout autre sujet.

Voyons donc comment on procède à l'élevage du plant d'aubépine et à son greffage.

Élevage de l'aubépine. — L'aubépine se multiplie par le semis des graines, et par le bouturage des racines. Ce second moyen, qui aurait ici le tort de se prêter au drageonnage et d'enrayer la vigueur des sujets, est réservé pour la confection des haies vives; nous ne nous occuperons que du semis.

On récolte à l'automne les fruits de l'aubépine, et on les sème aussitôt en plein champ, par rayons; la plantule ne commence à sortir de terre qu'au deuxième printemps suivant.

Celui qui ne voudrait pas laisser son terrain aussi longtemps nu, ou qui redouterait une perte de semence, aura recours à la stratification, et après que la graine aura séjourné dix-huit mois dans un vase à la cave ou dans un trou en plein air, on procédera au semis par rayons alors que la radicule de l'embryon commencera à paraître. A moins d'un résultat exceptionnel, le plant sera repiqué après une année de végétation, et ne sera planté à demeure qu'à la seconde ou troisième campagne. Il recevra un habillage à 0m,25 du collet, et on lui accordera un assez bon terrain; une pépinière trop maigre produirait des sujets chétifs.

Greffage de l'aubépine. — Avec de bon plant et sur un bon sol, l'écussonnage serait praticable dès la première année. Un beau sujet de force moyenne est le meilleur. S'il est faible, le poirier en souffrira; s'il est trop gros, la soudure sera imparfaite. Plus un plant est âgé et plus le terrain est sec, plus tôt en saison aura lieu l'écussonnage. Et comme, dans ces deux cas, l'époque en est assez hâtive, on se précautionnera de greffons aoûtés par un pincement préalable.

On place l'écusson à quelques centimètres au-dessus du sol, de façon que le bourrelet de la greffe affleure la terre.

Que le sujet soit destiné à s'élever en haute tige ou à rester en basse tige, que le greffage soit fait par œil ou par rameau, l'arbre n'en doit pas moins être greffé rez terre. Greffé plus haut, l'exiguïté de la tige et le volume du bourrelet nuiraient à la santé de l'individu. On comprend alors que pour obtenir un poirier sur aubépine à haute tige, la première condition indispensable sera la bonne vigueur de la variété. Cependant, pour avoir également en haute tige une variété de vigueur modérée, on aurait encore recours au greffage intermédiaire d'une tige plus vigoureuse et sympathique, remplissant les fonctions de père nourricier. Maintenant, si l'on veut posséder une plus grande collection de variétés sur aubépine, ou si l'on désire y maintenir naines celles qui s'emportent en végétation, on observera la méthode suivante que nous avons imaginée.

Le sujet d'aubépine est d'abord écussonné rez terre avec du cognassier commun ou avec du cognassier de Portugal; l'étêtage du plant d'aubépine se fait en hiver et le bourgeon de cognassier prend son essor au printemps. Vers le mois d'août de la même année, si le scion de cognassier est jugé assez fort, nous l'écussonnons avec du poirier à sa base, dans la gorge de son empâtement sur l'aubépine.

Nous tronçonnons le cognassier à son tour, au mois de mars suivant; et le poirier se développe; il n'y a plus qu'à le diriger sous la forme projetée.

Il est facile de comprendre que 1° un poirier de ce genre réussira dans les mauvaises terres, puisque ses racines sont de l'aubépine qui s'y plaît; 2° sa fructification doit être parfaite par suite de la nature du cognassier médium qui lui convient. Le poirier y supportera mieux la taille que lorsqu'il est directement sur aubépine.

Sans nous arrêter aux inconvénients ou aux avantages du double bourrelet séparant ou unissant trois espèces dissemblables, nous ne voulons pas encore nous prononcer avant qu'une plus longue expérience pratique ne nous y ait autorisé.

Formes à adopter dans la culture du poirier. — En horticulture, on appelle forme d'un arbre, la tournure qui lui est imposée, le dessin figuré par l'ensemble de sa charpente.

Les formes qui conviennent à la culture du poirier sont de deux sortes : les formes arrondies où le branchage rayonne autour de l'axe du sujet; et les formes aplaties ou en rideau.

Les *formes arrondies*, spécialement destinées au plein air, sont disposées en cône, en boule, en entonnoir ou abandonnées à la nature, et comprennent les pyramides, les vases, les hautes tiges à tout vent.

Les *formes aplaties* sont plus généralement appliquées à l'espalier et au contre-espalier. Elles se divisent en cordons, en palmettes, en éventails.

Parmi toutes les formes possibles, nous signalerons les plus simples à exécuter, les meilleures en résultat, et nous négligerons tout ce qui n'aurait pas un caractère sérieux et recommandable.

Quelle que soit la forme adoptée, le branchage commence à garnir la tige à une hauteur minimum de 0m,30.

Il se compose de branches simples et solitaires sur l'empâtement, bien garnies de brindilles fruitières. La branche provient d'un bourgeon né directement sur la tige. Issue d'une lambourde avec support ridé, elle ne saurait constituer solidement un membre de charpente. L'ensemble du branchage doit offrir le plus de surface possible à la circulation de l'air, à la pénétration de la lumière. L'intervalle à conserver entre deux membres de charpente est de 0m,20 à 0m,30.

Poirier à basse tige. — Nous appelons poirier à basse tige tout sujet sur lequel l'embranchement débute à une distance du sol moindre que 0m,50 sans nous préoccuper si la tige est tronçonnée à cette hauteur, ou si elle continue à former l'axe de l'arbre.

Il n'est pas nécessaire que la greffe soit juste au point où la ramification commence; nous la préférons même à 0m,10 du collet. En dressant le jet de la greffe, puis en le faisant ramifier comme on le désire, il en résulte plus de régularité qu'avec une greffe multiple.

Les formes appliquées au poirier à basse tige sont le cordon, la palmette, le candélabre, l'éventail, la pyramide, le fuseau et le vase.

Poirier en cordon. — On entend par cordon un sujet composé d'une tige garnie de brindilles fruitières, sans aucune branche latérale de charpente. Il est dit vertical, oblique, en serpenteau, suivant la direction de cette tige.

Le cordon est donc la forme élémentaire; c'est l'arbre réduit à sa plus simple expression.

En le dirigeant sur deux tiges semblables au lieu d'une seule, on obtient un *cordon double* au lieu d'un *cordon simple*.

Nous ne dirons rien du *cordon en spirale*, fantaisie plus difficile à conduire que le vase en spirale, ni du *cordon horizontal*, plus propre au pommier qu'au poirier. Toutefois, quelques variétés moins vigoureuses que fécondes s'y soumettraient, greffées sur cognassier, telles que : *baronne de Mello, beurré Clairgeau, bonne Louise d'Avranches, Colmar d'Arenberg, William.*

Nous soumettons les sujets à cette forme, en taillant leur jeune tige à la hauteur où la ligne horizontale doit commencer, et en palissant le rameau de prolongement dans le sens du terrain, en remontant si le terrain est en pente, ou horizontalement s'il est plat. La désignation de cordon *horizontal* n'est donc pas toujours exacte.

Les trois autres cordons déjà cités sont plus recommandables, quoiqu'ils aient aussi leurs défauts. Les sujets sont plantés près les uns des autres, avec l'intervalle que l'on conserverait entre deux membres de charpente voisins sur le même arbre, soit 0m,30 environ.

Par suite de ce rapprochement de sujets, on établit promptement des espaliers, des contre-espaliers, des rideaux. La forme par elle-même est donc fort simple; le plus difficile est d'y maintenir l'arbre, car le poirier, espèce fruitière de première grandeur, ne saurait être tyrannisé ainsi, sans se révolter ou sans souffrir, c'est-à-dire sans jeter une végétation folle ou sans devenir languissant. Nous choisissons des variétés peu vigoureuses, des sujets greffés sur cognassier ou sur aubépine; et nous les plantons tellement serrés que les racines s'enchevêtrent et amoindrissent leurs fonctions; la végétation se ralentit, et la fructification doit se faire jour à travers cet affaiblissement de vigueur.

En espaçant davantage les sujets, on perdrait le bénéfice, si c'en est un, de réduire l'arbre tout entier au rôle de branche charpentière et de gêner ses racines par celles de ses collatéraux.

Il faut bien reconnaître cependant que la nature ne se laisse pas vaincre sans lutter, et que, cherchant à reprendre ses droits, elle trouve des issues pour sa sève comprimée au préjudice des parties voisines. D'autre part, les mutilations réitérées pour conserver un équilibre général, ne sauraient amener une fructification convenable. Certains arbres vieillis avant l'âge produiront à regret quelques maigres fruits; certains autres indomptables, donneront du bois, et ne se rendront que sous le coup d'opérations violentes.

L'avantage que l'on suppose au cordon, de permettre la réunion d'un assez grand nombre de variétés différentes sur un espace restreint, n'existe pas toujours. Il y a trop à craindre ces irrégularités de végétation fâcheuses au coup d'œil, nuisibles en principe.

Le cordon exige :

1° Une vigueur modérée par l'effet du sol ou par la nature du sujet;

2° Une végétation uniforme obtenue avec une même variété, ou de diverses espèces analogues quant au mode de végéter;

3° Un choix de variétés d'une ramification facile, et surtout très-fertiles.

Ajoutons une surveillance indispensable et soutenue pendant le cours de la sève pour réprimer les écarts de végétation et maintenir l'équilibre.

Pour la taille, on se contentera de couper assez long le rameau de prolongement et de pincer, de casser les brindilles latérales.

Il est bien entendu que l'on pourrait risquer

sous cette forme le poirier greffé sur franc, quand le sol est de médiocre qualité, et qu'il est impossible de le rendre favorable au cognassier; mais alors il faut se renfermer dans le cercle des variétés très-productives.

Dans ces sortes de rideaux, un sujet qui s'emporte serait rendu docile au moyen de sa replantation ou de l'incision annulaire. Celui qui languit, au contraire, recevrait, par l'entremise de ses voisins, un supplément de nourriture, à l'aide de la greffe en approche.

Le remplacement d'un arbre mort au milieu d'autres bien portants, nécessite quelques retranchements aux racines d'autrui qui ont envahi la place; et pour les empêcher de revenir trop tôt, on les isole au moyen d'une planchette en vieux bois, que l'on enfonce en terre auprès d'elles. Le sujet de remplacement doit être grand et fort pour résister et tenir sa place.

En plein air, on peut établir des cordons sur deux lignes semblables et parallèles, rapprochées de $0^m,15$ à $0^m,30$ l'une de l'autre. Cette double ligne a son utilité dans une situation brûlante ou battue par les vents. Les sujets y sont alternés et non opposés.

Chaque rideau de cordons exige un treillage composé de fils de fer horizontaux distancés de $0^m,30$, et des lattes transversales attachées à l'endroit réservé à la tige.

Le *cordon vertical* (*fig.* 1182) est destiné aux constructions élevées. On peut le composer d'arbres

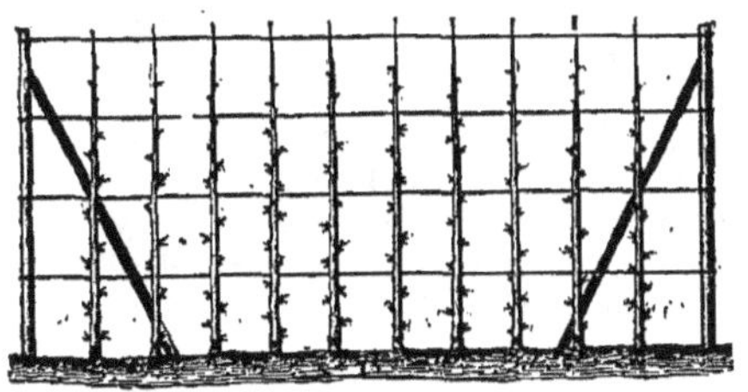

Fig. 1182. — Cordon vertical.

greffés sur franc, à la condition que les variétés soient peu sujettes à se dégarnir; telles sont: Alexandrine Douillard, beurré Six, Fortunée, Aglaé Grégoire, passe-Colmar François, passe-Crassane, Suzette de Bavay. Si leur vigueur est trop faible sur un sol médiocre, il faut en choisir de plus vigoureuses, comme beurré Bachelier, beurré d'Hardenpont, beurré superfin, doyenné d'hiver, nouveau Poiteau, Prince Albert, professeur Dubreuil.

La taille longue du rameau de prolongement nécessite des crans au-dessus des yeux peu saillants, l'épointage de l'œil qui accompagne le bourgeon terminal, et de tous ceux qui menacent de trop s'étendre; enfin, le pincement du rameau de prolongement quand il s'élance sans se ramifier.

Le *cordon oblique* convient pour être appliqué près d'une construction moins haute parce que son inclinaison augmente son développement. Plus on abaisse la tige, plus elle gagne en parcours, mais plus elle a chance de se couvrir de gourmands et de se dénuder en dessous. Une inclinaison formant avec l'horizon un angle de 45° à 60° n'a pas cet inconvénient.

On taille le rameau terminal assez long, si la variété se ramifie bien, et un peu plus court, si elle tend à se dégarnir; mais la taille courte ayant l'inconvénient de trop pousser à bois les rameaux latéraux, nous avons recours au cran, à l'épointage et au pincement indiqués plus haut.

La majeure partie des variétés y réussissent, parce que l'inclinaison de la tige assure sa ramification.

Le *cordon serpenteau* ou *sinueux*, moins employé parce qu'il réclame un palissage assidu, trouve son emploi avec des variétés constamment dégarnies, ou d'une végétation tourmentée, et dont l'arbre se prête naturellement aux courbures; telles sont: arbre courbé, beurré de Rance, beurré Diel, beurré Sterckmans, Broompark, conseiller de la cour, curé, figue, nouvelle Fulvie, princesse Charlotte, triomphe de Jodoigne.

Dirigée à droite, puis à gauche, en formant des zigzags à pointe arrondie, la tige représente les replis sinueux du serpent. Cette direction contrariée tourmente les vaisseaux et les comprime à chaque angle de retour, et par suite force les bourgeons à sortir.

L'arbre, parcourant plus d'étendue dans un espace donné, s'applique à toute espèce de mur. On le lance aussi bien dans un sens oblique que dans un sens vertical.

La taille du cordon serpenteau est presque nulle; le rameau flèche non taillé n'attire pas toute la sève à lui, la tige se garnit suffisamment; aussi les gourmands sont-ils plus communs aux coudes.

Afin de mieux assurer le palissage, on place à l'avance contre le mur une baguette flexible ou un fil de fer qui dessine les sinuosités, et l'on y accole le rameau terminal.

Poirier en palmette (*fig.* 1183). — On peut dire que tous les poiriers viennent sous cette forme; et c'est d'autant plus heureux qu'elle réunit aux agréments d'une disposition régulière et jolie, le mérite d'une fructification bien répartie.

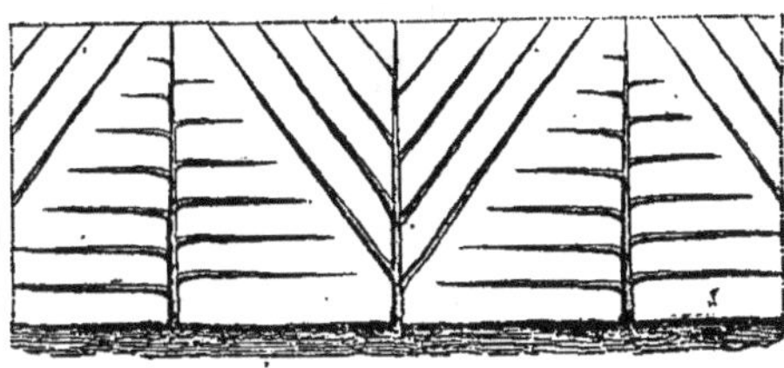

Fig. 1183. — Palmettes de poirier.

La palmette comprend une tige verticale partant du collet de l'arbre, et des ailes placées à droite et à gauche de cette tige. Si les ailes se composent de branches parallèles et régulièrement distancées, c'est une *palmette simple*. Si, au lieu d'une tige, il y en a deux également verticales et partant du même point, la forme est appelée *palmette double*.

On dit encore *palmette horizontale* et *palmette*

oblique, suivant que les branches sont abaissées horizontalement ou inclinées obliquement. Mais le principe de la forme reste le même; le changement ne touche qu'aux détails. Notre dessin représente ces deux genres de palmettes, groupées de façon à utiliser l'espace, sans se nuire.

Les branches de la même aile sont écartées de 0m,25 à 0m,30 l'une de l'autre; et l'étage de la base est à 0m,30 ou 0m,35 du sol.

On appelle un étage ou une série de branches, les deux rameaux obtenus de chaque côté du sujet, à peu près à la même hauteur.

D'après la constitution du poirier, les branches sont alternes; on a essayé de les rendre opposées par le greffage de rameaux; c'est un tort : il ne faut pas contrarier la nature à ce point; on n'y gagne rien. En acceptant l'alternance, on fait en sorte de conserver à chaque étage l'ordre de position adapté aux membres de la base, en sorte que leur échelonnement soit partout semblable. A la longue, les empâtements finissent par paraître opposés.

Une série de branches s'obtient par la taille de la tige sur son rameau de prolongement; on a soin de le couper contre un œil posé de façon à continuer cette tige médiane; et en même temps les deux bourgeons situés immédiatement au-dessous, l'un à droite, l'autre à gauche, forment l'étage dans la même année.

Afin d'en assurer le développement, on pratique au-dessus de l'œil ou bourgeon un cran étroit, et dans l'été, on pince les jets inutiles qui naissent dans le voisinage.

Avec une bonne végétation, il est facile d'obtenir un étage par année. Mais pour assurer celui de la base contre les risques de l'étiolement, on le laisse se fortifier pendant au moins deux années avant de chercher à obtenir le second étage. Il suffira de tailler la flèche centrale sur l'œil le plus voisin de sa gorge.

Nous agissons de même à l'égard de toute série de membres faibles, par la raison qu'une branche tend à affamer celle qui se trouve au-dessous d'elle.

Un excellent moyen de forcer la sortie des branches charpentières, c'est de pincer dans l'été la partie terminale de la tige à une feuille au-dessus des yeux que nous voulons faire pousser.

S'ils sont bien développés, nous n'en profitons pas pour créer lors de la taille un second étage supplémentaire; nous recépons le rameau central à l'endroit du pincement, et nous taillons les deux rameaux de côté ainsi que nous le verrons tout à l'heure. Nous ne devons donc pas nous laisser séduire par leur belle apparence; un étage anticipé, ou pour mieux dire, deux étages obtenus dans la même année ne donnent pas assez souvent de bons résultats pour les recommander.

Le pincement n'a donc pour but que de nous créer de bons empâtements aux membres latéraux, point essentiel dans les formes où se rencontrent des branches perpendiculaires l'une à l'autre.

On comprend que si les bourgeons ne sont point sortis, le pincement les a toujours fait grossir en accumulant la séve autour d'eux; et ils végéteront sans hésiter, après la taille de la tige.

Un pincement tardif aurait le tort de faire débourrer les yeux en produisant de petites branches maigres, mal aoûtées pour l'hiver, mal constituées pour la taille subséquente. Il vaut mieux s'abstenir.

Mais si cette flèche paraît être trop fougueuse par rapport aux autres parties de l'arbre, on en pince la sommité, on la casse même pour l'arrêter, sans l'obliger à faire sortir les yeux de charpente.

Quand on redoute cette ramification prématurée, on se contente de déchirer les feuilles à la flèche, sur l'extrémité qui sera retranchée à la taille.

Tout ce qui précède concerne la tige : voyons comment nous traiterons les branches latérales.

Deux moyens, avons-nous dit, sont employés pour forcer le développement des membres latéraux : 1° le cran au-dessus de leur empâtement, pratiqué au moment de la taille; 2° le pincement opéré sur la tige médiane dans l'été précédent.

Qu'elles soient destinées à devenir horizontales ou obliques, nous les inclinerons pendant leur première séve sur un angle de 45°; elles s'y fortifieront, tandis qu'un palissage trop rigoureux les fatiguerait. Néanmoins, avant que le cambium s'épaississe, en août-septembre, nous abaisserons légèrement la base du rameau pour éviter à son insertion sur la tige un angle trop aigu. Notre intention étant d'incliner la branche pendant quelques années, il est fort à craindre de rompre les tissus et de faire éclater cette branche insérée de biais. Nous évitons ce danger par l'abaissement de la partie voisine du talon, alors que les tissus sont encore flexibles. Le sommet de la branche toujours relevé continue à y attirer la séve.

Par l'inclinaison immédiate, il y aurait encore à craindre une mauvaise répartition des brindilles fruitières; des gourmands en dessus, nier en dessous.

Les deux bras d'un même étage doivent être de force égale. Un équilibre manqué serait combattu du côté fort par un palissage sévère, l'abaissement, le cassement, l'effeuillage, et du côté faible par le redressement des rameaux et l'absence de toute mutilation.

Si les opérations en vert sont insuffisantes, on a recours à la taille longue de la branche faible, avec cran et incision longitudinale; et à la taille courte de la branche forte. En taillant celle-ci, on donne le coup de serpette assez en biais de manière à *éventer* l'œil terminal; au besoin on éborgne les autres yeux par un coup d'ongle qui en brise la pointe; ceux-ci végéteront plus tard, et le scion terminal sera moins vigoureux.

En supposant les deux bras convenablement établis, nous les taillerons à une longueur au moins égale à celle du rameau du centre, soit de 0m,30 à 0m,40 au moins.

La taille a lieu sur un œil de profil, plutôt que contre un œil placé en dessus ou en dessous; et si le bourgeon voisin du terminal est en dessus, nous l'épointons avec l'ongle ou la serpette, parce qu'il affamerait l'autre, et résisterait à la mise à fruit.

Nous pouvons tailler ces membres plus court lorsque nous ravalons la tige non loin de leur jonction, ou quand il se trouve plus bas un étage qui menace de s'affaiblir.

Le nombre d'étages est subordonné d'abord à l'emplacement réservé au sujet, puis à sa vigueur, à sa fécondité. En voulant obtenir trop de branches sur un arbre peu vigoureux ou très-fertile, on hâterait sa caducité. En outre, sur une étendue restreinte, la conduite de l'arbre est plus facile. A mesure que cet arbre atteint les limites de son envergure, on taille les rameaux de prolongement plus près de leur talon; et quand la charpente est terminée, il y a tout à gagner à supprimer le sommet de la tige centrale à la naissance de l'étage supérieur.

L'inclinaison à 45° des bras de la palmette oblique, produit une lacune à la base de l'arbre; on y remédie en taillant le premier étage dès la seconde ou la troisième année, de manière que sous le bourgeon de prolongement un autre se développe; et son rameau dirigé horizontalement comble le vide. Si l'arbre prend beaucoup d'étendue, on provoque la sortie de nouvelles branches secondaires semblables à la précédente, et distantes de 0m,25 à 0m,30 entre elles.

Dans une palmette horizontale, on a amené les membres insensiblement à leur place. Mais cette inclinaison est souvent funeste; le cours de la séve est moins naturel, moins direct que dans la palmette oblique; et trop souvent, les branches inférieures maigrissent, disparaissent même pendant que les supérieures absorbent tout. D'autre part, si l'arbre est très-vigoureux et son emplacement garni avant que sa vigueur soit domptée, une taille courte fait buissonner les coursonnes et empêche le développement des boutons à fruits.

Il est facile de parer à tous ces inconvénients en transformant la palmette horizontale en *palmette-candélabre* (*fig.* 1184). L'extrémité de la branche est redressée verticalement; alors la séve s'y porte, et laisse la partie horizontale accomplir sa fructification tout en y entretenant la vie.

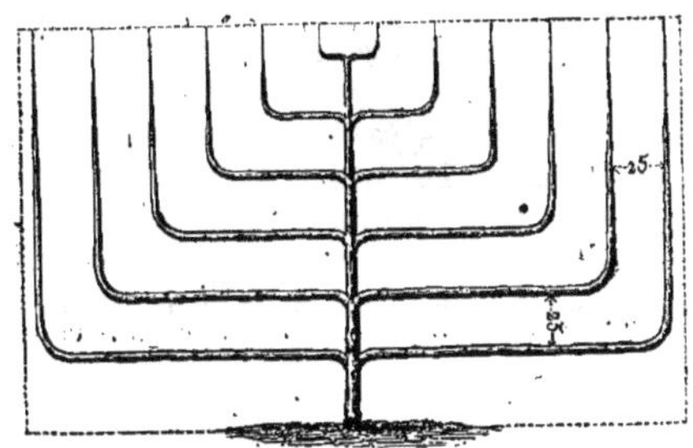

Fig. 1184. — Palmette candélabre.

Pour rendre cette disposition plus efficace, le redressement s'opère lorsque le sommet de la branche a dépassé de 0m,35 environ l'endroit où la ligne horizontale doit finir; et bien entendu, on commence par redresser les membres de la base. Sur la ligne verticale, les branches conservent toujours le même intervalle.

En plein air, un poirier ainsi traité a droit à une étendue considérable.

Dans cette situation, le palissage se simplifie au moyen d'une perche dirigée obliquement à l'angle du coude produit par le redressement. Cette perche est réunie à son sommet et, dans l'axe de l'arbre, avec sa collatérale de l'autre aile. La base de ces perches est accolée à un pieu fiché en terre aux limites de l'envergure. Il n'y a plus qu'à fixer des baguettes sur le passage des membres.

Si une branche montante venait à manquer, nous planterions, à cet endroit, un second sujet dressé en cordon vertical ou en fuseau-chandelle; on l'attacherait ensuite à l'endroit vide laissé par la branche absente.

Nous avons dit que chaque membre était horizontal avant d'être vertical; mais au lieu d'être tout à fait horizontal, nous préférons lui donner une légère inclinaison, soit à 25°.

Candélabre — On a tort d'appeler candélabre une sorte de forme rectangulaire composée de deux branches mères horizontales surmontées de bras perpendiculaires ou croisés en losange à l'intérieur. Ces bras, véritables pompes aspirantes, épuisent les branches mères; c'est une forme illogique, que nous condamnons. Nous reportons la dénomination de candélabres aux arbres dirigés comme les figures 1185 et 1186 l'indiquent; ils représentent mieux l'objet dont ils portent le nom.

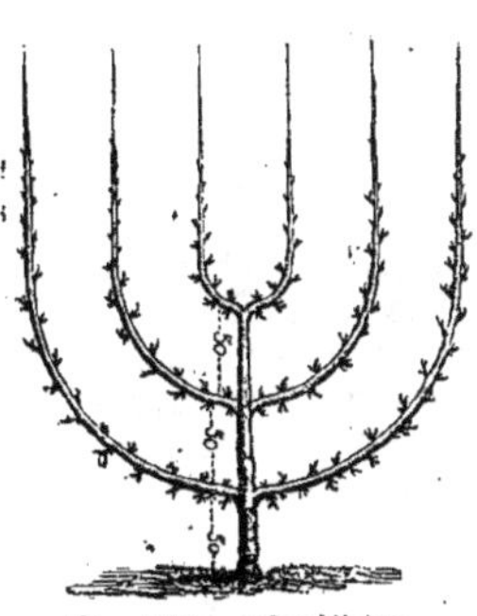

Fig. 1185. — Candélabre.

La palmette candélabre dont il vient d'être question, participe donc de la palmette ordinaire et du candélabre proprement dit.

On forme un candélabre comme on forme une palmette, avec une tige verticale au centre, et des ailes de branches latérales écartées de 0m,25 à 0m,30 l'une de l'autre.

Un étage de branches est également obtenu chaque année, sauf celui de la base, qui a demandé deux ans. La différence n'existe donc que dans la tournure imposée aux membres.

Sans les laisser séjourner sur la ligne horizontale, nous leur imprimons dès la première année une courbure régulière qui les amène promptement à prendre la ligne verticale.

Chaque courbe n'est autre chose qu'un arc de cercle dont le point de centre est sur l'axe de l'arbre, à une distance de l'étage inférieur égale à la largeur de l'aile.

Si dès le début nous voulons dessiner la charpente de l'arbre, nous figurons par des baguettes flexibles ou du gros fil de fer, les séries de courbes concentriques à l'emplacement réservé aux branches. Il n'y a plus qu'à y palisser le jeune rameau au moment où ses tissus aoûtent, après l'avoir dirigé obliquement pendant la première période de la séve.

Un guide semblable est disposé pour la sommité verticale, et nous y accolons la branche quand la courbure est terminée.

Nous produisons autant de membres que l'emplacement ou la vigueur du sujet le permet.

L'équilibre d'ensemble est plus facile à maintenir quand nous avons supprimé la tige médiane à la jonction du dernier étage. Le candélabre à trois branches (*fig.* 1186) fait exception. Au lieu d'une tournure cintrée pour les membres, nous acceptons encore la direction angulaire de la palmette-candélabre.

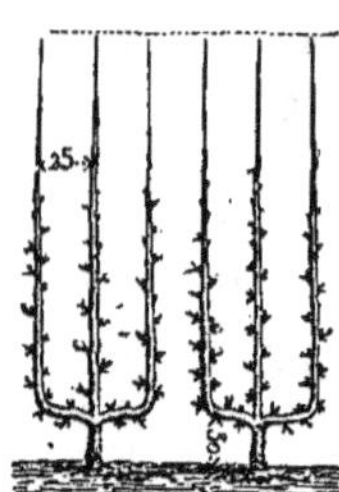

Fig. 1186. — Candélabre à trois branches.

Les branches sont taillées assez long tant qu'elles sont tenues cintrées, parce que là, elles ont moins de disposition à se dénuder. La taille serait plus courte sur la ligne verticale, par exemple, si la variété était d'une ramification difficile.

Nous répéterons encore qu'au lieu d'une taille raccourcie, contraire à la mise à fruit, il vaut mieux laisser plus de bois, ouvrir des crans à la base du rameau, éborgner les yeux trop saillants.

La tige centrale étant amputée comme nous l'avons dit, nous taillons tous les membres à une hauteur semblable, ou, ce qui est plus correct, les coupes sont faites sur un même plan horizontal. Les mutilations en vert rétablissent les équilibres en défaut.

Mais si l'on a conservé la tige du centre, il faut, pendant plusieurs années, la tailler plus court que les bras adjacents, sans quoi elle accaparerait trop de séve. Et si l'on n'y prend garde, elle deviendra tellement absorbante qu'on devra la retarder au moyen d'une incision annulaire ouverte à la jonction de l'étage supérieur, ou par une torsion qui lui rompe les tissus.

Non-seulement le candélabre convient aux diverses variétés de poiriers, mais il s'adapte encore à tous les genres d'emplacement en plein air ou en espalier.

Dans les positions moins élevées et plus larges, nous formons des candélabres à 8 ou 10 bras. Si la place est plus haute ou étroite, nous les restreignons à 3, 4 ou 6 branches.

Ajoutons que les arbres riches en séve par la nature du sol, de la variété ou du sujet franc, préfèrent les grandes envergures, et les petites sont réservées aux sujets moins favorisés.

Le petit candélabre à trois branches (*fig.* 1186) réunit les suffrages des connaisseurs pour les plantations d'arbres isolés ou en groupe.

Du reste, le candélabre est d'une forme agréable à l'œil, facile à conduire ; il a tous les avantages de la palmette pour la symétrie et la fructification, sans en avoir les inconvénients.

Palmette double. — Une palmette double diffère des précédentes par ses deux tiges verticales éloignées de $0^m,30$ l'une de l'autre, au lieu d'une seule tige médiane.

On les crée par le recépage de la tige simple à $0^m,30$ du sol, ou par le greffage à cette hauteur de deux bourgeons opposés.

Les membres latéraux s'obtiennent, comme sur les autres palmettes, par la section des tiges-mères, avec cette différence que chacune produit son rameau de prolongement avec un seul membre de côté et non deux.

Ici, par exemple, les branches charpentières des deux ailes doivent être situées sur chacune à pareille hauteur, sans être échelonnées ni alternées. Aussi quelques praticiens, pour y parvenir exactement, se sont avisés de former le membre latéral avec la tige verticale courbée et couchée à l'endroit désigné ; puis de continuer cette tige du centre, à l'aide d'un bourgeon développé au coude de la courbure précédente.

Cette méthode est moins défectueuse quand on la combine avec l'autre, basée sur le tronçonnement des tiges-mères.

Dans une palmette double, l'équilibre général est assez difficile à maintenir, à tel point qu'on est souvent contraint de faire appel aux moyens violents ; il en sera question dans un paragraphe suivant.

Mais si l'harmonie était impossible à rétablir ou si un côté de l'arbre se trouvait perdu, on le démonterait totalement, ce qui laisserait une demi-palmette ; et s'il n'y avait pas moyen d'en refaire une palmette simple à deux ailes, on planterait à côté un nouveau sujet que l'on formerait aussi en demi-palmette, mais dans un sens contraire, et sur le même plan ; alors l'ensemble des deux sujets constituerait la palmette double.

Éventail de poirier (*fig.* 1187). Cette forme convient aux poiriers à végétation tourmentée,

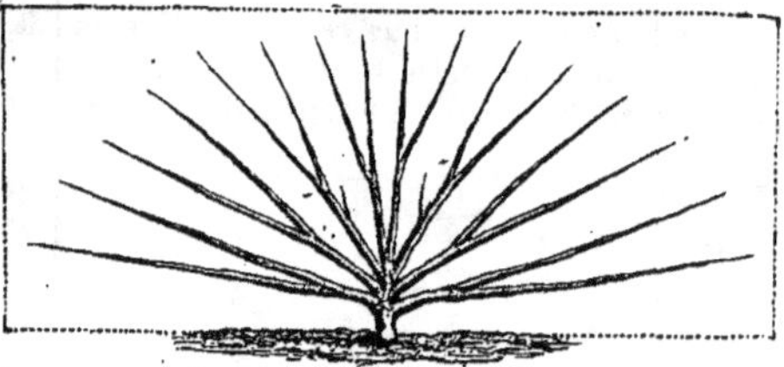

Fig. 1187. — Éventail de poirier.

irrégulière, à ceux dont les rameaux arqués ou infléchis se couvrent d'écailles, de mousses, et s'énervent ou disparaissent.

La charpente consistant surtout dans l'ensemble du branchage, il devient facile de suppléer aux parties en souffrance, avec des branches voisines.

Ainsi les Beurré gris, Bon-chrétien d'été, Bon-chrétien d'hiver, Colmar d'hiver, Colmar Nélis, Crassane, Doyenné blanc, Épargne, Joséphine de Malines, Marie-Louise, Passe-Colmar, Royale d'hiver, Saint-Germain, sont convenables pour l'éventail.

Nous taillons d'abord la tige à $0^m,30$ du sol pour lui faire développer deux rameaux qui, par l'effet du palissage, formeront un V ; l'année suivante, nous les taillerons à quatre yeux, et nous favoriserons à chacun la sortie de deux rameaux, ce qui nous donnera un nouveau V de chaque côté.

Les quatre bras seront légèrement abaissés et équidistancés; nous les taillerons à 0m,35. L'œil terminal sera chargé du prolongement, et le bourgeon immédiatement au-dessous produira une autre branche de charpente, ce qui nous fera 4 V ou 8 bras.

Nous aurons ainsi les montants principaux de la charpente; il n'y aura plus qu'à continuer l'embranchement de chaque membre nouveau, en le taillant à 0m,30, et en utilisant les deux bourgeons du sommet; et cela jusqu'à ce que l'emplacement soit garni de mères ou sous-mères s'éloignant de 0m,25 à 0m,30 l'une de l'autre.

Il en résultera une carcasse représentant un éventail, une patte d'oie, une queue de paon, le périmètre du branchage étant arrondi ou rectangulaire.

Dans les cas de grande vigueur, nous ferons courber les sommités de l'intérieur pour flatter le coup d'œil et concentrer la séve vers la base.

Le pincement est pratiqué chaque année sur les jets inutiles à la charpente. Les brindilles sont ménagées, et palissées à droite ou à gauche; les plus longues servent à combler les vides et à remplacer les branches disparues, en les aidant du cran et de l'incision longitudinale.

L'étendue de l'éventail varie entre 2 mètres et 4 mètres.

Nous ne quitterons pas les formes plates sans dire un mot des lignes de poiriers appelées treilles, ou ombrelles de pépinières. Les sujets sont distancés de 1 mètre environ; leurs branches sont dirigées à droite ou à gauche vers leurs voisins, régulièrement ou sans ordre. La taille y est simplifiée; il suffit de tondre ou de palisser les rameaux qui s'échappent en avant ou en arrière de la ligne. Ce genre pourrait convenir aux plantations créées en vue de la spéculation du fruit.

Poirier en cône, *vulgairement* **pyramide.** (*fig.* 1188). — Une tige verticale garnie sur toute son étendue d'un branchage formant le cône, tel est l'ensemble de ce qu'on appelle en arboriculture une pyramide. Le cône étant émoussé, représente un pain de sucre ou une borne.

Toutes les variétés de poiriers viennent et fructifient sous la forme conique. Il en est qui s'y disposent naturellement, et d'autres plus divariquées qu'on y maintient avec peine.

Les situations peu propices à la forme pyramidale sont les endroits concentrés, ombragés, près de grands arbres ou à proximité de bâtiments; la rondeur du profil s'y trouve déprimée.

Un membre latéral s'obtient par la taille de la tige renouvelée tous les ans. Il doit être simple et garni de productions fruitières; il naîtra seul sur l'empâtement du bourgeon, et ne portera aucune bifurcation charpentière. Formant un angle plus ou moins ouvert avec la tige médiane, il est incliné sur un angle de 25° à 35° par rapport à l'horizon.

Les premières branches commencent en moyenne à 0m,30 du sol, et constituent la couronne de la base. Les autres branches se succèdent en dessinant tout autour de la tige des spires irrégulières. Il est même indispensable, dans l'intérêt de la fructification, qu'au lieu d'être superposées, elles s'échelonnent à la façon de l'hélice de la vis d'Archimède.

Fig. 1188. — Poirier en cône.

Sans former des étages proprement dits, les séries de branches sont distancées de 0m,30 à 0m,35.

Les couronnes de la base comportent 7, 6 et 5 branches; à moitié de la hauteur de l'arbre, il n'y en a plus que 4; plus haut, le nombre se réduit à 3, puis à 2 branches, et même à une seule quand l'arbre atteint les dernières limites de son développement. On finit par le tailler assez court, sans chercher à augmenter le nombre des membres latéraux.

Il est urgent de tailler le rameau central sur un œil opposé à l'œil terminal de l'année précédente. En taillant constamment sur des yeux placés du même côté, l'aplomb de la tige finirait par dévier. Ainsi, l'année dernière nous aurions taillé cette tige sur un bourgeon situé au nord, que, cette année, nous taillerions la nouvelle flèche sur un bourgeon regardant le midi; et l'an prochain, la cime future sera arrêtée sur un œil placé au nord. Par là nous éviterons les coudes (appelés *baïonnettes*), répétés dans le même sens.

La branche latérale est coupée au-dessus d'un œil de dessous, afin de lui conserver son inclinaison; un œil pris en dessus aurait l'inconvénient de produire un prolongement vertical trop vigoureux; cependant, ce serait un moyen de fortifier une branche relativement faible, ou de redresser celle qui se courbe en dehors. On emploie encore les bourgeons de côté pour ramener un membre qui appuie trop à droite ou à gauche.

Pour former une pyramide, nous commençons par couper la jeune tige à 0m,40 du sol, et nous ouvrons un cran au-dessus des yeux que nous voulons transformer en branches.

Pendant la végétation, nous modérons les opérations herbacées sur les jets latéraux afin de posséder un nombre de membres suffisant; il vaut mieux avoir à en retrancher plus tard. Néanmoins on peut toujours favoriser les plus convenables en les dressant et en pinçant les autres assez long. La flèche du centre doit être pincée à 0m,40 au minimum quand elle s'élève trop, et quand les rameaux de côté sont faibles.

A la taille d'hiver, si cette première couronne est maigre, inégale ou insuffisante, nous en recépons tous les bras à leur naissance ainsi que le rameau du centre, et nous ouvrons des crans au-dessus des empâtements faibles. Nous en obtiendrons inévitablement une couronne bien fournie.

L'année suivante, nous taillons ces branches en observant déjà la gradation conique; celles du bas, un peu plus long, soit 0m,20 à 0m,25; celles du haut, un peu plus court, soit de 0m,06 à 0m,10, et les autres à des mesures intermédiaires.

Nous coupons, avons-nous dit, sur un œil en dehors ou en dessous ; mais celui qui l'avoisine va se trouver en dedans ou en dessus, et formera un gourmand nuisible à la charpente ou à la production. On y obvie par l'épointage de ce bourgeon lors de la taille ou de l'ébourgeonnement.

Une branche plus courte que ses voisines ne serait pas taillée, si elle était trapue, et on baserait la taille des autres sur cette longueur. Si elle était maigre, nous la fortifierions par le cran, l'incision longitudinale et le dressement.

Une branche plus forte serait taillée aussi long que les faibles; mais on se réserverait d'en fatiguer le scion terminal par le pincement, le cassement, la déchirure des feuilles.

Ces recommandations seront observées tous les ans.

La flèche est coupée à 0m,35 ou 0m,40 sur un œil opposé à celui de l'année précédente ; le bourgeon voisin est éborgné et des crans légers sont pratiqués sur les moins saillants. Pendant l'été qui suit cette première opération, une deuxième série de branches s'est développée ; elle a un ou deux rameaux de moins que la précédente; nous n'avons pas manqué de pincer à 0m,30 ceux du sommet toujours disposés à affamer leurs inférieurs, et à trois feuilles, les scions inutiles qui croissent sur la tige dans l'intervalle des couronnes. Plus tard même, nous les supprimerons en entier; un pincement court de ce genre est appliqué aux ramifications nées sur le bois de deux ans de l'étage précédent.

Les palissages d'hiver et d'été sont déjà observés sur les membres indociles; des baguettes qui les guident, des arcs-boutants qui les écartent, des liens qui les retiennent sont indispensables chaque année, quand on tient à la symétrie de la forme.

A la troisième taille, nous coupons les rameaux de la base à 0m,20 ou 0m,25 de leur gorge, et ceux de la nouvelle série à une longueur variant entre 0m,06 à 0m,25.

On retranche net les branches superflues, et la flèche centrale est arrêtée à 0m,35 ou 0m,40, en vue de créer une troisième couronne.

Cette taille sur les membres de côté indiquée à 0m,25 ou 0m,30 sera allongée, si l'arbre est très-vigoureux, ou si la charpente exige plus de largeur; on taille plus court, si le sujet est moins vigoureux, ou la forme projetée plus étroite, et quand la variété s'éperonne (1) avec difficulté.

Nous continuons la charpente de notre arbre en provoquant une nouvelle série de branches de côté par la taille de la tige. Comme le nombre des membres diminue à mesure que la pyramide s'élève, cette taille de la flèche d'abord à 0m,35 se réduira à 0m,30, puis à 0m,25 et à 0m,20.

Le ravalement de la flèche est nécessaire quand les branches inférieures sont trop faibles ; et le pincement devient obligatoire quand elle s'élance démesurément.

On rencontre certaines variétés à bois trapu, garni d'yeux saillants, rapprochés, très-ramifiable, comme Hélène Grégoire, Nouveau Poiteau, Saint Michel archange, Suzette de Bavay, qui se garnissent pour ainsi dire sans que l'on taille la tige. Néanmoins, le mieux dans ce cas serait de tailler cette tige une année sur deux.

La taille des branches latérales devient également moins longue, dès que l'arbre a atteint la moitié de son envergure; il fructifie, sa vigueur se ralentit. Nous arrivons à une taille de 0m,15 pendant sa fécondité, et de 0m,05 à 0m,10 lorsque la vieillesse succède à l'âge mûr. A cette période, on se contente de rabattre la tige à deux ou trois yeux, et on n'augmente plus le nombre des branches de côté. Tout en coupant ces branches plus longues à la base, plus courtes au sommet, nous calculons qu'en moyenne leur rameau de prolongement est taillé moitié plus court que le rameau de la tige.

Pendant tout le temps consacré à la formation du cône, nous dégageons les branches trop rapprochées, et, les guidant avec des conducteurs provisoires, nous retranchons même entièrement celles qui ne peuvent être utilisées. On les reconnaît dans l'été à l'examen de leur feuillage qui gêne la circulation de l'air. Les boutons tournent mal à fruit; la fécondation de la fleur est difficile; ou le fruit manque de coloris et de saveur.

Les branchettes qui naissent sur la tige entre les principaux membres de charpente sont élaguées, afin de ne pas amoindrir la vigueur de la pyramide tandis que nous les conservons sur le fuseau.

Le *fuseau* ou *pyramide fuseau* (*fig.* 1189) diffère de la pyramide proprement dite, en ce qu'il est moins large; assez souvent, il est moins régulier de charpente aussi quant aux détails.

Fig. 1189. — Fuseau.

Ainsi nous taillons la tige plus longue et les branches latérales plus courtes. Des lambourdes sont conservées sur la tige. Les brindilles qui s'allongent peuvent au besoin devenir branches charpentières, et remplacer leurs voisines quand celles-ci sont fatiguées.

Il existe des variétés particulièrement propres au fuseau, c'est-à-dire qui s'y disposent naturellement : telles sont les Beurré de Nantes, Beurré Duval, Beurré Millet, Bonne d'Ezée, Cumberland, Fondante du Panisel, Fondante de Noël, Fortunée, Aglaé Grégoire, Nouveau Poiteau, Passe-Colmar François, Passe-Crassane, Saint Michel archange, Suzette de Bavay.

Cette dernière, de même que le Beurré Duval et le Cumberland, a l'apparence fastigiée du peuplier d'Italie.

Celles qui forment par elles-mêmes de jolies py-

(1) On dit qu'un arbre s'éperonne quand il se couvre de pousses chétives ou fructifères que l'on désigne aussi sous les noms de brindilles, de dards, etc. P. J.

ramides sont : Alexandrine Douillard, Bergamote Espéren, Beurré Bachelier, Beurré Benoist, Beurré d'Hardenpont, Beurré Six, Beurré superfin, Doyen Dillen, Doyenné d'Alençon, Doyenné d'hiver, Doyenné du comice, Duchesse d'Angoulême, Fondante des bois, Graslin, Prince-Albert, Urbaniste, William.

Par leur disposition naturelle, elles tiennent le milieu entre la pyramide large et le fuseau resserré.

Il est inutile d'élever une pyramide au delà de 5 à 6 mètres de hauteur. Pour cette haute élévation maximum, son diamètre aurait de 1m,75 à 2m,50.

Le diamètre d'un fuseau de pareille hauteur est de 1 mètre au plus, 0m,50 au moins. Plus étroit, ce serait une chandelle, ou mieux, un cordon dont les branches latérales se trouveraient réduites à l'état de brindilles fruitières.

On a tort d'accorder une trop grande élévation à cette forme d'arbres, parce que les travaux de taille et de récolte y deviennent difficiles, et que le vent les agite beaucoup.

Un fuseau qui se lancerait outre mesure, sera contenu par une incision annulaire à mi-corps ou au collet. Mais on réserve plutôt cette forme exiguë aux variétés de peu de vigueur, aux terrains maigres, ou bien encore lorsqu'on veut réunir un grand nombre d'arbres sur un espace restreint.

Dans le but d'enjoliver la charpente du cône ou de faire arriver dans son intérieur une plus grande somme d'air et de lumière, on a imaginé la pyramide girandole ou à étages, et la pyramide ailée.

Leur ensemble est plus coquet que celui des formes précédentes et a l'avantage d'une meilleure fructification; mais on sait ce qu'elles coûtent en soins de dressage, et n'était l'obligation d'arriver à une symétrie d'ensemble et de détails, la pyramide conique leur serait préférable.

La *pyramide-girandole* se compose d'étages superposés à 0m,20 ou 0m,35 l'un de l'autre.

Chaque étage forme une couronne de branches obtenues par la taille de la tige à 0m,35 ou 0m,40 de la couronne antérieure. Sur cette flèche, les bourgeons seulement du sommet sont utilisés et la tige médiane doit être sévèrement élaguée d'un étage à un autre.

Afin d'obtenir une couronne bien branchue qui paraisse sortir d'un centre commun, on laisse pousser seulement quatre rameaux de côté, près du rameau terminal. A la taille suivante, on les ravale sur leur talon, de sorte que les yeux adventifs s'y développent; on en garde deux à chaque empâtement, ce qui produit une couronne de huit branches.

Les membres latéraux sont maintenus horizontalement et gracieusement relevés vers l'extrémité de la tige; l'aspect de l'arbre est alors d'un genre chinois.

Les Beau présent d'Artois, Beurré Bretonneau, Beurré Capiaumont, Beurré d'Hardenpont, Beurré Luizet, Beurré superfin, Désiré Cornélis, Doyenné du comice, Soldat laboureur, Saint-Germain Puvis, se dressent aisément en girandole; leurs branches s'étagent en couronnes et s'écartent de la tige en formant avec elle un angle très-ouvert.

La *pyramide ailée* exige des variétés vigoureuses, et qui se ramifient naturellement, comme Graslin, Prince-Albert, Urbaniste; avec de la patience et de l'habileté, on y parviendrait avec la majorité des autres variétés.

Nous appelons aile une collection de branches superposées, écartées de 0m,25, et disposées l'une au-dessus de l'autre sur un plan vertical, depuis la base de l'arbre jusqu'au sommet.

Les ailes de l'arbre sont au nombre de 3, 4, 5 ou 6, suivant l'emplacement et les dispositions ramifiables de la variété.

Nous formons des ailes à dater de la jeunesse du sujet; mais nous réussirions également avec une pyramide ordinaire, très-branchue, ayant déjà 1m,50 ou 2 mètres de hauteur.

Nous employons pour établir chaque aile deux tuteurs fichés l'un à 0m,50, l'autre à 1 mètre du tronc, et inclinés vers le sommet de l'arbre. Du tuteur à la tige, nous attachons des baguettes de 0m,25 en 0m,25 à l'endroit destiné aux membres qui devront y être palissés aussitôt que possible.

Plus tard, nous remplaçons ces bâtons par des fils de fer retenus par leurs bouts à un tuteur central, et à l'extrémité d'un support placé sous la première branche de chaque aile.

Une direction oblique sur une inclinaison de 30° convient aux branches latérales. Leur longueur est encore calculée comme si elles aboutissaient au profil d'une pyramide géométrique.

Au cas de grande vigueur ou d'affaiblissement de la base, nous agissons comme pour la palmette candélabre. La branche, conduite d'abord horizontalement, est ensuite relevée verticalement, sans cesser de conserver sa distance de 0m,25 à l'égard de ses voisines. C'est alors une pyramide candélabre ou un candélabre à ailes.

Il serait encore possible d'avoir au sommet de la tige une branche horizontale à chaque aile; et les autres bras verticaux y seraient greffés à leur croisement sur cette branche-support.

Au delà, les sommités des membres pourraient être ramenées vers l'axe de l'arbre par une courbure ou par toute autre disposition élégante, à la condition que la base du sujet n'en souffrirait point.

Ces deux dernières idées n'ont de valeur que par leur originalité; nous aimons mieux nous en tenir à la simplicité de la forme, et porter nos vues du côté de la fructification.

De toutes les formes de fantaisie, la pyramide ailée est une des plus belles, et quoique compliquée en apparence, elle est d'une exécution facile; c'est ce qu'on appelle une forme d'amateur.

Poirier en vase. — Nous nous imaginons que le poirier est surtout destiné aux formes conique ou en palmette, parce qu'il est dans sa nature d'avoir une tige formant l'axe vertical; cependant, à tout considérer, le vase est, théoriquement parlant, la forme par excellence. Il n'a pas de tige centrale qui absorbe la séve aux dépens du branchage, et la difficulté de conserver les brindilles fruitières sur un membre horizontal n'existe pas. Le vase a encore le mérite de résister aux bourrasques et d'être plus commode à sauvegarder contre les gelées.

Si on l'a abandonné, c'est probablement à cause de l'ennui du dressage, et aussi parce que d'autres formes présentent, à égale surface, une plus grande somme de branches charpentières, et, partant, la perspective d'une plus forte récolte.

Puis, il faut bien l'avouer, on a la manie de courir après l'inconnu, sans se préoccuper des bonnes choses que l'on possède.

En raison de ses racines pivotantes, le poirier a de la tendance à s'élever, et la séve abandonne toujours la base pour le sommet.

Alors, peut-être faudrait-il affecter le vase au poirier greffé sur cognassier, dont les racines s'enfoncent peu en terre. Devons-nous le recommander pour les localités méridionales, au lieu de pyramides qui s'élèvent trop, et de palmettes trop frappées par le soleil?

Essayons donc encore avant de l'abandonner. Nous avons les variations de tournure en vase cylindrique, entonnoir, gobelet, vase Médicis, vase candélabre, vase spirale, qui pourraient nous aider à le réhabiliter.

Nous nous proposons de décrire le vase à l'occasion du poirier à haute tige; et comme il en sera encore question à propos d'autres essences fruitières, nous ne jugeons pas à propos de nous y arrêter plus longtemps.

Poirier à haute tige. — Nous entendons sous cette désignation les arbres dont la cime est portée par une tige nue à une distance du sol qui n'est pas au-dessous de $1^m,60$.

Deux moyens sont employés pour faire arriver le poirier à haute tige :

1° Le greffage en tête sur tige de sauvageon;

2° Le greffage en pied sur tronc de sauvageon. Le poirier franc est le sujet qui convient le mieux.

Dans le premier cas, la tête de l'arbre est seule de la variété greffée; dans le second, il y a la tige et la tête; le tronc seul est du sauvageon.

A ces deux moyens, ajoutons, à titre d'intermédiaire, le greffage en pied par une variété vigoureuse, robuste, pour former la tige; et cette tige serait greffée elle-même, à la hauteur projetée de la couronne, avec la variété que l'on veut avoir définitivement.

Ces deux systèmes, examinés sous leurs différents aspects, ont chacun leurs avantages.

Au point de vue du sujet, c'est-à-dire de la partie non greffée, le premier moyen convient aux sauvageons de race solide, donnant promptement une tige droite et bien constituée; le second, au contraire, est employé quand le sauvageon, entaché d'une constitution vicieuse, s'élèverait trop lentement ou se couvrirait d'écailles, de plaies, de coudes disgracieux.

Au point de vue de la greffe, ou mieux de la partie soudée sur l'autre, les variétés modérément vigoureuses qui, par le greffage en pied, atteindraient difficilement la hauteur de la couronne, ou qui auraient les tissus délicats, susceptibles d'être avariés sur une tige dénudée, réclameront le greffage en tête, tandis que la greffe rez terre est applicable aux variétés de poiriers très-vigoureuses, et qui sont ordinairement d'une venue irréprochable.

Il n'y aurait aucun danger à greffer une variété vigoureuse sur un sujet vigoureux; mais si tous les deux manquent de vigueur, il faut recourir au greffage intermédiaire. En fait de variétés capables de remplir cet office de mitoyenneté, nous recommandons les poires Monseigneur des Hons, Duc de Nemours, Curé, Beurré d'Amanlis, et quelques races locales, considérées même comme fruits à cidre. Celles-ci constitueront la tige de l'arbre; le branchage sera formé par la variété délicate greffée sur elles, à la hauteur convenue.

Pour expliquer les diverses formes de poirier à haute tige, il nous faut supposer la tige formée et arrivée au point fixé pour les premiers membres latéraux, et assez forte pour supporter la formation de la tête. Nous avons dit, dans les TRAVAUX DE LA PÉPINIÈRE, comment on y parvenait.

Poirier à haute tige naturelle ou négligée. — Ce titre dit assez que l'arbre n'est soumis à aucune des règles de la taille ni de la forme. On le laisse pousser en liberté; toutes les branches grandissent; les plus fortes dominent les autres et deviennent les membres de charpente, en attendant que de nouveaux gourmands les énervent et les remplacent, ou qu'elles se dégarnissent et s'épuisent à fructifier, ce qui n'empêche pas l'arbre de vivre fort longtemps et de produire en abondance.

A ce titre, nous donnerons cette forme primitive et naturelle : 1° aux variétés de poirier très-vigoureuses ou médiocrement fertiles, chez lesquelles l'absence de taille dompte la fougue ou la stérilité; 2° aux variétés faibles et délicates, qui s'énervent encore sous les mutilations de la taille. Les races fécondes s'y épuiseraient trop vite et deviendraient languissantes, en produisant à regret des fruits petits et insipides.

Bien que la surveillance soit ici à peu près nulle, il n'en faut pas moins commencer à bien charpenter la couronne de l'arbre. On taille la tige à cette hauteur, ou bien on la conserve avec les branches latérales; peu importe. L'essentiel est d'équilibrer l'ensemble au moyen de la taille, du pincement et du cassement suivis pendant les premières années.

Un abandon complet n'est pas précisément ce que nous demandons; c'est la symétrie de la tournure que nous négligeons; mais la durée de l'arbre et sa production ont droit aussi à nos préoccupations. Ainsi, tous les deux ans, on supprimera les rameaux inutiles, les branches diffuses; d'un coup de serpe, on abattra les extrémités de celles qui s'emportent, ou toutes les sommités, si le sujet se fatigue.

Un examen semblable, répété chaque hiver, entretient la vie de l'arbre et harmonise sa fructification.

Poirier à haute tige, pyramidal ou conique. — Toutes les variétés de poirier, à de rares exceptions, se soumettent à cette forme, parce qu'il leur suffit d'une tige médiane garnie de branches latérales. Or, chacune d'elles a la faculté de les produire. Néanmoins, nous préférons celles qui prennent naturellement la forme pyramidale, et les variétés vigoureuses qui jettent leurs rameaux dans une direction infléchie, divariquée.

Pour commencer la couronne de la haute tige conique, l'écimage de la tige n'est pas nécessaire quand l'arbre, suffisamment trapu, se garnit de branches assez régulièrement. Le plus souvent, comme il y aurait à craindre l'amaigrissement des premières séries de branches, ou un désordre dans leur charpente, on étête la flèche, pour que les rameaux immédiatement inférieurs se développent et commencent la tête de l'arbre.

Chez une variété rétive à l'émission des branches de côté, on emploie le cran au-dessus des rameaux de charpente; et dans l'été, on pince la tige centrale à 0m,25 de son empâtement.

On rencontre certaines variétés (beurré d'Amanlis, Beurré de Rance, Beurré Diel, Beurré de Bruxelles, Marie-Louise, Triomphe de Jodoigne) à rameaux tellement divergents que, pour rectifier les courbures des premières années, on doit accompagner la tige d'une perche, et l'y dresser. Quelques baguettes de support, rayonnant autour de la perche, servent à palisser les membres latéraux. On fait en sorte que le cône repose sur une base large et peu tourmentée.

Il est des poiriers comme l'Arbre courbé, l'Echassery, la Nouvelle Fulvie, dont l'arcûre des branches est trop forte pour que l'on espère les redresser. On leur laisse cette tournure d'arbre pleureur qui leur est naturelle, et qui ne manque pas d'originalité.

Quoi qu'il en soit, il conviendra d'appliquer les principales opérations de la taille pendant deux années. Ainsi nous taillons les rameaux à une distance de leur gorge, qui varie en raison de leur grosseur, de leur équilibre mutuel et de leur disposition à se ramifier.

Sur une tête mal équilibrée, le retranchement peut être pratiqué à 0m,15 ou 0m,20 de l'empâtement, tandis qu'avec une couronne régulière, composée de membres d'une ramification facile, la taille serait portée à 0m,30 ou 0m,40.

La même observation s'applique au rameau de la flèche; on le taille court, si le branchage qui l'accompagne est incomplet; on le taille long dans le cas contraire, et cet allongement a encore pour but de provoquer le développement d'une nouvelle série de branches charpentières.

Il serait inutile de mutiler les arbres à bois trapu, comme en fournissent les poiriers Hélène Grégoire, Nouveau Poiteau, Saint Michel archange, et dont l'ensemble présente volontiers une régularité suffisante.

Aidés de l'ébourgeonnage, du pincement et du cassement appliqués avec modération, nous obtenons aisément les premières séries de branches. Nous négligerons ces soins lorsque nous croirons devoir abandonner l'arbre à ses propres volontés. On se contente de tailler la cime et les rameaux qui dérangent l'aspect pyramidal de la tête, ou qui tendent à se dénuder. On affaiblit, en hiver et en été, les ramifications intérieures qui se transforment en gourmands, au lieu de brindilles fruitières.

Quelques visites dans le cours de l'année suffiront. La besogne se fait avec le concours d'une échelle, d'un croissant, d'un échenilloir ou d'un sécateur emmanché à l'extrémité d'une perche.

Poirier à haute tige, en vase. — Le vase à haute tige s'approprie bien : 1° aux variétés dont les branches s'élèvent d'elles-mêmes en se ramifiant, sans se contourner;

2° A celles qui se couvrent confusément de brindilles, de branchettes inutiles, propres à obstruer la circulation de l'air et de la lumière dans la tête du sujet;

3° Aux arbres très-fertiles, réclamant une taille, un retranchement partiel de rameaux, pour en ranimer la végétation ;

4° Dans les situations ombragées, froides, afin d'aérer et d'éclairer les rameaux destinés à produire le fruit.

Nous commençons cette forme en taillant la tige de l'arbre à l'endroit désigné pour la couronne; plusieurs yeux se développent en rameaux; on n'en conserve que trois ou quatre, les mieux placés à la même hauteur, et on palisse sur des baguettes décrivant le cintre, afin de leur donner un commencement de tournure.

A la première taille, si les rameaux sont inégaux en force, ou défectueux, on les recèpe sur leur talon, ou bien à deux ou trois yeux, de manière à en obtenir de nouveaux plus réguliers.

Ces premiers membres établis, nous les taillons à 0m,10 s'ils ne sont que deux, et à 0m,15 ou 0m,20 s'ils sont trois ou quatre; les deux rameaux supérieurs de chaque branche seront seuls conservés à la pousse, ce qui produira un nombre double de membres.

Nous les palissons de même en leur faisant donner à l'ensemble du branchage une forme évasée.

A la seconde taille, nous coupons chaque branche à 0m,45 pour la faire bifurquer encore, et nous dressons les nouveaux jets sur un diamètre plus grand.

Nous avons déjà douze ou seize branches principales; c'est assez pour un gobelet. Si nous voulions lui donner plus d'ouverture, il nous suffirait de faire bifurquer les membres par une taille à 0m,25 et un ébourgeonnement qui favoriserait deux scions seulement.

Cet agrandissement d'ouverture est pour ainsi dire exigible avec une variété très-vigoureuse, ou sur un sol riche, ou dans une situation ombragée.

On comprend qu'une variété faible, un sol médiocre, ou une exposition chaude ne veulent pas de charpente aussi ouverte.

Les dimensions moyennes s'obtiennent encore en faisant bifurquer une branche sur deux.

Pour harmoniser la forme avec la vigueur de l'arbre, nous adoptons l'entonnoir pour les faibles et le gobelet pour les forts. Dans l'entonnoir, la base est très-étroite; les branches se dirigent de suite obliquement, et favorisent le cours de la sève. Dans le gobelet, au contraire, le fond du vase est élargi; et la courbure forcée de la branche contrarie la végétation.

La distance à réserver entre les membres de charpente est de 0m,25, terme moyen; car elle est rarement égale sur les branches inclinées.

Pour faciliter la formation du vase, et en même temps équidistancer les branches, on emploie des cerceaux mobiles, que l'on enlève lorsque les branches peuvent se maintenir seules.

Le diamètre d'un vase en haute tige peut varier de 0m,60 à 2 mètres.

Nous n'avons rien à dire de la palmette à haute tige; ce serait la répétition de la palmette à basse tige avec la différence de la hauteur des premières branches.

Nous ne parlerons pas davantage du poirier demi-tige, genre bâtard entre les tiges élevées et les tiges basses.

Sa conduite est réglée sur les mêmes principes.

De la taille du poirier. — L'époque de la taille du poirier est la période de repos de la sève, depuis la chute des feuilles jusqu'au réveil de la végétation.

Les temps de gelée, de givre surtout, sont contraires à cette opération.

Il y a moins de danger à tailler tôt qu'à tailler trop tard.

En taillant à l'automne, de manière que les vaisseaux puissent encore se cicatriser avant l'hiver, il en résulte, au printemps suivant, une végétation prompte et robuste.

Nous verrons plus loin que la taille printanière, aux premières évolutions de la sève, fatigue le sujet et favorise sa mise à fruit.

De là on peut conclure que la taille du poirier, faite en deux saisons sur le même arbre, entretient sa vigueur en l'obligeant à fructifier.

Taille à l'automne de la branche à bois.

Taille au printemps de la branche à fruit.

Si cependant nous taillons l'arbre en une seule fois, nous alternons d'une année à l'autre la taille longue avec la taille courte, afin d'arriver au même but : vigueur et fertilité.

Nous allons donc successivement examiner la taille du poirier au double point de vue de sa vigueur et de sa production.

Établissons, avant tout, que le poirier greffé sur franc ou destiné aux grandes formes sera taillé long, et par contre on taillera court le poirier greffé sur cognassier ou destiné aux petites formes.

Taille du poirier au point de vue de la charpente. — Occupons-nous pour l'instant de ce qui concerne la charpente de l'arbre, c'est-à-dire de sa forme, de sa végétation, de son avenir. Il le faut, avant de songer à la production fruitière.

Théoriquement parlant, dans l'hypothèse d'un équilibre parfait et d'une belle vigueur, un rameau peut être taillé à moitié de sa longueur, s'il doit pousser verticalement; aux deux tiers, quand sa direction est oblique; on s'exemptera de le tailler s'il reste dans une position horizontale.

On peut dire que la taille des rameaux à la moitié de leur longueur, est la taille moyenne du poirier, abstraction faite de la forme.

Il y a un genre de rameau que l'on coupe rarement, celui qui est gros, trapu, déjà éperonné ou à bourgeons saillants; mais ses voisins devront être en mesure de soutenir son développement et de l'imiter.

Un rameau faible sera conservé en entier; on le fortifie par le cran (*fig.* 870) au-dessus de son empâtement, et par l'incision longitudinale (*fig.* 871) au côté sud de son écorce.

Quand le bouton terminal d'un rameau non taillé est disposé à fleurir, on l'éborgne, ou plutôt on attend l'époque de son épanouissement pour en supprimer les corolles sur le pédoncule; enfin quelques petites incisions sur le coussinet de l'œil aident à faire sortir le bourgeon à bois.

Maintenant, si l'équilibre manque, faudra-t-il appliquer une taille longue ou une taille courte? Oui et non; cela dépend de la vigueur de l'arbre et de la nature de la variété. Les moins vigoureuses, les plus fécondes, seront taillées court; les plus vigoureuses, les moins fertiles, seront taillées long.

On sait déjà que la taille longue est celle qui laisse le plus de bois au sujet, et que la taille courte est celle qui lui en retranche le plus.

En général, on taille long les parties faibles, et court les parties fortes.

On taille proportionnellement plus long les branches moins bien empâtées ou placées vers la base de l'arbre, tandis que l'on raccourcit les parties de l'arbre bien favorisées par la sève.

D'après l'irrégularité des retranchements sur le même arbre, la taille longue fortifie la branche opérée, et la taille courte l'affaiblit; mais si le travail est répété sur toutes les parties d'un sujet languissant quoique bien constitué, une taille longue l'énervera, tandis qu'un raccourcissement général le rendra plus vigoureux.

Aussi, fort souvent, on taille court dans la jeunesse de l'arbre pour mieux en obtenir la forme. Ensuite on taille long pour l'amener à fruit; puis on revient à la taille courte, quand la fructification est complète. L'alternance des deux genres de taille prévient les excès de vigueur et de fécondité.

La coupe du rameau se fait contre un œil qui en continue la direction. S'il est éperonné, on le tranche vers sa base; des sous-yeux s'y développent, et lors de l'ébourgeonnement, on garde le jet le mieux placé.

Quand un rameau de prolongement est garni de ramifications anticipées, nous utilisons celles-ci au profit de la charpente, si leur position et leur force le permettent. Si elles étaient maigres, il vaudrait mieux les couper sur leur base pour tirer parti des yeux latents. Dans ce cas, les rameaux supérieurs doivent être enlevés plutôt que les inférieurs. N'oublions pas ici le cran en dessus de l'œil et l'incision longitudinale sur le rameau.

Avec le poirier, on peut sans crainte rapprocher la taille sur des branches âgées de plusieurs années, ou sur des gorges cachant des yeux non apparents. De nouveaux rameaux perceront les écorces durcies ou bourrelées.

Quand le rameau terminal de la tige ou d'une branche charpentière se refusera à pousser convenablement, on choisira au-dessous, un beau jet que l'on dressera à sa place. A son défaut, on inoculera un œil ou une sommité de rameau à l'endroit coudé ou faible qui demande à être prolongé; et au printemps suivant, on taillera le membre à 0m,005 au-dessus de la greffe.

Il est toujours convenable de diriger les rameaux de prolongement avec des supports, des liens, des arcs-boutants. Après qu'une année de sève a fixé la position des rameaux, on supprime ces accessoires du dressage; l'arbre paraît moins colleté, et devient plus robuste exposé à tous vents.

Les opérations en vert se composent :

1° De l'ébourgeonnement des pousses multiples développées au-dessous des parties amputées du vieux bois ou sur empâtement de rameau;

2° Du pincement et du cassement des scions qui s'emportent. La rupture se fait au delà des yeux qui serviront à la taille future;

3° De l'effeuillage des mêmes scions que nous craindrions de voir ramifier par le pincement (on coupe la feuille sur son pétiole ou à moitié du limbe, seulement sur la fraction du rameau qui sera supprimée à la taille);

4° Du palissage pour conduire les branches ou pour maintenir leur équilibre.

En palissant trop tard, les canaux séveux qui ont pris une fausse direction, s'oblitèrent : il y a ralentissement de vigueur d'une part, émission de gourmands d'autre part.

Le cassement court et tardif ou la taille en vert appliquée par ignorance sur le rameau de prolongement, sont de mauvaises opérations.

Rappelons encore ici les moyens de fortifier une branche faible; les voici :

Taille plus allongée, cran au-dessus du talon, incision longitudinale, pincement modéré, dépalissage et dressement, suppression des fleurs, lavage des parties vertes avec une dissolution de sulfate de fer (15 décigrammes par litre d'eau).

S'il arrivait que la force, la belle vigueur, se fût concentrée dans une aile de l'arbre en abandonnant l'autre, comme cela peut arriver dans les formes en rideau, il faudrait appliquer à la partie trop fougueuse la taille courte, le palissage sévère et l'inclinaison forcée des membres, le pincement à outrance, la déchirure des feuilles, une mise à fruit excessive, le cran au-dessous de l'empâtement des branches, la privation d'air au moyen de paillassons appliqués pendant une semaine et enlevés par un temps sombre, etc.

Nous contre-balançons cette rigueur par des opérations diamétralement opposées sur le côté faible.

Ce serait ici le cas de faire appel à la *greffe par transfusion* sur la partie arriérée. Un sauvageon ou un jeune poirier bien vigoureux est planté à proximité de l'autre sujet; après qu'il y a passé une saison, nous le greffons par approche sur le côté faible, et l'année suivante, nous retranchons la tête au nouveau-venu, tout contre la jonction des deux parties; désormais, sa sève alimentera le premier sujet.

Les limites de la charpente se calculent d'abord sur l'emplacement, ensuite sur la vigueur de l'arbre. Les formes étendues conservent difficilement leur équilibre, à moins de soins constants; restreintes, elles sont moins productives. Ici, les brindilles se lancent trop à bois; là, la branche charpentière se dénude et devient infertile après un excès de production. Donc, les charpentes moyennes sont préférables.

Le genre de forme adopté est encore à considérer; ainsi, les membres seront moins allongés dans les formes touffues ou lorsqu'ils sont plus nombreux; et si l'on désire des chiffres approximatifs, nous fixerons la longueur de la branche d'une pyramide, de 0m,80 à 1m,50, et celle de la palmette de 1m,50 à 2m,25.

La direction horizontale d'un membre est celle qui réclame le plus de longueur à la taille, pour le traitement de ce membre considéré seul; mais si toutes les branches sont horizontales, la taille sera plus courte dans l'intérêt général de la charpente.

Lorsqu'on fait appel à la bifurcation, comme dans le vase et l'éventail, on arrête les branches charpentières aussitôt qu'on remarque un amaigrissement dans la couronne à fruit.

Restauration du poirier. — Quand il s'agit de remplacer une branche qui dépérit, ou de combler une lacune dans la carcasse de la forme, nous employons le cran au-dessus d'un bourgeon, ou l'écussonnage d'un œil à l'endroit dégarni. Mais s'il n'existe aucun rudiment de bourgeon, ou si l'écorce se refuse à recevoir un simple écusson, nous employons la greffe de rameau inoculé faite assez tôt en saison, et devant végéter l'année suivante (*fig.* 854, page 153).

On aide ce rameau à gagner le temps perdu en le surmontant après l'hiver du cran ou entaille.

Avec moins de chance de réussite, on pratique cette greffe au mois d'avril, quand la sève commence à isoler le liber de l'aubier; on se sert de greffons conservés en terre; c'est alors un greffage à œil poussant. Cette opération forcée réclame le cran en dessus de l'insertion du rameau; et si le greffon est long, nous couvrirons son écorce d'une bouillie claire pour la préserver du dessèchement.

Les branches nouvelles ainsi obtenues auront besoin d'être fortifiées par une incision longitudinale pénétrant leur écorce jusqu'à l'aubier.

On restaure la charpente dégradée du poirier par le rapprochement au vif de ses membres. Nous retranchons les deux tiers environ du branchage; la tige elle-même peut s'y trouver comprise, comme dans la pyramide et la palmette. La longueur du moignon est basée sur la charpente de la forme; les endroits mieux favorisés seront raccourcis sévèrement.

Les coursonnes, les brindilles sont également enlevées sur des yeux latents.

L'ébourgeonnement et le palissage seront rigoureusement observés; et s'il était impossible d'obtenir un scion direct de prolongement, nous aurions recours à l'inoculation, soit dans l'été qui précède le ravalement, soit dans l'été qui le suit.

C'est, du reste, l'écussonnage que l'on emploie pour changer la nature de la variété, quand la vigueur de l'arbre le permet. Les greffes sur tronçonnement ont moins de succès.

Pour assurer le rajeunissement d'un arbre, il

faut l'émousser, racler ses vieilles écorces, le badigeonner d'un mélange d'eau de chaux et de boue grasse, engluer ses plaies, etc.

On peint les treillages à nouveau, on recrépit les murs s'il est en espalier; et dans tous les cas, on modifie la terre autour des racines par l'enlèvement des couches usées, et un apport de bonnes terres neuves, amendées s'il le faut.

Taille au point de vue de la fructification. — Avant de tailler l'arbre pour lui faire produire du fruit, il convient de savoir comment la poire vient sur le poirier.

En principe, sur cette espèce, le bourgeon à fruit met deux ou trois ans à se former. Assez souvent, il naît sur du bois d'un an, comme au pêcher, chez les variétés excessivement fertiles : Adèle Lancelot, Beurré Clairgeau, Beurré Goubault, Colmar d'Arenberg, Duchesse d'Angoulême, William.

On rencontre même des fleurs sur des scions de l'année, dans le genre du raisin sur le sarment, chez le poirier dit *deux fois l'an*, ou accidentellement, quand un été doux succède à un printemps aride.

Nous ne nous occuperons que de la fructification normale.

Reconnaissons d'abord que tout en fructifiant, un bourgeon à fruit produit d'autres bourgeons qui s'allongent et deviennent fructifères en se multipliant encore, ou qui s'éteignent aussitôt; cela dépend de la branche fruitière qui possède à sa base un talon de bois vif, à écorce lisse, pour sa longue durée, ou bien un talon de bois bourrelé, à écorce ridée, pour sa prompte extinction.

Ainsi donc, rappelons-nous que la branche fruitière réclame pour entretenir sa fécondité, un piédestal lisse; si le support est bourrelé, elle languit et devient infertile.

Cette partie lisse étant susceptible de bourgeonner en yeux à bois, nous l'obtiendrons courte pour les éviter. Si elle est trop longue, elle s'amaigrit et fructifie mal; une longueur de $0^{m},05$ à $0^{m},10$ lui suffira.

Il nous faudra donc sur la branche charpentière, des ramifications latérales courtes, à écorce vive sur la base; et au sommet une écorce bourrelée avec des boutons à fruit.

Dans le langage de la pratique, on les appelle dards. Le dard est au poirier cultivé ce que l'épine est au poirier sauvage. Dans le même langage, on appelle brindille un dard allongé, amaigri, muni d'yeux fructifères au sommet.

Mais le point de démarcation entre le dard et la brindille est tellement difficile à établir, que nous désignons toute branche fruitière sous le nom de brindille. Un dard est une brindille courte; une coursonne est une brindille ramifiée.

Par un motif analogue, on doit rejeter le mot bourgeon appliqué au rameau herbacé, et le restituer à l'œil ou gemme à bois.

Il y a plusieurs moyens d'obtenir des brindilles ayant déjà une disposition fructifère.

Examinons ces moyens; nous verrons ensuite comment nous traiterons la brindille :

1° L'*absence de taille*. Pour ainsi dire forcée chez les arbres à tout vent (haute tige), elle ne saurait être recommandée ailleurs qu'exceptionnellement, lorsque les sujets sont trapus, réguliers, et d'une ramification facile, ou quand l'arbre, bien vigoureux, occupe l'emplacement qui lui est réservé, avec un équilibre parfait. Cet équilibre, du reste, se maintiendra mieux si l'on alterne l'absence de taille avec un retranchement bisannuel.

2° La *taille longue* des membres de charpente. En taillant trop long, les lambourdes manquent d'un talon lisse, et les yeux occupant la base du membre s'énervent promptement. Si l'on taille trop court, tous les bourgeons poussent tellement qu'il faut une surveillance continuelle et beaucoup d'habitude pour les contenir.

L'alternance d'une taille allongée avec une taille raccourcie, peut être recommandée aux mains inhabiles.

Dans tous les cas, il ne faut pas oublier de rectifier les inconvénients de chaque système, par l'éborgnage des yeux du sommet ou saillants et par l'ouverture de petits crans au-dessus de ceux qui boudent. Il est des variétés où les yeux de la base s'annulent si l'on n'y porte remède par le cran; telles sont : Beurré de Montgeron, Bon Gustave, Duc de Nemours, Monseigneur des Hons, Nec plus Meuris, Zéphirin Louis.

On connaît la longueur à donner à cette taille, en examinant chez l'arbre son mode de végéter. Si les ramifications latérales sortent librement et partout, on allonge la taille; sinon, on raccourcit.

3° La *taille printanière des brindilles*, au moment où la sève commence son évolution. Ce n'est pas la taille totale de l'arbre, mais seulement celle de la branche fruitière, car la branche à bois serait taillée dès l'automne. Rappelons-nous que la taille d'automne au moment où la sève entre en léthargie, est à l'avantage de la végétation à bois, et la taille printanière, au réveil de la sève, lui est contraire. Or, comme une bonne fructification ne doit pas faire dégénérer la végétation, nous acceptons une taille combinée, une taille en deux saisons.

4° L'*arqûre des rameaux* chez les arbres d'une vigueur excessive et trop longtemps stériles. On imprime aux sommités de la charpente une courbure en dehors, c'est-à-dire qu'au moment du repos de la sève, on arque ces rameaux dans une direction infléchie, et d'une façon assez régulière, sans confusion ; on les y maintient par un lien.

Nous ne les taillons pas ; mais il est indispensable de couper çà et là quelques brins superflus ou moins faciles à abaisser; la sève s'y dirige et s'y amuse en oubliant de déborder en gourmands sur le dos des courbes. Chez certains arbres fougueux, on doit tailler court les quelques branches de la tête au lieu de les arquer; la sève y dépensera son trop-plein.

Si l'on craint l'amaigrissement de la charpente, on n'arque pas la première série de branches inférieures.

Cette position gênée des rameaux fougueux les amène forcément à fruit, sans que le sommet annule la base. Une fois la lambourde constituée, on retranche la sommité des branches arquées, pour stimuler la végétation, et produire de plus beaux fruits.

On ramène ensuite l'arbre au traitement ordinaire, parce qu'une arqûre réitérée l'affaiblirait, et ne produirait que des lambourdes privées de bois lisse.

L'inclinaison des branches au-dessous de la ligne horizontale, produit un résultat analogue à l'arqûre et à la taille longue.

5° La *déplantation du sujet* rebelle à la production fruitière. On le déterre avec soin, on le soulève et on le replante ailleurs ou dans son trou, en renouvelant la terre autour des racines. Une taille légère serait appliquée en même temps à son branchage.

Si l'arbre ne se prête pas à l'extraction, on se contente de lui couper quelques grosses racines à 1 mètre du collet, ou mieux encore, on dégage, à l'automne, la terre qui entoure ces grosses racines, et on les recouvre seulement au printemps, après que l'hiver en aura durci les couches extérieures.

6° Le *greffage de boutons à fruits*. Cette opération intéressante a pour but de provoquer l'élaboration des brindilles fruitières naturelles à l'arbre, en même temps qu'elle décharge les sujets trop féconds et utilise des lambourdes sacrifiées.

En moins d'une année, on récolte du fruit sur un arbre qui n'en possédait pas la moindre apparence.

Le greffage se fait au déclin de la sève, au mois d'août, et au commencement de septembre. Il suffit que les écorces se soulèvent facilement, sans mouillure abondante, pour assurer la soudure du greffon. Plus tôt, la réussite est moins certaine.

Nous choisissons donc des boutons à fruits superflus pour les reporter par l'inoculation sur un arbre vigoureux qui en manque. Nous les enlevons avec leur support ligneux; la longueur du greffon varie alors entre 0m,02 et 0m,20; une longueur de 0m,06 à 0m,12 est celle qui se présente le plus souvent.

Le greffon est préparé et inséré sur le sujet, par le procédé de la greffe par inoculation de bourgeon ou de rameau.

On voit à la figure 1190 deux greffons préparés; le biseau (E, G) taillé vers le dos du greffon, occupe à peu près moitié de la longueur de celui-ci; la greffe se mariera plus intimement au sujet (F).

Fig. 1190. — Greffage de rameaux à fruits.

La ligature est strictement serrée partout, et recouvre le sommet de l'incision cruciale. Si, par le fait de l'épaisseur du greffon, il y reste un vide, on l'englue de boue, de mastic onctueux, ou bien on l'entoure d'une feuille d'arbre. Il est urgent de ne couper cette ligature que dans l'été suivant, après le nouage du fruit.

Quand l'occasion se présente, on opère comme pour l'écussonnage ordinaire (*fig.* 1190 *bis*). Le bouton à fruit est enlevé avec une plaque d'écorce et d'aubier (B), longue de plusieurs centimètres ; on se garde bien de lui soustraire la moindre esquille de bois ; il suffit d'en polir la surface interne pour en assurer l'adhérence, et de l'inoculer en C, sur le sujet (A). Au printemps suivant, tous ces yeux fleuriront et porteront fruit.

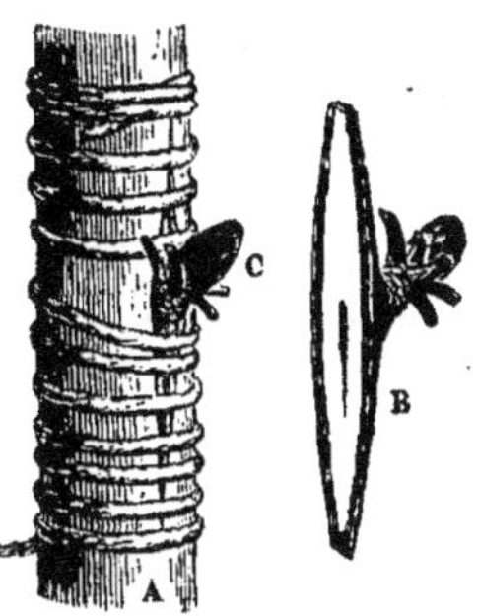

Fig. 1190 *bis*. — Greffage du bourgeon à fruit.

Il est à remarquer que ce genre de greffe est plus avantageux si l'on opère dans un centre de vigueur, à la base d'un gourmand ou d'un rameau terminal, voire même sur la jeune tige d'un sujet fougueux.

En apportant sur le même arbre des boutons de variétés différentes, chacun y produira les fruits de son espèce ; ils viendront presque toujours plus beaux que ceux restant sur l'étalon qui les aura fournis.

Le temps de l'écussonnage serait passé, que nous pourrions greffer en fente le bouton à fruit sur tronc de coursonnes latérales. On opère avant la chute des feuilles, et on évite de fendre le sujet de part en part.

La lambourde greffée peut vivre encore longtemps traitée comme une autre, ou se perdre après une couple de fructifications. Mais le fruit a dépensé une notable quantité de sève ; l'arbre est dompté, et il se couvre de ses propres boutons à fruits : le but est atteint.

7° L'*incision annulaire*. En enlevant un anneau d'écorce autour d'une branche, la partie restant au-dessus de la bague grossit au lieu de s'allonger; les yeux tournent à fruit. Ces fruits comparés aux autres du même arbre, nouent mieux, sont plus beaux, d'une saveur raffinée et plus précoces en maturité.

Le bon moment d'opérer est aux premières évolutions de la sève, ou immédiatement avant l'épanouissement des boutons floraux placés au delà.

Mais cette fraction de la branche est sacrifiée, et il est bien rare qu'elle revienne à l'état normal. Aussi n'inciserons-nous que les branches superflues, ou trop longues, ou destinées à être détruites.

La plaie se recouvre quand l'incision n'a pas une largeur exagérée ; la dimension est calculée sur le diamètre de la branche, entre 0m,0005 et 0m,01. Plus elle est ouverte, plus son effet est prompt, et plus elle devient difficile à cicatriser (1).

L'incision annulaire ou bague est ce qu'on appelle un procédé violent. Elle est moins nécessaire au poirier sur cognassier parce que le bourrelet de la greffe a déjà pour effet de modérer la sève.

Ces divers moyens que nous venons d'énumérer, ont donc pour résultat de prédisposer à la fructification les productions ligneuses qui garnissent la branche du poirier.

Nous ne voulons cependant pas donner trop d'importance aux systèmes violents qui devancent l'âge mûr de l'arbre. Une vieillesse anticipée hâte la fin du sujet et altère sa constitution.

Quel que soit le mode adopté, il serait impuissant chez un arbre soumis à la taille, s'il n'était complété par deux opérations directes qui arrêtent la brindille sur son jeune bois vif, et la forcent à préparer ses yeux à fruits.

Nous voulons parler du pincement et du cassement.

Chacune de ces opérations a ses partisans exclusifs et ses adversaires. A notre avis, c'est un tort. Nous les adoptons toutes deux, parce qu'elles se rectifient l'une l'autre, et de leur emploi mutuel, simultané, découle ce principe du traitement de la brindille : rupture successive et inégale du rameau fructifère.

On n'opère donc jamais tout d'une fois; on pince d'abord, on casse ensuite, puis on casse de nouveau et on pince encore.

La rupture du rameau, le retranchement de la sommité herbacée se fait vers la cinquième ou sixième feuille à partir du talon. Pour être plus exact, on devrait dire près du troisième œil, à la troisième bonne feuille. Nous appelons bonne feuille, celle qui possède un œil visible à son aisselle ; alors nous ne comptons pas les feuilles de dessous à pétiole maigre, n'accompagnant aucun gemme; ce sont pour nous de fausses feuilles ou mauvaises feuilles. Partant de ce principe, on pincera plus long les variétés qui pèchent par les yeux latents : Beurré Diel, Bon-chrétien d'hiver, Crassane, Doyenné Defais, Passe-Colmar, Soldat laboureur.

En moyenne, la longueur de 0m,08 à 0m,12, nous paraît être suffisante pour la partie restante; et chez une variété à feuilles distancées ou à gemmes latents, nous admettons 0m,15. Du reste, il est toujours plus prudent de pincer ou de casser long, l'inconvénient des retranchements courts étant d'annuler la brindille faute d'yeux formés, ou de la faire buissonner en ramilles stériles.

Les pincements et cassements longs sont obligatoires sur une brindille dont les yeux de la base renflent facilement; quand ils sont trop apparents, on évite toute section qui les forcerait à pousser en bois.

(1) Il y a une dizaine d'années, nous avons pratiqué une incision annulaire large de 0m,12 sur une branche de pommier ayant un diamètre de 0m,012. Contre toutes les prévisions de la science actuelle, la branche au lieu de mourir, fructifie tous les ans avec abondance. Ajoutons que les lèvres de l'incision ne se sont point rapprochées, et que l'aubier, mis à nu, subit les rigueurs du temps.

Avant d'opérer, disons une fois pour toutes, que les brindilles non solitaires sur le même empâtement, comme celles qui résultent de l'éborgnage seront ébourgeonnées; on garde le jet le moins fort, et on abat tous les autres, une brindille à large base se mettant difficilement à fruit.

Tout ébourgeonnement de la branche fruitière doit toujours supprimer les scions les plus forts.

Première taille de la branche à fruit. — Nous commençons par le pincement; il est d'abord appliqué aux brindilles du sommet qui se développent les premières; puis aux autres scions également bien placés.

Environ quinze jours après, les scions tardifs sont propres au cassement, ils ont 0m,15, on les rompt à trois bons yeux (ou cinq à six feuilles), et, ici encore, nous opérons à diverses reprises.

Ces deux genres de rupture ayant demandé à peu près un mois pour leur exécution, la seconde sève aura été prolongée, et nous arrivons ainsi en juillet-août pour nos nouvelles opérations.

Les premiers rameaux pincés (A, *fig.* 1191) ont produit quelques jets anticipés (B), nous les cassons à leur talon, dans la gorge du pincement (C); ceux qui seraient encore pleins de sève, seront rompus partiellement vers leur base (E), et cassés totalement à deux feuilles au-dessus (G). Cette fraction (F), brisée sur elle-même, empêchera la sève de débourrer les yeux fructifères.

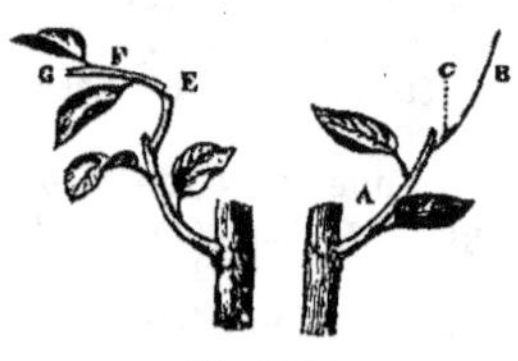

Fig. 1191.

Vient ensuite le scion (I), né du premier cassement sur les autres brindilles (H); celui-là, nous le pinçons à la troisième feuille, plus court s'il se montre tard, plus long si le futur bouton à fruit (K) est assez saillant (*fig.* 1192).

Fig. 1192.

Le point essentiel est de retenir sous sa tunique écailleuse le bouton destiné à fructifier et de ne pas le laisser échapper en tissu ligneux.

Pendant ce travail, on peut oublier de jeunes brins fluets, trop ligneux pour le pincement, trop dénudés pour le cassement : on les tord.

La *torsion* (*fig.* 1193) consiste à rompre la ténacité des vaisseaux en les cordelant, en les repliant sur eux-mêmes. On roule le rameau entre les doigts, à 0m,10 de sa naissance, de manière à lui imprimer au moins un tour sur lui-même; et au même instant, on en ramène le sommet vers la base par un demi-tour de haut en bas; on pince la sommité abaissée. La sève fatiguée par la strangulation des canaux, perd sa force et s'engourdit au profit de la fructification.

Maintenant, les rameaux oubliés au pincement ou à la torsion, et qui menacent de devenir gourmands, seront cassés en deux ou trois fois; d'abord en juillet à 0m,20; en août à 0m,15 et en août-septembre à $0^m,10$. S'ils sont nombreux et rapprochés, nous en recépons çà et là à l'épaisseur d'un décime (jadis on disait tailler à l'é-

Fig. 1193. — Torsion.

paisseur d'un écu ; c'est conserver à l'empâtement un menton épais de quelques millimètres), leurs yeux stipulaires se changeront en lambourdes.

D'autres brindilles fortes subiraient l'incision annulaire ou recevraient la greffe de bouton à fruit. En plongeant le couteau dans le cœur de l'empâtement, on tranche plusieurs vaisseaux, et la cicatrisation de la plaie fatigue leur vigueur.

Si des ramilles anticipées ont paru sur le rameau de prolongement, nous leur avons appliqué le pincement long en juin-juillet, ou le cassement long en août-septembre.

Il est bien entendu que nulle part, nous ne coupons les productions courtes ayant moins de $0^m,08$, disposées ou non à fructifier, à moins que nous n'y reconnaissions un rudiment de branche gourmande.

Chez les variétés excessivement fertiles, ou qui se couronnent volontiers d'un œil à fruit, nous modérons le retranchement en seconde saison, car il détruirait bon nombre de boutons à fruits.

On en rencontre comme le Bon-chrétien Gracioly, la Crassane, l'Épargne, la Marie-Louise, la Royale d'hiver, la Sylvange, la Virgouleuse, qui produisent de préférence au sommet des rameaux effilés, allongés, connus dans la pratique sous le nom de brindilles; nous en conserverons à chaque étêtage herbacé. C'est un puissant moyen de fructification applicable aux poiriers vigoureux, mais dangereux sur les sujets chétifs, quand il est poussé à l'excès.

Nos opérations herbacées étant finies, nous arrivons à la taille d'hiver.

Il faut bien nous garder de perdre, par une taille déraisonnable, le résultat des opérations d'été. L'une ne produit de l'effet qu'avec le concours des autres.

Ici comme là, nous emploierons un mauvais sécateur ; une mâchure de tissus, une plaie contuse encourageront l'affruitement mieux que la coupe vive de la serpette.

Si toutes nos brindilles ont été bien traitées en été, cette première taille en sec sera peu importante.

Déjà plusieurs productions courtes sont surmontées d'un bouton à fruit; nous n'avons pas à y toucher.

Tous les rameaux pincés ou cassés en vert, et munis d'un jet de deuxième saison, seront coupés immédiatement au-dessus du point de séparation des deux pousses. Il n'y a rien à retrancher si la seconde sève n'a donné qu'une production courte ; un cassement partiel à $0^m,08$ vaudrait mieux, si elle paraissait trop peu fructifère.

Les autres brindilles (X) manquant de ramilles anticipées resteront intactes sur leur tronçon ; et si la plaie (Y) est cicatrisée, nous la renouvelons pour éviter à l'œil (Z) une végétation contraire à la mise à fruit (*fig.* 1194).

Celles qui ont été tordues seront cassées à la main ou au sécateur, dans le nœud de la boucle ; quand elles sont trop largement empâtées, on les laisse dans cette position tourmentée, ou bien on les traite comme des gourmandes.

Quant aux longs rameaux ni pincés, ni cassés, nous les coupons à trois yeux ; on leur reconnaîtrait une disposition hostile à la production fruitière, qu'il faudrait les casser partiellement à trois yeux (N), et totalement à cinq yeux (O); cette

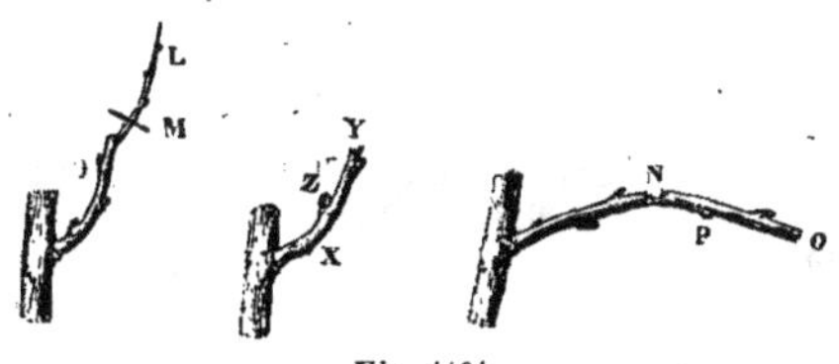

Fig. 1194.

sommité (P) de deux yeux rompue et pendante, épuisera le trop-plein de la sève (*fig.* 1194).

On pourrait encore dompter certains gourmands en tordant leurs tissus, comme on tord un osier.

Enfin, on observera que toutes ces tailles de brindilles devront leur conserver au moins un œil au-dessus des bourgeons à faire fructifier ; et ceux-ci étant à $0^m,05$ ou $0^m,08$ du talon, l'intervalle constitue le bois à écorce lisse recommandé pour la branche fruitière.

Deuxième taille de la branche à fruit. — Les opérations de seconde taille sont déjà modifiées ; nous n'avons plus cette série de jeunes brindilles apparaissant successivement. Le membre de charpente porte ses éléments de lambourdes, des tronçons de coursonnes fruitières; c'est sur eux que va se porter notre attention.

Plusieurs se couronnent au lieu de s'allonger, nous n'aurons plus à nous en occuper.

D'autres (A) vont donner plusieurs rameaux ; nous les ébourgeonnons pour conserver deux ou trois scions au sommet de la brindille ; ils recevront le traitement suivant :

Fig. 1195.

Pincement de l'un (B) à $0^m,06$, et plus tard, cassement de l'autre (C) à quatre feuilles. S'il en reste un troisième (D), ou s'il arrivait imprévu, nous n'y toucherions pas jusqu'à nouvel ordre. Il serait considéré comme appelle-sève, et nous nous en occuperons tout à l'heure.

Si un seul jet naît sur la brindille, on le pince à $0^m,10$; et si plusieurs ramifications voisines sont dans le même cas, on varie les retranchements : pincement long avec cassement court et réciproquement.

Les ramilles anticipées sur les rameaux pincés ou cassés seront tenues courtes, sauf quand les boutons à fruits placés au-dessous, sont déjà bien renflés.

Les jets qui viennent en tête des dards, seront ébourgeonnés, sinon rasés en vert ; ils sont plus nuisibles qu'utiles.

Nous avons omis le cas où deux scions n'apparaîtraient pas en même temps sur la brindille ; le premier serait rompu à 0m,10, et plus tard le second à 0m,20 ; celui-ci aurait joué le rôle d'appelle-sève.

Par ce mot *appelle-sève*, nous désignons des rameaux herbacés (D, *fig.* 1195) d'une bonne vigueur, que nous laissons disséminés sur le membre de charpente pour attirer la sève dans leur voisinage, et en absorber les éléments ligneux, tandis que les éléments fruitiers (si l'on peut s'exprimer ainsi) se maintiennent dans les brindilles.

En étêtant à la fois tous les scions qui se montrent, on travaillerait contre la fructification.

L'appelle-sève est le gouvernail de la branche fruitière ; son action s'étend sur un entourage de 0m,35 environ ; nous en conserverons donc sur chaque membre de charpente, à tous les 0m,35.

Nous commençons par les laisser pousser librement, sauf à retenir par un pincement long ceux qui s'emportent outre-mesure. Vers le mois d'août, nous procédons à leur cassement, en les rompant l'un après l'autre pendant trois ou quatre semaines.

La rupture porte d'abord sur les sujets moins vigoureux, et sur les parties de l'arbre où la sève abonde. On agit par intermittence sans priver brusquement un membre de tous ses appelle-sève.

On coupe ces exutoires à trois yeux ; huit jours après, on en casse d'autres, toujours parmi les plus vigoureux ou branchus. On continue ainsi, et on arrive à leur extinction dans le cours de septembre, quand la sève à son déclin ne saurait faire irruption, ces regains de végétation étant généralement désastreux.

Le tronçonnement de ces tire-sève serait également varié par le recépage à l'épaisseur de 0m,002 ou par un cassement partiel en deçà du cassement définitif.

L'année suivante, leurs pousses seront ramenées au traitement ordinaire, et d'autres les remplaceront dans leurs fonctions.

A la taille d'hiver, nous aurons moins à retrancher par le fait de la taille en vert précédente, et le début de la fructification.

Nous rompons à deux yeux les rameaux nouveaux sur les brindilles simples ; et nous retranchons net ceux qui surmontent les dards ou brindilles courtes.

Une fois qu'elle a produit, la brindille (*fig.* 1196) proprement dite (L) est rabattue sur la première bourse (M), les boutons (N) n'ayant point encore produit. On réduit le nombre de ces brindilles à mesure que la fructification augmente (*fig.* 1196).

Nous varions la longueur de la taille sur les coursonnes multiples composées de deux ou trois rameaux au plus ; l'un est rompu à quatre yeux, l'autre est tenu plus court, et le troisième laissé intact s'il est faible, autrement on l'enlève.

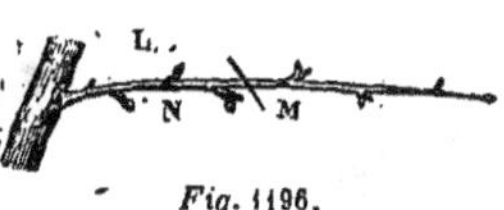

Fig. 1196.

Le tronçon des appelle-sève est rompu partiellement, en le faisant craquer entre la serpette et le pouce, ou par la pression en sens inverse des lames du sécateur. On anéantit leur germe de gourmand.

Dernières tailles de la branche à fruit. — Les opérations d'été diffèrent à peine des précédentes ; la concentration des sucs nourriciers vers la poire enlève au rameau son excès de vigueur ; il ne faut pas nous en plaindre.

Nous surveillerons les scions qui naissent dans les brindilles ramifiées, pour les ravaler quand le pincement court n'est plus possible.

Les appelle-sève sont d'autres rameaux que ceux des années antérieures ; la continuation des mêmes créerait des gourmands et des désordres dans la charpente.

Ces écluses naturelles devront être plus fréquentes ou plus rapprochées en proportion de la fécondité. On calcule de soixante à quatre-vingts tire-sèves pour un poirier en espalier ayant 3 ou 4 mètres d'envergure.

Dès la mi-septembre, après leur ravalement, on fait une taille en vert partielle, en opérant d'abord sur les brindilles ayant les yeux moins saillants.

Ici encore, on agit avec modération et à plusieurs reprises ; une taille successive et incomplète évite une disparition violente de feuillage, et la perte du bouton à fruit.

On aura le soin d'opérer environ quinze jours avant ou après la récolte du fruit, suivant que la cueillette est précoce ou tardive.

C'est une espèce de taille préparatoire et non définitive, faite également de manière à mâcher le rameau au lieu de lui laisser une coupe nette comme en réclame la branche à bois.

Parmi les opérations d'hiver en plus de celles primitivement indiquées, nous aurons : 1° La suppression du petit chicot occasionné par le cassement ; cette suppression ne doit avoir lieu qu'après la floraison du bouton supérieur, si elle est faite contre lui (un œil à bois conservé au-dessus d'un bouton à fruit est toujours avantageux) ;

2° L'enlèvement à la serpette de la partie spongieuse de la bourse, ayant adhéré au pédoncule de la poire ;

3° Le rajeunissement des coursonnes vieilles ou épuisées, trop longues ou trop compactes. On les taille par-ci, par-là, sur leur bois ridé ; chaque année, on leur enlève une couple de fragments, pour éviter une ablation radicale.

Cette suppression partielle s'applique encore aux lambourdes nombreuses qui ruinent un sujet délicat ; on fait en sorte que de jeunes brindilles et des appelle-sève les remplacent pour exciter une vigueur nouvelle.

Quand, au contraire, un arbre ayant garni la place qui lui était réservée, continuera à pousser vigoureusement, nous laisserons vers le sommet de la charpente des scions vigoureux, ni pincés, ni cassés, mais recépés à chaque taille d'hiver. Ce seront des canaux de décharge où la sève folle ira se perdre, et la vigueur n'enrayera plus la fructification.

A cette période, nous pourrons souder par la greffe en approche la sommité des rameaux de charpente l'une à l'autre, ce qui nous garantira leur équilibre.

Pour terminer, nous dirons qu'on supplée aux brindilles manquantes, au moyen de la greffe en approche avec un scion voisin ou par la greffe de rameau inoculé aux endroits dégarnis (*fig.* 854).

Enfin, nous croyons devoir recommander encore d'essayer soi-même les diverses méthodes d'affruitement et d'en observer la marche. En arboriculture, tout est relatif; et la leçon qu'on se donne soi-même est celle qui profite le mieux.

De la fructification du poirier. — Suivons les phases de la fructification du poirier au point où les opérations d'hiver et d'été l'ont conduite.

Le gemme, amené par la force des choses successivement à l'état fructifère, se distingue assez facilement.

A sa deuxième année, il s'est émoussé, il ne veut plus s'allonger; son enveloppe pelliculaire est mieux rembourrée, précaution de la nature pour garantir les organes de la reproduction, et plusieurs feuilles l'accompagnent sans œil apparent à leur aisselle, afin de concentrer sur lui seul la nourriture qu'elles élaborent.

L'année suivante, il est à fruit ou bien il complète ses préparatifs. Son support s'est augmenté de quelques rides, en raison du nombre des feuilles qui l'entouraient; ses écailles passent des tons bruns au jaunâtre et au cendré; la rosette de feuilles porte à cinq, six ou sept, le chiffre de ses nourrices; c'est désormais un fait accompli.

La véritable fructification sur laquelle nous pouvons compter ne doit pas commencer avant que la charpente du branchage soit bien assise. Le hasard, la fécondité de la variété, une faiblesse du sujet, ont pu donner lieu à un certain nombre de bourgeons à fruits; notre prévoyance saura en faire justice, si nous ne voulons pas voir notre arbre s'épuiser avant l'âge. On supprime les boutons superflus en les tranchant à moitié, ou bien en coupant les fleurs sur leur pédicelle lors de l'épanouissement.

On ne doit pas oublier que la force d'un arbre est dans la vigueur de son branchage, et sa faiblesse dans la quantité de ses fruits. Une jouissance prématurée ne s'obtient qu'aux dépens de l'avenir.

Pincement de la fleur du poirier. — Nous arrivons au moment de la floraison du poirier.

Parlons ici d'un procédé qui aide à la fécondation de l'ovule et au grossissement du fruit; c'est le pincement des fleurs du poirier.

Nous désignons ainsi la suppression au moment de l'épanouissement des corolles, des deux ou trois fleurs placées au centre de chaque bouquet; les trois ou quatre fleurs de la base sont conservées.

Mieux que les doigts, les ciseaux employés à ciseler le raisin conviennent pour ce travail.

Nous avons fait, à cette occasion, une expérience comparative sur une ligne de Beurré Clairgeau fructifiant depuis trois ans. Les bouquets privés de leur faisceau central ont donné les plus grosses poires; ceux qui n'ont pas été touchés en ont produit d'un peu moins belles; enfin les petites sont venues là où la corolle du milieu fut conservée, et celles qui l'entouraient, supprimées.

Cette expérience faite sur la même variété, dans des conditions parfaitement identiques, nous semble assez concluante pour recommander le pincement du groupe de fleurs occupant le sommet du bouquet.

Répétée sur le pommier, la même opération a favorisé le nouage du fruit.

Peut-être le pincement de la fleur du poirier sera-t-il moins urgent avec des variétés qui produisent par trochets, ou munies d'un long pédoncule, ou qui sont peu sujettes à couler (1).

Soins à donner au fruit sur l'arbre. — Une trop grande production agglomérée sur un même point serait aux dépens de la grosseur, de la beauté, de la qualité des fruits; il convient d'en restreindre le nombre aussitôt que les accidents de température paraissent improbables, c'est-à-dire quand la poire a la grosseur d'une petite noix.

Nous supprimons les fruits surabondants en les coupant sur leur pédoncule, dans les groupes compactes, sur les branches malingres, au sommet des membres de charpente, partout enfin où nous les jugeons superflus ou compromettants.

Cette suppression est obligatoire chez les variétés à gros fruits, et pour ainsi dire inutile chez les variétés à petits fruits. Celles dont le fruit persiste plus longtemps sur l'arbre l'exigent de préférence, parce que l'arrêt de la sève suivant de près la récolte du fruit, l'arbre n'aurait plus le temps de regagner les forces perdues.

Ainsi, nous enlevons plus de fruits aux races volumineuses et tardives qu'aux autres.

On retranche, bien entendu, les exemplaires chétifs, mal conformés, véreux.

Quand un fruit, à l'âge adulte, est piqué par un insecte et recèle un ver, il faut, aussitôt qu'on s'en aperçoit, détruire ce ver en faisant pénétrer par l'orifice de sa galerie, un objet effilé, flexible comme un pétiole de feuille assez raide, un fil de métal, une aiguille d'argent courbée, etc.; la plaie se cicatrisera.

Les fruits véreux qui tombent, seront écrasés ou brûlés. Les laisser joncher le terrain ou les jeter au fumier, c'est encourager la métamorphose de la larve, et partant, la multiplication de l'ennemi.

Aussitôt que le nouage du fruit est assuré, on soutient les branches trop chargées au moyen de supports ou de liens.

(1) Il paraîtrait, d'après des essais rappelés par M. Joigneaux, qu'en brûlant de la paille mouillée ou du foin mouillé dans le voisinage des arbres en fleurs, et de façon à ce que la fumée touche un peu ces fleurs, on facilite la fécondation.

Le soir des journées chaudes, on bassine le branchage des sujets portant fruits, en projetant l'eau avec l'arrosoir à pomme, la pompe-seringue ou la pompe à main. La mouillure doit commencer après la défloraison et le nouage; elle est renouvelée tous les quatre ou cinq jours. On cesse par un temps doux ; on continue si la sécheresse revient ; on recommence lorsque la poire est aux deux tiers environ de sa grosseur.

Cet arrosage, réclamé dans une situation chaude, est combiné avec le paillis et le labour superficiel du sol.

L'effeuillage autour d'un fruit pour augmenter sa saveur et son coloris, doit être modéré, graduel et incomplet, surtout pour les variétés mûrissant de bonne heure. On ne commence guère avant que le volume du fruit soit arrivé, ou lorsque son épiderme change de nuance. Un effeuillage trop prompt, brusque ou rigoureux, produit un résultat tout opposé à celui qu'on attend, et surtout contre un espalier au soleil.

Nous arrivons au moment où la chute des fruits est à craindre. Pour en préserver les plus précieux et situés à portée de la main, on les retient à l'avance, à l'aide d'un gros fil passé en lacet courant autour de la queue, et attaché sous la bourse ou sur une branche voisine. Quand le fruit se détache, il reste suspendu au lieu de tomber et de se meurtrir. Ce soin paraîtra peut-être bien superflu; mais on s'en occupe en se promenant, et on ne s'en repent jamais.

Quoique la grosseur exagérée d'un fruit se fasse au détriment de sa qualité, on n'en est pas moins désireux de récolter de grosses poires.

Parmi les moyens naturels d'augmenter leur volume, nous rappellerons le greffage du sujet sur cognassier, la brindille courte, une juste répartition du contingent de fruits, proportionnée à la vigueur de l'arbre, les bons soins de culture et d'entretien.

En fait de moyens exceptionnels, nous citerons les principaux, sans leur attribuer plus d'importance qu'à une fantaisie d'amateur :

1° Le greffage en approche d'un rameau herbacé sur la bourse et même sur le pédoncule du fruit, arrivé à moitié de sa grosseur; ce rameau apporte une nourriture supplémentaire.

2° Le maintien de la poire dans une position horizontale ou redressée, l'œil en l'air, empêche le vent d'oblitérer les canaux séveux du pédoncule, désormais immobile.

3° Le lavage de la peau avec une dissolution de sulfate de fer, en faible proportion (1gr 1/2 de couperose verte par litre d'eau), le soir, après le coucher du soleil, est favorable. On commence lorsque le fruit est au quart de son développement, et on renouvelle le lavage tous les quinze jours, en s'arrêtant cinq semaines avant sa récolte ; il faut une grande habitude pour ne pas se tromper.

4° L'incision annulaire pratiquée au-dessous de la lambourde au moment de la floraison, est à conseiller (page 523).

5° Le greffage du bouton à fruit l'est aussi.

Nous ne parlons pas de la castration du fruit ; nous l'étudions.

Pour accentuer le coloris d'un fruit à pepin, on le mouille par la chaleur, avec une éponge imbibée d'eau fraîche. La partie humectée prend une teinte plus brillante.

Un fruit mal conformé peut être rendu à l'état normal au moyen de légères incisions pratiquées sur la partie difforme.

Nous ne nous étendrons pas sur la mise en carafe d'une poire à son premier âge ; (la fiole étant retenue à l'arbre, le fruit y grossit, et après la récolte plus d'un curieux en est étonné); ni sur l'empreinte de figures, de mots sur l'épiderme, en y collant un parchemin ou un papier découpé, selon le dessin à reproduire ; le soleil fait le reste.

Ce sont des récréations comme la gravure d'arabesques sur une courge avec la pointe d'un couteau.

Récolte des fruits du poirier. — La récolte des poires est assez difficile à préciser; elle est comme la majorité des opérations horticoles, subordonnée à diverses circonstances; et l'on se trompera moins après des essais et des tâtonnements raisonnés.

Nous allons cependant exposer quelques données générales, bonnes à connaître.

Un fruit sera cueilli de bonne heure dans un terrain chaud, aéré, exposé à tous vents, ou dans une position longtemps frappée par le soleil, ou encore lorsque la sécheresse de l'été s'est prolongée, et quand l'arbre souffre.

On cueille plus tard sur un arbre vigoureux, ou conservant bien son feuillage dans les situations abritées, fraîches, et à la suite d'une saison pluvieuse.

Ce raisonnement nous conduit à cueillir d'abord les fruits venus sur les vieux arbres ou en espalier au midi ; et en dernier lieu, ceux de la tête du sujet, qui sont moins visités par le soleil.

Un fruit peut être détaché de l'arbre quand il a acquis son développement. Nous le reconnaissons à son épiderme qui devient plus clair à l'opposé de l'insolation, et au sillon plus prononcé où le pédoncule tient à la bourse ; les deux parties veulent se disjoindre. Une fois détaché, le fruit ne grossit plus, mais les nuances de sa robe sont susceptibles de changer et les sucs intérieurs de se modifier.

Un moyen mécanique de reconnaître un fruit dont la cueillette presse, c'est de placer sa main vers l'ombilic de la poire et de la balancer légèrement ; on voit si la queue est encore bien soudée à la branche.

La cueillette sur un arbre étant successive et non instantanée, nous effeuillons, à chaque récolte partielle, les fruits que nous réservons pour la suivante.

Les poires d'été demandent à être entrecueillies, c'est-à-dire récoltées plusieurs jours avant leur complète maturité ; elles sont meilleures et passent moins vite. Déjà leur épiderme prend une teinte plus claire, plus diaphane ; celles qui sont moins bien venues, les véreuses, les plus hâtives, commencent à tomber : c'est le moment de procéder à la cueillette.

Le temps de la maturation des poires d'été

étant assez court, il est convenable de ne pas récolter la même variété en un jour.

Nous opérons en deux ou trois fois, à six ou huit jours d'intervalle; il va de soi que nous laissons à chaque opération, les fruits verts et bien adhérents à l'arbre.

Les poires d'automne sont aussi l'objet d'une cueillette intermittente, qui dure trois semaines ou un mois, afin de prolonger nos jouissances.

Elles tiennent le milieu entre celles d'été et celles d'hiver, quant au mode d'agir à leur égard.

Quelques variétés, comme Van Marum, ont le défaut de tenir à l'arbre en accomplissant leur maturation, et par suite d'y blettir si l'on n'y prend garde; elles ont souvent un pédoncule bourrelé, faisant corps avec la branche.

On choisit le moment où leur partie charnue, qui avoisine le pédoncule, commence à devenir quasi-transparente, et on les enlève en rompant directement le pédoncule sur la bourse, ou en s'aidant d'un couteau.

Les poires d'hiver sont cueillies les dernières. On observera ce principe de cueillir tard celles qui tiennent davantage à l'arbre; et comme il y a un terme à toute chose, la cueillette doit être terminée à la chute des feuilles du sujet.

Il ne faudrait cependant pas que cette chute de feuilles fut provoquée par une gelée blanche; car un fruit d'hiver qui se conserve sain plus longtemps, et devient meilleur quand il est cueilli tard, se garderait moins ou perdrait en qualité s'il était saisi sur l'arbre par les premiers froids.

Cueilli trop tôt, un fruit se ride avant le terme; cueilli trop tard, sa chair tourne au pâteux; et d'une façon ou de l'autre, la saveur est nulle.

Nous avons remarqué que parmi les poires d'hiver, celles qui ont un épiderme fin ou jaunâtre, comme Fondante de Noël, Joséphine de Malines, Passe-Colmar, Prévost, demandent à être cueillies les premières; viennent ensuite les peaux plus fermes ou verdâtres comme Colmar Delahaut, Doyenné d'hiver, Jaminette, Vauquelin, Tardive de Toulouse.

Enfin, celles à épiderme rude ou grisâtre B. Bretonneau, Commissaire Delmotte, Fortunée, Madame Millet, Nouvelle Fulvie, Passe Crasanne.

Pour la cueillette des produits de chaque saison, la chute naturelle des fruits par un temps calme, est encore le meilleur indice à observer.

Quant à préciser l'époque, la variation des climats s'y oppose.

Admettons toutefois pour les variétés ne mûrissant pas sur l'arbre, une période de la fin de septembre à la deuxième quinzaine d'octobre inclusivement, la saison des vendanges.

Après ces données d'ensemble que l'on rectifiera soi-même, à la suite d'observations personnelles, voyons un peu comment on récolte un fruit.

La récolte des fruits se fait par un beau temps, après que la rosée du matin a disparu, avant que celle du soir soit produite; de dix heures du matin à quatre heures du soir.

Pour les dernières récoltes, il vaut mieux devancer la besogne quand on prévoit les bourrasques ou les pluies, car, à l'automne, les journées chaudes deviennent rares. Les fruits qui tombent forcément par le vent ou naturellement par le retard de leur récolte, reçoivent des blessures qui les déprécient ou les font pourrir avant leur maturité.

Il nous faut pour la cueillette sur les pyramides et palmettes déjà hautes, une échelle à double versant, qui, du reste, nous est indispensable pour les travaux de taille; une échelle simple suffit aux espaliers.

Mais, pour les fruits difficiles à saisir, nous acceptons l'instrument appelé cueille-fruit, d'un modèle qui évite le froissement de la peau et la rupture de la queue.

Le pédoncule de la poire est comme la fleur de la prune; arrachez l'un, souillez l'autre, vous n'avez plus ce beau produit intact qui plaît à la vue; il ne vous reste qu'un objet digne de satisfaire un appétit glouton.

La manière de cueillir une poire, consiste à la maintenir avec une main, sans la presser, tandis que l'autre main la sépare de la branche, à la jonction du pédoncule sur la bourse.

Conservation des fruits. — Une fois cueillis, nous plaçons les fruits doucement, sans secousse, dans un panier assez large et peu élevé qui puisse en contenir environ trois lits superposés. Au fond, on met une couche de feuillage, d'étoffe repliée, de sciure ou de mousse sèche, pour amortir la rudesse de la maille.

Nous les portons ainsi, dans une chambre quelconque, un hangar, un grenier, un cabinet de jardin ou tout autre endroit sec, éclairé, aéré, quoique abrité de l'action directe des rayons solaires et percé de fenêtres ouvertes la nuit. Nous y déposons les fruits avec précaution sur de la paille bien sèche, sur des tablettes ou sur des claies. La paille trop dure serait remplacée par la menu-paille et l'herbe sèche.

Les poires d'été et celles d'automne pourront y accomplir leur maturation. L'expérience nous a démontré que leur chair devient plus sucrée, leur parfum plus prononcé que si nous les laissions mûrir dans un endroit sombre ou frais.

Les poires de garde, qui mûrissent depuis la fin de l'automne jusqu'au printemps, séjourneront dans ce fruitier préparatoire à peu près deux semaines pour y *jeter leur feu*, ou plutôt y perdre une partie de leur eau de végétation. De là, elles seront transportées à la fruiterie, dite fruitier, qui, le plus souvent n'est autre chose qu'une cave, un cellier, une grotte ou un caveau.

Une glacière prolonge étonnamment la conservation des fruits; mais dès leur passage en plein air, ils se détériorent et deviennent impropres au moindre usage.

On peut consacrer à ce genre de conservation, une pièce, chambre ou cellier, exempte d'humidité, sombre, d'une température uniforme, où le thermomètre ne descende pas au-dessous de 6°.

L'excès d'humidité serait combattu par un dépôt de chlorure de calcium dans un récipient plombé; l'humidité le liquéfie et le fait couler dans un vase placé au-dessous.

Si son action faisait rider le fruit, on se hâterait de le retirer; on le renouvellerait au contraire, si l'humidité persistait.

Quand on manque d'un bâtiment spécial pour loger ses fruits, on les met dans des caisses en bois blanc, assez plates pour ne contenir qu'un lit de poires.

Ces caisses empilées l'une sur l'autre, sont munies de tasseaux sur les côtés pour faciliter leur transport, et les soutenir en tas.

On les place de cette façon à la cave ou au grenier, une boîte couvrant l'autre, et la dernière recouverte de planches.

Pour éviter les maniements inutiles, les piles se composent de variétés mûrissant à la même époque; les casiers renfermant les plus tardives, sont mis en dessous.

Que l'on adopte les caisses fermées ou les tablettes découvertes, on n'y rentre les fruits qu'après leur séjour d'attente qui les dispose à la conservation; et on tapisse le fond des cases de mousse sèche ou menues pailles, de sciure de bois, de déchets de coton, ou de toute autre matière non susceptible d'engendrer la moisissure ni la fermentation.

Le bois lui-même, formant le fond, doit être sain et doux, sans quoi, il ne vaudrait pas un fort treillis ou une claie.

Nous y plaçons les fruits un par un, sur leur ombilic, sans les tasser ni les superposer.

En les groupant par sortes étiquetées et classées dans l'ordre de leur maturité, nous en facilitons la surveillance.

Les amateurs soigneux favorisent la conservation des poires cueillies de bonne heure, en couvrant l'extrémité rompue du pédoncule avec de la cire fondue.

Enfin, faut-il ajouter que les échantillons meurtris, piqués, offensés, seront mis à part, et employés promptement à l'office.

Maturation du fruit. — La maturation d'un fruit, est pour ainsi dire son acte suprême; c'est la phase attendue par le consommateur pour en savourer la pulpe, et par le reproducteur qui sème la graine du fruit mûr.

Par suite d'un travail naturel, la poire à l'intérieur élabore tous les principes qu'elle renferme.

Cette action s'accomplit plus promptement chez les fruits qui mûrissent sur l'arbre, et plus lentement chez ceux qui mûrissent après la récolte.

A l'extérieur, la maturation d'une poire s'annonce par un changement de teinte dans l'épiderme; le fond devient plus jaune, la teinte s'éclaircit, et les couleurs de l'insolation gagnent en vivacité; un parfum inusité s'échappe autour d'elle. Dès lors, il ne faut plus la perdre de vue; elle arrive en maturité. La maturité est le point extrême de la maturation; au delà, c'est la décomposition, et par conséquent, un fruit est rarement bon une fois la maturité passée. Au cas d'insuffisance de ces signes, on peut, avec beaucoup de ménagement, consulter le fruit avec le pouce auprès du pédoncule; s'il cède à une légère pression, il est bon à prendre.

D'aucuns, comme Beurré Diel, Figue, chez qui la maturation s'accomplit lentement, restent plus longtemps en bon état; d'autres comme Nouveau Poiteau, Sylvange, ne sauraient attendre que leur épiderme s'éclaircit; leur goût serait passé.

On évitera de fatiguer le fruit par des attouchements fréquents; la chaleur de la main produit un fâcheux effet sur son épiderme et le macule de taches roussâtres qui se répètent à l'intérieur.

La consommation d'une poire doit suivre son état de maturité, ou sa sortie du fruitier; le changement de température hâte la décomposition de sa chair.

Insectes et maladies du poirier. — *Insectes du poirier.* — L'existence des insectes est aussi ancienne que celle des arbres; et cependant nous ne connaissons guère leurs mœurs, afin de les détruire plus sûrement.

C'est dommage que l'entomologie qui les classe n'ait pu encore nous armer pour les combattre.

Il y a, dit-on, plusieurs centaines d'insectes différents qui tourmentent le poirier. Dans notre ignorance, nous ne pouvons que signaler les principaux sous leur nom vulgaire.

D'abord, guerre aux *papillons* et aux *chenilles* par un échenillage très-suivi qui écrase ou brûle l'insecte à l'état d'œuf, de larve, ou de chrysalide.

Devant l'impossibilité de saisir la *pyrale*, qui dépose un ver dans le fruit, nous broyons, nous jetons au feu toutes les poires véreuses qui tombent avant le terme; le germe de la reproduction de l'insecte est éteint.

On agit de même à l'égard de la *cécydomie des poirettes* qui remplit de ses larves la poire à son premier âge.

Nous avons le *cephus compressus* ou *pique-bourgeon* qui sonde en spirale l'extrémité des jeunes scions pour y déposer un œuf; il en résulte un ver séjournant dans l'étui médullaire. Nous retranchons la sommité fanée au-dessous de la piqûre; l'œuf n'éclora plus dans un tissu desséché.

Mais le *coupe-bourgeon* ou *rhynchite conique* (page 97, t. II), également nuisible, déposant sa ponte dans l'extrémité qui va se dessécher, il est préférable de jeter au feu ou à l'eau, toutes les sommités attaquées.

Le *kermès*, qui se rencontre principalement sur les espaliers, au nord de constructions élevées, nécessite l'entretien du mur et des treillages. Comme il paraît être collé sur la branche, les frictions sauront le détruire. Pendant le repos de la sève, on frotte l'écorce infestée avec une brosse à poils courts, trempée dans l'eau ordinaire. Si l'insecte est assez nombreux, pour que l'écorce du sujet en soit fatiguée, on peut racler les premières couches d'écorce avec une serpette, dans une situation ombragée; puis on recouvre le liber mis à nu au moyen d'une bouillie onctueuse, froide et non siccative. L'eau employée aux frictions destructrices pourrait être additionnée de savon noir, d'eau de lessive, de benzine, de décoction de tabac ou autres plantes fortes.

Le *tigre*, petite race ailée qui se loge sous la feuille du poirier, est plus difficile à détruire, parce qu'il exige le lavage du revers de la feuille;

cependant on en détruit les œufs par la friction hivernale des branches où ils sont déposés.

L'insecte parfait se montrant plustôt sur les espaliers, il serait facile de couvrir l'arbre avec une toile, et de pratiquer en dessous une fumigation de tabac qui asphyxie tigre et puceron.

Il convient de bassiner l'arbre ensuite une ou deux fois avec une dissolution de sulfate de fer (1 gramme par litre d'eau).

On rencontre parfois une sorte de *larve-limace*, (*fig.* 811, p. 107, t. II), de petites sangsues, à corps visqueux, rongeant le parenchyme des feuilles du poirier comme celles du cerisier ou du saule. Il faut avoir la patience de l'écraser avec les doigts, quand la projection de chaux ou de cendre est inefficace. On arrose ensuite le feuillage pour le débarrasser de tout corps étranger.

On ne négligera pas d'écraser les coléoptères ou leurs larves qui annulent les boutons à fruits, *l'apion pomona* (*fig.* 785) qui perce la base du bouquet floral, *l'anthonomus pomorum* (*fig.* 786) qui dépose sa ponte sous l'écaille du bouton fructifère.

Les larves qui vivent à l'intérieur du bois seront traquées dans leurs galeries et asphyxiées par la fleur de soufre brûlée à l'orifice, ou percées avec un fil de métal.

En ayant soin de cultiver la terre au pied des arbres, de racler les vieilles écorces, les mousses, d'enlever les écailles corticales où se cachent des myriades d'ennemis, on s'oppose à leur multiplication, à leur envahissement.

Maladies du poirier. — Les maladies sont assez faciles à éviter par les moyens préventifs. Le choix du sol, de la situation, les bons soins de culture, sont les premières conditions à observer pour entretenir la santé de l'arbre.

Il arrive néanmoins quelques déceptions; on se hâte alors de recourir aux remèdes curatifs.

La *jaunisse* que l'on reconnaît à la nuance citronnée du feuillage, demande un renouvellement de terre autour des racines. Si l'arbre est encore jeune, on le déplante, pour le replanter en meilleure condition, dans le même endroit ou ailleurs.

A part les amendements déjà connus, on emploie le sulfate de fer au début de la végétation. On arrose le sol qui couvre les racines avec une eau contenant une dissolution de 10 grammes de sulfate de fer par litre d'eau.

On agit en même temps sur la partie aérienne de l'arbre souffrant, en l'aspergeant, le soir ou par un temps couvert, avec une eau contenant 1 ou 2 grammes de sel de fer par litre d'eau.

La *brûle* ou desséchement des sommités des rameaux exige aussi un renouvellement de nourriture. Si les racines sont malades, on applique une taille longue à l'appareil radiculaire pour lui faire émettre des suçoirs nouveaux dans une terre nouvelle; s'agit-il de maintenir l'équilibre, les branches subiront un retranchement analogue.

On sait que les terrains très-humides exigent la plantation des arbres à fleur du sol ou plus élevés que son niveau.

Les substances amendant le sol, seront d'une nature saine, excitante et non sujettes à fermenter : cendres, suie, fleur de soufre, os, corne, plâtras, etc.

Le *chancre* sera cerné et raclé au vif, puis recouvert d'un onguent.

Quand le mal ronge tout le périmètre de la tige, on plantera à côté de l'arbre deux sujets assez grands pour être greffés en approche, audessus du chancre. Ils créeront ainsi de nouveaux canaux alimentant l'arbre au delà de la plaie. Si l'arbre possédait lui-même des branches au-dessous, nous les utiliserions en les soudant de même sur la tige à quelques centimètres plus haut que l'ulcère.

Avec de l'attention, on peut sauver un arbre condamné par la force du mal.

Les *animaux rongeurs*, tels que rat, loir, mulot, lérot, seront pris au moyen de piéges, ou empoisonnés avec de la pâte phosphorée étendue sur des croûtes de pain placées sur leur passage.

Les *cryptogames* qui maculent les feuilles ne résistent guère à l'action de la fleur de soufre projetée à temps sur les parties attaquées par le champignon.

CHARLES BALTET.

CHAPITRE XXXI

(SUITE DES MÉLONIDES)

DU COGNASSIER OU COIGNASSIER (PYRUS CYDONIA), LINN, ET DU SORBIER.

Le cognassier cultivé appartient à la famille des Pomacées. On le croit originaire de l'île de Crète; de là le nom de Cydonia (aujourd'hui *Candie*) que lui ont donné les botanistes. Bien que la saveur astringente de ses fruits ne permette pas de les manger crus et qu'ils ne soient même pas recherchés quand on les fait cuire purement et simplement, ils n'en ont pas moins un grand mérite que nous nous attacherons à faire ressortir en parlant de leur emploi. C'est pour cela que nous maintenons le cognassier parmi nos arbres fruitiers.

Espèces et variétés. — Nous cultivons deux espèces de cognassier pour leurs fruits : le cognassier commun (*cydonia vulgaris*), et le cognassier de Portugal (*cydonia lusitanica*). La première de ces espèces comprend deux variétés :

Fig. 1197. — Cognassier de Portugal.

l'une a le fruit arrondi un peu en forme de pomme; l'autre a le fruit allongé en forme de poire. Les fruits du cognassier de Portugal sont allongés, un peu côtelés, plus gros, moins graveleux, moins acerbes que les coings communs. L'arbre est plus vigoureux, plus élevé, moins tortu, mais aussi plus sensible au froid que le cognassier commun.

C'est le cognassier de Portugal que nous rencontrons le plus ordinairement dans nos jardins; le cognassier commun se trouve relégué dans les vergers négligés ou vers les contrées du Nord.

Climat et sol. — Quoique originaire des pays chauds, le cognassier n'est pas aussi sensible aux climats rigoureux qu'on pourrait le croire. Nous l'avons cultivé dans l'Ardenne belge. Il ne s'y plaisait guère, nous en convenons; ses rameaux de l'année ne s'y aoûtaient pas d'ordinaire jusqu'à l'extrémité, et tous les ans nous devions rabattre les parties gelées; mais il n'en est pas moins vrai que les fruits s'y développaient et y mûrissaient. Nous parlons ici de la variété commune à fruits arrondis. Elle a essuyé à diverses reprises, dans ce climat, des froids de 15, 17, 20 et 23° centigr., et aucun pied n'a été détruit.

Quant à la nature du sol, le cognassier n'est pas difficile; il réussit partout, pourvu que la couche de terre soit assez profonde. Nous l'avons vu dans le calcaire, dans l'argile et dans les sables les plus maigres que l'on puisse rencontrer. Toutefois, si l'on consultait les goûts de l'arbre, on le cultiverait toujours dans un climat doux et dans un terrain plutôt meuble que compacte, plutôt frais que sec.

Multiplication du cognassier. — On le multiplie par ses graines, ses boutures, ses rejetons, ses marcottes, et aussi par la greffe. On n'a que très-rarement recours au semis, et c'est regrettable, parce que les sujets francs de pied sont plus robustes, plus réguliers, moins drageonneux que les autres, mais on n'a pas le temps d'attendre et l'on ne sème pour ainsi dire pas. Cependant il est bon que nos lecteurs sachent au besoin faire des semis de cognassiers. A cet effet, on choisit un riche terrain, on le laboure de façon à l'ameublir parfaitement; on y trace des rigoles peu profondes, à 0m,50 l'une de l'autre, et on y sème les pepins de coings que l'on recouvre de 0m,30 à 0m,40 de bonne terre ou mieux de terreau. L'opération s'exécute à l'automne, aussitôt la maturité complète des coings, et au printemps suivant, la levée des graines a lieu. Il n'y a plus qu'à sarcler, éclaircir, repiquer et entretenir.

Le bouturage du cognassier n'offre aucune difficulté, et cependant ce procédé de multiplication n'est pas le plus répandu. Voici en quoi il consiste : au printemps, avant que la végétation commence, on coupe sur les pieds du cognassier commun de beaux rameaux d'un an, et, autant que possible, en laissant à la base de chacun d'eux un petit talon de vieux bois (crossette). Après cela, si l'on veut en faire une pépinière, on trace des lignes à 0m,66 l'une de l'autre, sur un bon terrain, parfaitement ameubli; on ouvre des trous au plantoir, sur ces lignes, à 0m,40 ou 0m,45 d'intervalle et l'on y met les boutures. Elles reprennent aisément, pourvu qu'on les arrose en temps de hâle où de forte sécheresse, et souvent même on peut les écussonner dans le courant de l'année, au mois de septembre.

La marcotte, provenant de branches ou rameaux couchés en terre, est rarement utilisée. C'est presque toujours aux rejetons marcottés en cépée que l'on a recours. Il en a été parlé au chapitre de la multiplication des végétaux ligneux, et nous n'avons pas besoin d'y revenir. Contentons-nous de dire qu'il faut planter les jeunes pieds enracinés à l'automne et y appliquer des écussons de bonnes variétés de coings en septembre de l'année suivante ou les greffer en fente au printemps de la seconde année.

Culture du cognassier. — On a recommandé de soumettre les cognassiers à une taille régulière, d'en former des vases ou des pyramides; le mieux, à notre avis, est de les cultiver à haute tige, de ne pas les tailler, de les dégager tout simplement des rameaux qui feraient confusion, d'enlever rigoureusement les rejetons qui partiraient du pied, de tenir le terrain constamment propre au moyen de sarclages et de binages, et de fumer l'arbre tous les deux ans avec du fumier de ferme très-consommé.

Récolte des coings. — Il ne faut cueillir les coings que dans un état de parfaite maturité, c'est-à-dire lorsqu'ils sont bien jaunes, en septembre ou en octobre, selon les contrées. On choisira une belle journée et l'on attendra qu'il n'y ait plus trace de rosée. Il est évident que si on les récoltait un peu sur le vert, on prolongerait leur conservation de quelques jours, peut-être de quelques mois, mais ils n'auraient plus autant d'arôme et seraient plus acerbes que les coings cueillis tout à fait mûrs. On aura soin de ne pas les dépouiller de la substance cotonneuse qui recouvre la peau, de ne pas les mettre en tas, de les placer dans une pièce fraîche sans être humide, et de les visiter tous les trois ou quatre jours. Les coings mûrs pourrissent vite, et ce qu'il y a de mieux à faire avec eux, c'est de les utiliser promptement.

Emploi des coings. — Les coings ne sont pas mangeables à l'état cru, nous le répétons. Cuits tout simplement et sans addition de sucre, ils ne sont ni délicats, ni recherchés ; mais on prépare avec ces fruits des gelées, des confitures, des pâtes et un ratafia très-avantageusement connus, et dont il sera question au chapitre des Recettes économiques. La gelée de coings est certainement une de nos plus délicieuses conserves ; le véritable raisiné de Bourgogne doit une partie de ses qualités au coing, et nous pouvons dire en passant, que nous l'avons pris aux Romains. Il en est question au livre XII de l'*Économie rurale* de Columelle. « Dans une marmite neuve de terre cuite ou dans une marmite d'étain, » dit-il, « on fait cuire une urne de moût de raisin d'Aminée marié aux arbres, vingt gros coings bien nettoyés, et environ trois setiers de grenades douces entières, connues sous le nom de puniques, et de cormes non encore mûres, séparées de leurs semences. On fait cuire jusqu'à ce que tous les fruits se fondent dans le moût : on charge un jeune valet de remuer les fruits avec une spatule de bois ou de roseau, pour qu'ils ne puissent pas brûler. Quand la cuisson en est arrivée au point qu'il ne reste qu'une petite quantité de jus, on laisse refroidir et on coule. » En Bourgogne, c'est toujours à peu près ainsi que nous nous y prenons pour fabriquer le raisiné. Comme alors, nous employons du vin doux ou moût du raisin blanc, puis des coings ; seulement, nous avons mis de côté les cormes, à tort ou à raison, et nous avons remplacé les grenades, qui ne mûrissent pas dans le pays, par des poires de Messire-Jean et de Martin sec, qui pourraient bien valoir les grenades douces des Romains.

Les rondelles de pâte de coings que nous vendent les confiseurs, ne sont dédaignées de personne ; le *cotignac* a ses partisans, et l'eau de coings ou ratafia de coings est une de nos meilleures liqueurs de ménage, que personne encore n'a eu le bon esprit de livrer au commerce.

La médecine ordonne le sirop de coings contre les diarrhées chroniques. Dans les maladies aiguës des paupières et des yeux, on emploie avec avantage une décoction de pepins de coings. C'est avec ces mêmes pepins que les parfumeurs et les coiffeurs font la *bandoline* destinée à lisser et à maintenir les cheveux.

Dans certaines contrées de la Belgique, notamment dans l'Ardenne, la *Poire de coing* est employée par les femmes nourrices. Est-ce contre une maladie du sein ou pour arrêter la sécrétion du lait ? Nous ne le savons plus, et la chose ne vaut pas la peine d'aller aux renseignements.

P.J.

SORBIER DOMESTIQUE (SORBUS DOMESTICA).

Le sorbier domestique est un grand et bel arbre de la famille des Pomacées, dont les fruits en bouquets et de la forme d'une poire, d'abord verts, puis d'un brun rougeâtre, ne peuvent être mangés qu'à l'état blet. A ce moment, ils sont plus délicats et plus recherchés que les nèfles. Les fruits en question sont appelés *sorbes*, *cormes* ; sur certains points de la Bourgogne, *éperus*.

Fig. 1198. — Sorbier domestique.

Le sorbier domestique a produit plusieurs variétés, parmi lesquelles nous recommandons le *sorbier à gros fruits rouges*.

On multiplie cet arbre par ses graines ou par le greffage sur sorbier franc.

Il aime les terrains riches et frais, mais il croît lentement, et cette lenteur dans son développement est la cause principale de l'abandon de sa culture. Il faut l'attendre quinze ou vingt ans pour en obtenir une récolte passable. P. J.

CHAPITRE XXXII

I. — FRUITS SIMPLES (DRUPES). — DU PRUNIER (PRUNUS DOMESTICA).

Historique. — Le prunier domestique, dont nous avons à vous entretenir, appartient à la famille des Amygdalées. On le dit originaire de la Syrie, mais on le cultive en France et dans toute l'Europe de temps immémorial. Thiébaut de Berneaud a cru pouvoir avancer qu'il était indigène et provenait du prunellier ou prunier sauvage (*prunus spinosa*). Nous ne nous arrêtons

Fig. 1199. — Prunellier.

pas à cette opinion, parce qu'il est trop difficile d'admettre qu'un arbrisseau de si petite taille, à l'état spontané, ait pu se métamorphoser par la culture en un arbre de la taille de notre prunier domestique.

Des terrains et expositions qui conviennent au prunier. — Le prunier est un des arbres fruitiers les moins difficiles sur la qualité du sol. La plupart des terrains cultivables lui conviennent, pourvu, toutefois, qu'ils ne soient ni trop argileux, ni trop humides. Avec de l'argile compacte en excès, il y a des chancres à redouter. Il ne se plaît pas non plus dans les sols sablonneux, brûlants; il y jaunit. Mais supposez qu'au lieu d'être séparés, ces deux extrêmes soient réunis pour former un terrain sablo argileux, le prunier y prospérera. Un peu de calcaire et de l'humus ne feront nécessairement qu'accroître sa prospérité. La racine de cette essence fruitière est plutôt traçante que pivotante; et cependant un sous-sol un peu frais lui serait préférable aux couches sous-jacentes de tuf inerte. Résumons-nous en accordant au prunier une terre meuble à sous-sol perméable.

Les engrais légers, salins, très-décomposés, les composts, sont favorables à la végétation et à la santé du prunier, tandis que les fumiers engendrent le champignon aux racines et des plaies sur la tige.

Le climat qui convient le mieux au prunier est celui du vignoble. Sa fleur redoute beaucoup les gelées tardives et les brouillards. Néanmoins, la culture du prunier s'avance assez loin dans le Nord et réussit même où le raisin ne mûrit plus en treille ; mais les variétés délicates y souffrent visiblement, et il faut s'en tenir aux variétés robustes pour le plein vent. Aussi, très-souvent, on a recours à l'espalier, exposé au sud pour les variétés à maturité tardive, et pour celles qui ont une pulpe acidulée-sucrée. L'est et l'ouest conviendraient à celles qui mûrissent facilement, et le nord-est vaudrait mieux que l'ouest, si la variété était sujette à laisser pourrir ou fendre ses fruits.

Il est à remarquer que, contrairement à ce qui arrive avec l'abricot, au moins dans nos climats doux et tempérés, les rayons solaires reflétés par les murs d'espalier excitent le développement du principe sucré, musqué, contenu dans la prune (1).

Nous pouvons donc planter le prunier sur le versant des collines, à bonne insolation, ainsi que dans les gorges de montagnes. Les cours d'habitation, les jardins flanqués de constructions élevées, offrent une position acceptable toutes les fois que l'orientation de la place vient corriger la rigueur du climat et la mauvaise situation ; car on observe souvent que dans les endroits concentrés, trop chauds ou trop froids, le prunier végète mal ou noue son fruit avec difficulté.

Des meilleures variétés de prunier. — La nomenclature des prunes est plus étendue qu'on n'est porté à le croire; certains pomologues étrangers en comptent les variétés par cen-

(1) La réserve que vient de faire l'estimable auteur de cet article est bien à sa place. Si, le plus ordinairement, les abricots d'espalier souffrent de la réflexion des rayons solaires et ne valent point ceux de plein vent, on observe justement le contraire dans les contrées élevées et froides. Dans le Morvan, dans l'Ardenne belge, la réverbération de l'espalier fait la qualité des abricots, qui d'ailleurs n'y mûriraient pas autrement. P. J.

taines ; cela tient à ce que le semis de noyaux de prunes reproduit assez volontiers des arbres vigoureux se couvrant de fruits séduisants à la vue, — bons quelquefois, souvent médiocres, — et que l'on finit par utiliser soit à l'état de pruneaux, de confiture, de marmelade, soit en les conservant dans l'eau-de-vie, ou en les soumettant à la distillation. Nous serons plus difficiles que nos confrères, nous nous contenterons de signaler les variétés vraiment méritantes; et tout en restreignant notre choix, nous ferons en sorte qu'il ne s'y trouve point d'interruption pendant la saison de la maturité des prunes.

Occupons-nous d'abord des fruits destinés à être mangés frais ; nous verrons ensuite ceux qui réclament une préparation spéciale avant d'être livrés à la consommation.

Le temps de la maturité assigné à chacun d'eux est, comme la plupart de nos observations, basé sur le climat de Paris.

Nos fruits destinés à être mangés frais, sont :

Fig. — 1200. Coe's golden drop.

Coe's goldendrop. Très-bonne prune de fin septembre. — Fruit gros, en forme d'amphore, épiderme blanc doré tiqueté carmin du côté du soleil; chair de couleur jaune-miel, juteuse, sucrée. Ce fruit cueilli dès le mois de septembre, et déposé à l'office ou sur les rayons du fruitier, prolonge sa maturité jusqu'en octobre et novembre, et gagne encore en bonne qualité.

Arbre vigoureux, très-fertile.

La *Coe à fruit violet* en est une bonne sous-variété.

Damas violet. Bonne prune de fin août. — Fruit moyen, ovale-arrondi, violet rosé fleuri ; chair ferme, jaunâtre, sucrée, aromatisée.

L'arbre, vigoureux, manque de fécondité dans sa jeunesse. Il peut se reproduire par le semis et le drageonnage.

Des Béjonnières. Très-bonne prune du commencement d'août. — Fruit moyen oviforme, jaune d'œuf, teinté lilas; chair mielleuse, jaunâtre, sucrée, relevée.

L'arbre est vigoureux et très-productif.

Prune de Montfort. Bonne prune de mi-août. — Fruit assez gros, ovale-mamelonné, violet noir fleuri bleu, veiné et pointillé couleur bois; chair vert jaune, juteuse, musquée, acidulée sous la peau.

Arbre de vigueur moyenne et fertile.

Drap d'or d'Esperen. Bonne prune de fin d'août. — Fruit moyen, ovale, ambre piqueté; chair de couleur citron, juteuse et douce.

Arbre de vigueur convenable, fertile.

Jaune hâtive. Assez bonne prune de mi-juillet. — Fruit moyen ou petit, en forme de poire, jaune pâle fleuri de blanc ; chair abricotée, manquant souvent de parfum, mais ayant le mérite de mûrir de bonne heure.

Arbre de moyenne vigueur, et d'une fertilité satisfaisante.

Jaune tardive. Bonne prune de fin septembre. — Fruit moyen, ovoïde, jaune ambré fleuri; chair assez ferme, quoique juteuse et fondante, légèrement parfumée.

L'arbre est vigoureux et d'une fécondité remarquable. Nous l'avons découvert à Lusigny (Aube) où il se reproduit naturellement.

Jefferson. Bonne prune d'août-septembre. — Fruit gros, obovale, jaune fin ponctué de carmin; chair nuancée citron, juteuse, succulente.

Arbre de vigueur ordinaire, très-fertile.

Kirke. Très-bonne prune de septembre. — Fruit gros, presque rond, méplat, pourpre noir moucheté de roux ; chair assez ferme, jaune verdâtre, juteuse, aromatisée.

Arbre assez vigoureux, fertile.

Mirabelle (petite mirabelle). Très-bonne prune de mi-août. — Fruit petit, presque rond, jaune d'œuf pointillé carmin ; chair mielleuse, sucrée, délicieuse; recherchée pour les confitures.

L'arbre, peu vigoureux, est très-fertile.

Mirabelle (grosse). Bonne prune d'août-septembre. — Fruit petit, arrondi, jaune terne nuancé doré, picoté ponceau; chair ambrée, fondante, moins juteuse que la précédente.

Arbre de vigueur modérée, fertile.

Mirabelle tardive. Très-bonne prune d'octobre. — Fruit petit, arrondi et aplati aux deux pôles, jaune pâle sur fond verdâtre éclairé rose ; chair jaune et verte, juteuse, acidulée, sucrée, excellente pour la saison.

Arbre vigoureux, très-fertile.

Monsieur hâtif. Bonne prune de juillet-août. — Fruit assez gros, violet noir sur fond rougeâtre, cendré de bleu ; chair jaunâtre, juteuse, relevée.

Arbre d'une belle vigueur, très-fertile.

Monsieur jaune. Très-bonne prune de mi-août. — Fruit assez gros, arrondi, méplat ; jaune d'œuf nuancé de saumon, frappé de violet bleuâtre cendré; chair moelleuse, abricotée, fondante, excellente.

Fruit de dessert des plus séduisants.

Arbre de vigueur moyenne, très-fertile.

Perdrigon rouge. Bonne prune d'août-septembre. — Fruit moyen rond, rouge violacé; chair assez ferme, vert jaune, juteuse, agréable.

L'arbre est d'une bonne vigueur et d'une bonne fertilité.

Précoce de Tours. Bonne prune de fin juillet. — Fruit moyen, oblong, violet noir complétement recouvert d'une poussière bleu cendré, chair jaunâtre, acidulée, juteuse, agréable.

Arbre assez vigoureux et fertile.

Cette variété est encore connue sous le nom de *prune Madeleine.*

Reine-Claude (Reine-Claude-abricot vert). Prune exquise du mois d'août. — Fruit assez gros, arrondi, aplati aux deux pôles, vert d'eau passant au jaunâtre, frappé de carmin lilacé ; chair vert jaune, juteuse, aromatisée, sucrée, délicieuse.

C'est la reine des prunes.

Arbre de vigueur ordinaire, fertile.

Reine-Claude diaphane. Très-bonne prune de fin août. — Fruit assez gros, aplati, jaunâtre, transparent teinté incarnat; chair ambrée, juteuse, relevée.

Arbre très-vigoureux, fertile.

Fig. 1201. — Reine-Claude verte.

Reine-Claude violette. Très-bonne prune de fin septembre. — Fruit moyen, rond et aplati, violet rosé ; chair vert d'eau, juteuse, sucrée, excellente, sujette à être véreuse.

Arbre de vigueur moyenne, assez lent à devenir fertile.

Tardive musquée. Bonne prune de septembre. — Fruit assez gros, ovale-arrondi, méplat, violet noir cendré de gris bleu; chair vert d'eau, très-juteuse, relevée d'un parfum pénétrant; la maturité se prolonge de la fin d'août à la fin de septembre.

L'arbre est d'une bonne vigueur et d'une bonne fertilité.

Signalons en second ordre la *Reine-Claude d'Oulins*, très-vigoureuse, et la *Reine-Victoria*, très-productive.

Examinons maintenant les variétés dont le fruit est plus spécialement utilisé à l'office, bien que mangeable à l'état naturel.

Prune d'Agen. Très-bonne prune à pruneaux pour la cuisson et la pâtisserie. — Fruit moyen, pyriforme, violet rosé, saupoudré de blanc lilaciné ; août-septembre.

Arbre vigoureux, très-fertile.

Fig. 1202. — Prune d'Agen.

Prune de Brignoles. Très-bonne prune pour l'office. — Fruit assez gros, rond, jaune d'or piqueté rouge ; mi-septembre.

Arbre modérément vigoureux, très-productif.

Prune de Norbert (1). Très-bonne prune à pâtisserie. — Fruit petit, rond, noirâtre poudré de bleu ; septembre-octobre.

Arbre vigoureux, productif, se reproduisant par semis et par drageons.

(1) *Noberte* du département du Nord; *Prune de Prince*, du canton de Virton (Belgique). P. J.

Arbre de vigueur moyenne, très-fécond.

Quetsche d'Allemagne. Bonne prune à pruneaux. — Fruit moyen et assez gros, ovale aigu, violet foncé recouvert d'une poussière glauque ; septembre.

Arbre vigoureux, fertile, se multipliant par semis et par drageons.

Quetsche d'Italie. Très-bonne prune à pruneaux. — Fruit gros, ovale renflé, violet noir légèrement fleuri ; septembre.

Arbre de vigueur ordinaire, fertile.

Fig. 1203. Quetsche d'Italie.

Reine-Claude de Bavay. Bonne prune à conserver dans l'eau-de-vie. — Fruit gros, ovale arrondi, vert jaunâtre pointillé roux, bon à manger cru quand il est venu dans une situation chaude ; fin septembre.

Arbre très-vigoureux, fertile.

Sainte-Catherine. Très-bonne prune à pruneaux et à confire. — Fruit moyen, ovoïde, jaune terne nuancé doré ; assez bon cru, dans un climat tempéré ; commencement de septembre.

Arbre vigoureux et productif.

Nous ajouterons parmi les bonnes prunes de conserves :

Les *Quetsches hâtive* et de *Dorrell*, pour pruneaux ;

L'*Impériale violette*, d'un bon rendement au séchage ; la *Diaprée violette*, bonne à la cuisine.

Les prunes d'*Ambre*, d'*Amour*, d'*Ast* qui sont encore des variétés locales.

Nous ne saurions passer sous silence les prunes d'apparat, magnifiques sous le rapport de la grosseur et du coloris, inférieures en qualité, mais que la ménagère sait transformer en desserts agréables. Telles sont :

La prune *Pêche*, presque ronde, rose vineux, commencement d'août ;

La *Dame-Aubert*, forme d'œuf, couleur de miel ; fin septembre ;

La prune *Pond's seedling*, pyriforme, rose carminé ; mi-septembre ;

La *Washington*, ovale arrondi, blanc verdâtre, souvent de bonne qualité ; août-septembre ;

Des moyens de multiplier le prunier. — Le prunier se multiplie par le semis et le marcottage en cépée ou par racines; mais pour reproduire exactement tous les caractères d'une variété, on a recours au greffage de ces variétés sur des sauvageons de prunier.

Le prunier myrobolan, variété plus ornementale que comestible, employé par les pépiniéristes pour le greffage des bonnes variétés de prunier et d'abricotier, se reproduit par la voie du bouturage, aussi bien que par le semis.

Elevage du plant de prunier. — Nous ne répéterons pas la manière de semer ou de marcotter que nous avons indiquée précédemment au chapitre de la Multiplication ; mais nous dirons que les sujets obtenus par le drageonnage et la cépée ne conviennent guère pour recevoir la greffe d'arbres destinés à acquérir de grandes dimensions et à vivre longtemps. Issus du drageonnage, ils ont une tendance à drageonner eux-mêmes, surtout lorsqu'ils sont greffés ou taillés, ce qui nuit au développement et à la durée de l'arbre. Aussi, nous réserverons ce mode de multiplication pour les plants destinés à former des haies, des boulingrins, pour les plantations qui ne seront ni greffées ni taillées; car le refoulement de sève pousse à l'émission des rejets sur les racines. Ajoutons, toutefois, que le plant obtenu ainsi réclame un repiquage préalable avant sa plantation définitive.

Par le semis, plusieurs variétés se reproduisent identiquement ou à peu près parmi les Damas, Quetsches, Reine-Claude, Mirabelles; cependant, comme on court le risque d'y gagner des sous-variétés qui s'éloignent du type avec désavantage, il est plus raisonnable de les greffer sur des sauvageons.

On a trouvé diverses races de sauvageons assez propices à ce genre de multiplication; elles sont connues sous les noms de Saint-Julien, Damas noir, Cerisette, ou Myrobolan. On peut y ajouter toute sorte de prunier capable de donner, par le semis de ses noyaux, des plants vigoureux, droits, à belle écorce saine, se prêtant au greffage, et ne craignant point les tronçonnements.

Le semis des noyaux de prunes se fait aussitôt la récolte du fruit; et si nous n'avons pas tiré parti de la pulpe, il n'y a aucun inconvénient à la laisser adhérente au noyau; dans ce cas, on procède au semis immédiat. Les graines qui ne peuvent être semées à cet instant, seront stratifiées, et, au printemps suivant, on les confiera à la pleine terre.

Le semis se fait en rayons et dans une terre ordinaire. Après une année de végétation, le plant est bon à être mis en place, sinon, on le repique sans l'écimer, et on le transplante l'année suivante.

En le plantant aussitôt la chute des feuilles, plutôt qu'à la sortie de l'hiver, il aura moins à souffrir de la sécheresse du printemps qui nuirait à sa première pousse; cependant, dans un terrain trop poreux (1) ou exposé aux ravages de l'eau en hiver, il vaut mieux planter en février-mars.

Le prunier Myrobolan est riche en vigueur dans les sols calcaires où d'autres végètent mal. Il se propage par bouture simple; dans ce cas, le plant acquiert un chevelu qui manquerait à la racine pivotante du semis : c'est à considérer dans les replantations. Une année de végétation suffit à la bouture pour former un bon plant de pépinière.

Au moment de l'habillage, tout sujet de prunier destiné au greffage en pied sera étêté à 0m,25; il pourrait être plus court pour le greffage en tête, attendu qu'il sera recépé après une année de végétation.

L'élevage du plant de prunier doit être exécuté dans un endroit sain, qui ne fournisse pas de germes de maladies à venir.

Greffage du plant de prunier. — Le prunier se soumet aux divers procédés de greffage que nous avons décrits.

Le temps de son écussonnage arrive un des premiers en saison. Il est urgent de s'en préoccuper, parce que les rameaux-greffons ont besoin d'être pincés à l'avance pour affermir leurs tissus; et au moment de les employer, on en rejette la base garnie d'yeux mal formés. Les bourgeons du sommet ne seraient utilisés que comme doublure, ou bien par la greffe du rameau inoculé. La surveillance des ligatures qui amènent la strangulation est indispensable en août-septembre.

Le prunier Myrobolan, qui conserve sa sève fort longtemps, est parfois écussonné vers la fin d'août; et l'opération réussit mieux que si elle eût été faite en juin-juillet, quand la végétation du jeune plant n'est pas encore bien accusée; on coupe les sommités du sujet en l'écussonnant pour aider à la soudure du bourgeon.

La greffe en fente de printemps est également pratiquée une des premières sur cette espèce, tandis que pour la greffe d'automne, il faut se méfier des regains de végétation qui naissent tardivement, surtout après un printemps sec et un été humide. La conséquence serait le bourgeonnement des yeux, susceptibles alors d'être détruits par les froids. C'est pourquoi nous la conseillons pour les tiges plus âgées, endurcies, insensibles aux variations de température.

Les greffes de printemps, se développant plus tard, seraient exposées aux hâles et aux frimas de cette saison, si nous n'avions le soin de les garantir par un cornet de papier qui les encapuchonne jusqu'à ce que les jeunes scions n'aient plus de danger à courir.

Au printemps, dès que les bourgeons greffés commencent à s'ouvrir, une surveillance continuelle est nécessaire, car les limaçons et les insectes de tous genres viennent les attaquer, les uns pendant la pluie, les autres au moment des chaleurs, ceux-ci, dans la journée, ceux-là, le matin ou le soir. Les bourgeons du sauvageon, dédaignés souvent par l'ennemi, finiraient par absorber la sève et par annuler la greffe.

Le palissage des nouveaux jets appelle aussi l'attention du cultivateur. Leur marchander un tuteur ou un lien serait une économie mal placée; ce serait une faute, car le grossissement du bourrelet à la jonction des deux parties, et le balancement du feuillage occasionneraient des ruptures déplorables. Certaines variétés, comme les Reine-Claude Violette et d'Oullins, réclament un support aussitôt que leurs scions ont 0m,10 de longueur. Par mesure de précaution, il faut accoler toutes les greffes.

Nous avons déjà dit que l'onglet conservé lors du tronçonnement des pruniers greffés sur tige non étêtée, demanderait à être supprimé avant l'arrêt de la sève. Il vaut mieux, en effet, retrancher ce moignon dès le mois d'août, afin de provoquer la cicatrisation de la plaie, et d'amener une liaison plus intime entre le sujet et la greffe.

(1) Nous avons pu vérifier l'exactitude de cette observation aux environs de Paris, dans des terres très-poreuses, très-sèches, mais *tout à fait neuves.* Quand une culture de dix ou quinze ans y aura amassé de l'humus, il vaudra mieux planter à l'automne. P. J.

Des formes qui conviennent au prunier. — Trop souvent on abandonne le prunier à lui-même; il en résulte des arbres qui prennent une tournure irrégulière. Les parties qui s'affaiblissent sont exposées à des maladies ou à être rompues par les ouragans. Le fruit, de son côté, ne se produit pas d'une façon assez suivie : une année féconde est accompagnée d'une année stérile, et ce vice de répartition amène des fruits privés de la beauté et de la saveur qu'ils peuvent acquérir sous une direction raisonnée.

Bien que la tenue de la forme imposée au sujet ne puisse obvier à tous ces inconvénients, on n'en est pas moins certain qu'elle contribue à régulariser la végétation et la fructification.

La forme n'est pas astreinte aux dispositions symétriques exigées par le pêcher ou le poirier; cependant elle varie suivant la nature du climat et le but de la plantation.

Nous divisons les formes à donner au prunier en deux séries : celles de haute tige, celles de basse tige.

Formes du prunier à haute tige. — On dirige le prunier à haute tige par trois moyens : 1° en recépant le sauvageon contre terre, pour en obtenir une tige que l'on greffe à la hauteur de la tête; 2° en greffant le plant à 0m,10 du sol, et en dressant le jet de la greffe pour l'étêter à l'endroit de la couronne; 3° en greffant le sujet en pied comme il vient d'être dit avec une variété vigoureuse servant d'intermédiaire, et qui sera regreffée en tête avec la variété à propager.

Le premier moyen est applicable aux variétés de vigueur modérée, quand le sujet est capable de faire une tige saine, bien élancée.

Le second est destiné aux variétés assez vigoureuses pour former elles-mêmes leur tige et leur couronne, et lorsque le sujet n'est pas vigoureux.

Enfin, le troisième, qui participe des deux autres, convient lorsque la fatalité réunit un sujet de mauvaise race à une variété délicate. Ainsi, on voudrait greffer de la petite Mirabelle en haute tige sur un jeune sujet d'apparence chétive, qu'il conviendrait de le greffer d'abord en pied avec une variété vigoureuse, par exemple la Reine-Claude de Bavay, la Coë, et quelques années plus tard, quand le scion serait arrivé à haute tige, on le grefferait en Mirabelle à l'endroit désigné pour le commencement de la couronne.

Une fois le prunier haute tige obtenu, nous laisserons la couronne se former elle-même, en nous bornant à seconder la nature, ou bien nous dirigerons cette tête sous une forme en cône ou en vase.

Tout en permettant à l'arbre de prendre sa disposition *naturelle*, nous veillons à ce que l'ensemble conserve une harmonie de forces. On taille en vert et en sec les branches qui s'emportent, et on ménage les faibles en leur laissant le plus d'organes respiratoires possible. Plus tard, on éclaircit les parties trop compactes en retranchant les branches épuisées et les branches gourmandes. La tête de l'arbre deviendra arrondie, aplatie, ovalaire, suivant les dispositions de la variété, et acquerra une étendue qui varie entre 2 et 5 mètres de largeur.

La *haute tige conique* est réservée aux variétés vigoureuses plantées dans un sol riche, et qui ont une tendance à s'élever en se ramifiant. La tige de l'arbre se continue dans l'axe de la tête; et sur tout son périmètre, naissent des branches que l'on dirige sous une forme pyramidale, au moyen d'une taille raisonnée pendant la jeunesse du sujet. Les branches principales constituant les membres de la charpente peuvent être à 0m,35 l'une de l'autre; mais dans l'intervalle qui les sépare, on conserve de moyens rameaux qui se transforment en brindilles fruitières, et que l'on renouvelle sans déranger la régularité de la tête.

Il est facile de maintenir par un lien correspondant à la tige, les branches qui perdent leur direction, et d'arrêter les plus dévergondées en végétation. Le cône ainsi conduit peut arriver à 4 mètres de base sur une hauteur indéterminée.

Cette disposition convient dans les grands vergers où l'on tient à élever ses arbres sous une forme régulière, sans vouloir néanmoins leur consacrer trop de temps.

Dans un jardin fruitier moins étendu, également soumis aux exigences du coup d'œil, c'est-à-dire aux tournures symétriques, la *haute tige gobelet* est adoptée de préférence. Cette forme consiste en deux, trois ou quatre branches partant à la même hauteur sur la tige tronquée; elles se bifurquent à 0m,10 de leur insertion ou talon; les branches qui en résultent vont encore se bifurquer à l'endroit où les membres de charpente quittent la ligne horizontale pour s'élever verticalement ou à peu-près. Alors, le vase a de six à douze branches charpentières environ; elles auront à peu près 0m,30 d'écartement, se bifurquant, se trifurquant de nouveau, si les circonstances l'exigent; car nous agrandissons au sommet l'ouverture du vase pour utiliser plus de sève et mieux favoriser l'action de l'air et du soleil. L'orifice du gobelet atteindrait ainsi un diamètre de 1 mètre dans les parties les plus resserrées, et de 2 mètres dans les plus ouvertes.

Forme du prunier à basse tige. — Nous appelons prunier à basse tige, celui dont les premières branches latérales commencent à une hauteur maximum de 0m,50 du sol. On l'obtient par le greffage appliqué vers l'endroit où l'on désire obtenir les premiers membres de charpente; le plus souvent, il est greffé à 0m,10 du sol. Les races de sauvageons qui ont une apparence rabougrie seront préférées pour la multiplication du prunier à basse tige.

Les principales formes qu'on lui impose sont appelées buisson, pyramide, vase, éventail, palmette, cordon.

Les trois premières sont des formes arrondies et applicables seulement en plein air; les trois autres sont des formes aplaties qui conviennent à l'espalier ou au contre-espalier.

Le prunier en *buisson* est commencé par une double greffe, ou mieux par une seule greffe; nous en arrêtons le scion à 0m,20 ou 0m,30 de terre, plusieurs rameaux se développent, et après les avoir équilibrés pendant deux années, nous abandonnons l'arbre à ses tendances naturelles.

Quelques retranchements partiels de branches usées ou trop fougueuses contribuent à ranimer l'arbre ou à ramener l'équilibre.

Le buisson convient aux plantations créées dans le but de spéculer sur la vente du fruit, d'utiliser des friches, des terrains éloignés de l'habitation, et aussi pour les haies, les massifs, les plates-bandes que l'on établit avec les variétés plus fertiles que vigoureuses. Alors son développement ne va guère au delà de 2 mètres. En raison de son bois court et ramifié et de sa fécondité, le prunier Mirabelle est employé à l'établissement des haies vives soumises à la tonte.

Le *prunier en pyramide* conserve nécessairement une tige médiane, et l'ensemble de son branchage constitue une sorte de cône ou de pyramide; les branches les plus longues sont à la base de l'arbre; celles des étages supérieurs vont en se raccourcissant à mesure qu'elles approchent du sommet. Quoique disséminées sans ordre autour de cette tige centrale, elles doivent être assez rapprochées l'une de l'autre pour qu'il n'en résulte aucun vide disgracieux, et assez éloignées pour que les boutons à fruits reçoivent toute la lumière nécessaire à leur développement. Nous estimons donc la distance moyenne des branches entre elles à 0m,35.

Nous pouvons évaluer à 3 mètres le plus grand diamètre d'une pyramide de ce genre.

Une taille suivie étant assez nécessaire aux branches de charpente et aux branches à fruits, il convient de réserver cette forme pyramidale aux variétés productives et qui se ramifient facilement.

Le *prunier en vase* ou *gobelet* n'a pas de tige centrale; elle a été supprimée à 0m,30 du sol, et les trois ou quatre branches qui se sont produites au-dessous de la partie amputée ont été taillées à 0m,10, afin qu'elles se doublent et se triplent de nouvelles branches charpentières. Celles-ci, maintenues également horizontales, sont taillées à leur tour au point où le vase doit s'élever, c'est-à-dire contre les bourgeons placés de manière à former les parois de ce vase par leurs scions que l'on dresse verticalement. Après la taille suivante, nous nous occuperons de la tournure à donner au gobelet; elle sera en ciboire, en entonnoir, en vase Médicis, etc.; plus on voudra agrandir le diamètre du vase, et plus souvent on fera ramifier les branches charpentières, de telle sorte qu'un intervalle de 0m,30 existe entre elles.

Un cerceau fixé à l'intérieur de l'arbre est d'un bon secours pour équidistancer les membres et conserver plus régulière la direction infundibuliforme.

Le diamètre moyen de ces vases gobelets est de 1m,20. Les variétés qui s'y montrent les plus dociles sont celles qui végètent sans emportement, sans divarication, et qui savent conserver un équilibre dans toutes leurs parties.

Celles au contraire qui poussent d'une manière fougueuse sont moins faciles à dompter, mais en retour la forme en vase les force à se mettre à fruit, par suite de la division de la sève entre ses divers membres partant du même point.

N'oublions pas d'ajouter, en ce qui regarde cette forme, que l'on gagne du temps dans la création du vase, en appliquant plusieurs écussons sur le tronc, dans le but d'obtenir à la fois les premières branches mères.

Le *prunier en éventail* est plus spécialement destiné à l'espalier. Du pied de l'arbre partent deux, trois ou quatre branches qui s'étendent, s'écartent en se ramifiant de branches de deuxième et de troisième ordre. Elles conservent entre elles une distance respective de 0m,20 à 0m,30, de façon qu'il n'en résulte ni lacune ni confusion. La charpente ou carcasse de l'arbre présente alors l'aspect d'une patte d'oie, d'une queue de paon, d'un éventail. Les mains inexpérimentées réussiront mieux à dresser cette forme que le vase ou la palmette, parce qu'il n'y a point de rigoureuse symétrie de détail à obtenir. On se contente tout simplement d'une régularité d'ensemble.

Contre un mur peu élevé, l'envergure sera plus large et atteindra facilement 3 mètres. Presque toutes les variétés se soumettent à l'éventail.

Le *prunier en palmette* se compose d'une tige verticale garnie à droite et à gauche, et sur toute sa hauteur, de branches rangées symétriquement par étages échelonnés de 0m,25 environ. La première série de branches, ou premier étage, commence à 0m,35 du sol; elle réclame une force suffisante avant que l'on songe à obtenir le second étage; aussi a-t-on l'habitude de ravaler la tige centrale sur son empâtement, à la taille qui suit la formation de cette première paire de branches. On agira de même à l'égard de toute série de branches faibles; la tige médiane ou flèche sera rabattue vers son empâtement, et non taillée sur les bourgeons placés de manière à créer un nouvel étage de branches. La sève a tellement de tendance à s'élever, qu'il faut la contraindre à se tenir vers la base de l'arbre, et les opérations de taille pendant le repos de la végétation ou pendant son activité sont de rigueur pour y parvenir.

Suivant la direction des branches latérales, la palmette est dite horizontale ou oblique. Dans ce dernier cas, l'étage inférieur sera garni de branches sous-mères, qui viendront remplir le vide laissé par le redressement oblique.

Une palmette établie sur deux branches principales, partant ensemble du tronc à 0m,35 du sol, est appelée palmette double. On obtient ces deux branches verticales au moyen de la double greffe en écusson, ou par la taille de la greffe simple.

A part les variétés qui s'emportent et se dégarnissent, la majeure partie des pruniers réussissent en palmette. Les plus vigoureux atteignent aisément 4 mètres de largeur.

Par *prunier cordon*, nous entendons l'arbre réduit à sa plus simple expression : une tige qui s'élève, et des brindilles fruitières qui la garnissent de bas en haut. Les travaux de taille se réduisent à la taille de la flèche, au raccourcissement des brindilles qui ont produit. Le pincement de ces mêmes brindilles les force à se ramifier, au lieu de s'allonger, et simplifie la taille d'hiver.

Le cordon dont il vient d'être parlé est vertical; il serait oblique, si sa tige était inclinée. Quand la tige est unique, on dit que le cordon est simple; quand cette tige se partage en deux bras, dirigés dans le même sens, on dit que le cordon est double. On pourrait même le dresser sur trois ou quatre membres arrondis à la base, verticaux au sommet; mais alors l'arbre se rapprocherait de la palmette ou du petit candélabre. Il en sera question au chapitre du Cerisier.

La distance à réserver entre les membres étant de 0^m,35 environ, les sujets pour cordon simple seront plantés à 0^m,35 s'ils sont verticaux, à 0^m,40 s'ils doivent être obliques.

C'est une forme de fantaisie adoptée surtout par les collectionneurs qui veulent grouper un certain nombre de variétés dans un espace restreint, ou par les amateurs qui, dans les contrées moins heureuses, tiennent à garnir promptement un espalier.

Le *prunier à demi-tige* est un genre bâtard qui participe de la haute tige et de la basse tige; ses premières branches commencent à une hauteur qui varie entre 0^m,50 et 1^m,50. Nous l'obtenons par le greffage pratiqué ras de terre ou à cette hauteur, et il est astreint au même traitement que les autres. Nous n'avons donc plus besoin de nous y arrêter.

Taille du prunier au point de vue de la charpente. — La branche charpentière d'un arbre est celle qui dessine sa forme, et qui supporte les rameaux fructifères. L'œil ou bourgeon qui termine cette branche au sommet, est l'œil ou bourgeon de prolongement; le rameau qui chaque année sort de cet œil ou bourgeon pour allonger la branche, est nécessairement aussi le rameau de prolongement.

Le prunier n'aime pas qu'on le mutile trop souvent; diverses maladies sont les conséquences d'une taille exagérée, qui peut encore forcer la végétation de bourgeons latéraux, au détriment de la production fruitière. Il s'agit donc de charpenter l'arbre promptement, afin de lui épargner des mutilations dangereuses.

Prenons le scion à son début; il vient d'être greffé, il accomplit sa première pousse. Or, comme, à l'exception du cordon simple, nos formes doivent être obtenues par ramification, nous pouvons provoquer la sortie des premières branches de côté en pinçant le rameau herbacé à quelques centimètres au-dessus des bourgeons à faire développer par anticipation.

Bien qu'un œil ordinaire soit excellent pour la charpente, nous tenons à ce pincement, parce que sur un rameau de prunier non pincé, les bourgeons de la base n'ont que trop l'inconvénient de s'éperonner en dards, ou de s'éteindre, ce qui, dans les deux cas, est très-défavorable à la charpente; et, d'un autre côté, on ne saurait recommander le cran pour forcer l'évolution d'un bourgeon d'arbre à noyau.

Nous n'ajournons pas l'époque du pincement au delà de mai-juin, parce qu'il en résulterait de maigres brindilles au lieu de rameaux bien constitués.

S'il apparaît de ces rameaux anticipés plus qu'il n'en faut, on pince le superflu à trois feuilles. Si, au contraire, il n'en sort pas assez, on pince encore les nouveaux venus à 0^m,12 ou 0^m,15.

En juillet-août, le cassement appliqué aux sommités des jeunes rameaux trop forts comparativement à leurs voisins, est nécessaire pour conserver l'équilibre entre eux.

Ces premiers rameaux vont servir à commencer notre charpente. Qu'ils soient faibles ou forts, nous les rapprochons contre leur talon, en les taillant sur un œil vif, le plus rapproché de la tige. Ainsi, nous tirons parti de leur empâtement seul, sans nous occuper de leur longueur. A moins que ce début de végétation n'ait produit des jets d'une force et d'une régularité extraordinaires, au point de gagner un an sur la formation de l'arbre, nous ne les utiliserons pas autrement qu'au recépage; nous nous sommes assurés la base de notre charpente, voilà tout.

La tige appelée flèche est également ravalée contre l'œil situé immédiatement au-dessus de l'endroit pincé; nous la retrancherions complétement, si la forme devait être le vase, l'éventail à deux ailes, ou toute autre disposition qui en réclamerait la suppression.

Cette taille de rameaux vers le même point provoque le développement de plusieurs bourgeons adventifs et latents; nous les supprimons d'un coup d'ongle en conservant intacts les scions destinés au prolongement; et si ceux-ci nous inspiraient des doutes, il conviendrait de conserver provisoirement à titre supplémentaire quelque autre bourgeon bien placé.

Par suite de tailles successives, la forme étant obtenue, nous modérons nos retranchements, souvent même nous ne taillons plus du tout ou presque point. On se borne à palisser la branche charpentière sur un tuteur quelconque; on l'abaisse, on la redresse, suivant qu'elle s'emporte ou faiblit. On pince le rameau de prolongement, si la variété ne se ramifie pas d'elle-même, et, en février-mars, on taille long, on retranche les sommités trop effilées qui se perdraient dans leur abandon. On provoque ainsi la sortie des bourgeons fructifères, sans les faire transformer en gourmands.

Si l'arbre avait une tendance à s'énerver, il faudrait en ranimer la vigueur par une taille partielle. Dans l'idiome du jardinier, nous appelons taille courte celle qui supprime plus de la moitié du rameau opéré, et taille longue celle qui lui retranche moins de la moitié de sa longueur. Quand nous recommandons de ne point tailler une branche ou un arbre, c'est à la condition que cette branche ou toutes les branches n'aient pas au delà de 0^m,30 de longueur.

La taille longue, et au besoin l'absence de taille, sont donc plutôt applicables aux formes qui maintiennent forcément un équilibre sur toutes leurs parties: tels sont le buisson, le cordon, ainsi que le vase et l'éventail réguliers; tandis que la palmette et la pyramide attirent constamment la sève sur leur tige médiane, et réclament une taille raccourcie vers leur sommet.

Quant aux hautes tiges en cône ou en gobelet,

on se contente de les dresser régulièrement pendant trois ou quatre ans, jusqu'à ce que la charpente soit suffisamment dessinée; puis on leur continue une régularité d'ensemble en arrêtant les branches dévergondées, en favorisant les plus rétives, et cela au moment de la récolte du fruit ou de l'échenillage des arbres, alors qu'on les visite. On est alors muni d'une échelle, d'un échenilloir, d'un sécateur au bout d'une perche; on peut faire la besogne, il n'y a plus à y revenir.

Enfin, lorsque les arbres soumis aux formes favorables à la taille longue arrivent à l'âge où la vigueur est tempérée par la production, il peut suffire de leur appliquer en août-septembre, un cassement sur les rameaux de prolongement, en ménageant ceux qui sont faibles, et dans certaines occasions, en opérant quand les tissus du rameau sont formés, en septembre-octobre. Ce cassement tiendrait lieu de la taille d'hiver; le bourgeon terminal se gonflerait, pour se développer seulement au mois d'avril suivant.

Une branche charpentière qui se trouve arrêtée par le couronnement de ses bourgeons ou par accident sera suppléée par un rameau vigoureux qui naîtrait en deçà de la partie fatiguée. On arrive encore à combler ces sortes de vides toujours disgracieux et inutiles, par la bifurcation d'une branche voisine. Le greffage par approche ou par inoculation a ici l'inconvénient d'ouvrir des égouts sur les tiges principales.

Nous n'avons pas besoin d'ajouter que le nettoyage des tiges et branches charpentières qui se couvrent d'écailles et de mousses, et leur badigeonnage avec un lait de chaux sont favorables à leur santé. Un vieux prunier ne subit pas sans danger le recépage de ses grosses branches.

Taille du prunier au point de vue de la fructification. — Si vous le voulez, nous appellerons brindille toute production ligneuse née sur un membre de charpente; son but est de fructifier et non de constituer la forme proprement dite. Le dard, le courson, la branchette, la branche chiffonne, sont des brindilles courtes, ramifiées, maigres, etc.

La taille de la brindille du prunier est basée sur ce fait que les bourgeons s'annulent après avoir fructifié, et les yeux terminaux continuant à s'allonger, de nouveaux boutons à fruits paraissent sur ces nouvelles brindilles.

Il nous faudra donc tailler la branche fruitière pour l'empêcher de se dénuder, en lui suscitant des brindilles de remplacement; et la fructification sera mieux suivie. Par suite de la taille appliquée à la branche charpentière, il naîtra une série de brindilles qui seront d'autant plus courtes que cette taille aura été plus longue; et la fructification dépend de leur attitude modérée. Dans ces conditions, les brindilles qui viennent à la base de la branche sont généralement courtes, bourrelées, et arrivent d'elles-mêmes insensiblement à fruit; leur nature rabougrie serait impuissante à se soumettre aux exigences du traitement applicable à la branche fruitière du prunier. Des brindilles plus allongées sont indispensables; celles qui avoisinent le bourgeon terminal recevant plus de sève, s'allongeront davantage; nous les pincerons à 0m,10 de leur base quand elles auront atteint 0m,12; et si quelque faible rameau anticipé se montre au sommet du rameau pincé, on le casse vers son talon en août-septembre; on le pince à trois feuilles, s'il naît plus bas.

On évitera de pincer toutes les brindilles à la fois; ce refoulement subit peut les fatiguer, les tuer, ou encore forcer à pousser en ramilles diffuses, les boutons réservés pour la fructification. Les retranchements herbacés seront donc pratiqués par intermittence, et au besoin, sur mesures inégales.

A l'époque de leur première taille, en février-mars, nous taillons les brindilles à 0m,08 et 0m,10, soit par une coupe nette, soit par un cassement total ou partiel qui rompt la branche et la contraint à tourner à fruit. Une brindille composée de plusieurs brins n'en conservera que deux, l'un taillé à 0m,10, 0m,12 et même 0m,15 pour la fructification, l'autre rapproché à deux yeux pour suppléer son collatéral qui va s'épuiser.

En ce qui concerne les arbres de haute tige et en buisson, où les soins de taille sont plus négligés, on a l'habitude de laisser la nature accomplir les phases de la production et du renouvellement; c'est un tort, parce que la brindille se dénude en donnant prise à la mousse et à la gomme, et la fructification se fait dans de mauvaises conditions.

Nous ne voulons pas astreindre ces arbres au régime suivi de la taille en sec et en vert, mais nous recommandons une visite annuelle au moment indiqué plus haut, à l'occasion de la branche de charpente. On éclaircit çà et là les plus serrées, on taille celles qui se fatiguent, et on opère surtout vers les sommités où la sève arrive plus abondamment.

Quand un arbre est dans une situation excellente de vigueur et de santé, on peut combler les lacunes produites par les brindilles absentes, avec le concours de rameaux voisins greffés par approche, ou de bourgeons étrangers inoculés par la greffe écusson.

Fructification du prunier. — Le prunier, d'origine méridionale, craint les saisons inclémentes pour la réussite de son fruit. Aux premiers indices de la végétation, il convient de préserver la fleur au moyen d'abris.

Sur les pyramides, les hautes tiges, les buissons, on dissémine des poignées de longue paille ou de branchages toujours feuillus, attachés au-dessus des branches prêtes à fleurir. Contre les espaliers, nous déployons une toile retenue au sommet du mur et arrivant à 1 mètre en avant de l'espalier; ce canevas servira plus tard à ces mêmes arbres pour garantir leurs fruits de l'attaque des mouches.

Les vases sont facilement recouverts avec un capuchon quelconque.

Quand l'arbre est trop chargé de fruits, ou si les groupes de fruits sont trop compactes, on leur retranche avec des ciseaux les prunes trop petites, difformes ou piquées des insectes; mais on attendra que les gelées soient passées, à partir de la mi-mai ; car le mauvais temps pourrait bien en supprimer au delà de nos désirs.

L'effeuillage graduel autour de la prune, commencé lorsque son volume est atteint et que son épiderme prend sa couleur définitive, enrichit son coloris et bonifie sa pulpe.

Aussitôt que les premiers fruits mûrs commencent à tomber, on s'occupe de la récolte. En cueillant les prunes du même arbre en plusieurs fois, on en prolonge la maturation. On les cueille par le pédoncule en évitant de les froisser, la fleur qui en recouvre la peau étant leur principal ornement. Portées de suite sur les tablettes d'une chambre, où la température est uniforme, sans être froide, obscure, ni brûlée du soleil, elles achèvent de mûrir, se conservent plus longtemps et gagnent en qualité.

Mais dans les vergers, on a l'habitude de secouer les arbres au moment de la maturation. Les fruits avancés tombent et se meurtrissent; les autres détachés forcément se fanent s'ils sont intacts, et manqueront de saveur. On devrait au moins étendre une couverture sous l'arbre, le secouer moins brusquement et ne pas forcer la chute des prunes qui résistent. Ce mode de récolte conviendrait aux fruits qui ne doivent pas être mangés frais, car la prune demande à être cueillie lorsqu'elle est parfaitement mûre.

Une belle température est toujours convenable, pour la récolte des fruits.

Maladies et insectes qui attaquent le prunier. — *La Brûle.* — Cette maladie s'annonce par le dépérissement de l'extrémité des rameaux. Il faut bonifier le sol en le drainant ou en l'amendant (point de fumier); si l'arbre n'est pas trop vieux, on le déplante pour lui rafraîchir les racines, lui retailler les branches à mi-bois et le replanter dans de meilleures conditions.

La *jaunisse* se traite de la même façon, quand elle a résisté aux arrosements au sulfate de fer (10 grammes par litre d'eau).

Blanc. — On le combat par des projections de fleur de soufre. Si le cryptogame atteint les racines, on les dégage et on renouvelle la terre.

Gomme et chancre. — On nettoie la plaie jusqu'au vif et on recouvre avec un mastic onctueux ou une chapelure de mie de pain brûlée. On badigeonne avec de la boue les tiges trop exposées aux excès de chaleur et de froid.

Puceron vert et *puceron noir.* — Mouiller les branches infestées, avec une eau de savon noir (1 kilogramme de savon pour 20 litres d'eau); à défaut du bain, employer l'aspersion.

Fourmi. — On forme avec du blanc d'Espagne un large anneau tout autour de la tige de l'arbre. Cet obstacle, renouvelé quand il faut, s'oppose au passage de la fourmi. On introduit dans les fourmilières une écrevisse ou un poisson amputé, le lendemain on enlève l'appât tout rempli de fourmis et on le plonge dans l'eau bouillante.

Guêpes. — On suspend près des fruits des fioles à col étroit, contenant de l'eau sucrée ou miellée ; les guêpes y vont et se noient.

Perce-oreilles. — On dispose de petits tampons de mousse au fond de vases à fleurs renversés, et logés dans l'arbre ou à l'extrémité d'un bâton. Les forficules viennent s'y réfugier; on les surprend le matin et on les écrase.

L'échenillage, le grattage des vieilles écorces, l'anéantissement des fruits véreux et les bons soins de culture contribuent à détruire une foule d insectes et à éviter des maladies.

CHARLES BALTET.

CULTURE DU PRUNIER DANS L'AGÉNOIS

Nous ne saurions en finir avec le prunier, sans dire quelques mots de sa culture dans l'Agénois où la production des pruneaux a une très-grande importance. Pour cela, nous avons eu recours à l'obligeance d'un homme du pays, de M. Goux, qui nous a fait la réponse que voici : — « Je vous envoie les notes que vous m'avez demandées sur le prunier de l'Agénois, *Prunier d'ente,* ou *Robe de sergent.* Je les ai prises sur un petit livre devenu bien rare. Il m'a été impossible de m'en procurer un exemplaire pour vous. »

Les notes en question nous suffisent largement; nous les reproduisons telles quelles :

Mode de reproduction. — « La multiplication par rejetons est le mode généralement en usage. C'est le plus commode, et plusieurs propriétaires se contentent d'émonder ceux qui viennent autour de leurs pruniers, pour les mettre en place lorsqu'ils ont atteint la grosseur suffisante.

« Cette méthode vicieuse détériore l'espèce, nuit aux pieds-mères, donne des arbres d'une reprise moins assurée.

« Tous les arbres venus de rejetons et multipliés depuis longtemps par ce mode, ne poussent presque plus de racine pivotante ; ils n'en ont que de traçantes. Ils sont mal assurés, comme il est facile de le remarquer sur plusieurs points. Ils s'épuisent beaucoup par les rejetons qu'ils produisent plus tôt et en plus grand nombre que ceux venus de graine et effritent d'autant plus le sol.

« Le mode de reproduction le plus parfait est celui qui a lieu par les semences. Il est à désirer que le sol destiné à une pépinière soit profond, médiocrement fertile, plutôt sablonneux qu'argileux. Il est défoncé, avant l'hiver, à deux pieds ($0^m,66$) de profondeur et bien ameubli. Il convient de laisser les mottes entières et de les disposer en billons élevés ; l'air circule plus librement dans leurs intervalles, et au printemps, l'humidité est plus promptement dissipée.

« Pour se procurer du plant, on saisit un arbre qui porte de belles prunes ; on les laisse mûrir jusqu'à ce qu'elles tombent : alors elles sont cueillies et mises à sécher au soleil. Si l'on n'avait pas à craindre les rats et les mulots, on pourrait les semer sur-le-champ, ou tout au moins à l'automne; mais le dégât que ces animaux font dans le semis, fait préférer à cette méthode celle de la stratification, plus commode et plus sûre. Dès le mois d'octobre, on place les noyaux ou les prunes dans des caisses, par couches alternatives, avec du terreau et du sable frais et non mouillé. On met les caisses à l'abri du froid dans une cave, ou bien on les enterre au pied d'un mur.

« En février ou mars, les planches destinées au semis étant bien ameublies et suffisamment engraissées avec de bon terreau ou du fumier consommé, on les dresse au râteau, et l'on ménage sur leurs bords une petite élévation de 3 ou 4 pouces ($0^m,08$ à $0^m,10$), pour retenir l'eau des arrosements. On y trace ensuite des rayons de 1 pouce ($0^m,027$) de profondeur, espacés de 6 pouces ($0^m,16$), dans lesquels on place les noyaux à 4 pouces ($0^m,11$) de distance les uns des autres. La plupart sont déjà à demi ouverts, et quelques-uns ont poussé leur radicule.

« De légers sarclages et des arrosements sont les seuls soins qu'exige le semis. Dans l'automne de la première année, quelques jeunes plants seront assez forts pour être transplantés. Pour le plus grand nombre, l'opération n'aura lieu qu'après la seconde année.

« Les soins pour les plants en pépinière sont les mêmes que pour les semis. Les arrosements ne sont pas nécessaires, si ce n'est à l'époque de la greffe. Dans la même année, quelques sujets sont déjà assez forts pour la recevoir.

« On les écussonne à œil dormant et près de terre. Il faut saisir l'époque où cesse le mouvement de la première sève. La première quinzaine de juillet est l'époque propice.

Où plante-t-on le prunier? — « Un terrain formé d'argile sablonneuse, mêlée d'une proportion plus ou moins forte de calcaire, paraît lui convenir le mieux : c'est la composition du sol, aux environs de Mouclar, Castelmoron, Montpezate, Clairac, et, en général, des coteaux qui bordent la plaine du Lot, où la culture est le plus en vigueur et où l'on prépare les meilleurs pruneaux. On voit, néanmoins, de fort beaux pruniers sur des terrains où le calcaire domine. Il réussit généralement mal dans les plaines du bout de la Garonne. Quoiqu'il se plaise dans les terrains profonds, il n'exige pas absolument que la couche végétale ait une grande épaisseur, surtout en plantant des pieds provenant de rejetons : 18 pouces ($1^m,50$) peuvent suffire, pourvu toutefois que la couche inférieure ne soit pas imperméable.

« On plante le prunier partout, dans les vignes et dans les champs. Les vignes et les blés en souffrent un peu, il est vrai, mais le produit des pruneaux dédommage amplement de la perte qu'on éprouve sur les autres récoltes. La meilleure manière de planter paraît être celle connue dans le département sous le nom de *joualles*. On divise le champ en plates-bandes de 6 à 7 mètres de large, par de doubles rangées de vigne, les deux rangées espacées d'un mètre, et l'on plante dans leur intervalle, à 12 ou 14 mètres de distance.

Taille. — « On taille les pruniers dans les premières années qui suivent la plantation, pour les débarrasser des branches mal placées ou superflues, et les empêcher de se mettre trop tôt à fruit. — Il suffit à la première taille de leur laisser trois branches principales au plus, qui en fourniront six ou huit de secondaires les années suivantes : on les raccourcit plus ou moins suivant la vigueur du sujet. Il y a généralement moins d'inconvénients à tailler court qu'à tailler long; cependant il faut aussi, dans ce sens, éviter l'excès. Il est vrai qu'alors les arbres ne s'épuisent pas par une fructification trop hâtée; mais ils donnent beaucoup de branches à bois très-rapprochées, dont on est forcé, à la taille suivante, de supprimer la plus grande partie. Ces plaies multipliées et ces abatis redoublés ne sont point dans l'ordre de la nature.

« Les boutons sont très-rapprochés sur le prunier, et ils s'ouvrent ordinairement tous, même sur les branches qui n'ont pas été taillées. D'une branche convenablement raccourcie, il doit sortir au sommet deux ou trois bourgeons verticaux destinés à l'extension de l'arbre, et que, par cette raison, on appelle *bourgeons* ou *branches à bois*. Des yeux du milieu, il sort de petits bourgeons déliés, presque d'une égale grosseur d'un bout à l'autre, et dans une direction perpendiculaire à la branche qui les porte. On les nomme *brindilles*; elles sont immédiatement destinées à donner du fruit. Si on les laisse entières, elles s'allongent peu, tous leurs yeux s'ouvrent et deviennent boutons à fruits pour l'année suivante. Enfin, des yeux inférieurs, il ne sort que des boutons à fruits qu'on reconnaît facilement au bouquet de feuilles qui les entoure. Lorsqu'il y en a plusieurs de réunis sur le même support, ils forment une rosette. En taillant trop long, on risque de manquer de bons bourgeons à bois; en taillant trop court, on concentre la sève : tous les boutons donnent des bourgeons à bois ou des brindilles surabondantes.

On tient l'intérieur de l'arbre évidé; on supprime une partie des brindilles, et on raccourcit les autres; on les empêche par là de se mettre à fruit, et leur végétation fortifie les branches principales ou secondaires. Taillées à deux ou trois yeux, elles donnent un bourgeon à bois, et on s'en sert ainsi quelquefois pour remplir un vide. On casse toutes les rosettes pendant les trois ou quatre premières années. Si l'arbre pousse inégalement et qu'un côté l'emporte sur les autres, on le taille plus long et l'on raccourcit le côté faible en le déchargeant beaucoup.

« La taille doit être nette à 5 ou 6 lignes ($0^m,012$ ou $0^m,014$) au-dessous du dernier bouton qu'on choisit dans la direction la plus propre à donner à l'arbre la forme d'un entonnoir. On évitera les éclats, les contusions et les déchirures qui provoquent souvent des écoulements de sève, surtout quand on taille au printemps.

« Dès la cinquième ou sixième année, on peut permettre aux arbres vigoureux de porter des fruits. Alors, on allonge un peu plus la taille, et on ne raccourcit plus les brindilles, à moins qu'elles ne soient très-longues. En continuant ainsi, on arrive bientôt à l'époque où l'arbre, étant formé, ne jette plus que des scions fort courts auxquels on ne doit pas toucher, et n'a besoin que d'être éclairci et débarrassé du bois mort.

« Cette opération se fera régulièrement tous

les ans au printemps ou en automne, mais mieux dans cette dernière saison. Elle consiste à supprimer les rameaux faibles, mal placés, ou qui empêchent l'air de circuler librement autour de chacun des rameaux à conserver. Quelques cultivateurs étendent ce soin jusque dans les brindilles et les rosettes. On coupe les gourmands qui ont poussé depuis la dernière taille, à moins qu'ils ne soient nécessaires pour remplacer quelque branche languissante. Ils sont très-utiles pour rajeunir les arbres et prolonger leur vigueur. On a observé que ces jeunes branches donnent de plus beaux fruits que le vieux bois, ce qui a engagé quelques propriétaires à favoriser leur croissance en abattant le vieux bois sans nécessité. En général, les fruits sont d'autant plus beaux qu'ils sont moins nombreux. A la vérité, l'abus de ces mutilations périodiques abrége la durée des arbres; mais leur produit étant un objet de luxe, il est possible qu'on soit dédommagé de leur fin prématurée et de la diminution sur la quantité de la récolte, par l'avantage d'une qualité supérieure. La durée productive du prunier Robe de sergent est de vingt-cinq à soixante ans. »

Usages du prunier. — Le bois du prunier est employé par les tourneurs et les ébénistes sous les noms de *Satiné bâtard, Satiné de France*. On retire en outre de ce bois des teintures brunes communes.

Le fruit du prunier, que nous appelons *Prune*, est, ainsi qu'on a pu le voir dans ce chapitre, mangé cru, cuit ou bien desséché, et à l'état de *pruneaux*, ou bien encore conservé dans l'eau-de-vie. Aux époques d'abondance, on met des prunes en futaille avec de l'eau, et au bout de quelques jours de fermentation l'on obtient une piquette passable. On retire aussi des prunes, soumises à la distillation, une eau-de-vie fort estimée, qui se rapproche un peu du kirsch, et que l'on vend souvent pour tel. Les palais délicats ne s'y trompent pas; les personnes peu exercées arrivent à reconnaître la tromperie en ajoutant un peu d'eau à la liqueur. L'eau-de-vie de cerises ne se trouble pas, tandis que celle de prunes se trouble sensiblement.

C'est dans les Vosges, la Moselle, la Meuse et le grand-duché de Luxembourg, qu'on fabrique les eaux-de-vie de prune de bonne qualité; on pourrait en fabriquer partout ailleurs.

Les prunes que l'on dessèche sur des claies, soit au soleil, soit au four, et quelquefois par les

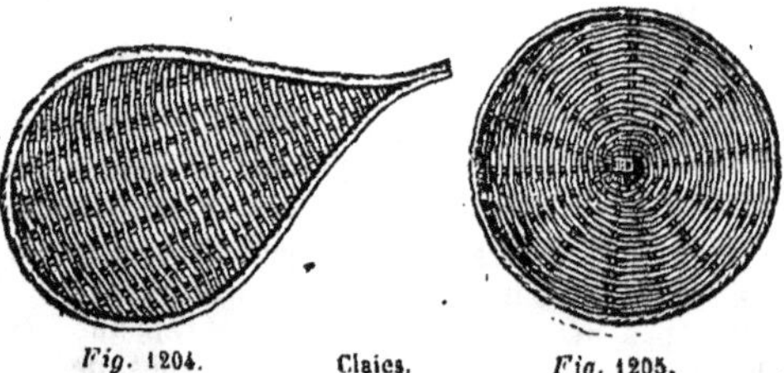

Fig. 1204. Claies. *Fig.* 1205.

deux moyens alternativement, sont l'objet d'un commerce très-considérable. Les meilleurs pruneaux pour la table, sont ceux d'Agen, de Tours et de Brignoles. On les mange crus, cuits, en compote, ou en tartes. Les meilleurs pruneaux pour la médecine qui leur reconnaît des propriétés laxatives assez prononcées, sont ceux que l'on prépare avec les petites prunes de Damas noir et de Saint-Julien. Crus ou cuits, mais surtout cuits, ils sont plus purgatifs que les pruneaux de table. En retour, ils sont beaucoup moins sucrés. P. J.

CHAPITRE XXXIII

(SUITE DES DRUPES.)

DU CERISIER (CERASUS).

Historique et classification. — Le Cerisier est un arbre de la famille des Amygdalées, dont Linné avait fait une espèce du genre prunier, mais qui constitue à présent un genre à part. Il paraît indigène de l'Europe, et l'on pense que Lucullus n'apporta de Cérasonte qu'une variété de cerise cultivée, non un type. Au dire de Tollard, on trouve, dans nos forêts, les trois types de toutes les variétés cultivées dans nos vergers. Les botanistes modernes voient dans le *cerisier des oiseaux* de nos bois la souche de la variété *Juliana*, à fruit gros, d'un rouge-noirâtre, très-sucrée (guignes), et de la variété *Duracina*, à fruits rouges veinés de rose et de blanc jaunâtre, (bigarreaux). De ces deux variétés seraient sorties les nombreuses sous-variétés de cerises douces que nous avons. Quant à notre cerisier commun, à fruit plus ou moins aigre, nous ne lui connaissons pas de type dans nos bois. On le croit originaire du midi du Caucase.

Des terrains et expositions qui conviennent au cerisier. — Par suite de son greffage sur le merisier (*Cerisier des oiseaux*), sur le Sainte-Lucie (*Cerisier mahaleb* ou *prunier odorant*) et sur le Cerisier franc, (provenant de noyaux de cerises cultivées), le cerisier réussit, on peut le dire, dans tous les terrains.

Sur merisier, il vient dans les terres substantielles et fraîches ; sur Sainte-Lucie, dans les sols arides, rocailleux, calcaires ; sur cerisier franc, il réussit dans les terrains siliceux, sablonneux, et même dans les terrains humides.

Il n'y aurait que les terres marécageuses, froides, trop argileuses, qui seraient contraires au cerisier.

Les racines de cet arbre n'ont guère de tendance à s'enfoncer profondément; par conséquent l'épaisseur de la couche végétale lui est à peu près indifférente. Pour lui, les meilleurs amendements consistent en terre franche, en terre de route, en compost. Le fumier fait jaunir ses feuilles et moisir ses racines.

La robusticité du cerisier est telle, que si l'on avait à planter en terrain sec un sujet greffé sur merisier, il suffirait de plaquer au fond de la fosse une bonne couche de gazon et de feuilles lentes à pourrir. S'il fallait au contraire planter en terre humide, compacte ou froide, un cerisier sur Sainte-Lucie, on se bornerait à garnir le fond du trou et de quelques rigoles ouvertes à l'entour, avec de la pierraille, des scories, des coquilles d'huîtres, de moules et d'escargots. On en mélangerait dans le sol voisin des racines; et l'on s'arrangerait de façon que l'arbre fût placé sur un monticule, et non dans un trou.

Les situations bien appropriées au cerisier sont les hauteurs, les pentes et les plaines où l'air et la lumière circulent librement.

A proximité d'une forêt, ou trop resserré dans un bois, le cerisier s'élance et produit peu. Son fruit est en outre exposé aux attaques des oiseaux qui en sont friands.

Les endroits froids, assujettis aux brouillards, sont contraires à sa floraison; les expositions brûlantes le fatiguent, si l'on n'a pas la précaution de lui mouiller le feuillage dans la soirée. Ce fâcheux effet se produit encore au midi d'un mur chaperonné, dans un terrain plutôt blanc que noir.

En espalier, le levant est, comme toujours, une excellente position; le couchant ne convient guère aux cerises susceptibles de se tacher.

On plante au nord les variétés qui mûrissent tard afin de reculer l'époque de leur maturité; on plante au sud-est les variétés précoces, afin de favoriser davantage leur précocité. A ces deux expositions, la qualité du fruit ne vaut pas généralement celle que l'on obtient par les cultures ordinaires; mais on est satisfait de récolter des fruits de primeur ou d'arrière-saison; et il faudrait qu'une cerise fût bien mauvaise pour qu'on la rebutât à table, ou à la cuisine.

Nous ne saurions passer sous silence le parti que l'on peut tirer de cette essence fruitière, en garnissant les friches, les coteaux inaccessibles à la charrue. Nous citerons à ce sujet les cerisaies composées de buissons greffés sur Sainte-Lucie, créées sur des terres incultes dans la commune de Saint-Bris (Yonne). En 1863, 100 hectares, ainsi plantés, ont produit pour 80,000 francs de cerises. La variété cultivée est l'*Anglaise hâtive*.

Des meilleures variétés de cerisiers. — En considérant la végétation et le fruit du cerisier, on divise ses variétés en *Bigarreaux* et *Guignes*, *Cerises* et *Griottes*.

Les *Bigarreautiers* ont un gros bois, de grandes feuilles, un fruit généralement ovoïde ou cordiforme, bossué ou sillonné, à chair ferme, croquante, assez adhérente à la peau.

Les *Guigniers* semblent être un diminutif du bigarreautier, et tenir le milieu entre cette race et le merisier; leur bois est plus touffu et la chair du fruit moins cassante que chez le bigarreautier. Tous deux font de grands arbres et ne conviennent guère que pour haute tige.

Les *Cerisiers* et les *Griottiers* réussissent en haute tige et en basse tige; leur bois est moins élancé, plus finement ramifié; le feuillage en est ferme; le fruit est arrondi, à chair tendre, fondante, juteuse, douce ou acidulée, se détachant de la peau. La pulpe des griottes est acide, parfois aigre ou amère, de couleur cramoisi noirâtre; elle est employée dans la confection des ratafias et des cerises à l'eau-de-vie.

La cerise et la griotte ont cet avantage sur le bigarreau et la guigne, qu'elles ne sont pas, comme eux, indigestes ni exposées à être véreuses.

Nous allons examiner dans chaque série les variétés qui offrent le plus d'avantages à la culture.

Bigarreaux. — Les bons bigarreaux sont les suivants :

B. gros blanc. — Fruit moyen, blanc ambré, maturité en juin.

B. gros hâtif, — Assez gros, cire et carmin; mai-juin.

B. gros rouge. — Gros, rouge vif; fin juillet.

B. gros noir. — Gros, pourpre noir; juin-juillet.

B. Cleveland. — Assez gros, rose ambré; mai-juin.

B. Jaboulay. — Gros, carmin veiné pourpre; commencement de juin.

B. Napoléon. — De première grosseur, rose vif sur fond blanc; juin-juillet.

On pourrait ajouter à cette liste les *Bigarreaux de Mezel, de Tartarie,* qui sont de couleur foncée et mûrissent en juin; et comme variétés se rapprochant des races ornementales le *B. parassol*, le *B. de septembre*.

Toutes ces variétés sont vigoureuses et fertiles.

Guignes. — Les guignes sont assez répandues dans le midi de la France. Arrêtons-nous aux plus recommandables pour leur précocité ou pour leur maturité tardive.

Les variétés hâtives sont les *Guignes blanche ambrée, G. noire hâtive, G. Ohio's beauty, G. Werder's early black heart,* qui mûrissent dès le mois de mai. L'*Ohio's beauty* est très-méritante.

Parmi les variétés tardives, les *Guignes Rival* et *Agathe* prolongent leur maturité jusqu'au commencement de l'automne. Disons pour toutes que la grosseur du fruit est moyenne, et la qualité d'un bon ordinaire.

Cerises. — Les cerises forment la section principale. La végétation régulière de l'arbre et la saveur agréable du fruit leur donnent accès dans le verger et dans le jardin fruitier.

Elles ont une forme arrondie, tronquée ou cordiforme ; leur robe est rouge clair ou pourpré ; et leur qualité est bonne, c'est-à-dire bonne ou très-bonne suivant que l'on aime les cerises sucrées ou acidulées : voici les plus méritantes :

Fig. 1206. — Cerise Belle de Châtenay.

Belle de Châtenay-Magnifique. — Fruit gros, doux acidulé, de juillet-août. Arbre vigoureux et fécond.

Cerise commune ou *Cerise franche.* — Elle forme une race spéciale qui se reproduit par ses drageons. Plusieurs sous-variétés sont nées du semis de ses graines ; indiquons seulement :

Commune hâtive. — Fruit moyen, rouge cerise, acidulé, de juin-juillet.

Commune tardive. — Elle ressemble à la précédente, sauf qu'elle mûrit en juillet-août.

Leurs arbres sont robustes, vigoureux et productifs.

C. de Planchoury. — Fruit gros, acidulé-doux, de juillet-août. Arbre vigoureux, très-fertile.

C. de Vaux. — Fruit assez gros, doux-acidulé, de fin juin. Arbre de vigueur moyenne, très-fertile.

C. Duchesse de Palluau. — Fruit assez gros, moyen, doux, de juin. Arbre vigoureux, fertile.

C. Gros Gobet. — Fruit à courte queue, assez gros, marqué d'un sillon, acidulé, de mi-juillet. Arbre d'une vigueur et d'une fertilité modérées.

C. Impératrice Eugénie. — Fruit gros, doux, légèrement acidulé, du commencement de juin. Arbre de vigueur moyenne, très-fertile.

C. de Montmorency (à longue queue). — Fruit assez gros, acidulé, du commencement de juillet. Arbre vigoureux et fertile. Le Montmorency à courte queue est moins vigoureux et moins productif.

Fig. 1207. — Cerise Reine Hortense.

C. Reine Hortense. — Fruit de première grosseur, obovale, plus rose que rouge, doux, de juin-juillet. Arbre vigoureux, manquant de fertilité, surtout dans les pays froids, où il se plaît peu.

C. Rose Charmeux. — Fruit gros, acidulé, de juillet-août. Arbre d'une bonne vigueur, très-fertile.

C. Royale d'Angleterre hâtive ; fruit gros, doux, acidulé, bon pendant tout le mois de juin. Arbre vigoureux, très-fertile.

Cette variété, beau type de cerise, est encore appelée *Anglaise hâtive.*

C. Royale d'Angleterre tardive. — Fruit gros, acidulé, parfois acidulé-doux, de juillet-août. Arbre vigoureux, d'une fertilité ordinaire, fructifiant mieux et tachant moins son fruit quand il est situé dans de bonnes conditions.

Nous mentionnerons encore l'*Abbesse d'Oignies* et la *Belle de Choisy*, qui sont à fruits doux ; la *Belle d'Orléans*, la cerise *Bonnemain*, douce-acidulée ; la *C. Montmorency-Bretonneau* à chair plus acidulée que douce.

Fig. 1208. — Cerise Royale d'Angleterre tardive.

En second ordre, nous mentionnerons comme variété très-hâtive, le cerisier *nain précoce* ou *indule*, dont le fruit mûrit en mai, et que l'on plante aux expositions chaudes pour avoir du fruit encore plus tôt.

Griottes. — Nous avons enfin les griottes qui sont des cerises rondes, à épiderme noirâtre, à pulpe rouge sang, fortement acidulée, assaisonnée d'un suc aigrelet qui déplaît même aux oiseaux frugivores, avant qu'elles aient atteint les dernières limites de leur maturation. Elles sont, avons-nous dit, recherchées par le liquoriste et par la ménagère pour la préparation des ratafias, des vins de cerises et des conserves à l'eau-de-vie.

Sans nous arrêter aux variétés moins productives, à végétation fougueuse se rapprochant de celle des guigniers, occupons-nous des plus dignes.

En première ligne se place la *Griotte du Nord*, fruit de première grosseur, mûrissant fin d'août. Arbre vigoureux et fertile ; puis viennent :

Les *Griottes Acher.* — Fruit assez gros ; de mi-août.

G. d'Allemagne. — Gros, juillet-août ; arbre faible ;

G. de Portugal. — De première grosseur, mûrissant à la mi-juillet.

G. grosse commune. — Gros fruit, du courant de juillet. Arbre plus grand, mais moins fécond que les précédents.

Fig. 1209. — Griotte de la Toussaint.

La variété appelée *G. à brindilles*, *G. de la Toussaint*, à branches très-ramifiées, effilées et retombantes, fleurissant en été, donnant de petits fruits qui persistent jusqu'en septembre-octobre, est cultivée comme espèce d'ornement et comme fruit à confire.

Des moyens de multiplier le cerisier. — Le cerisier se multiplie par le semis de ses graines ; mais ce mode de multiplication ne saurait être recommandé que pour l'obtention de sauvageons, ou de variétés nouvelles. Si l'on veut reproduire exactement une variété de cerise, on a recours à son greffage sur le C. merisier, sur le C. de Sainte-

Lucie, ou sur le C. commun ; toutes les sortes y réussiront. Nous ne parlons pas du drageonnage, trop exceptionnel.

En général, et quelle que soit la variété à reproduire, on devra pincer à l'avance les meilleurs rameaux à greffer ; le pincement sera d'autant plus long que l'époque de l'écussonnage sera plus tardive. On pourrait s'exempter de pincer un rameau choisi sur un arbre d'un certain âge et employé vers l'arrière-saison. A chaque scion, on rejette les yeux de la base et ceux du sommet, disposés à s'éteindre ou à fleurir.

L'écussonnage se fait par un beau temps ; la ligature destinée à maintenir l'écusson ne doit pas être humide.

Le tronçonnement du sujet, pour faire développer le bourgeon écussonné, aura lieu en février-mars ; et le retranchement de l'onglet conservé à cette occasion aura lieu vers le mois d'août.

Cerisier sur merisier. — Le merisier qui convient à la multiplication du cerisier est de l'espèce qui produit des fruits roses ou rouges ;

Fig. 1210. — Merisier.

elle se prête à la reproduction de toutes les variétés. Le merisier à fruits noirs se refuse souvent au greffage par écusson, il est plus docile au greffage en fente.

Le merisier exige un assez bon sol qui ne soit ni brûlant ni compacte ou humide à l'excès. Il faut aux sujets de l'air et de la lumière ; quand la pépinière est un peu ombragée, nous plantons le merisier en bordure, l'écusson y réussit mieux. Cette essence étant exclusivement consacrée aux formes élevées, on dispose la plantation dans le but d'en obtenir des hautes tiges.

Élevage du plant de merisier. — Nous le reproduisons par le semis de la merise rouge aussitôt sa maturité, directement en place ou après stratification. Si le fruit est encore vermeil, on le met en tas pendant deux jours environ, pour hâter la décomposition de la pulpe.

Les noyaux seront assez clair-semés, pour produire des sujets trapus, qui, dès la première année, vaudront mieux que des sujets d'un âge plus avancé.

Le bon plant, de taille moyenne, ne sera point écimé. S'il est étiolé, on le recèpera l'année suivante. Un grand plant, suffisamment gros, sera coupé à $0^m,15$ au moment de la plantation.

Jusqu'à ce que le merisier ait bien formé sa tige, on pince les rameaux qui avoisinent la flèche ; puis on les élague à la fin de l'été ou au commencement du printemps, et l'on ménage les petits rameaux anticipés qui garnissent la nouvelle flèche. Celle-ci, appelée encore tige centrale, sera étêtée au printemps qui précédera son écussonnage, à une hauteur de 2 mètres à $2^m,30$, soit environ $0^m,30$ au-dessus du point destiné à recevoir la greffe. A cet endroit, il est nécessaire que la tige soit assez forte et âgée de deux ans au moins.

Greffage du merisier. — Le greffage en écusson du merisier se fait dans la première période de la saison consacrée à l'écussonnage des arbres fruitiers ; cependant, si la sève était trop fougueuse dans les sujets, on ajournerait l'opération jusqu'à ce qu'elle fût un peu plus calme. On écussonne sur les merisiers depuis la fin de juin jusqu'à la mi-août. Environ vingt jours après, une visite est indispensable pour regreffer ceux qui n'auraient pas réussi ; quand on opère sur des arbres pleins de vigueur, on ne serait pas étonné de voir ce deuxième greffage réussir mieux que l'autre. Pour l'avenir du sujet, les greffes sur la tige sont préférables à celles que l'on pose sur les branches latérales.

Au mois de septembre qui suit l'écussonnage, on passe de nouveau en revue les merisiers, et l'on regreffe en fente ceux qui se sont montrés rebelles à l'écussonnage, par suite de leur nature, de l'état des greffons ou du sujet, ou encore par l'effet d'une température humide, pluvieuse, qui aurait accompagné l'opération. Disons qu'il n'y a point à hésiter à poser un rameau-greffon au-dessus d'un écusson douteux ; on double la chance de succès.

La greffe en fente d'automne est surtout avantageuse au merisier en raison de ce qu'elle réussit mieux que celle du printemps, quand on a pu saisir le moment propice, ni trop tôt ni trop tard. Au mois d'avril suivant, la végétation des greffons déjà soudés est plus précoce ; il y a par conséquent moins à redouter les hâles de la saison, et les ravages possibles des insectes qui abondent sur les bourgeons des arbres à noyau.

On applique encore au merisier l'écusson à œil poussant, la greffe en couronne et la greffe anglaise.

Cerisier sur Sainte-Lucie. — Le cerisier Mahaleb ou de Sainte-Lucie se plaît dans les terrains arides, légers, calcaires, pierreux. On l'emploie pour boiser les terrains plus ou moins ingrats, ainsi que les pentes, et aussi pour établir des clôtures.

Considéré comme sujet du cerisier, il sera donc adopté pour les plantations sur une terre rocailleuse, se desséchant facilement, ou à sous-sol de tuf, de craie, de terre stérile. Il est préférable à tout autre lorsqu'il s'agit de cultiver le cerisier en basse tige, pyramide, vase ou palmette, en plein air ou à l'espalier.

Quant à la forme haute tige, on y parvient en

Fig. 1211. – Sainte-Lucie.

greffant le sujet en pied et en élevant le cerisier lui-même à la hauteur voulue. Mais par sa nature rabougrie et tortueuse, on ne saurait greffer le Sainte-Lucie en tête avec les variétés faibles qui ne peuvent pas monter d'elles-mêmes à haute tige. Alors, on a recours au greffage d'une variété vigoureuse destinée à former la tige ; et sur celle-ci, on greffe la variété récalcitrante.

Dans un sol substantiel, la végétation luxuriante du mahaleb nuirait à la réussite de l'écusson. Nous préférons les terres moins riches. Les endroits sains, aérés, ont encore un avantage marqué sur ceux qui se trouvent exposés aux brouillards, aux vents froids, et qui provoquent la gomme ou contrarient la soudure de la greffe; ajoutons qu'il est indispensable de cultiver la terre par un beau temps.

Élevage du plant de Sainte-Lucie. — On sème la graine de Sainte-Lucie au mois de juillet, aussitôt qu'elle est récoltée; elle germe au premier printemps. Si le terrain manquait à cette époque, on pourrait stratifier cette graine, pour la semer au mois d'avril suivant.

Quand le plant de l'année n'est pas assez fort, on le choisit de deux ans, mais suffisamment chevelu et non étiolé. A cet effet, on repique le petit plant d'un an, au lieu de le laisser étouffer par les plus vigoureux. En général, on ne prendra pas de plant trop gros.

On l'habille en le rabattant à $0^m,25$ du collet; il ne faut planter ni pendant la pluie, ni dans une terre boueuse.

Greffage du Sainte-Lucie. — L'écussonnage à œil dormant est le greffage le plus propre à cette espèce. On opère autant que possible dans l'été qui suit la plantation, et assez tard en saison, vers le mois d'août. Pour en faciliter le travail, nous disposons déjà les sujets en juin-juillet, en élaguant les rameaux qui en garnissent le tronc.

Au moment d'écussonner, nous réunissons en faisceau les branches de chaque sujet en les liant avec une d'elles; aussitôt le greffage terminé, nous coupons l'extrémité de ces branches aux deux tiers de leur longueur; il en résulte un arrêt forcé dans la végétation, arrêt qui cimente l'union des deux parties.

Trois semaines après, nous vérifions, et nous renouvelons le greffage où il n'a pas réussi.

La ligature demande à être surveillée, car le grossissement tardif du Sainte-Lucie amène une strangulation qu'il faut éviter. On donne un léger coup de greffoir en septembre-octobre ; on taille même les rameaux du sauvageon à moitié de leur longueur, si leur poids ou leur balancement pouvaient faire casser le sujet. Un greffage manqué sur un fort plant de Sainte-Lucie peut amener la perte du sujet, parce que, l'année suivante, il serait trop gros pour être écussonné; mais dans ce cas nous avons soin de le recéper, pour opérer sur le nouveau jet.

Il y aurait encore moyen d'utiliser un Sainte-Lucie à demi-tige en le greffant avec une variété d'agrément : cerisier de Sibérie, cerisier à fleurs doubles, ou Sainte-Lucie à feuilles panachées. Nous hésitons à le greffer en tête avec une variété fruitière, parce que les tiges de Sainte-Lucie sont sujettes à se couder et à se tacher ; nous craignons encore qu'il n'en résulte un bourrelet de greffe trop volumineux.

Toutes ces considérations nous engagent t àemployer le greffage d'une variété intermédiaire lorsque nous voulons avoir en haute tige : une cerise délicate, comme Griotte d'Allemagne, Naine précoce, Coe's late carnation.

Pour ce double greffage, nous employons en premier lieu une sorte de guignier vigoureux, ou plutôt du bigarreautier ayant une vigueur moyenne, le bigarreautier Napoléon par exemple; il est privé de cette végétation folle qui nuirait au lieu de seconder. Cette variété a, en outre, l'avantage de se ramifier fort peu, ce qui évite des mutilations d'élagage toujours défavorables.

La tige doit être âgée d'au moins deux ans, lorsque nous la greffons; plus jeune, elle supporterait moins les conséquences de l'ébourgeonnage, et le corps de l'arbre resterait amaigri.

Cerisier sur franc. — Le cerisier franc est l'espèce que l'on rencontre dans certains vignobles, formant une tête en boule produisant beaucoup de moyennes cerises acidulées, les unes hâtives, les autres tardives, et se reproduisant par semis et par drageons.

Il est très-répandu dans les campagnes, parce qu'il est robuste, et n'exige aucun greffage. Sa nature mixte convient dans les terrains trop peu profonds pour le merisier, trop humides pour le Sainte-Lucie ; il se lie au sol dans les endroits légers, poreux, où d'autres s'y dessécheraient.

Les pépiniéristes ne s'en servent guère, sans doute parce qu'il ne fournit pas des tiges aussi droites, à écorce aussi vive que le merisier ; et cependant, à notre avis, il aurait son utilité pour le greffage des variétés faibles qui sympathiseraient mieux avec lui.

Il servirait encore de sujet aux cerisiers basse-tige destinés aux terrains frais, là où le Sainte-Lucie verrait sa racine attaquée par le champignon; enfin on le prendrait pour être greffé à haute tige, dans les situations contraires au merisier. On le voit, c'est une race intermédiaire.

Employé comme sujet pour le greffage des autres variétés, le plant doit provenir de semis, parce que sa faculté de drageonner, doublée en quelque sorte par l'amputation qu'exige la greffe, finirait par affamer la variété soudée sur lui. On le choisirait surtout pour garnir des terrains où, n'étant ni cultivé ni taillé, il n'y aurait pas à craindre une émission de drageons.

Le plant est obtenu, comme les autres, par le semis immédiat des noyaux ou par stratification; si le semis est dru, un repiquage est nécessaire, ou bien le recépage un an après sa plantation; mais un jeune cerisier bien proportionné serait planté en pépinière sans subir l'amputation de la flèche.

Quant au marcottage souterrain, il suffit de pratiquer quelques lésions sur les racines, et de garder le plant en nourrice une année ou deux après le sevrage.

Nous croyons que le bouturage de racine aurait pour résultat, comme le marcottage, de produire un bon plant pour les cerisiers en buissons. Le greffage du cerisier franc ne présente aucune particularité à signaler.

Des formes qui conviennent au cerisier. — En laissant croître le cerisier à son gré, on ne tarde pas à voir la branche charpentière se dégarnir à sa base; les brindilles fruitières s'accumulent vers le sommet; et à part le manque d'harmonie entre les branches principales, ou de régularité dans la répartition des brindilles désormais abandonnées, il peut en résulter la rupture de fortes branches trop chargées sur le même point. La cueillette manuelle des cerises, qui n'est pas sans danger vers les parties élevées, n'en devient que plus difficile.

Il importe donc d'assurer une forme à l'arbre et de l'entretenir, bien que l'on rencontre des cerisiers négligés qui vivent et produisent fort longtemps.

Les formes qui lui sont applicables sont dites à haute tige ou à basse tige, et prennent un nom particulier selon le dessin de la charpente.

Formes du cerisier à haute tige. — Nous avons dit et nous répétons qu'on obtient un cerisier à haute tige : 1° en greffant sur le merisier ou sur le cerisier commun à la hauteur de la couronne; 2° en greffant rez-terre le cerisier de Sainte-Lucie ou le cerisier franc, et en faisant monter le scion de la greffe; 3° par le greffage en pied sur le Sainte-Lucie d'une variété vigoureuse que l'on greffe à son tour en tête avec la variété à propager.

La hauteur de la couronne est habituellement fixée de 1m,75 à 2 mètres; on peut conserver sur la tige des jeunes arbres greffés, surtout dans les pays chauds, des rameaux que l'on tient très-courts par le pincement. Les rosettes de feuilles préservent l'écorce des coups de soleil, et leurs bourgeons fructifient.

Les formes spéciales au cerisier à haute tige sont: la forme naturelle à la variété, et le vase entonnoir ou gobelet.

Par forme *naturelle* à la variété, nous entendons une charpente sphérique ou pyramidale, comprimée ou ovalaire, non soumise au rigorisme géométrique; enfin c'est une direction propre à la variété. Ainsi les bigarreautiers deviendront des arbres de première grandeur en simulant une pyramide conique. Les guigniers et quelques griottiers iront sur leurs traces en se tenant plus ramassés, moins élancés; et les cerisiers garderont une tenue plus modeste, plus arrondie ou buissonneuse.

On aide la nature en forçant le cerisier à se ramifier souvent, par une taille pratiquée en février-mars, avant le mouvement de la sève, ou par une opération semblable avant qu'elle s'arrête en août-septembre.

Pendant les premières années, il a suffi d'une taille variant entre 0m,15 et 0m,25 sur les branches principales pour les contraindre à se multiplier; et plus tard, on se borne à modérer les parties qui s'emportent par une taille renouvelée au besoin.

Il est assez difficile de déterminer l'étendue, même probable, de cerisiers conduits ainsi: elle dépend un peu de leur facilité à redresser leurs branches ou à les écarter; on voit des cerisiers atteindre 6 mètres de largeur, et d'autres arriver difficilement à 2 mètres.

Il est bien entendu que toutes les variétés se plaisent sous cette forme; mais les plus productives et celles qui réclament une certaine somme d'air et de chaleur préfèrent avoir leur cime évidée à l'intérieur comme la suivante.

Le cerisier *haute tige en vase* exige d'abord le tronçonnement net de la tige au point où le vase doit commencer. On fait en sorte d'obtenir quatre branches, ou trois au moins. Avec deux branches, on est obligé de les rapprocher à la taille pour en obtenir quatre.

Ces trois ou quatre branches sont taillées à 0m,10, et on ne leur laisse pousser que les yeux supérieurs mieux placés. Au moyen du dressage, les six ou huit rameaux qui en résultent, s'éloignent de la tige en décrivant une courbe légère; l'année suivante, on les taille à 0m,25 pour les bifurquer encore, et les douze ou seize bras qui s'ensuivent dessinent le corps du vase.

Pour marcher aussi rapidement, une force égale est nécessaire entre les rameaux; dans le cas contraire, on taille court les plus gros, on allonge, on redresse les faibles; un seul scion terminal est maintenu, toute bifurcation est provisoirement interdite; enfin les opérations en vert viennent aider à rétablir l'équilibre.

Avec le concours d'un cerceau placé à l'intérieur de la tête de l'arbre, on palisse ces membres et on leur accorde un intervalle de 0m,25 à 0m,30.

Le vase est formé; il n'y a plus qu'à l'agrandir, si l'arbre est d'une variété sujette à se dénuder, ou s'il est de race vagabonde. Alors on taille les rameaux de prolongement de manière à en tirer une bifurcation nouvelle. Si cet accroissement est trop considérable, on alterne les bifurcations de deux branches l'une, et plus si l'on veut.

Le diamètre du vase ainsi augmenté pourrait être de 2 mètres, tandis qu'avec une variété plus modérée, il serait moitié moins grand.

Formes du cerisier à basse tige. — On crée le cerisier à basse tige en le greffant à 0m,10 du sol sur le cerisier de Sainte-Lucie et sur le cerisier franc. Deux greffes opposées peuvent être placées sur les sujets qui réclament plus d'une tige.

De même que pour les autres espèces fruitières, les formes du cerisier à basse tige sont ou arrondies ou aplaties. Les formes arrondies comprennent le buisson, la pyramide, le vase; les formes aplaties sont la palmette, le candélabre, l'éventail, le cordon. Les premières ne conviennent qu'en plein air; les secondes conviennent au plein air et à l'espalier.

Un *cerisier en buisson* est une touffe souvent abandonnée à la nature; seulement, à son début, on en règle les membres principaux. On taille d'abord le scion de la greffe à 0m,25 au moins du sol; ensuite le pincement à 0m,20 vient contenir la vigueur du rameau central, tandis que le dressage fortifie les jets latéraux; ceux-ci, au nombre de quatre ou cinq, sont taillés l'année suivante à 0m,20, et la flèche à 0m,10. On répète pendant deux années les mêmes opérations, et, quand on juge la charpente du buisson assez bien établie, on ne s'en occupe plus, si ce n'est pour tailler les rameaux de prolongement des sujets qui tendraient trop à se dégarnir.

Il arrive même fréquemment qu'on les délaisse dès leur premier âge. Tout en voulant éviter les frais de main-d'œuvre, il serait pourtant facile d'appliquer une légère taille à l'époque de l'échenillage, et un pincement, sinon un cassement, lors de la récolte des cerises. Ce dernier traitement pourrait, à la rigueur, suppléer à tout autre.

L'épaisseur d'un semblable buisson varie entre 1 mètre et 3 mètres.

La *pyramide* ne convient pas à tous les cerisiers; les uns concentrent leur force dans quelques grosses branches latérales qui finissent par tuer la tige centrale et représenter un vase informe; chez d'autres, au contraire, toute la sève se porte vers cette tige médiane et abandonne les membres de côté qui se perdent, faute d'aliments. Réservons donc la pyramide conique aux cerisiers qui se ramifient régulièrement et qui se trouvent en bonne situation, et arrêtons sévèrement les branches gourmandes.

La première couronne ou premier étage de branches qui forme la base du cône est établie à 0m,25 du sol. Pour y arriver, on taille la flèche à 0m,30; lors de l'ébourgeonnement, on garde les quatre ou cinq scions les mieux placés, et, plus tard, on les équilibre, s'il y a lieu, par un pincement à 0m,30 sur les plus fougueux.

Si cet étage de la base est trop faible, on taille ses rameaux à 0m,20, et celui du centre à 0m,10; au besoin, ce dernier serait pincé dans l'été; mais, s'il est assez bien constitué, on taille les rameaux à 0m,30 et la flèche à la même longueur. Une deuxième couronne arrive; nous agissons à son endroit comme envers la première; les deux étages sont éloignés de 0m,25 l'un de l'autre, et les scions qui poussent dans l'intervalle sont transformés en brindilles fruitières, par un pincement à trois feuilles. Chaque année, on crée un nouvel étage par le moyen de la taille sur la flèche. Théoriquement parlant, les branches latérales qui constituent chaque étage ou couronne, doivent être bien équilibrées et régulièrement espacées; mais, dans la pratique, il se produit quelquefois des vides par une cause quelconque. On les remplit en provoquant une branche voisine à se bifurquer.

Avec les arbres qui ont une tendance à trop s'élargir aux dépens de la hauteur de la flèche, il convient d'imprimer une forme pyramidale-fuseau, sorte de cône plus étroit que l'on obtient par le raccourcissement rigoureux des branches et rameaux, en même temps qu'on tient la tige allongée. On peut, avec celle-ci, se dispenser de la taille et se contenter d'en modérer l'élan en la pinçant à diverses reprises.

Pour ce qui est des variétés de cerisiers qui ont une tendance naturelle à prendre beaucoup de développement en hauteur, on les taille court sur la flèche, et long sur les branches.

Une pyramide élargie peut avoir 3 mètres de base, et une pyramide-fuseau 1 mètre. Certaines variétés à bois court, élevées en fuseau étroit, ne dépassent guère 0m,40. Telles sont la cerise de Vaux, la cerise Impératrice Eugénie, la cerise de Bonnemain.

Pour le *cerisier en vase*, nous ne répéterons pas ce que nous venons de dire à propos du vase en haute tige. On les établit l'un comme l'autre; ils se ressemblent parfaitement, à part le plus ou moins d'élévation au-dessus du niveau du sol. Le premier en est à 2 mètres environ; le second, à 0m,25 seulement. Il est à remarquer, toutefois, que la conduite du vase à basse tige est plus facile que la conduite de l'autre, parce qu'il est plus à la portée de l'opérateur.

Dans la basse tige, on doit agrandir le fond du vase pour le rendre plus gobelet, tandis qu'avec la haute tige il ressemble plus à un entonnoir. Par sa position rapprochée de la terre, le vase des basses tiges doit être bien ouvert à l'air et au soleil.

Quel que soit, du reste, le genre de vase adopté, il importe que sa forme soit toujours gracieuse et aussi régulière que possible, quant à l'ensemble.

Les bigarreautiers et les guigniers, plus rebelles à la forme conique que les cerisiers des autres catégories, se soumettent au vase suffisamment ramifié, composé de membres tourmentés, ondulés dans leur direction, s'il le faut, afin d'y faire séjourner la sève plus longtemps et de développer un plus grand nombre de brindilles.

Les cerisiers à végétation trapue ou faible se prêtent à la forme en vase cylindrique, dont les membres sont dirigés verticalement au lieu d'être inclinés à 45°.

La *palmette* est surtout favorable aux cerisiers vigoureux; les autres variétés y sont également dociles, mais les bras prennent moins de développement. On forme la palmette à une tige soit palmette simple, ou à deux tiges soit palmette double. Les premières branches dans celle-ci et dans celle-là sont placées à 0m,25 du sol; celles des différents étages sont à 0m,25 ou 0m,30 les unes des autres. On les dirige parallèlement entre elles, dans le sens de l'horizontale pour les variétés vigoureuses, dans le sens de l'oblique ou en relevant les bras en candélabre, pour les variétés moins vigoureuses.

Chaque étage de branches s'obtient par la taille de la tige à 0m,30 environ de l'étage précédent, au-dessus d'yeux ou bourgeons latéraux bien conformés.

Quand les branches latérales sont fortes et bien empâtées, on peut hâter la construction de la charpente en pinçant la flèche de l'année à 0m,30 de sa naissance; des rameaux s'y développeront et deviendront souvent assez forts pour constituer l'étage suivant. Dans le cas où ils seraient trop faibles, on les taillerait sur un bon œil voisin de leur talon.

Nous conseillons de recourir à ce moyen pour l'obtention de chaque nouvelle paire de branches, parce qu'on est toujours sûr de provoquer leur naissance. On n'a pas la même certitude avec des yeux simples, que l'on ne peut sans danger provoquer à l'aide du cran.

Malgré tout notre désir de fixer l'étendue de nos formes, nous ferons ici flotter nos chiffres entre 2 mètres et 4 mètres.

Le *candélabre* est la disposition propre aux variétés peu vigoureuses, aux espaces restreints, ajoutons aux mains inexpérimentées. Il s'agit tout simplement d'établir deux paires de branches dirigées parallèlement, chaque membre étant à 0m,30 de son voisin, soit 0m,60 d'envergure par sujet ou 1m,20 d'intervalle entre deux arbres semblables.

Nous supprimons la flèche centrale, afin d'éviter tout désordre dans l'équilibre de la charpente.

Comme la précédente, cette forme exige un treillage pour le dressage des membres. On emploie des baguettes flexibles, afin d'obtenir le cintre indiqué à la base de chacun; une seule baguette assez longue, ou encore un gros fil de fer, servirait à la fois au dressage d'une paire de branches.

Le candélabre le plus ordinaire est dit à quatre branches; il est très-facile d'en créer à six et à huit bras, en leur ajoutant une ou deux séries de branches charpentières, et en leur accordant en plus 0m,60 ou 1m,20 de largeur. Pour l'avoir avec un nombre impair de bras, il suffit de lui conserver toute entière la tige médiane.

L'*éventail* et le *cordon* sont établis, à peu de chose près, comme avec le prunier. L'*éventail* qui porte un nom significatif n'a pas une charpente rigoureusement symétrique; on l'obtient par la bifurcation réitérée des membres de charpente et leur palissage incliné. Pour garnir une construction élevée, on le dresse sur une haute tige.

Le *cordon* est tout simplement une tige garnie de petits rameaux; il est simple ou double, vertical ou oblique. En le faisant serpenter par des sinuosités régulières imprimées au rameau de prolongement, on contraint la sève à développer les bourgeons qui peuvent rester engourdis chez une variété fougueuse et à parcourir un assez grand nombre de canaux dans un emplacement resserré.

Palissé dans ce sens, c'est un cordon sinueux ou serpenteau.

Taille du cerisier au point de vue de la charpente. — La taille du cerisier se fait après l'hiver, quand les gelées ne sont plus à craindre, et pendant que la sève est encore engourdie, c'est-à-dire vers février-mars. On prévient ainsi la jaunisse, les plaies et la gomme trop disposée à se montrer.

La nature du cerisier exige que l'on choisisse pour asseoir la taille un œil parfaitement conformé.

Un membre de charpente doit être taillé court toutes les fois qu'il s'agit de constituer la forme de l'arbre. En le taillant long, il produit plus tôt et plus abondamment; mais la lambourde fruitière, privée du bourgeon de remplacement par le fait de cette taille allongée, ne tarde pas à disparaître, et le membre reste dégarni.

Une taille faite à la moitié de la longueur du rameau de prolongement est, en général, ce qui convient le mieux.

Quand une branche est proportionnellement plus forte que ses voisines, on peut la tailler de la même longueur qu'elles, parce qu'en la coupant plus court il y aurait crainte d'opérer sur un mauvais bourgeon; mais on se réserve d'en pincer en juillet la sommité herbacée à 0m,30.

Nous ferons encore observer qu'un arbre très-vigoureux dans toutes ses parties pourrait être préparé à la taille par un pincement à 0m,30, sur la totalité de ses rameaux de charpente, ou seulement sur les plus grands. De deux choses l'une: ou ce pincement les forcera à se ramifier, et notre charpente y gagnera, ou il conservera des yeux bien arrondis dans la partie inférieure du rameau, et la taille en sera plus facile.

Si l'on ne taillait pas les branches courtes, trapues, sur les variétés qui *s'éperonnent* facilement, c'est-à-dire qui se couvrent de rameaux chétifs et fructifères, elles se mettraient promptement à fruit. Le mieux pour empêcher ou retarder l'épuisement est de tailler, une année sur deux, au tiers du rameau.

La charpente du cerisier étant obtenue, les mutilations de la taille d'hiver devront être moins fortes. Souvent on le gouverne par le seul emploi de la taille en vert.

Le rapprochement d'une branche trop forte par une taille sur vieux bois, ne donne pas de bons résultats comme dans les fruits à pepins. Il vaut mieux la mutiler constamment par les opérations en vert. Si, néanmoins, son étendue demandait à être réduite, on s'y prendrait une année à l'avance, en pratiquant une incision annulaire à quelques centimètres au-dessus de la section projetée. Il est bien rare qu'un bourgeon ne se développe pas en deçà de l'incision; alors, à l'époque de la taille suivante, on fait l'ablation du membre incisé contre le rameau adventice. Ajoutons que l'on enduit la coupe avec un mastic onctueux, et que ce moyen n'est pas toujours infaillible.

Chez le cerisier, l'incision longitudinale, qui ailleurs provoque le grossissement de la partie opérée, ne saurait être appliquée qu'avec discernement. Le sujet devra être vigoureux, sain, bien situé, et il ne faudra pas que la lame de l'outil pénètre au delà de l'écorce.

On voit par là qu'il est plus facile de rétablir un équilibre détruit, avec le concours du pincement, du cassement, de la déchirure des feuilles et du dressage.

Taille du cerisier au point de vue de la fructification. — Les boutons à fruits du cerisier se montrent habituellement vers le sommet du rameau. Après leur fructification, ils s'annulent; le rameau a beau s'allonger, la brindille négligée finit toujours par se perdre sans être renouvelée.

Le pincement de la branche à fruit du cerisier est un puissant moyen de la tenir courte et de pourvoir à son remplacement.

Aussitôt que les jeunes brindilles qui vont garnir le membre de charpente auront $0^m,12$ environ, on les pincera à trois ou quatre feuilles, à peu près $0^m,10$. Cette première opération fait sortir quelques jets nouveaux; ceux qui naissent au sommet du rameau pincé sont cassés à leur tour à $0^m,05$, ou encore à $0^m,10$ quand la saison n'est pas avancée. Les scions qui se seraient développés à la base sont pincés à deux feuilles, sauf celui qui se présente le mieux. Ce sera notre brindille de remplacement; on l'arrêtera à six feuilles, abstraction faite des feuilles stipulaires.

Lors de la taille suivante, on coupe cette brindille à deux yeux, afin d'en obtenir deux scions qui seront pincés dans l'été suivant, l'un à trois feuilles pour la fructification, l'autre à six feuilles pour le renouvellement. La brindille mère sera coupée dans le joint du pincement, sous l'empâtement des jets de seconde saison qui la couronnent; mais si elle ne s'est point allongée, nous la laissons entière, ou bien nous nous contentons de la casser net au-dessous du bourgeon supérieur. Elle va produire et n'exigera plus qu'un pincement court sur ses jets secondaires; celui de la base sera pincé long pour être transformé en branche de remplacement.

Cependant, de même que la taille en crochet, le pincement peut être varié sur les brindilles ramifiées; nous ne voyons guère d'inconvénient à pincer quelquefois plus long le rameau à fruit, plus court son collatéral chargé de le suppléer.

Avec le cerisier, nous préférons nous abstenir de l'ébourgeonnement, et augmenter le nombre des petits bouquets fructifères qui produisent avec facilité, et que parfois on abat par mégarde à la cueillette des cerises. Ils font plus de profit que les rameaux étiolés qui se dessèchent avant d'avoir fructifié; notre pincement à deux feuilles appliqué aux productions superflues aura pour but leur formation.

En fait d'ébourgeonnement, nous enlevons tout ce qui paraît au revers des membres du cerisier en espalier, c'est-à-dire à la partie qui regarde le mur; mais nous formons des bouquets multiples par le pincement à deux feuilles, au côté opposé, exposé à la lumière. Ces petits groupes de feuillage ont leur utilité quand l'arbre est frappé par un soleil ardent.

Les mutilations sur les brindilles fruitières contribuent à entraîner la sève vers le rameau de prolongement, et à lui faire développer ses bourgeons par anticipation; nous les traiterons encore par le pincement à deux feuilles.

S'il arrivait sur l'arbre quelque regain de végétation tardive, nous continuerions le pincement sur les scions qui sembleraient disposés à s'allonger. Là encore, il vaudrait mieux ménager un rameau disposé à produire; on le retrancherait après la récolte, plutôt que de le détruire prématurément par un cassement irréfléchi.

On ne supprime une brindille qu'après épuisement complet de fructification. Si elle manque de bourgeon de remplacement, on tâche de lui en écussonner un à la base.

On varie également le pincement de la brindille par un cassement à $0^m,10$ pratiqué au moment où le scion devient ligneux; la taille d'hiver en sera simplifiée.

Fructification du cerisier. — A l'inverse de nos recommandations pour les autres fruits, nous laissons sur le cerisier tous ceux qu'il porte, sans en supprimer aucun dans son jeune âge. Quand l'arbre en est trop chargé, il nous suffit de pailler le sol, après un labour, et de lui donner une forte mouillure au pied, deux fois par semaine si le temps est sec, si l'arbre se trouve à une exposition chaude, nous continuons nos arrosements sur la terre, et faisons des aspersions sur les branches, depuis l'époque de la fécondation de la fleur (quelques jours après, et vers l'heure de midi, à cause des nuits froides), jusqu'à ce que le fruit quitte sa couleur verte et devienne rosé ou ambré, selon sa nature.

Une fois sa nuance définitive arrivée et la pulpe adoucie, nous songeons à soustraire la cerise à l'avidité des oiseaux. On connaît les différents épouvantails employés à cet effet; on choisira ceux qui les effrayent le plus longtemps. Des feuilles de papier qui s'agitent, de petits miroirs qui se balancent, des simulacres d'oiseaux de proie planant sur l'arbre, ont plus d'influence que les fantômes immobiles.

On abrite facilement un espalier de cerisier à l'aide d'une toile claire, après qu'elle a servi à préserver la fleur des intempéries printanières, et avant que nous en ayons besoin pour garantir le raisin d'attaques semblables.

En toute circonstance, l'effeuillage graduel et raisonné du fruit en maturation ne présente aucun inconvénient.

La cerise est cueillie aussi tardivement que possible; elle gagne en qualité à mesure que la couleur de la peau devient plus intense. Pour en prolonger la jouissance, nous procédons à une récolte partielle, répétée à plusieurs reprises, en commençant par les fruits qui sont directement exposés au soleil ou plus avancés en coloris, etc.

On cueille la cerise avec son pédoncule sans en arracher le support, et on la dépose dans un panier garni d'une couche de feuillage. Si l'on tient à la conserver quelque temps, on la place sur une tablette de l'office ou d'un fruitier sec à l'abri des rayons solaires et de l'humidité.

Nous n'avons rien à craindre de l'agglomération de deux ou trois lits de cerises superposés; s'il y en avait davantage, ou si la chambre était humide, ce serait différent : la pourriture se déclarerait.

Au moment de consommer les cerises, il est d'usage de les passer à l'eau fraîche, pour enlever à l'épiderme les impuretés qui pourraient s'y trouver.

Maladies et insectes nuisibles au cerisier. — La jaunisse et la gomme n'épargnent pas le cerisier; mais il redoute bien davantage le champignon souterrain. Pour ce qui est des insectes, il est attaqué par les chenilles des bombyx disparate et bombyx tête bleue, par le puceron du cerisier, les tordeuses des arbres fruitiers, l'hyponomeute du cerisier et la mouche des cerises (1). Nous ne parlerons ici que du champignon et des pucerons.

Champignon souterrain. — Le champignon ou *blanc des racines* est un cryptogame blanc jaunâtre, filamenteux, qui s'attache au corps des racines et les fait périr. Les symptômes du mal se manifestent surtout dans les terrains secs, en plein été, après une pluie d'orage abondante. La fermentation qui s'ensuit provoque le blanc, et cela surtout aux racines du cerisier greffé sur Sainte-Lucie.

Un moyen de l'éviter, c'est de soustraire le collet des racines aux influences souterraines. Lors de la plantation, au lieu d'enfoncer le tronc racineux dans un trou, nous l'élevons de manière que la griffe chevelue se trouve pour ainsi dire à fleur du sol; nous buttons légèrement avec de la terre et du paillis pour garantir le collet de l'action de l'air.

Nous recommanderons encore de mélanger dans la terre, autour des racines, l'antidote des champignons, la fleur de soufre, qui est en outre, croyons-nous, un stimulant de la végétation.

La pourriture est encore à craindre dans les sols humides. On la prévient par le drainage, les amendements salins, salpêtrés et la plantation sur butte.

Pucerons du cerisier. — Les pucerons verts, noirs et bruns qui s'attaquent au cerisier nuisent à sa végétation; d'un autre côté, ils exsudent une matière sucrée, mielleuse, dont les fourmis sont friandes; elles y accourent et viennent compliquer la situation.

Leur gîte dans les anfractuosités des rameaux et au revers des feuilles qui se contournent, rend leur destruction difficile par la friction. Nous avons recours à l'asphyxie par les fumigations de tabac; le corps mou et respiratoire du puceron s'y prête; les poudres insecticides sont assez efficaces, mais d'une application moins commode.

On commence par arroser l'arbre sur tout son feuillage, puis on l'entoure avec une toile cirée ou un drap mouillé, et si l'on n'est pas muni d'un soufflet *ad hoc*, dont le réservoir est un petit fourneau supportant la provision de tabac, on imagine un moyen de lancer des nuages de fumée narcotique (1); elle vient se condenser sur les feuilles, et l'ennemi tombe pour ne plus se relever. On bassine ensuite le feuillage pour le nettoyer et le rafraîchir.

Nous ne disons rien du lavage à l'eau de savon noir (1 kilogramme de savon pour 20 litres d'eau); il est indiqué aux chapitres traitant du prunier et du pommier.

Usages du cerisier. — Les ébénistes, les tourneurs et les luthiers se servent de son bois. On en retire la *gomme indigène*, que l'on emploie aux mêmes usages que la gomme arabique. L'écorce du bois et de la racine donne une couleur jaune faible. On a proposé cette écorce pour remplacer le quinquina.

Les feuilles du cerisier sauvage, ou merisier, sont employées en infusion, dans certaines contrées du Nord, pour remplacer le thé. Le fruit de ce merisier, et même des autres cerisiers, est distillé pour la fabrication du kirsch.

La cerise crue ou cuite est recherchée pour la table. On en fait des tartes, des confitures, du ratafia. La cerise desséchée au soleil ou au four, sur des claies, est excellente. Certaines variétés se conservent bien dans l'eau-de-vie. Les noyaux écrasés servent à la préparation d'une liqueur de ménage, ou *eau de noyaux*. Enfin les queues de cerises sont recherchées comme diurétiques.

CHARLES BALTET.

(1) Voy. p. 101, 103, 104, 108, 111 (au mot ORTALIDE). T. II, du *Livre de la Ferme*.

(1) Voir t. II, p. 108 et 109.

CHAPITRE XXXIV.

(SUITE DES DRUPES).

DU PÊCHER (PERSICA VULGARIS).

Historique et classification. — Le pêcher est un arbre de petite taille, de la famille des Amygdalées. On s'accorde à reconnaître qu'il est originaire de la Perse; de là le nom de *Persica*, qui lui a été donné par les botanistes. Les Romains l'ont importé de la Perse en Italie, et de l'Italie dans les Gaules. Columelle a dit, et beaucoup de compilateurs ont répété, d'après lui, que la pêche sauvage des Persans est vénéneuse; c'est un conte que Pline l'Ancien n'accepte pas. D'ailleurs nous savons parfaitement aujourd'hui à quoi nous en tenir sur ce point. Des noyaux de pêche sauvage ont été rapportés d'Ispahan, en 1799, par Brugnières et Olivier; les arbres qui en sont sortis ont fructifié en 1806 au Jardin des Plantes de Paris. Les produits sont petits, peu colorés, mais de bonne qualité; ils mûrissent à Paris vers le milieu de septembre, tandis qu'à Ispahan ils ne mûrissent qu'en novembre. Ces pêches sauvages sont duveteuses, et leur chair n'adhère pas au noyau.

Palladius, qui connaissait mieux les arbres fruitiers que Columelle, a consacré plusieurs pages de son *Économie rurale* aux pêchers cultivés en Italie de son temps. Il nous dit que ces arbres réussissent partout, mais que, pour assurer la beauté du fruit, du feuillage et la durée des sujets, il leur faut un climat chaud et un sol sablonneux et humide. Il ajoute que, dans les pays froids et tourmentés par les vents, ils ne résistent pas, à moins qu'ils ne soient protégés par des abris. Palladius nous dit en outre que, chez les Romains, on connaissait plusieurs sortes de pêches : c'étaient les duracines, les précoces de Perse et les pêches d'Arménie. Pour ce qui est de ces dernières, nous pensons qu'il s'agit des brugnons, ou tout simplement de nos abricots. Quant aux duracines, très-employées pour les conserves, nous croyons reconnaître en elles les pavies, ou persèques à chair ferme. Les précoces de Perse étaient peut-être nos pêches proprement dites, duveteuses et n'adhérant pas au noyau.

Il ne nous paraît pas nécessaire de donner ici les caractères botaniques du pêcher commun. Ce pêcher a produit un grand nombre de variétés que les botanistes n'ont pas, à notre avis, classées d'une manière satisfaisante. Nous adopterons donc la classification des praticiens. Ils établissent quatre catégories de pêches qui sont :

1° *Les pêches duveteuses dont la chair fondante ne tient pas fortement au noyau.* — Cette catégorie comprend, entre autres fruits, la Madeleine de Courson, la Pêche de Malte ou belle de Paris, la Petite-Mignonne, la Belle-Bauce ou Belle-Beausse, l'Alberge jaune, la Galande ou Bellegarde, ou grosse-noire de Montreuil, la Bourdine, le Teton de Vénus, la Chevreuse, la Bonouvrier, etc.

2° *Les pêches duveteuses dont la chair ferme tient au noyau, ou Pavies.* — Cette catégorie des Pavies renferme, par exemple, la Pavie Madeleine, la Pavie de Pomponne, la Pavie jaune.

3° *Les pêches lisses dont la chair fondante ne tient pas au noyau.* — La petite et la grosse Violette sont de ce nombre.

4° Enfin, *les pêches lisses dont la chair ferme tient au noyau.* — Celles-ci sont généralement connues sous le nom de *Brugnons*.

Les Anglais désignent, sous l'appellation de *Nectarines*, toutes les pêches sans duvet, c'est-à-dire les pêches lisses et les brugnons.

Les Pavies ne sont réellement de qualité supérieure qu'en Italie, notamment dans la Vénétie, et aussi dans nos contrées méridionales de la France; elles exigent les climats chauds.

Les pêchers de la première catégorie conviennent mieux à nos climats du Centre, de l'Est et du Nord, et pourvu qu'on les palisse et qu'on les abrite, la plupart réussissent très-bien en Belgique et jusque dans le nord de l'Allemagne. Une pêche très-peu connue, quoique d'origine déjà reculée, la pêche de Sainte-Marie d'Oignies, dont il sera parlé plus loin, réussit même en plein vent sur certains points du Hainaut.

Nous n'avons pas à entretenir nos lecteurs de toutes les variétés de pêches cultivées, car, dans le nombre, il en est de très-inférieures, dont nous ne saurions recommander la culture, attendu qu'il n'en coûte pas plus de produire de bons fruits que d'en produire de médiocres.

Il sera question d'abord des pêchers qui peuvent mûrir leurs fruits en plein vent, puis viendront tous les pêchers d'espalier soumis à une taille régulière.

Terrains qui conviennent au pêcher. — Le pêcher est moins difficile sur les terrains que sur le climat. Pourvu que ces terrains soient profonds, bien défoncés, bien divisés, ni trop secs, ni trop humides, il s'y plaira et y prospérera. Les sols légers, sablonneux ou argilo-calcaires lui conviennent tout particulièrement; en retour, les sols très-argileux ou marécageux lui sont contraires; les fruits y deviennent insipides, pâteux ou amers. Les sols crayeux ou trop calcaires ne lui conviennent pas non plus, soit à cause de leur composition, soit parce qu'ils se réchauffent difficilement. Nous dirons, en outre, que les terrains usés par une ancienne culture de pêchers doivent être évités avec soin. On ne peut s'en servir qu'à la condition de les renouveler par un apport de terre substantielle.

PÊCHERS DE PLEIN VENT

Les pêchers de plein-vent sont assez répandus. On en trouve dans les jardins et les vignes du Dauphiné, du Midi, surtout dans la Dordogne; dans les vignes de la Bourgogne, du Berri, etc., et jusqu'au delà de nos frontières du nord, dans la province belge du Hainaut, où cependant il n'y a pas de vignes. Les pêchers, ainsi livrés à eux-mêmes, comprennent nécessairement de nombreuses variétés ou sous-variétés; mais comme on ne s'est pas donné la peine de les étudier, attendu qu'en réalité la plupart ont fort peu d'importance, nous nous contenterons de vous entretenir ici de la Pêche d'Oignies, cultivée dans le Hainaut; de l'Alberge, cultivée sur quelques points de la Côte-d'Or, sous le nom d'*auberge*, et du Persèque ou *Pêche-Mirlicoton*, si populaire dans la Dordogne. Nous regrettons de ne pas connaître assez la *Turenne*, qui jouit d'une solide réputation dans le Lyonnais, notamment celle des vignes d'Oullins et de Saint-Genis.

Pêcher d'Oignies. — Cette variété est précieuse entre toutes celles de plein vent, puisqu'elle réussit en Belgique, à une distance très-rapprochée de notre arrondissement d'Avesnes (Nord), et que rien n'empêche de la propager, avec succès peut-être, dans un grand nombre de

Fig. 1212. — Pêche d'Oignies.

localités réputées jusqu'ici défavorables au pêcher. C'est à ce titre qu'elle nous intéresse vivement. Les renseignements qui vont suivre nous ont été donnés avec beaucoup de complaisance, en 1860, par M. Buisseret, professeur à Thuin, et aujourd'hui chargé de conférences sur l'arboriculture fruitière dans la province de Namur. C'est à M. Buisseret que l'on doit la connaissance de la pêche d'Oignies, dont la Commission de Pomologie belge ne soupçonnait pas même l'existence; c'est à lui qu'on doit les documents qui ont servi à la description de cette variété dans les *Annales de Pomologie*; c'est donc à lui que nous devions nous adresser. Voici sa réponse :

« Ce fruit provient-il de l'ancienne abbaye d'Oignies ou du village de ce nom, près de Couvin? Il est difficile de résoudre cette question. J'ai fait de nombreuses recherches dans le but de découvrir la vérité sur ce point; je n'y suis pas parvenu complétement. Cependant j'ai acquis la certitude que des religieux de cet établissement, après la dispersion de leur ordre, ont fortement contribué à répandre ce fruit dans le Hainaut. Cette circonstance me fait donc pencher pour la première hypothèse. Du reste, cette question a peu d'importance.

« Le fait est que cette pêche est, depuis un temps immémorial, répandue dans le Hainaut, et qu'on en fait le plus grand cas, à ce point que beaucoup d'amateurs la cultivent à l'exclusion de toute autre variété.

« Voici la description de ce fruit, empruntée aux *Annales de Pomologie belge et étrangère* : « La pêche d'Oignies est moyenne ou assez grosse, arrondie; la peau est très-duveteuse, jaune verdâtre, légèrement ponctuée, et plus ou moins colorée de rouge du côté du soleil; elle se détache bien de la chair; le sillon est large et profond, excepté proche du pédoncule, qui est très-court, et occupe une cavité profonde. Le point pistillaire est petit, brun, pointu, saillant, ordinairement placé au sommet d'une petite éminence charnue. La chair blanc jaunâtre, légèrement colorée de rouge autour du noyau, est fine, fondante; son eau est abondante, sucrée, d'un arome des plus agréables. »

« La pêche d'Oignies mûrit en espalier vers le 8 septembre, et en haut vent vers la fin du même mois.

« Une des précieuses qualités de ce bon fruit est de se reproduire identique, ou, du moins, toujours bon par le semis de son noyau. Je dois dire cependant que de vieux praticiens, que je regarde comme dignes de foi, m'ont affirmé en avoir obtenu quelquefois *un bon brugnon*.

« Il existe, en effet, dans plusieurs jardins de nos environs, un brugnon d'excellente qualité, appelé *brugnon d'Oignies*, et qui se reproduit également par son noyau.

« Dans nos environs, on ne greffe que très-rarement la pêche d'Oignies; c'est par le semis qu'on la multiplie presque exclusivement; de là sa vigueur exceptionnelle. Cet arbre se distingue encore de ses congénères par la facilité avec laquelle on le conduit tant en espalier qu'en haut vent. Il n'est pas rare de trouver des jardins où toutes les autres variétés dépérissent, tandis que celle-là se distingue par une végétation luxuriante. Chez nous, le point le plus difficile de la culture du pêcher est de le tenir garni intérieurement de branches à fruits. Le pêcher d'Oignies fait exception; il reperce sur le vieux bois, et opère en quelque sorte de lui-même le remplacement annuel des rameaux fructifères. Il est infiniment plus robuste que les autres, moins sujet à la gomme, à la cloque et autres maladies habituelles du pêcher. J'ai dit qu'il est d'une vigueur peu commune; aussi, en espalier, il exige un espace considérable. En quelques années, il arrive à tapisser de vastes pans de murs. Naguère on admirait chez M. Sébastien Dupont, à

Biercée (près de Thuin), un pêcher d'Oignies qui, planté à l'angle d'un bâtiment, couvrait les deux murs voisins, mesurant ensemble plus de 100 mètres carrés. Cet arbre avait au plus quinze à vingt années d'existence. Il existe encore à l'heure qu'il est (1860), quoique déchu. L'humidité des murs obligea le propriétaire à les faire ardoiser, et les branches principales du pêcher furent brisées par la maladresse des ouvriers. Semblable merveille se voit, m'assure-t-on, au presbytère de Rumillies, près de Tournay.

« Je dois vous faire remarquer que sur le pêcher d'Oignies, les boutons à fleurs se trouvent principalement à l'extrémité des rameaux de l'année; on doit avoir égard à cette circonstance et allonger la taille en conséquence. Comme il reperce facilement sur le vieux bois, on profite de cette faculté pour le rajeunir, lorsque, après un certain temps, les branches de la charpente sont dégarnies. Il suffit, pour cela, de les ravaler ou même de recéper l'arbre. On est certain alors de voir surgir de vigoureux bourgeons à l'aide desquels on rétablit une nouvelle charpente.

« Les pêchers d'Oignies destinés au plein vent, doivent absolument provenir de noyaux, non de greffes. Le semis de ces noyaux se fait au moment de la maturité, en septembre ou en mars, avec des noyaux stratifiés. L'expérience m'a démontré que le premier procédé est le plus sûr. Le jeune arbre de semis pousse très-vigoureusement et atteint, dès la première année, à la hauteur de 1 mètre et à une grosseur proportionnée.

« Il pousse sur la partie moyenne un grand nombre de bourgeons anticipés qu'on doit pincer sévèrement. Pour ne pas nuire au grossissement de la tige, on ne les supprime complétement que lorsqu'on travaille à former la tête. La seconde année on vise à obtenir le prolongement de la tige. Dans ce but, on taille la flèche sur le premier œil supérieur bien constitué; les rameaux latéraux anticipés sont taillés très-court, à un ou deux yeux au plus. Pendant l'été il faut avoir soin de palisser verticalement contre un tuteur le prolongement de la flèche, et de pincer sévèrement toutes les pousses latérales. Les mêmes opérations se répètent la troisième année. La quatrième année, on songe à former la tête de l'arbre. Pour cela, on favorise de tout son pouvoir le développement des trois ou quatre rameaux supérieurs, en pinçant rigoureusement les autres, et on s'efforce de maintenir l'équilibre entre eux par les moyens ordinaires. L'année suivante, on les taille dans le but d'obtenir des bifurcations. La tête se forme alors d'elle-même; les soins se bornent par la suite à la débarrasser chaque année du bois mort, et à tailler modérément les rameaux, afin d'empêcher qu'ils ne se dénudent. Il faut aussi veiller à ce que certains rameaux, poussant verticalement, ne deviennent pas ce qu'on appelle des gourmands; on y remédie en les forçant à prendre la position horizontale.

« Au bout d'un certain nombre d'années, la tête se dégarnit à l'intérieur et ne produit plus qu'aux extrémités. On a alors la ressource du ravalement et on reforme une nouvelle tête.

« La pêche de plein vent n'est pas aussi grosse, ni aussi succulente (1) que celle qui provient de l'espalier; mais elle n'est pas sans mérite, et le grand nombre supplée à la grosseur.

« Il convient de ne cultiver le pêcher d'Oignies à haute tige qu'à bonne exposition, et surtout à l'abri des vents dominants. »

Pêcher alberge. — Les meilleures pêches de vignes de la Côte-d'Or, et peut-être bien de la Bourgogne, sont celles qui proviennent des arrière-côtes de Nuits. Voici les renseignements que nous adresse à ce propos notre ami et collaborateur M. Caumont-Bréon, propriétaire à Meuilley, commune qui peut, à juste titre, figurer parmi les principaux centres de production :

« Nous ne voulons donner ici que la monographie d'une seule variété de pêcher, celle qui se cultive avec le plus de succès en plein vent, au milieu des vignobles des arrière-côtes de Nuits, parmi les nombreux et précieux abris que lui offrent les replis de ces fertiles coteaux, qui sont en quelque sorte la dernière limite de la zone de culture de cet arbre. Déjà, sous le climat de Dijon, qui est moins abrité, de même que dans toute la partie de la côte exposée à l'est, qui va de cette ville à Nuits, à Beaune, les pêchers, n'y rencontrant pas d'abris convenables, n'y réussissent bien qu'en espalier, avec tous les soins qu'exige ce mode de culture (2). Dans la partie montagneuse de notre département, sur les coteaux abrités de Semur et d'Alize, par exemple, on voit les pêchers croître en pleine terre, vivre aussi longtemps que les nôtres. Mais les produits en sont très-médiocres, relativement à la variété cultivée.

« Le pêcher peut s'accommoder de tous les sols, mais il ne faudra espérer sa réussite en plein vent qu'autant qu'il sera planté à l'abri des courants froids du sud-ouest et du nord-ouest, et de manière que les premiers rayons du soleil levant ne lui parviennent qu'après avoir franchi un premier plan. Cette dernière précaution est d'autant plus utile, qu'à l'époque de la floraison, si durant la nuit le pêcher a subi l'influence d'une température trop basse, il lui serait toujours dangereux et souvent mortel d'être frappé vivement par les rayons d'un chaud soleil de printemps.

« Bien que l'on cultive dans nos vignes plusieurs races de pêchers, qui produisent des fruits d'une qualité inférieure à l'Alberge, nous nous en tiendrons à cette dernière qui est la souche de ces nombreuses sous-variétés, de toutes qualités et de toutes grosseurs, que l'on vend sur les marchés de nos villes.

« Le pêcher qui produit l'Alberge est d'une

(1) Cette observation, très-juste dans ce cas particulier, ne saurait faire règle. Il est tout naturel qu'en allant vers le nord on obtienne de meilleurs fruits au mur qu'en plein-vent, mais ce n'est point une raison pour que les choses se passent de la même manière en allant vers le Midi. Les abricots d'espalier, excellents en Belgique et dans le nord de la France, deviennent détestables à partir du climat de Paris. P. J.

(2) Cette assertion nous paraît un peu trop exclusive. On rencontre d'excellents pêchers non-seulement dans la côte de Beaune, mais encore dans la plaine, à Chorey, Gigny, Varennes, et même sur les bords de la Saône, notamment à Glanon. P. J.

nature peu vigoureuse; il ne s'élève pas à plus de 2 mètres de hauteur; ses branches sont rares, légères et éloignées les unes des autres; ses feuilles sont alternes, lancéolées, dentées; ses fleurs solitaires sont d'un violet pâle; l'écorce du tronc et des branches de l'Alberge conserve pendant les premières années une couleur gris clair, qui devient gris foncé en vieillissant. A cette époque de sa courte existence, elle se couvre de mousse, de nombreuses gerçures et de chancres gommeux. La souche atteint à peine $0^m,50$ de circonférence, et l'arbre ne vit pas au delà de vingt ans.

« Le fruit que Duhamel désigne sous le nom de Pêche jaune ou Rosamont, d'Albergine, d'Alberge jaune, etc., est connu ici sous celui d'*Auberge*. Il offre les caractères suivants : il peut atteindre jusqu'à deux pouces et demi ($0^m,07$) de diamètre. La chair de cette pêche est légèrement rosée; seule, la partie qui entoure le noyau est de couleur rouge foncé. Le fruit est recouvert d'un épiderme de couleur grise qui, à la maturité, se teinte du côté du soleil d'une belle nuance carminée, et se détache avec assez de difficulté. Cette pêche est parfumée, sucrée, vineuse, et fait l'ornement et les délices de nos tables, où elle flatte autant la vue, le toucher et l'odorat que le goût. Cependant elle devient souvent pâteuse en vieillissant; elle mûrit vers la fin d'août.

« Les pêchers en plein vent ne sont soumis à aucune culture particulière. Ils ne reçoivent d'autres binages et d'autres engrais que ceux destinés aux vignes au milieu desquelles ils croissent; ils ne sont assujettis à aucune taille; on se contente de les débarrasser chaque année des branches qui périssent toujours les unes après les autres, et qui finissent par dégarnir cet arbre, en ne lui laissant souvent que le tronc.

« Nos pêchers de vigne ne sont généralement point greffés; très-peu proviennent de pépinières, car les sujets élevés ainsi, plantés dans des terrains inférieurs, ne réussissent que rarement. Ils proviennent de noyaux plantés à demeure, soit de suite avec la chair, c'est-à-dire vêtus de leur péricarpe, soit nus, ou bien conservés dans du sable, en un lieu frais, pour être mis en terre au printemps suivant.

Pour se procurer un bon pêcher qui puisse produire la franche Alberge, on a soin de faire un choix des pêches premières mûres de cette race que l'on plante, soit immédiatement et à demeure, soit en pépinière, ou même en conservant, comme nous venons de le dire, le noyau dans le sable. Les noyaux du même arbre, provenant de pêches qui ont mûri plus ou moins tardivement, produisent une variété inférieure pour la grosseur, mûrissant plus tard aussi, mais possédant la même saveur que les premières; toutes ces variations que donnent les noyaux de l'Alberge plantés à mesure de leur maturité, sont désignées par premières, secondes, troisièmes pêches.

« De là, cette grande diversité que l'on rencontre parmi les pêchers de vigne; à côté d'un arbre qui se distingue par la beauté et le parfum de ses fruits, on en trouve d'autres bien inférieurs à tous égards. Le savant Bosc, inspecteur des pépinières du gouvernement, avait déjà signalé le fait dès 1809, mais il y a lieu de croire qu'il n'en avait pas soupçonné la cause.

« Nous ne citerons que pour mémoire la pêche blanche, fruit d'une variété particulière, fort tardif, petit, aqueux, d'une saveur âpre, à peau épaisse, cotonneuse, et sans coloris. Le vigneron qui tient aux bons fruits, ne s'en soucie point et s'en défait le plus vite possible quand le hasard lui apporte celui-ci. Le pêcher à fruits blancs à l'écorce gris pâle, les branches menues et rares, les feuilles longues et d'un vert clair; ses fleurs d'un rose pâle ne s'ouvrent que huit ou quinze jours après celles de l'Alberge. En raison de sa nature tardive, qui lui a permis de n'avoir rien à redouter des dernières gelées du printemps, cet arbre est très-fertile. On fait avec ses fruits une eau-de-vie d'autant plus mauvaise qu'ils sont très-aqueux et d'une distillation difficile, à cause de cela.

« Mais revenons bien vite à l'Alberge.

« On n'ignore pas que tous les arbres à noyaux qui sont privés des soins nécessaires, et de la taille obligée, se dépouillent toujours par la base; les rameaux à fruits de l'année précédente cessent de fructifier l'année suivante, ils sont remplacés par de nouveaux rameaux fructifères, qui disparaissent à leur tour; il résulte donc de cet abandon que les pêchers en plein vent de nos vignes se dégarnissent tous dans l'intérieur qui perd bientôt ses branches, et l'on n'aperçoit de feuilles et de fruits qu'à l'extrémité des rameaux de chaque année.

« Aussi cet arbre a-t-il constamment l'air souffrant et décrépit, dès qu'on l'abandonne quelques années à lui-même, et malheureusement tous sont abandonnés ainsi.

« On rajeunit le pêcher en le rabattant près d'une branche gourmande d'intérieur, quand il s'en trouve; mais ces gourmands poussent plus ordinairement soit au pied de l'arbre, juste au niveau de la terre, soit le long de la tige. Le pêcher soumis à ce mode de rajeunissement sur une vieille souche, n'est jamais de longue durée. Il vaut mieux planter des noyaux à demeure qui, parfois, à la fin de la seconde année, donnent déjà des fruits.

« A l'état de nature, tels qu'ils croissent ici, et n'étant soumis à aucune entrave, jamais taillés ni pincés, nos pêchers en plein vent, bien abrités et en sol calcaire, sec, léger et profond, ne sont point sujets aux maladies qui attaquent les pêchers de nos espaliers. La cloque qui provient, dit-on, des brusques variations de la température, épargne nos pleins vent; la gomme qui cause aux pêchers soumis à la taille, au pincement, à la ligature, des maladies souvent incurables, n'a point de raison d'être pour le plein vent. Celui-ci n'a point à redouter les blessures faites par la serpette, ni la gêne occasionnée par le palissage.

« C'est par les racines que notre pêcher a tout à redouter et tout à craindre. Toujours ces organes sont atteints par la pioche des vignerons; aussi la moindre blessure, la plus petite lésion qu'éprouvent les racines, détermine tantôt la mort partielle des parties meurtries, tantôt la mort complète, si la blessure attaque les racines de plusieurs côtés.

« On a observé que les pêchers d'espalier semblent fournir une plus longue carrière, par la raison que les jardiniers prennent les plus grandes précautions pour ne pas enfoncer le fer de bêche jusqu'aux racines ; ils savent par là veiller à la conservation si précieuse de leurs arbres.

« L'effet des gelées de printemps est d'autant plus à redouter pour les pêchers, que ceux-ci se trouvent en pleine sève et en pleine fleur. Pour l'Alberge, qui est une variété hâtive et très-délicate, ces gelées sont désastreuses, tandis que les variétés inférieures et moins précoces, se trouvent ordinairement épargnées. De ce nombre, est la mauvaise pêche blanche, dont nous parlions tout à l'heure. C'est ce privilége qui la maintient encore chez quelques vignerons.

« Les pucerons attaquent peu les pêchers en plein vent. Les petits escargots, qui s'attachent en grande quantité aux jeunes feuilles, sont bien autrement à craindre; mais dès que la feuille commence à prendre de la consistance et de la dureté, ou qu'elle se couvre de cette substance amère et un peu poisseuse que vous savez, les escargots abandonnent l'arbre promptement.

« La maturité des pêches a ordinairement lieu dans le courant d'août, si l'année est chaude et sèche, et un peu plus tard dans les années pluvieuses. Dès que le fruit se détache facilement, il est bon à récolter. Il faut alors, chaque jour, visiter plusieurs fois ses pêchers et détacher sans efforts, sans la moindre pression, la pêche mûre, qui, sans cette précaution, se flétrirait et se gâterait aussitôt. Les fruits sont placés avec soin l'un à côté de l'autre sur de la paille douce, dans de longues et larges corbeilles peu profondes, nommées *vannettes*. On les livre sans retard à la vente, soit sur les marchés de Nuits, de Beaune et de Dijon, soit à des revendeurs qui viennent les chercher au lieu de production, à Meuilley, par exemple, commune du canton de Nuits, dont le sol et les abris sont les plus favorables à la réussite de ces bons fruits de plein vent. Dans la seule année de 1858, où la récolte des pêches, favorisée par une température méridionale, fut si abondante et si bonne, le territoire seul de ce village en fournit plus de 800 *hectolitres* de bonne espèce, dont le prix, cette année-là, en raison de la quantité, ne s'éleva pas à plus de 6 francs l'hectolitre. Dans les années où les gelées précoces viennent détruire une partie de la récolte, ce prix augmente relativement, et varie de 15 francs à 25 francs l'hectolitre.

« Avant les débouchés nombreux que nous devons aux chemins de fer, les marchés de nos villes ne suffisaient pas à nous enlever toutes nos pêches; on en transportait bien un peu sur les bords de la Saône où elles sont rares, et dans les froides contrées de l'Auxois et du Morvan où ce fruit manque; mais la quantité qui restait était encore assez abondante; on la convertisssait alors en eau-de-vie à l'aide des alambics ordinaires.

« Nous avons dit plus haut que la distillation des pêches était d'autant plus difficile que ce fruit renfermait plus d'eau, et qu'il tendait aisément à brûler dans ces appareils simples dont on se sert pour la distillation des marcs de raisin, et que l'on emploie ordinairement pour distiller les pêches. Cette eau-de-vie ne donne que 10 à 12° d'alcool; son rendement est très-faible, elle ne possède aucune qualité, faite ainsi.

« Cependant, il est facile d'obtenir de la pêche une eau-de-vie exempte de coup de feu, dégagée de toute odeur empyreumatique ou de fumée et de rendre cette liqueur très-agréable; pour cela, il faut la distiller dans l'appareil perfectionné d'Adam ou de Derosne; c'est ce qui a lieu chez quelques propriétaires amateurs.

« D'autres obtiennent de l'eau-de-vie, en livrant à la fermentation alcoolique le jus de la pêche séparée des noyaux. P. C. B. »

Pêcher persèque. — Dans nos départements du Midi, on cultive le plus souvent parmi les vignes, le persèque ou persec, à fruits jaunes et à chair plus ou moins ferme, adhérente au noyau et exigeant, pour bien mûrir, plus de chaleur soutenue que n'en exigent nos pêches fondantes. Ces persèques se multiplient tantôt par leurs noyaux, tantôt par le greffage. Les fruits de ces derniers sont nécessairement les plus beaux entre tous, et nous en avons vu de superbes à Paris qui avaient été expédiés de Bergerac. Ces pêches jaunes de peau et de chair, diffèrent beaucoup par la saveur de nos pêches du rayon de Paris. Elles n'en ont pas la finesse et le parfum exquis; en revanche, elles sont plus sucrées.

Les renseignements qui vont suivre, nous ont été adressés par un horticulteur de Bergerac, M. Gagnaire fils.

« Le pêcher persèque ou *mirlicoton*, *melcoton*, etc., etc., » nous écrivait-il, « est très-répandu dans la Dordogne. On l'y rencontre dans toutes les vignes, les champs et les jardins. C'est le pêcher par excellence, le pêcher populaire; il n'est pas de cultivateur, quelque restreinte que soit son exploitation, qui ne possède une certaine quantité de pêchers mirlicotons; il y a nécessité pour lui d'en avoir, comme d'avoir des pavies, des pommiers d'anis, des poiriers Saint-Pierre; on se les transmet de père en fils.

« Cette race de pêcher a donné, par la voie du semis, des variétés ou sous-variétés, la plupart très-ignorées. Sur cent noyaux que l'on plante, il est rare d'obtenir dix arbres donnant des fruits d'une qualité remarquable. Le mieux donc est de multiplier le persèque en le greffant sur pêcher franc ou de semis et sur amandier. La greffe la plus usitée est l'écusson ordinaire.

« La culture du persèque, dans nos contrées, est fort arriérée. Si les arbres sont destinés à être plantés dans un jardin ou dans une vigne, on se contente de faire des trous, de les y mettre, de les abandonner à eux-mêmes. On ne les taille pas; on se contente de les débarrasser chaque année de leur bois mort. Ils vivent ainsi dix à quinze ans.

« Les fruits du persèque mûrissent en juillet; à partir de cette époque et jusqu'en octobre, sans interruption, ils abondent sur tous nos marchés. Au moment où j'écris ces lignes (16 octobre), les pêches mirlicotons se trouvent encore sur ces marchés. »

De la taille des pêchers en plein vent. — Dans la plupart des cas, évidemment, il y aurait profit à ne pas abandonner à eux-mêmes les pêchers en plein vent. Par une taille bien exécutée, on arriverait à faire de beaux fruits et des arbres d'un aspect moins désagréable à l'œil; nous n'en doutons point, seulement nous nous demandons si la robusticité des arbres n'aurait pas à souffrir des mutilations, et, si ce que nous appelons l'*amélioration* des fruits, ne serait pas plutôt une *dégénération* au point de vue physiologique, dégénération par suite de laquelle on ne devrait peut-être plus compter sur la reproduction fidèle des pêchers de vigne par voie de semis. Ces considérations, nous le savons bien, n'ont rien d'inquiétant pour les cultivateurs du Midi, mais elles doivent donner à réfléchir à ceux qui, dans le Nord, affectionnent la pêche d'Oignies, et, dans la Côte-d'Or, la pêche Alberge. Ces deux races ont besoin de toutes leurs forces pour se soutenir dans nos climats, et c'est constamment par le semis qu'il convient de les propager. Le jour où vous feriez grossir leurs fruits par la taille ou par le greffage, leur avenir serait compromis. Le mieux est de les laisser en repos. Voilà plus de deux mille ans que ces pêchers durent et se reproduisent très-bien, malgré toutes les négligences; souhaitons que les choses continuent sur ce pied et n'y touchons pas.

Pour ce qui est du pêcher de vignes dans le Midi, nous comprenons qu'on le taille et qu'on le greffe; il a pour lui la douceur du climat. Aussi, M. Laujoulet, professeur d'arboriculture à Toulouse, a-t-il consacré à cette question des pages intéressantes, qui ont été publiées dans les *Annales de la Société d'horticulture de la Haute-Garonne*. Nous prenons la liberté d'extraire de ce travail quelques paragraphes que les amateurs liront avec plaisir.

« Sans s'attacher, » dit M. Laujoulet, « à une exacte régularité, il convient de remplir dans le choix de la forme qu'on peut donner au pêcher en plein vent, certaines conditions essentielles.

« L'arbre doit être bas pour être moins tourmenté par le vent et rendre plus faciles les soins qu'on doit lui donner.

« Il doit avoir peu de branches verticales, parce que ces branches ne peuvent être maintenues qu'à l'aide de pincements répétés et de mutilations nuisibles.

« Il doit offrir partout un libre accès à l'air et à la lumière, parce que, sans le secours de ces agents de la végétation, les fruits ne se conservent point; les petites branches s'étiolent et périssent.

« Enfin, il doit être réduit à une dimension restreinte, parce qu'il est nécessaire de concentrer la sève qui, naturellement, se porte aux extrémités et abandonne d'autant plus les parties inférieures que l'arbre a plus d'étendue.

« Après bien des essais, je crois devoir donner la préférence à la forme suivante : la tige, jusqu'à la hauteur de 1 mètre, porte à droite et à gauche des ramifications qui se développent à peu près dans le sens horizontal. Ces ramifications commencent à 0m,15 ou 0m,20 au-dessus du sol et s'étendent à 2 ou 3 mètres de chaque côté de l'arbre.

« A partir de 1 mètre, la tige s'épanouit en un bouquet qui remplit les vides formés par l'écartement des deux bras supérieurs.

« C'est une sorte d'éventail ou de palmette irrégulière en contre-espalier, qui a 6 mètres en largeur, 1m,60 environ en hauteur, 0m,80 en épaisseur.

Formation de la charpente. « Si l'on a semé ou greffé en place, » continue M. Laujoulet, « on laisse, la première année, le pêcher se développer librement. La seconde année, on taille la tige à 0m,20 ou 0m,25 au-dessus du sol, le plus bas possible au-dessus des premiers boutons. Sur les premiers bourgeons (rameaux) qui se développent après la taille, on conserve le supérieur pour prolonger la tige, et deux bourgeons (rameaux) inférieurs, destinés à former les deux premiers bras, l'un à droite, l'autre à gauche de la tige. »

M. Laujoulet dit que chacun de ces rameaux doit être amené d'abord ou en avant ou en arrière de la tige, puis ramené dans la direction latérale. Il les prend sur le devant ou le derrière de la tige, les laisse d'abord se développer librement, et lorsqu'ils ont 0m,20 de longueur, il en ramène les extrémités dans une direction parallèle à la ligne des arbres, de façon que l'un se dirige vers la droite et l'autre vers la gauche du pêcher.

L'année suivante, M. Laujoulet raccourcit de nouveau la tige et conserve trois rameaux. Le supérieur sert à prolonger la tige; les inférieurs forment de chaque côté un nouvel étage de bras. « Mais ce second bras, » dit-il, « avant de se diriger parallèlement à la tige des arbres, doit d'abord s'éloigner de 0m,20 de la tige en sens inverse du premier bras. Ainsi, en supposant issus d'un même point deux bras du même côté de l'arbre, ces deux bras suivraient deux lignes parallèles distantes entre elles de 0m,40. Cette déviation imposée à la branche de charpente à l'aide d'un tuteur, d'une baguette, d'un lien, etc., n'a d'autre but que de donner un peu d'épaisseur au pêcher en plein vent qui, sans cela, ne serait qu'un contre-espalier.

« On renouvelle chaque année les mêmes opérations jusqu'à ce que les derniers bras soient obtenus. »

Tout ceci nous paraît un peu trop compliqué, et l'on pourrait se contenter à moins, comme le fait sagement remarquer l'auteur même du procédé. Et, en effet, il suffirait de tailler chaque année la flèche afin d'obtenir un faisceau de rameaux, parmi lesquels on ferait un choix. Rien n'empêcherait non plus de former les bras avec de faux rameaux qui poussent par anticipation sur le prolongement de la tige. Ces observations ne sont pas de nous, elles sont de M. Laujoulet qui continue ainsi : « Dès qu'on a obtenu les dernières branches latérales, on raccourcit la flèche de 0m,15 ou 0m,20 au-dessus de ces branches, et l'on pince, après la deuxième ou la troisième feuille, tous les bourgeons (rameaux) qui se développent sur cette partie extrême de la tige. On renouvelle ensuite le pincement à une ou deux feuilles sur les bourgeons anticipés, dont le premier pincement a provoqué l'évolution.

« A la taille d'hiver, on enlève tous les petits rameaux qui n'ont ni fruits ni feuilles, et l'on raccourcit les autres le plus possible au-dessus des fruits qu'ils portent.

« Les branches de charpente, placées de chaque côté de la tige, doivent être raccourcies chaque année, à l'époque de la taille d'hiver, pour donner plus de force aux petites branches qu'elles doivent porter dans toute leur longueur. »

M. Laujoulet ajoute qu'il faut pincer très-long les rameaux faibles pour leur laisser prendre de la force, un peu moins long les rameaux vigoureux, et très-court, c'est-à-dire à deux feuilles, les rameaux qui naissent sur un support assez fort. Il a remarqué sur le pêcher en plein vent que le pincement court ne donne de bons résultats que lorsque le support a acquis et même dépassé le diamètre d'un très-gros tuyau de plume. Ce système appliqué à des rameaux moins solides par la base, détermine fréquemment la mort de ces rameaux.

« A la taille d'hiver, » continue le professeur toulousain, « on raccourcit le plus possible tous les rameaux, en ne laissant qu'un œil à bois au-dessus du fruit conservé et en taillant sur le bouton à fruit, s'il est accompagné d'un œil à bois.

« A la taille suivante, on raccourcit tous les rameaux qui ont porté fruit sur l'œil le plus rapproché de la base.

« Dans le cours de la végétation, on raccourcit toutes les branches et tous les rameaux qui se dénudent, car on ne doit jamais perdre de vue ce principe important : qu'il faut toujours, dans les pêchers en plein vent, concentrer la sève et empêcher que son action ne se porte aux extrémités, en abandonnant les parties intermédiaires.

« Le pincement court amène de toutes les parties de l'arbre où il est appliqué, une production surabondante. Il faut, à la taille d'hiver, raccourcir le plus possible les rameaux surchargés de boutons à fleurs, et enlever plus tard une partie des fruits, lorsqu'ils restent encore trop nombreux. Conservés tous, ils perdraient beaucoup à la fois en volume et en saveur, et seraient loin de compenser par le nombre l'absence de ces deux qualités. »

Pêchers d'espalier. — Pour ce qui est des pêchers d'espalier, nous laissons la parole à M. Alexis Lepère fils. Notre ami et collaborateur a été, on le sait, élevé à bonne école. Les jardins qu'il a créés en Prusse rivalisent pour la beauté des espaliers avec les jardins qui ont fait, à Montreuil-sous-Bois, la réputation si incontestablement méritée de son père. P. J.

PÊCHERS D'ESPALIER.

Expositions, murs et abris qui conviennent au pêcher. — Cet arbre redoute les expositions trop chaudes et celles qui sont trop froides ; on évitera le plein midi et le plein nord. Le levant et le sud-est sont celles qu'il préfère. Autant que possible donc, on élèvera les murs de manière à lui assurer ces expositions avantageuses. Les matériaux, dont on se sert pour établir les espaliers varient nécessairement avec les contrées. Ici, c'est de la pierraille et du plâtre ; plus loin, c'est de la pierre et du mortier à chaux ; ailleurs, on emploie les briques, et, enfin, à défaut de plâtre, de pierres et de briques, on forme quelquefois des espaliers avec des planches goudronnées et même avec de simples paillassons. Nous nous contentons d'indiquer ces deux procédés ; nous ne les conseillons pas. L'élévation des espaliers est subordonnée aux climats ; plus on s'avance vers le nord, plus elle doit diminuer ; à Montreuil, elle est de 3 mètres ; dans les contrées moins douces, elle ne devrait guère dépasser 2 mètres, afin de tenir les fruits plus rapprochés du sol et d'en favoriser ainsi la maturation.

Nos murs de Montreuil ont, nous le répétons, 3 mètres de hauteur. Leur épaisseur, à la base, est de $0^m,40$, et seulement de $0^m,30$ au sommet. Le chaperon qui les recouvre avance de $0^m,16$. On pourrait porter cette saillie jusqu'à $0^m,20$ sans inconvénient. Il est permis de former indifféremment le chaperon avec du plâtre, de la tuile, de l'ardoise ou des planches. Si dans beaucoup de localités, on ne réussit pas dans la culture du pêcher, c'est parce qu'on ne se rend pas compte de l'utilité du chaperon, et qu'on ne se donne pas la peine de l'établir. Il importe, en conséquence, d'en démontrer la nécessité ; et pour cela, nous n'avons qu'à reproduire ce qu'en dit mon père dans sa *Pratique raisonnée de la taille du pêcher*. « Ces chaperons, fait-il observer, ont le triple avantage de modérer l'affluence de la sève dans toutes les parties qui sont palissées au-dessous d'eux, de garantir les pêchers contre l'écoulement des eaux pluviales, et de les préserver, jusqu'à un certain point, des gelées printanières qui atteindraient les fleurs par l'effet du rayonnement contre lequel ils les abritent en grande partie. »

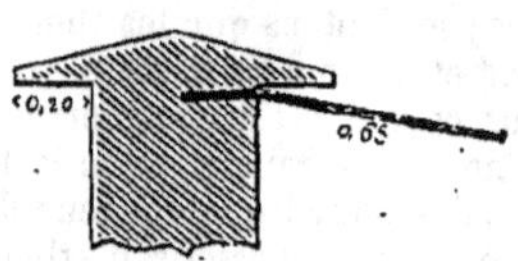

Fig. 1213. — Mur.

On voit, d'après cela, qu'un chaperon trop étroit manque le but, et qu'un chaperon trop large ombragerait fortement le sommet de l'arbre et contrarierait outre mesure la végétation. Toutefois, à l'exposition du couchant, un chaperon de $0^m,20$ à $0^m,25$ est toujours préférable à un chaperon de $0^m,16$.

Avons-nous besoin d'ajouter que les murs à treillages nécessitent une saillie de chaperon un peu plus avancée (de $0^m,05$ environ) que sur les murs contre lesquels on palisse à la loque.

Le chaperon constitue un abri permanent ; mais cet abri, malgré les services qu'il nous rend, ne saurait assurer le succès de nos cultures. Il nous faut, de plus, un abri mobile et temporaire, perfectionné par De Combes, et dont il a conservé le nom. Il est en paille ou en planches; il est large d'au moins 0m,65 et se place sous le chaperon pour en continuer la saillie. On le pose en février, on le retire en mai. Il est surtout nécessaire aux expositions du couchant et du midi, tant à cause des pluies du printemps que de l'action trop vive du soleil.

Voici ce que dit De Combes de l'abri en question : — « Au défaut d'un expédient sûr, puisque je n'en connais aucun, j'ai pourtant à proposer un usage dont j'éprouve le succès tous les jours; l'idée ne vient pas de moi, mais je m'imagine l'avoir perfectionnée en quelque chose.

« M. Girardot, ancien mousquetaire du roi, si connu par les belles plantations qu'il fit à Bagnolet, et par le produit immense qu'il en tirait, est inventeur de cette pratique, usitée depuis par plusieurs des habitants des environs. Il avait fait sceller, tout le long de ses murs, au-dessous des chaperons, et de toise en toise, des morceaux de bois de deux pieds environ de saillie; il y faisait poser des planches, lorsque la saison des risques arrivait, prétendant que les gelées du printemps ne tombaient que perpendiculairement, et qu'en mettant ses fruits à couvert du haut, ils étaient en sûreté, non-seulement contre les gelées, mais encore contre les pluies froides qui sont aussi pernicieuses au fruit : c'est ce qu'il a pratiqué constamment, et d'autres après lui, preuve de succès. On peut marcher hardiment sur de pareilles traces; c'est aussi ce que j'ai fait, mais différemment. Au lieu de ces morceaux de bois, scellés à demeure dans les murs, qui font un vilain effet à la vue pendant l'été, j'ai fait faire des petites potences de bois léger, dont le dessus va un peu en talus pour favoriser l'écoulement des eaux de la couverture qu'elles portent; elles s'attachent avec des osiers à la dernière maille du treillage, de six pieds en six pieds; et au lieu des planches, j'ai fait faire, à l'imitation des habitants de Montreuil, des petits paillassons de deux pieds environ de largeur, sur douze et demi de longueur, liés par deux lattes. Au mois de février, je pose mes paillassons sur ces potences, et je les y arrête avec des osiers; ils demeurent en cet état jusqu'au mois de mai, que je fais tout délier et rapporter dans ma serre : il n'y a que deux journées d'employées à cette opération; les frais sont peu considérables, et constamment cette couverture défend bien les fruits, quoiqu'elle ne les mette pas en pleine sûreté. Voilà tout ce que je puis conseiller : pour le surplus, il faut un peu s'en remettre à la Providence qui veille sur tous nos besoins. »

A Montreuil, les treillages sont inconnus. Les murs sont recouverts d'une couche épaisse de plâtre, et l'on palisse directement avec des clous et des loques; mais le plâtre ne se trouve point partout, et dans ce cas, il faut nécessairement appliquer des treillages en bois ou en fil de fer. Ceux en bois sont formés avec des lattes et parfois, dans certaines localités, avec des baguettes de longue durée comme celles de cornouiller. Il faut aussi renoncer aux loques et se servir de liens en jonc, en osier ou d'une autre sorte.

Outils nécessaires pour la culture du pêcher. — Nous nous servons du crochet à deux dents, pour les labours superficiels, tels que binages ou *béquillages*; de la serpette, du sécateur et de la scie à main pour les diverses amputations, mais le sécateur ne convient réellement que pour les petits rameaux; les branches un peu fortes réclament la serpette, qui, en fin de compte, est toujours le roi des outils pour la taille. Ajoutons le greffoir à ces divers instruments, et aussi le marteau, les clous et le panier des palisseurs pour ce qui regarde particulièrement la culture de Montreuil, et tout sera dit.

Variétés de pêchers particulièrement recommandables. — Avant d'aborder la culture, il est bon de nous entendre sur ce que nous devons cultiver; et comme, tout bien compté, il n'en coûte pas plus d'élever les bonnes variétés que les mauvaises, rejetons celles qui ne valent rien ou ne valent guère et arrêtons une liste des meilleures que nous diviserons en pêches de premier choix et en pêches de second choix. Ce sont:

NOMS DES VARIÉTÉS DE PREMIER CHOIX.	ÉPOQUE DE LA MATURITÉ.
Grosse-Mignonne hâtive	Fin juill. (Clim. de Paris).
Grosse-Mignonne ordinaire	Août et septembre.
Belle-Bausse	Septembre (1re quinz.).
Pucelle-de-Malines	1re quinz. de septembre.
Galande; Belle-Garde ou Grosse-Noire de Montreuil	Août et septembre.
Madeleine-de-Courson ou Madeleine-rouge	En même temps que la pêche de Malte.
Pêche-de-Malte ou Belle-de-Paris	Septembre (après la Belle-Bausse).
Bonouvrier (sous-variété de Chevreuse)	Fin septembre et octobre.

NOMS DES VARIÉTÉS DE SECOND CHOIX.	ÉPOQUE DE LA MATURITÉ.
Petite-Mignonne	Fin juillet.
Belle-de-Vitry	Septembre (un peu avant la Belle-Bausse).
Reine-des-Vergers	Septembre (après la Belle-Bausse).
Teton-de-Vénus	Fin septembre et octobre.
Bourdine	Fin septembre.
White-Blossom ou Incomparable-Blanche (d'Amérique)	Idem.

Pour ce qui est des Brugnons, nous signalerons le Brugnon musqué, qui mûrit dans la deuxième quinzaine de septembre, le Brugnon blanc, le Brugnon Chauvière et le Brugnon standish. Ce dernier est le plus gros de tous les Brugnons, mais il a l'inconvénient de se fendre lorsqu'il approche de la maturité.

Caractères des principales variétés. — Il ne suffit pas de donner des noms aux amateurs, il nous semble nécessaire encore de leur indiquer les principaux caractères des variétés, ou au moins de la plupart des variétés recommandées, afin de les mettre à même de reconnaître bien vite s'ils ont été servis fidèlement par les pépiniéristes. Le livre de mon père, d'une exactitude irréprochable sous tous les rapports, nous fournit ces caractères et nous les lui empruntons en partie :

Grosse-Mignonne hâtive. — Arbre vigoureux et fécond. Rameaux menus et très-colorés du côté du soleil. Feuilles grandes, très-finement dentées, d'un beau vert à glandes globuleuses peu visibles. Fleurs grandes et d'un rouge vif; fruit gros, duveteux, à peu près rond, rouge brun au soleil, vert jaunâtre pointillé de pourpre à l'ombre. Sillon étroit, peu sensible au sommet. Peau se détachant bien de la chair, à la maturité s'entend. Chair fine, fondante, blanche partout, excepté sous la peau qui regarde le soleil et autour du noyau; ces parties sont teintées de rose vif. Sans être un Pavie, elle adhère un peu au noyau.

Grosse-Mignonne ordinaire. — Arbre vigoureux, productif. Feuilles moins finement dentées et moins pointues que sur la Grosse-Mignonne hâtive, glandes globuleuses. Fleurs grandes aussi,

Fig. 1214. — Grosse-Mignonne. *Fig.* 1214 *bis*.

mais moins vives en couleur. Fruit moins gros, duveté, mais coloré au soleil, plus jaunâtre à l'ombre, avec pointillé et marbrures de pourpre dans cette partie. Chair blanche, fine, fondante, très-parfumée, marbrée de rose pâle autour du noyau et y adhérant légèrement. Noyau rouge comme dans la Grosse-Mignonne hâtive, mais un peu plus gros.

Belle-Bausse. — On croit que c'est une Grosse-Mignonne hâtive, perfectionnée par un cultivateur de Montreuil, nommé Bausse. Arbre vigoureux. Mêmes feuilles et même fleur que chez la Grosse-Mignonne hâtive. Fruit de la même grosseur aussi, mais plus haut que large et sujet à se fendre dans son sillon pendant les années humides. Peau couverte d'un duvet blanc, fortement pourprée au soleil, d'un jaune verdâtre pointillé de pourpre à l'ombre. Chair d'un blanc verdâtre, rouge autour du noyau, fondante et parfumée.

Galande, Belle-Garde ou *Grosse-Noire de Montreuil.* — Arbre vigoureux et fécond, mais sujet au blanc et à la cloque. Rameaux forts, feuilles d'un vert foncé, grandes, lisses et à glandes globuleuses. Fleurs petites, d'un rose vif. Fruit plus gros que la Grosse-Mignonne, plus large que haut, à sillon peu profond, rouge brun au soleil, rougeâtre presque partout ailleurs, à l'exception d'une petite partie jaune verdâtre, pointillé et strié de pourpre. Peau finement duvetée et ne se détachant pas de la chair. Celle-ci est d'un beau blanc, fine, fondante, quoique un peu ferme, rouge carmin foncé autour du noyau. Ce noyau est allongé et aplati.

Madeleine de Courson ou *Madeleine rouge.* — Arbre de vigueur ordinaire, rameaux colorés. Feuilles d'un vert foncé, dentelées et surdentelées, non glanduleuses. Fleurs petites et d'un rose foncé. Fruit rond, quelquefois un peu aplati du côté de la queue ou pédoncule, gros lorsque l'arbre en porte peu, petit et laid lorsque l'arbre en est chargé. Peau duveteuse, d'un beau rouge du côté du soleil et se détachant bien de la chair qui est blanche, rougeâtre sous la peau insolée et autour du noyau, fondante, sucrée et très-agréablement savoureuse.

Pêche de Malte ou *Belle-de-Paris.* — Arbre de vigueur ordinaire et productif. Feuilles assez profondément dentelées et non glanduleuses. Fleurs grandes et d'un rose pâle. Fruit moyen, rond ou légèrement comprimé, sillonné sur les deux côtés, mais très-superficiellement, si ce n'est au sommet où il n'y a pas de mamelon. Peau marbrée de rouge foncé sur un rouge plus clair du côté opposé au soleil, d'un vert jaunâtre du côté opposé. Chair blanche, fine, d'une saveur musquée très-agréable. Noyau assez gros, renflé du côté de la pointe.

Pêche Bonouvrier. — Sous-variété de la Chevreuse tardive, obtenue par un cultivateur de Montreuil, dont elle porte le nom. Arbre peu vigoureux et productif. Rameaux de l'année d'un vert clair pourpré du côté du soleil. Feuilles larges, finement dentées, à glandes globuleuses. Fleurs petites, d'un rose foncé. Fruit gros, plus large que haut. Peau jaune verdâtre, colorée du côté du soleil de pourpre clair marbré de pourpre plus foncé et entouré d'un pointillé pourpre très-fin. Chair d'un blanc jaunâtre, pourprée autour du noyau, fondante, parfumée et se détachant bien.

Petite-Mignonne. — Arbre vigoureux, productif. Feuilles à glandes globuleuses, longues, lisses, quelquefois plissées près de la nervure médiane. Fleurs ordinaires. Fruit de forme variable, ordinairement rond, terminé par un petit mamelon, sillonné peu profondément. Peau fine, duveteuse, d'un beau rouge foncé du côté du soleil, d'un jaune pâle et pointillé de rouge à l'ombre. Chair blanche, fine, fondante, vineuse, à peine veinée de rouge autour du noyau, dont elle se détache bien.

Belle de Vitry. — Arbre vigoureux et fécond. Rameaux forts, feuilles grandes, dentées assez profondément, à glandes globuleuses. Fleur très-grande et d'un rose assez foncé. Fruit gros, rond, un peu aplati, à sillon large et peu profond, dont l'un des bords est plus bas que l'autre. Peau verdâtre, chargée d'un duvet blanc assez long. Cette peau est marbrée de rouge sur rouge du côté du soleil. Chair ferme, assez succulente, d'un blanc verdâtre et jaune autour du noyau, avec des veines très-rouges. Noyau long, large, plat et pointu.

Reine des vergers. — Arbre vigoureux et fécond.

Rameaux forts. Feuilles grandes, lisses et finement dentées. Fleurs ordinaires d'un rose vif. Fruit gros, plus haut que large. Peau chargée d'un duvet très-épais. Chair rosée, de bon goût, n'adhérant pas au noyau.

Teton-de-Vénus. — Arbre vigoureux, peu productif. Feuilles grandes, froncées près de la nervure médiane et à glandes globuleuses. Fleur petite, rose pâle, bordée de carmin. Fruit gros, presque rond, à peine sillonné, terminé au sommet par un gros mamelon pointu d'où lui vient son nom. Peau duveteuse, d'un jaune verdâtre, peu colorée du côté du soleil. Chair blanche, rosée près du noyau, fine, fondante, agréablement parfumée.

Bourdine. — Arbre vigoureux, se développant beaucoup, irrégulièrement productif, obtenu par le cultivateur Bourdin au siècle dernier. Feuilles grandes, unies, d'un beau vert, à glandes globuleuses. Fleur petite, couleur rose de chair, bordée de carmin. Fruit à peu près rond, un peu plus haut que large, à rainure profonde. Peau duveteuse prenant une belle couleur rouge marbré du côté du soleil, quand on effeuille de bonne heure. Cette peau se détache facilement. Chair blanche, d'un rouge veiné autour du noyau, fine, fondante et recherchée, adhérant un peu à ce noyau qui est petit et d'un gris clair.

Brugnon musqué. — Arbre vigoureux et fécond. Rameaux forts, allongés, et rouges du côté du soleil. Feuilles finement dentées, à glandes réniformes. Fleurs petites et rouges. Fruit presque rond. Peau lisse, d'un beau rouge violacé du côté du soleil, d'un blanc jaunâtre du côté de l'ombre. Chair ferme, cassante, vineuse, musquée, sucrée, excellente, d'un blanc jaunâtre très-rouge autour du noyau.

Des moyens de multiplier le pêcher. — Ces moyens sont le semis et le greffage. Notre collaborateur, M. Charles Baltet, a eu soin de les décrire en traitant de la multiplication des espèces fruitières en général. Nous nous contentons en quelque sorte de les signaler en passant; en un mot, nous glisserons sur les opérations.

La multiplication par le semis ne donne pas de bons résultats avec les noyaux de pêchers greffés. On ne sème que les noyaux de pêchers non greffés, de pêchers de vignes ou de plein air. Ceux-là se reproduisent plus ou moins fidèlement de graines. Il n'en est pas ainsi, nous le répétons, de nos pêchers de jardin qui, en général, sont greffés. Aussi, quand il nous arrive de semer des noyaux de pêcher, c'est tout bonnement pour faire des sujets à greffer, et encore faisons-nous bien rarement de ces sujets.

Nous avons constamment recours au greffage pour multiplier nos variétés.

On greffe le pêcher sur l'amandier à coque dure, sur le prunier damas noir, sur le prunier myrobolan, sur le prunellier des haies et sur les francs de pêcher, autrement dit sur des pêchers provenant de semis de noyaux.

L'amandier convient aux climats doux, aux terrains secs ou assainis avec soin. Dans les terrains mouillés, ses racines pourriraient.

C'est pour cela que dans le nord de la France, en Belgique, et dans tous les climats et terrains plutôt humides que secs, on ne manque pas de remplacer l'amandier par le prunier. Dans nos terres argileuses du Centre et de l'Est, on se trouverait bien d'agir de même. Le prunier myrobolan amène une fructification plus prompte que le damas, mais il dure moins longtemps. Le prunellier des haies a été recommandé pour obtenir des pêchers d'un faible développement et d'une mise à fruit rapide. Un jardinier d'Anvers l'a préconisé vivement, et nous nous l'expliquons en nous rappelant que dans sa contrée, les pêchers ont, comme tous les arbres, une forte tendance à jeter du bois à l'excès.

Au point de vue théorique, le greffage sur franc de pêcher est certainement le plus rationnel de tous, et, en effet, la greffe y pousse avec une vigueur extraordinaire. C'est une preuve qu'elle s'y trouve bien. Il s'ensuit que nous donnant beaucoup de bois, elle nous fait attendre très-longtemps ses fruits. Or, nous n'avons pas le temps d'attendre, et c'est pour cela que nous ne greffons pas sur francs de pêchers.

Plantation du pêcher. — Nous devons supposer nos arbres greffés depuis dix-huit mois et bien choisis dans la pépinière, c'est-à-dire d'apparence vigoureuse et saine, à tige droite, à peau claire, à bourgeons rudimentaires (yeux) en bon état, surtout vers la base. Cela étant, occupons-nous de la plantation en temps convenable, c'est-à-dire lorsque la sève est arrêtée. Ce temps-là, c'est octobre ou novembre dans les terres légères et la fin des grands froids dans les terres fortes.

Il y a deux manières de planter les pêchers à l'espalier. Si la terre est faite de vieille date, si elle a été défoncée profondément, on se contente de fumer d'abord une plate-bande de $0^m,65$ environ de largeur avec du fumier bien consommé; puis on enterre ce fumier, au moyen d'un labourage de $0^m,50$ à $0^m,60$, avec la bêche; puis, quelques jours après, on ouvre les trous pour y mettre les jeunes pêchers. Mais quand la terre est encore neuve, quand elle n'a été ni souvent travaillée, ni copieusement fumée, il est prudent d'ouvrir les trous deux ou trois mois à l'avance, afin que le sous-sol reçoive les influences de l'air. Ces fosses doivent avoir la largeur de la plate-bande, c'est-à-dire $0^m,65$, au moins 2 mètres de longueur, et $0^m,80$ de profondeur. Dans ce cas, avec la bonne terre sortie des fosses et de vieux fumier, on prépare un compost dont on se sert pour opérer la plantation.

Une fois les trous ouverts à la place que chaque pêcher doit occuper, on rafraîchit les racines de l'arbre avec une bonne serpette, autrement dit, on les taille à leur extrémité et de manière à ce que la coupe s'appuie sur la terre lorsque l'arbre est en place, parce que si elle était en dessus, les nouvelles racines qui partiront de sa circonférence, seraient forcées de décrire une courbe pour prendre leur direction naturelle, et les courbes sont défavorables à la circulation de la sève. Cela fait, on taille la tige de l'arbre à

0m,20 ou 0m,25 au-dessus de la greffe, après quoi, on le plante. Et pour que cette plantation soit bien exécutée, il faut que la greffe ne soit pas recouverte par la terre, que le pied du pêcher soit à 0m,10 ou 0m,12 du mur, que la tige soit inclinée de manière à aller rejoindre ce mur, et à s'y appuyer à l'endroit du biseau de la taille. Enfin, — et ceci est surtout de rigueur, — il faut s'arranger de telle sorte que le jeune arbre en place présente au-dessus de la soudure de la greffe deux yeux de côté. Ces yeux donneront les premières branches latérales à droite et à gauche, faciliteront et avanceront la formation de l'arbre.

Nous allions oublier une recommandation fort utile dans certains cas. Lorsque les jeunes pêchers ont un pivot prononcé, on doit le supprimer. Sans cela, les arbres se développeraient trop en tige et pas assez en branches de côté. D'ordinaire, les pépiniéristes intelligents suppriment ce pivot en germe, au moment où ils mettent en place les amandes ou noyaux stratifiés; mais il arrive parfois qu'on néglige à tort cette suppression, et alors c'est une opération à reprendre quand on plante l'arbre.

Dès que la plantation est terminée, on appuie légèrement la terre avec les pieds, au lieu de la fouler brutalement. Dans les sols secs et surtout pour les plantations faites après l'hiver, on recouvre la plate-bande de paillis, et au besoin, on arrose faiblement de temps en temps, à seule fin d'entretenir une fraîcheur bienfaisante et de favoriser la reprise et la végétation.

Formes à adopter dans la culture du pêcher. — Avant de planter, on a dû nécessairement se rendre compte de la longueur des murs, prendre ses distances et arrêter dans sa pensée les formes que l'on donnera aux arbres. On a dû par conséquent dessiner les formes en question soit avec des raies ouvertes dans le plâtre du crépi, soit avec du crayon rouge, soit avec la mine de plomb. Ou bien, dans le cas où il y a des treillages, on a dû se jalonner avec des traits ou imiter avec des baguettes les formes projetées. Ces dessins qui servent de guides rendent le travail très-régulier et le facilitent beaucoup.

Les formes que l'on adopte ou que l'on veut adopter, sont très-nombreuses et très-variées. Nous n'avons pas, on le pense bien, l'intention de les décrire toutes dans ce livre et de donner satisfaction à tous les caprices des amateurs. Nous nous en tiendrons à quelques-unes choisies sévèrement parmi les meilleures.

Mais en premier lieu, nous dirons que les formes à donner au pêcher, se divisent en grandes et en petites, et qu'en définitive elles se subordonnent à la nature des terrains, à l'élévation des murs, à la longueur des espaliers que l'on possède, et au but que se propose le cultivateur. Et, en effet, on comprend que les riches terrains et les murs élevés se prêtent aux grandes formes, les terrains maigres et les murs moins élevés aux petites formes. On comprend de même qu'un professeur d'arboriculture a besoin, pour la démonstration de ses principes, de formes de fantaisie, qui mettent son habileté à l'épreuve et développent le goût de ses élèves; on comprend enfin qu'un amateur, désireux d'étudier toutes les variétés recommandées, et n'ayant qu'un espalier restreint, s'attache aux formes qui prennent le moins de développement possible, afin d'en renfermer beaucoup dans d'étroites limites. Les pépiniéristes qui ont besoin de variétés très-nombreuses et qui tiennent à les faire juger au mur, sur le mérite du produit, se trouvent aussi dans la même situation et sont forcés de recourir aux petites formes.

Ces petites formes sont précieuses, en outre, parce qu'elles garnissent promptement un mur et donnent, en ceci, une satisfaction plus rapide que les grandes. Elles sont enfin très-favorables au forçage.

Aussi, quelle que soit la nature du terrain et quel que soit l'espace dont on dispose, nous préconisons les petites formes par-dessus tout. Cependant, comme nous n'entendons imposer nos préférences à personne, nous traiterons des unes et des autres.

Les *grandes formes* auxquelles, selon nous, on devrait s'attacher exclusivement pour la culture lucrative, sont les anciennes palmettes doubles, les anciennes palmettes simples, le vieil éventail de Montreuil, la forme carrée et la palmette à branches entre-croisées. Il faut renoncer au grand candélabre, dont les branches verticales ruinent les branches-mères et qui exige trop de surveillance pour aller à bien.

Les *petites formes*, que nous affectionnons, sont les petits candélabres à un ou plusieurs étages

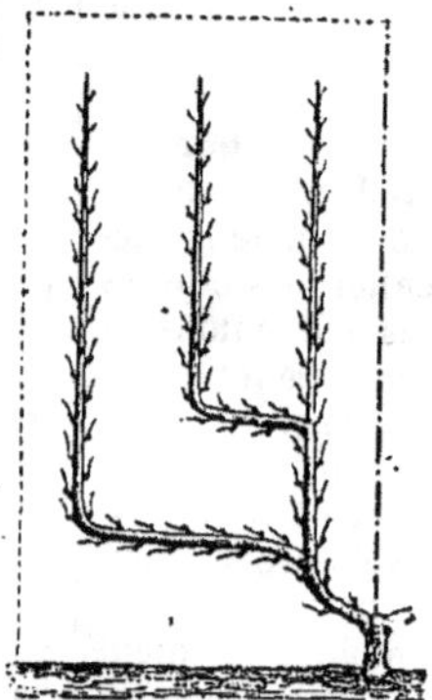

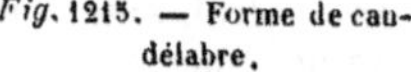

Fig. 1215. — Forme de candélabre.

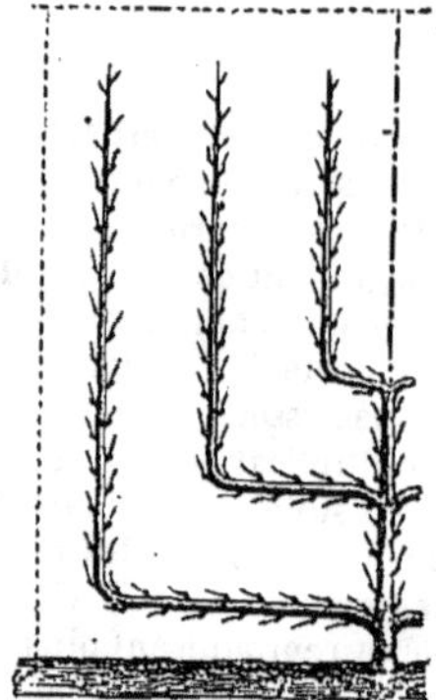

Fig. 1216. — Forme de candélabre.

de branches, et la petite forme en U. Nous préférons de beaucoup celle-ci au cordon oblique, dont il nous faudra cependant parler aussi, attendu que la mode du jour nous y force.

Exécution des formes. — Palmette double. — On s'y prend de diverses façons pour former la palmette double. Pour notre compte, nous procédons ainsi :

On se rappelle qu'en plantant un jeune pêcher, nous le taillons sur deux yeux de côté, à environ 0m,20 ou 0m,25 du sol. Ces deux yeux se développent au printemps et nous donnent deux *bourgeons*, comme disent les praticiens, ou mieux deux *rameaux*, comme disent les botanistes ; mais on nous permettra de parler ici la

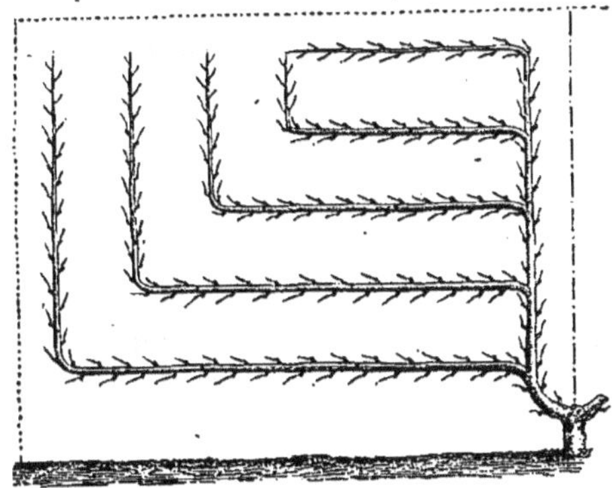

Fig. 1217. — Un côté de la Palmette double.

langue des praticiens et du vulgaire, afin de nous faire comprendre plus aisément. Il reste donc entendu que les deux yeux nous donnent deux bourgeons.

Quand ces deux bourgeons ont chacun environ 0m,65 de longueur, nous les courbons en les redressant l'un et l'autre de façon à former l'U, ce qui devient d'autant plus aisé que cette forme est dessinée sur le mur à la place qu'elle doit occuper. Nos deux bourgeons deviennent les deux montants de l'U, que nous maintenons avec des attaches lâches. Ce sont en définitive les deux branches-mères de l'arbre, mais pour éviter toute confusion, nous disons que ce sont les deux tiges de la palmette double. Elles sont éloignées l'une de l'autre de 0m,45 à 0m,50.

Taille de la seconde année. — Nous taillons chaque tige à 0m,40 environ du sol, au-dessus d'un œil de côté et d'un œil de devant ou plutôt de derrière, s'il s'en trouve un. L'œil de côté nous donne le bourgeon destiné à former la branche latérale du premier étage ; l'œil placé en avant ou en arrière, peu importe, fournit le bourgeon destiné à continuer la tige. Au début de la végétation, nous donnons graduellement une situation horizontale aux deux premières branches de côté, et quand ces branches ont une longueur de 0m,25 à 0m,30, nous relevons l'extrémité de chacune d'elles, afin d'en faciliter le développement. Quant aux deux bourgeons chargés de continuer les deux tiges, nous les surveillons pour qu'ils n'absorbent pas trop de sève au détriment des branches latérales, et, à cet effet, nous les serrons contre le mur ou le treillage en les palissant, et même à la rigueur, nous les pinçons légèrement pour ralentir l'ascension de la sève.

Taille de la troisième année. — Dans le cas où nos deux branches latérales du premier étage sont bien équilibrées, — et elles doivent l'être toutes les fois qu'elles ont été convenablement surveillées, — on ne les taille pas. Dans le cas, au contraire, où l'une est plus forte que l'autre, il faut rétablir l'équilibre. Pour cela, il suffit d'incliner et de palisser serré la plus forte. Quant à la plus faible, on la redresse, on la met en liberté, ou bien encore on l'incise longitudinalement et légèrement pour en faciliter la croissance ; puis, une fois l'équilibre rétabli, on la palisse. Il peut arriver que les yeux terminaux des branches soient affaiblis ou éteints par une cause quelconque, et que cet accident paralyse leur développement. Alors, le moyen d'y remédier consiste à raccourcir sur un œil inférieur, en choisissant, de préférence à tout autre, l'œil de dessus ou de devant, faisant face à l'opérateur, celui qui appelle le plus énergiquement la sève.

Pour ce qui est des tiges, on les taille l'une et l'autre à 0m,25 au-dessus de la naissance des branches horizontales, afin de favoriser fortement la croissance de celles-ci, en refoulant la sève sur elles. Nous taillons ces tiges sur un œil de dessous, c'est-à-dire sur un œil placé du côté du mur ou du treillage, parce que cet œil plus ou moins masqué n'appelle pas aussi vivement la sève que l'œil de dessus qui reçoit plus directement les influences atmosphériques.

Cela fait, nous laissons nos branches horizontales et les tiges se développer. Mais du moment où les tiges sont arrivées à 0m,45 ou 0m,50 du premier étage, nous les courbons de façon qu'un œil se trouve placé en dessus de la partie coudée. Nos tiges ainsi courbées forment le second étage de branches latérales, pendant que les yeux placés au-dessus des arqûres, prennent leur ancienne place, se développent par anticipation et deviennent la continuation des tiges.

Pour favoriser le développement des branches latérales du deuxième étage, nous procédons comme avec les branches du premier étage et nous en redressons les extrémités dès qu'elles ont 0m,25 ou 0m,30 de longueur.

Si l'œil nécessaire pour la continuation de la tige venait à manquer au-dessus de la partie courbée, on le remplacerait au palissage en retournant un œil de côté ou un œil de dessous.

Quand les bourgeons destinés à continuer les tiges, et se développant presque toujours par anticipation, ont une grande vigueur, on les taille en vert pour suspendre ou modérer leur croissance et favoriser du même coup les branches latérales. Les tiges taillées ne tardent guère à se remettre en marche. Quand elles sont à 0m,50 du deuxième étage, on les courbe comme précédemment, afin d'établir avec elles un troisième étage de branches latérales et de continuer les tiges en développant les yeux des coudes.

Et ainsi de suite, jusqu'à ce que l'on soit à 0m,35 du chaperon. A la sixième taille, dans les terrains ordinaires, le pêcher est formé. Il comprend, pour un mur de 3 mètres d'élévation, cinq étages de branches, distancées entre elles de 0m,50.

Nous taillons le moins possible les branches de l'étage inférieur, et nous les maintenons par le palissage plutôt que de les serrer. Il est avantageux d'en relever les extrémités de manière à ce qu'elles fassent cadre. Cette disposition n'offense pas les amateurs de bon goût et contribue à fortifier ces branches que celles des étages supérieurs tendent constamment à affamer. Ceci revient à dire que les branches supérieures en question doivent être surveillées de près et gênées dans leur développement. A cet effet, on les incline et on les serre contre le mur ou le treillage, et d'autant plus qu'elles occupent une situation plus élevée. L'inclinaison demande des ménagements ; il faut l'amener graduellement, de manière à arriver à un angle de 20 à 25° environ.

Palmette simple. — Cette forme modeste, gracieuse, connue de très-longue date, est d'une exécution facile. Les branches latérales qui, dans la palmette double, sont fournies par deux tiges, ne le sont ici que par une seule. C'est pour cela que la conduite de la palmette simple s'écarte un peu de celle de la palmette double. Voici en peu de mots la manière d'opérer. Nous pratiquons la première taille sur un œil de devant, à $0^m,20$ à peu près de la soudure de la greffe. Cet œil se développe en bourgeon ou en rameau, comme vous voudrez l'appeler, et continue la tige verticalement. Quant aux autres bourgeons qui poussent en même temps et qui nous sont inutiles, nous les pinçons au-dessus de leur seconde feuille, afin de les arrêter. A mesure que la tige grandit, nous la maintenons par un palissage lâche, sans quoi les coups de vent pourraient la rompre et nous mettre dans l'embarras.

Deuxième taille. — Au commencement de la seconde année, nous taillons la tige de notre pêcher à environ $0^m,40$ du sol, et au-dessus de trois yeux dont deux de côté et un en avant. Celui-ci se développe pour continuer la tige, tandis que les deux premiers fournissent une branche latérale de chaque côté de cette tige et constituent ainsi notre étage inférieur ou premier étage. Naturellement, la jeune tige, qui occupe une position très-favorable à la marche de la sève, croît plus vite que les branches latérales, en sorte que parfois son excès de vigueur pourrait les affamer. Aussi, quand cette tige nous paraît trop forte et trop gourmande, nous l'arrêtons par un pincement à $0^m,40$ à peu près des branches. Deux ou trois bourgeons ne tardent guère à pousser au-dessous de la partie pincée. Nous n'en conservons qu'un, le mieux placé pour faire la tige. Dès qu'il a $0^m,10$ de développement, nous le pinçons au-dessus de trois feuilles disposées de façon à nous donner un bourgeon en avant et deux bourgeons de côté. Les yeux placés à la base de ces trois feuilles ne tardent pas à partir. Nous constituons ainsi la même année deux étages de branches à $0^m,50$ environ d'intervalle.

Si la tige n'avait pas une grande vigueur, il va sans dire qu'on s'en tiendrait à un seul étage et qu'on ne formerait le second que l'année suivante.

Troisième taille. — Mais, supposons que nous ayons nos deux étages de branches. Nous taillons l'année d'après nos deux premières branches aux trois quarts de leur longueur. Si, par exemple, elles ont $1^m,40$ de longueur, nous les raccourcissons à $1^m,05$. Nous taillons celles du second étage à $0^m,60$ ou $0^m,70$. Quant à la tige, nous la taillons au-dessus du cinquième œil à partir de notre second étage. On traite cette tige comme précédemment, si elle est vigoureuse, pour avoir le troisième étage de branches à $0^m,50$ du deuxième.

Éventail à la Montreuil. — Il faut une certaine habileté pour mener cette forme à bien ; c'est pourquoi nous conseillons à nos lecteurs de s'en tenir aux palmettes. Toutefois, il est bon qu'ils connaissent nos principales formes et qu'ils aient

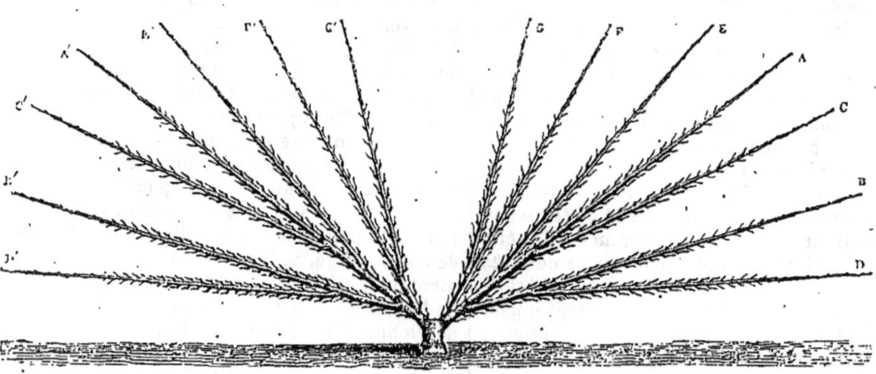

Fig. 1218. — Éventail à la Montreuil.

au moins une idée des opérations qu'elles nécessitent.

Pour faire le vieil éventail à la Montreuil que nous figurons ici, on taille le pêcher au-dessus de deux yeux placés de côté, au moment de la plantation à l'automne. Ces deux yeux donnent au printemps suivant les deux bourgeons destinés à fournir les mères branches A et A' que l'on incline de manière à imiter un V largement ouvert. On les palisse l'un et l'autre sans les gêner, et, pendant le cours de la végétation, on les surveille de près pour maintenir l'équilibre.

Deuxième taille. — La seconde année, on taille les deux mères branches à $0^m,25$ ou $0^m,30$ de leur point d'insertion sur la tige et sur un œil de dessus ; cet œil se développe en bourgeon et les continue. Près de cet œil, il doit s'en trouver un autre, mais en dessous, qui se développera en même temps que le premier et donnera de chaque côté une première branche secondaire inférieure BB'.

Troisième taille. — La troisième année, on taille de nouveau les branches mères sur une longueur proportionnée à leur vigueur et toujours près d'un œil de dessus et d'un œil de dessous. Le premier servira à prolonger la branche mère, tandis que le second donnera à droite et à gauche la deuxième branche secondaire inférieure C, C'. On taille aussi pour la première fois les premières branches secondaires B, B', afin d'obtenir les pattes ou branches de troisième ordre D, D'.

Quatrième taille. — Au printemps, nous taillons pour la troisième fois les mères branches A, A' sur un œil de dessus; nous taillons également les secondaires B, B'; C, C'; et les tertiaires D, D'. L'œil de dessus les continue les unes et les autres. La taille doit être plus longue que les années précédentes; toutefois il y a des limites à observer et que la pratique seule peut indiquer sûrement. Si l'on dépassait ces limites, les branches ne se garniraient pas convenablement de rameaux; on aurait des vides, le coup d'œil en souffrirait et la fructification aussi.

Cinquième taille. — On opère sur toutes les branches charpentières comme dans la quatrième taille; mais le moment est venu d'établir de chaque côté de l'arbre deux branches secondaires supérieures EE', FF', qui ont été réservées à cette effet à l'époque de l'ébourgeonnement de l'année précédente, et dont la croissance sera rapide, attendu qu'elles occupent une position très-favorable à la circulation de la sève.

Sixième taille. — On taille de nouveau toutes les anciennes branches de la charpente, uniquement pour concentrer l'action de la sève sur toutes les parties de l'arbre. Comme on assied la taille dans le voisinage d'un œil de dessus, cet œil rétablit chaque branche dans sa direction. En somme, c'est un moyen de contenir et d'occuper la sève qui, si l'on ne taillait pas ou si l'on taillait trop long, s'en irait au loin et ferait défaut aux parties basses et moyennes de l'arbre qui se dénuderaient bien vite. Pour ce qui est des secondaires supérieures EE', FF', établies au moment de la cinquième taille, on les taille aussi pour la première fois sur un œil de dessus, après quoi on les palisse un peu obliquement, afin de modérer leur végétation souvent fougueuse.

Septième taille. — Au printemps de la septième année, on taille toutes les branches comme l'année précédente, uniquement pour contenir la sève et multiplier les rameaux fructifères, et toujours sur un œil de dessus. En ce moment aussi, on taille les secondaires supérieures F, F', de manière à ce qu'un œil de côté produise les pattes ou tertiaires supérieures G, G'.

L'éventail à la Montreuil se trouve alors complétement formé. Il n'y a plus qu'à l'entretenir par les moyens que nous indiquerons plus loin.

Forme carrée. — Ceux de nos lecteurs qui ont bien compris la marche à suivre pour établir l'éventail à la Montreuil n'auront pas de peine à saisir ce que nous allons dire de la forme carrée. On procède un peu différemment sans doute, mais les principes ne varient pas et les mêmes effets relèvent des mêmes causes.

Voici d'abord dans tout son développement ce que nous appelons à Montreuil l'*espalier carré.*

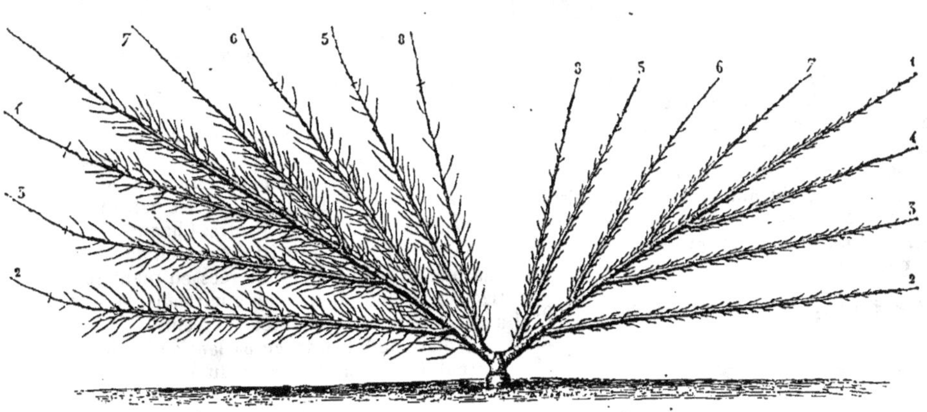

Fig. 1219. — Forme carrée ou espalier carré.

Voyons maintenant les noms des différentes branches qui constituent cette forme. Les nos 1 de chaque aile sont les *mères* branches; les nos 2, 3 et 4 sont les *secondaires inférieures*; 5, 6 et 7, les *secondaires supérieures;* 8, les *pattes* ou *tertiaires supérieures.*

C'est l'éventail qui a donné l'idée du pêcher carré, et c'est M. Bausse qui, le premier, l'a exécuté.

Ainsi que pour l'éventail, on établit les deux mères branches avec les deux yeux de côté réservés au moment de la plantation. La seconde année, on taille de manière à obtenir les branches no 2 ou premières secondaires inférieures; la troisième année, on forme les secondaires no 3; la quatrième année, les secondaires no 4. On leur donne le temps de se développer, de prendre du corps et à la sixième ou même à la septième année seulement, alors que ces secondaires inférieures sont déjà fortes, on songe à établir les trois branches secondaires supérieures 5, 6 et 7, en même temps, avec des rameaux fructifères réservés pour cela l'année précédente. La huitième année, on taille ces secondaires supérieures pour la première fois. On les taille une seconde fois la neuvième année, une troisième fois l'année d'ensuite, et après cela, le travail de charpente se trouve achevé. Cette charpente comprend les deux branches mères et six secondaires dont trois inférieures et trois supérieures, non compris la patte ou tertiaire, qui n'est qu'un embranchement de la première supérieure. Ces diverses branches doivent être éloignées de 0m,80 au moins.

Le pêcher carré a sur l'éventail l'avantage de mieux garnir le mur ou le treillage et de former à l'insertion des secondaires des angles plus ouverts, ce qui favorise le développement et facilite le palissage des rameaux fructifères. De son côté, en retour, l'éventail a un avantage sur la forme carrée, c'est de rendre très-facile le remplacement d'une branche morte ou compromise.

Palmette à branches entre-croisées et palmette à branches en escalier. — Ces deux grandes formes que l'on peut voir dans le jardin de mon père, à Montreuil, et dans toute leur beauté, sont remarquables à divers titres, mais

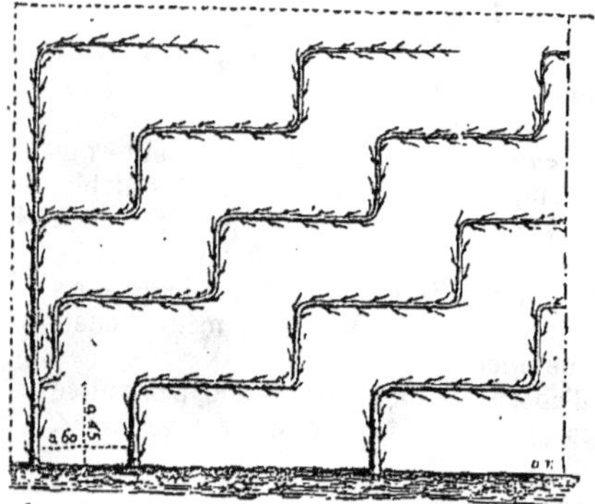

Fig. 1220. — Palmette en escalier.

elles exigent une surveillance assidue. Nous nous contenterons de figurer la seconde, à cause de sa nouveauté et de son originalité gracieuse. Tout praticien intelligent qui sait conduire un pêcher en palmette double, en palmette simple et en éventail, n'aura besoin que d'un peu de raisonnement et d'attention pour exécuter les autres formes. S'il a du goût, il pourra même en imaginer de nouvelles.

Autre forme. — On pourrait encore recommander, pour les grandes surfaces, une forme que nous affectionnons particulièrement et dont

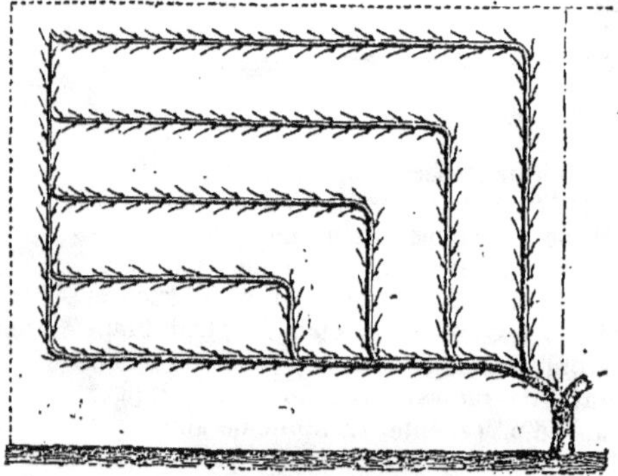

Fig. 1221. — Forme Candélabre-palmette.

la figure 1221 représente une moitié. Cette forme participe, on le voit, du candélabre et de la palmette ; les inconvénients de l'un y sont corrigés par l'autre.

Forme en U. — Cette petite forme, facile à équilibrer, gracieuse et productive, est une de celles qu'on ne saurait trop recommander. Dans sa *Pratique raisonnée de la taille du pêcher*, mon père a fait en quelques lignes l'éloge mérité de cette forme :

« J'ai planté, il y a quatre ans, dit-il, dans mon jardin-école, à l'exposition du sud, sur 80 mètres de longueur, des pêchers dirigés en U simple : ils me donnent chaque année, en moyenne, cent pêches par pied d'arbre ; le mur qui les soutient a 3 mètres de hauteur, et à la troisième année de plantation, il était parfaitement garni d'arbres en plein rapport. »

De toutes les formes connues, celle-ci est certainement la plus simple, et pas n'est besoin d'être habile pour en tirer bon parti. Or, tout ceci est à considérer.

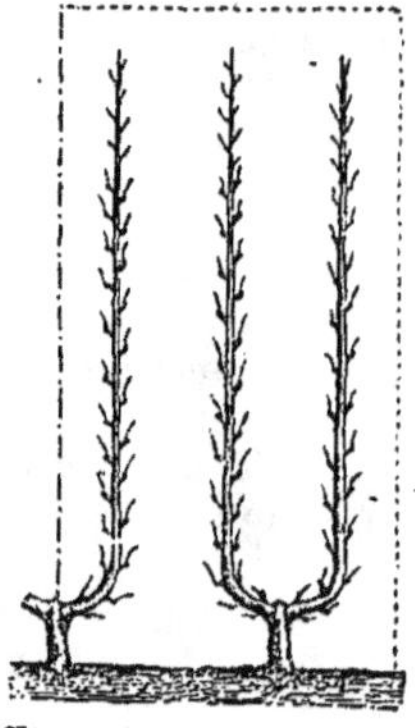

Fig. 1222. — Forme en U.

Nous plantons à 1 mètre l'un de l'autre seulement les jeunes pêchers destinés à former l'U, et nous rabattons les tiges à 0m,20 ou 0m,25 de terre, au-dessus de deux yeux de côté bien conformés. Aux premiers beaux jours, ces yeux se développent et donnent des bourgeons ou rameaux. Quand ces bourgeons sont encore très-flexibles, on leur fait décrire la courbe de manière à ce qu'ils s'appliquent exactement sur les montants de l'U dessiné sur le mur ou figuré sur le treillage, et on les palisse sans les gêner à 0m,50 l'un de l'autre. Chaque année, on taille à 0m,70 ou 0m,80 sur un œil de dessus, chacune de ces branches relevées en manière de tige, et au bout de trois ou quatre ans, la forme a atteint son complet développement.

Un élève de Vilvorde, en parlant de l'U dans le journal de la Société agricole du Luxembourg, a dit : l'*U de Bavay*. Ceci nous fait un devoir de déclarer qu'on doit cette forme non à M. de Bavay, mais à M. Bodinat, un des élèves de mon père, aujourd'hui à Meaux.

Petit candélabre. — On a donné le nom d'*U double* à une forme que nous prenons la liberté d'appeler le *petit candélabre*, parce que cette seconde appellation nous paraît mieux convenir à la chose que la première. Nos lecteurs peuvent d'ailleurs s'en convaincre en jetant un coup d'œil sur la figure 1223.

Pour établir le petit candélabre, on procède d'abord comme pour l'U simple. On taille la tige sur deux yeux de côté ; plus tard, on courbe les bourgeons que l'on palisse. A la taille suivante, ou même plus tôt, lorsque la végétation est vigoureuse, on rabat chacune des branches au-dessus de deux yeux de côté et l'on forme les deux U avec les quatre branches en question.

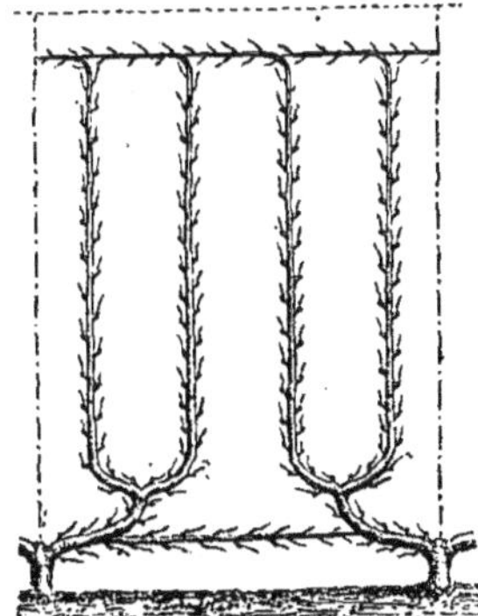

Fig. 1223. — U double ou petit candélabre.

Oblique ou coup de vent. — On a fait, selon nous, à cette forme, un honneur qu'elle ne mérite pas, celui de lui accorder beaucoup de place dans la plupart des jardins bourgeois. On l'a prônée comme une nouveauté, dans ces derniers temps, mais bien à tort. M. Quétier, horticulteur à Meaux, avait des pêchers obliques en 1835 ou 1836; d'autres, dit-on, en avaient avant lui, mais la découverte nous semble d'une importance tellement contestable, que nous ne nous livrerons à aucune recherche sur ce point. A nos yeux, les grands défauts des obliques sont le trop de vigueur des branches à fruit supérieures et la difficulté de les remplacer en cas de mort. Les jeunes sujets de remplacement manquent d'air et de lumière. Aussi, nous souhaitons que l'on substitue l'U simple ou le petit candélabre aux obliques.

Des rameaux fructifères. — Jusqu'ici, nous ne nous sommes occupé que de la formation de la charpente du pêcher sous quelques-unes de ses principales formes. Mais pendant que nous formions nos branches charpentières, il sortait chaque année de ces branches, et sur toute leur longueur, des rameaux que nous nommons *bourgeons*. Si on les laissait grossir librement, ils deviendraient grosses branches à leur tour, mais comme nous avons assez de fort bois, nous leur demandons autre chose, c'est-à-dire du fruit, et pour en avoir, nous les soumettons à une opération particulière, à laquelle on a donné le nom de *taille des branches à fruits*.

Pour bien comprendre cette opération, il faut savoir d'abord que les fleurs et, par conséquent, les fruits du pêcher, ne se forment que sur des bourgeons ou rameaux d'un an, et que le bois de deux ans n'en porte plus. Il faut savoir ensuite que ces rameaux à fruits sont de plusieurs sortes et qu'on ne doit pas les traiter les uns comme les autres. Ainsi, nous en avons sur lesquels les boutons sont disposés par paires avec un œil à bois au milieu; nous en avons où les boutons s'échelonnent un à un à côté d'un œil à bois, tandis que d'autres rameaux fructifères, faibles et allongés, ne portent que des boutons simples de loin en loin, avec un œil à bois à leur extrémité supérieure et parfois un œil à bois aussi à leur base. Enfin, il existe, sur les arbres d'un certain âge et sur le vieux bois, de tout petits rameaux de $0^m,04$ à $0^m,08$ de longueur, rameaux affamés et chétifs qui sont aux pêchers ce que sont les maigres brindilles aux arbres à fruits et à pepins, et que les praticiens appellent, selon les localités, *cochonnets*, *branches à bouquets*, *bouquets de mai* et *chiffonnes*. Ces rameaux portent quatre, cinq, six fleurs et même plus; ils ont ou n'ont pas d'œil à bois terminal.

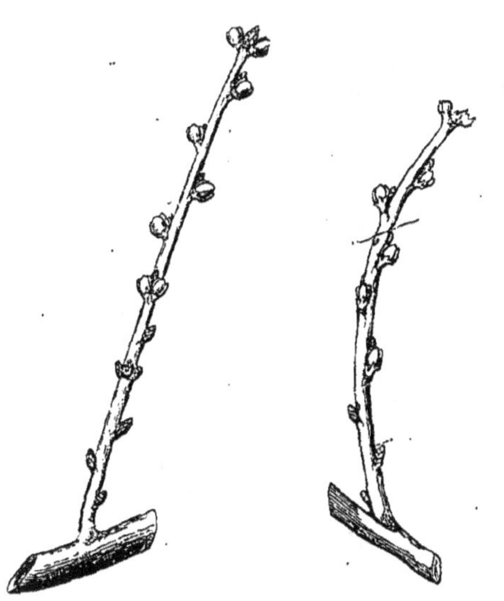

Fig. 1224. — Rameau mixte du pêcher. *Fig.* 1225. — Rameau à fruit proprement dit du pêcher.

Les deux premières sortes de rameaux fructifères indiquent leur vigueur par la présence des yeux à bois qui accompagnent les boutons; les deux dernières sortes, très-riches en boutons, très-pauvres en yeux à bois, indiquent par cela même leur faiblesse et ne se rencontrent que sur les parties de l'arbre les moins favorables à la circulation de la sève. Elles n'ont fait beaucoup de fleurs que parce qu'elles n'avaient plus la force de faire du bois.

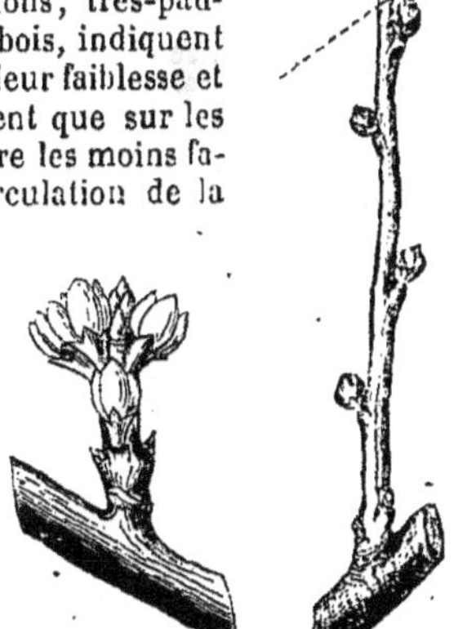

Fig. 1226. — Chiffonne du pêcher. *Fig.* 1227. — Bouquet de mai.

Pour qu'un rameau fructifère soit bien constitué, il faut qu'il ait des yeux à sa base. C'est avec un de ces yeux-là qu'on le remplace tous les ans. Pendant que le premier porte ses fruits, le second se développe et se prépare à en porter l'année d'après. Les yeux du talon ont donc été nommés avec raison *yeux de remplacement*.

Supposons que nous ayons à tailler pour la

première fois nos principaux rameaux à fruit des branches charpentières, nous ne laisserons qu'une ou deux fleurs à chacun d'eux et le rabattrons au-dessus d'un œil à bois qui se développera en même temps que les yeux du talon et les boutons à fleur réservés. Parmi les rameaux herbacés qui sortiront de ces yeux du talon, nous n'en garderons qu'un et nous ébourgeonnerons les autres. Celui que nous aurons gardé deviendra notre branche à fruit de l'année prochaine, branche à fruit dont nous pincerons l'extrémité dès qu'elle aura $0^m,30$ à peu près, afin qu'elle ne prenne pas trop de sève au préjudice des fruits de son voisinage et qu'elle s'aoûte plus vite.

A la seconde taille de l'année suivante, nous enlèverons avec la serpette ou avec le sécateur le rameau qui aura donné des pêches, et dont par conséquent nous n'aurons plus rien à attendre. Après cela, nous taillerons le rameau de remplacement sorti de son talon, comme nous l'avions taillé lui-même l'année précédente, c'est-à-dire au-dessus d'un œil à bois et en ne lui laissant qu'un ou deux boutons. Ce nouveau rameau à fruit nous donnera en même temps que des pêches, — si la chance est favorable, — de jeunes rameaux à sa base ou talon. Nous en conserverons un; nous ébourgeonnerons les autres. Celui qui aura été conservé, sera pincé à $0^m,30$ et deviendra notre nouvelle branche à fruit. Et ainsi chaque année.

Voilà, en deux mots, le principe sur lequel repose la taille du pêcher : ménager constamment à la base du rameau qui porte les fruits de l'année, la sortie et le développement d'un nouveau rameau qui portera des fruits l'année suivante, au lieu et place du précédent que l'on aura supprimé dès qu'il ne sera plus bon à rien. Si, dans la plupart des cas, il est facile à la pratique de se conformer à ce principe, cependant il se présente des circonstances qui contrarient la théorie; c'est ce que nous verrons tout à l'heure.

C'est ordinairement à la sortie de l'hiver que l'on commence la taille des rameaux fructifères du pêcher. On saisit pour cela le moment où l'on distingue bien les boutons des yeux à bois. Les personnes peu exercées et qui ont de la peine à faire cette distinction, attendent souvent jusqu'en avril, ce qui est regrettable, car les amputations sont d'autant plus pénibles que le mouvement de la sève est plus marqué et l'on a moins de chances de développer des yeux sur le vieux bois. Le mois de février, sous le climat de Paris, est l'époque la plus favorable.

Tout d'abord, on dépalisse l'arbre, on nettoie les branches et le mur et l'on raccourcit les branches de charpente sur un œil combiné qui devient l'œil terminal, ainsi que nous l'avons vu en traitant des formes. Ce raccourcissement maintient la sève vers les parties centrales de l'arbre qui, sans cela, s'emporteraient et se dénuderaient, comme dans le pêcher en plein vent. Une fois les branches charpentières taillées ou raccourcies, nous nous occupons de la taille des rameaux fructifères, à partir du sommet des branches et en commençant par les plus petits rameaux.

Nous ne touchons pas aux rameaux à bouquets. Quand ils auront donné leurs pêches, nous supprimerons entièrement ceux qui peuvent se trouver sur le devant des branches charpentières.

Pour ce qui est des rameaux à boutons simples qui n'ont d'œil à bois qu'à leur extrémité et qui n'en ont pas toujours un à leur talon, voici comment on procède à leur égard. S'ils ne sont pas absolument nécessaires pour garnir des vides et s'il n'y a pas d'œil à leur talon, on les supprime. S'ils sont nécessaires, on ne les taille pas, puisqu'on enlèverait le seul œil à bois capable d'appeler un peu de sève, c'est-à-dire leur œil terminal. Seulement, on abat les fleurs inférieures et on n'en laisse qu'une ou deux au plus à l'extrémité. Au palissage, on accorde le plus de liberté possible à ces rameaux faibles, et quand l'œil de prolongement s'est bien développé, on pince l'extrémité de ce bourgeon, et parfois il arrive, à la suite de ce pincement, qu'un œil à bois se produit au talon. Alors, on rabat le rameau fructifère sur l'œil en question, soit pendant le cours de la végétation, s'il n'y a pas de pêche nouée sur le rameau à enlever, soit après la récolte des pêches, dans le cas contraire.

En ce qui concerne les rameaux fructifères qui présentent des boutons accompagnés d'yeux à bois, nous sommes sûrs de trouver à leur base des yeux de remplacement et n'avons pas à nous inquiéter.

On remarquera que les rameaux fructifères du dedans de l'arbre s'allongent plus que ceux de l'extérieur. On doit par conséquent aller chercher le fruit plus haut et tailler long. Dans ce cas, il est à craindre qu'il ne se développe pas d'yeux de remplacement à la base de ces rameaux. Pour les forcer à se développer, on doit pincer les bourgeons qui partent entre les yeux de remplacement et la fleur la plus inférieure, et palisser les rameaux le plus près possible de la branche de charpente, afin de maintenir l'action de la sève vers leur talon et de l'empêcher de trop se porter vers les extrémités.

Dès que les branches charpentières et les rameaux fructifères du pêcher sont taillés, on dresse l'arbre.

Dressage. — On donne le nom de dressage au premier palissage qui suit la taille d'hiver ou *taille en sec*, comme on dit encore, pour donner à entendre que l'arbre n'a pas de feuilles au moment de cette taille. Le dressage consiste à attacher au mur ou au treillage les branches charpentières de façon à imprimer à l'arbre la forme qu'on se propose de lui donner, et de façon aussi à établir entre elles un parfait équilibre. Si donc il y avait des parties fortes et des parties faibles, on gênerait les premières avec les liens, tandis que l'on donnerait un peu de liberté aux secondes; on devrait même placer celles-ci dans une direction verticale, et un peu en avant du mur au moyen de tuteurs provisoires. Une fois l'équilibre rétabli, on remet les branches à leur véritable place.

Palissage. — Par le dressage, nous ne palissons que les branches charpentières; par le palissage proprement dit, nous fixons au mur ou au treillage les rameaux à fruits et les rameaux de l'année au fur et à mesure qu'ils se développent. On commence par les premiers : c'est le *palissage en sec* qui arrive après le dressage ; on continue par les seconds et aussi longtemps que la végétation dure : c'est le *palissage en vert.* Lorsque les murs sont recouverts d'une épaisse couche de plâtre, comme à Montreuil-sous-Bois, on dresse ou on palisse les branches charpentières et les rameaux de toutes sortes avec des loques en laine et des clous façonnés tout exprès ; lorsque les murs, au contraire, exigent l'emploi de treillages en bois ou en fil de fer, on dresse et on palisse les branches charpentières avec de l'osier et les rameaux avec du jonc. Seulement, pour ce qui regarde le palissage des branches charpentières au fil de fer, il faut avoir soin qu'elles ne touchent pas directement au fil, et pour cela, on fait faire à l'osier plusieurs tours pour envelopper le fer et l'on appuie les branches sur la ligature même.

Fig. 1228. — Palissage à la loque des rameaux à fruits du pêcher.

Par le palissage, on active ou l'on ralentit la végétation des rameaux fructifères, selon la direction qu'on leur imprime et la contraction qu'on leur impose avec la loque ou avec le jonc. Les rameaux vigoureux doivent être plus gênés que les rameaux faibles, ceux du dessus plus que ceux du dessous, puisque la sève a beaucoup de tendance à se diriger de bas en haut et circule difficilement de haut en bas. Ce qu'il y a de mieux à faire dans le palissage en sec, c'est d'abaisser les rameaux fructifères du dessus des branches vers ces mêmes branches, et de relever les rameaux fructifères du dessous de façon à ce qu'ils forment un angle aigu avec les branches charpentières qui les portent. On obtient ainsi l'arête de poisson.

Vers la seconde quinzaine de juin, dans le climat de Paris, on palisse les jeunes rameaux qui se sont développés depuis l'époque de la taille. C'est là, nous le répétons, ce qu'on appelle le *palissage en vert.* Au lieu d'attendre la seconde quinzaine de juin pour mettre de l'ordre dans la confusion des pousses, on ferait bien de s'y prendre plus tôt et d'opérer graduellement, en commençant le travail par les rameaux en avance et finissant par ceux en retard. A mesure que l'on exécute le palissage en vert, à partir des parties supérieures, on défait le palissage en sec ; on enlève les clous et les loques qui servent de nouveau ; on coupe les osiers et les joncs qui ne servent plus. En somme tout est à recommencer, mais les branches et les rameaux assujettis depuis plusieurs mois au dressage et au palissage de la fin de l'hiver ou des premiers jours de printemps, restent dans la position qu'on leur a fait occuper forcément. En ôtant les ligatures, on leur donne du bien-être ; si on les maintenait en même temps qu'on palisse en vert, il y aurait une prodigalité de loques, de clous ou de liens qui seraient d'un mauvais effet et nuiraient au pêcher. Si nous palissons d'abord vers le haut les prolongements des branches charpentières et des rameaux fructifères, c'est parce que la sève se porte principalement vers les sommités de l'arbre ; le palissage en vert des parties moyennes et basses est moins pressant et peut être retardé de huit ou quinze jours. Comme dans le palissage en sec, nous devons avec le palissage en vert serrer un peu plus ou un peu moins les ligatures selon que les pousses de l'année sont fortes ou faibles, afin de gêner les unes et de laisser de la liberté aux autres.

Éborgnage. — Tandis que l'on pratique la taille d'hiver, le dressage et le palissage en sec, il est d'usage parmi quelques cultivateurs d'enlever avec les doigts un certain nombre d'yeux à bois et de boutons qu'ils jugent inutiles ou tout au plus propres à absorber de la sève aux dépens des autres organes. On enlève sur les branches à bois des yeux de devant et de derrière, ou bien, on éclaircit les yeux doubles ou triples des extrémités, sur les rameaux à fruits ; on enlève les yeux qui peuvent retarder le développement de ceux du talon. L'éborgnage est un travail très-délicat qui exige de la réflexion et dont il faut être sobre. A Montreuil, nous ne le pratiquons que très-exceptionnellement ; nous lui préférons l'ébourgeonnement, pour deux raisons : 1° parce que les bourgeons qui se développent provoquent en terre une émission de racines correspondante ; 2° parce qu'avec des rameaux développés que l'on retranche ou que l'on garde, on voit mieux ce que l'on fait qu'en éborgnant des yeux.

Ébourgeonnement. — L'ébourgeonnement consiste à supprimer les jeunes bourgeons ou rameaux herbacés que l'on croit inutiles et même nuisibles. On commence cette opération dès qu'ils ont de 0m,015 à 0m,020 et on la continue de loin en loin. Un ébourgeonnement tardif, fait en une seule fois, compromet toujours gravement la santé des arbres. C'est d'ordinaire dans le courant de mai que nous ébourgeonnons à Montreuil. Nous opérons ainsi sur les rameaux de dessus dont la fleur est trop éloignée de la base. En ébourgeonnant les rameaux herbacés qui se trouvent entre la fleur inférieure et les yeux du talon, nous forçons ceux-ci à percer. Nous ébourgeonnons aussi les rameaux herbacés qui se produisent souvent en grand nombre sur le prolongement des branches charpentières. S'ils proviennent d'yeux triples, nous ôtons celui du milieu d'abord et un peu après celui des deux autres qui est le moins convenablement placé pour faire un rameau fructifère. S'ils proviennent d'yeux doubles, on n'en conserve qu'un et le mieux placé nécessairement. Nous opérons avec les doigts ou avec le bec de la serpette.

Pincement. — Cette opération consiste à supprimer avec les ongles l'extrémité tendre des rameaux conservés sur l'arbre, et qui ont de la tendance à trop se développer. On les modère par ce moyen, on les empêche de prendre autant de sève, et cette sève arrêtée chez les plus forts par le pincement, profite aux plus faibles que l'on ne pince pas. C'est à coup sûr un excellent procédé pour établir l'équilibre sur un pêcher, mais il faut en user avec discernement, avec prudence et ne pas pincer trop de rameaux à la fois, parce que l'économie de l'arbre en souffrirait beaucoup. On pince successivement, de loin en loin, depuis le mois de mai jusqu'en septembre. On a exagéré le pincement, on a voulu le substituer en quelque sorte à la taille et le multiplier en vue de rendre le palissage inutile. Nous nous élevons de toutes nos forces contre cette exagération, dont les résultats fâcheux ne sont que trop connus des observateurs. Chez mon père, on ne pince tout au plus que le tiers des rameaux, modérément et derrière une feuille, afin de masquer la plaie.

Éclaircissage des fruits. — La fructification, qui est un acte de reproduction, fatigue naturellement le pêcher comme les autres arbres, et d'autant plus qu'elle est plus abondante. Quand la portée paraît trop forte, on doit la réduire. Non seulement, l'éclaircissage soulage l'arbre, mais les fruits éclaircis deviennent plus beaux, mûrissent plus vite et sont meilleurs que les fruits serrés. Les règles à suivre sont celles-ci : laisser moins de pêches aux arêtes des branches faibles qu'à celles des branches fortes, laisser plus de pêches aux rameaux fructifères du dessus des branches qu'aux rameaux fructifères du dessous ; en laisser plus aux gros rameaux qu'aux petits, plus vers les sommités des branches charpentières que vers leur milieu, et plus vers leur milieu que vers la base de l'arbre. Une répartition de fruits très-régulière à l'espalier flatte l'œil, sans doute, mais elle peut compromettre l'équilibre. Il n'y a pas d'inconvénient à laisser sur un pêcher carré, complétement développé, de 4 à 500 pêches.

Il convient d'éclaircir les fruits en deux fois quand les arbres sont très-chargés et de commencer en mai, au moment où ces fruits sont tout petits. Si on les laissait grossir, ils ruineraient l'arbre. On attend le mois de juin pour la seconde éclaircie, après que les noyaux ont été formés, car au moment de leur formation, il en tombe beaucoup naturellement et il est prudent de ne pas trop se hâter.

Quand, au contraire, les arbres ont médiocrement fructifié, on n'éclaircit qu'une seule fois, après la formation du noyau. Pour cela, on prend les pêches une à une avec le pouce et les deux premiers doigts de la main et on les tord avec précaution, sans secousse, afin de rompre la queue ou pédoncule. Les pêches vertes, ainsi détachées, peuvent être utilisées par les confiseurs.

Taille en vert. — La taille en vert consiste à supprimer avec la serpette ou le sécateur les rameaux fructifères sur lesquels les fruits n'ont pas noué, à rabattre les rameaux de l'année qui, par suite d'un pincement trop énergique ou trop précipité, ont développé de faux rameaux au-dessous de la partie pincée, ou bien à réparer les rameaux de prolongement des branches charpentières, rompus par accident. Cette taille en vert se fait durant tout l'été et simplifie la besogne de la taille d'hiver.

Effeuillage. — L'effeuillage a pour but de donner de la lumière et de l'air aux fruits qui ont atteint leur complet développement et n'ont plus qu'à mûrir. C'est un moyen d'augmenter leur coloration et leur saveur. On ne doit effeuiller qu'avec une grande prudence, à diverses reprises, de façon à ne pas découvrir une pêche en une seule fois. Autant que possible, il faut choisir pour cela un temps couvert, ne couper que le limbe avec le sécateur et laisser la queue. Il vaut même mieux ne retrancher que les deux tiers ou la moitié du limbe. C'est plus prudent.

Récolte des pêches. — Pour s'assurer de la maturité des pêches, on ne doit pas, comme cela se pratique trop communément, les presser avec les doigts, car toute partie pressée s'altère et ôte de la valeur au fruit. Le mieux est de regarder la peau du côté du mur. Si elle est blanche, il faut patienter; si elle est jaune, il faut cueillir les pêches, envelopper chacune d'elles dans une feuille de vigne, après avoir délicatement brossé les variétés duveteuses, et les mettre avec soin dans un panier dont le fond soit garni d'étoffe de laine.

Les personnes, pour lesquelles la culture du pêcher constitue une industrie, cueillent ces fruits un ou deux jours avant leur parfaite maturité; mais, pour les amateurs, le mieux est de les laisser mûrir tout à fait sur l'arbre. Ils n'en sont que meilleurs.

Insectes et animaux nuisibles au pêcher. — Des chapitres spéciaux ont été consacrés à la fin de la deuxième partie du *Livre de la Ferme* aux insectes et animaux nuisibles. C'est là que nos lecteurs trouveront la description de chacun d'eux et les moyens de les combattre. Il nous suffit donc ici d'en fournir purement et simplement la liste. Les insectes, dont nous avons le plus à nous plaindre, sont : la gallinsecte du pêcher (*lecanium persicæ*) ou kermès, ou cochenille, ou punaise à Montreuil; le puceron du pêcher (*aphis persicæ*) ; la tordeuse (*tortrix*), que nous appelons vérot à Montreuil, et qu'ailleurs on appelle verdelet et verdet ; le *tigre* sur feuilles et sur bois, dont nous ne connaissons pas le nom scientifique ; le coupe-bourgeon (*rynchites conicus*) ou lisette ; la fourmi (*formica*) qui recherche les arbres chargés de pucerons; le perce-oreilles (*forficula auricularia*); et la guêpe (*vespa vulgaris*).

Les limaces et les hélices ou escargots attaquent non-seulement les jeunes pousses du pêcher, mais aussi leurs fruits à l'approche de la maturation.

Les taupes nuisent aux pêchers par leurs galeries souterraines ; les rats, les souris, les mulots et les loirs mangent les pêches qui commencent à mûrir.

Maladies du pêcher. — Les principales maladies de cet arbre sont : la jaunisse, la cloque, la gomme, le blanc appelé aussi meunier ou lèpre, et le rouge.

Jaunisse. — Toutes les fois qu'un pêcher a été pincé maladroitement ou à l'excès, qu'il a été fatigué par une surcharge de fruits, qu'il végète dans une terre très-appauvrie, son feuillage devient jaunâtre et languissant. Le mieux pour le rétablir, c'est de renoncer à la méthode des pincements exagérés, si cette méthode est la cause du mal; d'empêcher sa fructification ou de l'amoindrir beaucoup pendant une année, de renouveler la terre et d'appliquer un bon paillis à la plate-bande.

Cloque. — Contrairement à l'opinion de M. Lelieur, qui considère cette maladie comme organique, mon père l'attribue à de brusques variations de température et constate qu'elle est surtout fréquente dans les printemps froids et humides. « Elle s'annonce, dit-il, sur les bourgeons et les feuilles naissantes par un point rouge brun, presque imperceptible. Cette tache augmente peu à peu; les feuilles prennent une teinte jaunâtre, se boursouflent et se crispent, et tombent enfin lorsqu'elles sont à peu près couvertes par cette tache de rouille. Les bourgeons que la cloque atteint se tuméfient, la sève cesse de s'y porter, la rouille descend et se propage, et ils meurent dans un état de desséchement presque complet. »

Fig. 1229. — Feuille de pêcher atteinte de la cloque.

Fig. 1230. — Bourgeon de pêcher atteint de la cloque.

Pour prévenir la cloque autant que possible, les abris ou auvents sont de toute nécessité. Quand on n'a pu la prévenir, le mieux est d'enlever les feuilles malades et de supprimer les rameaux attaqués.

Gomme. — Tout le monde connaît la gomme; c'est une substance liquide, visqueuse, d'un blanc jaunâtre et plus souvent rougeâtre, se durcissant à l'air et y devenant transparente. Elle est d'une saveur fade et abonde dans la sève des arbres à noyaux. Elle n'apparaît pas seulement sur l'écorce et les plaies de ces arbres; on la voit souvent encore sur leurs fruits, notamment sur les prunes et les amandes. Tant qu'elle circule bien avec la sève, on n'a pas à s'en plaindre; elle n'offre d'inconvénient que dans les arbres maladifs ou sous l'influence d'une chaleur atmosphérique prolongée. C'est alors que, par suite de l'évaporation des liquides séveux, elle s'épaissit, s'arrête dans les vaisseaux ou sort de l'écorce par les plaies ou par les fissures qui se forment. Nous attribuons à l'épaississement de la matière gommeuse la mort instantanée des branches de pêchers et d'abricotiers, surtout quand on n'a pas eu la précaution de masquer les tiges avec des abris pendant les fortes chaleurs de l'été; et ce qui paraît nous autoriser à émettre cette opinion, c'est que la gomme, si prompte à s'extravaser dans les contrées chaudes ou aux expositions brûlantes, ne se montre guère dans le nord ni aux expositions humides. Mieux la sève circule, moins la gomme est à craindre. Or, la sève circule mieux dans une atmosphère un peu humide que dans une atmosphère desséchante, mieux dans une branche incisée longitudinalement que dans une branche étranglée par son écorce, mieux dans une branche libre que dans une branche gênée.

A Montreuil, nous nous contentons d'inciser les rameaux frêles pour empêcher la gomme de s'y déclarer, d'enlever la gomme sur les parties attaquées et de nettoyer les plaies au vif avec la serpette; puis nous recouvrons avec de la cire à greffer. Cependant, lorsqu'une branche est par trop maltraitée, on la supprime et on la remplace.

Des arrosages autour des pêchers, des abris en été contre les tiges, des mouillures sur les grosses branches, seraient, nous le croyons, d'excellents moyens préventifs.

Des savants très-accrédités assurent que la gomme ne se montre sur les arbres que vers la fin de l'été, au moment où les fruits mûrissent. Nous nous permettrons de leur opposer le fait que voici : A Montreuil, la gomme apparaît dès le printemps sur les jeunes rameaux de l'année précédente, puis elle gagne les branches à bois. Celles qui ont été taillées avec le sécateur y sont plus exposées que celles qui ont été taillées avec la serpette.

Blanc, meunier ou *lèpre.* — C'est une moisissure blanchâtre, c'est-à-dire un champignon qui, à Montreuil, se produit d'ordinaire à l'exposition du levant, à partir du mois de juin jusqu'au mois d'août. Nous combattons le blanc en le soufrant à plusieurs reprises, vers le soir et par un temps calme. Le mal commence par l'extrémité des pousses de l'année et gagne vite les rameaux de l'année précédente et le vieux bois.

Rouge. — C'est encore un champignon, mais celui-ci est de couleur rougeâtre. Il attaque le jeune bois et amène en trois ou quatre ans la mort de l'arbre. On ne connaît pas de remède à lui opposer. Des praticiens assurent que le rouge n'est à craindre que sur les pêchers greffés sur amandiers à coques tendres, et qu'en les transplantant dans un riche terrain, on réussit à les guérir. C'est à vérifier. ALEXIS LEPÈRE, *fils.*

Usages. — Pour compléter ce travail, il ne nous reste plus qu'à mentionner les divers usages du pêcher ou de ses produits. Si l'on cultive exclusivement le pêcher pour ses fruits qui sont délicieux et très-recherchés, il n'en est pas moins vrai que l'on tire parti de ses fleurs en médecine. Pour cela, on les récolte avant qu'elles soient entièrement ouvertes, on les fait sécher et on en compose un sirop purgatif, que l'on administre particulièrement aux petits enfants. En outre, Duchesne constate que les feuilles du pêcher se mêlent quelquefois dans les campagnes aux boissons que l'on prépare avec des fruits douceâtres, et cela pour en relever le goût. Il aurait pu ajouter que les vignerons frottent l'intérieur des cuves avec des poignées de feuilles de pêcher au moment du lavage, afin de donner aux douves un goût agréable. Duchesne ajoute :

« Avec les noyaux, on fait le *noir de pêche* et l'*eau de noyaux*.

« Un noyau de pêche, usé sur ses deux faces et percé, sert d'appeau aux chasseurs d'alouettes.

« Dans leurs fruits artificiels, les Chinois mettent de la sciure de vieux pêchers pour donner l'odeur et le parfum de la pêche.

« Les jeunes branches teignent brun-cannelle clair; l'écorce de la racine couleur cannelle; l'enveloppe extrêmement dure du noyau donne avec l'eau une teinture rouge rose, à odeur de vanille, et qui teint brun rose.

« Le bois est très-bon pour les manches d'outils sur lesquels on frappe, pour la marqueterie.

« On trouve sur le pêcher la *gomme du pays.* ».

Au chapitre des *recettes économiques*, nous dirons nécessairement comment on doit s'y prendre pour préparer l'eau de noyaux, dont il vient d'être parlé. Nous dirons également un mot des pêches conservées dans l'eau-de-vie et des confitures de pêches.

Nous avons déjà vu dans le cours de ce chapitre que dans les années de très-grande abondance, on en retire parfois de l'eau-de-vie ; nous pourrions ajouter que quelques personnes se contentent de les dessécher au four par quartiers, et de les consommer à la manière des pruneaux, après les avoir fait cuire. Ce n'est pas un mets délicat. Parfois, on jette ces pêches desséchées dans une futaille défoncée par un bout, on les couvre d'eau, et, au bout de huit ou quinze jours, on obtient une piquette. P. J.

CHAPITRE XXXV

(SUITE DES DRUPES)

DE L'ABRICOTIER (PRUNUS ARMENIACA)

Historique et classification. — L'abricotier est un arbre de moyenne taille, appartenant à la famille des Amygdalées et au genre prunier. Sa cime est arrondie ; ses branches et ses rameaux sont naturellement tortueux et grisâtres; ses feuilles, d'un vert gai, sont dentées; ses fleurs sont blanches ; son fruit, connu de tout le monde sous le nom d'abricot, est d'un jaune plus ou moins foncé.

On croit que l'abricotier est originaire de l'Arménie. On le trouve à l'état sauvage, assure-t-on, sur le mont Caucase, en Chine et au Japon ; sa culture en Italie remonte à un temps immémorial; Columelle et Palladius en parlent; mais il n'a été introduit en France et en Angleterre qu'au commencement du seizième siècle. La Bruyère-Champier en parle comme d'un fruit nouveau, et en 1651 on n'en comptait encore que trois variétés.

Terrains et situations qui conviennent à l'abricotier. — L'abricotier aime les terrains légers, chauds, sablonneux, les situations abritées. Il réussit dans les vallées qu'épargnent les brouillards, dans les cours, dans les petits jardins de nos villes. Il redoute les terres froides, compactes, submergées ou sillonnées de cours d'eau souterrains, peu éloignés de la surface du sol.

Quand les racines atteignent des couches de cette nature, les jeunes rameaux dépérissent, et des gourmands fatiguent la base du branchage.

La précocité de sa floraison et la fragilité de ses ovaires lui font craindre au printemps l'abaissement de la température et le passage subit du froid au chaud.

Le voisinage de constructions, de coteaux et de

Fig. 1231. — Abricotier-pêche. *Fig.* 1232. — Fleur de l'abricotier-pêche.

tout autre obstacle aux vents malsains et aux variations atmosphériques, est favorable à sa fructification. En retour, elle souffre du voisinage trop rapproché d'un grand nombre d'arbres.

On le rencontre dans les gorges de certaines montagnes rocheuses; le sol granitique aide à sa vigueur, la concentration de la chaleur et l'abri assurent sa fructification.

En espalier, le levant et le midi sont les expositions qu'il préfère.

Quoique sensible aux coups de soleil, il vient à l'ouest si le mur est chaperonné et la terre saine. Au nord, la fructification est assez certaine, mais la saveur du fruit laisse à désirer. Dans un climat tempéré, l'abricot d'espalier est mieux assuré, plus beau et moins rugueux; sa qualité est plus fade; il plaît à la vue. Le fruit de plein vent est moins séduisant, plus sujet aux accidents de température, mais sa chair est beaucoup plus parfumée; il est meilleur.

On pourrait, avec un système mixte, jouir des bienfaits de l'espalier et du plein-vent. Une cloison mobile étant appliquée en hiver auprès d'un contre-espalier de manière à simuler un mur, on l'enlèvera fin mai par un temps doux, une fois la fructification certaine. Le fruit désormais abandonné à l'air libre acquiert toutes ses bonnes qualités.

Variétés d'abricotier à cultiver. — Par le semis de ses noyaux, l'abricotier produit des sauvageons souvent robustes et fertiles, mais plus souvent encore il donne de petits fruits à chair sèche ou qui se tachent sur l'arbre.

Les semeurs ont peut-être moins tourné leurs vues vers cette espèce fruitière que vers les autres, parce que les graines ne sont pas communes, et que l'égrain court les chances de périr avant l'âge, ou de voir sa fructification détruite par les intempéries.

Nous préférons restreindre notre choix, en nous arrêtant aux variétés méritantes, et le combiner de façon que la maturité s'échelonne du commencement à la fin de la saison des abricots.

Nous ne parlons pas de la fertilité de l'arbre; elle est ici trop problématique et trop variable pour la désigner par une simple expression.

Toutes ces variétés sont d'une bonne production.

A. alberge; moyen, bon; mi-août.

Fruit aplati, vert d'eau passant au jaune-bois chargé de jaune indien et de taches cinabre; chair colorée, juteuse, acidulée.

On connaît plusieurs sous-variétés d'alberge : A. de Mongamet, A. de Tours, etc.

A. angoumois; moyen, bon; mi-juillet.

Fruit demi long; jaune ambré, frappé de pourpre et de ponceau; chair teintée, vineuse.

A. à trochets; assez gros ou moyen, très-bon; première quinzaine d'août.

Fruit obrond; jaune safran légèrement ocracé; chair fondante, savoureuse, légèrement musquée.

A. Beaugé; assez gros, assez bon; commencement de septembre.

Fruit arrondi; vert-pomme se fondant en jaune pâle, peu jaspé de lilacé; chair demi-cassante, assez relevée.

A. commun; assez gros, bon; fin juillet.

Fruit presque rond; jaune fin vernissé de carmin sombre; chair moelleuse, citronnée, pas toujours parfumée.

A. pêche (de Nancy); première grosseur; très-bon; fin août.

Fruit arrondi; vert clair passant au jaune fauve coloré de carmin foncé; chair saumonnée, bien fondante, enrichie d'une eau délicate, vineuse.

A. de Versailles; assez gros, très-bon; fin août.

Fruit méplat, jaune de Naples, frotté de rouge laqueux; chair assez fondante, excellente.

A. gros Saint-Jean (?); gros, bon; commencement de juillet.

Fruit oblong; jaune-cire, recouvert partiellement de vermillon, tacheté pourpre; chair mielleuse, souvent relevée d'une saveur parfumée.

A. précoce; petit, assez bon; juin-juillet.

Fruit assez rond, tronqué; rouge-sang sur fond jaune-canari; chair peu teintée, parfois un peu sèche ou faiblement musquée.

A. royal; gros, très-bon; juillet-août.

Fruit renflé, déprimé; jaune-soufre transparent frappé de chrôme orangé; chair teintée, fondante, relevée.

On recommande encore les abricots Comice de Toulon, de Hollande, de Portugal, Jacques, Luizet, Moorpark, Viard.

Comme fruit de première saison, nous avons signalé l'*A. précoce*, et comme variété tardive, l'*A. Beaugé*.

L'*A. de Syrie* est encore une bonne variété hâtive. Celui d'*Alexandrie* convient dans les pays chauds; ses rameaux gèlent dans le climat de Paris.

Des moyens de multiplier l'abricotier. — L'abricotier se multiplie par le semis de ses graines fait immédiatement et en terre légère, stratifiées; mais à de rares exceptions près, il ne reproduit pas la variété originaire. On ne peut s'arrêter à ce genre de culture que dans le but d'obtenir des variétés nouvelles.

Le greffage est le seul moyen de multiplication qui lui convienne.

On le greffe sur abricotier franc, sur amandier, sur prunier. Celui-ci est à préférer.

L'amandier a le défaut d'être apathique à l'égard de plusieurs variétés; sa racine se détériore assez souvent.

Quoiqu'étant un sujet plus naturel, l'abricotier franc aurait généralement le tort de manquer de vigueur, de force pour nourrir un autre individu soudé sur lui. D'une nature capricieuse, il serait exposé aux maladies de l'abricotier.

Parmi les sortes qui se propagent par la voie du semis, on peut citer l'Alberge, dit Albergier, qui fournit des sujets plus uniformes et assez robustes.

De l'abricotier greffé sur prunier. — Cette culture de l'abricotier est la meilleure.

Elle se prête à la multiplication de toutes les variétés d'abricotier et prospère dans la majorité des sols et des climats de la France.

Les variétés de prunier qui sympathisent le mieux avec l'abricotier sont de race vigoureuse, à belle tige droite, ayant une écorce vive, striée, veinée de gris cendré, tels que P. Saint-Julien, Gros Damas, Myrobolan. Ce dernier résiste dans les sols calcaires, arides.

Quand le prunier s'élève difficilement à haute tige, on a recours au greffage intermédiaire d'une variété qui lui soit propice, par exemple, la Reine-Claude de Bavay.

Élevage du plant de prunier. — Nous avons dit au chapitre du prunier comment on obtient le plant sauvageon de cette espèce, par le semis et le marcottage en butte; le myrobolan se reproduit par la voie du bouturage.

On procédera donc exactement ici comme là, les rôles ne changeant qu'à partir du greffage.

Greffage de l'abricotier sur prunier. — Nous répéterons quelques soins préliminaires, indispensables au greffage de l'abricotier; il s'agit de l'écussonnage qui lui réussit mieux que tout autre.

Dès le mois de juin, on nettoie sur le sujet la place destinée à recevoir l'écusson; on greffe en juillet si la sève est modérée, en août si elle est abondante.

Les greffons sont pincés à l'avance; et si le rameau est branchu par anticipation, on le pince au-dessus des ramilles.

Le greffage se fait par un beau temps, non pluvieux, chaud et jamais froid. Le bourgeon de l'abricotier étant coudé ou muni d'un coussinet saillant, il faut le lever avec soin pour l'écussonner; s'il ne reste guère d'aubier sous l'écorce, on le laisse, car on pourrait vider l'œil.

Inoculé au côté nord du sujet, le greffon craint moins l'action des frimas.

La ligature qui étrangle, est enlevée en septembre, de manière que la partie découverte ait le temps de s'acclimater avant l'hiver; plus tard, on la coupe sans la détacher; mais on la ferait disparaître après les froids et avant la montée de la sève; car elle servirait de refuge aux coupe-bourgeons.

L'étêtage du sujet pour faire développer la greffe se fait en février-mars, et l'ablation du moignon conservé pour le palissage du jeune abricotier se pratique en août. Passé le mois de septembre, on opère le tronçonnement à l'époque de la taille.

L'abricotier réussit encore à l'écussonnage à œil poussant.

Il est rebelle aux greffes en scion opérées sur tronçonnement de la tige. C'est à regretter dans certaines circonstances, et surtout quand le sujet est impropre à l'écussonnage.

Nous avons indiqué le greffage de rameau écussonné (*fig.* 869, p. 162); c'est un moyen de tromper le sujet et de réussir.

On lui insère par le procédé de la greffe en fente, des greffons de prunier Saint-Julien, myrobolan ou Reine-Claude de Bavay; mais ces fractions de rameau ont reçu dans l'été précédent une série d'yeux d'abricotier inoculés en écusson.

Les yeux naturels du prunier étant éborgnés, ce sont les bourgeons d'abricotier qui vont se développer.

Formes à adopter dans la culture de l'abricotier. — Il faut à l'abricotier des formes ramifiées, branchues, permettant à la sève de se diviser, et à l'arboriculteur de renouveler les branches qui se détériorent.

Ainsi l'éventail, le candélabre seront adoptés pour l'espalier et le contre-espalier. La haute tige naturelle ou évasée conviendrait aux sujets en plein vent.

La basse tige en plein air est acceptable, si elle est entourée de milieux privilégiés; alors le buisson et le vase seraient préférés à la pyramide et au cordon, qui ne conviennent guère à l'abricotier.

Avec une vigueur restreinte, le cordon à plusieurs bras pourrait être essayé au mur ou en palissade.

Pour toutes ces formes, la greffe du sujet doit être faite au point où le branchage commence.

Les membres de charpente conserveront entre eux une distance moyenne de $0^m,30$.

Leur mode de construction étant expliqué aux autres genres fruitiers, drupes ou mélonides, nous y renvoyons le lecteur.

De la taille de l'abricotier. — La taille de l'abricotier se fait au printemps, quand les grands froids ne sont plus à craindre, et avant le bourgeonnement des yeux; en mars, sous une latitude tempérée; en février, dans un pays plus chaud.

Quand l'arbre occupe une position non gélive, parfaite enfin, on pourrait se hasarder à tailler en septembre-octobre. Le repos de la sève serait assez marqué pour empêcher les bourgeons de débourrer avant l'hiver, mais pas trop avancé de manière à enrayer la cicatrisation de la coupe. Il faut donc marcher à tâtons avant de s'aventurer dans ce système.

Sur l'abricotier, on évite de pratiquer l'incision transversale ou cran ; le résultat en est funeste. L'incision longitudinale, employée pour faire grossir la partie opérée, ne doit pas pénétrer au delà du liber.

Ici, l'absence de taille amène promptement des vides dans la charpente et la rupture de l'équilibre. La taille est utile ; mais elle demande à être réglée sagement.

Taille de l'abricotier au point de vue de la charpente. — L'abricotier n'aime pas les retranchements inutiles, multipliés. On a soin de préparer la taille en sec par les opérations en vert. La charpente s'équilibre mieux ; les maladies organiques ont moins de prise sur le sujet.

On allonge la taille d'un rameau de prolongement qui s'est trouvé pincé, et quand les ramilles sont bien réparties. Dans le cas contraire, on taille plus court, en se réservant d'agir en été sur les brindilles fruitières. On peut alterner la taille longue avec la taille courte.

En moyenne, la taille d'un rameau de charpente non ramifié est fixée à la moitié de sa longueur, à la condition que le tronçon restant n'ait pas au delà de $0^m,40$ environ.

Une branche fougueuse est ramenée par la taille courte, l'inclinaison forcée, la mutilation de ses organes herbacés.

Une branche faible est taillée long, redressée, légèrement incisée, et conserve toutes ses brindilles et ses feuilles, les gourmands exceptés.

Le pincement sur les scions de charpente, dans le but d'obtenir une série de branches anticipées, est parfois praticable si la vigueur est excessive ; mais on ne saurait en abuser deux années de suite.

Un membre vicieux sera renouvelé par le rapprochement sur vieux bois ; les bourgeons de l'abricotier jouissent de la facilité de percer la vieille écorce. On contre-balance cette opération par la taille courte des autres membres.

Il sera donc facile de restaurer une charpente dégradée, un branchage fatigué, par le ravalement total des branches vers leur empâtement. Toutefois, le recépage a plus de chances d'avenir, si le tronçon est choisi sur bifurcation de deuxième ou troisième ordre, et non directement sur la tige.

Quelques rameaux d'appel ne sont pas déplacés. Si l'on emploie la scie, on avive la plaie à la serpette, et on la couvre avec un mastic.

On opérerait également à l'automne avant la léthargie complète de la sève, quand les feuilles commencent à jaunir et s'apprêtent à tomber.

Cette suppression radicale sur un vieil arbre serait préparée par un rapprochement partiel opéré l'année précédente sur tout l'ensemble du branchage. On se borne à cette opération, si le sujet gagne une nouvelle vigueur et s'il regarnit les lacunes.

Les bons soins d'entretien épargnent, en général, les opérations violentes ; on devra chaque année, à la taille d'hiver, ou tous les deux ans à la taille d'été, écimer les jeunes rameaux de prolongement sur les abricotiers en plein vent, et non soumis aux règles de l'arboriculture.

Un membre de charpente mourant, ou rebelle à la restauration directe, serait remplacé par une bifurcation empruntée à une branche voisine.

L'écussonnage de bourgeons sur les branches charpentières est une bonne opération pour produire un scion terminal où il en manque, de même que pour changer la variété fruitière de l'arbre.

Taille de l'abricotier au point de vue de la fructification. — Ici encore, la taille longue et l'absence de taille favorisent l'abondance de la fructification ; mais c'est aux dépens de la production régulière et suivie que nous voulons atteindre.

Il s'agit donc d'appliquer une taille qui permette à tous les bourgeons autres que le terminal de se transformer en brindille fruitière. La vigueur de l'arbre et les dispositions ramifiantes de la variété guideront en cette occasion.

Si la surveillance des branches à fruits n'est pas observée, nous engageons à allonger la taille, parce que les boutons floraux naissent sur une brindille maigre, et non sur un jet vigoureux ; autrement, il est préférable de tailler court pour éviter des bourgeons latents.

A défaut du cran que nous ne pouvons guère ouvrir sur eux, nous avons l'éborgnage des yeux supérieurs ou trop saillants. Les sous-yeux se développent, et ce retard tourne au profit des bourgeons arriérés.

Quand on ébourgeonne l'abricotier, on n'arrache ni le bourgeon ni le scion ; on le tranche avec un outil, afin de prévenir un égout.

Comme chez toutes les espèces fruitières qui produisent des drupes, le bouton à fleur de l'abricotier ne vit qu'une année ; nous devrons donc pourvoir à son renouvellement. C'est pourquoi nous remplacerons souvent l'ébourgeonnement total des coursonnes multiples par un pincement court ; nous tenons ainsi en réserve des bourgeons de remplacement au milieu des rameaux fructifères.

Le traitement de la branche fruitière de l'abricotier a beaucoup d'analogie avec le traitement de la branche à fruit du prunier. Il nous suffira donc de généraliser nos recommandations en ces termes :

Pincer la brindille à trois bonnes feuilles, dès qu'elle a $0^m,15$ de long, ce qui la réduit à $0^m,10$ ou $0^m,12$;

Casser les jets qui se développent à son sommet ;

Conserver à sa base un scion de remplacement qui serait pincé à six feuilles au moins ;

A la taille d'hiver, couper ce brin nouveau à deux yeux. La brindille mère fructifie pendant que les deux bourgeons se transforment l'un en branche à fruit, l'autre en branche de remplacement ;

Varier le pincement court du scion fructifère et le pincement long du scion suppléant par une opération contraire ;

Éviter de pincer ou de tailler les brindilles

courtes munies de boutons floraux; tailler à deux yeux celles qui n'ont pas d'œil à fruit;

Tenir courtes les ramilles qui naissent en avant des membres de l'espalier; elles produisent du fruit, et leur feuillage préserve la branche des coups de soleil. Supprimer celles qui regardent le mur;

Empêcher l'allongement des jets anticipés sur le rameau terminal par des incisions estivales tranchant les fibres de leur talon, et par leur pincement précoce;

Provoquer en toute circonstance des coursonnes doubles, qui subiront la taille en crochet et le pincement inégal, entretenant une fructification régulière;

Pourvoir à celles qui font défaut, au moyen du greffage par inoculation ou en approche;

Appliquer en été et à l'automne une sorte de taille en vert sur les coursonnes branchues ou gourmandes, en agissant sur les parties vigoureuses avec beaucoup de précaution, à différentes époques, avant et après la récolte du fruit;

Épargner les mutilations au moment de la cueillette des fruits. Tailler en vert, de juillet à septembre, si le fruit manque. Se méfier des regains de végétation provoqués à l'arrière-saison par un rapprochement trop prompt ou trop violent;

Conserver en tête des charpentes raccourcies, sur les arbres vigoureux, des scions superflus, que l'on retranche à la taille d'hiver pour servir de canaux de décharge au trop-plein de la sève;

Ébouqueter une ou deux fois par an, et sur les grands arbres en plein air, les brindilles qui garnissent les membres de charpente, afin de simuler un pincement ou un cassement qui leur est nécessaire.

Le cassement a au moins autant d'influence que le pincement. On casse la brindille à 0m,10, en mai-juin; les petits rameaux qui se développeront au sommet seront pincés à trois feuilles. A la taille d'hiver, on opère immédiatement au-dessous de l'endroit pincé. Ces recommandations sont applicables aussi au prunier et au cerisier.

Fructification de l'abricotier.— Le rameau floral de l'abricotier naît sur le rameau âgé d'une année, et d'autant plus facilement qu'il sera plus petit; si cependant il était trop grêle, le fruit ne tiendrait pas.

La fructification se prépare donc abondamment sur cette essence fruitière. Le pincement combiné saura l'entretenir mieux que la taille.

Ce que nous avons surtout à craindre, c'est la perte de la préparation. La végétation précoce de l'abricotier est sujette à souffrir des intempéries.

Préservatifs contre la gelée. — Toutes les fois qu'il sera possible de retarder ou d'abriter la floraison de l'abricotier, la récolte sera escomptée à l'avance.

Retarder la floraison est chose plus difficile que de l'abriter; en outre, il y aurait à craindre le contre-coup d'un travail forcé outre nature, et l'effet du passage d'une végétation en retard à une température chaude, active.

On arriverait à retarder le réveil de la sève par l'enfouissement de glaçons au pied de l'arbre. Mais, dans la crainte de rompre l'équilibre entre les forces aérienne et souterraine, nous préférons retarder tout l'ensemble de l'arbre.

On établit à la façade sud d'un contre-espalier une cloison mobile qui tiendra l'arbre au nord. Une fois le nouage du fruit assuré, on enlève la cloison, ou bien on la change de face, de manière à exposer l'arbre au soleil, et cela par un temps couvert. On la démonte totalement lorsque le fruit commence à se colorer. Sa chair y devient succulente et parfumée, car l'arbre est à l'air libre.

Nous avons remarqué que la cloison en paille ou en roseau assure moins bien la fécondation de la fleur qu'une cloison pleine.

Examinons l'abri dont le résultat est au moins aussi certain.

Il n'est guère possible de préserver un arbre en haute tige à tout vent. S'il est dressé en vase, on le coiffe d'un large capuchon tressé en paille, en ramille de genêt ou d'arbre vert. Mais si le branchage a beaucoup de largeur et se trouve abandonné à lui-même, la seule précaution serait d'opposer des nuages de fumée dès le grand matin, au moment où le froid est le plus vif, et avant que l'action du soleil sur le givre n'ait été funeste. Ces nuages de fumée s'obtiennent en brûlant des tas d'herbages ou de paille humide aux alentours du sujet.

Les arbres dressés en rideaux sont plus faciles à couvrir.

On accroche dans le treillage, et immédiatement au-dessus des arbres, des petits chevalets mobiles, en bois ou en fer, que l'on charge d'un paillasson large de 0m,60. Ils y restent depuis la mi-février jusqu'à la fin de mai.

En même temps qu'ils préservent la fructification, ils s'opposent au flux de la sève vers la partie supérieure, en la concentrant vers la base.

La mobilité de ce système de potences permet de couvrir l'arbre aux endroits à protéger. Si, d'après l'envergure du sujet, on craint l'insuffisance du protecteur, on le double avec un nouvel étage de chevalets et de paillassons, à moitié de la hauteur de l'espalier.

Jadis, on employait le grand paillasson destiné à couvrir les châssis; mais, dans la journée, il fallait le ramener en avant du mur pour ménager la circulation de l'air, sans laquelle l'embryon frugifère coulerait.

Aujourd'hui, on remplace cette couverture trop inefficace par la toile, et l'on possède des canevas grossiers rendus imputrescibles par une couche d'huile de lin, de tannin, ou l'immersion au sulfate de cuivre.

Fixée d'abord au sommet du mur, la toile est par sa lisière opposée, retenue à 1 mètre en avant, soit sur la rive de la plate-bande, et attachée contre un pieu, soit sur le fil de fer du cordon horizontal que l'on plante ordinairement en bordure.

Tendue obliquement de cette façon, elle s'oppose au rayonnement, et n'obstrue point le passage de l'air et de la lumière; elle se contente de les tamiser. Les organes en profitent, et ne subissent plus les gelées blanches, les pluies froides, le hâle ni les contrastes de température.

Y séjournant plus d'un mois, elle n'arrête aucunement le va-et-vient du jardinier chargé de soigner l'espalier.

Soins à donner au fruit sur l'arbre. — L'abricot est le fruit qui demande à être découvert le premier des feuilles qui lui masquent les rayons lumineux et chauds du soleil. On opère avec ménagement, pour éviter les transitions brusques, en commençant aux endroits les plus feuillus et par une température basse. Souvent on détourne la feuille superflue au lieu de la couper.

Si le fruit est abondant, son éclaircissage est nécessaire. Si l'on peut deviner le moment où le noyau prend une consistance ligneuse, c'est l'instant d'enlever les plus petits fruits des bouquets compactes, et ceux qui sont mal placés sur les branches trop chargées.

Une quantité de fruits exagérée pourrait anéantir l'arbre; un fait certain, c'est qu'au lieu de beaux fruits charnus, on récolterait de gros noyaux entourés d'une pulpe sèche et mince. Ces petits abricots verts superflus sont utilisés par la confiserie.

L'abricotier étant d'une production incertaine, on hésite trop à se priver des fruits surabondants; cependant, on a plus d'un exemple d'abricotier en plein vent brisé sous le poids de ses fruits, et d'abricotier en espalier pâmé avant la récolte.

Ajoutons que pour prévenir ces accidents, il faut rendre au végétal l'eau que le soleil absorbe. On l'arrosera le soir d'une journée chaude; et on renouvellera la mouillure deux ou trois fois par semaine.

Récolte du fruit de l'abricotier. — La récolte de l'abricot arrivé à point se fait au moment de sa maturation. On reconnaît cette période au coloris de l'épiderme plus clair à l'ombre, plus foncé au soleil. Son parfum qui se prononce, et la chute des premiers fruits sont encore des indices à observer.

Pour cueillir l'abricot, on le saisit avec tous les doigts de la main (la pression est plus divisée) : on le tire; s'il résiste, on attend; car il se riderait au fruitier au lieu de se bonifier.

S'il est destiné à voyager, on force la cueillette par un mouvement de torsion, de manière à détacher le fruit deux ou trois jours plus tôt qu'il n'aurait dû l'être. Sa maturation se complète par la fermentation dans l'emballage. S'il est cueilli avec son pédoncule, la pourriture est moins prompte.

Pour les arbres à grande tige, on se contente du cueille-fruit. Nous essayons le fruit par une faible secousse imprimée avec l'instrument, et nous passons à un autre s'il n'a pas cédé.

Les abricots seront récoltés successivement et placés à l'office sur des jattes, ou déposés au fruitier, dans une chambre sèche, aérée, éclairée faiblement par des fenêtres voilées de stores. On les range sur des tablettes tapissées de fougère sèche, de ouate, de sciure.

Insectes et maladies qui attaquent l'abricotier. — Il est bien entendu que si l'on rencontre sur l'abricotier les maladies ou insectes décrits en traitant des autres espèces, nous ne leur ferons pas de quartier; on les détruira par les moyens indiqués déjà.

Insectes. — *Phyllobie.* — C'est un petit coléoptère oblong, de couleur noisette, qui enroule les feuilles d'abricotier, aux extrémités des jeunes rameaux qu'il dévore bel et bien. Il se blottit encore sous les écorces écailleuses, dans les crevasses des plaies, et sous la ligature des greffes. Il est connu dans les pépinières pour ronger les jeunes rameaux, concurremment avec les colimaçons; on l'appelle *Lisette*.

On fait la chasse aux lisettes dès le matin ; le soir, ou par un temps froid ou pluvieux, on les saisit plus facilement, et on les écrase.

Si l'arbre en est infesté, on étend une toile au-dessous, de manière à ne pas laisser échapper celles qui tombent.

On pourrait encore suspendre des cartons garnis de glû ou de toute autre matière poisseuse qui retiendrait l'insecte à la manière de la toile d'araignée.

Fourmi. — Nous ne considérons pas la fourmi comme étant un ennemi dangereux ; elle a été accusée de plus de méfaits qu'elle n'en a commis. Cependant, comme son utilité n'a point encore été proclamée, et qu'on a des reproches à lui adresser, nous n'avons pas jugé à propos de la conserver.

Nous attachons sur les branches de l'arbre de petites fioles assez larges à la base, étroites à l'orifice, et remplies aux deux tiers avec une partie de miel et deux parties d'eau; les fourmis ne tardent pas à s'y introduire et à s'y noyer. De temps en temps on renouvelle l'eau miellée qui finirait par s'aigrir.

Quand nous découvrons une fourmilière à une certaine distance du pied d'un arbre, nous l'inondons d'eau bouillante. Si ce procédé n'était pas possible, on aurait recours à divers moyens dans le genre de ceux-ci :

Mettre de la cassonade entre deux feuilles de ouate que l'on placerait elles-mêmes entre deux planches recouvertes d'une pierre;

Enterrer une écrevisse morte, un pied de bœuf ou de mouton dans la galerie fréquentée par les fourmis.

Attirées par l'appât, elles arrivent en foule autour du piége et s'y agglomèrent. Il n'y a plus qu'à le saisir tout couvert de fourmis et à le plonger dans un vase d'eau chaude.

Sur des arbres en plein vent, nous avons parfois tracé à $0^m,30$ de terre, sur le corps de la tige, une bande annulaire, large de $0^m,10$ avec du blanc de Troyes. La fourmi glisse sur cet obstacle; ne pouvant continuer son chemin, elle descend ; mais elle n'est pas détruite.

On comprend qu'il est urgent de renouveler la couche de blanc, et qu'on ne saurait employer ce moyen sur les arbres d'espalier.

Colimaçons. — Les limaces et escargots doivent être impitoyablement pourchassés et détruits. On les trouve surtout à la suite d'un temps pluvieux, par la rosée du matin, à la fraîcheur du soir. Quand il fait beau, ils se cachent sous les branches, au côté nord des tiges, au revers des tuteurs, dans les buis, au pied des végétaux touffus, des cytises, des phlox, etc.

On les empêche de monter sur un espalier en tendant à la base du mur une corde de crin mal tressée ou une bande de cuir garnie de pointes fines et rapprochées comme sur une carde.

Un arbre en plein air pourrait porter une ceinture formée de caoutchouc hérissé de fils de métal, de crins rudes, de verre pilé, etc.

On les attire en jetant çà et là de vieilles planches à moitié pourries, des tas d'herbages, des fagots de bois. Dans la journée, on les retourne, et on y trouve des colimaçons de toutes sortes. On les écrase; sinon, on les enfouit dans un trou en les broyant.

Maladies de l'abricotier. — Nous ne saurions trop répéter que la bonne culture et l'entretien raisonné empêchent les maladies. Néanmoins l'abricotier est sujet, dans notre climat, à diverses affections.

La plantation sur butte dans une terre humide et l'amendement avec substances légères dans un sol compacte, préviennent le desséchement des extrémités, les chancres sur la tige, et les gourmands à la base du branchage.

La replantation d'un sujet mal planté, ou l'amélioration de la terre s'il est trop vieux, le grattage et l'engluement des plaies, l'ablation des membres usés sont ici de bons correctifs.

Nous indiquerons des soins à répéter tous les ans sur les arbres en espalier. Au soleil on devra : 1° couvrir le sol d'un grand paillis; 2° poser devant le tronc du sujet, deux planchettes réunies en forme de faîtière; 3° chauler le corps de la tige et des grosses branches avec une boue d'argile et de chaux; 4° bassiner le feuillage dans les journées chaudes.

Gomme. — Malgré toutes nos précautions, la gomme n'apparaît que trop sur l'abricotier.

Elle provient, suppose-t-on, d'un embarras dans la circulation de la sève; il y a temps d'arrêt, déchirure de l'écorce, extravasion d'une matière jaunâtre, gluante qui se coagule aussitôt.

Dès qu'on distingue les premières traces de gomme, il faut enlever nettement jusqu'au vif la partie attaquée, éponger la plaie et la couvrir d'onguent.

On recommande de frotter le liber et l'aubier avec des feuilles d'oseille.

On peut encore provoquer l'expansion de la gomme, au moyen d'une série de petites incisions longitudinales, pratiquées sur l'écorce, au côté opposé à la plaie; puis envelopper le tout avec un tampon de mousse ou de linge tenu humide, ou bien avec de la terre maintenue par un linge.

On sauve l'arbre en empêchant la maladie de se généraliser.

Usages de l'abricotier. — Les tourneurs emploient quelquefois le bois d'abricotier. On en retire de la gomme de pays.

Le fruit ne se conserve pas longtemps mûr, et à moins de le mettre dans l'eau-de-vie ou de le dessécher au four, il faut le manger de suite cru ou cuit.

On fait avec les abricots une marmelade, une compote et une pâte fort estimée. Les beignets d'abricots et la soupe aux abricots, dont il sera parlé plus tard, ainsi que des préparations précédentes, ne sont pas à dédaigner.

Charles Baltet.

CHAPITRE XXXVI

(SUITE DES DRUPES)

NÉFLIER COMMUN (MESPILUS GERMANICA, L.).

Le néflier appartient à la famille des Pomacées. Il croît naturellement dans les bois des parties moyennes et méridionales de l'Europe, et on le rencontre très-souvent en France dans les forêts et dans les haies. A l'état sauvage, il n'atteint guère que 5 ou 6 mètres de hauteur, et ses rameaux sont terminés par des épines que la culture fait disparaître. Ses fleurs grandes, blanches et solitaires s'ouvrent en juin ; ses fruits connus sous les noms de *nèfles*, de *mesles*, de *culs-de-singe*, mûrissent tardivement et ne peuvent être mangés qu'à l'état blet ou tout à fait mous. Aussi longtemps qu'ils restent fermes, ils sont si acerbes qu'on ne saurait y mettre la dent.

C'est le néflier commun qui a produit les diverses variétés appelées : *néflier à gros fruit*, *néflier à fruit précoce*, *néflier sans noyau*. La première de ces variétés est la plus présentable et la plus cultivée dans nos jardins et nos vergers.

Cet arbre s'accommode mieux des climats tempérés que des climats chauds. Quant aux terrains, il ne se montre pas difficile. Pourvu qu'ils ne soient ni trop mouillés ni trop secs, il réussit dans les uns comme dans les autres; cependant un terrain riche, substantiel, frais, et l'exposition au levant ou au midi sont les situations qui assurent sa pleine prospérité.

Fig. 1233. — Fruit du néflier.

On multiplie le néflier par le semis, le marcottage et le greffage; mais on a rarement recours au semis, parce qu'avec les graines il faut trop attendre. On marcotte rarement aussi; on greffe presque toujours sur poirier, cognassier ou aubépine, selon que les terrains conviennent mieux à l'un ou à l'autre des sujets en question. On greffe en fente au printemps, et, en été, on emploie l'écussonnage à œil dormant.

Fig. 1234. — Fleur du néflier.

On ne taille pas le néflier; on le laisse aller librement. Les nèfles doivent rester sur l'arbre le plus longtemps possible. On ne les cueille d'ordinaire qu'après une première gelée blanche et par une journée sèche, puis on les place au grenier, sur de la paille ou du foin, où le blossissement commence au bout d'une quinzaine de jours, plus ou moins. Alors elles prennent une saveur vineuse et acidule qui les fait rechercher d'un certain nombre d'amateurs et nous autorise à les servir sur les meilleures tables.

Quand on veut avancer le blossissement, il suffit de recouvrir les nèfles avec de la laine.

La nèfle est un fruit très-indigeste. P. J.

CHAPITRE XXXVII

JUJUBIER OFFICINAL OU COMMUN (ZIZYPHUS VULGARIS, LAM.).

Description. — Les botanistes qui n'ont observé le jujubier que sous des climats peu favorisés du soleil, sous celui de Paris, par exemple, où il végète à regret et ne mûrit pas ses fruits, le rangent parmi les arbustes et les arbrisseaux; mais quand on l'examine dans le bassin de la Méditerranée, on lui accorde une place parmi les arbres de troisième grandeur, puisqu'il y atteint 8, 10, 12, et, dit-on, jusqu'à 16 mètres de hauteur. Cet arbre appartient à la famille des Rhamnées qui est aussi celle du nerprun. « Son écorce, dit Thiébaut de Berneaud, est rude, gercée, brune; la tige un peu tortueuse; les jeunes branches sont nombreuses, lisses, pliantes, fléchies en zigzag, munies à leur insertion de deux aiguillons, l'un plus long que l'autre, durs, droits, piquants. Les jeunes rameaux ressemblent à des pétioles communs, chargés de feuilles alternes, oblongues, dentelées, un peu coriaces, luisantes, d'un vert clair et marquées de trois nervures. Les fleurs très-petites, presque blanches, naissent aux aisselles des feuilles, qui sont quelquefois solitaires, le plus souvent deux et trois ensemble, et soutenues par des pédoncules fort courts. Elles s'épanouissent en juin et juillet. Son fruit se nomme jujube. »

« Ce fruit, dit M. Moquin-Tandon, est de la grosseur d'une olive et même un peu plus gros, ovoïde. Épicarpe très-mince, mais très-coriace, lisse, luisant, d'un rouge plus ou moins foncé. Pulpe d'abord un peu ferme et verdâtre; puis molle, jaunâtre et mucilagineuse. Quand la drupe est bien mûre, elle se ride longitudinalement. Au milieu du fruit, se trouve un noyau allongé, osseux, avec une pointe dure; il est divisé en deux loges dont l'une ordinairement atrophiée. La loge normale contient une amande huileuse. »

On ne sait pas au juste d'où le jujubier est originaire; on croit qu'il a été apporté de la Syrie; d'autres disent de la Perse; quelques-uns enfin, ne précisant pas, prennent plus de marge afin de moins s'exposer à l'erreur et se contentent de lui assigner l'Orient en général pour lieu d'origine.

Climat. — On cultive le jujubier dans les contrées méridionales de l'Europe. En France, il ne réussit bien que dans le voisinage de la Méditerranée; en remontant vers le Nord, les gelées sont à craindre, et la maturation a de la peine à faire.

Culture. — Le jujubier n'est l'objet d'aucune culture particulière. On le place dans les vergers

Fig. 1235. — Jujubier commun.

Fig. 1236. — Fleur du jujubier commun.

Fig. 1237.

Fig. 1238.

Fruit du jujubier commun.

au milieu des autres arbres, ou bien l'on en forme des buissons dans les haies. On pourrait en faire des haies entières et l'on s'en trouverait bien. Ses rameaux flexibles se prêteraient parfaitement à cet emploi; ses épines rendraient la clôture impénétrable, et la fructification aurait lieu dans ces conditions, si, bien entendu, on taillait les rameaux très-modérément et mieux encore, si, au lieu de les tailler, on se contentait de les tordre et de les accoler les uns aux autres.

Le jujubier végète très-lentement, mais en retour il est d'une longue durée. On le multiplie de graines ou de rejetons très-abondants à l'entour des vieilles souches. Dans le premier cas, on plante à demeure les jujubes mûres. Elles mettent quelquefois deux années à lever; les plants de semis exigent des sarclages et des binages pendant 4 ou 5 ans. Dans le second cas, on arrache des rejetons, on les met à demeure et l'on gagne ainsi du temps, mais on n'hésite pas à reconnaître que les jujubiers de semis deviennent plus beaux que les jujubiers plantés. Ce résultat s'accorde avec les principes physiologiques.

Usages. — Le bois du jujubier est bon pour les ouvrages de tour. Les jujubes qui ne sont pas tout à fait mûres et dont la chair est encore verte, sont bonnes à manger; leur saveur légèrement aigrelette, flatte agréablement le palais. En mûrissant, elles se rident, leur pulpe jaunit, et alors elles deviennent trop douces, trop sucrées, trop fades. Pour conserver les jujubes mûres et en faire des expéditions, on les met sur des claies, au soleil, et quelquefois même on se borne à suspendre au plancher des habitations les branches chargées de fruits.

On se sert des jujubes pour préparer des tisanes ou des sirops adoucissants, béchiques et pectoraux. On s'en sert aussi avec de la gomme arabique, pour faire la *pâte de jujube.* P. J.

CHAPITRE XXXVIII

PISTACHIER COMMUN (PISTACIA VERA, L.)

Description. — Le pistachier commun ou vrai pistachier est un arbre dioïque de moyenne grandeur qui appartient à la famille des Térébinthacées. Sa tige est droite, brune; sa feuille est composée de trois, cinq et sept folioles ovales, d'un vert tendre; ses fleurs femelles, verdâtres et petites, s'ouvrent en juin et juillet; ses fruits d'un vert cramoisi, renferment une amande verdâtre d'une saveur agréable. On croit le pistachier commun originaire de l'Asie. Vitellius l'aurait transporté de Syrie en Italie, et c'est de là qu'il aurait été introduit dans la Provence et le Languedoc.

Climat. — Les pays chauds sont les seuls qui conviennent au pistachier commun. De Candolle, il y a plus d'un demi-siècle, avait pensé qu'on parviendrait à l'acclimater insensiblement dans le nord de la France, au moyen de semis répétés et progressifs. Nous ne savons si ces semis ont eu lieu, mais toujours est-il qu'il est resté confiné dans le Midi, et qu'il ne semble pas devoir en sortir.

Sol et exposition. — Le pistachier commun affectionne les terrains secs et surtout les coteaux exposés à l'action directe du soleil.

Culture. — La culture de ce petit arbre n'offre rien de particulier; elle n'est pas plus difficile que celle de l'amandier. On le reproduit par le semis, par le marcottage ou par le greffage, mais les sujets de semis sont toujours les plus beaux.

« En Sicile, dit de Candolle, les habitants emploient des moyens artificiels pour rendre féconds

Fig. 1239. — Pistachier cultivé.

les pistachiers femelles qui sont trop éloignés des mâles; ils cueillent les fleurs de ceux-ci au moment où elles sont près de s'ouvrir, et les mettent dans un vase environné de terre mouillée, qu'ils suspendent à une branche du pistachier femelle; ou bien ils enferment ces fleurs dans un petit sac pour les faire sécher, et ils en répandent ensuite la poussière sur les individus femelles. »

Usages. — Dans le Midi, on sert les amandes de pistaches sur toutes les tables avec les fruits

Fig. 1240. — Fleurs mâles du pistachier cultivé.

Fig. 1241. — Fleurs femelles du pistachier cultivé.

secs; on les roule dans le sucre pour en faire des dragées, on les emploie entières ou pilées à la préparation des crèmes, des glaces, de certaines pâtisseries fines; on les mange comme des noisettes. Autrefois, on attribuait aux pistaches un heureux effet dans la phthisie, les catarrhes et le scorbut; aujourd'hui, il n'est plus question de leurs propriétés sous ce rapport, et la médecine moderne abandonne presque tout à fait les pistaches aux confiseurs. L'huile de pistache sert pour la toilette.

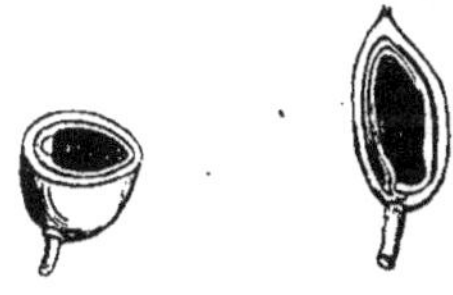
Fig. 1242. — Coupes du fruit du pistachier cultivé.

CHAPITRE XXXIX

(FIN DES DRUPES)

DE L'OLIVIER D'EUROPE (OLEA EUROPÆA).

Description. — L'olivier d'Europe appartient à la famille des Oléacées. Il est originaire de l'Asie. C'est de là qu'il s'est répandu en Afrique, en Italie, et enfin dans la Provence et le Languedoc où nous avons eu l'occasion de le voir. Thiébaut de Berneaud a fait une excellente description de l'olivier dans le *Dictionnaire d'histoire naturelle* de Guérin ; nous la lui empruntons, ne pouvant faire mieux ni même aussi bien : — « Notre olivier, dit-il, est un arbre de troisième grandeur qui dépasse rarement 14 mètres de haut. Son tronc a au plus 3 mètres à 3m,50 d'élévation ; au-dessus, il se divise en plusieurs branches, en de nombreux rameaux fort irréguliers, opposés et cendrés. L'écorce est crevassée, grise sur les vieux pieds, grisâtre, assez unie sur les jeunes, et presque entièrement chargée d'une poussière écailleuse très-adhérente. Les racines ont une manière d'être assez remarquable; la souche surmonte les véritables racines et est souvent à fleur de terre; elle forme au pied de l'arbre une base ou empâtement qui lui donne les moyens de résister aux plus grands vents. Les feuilles qui décorent l'olivier commun sont très-entières, opposées, persistantes, coriaces, lancéolées-aiguës, d'un vert foncé en dessus, blanches en dessous, avec quelques points écailleux dans leur premier âge. Du sein de leur aisselle sort une grappe rameuse qui se couvre de petites fleurs blanches, odorantes, pédonculées, que l'on voit épanouies à la fin de mai dans les environs de Marseille. Il leur succède des drupes ovoïdes, plus ou moins allongées, dont le diamètre varie beaucoup ; un grand nombre avortent, il n'en reste d'ordinaire que deux, et rarement trois sur chaque grappe : ce fruit est appelé *olive* ; il est couvert d'une pellicule verte d'abord, noirâtre plus tard, lisse, brillante, sous laquelle est une pulpe molle et un noyau très-dur, raboteux, ovale-oblong, aigu à ses deux extrémités, à deux loges (dont une avorte d'habitude), remplies par une amande oléagineuse. L'olive met près de six mois pour arriver à sa maturité complète.

« Peu d'arbres sont autant exposés à subir des

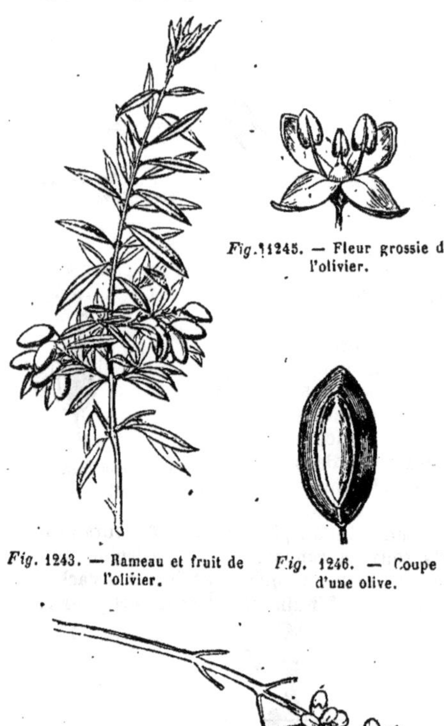

Fig. 1245. — Fleur grossie de l'olivier.

Fig. 1243. — Rameau et fruit de l'olivier.

Fig. 1246. — Coupe d'une olive.

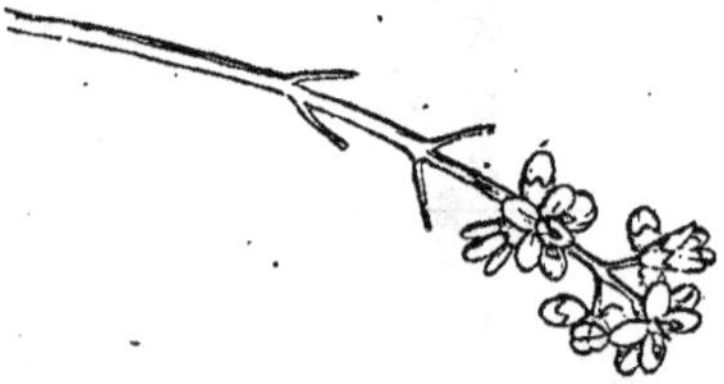

Fig. 1244. — Grappe de fleurs de l'olivier.

altérations dans le cours de leur vie que l'olivier de nos régions du Midi ; sans cesse exposé aux changements brusques d'une température très-variable, sans cesse tourmenté par une foule d'insectes et par la présence des plantes parasites, il y arrive fort rarement aux dimensions et à l'âge des trois oliviers des environs de Marseille, Maussane et de Tarascon, département des Bouches-du-Rhône. Le premier est d'une taille gigantesque, situé à Ceyreste ; son tronc peut donner asile à vingt personnes ; on estime son âge de neuf à dix siècles. Le second est également remarquable par son amplitude ; mais on ne lui fixe point d'âge, l'on se contente de l'appeler le doyen du pays. Le troisième occupe le sommet d'une colline au centre d'une petite plaine, où le froid se fait vivement sentir ; ses rameaux s'étendent jusqu'à $16^m,50$ du tronc et projettent au loin une ombre légère, quoique d'abord extrêmement vigoureuse.

« Sur le littoral même de la Méditerranée, la nature est plus prodigue de gros et antiques oliviers. Entre Villefranche et Nice, au quartier de Beaulieu, l'on voit un individu fameux déjà par son grand âge en 1515 ; son tronc a $12^m,50$ de circonférence à la base et $6^m,25$ à un mètre au-dessus du sol. Il est le seul, dans la contrée, qui résista au terrible ouragan de 1516. Depuis dix ans seulement, son produit annuel, en huile, n'est plus que de 100 kilogrammes ; auparavant, il s'élevait, dans les médiocres années, à 150 kilogrammes, et dépassait, d'une manière remarquable, cette quantité dans les bonnes années. »

Nous ne connaissons pas d'arbre dont le tronc se tourmente, se crevasse, se divise autant que celui de l'olivier. Nos plus vieux saules n'en approchent point sous ce rapport. Le feuillage de l'olivier, quoique persistant, ne nous séduit point, il a le caractère sombre et triste de celui du romarin et de l'hippophaë.

Climat. — L'olivier redoute les grands froids, et d'ordinaire il ne résiste pas à une température de 12° centigrades au-dessous de zéro, surtout s'il est jeune, vigoureux, et si la sève est bien en mouvement. Avec les vieux arbres en retard, le danger de mort est moins à craindre. On cite comme fort désastreux les hivers de 1476, 1507, 1608, 1709, 1770, 1789, 1795, 1811, 1820, 1830 et 1837.

Au delà du 45° degré de latitude, l'olivier pousse, fleurit, se maintient, mais il ne donne pas de fruits. Il affectionne le voisinage de la mer ; il craint la chaleur trop intense presque autant qu'un froid trop vif, et c'est pour cela qu'on recommande de le soustraire avec un égal soin à ces deux influences extrêmes. D'habitude cependant, on l'expose au levant et au midi, mais sur des coteaux bien aérés.

Sol. — L'olivier n'est pas difficile, quant aux terrains. Les plus mauvais pour la plupart de nos récoltes sont ceux qu'on lui destine le plus souvent. Toutefois, on doit reconnaître que les terres de moyenne consistance, ni trop sèches ni trop fraîches, lui sont avantageuses. Dans les terres légères et caillouteuses, l'olivier rapporte des fruits moins gros, mais l'huile est plus délicate ; dans les terres argileuses, l'arbre rapporte peu de fruits et vit moins longtemps qu'ailleurs.

Engrais. — Le marc d'olives, les cendres de bois, la marne, les terres rapportées, les boues de rues, les roseaux, les feuilles mortes du châtaignier et les fumiers de ferme sont les engrais dont on se sert habituellement en novembre et en décembre, quelquefois en février et en mars. Certains cultivateurs conseillent, pour les fumures d'automne, d'appliquer l'engrais au pied des arbres, sans qu'il touche aux racines, et de butter sur l'engrais.

Variétés et sous-variétés d'olivier cultivées. — L'olivier sauvage a produit un grand nombre de variétés et sous-variétés. Nous nous bornerons à indiquer les plus connues, dont nous formerons trois catégories. La première comprendra les variétés qui nous fournissent les fruits à confire ; la seconde, les variétés qui servent à l'extraction de l'huile ; la troisième, enfin, celles qui donnent des fruits également propres pour confire et produire de l'huile.

La première catégorie renferme :

1° L'*Olivière*. Synonymes : *Livière, Oullivière, Olivier femelle* des Languedociens (*Gallininque, Gallinenque, Laurine, Angelon sage*).—Peu connu, quoique cultivé du côté de Montpellier et d'Aix. Branches longues et droites; feuilles peu nombreuses et allongées; fruit à chair molle, gros, rougeâtre, tiqueté, à longue queue, sujet à tomber avant la maturité. L'arbre demande un sol riche et se montre peu sensible au froid.

2° L'*Amandier*. Synonymes : *Amellingue, Amelou, Amellaou, Gros noir*. — Commun dans le département de l'Hérault. Feuille courte et large; fruit noirâtre, tiqueté, renflé d'un côté, porté par un court pédoncule, peu productif en huile. Contrairement à la description de Bosc, M. Joseph Reynaud, de Nîmes, nous apprend que le noyau est gros, que l'arbre est d'un faible rapport, mais qu'il donne de grosses olives à confire, que l'on vend, en octobre, de 35 à 40 francs les 50 kilogrammes. Cette variété se déplaît dans les terrains substantiels et leur préfère les sols légers et caillouteux.

3° L'*Espagnol*. Synonymes : *Olivier d'Espagne, Plant d'Eiguières, Plant de Fontvieille*. — Commun en Espagne, rare en France; cependant à Béziers, à Perpignan, dans le Gard et dans le Var, on en remarque un certain nombre d'échantillons. Bel arbre, à rameaux courts, mais droits. Fruit très gros, le plus gros parmi toutes nos variétés, peu savoureux, mais de longue garde lorsqu'il est confit.

4° Le *Verdale*. Synonymes : *Verdau, Verdaou, Pourridale*. — Cultivé dans l'Hérault, les Pyrénées-Orientales, les Basses-Alpes, les Bouches-du-Rhône et le Gard. Arbre d'un bel aspect, à feuilles dures et longues; fruit plus ou moins gros et rond, passant successivement du vert au noir, puis au vert jaunâtre, puis à un vert sale, qui lui a valu son nom de *Pourridale*.

La seconde catégorie renferme :

1° Le *plant de Salon*. Synonymes : *Cournaud, Corniaud, Courgnale, Olivier de Grasse, Cayonne* ou *Cayane, Rapugnier*. — Très-répandu à Salon, à Istres, Saint-Chamas, Aubagne et Marseille. Arbre remarquable par son port en saule pleureur, vigoureux; feuilles rares et grêles; fruits petits, à queue courte, allongés, arqués et noirs, donnant une huile très-fine. Variété très-productive, réussissant partout.

2° L'*Aglandeau*. Synonymes : *Aglandaou, Cayonne de Marseille*. — Très-commun aux environs de Marseille et d'Aix; confondu le plus souvent avec le plant de Salon, bien que ses fruits soient un peu plus gros. Rameaux supérieurs droits, rameaux inférieurs inclinés vers le sol; feuilles étroites, blanchâtres et couchées; fruits blanchissant avant de se colorer. Variété productive, huile fine contribuant beaucoup à la réputation de l'*huile d'Aix*.

3° Le *Barralenque*. Synonymes : *Bouralenque, Ampoulleau, Omburoles, Grosse noire*.—Peu connu dans le Midi, dit-on, probablement parce qu'on ne le distingue pas du *Bouteillaou*, dont il sera parlé plus loin. Bosc affirmait que le Barralenque était, de son temps, très-commun dans le Languedoc et la Provence. Huile très-fine.

4° Le *Rouget*. Synonyme : *Marvailletto*. — Ce pourrait bien être encore la même variété que le Barralenque, ou, tout au plus, une sous-variété. Il est commun à Aix, à Marseille, etc.

5° Le *Moureau*. Synonymes : *Mourette, Mouraou, Mourescale, Nigrette*. — Très-cultivé dans les départements des Bouches-du-Rhône, du Vaucluse, du Gard et du Var. Rameaux nombreux et droits, feuilles larges, d'un vert foncé en dessus; fruits à courte queue, un peu arrondis aux deux bouts, d'abord noirs en apparence, puis rouge sombre. Variété sensible au froid et précoce.

6° Le *Bouteillan*. Synonymes : *Bouteillaou, Boutiniau, Boutiniane, Benesage, Ribière, Ribiès, Rapugette*. — Connu surtout dans le Gard et l'Hérault. Arbre de haute taille, bois cassant, feuille d'un vert foncé; fruits en bouquets; récolte irrégulière; huile grasse, d'assez bonne qualité, mais donnant beaucoup de dépôt. Variété robuste et peu difficile quant aux terrains.

7° Le *Sayerne*. Synonymes : *Sagerne, Salierne*. — Cultivé dans le Gard et l'Hérault. Arbre de moyenne taille; feuilles petites; fruit d'un violet noirâtre et enfariné; huile excellente. Variété délicate, craignant le froid, mais s'accommodant bien des terrains secs.

8° L'*Olivier Blancane*. Synonymes : *Blainiane*, la *Vierge*. — Bien connu à Nice, en Corse, aux environs de Draguignan et dans le département du Vaucluse. Rameaux grêles et pendants; feuilles courtes et larges; fruits très-petits, ovales, tronqués, couleur de cire blanche jusqu'à la maturité. Variété tardive, peu productive, donnant une huile très-fine, selon les uns, très-fade, selon Bosc.

9° Le *Caillet rouge*. Synonyme : *Olivier de Figanière*. — Arbre de petite taille; feuilles d'un vert sombre; fruits gros, longs, rouges d'un côté à la maturité; huile abondante et bonne. Variété productive des environs de Draguignan; elle se plaît dans les terrains bas.

10° Le *Caillet blanc*. — Variété également cultivée aux environs de Draguignan. Arbre de petite taille; feuilles grandes et d'un vert clair; fruits gros et blanchâtres jusqu'à la maturité. Très-productif.

11° Le *Raymet*. — Comme les deux qui précèdent, cultivé aux environs de Draguignan. Rameaux longs et inclinés vers le sol; feuilles peu nombreuses, larges et blanchâtres; fruits de grosseur ordinaire, rougeâtres et allongés; huile fine. Variété assez productive et se plaisant dans les terrains bas.

La troisième et dernière catégorie renferme :

1° La *Picholine*. Synonymes : *Saurine, Colliasse, Coïasse*. — Variété gagnée par Picholini, dont les descendants habitent encore Saint-Chamas, jolie petite ville du département des Bouches-du-Rhône. Arbre vigoureux; feuille longue et verte sur les deux faces; fruits assez gros, non sujets aux vers, d'un vert rougeâtre à la maturité. Confits, ils sont excellents, mais de courte garde; leur huile est de bonne qualité.

2° Le *Redounan de Cotignac*. Synonyme : *Redouan*. — Arbre de très-petite taille; rameaux courts et assez flexibles; feuilles grandes et rapprochées;

fruits en bouquets, gros, arrondis, noirâtres, sujets aux vers, bons confits et donnant une huile fine. Cette variété exige une terre substantielle et de l'engrais.

3° L'*Olivier odorant* ou *de Lucques*. — On le trouve dans l'Hérault et dans les Pyrénées-Orientales. Fleur parfumée; fruit odorant, un peu gros, pointu, relevé des deux côtés. Tels sont les caractères que lui attribue M. Joseph Reynaud. Il ajoute que l'olive confite est délicieuse, et qu'elle fournit une huile excellente et limpide.

Culture de l'olivier. — Quoi que l'on fasse et quoi que l'on dise, la culture de l'olivier n'est pas appelée à faire de rapides progrès, uniquement parce que les produits de cet arbre sont trop incertains et qu'on ne se soucie pas de sacrifier un temps précieux à le conduire comme le voudraient les amateurs, sans espoir à peu près certain de rémunération. Les soins que l'on donne sont toujours en rapport avec le profit que l'on attend; les égards sont pour le millionnaire, les mauvais procédés pour l'indigent. Or, ici, l'indigent, c'est l'olivier. Qu'on le soigne ou qu'on ne le soigne pas, il n'y a guère à attendre de lui. Columelle a beau l'appeler le premier et le plus utile des arbres, il n'en est pas moins vrai que les cultivateurs du Midi qui n'auraient pour toute fortune que des plantations d'oliviers seraient fort à plaindre. Un des plus chauds partisans de ces plantations a écrit ceci: « Nous montrerons que notre précieux arbuste, sous des mains patientes, soigneuses, sans grands frais, peut nourrir, sinon enrichir, des familles entières. » La promesse, on en conviendra, n'est point encourageante. Nourrir, c'est bien, mais ce n'est pas assez, et c'est précisément à cause de cela que l'olivier disparaît des bonnes terres et qu'on ne le conserve réellement que sur les mauvais terrains impropres, la plupart du temps, à toute autre culture. Voilà sa dernière raison d'être.

Or, dans cette situation, est-il bien raisonnable de conseiller à nos paysans du Languedoc et de la Provence de prodiguer à leurs olivettes (plantations d'oliviers) les attentions que l'on accorde aux espaliers de Montreuil ou aux treilles de Thomery? Nous ne le pensons pas, et nous aurons la sagesse de ne pas nous engager dans cette voie.

La multiplication de l'olivier est très-facile. On le reproduit de graine, de boutures, de racines, de marcottes et de drageons.

La reproduction par le moyen des graines a l'avantage de donner des sujets robustes et des variétés nouvelles; mais en retour elle a l'inconvénient d'être d'une lenteur désespérante. De là le proverbe: *oulivié dë toun gran, castagné dë toun paîré, amourié tiounë*, ce qui revient à dire que si l'on profite du mûrier que l'on a planté soi-même, il ne faut compter que sur le châtaignier de son père et l'olivier de son grand-père. On ne sème donc des olives que très-exceptionnellement, parce qu'en général, on se soucie fort peu de travailler en vue de ses petits-enfants. C'est regrettable sans doute, mais il en est ainsi. Les noyaux lèvent avec peine, et pour faciliter leur germination, on fait macérer les olives dans une eau alcaline, dans une eau de lessive, ou bien on les débarrasse de leur chair, ou bien encore on brise le noyau pour en sortir l'amande.

Voici ce que Bosc écrivait il y a plus d'un demi-siècle: « L'olivier jouit de l'avantage de se multiplier par toutes les voies possibles. La meilleure est celle qu'on pratique le moins, c'est-à-dire le semis des noyaux. On a été jusqu'à croire que cet arbre ne venait pas de semences; cependant cette ridicule opinion est démentie à chaque pas par l'expérience; dans les pays à oliviers, les oiseaux, dont plusieurs espèces n'aiment que trop les olives, répandent leurs noyaux dans les haies, les halliers et autres terrains incultes, et ces noyaux y produisent de nombreux pieds d'oliviers sauvages (oliviers francs).

« Le fait est que tout noyau d'une olive parfaitement mûre, mis en terre immédiatement après la récolte, donne ou doit donner (car un grand nombre de causes font manquer cette graine comme toutes les autres), la première ou la seconde année, un jeune pied d'olivier, mais que ce pied ne sera propre à donner des produits qu'au bout de douze ou quinze ans, tandis que celui provenant de rejetons, de marcottes, de boutures, de racines, etc., en donnera dès la cinquième ou sixième année. De plus, ce même pied sera peut-être, j'oserai même dire certainement, une variété distincte, soit supérieure, soit inférieure en qualité à celle dont il est sorti.

« Ainsi donc, on ne multiplie pas les oliviers par graines uniquement parce qu'il faut les attendre plus longtemps et qu'on est incertain sur leur nature.

« Cependant il est prouvé par des milliers d'observations que les arbres provenant de graines sont meilleurs que ceux venus autrement, ou, en d'autres termes, que les arbres dégénèrent, au moins quant à leur force végétative, lorsqu'on ne les ramène pas de temps en temps à leur essence naturelle par le moyen de la fécondation.

« Quoique dans la Provence on ne sème pas les olives cultivées pour avoir du plant, on sait cependant, pour former des olivettes, aller chercher dans les bois et les halliers celui produit par celles que les oiseaux y ont portées. »

Oui, nous le reconnaissons avec Bosc, le semis est le seul moyen de reproduction qui soit irréprochable, qui relève les races dégénérées, qui crée les variétés; peut-être que si l'on y avait eu recours, les oliviers seraient moins sensibles aux rigueurs du climat, moins sujets aux maladies, moins sujets aux attaques des insectes. Mais sous ce rapport, il n'y a que des entreprises insignifiantes à attendre de l'initiative privée. A défaut d'hommes assez patients pour former des pépinières avec la graine de l'olivier, c'est aux départements de la région des oliviers à en établir, si, bien entendu, l'intérêt général paraît l'exiger.

La reproduction de l'olivier par voie de bouture n'offre pas plus de difficulté que celle du saule. Les grosses branches comme les petites reprennent également bien. Il n'est pas nécessaire, peut-être même est-il nuisible, pour assurer la reprise, de fendre le gros bout en deux ou quatre parties et de les tenir écartées à l'aide d'un caillou, comme font certains praticiens, religieux observateurs des vieilles traditions. Le mieux est de prendre des branches de deux à trois ans, des *gourmands* surtout, de les débarrasser de leurs petits rameaux, de les couper à 0m,30 ou 0m,35, et de les enterrer à un mètre l'un de l'autre, par le gros bout s'entend, et à une profondeur de 0m,15 à 0m,20, selon les terrains, à 0m,15 environ si ceux-ci sont frais, à 0m,20 s'ils sont poreux et secs. L'opération doit se faire à la fin de l'hiver. Dans le courant de l'année, de jeunes rameaux se développeront sur la bouture, et l'année suivante, dans les premiers jours du printemps, on rabattra les boutures au-dessus du plus beau rameau, on supprimera les autres, on mastiquera les plaies avec de l'onguent de Saint-Fiacre ou de la cire à greffer, et enfin on placera des tuteurs à chaque pied afin d'y accoler et d'y élever le rameau réservé pour former la tige. Au bout de cinq ans on supprimera, toujours à la fin de l'hiver, les rameaux inférieurs de la tige, au tiers environ de sa hauteur; la sixième année on en supprimera quelques-uns encore, et ainsi d'année en année jusqu'à l'âge de douze ans, en ayant soin de réserver les rameaux du sommet destinés à faire la tête de l'arbre. C'est à cet âge, quelquefois plus tôt, quelquefois plus tard, qu'on met en place l'arbre de bouture, en prenant pour cette opération les soins que nécessitent tous les autres arbres fruitiers, plus le soin d'arroser aussitôt après, quand la chose est possible.

Nous venons de vous entretenir du *bouturage par rameaux*; nous avons à signaler encore un autre mode de bouturage, particulier surtout aux Toscans. Il consiste à enlever des protubérances de la grosseur d'une orange environ qui poussent au collet de l'arbre hors de terre ou en terre, à les envelopper de bouse de vache et à les planter en pépinière. Ces protubérances émettent des rameaux; on conserve le plus vigoureux pour former la tige et on supprime les autres.

Le bouturage par tronçons de racines de 0m,20 à 0m,25 de longueur, est employé quelquefois, en Provence, à la multiplication de l'olivier. Il suffit de mettre ces tronçons en rigoles à 0m,10 ou 0m,12 de profondeur et de tenir le sol un peu frais. Ces bouts de racines ou *souquets* émettent des pousses dans l'année.

On peut marcotter l'olivier. A cet effet, pendant l'hiver, on couche en terre des branches de 0m,06 ou 0m,07 de diamètre, et lorsqu'elles ont pris solidement racine, la première année ou au bout de dix-huit mois, selon les terrains et les circonstances climatériques, on les sèvre et on les met en pépinière.

Mais le mode de reproduction le plus suivi est celui qui consiste à planter les rejetons ou drageons enlevés au pied des arbres. Ces drageons sortent naturellement des racines, quand l'olivier est déjà vieux ou lorsque ces racines ont été blessées par les instruments de labour, ou bien enfin lorsque l'arbre a été recépé. Dans ce cas, la souche en émet un grand nombre, dont on favorise l'accroissement par une butte de terre. Nous n'avons pas besoin d'ajouter que les drageons ne reproduisent fidèlement la variété qu'autant que celle-ci est franche de pied. Si elle avait été greffée, on n'obtiendrait nécessairement que des oliviers francs ou sauvages qui devraient, à leur tour, être greffés en pépinière.

— « Il suffit, pour se procurer des plants d'oliviers, dit M. Joseph Reynaud, un praticien de Nîmes, de laisser grandir les *péteaux* ou rejetons qui s'écartent du pied des arbres; ou de couper sous terre de vieux troncs, de couvrir de fumier et de terre leur souche pour en voir sortir une pépinière de rejetons qu'on laisse tous ensemble pendant la première année. On choisit ensuite, sur chaque cépée, trois ou quatre pousses ou davantage, de celles qui ont la plus belle apparence : on détruit les autres pour laisser croître et prospérer celles-ci. On les laisse grandir avec tous leurs rameaux jusqu'à la troisième année, ensuite on coupe les rameaux les plus bas, on fait cette opération proprement et sans déchirure, laissant trois ou quatre rameaux seulement au sommet de la tige. On obtient ainsi en quelques années des plants assez forts pour être transplantés. »

Pour en finir avec les modes de multiplication de l'olivier, il ne nous reste plus qu'à dire un mot du greffage. On greffe l'olivier sur lui-même, tantôt sur l'olivier franc, tantôt sur des variétés qui ne conviennent pas et auxquelles on a intérêt à en substituer de meilleures, tantôt enfin sur des variétés propres à constituer des sujets excellents. C'est, paraît-il, en greffant leurs oliviers de maigre rapport sur la *picholine*, que les cultivateurs du Gard ont accru le chiffre de leurs produits.

Tous ou à peu près tous les procédés de greffage sont applicables à l'olivier. En février ou en mars, et même en septembre, on greffe en fente; dans le courant de mai on greffe en écusson les jeunes arbres; au commencement de juin on greffe également en écusson les arbres vieux ou plus lents à se mettre en sève; c'est aussi en mai et juin que l'on peut greffer l'olivier en sifflet et en couronne. L'écussonnage est le mode préféré, non-seulement parce qu'il réussit bien, mais aussi parce qu'il ne nécessite pas de fortes amputations.

Maintenant que nous connaissons les procédés de reproduction, arrivons à la plantation de nos oliviers de pépinières ou de vergers d'attente.

Nous devons naturellement admettre que la terre destinée à les recevoir a été défoncée le mieux possible.

Les conseils que donne Bosc à l'occasion de la plantation sont excellents, et nous ne pouvons mieux faire que de les reproduire :

— « Lorsqu'on veut planter des oliviers à demeure, dit-il, faire par exemple une nouvelle olivette, il faut, aussitôt que la récolte du terrain désigné est levée, faire les trous, ou mieux les tranchées dans lesquelles on doit les placer; ces trous ou ces tranchées doivent être plus ou moins grands, selon la grosseur des pieds qu'ils doivent recevoir, et selon la nature de la terre où ils sont faits; ainsi je ne puis donner leur mesure. Je dirai seulement qu'on ne risque jamais de les faire trop grands et trop profonds, et qu'il n'y a que la dépense qui doit arrêter à cet égard, parce que plus il y aura de terre remuée, plus les oliviers prospéreront.

« La plantation de l'olivier s'exécute en hiver, plus tôt dans les terrains très-secs, et plus tard, c'est-à-dire au premier printemps, dans ceux qui le sont moins. Les soins qu'elle demande ne diffèrent pas de ceux indiqués pour les autres arbres. Il faut autant que possible, la faire suivre d'un copieux arrosement. C'est une grave erreur que de croire qu'il faille, et très tasser la terre sur les racines, et élever le sol autour du tronc. Dans le premier cas, on fait périr beaucoup de racines qui se trouvent en situation forcée; dans le second, on empêche les eaux pluviales de s'introduire autour de ces racines.

« Je remarque ici, en passant, que l'olivier, à raison de sa longue existence, est encore plus sujet aux lois de l'alternat que les autres arbres, qu'ainsi il ne faut en remettre dans un terrain qui en a porté qu'après une longue suite d'années; qu'ainsi on ne doit pas remplacer ceux qui meurent dans une plantation, mais leur substituer des amandiers ou autres arbres de nature différente.

« Il est assez commun de transplanter des arbres très-vieux, soit pour les ôter d'un lieu où ils gênent, soit pour regarnir. Cette pratique n'est pas à approuver; mais lorsque des circonstances y déterminent, il faut augmenter la capacité des trous outre mesure, ménager le plus possible les racines, décharger la tête de la plus grande partie de ses branches, et arroser fréquemment pendant la première année.

« Généralement, pour peu que le terrain soit propre à la culture, on espace beaucoup les pieds d'oliviers afin d'obtenir des récoltes d'une autre espèce (vignes, céréales, etc.) dans l'intervalle de leurs tiges. On ne peut qu'applaudir à cet usage, parce que l'olivier étant sujet à ne pas donner de produits, on ne perd pas tout le revenu de sa propriété, et parce qu'il profite de la culture annuelle qu'exigent les autres productions, et parce que plus les arbres sont écartés et plus ils prennent d'amplitude, plus ils se chargent de fruits et donnent de meilleurs fruits.

« La distance moyenne des oliviers doit être fixée dans les bons fonds à huit toises (16 mètres), et dans les mauvais à six (12 mètres). »

Nous admettons cette distance pour les plantations avec cultures intercalaires, mais pour les olivettes en quinconce, on se contente de 6 ou 7 mètres.

Quand il y a des plantes cultivées parmi les oliviers, ceux-ci profitent nécessairement par ricochet des labours et des engrais qu'elles reçoivent. Toutefois, malgré cela, les pieds d'oliviers reçoivent chaque année à l'entrée de l'hiver un labour à la bêche ou à la pioche; puis on les butte pour les préserver des grands froids. Franchement, nous ne croyons guère à l'utilité de cette butte. On la défait à la sortie de l'hiver, et sur les terres en pente, on forme autour des arbres une sorte de bassin, ouvert de façon à recueillir les eaux qui en temps de pluie ruissellent sur cette pente. Cette méthode nous semble avantageuse et nous rappelle la pratique des cultivateurs d'Argenteuil qui, eux aussi, ouvrent des réservoirs au pied de leurs figuiers. Tous les trois ou quatre ans, il est d'usage de fumer les oliviers à l'entrée de l'hiver avec de l'engrais d'étable très-consommé et à forte dose. Il serait plus convenable de fumer tous les ans à petite dose.

Pendant la floraison, il faut bien se garder de remuer la terre autour des oliviers. Les vapeurs humides qui s'en élèveraient, détermineraient, assure-t-on, la coulure.

La principale opération d'entretien, dans les olivettes, devrait être la taille, non point une taille compliquée qui coûterait plus au cultivateur, que ne vaudrait la récolte, mais une taille expéditive et raisonnable.

Trop souvent, on se contente d'abandonner les oliviers à eux-mêmes pendant un certain nombre d'années, et de les ébrancher dès que la récolte baisse sensiblement. Ce sont des journaliers qui font cette besogne; le bois abattu les indemnise de leur peine. Un proverbe fait dire à l'arbre martyrisé : *déshabille-moi, je t'habillerai*. On le déshabille en effet, mais bien souvent plus que de raison. On devrait renoncer à cet ébranchage sur le vif, et lui substituer chaque année une taille régulière qui aurait pour objet de donner à l'arbre à peu près la forme du gobelet. On commencerait comme toujours cette forme en supprimant la flèche du jeune olivier près de l'insertion des branches latérales qui l'avoisinent; on modérerait la vigueur des rameaux de prolongement en pinçant leur extrémité; on taillerait vers la fin de l'été et à diverses reprises les gourmands et les rameaux disposés à garnir l'intérieur de l'arbre; enfin on enlèverait soigneusement le bois mort, soit par suite de la gelée, soit par tout autre accident. Si les mères branches menaçaient, malgré le pincement, de trop se développer, on en raccourcirait le prolongement au besoin, mais avec modération. Au bout de quinze, vingt ans et plus, quand on aurait à se plaindre du rendement, on pourrait rapprocher les branches principales, c'est-à-dire les supprimer, dans une grande partie de leur longueur, afin de faire développer du jeune bois et de reconstituer un arbre productif.

Par la taille des oliviers, on obtient des formes plus agréables à l'œil, des produits plus réguliers et plus beaux, mais on abrége la vie des arbres. Avec elle, il n'y a pas à compter sur des oliviers séculaires.

Accidents et maladies de l'olivier. — Cet arbre, nous l'avons déjà dit, redoute beaucoup les rudes hivers, surtout les froids tardifs qui le surprennent au moment de la circulation de la sève. Nous ne connaissons pas de moyens préventifs applicables sur une grande échelle. Il faut se résigner, puis rabattre ou recéper les arbres, selon que le mal est plus ou moins grave. Le verglas et la neige déterminent parfois, mais rarement, la rupture des branches. Nous ne savons aucun moyen à opposer au verglas; pour ce qui est de la neige, on peut soulever les branches chargées au moyen d'une fourche et les secouer de bas en haut.

Les *brouillards* et les *rosées* de mai et de juin, suivis d'un coup de soleil, sont funestes à la fleur de l'olivier.

La *mouffe* est une maladie qui attaque les oliviers dans les terrains frais et riches. Elle est considérée comme une espèce de chancre qui se produit sur les racines à partir du collet. L'arbre languit, la feuille jaunit, peu à peu les branches se dessèchent et l'arbre finit par périr, si on ne le soigne à temps. La suppression des racines gâtées, le renouvellement de la terre, le raccourcissement des branches et le drainage; voilà les moyens proposés pour guérir les oliviers atteints de la mouffe. Il est à supposer que le drainage seul suffirait pour la prévenir.

La *carie*, si fréquente parmi les plantations d'oliviers, n'a rien de commun avec la mouffe. Elle provient le plus ordinairement de fortes amputations, de plaies négligées. Dès qu'elle se montre, il faut nettoyer la plaie au vif, et la mastiquer. Le mieux est de la prévenir en recouvrant les plaies des arbres au fur et à mesure de la taille et de l'ébranchage.

On désigne sous les noms de *morfée* et de *noir des oliviers* une affection très-grave, dont on connaît le résultat, mais dont on ignore la cause qui pourrait bien être cette altération des tissus ligneux qui presque toujours donne naissance à un champignon. Ce noir des oliviers est un cryptogame que M. Risso range parmi les byssus, sous la dénomination spéciale de *dematium monophyllum*. L'écorce et la partie supérieure des feuilles se couvrent de ce cryptogame noir, les fonctions vitales de l'arbre perdent de leur énergie et la récolte s'en ressent considérablement. On a, comme toujours, proposé l'eau de chaux pour combattre le noir, mais l'essai de ce palliatif a-t-il été fait? Nous l'ignorons.

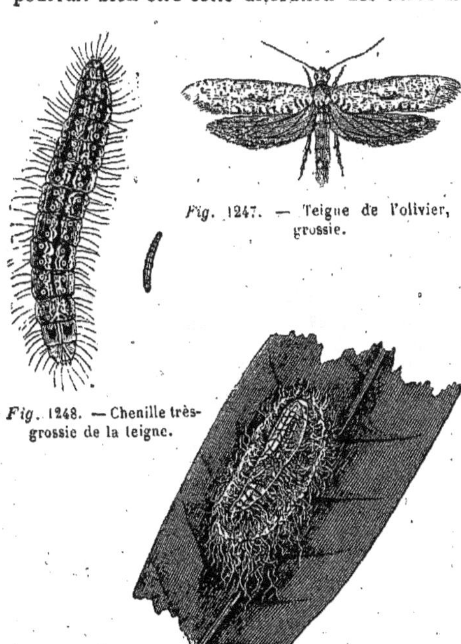

Fig. 1247. — Teigne de l'olivier, grossie.

Fig. 1248. — Chenille très-grossie de la teigne.

Fig. 1249. — Cocon grossi de la teigne de l'olivier.

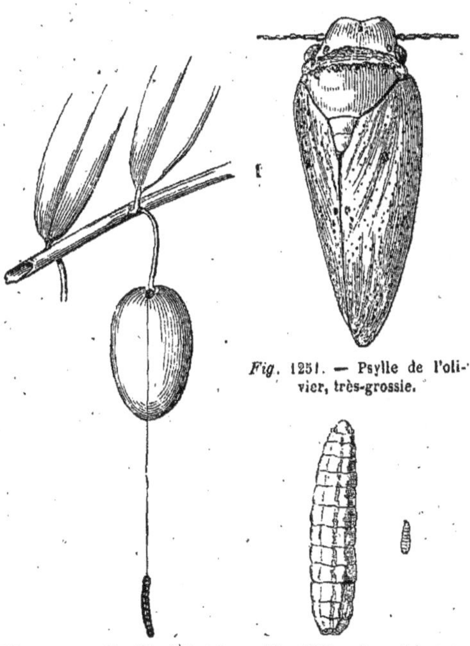

Fig. 1251. — Psylle de l'olivier, très-grossie.

Fig. 1250. — Chenille de la teigne sortant de l'olive pour se métamorphoser.

Fig. 1252. — Larve très-grossie de la mouche de l'olive.

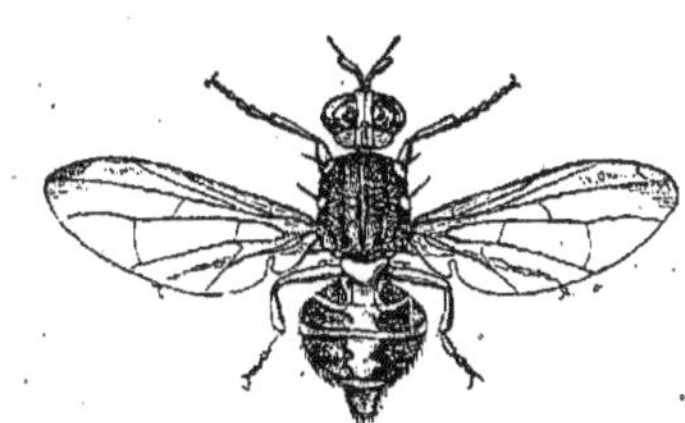

Fig. 1253. — Mouche de l'olive, très-grossie.

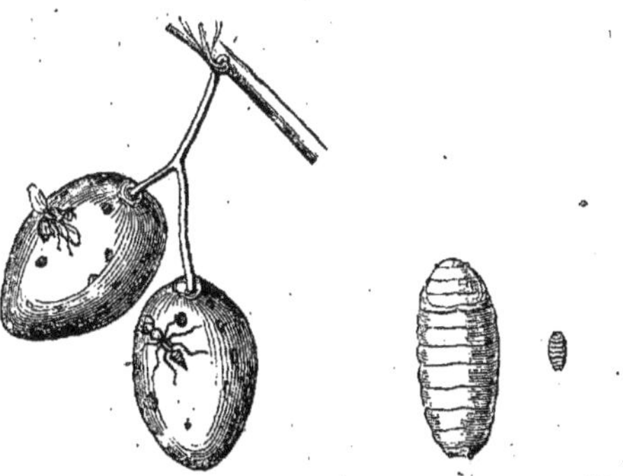

Fig. 1254. — Mouche de l'olive faisant sa ponte, et fourmi à la recherche des œufs.

Fig. 1255. — Chrysalide très-grossie de la mouche de l'olive.

Insectes de l'olivier. — Les insectes qui s'attaquent à l'olivier ou à l'olive sont : le bostriche (*hyllerinus oleæ*), la teigne de l'olivier (*tinea oleollæ*), la cochenille adonide, la psylle de l'olivier (*araneia oleæ*), et la mouche de l'olivier ou ver de l'olive (*musca oleæ, seu oscinis*). Il a été parlé de ces insectes au chapitre spécial qui leur a été consacré à la fin de la deuxième partie du *Livre de la Ferme*; nous n'avons donc pas à y revenir.

Récolte des olives. — Il n'est guère possible de fixer exactement l'époque de la récolte des olives, parce qu'elle est subordonnée aux variétés cultivées, aux climats, aux saisons et à l'emploi des olives. Cependant, d'ordinaire, c'est en novembre qu'on cueille les olives précoces et vers la fin de décembre les olives tardives, et avant qu'elles soient tout à fait mûres. En Italie, on leur laisse passer l'hiver sur l'arbre et on ne les cueille qu'en février ou mars; en France, au moins sur quelques points, on a procédé et l'on pourrait encore procéder de la sorte, mais on aime généralement mieux tenir que d'attendre. Quelques personnes les cueillent encore à moitié vertes afin d'avoir de l'huile très-fine; d'autres, et c'est le plus grand nombre, attendent qu'elles aient perdu une bonne partie de leur âcreté. On choisit pour cela une belle journée et l'on s'arrange de façon à exécuter le travail sans désemparer, à grand renfort de main-d'œuvre.

Il faut commencer l'opération par secouer l'arbre, sous lequel on a étendu des draps. Les olives qui cèdent aux secousses et tombent, sont ramassées et mises à part parce qu'elles rendent une huile de qualité très-inférieure. C'est que, vraisemblablement, elles ne sont pas saines. Cette précaution prise, on procède à la cueillette, soit à la main comme pour les cerises, soit à la gaule, comme pour les noix. Tous les cultivateurs intelligents condamnent ce dernier procédé qui blesse beaucoup d'olives et détruit quantité de rameaux fructifères, tandis qu'ils s'accordent à préconiser le premier, c'est-à-dire la cueillette à la main. Malheureusement, autant elle est facile avec des arbres tenus bas sur tige, autant elle devient difficile avec des oliviers dont on tient les branches élevées, soit par négligence, soit pour les soustraire à la dent des animaux qui recherchent avidement leurs feuilles.

« Les olives cueillies, dit Bosc, sont portées à la maison et amoncelées dans des greniers et dans des hangars jusqu'à ce que leur tour d'être portées au moulin arrive. Là, elles se perfectionnent d'abord en perdant une partie de leur eau de végétation, ensuite elles fermentent, s'échauffent, rancissent, pourrissent et prennent un détestable goût qu'elles communiquent à l'huile qu'on en retire. »

Il conviendrait que les olives ne restassent pas plus de trois ou quatre jours en tas avant d'être conduites au moulin.

M. Reynaud nous assure qu'après six ans de pépinière et quatre ans de verger, soit dix ans d'âge, un olivier de variétés saourin, vermillaou, plant de salon et picholine, donne, année moyenne, 3 kil. d'olives qui produisent 240 grammes d'huile.

à 165 fr. les 100 kilos	0	60
Un olivier âgé de 20 ans	1	50
— de 30 ans	2	55
— de 50 ans	3	80
— de 100 ans	9	95

En 1860, la statistique accusait un produit de 300,000 hectolitres, ou à raison de 160 francs l'hectolitre, de quarante-huit millions de francs.

Usages. — Les olives servent à préparer la meilleure de nos huiles comestibles; on les sert aussi sur les tables après leur avoir fait subir une certaine préparation; enfin on fait des conserves d'olives qui durent d'une année à l'autre et constituent une industrie importante.

Le commerce désigne sous le nom d'*huile vierge* celle que donnent les olives non fermentées et pressurées à froid; d'*huile commune* celle que l'on retire du marc laissé par le premier pressurage, et après avoir délayé ce marc avec de l'eau chaude; et enfin d'*huile de recense* ou d'*enfer* celle qu'on retire de nouveau du marc dont nous venons de parler, en mélange avec les olives tombées de l'arbre et celles qui ont subi au grenier ou sous le hangar une fermentation trop prolongée. L'huile vierge ou de premier choix est moins répandue qu'on ne le croit généralement; l'huile commune nous est le plus souvent vendue pour de l'huile fine. Quant à l'huile de recense, elle n'est bonne que pour l'éclairage et la fabrication des savons.

Les olives telles qu'on les détache de l'arbre ont une saveur âcre très-désagréable. Pour les manger fraîches, on doit donc leur faire subir une préparation qui consiste à les mettre dans de l'eau que l'on change tous les jours. Après neuf ou dix jours de trempage, on ne renouvelle plus l'eau, mais on la sale fortement, et trois ou quatre jours ensuite on y ajoute des graines de fenouil et du bois rose.

Quant aux olives à conserver, voici ce qu'en dit Thiébaut de Berneaud : « On cueille l'olive encore verte, on la met à confire dans du vinaigre additionné de quelques plantes aromatiques, dans de la saumure ou dans de l'huile, ou bien dans une lessive faite avec de la chaux vive et de la cendre de bois neuf bien tamisée. Cette dernière méthode est employée plus spécialement pour l'olive dite picholine; elle demande au plus dix à douze heures; après quoi l'on a recours à la saumure aromatisée. A Aix, la préparation est plus simple et permet de servir en été les olives que l'on a mises en conserve à l'arrière-saison. On enferme une certaine quantité d'olives en un vase vernissé rempli d'eau pure; on bouche exactement pour ouvrir seulement aux premières journées de juillet; l'on retire du vase, on coupe chaque fruit dans sa longueur jusqu'au noyau, l'on renouvelle l'eau sur laquelle on jette du sel marin avec du fenouil et de la coriandre; après huit jours de macération, elles sont bonnes à manger. Elles conservent, il est vrai, beaucoup de leur amertume naturelle, mais leur goût agréable aiguise l'appétit. A Toulon et dans ses environs, les olives tombées de l'arbre et qui se sont flétries sur le sol, se mangent sans aucune préparation. » P. J.

CHAPITRE XL

(FRUITS SECS)

DE L'AMANDIER COMMUN (AMYGDALUS COMMUNIS)

Historique et description. — L'amandier nous vient de l'Europe méridionale, selon les uns, de la Perse, selon les autres; c'est possible, mais ce qu'il y a de certain, c'est qu'on le rencontre aussi à l'état sauvage en Afrique. C'est un

Fig. 1256. — Amandier princesse. *Fig.* 1257. — Fleur de l'amandier princesse.

arbre de moyenne taille qui atteint le plus souvent de 6 à 8 mètres et qui même les dépasse. Il appartient à la famille des Amygdalées. Son tronc est raboteux, son écorce de couleur cendrée; ses feuilles ont le pétiole très-court; elles sont oblongues lancéolées, finement dentées et glabres. Ses fleurs sont solitaires ou deux par deux, blanches ou rosées, et paraissent avant les feuilles, dans le courant de janvier, en Italie, dans le mois de février ou au plus tard au commencement de mars en France. Chaque corolle se compose de 5 pétales élargis et échancrés au sommet. Le fruit que nous nommons *amande* est oblong, comprimé, duveteux, d'un vert très-pâle; il renferme un noyau ligneux, et dans le noyau se trouve l'*amande* pour laquelle on le cultive.

Variétés. — On compte plus de vingt variétés ou sous-variétés d'amandier, plus ou moins caractérisées, dont on forme deux catégories : 1° celle des amandiers à *fruits amers*; 2° celle des amandiers à *fruits doux*. Nous passons sous silence l'amandier-pêcher que l'on croit être un hybride; nous ne le connaissons pas, d'ailleurs, et, au dire des personnes qui le connaissent, il a fort peu de mérite.

Les amandiers à fruits amers n'ont d'autre avantage que d'être plus vigoureux et plus robustes que les autres; ils servent de sujets pour les amandiers doux, pour les abricotiers et pour certaines variétés de pêchers. Leurs fruits conviennent aussi pour la fabrication de l'huile, pour les massepains et quelques pâtisseries; mais comme fruits de table, il n'y a de recommandables que les amandiers à amandes douces. Dans le nombre, nous signalons :

1° L'*amandier des dames*, ou *à la dame*, ou l'*abeilan des Provençaux*, variété à coque tendre, très-estimée dans le midi de la France;

2° L'*amandier princesse*, ou *amandier fin*, que nous croyons être l'*amande sultane* de Duhamel, à coque très-tendre, à amande très-délicate;

3° L'*amande double de Marseille* ;

4° L'*amandier à grosse coque plate*, dure;

5° L'*amandier à fruits recourbés* et à coque tendre, qui pourrait bien être celui que Bosc rapporta des environs de Padoue, et au fruit duquel il proposait d'appliquer le nom d'*amande cornichon*.

Climat, sol et exposition. — L'amandier est un arbre des climats chauds ou tout au moins des climats doux. « Le véritable climat de l'amandier, disait Bosc, se trouve en France, depuis Valence jusqu'à Marseille, et depuis Gênes jusqu'à Perpignan. Il y a cependant dans cet espace quelques cantons déjà trop chauds pour lui. On en trouve aussi beaucoup dans quelques vallées des Basses-Alpes, des Cévennes, du Gévaudan, du Jura et de la chaîne qui s'étend de Langres à Autun. »

Le même auteur ajoute que c'est seulement sur les collines sèches et arides qu'il donne du fruit de bonne qualité et en abondance. Dans les terres argileuses ou trop fraîches, il pousse beaucoup en bois et fructifie mal. Les collines sèches et arides, dont parle Bosc, peuvent très-bien convenir, en effet, à l'amandier, mais c'est à la condition, selon nous, que le sol aura de la profondeur; sans cela, le pivot se trouve gêné de bonne heure dans son développement et l'arbre meurt par la tête, autrement dit, il se *couronne*. Nous en avons fait l'expérience à nos dépens. En somme, les arboriculteurs qui conseillent de choisir un sol profond et de nature calcaire, méritent d'être écoutés.

L'exposition du levant ou du sud-est paraît bonne; cependant, afin de soustraire les fleurs précoces de l'amandier aux gelées désastreuses du printemps, on a recommandé de le placer au nord, en vue d'en retarder la végétation.

Multiplication de l'amandier. — On reproduit l'amandier par le semis et par le greffage. S'agit-il d'obtenir des sujets de pépinière, destinés à recevoir la greffe, on sème des amandes à coque dure. S'agit-il d'obtenir des arbres francs de pied, on sème indifféremment des amandes à coque dure ou à coque tendre, selon les variétés que l'on désire.

Les plus belles amandes, tombées de l'arbre naturellement à leur maturité, sont celles qui conviennent le mieux pour le semis. Il faut les enterrer tout de suite ou les soumettre à la stratification jusqu'à la sortie de l'hiver, car elles sont d'autant plus réfractaires à la germination, qu'elles se sont plus desséchées au contact de l'air. Les pépiniéristes préfèrent les amandes stratifiées à celles qui ne le sont pas, parce qu'au moment de les planter, ils ont la faculté de supprimer le pivot et de faire du premier coup des sujets plus convenables pour le greffage du pêcher et de l'abricotier, et aussi d'une reprise plus facile à la transplantation.

Les amandes non germées, que l'on plante avant l'hiver, doivent être enterrées à 0m,06 ou 0m,07; les amandes germées ou stratifiées que l'on enterre au printemps ne doivent être recouvertes que de 0m,03 de terre environ. Si, cependant, la terre était très-légère, on recouvrirait un peu plus.

On place les amandes de pépinière à 0m,50 environ les unes des autres, la pointe en bas, et, dès la première année, on obtient des sujets d'une belle taille qui peuvent être écussonnés en pied à œil dormant.

Les amateurs qui veulent des amandiers d'une grande vigueur, et qui ont une terre profonde à leur donner, feront bien de mettre les amandes en place, tout de suite après la maturité. Ils auront ainsi des arbres à racines profondément pivotantes et qui, par suite, se développeront beaucoup en hauteur. Leur fructification se fera attendre, sans doute, mais ce que l'on perdra de ce côté, on le gagnera en durée.

Le greffage des amandiers a nécessairement affaibli les races, en sorte que les amandes provenant de variétés greffées, ou dont les mères l'ont été, ne reproduisent plus exactement les types. Il suit de là que, dans la plupart des cas, il n'y a plus qu'un seul moyen de répondre d'une reproduction fidèle, c'est de reproduire par la greffe la variété désirée.

On écussonne l'amandier, en pied ou en tête, sur lui-même, c'est-à-dire sur l'amandier venu de noyau, ou, comme l'on dit, sur sujet franc. On pourrait le greffer sur pêcher, sur abricotier et sur prunier; seulement, on aurait des arbres moins vigoureux. Le sujet de prunier a été fortement recommandé à diverses reprises, et voici pourquoi : — Le gros inconvénient de la culture des amandiers, c'est leur floraison hâtive qui les expose aux gelées de fin d'hiver. En les greffant sur le prunier, qui entre un peu plus tard en végétation, on recule nécessairement un peu cette floraison des amandiers, et l'on diminue ainsi la somme des mauvaises chances à courir. Nous croyons, tout bien examiné, qu'il vaut mieux les placer sur franc et les exposer sur des terrains découverts où les vents froids reculent leur végétation.

Taille de l'amandier. — La végétation de l'amandier rappelle exactement celle du pêcher; aussi se prête-t-il aux mêmes formes que ce dernier, et nous nous rappelons qu'en 1849 M. Hardy, jardinier en chef du jardin du Luxembourg, se servait d'un vieux amandier en éventail pour nous enseigner, à nous et à d'autres, la taille du pêcher. Mais, s'il fallait dépenser à conduire des amandiers le temps que l'on consacre à la culture des pêchers d'espalier, la récolte ne payerait pas les frais. D'ailleurs, l'amandier est, nous le répétons, un arbre du Midi qui pousse en plein vent, à haute tige, qui ne peut être lucratif qu'à cette condition, et pour lequel il ne saurait être question d'espalier. Les amandiers du climat de Paris ne sauraient nous servir de guides : ce sont des arbres d'amateurs.

La taille des amandiers à haute tige se réduit à peu de chose. Après la transplantation, on raccourcit les branches pour former une tête régulière; les années suivantes, on supprime les rameaux gourmands qui pourraient jeter de la confusion dans la charpente; on empêche les branches de s'entre-croiser, et, pour cela, on les coupe avant l'hiver et on enduit les plaies d'onguent de Saint-Fiacre; on enlève enfin le bois mort. En somme, moins on se sert de la serpette avec les amandiers, mieux on s'en trouve. Les amputations ont trop souvent l'inconvénient d'amener la gomme.

Rajeunissement de l'amandier. — Lorsque l'amandier est vieux, on le rajeunit en rabattant avant l'hiver les branches de charpente à 0m,50 ou 0m,60 du tronc, et en fumant la terre. Il se produit du jeune bois qui fructifie dès la seconde année. Nous n'avons pas besoin d'ajouter qu'on supprime peu à peu, de loin en loin, les rameaux trop nombreux, pour ne conserver que ceux nécessaires à la nouvelle charpente.

Maladies et insectes nuisibles. — Les amandiers qui souffrent ou de la mauvaise qualité d'un terrain trop frais, ou d'une insolation trop forte, ou d'amputations multipliées, sont d'ordinaire affectés de la gomme. On doit l'enlever jusqu'au vif, à mesure qu'elle se produit, mais dans la grande culture, on ne s'en occupe guère.

La plante parasite connue sous le nom de *gui* est aussi funeste aux amandiers qu'aux pommiers. Le mieux est de l'enlever rigoureusement, de couvrir la plaie d'un enduit de terre pétrie avec de l'huile de rebut, et de faire manger le gui aux vaches.

Pour ce qui est des insectes nuisibles, M. Dubreuil signale surtout la chenille de la piéride de l'alizier (*pieris cratægi*) qui, dit-il, mange les feuilles naissantes et détermine la chute des fruits. Cet auteur ajoute qu'on détruit l'insecte en enlevant ses nids soyeux qui entourent les branches, et en secouant l'arbre au moment de la pousse des feuilles. M. Ch. Goureau, qui ne dit rien de la piéride de l'alizier, mentionne, comme ennemis de l'amandier, le bombyx tête bleue (*diloba cæruleo-cephala*, Dup.), la gallinsecte ronde du pêcher (*lecanium amygdali*, Blanch.) et le puceron de l'amandier (*aphis amygdali*, Blanch.).

Récolte des amandes. — Lorsque les péricarpes ou coques s'ouvrent et que les premières amandes tombent, il est temps de faire la récolte. Pas n'est besoin d'attendre qu'elles s'ouvrent toutes, car on attendrait trop longtemps. On les gaule avec des baguettes en bois flexible ou mieux avec les roseaux connus sous le nom de cannes de Provence (*arundo donax*). La cueillette à la main serait trop lente; elle ne convient réellement que pour les amandes vertes que l'on consomme avant la maturité.

Une fois les amandes gaulées et séchées sur place ou au grenier, on les dépouille de leur brou qui devient une provision d'hiver pour le bétail, on les laisse sécher encore, puis on les met en sacs et en lieu sec jusqu'à la vente.

« Le produit annuel des amandiers, dit M. Dubreuil, est assez variable. Toutefois, dans le midi de la France, on le porte en moyenne, pour un arbre arrivé au maximum de son développement, à 6 kilogrammes d'amandes privées de leur coquille. Le kilogramme se vend habituellement un franc. » Ce prix a été établi en 1851.

Usages. — Le bois de l'amandier est dur; on s'en sert dans l'ébénisterie et aussi pour monter les outils des menuisiers et des charpentiers. Ses feuilles sont mangées par les chèvres et les moutons. Ses fruits sont surtout recherchés avant la maturité, mais, quand l'amande est bien formée, ils font partie de nos desserts; mûrs, on les estime au même titre, et ils composent avec les noisettes et les raisins secs ce qu'on nomme les *quatre mendiants*. Les amandes douces sont utilisées dans la fabrication des dragées et du nougat; leur émulsion, avec de l'eau d'orge et du sucre, fait l'orgeat. Les amandes douces servent à préparer pour la médecine des émulsions ou laits d'amandes, un looch, un orgeat, un sirop et une pâte. M. Moquin-Tandon, à qui nous empruntons ce détail, ajoute que les amandes amères ont été conseillées dans les douleurs névralgiques, les fièvres intermittentes. Ces mêmes amandes amères servent à faire les massepains et diverses pâtisseries et sucreries.

On retire des amandes douces et des amandes amères une huile qui est toujours douce dans l'un et l'autre cas. La seule différence caractéristique consiste en ce que l'huile douce d'amandes amères a une odeur très-marquée d'acide cyanhydrique. On se sert de ces huiles pour les préparations pharmaceutiques et pour la parfumerie. Le marc des amandes, dont on a extrait l'huile, est vendu par les parfumeurs sous le nom de *pâte d'amande*.

P. J.

CHAPITRE XLI

(SUITE DES FRUITS SECS)

DU NOYER COMMUN (JUGLANS REGIA)

Description. — Le noyer commun est un arbre de grande taille, de la famille des Juglandées.

Fig. 1258. — Noyer commun.

On le dit originaire de la Perse. Le *Dictionnaire d'agriculture pratique* l'a décrit en ces termes : « C'est un bel arbre qui atteint de grandes dimensions, et dont le tronc se divise en branches fortes et étalées qui forment une tête arrondie; son écorce est épaisse, grisâtre, souvent crevassée et sillonnée, excepté sur les branches moyennes et jeunes, où elle est lisse et d'un gris blanchâtre; les feuilles sont grandes, coriaces, d'un vert sombre, et composées de sept à neuf folioles; leur odeur est forte, aromatique et se développe surtout lorsqu'on les froisse entre les doigts; elles noircissent en se desséchant; les fleurs femelles sont ordinairement accouplées deux à deux. On en trouve cependant qui sont isolées, ou réunies par trois ou quatre. Les fleurs mâles sont disposées en chatons pendants. Son fruit ou *noix*, dont la culture a fait varier le volume, est marqué de sillons à sa surface et entouré d'une enveloppe lisse, connue sous le nom de *brou*, qui ne serait, d'après MM. Cosson et Germain, qu'un involucre et le calice soudés et accrus après la

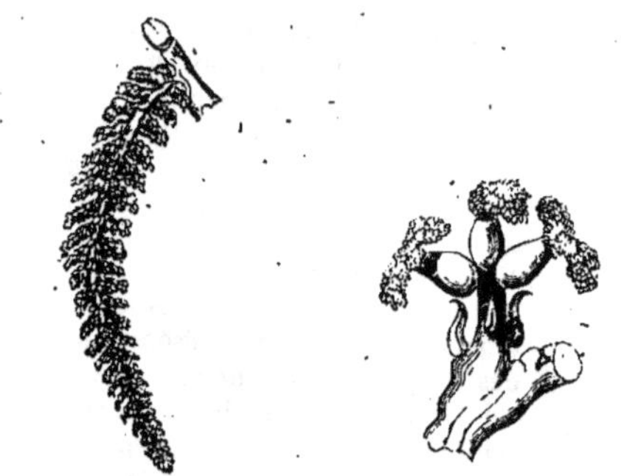

Fig. 1259. — Fleur mâle du noyer commun.

Fig. 1260. — Fleur femelle du noyer commun.

fécondation. Quoi qu'il en soit, à la maturité, cette enveloppe se crevasse et se déchire en fragments plus ou moins irréguliers. »

Variétés. — La culture a produit un assez grand nombre de variétés et sous-variétés de noyers. Les principales sont les suivantes :

1° *Noyer à coque tendre, noyer à mésange*, ou *noyer de mars*. — Ses noix sont allongées, pleines, blanches, de bonne garde, à coque mince et si tendre que les pies, les geais et les mésanges les entament aisément. L'amande est de bonne qualité Les fruits du noyer à coque tendre sont très-recherchés pour la table, mais la qualité du bois ne répond pas à celle du fruit; le tronc se caverne fréquemment.

2° *Noyer tardif*, ou de la *Saint-Jean*, ou de *mai*. — Cette variété pousse et fleurit tardivement, ainsi que son nom l'indique, et c'est pour cela qu'elle redoute moins les gelées de printemps que la précédente. Sa noix est arrondie, sa coque assez tendre et pleine ; elle produit peu.

3° *Noyer de jauge*, ou *à gros fruits*, ou *à bijoux*. — Cette variété, peu cultivée, parce qu'elle offre peu d'avantages, ne se recommande réellement que par le volume extraordinaire de ses fruits. L'amande n'est point en rapport avec la capacité où elle se trouve et qu'elle ne remplit pas complétement. En se desséchant, cette amande subit un retrait considérable et finit par ne plus occuper que la moitié de la coque. Cette coque, en raison de sa grosseur, a été employée pour renfermer des bijoux et même des onguents. Le bois est de qualité inférieure.

4° *Noyer à fruit dur*. — Le nom de cette variété dit assez que sa coque est très-dure et que son fruit n'est pas digne de figurer dans un dessert. En retour, ce noyer est robuste, réussit assez bien dans les climats rudes, et fournit partout un bois dur, très-veiné, très-beau et par conséquent très-estimé.

5° *Noyer à grappes*. — Cet arbre se distingue des autres variétés par ses fruits réunis par quinze, vingt et même plus, en grappes qui lui ont valu son nom. Ces fruits sont très-ordinaires quant au volume et se reproduisent de semis.

6° *Noyer fertile*. — Cet arbre a été mis dans le commerce par M. Leroy, pépiniériste à Angers, vers 1850. La noix est à coque tendre, de grosseur ordinaire et très-pleine. M. J.-B. Verlot nous assure qu'il produit des fruits dès la première année de sa plantation ; de son côté, M. H. Issartier nous dit qu'il fructifie la troisième année seulement ; c'est déjà bien assez vite. En raison même de sa fertilité rapide, il est évident que cette variété ne doit être ni robuste ni de longue durée.

7° *Noyer lacinié*. — Cette variété est remarquable par ses laciniures ou divisions profondes et nombreuses. C'est un arbre ornemental et utile en même temps.

8° *Noyer Barthère*. — Ce noyer, à fruits oblongs, nous est signalé par notre collaborateur, M. Ch. Baltet, comme digne de figurer parmi les variétés méritantes.

Sol et exposition. — Le noyer craint beaucoup l'humidité, et végète mal dans les terrains argileux compactes et dans les terres mouillées. Les terres légères, qui permettent à ses racines traçantes de courir au loin, sont celles qui lui conviennent tout particulièrement, peu importe leur nature ; cependant, nous avons cru remarquer qu'il affectionne le calcaire. Pour ce qui est de l'exposition, il est bon de le soustraire le plus possible aux situations exposées aux gelées de printemps. Toutefois, il aime les gorges de montagnes et les coteaux exposés au nord et à l'est.

Multiplication du noyer. — Le noyer se multiplie de graines le plus ordinairement, mais il est d'observation constante que les sujets greffés donnent des fruits plus tôt et en plus grande quantité que les arbres de semis. C'est tout simple ; le greffage est une atteinte aux lois de la nature, et ce que l'on perd en vigueur, on le gagne en fruits. Seulement, on voudra bien remarquer que le bois des arbres greffés ne vaudra point celui des variétés de la même sorte non greffés, et que, si l'on sème des noix provenant d'arbres greffés, il ne faudra pas s'attendre à la reproduction fidèle du type.

Le semis du noyer, avons-nous écrit déjà, se fait de deux manières, soit en place, soit en pépinière.

Lorsque ce semis a été fait en place, le noyer enfonce plus profondément son pivot dans le sol, et craint moins alors d'être déraciné par les vents : son tronc s'élève plus haut et plus droit. Son développement est plus rapide que lorsqu'on le transplante ; son bois, en outre, acquiert plus de qualité.

On sème les noix en pépinière avant l'hiver ou au printemps, quand on ne craint plus les gelées. Dans le premier cas, le mieux est d'enterrer les noix avec leur brou dans un sol bien ameubli, à 0m,05 ou 0m,06 de profondeur et à 0m,65 de distance en tous sens. Lorsqu'on ajourne le semis au printemps, on dépouille les noix de leur brou et on les conserve par le moyen de la stratification. Lorsque les noyers de pépinière sont levés, on les sarcle et on les bine soigneusement. Si l'on tient à ce qu'ils deviennent productifs de bonne heure, on les transplante deux ou trois fois avant de les mettre définitivement à demeure, et à chaque fois, on coupe l'extrémité du pivot. Les racines latérales prennent plus de développement; la tige s'élève moins, la fructification se fait attendre moins longtemps.

Dès la troisième année, on élague l'arbre par le bas, et l'on continue ainsi tous les ans, en laissant seulement quelques branches; puis, lorsque l'arbre est assez for , on le transplante définitivement en novembre ou en décembre.

Comme le noyer prend beaucoup de développement, il faut l'éloigner de 15 à 20 mètres des arbres voisins.

Le noyer se charpente de lui-même et forme naturellement une tête arrondie.

Entretien du noyer. — Jusqu'à l'âge de vingt ans, la charpente du noyer demande quelque surveillance. On enlève le bois moisi; on supprime les branches basses, pour favoriser l'élévation du tronc, celles qui sont mal disposées, les rameaux pendants, et l'on recouvre les plaies avec de l'onguent de Saint-Fiacre. Souvent même on ne retranche rien, car on sait que les amputations ne conviennent guère à cet arbre.

Récolte des noix. — Quand le brou se crevasse et s'ouvre, les noix sont mûres et vont se détacher d'elles-mêmes. C'est le moment de les gauler au moyen de perches minces et flexibles. Il serait peut-être à désirer que la récolte pût se faire par un autre procédé, mais il n'y faut point songer. On doit, puisque nécessité fait loi, se contenter d'adresser une recommandation aux gauleurs de noix, celle de ne pas maltraiter trop violemment et surtout inutilement les noyers, par des coups de gaule appliqués à tort et à travers.

On ramasse les noix tombées; on les emporte à la maison dans de grands paniers ou par tout autre moyen, et on les laisse fermenter en tas deux ou trois jours seulement, c'est-à-dire le temps nécessaire pour que le brou se détache bien. Après cela, on prend les noix une à une, on en détache le brou avec la main, au risque de se noircir les doigts pour une quinzaine au moins, et les noix, dépouillées de leur enveloppe, sont exposées plusieurs jours de suite à l'air pour s'y ressuyer, puis étendu s sur le grenier. Sans cette précaution, elles moisiraient vite. Une fois bien ressuyées, on les met dans des futailles défoncées par un bout ou dans des sacs jusqu'au moment de les vendre ou d'en fabriquer de l'huile.

Emploi des noix. — Toutes jeunes, les noix vertes servent à préparer, sous le nom de *brou de noix*, un ratafia stomachique estimé. Lorsque l'amande est formée, en août et septembre, on fend les noix en deux parties, on en sort cette amande et on la mange sous le nom de *cerneaux*. Les noix mûres et fraîches sont excellentes et figurent au dessert sur les meilleures tables. Un peu plus tard, elles rancissent, perdent de leur saveur délicate et deviennent indigestes. Enfin les amandes de noix servent à préparer une huile recherchée pour la table dans beaucoup de contrées, mais qui a l'inconvénient de rancir vite et de contracter, en vieillissant, une saveur forte et âcre. On l'emploie partout dans la peinture.

Emploi du bois et des feuilles de noyer. — Le bois du noyer, la racine surtout, est très-recherché des ébénistes, menuisiers, armuriers, sculpteurs, luthiers, carrossiers, etc. Il se vend fort cher. D'après M. Moquin-Tandon, l'écorce de noyer est antiscrofuleuse, conseillée aussi contre l'ictère, les exanthèmes et même contre la pustule maligne; elle est administrée en sirop, en extrait, en lotions, en pommade, en collyre. D'après le même auteur, les feuilles de noyer sont employées vertes et sèches à l'intérieur et à l'extérieur, comme astringentes, toniques et détersives.

En horticulture, on a employé des décoctions de feuilles de noyer pour combattre les insectes et empêcher les mauvaises herbes de pousser dans les allées.

P. J.

CHAPITRE XLII

(FIN DES FRUITS SECS)

DU NOISETIER (CORYLUS)

Description. — Le noisetier est un grand arbrisseau de la famille des Amentacées, très-répandu dans les haies et les forêts de toute l'Europe. Ses tiges sont droites et rameuses; l'écorce des jeunes rameaux est grisâtre; celle des branches un peu âgées est d'un brun luisant; les feuilles sont dentées, pointues, échancrées en cœur à la base et couvertes de poils courts; le pétiole est velu, les fleurs mâles en chaton apparaissent avant les feuilles; les fleurs femelles sont solitaires et facilement reconnaissables à la couleur rouge de leurs styles. Les fruits sont connus sous les noms de *noisettes* et d'*avelines*.

Terrains et situations qui conviennent au noisetier. — Le noisetier est un arbrisseau des plus robustes. On le rencontre dans les bois, où il croît spontanément, en taillis, en haie vive, sur le bord des chemins, etc.

Il se déplaît dans un sol excessivement sec; sa végétation y est languissante, ses feuilles jaunissent. Dans une terre trop froide ou compacte, ses extrémités gèlent, ce qui le rend mal venant et peu fertile.

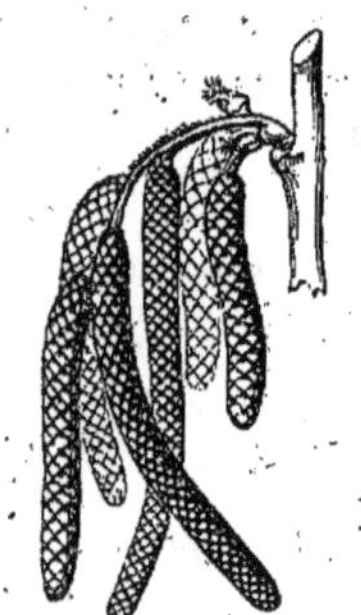

Fig. 1261. — Fleur mâle et femelle de l'avelinier.

On l'utilise au nord et à l'ouest des bâtiments, sous de grands arbres touffus, sur le bord des fossés, en boulingrin, partout enfin où d'autres essences fruitières se déplairaient. Cependant, dans les pays septentrionaux et froids, la privation de soleil serait défavorable à la formation de l'amande.

Les soins d'entretien presque insignifiants qu'il réclame lui donneront accès dans les plantations où la surveillance ferait défaut.

Fig. 1262 — Noisetier avelinier.

Variétés de noisetier à cultiver. — Nous connaissons des collections comprenant jusqu'à quarante ou cinquante variétés et sous-variétés de noisetier.

On nous saura gré de ne pas nous y aventurer, et de rester au milieu d'un choix convenable de bonnes sortes ayant fait leurs preuves.

Avelinier. — Fruit moyen, ovoïde-arrondi, à coque demi-dure. Il en existe deux sous-variétés: l'une dont l'amande est recouverte d'une pellicule *blanche*, l'autre à pellicule *rouge*.

Avelinier de Provence. — Fruit gros, rond et court, à coque tendre, à pellicule rouge clair.

Noisetier d'Espagne. — Fruit gros, à coque demi-dure, comprenant deux sous-variétés: l'une *ronde* et *blanche*, l'autre *longue* et *roug erosée*.

Noisetier Dowton. — Fruit gros, oblond; coque assez tendre; pellicule blanche.

Noisetier franc. — Fruit moyen, oblong, à coque demi-dure. On en cultive deux sous-variétés: l'une à fruit *blanc*, l'autre à fruit *rouge*; celle-ci a encore produit une sous-variété à feuillage et à involucre de couleur *pourpre*.

Les noisetiers aveline et franc sont les plus répandus; on les confond souvent.

Le noisetier des bois a le fruit trop petit pour être cultivé au point de vue de la production; nous lui préférons ici ses sous-variétés, *noisetier à feuilles laciniées, noisetier à grappes*, assez ornementales, comme le *noisetier pourpre* et le *noisetier nain*, tous remarquables par leur port, leur feuillage ou leurs capsules foliacées. En les greffant sur tige de noisetier de Byzance, variété d'agrément, vigoureuse, à écorce blanc d'argent, on obtiendrait de jolis arbrisseaux recherchés par les amateurs.

Des moyens de multiplier le noisetier. — Le noisetier se multiplie par le semis et par le marcottage.

Les variétés à petit fruit se reproduisent très-bien par le semis; mais celles à gros fruit ont parfois une tendance à varier. Le couchage transmet naturellement au plant les caractères distinctifs.

Le semis se fait aussitôt la récolte des noisettes. On les dégage de leur involucre, et on les stratifie dans un vase que l'on préserve de l'attaque des animaux rongeurs.

Au printemps suivant, on sème sur un terrain léger, en rayon ou en potet, la graine en voie de germination.

Après une année de végétation, on repique le plant en pépinière; et deux ans plus tard, on le plante à demeure. Très-souvent, il est assez fort dès sa première année.

Les procédés de marcottage sont le couchage ordinaire, et le couchage en butte ou cépée.

Sans vouloir revenir sur la manière d'opérer, nous dirons que, si le bois couché est vieux, on le fend; et, si le brin hors terre est long et maigre, on le taille à deux yeux.

Ce mode de reproduction convient aux noisetiers, car ils s'y montrent fort dociles.

Le recépage total de la mère pour préparer chaque couchage produit des plants qui s'enracinent promptement.

Les rejets que l'on prend au collet des souches de noisetier non disposées à la multiplication ont besoin d'être mis en nourrice pendant deux années. Ils ne valent pas les élèves nés d'un semis ou d'un couchage.

En plantant en pépinière de jeunes sujets étiolés, on leur applique un écimage immédiat s'ils se trouvent mal enracinés. Dans tous les cas, le recépage de la seconde année leur fait développer des rameaux vigoureux.

Un plant bien fait doit être planté dans son entier; et, quand il végète régulièrement, on évite de le mutiler.

Des formes qui conviennent au noisetier. — Le buisson est la meilleure forme pour le noisetier. Il s'y dirige de lui-même et s'y maintient sans le concours d'opérations violentes.

Suivant l'emplacement occupé par le sujet, on dresse le noisetier en touffe arrondie ou en buisson-éventail formant rideau. Cette dernière façon est applicable aux clôtures, aux berceaux, aux allées couvertes, aux bordures de chemins ou contre des murailles.

Sa facilité d'émettre des jets au collet le prédispose à cette tournure, tout en permettant la restauration de touffes irrégulières ou fatiguées.

Le noisetier pourrait encore être dressé sur tige, en employant des sujets vigoureux, provenant de semis plutôt que du drageonnage.

On a le soin de raser les rameaux souterrains; plus tard l'absence de taille sur le branchage préviendra la sortie de ces rejets épuisants.

Taille du noisetier au point de vue de la charpente. — La taille du noisetier est pour ainsi dire nulle. N'étant pas soumis à une forme symétrique, l'arbuste ne réclame aucune taille préparatoire, dans le but de continuer sa charpente.

S'il est indocile dans sa jeunesse, on se contente d'écimer en hiver les parties fortes, et de les effeuiller en été. La flexibilité de ses tissus permet d'abaisser les branches fortes et de dresser les faibles.

Pour conserver la régularité des rideaux de noisetiers, on a l'habitude de les tondre avec un croissant ou avec des cisailles. Au lieu de ces coupes annuelles mal raisonnées, nous préférons utiliser par le dressage tous les rameaux capables de former l'éventail, et raser en pied ceux qu'on ne peut employer.

Quand les premiers membres sont malades, on les recèpe et on les remplace facilement par de nouveaux rejets.

Un recépage général restaure les touffes devenues chétives et languissantes.

Taille du noisetier au point de vue de la fructification. — La fructification arrive d'elle-même; les boutons floraux naissent sur les jeunes rameaux de l'année précédente, et, conséquemment, la taille de ces rameaux nuirait à la fructification, puisqu'elle en détruirait les éléments.

Cependant, nous pouvons régulariser la répartition des fleurs mâles et des fleurs femelles par quelques retranchements annuels ou bisannuels.

Nous écimons les rameaux à bois vigoureux pour les faire garnir de brindilles destinées à produire.

Dans l'hiver qui suit la production du fruit, nous rapprochons les rameaux qui ont fructifié pour leur faire développer de nouveaux jets à leur base; on n'abuse pas de ces opérations. On coupe çà et là, après la récolte du fruit ou avant la montée de la séve, en ménageant les brindilles âgées d'un an. En opérant au mois de mars, on distingue la fleur femelle, et on évite de la supprimer.

Fructification du noisetier. — On sait que, chez le noisetier, la fleur en chaton contient les organes mâles, tandis que la fleur en aigrette se compose des organes femelles, l'espèce portant des fleurs distinctes.

Les boutons floraux apparaissent vers le sommet des rameaux âgés d'une année.

Il n'y a pas à redouter que l'abondance du fruit fatigue le sujet; on conserve donc tous les fruits qui se présentent.

Il serait également superflu de les éclaircir, leur nature étant de se présenter en groupes plus ou moins compactes.

La récolte se fait quand l'involucre perd sa teinte herbacée, et que la noisette s'isole de lui en cherchant à tomber.

On cueille tout à la fois cupule et noisette; on les rentre au sec et à l'ombre pour les laisser s'essuyer; quelques jours après, on en détache la noix. Étendues sur un plancher, elles seront retournées deux ou trois fois.

Les noisettes et avelines peuvent se dessécher par suite d'une récolte prématurée, d'une conservation vicieuse ou trop prolongée. On y obvie en les plaçant dans une couche de son ou de sciure de bois dépourvue d'humidité.

Insectes et maladies du noisetier. — La destruction des insectes, la guérison des maladies, qui attaquent le noisetier n'offrent rien de particulier. Jusqu'alors le noisetier a rencontré peu d'ennemis.

Insectes. — On connaît le *balanin des noisettes* (page 99), qui perfore l'involucre pour y insinuer un œuf; la larve qui en sort vit aux dépens de l'amande. Plus tard, le ver vient s'enfoncer dans le sol, et se transforme au printemps suivant en un joli charançon qui recommence ses pontes sur les fruits nouveaux. Il faut s'opposer à cette multiplication de l'ennemi, en lui faisant la chasse, et en brûlant la cupule piquée qui recèle sa progéniture.

Maladies. — Les maladies principales du noisetier sont la jaunisse sur les feuilles et le dépérissement des rameaux.

Ainsi que nous l'avons dit pour d'autres essences, la jaunisse est causée par un terrain brûlant et poreux; on l'améliore avec des substances fermes, fraîches et grasses.

Le dépérissement des rameaux provient, au contraire, d'un sol froid ou compacte; on y remédie par la plantation peu profonde des amendements sableux, légers, chauds.

Si d'un côté la situation est trop brûlante, ou d'un autre trop froide ou privée d'air, on change l'arbrisseau de place, en replantant, au besoin, de jeunes rejets sains, préférablement à une grosse touffe épuisée.

Usages. — Le bois du noisetier, en raison de sa flexibilité, est précieux pour faire des perches à palisser, des tuteurs, des cercles de futailles, des claies, des bâtis d'ouvrages de vannerie. Son charbon est léger et peut servir à la fabrication de la poudre. Les fruits sont recherchés pour les desserts et on en retire une huile estimée dans les cuisines.

CHARLES BALTET.

CHAPITRE XLIII

II. — FRUITS MULTIPLES. — DU FRAMBOISIER (RUBUS IDÆUS)

Origine. — Le framboisier ou mieux la ronce framboisier est une plante ligneuse de la famille des Rosacées, à fruit pubescent, à fleurs et fruits

Fig. 1263. — Framboisier.

à pédoncules penchés. On le rencontre assez communément dans les bois à l'état sauvage. Le Morvan, les Vosges, l'Ardenne belge, etc., en offrent des quantités considérables.

Des terrains et situations qui conviennent au framboisier. — Le framboisier préfère les milieux frais aux milieux arides; il aime les terrains ordinaires, légers, sablonneux, granitiques, schisteux ou graveleux des contrées élevées et humides; il s'accommode aussi des sols mélangés de silice et d'argile, ou de calcaire et d'humus, de terres franches et de celles qui ne sont ni trop brûlantes ni trop froides. Dans les premières, il jaunit; dans les secondes, il manque aussi de vigueur.

Sa végétation est bonne sous toutes les régions climatériques de la France, à l'exception de celles qui sont trop chaudes, et son fruit y mûrit parfaitement. Cependant on lui remarque une végétation meilleure dans les contrées septentrionales. D'après cela, si l'on avait affaire à une localité constamment chaude, il conviendrait de le planter à une certaine altitude, ou sur le versant des collines moins exposées au soleil. Nous ferons encore observer que les situations chaudes qui excitent de bonne heure la circulation de la séve, seraient funestes à sa végétation précoce si elles étaient sujettes aux gelées tardives du printemps.

Par le fait d'une bonne culture et de soins entendus, on prolonge la durée du framboisier, et on augmente la beauté et la qualité de son fruit; mais on a l'habitude de le reléguer dans un coin, sous de grands arbres qui envahissent la place, au nord d'un bâtiment. Il s'y maintient, et c'est encore la preuve de sa robusticité.

En le plantant à l'ombre, on empêche son fruit de tomber trop vite en décomposition; au midi, la chaleur solaire en accélère la maturité et communique aux framboises d'arrière-saison, aux variétés remontantes par exemple, une saveur sucrée dont elles ont besoin.

Le framboisier réussira donc à toutes les expositions, et, s'il n'y a pas d'inconvénient à planter les variétés hâtives dans les endroits privés de soleil, il y aurait tout avantage à réserver les expositions chaudes aux variétés tardives ou acidulées, à moins que l'on ne veuille y précipiter encore la maturation des variétés précoces.

La place du framboisier est aussi bien dans un carré du jardin potager qu'auprès d'un mur du jardin fruitier, sous les arbres du verger comme dans un massif du parc paysager ou sur la lisière de ce massif.

Sa croissance facile aide beaucoup à sa propagation, et, si une surveillance raisonnée n'y mettait bon ordre, sa propriété de drageonner à outrance finirait par l'épuiser, en ne procréant que des sujets malingres et des fruits insignifiants.

Cette plante conviendrait également pour garnir les pentes de montagnes ou simplement des coteaux négligés par la culture, et situés à proximité de l'habitation. Ses racines traçantes contribueraient à y maintenir la couche de terre superficielle trop disposée à descendre, et la valeur de son fruit, recherché pour la fabrication des sirops et conserves, serait assez importante pour mériter l'attention du propriétaire.

Des meilleures variétés de framboisier. — Il est facile d'augmenter soi-même le nombre des variétés de framboisier, en semant les graines de celles qui existent déjà. On obtient une multitude de races plus ou moins caractérisées, tantôt dissemblables, tantôt assez rapprochées pour être souvent confondues entre elles.

En faisant un choix parmi les plus remarquables, on finirait par avoir une collection nombreuse de sous-variétés, mais se rapportant toujours à l'un des types que nous reconnaissons chez le framboisier. Les classifications sont assez difficiles à établir parmi les arbres fruitiers; toutefois, nous croyons être exact en proposant pour le framboisier l'ordre de races et de types suivants :

RACES ORDINAIRES.

(*Ne fructifiant qu'une fois dans l'année.*)

VARIÉTÉS A PETITS FRUITS.	à fruit rouge. à fruit brun. à fruit jaunâtre. à fruit aurore.
VARIÉTÉS A GROS FRUITS...	à fruit rouge. à fruit brun. à fruit jaunâtre. à fruit aurore.

RACES dites REMONTANTES.

(*Fructifiant plusieurs fois dans l'année.*)

VARIÉTÉS A PETITS FRUITS.	à fruit rouge. à fruit brun. à fruit jaunâtre.
VARIÉTÉS A GROS FRUITS...	à fruit rouge. à fruit brun. à fruit jaunâtre.

Chaque variété se subdiviserait en sous-variété à fruit arrondi, et en sous-variété à fruit allongé.

On n'a pas encore trouvé de framboisier remontant à fruit aurore; on commence déjà à en posséder à gros fruits; il suffira vraisemblablement de semis réitérés pour parvenir au changement de couleur.

Nous nous bornerons donc à signaler seulement ces divisions; nous ne voulons citer aucune sous-variété parce que l'obtention en est tellement facile, que les préférées d'aujourd'hui seront peut-être dédaignées demain. Une collection composée du meilleur type de chaque catégorie serait certes bien suffisante.

Les titres à observer pour qu'une sous-variété de framboisier soit digne de la culture peuvent se résumer ainsi : bois vigoureux, drageonnage modéré; fruit abondant, beau, bien formé, mûrissant facilement, bon, peu sujet à tomber ou à pourrir, ni à favoriser l'attaque des insectes.

Culture du framboisier au point de vue de la multiplication. — La multiplication du framboisier a lieu par le semis et le marcottage par racine ou drageonnage. La graine ne reproduit pas toujours la variété; le drageon la reproduit exactement.

La tige bisannuelle du framboisier et ses racines traçantes indiquent suffisamment que, si nous avions recours au bouturage, ce ne serait qu'avec l'aide de fragments de racines.

Ne nous occupons que du semis et du drageonnage.

Semis du framboisier. — Nous commençons par récolter les fruits les plus parfaits lorsqu'ils sont mûrs, et nous les étendons au soleil pour en faire sécher la pulpe. Aussitôt que la graine peut en être détachée facilement, ce qui arrive après quelques jours d'exposition, nous brassons le fruit entre nos mains, et le débarrassons des parcelles de pulpe desséchée, désormais inutiles. Nous semons ensuite en terrine ou en caisse remplie de terre légère, avec compost de terreau, sable et terre de bruyère tamisée, à la surface. En raison de l'exiguïté de la graine, nous la mélangeons avec ce même compost avant de la semer, et la répandons ainsi plus uniformément. Si la graine semée se trouvait trop à nu, nous tamiserions légèrement sur elle de cette terre préparée; enfin nous étendons à la surface un lit peu épais de mousse déchiquetée, et nous portons la terrine ou la caisse dans une cave ou au nord d'un bâtiment, en ayant soin de la rentrer à l'époque des gelées.

Au mois de mars suivant, on transporte le vase contre un mur au midi, et la germination s'opère.

Pour obtenir une levée bien complète, on place au-dessus du semis une cloche, un châssis ou simplement une feuille de verre qu'on soulève à mesure que le plant s'allonge.

Quand les sujets ont $0^m,10$ de hauteur, nous les repiquons à $0^m,20$ d'écartement, à la condition que ce ne soit pas plus tard que le mois d'août; la séve aura encore le temps d'affermir la racine au sol par des chevelus nouveaux. Après une année de végétation, ils pourront être plantés à demeure et traités d'après les méthodes exposées plus loin.

Comme nous aurions tort de conserver ou de propager des races médiocres, nous attendons le résultat de plusieurs fructifications avant de condamner les souches de mauvais augure. Celles de race bifère et qui ne seraient pas franchement remontantes doivent être rigoureusement enlevées avec leurs rejets.

Si, dans le semis, on remarquait une sous-variété tout à fait distincte et méritante, nous conseillerions de l'extraire en totalité, et de la planter dans un endroit spécial.

Le semeur saura tirer parti des marcs de framboises obtenus après le pressurage du fruit. En le semant immédiatement en place, les plants lèveront après l'hiver. La stratification épargnerait un terrain inoccupé jusqu'au moment de la germination.

Marcottage par racine. — Nous réservons des touffes de framboisier à $1^m,30$ l'une de l'autre; ce sont nos sujets mères. A chaque printemps, on les recèpe à $0^m,25$ de terre, non pas dans le but d'y récolter des fruits, mais pour les contraindre à émettre des rejets plus vigoureux. Dès l'automne qui suit, on déplante ces drageons avec précaution, en les soulevant avec une bêche, et en les tranchant sur la racine qui les porte, de manière à ce qu'ils aient assez de chevelus, et sans que l'on maltraite inutilement une racine destinée à produire de nouveaux plants l'année suivante.

Si le plant était trop chétif ou mal enraciné pour le terrain qui lui est destiné, on le repiquerait en bonne terre ameublie, à $0^m,25$ d'écartement; on le rabattrait à $0^m,10$ pour en tirer un jet nouveau qui aurait, après une année de végétation, si ce n'est une grande vigueur, au moins le mérite d'être trapu au collet et mieux enraciné. N'oublions pas qu'un bon drageon directement extrait de la mère est également propre aux plantations définitives; et le drageon est d'autant plus fort, qu'on a enlevé davantage de collatéraux par un éclaircissage printanier.

Chaque année, nous rabattons la cépée à $0^m,25$, après en avoir supprimé les tiges mortes de l'année précédente, et nous coupons rez terre les rejets qui n'ont point été employés. De nouveaux plants apparaissent; et la même opération se répète tous les ans.

Nous pourrions encore faire partager les fonctions de mère aux enfants de la souche primitive, en rasant celle-ci en pied, ou en l'extrayant du sol; et l'on taillerait à $0^m,25$ les plus beaux rejets désignés pour la suppléer.

Si l'on enveloppe de terre douce la base des drageons naissants, après en avoir déchaussé le sol croûteux qui les entoure, il s'y forme d'excellents bourgeons radicaux; pour la multiplication, c'est un avantage incontestable.

Culture du framboisier au point de vue de la fructification. — Le framboisier présente cette particularité que, chez les variétés ordinaires, ses tiges produisent à leur deuxième année, meurent aussitôt après, et sont remplacées par de nouvelles tiges qui subissent le même sort; et, chez les variétés bifères, non-seulement la tige fructifie dès sa première année, mais elle est encore capable de produire l'année suivante, en première saison; puis elle meurt.

La taille du framboisier est basée sur cette manière de vivre, et tous les procédés de culture doivent s'y rapporter. Voyons d'abord les premiers principes de culture.

Nous plantons le framboisier en carré, en planches, en lignes ou par touffes isolées ou *trochées*. La distance à ménager entre les pieds est subordonnée à leur destination; un intervalle de 0m,80 à 1m,20 convient aux sujets plantés sur une seule ligne; et, s'il y a plusieurs lignes, nous écartons les rangs de 1m,30, et les plants de 1 mètre environ. Avec du plant douteux, nous en mettons deux pieds dans le même trou.

Le sol ayant été convénablement ameubli, purgé de pierres et de racines, nous procédons à la plantation. Quand la terre est de bonne qualité, nous plantons par trou, sans autre précaution qu'un faible apport, s'il y a lieu, d'engrais consumés et diversement composés. Si le terrain est moins bien favorisé, nous donnons, dès le mois de septembre, une fumure générale; et, pour mieux concentrer la bonne nourriture au pied du plant, nous ouvrons une tranchée large de 0m,40, profonde de 0m,30 dans le sens des rangs projetés, et nous la remplissons à moitié d'un compost de terreau, de sable et d'humus ou de terre franche. Dans ce mélange, nous plantons les framboisiers; et à chaque automne, nous comblons la rigole d'une nouvelle terre également amendée.

Au mois de mars de la première année, on taille le plant à 0m,15, et quelque temps après, on supprime les boutons à fleur, afin de concentrer la séve vers le collet où doit naître un rameau chargé de continuer la vie du plant; nous accolons ce rejet à une baguette pour qu'il se fortifie et ne rampe pas.

A la taille suivante, la taille du framboisier se fait quand les grands froids sont passés; nous le rabattons à 0m,25; plusieurs jets souterrains vont paraître autour du tronc; nous en conservons deux des plus beaux, et nous supprimons les autres en vert lorsqu'ils ont atteint 0m,15 de hauteur.

Les sujets nous paraissent assez forts pour être livrés à la fructification. A partir de cet instant, les diverses méthodes de culture ne se ressemblent plus quant à la forme. Quelques-unes ont emprunté le nom du pays où elles sont le plus répandues. Examinons-les brièvement.

Méthode de culture ordinaire. — Nous laissons à chaque pied trois ou quatre brins, et nous les taillons à 1 mètre de hauteur. Ils vont pousser et fructifier, tandis que de nouveaux drageons sortiront de terre; on supprimera le faibles ou ceux qui s'éloigneront trop du centre pour garder les trois, quatre ou cinq jets qui auront meilleure apparence. Après l'hiver suivant, on recépera contre terre les tiges qui auront produit, et on taillera les nouvelles à une hauteur qui varie entre 0m,70 et 1 mètre. Tous les ans, la même opération sera répétée.

Méthode allemande. — Si nous avons affaire à un sol substantiel, nous distançons nos sujets à 0m,75 pour une seule ligne, ou à 1m,20 s'il y en a plusieurs; nous ne ménageons qu'un rejet à chaque pied, et dans ces conditions, il peut atteindre 2 mètres; nous n'en taillons que la sommité trop faible ou mal aoûtée; et en même temps nous le palissons contre un tuteur. Ce support est fiché au pied du framboisier ou à 0m,25 du collet, et incliné vers le sommet que l'on y accolera, si l'on craignait que son contact immédiat entravât la sortie de tous les bourgeons fructifères.

En avril-mai, nous pinçons les brindilles latérales qui garnissent la base de la tige, et qui ne donneraient que peu ou point de fruits. Toute la force se porte alors vers la partie supérieure qui se couvre sous une forme pyramidale de rameaux chargés de fruits parfaitement conditionnés.

Dans l'hiver qui suit la récolte, nous recépons la tige qui a fructifié, et nous utilisons le tuteur auprès d'un autre drageon maintenu à l'exclusion de tout autre, et qui sera traité comme son aîné.

Méthode flamande. — Ici la distance des rangs pourrait être plus rapprochée, et l'intervalle entre les pieds serait plus grand, soit 1 mètre pour les rangs et 1m,30 entre les sujets.

Nous conservons quatre rejets par touffe; au moment de la taille, nous les inclinons obliquement pour les attacher chacun à un petit bâton, et les coupons au-dessus du point d'attache, à 0m,75 ou 1 mètre de la souche. Alors ces tiges fructifient tandis que de nouveaux drageons vont pulluler sur les racines. Nous les extirperons soigneusement en ne réservant que les quatre plus beaux avoisinant le collet central; ils s'élèveront verticalement pour remplacer, l'année suivante, les quatre tiges mortes qui auront fructifié.

Nous préférons donner un tuteur à chaque brin, parce que le palissage de plusieurs sur le même bâton amènerait un fouillis de végétation, et l'étiolement des productions de la base.

Avec une plantation régulière, on pourrait établir un fil de fer à 0m,65 du sol; il serait tendu au-dessus de chaque bord de la tranchée ou à une distance équivalente, et on y accolerait les tiges fructifères. Ces rigoles étant écartées de 1 mètre, on détruirait radicalement tous les drageons qui s'y montreraient; et à chaque automne on regarnirait le collet des souches avec le compost dont nous avons parlé, ou avec la terre des sentiers. Ce mode de culture est également applicable aux touffes éparses de framboisiers.

Méthode spéciale aux races remontantes. — Les races dites bifères, remontantes ou de quatre-saisons suivent le même régime de vie que les races ordinaires; elles ont en outre la faculté de donner des fruits sur les rejets, dans l'année même où ils sont nés. Nous proposons une méthode spéciale de culture qui puisse tirer parti de cette fructification estivale et automnale, préférant négliger celle qui vient la première pour la laisser aux races ne produisant qu'une fois; nous y gagnerons une production supérieure et mieux échelonnée.

Les sujets sont également plantés en carrés, en lignes, ou par trochées. Chaque année nous taillerons les tiges à 0m,20 pour les obliger à émettre plus de drageons, source de notre fructification; au moyen d'un éclaircissage sévère, nous ne gardons que les six plus beaux jets, à chacun desquels nous adjoignons un tuteur; et c'est ainsi qu'ils doivent se terminer par une panicule de fruits.

Après la fructification, et aussitôt la chute des feuilles arrivée, nous déchaussons ces rejets et les tranchons au-dessous du collet pour les raser net, sauf les deux ou trois plus beaux et rapprochés du centre; ceux-ci seront taillés en février-mars, à 0m,20, en même temps que l'on recépera les tiges mortes. Les plants moins fertiles seraient rigoureusement supprimés.

On voit que le but de cette méthode est de provoquer l'émission de beaux drageons fructifères, qu'on laissera vivre seulement une campagne.

Cette race à maturation tardive réclamerait les terrains précoces et les expositions chaudes, surtout dans les contrées sujettes aux brouillards et aux givres de l'automne.

Soins généraux. — Chaque variété de framboisier ne doit pas être plantée trop rapprochée des autres; l'envahissement de ses racines traçantes nuirait à l'entretien des races pures.

A l'automne, un fourchetage très-peu profond en vue d'aider à la végétation souterraine et d'enlever les mauvaises herbes; dans l'été, quelques binages assez de temps avant la maturation et immédiatement après la cueillette du fruit; et au mois de février, un épandage d'engrais liquides; tels sont les principaux soins de culture.

Nous croyons qu'une couche légère de cendre de tourbe, de poussière de route et de charbon ou de feuilles sèches en couverture, contribuerait à la santé du plant et à l'éloignement des insectes.

Récolte. — La récolte des framboises se fait en plusieurs fois, à mesure qu'elles mûrissent. On choisit un beau temps, sans pluie ni brouillard; et, pour cueillir le fruit, on le détache de son réceptacle. Si on attendait que la maturité fût trop avancée, ou si on maniait le fruit brusquement, il s'écraserait au contact des mains.

Renouvellement de la plantation. — Bien qu'un champ de framboisiers soit, pour ainsi dire, inépuisable par suite du drageonnage naturel, il arrive néanmoins qu'après plusieurs années d'une culture suivie, la période décroissante commence. La terre est fatiguée, le plant pousse maigrement, et les fruits semblent dégénérés.

Il convient alors de créer une plantation neuve. Si on l'établit sur le même emplacement, on change la nature du sol, en y mélangeant de bonnes terres fraîches et légères jusqu'à la profondeur d'un fer de bêche. Mais, afin de ne point arrêter nos jouissances, nous formerons d'autres carrés de framboisiers deux années avant de détruire les anciens.

Un plant de framboisiers peut vivre cinq ans comme il peut durer dix ans; cela dépend de sa situation et des soins d'entretien.

Insectes. — Les insectes nuisibles au framboisier sont :

1° La tipule potagère (*tipula oleracea*, Lin. — *paludosa*, Meig. — *pachyrhina maculata*, Macq.), dont la larve coupe quelquefois les drageons entre deux terres.

2° Les tordeuses des arbres fruitiers (*tortrix lævigana*, Dup. — *aspidia uddmanniana*, Dup.). La chenille de cet insecte lie en paquet les feuilles de framboisier. Le papillon éclot en juin et juillet. Heureusement, les oiseaux et les ichneumonides en détruisent beaucoup.

Usages. — Nous lisons dans le *Dictionnaire d'agriculture pratique* : « Les fruits du framboisier ont une saveur douce, sucrée et parfumée; on les mange seuls ou mélangés avec les fraises; on en fait des tartes et des sirops; mais leur plus grand usage est d'entrer dans la préparation des confitures et des sirops de groseille et de vinaigre, dont elles adoucissent l'acidité et auxquels elles communiquent un parfum très-agréable. On en fabrique aussi un vinaigre.

« En médecine, ses fruits écrasés et mêlés avec de l'eau et du sucre constituent une boisson très-agréable, qui a l'avantage d'étancher la soif, et qui convient comme rafraîchissante dans les fièvres. Les pharmaciens préparent avec les framboises un sirop qu'on ordonne dans les angines, principalement dans celle connue sous le nom de *mal de gorge*, et avec lequel on sucre les tisanes. »

CHARLES BALTET.

CHAPITRE XLIV

III — FRUITS COMPOSÉS OU AGRÉGÉS. — DU FIGUIER COMMUN (FICUS CARICA)

Description. — Le figuier commun appartient à la famille des Artocarpées. C'est un arbre de petite taille, à bois tendre et plein de moelle; son écorce est grisâtre ou verdâtre; ses feuilles sont alternes, grandes, ordinairement divisées en trois, cinq ou sept lobes arrondis; elles sont d'un vert foncé luisant en dessus, grisâtres en dessous, épaisses, fermes, dures au toucher à cause des poils courts et rudes qui les recouvrent; enfin elles exhalent une odeur particulière, qui est presque désagréable. Les organes mâles et femelles, si faciles à découvrir dans les fleurs de la plupart de nos végétaux, sont invisibles sur le figuier; ils se cachent dans un réceptacle charnu que nous nommons *figue*. Ce réceptacle, arrondi ou en forme

Fig. 1264. — Figuier blanquette.

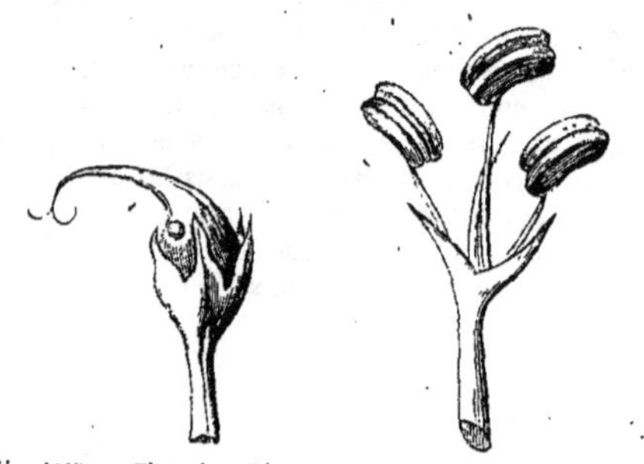

Fig. 1265. — Fleur femelle. *Fig.* 1266. — Fleur mâle.

de poire, selon les variétés, offre à son sommet ou à son gros bout, si vous le voulez, une petite ouverture entourée d'écailles. Les fleurs mâles se trouvent placées tout près de cette ouverture, en dedans de la figue; les fleurs femelles sont au-dessous de celles-ci et remplissent le réceptacle. Ces fleurs femelles, aussitôt après la fécondation, se transforment en petites drupes charnues, pressées les unes contre les autres, et contenant chacune une petite graine.

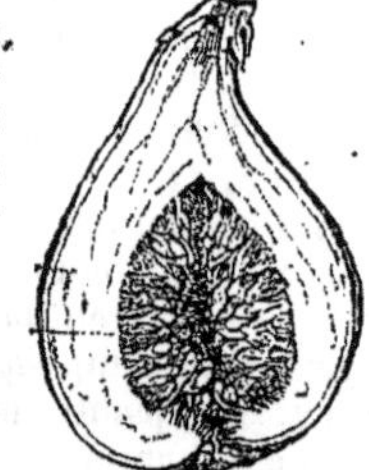

Fig. 1267. — Coupe d'une figue.

Pour les bien distinguer, il faut recourir à une bonne loupe. Ce sont ces drupes que nous voyons en masse au cœur d'une figue ouverte, et ce sont là les véritables fruits du figuier. La partie qui nous les cache n'est qu'une enveloppe protectrice, enveloppe d'une saveur désagréable à l'état vert, mais qui devient juteuse, sucrée, appétissante en mûrissant.

Variétés. — On compte plusieurs centaines de variétés du figuier commun. Un écrivain latin de la fin du quatrième siècle, Palladius, nous dit que de son temps ces variétés étaient innombrables; de nos jours, elles ne semblent pas avoir diminué; la monographie que M. de Suffren de Salerne consacra au figuier sous la Restauration, et qui fut perdue dans les bureaux du ministère, contenait la description et la figure de 360 variétés de Provence, d'Espagne et d'Italie.

Pour ce qui est des variétés françaises ou mieux cultivées en France, M. de Gasparin n'en recommande que 36 à l'attention des cultivateurs. Voici sa liste :

I. — FIGUES BLANCHES.

1. — *Bourjassote blanche.* Excellente qualité à sécher et à manger; mûrit au commencement de septembre; diamètre, $0^m,035$ à $0^m,040$.
2. — *Napolitaine* (Suffren). Secondes figues de très-bonne qualité; donne un petit nombre de figues-fleurs; très-bonnes à sécher.
3. — *Verdale.* Très-bonne qualité à sécher; diamètre, $0^m,050$ à $0^m,060$.
4. — *Aubique blanche.* Bonne à sécher et à manger; terrain un peu humide.
5. — *Ragusaine.* Très-bonne; beaucoup de fruits; mûrit mi-septembre.
6. — *Marseillaise* (figue d'Athènes). Petite, arrondie, très-sucrée et très-délicate. C'est la qualité

la plus estimée pour faire sécher; mûrit à la fin d'août. Terrains secs.

7. — *Blanquette*. Médiocre; mûrit à la mi-août. Cette variété est la plus cultivée au nord de la région des oliviers; diamètre, 0m,026 à 0m,030.

8. — *Coucourelle blanche*. Médiocre; mûrit fin-juillet; diamètre, 0m,026 à 0m,030; terrains secs.

9. — *Hospitalière*. Très-bonne à sécher; mûrit commencement de septembre.

10. — *Doucette*. Très-bonne fraîche et à sécher; fin d'août.

11. — *Reine* (Cougourdaou). Bonne; fin-septembre.

11 *bis*. — *De Versailles*. Chair rose; beaucoup de figues-fleurs; bonne; mi-juillet.

12. — *Tibouleuque*. Très-bonne fraîche et sèche; mi-septembre.

13. — *Messougue* (Moelle). Excellente qualité à sécher.

14. — *Col des Dames* (Col de Signore). Excellente qualité, très-cultivée en Roussillon.

15. — *Pédonculée* (Pécouyude). Très-bonne qualité. Antibes.

16. — *Espagnole*. Très-bonne; commencement de septembre.

II. — FIGUES COLORÉES.

17. — *Quasse blanche*. Très-bonne qualité à sécher; mûrit fin d'août. Var.

18. — *Figue-Datte*. Excellente fraîche et sèche; fin d'août.

19. — *Poulette*. Très-bonne fraîche et sèche; fin d'août.

20. — *Observantine* (Cordelière, figue grise). Figues-fleurs nombreuses; fin-juin; les secondes figues sont moins estimées.

21. — *Mahonnaise*. Très-bonne qualité; mi-septembre.

22. — *Trompe-Chasseur*. Peu de figues-fleurs; secondes figues mi-septembre, bonnes à sécher; vertes à la maturité.

23. — *Du Saint-Esprit*. Figues-fleurs bonnes, fin-juin; les secondes médiocres.

24. — *De Grasse* (figue grise). Médiocre fraîche, très-bonne sèche; fin-août; diamètre, 0m,076 à 0m,080. Elle coule souvent.

25. — *De Jérusalem*. Très-bonne variété cultivée à Aix; rare; fin-août.

26. — *Rose blanche*. Grosse figue, bonne seulement sèche.

27. — *Excellente*. Fraîche et sèche; mi-septembre. Nice.

28. — *Franche-Paillarde*. Très-grand nombre de bonnes figues; commencement de juillet.

29. — *Bellone*. Excellente qualité fraîche et sèche; quelques figues-fleurs, les secondes fin d'août; diamètre, 0m,045 à 0m,050; terrains frais. Nice.

30. — *Coucourelle brune*. Médiocre; figues-fleurs fin-juin; secondes figues mi-août; diamètre, 0m,024 à 0m,028; terrains secs.

III. — FIGUES NOIRES.

31. — *Bourjassote noire*. Très-bonne mangée fraîche; elle mûrit au commencement de septembre, et continue à porter jusque dans l'arrière-saison; veut un terrain gras et frais; diamètre, 0m,050 à 0m,055.

32. — *Bernissenque*. Se rapproche de la précédente; mûrit plus tard; diamètre, 0m,040 à 0m,045; même terrain.

33. — *La Perruquière*. Beaucoup de figues-fleurs fin-juin; les secondes médiocres fin-août.

34. — *La Sultane*. Très-bonne qualité, très-grasse. Vient de Tunis.

35. — *La Mouissone* (figue violette). Excellente qualité fraîche et sèche; figues-fleurs en juillet, moins bonnes que les secondes; 0m,045 de diamètre; coule dans les terrains trop secs.

Au nord de la région des oliviers, et notamment dans le climat de Paris, on ne cultive en grand qu'une seule variété de figue, la *Blanquette*, que de la Bretonnerie appelait *Blanche longue* ou *printanière*, et Bosc *figue blanche* ou *grosse blanche*. Cependant, d'autres variétés y réussissent assez bien, et, dans le nombre, la *figue jaune* ou l'*Angélique*, la *Violette ronde* et la *figue Poire violette* ou *figue de Bordeaux*; mais on les rencontre en caisse chez les amateurs, non en plein champ.

Avant de poursuivre notre sujet, il nous paraît convenable de nous expliquer tout de suite sur ce que l'on entend par figues-fleurs et secondes figues. Les figues-fleurs sont celles qui occupent la partie moyenne des branches, qui se forment à la place des feuilles tombées à l'automne, qui, en un mot, se montrent et mûrissent les premières; les secondes figues sont celles qui se développent à l'extrémité des branches, à l'aisselle des feuilles de l'année et qui mûrissent tardivement. Les premières sont les plus grosses; les secondes, plus petites et plus sucrées, conviennent seules pour la dessiccation. Ces observations, justes quant au midi de la France, ne sont pas de tous points applicables au nord. Dans le climat de Paris, il n'y a guère à compter que sur les figues-fleurs: les secondes figues n'arrivent que très-exceptionnellement à maturité, et compromettent la récolte des premières figues de l'année suivante.

Climat. — Les climats chauds sont ceux qu'affectionne le figuier; aussi se plaît-il surtout dans la région des oliviers. Il redoute les grands froids. « Le figuier, a dit M. de Gasparin, dans son *Cours d'agriculture*, le figuier accompagne l'olivier dans toute l'étendue de sa région; il souffre du même degré de froid que lui; mais son fruit, plus précoce, peut encore acquérir un certain degré de maturité dans des contrées plus septentrionales, tandis que l'on n'entreprend pas d'y cultiver l'olivier. Dans les pays où la température moyenne ne descend pas au-dessous de 12° centigrades, il produit sans discontinuité des feuilles et des fruits; dans ceux où elle s'abaisse au-dessous de ce terme, et en France c'est le cas partout, les feuilles tombent, et cet arbre a un repos hivernal. La séve se remet en mouvement quand la température moyenne remonte à +8°; à partir de ce moment, les premières figues (l'Observantine) mûrissent quand on a reçu 2177° de chaleur totale (30 juin en Provence; à Paris, vers la fin de juillet). Ces premières figues, que l'on appelle figues-fleurs, naissent de bourgeons (yeux) déjà préparés à l'aisselle des feuilles de l'année précédente, et qui n'ont pas eu le temps de se développer. On pourrait donc dire que les figuiers précoces sont en réalité des figuiers lents et paresseux. Les secondes, celles qui naissent à l'aisselle des feuilles de l'année, commencent à la mi-août et plus tard, selon les espèces, avec 3500° à 4000° de chaleur totale depuis le commencement de la végétation, et continuent à paraître et mûrir jusqu'à l'arrêt de la végétation, en octobre. »

Du moment où, en prenant contre le froid certaines précautions dont nous aurons à vous entretenir, il devient facile de cultiver le figuier sur les coteaux d'Argenteuil (Seine-et-Oise); il est évident qu'en ayant recours aux mêmes précautions, on le cultiverait dans un très-grand nombre de nos localités avec le même succès, et souvent avec plus de succès qu'ici. Toute la Bourgogne, par exemple, se trouve dans de bonnes conditions pour cela; et cependant c'est à peine si nous y voyons quelques pieds de figuiers chez des amateurs, et encore sont-ils élevés à haute tige dans le voisinage des murs. Nous avons vu des figuiers en pleine terre, même à Liége (Belgique).

Sol. — Le figuier n'est pas difficile quant aux terrains; on le rencontre dans ceux qui sont secs comme dans ceux qui sont mouillés. Le mieux est de lui destiner un terrain riche et par conséquent assez frais. De temps immémorial, on a dit que le figuier devait pousser la tête au soleil et le pied dans l'eau. Pour ce qui est de la tête au soleil, l'observation est juste; quant à le tenir le pied dans l'eau, il ne faut pas prendre la recommandation trop à la lettre; on s'en trouverait mal au nord de la région des oliviers, et, même dans cette région, on ne récolterait que des figues très-fades. Ce qu'il faut aux figuiers des terrains secs, ce sont des arrosages copieux, en temps chaud; mais, comme il n'est pas toujours facile de leur en donner, il est d'usage d'ouvrir un bassin à leur pied pour recevoir l'eau des pluies. La précaution est bonne sur les pentes; mais, en terrain plat, elle n'a pas de raison d'être; au contraire, le bassin ne sert réellement qu'à déshabiller les racines et à les exposer davantage aux rigueurs de la sécheresse. Nous admettons donc ce réservoir sur les coteaux d'Argenteuil, mais nous ne l'admettons plus en plaine.

Engrais. — Le figuier ne prospère pas sans engrais. Dans le midi de la France, il reçoit du fumier de ferme. Aux environs de Paris, on lui donne les fumiers mélangés avec du marc de raisin, dont on fait le plus grand cas. Reste à savoir si ce marc agit comme fumure; nous croyons, nous, que ses bons effets viennent surtout de ce qu'étant placé en couverture sur la souche, il y entretient la fraîcheur, et de ce qu'étant enterré plus tard, il tient soulevé le sol assez compacte des coteaux d'Argenteuil. Les anciens recommandaient beaucoup l'emploi de la cendre de bois et de la colombine.

Culture du figuier dans le Midi. — Il y a plusieurs moyens de multiplier les figuiers, et le plus naturel de tous est le semis; mais c'est précisément celui dont on se sert le moins. On l'abandonne aux amateurs qui sont à la recherche de variétés nouvelles, ou qui se soumettent consciencieusement aux prescriptions de la physiologie végétale. Les cultivateurs de profession, qui poursuivent le bénéfice net avant tout et ne se soucient guère du reste, se servent le plus ordinairement de boutures, dont on conserve l'œil ou bourgeon terminal. On préfère les boutures aux rejets ou drageons si communs au pied des vieilles souches, parce que ces rejets eux-mêmes ont l'inconvénient de drageonner beaucoup. Quelques personnes font, de temps en temps, des marcottes avec des branches rapprochées de terre. On bouture soit en automne, soit à la sortie de l'hiver. La reprise des boutures automnales est toujours plus assurée. Il n'est pas nécessaire, comme on l'a cru longtemps, d'utiliser, à titre de boutures, de grosses branches que l'on enfouissait à une grande profondeur. Les petites branches de 0m,02 de diamètre sur 0m,16 à 0m,20 de longueur, sont préférables. Des rameaux trop jeunes ne seraient pas suffisamment *aoûtés* (ligneux), et pourriraient, au lieu de reprendre. Quand on a fait choix de ses boutures, on ne conserve que le bourgeon ou œil terminal; on supprime avec l'ongle tous les yeux latéraux, et on plante de manière à ce que les boutures en question soient tout à fait enterrées, à l'exception de l'œil terminal, que l'on enveloppe d'un petit capuchon de cire, si la plantation a lieu en automne, capuchon que, bien entendu, on enlève dès que les grands froids ne sont plus à craindre. Avec les plantations de printemps, cette précaution devient inutile.

Le greffage du figuier est un moyen de multiplication dont on se sert pour renouveler une *figuerie*, pour substituer des variétés recommandables à des variétés dont on n'est pas satisfait. Tous les modes de greffage sont applicables au figuier, mais le greffage en fente est le plus usité; puis vient le greffage en écusson.

Le terrain destiné à former une figuerie (c'est ainsi que l'on nomme une plantation de figuiers) doit être défoncé profondément, au moins à 0m,45 ou 0m,50, et il est d'usage de mettre les pieds à 6 mètres de distance en tous sens. Mais il est rare que l'on établisse des figueries dans toute la rigueur du mot, parce que les racines du figuier sont exposées à une maladie qui a pour cause, ou peut-être plutôt pour résultat, un champignon qui ne tarderait pas à envahir les pieds voisins. Or, pour éviter le proche voisinage, on fait des cultures intercalaires d'oliviers et d'amandiers, ou bien on plante au milieu des vignes, en sorte que les figuiers se trouvent à une grande distance les uns des autres, et que les figueries n'existent point ou n'existent plus guère dans le sens absolu du mot.

Une fois les figuiers plantés et en pleine végétation, on a soin d'éborgner les yeux de côté, pour que la séve se porte sur le bourgeon terminal. Ce n'est que lorsque la tige a atteint 1 mètre ou 1m,50 qu'on permet aux bourgeons latéraux de se développer à l'âge de 3 ans, en fructifiant. Certains théoriciens qui n'ont jamais cultivé le figuier dans le Midi, ont imaginé une méthode de taille pour cet arbre qui supporte avec peine les amputations. Nous leur laisserons l'honneur d'avoir découvert quelque chose où il n'y avait rien à découvrir; et nous dirons avec tous les bons cultivateurs de nos départements du Midi que le figuier n'a pas besoin d'être taillé, qu'il rapporte assez sans cela, et qu'il suffit de le débarrasser chaque année de son bois mort et d'une partie des rejetons qui affament sa souche. Pour ce qui est des autres soins d'entretien, ils consistent à arroser en temps chaud quand on le peut, à remuer souvent la terre au pied des arbres, à éclaircir les figues quand il y en a trop, à supprimer toutes petites celles qui viennent trop tard pour avoir le temps de mûrir, et à fumer convenablement chaque année, à l'automne et mieux en couverture, à partir de la fin de mars. Cette fumure en couverture est surtout avantageuse dans les vignes labourées à la charrue, où il faut élever les tiges plus que de coutume pour faciliter le passage des animaux de trait, car, sous les tiges élevées, la terre se dessèche trop, et il y a nécessité d'y entretenir la fraîcheur avec un paillis.

Le premier labour des figueries s'exécute aussitôt après la récolte des figues de seconde saison. Alors, on déchausse les pieds des arbres, et autour de chacun d'eux on établit un petit réservoir, afin que les pluies de l'automne pénètrent plus aisément jusqu'aux racines. A l'approche des froids, on défait le bassin, et l'on forme une butte autour des pieds, butte qui ne nous paraît pas nécessaire pour les protéger contre la gelée et qui, vraisemblablement, serait plus utile en été qu'en hiver. En avril, on donne un second labour et l'on démolit la butte, et en juin ou juillet l'on bine légèrement.

Accidents et maladies du figuier. — Les gelées de printemps font nécessairement souffrir les figuiers, mais les résultats ne sont pas aussi funestes qu'on pourrait le croire. Les premiers bourgeons compromis sont vite remplacés par d'autres. Ce n'est plus comme dans le Nord.

Les hivers rigoureux détruisent les figuiers en même temps que les oliviers. Il faut alors retrancher les branches mortes ou recéper le tronc qui drageonne promptement. Les grands froids de 1819 à 1820 détruisirent la plupart des figuiers de nos départements méridionaux. Vingt-cinq ans plus tard, à peu près, M. de Gasparin disait : « L'ombre de nos figuiers les plus gros, repoussés depuis 1820, a 3 mètres de diamètre; ils recouvrent une aire de $7^{m},085$; ils donnent 12 à 13 kilogrammes de figues sèches, et par conséquent $1^{kil},77$ par mètre carré. »

La seule maladie grave dont les figuiers aient à souffrir, est cette affection cryptogamique dont nous parlions tout à l'heure. A tort ou à raison, nous en attribuons la cause à la reproduction par voie de bouturage successif. Le semis est, en définitive, ici, comme partout, l'unique moyen de retremper nos espèces végétales.

Insectes nuisibles au figuier. — Les entomologistes nous signalent : 1° la gallinsecte du figuier (*coccus ficus caricæ*, Oliv.); 2° le grand rongeur de la vigne (*apate sex dentata*, Oliv.); 3° divers pucerons; 4° le rongeur du figuier (*hypoborus ficus*, Erich.); 5° le sylvain à six dents (*sylvanus sex dentatus*, Fab.) Entre tous, la gallinsecte ou pou du figuier est l'ennemi le plus dangereux. Pour la description de ces insectes, nous renverrons nos lecteurs au chapitre qui leur a été particulièrement consacré à la fin de la deuxième partie de cet ouvrage.

Récolte des figues. — On sait déjà que les figues mûrissent à deux époques différentes, à la fin du printemps ou au commencement de l'été pour les figues-fleurs; à l'automne, pour les secondes figues. Cette seconde récolte est la plus importante dans le Midi. L'époque de la maturité ne varie pas seulement avec les variétés, mais elle varie encore sur une même variété. Les figues mûrissent plus tôt sur les vieux figuiers que sur les jeunes, plus tôt sur les figuiers venus en terrain sec que sur ceux venus en terrain riche et frais; nous ajouterons que sur le même arbre, les figues dont l'œil a été touché avec un peu d'huile, sont bien plus tôt mûres que celles qui n'ont pas été touchées. D'où vient cela? Nous n'en savons rien, mais ce que nous savons bien, c'est que l'expédient a du succès, et qu'on en use largement à Argenteuil pour échelonner la récolte. Que si, maintenant, vous nous demandiez à qui les cultivateurs sont redevables de ce procédé, nous nous verrions encore une fois forcé de confesser notre ignorance. Nous croyons que Bernard, de Marseille, nous a, le premier, signalé cette pratique étrange comme ayant cours de son temps dans certaines figueries du Midi, mais il paraîtrait que les anciens en savaient déjà quelque chose, car nous lisons au livre IV de l'*Economie rurale* de Palladius : « Pour hâter la maturité des figues, frottez-les avec un mélange de jus d'oignon long, d'huile et de poivre, dès qu'elles commencent à rougir. » Le jus d'oignon et le poivre sont peut-être là pour l'ornement de la recette, mais enfin l'huile s'y trouvait aussi, et c'est l'essentiel.

« La récolte des figues, dit Bosc, est pour quelques cantons de la France méridionale aussi importante que celle du vin, des olives, etc. La cueillette en est longue, parce qu'elles mûrissent successivement. On doit attendre, pour les cueillir, qu'elles soient mûres avec excès, même un peu fanées, et ce, qu'on veuille les manger fraîches ou les faire sécher. Celles qu'on cueille avant leur maturité achèvent bien de mûrir lorsqu'on les garde; mais elles n'ont jamais la saveur de celles qui sont restées sur l'arbre. Cette époque de maturité complète est indiquée pour chacune par l'amollissement, la gerçure et l'affaissement de leur écorce, et par une larme sucrée qui sort de leur disque. Le jour et l'heure de la cueillette, pour celles qui doivent être desséchées, ne sont pas indifférents. Il faut préférer un temps sec, et ne commencer que lorsque la rosée a disparu.

« Immédiatement après que les figues sont

cueillies, on les transporte à la maison, et tout de suite on les place à côté les unes des autres, sur des planches ou des claies qu'on expose à la plus grande chaleur du soleil dans un lieu abrité, et qu'on rentre pendant la nuit dans une pièce aérée. De la promptitude de la dessiccation dépendent la forme de la figue sèche et sa conservation ; il faut avoir soin de retourner fréquemment les figues et de les aplatir un peu pour la favoriser.

« Quelquefois la pluie survient pendant la dessiccation des figues, et alors elle devient plus difficile et même impossible, parce qu'elles fermentent ou pourrissent. Alors, on a recours à la chaleur artificielle des fours, chaleur qui, quelque bien graduée qu'elle soit, nuit à la qualité de la figue, et diminue sa valeur mercantile d'un tiers.»

Ces procédés, qui ont été décrits il y a plus d'un demi-siècle, sont exactement ce qu'ils étaient au temps des Romains, et exactement ce qu'ils sont encore aujourd'hui.

Une figuerie d'un hectare, contenant 257 pieds de figuier, âgés de 25 ans, pourrait, selon M. de Gasparin, rapporter, à raison de 12kil,5 par pied, 3,212 kilogrammes de figues sèches, valant, au prix moyen de 37 fr. les 100 kilogrammes, et 30 fr. en comptant les déchets, 963 fr. A cause des difficultés de dessiccation, on perd à peu près une récolte sur trois, ce qui réduit le produit à 641 fr.

Usages. « On ne se figure pas dans le Nord, dit M. de Gasparin, à quel point la figue est un fruit intéressant pour les contrées méridionales, le rôle que ce fruit mangé frais joue dans l'alimentation de ces peuples. Ce fruit sucré, nourrissant, d'une saveur agréable, qui n'a besoin d'aucun apprêt, dont la jouissance est enviée de tous ceux qui ont pu le goûter dans sa perfection, se trouve avec profusion, sans épargne, à la disposition des plus pauvres gens. Le passant le cueille sans qu'on s'en offense, s'il se borne à s'en rassasier, et il fournit ensuite un article important après sa dessiccation. Pendant cinq mois la figue entre pour une part notable dans le régime des habitants de ces contrées. Son souvenir se mêle aux regrets de la patrie absente quand ils habitent d'autres climats. Après l'avoir goûté, les barbares du Nord se précipitaient à la conquête du Midi. »

Nous aimons à croire que les barbares du Nord ne se sont pas dérangés uniquement pour le plaisir de manger des figues du Midi ; mais, toute exagération mise de côté, nous n'en constatons pas moins l'importance du figuier, et nous ajoutons que son fruit à l'état frais est agréable, adoucissant, béchique, un peu laxatif et de facile digestion. Pour ce qui est des figues sèches, elles sont recherchées partout, quoique moins faciles à digérer que les fraîches. Elles figurent dans les desserts, associées aux noisettes, aux amandes et aux raisins secs. La médecine leur reconnaît des propriétés béchiques, pectorales et les ordonne en tisane. On en fait une pâte ; on en forme des cataplasmes.

Les figues sèches ne se conservent guère que jusqu'au mois de mai, et encore faut-il pour cela les mettre dans un lieu sec et aéré. Elles sont sujettes à être attaquées par les larves du sylvain à six dents (*sylvanus sex dentatus*, Fab.), et le seul moyen d'arrêter les ravages, c'est de les exposer à la chaleur d'un four après la cuisson du pain. Les figues sèches sont souvent désignées sous le nom de *cariques* de Provence.

Le suc laiteux qui sort des rameaux que l'on ampute est très-corrosif, et a été employé pour détruire les cors et les verrues, mais nous ne savons au juste quelle est son efficacité sous ce rapport.

Aux Canaries et en Portugal, on extrait de l'eau-de-vie des figues. Les figues altérées sur l'arbre ou pendant la dessiccation ainsi que la *briasque*, *petite noire*, sont abandonnées aux animaux qui en font leurs délices. Les chevaux, les mulets, les bœufs, les porcs en sont avides, les oies aussi et surtout les poules, que l'on a toutes les peines du monde à éloigner des figueries au moment de la maturité.

La décoction des feuilles fraîches du figuier teint en jaune d'or, tirant un peu sur le rouge.

Le bois de figuier, qui est très-poreux, prend bien l'huile et l'émeri et sert à polir. On assure qu'avec le bois des vieux troncs, on fait des vis de pressoir. P. JOIGNEAUX.

Culture du figuier à Argenteuil. — Ici, nous sommes bien éloignés de la région des oliviers, et cependant la culture du figuier a de l'importance sur nos coteaux, puisqu'elle y occupe à peu près 50 hectares de terrain, environ 300 cultivateurs, et y produit, année moyenne, plus de 400,000 figues. On assure que cette culture date de plus de deux cents ans, et nous n'avons pas de peine à le croire, car des livres du siècle passé en parlent comme d'une chose qui n'était pas nouvelle. Nous croyons également qu'elle ne finira pas de sitôt, parce que nous n'avons rien à craindre, au moins quant à présent, de la concurrence méridionale. Pour que la figue soit bonne, il faut qu'elle mûrisse complétement sur l'arbre, que sa peau se gerce, s'éraille ; or, dans cet état, elle n'est pas transportable à de longues distances, même en chemin de fer. Le Midi ne pourrait donc nous faire concurrence sur la place de Paris qu'avec des figues récoltées sur le vert, et par conséquent de médiocre qualité. Notre grand avantage, ici, est de pouvoir récolter les figues mûres à point, de les transporter nous-mêmes à la halle pendant la nuit, et de les offrir au public dans toute leur fraîcheur appétissante. Elles sont certainement moins sucrées que les figues de Provence, mais on les trouve excellentes ainsi, et les acheteurs parisiens n'en voudraient probablement pas d'autres.

On assure que la variété cultivée le plus communément à Argenteuil est la *Blanquette* ; nous croyons, nous, que c'est la *Coucourelle blanche*, mais nous n'oserions en répondre. Voici d'ailleurs la figure exacte de la figue la plus répandue dans notre localité (*Fig.* 1268). On y rencontre aussi, mais très-exceptionnellement, la Dauphine violette (*Fig.* 1269) et la figue de Bordeaux (*Fig.* 1270), cultivées en caisses.

Nous ne faisons qu'une seule récolte le plus ordinairement; c'est là récolte des figues-fleurs que l'on appelait jadis *figues de la Saint-Jean*, bien

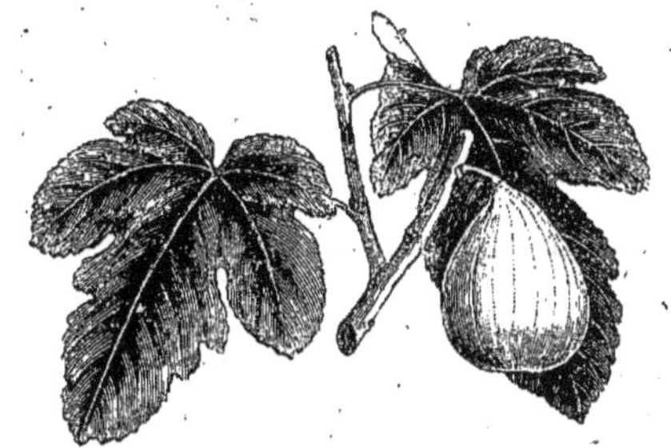

Fig. 1268. — Coucourelle blanche.

qu'elles mûrissent plus sûrement en juillet que dans la seconde quinzaine de juin. Quand il nous

Fig. 1269. — Dauphine violette.

arrive de récolter des figues d'automne ou de seconde séve, c'est que l'année a été exceptionnel-

Fig. 1270. — Figue de Bordeaux.

lement chaude, et l'arrière-saison très-propice. Cependant, on pourrait obtenir chaque année, à Argenteuil, des figues d'automne, en petit nombre, sans préjudicier aux figues de printemps, au moins sur les jeunes figuiers de 8 à 20 ans. Pour cela, au lieu de ne laisser qu'un seul rameau de remplacement, il serait nécessaire d'en laisser deux, et d'éborgner à deux feuilles le rameau le plus élevé. De cette manière, la figue d'automne recevrait plus de séve et gagnerait trois semaines d'avance. Cette opération, dans tous les cas, ne devrait avoir lieu que sur un petit nombre de branches bien conditionnées, sans quoi elle fatiguerait l'arbre à l'excès.

Notre moyen de reproduction est le plant enraciné, arraché aux vieilles souches. Nous n'élevons pas nos figuiers à haute tige, parce que les fruits ne prospéreraient point en pleine terre; nous les faisons ramifier dès la base, et les cultivons par cépées ou *couches*, pour nous servir d'une

Fig. 1271. — Cépée de figuier.

expression du pays. Nos principales branches ne s'étendent guère à moins de 3 mètres et sont à demi couchées dans le sens inverse de la pente du terrain, c'est-à-dire en remontant le coteau. Tantôt nous intercalons nos arbres parmi les vignes usées que l'on se propose de détruire prochainement et qui, après l'arrachage, se trouveront converties en figueries; tantôt, nous établissons de petites figueries sans aucune culture intercalaire; nous disons de petites figueries, parce qu'il serait impossible d'en établir de grandes dans une localité où la propriété est morcelée à l'infini. Comme dans le Midi, nous avons, depuis une quinzaine d'années, à nous plaindre du champignon des racines que nous appelons le *blanc*. Il est surtout commun dans les vieilles figueries où les pieds sont très-rapprochés l'un de l'autre.

Pour ce qui est des insectes, nous n'avons à nous plaindre que d'un charançon qui mange les jeunes fruits en avril, au moment où la figue se montre.

Pour exécuter nos plantations, nous prenons des chevelées ou plants enracinés d'une année de couchage. Nous commençons par détacher ces chevelées de la souche mère à l'époque des premières gelées; nous les plaçons dans un cellier avec de la terre meuble et fraîche sur les racines; puis, dans la première quinzaine de mars, nous nous occupons de la plantation. A cet effet, il s'agit d'abord d'ouvrir en quinconce, sur le terrain, des fosses de $0^{mc},50$ en lignes transversales au coteau, éloignées l'une de l'autre de $3^{m},50$. La distance à observer sur chaque ligne entre les fosses est de $1^{m},80$. Une fois les fosses ouvertes, on doit, pour faciliter la reprise, — ce qui cependant n'a pas lieu à Argenteuil, — mettre dans chaque fosse, sur une épaisseur de $0^{m},08$ à $0^{m},10$, un mélange de bonne terre et de fumier consommé. Cela fait, on taille en biseau allongé les deux extrémités de la chevelée, on rafraîchit avec la serpette le jeune chevelu, l'on plante chaque pied en le couchant, en remontant dans le sens du coteau, et l'on appuie fortement pour que le gros bout appointé pénètre dans la terre ferme. Après cela, on recouvre en coupant la terre autour de la fosse, de façon à en élargir l'orifice, et l'on ne remplit qu'à la hauteur de 0m,20, en piétinant vigoureusement la terre; en sorte qu'il reste autour de chaque figuier un bassin de 0m,30 de profondeur pour faciliter le couchage.

Cette profondeur de 0m,30 doit être non-seulement maintenue, mais encore, lorsque le figuier est arrivé à l'âge de six ans, il convient de former au-dessous de ce bassin un rebord en terre, à l'effet de mieux retenir les eaux pluviales qui peuvent ruisseler sur le coteau.

Autrefois, certains cultivateurs plantaient les chevelées dès l'automne, au moment du sevrage, mais on a constaté que le plant trop vert alors, c'est-à-dire mal aoûté, pourrissait souvent en hiver, et l'on a dû renoncer à ce vieux procédé.

Dès que la plantation est faite, on donne un bon labour à la houe entre les lignes et les figuiers, afin de cultiver des légumes qui sont le plus ordinairement des pommes de terre et des haricots nains. Ces récoltes intercalaires ont le mérite de faire attendre patiemment celle des figues, qui n'est avantageuse qu'au bout de cinq années.

Anciennement et encore de nos jours, des cultivateurs disposaient et disposent leurs figuiers par quatre pieds rapprochés qui fournissent quatre faisceaux de branches. C'est ce que nous appelons la plantation par *quatre couches*, en opposition avec celle que nous venons d'indiquer, et qui porte le nom de plantation *oblique détachée*. La plantation par quatre couches a un double inconvénient: 1° par les grands vents, les feuilles, qui sont très-rudes, exercent un frottement continuel contre les figues, les noircissent et en occasionnent souvent la perte; 2° lorsqu'arrive le moment de coucher les figuiers en terre afin de les préserver du froid, il faut être bien exercé pour ouvrir convenablement les fosses avec la plantation par quatre faisceaux, tandis qu'avec la plantation oblique, l'opération est des plus simples.

Puisque nous avons mentionné le couchage, parlons-en tout de suite. Il convient d'abord de nettoyer le sol des feuilles mortes du figuier, d'enlever même celles qui tiennent encore à l'arbre, et d'en faire un tas près de la souche. Il faut également enlever par une coupe nette, au niveau de la branche de remplacement, les petits rameaux qui ont produit les figues de l'année. Après cela, il ne reste plus qu'à procéder au couchage, et, à cet effet, on choisira une journée calme, qui ne soit pas brumeuse, afin que l'écorce du figuier soit bien ressuyée.

Chaque année, du 1er au 15 novembre, c'est-à-dire à l'approche de l'hiver, on couche le figuier en terre, dans des fosses pratiquées au-dessous et en rapport avec le volume des branches. On réunit ces branches en forme de fagot, que l'on ne lie point, mais à tort, attendu qu'au moment du relevage on s'expose à laisser des branches au fond de la fosse. Nous savons que la ligature ferait quelque obstacle au couchage; mais il serait facile d'en triompher. On abaisse les branches dans la fosse ouverte, avec le plus de précaution possible, mais cependant sans trop craindre les éclats ou les ruptures. Notre figuier en souffre sans doute, mais il n'en meurt pas et n'en produit que mieux très-souvent. Une fois le figuier couché par la force de quatre hommes (1), et maintenu d'abord avec les pieds, nous prenons de la terre sur les côtés de la fosse, et l'en chargeons d'une épaisseur de 0m,20 au bout des branches et de 0m,10 vers le pied. Sur ces 0m,10, on place les feuilles ramassées que l'on recouvre encore de 0m,10 de terre. C'est tout ce qu'il en faut pour empêcher l'arbre de se relever, pour le garantir de la gelée et ne pas trop le priver d'air.

Le relevage du figuier, ainsi enterré, se fait du 25 février au 15 mars. On peut avancer ou reculer de quelques jours cette opération, en se réglant sur l'état de la saison; toutefois, pour l'exécuter, il convient de toujours choisir un temps humide, parce que le bois, ramolli par un séjour souterrain de plusieurs mois serait très-sensible à un changement brusque de température. Un soleil déjà chaud, aussi bien qu'un vent sec, provoquerait une prompte évaporation de l'humidité de l'écorce et du bois, et amènerait du même coup un refroidissement funeste.

Un figuier qui a été couché ne se relève jamais bien; il conserve toujours un port incliné, à demi rampant, défavorable à la circulation fougueuse de la séve, et, par conséquent, très-favorable à la fructification. Il a le mérite, en outre, de tenir ses figues à une distance rapprochée du sol, et c'est à cela qu'elles doivent leur précocité et leur maturité parfaite. Sans le couchage, qui imprime à nos figuiers la disposition particulière et originale qu'on leur connaît, il est clair que les fruits seraient moins abondants et ne mûriraient pas aussitôt. Pour s'en convaincre, il suffirait d'élever une cépée droite à côté d'une cépée de couche, d'empailler la première pour la sauver du froid, et de continuer d'enterrer la seconde, puis de comparer les produits et les dates de maturité.

Une fois le relevage des figuiers terminé, il faut songer au pincement. Ce travail consiste à supprimer avec un instrument tranchant le bourgeon ou œil terminal qui se trouve à l'extrémité de chaque branche, en ayant soin, bien entendu, de ne pas endommager la toute petite figue placée à côté de chacun de ces bourgeons.

A la suite du pincement, qui est la première opération de culture et qui a pour objet de retenir la séve vers les parties moyennes du figuier, nous avons à nous occuper d'un éborgnage plus compliqué, auquel nous donnons ici le nom d'*équetonnage* ou *ectonnage*. Il consiste à enlever avec l'ongle les quelques boutons à bois placés à côté de chaque figue, en prenant bien garde d'endommager les figues en question. Il est facile de distinguer la figue du bourgeon ou bouton à bois, en ce que cette figue naissante est ronde et d'un vert foncé, tandis que le bourgeon est allongé et d'un vert jaunâtre. Si nous ne fixons pas une date précise à l'équetonnage, c'est que le mo-

(1) Il s'agit d'un figuier à partir de sa dixième année.

ment de l'exécuter varie beaucoup. Le mieux est de dire qu'il convient d'y procéder aussitôt qu'il devient possible de distinguer sûrement l'œil à bois de la figue qui lui est pour ainsi dire accolé. La séve, au lieu de se dépenser en bois et en feuilles, se dépense en fruits.

Jusqu'à ce que le figuier ait atteint sa dixième année, on doit laisser deux bourgeons à bois le plus bas possible, et en-dessous, sur chaque branche fruitière. Ces bourgeons sont destinés à former des rameaux de remplacement. Aussitôt les figues récoltées, on supprime les branches qui les ont produites, juste au-dessus des deux bourgeons qui se développeront pour fructifier à leur tour. Cette suppression n'aurait pas lieu si l'on voulait faire des figues d'automne.

A partir de l'époque de l'ectonnage et pendant quinze jours ou trois semaines au moins, nous nous abstenons de toute culture parmi les figueries, car l'expérience nous a prouvé qu'au moment où la figue se forme, les orages et les pluies coïncidant avec une culture fraîche amènent la coulure des fruits. Nous affirmons le fait; nous ne nous chargeons pas d'en donner l'explication.

Pour ce qui est de la taille, on voit que nous nous bornons à enlever les rameaux qui ont fructifié, afin de les remplacer par un ou deux rameaux de dessous qui fructifieront à leur tour. Le pincement et l'équetonnage nous dispensent des fortes amputations, qui, d'ailleurs, ne conviennent point au figuier. Pourvu que nous lui assurions ses rameaux de remplacement et que nous le débarrassions de son bois mort avec la serpette, il n'exige rien de plus en fait de taille.

Fig. 1212. — Branche à fruit et rameau de remplacement.

Ainsi que nos confrères du Midi, nous dégageons nos pieds de figuiers des drageons ou *redruges* qui, en grand nombre, les fatiguent, et nous ne réservons que les plus beaux brins pour remplacer au besoin les branches manquantes.

Pour obtenir nos plants chevelées, nous ne nous servons pas de ces *redruges*, mais bien des fortes branches que nous couchons aussitôt après le relevage du figuier, dans une fosse de 0m,25, et de manière à ne laisser sortir de terre que l'extrémité (0m,20) des divers rameaux de ces branches, rameaux que l'on ne taille pas, mais dont on enlève le bourgeon terminal. Souvent ces marcottes, destinées à être sevrées à l'automne, produisent des figues précoces l'année du couchage.

Lorsqu'un figuier est fatigué par l'âge et la production, ou bien encore lorsqu'il a été mutilé gravement, il devient nécessaire de le renouveler, et alors on le recèpe en avril à 0m,06 au-dessous du niveau du sol. Dans le cas où il ne drageonnerait pas dans le courant de l'année, on ne devrait point en désespérer; ce serait pour l'année suivante. Seulement, il serait nécessaire, en avril de cette seconde année, de rafraîchir la coupe avec le *souchet*, sorte de pioche à long manche, à lame très-étroite et bien tranchante. C'est ce même outil qui sert au recépage et à l'extraction de certaines branches malades parmi celles du figuier.

La maturité des figues, à Argenteuil, n'a lieu le plus ordinairement que dans la seconde quinzaine de juillet. Nous activons la maturation, en mettant, avec une plume, une larme d'huile d'olive sur l'œil de chacun des fruits. On les avance ainsi de dix jours au moins. Cette opération facile ne doit avoir lieu que le soir, par un vent d'est ou du midi.

Il va sans dire que l'on touche les figues dans le but d'en échelonner la récolte autant que dans celui de la hâter, et que toutes les figues d'un arbre ne sont pas propres à être touchées en même temps. Les figues bonnes à être forcées se reconnaissent à ce qu'elles perdent leur teinte verte et se lissent pour passer à la nuance jaune clair. Il faut commencer le forçage à l'huile par les deux premiers fruits qui se trouvent à l'extrémité des branches. Au bout de quatre jours, si les figues touchées entrent dans la phase de maturité, on en touche deux autres immédiatement au-dessous d'elles.

On s'accorde assez généralement à reconnaître que les figues sont bonnes à forcer quand les froments du voisinage commencent à jaunir. Voilà un signe à la portée de tout le monde.

EMMANUEL LHÉRAULT.

CHAPITRE XLV

(SUITE DES FRUITS COMPOSÉS).

DU MURIER (MORUS)

Description. — Le mûrier, placé d'abord dans la famille des Urticées, c'est-à-dire dans la famille des orties, en a été retiré par les botanistes de notre temps. Il appartient aujourd'hui à la famille des Morées. Le genre mûrier comprend, selon les uns, une demi-douzaine d'espèces, selon les autres une quinzaine au moins. Les seules qui nous intéressent sont : 1° le mûrier noir (*morus nigra*); 2° le mûrier blanc (*morus alba*); 3° le mûrier multicaule (*morus multicaulis*). Pour ce qui est du *mûrier rose*, de Lamarck, ou *mûrier d'Italie* de certains pépiniéristes et du *mûrier de Constantinople*, on ne s'accorde pas à en faire des espèces distinctes, et beaucoup ne voient en eux que des variétés du mûrier noir.

Le *mûrier noir* est un arbre assez élevé, à suc laiteux. Son écorce est brune; ses feuilles sont alternes, ovales, cordiformes, dentées en scie, pubescentes, parfois divisées en trois ou cinq lobes, et

Fig. 1273. — Mûrier noir.

d'un vert sombre; ses fleurs sont en épis, mâles et femelles sur le même pied, mais distinctes. Les épis mâles sont ovoïdes, presque globuleux; les épis femelles, brièvement pédonculés, sont assez gros, globuleux et pendants. Le fruit se compose de la réunion de petits achaines, recouverts, dit M. Moquin-Tandon, par le calice devenu charnu et succulent, lesquels se soudent latéralement, et forment une fausse baie mamelonnée qui ressemble à une framboise. Les *soroses* ou mûres sont de la grosseur d'une prune de Damas, ovoïdes, lisses, d'abord vertes, puis d'un rouge vineux, puis d'un pourpre noir. Leur suc est visqueux et d'un rouge foncé. Ces mûres ont une saveur sucrée, faiblement acidule et figurent quelquefois au dessert sur les tables, rarement en France, plus souvent en Belgique et en Allemagne. Aussi y rencontre-t-on quelques pieds de mûrier noir dans les jardins et les cours.

Comme nous avons peu de choses à dire de cet arbre fruitier, nous les dirons tout de suite pour en finir avec ce qui le concerne. On pourrait le reproduire de graine ou le greffer sur sauvageon, mais on ne prend pas cette peine. On plante si peu de mûriers noirs, que tous les plants dont on a besoin s'obtiennent par le bouturage et le marcottage. On marcotte en automne, après la chute des feuilles; on bouture au printemps.

Le mûrier noir fructifie assez vite et ne demande pas de grandes attentions. Dans les jardins, on le taille en boule ou approchant, afin qu'il ne prenne pas trop de place. Dans les cours, on lui permet de se développer en liberté. Le mûrier noir est très-productif; ses fruits mûrissent irrégulièrement, en sorte que sa récolte ne dure pas moins d'un mois. Les mûres ne sont vraiment bonnes, pour ceux qui les aiment, qu'au moment où elles tombent par l'effet d'une légère secousse aux branches. Plus tôt elles sont acerbes, plus tard, il y a eu commencement de fermentation. On les sert sur des feuilles de vigne.

Les mûres passent pour nourrissantes et rafraîchissantes. Les bestiaux et la volaille en sont très-avides; la médecine conseille l'emploi du sirop de mûres.

Le *mûrier blanc* est un arbre de taille ordinaire; son écorce est grise, rude, gercée; à l'état sauvage, ses branches sont diffuses et éparses; son bois est jaunâtre; ses feuilles sont alternes, minces, d'un vert clair, échancrées en cœur à leur base, dentées, découpées en lobes profonds et irréguliers. Les fleurs sont axillaires et portées sur de longs pédoncules; les fruits sont petits, globuleux, blanchâtres ou rosés par exception. Leur saveur est fade; ils ne conviennent qu'à la volaille. On ne cultive le mûrier blanc que pour ses feuilles, qui constituent la nourriture par excellence des vers à soie.

Le *mûrier multicaule* (syn. *mûrier des Philippines, mûrier Tatare, mûrier multigène*) a, sur les précédents, l'avantage de croître rapidement, de donner des jets très-nombreux, des feuilles très-grandes, minces et abondantes, et de fournir aisément deux cueillettes dans nos contrées favorisées du soleil. On ne le cultive que pour ses feuilles.

Historique. — On ne connaît pas la patrie du mûrier noir; il nous vient de l'Italie, voilà tout

Fig. 1274. — Mûrier blanc.

ce que nous savons. On le cultivait là, pour ses fruits, bien avant l'introduction des vers à soie en

Fig. 1275. — Fruit. *Fig.* 1276. — Fleurs.

Europe. Depuis, ses feuilles ont été et sont encore employées sur certains points dans les magnaneries. Les vers ne les mangent pas aussi bien que celles du mûrier blanc; la soie qu'elles fournissent manque de finesse; mais enfin, l'usage des feuilles de mûrier noir a sa raison d'être, et cette raison pourrait bien être celle-ci : le mûrier en question est plus robuste que le mûrier blanc et pousse plus tardivement; il convient donc aux climats septentrionaux et même à certaines localités du Midi où les gelées blanches détruisent fréquemment les jeunes feuilles trop précoces.

On croit le mûrier blanc originaire de la Chine. Il serait, de là, passé en Perse, puis en Grèce, sous l'empereur Justinien, et par les soins de deux moines, dont il a été déjà parlé au chapitre des vers à soie. De la Grèce, le mûrier blanc fut transporté en Sicile et en Italie vers le milieu du quinzième siècle. On assure que les premiers pieds arrivèrent en France sous le règne de Charles VII, et que plus tard, des seigneurs qui avaient accompagné Charles VIII dans ses guerres d'Italie rapportèrent de nouveaux pieds de la Sicile en Provence et surtout aux environs de Montélimart. « Il est donc bien certain, écrit M. de Gasparin, que l'introduction du mûrier blanc suivit celle du ver à soie dans presque toute l'Europe, et qu'on ne l'y connaissait pas avant le règne de Justinien, où cet insecte précieux fut importé à Constantinople (an. 552). » Il est difficile, continue le même auteur, d'exagérer l'importance de la conquête que fit l'Europe en s'emparant de cette industrie (industrie de la soie). La France seule produit en ce moment (1848) pour 19 millions de francs de feuilles de mûrier, auxquelles l'industrie des vers à soie ajoute une valeur de 23 millions, et les divers degrés de fabrication une nouvelle valeur de 270 millions; c'est en totalité 312 millions que le mûrier produit à la France, le tiers du produit de ses vignes.

La culture du mûrier blanc, écrit Thiébault de Berneaud, « fut longtemps un objet de simple curiosité, comme nous l'apprennent Champier, Liébaut et Quiqueran. Deux hommes revendiquent l'honneur d'avoir arraché cet arbre à la nullité qui semblait le menacer pour toujours, et de l'avoir répandu dans presque toutes les localités de la France méridionale et du centre de ce beau pays. Le premier est un simple jardinier, François Traucat, de Nimes, cultivateur obscur, dont la mémoire s'est à peine conservée dans les annales particulières de sa ville natale; le second est Olivier de Serres, agronome illustre, écrivain distingué, citoyen intègre, dont la gloire est toute nationale. Il est certain, même d'après le témoignage du patriarche de notre agriculture, que, dès avant l'année 1564, Traucat avait jeté dans Nimes les fondements d'une vaste pépinière de mûriers blancs; qu'il en avait été planter à Toulouse, à Bordeaux, dans toute l'étendue des anciennes provinces de Languedoc, Provence et Dauphiné, plus de quatre millions de sujets, et qu'il en avait même publié un panégyrique curieux dès 1606, à l'époque même où Olivier de Serres s'efforçait d'introduire la culture de cet arbre dans les contrées situées entre la Loire et la Seine. Ce n'est donc pas affaiblir les droits de l'auteur du *Théâtre d'Agriculture* que de rendre hommage à la vérité, que de proclamer avec lui Traucat, comme le premier qui ait su distinguer le mérite du mûrier blanc, le mettre en vogue en France, et comme le véritable auteur d'une source abondante ouverte à notre industrie nationale. Olivier de Serres a la gloire assez belle d'avoir complété l'œuvre. »

Le mûrier multicaule, originaire du nord de la Chine et de la Tartarie, a été apporté en Europe vers la fin du siècle dernier, d'une part, par le célèbre botaniste russe Pallas, qui le nomme *mûrier Tatare, mûrier multigène*, d'autre part par Poivre, intendant de nos possessions dans l'Inde, comme variété du mûrier blanc. Quoi qu'il en soit, le mûrier multicaule ne commença à être connu et à se répandre que vers 1830.

Climat propre au mûrier. — Le mûrier est avant tout un arbre des pays chauds, mais il ne faut point cependant s'exagérer sa sensibilité au froid, puisqu'on le rencontre non-seulement dans le midi de la France, mais encore dans la Bourgogne, dans le rayon de Paris, en Belgique, en Prusse et encore plus au nord. Il ne faut pas oublier, à ce propos, que le mûrier blanc, quoique moins robuste en définitive que le noir, a su résister aux rudes hivers de 1564, 1571, 1608, 1658, 1684, 1709, 1740, 1767, 1789, 1795, 1820, 1830, etc. Toutefois, il convient de faire remarquer que les mûriers de semis sont autrement forts que les mûriers greffés. « La vie du mûrier sauvageon, non soumis à la taille, est très-longue, dit M. de Gasparin. Nous en possédons à Saint-Just (Ardèche) qui ont été plantés sous Henri IV, et qui ne sont depuis quelques années sur leur décours que parce qu'on a entrepris de les tailler et de les greffer dans ces derniers temps. Le tronc de ces arbres est creux, mais les branches amputées à diverses reprises végètent encore avec vigueur. En général, nous voyons les mûriers à plein vent greffés, soumis aux procédés actuels de culture et plantés à une grande distance les uns des autres, parvenir à l'âge de quatre-vingts à cent ans. » Or, par cela même que la greffe et la taille affaiblissent les mûriers et en abrègent la durée, ce qui est vrai non-seulement pour les mûriers, mais pour tous les arbres, n'en déplaise aux observateurs superficiels, il reste évident que plus on avance vers le Nord, moins l'on devrait greffer et tailler les mûriers en question. La cueillette présenterait plus de difficultés sans doute, la feuille serait moins large, moins belle, mais elle aurait plus de qualité et les arbres se soutiendraient mieux. Dans le climat de Paris, et à plus forte raison en Belgique et en Prusse, on ferait peut-être bien de s'en tenir à un ébourgeonnement dans l'intérieur de la charpente et à quelques pincements sur les branches charpentières, afin d'en équilibrer le développement le mieux possible. Notons, en outre, que si le mûrier est surtout un arbre du Midi, c'est parce qu'on l'y effeuille tous les ans, et qu'un climat favorisé lui devient très-nécessaire dans l'état de souffrance où le jette la cueillette des feuilles. Cette observation nous amène à dire que, dans le Nord, la dépouille annuelle doit avoir plus d'inconvénients qu'autre part, et qu'il serait raisonnable de ne soumettre les arbres à la cueillette des feuilles que tous les deux ans. Quoi qu'il en soit, la feuille du Nord ne vaudra jamais celle du Midi pour la qualité de la soie.

Exposition et terres propres au mûrier. — Nous croyons bien connaître le mûrier, et nous avons lu la plupart des écrits qui s'y rapportent. Eh bien, nous affirmons que ce qu'en a dit Bosc, dans le Dictionnaire de Déterville, est encore ce qui a été dit de mieux. « Si, remarque-t-il, la distance éloignée des climats a une influence si décidée sur la qualité de la feuille, l'exposition au nord ou au midi, au levant ou au couchant, doit agir aussi, quoique d'une manière moins prononcée, sur les feuilles des arbres du même canton. J'ose dire que la feuille des arbres plantés au nord, ou de ceux qui ne reçoivent que faiblement les rayons du soleil, sera très-aqueuse et peu nourrissante; que celle des arbres plantés au midi, ou au soleil levant jusqu'au soleil de trois ou quatre heures, et même de toute la journée, sera bien supérieure aux autres pour la qualité; il en est de même de celle dont les arbres sont plantés dans des endroits élevés et bien abrités en comparaison de celle des arbres qui se trouvent dans les bas-fonds, dans les vallons. D'ailleurs la feuille de ceux-ci est fort sujette à être tachée ou rouillée. Cet accident est encore très-commun près des ruisseaux, près des rivières, d'où il s'élève des brouillards lorsque le vent du sud règne dans la partie supérieure de l'atmosphère, et le vent du nord dans l'inférieure; alors les gelées blanches produisent de terribles effets sur les jeunes pousses, sur les feuilles encore tendres; et, si la saison des gelées blanches est passée, la condensation de l'humidité qui s'élève de la terre, et qui s'unit à celle de l'atmosphère, forme le brouillard qui surcharge d'humidité les feuilles déjà développées; le soleil survient tout à coup, sa chaleur vive frappe sur l'humidité des feuilles, et leur épiderme trop abreuvé, et dont les pores sont par conséquent distendus, est plus ou moins brûlé, suivant l'intensité de l'humidité et l'activité du soleil. »

Voici maintenant ce que le même auteur dit du terrain : — « Si on n'a pour but que la vigueur de la végétation de l'arbre, la grande abondance de belles et larges feuilles, je dirai : choisissez les meilleurs fonds, tels que celui des terres à lin, à chanvre, pourvu qu'ils aient une grande profondeur de bonne terre; mais il en sera de ces feuilles comme des raisins, ou de tels autres fruits venus sur des sols semblables; ils seront noyés d'eau, n'auront presque aucune partie sucrée, et leur grosseur, qui flattera l'œil, ne dédommagera pas du goût qui leur manquera. Les feuilles de pareils arbres sont peu nourrissantes; le ver à qui on les donne est mou, lâche; ses mues sont pénibles, et il est presque toujours dévoyé; il consomme une plus grande quantité de feuilles, à moins que l'année ne soit très-sèche; alors la séve est un peu mieux élaborée, mais elle ne l'est point encore assez.

« Ce que je dis des arbres plantés dans un sol très-substantiel s'applique bien mieux encore à ceux qui végètent sur un sol aquatique, marécageux ou humide; la surabondance d'eau dans la feuille qu'on donne au ver est la chose la plus nuisible pour lui.

« Les terrains aigres, ferrugineux, et tous ceux de ce genre qui ne permettent que difficilement l'extension des racines, ne sont pas propres aux plantations de mûriers; cependant la feuille en serait très-bonne, mais en trop petite quantité.

« Les coteaux de nature calcaire, les rochers qui se délitent d'eux-mêmes et dont le grain est facilement converti en terre, sont les endroits à préférer pour la supériorité de la qualité de la feuille. Les racines de l'arbre s'étendent entre les fissures de ces rochers, y trouvent à la vérité peu de nourriture, mais elle y est parfaitement préparée. Si le sol est graveleux, sablonneux; si, à ces graviers et à ces sables, il se trouve mêlé une certaine quantité de bonne terre, le mûrier y prospérera, et sa feuille sera excellente. Dans un pareil terrain, les racines s'étendront au loin, au grand avantage de l'arbre. Cependant cette extension prodigieuse des racines presque sur la surface n'est pas ce que j'approuve le plus. J'aimerais mieux que le sol eût beaucoup de fond, et que les racines s'étendissent moins, parce qu'elles dévorent les récoltes voisines qu'on doit compter pour quelque chose, puisque celle du mûrier ne doit être qu'une récolte accessoire, à moins que le terrain ne soit pas propre à d'autres productions; ce qui est fort rare.

« L'on dit, et l'on ne cesse de répéter que le mûrier vient partout; cela est vrai, très-vrai; mais entre végéter et prospérer, et donner des feuilles convenables à la nourriture du ver, c'est très-différent. Dans des cantons entiers, les vers à soie réussissent très-rarement, leur éducation est décriée, et la hache, mise au pied de l'arbre, n'attend pas qu'on ait examiné sérieusement si c'est sa faute ou celle du planteur; j'ose affirmer que c'est presque toujours celle du dernier. Lors de la manie des mûriers, on s'extasiait; le cri général était : *Plantez des mûriers*, et on a poussé la folie jusqu'à sacrifier à cette culture des champs entiers qui donnaient le plus beau blé, même les terrains à chenevières et à luzerne. Je dis ce que j'ai vu, et j'ai observé en même temps que les éducations faites avec les magnifiques feuilles de ces beaux arbres qui végétaient dans ces fonds si substantiels manquaient presque toujours; que les vers étaient mous, lâches, et les cocons de peu de valeur. La constitution de l'atmosphère contribue beaucoup à la réussite d'une bonne éducation; mais la qualité de la feuille en est la base la plus solide. Quand même on aurait une saison à souhait, si la feuille est trop aqueuse, on n'aura jamais une belle récolte de cocons, parce que la majeure partie des vers périra peu à peu par la dyssenterie. Le sol et l'exposition constituent la bonne feuille. Les mûriers plantés sur les coteaux (toutes autres circonstances égales) l'emporteront toujours par la qualité de la feuille sur ceux de la plaine. Quant à la quantité des feuilles, elle dépend de l'espèce du mûrier et du sol. »

De la multiplication du mûrier blanc. — On reproduit le mûrier de graine, de bouture, de marcotte même et de greffe; mais de tous ces modes de multiplication, le semis et le greffage sont les plus usités.

La première condition à observer pour faire un bon semis, c'est de choisir de bonnes graines. Or, ces bonnes graines sont moins communes qu'on ne se l'imagine. Généralement on tient pour irréprochables les semences qui germent et lèvent bien; c'est, on en conviendra, se contenter de trop peu, car il n'est pas rare de trouver des graines défectueuses qui germent et lèvent aussi vite que des graines de premier ordre. Seulement, au lieu de produire des sujets bien portants et d'avenir, il n'en sort que des sujets maladifs, à vie tourmentée et courte. Voilà ce que les semeurs ignorent trop souvent, et il importe qu'ils sachent bien, une fois pour toutes, que la qualité de la graine est subordonnée à l'âge et à l'état de santé de la plante ou de l'arbre qui nous la donne. Ainsi, un mûrier trop jeune ou trop vieux ne donnera pas une semence convenable; ainsi encore, un mûrier effeuillé et taillé périodiquement, c'est-à-dire martyrisé par la main de l'homme, sous prétexte de perfectionnement, ne saurait donner autre chose qu'une graine souffreteuse. Ces considérations, si conformes de tous points aux lois de la physiologie, ne trouveront pas de contradicteurs sérieux, et établissent aux yeux des moins clairvoyants que les mûriers de dix à vingt ans, plantés à chaude exposition, en pleine lumière, en terre profonde, jamais effeuillés, jamais taillés, et de plus non greffés, c'est-à-dire francs de pied ou à l'état de sauvageons, sont les seuls propres à fournir une graine de qualité supérieure. Or, il en coûterait peu, nous semble-t-il, de réserver comme porte-graines dans chaque exploitation, un ou deux sauvageons.

On ne prend point cette sage précaution, attendu, dit-on, que les pieds de semis sont destinés à recevoir des greffes en pépinière. Cette raison ne vaut rien et n'est par conséquent pas admissible. En effet, il est évident que la meilleure greffe, placée sur un sujet chétif, se ressentira des défauts de celui-ci. On pourrait appuyer l'assertion de nombreux exemples, mais à quoi bon chercher à démontrer ce qui n'a plus besoin de démonstration?

Le moment de recueillir la graine du mûrier est indiqué par la nature. Quand la mûre tombe d'elle-même, sa graine est dans un état parfait de maturité. Alors, il est d'usage de broyer les mûres avec la main dans un vase plein d'eau, de décanter ensuite, de prendre la graine tombée au fond du vase, de la dessécher avec précaution et de la mettre en lieu sec et aéré jusqu'à ce que le temps de la semer soit venu. Parfois aussi, on la conserve dans du sable bien sec. Quelques praticiens conseillent de retrancher l'extrémité des mûres avant d'en retirer la graine, et disent que, sans cette précaution, la graine germe tardivement et donne du plant très-variable dans la forme et les qualités de sa feuille. Pour notre compte, nous n'avons pas de peine à croire ces praticiens sur parole, car il est démontré que les semences formées les dernières sont les moins propres à la reproduction. Or, les dernières formées dans le fruit du mûrier, comme sur le chaton du maïs et la grappe du raisin, sont toujours celles du petit bout. On a donc raison de n'en pas vouloir pour semence. Il y a lieu de croire que les marchands n'y regardent pas d'aussi près, et qu'ils se préoccupent plus de la quantité que de la qualité; mais cette précaution sera toujours observée avec profit par les cultivateurs soigneux, qui ont le bon esprit de récolter leurs graines et de faire leur plant.

Dans le midi de la France, et notamment à Bagnols (Gard), on prépare pour le commerce une grande quantité de graines de mûrier blanc, et, à cet effet, on laisse les mûres macérer dans l'eau, puis on les broye et on lave les semences afin de les débarrasser de leur parenchyme.

C'est au printemps, lorsque le thermomètre marque environ 12° centigrades et que la température est assez douce pour faire espérer une levée rapide, qu'on sème les graines de mûrier. On retrouve encore dans le Midi un vieux mode de semis pratiqué de loin en loin, et qui nous rappelle la culture des anciens Romains. Chez ceux-ci, au moins pour la reproduction du figuier et peut-être aussi pour celle du mûrier, on prenait une corde que l'on frottait avec des figues mûres; la graine s'y attachait, et la corde était ensuite enterrée dans une rigole. Eh bien, c'est encore de cette façon que certains de nos cultivateurs méridionaux procèdent avec les mûres; ils en frottent des cordeaux auxquels s'attachent les graines mucilagineuses; ils gardent ces cordeaux en lieu sec et aéré, et, quand l'heure est venue de semer, ils les enterrent comme faisaient les Romains d'il y a environ deux mille ans.

Mais le plus ordinairement les pépinières de mûriers se font de la manière indiquée par M. de Gasparin. — « Le terrain où l'on veut faire le semis ayant été défoncé et fumé, dit-il, on y trace des planches de 1 mètre de largeur, séparées par des allées de 0m,20. On répand la semence sur les planches à raison de 0k,20 par are; on la recouvre très-légèrement de terre pulvérisée. On maintient la terre fraîche par une irrigation faite par infiltration, en introduisant l'eau dans les allées transformées en sillons au moyen d'un coup de houe, ou à la main avec un arrosoir à pomme; on sarcle rigoureusement et fréquemment, de manière à ne laisser croître aucune herbe adventive. » Sur quelques points, cependant, les planches n'ont que 0m,30 de largeur et sont séparées les unes des autres par de petites rigoles de 0m,27 de profondeur; on recouvre avec du terreau ou avec un mélange de terre et de vieux fumier, puis on arrose matin et soir, jusqu'à ce que les racines du jeune plant soient en état de résister à la sécheresse. Dans le Nord, nécessairement, les mouillures seraient moins fréquentes.

Ces semis à la volée sont indispensables avec les graines du commerce, qui ne sont pas toutes irréprochables, car il convient alors de semer dru; mais, si l'on avait affaire à des semences parfaitement choisies et d'une réussite certaine, il vaudrait mieux adopter le semis en lignes, qui dispenserait des frais onéreux de sarclage, d'éclaircissement et rendrait ces opérations très-expéditives.

Les jeunes plants de mûriers que l'on désigne sous le nom de *pourettes* ne sont pas autrement traités durant toute l'année. Tous les soins qu'ils réclament consistent, nous le répétons, à sarcler et à éclaircir à diverses reprises, jusqu'à ce que les planches soient bien nettes de mauvaises herbes, et que les pourettes de belle venue se trouvent à la distance de 0m,07 à 0m,08 l'une de l'autre. Avec le semis en lignes, on laisse de 0m,15 à 0m,20 entre les lignes et les *pourettes*, à 0m,03 seulement l'une de l'autre sur chaque ligne.

Au printemps de l'année suivante, au moment où la séve va bouger, on enlève les pourettes, on coupe le pivot à environ 0m,20 du collet, on les repique au plantoir dans un bon terrain, bien défoncé et bien ameubli, et l'on ménage entre elles des intervalles de 0m,80 en tous sens. Au moment de la reprise, on rabat toutes les jeunes tiges de la pépinière à 0m,07 ou 0m,08 du sol.

L'année suivante, les jeunes mûriers qui ont été cultivés convenablement sont en état d'être greffés en écusson. On les greffe donc à œil poussant au pied du plant, et on coupe celui-ci à 0m,15 de terre, en sorte que la partie de tige qui surmonte l'écusson puisse appeler suffisamment de séve sur la greffe, et lui servir en même temps de tuteur. Lorsque la greffe s'est bien développée, on rabat de nouveau le plant au-dessus de l'écusson, et on recouvre la plaie avec l'onguent de Saint-Fiacre. N'oublions pas d'ajouter que les greffes doivent être prises sur des mûriers qui n'ont pas été effeuillés l'année précédente.

Toutes les greffes de printemps ne réussissent pas. On patiente alors jusqu'au mois d'août, et l'on écussonne de nouveau, mais alors à œil dormant, c'est-à-dire sans retrancher la tête du sujet. Il suffit que l'écusson se soude; la suppression de la tête du sujet n'aura lieu qu'après l'hiver, afin de déterminer la pousse de la greffe. C'est une année de retard; voilà tout.

Il n'est pas absolument nécessaire d'appliquer des écussons à tous les sujets. Lorsque, dans le nombre des sauvageons, il s'en trouve qui offrent des feuilles grandes, minces et sans découpures, on les élève tels quels, et l'on obtient ainsi des arbres vigoureux, des variétés nouvelles très-recommandables.

Quelquefois, au lieu de greffer les jeunes mûriers au pied, on les greffe en tête, à une certaine hauteur, au moyen de trois écussons, destinés à former les mères branches. Ces greffes ne sont pas à recommander, car elles ne sont pas solides et se rompent aisément sous les coups de vent, ou sous le poids des cueilleurs de feuilles.

Une fois les sauvageons greffés, on laisse la greffe se développer, on pince les jeunes rameaux qui ne seront pas conservés, et, au moment de la transplantation, on rogne la tige au-dessus des rameaux destinés à devenir les branches de charpente. Pour les plein-vents qui doivent être transplantés dans des terres labourables, on veut des tiges de 1m,75; dans le cas contraire, on se contente de tiges de 1 mètre et même de 0m,50 pour former des arbres nains. A cet effet, on ne conserve à la hauteur voulue que trois rameaux pour former la tête de l'arbre, et l'on supprime la tige au-dessus de ces rameaux, et toutes les pousses qui sont sur la tige, au-dessous des trois rameaux en question.

Trois ou quatre ans après le greffage, dans les bons terrains et lorsque la tige des mûriers a de 0m,12 à 0m,20 de diamètre, plus même, il faut songer à la transplantation définitive, c'est-à-dire à demeure. « N'achetez, » dit Bosc, « que des arbres de fort calibre; cependant, ne vous trompez pas en prenant des plants vieux en pépinière; vous les reconnaîtrez à leur écorce grisâtre et chargée d'écailles qui se détachent sans peine de l'épiderme. Lorsqu'on les étêtera, on verra une couleur brune régner presque sur toute la partie ligneuse, signe caractéristique de vétusté dans la pépinière. » De son côté, M. de Gasparin nous dit : « On exige que leurs tiges aient 0m,20 à 0m,25 de diamètre, que leur écorce soit lisse et sans trace de lichens. »

Transplantation. — Il va sans dire que les mûriers destinés à la transplantation doivent être arrachés ou mieux déplantés avec de grandes précautions, de manière à offenser le moins possible les racines. Après cela, on taille les trois branches de la tête à moitié de leur longueur, au-dessus d'un œil de dessous, et on les transporte à la place qui leur est destinée, en ayant soin de ne pas exposer leurs racines à l'air et au soleil, et de ne pas meurtrir ou déchirer l'écorce des tiges ou des branches. On peut transplanter dès le mois de novembre, mais le plus souvent cette opération s'exécute à la sortie de l'hiver.

Il est nécessaire que le terrain ait été défoncé profondément, et que les trous destinés à recevoir les mûriers aient été ouverts trois mois à l'avance. Quant aux dimensions à donner à ces trous, on conseille 2 mètres de côté sur 0m,75 de profondeur, et l'on ajoute qu'il convient de bien remuer la terre au fond des fosses. Quant aux distances à ménager entre les arbres, elles varient nécessairement avec le plus ou moins de développement que doivent prendre les sujets, et selon la nature du terrain. Avec des arbres nains et des terrains maigres, on espace moins qu'avec des tiges élevées mises en terrains riches. Dans les Cévennes, la distance la plus habituelle entre les mûriers d'un verger est de 7 mètres en tous sens; autre part, on se contente de 4 à 5 mètres, et, souvent avec les nains, on se contente de 2 à 3 mètres. Il a été reconnu que les plantations rapprochées sont plus avantageuses que les plantations écartées.

Presque partout, il est d'usage de raccourcir le pivot, les grosses racines, et de rafraîchir le chevelu au moment de la mise en place; mais, sur ce point, il y a désaccord entre les planteurs, et quelques-uns veulent que le pivot et les racines principales soient conservés dans toute leur longueur, et que les fosses soient ouvertes en conséquence. Sans nous prononcer ici en faveur d'une méthode plutôt qu'en faveur de l'autre, nous ferons observer qu'avec la suppression du pivot, on aura des racines qui courront horizontalement, tandis qu'avec la conservation du pivot, les racines auront de la tendance à descendre, et les branches de la tendance à se développer beaucoup en hauteur. Si les racines traçantes conviennent aux terrains frais, les racines pivotantes nous paraissent préférables dans les terrains secs, puisque par leur profondeur, elles se soustraient à l'action desséchante de l'air.

Pour ce qui est des autres détails de la transplantation, ils ne diffèrent en rien de ceux nécessités par nos arbres fruitiers.

Ce que nous avons dit jusqu'à présent s'applique aux mûriers, en général, aussi bien aux mûriers noirs cultivés pour leurs fruits qu'aux mûriers blancs cultivés pour leurs feuilles. Mais, à partir de la transplantation, la conduite des uns et des autres n'est plus la même. On demande des mûres le plus possible au mûrier noir, et, par conséquent, il faut ménager le bois d'un an et ne guère s'inquiéter du feuillage. On demande, au contraire, de la feuille au mûrier blanc, et, par conséquent, il faut raccourcir le bois d'un an pour faire du jeune bois et de larges feuilles. Cependant, et ceci va de soi, si, comme dans certaines contrées de l'Italie, le mûrier noir était cultivé pour la nourriture des vers à soie, on devrait le tailler en vue de cette destination spéciale, c'est-à-dire de la même façon que le mûrier blanc.

Taille de formation du mûrier blanc. — La taille de cet arbre comprend deux périodes, et s'exécute le plus ordinairement à la sortie de l'hiver ou après la cueillette des feuilles. Dans la première période, elle a pour objet de faire les branches charpentières; dans la seconde, elle se borne à entretenir régulièrement la végétation des arbres formés. La méthode la plus usitée pour charpenter le mûrier est celle-ci : la première année, on taille les trois branches de la tête à environ 0m,30 de longueur. Chacune de ces branches émet des rameaux. L'année suivante, on ne garde que deux de ces rameaux, que l'on taille à leur tour à 0m,30 de longueur également. La troisième année, on prend sur chacun de ces rameaux, devenus branches, deux autres rameaux d'un an que l'on taille toujours de la même manière et à la même longueur, et, ainsi de suite, en sorte, qu'après quatre années de taille, la charpente se trouve constituée par quarante-cinq branches principales ou mieux par quatre-vingt-treize branches grosses et petites. Alors l'arbre est formé.

M. Boyer, de Nîmes, trouvant que cette méthode multiplie trop et rapproche trop les branches, en a proposé une autre que voici : au lieu de tailler à 0m,30 de longueur les rameaux dont on peut faire les branches, on les ébourgeonne à partir de la base au tiers de leur longueur, et, l'année suivante, il taille au-dessus d'un des rameaux de la partie supérieure, et obtient ainsi la continuation de sa branche, qu'il ébourgeonne dans le tiers inférieur, et que l'année suivante il taille au-dessus d'un des jets supérieurs, et ainsi la troisième année. A la quatrième année, il opère seulement la bifurcation, et arrête les deux rameaux à 0m,07 de longueur. La cinquième année, on commence à cueillir la feuille.

Cette méthode de M. Boyer a été l'objet de critiques qui ne nous paraissent pas très-fondées. On lui a reproché surtout d'allonger le trajet de la séve et d'en ralentir ainsi la circulation. La physiologie végétale autorise-t-elle ce reproche? Nous ne le croyons pas; nous pensons, au contraire, que la séve circule mieux dans les longues et fortes branches que dans une charpente toute tronçonnée, toute bifurquée et pleine de déviations. C'est à la pratique à prononcer en dernier ressort; notre théorie donne raison à M. Boyer.

Quand l'arbre est charpenté au moyen de l'une ou l'autre méthode, il n'y a plus à songer qu'à la taille d'entretien. On taille ou tous les ans ou tous les deux ans, soit après la cueillette de la feuille dans les terrains frais du Midi, soit en mars dans les terrains secs de ces mêmes contrées et en allant vers le Nord. Sous un climat doux, on comprend que les rameaux émis après la cueillette auront le temps de pousser et de s'aoûter avant l'hiver; ils seront donc en état de porter des feuilles au printemps suivant. Dans des circonstances moins favorables, il n'y a pas lieu de compter sur le développement et l'aoûtement complet des rameaux. La taille alors n'a plus lieu qu'au printemps de l'année qui suit la récolte, et le mûrier, par conséquent, ne donne sa feuille que tous les deux ans. M. de Gasparin établit en ces termes les principes sur lesquels repose la taille annuelle du mûrier : « On commence, dit-il, par élaguer, parmi les rameaux d'un an, ceux qui sont faibles, qui manquent de bourgeons (yeux) ou dont les bourgeons ont été aveuglés par la cueillette, ceux qui se contrarient dans leur direction; on taille les autres au-dessus du second bourgeon (2e œil) à partir du bas du rameau; chaque rameau d'un an en fournit donc deux pour l'année suivante, qui, profitant de toute la sève qui arrive au rameau, s'élèvent verticalement; ainsi la tête de l'arbre prend progressivement plus de développement et d'étendue. » On comprend que ce développement arrive bien vite à des proportions formidables, et qu'il y aurait une étrange profusion de rameaux. On empêche cette multiplication excessive en supprimant à chaque taille une des deux pousses du rameau de l'année précédente en même temps qu'on rogne l'autre au-dessus de deux bourgeons ou deux yeux, et ainsi tous les ans.

Dans certaines localités, on ne taille le mûrier que tous les deux ans. M. de Gasparin repousse cette taille avec raison, voici pourquoi : — « Si l'on taille tous les deux ans, dit-il, on obtient la seconde année l'évolution de tous les bourgeons (yeux) qui garnissent le bois d'un an, et qui poussent au printemps autant de petits rameaux. On augmente ainsi le nombre des feuilles, mais elles sont très-garnies de mûres et sont difficiles à ramasser. A la seconde année, quand on taille, on coupe sur le bois de deux ans, en laissant deux jeunes rameaux qui doivent produire la feuille l'année suivante. On a aussi à enlever une multitude de *chicots* provenant du bois de deux ans dont les bourgeons (yeux) ont avorté, et les *ergots* ou jeunes pousses (brindilles) qui n'ont que deux ou trois bourgeons (yeux). Les difficultés de cette taille, la mauvaise venue des arbres qui y sont soumis, ont porté à examiner s'il n'y aurait pas plus d'avantage à tailler les mûriers au printemps, en renonçant à la cueillette de l'année de la taille, de manière à ce que les bourgeons ayant toute la belle saison pour développer de longs rameaux, on eût l'année suivante beaucoup plus de feuilles, plus faciles à cueillir. En divisant les mûriers en deux soles, une moitié d'entre eux serait taillée, l'autre, taillée l'année précédente, donnerait sa récolte. »

Taillis et haies de mûriers blancs. — Rien n'empêche de couvrir de mûriers sauvages des terrains incultes et de mauvaise qualité, ou bien encore de former avec ces sauvageons des haies qui se garnissent très-bien du pied, quand on a la précaution de les tailler court pendant les premières années et d'incliner les rameaux pour multiplier le développement des bourgeons. La feuille de ces mûriers est excellente et convient peut-être mieux aux vers à soie que la feuille des arbres greffés.

Culture du mûrier blanc. — Les vergers de mûriers ont besoin d'un labour en mars, et se trouveraient bien d'un ou de deux binages dans le cours de l'année. L'eau leur serait souvent nécessaire en temps de sécheresse, mais il convient de ne la leur donner qu'avec modération. Mieux vaut ne pas arroser du tout que d'arroser trop. Ajoutons, au reste, que l'irrigation ne se fait que très-exceptionnellement, et dans leur jeunesse.

Cueillette des feuilles. — Dans le midi de la France, on récolte les feuilles du mûrier en mai et juin, le plus ordinairement, à partir de l'époque où les œufs du ver à soie éclosent jusqu'au moment où l'éducation de ces vers se termine. Cette cueillette, très-facile avec les arbres nains, exige nécessairement l'emploi d'échelles doubles pour les arbres de demi-tiges et hautes tiges; par conséquent elle devient moins expéditive. Souvent les cueilleurs se dispensent de l'échelle et montent sur les branches dans l'intérieur des arbres d'une certaine force. C'est regrettable, car le bois du mûrier est très-fragile; ses branches se rompent aisément et la carie en est la conséquence. On attend toujours, ou mieux l'on devrait toujours attendre que la tête des mûriers fût formée avant de leur demander des feuilles; et cela pour deux raisons : 1° le jeune arbre a besoin de toutes ses feuilles pour se constituer solidement; 2° les feuilles d'arbres trop jeunes ne sont jamais une nourriture de bonne qualité.

Ces divers points établis, les cueilleurs de feuilles se mettent à la besogne par un beau temps, ou tout au moins quand il ne pleut pas. On redoute beaucoup la cueillette en temps de pluie, d'abord parce que la feuille mouillée ne convient pas aux vers et se conserve mal, mais aussi parce que les arbres ont beaucoup à souffrir. Par une journée sèche, le suc laiteux qui sort à la place de chaque feuille récoltée se coagule et cicatrise promptement la plaie; mais, dès qu'il pleut, l'eau emporte ce suc laiteux et empêche naturellement la cicatrisation. C'est du moins ce que les praticiens affirment.

On enlève les feuilles avec la main à demi fermée que l'on promène de bas en haut jusqu'à l'extrémité des rameaux. Si l'opération se faisait de haut en bas, les feuilles se détacheraient mieux sans doute, mais les pétioles ne se sépareraient pas de l'écorce sans y laisser des déchirures. Toutes les fois que les rameaux sont jeunes, vigoureux, d'une seule venue, et que la main, en glissant le long de ces rameaux, ne rencontre pas d'obstacles, la récolte va très-vite; et l'on rencontre très-peu de mûres. Quand, au contraire, on opère sur des rameaux déjà vieux, hérissés de petits jets et ordinairement garnis de mûres, il faut souvent cueillir les feuilles une à une ou par bouquets, et la séparation des fruits d'avec ces feuilles prend beaucoup de temps et exige une manipulation qui ôte aux feuilles une partie de leur fraîcheur et de leur qualité par conséquent.

La cueillette d'un arbre doit être faite en un jour ou deux au plus, et toujours entièrement; il ne faut pas laisser de bouquets de feuilles ou papillons à l'extrémité des rameaux, parce qu'ils y appellent la séve au détriment des bourgeons ou yeux inférieurs. On assure qu'une branche non cueillie pourrait être une cause de mort pour le mûrier, mais le fait ne nous est pas démontré; si nous ne le contestons pas, nous ne l'accueillons qu'avec réserve.

« A mesure que le cueilleur effeuille un arbre, dit Bosc, il doit séparer les mûres, et les jeter de côté. Ce point est essentiel.

« Aussitôt que les charges de feuilles sont arrivées au logis, on doit vider les sacs, les étendre dans un lieu bien aéré, finir de séparer rigoureusement les fruits qu'on jette dans la basse-cour pour la nourriture de la volaille. Si les feuilles restent amoncelées, pressées, serrées, elles s'échauffent, fermentent et causent aux vers des maladies dangereuses. »

Quant au rendement par hectare de mûriers en plein rapport, M. de Gasparin nous apprend que ses plein-vents, à 7 mètres de distance, donnaient 13 291 kilogrammes qui lui revenaient à 458 francs soit 3f,45 par 100 kilogrammes, que ses nains, à 4 mètres d'intervalle, donnaient 15700 kilogrammes revenant à 546 francs ou 3f,29 pour 100 kilogrammes, que les nains, à 2 mètres, produisaient 22 050 kilogrammes coûtant 819 francs ou 3f,72 pour 100 kilogrammes. Mais il ajoute qu'avec les mûriers cultivés négligemment, sans engrais, le prix de revient des 100 kilogrammes est ordinairement de 5f,32, et ces 100 kilogrammes de feuilles se vendent de 7 à 12 francs, excepté dans la Haute-Garonne où les cultivateurs de mûriers gagneraient plus à en nourrir leurs bœufs qu'à la vendre aux sériciculteurs.

Maladies du mûrier. — Nous ne voyons pas d'arbre qui, pendant sa vie, soit plus maltraité que le mûrier blanc. On ne se contente pas de le greffer, ce qui est une première cause d'affaiblissement; on le dépouille encore de ses feuilles tous les ans ou tous les deux ans, autrement dit, on lui arrache les poumons. On a donc eu raison de dire que le mûrier n'a plus rien de naturel, qu'il est *civilisé* et qu'il doit à sa *civilisation* beaucoup d'infirmités. Par cela même qu'il est né pour souffrir et qu'il ne nous rend service qu'à cette condition, le mieux est d'en prendre son parti et de remplacer les arbres qui s'en vont par les arbres qui viennent. Les affections qui l'atteignent le plus souvent sont les *chancres* et la *rouille*. On pourrait diminuer le nombre et la gravité des chancres en mastiquant mieux qu'on ne le fait les plaies occasionnées par les tailles successives, et par ce que l'on est convenu d'appeler le rajeunissement ou mieux le recepage. P. JOIGNEAUX.

CHAPITRE XLVI

(FIN DES FRUITS COMPOSÉS)

DU CHATAIGNIER COMMUN (CASTANEA)

Nous ne voulons parler en ce moment du châtaignier qu'au point de vue de l'arboriculture fruitière. C'est un grand et bel arbre de la famille des Amentacées, indigène dans les climats tempérés de l'Europe. La région de la vigne est celle qui lui convient le mieux; celle des oliviers ne lui est pas favorable; il n'y fructifie qu'au nord ou dans les situations fortement ombragées.

Il s'avance assez loin vers le Nord, en dehors de la région des vignes, et nous en avons vu de beaux pieds dans les Flandres belges, du côté d'Alost. A plus forte raison, le châtaignier prospère-t-il aux environs de Paris, où l'on admire ceux de Montmorency et des environs de Marly. Sur les bords de l'Erdre (Loire-Inférieure), aux environs de Sancerre (Cher), aux portes d'Autun (Saône-et-Loire) et sur un grand nombre d'autres points, on rencontre des châtaigniers séculaires qui font l'admiration des voyageurs; mais il est peu de contrées où cet arbre soit plus répandu et réussisse mieux qu'en Corse et sur les Cévennes.

Terrains qui conviennent au châtaignier. — On est allé un peu loin en disant que presque tous les terrains conviennent au châtaignier, et Bosc a commis une erreur, par exemple, en blâmant les habitants de la Côte-d'Or de ne pas couronner avec cet arbre le coteau qui s'étend de Dijon à Beaune. L'essai en a été fait près de Beaune, à la *dem-ilieue* et le résultat n'a pas paru de nature à encourager des essais ultérieurs. En Champagne, on a tenté aussi la culture du châtaignier, mais en pure perte. En somme, les ter-

Fig. 1277. — Châtaignier commun.

rains très-calcaires ne lui conviennent guère ou point, et il ne se plaît réellement que dans les sols sablonneux et frais, dans les terres granitiques et dans les argiles sablonneuses.

Variétés cultivées pour leurs fruits. — Celles qu'on connaît encore le plus généralement ont été signalées soit par Bosc, soit par Bruzeau. On nous permettra donc de copier leurs listes, comme l'ont fait des auteurs modernes qui ont oublié de citer leurs sources.

Châtaigne des bois. — Petite, peu savoureuse, peu recherchée et ne se conservant guère. C'est celle des environs de Paris.

Châtaigne ordinaire. — Un peu moins petite que la précédente; sensiblement améliorée par la culture. Arbre fort et très-productif.

Châtaigne commune à gros fruits. — C'est la *Pourtalonne* ou *Portalonne* du Midi. Parfois très-grosse; fréquemment cultivée. Arbre très-fertile.

Châtaigne printanière ou *première.* — Peu savoureuse; son principal mérite est sa précocité.

Châtaigne verte du Limousin. — Découverte et propagée par Cabanis. Grosse, bonne et de longue garde.

Châtaigne exalade. — La meilleure pour le goût. Arbre peu élevé, à branches très-étalées; très-productif.

Châtaigne de Cars. — D'un volume moyen, excellente et se conservant bien. Variété recherchée, quoique tardive.

Châtaigne osillarde. — On donne ce nom, près de Poitiers et de Tours, à deux châtaignes bien différentes en qualité. L'une est grosse et bonne, l'autre petite et médiocre.

Le *Marron de Lyon*, d'*Aubray*, d'*Agen*, surtout celui du *Luc*, le plus gros de tous, sont à recommander tout particulièrement.

La liste qui va suivre a été publiée dans la *Feuille du cultivateur* par Bruzeau; elle renferme les variétés de châtaignes des environs de Périgueux, suivant l'ordre de leur maturité.

Royale-Blanchère. — Grosse, très-hâtive, très-brune. Se conservant peu.

Portalonne. — Signalée précédemment.

Corive. — Petite et camuse; de bonne garde et bonne à sécher.

Royale-Hélène. — Lisse et gluante en sortant de son brou. Un peu camuse et assez bonne.

Grande Épine. — Un peu allongée; épines du brou un peu plus longues que dans les autres variétés.

Ganebellonne. — Assez grosse, brune, pointue, un peu aplatie. Très-bonne à sécher; de longue garde en vert.

Caniaude. — Une des plus grosses, de couleur très-brune, avec un peu de duvet vers la pointe. Très-bonne à sécher.

Verte. — La verte est la plus estimée, parce qu'elle rend beaucoup et se conserve bien.

Angalade ou *Marron bâtard.* — Moins bon que le vrai marron, mais plus gros et plus productif.

Couriande ou *Marron sauvage.* — C'est le marron non greffé.

Vrai Marron. — La meilleure de toutes les châtaignes.

Multiplication du châtaignier. — On multiplie le châtaignier par le semis de ses graines et surtout par le greffage de bonnes variétés soit sur sujets francs, soit sur chêne. Les châtaignes destinées au semis sont stratifiées d'abord, puis plantées au printemps, la pointe en bas.

Un de nos amis nous écrivait dernièrement du département de l'Isère: — « Je ne pense pas que, dans nos pépinières de l'arrondissement, on puisse trouver un seul sujet convenable pour la transplantation, car il lui faut 10 à 12 ans pour atteindre la grosseur du pouce. A cet âge, on le place où l'on veut qu'il reste. A l'âge de 18 à 20 ans, il faut nécessairement le faire greffer. 10 ans plus tard, il vous fournira 2 à 300 grammes de belles châtaignes; à 50 ans, il en fournira un peu plus d'un double décalitre.

« Chez nous, cet arbre est très-exposé aux gelées du printemps. Je sais que la culture en est un peu plus lucrative dans l'Ardèche, mais ici elle est en pleine décadence. »

Récolte des châtaignes. — On récolte les châtaignes au moment où elles se détachent d'elles-mêmes. Après la cueillette, on les dépouille de leur enveloppe épineuse et on les étend sur une place sèche et aérée. On les remue pour qu'elles se ressuient le plus promptement possible, et, une fois ressuyées, on fait un choix des plus grosses et des moyennes.

Comme les châtaignes fraîches ont plus de valeur que les châtaignes desséchées, on s'arrange de façon à les conserver le mieux possible en cet état, et pour cela, on les gaule avant leur complète maturité et on attend qu'elle se fasse dans les enveloppes.

Mais dans les contrées où la châtaigne occupe une place importante dans l'alimentation des populations, on les dessèche dans des séchoirs spéciaux, dont nous n'avons pas à nous occuper ici, par cette excellente raison que nous n'apprendrions rien aux populations qui ont recours à ce moyen, et que nous apprendrions des choses tout à fait inutiles aux amateurs qui ne cultivent le châtaignier que pour en consommer le fruit frais.

P. J.

Maintenant que nous en avons fini avec les monographies des arbres fruitiers, il s'agit de tirer parti de ces arbres, de les mettre à leur place. S'il était permis de hasarder une image un peu forcée, nous dirions que, si des matériaux épars ont une valeur par eux-mêmes, ils en acquièrent une bien plus grande encore lorsqu'on les a réunis et disposés d'après certaines combinaisons ingénieuses et certaines règles pour en faire un édifice. Or, c'est précisément de cette mise en œuvre que nous allons nous occuper.

La manière la plus simple, la plus commune, la plus naturelle, de tirer parti des arbres fruitiers, c'est d'établir un verger. La manière la plus compliquée, la plus rare, la plus savante d'en tirer également parti, c'est d'établir un jardin fruitier. Nous aurons donc à traiter successivement du verger d'abord et ensuite du jardin fruitier.

CHAPITRE XLVII

DU VERGER

Définition. — Le verger est une sorte de jardin d'une assez grande étendue, planté d'arbres fruitiers généralement à haute tige. Ces arbres réclament peu de soins et ont l'avantage de donner des produits considérables. Aussi, le verger est-il le jardin fruitier par excellence de la ferme et de la maison de campagne, où l'on recherche avant tout l'abondance et l'économie.

Pour arriver à ce résultat, il faut apporter une attention sévère dans le choix et la préparation du terrain, comme dans l'adoption des meilleures espèces et variétés d'arbres. Il est pénible de rencontrer encore sur nos marchés quantité de fruits chétifs, insipides ou d'une saveur peu agréable, qui ne font ni le compte du vendeur ni celui du consommateur. Ceci se comprend d'autant moins que de nos jours le nombre des bonnes variétés est très-élevé, et qu'on en possède réellement pour tous les sols et tous les climats, pour toutes les formes et toutes les expositions.

Il importe donc de sortir au plus vite de la voie regrettable dans laquelle nous sommes engagés. Les conseils que nous allons donner n'ont pas d'autre but, et nous avons l'espoir de prouver que le verger peut assurer au cultivateur un bon placement de fonds, en même temps qu'une jouissance réelle. Seulement, on comprendra que, pour rendre l'opération lucrative, il est essentiel de ne pas courir au-devant des grosses difficultés. Nous avons vu des friches arides transformées en magnifiques jardins, à force de manipulations extraordinaires, de grands apports de terre ou d'extractions considérables de rochers. Les propriétaires avaient atteint leur but, assurément. Il y a mieux : ils avaient acquis un droit à la reconnaissance publique, en rendant productifs des terrains jusque-là stériles. Mais, tout en admirant ces tours de force d'amateurs, nous ne saurions les proposer pour modèles. Le chemin des sacrifices énormes est rarement celui du bénéfice net; en conséquence, nous ne le suivrons pas.

Emplacement. — Pour le choix de l'emplacement, il faut prendre en sérieuse considération la nature du sol, sa situation climatérique, son exposition, le niveau habituel de l'eau; car de ces conditions plus ou moins favorables dépend le succès ou l'insuccès de l'entreprise.

Quand on possède autour de la maison d'habitation un terrain de nature à peu près convenable et suffisamment étendu, il est toujours avantageux d'y planter son verger. Dans le cas contraire, et, si l'on a pour but principal la spéculation, on recherchera le voisinage d'un débouché facile, comme un marché, un grand centre de consommation, afin d'éviter les frais de transport et d'emballage, qui diminueraient le produit de la vente des fruits.

Au point de vue de la qualité de ces fruits, un sol léger et de fertilité ordinaire donnera des produits moyens, savoureux et de bonne conservation; tandis qu'on obtiendra des fruits plus volumineux dans un terrain très-riche, mais ils seront moins succulents et se conserveront moins bien.

On évitera les vallons humides, parce que les brouillards froids et les gelées tardives y sont funestes à la floraison. Les sites trop élevés, en terrain léger, présentent aussi de graves inconvénients; ils se dessèchent trop vite et sont battus par les vents. C'est au pied des coteaux, ou dans les plaines fertiles, bien aérées, mais abritées cependant, qu'on rencontre les plus beaux vergers.

Du sol. — Une terre à pré, profonde d'un mètre au moins, un peu substantielle, ni trop sèche ni trop humide, reposant sur un sous-sol perméable, réunit les conditions désirables.

Les terrains de nature exclusive pourront être amendés : s'ils sont trop tourbeux, on y amènera du calcaire ; s'ils sont trop sableux et trop secs, on leur donnera de la consistance avec de la marne et *vice versâ*. Si le sous-sol renferme de ce qui manque à la surface, on aura recours au défoncement et au mélange des deux terres.

Quand le sous-sol est imperméable, nous drainons le champ, en évitant de poser les drains à l'endroit destiné aux arbres.

Nous combattons une trop grande sécheresse

en répandant à la surface une couche d'argile, de fumier d'étable, un paillis quelconque. Les engrais d'écurie, les engrais salins, les terres caillouteuses sont, au contraire, d'un grand secours dans les sols froids et humides. Enfin, quelle que soit la nature du terrain, les plâtras ou débris de démolitions, divisés grossièrement, activent puissamment la végétation.

Clôtures. — Un mur serait une dépense superflue pour un verger, car l'espalier y serait moins bien qu'au jardin-fruitier; il y produirait de moins beaux fruits, en raison de l'ombre et du manque d'aération occasionnés par les grands arbres. Nous entourons tout simplement notre verger d'un fossé, bordé à l'intérieur d'une haie vive et fructifère.

Nous creusons ce fossé tout autour de la propriété, sur une largeur de 2 mètres à son orifice, avec des talus en pente douce pour éviter leur dégradation. Sa profondeur varie selon la nature sèche ou humide du terrain. Ce fossé active l'écoulement des eaux lors des grandes pluies et des fontes de neige; il est d'autant plus utile que le sol est plus compacte. Lorsqu'il y a possibilité de le faire, nous mettons le fossé en communication avec un ruisseau ou une rivière.

Il est presque inutile d'ajouter que du côté desservi par une large voie, nous ménageons la place nécessaire à l'établissement d'une porte charretière.

Au moment de la plantation, nous garnissons le talus extérieur du fossé, le long des chemins, de ronces ou autres plantes rampantes, dont les racines, en s'enchevêtrant, maintiennent la terre, et dont les rameaux forment un premier obstacle à quiconque voudrait le franchir. Nous créons à l'intérieur un autre obstacle, qui peut devenir d'un produit avantageux, et qui consiste dans la plantation d'une haie vive tout autour, à $0^m,20$ ou $0^m,30$ du fossé, et assez serrée pour ne pas laisser de vides. Ainsi, par exemple, nous mettons au midi des boutures de groseillier, distancées entre elles de $0^m,10$; à l'est, des pruniers en buisson tous les $0^m,30$; au nord et à l'ouest, des noisetiers, cornouillers, cognassiers, garnis de branches latérales dès leur base. Les essences indiquées pour ces deux dernières expositions atteignent d'assez grandes proportions et exigent naturellement un assez grand espace de terrain pour y trouver une nourriture suffisante. Nous les plaçons donc à $0^m,60$ du bord et à $0^m,50$ dans le rang. Comme leur base est sujette à se dénuder, nous la garnissons à l'aide d'une seconde ligne parallèle, formée d'épine-vinette, à $0^m,30$ du fossé. Il va sans dire que l'on pourrait se contenter de cette ligne de vinettiers; leurs baies, dans ce cas, mûriraient mieux et seraient plus faciles à récolter.

Mais, avant de procéder à ces plantations, et aussitôt que le fossé d'enceinte est creusé, nous devons nous occuper de la préparation du sol.

Terrassements. — Si le terrain est sec et poreux, nous le rendons plat et horizontal sur toute sa surface; si, au contraire, il conserve l'humidité, nous l'établissons en *goutte-de-suif*, c'est-à-dire que nous lui donnons une pente douce du centre au pourtour, pour activer l'écoulement des eaux pluviales. Dans ce dernier cas, nous le soumettons aussi à une légère inclinaison vers le sud-est, si ce côté est bien éclairé.

Un fossé transversal aurait l'avantage de favoriser la production de certaines variétés de poiriers, dont les fruits, souvent pierreux, se trouvent bien dans le voisinage d'un cours d'eau. Il pourrait en outre servir à des travaux de pisciculture ou à la formation d'une cressonnière, ou bien encore à la culture de plantes médicinales sur ses talus.

Nombre et désignation des places. — Le fermier, qui consacre tout à l'agriculture, veut des arbres qui demandent peu de soins, qui ne le détournent pas trop de ses occupations principales et ne le gênent point dans ses emblaves; il lui faut donc des sujets à tige élevée de 2 mètres à $2^m,30$, qu'il plantera à 12 ou 15 mètres les uns des autres.

D'autres personnes veulent le plus d'arbres possible; or, il convient que ces arbres aient suffisamment d'espace pour développer librement leur tête, qui mesure assez communément 10 mètres de diamètre; on les espacera donc en conséquence. Ainsi que nous le verrons tout à l'heure, les animaux domestiques n'entreront pas dans ces vergers; des arbres à tige de $1^m,80$ à 2 mètres y seront préférés.

En raison des distinctions que nous venons d'établir, il existe deux sortes de vergers, que nous appellerons *verger simple* pour la maison de campagne; *verger mixte* pour la ferme.

Nous ne parlerons pas ici des jardins paysagers composés de groupes d'arbres fruitiers à haute ou à basse tige. Ce sont des parcs fruitiers.

Les mesures que nous avons indiquées ne sont pas absolues, elles peuvent varier selon la qualité du terrain; car il est évident que dans un sol riche et un peu frais, les arbres atteindront de plus grandes dimensions que dans une terre moins substantielle.

Les arbres à fruits à noyaux pourraient être plus rapprochés, mais la régularité de la plantation exige pour tous la même distance. D'ailleurs, rien ne nous empêche de mettre entre eux, dans le verger simple, des néfliers, des cognassiers, etc., à demi-tige; tandis qu'entre les arbres à fruits à pepins, nous pouvons placer des pommiers en buisson greffés sur paradis et des poiriers en fuseau greffés sur cognassier, qui produisent dès la seconde année de plantation. Ils permettront d'attendre la fructification appréciable des arbres à haute tige, qui est d'autant plus lente à venir qu'on plante généralement des sujets trop faibles et trop jeunes; aussi ceux à fruits à noyaux n'arrivent-ils au maximum de leur production qu'après une douzaine d'années de mise en place, et ceux à pepins le plus souvent après une période de vingt à trente ans.

La meilleure plantation d'un verger est celle en quinconce. Comme elle assure la même distance en tous sens, la tête de l'arbre s'arrondit naturellement, et ses racines sont moins sujettes à se rencontrer et à se gêner. Tout l'espace aérien et

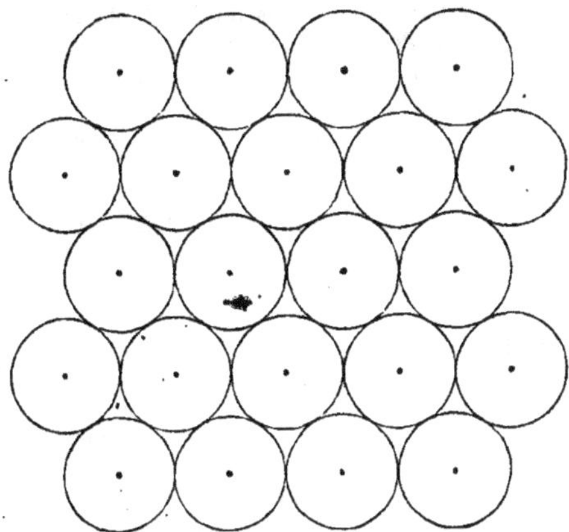

Fig. 1278. — Plantation en quinconce.

souterrain se trouve donc occupé uniformément, avantage que n'offre pas la plantation en carré.

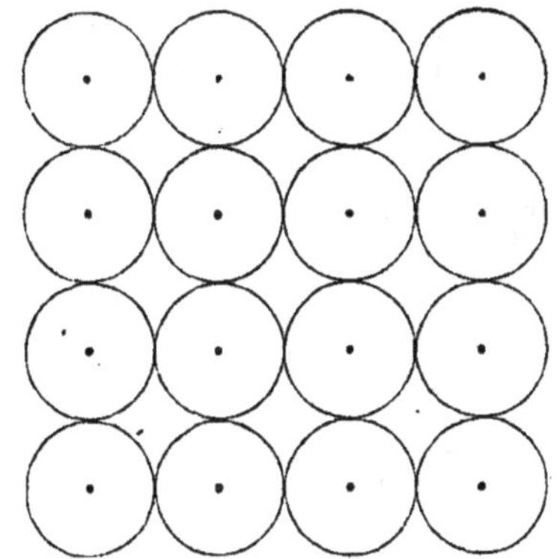

Fig. 1279. — Plantation en carré.

Il y a plusieurs manières de procéder pour déterminer la place de chaque arbre; nous allons en décrire une très-simple et très-praticable pour tout le monde. Trois personnes sont nécessaires pour cette opération : l'une se munit de petits piquets, les deux autres tiennent les extrémités d'un ruban, ou mieux d'une chaîne d'arpenteur, qui a le mérite de ne pas s'allonger par une forte traction et de ne pas se raccourcir par un temps humide.

On trace sur le terrain une ligne AA (*fig.* 1280), bien droite, et dans la direction que l'on veut donner à la plantation, préférablement au milieu du champ et dans le sens de sa plus grande étendue. On prend le milieu de cette ligne, qu'on marque par un premier jalon B, et de chaque côté l'on pose tous les 10 mètres, ou tous les 12 à 15 mètres, selon la distance à laisser entre les arbres, un piquet à chacun des points C D E F G H I J K L jusqu'à environ 5 mètres de la limite du champ. Puis, posant une extrémité de la mesure au point L, on trace avec l'autre extrémité un petit arc de cercle en M; de L on se reporte en K, et l'on trace un deuxième arc, coupant le premier en M, qui est conséquemment à la même distance de K et de L; un piquet y est posé. De K et de J on trouve le point O, également distant de J, de K et de M; et l'on en fait autant pour toutes les autres places.

Si l'on opère avec un cordeau ou un ruban, on aura le soin de le tendre toujours également. Du reste, il serait facile à la fin de rectifier à l'œil les piquets qui dévieraient de la ligne droite en tous sens.

Dans le verger simple, on aura en outre à planter les arbres intermédiaires dont nous avons parlé. On les placera sur les mêmes lignes que les grands, à 5 mètres des deux plus proches voisins. Nous les avons indiqués sur la figure par des points.

Ouverture des trous. — Comme les arbres de verger sont plantés à de grandes distances, il serait superflu de défoncer le terrain sur toute son étendue; on se contentera d'ouvrir un grand trou à chaque place destinée à recevoir un arbre. Cette ouverture sera circulaire; ses dimensions

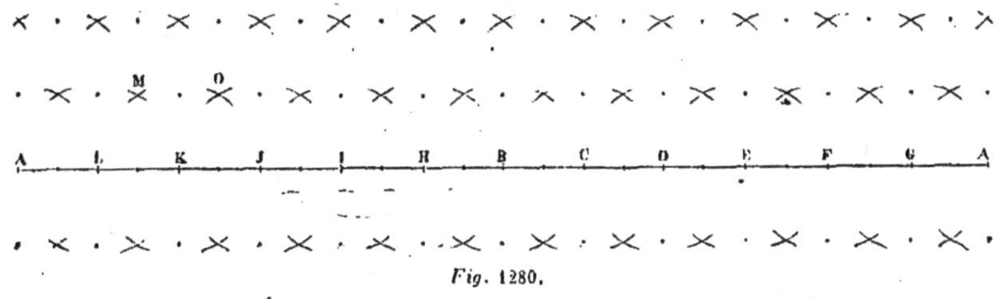

Fig. 1280.

varieront suivant la nature et la richesse du terrain. L'on peut admettre comme règles générales que : 1° plus le sol est ingrat, plus les trous doivent être grands, pour retarder l'instant où les racines arriveront aux parois, afin que l'arbre ait alors assez de force pour n'en pas trop souffrir; 2° plus le terrain est sec, plus les trous doivent être faits profondément, pour y attirer les racines, qui seront en partie garanties de la sécheresse. 3° Dans les sols ordinaires, les fosses doivent avoir environ 2 mètres de largeur sur 1 mètre de profondeur.

Quand le sous-sol est argileux, imperméable, à moins de 1 mètre de la surface, il faut bien se garder de l'entamer, car on ferait ainsi des réservoirs où l'eau, prenant son niveau, arriverait en abondance et séjournerait continuellement. On comprend que les racines pourriraient par suite de cette stagnation. Dans ce cas, on rechargera de bonne terre pour obtenir la profondeur nécessaire.

Nous traçons les trous à l'aide d'une ficelle attachée à deux petites chevilles : l'une est plantée à la place que devra occuper l'arbre, et avec l'autre nous décrivons le cercle en conservant bien la longueur de la corde.

Les trous seront creusés par un beau temps, dans l'été s'il est possible. Nous enlèverons la terre dans l'ordre suivant : d'abord le lit supérieur, sur une épaisseur de 0m,15 à 0m,20, sera mis en un tas ; ensuite les autres couches mélangées, sauf celle du fond, formeront un deuxième tas; enfin cette dernière, presque toujours stérile au moment de l'extraction, sera mise à part. On laissera ainsi les choses jusqu'au moment de la plantation. C'est alors qu'on est en mesure d'apprécier la qualité du terrain dans toute son épaisseur, et d'y ajouter des engrais s'il en est besoin.

Des engrais qui conviennent au verger. — On choisira préférablement les engrais d'une décomposition lente, parce que leur action dure plus longtemps.

Parmi ceux que l'on emploie avantageusement pour les arbres fruitiers, nous citerons : les râclures de routes et de chemins, les curures de fossés, les plâtras ou décombres, ceux de cheminée notamment, la chaux, le sang et la chair des animaux coupée en morceaux et enfouie dans les terres légères; et pour toutes sortes de terrains les débris de cornes, d'ongles, de sabots, de cuirs; l'urine humaine ayant séjourné quelque temps dans une tonne; les résidus des usines et fabriques, tels que chiffons et déchets de laine, plumes, poils, bourres, marcs de colle, etc.

Époque de la plantation. — La plantation des arbres à fruits doit être faite pendant le repos de la végétation, qui a lieu généralement du 15 octobre au 1er avril. L'instant le plus propice ne peut être précisé rigoureusement, car il varie selon le climat, la nature et la position du sol. Ainsi, dans les terrains secs et légers, qu'ils soient calcaires ou siliceux, et surtout dans le climat du Midi, il est préférable de planter en automne, aussitôt la chute des feuilles, parce que la sève y est mise en mouvement après l'hiver par le premier temps doux. Les sujets qu'on y plante tardivement réussissent mal et souffrent de la chaleur subite du printemps, ce qui les retarde d'une année sur ceux plantés avant l'hiver (1).

Mais il vaut souvent mieux attendre le mois de mars pour les terres froides et compactes, sujettes à être submergées, comme il en existe surtout dans certaines vallées humides du Nord, de la Normandie, des Ardennes, des Vosges, du Morvan. Ces distinctions comprises, il faut se hâter dès que l'époque est arrivée, si, bien entendu, la température le permet. Les beaux temps sont rares et ne doivent pas être perdus en cette saison.

Tous les arbres ne cessent pas de végéter au même instant : les plus prompts à se défaire de leurs feuilles sont les pruniers, les cerisiers, les poiriers; ils peuvent être déplantés, en année ordinaire, vers la fin d'octobre, ou même plus tôt s'ils n'ont pas de voyage à subir. Les pêchers, les abricotiers ne se reposent que lorsqu'ils s'y trouvent contraints par la gelée; aussi ne seront-ils transplantés qu'à la chute complète de leurs feuilles, vers la fin de novembre. Les pommiers tiennent le milieu entre ces essences.

S'il arrivait que les arbres fussent encore couverts de leurs feuilles, il faudrait immédiatement faire enlever celles-ci, non pas en les arrachant du rameau, mais en les coupant à moitié de leur pétiole. Des ciseaux de couturière sont d'un emploi commode pour ce travail.

Les arbres encore en végétation, effeuillés ou non, réclament une mouillure immédiate sur toutes leurs parties aériennes, et l'arrosage des racines aussitôt après leur mise en terre.

Choix des sujets propres au verger. — Les meilleurs sujets sont ceux à tige saine, plus forte à la base qu'au sommet, exempte de chancres, de protubérances ou de plaies qui gênent la circulation de la sève. Il ne faut pas lésiner sur le prix d'achat pour avoir de beaux et bons arbres, à écorce non durcie. Ils doivent avoir d'excellentes racines, suffisamment chevelues. On les rencontre ainsi dans les pépinières établies en bon terrain, plutôt léger que trop compacte, plutôt amendé avec des terres rapportées que trop riche d'engrais.

Des personnes rétives aux sacrifices d'argent mettent en place des sauvageons arrachés dans les bois et les greffent ensuite. Ces arbres, qui ne doivent rien à la culture, sont munis seulement de quelques longues racines dépourvues de chevelu, que l'on raccourcit à l'excès lors de l'arrachage. Cependant quelques-uns réussissent; il faut greffer après un ou deux ans de plantation. Ici se présentent certaines difficultés qui consistent : 1° à trouver des rameaux d'une série de bonnes variétés à maturation successive; 2° à

(1) Il n'y a pas, dit-on, de règle sans exception. En ce qui concerne l'époque de la plantation des arbres, nous en avons eu la preuve à nos dépens. Voici le fait : — Conformément aux vieilles données de l'expérience, nous avions cru qu'il fallait toujours planter en automne dans les terrains poreux et secs, et c'est ainsi, en effet, qu'il convient d'opérer. Cependant nous pouvons affirmer que dans les terres de Bois-de-Colombes, près de Paris, terres naturellement poreuses et arides, les plantations automnales courent de très-mauvaises chances, tandis que les plantations printanières réussissent ordinairement bien. Les jardiniers de l'endroit, qui n'ignorent point cette anomalie, garantissent volontiers leurs arbres mis en terre au printemps, mais ils ne se soucient plus de répondre des arbres transplantés en automne.

Quelle est la raison de ce fait exceptionnel ? Au moment des plantations automnales, les terrains de Bois-de-Colombes sont profondément desséchés et parfois les puits tarissent. On peut donc supposer que les arbres mis en terre à ce moment, ne trouvent pas même la faible dose d'eau indispensable à leur existence. C'est à peu près comme si l'on conservait des arbres dans une grange ou sous un hangar pendant l'automne et l'hiver, pour les faire pousser au printemps. Après l'hiver, l'état de ces terrains n'est plus le même ; les pluies et l'eau de la fonte des neiges les ont humectés suffisamment pour assurer la reprise immédiate des arbres. C'est ainsi que nous nous expliquons l'échec ordinaire des plantations d'octobre et novembre, et la réussite des plantations de février, mars et même avril.

Il y a lieu de croire que dans quinze ou vingt ans, quand le sol aura été amélioré par une longue succession de fumures copieuses, on se trouvera bien des plantations automnales. P. J.

faire les greffes; 3° à les soigner; d'où il suit qu'en faisant la part des accidents, il reste seulement quelques bons arbres, qui coûtent plus cher que les sujets de pépinière. De plus, on a perdu plusieurs années qu'on ne retrouvera jamais.

Souvent aussi l'on plante à demeure des sauvageons élevés en pépinière. Ceux-là réussissent aussi bien que les arbres greffés; mais les risques du greffage et le temps perdu doivent leur faire préférer les sujets tout greffés.

Les avis sont partagés sur la question de savoir lesquels sont les meilleurs des arbres à haute tige greffés en pied ou de ceux qui le sont en tête. Notre opinion est que ceux qui le sont en pied sont presque toujours préférables, attendu que leur tige est généralement plus lisse, moins noueuse et plus droite que celle des autres; la sève y circule donc plus librement. D'ailleurs, les variétés pour haute tige doivent être vigoureuses. Nous admettons quelques exceptions en faveur de bonnes variétés ne poussant que modérément, et pour lesquelles nous préférons les sujets greffés en tête, soit sur une tige de variété vigoureuse et robuste écussonnée d'abord au pied, soit sur un sauvageon très-vigoureux, à écorce vive et saine.

L'âge de l'arbre à transplanter a peu d'importance, s'il réunit les conditions que nous avons énumérées, car son développement varie beaucoup en raison de la richesse du terrain qui l'a nourri et de son entretien. Nous aimons les sujets dont les branches de la tête sont âgées de deux ans, mais nous ne rejetons pas les autres.

Une question qui est encore diversement résolue est celle-ci : quand on plante des arbres dans un sol de médiocre qualité, vaut-il mieux les choisir dans un terrain médiocre que dans un terrain riche? Voici notre réponse, basée sur l'expérience : dans une terre médiocre, on n'y fait pas de pépinière d'arbres fruitiers, parce qu'on y perdrait son temps et son argent; les plus mauvaises sont en terrains que nous appelons *passables*. Eh bien, qu'arrive-t-il? Les sujets y sont peu vigoureux; ils ne peuvent arriver à faire des tiges; si quelques-uns finissent par atteindre la hauteur voulue, ce n'est qu'après de longues années; leur écorce est durcie, blanche, couverte de mousse; les canaux séveux sont resserrés; ils sont enfin malingres, mal constitués, et quelle que soit la nouvelle nourriture qu'on leur donnera, ils seront toujours malades. Ceux qui, au contraire, sont venus en terrain extrêmement riche ou fumé, souffrent trop de la substitution d'une nourriture relativement maigre à un régime très-fortifiant; leurs organes, très-dilatés, se resserrent, et la mort en est la conséquence. Avec les arbres venus en bonne terre ordinaire, composée d'éléments variés, ces inconvénients disparaissent, et nous avons des plants bien constitués; leur partie souterraine est bien en rapport avec la partie aérienne; ils résistent parfaitement à la transition d'un terrain à un autre.

On ne doit pas acheter d'arbres sur le marché, car ils sont généralement le rebut des pépinières. En outre, leurs racines sont exposées là en plein air aux intempéries; elles sont bientôt fatiguées; ceux qui ne sont pas vendus sont mis tels quels en bottes et en jauge, reportés au marché suivant, et ainsi de suite jusqu'à leur complet écoulement. D'ailleurs, à moins de bien connaître soi-même les variétés à l'inspection du bois, et de pouvoir juger de la valeur de ces arbres, il est toujours prudent de s'abstenir. Quelques établissements ont le bon esprit de mettre au feu les sujets inférieurs plutôt que d'exposer l'acheteur à des déceptions; nous ne saurions trop les en louer. Malheureusement ils forment encore le petit nombre.

Que les propriétaires se défient surtout de ces colporteurs qui parcourent les foires de villages et tiennent magasin dans les villes. Ils étalent leurs végétaux sans s'inquiéter du hâle ni de la gelée, puis ils les réencaissent pour les déballer plus loin. Connaît-on les cultures de ces intermédiaires? Assurément non. Mais ils ont trouvé un moyen de captiver la confiance de certaines personnes, c'est de se donner comme représentants de quelque maison renommée, ou bien encore d'affubler leurs marchandises de noms pompeux, accompagnés de descriptions séduisantes et de gravures auxquelles on a de la peine à résister. Ces colporteurs s'approvisionnent dans les forêts, et plus souvent encore, ils ramassent à vil prix les rebuts des horticulteurs.

Lorsqu'on n'a pas sous la main une pépinière bien assortie, le mieux est de s'adresser à un établissement qui jouisse d'une bonne réputation, et de recommander les soins nécessaires quant au choix des sujets, à leur déplantation et à leur emballage.

Aussitôt leur arrivée à destination, on les mettra en jauge (1), puis on les mouillera pour rétablir l'état normal des racines qui seraient flétries ou en partie desséchées. Celles qui se trouveraient par trop altérées seront trempées dans une bouillie claire, formée de bouse de vache et de terre glaise délayées dans l'eau; on les y laissera séjourner de dix à vingt heures, selon leur degré d'altération. Cette enveloppe grasse, qui s'attache au pied, aide à la formation de nouvelles spongioles, auxquelles elle sert de première nourriture. Cela n'empêchera pas de les mettre ensuite en jauge comme d'ordinaire.

Dans le cas où des arbres seraient fatigués par le hâle ou la gelée, on verra plus loin, au chapitre du *Jardin fruitier*, les soins à leur donner aussitôt leur arrivée.

Préparation des arbres pour la plantation. — On retire successivement les arbres de la jauge au fur et à mesure de leur mise en place, pourvu, s'entend, qu'il ne pleuve point ou que la terre n'ait pas été trop mouillée par une pluie récente; en un mot, il faut éviter de mettre une terre boueuse sur les racines.

A la sortie de la jauge, on refait, avec une serpette ou un sécateur, la coupe presque inévitablement faite par le déplanteur sur quelques ra-

(1) Mettre les arbres en jauge, c'est les enterrer provisoirement, en attendant leur plantation définitive.

cines, et l'on retranche les parties cassées ou mutilées. On en équilibre à peu près le nombre et la force dans tous les sens, afin que la tige et les branches reçoivent une sève à peu près égale de tous les côtés. Si une partie était plus faible que l'autre, il serait bon de la placer au midi. C'est ainsi qu'on obtient la régularité de la tête de l'arbre.

Une partie des racines qui alimentaient les branches se trouvant supprimées, on doit raccourcir ces branches proportionnellement, surtout les plus fortes. On rétablit ainsi l'équilibre entre les organes souterrains et aériens pour qu'ils puissent se suffire mutuellement. C'est là seule taille à appliquer la première année.

Les arbres à fruits à noyaux s'accommodant mieux de la chaleur que ceux à fruits à pepins, nous les placerons dans la partie la plus haute du champ.

Plantation. — On se souvient qu'en faisant le trou, nous avons partagé la terre en trois tas. Nous commençons par remplir environ les deux tiers de ce trou avec la terre venant du milieu, au besoin mélangée des engrais dont nous avons parlé, en formant un exhaussement sur lequel nous posons le pied de l'arbre. Nous plaçons aussitôt en travers du trou une règle qui nous donne contre l'arbre la hauteur du sol. Le collet (endroit où se joignent la tige et la racine) doit se trouver à $0^m,08$ ou $0^m,10$ plus haut que la règle pour obvier au tassement futur des terres qui entraînera naturellement l'arbre. Nous enveloppons les racines avec la couche enlevée à la surface, qui est la meilleure, et nous la recouvrons du reste des couches du milieu, puis de la terre du fond, qui se fertilisera par son exposition à l'air. Les engrais nécessaires ont dû être employés pendant cette opération; seulement on se garde bien de mettre du fumier, quel qu'il soit, en contact immédiat avec les racines, parce qu'il occasionnerait la moisissure.

Nous formons un monticule de la largeur du trou jusqu'en haut du collet de l'arbre; cette petite butte disparaîtra dans le courant de l'année par le tassement des terres, qui s'opère dans la proportion $0^m,08$ à $0^m,10$ par mètre dans les terrains légers, de $0^m,12$ à $0^m,15$ dans les terres fortes.

Beaucoup de planteurs ont la fâcheuse habitude de ne pas calculer cet affaissement, de sorte que leurs arbres, enterrés trop profondément, languissent, fructifient mal et ne vivent pas longtemps. De là le dicton populaire qu'il ne faut jamais enterrer la greffe, sous peine de stérilité de l'arbre. Il y a dans ceci du bon, entaché d'exagération, car il est avantageux d'enterrer de quelques centimètres la greffe des poiriers sur cognassier, en faisant au bourrelet quelques petites incisions verticales, par où se forment des exostoses, puis des radicelles qui *affranchissent* l'arbre, lui donnent de la vigueur et en prolongent la durée.

Pendant la plantation, un homme tient l'arbre dans sa position naturelle; il lui imprime verticalement de légères secousses qui font pénétrer la terre entre les racines. Cette opération pourrait être nuisible pour quelques espèces à racines très-nombreuses et traçantes; il est alors préférable d'étaler la racine avec la main. Une autre personne place la terre dans le trou en suivant l'ordre indiqué; puis, lorsqu'il est comblé, elle presse un peu avec les pieds pour consolider l'arbre. Une troisième personne est nécessaire pour aligner; elle se place à l'extrémité de chaque rang. Aussitôt la plantation faite, on arrose.

Plantation dans les terrains arides. — Dans un terrain qui se dessèche rapidement, on garnit le fond et les côtés du trou avec du fumier ou des plaques de gazon, des feuilles, des herbes, que l'on mouille pour en activer la décomposition. Ces substances forment un engrais dont les racines profiteront tôt ou tard, et leur putréfaction produit de la fraîcheur et des gaz favorables à la végétation. On peut aussi enterrer le sujet quelques centimètres plus bas. Il est bon de verser un arrosoir d'eau quand le trou est presque rempli, en ayant soin de maintenir l'arbre, qui dévierait de la position verticale par le tassement subit de la terre arrosée.

On paille ensuite le tour du pied de l'arbre pour conserver un peu de fraîcheur au sol.

Dans un terrain de cette nature, sous un climat chaud, il faut planter de bonne heure et choisir des sujets jeunes, à tige peu élevée. Il est même bon de garantir celle-ci des ardeurs du soleil pendant deux années.

Plantation dans les terrains parfois inondés. — Un sol très-humide ou susceptible d'être submergé est peu convenable pour l'établissement d'un verger. Dans le cas où l'on ne pourrait mieux faire, on planterait les arbres *sur le sol*, comme nous allons l'indiquer. Il sera préférable d'attendre le printemps, parce que les racines pourriraient avant d'être fixées au sol par la végétation d'au moins une saison.

Au lieu de creuser un trou, nous traçons sur le terrain un cercle de 2 mètres de diamètre, que nous cultivons à $0^m,20$ ou $0^m,30$ de profondeur; nous posons l'arbre sur cette terre remuée, et nous l'enterrons à l'aide d'un monticule formé par une excellente terre, mélangée d'engrais convenable, afin de conserver les racines vers ce point en leur fournissant assez de nourriture. L'on a ainsi un cône tronqué, de la hauteur du pied de l'arbre, dont la base a 2 mètres de diamètre et le sommet environ 1 mètre. Pour éviter que le talus ne se trouve dégradé par les eaux, on bat la terre et on la recouvre de plaques de gazon.

Les années suivantes, il sera bon de recharger successivement de bonne terre les parties basses, jusqu'à concurrence du nivellement complet.

Travaux complémentaires et d'entretien. — Pour assurer le succès de nos plantations, nous devons leur donner quelques soins, rendus plus ou moins opportuns par la position et la nature du terrain.

Abris. — Il est nécessaire de garantir les arbres fruitiers des vents funestes qui compromettent leur santé et leur production. Ceux du nord fatiguent le bois des espèces délicates, surtout des fruits à noyaux; ceux de l'ouest, souvent accompagnés de pluies torrentielles qu'ils chassent sur les fleurs au printemps, nuisent à la fécondation; en outre, ils font tomber les fruits à l'automne avant leur maturité. Si notre verger n'en est pas naturellement garanti, nous l'en abriterons autant que possible en établissant sur sa lisière, — toutefois en laissant à l'air sa libre circulation, — un rideau d'arbres à feuilles persistantes, comme pins, sapins, ou à feuilles caduques et à fruits comestibles, comme noyers, châtaigniers, sorbiers, selon le climat, selon la nature du terrain. Ceux-ci préservent moins que les arbres verts avant la pousse de leurs feuilles, mais ils ont sur eux l'avantage de la fructification.

Tuteurs. — Les arbres plantés dans une terre nouvellement remuée seraient plus ou moins tourmentés par les vents, si on les abandonnait à eux-mêmes. Nous allons indiquer deux moyens de les maintenir immobiles.

1° On peut se servir d'un tuteur mis en arcboutant, de manière qu'il soit enfoncé au delà du périmètre des racines. Sa base sera consolidée par quelques pierres serrant la terre au pied; son autre extrémité sera attachée avec un osier à la partie supérieure de la tige, sur laquelle on évitera tout froissement en y interposant un petit tampon de mousse (*fig.* 1281).

2° On peut enfoncer, de chaque côté de l'arbre et au delà de ses racines, deux pieux verticaux,

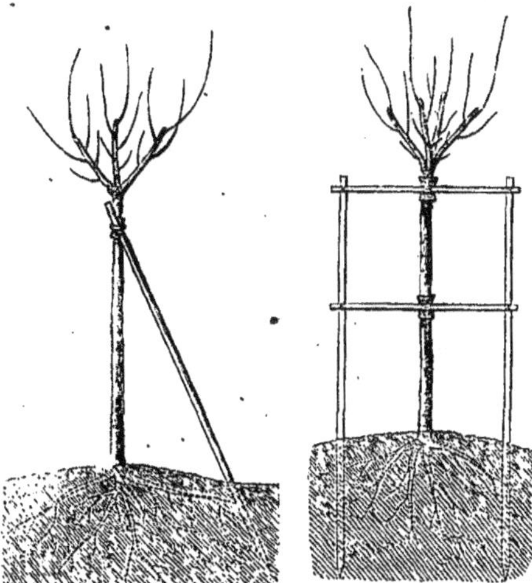

Fig. 1281. — Tuteur en arc-boutant. *Fig.* 1282. — Tuteurs avec traverses.

que l'on relie ensemble par deux traverses fixées aux pieux avec du fil de fer, et à la tige avec un lien d'osier, en interposant un tampon de mousse (*fig.* 1282).

Dans le cas où la tige ne serait pas parfaitement droite, il vaudrait mieux la laisser dans sa position naturelle l'année de la plantation, parce qu'en la redressant, on gênerait momentanément la circulation de la sève. La deuxième ou la troisième année, lorsque l'arbre est en pleine vigueur, on fiche verticalement contre sa tige, au nord, un tuteur bien droit, bien arrondi pour éviter toute écorchure; on l'attache en trois endroits avec un tampon sous chaque ligature. Une prompte croissance du corps de l'arbre pourrait quelquefois amener l'étranglement dans les endroits qui seraient trop serrés par le lien; on évitera cet inconvénient en veillant à ce qu'il y ait toujours assez de jeu entre la tige et le tuteur.

Précautions contre la sécheresse. — Pour garantir de la sécheresse la partie aérienne des arbres, on badigeonne, l'hiver même de la plantation, la tige dans toute sa longueur, avec une bouillie épaisse formée de terre grasse mélangée d'un peu de chaux vive. On obtient le même résultat en l'enveloppant de paille, mais c'est un lieu de refuge qu'on donne aux insectes. Les branches seront bassinées à l'aide d'une pompe-seringue ou d'une pompe à jet continu mise dans un vase rempli d'eau. Cette opération, faite au coucher du soleil, sera renouvelée après chaque journée desséchante, si c'est possible, mais au moins deux fois par semaine lorsqu'il ne pleut pas.

Quant à la partie souterraine, on devra la garantir des alternatives de sécheresse et d'humidité. On couvrira le sol, sur toute la largeur occupée par les racines, de quelques centimètres de grand fumier, de paille, d'herbe, de mousse, de feuilles, de tontures de haie, de pelures de gazon retournées, selon ce qu'on aura à sa disposition, de pierrailles même, extraites du terrain, s'il en contient en trop grande quantité. Ces matières ont pour effet de soustraire le terrain au contact direct de l'atmosphère, et de lui conserver une fraîcheur constante. Les cendres de tourbe sont également bonnes et activent la végétation.

Lorsque le paillis dont nous venons de parler a été mouillé, nous n'arrosons plus le pied des arbres, à moins de sécheresse exceptionnelle, autrement nous pourrions craindre la pourriture par suite d'un excès d'humidité.

Pour le verger de la ferme, ce paillis est d'autant plus nécessaire que les arbres y sont moins visités. Là ils sont en outre exposés à être contusionnés, renversés, même cassés par les bestiaux ou les instruments de labour; il est donc indispensable d'ajouter aux précautions que nous venons d'indiquer une barrière contre leur approche.

Moyen préservatif des meurtrissures aux arbres du verger mixte. — On cite un moyen employé en Normandie, coûtant environ un franc par arbre, et offrant toute la sécurité désirable; le voici. Dans l'hiver, le fermier n'est pas continuellement tenu à ses travaux; il profitera d'un moment de répit pour fabriquer ces préservatifs : quatre tringles en bois, de 1m,60 de hauteur sur 0m,03 de largeur et 0m,015 d'épaisseur, sont posées parallèlement par terre, et espacées entre elles de 0m,10. On les attache en trois endroits avec un fil de fer, au milieu et à 0m,10 de chacune des extrémités, en conservant, bien entendu, l'écartement indiqué. Puis on les hérisse dans toute leur longueur de pointes dites de Paris, dont la pointe émoussée dépassera la latte de 0m,02. Il ne faudra pas employer de clous forgés, leur piqûre pourrait avoir de fâcheuses conséquences sur le cuir des animaux. Cette espèce de claie finie, on l'enroule à l'extérieur, pour la commodité du transport, puis on la déroule autour de l'arbre en mettant la face hérissée en dehors; et l'on attache les deux bords de manière à former un tout continu (*fig.* 1283). Le cercle décrit par ce grillage est évidemment plus grand que la circonférence de l'arbre; on met dans l'intervalle, en haut et en bas, d'épais bourrelets de chanvre, sur lesquels il tourne au frottement des bestiaux qui, se sentant piqués, s'éloignent aussitôt, et l'arbre est épargné.

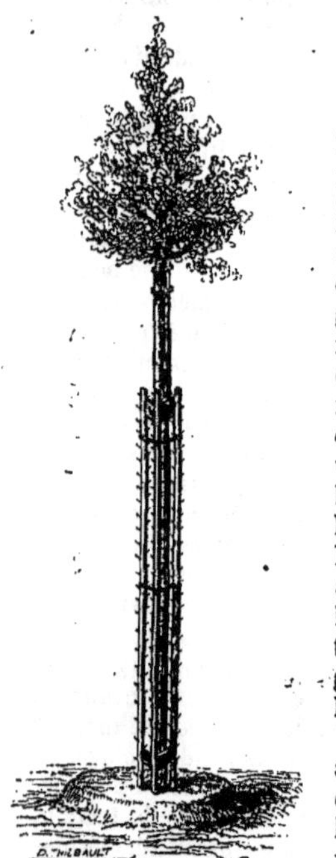

Fig. 1283. — Claie hérissée de pointes.

Après cinq ou six années, on enlève cette armure, dont le bois est à peu près pourri. L'arbre a acquis assez de force pour ne plus être renversé, mais il faut encore garantir sa tige de toute écorchure; on l'enveloppe, à cet effet, d'une corde en paille roulée en spirale jusqu'à $1^m,50$ de hauteur.

Labourage au pied des arbres. — On entretiendra dans un état constant de propreté le tour du pied des arbres, auquel on devra donner annuellement au moins deux labours de $0^m,08$ ou $0^m,10$ de profondeur, avec un outil à dents et non un instrument tranchant, pour ne pas couper les chevelus qu'on pourrait rencontrer. Ce travail est surtout nécessaire quand la terre se trouve tassée, par exemple à la suite de la taille et de la cueillette.

Ébourgeonnement. — On supprimera rigoureusement les drageons qui pousseraient au pied ou le long de la tige.

Affaiblissement des parties fortes. — La sève, puisée dans le sol par les racines, est élaborée par les feuilles, qui prennent dans l'air les vapeurs, les gaz favorables à la nutrition; le développement des parties souterraines est subordonné à la force des parties aériennes. Or, une branche plus forte qu'elle ne devrait l'être, comparativement aux autres, rendra les racines correspondantes plus puissantes que les autres, et *vice versâ.* Lorsqu'il en est ainsi, il faut donc raccourcir et tourmenter les branches fortes pour les affaiblir, et dans le cas où cela ne suffirait pas, déchausser les racines qui se trouvent du même côté pour en réduire la longueur. Sans cela le poids des branches qui ont trop de développement fait pencher l'arbre dans cette direction, et les racines du côté opposé se trouvant les plus faibles et ne suffisant pas pour le retenir, il peut finir par s'abattre.

Suppression des branches inutiles. — On doit éviter une trop grande confusion à l'intérieur de la tête; elle serait nuisible à la formation des boutons fructifères, à la beauté ainsi qu'à la qualité des fruits. On supprime donc les branches inutiles, et l'on s'arrange de façon que les rayons solaires frappent la plus grande surface possible de celles que l'on réserve.

Les amputations seront faites à l'automne sur les arbres à fruits à pepins, et seulement après l'hiver sur ceux à noyaux.

On enlèvera en même temps les branches chancreuses et le bois mort, à l'aide d'un sécateur ou d'une serpe d'élagueur. Une scie à main est aussi d'un emploi commode, mais il faut avoir soin de rafraîchir à la serpette l'aire de la coupe, afin de la rendre lisse et unie et d'empêcher l'humidité d'y séjourner.

Moyen de faire grossir les tiges durcies. — On sait que tout arbre replanté ne pousse pas vigoureusement la première année, parce que ses racines, qui souffrent de leur changement de place, ne peuvent puiser assez de sève pour donner naissance à de grands rameaux; quelquefois même cette sève ne suffit point à alimenter les canaux de jeunes arbres dont le bois est très-spongieux par suite d'une croissance rapide. Alors les pores du bois se resserrent, l'écorce se durcit et perd son élasticité. La conséquence de ce rétrécissement général est une extravasion de gomme sur les arbres à fruits à noyaux, et une émission de rameaux chétifs et de bourgeons florifères sur les arbres à fruits à pepins. Il faut dans ce cas déchirer ce corset qui étreint les fibres intérieures; et c'est justement ce que l'on fait en incisant longitudinalement les parties les plus dures de l'écorce avec le bec de la serpette ou la pointe du greffoir.

Il arrive encore parfois que la tige des arbres greffés en tête ne grossit plus, tandis que les branches de la couronne prennent leur développement. Il en résulte une anomalie disgracieuse; de plus il se forme un bourrelet au point d'insertion de la greffe, et la rupture s'ensuivrait bientôt si l'on n'avait soin de faire deux incisions longitudinales tout le long de cette tige. Les canaux, après cela, pourront se dilater, la sève passera plus librement, et l'équilibre se rétablira entre la tige et la tête.

Fructification. — La fructification des arbres à haute tige est subordonnée aux caprices des saisons, car, après que l'on a équilibré les branches principales de leur tête en régularisant sa forme, on les livre à eux-mêmes, sans recourir à la taille, au pincement, ou à d'autres opérations à l'aide desquelles on favorise ou l'on modère habituellement la mise à fruit des sujets élevés sous d'autres formes. Aussi ces arbres de verger sont-ils sujets tantôt à une stérilité complète, tantôt à une fructification exagérée qui amène leur épuisement. Voyons, le cas échéant, ce que nous aurons à faire.

Mise à fruit des arbres rebelles. — On voit des

arbres qui, poussant trop vigoureusement, fructifient peu ou point, quoique appartenant à d'excellentes variétés. Pour hâter leur mise à fruit, on a recours à des moyens plus ou moins violents, dont il ne faut user qu'avec beaucoup de circonspection. Ils ont pour conséquence de contrarier momentanément la circulation naturelle de la sève; ils déterminent un temps d'arrêt dans l'allongement des rameaux, alors les moins vigoureux de ces rameaux; se durcissent et restent à l'état de brindilles et de dards fructifères. Pour amener ce résultat, on découvre une partie des grosses racines, qu'on expose temporairement à l'air, et, dès que la croissance des rameaux s'arrête, on replace la terre enlevée. Cette opération est bien moins dangereuse que la suppression de quelque forte racine, moyen un peu brutal, qui ne permet à l'opérateur ni d'en calculer ni d'en arrêter l'effet; aussi dépasse-t-il quelquefois le but qu'il s'était proposé. Lorsque la stérilité n'est que partielle, on enlève, à la base des branches rebelles, un anneau d'écorce variant de quelques millimètres à un centimètre de largeur, selon la grosseur de la branche. Cette opération, appelée *incision annulaire*, aura encore pour conséquence de rétablir l'équilibre en reportant la sève dans les branches moins favorisées. Pour l'exécuter, on pratique deux incisions circulaires et parallèles, après quoi on enlève l'écorce placée entre elles. Nous recommandons de ne pas en abuser.

Rétablissement des arbres épuisés. — La trop grande profusion de fruits épuise le sujet qui les porte. Il s'énerve à cet enfantement et ne donne plus après cela que de chétifs produits. Pour y remédier, il faut raccourcir toutes les branches, afin que la sève, agissant sur un nombre restreint de bourgeons, soit assez puissante pour en faire des rameaux vigoureux. Quelques jours après cette suppression, qui devra suivre immédiatement la chute des feuilles, on étendra du mastic sur l'aire de chaque coupe, pour éviter son desséchement et le séjour prolongé des eaux pluviales.

Pour aider au rétablissement de ces arbres épuisés, quel que soit du reste le motif de l'épuisement, il est bon, en même temps qu'on diminue l'étendue de leur tête, de renouveler une partie de la terre qui les nourrit. On enlève celle-ci sur une largeur variable, selon la force du sujet, de manière à atteindre l'extrémité des racines supérieures, et sur une épaisseur de $0^m,30$ à $0^m,50$, puis on la remplace par une terre neuve. Il suffit souvent de mélanger au terrain, au lieu de l'enlever, des engrais appropriés, tels que marcs de pommes et de poires saupoudrés de chaux, cendres de bois, plumes de volailles, fumiers de ferme, etc.

Par suite de ces opérations, des radicelles percent les vieilles racines, et trouvent une nourriture copieuse dans ce nouveau sol.

Regreffage des arbres dont on veut changer le fruit. — La première année de fructification d'un arbre fait parfois douter de la qualité de ses fruits; mais on ne doit pas le répudier tout de suite; il faut savoir attendre, car les années ne sont pas toutes favorables. Cependant, si le résultat est toujours le même après plusieurs récoltes, c'est que la variété est mauvaise ou qu'elle ne s'accommode pas de la situation; on la remplacerait par une autre en lui substituant un nouvel arbre, ou bien en regreffant le sujet s'il était sain et vigoureux (1).

Dans ce dernier cas, on rabattra la tête, au mois de février, sur ses branches principales si l'arbre est jeune. Nous ménageons les premières

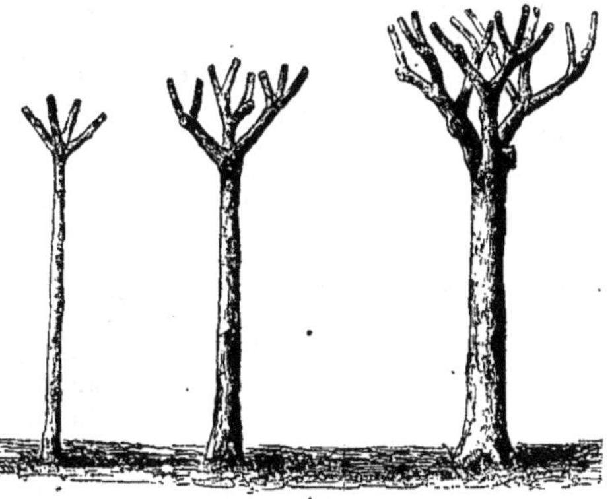

Fig. 1284. — Arbres rabattus pour le regreffage.

ramifications, c'est-à-dire les branches secondaires, quand le sujet est à l'état adulte. S'il était déjà vieux, couvert d'une écorce dure et épaisse, on conserverait les deuxièmes ou troisièmes ramifications pour recevoir les greffes (*fig.* 1284).

Notre arbre ainsi préparé, nous enlevons à l'aide d'un grattoir les lichens, les mousses, les vieilles écorces écailleuses, qui abritent la vermine et gênent l'action des organes respiratoires du bois.

Fig. 1285. — Grattoir.

Le grattoir (*fig.* 1285) se compose d'une lame d'acier de forme triangulaire, dont les côtés sont diversement concaves pour coïncider avec les tiges de diverses grosseurs, et dont les angles sont irréguliers pour pénétrer dans les gorges et les cavités; le manche est adapté au milieu de la lame.

(1) L'observation que vient de faire M. Ernest Baltet nous rappelle ce que nous disait un jour un cultivateur d'Hatrival, dans l'Ardenne belge, où les bons fruits sont d'autant mieux appréciés qu'ils y sont très-rares. Un poirier de petit Rousselet s'en allait de vieillesse dans le jardin de ce cultivateur qui eût été fort en peine de se le procurer dans une pépinière quelconque, puisqu'il ne connaissait cette variété que sous le nom parfaitement ignoré de *Pousseroux*. Pour ne pas en perdre la race, il n'avait qu'à la greffer, et c'est ce qu'il fit. Mais à la première récolte que donna le jeune arbre, la surprise de l'Ardennais fut grande; les fruits, d'ordinaire si bons sur le vieux poirier, furent d'une médiocrité désespérante sur le jeune. Le cultivateur, qui était sûr d'avoir greffe la variété désirée, attendit et patienta, et ce ne fut qu'au bout de dix années qu'il obtint la qualité parfaite.

D'après cela, il est évident que les semeurs de fruits, qui ont hâte de connaître le mérite de leurs gains, en sacrifient beaucoup sur une première dégustation qui, peut-être, eussent été trouvés délicieux au bout d'un certain temps. Le mieux donc, à notre avis, pour ne pas s'exposer à de pareilles erreurs, serait de greffer les sujets de semis sur du vieux bois. P. J.

A défaut de grattoir, on peut pratiquer un lavage avec du lait de chaux, qui produira le même résultat.

Nous laisserons l'arbre en paix jusqu'au moment de l'ascension de la sève, c'est-à-dire jusqu'au mois d'avril. Alors nous grefferons en couronne chaque tronçon de branche conservé.

En même temps que l'on soumet le sujet à cette préparation provisoire, on coupe des rameaux (1) assez gros et bien constitués, en ménageant à leur base une partie de bois de deux ans qui les conserve assez bien, et on les enterre obliquement, jusqu'à moitié de leur longueur, dans du sable modérément frais, placé dans un endroit abrité du soleil et du givre, qui fatigueraient ces branches.

Dès que le moment de l'opération est arrivé, on rafraîchit, avec une serpette bien tranchante, chaque coupe du sujet que l'on rend horizontale et unie; puis les greffons sont préparés de la manière suivante: chaque greffon est une portion de rameau dont les yeux sont bien constitués et apparents; il est long de 0m,10 à 0m,15; on en conserve intacte la partie supérieure jusqu'au troisième œil. Derrière celui-ci on fait, avec un greffoir, une entaille transversale pénétrant jusqu'à moitié bois; et de ce point à la base du greffon, on glisse la lame de l'outil de manière à obtenir une surface nette et unie. Cette partie, entaillée en biseau, sera à peu près de la longueur de la partie supérieure. Sans perdre de temps, on fend longitudinalement l'écorce de la branche à greffer sur une longueur un peu moindre que celle du biseau, qu'on introduit aussitôt sous l'écorce par le haut de cette fente, en l'enfonçant jusqu'à ce que sa coupe supérieure s'applique sur la coupe de la branche. Quand on a affaire à de vieux arbres dont l'écorce se détache difficilement de l'aubier, il est bon de se munir d'un petit coin en bois ou mieux en ivoire, un peu moins gros que le greffon; le coin sert à frayer le passage de celui-ci. On pose ainsi de deux à cinq greffons sur chaque branche, suivant sa grosseur. On ligature ensuite avec de petite ficelle, et l'on entoure de mastic toutes les parties opérées uniquement, pour les garantir du contact de l'air.

Fig. 1286. — Greffes consolidées avec des baguettes.

Pendant l'été suivant, il poussera des rameaux de l'ancienne variété; on les enlèvera soigneusement et sans déchirure; tandis que les greffes seront toutes ménagées et consolidées avec des baguettes attachées en deux endroits le long de la branche (*fig.* 1286).

On coupera la ligature dès qu'elle paraîtra étrangler la branche et gêner la circulation de la sève.

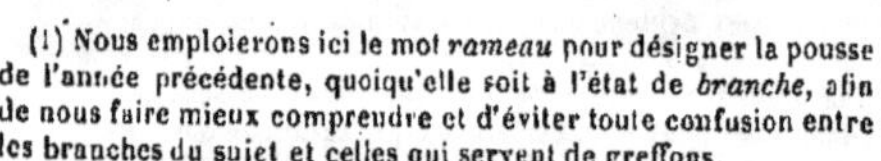

(1) Nous emploierons ici le mot *rameau* pour désigner la pousse de l'année précédente, quoiqu'elle soit à l'état de *branche*, afin de nous faire mieux comprendre et d'éviter toute confusion entre les branches du sujet et celles qui servent de greffons.

Dans le cas où ces greffes réussiraient mal, il faudrait arracher l'arbre l'hiver suivant. Quand, au contraire, l'opération est couronnée de succès, on ne laisse à chaque branche qu'une ou deux greffes bien portantes, d'une vigueur à peu près égale sur tout l'arbre. Elles se ramifieront, et plus tard elles se gêneront et demanderont à être éclaircies.

Insectes, maladies et plantes parasites. — Pour éviter les redites, nous renverrons le lecteur aux monographies diverses, où les maladies spéciales à chaque espèce ont été signalées.

Remplacement des morts et des mauvais arbres. — Il sera toujours prudent de remplacer un arbre par un arbre d'une autre nature, soit que le terrain peu convenable au premier plaise au nouveau, soit que le sujet enlevé ait épuisé les sucs propres à son espèce. D'ailleurs, il est bon d'enlever quelques brouettées de terre pour faire le trou, et de le remplir avec de la terre prise à la surface du champ.

Culture au verger des plantes médicinales. — Un coin de terrain, sous les arbres, pourra recevoir avantageusement quelques plantes médicinales de première nécessité. Cela sera d'autant plus utile que la ferme ou la maison de campagne est souvent fort éloignée d'une pharmacie.

Nous n'empiéterons pas davantage sur le domaine d'un de nos collègues, chargé spécialement de la description de ces végétaux.

Cultures à faire au verger simple. — La qualification donnée à ce genre de verger fait supposer que l'on ne doit pas y cultiver autre chose que des arbres. Néanmoins, on pourra, sans leur nuire, utiliser encore le terrain par la plantation de légumes ou autres plantes à courtes racines, pouvant être enterrées sans le secours des animaux domestiques, auxquels nous interdisons expressément l'entrée dans ce clos. Les framboisiers, les fraisiers, les groseilliers, y donneraient également des produits avantageux. Une prairie serait encore une bonne ressource; du reste, l'ombrage des arbres n'est pas absolument défavorable à la croissance de l'herbe, et celle-ci ne les gêne nullement. Toutefois observons bien ceci: quoi qu'on y cultive, on devra conserver nu, autour de chaque arbre, un cercle de 0m,75 de rayon, qu'on entretiendra propre jusqu'après huit ou dix ans de plantation.

Le sol sera fumé si l'on enlève du champ la récolte accessoire, comme on le ferait en terrain libre, tandis que la fumure n'est pas nécessaire quand on y sème des légumineuses qu'on enfouit sur place. Ces plantes rendent au sol plus qu'elles ne lui ont pris.

Choix des espèces à planter au verger. — Selon que l'emplacement sera plus ou moins grand, conséquemment la quantité d'arbres à planter plus ou moins forte, on augmentera ou l'on diminuera le nombre de chaque espèce, en suivant les proportions que nous allons indiquer.

Cent arbres suffisent presque toujours pour les besoins d'une ferme. Nous les répartirons comme il suit pour la plus grande partie de la France, et pour les autres contrées placées à peu près sous la même latitude. Ce choix pourra être modifié lorsque des conditions particulières de climat ou de terrain le demanderont : ainsi, le Midi est surtout favorable à la production des pêches, des figues, des mûres, des olives, des oranges, des pistaches, etc.; le ciel couvert de la Normandie, de l'angleterre, protége les pommes et ne vaut rien pour les pêchers et la vigne; l'Ouest et le Centre donnent les meilleures poires, en même temps qu'ils produisent en abondance la plupart des autres fruits. On sait aussi que les fruits à noyaux préfèrent les terrains légers, siliceux; les poiriers, une terre plus substantielle, etc. C'est en vue de la généralité que nous recommandons

50 pommiers;
28 poiriers;
12 pruniers;
10 cerisiers et bigarreautiers.

Total 100 grands arbres à haute tige, pour le verger de la ferme.

Celui de la maison de plaisance devra être approvisionné d'espèces plus variées, que nous n'avons pas recommandées plus haut, parce qu'elles réclament un peu plus de soins et produisent moins régulièrement.

Nous y mettrons:
40 pommiers;
38 poiriers;
12 pruniers;
4 cerisiers et bigarreautiers;
6 amandiers.
Total 100 arbres à haute tige.

De plus, le même nombre est nécessaire pour les sujets de moyenne taille, que nous plaçons entre ceux-là; savoir:

10 cerisiers
6 abricotiers
6 pêchers
4 cognassiers } à demi-tige;
34 pommiers, en buisson;
40 poiriers, en fuseau.
Total 100 arbres intermédiaires.

Dans le cas où l'on posséderait, outre son verger, un jardin fruitier enclos de murs, il serait inutile de mettre des pêchers au verger, car leur fructification y est bien problématique. On pourrait alors les remplacer par des néfliers, des mûriers, etc.

On attache généralement trop peu d'importance au choix des variétés d'arbres fruitiers de verger. Ils sont cependant la source de l'approvisionnement des marchés, conséquemment de l'alimentation générale. Ils doivent posséder le plus largement possible les qualités suivantes: vigueur, robusticité, fertilité, bonne adhérence du fruit à l'arbre, conservation facile après la cueillette, lenteur dans la maturation, enfin beauté et surtout qualité.

Lorsqu'on aura en vue la spéculation, il faudra choisir de préférence les variétés locales; la vente en est et en sera plus certaine, jusqu'à ce que le consommateur sache apprécier les nouveautés. Et, nous ne saurions trop le répéter, on devra songer avant tout à obtenir une succession non interrompue de bons fruits.

Les pommes et les poires étant les seuls fruits que nous puissions conserver naturellement, nous devons préférer celles qui mûrissent en hiver. Néanmoins, nous ferons remarquer que les poires de garde sont rares parmi celles qui réunissent les conditions que nous avons énumérées; en outre, celles d'été et d'automne offrent l'avantage de ne demander d'autres soins que la cueillette et leur apport au marché, tandis que les variétés tardives réclament pour leur conservation des locaux et une surveillance que tout le monde ne peut pas leur accorder. Notre choix a été basé sur toutes ces considérations.

POMMIER.

Pommier. — Le pommier est l'arbre de verger par excellence: il n'est pas exigeant quant au terrain; il produit abondamment; ses fruits viennent en plein vent, nombreux, beaux et succulents.

Dans les années de grande production, on peut faire du cidre avec les variétés à couteau les plus juteuses, qu'on récolte un peu plus tôt que les fruits de table.

VARIÉTÉS GÉNÉRALEMENT PRÉFÉRÉES POUR HAUTE-TIGE ET GROUPÉES A PEU PRÈS SELON L'ORDRE DE LEUR MATURITÉ.

Été. — Borowitsky.
Rambour d'été.
Reinette Burchardt.
Automne. — Grosse reinette grise d'automne.
Reinette de Hollande.
Belle fleur.
Pomme de Lanterne.
Hiver. — Princesse noble ou Reinette d'Orléans.
Græfenstein.
Blenheim pippin.
Reinette dorée.
Calville rouge d'hiver.
Newton pippin.
Reinette de Canada.
Reinette grise de Canada.
Doux d'argent ou Oslogate.
Pearmain Herefordshire.
Postophe d'hiver.
Reinette d'Angleterre.
Belle de Doué.
De Boutigné.
Fenouillet rouge.
Fenouillet jaune.
Gros faros ou gros fareau.
Reinette de Cusy.
Reine des reinettes.
Ribston pippin.
Impériale.
Wellington.
Pigeon d'hiver.
Saint-Bauzan.

Court-pendu.
Reinette grise de haute bonté.
Baldwin.
Pippin de Parker.
Reinette Thouin.
Reinette Baumann.
Reinette du Vigan.
Reinette de Caux.
Boston Russet.

Printemps.
Reinette grise de Saintonge.
Api rose.
Haute bonté.
Bonne de mai.
D'argent.
Reinette à la longue queue.

Variétés qu'on peut employer à la fabrication du cidre et aux usages de la table.
De châtaigner.
Gros locard.
Royale d'Angleterre.
Barbarie.
De Flandre.
Reinette verte.
Cusset.
Rose de la Benange.
Reinette tardive.

Quelques variétés pour des situations exceptionnelles.
Empereur Alexandre, pour le Nord.
Calville blanc, terrain riche, bien aéré.
Reinette franche, bonne aération, terrain sain.

POMMIERS POUR BUISSON (AU VERGER SIMPLE).

Été. — Passe-pomme rouge.
Summer golden pippin.

Automne. — Calville rouge d'automne.
Prince d'Orange.
Belle d'octobre.
Belle du Hâvre.
Calville Saint-Sauveur.
Empereur Alexandre.
Jacques Lebel.

Hiver. — Lineous pippin.
Reinette de Donauer.
Joséphine.
Reinette d'Anthésieux.
Beauté de Kent.
Reinette de Canada.
Bernède.
Braddick's non pareil.
Reinette de Bréda.
Brouillard.
Waltham Abbey.
Northern Spy.
Reinette de l'Ohio.
Reinette étoilée.
Violette.
Reinette de Chine.
Calville de Dantzick.
Reinette des Carmes.
Reinette muscat.
Reinette d'Anjou.
Merveille de Fair.
Fenouillet gris.

Printemps. — Azerolly anisé.
Calville blanc.
Api rose.
Reinette franche.

POIRIER.

Le poirier se greffe sur franc pour haute tige: alors il demande une terre assez substantielle et profonde; l'excès de sécheresse, comme l'humidité permanente, lui est nuisible.

La forme à donner à sa tête est celle d'une pyramide pour les variétés vigoureuses, ou d'un vase pour celles que l'on greffe sur tiges.

Les variétés à préférer pour le plein vent sont les suivantes, classées autant que possible dans l'ordre de leur maturité.

POIRES A COUTEAU.

Juillet. — Doyenné de juillet.
Gros blanquet.

Août. — Beurré Giffard.
Épargne.
Monseigneur des Hons.
Monchallard (pour le Midi).
Rousselet d'août.
Beurré Goubault.
Duchesse de Berry d'été (pour le Midi).

Septembre. — Désiré Cornélis.
Boutoc.
Bon-chrétien de Bruxelles.
Beurré d'Amanlis.
Rousselet de Reims.
Beurré Oudinot.

Septembre-octobre.
Beurré d'Angleterre.
Beurré superfin.
Arbre courbé.
Jalousie de Fontenay.
Bonne Louise d'Avranches.
Baronne de Mello.

Octobre-novembre. — Beurré d'Apremont.
Beurré Curtet.
Urbaniste.

Novembre-décembre.
Bon Gustave.
Triomphe de Jodoigne.
Beurré Diel.
Figue.
Castelline.

Décembre-janvier. — Alexandre Lambré.
Forelle.
De Prêtre. (N'a de mérite que la robusticité et la fertilité de l'arbre. Pour le verger de la ferme.)
Commissaire Delmotte.
Beurré d'Hardenpont.
Beurré Millet.
Nouvelle Fulvie.
Zéphirin Grégoire.

Janvier-février.
Joséphine de Malines.
Besi de Saint-Waast.

Février-mars. — Vauquelin (situation bien aérée).
Doyenné d'hiver.

Mars-mai. — Tardive de Toulouse.
Bergamotte Espéren.
Variétés à planter seulement en terrain chaud, sec et léger. — Citron des Carmes.
Beurré Capiaumont.
Bergamotte Sylvange.
Curé.
Colmar Nélis.
Besi de Chaumontel.
Echassery.
Beurré de Rance.
Variétés gagnant à être sur le bord d'un cours d'eau. — Beurré de Luçon.
Saint-Germain.
Doyenné d'Alençon.
Prince Albert.
Variétés devenant excellentes en plein air, seulement dans le Midi et à bonne situation. — Bon-chrétien d'été.
Virgouleuse (lent à fructifier).
Royale d'hiver.
Bon-chrétien d'hiver (excellent cuit).

POIRES A CUIRE.

Beurré Capiaumont.
Messire-Jean.
Certeau d'automne.
Bon-chrétien d'Espagne.
Franc-réal.
Martin-sec.
Catillac.
Râteau blanc.
Tavernier de Boullogne.
Sarrasin.

Nous avons passé sous silence de très-belles et bonnes poires, comme le *Beurré-Clairgeau*, la *William*, parce qu'elles ont deux défauts en plein vent : 1° leurs fruits, très-gros, ne tiennent pas assez aux branches; ils tombent et se meurtrissent; 2° leurs branches ne sont pas assez vigoureuses ni assez robustes pour résister au fardeau; elles cassent. D'autres fruits excellents, comme le *Doyenné Defais*, le *Passe-Colmar*, le *Soldat laboureur*, quoique d'un moyen volume, tombent trop lorsqu'ils sont exposés aux vents et aux grandes sécheresses. On pourrait les mettre à demi-tige ou en fuseau dans le verger simple.

Si nous possédons à haute tige les variétés recommandées plus haut, nous conseillerons de planter au verger simple les suivantes, en fuseaux; elles sont classées à peu près par ordre de maturité. Nous avons conseillé d'enterrer la greffe après lui avoir fait quelques incisions pour favoriser l'émission de racines de poirier, qui donneront un peu de vigueur à ces arbres.

Août. — Bergamotte d'été (terrain chaud).
Poire-pêche.
Ravut.
Septembre. — William.
Beurré de Mérode.
Madame Treyve.
Beurré Hardy.
Fondante des bois (terrain léger).
Beurré de Nantes (sur franc).
Bonne d'Ezée.
Seigneur.
Onondaga.
Délices d'Hardenpont.
Alexandrine Douillard.
Hélène Grégoire.
Octobre. — Beurré gris (bon terrain).
Saint-Michel-Archange.
Thompson (terrain substantiel).
Madame Élisa.
Poire de Tongres.
Calebasse Tougard (terrain chaud, siliceux).
Octobre-novembre. — Duchesse d'Angoulême (terrain sec et léger).
Nouveau Poiteau.
Doyenné du Comice.
Doyenné Defais.
Bon-chrétien Napoléon.
Soldat laboureur.
Nec plus Meuris.
Grand soleil.
Beurré Bachelier (terrain chaud).
Novembre-décembre. — Van Mons.
Beurré Delfosse.
Beurré Clairgeau (sur franc, terrain substantiel).
Beurré Six.
Fondante de Panisel.
Décembre-janvier.
Anna Audusson.
Léon Grégoire.
Janvier-février.
Passe-Colmar François (sur franc).
Passe-Colmar.
Février-mars. — Passe-crassane.
Fortunée.
Mars-mai. — Madame Millet (bon cuit).
Belle angevine (à cuire, fruit d'ornement).

PRUNIER.

Les pruniers pour verger se greffent en pied ou en tête, selon leur degré de vigueur. Pour ces derniers, on forme la tige avec le sauvageon s'il est de bonne nature, comme le *Myrobolan* ou le *Saint-Julien;* autrement on écussonne en pied ces deux sortes ou d'autres vigoureuses, comme *Reine-Claude de Bavay*, *prune-pêche*, puis on les regreffe en tête.

La forme à préférer est la haute tige avec tête en boule, dont on ne devra pas trop laisser monter les branches, car le bois en est assez cassant. Il se rompt aisément sous le poids des fruits, qui eux-mêmes ne peuvent résister à l'action des vents.

Voici le choix que nous recommandons :
Prune de Monsieur à fruits jaunes.
Prune de Montfort.
Prune Kirke.
Reine-Claude verte (la prune par excellence pour tous usages).
Reine-Claude diaphane.
Mirabelle petite.
Reine-Claude violette.
Tardive musquée.
Cœ's golden drop.
Mirabelle tardive.

Et les suivantes, spécialement pour pruneaux.
Prune d'Agen (très-bonne cuite en marmelade).
Sainte-Catherine.
Questche d'Italie.

Si l'on plante pour haie des pruniers à basse tige, on choisira de préférence les variétés de *Mirabelle*, *Monsieur jaune* et *Reine-Claude verte*, qui produiront bien sous cette forme.

CERISIER.

On greffe le cerisier sur merisier et sur Sainte-Lucie ou Mahaleb. Le premier convient dans les sols profonds et substantiels, quelque peu compactes. Alors les arbres sont greffés en tête, et peuvent atteindre de belles dimensions. Le second sera planté dans les terrains peu profonds, légers et secs.

Voici les variétés que nous avons choisies pour haute tige. Les quatre premières sont pour le verger simple; les autres y seront mises à demi-tige.

Bigarreau de Jaboulay.
Bigarreau Napoléon.
Cerise belle de Châtenay.
Griotte du Nord.
Guigne Ohio's beauty.
C. impératrice Eugénie.
C. anglaise hâtive.
C. commune hâtive.
C. de Montmorency à longue queue.
C. duchesse de Palluau.
C. reine Hortense.
C. de Vaux.
C. de Planchoury.
C. Rose Charmeux.

On cultive en grand, dans certains départements de l'Est, une variété nommée *Reine des Vosges*, dont les fruits servent à la fabrication du kirsch.

Un village du département de l'Yonne, nommé Saint-Bris, se fait un revenu considérable de la culture, sur des coteaux rocailleux, inaccessibles à la charrue, du cerisier *Anglaise hâtive*. Dans le Sud-Est et dans le Midi, on fait grand cas des guignes et des bigarreaux.

ABRICOTIER.

L'abricotier se greffe généralement sur prunier, à la hauteur où il doit former sa tête. On le plante dans les terrains où le prunier prospère.

Dans les contrées froides, il y a de l'inconvénient à planter des abricotiers en plein vent, car leur floraison hâtive y est presque toujours contrariée par les gelées du printemps.

Les abricots viennent généralement moins gros, mais plus succulents en plein air qu'en espalier.

La forme en vase est la meilleure pour les abricotiers en plein vent. On conserve des ramifications tout le long des branches par une taille pratiquée tous les quatre ans, taille qui consiste à retrancher le tiers environ de leur longueur totale. Cette suppression fait développer à l'intérieur un grand nombre de rameaux; on enlève tous ceux qui poussent dans la direction verticale, parce qu'ils absorbent trop de sève aux dépens des branches fruitières qui, sans cette précaution, périraient peu à peu. On enlève aussi les branches épuisées qui font confusion à l'intérieur.

Les abricotiers que nous recommandons sont les suivants :

Gros Saint-Jean.
Royal.
Commun.
Alberge.
De Nancy, ou abricot-pêche — deux sujets.

PÊCHER.

Le pêcher aime une terre chaude et légère, à sous-sol perméable. Dans les terrains profonds, poreux, exempts d'humidité, on les choisit francs de pied ou greffés sur amandier ; ceux écussonnés sur prunier de Damas se contentent d'un sol moins profond, ni trop sec ni humide.

Le pêcher s'accommode parfaitement de la chaleur, puisqu'il nous vient de la Perse, et qu'il se prête admirablement à la culture forcée. Or, plus on va dans le Midi, plus on a de chances de succès dans sa culture en plein air.

On trouve dans les départements méridionaux une grande quantité de pêchers de noyaux ou francs de pied donnant de gros fruits, mais de peu de qualité; ils semblent, en se rapprochant de leur pays originaire, vouloir retourner au type.

Les sujets seront bas, avec une tige de 1 mètre environ, surmontée de la tête en boule, qui sera formée de branches plutôt horizontales et obliques que verticales, parce que ces dernières ne peuvent être maintenues qu'à l'aide de pincements réitérés et de mutilations qui ont leurs inconvénients ; d'un autre côté, à les laisser entières on activerait la perte des arbres.

Nous nous sommes souvent bien trouvé de tailler les pêchers en plein air lorsqu'ils sont en pleine sève, par un temps favorable, pour qu'il n'y ait pas d'arrêt dans la végétation.

Nous allons choisir les variétés qui, se reproduisant à peu près de noyaux, donnent les arbres les plus robustes et résistent le mieux aux intempéries.

On n'oubliera pas que nous avons toujours en vue la région moyenne de la France.

Pêche de Malte ou Belle de Paris.
Reine des vergers.
Pêche d'Oignies.
Pêche de Turenne.
Willermoz.
Pêche de Syrie ou de Tullins.

AMANDIER.

L'amandier croît dans une terre légère, plutôt sèche qu'humide, conséquemment chaude. Si la couche végétale est épaisse, on plantera des amandiers écussonnés sur amandier franc ; dans les sols peu profonds ou moins desséchants, on les choisira greffés en tête sur prunier.

On devra tailler modérément la tête pendant les premières années, afin de la faire bien ramifier. Ensuite, on se contentera d'enlever le bois mort, parce que les fruits ne viennent qu'à l'extrémité des branches, sur le bois de l'année précédente.

L'amandier fleurit, on le sait, aussitôt l'arrivée des premiers beaux jours. C'est ce qui rend sa production bien incertaine dans les pays froids, exposés aux gelées tardives; mais dans le Midi et dans certaines contrées favorisées, comme la Touraine et l'Anjou, il est d'un grand rapport.

Les variétés à cultiver au verger sont celles à amande douce, appelées :

Amandier des Dames ou A. princesse.

Amandier à coque dure.

Amandier à coque très-tendre ou Sultane. — Celui-ci excelle dans le Midi.

COGNASSIER.

Le cognassier est un arbre moyen, à forme irrégulière. On doit le laisser libre de jeter ses branches où bon lui semble; la taille serait contraire à la fructification. Aussi le place-t-on généralement dans un endroit détourné, au bord d'un fossé par exemple.

On peut le planter dans les sols légers et un peu frais, qu'ils aient ou n'aient pas de profondeur, soit que l'eau ou le roc se trouve près de la surface.

Les cognassiers d'*Angers* et de *Portugal* sont les deux variétés à préférer, tant sous le rapport de la fertilité que sous celui de la beauté des fruits.

NOISETIER.

On sait qu'au verger nous plaçons le noisetier en lisière.

Les variétés qu'on estime généralement, sont :

Noisetier franc à fruits oblongs.

Noisetier franc à feuilles et fruits pourpres.

Avelinier d'Espagne.

Avelinier de Provence.

Avelinier Downton.

Avelinier merveille de Bollwiller.

GROSEILLIER.

Parmi les groseilliers à grappes, nous recommanderons:

Groseillier à gros fruit Groseillier de Hollande Groseillier hâtif de Bertin Fertile de Palluau La Versaillaise	à fruits rouges.
Groseillier à gros fruit. Groseillier d'Angleterre appelé aussi de Hollande. Goudouin blanc.	à fruits blancs.

Enfin, le Cassis à gros fruit noir.

Les variétés du groseillier épineux sont nombreuses. On les désigne par la forme et la couleur du fruit ainsi que par la nature de son épicarpe.

CORNOUILLER.

Le cornouiller est un arbre rustique, s'accommodant surtout des terrains calcaires; les terres sableuses lui sont contraires. Il est fort lent à grossir et n'atteint jamais de grandes dimensions. Son bois rouge, serré et pour ainsi dire cordelé, acquiert une très-grande dureté.

Son fruit petit, aigrelet, est assez agréable lorsqu'il est parfaitement mûr, c'est-à-dire quand il s'est détaché naturellement de la branche. On peut le faire sécher au soleil sur des claies, pour l'hiver; on l'utilise encore en confitures et en sirop.

Les variétés les plus méritantes sont celles à gros fruits, rouges et jaunes; celle-ci moins acidulée, celle-là plus fertile.

VINETTIER OU ÉPINE-VINETTE.

L'épine-vinette prospère dans les sols les plus arides, les plus divers, ainsi qu'on a pu le voir précédemment à la lecture de la monographie qui la concerne.

On peut, tous les trois ans, rabattre alternativement la moitié des branches à 0m,25 du sol; on conservera ainsi une haie toujours garnie sans que la fructification en soit interrompue, au moins dans nos climats. Dans l'Ardenne, les haies d'épine-vinette ne rapportent rien.

NOYER. — CHATAIGNIER. — MERISIER. — SORBIER.

Ainsi que nous l'avons dit, les noyers, les châtaigniers, les sorbiers, les merisiers, peuvent former un rideau protecteur contre les vents de l'ouest et du nord. On en fait encore de belles avenues fruitières dans les sols impropres aux poiriers et pommiers à cidre.

Il est préférable de planter les noyers et les châtaigniers au printemps, lors de l'ascension de la sève, et de ne leur retrancher aucun rameau.

Le **Noyer** aime une terre légère et profonde, calcaire ou argilo-sableuse, même un peu humide.

Voici les variétés les plus avantageuses :

1° Pour la fabrication de l'huile :

Noix commune.

Noix de la Saint-Jean.

Noix Chaberte.

2° Pour dessert :

Noix à coque tendre ou noix Mésange.

Noix de Barthère.

Noix Mayette.

Noix Fertile.

Noix Franquette.

Noix Parisienne.

Le **Châtaignier** croît avec vigueur dans une terre sablonneuse, profonde, reposant sur une couche argilo-siliceuse. Le calcaire et les sols compactes et humides lui sont tout à fait impropres.

Les variétés se distinguent en deux catégories: 1° les châtaigniers proprement dits; 2° les marronniers, qui se greffent sur ceux-là. Les fruits des premiers ne sont que de moyenne grosseur, et généralement au nombre de trois dans la même enveloppe; les marrons sont plus gros et solitaires.

On préfère généralement les variétés suivantes:

Marron de Lyon.
Châtaigne verte du Limousin.
Châtaigne Exalade.

Le **Merisier** prospère à peu près partout. On peut planter indifféremment celui à fruit rouge ou celui à fruit noir; l'un et l'autre donnent beaucoup de fruits qu'on emploie à la fabrication du kirsch ou au semis.

Le **Sorbier domestique** est un bel arbre qu'il ne faut pas exclure du verger. Il aime les terrains siliceux, argileux et schisteux. Une trop grande humidité, comme un excès de calcaire, amène de nombreux chancres sur le sorbier.

Son fruit pyriforme, de couleur jaune-clair teinté de rouge, est mangeable seulement lorsqu'il est blet. Pour l'amener à ce point, on le place sur la paille ou le foin, comme on fait pour les nèfles. On l'emploie surtout pour la fabrication d'une espèce de cidre moins estimé que celui de pommes et de poires; mais on est bien aise de le trouver quand les autres fruits manquent.

On connaît plusieurs variétés de sorbier. Celle à gros fruits rouges est la plus estimée.

Pour ce qui est de la *cueillette*, de la *rentrée*, de la *conservation* des fruits de table, voir les monographies spéciales et le chapitre suivant.

Ernest BALTET.

CHAPITRE XLVIII

DU JARDIN FRUITIER

Un jardin fruitier, créé en vue du commerce, devrait être établi à proximité des voies de transport et des marchés. Une position avantageuse, un terrain substantiel, une collection réduite à quelques variétés fruitières d'un écoulement assuré, telles seraient les bases d'un jardin de spéculation.

Mais ici, nous devons élargir notre cadre, satisfaire le propriétaire et le cultivateur. Il nous faut travailler sur notre bien et alimenter la maison, de façon que notre personnel et notre table aient des fruits dans chaque saison de l'année. Toutefois ces exigences ne doivent pas nous empêcher de tirer bénéfice de nos produits.

Nous donnerons les moyens d'y parvenir en organisant un jardin fruitier modèle au milieu de conditions ordinaires, faciles à rencontrer. Nous le supposons créé dans une région tempérée, dans le climat de Paris, tout en faisant la part des exceptions.

Afin de préciser nos explications, nous avons dessiné deux plans (*fig.* 1287 et 1288), disposés de façon à réunir les espèces fruitières les meilleures et les plus variées.

Leur étendue est évaluée à un hectare; et pour faciliter le calcul des détails, nous les avons reproduits à l'échelle de un millimètre et demi pour mètre.

Emplacement du jardin fruitier. — Nous choisirons un bon endroit, abrité autant que possible des gelées printanières réitérées qui détruisent le fruit en germe, et des bourrasques qui l'abattent avant sa maturité.

Nous tiendrons également à ce qu'il ne soit pas contrarié par les courants d'air froid ni par les vents de mer, mistral, etc. La latitude moyenne de Paris, au reste, n'a pas beaucoup à souffrir de ce côté; on aurait plutôt à y craindre les situations où la température basse se prolonge, ou à y subir des contrastes trop accusés. S'il nous faut supporter ces contre-temps, nous saurons y parer au moyen d'abris, de rideaux en grands arbres, de murs intérieurs, etc.

Ces mêmes obstacles servent également à pallier le mauvais effet d'une inclinaison contraire; et à ce propos nous dirons qu'une pente légère regardant le sud, n'est pas à dédaigner, surtout dans les pays qui se rapprochent du nord de la France.

Il est, du reste, une foule de considérations météorologiques plus faciles à saisir sur place qu'à exposer dans un livre, et qu'il faut savoir utiliser ou combattre.

La question du terrain est très-importante aussi et de celles encore que l'on ne saurait traiter par écrit comme on le voudrait.

Sans vouloir précisément une terre hors ligne, nous désirons un de ces bons sols ordinaires où le principe dominant, silico-argileux, soit autant que possible mélangé de calcaire et d'un peu d'humus.

Il faut une couche arable profonde d'un mètre au moins, reposant sur un sous-sol qui ne soit pas imperméable. Quand le poirier y réussit, c'est de bon augure.

On peut se faire une idée de la valeur du champ par des essais préalables, et par l'examen de la végétation des plantes qui y croissent.

On peut améliorer les terres médiocres; mais pour ce qui est des terres ingrates, arides ou mouillées à l'excès, il faut y renoncer et chercher un sol meilleur.

Au résumé, une situation favorable, une bonne terre franche à sous-sol perméable, voilà les premières conditions d'avenir du jardin fruitier. Et s'il est établi à portée de l'habitation, il y gagnera sous plusieurs rapports.

Clôture du jardin fruitier. — La clôture d'un jardin de ce genre est de première nécessité, et nous reconnaissons que le mur est le système qui offre le plus de garanties. Il enferme le jardin, s'oppose au maraudage, et facilite en même temps la culture d'espèces fruitières qui ne sauraient prospérer dans notre climat, sans le concours de ce genre d'abri.

Le mur est indispensable dans les pays septentrionaux; souvent même on est obligé d'en bâtir plusieurs lignes pour assurer la production du fruit; tandis que dans les pays méridionaux, privilégiés sous le rapport de la chaleur, le mur ne sert qu'à clôturer le jardin. Dans ce cas, une agglomération de murs intérieurs serait un vice; les végétaux y réclament plutôt des écrans que des foyers.

Ici, notre situation se trouvant intermédiaire, nous nous contentons de murs qui nous servent à la fois de clôture et d'abri. L'axe du jardin étant dirigé du nord au sud, ils présentent leurs faces aux quatre points cardinaux. Les expositions sud et nord sont les moins étendues; et si l'on n'en veut pas du tout, on établira le jardin de manière que l'axe soit dans la direction du nord-est au sud-ouest.

Pour augmenter la dose de chaleur nécessaire à la maturation de certains fruits, à la culture de primeurs, par exemple, le mur faisant face au midi se liera à ses deux voisins, d'après nos projets, au moyen de pans coupés, l'un au sud-est, l'autre au sud-ouest. Cette ligne brisée concentre les rayons solaires sur l'espalier et les renvoie vers l'emblave placée en avant.

Quand les champs voisins appartiennent au même propriétaire, on garnit le revers des murs d'arbres à fruits. Si le maraudage est à craindre, on défend le mur par un fossé, une haie vive ou une palissade éloignée de 3 à 5 mètres de l'espalier.

En toute circonstance, nous pouvons construire le mur sur notre terrain, afin de profiter de sa double exposition (*fig.* 1287). Nous avons encore le système mixte qui comprend un double entourage d'une part, et un simple mur d'autre part, suivant que l'exposition à gagner est bonne ou mauvaise, et que le climat est chaud ou froid.

Un cours d'eau a l'inconvénient de prendre beaucoup de place ou d'être une fermeture insuffisante. Son utilité consiste surtout dans ses fonctions d'assainissement, ou dans l'évaporation de ses eaux qui adoucit les excès de température.

On l'accompagne d'une haie vive composée d'une essence végétale trapue, ramifiée, et se prêtant à la tonte : aubépine, vinettier, troëne, épicea, mahaleb, cornouiller.

Il est donc admis que le mur est la meilleure clôture; voyons comment nous l'établirons.

Un mur haut de 2m,50 convient sous tous les rapports. Les parties qui bordent un chemin public seront élevées à 3 mètres au minimum, ce qui nous permettra d'y adosser à la fois des arbres à haute tige et à basse tige.

La muraille sera solidement construite avec chaînage en pilastre, puis recouverte d'un rochis gris clair, fouetté au balai. La couleur sera d'autant plus blanche qu'il s'agira de procurer à l'espalier plus de chaleur solaire.

L'habitude locale, les ressources du pays guideront dans le choix des matériaux à employer : pierre, roche, lave, brique, pisé, terre grasse, etc., mais toujours soutenus par une fondation et des piliers solides, soit en pierre dure soit en briques.

Les murs bâtis en carreaux de terre ou pisé sont très-économiqnes et avantageux pour les arbres fruitiers.

Un bon crépi est toujours de rigueur; il aide à la réflexion du calorique, et ne permet pas à divers ennemis d'établir leur retraite entre les pierres; un mur en plâtre se prête au palissage à la loque.

Si l'on projette de palisser sur treillage, on scelle dans les assises du mur, des chevilles en bois, en fer, en os brut, pour le supporter.

Disons une fois pour toutes que le treillage se compose de lattes en bois qui se croisent et forment des parallélogrammes d'une dimension calculée sur le genre de palissage. Si l'on établit un treillage mixte composé de bois et de fer, on tend des fils de fer horizontaux sur lesquels on fixe des baguettes placées verticalement de 0m,15 en 0m,15.

En fait de clôture peu coûteuse et favorable aux végétaux, nous recommandons la cloison en bois sulfaté avec couvre-joints, chaperon et treillage de même nature. Elle convient pour remplacer les murs intérieurs (pages 184 et 187).

L'abri en paille ou roseau a trop de défauts, et ne facilite pas assez la fructification régulière.

Un chaperon formant une saillie de 0m,10 suffit pour le couronnement d'un mur ayant 2m,50; on l'agrandit si le mur est plus élevé; au printemps on le double d'un abri mobile. Ce chaperon fixe est formé de tuiles en terre cuite, de laves, de dalles, de planches recouvertes de zinc, etc., et parfaitement jointes.

La construction de nos murs sera terminée dans la bonne saison, assez tôt pour les soustraire à l'influence de la gelée, et pour que le maçon n'ait plus à y travailler quand le jardinier s'occupera de la plantation.

ORGANISATION DU JARDIN FRUITIER (*fig.* 1287).

Nos 1; mur, espalier de vignes.
2,3 — — fruits à cuire et pour conserve.
4 — — pêchers.
5 — — abricotiers.
6 — — cerisiers hâtifs.
7 — — pruniers précoces.
8 — — pêchers et abricotiers hâtifs et tardifs.

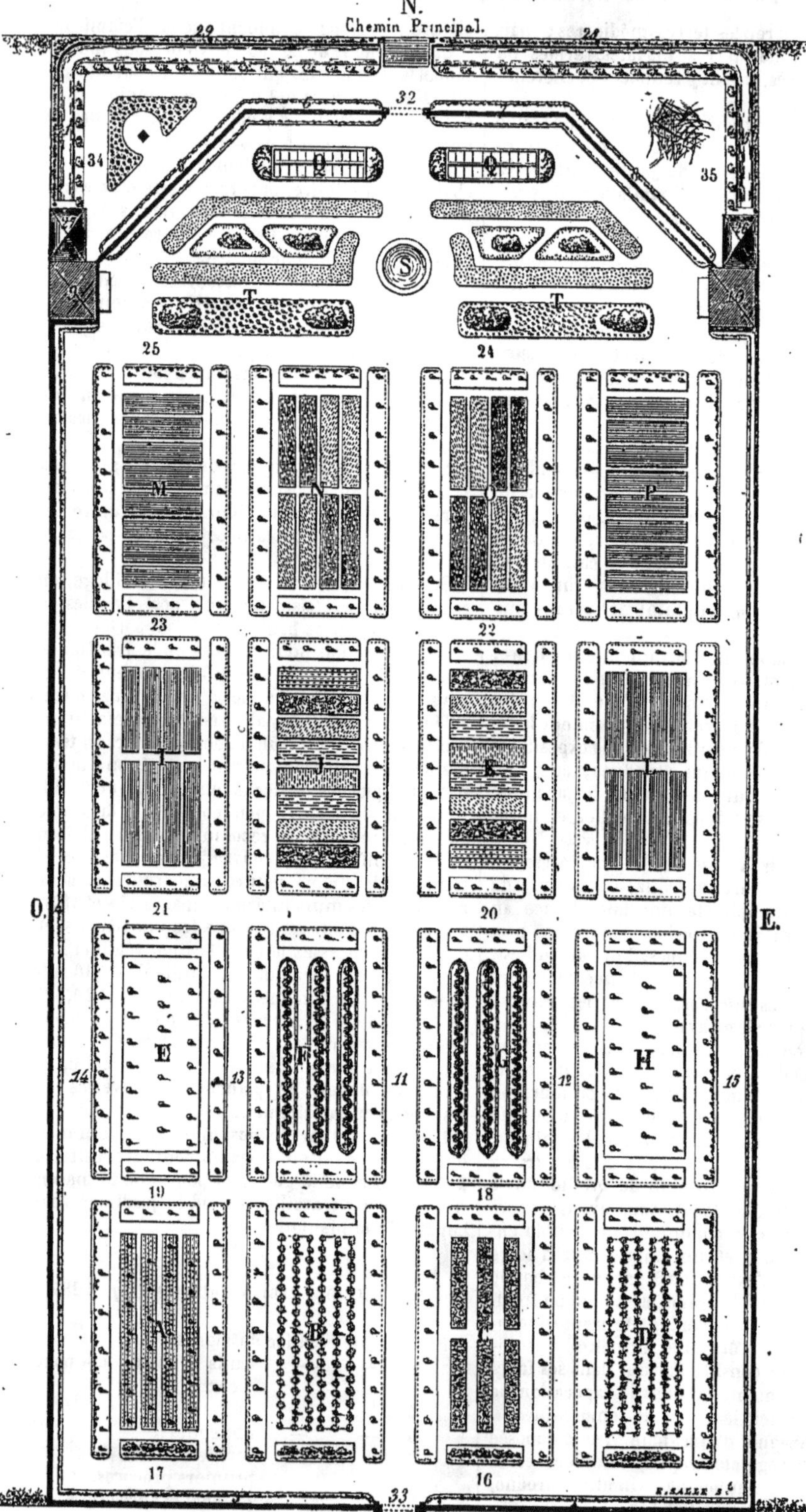

Echelle de 0.0015 Pour Metre

Fig. 1287.

Les murs 5, 6, 7 et 8 pourraient être consacrés à la culture des fruits forcés. Leur façade exposée au revers du jardin est garnie de poiriers en éventail.

Nos 9, 10, pavillons avec figuiers aux angles sud.
11, allée bordée de poiriers en cône (pyramide).
12-13, allée bordée de poiriers en pyramide-fuseau.
14-15, allée bordée de poiriers en palmette.
16-17, allée bordée de poiriers en petit candélabre.
18-19, allée bordée de cerisiers en pyramide et palmette.
20-21, allée bordée de pommiers en vase et palmette.
22-23, allée bordée de pruniers en pyramide et palmette.
24-25, allée bordée de vignes en colonne.
26, hangar.
27, fruiterie.
28-29, rideau de grands arbres à fruit pour boisson, avec une haie d'épine-vinette.
30-31, fossé de clôture bordé de cognassiers, néfliers, noisetiers.
32 et 33, portes d'entrée.
34, bosquet d'arbrisseaux fruitiers.
35, cour aux engrais.
A carré de fraisiers (avec pêchers mi-tige).
B — groseilliers à grappes (et abricotiers à haute tige).
C — framboisiers (et cerisiers à haute tige).
D — groseilliers épineux et cassis (et pruniers à haute tige).
E — pruniers en vase et buisson.
F — poiriers en rideau entourés de pommiers en cordon horizontal.
G — semblable au précédent.
H — cerisiers en vase et buisson.
I, J, K, L, M, N, O, P. Culture de légumes et, au besoin, culture d'arbres fruitiers: normandie de pommiers, treilles de vignes, rideau d'abricotiers, cépées de figuiers, pépinière, oseraie, culture de plantes médicinales, économiques, etc.
Q — châssis, melonnière.
S — pièce d'eau.
T — parterre de fleurs et gazons.

Un cordon horizontal de pommiers borde les allées du jardin.

Deuxième plan (*fig.* 1288). — Ce plan est proposé aux amateurs qui considéreraient le plan (*fig.* 1287) comme ayant une forme trop primitive, trop régulière.

Les arbres qui bordent les allées sont en nombre égal à ceux de l'autre plan, et s'y trouvent également groupés par espèces.

Les murs de clôture exigeront une fois plus d'arbres, parce que leurs deux façades seront cultivées en espalier.

Les limites extérieures du jardin sont bornées par une haie vive ou une palissade morte.

La fruiterie est construite derrière le pavillon de maître. Le hangar occupe une position semblable à l'égard du pavillon de jardinier.

La partie nord du jardin (hors des murs) a subi de légères modifications quant à la disposition des basses-cours, et le fossé de clôture est remplacé par une haie vive.

Signalons encore :

Une légère modification dans la tournure des massifs et corbeilles de fleurs;

Un second bassin placé à l'autre extrémité du jardin;

Au centre, un rond-point avec bancs et statue.

Distribution des espèces et variétés. — Parmi les espèces fruitières étudiées dans les chapitres précédents, nous allons choisir pour notre jardin les variétés les plus recommandables, et appropriées à la forme et à l'exposition qui leur conviennent.

Notre jardin fruitier étant idéal, quoique d'une réalisation facile, nous avons désigné un nombre suffisant de variétés. Le planteur qui ne serait pas dans les conditions où nous sommes, y trouvera toujours un conseiller, sinon un guide, et saura bien le modifier suivant les circonstances, en se reportant aux monographies spéciales.

Les noms qui vont être cités comprendront deux sujets de la même sorte. Dans une allée plantée régulièrement sur ses deux bords, les sujets semblables seront placés en face l'un de l'autre. Sur une ligne simple ou contre un mur, nous les placerons à côté l'un de l'autre.

Avant de pénétrer dans l'intérieur du jardin, occupons-nous de la partie extra-muros.

Le fossé de clôture 30-31 est bordé au nord par de grands arbres, soit poiriers à cidre, merisiers pour kirsch, bigarreautiers, sorbiers, etc. Nous préférerons les essences qui s'élèvent rapidement et qui brisent les vents du nord et de l'ouest. Les arbres verts ont quelquefois l'inconvénient de trop concentrer la chaleur en entravant la circulation de l'air. Dans un terrain ingrat pour l'arbre fruitier, nous planterons une essence forestière qui s'élance et se ramifie bien; puis nous ferons serpenter autour de chaque arbre un cep de vigne vigoureux comme les races américaines, et dont les festons rejoindraient ceux de l'arbre voisin. Nous aurions encore les poiriers à couteau d'une nature très-vigoureuse comme poirier à deux yeux, Beurré d'Angleterre, Bon-chrétien de Bruxelles, Boutoc, Curé, de Fauce, Duc de Nemours, Gloire de Cambronne, Gros Blanquet.

La haie vive plantée dans la même ligne, et qui défend l'accès du fossé, est d'un côté en vinettier, de l'autre en prunellier (fruit à kirsch). Si nous ne craignons pas le maraudage, le prunellier est remplacé par le mirabellier.

A l'autre rive du fossé, nous plantons des cognassiers, des néfliers, des noisetiers sous la forme de buisson à 3 mètres de distance, et provisoirement cet intervalle est garni de groseilliers épineux, qui seront épuisés lorsque les arbrisseaux se rencontreront.

En deçà de la muraille en ligne brisée, et pour limiter la plate-bande qui longe chaque mur, nous disposerons un contre-espalier de gro-

Fig. 1288.

seilliers à grappes, tenus en éventail, à $0^m,60$.

Les arbrisseaux et arbustes placés dans les deux cours pourraient être en oranger, figuier, olivier, grenadier, pistachier, sous un ciel clément; mais avec notre région, nous devons nous contenter du châtaignier, de l'amandier, du cornouiller. Le mûrier conviendrait dans la basse-cour (35), et le noisetier dans la salle de repos (34).

POIRIER.

Les plates-bandes d'allées destinées au poirier recevront des sujets greffés sur franc; mais si le cognassier nous semblait préférable, nous l'accepterions en majeure partie et rapprocherions nos distances d'un tiers.

Si nous tenons à jouir promptement sans sacrifier l'avenir, nous planterons des poiriers sur franc aux mesures indiquées par notre plan, et, au milieu de l'intervalle qui sépare les sujets, nous ajouterons un poirier sur cognassier en variété semblable aux autres, si elles ne sont pas antipathiques au cognassier.

Par sa préparation abondante, le poirier sur cognassier nous fournira de bonnes lambourdes, et au moyen du greffage de boutons à fruits, nous en gratifierons les poiriers sur franc moins prompts à produire.

En tout cas, le poirier sur cognassier fructifie d'abord, et quand il s'épuise, son voisin sur franc est en pleine production et jouit d'une santé florissante.

Allée 11. — 56 poiriers en cône à 4 mètres de distance (ou en palmette-cadélabre).

Bergamotte Espéren, Beurré Bachelier, Beurré Clairgeau, Beurré d'Hardenpont, Beurré Diel, Beurré Six, Beurré Superfin, Beurré Oudinot, Bonne-Louise d'Avranches, de Tongres, Doyenné d'Alençon, Doyenné d'Hiver, Duchesse d'Angoulême, Figue, Fondante des Bois, Jalousie de Fontenay, Madame Élisa, Monseigneur des Hons, Nec plus Meuris, Nouveau Poiteau, Passe-Crassane, Prince Albert, Seigneur, Tardive de Toulouse, Triomphe de Jodoigne, Urbaniste, Vauquelin, William.

A chaque extrémité de l'allée, nous plantons le Beurré Clairgeau et la Duchesse, à cause de l'abondance et de la beauté de leurs fruits. Nous réservons pour les angles de carrés les variétés qui se ramifient bien, en gardant la forme pyramidale, telles que : Bergamotte Espéren, Beurré Bachelier, Beurré Six, Passe-Crassane, Nouveau Poiteau, Prince Albert.

Si quelques variétés nous manquent, nous répétons Bergamotte Espéren, Bonne-Louise d'Avranches, Doyenné d'Hiver, Duchesse d'Angoulême, William.

Allée 12. — 72 poiriers en pyramide fuseau à 3 mètres.

Alexandrine Douillard, Anna Audusson, Baronne de Mello, Bergamotte d'été, Bergamotte fortunée, Besi de Saint-Waast, Beurré d'Angleterre, Beurré d'Apremont, Beurré d'Hardenpont, Beurré Delfosse, Beurré de Luçon, Beurré de Nantes, Beurré de Nivelles, Beurré Dumon-Dumortier, Beurré Dumont, Beurré Millet, Bonne d'Ézée, Bonne-Louise d'Avranches, Citron des Carmes, Délices d'Hardenpont, Délices de Lowenjoul, Poire de Tongres, Docteur Lenthier, Doyen Dillen, Doyenné de juillet, Doyenné du Comice, Duchesse d'Angoulême, Fondante de Noël, Hélène Grégoire, Madame Treyve, Monchallard, Passe-Colmar, Pêche, Seigneur, Thompson, Van Mons.

Les plus coniques pour les angles de carré sont : Alexandrine Douillard, Bergamotte fortunée, Beurré de Nantes, Beurré d'Angleterre, Beurré Millet, Hélène Grégoire.

Dans un pays trop exposé aux grands froids, il faudrait supprimer Alexandrine Douillard, Baronne de Mello, Beurré d'Angleterre, Beurré de Luçon, Fondante de Noël, Pêche.

Dans une situation aride, brûlante, on se priverait des Beurré Delfosse, Beurré de Nantes, Bonne d'Ézée, Délices de Lowenjoul, et Van Mons.

Allée 13. — 72 poiriers en pyramide fuseau à 3 mètres.

Ananas, Beurré Bachelier, Beurré Benoist, Beurré Clairgeau, Beurré Curtet, Beurré Goubault, Beurré Hardy, Beurré Millet, Beurré Six, Beurré Sterckmans, Bon Gustave, Calebasse Tougard, Castelline, Colmar d'Arenberg, Colmar Nélis, Commissaire Delmotte, Comte de Flandre, Docteur Trousseau, Doyenné d'hiver, Duchesse panachée, Fondante du Panisel, Grand Soleil, Jalousie de Fontenay, Léon Grégoire, Madame Treyve, Napoléon, Passe-Colmar François, Passe-Crassane, Prince Albert, Saint-Michel archange, Soldat laboureur, Suzette de Bavay, Thompson Vineuse, William, Zéphirin Grégoire.

Si l'on intercale les mêmes variétés sur cognassier, on suppléera à Beurré Capiaumont, Comte de Flandre, Grand Soleil, à Passe-Colmar François, Zéphirin Grégoire, qui y viennent mal, par Conseiller de la cour, Curé, Fondante de Charneux, Graslin, Prémices d'Écully.

Les variétés plus ramifiées pour les bouts de plate-bande sont Beurré Benoist, Fondante du Panisel, Passe-Colmar François, Passe-Crassane, Saint Michel archange, Suzette de Bavay.

Dans une situation froide, malsaine, on retranchera de cette liste : Beurré Sterckmans, Calebasse Tougard, Colmar d'Arenberg, Docteur Trousseau.

Allée 14. — 24 poiriers en palmette à 4 mètres.

Arbre courbé, Besi de Chaumontel, Beurré de Rance, Beurré Giffard, Beurré de Bruxelles, Beurré Diel, Beurré Oudinot, Joséphine de Malines, Marie-Louise, Passe-Colmar, Rousselet d'août, Triomphe de Jodoigne.

En bonne situation, nous pourrions y essayer sur cognassier : Beurré gris, Bon Chrétien d'hiver, Crassane, Doyenné blanc, Jaminette, Saint-Germain, Virgouleuse, et la Royale d'hiver, bien meilleure dans les pays méridionaux.

Allée 15. — 24 poiriers en palmette à 4 mètres.

Bergamotte Espéren, Beurré d'Amanlis, Beurré superfin, Boutoc, Colmar Nélis, Doyenné d'hiver, Figue, Fondante des bois, Monseigneur des Hons, Nouvelle Fulvie, Vauquelin, Tardive de Toulouse.

La forme palmette laissera aux extrémités des allées 13 et 14, quatre places inoccupées. Nous y mettrons des fuseaux étroits, en variétés d'apparat : 2 Van Marum, 1 Forelle, 1 Verte longue panachée.

Allée 16. — 20 poiriers en petit candélabre à trois bras, à 0m,75.

Beurré d'Apremont, Beurré Giffard, Doyenné crotté, Doyenné roux, Echassery, Onondaga, Orpheline d'Enghien, Ravut, Seckel, Saint-Nicolas.

Allée 17. — 20 poiriers en petit candélabre à trois bras, à 0m,75.

Aglaé, Grégoire, Beurré de Luçon, Beurré de Mérode, Beurré Dumortier, Doyenné de juillet, Grand Soleil, Marie-Thérèse, Sénateur Mosselmann, Van Mons, Zéphirin Grégoire.

A part quelques variétés des allées 17 et 18, le sujet franc est préférable. Si la place convient au cognassier, et si l'on veut en réduire les variétés, on garnira tout un rideau de Beurré Diel, et l'autre avec la Bonne Louise d'Avranches, ou bien encore, si la vigueur est bonne, on met, d'une part, le Doyenné d'hiver, et, d'autre part, la Duchesse d'Angoulême.

Murs 2 et 3. — Au nord, 28 poiriers en candélabre à 2m,50.

Cet endroit n'étant pas visité par le soleil, nous y placerons des poiriers greffés sur cognassier; et les variétés seront en *fruits à compote* décrits page 505.

Ce mur étant assez élevé pour recevoir de grands espaliers, nous y intercalons 8 poiriers en éventail à haute tige : Bon chrétien d'été, Gros blanquet, Rousselet, Sylvange.

Mais si nous avons un verger pour ces deux variétés de poirier qui se plaisent mieux en plein vent, nous composerons notre plantation avec les 14 fruits à couteau ci-après :

Arbre courbé, Bergamotte fortunée, Besi de Saint-Waast, Beurré Capiaumont, Beurré d'Amanlis, Beurré Diel, Bonne Louise d'Avranches, Délices de Lowenjoul, de Tongres, Épine Dumas, Jalousie de Fontenay, Nouvelle Fulvie, Seigneur, Triomphe de Jodoigne.

Dans un pays froid, nous aurions encore la ressource du framboisier et du noisetier.

Les quatre portions de mur ci-après auront chacune 4 poiriers en éventail à 4 mètres.

Mur 5. — Au nord-ouest : Bon Chrétien d'hiver, Crassane.

Mur 6. — Au nord : Beurré gris, Doyenné blanc.

Mur 7. — Au nord : Saint-Germain d'hiver; Virgouleuse.

Mur 8. — Au nord-est : Colmar d'hiver, Épargne.

Nous avons supposé que ces murs seraient assez élevés pour recevoir encore des sujets à haute tige; soit huit éventails sur tige, en Beurré gris, Crassane, Doyenné, Saint-Germain.

A défaut de ces anciennes variétés, qui ne sauraient pécher par la qualité du fruit, nous ne planterons que le Doyenné d'hiver, ou nous y ajouterons la Bergamotte Espéren, le Beurré d'Hardenpont, le Passe-Colmar et la Passe-Crassane.

Contre les piliers de la porte d'entrée (n° 32), nous dressons l'Orpheline d'Enghien, en petit candélabre.

A la façade sud des pavillons (9 et 10) nous plaçons la belle Angevine, et, au besoin, le Bon Chrétien d'hiver.

Si le climat nous contraint à élever des murs intérieurs, nous ne négligerons pas le poirier en espalier, car la poire approvisionne notre table pour une bonne partie de l'année.

C'est un des motifs qui nous engagent à planter ici des poiriers en contre-espalier.

Ces rideaux sont dressés contre un treillage composé de fils de fer tendus horizontalement d'un pieu à un autre, à chaque extrémité, et de baguettes en bois attachées au fil de fer à la place de l'arbre.

Carrés F et G. — Poiriers en cordon vertical sur double rang, soit douze lignes de poiriers sur cognassier à 0m,30, chaque ligne étant composée d'une même variété.

Beurré Bachelier, Beurré Clairgeau, Beurré d'Hardenpont, Beurré Six, Bonne Louise d'Avranches, Doyenné d'hiver, Duchesse d'Angoulême, Madame Treyve, Nouvelle Fulvie, Passe-Crassane, Tardive de Toulouse, William

Le cordon horizontal indiqué en bordure autour de ces contre-espaliers, sera composé soit de pommiers, soit des mêmes variétés de poiriers.

Maintenant, si nous voulons établir d'autres rideaux de poiriers ou renseigner quelques spécialistes, nous signalerons des groupes de douze sortes, classées dans l'ordre de leur maturité :

1° 12 bonnes poires d'été : Doyenné de juillet, Citron des Carmes, Épargne, Beurré Giffard, Monseigneur des Hons, Bergamotte d'été, Rousselet d'août, Duchesse de Berry d'été, Pêche, Ravut, Boutoc, Beurré Oudinot;

2° 12 bonnes poires d'automne : Beurré Hardy, Seigneur, Beurré superfin, Hélène Grégoire, Bonne Louise d'Avranches, Beurré gris, Doyenné blanc, Doyenné roux, Délices d'Hardenpont, Beurré d'Apremont, Crassane, Beurré Six;

3° 12 bonnes poires d'hiver : Beurré d'Hardenpont, Passe-Colmar, Nouvelle Fulvie, Besi de Saint-Waast, Passe-Crassane, Saint-Germain, Vauquelin, Prince Albert, Doyenné d'hiver, Doyenné d'Alençon, Bergamotte Espéren, Tardive de Toulouse;

4° 12 bonnes petites poires : Rousselet de Reims, Ananas, Beurré Curtet, Seckel, Grand Soleil, Zéphirin Grégoire, Colmar Nélis, Beurré Millet, Passe-Colmar François, Joséphine de Malines, Echassery Suzette de Bavay;

5° 12 bonnes grosses poires : Madame Treyve, Beurré d'Amanlis, William, Beurré de Mérode, Fondante des bois, Van Marum, Duchesse d'Angoulême, de Tongres, Beurré Clairgeau, Beurré Bachelier, Triomphe de Jodoigne, Beurré Diel.

Les planteurs qui veulent spéculer sur la vente du fruit, pourront adopter ces variétés. Ils les cultiveront dans les conditions que nous avons indiquées au chapitre du Poirier, en s'arrêtant aux systèmes de forme et de taille les plus simples.

POMMIER.

Allée 20-21. — 28 pommiers en palmette ou en vase, alternés avec une pyramide sur doucin, à 3 mètres. Nous marquons par un astérisque les palmettes ou vases.

Alfriston, * Api rose, Borowitsky, * Calville blanc, Doux d'argent, Fenouillet anisé, * Grand Alexandre, * Grosse reinette grise, Haute bonté, * Lineous Pippin, Reine des reinettes, * Reinette de Canada (blanche ou grise), * Reinette franche, Reinette Thouin.

Les Alfriston, Borowitsky, Fenouillet anisé seront greffés sur franc.

Cordon. — Un cordon horizontal de pommiers est établi au bord de toutes nos allées, sur la plate-bande, à 0m,25 du bord. Les sujets sont à 1m,50 ou 2 mètres l'un de l'autre, suivant qu'ils sont greffés sur paradis ou doucin.

En les supposant à 2 mètres, il en tiendrait environ 100 par allée longitudinale, 60 par allée transversale.

Nous renvoyons pour les variétés à la monographie du pommier; les plus estimées y sont décrites, elles sont assez dociles au cordon. Mais des lignes entières seront consacrées aux plus recommandables (Api rose, Azeroly anisé, Calville blanc, Doux d'argent, Reinette de Canada, Reinette grise de Saintonge, *id.*, grosse d'automne, Reinette de Caux, Reinette de Cusy, Reinette franche).

Aux environs du parterre, nous grouperons les pommes d'apparat, les précoces et les plus colorées.

Contre les pavillons, seront, d'un côté, les pommes baccifères (d'agrément), de l'autre, les transparentes.

Le revers des plates-bandes des carrés serait limité par un cordon de pommiers ou de poiriers.

Normandie. — Si l'on réduit la culture de légumes, indiquée sur le plan, on consacrera deux carrés au pommier buisson greffé sur paradis. Ce genre est bien fructifère et vit longtemps.

CERISIER.

Allée 18-19. — 28 cerisiers en pyramide à 3 mètres, ou alternés avec une palmette.

Un astérisque désigne les palmettes :

Griotte Acher, * Belle de Châtenay, Bonnemain, * de Planchoury, de Vaux, Duchesse de Palluau, Gros Gobet, Impératrice Eugénie, * Montmorency Bretonneau, * Ohio's beauty, * Reine Hortense, * Rose Charmeux, Royale d'Angleterre hâtive, * *idem* tardive.

Les variétés que l'on ne pourrait se procurer seront remplacées par la Royale d'Angleterre hâtive.

Dans un pays froid, la Reine Hortense et la Royale tardive seraient portées à l'espalier.

Mur 6. — Au sud, 16 cerisiers en candélabre à 4 bras, variétés précoces :

Duchesse de Palluau, Impératrice Eugénie, Nain précoce, Werder's early black heart, et la Royale d'Angleterre hâtive qui doit y entrer pour moitié.

Le mur étant assez haut, la partie supérieure sera tapissée par le Bigarreau Jaboulaye, la Guigne blanche, et la Guigne noire hâtive.

Le sommet du *mur* 2, au nord, étant réservé aux drupes tardives, nous y placerons en éventail à haute tige le Bigarreautier de septembre et le Griottier du nord.

A défaut de ces variétés d'arrière-saison, on choisira le cerisier Rose Charmeux qui se comporte parfaitement au nord.

Dans un jardin fruitier entrecoupé de murs de refend, l'exposition froide plaît à la Cerise tardive de même que l'exposition chaude est recherchée pour la Cerise précoce.

Carré H. — 24 cerisiers en vase et en buisson à 3 mètres sur trois rangs :

1er rang : sous-variétés du Griottier.
2e — — du Bigarreautier.
3e — — du Guignier.

Quand on possède un verger, ces races y sont plantées en haute tige, et les cerisaies du jardin fruitier sont réservées aux cerisiers proprement dits.

Carré C. — 4 cerisiers à tige, de la race franche dite commune hâtive, *idem* tardive.

Mais en observant notre plan, on trouve huit cerisiers dans ce carré ; les quatre autres seront en Belle de Choisy, Griotte de Portugal, Napoléon et Ohio's beauty, greffés sur mahaleb.

Ici nous avons désigné le cerisier parce que son fruit tient bien à l'arbre, et ne se perd pas au milieu des tiges de framboisier.

Si les racines de ces deux essences se nuisent, on supprime le cerisier.

Cordon vertical. — Si nous jugeons à propos de planter des rideaux de cerisiers en cordon vertical, nous adopterons les variétés trapues et fécondes, que nous indiquions tout à l'heure pour pyramide-fuseau.

PRUNIER.

Allée 22-23. — 28 pruniers en pyramides, ou alternées avec des palmettes, à 3 mètres.

(L'astérisque désigne la palmette ou le vase.)

* Coe's golden drop, * Drap d'or (Espéren), Jaune tardive, Jefferson, Kirke, Mirabelle grosse, *id.* petite, * *id.* tardive, Monsieur hâtif, Monsieur jaune, * Reine Claude verte, * *id.* diaphane, * *id.* violette, * Tardive musquée.

Nous remplaçons les variétés manquantes par Mirabelle, Monsieur hâtif, *id.* jaune, Reine-Claude.

Mur 7. — Au sud, 16 pruniers en candélabre à quatre bras : de Montfort, des Béjonnières, Jaune hâtive, Précoce de Tours, et la Reine-Claude, qui, à elle seule, entre en nombre égal aux autres variétés. La Reine-Claude convient en espalier au soleil.

Ce mur étant assez élevé, le sommet en sera tapissé par le prunier pêche, le Perdrigon rouge, la Reine-Claude d'Oullins, en éventail à haute tige.

Dans une situation trop brûlante, cet espalier, ainsi que le semblable du mur 6, serait converti en vignes — à moins qu'on ne les réserve à la culture forcée.

Au nord du *mur* 2, deux pruniers en éventail à haute tige, la Dame Aubert, la Pond's Seedling, fruits d'apparat.

Dans un pays froid, nous planterons des pruniers en éventail à basse tige, à l'est et à l'ouest des murs intérieurs.

Carré E. — 24 pruniers en buisson ou vase, sur trois rangs, à 3 mètres d'intervalle.

1er rang : sous-variétés du Mirabellier.
2e — — du Reineclaudier.
3e — variétés à pruneaux et à confire.

Si l'on possède ces dernières en verger, on les remplace par les variétés plus fertiles, indiquées ci-dessus aux pyramides.

Carré D. — 10 pruniers à tige à 4 mètres l'un de l'autre, et à 4 mètres de l'axe des plates-bandes.

Fruits pour conserve et pâtisserie (un sujet de chaque variété) :

D'Agen, de Brignolles, de Norbert, Quetsche hâtive, Quetsche d'Allemagne, Quetsche d'Italie, Quetsche de Dorrell, Reine-Claude de Bavay, Sainte-Catherine, Washington.

Nous recommandons les P. d'Agen et tardive musquée pour suppléer aux variétés absentes.

PÊCHER.

Espalier. — *Mur* 4. — A l'est, plantation complète de pêchers.

L'étendue de l'espalier nous permet de varier les formes applicables au pêcher, la palmette simple et la palmette double, le candélabre ou palmette à branches relevées, l'éventail carré.

Nous le composerons avec les variétés suivantes :

Admirable de septembre, Belle Bausse, Belle de Vitry, Bonouvrier, Bourdine, de Malte, Galande, Grosse Mignonne hâtive, Grosse Mignonne ordinaire, Madeleine de Courson, Pourprée hâtive, Reine des vergers, Téton de Vénus, Willermoz, puis les Brugnons blanc, Chauvière, musqué, Standwich.

Mur 8. — Au sud-ouest, 8 pêchers en petit candélabre à quatre bras (cette façade est complétée par des abricotiers), moitié variétés hâtives : à bec, Double de Troyes; moitié variétés tardives : Cardinale, Pavie de Pomponne.

En supposant que nous jouissions des deux façades de nos murs, nous couvrirons l'exposition ouest du *mur* 4 avec les mêmes variétés déjà nommées, en y ajoutant les pêchers :

Admirable jaune, Chancelière, Chevreuse hâtive, Nivette, Pucelle de Malines, Vineuse de Fromentin, White blossom, et les Pêches-Brugnon Grosse violette, Petite violette, Violette tardive.

A l'exposition sud du *mur* 3, nous essayerons sous la forme en U, les variétés de pêchers moins étudiées sous les grandes formes, mais reconnues bonnes quant à la qualité du fruit; telles seraient les pêches françaises ou étrangères :

Barrington, Belle de Doué, Belle de Toulouse, Crawford early, Clémence Isaure, Léopold Ier, Lepère, Mignonne Saint-Cyr, Noblesse Seedling, Raymackers, Royal George, Susquehanna; Walburton admirable; et les Brugnons Balgowan, Downton, Elruge, Hardwick seedling, Hâtif de Zelhem, Pitmaston orange.

Plein-vent. — *Carré A.* — 26 pêchers francs de pied, à demi-tige, sur quatre rangs.

1er rang Pêcher d'Oignies.
2e — — de Syrie.
3e — — Turenne.
4e — — Willermoz.

Les Pavies et Persèques conviennent aux pays chauds.

Du reste, on accepterait pour chaque contrée les races robustes et productives, en beaux et bons fruits rouges, jaunes ou blancs.

Dans les localités méridionales, privilégiées, on peut se hasarder à planter en plein air des pêchers greffés à basse tige, dans les variétés vigoureuses, saines, et d'une ramification facile.

On les dirigerait en contre-espalier ou rideau comme l'indiquent les carrés F, G, ou en vase-gobelet, selon les carrés E, H.

(Pour toutes les distances, voir au chapitre du Pêcher.)

ABRICOTIER.

Mur 5. — Au sud-est, 12 abricotiers en candélabre à six bras, ou en éventail, à 1m,60 pour garnir le mur dans toute sa hauteur.

A. commun, A. de Versailles, gros Saint-Jean, A. royal, A. pêche, A. Viard.

On remplacera par l'abricotier pêche de Nancy les variétés manquantes.

Mur 8. — Une partie de la façade sud (à côté des pêchers) : 8 abricotiers en petit candélabre à quatre bras à un mètre.

Variétés hâtives : A. de Syrie, précoces;

Variétés tardives : A. Beaugé, Pêche tardif.

Ces deux dernières conviendraient encore en éventail à haute tige, pour sommet du mur 3, à l'exposition nord.

Carré B. — 10 abricotiers en vase à tige, à 4 mètres.

Un sujet de chaque variété, Alberge, Angoumois, à trochets, A. commun, de Hollande, gros Saint-Jean, Jacques, Luizet, A. pêche, A. royal.

La fructification incertaine de l'abricotier nous engage à étendre le nombre des variétés.

Dans un pays sain et chaud, nous pourrons établir en carré, des contre-espaliers ou rideaux d'abricotiers dressés en éventail.

On les abriterait seulement de mars en mai avec une cloison et des auvents mobiles.

VIGNE.

Allée 24-25. — Vignes en colonne, palissées sur treillage formant colonne; une variété par plate-bande; au total, quatre variétés formant vingt colonnes à 2 mètres.

Chasselas doré; *id.* noir; *id.* rose; *id.* violet.

Mur 1; *exposition ouest.* — Espalier de vignes en cordon vertical, dont moitié en chasselas doré, et moitié en Frankenthal (*Black hamburg*).

Si nous possédons les deux côtés du mur, nous répétons la même plantation à l'exposition du levant, en réservant toutefois un tiers environ du

mur pour d'autres bonnes variétés : telles sont :

Les Chasselas de Falloux, de Florence, de Montauban, de Négrepont, Duhamel, fendant roux, gros Coulard, Jalabert, musqué, Vibert ;

Les Muscat blanc, d'Alexandrie, précoce, noir, rose ;

Le Morillon hâtif, comme raisin précoce ;

Le Gromier du Cantal, comme raisin superbe.

Avec notre système de double clôture, nous avons l'espalier sud du *mur* 2. Nous le garnirons avec quatre-vingts vignes en cordon vertical ou oblique, à deux étages.

Les quarante ceps formant l'étage inférieur seront en dix variétés précoces : Caillaba, Ischia, Joannenc blanc, Madère Vandel, Précoce de Kienzheim, Précoce de Saumur, Précoce malingre, Précoce musqué.

Les variétés manquantes sont remplacées par Chasselas coulard, Muscat précoce, Morillon hâtif.

Les quarante ceps formant l'étage supérieur seront en dix variétés à gros fruit : Alicante noir, de Candolle, Diamant traube, Gromier du Cantal, Gros Guillaume, Gros Maroc, Grosse perle blanche, Malaga rose, Sabalkanskoï, Ulliade.

Les variétés manquantes sont remplacées par Frankenthal, Gromier du Cantal, Muscat d'Alexandrie.

Nous pourrions diriger un cordon horizontal de vigne à la crête de tous les murs. Une tige en fer de 0m,60, fichée au sommet de chaque pilier, percée de trous, supportera trois fils de fer galvanisés, écartés de 0m,25 pour le palissage.

Nous choisirons des cépages robustes appropriés au climat, parce qu'ils se trouveront privés du bienfait de l'espalier. On rencontre souvent dans les vignobles d'excellentes variétés qui tenteraient peu la cupidité d'autrui.

Si le climat le permet, nous pourrons dresser en plein air quelques treilles de vigne en platebande ou en carré.

La vigne convient encore pour tapisser les murs placés dans une situation brûlante, et le dôme des berceaux ou pavillons de treillage, et les grands arbres en plein vent indiqués au nord du jardin, hors de l'enclos.

GROSEILLIER.

Carré B. — Six rangs de groseilliers ; les rangs ont 1m,40 d'intervalle, et les sujets de 1 mètre à 1m,30.

Groseillier à grappes :

1er rang. A fruit rouge ; la fertile.
2e — Cerise ; la Versaillaise.
3e — Rouge de Hollande ; la hâtive.
4e — A fruit blanc.
5e — Blanche transparente.
6e — Blanche de Hollande.

Les extrémités des rangs seront consacrées à quelques variétés moins précieuses ou moins répandues : à fruit rose, à fruit strié, blanche Gondouin, Chenonceau.

Carré D. — Même disposition que le précédent.

Groseillier cassis :

1er rang. Cassis noir.
2e — Id. id.
3e rang. Cassis de Naples, cassis jaune.

Groseilliers épineux :

4e rang. A gros fruit vert et blanc.
5e — — jaune et ambré.
6e — — rose et rouge.

Les groseilliers à maquereau sont choisis parmi les meilleurs fruits sphériques ou ovoïdes, glabres ou poilus. Si, au lieu de buisson, nous tenons les groseilliers à grappes en cépée, nous planterons deux jeunes sujets par trou.

Nous répéterons les mêmes variétés pour les groseilliers en plates-bandes, placés entre les pyramides trop écartées dans leur jeunesse, et pour les éventails en ligne plantés à l'intérieur ou à l'extérieur du jardin.

FRAMBOISIER.

Carré C. — Six carrés de framboisiers ayant 9 mètres de long, 1m,70 de large et 0m,80 d'intervalle. Nous les entourons de planches galvanisées ou de laves enfoncées en terre pour arrêter l'envahissement des drageons.

Ces carrés sont subdivisés en deux compartiments, s'il y a lieu, par un nouveau sentier transversal ou par un obstacle mis en terre, en travers du carré.

Les six planches de framboisiers forment alors douze cases contenant chacune leur variété.

Framboisiers ordinaires, six variétés :

1er carré. Rouge ; superbe d'Angleterre.
2e — Blanc ; jaune d'Anvers.
3e — Aurore (César) ; pourpre (Barnet).

Framboisiers remontants, quatre variétés :

4e carré. Rouge (Merveille des quatre saisons).
5e — Jaune (Id. id.).
6e — Pourpre ; à gros fruits.

Au chapitre du framboisier, nous avons indiqué les distances à conserver entre les sujets suivant la méthode de culture. Toujours est-il qu'on double les chances de la réussite en groupant deux plants dans le même trou.

Nous planterons des framboisiers au nord des murs ou dans les situations ombragées, mais à la condition qu'ils ne soient pas mélangés avec d'autres cultures.

FRAISIER.

Carré A. — Les quatre planches figurées ont 20 mètres de long, 1m,50 de large et 0m,50 d'intervalle. Les plants y sont à 0m,33 l'un de l'autre, sur des rangs de 0m,30 ; il entre trois cents fraisiers par carré.

Chaque planche de fraisiers ou chaque variété de fraisier, s'il en entre plusieurs dans une planche, sera entourée de briques, d'ornements en terre cuite ou de tringles en bois. Cet encadrement empêche le mélange des variétés traçantes et les ravages de certains ennemis.

En marchant sur une planche en bois, mobile, placée en travers de l'encadrement, on fait la récolte du fruit sans l'écraser.

En l'absence de cette bordure saillante, nous formons des carrés de quatre rangs pour rendre la cueillette plus facile.

Fraisiers remontants, à filets :

1re planche. Fraisier des Alpes, à fruit rouge.

2e — Idem, à fruit blanc (Blanche d'Orléans), à fruit brun (Lagrange).

3e planche. Fraisier Desportes, Saint-Gilles, Triomphe de Hollande.

A défaut de ces dernières, nous y plaçons les excellentes sortes suivantes.

Fraisiers non remontants :

3e planche. Commun ou des bois, Ananas, Caperon (Belle Bordelaise).

4e planche. Variétés à gros fruits, fertiles, belles et bonnes, telles que :

Carolina superba, Duc de Malakoff, Excellente, la Châlonnaise, la Sultane, Marguerite, marquise de Latour-Maubourg, Sir Harry, Triomphe de Liége, Victoria, etc.

Chaque année, le commerce fournit des nouveautés qui suppléent aux anciennes, sujettes à dégénérer, surtout quand on oublie de retrancher les filets et de renouveler les pieds usés.

Nous planterons assez de fraisiers remontants, afin d'en faire varier la production. Si nous coupons les premières fleurs, les sujets opérés fructifieront mieux à l'arrière-saison ; c'est à essayer en partie sur chaque sorte remontante. Le fraisier de Gaillon, ou remontant sans filet, convient en contre-bordure des plates-bandes.

L'agencement de nos espèces à planter étant convenu, nous reprenons nos travaux préliminaires.

Préparation du sol. — Nous nivellerons d'abord notre terrain en lui conservant, s'il est possible, une légère inclinaison vers le midi. Il est bien entendu que nous en avons tenu compte lors de l'établissement de la clôture.

En outre, une double pente à peine sensible, partant des murs et venant se fondre dans l'axe longitudinal, dégagerait leurs fondations d'un surcroît d'humidité.

Si le drainage est jugé nécessaire, le drain collecteur sera placé dans cet axe représenté par l'allée du centre.

Avant de tenir le sol prêt à la plantation, il convient de tracer les allées du jardin.

Pour un emplacement aussi important, il nous faut des chemins spacieux, qui serviront à la circulation de l'air et de la lumière, comme au va-et-vient des piétons et des voitures.

Les deux allées du centre, en long et en travers, ont 3 mètres de largeur ainsi que le chemin de ceinture ; les autres ont 2 mètres.

Nous les jalonnons et les traçons sur le terrain. Seize carrés égaux se trouvent ainsi dessinés ; ils mesurent 26m,25 sur 14m,10. La plate-bande qui les entoure a 2 mètres de largeur ; nous la marquons en même temps par un pieu fiché à chaque angle ; ce sera notre point de repère lors de la plantation.

Défoncement du sol. — Si notre clos est un jardin fruitier-potager, un défoncement total serait onéreux et presque inutile. Il suffirait de défoncer les plates-bandes et les carrés destinés aux arbres ; on bêcherait ceux qui sont réservés aux légumes.

A quelques exceptions près, le terrain destiné aux arbres exige un ameublissement complet.

Citons seulement trois exemples où le défoncement serait nuisible, et le moyen d'y suppléer :

1° Si le terrain est trop humide, ou compacte et froid, il vaut mieux l'assainir par le drainage ou convertir les allées en tranchées que l'on comble de pierrailles, scories, fascines, et en rejeter la terre sur les plates-bandes. Si nous le cultivons profondément, nous engageons les racines à s'enfoncer dans un milieu froid, tenace, contraire à la santé de l'arbre et à la fructification.

2° Quand on rencontre un sous-sol inerte, impénétrable aux racines, et formant un banc d'une épaisseur telle qu'on ne puisse l'enlever, il convient d'augmenter et d'engraisser la couche arable, de manière à ce que les chevelus y restent.

3° Dans un sol sableux, tellement sec et poreux par la nature du lit supérieur et du sous-sol, que la moindre dislocation profonde ne tendrait à rien moins qu'à le rendre encore plus perméable et plus brûlant. Si l'on n'a pas abandonné un semblable terrain, il faut le marner, le fumer constamment avec des engrais froids, substantiels.

Cette absence de défoncement nécessitera l'ouverture préalable de trous à la place destinée à chaque arbre. Ces trous seront larges et profonds, assez larges surtout, sans entamer le mauvais sous-sol ; si on ne peut l'extraire en entier, un trou de 2 mètres de côté sur 0m,75 de profondeur n'a rien d'exagéré pour un arbre à fruit. On le creuse assez de temps à l'avance ; on l'amende, on le laisse exposé aux influences atmosphériques, et on le remplit. On l'ouvrira en dernier lieu au moment de la plantation.

Nous avons encore les terrains fatigués par des productions antérieures ; nous enlevons à la surface des plates-bandes destinées aux arbres une couche de terre assez épaisse, et la remplaçons par une bonne terre nouvelle. Plus tard, en y creusant les trous, on opère par le fait un mélange des deux sortes de terres, favorable à l'avenir du sujet.

Ici, comme sur un sol calcaire ou sablonneux, l'enfouissement d'une emblave en vert sera d'un bon effet.

Lorsque, dans toute autre circonstance, nous avons jugé le défoncement nécessaire, il faut sonder les couches du sol, les travailler, les améliorer ; si nous agissons mesquinement, nous limitons la croissance de nos arbres.

Ainsi, nous défonçons en larges plates-bandes les lignes d'arbres projetées, et quand ces rangs sont assez contigus l'un à l'autre, nous défonçons tout le carré.

Nous n'avons pas l'intention de revenir sur cette opération (voir page 164) ; c'est toujours le même système de tranchées profondes de 0m,75 à 1m,50, de transposition et de mélange des couches végétales, d'encaissement des allées avec la pierraille.

On doit remuer le sol, le purger des pierres trop nombreuses et des mauvaises herbes, enfin le travailler assez tôt pour qu'il ait le temps de se rasseoir et de se bonifier sous les influences atmosphériques.

Les bêchages profonds donnés au pied des murs doivent ménager un talus contre les fondations, afin de ne point attirer les eaux pluviales vers le sous-mur.

Après le défoncement général, un bêchage ou un simple nivellement suffit; un ameublissement trop raffiné est superflu pour les arbres. La terre a été retournée, elle est effondrée, c'est l'essentiel. Il n'y a plus qu'à la mettre à plomb et à la fumer s'il y a lieu.

Fumure du sol. — Quand le défoncement devance la plantation de plusieurs semaines, on dépose le long des chemins les terres préparées et les engrais qui doivent améliorer le sol, et on les répand lors du défoncement en les mélangeant sur la première tranchée.

Si le défoncement est plus ancien, ou s'il doit produire une autre emblave avant la plantation, les terres neuves et les fumiers seront seuls enfouis. On attend pour les engrais inorganiques la dernière façon donnée au sol; alors on les enterre à $0^m,20$ ou $0^m,40$ de profondeur, aux endroits désignés pour les arbres.

Les meilleures substances à employer sont celles dont la décomposition se fait lentement, telles que : herbe pourrie stratifiée de lits de feuilles, de sel et de plâtras, gazons, détritus végétaux; curures d'étangs, de fossés; gadoue, boues de rues, de mare, de cour; parcage de bestiaux, fumier éteint, poussière de route, balayures, démolitions de cheminées; os concassés, corne, ongles, tendons, crin, phosphate de chaux; marne, argile sèche, cendre, suie, sel; chiffons gras, rognures de drap, déchets de laine; enfin, quand on sait les employer, les débris d'animaux, le sang d'abattoir, la matière fécale et la vieille tannée dépourvue d'acide.

Nous en avons indiqué beaucoup, afin que l'on puisse choisir, suivant les milieux où l'on se trouve.

Pour la culture des végétaux ligneux, ces diverses substances sont préférables au fumier.

On devra tenir compte de l'essence végétale avec laquelle elles seront mises en contact; ce sujet est traité dans les chapitres qui précèdent.

On sait que les engrais, et surtout les engrais sujets à la fermentation, ne doivent jamais toucher immédiatement aux racines; les arbres fruitiers à drupes surtout en redoutent le contact.

Les matières légères, éteintes, peuvent être jetées au pied de l'arbre pendant qu'on le plante, en les mélangeant intimement avec la terre naturelle. Croisées ainsi, elles n'arrivent dans la griffe des racines qu'en proportion minime.

Il serait dangereux d'employer des engrais en trop grande quantité, car ils poussent plus à la production du bois qu'à celle du fruit. Souvent encore l'eau de végétation trop chargée de sels circule difficilement, et la plante en souffre. L'abus des engrais est donc une faute. Aussi recommandons-nous, par-dessus tout, les bonnes terres de diverses natures pour améliorer le sol du jardin fruitier; on ne s'en plaindra jamais.

Choix des arbres à planter. — Les travaux de terrassement étant finis, le sol rassis et mis à plomb, notre distribution générale bien arrêtée, occupons-nous du choix de nos arbres, point important dans une création de ce genre.

Et d'abord, comment nous les procurer? Nous entendons répéter : « Élevez-les vous-même. » — Erreur. On s'exposerait à de nombreuses déceptions.

En effet, il nous faudrait de bon plant, des greffons nombreux, de race certaine, et, avant tout, une bonne terre à pépinière et des ouvriers capables de l'entretenir, si nos connaissances sont insuffisantes.

Or, ces conditions fondamentales ne se rencontrent guère ailleurs que chez les horticulteurs de profession; et encore ne les acquièrent-ils souvent qu'à la suite de déboires nombreux.

Nous ferons encore observer que, chez soi, on veut tirer parti de tous les sujets, — de choix ou de rebut, — tandis qu'avec le marchand on a le droit d'être difficile.

En ajoutant à ces considérations les accidents, les non-valeurs, les insuccès plus que probables, on sera convaincu de l'économie de temps et d'argent qu'il y aurait à nous procurer de suite les sujets convenables à notre plantation.

Quand on veut posséder un cheval, commence-t-on par acheter le père et la mère? Non, on achète le cheval.

Nous savons fort bien qu'il est des circonstances où la difficulté de trouver des arbres convenables pourrait faire reculer le planteur, et que l'on est naturellement disposé à mieux soigner la plante que l'on élève depuis son premier âge. Alors nous nous rallions à l'élevage direct des végétaux, et nous renvoyons aux chapitres II et III, où sont exposés les moyens de réussir. On crée donc une pépinière provisoire, car les sujets qui en proviennent et que l'on transplante dans le jardin seront plus tôt féconds que s'ils étaient dressés sur place.

Revenant à notre projet d'acquérir nos arbres, nous accorderons notre confiance à un horticulteur consciencieux; et, s'il possède une école fruitière soignée, épurée, pour la base de ses travaux, nous serons certain de rencontrer chez lui des variétés de mérite et judicieusement étiquetées : c'est une condition essentielle.

On conteste souvent la qualité des arbres qui proviennent d'une pépinière trop richement partagée. Nous dirons qu'en général les meilleurs arbres à replanter doivent être robustes, bien venants, à écorce saine, trapus au collet, garnis de radicelles chevelues, enfin bien proportionnés dans la tige, dans les branches et les racines.

Les terrains ou trop médiocres ou trop abondamment fumés ne produisent guère de pareils sujets. Les bonnes terres ordinaires, composées d'éléments variés, amendées sagement, sont les meilleures terres à pépinière.

Quant à l'âge des arbres, nous choisirons de jeunes individus; il nous sera plus facile d'assortir notre collection.

L'arbre formé ne saurait être employé qu'à titre de remplaçant, ou bien pour être intercalé çà et là et devancer nos jouissances. Cependant, nous l'accepterions en totalité pour un jardin moins considérable; c'est donc une question de dépense.

Un arbre formé, mal constitué, ne vaut pas un jeune sujet.

Les scions d'un an sont à préférer dans les arbres fruitiers à noyaux, parce qu'il est dangereux de rabattre un sujet plus âgé et mal bâti.

Pour les poiriers et pommiers, nous aimons mieux employer des sujets de deux ou trois ans. Rapprochés à la seconde taille, ils émettront une grande quantité de rameaux pour la charpente. Mais nous ne bannissons pas les scions de l'année trapus et bien corsés.

Ces jeunes greffes d'un an sont indispensables au cordon; toutefois, on rencontre dans les pépinières de grands fuseaux très-étroits, ramifiés sur toute leur longueur et qui sont propres à former sur-le-champ un cordon vertical ou oblique.

Plantation des arbres fruitiers. — *Époque de la plantation.* — Les plantations s'effectuent pendant le repos de la sève; l'époque la plus favorable, c'est l'automne, et sous cette généralité, on entend la période comprise entre la chute des feuilles et les grandes gelées.

Le printemps est une bonne saison pour les endroits exposés aux inondations hivernales et où les racines sont sujettes à pourrir. Mais quand ce terrain a été assaini ou drainé, la plantation peut s'y faire à l'automne, à la condition de ne guère enterrer les arbres.

Dans un sol poreux, manquant de consistance et de fraîcheur, l'opération est plus certaine, en septembre-octobre, par un temps doux; de nouveaux chevelus se forment avant l'hiver et garantissent la reprise. Passé cet instant, on attendrait après les dégels.

Le mois de janvier est souvent déconsidéré sans motifs; il est de fait que les froids sérieux, les neiges arrivent d'ordinaire à ce moment et que l'incertitude de la température est un obstacle à la garantie des transports d'arbres. Cependant, si la gelée était passée ou à venir, on aurait tort de se croiser les bras.

Février et mars ne sont pas à dédaigner, si la sève est engourdie; mais alors il faut se hâter, car la température chaude n'est pas loin.

Quoi qu'il ait décidé, nous engageons le planteur à faire son choix d'arbres à l'automne. S'il n'est pas encore disposé à planter, il mettra ses arbres en jauge, dans un endroit sain, demi-ombragé, les racines en terre meuble et légère. S'il ajournait la plantation au printemps, il conviendrait de tailler les racines fatiguées lors de la mise en jauge, afin de ne pas leur faire subir de nouvelles amputations au moment où elles commenceront à fonctionner.

Ajoutons que, si les feuilles ne sont pas tombées, il est nécessaire de les couper sur leur pétiole au moment de l'arrachage des sujets.

Les essences à racine délicate, comme figuier, framboisier, vigne, sont mises en jauge dans du sable de rivière.

Pour la déplantation aussi bien que pour le transport et la plantation des arbres, on choisit un beau temps, couvert et doux autant que possible. Un soleil vif ou une forte pluie, le hâle ou la gelée agissent défavorablement sur les racines et nuisent au succès de l'opération.

Nous avons vu parfois réussir des plantations en plein été, en prodiguant au patient les soins les plus assidus; mais ce sont de rares exceptions que l'on ne saurait poser en principe.

Manière de planter un arbre. — Nous supposons notre terrain préparé comme il a été dit; nous ouvrons, peu de temps avant de planter, des trous d'une dimension suffisante pour recevoir les racines.

Les plates-bandes seront plantées dans leur axe longitudinal, soit à 1 mètre du bord de l'allée.

Nous jalonnons d'abord nos grandes lignes en plantant les arbres de leurs extrémités, puis, comme intermédiaires, ceux des angles de carrés. Pour les suivants, un bon borneyeur les aligne au coup d'œil, pendant qu'un aide tient le sujet et qu'un ou deux autres couvrent les racines de terre.

A mesure qu'on prend un arbre pour le planter, on procède à l'habillage des racines; cette opération consiste à rafraîchir avec la serpette les racines et chevelus fatigués, de telle sorte que le biseau de la coupe arrivant jusqu'aux endroits sains, repose à plat sur la terre (1).

Nous ne toucherons pas aux racines des arbres arrachés en sève et plantés aussitôt, ni de ceux que l'on a mis en jauge après leur avoir appliqué l'habillage des parties souterraines.

Le pivot est taillé s'il est accompagné de nombreuses radicelles ou s'il est malade; mais on garde intact un pivot dénudé de chevelu; au lieu de le tronçonner, on le ramène avec précaution vers l'horizontale, sur la paroi inférieure du trou.

En plaçant l'arbre, nous effaçons dans le rang les déviations de la tige, tout en lui conservant, s'il est possible, l'orientation qu'il avait dans la pépinière, surtout quand il est exposé au soleil.

Cette condition n'est pas indispensable aux arbres de plein air, car on tourne vers le midi les parties faibles du branchage et des racines.

Si le trou est trop profond, nous le comblons assez pour que les racines y étant posées, le collet dépasse constamment le niveau du sol; le tassement le fera descendre. Il ne faut pas oublier que plus un terrain est nouvellement et profondément défoncé, plus sensible sera l'affaissement des terres; soit un dixième environ.

On ne saurait trop prévoir ce tassement du sol, car un arbre se porte d'autant mieux qu'il est planté assez élevé. Certaines races de sujets, comme l'amandier, le Sainte-Lucie, dépérissent promptement si la griffe chevelue est trop au-dessous du niveau du sol. Le bourrelet de la greffe sera donc assez ors de terre, afin qu'il y reste

(1) Cette disposition du biseau a, en effet, une grande importance. Voici pourquoi : avec le biseau en dessous, les radicelles qui partiront des bords de la plaie n'auront qu'à descendre sans décrire aucun coude; avec le biseau en dessus, les jeunes racines seraient forcées de faire le coude pour prendre leur direction naturelle, et ce faisant, la sève n'y circulerait qu'avec une certaine difficulté. P. J.

malgré l'affaissement, sauf pour les sujets greffés sur racine ou destinés à être affranchis.

Les hommes chargés d'enterrer le pied de l'arbre saupoudrent les racines de terre ameublie; c'est le moment de lui prodiguer les amendements consommés, en ayant le soin de les mélanger avec la terre. Souvent on se contente de terre brûlée au soleil, raclée à la surface des carrés, ou de celle qui séjourne sous les arbres, mélangée de feuilles décomposées, et le résultat en est toujours bon.

Point de fumier en contact avec les racines, ni sous elles par couches superposées. Du reste, nous n'acceptons le fumier qu'à titre d'engrais préalable appliqué lors du défoncement et désormais hors d'état de nuire, ou employé comme paillis après la plantation.

La terre clivée sur les racines pénètre mieux dans les cavités quand on l'y pousse avec la main en étendant les radicelles, ou avec un bâton en évitant de meurtrir l'épiderme radiculaire, ou encore au moyen d'une secousse légère, mais brusque et dont on ne saurait abuser.

Cette liaison de la terre avec les racines devient plus intime quand le trou, se trouvant aux trois quarts comblé, on y verse un arrosoir ou seulement un demi-arrosoir d'eau; on soutient l'arbre en même temps pour l'empêcher de descendre. Tout ceci a été dit déjà au chapitre du Verger, mais il ne nous paraît pas inutile de le redire. Dès que la fosse est remplie, on étend autour du tronc une litière qui, dans un terrain sec, doit être encore recouverte de terre.

A défaut de l'arrosage qui n'est urgent que pour les plantations en retard, on se borne à presser faiblement la terre avec le pied quand le trou est presque rempli; on s'abstient de tasser une terre mouillée.

En espalier. — Nous signalerons quelques précautions à prendre lors de la plantation d'un espalier : 1° on doit incliner l'arbre dans le trou de façon que la griffe chevelue soit ramenée en avant du mur; 2° on doit le placer de façon que les bourgeons de charpente soient en bonne position; 3° on doit tourner à l'inverse du soleil les parties amputées.

En terrain sec. — Dans un terrain qui se dessèche vite, nous conseillons l'emploi des gazons frais, des mauvaises herbes et des chiffons de laine au fond et sur les côtés des fosses. Il n'y a aucun inconvénient à mouiller ce terrain avant de planter.

On arrose encore aussitôt la plantation faite; on n'hésite jamais à piétiner la terre, et le paillis est indispensable.

Si cependant on manquait de paillis, on devrait former à $0^m,20$ du collet de l'arbre une petite butte circulaire en terre et l'y maintenir pendant quelques années; elle aurait pour effet d'empêcher le hâle de pénétrer jusqu'aux racines.

Dans ce cas particulier comme dans les plantations tardives, on ferait bien de plonger les racines dans une eau de mare ou d'engrais au moment de la mise en terre, et, si le temps sec persistait, on badigeonnerait la partie aérienne du végétal avec un mélange de boue et de chaux.

Aussitôt toute espèce de plantation terminée, on donne un gros labour peu profond dans le but de niveler le sol et de l'aérer. Nous en exceptons les plantations faites au printemps dans une terre brûlante; là, un binage donné après la pluie suffirait.

Quant aux précautions à prendre dans les terres très-humides, il en a été parlé au chapitre du Verger, et nous n'avons pas à y revenir à l'occasion du jardin fruitier qui exclut nécessairement de pareils terrains.

Soins aux arbres fatigués. — Les arbres qui ne sont pas plantés aussitôt après leur arrachage, sont exposés à souffrir des variations de température. On sait déjà que la mise en jauge immédiate s'oppose à toute éventualité de cette nature.

Soins aux arbres fatigués par la gelée. — Mais si pendant le transport des végétaux, la gelée sévit assez vivement pour empêcher la mise en jauge, nous déposons les colis dans un lieu tempéré où il ne gèle pas, cave, cellier, sans rien déballer. On l'ouvre au dégel; si le froid a collé les arbres l'un contre l'autre, on laisse à la température douce le soin de les séparer, au lieu de les séparer de force. On les enterre immédiatement et on les arrose comme il faut.

On évitera toujours de les manier quand le givre aura déposé sur leur écorce un vernis de glace.

Soins aux arbres fatigués par le hâle. — Le hâle est aussi funeste que la gelée. Les arbustes qui voyagent par un temps hâlant, ou qui séjournent longtemps en route, ou que l'on a oublié d'effeuiller, arriveront desséchés avec une écorce ridée et avec les parties tendres noircies.

Nous les couchons horizontalement dans une fosse de manière qu'ils soient complétement recouverts de terre, et nous les arrosons copieusement. On renouvelle cette mouillure s'il y a lieu, toutefois sans exagération.

Ils ne tardent pas à revenir à leur état normal; mais avant de les planter en plein soleil, il convient de les enterrer debout et provisoirement à l'ombre. Alors l'arrosage de leurs racines se fait avec une eau grasse, de purin ou autre, et le bassinage de leurs rameaux sert à entretenir leur fraîcheur.

Plantation de ces arbres fatigués. — Pour exciter ces arbres fatigués à se rétablir au mieux, nous taillons plus court leurs parties aériennes et souterraines. Les racines sont trempées dans un mélange de boue grasse, de bouse de vache, de crottin de cheval délayés dans l'eau ordinaire. Nous les saupoudrons de terre sèche ou bien nous les laissons se ressuyer quelques heures à l'ombre et nous les plantons.

Quand on craint que le branchage ne se dessèche, on le badigeonne avec une composition semblable en y ajoutant au besoin 2 grammes de sulfate de fer par litre de liquide.

Ayant observé que des arbres mis en jauge dans une vieille tannée pourrie et boueuse développaient instantanément du chevelu, nous sommes porté à croire que des arbres ayant les racines desséchées, gagneraient à être enterrés préalablement dans un mélange de terre et de tannée.

Taille des arbres lors de leur plantation. — Il y a des arbres qui réclament une taille définitive au moment de leur plantation, d'autres qui n'en veulent point, et d'aucuns qui se contentent d'un écimage ou taille de l'extrémité des rameaux.

Les arbres fruitiers à drupe : abricotier, cerisier, pêcher, prunier, demandent à être taillés complétement avant leur première sève. Nous coupons les branches contre le bourgeon de prolongement de manière à obtenir dès la première année un commencement de forme. La taille de l'arbre formé n'offre donc rien de particulier, sinon qu'elle sera assez courte.

Ces différentes espèces sont généralement taillées après l'hiver.

Les mélonides (poirier et pommier) sont écimés au moment de la plantation. Cet écimage est d'autant plus court que l'arbre se trouve plus étiolé, plus mal enraciné ou plus fatigué.

On s'abstient de toute mutilation lorsqu'il est trapu et bien pourvu de racines. Dans ces conditions avantageuses, il n'y aurait guère de danger à appliquer une taille définitive; mais nous préférons l'ajourner à l'année suivante. Avec l'écimage, une branche faible est coupée sur un œil saillant ou placé en dessus, tandis qu'une branche forte est tenue plus courte et taillée près d'un bourgeon moins favorisé.

Que l'on taille ou que l'on s'abstienne de tailler, on n'en doit pas moins supprimer de suite les branches et rameaux inutiles à la charpente future.

Un arbre écimé ou non taillé pousse peu la première année, mais ses racines se lient au sol et les yeux de charpente ne se perdent pas.

Pendant l'été qui suit la plantation, il n'y a aucune opération en vert applicable aux sujets destinés à être rabattus, sauf peut-être un cassement en août des jets trop élancés qui dérangent l'harmonie de la forme.

A la taille qui vient après, nous ravalons les branches : c'est ou un rapprochement court, ou une ablation complète.

Si la forme du sujet est déjà symétrique, avec des membres bien empâtés, nous taillons sur le bois de l'avant-dernière sève, c'est-à-dire à la base du rameau âgé d'un an lors de la plantation.

Mais les branches avantageusement placées, au sommet des pyramides et des palmettes, la tige centrale elle-même, seront fort raccourcies, pour elles, une taille longue serait une faute. — On rabat sur leur talon les brindilles munies d'une forte base; les autres seront plus ou moins rapprochées afin d'y exciter la sève.

Les greffes d'un an subissent une opération analogue; écimées d'abord, on les rabat ensuite contre l'œil de prolongement.

Il arrive fort souvent qu'on a planté une greffe plus âgée, et dont l'irrégularité des branches ne répond pas aux exigences de la forme désirée; dans ce cas, à la taille qui suit l'écimage, nous n'hésitons pas à rapprocher les branches jusqu'aux endroits où la symétrie pèche. Les yeux latents perceront dans les gorges et sous la vieille écorce, en donnant des jets vigoureux. L'ébourgeonnement et le palissage n'y seront point oubliés. On se rappelle que les incisions et crans ne sont permis qu'à partir de cette seconde année.

Le poirier greffé sur cognassier, le pommier sur doucin peuvent être taillés définitivement à l'époque de la plantation, sinon on les écime plutôt que de les abandonner à eux-mêmes. Les espèces telles que cognassier, mûrier, néflier, noisetier sont moins difficiles. Ébouquetés, ou taillés les sujets végètent et se garnissent sans qu'il soit nécessaire de les rabattre plus tard.

Le groseillier n'est pas plus difficile, quoique préférant la taille; le framboisier l'exige, le figuier s'en passe.

Quant à la vigne, on la taille à deux yeux hors terre.

Étiquetage des arbres. — L'étiquetage des arbres ne doit pas être négligé au moment de leur plantation ou de leur mise en jauge. Si le marchand a ses motifs pour préférer dans son jardin, le numéro à l'étiquette nominative, il n'en est pas ainsi de l'amateur. Il aura donc à adopter le système d'étiquettes qui lui paraîtra le plus sûr et le plus durable.

L'étiquette en terre cuite, suspendue à l'arbre par un fil de métal portant l'inscription gravée en creux, réunit ces qualités. Au nom du fruit, on ajoute le temps de sa maturité.

On connaît encore les étiquettes en papier encadré sous verre, en zinc marqué avec une encre inaltérable et les numéros sur plomb laminé, correspondant à un catalogue.

En outre de l'étiquetage, il est bon de tenir en règle un registre manuscrit contenant l'ordre des plantations, la désignation des variétés, des observations sur les travaux, des notes mémoratives, des remarques à consulter, etc.

Le propriétaire et même le jardinier s'y instruiront par la comparaison des fautes commises et des résultats obtenus.

Bordures des allées. — Les bordures des allées et plates-bandes terminent les plantations.

Malgré les critiques dont on l'abreuve, le buis nain tondu chaque année et renouvelé tous les huit ou dix ans, est encore ce qu'il y a de plus régulier et de plus solide, à moins que les terres ne soient trop sablonneuses et trop sèches; alors on borde avec des briques ou d'autres ornements en terre cuite.

Dans un grand jardin aux formes sévères, le buis découpe bien les allées des carrés; son plus grand défaut est de servir de retraite aux escargots et à divers insectes nuisibles.

Le thym, l'hysope, la lavande, la marjolaine, la santoline, etc., pourraient également former les bordures des allées transversales.

Ces différents genres se plantent par éclats enracinés, serrés l'un contre l'autre, sans confusion, dans une tranchée tirée au cordeau, ouverte à la bêche; le terrain en est d'abord affermi avec le pied ou avec la batte. Pour cette opération, le printemps est l'époque consacrée, parce qu'alors les gros travaux sont terminés, les allées sont dressées, et le terrain a pris son niveau. La période d'août-septembre est encore avantageuse à leur réussite. On pourra donc s'en occuper au moment de la plantation des fraisiers.

Pour garnir les contre-bordures, nous avons le fraisier à buisson (de Gaillon), divers genres de légumes et de fleurs, et enfin les cordons horizontaux en arbres fruitiers (1).

Culture et entretien du jardin fruitier. — Les soins de culture consistent à entretenir le paillis, à faire les labours et à donner les arrosages.

Paillis. — Le paillis est, on le sait déjà, une couverture de fumier, de paille, de mousse, d'herbage ou de feuillage, étendue dès le printemps au pied de l'arbre, et sur toute la surface des plates-bandes, si le terrain est sec ou compacte.

En l'enfouissant à l'automne pour le renouveler au printemps, on bonifie le sol.

Quand l'arbre est devenu vigoureux et résistant à la sécheresse, il peut se passer de paillis. Cette litière est bonne au pied des espaliers situés aux expositions chaudes.

Labours. — Les terrains frais doivent être labourés par la chaleur, et les terrains secs après la pluie, ou pendant la rosée du matin.

Le premier et le dernier labour de l'année, donnés pendant le repos de la sève, sont des fourchetages; ce qui revient à dire qu'on les exécute avec la fourche de fer. Cet outil est préférable à la bêche qui a l'inconvénient de couper les racines, sans diviser suffisamment la terre. Les autres façons consistent en binages.

Plus un terrain est froid ou compacte, plus il exige de labours. Ainsi, dans un sol argileux ou tenace, il faut appliquer le fourchetage à l'automne et au printemps, et exécuter des binages répétés pendant les journées chaudes.

Dans un sol léger, perméable, sec, on se contente d'un seul fourchetage en hiver, et l'on bine en été pour détruire les mauvaises herbes, à moins qu'on ne les ait étouffées sous un paillis.

On évitera de remuer la terre au pied des arbres fruitiers en fleur; les vapeurs qui s'en dégagent peuvent, dit-on, déterminer la coulure.

La destruction des herbes, avant qu'elles portent graine, est de toute rigueur; on extirpe minutieusement les pourpier, chiendent, liseron, ortie, etc.

Arrosages. — On ne se borne pas à la mouillure donnée lors de la plantation, on arrose encore à diverses reprises pendant la végétation.

Les arrosages se combinent avec les labours; ainsi, le soir des grandes chaleurs, nous donnerons une bonne mouillure sur le paillis ou sur la terre, sur la tige et sur les feuilles. Le lendemain, avant l'évaporation de l'eau, un coup de binette maintiendra le sol frais, et l'empêchera de se croûter et de se fendiller.

L'engrais liquide convient aux arbres fatigués, aux plantations printanières ou faites dans un sol aride; la bouse de vache, le crottin de cheval avec un peu de sulfate de fer, ou tout simplement un mélange d'eau et de jus de fumier, ne sont pas à dédaigner.

On économise l'arrosage en creusant autour du sujet un bassin de 0m,60 de diamètre sur 0m,04 de profondeur; la terre ramenée sur le bord du bassin arrête l'eau qui descend alors sur les racines; on le recouvre d'un paillis.

L'arrosage est nécessaire la première année; et encore ne faut-il pas en abuser, car l'abondance des mouillures ferait pourrir les radicelles; et un arrosement non continué aurait le tort d'abandonner à eux-mêmes des organes souterrains habitués à la fraîcheur.

Les espèces à noyaux redoutent surtout les mouillures excessives; un paillis et des binages peuvent suffire à provoquer et à entretenir leur végétation normale.

Au lieu de garnir une plate-bande qui longe les espaliers avec des plants de légumes ou de fleurs, ainsi que cela arrive souvent, il vaudrait mieux amener l'allée sablée jusqu'au pied du mur.

La culture potagère s'accorde peu avec la culture fruitière, quand elles ne sont pas distinctes, parce que l'une exige de fréquents arrosages nuisibles à l'autre.

Nous recommandons le bassinage des branches et des feuilles fait avec une pompe à main ou avec un arrosoir à pomme. Un végétal se nourrit par ses organes extérieurs aussi bien que par ses racines. Or les bassinages seront d'autant plus souvent renouvelés que le sujet sera plus récemment planté, ou plus exposé à la poussière et à la chaleur. Les projections d'eau à l'extérieur seront donc répétées deux ou trois fois par semaine dans la saison chaude.

Pendant les années suivantes, les bassinages sont nécessaires quand l'arbre manque de vigueur, ou qu'il est abondamment chargé de fruits, ou trop exposé au soleil. Les espèces à noyaux, en espalier, exposées en plein midi, sont sujettes à se pâmer, si l'on n'a pas soin de combattre l'évaporation par des mouillures. Ici encore, il convient de leur donner peu d'eau à la fois, et de recommencer en opérant toujours en l'absence du soleil.

Un arrosage en plein soleil sur les parties tendres est dangereux; on ne l'utilise guère que dans le but de provoquer la coloration du fruit sous l'action directe des rayons solaires.

Que l'on se figure cette coloration brusque sur un organe persistant, l'écorce par exemple, et l'on est certain de provoquer une maladie.

Les arbres vigoureux en plein air et en état de production se passent volontiers d'arrosage.

Soins divers. — La tige et les grosses branches de nos espaliers soumises à l'influence directe du soleil, finiraient par avoir l'écorce durcie, brûlée, tombant par morceaux. Nous y remédions par quelques précautions, soit en masquant le tronc avec une planchette en forme de faîtière ou de douve de tonneau, soit en badigeonnant les branches principales avec une bouillie assez épaisse pour former une couche de 0m,004, composée de terre argileuse et de chaux éteinte.

Dans les terrains habituellement submergés, on

(1) Nous disons cordon horizontal parce que c'est un terme consacré; mais on comprend que sur un terrain en pente, le cordon a perdu son horizontalité puisqu'il doit être parallèle au sol. CH. B.

entoure dès l'automne le pied du sujet avec une corde de paille, que l'on enlève au printemps quand le danger est passé. L'inondation pourrait ramollir l'écorce à l'excès et déterminer des déchirures en temps de gelée.

Les murs, treillages, abris et autres accessoires du jardin seront tenus en bon état. On évitera de planter sous les arbres des végétaux qui épuisent le sol, qui masquent les membres de charpente, ou qui nécessitent un entretien qui ne saurait convenir à la culture fruitière.

Nous n'avons pas à rappeler les soins de surveillance aux arbres, l'entretien de leur santé, la chasse aux insectes, l'abri contre les intempéries, la restauration ou le remplacement des sujets épuisés, ni la récolte et la conservation des fruits.

Toutes ces questions ont été traitées dans les chapitres précédents.

Mais nous ne voulons pas quitter l'amateur de jardinage sans l'engager à faire progresser l'horticulture dans la limite de ses moyens.

Observez attentivement vos arbres, leur façon de vivre et de produire. Semez-en les graines pour enrichir encore la pomologie.

Essayez les bonnes méthodes de culture, anciennes ou nouvelles, sans parti pris. Tâchez même de les perfectionner, en raisonnant la serpette d'une main, en travaillant un livre dans l'autre.

Le champ d'études est sans fin : il y a toujours à glaner.

Celui qui se montre exclusif en matière de culture, suit une voie fausse, hérissée de difficultés et de désillusions.

En présence de la nature, il faut étudier beaucoup pour savoir peu ; et, si notre expérience ne suffit pas, sachons tirer parti des observations qui nous sont communiquées par des hommes sérieux, ou qui nous sont léguées par les illustrations des siècles passés.

Dédaigner l'ancien, c'est livrer de par le talion nos œuvres au dédain de la postérité. Rejeter le nouveau, c'est nier le progrès qui a créé jadis les vieilles choses que nous admirons aujourd'hui.

CHARLES BALTET.

CHAPITRE XLIX

DE LA CUEILLETTE DES FRUITS, DE LEUR CONSERVATION ET DE LEUR EMBALLAGE.

A diverses reprises déjà, nous avons effleuré le sujet qui nous occupe en ce moment, mais il n'a été traité complétement qu'en ce qui regarde les raisins de treille. Pour ce qui concerne les autres fruits, il nous paraît donc nécessaire d'y revenir, et nous ne saurions mieux faire que de reprendre ici une partie du chapitre spécial qui figure dans une de nos publications qui a pour titre : *Les arbres fruitiers*.

« Saisissez, nous dit-on, le bon moment pour cueillir les fruits. » — Soit, mais pour le saisir, il faut le connaître, ce bon moment. Or, sur ce point, la pratique en apprend plus que la théorie.

Pour les fruits d'été, abricots, pêches, cerises et poires précoces, comme le citron des carmes, par exemple, il n'y a pas à se mettre en peine. Le changement de couleur nous prévient ; ils mûrissent sur l'arbre ; nous les touchons délicatement, et, si la chair cède sous le pouce, nous n'hésitons pas à les détacher. (Encore vaut-il mieux ne pas les toucher comme on l'a dit en parlant des pêches.) Dans le cas où nous voudrions les conserver quelques jours, nous les prendrions fermes et n'attendrions point que la chair cédât.

Pour les fruits de garde, c'est une autre affaire, et les plus habiles ne sauraient répondre de tomber juste au bon moment. M. Hardy père a voulu poser une règle invariable, et nous a dit de ne toucher aux fruits en question que huit ou dix jours après qu'ils ont cessé de grossir. De la part d'un arboriculteur de cabinet, nous comprendrions la recommandation, mais, de la part d'un praticien consommé, nous ne la comprenons pas. Et, en effet, il nous paraît difficile de se fixer sur l'époque où s'arrête le développement d'un fruit, à moins de le mesurer plusieurs jours de suite avec le ruban métrique, ce qui deviendrait fastidieux.

Si nous cueillons trop tôt, le fruit se ride et n'acquiert pas les qualités propres à sa race ; si nous cueillons trop tard, il mûrit avec une rapidité souvent contraire à nos intérêts.

Règle générale, la récolte des fruits d'automne se fait dans le courant de septembre, un peu plus tôt, un peu plus tard, selon que l'année a été plus ou moins favorable. La récolte des fruits d'hiver se fait dans le courant d'octobre, un peu plus tôt, un peu plus tard aussi dans ce mois, selon les influences atmosphériques et les climats. Le plus ordinairement, on choisit le moment où il suffit de relever un peu le fruit, pour que la queue ou pédoncule se détache bien de la bourse ou renflement auquel cette queue est attachée.

La récolte aura lieu par un temps sec, après la rosée, depuis dix heures du matin jusqu'à quatre heures du soir, par exemple. On saisira les fruits un à un, délicatement, et on les posera doucement dans un panier garni de foin ou de feuilles et peu élevé. Les mannes rondes et élevées ont l'inconvénient de fatiguer les fruits du fond sous la charge des couches supérieures.

Une fois les paniers pleins, on les portera dans une pièce sèche et bien aérée, chambre ou grenier, où l'on placera les fruits, en les sortant un à un de ces paniers. Ils resteront là cinq ou six jours, le temps de se ressuyer un peu, après quoi, on les mettra au fruitier, mais seulement lorsqu'on aura trié et séparé les fruits tachés des fruits sains.

Dans le cas où l'on serait forcé de récolter les fruits par la pluie, ce qui, après tout, s'est déjà vu dans les années exceptionnelles, on ferait bien, selon le conseil de M. Hardy père, de ne pas les essuyer, de les étendre sur de la paille, dans une chambre sèche, de ne les point trop rapprocher les uns des autres et d'attendre.

Maintenant, qu'est-ce que le fruitier, ou la fruiterie? Pour ceux-ci, c'est le grenier; pour ceux-là, c'est la cave ou le cellier; pour d'autres, c'est une armoire. Il n'y a que les arboriculteurs de profession et les véritables amateurs qui sachent faire la dépense d'un fruitier spécial, qui sachent disposer leurs fruits de manière à les conserver le mieux possible et à en tirer par cela même le meilleur parti possible.

A cet effet, ils choisissent dans la maison une pièce bien sèche, qui ne soit ni chaude ni froide, avec fenêtres à volets pleins et porte fermant bien. Par les grands froids, ils doublent fenêtres et portes avec des paillassons, pour éviter tout accident. C'est ordinairement dans les caves ou les celliers que l'on établit les fruitiers, et, en ceci, l'on fait bien. Quand on peut les mettre à l'exposition du nord, on fait également bien, car il importe que la température du lieu ne s'élève jamais au-dessus de 10° centigrades. Mieux vaudrait-il encore qu'elle se maintînt constamment entre 5 et 6°. Les fruits se conserveraient plus longtemps et n'auraient que plus de prix au moment de la vente. — S'il nous prenait fantaisie de forcer la maturation, rien ne nous empêcherait d'en placer un certain nombre dans une chambre tiède.

Le fruitier s'accommode mieux d'une clarté faible que du plein jour. Quand on juge à propos de renouveler l'air, on doit le faire par un beau temps et n'entr'ouvrir que les fenêtres et la porte.

On dispose, pour recevoir les fruits, des rayons ou tablettes en bois sec, plutôt dur que tendre. Ces tablettes, larges de $0^m,50$ environ, plutôt plus que moins, sont séparées l'une de l'autre par un intervalle de $0^m,32$ et légèrement inclinées. En avant des tablettes, se trouve un rebord qui maintient la première rangée de fruits. La seconde, la troisième et les autres rangées sont maintenues par de petites baguettes fixes, sans quoi, les fruits seraient exposés à rouler les uns sur les autres, et il importe que ces fruits ne se touchent pas.

Le fruitier exige de grands soins de propreté, et il est bon qu'il ne soit ni pavé ni planchéié, afin d'éviter les inconvénients de la poussière sèche. Mais quoi que l'on fasse, il se déposera toujours un peu de cette poussière sur les produits à conserver. On se gardera bien d'y toucher.

On devra visiter le fruitier de temps à autre et jeter un coup d'œil sur les fruits pour s'assurer de leur état et ne point laisser à ceux qui se tacheraient le temps de communiquer la pourriture à leurs voisins.

Mathieu de Dombasle a imaginé un fruitier portatif qui mérite de notre part une mention toute particulière. Voici la description de l'appareil par son auteur :

« On fait construire en planches de sapin ou de peuplier, de $0^m,018$ à $0^m,020$ d'épaisseur, des caisses de $0^m,08$ seulement de hauteur et de $0^m,77$ de longueur, $0^m,52$ environ de largeur, le tout pris en dedans; toutes ces boîtes doivent être de dimensions bien égales, de manière à s'ajuster exactement les unes sur les autres; elles n'ont point de couvercles, et le fond est formé de planches de $0^m,010$ à $0^m,012$ d'épaisseur, solidement fixées par des pointes, sur le bord inférieur des planches qui forment les parois des caisses. Au milieu de chacun des quatre côtés de la caisse, on fixe avec des clous, près des bords supérieurs, des morceaux de bois ou tasseaux d'environ $0^m,10$ de longueur sur $0^m,05$ à $0^m,06$ de largeur et $0^m,012$ à $0^m,015$ d'épaisseur. Ces morceaux sont appliqués, par une de leurs faces larges, sur les faces extérieures de la caisse et en sorte qu'un de leurs bords, sur toute la longueur du tasseau, dépasse en hauteur de $0^m,006$ à $0^m,008$ le bord supérieur de la caisse. Ces tasseaux ont deux destinations : d'abord, ils facilitent le maniement des caisses en servant de poignées par lesquelles on saisit facilement des deux mains les petits côtés d'une caisse; ensuite ils servent d'arrêt pour tenir exactement les caisses dans leur position, lorsqu'on les empile les unes sur les autres. A cet effet, ces tasseaux doivent être un peu délardés ou amincis en dedans, dans les parties qui font saillie en hauteur, de manière que la caisse supérieure puisse poser exactement sur les bords de la précédente sans être serrée par le bord des tasseaux.

« On conçoit facilement, d'après cette description, que chaque caisse étant remplie d'un lit de poires, de pommes ou de raisins, etc., elles s'empilent les unes sur les autres, chacune servant de couvercle à la précédente; et la caisse supérieure est seule fermée, soit par une caisse vide, soit par un couvercle en planches de même dimension que les caisses. On peut empiler ainsi quinze caisses et plus, et chaque pile présente l'apparence d'un coffre entièrement inaccessible aux animaux rongeurs et que l'on peut loger dans un local destiné à tout autre usage, dans lequel il n'occupe presque pas d'espace. »

Au dire de Mathieu de Dombasle, et nous n'en doutons pas, les fruits se conservent parfaitement dans ces caisses et en grande quantité, et la visite devient très-facile en enlevant les caisses une à une. Dans le cas où elles ne protégeraient pas suffisamment le contenu contre la gelée, il serait aisé de les envelopper de paillassons ou de couvertures de laine. Enfin, la poussière pénètre moins commodément dans les caisses que sur les tablettes des fruitiers ordinaires.

On ne conserve le plus habituellement dans les fruitiers que les poires, pommes et parfois des raisins. Les abricots et les pêches ne font qu'y passer quelques jours, quand on prend soin de les cueillir un peu avant leur maturité complète, pour prolonger leur conservation.

Lorsqu'on tient à conserver des cerises sur des arbres nains, on n'a pas recours au fruitier, pas plus que pour les groseilles à grappes. On se contente d'empailler les arbres dès que la maturation des fruits commence, afin de ralentir cette maturation en les soustrayant à l'action de la lumière. Il va sans dire que l'extrémité des rameaux empaillés doit sortir du capuchon, autrement les arbres seraient étouffés.

Il nous reste à vous entretenir de l'emballage, et nous le ferons en peu de mots.

Pour emballer des poires ou des pommes, il suffit de prendre du fin regain bien sec, d'y placer les fruits un à un, de les y enfoncer comme dans des nids, sans qu'ils se touchent, de charger le premier lit de ce même regain, d'y disposer les poires et les pommes comme précédemment et de terminer par une forte couverture de paille que l'on presse bien avec le couvercle du panier ou de la caisse, afin que les fruits ne puissent point bouger pendant le transport. C'est la méthode de M. Hardy et de beaucoup d'autres.

Pour emballer des pêches ou des abricots, on se sert d'une caisse très-peu élevée, de façon à n'y établir qu'un seul lit de fruits; puis on garnit le fond de la caisse de rognures de papier sur lesquelles on place chaque fruit, enveloppé de papier de soie. On garnit ensuite les intervalles et l'on charge avec ces mêmes rognures de papier; puis l'on fixe le couvercle. D'autres recommandent d'envelopper les fruits de feuilles de vigne et de bourrer les vides des caisses avec ces mêmes feuilles, de façon que rien ne bouge sous ce couvercle.

On emballe les cerises et les groseilles avec des feuilles fraîches, par lits alternatifs, et les prunes avec des orties qui passent pour ménager la fleur.

Aux environs de Paris, on apporte des précautions toutes particulières à l'emballage des fruits. Elles ne contribuent pas peu à favoriser la vente, attendu que le consommateur achète plus volontiers des fruits de bonne mine et coquettement arrangés, que des fruits dont l'emballage a été négligé. La toilette relève la marchandise et ajoute à sa valeur vénale.

Nous en avons fini avec les fruits de table, mais puisque nous sommes au jardin, nous y resterons jusqu'à ce que nous ayons épuisé toutes les cultures qui peuvent s'y faire ou qui s'y font, telles que culture potagère, culture des plantes médicinales, culture des fleurs, et enfin culture des arbres et arbustes d'ornement qui nous conduira sans une trop brusque transition à celle des arbres à cidre et à celle des essences forestières qui terminera cette troisième partie du *Livre de la Ferme*. P. J.

CHAPITRE L

DE LA CULTURE POTAGÈRE

Définition et préliminaires. — La culture potagère est la branche de l'économie rurale qui s'occupe spécialement de la production des légumes. Par un sentiment d'orgueil qui nous semble mal placé, les jardiniers de Paris et des environs veulent que l'on établisse une distinction à leur avantage. A les entendre, ils ne font pas de la culture potagère, ils font de la *culture maraîchère*. Pour nous qui ne sommes ni ne voulons être dupe des mots, nous ne voyons chez les uns et chez les autres que des fabricants de légumes, que des hommes allant au même but par des voies différentes. Oui, le *marais* comme le *potager* est consacré à la culture des légumes ; d'un côté comme de l'autre, il y a des semis de pleine terre et des semis sous châssis ; les plantes que l'on y cultive sont absolument les mêmes; seulement celles-ci ont une destination que celles-là n'ont pas le plus ordinairement. Le bourgeois n'envoie pas ses produits à la halle ; le jardinier des grandes villes y envoie les siens. Le marais, c'est le chapiteau de la colonne; le potager n'en est que le socle; le marais, c'est le jardin des initiés ; le potager, c'est le jardin des profanes, des campagnards, des amateurs, des théoriciens, des gens qui ne sont ni tout à fait de la race, ni tout à fait du métier. Pourtant, il y a un potager à Versailles, et des hommes d'un certain poids en ont été les directeurs ! On sait cela, mais c'est égal; ce potager-là ne doit pas être à la hauteur des marais de Saint-Mandé, de Charonne ou de Clichy. L'appréciation des mérites réciproques est basée sur le bénéfice net. Le cultivateur de marais gagne de l'argent, parce que, en raison du loyer élevé de la terre, il ne cultive que les plantes demandées et offrant un bénéfice convenable; le cultivateur de potager, qui cultive indistinctement toutes sortes de légumes, ne retirerait pas l'intérêt du capital engagé s'il s'avisait de cultiver les terrains à légumes des faubourgs de Paris comme nous cultivons les nôtres au village. Il est donc forcé de s'éloigner des grands centres pour louer ou acheter de la terre à bon marché. C'est ce qui constitue son infériorité aux yeux du maraîcher.

Le marais d'ailleurs est une fabrique qui ne chôme point et où les choses vont pour ainsi dire à toute vapeur ; ce n'est plus un terrain comme le terrain de tout le monde; c'est de l'engrais réduit, de l'humus sur une profondeur de plusieurs fers de bêche, avec des rigoles pleines de fumier chaud et des cloches pour emprisonner la chaleur d'en haut et d'en bas. Le maraîcher ne connaît pas d'hiver ; il se moque de la sécheresse, de la pluie, du vent, de tout ; quand les saisons ne lui conviennent pas, il en fait d'autres avec des cloches, avec des abris, avec des engrais et avec de l'eau. Le marais est un atelier qui fonctionne en tout temps, fêtes et dimanches, qui a horreur du vide, qui pousse ses légumes à grande vitesse, et n'est jamais en peine de remplacer ceux qui s'en vont.

Mais, dit-on, il est quelquefois utile que la terre se repose un peu. Nous le savons bien, mais encore une fois, le marais n'est pas de la terre ; c'est tout ce que vous voudrez, excepté cela ; il est pour les légumes ce que l'épinette et la pâtée sont pour les oies de Toulouse, ce que l'étable chaude et les résidus sont pour les bêtes à l'engrais. Il faut y vivre vite et s'y engraisser tôt. Les débouchés sont ouverts ; il faut que les mannes s'emplissent et que les charrettes se suivent. Que la nature soit contente ou ne le soit pas, peu importe au maraîcher ; pourvu que les denrées partent et que l'argent vienne, il ne demande rien de plus.

Dans les potagers bourgeois qui absorbent d'assez fortes dépenses de main-d'œuvre, et les potagers de village, qui coûtent moins à entretenir, attendu que nous ne cotons pas nos peines, nous faisons les choses pour nous et les soignons autrement que si nous les faisions pour autrui. Nous mettons de temps en temps un peu de science dans nos opérations ; nous cherchons la qualité plutôt que la quantité, et, pour l'obtenir, nous consultons le goût de nos plantes. Nous respectons la loi des assolements ; nous pouvons ne ramener nos légumes à la même place qu'à de longs intervalles ; nous choisissons nos engrais et ne fatiguons pas notre sol à outrance. Nous cultivons un peu plus dans la terre que dans le fumier, et toutes les fois qu'il nous arrive d'établir un parallèle entre nos produits et ceux de la halle, ce parallèle reste à notre avantage. Chaque plante de nos potagers conserve franchement sa saveur propre, tandis que chaque plante du marais est altérée d'une manière sensible et quelquefois trop sensible. Les légumes du marais sont aux nôtres ce que l'herbe qui pousse sous un arbre, au bord d'une fontaine ou sur un tas de fumier, est à l'herbe aromatique d'un coteau.

Le maraîcher a pour lui le bas prix de revient et la quantité ; nous avons pour nous la qualité et la payons souvent un peu cher. Le maraîcher est le maître du marché ; il n'a pas à craindre la concurrence du potager ; nous avons pour nous ceux qui savent distinguer le légume naturel du légume forcé. Le plus souvent d'ailleurs, nous consommons et ne vendons pas.

Les situations, on le voit, sont nettement tranchées. Dans l'une, on fabrique des denrées plus ou moins insipides à très-bon marché, et l'on y trouve du profit ; dans l'autre, on fabrique des denrées savoureuses, et parfois l'on n'y gagne que la satisfaction de les consommer, à moins cependant que l'on ne cultive de ses propres mains, et que l'on n'ait pas recours aux jardiniers de profession.

Le *Livre de la Ferme et des Maisons de campagne* n'a pas à s'occuper des moyens de la culture maraîchère. Il s'adresse aux petits et gros cultivateurs, aux propriétaires de villas, aux amateurs de jardinage et même à quelques jardiniers en maison, à ceux tout au moins qui ne croient pas tout savoir. En conséquence, nous ne traiterons que du potager proprement dit, sans nous inquiéter des prix de revient qu'il serait, au reste, difficile d'établir à la campagne.

Terres propres au potager. — Où que vous alliez, et si pauvres que soient les gens de nos villages, disions-nous un jour dans une conférence, vous verrez près des habitations un jardin, et, dans ce jardin, des légumes et des fleurs. Vous conclurez de là que la culture potagère est à peu près possible partout, et vous n'aurez pas tort de conclure ainsi. En effet, du moment où le sol a assez de profondeur pour loger à l'aise les racines des plantes, il ne faut désespérer de rien. Le calcaire, l'argile, le sable, la tourbe, le marais, le schiste, tout peut être converti en jardin avec du temps, de la peine et des sacrifices. Si vous disposez d'un riche terrain, tant mieux pour vous, la besogne d'appropriation sera facile ; si, au contraire, vous avez affaire à une terre ingrate, la besogne deviendra difficile, mais vous aurez tôt ou tard la douce satisfaction d'avoir triomphé des difficultés.

Au moyen du drainage et des labourages profonds, on assainit assez vite les terres humides et compactes. Très-souvent, on enlève la terre des allées à la profondeur de 1 mètre au moins, on remplit les fosses avec de la grosse pierraille, et l'on obtient ainsi les meilleurs résultats. Lorsqu'il n'y a point de pente pour dégager les eaux d'égout, on s'arrange de façon à en établir une au fond des allées et à amener ces eaux dans un puits perdu ou boit-tout que l'on ouvre au point où se croisent les deux allées principales.

Quant aux terrains secs et légers, on les améliore promptement à l'aide de fumures copieuses et souvent répétées plusieurs années de suite. L'essentiel, c'est de rassasier ces terrains poreux et gourmands d'engrais, d'y former au plus tôt une couche profonde d'humus et d'arriver ainsi à assurer la fécondité et à entretenir la fraîcheur. On ne gagne rien à fumer économiquement les terres légères au début d'une culture ; le mieux est de les saturer rapidement. Une fois l'humus formé, il est aisé de les entretenir en état de fertilité.

Formes et clôtures à donner au potager. — La forme carrée est certainement la plus convenable pour un potager ; aussi nous la recommandons de préférence à toutes les autres. On divise ce potager en quatre parties égales au moyen de deux allées principales qui se croisent et aboutissent à une allée de ceinture. La largeur à donner à ces allées est nécessairement variable, parce qu'elle est souvent subordonnée à l'étendue du jardin. Il serait à désirer que deux personnes pussent s'y promener de front sans aucune gêne, que ces chemins n'eussent par conséquent jamais moins de $1^{m},50$; mais, dans bien des cas, quand les surfaces sont restreintes, on se trouve forcé de rétrécir les allées outre mesure, afin d'épargner du terrain et de maintenir les proportions. L'allée de ceinture doit occuper la limite extrême du potager toutes les fois qu'une haie vive lui sert de clôture, parce que cette haie est le refuge habituel d'insectes et de mollusques nuisibles qui ravageraient les semis trop rapprochés. Quand le potager n'est point clôturé par une haie vive, il convient de réserver un espace de $1^m,50$ à 2 mètres entre l'allée de ceinture et la clôture, afin d'y cultiver des arbres en espalier et des primeurs.

D'ordinaire, on clôt un potager avec des murs en pierres, en briques et en pisé, selon les localités. Quelquefois, dans nos villages, on l'entoure de palissades qui coûtent cher et ne valent guère, ou bien encore de fagots de saule placés debout les uns contre les autres et maintenus avec des pieux et des perches, jusqu'à ce qu'une haie vive les remplace. Dans certaines localités des Flandres belges, nous avons vu des clôtures en planches enduites de goudron; en Hollande, dans cette riche contrée qui avoisine La Haye et qu'on nomme le Westland, il n'est pas rare de rencontrer des clôtures faites en forme de paillassons avec des roseaux desséchés.

Les clôtures n'ont pas seulement pour but d'empêcher la maraude et le passage des animaux; elles servent surtout à abriter les plantes cultivées et à établir des formes d'arbres en espalier. Voilà pourquoi les murs, les planches et même les paillassons sont préférables aux palissades et aux haies. Cependant, les haies, quoique désavantageuses à d'autres égards encore, sont très-communes, et nous devons leur consacrer quelques lignes en passant. On peut les former avec du charme, avec du buis, avec de l'if, avec des épicéas, mais le plus ordinairement et avec raison, on emploie l'aubépine que l'on plante tantôt sur un seul rang comme en Belgique, tantôt sur deux rangs à $0^m,20$ ou $0^m,25$ l'un de l'autre comme en France. Cette dernière méthode est la meilleure, parce qu'elle permet de garnir la base de la haie de rameaux nombreux et que son entretien exige moins de main-d'œuvre. Une fois bien enracinée, on la taille court pour forcer la pousse des bourgeons inférieurs, et d'année en année on élève la haie jusqu'à ce qu'elle atteigne $1^m,30$ environ de hauteur, après quoi, on l'arrête, autrement les rameaux du sommet se développeraient au préjudice de ceux de la base et le pied se dégarnirait. C'est ce qui arrive avec les haies négligées et même avec les haies bien entretenues que l'on cultive d'après la méthode belge. Cette méthode consiste, nous le répétons, à ne planter qu'une seule ligne d'aubépine. Au bout d'un an ou de deux ans, grâce à l'humidité du climat, la haie est déjà vigoureuse et, par conséquent, solidement enracinée. Alors, vers la sortie de l'hiver, on courbe les tiges, on les entrecroise et on les lie les unes aux autres avec des brins d'osier. Ces arqures, faites en vue de rendre quelque jour la haie impénétrable, ont encore un bon résultat que l'on ne cherche pas, c'est de favoriser le développement des bourgeons inférieurs et de garnir la base. Mais comme il est d'usage d'élever la haie à une grande hauteur, à 3 ou 4 mètres parfois, il arrive toujours un moment où le pied se dégarnit et livre passage aux chiens et aux poules. Ces haies sur une ligne ont moins d'épaisseur, et mangent moins de terrain que les nôtres; il est plus facile, en outre, de les nettoyer et de les purger des insectes et des mollusques qui s'y réfugient; mais, en retour, elles ont l'inconvénient de projeter une ombre très-étendue et de nuire plus que les nôtres aux récoltes.

En France, nos murs de clôture sont toujours pleins; en Hollande, où les constructions sont en briques, il n'est pas rare de rencontrer des murs creux. Cette disposition, que nous avons remarquée dans le Westland, a pour but et pour effet de réchauffer pendant le jour la couche d'air intérieure, et de ralentir ainsi le refroidissement des espaliers pendant la nuit. Cette innovation, qui nous paraît heureuse, mérite de fixer l'attention de nos lecteurs du nord de la France; elle convient particulièrement à la culture des treilles.

Dans nos climats tempérés, nous donnons habituellement 3 mètres de hauteur à nos murs de clôture, et nous les couronnons d'un chaperon ou petit toit avancé, en tuiles ou en ardoises. Ce chaperon ne doit pas avancer de plus de $0^m,20$ à $0^m,25$. Dans le nord de la France et en Belgique, on peut donner une plus grande élévation aux murs qui reçoivent le soleil une grande partie de la journée, car, dans ces climats, la végétation est fougueuse et garnit promptement de larges surfaces. C'est là que nous rencontrons les poiriers en éventail qui recouvrent des façades entières ou des pignons d'une grande étendue. Mais s'il s'agissait de treilles, au lieu de poiriers, la question changerait de face. Dans les contrées du Nord, les raisins mûrissent d'autant mieux qu'ils sont plus rapprochés du sol; par conséquent, les murs élevés ne sont pas nécessaires à la vigne. Les Hollandais, qui font beaucoup de chasselas pour l'Angleterre, ne donnent pas à leurs espaliers plus de $2^m,30$ ou $2^m,40$, et tiennent leurs cordons très-près de terre. Nous recommandons cette disposition aux cultivateurs du département du Nord et de la Belgique.

Les clôtures en planches ne valent pas, à notre avis, les murs pour les cultures d'arbres en espalier; cependant il ne faut pas trop les dédaigner quand il y a économie à les établir.

Les clôtures en roseaux sont de courte durée et facilitent par leur abri les cultures de primeurs.

Les diverses parties du potager. — Une fois nos clôtures faites et nos allées tracées, il s'agit de préparer nos plates-bandes et nos carrés. On donne le nom de *plates-bandes* aux bandes de terre qui se trouvent au bord des allées et qui sont un peu plus élevées que le niveau des allées en question. Ces plates-bandes ne doivent pas avoir plus de $0^m,60$ à $0^m,80$ de largeur. La partie de la plate-bande, du côté de l'allée, se nomme *bordure*; la partie opposée et parallèle se nomme *contre-bordure*. La bordure, selon les pays et les goûts, est occupée par des cordons de pommiers, une ligne de fraisiers, d'oseille ou même de thym dans les terres sablonneuses qui ont besoin d'être soutenues. Beaucoup de personnes y mettent aussi des lignes de gazon d'Espagne, de pâquerettes, de julienne de Mahon, de pieds d'alouette, d'iris pumila, etc., etc. La contre-bordure est ordinairement réservée aux lignes d'ail, d'échalotte, de ciboulette, de persil, de cerfeuil, de sarriette, etc. Au milieu de la plate-bande, entre la bordure et la contre-bordure, il est d'usage de placer des arbres nains, sous forme de pyramides, de fuseaux, de buissons, de vases et même de palmettes. De loin en loin, entre ces arbres, il est d'usage aussi de mettre des touffes de fleurs vivaces.

Les plates-bandes forment en réalité les quatre cadres du potager. Les parties encadrées par elles se nomment *carrés*, et dans quelques contrées *carreaux*. Ces carrés sont destinés à la culture des légumes, et le plus ordinairement divisés en *planches*. Ces planches, séparées des plates-bandes et aussi entre elles par des *sentiers* de $0^{m},30$ à $0^{m},32$, ne doivent être ni trop larges ni trop étroites. Trop larges, elles rendraient les sarclages pénibles en obligeant le cultivateur à tenir le bras constamment tendu pour l'arrachage des mauvaises herbes; trop étroites, elles feraient perdre beaucoup de terrain à établir des sentiers.

Quant aux plates-bandes réservées entre l'allée de ceinture et les murs de clôture, elles sont destinées à la culture d'arbres en espaliers et à divers semis de primeur. On y place aussi à bonne exposition les couches nécessaires pour faire du plant à repiquer. Il en sera question à l'occasion des cultures forcées à la portée de tout le monde.

Outils et abris nécessaires à la culture du potager. — Il faut au cultivateur du potager une bêche, une houe, une ratissoire, une serfouette, un râteau à dents de fer, un râteau à dents de bois, une fourche de fer à trois dents, une brouette à coffre, un plantoir, un cordeau avec ses deux piquets, un ou deux arrosoirs, une batte, des paillassons, quelques cloches en verre et des cloches en osier. Nous pourrions demander plus; nous nous contentons de l'indispensable.

Labourage du potager. — Nous n'avons pas à revenir sur la théorie du labourage; elle a été donnée par notre estimable collaborateur et ami, M. G. Fouquet, dans la première partie de ce livre; nous nous bornerons à indiquer les divers labours qu'exige le potager. Il faut le bêcher à l'automne et bien retourner les tranches sans les rompre. Le bêchage sera aussi profond que possible. On fera bien, aussitôt ce labourage exécuté, d'étendre sur le terrain du fumier ou du compost à moitié pourri. Au printemps, dès que le terrain sera convenablement ressuyé, on bêchera de nouveau, mais par petites tranches à la fois, et l'on aura soin de bien diviser ces tranches avec le taillant de l'outil dans les terres fortes, ou avec le plat de la lame dans les terres légères. Quelquefois, dans ces terres légères, on laboure tout simplement avec la fourche de fer. C'est une mauvaise méthode; la fourche remue le sol et ne le retourne pas; la bêche y est tout aussi indispensable que dans les sols consistants.

Une fois le terrain bêché, on le laisse en repos quelques jours avant de l'ensemencer, sept ou huit jours en terrain consistant, et plus en terrain léger. Au moment d'ensemencer, on le divise en planches et on nivelle ces planches avec le râteau de fer s'il s'y trouve de la pierraille, avec le râteau de bois si la place est nette. Le râteau achève la division des petites mottes.

Quand les plantes sont levées, on les sarcle, soit avec la main, soit avec la serfouette, soit enfin, dans les cultures en lignes, avec la ratissoire à pousser. Ces sarclages sont autant de labourages superficiels d'une grande utilité. Les mauvaises herbes affament les bonnes, et plus il y a de mauvaises herbes dans une planche, plus elle se dessèche vite. Les racines qui prennent beaucoup de nourriture prennent nécessairement beaucoup d'eau.

Après les sarclages viennent les binages, qui ont pour but de rompre de temps à autre la croûte du sol, afin de donner de l'air aux racines et de ralentir l'évaporation de ce sol. En rompant les couches supérieures, on empêche l'eau des couches inférieures de monter jusqu'à la surface par l'effet de la capillarité.

Enfin, nous nous trouvons parfois dans la nécessité de butter les plantes, tantôt pour favoriser le développement des tubercules, comme avec la pomme de terre et l'oxalide crénelée; tantôt pour protéger contre les fortes chaleurs les racines et les tiges de quelques plantes. Ainsi les betteraves buttées, les choux et les pois buttés en temps de sécheresse, souffrent moins et profitent plus que s'ils ne l'étaient pas.

Engrais du potager. — Nous avons parlé assez longuement des engrais dans la première partie de cet ouvrage pour n'avoir plus à nous en occuper en ce moment. Il nous suffira de rappeler que les meilleurs pour le potager sont ceux qui se dissolvent le plus facilement, et produisent tout leur effet dans un temps très-court. Là, nous faisons surtout des feuilles et des racines; les légumes que nous cultivons pour leurs fruits sont en petit nombre. Nous devons donc nous attacher aux engrais liquides et aux engrais très-pourris qui agissent plus vite et plus énergiquement que les autres, quand, bien entendu, l'eau du ciel ou de l'arrosoir ne leur fait pas défaut.

Les fumiers de cheval, d'âne et de mulet conviennent beaucoup aux terrains frais; le fumier de vache convient aux terrains secs. Si nous ne citons ni le fumier de mouton ni celui de porc, c'est que le premier communique une saveur forte à certains légumes, et que le second est rarement assez pourri pour le service du potager.

La colombine sèche, le guano, le sel marin rendent des services importants que nous ferons connaître en traitant des diverses cultures potagères.

Les composts formés avec les débris de légumes, les mauvaises herbes du jardin, les feuilles mortes, les cendres de bois, les eaux de vaisselle, de savon, de récurage, les urines, la litière des lapins, les fruits gâtés, etc., sont excellents.

A propos des engrais du potager, nous devons constater qu'au siècle passé quelques-uns étaient prohibés dans la culture maraîchère de Paris. Voici ce que nous lisons dans l'*École du jardin potager* de de Combes : « Il est défendu à tous les jardiniers et maraîchers des environs de Paris d'employer pour leurs plantes aucun fumier de vache ou de cochon, et particulièrement les vidanges des latrines et les immondices des voiries, dont on a reconnu le mauvais effet. Cependant, comme ces sortes de matières font les productions extraordinairement grosses, ceux qui se trouvent hors de la juridiction de la police, séduits par les avantages qu'ils en retirent, ne s'en font quelquefois aucun scrupule, et c'est assez souvent la cause de certaines incommodités qu'on ressent après le manger. »

Prohiber le fumier des vaches et des porcs, c'était aller trop loin assurément. Pour ce qui est des matières fécales, et surtout de la gadoue des rues, nous hésitons à prendre leur défense.

Les matières fécales, employées seules et à forte dose, communiquent aux légumes une saveur forte et désagréable. On peut en dire autant des boues des grandes villes que les cultivateurs de Paris et des environs nomment *gadoue*. Cette influence a été niée, mais à tort, soit par des personnes qui ont jugé avant d'avoir comparé, soit par des personnes intéressées à nier l'évidence. Si le cultivateur de la banlieue de Paris se sert de gadoue, en retour, le maraîcher des faubourgs de Paris ne s'en sert pas, et nous l'en félicitons. Les boues de petites villes, qui ne répandent point, à beaucoup près, une odeur aussi désagréable que la gadoue des principaux centres de population, offrent moins d'inconvénients aussi.

Graines et semis. — La bonne qualité des graines a tout autant d'influence que la terre et l'engrais sur l'avenir des récoltes. « Les mauvais reproducteurs, avons-nous dit quelque part, sont à nos récoltes ce qu'ils sont à nos troupeaux. Ils transmettent leurs défauts de génération en génération avec la même fidélité que les reproducteurs choisis apportent dans la transmission de leurs qualités. »

Pour avoir de bonnes graines, il faut autant que possible élever soi-même les semenceaux, les choisir parmi les plantes les plus irréprochables, les traiter avec intelligence, récolter la semence dans un état de maturité parfaite, la conserver avec soin et l'employer jeune plutôt que vieille. Il a été question de la culture des porte-graines, du choix des semences et des soins à leur donner, pour ce qui regarde les plantes des champs. Il en sera de nouveau question à propos des plantes du jardin.

Les semis se font en lignes ou à la volée. Les semis en lignes exigent moins de frais de main-d'œuvre que ceux à la volée, parce que les sarclages sont très-expéditifs. Règle générale, pour les semis en lignes, les rigoles ne doivent pas être ouvertes avec un morceau de bois ou un rayonneur; il importe que le fond et les côtés de ces rigoles soient tassés. On obtient ce résultat, soit en ouvrant les lignes avec le pied, soit avec une roue de brouette, soit enfin en marchant sur des bâtons ou des baguettes étendus sur les planches, aux places qu'occuperont les rigoles. Règle générale aussi, et, quel que soit le mode de semis adopté, les graines seront d'autant moins recouvertes qu'elles seront plus fines et que la terre sera plus consistante; souvent même elles ne devront pas l'être du tout; mais, dans ce cas, il faudra les protéger contre l'ardeur du soleil, qui pourrait détruire leurs facultés germinatives. Pour cela, on arrose fréquemment, ou bien l'on recouvre avec de la mousse la planche ensemencée jusqu'à ce que les plantes commencent à lever. Cependant, il est rare que nous ayons recours à ces précautions; nous nous bornons ordinairement à recouvrir avec quelques millimètres de terreau de couche que nous secouons au-dessus des planches avec un vieux panier.

Les jardiniers qui ont toujours l'arrosoir en main, et dont la terre n'est jamais trop desséchée, n'admettent pas la nécessité d'humecter la plupart des graines avant de les semer. Nous n'en conseillons pas moins à nos lecteurs, surtout à ceux qui ont affaire à des terrains pauvres en humus, d'user de ce procédé. Une graine humectée germe plus sûrement et plus vite qu'une graine sèche. Nous connaissons d'habiles horticulteurs qui ont renoncé à la culture de la tétragonie étalée, parce qu'ils ne pouvaient répondre de la levée. S'ils prenaient la peine de mettre la graine de ce légume dans une jatte, de verser de l'eau tiède sur cette graine jusqu'à ce qu'elle y baigne et de l'y laisser pendant huit ou dix jours avant de la mettre en terre, la levée, sans être complète, leur paraîtrait suffisante, et la tétragonie serait cultivée.

De l'arrosage. — Nous avons écrit dans nos *Conférences sur le jardinage* et nous répétons ici : « L'arrosage compte trois degrés. *Arroser*, c'est donner de l'eau copieusement ; *mouiller*, c'est arroser à un degré moindre ; *bassiner*, c'est arroser à un degré moindre encore, uniquement pour dégourdir la graine et l'obliger à germer. Dans le cas dont nous venons de parler, le bassinage est préférable à la mouillure. La quantité d'eau à donner est en raison directe de l'état de développement d'une plante. Ici, nous ne voulons qu'éveiller un germe, un embryon, et nous bassinons ; plus tard, quand la plante sera pour ainsi dire sortie de l'œuf et commencera à vivre de ses propres racines et de ses propres tiges, nous la mouillerons de façon à lui procurer la quantité de sève nécessaire à son existence ; enfin, quand la plante sera dans toute sa vigueur, nous devrons répondre à son appétit par un apport de vivres plus considérable et nous arroserons, afin de dissoudre plus de sels et de faire par conséquent plus de sève. » Il est essentiel que la température de l'eau soit toujours aussi élevée que celle de l'air.

De la transplantation. — Parmi nos plantes du potager, nous en connaissons qui se développent mieux après la transplantation que si on les eût laissées en place. C'est ce qui a lieu avec les ognons et les betteraves dans les terres fortes des climats doux ou chauds, mais en terre légère et en allant vers le nord, ces mêmes ognons et ces mêmes betteraves transplantés réussissent moins qu'à demeure. Pour ce qui est des choux, cette distinction n'existe pas; ils gagnent à être transplantés, quelle que soit la nature du sol. Voilà des faits; nous ne chercherons point à les expliquer. La transplantation est de toute nécessité dans la culture de la plupart de nos porte-graines, surtout lorsque nous avons affaire à des légumes profondément modifiés par la culture. S'il n'est pas nécessaire de transplanter la mâche, le persil commun, le cerfeuil commun, pour en avoir de bonne semence, c'est que ces plantes cultivées sont pour ainsi dire les mêmes qu'à l'état sauvage; mais s'agit-il de persil frisé, de cerfeuil frisé, de laitues pommées, de choux cabus, de navets, de carottes, etc., on est bien forcé de les transplanter, autrement la graine ne reproduirait pas fidèlement le type. En somme, la transplantation est de rigueur toutes les fois que l'on tient à multiplier de semence une plante éloignée de son état de nature. Parfois même, il y a profit à transplanter les semenceaux deux fois de suite à dix ou quinze jours d'intervalle, quand la plante est très-éloignée de son état sauvage, car plus elle en est éloignée, plus elle tend à y retourner et plus il faut contrarier ses tendances par des artifices de culture.

Conclusion. — Les généralités qu'on vient de lire nous permettront de ne pas retomber dans les redites. Nous pouvons donc, dès à présent, aborder une à une les cultures légumières de pleine terre. Mais dans quel ordre les aborderons-nous?

La classification botanique, par familles, nous sourit beaucoup, mais nous savons, par expérience, qu'elle contrarie le lecteur dans ses recherches.

La classification par ordre d'importance soulèverait des contestations auxquelles nous voulons échapper.

Il ne nous reste plus à suivre que l'ordre alphabétique, qui a le mérite de mettre tout le monde d'accord et de rendre les recherches très-faciles. C'est celui que nous adoptons.

Ail ordinaire (*allium sativum*). — Plante condimentaire vivace classée par de Candolle dans la famille des Liliacées. L'ail est, dit-on, originaire de la Sicile, et son nom dérive, dit-on aussi, d'un mot grec qui signifie *éviter* ou *fuir*. C'est ce qui a fait dire sans doute que les Grecs avaient cette plante en horreur. Thiébault de Berneaud rapporte que les Romains l'abandonnaient aux valets de ferme et aux soldats; cependant les soins que Columelle, Palladius et Varron conseillent de prendre pour la cultiver avec succès dans les jardins, nous permettent de supposer que l'ail avait aussi ses entrées dans quelques bonnes cuisines. Aujourd'hui, nos populations en font une consommation considérable, surtout dans les départements du midi et de l'ouest, où les aulx de Cavaillon (Vaucluse) et de la Tranche (Vendée) jouissent d'une réputation particulière. En Belgique, où les condiments des colonies sont en grande estime, l'ail est presque partout fort mal venu.

Variétés. — Nous ne connaissons qu'une seule variété de l'ail ordinaire. On la cultive dans la plaine des Vertus sous le nom d'*ail rose* ou *hâtif*.

Culture de l'ail. — Cette plante est robuste et s'accommode à peu près de tous les climats et de tous les terrains; toutefois les climats doux et secs, ainsi que les terrains d'une consistance moyenne et non-mouillés lui sont particulièrement avantageux. Les engrais frais ne lui conviennent point; on aura soin par conséquent de fumer avant l'hiver ou tout au moins plusieurs semaines avant la plantation, et toujours avec de l'engrais très-consumé, les parties du jardin destinées à produire de l'ail. On assure que les plantes marines constituent l'engrais par excellence de l'ail. Personnellement, nous n'en savons rien, mais comme nous n'avons aucune raison pour douter de cette assertion, nous sommes porté à attribuer l'effet des varechs à la soude et à supposer que quelques poignées de sel de cuisine, ajoutées à nos fumiers de ferme, auraient le même résultat.

Quand on cultive l'ail pour les besoins d'un ménage ordinaire, on le place en contre-bordure de plates bandes; quand on le cultive pour le marché, on en forme des planches parmi les carrés. Dans les deux cas, il importe de se rappeler que l'ail n'aime ni à revenir promptement à la même place, ni à succéder aux ognons et à l'échalotte.

L'ail ne donne de graine mûre à point que dans nos contrées méridionales, mais on ne s'en sert point pour sa multiplication, attendu que le bulbe de l'année serait trop petit et qu'il faudrait attendre deux ans pour obtenir une récolte satisfaisante. On le multiplie donc habituellement de caïeux, ou gousses détachées du bulbe mère que nous appelons *tête*. On prend, à cet effet, de belles têtes de l'année précédente, et l'on en sépare les gousses de la circonférence seulement, car celles du centre sont loin de les valoir.

A la sortie de l'hiver, en février, en mars et quelquefois plus tard, dans le nord, on prépare son terrain, on tend le cordeau et l'on plante les caïeux en question à $0^{m},09$ ou 10 centimètres l'un de l'autre et à $0^{m},05$ de profondeur, soit au moyen d'un plantoir, soit avec la main, ce qui est plus expéditif. Si l'on formait des planches, il conviendrait de laisser entre les lignes un intervalle de $0^{m},16$.

L'ail pousse promptement et n'exige d'autres soins que des sarclages fréquents et des arrosements aux époques de très-forte sécheresse. Nous insistons principalement sur la nécessité des sarclages. L'ail se plaît dans la terre remuée et rigoureusement propre.

Dans le courant de juin, il faut nouer l'extrémité de la tige des aulx, afin de ralentir sa végétation et de concentrer la sève au profit des bulbes. Lorsque les feuilles de la plante se dessèchent, on l'arrache par un temps sec et on la laisse deux ou trois jours sur le terrain pour que la dessiccation s'y achève. On en forme alors des bottes ou des chaînes que l'on conserve en lieu sec, au grenier ou à la cuisine. Dans quelques contrées, il est d'usage de placer les chaînes d'aulx sous le manteau de la cheminée et de les fumer. On reconnaît ces chaînes fumées à leur couleur jaunâtre. Les bulbes ainsi traités ne perdent pas leurs facultés germinatives; néanmoins, on leur préfère les bulbes blancs.

Olivier de Serres a fait remarquer avec raison que l'ail planté en même temps qu'on sème le froment de printemps, était récolté en même temps que lui.

Emploi de l'ail. — Le bulbe de l'ail est employé dans un grand nombre de préparations culinaires, à titre de condiment; souvent même, on en frotte des croûtes de pain que l'on mange telles quelles après les avoir saupoudrées de sel, ou que l'on associe à diverses salades. Les mets à l'ail et les *frottées*, à plus forte raison, ont le gros inconvénient de rendre l'haleine fétide. On masque bien cette odeur en mâchant du persil ou du fenouil, mais il est assez rare que l'on ait recours à ces expédients. Les païens ne permettaient pas à ceux qui avaient mangé de l'ail d'entrer dans le temple de Cybèle ; un roi de Castille, quoique chrétien, ne se montra pas moins sévère à l'endroit des chevaliers d'un ordre de sa création. Il leur défendait de manger de l'ail sous peine d'être exclus de sa cour pendant un mois. Les gousses d'ail n'en ont pas moins fait leur chemin.

Outre la propriété qu'elles ont de relever la saveur des mets, elles ont celle de faciliter la digestion. Les Romains ne l'ignoraient pas et administraient de l'ail écrasé dans du vin aux bœufs et aux vaches dès qu'ils ne ruminaient plus. La médecine humaine reconnaît à cette plante le pouvoir de détruire les vers intestinaux. A cet effet, on en fait bouillir deux ou trois gousses dans du lait et on avale la décoction. Quelquefois on fait infuser pendant vingt-quatre heures de 60 à 120 grammes d'ail dans une bouteille de vin blanc, et les personnes qui ont des vers boivent deux ou trois jours de suite et à jeun, un verre ou deux de ce vin blanc.

On pourrait se demander si l'ail écrasé et infusé dans de l'eau ne rendrait pas des services dans la culture potagère, en éloignant certains insectes.

Ail d'Espagne ou Rocambole (*allium scorodoprasum*). — C'est une espèce particulière que les Provençaux nomment *ail rouge*, et que les Génois cultivent en grande quantité. Les tiges, au lieu de rapporter des graines, produisent des bulbilles qui peuvent être employés à la reproduction de la plante, mais qui, pour cela, ne valent point les caïeux.

La culture et les usages sont les mêmes que pour l'ail ordinaire.

Angélique (*angelica archangelica*). — Plante de la famille des Ombellifères, bisannuelle ou vivace, indigène en Provence, dans le Puy-de-Dôme et dans le nord de l'Europe. On la rencontre en Autriche et en Laponie. L'angélique n'est pas très-répandue dans les jardins; on ne la cultive réellement sur une assez grande échelle que dans les potagers de la ville de Niort (Deux-Sèvres). Nous lisons dans une encyclopédie que, depuis plus de trois siècles, cette ville du Poitou est en posses-

Fig. 1289. — Angélique.

sion de la culture spéciale de l'angélique archangélique, et nous apprenons d'autre part qu'en 1602 une maladie contagieuse fit périr une partie des habitants de Niort. Ce simple rapprochement nous donne à penser qu'on lui a reconnu alors, à tort ou à raison, des propriétés précieuses. Ce qui nous confirme dans cette opinion, c'est le passage du sixième livre du *Théâtre d'agriculture* d'Olivier de Serres, publié en 1604, deux ans après la peste de Niort, et où il est dit : « Ceste herbe contrarie à toutes les infections : est très-utile en temps de peste, tenant en la bouche de sa racine ; et à ce que cela soit agréablement, on la confit avec sucre, au sec, corrigeant par ce moyen la sauvaigine de son goust. »

Culture de l'angélique. — « Le terrain propre à la culture de l'angélique, écrit Tessier, doit être substantiel, humide, exposé à une certaine chaleur. *Il faut*, dit-on, *que l'angélique ait la racine dans l'eau et la tête au soleil.* Un sol argileux nuit à sa végétation, parce que les racines ne peuvent s'y étendre. Elle languit et monte à graine la première année avant d'avoir acquis toute sa force; il paraît donc que ce qui lui convient, c'est un sable gras. Elle n'est pas délicate; mais on ne lui donne toute la perfection dont elle est susceptible qu'en réunissant les circonstances que j'ai indiquées et qui ont lieu particulièrement à Niort.

« Niort est le seul endroit du Poitou où l'on cultive l'angélique. Cette ville fournit presque toute celle qui passe dans le commerce ; cependant, quelque considérable qu'il soit, on n'a besoin d'y consacrer que peu de terrain, parce que cette plante pousse des tiges fortes qui sont les parties qu'on emploie. On assure que tous les jardins de Niort, où on cultive l'angélique, s'ils étaient réunis, ne formeraient pas plus de deux arpents (68ares,378). Les fossés du château ont, à juste titre, la réputation de produire la plus belle et la meilleure ; aussi sont-ils affermés très-cher. Ils reçoivent les égouts d'une partie de la ville et ceux de quelques écuries. On y voit des tiges d'angélique de cinq pieds de haut, et il y en a du poids de plus de quarante livres (20 kil.). »

Ceci, notez-le bien, a été écrit en 1809, et nous n'avons pas cherché à savoir si, aujourd'hui, l'état des choses est toujours le même ou non.

Les engrais très-consumés ou liquides et même les matières fécales sont les seuls qui conviennent bien à l'angélique.

Pour ce qui est du semis, celui de septembre est toujours préférable à celui de mars, parce que les graines sont toutes fraîches récoltées, qu'elles lèvent mieux et poussent plus vigoureusement. Le semis de mars est sujet à faire essuyer des mécomptes; la levée est incertaine ou bien, si elle réussit, les tiges souffrent des premières sécheresses, faute d'être profondément enracinées et se mettent à fleur l'année même.

Nous conseillons donc le semis de septembre avec des graines nouvellement récoltées et sur un terrain parfaitement ameubli. Il faut très-peu les recouvrir, les saupoudrer seulement de terreau ou de fine terre et les arroser fréquemment jusqu'à la levée. Avec les semis de mars, on repique les plants en septembre, à 1 mètre en tous sens, et l'on arrose assidûment, afin de précipiter la reprise. Avec les semis de septembre, on repique à la sortie de l'hiver. On peut également semer à demeure et ne point repiquer, mais les produits sont moins beaux. L'angélique semée en mars ne lève qu'au bout de deux ou trois mois.

Souvent il arrive, dans les terrains qui manquent d'humidité ou par les saisons sèches, que la plante monte à graine l'année même de la transplantation ou la seconde année. Il faut surveiller les tiges florales et les supprimer au-dessus du premier nœud.

Les principaux soins à donner à l'angélique consistent en sarclages, binages, arrosements à l'époque des sécheresses et en un léger buttage à l'approche de l'hiver, quand les fanes sont desséchées et coupées.

Dans le courant de juin de la seconde année, quand l'angélique a pris son développement complet, on coupe toutes ses tiges, moins celle du cœur, le plus près possible de terre et en biseau. Il va sans dire que l'on ne touche point aux pieds réservés pour semenceaux. Ceux-ci fournissent leurs graines au mois d'août de leur troisième année.

Nous rappelons à nos lecteurs que les facultés germinatives de ces graines s'éteignent très-vite et qu'il ne faut pas compter sur elles après huit ou neuf mois.

Emploi de l'angélique. — Selon Bosc, les peuples du Nord, tels que les Lapons, les Samoïèdes, les Kamtschadales, etc., mangent les tiges de l'angélique, soit crues, soit cuites avec de la viande ou du poisson après les avoir pilées. Nous n'avons pas, en France, les goûts des peuples du Nord; nous ne mangeons ces tiges que confites au sucre, sur les grandes tables s'entend, et encore ne sont-elles pas recherchées par un très-grand nombre de consommateurs. Nous ne savons sur la manière de confire l'angélique que ce que Parmentier en a dit : « Les ouvriers qui se livrent à la préparation de cette confiture, rapporte-t-il, en font une espèce de secret; cependant, on est parvenu à savoir positivement que la préparation consiste à prendre l'angélique d'une belle végétation, à choisir les tendres rejetons de cette plante bien mondée, à les plonger ensuite dans l'eau bouillante pour faciliter la séparation des filaments qui se trouvent à leur surface, et à les enlever avec précaution.

« Après cette opération, en quelque sorte préliminaire, on plonge les tiges dans le sirop cuit en consistance requise, et on fait évaporer toute l'humidité jusqu'à ce qu'elles aient subi le point de cuisson convenable. Ainsi préparée, l'angélique est placée dans de grands vases de terre ou de grès et recouverte de sirop bien cuit, pour pouvoir la conserver sans altération; dans cet état, l'angélique se garde plusieurs années et ne perd rien ni de sa couleur, ni de son arome, ni de sa solidité. »

Les racines et les feuilles de la plante sont employées en médecine. Avec 4 grammes de feuilles ou 8 grammes de racine, on prépare une tisane qui fortifie l'estomac et que l'on recommande aux personnes affectées de vertiges ou de tremblement des membres. Une infusion de 16 grammes de racine dans une bouteille de vin jouit des mêmes propriétés que cette tisane.

L'angélique entre dans la composition de plusieurs liqueurs de table, et notamment dans celle de la Grande-Chartreuse.

Arroche des Jardins (*atriplex hortensis*). — Plante annuelle, de la famille des Chénopodées, connue de nos ménagères sous les noms vulgaires

Fig. 1290. — Arroche des jardins.

de *Belle-Dame*, de *Bonne-Dame* et de *Follette*. Nous empruntons à de Combes cette dernière dénomination que nous avons rencontrée aussi dans Furetière. La source de ces noms vulgaires nous échappe. On dit l'arroche des jardins originaire de la Tartarie; c'est un de nos plus anciens légumes; les Grecs cultivaient l'arroche, les Romains aussi, et nous la retrouvons chez nous à toutes les époques de notre histoire horticole. Si Olivier de Serres n'en parle point, ce ne peut être que par oubli, et cet oubli est d'autant plus excusable que l'arroche, si commune dans le Nord, est peu cultivée dans le Midi.

Variétés. — Nous ne connaissons que deux variétés : 1° *l'arroche blonde*; 2° *l'arroche rouge*. Les feuilles de la blonde sont appétissantes; celles de la rouge animent le jardin de leur éclat si vif en temps de soleil, mais elles sont plus ornementales que potagères. On leur reproche avec raison de colorer désagréablement les soupes et de fournir un mets d'un aspect repoussant. Nous n'admettons pas la troisième variété dont parle le *Bon jardinier*. Ce n'est que le produit d'un croisement entre l'arroche blonde et l'arroche rouge, produit d'un rouge sombre et malpropre. On l'obtient chaque fois que les deux variétés sont rapprochées l'une de l'autre.

Culture de l'arroche. — Il n'existe pas de plante plus facile à cultiver que celle-ci. Elle se reproduit de graines qui mûrissent en juillet et en août, selon les climats, et qui ne conservent pas deux ans leur faculté germinative. Quand on se contente d'un petit nombre de pieds, on éparpille de la graine çà et là dans le potager, et il en reste toujours assez malgré les sarclages. Une fois la plante dans le jardin, le vent se charge de renouveler les semis chaque année à la maturité, et parfois la terre en est tellement infestée qu'on ne peut plus s'en défaire. Quand on veut consommer l'arroche sous forme d'épinard, il convient de la semer en planche et en lignes, d'enterrer la graine à peine et de bassiner de suite le semis avec l'arrosoir à pomme. L'arroche s'accommode de tous les terrains, mais elle se plaît surtout dans les climats humides, et, naturellement, ses feuilles deviennent d'autant plus amples que le sol est plus riche. Comme cette plante est précieuse par sa précocité, il vaut mieux la semer en automne (novembre ou décembre) qu'à la sortie de l'hiver : on gagne ainsi une avance de dix à douze jours.

Lorsqu'elle est levée, ce qui a lieu même avant la fin des gelées, on l'éclaircit de façon à laisser entre les pieds un intervalle de 0m, 18 à 0m, 20, puis on l'arrose et on la sarcle de temps en temps. L'arroche est de courte durée ; elle se développe très-rapidement. On peut ralentir ce développement en supprimant tous les huit jours l'extrémité de ses tiges avec les ongles, dès que ces tiges ont de 0m, 35 à 0m, 40 de hauteur. Par ce moyen, on obtient de très-larges feuilles. On marque une ou deux plantes pour semenceaux et l'on n'y touche point. Celles-ci s'élèvent à 1m,60 et plus, néanmoins il devient rarement nécessaire d'avoir à les soutenir avec des tuteurs. Dès que la semence est mûre et commence à se détacher, on la récolte pour l'étendre sur le grenier pendant une semaine, après quoi, on la met dans des sacs de toile claire et on la conserve en lieu sec jusqu'au moment de la répandre.

Emploi de l'arroche. — Les feuilles de ce légume remplacent celles de l'épinard pour adoucir l'oseille; elles entrent aussi dans la préparation des soupes maigres, appelées soupes vertes dans le nord de la France. Nous ne leur connaissons pas d'autre mérite. Seules, elles sont trop fades pour être consommées; elles se rapprochent beaucoup par leur saveur des feuilles de la bette-poirée et de la betterave que l'on mange dans les villages du Brabant en guise d'épinards.

Artichaut (*cynara scolymus*). — Plante vivace, de la famille des Composées, originaire de l'Éthiopie, selon les uns, de la Barbarie et du midi de l'Europe, selon les autres. Les Égyptiens

Fig. 1291. — Pied d'artichaut.

et les Hébreux l'ont cultivé de temps immémorial. On le connaissait à Rome au temps de Pline, mais il y était rare et peu recherché. Columelle en parle comme d'une plante très-connue. Plus tard, sa culture fut négligée, presque abandonnée. Hermolao Barbaro rapporte qu'en 1473, à Venise, les artichauts passaient pour une nouveauté. Vers la même époque, on les cultiva de nouveau à Naples et à Florence, et c'est de là qu'ils passèrent en France au commencement du XVIe siècle. Daigue dit que, de son temps, nos jardins étaient pleins d'artichauts, et il s'indigne de ce que les hommes aient empiété sur la nourriture des ânes. Enfin Arthur Thomas, auteur de l'*Ile des hermaphrodites*, décrit un grand dîner de courtisans (sous Henri III) et rapporte qu'après le poisson et des salades inconnues du vulgaire, « on apporta quelques *artichaux*, asperges, pois et febves écossés, et lors ce fut un plaisir de les voir manger cecy avec leurs fourchettes, car ceux qui n'estoient pas du tout si adroits que les autres en laissoient bien autant tomber dans le plat, sur leurs assiettes et par le chemin qu'ils en mettoient en leurs bouches. » Pour l'intelligence de ce passage, nous ferons observer qu'il était d'usage alors de manger avec les doigts.

Variétés. — On compte une douzaine de variétés d'artichaut qui, soit dit en passant, ne sont pas toutes bien caractérisées. Les principales sont : 1° le *gros-vert de Laon*; 2° le *vert de Provence*; 3° le *violet*; 4° le *camus de Bretagne*.

Le gros-vert de Laon, très-commun aux environs de Paris et dans le nord de la France, donne un gros fruit et se reconnaît à ses écailles écartées, renversées en dehors, larges, épaisses et d'un vert foncé.

Le vert de Provence ne donne pas un fruit tout à fait aussi gros que le précédent; il s'en distingue par des écailles étroites, d'un vert moins sombre, terminées par des pointes brunes. Ainsi que son nom l'indique, cette variété se trouve répandue dans nos cultures méridionales.

Fig. 1292 — Artichaut gros-vert de Laon.

L'artichaut violet est encore une plante du Midi, hâtive et ne supportant pas toujours bien le climat de Paris. Son fruit est petit, mais très-recherché pour la poivrade. Ses écailles, larges, courtes, échancrées à leur sommet, sont violettes d'abord, mais cette couleur s'affaiblit en même temps que le fruit se développe.

Le camus de Bretagne, cultivé principalement dans l'Ouest, produit un fruit qui a la forme d'une boule aplatie à son sommet. Les écailles sont courtes, serrées et brunâtres sur les bords.

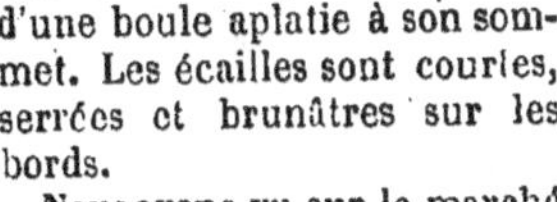

Fig. 1293. — Camus de Bretagne.

Nous avons vu sur le marché de Toulouse des quantités considérables d'artichauts venus de Perpignan, de couleur grise plutôt que verte, et qui se rapprochent beaucoup du camus de Bretagne pour la forme.

Culture de l'artichaut. — L'artichaut n'est pas très-difficile quant au climat; on le rencontre dans toutes les parties de la France, au nord, au midi, et à l'ouest surtout; nous l'avons cultivé au cœur de l'Ardenne belge sans éprouver la moindre difficulté. Mais s'il vient aisément partout, il ne mûrit pas partout ses graines; ainsi, par exemple, en Belgique, la moyenne de chaleur nécessaire pour cela lui fait défaut.

L'artichaut n'est pas non plus très-difficile quant au terrain; toutefois, pour avoir de beaux fruits, les terres riches en vieux fumier et profondes sont de rigueur. Mais quand on le cultive pour sa consommation personnelle, non pour le marché, on peut se contenter à moins et tirer parti de tous les sols. Seulement, il est essentiel de les défoncer à $0^m,60$ au moins, et l'on se trouve encore mieux de porter le défoncement à 1 mètre et d'enterrer une forte quantité de fumier très-consumé.

Les meilleurs engrais pour l'artichaut sont les fumiers d'étable et les composts formés avec ces fumiers, des feuilles et des cendres de bois.

On reproduit ce légume au moyen de ses graines et des éclats ou œilletons séparés de ses fortes souches. Avec les graines prises sur des sujets venus d'éclats et fatigués par la production, on n'est pas toujours sûr d'obtenir la variété que l'on désire; ce n'en est pas moins cependant le seul bon moyen d'entretenir l'espèce et de la relever quand elle tend à dégénérer. Sans le secours de la semence, il est évident que l'artichaut multiplié d'éclats n'aurait pas résisté durant plusieurs siècles. Quoi qu'il en soit, nous avons le plus ordinairement recours aux œilletons, non-seulement parce que nous sommes sûrs ainsi de reproduire fidèlement le type, mais aussi parce que nous récoltons plus tôt.

Pour ce qui est du semis, nous répandons la graine au printemps dans des rigoles pleines de bon terreau, à $0^m,02$ 1/2 de distance environ l'une de l'autre. « Elle lève ordinairement au bout de trois semaines ou un mois, lorsque le temps est favorable, avons-nous dit dans les *Conseils à la jeune fermière.* Dès que les larges feuilles ont $0^m,05$ ou $0^m,07$, on enlève les plantes de la pépinière et on les repique en terre bien fumée, bien travaillée et très-profonde, en ménageant entre les pieds des intervalles de 1 mètre au moins. On arrose pour assurer la reprise, puis on laisse aller la plante en liberté. L'année suivante, elle donnera des produits.

« Pour multiplier l'artichaut au moyen d'œilletons ou d'éclats, on achète ces œilletons chez les jardiniers au printemps, ou bien on les enlève soi-même aux vieilles souches d'artichaut quand on en possède. L'éclatement est pénible et doit se faire avec la main, de façon qu'il reste toujours au moins un filet de racine au talon de l'éclat. » Le *Jardinier d'Artois* a parfaitement décrit cette opération : « On œilletonne ordinairement les artichauts, dit-il, vers la fin du mois d'avril, plus tôt même s'ils sont assez forts et si l'hiver n'envoie plus ses mauvaises influences; pour lors on découvre avec la bêche la souche de chaque artichaut que l'on veut œilletonner, et de tous les œilletons qu'on y voit, il faut toujours laisser les deux ou trois plus forts pour porter fruit, et observer qu'ils ne soient pas trop voisins les uns des autres.

« Il faut observer que si l'on veut laisser trois œilletons pour porter fruit dessus un seul pied, il faut que ce pied ait force et vigueur; s'il est faible et languissant, on ne doit laisser qu'un œilleton ou tout au plus deux, parce que moins on laisse d'œilletons sur le pied, plus le fruit devient gros.

« Cette observation faite, on prend les œilletons les uns après les autres par le bas, on pose le pouce entre la racine et l'œilleton, on les sépare de l'endroit où ils sont attachés. Quand ces œilletons sont détachés et le pied déchargé de tout ce qui pourrait lui nuire, on doit aussitôt en recouvrir les racines; ensuite on choisit les plus beaux et les plus forts œilletons, surtout ceux qui ont de bonnes racines, sans quoi il faut les rejeter, puis on coupe la moitié de leurs feuilles, et tout de suite on les plante deux à deux dans un même trou fait avec la bêche, à la distance de 3 pieds (1 mètre) en tous sens. Ces jeunes plants ne sont pas plutôt plantés qu'il faut les arroser et ne les point quitter de vue qu'ils ne soient bien repris, et qu'au moyen des arrosements réitérés, ils n'en aient donné des marques bien évidentes. »

On pourrait croire, d'après ce qui précède, que les œilletons sans aucune racine sont incapables de former bouture, et que les deux œilletons placés dans une même fosse doivent y rester. Il n'en est rien. Des éclats sans racine et convenablement soignés peuvent servir à la rigueur, mais ils ne valent pas les autres. Pour ce qui est de la plantation de deux éclats dans une même fosse, c'est tout simplement une mesure de précaution. Si les deux reprennent bien, on enlève le plus faible et on conserve le plus fort.

Voici comment nous faisions notre plantation d'œilletons en Ardenne : nous ouvrions avec une houe ou une bêche des trous de 0m,15 de profondeur environ, et dans chaque trou nous jetions une petite fourchée de fumier de vache et une ou deux poignées de cendres de bois; nous recouvrions cet engrais d'un peu de terre fine de l'épaisseur d'un travers de doigt tout au plus, nous y enfoncions les œilletons et les rechaussions ensuite légèrement avec de la terre nouvelle et sans presser avec la main. Nous choisissions d'ordinaire la soirée pour pratiquer cette opération, afin de soustraire le plant à l'action immédiate du soleil. Le lendemain, si le soleil avait de la vivacité, nous recouvrions nos plants avec des cloches en osier qui étaient enlevées chaque soir. Nous arrosions copieusement deux fois par jour, matin et soir, et pendant cinq ou six jours. Quand, au moment de l'œilletonnage, le temps se met à la pluie, on se trouve nécessairement dispensé de tous ces soins.

Nous conseillons aux cultivateurs du Nord et des climats humides d'adopter notre méthode. Dans les climats et les terrains secs, on ne doit pas employer de fumier long; le terreau ou le fumier de vache très-pourri, mélangé avec de la cendre, convient mieux. Dans les terres argileuses, nous conseillons l'emploi du fumier de cheval ou de mouton. L'essentiel est de ne pas enterrer profondément le talon de l'œilleton; autrement il serait exposé à pourrir.

Les soins à donner aux plantations d'artichaut consistent en sarclages, binages et arrosements dans le courant de l'été. « Si on veut en avoir le fruit en automne, a écrit de Combes, il faut les planter le plus tôt qu'on peut, et les arroser amplement pendant tout l'été; mais si on ne le veut que pour le printemps suivant, il faut les planter fort tard, et ne les mouiller que pour les empêcher de mourir. »

Soit qu'il s'agisse de jeunes plants ou de vieux pieds d'artichaut, d'une récolte de septembre ou d'une récolte de mai ou de juin, il faut donner beaucoup d'eau dès que les fruits commencent à se montrer, et n'en laisser qu'un au sommet de chaque tige. On supprimera donc les têtes secondaires que donnera cette tige. On a conseillé aussi de rogner le tiers de toutes les feuilles de la plante, afin d'envoyer un excédant de sève aux fruits. Ce moyen, très-peu usité, nous paraît bon.

Dès que les fruits sont récoltés, on doit supprimer les montants ou tiges le plus près possible de terre.

Les artichauts ont la réputation d'être très-sensibles au froid. On s'est exagéré cette sensibilité; si parfois nous perdons beaucoup de pieds en hiver, ce doit être plutôt la faute des hommes que celle de l'atmosphère. Il n'est pas rare de voir des souches abandonnées, pour cause de vieillesse, traverser sans couverture des hivers assez rudes, au moins dans les terres légères. Quoi qu'il en soit, nous allons indiquer les divers moyens employés pour les protéger contre les rigueurs de la saison.

« A la veille des gelées, dit le *Bon jardinier*, on coupe les plus grandes feuilles à 0m,30 de terre, puis on ramasse et amoncelle celles-ci autour des plantes, sans couvrir le cœur : cela s'appelle *butter*. Quand la gelée commence, on couvre chaque touffe avec des feuilles sèches ou de la litière, que l'on ôte dans les temps doux, pour éviter la pourriture, et que l'on remet quand le froid reprend. Vers la fin de mars, ou quand la gelée ne paraît plus à craindre, on enlève la couverture et l'on donne un bon labour en détruisant les buttes de chaque pied.

« Quelque soin que l'on prenne, ajoute le même livre, pour la conservation des plants, les hivers très-rigoureux les détruisent quelquefois en presque totalité. On obvie, au moins partiellement, à ces accidents, en arrachant avant les fortes gelées un certain nombre de pieds qu'on plante dans une cave bien saine, un cellier ou autre local que l'on puisse défendre de la gelée. M. le baron de Ponsort, à Châlons-sur-Marne, a conservé ainsi les plants d'un carré entier, replantés après l'hiver; leur fructification a devancé d'un mois la saison ordinaire. Cette précocité a été observée aussi à Aubervilliers (Seine), où ce mode de conservation paraît être usité de temps immémorial. »

On a employé le fumier au sortir de l'écurie, en vue de *réchauffer* les pieds d'artichaut, mais l'on n'a réussi qu'à les faire pourrir sûrement. On s'est servi de balles de froment, d'orge ou d'avoine, et quelquefois avec succès; on s'est servi également de roseaux secs et brisés; de Combes enfin n'admettait que les couvertures en vieille litière bien sèche, et plaçait au-dessus de cette couverture une tuile ou seulement une plaque de fumier noir pour empêcher le passage des eaux de pluie par le sommet. Il repoussait, et avec raison, selon nous, les feuilles mortes qui ont, disait-il, le défaut de pourrir et de jeter dans le pied une humidité qui le pourrit aussi.

Pour notre compte, nous avons essayé ces divers moyens dans un climat très-froid, très-humide (dans l'Ardenne belge), et nous n'avons eu à nous louer d'aucun. En désespoir de cause, et d'après le conseil d'un praticien du pays, nous nous sommes contenté de former une butte de terre de 0m,60 à 0m,70 environ autour de chaque pied, le plus tard possible, souvent même après une première gelée, et après avoir coupé les feuilles à 0m,16 ou 0m,18 du sol. Ce procédé très-simple garantissait parfaitement nos artichauts. Nous nous souvenons de n'en avoir perdu que cinq ou six pieds sur quarante pendant l'hiver de 1859-1860. En terre légère, nous croyons donc que le buttage est à recommander, et il nous semble qu'en terre consistante il serait d'un bon effet aussi, mais à la condition d'établir une rigole autour de chaque butte et de labourer profondément les intervalles, en vue de faciliter l'écoulement des eaux. Cette méthode a le mérite de n'exiger aucuns soins durant l'hiver; on n'a pas à craindre la pourriture comme avec les couvertures de balles, de feuilles et de fumier.

Un plant d'artichauts ne reste en bon rapport que pendant quatre ans; ceci revient à dire qu'il faut songer à le renouveler au bout de trois ans, soit avec de la graine, soit avec des œilletons. Au lieu de sacrifier les vieux pieds purement et simplement, on fera bien de traiter leurs feuilles comme on traite celles des cardons, c'est-à-dire de les étioler, de les blanchir (voy. *Cardon*).

Emploi de l'artichaut. — On mange cru ou cuit le réceptacle de l'artichaut et la partie charnue de la base des écailles ou bractées. Lorsque la gelée menace, il faut avoir soin de récolter les têtes avec une grande partie de la tige et de planter cette tige en terre dans la serre à légumes, ou, à défaut de serre, dans la cave ou le cellier. C'est le moyen de les conserver en bon état pendant quelque temps.

La médecine reconnaît à l'artichaut des propriétés diurétiques.

Asperge (*asparagus officinalis*). — Plante vivace de la famille des Asparaginées. Elle a vraisemblablement pour souche l'asperge sauvage

Fig. 1294. — Asperge.

que l'on rencontre dans les sables maritimes, en France, en Belgique, et dont, à notre connaissance, certaines parties des dunes de Skevening (Hollande) sont couvertes. Nous appelons dès à présent l'attention de nos lecteurs sur cette origine, afin qu'ils s'expliquent la prédilection des asperges cultivées pour les terres siliceuses légères, et les bons effets du sel marin dans la culture de ce légume. Il y a loin des asperges sauvages à celles de nos bons horticulteurs, mais avec des soins on n'aurait pas de peine à les améliorer à tous les points de vue.

Variétés et sous-variétés. — Si l'on s'en rapportait aux catalogues du commerce, on admettrait un assez grand nombre de variétés d'asperges cultivées. A les croire, nous possédons l'asperge de Hollande, l'A. de Marchiennes, l'A. de Vendôme, l'A. violette, l'A. de Gand, l'A. de Besançon, l'A. de Pologne, l'A. d'Allemagne, l'A. d'Ulm, l'A. verte, l'A. commune, l'A. d'Aubervilliers, l'A. d'Argenteuil, etc., etc. M. Vilmorin, et avec raison, ne reconnaît que trois variétés, qui sont : l'asperge de Hollande, l'asperge d'Allemagne et l'asperge verte.

Sous ce nom d'asperges de Hollande, il désigne celles de Marchiennes, de Vendôme, de Gand, de Besançon, de Pologne et l'asperge violette. A ses yeux, les asperges roses d'Argenteuil, hâtives ou tardives, ne sont que des sous-variétés de l'asperge de Hollande, à bout plus ou moins rose, à végétation plus ou moins précoce.

L'asperge d'Ulm n'est qu'un synonyme de l'asperge d'Allemagne, et celle-ci ne diffère de l'asperge de Hollande proprement dite que par la couleur de l'extrémité de son turion, qui est plus violette, et par sa précocité.

Enfin, pour M. Vilmorin, l'asperge verte, l'asperge commune et l'asperge d'Aubervilliers ne font qu'une seule variété, moins grosse que les précédentes, à bout violet, mêlé de vert.

Culture de l'asperge. — Les méthodes de plantation varient suivant les pays, nous dit-on; nous le savons bien, mais il ne nous semble pas que ce soit affaire de nécessité absolue, et nous pensons que la méthode suivie par les cultivateurs d'élite d'Argenteuil donnerait d'excellents résultats partout. Si nous nous attachons particulièrement à cette méthode, c'est parce que le succès en proclame assez haut l'excellence, et pour la bien faire connaître, nous nous sommes naturellement adressé à un jeune horticulteur, élevé à bonne école. Le praticien d'Argenteuil qui, jusqu'ici, a le plus brillé dans les concours de Paris et qui s'honore à juste titre du plus grand nombre de récompenses hors ligne, est assurément M. Lhérault-Salbœuf. C'est donc à son fils, à son associé, à son compagnon de travail que nous avons demandé la description d'un procédé de culture qui a fait justement leur réputation, qui a fait en même temps des jaloux, et c'est encore là un de leurs titres à nos yeux. En conséquence, nous sommes heureux de laisser la parole à M. Emmanuel Lhérault, qui a déjà traité la culture du figuier dans ce livre avec une remarquable exactitude. P. J.

Culture des asperges en plein air à Argenteuil. — Il n'y a pas plus de vingt ans que la culture d'Argenteuil a commencé à se signaler par la production de ses belles asperges. Mon père fut l'un des premiers qui les plantèrent parmi les vignes, et aujourd'hui tous les cultivateurs s'accordent à reconnaître les avantages de ces plantations sur celles en terre découverte. L'asperge puise nécessairement une nourriture copieuse dans ce vignoble fumé en abondance et de longue date, nourriture qu'elle ne trouverait pas autre part, et qui contribue à sa belle venue aussi bien qu'à sa durée.

Ainsi donc, une des premières conditions de succès pour une aspergerie, c'est d'être établie dans un terrain amélioré depuis longtemps à l'avance. Nous ajouterons, comme seconde condition de réussite, que ce terrain ne doit pas être défoncé, contrairement à l'usage adopté jusqu'ici par la plus grande partie des propriétaires. Dans les champs qui ne sont point, comme les vignes, riches en vieil engrais, l'asperge se développe assez bien jusqu'à sa quatrième pousse, mais après cela, elle pâtit plus ou moins, elle ne prospère plus.

Du choix des porte-graines. — C'est beaucoup sans doute d'avoir sous la main un sol très-fertile, mais ce n'est pas assez, il faut encore, avec cela, que la plante destinée à y vivre soit d'une bonne variété ou de bonne race, que les reproducteurs aient été bien choisis. Ceci est de rigueur pour les végétaux aussi bien que pour les animaux, et c'est parce qu'on l'ignore trop souvent que nous voyons des praticiens ne pas réussir même avec d'excellents terrains, et uniquement parce qu'ils n'accordent pas assez d'attention à la semence. C'est le choix de nos porte-graines, surtout, qui nous a valu des asperges d'un volume exceptionnel, et, pour arriver à les choisir sûrement, il n'a pas fallu à mon père moins de vingt années d'observations et d'essais suivis. Le problème à résoudre était celui-ci : trouver les semenceaux qui donneront de la graine pour faire les asperges les plus belles et les plus durables. Il a été résolu ; nous le croyons du moins.

La sous-variété que mon père cultivait d'abord, il y a trente-cinq ans, était l'asperge de Hollande la plus hâtive, très-connue à Argenteuil et autre part, très-productive, mais dont les turions, en moyenne, ne sont pas plus gros que le doigt. Quand la chaleur est intense au moment de la récolte, toutes les asperges se montrent simultanément et en grande quantité, en sorte que le rendement devient presque nul à la fin de la saison, et que, pour cette raison, cette sous-variété convient mieux à la culture forcée qu'à la culture régulière de pleine terre.

Nous lui préférons donc la grosse sous-variété, que nous nommons *Rose de Hollande perfectionnée*. Les motifs de cette préférence sont les suivants : 1° Les turions sont en volume et en qualité bien supérieurs à ceux des autres sous-variétés cultivées dans la localité ; 2° la récolte dure longtemps et toujours dans ces mêmes conditions de volume et de qualité ; 3° elle donne d'assez beaux produits jusqu'à l'âge de vingt-cinq ans.

Un cultivateur spécialiste fera bien de s'en tenir à ces deux sous-variétés : l'asperge la plus hâtive pour forcer ; la rose perfectionnée pour la culture ordinaire. Cette dernière sera toutefois préférable pour l'amateur, à cause de ses turions extraordinaires.

Quelques personnes s'imaginent que le volume des asperges ne se produit qu'aux dépens de la saveur, et que les petites valent mieux que les grosses. C'est une erreur. Toutes les fois qu'une aspergerie est bien cultivée et que la plante ne souffre pas dans sa végétation, les grosses asperges sont presque aussi tendres et plus savoureuses que les petites. Les grosses asperges coriaces proviennent d'aspergeries négligées ou d'établissements qui les laissent durcir en montre. C'est, dans ce dernier cas, au marchand de comestibles qu'il faut s'en prendre, non à la nature de l'asperge.

L'asperge hâtive est un peu moins ferme que la rose perfectionnée, ou un peu plus tendre, si vous aimez mieux, mais elle n'en a pas le bon goût. On le comprend : la comparaison entre les produits précoces et les produits tardifs tourne toujours à l'avantage de ces derniers, et l'asperge ne forme pas une exception à la règle. Mais laissons là notre digression, et revenons au choix de nos porte-graines.

La plupart des personnes qui n'ont pas une longue expérience dans l'art de cultiver les asperges, prennent à peu près au hasard leurs porte-graines dans l'aspergerie, sans y regarder de près, sans se demander s'ils ont ou n'ont pas atteint leur complet développement, sans savoir que les graines de semenceaux ayant moins de sept années de plantation, sont sujettes à donner de mauvais résultats.

Avant de fixer son choix sur un porte-graines, il convient de bien examiner ses turions pendant

Fig. 1295. — Turions de l'asperge.

les quatre premières années de la récolte, c'est-à-dire à partir de la troisième année de plantation jusqu'à la septième et même pendant la huitième. Si le rendement se maintient régulier dans une condition toute exceptionnelle, s'il ne sort pas un turion chétif de la souche avant et après sa septième année ; si, enfin les tiges ne portent en quelque sorte pas de graines à leur sommet et les concentrent sur leur partie moyenne, le porte-graines sera méritant et l'on fera bien de s'y attacher.

Nous avons remarqué souvent des aspergeries qui, dans leur jeunesse, donnaient d'assez belles espérances, et dont cependant les meilleures souches en apparence ne valaient rien en réalité pour la multiplication. La qualité du terrain masquait momentanément les défauts du plant.

Les pieds d'asperge hors ligne et qui conviennent le mieux pour la reproduction, sont ceux qui, tout en ne donnant que très-peu de turions à la récolte, les donnent tous de premier choix, sans exception aucune. Pour la sous-variété la plus hâtive, le nombre des tiges ne doit pas excéder six par pied, et ces tiges d'un volume exceptionnel relativement à celles des autres de la même sorte, doivent être à peu près toutes égales en grosseur. Pour ce qui est de la sous-variété rose perfectionnée, de premier choix aussi, le pied sur lequel on prendra la semence, ne devra fournir qu'une seule tige, mais double en grosseur des tiges voisines appartenant à cette même sous-variété.

Récolte et préparation de la graine. — Nous enlevons en novembre nos tiges chargées de graines mûres, nous détachons ensuite les graines de ces tiges et les mettons dans un vase, et, après cela, nous broyons les baies avec les deux mains, de manière à en faire une boule pâteuse. Cette manipulation achevée, nous remplissons le vase avec de l'eau, et tout aussitôt les enveloppes des graines surnagent. Nous inclinons doucement le vase; l'eau qui en tombe emmène avec elle une partie de ces enveloppes, tandis que la graine reste au fond. On renouvelle cette opération jusqu'à ce qu'il ne reste plus d'enveloppes parmi la semence; puis on prend celle-ci, et on l'étend sur une planche que l'on place en un endroit bien aéré. Quand notre graine est parfaitement sèche, nous la mettons en sac et l'étiquetons.

Semis de l'asperge. — Nous semons nos graines d'asperge à deux époques différentes de l'année, soit en novembre, soit en février. Nous attendons cette dernière date pour les terrains argileux et froids, tandis que nous ensemençons en novembre les terres sablonneuses et chaudes. Quel qu'il soit, le terrain destiné à l'établissement d'une pépinière d'asperges, doit être copieusement fumé une année d'avance. L'année du semis, nous ne le défonçons ni ne le piochons aucunement. Nous nous bornons à enlever les mauvaises herbes.

Après cela, nous ouvrons avec la houe des rigoles superficielles, à 0m,25 l'une de l'autre; nous semons très-clair dans ces rigoles et nous recouvrons la graine de 0m,03 de terre.

Travaux d'entretien. — Au mois de mars, avant la levée des graines, on donne au sol un léger binage, afin de le nettoyer et de le niveler, puis on répand sur toute la pépinière une légère couche de fumier consumé, c'est-à-dire bien pourri et bien divisé.

Il ne reste plus à faire dans le courant de l'année que des binages réitérés au fur et à mesure que les mauvaises herbes se montrent. Le semis en rigoles rend ces binages faciles et expéditifs. On ne saurait en dire autant du semis à la volée.

Dès les premiers jours du mois de mai, nous devons nous tenir en garde contre le criocère, insecte nuisible qui a été décrit par M. le docteur Candèze, pag. 83 et 84 de ce volume. Ce criocère de l'asperge ronge le jeune plant et engendre une quantité de larves que nous combattons de notre mieux. Pour le détruire, nous passons un balai doux sur les jeunes tiges de la plante, afin de jeter tous les insectes par terre, et aussitôt nous arrosons la pépinière et la saupoudrons avec des cendres de bois. Par ce moyen, nous en faisons disparaître un grand nombre.

Pépinières de dix-huit mois. — Nous venons de parler de la pépinière d'un an, c'est-à-dire de celle où les plants, à partir de la levée jusqu'à l'époque de l'arrachage, n'occupent pas le terrain plus d'une année. A présent, il convient que vous sachiez que nous faisons aussi des pépinières de dix-huit mois, et que c'est même là un bon moyen d'avoir de belles griffes d'asperges qui ne nous coûtent pas plus que celles d'un an. Ces pépinières offrent encore un autre avantage; le voici: — En raison de l'époque tardive du semis, le criocère a disparu au moment de la levée, et les jeunes plantes végètent sans être tourmentées.

Nous fumons fortement et labourons à 0m,20 de profondeur le terrain où nous nous proposons d'établir une pépinière de dix-huit mois. Après cela, nous y plantons soit des pois hâtifs, soit des pommes de terre Marjolin, ou tout autre légume précoce pouvant être récolté à la fin de juin. Une fois cette première récolte enlevée, nous semons nos graines d'asperge à sa place, exactement comme pour la pépinière d'un an. Si, en ce moment, la sécheresse devenait trop forte et nous donnait des inquiétudes pour la levée, nous faciliterions la germination en arrosant.

Au printemps de l'année suivante, nous répandons une légère couche de fumier sur le jeune plant. Il est inutile d'ajouter que les sarclages et binages sont de rigueur dans la pépinière de dix-huit mois comme dans celle d'un an.

Pour ce qui regarde l'arrachage du plant destiné à la transplantation ou à la vente, on l'exécute soigneusement, avec une fourche de fer, un peu avant le départ de la végétation, en mars et avril. Au résumé, et afin de nous faire mieux comprendre, si nous semons nos asperges de dix-huit mois à la fin de juin ou au commencement de juillet 1864, nous enlèverons nos griffes de la pépinière en mars ou avril 1866, tandis qu'avec les pépinières d'un an, nous enlèverons, à la même époque, les asperges semées en octobre 1864 ou en février 1865.

Terrains propres à la formation d'une aspergerie. — Maintenant que nos lecteurs connaissent la manière de choisir la graine, d'établir une pépinière avec cette graine, de soigner le plant et de l'arracher, il s'agit de leur enseigner la manière de former une aspergerie avec les plants arrachés que nous nommons *griffes*, à cause de la disposition naturelle des racines.

Nous commencerons par le choix d'un terrain.

Par cela même que la propriété est extrêmement morcelée à Argenteuil, nous possédons des parcelles sur les divers points de son territoire qui ne compte pas moins de cinq mille arpents (l'arpent est de 34 ares environ) de toute nature de sol. Il nous a donc été possible de comparer entre eux les divers terrains et de connaître l'influence de chacun de ces terrains sur une même sous-variété d'asperge.

Or, il résulte d'abord de nos observations qu'il est imprudent de former trop vite une nouvelle aspergerie à la place d'une aspergerie épuisée et détruite. On devrait attendre une vingtaine d'années avant de ramener ce précieux légume à la même place; mais, à moins de disposer de surfaces étendues, il est difficile d'obtenir un pareil délai dans une localité comme la nôtre, où la culture des asperges constitue la principale industrie du cultivateur.

Tout en reconnaissant que l'asperge sauvage recherche les sables des bords de la mer, nous n'en devons pas moins reconnaître aussi que l'asperge modifiée par la culture ne s'en contenterait point. Ainsi, nous posons en fait que les terrains demi-argileux sont ceux qui conviennent le mieux à notre sous-variété rose de Hollande perfectionnée, au moins pour le but que nous voulons atteindre. A partir du moment de la plantation jusqu'à ce qu'elle arrive à sa sixième année, elle n'y développe, il est vrai, que très-peu de tiges, mais, en revanche, celles-ci sont d'un volume exceptionnel. Le cultivateur y trouve naturellement son compte et l'amateur une grande satisfaction. Nous pouvons ajouter que, dans les terrains en question, les aspergeries atteignent une très-longue durée.

Les terres sablonneuses de quelque consistance sont celles où toutes les variétés et sous-variétés d'asperges produisent abondamment, mais les aspergeries y durent moins longtemps que dans les sols argileux.

Les terres sablonneuses et sèches ne conviennent qu'à l'asperge la plus hâtive. Cette sous-variété y gagne en précocité, mais elle y dure peu.

Les terrains où le tuf se rapproche de la surface, ceux qui sont trop humides, qui renferment beaucoup de sources, ne conviennent aucunement aux asperges.

Au résumé, les terrains d'une nature assez ferme sont ceux qui produisent les plus grosses asperges et qui assurent la plus longue durée, tandis que les terrains mouvants et légers ne sont favorables qu'aux asperges précoces d'un petit volume qui s'y développent en quantité, mais qui ne durent guère.

Nous avons déjà dit que le sol des vignes d'Argenteuil produit des asperges exceptionnellement belles, parce que l'engrais y abonde et aussi parce que ce sol est neuf pour le légume en question ; mais tout le monde n'a pas des vignes, et ceci n'est pas une raison pour se priver d'une aspergerie. On pourrait remplacer les terrains à vignes par des défriches de bois, par de vieilles pépinières, par des luzernières rompues ou par des pâturages. L'essentiel est que la couche arable ne soit pas fatiguée de porter des légumes ou des céréales.

Plantation des aspergeries. — La plupart des propriétaires qui, jusqu'à ce moment, ont établi des aspergeries, s'y prenaient de la manière suivante : les uns s'imposaient de grands frais pour enlever quelquefois jusqu'à un mètre de la superficie du sol, qu'ils remplaçaient avec des composts de fumier et de feuilles pourries ; les autres, pour assainir leurs terrains trop mouillés, ouvraient des fosses d'une profondeur démesurée, garnissaient de fagots le fond de ces fosses, ramenaient de la terre par-dessus, et plantaient jusqu'à trois rangées de griffes dans chaque fosse. Par notre nouveau mode de culture, nous supprimons tous ces frais et nous obtenons de meilleurs résultats.

C'est à l'automne que nous ouvrons les fosses sur le sol naturel, c'est-à-dire non défoncé. Nous donnons à ces fosses $0^m,50$ de largeur sur $0^m,14$ de profondeur. La terre extraite est déposée entre deux fosses, en forme d'ados. On étend ensuite dans chaque fosse $0^m,06$ de boue de Paris consumée, c'est-à-dire de vieille gadoue (la boue de nos petites villes ne vaudrait rien, parce qu'elle est beaucoup moins riche en matières fertilisantes), ou bien, si l'on se trouve trop éloigné de Paris, on se sert, à la place de gadoue, d'un mélange à moitié pourri de fumier de cheval et de fumier de mouton pour les terrains froids, et d'un mélange de fumier de cheval et de vache pour les terrains sablonneux et chauds. On piétine ensuite fortement le fumier et on le recouvre de $0^m,03$ de terre prise sur l'ados.

Pour établir la seconde fosse, nous mesurons une distance de $1^m,20$ à partir du milieu de la première jusqu'au milieu de la seconde, et ainsi de suite pour toutes les autres.

Rien n'empêche d'utiliser les ados en y plantant quelques légumes, comme la pomme de terre Marjolin, les laitues, les pois ou haricots nains, dont le feuillage n'est pas assez développé pour nuire aux jeunes griffes d'asperge.

Quant aux aspergeries à intercaler dans les vignes, il faut attendre que ces vignes soient entièrement établies par rangées distantes les unes des autres de $0^m,60$. Alors, on commence par répandre $0^m,06$ ou $0^m,08$ de fumier dans le fond du rayon de la vigne, et on recouvre ce fumier d'une couche de terre, afin de niveler à peu près le terrain, et, l'année suivante, on plante les griffes d'asperge à $0^m,90$ les unes des autres sur la longueur du rang, et à $0^m,15$ de profondeur. On ne fait qu'une seule rangée d'asperges tous les deux rangs de vigne, de manière à ménager un intervalle entre deux lignes de ceps, une espèce de sentier par où l'on passe pour cultiver et pour faire la cueillette des asperges.

Lorsque nos principales dispositions ont été prises pour la plantation, il s'agit encore, avant de l'exécuter, de choisir les griffes dans la pépinière d'un an ou de dix-huit mois. On tient pour bonnes et l'on met de côté celles qui ont le moins de fortes racines à la base, et dont les yeux bien distincts sont le mieux possible séparés les uns des autres.

En mars, nous commençons la plantation dans les terrains chauds ; nous ne la commençons qu'en avril dans les terrains froids. A cet effet, nous ouvrons avec la main, à $0^m,70$ l'un de l'autre dans chacune de nos fosses préparées à l'automne, et jusqu'au-dessous du fumier qui en couvre le fond, de petits trous destinés à recevoir les griffes. Chaque fosse n'en recevra qu'une seule rangée, et bien dans son milieu. Nous coupons le bout des racines de la griffe, nous la plaçons au milieu de l'ouverture que nous venons de faire avec la main, nous avons soin de disposer les racines moitié d'un côté, moitié de l'autre ; ensuite nous recouvrons de $0^m,04$ de terre que nous pressons fortement sur les extrémités de la griffe, et enfin nous marquons chaque griffe plantée, afin de reconnaître la place et de ne pas offenser les jeunes tiges en labourant le terrain.

Culture de l'aspergerie pendant la première et la seconde année. — La première année, nous sarclons et binons au fur et à mesure des besoins, comme dans la pépinière. En outre, nous avons à nous défendre, au mois de mai, le plus ordinairement, contre la voracité des criocères qui rongent l'écorce des jeunes tiges, et qui deviennent parfois si nombreux que les rameaux de la plante s'affaissent sous leur poids. Si on les laissait faire, on n'aurait bientôt plus que des tronçons d'asperges. Pour nous en délivrer, nous ne cherchons pas à opérer dans le jour, par la grande chaleur; nous attendons le soir, et, à ce moment, nous remplissons à moitié avec de l'eau un vase d'une assez grande largeur. Nous plaçons ce vase au pied des asperges couvertes de criocères, puis nous inclinons et secouons doucement nos plantes. Les criocères tombent dans l'eau, et, quand l'opération est achevée, nous retirons les insectes et les écrasons.

Si la destruction n'avait pas été complète et s'il en restait encore dans l'aspergerie, il faudrait de nouveau recourir à l'emploi du procédé, sans quoi la ponte se ferait, et l'on aurait bientôt affaire à une multitude de larves, plus redoutables encore que les insectes parfaits, et capables de ronger complétement des tiges d'asperges en une seule journée. Les criocères sont beaucoup plus à craindre dans les localités où la culture de l'asperge est spécialisée, comme à Argenteuil, que dans celles où elle n'est en quelque sorte qu'accidentelle.

En automne, quand les jeunes tiges d'asperges sont à peu près desséchées, nous les coupons à la hauteur de 0m,15. Ce qui reste marque l'emplacement de la griffe. Si des griffes étaient mortes, on ficherait à leur place une baguette indicatrice, et, au mois de mars suivant, on garnirait les vides avec des asperges élevées en pots l'année précédente.

Au mois de novembre on enlève une epaisseur de 0m,02 de terre du fond de la fosse, on place cette terre sur l'ados, et l'aspergerie passe l'hiver dans cet état. On renouvelle cette même opération tous les ans, à pareille époque, jusqu'à la troisième année, c'est-à-dire jusqu'à l'approche de la première récolte. Il y a loin, comme on le voit, de ce procédé qui consiste à décharger les racines de l'asperge, à celui trop souvent employé ailleurs, et qui consiste à les recharger de terre ou de fumier, et, par conséquent, à amener très-souvent la pourriture. En voulant préserver les griffes du froid qu'elles ne craignent pas, on les fait périr à grands frais.

La seconde année qui suit la plantation, nous plaçons au pied de chaque touffe d'asperge, un tuteur de 1 mètre de longueur, qui sert à accoler les tiges quand celles-ci sont développées, dans le courant de juin par exemple. Cette précaution est essentielle, car il arrive que le vent couche les asperges et rompt les tiges, qui meurent vite.

Au mois de novembre, ainsi que nous le disions déjà tout à l'heure, on enlève 0m,02 de terre du fond de la fosse, et on la jette sur les ados où elle s'améliore nécessairement pendant l'hiver. D'un autre côté, moins les griffes sont recouvertes, moins l'eau séjourne autour d'elles en hiver, et moins, par conséquent, leur existence se trouve compromise.

Culture de l'aspergerie pendant les troisième et quatrième années.— Quand l'aspergerie est arrivée à sa troisième pousse, dans la première quinzaine de mars, si la température est douce; dans la deuxième quinzaine d'avril, si le travail ne peut être fait en mars, on enlève d'abord les bouts de tiges mortes laissés à l'automne pour marquer la place des griffes; puis, au fur et à mesure, on forme des petites buttes ou taupinières de 0m,18 environ sur les plus fortes griffes d'asperges, et beaucoup moins élevées sur les griffes faibles. Pour former ces buttes, on prend de la terre meuble sur l'ados. Il est essentiel, bien entendu, de placer chaque butte sur le milieu de la griffe, puisqu'elle est mise là tout exprès pour que les turions s'y étiolent en se développant. Placée sur le côté, elle serait inutile.

Nous cueillons les plus grosses asperges pendant quinze jours seulement, et lorsqu'elles ont dépassé la butte de 0m,04. Pour les cueillir, nous dégageons l'asperge de la terre de la butte, jusqu'à ce que nous arrivions près de son insertion sur la griffe, après quoi nous décollons le turion avec les deux doigts, ce qui est préférable à l'emploi du couteau, dont il ne faut se servir d'ailleurs que sur des pieds d'asperges de cinq ans d'âge. Dans le cas où l'asperge ne se détache pas, nous nous servons du couteau ou coupe-asperge, dont la lame est en forme de scie carrée au sommet. Nous faisons glisser cette lame le long de l'asperge, et si elle nous semble assez longue, nous la coupons dès que nous sommes près de la griffe. Dans le cas où le turion ne nous paraît pas assez long, nous présentons le couteau en face de l'asperge en la touchant à sa base avec le bout de la lame, et nous détachons aussitôt le turion au moyen d'une pesée. En somme, dans le premier cas, nous coupons, tandis que, dans le second, nous éclatons, afin de ne rien perdre du turion. Ensuite, nous fermons le trou et refaisons la butte.

Ordinairement, on se contente de prendre, la première année de la récolte, deux turions à chaque pied, et afin de ne pas dépasser ce chiffre, on a soin d'aplatir avec la main le sommet de la butte qui a fourni son contingent. Comme cela, il n'y a pas d'erreur possible.

Il n'est guère besoin de rappeler que les sarclages et binages sont utiles toute l'année, et qu'il faut attacher les tiges aux tuteurs dès qu'elles sont développées et que les coups de vent sont à craindre.

En automne, nous enlevons entièrement, à la profondeur de la plantation des griffes, l'ados qui sert à butter les asperges; nous déposons cette terre dans le rayon, puis nous la remplaçons par 0m,08 de boues de Paris ou de fumier consumé de cheval ou de mouton, et après cela, nous replaçons notre ados dans sa position primitive et relevons le fond de la fosse jusqu'auprès des racines de la griffe.

Au mois de mars suivant, l'aspergerie entre

dans sa quatrième année; alors nous formons des taupinières sur tous les pieds d'asperges à la hauteur de 0m,22. La récolte se fait comme dans la troisième année; seulement elle est plus considérable et dure plus longtemps, trois semaines environ. Les opérations de culture sont, après cela, les mêmes que pour les années précédentes.

Quand arrive l'automne, on enlève avec la houe la terre du fond de la fosse sur une largeur de 0m,40, jusqu'auprès des premières racines; on la remplace par 0m,06 de boues de Paris ou de fumier consumé; on charge cet engrais de 0m,03 de terre prise sur l'ados, et ensuite on laboure les ados à 0m,20 pour y enterrer les herbes.

Culture de l'aspergerie pendant la cinquième année et les années suivantes. — Au mois de mars de la cinquième année, aussitôt après avoir enlevé les restes de tiges, nous buttons les touffes à 0m,28 de hauteur, et nous élargissons la butte d'année en année à mesure que la souche augmente en diamètre.

Nous prenons un seul ados pour butter deux rangées d'asperges, à partir de la cinquième année de plantation, et, après cela, nous répandons une couche de fumier sur l'emplacement de l'ados qui nous sert de passage pour la cueillette des turions. Dans les cas où ce fumier ne se trouverait pas enfoui au niveau des racines, on l'enfoncerait avec la bêche en le mélangeant avec la terre.

Nous faisons durer pendant un mois notre récolte de cinquième année et, pendant six semaines, celles des années suivantes.

A l'automne, nous remettons la terre des buttes des deux fosses à la place où nous l'avons prise au printemps, c'est-à-dire sur l'emplacement de l'ados dont il vient d'être parlé, et, l'année suivante, nous employons aux buttes des deux rangées l'ados qui n'a pas servi l'année précédente; nous le remplaçons également par une couche de fumier qui forme sentier, et ainsi de suite alternativement, jusqu'à ce que les pieds d'asperges aient atteint leur plus grand développement. Alors nous avons besoin de la terre des deux ados pour former nos larges buttes, et chaque année, après avoir enlevé ces ados pour les besoins du buttage, nous étendons une légère couche d'engrais sur leur emplacement.

Rétablissement d'une aspergerie négligée. — Quand une aspergerie de 4 à 7 ans a été négligée, il y a encore possibilité de la rétablir, si, bien entendu, le plant employé appartient à une bonne race. Pour cela, on déchausse le fond de la fosse jusqu'aux racines, et on fume copieusement; puis, l'année suivante, on fume l'ados, et enfin l'on a soin de biner très-souvent.

EMMANUEL LHÉRAULT.

Nous n'avons qu'un mot à ajouter à cette démonstration très-exacte et très-intelligible. Notre petite aspergerie de Bois-de-Colombes, établie d'après ces principes, nous a donné à la troisième pousse, c'est-à-dire au bout de vingt-six mois seulement, des turions d'un volume surprenant. Il nous paraît difficile, quoi que l'on fasse, d'obtenir des asperges plus belles et plus appétissantes que celles des cultures de notre estimable collaborateur. Du côté du volume, il nous semble qu'il n'y a plus rien à faire; reste à savoir s'il n'y aurait pas quelque chose à tenter du côté de la saveur, et si toutes les asperges d'Argenteuil aussi bien que celles des autres localités ne se trouveraient pas bien d'un mélange de sel marin avec les engrais employés d'ordinaire. Le sel marin a été très-recommandé par des praticiens distingués, et nous nous plaisons à croire qu'il ne l'a pas été sans motif.

Aubergine ou **Melongène** (*solanum melongena*). — Plante annuelle de la famille des Solanées, originaire de l'Amérique méridionale, au dire des uns, de l'Inde et peut-être aussi de l'Afrique, au dire des autres. Quoi qu'il en soit, il est certain qu'elle nous vient des pays chauds, mais, comme elle n'a pas une importance considérable, on ne sait rien de son histoire. Nous ne pouvons dire à quelle époque elle a été introduite en France; peut-être n'est-elle pas très-éloignée. Olivier de Serres, les auteurs de la *vieille Maison rustique* et Chomel n'en soufflent mot, ce qui donne à supposer que cette plante leur était inconnue ou qu'ils n'en faisaient point de cas. Dans nos départements méridionaux, le fruit de l'aubergine est fort recherché, mais partout ailleurs on en consomme très-peu; cependant, il est à remarquer, depuis quelques années, qu'il en arrive une certaine quantité sur les marchés de Paris.

Variétés. — Les principales variétés de cette espèce sont au nombre de quatre : 1° l'*aubergine violette longue* ou *de Narbonne ;* 2° l'*aubergine violette ronde ;* 3° l'*aubergine panachée de la Guadeloupe ;* 4° l'*aubergine blanche longue de la Chine.* La première de ces variétés est celle que l'on cultive le plus habituellement.

Nous ne tenons pas compte ici de l'aubergine à fruits blancs ovoïdes, vulgairement désignée sous les noms de *plante aux œufs* ou de *pondeuse*, parce que ses fruits, bien que mangés par quelques-uns, passent pour un aliment suspect. On la classe, et avec raison, parmi les plantes d'ornement, où elle fait très-bonne figure. Ses fruits, pareils à des œufs de poule, sont d'un effet charmant.

Culture. — Le climat du Midi est le seul qui convienne à l'aubergine. A mesure qu'on s'en éloigne pour aller vers le Nord, et dans le rayon de Paris notamment, sa culture demande au début la chaleur artificielle des couches et l'abri des châssis. L'aubergine n'est donc une plante de pleine terre que pour nos départements méridionaux, et encore parfois même, afin de l'avancer, la sème-t-on sur couche pour la repiquer ensuite à bonne exposition; mais enfin ce procédé de forçage n'est pas de rigueur. Là, on peut la semer sur une terre bien ameublie et riche en vieil engrais; puis on bassine le semis de temps en temps, afin d'aider la germination. Dès que les jeunes plantes de la pépinière sont saisissables, on les éclaircit, et, quand elles ont atteint 0m,10 à 0m,12, on les repique.

Pendant le cours de sa végétation, l'aubergine exige des arrosements copieux en temps de sécheresse. Si l'on veut de beaux fruits, il ne faut en conserver qu'un petit nombre sur chaque pied, et pincer l'extrémité des rameaux, en vue de refouler et de concentrer l'excédant de sève sur les fruits en question. Ils mûrissent en août, et l'on n'attend pas, pour les cueillir, que la maturité soit complète. Quand, au lieu de les destiner à la consommation, on réserve des aubergines pour semence, on doit les laisser sur pied le plus longtemps possible et ne recueillir la graine qu'au moment où le fruit commence à se gâter. D'après M. Vilmorin, cette graine se conserve pendant sept années.

Par le moyen de la culture forcée, les maraîchers de Paris obtiennent les fruits en juin et juillet. Il sera question plus tard des moyens qu'ils emploient.

Emploi de l'aubergine. — Les fruits de l'aubergine entrent surtout dans les préparations culinaires du Midi. A cet effet, on les divise en deux parties dans le sens de la longueur, et on leur associe une farce ou bien on les fait frire dans l'huile. Ces préparations n'étant pas du ressort du cultivateur, nous nous bornons à les indiquer en passant et renvoyons nos lecteurs ou nos lectrices à la quatrième partie du livre, où un chapitre sera nécessairement consacré à la cuisine des campagnes.

Baselle (*basella*). — Plante de la famille des Chénopodées, introduite des Indes ou de la Chine en France, sous le nom d'*épinard du Malabar*. Elle ne saurait convenir qu'aux jardins du Midi. En se rapprochant du Nord, on est forcé de la semer sur couche chaude et de la repiquer à bonne exposition. La baselle est grimpante et a besoin, par conséquent ou de treillages ou de tuteurs. Or, pour une plante, dont les feuilles sont destinées à remplacer les épinards en été, on ne se soucie guère de se mettre en frais.

La baselle blanche, qui est le type de l'espèce, a fourni une variété *rouge*. Nous ne savons si la *baselle de Chine à larges feuilles* en est une seconde variété ou si elle forme une espèce particulière. M. Vilmorin la représente avec des « feuilles vertes, grandes comme celles de la laitue, rondes, un peu en coquille, très-épaisses et charnues. »

La graine de baselle conserve ses facultés germinatives pendant trois années. Pour qu'elle mûrisse sous le climat de Paris, il faut non-seulement forcer la plante, mais encore l'élever, après le repiquage, contre un mur treillagé, à l'exposition du midi. Aussi longtemps que nous aurons à cultiver des pêchers et des poiriers, il est certain que nous leur accorderons nos murs plutôt qu'à la baselle.

Basilic commun (*ocymum basilicum*). — Plante annuelle, de la famille des Labiées, cultivée à titre de plante aromatique pour la cuisine, principalement dans nos départements du Midi et en Corse. On la dit originaire des Indes. Elle occupait une place dans les potagers des anciens; on peut s'en convaincre à la lecture de l'*Économie rurale* de Columelle. Le *basilic fin*, que l'on cultive en pot, à cause de son odeur agréable et des jolies touffes qu'il forme, le *basilic anisé* et ceux *à feuilles de laitue* et *à feuilles d'ortie* peuvent être employés aux mêmes usages que le basilic commun.

En Italie et en Espagne, on semait autrefois le basilic aussi bien à l'automne qu'au printemps, dans un terrain parfaitement ameubli et riche en humus; puis on plombait le semis, autrement dit on le foulait. Aujourd'hui, dans le midi de la France, on ne le sème plus qu'au printemps, quand les gelées tardives ne sont plus à craindre. En se rapprochant du Nord et jusque dans le rayon de Paris, il serait encore facile de l'obtenir à bonne exposition et en le semant tardivement; toutefois, beaucoup de personnes le sèment en pots que l'on expose au dehors pendant le jour et que l'on rentre pendant les nuits froides. Dans la Picardie, la Flandre et la Belgique, on le sème sur couche en mars, et, lorsque les gelées ne sont plus à craindre, on le repique en pots.

Il faut au basilic beaucoup de chaleur à la tête et beaucoup d'eau au pied, par conséquent beaucoup d'engrais, attendu que l'eau des arrosements en enlève chaque fois des doses importantes. Olivier de Serres voulait que l'on arrosât cette plante vers le milieu du jour, en plein soleil, plutôt qu'à toute autre heure, et il conseillait de pincer de temps en temps l'extrémité des rameaux avec les ongles, afin d'obtenir de belles feuilles et en grand nombre. Nous n'avons pas besoin de faire remarquer que les pieds destinés à porter graines ne doivent pas être assujettis à ce pincement. La graine de basilic se conserve deux ans.

Le basilic, cultivé pour les besoins de la cuisine, doit être récolté avant la floraison, puis suspendu au grenier ou autre part, en lieu sec et à l'ombre. Une fois, la dessiccation complète, on le renferme dans une boîte ou dans un tiroir, à côté du thym, du laurier, etc. Quelquefois, on broye les feuilles sèches, on les pulvérise le mieux possible et on conserve cette poudre dans un vase fermé, comme s'il s'agissait d'épices ordinaires.

Emploi du basilic. — On assaisonne avec les feuilles de cette plante, les sauces, les ragoûts, le court bouillon du poisson, et certains légumes. Au siècle passé, on faisait grand cas des *pigeons au basilic*, frits dans une pâte aromatisée par les feuilles de cette plante.

Bette. Voy. POIRÉE.

Betterave (*beta vulgaris*, var. *rapacea.*) — Plante bisannuelle, de la famille des Chénopodées, de de Jussieu ou des Salsolacées, de Moquin-Tandon, originaire de l'Europe méridionale. On prétend qu'elle est cultivée de temps immémorial, que les Romains la connaissaient très-bien et que Martial en parle dans ses épigrammes. Nous n'en savons rien et sommes même un peu incrédule à cet endroit, car si les auteurs latins que nous consultons habituellement mentionnent la poirée, ils gardent, en retour, le plus profond silence sur la betterave. Cependant, il est certain que cette racine potagère nous a été apportée de l'Italie; mais depuis quelle époque l'y cultive-t-on? On ne saurait le dire. Pour nous, son histoire ne commence qu'avec le dix-septième siècle.

« Une espèce de pastenade (panais), écrivait Olivier de Serres, est la betterave, laquelle nous est venue d'Italie n'a pas longtemps. C'est une racine fort rouge, assez grosse, dont les feuilles sont des bettes, et tout cela bon à manger appareillé en cuisine : voire la racine est rengée entre les viandes délicates, dont le jus qu'elle rend en cuisant, semblable à syrop au succre, est très-beau à voir pour sa vermeille couleur. »

Variétés. — La betterave de table, dont nous entretient Olivier de Serres, est notre *grosse rouge ordinaire* d'aujourd'hui, si répandue sur les marchés, parce qu'elle est la plus longue, la plus volumineuse, la plus rustique et la plus facile à cultiver. Au dix-huitième siècle, on n'en connaissait encore que deux variétés : la *petite rouge de Castelnaudary* et la betterave *blanche* qui pourrait bien être notre betterave à sucre de Silésie. Cette petite rouge de Castelnaudary est ainsi décrite par M. Vilmorin : « racine longue de $0^m,30$ sur $0^m,05$ de diamètre au sommet, élargie au collet et de forme très-effilée, souvent bifurquée et racineuse, à peau noire, légèrement chagrinée : ou rugueuse; entièrement enterrée, chair serrée, rouge foncé, très-sucrée. Feuilles petites, de couleur rouge de sang, à longs pétioles, celles du centre dressées, ayant un port particulier, celles de la circonférence étalées horizontalement, nombreuses et formant plusieurs bouquets distincts qui partent du collet. »

A présent, nous pouvons ajouter comme variétés de table : la *rouge naine* d'Amérique, la *betterave écorce* ou *crapaudine* ou *précoce noire*, d'un rouge vif, et dont la peau brune est rugueuse et striée comme certaines écorces d'arbre; la *betterave rouge de Whyte*, qui nous vient de l'Angleterre et dont la chair est d'un rouge noirâtre; la *betterave turneps rouge hâtive*, très-estimée aux États-Unis; la *betterave rouge plate de Bassano*, dont la chair rosée n'a pas la finesse des variétés précédentes, mais qui est très-précoce, et prend beaucoup de développement, et la *betterave jaune de Castelnaudary.*

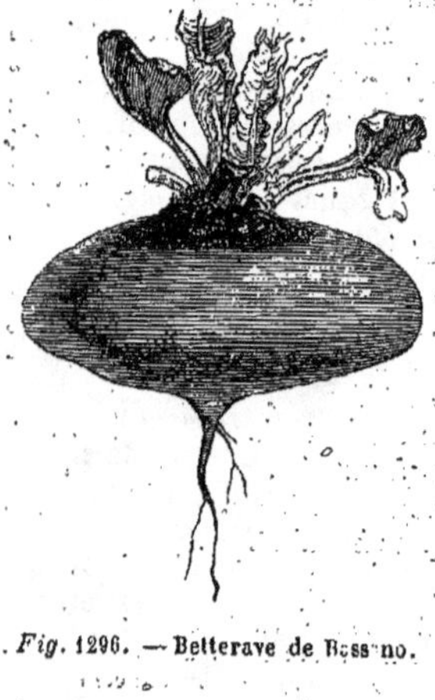

Fig. 1296. — Betterave de Bassano.

Culture. — On cultive la betterave dans tous nos potagers, au midi de la France comme au nord; elle demande un terrain riche en vieux fumier, assez frais, profondément défoncé et bien divisé. L'époque des semis varie avec les climats, et coïncide ordinairement avec la plantation des haricots, d'avril jusqu'à la première huitaine de mai. Toutefois, même dans le Nord, on sème souvent dès la fin du mois de mars. Le semis se fait soit à la volée, soit en lignes écartées de $0^m,30$ à $0^m,40$. Ce second procédé nous semble préférable au premier. On ouvre avec le pied ou avec une perche, couchée sur la planche et foulée, des rigoles de $0^m,02$ à $0^m,03$ de profondeur, et l'on y dépose les graines une à une, à $0^m,07$ ou $0^m,08$ d'intervalle. On recouvre ensuite avec le dos du râteau de fer, et l'on *trépigne* la planche entière, selon l'expression des maraîchers; autrement dit, on la *plombe*, on la foule, on la tasse avec les pieds, d'autant plus énergiquement que la terre est plus légère, d'autant moins qu'elle est plus compacte ou argileuse. Avec la culture en lignes, il est facile d'éclaircir, et, en enlevant les plantes qui sont de trop, on ne dérange pas celles qui restent. Avec le semis à la volée, cet avantage n'existe point.

Pendant le cours de la végétation, les betteraves de table ou à salade, comme l'on dit encore, doivent être sarclées avec soin, binées légèrement et arrosées en temps de sécheresse avec le goulot de l'arrosoir, le matin seulement lorsque les nuits sont encore froides, matin et soir quand l'atmosphère s'adoucit. Dans nos départements méridionaux et aussi dans les terres très-légères, on se trouverait bien de former une petite butte autour de chaque racine, vers le mois de juin. Cette butte favorise le développement de la racine en question et empêche le collet de devenir ligneux.

Quelquefois, dans les pays froids, on sème la betterave sur couches ouvertes, près d'un mur, à chaude exposition, afin de gagner un peu d'avance. Dans ce cas, il faut éclaircir dès qu'il devient possible de saisir les jeunes plantes. Lorsque les racines ont atteint la grosseur d'une plume à écrire, on les enlève avec précaution et on les repique à demeure vers le soir et par un temps pluvieux, après avoir coupé les disques des plus larges feuilles. Les racines de la betterave auraient le volume du petit doigt au moment de la transplantation qu'elles n'en réussiraient que mieux.

On se prononce assez généralement contre la transplantation des betteraves. Nous reconnaissons que, dans certains cas, il est avantageux de s'en dispenser; cependant il est parfois nécessaire de recourir à ce procédé pour garnir des vides. L'essentiel, c'est de choisir pour cette opération un temps humide et de presser fortement la terre avec les poings autour des plantes repiquées. Il est à noter aussi que, si les repiquages des betteraves ne sont pas favorables dans les terrains légers, ils le sont, au contraire, presque toujours, dans les terrains compactes.

Nous avons pratiqué le cassement des feuilles supérieures de la betterave en vue d'augmenter le développement de la racine, et nous avons eu à nous louer de ce moyen. Cette opération, qui n'est pas de rigueur, doit avoir lieu en juillet dans le Midi, et vers le commencement d'août dans le Nord; elle consiste à rompre, sans la détacher, l'extrémité des feuilles les plus vigoureuses sur une longueur de $0^m,03$ à $0^m,04$, et à renouveler le cassement huit ou dix jours plus tard sur une longueur double.

La récolte des betteraves se fait le plus ordinairement en septembre et octobre. Il vaut mieux les récolter tôt que tard, parce qu'elles sont plus tendres et qu'elles se conservent mieux. Les dernières récoltées doivent être les premières consommées.

Pour ce qui est des racines destinées à servir de porte-graines l'année suivante, nous prions nos lecteurs de se reporter à ce que nous en avons dit à propos de la multiplication des betteraves de la grande culture (Ier vol., p. 299). La semence se conserve cinq ou six ans.

On place les betteraves dans une cave bien saine, ou dans la serre spéciale aux légumes; elles s'y maintiennent bien jusqu'en avril et mai.

Emploi de la betterave.— Autrefois, on mangeait les feuilles de la betterave, comme celles de la poirée, avec de l'oseille et en guise d'épinards. Aujourd'hui encore, cet usage existe dans certaines localités du Brabant belge. Mais c'est surtout pour sa racine qu'on la cultive. On fait cuire cette racine dans l'eau bouillante et mieux au four ou sous la braise; on enlève la peau, puis on la divise par rondelles minces que l'on associe aux salades de mâche, de raiponce, de céleri et de chicorée. En Allemagne, on la fait cuire à demi, on la coupe ensuite en rondelles que l'on met dans du vinaigre. Au bout de trois jours, on sert ces morceaux de betterave à la manière des cornichons. La conserve n'est bonne que pendant une huitaine; il faut donc en faire toutes les semaines.

Dans quelques contrées, la betterave, d'abord cuite au four ou sous la braise, est divisée, puis préparée au blanc et servie avec un filet de vinaigre. Ce mets n'est pas du goût d'un grand nombre de personnes; cependant il n'est point à dédaigner. Dans ce cas, la betterave jaune est préférée à la rouge.

De Combes nous rapporte que, de son temps, au siècle dernier, on mangeait aussi la betterave avec des ognons cuits sous la cendre, et accompagnée de câpres, de capucines, d'anchois et de cornichons. « C'était, ajoute-t-il, une des salades d'hiver qui faisait le plus de plaisir et d'honneur sur une table bien servie. »

La betterave, et celle à salade plutôt que la betterave champêtre, donne un assez bon sirop, très-recherché dans le nord de la France et aussi en Belgique, sous le nom de *poiré*. On le prépare exactement comme le sirop de carottes, dont il a été parlé tome Ier, pages 288 et 289. Nous n'avons donc pas à y revenir.

Bourrache (*borrago officinalis*). — Plante annuelle, de la famille des Borraginées, indigène, très-employée jadis par les Druides dans leurs préparations pharmaceutiques, à ce qu'on assure, et aujourd'hui toujours en crédit à titre de remède populaire. Elle réussit partout, mais principalement dans les terres de quelque consistance, bien fumées, et à l'ombre des haies vives, peut-être parce qu'il s'y forme plus de nitre qu'ailleurs et que cette plante en est avide.

De Combes a dit, dans son *École du jardin potager*, livre publié dans la seconde moitié du dernier siècle, et impertinemment pillé par divers auteurs modernes : « On emploie fort utilement la bourrache pour les soupes, mêlée avec d'autres herbes; mais il faut qu'elle soit jeune et tendre. On se sert aussi de ses fleurs pour garnir les salades. Les Italiens la mangent cuite en salade, quand elle est nouvelle; ils en font un grand usage dans tous les mets d'herbes, persuadés qu'elle est très-salutaire; en quoi il est certain qu'ils ne se trompent pas. » A l'époque où Miller écrivait, les Anglais pilaient les feuilles de bourrache pour en faire une boisson rafraîchissante, qu'ils buvaient en été sous le nom de *cool-taakards*. Cet usage s'est-il maintenu? Nous l'ignorons.

Quand on possède quelques pieds de bourrache dans un potager, il n'est pas nécessaire de s'en occuper; elle se ressème et se perpétue d'elle-même. Quand on n'en possède pas, on se procure de la graine d'un an ou de deux ans au plus, et on la répand à l'automne ou au printemps, mais plutôt à l'automne, dans une partie ombragée du jardin. On ne l'enterre pas, on la foule tout simplement avec les pieds, et l'on donne ensuite un léger coup de râteau pour niveler la terre piétinée.

Capucine (*tropæolum*). — Plante annuelle que de Jussieu avait placée dans la famille des Géraniées, et dont on l'a retirée pour créer une famille de Tropéolacées. La grande et la petite capucine (*tropæolum majus* et *tropæolum minus*) nous ont été apportées du Mexique ou du Pérou, la première en 1684, la seconde en 1680. Une autre espèce, moins connue, parce qu'elle est d'introduction assez récente, nous vient également de l'Amérique méridionale, et porte le nom de capucine tubéreuse (*tropæolum tuberosum*). Dans le nord de la France et en Belgique, les capucines sont appelées *mastouches*. La grande et la petite capucine appartiennent plutôt au fleuriste qu'au cultivateur de légumes; c'est pourquoi nous ne dirons rien de leur culture en ce moment. Leurs fleurs jaunes mariées aux fleurs bleues de la bourrache, servent à orner les salades. Leurs boutons, à peine formés, ainsi que leurs graines toutes jeunes, sont confits au vinaigre et remplacent les câpres tant bien que mal.

La capucine tubéreuse nous est parfaitement connue. Nous l'avons cultivée à Saint-Hubert deux ou trois années de suite; elle n'y a point fleuri (1), mais elle ne nous en a pas moins donné de nombreux et beaux tubercules semblables à de petites poires. Ces tubercules, destinés à la cuisine, servent aussi à la reproduction de la plante. On attend, pour les mettre en terre, que les gelées tardives ne soient plus à craindre. Nous plantions

(1) En 1862, nous avons de nouveau cultivé la capucine tubéreuse à Bois-de-Colombes. Elle a fleuri dans les premiers jours de novembre. Les dessins qui accompagnent le texte ont été faits sur place le 14 de ce mois de novembre. Les gelées blanches des jours précédents n'avaient endommagé ni les fleurs ni les feuilles. Nous ne savions si les tubercules étaient très-sensibles à la gelée, et ce fut afin de nous renseigner sur ce point que nous laissâmes les nôtres en terre pendant l'hiver de 1862 à 1863. Il ne gela point de manière à les atteindre; en retour, l'humidité ne manqua pas, et lorsque nous fîmes l'arrachage (7 février 1863), une moitié des tubercules étaient pourris.

nos tubercules dans la seconde quinzaine d'avril, et au plus tard dans les premiers jours de mai à la profondeur de 0m,07 à 0m,08, et dans une

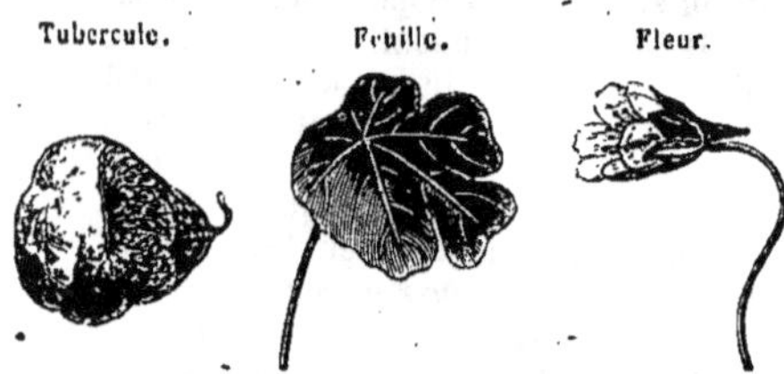

Fig. 1297. — Capucine tubéreuse.

terre schisteuse de mauvaise qualité. On peut donc avancer hardiment que la capucine tubéreuse n'est pas difficile sur le terrain. Il convient de laisser entre les touffes une distance de 0m,60 au moins en tous sens.

Lorsque les tiges ont à peu près 0m,20, on leur donne un tuteur de 1 mètre. De temps en temps, on sarcle, on bine légèrement et on mouille par les grandes sécheresses. A partir du mois de juillet, on relève quelques centimètres de terre au pied de chaque touffe, en forme de butte, et tous les quinze jours on augmente cette butte jusqu'à ce qu'elle arrive, au commencement de septembre, au volume d'une grosse taupinière. Ensuite, il n'y a plus à s'occuper de la capucine tubéreuse. Dès qu'une gelée s'annonce, ou même après qu'une première gelée a *roussi* les feuilles de la plante, on arrache ses tubercules comme nous arrachons ceux de la pomme de terre; on les laisse se ressuyer à l'air pendant deux ou trois heures, et on les rentre soit dans la cave, soit dans toute autre pièce de l'habitation inaccessible aux grands froids. Leur conservation est facile et assurée. Nous en avons conservé jusqu'en juin sur les rayons de notre bibliothèque, où ils ont fini par se dessécher au lieu de pourrir.

Nous ne savons si les altises, la chenille de la piéride, la noctuelle potagère et la phytomyze géniculée, qui attaquent la grande et la petite capucine, attaquent également les feuilles de la capucine tubéreuse.

Emploi de la capucine tubéreuse. — Quelques personnes mangent les tubercules crus, comme on mange les radis; d'autres les font confire au vinaigre pendant huit ou dix jours et renouvellent les conserves souvent, car elles perdent à vieillir. Pour notre compte, nous n'affectionnons pas ces tubercules, pas plus quand ils sont crus que quand ils ont été confits. Nous leur trouvons une saveur de cerfeuil un peu piquante, ou plutôt poivrée, qui n'est pas de notre goût. Les personnes qui en font leurs délices sont très-rares; cependant nous en connaissons.

Cardon (*cynara cardunculus*). — Plante bisannuelle, de la famille des Composées. C'est une espèce du genre Artichaut. On la croit originaire des côtes de Barbarie. Les auteurs latins n'en disent mot, mais le cardon était très-répandu en France au temps d'Olivier de Serres, qui lui consacre une place d'honneur dans son *Théâtre d'agriculture.*

Variétés. — Nous connaissons, pour les avoir cultivés : 1° le *cardon épineux de Tours*, dont les côtes sont épaisses et pleines, mais dont la culture offre des inconvénients à cause des piquants qui le rendent difficile à manier; 2° le *cardon plein inerme*, qui, malgré son nom, n'est ni tout à fait plein, ni tout à fait inerme, puisqu'il porte encore de petits piquants; 3° le *cardon à côtes rouges* ou plutôt rougeâtres, dont les côtes sont mieux remplies et les feuilles plus faciles encore à manier que celles du précédent; 4° enfin, le *cardon Puvis*, très-faiblement épineux, moins élevé que les autres, mais dont les côtes à demi-pleines sont très-larges. La meilleure variété entre toutes et la moins sujette à monter est le cardon épineux.

Culture. — Jadis, il y a de cela trois ou quatre cents ans, les villes de Tours et de Lyon étaient renommées pour la culture des cardons. Aujourd'hui, on les cultive partout facilement et avec succès, aussi bien dans nos départements méridionaux que dans ceux du nord. Voici comment nous cultivons nos cardons :

En mars ou en avril, selon les climats, mais plutôt en avril, nous ouvrons des trous de 0m,08 à 0m,10 de profondeur, à 1 mètre environ de distance, de chaque côté d'une planche, quitte à garnir ensuite le milieu de cette planche avec des ognons, des carottes courtes de Hollande, du cerfeuil, etc. Dans chaque trou, nous mettons une bonne poignée de terreau ou de vieille terre de couche, et nous y laissons tomber trois graines que nous recouvrons de 0m,01 de ce même terreau.

Au bout de trois semaines ou un mois, la levée a lieu. Alors, nous sarclons avec beaucoup de soins, afin de dégager les jeunes plantes, très-fragiles, du voisinage des mauvaises herbes, puis nous arrosons fréquemment, s'il en est besoin, avec un arrosoir à pomme finement trouée. Au bout de douze jours, un peu plus ou un peu moins, nous enlevons les deux pieds les plus faibles et gardons le plus fort. Nous pourrions repiquer les plants arrachés, mais ils ont, en général, une si grande tendance à monter à fleur la première année, que nous nous décidons ordinairement à les sacrifier.

Tous les huit jours, nous sarclons nos jeunes cardons; nous les arrosons en outre copieusement toutes les fois que le temps est à la sécheresse, sans quoi, ils souffriraient et monteraient à fleur par anticipation, comme y montent toutes les plantes vivaces et bisannuelles qui souffrent dans leur jeunesse.

Grâce à ces soins qui ne présentent aucune difficulté, les cardons se développent avec une grande rapidité, surtout dans les climats du nord, où cependant on n'en rencontre guère.

Vers la fin de l'été, quand la croissance des feuilles est complète, nous songeons à les étioler, c'est-à-dire à les faire blanchir. A cet effet, nous relevons les feuilles par le dessous et les soutenons en faisceau avec un lien de paille. Un peu plus haut, vers le milieu, nous mettons un second lien, puis un troisième au sommet. Remarquons en passant que la hauteur des feuilles varie entre 1m,30 et 2 mètres. Une fois les ligatures faites, nous encapuchonnons le tout avec de la paille, à l'exception du bout des feuilles qui ont besoin d'air pour vivre. Les uns mettent la paille debout autour des cardons et la fixent avec des liens; les autres tordent la paille par poignées, comme s'il s'agissait de faire des liens et enroulent le cardon avec cette espèce de corde.

Au bout de vingt à vingt-cinq jours, l'étiolement est parfait, et les côtes ou pétioles des feuilles peuvent servir à la cuisine. On peut échelonner l'étiolement en faisant le capuchon plus ou moins épais, mais il est plus simple de ne pas encapuchonner tous les pieds à la fois, de pratiquer cette opération de huit jours en huit jours.

Ce travail est bien assurément à la portée de tout le monde; cependant, il fait reculer beaucoup de personnes, et nous connaissons des cultivateurs qui voudraient que l'on mît à leur disposition des moyens plus primitifs. Voici ceux que nous savons, mais qui ne valent pas le premier : — Lorsqu'on a enlevé la récolte intercalaire qui consiste ordinairement en ognons, on creuse une profonde rigole à la place qu'elle occupait et on butte les lignes de cardons à 0m,64 environ de hauteur, ou bien encore, on ouvre une fosse en regard de chaque pied de cardon, on déchausse ce pied sans le déraciner et on le couche dans cette fosse pour le recouvrir entièrement de terre, à l'exception de l'extrémité; ou bien encore on arrache les pieds de cardon et on les incline dans une tranchée comme s'il s'agissait de céleris à côtes; on sépare ces pieds avec de la litière sèche, et en dernier lieu on recouvre avec de la terre de façon à ne laisser sortir que l'extrémité des feuilles; ou bien enfin, on transporte les pieds dans une cave saine et on les enterre dans du sable sec. Par ces divers procédés, on blanchit les *cardes* ou pétioles de cardons en trois semaines ou un mois, mais une fois blanchies, les cardes ne se conservent pas longtemps, à moins que le temps et la terre soient bien secs. En cave, on peut en conserver jusqu'en mars, mais on n'y réussit pas toujours.

Les pieds de cardon destinés à fournir de la graine, doivent être coupés à 0m,15 ou 0m,16 du sol, à l'approche de l'hiver et buttés à la manière des artichauts. Ils passent ainsi la mauvaise saison et grainent l'année d'ensuite. La semence de cardon est bonne pendant cinq ou six ans; toutefois, celle qui est jeune est toujours préférable à celle qui est âgée.

Les insectes qui attaquent les cardons aussi bien que les artichauts sont: la casside verte, et le puceron des racines. La casside dévore le parenchyme des feuilles vers le mois de juillet; le puceron suce les racines au-dessous du collet et en épuise la sève; puis viennent les fourmis jaunes, dont les pucerons sont les *vaches à lait*, ainsi qu'on l'a dit fort spirituellement. Personnellement, nous n'avons pas eu à nous plaindre de ces insectes, et nous pensons que les cardons négligés ont plus à en souffrir que les cardons bien soignés, et surtout copieusement arrosés en temps de sécheresse.

Emploi du cardon. — Le fruit du cardon, plus petit que celui de l'artichaut, est dur, coriace, immangeable. On ne cultive le cardon que pour ses feuilles et ses racines qui, les unes et les autres, sont excellentes. Seulement, on s'est plu à répandre le bruit que les cardes étaient un mets de prince et de grands seigneurs, que leur assaisonnement coûtait fort cher, et la culture de ce légume n'a pas eu, après cela, l'audace de s'introduire dans le potager des humbles. Rendons hommage à la vérité, et constatons ici que les cardes de cardon sont tout aussi accessibles à la cuisine du peuple que les cardes de poirée, qu'on peut préparer les unes comme les autres, et que les premières sont autrement bonnes que les secondes.

Carotte (*daucus carota*). — Plante bisannuelle et indigène, de la famille des Ombellifères, cultivée de temps immémorial pour les usages de la cuisine.

Variétés. — Si l'on s'en rapportait aux catalogues des marchands de graines, on reconnaîtrait un nombre considérable de variétés de carottes de table, mais la plupart de ces prétendues variétés ne sont que des variations. On fait des variétés avec une race quelconque, parce qu'elle devient ou plus longue ou plus courte, ou parce qu'elle se colore un peu plus ou un peu moins dans un terrain que dans un autre. Nous ne pouvons ni ne devons tomber dans un abus de cette sorte. Les bonnes variétés de table ne sont pas nombreuses; nous ne connaissons que la *carotte courte de Hollande*; la *demi-courte* ou *demi-longue de Hollande*, qui est la *carotte de Croissy* ou *de Crécy* des Parisiens; la *carotte d'Altringham*, qui a des airs de très-proche parenté avec la *longue rouge* de Paris, et, à la rigueur, la *carotte jaune d'Achicourt*, moins délicate que les précédentes, mais cependant bonne pour la cuisine lorsqu'elle n'est pas tout à fait développée. Elle a le mérite de se conserver ferme pendant longtemps. A propos des carottes de Hollande, Thiébaut de Berneaud assure qu'elles ont été créées ou gagnées par la culture non en Hollande, mais du côté de Lille. A quelle source ce savant a-t-il puisé ses renseignements? C'est ce que nous ignorons. Des auteurs ont classé la *carotte violette*, originaire d'Espagne, parmi les carottes de choix. Il est possible qu'il en soit ainsi dans le Midi, mais dans le Nord, nous n'avons pas eu à nous en louer. Quant aux carottes blanches, il faut les reléguer parmi

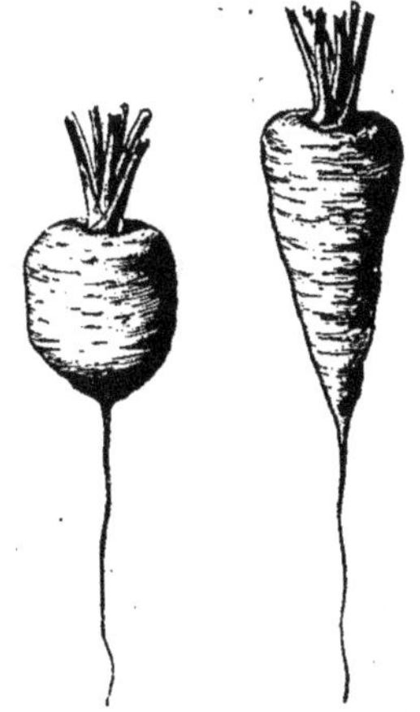

Fig. 1298. — Carotte courte de Hollande.

Fig. 1299. — Carotte demi-longue de Hollande ou Crécy.

les racines fourragères. On voudra bien remarquer, en passant, que la couleur rouge ou jaune rouge est un indice de qualité; que la couleur jaune clair est déjà un indice de médiocrité, et que la couleur blanche est le signe de l'infériorité. On remarquera, en outre, que parmi les rouges et les jaunes rouges, les meilleures sont celles qui prennent le moins de développement. Les carottes courtes conviennent principalement aux terres compactes ou aux terres légères sans profondeur des climats humides; les carottes longues sont précieuses pour les terres légères et profondes des climats secs, parce qu'elles vont chercher un peu de fraîcheur à de grandes distances. La plus hâtive des carottes est la courte de Hollande, dite *carotte courte à châssis, toupie, grelot*; la *demi-longue* vient ensuite. Le principal avantage de la carotte d'Altringham sur celles-ci, c'est de cuire plus vite et de s'écraser plus complétement pour la préparation des sauces et des potages à la Crécy.

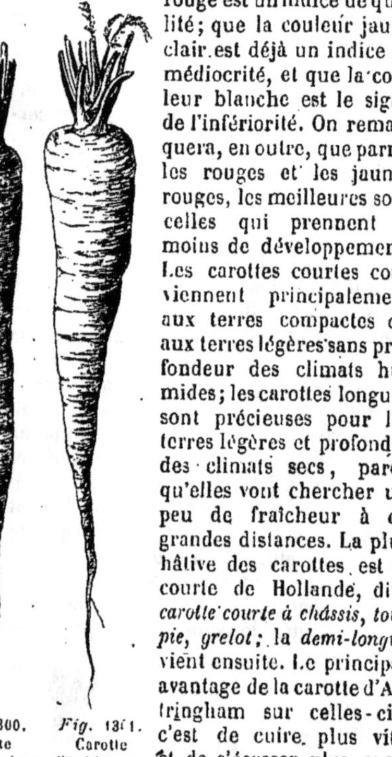

Fig. 1300. Carotte d'Altringham. *Fig.* 1301. Carotte d'Achicourt.

Culture. — Tout ce que nous avons dit des carottes de la grande culture, des climats, des terrains, des engrais qui leur conviennent, de la manière de les semer, de les soigner, de les reproduire, s'applique très-bien aux carottes du potager. Seulement, ici, la bêche remplace la charrue, le râteau remplace la herse et les souliers du cultivateur remplacent le rouleau. Nous prions donc nos lecteurs de se reporter au chapitre des carottes fourragères, et nous leur renouvellerons la même recommandation à l'occasion des choux, des courges, des fèves, des haricots, des navets, des panais, des pois et des pommes de terre, afin de ne point redire, quant à la culture jardinière, ce dont nous avons entretenu le public à propos de la grande culture. Nous nous contenterons d'un résumé rapide pour chacune de ces plantes propres à la fois aux champs et aux jardins.

Ainsi, à l'égard des carottes qui nous occupent en ce moment, voici ce que nous avons à rappeler : — On les sème le plus tôt possible en pleine terre à la sortie de l'hiver, soit à la volée, soit en lignes, mais de préférence en lignes, en ayant soin de leur associer quelques graines de colza ou de laitue qui lèvent vite et marquent les lignes pour faciliter le sarclage des planches. La terre doit être bien défoncée, bien divisée et fumée de l'année précédente.

On peut aussi semer des carottes vers la fin de l'été, en août ou septembre, selon les climats, afin de leur faire passer l'hiver sous une couverture de feuilles sèches et de les livrer à la consommation au mois d'avril suivant. On peut enfin semer des carottes en novembre ou décembre. Au printemps, elles lèvent huit ou dix jours plus tôt que si on les semait vers la fin de février ou en mars.

Aussitôt que la graine est répandue, on foule la terre avec les pieds, puis on nivelle avec le râteau. Dans le cas où l'on a affaire à une terre légère et à un climat sec, il devient nécessaire de mettre un paillis, c'est-à-dire de recouvrir le semis de fumier convenablement divisé. On arrose sur ce fumier, et la fraîcheur qui se maintient sous la couverture pendant les hâles et les sécheresses, devient très-avantageuse à la végétation. Le paillis dispense des arrosements multipliés.

Dès que les carottes sont assez développées pour être saisies avec les doigts, ce qui n'arrive guère que six semaines et même deux mois après le semis, on les éclaircit, et l'on renouvelle cette opération au fur et à mesure qu'elles grandissent, et jusqu'à ce qu'il y ait entre les pieds une distance de $0^m,10$ à $0^m,12$. Nous n'avons pas besoin d'ajouter que les mauvaises herbes doivent être arrachées par la même occasion.

Quand on ne recouvre pas la graine de carotte d'un paillis, il faut bassiner de temps en temps le semis pour faciliter la levée. Les carottes aiment l'eau et le soleil. A chaque éclaircissage ou à chaque sarclage, on doit arroser pour rasseoir la terre soulevée et entretenir la fraîcheur. On doit arroser, en outre, le matin et le soir pendant les fortes sécheresses. Lorsque les racines commencent à se former, on les bine et l'on enterre le paillis par ce binage; s'il n'y avait point de paillis, on binerait également.

On peut semer des carottes de quinze jours en quinze jours jusqu'au mois de mai.

Les variétés courtes et hâtives de Hollande doivent être arrachées, ressuyées à l'air et mises en cave dès que le développement des racines s'arrête. Si on les laissait trop longtemps en place, elles se crevasseraient et le cœur de la racine deviendrait ligneux, c'est-à-dire dur comme du bois. Les carottes longues et plus ou moins tardives ne présentent point cet inconvénient; aussi ne les sort-on de terre que vers la fin de septembre ou en octobre.

Les premières semées seront les premières arrachées, et c'est par elles que l'on commencera la consommation. Les dernières semées, n'ayant pas atteint leur développement complet, se conservent mieux en cave et en silos, et sont meilleures que les précédentes pour la cuisine.

Pendant le cours de la végétation, la carotte est quelquefois visitée par des insectes nuisibles. Ainsi la psylomyie de la rose s'ouvre des galeries dans la racine, altère la couleur des feuilles et occasionne ce que nous appelons la *rouille*. La chenille de la teigne de la carotte se nourrit des fleurs et des graines de cette plante. Enfin, la tipule potagère ou plutôt les larves de cette mouche visitent les racines et les rongent depuis le mois de mai jusqu'en août. Les petits campagnols sont plus à craindre que ces insectes.

Emploi de la carotte. — Nous nous bornerons à rappeler que cette racine occupe une très-large place dans les préparations culinaires. On en fait des potages, des sauces ; on l'associe à divers légumes et à diverses viandes; elle entre dans le pot-au-feu; enfin on la mange seule, au gras ou au maigre.

Céleri cultivé (*apium graveolens*). — Plante bisannuelle et indigène, de la famille des Ombellifères. A l'état sauvage, il croît dans les prairies marécageuses du midi de la France, de l'Italie, où il est connu sous les noms d'*ache odorante* et d'*apio*. Il a été introduit de temps immémorial dans les potagers, et ce sont les Romains, assure-t-on, qui ont eu cette heureuse idée. Miller, en Angleterre, a renouvelé l'essai et n'a pu, après de longues années, obtenir que l'ache odorante ou des marais se convertît en *céleri doux* de la nature de celui que nous connaissons. Mais, malgré ces essais infructueux, les botanistes n'en persistent pas moins à considérer notre céleri comme une simple modification de l'ache.

Variétés. — Par la culture et les semis, on a obtenu du céleri cultivé un assez grand nombre de variétés que nous partagerons en trois catégories : 1° celle des céleris dont on mange les côtes étiolées ou grands céleris; 2° celle des céleris à couper pour aromatiser le bouillon, les soupes et quelques mets; 3° celle des céleris-raves ou navets, dont on ne mange que la racine.

Les principales variétés de la première catégorie sont le *céleri plein blanc*, dont les pétioles ou côtes sont charnues et tendres et dont les feuilles sont d'un vert luisant; le *céleri plein blanc court hâtif* ou *dur*, qui a le mérite de fournir de nombreuses feuilles, d'être plus précoce que le précédent, mais dont les pétioles très-pleins sont courts et étroits; le *céleri nain frisé*, dont les folioles crispées sont intéressantes pour des amateurs, mais qui manque de robusticité et n'est pas d'un bon rapport; le *céleri Turc* ou *de Prusse*, très-vigoureux, à feuilles dressées, d'un vert foncé, à côtes larges et pleines, et recherché avec raison ; et le *céleri plein violet* ou *plein de Tours*, dont les belles et larges côtes sont lavées de violet.

Les principales variétés de la seconde catégorie sont celles qui drageonnent le plus, que les côtes soient violettes, rosées, d'un vert pâle ou d'un vert foncé. On en cultive beaucoup en Belgique, sans autre désignation que celle de céleri à couper. En France, la variété adoptée le plus généralement est le *céleri fin de Hollande* que, dans certaines contrées, on appelle encore *petit céleri* ou *céleri creux*.

Les seules variétés de la troisième catégorie sont le *céleri-rave*, ou *céleri-navet* d'Erfurt, et le *céleri-rave frisé* ou à folioles crispées, que nous avons cultivé une année, mais auquel nous avons bien vite renoncé, à cause de son faible rapport et de son manque de force.

Culture des grands céleris à étioler. — Si l'on veut arriver tôt, il faut nécessairement se mettre en route de bonne heure. C'est ce que font les jardiniers qui travaillent pour le marché ou pour des maîtres impatients de jouir. Ils sèment donc le céleri sur couche, dès le mois de février, ainsi que nous le verrons au chapitre des cultures plus ou moins forcées. Mais, lorsqu'on n'est pas absolument pressé d'arriver, on sème en pleine terre, contre un mur, à chaude exposition, dans le courant de mars, ou bien d'avril en juin à une exposition ombragée. On foule ensuite le semis avec les pieds, on nivelle avec le râteau et on le recouvre très-légèrement avec du terreau ou avec un paillis fort court, et l'on bassine souvent pour avancer la levée. Aussitôt le plant levé, on l'éclaircit convenablement, et, si les arrosements ne sont pas négligés, les jeunes céleris sont bons à mettre en place dans le courant de juin ou de juillet. A Paris et aux environs, il est d'usage d'en repiquer quatre lignes sur une planche de 4 pieds de largeur (1m,32), et de mettre les pieds à 0m,32 l'un de l'autre sur chaque ligne. Le repiquage fait, on arrose copieusement pour favoriser la reprise du plant, et durant le cours de la végétation, on sarcle, on bine de temps en temps et l'on continue les arrosements. Lorsque les pieds de céleri sont bien développés et en état d'être blanchis, on creuse une tranchée de 0m,80 à 1 mètre de largeur sur 0m,50 de profondeur, et la terre qui en sort est déposée des deux côtés. Alors, on lie les céleris, on les relève en mottes, on les place dans la tranchée et on fait couler la terre entre les plantes jusqu'à ce qu'on ne voie plus que l'extrémité des feuilles. En une quinzaine de jours, les côtes sont blanchies, et il s'agit de les utiliser, car elles prendraient vite la rouille et pourriraient. Il va sans dire que l'on échelonne les opérations de l'étiolement, afin d'avoir du céleri le plus longtemps possible. Durant les froids, on charge les rangées de litière sèche qu'on enlève dès que la température s'adoucit, et que l'on replace dès qu'elle redevient âpre.

Cette méthode n'est pas la seule admise; la culture du grand céleri est encore sur beaucoup de points la même qu'au temps passé. Voici donc quelques vieux procédés décrits par de Combes, maintenus jusqu'à nous, et qui ne sont pas sans mérite. S'agit-il de mettre à demeure des céleris semés sur couches en hiver et repiqués déjà en pépinière sous cloche ou sur une autre couche, « les uns préparent leurs planches pour deux rangs seulement, d'autres pour quatre, et d'autres pour six : quelques-uns, qui se trouvent en terre légère, forment leurs planches de 4 pieds, les fouillent de 6 pouces, et rejettent les terres sur les sentiers, auxquels ils donnent 2 pieds, et, à mesure que le céleri s'élève, ils remettent peu à peu les terres qui en sont sorties, et les chargent encore de celles des sentiers qu'ils creusent.» Cette méthode n'est pas mauvaise dans les terres brûlantes et dans les situations où l'eau manque, parce que la fraîcheur se conserve mieux dans ces planches ainsi disposées, et pour peu qu'on les arrose, l'eau fait plus d'effet; mais dans les terres ordinaires, cette disposition ne vaudrait rien.

« Nos maraîchers de Paris, continue de Combes, dressent leurs planches de 7 pieds, tracent douze rayons dans la largeur, et après avoir habillé le plant, c'est-à-dire avoir raccourci la racine et les feuilles, ils les plantent à 6 pouces de distance, et observent de les mettre en quinconce, et non en échiquier, pour la facilité de faire couler les terres ou la litière entre les rangs lorsqu'ils veulent le faire blanchir. Aussitôt planté, ils le mouillent et continuent de deux en deux jours, jusqu'à ce qu'il ait acquis toute sa force, en le sarclant et serfouissant exactement dans sa jeunesse.

« Pour le faire blanchir, on le lie dans un temps sec avec deux ou trois liens de paille ou de jonc, et on l'empaille tout de suite avec de la grande litière secouée, qu'on insinue dans les rangs, de manière que tous les vides soient remplis; on le mouille par-dessus, et on continue de deux en deux jours, jusqu'à cè qu'il soit blanc; c'est ce qui l'attendrit. Huit jours après cette première opération, comme la litière se trouve affaissée, on le charge encore de même litière, et quinze jours après il est blanc; on discontinue alors de le mouiller, et on s'en sert suivant son besoin, en s'arrangeant pour le consommer dans l'espace de trois semaines ou un mois, passé lequel temps il pourrit. On fait sécher la litière à mesure qu'on en arrache, et elle sert pour d'autres. »

Ce vieux procédé est encore très-usité.

Souvent aussi l'on enterrait et l'on enterre encore les pieds de céleri dans du terreau de couche, où il blanchit plus vite que dans la terre ordinaire. Une autre méthode enfin, à la portée de tout le monde, consistait et consiste toujours à transplanter les pieds de céleri entre deux planches occupées pour peu de temps par d'autres légumes, tels que laitue, chicorée, etc. Une fois les céleris développés à point, on les liait en trois endroits, et, après cela, on relevait la terre des deux planches vides pour la jeter parmi les céleris jusqu'à la hauteur du premier lien d'abord. Huit jours plus tard, on continuait l'opération et l'on élevait les buttes jusqu'au second lien; enfin, huit jours plus tard encore, on portait le niveau du buttage jusqu'au troisième lien, en sorte que l'extrémité seule des feuilles recevait les influences de l'air. On arrosait copieusement avant de commencer le premier buttage, si, bien entendu, la terre était sèche; mais ensuite on se gardait bien de donner de l'eau. Au bout d'un mois, le céleri se trouvait blanchi et bon à consommer. D'un autre côté, la terre des buttages devenait meilleure par son exposition à l'air.

Quant aux derniers semis, destinés aux conserves d'hiver et faits en mai, quelquefois même en juin, il n'en sort pas des plants aussi beaux que des semis de couche ou des semis d'avril, mais les côtes n'en sont que meilleures. « On laisse ce céleri, dit de Combes, le plus tard qu'on peut sans le lier ni l'enterrer; mais, lorsque les gelées commencent à être un peu fortes, on le lie simplement, et on fait porter de la grande litière au bord des planches, dont on le couvre quand le temps menace; on le découvre ensuite dès qu'il s'adoucit pour le laisser profiter de l'air, et enfin, lorsqu'on arrive au mois de décembre, qui annonce les grandes rigueurs, on travaille à le mettre en sûreté; on laboure pour cet effet un morceau de terre suffisant, de deux fers de bêche, et on écrase bien les mottes, de manière qu'elle soit meuble également dessous et dessus; on la mouille tout de suite amplement, en supposant qu'il ne gèle pas, et le lendemain, quand l'eau a pénétré jusqu'au fond, on y fait des trous avec un gros plantoir, à 4 pouces de distance en tous sens, et de profondeur proportionnée à la force de la plante; on enfonce dans chaque trou un pied, qu'un ouvrier arrache et prépare pendant que l'autre l'enterre, et on se règle de manière qu'il n'y ait que l'extrémité des feuilles à l'air; on le laisse à l'air sans le *borner* (sans remplir le trou avec de la terre), et on le mouille aussitôt planté; on le couvre ensuite avec de la grande litière si le temps le demande, et on le découvre autant de fois qu'il s'adoucit; il blanchit six semaines après et se conserve bon assez longtemps, pourvu qu'on le défende bien des gelées à force de couvertures. »

Culture des céleris à couper. — On les nommait autrefois céleris *fourchus*. On les sème comme les autres, et on les repique pour favoriser le développement des drageons. On coupe les côtes telles quelles, ou imparfaitement étiolées par un buttage de quelques semaines, et on s'en sert pour les besoins journaliers de la cuisine. Ainsi que les grands céleris, ceux-ci exigent de fréquents arrosements.

Culture des céleris-raves. — Cette variété, que l'on est tenté de prendre pour une espèce, nous semble très-recommandable et tend presque partout à se substituer au céleri à côtes. On ne mange que sa racine, qui est tendre et douce. Il a fallu près d'un siècle pour la vulgariser. Nous ne savons si elle est originaire de l'Allemagne; mais en retour nous savons bien qu'au siècle dernier, elle y était très-connue, très-cultivée, tandis qu'en France elle figurait à peine sur les marchés. Sa culture ne présente aucune difficulté; cependant elle est le plus souvent mal faite; en sorte qu'au moment de l'arrachage, on n'obtient que de petites racines difformes et perdues sous une perruque de chevelu.

On sème le céleri-rave aux mêmes dates que les autres céleris; on le soigne de même en pépinière; on le repique de même après avoir supprimé les petites racines latérales, et toujours en terrain frais, riche, un peu ombragé, et en ménageant entre les pieds des intervalles de $0^m,32$ à $0^m,35$. Aussitôt repiqué, on arrose abondamment, et l'on continue d'arroser matin et soir, tous les jours, jusqu'à ce que la reprise soit parfaite, après quoi l'on n'arrose plus que tous les deux jours. A ce moment, il faut ouvrir avec la main, autour de chaque pied, une sorte de bassin ou réservoir, dans lequel on verse l'eau avec le goulot de l'arrosoir, et en quantité assez considérable pour que le fond du bassin reste constamment mouillé.

En même temps qu'on ne laisse jamais le céleri manquer d'eau, il faut avoir soin, dès que la racine marque bien, de pincer l'extrémité des feuilles de la base qui s'étalent sur le sol, de renouveler ce pincement ou cette suppression tous les huit jours, jusqu'à ce que ces feuilles aient tout à fait disparu. Quant aux feuilles du cœur, on ne doit pas y toucher. On aura soin, en outre, de veiller à ce que le bassin ne se remplisse pas de terre, car il s'y développerait des perruques de petites racines, ce qui n'arrive pas lorsqu'on a la précaution de bien dégager le pied, et de forcer ainsi la grosse racine à se développer dans le vide.

On récolte le céleri-rave à l'approche de l'hiver; on rompt ses feuilles, qui peuvent être mangées par les vaches, et on met les racines en cave.

Pour faire de la graine de céleri, quelle que soit la variété, on laisse quelques pieds en terre; on les abrite bien pendant les gelées et on les laisse monter au printemps suivant. Pas n'est besoin de faire observer qu'il est toujours prudent de ne pas rapprocher les uns des autres les semenceaux de variétés différentes, si l'on tient à les conserver pures de tout croisement. Les graines de céleri se conservent trois ou quatre ans; mais les plus nouvelles donnent toujours les meilleurs résultats.

Les insectes ne touchent pas au céleri.

Emploi du céleri. — On mange crues ou en salade les côtes étiolées et la racine; on les mange même cuites et associées à diverses viandes, au mouton notamment. Dans le Nord et en Belgique, on fait cuire à demi les racines avant de les couper en rondelles et de les mettre en salade. Dans ces mêmes contrées et ailleurs encore, les côtes de céleri, étiolées ou non, servent à aromatiser le pot-au-feu.

Cerfeuil commun (*anthriscus cerefolium*). — Plante annuelle, de la famille des Ombellifères, qui croît spontanément dans les contrées méridionales de la France et de l'Europe.

Outre le type, nous cultivons encore sa variété, connue sous les noms de *cerfeuil frisé* et de *cerfeuil double*, variété très-précieuse à notre avis, parce qu'il n'est pas possible de la confondre avec la petite ciguë. Malheureusement, le cerfeuil frisé est moins robuste que le cerfeuil ordinaire; il monte plus vite en été et résiste moins bien aux rigueurs de l'hiver.

Tous les climats conviennent au cerfeuil, et il est tout aussi facile quant aux terrains; toutefois, les climats tempérés et les terrains frais ombragés sont ceux qu'il préfère.

On sème le cerfeuil à la sortie de l'hiver, contre un mur et à l'exposition du midi, pour en avoir de bonne heure; puis l'on continue les semis tous les quinze jours, en ayant soin de choisir l'exposition du nord dès que le soleil prend de la force. On sème tantôt à la volée, tantôt en lignes; nous préférons ce dernier mode parce qu'il facilite les sarclages. En terre légère, on foulera le semis avec les pieds, et l'on recouvrira la planche ou la partie semée avec un paillis. On arrosera souvent avant, après la levée, et souvent aussi pendant le cours de la végétation.

Le cerfeuil, semé au printemps et en été, monte très-vite à fleurs, en sorte que l'on ne jouit guère de ses feuilles, et c'est précisément pour cette raison qu'on renouvelle fréquemment les semis. Les semis de la fin d'août ou de septembre, selon les pays, sont les plus avantageux; ils donnent des feuilles dans l'arrière-saison, en hiver, quand on a soin de les protéger un peu, et au printemps.

C'est à ce cerfeuil qui a passé l'hiver qu'il faut demander les graines de semence. Par cela même que la plante est plus profondément enracinée que le cerfeuil de printemps et d'été, elle est plus robuste aussi; elle a mieux vécu; elle a pu nourrir mieux ses graines. Le cerfeuil semé pendant la saison chaude, souffre constamment et ne fournit pour sa reproduction que ce que peut fournir une plante malade, rien qui vaille. Et ce que nous disons ici, quant au cerfeuil, s'applique à toutes les plantes potagères annuelles. Celles qui, fortement enracinées en automne, peuvent traverser la rude saison, nous donnent les graines de choix, et il est bon de toujours réserver, à titre de semenceaux, un certain nombre de pieds aux feuilles desquels on ne touchera pas. Ces plantes, réservées intactes, ont toujours, sur les plantes mutilées, l'avantage de moins souffrir de l'hiver et de produire une semence mieux conditionnée.

Pour ce qui est de la reproduction du *cerfeuil frisé* ou *double*, on se trouvera bien de lever quelques pieds à la sortie de l'hiver et de les transplanter. Par ce moyen, la graine reproduira fidèlement cette variété qui, sans cela, pourrait dégénérer vite ou plutôt retourner au type qui est, avons-nous dit, le cerfeuil commun.

La graine de cerfeuil conserve, assure-t-on, ses facultés germinatives jusqu'à la troisième année. Il ne faut pas trop s'y fier. Souvent, elle ne lève que très-imparfaitement la seconde année. D'ailleurs, ne demandons pas de feuilles vigoureuses à des semences âgées. Le cerfeuil provenant de la graine de l'année est si faible déjà contre la sécheresse et l'ardeur du soleil, que nous devons bien nous garder de l'affaiblir encore.

Les usages du cerfeuil sont nombreux. On l'emploie comme fourniture de salade surtout; quelquefois même on prépare des salades uniquement avec le cerfeuil. On l'associe aux herbes qui entrent dans les soupes maigres, ou soupes vertes du printemps; enfin, dans le nord de la France et en Belgique, on le mêle fréquemment aux potages gras qu'il aromatise agréablement, pourvu qu'on l'y mette au moment de servir, car l'huile essentielle à laquelle il doit son odeur ne résistera pas longtemps à la chaleur.

Cerfeuil bulbeux ou **tubéreux** (*chærophyllum bulbosum*). — Le cerfeuil bulbeux est une plante bisannuelle, de la famille des Ombellifères, dont la racine comestible, d'un gris noirâtre à l'extérieur, d'un blanc jaunâtre à l'intérieur, a environ $0^m,03$ de diamètre sur $0^m,09$ à $0^m,10$ de longueur. Cette plante, d'après Dubois, se trouve à l'état spontané en Alsace; c'est le *Körbelrübe* des Allemands. On le connaît depuis longtemps en Allemagne et on l'y cultive; d'un autre côté, les Kalmouks mangent de temps immémorial, avec du poisson, ses bulbes crus ou cuits.

Si le cerfeuil bulbeux avait eu une grande valeur, on le verrait depuis très-longue date dans nos potagers. On n'a songé à l'y introduire que dans ces dernières années, et certes le long oubli dont il a été l'objet n'est pas à son avantage. La spéculation, aidée par des complaisants faciles, a fait quelque bruit autour de cette plante, dont on a

Fig. 1302. Cerfeuil bulbeux.

exagéré les qualités et les difficultés de culture.

Pour ce qui est de la saveur du cerfeuil bulbeux, on a dit qu'elle tenait de la pomme de terre et de la châtaigne. Ce n'est pas là le souvenir qu'il nous a laissé. C'est un légume pâteux qui tient plutôt du panais et du cerfeuil, qui plaît à quelques personnes, mais qui n'est pas agréable à la masse des consommateurs.

Pour ce qui est de la culture, elle est certainement des plus faciles. L'essentiel est de semer sa graine aussitôt qu'elle est mûre ou peu de temps après, c'est-à-dire vers la fin de l'été, ou, au plus tard, en automne. Quand on la sème au printemps suivant, la levée ne se fait bien que l'année d'après. On sème le cerfeuil bulbeux en rayons, dans une terre riche en vieux fumier; on éclaircit fortement après la levée, on ne néglige pas les mouillures, et, dans ces conditions, sa végétation ne laisse rien à désirer. Si l'engrais et l'eau venaient à manquer, la jeune plante serait exposée à souffrir, et l'on verrait, à côté de tiges ne se développant pas, des tiges qui monteraient de suite à fleur, ce qui ne vaudrait pas mieux.

Le cerfeuil bulbeux, semé à l'automne, pousse au printemps suivant, perd ses feuilles vers la fin de juin ou en juillet, selon les climats, et les bulbes peuvent être récoltés. On les conserve en cave ou ailleurs pendant trois semaines ou un mois avant de les consommer.

On conserve quelques-uns de ces bulbes pour en faire des porte-graines à la sortie de l'hiver, ou bien on en laisse un certain nombre en terre. Ceux-ci poussent au moment assigné par la nature, et dès que les jeunes feuilles se montrent, on les sort de terre pour les transplanter. La reprise est presque immédiate.

Lorsque les tiges des porte-graines ont à peu près $0^m,30$ de hauteur, on les accole à des tuteurs qui les protégent contre les coups de vent.

Voilà le procédé de culture que nous avons appliqué et qui nous a parfaitement réussi.

Nous avons eu à nous plaindre d'un insecte qui coupe près du collet les feuilles du jeune cerfeuil. Quel est cet insecte? Nous l'ignorons, car nous ne l'avons pas surpris sur le fait. Nous ne pouvons que signaler ses dégâts.

Une autre espèce de cerfeuil bulbeux, le *cerfeuil de Prescott*, a été prôné comme étant d'une culture plus facile que le précédent. On peut le semer au printemps avec la certitude qu'il lèvera et mûrira dans la même année. Nous n'avons pas eu à nous en louer.

Cerfeuil musqué d'Espagne. *Voy.* MYRRHIDE ODORANTE.

Champignon cultivé (*agaricus edulis*). — Ce champignon de couche ou agaric comestible, le

Fig. 1303. — Agaric champêtre.

seul admis sur les marchés de Paris, est tout simplement l'*agaric champêtre* qui croît dans les pâturages, les friches, etc., et que les habitants de nos campagnes connaissent parfaitement. On en pourrait cultiver d'autres, mais en fait de champignons, le public ne se montre pas avide de nouveautés. Dans le Midi, M. Desvaux a cultivé et cultive peut-être encore l'*agaric atténué* (*agaricus attenuatus*) qui croît naturellement au pied des vieux peupliers. Pour le reproduire, M. Desvaux enfouit jusqu'à fleur de terre, dans un lieu humide et découvert, des rouelles de peuplier de $0^m,03$ ou $0^m,04$ d'épaisseur. Au printemps, il frotte la face supérieure avec les lames de l'agaric, et, à l'automne, il fait une récolte de champignons. Il assure en avoir fait jusqu'à neuf dans les années humides. — A Naples, on fait pousser des champignons sur du marc de café pourri que l'on place à l'ombre dans des pots de terre non vernissés et que l'on mouille de temps en temps pour le tenir frais. Au bout de cinq ou six mois, les champignons poussent. — Enfin, le père Cibot raconte que les Chinois se procurent différentes espèces de champignons, rien qu'en plaçant dans de bonne terre et à une exposition convenable, des morceaux d'écorces et de bois pourris de peuplier, d'orme, de châtaignier, de mûrier, etc.

Évidemment, si l'on portait plus d'attention à l'*habitat* de nos divers champignons comestibles, si l'on observait bien les conditions au milieu desquelles ils se produisent, si, en un mot, on savait bien étudier la nature pour ensuite la copier fidèlement, on arriverait à augmenter le nombre des espèces cultivées.

Les champignons comestibles sont connus de temps immémorial. L'empereur Claude, qui les aimait beaucoup, mourut pour en avoir mangé, soit des suites d'une indigestion, soit parce qu'il s'en trouva de mauvais parmi les bons. Néron, son successeur, malgré cela, ou peut-être même à cause de cela, n'en qualifiait pas moins les champignons de mets des dieux.

En ce temps-là, on ne les cultivait pas; c'était un soin que l'on abandonnait à la nature. Depuis quelle époque les cultive-t-on? Nous n'en savons rien, mais il nous semble qu'elle ne doit pas être bien éloignée de nous. On aura vu l'agaric comestible pousser tout naturellement sur de vieilles couches, et l'on aura eu l'idée d'en établir exprès pour lui. Or, l'usage des couches ne remonte pas même à deux siècles.

On croit généralement que le fumier de cheval, d'âne et de mulet, est indispensable à la culture des champignons. C'est une erreur, et nous ne tarderons pas à le démontrer. Dans l'état de nature, l'agaric comestible se rencontre abondamment à l'automne parmi les pâturages fréquentés par l'espèce bovine, à proximité des bouses desséchées ou sur les places qui ont reçu l'urine de ce bétail. En Belgique, nous avons eu l'occasion de remarquer que les pâturages de Herve, sur un sol siliceux, sont particulièrement favorables à ce cryptogame. Nous pouvons en dire autant des pâturages de l'Ardenne, où l'agaric se montre parfois en quantité telle, que, selon la formule des gens de la contrée, on n'aurait pas de peine à en charger des tombereaux. Ce n'est point exagéré. Seulement, pour qu'il y ait abondance, il convient que les mois de mai et de juin ne soient pas orageux, et que les derniers jours de septembre et les premiers jours d'octobre soient un peu brumeux.

Culture artificielle de l'agaric comestible à Paris. — A Paris, et dans ses environs, on fabrique ce champignon avec un succès incontestable. Les maraîchers ont commencé la besogne, il y a peut-être bien de ceci cent cinquante ans, et ils la continuent; mais, depuis plus d'un demi-siècle, il s'est constitué à côté d'eux une industrie rivale et spéciale, celle des champignonniers ou champignonistes, qui font exclusivement le champignon dans les caves et les carrières, et à meilleur compte que les maraîchers. Cependant ceux-ci poursuivent la culture de l'agaric en plein air, parce que leurs produits valent mieux et se vendent plus cher que ceux des caves et des carrières.

La méthode de culture suivie de notre temps, est, à peu de chose près, la même que celle indiquée par les vieux auteurs. Quand on a lu ce que de Combes dit des champignons de couches, on peut se dispenser, à la rigueur, d'ouvrir un livre moderne. Toutefois, nous croyons devoir résumer ici en quelques lignes les cinq ou six pages que MM. Moreau et Daverne ont consacrées à cette culture spéciale dans le *Manuel pratique de la culture maraîchère de Paris*. On prépare au jardin une place unie et ferme, et l'on y transporte du fumier de cheval sorti de l'écurie et mis en tas depuis un mois ou six semaines. On passe ce fumier à la fourche, afin d'en séparer les pailles fraîches, les débris de fourrage et autres qui peuvent s'y trouver. A mesure du travail de nettoyage, on étend ce fumier devant soi, en *plancher*, lit par lit, jusqu'à ce que l'on atteigne une hauteur de 0m,66. A chaque lit, dont on forme ce tas, on frappe avec le dos de la fourche pour le tasser un peu. Quand le *plancher* ou le tas de forme carrée est à la hauteur que nous venons d'indiquer, on monte dessus et on le foule énergiquement avec les pieds; puis on l'arrose abondamment, et, après l'avoir arrosé, on le piétine de nouveau. Au bout de huit ou dix jours de fermentation, alors que la surface du fumier se couvre d'une moisissure blanchâtre, on défait le tas, autrement dit on le remanie, pour le refaire à mesure qu'on le défait. On a soin de jeter au milieu de la masse les parties pailleuses qui occupaient les bords, afin qu'elles se décomposent à leur tour. Cela fait, on attend encore huit ou dix jours, et, ce délai passé, le fumier doit être souple, gras, sans odeur forte, d'un blanc bleuâtre au milieu, ni trop humide, ni trop sec, et par conséquent propre à former d'excellentes meules à champignons.

Ces meules sont établies en plein air. Elles doivent avoir 0m,66 de largeur à la base, autant en hauteur et se terminer en dos d'âne. Comme on en établit plusieurs, on les dispose parallèlement et on laisse entre elles une distance de 0m,48 à 0m,50, pour les besoins de la circulation et du travail. Pour faire chaque meule, un homme prend par petites fourchées le fumier préparé, le place devant lui, l'étend et le presse un peu avec sa fourche, et ainsi de suite, lit par lit, jusqu'à la hauteur voulue. Aussitôt la meule terminée, on la peigne, on enlève les brins de litière qui dépassent les bords, puis on l'unit bien en la frappant sur toutes ses faces avec le dos d'une pelle.

La fermentation se rétablit, mais faiblement; toutefois on attend trois ou quatre jours, et si, après avoir sondé la meule avec la main, la température paraît bonne, — ce qui est une affaire d'expérience, — on la *larde*.

Voici en quoi consiste l'opération: — A 0m,05 du sol, et sur une seule ligne, tout autour de la meule, on pratique dans le fumier et à 0m,33 l'une de l'autre, des ouvertures de la largeur de la main, et dans chacune de ces ouvertures, on introduit un fragment de *blanc de champignon*, dont il sera question plus loin. Ce morceau de *blanc* ou *mise* est ordinairement large de trois doigts et long de 0m,08 à 0m,10. Dès qu'il est à sa place, on rabat le fumier par-dessus pour le bien cacher. Quelques cultivateurs ne se contentent pas d'une ligne de blanc, ils en font un second rang à 0m,18 au-dessus du premier.

Lorsque la meule est *lardée*, on la couvre entièrement de litière sèche sur une épaisseur de 0m,10 à 0m,12. C'est ce qu'on appelle la *chemise* de la meule.

On laisse les meules en repos pendant dix ou douze jours, après quoi on les visite sans enlever la chemise. On se contente de la soulever par le bas et d'examiner les places où l'on a mis du blanc de champignon. Si l'on aperçoit des filaments blancs, c'est une preuve qu'il *a pris* et qu'il est bon. Où il n'y a point de filaments, le blanc ne valait rien; on l'ôte et on le remplace.

Quand le blanc se développe partout, il faut *gopter* la meule. Pour cela, on enlève la chemise, on laboure les sentiers à $0^m,10$ de profondeur, on mêle du terreau à la terre labourée, on divise bien le mélange; puis, avec l'arrosoir à pomme, on bassine légèrement la meule. Cela fait, on prend avec une pelle le mélange de terre et de terreau, et on lance de ce mélange contre la meule mouillée, où on retient la terre autant que possible en la soutenant vivement avec la pelle. Il faut pour cela de l'adresse et de la vivacité. Une fois la meule *goptée*, on remet la chemise.

Au bout de quinze ou vingt jours, on la visite de nouveau, et quand on aperçoit les filaments et les grains de champignons dans la terre de goptage, vers la base de la meule, on s'attend à une récolte très-prochaine.

Lorsque les champignons sont de la grosseur d'un œuf de pigeon et au plus de celle d'un œuf de poule, il convient de les cueillir, de boucher les trous avec du terreau et de laisser retomber de suite la partie de chemise soulevée. La récolte se fait tous les deux jours, et la meule produit pendant deux ou trois mois.

On peut faire des meules en toute saison, mais celle d'automne est préférable, en sorte que, pour arriver à temps, il faut préparer son fumier dès le mois de juillet.

Si la saison était très-pluvieuse, il serait nécessaire de changer la chemise; si, au contraire, elle était très-sèche, on devrait la mouiller de temps en temps avec l'arrosoir à pomme.

Ce que nous venons de dire des meules en plein air s'applique aux meules que l'on fait dans les caves et dans les carrières de Paris et des environs. On y transporte le fumier préparé, et on forme des demi-meules à une seule pente contre les murs, et des meules complètes à deux pentes à dos d'âne au milieu de ces caves ou de ces carrières. Là, les chemises ne serviraient à rien. On tient les portes et les soupiraux fermés; voilà tout. Ces champignonnières ont plus de durée que celles des maraîchers, mais les champignons y sont moins blancs et moins beaux; en outre, ils y sont plus sujets à une maladie appelée *maule*, maladie qui rend le chapeau du champignon verruqueux, qui dénature ses feuillets et change l'odeur agréable du produit en une odeur désagréable.

Les producteurs de champignons s'accordent tous à reconnaître que le tonnerre est très-nuisible à cette culture. A ce propos, le célèbre de Candolle rapporte ce qui suit : — « Les maraîchers de Paris qui se livrent à la culture des champignons de couches (*agaricus campestris*), m'ont assuré que le tonnerre tue les champignons de couche en plein air, et ils les placent dans les caves et mieux encore dans les catacombes pour éviter cet effet. J'ai vu une culture de ce genre établie dans une carrière du faubourg Saint-Jacques qui offrait deux étages : le cultivateur m'assura que, dans l'étage supérieur, le tonnerre tuait encore quelques champignons, mais jamais dans l'étage inférieur. Je rapporte ces faits sans les garantir; mais la dépense que ce jardinier faisait pour descendre son fumier dans les catacombes, et l'air joyeux avec lequel il désirait le tonnerre pour tuer les couches de ses concurrents, me persuadèrent au moins de la sincérité de son récit. »

Préparation du blanc de champignon. — Si vous montriez du blanc de champignon au premier paysan venu, il vous dirait : Ah! ce n'est que cela! mais c'est tout simplement du fumier moisi. C'est, en effet, à peu près cela.

Le bon blanc est pour le champignoniste ce qu'est la bonne graine pour le jardinier. Les maraîchers en prennent quelquefois dans leurs meules usées; mais, à présent, ils ne se servent plus guère de ce vieux blanc épuisé que pour en fabriquer du neuf. A cet effet, au mois de juillet, on ouvre contre un mur exposé au nord une fosse de $0^m,66$ de profondeur. Au fond de cette fosse, on met des plaques de vieux blanc que l'on charge de fumier préparé comme pour les meules. Dès que le fumier mesure de $0^m,25$ à $0^m,30$ d'épaisseur, on le foule bien, puis on ramène sur lui la terre sortie de la fosse et l'on piétine encore celle-ci. En moins d'un mois, tout le fumier est devenu du blanc de champignon. Il n'y a plus qu'à le découvrir et à le couper par morceaux, avec une bêche, en briques de $0^m,10$ à peu près d'épaisseur que l'on fait sécher au grenier. Ce blanc se conserve pendant quatre ou cinq ans, peut-être plus.

Autres modes de préparation. — Un ancien sénateur belge, M. le baron Joseph d'Hooghvorts, grand amateur de champignons et qui s'est beaucoup occupé de leur culture, a indiqué deux manières d'obtenir le *blanc*. « Je dois l'une, a-t-il écrit, à la bienveillance d'un Anglais; j'ai cependant un peu modifié sa méthode et je m'en suis bien trouvé; l'autre a été recueillie par moi-même dans un premier voyage que j'ai fait en Allemagne; elle est plus expéditive, mais moins certaine que la première. Je crois cependant en avoir assuré le succès par l'emploi du son de froment et du sel ammoniac, dont il n'est pas fait mention dans la recette que l'on m'avait donnée; mais j'avoue n'avoir encore sur cet objet que l'expérience d'une année. Voici les deux recettes en question :

« 1° Il faut faire le blanc de champignon dans un endroit couvert, sec et pas trop aéré. Le coin d'une grange, celui d'un hangar ou même d'une écurie qui ne serait pas pavée de *pierres bleues*, sont favorables à son développement. Cette espèce de couche doit se faire dans les premiers jours de mai; en voici la composition que l'on peut réduire à de moindres proportions :

56 brouettes de fumier frais de cheval, d'âne ou de mulet;

6 brouettes de bonne terre de jardin;

1 brouette de cendres de bois fraîches et qui n'aient pas été lavées;

1/2 brouette de colombine fraîchement tirée du colombier. Il en faudrait le double si elle était de l'année précédente.

« On arrosera le tout très-légèrement avec de

l'urine de vache ou du fond de fumier, après qu'à l'aide de fourches, le mélange aura été bien fait. On le placera de l'épaisseur d'un pied le long d'une muraille; la largeur est indéterminée, mais il faut cependant une certaine quantité de fumier réuni pour qu'il s'échauffe légèrement. On le tassera fortement avec les pieds, et, au bout de dix jours, on répétera le tassement qui doit être continué deux ou trois fois par semaine jusque dans les premiers jours de septembre. Alors, on le coupera avec une bonne bêche par carrés d'un pied environ, et on le mettra sécher dans un grenier ou toute autre place bien aérée, à l'abri du soleil et surtout de l'humidité. On place ces espèces de briques sur le côté et on les retourne de temps en temps.

« Ce blanc se conserve de dix à douze ans, s'il est placé dans un endroit sec et où il ne gèle pas fort.

« Il m'est arrivé plusieurs fois de récolter beaucoup de champignons dans le grenier où je fais sécher le blanc; il en pousse dans les débris abandonnés qui tombent le long de la muraille et même dans les grandes fentes entre les planches d'un vieux grenier.

« 2° Cette manière est moins certaine que la première, parce qu'il est plus difficile de trouver la place qui convienne. J'ai fait contre un mur, au levant, un trou d'un mètre de profondeur sur un mètre et demi carré; je l'ai rempli de fumier court et riche, mêlé d'un peu de bouses sèches de vaches. Après l'avoir entassé fortement avec les pieds, j'y ai pratiqué des trous à la distance de cinq à six pouces les uns des autres, jusque dans le fond, à l'aide d'un bâton pointu de la grosseur d'une forte canne. J'ai rempli ces trous avec du son de froment, dans lequel j'avais préalablement mêlé une petite pincée de sel ammoniac pour chaque trou. J'ai, de nouveau, fortement tassé le tout, après avoir couvert la fosse d'un morceau de vieux tapis, je l'ai abritée de la pluie avec quelques planches bien rapprochées, et, au bout de six semaines, tout le fumier que j'y avais mis était rempli de blanc. J'ai réussi deux fois dans le courant d'un été et dans la même fosse. Ce blanc me paraît tout aussi bon que le précédent, mais il est plus difficile à conserver, ne formant pas corps comme les briques. Ce blanc séché ressemble à de gros cheveux gris avec des embranchements remplis de petits nœuds. »

Culture des champignons d'après Miller. — Le procédé en usage chez les maraîchers et champignonistes de Paris, est peut-être le meilleur qui existe, mais ce n'est point une raison pour que nous gardions le silence sur d'autres procédés parmi lesquels il en est de bons et d'une application très-facile. Il reste d'ailleurs beaucoup à faire dans cette branche du jardinage, et les amateurs nous sauront gré de publier ici quelques-uns des nombreux renseignements que nous avons pu recueillir.

Philippe Miller, botaniste et horticulteur anglais, disait en substance : — Les couches à champignons doivent être faites de fumier mêlé de beaucoup de litière qui n'ait pas été mise en tas pour fermenter. Le fumier qui a été répandu sur la terre pendant un mois, et même plus long temps, est le meilleur. On place cette couche sur un terrain sec et on pose le fumier sur la surface de la terre. La largeur à la base doit être de deux pieds et demi ou trois pieds. On entasse ce fumier sur un pied d'épaisseur, on le couvre de quatre pouces de terre, puis, sur cette terre, on met dix pouces de fumier et de la terre encore par-dessus. On rapproche les côtés en talus et on élève le tas jusqu'à ce qu'il y ait trois lits de fumier et autant de lits de terre. La couche, ainsi disposée, on la couvre de litière ou de vieux chaume pour empêcher la pluie d'y pénétrer et y conserver l'humidité nécessaire. Au bout de huit ou dix jours, on enlève la litière, on nivelle les côtés, on étend sur les couches de la terre sèche, riche et légère sur un pouce d'épaisseur; on y enfonce le *blanc* bien sec, puis on couvre avec un peu plus d'un demi-pouce de la même terre, et enfin d'une suffisante quantité de litière pour que la pluie ne pénètre pas et que la couche ne se dessèche point.

On choisit, pour établir ces couches, une température douce. En saison convenable, les champignons paraissent au bout d'un mois; en été ou en hiver, ils sont plus tardifs. En été, on peut les découvrir pour qu'elles reçoivent les pluies douces; lorsqu'il fait sec, on les arrose un peu de temps en temps, mais avec modération. Le grand secret est de tenir les couches dans un état convenable d'humidité et de ne leur point donner trop de fraîcheur.

Culture des champignons en plein air près de Bruxelles. — M. Léon de Garcia, à qui nous avions demandé des renseignements sur une culture de champignons d'un bon rapport, nous écrivait ceci : — « On emploie du fumier court que l'on met en tas de $0^m,64$ d'épaisseur sur autant de largeur. On le ressuie le plus vite possible en le remuant à l'aide du trident tous les trois ou quatre jours, et en même temps on enlève la paille trop longue. Après chaque opération, le tas remué et refait est affermi au moyen du fer de la bêche. Quand le fumier n'est ni trop sec, ni trop mouillé, on forme la meule et l'on y introduit en quinconce, à la distance de $0^m,15$ à $0^m,20$ et à $0^m,06$ ou $0^m,07$ de profondeur, du blanc de champignon divisé par petites plaques de la dimension d'une pièce de 5 francs. Après cela, on bat la meule sur toutes ses faces avec le fer de bêche, afin de bien renfermer le blanc. Il ne reste plus ensuite qu'à couvrir la meule avec de la terre de jardin assez légère et assez humide, sans l'être trop. L'essentiel, c'est qu'elle se maintienne sur le tas à une épaisseur de trois doigts. On recouvre d'une natte.

« Pendant huit ou dix jours, on ne touche pas à la meule, mais au bout de ce temps on la visite, et le plus ordinairement on aperçoit sous la natte des cercles de moisissures. Mais que le blanc soit pris ou ne le soit pas, il faut arroser avec de l'eau dans laquelle on a mis 500 grammes de sel de nitre par arrosoir.

« Si, au bout de quatre ou cinq jours, rien ne se montre, c'est que le blanc employé ne valait rien. »

Culture des champignons à couvert. — Les méthodes auxquelles on a recours pour produire les champignons, sont nombreuses et variées, mais aucune de celles dont nous allons vous entretenir n'est aussi productive que la méthode parisienne; leur principal mérite est de coûter moins, d'exiger moins de petits soins et d'être ainsi plus à la portée de tout le monde.

M. d'Hooghvorts, le grand amateur de champignons, chercha toutes sortes de moyens d'affranchir la Belgique du tribut qu'elle payait au jardinage français pour se procurer ce cryptogame. Nous ne savons s'il y a réussi, mais toujours est-il que les procédés qu'il a découverts ne sont pas à dédaigner. Il demandait que l'on cultivât les champignons non-seulement dans les caves et sous les hangars, mais encore dans les serres, dans les orangeries, dans les appartements, cages d'escaliers, antichambres, cuisines, écuries, etc.

M. d'Hooghvorts faisait grand cas de la vieille bouse de vache et du sel de nitre, comme nous le verrons tout à l'heure. Il s'approvisionnait donc de bouses desséchées dans les prairies; il en formait un lit sur la plupart de ses couches à champignons, et, avant de se servir de cette bouse, il l'arrosait fortement avec de l'eau nitrée. Il commençait par mettre dissoudre le salpêtre dans de l'eau tiède, et il étendait ensuite cette dissolution avec de l'eau de pluie ou de rivière. Il lui fallait 2 onces de sel de nitre par 4 pieds carrés de superficie. A titre de considérations générales, il écrivait : — « Voici une remarque très-utile à faire pour toutes les espèces de couches; le grand jour leur est nuisible; ce que je dis est appuyé par une observation que tout le monde peut faire. Aux mois d'août et de septembre, on trouvera beaucoup moins de champignons sur les prés, après une nuit où la lune aura paru dans tout son éclat, qu'après une nuit où elle ne se sera pas montrée.

« De plus, on se gardera bien d'imiter certains jardiniers qui se servent du fumier qui sort immédiatement de l'écurie ou d'un grand tas; dans cet état, il jette une grande vapeur qui se répand dans tous les appartements d'une maison; cette vapeur est également nuisible aux plantes de serre et d'orangerie. Ce fumier conserve quelquefois une chaleur très-forte pendant quinze à vingt jours, et l'on est obligé d'attendre tout ce temps pour faire la couche, car il faut bien remarquer que l'on brûlerait le blanc si la couche avait une chaleur de plus de 8 à 10 degrés de Réaumur.

« Je vais indiquer une méthode bien simple pour obvier à tous ces inconvénients, et qui abrége beaucoup le temps. Le fumier que vous voulez employer, après avoir été dégagé de ses plus longues pailles, doit être mis en tas en plein air et à l'ombre : ces tas doivent contenir à peu près la quantité de deux brouettes chacun. Formés en pointe élevée pour donner moins de surface à la pluie, ils doivent rester dans cet état dix jours en été et six en hiver. Lorsqu'on met le fumier en place pour faire une couche, on peut le couvrir de suite de la bouse de vache et de la terre : car, presque toujours, après l'espace de temps indiqué ci-dessus, le degré de la chaleur qu'il répand n'est plus assez élevé pour brûler le blanc que l'on introduira, toujours avec la condition de ne mettre ce fumier qu'à l'épaisseur d'un pied, réduit à environ trois quarts par le tassement. Une plus grande épaisseur nuirait au blanc, qu'on a le plus grand intérêt à tenir dans un état parfait de conservation. »

S'agissait-il, après cela, d'établir des couches à champignons dans une cave ou toute autre place basse, M. d'Hooghvorts conseillait de former la base de ces couches avec de la tannée, plutôt jeune que vieille, ou avec de la mousse passée au four, après la cuisson du pain. Sur cette base, convenablement foulée, il plaçait $0^m,33$ de fumier court de cheval que l'on pressait ensuite de façon à le réduire à $0^m,20$ environ, et l'on recouvrait le tout de $0^m,06$ à $0^m,08$ de bouse de vache nitrée et divisée par petits morceaux de $0^m,08$ à $0^m,10$: on garnissait les intervalles avec les débris, puis on introduisait le blanc.

« Ces indications étant bien suivies, disait-il, on sera certain de voir paraître de petits champignons du trentième au trente-deuxième jour, si la température du local est assez chaude et sèche, mais toujours dans un moindre espace de temps en été qu'en hiver. »

L'honorable champignoniste belge pensait qu'il serait facile, dans toute espèce de serre, de pratiquer des tranchées sous les chemins destinés à les parcourir, d'y former des couches et de les recouvrir ensuite de planches sur lesquelles on marcherait. Comme la température des serres est élevée, il conseillait l'emploi d'une chemise de regain et des arrosages légers, mais fréquents avec de l'eau tiède.

S'agissait-il de cultiver des champignons dans les appartements, les cages d'escaliers, les antichambres et les cuisines, M. d'Hooghvorts disait : « Beaucoup de personnes ont de très-jolis meubles qui servent à porter des pots de fleurs. Les uns sont en forme de tables, d'autres en forme de buffets; rien n'empêche que le dessous de ces meubles serve à faire venir des champignons, et par le moyen très-simple que je vais indiquer, on joindrait l'utile à l'agréable. L'expérience que j'en ai depuis deux ans lève à cet égard toute espèce de difficulté. J'ai fait faire des tiroirs en bois de sapin recouverts de couleur; ils remplissent le vide qui se trouve sous les gradins portant des fleurs dans mon appartement, et, moyennant bien peu de soins et sans jamais la moindre odeur, j'ai le plaisir de récolter tout l'hiver beaucoup de champignons.

« Je n'emploie en cette circonstance que la bouse de vache séchée, sans aucun autre fumier, et je la prépare de la manière suivante : après l'avoir fortement humectée avec de l'eau nitrée, e la fais entasser avec les pieds, à l'épaisseur de quatre pouces environ, toujours en y mêlant un peu de terre jetée à la main. Je sème ensuite le blanc, sans le briser trop, avec un peu de terre et de la bouse de vache, deux pouces seulement. Après l'avoir entassée, je couvre le tout d'un pouce de terre. Il est possible que la hauteur de sept pouces que je donne ainsi à cette espèce de couche ne soit pas nécessaire, mais je n'ai pas essayé avec moins de hauteur. Il me serait impossible de déterminer l'époque à laquelle elle doit donner ; car, de dix tiroirs que j'ai faits cette année, la plupart ont montré des champignons au bout de six semaines, et un seul m'a fait attendre soixante jours. Il est vrai qu'il est logé dans la place la moins chaude, ce qui doit avoir occasionné ce retard, car ces dix tiroirs ont été remplis le même jour et avec un mélange commun.

On ne peut priver entièrement d'air le tiroir où l'on veut cultiver le champignon ; s'il était fermé trop hermétiquement, il faudrait faire percer quelques trous par le haut.

« Je crois devoir conseiller de préparer deux à trois mois d'avance les bacs ou tiroirs que l'on destine à mettre dans l'intérieur des maisons, pour donner au blanc le temps de se bien transformer, car j'ai fait la remarque, l'année dernière, que mes tiroirs ont donné très-abondamment, et des champignons plus gros, dans le milieu du mois de mars. J'en ai recueilli de quatorze pouces de tour, et dont les racines avaient deux à trois pouces de profondeur dans la composition, ce qui me prouve que le travail du blanc est beaucoup plus lent dans ce genre de fumier qui n'est pas susceptible de la fermentation de celui du cheval.

« J'ai rempli le fond d'un tiroir avec du fumier de cheval très-court, recouvert seulement de trois pouces de bouse de vache ; il a donné après quatre semaines. Pour éviter la première fermentation, je l'ai laissé cinq jours dans une cave, et il n'a répandu, après ce temps, aucune odeur dans l'appartement. »

Il y a quelques années, nous avons voulu vérifier l'exactitude des recettes indiquées par M. d'Hooghvorts. A cet effet, nous avons pris une caisse d'un mètre de longueur sur 0m,35 de hauteur et 0m,50 de largeur. Nous avons rempli cette caisse à moitié de crottin de cheval bien divisé et bien pressé. Nous avons recouvert ce crottin de 0m,03 à 0m,04 de bonne terre, sur laquelle nous avons disposé de petites plaques de *blanc*, très-rapprochées les unes des autres. Sur ces plaques, nous avons mis ensuite des morceaux de bouse de vache sèche, arrosée la veille avec du sel de nitre, et nous avons garni les vides avec un mélange de bonne terre et de bouse émiettée. Cette couche de bouse pouvait avoir 0m,06 ou 0m,07 d'épaisseur. Nous l'avons couverte à son tour de 0m,02 à 0m,03 de terre, sur laquelle nous avons étendu un peu de regain humide.

La couche ainsi préparée, nous avons placé la caisse sous un canapé. Au bout de trente et quelques jours, des champignons ont paru en abondance. Ce qui nous a déplu dans ce procédé, c'est la difficulté d'entretenir un peu de fraîcheur dans le mélange et aussi l'invasion des cloportes.

M. d'Hooghvorts considérait les écuries comme étant très-convenables pour la culture des champignons, parce que la chaleur y est douce, égale et chargée d'humidité. Il établissait au fond de ces écuries une espèce de bibliothèque, dont les rayons distancés de 0m,72 environ, et profonds de 0m,43, offraient en avant un rebord de 0m,28. Chaque rayon offrait ainsi l'image d'une caisse dans laquelle on mettait 0m,16 de bon fumier de cheval, 0m,08 de bouse de vache nitrée, avec du blanc parmi cette bouse, et enfin une couverture de 0m,02 1/2 de bonne terre. On fermait avec un rideau de grosse toile, glissant sur une tringle, et l'on arrosait légèrement de temps à autre.

Nous avons eu l'occasion de visiter en Belgique une couche à champignons établie dans la serre chaude d'un horticulteur. Elle avait un mètre de largeur sur 0m,28 de hauteur, et se trouvait masquée par un rideau en toile d'emballage.

Pour l'établir, on n'avait employé que la terre ordinaire du jardin, prise au pied des murs (à cause de la présence des nitrates), de la bouse de vache sèche et rompue par petits morceaux, de l'eau tiède nitrée et du blanc de champignon.

On commençait par un lit de terre de 0m,02 à 0m,03 ; puis venait un lit de bouse de vache que l'on pressait un peu. Sur la bouse, on mettait de la terre, puis de la bouse, et ainsi de suite. Sur le dernier lit de bouse, on plaçait le blanc de champignon que l'on recouvrait de 0m,03 à 0m,04 de terre, et l'on arrosait de suite et copieusement avec de l'eau nitrée. L'arrosage se faisait délicatement avec une pomme finement trouée.

Cette manière d'agir paraît être en contradiction avec toutes les méthodes reçues, et pourtant elle réussit bien. C'est que la contradiction n'est qu'apparente. On demande de 9° à 12° centigrades de température et très-peu d'eau pour la culture des champignons ; mais le jour où nous étions dans la serre, le thermomètre marquait 18°. Donc la limite était dépassée, et la nécessité des arrosages copieux devenait nécessaire. Il est probable que, par l'évaporation rapide de l'eau, la température de la couche à champignons se maintient au-dessous de celle de l'air de la serre.

Là, le fumier de cheval n'était pas nécessaire, ce qui prouve que partout ailleurs il n'agit guère qu'en raison de la chaleur qu'il développe.

L'horticulteur chez qui nous avons vu cette couche à champignons n'avait pas à souffrir des cloportes, mais il se plaignait beaucoup des limaces grises rayées, qu'il ne pouvait éloigner, même avec du poussier de tabac ; peut être eût-il mieux réussi avec de l'eau salée, en admettant que cette eau salée ne contrarie en rien la production des champignons.

Nous avons vu à Virton (Belgique) une champignonnière établie dans un cellier voûté, très-humide, très-frais et dont les murs étaient couverts de salpêtre. En raison de cette humidité, les meules n'avaient produit qu'au bout de quatre mois, mais les champignons étaient de toute beauté.

Pour former ces meules, on avait pris du fumier de cheval ressuyé à l'air et remué pendant huit jours. On avait étendu de 0m,08 à 0m,09 de ce fumier sur de vieux balais de genêts ou de bouleau éparpillés sur le sol ; sur ce fumier, on avait mis de 0m,08 à 0m,09 aussi de crottin de cheval bien divisé, puis du blanc de champignon, du crottin, et enfin du terreau sur une épaisseur de trois doigts à peu près.

Si la couche de fumier du dessous avait eu de 0m,26 à 0m,28 d'épaisseur, il y a lieu de croire que l'on n'aurait pas attendu la production pendant quatre mois.

Procédé du docteur La Bordette. — Au mois d'août 1861, le docteur La Bordette communiquait la note suivante à l'Académie des sciences :

« L'agaric de couches, variété de l'*agaricus campestris*, est susceptible d'acquérir un volume considérable dans de nouvelles conditions de culture. Je suis parvenu, après quelques années de recherches, à le faire végéter sur un sol battu, sans engrais, en substituant à ce dernier le nitrate de potasse.

« Le nitrate est enfoui dans le sol avec les spores de l'agaric à une profondeur de 4 à 5 millimètres. Ce sol est uniquement composé de sulfate de chaux fortement tassé. Rien n'y est ajouté, et, dans ces conditions, il donne indéfiniment naissance à une variété de l'agaric comestible qu'on peut nommer *agaric géant*. Tandis que l'agaric comestible, avec le mode compliqué de culture auquel il est soumis, atteint une moyenne de 100 grammes à l'état adulte, il peut se développer, par ma méthode de culture, de manière à peser en moyenne environ 600 grammes. »

Le plâtre et mieux encore les plâtras de démolitions de Paris, qui ne sont toujours que du gypse avec un peu de salpêtre, sont très-favorables aux champignons. Nous en avons eu la preuve en 1862 à Bois-de-Colombes, dans un petit jardin entièrement formé de sable et de débris de plâtre. Il a suffi de répandre les déchets de quelques champignons de couches au pied d'un jeune pawlonia, planté au milieu d'un pièce de gazon, pour obtenir une récolte suivie et très-abondante. Les champignons obtenus, surtout dans le voisinage de l'herbe, étaient de toute beauté.

Les cloportes et les limaces contrarient parfois beaucoup la culture des champignons. Nous conseillons l'emploi de l'eau salée contre les limaces, dans le cas où la chose serait possible. Quant aux cloportes, le meilleur moyen de s'en défaire consiste à prendre le chapeau d'un champignon bien développé et à le poser à plat sur les couches. Les cloportes s'y réfugient toutes les fois que l'on donne un peu de jour aux meules, et on les enlève pour les secouer dans un vase où il y a de l'eau.

Emploi des champignons. — Les champignons, on le sait, sont très-recherchés pour la cuisine, et nous n'avons pas besoin, en ce moment, de parler des diverses préparations auxquelles on les soumet. Mais ce qu'il nous importe de connaître tout d'abord, ce sont les moyens de les conserver.

Quand les produits abondent, on peut prolonger leur durée pendant quelques jours en les mettant dans un pot à fleurs et les recouvrant de sable. On peut encore les recouvrir avec de la sciure de bois. Un bon moyen, en outre, c'est de les essuyer avec un linge bien fin, de les envelopper dans une serviette de toile assez fine et de les placer dans un endroit bien sec, à l'abri des courants d'air.

« Pour les conserver plusieurs mois, dit M. d'Hooghvorts, il faut les faire sauter au beurre ; après qu'ils auront jeté leur eau, dont on aura soin de les dégager, on les mettra dans une demi-gelée de viande et on les enfermera dans un pot de faïence, servant communément pour les confitures. On les couvrira bien avec de la graisse fondue, et l'on placera les pots dans un endroit frais pour s'en servir au besoin. »

Enfin, il est d'usage de mettre les champignons en chapelets sous le manteau des cheminées de cuisine et de les y laisser se dessécher. C'est un excellent moyen de conservation, mais les champignons secs sont bien loin d'offrir les qualités des champignons frais.

Chenillette (*scorpiurus.*) — Plante indigène annuelle, de la famille des Légumineuses ou Papilionacées. Les scorpiures ou chenillettes se rencontrent à l'état sauvage dans la région méditerranéenne. Les quatre espèces les plus répandues sont la *Chenillette vermiculée* (*s. vermiculata*) ; la *Chenillette à gousses denticulées* (*s. muricata*); la *Chenillette à gousses couvertes d'aiguillons* (*s. sulcata*), et la *Chenillette à gousses hispides* (*s. subvillosa*).

Ces plantes ont été introduites dans les jardins à cause de la forme singulière de leurs fruits qui, à l'approche de la maturité, ressemblent à des chenilles roulées sur elles-mêmes. On en jette sur les salades, nous ne dirons pas à titre d'ornement, mais à titre de surprise, comme on y jette, sous le nom de *vers*, les fruits de l'*astragalus hamosus*, et, sous le nom de *limaçons*, les fruits du *medicago turbinata*. Chez certaines gens, cette manière de surprendre ses convives a un succès que nous ne nous expliquons pas.

On sème les chenillettes et les plantes dont nous venons de parler, en avril ou en mai, à bonne exposition. Après la levée, on éclaircit de façon à maintenir entre les pieds une distance de 0m,32.

Chervis, cherui et **chirouis** (*sium sisarum*). — Plante vivace, de la famille des Ombellifères et du genre Berle, que l'on croit originaire de la Chine; mais il est permis d'en douter, parce qu'on la cultive de temps immémorial en Europe et qu'elle supporte en terre des hivers fort rudes.

La culture du chervis est très-facile. Il aime les terres humides, meubles, profondément défoncées et pleines de vieux fumier; en terrain sec, il faut toujours avoir l'arrosoir en main ; nous ne connaissons pas de plante qui exige autant d'eau que celle-ci; dans les climats humides mêmes, on ne doit pas la lui épargner.

On multiplie le chervis de graines ou d'éclats, mais préférablement de graines, parce que les racines qui proviennent des plantes de semis sont plus charnues, plus belles, plus tendres que celles qui proviennent des plantes d'éclat. Ces dernières sont très-souvent petites et coriaces.

On sème et l'on plante le chervis en septembre ou en mars et avril, en lignes distantes les unes des autres de 0m,18 à 0m,20. On sarcle et l'on bine de façon à tenir toujours les planches rigoureusement propres, et l'on arrose souvent

Fig. 1304. — Chervis.

depuis l'époque du semis jusqu'au moment de la floraison.

Nous avons cultivé le chervis dans l'Ardenne belge, et alors nous prenions la précaution d'ouvrir un bassin autour de chaque pied et de le remplir d'eau deux et trois fois par jour pendant les sécheresses.

Le chervis monte à fleurs la première année; seulement la première graine ne vaut rien pour la reproduction; on ne doit récolter que celle de la seconde année, qui se conserve en bon état de germination pendant deux ou trois ans.

La description que de Combes a donnée du chervis est très-exacte : « Il fait, dit-il, sa racine droite, très-blanche en dedans, et roussâtre à l'extérieur, un peu inégale et garnie de petits filaments, longue de 6 à 8 pouces, et de la grosseur du petit doigt; il porte une tige branchue, cannelée, remplie de moelle, et qui s'élève à 3 pieds environ la même année qu'on la sème, mais qui porte jusqu'à 6 pieds l'année d'après : sa feuille est partagée en trois ou cinq parties, portées sur la même queue, de forme oblongue et pointue, un peu dentelée sur les bords, d'un vert clair et assez lisse, très-approchante de celle du panais, exhalant de même une odeur, et à peu près semblable. Sa fleur est disposée en parasol, comme le cerfeuil, formée en rose, composée de cinq pétales blancs, portée sur un petit calice qui se change en un fruit ou une graine oblongue, rayée, aplatie et de couleur grise.

« Cette racine, étant cuite, est fort tendre, et son goût extrêmement sucré, au point que sa grande douceur déplaît à beaucoup de personnes; cependant d'autres l'aiment avec passion. Il n'y a presque qu'une façon de la manger, c'est frite en pâte comme les artichauts. »

On arrache le chervis lorsqu'il a onze mois ou un an, pendant l'hiver ou en temps de carême. On peut, dans la crainte des gelées, en faire une provision vers la fin de l'automne et le mettre en cave dans du sable, comme cela se pratique pour les scorsonères et les salsifis.

Le chervis est une racine potagère avec laquelle il convient de faire connaissance; mais, ainsi que l'a fait observer de Combes, peu de personnes s'y attachent. Pour notre compte, nous avons renoncé à sa culture après un premier essai.

Chicorée (*cichorium*). — Genre de la famille des Composées, qui comprend deux espèces bien caractérisées et un grand nombre de variétés et de sous-variétés. Nous allons examiner les deux espèces et leurs variétés principales. La première espèce est la Chicorée-endive (*cichorium endivia*); la seconde est la Chicorée sauvage (*cichorium intybus*).

Chicorée-endive (*cichorium endivia*), originaire des Indes. — On la désigne tout simplement sous la dénomination d'*endive* dans le nord de la France, en Belgique et en Angleterre. A Paris, elle n'est connue que sous le nom de chicorée.

Variétés. — Les principales variétés et sous-variétés de la chicorée-endive sont la *chicorée frisée de Meaux*, la *chicorée fine d'été* ou d'*Italie*, la *chicorée frisée de Picpus*, la *chicorée fine de Rouen* ou *corne de cerf*, la *chicorée mousse*, la *chicorée toujours blanche* ou *très-frisée dorée*, les *chicorées scaroles blonde* et *verte* et la *chicorée scarole en cornet*. Aucune description ne saurait donner une idée exacte des caractères qui distinguent ces chicorées les unes des autres; la pratique seule peut atteindre parfaitement le but.

Culture des chicorées-endives. — Les maraîchers cultivent pour ainsi dire ces chicorées toute l'année, ainsi que nous le verrons en traitant des cultures forcées; mais nous n'avons à nous occuper en ce moment que de la culture de pleine terre. Il faut aux chicorées un sol riche et par cela même plutôt frais que sec. Dans le Midi, on les sème dans le mois de mars; dans le climat de Paris, en avril seulement, et plus au nord, dans le courant de mai et même de juin. Ainsi, du côté de Termonde (Flandre orientale) où nous avons vu des endives prodigieusement développées, il est d'usage de les semer le 16 mai. Pourquoi le 16 plutôt que le 15 ou le 17? Nous n'en savons rien; préjugé ou non, voilà le fait. Dans les montagnes de l'Ardenne belge, les praticiens vous diront qu'il vaut mieux semer après la Saint-Jean (24 juin) qu'avant. Et, en effet, quand on veut devancer de huit ou quinze jours ces dates, on s'expose à obtenir des plantes sujettes à monter.

On préfère, pour le semis, la graine vieille à la graine nouvelle, ce qui, en apparence, est en contradiction manifeste avec les principes physiologiques. Mais, en réalité, il n'en est rien. Si l'on prenait la peine de bien choisir la graine sur pied, de la récolter bien mûre, on n'aurait pas à se plaindre de la nouvelle. Comme les graines mûrissent très-irrégulièrement, on attend le plus longtemps possible pour enlever les porte-graines, les faire sécher et les battre. Chacun de ces porte-graines donne nécessairement un mélange de semences bien mûres et incomplétement mûres; or, quand on sème de ces graines de l'année, il se trouve dans le semis plus de graines défectueuses que de graines irréprochables, et les premières donnent des plantes souffreteuses sujettes à monter. Quand, au contraire, on conserve cette graine deux, trois, quatre et cinq ans, toute celle qui n'avait pas mûri perd ses facultés germinatives et ne lève pas; la graine mûre est la seule qui germe.

Lorsque la planche est bien préparée, on sème assez clair, on enterre la semence légèrement avec le râteau, on recouvre de fumier pourri et parfaitement émietté, puis on arrose pour hâter la germination. Dès que les chicorées sont levées, on sarcle, on éclaircit et l'on continue les arrosements en temps de sécheresse. Quand les plantes ont de 0m,08 à 0m,10, plutôt plus que moins, elles sont bonnes à repiquer. On prépare donc un terrain à cet effet et on le recouvre de fumier menu ou même pailleux, mais bien divisé. Cela fait, on arrache les chicorées de la pépinière, on coupe à moitié les feuilles principales et les racines du plant, puis on les repique sur quatre rangs par planches de 1m,32 de largeur, et l'on maintient sur les rangs une distance de 0m,38 à 0m,40 entre les pieds. Aussitôt l'opération terminée, on arrose copieusement et l'on continue d'arroser pour précipiter la reprise. Même pendant qu'elle se développe, la chicorée a besoin de beaucoup d'eau, et, si l'on veut de beaux résultats, il ne faut pas la lui épargner en temps de sécheresse.

Très-souvent, on repique les chicorées entre les lignes de laitues. Une fois ces dernières enlevées pour la consommation, elles se trouvent ainsi remplacées de suite et la terre ne chôme pas.

On ne sème pas toutes les chicorées en même temps; on échelonne les semis de trois semaines en trois semaines, jusqu'à la fin d'août. On commence ordinairement par l'endive d'été ou d'Italie; on continue par la chicorée de Picpus, la rouennaise et la chicorée mousse; puis vient, en juin, pas plus tôt, la chicorée de Meaux, que l'on peut semer à diverses reprises. Quant à la chicorée toujours blanche ou très-frisée dorée, qui porte le nom d'*endivette* dans certaines contrées de la Belgique, on sème en place et à la volée pendant tout l'été et l'on en coupe les feuilles pour les étuver à la manière des épinards et les préparer au gras ou au maigre. Ces feuilles repoussent nécessairement et fournissent plusieurs coupes.

Pour ce qui est des scaroles, qui forment une race particulière parmi les chicorées, race à larges feuilles, on les cultive à partir du mois de juin, et de la même manière que les chicorées frisées.

Quand les chicorées frisées et les scaroles ont le cœur abondamment garni de feuilles (et on les obtient facilement ainsi, surtout quand on a la précaution de délayer deux ou trois poignées de colombine de volaille par arrosoir et de leur donner de ce mélange avec le goulot une fois par quinzaine), on songe à lier le légume. A cet effet, on prend du jonc, de la paille un peu humide, des enveloppes de cigares, etc., on relève les feuilles par un temps sec, et on lie par la base, puis par le sommet. Les feuilles du cœur ainsi renfermées et soustraites à l'action de la lumière, s'étiolent, jaunissent, perdent de leur amertume et peuvent être livrées à la consommation au bout de quinze ou vingt jours.

Quelquefois, les premières gelées viennent surprendre les dernières chicorées pendant l'étiolement. Ce qu'il y a de mieux à faire dans ce cas, c'est de couvrir les planches durant la nuit avec des paillassons ou de la paille ordinaire. Quelques jours plus tard, l'atmosphère peut se radoucir. Mais lorsqu'il n'y a plus d'espoir, on doit enlever les chicorées et les enterrer à moitié dans la cave ou la serre à légumes; au milieu d'un lit de sable de 0m,08 à 0m,10, qui ne soit ni trop sec ni trop humide.

Parfois, quand l'hiver surprend en pleine terre des chicorées qui n'ont été ni liées, ni blanchies, on les lève en mottes et on les retourne les pieds en l'air sur place. Au bout de huit jours, le cœur blanchit, puis on les rentre; cependant il n'est pas rare qu'il pourrisse au lieu de blanchir, surtout dans la chicorée mousse.

Les endives liées ont besoin d'eau comme celles qui ne le sont pas, et ce besoin est d'autant plus grand que la sécheresse de l'air est plus intense. On les arrosera donc abondamment, mais en prenant la pr caution de ne mouiller que le pied; s'il tombait de l'eau dans le cœur de l'endive, la pourriture s'y mettrait vite.

Certains jardiniers retardataires ont conservé un vieil usage qui consiste à recouvrir les endives avec de la litière sèche, dès qu'elles sont liées, afin de favoriser l'étiolement. C'est un moyen de provoquer la pourriture dans les années pluvieuses, et de communiquer en tout temps au légume un goût de fumier.

Pour avoir des semenceaux de chicorée, on préserve du froid quelques pieds provenant des derniers semis, on les découvre chaque fois que la température de l'hiver s'adoucit, et on les transplante au printemps. La récolte des graines se fait en septembre. Elles se conservent quatre ou cinq ans et même plus.

Chicorée sauvage (*cichorium intybus*). — Espèce indigène et vivace, très-commune au bord de certains chemins. Elle a été améliorée par la culture et a donné des variétés qui sont : la *chicorée à café*, dont il a été parlé à l'occasion de la grande culture; la *chicorée sauvage améliorée;* la *chicorée sauvage panachée;* la *chicorée sauvage brune* en forme de laitue pommée, etc.

La culture de cette chicorée est facile, mais peu répandue; on la sème en planches ou en bordure au printemps et pendant l'été, tantôt pour couper ses jeunes feuilles et les manger en salade, tantôt pour préparer une salade, très-estimée sous le nom de *barbe de capucin*. Sur quelques points du Brabant (Belgique), on consomme même les racines de la chicorée à café, après les avoir préparées comme celles du salsifis et de la scorsonère. Ce mets ne nous paraît pas délicat. Nous ne parlerons ici que de la chicorée sauvage, cultivée en vue de faire de la *barbe de capucin*. C'est une industrie très-répandue, à Montreuil-sous-Bois notamment, et que l'on dit lucrative. Nous ne l'avons point pratiquée et ne la connaissons que par ce qui nous en a été dit à Montreuil, et ce qui nous a été dit peut se résumer en quelques lignes.

On sème la chicorée en pleine terre vers le commencement d'avril; on arrose pour aider la levée ; on sarcle, on éclaircit et l'on arrose encore en temps chaud pour développer la plante. En été, on vend une coupe de feuilles aux herboristes. A partir du mois d'octobre, jusqu'à la fin de décembre et quelquefois même plus tard, on arrache les racines au fur et à mesure des besoins avec une fourche en fer. On casse toutes les feuilles, s'il en reste, et si l'hiver les a détruites, on a soin d'enlever les débris de feuilles pourries qui tiennent au collet de la racine. On prend un osier fin et l'on forme avec les racines réunies de grosses bottes de 0m,33 de diamètre, dont les collets soient bien de niveau. Une fois les bottes préparées ou même au moment de les préparer, on met dans une cave où le jour et l'air ne pénètrent pas, un lit de 0m,35 à 0m,40 de fumier long de cheval. On donne le temps à cette couche de jeter son premier feu, et, du moment où sa température est à environ 20°, on place les bottes debout sur le fumier et le premier rang contre le mur, puis un second rang contre le premier et ainsi de suite. On arrose fréquemment, après cela, au moyen de l'arrosoir à pomme ; mais, dès que les jeunes feuilles se montrent, on modère les arrosements afin de prévenir la pourriture des racines. Au bout de quinze à dix-huit jours, la barbe de capucin est assez longue pour être récoltée. Alors on renouvelle la couche et les bottes de racines pour une seconde récolte, et ainsi de suite pendant tout l'hiver et même jusqu'en avril.

Quand la barbe de capucin a de 0m,20 à 0m,25 de développement, on enlève de la cave les bottes de racines, on les délie et on en forme des bottes plus petites, d'environ cent racines, et l'on a soin, pour le coup d'œil, de conserver la direction des feuilles qui s'inclinent toujours d'un même côté. C'est ainsi qu'on vend la barbe de capucin sur les marchés de Paris ; on la préfère à celle qui est séparée de ses racines.

Dans les ménages, où l'on ne se soucie point de sacrifier une cave pour produire de la salade d'hiver, on peut se procurer de la barbe de capucin par d'autres procédés. Ainsi, au lieu d'établir une couche de fumier, on se contente de mettre un lit de terre dans un coin de la cave contre le mur. Sur ce lit de terre, on couche une rangée de racines de chicorée, de façon que le collet soit en dehors; on recouvre de l'épaisseur de deux doigts de terre, et l'on y étend de nouvelles racines, et ainsi de suite. La chicorée disposée de la sorte ne pousse pas, à beaucoup près, comme sur du fumier chaud, mais enfin elle pousse, sans compromettre le vin, la bière, le cidre et les provisions de diverses sortes placées dans la même cave.

Quelques personnes sont encore dans l'usage de faire de la barbe de capucin au moyen de futailles préparées à cet effet. On prend un tonneau défoncé par un bout et à la circonférence duquel on a ouvert plusieurs rangées de trous du diamètre d'une pièce de 5 francs, et de niveau, c'est-à-dire formant le cercle à diverses hauteurs. On place le tonneau dans le coin d'une pièce chauffée ; on y met ensuite du sable frais, ou de bonne terre jusqu'au niveau du premier rang de trous, alors on couche les racines sur ce sable ou cette terre, de façon à ce que le collet des racines passe dans les trous et s'arrête au niveau extérieur des douves. On recouvre après cela de sable ou de terre jusqu'à la seconde rangée de trous, l'on y couche une nouvelle rangée de racines, et ainsi de suite. Sur la terre qui achève de remplir le tonneau, on peut semer du cresson alénois. Cela fait, on masque la futaille avec un rideau de couleur, afin d'étioler les pousses de chicorée comme dans une cave.

En pleine terre, les chicorées des deux espèces ont quelquefois à souffrir du puceron des racines (*aphis radicum*) et du ver gris ou ver court (*agrotis segetum seu agrotis exclamationis*). En cave, on redoute les rats, les mulots qui coupent les jeunes pousses à mesure qu'elles cherchent à se développer. De Combes assure qu'ils les mangent; pour notre compte, nous n'en savons rien, mais nous en doutons, et voici pourquoi : — Une année, il nous est arrivé de cultiver de la chicorée dans une cave où les souris et les petits campagnols ou mulots ne manquaient pas. Notre chicorée a donc été coupée, mais nous la retrouvions toujours sur place.

Emploi de la chicorée. — Les endives se mangent en salade, ou bien on les fait cuire pour les manger seules ou les associer à diverses viandes. Nous avons déjà dit que les premières feuilles de la chicorée sauvage venue en pleine terre forment une salade de printemps assez recherchée dans certaines contrées, et que ses racines sont consommées sur quelques points de la Belgique. La barbe de capucin se mange en salade, avec la betterave.

La médecine ordonne la chicorée dans les maladies qui tiennent à la faiblesse de l'estomac et à la paresse des intestins ; elle l'ordonne contre les dartres, comme dépuratif du sang ; elle l'ordonne à titre d'apéritif, c'est-à-dire pour stimuler l'appétit. En somme donc, les chicorées, quelles qu'elles soient, endives ou sauvages, forment un aliment très-sain.

Chou (*brassica oleracea*). — Plante bisannuelle, indigène, de la famille des Crucifères, cultivée de temps immémorial. Cependant le chou-fleur paraît provenir du Levant ; c'est de là, assure-t-on, que les Génois l'apportèrent en Italie vers la fin du seizième siècle. Il était peu connu en France au commencement du dix-septième siècle. « Les *cauli-fiori*, ainsi dicts des Italiens, rapporte Olivier de Serres, *encore asser rares en France*, tiendront rang honorable au jardin pour leur délicatesse, etc. »

Nous avons parlé, p. 329, 330 et 331, première partie du *Livre de la Ferme*, des terrains, des climats et des engrais qui conviennent aux choux fourragers; comme ils conviennent également aux choux du potager, il ne nous paraît pas nécessaire d'y revenir.

Variétés. — Les botanistes ne voient dans les choux du potager que des variétés du chou sauvage. Il nous en coûte bien un peu de les croire sur parole, mais du moment où nous n'avons pas de preuves du contraire à leur fournir, nous sommes forcés d'accepter leur assertion, tout en leur en laissant l'entière responsabilité.

La classification adoptée par les auteurs pour nos diverses races ou variétés de choux, laisse, à notre avis, beaucoup à désirer. On nous permettra donc de ne pas la suivre et d'en présenter une nouvelle. Nous pensons que l'on se trouverait bien de les classer : 1° en choux d'York ; 2° choux d'Allemagne ; 3° choux de Milan ou de Savoie ; 4° choux rouges ou de Frise ; 5° choux d'hiver non pommés ; 6° choux-fleurs et brocolis ; 7° choux-raves ou de Siam.

1° Les choux d'York, qui diffèrent essentiellement des autres races par leur feuillage, leur saveur et même par la forme habituelle de leurs pommes, comprendraient les *choux d'York* (gros et petit), le *cabbage*, le *pain de sucre*, le *cœur de bœuf* (petit et gros), et peut-être aussi le *bacalan* ou chou de Saint-Brieuc que nous avons vu au mois de mai sur les marchés de Bordeaux et de Toulouse, qui ressemble beaucoup pour la forme au chou de Winnigstadt, mais qui, sous d'autres rapports, se rapproche plus encore des choux d'York.

2° Les choux d'Allemagne comprendraient le *gros chou d'Allemagne* ou *d'Alsace*, ou *quintal*,

Fig. 1305. — Chou d'Allemagne.

le *chou cabus de Saint-Denis* ou *d'Aubervilliers*, le *chou de Hollande à pied court*, le *chou trapu de Brunswick*, le *chou Joanet* ou *Nantais*, le *chou de Vaugirard*, le *chou pointu de Winnigstadt* (ce chou à pomme pointue, a été figuré exactement plus loin), et le *chou conique de Poméranie*. Toutes les variétés de cette catégorie ont une saveur plus prononcée, moins fade que celle des choux d'York.

3° Les choux de Milan ou de Savoie, caractérisés par leurs feuilles cloquées et d'un vert plus ou moins gai, par une pomme nuancée de jaune à l'intérieur et par une saveur propre, comprendraient le *chou de Milan des Vertus*, le *Milan* ou *Savoyard très-hâtif d'Ulm*, le *pancalier de Touraine*, les *Milans* ou *Savoyards à tête longue* et *à tête*

Fig. 1306. — Chou de Winnigstadt.

ronde, le *Milan* ou *Savoyard doré*, le *Milan* ou *Savoyard très-frisé de Malines*, le *chou à jets de*

Fig. 1307. — Chou de Milan.

Bruxelles ou *spruyt*. Ce dernier est bien certainement une variété de ce que nous appelons en France le petit chou Milan. Pour s'en convaincre, il suffit de semer de la graine prise au-dessus de la tige du chou à jets; les plantes qui en proviennent donnent peu de rosettes et se couronnent d'une tête de chou de Milan qui accuse parfaitement l'origine.

4° Les choux rouges ou de Frise, dont les plus remarquables nous viennent de la Hollande, comprendraient le *gros chou rouge de Frise*, le *petit chou rouge d'Utrecht* ou *tête de nègre*, plus fin et d'une couleur plus foncée que le précédent, et enfin le *chou rouge marbré d'Alost* ou *de Gand*, qui a les feuilles glauques et les nervures d'un rouge clair. Quant aux choux frisés rougeâtres, que l'on rencontre de loin en loin, il faut les tenir pour des métis de mauvaise qualité provenant du croisement des choux rouges avec des choux de Milan. Il n'y a point à s'y méprendre.

5° Les choux d'hiver non pommés sont le *chou vert d'hiver* et le *chou blond d'hiver*. Le premier est plus rustique que le second, mais il est moins délicat. L'un et l'autre, bien que qualifiés de non pommés, ont cependant une tendance à former une pomme lâche quand on les sème et qu'on les transplante de bonne heure. Les choux frisés et prolifiques, ainsi que le chou de Russie, qui ne forme la plupart du temps qu'une pomme insignifiante, peuvent être classés dans cette catégorie. Les choux frisés et prolifiques conviennent mieux, selon nous, pour la culture fourragère que pour la culture potagère. Cependant on en trouve beaucoup, en hiver, à la halle de Paris.

6° Les choux-fleurs ou brocolis renferment plusieurs variétés hâtives, demi-hâtives et tardives. Le *petit Salomon* est hâtif, ainsi que le *chou-fleur noir de Sicile*; le *gros Salomon* ou *demi dur* vient ensuite; le *chou-fleur dur de Paris*; le *chou-fleur dur de Hollande* et le *chou-fleur dur d'Angleterre* sont les variétés les plus tardives. Les brocolis que de Candolle appelle *brassica oleracea botrytis cymosa* ressemblent beaucoup aux choux-fleurs que le même auteur appelle *brassica oleracea botrytis cauliflora*. « La pomme fine et serrée, dit M. Vilmorin, ne se distingue pas de celle du chou-fleur dans les bonnes variétés blanches; dans les variétés violettes, la pomme est ordinairement petite et le grain (boutons de la fleur) en est gros et peu serré. » Pour notre compte, nous avons cultivé assez longtemps des choux-fleurs et des brocolis; cependant, une fois les têtes coupées et dépouillées de leurs feuilles, nous ne saurions les distinguer sûrement les uns des autres. Sur pied, c'est différent: les feuilles du brocoli sont plus nombreuses, moins longues, moins vertes, plus ondulées que celles du chou-fleur; les têtes du brocoli sont plus blanches ordinairement que celles du chou-fleur et ont moins de tendance à jaunir; enfin la tête du brocoli présente un aspect particulier d'*efflorescence* qui n'existe pas sur celle du chou-fleur. Les variétés de brocolis, adoptées le plus généralement, sont : le *chou brocoli blanc hâtif*, le *chou brocoli blanc Mammoth* et le *chou brocoli violet*.

7° Les choux-raves ou de Siam (*brassica gongiloïdes* de Linné, et *brassica caulo-rapa* de de Candolle) sont désignés par les marchands grainiers de Bruxelles sous le nom de choux-raves ou d'Arabie, traduction un peu trop libre du mot anglais *kohlrabi* qui signifie tout bonnement chou-rave. Cette catégorie comprend plusieurs variétés, qui sont : le *chou-rave blanc hâtif de Vienne*, le *chou-rave violet hâtif de Vienne*, le *chou-rave blanc tardif*, le *chou-rave violet tardif* et le *chou-rave à feuilles d'artichaut*.

Fig. 1308. — Chou-rave.

Culture des choux. — Les choux d'York, qui sont en général précoces, doivent être semés dans la première quinzaine de septembre dans le Midi; vers la fin d'août, sous le climat de Paris, et vers le 15 du même mois, dans le nord de la France et en Belgique. On dispose, à cet effet, d'un coin ou d'une plate-bande du potager. Quand la plante est levée, on l'arrose, on l'éclaircit, et on la sarcle au besoin; pour l'éclaircir, on doit supprimer les sujets les plus tardifs et ceux d'un vert pâle, afin de conserver les plus robustes. Cinq ou six semaines au plus tard après la levée, les jeunes choux sont bons à repiquer. On les repique donc contre un mur, ou à bonne exposition, en pépinière, c'est-à-dire à 0m,06 ou 0m,07 de distance les uns des autres. Un mois et souvent même deux ou trois semaines seulement après cette transplantation, on prépare des planches, on enlève les choux de la pépinière et on les met en place à 0m,40, 0m,50 et plus de distance en tous sens, selon le développement que les diverses variétés peuvent prendre. Ainsi, le cabbage, le pain de sucre, le petit chou d'York et le petit cœur de bœuf seront plus rapprochés que le bacalan, le gros chou d'York et le gros cœur de bœuf. On aura soin de réserver du plant dans la pépinière, afin de remplacer les choux qui peuvent être détruits pendant l'hiver ou qui monteraient à fleur au commencement du printemps, ce qui arrive pour ainsi dire toujours avec les plantations de choux d'automne.

S'il est d'usage de semer les choux d'York vers la fin de l'été, il ne suit pas de là qu'on doive proscrire le semis de printemps. Dans les contrées très-froides, très-neigeuses, où les pépinières ne résistent pas toujours, on sème ces choux vers la fin de mars ou en avril, et dès qu'ils ont de 0m,08 à 0m,12, on les sort de la pépinière pour les mettre immédiatement en place.

Les choux d'Allemagne ou gros cabus blancs à feuilles lisses, sont le plus souvent semés au printemps. Cependant quelques-uns d'entre eux, notamment le trapu de Brunswick, le cabus de Saint-Denis et le chou pointu de Winnigstadt, résistent presque aussi bien à l'hiver que les variétés d'York. Le mode de semis ne diffère en rien du précédent. Quant au repiquage à demeure, il n'est pas besoin de faire remarquer que du moment où nous avons affaire à des races d'un grand développement, on doit espacer en conséquence. Si 0m,60 suffisent entre les choux de Hollande à pied court, Joanet ou Nantais, de Brunswick et de Vaugirard, 0m,75 à 0m,80 ne sont pas de trop entre les gros choux d'Allemagne et ceux de Saint-Denis ou d'Aubervilliers. A propos du chou de Vaugirard que nous venons de citer, nous avons une recommandation particulière à soumettre à nos lecteurs, c'est de ne semer cette variété que vers la fin de mai ou dans les premiers jours de juin, puisqu'elle est destinée à la consommation de l'hiver et que, partant, sa pomme ne demande pas à se former trop tôt.

Les choux de Milan ou de Savoie seront semés, partie vers la fin de l'été, partie en mars, avril et mai. Ainsi, le chou de Milan ou de Savoie hâtif d'Ulm doit être semé, repiqué en pépinière et transplanté définitivement en novembre ou même décembre comme les choux d'York. On peut agir ainsi à l'égard des petits choux de Milan à tête longue et à tête ronde, mais beaucoup deviennent sujets à monter à la sortie de l'hiver. Le gros chou de Milan des Vertus supporterait également les rigueurs de la mauvaise saison, — nous en avons eu la preuve en Belgique où les amateurs d'exposition l'hivernaient afin de l'obtenir plus tôt et plus gros. — Mais, en France, il est d'usage de le semer en mars et avril, ainsi que la plupart des Milans. Quant à l'espacement à donner aux choux de cette catégorie, il est subordonné à leur développement : 0m,35 suffisent pour la variété hâtive d'Ulm ; 0m,60 sont de rigueur pour les choux à tête ronde, à tête longue, doré et frisé de Malines(1) ; 0m,80 sont à peu près de rigueur aussi pour les gros choux de Milan des Vertus. Pour ce qui est du chou à jets de Bruxelles, il fait exception à la règle. On ne doit le semer que dans la seconde quinzaine de mai, afin de ne pas être obligé de le récolter avant le mois d'octobre, pour continuer pendant tout l'hiver. Comme il occupe plus de place en hauteur qu'en largeur, on ne laissera que 0m,40 de distance entre les pieds.

Les choux rouges ou de Frise, très-répandus dans le nord de la France et en Belgique, assez rares sous le climat de Paris et presque inconnus en allant vers le Midi, doivent être semés en août plutôt qu'en mars et avril. A Paris, c'est le contraire qui a lieu, parce que les jardiniers connaissent mal ces variétés et les croient très-délicates, quand en réalité elles sont très-robustes. Le chou rouge de Frise, que l'on nomme encore chou rouge de Brunswick et chou polonais, grâce aux besoins que certains marchands grainiers éprouvent de jeter de la confusion dans les races et de se créer de prétendues nouveautés à peu de frais, le chou rouge de Frise, disons-nous, prend le même développement que le quintal et le cabus de Saint-Denis. Le chou rouge d'Alost ou de Gand est dans le même cas. Le chou rouge d'Utrecht est haut sur pied et ne forme qu'une petite pomme.

Les choux verts d'hiver qui ne doivent figurer sur les tables qu'après avoir subi l'action des gelées, ne sont ordinairement semés que dans la première et quelquefois dans la seconde quinzaine de mai. On les enlève de la pépinière vers le mois de juin et on les repique au potager, à 0m,40 ou 0m,45 de distance, ou bien encore dans un champ de pommes de terre, entre les touffes. Lorsque les tubercules sont arrachés, les choux d'hiver occupent l'emplacement et le garnissent bien.

Les choux-fleurs et les brocolis, pour ce qui regarde les variétés hâtives, exigent une culture forcée, dont nous aurons à nous occuper en temps et lieu. Les variétés tardives, les seules à cultiver en pleine terre, sont semées en mai et juin sur une plate-bande ombragée, et l'on repique le plant comme s'il s'agissait de choux ordinaires. Les soins d'entretien sont d'ailleurs les même que pour ces derniers, à cette différence près que les choux-fleurs exigent de fréquents et copieux arrosements. De l'engrais et beaucoup d'eau, voilà tout le secret pour réussir. Lorsque les têtes ont la grosseur du poing, on rompt à moitié les feuilles les plus rapprochées de ces têtes et on les cache dessous. Le développement continue ; on rompt alors une autre rangée de feuilles pour les couvrir encore, et puis toujours ainsi jusqu'aux feuilles extérieures. Les têtes de choux-fleurs et de brocolis ainsi cachées, se conservent blanches et tendres.

Les autres soins consistent en sarclages et binages. Quelquefois on butte tous les choux sans exception, et l'on fait bien, car la terre amassée au pied de ces légumes, empêche l'action de l'air sur les tiges qui se maintiennent alors tendres et favorables à la circulation de la sève.

Les choux-raves, ou colraves des Alsaciens, se distinguent des autres choux par le renflement de leur tige au-dessus de terre, renflement sur lequel poussent les feuilles. C'est cette partie de la plante que l'on consomme dès qu'elle a la grosseur du poing ; plus tard, elle a perdu de sa délicatesse. On sème les choux-raves à partir du mois de mars jusqu'à la fin de mai. On les repique comme les choux dont il vient d'être parlé ; on les arrose de temps en temps, on les sarcle, on les bine ; puis, dès que le renflement est bien marqué, on le butte, on le recouvre de terre. C'est le meilleur moyen de hâter son développement, de conserver sa finesse de goût et de l'empêcher de se crevasser. Il n'est pas nécessaire de conserver entre les pieds plus de 0m,35 de distance. Un chou-rave bien venu est rond comme une boule ou aplati légèrement en dessus ; quand il s'allonge, c'est presque toujours aux dépens de la qualité ; alors un bon tiers de la partie inférieure est coriace.

Ennemis des choux. — Nous qualifions d'ennemis des choux les animaux qui les aiment trop ; c'est abuser étrangement de la valeur d'un mot, mais nous cédons à l'usage. Les lapins et les lièvres sont fort avides de choux, mais ces animaux ne sont à craindre que dans les villages. Quant aux mollusques, aux annélides et aux insectes, on les rencontre partout. Les limaces et les escargots sont à redouter, pour les jeunes plants, dans le voisinage des haies et des murs ; les vers de terre les courbent et les coupent dans certaines contrées. Pour ce qui est des insectes, les entomologistes en même temps que les praticiens signalent les altises ou puces de terre ou *alirette* des Parisiens (*altica*) qui attaquent les choux au moment de la levée, la chenille de la piéride du chou ou grand papillon du chou (*pieris brassicæ*), la chenille du papillon blanc veiné de vert ou piéride du navet (*pieris napi*), la chenille du petit papillon du chou (*pieris rapæ*), la chenille de la noctuelle du chou (*hadena brassicæ*), et la chenille verte de la noctuelle gamma (*plusia gamma*), qui toutes s'attaquent aux feuilles développées ; puis viennent les pucerons des choux (*aphis brassicæ*) qui sucent la sève des feuilles en temps de sécheresse et font mourir la plante ; le vergris ou vercourt qui est la larve de l'*agrotis segetum* et qui coupe au collet les choux nouvellement transplantés ; et le charançon cou sillonné (*ceutorhynchus sulcicollis*) qui produit les excroissances, gales ou boulets que nous voyons à la racine des choux, et dans lesquels

(1) On nomme ainsi en Belgique une variété qui pourrait bien être notre chou Marcellin ou le pancalier de Touraine.

se trouve un petit ver blanc, larve de ce charançon.

Nous nous contentons de signaler ces animaux nuisibles. Des chapitres spéciaux leur sont consacrés dans ce livre, et nécessairement on s'y est occupé des moyens de les détruire ou tout au moins de les éloigner.

Des porte-graines de choux. — Tout d'abord, et avant de procéder à la récolte des choux, il convient de marquer avec des baguettes les plus beaux pieds des diverses variétés. On les lèvera en mottes pour les conserver dans la cave en hiver, ou mieux on les gardera en pleine terre au moyen d'abris, mais on aura soin de leur donner de l'air durant les journées douces. Au printemps, on les transplantera. Nous croyons que la tige florale qui sort de la tête des choux pommés donne de la graine tout à fait supérieure, et nous comprenons que certaines ménagères tiennent à transplanter des pieds de choux conservés avec leurs pommes, mais cette conservation prolongée n'est pas toujours facile, et le plus souvent il arrive que la pomme pourrit et occasionne la pourriture du pied, et alors tout est perdu. Tout compte fait, on est plus sûr de garder des pieds, dont on a enlevé les pommes. Quelquefois, on goudronne la partie coupée. Pour toutes les races de choux, le chou de Bruxelles excepté, la meilleure graine est celle des principales siliques, placées sur la tige mère ou sur les principales branches et mûrissant les premières. Avec le chou de Bruxelles, la meilleure graine est celle que donnent les rameaux latéraux du milieu de la tige; celle que donne la tige mère ne vaut rien, aussi supprime-t-on en partie cette tige pour concentrer la sève sur les côtés. Quant aux choux-raves ou de Siam, ou choux-pommes, il faut arracher en automne des pieds qui aient le renflement lisse, clair et bien arrondi; on les conserve en mottes dans un cellier, les racines dans de la terre ou du sable frais, et sur un point assez éclairé de ce cellier. Vers la fin de l'hiver, les feuilles se montrent, et pour qu'elles ne s'étiolent pas, on donne de l'air et du jour, ou bien on transporte les porte-graines dans une pièce de l'habitation qui soit fraîche et bien éclairée. Dès que le temps le permet, on transplante.

Pour les choux-fleurs et les brocolis, la besogne est moins facile, car il est le plus souvent nécessaire d'avoir une couche vitrée à sa disposition. On sème des choux-fleurs en septembre sous le climat de Paris, en août plus au nord. Un mois plus tard, on repique les plantes sur couche et on les protége durant l'hiver avec des panneaux vitrés ordinairement, ou, parfois, avec une couverture de feuilles sèches et des paillassons. On marque au printemps les pieds qui portent les plus belles pommes, on les recouvre de larges feuilles de chou ou autres pour les empêcher de durcir, puis on enlève ces feuilles dès que les pommes s'entr'ouvrent et ont de la tendance à se mettre à fleur. On arrose souvent les pieds des porte-graines avec le goulot de l'arrosoir, on surveille de près les insectes nuisibles, et d'août en septembre, selon les contrées, on peut commencer la récolte des siliques à moitié mûres et achever la maturation sur des draps, au soleil ou au grenier.

Récolte et conservation des choux. — On récolte les derniers choux d'Allemagne en novembre, et souvent on laisse en place le chou de Vaugirard, très-avant dans l'hiver. Dans les terres légères, on peut ouvrir une tranchée, les y placer la tête en bas, les pieds dehors et recouvrir; dans les terres consistantes, ils seraient exposés à pourrir pendant l'hiver. On les met donc dans cette tranchée, la tête en dehors, les uns à côté des autres, et inclinés du côté opposé aux vents dominants. Au fort de l'hiver, on les recouvre de paille ou de litière sèche que l'on enlève dès que la température s'adoucit. Quelquefois, on établit une tranchée de l'ouest à l'est, on y place une rangée de choux, puis on ouvre une seconde tranchée, dont la terre sert à combler la première et dans laquelle on met un deuxième rang de choux, et ainsi de suite; après quoi l'on établit un toit à deux pans. Les choux reçoivent l'air par les deux extrémités qui restent ouvertes.

Un moyen moins connu et peut-être meilleur que les précédents, consiste à former à terre un lit de fagots secs, à y placer les choux la tête en bas et à les recouvrir d'un peu de paille au cœur de l'hiver. L'eau des pluies et de la neige s'infiltre dans les fagots, et les pommes de choux sont moins sujettes à pourrir que sur le sol.

Les choux de Milan ou de Savoie ne sont pas de longue garde. On peut les suspendre aux voûtes de la cave ou à la charpente du grenier. Par ce dernier moyen, ils se flétrissent vite, mais on les fait revenir dans l'eau fraîche au moment de s'en servir.

Les choux rouges se conservent parfaitement tout l'hiver, la tête enterrée dans une tranchée. On les retire de cette tranchée en mars ou avril, et on les débarrasse des premières feuilles qui sont noires et très-altérées.

Pour conserver les choux-fleurs et les brocolis, on les dépouille de toutes leurs grandes feuilles et on les pend la tête en bas dans une cave sèche ou dans un cellier. Là, ils se dessèchent et prennent mauvaise mine, mais il suffit de les mettre le pied dans l'eau, sans mouiller la tête, la veille du jour où l'on veut les consommer ou les vendre, pour qu'ils reprennent leur volume primitif et une apparence de fraîcheur. La qualité, quoi qu'on en dise, n'est plus celle des choux-fleurs frais. Les choux-fleurs pendus dans une cave, ou mieux dans un cellier à deux ouvertures en regard, ont besoin d'air. Aussi longtemps qu'il n'y a ni forte gelée, ni pluie, ni brouillard, il faut établir un courant d'air. Mais, lorsque la température force à fermer les fenêtres, il convient de temps en temps de combattre l'humidité avec des réchauds de braise allumée. On doit faire la visite des légumes au moins une fois par semaine, afin de supprimer les parties gâtées des petites feuilles qui enveloppent la tête et d'enlever les légumes qui se tacheraient. C'est par ce procédé que les maraîchers de Paris conservent leurs choux-fleurs de novembre jusqu'en avril.

Les choux-raves, récoltés après leur complet développement, ne constituent pas un légume délicat; cependant beaucoup de cultivateurs les récoltent dans cet état, vers la fin d'octobre ou en novembre, et les portent dans leur cave. Ils s'y gardent comme les pommes de terre et les betteraves, souvent mieux.

Emploi des choux. — Les choux rouges, et notamment les choux d'Utrecht, peuvent être mangés crus, en salade, ou confits au vinaigre et en hors-d'œuvre. Mais, le plus ordinairement, tous les choux, rouges et autres, sont mangés cuits et servent à de nombreuses préparations culinaires. La vieille médecine a beaucoup vanté les propriétés du chou rouge dans les inflammations chroniques des poumons, et quelques médecins les vantent encore. C'est uniquement pour cela qu'on en cultive un peu aux environs de Paris. C'est avec le jus de ce chou et du sucre qu'on prépare le sirop de chou rouge dans les pharmacies. Tous les choux pommés, à l'exception des rouges, servent à fabriquer la choucroute; cependant on préfère les choux d'Allemagne ou cabus blancs aux choux de Milan, parce que les pommes des premiers sont plus fermes que celles des seconds et se laissent par conséquent couper en lanières plus fines. Voici, en quelques mots, la manière de préparer la choucroute :

Lorsque les choux sont arrachés et dépouillés de leurs feuilles vertes, on les laisse se ressuyer pendant sept à huit jours sous un hangar ou dans une grange. Cela fait, on divise les pommes en minces lanières au moyen d'un couteau à plusieurs lames qui fonctionne comme un rabot, avec cette différence que le couteau est immobile et que l'on fait mouvoir sur lui une sorte de châssis dans lequel on presse fortement les choux avec les mains. Les lanières tombent dans une grande manne en osier bien propre. Quand cette manne est pleine, on met les lanières de chou en tonne. On en forme d'abord une couche de $0^m,20$ à $0^m,25$ à peu près, sur laquelle on jette un peu de gros sel gris, le moins possible, quelques grains de gros poivre et quelques baies de genévrier. Puis on foule énergiquement cette couche avec un fouloir en bois, et parfois, si la tonne est large, avec les pieds chaussés de sabots très-propres. Lorsque la couche se trouve réduite au tiers de son épaisseur primitive ou environ, on forme une seconde couche sur celle-ci ; on l'assaisonne de même, on la foule également ; puis on passe à une troisième couche, et ainsi de suite jusqu'à ce que la tonne soit à peu près pleine. On couvre la choucroute avec des feuilles de chou ; sur ces feuilles, on place un couvercle rond qui entre dans la tonne et que l'on manœuvre à l'aide d'une poignée fixée au centre ; on presse ce couvercle avec une vis, ou bien on le charge tout simplement avec de grosses pierres. L'eau de végétation des choux ainsi comprimés, s'élève au-dessus du couvercle et le recouvre.

La fermentation de la choucroute commence au bout de deux ou trois jours et finit après quinze jours ou trois semaines. Au bout de la quinzaine, il est prudent d'enlever l'eau de chou qui recouvre la tonne. Cette opération se fait avec une grosse cuiller et une éponge. Lorsqu'il n'en reste plus, on ôte les pierres, le couvercle et les grandes feuilles de choux ; après quoi on enlève la surface de la choucroute, ordinairement gâtée. Cela fait, on replace de nouvelles feuilles ou les mêmes après un lavage, le couvercle, les pierres, et l'on verse un seau d'eau fraîche au-dessus de la tonne. Toutes les fois que l'on veut prendre de la choucroute pour la consommation, c'est un travail à refaire ; mais dans le cas où l'on n'en prendrait qu'à de longs intervalles, et dans le cas aussi où l'on ne toucherait pas à la conserve, on n'en devrait pas moins la nettoyer, la changer d'eau tous les mois en hiver et tous les huit jours en été, quelquefois même deux fois par semaine au temps des plus grandes chaleurs.

Ciboule commune (*allium fistulosum*). — Plante vivace, de la famille des Liliacées, que nous cultivons au potager comme si elle était bisannuelle. La ciboule n'est difficile ni sur le terrain ni sur le climat ; cependant les terres légères et riches lui conviennent principalement, ainsi que les climats tempérés. On la sème à deux époques de l'année : dès la sortie de l'hiver et dans le courant de juillet ; mais rien n'empêche de la semer de mois en mois entre ces deux dates extrêmes. Les uns la transplantent deux mois environ après le semis, et mettent deux plantes dans le même trou, à $0^m,15$ d'intervalle ; les autres ne prennent point cette peine.

La ciboule commune n'exige qu'un peu d'eau en temps de sécheresse et des sarclages de loin en loin. Cette plante talle beaucoup ; sa racine se compose d'un certain nombre de bulbes allongés, assez semblables à de jeunes oignons qui ne sont pas disposés à tourner ; la tunique de ces bulbes est rougeâtre à la partie inférieure et argentée dans le voisinage des feuilles. Ces feuilles sont nombreuses, hautes d'une trentaine de centimètres et pareilles ou à peu près à celles des jeunes oignons.

La *ciboule blanche hâtive* est une variété de la précédente. Ses feuilles sont plus longues, plus vertes, moins sujettes à se dessécher et moins âcres que celles de la ciboule ordinaire ; mais en retour, elles sont moins abondantes et meurent toutes en hiver pour repousser au printemps. On cultive la ciboule blanche comme la ciboule commune.

La *ciboule vivace*, que le Bon Jardinier appelle *ciboule de Saint-Jacques*, se multiplie de caïeux que l'on éclate au printemps ou à l'automne et que l'on plante en bordure ou en contre-bordure.

On nous permettra de faire observer en passant que si les jardiniers modernes confondent la ciboule vivace et la ciboule de Saint-Jacques, à tort ou à raison, les jardiniers du siècle passé établissaient une distinction entre les deux. De Combes, qui se connaissait en jardinage mieux que la plupart d'entre nous, a écrit ceci : « La ciboule de Saint-Jacques a un avantage sur la commune, en ce que le ver (1) ne s'y met point et qu'un pied fait autant d'effet dans les aliments

(1) Le ver en question ne peut être que la larve de la *mouche de l'échalotte* (*anthomyia platura*). Les entomologistes accusent cette larve d'un accident dont nous la croyons innocente. Nous pensons qu'elle n'attaque que les échalottes et les ciboules malades. Elle serait à notre avis non la cause, mais l'effet de la maladie.

que le double de l'autre; elle n'est pas sujette non plus à périr l'hiver, quelque rigueur de temps qu'il fasse; j'entends le pied, d'autant que sa fane sèche et disparaît dès le mois d'août, et ce n'est qu'au printemps suivant qu'elle ressuscite; alors on la voit pousser à vue d'œil; elle forme des touffes extraordinairement grosses qui fournissent abondamment, et qui sont plus tardives à monter en graine que les autres espèces : on ne la cultive pas différemment de la première, à l'exception qu'il n'y a qu'une saison pour la semer qui est le printemps.

« La ciboule vivace, reprend le même auteur, ne porte point de graine et ne se multiplie que de ses rejetons qu'on détache des vieilles souches, et qu'on replante de même au printemps et en automne ; elle se conserve bonne pendant dix ans; on la plante à 7 ou 8 pouces de distance en tous sens dans des planches préparées ; un seul pied suffit et en produit dix à douze dans le courant de l'année, qu'on détache peu à peu, à mesure qu'on en a besoin, sans détruire la touffe en entier ; le peu qu'on laisse reproduit de nouveau, et fournit d'année en année pendant sa durée ; si l'on aime mieux cependant en replanter tous les ans de la nouvelle, cela est égal.

« Outre ce mérite, elle a celui de pousser plus promptement que l'autre au printemps, quoiqu'elle se dépouille dans l'hiver ; pendant le gros de l'été, sa fane sèche tout de même si on ne la mouille pas exactement; mais à l'automne elle reverdit; elle résiste, enfin, à toutes les intempéries des saisons, et fournirait sans discontinuation toute l'année si on voulait y donner quelques soins pour l'entretenir en vigueur. »

Pour ne pas manquer de ciboule en hiver, il faut arracher en novembre de la ciboule commune semée en février ou en mars, la planter dans une petite tranchée de $0^m,20$ à $0^m,22$ de profondeur et la couvrir de litière sèche en temps de gelée.

Quand on tient à faire de la graine de ciboule, on doit choisir les semenceaux parmi les plantes qui ont été semées en février ou mars, puis transplantées en avril ou mai. Dès que les tiges ont une certaine élévation, on les soutient avec des tuteurs ou en liant avec du jonc plusieurs têtes ensemble. Au moment où les semences commencent à se détacher de leurs capsules, ce qui arrive en juillet, août ou septembre, selon les climats, on coupe les têtes, on les place sur des draps et l'on attend que la dessiccation se complète. Après cela, on frotte la graine entre ses mains et on la conserve avec ses balles. Elle se garde ainsi trois et quatre ans, tandis que si on la vannait de suite, elle ne se garderait pas plus de deux ans.

Emploi de la ciboule. — Les bulbes, mais surtout les feuilles de la ciboule, coupées menu ou hachées, servent à condimenter certaines préparations culinaires et servent aussi à l'assaisonnement des salades.

Ciboulette, civette, cive, appétit (*allium schœnoprasum*). — Plante indigène et vivace, de la famille des Liliacées. On la trouve à l'état sauvage dans tout le midi de la France. Elle demande une bonne terre, une exposition chaude et des arrosements en temps sec. Quand on la place dans une terre maigre et qu'elle souffre de la soif, ses feuilles se développent peu et ne tardent pas à jaunir par le bout. Ordinairement, on la multiplie d'éclats que l'on plante en mars, en bordure et mieux en contre-bordure ; elle supporte les plus rudes hivers sans qu'il soit nécessaire de lui donner un abri quelconque. Il faut la couper souvent pendant sa végétation, afin d'avoir toujours de la feuille tendre. A l'approche de l'hiver, on la coupe une dernière fois et on la couvre avec un peu de terreau, non pour la sauvegarder contre les gelées, mais pour remettre en état le sol fatigué nécessairement par la production. On ne couvrirait pas la ciboulette de terreau, qu'elle n'en repousserait pas moins à la sortie de l'hiver; seulement elle n'aurait pas autant de vigueur.

Emploi de la ciboulette. — Les feuilles, coupées menu, entrent dans les fournitures des salades de laitue, et donnent à ces salades une saveur relevée.

Claytone perfoliée ou **Claytonie de Cuba** (*claytonia perfoliata* seu *claytonia Cubensis*). — Plante annuelle, de la famille des Portulacées, originaire des lieux inondés et des plages maritimes de l'île de Cuba. Il y a trente ans, on ne la cultivait pas en France; aujourd'hui elle y est bien rare encore et on ne la rencontre guère que dans les potagers d'amateurs. On la sème en lignes ou à la volée, au printemps, en terre légère et riche. Le semis doit être clair, car la plante

Fig. 1309. — Jeune pied de Claytone.

fournit beaucoup du pied; la graine est très-fine et ne demande qu'à être foulée, recouverte d'une mince couche de terreau et bassinée de temps en temps. Les arrosages copieux en temps sec lui sont indispensables. Dans le Nord, elle réussit difficilement en pleine terre.

On la coupe plusieurs fois dans le courant de l'été. Ses feuilles peuvent remplacer le pourpier dans les potages; on les mange aussi à la manière des épinards.

Nous avons cultivé la claytone dans une terre sableuse, au pied d'un mur exposé à l'est; elle a été négligée quant aux arrosements, à cause de la difficulté de se procurer de l'eau, mais elle n'en a pas moins prospéré. Elle est moins sensible au froid que nous ne le supposions; elle résiste très-bien aux gelées blanches, comme nous avons pu nous en convaincre dans l'hiver doux de 1862-1863. Le 7 février, la végétation de cette plante ne laissait rien à désirer. Les pluies, il est vrai, ne lui avaient pas fait défaut. Dans l'hiver de 1863-1864, elle a résisté à une température de 9 et 10° au-dessous de zéro dans notre terre sablonneuse de Bois-des-Colombes.

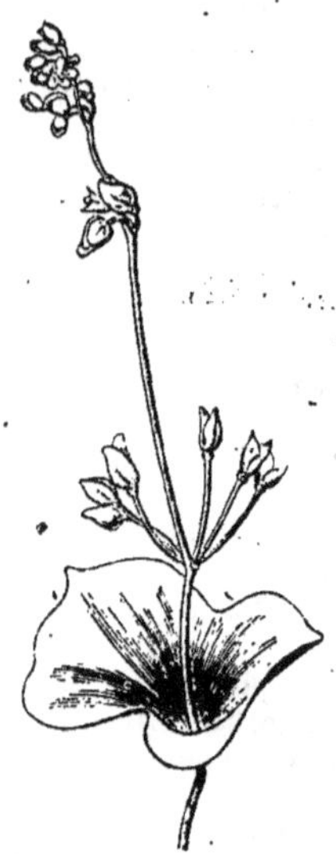

Fig. 1310. — Claytone en fleur.

Citrouille.— *Voyez* COURGE.

Concombre (*cucumis sativus*). — Plante annuelle, de la famille des Cucurbitacées, originaire des Indes. Ce légume a plutôt perdu que gagné dans l'opinion des consommateurs. Au siècle dernier, le concombre figurait toujours sur une table bien servie, tantôt sous une forme, tantôt sous une autre. A présent, on fait d'excellents repas en l'absence du concombre. Toutefois, il n'est pas à dédaigner et l'on soigne toujours sa culture dans les potagers bourgeois et dans les jardins des maraîchers de nos grandes villes.

Variétés. — D'après la description des plantes potagères de M. Vilmorin, on cultive une quinzaine de variétés de concombres. On nous permettra de ne pas les citer toutes et de nous en tenir aux principales qui sont : le *concombre blanc hâtif*, le *concombre blanc de Bonneuil* ou *blanc gros*, le plus recherché des parfumeurs et des pharmaciens pour la préparation de la pommade de concombre, le *concombre jaune gros*, le *concombre jaune hâtif de Hollande*, le *concombre vert long*, le *concombre à cornichons*, le *concombre de Russie* ou *à bouquet* et le *concombre serpent* ou *de Turquie*, cultivé surtout pour ornement.

Culture. — Le plus souvent on commence la culture des concombres en janvier, février et mars, sur couche chaude et sous panneaux, mais nous n'avons à nous occuper en ce moment que de leur culture en pleine terre. Or, elle est possible et facile non-seulement dans les divers climats de la France, mais encore dans les contrées les moins favorisées de la Belgique. Le concombre demande une terre légère, facile à s'échauffer, une bonne exposition, du fumier bien consumé et en abondance, de la colombine sèche, quand on peut en joindre à ce fumier, et des arrosages à l'eau tiède, de temps en temps, lorsque les premiers fruits sont noués. En avril ou en mai, selon les climats, on ouvre des fosses à 0m,60 de distance les unes des autres, on y met une pelletée d'engrais que l'on presse légèrement avec les mains; on masque cet engrais avec 0m,01 de bonne terre, on y place trois ou quatre graines de concombre et l'on recouvre avec la terre extraite de la fosse, sur une épaisseur de 0m,02 à 0m,03. Lorsque les plantes ont donné leur première feuille, on supprime les deux plus faibles et on conserve les deux plus belles.

Pour avoir de beaux fruits, il ne faut pas laisser les concombres se développer en toute liberté. Dès que les tiges ont pris un certain développement, on les pince comme celles des melons au-dessus du second nœud. Ce pincement fait partir des branches latérales que l'on pince à leur tour au-dessus du cinquième ou du sixième nœud.

Le concombre à cornichons est le seul qu'on ne pince pas.

Les fruits laissés pour graine doivent rester sur le terrain, le plus tard possible, jusqu'à ce qu'ils commencent à pourrir. Alors on enlève les semences, et on les laisse sécher doucement au soleil. Elles gardent leurs facultés germinatives pendant six ou sept ans.

Parfois, dans les terrains humides, on ne permet pas aux tiges de concombre de ramper sur le sol; on leur donne des tuteurs et on les traite comme des haricots ou des pois ramés. Seulement, il est bon de les soutenir aux tuteurs avec de solides ligatures.

Il faut se défier des limaces. Elles attaquent souvent les concombres au moment de la levée. Il faut se défier aussi des nuits froides qui déterminent une maladie connue sous le nom de *blanc* ou *meunier*. Cette moisissure attribuée aux refroidissements atmosphériques par les maraîchers, et avec raison le plus souvent, pourrait bien l'être aussi au défaut d'arrosage pendant les années de sécheresse, dans les jardins particuliers. Ainsi, l'année 1861 a été très-chaude dans le climat de Paris, et nous n'avons pas eu à nous plaindre du froid pendant une seule nuit d'été; cependant nos concombres, cultivés contre un mur, à chaude exposition, arrosés avec de l'eau tiédie au soleil, mais en quantité insuffisante pour un terrain sablonneux nouvellement défoncé à 1 mètre et plus de profondeur, nos concombres, disons-nous, ont eu le *blanc*. Il y a donc lieu de croire que cette moisissure est le résultat d'un malaise quelconque, provenant aussi bien du chaud que du froid.

Emploi des concombres. — Les cuisines en font une consommation importante. On les mange ou cuits ou crus et en salade, ou confits au vinaigre et sous le nom de cornichons. Tous les concombres qui ne dépassent pas la grosseur du doigt peuvent servir à faire des cornichons; seulement on préfère la variété à fruits verts à la variété à fruits blancs ou jaunâtres. Nous admettons cette distinction pour les conserves du commerce; nous ne l'admettons pas pour les conserves du ménage, pas plus que nous n'admettons la préférence accordée aux concombres blancs, au préjudice des jaunes.

Un enthousiaste du concombre, de Combes, nous dit : — « On le mange cru et cuit de vingt façons différentes, tant en gras qu'en maigre :

on en garnit les soupes; et, quand ils sont farcis, la farce les relève beaucoup. On les met sous des poulets ou des poulardes, et c'est un ragoût distingué. On les met encore sous des viandes rôties, après les avoir fait cuire et égoutter; on les hache avec différentes viandes, de même qu'avec le poisson, et on en fait une farce très-délicate; on les fricasse à la poêle avec le beurre, l'oignon; on les apprête aussi dans la casserole avec la crème, le persil et la ciboule; enfin, les cuisiniers ont un plaisir particulier à varier le goût et l'assaisonnement de ce légume, qui est goûté et souhaité dans les meilleures tables.» Le même auteur nous enseigne aussi la manière de manger les concombres crus et de faire des bocaux de cornichons, mais n'anticipons pas sur le domaine de la cuisine. Il en sera parlé ailleurs.

Nous avons déjà dit que le concombre sert à préparer la pommade de ce nom.

Corne-de-cerf. — Nom donné à la chicorée-endive de Rouen. *Voy.* CHICORÉE.

Corne-de-cerf. — Nom vulgaire d'une espèce de plantain (*plantago coronopus*) employé comme fourniture dans les salades. *Voy.* PLANTAIN.

Courge (*cucurbita*). — Plante annuelle, de la famille des Cucurbitacées, originaire des climats chauds de l'Asie, de l'Afrique, de l'Amérique et de l'extrême midi de l'Europe. Les courges étaient bien connues déjà au temps de Columelle: les premières nous sont venues de l'Espagne et de l'Italie; et à l'époque où Olivier de Serres écrivait (fin du seizième et commencement du dix-septième siècle), il en arrivait souvent de nouvelles de l'Afrique et de la Turquie. Les courges sont très-fréquemment appelées *potirons*, *citrouilles*.

Variétés. — Il existe un très-grand nombre de courges qui ne sont pas, à notre avis, de simples variétés issues d'un type unique. Le genre courge doit comprendre quelques espèces distinctes qui, par le semis et le croisement, ont produit les variétés et variations que nous connaissons. Ceci est l'affaire des botanistes, non la nôtre. Nous nous bornerons à signaler ici, d'après M. Vilmorin, les courges (espèces ou variétés) cultivées le plus ordinairement. Ce sont: la *courge à la moelle* ou *moelle végétale* (*vegetable marrow* des Anglais) à tiges coureuses, à chair d'un blanc jaunâtre; la *courge sucrière du Brésil*, ovale, à écorce jaune orange et lisse, à chair de même couleur et à tiges coureuses; la *courge blanche non coureuse de Virginie*, à écorce lisse, d'un blanc jaunâtre ainsi que la chair, et longue d'environ 0m,45; la *courge d'Italie*, ou *coucourzelle*, non coureuse, à fruit jaune panaché, et fouetté de vert foncé dans le sens de la longueur et à chair jaune pâle; la *courge de Barbarie*, coureuse, à fruit presque cylindrique, dont la peau jaune est panachée de larges bandes de vert foncé dans le sens de la longueur, et dont la chair est d'un jaune pâle; la *courge des Patagons*, coureuse, à fruits presque cylindriques, à côtes régulières, à peau d'un vert foncé luisant, à chair d'un jaune pâle; la *courge pleine de Naples* ou *porte-manteau* coureuse, à fruit courbé, renflé vers les extrémités, bien plein, à chair d'un jaune vif; la *courge de l'Ohio*, coureuse, à fruit orangé, de forme irrégulièrement ovale, à chair d'un jaune très-foncé; la *courge de Valparaiso*, coureuse, à fruit ovale, renflé vers l'ombilic, à peau bien blanche, lisse ou brodée, à chair orangée; la *courge de Chypre*, coureuse, à fruit petit, un peu aplati, à peau rouge faiblement côtelée et panachée de blanc et de gris dans le sens des côtes, à chair d'un jaune verdâtre; la *courge marron* ou *courge châtaigne*, ou *potiron de Corfou*, coureuse, et ainsi décrite par M. Vilmorin: « Fruit déprimé, mesurant en diamètre environ 0m,25 sur 0m,10 d'épaisseur dans l'axe du pédoncule, à côtes larges très-effacées ou même nulles; écorce rouge brique, nuancée de jaune rougeâtre dans le sillon des côtes, ombilic creux en entonnoir, vert pâle, nuancé et panaché de vert plus foncé; pédoncule très-gros, mamelonné, allongé, rugueux ou sillonné; chair épaisse très-féculente. » Viennent après celles-ci: le *courgeron de Genève*, plante non coureuse, à fruit petit, d'un vert foncé nuancé de vert pâle ou de jaune, et à chair rougeâtre; la *courge melonnée* ou *musquée de Marseille*, coureuse, à fruit arrondi, d'un volume ordinaire, à écorce d'un vert clair mêlé de vert pâle ou de jaune, à chair d'un jaune verdâtre; la *citrouille de Touraine*, coureuse, à fruit variable dans sa forme, d'un vert pâle nuancé de blanc, et à chair blanche rosée et jaunâtre; le *potiron jaune gros*, à tiges coureuses, à fruit variable dans ses formes, dont l'écorce d'un jaune pâle est tantôt lisse, tantôt rugueuse ou même brodée, à chair jaune; le *gros potiron blanc*, plante coureuse, à chair d'un jaune faible; le *gros potiron vert* ou *courge verte* de Bourgogne, plante coureuse, dont le fruit à formes variables aussi est d'un vert foncé marbré de vert pâle et de jaune à la maturité; le *potiron vert d'Espagne*, à tiges coureuses, à fruit déprimé, petit, d'un vert pâle et à chair jaune; le *giraumon turban* ou *bonnet turc*, dont le nom indique la forme, à tiges coureuses, à fruit d'un vert pâle, panaché de blanc et de rose et à chair orangée; et enfin les *pâtissons jaune*, *vert*, *orange*, *blanc* ou *panaché* ou *bonnets de prêtre* ou *artichauts de Jérusalem*, à fruits très-petits, de formes gracieuses et originales, ne courant point, et à chair blanche ou jaune pâle très-serrée et pleine.

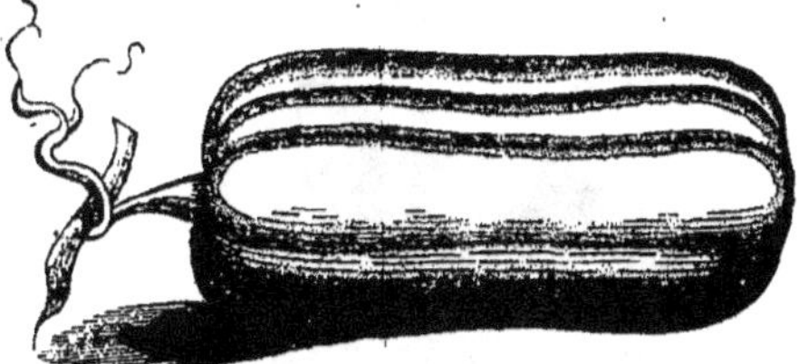

Fig. 1311. — Courge des Patagons.

Nous connaissons la plus grande partie de ces courges pour les avoir cultivées et dégustées. Les meilleures, selon nous, sont: 1° les pâtissons qui, sous un petit volume, rendent beaucoup ; la courge à la moelle, la courge de Barbarie et le

Fig. 1312. — Citrouille de Touraine.

potiron blanc. Nous trouvons aux courges à chair jaune, cependant très-renommées, une saveur peu agréable et quelque chose d'huileux.

Parmi les courges, les unes doivent ou peuvent

Fig. 1313. — Giraumon.

être consommées avant leur entier développement. Ce sont la courge à la moelle, la courge d'Italie et les pâtissons. Les autres doivent mûrir complétement sur pied avant d'être utilisées.

Culture des courges. — Cette culture ne présente aucune difficulté, pourvu que l'on puisse disposer en sa faveur d'une bonne quantité d'engrais, d'une exposition chaude et de beaucoup d'eau. La courge melonnée ou musquée ne doit pas sortir de nos départements méridionaux; elle ne saurait bien réussir, même dans le climat de Paris ; mais, en retour, la plupart des autres variétés s'avancent loin vers le nord, et nous avons pu cultiver régulièrement et avec succès dans les montagnes de l'Ardenne belge, sur coteau exposé au midi, la citrouille de Touraine, le giraumon, la courge de l'Ohio qui s'en rapproche par la forme, la courge de Barbarie, le potiron blanc et les pâtissons. Le gros potiron jaune ne nous a donné que de pauvres résultats. Voici notre mode de culture, qui est pour ainsi dire celui de tout le monde : — Vers la fin d'avril, ou plus souvent dans la première quinzaine de mai, nous ouvrons de larges trous à la distance de 3 mètres pour les courges coureuses ou de 2 mètres seulement pour celles que nous nous proposons de pincer, et de $0^m,80$ à 1 mètre pour les courges non coureuses. Nous jetons dans ces fosses une ou deux pelletées de fumier de vache très-consumé ; nous pressons ce fumier avec les pieds, nous le masquons ensuite avec quelques millimètres de bonne terre très-divisée, et nous plantons, le petit bout en l'air, deux ou trois graines, puis nous recouvrons avec un mélange de terre et de fumier. Aussitôt les plantes levées, nous les abritons contre les nuits froides avec des cloches en osier, précaution qui n'est de rigueur que dans les contrées froides. Dès que la première feuille de nos plantes est convenablement développée, nous supprimons les plus faibles et n'en gardons qu'une seule. En temps sec, nous arrosons avec de l'eau dégourdie au soleil et dans laquelle nous avons soin, de quinzaine en quinzaine, de délayer deux ou trois poignées de colombine sèche par arrosoir, la colombine étant pour les courges le plus actif de tous les engrais.

Si nous ne tenons à faire porter aux courges coureuses qu'un ou deux fruits, nous attendons que ceux-ci soient noués et assurés, puis nous supprimons les tiges à deux nœuds au-dessus des fruits en question. Quand, au contraire, nous laissons les plantes porter à volonté, nous prenons le soin, deux nœuds au-dessus de chaque fruit et à la place même du deuxième nœud, de pratiquer une incision longitudinale au-dessous de celui-ci, de le fixer contre le sol avec une petite fourche en bois, et de recouvrir cette petite fourche d'une butte de terre, afin d'opérer le marcottage et de multiplier les racines sur toute l'étendue de la plante coureuse.

Lorsque l'on veut des courges d'un gros volume, il faut bien se garder de toucher aux feuilles qui les ombragent. Aussitôt que l'on enlève ces feuilles, l'écorce du fruit se racornit sous l'action directe du soleil, et il a toutes les peines du monde à grossir.

Dans les terrains et les climats secs, il y a toujours profit à établir un paillis épais autour de chaque pied. Ce paillis conserve la fraîcheur et seconde l'effet des arrosements.

Sous les climats humides et un peu froids du Nord, on cultive parfois les courges au mur, en espalier, au moyen de tuteurs, et quand les fruits ont un volume qui menace d'entraîner ou de fatiguer les tiges, on dispose des tablettes ou morceaux de planches pour les soutenir.

Les maraîchers de Paris, qui font des potirons de 100 kilogrammes et plus, pour la gloire, ne laissent porter qu'un fruit à chaque pied. Ils ne suppriment pas l'extrémité de la tige ; ils la laissent courir et n'enlèvent que les petites branches de côté, pour mettre toute la sève à la disposition de cette tige mère. Quand elle a 2 ou 3 mètres de longueur, ils la marcottent dans une fosse de $0^m,16$ environ de profondeur et arrosent au point marcotté. La maîtresse tige continue de se développer et de courir. Ils la marcottent de nouveau 0m,64 plus loin. Quelquefois même ils marcottent une troisième fois. Cela fait, on ne conserve qu'un fruit vers la partie éloignée, et, lorsqu'il est de la grosseur d'une tête d'enfant, on pince à deux ou trois nœuds au-dessus.

Il ne reste plus qu'à arroser abondamment pour obtenir le prodige.

On fait la récolte des courges mûres dans le courant de septembre ou en octobre, lorsque les feuilles meurent ou sont déjà mortes. L'important, c'est de se tenir en garde contre les gelées, auxquelles elles sont très-sensibles. Dans l'Ardenne belge, nous nous y prenions plus tôt, attendu que les feuilles ne mouraient qu'après une gelée; aussi n'avions-nous pas à compter sur la graine pour la reproduction de l'espèce; elle a toujours été infertile. En France, cette graine mûrit presque partout. La meilleure est celle qui se rapproche de la partie supérieure de la courge et qui a bien reçu l'influence du soleil; celle qui touche à la partie de la courge portant sur le sol lui est très-inférieure en qualité.

Toutes les fois que l'on cultive plusieurs variétés de courges dans le voisinage les unes des autres, il faut s'attendre à des croisements, et ne pas compter, par conséquent, sur la reproduction fidèle des types auxquels on tient le plus. On doit s'en tenir à une seule variété pour la récolte de la graine, ou acheter cette graine à bonne source si l'on veut entretenir plusieurs variétés dans le même potager.

La graine de courge se conserve sept, huit, dix ans, et souvent plus.

Emploi des courges. — Nous avons déjà dit un mot des courges à l'occasion des fourrages artificiels; mais au potager, ce n'est ni pour les vaches, ni pour les porcs que nous les cultivons, c'est pour nos besoins culinaires; nous en faisons des soupes, des tartes, des purées et divers autres mets.

Crambé maritime ou **Chou marin** (*crambe maritima*). Plante vivace indigène, de la famille des Crucifères. Ce sont les Anglais qui, les premiers, ont cultivé le crambé maritime; ce sont les habitants du littoral qui l'ont fait connaître aux bourgeois des villes et leur ont fait remarquer que, pour être bonnes à consommer, ses feuilles devaient être d'abord cachées sous le sable, où elles s'étiolent naturellement au bord de la mer, sans le secours de l'homme. Il y a une centaine d'années, on ne connaissait pas le crambé en France. De Combes nous en fournit la preuve dans son *École du jardin potager :* — « Le chou maritime, dit-il, est une espèce singulière; sa tige s'élève à 3 pieds environ; sa feuille est d'un gros vert, médiocrement frisée; il ne fait aucune pomme, c'est sa feuille qu'on mange dans la soupe; et, à mesure qu'on la coupe, il en vient d'autres qui se succèdent toujours pendant quatre ou cinq ans, sans que les mauvais temps lui portent aucun dommage : voilà son grand mérite; car cette feuille est pour l'ordinaire assez dure et d'un goût fort médiocre. Il convient dans les pays de montagnes où les gelées et les neiges l'attendrissent. » Non, de Combes, qui connaissait tous les légumes de son temps, a parlé du crambé sans l'avoir vu; autrement il n'aurait point dit d'une plante qui perd ses feuilles en hiver, que les gelées et les neiges les attendrissent.

En 1805, on ne cultivait pas encore le crambé chez nous. M. Vilmorin en parle en ces termes, dans les annotations du *Théâtre d'agriculture :* — « Je dirai seulement un mot du *Chou marin* (*Crambe maritima*, L.), qui paraît devoir enrichir nos jardins d'un légume de plus. Cette plante, indigène sur nos côtes et sur celles de l'Angleterre, est cultivée dans ce dernier pays, depuis quelques années, avec succès. On en mange, à la fin de l'hiver, les pousses tendres, blanchies sous un pot ou sous une petite butte de terre. On dit que leur goût est très-délicat et tient de celui de l'asperge et de l'artichaut. »

Aujourd'hui le crambé est parfaitement connu de tous les vrais amateurs de jardinage et de la plupart des bons jardiniers de profession, mais vous aurez beau le chercher sur les marchés de Paris, vous ne l'y trouverez pas. Et cependant, c'est un légume précoce, plus précoce que l'asperge, et mieux que cela un légume excellent, du goût de tout le monde, robuste et des plus faciles à cultiver. Un demi-siècle n'a pas suffi à nos populations pour faire connaissance avec le crambé. Cela prouve que la publicité a fait défaut à cette plante précieuse, et que les jardiniers de profession ne comprennent pas toujours bien leurs intérêts. Nous en avons qui prônent l'igname-batate, le cerfeuil bulbeux, le cerfeuil de Prescott; pas un seul n'a eu la bonne pensée de songer sérieusement à la culture du crambé, si justement apprécié en Angleterre.

Culture du crambé. — Le crambé aime les terres légères, les terres poreuses où l'eau ne séjourne pas. Ses racines sont sujettes à pourrir en hiver dans les terrains trop mouillés. Quant aux rigueurs atmosphériques, il les supporte bien. Nous l'avons cultivé dans un climat où, deux années de suite, il a essuyé des froids de 18 à 23°; nous l'avons cultivé, après cela, aux environs de Paris, dans un sable maigre, par des chaleurs continuelles et suffocantes. Il a parfaitement résisté aux gelées et à la sécheresse; cependant, nous avons remarqué qu'il se maintenait plus vigoureux en Ardenne (Belgique) que dans le sable siliceux de Bois-de-Colombes. Les climats humides et les terres poreuses lui conviennent en définitive tout particulièrement, et, à défaut de l'humidité des climats, il faut arroser.

On multiplie le crambé au moyen de ses graines que l'on sème au printemps, en mars ou avril, ou au moyen des éclats de ses souches déchirées, au mois d'octobre. Souvent, il se multiplie de lui-même par des rejets qui contrarient la régularité de la plantation et qui doivent être enlevés et transplantés dans le courant de l'été.

Pour semer le crambé, nous ouvrons des rigoles de 0m,07 à 0m,08 de profondeur; nous remplissons à moitié ces rigoles avec du terreau ou un mélange de terre et de fumier de vache très-pourri ; nous y plaçons nos graines à $0^m,01$ à peu près les unes des autres, puis nous recouvrons avec de la terre et arrosons avec de l'eau ordinaire, ou mieux avec de l'eau légèrement salée (une poignée de sel pour un arrosoir). Si nous prodiguons la semence, c'est parce que beaucoup de graines sont stériles. Au moment de la levée, qui se fait attendre une quinzaine de jours et parfois plus, il faut surveiller de près les altises (puces de terre, mouchettes et alirettes), qui se montrent très-friandes des cotylédons du crambé. Dès qu'on les aperçoit, le mieux est de saupoudrer les jeunes plantes avec de la cendre de bois ou seulement avec de la terre fine, ou bien encore de bassiner fréquemment.

Le crambé, venu de graine, peut être maintenu en place ou transplanté; mais, pour que la transplantation réussisse, il ne faut point se hâter. Les jeunes plants sont très-sensibles au repiquage, tandis que les plants de trois ou quatre mois reprennent toujours avec une facilité extraordinaire, quelle que soit la saison. Sous ce rapport, le crambé est presque un rival de l'oseille.

Les pieds de chou marin doivent être placés à 1 mètre de distance les uns des autres, sarclés et binés par moments, rien de plus. L'année du semis, on ne songe pas à le récolter; la seconde année on ferait bien de ne pas y toucher encore, mais il est rare que l'on puisse résister à la tentation. On sacrifiera donc quelques plantes, pendant que les autres achèveront en paix leur troisième année et formeront de robustes souches.

La seconde année donc, les personnes pressées de jouir visiteront leurs crambés à la sortie de l'hiver, et à mesure que les jeunes pousses violettes se développeront, elles les recouvriront légèrement avec une butte de terre. Deux ou trois jours après, les feuilles se seront fait jour et dépasseront la butte. Il faudra renforcer celle-ci et continuer l'opération tous les deux jours jusqu'à ce que la butte ait à peu près $0^m,60$ d'élévation. Alors, dès que les feuilles en sortiront, on démolira cette butte par la base, à l'aide des mains, de façon que la terre du sommet descende au pied et laisse à découvert toutes les feuilles étiolées. Si on la démolissait par le sommet, on romprait par petits morceaux les feuilles en question, ce qu'il convient d'éviter. Une fois la plante découverte, on enlève tous les pétioles avec un couteau, moins deux ou trois du milieu, et l'on a soin de ne pas attaquer le collet de la souche.

La récolte faite sur un pied, on passera à un autre, et ainsi de suite. On laissera en repos pendant trois ou quatre jours les pieds mutilés, puis on arrosera avec de l'engrais liquide ou avec de l'eau dans laquelle on aura délayé du fumier pourri. Deux jours plus tard, lorsque la terre sera ressuyée et que la végétation repartira, on recommencera les buttes comme la première fois et une nouvelle récolte comme la première fois aussi. Sur des souches de trois ans, on pourrait faire une troisième récolte, mais il ne faudra pas demander plus de deux récoltes à des souches de deux ans. On devra donc les abandonner à elles-mêmes et les laisser pousser librement leurs larges et belles feuilles d'un vert glauque.

Mais par cela même que vous aurez fait souffrir vos plantes par l'étiolement et la suppression des jeunes feuilles, elles chercheront à se mettre à fleur de suite. Vous y veillerez, car si elles venaient à fleurir, le mal empirerait et les souches ne résisteraient pas à l'hiver. Vous enlèverez donc tous les boutons qui se produiront jusqu'à ce qu'il n'en reste plus trace. Les plantes ainsi traitées ne tarderont pas à reprendre leur vigueur. D'ailleurs, règle générale, dans une bonne culture de crambés, il faut constamment empêcher la floraison, si ce n'est sur trois ou quatre pieds robustes que l'on ne butte pas, que l'on n'étiole pas, et que l'on réserve pour semenceaux. Ceux-là pourront donner de la graine et résister, après cela, aux rigueurs de l'hiver, attendu qu'on ne les aura pas mutilés.

La multiplication du crambé par éclats est plus facile encore que la multiplication par la graine. Suivez plutôt : en octobre, quand les feuilles se détachent, on dégage les pieds, et, au moyen d'un couteau, on sépare des souches mères des éclats terminés par un collet. La séparation ne saurait se faire avec la main, parce que les racines sont trop cassantes. L'opération achevée, on prépare une planche, on prend ses distances, on les marque, et, à l'aide d'un plantoir, on ouvre des trous pour y loger chaque éclat de racine jusqu'à son collet. La reprise a lieu avant l'hiver, les éclats poussent très-bien à la sortie de l'hiver, et, dès la seconde année, on a de fortes souches capables de supporter l'étiolement.

Avec les souches de semis et de trois ans, on peut compter sur trois récoltes successives huit ou neuf années de suite. Avec les souches d'éclat, on n'irait pas au delà de six ou sept ans.

La graine ne doit être prise que sur des souches de semis. Elle ne dure qu'un an. Le mode de culture que nous venons d'indiquer est le plus simple et le plus économique. Il en existe un autre qui consiste à étioler les crambés au moyen de cylindres en poterie fermés d'un couvercle à leur sommet. On les ouvre pour s'assurer de l'état de la plante, et, si elle est bonne à prendre, on lève le cylindre, on coupe, puis on accorde quelques jours de repos avant de préparer une nouvelle récolte. Par ce moyen, il n'est pas nécessaire de laisser des intervalles d'un mètre entre les pieds, afin d'établir des buttes; $0^m,40$ suffisent; mais les cylindres en poterie coûtent cher, sont fragiles et ne conviennent qu'aux cultivateurs aisés.

En Angleterre, où la consommation du crambé est considérable, on y force les plantes pour en avoir tout l'hiver.

L'altise n'est pas le seul insecte qui attaque le crambé ; parfois il arrive que les racines sont attaquées aussi par des larves, dont le nom nous est inconnu, et par les jules. Dans ce cas, les feuilles se flétrissent, retombent, et il semble que le pied est perdu. Il n'en est rien ; dès qu'un crambé est dans cet état, il faut le soulever avec la bêche, nettoyer ses racines, le replanter et l'arroser. Il reprendra sûrement.

Emploi du crambé. — Tel qu'on le coupe le

crambé est d'un blanc rosé lilas. On le prépare au blanc comme les asperges en petits pois, mais avant de le soumettre à cette préparation, il faut le passer à l'eau bouillante pour le débarrasser de sa couleur et de son amertume qui est très-prononcée. Le crambé est certainement un des légumes les plus délicats qui existent. Cuit, il a l'odeur de l'asperge, mais il n'en a point la saveur. On a voulu retrouver en lui le goût de l'asperge, du chou-fleur et de l'artichaut; avec la meilleure volonté du monde, nous ne pouvons l'assimiler à aucun de ces légumes; il a une saveur propre qui ne ressemble à aucune autre, mais qui n'en est pas moins très-recommandable.

Cresson de fontaine (*nasturtium officinale* de DC.). — Cette plante, que l'on nomme encore *cresson d'eau* ou *de ruisseau*, est vivace, indigène

Fig. 1314. — Cresson de fontaine.

et de la famille des Crucifères. Il n'y a pas fort longtemps que l'on cultive et que l'on sait bien cultiver le cresson. Autrefois, on ne prenait pas cette peine; on faisait ce que nous faisons dans nos villages: on allait le chercher au bord des sources, des fontaines, des ruisseaux. Mais à force de consommer et de ne rien produire, on finit nécessairement par épuiser. Le marché de Paris, par exemple, qui absorbe des quantités prodigieuses de cresson, et chaque année de plus en plus, eut bientôt ruiné les ruisseaux des environs, et il fallut mettre la province à contribution. Bientôt, on ne parla plus que du cresson de Cailly, village de la Seine-Inférieure bâti près d'une source abondante; on le trouvait plus petit, plus tendre et d'un goût plus fin que celui des environs de Paris. La production de Cailly ne pouvait pas durer indéfiniment; elle devait avoir un terme, et cette prévision devenait inquiétante. Ce fut alors que l'on chercha le moyen de fabriquer le cresson à domicile. On y réussit, mais d'une manière très-imparfaite, et vous allez voir quelle fut l'enfance de l'art: — « On fait faire, écrivait l'auteur de l'*École du jardin potager*, un ou plusieurs baquets de 2 pieds environ de diamètre sur 5 à 6 pouces de hauteur, qui sont percés dans le bas à fleur du fond sur un des côtés; on les remplit à moitié de terre, et on y plante deux ou trois pieds de cresson qu'on envoie arracher dans l'endroit le plus voisin: aussitôt planté, on l'inonde d'eau, de manière qu'elle excède d'un bon pouce la superficie de la terre, et on le laisse en cet état; il reprend racine et pousse comme dans une fontaine, si l'on observe deux choses: 1° d'entretenir toujours ce pouce d'eau sur la superficie; 2° de changer de temps en temps l'eau, qui se corromprait dans les chaleurs par un trop long séjour; on n'a qu'à déboucher le trou, elle s'écoule; et, quand elle est écoulée, on remet la cheville, on verse ensuite de nouvelle eau. Aux approches des gelées, on enferme ces baquets, et on leur donne de l'air autant que le temps le permet. »

Le premier pas était fait; les *cressonnières artificielles* étaient inventées. En 1809, M. de Lasteyrie décrivait celles de l'Allemagne et terminait par quelques mots à l'endroit des nôtres: « Aux environs de Paris, disait-il, où on n'a pas des eaux courantes et chaudes à sa disposition, on cultive le cresson dans des planches creusées dans le voisinage des puits, planches sur lesquelles on verse de l'eau chaque jour. Le cresson y vient beau, mais il est âcre, c'est pourquoi on le sème au lieu de le planter, et on le consomme aussitôt qu'il a 6 pouces de haut, c'est-à-dire qu'on le traite comme s'il était annuel. On en met ainsi deux fois par an dans la même planche. Lorsque cette planche est abritée du soleil par un mur ou un massif d'arbres, le cresson en est meilleur et plus beau. Quelques particuliers ont des auges de pierre destinées à cette culture; mais ils n'y trouvent pas d'avantage, car pour peu qu'il y ait trop d'eau elle se corrompt, et, le cresson prend un mauvais goût. »

Ce sont les cressonnières artificielles d'Erfurth (Prusse) qui ont servi de modèle à celles des environs de Senlis; ce sont des ouvriers prussiens qui ont établi nos premières cressonnières vers 1811, et ces ouvriers avaient été appelés par M. Cardon, de Saint-Léonard (Oise), mort en 1863 à un âge très-avancé.

Aujourd'hui, dans les environs de Paris, on consacre à la culture du cresson des étendues de terrain considérables. Personnellement, nous ne connaissons pas les détails de cette culture. Ceux qui vont suivre sont empruntés au *Manuel pratique de jardinage* de M. Courtois-Gérard.

« Les cressonnières, dit-il, sont alimentées par des sources naturelles ou artificielles et disposées de manière à être submergées à volonté. Le terrain est divisé par fosses larges chacune d'environ 3 mètres sur 0m,40 à peu près de longueur, dont le fond doit être un peu plus élevé d'un bout que de l'autre, de manière à pouvoir en vider l'eau facilement. On multiplie le cresson de graines semées au printemps, ou mieux de boutures en août. Avant la plantation, il faut bien unir le terrain, et, s'il arrivait qu'il ne fût pas assez humide on y laisserait couler un peu d'eau. Une fois le terrain bien préparé, on prend du cresson et on le place au fond des fosses par petites pincées, à environ 0m,12 à 0m,15 l'un de l'autre. Au bout de peu de temps, il est enraciné et couvre complétement le sol; alors on étend sur toute sa surface une légère couche de fumier de vache bien consumé; puis, au moyen d'une planche à laquelle on adapte un manche placé obliquement, on appuie le tout légèrement, après quoi on introduit 0m,10 à 0m,12 d'eau, quantité bien suffisante pour cette culture. En été, on cueille le cresson tous les quinze jours ou toutes les trois semaines. Pour le cueillir avec plus de facilité, on pose une planche en travers de la fosse. Dès qu'une fosse est coupée, on la met à sec, et l'on étend de nouveau un peu de fumier de vache, qu'on appuie avec l'instrument mentionné ci-dessus, opération qu'il faut recommencer immédiatement après chaque coupe. Quand une fosse a produit pendant un an, on la détruit pour la replanter comme nous l'avons indiqué précédemment, mais seulement après avoir enlevé les vieilles racines et les débris de fumier, qui forment une épaisseur assez considérable au fond de la fosse. »

Emploi du cresson de fontaine. — On le mange en salade et avec les viandes ; il est rare qu'en France on le fasse cuire, mais, dans le Nord, il en est autrement ; on fait cuire le cresson dans la soupe à la manière des choux et l'on en fait des ragoûts.

Comme plante médicinale, le cresson jouit d'une réputation séculaire et populaire. On l'a surnommé la *santé du corps*, et c'est sous ce surnom qu'on le vend encore à Paris. Il a des propriétés antiscorbutiques incontestables.

Cresson des prés. — C'est le nom que l'on donne à la cardamine des prés (*cardamine pratensis*), plante vivace des prairies humides, de la famille des Crucifères. On ne la cultive pas et l'on fait bien ; on la dit propre aux mêmes usages culinaires que le cresson de fontaine, et l'on a tort, car elle donne une salade amère, âcre, coriace, et qui certainement ne mérite pas les honneurs de la table. Nous en parlons sciemment.

Cresson alénois. — *Voy.* PASSERAGE.

Cresson de terre. — *Voy.* VELAR PRÉCOCE.

Dent de Lion. — *Voy.* PISSENLIT.

Dolique ou **Dolic** (*dolichos*). — Plante annuelle ou vivace, selon les espèces, originaire des pays chauds, de l'Égypte, de la Chine, des Indes, de l'Amérique méridionale, de Saint-Domingue. Cette plante est de la famille des Légumineuses ou Papilionacées. Aux yeux des botanistes, qui examinent les choses de près, les doliques forment un genre bien distinct de celui des haricots ; mais, pour les cultivateurs, ce ne sont toujours que des haricots à très-longues gousses (1). Les uns ont la tige grimpante, les autres ont la tige droite et relativement naine. Il y a plus d'un demi-siècle que la culture des doliques a été introduite en France. Bosc nous apprend que, de son temps, on cultivait dans nos départements méridionaux le *dolique d'Égypte* (*dolichos lablab*), et même dans les jardins d'amateurs du climat de Paris, mais il était rare qu'ici leurs gousses arrivassent à un état de maturité satisfaisante. Les gousses de ce dolique d'Égypte sont ovales et recourbées ; quant aux graines, elles sont noires, bordées de blanc et assez grosses. Pendant notre séjour en Belgique, un employé du Ministère de l'intérieur nous adressa, avec prière de les essayer dans l'Ardenne, des graines de dolique qu'il avait rapportées des Andes ou des Cordillères et qu'il supposait propres aux climats froids de son pays. Ces graines étaient d'une couleur rougeâtre. Nous les plantâmes à diverses reprises, à bonne exposition et avec tous les soins imaginables ; elles levèrent bien, mais elles ne purent ni se développer ni fleurir.

Thiébaut de Berneaud mentionne, comme étant cultivée dans la Dordogne, une variété précieuse de dolique d'Égypte, variété productive, gagnée dans les environs de Saragosse. Sa graine est brunâtre et se mange comme celle des haricots ; sa gousse verte est également comestible. Cette variété s'appelle *dolique caracolle*.

Aujourd'hui nous avons un dolique qui peut, de temps en temps, mûrir ses graines dans le climat de Paris, mais qui ne convient réellement que pour être mangé en vert ; c'est le *dolique asperge* des Italiens (*dolichos sesquipedalis*), dont les gousses, sans parchemin, atteignent promptement de 0m,30 à 0m,40. La tige de cette plante mesure de 2 à 3 mètres. Il existe une sous-variété naine ; c'est la seule dont on puisse conseiller la culture aux environs de Paris ; et encore ne donnons-nous ce conseil qu'avec une grande réserve, attendu que, pour notre compte, nous avons échoué complétement dans sa culture en 1862, en terrain sec, très-fumé, et à exposition chaude.

Le *dolique mongette* ou *banette* (*dolichos unguiculatus*), qui réussit parfaitement dans le midi de la France, est inférieur au dolique-asperge.

La culture et l'emploi du dolique ne diffèrent en rien de la culture et de l'emploi des haricots. Nous renvoyons donc nos lecteurs à ce dernier légume, pour lequel nous réservons plus de développements.

Échalote (*allium ascalonicum*). — Plante de la famille des Liliacées. C'est l'oignon d'Ascalon des anciens, nom d'une ancienne ville de la Palestine, rasée au treizième siècle, par Saladin, à cette heure tout à fait déserte, et autour de laquelle les échalotes croissaient spontanément et en abondance.

L'échalote commune a produit deux variétés, qui sont : 1° L'*échalote de Jersey*, à feuilles très-glauques, précoce et pouvant donner des graines dans le climat où nous sommes ; 2° la *grosse échalote d'Alençon*, qui se distingue des autres par ses bulbes volumineux. Ses feuilles, au dire de M. Vilmorin, ont le caractère de celles de l'échalote de Jersey. Par conséquent, ce pourrait bien être une sous-variété de la grosse échalote à feuilles d'un beau vert, que nous avons vue dans le Nord, et dont de Combes parlait en ces termes au siècle passé : — « La bulbe de la grosse espèce est une fois plus grosse que la première, et ses feuilles sont presque aussi fortes que celles de la ciboule : on comprend de là qu'elle est d'un meilleur rapport que l'autre ; mais elle n'est encore que dans les mains de quelques curieux, et je ne saurais dire d'où elle nous est venue : on doit être empressé de la connaître et de la multiplier. »

Ce n'est pas notre avis ; la grosse échalote ne vaut pas l'échalote commune ; elle est plus âcre. Nous préférons de même l'échalote commune à celle de Jersey, parce que cette dernière est de moindre garde.

(1) Une gousse de dolique qui nous fut apportée de l'exposition d'Alger (1863) mesurait 0m,55 et ne renfermait que 15 graines inférieures en volume à celles de nos haricots les plus petits.

Culture des échalotes. — On les cultive les unes et les autres de la même manière. Les terres légères, bien fournies de vieux fumier ou fumées l'année précédente, conviennent tout particulièrement aux échalotes. Les terres consistantes, compactes et gardant l'eau des pluies, ainsi que les fumiers frais, ne leur conviennent pas du tout. Elles y *huilent* ou y reçoivent le *coup-de-feu*, ce qui revient à dire que l'humidité les fait souffrir, jaunir et pourrir.

On peut reproduire l'échalote avec ses graines, mais il est rare que l'on ait recours à ce moyen; pour notre compte, nous n'avons jamais semé cette plante potagère. Comme tous nos confrères en jardinage, nous la multiplions avec ses caïeux et choisissons pour cette multiplication les plus allongés et les plus minces, après avoir pris la précaution de déchirer la partie supérieure de leurs tuniques, en vue de rendre la pousse plus facile.

On plante les échalotes vers la fin de février, au commencement de mars ou en avril, selon les climats, en contre-bordure, en planches, ou bien encore autour des planches d'oignons, à $0^m,10$ ou $0^m,12$ d'intervalle, et même dans le Nord, où la feuille fournit plus, à $0^m,15$ ou $0^m,16$. La plantation des caïeux se fait à la main; on saisit chacun d'eux avec trois doigts et on les enfonce légèrement dans la terre bien ameublie. Au bout de quatre ou cinq jours, les feuilles sortent et se développent rapidement. Tout le temps que dure leur végétation, il suffit de les sarcler, de les biner, de supprimer les tiges florales qui peuvent se montrer de loin en loin, et de donner de l'air aux pieds dont le feuillage pâlit. Pour cela, on passe la main autour du bulbe et on enlève de la terre pour le dégager. Cette simple opération ranime les pieds malades qui autrement jauniraient et pourriraient vite. On dit des échalotes jaunissantes qu'elles *s'échauffent* ou qu'elles ont le *feu*. Les savants ont attribué cette affection, très-commune dans les terres compactes et humides ou dans les plantations trop enterrées, à des larves d'insectes. Nous croyons, nous, que la maladie appelle les insectes, mais qu'elle n'est point déterminée par eux. Le petit ver blanc que l'on accuse du fait est la larve de la *mouche de l'échalote* (*anthomyia platura*).

L'échalote atteint tout son développement en juillet ou en août. Alors, les feuilles se dessèchent, et, quand la dessiccation est complète, on arrache les bulbes, on les laisse deux ou trois jours au soleil sur la terre, puis on les rentre au grenier et mieux à la cuisine, c'est-à-dire en lieu chaud. Ils s'y conservent parfaitement d'une année à l'autre.

Emploi de l'échalote. — Cette plante condimentaire est d'un usage très-fréquent dans nos préparations culinaires, où elle sert à relever la saveur des mets et des sauces.

Œnothère bisannuelle (*œnothera biennis*). Plante de la famille des Onagrariées, originaire, dit-on, de l'Amérique septentrionale, très-répandue partout, et connue des jardiniers sous le nom d'*onagre*. Ses belles fleurs jaunes l'ont fait rechercher à titre de plante d'ornement; aujourd'hui, elle est au rang des fleurs très-communes, et par conséquent dédaignées. En Allemagne, ou mieux sur quelques points de ce pays, on fait à l'œnothère les honneurs du potager, sous le nom vulgaire de *jambon des jardiniers*. On en mange les racines apprêtées comme celles du salsifis, et l'on prépare des salades avec ses jeunes pousses.

Nous avons voulu savoir ce que valait au juste ce jambon des jardiniers allemands, et nous avons cultivé une planche d'œnothères. Nous l'avons semée, à la sortie de l'hiver, sur une terre maigre, légère, convenablement préparée. D'ailleurs, le semis a été fait à la volée, le plus clair possible, car, en se développant, les feuilles de la base, couchées en rosette, prennent beaucoup de place. Nous avons piétiné la graine semée, puis donné un léger coup de râteau, pour rompre la croûte, et nivelé. La levée a bien réussi. Dès qu'il nous a été possible de saisir les jeunes plantes, nous avons éclairci, puis arrosé, et les arrosements ont été continués pendant les journées chaudes. La même année, en septembre ou octobre, nous avons arraché une partie de nos œnothères avec la fourche à trois dents, et nous avons fait soumettre ses racines roses et courtes à diverses préparations. Les unes ont été préparées à la manière des scorsonères; d'autres ont été mises en salade à l'état cru; quelques-unes, cuites d'abord, ont été mises en salade également.

Nous nous en sommes tenu à ce premier essai. La saveur de la racine d'œnothère n'est pas agréable, et, si nous parlons ici du légume des Allemands, c'est pour engager nos lecteurs à le laisser de côté.

Épinard (*spinacea oleracea*). — Plante annuelle et dioïque, de la famille des Chénopodées, que l'on croit originaire de l'Asie septentrionale. Pierre de Crescens, le restaurateur de l'agriculture italienne au treizième siècle, l'auteur d'un livre qui fut traduit en 1373 et imprimé à Paris en 1486, sous le titre de : *Livre des prouffits champestres et ruraulx*, Pierre de Crescens, disons-nous, aurait, le premier, mentionné l'épinard. D'autres rapportent le fait à Casiri, et pensent que l'épinard fut apporté en Espagne par les Arabes, et qu'il nous est venu de l'Espagne; de là, le nom d'*hispanicum olus* que lui donnèrent quelques auteurs. Ce légume a dû son triomphe au carême; sa précocité a fait sa réputation.

Variétés. — Nous avons deux grandes catégories d'épinards; dans l'une, les graines sont épineuses ou à piquants; dans l'autre, les graines sont lisses. L'*épinard commun* et l'*épinard d'Angleterre* appartiennent à la catégorie des graines épineuses, tandis que l'*épinard de Hollande* ou *rond*, l'*épinard de Flandre*, l'*épinard d'Esquermes* ou *à feuilles de laitue*, ou *de Gaudry*, appartiennent à la catégorie des graines lisses. Les épinards à graines épineuses nous semblent plus robustes que ceux à graines lisses et résistent mieux au froid et à la chaleur; l'épinard d'Angleterre vaut mieux que le commun. Parmi ceux de la seconde division, l'épinard à feuilles de laitue est celui qu'on doit préférer.

Culture de l'épinard. — Pour bien réussir, l'épinard demande une bonne terre à jardin, un climat humide plutôt que sec, une exposition ombragée en été, beaucoup d'eau pendant les jours de sécheresse, et, mieux que cela, un quart ou un cinquième d'eau de fumier en mélange avec cette eau. Le nord de la France, la Belgique, la Hollande et l'Angleterre conviennent merveilleusement à ce légume, et c'est là aussi qu'il donne ses plus riches produits. Dans les terrains secs et les climats chauds, nous n'obtenons, et encore à grand'peine, que des épinards chétifs. Si nous les trouvons acceptables, c'est uniquement parce que nous n'avons pas de points de comparaison sous les yeux.

Dans le Nord, on peut semer l'épinard à partir du mois de mars ou d'avril jusqu'à la fin d'août; dans les climats plus chauds, on peut aller jusqu'en septembre et même octobre. Bien que la graine de ce légume conserve ses facultés germinatives pendant deux ou trois ans, nous conseillons de prendre toujours de la graine nouvelle. Les semis de printemps et du commencement de l'été surtout, sont rarement d'un bon rapport. Les plantes souffrent de la chaleur, s'enracinent mal et montent vite à graine. A peine a-t-on le temps de prendre deux coupes de feuilles; les semis d'août et de septembre sont au contraire très-avantageux. Les plantes n'ont pas à souffrir de l'ardeur du soleil; elles s'enracinent profondément avant l'hiver, et au printemps suivant, elles fournissent des récoltes abondantes jusqu'en mai.

Comme pour toutes les plantes cultivées à raison de leurs feuilles et devant se développer très-rapidement, il faut donner à la terre un labour profond et du fumier bien consumé. On ajouterait des cendres de bois à du fumier de vache, par exemple, que les épinards ne s'en trouveraient que mieux.

On sème l'épinard en rayons, à 0m,15 ou 0m,18 d'intervalle, ou bien, quand le terrain n'est pas sujet à produire beaucoup de mauvaises herbes, on le sème à la volée et assez clair, puis on enterre avec le râteau de bois. La levée de la graine ne se fait pas attendre longtemps, surtout si l'on a pris la précaution de la mettre dans l'eau quatre ou cinq heures avant de la répandre. Dès que les plantes ont pris un développement convenable, on éclaircit de façon à laisser des vides de 0m,08 à 0m,10 entre les pieds, et en même temps l'on sarcle, soit avec la ratissoire, soit avec la serfouette, selon qu'il s'agit de semis en lignes ou de semis à la volée.

L'entretien d'une planche ou d'un carré d'épinards consiste uniquement à sarcler, à biner et à arroser en temps chaud.

La récolte des feuilles a été faite longtemps avec le couteau. C'était un moyen de fatiguer la souche à outrance, et presque partout l'on y a renoncé : mieux vaut enlever les meilleures feuilles une à une avec la main; c'est plus long, sans doute, mais la souche moins maltraitée a moins de tendance à s'emporter, et la production gagne en durée.

Il faut ménager, pour la graine, une petite partie de la planche ou du carré aux épinards. On ne touche pas aux pieds réservés. Cette réserve doit être faite sur des plantes ayant passé l'hiver en terre. La semence des épinards de printemps n'est point estimée, et avec raison. On n'attend pas que les semenceaux soient desséchés pour les enlever, car on perdrait ainsi la meilleure graine, et on s'exposerait aux ravages des petits oiseaux; on les coupe dès qu'ils sont jaunes et on les étend sur des draps, en lieu sec, plutôt à l'ombre qu'au soleil. Lorsque les tiges sont desséchées, on les bat, on vanne les graines et on les met en sacs.

La chenille de la noctuelle potagère (*hadena oleracea*) qui, après sa troisième mue, est d'un vert foncé avec cinq raies longitudinales, dont trois blanches et deux jaunes, se trouve sur les épinards en juin, août et septembre. La chenille de la noctuelle gamma (*plusia gamma*) touche également aux épinards pendant la belle saison. Enfin le ver gris, qui est la chenille de l'*agrotis segetum*, s'attaque aux racines vers le mois d'août et poursuit ses ravages en automne et au commencement de l'hiver.

Emploi des épinards. — On s'en sert au gras et au maigre, seuls ou avec les viandes, hachés ou non hachés. Ceux qui ne sont pas hachés ont plus de goût que les autres et valent mieux, de l'avis des amateurs. Ceux que l'on vend tout cuits et hachés sur les marchés des grandes villes sont ordinairement d'un vert magnifique; on attribue cette couleur au cuivre des chaudrons, ou à un mélange d'ortie qui ne saurait nuire en rien. On se sert aussi des épinards pour corriger l'acidité de l'oseille, et l'on prétend même que, dans certaines contrées, on mange en salade les jeunes épinards. Enfin, un vieil auteur très-accrédité nous apprend que l'eau dans laquelle on a fait cuire des épinards est excellente pour dégraisser et nettoyer le fer, particulièrement les tourne-broches. C'est à vérifier.

L'ancienne médecine faisait grand cas des épinards et les considérait comme laxatifs et émollients. On les recommandait aux asthmatiques, et l'on rapporte que Fagon, médecin de Louis XIV, qui était de ces asthmatiques, ne s'administrait, pour unique remède, que des épinards bouillis avec du veau. Un peu plus tard, on prétendit que le fréquent usage des épinards rendait mélancolique; aujourd'hui, il n'en est plus question en médecine.

Estragon (*artemisia dracunculus*). — Plante vivace, aromatique, de la famille des Composées, originaire de la Tartarie, selon les uns, de la Sibérie, selon les autres.

On peut la multiplier par les graines, mais la multiplication par éclats de vieilles souches étant plus expéditive, on a toujours recours à ce dernier moyen. C'est au printemps qu'on exécute la plantation. Deux ou trois pieds suffisent largement aux besoins d'un ménage. L'estragon n'est difficile ni sur le terrain ni sur le climat. Le *Bon Jardinier* a certainement commis une erreur, lorsqu'il a dit : — « Il est bon de couper à l'entrée de l'hiver les tiges et de couvrir les souches de terreau, et même de litière par-dessus, en cas de fortes gelées, la plante y étant un peu sensible. » En Ardenne, nous ne prenions aucune de ces précautions, et cependant notre estragon a toujours très-bien résisté à des froids de 15, 20 et 23°. Donc, si l'estragon périt parfois en hiver, ce n'est pas aux gelées qu'il faut s'en prendre ; c'est à quelque autre cause, à un excès d'humidité par exemple.

On emploie l'estragon, en très-petite quantité, pour compléter les fournitures des salades, aromatiser les conserves de cornichons, etc. Les feuilles dont on se sert de préférence sont celles des extrémités, c'est-à-dire les plus jeunes, les moins dures. Aussi, pour les avoir telles, une bonne pratique consiste à tailler la plante de temps en temps, afin de la forcer à émettre des rejets.

Fenouil (*anethum fœniculum*). — Plante vivace, de la famille des Ombellifères, indigène dans le midi de la France. Elle a fourni sous le nom de *fenouil doux* ou *fenouil de Florence*, *de Bologne* ou *de Rome*, une variété potagère, dont on vante la saveur et les propriétés. Nous avons cultivé cette variété, mais nous ne l'avons pas utilisée dans la cuisine; nous n'avons donc pas, quant à son mérite, voix délibérative au chapitre. Nous nous bornons à constater que les Italiens, surtout du côté de Florence, Bologne, Venise et Rome, sont très-avides de fenouil, et que, dans le midi de la France, il compte aussi un certain nombre de partisans. Dans ces derniers temps, on a rappelé le fenouil à l'attention des horticulteurs, et nous avons entendu lire à la Société centrale d'horticulture de Paris différentes communications où les éloges lui étaient prodigués. Nous ne blâmons point ces efforts, mais nous n'en attendons pas de grands résultats autre part que dans le Midi, et cela parce que le fenouil est difficile à blanchir, parce qu'il prend la rouille autrement vite que le céleri à côtes. N'eût été cet inconvénient, il y a lieu de croire qu'on le rencontrerait depuis longue date dans les potagers d'amateurs. C'est toujours par là que passe un légume pour arriver aux jardiniers de profession.

La culture du fenouil doux est des plus faciles. Une terre légère, substantielle néanmoins, un peu de terreau ou de fumier de vache très-pourri, un climat doux et même chaud, et des arrosements fréquents; voilà ce qu'il lui faut. On n'a pas de peine, sans doute, à l'obtenir dans le nord de la France et en Belgique, mais encore une fois l'étiolement y court trop de mauvaises chances pour que l'on doive y songer sérieusement.

On sème le fenouil en mars et avril, en lignes ou à la volée, et le plus clair possible; on le recouvre très-légèrement avec du terreau; on bassine pour favoriser la levée. Quand les plantes ont de 0m,02 à 0m,03, on éclaircit, on sarcle et l'on arrose au besoin. Quand elles ont de 0m,08 à 0m,10, on les transplante à 0m,20 ou 0m,25 de distance; puis on procède exactement avec le fenouil comme avec le céleri; on le fait blanchir en fosse ou en le buttant sur place ou avec de la litière. Une fois le fenouil blanchi, on le mange cru à la manière des artichauts, ou mieux comme les Flamands mangent les côtes de céleri ; ou bien on le mange en salade, ou bien enfin on l'étuve et on en garnit des viandes.

Il ne faut pas compter sur la graine récoltée en France, au moins dans un rayon rapproché de Paris. Il est d'usage de la faire venir d'Italie, afin de prévenir la dégénérescence. Cependant, il nous semble qu'il suffirait de transplanter deux fois les semenceaux de fenouil à trois semaines d'intervalle pour lever cet obstacle. C'est le moyen que l'on emploie d'ordinaire avec toutes les variétés sujettes à retour, c'est-à-dire difficiles à maintenir.

La médecine accorde au fenouil doux les mêmes propriétés qu'au fenouil ordinaire. La racine était rangée parmi les cinq racines apéritives, et les graines, d'après M. Moquin-Tandon, sont aromatiques, stomachiques, carminatives et légèrement diurétiques. Dans le sud-est et le midi de la France, on attribue aux tiges et aux feuilles du fenouil la propriété de provoquer la sécrétion du lait, et l'on assure que les vachers et les bergers ne l'ignorent pas. On leur attribue, en outre, et nous n'en doutons pas, la propriété de communiquer à la chair des animaux qui en mangent, aux lapins, par exemple, une saveur délicieuse.

Fève de marais (*faba vulgaris*). — Plante annuelle, de la famille des Légumineuses ou Papilionacées, originaire de la Perse, au dire du plus grand nombre, et cultivée de temps immémorial. — « La fève, a écrit M. Thiébaut de Berneaud, était d'un usage si vulgaire chez les vieux Égyptiens, qu'on la trouvait, au rapport de Diodore de Sicile, sur les marchés et dans les rues des villes, chaude et bouillie aux heures de repas, ainsi que cela se pratique encore aujourd'hui chez leurs descendants. C'est une des provisions que les caravanes n'oublient jamais; elle sert à nourrir les hommes et les chameaux durant leurs courses hasardeuses. La fève proprement dite, portée en Grèce, y réussissait, principalement dans une terre légère, mais substantielle. Les Grecs, comme les Égyptiens, mangeaient non-seulement ses graines mûres, mais ils servaient encore sa gousse verte sur leurs tables, usage que j'ai retrouvé dans l'Italie, etc. »

Variétés. — La fève de marais, ainsi nommée parce qu'on la cultive dans les jardins des maraîchers, comprend un assez grand nombre de variétés et sous-variétés qui ne sont souvent que des variations. Les plus cultivées en pleine terre sont la *fève de marais* commune, dont le grain est plus long que large; la *fève de Windsor*, dont les grains jaunes sont larges et presque ronds; la *fève de Windsor verte*, dont les grains verts, moins gros que chez la précédente, sont également arrondis; la *fève à longue cosse*, à grains allongés, plus petits que dans la fève de marais ordinaire; et la *julienne verte*, très-productive, à grains petits, allongés, verts, mais sujets à se décolorer et à redevenir jaunes dans certaines contrées, ainsi que nous en avons eu la preuve.

Pour la culture forcée, on choisit la *julienne*

ordinaire, qui est une très-ancienne variété, la *naine hâtive* et la *très-naine rouge*. La *fève violette* n'est pas recherchée à cause de la couleur de sa graine ; la *fève à fleur pourpre* est une variété d'amateur qui n'a rien d'intéressant que la couleur pourprée de sa fleur; la *fève mazagan*, dont on a fait quelque bruit, ne mérite pas d'être cultivée dans les jardins et peut aller aux champs tenir compagnie aux féveroles communes, aux gourganes.

Culture de la fève. — Un terrain frais sous un soleil chaud, une terre légère dans les climats humides: voilà ce qui convient à la fève. En somme, c'est, avant tout, une plante des pays chauds, et, pourvu qu'elle ait le pied frais, la chaleur la rend très-productive. Nous n'avons vu nulle part d'aussi belles fèves que dans la Haute-Garonne. Dans les climats du Nord, où elles ne mûrissent pas toujours bien, elles donnent des tiges élancées, frêles, et les gousses laissent à désirer pour le nombre.

On plante les fèves à partir de la fin de février jusqu'au commencement de mai, afin de pouvoir échelonner les récoltes. On les planterait en décembre ou en plein hiver, par quelque journée douce, qu'elles pousseraient un peu plus tôt au printemps, mais il pourrait arriver que quelques graines pourrissent et que les mulots se régalassent aux dépens des cultivateurs. Les jardiniers qui veulent arriver tôt plantent sur couche en janvier, et repiquent en février à 0m,25 de distance.

Lorsque la plantation a lieu de bonne heure à la sortie de l'hiver et que les graines n'ont pas plus d'un an, il n'est pas nécessaire de faire tremper la semence avant de l'enterrer, car elle serait exposée à pourrir; mais, quand on plante tardivement, ou quand l'on a affaire à de la graine de deux et de trois ans et à des terrains secs, le ramollissement dans de l'eau tiède doit être conseillé, car il précipite la germination.

Le terrain destiné aux fèves doit être bien ameubli; il n'est pas nécessaire de le fumer copieusement, car il fournirait plus en fanes qu'en gousses. On plante à 0m,05 de profondeur le plus ordinairement, quelquefois en rigole et sur contre-bordure de plate-bande, grain à grain, à 0m,12 ou 0m,15 l'un de l'autre. C'est une bonne méthode dans le Nord; elle ne vaudrait rien dans le Midi, parce qu'elle donnerait trop de prise à la sécheresse. Le plus ordinairement la plantation a lieu sur planches et par touffes. On ouvre des fosses avec la houe, et dans chaque fosse on jette deux ou trois graines que l'on recouvre aussitôt. Dans les climats doux, les touffes sont à environ 0m,30 de distance en tous sens; dans le Nord, il faut espacer davantage et se rappeler le dicton flamand : — *Éloigne-toi de moi, je rapporterai pour toi.* Les intervalles doivent varier entre 0m,45 et 0m,60, le moins pour les terrains maigres, et à bonne exposition, le plus pour les terrains riches et frais.

Dès que les fèves sont sorties de terre, on les sarcle avec la houe ou la ratissoire ; quinze jours plus tard on les bine, et, quand elles ont de 0m,25 à 0m,30, on les bine de nouveau, et, en même temps, on forme une butte autour de chaque touffe.

En mai ou en juin, les fèves fleurissent. Aussitôt que la moitié des fleurs sont ouvertes, il faut pincer les tiges, c'est-à-dire en supprimer les sommités avec les ongles, afin d'empêcher les pucerons de s'attaquer aux parties tendres de la plante, ou de les enlever s'ils sont déjà venus. Cette suppression a pour but et pour effet, en outre, de concentrer la séve sur les gousses.

Les sommités enlevées par le pincement sont ordinairement perdues ; chez nous on les jette ; En Belgique, on les consomme à la manière des feuilles de choux, apprêtées au gras ou au maigre. C'est un excellent légume pour ceux qui aiment le goût de la fève.

La récolte des fèves potagères commence dès que les gousses ont atteint le quart de leur volume ordinaire. A ce moment, on mange la gousse et la petite graine, après avoir coupé cette gousse par morceaux. Plus tard, on écosse et l'on ne mange plus que la graine, qui perd de sa délicatesse à mesure qu'on approche du terme de son développement. Il y a donc avantage à récolter de bonne heure, à ne pas attendre que les gousses aient dépassé le quart du volume ordinaire. La plante est alors vigoureuse et en pleine séve. Or, il faut profiter de la circonstance pour obtenir double récolte. Aussitôt les petites gousses cueillies, on coupe les tiges mères au-dessus de la première feuille. De nouvelles tiges repoussent du pied, fleurissent et ont le temps de former des gousses vertes. Nous ne savons si, dans le Midi, sous une forte insolation, il y aurait lieu de compter sur cette deuxième récolte au moyen de l'arrosage, mais nous garantissons la chose dans le Nord, non sur ouï-dire, mais par expérience. Thiébaut de Berneaud a commis une très-grosse erreur en contestant cette assertion. Ce qu'il a nié résolûment, nous l'affirmons avec la même résolution, et nous en appelons au témoignage de toutes les ménagères de la Belgique.

Lorsqu'on possède une belle variété de fève de marais, il faut en transplanter un certain nombre de pieds huit ou dix jours après la levée, et les conserver à titre de semenceaux. Il est rare, nous le savons, qu'on prenne cette précaution, mais il n'en est pas moins vrai que le procédé est excellent. Quand les gousses mûrissent sur ces semenceaux, on doit se défier des mulots et même des rats qui, parfois, font la récolte avant le jardinier. La graine se conserve deux ans et jusqu'à quatre ans en cosse.

Les insectes qui touchent aux fèves sont : 1° le puceron de la fève (*aphis fabæ*), que nous connaissons tous ; 2° la bruche de la fève (*bruchus rufimanus*), qui troue les fèves mûres et que nous connaissons également; 3° la chenille de la noctuelle potagère (*hadena oleracea*) ; 4° la larve de la tipule potagère (*tipula oleracea*), qui s'attaque aux racines de la plante à partir du mois de mas jusqu'en août.

Les deux premiers insectes sont ceux que nous redoutons le plus.

Emploi de la fève.— Ainsi que nous l'avons déjà vu, on consomme la fève en gousse verte, en grains tendres, en grains développés et même en feuille, au moment du pincement. Quelquefois, dans les campagnes, on mange les fèves sèches et cuites, mais c'est un mets grossier. Quelle que soit la préparation à laquelle on soumet les fèves, il doit y entrer un peu de sarriette. Les tiges vertes et même desséchées conviennent aux vaches et aux chevaux.

Les jeunes gousses de fèves, blanchies à l'eau bouillante, égouttées et ressuyées, puis découpées très-menu, peuvent être conservées dans des pots. A cet effet, on en forme des lits que l'on presse bien et que l'on sale un peu. Une fois le pot à peu près plein, on verse du beurre fondu ou de la graisse pour recouvrir.

Autrefois, on faisait des conserves de graines tendres. Voici ce qu'en dit un vieil auteur : « Quelques particuliers en font sécher en vert pour manger pendant le carême. On les prend à une bonne grosseur; on leur ôte leur robe; on les enfile en chapelets, et on les met premièrement à l'ombre pendant quelques jours; ensuite, on les expose au soleil jusqu'à ce qu'elles soient bien sèches, et on les enferme dans un lieu sec; mais, à les bien apprécier, c'est un mauvais manger qui se réduit en bouillie, et qui est plus dégoûtant qu'appétissant.

Fraisier (*fragaria*). —Plante vivace, de la famille des Rosacées, facile quant aux terrains et aux climats.

Classification. La meilleure classification des fraisiers a été faite par Duchesne. Il les partage en deux séries. La première comprend le *fraisier franc* ou *commun* et ses variétés (*fragaria vulgaris*); la seconde comprend les *caperons* et leurs variétés (*fragaria polymorpha*). Chacune des deux séries se partage à son tour en plusieurs divisions.

Les fraisiers de la première série, qui ont pour type notre fraisier sauvage, ont produit : 1° le *fraisier des Alpes* ou *des quatre-saisons* ou de *tous les mois* (*fragaria semperflorens*), à fruits rouges très-foncés, avec sous-variété à fruits blancs; 2° le *fraisier des bois cultivé* (*fragaria sylvestris*), dont il ne reste plus qu'une sous-variété cultivée, la *fraise petite hâtive de Fontenay* ; 3° le *fraisier buisson* (*fragaria efflagellis*), sans courants, à fruit allongé, assez gros, fort bon, rarement abondant; 4° le *fraisier Fressant* ou *de Montreuil*, ou *de la Ville-du-Bois* (*fragaria hortensis*), à fruit allongé, souvent comprimé, plus gros que dans les autres variétés et très-productif; 5° le *fraisier de Versailles* ou *à une feuille* (*fragaria monophylla*), à fruit rouge, de bonne qualité, mais trop peu productif pour être cultivé. Il faut ajouter à cette liste le *fraisier des Alpes sans filets* ou *buisson de Gaillon*, découvert à Gaillon, vers 1820, par M. le Baube. C'est une excellente variété quand on renouvelle souvent ses touffes. On en connaît une sous-variété blanche très-estimée.

Les fraisiers de la seconde série, qui ont pour type le caperon (*fragaria polymorpha*), comprennent plusieurs divisions. La première de ces divisions renferme les *majaufes* ou *étoilés*, ou *craquelins*. Le calice rabattu sur le fruit y forme une étoile, et, lorsqu'on détache les fruits, il se fait un petit bruit ou craquement. De ce nombre sont : le *majaufe de Champagne* ou *fraisier de Champagne* (*fragaria angulosa*), à fruit aplati, rouge foncé en dehors, rougeâtre en dedans et vineux, et le *majaufe de Provence* ou *fraisier de Bargemont*, ou *fraisier à étoile* (*fragaria bifera*), dont le fruit assez gros, rond, souvent comprimé du côté pâle, et comme strié, a la peau d'un rouge jaunâtre foncé et très-brillant au soleil, l'étoile pâle très-marquée par le calice, l'eau abondante et vineuse. Le *fraisier hétérophylle* et le *fraisier à petites feuilles* sont aussi parmi les étoilés.

La deuxième division de la seconde série comprend les *Breslinges*, à feuillage brun, ferme, courant, très-abondant. Les fleurs sont sujettes à couler, les fruits sont de couleur obscure; leur culture paraît abandonnée.

Dans la troisième division, Duchesne place les *Caperonniers*, dont il indique les caractères en ces termes : « Végétation vive; touffes très-fortes; tiges supérieures aux feuilles; fleurs très-régulières, très-blanches; calice court, évasé, se recourbant sur les pédicules, pulpe médiocrement ferme. » Le *Bon jardinier* ajoute : fruit gros, arrondi, rouge foncé, saveur particulière souvent musquée. Le *fraisier haut-bois* des Anglais (*fragaria moschata dioica*), le *caperonnier abricot* et le *caperonnier parfait* ou *caperonnier hermaphrodite*, *royal*, de *Fontainebleau* ou de *Bruxelles* (*fragaria moschata hermaphrodita*) appartiennent à cette division.

La quatrième division renferme les *Quoimios* ou *fraisiers d'Amérique* ou les *écarlates*, à feuilles non plissées, fermes, d'un vert bleuâtre, très-grandes, à fleurs petites ou moyennes, à fruit petit ou moyen, écarlate, à calice grand, peu évasé, se refermant sur le fruit, à graines enfoncées, à pulpe légère et juteuse. L'*écarlate* de Virginie, la *fraise du Chili*, la *fraise ananas* de *Harlem*, la *fraise ananas de Paris* ou *fraise bigarreau*, l'*écarlate double de Bath*, ont été placées dans cette division par Duchesne ; le *Bon jardinier* ajoute la *fraise-Roseberry*, la *fraise Grimstone* et l'*écarlate américaine*, une des meilleures; mais, en même temps qu'il fait cette addition, il crée une cinquième division pour les *ananas*, et une sixième division pour les *fraisiers du Chili*, en sorte qu'il dérange un peu l'ordre suivi par Duchesne.

Dans sa cinquième division, Poiteau a mis la *fraise ananas*, la *fraise de Bath*, la *fraise Barner's large White*, la *fraise de la Caroline*, la *fraise Keen's seedling*, la *fraise Swainstone's seedling*, la *fraise Princesse-Royale*, *comte de Paris*, *Myatt*, *Elisa Myatt*, *British queen*, *Duchesse de Trévise*, *Downton*, *Elton*, etc., etc.; fruits gros.

Dans la sixième division, le même auteur place la *fraise du Chili*, la *fraise queen Victoria* et la *superbe de Wilmot*, à laquelle il faut ajouter *Victoria Trollop*; fruits très-gros.

Nous n'avons pas besoin de faire observer que, dans le jardin, on ne cultive pas toutes les variétés signalées plus haut. D'ailleurs, beaucoup dans le nombre ont fait leur temps et ont été remplacées par des variétés préférables. Nous ne connaissons qu'une seule fraise qui ne sera jamais remplacée, c'est notre délicieuse fraise des bois. Au moment où nous écrivons, on cultive le

Fig. 1315. — Forme de grosse fraise.

Fig. 1316. — Autre forme.

plus ordinairement parmi les fraisiers de la première série : celui des Alpes ou des quatre-saisons à coulants, et celui de Montreuil. Le buisson de Gaillon perd du terrain. Notre collaborateur, M. J. Cherpin, pense que l'on devrait cultiver un peu plus qu'on ne le fait, du côté de Lyon, une sous-variété du fraisier des quatre-saisons, nommée fraise Gilbert, qui se recommande par un fruit plus gros que celui du type, plus pourpré, très-parfumé et très-abondant.

Parmi les fraisiers de la seconde série, on s'attache aux variétés suivantes : Princesse Alice, marquise de Latour-Maubourg, Marguerite, Keen's seedling, princesse royale, comte de Paris, surprise de Myatt, Elisa Myatt, ananas, fraise de Bath, sir Harry, Swainstone's seedling, fraise Elton, duchesse de Trévise, superbe de Wilmot, British queen, reine Victoria, Barner's large, White et fraise du Chili.

On dit beaucoup de bien de la constante, gagnée à Bruxelles par M. de Jonghe, et de la belle de Croncels qui nous a été envoyée de Troyes par nos collaborateurs, MM. Ch. et E. Baltet, du triomphe de Liége, de la belle de Paris, Carolina superba, du général Havelot, de may queen, Héricart de Thury et enfin du docteur Nicaise,

Fig. 1317. — Autre forme.

Fig. 1318. — Autre forme.

variété énorme qui a été gagnée tout récemment.

Pour notre compte, si nous voulions avant tout un choix de très-grosses fraises, nous prendrions : docteur Nicaise, Marguerite, Châlonnaise, empress Eugénie, belle de Paris, duc de Malakoff et sultane qui réunissent la qualité au volume.

Si nous voulions, avant tout, des fruits exquis, nous choisirions d'après les conseils que donne M. le comte de Lambertye : Carolina superba, la Châlonnaise, la constante, grosse sucrée, hendries seedling, Lucas, marquise de Latour-Maubourg, sir Harry, la sultane, Keen's seedling, quatre-saisons et British queen.

Culture du fraisier. — Le fraisier des bois et celui des quatre-saisons se reproduisent fidèlement de graines. « Les plants du fraisier des Alpes, a écrit M. J. Cherpin, ne durent guère plus de deux ans. Il importe donc de les renouveler par semis, avec soin, sans compter pour cela sur mère nature. Dans ce but, on cueille pendant l'été les fruits les plus gros, les plus mûrs ; on les presse avec la main dans un vase rempli d'eau. Lorsque les petites graines blanches sont bien séparées de la chair, bien nettes, on les fait sécher à l'ombre, puis on les enferme dans un petit sac jusqu'au printemps suivant. Dès les premiers beaux jours, on les sème en plate-bande ou sous châssis comme des graines de plantes florales. Quand les jeunes plants sont assez forts, on les repique en planches de 1 mètre de largeur, entre deux petits sentiers.

« Il faut, avant tout, choisir pour cette plantation un endroit convenable dans son jardin. Les racines du fraisier sont sous-ligneuses et chevelues. Elles aiment un terrain léger, doux, bien drainé. Le fraisier ne veut ni l'humidité ni les grandes pluies; il préfère l'arrosage du jardinier. Cependant, il craint l'ardeur du soleil et la sécheresse. Le fraisier des Alpes est surtout sujet à périr pendant les chaleurs si on ne lui donne pas les soins convenables. Il faut donc couvrir la planche de fumier non consommé ou d'un lit de paille. La mi-ombre lui conviendrait. »

Quelques horticulteurs conseillent de semer les fraisiers, aussitôt la graine mûre, c'est-à-dire vers la fin de juin ou au commencement de juillet. On sème le plus clair possible, on recouvre avec un peu de terreau, puis on étend une mince couche de mousse sur la planche et l'on bassine par-dessus, afin d'entretenir la fraîcheur. Au bout d'une quinzaine de jours, la plante est levée ou sur le point de lever, et alors on enlève la mousse en question. Vers la fin du mois d'août ou dans les premiers jours de septembre, on repique à 0m,20 ou 0m,25 de distance, en bordure ou sur plates-bandes entières ou en planches, après avoir pris soin de pailler les places destinées à recevoir les fraisiers. On arrose après cela, matin et soir, en temps de sécheresse, et l'on a soin de retrancher les coulants ou filets pendant le cours de la végétation.

Il va sans dire que le fraisier des quatre-saisons se multiplie non-seulement par ses graines, mais encore par ses coulants. Ce moyen, que la nature emploie aussi souvent et plus même que les jardiniers, s'applique à toutes nos races. Si la graine nous donne de fois à autres le type exact et le plus souvent des variétés nouvelles, le coulant reproduit invariablement le type en question. A chaque nœud du coulant se trouve un bourgeon qui se développe ou avorte selon les circonstances. Ces bourgeons du coulant, destinés à perpétuer la race, vivent aux dépens des pieds mères aussi longtemps qu'ils ne sont point enracinés ; ils prennent la substance de ces mères, ils les épuisent. C'est pour cela que les praticiens détruisent les coulants pendant la période de végétation et de fructification, afin de réserver une nourriture abondante aux feuilles ou aux fraises. Ils ne permettent aux coulants de se développer qu'en août et septembre. Dès que les feuilles et les racines qui partent des nœuds de ces coulants peuvent se suffire, ceux-ci n'ont plus de raison d'être ; leurs fonctions sont remplies, la prise de séve diminue graduellement, les vaisseaux séveux s'oblitèrent à mesure qu'ils deviennent inutiles, les tissus se durcissent, s'atrophient, et ils disparaissent d'eux-mêmes. En un mot, les fonctions de nourrices que remplissent les coulants cessent avec l'enracinement des jeunes plants de fraisier ; leur rôle se borne à transporter des bourgeons reproducteurs d'un point à un autre, à les nourrir en route, à leur fournir la séve nécessaire pour développer les premières feuilles et les racines rudimentaires.

Vous avez pu remarquer que la première partie du coulant, à partir de la souche, est ordinairement arquée, et que le bourgeon terminal ne touche pas la terre ; c'est sans doute pour cela que ce bourgeon avorte souvent faute d'avoir pris pied. Le coulant se continue donc au delà du premier nœud, et l'œil qui le termine appelle la séve sur le second nœud, dans une partie du rameau qui traîne à terre sur tous les points. Or, pour peu que cette terre soit fraîche, l'émission des racines et des feuilles devient certaine. Cette naissance d'un petit fraisier doit ralentir un peu la pousse de prolongement du coulant et réduire l'étendue des entre-nœuds qui se produiront ultérieurement. Plus il y a de nourrissons, moins la part de lait est copieuse, et les derniers nœuds pâtissent. C'est ainsi, vraisemblablement, que les choses se passent avec les nourrissons du fraisier. Il peut arriver encore, et il arrive que le troisième nœud du fraisier avorte, tandis que le quatrième réussira. Voici comment nous nous expliquons cette anomalie apparente. La formation du troisième nœud reproducteur coïncide avec le développement rapide du pied voisin, qui prend une bonne partie de la substance de la mère, tandis que le quatrième nœud ne se montre qu'après le sevrage naturel de ce jeune pied de fraisier. Il obtient de la souche reposée ce que le troisième nœud, affaibli par un trop long jeûne, n'a plus la force de prendre. Voilà ce qui est arrivé, surtout quand les mères de fraisiers sont vieilles et déjà décrépites, et ce qui arrive encore lorsque la saison est à la sécheresse et que les arrosements sont négligés.

De ce qui précède, il suit que les fraisiers de coulants les plus rapprochés de la souche sont les plus vigoureux.

Plus on retranche de coulants pendant la première période de végétation, et c'est toujours cette époque que l'on choisit pour leur suppression, plus il en repousse, en sorte que nous aggravons le martyre en multipliant les amputations. C'est comme si nous renouvelions la taille en vert sur nos arbres pendant tout le temps qui s'écoule entre la floraison et le développement complet des fruits, sous prétexte de ménager la santé des sujets. Sans doute, les coulants fatiguent la mère souche par ce fait qu'ils sont chargés de reproduire la race à la manière des branches qui donnent du fruit, mais nous ne voyons pas que, pour cela, il y ait nécessité de supprimer en leur saison les bons reproducteurs, et d'en choisir hors saison pour assurer la multiplication de l'espèce ou de la variété. Ne vaudrait-il pas mieux modérer la reproduction, la limiter à deux ou trois jeunes pieds de coulants pour chaque forte souche, par exemple, pincer le bourgeon terminal, en vue de ralentir le développement de ce rameau, et supprimer également et peu à peu les jeunes feuilles des nœuds que l'on ne voudrait pas réserver ? Ces suppressions graduelles diminueraient la prise de séve et n'auraient probablement pas l'inconvénient de ces suppressions complètes et brutales qui aboutissent toujours à de nouvelles émissions de coulants. Peut-être arriverait-on, par ces moyens, à prévenir les fougueuses réactions de la séve, et à obtenir du même coup de beaux fruits et des pieds reproducteurs préférables à ceux des mois d'août et de septembre.

Cette digression, un peu longue sans doute, nous a paru nécessaire ; les questions de physiologie végétale ont été tellement négligées jusqu'à ce jour, qu'il nous en coûte de laisser échapper les occasions de les soulever. Revenons à présent à la multiplication des fraisiers par le moyen des pieds de coulants qui ne sont autre chose que des marcottes.

On lève ces pieds au commencement d'octobre ou bien au printemps suivant, et on les met en place de la même façon que les pieds de semis à $0^m,35$ ou $0^m,40$ de distance pour les variétés de la seconde série, et en quinconce quand la plantation se fait par planches. Nous n'avons pas besoin de rappeler que la terre a dû être recouverte d'un paillis avant l'opération. La plantation faite, on arrose très-copieusement. Quelques pieds meurent en hiver ; on les remplace au printemps, puis on entretient les fraisiers par des sarclages, des binages, le pincement des filets et des arrosements. La récolte de la première année est importante avec le fraisier des quatre-saisons, mais avec les autres variétés, elle est insignifiante. Au printemps de la deuxième année, on enlève les feuilles mortes avec un râteau et les pieds des filets, puis on remue la terre avec une serfouette ; après cela, on glisse du terreau partout, ou, à défaut de terreau, un mélange de fumier de vache très-consommé et de cendres de bois, et l'on paille par-dessus ; il ne reste plus qu'à donner les soins d'entretien comme précédemment. Au moment où les fraises se forment, il est bon de placer en dessous une couche de paille non brisée qui empêchera les fruits en question de se salir durant la maturation. Cette précaution dispense des lavages et conserve aux fruits une saveur et un parfum que les lavages altèrent toujours.

Si les fraisiers des quatre-saisons ne produisent bien que pendant deux ans, les autres variétés ne durent pas longtemps non plus ; au bout de quatre ans, il est bon de les remplacer. On peut prolonger la durée en rechaussant avec de la bonne terre.

Par exception, la multiplication du buisson de Gaillon ou fraisier sans filets se fait par l'éclatement des touffes, comme s'il s'agissait d'une plantation d'oseille.

La larve du hanneton et la tipule potagère sont les deux insectes qui font le plus de mal aux fraisiers, le premier surtout. Aussitôt que les feuilles de la plante se flétrissent, il faut dégager le pied et détruire la larve. Les terrains sablonneux sont ceux dans lesquels les fraisiers ont le plus à souffrir de la voracité de ces maudits insectes.

Emploi du fruit du fraisier. — Les fraises sont un de nos meilleurs fruits de dessert; malheureusement, elles ne se conservent guère et sont d'un transport difficile. On en fait d'excellentes confitures.

Glaciale. Nom vulgaire du MÉSEMBRYANTHÈME. *Voy.* ce mot.

Haricot (*phaseolus*). — Plante annuelle de la famille des Légumineuses ou Papilionacées, originaire des Indes Orientales, à ce qu'on assure, et cultivée en Europe de temps immémorial, à ce qu'on assure encore. Si nous nous permettons ce second doute, c'est parce qu'Olivier de Serres n'a pas l'air de l'avoir bien connue, il l'indique, en passant, sous le nom de *faziol*, comme légume à mettre dans les jardins; mais il ne dit pas un mot de sa culture. On répond à ceci que le haricot ne pouvait être d'introduction récente en Europe au commencement du dix-septième siècle, attendu qu'il est question de lui dans les auteurs latins. Et, en effet, on lit dans Columelle (*de re rustica*, lib. *XI*) qu'on sème les haricots pour la table au moment de la récolte du millet et du panic, mais que, pour les récolter en parfaite maturité, il vaut mieux les semer à la fin d'octobre, vers les calendes de novembre. C'est exactement traduit (1). Reste à savoir s'il s'agit bien ici de notre haricot annuel, si sensible à la gelée, même à une gelée blanche, que nous ne comprenons pas vraiment qu'on ait pu, en Italie ou en Espagne, le semer à la fin d'octobre en vue de récolter sa graine mûre. N'y aurait-il pas là-dessous quelque confusion regrettable? Il n'y a que le haricot caracolle ou limaçon, le haricot du Cap et le haricot d'Espagne qui aient les racines vivaces et qui pourraient passer l'hiver en terre dans les pays chauds, et c'est peut-être à la dernière de ces espèces qu'il convient de rapporter le passage de Columelle.

Les haricots ne sont pas désignés partout sous leur véritable nom. Dans le midi, c'est le *faziole*, dans l'ouest la *févette*, dans l'est la *féviole*, dans le nord et en Belgique la *petite fève*.

En parlant des haricots de la grande culture, partie I, chap. XVIII, page 256 de ce livre, nous avons indiqué le climat, les terrains et les engrais qui conviennent particulièrement à cette plante; nous n'avons donc pas à y revenir.

Espèces et variétés. — Bentham compte 85 espèces de haricots qui ont, chacune, leurs variétés, en sorte qu'il y a plusieurs centaines de haricots. Les 85 espèces sont réparties dans trois grandes divisions.

La première division comprend le *haricot caracolle*, vivace et cultivé seulement pour ses belles grappes de fleurs blanches teintées de rose ou de lilas. La culture potagère n'a pas à s'en occuper.

Dans la seconde division se trouvent encore des haricots à bouquets, et entre autres le *haricot d'Espagne*, d'un rouge superbe, et sa variété à *fleurs blanches*. On pourrait, à la rigueur, manger le premier en vert et en grains, et la preuve, c'est qu'il n'est pas rare d'en rencontrer des planches cultivées à cette fin, en Belgique, dans les provinces de Namur et de Luxembourg, sous le nom de *haricot Bayard*, mais c'est une espèce grossière qu'il faut laisser à la floriculture. Quant au *haricot d'Espagne* à fleurs blanches, assez souvent cultivé dans le grand-duché de Luxembourg, on aurait tort de le dédaigner. Si, en vert, il est au-dessous du médiocre, en grains tendres, il est très-acceptable, et en grains secs, il fournit une bonne purée.

La troisième division renferme, d'après la classification de Savi et de de Candolle : 1° le *haricot vulgaire* ou *commun*; 2° le *haricot comprimé*; 3° le *haricot renflé*; 4° le *haricot tacheté*; 5° le *haricot sphérique*. Voilà les cinq espèces auxquelles se rapportent toutes les variétés cultivées dans nos potagers.

A l'espèce commune appartiennent les haricots à feuilles presque lisses, portant leurs fleurs deux par deux, à cosses droites, pendantes, très-peu renflées par places, allongées en pointe par le bas, à graines ovales peu ou point aplaties sur les côtés, et quelle que soit la couleur des graines. Ainsi, le haricot blanc commun, le haricot des vignes de Bourgogne, le haricot noir de Belgique, le haricot beurre ou d'Alger, le Suisse ventre de biche, etc., dérivent de l'espèce en question.

Les variétés de l'espèce comprimée ou à grains aplatis sur les côtés, sont représentées par le haricot de Soissons, le haricot sabre et même le Suisse gris de Bagnolet, le flageolet de Laon, le haricot à l'aigle, etc.

Les variétés de l'espèce renflée sont représentées par le haricot princesse, le prédomme, le nain d'Amérique, etc.

Les variétés de l'espèce tachetée sont élevées et ont la gousse droite, bossuée, pointue et tachetée de rouge avant la maturité. De Candolle y fait figurer le haricot des jardiniers.

Les variétés sphériques sont de haute taille et ont les fleurs d'un violet pâle. Leurs graines sont en forme de boule et toujours colorées. Elles comprennent le haricot d'Orléans, le haricot de Prague ou pois rouge.

Il y aurait beaucoup d'observations à faire sur cette classification des botanistes; elle est loin de nous satisfaire. En attendant mieux, arrêtons-nous à la classification des jardiniers.

(1) *Milium et panicum hoc tempore demetitur, quo faseolus ad escam seritur; nam ad percipiendum semen ultima parte octobris circa kalend. novembris melius obruitur.*

Ceux-ci divisent les haricots en deux grandes catégories : celle des haricots grimpants ou à rames, qui comprend des variétés à parchemin et sans parchemin, et celle des haricots nains, qui comprend également des variétés à parchemin et sans parchemin.

Haricots à rames et à parchemin. — *Haricot de Soissons à rames* : grain blanc, aplati sur les côtés et en forme de rognon; *haricot de Liancourt* : même forme, même couleur, grain plus gros, mais inférieur en qualité; *haricot sabre de Hollande* : grain aplati, d'un beau blanc, moins gros et moins contourné que le Soissons, gousses très-longues et très-larges, un peu recourbées, n'ayant de parchemin que lorsqu'elles sont déjà bien développées, excellentes avant que les grains soient formés.

Haricots à rames et sans parchemin. — *Haricot prédomme, prudhomme* ou *prodommet* : grain arrondi, d'un blanc terne ou grisâtre, quelquefois aplati aux extrémités, gousse renflée en chapelet. *Haricot friolet* : sous-variété du précédent, grain un peu moins gros, de même couleur, souvent aplati à l'un de ses bouts et même aux deux bouts; gousse un peu moins longue que dans le prédomme, et formant aussi le chapelet. *Haricot princesse à rames* : encore une sous-variété du prédomme, à grains plus blancs, plus gros, à cosses plus longues; plus précoce et formant un peu moins le chapelet. *Haricot d'Alger* ou bien encore *haricot beurre, haricot cire, haricot translucide* et *haricot de Riga* : grain noir, luisant, de forme ovale, dont nous ne connaissons pas la qualité; gousses d'un vert pâle d'abord, puis d'un jaune brillant et appétissant; bonnes à consommer en cet état, mais un peu fades et d'un aspect terne après la cuisson; sujettes à pourrir sur pied dans les années humides. *Haricot de Prague marbré* ou *haricot chou, haricot lentille, haricot coco* et *haricot châtaigne* : grain presque sphérique, d'un blanc rosé, marbré de rouge, très-farineux, bon en sec, gousse d'un vert pâle, marbrée de rouge, bonne comme mangetout. *Haricot de Prague bicolore* improprement appelé *haricot à la reine*, puisque celui-ci était couleur Isabelle jaspé de cannelle. *Haricot Prague rouge* ou *coco rouge* ou *pois rouge* : grain presque sphérique, un peu aplati, de couleur rouge sombre; gousse d'un vert tendre, nuancée faiblement de rouge pâle. *Haricot Sophie* : grain blanc jaunâtre, presque sphérique, fortement veiné, plus gros que le haricot princesse, mais ne le valant pas. *Haricot de Villetaneuse* : grain irrégulier, aplati, court, couleur café au lait, fouetté de brun; gousse verte formant un peu le chapelet par la saillie des grains, productif et assez commun aux environs de Paris (1). *Haricot Lafayette* : nous ne le connaissons pas personnellement. Mais d'après M. Vilmorin, dont la description des plantes potagères nous sert de guide, le grain de cette variété est à fond de couleur fauve jaspé de brun clair et nuancé de brun rougeâtre autour de l'ombilic, réniforme, long de $0^m,019$, large de $0^m,010$ et épais de $0^m,005$; gousse d'un vert clair, longue de $0^m,20$ à $0^m,25$, large de $0^m,02$ à $0^m,02\ 1/2$ et rappelant, par conséquent, le haricot sabre à rames.

Haricots nains et à parchemin. — *Haricot de Soissons nain, ou haricot gros pied, ou bassette*, en Belgique : grain blanc, taché de jaune à une place près de l'ombilic, contourné, plus petit que celui du Soissons ramé ; gousse verte, droite, large, assez longue, renflée par places. *Haricot nain hâtif de Hollande* : grain blanc, se rapprochant, pour la forme, de celui du flageolet, mais moins long et souvent un peu tronqué ; cosse verte, légèrement renflée par le grain ; bon en vert, en grains tendres et en grains secs, propre à la culture forcée. *Haricot flageolet, nain hâtif de Laon* : grain blanc, un peu aplati sur les côtés; un peu réniforme; mêmes qualités que chez le précédent; ayant une sous-variété douteuse à grains verts. *Haricot flageolet jaune* : grain jaune fauve avec un cercle brun autour de l'ombilic; répandu dans les jardins du nord de la France, précoce, productif, bon en vert et en sec. *Haricot flageolet rouge* : grain d'un rouge de sang, de la même forme que celui du flageolet de Laon ; cosse courbée et verte, productif; tardif, bon en vert et en sec. *Haricot noir de Belgique* : grain noir, ovale, très-luisant, détestable à manger ; cosse droite, d'un vert pâle, excellente, et repoussée à tort des restaurateurs de Paris, qui veulent un vert vif; grande précocité et grand produit. *Haricot de Chartres ou rouge d'Orléans* : grain rouge sombre, court, un peu carré aux deux bouts, marquant bien sous la cosse ; variété hâtive, excellente en sec. *Haricot de la Chine* : grain d'un jaune soufre, en forme d'œuf; très-bon à l'état frais comme à l'état sec; très-productif. *Haricot de la Chine bicolore* : grain blanc, dont une moitié est panachée de rouge foncé ; variété très-précoce. *Haricot riz* : grain très-petit, d'un blanc jaunâtre transparent, en forme d'œuf, et avec lequel beaucoup de ménagères confondent le haricot friolet; cosse verte, à peu près droite, un peu renflée par la saillie des grains ; tardif, mais d'excellente qualité en sec, et foisonnant à la cuisson ; bon aussi en vert et en grains frais. *Haricot Suisse rouge* : grain droit, allongé, souvent carré à l'un des bouts, de couleur rouge brique, taché de rouge sombre ; cosse verte panachée de rose ; variété robuste, fertile, mais à tiges parfois grimpantes, comme la plupart, sinon comme toutes les variétés Suisses. Les cosses sont acceptables en vert; les grains tendres et secs sont de bonne qualité. *Haricot Suisse blanc* : grain droit, blanc terne, souvent carré à l'un des bouts, allongé, désigné en Picardie sous le nom de lingot; assez bon en vert et en sec. *Haricot Suisse ventre de biche* : grain droit, allongé, un peu déprimé sur les côtés, souvent carré à l'un des bouts, couleur ventre de biche, avec un cercle brun autour de l'ombilic.

(1) J'ai trouvé chez ma mère un haricot excellent, très-recherché sous le nom de *sans-pareil*, et qui paraît répondre au signalement du haricot de Villetaneuse; mais, quand on place les grains de l'un à côté de ceux de l'autre, on reconnaît à la couleur qu'ils ne doivent pas être confondus. Le *sans-pareil* dont nous parlons ne se rencontre ni chez M. Vilmorin ni à la halle de Paris. P. J.

Variété hâtive, bonne seulement en sec. *Haricot Suisse gris de Bagnolet* ou *Suisse gris* : grain long, droit, presque toujours carré à l'un des bouts, de couleur brune violacée ou même marron marbré de fauve; cosse droite, longue, verte, nuancée de violet, excellente en vert. Variété un peu tardive et très-productive, commune aux environs de Paris. Le *haricot solitaire* n'est qu'une sous-variété du gris de Bagnolet; il ramifie davantage; voilà tout. *Haricot plein, de la Flèche*, autre haricot Suisse, long, droit, à fond rouge brun, à points et marbrures fauves; cosse droite, d'un vert jaunâtre, excellente en vert. Très-productif. *Haricot* à l'*aigle* ou du *Saint-Esprit*, ou à la *Religieuse* : grain un peu courbé, d'un blanc terne, portant vers l'ombilic une panachure qui représente, si l'on veut, une colombe, un aigle, n'importe quoi. Variété bonne en vert et en sec.

Haricots nains sans parchemin. — *Haricot nain blanc sans parchemin* : grain blanc, de forme irrégulière, mais le plus souvent courbé. Cosse arquée, contournée et verte; estimé en Lorraine. Nous n'en parlons que d'après M. Vilmorin. *Haricot sabre nain* : grain blanc, aplati sur les côtés, de forme irrégulière, contourné et souvent bossué; cosse longue, verte, sujette à la pourriture; bon en vert et en sec. *Haricot de Prague marbré nain*, ou *haricot Baudin* : grain à peu près de la même couleur et de la même forme que le Prague à rames, ayant les mêmes qualités et produisant beaucoup. *Haricot princesse nain* : grain à peu près semblable à celui du princesse à rames. *Haricot jaune du Canada* : grain qui, pour la couleur, n'a guère de rapport avec son nom; couleur jaune verdâtre nuancé de rouge terne vers l'ombilic; cosse verte un peu ferme après la cuisson; grain sec de bonne qualité; assez hâtif et productif.

Nous n'avons mentionné ici que les variétés principales, grimpantes et naines. Si nous avons gardé le silence sur le *haricot beurre* à grains blancs, c'est que nous ne lui reconnaissons pas les qualités qu'on lui prête. La cosse en est fade et trop sujette à la pourriture. Si nous avons gardé également le silence sur le *Suisse rose*, c'est que nous ne voyons dans cette prétendue variété qu'une variation du ventre de biche. Au moment de terminer ce travail, nous ne sommes pas encore en mesure de nous prononcer sur le mérite de deux variétés naines introduites récemment dans notre potager, l'une sous le nom de *Comte de Vougy;* l'autre sous celui de *Haricot nain blanc de la Réunion*.

Culture du haricot. — Pour tout ce qui concerne la culture des haricots au jardin, nous renvoyons le lecteur aux pages 256 et suivantes de cet ouvrage, partie I, chapitre XVIII.

Igname de la Chine. (*dioscorea batatas*). — Plante vivace de la famille des Dioscorées, introduite à grand bruit en Europe, il y a quelques années, par les personnes qui désespéraient du salut de la pomme de terre. On la multiplie au printemps, comme la pomme de terre, avec ses bulbilles ou mieux avec les fragments de ses rhizômes qui sont très-allongés et en forme de massue. Quand la tige a pris un certain développement, on lui donne un tuteur autour duquel elle s'enroule. Nous avons cultivé l'igname et la connaissons. Elle exige une bonne terre, et surtout une terre profonde. On peut la planter à 0m,45 d'intervalle en tous sens, dès que les fortes gelées ne sont plus à craindre; les seuls soins d'entretien consistent à sarcler, à biner et arroser de temps en temps. A la fin de la première année, les rhizômes, au nombre de deux et parfois de trois, n'ont atteint qu'un médiocre développement par les moyens ordinaires de la culture; ce n'est qu'à la fin de la seconde année et quelquefois de la troisième qu'ils sont vraiment dignes de figurer dans les expositions. Un des grands inconvénients de ces rhizômes, c'est de descendre à une profondeur considérable, même dans un sous-sol naturellement infertile. Il faut ouvrir des tranchées à la bêche pour les en sortir.

L'igname est farineuse et plait à quelques personnes; pour notre compte, nous la trouvons fade et bien inférieure à nos bonnes races de pommes de terre, d'autant plus inférieure, qu'elle a séjourné plus longtemps dans le sol.

La culture potagère ne s'emparera point sérieusement de cette plante. Si jamais elle devait se propager, ce qui pourrait arriver dans le cas où l'on parviendrait à créer des rhizômes élargis à la place des rhizômes allongés, sa place serait dans la grande culture.

L'emploi de l'igname est le même que celui de la pomme de terre.

Laitue (*lactuca sativa*). — Plante annuelle, de la famille des Composées, originaire de l'Asie, et cultivée en Europe de temps immémorial. — « Ce genre de plantes potagères, dit M. Clavé, dans le *Dictionnaire d'histoire naturelle* de Guérin, fut connu dès la plus haute antiquité : il a un nom en hébreu, un nom en grec, un nom en latin, et c'est de ce dernier, *lactuca*, qu'est venu le nom français laitue, dont l'étymologie est manifeste dans les deux langues, et justifiée par le suc qui distille de la tige de cette plante lorsqu'on la coupe. Suivant Pline, les Grecs comptaient trois espèces de laitue : la laitue à large tige, et tellement large qu'on en faisait, disait-on, des portes de jardin; la laitue à tige arrondie; enfin, la laitue sessile ou acaule qu'ils appelaient *Laconique*. » Columelle nous fournit des indications plus exactes; il nomme *Céciliennes* les laitues touffues, vertes ou brunes; *Cappadociennes*, celles dont la feuille est d'un vert pâle, bien dressée et épaisse; laitue de la *Bétique*, celle qui est blanche et dont la feuille est très-crépue; et laitue de *Chypre*, celle qui est d'un blanc rosé, et dont la feuille est lisse et très-tendre. Les premières et les secondes paraissent se rapporter à nos diverses races de laitues pommées; on croit reconnaître dans la Bétique une variété de Batavia, celle, par exemple, qui est connue sous le nom de Batavia de Silésie, ou grosse croquante; enfin la laitue de Chypre, des Romains, ressemble, à s'y méprendre, à une race de romaine blonde, comme l'alphange, et rosée sur les bords.

Variétés. — Nous prenons la liberté d'établir trois grandes catégories de laitues : 1° Les laitues pommées ordinaires; 2° les laitues romaines ou chicons; 3° les laitues Batavia. Il va sans dire que nous n'entretiendrons pas nos lecteurs des 130 ou 140 variétés que nous signalent les catalogues des marchands grainiers; nous nous en tiendrons aux races principales, et, tout d'abord, nous soumettrons à nos lecteurs une remarque qui a besoin d'être vérifiée. Cette remarque se rapporte aux graines qui sont ou blanches ou jaunâtres ou noires. Il nous a semblé que les graines noires caractérisent les races les plus robustes, que les graines jaunes sont à peu près dans le même cas, mais que les graines blanches, à moins qu'elles n'appartiennent à des laitues très-feuillues, indiquent les races les plus délicates, les moins propres à être cultivées dans le Nord. Nous avons eu l'occasion de nous en apercevoir en Belgique.

1° Les principales laitues pommées ordinaires sont : la *crêpe* ou *petite noire* (graine noire), la *gotte* ou *gau* à graine noire, la *gotte lente à monter*, la *crêpe blanche* (graine blanche), la *dauphine* (graine noire), la *laitue Georges* (graine blanche), la *laitue à bord rouge* ou *cordon rouge* (graine blanche), la *blonde paresseuse* ou *jaune d'été* (graine blanche), la *blonde de Berlin* ou *de Tours* (graine noire), la *laitue de Versailles* (graine blanche), la *laitue Turque* ou *grosse allemande* (graine noire), la *grosse brune paresseuse*, ou *Bapaume*, ou *grosse hollandaise* (graine noire), la *Palatine* ou *laitue rousse* ou *petite brune* (graine noire), la *laitue rousse à graine jaune* ou d'*Amérique* (graine jaune), la *rouge chartreuse* ou *grosse rouge* (graine noire), la *laitue de la Passion* (graine blanche), la *morine* (graine blanche), et la *brune d'hiver* (graine blanche).

Pour les semis de printemps, on doit prendre la crêpe ou petite noire, les deux gottes, la crêpe blonde, la Dauphine, la Georges et la laitue à bord rouge.

Pour les semis d'été, les races qui conviennent le mieux sont : la laitue de Versailles, la blonde paresseuse ou jaune d'été, la blonde de Berlin, la laitue Turque, la grosse brune paresseuse, la Palatine, qui est bien la meilleure des laitues de cette catégorie, la rouge chartreuse et la rousse à graine jaune.

Pour les semis d'hiver, il faut prendre la laitue de la Passion, la morine et la brune d'hiver.

2° Les principales laitues romaines ou chicons sont : la *romaine verte maraîchère*, la *romaine grise maraîchère* (l'une et l'autre à graine blanche), l'*alphange à graine blanche* et l'*alphange à graine noire*; les deux *blondes de Brunoy*, l'une à graine blanche et l'autre à graine noire, la *romaine de la Madeleine* (graine noire), la *romaine panachée améliorée* (graine noire), et la *romaine rouge d'hiver* (graine noire).

Au printemps, on sèmera la romaine verte et la grise maraîchère; en été, les alphanges, les blondes de Brunoy, la romaine de la Madeleine et la romaine panachée; en hiver, la romaine rouge.

3° Les principales laitues Batavia ou croquantes qui tiennent le milieu entre les pommées ordinaires et les romaines, et qui pomment à la manière des choux, sont : la *Batavia blonde* ou *laitue de Silésie*, ou *belle et bonne de Bruxelles*, à feuilles d'un blanc doré, fouetté de rouge au sommet de la pomme (graine blanche); la *Batavia, chou de Naples* (graine blanche); la *Batavia, laitue de Simpson*, à feuilles d'un blond doré (graine blanche), et la *Batavia brune*. Nous n'avons pas cultivé cette dernière. M. Vilmorin la dit un peu dure quoique cassante et douce au goût.

On sème les Batavias en été ou mieux pour l'été, c'est-à-dire à partir du mois d'avril.

En dehors de nos trois catégories de laitues, on en a établi une quatrième, qui est celle des *laitues à couper*, soit pour mettre en salade leurs jeunes feuilles avant qu'elles pomment, soit pour les cuire à la manière des chicorées. « Ce nom, dit avec raison M. Vilmorin, ne s'applique particulièrement à aucune variété de laitues, et on peut les employer toutes indifféremment comme *laitues à couper*; cependant on préfère les variétés à feuilles blondes, et l'on fait ordinairement usage des variétés hâtives, telles que les laitues Georges, gotte, crêpe, etc. »

Toutefois, il existe des laitues qui ne pomment pas et qui sont utilisées comme laitues à couper : ce sont la *laitue chicorée ordinaire* (graine noire), la *laitue chicorée anglaise* (graine noire), et la *laitue épinard* ou *à feuilles de chêne* (graine noire). Cette dernière supporte plusieurs coupes consécutives, et passe très-bien l'hiver.

Culture des laitues. — On s'accorde à dire que les laitues viennent partout et qu'elles ne se montrent difficiles ni sur le terrain ni sur le climat. Il n'en est pas moins vrai, cependant, que, dans le nord de la France, en Angleterre, en Belgique, en Hollande et en Allemagne, on les obtient plus volumineuses que dans les climats chauds et qu'elles y gardent, généralement, mieux la pomme, lorsque, bien entendu, l'on s'y attache aux races robustes. Les laitues aiment un sol profond, riche en vieux terreau; elles ne supportent bien le soleil qu'à la condition d'avoir le pied frais; et souvent même, dans les étés secs, un peu d'ombre ne leur nuit pas dans les climats tempérés. Nous nous rappelons qu'en Bourgogne, nos plus belles laitues venaient presque toujours dans les champs de maïs.

C'est à partir du mois d'août jusque vers le milieu de septembre, qu'il faut se préoccuper du semis des laitues d'hiver. A cet effet, on bêche un coin du jardin, à bonne exposition, on ameublit la terre le mieux possible, on sème clair, on frappe la graine avec une batte en bois ou avec le dos d'une pelle, ou même avec le plat de la main, quand le semis n'a pas d'importance; on secoue après cela un peu de terreau ou de bonne terre fine au moyen d'un vieux panier à jour, et, dès que la semence est légèrement recouverte, on la bassine délicatement avec un arrosoir à pomme finement trouée. Dans le courant d'octobre, on prépare une plate-bande ou une planche bien exposée, et l'on y repique le jeune plant de laitue à $0^m,16$ ou $0^m,18$, en ayant soin, non de presser énergiquement la terre autour du pied, mais de l'appuyer seulement avec la main. On sarcle et l'on bine une fois avant l'hiver. Quand viennent les grands froids et la neige, on recouvre avec de la litière sèche qu'il faut enlever toutes les fois que la température le permet, afin de donner de l'air aux plantes, et de remplacer au besoin la litière humide par une nouvelle litière sèche ou par de la paille ordinaire.

Dans la culture potagère, lorsque le climat le permet, on commence les semis de laitues de printemps dans la première quinzaine d'octobre, mais, pour cela, il est nécessaire d'avoir quelques cloches en verre à sa disposition. On forme un ados contre un mur à chaude exposition, on répand la graine de crêpe noire sur une partie de cet ados, et, aussitôt que les laitues montrent leurs feuilles, on en repique 25 ou 30 par place, toujours sur l'ados, l'on recouvre avec une cloche et on ne donne pas d'air. Quant aux autres variétés de printemps, on les sème 10 ou 12 jours plus tard, on les repique de même, on les recouvre aussi de cloches, mais, dès que la reprise est faite, on donne un peu d'air du côté où il n'y a pas de vent, et l'on augmente la prise d'air en soulevant de plus en plus les cloches jusqu'à ce qu'il gèle à glace. Alors, on rabat ces cloches, et dès que la gelée dépasse 3°, on les masque avec de la litière sèche. A mesure que le froid augmente, on augmente aussi l'épaisseur de la couverture, pendant la nuit surtout; dès que le soleil se montre, on détourne la litière pour s'assurer de l'état des laitues sous verre, et, si la gelée ne les a point saisies, on enlève la couverture. Dans le cas contraire, on la replace soigneusement afin de prévenir tout dégel rapide. Nous n'avons pas besoin d'ajouter qu'à partir du mois de février, il faut donner de l'air toutes les fois que la température le permet. Dans le courant de mars, on transplante à demeure.

Ce procédé n'est pas toujours applicable à la culture potagère du Nord. Là, à défaut de couches, dont nous ne voulons point parler en ce moment, on sème en place dans le mois de mars et plus souvent en avril.

C'est à partir du mois de mars jusqu'en juillet, qu'on sème les laitues d'été. On échelonne les semis de quinzaine en quinzaine; on arrose souvent, on sarcle, on éclaircit et l'on bine, avec la précaution d'endommager le moins possible les feuilles des plantes. Les laitues meurtries ou déchirées marquent un arrêt de végétation toujours regrettable.

Quand on se propose de repiquer le plant, on en sème une petite pépinière contre un mur au midi pendant le mois de mars, ou sur quelque point d'une plate-bande, à partir du mois d'avril. Presque toujours, sinon toujours, on obtient de plus belles laitues par le repiquage que par le semis à demeure; mais le repiquage est indispensable pour obtenir de la graine non dégénérée. On réussira peut être une fois ou deux avec de la graine récoltée sur des pieds non transplantés; mais, si l'on persévérait dans cette voie, on perdrait bien vite les meilleures races. On ne doit laisser monter à graine que les laitues vraiment remarquables. On les soutient avec de petits tuteurs. En avril ou septembre, la graine mûrit, et l'on reconnaît qu'elle est mûre, à la présence des aigrettes blanches qui la surmontent. Alors, on les pince sur pied, autrement dit, on les enlève une à une avec les ongles, et l'on recueille ainsi, à force de patience, de la graine de premier choix; ou bien, on secoue les têtes des semenceaux, sans les arracher, dans un tablier lié à la ceinture, et tenu de la main gauche par les deux coins. Ce procédé est plus expéditif, et donne également de la graine de choix. Mais, le plus souvent, on arrache les semenceaux lorsque la majeure partie des semences paraît mûre, on les bat pour faire une première récolte; puis, on expose les tiges contre un mur, au soleil, afin d'obtenir une maturation secondaire ou artificielle qui produit de très-médiocres graines. Les amateurs ne s'en servent pas; les bons jardiniers ne s'en servent pas non plus, mais ils ont le tort de les vendre. — La graine de laitue se conserve bonne pendant trois ans; la quatrième année, il n'en lève guère. Celle de l'année, qui a été pincée, est la meilleure; quand on l'achète, il y a de l'avantage à en avoir de deux ans, car la plus chétive est morte dans les sacs, et il n'est plus à craindre qu'elle lève avec la bonne pour monter presque de suite à fleur.

Les soins à donner aux laitues pendant le cours de la végétation consistent à biner souvent, à arroser en temps de sécheresse avec la pomme de l'arrosoir d'abord, et, plus tard, quand elles sont pommées, avec le goulot; un mélange de purin en très-petite quantité, de colombine sèche et d'eau, développe considérablement les laitues. Les feuilles mortes ou pourries doivent être enlevées des pieds de laitues.

Les laitues pomment ou se coiffent. Celles qui pomment n'ont pas besoin d'être aidées par la main de l'homme; celles qui se coiffent, c'est-à-dire les romaines, ont souvent besoin d'aide; on les lie donc à deux places, vers le bas et vers le haut, et toujours par un temps sec.

Dans les années défavorables, ou quand on s'est servi de graines défectueuses, les laitues ne gardent pas longtemps la pomme et la coiffe; elles s'emportent vite. Le mieux, dans ce cas, est de récolter les *côtons* ou tiges pendant qu'ils sont tendres, de les dépouiller de leurs petites feuilles, de les couper par petits morceaux, de les faire cuire, et de les accommoder au blanc. C'est un excellent mets que trop peu de personnes connaissent.

Les insectes nuisibles aux laitues sont la larve du hanneton qui en est fort avide, le ver gris ou ver court (*agrotis segetum*), la noctuelle de la laitue (*polia dysodea*), la noctuelle gamma (*plusia gamma*), la tipule potagère (*tipula oleracea*), et l'agromyse pied noir (*agromyza nigripes*). La larve du hanneton coupe la racine à quelque profondeur, et les feuilles se fanent aussitôt; le ver gris coupe la racine près du collet, surtout après le repiquage; la noctuelle de la laitue produit ces petites chenilles qui s'attaquent à la graine avant qu'elle soit mûre, et qui compromettent sérieusement la récolte; quant aux dégâts commis par les trois autres insectes, ils n'ont guère d'importance, et nous n'avons pas à nous en inquiéter.

Emploi de la laitue. — On mange la laitue crue, en salade, ou cuite à la manière de la chicorée, au blanc ou au gras. Dans tous les temps, la médecine a reconnu de précieuses propriétés à cette plante; on la dit sédative, c'est-à-dire propre à calmer les douleurs. On s'en sert, lorsqu'elle est sur le point de fleurir, pour préparer de l'eau de laitue et du sirop de laitue. On se sert quelquefois aussi des feuilles cuites pour faire des cataplasmes adoucissants.

Lentille (*ervum lens*). — Cette plante est plutôt du domaine de la grande culture que de celui du jardinage. Tout ce qui la concerne a été dit au chapitre des Légumineuses farineuses, pag. 259 et suivantes du tome I.

Livêche commune (*ligusticum levisticum* seu *angelica levisticum*). — Plante vivace de la famille des Ombellifères. Dans quelques contrées,

Fig. 1319. — Livêche commune.

on l'emploie dans de minimes proportions pour assaisonner les mets. Les feuilles de l'angélique officinale donnent le même résultat.

Mâche ou **Valérianelle potagère** (*valerianella olitoria*). — Plante annuelle, indigène, de la famille des Valérianées, et très-connue sous les noms vulgaires de *doucette* et de *salade de blé*. La mâche commune a fourni une variété à feuilles rondes. La *mâche* d'*Italie* ou *régence* (*valerianella coronata*) est une espèce distincte de la précédente. Ses feuilles sont plus larges et d'un vert moins vif.

Culture. — La mâche s'accommode de tous les climats, et paraît affectionner les terres argileuses convenablement ameublies. Au jardin, où nous n'avons pas souvent à choisir parmi les terrains bien caractérisés, nous prenons le sol tel quel. Pourvu qu'il soit riche en vieux fumier de l'année précédente, bien bêché, bien divisé avec le râteau, et que l'eau ne manque pas pour les arrosages, nous sommes en mesure de garantir la réussite.

On sème la mâche à la volée du 15 août jusqu'à la fin d'octobre, dans le climat de Paris et dans le Midi, et du 1er août au 15 septembre dans le Nord. Les premiers semis donnent une salade d'arrière-saison et d'hiver; les derniers donnent une salade bonne à prendre au printemps.

Aussitôt la graine répandue, on la marche ou on la piétine en terrain sec et léger; ou bien, en terre consistante et fraîche, on se contente de l'enterrer avec le râteau de bois. On arrose au besoin pour hâter la levée.

Comme la mâche est d'autant plus estimée qu'elle est plus jeune et plus frêle, il n'y a pas lieu de l'éclaircir; cependant, il serait bon d'opérer un éclaircissage au bout de la planche, afin de favoriser la vigueur et le développement d'un certain nombre de pieds que l'on conserverait pour la graine. Ceux des premiers semis sont préférables à ceux des derniers, et même des intermédiaires.

La mâche, semée vers la fin de l'été, se met à fleurs de bonne heure, au printemps. — « La graine de mâche, avons-nous dit dans l'*Art de produire les bonnes graines*, fait le désespoir des cultivateurs vulgaires, car elle tombe si facilement qu'il conviendrait, pour ainsi dire, de se mettre à l'affût des meilleures. Voici le seul moyen de lever la difficulté : vous laisserez mûrir la graine des premières fleurs; vous la laisserez tomber à terre, puis, vous la ramasserez avec un balai sans crainte de la mêler avec de la terre. Vous jetterez le tout dans un vase plein d'eau; la terre se précipitera au fond, tandis que la graine se soutiendra sur l'eau. Vous n'aurez plus qu'à la laver et à la sécher. » Quoi que vous fassiez, la graine de mâche, ainsi récoltée, conservera toujours une couleur terreuse, tandis que celle provenant de pieds arrachés avant la complète maturité, et desséchée sur des draps, au soleil ou à l'ombre, est de couleur blanchâtre. En somme, celle qui ne vaut rien a bonne mine, tandis que celle qui est excellente a la mine suspecte.

Il faut savoir, en outre, que la graine de l'année ne lève pas ou ne lève qu'à peine, tandis que celle de deux, trois, quatre, cinq et même six ans, lève ordinairement bien. Ce fait qui, en apparence, se trouve en contradiction avec les principes physiologiques s'explique par la nature de l'enveloppe de la graine.

Le seul insecte qui fasse involontairement du mal à la mâche, c'est la courtilière, à cause des galeries qu'elle ouvre dans les semis. Quant aux maladies, il lui arrive quelquefois de *fondre*, de périr de misère, ou de se couvrir de moisissures blanches quand on l'a semée trop dru dans une terre trop mouillée, ou quand l'année a été exceptionnellement humide. Mais ces affections sont rares et n'ont aucune importance.

Emploi de la mâche. — On en fait des salades de fin d'automne, d'hiver et de sortie d'hiver, en l'associant au céleri et à la betterave.

Marjolaine (*origanum majoranoides*). Plante vivace et indigène de la famille des Labiées. Dans le nord de l'Europe, même dans le nord de la France et en Belgique, on se sert des feuilles de la marjolaine pour l'assaisonnement des mets. Autrefois, elle était communément employée aussi aux environs de Paris, mais elle a disparu peu à peu des potagers. — Cette plante, disait de Combes, n'est pas d'une grande utilité à l'égard des aliments; cependant, on l'y mêle assez souvent, non-seulement pour les rendre plus agréables, mais pour corriger ce qu'ils ont de flatueux et pour en faciliter la digestion; et c'est particulièrement avec les pois, les fèves et le poisson; elle est d'ailleurs fort agréable à l'odorat; et, autant par ces considérations que pour ses vertus particulières, il n'est point de jardin où on ne se soit empressé d'en avoir quelques bordures, ou au moins quelques pieds. »

La marjolaine commune se multiplie de graines ou d'éclats, au printemps. Elle n'est difficile ni sur le climat ni sur le terrain; on n'a pas à s'en inquiéter en hiver. Quand les vieilles souches ne poussent plus qu'à regret, on les arrache, ou les divise, on renouvelle la terre et on les remplace soit avec leurs propres éclats, soit avec du jeune plant de semis.

Melon (*cucumis melo*). — Plante annuelle, de la famille des Cucurbitacées, originaire de l'Asie ou de l'Afrique. Grégoire, dans son *Essai historique sur l'état de l'agriculture en Europe au seizième siècle*, a écrit ces lignes : « Nous devons problablement les melons aux conquêtes de Charles VIII, en Italie : ils devinrent communs en France, et furent, en 1586, l'objet d'un traité de Jacques de Pons, qui les croit venus primitivement d'Afrique en Espagne et en Italie. On les cultiva d'abord avec succès dans le Languedoc; la réputation des melons de Metz, de Vic et de Honfleur ne se fit que bien longtemps après. »

Espèces et variétés. — On partage les melons en trois catégories parfaitement distinctes : 1° Melons communs ou brodés; 2° Melons Cantaloup; 3° Melons à écorce lisse.

1° Les melons communs ou brodés comprennent : le *melon français ou maraîcher*, de grosseur moyenne, rond, peu côtelé et de qualité médiocre; le *sucrin de Tours*, moins gros que le maraîcher, moins brodé, d'une écorce vert foncé, d'une chair rouge et très-sucrée; le *sucrin de Langeais*, de forme un peu allongée, de couleur vert foncé avant la maturité et plus tard jaune doré, régulièrement marqué de côtes peu prononcées, tantôt petit, tantôt presque aussi gros que le maraîcher; tantôt chargé de broderies, tantôt à peine brodé, à chair rouge, sucrée, vineuse, meilleur à Langeais (Indre-et-Loire) qu'à Paris; le *sucrin de Honfleur*, long, gros, à larges côtes, très-juteux et estimé; le *sucrin à chair blanche*, très-fondant, très-parfumé et d'une culture facile; l'*ananas à chair verte ou d'Amérique*; rond, petit, à côtes presque lisses et délicieux; enfin le *melon d'Arkengell* et le *melon de Grammont*.

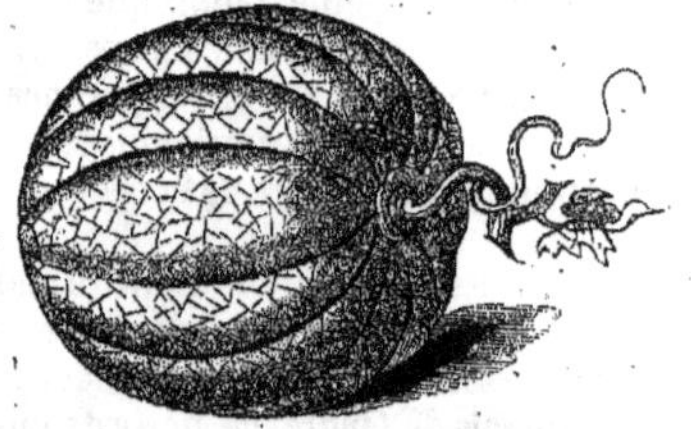

Fig. 1320. — Melon maraîcher.

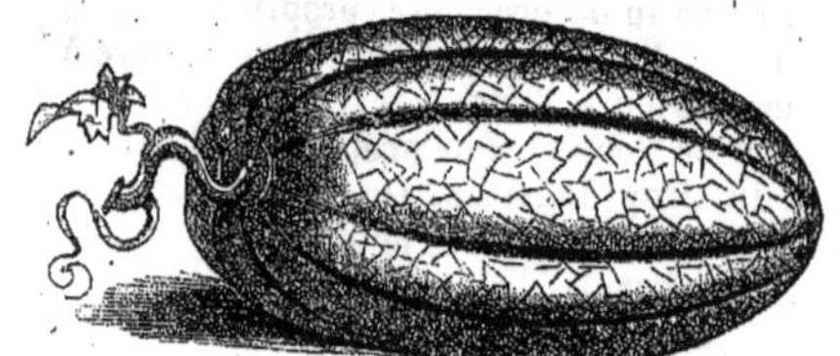

Fig. 1321. — Sucrin de Honfleur.

2° Les melons Cantaloup ou de Florence qui ont rendu célèbre le village de Cantalupo, aux environs de Rome, où on le cultiva d'abord exclusivement, comprennent les variétés suivantes : *Cantaloup orange*, rond, petit, côtelé, écorce d'un vert clair ou brun, chair rouge, ferme, bonne; variété très-hâtive; le *Cantaloup fin hâtif*, précoce, aussi petit que le précédent, mais de qualité plus supérieure ; le *Cantaloup noir des Carmes*, rond, petit, d'un vert très-foncé ou noirâtre, excellent, et qui ne diffère de l'ancien noir que par l'absence de gales; le *Prescott fond blanc*, le *Prescott fond gris*, et le *petit Prescott à fond noir* et à côtes très-galeuses. Tous les Prescott sont délicieux et par conséquent très-en faveur. Ce ne sont pas là les seuls Cantaloups cultivés, mais ce sont les meilleurs.

Fig. 1322. — Melon Cantaloup.

3° Les melons à écorce lisse sont : le *melon de Malte*, à chair blanche ou à chair rouge, allongé, assez gros, hâtif, fondant et sucré; le *melon muscade des États-Unis*, petit, à chair verte, très-estimé; le *melon d'hiver*, que les horticulteurs du siècle dernier nommaient encore *melon de Morée vert* ou *melon de Candie*, très-estimé en Italie et en Provence, et le *melon de Perse* ou *d'Odessa*, allongé, vert, rayé de jaune, à chair verte et fondante.

Culture des melons. — On cultive les melons sur couches, en fosses et sur buttes. Plus tard il sera question de la culture forcée; aujourd'hui nous

nous en tiendrons à la culture sur buttes qui, sans être précisément naturelle, n'en est pas moins à la portée de tout le monde, ou mieux de toutes les personnes qui peuvent s'imposer un sacrifice pour l'achat de quelques cloches en verre ou de verrines. La culture naturelle du melon ne se fait réellement que dans le midi de la France, et nous ne saurions l'offrir en exemple. En deux mots, la voici : on ouvre une petite fosse avec la houe ou la bêche ; on y met un peu de vieux fumier que l'on recouvre de trois à quatre doigts de terre dans laquelle on met six ou sept graines de melon. Lorsque les jeunes plantes ont développé quatre ou cinq feuilles, on n'en garde que deux ; on arrache et l'on jette les autres. Quant aux pieds conservés, on les arrose au besoin et on les laisse aller à la grâce de Dieu. C'est ce qui explique pourquoi les melons de pleine terre du Midi ne valent pas toujours ceux que nous cultivons dans le Nord. Soyons justes toutefois; là-bas comme ici, il se rencontre de loin en loin des hommes de goût qui s'entendent aux choses du jardinage, qui soignent la culture des melons et les soumettent à la taille. A Honfleur, la culture des melons est intermédiaire entre celle de pleine terre du Midi et notre culture sur couches, il doit en être de même à Cavaillon et à Villeurbanne, du côté de Lyon; cette culture se fait en fosses bourrées de fumier et se rapproche un peu par conséquent du procédé des maraîchers. Ce n'est donc pas encore le moment d'en parler. Mais, pour ce qui est de la culture sur buttes, c'est, après celle du Midi, la plus naturelle et la plus facile de toutes. On doit cette méthode à M. Loisel, et voici en quoi elle consiste :

Dès que les gelées ne sont plus à craindre, dans le courant de mai, on prend du fumier à moitié pourri et des feuilles mortes. Avec ce fumier et ces feuilles, on établit des buttes, à un mètre de distance les unes des autres. Chaque butte doit avoir de 0m,50 à 0m,60 de diamètre à la base et autant de hauteur. On commence par bien diviser l'engrais au moyen d'une fourche de fer et à le bien mêler, puis on en place une couche sur le sol et on la tasse énergiquement avec les pieds. Quand elle ne cède plus, on place une nouvelle couche sur la première, et l'on foule de même, et ainsi de suite jusqu'à la hauteur indiquée. Cela fait, on recouvre entièrement la butte de terre fine, sur une épaisseur de 0m,15 ; on ouvre, après cela, un trou au sommet, on le remplit avec une poignée de terreau et l'on y plante trois ou quatre graines de melon, et l'on recouvre tout de suite d'une cloche.

Lorsque les jeunes melons sont bien levés, on conserve les deux plus forts et on supprime le surplus.

Dès que les plantes ont quatre ou cinq feuilles, on les étête, autrement dit on coupe la tige au-dessus de la seconde feuille. La séve se porte tout de suite à l'aisselle de la première et de la deuxième feuille et y fait développer deux branches à chaque pied. Quand ces branches, qui descendent sur la butte, dépassent déjà la moitié de cette butte, on les pince pour les raccourcir. Ce pincement fait partir sur chaque branche un certain nombre de rameaux fructifères que l'on dirige le mieux possible sous la cloche. Ces rameaux atteignent bien vite la base de la butte ; alors on les pince, puis on les laisse aller librement. A l'époque de ce deuxième et dernier pincement, on bine délicatement la butte sans défaire sa forme, on la recouvre d'un paillis, sur lequel on arrose, et le lendemain ou le surlendemain, on enlève les cloches. Après cela, on sarcle et l'on bine entre les buttes, et l'on recouvre également ces intervalles d'un paillis qui devient très-avantageux à la melonnière, car les racines des plantes s'étendent bien au delà des limites de chaque butte. Il ne reste plus qu'à arroser au besoin avec l'arrosoir à pomme, modérément ; qu'à supprimer les *mailles* ou jeunes fruits que l'on ne veut pas conserver, et à placer au-dessous de ceux que l'on conserve, et, lorsqu'ils ont atteint à peu près la moitié de leur grosseur, des tuiles ou des ardoises.

Dans la culture sur couches, on ne laisse porter que deux ou trois melons au plus par pied ; dans la culture sur buttes, on en demande assez souvent, quatre, cinq, et quelquefois six qui mûrissent de la fin de juillet jusqu'en septembre.

Parmi les insectes qui nuisent aux melons, les maraîchers signalent surtout celui qu'ils nomment la *grise*, et qui, selon eux, est une très-petite araignée qui s'attache à la page inférieure des feuilles en nombre considérable et fait le plus grand mal. Cette *grise* doit être le *thrips cerealium*, de Haliday, ou *thrips physapus*, de Kyrby, le même dont M. Ch. Goureau a dit : « On voit quelquefois des thrips en nombre prodigieux de la même espèce posés sur des roses ou sur d'autres fleurs, qui en paraissent grises. Cet insecte paraît redouter l'eau, mais, comme il occupe le dessous des feuilles, il se moque en quelque sorte des arrosages.

Le melon, mais celui de couche principalement, est sujet à une maladie, qu'on appelle le *chancre*, et qui commence par une petite tache qui s'étend vite et détermine la pourriture de la partie attaquée, ce qui devient très-grave quand elle se déclare au pied de la plante, puisque l'amputation n'est pas possible.

Emploi du melon. — On consomme le melon cru, avec du sel et du poivre en France; le plus souvent avec du sucre dans le Nord. On fait avec sa chair, et même avec son écorce, des confitures qui ne sont pas à dédaigner.

Melon d'eau. *Voy.* PASTÈQUE.

Melongène. *Voy.* AUBERGINE.

Menthe cultivée, BAUME A SALADE (*mentha sativa*). — Plante vivace, indigène, de la famille des Labiées, assez commune au bord des rivières et des fossés. On en a introduit quelques pieds dans les jardins. Lorsqu'elle sort de terre au printemps et que les jeunes feuilles n'ont pas encore un goût trop prononcé, on en mêle quelques-unes aux fournitures des salades. On multiplie la menthe au moyen des éclats de ses souches à l'automne. Tous les terrains et tous les climats lui sont propres; cependant les terrains frais sont ceux qu'elle préfère. Tous les ans, vers la fin de l'automne, on coupe ses tiges près du sol, et on recouvre avec un peu de terreau. La menthe a le gros inconvénient de s'étendre au loin et d'infester les plates-bandes de ses rejets.

Mésembryanthème ou GLACIALE OU FICOÏDE CRISTALLINE (*mesembrianthemum crystalliunm*). —

Fig. 1323. — Mésembryanthème ou glaciale.

Plante annuelle, de la famille des Portulacées ou des Mésembryanthémées, originaire des Canaries et cultivée dans les jardins, à cause du bel effet qu'elle y produit pendant les journées de soleil. Ses tiges étalées et ses feuilles larges et succulentes sont couvertes de vésicules transparentes qui leur donnent l'apparence de plantes chargées de petits glaçons. Quelques amateurs ont introduit la glaciale sur les plates-bandes du potager, et se servent de ses feuilles pour remplacer celles du pourpier. Personnellement, nous continuons de la cultiver dans ce but, et nous nous en félicitons, car elle est aussi bonne et bien autrement productive que le pourpier. On sème la glaciale à la volée, le plus clair possible, vers la fin d'avril ou dans le courant de mai, sur une terre riche, bien ameublie et à chaude exposition. On n'enterre pas la graine, car elle est si menue qu'elle pourrait ne point lever si elle était trop recouverte; on se contente donc de la fixer, de la frapper avec le plat de la main, le dos d'une pelle ou avec une batte; puis, on bassine de temps en temps pour aider la levée. Après la levée, il ne reste plus qu'à éclaircir, sarcler et arroser en temps de sécheresse.

La figure que nous donnons ici est fort exacte quant à la forme des feuilles, non quant au port. La glaciale se traîne à terre; la nôtre est un peu redressée, par cette excellente raison qu'elle ne provient pas de semis. C'est un bout de rameau planté par le dessinateur.

Emploi de la glaciale. — Au fur et à mesure des besoins, on prend les feuilles les plus tendres, et on les associe au bouillon gras et aux fournitures de salade. On peut aussi les soumettre à la cuisson et les manger en épinards avec un peu d'oseille.

Morelle noire ou **Brède** (*solanum nigrum*). — Plante annuelle, indigène, de la famille des Solanées, très-commune dans les terrains calcaires ou argilo-calcaires, au bord des chemins de village, dans les cours de ferme où l'herbe pousse librement, sur les vieux composts, sur les vieux tas de boues de rues. On la considère généralement comme une plante vénéneuse; les savants recommandent de s'en défier. Nous en avons dit un mot déjà, page 419 de cet ouvrage, et nous rappelons à nos lecteurs que, dans les colonies,

Fig. 1324. — Morelle noire.

on la recherche beaucoup à titre de légume, sous le nom de *brède*. On prépare ses feuilles comme celles du chou et de l'épinard. Nous l'avons cultivée et consommée à Saint-Hubert (Belgique), où elle ne croît pas naturellement. C'est un manger qui, sans être délicat, nous a paru très-acceptable sur une première dégustation.

On sème la graine de morelle noire à la sortie de l'hiver, sur une terre riche et fraîche; on l'enterre faiblement, ou mieux on se borne à la frapper, uniquement pour la fixer au sol, puis on bassine. Après la levée, on éclaircit de façon à laisser entre les pieds des intervalles de 0m,20 à 0m,25, on sarcle, on bine et l'on arrose au besoin.

Pendant le cours de la végétation, dès que les plantes ont de 0m,35 à 0m,40, on récolte les feuilles, un peu sur chaque pied, et il en repousse pendant tout l'été. On n'épargne qu'un petit nombre de plantes, destinées à fournir la graine pour la reproduction. Cette graine est renfermée dans une baie de la grosseur d'une baie de cassis, verte d'abord, puis d'un noir luisant à la maturité.

Navet (*brassica napus*). — Plante bisannuelle, de la famille des Crucifères, indigène, et cultivée de temps immémorial.

Variétés. — Nous divisons les navets de table en trois catégories : 1° navets tendres; 2° navets demi-tendres; 3° navets secs, c'est-à-dire qui ne tombent pas en pâte à la cuisson.

1° Les navets tendres sont : le *long des Vertus* et sa sous-variété arrondie à l'extrémité ou *navet des Vertus marteau*, l'un et l'autre très-répandus à la halle de Paris, et de couleur blanche avec le collet verdâtre quand ils ont déjà pris un certain développement; le *navet des Sablons*, demi-rond, blanc et de bonne qualité; le *navet de Croissy* ou *rond des Vertus*, blanc et estimé; le *navet blanc plat hâtif*, et le *navet rouge plat hâtif*, très-précoces, mais peu sucrés; le *navet blanc hâtif* des

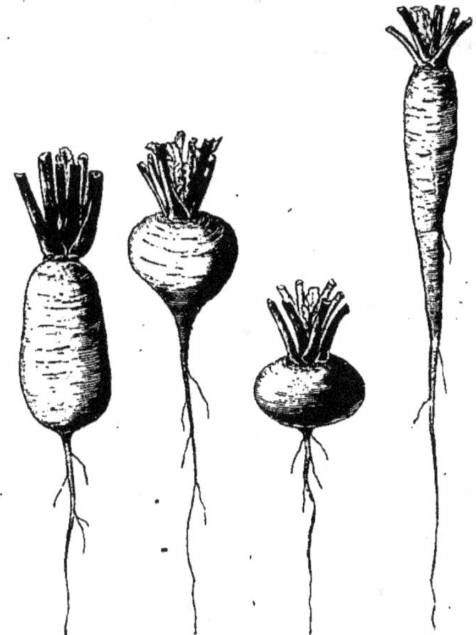

Fig. 1325. Navet des Vertus marteau. *Fig.* 1326. Navet des Sablons. *Fig.* 1327. Navet boule-d'or. *Fig.* 1328. Navet noir long d'Alsace.

Anglais ou *balle de neige*, plus précoce encore que les précédents, mais de qualité inférieure; le *navet de Clairfontaine*, d'un blanc terne, verdâtre ou violacé hors de terre et se rapprochant beaucoup pour la forme du navet long des Vertus; et, à la rigueur, le *navet rose du Palatinat* qui peut servir à la consommation des hommes comme à celle des animaux, mais qui est très-aqueux et peu savoureux.

2º Les navets demi-tendres comprennent le *navet jaune de Malte*, arrondi en forme de toupie; le *navet boule d'or*, de même couleur, mais assez régulièrement sphérique; le *navet jaune de Finlande*, aplati et fortement déprimé en dessous; le *navet violet de Petrosowoodsk*, d'un jaune violacé, dont nous ne saurions dire grand bien; le *noir plat hâtif* qui est d'excellente qualité; le *gris de Morigny*, de forme obronde, qui est également très-estimé; enfin, le *long noir d'Alsace*, qui souvent ressemble, à s'y méprendre, aux gros et longs radis noirs d'hiver. En somme, cette catégorie se trouve composée de navets jaunes et de navets noirs. Le navet russe de Petrosowoodsk n'est que le produit du croisement du navet de Finlande avec un navet rose, et encore ce produit dégénère-t-il très-vite pour retourner à la couleur jaune. Si nous avions à choisir entre les deux couleurs, nous n'hésiterions pas à prendre la noire, et, parmi les races noires, nous donnerions la préférence au long d'Alsace, qui est délicieux. Les navets jaunes sont, à notre avis, médiocres, et leur couleur de carotte d'Achicourt, lorsqu'ils sont cuits, ne nous paraît pas appétissante. Ils ont toutefois leurs partisans.

Nous nous permettrons une dernière observation à l'endroit des navets jaunes. On veut à toute force en faire plusieurs races bien distinctes, et nous nous soumettons, mais nous ne nous soumettons qu'en exprimant un doute. Oserait-on soutenir que le boule d'or et le Finlande sont des variétés solidement fixées? N'a-t-on pas quelque raison de croire qu'elles sont très-sujettes à dégénérer et à modifier leurs formes? Donnez-nous de la graine de navet boule d'or, prise aux meilleures sources, et nous trouverons certainement dans la planche, au moment de la récolte, non-seulement de quoi faire des bottes dudit navet, mais encore de quoi faire des bottes de navet de Finlande et de navet de Malte bien caractérisés.

3º Les navets secs ou navets à ragoût sont les plus estimés des connaisseurs et méritent de l'être, surtout quand on les consomme jeunes, avant qu'ils soient très-développés. Cette catégorie renferme le *navet de Freneuse*, qui tire son nom d'un village de Seine-et-Oise, où on le cultivait en grand, navet petit, un peu allongé, de couleur rousse, auquel les cultivateurs de Freneuse ont substitué une race moins méritante, mais plus productive; le *navet de Meaux*, blanc, de la forme d'une carotte longue et estimé; le *navet de Jersey*, qui, pour la forme, ressemble beaucoup au navet de Meaux, mais qui nous a paru plus lisse, plus luisant et d'une chair moins serrée; le *navet de Maltot*, renommé dans le Calvados, d'un blanc sale, assez long, irrégulier, sillonné, souvent garni de chevelu, à chair sèche et sucrée; le *navet d'Orret*, inconnu dans le commerce, bien que délicieux, se rapprochant un peu du navet de Maltot, très-apprécié dans le Châtillonnais (Côte-d'Or); le *navet de Saulieu*, la variété noirâtre surtout, fort recherchée dans tout le Morvan; le *jaune long d'Amérique*, que l'on dit être une bonne variété, mais que nous ne connaissons pas, et enfin le *petit navet de Berlin* ou *Teltau*, très-petit, en effet, mais de toute première qualité dans les terrains convenables.

Fig. 1329. Navet d'Orret.

Culture. — Les climats plutôt humides que secs, les contrées élevées du centre de la France conviennent beaucoup aux navets. Les terrains frais, mais convenablement ameublis sont ceux qu'il faut leur consacrer dans le midi; dans le nord et sur les plateaux élevés, où d'ordinaire la température est humide, les terres légères doivent être préférées, surtout pour les navets secs qui deviennent véreux dans les sols compactes. Cependant, il est bon de remarquer, en passant, que les terres sablonneuses, renommées pour les bons navets qu'elles produisent habituellement, en produisent quelquefois aussi de détestables. C'est ce qui arrive dans les années de grande sécheresse. Ainsi, en 1861, nos navets secs de Bois-de-Colombes, notamment le noir d'Alsace, ont été presque généralement attaqués par la mouche du navet.

Tout en recommandant de semer les navets en terre légère, nous devons établir que cette terre doit être assez riche en vieil engrais, et d'autant plus riche, que le climat est plus sec. Le fumier de vache très-pourri, le fumier de moutons et les chiffons de laine agissent énergiquement dans cette culture.

On sème les navets de table dès le mois d'avril, quand on se propose de manger les feuilles à la manière des feuilles de choux, comme font les Anglais et les Belges. On sème en mai les navets blanc plat et rouge plat hâtifs, qui sont moins sujets à monter à fleur que les autres variétés. Dans le courant de juin, on peut semer à peu près toutes sortes de navets; cependant, dans le nombre, quelques-uns s'emporteront encore, et, si le temps se met à la sécheresse, la plupart des racines deviendront âcres ou *fortes*. Le véritable bon moment pour les semis, c'est à partir du mois de juillet jusqu'à la fin d'août et même plus tard dans les contrées méridionales. Des navets bien cultivés doivent acquérir leur développement en moins de deux mois. Ceux qui proviennent des semis tardifs, et qui ne peuvent pas arriver à leur croissance complète avant l'hiver, se conservent facilement en terre, tandis que les navets complétement développés, les races tendres et demi-tendres surtout, ne durent pas longtemps.

On sème les navets à la volée et assez dru, s'il ne s'agit que de la récolte des feuilles; mais on les sème clair du moment où l'on tient à obtenir de belles racines. On enterre la graine avec le râteau, et on la piétine ensuite dans les sols légers. On gagne toujours à attendre un temps pluvieux pour exécuter les semis de cette espèce, mais, dans ce cas, il faut bien se garder de tasser le terrain. En temps sec, on doit aider la levée par des arrosages et ne pas épargner l'eau durant le cours de la végétation. C'est le seul moyen d'avoir de belles et bonnes racines et de les empêcher de devenir âcres, surtout dans le mois de juin. C'est, en outre, le moyen de tourmenter les altises, très-communes dans les semis hâtifs.

Les navets demandent à être éclaircis de bonne heure, et de façon à rester éloignés les uns des autres de 0m,15 environ avec les races à court feuillage, et de 0m,25 à 0m,30 avec les races plus vigoureuses en feuilles. Il va sans dire que les planches de navets doivent être sarclées et binées au besoin. Lorsqu'un semis a été manqué et qu'il se trouve des vides dans une planche, on peut, à la rigueur, les remplir pour la satisfaction du coup-d'œil, c'est-à-dire repiquer du jeune plant, mais il faut s'attendre à une reprise difficile et arroser souvent. En définitive, le navet n'est pas une plante à repiquer.

Les insectes nuisibles aux navets sont, en première ligne, l'altise (*altica*) qui les dévore au moment de la levée; la mouche du navet ou des racines (*anthomyia brassicæ seu radicum*) qui les rend véreux en y déposant ses œufs qui se transforment en larves; le ver gris (*agrotis segetum*) qui ronge les jeunes racines près du collet et fait *fondre* les plantes pour nous servir de l'expression consacrée; la larve du hanneton commun (*melolontha vulgaris*), qui attaque parfois aussi les racines; la chenille du papillon blanc veiné de vert (*pieris napi*) qui, dans certaines années, n'épargne pas les feuilles; et, enfin, la larve du charançon cou sillonné (*ceutorhynchus sulcicollis*) qui forme des gales au collet, surtout quand les plantes ont été longtemps privées d'humidité.

Les races de navets se conservent difficilement pures; elles ont comme les choux une forte tendance à se croiser. Il convient donc de ne pas élever de semenceaux de diverses sortes dans le voisinage les uns des autres. Comme la graine de navet bien soignée ne se conserve aisément que deux ou trois ans, la même personne ne saurait faire dans son potager que la graine de deux ou trois races de navets. Cette année, par exemple, vous vous occuperez du navet des Vertus; l'année prochaine, vous récolterez de la graine de navet noir d'Alsace, et enfin, la troisième année, vous élèverez les semenceaux des navets de Freneuse. Quantité de ménagères se trouvent très-embarrassées pour faire de la graine de navets, uniquement parce qu'elles ont de la peine à conserver leurs racines pendant l'hiver, surtout celles des races tendres et demi-tendres. Nous les engageons à prendre ces racines de conserve sur des semis très-tardifs, à ne les arracher qu'à l'approche des gelées, à couper les fanes sans entamer le collet, à les enterrer dans le jardin même, dans une fosse de 0m,50 de profondeur, sans qu'elles se touchent, et à les recouvrir de terre. Elles passeront ainsi très-bien l'hiver, et pourront être plantées en mars ou en avril, selon les climats.

Nous renvoyons nos lecteurs pour de plus amples détails à la page 293 du tome I, où il est question du navet des champs et de sa multiplication.

Emploi du navet. — Le navet joue un rôle important dans nos préparations culinaires. Ses feuilles, nous l'avons déjà dit, sont consommées en Angleterre et en Belgique, rarement en France, si ce n'est dans le nord. En Alsace, on tire parti du navet comme on tire parti des feuilles de choux pour la choucroute. On les découpe en rubans très-minces, on forme des lits de navets que l'on presse énergiquement, que l'on sale légèrement; on y mêle quelques baies de genièvre. Quand le vase est à peu près rempli, on charge la conserve avec des poids; puis de temps en temps, de quinzaine en quinzaine, on enlève l'eau que l'on remplace par de l'eau fraiche, et l'on a le *navet aigre*. Cette conserve ne nous a pas semblé délicate.

Nigelle aromatique ou **quatre-épices** (*nigella sativa*). Plante annuelle, de la famille des Renonculacées, originaire de l'Orient. Ses graines sont aromatiques et servent à ce titre dans nos cuisines pour l'assaisonnement de certains mets, mais les Orientaux en font plus de cas que nos ménagères.

Cette plante n'est pas difficile sur le terrain. On la sème clair et à demeure, aussitôt que les gelées ne sont plus à craindre.

Oignon (*allium cepa*). — Plante vivace en réalité, bisannuelle dans nos cultures, connue de temps immémorial, et de la famille des Liliacées.

Variétés. — Les variétés cultivées de nos jours sont à peu près les mêmes qu'au temps passé. Ce sont l'*oignon rouge pâle* ou de *Niort*, l'un des plus gros et le plus répandu en France ; le gros *oignon rouge foncé*, large et aplati comme le précédent, et plus commun dans le Nord et en Belgique qu'autre part ; le *petit rouge très-foncé*, un peu sphérique, recherché également dans certaines contrées du Nord et de la Belgique, parce qu'il est de longue garde ; le *jaune* ou *blond des Vertus*, ou *jaune paille*, ou *jaune de Gand*, gros, large, aplati, très-estimé et se conservant bien ; l'*oignon soufre* d'Espagne, d'un jaune soufré, tendre, plus doux que les précédents, mais se conservant moins bien ; l'*oignon de Danvers*, originaire d'Amérique, jaunâtre, formant un peu la boule, très-hâtif et méritant d'être plus répandu qu'il ne l'est ; le gros *oignon blanc*, assez doux, mais de courte durée ; le *blanc hâtif* de Paris, recherché pour sa précocité et pour les conserves au vinaigre, mais ne valant pas, au bout du compte, comme race hâtive, l'oignon de Danvers ; le *blanc de Nocera*, le plus petit, mais aussi le plus précoce de tous, et figurant sur les catalogues des marchands grainiers plutôt que sur les planches de nos potagers ; l'*oignon pyriforme* ou en forme de poire allongée, race excellente et de bonne garde, dont on a tiré des sous-variétés ou seulement de simples variations, sous les noms d'*oignon James* et d'*oignon globe* ; l'*oignon de Madère* ou de *Bellegarde*, le plus gros des oignons connus, très-cultivé dans le Midi ; et enfin l'*oignon rocambole* ou d'*Égypte*, que l'on reproduit avec les bulbilles de sa tige aussi bien qu'avec ses bulbes, mais qui est de qualité médiocre et d'une conservation difficile.

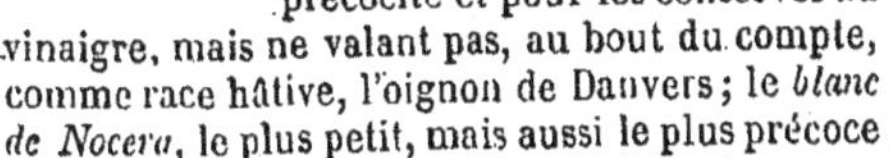

Fig. 1330.

Fig. 1331. Oignon pyriforme.

Culture. — Les climats tempérés et même chauds conviennent beaucoup à l'oignon ; les climats froids ou trop humides lui sont défavorables. Quant au terrain, il le veut riche et bien ameubli. Pour ce qui est des engrais, nous ferons observer qu'il n'est pas d'usage de fumer directement l'oignon ; le plus souvent on met cette plante à la place d'une autre qui avait été fortement fumée ; ainsi, par exemple, tout le monde sait que les oignons se plaisent à la suite des choux. Dans le cas cependant où on leur consacre une fumure, on s'y prend dès l'automne, afin que l'engrais ait le temps de se consumer. Au printemps, la culture des oignons n'admet que le terreau en couverture sur le semis. Après la levée, on peut répandre sur les planches quelques poignées de colombine sèche en poudre, ou du guano, ou de la poudrette, ou de l'engrais de poissons, ou un mélange de cendres et de suie. L'essentiel, c'est de ne jamais se servir de fumier frais.

La terre destinée à l'oignon sera labourée profondément avant l'hiver, et ne recevra plus ensuite qu'un coup de bêche superficiel, huit ou quinze jours avant l'époque du semis. On ne doit jamais semer sur labour frais. Autrefois, les maraîchers de Paris se rendaient esclaves d'une date et faisaient leurs premiers semis d'oignons à la Saint Antoine (17 janvier) ; dans le Nord, en Belgique, les cultivateurs s'assujettissent également à une date qui varie avec les contrées, et disent qu'à cette date il faut semer l'oignon, quand même on devrait faire le semis sur la neige. C'est tout bonnement absurde. En France, quand le temps le permet, il faut commencer les semis vers le milieu de février, les continuer jusqu'au 15 mars dans le rayon de Paris, et les prolonger jusqu'à la première quinzaine d'avril plus au nord.

A partir de la Bourgogne, pour aller au midi, il est d'usage de semer en pépinière et de repiquer ensuite. Ce procédé donne d'excellents résultats, surtout dans les terres fortes. Dans le nord de la France et en Belgique, il est d'usage, au contraire, de ne point repiquer ; on sème de suite en place ou à demeure. A diverses reprises, nous avons essayé de transplanter les petits oignons de printemps en Ardenne, mais nous avons dû y renoncer ; les produits étaient constamment chétifs.

Lorsque la terre a été labourée depuis huit et même quinze jours, on commence par gratter la surface des planches ou des carrés avec le râteau de fer, puis on répand la graine à la volée et on l'enterre avec le râteau de bois. Dans le cas où le sol paraîtrait trop meuble, on enterrerait la graine en la piétinant et l'on recouvrirait avec du terreau ou de la bonne terre bien divisée. Si l'on préfère le semis en lignes au semis à la volée, et, pour notre compte, nous le préférons à cause de la facilité des sarclages et des binages, on tracera les lignes au moyen du cordeau à 0^m,15 l'une de l'autre, et on ouvrira les rigoles avec des perchettes de la grosseur d'un manche à balai, que l'on couche à terre, aux places marquées, et sur lesquelles on marche. Une fois les empreintes ou rigoles faites, on enlève les perchettes par une de leurs extrémités, on répand la graine et l'on recouvre avec le dos du râteau de fer. Au bout de trois semaines environ, les oignons lèvent et il ne reste plus qu'à les sarcler et à les mouiller en temps sec, et, plus tard, à les éclaircir de façon à laisser entre eux des intervalles de 0^m,08 à 0^m,09.

Si, avant que les oignons tournent, on juge à propos de saupoudrer les planches avec les engrais pulvérulents que nous avons mentionnés tout à l'heure, on devra choisir pour cela un temps pluvieux.

A moins d'une très-forte sécheresse, on n'arrose plus les oignons dès qu'ils commencent à tourner. Dans les climats humides et aussi dans les terrains frais, beaucoup de personnes ne les arrosent jamais et font bien ; les produits ne s'en conservent que mieux.

Quand les oignons ont presque atteint leur grosseur ordinaire, il est d'usage d'abattre leurs fanes avec le dos du râteau, ou en les tordant avec la main, ou bien encore en roulant sur les planches une petite futaille vide. Nous ne savons au juste ce que valent ces procédés; peut-être conviendrait-il mieux d'attendre que les feuilles tombassent d'elles-mêmes, ce qui arrive toujours après que le bulbe a pris en grande partie son développement. Le couchage forcé des fanes ne devrait, dans tous les cas, s'appliquer qu'aux contrées froides ou humides, où la végétation de l'oignon se prolonge trop, où il a de la peine à mûrir.

De Combes conseillait d'arracher les oignons aussitôt que leurs fanes se couchent naturellement, ou bien dès que ces fanes jaunissent un peu, après qu'elles ont été couchées forcément. Il assurait que les bulbes, ainsi arrachés sur le vert, se conservent mieux que ceux arrachés après la dessiccation complète de la feuille. C'est une remarque qui peut être juste, mais nous ne l'avons pas faite.

Une fois les oignons sortis de terre, vers la fin d'août ou en septembre, on coupe les fanes à $0^m,05$ ou $0^m,06$, et on les laisse éparpillés sur place pendant huit ou dix jours; on les rentrerait de suite sous un hangar très-aéré qu'ils y achèveraient de même leur maturation. Lorsqu'ils sont bien mûrs, on les porte au grenier, et on les étend sur un lit de paille parfaitement sèche. Quelques personnes les remuent tous les quinze jours ou tous les mois, afin de les aérer et d'enlever les bulbes qui peuvent se gâter. Cette précaution n'est pas sans mérite; seulement, en hiver, si la gelée venait saisir les oignons, il faudrait se garder d'y toucher, car ils pourriraient vite; quand, au contraire, on ne remue pas les oignons gelés, ils se rétablissent d'eux-mêmes. Toutefois, il est bon de les soustraire aux grands froids en les cachant sous de la paille ou sous des couvertures de laine que l'on enlève dès que l'atmosphère s'adoucit un peu. L'oignon mis en chaînes se conserve très-bien aux poutrelles des cuisines.

Nous venons de parler des semis de la fin d'hiver et de printemps; nous avons à présent un mot à dire des semis d'été. Pour ceux-ci, on prend de la graine d'oignons blancs, on la répand en pépinière dans la première quinzaine du mois d'août; on repique le jeune plant en octobre sur les terres légères, et à la sortie de l'hiver seulement en terre forte. Dans le Nord et en Belgique, on sème également le gros oignon blanc et même sa sous-variété hâtive, mais le plus souvent, c'est à demeure, pour ne pas repiquer le plant. Pendant les grands froids, on protége les oignons avec de la litière sèche ou des feuilles mortes, et l'on obtient ainsi de bonne heure, au printemps, des produits d'autant plus recherchés qu'au moment où ils arrivent, les conserves de l'hiver sont épuisées. Dans le midi de la France, où la culture des oignons a toujours lieu par transplantation, on forme les pépinières en août et en septembre, et l'on repique soit en octobre et novembre, quelle que soit la nature du sol, soit aussi à la fin de l'hiver.

Il existe, enfin, une méthode de culture toute particulière, dont le *Bon jardinier* fait honneur à l'imagination de MM. Lebrun et Nouvellon, de Meung-sur-Loire, mais à tort. « Elle consiste à obtenir, la première année, au moyen d'un semis *excessivement épais*, fait en mars ou en avril, les plus petits oignons possibles, du volume à peu près d'une noisette, qui, l'année suivante, sont employés au lieu de graine ou de plant. Pour obtenir de semblables bulbilles, M. Lebrun semait dans une terre très-saine, bonne, mais pas trop riche, et arrosait une seule fois, immédiatement après le semis. Il conservait ses petits oignons l'hiver, sur un plancher bien sain, et, en février suivant, il les plantait par lignes espacées de $0^m,16$ à $0^m,20$, les bubilles de $0^m,08$ à $0^m,10$ sur la ligne. Il obtenait ainsi des récoltes considérables de gros et bons oignons. »

Ce procédé est connu depuis très-longtemps, et de Combes nous en fournit les preuves : — « Pour avoir du même oignon (de l'oignon rouge) au mois de mai, il y a un moyen que j'ai pratiqué plusieurs fois; c'est d'en semer une planche plus ou moins grande dans la saison ordinaire, et de le semer si épais qu'il se touche : on le laisse venir sans l'éclaircir ni le mouiller, quelque besoin qu'il paraisse en avoir; il faut simplement le sarcler : cet oignon, qui se trouve pressé, demeure petit à la grosseur d'une noisette; on l'arrache quand il est à son point; on le replante ensuite en février, et il se trouve bon en mai; mais il faut avoir attention, à mesure qu'il porte son montant, je veux dire le tuyau qui porte la graine, de le couper au niveau des dernières feuilles. »

Les coureurs d'expositions usent largement de ce procédé pour obtenir hâtivement les plus beaux lots d'oignons. Les produits ainsi obtenus ne sont pas de longue garde; nous le savons par expérience.

La transplantation des bulbilles réussit dans le Nord comme dans le Midi. Mais il est essentiel, pour le repiquage comme pour le semis, de ne ramener les oignons à la même place que très-rarement.

Pour faire de la graine d'oignons, qui se conserve deux ans, difficilement trois, on prend quelques beaux bulbes au grenier, à la sortie de l'hiver, et on les plante à bonne exposition, aussitôt que les fortes gelées ne sont plus à craindre. Quand les tiges commencent à prendre de l'élévation, on les soutient en les accolant délicatement à des tuteurs. La graine mûrit en août ou septembre, et, dès que les capsules s'ouvrent, on coupe les têtes avec l'extrémité des tiges florales; on les réunit en bottes; on les fait sécher à l'ombre ou au soleil, puis on les égrène entre les mains.

Le petit ver blanc ou ver court qui attaque la racine des choux, attaque aussi le plateau des oignons et l'empêche de croître. Les maraîchers de Paris donnent le nom de *guillot* à cette larve. Les feuilles de l'oignon comme celles du poireau, mais moins souvent, ont aussi à souffrir des ravages de la teigne du poireau et de l'oignon (*lita vigeliella*); seulement les chenilles de cette teigne ne se montrent qu'en septembre et octobre et ne peuvent nuire qu'aux semis ou aux repiquages d'arrière-saison.

Emploi de l'oignon. — L'oignon est d'une importance capitale dans nos préparations culinaires. Jeune, au moment que l'on éclaircit les planches, on l'utilise en entier à la manière des ciboules; à l'état de maturité, on s'en sert pour donner du goût aux soupes, pour préparer les sauces; on l'associe aux viandes; on le mange cuit; on le mange cru dans le Midi; on le coupe en rondelles minces pour faire des salades; on le confit au vinaigre avec des cornichons ou séparément, et, pour cela, on prend, de préférence à tout autre, l'oignon blanc hâtif ou celui de Nocera, qu'on ne laisse pas arriver à leur complet développement. L'oignon desséché sert à colorer le bouillon; enfin, on prépare un sirop d'oignons qui jouit de propriétés apéritives et diurétiques.

Le département de la France qui fournit le plus d'oignons et les meilleurs, dit-on, est celui du Tarn. Les oignons de Lescure ont, dans tout le Midi, une réputation méritée.

Oseille (*rumex acetosa*). — Plante vivace, de la famille des Polygonées, indigène et commune dans les prairies. C'est cette oseille sauvage qui a produit nos variétés cultivées : *oseille commune, oseille de Belleville, oseille de Fervent, oseille à feuilles obtuses* ou *de Hollande, oseille à feuilles glauques* ou *d'Italie, oseille crépue, oseille vierge* ou *stérile*.

On cultive le plus ordinairement l'oseille de Belleville et l'oseille vierge. Cette dernière se multiplie d'éclats; nous lui préférons l'oseille de Belleville.

Cette plante n'est pas difficile quant aux terrains; cependant elle affectionne, entre tous, ceux qui sont sablonneux, légers et riches en vieux fumier. Elle n'est pas non plus difficile quant aux climats, mais les climats humides lui conviennent mieux que les climats secs.

Quand on veut multiplier l'oseille à l'aide de la graine, on prépare, au printemps, un coin de terre; on l'ameublit le mieux possible avec la bêche d'abord, ensuite avec le râteau, et l'on sème à la volée. On *marche* le semis, autrement dit, on le piétine; on recouvre de quelques millimètres de terreau ou d'une légère couche de fumier de vache très-pourri et très-menu, et l'on arrose fréquemment jusqu'à la levée. Vers la fin de juin ou en juillet, on enlève le plant de la pépinière, on coupe en partie le limbe des principales feuilles, en épargnant les feuilles du cœur, et on repique en bordure on en contre-bordure. Pourvu que l'on arrose trois ou quatre jours de suite, en temps de sécheresse, on peut répondre de la reprise. C'est ainsi que nous procédons en terre sablonneuse.

Quand on veut multiplier l'oseille par le moyen des éclats, on opère en octobre ou en mars. Après avoir divisé de vieilles souches avec la main ou avec un couteau, on plante les éclats à $8^m,08$ ou $0^m,10$ l'un de l'autre, dans une terre copieusement fumée, et l'on arrose pour faciliter l'enracinement.

L'oseille d'éclat demande à être remplacée tous les trois ou quatre ans; sa feuille ne se développe pas aussi bien et est plus acide que la feuille de l'oseille de semis. Chaque fois que l'on remplace une bordure d'oseille, il faut avoir soin d'enlever la vieille terre et d'en mettre de nouvelle dans la tranchée. Les bordures d'oseille faites à l'ombre donnent toujours une feuille plus douce, moins acide que celles faites au soleil.

Il est si facile de semer de l'oseille et d'avoir ainsi du plant vigoureux et de bonne qualité, que nous ne comprenons vraiment pas que l'on continue de préférer à ce plant de vieux morceaux de souches.

La graine doit être récoltée sur de l'oseille de semis, la première ou la seconde année après le repiquage. Celle qui se détache la première est la meilleure.

La récolte des feuilles, qui se faisait autrefois partout avec le couteau, ne se fait plus guère aujourd'hui qu'à la main, une à une. De cette manière on ne dépouille pas entièrement les souches d'un seul coup, et, par conséquent, on les fatigue moins.

L'oseille demande des sarclages, des binages de temps en temps, de l'eau par les sécheresses et une couverture de terreau en hiver. A défaut de terreau, on prend des râclures de fumier de ferme et de la cendre que l'on mélange bien, et l'on s'en sert pour rechausser les touffes.

Cette plante est attaquée par le puceron de l'oseille (*aphis rumicis*) qui ne lui fait pas grand tort; par la noctuelle fiancée (*triphœna pronuba*), dont la grosse chenille d'un vert sale se montre la nuit et se nourrit de feuilles; par la noctuelle potagère (*hadena oleracea*), dont la chenille est redoutable aussi; et par la mouche de l'oseille (*pegomyia acetosæ*), dont la larve mine les feuilles de la plante et les fait pourrir. Ainsi les taches roussâtres que les jardiniers désignent sous le nom de rouille sont l'œuvre de la larve en question. Les maraîchers de Paris se plaignent en outre d'un insecte qu'ils nomment *grosse alirette*, qui mange les chenilles jusqu'aux nervures et qui se laisse tomber à terre dès qu'on en approche. Nous ne savons au juste de quel insecte ils entendent parler.

Emploi de l'oseille. — Les feuilles de cette plante sont fréquemment employées dans nos cuisines pour la préparation des soupes vertes, pour relever la saveur fade des épinards, de l'arroche belle dame, de la poirée, du quinoa, etc. Souvent on mange l'oseille seule et cuite, ou associée à diverses viandes, au veau, par exemple. On fait des conserves d'oseille pour l'hiver; il suffit pour cela de les passer dans l'eau bouillante, de les égoutter, de les fouler dans des vases et de les recouvrir de graisse fondue.

Les feuilles de l'oseille servent à nettoyer l'argenterie. Le moyen est facile et économique.

Oseille-épinard ou **Épinard perpétuel** (*rumex patientia*). — On donne ce nom à la patience des jardins. Sa culture est la même que pour l'oseille; seulement, comme les feuilles de patience prennent un grand développement, il faut laisser entre les pieds des vides de $0^m,33$: c'est un légume peu recherché. On le mange comme l'oseille et l'épinard.

Oxalide crénelée (*oxalis crenata*). — Plante tubéreuse, de la famille des Oxalidées, originaire de l'Amérique méridionale. Il y a quarante ans qu'on l'introduisit en Angleterre, et c'est de là qu'elle nous est venue. On l'a cultivée dans quelques jardins d'amateurs, mais si cette culture devait s'étendre, elle conviendrait mieux aux champs qu'aux potagers. Nous connaissons l'oxalide à tubercules jaunes et l'oxalide à tubercules rouges; on dit la première supérieure à la seconde.

Cette plante aime un climat tempéré et une terre légère bien ameublie. Quand les gelées du printemps ne sont plus guère à craindre, en avril, par exemple, on plante les tubercules, deux ou trois par fosse de 0m,08 à 0m,09 de profondeur, et l'on ménage entre les fosses une distance de 1 mètre environ. Au bout de trois semaines à peu près, la levée se fait. Lorsque les fanes ont de 0m,10 à 0m,12 de hauteur, on forme dans leur milieu une petite butte qui les force à se coucher et à se marcotter; puis, au fur et à mesure que ces fanes se développent, on augmente le volume de la butte et l'on continue ainsi jusqu'à la fin d'août. Les tubercules se forment en septembre. On les arrache avant les gelées; on les garde en cave comme les pommes de terre, et on les mange de la même manière, après avoir frotté la peau avec un linge. Ces tubercules sont très-nombreux, mais aussi très-petits. On peut manger les feuilles en guise d'oseille, ou bien encore les piler, les presser et en préparer une boisson qui, après avoir fermenté, est, assure-t-on, agréable et salutaire.

Les mulots aiment beaucoup les tubercules d'oxalide.

Panais (*pastinaca sativa*). — Plante bisannuelle de la famille des Ombellifères, indigène et à racine aromatique. On peut cultiver le panais long comme le panais rond, mais on s'attache surtout à la culture de ce dernier. Nous avons dit du climat, du terrain, des engrais qui conviennent aux panais tout ce qu'il était possible d'en dire en traitant du panais fourrager. Il y a été question également des soins d'entretien, de la récolte, des porte-graines et de l'emploi des produits. Nous prenons donc la liberté de renvoyer le lecteur à la page 289, partie I, du livre de la Ferme.

Fig. 1332. — Panais rond.

Passerage cultivé ou **Cresson alénois** (*lepidium sativum*). — Plante annuelle de la famille des Crucifères, cultivée à titre de fourniture ou d'assaisonnement pour les salades. Par cela même que le cresson alénois monte vite à fleurs, il faut en semer tous les quinze jours, à exposition chaude, dans les mois de mars et d'avril; à l'ombre, à partir du mois de mai jusqu'à la fin d'août. On aura ainsi des feuilles toujours tendres, à la condition, bien entendu, d'arroser copieusement pendant les sécheresses. Cette plante réussit dans tous les terrains et tous les climats de nos pays. Pour l'usage des ménages, on la sème assez clair en lignes et en contre-bordure; pour la vente, on la sème en lignes et en planches. On réserve, en vue de produire la graine, quelques pieds des premiers semis. La graine se conserve deux ans; elle jouit de propriétés excitantes très-prononcées; aussi, dans quelques contrées, dans le Perche notamment, on l'emploie à la dose d'un dé à coudre avec le picotin pour donner de l'ardeur aux chevaux paresseux à la monte.

Fig. 1333. — Cresson alénois.

Pastèque ou **melon d'eau** (*cucurbita vitrullus*). — Plante annuelle de la famille des Cucurbitacées, espèce de courge à chair rouge, fondante, sucrée, un peu fade, de forme arrondie, à peau lisse, verte, fine, mouchetée de taches étoilées, à graines noires ou rouges. Dans le Midi, la pastèque ne demande pas plus de soins que les autres courges et les concombres, mais, comme elles ont besoin d'une chaleur constante pour arriver à maturité, on doit, pour les cultiver dans le climat de Paris, s'y prendre comme avec les melons sous cloche, et les tailler exactement comme ceux-ci.

Patate douce, Batate (*convolvulus batatas*). — Plante de la famille des Convolvulacées, originaire de l'Inde et de l'Amérique méridionale. Pour intéresser nos lecteurs à la patate, nous devons donner ici le portrait flatteur qu'en a fait Thiébaut de Berneaud : « Personne, dit-il, ne conteste les nombreuses propriétés économiques de la patate; elle est appétissante et nutritive pour l'homme, auquel elle offre un aliment fort sain, très-agréable, et dans ses tubercules, et dans ses feuilles, et dans les sommités de ses jeunes tiges que l'on prépare de la même manière que les épinards, les asperges et les petits pois. La fécule contenue en ses tubercules passe pour une des meilleures et des plus parfaites. Le sucre que l'on en retire est cristallisable comme celui de canne et de betterave; il y abonde d'autant plus, que le sol n'a été ni peu ni trop humide; dans les terres sèches, il passe à l'état de farine. Toutes les parties de la patate fournissent une excellente pâture aux bestiaux, principalement aux vaches laitières; les porcs se jettent dessus avec une grande avidité; les poules et les dindons les aiment aussi beaucoup. On dit qu'elles affaiblissent les chevaux. Les tubercules ne causent jamais de mal, même aux estomacs les plus délicats; verts, on peut les manger; pourris, ils exhalent une odeur égale à celle de la frangipane. Les gourmets les font simplement cuire au four, ou mieux encore à la vapeur, comme cela se pratiquait déjà au dix-septième siècle aux Antilles, ainsi que nous l'apprend le père Dutertre. Mêlés à un assaisonnement quelconque, ils perdent leur goût et leur bonté, surtout quand on les coupe par tranches minces, qu'on les met à frire au saindoux avec des viandes ou qu'on les réduit en purée. »

On assure que la patate est connue en Europe depuis 1597, mais ce ne fut qu'à partir de 1754 que l'on songea à la cultiver en France ; et, après plus d'un siècle d'essais, nous n'avons pas encore lieu d'être bien satisfaits des résultats. Toutefois, nous avons foi dans l'avenir, et nous espérons que l'on arrivera à dégager la culture de la patate des nombreuses difficultés pratiques qui, jusqu'à présent, ont découragé les hommes de bonne volonté. Il faut qu'elle sorte du jardin, qu'elle aille aux champs et s'y maintienne à des conditions faciles, dans le midi de la France s'entend.

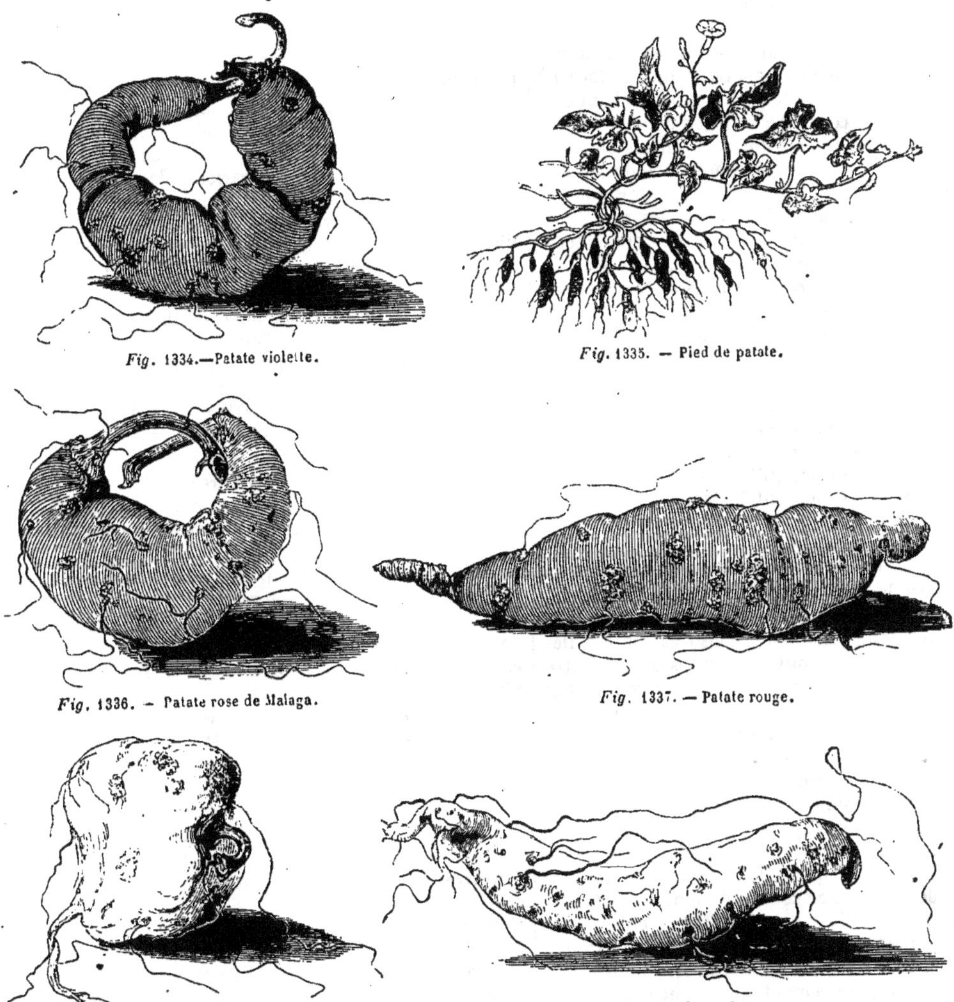

Fig. 1334.—Patate violette.

Fig. 1335. — Pied de patate.

Fig. 1336. — Patate rose de Malaga.

Fig. 1337. — Patate rouge.

Fig. 1338. — Patate igname.

Fig. 1339. — Patate jaune longue.

Nous savons bien que des plantations en plein champ ont été tentées en France, et que M. Vallet a obtenu des succès, mais nous savons également que, malgré cela, les patates n'ont guère gagné de terrain, et que la plupart de celles qu'on livre à la consommation à des prix élevés sont le fruit des cultures forcées. Nous aurons donc à y revenir et à mentionner les meilleures variétés soumises au forçage. Pour le moment, nous ne voulons que donner une idée des moyens les plus simples appliqués jusqu'ici.

Dès le commencement du mois de mars, on forme une couche de fumier de cheval sur 0^{m},50 d'épaisseur; on charge ce fumier de 0^{m},08 de terre, et on y place les patates que l'on recouvre de 0^{m},10 de terre. On protége le tout avec des

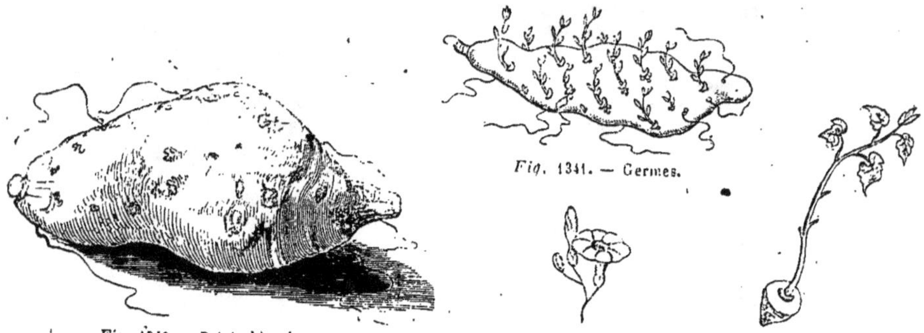

Fig. 1340. — Patate blanche.

Fig. 1341. — Germes.

Fig. 1342. — Fleur.

Fig. 1343. — Bouture.

châssis vitrés, et pendant la nuit on garnit ces châssis avec des paillassons. Les patates ne tardent pas à végéter dans cette atmosphère chaude et moite. Dans le courant d'avril, on détache les jets des tubercules avec la main et on les plante à bonne exposition, et en pépinière, sous des châssis garnis de papier huilé. 15 jours plus tard, quand on ne croit plus avoir à craindre les gelées, on transplante à demeure les boutures enracinées, en lignes espacées de 0^{m},65 et à 0^{m},30 de distance sur les lignes. D'autres font pousser les boutures à partir du mois d'avril seulement et les mettent tout de suite à demeure dans les premiers jours de mai, avec la précaution de les effeuiller en partie, de les coucher dans une rigole et de ne laisser sortir de terre que les feuilles de l'extrémité. Quelques-uns aussi les transplantent avec le plantoir comme on fait pour les choux. Il ne reste plus, après cela, qu'à sarcler, biner, jusqu'à ce que les fanes couvrent le terrain et à arroser au besoin. Pour la grande culture, tout ceci est encore bien compliqué.

Dans les terres légères du climat de Paris, on peut faire la culture des patates en pleine terre, sur des buttes de 0^{m},80 de hauteur ou sur la crête de planches disposées en billons très-bombés. Dès qu'on a planté les boutures, on les abrite contre les rayons du soleil jusqu'à ce que la reprise soit parfaite. Après cela, on sarcle avec la main, de temps en temps, et l'on arrose au besoin. C'est déjà, on le voit, de la culture simplifiée; mais c'est toujours du jardinage. Ce qu'il faudrait pour la culture en grand, ce serait un moyen très-économique et très-expéditif de sauvegarder les boutures jusqu'à la reprise, aussi bien contre les rayons du soleil que contre le froid des nuits. Les cloches en osier conviendraient peut-être.

Les complications des procédés de culture ont certainement empêché la patate de se répandre, mais ce n'a pas été le seul obstacle; il en existe un autre bien autrement sérieux, et qui consiste dans la conservation des tubercules. Voilà la grosse affaire. Pour que les patates se gardent bien, il est essentiel de les soustraire à la moindre humidité et de les tenir en même temps à une température égale qui ne descende pas au-dessous de 12°. Il s'agit donc de trouver une pièce qui remplisse ces conditions, et c'est plus difficile qu'on pourrait le croire. Il suit de là que, pour prolonger la durée des tubercules jusqu'en février ou mars, on a été jusqu'à ce moment forcé de recourir à un procédé qui contrarierait la culture en grand. Le voici, d'après le *Manuel pratique de jardinage* de M. Courtois-Gérard : « On prépare, dit-il, une couche de fumier sec dans le but seul de préserver les patates de l'humidité du sol, puis on place un coffre sur la couche et on le charge de 0^{m},08 à 0^{m},10 de vieux terreau. On met les panneaux et l'on donne de l'air pendant plusieurs jours afin de laisser évaporer l'humidité qui pourrait se dégager de la couche. Par une belle journée on arrache les patates (le plus tard possible), on les laisse ressuyer quelques heures au soleil, après quoi on les dépose sur la couche, en ayant soin de les placer de manière qu'elles ne se touchent pas, puis on les couvre d'une couche de terreau bien sec. On met un second lit de patates, et ainsi de suite jusqu'à ce qu'il ne reste plus que 0^{m},08 ou 0^{m},10 pour atteindre le haut du coffre. Si le temps est sec, on ne met les panneaux que pendant la nuit, mais, dans le cas contraire, on les place immédiatement. Aussitôt que le froid commence, on entoure le coffre d'un réchaud de vieux fumier; pendant la nuit et par le mauvais temps, on couvre les panneaux avec des paillassons; enfin on fait tout ce qui est possible pour empêcher la gelée de pénétrer dans le coffre. De temps à autre, on donne de l'air au moment du soleil, afin de prévenir l'humidité, la chose la plus redoutable pour la conservation des patates. »

Patience. *Voy.* OSEILLE-ÉPINARD.

Perce-pierre, Passe-pierre, nom vulgaire de la BACILE MARITIME (*crithmum maritimum*). — Plante vivace des bords de la mer et de la famille des Ombellifères. Son nom vulgaire vient de ce qu'elle se plaît dans les fissures de rochers et les crevasses des vieux murs. Il est d'usage chez les maraîchers de semer le perce-pierre sur couche en mars et de le repiquer près d'un mur, à chaude exposition; cependant, comme sa graine lève difficilement, il vaut mieux la semer aussitôt après sa maturité. Cette plante est très-sensible au froid; il faut donc la protéger avec de la litière sèche

Fig. 1344. — Bacile Perce-pierre.

pendant l'hiver. Elle aime une terre légère, un peu humide, et les situations abritées.

Sur divers points de la Provence, où elle croît naturellement, on coupe ses feuilles avant leur complet développement, on les saupoudre de sel fin et de poivre et on les confit au vinaigre; quelques personnes même les mangent fraîches. A Paris, on les confit avec les cornichons; on pourrait les confire seules et les associer aux salades d'hiver. Disons, en passant, que les feuilles de la bacile cultivée ne valent pas celles de la bacile des bords de la Méditerranée.

Persil (*apium petroselinum*). — Plante bisannuelle de la famille des Ombellifères, existant à l'état sauvage dans les lieux ombragés de nos contrées méridionales voisines de la Méditerranée, comme on peut s'en convaincre en consultant la flore de Dubois. — « Le persil, dit Thiébaut de Berneaud, fut connu et employé par les Égyptiens; les Grecs en couronnaient les vainqueurs aux jeux qui se célébraient tous les trois ans sous les voûtes antiques et verdoyantes de la forêt de Némée en Argolide. Les Romains estimaient le persil, qu'ils appelaient *apium*, propre à exalter l'imagination; aussi les poëtes entouraient-ils leurs têtes de ses tiges foliacées, afin que l'odeur forte et pénétrante sollicitât agréablement leur cerveau. Horace et Virgile l'ont chanté comme l'ami de la poésie, et l'allient au myrthe, arbuste dédié aux plaisirs. »

De nos jours, on fait beaucoup moins d'honneur au persil; il est tombé du domaine de la poésie dans celui de la cuisine.

Variétés. — Le persil commun a produit plusieurs variétés qui sont : le *persil frisé* ou *persil double*, le *persil à grosses racines* et le persil de Naples à *grosses côtes* ou *persil-céleri*.

Culture. — Toutes les variétés de persil aiment un terrain riche, profond, frais et ombragé. Quant aux climats, le persil commun n'est pas difficile; quoique originaire des pays chauds, il se soutient parfaitement dans les contrées froides et élevées du Nord, et y passe souvent mieux les hivers que dans le Midi. A très-chaude exposition, le persil frisé se décolore, rougit, puis blanchit et meurt. Les jardiniers de profession sèment le persil à partir du mois de février jusqu'en mai et juin, mais dans la plupart de nos potagers, nous ne le semons qu'une seule fois, en mars ou en avril, en terrain fumé de l'année précédente ou tout au moins avec du fumier très-pourri, car le fumier frais nuit au parfum de la plante. Le semis se fait ou à la volée ou en lignes. On enterre la graine avec le râteau de bois, quand elle a été semée à la volée, ou avec le dos du râteau de fer, quand elle a été semée en rayons, puis on mouille de temps en temps la planche. Le persil lève ordinairement au bout d'un mois, rarement plus tôt. On le débarrasse alors avec soin des mauvaises herbes, et on l'arrose copieusement matin et soir dans les temps de sécheresse. Il va sans dire qu'on l'éclaircit au besoin, surtout à l'une des extrémités de la planche où l'on réservera pour graine quelques pieds auxquels il ne faudra pas toucher. Si, au lieu d'avoir affaire à du persil commun, on avait affaire à sa variété double ou frisée, on devrait, deux mois environ après la levée, enlever quelques pieds et les transplanter en un coin du jardin, en vue d'obtenir de la graine l'année suivante. C'est le seul moyen que nous connaissions pour empêcher ce persil frisé de dégénérer.

Pendant toute la première année, le persil fournit en abondance les feuilles nécessaires à la cuisine. Pour les cueillir on ne doit pas se servir d'un couteau et dégarnir la souche d'un seul coup; le mieux est de les rogner une à une avec les ongles et en petit nombre sur chaque pied. Le produit n'en devient que plus abondant, et les souches ainsi ménagées se conservent plus robustes et résistent mieux aux rigueurs de l'hiver.

Lorsque cette saison arrive, les maraîchers préparent leurs paillassons et en recouvrent le persil par la gelée et par la neige; souvent même ils se servent de châssis vitrés. Pour notre compte, nous n'avons jamais pris ces précautions. En Ardenne (Belgique), où le froid est autrement âpre que dans le climat de Paris, notre persil a constamment traversé l'hiver sans couverture. La neige, il est vrai, le protégeait bien par moments, mais il n'en est pas moins vrai qu'il a résisté à des froids de 12°, 15° et plus sans neige. A la sortie de l'hiver de 1861 à 1862, très-doux d'ailleurs, mais très-désastreux néanmoins pour le persil, nous le récoltions en abondance dans la banlieue de Paris, tandis qu'à la halle on se plaignait de sa rareté. Nous sommes tenté de croire que les meilleurs moyens de faire passer la rude saison à une planche de persil, consistent à la semer au nord, à ne pas raser les feuilles avec un couteau, à pratiquer la cueillette modérément sur chaque pied, à ne pas commencer cette cueillette trop tôt, à ne pas la continuer trop tard, et à laisser la planche découverte en tout temps. Dans un ménage, où l'emploi du persil n'est pas considérable, on fatigue moins les pieds de la plante que chez les jardiniers où on les ravage pour la vente. Il est tout naturel que chez ceux-ci les souches soient moins robustes que chez nous, et qu'elles résistent par conséquent moins aux intempéries. Dans nos campagnes, les ménagères ne sèment pas assez de persil et le fatiguent trop par les cueillettes; il vaudrait mieux en semer pluset le fatiguer moins en ne prenant qu'une feuille par-ci une feuille par-là. Elles ont l'habitude de le couvrir en hiver avec de la paille ou de la litière, mais, comme elles ne songent point à lui donner de l'air pendant les journées douces, la litière ne manque pas de faire jaunir et périr la plante.

La seconde année, le persil monte à graine. On peut retarder cette montée en coupant les tiges florales à mesure qu'elles se forment. On ne prendra la semence que sur les pieds de réserve dont nous avons parlé tout à l'heure, et seulement après complète maturité. Elle dure deux ans.

A défaut des feuilles vertes du persil, on peut garder pour l'hiver des feuilles desséchées lentement et à l'ombre, au grenier par exemple. Ainsi desséchées, elles conservent leur couleur et une partie de leur arôme. On les renferme dans des sacs.

Emploi du persil. — Le persil commun et sa variété frisée sont employés dans la cuisine pour relever le goût des mets. On en fait manger aux lapins pour rendre leur chair agréable, et l'on assure que l'on ferait bien d'en donner de temps en temps aux moutons. Pour ce qui est des poules, on dit qu'il faut se méfier du persil, qu'il les empoisonne. C'est une erreur. Les poules nous en ont mangé une planche entière dans l'hiver de 1863-1864, et aucune n'est morte empoisonnée.

Le persil à grosses racines, qui se cultive comme le précédent, mais qu'il faut éclaircir à $0^m,10$ ou $0^m,12$ en tous sens, fournit des racines très-sucrées qui servent à aromatiser les soupes ou que l'on mange à la manière des salsifis ou des scorsonères. Elles ne sont pas plus de notre goût que les racines de chervis. En Allemagne, en Saxe surtout, on en consomme beaucoup. A cet effet, on les arrache à l'approche des grands froids et on les conserve en cave dans du sable. Les feuilles de ce persil peuvent servir aux mêmes usages que celles du persil commun, mais on se garde bien d'y toucher, car leur suppression nuirait au développement de la racine.

Le persil à grosses côtes, qui exige encore une culture plus espacée que le persil à grosse racine, est arraché en même temps que le céleri et étiolé en fosse de la même manière. On mange les côtes de persil crues, en salade, ou cuites et associées aux viandes.

Picridie cultivée (*picridium vulgare*).—Plante annuelle du midi de la France, et de la famille des Composées. Elle n'est pas délicate ; nous l'avons cultivée dans la contrée la plus froide de la Belgique et en maigre terrain; mais il n'en est pas moins vrai qu'il y a tout profit à lui donner un climat doux, une bonne terre à jardin et un peu d'ombre quand on la sème en été. Les premiers semis se font à partir du mois de mars et peuvent être continués jusqu'à la fin d'août. On recouvre légèrement avec le râteau de bois ; on bassine de temps en temps pour faciliter la levée, et l'on continue les arrosages comme pour les laitues. Dès que les feuilles de la picridie ont assez de développement, on les coupe avec un couteau, près du collet, et on les mange crues en salade. Elles repoussent, et l'on prend une seconde et même une troisième coupe.

Le *Bon jardinier* nous dit que la salade de picridie, fort estimée en Italie, est douce et bonne, quoique avec une petite saveur de gigot de mouton qui étonne d'abord. Ce n'est point là précisément l'effet qu'elle nous a produit. Elle est douce, en effet, mais la feuille est un peu ferme et sa saveur particulière qui, selon nous, n'a rien de commun avec celle du gigot de mouton, fait qu'on ne l'accepte pas volontiers après un premier essai. A défaut de laitue, on s'habituerait à cette salade.

Pour obtenir de la graine, il suffit d'épargner quelques pieds des premiers semis, de les laisser monter sans les soumettre à une seule coupe.

Piment, Poivre long, Poivre de Cayenne, Poivre de Guinée (*capsicum*). — Plante annuelle de la famille des Solanées, originaire de l'Inde et de l'Afrique intertropicale. Dans le Midi, on le sème de bonne heure à la sortie de l'hiver, contre un mur, à bonne exposition et dans un terrain chargé de fumier bien consommé. Après la levée, on prend des précautions contre les nuits froides, et l'on a soin de recouvrir les plantes jeunes. Quand les piments ont de quatre à six feuilles, on les transplante. Dans le Nord, on peut les semer en avril, les protéger avec des cloches pendant les nuits froides et repiquer en mai ; mais, le plus ordinairement, on les sème en terrine ou en pot rempli de terreau que l'on enfonce dans le fumier d'une couche. Dans nos campagnes, on arriverait aux mêmes résultats en enfonçant le pot ou la terrine dans le tas de fumier, et en prenant des précautions contre les gelées tardives. On dépoterait en mai et on transplanterait près d'un mur à bonne exposition et à la distance de $0^m,30$ à $0^m,35$ les uns des autres.

Les jeunes piments ne demandent que des sarclages ; plus tard, lorsque les boutons se forment et que la température de l'atmosphère est élevée, il faut arroser souvent avec de l'eau dégourdie au soleil.

Outre le piment annuel à fruits allongés, nous cultivons aussi plusieurs de ses variétés qui sont : le *piment rond*, le *piment gros carré doux*, le *piment cerise*, le *piment jaune*, le *piment violet*, le *piment-tomate* et le *piment du Chili*.

Il n'est pas nécessaire que les fruits du piment soient mûrs pour les utiliser. On peut les cueillir verts et s'en servir de diverses manières. Desséchés, puis moulus, ils remplaceraient à la rigueur le poivre. Dans le midi de la France, on mange ces fruits verts sous le nom de *poivrons*, tantôt crus comme les oignons, tantôt confits au vinaigre. Les habitants des Antilles, les Espagnols, les Portugais ne se contentent pas de poivrons verts ; ils les trouvent trop doux ; il les leur faut mûrs et colorés, comme ceux que nous voyons dans les bocaux, parmi les conserves de cornichons et de petits oignons blancs. C'est avec ces poivrons mûrs, desséchés et moulus que l'on prépare ces fameuses sauces indiennes qui obtiennent plus de succès en Angleterre qu'en France, mais qui ne sont point à dédaigner. C'est avec cette même poudre de poivrons qu'on sophistique parfois le vinaigre et l'eau-de-vie.

La graine du piment se conserve plusieurs années, quatre ou cinq ans, si nous avons bonne mémoire. Quand on la sort du fruit mûr et des séché, il ne faut point porter les doigts aux yeux et aux narines, car on éprouverait tout de suite une douleur très-vive. C'est un détail dont ne parlent point les auteurs, mais il a de l'importance pour les personnes qui débutent dans le jardinage.

Pimprenelle (*poterium sanguisorba*).— Plante vivace, indigène, de la famille des Rosacées. On la cultive tout simplement pour les fournitures de salades, sous le nom de *petite pimprenelle*, pour la distinguer de la grande pimprenelle fourragère, qui est le type de l'espèce et qui, pour les qualités, ne diffère en rien de la petite. On la sème en mars ou en septembre, ordinairement en bordure, et l'on n'a plus à s'occuper d'elle. On peut aussi multiplier la petite pimprenelle en éclatant de vieilles souches, mais le semis est préférable. La graine de cette plante se conserve trois ans.

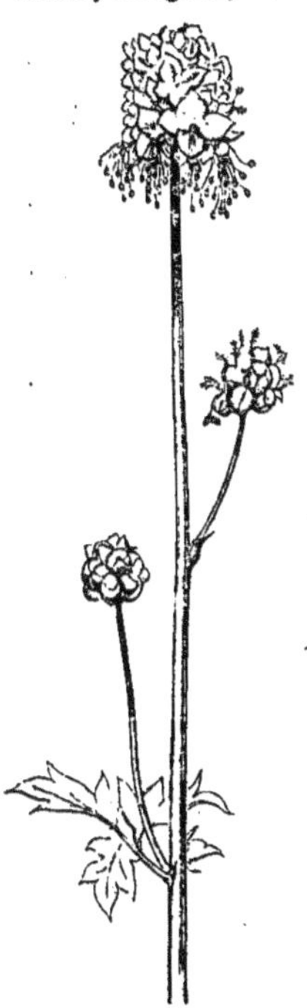

Fig. 1345. — Pimprenelle.

Pissenlit (*taraxacum officinale*). — Plante vivace de la famille des Composées, très-commune, trop commune même dans les prés. C'est de là qu'on la tire pour approvisionner les marchés. On la cultive donc rarement, mais enfin on la cultive de loin en loin, et l'on fait bien. Avec de la graine choisie sur des pieds de pissenlit à feuilles larges et à cœur bien rempli, on obtient des produits supérieurs à ceux que la nature nous offre. On sème cette graine au printemps, et en rayons, sur une terre riche en vieil engrais. Quand les plantes sont un peu développées, on les sarcle, on les éclaircit et on les arrose en temps de sécheresse. Dès l'automne, on peut en faire blanchir, ce qui n'empêche pas les pieds qui ont fourni la récolte d'en fournir une autre à l'entrée de l'hiver. Pour blanchir le pissenlit en automne, on le recouvre de 0m,12 à 0m,15 de terre légère, de sable ou de terreau, ou de paille ou de feuilles mortes, et une quinzaine de jours après, lorsque ses feuilles percent la couverture, on les coupe sur le collet de la racine.

C'est à M. Ponsart, de Châlons-sur-Marne, que l'on a attribué les premiers essais de culture du pissenlit, vers 1839. Il y a là une erreur que nous devons rectifier. Dès 1809, Bosc écrivait ceci : « Quelques amateurs en sèment dans leurs jardins et en couvrent le plant de paille afin de remplir ce but. Sa culture est facile, puisqu'il ne s'agit que de semer la graine avant l'hiver dans une planche bien préparée à quelque exposition que ce soit, de sarcler le plant qui en provient et de le couvrir de paille, de feuilles ou de toute autre matière pour le faire blanchir. » Le semis du printemps nous paraît préférable.

Notez bien encore que Bosc n'est pas le premier, à notre connaissance, qui ait parlé de la culture du pissenlit. Bien avant lui, Philippe Miller disait, dans son *Dictionnaire des jardiniers et des cultivateurs*, à propos de cette plante : « Il y a quatre ou cinq espèces de ce genre qui croissent naturellement dans les campagnes en Angleterre et en France; mais *on les cultive rarement* dans les jardins; cependant, comme quelques personnes ramassent dans les champs leurs racines au printemps et les font blanchir, j'en fais mention ici. »

Plantain corne-de-cerf (*plantago coronopus*). — Plante annuelle, indigène, de la famille des Plantaginées. Au temps d'Olivier de Serres, ce plantain figurait dans la plupart des jardins, et ses feuilles entraient dans la fourniture des salades. Au siècle passé, de Combes nous apprend que l'on ne s'en servait plus que très-rarement; de nos jours, ce n'est pour ainsi dire plus qu'un souvenir. Nous le connaissons pour l'avoir cultivé et ne lui trouvons ni qualités ni défauts. On sème sa graine au printemps; on la fixe plutôt qu'on ne l'enterre, tant elle est menue; on bassine le semis, on sarcle, on éclaircit après la levée, puis on arrose souvent pour avoir des feuilles tendres. C'est une plante à perruques de racines qui mange beaucoup d'engrais que nous pouvons employer à mieux.

Poireau (*allium porrum*). — Plante bisannuelle, de la famille des Liliacées, croissant spontanément, dit-on, en Suisse, dans les îlots de l'archipel grec, etc., et, ajoute-t-on, dans nos départements du midi. Comment se fait-il donc que Dubois ne la mentionne pas à l'état sauvage? Le poireau a été cultivé de tout temps, et il était en grande faveur à Rome lorsque Néron le mangeait confit à l'huile pour se conserver la voix.

Variétés. — Dans le jardinage, on signale le *poireau long*, le *poireau gros court*, le *poireau de Musselbourg*, le *poireau gros de Rouen* et le *poireau jaune du Poitou*. La seconde de ces variétés, propre au Midi, passe à Paris pour n'être point rustique, et on lui préfère le poireau long. Cependant, en Belgique, le poireau court, qui n'est peut-être que le poireau de Rouen, passe mieux l'hiver que la variété longue. Au temps passé, de Combes constatait le même résultat à Paris. Le poireau jaune, très-cultivé dans le Poitou pour la nourriture des porcs aussitôt après le sevrage, se distingue des autres par des feuilles blondes, assez minces et un peu retombantes.

Culture. — On cultive le poireau dans le Midi et dans le Nord; toutefois il réussit mieux dans les climats doux et les terrains frais qu'autre part. Il est avide d'engrais, mais il le lui faut parfaitement consumé; aussi les vieilles fumures sont les seules qui lui conviennent. On doit éviter le fumier frais.

On sème le poireau au commencement du

Fig. 1316. — Poireau.

printemps, en mars ou avril, selon les contrées; on piétine le semis; on donne ensuite un léger coup de râteau afin de rompre la croûte formée par les pieds, on répand sur le semis un peu de bonne terre ou du vieux terreau, après quoi on bassine de temps en temps pour précipiter la levée.

Dès que les jeunes plantes sont bien visibles, on les sarcle, on les éclaircit, s'il est nécessaire, et on les arrose copieusement, par la sécheresse, avec de l'eau dégourdie au soleil. Vers la fin de juin ou dans la première quinzaine de juillet, alors que les plantes ont à peu près la grosseur d'un tuyau de plume à écrire, il s'agit de se préparer au repiquage. On dispose donc, à cet effet, une ou plusieurs planches, et, au moyen du cordeau et du plantoir, on ouvre des rangées de trous profonds de 0m,12 à 0m,15, et dont la distance en tous sens soit également de 0m,15 environ. Cela fait, on enlève de la pépinière le plant nécessaire, et, pour que l'opération soit facile, on arrose fortement cette pépinière la veille de l'arrachage. Une fois les jeunes poireaux arrachés, on procède à leur toilette, autrement dit on rogne avec un couteau la partie supérieure de leurs fanes, et on supprime leurs racines entièrement jusqu'au plateau. Il ne reste plus ensuite qu'à laisser tomber les poireaux un à un dans les trous ouverts à leur intention. Puis, dès que les plantes sont ainsi à demeure, on prend l'arrosoir, dont on ôte la pomme, et avec le goulot on fait tomber de l'eau sur le bord de chaque trou afin d'y entraîner un peu de terre; on ne doit pas remplir les trous autrement. Tous les deux jours, on donnera un arrosement copieux, et, en moins d'une semaine, la reprise sera très-sensible. A partir de ce moment, les travaux d'entretien consisteront en sarclages, binages et arrosages. Les poireaux se plaisent dans la terre remuée et mouillée souvent. Quand on mêle un peu d'eau de fumier et de colombine sèche à l'eau d'arrosage, le développement devient fort remarquable.

Quant aux poireaux qui restent dans la pépinière, on les sarcle, on les bine et on les arrose également. Ils n'acquièrent jamais le volume de ceux qui ont été transplantés; mais, tels qu'on les obtient, ils rendent de bons services au ménage.

Revenons à nos plantes repiquées. Quelques semaines après le repiquage, on rogne avec un couteau l'extrémité des feuilles. Ce pincement concentre la séve sur la tige, et la fait grossir. Dans le courant d'août, on les rogne une seconde fois jusqu'à la moitié de leur longueur, et enfin, dans le courant de septembre, on supprime celles de la base tout près de la tige. On arriverait aux mêmes résultats en rompant les feuilles à demi à trois reprises différentes. C'est ainsi que l'on fait de très-gros poireaux. On ne pratique pas cette opération sur les poireaux restés en pépinière.

Dans le courant de novembre ou de décembre, on arrache les gros poireaux, puis on ouvre une rigole, dans laquelle on les met les uns à côté des autres, et couchés sur l'un des bords de cette rigole; après quoi on recouvre de terre toute la partie mangeable; les feuilles de l'extrémité restent seules à l'air, et encore, par les fortes gelées, on a soin de les couvrir de litière sèche. Les poireaux de la pépinière, plus robustes parce qu'ils ont été moins maltraités pendant le cours de la végétation, passeront bien l'hiver en place sans aucun abri. Pour en jouir plus longtemps on les empêchera de monter en les transplantant en mars ou avril dans des tranchées.

Lorsqu'on a le bon esprit et la possibilité de faire soi-même sa graine de poireau, il faut soigner quelques pieds repiqués, dont on ne rogne pas les feuilles. On les met en jauge à l'approche de l'hiver comme ceux dont il vient d'être parlé, et on les transplante à la sortie de la mauvaise saison pour les traiter exactement comme les porte-graines d'oignons. Le poireau, notez-le bien, ne mûrit pas ses graines partout où l'oignon mûrit les siennes. Certaines contrées de la Belgique en fournissent la preuve. La graine se conserve deux ans.

Les insectes qui nuisent aux oignons nuisent également aux poireaux. Il a donc à redouter le petit ver blanc, ou guillot des maraîchers de Paris, la teigne de l'oignon et du poireau; il a de plus le désavantage d'être coupé par les courtilières, entre deux terres, dans les premiers temps qui suivent le repiquage.

Emploi du poireau. — Le poireau entre dans la préparation des soupes maigres et dans le pot-au-feu. Nous connaissons des contrées du nord de la France où l'on fait des tartes aux poireaux. Ce n'est pas une pâtisserie délicate.

Poirée (*beta*). — Plante bisannuelle, de la famille des Chénopodées, originaire de l'Europe. Nous avons la *poirée ordinaire* (*beta vulgaris*) et la *poirée à cardes*, ou mieux *bette à cardes*, qui est une variété de la précédente. La culture de ces deux bettes est des plus faciles lorsque la terre est substantielle et qu'on ne leur marchande pas l'eau en temps de sécheresse. On sème la poirée ordinaire en bordure ou en planches à partir de la seconde quinzaine de mars, et les semis peuvent être continués jusqu'au mois d'août. Une fois levée, on la sarcle et on l'arrose. Son emploi n'est pas fort étendu. On fait cuire ses feuilles avec celles de l'oseille pour adoucir un peu ces dernières.

La poirée, ou bette à cardes, a plus d'importance que le type. On la recherche à raison de ses larges côtes, et, pour sa part, la population parisienne en consomme, à la sortie de l'hiver, des quantités considérables. On l'a surnommée, en Angleterre, l'*asperge des pauvres*. En France, les riches en consomment plus que les pauvres.

Nous avons des poirées à cardes blanches, jaunes, rouges, rosées et vertes, etc. Les vertes ont une saveur détestable, et il faut les éviter dans le jardinage; les jaunes, rouges et rosées, sont d'assez bonne qualité, mais elles ont plus de mérite comme plantes d'ornement que comme plantes potagères. Nous nous attacherons surtout aux cardes blanches, qui sont de deux sortes, cardes à feuilles lisses et cardes à feuilles très-blondes et très-cloquées. Ces dernières sont les plus délicates, mais elles sont moins larges et moins robustes que les autres.

Dans le Midi et du côté de Paris, on sème la bette à cardes en mai, en juin, même en juillet, et aussitôt que le plant est assez fort, c'est-à-dire six semaines après le semis, on repique à raison de trois rangs par planche de 1m,32 de largeur et, à la distance de 0m,50 sur les rangées. Il n'y a plus, après cela, qu'à sarcler, à biner de temps en temps et à arroser copieusement. A l'époque des grands froids, on protége les plantes avec de la litière sèche, et l'on a soin de donner de l'air dès que l'atmosphère s'adoucit. Une fois l'hiver passé, on commence la récolte par les feuilles extérieures que l'on détache de la souche en les tirant de côté.

Dans le Nord, les bettes à cardes ordinaires ne passeraient pas sûrement l'hiver sans pourrir. Ainsi donc, dans ces contrées, et même sous un ciel moins rude, quand on veut cultiver la carde blonde et frisée, qui est une sous-variété fort tendre, on doit s'arranger de façon à récolter à l'approche de l'hiver, et, par conséquent, semer en avril pour repiquer vers la fin de mai ou au commencement de juin. C'est ce que, pour notre part, nous faisions en Belgique.

Pour obtenir de la graine de poirée, on laisse monter quelques pieds au printemps de la seconde année, et on les traite comme les semenceaux de la betterave. La semence mûrit en septembre et se conserve aisément cinq ou six ans.

Les ennemis de la poirée ordinaire et de la poirée à cardes sont certaines chenilles qui mangent la feuille, et les larves du petit hanneton, que les maraîchers de Paris appellent le *petit taon à tête rouge*, et qui coupe la racine en terre.

Emploi de la poirée. — On sait déjà que la poirée ordinaire sert à adoucir l'oseille, et qu'on l'utilise pour cela en guise d'épinards. Quant aux cardes, on les apprête à la sauce blanche avec un filet de vinaigre, ou au grattin.

Pois (*pisum sativum*). — Plante annuelle, de la famille des Légumineuses ou Papilionacées, originaire de l'Europe méridionale, et cultivée de temps immémorial.

Variétés. — Les pois forment deux catégories bien distinctes : 1° celle des pois à parchemin, dont on ne mange que les graines, et que l'on appelle pour cela *pois à écosser* ; 2° celle des pois sans parchemin, dont on mange les cosses et les graines tendres, tout à la fois, et que l'on appelle pour cela *pois mange-tout*. Chacune de ces catégories renferme des variétés grimpantes et des variétés naines.

Pois à écosser, grimpants *ou* à rames. — Les variétés les plus intéressantes sont : le *pois prince Albert*, très-précoce, mais en voie de dégénération rapide ; le *pois de Commenchon*, originaire du village de ce nom (Aisne), très-précoce, robuste, très-productif, de bonne qualité et encore peu connu dans le rayon de Paris ; le *pois Daniel O'rourcke*, de quelques jours en retard sur le précédent; le *pois Michaux de Hollande;* le *pois de Rueil;* le *pois Michaux ordinaire* ou *petit pois de Paris ;* tous assez hâtifs ; le *pois dominé ;* le *pois d'Auvergne* ou *pois-serpette* ou *pois cosaque*, de seconde saison, à cosse arquée, à grains petits, très-productif et de bonne qualité ; le *pois de Clamart* ou *carré fin*, tardif, d'arrière-saison, productif, sucré, commun dans les champs des environs de Paris, où, quoique grimpant, on ne le rame pas ; le *gros vert normand*, tardif et bon en sec, le *pois ridé de Knight*, blanc ou vert, très-sucré, trop sucré même pour être préparé au gras, tardif, très-élevé, chargeant beaucoup, mais dégénérant vite dans certaines contrées. Nous passons sous silence le *pois turc* ou *couronné*, le *pois à cosse violette*, et d'autres variétés encore qui ne nous paraissent pas assez méritantes.

Pois à écosser, nains. — Les meilleures variétés, parmi ces pois que l'on estime pour le forçage, mais qui ont, à nos yeux, le tort de ne pas donner assez de produits, même quand ils sont chargés de cosses, sont : le *pois nain hâtif* ou *pois Lévêque*, qui fleurit à partir du deuxième ou du troisième nœud ; le *pois nain de Hollande*, plus petit que le précédent, de saison moyenne, productif, de bonne qualité et convenant pour les bordures, parce qu'il ne s'emporte pas ; le *nain de Bretagne*, le plus nain de tous les pois, produisant peu et tardivement, et ne convenant que pour des bordures d'amateurs ; le *pois nain gros sucré*, à graines rondes et d'un jaune très-blond, d'un produit passable ; le *pois de Bishop à longue cosse*, bon, robuste et très-hâtif; le *pois champion d'Écosse*, robuste, productif, tardif et bon; le *pois ridé nain*, à grain carré, ridé, blond, tardif; et le *nain vert de Prusse* ou *nain vert gros*, à grain rond, régulier, verdâtre, de saison moyenne, de bonne qualité et rustique.

Pois mange-tout, grimpants. — Nous en connaissons six variétés, mais la seule vraiment digne d'être recommandée est le grand *pois mange-tout à fleurs blanches*, ou *corne de bélier* ou *pois crochu à large cosse*. Le grand *pois mange-tout à fleur rouge* ne le vaut pas, à beaucoup près. Il existe un pois mange-tout *à demi-rames* qui nous a été beaucoup vanté pour l'abondance des produits; nous le trouvons coriace et ne le recommandons pas.

Pois mange-tout, nains. — Les deux variétés cultivées sont le *pois sans parchemin nain hâtif de Hollande* et le *pois sans parchemin nain ordinaire*, moins difficile que le premier quant à la qualité du terrain.

Culture. Les climats tempérés sont les plus avantageux pour la culture des pois. Dans les contrées méridionales, ils se développent mal et donnent des grains verts de médiocre qualité; dans le Nord, ils prennent souvent un développement excessif en feuilles, et fournissent peu de cosses. Pour ce qui est du terrain, il y a profit à destiner aux pois ceux qui sont maigres ou peu substantiels et qui n'en ont pas porté depuis six ou sept ans. Les sols riches sont contraires à la production de la graine, parce qu'ils sont trop favorables à celle de la feuille. Les pois qui reviennent trop vite à la même place perdent promptement leurs bonnes qualités et dégénèrent.

Dans les contrées où les rudes hivers sont rarement à craindre, et dans les potagers bien abrités, même dans le rayon de Paris, on plante les premiers pois, mais seulement le Michaux ordinaire, vers le 15 novembre sur côtière exposée au midi et en rigoles de 0m,12 à 0m,15 de profondeur, puis on recouvre légèrement, soit avec du vieux terreau, soit avec de la bonne terre ordinaire. Quand les pois ont un peu plus de 0m,15, on bine autour des touffes et l'on remplit les rigoles. Pendant les gelées, on protége les plantes avec de la litière sèche que l'on enlève chaque fois que la température s'adoucit, à moins que les feuilles n'aient été attaquées par le froid, cas dans lequel il ne faut pas découvrir tout de suite, surtout par un temps clair. Cette culture de pois de primeur en pleine terre exige, on le voit, beaucoup d'attention, et d'autant plus qu'on se rapproche davantage du nord; cependant nous avons vu des amateurs la pratiquer dans le Brabant et les Flandres belges.

Le plus ordinairement, aux environs de Paris et en terre légère, on ne plante les pois que vers la fin de février ou au commencement de mars. C'est dans le courant de mars aussi que l'on plante les variétés destinées à mûrir sur place. Plus au nord, la plantation ne commence souvent qu'en avril. Pour les pois que l'on consomme en vert, on plante de quinzaine en quinzaine jusqu'en juillet.

Les pois nécessitent des sarclages et des binages. On les butterait un peu dans les terrains secs, lorsqu'ils ont 0m,15 ou 0m,20 qu'ils ne s'en trouveraient que mieux. On ne rame pas toujours les variétés hâtives, même grimpantes, parce qu'il est d'usage de les pincer au-dessus de la troisième ou de la quatrième fleur, afin de hâter le moment de la récolte; mais on rame les variétés tardives à hautes tiges, en ayant soin de coucher les rames en dedans.

Dans les potagers, nous nous y prenons de diverses manières pour planter les pois. Les uns les plantent par touffes de cinq ou six graines, à 0m,15 ou 0m,20 de distance en tous sens; les autres tracent quatre rayons sur une planche de 1m,32 de largeur et y placent les pois en lignes. Nous n'adoptons aucune de ces méthodes, car les plantes du milieu des massifs sont trop ombragées et produisent peu. Nous prenons un carré du jardin que nous divisons par planches de 0m,80. Sur la première planche, nous ouvrons deux rigoles en traînant le pied le long du cordeau; nous y laissons tomber nos graines en lignes, nous les foulons avec les pieds et recouvrons. Sur la seconde planche, nous semons une plante d'un faible développement : radis, laitue, carotte, etc. Sur la troisième planche, nous mettons de nouveau deux lignes de pois, et ainsi de suite en alternant. Par ce procédé, et en ayant soin de bien disposer la direction de nos planches, les pois reçoivent les influences atmosphériques, et la production des cosses est assurée sur tous les points.

Une excellente méthode encore, c'est celle que nous avons observée en Belgique, notamment dans la province de Liége, et qui consiste à ne planter les pois que par lignes solitaires, de loin en loin, en manière de brise-vents; avec des pieux, des perchettes et de petites baguettes, on leur forme des treillages d'un charmant effet. On pourrait se dispenser de ce luxe d'amateur et soutenir les lignes avec de la ramille ordinaire. Les lignes de pois ainsi isolées produisent beaucoup de cosses des deux côtés, et ne reviennent pas souvent à la même place. Entre les lignes, on fait toutes sortes de cultures potagères.

Il nous est arrivé de placer deux lignes de pois sur une planche de 1m,32 et de semer du persil ou du cerfeuil au milieu. Nous exécutions les sarclages facilement, en engageant le bras entre les tiges des pois. Cette méthode ne saurait convenir dans les pays où les arrosages sont de rigueur, mais, dans l'Ardenne belge, où les légumes poussent souvent sans qu'il soit jamais besoin de se servir de l'arrosoir, elle nous réussissait parfaitement.

Des amateurs et même des jardiniers sont parfois dans l'usage de faire lever les pois hâtifs sur couche et de les transplanter ensuite, afin de gagner du temps et d'augmenter le produit. Nous avons eu recours à ce moyen, mais dans des circonstances défavorables, en sorte que nous n'avons pas eu à nous en féliciter. La transplantation des haricots nous a donné de meilleurs résultats.

La récolte des pois verts demande des précautions. Il faut ou soutenir les tiges de la main gauche quand on enlève les cosses de la main droite, ou bien détacher ces cosses avec des ongles robustes. Pour peu que l'on imprime une secousse aux tiges, on les arrache, et la production se trouve compromise.

La récolte des pois mûrs ne présente aucune difficulté. On commence par cueillir une à une les cosses les plus avancées; autrement les valves se tourmenteraient, se corderaient, s'ouvriraient sur pied et les graines tomberaient à terre. Après cela, on saisit le moment où la majeure partie des cosses est jaunâtre et on arrache toutes les tiges par la rosée. La maturation s'achève aisément sur place, au soleil.

Généralement, dans les campagnes, la graine que l'on récolte pour semence est de mauvaise qualité. Voici pourquoi: les premières cosses d'une planche, toujours impatiemment attendues, sont livrées à la consommation du ménage; on ne laisse mûrir que les dernières venues, c'est-à-dire le rebut, et l'on s'étonne après cela de ne pouvoir maintenir longtemps les bonnes races. Pour faire de la semence de choix, il faudrait toujours établir une ligne de pois solitaire, pincer les tiges au-dessus de la troisième fleur, et laisser mûrir complétement sur pied. Les amateurs passionnés pour le jardinage, et qui ont des loisirs à y donner, feraient bien encore de ne prendre dans chaque cosse que les trois ou quatre graines du milieu, et de laisser de côté celles des deux extrémités qui ne les valent pas tout à fait. Les semences écossées se conservent bien deux ans, et celles de la seconde année, un peu moins robustes que celles de la première, sont par cela même plus productives, mais notez que leurs fanes sont plus sensibles à la gelée, et que l'on ne doit s'en servir que pour les plantations du printemps et de l'été. Les semences conservées dans leurs cosses durent trois ans.

Dans les contrées où certaines variétés de pois ont une forte tendance à dégénérer, ce qui nous est arrivé en Ardenne avec le pois ridé de Knight, le seul moyen à employer pour maintenir la fidélité de reproduction, c'est de transplanter les pois semenceaux aussitôt qu'ils ont $0^m,02$ ou $0^m,03$.

Pendant les années humides, les fanes des pois se tachent de rouille; pendant les années trop sèches, elles se couvrent parfois aussi d'une moisissure blanchâtre qui s'étend jusqu'aux cosses et arrête leur developpement. Le grandpois mange-tout corne de bélier y est sujet.

Les insectes qui attaquent les pois ou qui leur nuisent indirectement sont : la bruche du pois (*bruchus pisi*), qui les troue en les rongeant et maltraite surtout la variété hâtive prince Albert et les variétés tardives de Knight; la fourmi jaune (*formica flava*), qui, dans le Midi, se loge souvent au pied des pois chiches où elle transporte une espèce de puceron (*forda radicum*); la noctuelle potagère (*hadena oleracea*), dont la chenille mange quelques feuilles; la teigne des pois verts (*grapholita pisana*), dont la petite chenille blanchâtre à tête d'un brun fauve, s'introduit dans la cosse, mange les graines, y laisse ses excréments et fait ce que nous appelons les pois verreux; et la tipule potagère (*tipula oleracea*), qui attaque parfois les racines, mais rarement.

Nous avons à craindre les poules, qui sont très-avides de pois verts, et plusieurs petits oiseaux qui leur font des visites fréquentes. Nous avons beaucoup à craindre aussi, au moment de la plantation, les souris et les mulots. Les souris mangent tout de suite les graines, les mulots en font provision, les mettent en magasin et coupent quelquefois les jeunes tiges. Ce qu'il y a de mieux à faire, c'est de les empoisonner, et le moyen qui nous a le mieux réussi, c'est le froment trempé dans une dissolution de sulfate de strychnine. Une petite pincée de cette substance dans un verre d'eau suffit pour empoisonner un demi-litre de grain qu'on laisse se gonfler jusqu'à ce que l'eau soit entièrement épongée. On le répartit après cela dans le voisinage des légumes qui ont besoin de protection, et il n'y a plus rien à craindre. Il est, nous le reconnaissons, tout aussi désagréable de manier le sulfate de strychnine que l'arsenic, mais que voulez-vous? à défaut de mieux, il faut passer par là, ou se laisser piller.

Emploi des pois. — En Belgique, dans le pays flamand, il est d'usage de manger des feuilles de pois au printemps, alors que la verdure est rare. A cet effet, on en plante de très-bonne heure à la sortie de l'hiver, par massifs, contre des murs exposés au midi, et on les abrite pendant les nuits. Dès que les tiges ont de $0^m,15$ à $0^m,20$ de hauteur, on les coupe au-dessus du premier nœud, puis on les hache avec du cerfeuil pour préparer ce que nous appelons ici des soupes aux herbes, et ce que, dans le Nord, on appelle des soupes vertes. Les fanes, ainsi rognées, repoussent et donnent une seconde coupe. Elles donnent même, si on les laisse aller, des fleurs et des cosses, mais ces cosses sont en général chétives. En France, nous n'utilisons pas les jeunes tiges de pois, et peut-être avons-nous tort. Nous nous contentons de consommer les pois en grains verts et en grains secs, au maigre, au gras, seuls ou associés à divers légumes ou à diverses viandes.

Au chapitre des recettes, nous aurons à parler de la conservation des pois verts, qui, aujourd'hui, est pratiquée presque partout.

Pommes de terre (*solanum tuberosum*). — Plante vivace de la famille des Solanées, que nous cultivons comme plante annuelle. Nous avons consacré une large place à cette plante importante dans la première partie du *Livre de la Ferme* (pag. 265 à 281). Nous renvoyons nos lecteurs à ce travail qui nous semble complet. La pomme de terre se trouve mieux aux champs qu'au jardin. On ne doit admettre dans un potager que les races hâtives et de bonne qualité. La plus recherchée, à l'heure où nous écrivons, est la *Marjolin* ou Kidney hâtive. Une autre variété, la *pomme de terre Blanchard* veut lui disputer le terrain, mais elle n'y réussira pas, non qu'elle vaille moins, mais parce que la forme et la couleur de la Marjolin la rendent plus marchande que la pomme de terre Blanchard, et aussi parce que les tubercules de cette dernière sont trop petits pour la plupart.

Dans le jardinage, on peut obtenir des pommes

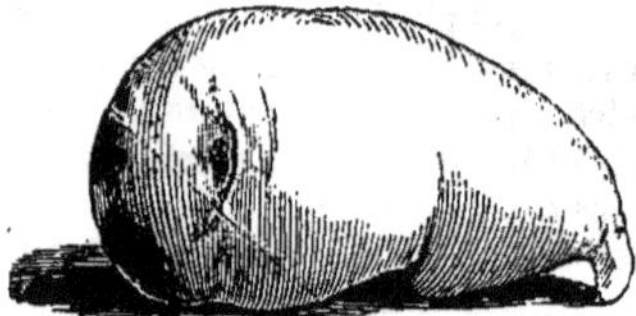

Fig. 1347. — Pomme de terre Marjolin.

de terre dans la première quinzaine de mars, en ayant soin de planter sur couches et sous châssis

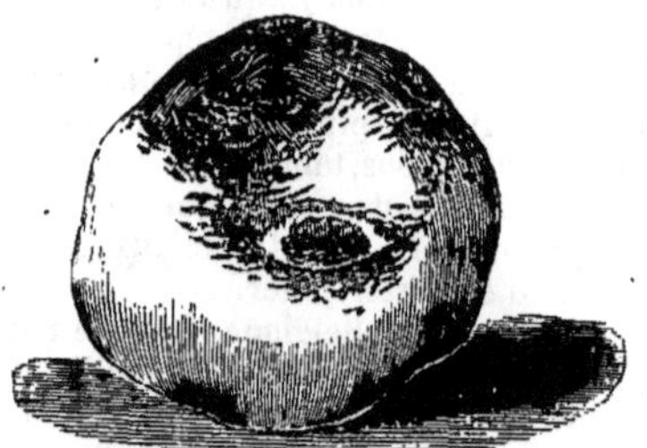

Fig. 1348. — Pomme de terre Blanchard.

vers la fin de janvier ou dans les premiers jours de février, d'entretenir des réchauds de fumier autour des couches, de couvrir les panneaux avec des paillassons pendant les nuits et de donner de l'air toutes les fois que la chose est possible.

Quand on n'a point ces moyens de forçage, on se contente de faire germer les tubercules dans une pièce chaude et éclairée, de les planter ensuite contre un mur à l'exposition du midi, dès que les grands froids sont passés, et presque à fleur du sol, de les protéger contre les nuits froides avec de la litière sèche ou de la paille, d'enlever cette couverture vers 9 heures du matin et de la replacer vers 3 ou 4 heures du soir. Les pommes de terre obtenues ainsi, à grand renfort de petits soins, n'ont que le mérite d'arriver en primeur. Parfois elles se cavernent et deviennent détestables, quoique d'apparence irréprochable.

Potiron. Voy. Courge.

Pourpier (*portulaca oleracea*). — Plante annuelle, indigène, de la famille des Portulacées, cultivée de temps immémorial. Nous avons le *pourpier vert* et une variation à feuilles jaunes ou *pourpier doré*, plus délicate, plus recherchée que le type, mais un peu moins robuste et sujette à retourner à la couleur verte.

Avant de semer le pourpier, on attend que les gelées ne soient plus à craindre. Il faut donc patienter jusqu'en avril ou au commencement de mai. Il n'est pas difficile sur le terrain, mais, pour avoir de belles et larges feuilles, il vaut mieux le lui donner bon que médiocre. On le sème à la volée, le plus clair possible, c'est-à-dire après avoir mélangé sa fine graine avec de la terre ou du sable. Cela fait, on frappe la graine soit avec la

Fig. 1349. — Pourpier cultivé.

main, soit avec le dos de la pelle; on ne l'enterre pas, car elle aurait trop de peine à lever. On peut saupoudrer le semis très-légèrement d'un peu de terreau; on peut aussi s'en dispenser. L'essentiel, c'est de le bassiner deux ou trois fois par jour, en temps de sécheresse. Au bout de huit ou dix jours, la terre apparaît couverte de taches rouges; c'est le pourpier qui lève.

Lorsque les plantes sont assez fortes pour être saisissables, on les sarcle, et du même coup on les éclaircit de façon à ménager entre elles des intervalles de 0m,12 à 0m15. Un peu plus tard, on repique en un coin du jardin un certain nombre de pieds destinés à fournir la graine, et dont par conséquent on ne prendra aucune feuille. Ajoutez à ces recommandations celle d'arroser souvent le pourpier doré en plein soleil, de ne jamais l'arroser le matin ou le soir de peur de verdir ses feuilles, et vous aurez tous les détails nécessaires à la culture de cette plante.

A mesure des besoins, on prend les feuilles et les extrémités tendres du pourpier. La récolte dure jusqu'aux premières gelées.

Pour faire la graine de pourpier, nous venons de dire qu'il convient d'en transplanter quelques pieds à part; nous n'avons pas besoin d'ajouter qu'il faut bien les soigner. La graine de cette plante mûrit très-irrégulièrement; on reconnaît que la maturité arrive lorsque les capsules se décalottent. C'est le moment d'arracher les plantes, de les étendre au soleil sur un linge, pendant une journée, et de les froisser ensuite faiblement avec la main. Les capsules mûres s'ouvrent et la graine tombe. On peut encore recueillir de bonne graine, sans arracher tout de suite les tiges; il suffit de les incliner et de les secouer sur du papier. — Les anciens jardiniers plaçaient les tiges arrachées dans une petite futaille défoncée par un bout ou dans un vase quelconque, et les y laissaient pourrir en toute tranquillité. Une fois le pourpier pourri, ils l'enlevaient et prenaient la graine tombée au fond du vase. Cette graine ressemble à de la fine poudre de chasse et se conserve cinq ou six ans.

Nous ne connaissons aucun insecte nuisible au pourpier; il n'a pas non plus à souffrir des maladies. Quand il lui arrive de *fondre*, c'est qu'il a été semé trop dru ou dans un sol trop compacte.

Emploi du pourpier. — Dans les contrées où

cette plante pousse à l'état sauvage, on en fait des salades, auxquelles nous n'adressons qu'un reproche, celui de provoquer au sommeil. Ailleurs, les feuilles du pourpier ne sont employées qu'à titre de fourniture de salade. On en met aussi dans les soupes vertes, dans les soupes grasses qu'elles acidulent agréablement; enfin, ces mêmes feuilles cuites à la manière de l'oseille et des épinards, au gras ou au maigre, forment un très-bon mets.

Quinoa ou **Ansérine Quinoa** (*chenopodium quinoa*).—Plante annuelle, de la famille des Chénopodées, originaire du Pérou, introduite en Angleterre d'abord, puis en France, en 1836. Les Péruviens cultivent le quinoa surtout pour ses graines très-abondantes et d'excellente qualité

Fig. 1350. — Quinoa.

chez eux; nos amateurs de jardinage ne le cultivent ici que pour ses feuilles, attendu que les graines, quoique mûrissant bien chez nous, n'ont pas conservé leur qualité primitive, ou n'ont pas été convenablement utilisées. Personnellement, nous semons depuis plusieurs années cette plante pour remplacer l'épinard, et nous ne semons, à cet effet, que la variété à graine blanche, qui a constamment mûri dans un climat où le maïs et la courge ne mûrissent point.

La culture du quinoa ne présente pas la moindre difficulté. Vers la fin de mars ou au commencement d'avril, on trace, sur une planche du potager, de petites rigoles distancées l'une de l'autre de 0m,16 à 0m,20; on laisse tomber la graine dans ces rigoles; on recouvre légèrement et l'on mouille un peu si la terre est sèche. Le quinoa lève au bout de douze à quinze jours et ressemble, à s'y méprendre, à notre ansérine blanche sauvage (*cenille* des environs de Paris). On l'éclaircit sur les lignes dès qu'on peut le saisir aisément avec la main, en ménageant des intervalles de 0m,07 ou 0m,08. Lorsque les plantes ont à peu près 0m,15 ou 0m,20 de hauteur, on en arrache la moitié afin de laisser plus d'espace aux autres, et les feuilles des pieds arrachés servent à la consommation. La récolte des feuilles, sur les pieds restants, ne doit commencer que lorsqu'ils ont 0m,30. On prend les plus grosses sur chaque tige;

Fig. 1351. — Ansérine blanche (*Chenopodium album*).

puis on arrose de temps en temps; il en repousse d'autres, et les récoltes se continuent à mesure des besoins. Pour les prolonger, il suffit de pincer la sommité des tiges et des rameaux. Les pieds que l'on réserve pour semenceaux ne seront ni effeuillés ni pincés; on les laissera aller en liberté, et ils atteindront de 1 mètre à 1m,50 et plus.

Pour gagner du temps, on peut repiquer le quinoa; il reprend vite. Nous nous dispensons de ce travail; cependant, nous sommes tenté de croire que les pieds repiqués fournissent plus de feuilles et une graine meilleure pour la reproduction. Cette semence, à notre connaissance, se conserve de deux à trois ans.

Un seul insecte a attaqué, de loin en loin, quelques-uns de nos quinoas : c'est un puceron noir, un aphis que nous croyons être celui de la fève.

Les feuilles du quinoa sont peut-être préférables à celles de l'épinard, mais elles sont plus petites, moins étoffées et donnent plus de travail aux ménagères. En outre, la page inférieure de ces feuilles est couverte d'une espèce de poudre, de *fleur* qui produit sur les doigts l'effet que produirait un mélange de poudre de savon et de verre pilé. Le sens du toucher en est affecté d'une manière désagréable. On ne souffre pas sérieusement; on est agacé, et il n'en faut pas davantage pour compromettre l'avenir du quinoa.

Radis (*raphanus sativus*). — Plante annuelle, de la famille des Crucifères, originaire de la Chine au dire des uns, indigène au dire des autres, attendu que nous possédons, parmi les champs, un radis sauvage (*raphanus raphanistrum*) que nous confondons souvent avec la moutarde des champs. Comme il n'est pas question des radis chez les anciens, nous sommes tenté de croire que ceux qui les disent d'origne chinoise n'ont pas tort.

Il existe à l'endroit du radis une confusion extraordinaire et vraiment regrettable; nous devons l'exposer en passant. — Il y a un peu plus d'un siècle, à l'époque où de Combes écrivait son *École du Jardin potager*, tous les radis, gros ou petits, longs ou ronds, se nommaient *raves*, du moment qu'ils étaient tout à fait rouges ou bien rouges et blancs, tandis que tous ceux d'une autre couleur blancs, gris, noirs, etc., restaient des *radis*.

Au commencement de ce siècle, les jardiniers de Paris nommaient *radis* tous les petits radis ronds, quelle que fût leur couleur, blanche, ou rose, ou rouge; et *raves* tous les petits radis longs, quelle que fût également leur couleur. Comme ce mot de raves était embarrassant dans les contrées où l'on nomme ainsi les navets, en Bourgogne, par exemple, on dut établir une distinction et désigner les petits radis sous le nom de *petites raves*. Quant aux gros radis ronds ou longs, noirs, gris, jaunes, violets, blancs, rouges ou roses, on les appelait et on les appelle encore *raiforts* à Paris et sur beaucoup de points de la province. Mais, dans les Vosges, les raiforts de Paris sont des *raves;* dans le Nord, ce sont des *ramelaces*, et en quelques contrées de la Belgique des *ramonaces*.

Pour nous, les radis sont des radis, d'où qu'ils viennent et quelle que soit leur forme ou la couleur de leur peau. Nous sommes las de la confusion et tenons à en sortir.

Variétés. — Il y a deux catégories de radis: 1° la catégorie des petits radis ou radis de printemps; 2° la catégorie des gros radis ou radis d'été et d'hiver, qui par le volume se rapprochent des navets.

Les radis de la première catégorie sont: le petit *radis blanc rond*, le *blanc long*, le *petit rose rond* ou *saumoné*, le *demi-long rose*, le *demi-long rouge* ou *écarlate*, le *violet ordinaire* et le *jaune hâtif*, dont on a dit beaucoup de bien, mais dont nous n'avons jamais été satisfait.

Les radis de la seconde catégorie sont: le *gris d'été*, le *jaune d'été*, le *noir d'hiver*, le *violet d'hiver*, le *rose d'hiver de Chine* qui est une charmante variété, le *blanc de Chine* et le *gros blanc d'Augsbourg*.

Que si, maintenant, vous nous consultiez sur un choix à faire parmi ces variétés des deux catégories, nous vous dirions qu'à notre avis, les meilleurs radis de printemps sont les *ronds roses* et *blancs* et le *demi-long rose*, et que les meilleurs radis d'été et d'hiver ou de la grosse race sont le *gros blanc d'Augsbourg*, le *gris d'été* et le *noir d'hiver*. Le *rose de Chine* est charmant, nous l'avons dit, mais il tient trop du navet et pas assez du radis; il n'a pas assez de piquant, de montant, pour nous servir de l'expression consacrée.

Culture. — Les radis demandent une bonne terre à jardin. On sème ceux de printemps ou de la petite race à la volée, dès la sortie de l'hiver, et de huit jours en huit jours jusqu'à la fin de mai, si on les affectionne tout particulièrement, ou si la vente en est assurée à des conditions avantageuses. On enterre la graine avec le râteau de bois et l'on arrose de temps en temps. Les radis lèvent vite et se développent de même, à la condition d'être mouillés souvent et copieusement. On les sarcle au besoin, mais on ne les éclaircit pas, à moins cependant que la graine n'ait été prodiguée par trop. C'est en récoltant les premiers venus que l'on donne de l'espace aux retardataires.

On sème les radis de la grosse race à partir de la fin de mai. On commence par le blanc d'Augsbourg, et l'on continue de quinzaine en quinzaine par le radis jaune d'été, le gris d'été, le rose de Chine, et l'on finit par le violet et le noir. Lorsqu'on sème trop tôt les gros radis dont il vient d'être parlé, ils montent vite à fleur et leur racine se développe mal, même quand on a soin de rogner la tige florale. En semant trop tôt les radis d'hiver, leurs racines ne se conservent pas longtemps; elles deviennent cotonneuses, spongieuses. En les semant vers la fin d'août ou en septembre, elles se maintiennent fermes et se gardent bien en cave.

Il va sans dire que tous ces radis destinés à produire de grosses racines doivent être semés clair; on éclaircit quand le semeur a eu la *main trop lourde*. On les espace comme des navets. Ainsi que les petits radis, ils demandent de fréquents et copieux arrosements.

Pour ce qui est des radis, petits ou gros, que l'on destine à porter graines, voici ce que nous en avons dit dans l'*Art de produire les bonnes graines:* — « Nous semons les radis de printemps de bonne heure sur couche tiède ou à une exposition favorable. Dès que les racines sont bien formées, nous déplantons les plus belles et les repiquons à titre de porte-graines, à la distance d'environ 0m,50 les unes des autres, et nous arrosons au besoin. Au fur et à mesure que les graines mûrissent, nous les récoltons. Les maraîchers ne prennent pas cette peine. Dès que les graines sont en partie mûres, ils arrachent les pieds, les exposent au soleil contre un mur et les battent ensuite pour égrener. »

Quant aux gros radis d'été, on les sème en juin, on les arrache en octobre, et l'on choisit les plus belles racines pour les mettre en cave dans du sable frais, pendant quelques semaines. A l'approche des gelées, on replante les plus belles à une certaine profondeur, et on les couvre de feuilles mortes ou de litière sèche durant les grands froids. On découvre vers la fin de février ou de mars, et on récolte la semence en juin ou juillet. En ce qui concerne les gros radis noirs et violets d'hiver, il n'est pas nécessaire de les mettre en cave. Comme on les sème tardivement, on les récolte tardivement aussi, et il n'y a qu'à les replanter après les avoir arrachés. Toutefois, on peut aussi les garder en cave dans du sable, et les changer trois ou quatre fois de place durant l'hiver.

Les graines de radis sont difficiles à sortir de leurs enveloppes; il faut d'abord bien dessécher les siliques au soleil, et les battre encore chaudes. Les graines se conservent de quatre à six ans.

Les insectes nuisibles aux radis sont l'altise et la mouche du navet, mais nous ne redoutons que l'altise, qui se jette sur les feuilles séminales au moment de la levée. On répand des cendres vives sur le semis ou bien l'on arrose très-souvent. Ce second moyen est le meilleur.

Emploi des radis. — Les radis de printemps figurent parmi les hors-d'œuvre; on les mange crus avec ou sans une partie de la feuille. Il vaut mieux les manger avec la feuille, afin de prévenir les *rapports* ou *renvois*. Les radis de printemps, fermes ou déjà cotonneux, racines et feuilles ensemble, peuvent être cuits, hachés menu, et apprêtés à la manière des choux. C'est un excellent légume sous cette forme.

Quant aux gros radis, on les mange constamment crûs, coupés par rondelles minces et salés. Dans le nord de la France, dans les Vosges, en Belgique et en Allemagne, on en consomme beaucoup.

Raifort sauvage, cranson (*cochlearia armoriaca*). — Plante vivace, de la famille des Crucifères, indigène et cultivée dans un grand nombre de jardins, à titre de condiment. On la connaît sous les noms vulgaires de *cran*, de *moutarde des Allemands* ou de *moutarde des Capucins*. Sa racine râpée a bien l'odeur de la bonne moutarde, mais elle n'en a pas la saveur. Cette plante aime surtout les terrains frais, les lieux un peu ombragés, les climats humides; mais elle vient partout, et, après l'avoir multipliée dans un potager, il n'est pas toujours facile de s'en défaire. On sème ou mieux on plante des éclats de racines au printemps.

Fig. 1352. — Raifort ou Cran de Bretagne.

Pour employer le raifort, on découvre une souche et l'on cherche une grosse racine que l'on arrache tant bien que mal. On lave cette racine, on l'essuie et on la râpe. Cette partie râpée est servie en guise de moutarde. « On la mange également avec le beurre frais, dont on fait des tartines, écrivait de Combes; vers 1750, c'est le déjeuner ordinaire des Flamands. On comprend de là qu'il ne faut en arracher qu'à mesure qu'on en a besoin, et c'est une ressource utile dans les campagnes éloignées, où on n'a pas toujours de la moutarde sous sa main; je dis utile pour ceux à qui les viandes naturelles ne piquent pas assez le goût. »

Nous ajouterons que le raifort sauvage a des propriétés antiscorbutiques parfaitement établies.

Raiponce (*campanula rapunculus*). — Plante bisannuelle, de la famille des Campanulacées, indigène, très-commune en France, à l'état sauvage, mais cultivée néanmoins pour salade. Elle se plaît dans les terrains riches en vieux fumier. Nous semons cette plante en juin, après avoir mélangé sa très-fine graine avec un peu de sable ou de terre fine. Nous frappons la graine semée avec le dos de la pelle ou avec une batte, nous saupoudrons de terreau ou de bonne terre, et nous bassinons.

La raiponce demande beaucoup d'eau, un éclaircissage convenable, et des sarclages de temps en temps. En automne, on pourrait déjà en profiter, mais il vaut mieux attendre la fin de l'hiver et en manger, feuilles et racines, jusqu'à la fin d'avril. Dès le mois de mai, elle monte à fleur. Les feuilles et les racines de raiponce fournissent une salade un peu ferme, moins tendre que la mâche, mais aussi moins fade.

Rien n'est plus facile que de faire la graine de raiponce. On laisse quelques pieds monter à fleurs, voilà tout; il n'est pas nécessaire de transplanter.

Renouée de Siébold (*polygonum Sieboldii*). — Plance vivace, de la famille des Polygonées, classée ces années dernières parmi les légumes, mais abusivement. On a dit que cette plante pousse de bonne heure au printemps, forme de larges touffes, donne par conséquent des tiges nombreuses, et qu'il suffit de les butter pour les étioler et les consommer, après cela, comme des asperges. Voici, en deux mots, ce que nous savons de la renouée de Siébold. — Au commencement du printemps de 1861, nous avons demandé à la maison Vilmorin cinq pieds de cette plante prônée, assure-t-on, par M. Belhomme, de Metz; nous les avons placés à des distances convenables, dans un terrain sablonneux, copieusement fumé. L'année a été exceptionnellement sèche, et, malgré les arrosements, la première tige de chaque pied de renouée n'a pas accusé une grande vigueur, et ne s'est pas élevée à plus de $0^m,40$. L'hiver de 1861-1862 a été doux : nos renouées de Siébold n'ont pas souffert, et leur végétation a commencé à peu près en même temps que celle des asperges, à raison de deux ou trois tiges par pied, tiges d'un petit volume, chargées de feuilles

Fig. 1353. — Renouée de Siébold.

rougeâtres. Elles n'avaient pas plus de $0^m,20$ quand les gelées du 18 avril les ont détruites en même temps que les asperges résistaient. Elles ont repoussé, sans doute, mais il n'en est pas moins vrai qu'un légume de printemps qui ne se maintient pas contre un froid de 2 à 3° au-dessous de zéro, laisserait grandement à désirer. Ce n'est pas tout : au printemps de 1863, nos renouées de Siébold ont fourni un grand nombre de turions rosés, très-appétissants. Ces turions, blanchis d'abord à l'eau bouillante et apprêtés avec soin, ont été soumis à la dégustation de 5 ou 6 personnes qui toutes ont reculé devant leur saveur très-désagréable. Il n'y avait pas lieu de songer à une nouvelle dégustation. Nous avons tout de suite détruit ou plutôt cherché à détruire notre plante. Il ne nous paraît pas facile d'en venir à bout, et, sans exagération, nous aimerions mieux avoir affaire à du chiendent.

Rhubarbe (*rheum*). — Plante vivace, de la famille des Polygonées, originaire de l'Asie, dit-on, très-commune dans les potagers de la Grande-Bretagne, très-rare dans les potagers français.

Il y a dix ans que nous cultivons la rhubarbe pour les besoins de la cuisine. Une variété nous fut donnée sous le nom de *rhubarbe du Népaul*. Elle avait les feuilles très-amples, le pétiole très-allongé et d'un vert un peu rougeâtre. Une autre variété nous fut donnée sous le nom de *rhubarbe du prince Albert*; celle-ci avait la feuille ondulée et d'un vert pâle; les pétioles étaient verdâtres. Une troisième variété enfin nous arriva sous la qualification impropre de *rhubarbe groseille;* elle avait les feuilles amples et d'un beau vert, et les pétioles arrondis et très-longs étaient d'un rouge clair assez vif. Cette troisième variété est, à notre avis, celle qu'il faut préférer. La vraie rhubarbe groseille a la feuille pâle et les rugosités grises.

La graine de rhubarbe ne garde pas longtemps sa faculté germinative ; aussi se trouve-t-on bien de la semer aussitôt après sa maturité. Quand on lui laisse passer l'hiver, il faut en répandre beaucoup pour obtenir peu de plantes. Il n'en est pas moins vrai cependant que par la force des choses, nous la semons plus souvent l'année d'ensuite que pendant l'année courante. Le mieux, en pareil cas, c'est de prendre quelques pots à fleurs remplis de terreau, d'y planter, dès la sortie de l'hiver, bon nombre de graines, de placer ces pots dans une chambre chaude, à défaut de serre, et de mouiller de temps en temps avec de l'eau tiède. La levée des bonnes graines ne se fait guère attendre, et au bout d'une quinzaine de jours, on transplante les petites rhubarbes en pleine terre, à $1^m,50$ les unes des autres. Si l'on veut attendre les mois d'avril et de mai, rien n'empêche de semer les graines sur une platebande du potager. Mais notez qu'avec le semis, on doit attendre deux et quelquefois trois ans avant d'avoir de fortes souches.

Les personnes, pressées de jouir, se procurent des éclats de vieux pieds et les plantent au commencement d'octobre avec un mélange de bonne terre, de vieux fumier de vache et de cendres de bois. Par ce procédé, elles ont, au bout de dix-huit à dix-neuf mois, des souches en plein rapport. On peut de même planter ces éclats au printemps.

Il n'y a pas à s'inquiéter des pieds de rhubarbe pendant l'hiver; ils résistent parfaitement aux plus grands froids. C'est une des premières plantes qui montrent leurs feuilles vers la fin de février ou au commencement de mars, et ces feuilles ne craignent point les gelées tardives.

On mange la partie verte des feuilles tendres de la rhubarbe avec de l'oseille, comme les épinards. En été, elles sont coriaces et d'une saveur trop prononcée, et alors il faut y renoncer. Avec les pétioles des feuilles, on prépare des tartes et des confitures très-estimées; mais on s'attache surtout aux tartes. Dans le nord de la France, en Angleterre et en Belgique, il faut des tartes aux pommes, aux groseilles, aux myrtilles, aux prunes, aux pruneaux, etc. De là l'importance de la rhubarbe, qui se présente à la consommation bien avant les groseilles vertes et qui continue de produire jusqu'aux gelées. En Angleterre, l'usage de la rhubarbe est général, et nous nous l'expliquons très-bien; dans le nord de la France et en Belgique, il n'est encore que très-exceptionnel, et c'est là ce que nous avons de la peine à nous expliquer.

La rhubarbe reçoit les soins qu'on veut bien lui donner; quand on ne lui en donne pas, elle s'en passe et n'en meurt point. Toutefois, il y a profit à remuer la terre autour des pieds, et à la fumer tous les ans au printemps soit avec du terreau de couche, soit avec un mélange de fumier de vache usé, de terre ordinaire et de cendres de bois. Un soin très-essentiel à prendre et qu'on néglige souvent, c'est de l'empêcher de fleurir, de casser les boutons dès qu'ils se montrent. Rhubarbe riche en fleurs est toujours pauvre en feuilles, et ajoutez à cela qu'une rhubarbe qui a fleuri est affaiblie au point de ne pas toujours résister à l'hiver.

L'effeuillage fatigue aussi le pied de la plante, mais moins que la floraison. D'ailleurs, on doit pratiquer cet effeuillage avec modération et ne point se servir de couteau. On saisit le pétiole par sa base, à pleine main, et on le tire à soi brusquement, par secousse. Il se détache à la manière d'un cornet qui en emboîterait un autre, et ne laisse pas de plaie.

Pour la première fois, en 1863, nous avons remarqué que les escargots ne dédaignent pas les feuilles de la rhubarbe, et nuisent beaucoup à la végétation de cette plante.

Roquette (*brassica eruca* seu *eruca sativa*). — On donne vulgairement le nom de fausse roquette au *sysimbrium tenuifolium*, si commun aux environs de Paris, et dont on mange parfois les feuilles en salade dans certaines contrées du Midi, et à l'*eruca sativa*, plante annuelle de la famille des Crucifères. C'est de cette dernière seulement qu'il est question ici. C'est une espèce à odeur forte et désagréable, à saveur âcre et piquante, qui fait partie des fournitures de salade. Elle a de nombreux partisans en Italie et dans le Midi;

mais, dans le Nord, elle est pour ainsi dire inconnue. On la sème clair au printemps, on sarcle plus tard, on éclaircit et on arrose. Sa graine se conserve trois ou quatre ans.

Salsifis, Sercifix (*tragopogon porrifolium*). — Plante bisannuelle, de la famille des Composées, originaire des montagnes du midi de l'Europe. Son introduction dans nos potagers ne remonte pas à une date très-reculée; elle est arrivée en France en même temps que la betterave, vers la fin du seizième siècle ou au commencement du dix-septième. Olivier de Serres qui en parle, après avoir dit quelques mots de la betterave, s'exprime ainsi : — « Une autre racine de valeur est aussi arrivée en nostre cognoissance depuis peu de temps en çà, tenant rang honorable au jardin. C'est le Sercifi, etc. » Le salsifis, autrefois si répandu, si recherché, a disparu peu à peu de nos cultures, et, à ce point, qu'on ne le rencontre pas toujours à la halle de Paris, ainsi que nous avons pu nous en assurer. Ce que l'on y vend le plus habituellement sous le nom de salsifis, c'est la scorsonère qui a gagné tout le terrain que l'autre a perdu. Ces plantes ne doivent pas être confondues, et il nous suffira de signaler en passant deux de leurs caractères pour prévenir cette confusion. Le salsifis a une racine d'un blanc jaunâtre; la scorsonère a la racine noire à l'extérieur et très-blanche à l'intérieur. La fleur du salsifis est violette ou mieux d'un bleu pourpré; celle de la scorsonère est jaune. Ils diffèrent sous bien d'autres rapports, mais il ne nous semble pas nécessaire de signaler ces différences, plus essentielles à la botanique qu'à la culture potagère.

Culture. — Le salsifis se plaît dans les climats chauds et tempérés; mais il s'avance assez loin vers le Nord, et nous l'avons cultivé dans un climat rude de la Belgique où il a traversé l'hiver sans aucune couverture. Il demande une terre légère, ou bien ameublie par les labourages profonds, et fumée de l'année précédente. On peut le semer au mois d'août pour consommer ses racines l'année suivante, avant qu'il se mette à fleurs, mais il vaut mieux, et c'est d'ailleurs l'usage suivi, le semer en mars ou avril, en commençant le semis par les sols légers, et le finissant par les terres un peu fortes. On répand la graine à la volée ou en rayons distants de $0^m,20$ à $0^m,22$. Cette graine est grisâtre, lourde, et a, de loin, quelque ressemblance avec celle de l'avoine. On la sème dru, quitte à éclaircir plus tard, puis on la foule après l'avoir recouverte, et on gratte la partie foulée avec les dents du râteau de fer, afin qu'elle ne fasse pas croûte. On bassine ensuite de temps en temps jusqu'à la levée, qui a lieu ordinairement au bout d'une quinzaine de jours. On sarcle au besoin, et six semaines après la levée, on éclaircit de façon à laisser entre les racines un espace de $0^m,08$ à $0^m,09$. Après cela, il ne reste plus qu'à continuer les sarclages quand ils deviennent nécessaires et à donner un peu d'eau pendant les sécheresses. On commence la récolte en automne et on la poursuit jusqu'au printemps.

Pour faire la semence de salsifis, les jardiniers se contentent de laisser quelques pieds en place, à l'une des extrémités de la planche. Nous conseillons aux amateurs de s'y prendre autrement, d'arracher d'abord les racines, de choisir les plus belles et les plus régulières dans le nombre et de les replanter en un coin du jardin, à bonne exposition, en mars ou avril. Lorsque la semence mûrira, on devra se tenir en garde contre les petits oiseaux. Cette graine de salsifis ne se conserve bien qu'une année.

En hiver, les racines de salsifis ont parfois à souffrir des ravages des mulots et des rats.

Emploi du salsifis. — Cette racine un peu ferme, sucrée et savoureuse se prépare au gras, au maigre, en friture. On la mange seule ou associée aux viandes, surtout au poulet; et, à notre avis, elle est préférable à la scorsonère. On la lui a sacrifiée uniquement parce qu'elle est moins grosse et qu'elle cesse d'être mangeable aussitôt que la plante monte à fleur.

Sarriette des jardins (*satureia hortensis*). — Plante annuelle et indigène, de la famille des Labiées, très-aromatique et employée surtout pour l'assaisonnement des fèves de marais. On en répand quelques graines à l'automne ou au printemps sur une partie de plate-bande; elle ne demande pas de soins particuliers autres que des sarclages de temps en temps et un peu d'eau. Quant à sa multiplication, il n'y a point à s'en occuper; elle se reproduit d'elle-même, et une fois dans un potager, elle y reste.

Sauge officinale (*salvia officinalis*). — Plante vivace, de la famille des Labiées, originaire de

Fig. 1354. — Sauge officinale.

l'Europe méridionale. Elle est fortement aromatique; aussi ses feuilles ne sont-elles employées en cuisine qu'en très-petites proportions, pour relever la saveur des mets. On multiplie la sauge par l'éclat de ses souches à l'automne, ou au printemps par le semis et le bouturage. Elle est rustique et s'accommode de la plupart des climats et des terrains.

Scarole. *Voy.* Chicorée.

Scolyme d'Espagne (*scolymus Hispanicus*).— Plante vivace ou trisannuelle, de la famille des Com-

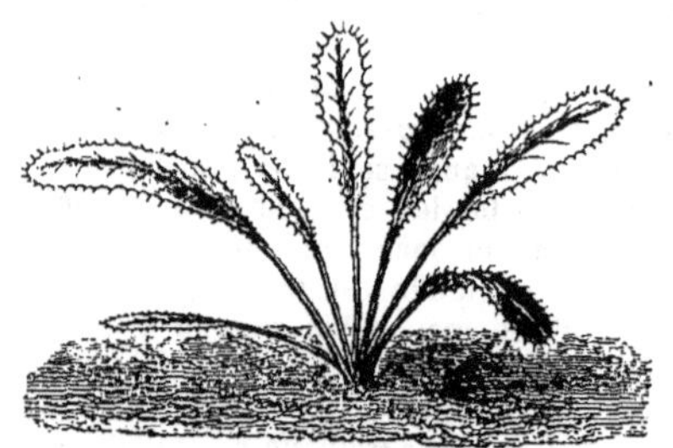

Fig. 1355. — Scolyme d'Espagne.

posées, croissant à l'état sauvage dans nos départements du Midi, et ressemblant à un chardon par ses feuilles fortement épineuses. Les Provençaux et les Languedociens mangent sa racine sous les noms de *cardouille* et de *cardousses*. On la récolte dans les champs, on la fend en deux parties pour enlever le cœur, qui est ligneux, et avec la partie extérieure, on forme des bottes que l'on vend pour les besoins de la cuisine. Des essais de culture, faits aux environs de Paris par d'excellents jardiniers, ont prouvé que l'on pouvait obtenir la racine de scolyme entièrement tendre. Nous l'avons cultivée de notre côté, deux années de suite, dans un sol schisteux, léger, profond et fumé de l'année précédente; voici les résultats : le scolyme, semé au commencement de mai a levé parfaitement; nous l'avons sarclé et éclairci à propos; les deux tiers des tiges ont monté la première année et nous ont donné leurs fleurs jaunes. Celles qui n'ont point monté nous ont fourni à l'entrée de l'hiver des racines jaunâtres, très-longues, assez volumineuses, tantôt tendres en leur entier, tantôt un peu ligneuses au cœur. Celles qui avaient porté fleurs étaient tout à fait coriaces à l'intérieur. Au lieu de les fendre et d'enlever le cœur avant de les livrer à la cuisine, nous les faisions cuire, telles quelles, et après la cuisson, il devenait très-facile de séparer la partie coriace de la partie tendre. Malgré les pertes, les déchets, une planche de scolymes fournit tout autant de substance qu'une planche de salsifis, si ce n'est plus, car leurs racines bien cultivées deviennent énormes et d'une longueur extraordinaire. C'est d'ailleurs une nourriture assez agréable; seulement, les racines de scolyme sont plutôt pâteuses que fermes.

Il n'est pas nécessaire de transplanter le scolyme pour faire la semence, mais on ne doit la prendre que sur les pieds qui montent la seconde année.

Scorsonère d'Espagne ou **Salsifis noir à fleurs jaunes** (*scorsonera Hispanica*). — Plante vivace, de la famille des Composées, croissant à l'état sauvage dans toutes les contrées de l'Europe méridionale. Elle n'a été introduite dans les potagers que tardivement, après le salsifis, car Olivier de Serres ne dit rien de ce légume.

On peut semer la scorsonère au mois d'août, mais le plus ordinairement on ne la sème qu'à la sortie de l'hiver. Sa culture est rigoureusement identique à celle du salsifis.

Souvent la scorsonère monte dès la première année, ce qui nuit toujours au développement et à la tendreté de sa racine. Il faut donc, autant que possible, l'empêcher de monter, à l'aide de pincements suivis. Les racines de l'année ne sont pas grosses et ne trouvent guère d'acheteurs, bien que de bonne qualité. On leur préfère les racines de deux ans, qui sont très-mangeables sans doute, mais qui sont bien moins délicates. Les personnes qui tiennent au volume plus qu'à la qualité feraient bien d'attendre trois et quatre ans; elles auraient l'agrément de servir sur leurs tables des racines monstrueuses.

Nous pensons que si beaucoup de scorsonères montent à fleurs dès la première année, c'est à cause de la mauvaise qualité des graines employées pour les semis. Des jardiniers peu scrupuleux récoltent de la semence où et quand elle se produit, sans s'inquiéter de l'âge des plantes et de la conformation des racines, et vendent cette semence à des marchands grainiers de dernier ordre qui, à leur tour, en approvisionnent les colporteurs. C'est ainsi qu'on tue l'espèce.

Voulez-vous de la graine parfaite? Arrachez à la sortie de l'hiver des plantes d'un an, n'ayant pas monté; choisissez les mieux conformées, celles qui sont grosses, droites, longues et lisses, et transplantez-les avec le plantoir à 0m,30 l'une de l'autre. Lorsque les tiges auront environ 0m,50 ou 0m,60, donnez-leur des tuteurs, puis pincez toutes les fleurs secondaires, ne conservez que celles de la sommité. La semence que vous obtiendrez ainsi sera toujours irréprochable. Elle ne se conserve bien qu'un an.

Au moment de la maturité, vous aurez à surveiller de près les semenceaux, car les petits oiseaux leur feront de fréquentes visites.

On emploie les racines de la scorsonère comme celles du salsifis. Elles passent parfaitement l'hiver en terre, et on les arrache à mesure des besoins avec la fourche de fer à trois dents. Les jeunes feuilles de la plante, au moment de la végétation, c'est-à-dire à partir de la seconde année, servent à préparer des salades. A la rigueur, on nourrit les vers à soie du mûrier avec la feuille de scorsonère, mais la soie perd à ce régime un peu de sa qualité.

Souchet comestible (*cyperus esculentus*). — Plante vivace du midi de l'Europe et de la famille des Cypéracées. Personnellement, nous ne connaissons pas le souchet comestible. Voici ce qu'en dit le *Bon Jardinier* : — « En Espagne, en Allemagne et dans quelques départements de la France, les nombreux tubercules dont ses racines sont garnies, servent d'aliment ou donnent une sorte d'orgeat fort agréable; on peut aussi, dit-on, en tirer de l'huile. On plante en mars, à la profondeur de

0m,03 en terre légère et humide, bien ameublie, par touffes espacées d'environ 0m,32, trois ou quatre tubercules qu'on fait ordinairement gonfler dans l'eau ; on sème, on bine, on sarcle et on arrose; en octobre, on arrache les tubercules qu'on conserve pour l'usage et pour planter l'année suivante. »

Tétragonie étalée ou **Tétragone cornue,** (*tetragonia expansa*). — Plante annuelle, de la famille des Mésembryanthémées, originaire de la Nouvelle-Zélande et des îles de la mer du Sud. Voici ce que nous avons dit de ce légume dans nos *Conseils à la jeune Fermière* :

« Le peu de durée des épinards et la difficulté de les maintenir durant les fortes chaleurs de l'été, ont amené les amateurs à chercher quelque autre

Fig. 1356. — Tétragonie étalée (rameau).

légume propre à les remplacer dans cette saison. C'est ainsi que l'on a proposé la tétragonie étalée et le quinoa qui, à notre avis, valent bien les épinards, s'ils ne valent mieux, et ont sur eux l'incontestable avantage de fournir un abondant feuillage à l'époque des sécheresses.

« La tétragonie a été importée en Angleterre par le capitaine Cook, vers la fin du siècle dernier. De là, on l'a introduite en France et en Belgique vers 1812. Et, cependant, ce légume est à peine connu ; on ne le rencontre guère que chez les amateurs de jardinage, non chez les jardiniers de profession. En voici la raison : la graine est capricieuse dans la levée, et il arrive souvent que des planches entières ne donnent que deux ou trois plantes. Il n'en fallait certes pas davantage pour faire éloigner la tétragonie de nos potagers. Il y a un moyen toutefois de l'y ramener, c'est de forcer les graines à germer promptement, et ce moyen, que nous avons employé à diverses reprises, nous a bien réussi. Le voici : il consiste à placer les graines dans une terrine, à verser de l'eau tiède dessus jusqu'à leur niveau et à les laisser en repos pendant huit ou dix jours. Après cela, quand les gelées ne sont plus à craindre, c'est-à-dire dans la première quinzaine de mai, on plante les graines en rayons, à quelques centimètres l'une de l'autre, puis on mouille la terre tous les jours en temps de sécheresse, avec l'arrosoir à pomme. En opérant de la sorte, on peut être assuré qu'un grand nombre de plantes lèveront. Dès qu'elles ont 0m,05 à peu près, on les éclaircit et on les transplante à 0m,80 ou 1 mètre de distance ; après quoi, on les arrose de temps en temps avec de l'eau de fumier très-affaiblie ou avec de l'eau ordinaire.

« Ainsi traitée, la tétragonie pousse avec une rapidité incroyable et s'étale en nombreuses branches sur le terrain. Il n'est pas rare de compter sur un seul pied de tétragonie de quarante à cinquante rameaux qui atteignent parfois de 0m,60 à 0m,80 de longueur. Ces rameaux se chargent de feuilles nombreuses, de la forme de celles de l'épinard, mais très-épaisses et se réduisant peu à la cuisson. Au fur et à mesure qu'on cueille les feuilles pour le service de la cuisine, il convient d'arroser, afin de relancer la végétation ; et, pour mieux réussir, il convient aussi de tailler l'extrémité des branches pour obtenir l'émission de nouveaux rameaux. »

Dans le climat de Paris, la tétragonie mûrit très-bien sa semence, et se ressème d'elle-même. Nous en avons la preuve sous les yeux. En se rapprochant du Nord, on pense que la maturation n'aboutirait pas sûrement; c'est possible, cependant de vieilles tiges de tétragonie jetées sur nos composts, dans l'Ardenne belge, nous ont donné de jeunes plantes au printemps. En serait-il ainsi régulièrement ? Nous ne saurions le dire. La graine de tétragonie devient brunâtre à la maturité. Il ne faut se servir que de celle d'un an ; en vieillissant, elle ne perd peut-être pas très-vite sa faculté germinative, mais elle se racornit à tel point, que cette faculté devient si difficile à réveiller, qu'on la croirait morte.

Thym (*thymus vulgaris*). Plante vivace, de la famille des Labiées, qui sert aux assaisonnements de la cuisine. Dans nos villages de la Bourgogne, on ne connaît le thym que sous le nom de *piment*. Il réussit partout, au midi et au nord, dans les terres consistantes et dans celles qui ne le sont pas ; mais toujours est-il que les terres légères et les climats doux, un peu humides, lui sont particulièrement avantageux.

On peut semer le thym en avril, mais on prend rarement cette peine ; on se contente d'éclater la touffe au printemps, de replanter en bordures ou en contre-bordures et d'arroser de temps en temps jusqu'à la reprise. Dans les jardins sablonneux de Bois-de-Colombes et de Colombes, toutes les allées sont bordées de thym. C'est pour ainsi dire le buis de la contrée. On lui reconnaît le mérite de soutenir les terres et de rapporter un peu d'argent.

Tomate, pomme d'amour (*solanum lycopersicum*). — Plante annuelle de la famille des Solanées, originaire du Mexique. Les variétés cultivées sont : la *grosse rouge*, la *petite rouge*, la *grosse jaune*, la *petite jaune*, la *tomate en poire* et la *tomate cerise*. Ces deux dernières ne sont, à nos yeux, que des variétés de fantaisie.

On cultive beaucoup de tomates sur couches ; nous en parlerons plus tard ; à ce moment, il ne s'agit que de la culture de pleine terre qui est des plus faciles, jusque dans le climat de Paris, à la condition de mettre les plantes au mur et à bonne exposition. Une terre légère, ni trop riche ni trop pauvre, est celle qui convient le mieux aux tomates. On les sème pour les laisser à demeure ou pour les repiquer. On enterre peu la graine, on la bassine pour faciliter la levée, et on éclaircit de façon à laisser de 0m,40 à 0m,45 d'espace entre les pieds. On arrose au besoin.

Quand les premiers fruits sont formés, on pince les rameaux de temps à autre pour concentrer la

Fig. 1357. Pied de Tomate.

séve sur ces fruits. Quand l'arrière-saison est avancée, on effeuille, afin de découvrir les tomates et de hâter la maturation. Plus au nord, il ne faut jamais transplanter les tomates, attendu que la transplantation amène un retard préjudiciable. Là, il faut pincer énergiquement et palisser avec des baguettes et du jonc. Nous avons tenté la culture des tomates dans le climat de l'Ardenne belge; elle ne nous a point réussi; les plantes finissaient par devenir malades; les feuilles se recroquevillaient et les fruits se couvraient de taches livides au moment de passer à la couleur vert-jaunâtre. Cette maladie des tomates est exactement celle des pommes de terre. La graine de tomate se conserve trois ou quatre ans.

On mange les tomates crues et cuites; on en fait une sauce renommée parmi les assaisonnements, sauce que l'on conserve très-bien d'une année à l'autre par le procédé Appert.

Valériane d'Alger (*valeriana cornucopiæ*). — Plante annuelle, de la famille des Valérianées. Imaginez-vous une très-grosse mâche, donnant des fleurs rouges charmantes, réussissant dans tous les climats et tous les terrains, et vous aurez une idée de cette plante que les amateurs cultivent à titre de salade. On la sème à partir du printemps et pendant toute la belle saison. Pour avoir de larges feuilles et une abondante salade, on doit l'éclaircir à 0m,08 ou 0m,09 de distance et l'empêcher de fleurir en la pinçant.

La valériane d'Alger nous donnait des graines fertiles en Ardenne, mais beaucoup plus de graines stériles. Dans les divers climats de la France, à l'exception peut-être des contrées montagneuses élevées, on n'a rien à craindre quant à la reproduction. La graine se conserve plusieurs années.

Velar précoce ou printanier, Cresson de terre (*erysimum precox*). — Plante annuelle, de la famille des Crucifères-indigènes. C'est la roquette

Fig. 1358. Velar précoce.

des vignes et la cressonette des jardins. M. Courtois-Gérard en a parlé en ces termes : — « Il peut remplacer le cresson de fontaine, dont il a tout à fait la saveur. On le sème au printemps en rayons, dans une terre franche, légère et humide. » Nous laissons à M. Courtois-Gérard la responsabilité de son appréciation flatteuse; il y a un peu loin du cresson de terre au cresson de fontaine. Nous avons semé le velar précoce, en 1862, pour la première fois; il a très-bien réussi; nous l'avons mangé en salade, et trouvé un peu dur et amer. En terrain frais et avec des arrosements copieux, on obtiendrait vraisemblablement plus de qualité. En somme, ce n'est pas un légume à rejeter; nous devons admettre que les terrains de Bois-de-Colombes n'ont pas été faits pour lui.

Les feuilles du velar précoce jouissent de propriétés antiscorbutiques bien caractérisées.

P. Joigneaux.

CHAPITRE LI

CULTURE POTAGÈRE FORCÉE

Définition. — Franchement, nous éprouvons de l'embarras à définir la culture forcée des légumes. Il y a réellement forçage, pour nous servir d'une expression du métier, toutes les fois que, par un artifice quelconque, on place les plantes dans des conditions de succès que n'offrent point naturellement le climat et le sol, au milieu desquels on croit devoir opérer. Nous ne forçons pas seulement en créant des foyers de chaleur qui suppléent à l'insuffisance de la température ordinaire, nous forçons encore par des dispositions favorables à l'insolation et par des moyens de gêne, de torture, de souffrance, qui abrégent la durée de la végétation et diminuent, par conséquent, la moyenne de degrés de chaleur reconnue nécessaire dans les circonstances normales. Ainsi, par exemple, une plante médiocrement nourrie, pincée, arquée, effeuillée, plus ou moins soumise à l'incision annulaire, ne se développera pas autant, s'aoûtera plus vite et mûrira plus tôt ses fruits qu'une plante fortement nourrie et libre dans ses allures. A nos yeux, tout végétal abrité, palissé, taillé, éborgné, assujetti à une forme qu'il ne prendrait pas de lui-même, est un végétal forcé. On force le pêcher à Montreuil, le figuier à Argenteuil, la tomate de pleine terre dans le climat de Paris, etc. Mais nous nous conformerons à l'opinion reçue qui n'admet le forçage que par l'intervention de la chaleur artificielle, et nous ne l'envisagerons que sous ce point de vue.

Des moyens d'élever la température. — Pour élever la température du milieu dans lequel nous nous proposons de cultiver hors saison des plantes acclimatées ou des plantes originaires de pays plus chauds que le nôtre, nous avons recours aux cloches de verre, aux châssis vitrés, à la chaleur des substances animales ou végétales en fermentation, à l'eau chaude, à la vapeur d'eau bouillante et à l'air chaud.

Cloches. — Rien qu'avec des cloches de verre sur un semis de quelques graines délicates, on réchauffe d'autant mieux l'air qu'on l'empêche de se renouveler; aussi, de loin en loin, dans nos campagnes, vous trouverez des ménagères qui mettent une cloche, ou, à défaut de cloche de maraîcher, une cloche à fromage ou même un verre renversé sur la partie du terrain où elles viennent d'enfouir des graines de courge ou de melon. Elles font ainsi en petit ce que font certains cultivateurs d'arbres qui, pour hâter la maturité de leurs fruits en espalier, les masquent avec des vitres, et garnissent de paillassons les deux extrémités de cette bâche improvisée, afin de gêner la circulation de l'air. — Ouvrez le *Manuel pratique de la Culture Maraîchère de Paris*, par MM. Moreau et Daverne, et au mot *clocher*, vous trouverez la définition suivante : « C'est mettre une cloche sur un semis pour favoriser la germination; sur un pied de laitue, de romaine, de melon nouvellement planté, pour en favoriser la reprise en le mettant à l'abri du vent, du froid. Une *clochée* est ce qui tient sous une cloche. »

Vers la fin du seizième siècle, l'emploi des cloches était déjà connu, et Olivier de Serres parle de ces « couvertures de verre qui sont de grands chapeaux façonnés comme cloches par bas, ou comme chappes d'alambics, n'ayant bord en l'extrémité. Leur grandeur, ajoute-t-il, est d'un pied de diamètre, pour envelopper la fossette de la melonière. »

A défaut de cloches de verre, qui sont coûteuses et fragiles, on les imite quelquefois avec trois ou quatre brins d'osier que l'on recouvre de calicot gommé ou même de papier blanc huilé. Dans les contrées du Nord, et notamment sur différents points de la Belgique, on se sert de cloches d'osier pour abriter les plantes délicates contre le froid des nuits et aussi pour protéger dans le jour, contre l'ardeur du soleil, celles qui viennent d'être repiquées. A Saint-Hubert, chaque cloche d'osier nous coûtait $0^f,20$ et durait trois ou quatre ans.

Couches. — C'est le nom que l'on donne à des amas de substances végéto-animales, ou simplement végétales qui, par la fermentation, produisent une chaleur plus ou moins forte. Tout cultivateur a sous la main, vers la fin de l'hiver et au printemps, une couche toute faite : c'est le tas de fumier de la cour de ferme. Il peut y établir ses pépinières de plantes à repiquer, y faire lever des courges, des melons, des choux, des laitues, etc. Il suffit, pour cela, d'étendre sur le tas de fumier un lit de terre meuble, de $0^m,05$ à $0^m,12$ d'épaisseur, selon la nature et l'état de décomposition de la litière, selon la température des tas. Quand la litière d'étable domine, la chaleur développée est moins intense qu'avec la litière d'écurie, et le lit de terre doit être moins épais, par conséquent. Quand le fumier est dans un état de décomposition très-avancée, la chaleur est moins élevée que dans un tas de fumier frais, et, par conséquent encore, le lit de terre doit être moins épais. L'essentiel, c'est que la température dans le voisinage des graines ne dépasse pas 25° ou 30°. Dans les climats du Nord, beaucoup de ménagères font ainsi les laitues de primeur, et, chaque année, durant notre séjour dans l'Ardenne belge, nous formions sur le tas de fumier nos pépinières de courges, de concombres, de piment, etc.

La couche la plus simple, après le tas de fumier, consiste à ouvrir un trou de $0^m,40$ de profondeur sur un point abrité du jardin et à bonne exposition. Une fois le trou ouvert, on y place du fumier frais avec la fourche, on le piétine fortement jusqu'à ce qu'il ne cède plus sous les pieds, et, quand cette couche a $0^m,33$ d'épaisseur, on la charge de $0^m,07$ à $0^m,10$ de terre bien divisée. Si l'on a employé du fumier de vache, on sèmera tout de suite; si, au contraire, on s'est servi de fumier de cheval, on laissera passer le coup de feu, et l'on ne sèmera qu'au bout de quatre ou cinq jours.

A défaut de fumier, on peut encore se servir de tan ou tannée, de feuilles sèches arrosées avec de l'urine, de toutes sortes de substances végétales d'une décomposition facile; mais, dans ce cas, il faut que la couche présente un volume assez considérable et n'ait pas moins de 1 mètre de profondeur sur 1 mètre de largeur et de longueur. On ne pressera pas la tannée avec les pieds, mais on pressera vigoureusement les feuilles. On recouvrira la couche de $0^m,05$ à $0^m,06$ de terre, et l'on sèmera tout de suite. Le marc de raisins, d'abord bien divisé, puis entassé dans une fosse sous un gros volume, constitue également une couche très-convenable.

Avant de parler des couches telles qu'on les

établit dans les marais ou les potagers les mieux tenus, nous ferons observer que beaucoup de petits cultivateurs en préparent de fort économiques, mais très-imparfaites par les moyens suivants : — Les uns ouvrent une fosse de 2 mètres environ de longueur, sur 1 mètre de largeur et 0m,50 de profondeur. Ils y entassent le fumier par petites couches, le piétinent fortement jusqu'à ce qu'il atteigne une épaisseur de 0m,33; ils recouvrent ensuite de 0m,10 de terreau et sèment les plantes à repiquer. Aussi longtemps que les nuits sont froides, ils mettent au-dessus de la couche un couvercle de planches minces que l'on abaisse chaque soir et qu'on lève chaque matin. — Les autres font ces couches en pente douce dans la direction du nord au midi, et les recouvrent avec de vieilles vitres.

Il nous paraît difficile de remonter jusqu'à l'origine des couches. Les auteurs anciens ne les connaissaient pas, et il y a lieu de croire qu'en France, elles ne datent que du seizième siècle. Olivier de Serres les mentionne et les décrit dans les termes suivants :

« Désirant avoir des raiforts (gros radis) en telle advancée saison, par artifice l'on se satisfera : mais ce sera en y mettant la main dès devant l'hiver. Une fosse tant large et tant longue qu'on voudra sera faite, à l'abri de la bize, profonde de trois pieds, pour le moins : au fond de la fosse, mettra-on du récent fumier de cheval, un bon pied et demi, despuis le restant d'icelle sera rempli de terre subtile et amendée avec du fumier vieux et bien pourri : finalement là-dessus, au mois de novembre, la lune estant en décours, sèmera-on la graine de raifort, l'arrosant un peu au commencement. Là pousseront les raiforts, à cause du fumier qui en eschauffera la terre. »

Plus loin, Olivier de Serres parle des couches ou *couvoirs* à melons et des pots de terre enfouis dans le fumier en la couche jusqu'à la gueule, pour de là tirés en temps convenable, avec les pots, estre plantés en la melonière.

« A Paris, ajoute-t-il, et en plusieurs autres endroits de la France, pour la froidure du climat, font naistre, croistre et meurir les melons sur le fumier, sans craindre que sa puanteur cause mauvais goust au fruict, d'où avec l'advancement de leur maturité, ils sortent fort bons... Non-seulement, les melons, mais encore les concombres et courges et toute sorte d'herberie, grosse et menue, est heureusement produite sur telles couches. »

De notre temps, on divise les couches en deux catégories : 1° en *couches bordées*, hors de terre; 2° en *couches encaissées* ou enterrées. Les maraîchers de Paris subdivisent les couches bordées en *couches mères*, *couches pépinières*, *couches d'hiver* et *couches de printemps*.

La couche mère est carrée ; on lui donne 1m,65 de côté sur 0m,66 de hauteur. On l'enveloppe d'un coffre à un seul panneau ou châssis, on la recouvre de terreau et l'on y sème les graines de melon, de concombre, d'aubergine et de chicorée.

La couche pépinière ne diffère de la précédente que parce qu'elle a trois fois plus de longueur et exige par conséquent un coffre à trois panneaux. Elle est destinée au repiquage des plantes semées sur la couche mère.

La couche d'hiver n'a pas plus de 0m,60 de hauteur. On la charge de coffres et de châssis, et pendant les grands froids, on l'enveloppe d'accots, c'est-à-dire d'une bordure de fumier vieux, et on la recouvre de paillassons. C'est sur le terreau de la couche d'hiver qu'on plante la laitue crêpe à graine noire, et que l'on sème pour primeurs la carotte courte hâtive de Hollande et les radis. Quand, au lieu de ces légumes, on y plante des melons, on a soin de mêler de la terre ordinaire au terreau pur de la couche.

La couche de printemps ne diffère de la précédente que par sa hauteur. Par cela même qu'elle subit moins l'action du froid que celle d'hiver, elle demande moins de fumier. Au lieu d'une épaisseur de 0m,60, 0m,45 suffisent.

Les coffres, dont on se sert pour couvrir les couches dont il vient d'être parlé, sont des cadres en planches de sapin ou de chêne, un peu moins larges que la couche. Celle-ci ayant 1m,65 de largeur, le coffre qu'on lui destine a 1m,33. Sa hauteur sur le derrière est de 0m,55 à 0m,60, et sur le devant de 0m,30 à 0m,40 pour les jardins bourgeois; mais les maraîchers ne donnent aux leurs pas plus de 0m,30 de hauteur sur le derrière et de 0m,22 sur le devant. Quand il leur arrive de forcer pendant longtemps des plantes qui prennent de l'élévation, comme le chou-fleur, la tomate et l'aubergine, ils en sont quittes pour mettre deux coffres l'un sur l'autre. On donne le nom de châssis vitrés ou de panneaux aux cadres de bois de chêne de 1m,35 de côté que l'on place sur les coffres. Il y a des coffres à un seul châssis, à deux châssis et à trois châssis. Il est d'usage de peindre les panneaux, mais on ne peint pas le bois des coffres.

Les couches encaissées sont moins chaudes et conservent plus longtemps leur chaleur que les couches bordées. Les couches en tranchées et les couches sourdes appartiennent à cette catégorie. Les couches en tranchées sont fort en usage dans les potagers pour la culture des cantaloups de seconde saison. Pour les faire, on ouvre une tranchée de 1 mètre de largeur sur 0m,32 de profondeur. On y monte les lits de fumier pressé jusqu'à 0m,64 ou 0m,65, et l'on charge ce fumier avec la terre sortie de la tranchée, après quoi on met les coffres et les panneaux. Les couches sourdes se font un peu plus tard que les précédentes et à peu près de la même manière, mais moins larges et on les bombe un peu. Celles-ci ne reçoivent pas de châssis; on y cultive les melons sous cloches.

Souvent, dans les potagers bourgeois, on prépare les couches encaissées et les couches sourdes avec du fumier de vache un peu ressuyé à l'air, avec un mélange de fumier et de tannée, et aussi avec des feuilles pourries, du marc de raisins, de la tannée seule et de la sciure de bois. L'excavation destinée à recevoir ces couches est ordinairement maçonnée en briques ou en pierres ou seulement encadrée avec des madriers. On les couvre de châssis ou on ne les couvre pas, selon la saison ou les plantes que l'on veut y cultiver.

En terme de jardinage, préparer une couche, c'est la *monter*. Nous empruntons la description de cette opération au *Manuel pratique de la Culture Maraîchère de Paris*, par MM. Moreau et Daverne : — « Quand, disent-ils, on veut monter une couche sur terre, pour y mettre des panneaux, des châssis ou des cloches, nous conseillons de lui donner toujours la largeur de 1m,65 (5 pieds). Quant à la longueur, elle est subordonnée au besoin et à l'emplacement. On fiche d'abord quatre petits piquets aux quatre encoignures de la place ; on tend un cordeau d'un piquet à l'autre de chaque côté, et on plante quelques piquets dans cette longueur, pour servir de guide d'un côté, et autant de l'autre côté ; puis on apporte, dans cet emplacement, une forte chaîne de fumier vieux et à côté une autre chaîne de fumier neuf, que l'on mêle à partie à peu près égale, en commençant par un bout et le posant par la fourchée et de la même épaisseur sur l'emplacement ; on le dépose par lits toujours égaux, en élevant les bords de la couche bien verticalement, en appuyant et pressant avec la fourche chaque fourchée de fumier. Pour rendre le bord de la couche plus propre et plus solide, on le monte en *torchées*, c'est-à-dire en fourchées de fumier pliées en deux et dont on place le dos sur le bord de la couche. L'ouvrier travaille toujours en reculant ; il se retourne pour mélanger et prendre le fumier qui est derrière lui, pour le placer sur la couche qui est devant lui ; enfin, l'art de bien monter une couche consiste à bien mélanger le fumier, à en mettre une égale épaisseur partout, à le bien tasser, à élever les bords bien perpendiculairement, à prendre garde surtout que quelques endroits ne s'affaissent plus que d'autres quand on chargera la couche de terre ou de terreau. Quant à l'épaisseur ou hauteur qu'une couche doit avoir, cela est subordonné à la saison et à l'usage qu'on veut en faire : on fait des couches dont l'épaisseur varie depuis 0m,40 jusqu'à 0m,66 (de 15 pouces à 2 pieds) ; on a égard au degré de sécheresse ou d'humidité du fumier, pour l'arroser, s'il en a besoin, et l'aider à entrer en fermentation. »

Les couches encaissées sont encore plus faciles à monter que les couches sur terre. L'essentiel, c'est d'y placer le fumier ou toute autre substance fermentescible par lits minces, et à fouler convenablement partout, à mesure qu'on élève la couche. Quand on procède par lits épais, il est rare que les bords ne se dépriment point.

Il est inutile d'ajouter que toute couche doit être recouverte ou de terreau, ou de terre bien divisée, ou d'un mélange de terre et de terreau, dont l'épaisseur varie entre 0m,05 et 0m,12.

Une couche de fumier neuf donne au bout de trois à quatre jours une chaleur très-forte de 50° environ, qui ne permet pas de semer ou de repiquer. C'est ce qu'on appelle le *coup de feu*. Ces couches chaudes ne doivent être utilisées que neuf ou dix jours après le montage. Avec le vieux fumier, la tannée et le marc de raisin, il n'y a pas d'inconvénient à semer tout de suite ou à repiquer au bout de cinq ou six jours.

Pour entretenir la chaleur d'une couche sur terre ou pour la réchauffer quand elle se refroidit, on se sert de fumier chaud que l'on presse bien autour de la couche et jusqu'en haut sur une largeur de 0m,50 environ et que l'on renouvelle de temps en temps. C'est cette bordure qui prend le nom de *réchaud*.

On se sert également de réchauds encaissés pour forcer divers légumes de pleine terre. A cet effet, on creuse des sentiers entre les planches sur une profondeur et une largeur de 0m,50 environ et l'on y presse du fumier neuf que l'on recouvre ensuite de quelques centimètres de terre. La chaleur qui se développe pendant la fermentation se communique aux plantes et hâte leur développement. Quelquefois, mais rarement, on établit des réchauds avec de la tannée; dans ce cas, on donne à la tranchée un peu plus de 1 mètre de profondeur sur 1 mètre de largeur. Nous avons vu appliquer ces réchauds à la culture champêtre des asperges.

On nous permettra de ne pas nous occuper ici des serres à forcer, où l'on supplée à la chaleur inégale et de peu de durée des couches de tannée ou de feuilles au moyen d'appareils de chauffage de diverses sortes. Nous dépasserions le but que nous nous proposons d'atteindre ; nous nous en tiendrons à quelques détails rapides sur la culture sur couches ou avec réchauds, des principaux légumes, dont nous avons eu déjà l'occasion de parler.

Artichaut. — Quand on veut multiplier les artichauts par le moyen de graines, on les sème sur couche vers la fin de février ou au commencement de mars.

On se sert des couches pour forcer les artichauts à produire dès le mois d'avril. A cet effet, on lève des pieds avec leurs mottes en novembre, on les plante sur couche d'hiver, et on les protége avec un réchaud de fumier autour du coffre, des paillassons ou de la litière sur les panneaux durant la nuit. Pendant la journée, on donne de l'air au plant.

On peut également hâter la production des artichauts rien qu'avec des réchauds de fumier mis à la place des sentiers qui séparent les planches. On creuse ces sentiers dans les premiers jours de février, si le temps le permet, et à la place de la terre que l'on en retire, on entasse du fumier neuf d'écurie. Cela fait, on place des cerceaux de distance en distance au-dessus des planches d'artichauts, afin d'abriter ceux-ci avec des paillassons pendant les nuits froides, et même dans le jour quand le temps est défavorable. Quelques jardiniers étendent de la litière sur le sol entre les plantes; d'autres y mettent un bon lit de feuilles ou de balles de céréales. Tous les quinze jours, il faut remanier les réchauds, c'est-à-dire sortir le fumier des tranchées et y mêler du fumier neuf pour les replacer tout de suite.

Asperge. — A partir du mois de novembre jusqu'en février et même en mars dans les climats du nord, on peut aisément forcer les asperges. A cet effet, on place des coffres sur les planches, on met du terreau sur ces planches, puis la terre des sentiers sur le terreau et enfin de la litière. On établit des réchauds dans les sentiers jusqu'à la hauteur des panneaux, comme pour les artichauts; puis on pose les châssis vitrés sur les coffres, et des paillassons sur les châssis pendant la nuit. Dès que les asperges se montrent, on enlève la litière et on donne de l'air pendant la journée, au moins de temps en temps. Nous n'avons pas besoin d'ajouter qu'il faut remanier les réchauds tous les quinze jours au plus tard.

Nous connaissons des amateurs qui, avec de vieilles vitres en guise de châssis, et quelques planches en guise de coffres, des feuilles sèches et des paillassons, arrivent à d'excellents résultats, toujours à l'aide de réchauds.

Un médecin vétérinaire de Lokeren (Belgique) a forcé des asperges en plein champ et essayé de faire un secret de son procédé qu'il se proposait de vendre. Il ne s'est point présenté d'acheteur. Nous croyons que le procédé en question consiste tout simplement à former entre les planches de larges et profonds réchauds de tannée, et à charger de paille les pieds d'asperges à forcer.

Les asperges ne doivent être forcées que tous les deux ou trois ans à la même place. Nous n'avons pas besoin de faire remarquer que le forçage abrége beaucoup la durée d'une plantation.

On force encore les vieilles griffes d'asperge en les plantant sur couches. On obtient ainsi de bonne heure des turions verts, minces et allongés, que l'on consomme en petits pois. Pour cela, on attend que la couche ait jeté son coup de feu, et on place les griffes à la surface tout simplement, les unes contre les autres. Au bout de cinq ou six jours, quand la température a baissé, on met un peu de terreau sur les griffes, on couvre les châssis avec des paillassons pendant la nuit et on donne de l'air et de la lumière pendant le jour.

Aubergine ou **Melongène.** — C'est ordinairement dans les premiers jours de janvier qu'on sème sur couche la graine d'aubergine. Au bout de trois semaines environ, on repique en pépinière sur une autre couche moins chaude. Une quinzaine de jours plus tard on repique de nouveau en pépinière et, enfin, vers les derniers jours de mars on met en place sur une couche de printemps et sous châssis; après la reprise, on donne de l'air de temps en temps, puis un peu plus à mesure que la température s'adoucit, et jusqu'à ce qu'il soit possible d'enlever coffres et panneaux, ce qui arrive dans le courant de mai sous le climat de Paris. Pendant le cours de la végétation, on arrose au besoin.

La **Baselle** et le **Basilic** peuvent être semés en mars sur couche de printemps et repiqués en mai, la première à une exposition chaude, le second à l'ombre.

Carotte. — Lorsqu'on veut avoir des carottes nouvelles en avril, il faut commencer les semis sur couche et sur un bon lit de terreau, dès la seconde quinzaine de décembre. Comme il convient de ne pas élever la température au-dessus de 20°, on se contente d'établir un demi-réchaud dans les sentiers. Ce n'est que lorsque le plant est bien levé qu'on élève le réchaud jusqu'aux châssis. On donne de l'air aussi souvent qu'on le peut, et on met les paillassons la nuit. Il est inutile d'ajouter que l'on doit éclaircir et arroser au besoin. A la rigueur, dans le climat de Paris, on peut enlever les panneaux vers la fin de mars et ne plus les replacer la nuit, mais il faut alors s'attendre à un retard plus ou moins marqué. On ne force que la *carotte courte hâtive* de Hollande.

Avec des planches de 1 mètre de largeur seulement et des réchauds de fumier neuf, à la place des sentiers, on avance très-bien le développement des carottes en pleine terre, avec la précaution, bien entendu, d'abriter le plant sous des paillassons pendant les nuits froides de mars.

Céleri. — Dans le rayon de Paris, on fait lever le céleri promptement en le semant sur couche ouverte, dès le mois de février. Plus au nord, nous le semons sous châssis, nous bassinons souvent et donnons de l'air le plus possible dans la journée. En mars, quand la température est assez douce, nous enlevons les panneaux, mais nous les replaçons la nuit. D'avril en mai, le plant est bon à repiquer.

Chicorée-Endive. — Les maraîchers de Paris sèment la chicorée fine d'Italie au commencement de février sur couche mère à haute température. Ils recouvrent à peine la graine avec du terreau, placent les châssis et y étendent les paillassons, même dans le jour, pour que la germination se fasse vite. La chose doit être obtenue au bout de vingt-quatre à trente heures, autrement le plant monterait. Après cela, nécessairement, les paillassons disparaissent le jour, et ne sont replacés que la nuit pour garantir le jeune légume de la gelée, avec l'aide de bordures de fumier. Une quinzaine de jours au plus après la date du semis, on repique sur la couche pépinière bien chaude, toujours sous châssis, bien entendu, et sur un lit de terreau de $0^m,10$ à $0^m,12$. On met sous chaque panneau un peu plus de 300 plants; on recouvre tout de suite avec ce panneau et les paillassons en dessus. Au bout de trente-six ou quarante-huit heures, on enlève les paillassons pour donner du jour, mais on a soin de les replacer la nuit. Lorsque la reprise est bien accusée, on donne de l'air dans la journée aussi souvent que la température extérieure ne s'y oppose pas.

Le plant de la couche pépinière est repiqué au bout d'un mois et en place sur une couche de printemps chargée de $0^m,15$ à $0^m,16$ de terreau, et couverte de ses panneaux comme les précédentes. Le repiquage fait, on met les paillassons sur les châssis pendant quarante-huit heures au moins pour favoriser la reprise; puis on ne s'en sert plus que la nuit. Aussitôt la reprise assurée, on donne de l'air dans la journée, en soulevant les panneaux. Vers le 15 ou le 20 mai, les chicorées sont ordinairement bonnes à lier, et vers la fin du mois bonnes à consommer.

En mars, on sème de nouveau de la chicorée sur couche mère n'ayant pas moins de 25° de chaleur. On repique sur couche pépinière comme nous l'avons vu tout à l'heure; au besoin, on peut arroser légèrement le matin ou le soir, et l'on transplante en mottes et en pleine terre au commencement d'avril dans le climat de Paris. Cette fois encore, il est essentiel que la graine employée, pour le semis, germe au bout de vingt-quatre à trente heures, car toute germination retardée produit du plant qui s'emporte.

En avril, mai et juin, on continue de semer les chicorées sur couche mère, mais il n'est pas nécessaire que la température de cette couche dépasse 15 à 18°. Cette fois, on ne repique plus sur couche pépinière, on met tout de suite le plant en pleine terre et à demeure.

Choux. — Dans les climats doux ou tempérés, on sème la plupart des choux à froid sur plate-bande; cependant il peut arriver que le plant d'hiver manque et que, pour gagner du temps, il soit nécessaire d'en semer en février sur couche. Dans ce cas, nous conseillons d'éclaircir de bonne heure, de donner de l'air aussi souvent qu'on pourra le faire sans inconvénient, d'enlever les châssis la journée, de les replacer le soir en les tenant un peu soulevés, et de les enlever tout à fait huit jours avant le repiquage. Il est de notoriété publique que les plants de choux produits sur couches et élevés douillettement jusqu'à la transplantation, ne valent pas ceux de pleine terre. Dans le nord de la France et dans les parties élevées de la Belgique, les cultivateurs n'élèvent aucun doute sur ce point.

Chou-fleur. — On sème les choux-fleurs hâtifs en février et mars sur couche mère, et on les repique en pleine terre aussitôt que le temps le permet, c'est-à-dire vers la fin de mars ou dans les premiers jours d'avril.

Pour avoir des choux-fleurs en avril et mai, on les sème en septembre sur une bonne plate-bande du jardin, on les repique le mois suivant sur un ados, et, pendant les premiers froids, on les protége avec des cloches ou des châssis vitrés. On donne de l'air tous les jours et le plus souvent possible. En décembre on met ce plant sur couche et sous châssis, on recouvre de paillassons pendant les nuits, on donne de l'air le jour, on arrose quand il faut, on place au besoin deux coffres l'un sur l'autre pour empêcher les plantes de toucher au verre, et, quand la seconde quinzaine de mars est favorable, ce qui se voit souvent dans le climat de Paris, on enlève les panneaux.

Concombre. — Pour avoir des concombres en primeur, on les sème sur une couche mère au commencement de février; on repique les concombres sur une couche pépinière et assez rapprochés pour qu'une cinquantaine de plants puissent tenir sous chaque panneau. On met alors les paillassons pour favoriser la reprise. Vers le 20 ou le 25 du mois, on les replante sur une couche d'hiver à raison de 4 pieds par panneau, on recouvre de paillassons pour ombrer pendant trois ou quatre jours s'il fait du soleil. Une fois la reprise assurée, on pince les concombres au-dessus de la deuxième feuille. Deux rameaux se développent au-dessous de la partie pincée et s'étendent sur le paillis dont on a soin de recouvrir la couche pour y entretenir la fraîcheur. Dès que ces rameaux ont à peu près 1 pied (de $0^m,32$ à $0^m,33$), on les pince sur la deuxième ou la troisième feuille. De nouveaux rameaux se développent et on les pince à leur tour comme les premiers pour en faire développer d'autres que l'on pince de la même manière. Inutile d'ajouter que toutes les mesures de rigueur sont prises contre la gelée, et qu'on donne de l'air aussi souvent qu'on le peut. Dès que les fleurs se montrent, on ne laisse nouer qu'un fruit à la fois et on n'en laisse porter qu'une douzaine à chaque pied. Il faut arroser de temps en temps. La cueillette commence vers le milieu d'avril et continue jusqu'au mois de juin.

Le concombre vert à cornichons peut être semé sur couche et sous châssis dans les premiers jours de mai. On le repique sur une couche pépinière, et, vers le commencement de juin, on le lève en mottes pour le planter à demeure en pleine terre.

Courge. — On peut aussi mettre en mars sur couche mère et sous panneaux des graines de courge qui donnent du plant bon à repiquer en pépinière au commencement d'avril. On les sort de la pépinière en mai et on les met en pleine terre.

Crambé. — On peut forcer le crambé par les moyens que nous avons indiqués pour l'asperge.

Fève. — Les maraîchers forcent la fève naine hâtive. A cet effet, ils la sèment sur couche et sous panneaux dès le mois de janvier, et la repiquent en février à bonne exposition.

Fraisier. — Le chauffage au thermosiphon a, sur l'ancien mode de forçage du fraisier, l'avantage de livrer des fraises à la consommation un mois plus tôt qu'autrefois, mais l'emploi du thermosiphon n'est pas à la portée de tout le monde, et le forçage, par ce moyen, est plus compliqué que par le vieux procédé. Il ne faut donc pas encore renoncer absolument à celui-ci. En deux mots, voici en quoi il consiste :

On commence par choisir pour le forçage le fraisier des Alpes ou des quatre-saisons, Ambrosia, constante (la), Crémont, Sir Harry, Eleanor, Marguerite, le keen's seedling, la princesse royale ou la surprise de Myatt, par exemple. Puis, vers la fin de janvier ou au commencement de février, on pose coffres et châssis sur les planches où se trouvent ces variétés. Après cela, on creuse à $0^m,50$ les sentiers qui entourent les coffres en question, et on les bourre de fumier neuf jusqu'au niveau du sol. Quinze jours plus tard, on élève les réchauds jusqu'à la hauteur des châssis, et on les remanie ensuite tous les douze ou quinze jours. Durant la nuit, on pose les paillassons sur le verre, et pendant le jour on donne de l'air par moments, lorsque la température s'est adoucie. Dans le courant d'avril, on cueille des fraises mûres, et l'on entretient la production par quelques arrosages à partir de ce moment. Lorsque la récolte est terminée, on enlève coffres et panneaux. La fructification continue naturellement avec le fraisier des Alpes. Pour ce qui est des autres variétés, on cesse de les arroser, on supprime les principales feuilles, fanées ou non, au bout de quinze jours à trois semaines, on bine, on fume avec un mélange de cendres de bois et de fumier de vache consumé, et l'on arrose copieusement en temps de sécheresse. C'est le moyen d'obtenir une excellente seconde récolte dans le courant d'août.

Haricot. — On ne force habituellement que le *nain hâtif de Hollande*, sous-variété du flageolet ordinaire de Laon, dont il ne diffère que par un grain un peu plus court, et par sa précocité. Nous croyons que l'on a tort de ne pas forcer le *noir nain de Belgique*, également très-précoce et plus productif que le précédent. Les Parisiens font à ses gousses le reproche de n'être pas assez vertes, reproche plus ridicule que sérieux, et devant lequel les hommes de bon sens ne doivent pas s'arrêter.

On peut commencer le forçage des haricots en décembre et en janvier, mais, le plus ordinairement, on attend les premiers jours de février, parce que la plante n'a pas seulement besoin de chaleur; elle a besoin aussi d'être fortement éclairée, et l'on est mieux assuré du concours du soleil en février que dans les mois d'hiver qui précèdent.

On sème les haricots assez épais sur une couche de printemps terreautée sur une épaisseur de $0^m,12$ environ, et, après le coup de feu, on recouvre légèrement les graines avec du terreau, on met les panneaux et les paillassons. Dès que la levée est faite, on enlève ces paillassons le jour, et on les replace la nuit. Une semaine après le semis, les cotylédons des haricots sont ordinairement bien ouverts, et il s'agit de les transplanter à demeure sur une couche encaissée à $0^m,45$, épaisse de $0^m,60$, et chargée d'un demi-pied ($0^m,16$) de terre fine à laquelle on donne le temps de s'échauffer sous les châssis. Après cela, disent MM. Moreau et Daverne, « on y plante des jeunes haricots à la main en les enfonçant jusqu'aux cotylédons, à raison de cinq rangs par panneau; on en met deux dans chaque trou, à $0^m,127$ (1 pouce) l'un de l'autre, pour former touffe, et chaque touffe à $0^m,18$ ou $0^m,20$ l'une de l'autre dans les rangs. Aussitôt qu'on a planté un ou deux panneaux, on place les châssis et un paillasson par-dessus, et ainsi de suite jusqu'à la fin de la plantation. Quand les haricots sont repris, on ôte les paillassons dans le jour et on les remet la nuit, et on leur donne un peu d'air toutes les fois que le temps le permet; pour cela, on a des cales de bois épaisses de $0^m,03$, larges de $0^m,08$, et longues de $0^m,18$, et on les place à plat de côté ou debout, sur le bord des panneaux, selon que l'on veut donner plus ou moins d'air aux haricots, ainsi qu'à toutes les plantes sous châssis. »

Au moment de la floraison, les haricots ont besoin d'une attention soutenue. Les feuilles jaunes doivent être enlevées, et souvent même il faut effeuiller dans le vert pour éclairer l'intérieur des touffes et aider ainsi à la fructification. Si la terre est trop sèche, on arrose modérément. Une couche de haricots produit pendant deux mois; on fait la cueillette tous les trois jours.

Vers la fin d'avril, il est d'usage encore, chez les maraîchers de Paris, de faire lever des haricots sur couche, de les repiquer en pleine terre convenablement terreautée, après avoir placé les coffres, de mettre ensuite châssis et paillassons. Lorsque la reprise est faite, on donne souvent de l'air et on arrose au besoin avant la floraison, on ôte les panneaux, afin de fortifier la plante.

A défaut de panneaux, on peut très-bien repiquer des haricots sous cloche, les ombrer jusqu'à la reprise avec des paillassons, découvrir après la reprise, soulever les cloches de temps en temps du côté du nord, et donner de l'air le plus possible dans la journée jusqu'au moment de déclocher.

Laitue. — On force pour l'hiver la petite laitue crêpe à graine noire. On la sème sous cloche et sur ados dans la première semaine d'octobre. On repique le plant une quinzaine de jours après, c'est-à-dire tout petit, sur un autre ados, à bonne exposition, sous cloche, et on ne donne pas d'air. Dans le courant de décembre, on prépare une couche d'hiver que l'on charge de terreau de telle sorte qu'entre la superficie de cette couche et le verre des panneaux, il n'y ait qu'une distance de $0^m,10$, et l'on y repique une seconde fois les laitues enlevées des cloches avec un peu de terre, et à raison d'une cinquantaine sous chaque panneau. A mesure que la transplantation marche, on met les châssis pour soustraire le mieux possible, à l'air, cette variété de laitue.

Quand les premiers froids se font sentir, on borde la couche avec un accot de fumier, et l'on paillassonne les châssis. Quand l'hiver devient très-rude, on élève la bordure de fumier jusqu'aux panneaux, et l'on double les paillassons. L'essentiel aussi, c'est d'éloigner la neige de la couche, de la balayer avec soin pour qu'elle fonde autre part.

Dans ces conditions, la laitue crêpe à graine noire est pommée au plus tard au commencement de février.

On la remplace sur la même couche, dont on a remué le terreau, avec la laitue gotte, que l'on a semée sur ados dans la seconde quinzaine d'octobre, que l'on a aérée le mieux possible, car celle-ci a besoin d'air, et que l'on a préservée du froid avec des cloches et de la litière sèche jusqu'à la fin de janvier. Elle forme sa pomme dans le courant de mars, et peut être livrée à la consommation à la fin de ce mois. Souvent, au lieu de cultiver cette laitue gotte sous châssis, on la met sous cloche. On cultive de même la laitue Georges et la laitue à bord rouge, après les avoir semées sur ados vers le milieu d'octobre, et repiquées sur ados, et conservées sous cloches en donnant souvent de l'air. On les transplante sous cloches à la place de la crêpe à graine noire, et vers la fin de mars, elles sont pommées.

On peut faire en février et mars, sur une couche de printemps et sous cloches, de la *laitue à couper*, mais le public ne s'en soucie guère et lui préfère les laitues pommées.

On force la romaine verte de la même manière que la laitue crêpe, seulement, on lui donne de l'air le plus possible, tandis que la crêpe n'en a pas besoin. On force également la romaine grise et la romaine blonde, que l'on sème sur ados et sous cloches vers la fin d'octobre, et que l'on repique à froid sous châssis ou sous cloche, sur couche froide, à la place des crêpes.

Melon. — On ne force sous panneaux que les cantaloups Prescott. On sème d'ordinaire, au commencement de février, le petit Prescott gris. On fait d'abord lever la graine sur une couche mère, puis on repique le plant sur une couche pépinière presque jusqu'aux cotylédons : puis, lorsque la reprise est bien accusée, on le plante à demeure. On forme à cette intention une couche épaisse de fumier neuf et de fumier vieux ou *recuit*, comme disent les jardiniers; ou bien, ce qui revient au même, on remanie une couche qui a servi à produire de la laitue crêpe, et l'on y mêle moitié fumier neuf. On charge cette couche de 0m,15 à 0m,16 de bonne terre; on place les panneaux sur les coffres, on laisse passer le coup de feu, et, quand la température de la couche ne marque pas plus de 30°, on transplante en motte les melons que l'on va chercher à la pépinière et, à mesure que l'on plante, on arrose copieusement chaque pied, puis on replace les panneaux. Après cela, on creuse les sentiers, on y foule du fumier sec, et on élève cet accot jusqu'aux châssis. Dans la journée, si le temps le permet, on donne un peu d'air; pendant la nuit, on met des paillassons en couverture, et souvent deux ou trois si la température est rude; quand le soleil donne, on découvre.

Lorsque le melon est encore dans la pépinière, ou lorsqu'il a été planté à demeure et après la reprise, on le taille pour la première fois, autrement dit, on coupe sa tige à un demi-pouce (0m,012) au-dessus de la seconde feuille, autant que possible par une belle journée de soleil, après quoi, on aère un peu pour aider à la guérison de la plaie. Deux rameaux partent au-dessous de la partie taillée. Dès qu'ils ont 0m,33 environ, on les taille au-dessus de la quatrième feuille, et l'on met sur la couche un paillis sec. Chacune des branches taillées donne trois ou quatre ramifications. Quand les plus longues ont atteint 0m,33, on taille toutes les ramifications au-dessus de la troisième feuille; puis on donne de l'air, la journée, en soulevant les châssis d'autant plus que la température est plus élevée.

Les ramifications qui se développent à la suite de la troisième taille se couvrent de fleurs ou *mailles*. La quatrième taille se fait le plus ordinairement au-dessus de la seconde feuille et quelquefois de la troisième, quand une fleur se trouve, par exemple, à l'aisselle de la seconde feuille. De nouvelles ramifications se développent encore, et une cinquième taille devient nécessaire; mais cette fois, on ne la pratique qu'au-dessous de la première feuille; ce qui n'empêche pas le jardinier de pincer plusieurs fois encore les extrémités pour les obliger à ne pas se redresser aux limites du coffre.

Après la troisième taille, quand des fruits noués ont le volume d'un œuf de poule, les jardiniers de profession choisissent le mieux placé et le plus beau sur chaque pied, ne conservent que celui-là, et détruisent les autres. Mais les personnes qui consomment leurs produits et ne tiennent pas à les avoir d'une grosseur extraordinaire, conservent deux ou trois fruits par pied de melon. Un jeune fruit est estimé toutes les fois qu'il se développe vite, que sa teinte a de la vivacité, qu'il est bien arrondi ou que la partie voisine de la queue est plus grosse que l'autre bout.

Les melons sous châssis ne doivent être arrosés que lorsque les mailles sont nouées, et modérément. Il faut avoir soin de leur donner de l'air pendant le jour, chaque fois que le temps le permet; il faut avoir soin aussi de les débarrasser des mauvaises herbes et des feuilles mortes.

On arrive ainsi à faire mûrir le petit Prescott gris dans la première quinzaine de mai.

Pour obtenir des melons de seconde saison, on choisit les gros cantaloups Prescott, à fond blanc et à fond noir; on les sème vers la fin de février, on les repique sur une couche pépinière, et on les transplante sous châssis dans une couche en tranchée.

Pour les melons de troisième saison, on prend surtout le gros Prescott à fond blanc et le galeux à écorce verte. On les sème à partir de la fin de mars jusqu'en mai ; on les repique sur couche pépinière et, enfin, on les met à demeure sur couche sourde et sous cloches. On sème pour la quatrième saison le gros cantaloup noir galeux, et on ne l'enlève de la pépinière que dans les premiers jours de mai pour le substituer aux laitues, choux-fleurs et carottes forcés, dont on remanie les couches en y ajoutant du fumier neuf. On plante sous cloches, non sous panneaux.

Oignon. — On sème quelquefois l'oignon sous châssis vers la fin de janvier ou en février, afin d'avoir de bonne heure du plant à repiquer.

Oseille. — Pour avoir de l'oseille fraîche en hiver, il faut nécessairement la forcer. A cet effet, on établit, à partir de décembre, une couche peu épaisse (au plus 0m,40); on met les coffres, on charge de terreau sur une épaisseur de 0m,16 à 0m,20, et quand la chaleur de la couche est au-dessous de 15°, on plante les pieds d'oseille, on met les châssis et les paillassons au besoin. L'oseille aime beaucoup l'air; toutes les fois donc qu'on peut lui en donner, il n'y faut point manquer.

L'oseille, cultivée en planches, peut encore être forcée comme les asperges. On recouvre les planches avec les coffres et les châssis, puis on établit tout autour des réchauds de fumier neuf que l'on remanie de temps en temps.

Patates ou Batates. — Voici, d'après le *Manuel pratique de Jardinage*, de M. Courtois-Gérard, comment l'on doit s'y prendre pour forcer cette plante : — « Dans la première quinzaine de février, on prépare une couche de $0^m,60$ à $0^m,70$ d'épaisseur, moitié fumier et moitié feuilles. La hauteur de la couche doit être calculée de telle sorte qu'après qu'elle aura été chargée d'environ $0^m,25$ de bonne terre mêlée de terreau, le tout ne soit pas à plus de $0^m,10$ du verre. Après avoir placé les coffres, on pose les panneaux, et, lorsque la chaleur de la couche est favorable, on plante des patates sur deux rangs, et à $0^m,60$ de distance sur la ligne. En les plantant, il faut avoir soin de bien étendre les racines, car, si elles étaient contournées, cela nuirait essentiellement à la production des tubercules. Pendant la nuit, on couvre les panneaux avec des paillassons, puis on remanie les réchauds de temps à autre, afin d'entretenir la chaleur de la couche ; on bassine au besoin et l'on donne de l'air toutes les fois que le temps le permet. Comme, en grossissant, il arrive souvent que les tubercules sortent de terre, il faut avoir soin de les recouvrir de quelques centimètres. On peut récolter les patates ainsi traitées, en mai ou juin au plus tard ; on détache les plus grosses, et, si l'on recouvre les racines avec soin, elles ne continueront pas moins de végéter jusqu'à l'automne. En septembre on suspend les arrosements, afin de ne point prolonger la végétation, ce qui nuirait essentiellement à la maturité des tubercules. »

Piment. — On le sème sur couche en février ou mars pour avoir du plant à repiquer de bonne heure.

Pois. — On ne force que le pois Prince-Albert et le pois Michaux de Hollande. Pour cela, il n'est pas nécessaire de recourir à la chaleur d'une couche. On se contente de préparer des planches en pleine terre dans la seconde quinzaine de novembre ; on place des coffres sur ces planches, on y plante les pois en lignes, grain par grain ; on remplit les sentiers de fumier froid, on élève l'accot jusqu'au-dessus des coffres et l'on place les châssis que l'on recouvre au besoin de paillassons. Lorsque les tiges approchent du verre, on les couche d'avant en arrière, et on les tient dans cette position avec des morceaux de bois. Au bout de quelques jours, les tiges se redressent par l'extrémité, mais elles n'en conservent pas moins leur position couchée, et, la sève y circulant moins vite, la fructification se fait plus tôt et devient plus abondante. On mange ainsi des pois verts dans la seconde quinzaine de mars.

Pendant le cours de la végétation, on donne un peu d'air, toutes les fois que le soleil a de la force, et on pince les fanes au-dessus de la troisième fleur.

Pomme de terre. — On ne force naturellement que les pommes de terre précoces, et surtout la *Kidney hâtive* ou *Marjolin*, la plus recherchée sur les marchés. Pour sa propre consommation, on ferait bien de forcer aussi la *pomme de terre Blanchard* qui, à notre avis, vaut mieux que la précédente, mais qui ne paye pas de mine comme la Marjolin et n'est pas de vente.

Pour récolter dans le courant de mars, il convient de planter sur couche dès la fin de janvier. Une couche de $0^m,40$ d'épaisseur suffit. On met le coffre ; on charge de $0^m,20$ d'excellente terre ; on entoure le coffre d'un réchaud ; on plante un peu serré ; on met les panneaux, on les couvre de paillassons pendant la nuit ; on donne de l'air et de la lumière pendant le jour, aussi souvent que la température le permet, et peut-être ferait-on bien de coucher les fanes d'avant en arrière dès qu'elles ont pris les deux tiers de leur développement.

Pourpier. — Pour avoir du pourpier précoce, il faut le semer sur couche et sous châssis, pendant les mois de février et de mars.

Radis de printemps. — On les sème sur couche et sous châssis dès le mois de décembre et jusqu'en février. Il faut leur donner de l'air le plus souvent possible dans la journée.

Tétragonie étalée. — On peut semer la graine de tétragonie sur couche après l'avoir mouillée pendant une huitaine de jours. C'est en mars qu'on fait le semis et on repique en mai.

Tomate. — A partir du mois de septembre, on met de la graine de tomate hâtive dans des pots remplis de terreau, et on enfouit ces pots sur une couche mère et sous châssis. On dépote en janvier pour replanter sur couche et sous châssis, et l'on commence à récolter en avril. On peut aussi semer sur une couche mère en janvier, repiquer sur une couche pépinière, donner de l'air de temps en temps et transplanter à demeure en février ou mars sur une autre couche vitrée et chargée d'une forte quantité de terreau. On met des paillassons durant la nuit, on donne de l'air et de la lumière pendant le jour ; puis, quand les rameaux sont à proximité des panneaux, on courbe les deux plus beaux de chaque pied que l'on accole à des tuteurs et on supprime les autres. Il ne reste plus ensuite qu'à pincer l'extrémité des pousses qui se produisent, qu'à arroser au besoin, à donner de l'air et à effeuiller dans le voisinage des fruits quand ils rougissent.

Serre à légumes. — On nomme ainsi une cave ou mieux un cellier obscur, dont il est facile de renouveler l'air au moyen des soupiraux et des portes.

P. JOIGNEAUX.

CHAPITRE LII

DES PLANTES MÉDICINALES

En même temps que notre collaborateur M. Ernest Baltet prenait ses dispositions pour la formation d'un verger, il donnait à nos lecteurs le conseil d'utiliser certaines places, inoccupées, par la culture de quelques plantes médicinales. Le conseil est bon assurément, mais on voudra bien remarquer que les vergers ne sont pas communs, et que, le fussent-ils, la place réservée aux plantes médicinales ne conviendrait qu'à un petit nombre d'espèces. Pour multiplier ce nombre, il convient donc d'en éparpiller çà et là dans le jardin potager, ou mieux de créer tout à côté de ce jardin potager un autre jardin, tout à fait spécial, que l'on consacrerait aux végétaux utilisés par la médecine, à ceux du moins que nous ne rencontrons pas fréquemment, soit à l'état spontané, soit à l'état cultivé, dans le voisinage de nos habitations. Nous n'avons pas, on le pense bien, à faire ici un de ces jardins d'étude, où l'on réunit toutes les espèces et variétés, au chiffre de plusieurs centaines, et qui ne sont réellement indispensables qu'aux facultés de médecine, comme moyen d'enseignement.

Du moment que nous trouvons autour de nous, dans les champs, les prés et les bois, dans les haies, au bord des chemins ou au bord de l'eau, des herbes ou des arbres jouissant de propriétés médicales, il n'est pas nécessaire de perdre notre terrain et notre peine à les cultiver. Il n'est pas non plus nécessaire de cultiver en double des plantes qui figurent déjà au nombre de nos légumes. Ainsi, par exemple, on se moquerait de nous, et avec raison, si, parce que la graine d'orge ou d'avoine a son utilité en médecine, nous nous avisions d'en semer dans notre jardin médical, ou si nous y mettions des bluets ou des coquelicots, si communs dans nos moissons; ou des carottes, dont la place est surtout au potager; ou des cerisiers, dont la place est au verger. Nous y mettrons donc tout simplement les plantes que notre localité ne produit pas d'elle-même ou celles que nous ne pouvons pas nous procurer aisément et sans frais.

Les populations de nos campagnes attachent une grande importance aux propriétés des plantes; on croit aux vertus des *simples*; on se dit que rien dans le monde n'a été créé inutilement, et que nous payons bien cher des remèdes venus de loin ou fabriqués par des savants, tandis que nous en avons sous la main de tout aussi bons, que la nature nous donne, que l'instinct nous fait découvrir de loin en loin, et dont la médecine s'empare après vérification. Ce n'est pas trop mal raisonner. D'ailleurs, des médecins estimables sont de cet avis et demandent un service médical gratuit pour les campagnes, ainsi que l'emploi des remèdes économiques.

M. F.-J. Cazin, l'auteur d'un beau livre qui a pour titre : *Traité pratique et raisonné des plantes médicinales indigènes*, a écrit les lignes suivantes en tête de la préface de la première édition :

« Il m'a suffi de jeter un coup d'œil sur l'état comparé des villes et des campagnes pour me convaincre, au point de vue médical, de l'énorme différence qui existe entre les ressources des unes et celles des autres.

« Dans les villes, l'état social forme un corps dont toutes les parties distinctes, mais intimement liées, agissent et réagissent les unes sur les autres. L'aspect de la misère agglomérée y excite la pitié et sollicite des secours qu'il est presque toujours facile de se procurer. Les villes ont des hospices, des bureaux de bienfaisance, des caisses de secours mutuels pour les ouvriers, des associations pieuses, des dispensaires, etc.

« Les campagnes sont privées de tous ces avantages et restent abandonnées à elles-mêmes, comme si, formant un peuple à part, elles n'étaient pas régies par les mêmes lois et ne devaient pas prétendre aux mêmes bienfaits. Dans les communes rurales, plus qu'ailleurs, s'offre le contraste du bien-être des riches et de l'indigence des nombreux habitants qui n'ont d'autres biens que l'emploi de leurs forces. Si l'ouvrier des campagnes est moins à plaindre que celui des villes tant qu'il se porte bien, il est beaucoup plus pauvre, plus écrasé par le malheur quand la maladie l'atteint. Le plus souvent, alors, il souffre sans secours, lutte péniblement, languit ignoré et meurt silencieux et résigné dans une chaumière où le froid, l'humidité, la malpropreté, se joignent aux autres causes de destruction. »

De là, la nécessité de faire de la médecine à bon marché dans nos campagnes, et la médecine, ainsi entendue, n'est possible qu'avec l'organisation du service médical gratuit et l'emploi des plantes indigènes. « Sur nos rochers les plus stériles, dit le docteur Munaret, au fond des ombreuses vallées, au pied de nos balsamiques sapins, sur le bord du ruisseau qui serpente inconnu dans la prairie, comme le long du sentier que je gravissais tous les matins, pour visiter mes malades, partout j'ai pu récolter des *espèces* préférables, avec leurs sucs et leur naïve fraîcheur, à ces racines équivoques, à ces bois vermoulus que le nouveau monde échange contre notre or, et souvent contre notre santé.» M. Cazin ne fait d'exception qu'en faveur du quinquina pour le traitement des fièvres pernicieuses.

L'affection toute particulière que nos campagnards ont pour les *simples* a donc sa raison d'être. C'est aux médecins à les guider dans l'emploi de ces plantes, à leur indiquer les plus utiles et à leur enseigner la manière de les bien récolter.

Le nombre des plantes indigènes auxquelles on reconnaît des propriétés médicales est assez considérable; on en compte plus de deux cent cinquante; mais, sur ce chiffre, plusieurs espèces servent aux mêmes usages et se remplacent l'une par l'autre. Une localité qui ne produit pas telle plante médicinale, en produit telle autre qui donne exactement des résultats analogues, de façon que les différences entre les flores locales ne doivent nous inspirer aucune inquiétude. Les remèdes des pays de montagnes ont leurs équivalents dans les pays de plaine, sous d'autres noms et d'autres formes. La plante des terrains calcaires qui sert à combattre telle maladie, ne se rencontrera peut-être pas dans l'argile, dans le granit ou dans le schiste, mais là, il y a lieu de croire que l'on trouvera quelque autre plante, douée de propriétés semblables, et d'ailleurs, dans le cas où l'on en douterait, rien n'empêcherait d'introduire dans le jardin les végétaux qui ne croissent pas à l'état sauvage dans l'endroit.

Des observations qui précèdent, il résulte que toutes les plantes médicinales indiquées, au nombre de plus de deux cent cinquante, pour l'ensemble du territoire français, ne sont pas absolument nécessaires à un seul canton, et que, si nos villageois en connaissaient seulement une centaine, les choses seraient pour le mieux. Or, sur cette centaine, ils en connaissent déjà sûrement la moitié sous leur véritable nom, pour les avoir vues dans les champs, les bois, le verger, le potager et le parterre. Si, par conséquent, on se donnait la peine d'enseigner un peu de botanique dans nos écoles de village et de mettre de petits herbiers locaux entre les mains de nos instituteurs, il est évident que l'on arriverait facilement et très-vite à vulgariser la connaissance des plantes utiles ou nuisibles, sans surcharger les études d'une manière sensible.

En admettant que cette vulgarisation soit faite, — et elle le sera tôt ou tard, — on devra nécessairement toujours consulter le médecin. Il ne suffit pas de savoir le nom d'un remède et celui de la maladie qu'il est appelé à combattre, il s'agit surtout de reconnaître cette maladie, et ceci est l'affaire du médecin. Malheureusement, en raison des distances à parcourir, les visites sont coûteuses, et les malades n'y souscrivent souvent qu'à la dernière extrémité. En attendant, beaucoup se traitent eux-mêmes, ou consultent des médicastres, de façon qu'il n'est pas rare de voir appliquer les plantes à contre-sens, à doses trop faibles ou trop fortes, et d'en obtenir des résultats contraires à ceux que l'on en espérait.

Les plantes médicinales ont été classées en un certain nombre de catégories. Nous allons indiquer ces catégories et placer dans chacune d'elles, sinon toutes les plantes étudiées, au moins les principales et les plus connues.

Plantes émollientes ou **adoucissantes,** c'est-à-dire qui calment les douleurs en modérant l'activité fonctionnelle des tissus : — *Feuilles* d'Acanthe, de Rose-Trémière (Alcée), d'Arroche, d'Ansérine Bon-Henri, de Bette, de Bourrache, de Douce-Amère, de Laitue cultivée, de Mauve, de Mercuriale annuelle, d'Olivier, de Pariétaire, de Pomme de terre, de Pourpier, de Séneçon, de Vipérine et de Violette. *Fleurs* de Bouillon-blanc, de Gnaphale dioïque, de Bourrache, de Buglosse, de Mauve, de Mélilot, de Tussilage-Pas d'âne, de Vipérine et de Violette. *Fruits* de l'Amandier (amande), de l'Avoine, de l'Orge, du Seigle, du Maïs, du Chanvre, du Lin, de la Navette, du Noisetier, du Noyer, du Figuier, du Cognassier (pepin), de la Courge (graine), du Grémil, du Pois. *Racines* de la Carotte, du Chiendent, de la grande Consoude, de la Guimauve, du Lis (oignon), des Orchis, de la Réglisse et Tubercules de pomme de terre.

Fig. 1359. — Séneçon commun.

Plantes tempérantes ou **acidules,** c'est-à-dire propres à modérer l'activité de la circulation et à diminuer la chaleur fébrile : — *Feuilles* d'Oxalis et d'Oseille. — *Fruits* de l'Airelle Myrtille, du Groseillier noir ou Cassis, du Groseillier à grappes, du Cerisier, du Citronnier, de l'Oranger, du Grenadier, du Mûrier, du Pommier, de l'Épine-Vinette, du Fraisier, du Framboisier et de la Ronce.

Plantes toniques astringentes, c'est-à-dire qui fortifient et resserrent les tissus : — *Feuilles* d'Aigremoine, d'Alchémille, de Potentille rampante et argentée, Aune, Brunelle, Bugle, Chêne, Chèvre-Feuille, Fraisier, Frêne, Fustet, Géranium herbe à Robert, Joubarbe des toits, Lamier blanc, Achillée Mille-

Fig. 1360. — Alchémille

Feuille, Myrthe, Néflier, Noyer, Orpin, Pervenche, Tremble, Plantain, Prêle, Pyrola, Renouée des oi-

Fig. 1361. — Renouée des oiseaux.

seaux, Ronce, Salicaire, Sumac des corroyeurs, Troëne et Vigne. — *Fleurs* d'Anthyllide, de Lamier blanc, Achillée, Noyer, Ortie, Rosier de Provins, Salicaire. — *Fruits* du Cognassier (Coing), du Noyer (brou de Noix), de l'Églantier, du Sorbier domestique. — *Racines* de Benoîte, Bistorte, Fraisier, Spirée filipendule, Patience, Rhubarbe, Rhapontic, Sceau de Salomon et Tormentille. — *Écorces* d'Aune, Chêne, Cornouiller, Frêne, Hêtre, Marronnier d'Inde, Orme, Tremble, Peuplier, Platane, Pommier, Saule, Sumac et Tamarix.

Plantes toniques amères. — *Feuilles* d'Artichaut, d'Eupatoire, de Chicorée sauvage, Chardon-Bénit, Chardon-Marie, Chardon-Chausse-trappe, Houx, Lilas, Lichen d'Islande, Ményanthe, Scrophulaire aquatique, Noyer, Tremble, sommités de la Germandrée. — *Fleurs* de Houblon (cônes), de petite Centaurée, de Fumeterre. — *Racines* d'Aunée, de Chicorée sauvage, de Pa-

Fig. 1362. — Aunée.

tience, de Gentiane. — *Écorces* d'Épine-Vinette, de Frêne, de Hêtre, Peuplier et Saule.

Plantes excitantes, ou stimulantes ou cordiales. — Ces qualifications indiquent que les plantes jouissent de la propriété d'exciter les organes, de leur donner une sorte de fièvre. Les excitants généraux sont, d'après la classification de M. Cazin : — *Feuilles* d'Absinthe, de Céleri sauvage, d'Agripaume (sommités), Ambroisie (sommités), Armoise (sommités), Arnica, Aurone ou Citronelle, Balsamite, Beccabunga, Berce branc-ursine, Camomille puante, Capucine, Cardamine, Cochléaria, Coronopus, Cresson de fontaine, Laurier d'Apollon, Lierre terrestre, Livèche, Marjolaine (sommités), Marrube blanc, Millepertuis, Monarde (sommités), Passerage, Pastel, Perce-Pierre, Persil, Poireau, Roquette, Romarin (sommités), Sarriette, Sauge de jardin et des prés, Serpolet, Sisymbre Sophie, Souci, Tanaisie, Thym (sommités), Véronique, Velar. — *Fleurs* d'Armoise (sommités), d'Arnica, de Camomille romaine, d'Hysope, de Lavande, Matricaire, Mélisse, Menthe, Achillée Mille-Feuille, Origan, Souci, Tanaisie. — *Fruits* d'Ache ou Céleri sauvage, d'Aneth, d'Angélique, d'Anis, de Berce, Carvi, Citronier (écorce du fruit), Coriandre, Cumin, Fenouil, Laurier d'Apollon, Moutarde, Nigelle, Persil, Piment, Santoline. — *Racines* d'Angélique, de Berce, Doronic, Impératoire, Livèche, Osmonde, Persil, Radis, Raifort, Cochléaria, Scrophulaire, bulbes d'Ail, bulbes d'Oignons. — *Bourgeons* ou *yeux* de Peuplier Baumier, de Peuplier noir, de Pins et Sapins.

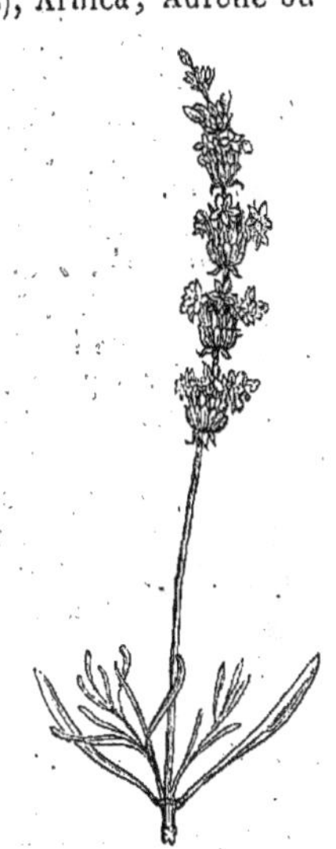

Fig. 1363. — Lavande.

Plantes fébrifuges ou employées contre la fièvre : — Absinthe, Amandes amères, Benoîte, Camomille romaine, petite Centaurée, Chêne, Frêne, Gentiane, Houx, Lycope d'Europe, Marronnier d'Inde, Ményanthe, Olivier, Persil, Prunellier, Saule blanc, Tulipier, etc.

Plantes antiscorbutiques ou à employer contre le scorbut : — Ce sont, toujours d'après M. Cazin, les suivantes : — Véronique Beccabunga, Berle, Capucine, Cardamine, Cochléaria, Cresson de fontaine, Moutarde, Passerage, Pastel, gros Radis d'été ou Raifort. On peut ajouter la Tétragonie ou Tétragone.

Plantes antiscrophuleuses : — Frêne, Noyer, Gentiane, Pas-d'âne, etc.

Plantes antispasmodiques, c'est-à-dire propres à combattre les désordres nerveux que nous appelons *spasmes* : — *Feuilles* d'Ambroisie, de Ballote, Mélisse, Oranger, Primevère, Souci des jardins, Armoise (sommités). — *Fleurs* de Ballote, de Caille-lait jaune, Chèvrefeuille, Lavande Stœchas, Matricaire, Millefeuille, Oranger, Pivoine, Primevère, Romarin, Sauge, Saule, Souci,

Tilleul. — *Racines* d'Armoise, de Pivoine, de Valériane. — *Écorce* de Gui.

Plantes sudorifiques et dépuratives, c'est-à-dire qui jouissent de la propriété de provoquer

Fig. 1364. — Valériane.

la sueur et de purifier le sang, assure-t-on. — *Feuilles* de Bardane, Fumeterre, Buis, Saponaire, Ménianthe, Scabieuse, Pensée sauvage. — *Fleurs* d'Hièble, de Sureau, cônes de Houblon. — *Fruits* du Sureau. — *Racines* de Bardane, Houblon, Laîche des sables, Patience, Persicaire amphibie, Saponaire.— *Tiges* de Douce-amère.

Plantes diurétiques, apéritives, autrement dit propres à faire évacuer les urines et à faire disparaître les engorgements du foie et de la rate. — *Feuilles* de l'Alliaire, de l'Artichaut, Bruyère, Arbousier, Cerfeuil, Cétérach, Digitale,

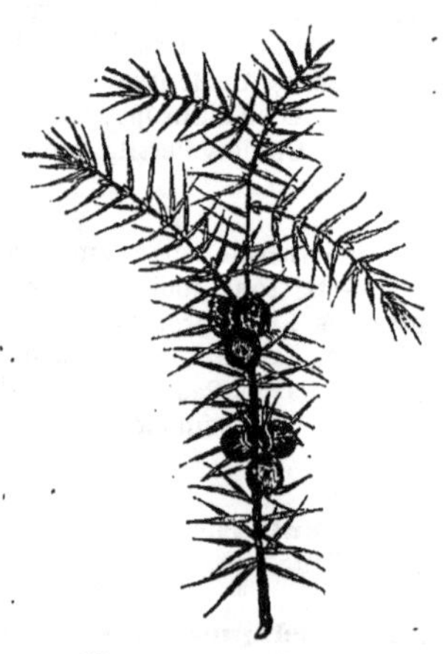

Fig. 1365. — Genévrier.

Fritillaire, Genévrier (sommités), Géranium herbe à Robert, Gratteron, Grémil, Pariétaire, Pimprenelle (sommités), Pissenlit, Prêle, Reine des prés (sommités), Roquette sauvage, Saponaire, Verge-d'or. — *Fleurs* de Genêt (pousses fleuries). — *Pédoncules* ou *queues* de Cerises. — *Fruits* d'Alkékenge, d'Avoine, de Bardane, Carotte, Chausse-Trape, Genêt, Genévrier, Grémil, Hièble, Moutarde, Escourgeon ou Orge d'hiver. — *Racines* d'Ache, d'Ail (bulbe), d'Arrête-bœuf, d'Asperge ainsi que les Turions, de Chardon-Roland, Chiendent, Épine-Vinette, Fenouil, Fraisier, Persil, Pissenlit, Plantain d'eau, Radis d'été.

Plantes expectorantes ou propres à faciliter l'expectoration. —*Feuilles* d'Ache ou Céleri, Capucine, Capillaire de Montpellier, Doradille, Genévrier, Lierre terrestre (sommités), Lichen d'Islande, Millepertuis (sommités), Tussilage pas-d'âne, Choux rouges. — *Fleurs* d'Hysope (sommités fleuries), de Marrube (sommités fleuries), de Menthe pouliot, Pulmonaire, Tussilage pas-d'âne. — *Fruits* du Genévrier. — *Racines* d'Ail (bulbe), d'Arum, d'Aunée, Navet, Ognon (bulbe), Polygala commun.

Plantes appartenant à la classe des Emménagogues. — *Sommités* d'Absinthe, d'Armoise, de Matricaire. — *Graine* de Nielle. — Nous croyons devoir passer sous silence des emménagogues plus énergiques encore.

Fig. 1366. — Asarum ou Asaret.

Plantes sternutatoires ou propres à déterminer l'éternument. — *Feuilles* de Tabac, de Bétoine, d'Asarum, d'Arnica. — *Fleurs* de Muguet, d'Arnica, Marjolaine, Lavande, Sauge, Thym en poudre, Achillée ptarmique, etc., etc.

Plantes sialagogues ou propres à irriter la membrane buccale et à entretenir la salivation : —*Feuilles* de Bidens, Cresson de Para, Passerage. — *Fruits* de la Moutarde, de la Persicaire âcre, du Pied d'alouette, du Piment.—*Racines* d'Angélique, Bidens, Impératoire, Pyrèthre, Raifort; etc.

Plantes aphrodisiaques. — Ail (bulbe), Céleri, Chanvre, Oronge, Safran, Sauge hormin.

Plantes antiaphrodisiaques. — Les Courges, Concombres et les plantes tempérantes ou acidules.

Plantes tétaniques ou propres à exciter la moelle épinière et le cerveau. — Arnica et Seigle ergoté.

Plantes susceptibles de modifier plus ou moins la constitution du sang, et dont l'emploi exige souvent une très-grande prudence. — *Feuilles* d'Aconit, de Chélidoine, Ciguë, Clématite,

Fig. 1367. — Arnica.

Frêne, Anémone Pulsatille, Sedum ou Orpin âcre, Mousse de Corse. — *Écorce* de Garou, d'Orme. — *Racines* de Chélidoine, de Ciguë, de Gratiole, d'Asclépiade dompte-venin.

Plantes narcotiques et sédatives ou stupéfiantes et calmantes. — *Feuilles* d'Aconit, de Belladone, grande et petite Ciguë, Digitale, Jusquiame, Laurier-cerise, Laurier-rose, Tabac, Datura stramonium, Pêcher, Mouron rouge, Parisette, Laitue cultivée et tiges de Douce-amère. — *Fleurs* de Coquelicot. — *Fruits* de la Ciguë, de la

Fig. 1368. — Pavot somnifère.

Digitale, du Pavot somnifère, du Phellandre aquatique et du Datura stramonium. — *Racines* d'Aconit, de Belladone, grande Ciguë, Cynoglosse et Parisette.

Plantes employées à titre de vomitifs ou émétiques. — *Feuilles* d'Asaret, de Genêt à balai (sommités), Genêt d'Espagne (sommités), Genêt des teinturiers (sommités), Violette odorante, Violette de chien. — *Fleurs* des Genêts, du Muguet, Narcisse des poëtes, Narcisse faux-Narcisse. — *Fruits* de l'Arroche belle-dame, du Colchique, des

Fig. 1369. — Datura stramonium.

Genêts, du Fusain, du Lierre grimpant, de la Moutarde, de la Roquette. — *Racines* d'Asaret, de Bryone, de Parisette, de Patience (en poudre), de Cochléaria, de Scille (bulbe).

Plantes purgatives. — *Feuilles* du Baguenaudier, de la Coronille, Hellébore fétide, Euphorbe à feuilles de cyprès, Euphorbe réveil-matin, Euphorbe épurge, Frêne, Genêts à balai, d'Espagne et des teinturiers, Globulaire turbith, Lierre grimpant, Lin purgatif, Liseron des champs et des haies, Mercuriale annuelle, Pêcher. — *Fleurs* de Carthame, de Genêt, Gratiole (plante fleurie), Hièble, Pêcher, pousse des Faux-Ébéniers. — *Fruits* de la Coloquinte, des Euphorbes, du Faux-Ébénier, du Fusain, du Genêt, Houx, Lierre, Moutarde blanche, Nerprun, Prunier (Pruneaux), Ricin. — *Racines* d'Actée, de Belle-de-nuit, Bryone, Ellébores noir, blanc, vert, fétide, Eupatoire, Euphorbes, Hièble, Iris des marais, Iris germanique, Laser, Liserons, Pigamon, Rhubarbe rhapontic.

Plantes rubéfiantes et vésicantes ou plantes à vésicatoires. — *Feuilles* d'Alliaire, d'Anémone sylvie ou d'Anémone pulsatille, d'Arum, de Clématite, Euphorbe. Nous pouvons ajouter les plantes entières de Chélidoine, Dentelaire, Orties, Raifort (cochléaria), Renoncules, Velar à feuilles étroites, Rue, Sabine, Plantain d'eau. — *Écorce* de Garou, de racine de Noyer. — *Racines* d'Anémone, Arum, Bryone, Ellébore.

Plantes vermifuges ou anthelminthiques, c'est-à-dire propres à faire périr les vers qui vivent dans le corps de l'homme et des animaux. — *Feuilles* d'Absinthe (sommités), d'Armoise maritime, d'Alliaire, d'Ambroisie (sommités), d'Artichaut, d'Aurone, d'Eupatoire, Gratiole, Liseron, Pêcher, Pied d'alouette, Persicaire brûlante, Sarriette, Serpolet, Tanaisie, Valériane, toutes les plantes amères. — *Fleurs* de Balsamite, Camomille, Santoline blanche, Santoline des jardins. — *Fruits* de la Balsamite, Coloquinte, Coriandre, Cyclamen, Fusain, Millepertuis, Nigelle quatre épices, brou de noix, Ricin (huile de graines de), Rue, Santoline. — *Racines* d'Ail (bulbe), d'Aunée, Bryone, Carotte crue, Chélidoine, Cyclamen, Ellébore, Fougère mâle, Gentiane, Grenadier (écorce de la racine), Liseron, Mûrier (écorce de la racine), Osmonde.

Nous avons, on le voit, des médicaments à profusion. Faisons nos provisions en temps voulu et dans de bonnes conditions, et après cela, si les médecins des pauvres gens veulent y mettre de la bonne volonté, on les priera de choisir et d'indiquer les préparations et les doses, attendu que les médicaments en question ne sont pas tous inoffensifs.

Parmi les plantes médicinales dont il vient d'être parlé, beaucoup sont à notre portée et n'ont pas besoin d'entrer dans notre jardin spécial, mais il en est un certain nombre qui peuvent faire défaut dans la localité, qui ne sont pas répandues partout et qu'il faut prendre la peine de cultiver.

Si l'on devait récolter la moitié seulement des plantes médicinales énumérées plus haut, on serait souvent en peine de les loger, même avec de vastes greniers et des cordes tendues en long et en large. Le mieux donc est de réduire notre liste au strict nécessaire. C'est ce qu'a fait, en homme compétent, notre collaborateur M. Hariot, dont la tâche commence en même temps que la nôtre finit. P. JOIGNEAUX.

LE JARDIN MÉDICAL.

Nous allons établir, pour les besoins de la médecine économique dans nos campagnes, un petit jardin où nous ne placerons que les végétaux les plus essentiels. Dans la quantité, nous en indiquerons même que nous n'y placerons que pour mémoire, uniquement afin de compléter notre liste. Ceux-là se trouvent au potager, au verger au jardin d'agrément, peut-être bien aussi dans les champs voisins, les rues ou les haies du village, et il ne nous paraît pas convenable d'occuper du terrain inutilement. Théoriquement, nous devons supposer que tout est à faire, qu'il n'existe autour de nous aucune des plantes nécessaires à la formation d'un jardin médical, mais comme, en réalité, il n'en est pas précisément ainsi, nous aurons soin d'éviter de notre mieux les doubles emplois et les redites. Ces préliminaires suffisent; occupons-nous maintenant de notre collection de plantes médicinales et arrangeons-les tout simplement par ordre alphabétique :

Absinthe commune ou **officinale** (*artemisia absinthium*, L., ou *absinthium vulgare*, Lamk.) — C'est ce que nous appelons la grande absinthe. Elle est rustique ; dans beaucoup de localités, elle pousse toute seule au bord des chemins et sur les rochers; mais elle est parfois très-rare, et, pour en avoir, on doit la cultiver. Vous la sèmerez ou la planterez où bon vous semblera, en terre riche ou caillouteuse, peu importe : elle y réussira.

Son amertume proverbiale fait son principal mérite. Elle a toutes sortes de propriétés: elle est tonique, excitante, vermifuge, fébrifuge, etc. C'est la plante par excellence des femmes pâles, sans énergie ; c'est le quinquina de l'indigent. Les anciens l'ont célébrée et en ont fait l'emblème de la santé.

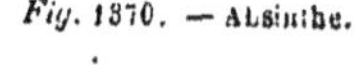

Fig. 1370. — Absinthe.

Infusion d'absinthe. — Une légère pincée dans un litre d'eau bouillante. Le docteur Cazin indique 10 à 30 grammes par kilogramme d'eau froide ou chaude.

Vin d'absinthe. — On fait macérer pendant huit jours 30 grammes d'absinthe par litre de vin blanc.

Le docteur Cazin indique 1 d'absinthe sur 30 de vin blanc, et il prépare de la bière absinthée de la même manière. Les doses de vin ou de bière à employer par jour varient de 30 à 100 grammes en plusieurs fois. On commence par 30 grammes, et on augmente peu à peu la dose. Ceci est l'affaire du médecin, non la nôtre. Il y aurait de l'inconvénient à suivre longtemps ce régime, et c'est naturellement aux hommes de l'art à poser des limites.

« L'absinthe, écrit l'estimable praticien que nous venons de nommer, dans son *Traité des plantes médicinales indigènes*, est un excellent vermicide, dont l'usage, continué après la destruction des vers intestinaux, en empêche la reproduction. Le vin composé d'absinthe et d'ail (de chacun 30 grammes pour 1 litre de vin blanc), donné à la dose de 30 à 100 grammes par jour, m'a réussi comme fébrifuge et anthelminthique chez les sujets pauvres, lymphatiques, détériorés par la misère, habituellement vermineux ou soumis à l'influence délétère des marais. »

Culture de l'absinthe. — On plante les pieds en bordure ou en contre-bordure, à la distance de 0m,08, on les tond tous les ans et on les renouvelle tous les trois ans avec de la graine récoltée sur un pied qui n'a pas été tondu. Pour ce qui est du moment de récolter et des soins à donner aux parties que l'on conserve, il en sera parlé à la fin de ce travail.

On cultive de loin en loin l'absinthe dans les champs, pour en retirer l'huile essentielle par voie de distillation.

L'armoise vulgaire (*artemisia vulgaris*, L.), si commune dans nos campagnes; l'armoise maritime (*artemisia maritima*, L.), très-abondante sur certains points des bords de la mer, et qui réussit très-bien dans nos jardins, surtout quand on mêle un peu de sel à la terre; l'armoise santonique ou santoline (*santolina chamæcyparissus*, L.), jolie plante cultivée dans les jardins sous le nom de petite citronnelle, et qui reste verte toute l'année, peuvent, au besoin, remplacer la grande absinthe.

Acacia commun ou **Robinier** (*robinia pseudo-acacia*). — Qui est-ce qui ne connaît pas ce grand arbre aux fleurs odoriférantes? On le rencontre dans la plupart des jardins paysagers.

On vient, à tort ou à raison, de préconiser sa belle grappe de fleurs blanches comme un poison pour le ver plat ou ver solitaire (tænia). Soyez sans inquiétude; faites-en, au besoin, une forte infusion; votre santé n'en souffrira pas.

Ache (*apium graveolens*). — C'est tout bonnement le céleri sauvage ou des marais, la souche de notre céleri cultivé ou ache douce. Il est bon d'avoir quelques pieds de ce céleri sauvage, qui a des propriétés plus énergiques que celles de ses variétés potagères. On a fait grand cas de sa racine. C'était une des cinq racines apéritives des anciens. Aujourd'hui on s'en sert rarement, et seulement à l'état sec. Le jus des feuilles d'ache passe pour fébrifuge, pris au moment de l'accès. M. Cazin a vu des cultivateurs atteints de catarrhe pulmonaire chronique ou d'asthme humide, qui faisaient bouillir des feuilles d'ache dans du lait sortant du pis de la vache, qui prenaient cette décoction à jeun, et semblaient s'en trouver bien.

Fig. 1371. — Aconit-napel.

Il ne faut pas confondre l'ache avec l'angélique.

Aconit napel (*aconitum napellus*). — On range cette plante parmi celles qui servent à la médecine, et avec raison, puisqu'on emploie sa racine contre le rhumatisme, la goutte; qu'on la conseille contre certaines hydropisies et contre les maladies nerveuses. Malgré cela, ne nous y arrêtons guère, chassons-la des jardins où vont les enfants, et laissons aux médecins le soin de la ma-

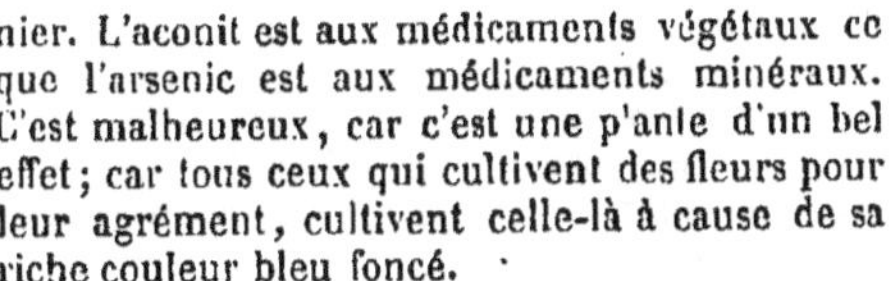

nier. L'aconit est aux médicaments végétaux ce que l'arsenic est aux médicaments minéraux. C'est malheureux, car c'est une plante d'un bel effet; car tous ceux qui cultivent des fleurs pour leur agrément, cultivent celle-là à cause de sa riche couleur bleu foncé.

Dans l'antiquité, on condamnait les hommes à mourir par l'aconit comme par la ciguë. Les Scythes et les Gaulois, au rapport de l'histoire, se servaient du jus d'aconit pour empoisonner leurs flèches. C'en est assez pour faire sa réputation et nous mettre sur nos gardes.

Ail commun (*allium sativum*). — C'est une plante potagère généralement connue, dont il a été parlé précédemment au chapitre du *Potager*, et que nous n'avons pas besoin de cultiver deux fois. C'est un excitant énergique, qui donne de l'appétit et aide à la digestion. On l'a nommé *thériaque des pauvres*; *camphre des pauvres*; on a exagéré ses propriétés.

Comme vermifuge, ses effets ne sont pas contestables. Pour chasser les vers intestinaux, on l'emploie cru, en frottée, ou bien on en fait bouillir deux ou trois gousses dans du lait que l'on avale ensuite. Quelques personnes se contentent de faire infuser de 60 à 120 grammes d'ail dans du vin blanc pendant vingt-quatre heures, et de boire un ou deux verres de ce vin le matin pendant deux ou trois jours.

L'ail est un antiseptique populaire dans les maladies contagieuses; aussi entre-t-il dans la composition du *vinaigre des Quatre-Voleurs*. Faites vous-même cette préparation; en voici la recette : Mettez macérer pendant quinze jours dans 2 litres de vinaigre fort : les feuilles et les sommités de la grande absinthe, du romarin, de la sauge, de la menthe, de la lavande, de chaque plante 15 grammes; ail, 4 gousses; camphre divisé, 15 grammes. Puis, au bout de quinze jours, passez le tout avec expression à travers une toile. Ce vinaigre se conserve indéfiniment.

Amandier (*amygdalus communis*, L.). — La monographie de l'amandier a été faite dans ce livre; la manière de le cultiver y a été enseignée; sous ce rapport donc, nous n'avons pas à nous en occuper. Nous nous bornerons à parler des usages pharmaceutiques des amandes, usages qui sont tombés dans le domaine de la cuisine bourgeoise. Il s'agit du *lait d'amandes* et du *sirop d'orgeat*.

Pour préparer le lait d'amandes, on procède de la manière suivante : Vous passez à l'eau bouillante 30 amandes douces; vous enlevez ensuite les pellicules et pilez ces amandes mondées, dans un mortier, avec 30 à 60 grammes de sucre. Ajoutez sur le tout, en remuant avec le pilon, un litre d'eau froide; passez à travers une toile, et vous aurez ainsi un lait d'amandes, boisson de malade des plus agréables, adoucissante et rafraîchissante. On l'aromatise avec quelques gouttes d'eau distillée de fleurs d'oranger.

Pour préparer le sirop d'orgeat, on prend, par exemple, 1^{kil},250 d'amandes amères, ou, à défaut de celles-ci, des amandes d'abricots et de pêches,

0kil,500 d'amandes douces, 9 kilogrammes de sucre blanc, 5 kilogrammes d'eau, 12 gouttes d'essence de néroli fin, et les zestes de trois citrons. On commence par verser de l'eau bouillante sur les amandes; dix minutes après, on les en retire pour les jeter dans l'eau froide; puis on enlève la peau, on les pile avec le sucre et on verse dessus les 5 kilogrammes d'eau. On met le tout sur le feu avec les zestes des citrons. Après un bouillon, on passe le sirop au tamis, et on presse les amandes pour en exprimer le lait. On y ajoute l'essence de néroli, et on le met en bouteilles.

Angélique (*angelica archangelica*). — La culture de cette plante, à la fois potagère et médicinale, a été enseignée au chapitre du potager; nous n'avons pas à y revenir.

« Si cette plante, dit Bodart, avait le mérite d'être étrangère, elle serait aussi précieuse pour nous que le ginseng l'est chez les Chinois; elle se vendrait au poids de l'or. » Roques a dit de son côté: « Nous voyons avec peine qu'une plante si active et si riche en propriétés soit si peu usitée de nos jours, tandis qu'on adopte avec enthousiasme quelques remèdes exotiques dont la nouveauté, la rareté, la cherté, font seules tout le mérite. » Enfin, M. Cazin ajoute ceci aux éloges que nous venons d'entendre: « L'angélique est une plante précieuse, trop peu employée. J'en ai fait dans ma pratique à la campagne un fréquent usage, et je puis affirmer qu'elle est d'une grande ressource non-seulement pour remplacer la serpentaire de Virginie, mais aussi toutes les racines aromatiques exotiques, la contrayerva, le costus d'Arabie, etc. »

L'angélique est excitante, stomachique et sudorifique. On emploie ses jeunes tiges fraîches, ses graines et sa racine. Avec sa racine et ses jeunes tiges fraîches, on fait une infusion (20 grammes par litre d'eau). Avec ses graines (8 à 15 grammes par litre d'eau), on fait également une infusion. Avec ses tiges vertes (1 d'angélique pour 2 de sucre), on prépare une conserve admise sur la table. Enfin, avec ses jeunes tiges vertes, on prépare un ratafia estimé, dont voici la composition:

Tiges vertes d'angélique	45	grammes.
Eau-de-vie ordinaire	1,250	—
Eau	750	—
Sucre	1,000	—

On commence par mettre les tiges fraîches et menues de la plante dans une cruche ou un bocal avec l'eau-de-vie. Après quatre jours de macération, on ajoute le sucre et l'eau; quatre jours plus tard, on filtre. Un pharmacien de votre voisinage vous dira complaisamment la manière de filtrer votre liqueur, si vous l'ignorez, et vous apprendra au besoin à faire un filtre de papier.

Anis (*pimpinella anisum*). — L'anis vert est la graine d'une Ombellifère qu'on cultive sous le nom vulgaire d'anis dans les pays méridionaux et en Touraine, où cette culture constitue une industrie considérable. Comme le fenouil jouit des mêmes propriétés que l'anis, et peut-être même à un degré mieux accusé, nous renvoyons nos lecteurs au mot FENOUIL.

Arroche des jardins (*atriplex hortensis*). — C'est tout simplement une plante du potager que les ménagères du nord de la France connaissent bien sous les noms de *Belle-Dame*, *Bonne-Dame*. Elle a été décrite dans ce livre, page 660. Elle intéresse la médecine, parce qu'elle remplace les feuilles de la bette pour le pansement des vésicatoires et des cautères.

Artichaut (*cynara scolymus*). — Encore un légume dont il a été parlé précédemment, que nous trouverons au potager, et qu'il n'est pas nécessaire d'introduire ailleurs.

On connaît l'amertume de la tige et des feuilles d'artichaut; on sait qu'elles sont toniques, fébrifuges, diurétiques. Pour chasser la fièvre, quand on a d'abord enrayé les accès avec le sulfate de quinine, on boit des infusions de feuilles fraîches d'artichaut (15 à 30 grammes dans un litre d'eau bouillante). A défaut de feuilles fraîches, on emploie des feuilles desséchées.

M. Cazin, que nous citons toujours avec plaisir, parce qu'il a étudié tout particulièrement le sujet qui nous occupe, dit avoir vu des paysans employer avec succès, comme recette de famille, la décoction de racine d'artichaut dans le vin blanc contre l'*hydropisie*, la *jaunisse* et les *engorgements abdominaux* qui accompagnent ou suivent les fièvres intermittentes.

Les paysans du Berri se servent de poudre de feuilles d'artichaut contre les fièvres intermittentes.

On assure que les artichauts crus mangés à la poivrade font disparaître la diarrhée. Si nous enregistrons ces dires, nous n'en prenons pas la responsabilité. Il en coûterait peu d'ailleurs de les vérifier et de réunir de nouvelles observations.

Asperge (*asparagus officinalis*). — Cette fois, nous avons encore affaire à une plante du potager. On a beaucoup vanté et l'on vante encore comme diurétiques les infusions de racines, de pointes d'asperges et aussi le sirop préparé avec ces mêmes pointes qui sont les extrémités des turions. On s'accorde assez sur l'efficacité des infusions prolongées de racines fraîches, à raison de 20 grammes par litre d'eau bouillante. Les racines que vous prendrez dans votre aspergerie, en cas de besoin, seront infiniment meilleures que les vieilles racines terreuses et mal séchées du commerce de l'herboristerie. Vous ferez, dans ce cas, un tort à votre carré, mais aussi vous aurez toute la valeur médicale de la plante.

Broussais recommandait le sirop de pointes d'asperges comme diurétique et calmant. Là-dessus les médecins ne s'accordent plus, et quelques-uns même assurent que les préparations aux pointes d'asperges agitent les personnes nerveuses et leur donnent des insomnies. En attendant que l'accord se fasse, nous allons indiquer la manière de faire le sirop : Broyez les bouts des turions dans un mortier de marbre ou de bois; mettez le tout à la presse dans un linge solide, puis faites chauffer une certaine portion du jus exprimé, 1 kilogramme par exemple, avec 2 kilogrammes de sucre. Écumez, passez sur une étoffe de laine et conservez à la cave, car ce sirop fermente promptement.

L'eau dans laquelle on a fait cuire les asperges est considérée comme salutaire dans une foule de maladies, rhumes, enflures, affections de la vessie, etc.

Aurone des Jardins (*artemisia abrotanum*). — Dans nos jardins, nous avons deux plantes qui s'appellent *citronnelle*, bien qu'elles appartiennent à deux familles différentes. L'aurone est une de ces deux citronnelles; on la trouve à l'état sauvage dans le midi de la France, on l'appelle encore *armoise des jardins* et *ivrogne* dans la Flandre française. La seconde citronnelle est le lippia citriodora qui est une verveine, originaire du Chili. Nous n'avons à nous occuper que de la première.

L'aurone est un sous-arbrisseau qui jouit des mêmes propriétés que l'absinthe; elle est surtout vermifuge. On peut l'employer à raison d'une forte pincée dans un demi-litre d'eau bouillante, en infusion prolongée. Ses graines sont également employées dans quelques campagnes contre les vers intestinaux, à la place du *semen-contra*.

L'aurone n'est difficile ni sur le terrain ni sur le climat. On la multiplie de graines, de drageons enracinés et de boutures.

Avoine (*avena sativa*). — L'avoine a aussi son petit mérite. Du moment où les champs la produisent, elle n'a que faire dans le jardin.

Quand vous aurez besoin d'une tisane adoucissante, légèrement nutritive, faites bouillir quelque temps une cuillerée d'avoine de votre grenier dans un litre d'eau, puis jetez cette eau, remplacez-la par d'autre et laissez crever le grain à la manière du riz. Vous ajouterez de la racine de réglisse ou du miel.

Balsamite odorante (*tanacetum balsamita*). — « C'est, a dit A. Richard, un médicament fort énergique, et que l'on n'emploie pas autant qu'elle le mérite, de même que plusieurs plantes de la même famille. » Elle a donc droit à une place honorable dans notre collection de plantes médicinales.

Les noms vulgaires de la balsamite sont : *grand baume, baume-coq, coq des jardins, menthe-coq, menthe Notre-Dame, herbe-au-charpentier* (sur quelques points de la Bourgogne). Elle est excitante, antispasmodique, et c'est de plus un puissant vermifuge, qui peut remplacer le semen-contra. Une infusion de 8 à 10 grammes de feuilles dans un litre d'eau bouillante ou une macération de la même quantité dans un litre de vin, est un stomachique précieux dans les pays marécageux.

Les fleurs et les graines de la balsamite sont des vermicides énergiques. « La poudre des fleurs, dit M. Cazin, à la dose de 2 grammes, a fait rendre cinq ascarides lombricoïdes, après trois jours de son usage chez un enfant de quatre ans.

Dans quelques campagnes, la balsamite passe pour vulnéraire, et c'est pour cela qu'on lui a donné le nom d'herbe-au-charpentier qu'elle partage avec plusieurs autres plantes. Tantôt, on applique la feuille verte sur la blessure, tantôt on fait macérer les feuilles dans de l'huile d'olive.

La balsamite croît naturellement dans les terrains incultes du midi de la France. Sa culture n'offre aucune difficulté. On la multiplie de graines et mieux en éclatant ses touffes, comme nous faisons pour multiplier nos plantes vivaces les plus rustiques.

Baguenaudier (*colutea arborescens*). — C'est un arbrisseau très-répandu dans les jardins paysagers où il n'exige pas de culture sérieuse. A ses fleurs jaunes, de la même forme que celles des genêts, succèdent des fruits vésiculeux qui se crèvent avec bruit quand on les presse dans la main. Ses feuilles ressemblent beaucoup à celles du séné que la médecine emploie pour purger. Les feuilles du baguenaudier, sans venir du Levant, sont également purgatives, et pourraient à bon droit se nommer le *séné français*.

Fig. 1372. — Baguenaudier.

10 à 20 grammes dans 125 grammes d'infusion de café ou de décoction de pruneaux, fourniraient un purgatif doux.

On a recommandé de 30 à 100 grammes en infusion dans 1 kilogramme d'eau à des pauvres de la campagne qui ont eu constamment sept à huit selles abondantes.

Les gousses vésiculaires du fruit produisent le même effet.

Le baguenaudier se reproduit très-bien de graine.

Bardane (*arctium lappa*). — Parmi toutes les

Fig. 1373. — Bardane.

plantes vivaces qui croissent naturellement dans les parties incultes de nos vergers, dans les endroits surtout où nous avons mis des décombres, celle-ci se fait remarquer par ses grandes et larges feuilles, blanchâtres et un peu cotonneuses en dessous. Les fleurs sont surtout bien connues des enfants qui se font un jeu de les rouler dans les cheveux de leurs camarades où elles s'attachent fortement à cause des pointes aiguës et recourbées en crochet qui terminent toutes les folioles du calice, comme elles s'attachent aux étoffes de laine contre lesquelles on les lance. Si nous nous permettons ces menus détails, c'est parce qu'ils sont de nature à faire reconnaître de suite la bardane ou *herbe-aux-teigneux*.

La racine de la bardane est un dépuratif du sang qui vaut autant et peut-être mieux que la salsepareille, cette racine étrangère si vantée, si usitée et trop chère pour les pauvres gens. Notez en passant que les vrais dépuratifs ne sont pas communs et que les affreuses maladies de la peau sont fréquentes.

Avec 15 à 30 grammes de racine de bardane dans un litre d'eau, on fait une décoction qui n'est pas désagréable à boire. Les feuilles en décoction jouissent de la propriété très-marquée d'apaiser le prurit dartreux.

Dans certaines campagnes, on assure que les feuilles de bardane placées sur la tête, de façon à ce que le revers porte sur le front, calment les maux de tête.

« Les feuilles vertes de bardane, dit M. Cazin, légèrement froissées et appliquées sur les tumeurs blanches, à l'envers, excitent une exhalation cutanée qui soulage beaucoup. Pour provoquer la transpiration aux pieds dans les affections catarrhales, j'ai vu des paysans se les envelopper avec de larges feuilles de bardane. Cela m'a donné l'idée d'en appliquer sur la poitrine et entre les épaules dans les maladies des voies respiratoires, ce qui m'a parfaitement réussi. Il est plus facile de trouver ce moyen à la campagne que de se procurer un emplâtre de poix de Bourgogne. »

Nous ne savons si la bardane est facile à cultiver, puisqu'elle se plait surtout dans les lieux incultes. C'est à essayer avec de la graine ou avec des plants racinés, en automne ou au printemps. Elle en vaut la peine, et nous savons des localités où on ne la rencontre pas.

Basilic officinal (*ocymum basilicum*). — Il a été parlé du basilic à propos de la culture potagère, mais, comme on ne l'emploie que très-rarement dans les préparations culinaires, on fera bien de lui accorder une place parmi les plantes médicinales, soit en pleine terre si le climat le permet, soit en pots que l'on rentrera à volonté pendant les nuits, ou mieux sur un coin de la couche. Il se multiplie facilement de graines.

C'est une plante très-aromatique. En l'associant à diverses autres plantes, on peut composer l'eau spiritueuse vulnéraire que la médecine réclame dans les chutes et que l'on prépare ainsi :

Mettez dans une carafe de verre 15 grammes de chacune des plantes suivantes : basilic, hysope, mélisse, menthe, romarin, sarriette, sauge, thym, absinthe, fenouil, lavande ; puis versez sur le tout 1k,500 grammes d'eau-de-vie ordinaire ; laissez macérer quinze jours, puis passez, filtrez et conservez le produit à la cave.

On assure que la poudre de feuilles de basilic est assez agréable à aspirer et qu'elle provoque des éternuments qui réussissent parfois à rendre l'odorat aux personnes qui l'ont perdu, comme, par exemple, dans les cas de coryza chronique.

Bouillon-blanc (*verbascum thapsus*). — C'est une plante commune dans nos campagnes, au bord des chemins, sur les ruines, dans les décombres et les endroits pierreux. Rien n'empêche, dans le cas où une localité n'en produit point, d'en transplanter cinq ou six jeunes pieds au jardin. On peut aussi la semer sur une place que l'on recouvre de plâtras ou que l'on fume avec un mélange de terre et de quelques parties de salpêtre. Le bouillon-blanc est une de nos meilleures plantes émollientes. Avec les fleurs de quatre ou cinq forts pieds, on a une récolte suffisante pour passer la saison des rhumes.

Fig. 1374. Bouillon-blanc.

Il faut de 10 à 30 grammes de fleurs de bouillon-blanc par litre d'eau, pour préparer une infusion que l'on boit chaude, sucrée, blanchie avec du lait. Mais, avant de la sucrer et de la blanchir, on aura soin de la filtrer sur un tissu serré, sans quoi les poils attachés à la fleur irriteraient la gorge et provoqueraient la toux au lieu de la calmer.

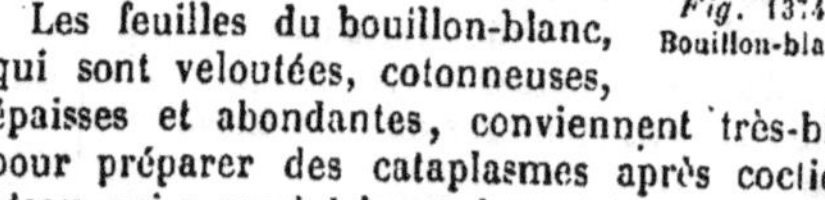

Les feuilles du bouillon-blanc, qui sont veloutées, cotonneuses, épaisses et abondantes, conviennent très-bien pour préparer des cataplasmes après coction. L'eau qui a servi à les cuire est bonne pour les lotions, fomentations.

Bourrache officinale (*borrago officinalis*). — Cette plante figure déjà dans le potager, mais il n'y aurait pas d'inconvénient à la mettre encore parmi les plantes médicinales, tout près des murs ou mieux des haies où elle se plaît tant, tandis que les autres s'y déplaisent.

La bourrache est émolliente, diurétique et sudorifique ; sa réputation est faite de temps immémorial et on remarquera qu'elle se soutient bien. Nous n'avons pas à décrire une plante si populaire, si commune, si utile.

On l'arrache lorsqu'elle est en pleine fleur, par un beau temps chaud, pour la mettre sécher au grenier. Toute la plante, feuilles et fleurs, est utilisée en infusion que l'on édulcore avec du miel.

Voulez-vous faire ce qu'on faisait autrefois à chaque printemps, sous le nom de *jus d'herbes* ou de *suc d'herbes*? On buvait quinze jours de suite, le matin à jeun, un breuvage épais et vert, composé pour la plus grande partie de jus de bourrache, et pour le reste, de cresson et de pissenlit.

Bryone blanche (*bryonia alba* ou *dioïca*). — Nom d'une plante grimpante de la même famille que les courges, connue sous différents noms vulgaires, tels que : *couleuvrée*, *navet du diable*, *vigne du diable*, *herbe-aux-gueux*, etc. Elle est très-commune dans les haies, et à la rigueur vous pourriez vous en servir pour couvrir un berceau. Quand on en froisse les feuilles, elle répand une odeur fétide.

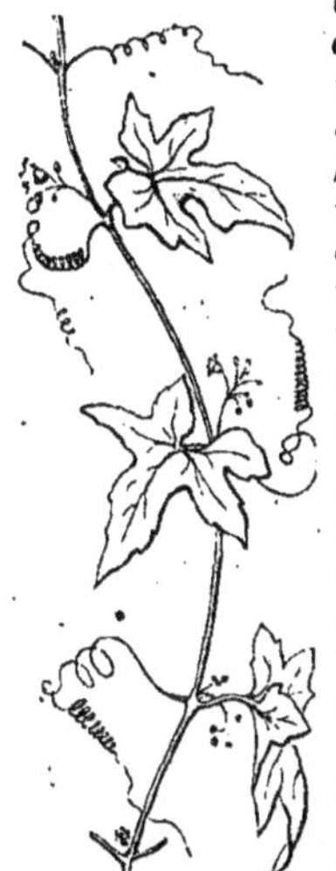

Fig. 1375. — Bryone blanche.

La racine de bryone a des propriétés énergiques, peut-être trop énergiques. On la classe parmi les vomitifs, les purgatifs et les rubéfiants. Dans le cas donc où il n'en existerait pas dans les haies de votre village, vous en sèmerez quelques graines.

Toutefois, défiez-vous de la bryone ; c'est encore une de ces herbes qui ne doivent être maniées que par le médecin ou sous les yeux du médecin. Les bonnes commères sauront bien vous dire que la grosse racine de bryone est une *purge* délicieuse, un antilaiteux commode, et que sans elle il est à craindre pour les nourrices que l'humeur ne passe dans le lait ; mais elles ne vous diront pas que le suc ou jus de la bryone est un poison violent, qu'il entame aisément la peau et que c'est avec cela qu'autrefois les mendiants se faisaient des plaies sur les jambes et sur les bras pour intéresser les âmes charitables à leur malheureux sort. Par prudence, M. Joigneaux l'a déjà décrite et classée dans les plantes nuisibles (t. I du *Livre de la Ferme*, chap. XXIV, p. 409). Elle est bien à sa place ; c'est un médicament, soit, mais un de ceux qu'il convient de mettre sous clef, afin que tout le monde n'y touche pas.

Buis (*buxus sempervirens*). — Cet arbrisseau de nos montagnes, de nos haies, de nos bordures de jardins, offre aussi de l'intérêt. On s'en sert pour calmer les douleurs causées par les hémorroïdes, et, à cet effet, on met dans une casserole de cuivre ou de terre 125 grammes de feuilles de buis fraîches avec un litre d'huile d'olives, ou beaucoup moins des deux, en observant les proportions : 1/4 d'huile par exemple pour 30 grammes de feuilles, et on fait bouillir le tout jusqu'à ce que l'huile soit fortement colorée en vert. On retire du feu, on laisse refroidir, et le médicament est fait.

La décoction de 50 grammes de copeaux de buis dans un litre d'eau aura au moins la valeur de pareille tisane de bois sudorifiques étrangers. Nous allons chercher bien loin ce que nous avons souvent sous la main.

Avec un corps gras, beurre ou saindoux, et des feuilles de buis, il y a des commères qui préparent un onguent pour les brûlures.

— « La teinture alcoolique de buis, dit Fée, a joui longtemps, en Allemagne, de la réputation d'un excellent fébrifuge. Son administration exclusive fut longtemps entre les mains d'un charlatan : Joseph II lui acheta son secret 1,500 florins et le fit publier. Dès lors, dépouillé de son prestige, ce médicament tomba dans l'oubli. »

Camomille romaine (*anthemis nobilis*). — La camomille romaine est une plante vivace que l'on

Fig. 1376. — Camomille romaine.

rencontre en abondance dans certaines contrées de la France, mais qui n'est pas commune partout. Vous ferez donc bien d'en introduire un certain nombre de pieds dans votre jardin, en bordure et en terre franche et sèche. En terre humide, elle réussit mal, et il n'est pas rare de la voir disparaître en hiver. La camomille romaine sauvage a des fleurs simples qui doublent aisément par la culture. Son odeur est pénétrante, citronnée, agréable.

— « Les fleurs de la camomille romaine, dit M. Cazin, sont toniques, stimulantes, fébrifuges, anthelminthiques, emménagogues, antispasmodiques... Elles conviennent dans les langueurs d'estomac, les digestions difficiles, les coliques venteuses, la dyspepsie, l'hypocondrie, la diarrhée atonique, les fièvres muqueuses, putrides, continues ou intermittentes, l'aménorrhée, l'hystérie, la chlorose, les affections vermineuses. »

On rapporte que le célèbre Talleyrand de Périgord prenait une infusion de camomille romaine tous les jours, après son repas du soir.

On prépare cette infusion avec huit têtes de fleurs, dans une verrée d'eau bouillante ou 10 grammes pour un litre.

Carotte (*daucus carota*). — La carotte est au potager ; il n'est pas nécessaire de la cultiver ailleurs. La racine de la carotte passe pour émolliente, résolutive, diurétique, vermifuge et antiseptique. La décoction de carotte *jaune* est un remède populaire dans la jaunisse ; il est certain que la décoction de carotte rouge ou de carotte violette agirait tout aussi bien.

— « J'ai vu, rapporte M. Cazin, employer avec succès, dans l'extinction de voix, dans les toux opiniâtres, la phthisie, l'asthme, etc., le suc de carotte ainsi préparé : on fait cuire deux ou trois carottes rouges dans l'eau pendant un quart d'heure. On les râpe ensuite entièrement et l'on tord la pulpe dans un linge. On ajoute, par verre de suc extrait, deux verres d'eau pure. Cette dose se prend tiède dans la journée, en trois ou six fois. »

Les carottes mangées crues agissent comme vermifuges.

La pulpe fraîche que l'on obtient en râpant une carotte crue est un remède populaire dans les brûlures. Cette pulpe appliquée sur les parties malades calme la douleur et empêche la formation des cloches.

Les infusions de graines de carotte, à raison de 8 à 15 grammes par litre d'eau bouillante, augmentent l'appétit, facilitent les digestions et sont favorables à la sécrétion du lait.

Cerfeuil commun (*chœrophyllum sativum*). — C'est encore une plante du potager qu'il est facile de se procurer en toute saison.

On emploie souvent le cerfeuil cuit en cataplasmes et l'eau de coction en lotions; on l'a vu réussir ainsi dans l'ophthalmie, dans l'érysipèle, dans l'engorgement des mamelles.

Les infusions aromatiques de cerfeuil parfument les breuvages amers et désagréables et en rendent l'administration moins difficile.

A tort ou à raison, le cerfeuil passe dans le peuple pour être l'ami de l'estomac, et c'est pour cela que son rôle condimentaire a une grande importance dans la cuisine de nos campagnes.

Cerisier (*cerasus vulgaris*, Mill.). — Le cerisier occupe une place dans le jardin fruitier et dans le verger ; nous savons donc où le trouver. Cet arbre jouit de plusieurs propriétés assez importantes :

1° Son fruit nous donne un sirop rafraîchissant que demande souvent le malade fatigué des drogues amères ou insipides. Pour faire ce sirop, on broie les cerises sur un tamis pour en retirer le jus qu'on laisse vingt-quatre heures à la cave. Ensuite on le passe dans une toile, et après cela on fait dissoudre à chaud dans ce jus, 1k,880 de sucre par litre et on filtre encore.

2°. Les pédoncules ou queues de cerises méritent bien aussi une mention spéciale. On en fait bouillir 10 à 15 grammes dans un litre d'eau et on boit de cette tisane pour faciliter les urines dans les cas d'hydropisie et de gravelle. Quand les queues ne sont pas fraîches, en hiver par exemple, on doit d'abord les faire ramollir dans de l'eau froide et même les écraser un peu avant de les mettre bouillir.

3° L'écorce de la racine de cerisier, bouillie à raison de 30 grammes par litre d'eau, fournit une décoction fébrifuge, dont on a exagéré l'efficacité, mais qu'il ne faut pas dédaigner. Les écorces de racines de pommier, de poirier, de prunier, ont exactement la même propriété, mais la réputation est restée à celle du cerisier, parce qu'elle ressemble plus que les autres au quinquina. On a profité souvent de cette ressemblance pour exercer une fraude bien coupable, attendu que le quinquina est le fébrifuge par excellence.

Chélidoine (*chelidonium majus*). — Cette plante, connue sous le nom vulgaire de *grande éclaire*, affectionne les vieux murs, les décombres et les bords humides des haies. Quand on la froisse même légèrement dans la main, elle répand une odeur désagréable; quand on rompt ses tiges, il en sort un suc ou jus jaunâtre très-corrosif. La chélidoine commande la prudence, car c'est un poison énergique. Malgré cela ou mieux à cause de cela, la médecine lui reconnaît des propriétés importantes et la classe parmi ses purgatifs.

Fig. 1377. — Chélidoine.

M. Larue-Dubarry rapporte que les paysans limousins font prendre une forte décoction de chélidoine aux personnes atteintes de la dyssenterie ; le remède peut être bon, mais nous le trouvons violent et nous ne conseillerons pas à nos lecteurs de les imiter.

Le plus ordinairement, on emploie le suc jaunâtre de la chélidoine pour détruire les verrues et les cors aux pieds, et, pour cela, il faut préférer celui de la racine à celui des tiges, et n'en pas abuser, car il s'ensuivrait une inflammation sur les parties voisines des verrues et des cors en question. Voici comment on opère : On ramollit d'abord le cor ou la verrue par un bain, puis on les coupe superficiellement et on les touche avec le suc de la plante.

Chèvrefeuille (*lonicera caprifolium*). — C'est le chèvre-feuille de nos jardins. Celui des bois, des buissons et des haies, qui a des propriétés mieux accusées, est le *lonicera periclymenum*. Cet arbrisseau aux tiges volubiles, et dont les fleurs répandent une odeur si suave en mai et juin, est de quelque utilité en médecine. Ces mêmes fleurs constituent un pectoral des plus agréables parmi tous les pectoraux. Il faut une pincée de fleurs en infusion pour une tasse d'eau bouillante.

Chicorée sauvage (*cichorium intybus*). — La chicorée sauvage est commune au bord des chemins et dans les lieux incultes de certaines contrées, mais, dans d'autres pays, elle fait absolument défaut. Dans ce cas, on devra la cultiver dans les jardins et la semer en bordure au printemps.

Les feuilles et les racines de cette chicorée sont

partout en grande réputation, comme toniques amères, laxatives, fébrifuges et dépuratives. C'est une sorte de panacée pour tous les maux.

On administre des infusions de feuilles de chicorée pour combattre les affections de la peau, notamment les dartres.

Sa décoction, à raison de 10 à 15 grammes de racine par litre d'eau, est recommandée pour exciter l'appétit.

Chiendent (*triticum repens*). — Le chiendent est une plante nuisible aux yeux du cultivateur,

Fig. 1378. — Chiendent.

et le *Livre de la Ferme* en a dit tout le mal possible (t. I, p. 411); mais, aux yeux du médecin, il est fort utile, et nous avons, à notre tour, le droit d'en dire beaucoup de bien. Il n'est pas nécessaire de le cultiver; on en trouve partout, et mieux vaut l'employer frais que desséché.

La racine de chiendent sert à préparer une tisane émolliente, rafraîchissante et diurétique. On en fait bouillir 30 grammes dans un litre et demi d'eau jusqu'à réduction d'un litre. On peut en prendre un litre par jour sans témérité.

Ciguë (grande) (*conium maculatum*). — Il en a été parlé aux pages 412 et 413 du premier volume du *Livre de la Ferme*, comme plante nuisible. Pour ce qui regarde les propriétés médicales de cette herbe vénéneuse, nous dirons qu'on l'emploie pour combattre les affections cancéreuses, qu'on en fait des emplâtres pour soulager les phthisiques et faciliter l'expectoration, qu'on s'en est servi dans certaines affections nerveuses, etc., etc. Quoi qu'il en soit, ne touchez à la grande ciguë que sur l'ordonnance du médecin.

Cochléaria officinal (*cochlearia officinalis*). — C'est une plante robuste qu'il faut semer sur un coin du jardin. Elle est antiscorbutique. Vous pouvez préparer un vin de cochléaria de la manière suivante : On met dans un bocal 180 grammes de feuilles fraîches de la plante pour

Fig. 1379. — Ciguë.

2 litres de vin blanc, et, après une macération de huit jours, on en prend un verre par jour en deux fois.

Cognassier (*cydonia vulgaris*). — On fait avec son fruit un sirop astringent, très-employé contre la diarrhée des petits enfants. Ce sirop est facile à préparer : — On râpe quelques coings, on en exprime le jus qu'on met chauffer jusqu'à l'ébullition avec 1k,900 de sucre par kilogrammes de jus; puis on passe le tout sur une étoffe de laine.

Concombre (*cucumis sativus*). — On le cultive nécessairement au potager. On l'applique râpé sur les affections dartreuses, afin de calmer les démangeaisons. Il est utile encore, pour la préparation d'une pommade, dite de concombre. Vous pourriez, en vue de la saison froide, pour votre nez, vos lèvres, votre teint, préparer ce lénitif de la façon suivante que nous avons mise à votre portée. On fait fondre lentement de la panne de porc et de la graisse de veau, de chacune 1 kilo; après cela, on râpe quinze concombres, dont on exprime le jus, et l'on agite ce jus et les graisses pendant deux heures au bain-marie, ou sur un feu bien ménagé. Quand ce jus est bien incorporé, on ajoute celui de quinze autres concombres, on agite comme tout à l'heure et on renouvelle l'opération une troisième fois. En dernier lieu, on enlève le mélange et on le bat une demi-heure au moins avec du baume du Pérou que vous vendra le pharmacien.

Cresson de fontaine (*nasturtium officinale*). — Le cresson de fontaine occupe sa place au chapitre de la culture potagère. — « Il est, dit le docteur Cazin, stimulant, antiscorbutique, diurétique, expectorant et diaphorétique. Il augmente les forces digestives et convient dans la débilité de l'estomac, le scorbut, les cachexies, les engorgements de la rate par suite de fièvres intermittentes, l'anasarque, les scrofules, la phthisie, l'empyème, les calculs. Son action est analogue à celle du cochléaria, du raifort et des autres plantes antiscorbutiques.

« Le cresson est d'un usage tout à fait populaire; on le mange en salade et le paysan le prend avec son pain. Toutefois cette plante ne peut être utile que lorsque les malades qui en font usage sont exempts de fièvres, d'inflammation, d'irritation locale quelconque ou d'irritabilité nerveuse. J'ai employé le cresson dans une foule de cas de maladies chroniques. Je ne parlerai pas du scorbut, contre lequel on l'administre sous toutes les formes. J'en ai retiré de grands avantages dans les catarrhes pulmonaires, chez les sujets lymphatiques et qui expectoraient abondamment. Dans ces cas, je donne le suc à la dose de 120 grammes, mêlé avec autant de lait. »

Le jus de cresson bu le matin à jeun, la tisane de cresson faite par ébullition, le cresson en salade, le cresson au beurre, sont autant de façons plus ou moins faciles de l'administrer pour en ressentir les bons effets.

Digitale-pourprée (*digitalis purpurea*). — Les personnes qui habitent des contrées schisteuses, sablonneuses ou granitiques, n'ont pas besoin de cultiver la digitale; la nature se charge de la besogne; elle y pousse tout naturellement et en abondance. Mais nous connaissons beaucoup de pays où la digitale ne se rencontre point. C'est le cas de la semer au jardin. Comme elle est bisannuelle, elle ne fleurira que la seconde année.

Fig. 1380. — Digitale pourprée.

La digitale est incontestablement une plante médicinale de premier ordre; on l'emploie souvent, et ses effets sont connus, mais elle n'en est pas moins une plante vénéneuse, contre laquelle on doit bien se tenir en garde et que les médecins seuls peuvent administrer sans danger.

Douce-amère (*solanum dulcamara*). — Cette plante, aux fleurs violacées, aux baies rouges, dont les longues et frêles tiges s'appuient sur les branches des saules qui bordent nos ruisseaux ou nos petites rivières, est d'une grande valeur. Dans le cas où elle ne pousserait pas naturellement dans votre voisinage, vous chercheriez à vous en procurer quelques pieds que vous feriez grimper à un berceau.

La douce-amère est stimulante, sudorifique, dépurative et un peu narcotique. Récoltez-en les tiges, et placez-les dans un endroit sec du grenier. On les coupe par petits morceaux ou on les fend pour s'en servir à raison de 15 à 30 grammes en décoction dans un litre d'eau. On ajoute du miel à cette décoction. On l'administre dans les affections dartreuses, galeuses, scrofuleuses, asthmatiques, dans la coqueluche, etc.

Fig. 1381. — Douce-amère.

Fenouil (*anethum fœniculum*). — Il a été question du fenouil au chapitre de la culture potagère. C'est un excitant. Il augmente la sécrétion laiteuse; il est stomachique et antiventeux; ses graines remplacent avantageusement l'anis avec lequel on le confond sans le moindre inconvénient. On en met une pincée en infusion dans une tasse d'eau bouillante.

Sa racine, assez volumineuse, provoque la sécrétion des urines. On en fait bouillir de 15 à 30 grammes dans un litre d'eau.

Fig. 1382. — Fenouil.

Le ratafia médicinal de fenouil se compose de la manière suivante : — On met infuser dans 1k,500 d'eau-de-vie ordinaire, 45 grammes de graines de fenouil brisées. Au bout de quinze jours, on y ajoute 1k,500 de sucre fondu dans un litre d'eau; on agite souvent, puis on passe à travers une toile à filtrer.

Figuier (*ficus carica*, L.). — Cet arbre est à sa place dans le jardin fruitier; nous n'avons pas à le mettre dans le nôtre.

La décoction de 60 grammes de figues sèches dans un litre et demi d'eau, est pectorale, émolliente, et peut servir en gargarismes dans les fluxions de la bouche.

En frottant les verrues et les cors avec le suc laiteux et âcre du figuier, on les fait disparaître peu à peu.

Fraisier (*fragaria vesca*). — Il ne faut pas dédaigner la racine du fraisier, parce qu'elle est commune; au contraire, les médicaments économiques sont à préconiser. Cette racine est diurétique et de plus astringente; elle modère donc les pertes de sang en attendant les moyens plus puissants qu'indiquera le médecin. On fait bouillir 15 à 30 grammes de racine de fraisier dans un litre d'eau et on boit à volonté. On peut aussi l'employer en lavement dans les diarrhées.

Les fraises écrasées dans l'eau donnent une boisson que les malades prennent avec plaisir.

Les feuilles de fraisier ont aussi un certain mérite. On rapporte que M. Malgaigne a guéri un jeune homme affaibli par une diarrhée de plusieurs mois, avec trois cuillerées par jour de la décoction suivante: feuilles fraîches de fraisier à volonté; eau-de-vie, trois fois leur poids; faire bouillir jusqu'à réduction de moitié.

Les fruits du fraisier sont rafraîchissants et tempérants. On a parlé de personnes guéries de la goutte en mangeant des fraises soir et matin. Nous ne savons ce qu'il faut en croire. Ce qu'il y a de plus positif, c'est que les fraises conviennent beaucoup aux tempéraments bilieux et sanguins.

Framboisier (*rubus idæus*). — Le fruit du framboisier a des propriétés rafraîchissantes. On prépare le sirop de framboises de la même manière que celui de cerises, dont il a été question précédemment.

Les feuilles du framboisier sont astringentes et valent en décoction celles de la ronce sauvage pour les gargarismes dans les affections de la gorge. Macquart dit que les fleurs de framboisier sont sudorifiques comme celles de sureau.

Fumeterre (*fumaria officinalis*). — La fumeterre vient naturellement dans la plupart des bons jardins; mais, comme elle gêne les semis, on n'attend pas qu'elle soit en fleurs pour l'arracher et la conserver. Le mieux donc est d'en semer un peu parmi les plantes médicinales, et d'en laisser grener tous les ans un pied ou deux. Elle se ressèmera d'elle-même.

Fig. 1383. — Fleur de fumeterre.

On considère la fumeterre comme un médicament tonique, fondant, dépuratif et vermifuge.

Nous vous souhaitons le courage de prendre le suc exprimé de la fumeterre à la dose de 60 à 100 grammes, seul ou mêlé avec du petit-lait, le matin à jeun, pendant quinze jours du mois de mai ou du mois de juin.

On en fait aussi des infusions à raison de 10, 30 et 50 grammes par litre d'eau. On peut encore faire infuser de 30 à 60 grammes de fumeterre dans un litre de bière ou de vin.

On peut enfin préparer un sirop de fumeterre avec poids égal de jus de la plante et de sucre, et l'administrer à raison de 50 à 100 grammes par jour.

Genévrier commun (*juniperus communis*). — Le genévrier, à moins qu'il ne se trouve dans vos arbustes d'ornement, devra figurer parmi votre collection de plantes médicinales.

Les fruits ou baies de genévrier sont stomachiques et entrent dans la composition d'un ratafia non distillé qui a beaucoup demérite, et dont voici la composition : On prend, par exemple, 45 grammes de baies de genévrier, 1kil,500 d'eau-de-vie à 24°, 1 litre d'eau ordinaire, 1kil,500 de sucre. On laisse macérer pendant huit jours les baies dans l'eau-de-vie, on ajoute le sucre fondu dans l'eau, et on filtre. Le cultivateur, par les temps humides ou brumeux, pourra prendre hardiment de ce ratafia de genévrier.

Une décoction de 15 à 30 grammes de copeaux de genévrier, par litre d'eau, peut remplacer la décoction de gaïac, bois sudorifique qui nous vient des Antilles et de la Jamaïque.

Les fumigations avec les baies de genévrier sont sudorifiques et peuvent réussir dans les rhumatismes (voir *fig.* 1365).

Groseillier à grappes (*ribes rubrum*). — L'arbrisseau, dont les fruits rouges ou blancs, toujours acides, sont la base de votre gelée de groseilles, a bien le droit d'être mentionné ici. On les recommande aux jeunes gens et aux tempéraments bilieux et sanguins au fort de l'été; le jus de groseilles et le sirop de groseilles sont des boissons conseillées dans plusieurs maladies inflammatoires.

De la gelée de groseilles appliquée de suite sur une brûlure du premier et du second degré, calme la douleur et empêche le développement des phlyctènes ou cloches.

Le *Groseillier noir* ou *Cassis* (*ribes nigrum*) fournit, par la macération de ses fruits dans l'eau-de-vie, un ratafia de cassis qui passe pour stomachique :

Baies de cassis détachées des rafles et écrasées.	3 kilogr.
Eau-de-vie	4 litres.
Sucre	1kil,750
Girofle	4 grammes.
Cannelle	8 —

faire macérer quinze jours; passer avec expression, et filtrer.

Guimauve officinale (*althea officinalis*). — La guimauve se rencontre à l'état sauvage dans certaines parties de notre pays, mais le plus ordinairement on la cultive dans les jardins, et c'est là que nous devons la prendre. Elle aime les terrains frais.

C'est le premier des émollients. Sa fleur en infusion est pectorale ; ses feuilles en cataplasmes sont émollientes; ses racines le sont bien davantage encore. On s'en sert chaque jour en infusion, en cataplasmes, lavements, lotions, fomentations et injections.

Pour aider à la dentition des enfants, on leur donne de la racine de guimauve à mâchonner.

La guimauve est tellement inoffensive, qu'on ne songe pas à en indiquer les doses. Pour l'employer à l'extérieur et en lavements, on ne compte point; pour l'employer à l'intérieur, en infusion, et plutôt en décoction, les doses varient entre 10 et 30 grammes par litre d'eau. L'essentiel est de boire la tisane un peu chaude, car, froide, elle ne produit pas l'effet attendu.

Houblon (*humulus lupulus*). — Quand vous n'avez pas de houblon sauvage dans vos haies, cultivez-le, recouvrez un berceau ou une partie de berceau de ses rameaux volubiles. En médecine, on se sert de ses cônes qu'il faut récolter au mois d'août, et dessécher au four après la cuisson du pain.

A dose ordinaire, les cônes de houblon donnent de l'appétit et aident à la digestion. « Amer à la bouche, bon au corps, » dit le proverbe, et le proverbe a raison. Le houblon est un excellent tonique, « qui convient, dit le docteur Cazin, aux enfants pâles, bouffis, qui habitent des lieux humides. » Il est, de plus, fébrifuge et vermifuge. Dans certains établissements pénitentiaires, la tisane de houblon remplace l'eau ou la bière pendant les repas.

On prépare les infusions ou tisanes de houblon à raison de 10 à 15 grammes par litre d'eau. On a conseillé avec raison de mettre des feuilles et des cônes de houblon dans les oreillers des personnes frappées d'insomnie. Cette plante provoque le sommeil.

Une infusion de houblon, associée au vin pendant les repas, redonne des forces aux enfants faibles.

On assure que la racine de houblon remplace très-bien la salsepareille pour combattre les dartres, les gales opiniâtres et autres maladies cutanées. Il y a des droguistes qui ne l'ignorent pas.

Les jeunes pousses de houblon, préparées en Belgique et dans le nord de l'Europe à la manière des asperges en petits pois, jouissent de propriétés laxatives.

Le lupulin, que l'on extrait des cônes de houblon, sert à combattre certaines habitudes secrètes des enfants et à leur rendre le calme des sens. Il est anaphrodisiaque.

Hysope (*hyssopus officinalis*). — C'est une plante aromatique que l'on cultive souvent en bordures dans les potagers. Pour cela, on la sème au printemps et on la renouvelle d'éclats en automne.

L'hysope est expectorante; on l'administre en infusion légère dans l'asthme humide chez les vieillards. — 8 à 15 grammes par litre d'eau.

Employée à l'extérieur, l'hysope est résolutive. C'est une propriété précieuse pour les personnes exposées à recevoir des coups de poing sur les yeux. Voici ce que dit là-dessus M. Cazin, que nous citons souvent parce qu'il a fait une étude très-approfondie des effets des plantes indigènes : — On fait résoudre promptement les *ecchymoses* des paupières et de l'œil par l'application d'un sachet d'hysope pilée et bouillie dans l'eau; on fomente avec l'eau sur le sachet appliqué. J'ai vu employer ce moyen avec succès. Il est évident que ce résolutif peut convenir dans les contusions des autres parties du corps. »

Laitue cultivée (*lactuca sativa*). — La laitue est connue de tout le monde comme plante potagère, mais comme plante médicinale, elle ne l'est guère; cependant, elle est émolliente, calmante, antispasmodique et diurétique. Il était d'usage chez les Romains de la manger le soir pour se procurer un bon sommeil, et cet usage s'est conservé dans quelques contrées des Gaules. Dans le nord de la France, on commence le souper par la salade; *manger la salade* est synonyme de *faire le repas du soir.*

Les salades de laitue produisent, assure-t-on, les plus heureux effets chez les hypocondriaques. Les propriétés calmantes de la laitue sont si bien établies, qu'il n'est pas rare de trouver encore des gens qui s'en défient comme du nénuphar et qui, en ceci, n'ont point raison.

Les cataplasmes de laitue cuite servent dans les cas d'érysipèle, d'inflammations, d'ophthalmie. Les lavements avec l'eau dans laquelle on a fait cuire de la laitue, calment les irritations d'intestins.

Le lactucarium employé en médecine sous forme de pilules, de sirop ou de teinture, s'obtient en incisant sur pied les tiges de laitue en fleur. Il en sort un liquide laiteux que l'on reçoit dans des verres, et qui s'épaissit promptement.

Laurier-cerise (*prunus lauro-cerasus*, L. — *Cerasus lauro-cerasus*, T. — *Lauro-cerasus*, Clus.). —

Fig. 1384. — Laurier-cerise.

On nomme encore cet arbre : Laurier amandier, — Laurier de Trébizonde, — Laurier-tarte, — Laurier au lait. On le recherche dans quelques jardins pour la beauté de son feuillage persistant. Ses feuilles servent en cuisine pour aromatiser les crèmes et le lait, mais il faut en user très-prudemment. Quand on froisse ces feuilles entre les doigts, elles exhalent une forte odeur d'amandes amères, et cette odeur prouve la présence de l'acide prussique ou cyanhydrique qui, on le sait, ne plaisante pas.

En médecine, le laurier-cerise jouit d'une certaine réputation comme calmant et expectorant agréable. Usez seulement de l'infusion d'une demi-feuille fraîche dans une tasse de lait contre un rhume et les palpitations de cœur.

On multiplie le laurier-cerise de boutures et de marcottes. Il ne résiste pas toujours aux hivers rigoureux, mais on peut l'encapuchonner momentanément ou l'élever en caisse aussi longtemps qu'il est de petite taille.

Lavande officinale (*lavandula officinalis*). — Elle est commune dans les jardins. C'est un arbuste aromatique facile sur le terrain, et que l'on multiplie aisément de boutures et d'éclats de vieux pieds.

On en met des paquets dans les fosses d'aisances pour masquer les mauvaises odeurs; ses fleurs en sachets sont placées dans les armoires au linge et dans les garde-robes pour en éloigner, dit-on, les mites. Ces mêmes fleurs, macérées dans l'eau-de-vie, donnent une eau de toilette qui enlève à la peau le feu du rasoir, et qui remplace avec économie toutes les eaux balsamiques qui font la fortune de leurs adroits inventeurs (voir *fig.* 1363).

Lierre commun ou **grimpant** (*hedera helix*). — Cette plante est connue de tout le monde et n'a pas besoin d'être décrite. On en tapisse les murs, on en fait des berceaux, on en fait des bordures d'allées dans les jardins d'agrément.

Les feuilles de lierre servent à panser les cautères et autres exutoires. Macérées dans le vinaigre pendant quelques jours, elles servent de caustique contre les cors aux pieds. Pour cela, on ramollit les cors en prenant des bains de pieds, puis on les enlève et on applique une feuille de lierre sur la plaie.

Dans quelques localités, on applique sur les brûlures du premier et du deuxième degré des feuilles de lierre qui ont bouilli dans l'eau, et par-dessus on met des compresses trempées dans l'eau tiède qui a servi à les cuire, et on les renouvelle souvent.

Il y a des paysans qui se purgent avec les baies du lierre; ils en avalent pour cela dix ou douze. La dose nous paraît forte.

Pour multiplier le lierre, on commence par le marcotter. Quand la marcotte est bien enracinée, on la transplante de bonne heure au printemps, et l'on arrose jusqu'à ce que la reprise soit bien assurée.

Lierre terrestre (*glecoma hederacea*, L.) — C'est un des noms vulgaires du glécome hédéracé, qu'on appelle encore terrette, rondette, rondotte, drienne, herbe de Saint-Jean.

Le lierre terrestre est commun au bord des haies, sur la berge des fossés, dans l'herbe des vergers, dans les lieux frais et ombragés.

Les feuilles vertes de cette plante sont en très-grande réputation dans nos campagnes; desséchées, elles n'ont plus grande vertu. Heureusement, le lierre terrestre résiste aux froids les plus intenses, et on peut presque toujours en trouver des feuilles fraîches au moment de s'en servir.

Des infusions de 10 à 15 grammes de feuilles par litre d'eau, infusions que l'on édulcore avec du miel, sont recommandées contre la toux, l'asthme et le catarrhe pulmonaire.

Lis blanc (*lilium candidum*). — Cette magnifique plante de nos parterres jouit d'une vieille réputation qui se soutient dans nos campagnes. Son oignon ou bulbe écailleux est émollient et maturatif. Nos villageois l'enveloppent d'un papier mouillé, le font cuire sous la cendre et l'appliquent sur les furoncles, les abcès et les panaris. Cette méthode nous paraît préférable à celle qui consiste à faire cuire l'oignon dans de l'eau ou du lait.

L'*huile de lis* est recommandée contre les maux d'oreille. On prépare ce médicament en mettant des pétales de lis fraîchement épanouis dans de l'huile d'olives bien pure.

Liseron des haies (*convolvulus sepium*). — Qui est-ce qui ne connaît pas ce liseron aux belles fleurs blanches? On le trouve à peu près partout dans les haies de nos villages. Mais si la plante est bien connue, ses usages ne le sont guère. Voici ce qu'en dit le docteur Cazin :

« Les feuilles contuses (froissées ou hachées) du grand liseron, infusées à la dose de 6 à 12 grammes dans une suffisante quantité d'eau, forment une potion purgative simple, que j'ai vu employer moi-même avec confiance. J'ajoute à l'infusion une certaine quantité de miel, et chez les sujets irritables, un peu de mucilage de racine de guimauve ou de graines de lin. Je laisse les fleurs infuser avec les feuilles. Les racines que je n'ai jamais employées, jouissent des mêmes vertus.

« Les feuilles de cette plante, séchées à l'ombre, pulvérisées et mêlées avec le miel ou le vin cuit, conservent longtemps leurs facultés purgatives, ou du moins une grande partie de ces facultés. »

Selon le même auteur, le **petit Liseron** ou **Liseron des champs** (*convolvulus arvensis*),

Fig. 1385. — Liseron des champs.

jouit des mêmes propriétés que le précédent.

Matricaire (*matricaria Parthenium*). — C'est une plante que l'on rencontre fréquemment dans les champs et sur les décombres. On la cultive aussi dans les jardins à l'état de fleur double, quelquefois sous le nom de bouton d'argent, qu'elle partage avec l'achillée ptarmique. Elle est proche parente de la camomille, dont il a été question précédemment.

Les fleurs de matricaire sont stomachiques, antispasmodiques, stimulantes, antiventeuses. Il en faut deux pincées ou 5 grammes en infusion pour un litre d'eau bouillante.

Mauves. La mauve sauvage (*malva sylvestris*),

et la mauve à feuilles rondes (*malva rotundifolia*) sont communes dans presque tous nos villages. Elles remplacent la guimauve.

Les plantes entières en décoction sont émollientes et servent à faire des cataplasmes, des bains, des lotions, des lavements, des injections.

Les infusions de fleurs de mauve sont pectorales et adoucissantes. Il convient donc de s'en approvisionner pour l'hiver.

Mélisse officinale (*melissa officinalis*). — La mélisse jouit d'une vieille réputation de panacée qui va certainement trop loin. Les carmes, avec leur eau de mélisse, ont vraisemblablement contribué à cette exagération. C'est une plante aromatique, très-connue et très-répandue dans les jardins, surtout depuis le choléra.

Fig. 1386. — Mélisse officinale.

A la dose de 5 à 10 grammes pour un litre d'eau bouillante, on tient son infusion pour stomachique, digestive, stimulante.

L'eau de mélisse spiritueuse, dont les principes actifs sont en dissolution dans l'esprit de vin, et que la distillation vient parfaire, peut être facilement remplacée par l'eau vulnéraire dont vous avez eu la recette au mot *Basilic*.

La culture de la mélisse n'offre aucune difficulté. On sème ses graines au printemps, ou bien on éclate les vieux pieds à l'automne pour la multiplier.

Fig. 1387. — Menthe poivrée.

Menthe poivrée (*mentha piperita*). — La menthe poivrée est une plante médicinale très-précieuse, surtout depuis qu'elle a fait ses preuves dans le choléra. C'est ce qu'on appelle un stimulant diffusible; son action ressemble à celle du camphre et de l'éther. Bierling rapporte que MM. Trousseau et Pidoux n'ont jamais eu recours à d'autre boisson qu'à l'infusion de menthe dans la période de concentration du choléra asiatique.

On met infuser une pincée de feuilles sèches dans une tasse d'eau bouillante ou 10 grammes pour un litre de cette eau bouillante.

Cette infusion fortifie les organes affaiblis ou paresseux, les stimule, rétablit la transpiration cutanée et aide à l'expectoration. Elle aide à la digestion; elle convient dans certaines maladies nerveuses, dans l'insomnie, etc. Ceci est l'affaire du médecin, non la nôtre. On en frotte les parties piquées par les abeilles.

Il ne faut pas confondre la menthe poivrée, d'un goût agréable, avec la menthe des jardins qui a les mêmes propriétés, mais dont la saveur est détestable.

La culture de la menthe est des plus faciles. Il suffit d'en éclater de vieux pieds en automne et au printemps et de planter les éclats qui ont l'inconvénient de s'étendre trop vite. On change les touffes de place tous les trois ou quatre ans.

Mercuriale annuelle (*mercurialis annua*). — Vous rencontrerez cette plante dans la plupart des jardins, dans les bonnes terres cultivées, dans les décombres, mais nous connaissons cependant des contrées où elle est absente et remplacée par la mercuriale vivace. Là, il faudra nécessairement la semer.

Fig. 1388. — Mercuriale annuelle (mâle).

La mercuriale annuelle a des noms vulgaires qui en indiquent la principale propriété. Si on l'appelle Foireuse, Foirole, Foirotte, Foirande, Chiole, Caquenlit, c'est qu'on lui reconnaît des vertus purgatives ou laxatives; et c'est, en effet, par ce côté qu'elle brille.

On emploie d'ordinaire la mercuriale en lavements. Pour deux lavements, on prend une poignée de mercuriale fraîche (plante entière) qu'on fait bouillir dans un litre et demi d'eau jusqu'à rédutcion d'un litre, et on ajoute à cette décoction 125 grammes de miel.

M. Cazin nous dit que le bouillon de veau auquel on ajoute la mercuriale, la laitue et la poirée (de chaque une poignée) est un doux laxatif qu'il

Fig. 1389. — Mercuriale femelle.

a souvent mis en usage dans sa pratique rurale.

« J'ai vu, dit le même auteur, des constipations opiniâtres céder à un moyen tout populaire, et qui consiste à introduire dans l'anus des feuilles et sommités de mercuriale broyées avec un peu de miel ou d'huile d'olive, de la grosseur d'une noix et même davantage, suivant le cas.

Morelle noire (*solanum nigrum*). — Dans nos campagnes, on n'a pas confiance dans la morelle

Fig. 1390.—Morelle noire.

noire, et il ne faut pas trop s'en plaindre. Jeune, et jusqu'à ce que ses fleurs se montrent, ce n'est point un poison, mais il n'en est plus de même quand les fruits sont formés. Les gens des colonies mangent les feuilles de la morelle noire sous le nom de Brède; le directeur de cette publication en a mangé aussi et nous dit ce qu'il en pense au chapitre de la culture potagère; mais pour ce qui est des fruits, personne ne s'en soucie.

M. Cazin nous apprend qu'il s'est bien trouvé, pour calmer les douleurs du rhumatisme articulaire aigu, de la morelle noire broyée et appliquée tiède sur la partie malade.

Moutarde blanche (*sinapis alba*).— Grâce au charlatanisme et aux annonces, la graine de moutarde blanche est devenue un remède populaire. Nous allons en réduire les effets à leurs justes proportions. Toutes les fois qu'il y a constipation et paressse de l'estomac, cette graine agit comme un léger laxatif et stimule les organes. Sous ce rapport, elle rend donc des services incontestables, et l'on fait bien de l'administrer avant chaque repas à la dose d'une cuillerée à bouche. Mais, quand il y a irritation, il est à craindre que ce régime ne l'augmente et ne crée des dangers. Voilà la vérité. C'est au médecin, après cela, à l'ordonner ou à la proscrire selon les cas.

Fig. 1391. — Moutarde blanche.

On prétend que la graine de moutarde blanche tirée de la Hollande, est la seule bonne; pour notre compte, nous faisons tout autant de cas de celle que nous cultivons ici sous le nom de *graine de beurre*.

Navet (*brassica napus*). — Le navet appartient à la grande culture et au potager. On s'en sert dans certaines localités pour préparer un remède qui n'est pas sans qualités et que l'on nomme improprement *sirop de navet*. On le fait ainsi : — Coupez les navets en rondelles; mettez ces rondelles dans une assiette creuse en saupoudrant de sucre fin chaque couche de cette racine. Couvrez le tout et placez à la cave. Les navets rendront un liquide qui, allié au sucre, formera un sirop peu épais, d'une odeur forte. On prend de ce jus sucré six à huit cuillerées à soupe dans la journée, pour les maladies de poitrine.

Parfois, on se contente de creuser l'intérieur du navet en forme de coupe, et d'y verser du sucre en poudre. Le jus de navet arrive et fait le sirop.

Enfin, on arrive au même résultat en faisant cuire des navets dans de l'eau et en sucrant la décoction.

Noyer commun (*juglans regia*). — L'infusion de feuilles de noyer est tonique, dépurative et antiscrofuleuse. Il faut de 15 à 20 grammes de feuilles fraîches ou sèches pour préparer cette infusion, dont on prend de deux à cinq tasses par jour. Un médecin de Chambéry, M. Psorson (vers 1832), affirmait avoir obtenu la guérison d'une jeune fille affreusement scrofuleuse. Dix à douze ans plus tard, le docteur Négrier, d'Angers, affirmait de son côté qu'on pouvait compter sur la guérison radicale des trois quarts des sujets traités par ce moyen. M. Cazin cite également un cas de guérison radicale au moyen de deux verres par jour de décoction de feuilles fraîches de noyer pendant tout l'été et d'une application de feuilles de noyer bouillies sur la plaie en suppuration.

Les jeunes noix servent à la préparation d'un ratafia qui est stomachique et dont voici la recette : — On prend une trentaine de petites noix nouvellement nouées, 3 grammes de cannelle dans un litre d'eau-de-vie. On écrase les noix avec un maillet de bois; on les fait macérer trois semaines dans l'eau-de-vie en question, puis on filtre et l'on sucre le résidu avec 500 grammes de sucre fondu d'abord dans 250 grammes d'eau.

Orge (*hordeum*). — La graine d'orge sert à faire une tisane rafraîchissante. On la prépare exactement comme celle d'*avoine*. Voy. ce dernier mot.

Ortie brûlante (*urtica urens*), et **Ortie dioïque** (*urtica dioica*). — Ces deux orties, la petite et la grande, si répandues partout, jouissent, assure-t-on, de la propriété d'arrêter les hémorrhagies. Lieutaud dit, en effet, que du jus d'ortie ou de la racine d'ortie introduit dans le nez arrête le sang. M. Cazin rapporte aussi qu'il a vu des paysans arrêter l'hémorrhagie nasale en introduisant dans les narines le jus d'ortie au moyen de coton qui en était imbibé.

Ortie blanche (*lamium album*). — Le lamier blanc, que nous appelons ortie blanche parce que ses feuilles ressemblent à celles de l'ortie dioïque, est une plante très-commune et très-connue dans nos villages. Ses fleurs passent pour être astringentes : on l'emploie en infusion à raison de 10 grammes dans un litre d'eau bouillante.

Oseille commune (*rumex acetosa*). — On la trouve inévitablement en bordure ou en contre-bordure dans nos potagers. Une poignée d'oseille, bouillie dans un litre d'eau avec un peu de beurre et quelques grains de sel, constitue l'indispensable bouillon aux herbes qui vient si commodément en aide aux purgatifs. Quelques feuilles de laitue, d'épinard et de cerfeuil ne sauraient nuire à ce bouillon.

Patience (*rumex patientia*). — La racine de toutes les patiences est tonique et dépurative. On en met de 30 à 60 grammes dans un litre d'eau bouillante.

Pavot simple à fleurs blanches, ou somnifère (*papaver somniferum album*). — Ce pavot nous est nécessaire dans plusieurs circonstances. Sa capsule, qui contient les mêmes principes que l'opium, devra être récoltée avant sa parfaite maturité, quand elle est encore succulente. Elle sert en décoction pour lavement, fomentation, injection et tisane. Pour tisane et lavement, une capsule par litre d'eau suffit; il en faut 4 ou 5 pour fomentation et cataplasme.

Les feuilles de pavot, fraîches ou sèches, sont calmantes et s'appliquent en cataplasmes.

Persil (*apium petroselinum*). — Avec les grosses racines blanches de notre persil commun, on fait une tisane antilaiteuse pour les femmes et diurétique. On a reconnu aussi au persil la propriété de triompher des fièvres intermittentes. On l'emploie à raison de 20 à 30 grammes de racines, en décoction, pour un litre d'eau et on ajoute du miel.

Petite Pervenche (*vinca minor*). — Cette charmante petite plante printanière aux fleurs bleues ou blanches, aux feuilles coriaces et luisantes, est un antilaiteux populaire, à raison de 15 grammes de feuilles sèches en infusion dans un litre d'eau ou de 30 grammes de feuilles vertes. Elle a été conseillée aussi dans les cas de crachement de sang, de diarrhée, etc.

Fig. 1392. — Pervenche.

Grande Pervenche (*vinca major*). — Mêmes propriétés que la petite.

Pissenlit (*taraxacum officinale*). — C'est une plante tonique, diurétique, antiscorbutique et dépurative. On commence par la manger en salade; plus tard, les plus courageux expriment le jus de la plante entière, et en boivent pendant une quinzaine de jours au printemps. Enfin, avec 10 ou 20 grammes de la plante sèche dans un litre d'eau bouillante, on en fait une infusion.

La racine du pissenlit est tout aussi dépurative que celle de la chicorée sauvage.

Pomme de terre (*solanum tuberosum*). — Les feuilles fraîches de la pomme de terre peuvent servir à préparer des cataplasmes. La pomme de terre crue et râpée est un remède populaire contre les brûlures du premier et du deuxième degré. La pomme de terre cuite avec des mauves et écrasée, fournit aussi un excellent cataplasme.

Prunellier (*prunus spinosa*). — Le prunellier est commun dans nos haies; on l'appelle souvent *épine noire*. Ses fleurs sont un purgatif doux pour les enfants, à la dose d'une petite poignée en infusion, quand elles sont fraîches, et d'une quantité moindre quand elles sont sèches. Nous nous en rapportons là-dessus au docteur Cazin. Les prunelles cueillies avant qu'elles soient tout à fait mûres, puis séchées au four et mises à macérer dans du vin, fournissent une liqueur astringente, dont la médecine peut tirer parti.

Raifort (*cochlearia armoracia*). — Commençons par nous entendre sur le mot. Très-souvent on appelle *raifort cultivé* le gros radis blanc, jaune, gris ou noir. Il a, nous le savons bien, des propriétés antiscorbutiques, et nous ne trouvons pas mauvais qu'on le mange cru ; mais ce n'est pas de celui-là que nous entendons parler. Il s'agit ici du *raifort sauvage* ou mieux du cochléaria, qu'on nomme encore Moutarde de capucin, Moutarde des Allemands, Cran de Bretagne. C'est un antiscorbutique aussi, et l'un des plus puissants que nous ayons. Allié au cresson de fontaine, au cochléaria officinal et au vin, il vous donnera un antiscorbutique journellement employé. Pour cela, mettez dans 2 litres de bon vin blanc, 60 grammes de racine de raifort, 30 grammes de cresson de fontaine, 30 grammes de cochléaria officinal (feuilles), et filtrez avant huit jours de macération.

Vous pouvez aussi préparer un dentifrice où la racine de raifort sera la partie active. Voici la recette :

Eau-de-vie	1 litre.
Racines fraîches de raifort	30 grammes.
Semences de fenouil	30 —
Menthe poivrée	15 —

Vous attendrez quinze jours et vous filtrerez.

Il a été question du raifort à propos du potager; il est donc inutile de vous entretenir ici de sa culture qui, d'ailleurs, est des plus simples.

Voyons maintenant ce que le docteur Cazin nous dit du raifort : « Il résulte de nos expériences que les feuilles de raifort écrasées, mises dans une quantité convenable d'eau chaude, fournissent des bains de pieds rubéfiants, qui ne le cèdent en rien à ceux qu'on prépare avec la farine de moutarde. »

Réglisse (*glycyrrhiza glabra*). — Il n'est presque pas de tisane sans réglisse. Elle est rafraîchissante, adoucissante et diurétique. Il faut surtout la bien employer, et, contrairement aux vieilles habitudes, la faire infuser seulement. 10 à 15 grammes de racine suffisent en infusion dans un litre d'eau bouillante. Elle se prépare aussi à froid.

Le *coco* de réglisse se fait par macération dans une grande quantité d'eau avec la susdite racine, et un peu de semence de fenouil pour remplacer la coriandre.

La réglisse noire dont nous nous servons dans les rhumes n'est autre chose que de l'extrait de réglisse.

On multiplie la réglisse avec des drageons ou des pieds enracinés. Elle demande une terre douce, profonde et substantielle. Il faut trois années de végétation pour que la racine de cette plante acquière tout son développement.

Renouée des oiseaux (*polygonum aviculare*). — C'est une plante qui abonde à peu près partout et qu'on nomme vulgairement traînasse, herbe à cent nœuds, herbe des Saints-Innocents, etc., etc. On la recommande dans les diarrhées, les dyssenteries et les pertes de sang chez les femmes, à raison de 20 à 30 grammes de la plante entière en décoction dans un litre d'eau.

Rhubarbe (*rheum*). — Les rhubarbes cultivées dans le potager pour les besoins de la cuisine sont aussi des plantes médicinales. Les pétioles, les feuilles et les racines jouissent de propriétés purgatives.

Ricin commun (*ricinus communis*). — C'est une plante essentiellement médicinale ; tout le monde connaît les propriétés purgatives de l'huile

Fig. 1393. — Ricin commun.

de ricin ; mais nous nous bornons à l'indiquer et à le figurer, attendu que nous ne le cultivons d'ordinaire qu'à titre de plante ornementale.

Romarin (*rosmarinus officinalis*). — Le romarin figure parmi les arbrisseaux aromatiques de nos jardins d'agrément. L'infusion légère est stimulante, réchauffante et digestive. La macération des sommités des rameaux dans du vin, pendant huit ou quinze jours, fournit une liqueur très-bonne pour les fomentations et les injections.

Ronce commune (*rubus fruticosus*). — C'est un astringent très-commun que l'on peut trouver en toute saison dans les haies. On l'emploie en gargarisme dans les maux de gorge, à la dose de

15 grammes de feuilles et 125 grammes de miel par 125 grammes d'eau en décoction.

Les fruits sont rafraîchissants; on en fait une gelée agréable et un sirop qui, dit-on, peut remplacer le sirop de mûres.

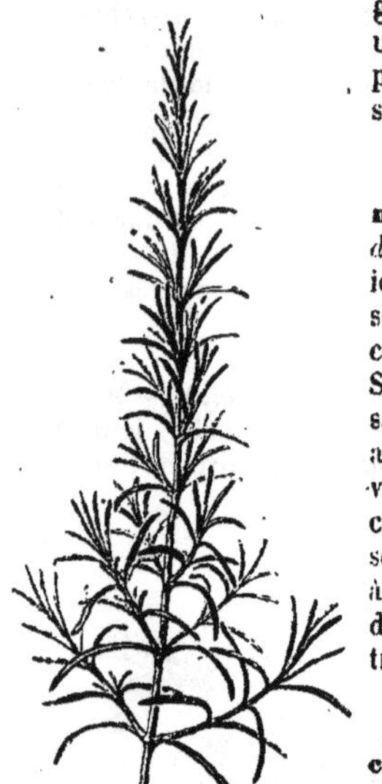

Fig. 1394. — Romarin.

Roseau à quenouille (*arundo donax*). — Il s'agit ici de ce grand roseau qu'on nomme canne de Provence. Ses racines, d'une saveur sucrée, sont abondantes et servent en médecine comme antilaiteuses, à la dose de 15 à 30 grammes en décoction dans 1 litre d'eau.

Saule blanc ou **commun** (*salix alba*). — L'écorce de saule jouit de propriétés fébrifuges bien établies. Nos populations des campagnes les ont connues avant les médecins; on s'en sert dans les fièvres intermittentes en guise de quinquina, à la dose de 30 à 60 grammes en décoction par litre d'eau. On en fait aussi infuser dans du vin, de la bière ou du cidre.

La décoction d'écorce de saule est un antiseptique qui a été employé contre les ulcères, la gangrène et la pourriture d'hôpital. Les enfants scrofuleux et ceux dont les jambes sont débiles, se trouvent bien, assure-t-on, de l'usage des bains dans une décoction d'écorce de saule.

L'écorce des différentes espèces de saule et des osiers par conséquent, possède les mêmes propriétés que celle du saule blanc. A ce propos, on nous permettra de rappeler que, dans ces derniers temps, un de nos collaborateurs au *Livre de la Ferme*, M. Pons-Tande, agriculteur à Mirepoix (Ariége), a préconisé l'emploi de l'écorce d'osier dans la nourriture des moutons comme moyen de prévenir sûrement la cachexie aqueuse ou pourriture.

Séneçon commun (*senecio vulgaris*). — Sans nous arrêter à de prétendues vertus très-contestables, nous accorderons au séneçon des qualités toutes douces. Si la nature l'a semé si copieusement autour de nous, c'est qu'elle a eu de bonnes raisons pour cela.

Faites bien cuire l'herbe entière; mettez-la ensuite entre deux toiles claires pour l'employer en cataplasmes dans tous les cas où les émollients, les adoucissants seront urgents. Sa décoction peut également servir en lavements. (Voy. *fig.* 1359).

Serpolet (*thymus serpillum*). — Linnée, dont l'autorité ne saurait être méconnue, attribue à l'infusion de serpolet la propriété de dissiper l'ivresse. C'est à vérifier.

Souci des jardins (*calendula officinalis*). — On assure, mais nous ne garantissons pas l'exactitude du fait, que les fleurs de souci macérées dans du vinaigre et appliquées ensuite sur les verrues, ont la propriété de les faire disparaître.

Stramoine (*datura stramonium*). — Cette plante se rencontre communément dans les jardins, soit qu'on l'y cultive pour ses fleurs, soit qu'on lui attribue, comme dans le nord de la France et en Belgique, la puissance d'éloigner les taupes, ce qui n'est pas démontré. Ce datura stramonium est un précieux médicament, dit-on; mais c'est en même temps un dangereux poison, dont les prétendus sorciers de l'ancien temps se servaient pour provoquer des hallucinations, et dont les voleurs se servent encore parfois pour endormir leurs dupes et les détrousser en paix. Tout compte fait, cultivez la stramoine ou datura stramonium, si vous le voulez; seulement, soyez en garde contre cette plante, et ne la prenez que des mains du médecin.

Sureau noir (*sambucus nigra*). — La fleur du sureau noir est de celles que l'on trouve partout, et partout mal gardée. On peut donc s'en approvisionner aisément sans avoir peur des réclamations. Seulement, au lieu de la laisser étendue d'une année à l'autre au grenier, où elle finit par perdre une bonne partie de ses qualités, on devrait, aussitôt sa dessiccation complète, la mettre dans des sacs de papier très-épais et l'y enfermer soigneusement.

Comme sudorifique et excitant, la fleur de sureau s'administre en infusion légère, à la dose de 2 à 10 grammes pour un litre d'eau bouillante. Quand on l'emploie en fomentations et en bains, on élève la dose de 15 à 30 grammes pour un litre.

La deuxième écorce de la tige de sureau est assez souvent utilisée en décoction contre l'enflure. C'est un puissant purgatif dont on devra se défier.

Tanaisie commune (*tanacetum vulgare*). — Mêmes propriétés que la grande absinthe.

Thym commun (*thymus vulgaris*). — Plante aromatique et condimentaire du potager. C'est un stimulant pour les organes affaiblis; aussi les enfants débiles se trouvent-ils très-bien de l'usage d'un bain où l'on associe le thym à la sauge, à la menthe, à la mélisse et au romarin. Pour préparer ce bain, on prend un mélange de 500 grammes de ces diverses plantes par parties égales et 8 seaux d'eau. Après cela, on laisse infuser les plantes pendant une heure dans deux seaux d'eau bouillante, en vase couvert, et on ajoute l'infusion au bain entier.

Tilleul (*tilia Europæa*). — Personne n'ignore les qualités agréables de la fleur de tilleul. L'infusion de cette fleur contre les affections nerveuses laisse presque toujours du calme. C'est aussi un remède dans les vomissements, la toux, la migraine, et de plus un sudorifique.

Violette odorante (*viola odorata*). — Sous le rapport médical, cette jolie plante est très-favorablement appréciée; avec ses fleurs recueillies en mars et en avril, on prépare une tisane adoucissante et agréable au palais. On les emploie à la dose de 8 grammes en infusion dans un litre d'eau bouillante.

Les feuilles, qui sont très nombreuses toute l'année, peuvent servir en cataplasmes.

La variété à fleurs doubles s'emploie comme celle à fleurs simples. HARIOT.

Manière de récolter, de dessécher et de conserver les plantes médicinales. — On ne récolte les plantes à utiliser fraîches qu'au moment de s'en servir; on n'a pas le choix du temps; s'il est beau, tant mieux; s'il est pluvieux, tant pis.

Pour ce qui est des plantes à conserver, c'est différent.

S'agit-il des *racines*, il faut attendre nécessairement qu'elles soient bien développées. Nous récolterons, au moment où la graine commence à se former, les racines des plantes qui ne vivent qu'un an ou moins d'un an. Nous prendrons celles des plantes bisannuelles à l'automne, dès que leur développement sera complet ou à peu près, ce qui arrive, par exemple, avec la carotte et le navet. Quant aux racines des plantes vivaces, nous attendrons, chez les plantes herbacées, qu'elles aient deux ou trois ans, et chez les végétaux ligneux qu'elles aient cinq ou six ans. Comme avec ces racines nous n'avons pas à craindre un amoindrissement de qualité pendant l'hiver, ainsi qu'avec les racines bisannuelles, nous ne les sortirons de terre qu'au printemps. Nous étendrons sur le sol les diverses racines annuelles, bisannuelles ou vivaces, pour qu'elles s'y ressuient; nous nous garderons bien de les laver. Ensuite nous les brosserons pour en détacher la terre, et, si elles sont d'une dessiccation facile, nous les placerons au grenier sur des claies suspendues. Si, au contraire, elles sont charnues, trop juteuses et trop grosses, nous les diviserons dans le sens de la longueur ou de la largeur, et nous les ferons sécher au four après la cuisson du pain.

S'agit-il de récolter et de conserver des *feuilles* ou des *tiges herbacées*, on attend une belle journée et on les cueille à l'époque où les premières fleurs s'ouvrent, et principalement du côté du midi. On met ensuite les feuilles et les tiges sur des claies un peu à l'ombre ou bien en plein soleil, après les avoir recouvertes d'une toile claire, ou bien on les suspend sous un hangar ouvert au midi, ou dans un grenier bien exposé et dont on ouvre les fenêtres. Dès que la dessiccation paraît complète, on enferme les plantes dans des boîtes.

Pour récolter les *fleurs*, on n'est pas forcé d'attendre qu'elles soient tout à fait ouvertes. L'essentiel pour toutes, c'est que, si elles sont ouvertes, elles ne le soient pas depuis longtemps. Il ne faut pas en séparer le calice. Quand elles sont trop petites et en quelque sorte insaisissables, on les prend avec les sommités des tiges ou avec les capitules qui les portent. On les desséchera promptement sous une toile claire, au soleil, sous un hangar chaud et bien aéré, ou au grenier à la rigueur, toujours par couches minces qu'on remuera de temps en temps. La dessiccation terminée, on placera les fleurs dans des boîtes bien fermées et que l'on tiendra en lieu sec.

En ce qui regarde les *fruits* pulpeux, on les dessèche lentement au four, et l'on n'attend pas qu'ils soient durs pour les retirer. Quant aux *graines*, on ne les prend que bien mûres, et on les étend quelques jours à l'air sec.

On dessèche les *écorces* au soleil, sous un hangar ouvert, ou dans un four, selon le temps et le climat. On récolte au printemps celles qui appartiennent aux arbres résineux, et en automne celles qui appartiennent à d'autres arbres.

Autant que possible, on ne fera pas de grosses provisions, attendu qu'il y a profit à les renouveler tous les ans. P. J.

CHAPITRE LIII

DES FLEURS

A mesure que l'instruction se propage, que le bien-être s'étend, que les mœurs s'épurent et s'adoucissent, le goût de la culture des fleurs se développe. Chez beaucoup de personnes, ce goût devient même un besoin, une passion à laquelle elles ne résistent pas. Il faut s'en féliciter. M. Joigneaux a dit quelque part avec raison : — « Nos femmes aiment les fleurs, nos filles aussi, et il n'y aurait pas d'inconvénient à leur faire la part belle et large; mais au prix où sont les terres presque partout, il y a lieu de réfléchir et de compter serré. Notre parterre, à nous autres, c'est la plate-bande du potager; les fleurs servent de cadre à nos légumes; nous logeons les uns et les autres à la même enseigne..... Un jardin sans fleurs, c'est un appartement sans meubles. Elles donnent la vie, elles égayent l'œil, elles embaument l'air; malheureusement, celles que nous cultivons de temps immémorial ne sont pas assez variées. Elles sont fort jolies sans doute; mais il y en a d'autres, et par centaines, qui sont inconnues dans nos campagnes et que nous voudrions voir en compagnie des anciennes. »

Nous n'irons pas au delà du désir qui vient d'être exprimé; nous ne perdrons pas de vue que ce chapitre s'adresse presque exclusivement aux femmes et filles de cultivateurs qui ont toutes sortes de droits à notre attention. Nous n'avons pas à créer ici des parterres, des jardins spécialement affectés à la culture des fleurs; nous ne voulons que signaler les espèces et variétés les plus rustiques et les plus recommandables.

On l'a dit bien souvent : — Le goût des fleurs est inné chez l'homme. Voyez les tout petits enfants, sur les bras de leurs mères, sourire à la vue de la fleur qu'on leur présente, tendre leurs petites mains pour la saisir et la porter à leurs lèvres. Cette observation n'échappa point à Raphaël, comme le prouve son magnifique tableau de la Vierge à l'œillet.

Un peu plus tard, si vous laissez seul au jardin l'enfant qui a grandi, vous le verrez cueillir toutes les fleurs les plus belles et les cacher précieusement comme fait l'avare qui vient de trouver un trésor.

Plus tard encore, quand l'enfant est devenu un homme sérieux ou soucieux, il oublie un moment les fleurs, mais aussitôt qu'il a quitté la vie tourmentée des affaires, il se ressouvient d'elles, il leur demande un peu de ce bonheur et de ces joies pures qu'il a vainement cherchés dans la richesse et les distinctions du monde, et il finit tranquillement ses jours au milieu d'elles. Peut-être, en rendant le dernier soupir, espère-t-il que quelques-unes de ses fleurs aimées iront orner sa tombe et le rappeler à la mémoire des siens.

En vue de rendre les recherches plus faciles et notre travail plus profitable par conséquent, nous suivrons sur le papier la marche indiquée naturellement par l'ordre des floraisons, pour tout ce qui regarde un certain nombre de plantes herbacées de pleine terre, et nous terminerons le chapitre par des considérations sur les rosiers qui ont et auront toujours leur place assurée dans nos jardins de village aussi bien que dans ceux des villes.

JANVIER.

Hellébore ou **rose de Noël** (*helleborus niger*). —Vivace et de la famille des Renonculacées. Elle est la première à nous annoncer la prochaine venue du printemps. On la voit quelquefois en janvier et février fleurir courageusement au-dessus de la neige. Ses feuilles sont grandes, découpées comme celles de la pivoine; sa fleur est simple, à disque jaunâtre, à fleurons *roses* et *verdâtres* à l'extrémité. Multiplication par éclats de la touffe ou de rejetons à la fin de l'automne. Tous les terrains lui conviennent. On la met en corbeille ou en bordure sur la lisière des massifs d'arbres ou d'arbustes.

FÉVRIER.

Bulbocode printanier (*bulbocodium vernum*). — De la famille des Mélanthiacées. Vivace, bulbeuse; fleurs se développant avant les feuilles, comme celles du colchique d'automne de nos prés, auxquelles elles ressemblent beaucoup. Les fleurs du bulbocode sont d'un *violet pourpre* avec tache *blanche* à l'onglet. Multiplication de caïeux en août, en terre meuble, fraîche et un peu ombragée. Pour petits groupes sur les plates-bandes.

Éranthe d'hiver ou **helléborine** (*eranthis hyemalis*). — De la famille des Renonculacées. Hampe terminée par une seule fleur d'un *beau jaune*. — Multiplication par la division des souches, en terre légère. Pour bordures.

Hellébore rose de Noël (voyez en Janvier).

Nivéole du printemps (*leucoium vernum*). — De la famille des Amaryllidées. Vivace, bulbeuse; fleur *blanche* penchée, avec tache *verte* à l'extrémité de chaque foliole de la fleur. Multiplication en terre légère et ombragée par la division des touffes à l'automne, tous les trois ou quatre ans seulement. Pour bordures, pelouses et massifs d'arbustes.

Perce-neige ou **galanthine** (*galanthus nivalis*). — De la famille des Amaryllidées. Plante vivace, bulbeuse, souvent confondue à première vue avec la précédente, dont elle diffère cependant par des caractères botaniques assez tranchés. Les divisions de la fleur, qui sont égales dans la nivéole, sont inégales dans le perce-neige. Les trois externes sont d'un blanc pur, tandis que les trois internes, plus petites et ramassées, sont marquées d'un croissant vert. Il existe une variété à fleur double. Multiplication par la séparation des caïeux, arrachés en août et replantés au commencement d'octobre, en terre fraîche. Même emploi que la nivéole.

MARS.

Anémone hépatique (*anemone hepatica*). — Vivace et de la famille des Renonculacées. Originaire des Alpes où elle croît spontanément, mais à fleurs simples. C'est une des plus jolies petites plantes des premiers jours du printemps, ou plutôt des derniers jours de l'hiver, car elle fleurit abondamment, comme la violette et la primevère, en mars et avril. Elle forme de petites touffes comme ces dernières; du milieu de ses feuilles d'un vert foncé, cordiformes, sortent ses fleurs sur court pédoncule. On cultive principalement les variétés à fleurs doubles, de coloris bleu d'azur, rose cerise, blanc. Cette dernière variété est délicate et rare. Terre légère ou de bruyère, au nord ou à mi-ombre. Magnifique en corbeille ou en bordure. Multiplication d'éclats à l'automne.

Arabette des Alpes (*arabis Alpina*). — De la

famille des Crucifères. Plante vivace, touffue, de 0m,15 à 0m,20; fleurs *blanches*, en longues grappes. On la sème au printemps ou en été pour la mettre en place à l'automne, ou bien, on divise ses touffes défleuries. Toutes terres. Charmante en bordure.

Aubriétie deltoïde ou **Alysse deltoïde** (*aubrietia deltoidea* ou *alyssum deltoideum*). — C'est une plante vivace de la famille des Crucifères. Elle forme de petites touffes très-basses, à feuilles deltoïdes d'un vert blanchâtre. Ses petits rameaux touffus et arrondis, sous-ligneux, se couvrent dès février et mars d'innombrables petites fleurs simples d'un rose lilas ou bleuâtre. Terrains légers et secs; propre pour rochers, rocailles. On en fait aussi de jolies corbeilles et de jolies bordures. Multiplication d'éclats en automne et au printemps. Sa floraison dure une partie de l'année.

Bulbocode printanier (voyez en Février).

Cardamine à fleurs doubles ou **cresson des prés** (*cardamine pratensis*). — Plante vivace, de la famille des Crucifères, d'un *rose lilas*, sur tige de 0m,10 à 0m,15. Terrains humides. Bordure des pièces d'eau. Multiplication d'éclats.

Crocus (voyez SAFRAN).

Doronic des Alpes (*doronicum*). — Vivace et de la famille des Composées; fleurit en février, mars et avril. Ses feuilles sont en cœur; ses fleurs, sur long pédoncule comme celles du pissenlit, avec lesquelles elles ont quelque ressemblance, sont d'un *jaune* plus foncé et plus brillant. Multiplication par la séparation des touffes après la floraison.

Éranthe d'hiver (voyez en Février).

Giroflée jaune ou **Ravenelle** (*cheiranthus-cheiri*). — De la famille des Crucifères. Bisannuelle et indigène. Nombreuses variétés parmi lesquelles se distingue: 1° le bâton d'or; 2° celle à fleurs doubles brunes; 3° celle à fleurs pourpres, ardoisées; 4° celle à feuilles panachées. Tout le monde connaît ces belles plantes printanières, d'un parfum suave. Multiplication de graines cueillies sur les variétés simples, et de préférence sur la variété à fleurs doubles fructifères. On sème au printemps; on repique les jeunes plants en automne et ils fleurissent au printemps suivant. On peut aussi les multiplier par boutures. Terre fraîche.

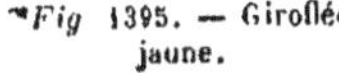
Fig. 1395. — Giroflée jaune.

Pour avoir, au printemps, des fleurs précoces et de choix, on repique plusieurs petits plants de bouture ou de semis, dans de petits pots, et on les met sous bâche pour y passer l'hiver. Aussitôt les gelées finies, après les avoir habitués au grand air, on les dépote et on en fait des massifs.

Lamier taché (*lamium maculatum*). — De la famille des Labiées. Plante vivace, intéressante par son feuillage taché de plaques jaunes. On la multiplie par la séparation de ses touffes au printemps ou à l'automne. Toute nature de terrain.

Pâquerette vivace ou **Marguerite vivace** ou **Fleur de Pâques** (*bellis perennis*). — Composées. C'est encore une de ces petites plantes printanières, qui peuvent se passer de description et de recommandation. On en a obtenu des variétés à fleurs plus larges que les anciennes, blanches, rouges, pourpres, etc. Celle nommée *mère de famille* et *mère Gigogne* est une fleur presque blanche, large, entourée en forme de couronne de plusieurs autres petites fleurs. Multiplication d'éclats en automne; corbeilles, bordures très-élégantes.

Safran printanier (*crocus vernus*). — Plante vivace de la famille des Iridées. On en connaît un grand nombre de variétés à fleurs *jaunes, rouges, bleues, rubanées*, etc.; simples ou doubles. Multiplication de graines aussitôt mûres et de caïeux en automne. Le crocus demande une terre assez légère ou très-ameublie et une faible fumure à l'aide d'engrais très-réduit. On relève les bulbes tous les ans et mieux tous les deux ou trois ans.

Scille de Sibérie ou **précoce** (*scilla Sibirica*). — De la famille des Liliacées; vivace, bulbeuse. Sa hampe s'élève à environ 0m,15; ses fleurs sont d'un beau *bleu d'azur* et en grappes. On multiplie cette scille par la séparation de ses caïeux vers le mois d'août, avec la précaution de replanter immédiatement. On forme avec cette plante, très-facile à cultiver partout, des bordures charmantes et des groupes d'un bel effet.

Violette (*viola*). — Plante vivace, de la famille des Violariées, trop connue et trop aimée, pour qu'il soit nécessaire de la décrire et de la recommander. Nous avons les variétés à fleurs simples et à fleurs doubles, unicolores ou panachées. Parmi les premières, on cultive principalement la violette des *quatre saisons* (variétés *præcox* et *semperflorens*) qui fleurit au printemps, en automne, et en hiver sous vitraux. Parmi les variétés à fleurs doubles, il y a aussi une *violette des quatre saisons* ou *violette en arbre* (*viola arborescens*). En enlevant les feuilles du bas de sa tige à mesure qu'elles poussent, cette tige s'élève de 0m,10 à 0m,20 et se termine par une touffe de feuilles et de fleurs.

La *violette de Bruneau* est une variété de cette dernière, à fleurs panachées de violet rougeâtre et de blanc.

La *violette de Parme*, à fleurs simples mais larges, est considérée par quelques horticulteurs comme une variété des quatre saisons. On la cultive en bâche pour avoir des fleurs en hiver.

La violette n'est pas difficile quant aux terrains, cependant elle affectionne ceux qui sont légers.

Fig. 1396. — Violette.

Multiplication par l'éclat des touffes, par les coulants et par le semis. Exposition ni trop humide ni trop sèche.

La violette sert à former de jolies corbeilles et de jolies bordures.

AVRIL.

Alysse corbeille d'or (*alyssum saxatile*). — Petite plante vivace de la famille des Crucifères. Elle talle considérablement; ses petits rameaux à feuilles lancéolées, s'étendent sur la terre, de manière à former de larges touffes, et se couvrent en avril et mai de bouquets de petites fleurs d'un *jaune éclatant*. On en forme de jolis massifs. Terre pierreuse et sèche. Multiplication d'éclats en automne ou au printemps, ou par les graines dès leur maturité.

Anémone des jardins ou des **fleuristes** (*anemone coronaria*). — Famille des Renonculacées. Racines tubéreuses, appelées pattes ou griffes, feuillage découpé du milieu duquel sortent des tiges droites terminées par une fleur de 0m,05 à 0m,06; à pétales arrondis et symétriquement arrangés en corolle bombée ou en bouton. Nous avons des anémones simples, demi-doubles et doubles, de coloris très-variés et riches. Les dernières sont seules cultivées dans les jardins en planches ou corbeilles. Multiplication de graines, cueillies sur les simples ou de préférence sur les demi-doubles, et de racines qu'on enlève après la floraison comme les oignons des jacinthes et des tulipes. On les replante en automne et au printemps.

Anémone hépatique. (voyez en Mars).

Arabette des Alpes. (voyez en Mars).

Aubriétie deltoïde. (voyez en Mars).

Auricule. (voyez *Primevère*).

Benoîte écarlate (*geum coccineum*). — De la famille des Rosacées, vivace, haute de 0m,40 à 0m,50.

Le livre de la maison Vilmorin, intitulé : *Les fleurs de pleine terre*, en parle en ces termes : — « Cette plante est robuste et assez rustique ; ses fleurs produisent un joli effet dans les corbeilles, les massifs et les plates-bandes ; elles s'épanouissent de fin avril en juin. On sème la benoîte écarlate d'avril en juillet, en pépinière demi-ombragée et en terre sableuse; on repique en pépinière et on met en place à l'automne ou au printemps. On peut également la multiplier, par la division des pieds, soit au printemps, soit à la fin de l'été, après la maturité des graines.

Fritillaire ou **couronne impériale** (*fritillaria imperialis*). — Plante vivace, de la famille des Liliacées. Oignon gros, charnu, hampe de 0m,50 à 1 mètre, feuilles lancéolées au sommet; en avril et mai fleurs doubles, d'un jaune terreux, en forme de tulipe double renversée et disposées en couronne à l'extrémité de la hampe. Cette couronne est surmontée d'une petite touffe de feuilles en faisceau. Il y a plusieurs variétés à fleurs d'un rouge brun, ou orangé ou panaché, etc.; odeur fétide ; multiplication de graines aussitôt cueillies et de caïeux, comme les tulipes. Mais on ne relève l'oignon-mère que tous les trois ou quatre ans pour le transplanter. Toute terre, plutôt sèche que fraîche.

Fig. 1397. — Fritillaire impériale.

Giroflée des jardins ou **grosse espèce** (*cheiranthus incanus*). — De la famille des Crucifères, bisannuelle. Ses feuilles sont d'un vert blanchâtre; ses fleurs, simples ou doubles, offrent un coloris *rose vif* ou *violet*, ou *blanc*, ou *nuancé* de stries, etc. On la cultive beaucoup en pots pour la vente au marché. Elle fleurit une bonne partie de l'année et répand une odeur suave.

On sème cette giroflée au printemps; on la repique plus tard en pépinière, et, à l'automne, on la met en pots, pour lui faire passer l'hiver à l'abri des fortes gelées.

Iris nain (*iris pumila*). — De la famille des Iridées. Plante vivace de petite taille, à fleurs *violet foncé*. On en forme des bordures charmantes. Multiplication par division de ses touffes. Il s'accommode des terrains les plus pauvres.

Jacinthe (*hyacinthus*). — Plante vivace de la famille des Liliacées, que nous cultivons comme plante annuelle. Tout le monde a admiré ses charmantes fleurs en grappes lâches, dont le coloris varie depuis le bleu foncé jusqu'au blanc pur, et dont l'odeur est si suave. Il n'y a certainement rien de plus beau dans un jardin, en avril ou mai, qu'une corbeille de jacinthes. Celles de Hollande sont les plus recherchées et à juste titre, et l'on n'en compte guère moins de 300 variétés tant simples que doubles. Que serait-ce donc, si l'on y ajoutait les jacinthes dites parisiennes? Multiplication de graines en août et de caïeux en octobre et novembre. Terre franche, non fumée, fraîche pendant la floraison.

Jonquille ou mieux **Narcisse Jonquille** (*narcissus jonquilla*). — De la famille des Amaryllidées, vivace, bulbeuse. Feuilles à peu près de la forme de celles du jonc; hampe plus élevée que les feuilles et portant des fleurs d'un *jaune d'or*, dont l'odeur rappelle celle de la fleur d'oranger. Cette jonquille à fleurs simples se trouve principalement dans le Midi; on lui préfère ailleurs sa variété à fleurs doubles. Multiplication par ses oignons que l'on plante par touffes à l'automne, en terre légère et à exposition chaude. On ne relève les plantes que tous les trois ou quatre ans.

Muscari (*muscari*). — Plante vivace de la famille des Liliacées. On en cultive quatre espèces : le *muscari à grappes* (*m. racemosum*) à fleurs d'un *bleu foncé*, blanchâtres à leur sommet; le *muscari raisin* (*m. Botryoides*), à fleurs d'un *bleu ciel*; le *muscari chevelu* (*m. comosum*), ainsi nommé à cause de la perruque de filaments frisés qui remplacent les fleurs et qui sont d'un *violet bleuâtre*; enfin le *muscari odorant* ou jacinthe musquée (*m. moschatum*), d'un coloris *jaune verdâtre*, avec de légers points *violets*.

On cultive les muscaris comme les jacinthes, mais en plaçant plusieurs oignons les uns à côté des autres, pour que les plantes, naturellement frêles, se soutiennent bien. On multiplie de caïeux. Tous les deux ou trois ans, on relève la plante pour la changer de place ou renouveler la terre, et alors, de suite après l'arrachage, on peut replanter les plus gros oignons pour avoir de la fleur l'année suivante. On peut attendre aussi l'automne pour replanter ces oignons que l'on conserve pour cela en lieu sec. Tous les terrains, pourvu qu'ils ne soient pas trop humides. Pour bordures et petits massifs.

Myosotis des Alpes (*myosotis Alpestris*). — Plante vivace, de la famille des Borraginées, s'élevant à $0^m,20$ ou $0^m,25$, et se couvrant de fleurs d'un *bleu pâle*. Cette espèce, d'introduction récente et d'une culture très-facile, a été recommandée par la maison Vilmorin comme plante de bordures, de groupes, de massifs, de rochers. Sa floraison dure environ deux mois. Le myosotis des Alpes se multiplie de graines que l'on sème vers le milieu de l'été, à mi-ombre. On repique les jeunes plantes en pépinière en août-septembre, et on les repique une seconde fois en place au mois d'octobre. Tous les terrains conviennent, ainsi que toutes les expositions. Toutefois, le myosotis se plaît mieux à l'ombre qu'au soleil.

Narcisse (*narcissus*). — Plante vivace, bulbeuse, de la famille des Amaryllidées. Les plus beaux narcisses, parmi les espèces connues, sont ceux à bouquet ou de Constantinople, mais ils ne sont pas assez robustes pour être cultivés en pleine terre dans le climat de Paris. Nous nous bornons donc à recommander pour bordures, le *narcisse petit* (*narcissus minor*), d'un coloris *jaune pâle*; le *narcisse faux-narcisse* à fleurs doubles et *jaunes* (*narcissus pseudonarcissus*) pour bordures et groupes; le *narcisse des poëtes* (*narcissus poeticus*) ou jeannette à fleurs blanches, simples ou doubles, et d'une odeur suave; enfin le *narcisse biflore* (*narcissus biflorus*) blanc et jaunâtre. Tous ces narcisses se multiplient de caïeux vers la fin de l'été et en automne. On relève les plantes tous les quatre ou cinq ans. Tous terrains, cependant les terres légères sont préférables.

Oreille d'ours (voyez *Primevère*).

Pâquerette (voyez en Mars).

Pensée ou **Violette-pensée** (*viola tricolor*). — Plante de la famille des Violariées, bisannuelle ou vivace, selon les terrains et le climat. Trop connue pour qu'il soit nécessaire de la décrire. Coloris très-riches et très-variés. Multiplication de graines, et surtout d'œilletons enracinés et de boutures. Prendre les graines sur les premières fleurs de jeunes plants repiqués, et semer à la fin de l'été. Terre légère surtout et fraîche.

Pivoine à petites feuilles. — Bien que la floraison de cette espèce commence quelquefois en avril, il n'en sera parlé qu'à propos des fleurs du mois de mai, parmi lesquelles on la rencontre le plus ordinairement.

Primevère des jardins (*primula elatior*). — Plante vivace de la famille des Primulacées, très-ornementale, qu'on ne cultive pas assez. Elle forme de petites touffes basses comme l'hépatique, la violette, etc. — De l'aisselle de ses feuilles oblongues, chagrinées, sortent les hampes de $0^m,15$ environ, portant des fleurs plus ou moins larges, solitaires ou en corymbe, suivant les variétés. Leurs coloris, à l'exception du bleu, sont très-variés et très-brillants. Celles dont le pistil dépasse l'orifice du tube de la gorge, sont désignées par les amateurs sous le nom de *clouées* et dédaignées. Les variétés dont les étamines remplissent le fond du calice, sans dépasser l'orifice du tube, sont seules admises. La même distinction existe pour les autres espèces de ce genre de plantes, telles que les *auricules* (*primula auricula*), les *primevères de la Chine* (*primula Sinensis*). Terrains ordinaires; multiplication par éclats en automne, et par graines dès leur maturité. On en fait de jolies corbeilles et de jolies bordures, au nord ou à mi-ombre. Il y a les variétés à fleurs simples et celles à fleurs doubles. Ces dernières sont préférées par les jardiniers.

Primevère Oreille-d'ours (*primula auricula*). — Espèce du genre Primevère, originaire des Alpes. Feuilles ovales, épaisses, dentées blanchâtres; fleurs simples en ombelle sur hampes, de 0m,08 à 0m,10. Le fond du calice de la fleur, ou gorge, est blanc ou jaune, l'extrémité du limbe forme un cercle noir, ou violet, ou brun velouté. On appelle *anglaises ou poudrées*, celles à gorge blanche et à limbe bordé d'un liséré blanc. Cette espèce est plus distinguée, mais plus délicate que les Primevères proprement dites. Terre légère ou de bruyère, au nord exclusivement. Corbeilles, bordures très-distinguées en avril et mai.

Pulmonaire de Virginie (*pulmonaria Virginica*). — Plante vivace de la famille des Borraginées. Tiges de 0m,25 à 0m,35, fleurs en cime d'un *bleu faible*. Multiplication par division des racines. Terre bien ameublie et un peu fraîche. Plutôt à exposition un peu ombragée que trop découverte.

Saxifrage de Sibérie (*saxifraga crassifolia*). — De la famille des Saxifragées, vivace, robuste et surtout propre à orner les plates-bandes. Hampe de 0m,20 environ, fleurs *roses*. Multiplication par la séparation des touffes à l'automne. Toutes sortes de terrains.

Scille de Sibérie (voyez en Mars). — On peut encore cultiver pour fleurs d'avril : la *scille agréable* (*scilla amœna*), ou jacinthe étoilée, la *scille à deux feuilles* (*scilla bifolia*); la *scille penchée* (*scilla nutans*) et la *scille campanulée* (*scilla campanulata*).

Thlaspi toujours vert ou **Corbeille d'argent** (*iberis sempervirens*). — Plante vivace de la famille des Crucifères, à rameaux un peu plus grands et moins réguliers que ceux de l'alysse corbeille d'or. Fleurs d'un *blanc argenté*. On multiplie le thlaspi par la séparation de ses pieds vers la fin de l'été ou en automne. Les rameaux, bouturés après la floraison, réussissent également.

Triteleia uniflore (*triteleia uniflora*). — Plante vivace, bulbeuse, de la famille des Liliacées, et d'introduction assez récente. Nous ne la connaissons encore que par ce qu'en dit le livre *Les fleurs de pleine terre*. « Sa rusticité sous notre climat, y lisons-nous, est un fait acquis aujourd'hui, et ses bulbes résistent parfaitement en pleine terre sous le climat de Paris. On peut l'utiliser pour former de charmantes bordures; chaque oignon développe successivement jusqu'à quatre et cinq hampes, et si les bulbes sont rapprochés, on obtient un tapis d'un très-bon effet et dont la floraison se prolonge de mai en juin. Il sera bon de ne relever le Triteleia que tous les trois ou quatre ans; de cette façon on obtiendra des touffes ou des bordures plus épaisses, couvrant complétement le sol de leur feuillage et fleurissant plus longtemps. Toute terre de jardin, pourvu qu'elle soit saine, convient à cette plante, dont les bulbes devront être recouverts de 0m,04 à 0m,05 et espacés de même. » Fleurs d'un *blanc nacré*, à reflets *bleuâtres* avec strie *violette*. Multiplication de caïeux à la fin de l'été ou au commencement de l'automne.

Tulipe (*tulipa*). — De la famille des Liliacées. Ce genre, quoique très-ancien, est toujours bien apprécié par de nombreux amateurs. Depuis quelques années, on fait de jolies corbeilles avec deux variétés naines à fleurs presque doubles, d'un rouge orangé éclatant, à pointes jaunes, nommées *tulipe duc de Thol* et *tournesol*. Floraison en avril ou mai. Les autres variétés plus vigoureuses, plus grandes, sont à fleurs simples ou doubles, de tous coloris, nuancés ou rubanés. Les plus estimées sont simples, à calice très-régulier, fond blanc, largement rubané de rose, de rouge, de violet, etc. Culture de la jacinthe.

Véronique de Syrie (*veronica Syriaca*). — Plante annuelle, de la famille des Scrofularinées. Fleurs de couleurs variées où le bleu domine et d'une grande délicatesse de forme. Pour bordures et corbeilles. Végétation rapide. On sème cette Véronique en mars, ou mieux en septembre, pour repiquer en pépinière abritée et mettre en place au mois de mars suivant.

Violette (voyez en Mars).

MAI.

Aconit napel (*aconitum napellus*). — Vulgairement *capuce de moine*, *casque*, *char de Vénus*. Plante vivace de la famille des Renonculacées, d'un grand effet, qui s'élève à plus de 1 mètre et donne des fleurs d'un *bleu très-foncé*. Tous les aconits, et celui-ci ne fait pas exception, sont des poisons fort dangereux, et le mieux est de les proscrire des jardins fréquentés par les enfants. Multiplication à l'automne par la séparation des touffes. Terrains frais.

Adonide d'été (*adonis æstivalis*). — De la famille des Renonculacées, annuelle, vulgairement *goutte de sang*. Fleurs d'un *rouge vif* avec tache noire à l'onglet. Pour bordures et corbeilles. Semez en septembre.

Fig. 1398. — Ancolie.

Ancolie (*aquilegia*). — De la famille des Renonculacées. Nous avons l'ancolie du midi de la France, celle du Canada, celles de Sibérie et d'Amérique. Elles sont toutes à fleurs doubles en forme de cloche et réunies en bouquet à la tête de tiges de 0m,20 à 0m,30 de hauteur. Leurs coloris sont le bleu foncé, le violet, le brun, le rose et le blanc; leurs feuilles ternées sont réunies en touffes au bas des tiges.

L'ancolie de Skinner (*a. Skinneri*), de la Californie, au lieu d'avoir ses fleurs pendantes comme les autres, les a droites sur des tiges plus nombreuses en faisceau, plus naines. Les étamines, d'un jaune d'or, en disque, se trouvant ainsi à nu à cause de la disposition particulière de la fleur, tranchent admirablement avec le coloris brun-bleu de la corolle. Toutes terres. Multiplication par graines, aussitôt mûres, et par division des touffes en automne.

Anémone des fleuristes (voyez en Avril).

Auricule (voyez *Primevère* en Avril).

Buglosse d'Italie (*anchusa Italica*). — Plante bisannuelle de la famille des Borraginées ; feuilles lancéolées ressemblant à celles du bluet. Même manière de végéter. De la tige principale, haute de 0m,30 à 0m,40, sortent de courts rameaux latéraux qui se couvrent de petites fleurs simples en bouquets d'un coloris bleu de ciel avec une tache blanche au centre du calice.

On cultive de préférence la variété *double*, mal nommée, car ses fleurs sont simples comme celles de la précédente, moins larges, mais plus nombreuses, plus serrées au sommet de la tige et des rameaux latéraux. On sème les graines au printemps. Les plantes transplantées fleurissent dès juillet et août jusqu'aux gelées. On peut les mettre en pots et les conserver sous bâche. On peut aussi semer en juillet et août pour avoir des sujets forts au commencement du printemps. Terre franche mêlée de terreau.

Campanule de Lorey (*campanula Loreyi*). — Annuelle et de la famille des Campanulacées. Fleurs d'un coloris *bleu clair* lavé *violet*. Pour bordures et corbeilles. Semis de pépinière en septembre. Transplantation à demeure en mars.

Chrysanthème rose (*chrysanthemum roseum*). — Vivace et de la famille des Composées. Larges fleurs roses qui se perfectionnent de jour en jour. Couper les tiges défleuries et arroser souvent pour faire prolonger la floraison. Pour plates-bandes et massifs. Multiplication d'éclats en septembre et au printemps, ou semis de graines en été. Terre ordinaire de jardin.

Crépis rose (*crepis rubra*). — Annuelle, de la famille des Composées. Floraison prolongée. Pour bordures et corbeilles. Semer en place en septembre.

Dielytra remarquable (*dielytra spectabilis*). — Vivace de la famille des Fumariacées. Très-belle plante qui s'élève de 0m,50 à 0m,80. Grappes arquées de fleurs en cœur et d'un *beau rose*. Floraison prolongée. Multiplication d'éclats au printemps et de boutures en été. Robuste; toutefois, il convient de couvrir ses jeunes pousses pour les abriter contre les gelées de printemps. Toutes terres.

Fritillaire (voyez en Avril).

Géranium sanguin (*geranium sanguineum*). — Vivace, de la famille des Géraniacées. Fleurs *rose pourpre*. Multiplication par le semis au printemps et en été, ou bien à l'automne par l'éclat des pieds. Terre légère, calcaire surtout.

Gilie à fleurs en tête (*gilia capitata*). — Annuelle, de la famille des Polémoniacées. Petite plante à feuilles finement découpées; tiges droites de 0m,10 à 0m,20, portant de petites fleurs d'un *bleu foncé*. Il y a une variété à fleurs *blanches*. Semis en place au printemps.

Hémérocalle (*hemerocallis*). — Vivace; de la famille des Liliacées. L'*hémérocalle jaune* ou *lis jaune* (*h. flava*); l'*hémérocalle à feuilles de graminée* (*h. graminea*); l'*hémérocalle distique* (*h. disticha*); l'*hémérocalle de Dumortier* (*h. Dumortieri*), tous à fleurs jaunes, commencent leur floraison en mai; enfin, l'*hémérocalle bleue* (*h. cærulea*) fleurit à la même époque. Multiplication en terre légère et saine par la division des pieds à l'automne ou au printemps.

Hotéie du Japon (*hoteia Japonica*). — Vivace; de la famille des Saxifragées. Grappes de fleurs d'un blanc argenté. Pour bordures abritées. Multiplication d'éclats au printemps.

Iris (*iris*). — Vivace; de la famille des Iridées. L'*iris Germanique* (*i. Germanica*) et ses variétés;

Fig. 1399. — Iris.

l'*iris à fleurs pâles* (*i. pallida*); l'*iris à odeur de sureau* (*i. sambucina*); l'*iris plissé* (*i. plicata*); l'*iris panaché* (*i. variegata*); l'*iris de la Belgique* (*i. Belgica*); l'*iris agréable* (*i. amœna*); l'*iris de Swert* (*i. Swertii*), et d'autres encore commencent à fleurir en mai. Multiplication par l'éclat des souches tous les quatre ou cinq ans, à l'automne ou au printemps.

Julienne des jardins (*hesperis matronalis*). — Vulgairement *Girarde* et *Damas blanc*. Plante vivace, de la famille des Crucifères, de 0m,60 à 0m,70, d'un effet charmant sur les plates-bandes et d'une odeur délicieuse. Nous avons les variétés *blanches* à fleurs simples et à fleurs doubles, la variété à fleurs *violettes* doubles et la variété à fleurs *rouges* doubles. Autrefois, on recherchait beaucoup et avec raison la julienne blanche double, la plus belle de toutes; aujourd'hui, elle devient rare et se trouve reléguée dans les jardins des villages, d'où elle tend chaque jour à disparaître. C'est une race fatiguée par le bouturage, et sujette, comme toutes les plantes qui dégénèrent, à être attaquée par les insectes. Les larves font de grands dégâts dans les racines de la julienne blanche double. C'est donc une variété à refaire en semant de vieilles graines de la julienne blanche simple. Le plus ordinairement, on multiplie les juliennes d'éclats et de boutures après la floraison. Terres fortes, profondes et à l'ombre. Les juliennes réussissent mieux dans le Nord que dans le Midi.

Julienne de Mahon (*hesperis maritima*), vulgairement *Giroflée de Mahon*. — Annuelle; de la famille des Crucifères, ne s'élevant pas à plus de 0m,30. Fleurs *rose lilas*. Pour bordures. Semer en septembre près d'un mur, abriter en hiver, repiquer au printemps. Quand on sème à demeure en avril, elle ne fleurit qu'en juillet. Toutes terres.

Lis Martagon (*lilium Martagon*). — Vivace, de la famille des Liliacées; élevée. Multiplication ordinaire par les caïeux au mois d'août ou par plantation d'oignons assez profondément à l'automne ou au printemps. Terre fraîche et ombragée. Pour l'ornementation des plates-bandes.

Lunaire (*lunaria*). — Vulgairement *Clef de montre, Monnaie du pape, Médaille de Judas*. Plante bisannuelle, de la famille des Crucifères, dépassant 0m,50. Feuilles en cœur, irrégulièrement dentées; fleurs *violet clair;* fruits d'une forme originale. Semer en été, mettre en place au printemps. Toutes terres. D'un bel effet sur les plates-bandes.

Muguet de mai (*convallaria maialis*). — Vivace; de la famille des Liliacées; trop connu pour qu'il soit nécessaire de le décrire. Multiplication par la division de ses racines à l'automne ou au printemps. Les relever tous les trois ou quatre ans. Pour bordures à l'ombre. Terre fraîche.

Muscari (voyez en Avril).

Myosotis des Alpes (voyez en Avril.)

Narcisse des poëtes (voyez en Avril).

Oxalide de Deppe (*oxalis Deppei*). — Vivace; de la famille des Oxalidées. Fleurs d'un *rouge cuivré* et *jaunâtre* à la base. Pour bordures; plantation au commencement d'avril de ses racines arrachées en octobre et conservées en lieu sec et frais. Toute terre et toute exposition.

Pensée (voyez en Avril).

Phlox sétacé et **Phlox subulé** (*phlox setacea* et *phlox subulata*). — Ces deux espèces vivaces, de

Fig. 1400. — Phlox.

la famille des Polémoniacées, forment de jolies bordures et de jolis tapis. Fleurs *roses*. Multiplication par la séparation des touffes en août-septembre ou au printemps. Terre légère, entretenue fraîche par de fréquents arrosages.

Pivoine (*pæonia*). — Vivace; de la famille des Renonculacées. La *pivoine officinale* à fleurs doubles (*pourpre, rose, panachée*, etc.); la *pivoine à petites feuilles* (*p. tenuifolia*), à fleurs rouge cramoisi; la *pivoine humble* (*p. humilis*), à fleurs d'un *violet rougeâtre;* la *pivoine anomale* (*p. anomala*), d'un *rouge lilacé;* la *pivoine lobée* (*p. lobata*), d'un coloris *rose groseille;* la *pivoine corail* (*p. corallina*) ou pivoine mâle, à fleurs *pourpre;* la *pivoine de Wittmann* (*p. Wittmanniana*), à fleurs simples *jaune paille transparent*, sont à recommander pour les plates-bandes. Toutes terres. On les multiplie par la division des touffes à l'automne et au printemps, et on les relève tous les cinq ou six ans, pour renouveler le terrain et empêcher les plantes de dégénérer. On peut multiplier les espèces ou variétés simples par le semis, mais alors la floraison se fait attendre longtemps.

Pyrèthre rose (voyez plus haut *Chrysanthème rose*).

Renoncule des fleuristes ou **d'Asie** (*ranunculus hortensis*). — Vivace; de la famille des Renonculacées. Charmantes fleurs de toutes nuances. Les *renoncules pivoine* ou *d'Afrique* sont également très-recherchées et ont le mérite d'être plus robustes et de fleurir plus tôt que celles d'Asie. On plante les griffes des premières au printemps, celles des secondes à l'automne et l'œil en haut. Exposition du levant et du midi. Terres bien ameublies. Le fumier de vaches très-consumé et mélangé de cendres de bois leur convient. L'eau de fumier de vaches très-affaiblie leur convient également. On arrache les griffes quand la plante est tout à fait morte, et on les conserve en lieu sec, aéré, à l'abri de toute gelée pendant une année au moins avant de les replanter. Pour plates-bandes et corbeilles.

Saxifrage ombreuse (*saxifraga umbrosa*). — Vulgairement *Mignonnette, Désespoir des peintres.* Plante vivace; de la famille des Saxifragées. Fleurs *blanches*, pointillées de *rose* et de *jaune*. Pour plates-bandes. Terres légères, fraîches et un peu ombragées. Multiplication à l'automne et au printemps par l'éclat des touffes.

Schizanthe à grandes fleurs oculées (*schizanthus grandiflorus oculatus*). — Annuel; de la famille des Scrofularinées. Charmante fleur d'un coloris varié et vif. Semis vers la fin de septembre; repiquage en avril. Pour plates-banbes et corbeilles. Hauteur, $0^m,40$ environ.

Stipe plumeuse (*stipa pennata*). — Graminée vivace d'un bel effet. Terrains secs et pierreux. Semer en avril ou mai, pour en jouir l'année suivante.

Trolle d'Europe (*trollus Europœus*). — Vivace; de la famille des Renonculacées. Fleurs d'un *beau jaune* ressemblant à celles des renoncules. Terres meubles, fraîches, un peu ombragées. Multiplication par division des touffes au printemps ou à l'automne. Très-jolie plante pour plates-bandes.

Tulipe (voyez en Avril).

Valériane des jardins ou **Centranthe rouge** (*valeriana rubra*). — Bisannuelle et vivace; de la famille des Valérianées. Tous terrains, mais surtout les terrains secs. Pour plates-bandes. Multiplication par le semis en juin ou juillet, ou bien par éclats ou par boutures au printemps ou en août.

Véronique de Syrie à fleurs blanches (*veronica Syriaca*). — Annuelle; de la famille des Scrofularinées. Très-jolie petite plante pour bordures et petites corbeilles. Semis en mars ou mieux en septembre.

JUIN.

Aconit napel (voyez en Mai).

Alysse odorante (*alyssum maritimum*). — Vulgairement *Corbeille d'argent*. Plante annuelle, de la famille des Crucifères. Fleurs *blanches* en grappes; odeur délicieuse. Toutes terres. Semis en septembre; couvrir de feuilles sèches en temps froid; découvrir en temps doux; tailler la plante après sa première floraison pour en avoir une seconde qui dure jusqu'à l'hiver.

Amaryllis à rubans (*amaryllis vittata*). — Vivace, bulbeuse; de la famille des Amaryllidées. Préférer au type la variété à fleurs rouges. Terre bien assainie exposée au midi. Planter les oignons en août. Pour plates-bandes.

Ancoli (voyez en Mai).

Astère des Alpes (*Aster alpinus*). — Vivace; de la famille des Composées, fleurs d'un coloris *bleu violacé*. Terre légère bien assainie. On la propage par la division des touffes.

Belle-de-jour ou **Liseron tricolore** (*convolvulus tricolor*). — Annuelle; de la famille des Convolvulacées. Fleurs bien connues, *bleues, blanches* et *jaunâtres*. Semer en place vers la fin de mars ou au commencement d'avril pour massifs et tonnelles. Toute terre, peu importe l'exposition.

Calandrinie en ombelle (*calandrina umbellata*). — Annuelle et vivace; de la famille des Portulacées; s'élevant à environ $0^m,12$. Fleurs d'un *rouge violet foncé*; coloris d'une grande vivacité; floraison prolongée. Pour corbeilles. Semis au mois de septembre pour en avoir des fleurs à partir du mois de juin, et au mois d'avril pour en avoir cinq ou six semaines plus tard. Terre bien divisée, puis tassée fortement avant de semer. Très-légère couverture de terreau sur les graines, et bassinages fréquents pour faciliter la levée.

Calystégie pubescente (*calystegia pubescens*). — Vivace; de la famille des Convolvulacées; grimpante pour petits treillages ou rampante pour bordures. Fleurs d'un *rose carné assez vif*, très-nombreuses. Rustique. Multiplication, à l'automne ou au printemps, par la division de ses racines traçantes.

Campanule (*campanula*). — Plantes ou annuelles, ou bisannuelles, ou vivaces; de la famille des Campanulacées. La variété à *fleurs blanches* et la variété *lilas* de la *campanule miroir de Vénus* sont annuelles et doivent être semées en avril pour bordures et corbeilles. La *campanule à fleur de pervenche* (*c. vincæflora*), annuelle aussi, sera semée en même temps que la précédente pour corbeilles. La *campanule à feuilles de pêcher* (*c. persicæfolia*), type à fleurs *bleues*, la variété *blanche* et la *campanule élevée* (*c. grandis*) sont vivaces et doivent être multipliées à l'automne par la division des touffes. La *campanule à feuilles d'orvale* (*c. lamiifolia*), jolie espèce à fleurs *blanches*; la *campanule barbue* (*c. barbata*), à fleurs d'un *bleu pâle*; la *campanule des monts Carpathes* (*c. Carpathica*) et sa variété à fleurs *blanches* sont aussi des espèces vivaces qui fleurissent à partir du mois de juin et que l'on multiplie par l'éclat des touffes.

Capucine (*tropæolum*). — Annuelle; de la famille des Tropæolées. Nous avons la *grande capucine* et ses variétés, la *capucine de Lobbianum*, la *petite capucine* et ses variétés, et enfin la *capucine des Canaries*. La première s'élève facilement à 2 mètres, la seconde à 4 ou 5 mètres, tandis que la troisième ne dépasse guère $0^m,30$. Pour ce qui est de l'espèce des Canaries (*tropæolum peregrinum*), elle s'élève un peu plus que la grande capucine et un peu moins que celle de Lobbianum. Les capucines commencent à donner des fleurs en juin, et leur floraison dure longtemps. La fleur de la grande capucine est d'un *jaune orangé* taché de *pourpre*; ses plus jolies va riétés sont : la *capucine grande brune* à fleurs d'un *rouge sombre*; la *grande capucine panachée* à fond *jaune orange* rayé de *pourpre*; la *capucine de Scheuer* à fleurs *jaune clair* taché de *pourpre*; la

Fig. 1401. — Capucine.

capucine saumon ou *carnée*; la *capucine feuille morte* et la *capucine jaune citron*. La race de Lobbianum a fourni des variétés très-recherchées pour l'éclat de leur coloris, et dans le nombre, on cite les capucines *Magenta, Solférino, brillante* et *jaune-paille*.

Le type de la petite capucine à fleurs *jaune orange* strié de *carmin*, a produit la variété à *fleurs écarlates*, la *capucine panachée de Schilling*, la *capucine brune de Cattie* et les *capucines Tom-Pouce*. La capucine des Canaries a les fleurs petites, *jaune-serin* et disposées d'une façon assez originale.

On sème les capucines en avril et en mai.

Centaurée bluet des jardins (*centaurea cyanus*). — Annuelle et bisannuelle; de la famille des Composées. Le type qui a les fleurs *bleues*, a produit des variétés violettes, roses, etc. On les sème en septembre ou en mars. Tous les terrains et toutes les expositions.

Centaurée des montagnes ou **Bluet vivace** (*centaurea montana*). — De la famille des Composées ; fleurs *bleues*; variétés à fleurs *roses* et à fleurs *blanches*. Pour plates-bandes et massifs. Terre forte ; exposition ombragée.

Chrysanthème des jardins (*chrysanthemum coronarium*). — Annuelle ; de la famille des Composées. Fleurs *jaune foncé* ; variété à fleurs *blanches*. Semer en avril. Les *chrysanthèmes à carène* ou *tricolores* (*c. carinatum*), annuelles aussi, sont de très-jolies plantes, notamment le *chrysanthème tricolore gracieux* (*c. carinatum venustum*) et le *chrysanthème tricolore de Burridge* (*c. carinatum Burridgeanum*). Semer en avril.

Chrysanthème rose (Voyez en Mai).

Clarkie gentille et **Clarkie élégante** (*clarkia pulchella* et *clarkia elegans*). — Espèces annuelles, de la famille des Œnothérées. Fleurs *rose tendre* dans la première, et *rose vif* dans la seconde. La variété bordée de blanc de la clarkie gentille est recherchée; la clarkie élégante a produit des variétés à fleurs doubles. Pour bordures et surtout pour corbeilles. Semer en mars ou en avril.

Collinsie bicoloré (*collinsia bicolor*). — Annuelle, de la famille des Scrofularinées. Fleurs *blanches* et *lilas*. Elle a produit des variétés multicolores très-jolies. Pour bordures et corbeilles. Semer en mars.

Coréopsis (*coreopsis*). — Annuelle; de la famille des Composées. Le *coréopsis élégant* (*c. tinctoria*), à fleurs *jaunes* et *pourpres*, sa variété marbrée et sa variété naine, conviennent pour corbeilles et plates-bandes. Semer en mars ou en avril.

Fig. 1402. Coréopsis.

Crépis rose (voyez en Mai).

Cupidone bleue (*catananche cœrulea*). — De la famille des Composées et cultivée comme plante bisannuelle, quoique vivace. S'élève à $0^m,60$ et plus. Fleurs *bleues*. Terrains secs. Pour plates-bandes. Semée en juin, elle fleurit l'année suivante à la même époque.

Dielytra (voyez en Mai).

Digitale pourpre (*digitalis purpurea*). — Bisannuelle; de la famille des Scroffularinées. Fleurs *roses*, piquetées de *brun* intérieurement. Plante élevée, d'un grand effet, pour plates-bandes. Vénéneuse. Semée vers la fin du printemps pour obtenir des fleurs l'année suivante. Terre légère, siliceuse ou schisteuse principalement.

Dracocéphale d'Argunsk (*dracocephalum Argunense*). — Vivace; de la famille des Labiées. Coloris *bleu tendre*. Pour plates-bandes et massifs. Semer en juin pour l'année suivante.

Œnothère (*œnothera*). — De la famille des Onagrariées. Il existe un assez grand nombre d'œnothères annuelles, bisannuelles ou vivaces, et à fleurs de coloris très-variés. L'*œnothère de Drummond* (*œ. Drummondii*), annuelle et de couleur *jaune-paille*; l'*œnothère de Sellow* (*œ. Sellovii*), annuelle et d'un *jaune vif*; l'*œnothère de Romanzow* ou *godétie* (*godetia Romanzowii*), annuelle et d'un *rose violacé*; l'*œnothère* ou *godétie de Lindley godetia* (*Lindleyana*), annuelle et d'un *rose purpuirn*, sont à recommander.

Fig. 1403. — Œnothère.

Érigéron (*erigeron*). — Vivace; de la famille des Composées. L'*érigéron gracieux* (*e. speciosum*), couleur *lilas*, et l'*érigéron glabrescent* (*e. glabellum*), couleur *violet pâle*, sont rustiques, propres à tous les terrains et d'un bon effet dans les plates-bandes. Semis en juillet, et mieux multiplication d'éclats en automne ou au printemps.

Fraxinelle (*dictamnus*). — Vivace; de la famille des Rutacées. La fraxinelle commune, à fleurs *blanches*, et sa variété à fleurs *roses*, ornent bien les plates-bandes. Terre légère et fraîche. Multiplication par les graines aussitôt qu'elles sont mûres, ou par éclats des pieds en mars.

Gilie (voyez en Mai).

Lin à grandes fleurs rouges (*linum grandiflorum*). — Annuelle; de la famille des Linées. Charmantes fleurs *rouges*, pour bordures et massifs. Semer de la graine de deux ans en avril; celle d'un an ne germe pas ou germe rarement.

Lin vivace (*linum perenne*). — Vivace. Fleurs *bleu de ciel*. Le *lin de Sibérie* ressemble beaucoup au précédent et a produit une variété appelée *lin de Lewis panaché*, qui est à recommander. Multiplication de graine en été ou par la division des pieds en septembre ou en mars.

Lis blanc (*lilium candidum*). — Vivace; de la famille des Liliacées. Très-connu; fleurs superbes d'un *blanc transparent*. Le *lis à fleurs ensanglantées*, qui est une variété du précédent, est remarquable par ses fleurs *blanches* lavées de *pourpre*; terrains assainis. Multiplication par la division des caïeux, au mois d'août, et seulement tous les quatre ou cinq ans.

Lupin polyphylle (*lupinus polyphyllus*). — Vivace; de la famille des Papilionacées. Longs épis de fleurs *bleues*. Pour massifs et pour plates-bandes. Bonne terre franche. Semer d'avril en juin pour les années suivantes.

Lychnide croix de Jérusalem (*lychnis chalcedonica*). — Vivace; de la famille des Caryophyllées. Fleurs d'un *beau rouge*. Semis en été ou division des pieds au printemps ou à l'automne. Une autre espèce du même genre, la *lychnide éclatante* (*lychnis fulgens*) donne des fleurs *rouge cocciné* d'un bel effet sur plates-bandes. Moins rustique que la précédente. Multiplication d'éclats au printemps.

Matricaire mandiane (*matricaria parthenoides*). — Bisannuelle ou vivace; de la famille des Composées. Sous-ligneuse; feuilles ailées; tiges de $0^m,30$ à $0^m,40$, terminées par des fleurs blanches doubles, pompons en corymbe, jolies corbeilles pendant toute la belle saison de juin en octobre. Terre franche, légère. Ne craint pas la sécheresse. Semis d'avril en mai, ou de juin en juillet.

Monarde écarlate (*monarda didyma*). — Vivace; de la famille des Labiées. Pompons de fleurs *rouge ponceau*, d'avril en octobre. Pour plates-bandes et massifs. Ses feuilles infusées fournissent le thé d'Oswego. On la multiplie par division des touffes à l'automne ou au printemps.

Muflier des jardins, vulg. *Mufle de veau* et *Gueule de lion* (*antirrhinum*). — Bisannuelle, vivace; de la famille des Scrofularinées. Nombreuses variétés de toutes couleurs. Terres légères, décombres, murs. Pour plates-bandes et corbeilles. Semis en septembre; bouturage au printemps et à l'automne.

Œillet mignardise (*dianthus plumarius*). — Vivace; de la famille des Caryophyllées. Fleurs *blanches* ou *roses* le plus ordinairement. Les *Mignardises anglaises*, d'un coloris très-varié et très-remarquable, sont recherchées en ce moment. Pour bordures. Multiplication d'éclats.

Œillet de poëte (*dianthus barbatus*), vulg. *Œillet barbu*, *Bouquet tout fait*. — Vivace, mais cultivé comme plante bisannuelle. Fleurs nombreuses, en cyme, de couleurs très-variées. Variétés à fleurs doubles. Semis à la fin du printemps, transplantation en septembre. Pour bordures et corbeilles. Toutes terres, peu importe l'exposition.

Œillet de Chine (*dianthus Sinensis*). — Annuel, bisannuel. Couleurs vives, variées, charmantes, avec dessins bizarres. Bordures, groupes et corbeilles. Rustiques et faciles à cultiver partout. Semis vers la fin d'août à bonne exposition pour transplanter en avril suivant; ou plus sûrement semis en place pendant le mois d'avril.

Œillet d'Espagne ou **de Paris** (*dianthus hispanicus*). — Vivace; fleurs d'un *rouge pourpre*. Pour bordures, massifs et plates-bandes. Multiplication par éclats des pieds à la fin de l'été, en automne ou au printemps.

Œillet Flon (*dianthus semperflorens*). — Bisannuel; vivace, très-beau; fleurs *rouge rosé*. Terre meuble. Multiplication par la division des pieds.

Œillet superbe (*dianthus superbus*). — Vivace. Fleurs *lilas* ou *roses*, odorantes, en corymbes. Semer en août, et mettre en place au printemps.

Pavot des jardins (*papaver somniferum*). — Annuel; de la famille des Papavéracées. Fleurs de coloris variés d'un grand effet. Semer à la fin de septembre ou en mars. Éclaircir avec soin.

Pavot coquelicot (*papaver rhœas*). — Annuel; coloris variés. Pour plates-bandes et corbeilles. Semer à la fin de septembre ou en avril.

Pied-d'alouette des jardins (*delphinium ajacis*). — Annuel; de la famille des Renonculacées. Le grand pied-d'alouette et sa variété naine sont des plantes d'un effet charmant par la richesse et la diversité des coloris. Corbeilles et bordures. Semis en mars ou avril, et quelquefois en octobre.

Pied-d'alouette élevé ou **vivace** (*delphinium elatum*). — Vivace. Fleurs d'un *bleu d'azur* à reflets métalliques. Multiplication de semis au printemps ou en été, ou d'éclats à l'automne. D'autres espèces vivaces, cultivées tout aussi facilement, sont en réputation, comme le *pied-d'alouette d'Henderson* (*d. Hendersonii*), le *pied-d'alouette brillant* (*d. formosum*), le *pied-d'alouette azuré à fleurs pleines* (*d. azureum*) et le *pied-d'alouette de Barlow* (*d. Barlowii*).

Pivoines de la Chine (*pœonia albiflora*). — De la famille des Papavéracées. Elles forment deux catégories : l'herbacée aux tiges ligneuses, et l'herbacée ou *edulis*, les plus belles du genre et les plus dignes des soins de l'amateur.

Cependant, l'*officinale* ou pivoine des jardins, originaire des Alpes, à fleurs simples, a donné plusieurs variétés à fleurs doubles très-méritantes que l'on revoit chaque printemps avec beaucoup de plaisir. La première de ces variétés est à fleurs d'un rose pâle, qui devient blanc; la deuxième est d'un rose vif; la troisième a été surnommée, par les jardiniers, *Ivrogne*, à cause de son coloris pourpre foncé; la quatrième, issue de la variété rose, est panachée. Il y a encore l'espèce de Sibérie, à fleurs d'un rouge pourpre et à feuillage découpé presque lacinié. On la nomme pivoine à petites feuilles ou pivoine *tenuifolia*. Quoique très-belles, ces espèces sont surpassées par celles de la Chine qui ont, en outre, le mérite d'exhaler une odeur de rose.

Pivoines arborées. — Les variétés de cette race sont aujourd'hui très-nombreuses et ont été obtenues, en France, en Italie et en Belgique, de graines cueillies sur la *Papavéracée* à fleurs simples, roses, en forme de pavot, sur la *Moutan* de même coloris, semi-doubles, et sur l'*Odorante*, toutes trois importées de la Chine en 1803.

En 1840, on en comptait déjà de vingt-cinq à trente variétés, à fleurs plus ou moins grandes et plus ou moins doubles, généralement de coloris rose plus ou moins foncé. Il y en a aujourd'hui plus de cent. Mais les trois plus remarquables par l'ampleur de leurs fleurs de 0m,15 à 0m,20 sont *Elisabetha* (d'Italie), et *Triomphe de Wandvomale* (de Belgique), *Louise Mouchelet*, etc. (de France).

Depuis l'expédition des armées européennes en Chine, Robert Fortune, célèbre botaniste explorateur anglais, a importé de ce pays douze autres variétés d'une diversité et d'une richesse de coloris extraordinaires. La multiplication de ces plantes est lente et leur prix est élevé, aussi ne sont-elles pas encore bien propagées. Dans quelques années, elles seront moins rares. Leur multiplication par la greffe à la Pontoise, sur tubercules d'espèce commune, réussit bien.

Ces plantes, à tiges de la grosseur d'un doigt, tortueuses, ne s'élèvent pas dans nos pays à plus de 1 à 3 mètres. En Chine, elles forment, dit-on, de véritables arbres chargés d'énormes et brillantes fleurs devant lesquelles les amateurs indigènes restent longtemps en admiration, tout en savourant du thé ou de l'opium.

Ces plantes sont partout très-ornementales, mais surtout isolées sur le bord d'un gazon ou sur plates-bandes, ou sur la lisière des massifs d'arbres et d'arbustes.

On les multiplie par graines, par éclats, et, comme nous venons de le dire, par la greffe à la Pontoise, en août et septembre. Les sujets de greffe et d'éclats ne fleurissent guère que la quatrième année. Ceux de semis ne fleurissent qu'à l'âge de six à dix ans. Les pivoines arborées préfèrent le nord ou le levant, la mi-ombre, la terre franche mêlée de terre de bruyère. Il faut renouveler cette terre tous les trois ou quatre ans, si l'on veut avoir une belle végétation, mais sans déranger les pieds-mères.

On a reproché à ces plantes princières de n'être plus ornementales après leur floraison, et on a voulu remédier à cet inconvénient en les plaçant espacées en massif et en remplissant les vides avec d'autres plantes à floraison tardive et à racines non traçantes, telles que les glaïeuls, les pieds-d'alouette remontants, les roses trémières, voire même les dahlias.

Leurs larges feuilles artistement découpées

font de jolies enveloppes de bouquets et remplacent avantageusement le papier, même découpé en dentelle.

Les pivoines herbacées de la Chine ne fleurissent guère qu'en juin; leurs fleurs très-larges, doubles ou semi-doubles, sont de coloris rose, rouge, blanc, jaune pâle, etc. Elles sont plus vigoureuses et se multiplient plus facilement que les premières par éclats; mais aussi elles sont plus communes et moins estimées.

Potentille du Népaul (*potentilla Nepalensis*). — Vivace et de la famille des Rosacées. Plantes touffues à feuilles plissées, ovales, ressemblant à celles du fraisier des quatre-saisons; tiges de 0m,20 à 0m,30, terminées par des bouquets de petites fleurs simples ou semi-doubles, rouge orangé ou rouge incarnat. Plusieurs variétés nouvelles à fleurs plus larges que les anciennes, une panachée. Floraison de printemps et d'automne.

Renoncule des fleuristes (voyez en Mai).

Renoncule rampante à fleurs doubles ou **Bouton d'or** (*ranunculus repens*). — De la famille des Renonculacées, indigène, vivace, rampante, à fleurs doubles d'un beau jaune d'or en mai et juin; plusieurs variétés. Multiplication par division des touffes. Changer de place tous les deux ou trois ans. Terre franche, même humide. Jolies corbeilles ou bordures près des pièces d'eau.

Réséda (*reseda odorata*). — De la famille des Résédacées, plante annuelle d'Égypte; naine à tiges couchées, relevées à leur extrémité, feuilles longues, lobées, petites fleurs verdâtres, très-odorantes. Quoique ancienne, cette petite plante est toujours recherchée, parce que son parfum suave ne fatigue pas comme celui des autres fleurs. Pour avoir de grosses touffes, on supprime avec les ongles du pouce et de l'index les tiges montantes avant qu'elles fleurissent. On peut aussi élever les pieds en vase en forme de petits arbrisseaux en supprimant les tiges latérales d'en bas. Ces pieds deviennent ligneux et se conservent plusieurs années en serre tempérée où ils fleurissent pendant l'hiver. On sème les graines au printemps et en été. Toutes terres substantielles et légères.

Rhodante de manglesi ou *R. Manglesi*. — Plante annuelle de la famille des Composées. Petites feuilles oblongues, pubescentes, sessiles; tige droite, terminée par des fleurs d'un *rose lilas* très-agréable. C'est une *immortelle*. Semis en terre douce, légère, au printemps; elle fleurit en mai, juin. Un peu délicate.

Rose-trémière (*althæa*). — De la famille des Malvacées. Feuilles en touffe, rondes, larges; tiges longues se couvrant de fleurs semi-doubles ou doubles de coloris jaune, blanc, rose, rouge, noir, etc. Terre franche. Multiplication de graines en juillet, transplantation en septembre. Floraison abondante en juillet et août suivant. De grand effet en massif dans les grands jardins et vues à une certaine distance.

Scabieuse des jardins (*scabiosa atropurpurea*). — vulg., *Fleur des veuves*. Annuelle et bisannuelle; de la famille des Dipsacées. Fleurs d'un *pourpre foncé et velouté*. Pour plates-bandes. Semer de bonne heure au printemps.

Séneçon élégant (*senecio elegans*). — Annuelle en pleine terre; de la famille des Composées. Fleurs d'un *beau violet*. Pour plates-bandes et massifs. Semis en avril de graines récoltées sur fleurs doubles.

Verveine de Miquelon ou à bouquets (*verbena aubletia*). — De la famille des Verbénacées. Plante bisannuelle de 0m,20 à 0m,30 de hauteur, à feuilles lancéolées, dentées; tiges touffues couvertes de petites fleurs *rose violet*, en épis. Les semis du printemps fleurissent en automne, et ceux d'automne au printemps et en été. Terre franche. Cette plante ancienne et longtemps oubliée est maintenant cultivée pour massifs; elle est très-ornementale. Elle n'a encore donné aucune variété remarquable.

Verveine gentille ou jolie (*verbena pulchella*). — Vivace en serre; tiges rameuses, couchées, redressées à l'extrémité; petites feuilles incisées; fleurs nombreuses en corymbe terminal. Cette plante a été la favorite d'un grand nombre de floriculteurs qui aiment à lui donner son nom latin : *Verbena*. Ses variétés sont aujourd'hui si nombreuses, qu'on ne les compte plus. Elles réunissent tous les coloris les plus brillants, surtout le ponceau. On sème les graines au printemps; mais elles lèvent difficilement. Il faut d'abord les faire tremper pendant vingt-quatre heures dans l'eau et ne les recouvrir que très-légèrement de terreau fin. Arroser souvent. On la multiplie aussi de boutures et de marcottes en automne. Les tiges couchées sur terre s'enracinent d'elles-mêmes. — On conserve les boutures en bâche ou en serre tempérée pendant l'hiver. Nous en avons conservé contre un mur, au levant, en pleine terre, recouvertes seulement de verre. Elles craignent beaucoup l'humidité. Jolies en massif pendant tout l'été. — La *verveine Mahoneti*, si recherchée pour ses fleurs étoilées de blanc, est une variété de la *verveine jolie*.

Fig. 1404. — Zinnia.

Zinnia élégant (*zinnia elegans*). — De la famille des Composées; plante annuelle du Mexique. Tige de 0m,50 à 1 mètre, à feuilles en cœur, crénelées fleurs à rayons rouges, *roses*; *violacé*, etc. Depuis deux ans on ne parle que de la variété à fleurs doubles, destinée, dit-on, à éclipser le dahlia. Multiplication de graines au printemps. Terre franche mêlée de terreau.

JUILLET.

La plupart des plantes qui fleurissent en juin fleurissent également en juillet; nous n'en aurons donc qu'un petit nombre à ajouter à celles qui précèdent.

Achillée (*achillea*). — Vivace; de la famille des Composées. L'*achillée ptarmique* à fleurs doubles blanches ou bouton-d'argent (*a. ptarmica*) est d'un bon effet sur les plates-bandes. Tous les terrains un peu frais; toutes les expositions. Éclats des pieds à l'automne ou en mars. L'*achillée à feuilles de filipendule* (*a. filipendulina*) qui atteint une grande hauteur est également recherchée pour plates-bandes à cause de ses fleurs *jaune d'or*. Semer en été pour avoir des fleurs au mois de juillet de l'année suivante ou diviser les touffes comme avec l'espèce précédente.

Alstrœmère du Chili (*alstrœmeria versicolor*). — Vivace; de la famille des Amaryllidées. Fleurs longues; coloris très-variés. Terre légère un peu ombragée. Couvrir les pieds en hiver avec des feuilles ou de la paille. Semer en mai ou juin; repiquer en septembre.

Balsamine des jardins (*impatiens balsamina*). — Annuelle; de la famille des Balsaminées. Coloris très-variés. Charmante plante pour corbeilles. Semer en avril ou mai et repiquer un mois environ après la levée.

Belle-de-nuit (*nyctago jalapa*). — Annuelle; de la famille des Nyctaginées. Cette plante du

Fig. 1405. — Belle-de-nuit.

Pérou forme de grosses touffes à feuilles en cœur, opposées. Tiges de 0m,40 à 0m,50; fleurs en bouquets axillaires, variant du *rouge* au *jaune* et au *blanc*; souvent striées ou rubanées. Multiplication de graines au printemps.

Cacalie écarlate (*cacalia sonchifolia*). — Annuelle; de la famille des Composées. Fleurs *rouge cocciné*. Semer en avril et mai. Pour corbeilles.

Clintonie délicate (*clintonia pulchella*). — Annuelle; de la famille des Lobéliacées. Fleurs d'un coloris varié où domine le *bleu tendre*. Toute petite plante pour bordures. Terre légère, à l'ombre; craignant l'humidité. Semer en mai; recouvrir à peine.

Cosmos bipinné à fleurs pourpres (*cosmos bipinnatus*). — Annuel; de la famille des Composées; s'élevant à 1 mètre et plus. Pour plates-bandes. Semer en mai.

Dahlia varié (*dahlia variabilis*). — Plante vivace, de la famille des Composées. Fleurs charnues,

Fig. 1406. — Dahlia.

mantes, de coloris très-variés. Pour massifs et plates-bandes. Relever les tubercules tous les ans, les conserver en cave et les replanter au printemps. Multiplication de graines en mars et avril pour obtenir des variétés nouvelles.

Datura cornu (*datura ceratocaula*). — Annuel; de la famille des Solanées. Grandes et belles fleurs très-odorantes, *blanches* en dedans, lavées de *violet bleuâtre* en dehors. Pour plates-bandes et corbeilles. Semer vers la fin d'avril.

Épervière orangée (*hieracium aurantiacum*). — Vivace; de la famille des Composées. Fleurs d'un *beau jaune*; pour bordures et plates-bandes. Terre fraîche et un peu à l'ombre. Semer au printemps, repiquer à l'automne; ou bien éclater les pieds à l'automne ou au printemps.

Épilobe à épi (*epilobium spicatum*). — Vivace; de la famille des Onagrariées. Vulg. *Laurier de Saint-Antoine*. Plante élevée, à fleurs d'un *beau rose*. Pour plates-bandes et massifs. Terrains frais et un peu ombragés. Multiplication de graines, mais surtout par la division des racines à l'automne.

Gaura de Lindheimer (*gaura Lindheimeri*). — Annuelle dans notre climat; de la famille des Œnothérées. Tige élevée; fleurs en épis d'un *blanc rosé*. Semer vers la fin d'août; couvrir de feuilles pendant les gelées. Floraison de mai en novembre. Pour plates-bandes et massifs.

Giroflée quarantaine (*cheiranthus annuus*). — Cette espèce de giroflée est annuelle, très-variée dans ses couleurs. On sème les graines en place d'avril en juin. Les jeunes plantes repiquées sont lentes à la reprise et périssent souvent faute de soins assidus. C'est pourquoi il est préférable de semer les graines en place. On peut aussi faire les semis sur des morceaux de gazon découpés en tranches et renversés, l'herbe se trouvant en dessous et ses racines en dessus ou à l'air. On recouvre les graines de terreau fin, on arrose souvent. Lorsque les plants ont plusieurs feuilles, on enlève les morceaux de gazon dans lesquels ils sont enracinés et on les place à demeure.

Giroflée quarantaine kiris ou **grecque**. — Cette variété de quarantaine est à feuilles lisses, luisantes, d'un vert foncé. Elle est très-variée dans ses coloris. On cultive de préférence la variété à fleurs blanches, pour bouquets. Même culture que la précédente.

Glayeul (*gladiolus*). — De la famille des Iridées. On en compte de nombreuses variétés. Ce sont des plantes bulbeuses à feuilles gladiées, à longues tiges se couvrant de fleurs en forme d'épis. Ces fleurs en entonnoir, de coloris mordoré, rose, rouge ou blanc, ou strié, suivant les espèces ou variétés, sont d'un grand effet en massif. Multiplication de graines et de caïeux. On plante ces derniers au printemps. Floraison abondante en juillet, août et septembre.

Ketmie (*hibiscus*). — Annuelle et vivace; de la famille des Malvacées. Les espèces annuelles, comme la *Ketmie vésiculeuse*, la *Ketmie d'Afrique* et la *Ketmie de Thunberg*, toutes à fleurs *jaune nankin*, font bon effet sur une plate-bande. Terres légères; exposition chaude. Semis en avril.

Lavatère à grandes fleurs (*luvatera trimestris*). — Annuelle; de la famille des Malvacées. Plante élevée, à fleurs *roses*; d'un bon effet pour plates-bandes et corbeilles. Semer en avril et en mai.

Malope (*malope*). — Les malopes ressemblent beaucoup aux lavatères et se cultivent de même. Il en existe une variété à grandes fleurs rouges et une variété à grandes fleurs blanches.

Nepeta à grandes fleurs (*nepeta macrantha*). — Vivace; de la famille des Labiées. S'élevant à 1 mètre environ. Fleurs d'un *bleu tendre*; floraison prolongée. Pour plates-bandes. L'espèce appelée nepeta de Mussin est d'un *bleu azuré*. Division des pieds à l'automne et au printemps.

Œillet double des fleuristes (*dianthus coronarius*). — Vivace; de la famille des Caryophyllées. On en compte les variétés par milliers. On a formé avec ces variétés plusieurs catégories, parmi lesquelles nous ne nous attachons qu'à celle des ŒILLETS FANTAISIE qui comprend les *œillets anglais*, à fond blanc; les œillets à fond jaune, dits *Saxons* et *Avranchains;* les œillets Allemands, à fond ardoisé; les œillets Flamands, à fond blanc strié de couleurs tranchées et à pétales non dentelés; les œillets remontants et les œillets bichons. Multiplication de boutures, de marcottes et de graines, mais surtout de marcottes faites au moment de la défloraison, et qui sont enracinées au bout d'un mois.

Pétunie (*petunia*). — De la famille des Solanées. Plante sous-ligneuse à la base, à nombreux rameaux flexibles, à feuilles ovales, à fleurs de tous les coloris les plus riches, en forme de cloche aplatie; elle est légèrement parfumée. Depuis quelques années on a obtenu des variétés à fleurs doubles par la fécondation artificielle. Les simples font de jolis massifs en pleine terre. On sème les graines au printemps. On multiplie les doubles et les plus belles variétés simples en bâche ou en serre tempérée en automne, comme les verveines et les pélargoniums (*fig.* 1408).

Fig. 1407. — Petunia.

Pourpier à grandes fleurs (*portulaca grandiflora*). — Annuel; de la famille des Portulacées. Le type est d'un *rouge violet brillant*. On a obtenu des variétés *blanche* striée de *rose*, *jaune* et *blanche*, *rose pâle*, *jaune orangé*, *écarlate*. Une corbeille de pourpier produit un effet charmant. Terre un peu fraîche; exposition au soleil. Semis en avril ou mai.

Reine Marguerite ou mieux **Aster de la Chine** (*aster Sinensis*), de la famille des Composées. — Plante annuelle très-répandue. On en connaît de nombreuses variétés, parmi lesquelles se distinguent la *Pyramidale*, à tige plus grande que les autres et à rameaux latéraux érigés. Les sous-variétés les plus estimées sont la *Pivoine*, à fleurs larges, à longs pétales se repliant en dedans; l'*Impériale*, venue d'Allemagne il y a peu d'années, à grosses fleurs d'un blanc azuré. Il y a ensuite celle *à tuyaux* ou *Anémone*, dont le disque est rempli de fleurons en tuyaux; la *Naine* forme une petite touffe toute couverte de fleurs. Pour en former des massifs et des bordures tardives, on ne la sème qu'en juin. Les fleurs de l'Aster sont très-ornementales depuis juillet jusqu'aux gelées. Elles possèdent les coloris les plus riches et les plus variés. Multiplication de graines au printemps. On forme des tapis émaillés de mille fleurs en couchant sur terre les Pyramidales. On recouvre les tiges retenues par un petit crochet en bois d'une légère couche de terreau. De l'aisselle des fleurs sortent alors de petites tiges blanches. Terre franche mêlée de terreau.

Fig. 1408. — Pélargonium.

Rose trémière ou **Passe-rose** (*althæa rosea*), vulgairement Rose à bâton, Bourdon de Saint-Jacques. — Plante bisannuelle ou vivace de 2 à 3 mètres, de la famille des Malvacées. Coloris très-beaux et très-variés. On n'estime que les fleurs doubles. Semis en juin, repiquage au printemps suivant; ou bien multiplication par division des pieds en mars. Terres de toutes sortes, à l'exception de celles qui sont trop humides ou trop ombragées.

Sauge écarlate (*salvia coccinea*). — Annuelle, de la famille des Labiées. Fleurs d'un *rouge écarlate*. Sa variété *éclatante*, qu'on appelle encore *sauge cardinale*, est splendide. Exposition chaude. Semis en mars; arrosages assez fréquents; pour plates-bandes.

Véronique en épi (*veronica spicata*). — Vivace; de la famille des Scrofularinées. Cette véronique à fleurs d'un *bleu vif*, ainsi que ses variétés *blanche* et *rose*, sont d'un bon effet sur les plates-bandes et d'une culture facile en toutes sortes de terrains. On les multiplie par la division des pieds à l'automne et au printemps.

AOUT.

Presque toutes les plantes fleurissant en juillet prolongent leur floraison en août. Les espèces que l'on peut ajouter sont les suivantes :

Abronie en ombelle (*abronia umbellata*). — Annuelle; de la famille des Nyctaginées. Plante étalée; fleurs *roses*. Terre légère; bonne exposition. Semis au printemps.

Anthémie d'Arabie (*anthemis Arabica*). — Annuel; de la famille des Composées. Fleurs *jaunes*. Semis en avril.

Aster œil du Christ (*aster amellus*). — Vivace; de la famille des Composées. Pour plates-bandes et massifs. Multiplication par division des touffes à l'automne et au printemps. L'*aster bicolore* est une fort jolie espèce que l'on cultive comme la précédente.

Hélénie d'automne (*helenium autumnale*). — Vivace; de la famille des Composées. Plante élevée, à fleurs *jaunes*, pour massifs et plates-bandes de grands jardins. Multiplication d'éclats à l'automne et au printemps.

Leptosiphon hybride (*leptosiphon hybridus*). — Plante annuelle, de la famille des Polémoniacées, obtenue dans les cultures de M. Vilmorin. Nuances variant à l'infini. Terre légère. Semis en place en avril. Couvrir de paille, de fougère ou de feuilles sèches en hiver; pour plates-bandes.

Zauschneria de Californie (*z. Californica*). — Vivace; de la famille des Onagrariées. Fleurs d'un *rouge écarlate*. Multiplication de semis, et surtout de boutures. Terre légère; exposition chaude; pour plates-bandes, talus, rocailles.

La plupart des plantes de juillet et d'août ornent nos jardins en septembre. En voici deux autres dont il n'a pas encore été question :

SEPTEMBRE.

Chrysanthème des Indes, de la Chine ou **d'automne** (*chrysanthemum Indicum*). — Vivace; de la famille des Composées. Tiges buissonnantes, élevées et ramifiées vers le haut. Fleurs de coloris très-variés. Toutes terres et expositions. Multiplication par éclats des touffes au printemps, ou par le semis quand on cherche des variétés nouvelles.

Linaire pourpre (*linaria bipartita*). — Annuelle; de la famille des Scrofularinées. Fleurs *violettes*, avec palais *blanchâtre* et macules de *pourpre*. Pour massifs et plates-bandes. Semer en avril.

OCTOBRE.

Dans ce mois, on rencontre encore beaucoup de plantes indiquées précédemment et dont la floraison est prolongée. Nous y ajouterons la **Dentelaire** et le **Gynerium argenteum**. La *dentelaire de lady Larpent* (*plumbago Larpentæ*) orne très-bien les plates-bandes. Ses fleurs, d'abord d'un *bleu de cobalt*, passent au *violet*. On la multiplie par l'éclat de ses touffes. C'est une plante vivace de la famille des Plombaginées.

Le *gynerium argenteum*, ou *gynerium argenté*, ou herbe *géante des Pampas*, est une Graminée vivace dont les panicules produisent un effet charmant sur les pelouses. Toute terre, mais plutôt trop sèche que trop fraîche. Bonne exposition. Multiplication d'éclats au printemps.

NOVEMBRE.

Nos richesses florales s'en vont. Les chrysanthèmes de l'Inde et de la Chine, les dahlias et le réséda, etc., nous restent fidèles en attendant les gelées; mais on ne les visite plus guère que pour les couper et en faire des bouquets.

DÉCEMBRE.

Tout ce que nous pouvons demander à ce dernier mois de l'année, c'est de nous offrir l'*hellébore rose de Noël*.

LES ROSIERS.

Tout le monde aime cette plante, la plus ornementale de tous les arbrisseaux. Autrefois, on ne con-

Fig. 1409. — Rose cent feuilles.

naissait guère que les espèces indigènes, l'Églantier, le Provins, le Centfeuilles, le Pompon, Quatre saisons (exotique). Mais depuis le commencement de ce siècle, ce genre s'est enrichi d'espèces précieuses qui, en se mariant avec les premières, en se fécondant mutuellement, ou bien en variant d'elles-mêmes sans s'hybrider avec d'autres espèces, ont produit des variétés sans nombre et superbes, aujourd'hui appelées Hybrides remontantes.

Nous classons les rosiers par groupes, suivant leur utilité ornementale, et non suivant les botanistes.

En premier ordre, sont groupés les sarmenteux appartenant à diverses espèces. On les emploie pour espalier, pyramide et tonnelle.

Banks. — Espèce de la Chine, importée en Angleterre par le collecteur voyageur de ce nom. Longs rameaux grimpants ou rampants sans épines; feuilles d'un vert sombre, ovales, peu dentées, persistantes. Variété à petites fleurs jaunes, autre variété à petites fleurs blanches; troisième variété importée de la Chine depuis quelques années par Robert Fortune et portant son nom. Elle est à rameaux épineux et plus rustiques que les précédentes; fleurs blanches. Les deux premières gèlent à une température de 7 à 8°. Dans les pays chauds et tempérés, on en tapisse les murailles, comme on fait du lierre et du jasmin. On greffe sur les rameaux d'autres espèces.

Rosier toujours vert (*sempervirens*). — Espèce indigène, très-sarmenteuse, à rameaux minces, effilés couverts d'épines, d'une vigueur extraordinaire, à feuilles de ronce, à fleurs blanches, teintées de rose, doubles, réunies en grosses panicules.

Multiflore. — Rosier à rameaux très-vigoureux, très-sarmenteux, à aiguillons forts, crochus. Il a été introduit du Japon en Angleterre par Thunberg, en 1804. Ses feuilles sont nombreuses, amples, presque rugueuses; ses fleurs plus ou moins doubles, sont en volumineux corymbes à l'extrémité des rameaux: le coloris est d'un rose frais carminé, à reflet blanchâtre. Les variétés les plus propagées aujourd'hui, sont: la *Grifferaie, Beauté des prairies, Belle de Baltimore.* L'ancienne variété *Lord Davoust* mérite néanmoins d'être conservée. Quelques horticulteurs français, surtout les anglais, se servent de la variété à fleurs presque simples, nommée *Manetti*, comme sujet à greffer, en remplacement de l'églantier. Ils posent la greffe ras terre; elle se colle et pousse vite, car le sujet est vigoureux et toujours en végétation; mais aussi, il émet constamment des rejetons qui, s'ils ne sont pas soigneusement supprimés, absorbent bientôt la sève et font périr la greffe. Les multiflores se multiplient facilement par boutures, surtout le *Manetti.* Les dernières pousses de l'automne sont surprises par la gelée et périssent partiellement; mais les rameaux aoûtés résistent au froid et donnent des fleurs en abondance au printemps.

Rosier des Alpes ou de **Virginie** ou **Cannelle.** Il est plus connu aujourd'hui sous le nom de *Boursault.* — C'est une autre espèce de Multiflore à rameaux forts, droits, sans épines, à écorce brune, formant de gros buissons. Ses feuilles sont larges, dentées, d'un beau vert; ses fleurs presque simples sont larges, d'un rose pâle, à l'extrémité des petits rameaux latéraux, sur toute la longueur des principales tiges, et forment ainsi d'admirables guirlandes. L'ancienne variété représentant le type, qu'on trouve encore dans quelques anciens jardins contre les murs, se nomme *Calypso*. Une variété issue de cette dernière et plus belle, portait le nom de *Reversa* autrefois, et porte à présent celui d'*Amadis.* Ses tiges et ses feuilles sont à peu près les mêmes que celles de Calypso, mais ses fleurs sont presque doubles et d'un rouge vineux éclatant. Greffé sur églantier de 2 mètres, l'Amadis acquiert les proportions d'un petit arbre. Sa tête volumineuse se couvre dès la fin d'avril d'innombrables fleurs et produit, surtout de loin, un effet merveilleux. On devrait voir dans tous les parcs, dans tous les grands jardins, au milieu ou sur les bords des pelouses, cet arbrisseau admirable et cependant presque abandonné.

L'origine du type Calypso est douteuse. Les uns

veulent qu'elle soit exotique, les autres indigène. Quoi qu'il en soit, cette espèce présente par son bois sans épine, son feuillage, sa manière de végéter, sinon par ses fleurs, des analogies frappantes avec le Rosier des Alpes et le Rosier *cannelle* ou *Rose de mai*, aujourd'hui abandonné. Autrefois on faisait des semis de graines de rosiers sauvages appelés aujourd'hui églantiers (ne pas confondre avec le Rosier sulfureux à fleur jaune, l'*Églantine* de Linné). C'est ainsi que la variété à fleurs blanches, en gros panicules, *Aimée Vibert*, fut obtenue de graines d'un descendant du *Sempervirens* sauvage, par le célèbre rosiculteur Vibert. Il ne faut donc pas trop s'arrêter à l'origine de certaines espèces où variétés remarquables qui ont eu de la vogue, dans la crainte de se tromper.

Rosier microphylle ou **à bractées** (*microphylla bracteata*). — Ce rosier portait autrefois le nom de *Macartney*, ambassadeur anglais qui l'avait importé de l'Inde ou de la Chine. On le nomme *Microphylle* à cause de ses petites feuilles composées de neuf à onze folioles d'un vert sombre luisant, et à *bractées*, à cause des bractées lancéolées et soyeuses qui accompagnent l'ovaire. Ses rameaux sont effilés, sarmenteux; à la base de chaque feuille sont deux forts aiguillons crochus. Ses rameaux, abandonnés à eux-mêmes, s'étendent sur la terre comme les ronces; ils peuvent être palissés et couvrir en peu de temps un mur d'une belle verdure. De l'aisselle des feuilles sortent de petits rameaux latéraux qui se terminent par des fleurs en panicule. Il y a la variété à fleurs pourpres, s'épanouissant difficilement, à sépales rugueux, offrant quelque analogie avec l'enveloppe du marron; *Maria Léonida*, autre variété à fleurs blanches, au centre jaunâtre, presque pleine; l'*Alba odorata*, aussi à fleurs blanches et odorantes. Ces deux dernières variétés sont presque seules cultivées. Elles fleurissent depuis juin jusqu'aux gelées. Les rameaux dressés sur tuteurs, en forme de pyramide, produisent un bel effet.

Nous ne parlerons ni des *Ayrshires*, ni d'autres espèces sarmenteuses, non remontantes, moins belles que les précédentes.

Les espèces *Provins*, *Alba*, *Provence*, *Portland*, même le *Damas* ou *Quatre-saisons* dont on ne se sert plus guère que comme sujet à greffer, sont aujourd'hui avantageusement remplacées par les nombreuses variétés ou variations des *Bengale*, *Thé*, *Noisette*, *Ile-Bourbon*, *Hybride*, etc.

Le vieux rosier *Centfeuilles* seul, et ses variétés mousseuses et pompons, sont conservés dans les jardins d'amateurs et de paysans, où il sera difficile de les remplacer avantageusement.

Rosier pimprenelle. — Cette espèce est ainsi nommée à cause de ses petites feuilles découpées, et gaufrées comme celles de la Pimprenelle des prés. Ses tiges grêles, de 0m,60 à 0m,80 de hauteur, se couvrent de petites fleurs blanches ou jaunâtres, ou roses, dès le mois de mai, et forment de jolies guirlandes. La variété remontante *Stanwel* est à peu près la seule cultivée.

Rosier sulfureux ou **Églantine de Linné.** — En raison de sa couleur jaune, on a donné le nom de sulfureux à cette espèce, originaire d'Italie, d'Allemagne, de Suisse, etc., où elle croît spontanément dans les terrains secs, rocheux, stériles. Il paraît qu'il existe deux variétés à fleurs doubles comme les centfeuilles, ce qui les a fait appeler *Centfeuilles jaunes*. L'une de ces variétés est plus vigoureuse que l'autre et ses fleurs s'épanouissent mieux. Nous en cultivons une à fleurs très-doubles, ne s'épanouissant complétement presque jamais. Ses rameaux sont grêles, couverts de petits aiguillons hérissés, ses feuilles petites, sont profondément dentées.

On a fait deux espèces du sulfureux à fleurs simples : la *jaune* et la *capucine* ou *cuivrée*. Cependant, nous possédons un pied de ce rosier qui donne tout à la fois, sur les mêmes rameaux, des fleurs simples jaunes et capucines. Nous concluons de ce fait que la capucine est un accident fixé de la jaune simple, espèce type. La variété ou espèce importée en Angleterre sous le nom de *Persian Yellow*, et qui a beaucoup de rapport par son bois et son feuillage avec l'Églantine de Linnée, a presque totalement fait oublier les autres qu'on ne retrouve que dans les anciens jardins. Cette variété anglaise est vigoureuse; ses fleurs presque pleines, mais un peu échancrées ou chiffonnées, sont abondantes au printemps et d'un beau coloris jaune soufre. On la cultive en vases pour les marchés; mais il faut arquer ses rameaux pour les rendres florifères.

Rosier du Bengale. — Ce rosier fut, dit-on, introduit de la Chine dans l'Inde, et de l'Inde en

Fig. 1410. — Rose du Bengale.

Angleterre, puis en France. On crut d'abord qu'il était originaire du Bengale, et il en a conservé le nom. Tout le monde connaît les fleurs semi-doubles, d'un rose frais, de l'espèce type dont on fait des haies admirables dans les pays chauds. Il pousse plus vigoureusement contre un mur qu'en plein air, aussi peut-on le palisser. La variété récente du nom d'*Impératrice Eugénie* peut surtout être employée de cette manière, aussi bien qu'en massif. Ses fleurs très-pleines, nombreuses, s'ouvrant bien à l'automne, sont d'un bel effet. Les variétés presque naines : *Pumila alba, Reine Blanche, Alexina* à fleurs blanches et celles à fleurs d'un rouge pourpre foncé : *Cramoisi supérieur, Etna, Vésuve, Archiduc Charles*, etc., font bien, francs de pied, en bordures et massifs.

Le genre très-nain, connu sous le nom de *Lawrence*, fait d'élégantes bordures ; il est joli en petits vases sur les fenêtres des mansardes.

Rosier thé. — Cette espèce, aussi originaire de la Chine ou de l'Inde, a beaucoup d'analogie avec le Bengale; mais elle est plus délicate. Elle ne résiste pas à un froid de 7 ou 8 degrés. Ses fleurs varient du blanc au jaune, du rouge au saumoné; elles répandent un parfum de thé très-suave, et sont d'une rare élégance. On peut facilement les conserver en serre froide, en bâche et même en cave sèche pendant l'hiver, les racines enfouies dans du sable. On peut même les conserver en pleine terre en les couvrant de terre, en forme de butte, et en plaçant sur la butte une tuile ou un pot renversé, afin d'empêcher la pluie de pénétrer dans la terre et de geler. Les Thés font bien, surtout greffés sur tiges de 0m,80 à 1 mètre. Ils forment de jolies têtes qui se couvrent de belles fleurs parfumées. Pour conserver ces greffes pendant l'hiver, on couche la tige sur terre dès la fin de novembre, et on enfonce la greffe dans un trou préparé d'avance, après avoir fixé la tête de cette greffe avec un crochet en bois, afin qu'elle ne se relève pas; on remplit le trou de terre et on butte. Il ne faut jamais employer dans ces cas la couverture de fumier. Le fumier engendre la pourriture et fait périr la plante.

Les variétés de Thé les plus recommandables par leur vigueur et leurs belles fleurs sont : *Adam, Bougère, David Pradel, Eugénie Desgâche, Goubault, Niphetos, Sylphide, Nina, Moiré, Sombreuil* (rustique), *Mme Maurin* (rustique), *Triomphe du Luxembourg, Pauline Labonté, Canari, Queen Victoria* ou *Souvenir d'un ami, Vicomtesse Decazes* (délicate), *Vicomtesse Labarthe, Mme Folcot, Safrano, Louise de Savoie*, etc.

On distingue principalement les Thés des Bengales par leur parfum, par leur ovaire plus arrondi, en forme de dé à coudre renversé, et par leurs tiges ne sortant pas toutes du collet du pied comme celles du Bengale.

Rosier Noisette. — On a dit ce rosier originaire de l'Amérique septentrionale, où des voyageurs explorateurs n'ont trouvé aucune espèce de rosier, il n'y a encore que quelques années. M. Loiseleur-Deslongchamps, amateur très-distingué, dit dans son ouvrage, *la Rose*, qu'elle est due à un directeur du jardin botanique de Montpellier. Il l'obtint d'un semis de graines de l'espèce musquée (*Moscata*), très-cultivée à Constantinople pour l'essence de rose. Cette variété ou variation parut assez distincte de l'espèce musquée pour qu'il en fît hommage à M. Noisette, horticulteur renommé. On peut diviser l'espèce Noisette en deux classes : la première composée des variétés à longs rameaux ; la deuxième, de celles à courts rameaux. Ses tiges sont gourmandes, inclinées, plus épineuses que celles du Bengale et du Thé; ses feuilles sont allongées, luisantes; ses fleurs varient du jaune au blanc, du pourpre foncé au carné et sont réunies en panicules à l'extrémité des rameaux comme celles du Multiflore. La plupart des anciennes variétés ont été remplacées par de nouvelles. Les plus distinguées de la première classe sont : *Chromatella, Solfatare*, (délicates), *Ophirie, Isabelle Gray, Gloire de Dijon, Mme Desprez* (toutes à fleurs jaunes), *la Biche* (rustique), *Général Lamarque* (très-délicate), *Phaloé*. Les plus belles de la deuxième classe sont : *Aimée Vibert* (lorsqu'elle est dans un bon terrain, elle devient sarmenteuse), *Caroline Marniesse, Céline Forestier*.

On conserve les variétés délicates en hiver, comme les Thés.

Rosier Ile-Bourbon. — Cette espèce a été obtenue en 1819, par M. Jacques, jardinier chef au château de Neuilly, de graines qui lui avaient été envoyées par M. Bréhon, directeur des jardins royaux à l'Ile-Bourbon. Dans ce pays, on fait des haies de Bengales et de Damas ou Quatre-Saisons. M. Bréhon avait remarqué un sujet venu de graines qui ne ressemblait ni au Bengale, ni au Quatre-Saisons, mais qui possédait quelques-uns des caractères des deux types. C'était donc un *Hybride*. Mais ce nom lui était impropre, puisque les Hybrides ne peuvent se propager et qu'il portait des graines ; c'était donc tout simplement une variation de deux races qui devenait à son tour type d'une nouvelle race. M. Jacques sema les graines envoyées par M. Bréhon et en obtint un sujet à rameaux vigoureux, à fleurs rouges, mais presque simples, auquel il donna son nom. Ce rosier produisit des graines en abondance et fut la souche d'une nombreuse famille sous le nom de Ile-Bourbon. Il a le plus varié de toutes les races remontantes. Nous substituons le mot *race* à celui d'*hybride*, parce qu'il nous paraît plus rationnel, plus conforme aux faits. Ainsi, n'en déplaise aux botanistes qui créent des genres suivant leur bon plaisir, à la moindre différence remarquée sur les plantes; n'en déplaise aux praticiens qui voient partout des hybrides, sans se rendre compte de la signification du mot, nous considérons simplement comme races leurs espèces Bengale, Thé, Noisette, Ile-Bourbon. Nous devrions même tenter de faire remonter ces races au Damas ou Quatre-Saisons, et ce dernier au Cent-feuilles type, à fleurs simples. Sans admettre en son entier le système de Darwins, suivant lequel il n'y a eu qu'une espèce type primitive dans les animaux et végétaux, nous croyons fermement que les végétaux et les animaux se modifient à la longue suivant le climat, le sol où ils vivent et les soins de culture qu'ils reçoivent. Lorsque des sujets ainsi modifiés se trouvent réunis par des circonstances quelconques, leur nature essentielle étant la même, quoique leurs formes ne soient pas identiques, ils peuvent se rendre sympathiques au bout de quelque temps et se reproduire. On pourra donner si l'on veut le nom d'hybride à ces produits qui ressemblent plus ou moins à leurs auteurs, mais en réalité, ils ne seront que le résultat des variations atmosphériques et culturales, auxquelles auront été soumis leurs parents. Nous ne voyons donc rien d'extraordinaire dans la production presque indéfinie de variétés de rosiers remontants qui a eu lieu depuis une trentaine d'années. Des races remontantes exotiques de divers pays s'étant trouvées réunies par les soins de voyageurs, elles se sont convenues, se sont multipliées, grâce au climat et à la culture convenables.

Les Iles-Bourbons peuvent, comme les Noisettes, être divisés en deux classes : La première à longs rameaux, la deuxième à courts rameaux. Dans la première, les variétés les plus remarquables étaient: *Louise Odier*, *Blanche Laffite*, *Triomphe de la Duchère*, *Desprez*, *Gloire de Dijon*, *Gloire des Rosomanes*. Cette dernière variété issue de *Jacques* est devenue le type d'une sous-race. *Général Jacqueminot* qui en est sorti est à son tour le type d'une sous-race, à coloris rouge pourpre très-foncé, dont nos jardins se remplissent. Louise Odier et Blanche Laffite sont également les types de sous-races très-nombreuses, à coloris rose et carné.

Dans la classe à courts rameaux, on distingue principalement : *Souvenir de la Malmaison*, *Loweson Gower*, *Deuil de sir Robert Peel*, *Duc de Richemont*, *Julietta*, *Paul Joseph*, *Reine des Iles-Bourbons*, *Jean Bart*, *Deuil de la duchesse d'Orléans*, *Baronne de Noirmont*, *Hippolyte* ou *Mistress Bosanquet*, etc.

Les variétés sans caractères bien distincts, issues directement ou indirectement du Bengale, du Thé, du Noisette et de l'Ile-Bourbon, mais très-remontantes et très-belles, qu'on nomme improprement Hybrides, sont très-nombreuses et très-propagées parce qu'elles sont généralement plus rustiques que les types. Elles sont déjà acclimatées, c'est-à-dire plus appropriées à notre climat. Nous ne pouvons en donner ici la nomenclature ; elle serait trop longue.

Aujourd'hui, on ne cultive plus guère les rosiers en amateur; on est devenu ornementiste. On veut avoir dans son jardin ou dans son parc beaucoup de rosiers, parce que c'est encore la plante la plus ornementale, n'en déplaise à M. Naudin qui a prétendu le contraire, et parce qu'on peut avoir beaucoup de fleurs avec le moins de frais possible de culture.

Soyons donc de notre temps; admettons les faits accomplis et classons les rosiers suivant l'effet qu'ils sont destinés à produire. Nous en formerons trois catégories :

Première catégorie. — Dans celle-ci, nous conserverons toutes les anciennes espèces non remontantes, par respect pour les services rendus, et parce qu'elles sont toujours belles. Mais nous les mêlerons avec d'autres arbustes pour en faire de grands massifs. Elles fleuriront comme ces derniers une fois par an; elles égayeront même les massifs d'arbustes toujours verts. Elles seront plantées en contre-bordure. Les diverses variétés de Pompons ou Dijonnais seront mises en bordure. Dans cette première catégorie, nous ferons même figurer les variétés vigoureuses à larges et belles fleurs, mais ne fleurissant guère que deux fois; telles que les *Perpétuelles* ou *Portlands*, *Antigone*, *Duchesse de Rohan*, etc., et les sous-variétés : *William Jess*, *Anna Diesbach*, *Baronne Prévost*, *Mme Florence Joigneaux*, *etc.*

Deuxième catégorie. — Dans cette catégorie seront groupées les variétés vigoureuses les plus florifères et aux plus belles fleurs, telles que : *Sidonie*, *Belle-Faber*, *Duchesse d'Orléans*, *Comtesse de Norfolk*, *Mme Knorr*, *Mme Domage*, *L'Enfant du Mont-Carmel*, *Mme Place*, *Jules Margottin*, *Julie Guinoiseau*, *Lion des combats*, *Ludovic Letauld*, *Mme Boll*, *Mme Vidot*, *Mlle Alice Leroy*, *Mlle Faugel*, *Mère de Saint-Louis*, *Panachée d'Orléans*, *Reine d'Angleterre*, *Reine des Belges*, *La Reine*, *Général Jacqueminot*, *Sénateur Vaïsse*, *P. Joigneaux*, *Charles Lefebvre*, *Duc Decazes*, *Anderson*, *Reine des violettes*, *Robert de Brie*, *John Walterer*, *Géant des batailles*, *Auguste Mie*, *Gloire de Lyon*, *Patrizzi*, *Arthur de Sauscal*, *Duchesse de Sutherland*, etc.

Troisième catégorie. — Dans la troisième catégorie nous plaçons toutes les variétés de moyenne vigueur qui fleurissent constamment ou presque constamment. Nous en formons de petits massifs, à proximité des allées et de la maison d'habitation. Nous les cultivons aussi en plates-bandes, où elles ne gênent pas, et nous embaument sur notre passage. Les principales de ces variétés sont : *Célina Dubost* (délicate), *Robert*, *Maréchal de la Brunerie*, *Mme Désirée Giraud*, *Altesse Impériale*, *Rouillard*, *Comte de Cavour*, *Cécile de Chabrillant*, *Empereur Napoléon*, *François Arago*, *Général Castellane*, *Simpson*, *Perony*, *Mme Ducher*, *Eugène Cavaignac*, *Mme Musson*, *Marie de Bourges*, *Ornement des jardins*, *Prince de la Moskowa*, *Léon Kotschoubey*, *Rosine Margottin*, *Victor Verdier*, *Virginale*, *Duchesse de Magenta*, *Toujours fleuri*. *Lucie de Saint-Aignan*, *Mme Furtado*, *Eugène Appert*, *Jean Bart*, *Pauline Lansezeur*, *Laurent Descours*, *Paul Degrand*, *Pierre Dupont*, *etc.*

Les Iles-Bourbons, Bengales, Thés, Noisettes, étant plus délicats et demandant des soins particuliers pour leur conservation pendant l'hiver, comme nous l'avons dit en commençant, au lieu de les mêler aux hybrides, nous en ferons des massifs spéciaux suivant leur vigueur et leur taille.

Ainsi, dans la deuxième catégorie, prendront rang *Gloire de Dijon*, *Ophirie*, *la Biche*, *Triomphe de la Duchère*, *Phaloé*, *Mme Deslongchamps*, *Chromatella*, *Solfatare*, *Général Lamarque*. Mais il faudra impitoyablement tailler les rameaux gourmands à la hauteur des autres. Dans ce groupe pourra figurer avec avantage en contre-bordures, le Bengale *Impératrice Eugénie*, et les Thés (vigoureux et rustiques) *Mme Maurin*, *Sombreuil*.

Dans la troisième catégorie, figureront les Iles-Bourbons : *Souvenir de la Malmaison*, *Mistress Bosanquet*, *Comtesse Barbantanne*, *Julia de Fontenelle*, *Reine des Iles-Bourbon*, *Réveil*, *Vicomte de Cussy*, *Comte d'Eu*, *Ernestine de Barante* (en bordure), et de nombreux Thés et Bengales, dont la nomenclature est trop étendue pour figurer à cette place.

Les rosiers se multiplient par graines cueillies avant les gelées et mises aussitôt en terre. Dans le cas où l'on ne voudrait les semer qu'au printemps, il faudrait les faire stratifier dans du sable frais et en cave ; autrement elles ne lèveraient qu'un an après. Ils se multiplient aussi par drageons, par boutures, par marcottes et par greffes. Les boutures se font en pleine terre en automne, ou en serre au printemps. Les marcottes réussissent bien après la végétation ou floraison du printemps et de l'automne. La greffe à l'écusson sur églantier, quatre-saisons, cent-feuilles, Bengale, etc., se fait de juillet en septembre.

J. CHERPIN.

CHAPITRE LIV

DES PARCS ET JARDINS PAYSAGERS

Historique. — L'art des jardins est vieux comme le monde. « Dieu, — disait un bon curé de notre connaissance, — pour achever son œuvre, réunit les plus belles plantes dans un lieu spécial, qu'il appela l'Éden, ou Paradis terrestre. Il manquait un jardinier. Créons l'homme, se dit-il. Et voilà comment il se fit que le premier homme fut le premier cultivateur du premier jardin. » Que vous expliquiez ainsi ou autrement l'origine du jardinage, il n'en est pas moins établi que dès la plus haute antiquité les historiens et les poëtes chantaient les délices des premiers Edens, qu'ils appartinssent à la Chaldée, à la Perse, à la Phénicie ou même à la Suède, au dire d'un Suédois ultra-national. D'abord par l'intuition, puis par la comparaison, par l'étude, par le besoin, les premiers hommes, sans doute, cultivèrent les plantes utiles et médicinales, les céréales et les légumes. L'agréable vint un peu plus tard. Ils voulurent avoir auprès d'eux les plantes qui avaient réjoui leurs regards dans les campagnes, et, le nécessaire étant obtenu, ils cherchèrent des plaisirs innocents dans la culture des fleurs. Successivement, les moyens de les employer comme décoration se perfectionnèrent par l'expérience, le goût, la fantaisie de chacun, par les échanges, les voyages, les différents climats. A mesure qu'on avance dans les âges, on voit les progrès de cet art, prenant les formes les plus diverses : le jardin des Hespérides couvert d'orangers, entouré de rivières et gardé par un dragon ; les jardins d'Alcinoüs, ornés de leurs fontaines de marbre; les oasis artificiels et les cimetières ornés de l'Égypte; les jardins suspendus de Cyrus et de Sémiramis à Babylone; le premier jardin d'Histoire naturelle, créé par Salomon à Ninive; les jardins réguliers de la Perse et les grands parcs de la Chine; les jardins *bâtis* à Rome et dans toute l'Italie, avec leurs ornements d'architecture et leurs nombreuses statues. Puis vint la période de décadence, qui s'étendit aux arts, aux lettres, aux sciences, et qui n'oublia pas les jardins. On reconnaît, plus tard, au moment de la renaissance générale, l'importation en France de l'architecture italienne et des jardins rectilignes ; puis viennent les travaux gigantesques d'André Lenôtre, sous le règne de Louis XIV; enfin, de nos jours, à l'exemple de l'Angleterre, les jardins paysagers sont arrivés au degré de perfection le plus remarquable.

Le goût du pittoresque, du paysage, de la nature ornée, est devenu à bon droit l'entraînement favori de l'heure présente. Il s'est substitué à laroideur, au compassé, au guindé des derniers règnes. Le goût s'épurant de jour en jour, on a compris que rien n'était vraiment beau que ce qui se rapprochait de la grande et belle nature, dont tout l'art des jardins consiste à faire ressortir les beautés, à cacher les imperfections. Tel est le programme des modernes dessinateurs de jardins, le canevas sur lequel ils doivent broder le thème et développer les fantaisies brillantes d'une imagination et d'un goût épurés. Nous essaierons d'indiquer rapidement, eu égard aux limites de ce chapitre, les préceptes qui doivent servir de guide dans cet art difficile.

Composition du plan. — La première condition, pour créer un parc ou jardin paysager, est d'acquérir une parfaite connaissance de l'emplacement sur lequel on doit opérer. On doit relever avant tout le plan de la propriété ; les accidents du terrain, les beaux arbres, les terres de différentes natures, les cotes de nivellement seront déterminés avec une rigoureuse exactitude. En somme, avant de porter le crayon sur les parties à modifier, il importe que l'on ait sous les yeux un état des lieux aussi complet que possible.

Il n'est pas moins utile d'examiner, dès l'abord, les vues principales qui partent du perron de l'habitation et des différentes parties pittoresques du parc. Tout le tracé doit obéir à ces directions.

Le goût et le talent du dessinateur de jardins peuvent alors se donner libre carrière. Tenant compte de tout ce qu'il sera possible de conserver, il tracera sur le papier les modifications à introduire dans la propriété, pour en tirer le plus grand parti possible. Les allées, les bois, les massifs, groupes isolés, pelouses, roches, pièces d'eau, rivières, se grouperont harmonieusement sous sa main savante. — Pour les grands parcs, il sera sobre de détails : de vastes pelouses, de larges percées, des allées amples aux courbes douces et d'une seule venue (éviter surtout les S, ou contre-courbes), des pièces d'eau offrant de larges surfaces aux rayons visuels partant de l'habitation, partout l'espace agrandi par un habile artifice, et jamais de ces mesquineries de mauvais aloi, de ces *tortillons* sans goût et sans raison.

Il est permis, dans les jardins où l'espace est mesuré, de multiplier un peu plus les allées et les divers ornements. On change alors de principe. Ce n'est plus une imitation de la grande nature sur une vaste échelle, c'est une concentration d'agréments et de surprises sur un petit coin de terre. Que le dessinateur alors, en restant fidèle au bon goût, en évitant l'excès, laisse découverts les alentours de la maison principale, dispose sur les limites de la propriété des parties boisées, variées dans leur composition et leur aspect, qu'il groupe avec une grande diversité de formes, en les accordant à l'ensemble, tous les ornemen ts qui peuvent apporterun charme de plus à l'effet général.

On se préoccupe trop généralement de donner une forme plus ou moins harmonieuseaux grandes pièces entourées par les allées. C'est un tort : les allées sont des chemins qui conduisent à un but déterminé, elles sont soumises aux massifs, et

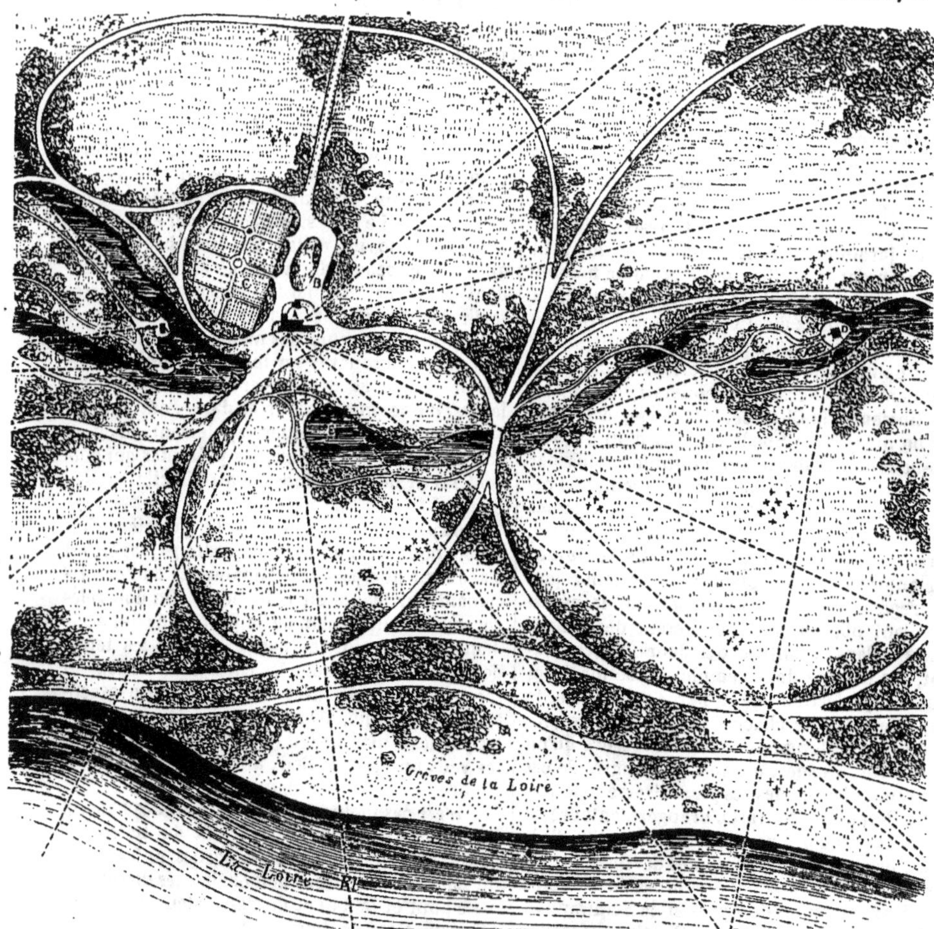

Fig. 1411. — Portion d'un grand parc paysager.

A. Habitation. — B. Communs et dépendances. — C. Potager. — D. Kiosque. — E. Pièces d'eau.

ceux-ci ne doivent pas leur obéir absolument.

Dans l'un ou l'autre cas, on aura toujours grand soin de placer de vastes massifs entre les grandes percées ou vues sur les paysages d'alentour; ils seront tracés de manière à leur donner, vus de loin, une importance plus fictive que réelle. Ils seront accompagnés de groupes d'arbres isolés, habilement distribués, et ils prendront la forme fuyante des *coulisses d'Opéra*. C'est une condition importante pour l'agrandissement simulé des propriétés.

L'emploi des rivières et des pièces d'eau sera subordonné, bien entendu, aux pentes du sol. Leur distribution se rapprochera le plus possible des tendances naturelles; elles devront être employées avec assez d'habileté pour que l'œil le plus exercé ne puisse découvrir que leur existence est due à un ingénieux artifice. Là se trouve toute la clef de l'architecture paysagère, tout le secret de l'artiste : rendre naturel même le tracé le plus éloigné des habitudes de la nature.

Le plan étant dessiné, il est urgent, avant de

commencer l'exécution des travaux, d'établir un devis des terrassements, des fournitures, de tous les détails que comprend la création d'un parc ou d'un jardin.

L'architecte établira les calculs de terrassements qui seront nécessités par les vallonnements, le creusement et la fouille des allées, des massifs, des pièces d'eau; les prix de transport des mauvaises terres à enlever, des bonnes terres à rapporter; il fixera les questions du règlement, du dressement de terrain, du semis des pelouses, de la plantation des arbres, il calculera la quantité et les prix des végétaux à planter, les fournitures de terreau, de fumier pour les massifs, les gazons et les corbeilles, le sable pour les allées, la terre de bruyère, et tout ce qui rentre dans son contrôle et ses attributions. Avant de donner le premier coup de pioche, il faut savoir clairement où l'on va.

Tracé sur le terrain. — Comme on l'a fait sur le papier, on commencera par le tracé des lignes de vues. Elles se jalonnent au moyen de grands piquets à l'extrémité desquels on fixe un carré de papier de couleur, bleu par exemple pour celles qui partent de l'habitation, et rouge pour les vues secondaires des différents points du parc. On est certain de la sorte d'avoir des points de repère infaillibles. Ils seront d'autant plus utiles pour la distribution, qu'il se présente souvent des modifications au plan, nécessaires lorsqu'on exécute, et qu'on n'avait pu prévoir avant d'être à l'œuvre.

Les allées sont indiquées d'abord par des jalons placés au centre des courbes, avec changements de direction à tous les endroits qui ne subiront pas de modification. Une fois ces points déterminés, on les raccorde entre eux par des piquets intermédiaires, en épurant les courbes à l'œil ou au cordeau. Il convient de placer les jalons à 10 ou 20 mètres les uns des autres, suivant la grandeur du cadre sur lequel on opère. Quand l'emplacement est parfaitement fixé, on les remplace par d'autres piquets plantés debout et dépassant le sol de 0m,50 au plus.

Les massifs pleins sont indiqués par des piquets de la même longueur, inclinés en dehors sur tout le périmètre de l'espace à planter.

On figure les arbres isolés par des piquets ou échalas, d'environ 1 mètre, dépourvus de papier à leur extrémité, et fichés dans le centre du trou que l'arbre occupera.

Les contours des rivières et des pièces d'eau sont marqués par des jalons peu élevés, surmontés d'un papier bleu.

En tenant compte de ces précautions, on évitera la confusion trop commune dans les tracés de jardins, et si l'exécution des travaux ne suit pas immédiatement le tracé, on aura plus de chances de retrouver les points de repère dans le cas où un certain nombre de piquets auraient été déplacés par accident.

Nous ne saurions trop nous appesantir sur l'importance du tracé sur le terrain. La réussite du jardin en dépend. Ce n'est rien de figurer sur le papier, d'une main habile, un arrangement séduisant. C'est à l'œuvre qu'on connaît l'ouvrier; le plus habile dessinateur, qui n'aura pas la pratique et le bon goût sur le terrain, ne sera jamais qu'un mauvais architecte paysagiste. Il faut savoir à l'occasion, plier le plan-projet aux exigences du lieu, et sacrifier un dessin à une disposition inattendue et plus heureuse.

Ces choses ne s'enseignent pas; le goût est loin d'obéir à des règles rigoureuses qui se puissent facilement libeller : il est spontané; on le développe : on ne le crée pas.

Exécution des terrassements. — *Défoncement des massifs et des allées.* — Tout est tracé : allées, massifs, pièces d'eau. Il s'agit d'enlever les terres seulement aux endroits nécessaires, d'éviter les fausses manœuvres et de mener les terrassements avec une grande prudence. Avant tout, on enlève sur les allées une tranche de terre d'autant plus épaisse que le sol sera moins profond dans les massifs à planter. On répand cette terre sur les massifs au fur et à mesure du défoncement de ceux-ci, que l'on maintient un peu exhaussés en prévision du tassement et pour leur donner du relief. Il faut éviter surtout les allées plus élevées que les massifs ou les pelouses.

Le défoncement des massifs portera sur toute leur surface, principalement dans les sols peu fertiles. On ouvrira une tranchée, et les terres seront remuées à 0m,70 de profondeur, si l'on tient à bien réussir la plantation. On évitera ainsi des regrets tardifs, lorsque les arbres auraient passé plusieurs années après la plantation et que leur végétation se trouverait arrêtée sans remède.

On peut, dans les sols excellents, frais et profonds, les prairies, par exemple, éviter un défoncement complet et se contenter de trous d'un mètre de profondeur.

Dans l'une et l'autre circonstance, il est bon de commencer l'opération en automne, afin que les terres remuées et aérées tout l'hiver aient le temps de s'améliorer sous l'influence bienfaisante des gelées.

On profitera du défoncement pour drainer le fond des trous ou des tranchées, dans les terres argileuses et humides, au moyen de plâtras, de pierres ou de branchages. De cette précaution dépend également le succès.

Rivières, pièces d'eau, rochers. — Les rivières et pièces d'eau seront creusées de manière à présenter sur leurs bords des pentes douces. Leur plus grande profondeur se trouvera au milieu, et, dans tous les cas, à moins de grands espaces où l'on voudra introduire des bateaux et autres accessoires, cette profondeur ne devra jamais être assez grande pour que l'on craigne les accidents.

Leur place est presque toujours à la partie la plus basse d'une propriété; les terres de la fouille ne devront donc pas être laissées sur leurs bords, qu'elles élèveraient outre mesure; on les utilisera dans les massifs et les points à exhausser.

A moins que l'on n'opère sur des terrains argileux qui retiennent l'eau facilement, il est indispensable que le fond des pièces d'eau soit maçonné. Le béton à la chaux hydraulique, sur une épaisseur de 0m,20 suffit d'ordinaire; mais il serait préférable d'employer un mélange de cailloux, de sable et de ciment romain, ou mieux encore de ciment anglais de Portland. On éviterait ainsi des fissures et des déperditions d'eau, dont la réparation continuelle est fort désagréable. Ce bétonnage doit se faire pendant la belle saison. Le ciment est très-sensible à la gelée lorsqu'il est frais employé; mais il peut braver l'hiver, s'il a eu le temps d'absorber l'eau surabondante du mortier avant les grands froids. On recouvre le tout d'une chape de ciment pur ou de chaux hydraulique, qui lisse les parois et garantit des fissures le massif du béton.

Les rochers, grottes, rocailles, têtes de ponts, se bâtissent en meulière ou en grès de formes pittoresques; on doit les sceller au ciment. Leur construction est presque toujours la spécialité de quelques jardiniers ou maçons intelligents nommés *rocailleurs*. Il est bon d'adopter un plan de ces ornements, et d'en préparer des modèles miniatures avant de les faire exécuter; on évite ainsi des mécomptes dans l'exécution.

Mouvements de terrain; vallonnements. — L'art de donner au sol des inclinaisons harmonieuses a fait dans ces derniers temps de grands progrès. Il est basé sur des exemples pris dans les plus belles parties de la nature pittoresque, non-seulement dans les montagnes, mais dans les mouvements de terrains qui nous entourent.

En examinant avec soin la manière dont certaines collines s'inclinent, s'embrassent, se fondent les unes avec les autres, on est frappé de l'harmonie de leur ensemble. Cette configuration peut être reproduite en petit dans un jardin de quelques hectares, si l'application en est faite avec goût.

On l'emploie même dans les petits jardins, bien

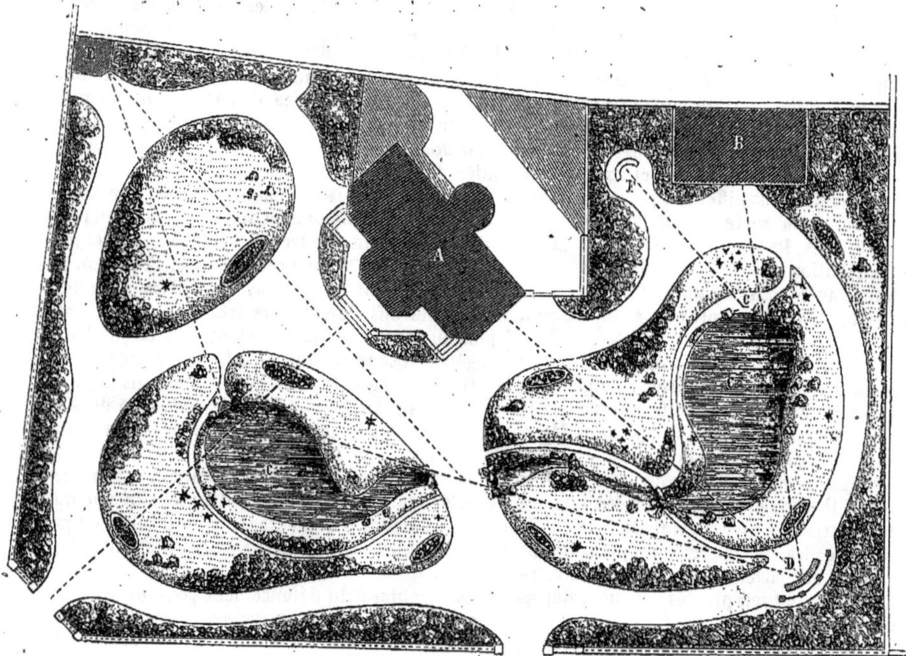

Fig. 1412. — Petit jardin de ville (Paris).

A. Habitation. — B. Salle de billard. — C. Pièces d'eau et rocailles. — D. Banc couvert. — E. Kiosque. — F. Salle de verdure.

qu'il soit, dans ce cas, tout de fantaisie. L'expérience a donné à l'art du vallonnement un certain nombre de règles dont voici les principales :

Le vallon sera nu dans un espace embrassé d'un seul coup par le regard; il ne produira ni saillies ni obstacles au rayon visuel.

Pour augmenter sa profondeur, la terre provenant de son creusement sera rejetée sur les flancs et doublera ainsi la dépression du terrain. Ces terres seront amenées par une pente douce et continue jusque dans son milieu.

Le vallon n'obéit pas aux allées; les allées lui obéissent. Lorsqu'il en rencontre une sur son passage, il continue son niveau ordinaire, et l'allée infléchie suit l'inclinaison du sol mouvementé.

Pour meubler un vallonnement, on emploie les massifs, les corbeilles, les arbres isolés. Les massifs, irrégulièrement découpés, sont ordinairement traversés par des allées, et, par conséquent, ils se trouvent situés sur les bords de la pelouse fortement relevés.

Les corbeilles se placent également au bord des allées; elles forment des saillies amenées de loin et habilement fondues dans l'ensemble du mouvement.

Sur les flancs ou *rampes* des massifs et des corbeilles, se placent des groupes isolés de Conifères, d'arbres rares ou curieux. On les dispose soit isolément, soit par groupes de trois, cinq au plus, selon l'espace. Pour mieux les détacher sur les pelouses on les place sur de petits monticules dont les côtés, déprimés, se fondent plus hardiment dans les inflexions du vallonnement.

Plantation. — Ici se présente l'opération la plus importante de la création du jardin. En effet, si, à la rigueur, de légères fautes dans le nivellement des allées, des pelouses, des massifs, peuvent passer inaperçues dans l'ensemble, la plantation ne souffre pas de défauts. Il faut d'abord l'étudier sous tous ses aspects, et la pratiquer ensuite avec habileté, prudence, expérience et savoir.

On a souvent abusé des grands mots et des phrases à propos du groupement des feuillages, dans le tableau d'un parc. D'attrayantes peintures ont été présentées du contraste et de l'harmonie dans les nuances; on a longuement discouru sur les *couleurs complémentaires* et les *effets lointains*. Ces raisonnements dans les nuages n'ont guère été mis à profit même par les inventeurs; ils faisaient partie des exagérations romantiques mises à la mode au commencement de ce siècle sur le chapitre jardin comme sur toutes choses. Fort heureusement, ils sont tombés dans l'oubli le plus profond, avec les *sites terribles* et les *sites mystérieux*, les *ruines échevelées*, les *dolmens druidiques*, les *obélisques* et les *temples de l'amour*.

La vérité sur la question du groupement des arbres et sur leur distribution par nuances de feuillage, est que les teintes foncées, vigoureuses, ressortent agréablement près de la maison d'habitation, et que les feuilles vert tendre, blanches et cendrées, placées au loin, reculent fictivement les limites du paysage et s'harmonisent très-bien avec les tons brumeux des derniers plans. A ces causes, toute la série des arbustes à feuillage persistant, généralement d'un ton sombre et luisant, trouve naturellement sa place autour de l'habitation. Au loin, la nombreuse tribu des Saules, des Peupliers argentés, des Hippophaés, des Oliviers de Bohême, et des feuillages analogues, remplit les meilleures conditions.

Avant d'envisager la distribution des arbres qui concourent à l'ornement des jardins, il convient de s'occuper des détails mécaniques, pourrions-nous dire, de la plantation.

Tout d'abord, nous supposons le sol ameubli suffisamment par l'action des gelées, assaini au besoin par le drainage, divisé par des sables s'il était naturellement compacte, ou fumé, au contraire, s'il était maigre et infertile.

Nos collègues ont indiqué en détail, dans les chapitres qui précèdent, la manière de planter un arbre avec toutes chances de succès. Nous ne reviendrons pas sur ce sujet. Nous rappellerons seulement qu'on ne saurait trop s'élever contre les mutilations souvent apportées aux racines par des ouvriers ignorants ou maladroits; que les arbres, quels qu'ils soient, ne doivent point être enterrés plus profondément qu'ils ne l'étaient dans la pépinière; que la quantité de rameaux à enlever doit être proportionnelle aux racines mutilées à l'arrachage, et qu'elle devrait être nulle, si l'on réussissait à enlever l'arbre sans lui retrancher une seule radicelle; que les arbustes à feuilles persistantes ne se taillent point à moins de nécessité absolue et d'équilibre rompu entre les branches et les racines; que la mise de l'arbre dans le trou, l'apport des terres fines et les précautions qui doivent l'accompagner ne sauraient trop être prises en considération, ainsi que la pose d'un tuteur aux supports déjà forts, pour éviter le bris des spongioles au moment de la reprise. Toutes ces précautions, sont indispensables, pour réussir dans cette opération délicate, d'où dépend l'avenir du jardin.

Les arbres à feuillage caduc peuvent se planter depuis la chute des feuilles (novembre) jusqu'à la feuillaison nouvelle (avril), c'est-à-dire pendant le sommeil de la sève. — Le contraire a lieu pour les arbustes à feuillage persistant, qui réussissent mieux au printemps et à l'automne qu'en toute autre saison.

Répartition des arbres et arbustes. — Une foule de considérations peuvent modifier les règles qu'on chercherait à établir pour distribuer les végétaux ligneux dans les jardins. Cette répartition dépend de la nature du sol, de l'exposition, du climat, du paysage environnant, et aussi des goûts et des fantaisies des propriétaires. Toutefois, dans les circonstances ordinaires, on peut ainsi grouper leurs différentes catégories (1) :

GRANDS ARBRES FORESTIERS ET D'ORNEMENT, POUR MASSIFS, LOIN DE L'HABITATION PRINCIPALE.

A. — *Terrains secs, de diverses compositions.*

Aylanthe vernis du Japon.
Bouleau commun.
Charme commun.
Chêne sessile.
— pédonculé.
— rouge d'Amérique.
Érable plane.
— négundo.
— sycomore.
— de Montpellier.
Hêtre commun.
Févier triacanthos.
Frêne commun.
Gainier, arbre de Judée.
Hêtre commun.
Marronnier d'Inde.
Merisier ordinaire.
Koelreuteria du Japon.
Olivier de Bohême.
Orme champêtre.
— d'Amérique.
— fauve.
— pédonculé.
Peuplier blanc de Hollande.
— — de Russie.
— d'Italie.
— de Virginie.
— du Canada.
Plaqueminier d'Italie.

(1) V. pour les descriptions des arbres et arbustes, le travail de M. Ernest Baltet, page 821 et suivantes.

Platane d'Orient.
— d'Occident.
Saule blanc.
— marsault.
Sophora du Japon.
Sorbier domestique.
— des oiseleurs.
Tilleul de Hollande.
— du Mississipi.
— argenté.
Châtaignier commun (sols siliceux).

Cytise faux ébénier.
Robinier faux acacia.
— visqueux.
Hippophaé rhamnoïde.
Maclura orangé.
Pin sylvestre ou d'Écosse.
— laricio de Corse.
— d'Autriche.
— du lord Weymouth.
Sapin épicéa.
— argenté.

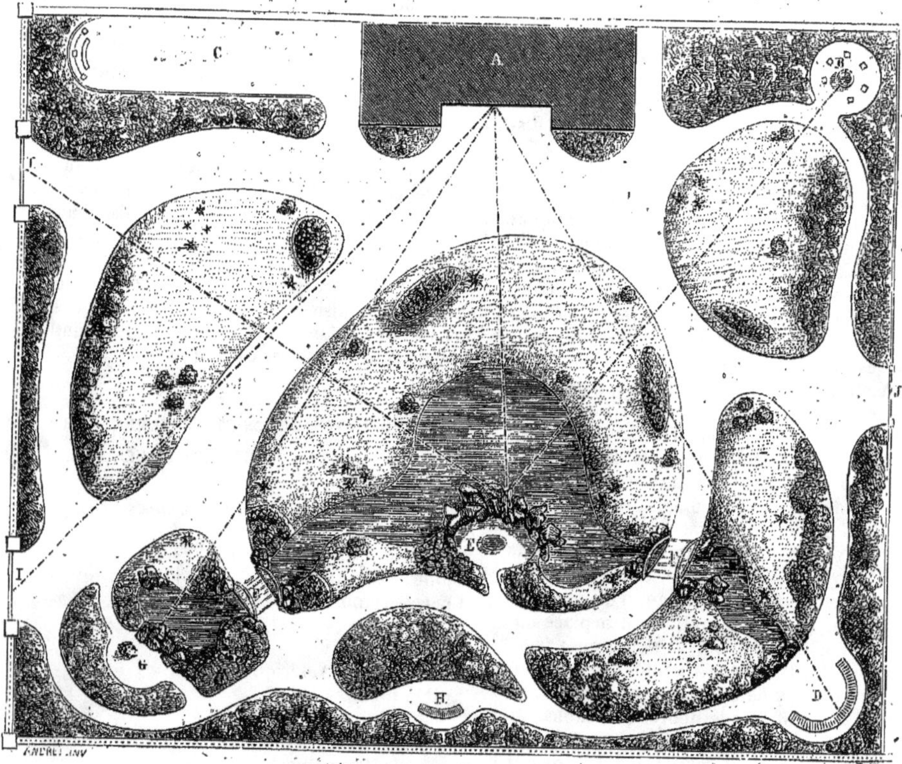

Fig. 1413. — Petit jardin de ville (Paris).

A. Habitation. — B. Salle de verdure. — C. Promenoir sablé, avec gymnase. — D. Banc couvert. — E. Salle à manger en plein air. — F. Ponts rustiques. — G. Monticule, rocher et cascade. — H. Banc couvert. — I. Grilles d'entrée. — J. Entrée du potager.

Genévrier commun.
Mélèze d'Europe.

B. — *Terrains humides.*

Aulne commun.
Bouleau commun.
Olivier de Bohême.
Frêne commun.
Saule marsault.
Merisier à grappes.
Saule commun.
— pleureur.
Orme commun.
Peupliers (toutes les espèces).
Tamarix de l'Inde.
Tilleul ordinaire.
Sainte-Lucie.
Sapin épicéa.
Pin sylvestre.

Pin du lord Weymouth.
Sapin argenté.

GRANDS ARBRES D'ORNEMENT POUR MASSIFS PRÈS DE L'HABITATION.

Terrains de diverses compositions, bien préparés, fumés et amendés.

Amandiers variés à fleurs doubles.
Aylanthe vernis du Japon.
Alizier de Fontainebleau.
— du Népaul.
— commun.
Alouchier satiné, ou de Bourgogne.
Azerolier à gros fruits.
— corail.
— cocciné.
— brillant.

Azerolier ergot de coq.
— à feuilles luisantes.
Aubépine à fleurs cramoisies.
— — doubles blanches.
— — roses.
Aulne à feuilles en cœur.
— lacinié.
— impérial.
Bouleau lacinié de Dalécarlie.
— noir.
— à papier.
Catalpa du Japon.
— de Bunge.
Chêne chevelu.
— pyramidal.
— vert. } à feuillage persistant.
— liége.
— au kermès.
— de Fordes.
— hybride d'Autriche.
— rouge d'Amérique.
— cocciné.
— à feuille en lyre.
— à très-gros fruits.
— à glands en olive.
— prin.
— des marais.
— Zang.
— Cytise.
— d'Adam.
— à feuilles sessiles.
— à grandes feuilles.
— pourpre.
— bifère.
— à feuilles de chêne.
— pleureur.
Érable plane.
— à larges feuilles.
— de Virginie.
— négundo du Japon.
— panaché argenté.
— jaspé.
— sycomore panaché.
— de la Colchide.
— opale.
Févier de la Caspienne.
— sans épines.
— à grosses épines.
— de Bujot (pleureur).
Frêne à fleurs (*Ornus*).
— à bois jaspé.
— à feuilles d'Aucuba.
— crépu ou vert noir.
— remarquable.
— à bois doré.
— tomenteux.
— quadrangulaire.
— pleureur.
Gainier arbre de Judée, à fleurs blanches.
— du Canada.
Hêtre à feuilles de fougère.
— — panachées.
— — crispées.
— — cuivrées.
— — pourpres.
— pleureur.

Liquidambar copal.
Maclura orangé.
Magnolier à grandes fleurs } feuilles persistanes.
— de la Galissonière
— de la Mayardière
— à fleurs doubles
— glauque.
— bicolore.
— Yulan.
— de Cachet.
— de Soulange.
Marronnier d'Inde.
— — à fleurs doubles.
— à fleurs rouges.
Merisier à grappes.
— commun.
— — à fleurs doubles.
Cerisier à fleurs doubles.
Micocoulier de Provence.
— de Virginie.
— à feuilles en cœur.
— de Tournefort.
Mûrier Moretti.
— Lhou.
— multicaule.
— noir.
— à papier (*Broussonetia*).
Noyer noir d'Amérique.
— commun lacinié.
— — hétérophylle.
— pleureur.
Orme fauve.
— à bois rouge.
— panaché.
— pyramidal.
— d'Amérique.
— pleureur.
Paulownia du Japon.
Pavier de l'Ohio.
— jaune.
Pêcher de Chine.
— — à fleurs doubles, blanches ou rouges.
Peuplier de la Caroline.
— blanc de Russie.
— d'Athènes.
Plaqueminier de Virginie.
Planéra crénelé.
Pommier à fleurs doubles.
— baccifère.
Robinier visqueux (*Acacia*).
— rose.
— — velu.
— pyramidal.
— monophylle.
Saule à feuille de laurier.
— pleureur.
— à bois bleu.
Sophora du Japon.
— — pleureur.
Sorbier des oiseleurs.
— hybride.
— d'Amérique.
— commun.
Tilleul à larges feuilles.
— du Mississipi.

Tilleul de Hollande.
— argenté.
— — pleureur.
Tulipier de Virginie.
— panaché.

ARBUSTES ET ARBRISSEAUX VIGOUREUX ET VULGAIRES POUR FONDS DE GRANDS MASSIFS, LOIN DE L'HABITATION.

A. — *Feuilles caduques.*

Amorpha faux indigo.
Amélanchier de Choisy.
— du Canada.
Berberis (Épine-vinette) ordinaire.
— pourpre.
Caragana altagan.
Chamécerisier des Alpes.
— de Tartarie.
— xylostéon.
Baguenaudier en arbre.
Cornouiller sanguin.
— à fruit blanc.
— mâle.
Cotoneaster commun.
Coronille des jardins.
Coignassier de la Chine.
— commun.
Deutzie scabre.
Dierville du Canada.
Fusain d'Europe.
Millepertuis fétide.
Jasmin jaune.
Corète du Japon.
Koelreuteria du Japon.
Lyciet d'Europe.
Seringat odorant.
— à grandes feuilles.
Prunier ragouminier.
Pletée à trois feuilles.
Bourgène commune.
— hybride.
Sumac de Virginie.
— fustet.
Groseillier sanguin.
— doré.
— palmé.
— de Gordon.
— des Alpes.
Sureau commun.
— panaché.
— lacinié.
— à grappes.
— du Canada.
— à fleurs doubles.
Spirée de Lindley.
— à feuilles d'obier.
— — de saule.
— — d'orme.
— lancéolé.
Staphylier faux pistachier.
Symphorines, blanche et violette.
Lilas de Marly.
— blanc.

Viorne mansienne.
— boule de neige.
— à feuilles de prunier.
Gattilier faux poivrier.

B. — *Feuilles persistantes.*

Chênes verts.
Buis commun et variétés.
Buplèvre oreille de lièvre.
Laurier de Portugal.
— amande.
— de la Colchide.
Alizier glabre (*Photinia*).
Alaterne commun.
Cotoneaster à feuilles de buis.
Daphné lauréole.
Chalef à fleurs réfléchies.
Houx commun.
Troëne du Japon.
— à feuilles ovales.
Mahonia à feuilles de houx.
Filaria à larges feuilles.
Fragon alexandrin.
Romarin officinal.
Séneçon en arbre (*Baccaris*).

ARBUSTES ET ARBRISSEAUX D'ORNEMENT POUR LES ABORDS DE L'HABITATION ET LES PARTIES LES PLUS ORNÉES DU JARDIN.

A. — *Feuilles caduques.*

Amandier de Géorgie et variétés.
Aralia du Japon.
— épineux.
Berberis à feuilles pourpres.
— du Népaul.
— à petites feuilles.
Bignone à grandes fleurs.
Buddléie de Lindley.
Callicarpe d'Amérique.
Calycanthe précoce.
— Pompadour.
Caragana épineux.
— argenté.
— de la Chine.
Céanothe d'Amérique.
— à grandes fleurs.
Chamæcerisier à grandes fleurs.
— de Ledebour.
Cornouiller corail.
— — panaché.
Noisetier pourpre.
Cotoneaster du Népaul.
— à fleurs lâches.
— tomenteux.
Coignassier du Japon (et variétés).
Cytise pourpre.
— à trois feuilles.
— velu.
— noirâtre.
Daphné Bois-joli.
Deutzie blanche.
— gracieuse.

Fusain à larges feuilles.
Forsythia à feuilles sombres.
— sarmenteuse.
Halésie à quatre ailes.
Althéa de Syrie (toutes les variétés).
Hydrangée du Japon.
— à feuilles de chêne.
— blanche.
Millepertuis officinal.
Indigotier dosua.
Jasmin à fleurs nues.
Pivoine en arbre (et variétés).
Pêcher à fleurs doubles.
— de Chine blanc double.
— — rouge —
Seringat (plusieurs variétés).
Prunier du Japon (rose et blanc double).
Sumac fustet.
Groseillier sanguin.
— de Gordon.
— à fleurs blanches.
— à fleurs de mauve.
— pourpre noir.
— à fleurs de fuchsia.
Ronce à fleurs doubles.
— laciniée.
— remarquable.
Spirée de Fortune.
— de Billiard.
— de Reewes.
— à feuilles de saule.
— de Lindley.
— à feuilles d'orme.
— cunéiforme.
— à feuilles de prunier.
— luisante.
— à feuilles de sorbier.
— lancéolée.
Staphylier de la Colchide.
Styrax officinal.
Symphorine violette.
Lilas blanc.
— Charles X.
— Varin.
— — saugé.
Viorne boule-neige.
— à grosse tête.
Weigélia rose.
— aimable.

B. — *Feuilles persistantes.*

Aucuba du Japon (et variétés).
Épine-vinette douce.
— de Darwin.
— de Fortune.
Buplèvre oreille de lièvre.
Buis toujours vert.
— de Mahon.
— à feuilles étroites.
— panaché argenté.
— doré.
Cistes (plusieurs espèces).
Cotoneaster à feuilles de buis.
— — de thym.
— à petites feuilles.
Buisson ardent.
— à fruit jaune.
Daphné du Pont.
— des Alpes.
— lauréole.
Chalef réfléchi.
— — panaché.
Fusain du Japon vert.
— — argenté.
— — doré.
— à feuilles de lin.
Garrya elliptique.
— à grandes feuilles.
Laurier-amande.
— de la Colchide.
— du Caucase.
— -tin (et variétés).
— de Portugal.
— d'Apollon.
Genêt blanc.
— d'Espagne.
— de Sibérie.
Houx commun (et toutes ses variétés).
Troëne du Japon.
— — panaché.
— à feuilles ovales.
— luisant.
Mahonie rampante.
— du Japon.
— de Béal.
— intermédiaire.
Filaria à larges feuilles.
— à feuilles étroites.
Alizier de la Chine.
Alaterne commun.
— panaché.
Nerprun à feuilles d'olivier.
— hybride.
— à larges feuilles.
Fragon alexandrin.
— petit houx.
Soude en arbre.
Romarin officinal.
Ajonc d'Europe à fleurs doubles.
Yucca pendant.
— flasque.
— glorieux.
— flexible.
— glaucescent.
— filamenteux.

CHOIX D'ARBUSTES ET ARBRISSEAUX GRIMPANTS OU SARMENTEUX.

Aristoloche siphon.
Bignone grimpante.
— à grandes fleurs.
— à fleurs pourpres.
Chèvrefeuille toujours vert.
— — fleuri.
— romain ou cocciné.
— jaune.
— de la Chine.
— du Japon.
— de Brown.

Chèvrefeuille à nervures dorées.
Clématite blanche odorante.
— bleue.
— — veinée.
— — double.
— à grands pétales.
— des montagnes.
— azurée.
— bicolore.
— Hélène.
— laineuse.
— Louise.
— — à fleurs pleines.
— Sophie.
— — à fleurs doubles.
Forsythia sarmenteuse.
Glycine de la Chine.
— blanche.
— d'Amérique.
— de Backhouse.
Jasmin blanc.
— à fleurs nues.
Lierre commun.
— d'Irlande.
— — panaché.
— à petites feuilles.
— à feuilles palmées.
— à fruits jaunes.
— argenté.
— d'Alger.
— de Raguer.
Ronce blanche double.
— rose.
— biflore.
Rosier de Bank blanc.
— — jaune.
— épineux de Chine.
— toujours vert.
— multiflore (et variétés).
— d'Ayrshire.
Vigne vierge ordinaire.
— panachée.
Célastre grimpant.
Ménisperme du Canada.
Périploca de la Grèce.
Passiflore bleue.

RABUSTES ET ARBRISSEAUX DE TERRE DE BRUYÈRE.

Les arbustes de terre de bruyère tiennent un rang élevé dans l'ornementation des jardins, lorsqu'ils sont employés avec intelligence et entourés des soins qu'ils méritent. La plupart des espèces qui composent cette tribu ne prospèrent véritablement qu'à l'exposition du nord, plantés en massifs spéciaux de terre de bruyère. On prépare ainsi ces massifs : sur l'emplacement destiné à un massif de plantes de terre de bruyères, on enlève, à 0m,25 environ, le sol existant. Sur le fond, solidement battu et piétiné, on répand une couche de plâtras, de tessons, ou même de feuilles, pour servir de drainage. La terre de bruyère, nouvellement récoltée en plaques peu épaisses, couvertes de leur chevelure de plantes sauvages, est alors battue et brisée avec le dos d'un râteau ou une batte, et répandue sur toute la surface du massif, en ayant grand soin de placer en dessous les tiges, racines et détritus végétaux qui résultent du battage. On exhausse le massif de manière à obtenir environ 0m,30 de terre de bruyère nette. La distance des arbustes est fixée suivant le développement qu'ils devront acquérir.

Choix des plus belles espèces et variétés.

Andromède en arbre.
— axillaire.
— du Maryland.
— floribonde.
— glauque.
— à fleurs de pouliot.
Azalées d'Amérique (variétés et hybrides de Mortier).
Cléthra à fleurs d'aulne.
— tomenteux.
Bruyère multiflore blanche.
— — rose.
— carnée (herbacée).
— quaternée rouge.
— — blanche.
— commune blanche.
— — rouge.
— cendrée.
Gaultheria (pour bordures).
Kalmia à larges feuilles.
— à feuilles étroites.
— à feuilles d'olivier.
Lédon à larges feuilles.
— des marais.
Menziézie à feuilles de pouliot } Pour bordures.
— à fleurs blanches. }
Pernettya mucroné. }
Airelles (quatre espèces).
Rhododendron du Pont, } et variétés.
— de Catawba, }
— hybrides d'arboreum, }
— d'Amérique (quatre espèces).
— du Sikkim (six espèces rustiques).
(Le choix dans les Rhododendrons est à ce point considérable et difficile, que nous laissons la fantaisie de l'amateur s'exercer sur les innombrables et charmantes variétés qui abondent dans le commerce.)

CHOIX D'ARBRES POUR ISOLER OU GROUPER SUR LES PELOUSES.

Espèces non résineuses.

Érable à larges feuilles.
— sycomore à feuilles pourpres.
Marronnier rubicond.
— à fleurs doubles.
Aulne lacinié (bord des eaux).
Bouleau lacinié de Dalécarlie.
Merisier à fleurs doubles.
Arbre de Judée, rose.
Chionanthe de Virginie.
Noisetier de Byzance.

Alouchier satiné.
Hêtre à feuilles pourpres.
— laciniées.
Frêne à fleurs.
Févier de Bujot.
Bonduc du Canada.
Noyer noir d'Amérique.
Liquidambar copal.
Tulipier de Virginie.
Maclure épineux.
Magnolier à grandes fleurs (et variétés).
— de Soulange.
— Yulan.
— glauque.
Mûrier noir.
Paulownia du Japon.
Pavier jaune.
Planéra crénelé.
Platane d'Orient.
Peuplier de la Caroline.
— du lac Ontario.
— d'Athènes.
Poirier à feuilles de saule.
Prunellier à fleurs doubles.
Pêcher de Chine.
— — à fleurs doubles.
Chêne à gros fruits.
— rouge d'Amérique.
— à feuilles en lyre.
— des marais.
— vert.
— liége.
— Zang.
— pyramidal.
Robinier rose hispide.
— pyramidal.
Saule pleureur.
— à feuilles de laurier.
Sophora pleureur.
Frêne pleureur.
Tilleul argenté.
— pleureur.
Virgilier à bois jaune.

Espèces résineuses conifères.

If de Dowaston.
— pyramidal.
Céphalotaxus de Fortune.
Gingko bilobé, arbre aux 40 écus.
Genévrier de Virginie.
— élevé.
— à gros fruits.
Cyprès pyramidal.
— élégant.
— funèbre.
— de Gowen.
— de Lawson.
— de l'Himalaya.
— de Lambert.
Thuia du Canada.
— de Lobb.
Biota de la Chine.
— nain.
— doré.
Thuiopsis boréal.
Cryptomeria du Japon.
Taxodier distique (bord des eaux).
Sequoia gigantesque.
Wellingtonia toujours vert.
Mélèze d'Europe.
— d'Amérique.
Cèdre du Liban.
— de l'Atlas.
— de l'Himalaya (deodara).
Sapin pinsapo.
— de Nordmann.
— argenté.
— noble.
— sacré.
Épicéa commun.
Sapinette bleue.
Tsuga de Douglas.
— du Canada (Hemlok Spruce).
Pin noir d'Autriche.
— élevé.
— cembro.
— de Sabine.
— du lord Weymouth.
Araucaria du Chili.

Distribution des arbres et arbustes.

La proportion de chacune des espèces comprises dans les sections précédentes pour les différents massifs où elles seront groupées ne saurait être fixée par des chiffres absolus. Elle dépend des proportions mêmes du parc ou du jardin sur lequel on opère. Sur une étendue considérable, les massifs d'une seule essence auront plus de grandeur et d'effet ornemental, qu'une réunion de nombreuses variétés. Au contraire, près des habitations et dans les petits jardins, on ne saurait trop donner de diversité aux formes, aux feuillages, aux couleurs; un choix nombreux d'arbres et d'arbustes à floraison successive et continue est alors indispensable.

Les massifs et les groupes isolés sur les pelouses et sur le bord des eaux ne sont pas les seuls endroits à planter. Il reste souvent de grandes masses de verdure, de vastes parties boisées à former. Planter des bois entiers en arbres déjà forts serait ruineux dans les circonstances ordinaires, et l'effet obtenu ne serait pas en rapport avec la dépense. Il convient mieux d'employer de jeunes plants forestiers, élevés en pépinière, de un an à cinq ans d'âge, et présentant des garanties de reprise auxquelles ne sauraient atteindre des plants plus âgés.

Les terrains secs, les coteaux arides seront boisés avec succès par les espèces suivantes, mélangées de telle sorte que, si une espèce vient à manquer, l'autre prendra le dessus et pourra la remplacer:

Aylanthe vernis du Japon, repiqué de 1 an.
Robinier faux acacia, de 1 an non repiqué.
Orme commun, repiqué de 1 an.
Charme commun, — —
Pin sylvestre, — de 2 ans.
— laricio de Corse, — —
— — d'Autriche, — —
Bouleau commun, — de 1 an.
Févier triacanthos, — —

Chêne commun, repiqué de 1 an.

Les terrains tourbeux et humides seront boisés avec succès par les essences suivantes :

Aulne commun.
Saule Marsault.
— blanc.
Peuplier blanc de Hollande.
— de Virginie.

Enfin les rochers, rocailles, les pentes abruptes seront ornés par des essences sarmenteuses et saxatiles, dont les principales sont :

Lierre commun et variétés.
Vigne vierge.
Cotoneasters.
Lyciets.
Câprier épineux.
Genévriers rampants.
Cyprès —
Hippophaé rhamnoïde.
Atraphaxis.
Hélianthèmes,

et de nombreuses plantes décrites dans le précédent chapitre.

Ed. André.

CHAPITRE LV

DES SERRES.

Des serres en général. — Les plantes annuelles et vivaces qui supportent en plein air les hivers de nos climats n'ont pas longtemps suffi aux amateurs de la floriculture. Des espèces étrangères et précieuses ont été introduites de toutes parts. Le désir de les conserver en toute saison a motivé les premiers essais d'édification des serres. Sans nous préoccuper de l'histoire de ces sortes de constructions depuis l'antiquité jusqu'à nos jours, nous dirons que, de toutes les branches du jardinage, sans exception, les serres et la culture des plantes qui les ornent forment la section dont les progrès ont été les plus rapides et les plus considérables. Ce développement est tout moderne; il ne date, à vrai dire, que du commencement de notre siècle, et les rares essais qui l'avaient précédé ne peuvent raisonnablement être comparés aux résultats accomplis durant ces dernières années.

En effet, tout ce qui touche à l'horticulture d'agrément s'est concentré sur les plantes exotiques; il n'est pas une contrée de la terre qui n'ait été récemment explorée au profit de nos cultures, et comme la flore tropicale l'emporte de beaucoup en splendeur sur toutes les autres contrées, les serres qui reçoivent chaque jour ses merveilles sont devenues l'objet des plus vives préoccupations de l'horticulteur.

Nos serres froides se sont remplies des plantes du cap de Bonne-Espérance, de l'Australie, de la Nouvelle-Zélande, de la Chine et du Japon. Les serres tempérées se sont enrichies des végétaux du Mexique, de l'Asie centrale, de l'Espagne, de la région méditerranéenne. Les forêts de l'équateur et des tropiques ont peuplé les serres chaudes d'Orchidées, de Palmiers, d'Aroïdées ornementales. Il n'est pas jusqu'aux plantes qui peuplent les grands fleuves des pays chauds qui ne soient devenues l'objet de soins particuliers et de constructions spéciales à leur culture.

Toute la flore exotique obéit donc à nos fantaisies, à nos plus chers désirs : la réunion, la concentration de toutes les productions du globe sur un petit espace, sous notre main, chez nous.

L'industrie humaine s'est appliquée à fournir à ces habitants des pays lointains un climat analogue au leur, une température factice, un printemps artificiel au milieu de nos hivers.

Il ne serait pas sans intérêt d'écrire l'histoire des serres et d'examiner par quels tâtonnements nos pères ont passé pour arriver aux procédés de construction aujourd'hui employés. Mais l'espace nous manque, et nous examinerons simplement les conditions indispensables pour bâtir, meubler et entretenir des serres simples et commodes auprès des habitations de campagne. Nous les diviserons en trois catégories : les serres froides, les serres tempérées et les serres chaudes.

Serres froides. — On désigne ainsi les serres où sont conservées pendant l'hiver les plantes demi robustes qui peuvent supporter à la rigueur la température de 0 degré.

La plus grande partie des végétaux qui peuplent les serres froides sont originaires de la Chine, du Japon, du cap de Bonne-Espérance, de la Nouvelle-Hollande et des hautes montagnes des régions tropicales. Ces plantes ont leur végétation ralentie par la température basse qu'on entretient autour d'elles pendant l'hiver, et leur floraison s'effectue, pour le plus grand nombre, au printemps, avec le seul secours de la chaleur solaire.

La culture des plantes de serre froide était en grande faveur au commencement de ce siècle. Le souvenir des serres de la Malmaison, des magnifiques collections d'amateurs qui florissaient à cette époque, est encore dans toutes les mémoires. Peu à peu, elle fut délaissée. Les espèces tropicales, chaque jour introduites en grand nombre, attirèrent bientôt l'attention générale; les serres froides furent remplacées par les serres chaudes et leurs splendides végétaux. Ce fut un grand tort. Les unes n'excluaient pas les autres; il y avait place à la fois pour les vieilleries de bon aloi et pour les plus riches nouveautés. Mais le caprice ne raisonne pas.

Grâce à Dieu, on semble un peu revenir à la serre froide. L'Angleterre, la Belgique surtout, qui ont toujours gardé la suprématie en ce genre, cherchent à la remettre en honneur, en démontrant qu'on y peut cultiver un grand nombre de plantes jusqu'ici maintenues dans une température plus élevée.

A. *Emplacement.* — Le plus souvent l'emplacement d'une serre est commandé par les exigences locales et la configuration de la propriété. Il faut obéir à la nécessité. Mais toutes les fois qu'on aura le choix libre, on devra bien se pénétrer des conditions suivantes : Choisir un sol aussi sain que possible, vigoureusement drainé s'il contient de l'humidité, loin des usines qui exhalent des gaz empoisonnés, et assez près des habitations du maître et du jardinier pour que la serre puisse être surveillée facilement.

Ces règles sont, du reste, applicables à toutes les serres.

A. *Exposition.* — Le choix de l'exposition, pour la serre froide, ne manque pas d'importance. Si on l'exposait au plein midi, les brusques variations de température produites par les grands froids et les dégels subits rompraient l'uniformité de l'atmosphère intérieure de la serre et seraient funestes aux plantes. L'exposition plein nord serait moins dangereuse, mais elle présenterait l'inconvénient de retarder outre mesure la végétation des plantes, qui doivent pour la plupart fleurir vers la fin de l'hiver. Un juste milieu est nécessaire : le nord-est ou le nord-ouest sont les meilleures expositions. Dans ces conditions, le soleil d'hiver frappe les plantes assez pour les sécher pendant quelques heures, sans précipiter leur végétation et leur floraison.

B. *Construction.* — Les matériaux employés à la construction des serres froides, soigneusement choisis, se composent pour l'ordinaire de pierre meulière et de ciment, pour la partie des murs qui doit être enterrée. On ne doit pas oublier que l'absence de feu détermine une surabondance d'humidité qui ne peut être efficacement conjurée que par l'emploi de pareils matériaux. Le mortier ordinaire de chaux et de sable se détériore rapidement et doit être proscrit.

Le choix du fer ou du bois, pour l'édification de la serre, n'est pas moins important. On a beaucoup discuté la valeur de chacun d'eux, mais les résultats obtenus aujourd'hui ne laissent pas le moindre doute sur la supériorité du fer. Le bois, il est vrai, conserve plus longtemps la chaleur, mais il pourrit facilement, sert de refuge aux insectes, diminue, par ses dimensions, la somme de lumière si nécessaire aux plantes, s'imprègne d'une humidité funeste, et par son volume s'oppose à l'élégance dans les formes de la construction.

Le fer, au contraire, par son prix tous les jours décroissant, ne dépasse guère la dépense du bois; il dure infiniment plus, donne aux constructions une grande légèreté, favorise l'accès de la lumière, et si l'on présente son échauffement et son refroidissement rapides comme préjudiciables à la végétation, nous répondrons que, dans les serres bien tenues, nous n'avons jamais trouvé que le fer fût un obstacle à la bonne santé des plantes.

Du reste, l'art de construire les serres en fer est aujourd'hui fort perfectionné; nombre de constructeurs intelligents se sont adonnés à cette spécialité; ils ont laissé bien loin derrière eux tous les anciens et modernes constructeurs de serres en bois. MM. O'Reilly, Carré, Isambert, Herbeaumont, de Paris, ont réalisé en ce genre des progrès considérables depuis quelques années, aidés par les conseils des plus habiles horticulteurs. Ils ont maintenant sur les constructions des diverses espèces de serres, des tarifs si complets, si exacts, que tous les renseignements pratiques que nous pourrions donner deviendraient superflus devant eux, et que le propriétaire peut sans crainte se confier à leur sagacité et à leur expérience.

Toutefois, pour nous maintenir dans des conditions de fortune moyenne et d'économie, nous donnons un modèle de serre froide qui nous semble réunir un grand nombre d'avantages.

Cette serre est à deux versants : elle se nomme *serre anglaise*, bien que beaucoup de personnes la confondent avec la *serre hollandaise*, qui n'a pas de partie verticale, et dont la toiture s'applique immédiatement sur le mur d'appui.

Fig. 1414. — Serre anglaise à deux versants.

Une bâche centrale A, large de 2 mètres, haute de $0^m,80$ et remplie de terre de bruyère drainée en dessous par des plâtras ou des branchages, est destinée aux grands arbrisseaux qui seront plantés en pleine terre. Si tout est cultivé en vases, on peut éviter de laisser la bâche pleine et laisser en dessous des arceaux de briques (*fig.* 1414), sur lesquels des feuillards de tôle seront placés, soutenant des tuiles sur lesquelles on met d'abord une couche de sable, puis les plantes en pot. Des sentiers B, B de chaque côté, larges de $0^m,80$, suffisent à la circulation, et des tablettes C, C supportées par des potences en fer scellées dans le mur, larges chacune de $0^m,80$, supportent les plantes plus faibles qui demandent une lumière abondante et le voisinage du verre. Des potences de fer, scellées sur la charpente de la serre, servent à placer des pots suspendus et complètent cette installation.

Il est facile de donner aux serres froides un aspect monumental; elles deviennent alors ce qu'on appelle ordinairement des *jardins d'hiver* (*fig.* 1415). Nous disons que les jardins d'hiver sont le plus souvent des serres froides, parce que leurs grandes dimensions nécessiteraient des chauffages extrêmement coûteux si l'on y voulait cultiver des plantes tropicales. Ils diffèrent des serres froides ordinaires, non-seulement par leurs dimensions, mais aussi par leur disposition intérieure, par leur ameublement, pourrait-on dire. En effet, au lieu d'être placés symétriquement sur des plates-bandes ou des gradins, et cultivés en pots pour être sortis l'été, les végétaux d'un jardin d'hiver sont plantés à demeure, en pleine terre. Leur arrangement est une question de goût et de fantaisie qui comporte le pittoresque et l'imprévu; celui de la petite serre froide, au contraire, doit être régulier et symétrique, sous peine de tomber dans le ridicule.

C. *Chauffage.* — Le chauffage des serres froides, tout élémentaire qu'il soit, est astreint à des règles certaines qu'on ne peut outre-passer ou ignorer sans déceptions.

Deux systèmes s'offrent au choix du cultivateur : l'ancien calorifère à fumée et à air chaud, et le thermosiphon. Quel que soit l'avantage incontestable de ce dernier, il est bien rare qu'on l'admette dans une serre froide où l'on n'aura souvent besoin de chauffer que trois ou quatre fois dans un hiver. Nous conseillons l'emploi du calorifère à air chaud. Il se compose d'un simple fourneau en briques qui s'allume à l'extérieur de la serre pour empêcher l'introduction de la fumée, si préjudiciable aux plantes, et de tuyaux de terre cuite, ronds ou carrés. Ces tuyaux font le tour de la serre, sous les tablettes, si elle est à deux versants. Dans le cas où la serre n'aurait qu'un seul versant, les tuyaux sont placés le long du petit mur de devant. Nous insistons pour qu'ils soient placés presque au ras du sol, parce que la chaleur tend constamment à monter vers les couches supérieures de la serre, et que le voisinage du sol ne serait pas échauffé si l'on négligeait cette précaution.

Indépendamment du calorifère, la serre sera munie d'une couverture complète de paillassons, pour les froids rigoureux. De tous les chauffages, celui-ci est le plus efficace, quand la prolongation du froid ne force pas à laisser les paillassons obstruer la lumière pendant des journées entières.

Du reste, il est bien rare qu'on ait besoin longtemps de ce renfort de chauffage; la température intérieure, avec ces précautions, descend rarement à zéro, et nous avons dit que les plantes de serre froide pouvaient à la rigueur supporter cette température.

Pour les jardins d'hiver, des chauffages plus puissants seront nécessaires. Leurs grandes dimensions empêchent l'emploi des paillassons, qui doivent être suppléés par l'appareil de chauffage. Aussi est-on souvent forcé d'employer, non plus des calorifères, ni même des thermosiphons, qui seraient insuffisants, mais des chauffages à la vapeur. — Ces sortes d'appareils sont l'objet de combinaisons et de connaissances particulières que l'espace ne nous permet pas d'aborder ici, et qui, du reste, sortiraient du programme immédiat du *Livre de la Ferme*.

D. *Culture.* — Les plantes de serre froide sont généralement d'une culture facile, mais trop peu connue et surtout trop peu pratiquée. On n'a pas su y trouver tout le charme qu'elle comporte; et on lui a tourné les talons pour se porter avec un empressement exagéré vers la serre tempérée et la serre chaude. Les préceptes de cette culture, mis en pratique et perfectionnés par plusieurs amateurs expérimentés, peuvent se résumer, en substance, de la manière suivante :

1. *Rentrée des plantes.* — Nous supposons les plantes de serre froide ayant passé la belle saison à l'air libre, où elles auront largement réparé toutes les fatigues de l'hiver. Il s'agit de les rentrer dans leur serre avec les soins nécessaires pour une bonne réussite.

C'est ordinairement du 10 au 20 octobre que s'opère la rentrée. Elle doit se faire en très-peu de temps. Avant le jour choisi à cet effet, on aura pris soin de réparer et nettoyer la serre, de calfeutrer les fissures et retoucher les endroits dégradés. Les plantes, pour leur part, ont été rempotées à neuf, depuis un mois, afin d'être bien assises dans leur nouvelle terre; elles sont lavées, taillées, leurs pots sont brossés, les branches rebelles redressées par des tuteurs; enfin elles ne sont placées dans la serre qu'après avoir été revues avec soin du pied à la tête. On commence la rentrée par les plus délicates, et l'on attend les premières gelées pour transporter les plus robustes. Pendant les premiers jours, les plantes se trouveront légèrement fatiguées de ce transport brusque d'une température à une autre, mais la souffrance n'est que passagère, et si la serre est largement aérée et ventilée jour et nuit, elle n'aura même par lieu.

Peu à peu, la température extérieure s'abaissant et le soleil perdant sa force, on fermera les vasistas la nuit, puis un peu le jour, et enfin hermétiquement quand les froids seront venus.

On a dû ranger dans la serre les plantes en amphithéâtre; c'est la forme la meilleure et la plus rationnelle; mais elle n'exclut pas les autres dispositions de goût et de fantaisie qui seront laissées au choix de l'amateur.

2. *Hivernage.* — *Soins généraux.* — Les plantes sont rentrées et habituées à leur demeure d'hiver. Il ne faut pas oublier un instant que si elles peuvent supporter au besoin une température basse, elles ne sauraient se passer d'une aération abondante. Toutes les fois que la température extérieure le permettra, on ouvrira les vasistas et même les portes. L'introduction de l'air extérieur combat l'humidité, la moisissure, les insectes et toutes les maladies qui attaquent les plantes dans une atmosphère concentrée.

Les arrosements seront l'objet de la plus scrupuleuse attention. De leur bon ou mauvais emploi dépend non-seulement la santé, mais la vie des plantes. Dans aucune branche de la culture, les arrosments ne sont plus difficiles à distribuer que chez les plantes de serre froide, et cela s'explique. La plupart ont le bois menu, les rameaux grêles et durs, les racines extrêmement ténues et sèches; leurs pores exigus n'absorbent que lentement les liquides, et si on les leur donne à profusion, elles ne suffisent plus à la tâche et périssent rapidement. Il vaut donc mieux arroser trop peu que trop, et ne jamais mouiller lorsque la terre est fraîche à plus de 0m,01 de profondeur. C'est une règle qui parfois souffre des exceptions indiquées par l'expérience à l'amateur intelligent. Rien d'absolu, en ceci comme en toutes choses; l'intelligence et le tact sont de plus sûrs professeurs que les meilleurs préceptes écrits.

Pendant les rares moments où le soleil apparaîtra durant l'hiver, il faudra seringuer le feuillage de toutes les plantes, après avoir ouvert les vasistas de la serre, et provoqué ainsi une évaporation abondante qui rouvre les pores obstrués par la poussière et ravive la végétation endormie.

Les insectes, si l'on n'y fait pas attention, causent rapidement de profonds ravages. Les pucerons envahissent les feuilles, les recroquevillent et les font périr. Ils seront facilement détruits par des fumigations de tabac. On emploie pour cela du tabac ordinaire à fumer, que l'on fait brûler le soir sur des charbons ardents, après avoir fermé la serre hermétiquement, ou bien encore sur un petit fourneau spécial qui projette la fumée sur les plantes attaquées. Les kermès, les poux, les araignées, les thrips, les cochenilles, résistent au tabac, et ne peuvent être détruits qu'avec une brosse imprégnée d'une dissolution de savon noir. Les fourmis sont chassées par de petits morceaux de graisse de voiture (*cambouis*) placés sur la terre des pots envahis par ces insectes.

La chlorose ou *jaunisse* est fréquente chez les plantes de serre froide. Elle est presque toujours produite par un excès d'humidité de la terre. Il faut dépoter la plante, s'assurer si les trous par où l'eau s'écoule ne sont pas obstrués, et si la motte de terre est très-humide, rempoter immédiatement la plante dans un compost très-sain et dans un vase parfaitement sec et drainé.

Nous avons dit combien les brusques variations de température étaient nuisibles aux plantes. Deux thermomètres, placés l'un à l'endroit le plus froid de la serre, l'autre dehors, indiqueront les différences réciproques de l'intérieur et de l'extérieur, et seront un guide indispensable pour régler l'atmosphère des plantes. On ne s'écartera pas de cette règle : chauffer quand la température intérieure est inférieure à zéro, ouvrir partout quand elle dépasse 10 degrés de chaleur.

Une surveillance très-active est nécessaire pour conserver en bon état la collection, mais la récompense est au bout de la peine.

Il faudra encore, pendant la mauvaise saison, laver souvent les feuilles et les pots; tuteurer les plantes faibles et mal formées, les tourner fréquemment à la lumière; surveiller avec soin les espèces délicates, les placer au jour le plus vif et sous la main; arroser plus amplement celles qui vont fleurir ou qui sont en fleurs; enlever les corolles flétries; *béquiller*, c'est-à-dire biner légèrement la terre du dessus des pots pour l'ameublir et empêcher les moisissures; enlever les feuilles et les branches mortes; en un mot, déployer une attention incessante. Si les plantes paraissent se reposer, il faut se bien pénétrer qu'il n'en est rien, qu'elles travaillent sans cesse, et que le cultivateur doit faire comme elles. C'est à ce prix qu'il achètera les innocentes jouissances, les petits bonheurs d'une serre bien tenue, fleurie, variée et digne de tous les éloges des véritables amateurs.

3. *Taille et rempotages.* — A mesure que la saison avance, la floraison des plantes devient plus abondante; le nombre de corolles qui s'épanouissent double chaque jour. Dans le courant d'avril, les fleurs ont déjà pour la plupart disparu; les plantes vont développer de nouvelles pousses à bois qui seront l'espoir de la floraison suivante. Il convient alors de *rabattre* les espèces qui fleurissent sur le jeune bois, afin de leur conserver une forme régulière, et d'ébouqueter seulement celles dont les fleurs se montrent sur les anciens rameaux. La légèreté ou la rigueur de la taille se calculent sur l'aspect et les tendances de la plante; elles changent à chaque espèce. C'est au goût et à la sagacité de l'horticulteur à se développer ici en toute liberté.

Le moment de la taille est souvent aussi celui du rempotage. Les plantes qui ont épuisé, dans l'effort que la floraison leur a imposé, la nourriture de l'année précédente, ont besoin d'un nouvel aliment pour accomplir la pousse prochaine dans de bonnes conditions.

Cette opération du rempotage est trop peu soignée, malheureusement. On oublie souvent que, si la majeure partie des plantes se trouve bien d'être rempotée au printemps, un peu avant la pousse et la sortie, certaines autres font exception et ne souffrent pas le rempotage à des moments déterminés. Il n'y a pas d'époque fixe; il faut rempoter les plantes *quand elles en ont besoin*. Ce n'est pas l'automne, l'hiver, l'été ou le printemps qui doivent servir de guides, c'est l'état de santé de la plante. Toutes les fois qu'elle *a faim*, c'est-à-dire quand ses racines tapissent les parois intérieures du vase comme une chevelure inextricable, il la faut rempoter et lui donner un pot plus grand. Si, au contraire, quelque temps après le rempotage, les radicelles tendres ne percent pas la terre sur les flancs de la motte et ne cherchent pas la fraîcheur du grès, si les racines, dures, noires ou jaunes, tapissent imparfaitement une motte de terre humide, il faut encore rempoter. Mais ce sera cette fois dans un pot plus petit.

Presque toutes les plantes de serre froide demandent la terre de bruyère. Dans le doute, employez-la toujours; elle ne peut être qu'utile. Certains grands végétaux de l'Australie se trouvent bien d'un compost de terre franche siliceuse et de terre de bruyère. La terre franche leur donne une nourriture substantielle, et la terre de bruyère favorise l'émission de leurs jeunes racines.

En rempotant une plante, on visite avec soin

l'ancienne motte, et l'on gratte et enlève la terre décomposée, les racines mortes ou gâtées, les vers de terre et les tessons de pots.

Le nouveau vase, choisi de manière à n'offrir que quelques centimètres de plus que l'ancien, si la plante est en bonne santé, est alors drainé au moyen de tessons de grès placés au-dessous des trous d'écoulement, et appuyés sur leur côté concave. On répand ensuite sur ces tessons une poignée de terre calculée de manière qu'en posant la plante dessus, la partie supérieure de la motte se trouve presque à hauteur des bords du pot. Ainsi on favorise l'émission des racines en dessous et non pas en dessus; ceci est un point important. On introduit, entre les parois de la motte et ceux du pot, de la terre fine que l'on presse avec les doigts ou une spatule de bois, en frappant légèrement le pot sur la terre pour bien tasser. La hauteur de la terre ne doit pas aller tout à fait jusqu'au bord du pot; un espace de $0^m,01$ pour les vases de $0^m,14$, et d'un peu plus pour les plus grands, est nécessaire pour retenir l'eau des arrosements.

Nous insistons sur cette opération du rempotage, si importante dans la culture des plantes de serre. D'une seule de ces conditions oubliée ou méconnue peut dépendre la perte d'une collection.

Si l'on ne taillait pas entièrement la plante en la rempotant, il serait utile, toutefois, d'enlever quelques-unes de ses branches, afin d'établir une juste proportion entre l'ablation forcée des racines et celle des parties aériennes.

4. *Sortie à l'air libre.* — La saison d'hiver est passée; les frimas se sont enfuis. Mai arrive à grands pas. Les vasistas de notre serre froide sont depuis longtemps grands ouverts; nous avons graduellement habitué nos plantes au grand air; elles étouffent déjà dans leur prison.

Dès le 15 avril, les Bruyères, les Rhododendrons, les Azalées, les Camellias et plusieurs autres genres peuvent supporter la température extérieure. On a dû sortir ces plantes les premières, et faire ainsi place aux autres plus délicates. Au premier mai tout est dehors.

Il sera bon de choisir pour cette opération une journée tiède et légèrement pluvieuse; les plantes ne s'apercevront presque pas de leur déplacement. Si cette circonstance ne se présente pas, il sera bon de les transporter dans un endroit abrité, sous l'ombre des arbres, par exemple, ou près d'un mur au Nord. Elles y auront bientôt redressé leur feuillage un instant fatigué.

A la campagne, où l'on n'a pas souvent, comme les horticulteurs, des abris ou palissades de Thuias, on place les plantes où l'on peut. A l'exception de quelques genres, comme les Camellias, les Rhododendrons, il faut dire que les plantes de serre froide s'accommodent bien du grand air, pourvu qu'elles ne soient pas placées sur une terrasse brûlante.

On les dispose, autant que possible, en planches régulières, après avoir enterré leurs pots jusqu'aux bords dans la tannée, dans le sable ou même dans la terre ordinaire. Nous disons jusqu'au bord *exclusivement*, afin qu'on puisse se rendre facilement compte pendant toute la saison de l'état hygrométrique de la plante.

Durant cette période, il est utile de donner aux plantes des arrosements copieux et de fréquents seringuages pendant les grandes chaleurs, le soir surtout, jamais en plein midi; de munir de tuteurs celles qui craignent le vent; de pincer les rameaux gourmands, et même de rempoter les espèces qui ont rapidement épuisé leur nourriture. On favorise ainsi la préparation d'une abondante floraison pour l'année suivante.

Tel est le résumé des généralités qui s'appliquent aux plantes de serre froide cultivées en pots.

Fig. 1415. — Jardin d'hiver.

Nous avons dit que la culture des jardins d'hiver (*fig.* 1415) ne différait de celle des petites serres froides que par la permanence des plantes en pleine terre, et qu'à cela près les soins étaient les mêmes. Il faut néanmoins ajouter que la taille, dans les jardins d'hiver, sera proscrite le plus souvent, et que, dans un endroit où l'on cherche le pittoresque, il vaut mieux laisser les plantes croître à leur fantaisie. On en sera récompensé par un aspect naturel et imprévu qui ne manque pas de charme, et une luxuriante végétation non entravée par la taille et la gêne de la culture en pots.

E. *Choix de végétaux de serre froide.* — Si les partisans quand même de la culture des serres chaudes et tempérées avaient pris la peine de rechercher combien de plantes magnifiques peuvent orner les serres froides, ils se seraient bien gardés de répudier si impitoyablement cette branche attrayante de la culture et, au contraire, ils s'y seraient adonnés avec grand empressement.

La floriculture était autrefois l'apanage presque exclusif de la serre froide. Aujourd'hui les fleurs tendent à céder le pas aux plantes à grand feuillage. Sans être exclusif, il est permis de préférer l'aspect des nobles et magnifiques feuilles d'un beau palmier, par exemple, à la floraison éphémère et éventuelle d'une plante qui, le reste de l'année, ne présente que des formes dénudées et une apparence disgracieuse.

Ainsi, les plantes à belles feuilles, les plantes ornementales, ont fait leur entrée dans les serres froides comme ailleurs. C'est pour aider à la transformation de ces anciennes coutumes que nous commençons la liste des plantes de serre froide par l'énumération des espèces à grand feuillage.

Au premier rang, les Palmiers. Linnée les appelait les *Princes du règne végétal*, et Linnée disait vrai. Ces arbres merveilleux, que nous nous figurions entourés inévitablement de la température des tropiques, se sont faits obéissants à toutes nos exigences. Un grand nombre d'espèces réussissent fort bien en serre froide. Nous recommandons surtout les suivantes :

Phœnix dactylifera (le Dattier), d'Afrique ; feuilles pennées, épineuses ; grande taille ; magnifique.

Jubœa spectabilis, du Chili ; feuilles pennées, comme le dattier, d'un vert glauque, épineuses et robustes.

Corypha australis, de la Nouvelle-Hollande ; larges éventails ; tronc vigoureux, élevé ; splendide espèce.

Chamœrops excelsa, de la Chine ; jolie espèce à feuilles en larges éventails dressés, vert foncé ; passerait presque à la pleine terre.

Chamœrops humilis (Palmier nain d'Afrique), robuste ; éventails palmés, vert gai ; toute situation.

Chamœrops palmetto, de la Caroline ; feuillage large, d'un vert bleuâtre, très-joli.

Sabal Adansoni, espèce sans tige ; à grandes frondes dressées, découpées, élégantes.

Rhapis flabelliformis, du Japon ; petite espèce à feuillage digité, très-gracieux, vert noir.

Livistona Sinensis (Latanier de Bourbon) du sud de la Chine ; une des plus belles plantes du genre ; feuilles épineuses ; parasols étalés horizontalement ; arbre superbe.

Areca sapida, de l'Australie ; magnifique arbre aux feuilles pennées, très-élégantes ; arbre robuste et facile à cultiver.

Seaforthia elegans, même port, plus beau peut-être ; tige brune, lisse, couronnée par un admirable faisceau de feuilles pennées.

On peut ajouter à cette liste les *Chamœrops hystrix*, et *tomentosa*, *Fulchironia*, *Oreodoxa frigida*, *Chamœdorea*, *Brahea dulcis*, *Ceroxylon*, *Diplothemium* et *Wallichia*, pour un certain nombre de leurs espèces.

Les Palmiers seront certainement la plus remarquable parure de la serre froide. On peut leur ajouter de nombreuses Fougères en arbre, qui ne leur céderont guère en grandes dimensions et en élégant feuillage. Au premier rang se placent les espèces de la Nouvelle-Zélande et de l'Australie. Les *Alsophila excelsa*, *australis*, les *Balantium antarcticum*, *Cyathea dealbata* et *medullaris*, les *Lomaria*, les *Todea*, sont venus depuis peu orner magistralement nos cultures par leurs formes gracieuses et ornementales.

Les genres *Cibotium*, *Hemitelia*, *Alsophila*, *Balantium*, *Blechnum*, sont également représentés par des fougères américaines qui ne sont pas moins belles que les précédentes, et qui rivalisent souvent de noblesse avec les Palmiers.

Les *Dracœna*, avec une importance un peu moindre, n'en sont pas moins dignes de toute notre attention. La serre froide peut s'enrichir des *Dracœna draco*, *australis*, *congesta*, *cannœfolia*, *indivisa* et *rubra*. Ils ont tous de magnifiques feuillages, semblables à de longues épées recourbées, et leurs fleurs viennent parfois les parer d'un agrément de plus.

Là ne s'arrête pas la nomenclature des plantes à beau feuillage pour la serre froide. Elles ont des représentants parmi les genres *Yucca*, *Agave*, *Dasylirion*, *Ficus*, *Aralia*, *Araucaria*, *Grevillea*, *Mahonia*, et tant d'autres. Le secret est d'essayer. Le manque de confiance a pendant bien longtemps fait cultiver en serre chaude des plantes qui ne craignent pas nos plus rudes hivers. Les plantes de serre froide sont dans le même cas.

Si, maintenant, à côté de cette énumération succincte des espèces à feuillage d'ornement, nous laissons une place aux plantes à fleurs brillantes, nous pourrons choisir parmi des centaines de genres qui tous ont leur beauté particulière. Voici une liste des plus importantes et des plus faciles à cultiver :

Acacia. — Genre précieux par la floraison abondante et gracieuse des espèces qui le composent, et par l'élégance du feuillage d'un grand nombre d'entre elles. Les plus remarquables espèces sont les *A. paradoxa*, *cultriformis*, *longifolia*, *lophanta*, *floribunda*, *dealbata*, *Drummondi*, etc.

Amaryllis. — Plantes bulbeuses, à fleurs magnifiques, rouges, blanches ou zébrées. Faire pousser en février-mars, à sec, à la chaleur. Arroser copieusement quand la hampe florale a dépassé $0^m,20$. Les plus belles sont : *A. vittata*, *aulica*, *vallota*, *Josephinœ*, *belladonna*.

Andromeda. — Jolies Éricacées à grelots blancs ou rosés. Recommander les *A. floribunda*, *pulverulenta*, *buxifolia*, etc.

Arbutus. — Les *A. Andrachne*, *Xalapensis*, *nitida*, sont dignes de la culture.

Ardisia. — Plusieurs espèces à feuillage vert noir, dentelé, à fleurs blanches, à baies de corail, sont ornementales l'hiver. Préférer l'*A. Japonica*.

Azalea. — Aucun genre n'est plus joli que les Azalées au premier printemps. Indépendamment des innombrables variétés chinoises dites de l'Inde, on peut cultiver les *Az. vittata*, *ramentacea*, *amœna*, et plusieurs autres fort jolies espèces.

Banksia. — Arbres curieux et rares de l'Australie; fleurs ressemblant parfois à des pompons dorés ou pourpres.

Barosma. — Charmants arbrisseaux, dont le plus joli est le *B. purpurea*, lorsqu'il. se couvre de grappes roses.

Bejaria. — Délicieux arbustes qui ont le défaut d'être trop délicats.

Berberis. — On peut cultiver les *B. Darwini*, *trifoliata*, et quelques autres, à grandes fleurs dorées.

Boronia. — Délicats et gracieux arbrisseaux dont les espèces les plus remarquables sont aussi les plus difficiles à cultiver. Ce sont les *B. anemœfolia*, *crenulata*, *Drummondi*, *pinnata*, etc.

Bouvardia. — Rubiacées élégantes à fleurs écarlates ou rosées. Recommander les *B. coccinea*, *leiantha*, *Jacquini*.

Burtonia. — Les *B. pulchella* et *violacea* sont les plus jolies espèces de ce genre gracieux.

Calceolaria. — Les Calcéolaires ligneuses, *C. rugosa*, *salicifolia*, peuvent devenir un agréable ornement des serres froides.

Camellia. — On sait que le genre Camellia occupe le premier rang dans les cultures de serre froide. Les innombrables variétés qui ont paru depuis le commencement du siècle rendent le choix difficile, mais on peut néanmoins recommander plus spécialement les noms suivants : *Alba plena*, *Alba prima Casoretti*, *Annetta Franchetti*, *Auguste Delfosse*, *Bealii rosea*, *Bella d'Ardiglione*, *Bella Romana*, *Bice Rozazza*, *Bijou di Firenze*, *Bonomiana*, *candidissima*, *Belle Jeannette*, *Casilda*, *centifolia alba*, *centifolia rosea*, *Chandleri elegans*, *Comte Bouturlin*, *Comte de Flandres*, *Comte de Gomer*, *Comtesse Ricci*, *Corradino*, *Countess of Derby*, *Cruciata*, *Dante*, *De la Reine*, *Distinction*, *Duchesse de Berry*, *Donkelaarii*, *Gaspara Stampa*, *Général Bosquet*, *Giardino Franchetti*, *Il Disinganno*, *il 22 marzo*, *Imbricata rubra*, *La Pace*, *Lavinia maggi*, *Laura Rondi*, *Léon Legay*, *Madame Lebois*, *Marguerite Gouillon*, *Marquise d'Exeter*, *Mistress Gunnel*, *Montironii*, *Onor del monte*, *Onor della torre*, *Palmer's perfection*, *Pier Capponi*, *Princesse Aldobrandini*, *Principessa di Piombino*, *Princesse Mathilde*, *Professor Zanetti*, *R. reticulata flore pleno*, *Rose de la Reine*, *Storeyi*, *Teutonia*, *Triomphe de Liége*, *Valtevaredo*, *Van Dyck*, *Werchaffeltiana*, *Wilderii*.

Cassia. — Quelques espèces, *C. floribunda*, *C. lævigata*, portent de fort belles fleurs jaunes. Ces plantes sont plus belles en plein air l'été.

Ceanothus. — Grand nombre d'espèces, entre autres les *C. divaricatus*, *rigidus*, *papillosus*, *dentatus*, *cuneatus*, *Delilianus*, montrent volontiers en serre froide leurs charmantes houppes du bleu le plus vif.

Chironia. — Jolies fleurs roses, semblables à des Lins. Les plus jolies espèces, assez délicates, sont *C. linoïdes*, *Fischeri*.

Chorizema. — Feuilles épineuses, jolies fleurs orangées, papilionacées.

Cineraria. — Une vieille espèce, *C. populifolia*, est un délicieux ornement de serre froide tout l'hiver.

Clethra. — Le C. de Madère (*C. arborea*) fait de beaux arbustes qu'on peut élever en caisse comme des orangers, et qui se couvrent de jolis panicules blancs.

Correa. — Genre nombreux en jolies espèces à fleurs tubuleuses rouges, blanches, vertes, coccinées, à étamines jaunes. Préférer les *C. coccinea*, *staminea*, *versicolor*, *cardinalis*. On les greffe sur *C. alba*.

Crowea. — Charmantes plantes à fleurs roses violacées, étoilées, très-abondantes. Les greffer sur *Correa alba*.

Cyclamen. — Plantes bulbeuses à fleurs roses ou blanches à pétales redressés; la plupart fleurissent l'hiver. Préférer les *C. Neapolitanum*, *Persicum*, *repandum*.

Cytisus. — Le *C. racemosus*, *foliosus*, à fleurs jaunes, sont très-jolis, et le *C. albus*, à fleurs blanches, ne l'est pas moins.

Daphne. — Genre précieux, à jolies fleurs odorantes. On distingue les *D. cneorum*, *Delphini*, *collina*, *Fortunei*, *Altaica*. Se greffent sur *D. laureola*.

Diosma. — Genre nombreux en espèces à fleurs disposées en houppes légères. Les plus jolies sont *D. speciosa*, *serratifolia*, *amœna*, *ciliata*, *ericoïdes*, *ambigua*, et surtout *D. fragrans*.

Epacris. — Délicieux arbustes de la Nouvelle-Hollande, qui rivalisent de grâce avec les Bruyères. Les meilleures sont les *E. pungens*, *hyacinthiflora*, *paludosa*, *impressa*, *ardentissima*, *candidissima*, *delicata*, *carminata*, *Vicountess Hill*, *lady Panmure*.

Erica. — Les *Erica* ou Bruyères sont des plus importantes dans les cultures de serre froide. Elles sont originaires du cap de Bonne-Espérance. Il leur faut des soins assidus. Leur plus grand ennemi est l'humidité. Une lumière abondante, une grande ventilation, de fréquents seringages quand le soleil donne, des arrosements modérés, de fréquents rempotages, terre de bruyère légère et substantielle, tels sont les soins qui leur sont indispensables. Les variétés adoptées par les fleuristes de Paris sont les *E. hyemalis*, *Wilmoreana*, *persoluta*, *cylindrica*, *ventricosa*, *monadelpha*, *Linnœana*, *campanulata*, *gracilis*, *Bowieana*, *cubica*, *mirabilis* et *Phylica ericoïdes*. Ce genre est immense, il contient plus de 600 espèces, toutes jolies, mais on fera bien de s'en tenir au choix qui précède, adopté avec raison par les fleuristes de Paris après une longue expérience et de nombreux tâtonnements.

Escallonia. — Les *E. floribunda*, *rubra*, *macrantha*, ont de jolies fleurs blanches ou rouges en grelots divisés.

Gnidia. — Jolis arbustes assez rustiques, parmi

lesquels on distingue les *G. pinifolia*, *lævigata*, *simplex*.

Grevillea. — Genre précieux et fertile en jolies espèces. Préférer les *G. Drummondi*, *Thelemanni*, *punicea*, *coccinea*, *alpestris*. Plusieurs espèces, comme le *C. robusta*, ont un feuillage élégamment divisé.

Ilicium. — Deux ou trois espèces sont assez jolies : *I. anisatum*, *religiosum*, *floridanum*.

Indigofera. — Les *I. atropurpurea*, *decora*, *australis*, sont de fort jolies papilionacées.

Kennedya. — Genre précieux en espèces pour la plupart grimpantes ou sarmenteuses, fleurissant abondamment. Les meilleurs sont *K. bimaculata*, *rubicunda*, *macrophylla*, *coccinea*, *eximia*, *Marryattæ*.

Lapageria. — Genre admirable, composé du *L. rosea* et de sa variété blanche. Culture assez difficile. Plante grimpante.

Leschenaultia. — Charmantes miniatures à feuilles de bruyères, à fleurs labiées, coccinées.

Leucopogon. — Beaux arbrisseaux à épis d'un blanc pur. Distinguer les *L. Cunninghami*, *juniperinus*.

Linum. — Plusieurs belles espèces, entre autres le *L. trigynum*, à grandes fleurs jaunes. Pleine terre de bruyère.

Mahonia. — Cultiver *M. Bealii*, *Japonica*, à beaux feuillages, à grands panicules jaunes.

Melaleuca. — Précieux genre à houppes vertes et purpurines. Les plus beaux sont *M. fulgens*, *viridiflora*, *coronata*, *pulchella*.

Metrosideros. — Genre voisin, égal en beauté.

Myoporum. — Gentils arbrisseaux à myriades de fleurs blanches. Le *M. parviflorum* est charmant.

Myrtus. — Plutôt d'orangerie, avec les *Eugenia*.

Oxalis. — Jolies plantes bulbeuses, dont les meilleures sont *O. versicolor*, *discolor*, *speciosa*, *Bowiei*.

Pimelea. — Délicieux arbustes, à tiges grêles, à port régulier, à nombreuses fleurs terminales, roses, violacées ou blanches.

Préférer les *P. decussata*, *spectabilis*, *linifolia*, *Hendersoni*, *macrocephala*.

Polygala. — Excellents arbustes, dont les plus jolis sont *P. cordifolia*, *myrifolia*, *Heisteria*, *speciosa*.

Protea. — Superbes arbrisseaux du Cap, voisins des *Banksia*, et d'un aspect étrange et ornemental.

Pultenæa. — Jolies légumineuses, dont les plus recommandables sont *P. stricta*, *polygalæfolia*, *daphnoïdea*.

Rhododendron. — La série des Rhododendrons, de serre froide est très-nombreuse; elle comprend toutes les espèces de l'Himalaya et de diverses parties de l'Inde orientale. On peut y ajouter toutes les variétés directes de *R. arboreum*, qui ne peuvent passer l'hiver dehors, et les espèces du Sikkim et du Bootan, telles que *R. argenteum*, *Thomsoni*, *Falconeri*, *Nuttalli*, *Wightii*, *Hodgsoni*, *Dalhousiæ*, *formosum*, *Griffithianum*, etc.

Sollya. — Les *S. heterophylla* et *salicifolia* ont de gentilles fleurs bleues retombantes.

Thibaudia. — Si les Thibaudia n'étaient pas aussi délicats, ils feraient à nos serres froides un délicieux ornement. On recommande les *T. sericea*, *floribunda*, *pulcherrima*.

Vaccinium. — Les *Vaccinium* ou Airelles comprennent dans le nombre immense de leurs espèces quelques jolies plantes de serre froide : *V. serpens*, *Rollissonii*, *salignum*, *erythræum*, *Sprengeli*, *coccineum*.

Indépendamment de cette énumération, on trouverait encore un grand nombre de genres qui ne manquent pas d'agrément pour les serres froides, et nous conseillons fortement aux amateurs vraiment dignes de ce nom de cultiver les plus jolies espèces des : *Abelia*, *Alonzoa*, *Anagallis*, *Aotus*, *Barosma*, *Bessera*, *Brachysema*, *Cactées*, *Calothamnus*, *Cantua*, *Ceratostemma*, *Cestrum*, *Clianthus*, *Coleonema*, *Cuphea*, *Desfontainea*, *Dillwynia*, *Diyandra*, *Embothrium*, *Enkianthus*, *Epiphyllum*, *Eriostemon*, *Eucalyptus*, *Fougères herbacées*, *Gardoquia*, *Genetyllis*, *Habrothamnus*, *Hovea*, *Iridées*, *Jasmins*, *Lachnæa*, *Macleania*, *Mélastomacées*, *Mirbelia*, *Mitraria*, *Oxylobium*, *Phylesia*, *Primula*, *Roelia*, *Syphocampylus*, *Smilax*, *Sparmannia*, *Swainsonia*, *Thea*, *Templetonia*, *Tropæolum*, *Witzenia*, *Zauschneria*, etc.

Serres tempérées. — A. *Considérations générales*. — On a beaucoup trop élargi l'acception de ce mot : serres tempérées, et, faute de s'entendre, on y a souvent ajouté indistinctement les plantes de serre froide ou les plantes de serre chaude.

La serre tempérée est caractérisée par une température qui varie entre 6 et 14° centigrades, et ne doit jamais dépasser ce minimum. Il est évident qu'on pourrait, dans de pareilles conditions, cultiver des plantes de serre froide avec plus de succès que dans leurs serres spéciales, mais il n'en reste pas moins vrai que ces plantes auraient pu s'accommoder de leur premier local, et que cette transposition devient une sorte de culture forcée.

B. *Construction*. — Pas plus que la serre froide, la serre tempérée n'est astreinte à une construction ou à une forme spéciale ; elle peut être indifféremment à un ou deux versants.

Sous le nom de serres à *Pelargoniums*, serres à Calcéolaires, à Cinéraires, à Rosiers, etc., on désigne des serres affectées à la culture spéciale d'un seul de ces genres. Il ne faut pas se méprendre sur la valeur de ces dénominations. Une serre de forme ordinaire, construite avec intelligence, peut, en modifiant la culture et la chaleur, être propice à la culture de presque toutes les plantes qui croissent dans les lieux tempérés du globe.

Toutefois les serres à *Pelargoniums* font exception, et pour les collections tant soit peu choisies, il sera bon d'avoir une serre spéciale, construite sur le modèle de la figure 1416, à un seul versant.

Cette serre porte des gradins à la place de la bâche principale, et permet à l'air de circuler librement autour des plantes, ce qui est une condition essentielle à la bonne culture des Pélargoniums.

Les serres tempérées doivent toutes réunir, en principe, les conditions suivantes :

La plus grande somme de lumière possible. Pour cela, on préférera les serres en fer;

Être d'autant plus enterrées dans le sol qu'on

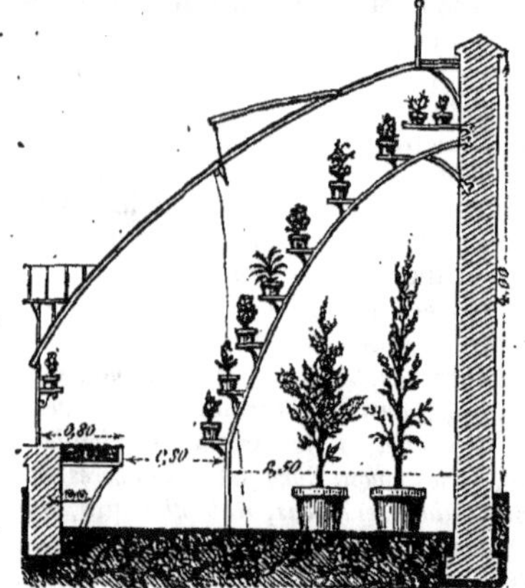

Fig. 1416. — Serre tempérée à 1 seul versant.

aura besoin de plus de chaleur et d'humidité;

Nombreux et puissants vasistas d'aération;

Appareil de chauffage thermosiphon, système Gervais ou Cerbelaud, de Paris;

Bassins destinés à recevoir l'eau pour les arrosements, et placés à l'intérieur de la serre;

Systèmes de tringles, poulies, galeries de service à la partie supérieure, pour placer et enlever facilement les paillassons l'hiver, et les toiles d'ombrage l'été;

Un tambour ou antichambre, qui sert à équilibrer l'air extérieur avec l'air intérieur lorsqu'on pénètre dans la serre, et qui est aussi employé comme magasin et lieu de rempotage, de greffage et autres opérations ou travaux de la culture.

C. *Soins généraux.* — Les soins que réclament les plantes dans la serre tempérée ne diffèrent pas beaucoup de ceux que nous avons indiqués pour la serre froide. La plus grande différence consiste dans l'élévation de la température et le choix des plantes. Seulement, les arrosements, ici, devront être plus copieux, et les rempotages plus fréquents, la végétation étant beaucoup plus abondante. De nombreux et vigoureux seringages seront nécessaires, lorsque le soleil donnera au printemps, sur les plantes tendres et fleuries; ils serviront autant à rafraîchir les tissus et à dilater les pores des feuilles qu'à empêcher les *coups de soleil*.

Quelque soin que l'on prenne à choisir le verre du vitrage, il contiendra souvent des bulles ou lentilles qui font loupe au soleil, et qui brûlent les feuilles. Pour éviter cet inconvénient, on ombre la serre soit avec des claies de *bourdaine paillassonnée*, soit avec des claies de bois scié, soit avec des toiles, soit enfin, tout simplement, par une couche de blanc. Pour ce dernier moyen, on emploie du blanc d'Espagne, délayé dans de l'eau et du lait et répandu sur la surface extérieure du vitrage au moyen d'une pompe-seringue ou d'un gros pinceau. Le lait empêche la pluie de laver trop rapidement la couche de blanc.

L'époque de sortie des plantes de la serre tempérée est plus tardive que pour la serre froide, mais elle ne dépasse jamais le 10 mai, et le plus souvent, elle a lieu dans la deuxième quinzaine d'avril. Elle s'effectue, au reste, avec les mêmes précautions.

La rentrée varie entre le 1er et le 15 octobre.

Les plantes une fois sorties, la serre reste entièrement vide. Il est alors possible de l'utiliser en y cultivant des *Achimene*, des *Gloxinia*, des *Sparaxis*, des *Ixia*, des *Pelargonium zonale*, qui fleurissent tout l'été et trouvent là une véritable serre chaude sèche, qu'ils affectionnent particulièrement. Ce moyen excellent est trop peu employé. Peu de gens savent à quel point les genres que nous venons de citer sont faciles à cultiver dans ces conditions, et sous le prétexte que la floraison du dehors est abondante et variée, il dédaignent des plantes qui seraient un délicieux ornement de leurs serres dénudées.

Les plantes de serre tempérée sont, pour la plupart, cultivées en pots. Outre que beaucoup d'entre elles sont destinées à être placées à la pleine terre dans les jardins l'été, un certain nombre aussi ont besoin de repos pendant la belle saison, ou se comportent mieux à l'air libre qu'au dedans, et, par conséquent, ont besoin d'être facilement changées de place.

Dans la serre, soit sur la bâche centrale ou sur les tablettes latérales, les pots ne sont point renterrés; ils sont placés à volonté sur une légère couche de sable ou mieux d'*escarbille* ou débris de charbon de terre, qui empêche l'envahissement des vers et des insectes.

Les soins à donner aux plantes rentrées pendant l'hiver, sont identiques à ceux de la serre froide. Une surveillance active est nécessaire; le chauffage demande plus d'attention, et il ne faut pas perdre de vue que c'est de la régularité de la température que dépend le succès. Les arrosements, rempotages, tuteurages, taille, soins de propreté sont partout les mêmes.

On aura, dans la serre tempérée, un plus grand nombre d'insectes à combattre. Outre les vers de terre, qu'il faut enlever en dépotant les plantes, et les pucerons, qu'on détruit par la fumée de tabac, des cloportes, mille-pieds, forficules, de nombreuses fourmis, des thrips, l'araignée rouge, des poux de plusieurs sortes, attaquent fréquemment les plantes.

Il leur faut faire une guerre incessante. Les quatre premières espèces se prennent facilement sous des pommes de terre creusées, placées sur les pots, à plat, et sous lesquelles elles se réfugient pendant le jour. On détruit les autres avec la brosse et le savon noir.

D. *Choix de plantes pour la serre tempérée.* — Mieux encore que la serre froide, la serre tempérée est susceptible de recevoir et de conserver de nombreuses plantes à feuillage, et même leur importance est devenue si grande aujourd'hui, que pas une serre distinguée ne saurait s'en passer. Il est bien entendu que toutes les espèces que nous avons citées et décrites à la serre froide pourront être ici cultivées avec succès. Qui peut le plus peut le moins.

Voici une liste des principales espèces qui peuvent orner agréablement la serre tempérée.

Dracæna terminalis. — Feuillage agréablement panaché de rouge, de blanc, de vert.

D. ferrea. — Voisin du précédent. Feuillage brun rouge.

D. Brasiliensis. — Le plus large feuillage du genre.

D. cernua. — Feuilles ensiformes, retombantes.

D. marginata. — Feuilles bordées d'un liséré pourpre.

Peu de plantes peuvent rivaliser par le feuillage avec les *Dracæna*, et surtout les espèces précédentes.

Aralia Sieboldii. — Feuilles lobées, d'un vert foncé, luisantes.

A. Brownii. — Feuilles trilobées, plus petites, brillantes.

A. trifoliata. — Feuilles brunes, allongées, dentées, étroites, à trois divisions.

A. palmata. — Grandes feuilles pubescentes, palmées.

A. digitata. — Grandes feuilles dentées, glabres.

A. macrophylla. — Feuilles larges, tomenteuses.

A. papyrifera. — Feuilles très-grandes, blanches, laineuses en dessous. Cette plante, originaire de Chine, fournit par sa moelle le papier de riz du commerce.

Les *Aralia* sont des végétaux précieux pour leur beau feuillage et leur port élégant. Leur culture est facile; ils supportent bien le plein air pendant l'été. On les multiplie l'hiver par boutures de racines.

Begonia rex.
— *splendida.*
— *Président Van den Hecke.*
— *Xanthina splendida.*
— *Mme Thibaut.*
— *quadricolor.*
— *argentea.*
— *leopardina.*
— *grandis (imperator).*
— *macrophylla*, etc., etc.

Toutes ces plantes sont remarquables surtout par les zones glacées, de différentes couleurs, qui se montrent sur leurs feuilles.

Rien n'égale le brillant et la bizarrerie de leurs teintes glacées, vertes, satinées, empourprées, chatoyantes.

D'autres variétés sont brillantes par leurs fleurs. Ce sont :

B. Werschaffelti. — Immenses panicules rosés.

— *fuchsioïdes.* — — *miniata.* } Corolles de l'écarlate le plus brillant.

— *Ingrahmii.* — Rose tendre, nuancé plus vif.

— *lucida.* — Rose chair, délicieux de fraîcheur.

— *Prestoniensis.* — Écarlate vif; grandes et belles fleurs.

— *albiflora.* — Fleurs blanches très-nombreuses.

— *discolor.* — Feuillage pourpre en dessous, jolies fleurs roses.

B. diversifolia. — Les plus grandes fleurs; se multiplie par ses nombreuses bulbilles.

— *ricinifolia.* — Beau feuillage, fleurs roses en gros panicules.

La culture de toutes ces espèces est des plus simples; terre de bruyère pure; multiplication par boutures de feuilles; peu de nourriture.

La famille des Broméliacées n'est pas moins importante. Elle comprend des plantes à feuillages canaliculés, disposés en rosette, diversement colorés, et à fleurs très-souvent brillantes. Elles demandent peu de nourriture, mais de fréquents arrosages et beaucoup de lumière. Les meilleures espèces et les plus rustiques sont :

Æchma fulgens.
— *miniata.*
— *glomerata.*
Tillandsia splendens.
— *zebrina.*
Bilbergia thyrsoïdea.
— *pyramidalis.*
— *zebrina.*
Vriesia psittacina.
Nidularium.
Bromelia ananas variegata.

Amaryllis vittata (et variétés). — Corolles énormes, rouges vergetées de blanc.

Amaryllis Brasiliensis. — *Josephinæ.* — *speciosa.* } Coloris brillants, du rouge écarlate au blanc rosé.

Bougainvillea spectabilis. — Grandes fleurs à bractées violettes, superbes.

B. splendens. — Bractées écarlates.

Centradenia rosea. — *floribunda.* } Charmants arbustes à fleurs rosées, très-abondantes l'hiver.

Parmi les Palmiers, plus abondants ici qu'en serre froide, on cultivera de préférence les espèces suivantes :

Chamædorea elatior.
— *Ernesti Augusti.*
— *elegans.*
— *Mexicana.*
Areca alba.
— *sapida.*
Caryota urens.
— *excelsa.*
Chamærops Martiana.
— *palmetto.*
Cocos australis.
— *nucifera.*
— *coronata.*
Corypha umbraculifera.
Sabal Blackburnianum.
Latania Borbonica (Livistona Sinensis).
— *rubra.*
Phœnix dactylifera.
— *sylvestris.*
Sabal Adansoni.
Thrinax argentea.
— *robusta.*
— *elegans.*
Arenga saccharifera.
Geonoma magnifica.

Les Palmiers se cultivent en terre franche, substantielle, mélangée de terre de bruyère, et dans des pots profonds et étroits. On ne doit jamais toucher à leurs racines. Ils demandent de fréquents bassinages sur les feuilles et de grands soins de propreté.

A côté des Palmiers se groupent les Cycadées et les Pandanées. Les espèces suivantes supportent bien la serre tempérée :

Cycas revoluta.
— *circinalis.*
— *Rumphii.*
Dioon edule.
Ceratozamia Mexicana.
Zamia Altensteinii.
— *horrida.*
Pandanus utilis.
— *odoratissimus.*
— *graminifolius.*
— *sylvestris.*
— *amaryllidifolius.*

Clivia nobilis. — Plantes bulbeuses à fleurs roses et vertes. Très-rustique.

C. miniata. — Superbe espèce, à fleurs grandes comme des Amaryllis, du plus beau rouge cinabre.

Crinum erubescens. } Liliacées à grandes fleurs
— *Americanum.* } blanches odorantes.
— *amabile.*

Cyrtanthera magnifica. — Belle Acanthacée aux grands épis rouges à bractées brunes.

Ruellia varians. — Se couvre tout l'hiver de jolies fleurs bleues.

Justitia speciosa. — Fleurs hivernales, nombreuses, violet cocciné.

Ficus elastica (arbre au caoutchouc).
— *rubiginosa.*
— *repens.*
— *macrophylla.*
— *nymphæfolia.*

Les *Ficus* de serre sont tous de fort belles plantes à feuillage. On ne saurait trop les cultiver.

Franciscea eximia. } Arbustes à grandes fleurs
— *mutabilis.* } rosacées changeant du blanc rosé au violet.

Gesneria magnifica.
— *splendens.*
— *coccinea.*
— *cinnabarina.*

Les Gesneria sont de magnifiques plantes au feuillage brillant, souvent cramoisi, et du plus riche effet, et aux fleurs variant du rouge le plus écarlate au blanc et au jaune.

Gloxinia. — Toutes les plantes de ce genre charmant sont cultivables l'été dans les serres tempérées, pourvu qu'on ait le soin de les ombrager. Il faut les élever en pleine terre de bruyère au printemps avant de les mettre en pots pour la floraison.

Hibiscus rosa Sinensis. — Splendides fleurs cramoisies et écarlates. Variétés doubles. Culture facile.

H. Cameroni. — Fleurs jaunes et rouges.

H. mutabilis. — Fleurs changeant du blanc au rose et au violet.

Hoya carnosa. — Fleurs roses ressemblant à de la porcelaine. Plantes grimpantes.

Impatiens platypetala. — Jolies fleurs roses, feuilles charnues.

Fougères. — La famille des Fougères fournit à la serre tempérée un de ses plus gracieux ornements. Leurs feuillages légers et charmants, parfois majestueux et bizarres, les rendent très-propres à l'ornementation, et forment d'heureux contrastes avec la végétation environnante. Parmi les Fougères en arbre, on pourra cultiver toutes celles que nous avons indiquées pour la serre froide. On y joindra les *Angiopteris* et les *Cibotium*, genres plus délicats.

Les Fougères acaules seront nombreuses en serre tempérée. On donnera la préférence aux suivantes :

Adianthum tenerum.
— *capillus Veneris.*
— *trapeziforme.*
Gymnogramma chrysophylla.
— *calomelanos.*
Pteris tricolor.
— *cretica.*
— *serrulata.*
Aspidium proliferum.
— *Sieboldtii.*
— *trifoliatum.*
Asplenium Bellangeri.
Blechnum Brasiliense.
Didymochlæna sinuata.
Lomaria Chilensis.
Polypodium aureum.
Woodwardia radicans.

Fuchsia. — Parmi les plus précieuses plantes de serre froide, on peut compter les Fuchsias. Chacun sait quel rôle important ces charmants arbrisseaux jouent dans l'ornementation des jardins et des serres. Les conquêtes modernes, par l'acquisition des corolles blanches et des corolles doubles, ont augmenté encore cet intérêt déjà bien remarquable depuis plusieurs années. Toutefois, comme il y a grand choix à faire dans les centaines de nouveautés qui paraissent chaque année, nous conseillerons aux amateurs modestes de s'en tenir à celles-ci :

1. — *Types.*

F. fulgens.
— *corymbiflora.*
— *alba.*
— *microphylla.*
— *coccinea.*

2. — *Variétés et hybrides.*

Vénus de Médicis.
Béatrice.
Éclat.
La Crinoline.
La Vestale.
Lord Clyde.
Princess of Prussia. } Fleurs simples.
— royale.
Rose of Castille.
Stradella.
Zingari.
Conqueror.

Atropurpurea plena. Auguste Gevaert. Duc de Brabant. Duc de Trévise. Mme Rémy. Léopold Ier. Murat. Pierre le Grand. Reflexa plena. Sire de Créqui. Vercingétorix. Washington.	Fleurs doubles.

Pelargonium. — Les *Pelargonium* sont peut-être encore plus importants que les Fuchsias dans la floriculture. Deux ou trois espèces de ce magnifique genre se sont multipliées à ce point que c'est par centaines, presque par milliers, que l'on compte leurs variétés, sans cesse remplacées par de plus nouvelles et de plus jolies.

Terre franche et terreau substantiel, très-peu d'eau l'hiver, grands soins de propreté, taille rigoureuse à l'automne, aération très-abondante, multiplication par boutures à l'air libre pendant l'été, plantation en massifs en plein air pendant toute la belle saison ; telles sont les règles de la culture de ces superbes plantes, dont aucun jardin ne saurait se passer.

Parmi les Pélargoniums, à grandes fleurs, nous recommanderons spécialement les variétés suivantes, classées, chacune, dans leurs tribus horticoles respectives :

A. — *Variétés de P. diadematum.*

Blondine.
Comtesse de Girardin.
Franklin.
Le Criméen.
Le Titien.
Mme Eug. Glady.
Kubelin.
Mme Thibaut.
Vicomtesse de Melleval.
Bélisaire.
Diadematum coccineum.
— fulgidum.
Médaille d'or.
Thalie.
Vicomtesse d'Avesnes.

B. — *Variétés à cinq macules, dits Odier.*

Alma.
Belle Esquermoise.
Camille.
Comte de Lesseville.
Dame de la Halle.
Mme Armer de Lisle.
— Boucharlat.
— Heine.
— Lebois.
— Lesèble.
Bizarre.
Gloire de Bellevue.
Zaria.
Mme Weick.
Marietta.
Mme Eith.
— Hogle.
Noémi Demay.
Paul et Virginie.
Pénélope.
Prince Jérôme.
Princesse Mathilde.
William Bull.
Jacques Duval.
Kulla.
La Vestale.

C. — *Variétés anglaises, à grandes fleurs.*

Aules.
Comtesse de Lusignan.
Exquisite.
Gloire de Paris (excellent pour la pleine terre).
Magnum.
M. J. Poirier.
Rose celestial.
Admiral Lyons.
Béatrice.
Bianca.
Bride of Abydos.
Rolla.
Pulchrum.
Serena.
Cymba.
Gloire d'Elson.
Judiana.
Mme Munier.
— Weiss.
Majesty.
Murillo.
Petruccio.
Sunrise.
Virginia.

D. — *Variétés dites de fantaisie.*

Bride-Maid.
Caprice.
Countess of Abbrington.
Evening Star.
Hylas.
Jenny Ney.
Maréchal de Saxe.
Reine des fantaisies.
Nigrum.

Une autre section, les *P. zonale-inquinans*, n'est pas moins riche en belles variétés; et même elle est beaucoup plus importante, pour la culture de pleine terre l'été. De ce type sont sorties d'innombrables variétés variant dans la forme, la taille, le coloris des feuilles et surtout celui des fleurs. Depuis le blanc pur jusqu'au rose, au rouge carmin et à tous les tons de l'écarlate, on y rencontre les nuances les plus brillantes. On préfère, pour la culture en serre, les coloris saumonés et les grandes fleurs, et l'on conseille avec beaucoup de raison de laisser ces plantes en serre quand les autres sont sorties, si l'on veut avoir tout l'été une floraison magnifique.

Les coloris carminés et écarlates, et toutes les variétés rouges, roses et coccinées vont bien en pleine terre l'été, et sont certainement la plus brillante parure de nos jardins.

Parmi les variétés les plus précieuses et les plus rustiques jusqu'ici, on peut choisir :

Cerise unique. Rubens. Nosegay. Roseum nanum. Eugénie Mézard. Napoléon III. Étoile Polaire. Beauté du parterre. Tom Pouce. Gloire de Bagatelle. Souvenir de l'Exposition. Sébastopol.	Fleurs brillantes.
Flower of the day. Manglesii. Mistress Pollock. Sunsett.	feuillages panachés.

Heliotropium. — Par leurs jolies houppes de fleurs bleues ou blanches, à odeur suave, les Héliotropes sont précieux dans la serre tempérée. On en a obtenu récemment de nombreuses variétés dont voici quelques-unes des plus belles :

Anna Turrel.
Roi des héliotropes.
Madame Casenave.
— Rendatler.
Gem.
Miss Nightingale.
Triomphe de Poissy.

Lantana. — Le *L. delicatissima* porte de nombreuses et charmantes fleurs rose-lilacé qui se succèdent pendant toute la belle saison. Le *L. camara* a produit un grand nombre de variétés. On s'arrêtera de préférence aux suivantes :

Auguste Wilhelm.
Aurore.
César Potier.
Elegantissima.
Flava lilacina.
Fulgens mutabilis.
Hugh Low.
Impératrice Eugénie.
Madame Boucharlat.
— Pélé.
Marquis de Saporta.
Victor Lemoine.

Habrothamnus. — Les *H. elegans* et *fascicularis* sont de jolies plantes aux grappes empourprées.

Jasminum. — Deux ou trois espèces, parmi lesquelles les jasmins d'Espagne et des Açores, sont dignes d'une place choisie. On les greffe en fente sur jasmin blanc ordinaire.

Mesembryanthemum. — Plus connus sous le nom de Ficoïdes. Ces plantes sont nombreuses en espèces et fleurissent abondamment au soleil.

Nierembergia. — Les *N. filicaulis* et *gracilis* ont de charmantes fleurs blanches et bleuâtres, à gorge jaune. Ils font de très-jolies bordures l'été.

Petunia. — Les Pétunias à fleurs simples sont cultivés comme plantes annuelles, mais il en est de très-beaux à fleurs doubles qui sont bouturés et cultivés en serre avec succès.

Primula. — La Primevère de la Chine (*Primula Sinensis*) est une de ces plantes destinées à une faveur perpétuelle dans les serres tempérées. Les admirables variétés que le semis a données depuis peu augmentent encore l'attrait de cette charmante espèce. On la sème au mois de juin. Le plant, repiqué en terrine, puis successivement en godets, et enfin en pots, fleurit dès l'hiver qui suit le semis.

Rochea. — *Crassula.* — Plantes grasses à fleurs d'un rouge écarlate ou carminé, fort utiles pour l'ornement des serres tempérées. Elles fleurissent facilement, si les arrosements leur sont donnés l'hiver avec modération.

Salvia. — Trois ou quatre espèces de ce genre nombreux, les *S. splendens, cardinalis, involucrata, patens, ianthina*, sont très-précieuses dans les serres. Beaucoup d'eau et de nourriture; pincements rigoureux dans le jeune âge. Plantes voraces; faciles à cultiver.

Sparmannia. — Joli arbuste d'Afrique, aux nombreuses fleurs blanches à étamines dorées, irritables. Culture et multiplication faciles.

Verbena. — Les verveines tiennent un rang distingué dans les plantes de serre tempérée destinées à la pleine terre l'été. On en connaît un grand nombre de variétés fort jolies.

Veronica. — La *V. Andersoni* et ses variétés, *Meldensis, hybrida, speciosa*, sont de vigoureuses et charmantes plantes couvertes d'un beau feuillage luisant et de beaux épis blancs, violets ou roses. Elles ont une grande importance dans la culture.

Allamanda. — L'*A. neriifolia* se couvre de fort belles fleurs tubuleuses, jaunes, si l'on a soin de le rabattre chaque année après la floraison.

Thyrsacanthus. — Le *Th. rutilans* forme rapidement un arbuste vigoureux aux longs pendentifs de grelots pourpres. Il ne doit pas être taillé, mais palissé vigoureusement.

Syphocampylus. — Les *S. bicolor* et *amœnus* sont généreux de fleurs tubuleuses jaunes et rouges, au printemps.

Chrysanthemum. — Les *Ch. frutescens* et *grandiflorum*, couverts de leurs grandes marguerites blanches et d'un feuillage découpé, rendent les plus grands services dans les serres tempérées où ils fleurissent tout l'hiver. Ils reprennent très-facilement de boutures.

Calceolaria. — *Cineraria.* — Les Calcéolaires herbacées et les Cinéraires sont de première utilité pour la floraison du printemps. On les sème en terrine de terre de bruyère au mois de juin, puis on repique les jeunes plants aussitôt qu'ils montrent leurs petites feuilles, et, après les avoir fait successivement passer dans des pots de plus en plus grands, on les hiverne sous châssis jusqu'au moment où l'apparition de leurs boutons indique qu'il les faut transporter dans la serre tempérée. Le semis donne chaque année des variétés nouvelles et charmantes. Les *Calceolaria rugosa*, et *salicifolia*, ligneuses, ont de jolies fleurs jaunes. On les multiplie de boutures.

Ageratum. — Les *A. cœlestinum* et *nanum*, plus

connus sous le nom d'Eupatoires célestes, sont excellents pour la garniture d'hiver des serres, outre qu'ils vont très-bien à la pleine terre l'été. Leurs jolis bouquets bleu de ciel se montrent à profusion pendant fort longtemps.

Cuphea. — Fleurs miniatures de peu d'effet isolément, mais si abondantes et si gracieuses, qu'elles sauvent la plante de l'oubli et lui valent une place distinguée. Le *C. platycentra* est le plus joli, le *C. eminens* le plus grand.

Eupatorium ageratoïdes. — Fleurs blanches ressemblant assez aux *Ageratum*. Précieux par sa floraison hivernale.

Heterocentrum roseum. — Mélastomacée à fleurs rosées ou blanches, suivant la variété. Fleurit l'hiver.

Tradescantia vittata. — Plante charnue à feuilles dressées, pourpres en dessous. Elégante et robuste ; excellente pour bordures.

Aspidistra elatior. — Feuillage vert ou panaché de blanc, large et dressé. Belle plante à feuillage.

Nous pourrions prolonger cette liste, déjà longue pour les amateurs modestes, et citer des centaines d'espèces qui se cultivent en serre tempérée. Nous aimons mieux renvoyer pour cela aux ouvrages spéciaux.

Nous ajouterons cependant que l'ornementation des serres tempérées comporte encore des plantes grimpantes et des plantes de bordures ou gazonnantes. Pour les premières, nous aurons les espèces suivantes :

Delairea odorata.
Rhynchospermum jasminoïdes.
Mandevillea suaveolens.
Plumbago cærulea.
Bignonia jasminoïdes.
Aristoloches (plusieurs espèces).
Quisqualis indica.
Kennedya (plusieurs espèces).
Lophospermum.
Maurandia Barclayana.
Ficus repens.
Bougainvillea.
Solanum jasminoïdes.
Thunbergia.
Cissus.
Dioclea.
Clianthus.
Passiflores.

Et nombre d'autres charmantes plantes que l'on peut faire courir tout le long des murailles, des colonnettes, au sommet du vitrage de la serre, d'où elles laisseront pendre leurs fleurs charmantes en même temps qu'elles seront un ombrage protecteur aux autres plantes, pourvu qu'on ne les laisse pas trop envahir.

Pour les bordures et les gazons dans les serres, on emploie avec succès les jolies plantes suivantes :

Commelyna zebryna. — Feuilles ovales, zébrées, vertes et blanches en dessus, pourpres en dessous.

Lycopodium denticulatum, apodum et *cæsium.* — Charmantes plantes gazonnantes, d'une douceur de nuance et de forme incomparable.

Enfin, si l'on veut orner la serre de suspensions gracieuses, on la remplira de *Sedum Sieboldtii*, de *Cereus flagelliformis*, de *Russelia*, de *Crassula* rampants, d'*Aloès* variés, d'*Agave*, de *Yucca*, de *Dasylirion* et de *Bégonies*.

On le voit, si le cadre est vaste, il peut être largement rempli. Les plantes ne manquent pas ; il ne s'agit que de les choisir, de les cultiver avec intelligence et de les disposer avec goût. La part réservée au cultivateur est, dans ce cas, considérable, et l'amateur zélé aura bien vite comblé les lacunes que l'espace nous force de laisser ici.

E. — *Emploi des plantes de serre tempérée pour la décoration des jardins pendant l'été.*

L'expérience a démontré que non-seulement un grand nombre de plantes à fleurs de serre tempérée, prenaient un grand développement, si on les disposait en massifs pendant l'été, mais que beaucoup d'espèces franchement tropicales s'accommodent volontiers de cette situation et acquièrent en peu de mois une vigueur remarquable.

Sans entrer dans la description de chacune des plantes qui rentrent dans cette catégorie, nous donnons une liste assez détaillée des espèces qui réussissent le mieux. Nous les classerons par plantes de bordures ou de plates-bandes, plantes de corbeilles de terre franche et terreau, plantes de corbeilles de terre de bruyère, et enfin plantes ornementales à isoler sur les pelouses. — Pour leur disposition dans les jardins, nous renverrons à l'article *Parcs et jardins paysagers*.

1. — PLANTES DE SERRE POUR BORDURES ET PLATES-BANDES DE TERRE FRANCHE ET TERREAU.

Ageratum cœlestinum.
— *nanum.*
Cyrtanthera magnifica.
Chrysanthemum grandiflorum.
— *frutescens.*
Calceolaria rugosa.
Cuphea platycentra.
— *strigulosa.*
— *eminens.*
Eupatorium ageratoïdes.
Fuchsia Vénus de Médicis.
— *conqueror.*
— *fulgens.*
— (variétés diverses).
Gaura Lindheimerii.
Heliotropium Peruvianum.
Lantana camara.
— *delicatissima.*
Nierembergia gracilis.
Pelargonium rubens.
— *cerise unique.*
— *hederaceum.*
— *unique.*
— *beauté du parterre.*
— *Eugénie Mézard.*
— *Manglesii.* } à feuillage
— *flower of the day.* } panaché.
— *gloire de Paris.*

Salvia splendens.
Stevia eupatoria.
Syphocampylus bicolor.
Veronica Andersoni.
— *Meldensis.*
— *hybrida.*
— *salicifolia.*
Vervcines (toutes les variétés).

2. — PLANTES DE SERRE POUR CORBEILLES DE TERRE FRANCHE ET TERREAU.

Balisiers ou *Canna.* — Ces belles plantes, d'origine tropicale, ont acquis depuis peu une grande faveur. La culture en fait l'objet de toutes ses attentions et les variétés nouvelles ont dépassé déjà de bien loin en beauté les anciennes espèces.

On les relève à l'automne comme les Dahlias, et on les conserve sous les tablettes d'une serre tempérée. Au mois de mars on les met en végétation, et dès que les jeunes pousses ont assez de force, vers le mois de mai, on sépare les touffes et on les plante en pleine terre, où elles acquièrent en peu de mois un superbe développement.

Les plus belles variétés ou hybrides sont :
C. Annæi.
— *discolor.*
— *Warscewiczii.*
— *gigantea.*
— *Warscewiczoïdes.*
— *expansa.*
— *edulis.*
— *Peruviana.*
— *robusta.*
— *nigricans.*
— *Van Houttei.*
— *musæfolia (excelsa.)*
— *rotundifolia.*
— *spectabilis.*
— *macrophylla.*

Caladium. — Les *Caladium* ne sont guère moins précieux que les *Canna.* Egalement d'origine tropicale et longtemps confinés dans les serres chaudes des jardins botaniques, on les a enfin essayés à la pleine terre, et ils y ont acquis des dimensions vraiment prodigieuses.

Ils se cultivent à peu près comme les Canna, mais ils demandent un peu plus de chaleur l'hiver, et doivent être entretenus pendant cette saison dans une demi-végétation.

On préfère avec raison les espèces suivantes :
C. esculentum.
— *violaceum.*
— *edule.*
— *sagittifolium.*
— *odorum.*
— *erubescens.*

Après les beaux feuillages, viennent les plantes à fleurs brillantes, parmi lesquelles se placent au premier rang les suivantes :
Musa Sinensis (Bananiers).
— *rosacea.*
— *paradisiaca.*
Crinum erubescens.
Datura arborea.
Datura pubescens.
— *sanguinea.*
Cassia corymbosa.
— *lævigata.*
Fuchsias variés.
Héliotropes variés.
Hibiscus rosa Sinensis.
Leonotis leonurus.
Panicum plicatum.
Pelargonium gloire de Paris.
— *variés* (de collection).
Salvia (variés).

3. — PLANTES DE SERRE POUR CORBEILLES DE TERRE DE BRUYÈRE.

Il sera bon de donner à ces plantes une exposition à demi ombragée.
Begonia discolor.
— *fuchsioïdes.*
— *ricinifolia.*
— *grandis.*
— *Prestoniensis.*
— *macrophylla.*
— *lucida.*
— *tomentosa.*
— *bulbosa.*
— *albiflora.*
Aspidistra elatior.
Curculigo recurvata.
Aralia papyrifera (et autres espèces).
— *Brownii.*
Cyperus papyrus.
Dracæna congesta.
— *rubra.*
— *Brasiliensis.*
— *cannæfolia.*
— *cernua.*
— *spectabilis.*
— *indivisa.*
Eucalyptus globulus.
Ficus elastica.
— *rubiginosa.*
— *nobilis.*
— *Indica.*
Heliconia Brasiliensis.
— *farinosa.*
Hedychium Gardnerianum.
Pandanus graminifolius.
Solanum pyracanthum.
— *marginatum.*
— *laciniatum.*
— *Balbisii.*
— *citrullifolium.*
Hebeclinium macrophyllum.
Russelia juncea.
Commelyna zebrina (pour bordures).
Wigandia (variés).
Coleus Werschaffelti.
— *scutellarioïdes.*
Farfugium grande.
Gazania pavonia.

4. — PLANTES ORNEMENTALES DE SERRE, A ISOLER SUR LES PELOUSES.

Solanum robustum.
— *galeatum* (*discolor* du commerce).

Solanum marginatum.
— *Sieglengii.*
Wigandia Caracasana.
— *urens.*
Ricinus sanguineus.
— *viridis.*
Strelitzia reginæ.
Aralia pulchra (*Sciadophyllum*).
— *papyrifera.*
— *Sieboldtii.*
Phœnix dactylifera.
Latania Borbonica (*Livistona*).
Corypha australis.
Jubœa spectabilis.
Rhopala Corcovadensis.
— *Organensis.*
Phormium tenax.
Musa ensete.
Hibiscus mutabilis.
— *cannabinus.*
Ferdinanda eminens.
Bocconia macrophylla.
Montagnœa heracleifolia.
Uhdea bipinnata.
Polymnia maculata.
Verbesina gigantea.
— *pinnatifida* (*V. Sartori* du commerce).
— *crocata.*
Pandanus utilis.
— *odoratissimus.*
Urtica utilis.
— *macrophylla.*
Acacia lophantha.
— *dealbata.*
Araucaria excelsa.
— *Cookii.*
Acanthus Lusitanicus.
Gunnera scabra.

Et plusieurs autres espèces qui attendent pour être acquises à la pleine terre qu'un horticulteur un peu confiant en fasse l'essai et réussisse.

5. — PLANTES DE SERRE, CULTIVABLES DANS LES APPARTEMENTS HABITÉS.

On sait combien le goût des plantes dans les appartements s'est développé depuis peu, et quel rôle important elles jouent dans l'ornementation de toute maison bien tenue. Il n'est peut-être pas inutile de guider le choix des propriétaires par une nomenclature épurée des plus belles et des plus rustiques espèces qui s'accommodent de la culture d'appartement.

Nous les diviserons en deux catégories, suivant le degré de température que l'on conserve habituellement dans l'endroit habité où l'on veut cultiver des plantes.

Si la température varie entre 5 et 10 degrés centigrades, on se contentera des espèces suivantes : *Phormium tenax* (lin de la Nouvelle-Zélande), grandes feuilles fermes et robustes, ressemblant à de longues épées, et disposées en éventail; lierre d'Irlande, autour des jardinières; des *suspensions*, dans les embrasures de fenêtres; *Yucca gloriosa*, feuilles dressées en touffe arrondie, d'un beau vert bleuâtre; *Yucca pendula*, large touffe à feuilles en glaive, penchées dans leur moitié supérieure; *Yucca tricolor*, aux feuilles teintées et bordées de blanc, de rouge et de vert; *Dasylirion junceum* (*Bonapartea*), touffes de feuilles nombreuses, linéaires, arrondies, et retombant avec élégance; *Aspidistra elatior*, larges feuilles dressées, d'un vert luisant, panachées de blanc dans une variété très-recherchée; excellente plante, robuste et croissant dans toutes les situations; *Dracœna draco, congesta, australis, indivisa*, des plus précieuses parmi les plantes d'ornement et très-élégantes par leurs feuillages recourbés, larges, étroits, allongés, vert tendre, vert glauque; *Begonia rex*, aux larges feuilles obliques marquées d'une zone satinée; *Begonia leopardina; B. président van den Hecke; B. quadricolor.* On peut ajouter plusieurs Palmiers : *Chamærops excelsa*, de la Chine, plante robuste à feuilles palmées; le palmier nain d'Algérie (*Ch. humilis*), non moins rustique; *Cycas revoluta*, assez rare, aux feuilles composées de deux rangées de folioles très-gracieuses et régulières. Parmi les fougères : *Pteris cretica, P. falcata, Adiantum capillus Veneris* (cheveu de Vénus), au feuillage gracieusement découpé. Pour les bordures de vases, les jardinières, les suspensions : l'*Isolepis gracilis*, chevelure charmante du vert le plus tendre; le *Saxifraga sarmentosa*, aux feuilles pourprées en dessous, cendrées et marbrées de blanc en dessus, s'échappant en longs pendentifs relevés par de jolies grappes de fleurs blanches qui ressemblent à des insectes prêts à s'envoler; le *Ficus repens*, appliquant étroitement ses feuilles arrondies sur l'appui qu'on lui donne; la Comméline zébrée (*Tradescantia zebrina*) et ses tiges pendantes, parées de feuilles charnues, pourpres, vertes et blanc satiné; la serpentine (*Cereus flagelliformis*), aux longs fuseaux cylindriques couverts au beau temps de leurs tubes de feu; le dattier (*Phœnix dactylifera*), aux longues feuilles dressées, composées, épineuses; le *Jubœa spectabilis*, l'un de nos plus magnifiques palmiers, et le *Corypha australis* dressant ses larges éventails sur tout son entourage.

Dans une température maintenue entre 10 et 14 degrés centigrades, on pourra sans danger augmenter la collection par les espèces suivantes :

Pandanus utilis, baquois des Moluques, aux longues feuilles en épées, épineuses; *Pandanus Javanicus*, zébré de longues lignes d'un blanc pur sur fond vert; le latanier de l'île Bourbon (*Latania Borbonica*), aux feuilles en vastes parasols; une nouvelle série de *Dracœna*: *D. terminalis* ou *discolor, gracilis, Brasiliensis, ferrea, cernua.* Dans les fougères : *Gymnogramma chrysophylla* et *G. calomelanos*, l'un empreint sous les feuilles d'une poussière d'or, l'autre d'une poudre d'argent; l'*Adiantum tenerum*, aux pétioles d'une légèreté aérienne; puis la nombreuse tribu des Broméliacées aux feuillages canaliculés, aux fleurs éclatantes : *Æchmea fulgens, Æ. miniata, Æ. glomerata, Tillandsia splendens, Bilbergia thyrsoïdea, B. pyramidalis*; les *Nidularium* au cœur empourpré; les *Curculigo* aux feuilles dressées, vert tendre, gaufrées avec un art incomparable, les Cactées, les *Agave*, la grande tribu des *Aloès*, et nombre de palmiers plus beaux encore que les précédents de serre froide.

Groupons maintenant toutes ces plantes avec art ; à chacune sa place. Etudions avec soin de toutes le port et les analogies : à l'une, la vive lumière, à l'autre un fond plus sombre ; à celle-ci, frêle et délicate, une coupe fouillée avec amour, une élégante poterie ; à celle-là, robuste et fière, une faïence assyrienne ou persane. Et si la chose est possible, harmonisons la plante avec le vase : que le *cyperus* d'Egypte n'aille pas s'égarer dans une porcelaine chinoise. Instruisons-nous de bonne heure à conserver à toute chose ses caractères de famille et de patrie.

A côté de ces beaux feuillages, nous appellerons : les tulipes hâtives, aux corolles sanguines et dorées, les primevères de la Chine, aux larges ombelles roses ou blanches, les cyclames aux fleurs retroussées, les casques violets du *Justicia speciosa*, les bouquets bleus du *Ruellia varians*, les innombrables étoiles rosées des *Centradenia rosea* et *floribunda*, le *Cineraria populifolia*, et ses capitules blancs pointés de violet, les bizarres périanthes jaunes, verts et blancs des *Cypirpedium venustum* et *insigne*, les bruyères et leurs jolis grelots, les acacias et leurs pompons dorés, les festons d'*Habrothamnus* et leurs nombreux tubes purpurins, les azalées forcées, et, les premiers de tous, les magnifiques camellias.

C'est ainsi que nous parvenons à transformer nos salons en véritables jardins d'hiver, par un choix sévère des espèces qui prospèrent dans les situations que nous venons d'indiquer.

A ces jolies plantes s'ajouteront bientôt les conquêtes nouvelles de l'horticulture moderne qui apporte chaque jour à sa suite une merveille, et dans peu nous espérons voir cette aimable fantaisie de plantes d'appartement aussi bien dans la plus humble chambre que dans les plus riches salons.

§ 4. **Serres chaudes.** — Le cadre de ce livre ne nous permet pas d'examiner en détail la culture et la nomenclature immense des plantes de serres chaudes, serres à fougères, serres à orchidées, aquariums et autres constructions de *haute horticulture* qui trouvent bien rarement leur application chez les habitants des propriétés de campagne.

Qu'il nous suffise d'indiquer que d'une bonne serre tempérée on peut facilement faire une serre chaude, pour peu que l'on élève la température au-dessus de 15 degrés centigrades pendant les plus grands froids et que le reste de l'année elle se maintienne entre 18 et 25 degrés. A ces causes on pourra obtenir, dans toute leur vigueur et toute leur santé les plus belles productions des régions tropicales. Soit que l'on maintienne l'atmosphère sèche ou qu'on la sature d'humidité, on aura une serre chaude sèche ou une serre chaude humide, qui ont chacune leurs plantes spéciales.

Dans ces conditions, l'amateur un peu ambitieux des conquêtes de la botanique et de l'horticulture pourra joindre aux collections de serre tempérée que nous avons indiquées : les orchidées de l'Inde, de l'Amérique du Sud et des archipels ropicaux, les aroïdées des Philippines, les broméliacées du Brésil, de la Nouvelle-Grenade et du Mexique, les mélastomacées des Cordillères équatoriales, les marantacées de l'Inde et les pandanées des Moluques, les euphorbiacées de Java, les fougères et les lycopodiacées les plus délicats ; en un mot, toute la flore des plus chaudes régions du globe.

§ 5. **Orangeries.** — Nous tiendrons la même réserve à l'égard des orangeries, non pas à cause de la complication de culture et du grand nombre de plantes qu'on y cultive, mais, au contraire, à cause de leur faible importance en horticulture.

Les orangeries, à proprement parler, ne sont pas des serres. Elles ne sont que des conservatoires, des magasins, où sont conservés l'hiver, dans le plus grand repos et hors de l'atteinte des fortes gelées, un certain nombre de genres de plantes robustes qui peuvent se passer volontiers d'air et de grande lumière pendant plusieurs mois. Un grand nombre de ces végétaux sont à feuilles persistantes, comme les orangers, les myrtes, les lauriers, les nérions, les arbousiers, les pistachiers ; d'autres, et c'est le plus grand nombre, à feuilles caduques, comme les grenadiers, les lagerstrœmias et autres. Ces végétaux sont robustes, pour la plupart, et leur conservation ne demande pas de soins spéciaux pendant l'hiver.

§ 6. **Serres et Bâches à multiplication.** — Nous avons indiqué sommairement les préceptes généraux de culture des plantes de serres ; il nous reste à dire quelques mots de leur multiplication.

Deux procédés principaux sont en usage, soit qu'on opère sur des plantes difficiles et précieuses, soit qu'on multiplie des essences communes et en grande quantité. Dans le premier cas, on emploie *la serre à multiplication*, dans le second *les bâches et les châssis*.

A. *Serre à multiplication.* — Au chapitre *Pépinières*, notre ami et savant collaborateur M. Ch. Baltet a développé avec soin les principes qui doivent guider dans la construction d'une serre à multiplication d'une certaine importance. Nous ne reviendrons pas sur ce sujet. La serre à multiplication destinée aux végétaux de plein air peut s'appliquer fort bien aux végétaux de serre, pour peu que la température soit un peu élevée.

Mais nous indiquerons un moyen de bâtir une petite serre à multiplication dans des conditions plus modestes que la serre de M. Baltet. Il arrive assez souvent que les cultures du propriétaire à la campagne ne sont pas assez considérables pour nécessiter un matériel complet, et, dans ce cas, il est bon de recourir aux petits moyens. Un maçon, un charpentier ou même un charron suffiront à la construction dont nous parlons, et parfois le jardinier lui-même, s'il est intelligent, peut s'en tirer sans le secours de personne. Cette serre est représentée par la figure 4. Elle se construit ainsi :

On commence par creuser le sol à 1 mètre de profondeur, et l'on répand au fond une couche de $0^m,10$ de plâtras pour l'assainir. Plus on creusera la serre, plus on obtiendra de chaleur et aussi d'humidité. La profondeur de 0m,90 se trouve dans de bonnes conditions. Le long des parois de

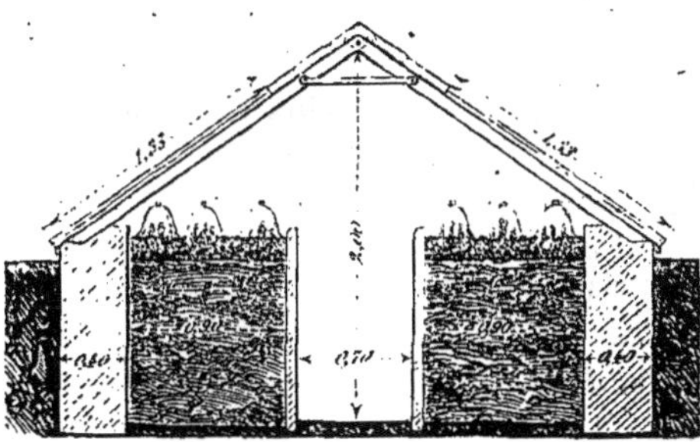

1417. — Serre à multiplication.

l'excavation on bâtit un petit mur de pierres sèches, hourdé en mortier seulement à la place où l'on fixe les extrémités des chevrons. Tous les 1m,33 on scelle un de ces chevrons, de 0m,10 à 0m,15 d'équarrissage, emmortaisés à la partie supérieure sur une filière de la même longueur que la serre. La longueur de chacun de ces chevrons est subordonnée aux dimensions des châssis vitrés qui s'appuieront sur eux. Si l'on n'a pu se procurer de grands châssis fabriqués exprès, ce qui vaudrait mieux, on se contentera de châssis ordinaires de maraîchers, de 1m,33 × 1m,33. La longueur totale de ces deux châssis inclinés serait trop faible pour la largeur de la serre ; à leur sommet, ils s'appuieront sur une partie fixe, non vitrée, qui permettra de laisser entre eux un écartement de 0m,30 à 1 mètre. Dans ces conditions il restera encore un jour suffisant pour que les plantes ne souffrent pas.

Deux mètres de hauteur, de l'arête intérieure de la serre jusqu'au sol, suffisent largement pour le service. Un sentier de 0m,70 règne au milieu. De chaque côté sont des bâches pleines bordées par des planches et remplies au fond d'une couche épaisse de branchages, de fumier, et enfin recouvertes d'environ 0m,20 de terreau, de sable fin ou mieux de tannin.

Des terrines ou des pots remplis de terreau de sable ou mieux de terre de bruyère, et vigoureusement drainés au fond par des tessons de pots, reçoivent les jeunes boutures. Ces boutures seront prises à l'état herbacé pendant la belle saison, dur et ligneux à la fin de l'automne. On les coupe aussi court que possible et on les pique côte à côte après avoir enlevé les feuilles de la base, qui se gêneraient mutuellement et provoqueraient la pourriture.

Quand les pots ou les terrines sont remplis, on les enterre dans le tannin ou le sable jusqu'au bord et on les recouvre hermétiquement d'une cloche, si l'on opère sur des plantes très-tendres et susceptibles de se faner.

Les chrysanthèmes, les pelargoniums, les fuchsias, les lantanas, les verveines et autres plantes de même nature, tout ce que les fleuristes de Paris appellent trivialement les *herbes à lapins*, n'ont pas besoin d'être recouvertes de cloches. Le seul abri de la serre leur suffit, et parfois même elles réussissent bien à l'air libre. Il n'en est pas de même de la plupart des plantes de serre chaude dont nous avons donné la nomenclature ; il les faut priver absolument d'air. Quand elles se sont maintenues pendant une huitaine de jours en bonne santé, ce qui n'est pas rare si l'on a pris soin d'essuyer chaque matin la buée condensée sur les parois du verre, on peut donner un peu d'air en soulevant légèrement la cloche au moyen d'un tout petit pot. Graduellement on augmente l'aération, et enfin, si les plantes paraissent ne pas en souffrir, on enlève entièrement la cloche.

Dès que les boutures sont munies d'une touffe de radicelles blanches, on soulève toute la clochée, terrine ou pots, on sépare les jeunes plantes et l'on repique à part celles qui ne sont pas encore reprises.

Les autres sont immédiatement empotées dans de très-petits godets et en terre légère. Si la plante est délicate, on remet deux ou trois jours sous cloche les boutures fraîchement rempotées. Elles se redressent bientôt ; peu à peu elles prennent de la vigueur et en peu de temps elles peuvent subir un second rempotage et aller au grand air tenir leur place définitive.

Toutes les plantes ne sont pas également dociles à la multiplication. Dans les circonstances ordinaires, les boutures herbacées reprennent pour la plupart en moins d'un mois, parfois en quelques jours ; mais il en est qui demandent six mois et plus. Il ne faut pas se décourager ; on est souvent payé de sa patience par un résultat inespéré.

Le bouturage est le moyen le plus ordinaire de multiplication pour les plantes vivaces et ligneuses de serre.

On emploie aussi le semis, qui doit s'effectuer sans le secours de cloches, dont l'humidité concentrée ferait *fondre* les jeunes plantes.

Le greffage est également employé ; il s'applique à un grand nombre de plantes de serre froide : daphnés, camellias, rhododendrons, azalées, corréas, jasmins. Le procédé le plus employé, le plus commode et le plus sûr est le greffage en placage. Il est décrit au chapitre *Pépinières*.

Enfin le marcottage peut être appliqué à quelques végétaux rebelles à tout autre mode de multiplication. Le tact de l'horticulteur lui dira où et quand il le faut employer.

B. *Bâches*. — Un certain nombre des plantes que nous avons citées tout à l'heure comme très-faciles à multiplier, n'ont pas même besoin de serre à multiplication. Elles pourraient, disions-nous, reprendre même en plein air. Toutefois, il sera bon, si l'on tient à une réussite parfaite, de les bouturer sous bâche ou châssis ordinaire, dans les conditions suivantes : dans un coffre à châssis, on monte une couche légère, mi-partie de feuilles et de fumier (ce qu'on appelle une couche *sourde*), jusqu'à 0m,10 du vitrage. Le tassement a vite fait baisser de 0m,20 à 0m,25 la hauteur primitive. On recouvre alors de terreau léger de feuilles ou de couches, bien tamisé. Dans ce terreau les boutures sont piquées en pleine terre ; on a soin de ne pas faire toucher les feuilles au bord inférieur du coffre toujours humide, si l'on ne veut pas voir cette humidité se communiquer rapidement à toute la *fournée* et la faire périr.

On ferme hermétiquement après avoir légèrement bassiné le tout, on calfeutre les fissures, s'il y en a, et on laisse les boutures étouffées pendant trois ou quatre jours au plus, en ombrant rigoureusement quand le soleil donne. Bientôt on donne un peu d'air pendant le jour, puis la nuit, et enfin, au bout de quinze jours, un mois ou six semaines, suivant la difficulté de reprise des plantes, on dépanneaute entièrement et on laisse les plantes prendre de la force avant l'empotage. — Les jeunes boutures sont alors mises en godets et de nouveau étouffées sous châssis pendant un jour ou deux, puis on les abandonne au grand air jusqu'à l'époque de leur emploi définitif. Il est bien entendu que ce procédé n'est efficace que pendant l'été, et que la multiplication hâtive doit se faire et se parfaire entièrement à l'intérieur.

Tels sont les procédés ordinaires de multiplication pour les plantes de serres froide et tempérée. Les cultures de luxe ont des méthodes compliquées, difficiles, que nécessitent la haute valeur et la rareté de certaines espèces et qui rentrent tout à fait dans le domaine de la spécialité.

Ed. André.

CHAPITRE LVI

DES ARBRES ET ARBUSTES D'ORNEMENT

Les végétaux ligneux de plein air servant à l'ornementation des jardins, des parcs, des bosquets, des squares, des promenades, etc., se classent en catégories sous les noms d'arbres, d'arbrisseaux et d'arbustes, selon les dimensions qu'ils atteignent naturellement.

Le nombre des espèces cultivées en est considérable; il nous suffira de signaler ici les plus méritantes sous le rapport de l'ornementation et de la robusticité.

Nous parlerons séparément des espèces à feuillage caduc et de celles à feuillage persistant. Nous grouperons à part les conifères ou arbres résineux ; ils entrent dans ces deux catégories.

Végétaux à feuillage caduc. — Les végétaux à feuillage caduc sont ceux qui laissent tomber toutes leurs feuilles chaque année. Leur transplantation doit avoir lieu pendant le repos de la sève. L'époque de la taille, pour ceux qui doivent être taillés, dépend de l'époque de leur floraison. (*Voir aux arbustes.*)

Végétaux à feuillage persistant. — Ces végétaux ne perdent qu'une faible partie de leurs feuilles à la fois, de sorte qu'ils en sont constamment pourvus.

Puisqu'ils sont toujours couverts de feuilles, ils ont besoin d'une alimentation constante, et pour cela ils réclament des soins particuliers.

Leur transplantation doit se faire en septembre-octobre ou en mars-avril. En plein hiver, la terre est froide et ne stimule pas la formation de nouvelles radicelles; l'arbre que l'on plante alors meurt souvent d'inanition. En été, pendant le développement de toutes ses parties, les besoins du sujet sont grands; or un arrêt dans l'alimentation causerait également sa mort.

Pour les motifs que nous venons d'exposer, on doit les déplanter très-soigneusement, ne retrancher aucune racine et laisser, quand c'est possible, la motte de terre autour du pied. On replantera promptement dans une terre bien ameublie, qu'on tassera pour prévenir les inconvénients du hâle; on la mouillera ensuite, s'il en est besoin, pour la faire adhérer aux racines, et l'on bassinera les feuilles dans le cas où le temps serait à la sécheresse. On se gardera bien de soumettre à la taille les arbres verts replantés, car cette opération leur serait très-nuisible, souvent mortelle.

Si les feuilles venaient à se flétrir, on les couperait à moitié de leur pétiole.

En tous temps, les végétaux toujours verts craignent une trop grande aération, qui les expose aux ardeurs du soleil, au hâle, aux coups de vent. Les alternatives de gelée, de dégel, de neige, de soleil, de givre, de sécheresse, etc., leur sont également préjudiciables. Aussi voit-on les arbres verts se mieux porter et vivre plus longtemps, dans les pays tempérés, et même dans certaines contrées plus froides que la nôtre, mais exemptes de ces contrastes de température qui les tuent.

L'exposition a également une influence sur leur avenir. Celle du nord est la plus favorable, celle du midi la plus dangereuse, parce qu'ici la chaleur solaire succède brusquement à une nuit glaciale et *vice versâ*. C'est aussi pour cela que certains arbres verts aiment le voisinage des grands arbres, à la condition toutefois qu'ils en soient assez distants pour que les racines ne se gênent pas.

En plein air, il est bon de couvrir de mousse, pendant l'année de leur plantation, la terre qui les entoure, lorsque cette terre est sujette à se trop dessécher.

Les végétaux à feuillage persistant sont précieux surtout dans les petits jardins de ville, pendant toute l'année, en conservant un air de vie et de végétation. D'ailleurs, ils s'y trouvent naturellement abrités.

ARBRES.

On appelle arbres les végétaux ligneux qui atteignent de grandes dimensions.

Ils conviennent en avenues, en groupes, en sujets isolés, pour l'ornement des promenades, des routes, des parcs et des jardins de toute étendue.

La place à leur assigner dépend généralement de leur forme naturelle : les arbres pyramidaux et à branches resserrées font bien en petits groupes détachés; on les choisit garnis de branches depuis leur base; ceux qui ont un port divariqué ou une large tête produiront plus d'effet plantés isolément; les espèces à tige droite et haute, surmontée d'une tête de forme régulière, borderont les allées ouvertes au milieu de grandes plantations; celles qui se ramifient beaucoup et supportent facilement la tonte, pourront former rideau le long d'une allée qu'on voudra couvrir; enfin les arbres résineux font bien isolés ou en petits groupes jetés sur une pelouse, comme le long d'une grande avenue de communication dans un endroit nu.

Chaque arbre se trouvant ainsi à sa place d'après le développement qu'il devra prendre, la taille de ses branches sera souvent nuisible à son effet ou tout au moins superflue. Or donc, à moins que l'on ne désire une forme d'une régularité géométrique, on se bornera, 1° à ébourgeonner ou élaguer la tige de ceux qui le demanderont, 2° à raccourcir, parmi les branches de la tête, celles qui prendraient trop de développement au détriment des autres et surtout de la flèche, 3° à enlever le bois mort.

Ces suppressions auront lieu à l'aide de l'*ébranchoir à crochet*; c'est une espèce de ciseau de menuisier, avec une douille qui s'ajuste sur un long manche. On pose la lame à l'endroit où l'on veut opérer la section, puis on frappe la base du manche avec un maillet. Un petit crochet ménagé sur le côté de la lame sert à retirer la partie coupée, lorsqu'elle reste suspendue à l'arbre.

Quelquefois le diamètre de la branche est plus grand que la largeur de l'ébranchoir; on se sert alors d'une scie à main, puis on rafraîchit la coupe avec la serpette, pour empêcher l'eau d'y séjourner et pour faciliter la formation d'un bourrelet.

On ne doit mettre en place que des sujets bien constitués, ni trop tendres ni trop durs. Ils seront déplantés avec soin et replantés dans une terre remuée, soit par un défoncement général du sol, soit par un trou fait à chaque place, comprenant un cube d'au moins 4 mètres, c'est-à-dire 2 mètres de côté sur 1 mètre de profondeur. Ces mesures peuvent varier selon la nature plus ou moins pivotante des racines. Pour la création d'une avenue, il est préférable d'ouvrir, sur toute la longueur, une tranchée de 2 mètres de large au minimum, et de la remplir de bonne terre.

L'habillage des racines se fait comme aux arbres fruitiers. La taille des branches lors de la plantation varie selon la disposition du sujet. Chez les espèces qui font naturellement de grands arbres, on doit respecter la flèche et se contenter de raccourcir les plus fortes branches latérales. Chez les arbres de moyenne taille, dont la tête se ramifie beaucoup et n'est formée que de branches secondaires, on écime les verticales, surtout les fortes du sommet. Les arbres pyramidaux resteront intacts, s'ils sont bien ramifiés, bien trapus et de forme régulière; quand, au contraire, ils sont fluets ou trop élancés, on raccourcit la partie supérieure seulement. Il est des espèces à bois moelleux qui ne veulent aucune amputation.

Dans la description qui va suivre des meilleurs arbres, nous avons indiqué la hauteur ordinaire de chacun par une distinction relative. Une désignation en chiffres ne peut être précise, attendu que le climat, le terrain, la position, etc., influent sur leur développement.

ARBRES A FEUILLAGE CADUC.

Ailante, Faux vernis du Japon (*Ailantus glandulosus*). — Arbre de première grandeur, de forme irrégulière, se dénudant facilement. Ses feuilles, composées de nombreuses et grandes folioles, produisent un bel effet.

Terrain : l'Ailante pousse vigoureusement à peu près partout; cependant il préfère les terrains légers, et redoute les endroits constamment mouillés et exposés aux gelées.

Alizier (*Cratægus torminalis*); — **Alouchier** (*C. aria*); — **Azerolier** (*C. azerolus*). — Ces espèces font partie du même groupe. Ce sont des arbres de deuxième et de troisième grandeur, à beau feuillage, donnant au printemps des fleurs blanches, auxquelles succèdent des fruits, de couleur rouge ou jaune, qui restent sur l'arbre jusqu'aux gelées.

Terrain : l'Aubépine leur servant de sujet, ils croissent, comme celle-ci, dans tous les sols.

Variétés : Alizier de Fontainebleau; A. du Népaul;

Alouchier de Bourgogne;

Azerolier cocciné, A. petit corail, A. ergot de coq, A. brillant, A. à feuille luisante.

Aubépine, Épine blanche (*Cratægus oxyacantha*). — On peut l'élever en arbre ou en arbrisseau; sa croissance est lente. Au printemps, elle est d'un bel effet par l'abondance de ses bouquets de fleurs blanches odorantes.

Nous dirons plus loin qu'elle fait les meilleures haies vives.

Terrain : l'Aubépine végète partout. Il va sans dire qu'en bon sol et en climat humide, elle pousse plus vigoureusement que dans les terrains et les climats arides.

Variétés : Aubépine à fleur rose double (la plus jolie); A. à fleur blanche double; A. à fleur cramoisie simple.

Aune, Verne (*Alnus*). — Arbre assez grand, à croissance rapide et à beau feuillage.

Terrain : l'Aune préfère les sols marécageux, et vient aussi en terre sèche et calcaire.

Variétés : Aune à feuille en cœur; A. à feuille de fougère.

Bouleau (*Betula*). — Grand et bel arbre d'ornement dans les parcs, par l'élégance de son port, la légèreté de son feuillage, la blancheur de son écorce.

Terrain : presque tous les terrains lui conviennent.

Variétés : Bouleau commun ; B. noir ; B. merisier ; B. à feuille laciniée.

Catalpa (*Catalpa*). — Arbre superbe, de moyenne grandeur, qu'il vaut mieux planter isolément à cause de la largeur habituelle de sa tête. Il entre tardivement en végétation. Ses feuilles sont très-grandes ; en juillet-août, il donne de jolies fleurs, disposées en larges thyrses, blanches, tachées de jaune et de pourpre.

On doit éviter de lui couper les racines en le transplantant.

Terrain : il lui faut une bonne terre franche, un peu humide. Il périt dans un sol trop tenace ou trop aride. En climat froid, un sol mouillé ne lui convient pas.

Variétés : Catalpa du Japon. Les variétés naines de Kæmpfer et de Bunge, greffées à haute tige, prennent la forme d'un robinier sans épines.

Cerisier (*Cerasus vulgaris*).—Arbre de troisième grandeur, que l'on peut isoler ou grouper.

Terrain : sain, non pourrissant.

Variétés : Cerisier à fleur double ; C. à brindille, dit de la Toussaint.

Chêne (*Quercus*). — La tribu des Chênes est nombreuse, on peut dire que c'est le genre le plus répandu sur le globe. Chaque contrée a ses espèces particulières ; de là leur division en plusieurs groupes nommés Chênes d'Europe, C. d'Afrique, C. d'Amérique, C. du Mexique, C. de l'Inde, etc.

Ceux d'Afrique, de l'Inde et du Mexique ne réussissent en France que dans quelques endroits privilégiés ; nous n'en parlerons pas davantage.

Terrain : les chênes croissent à peu près partout ; cependant la plupart préfèrent un terrain argileux.

Variétés : Parmi les chênes d'Europe, nous recommandons le Chêne commun ou C. pédonculé, le C. pyramidal, le C. chevelu et le C. hybride d'Autriche, ces deux derniers à feuillage presque persistant. Dans les chênes d'Amérique, on estime généralement les suivants : C. à feuille en lyre, C. à très-gros fruit, C. à gland olivaire, C. prin, C. rouge, C. cocciné.

Cormier, Sorbier domestique (*Sorbus domestica*). — Grand et bel arbre, propre aux jardins paysagers comme aux routes et aux vergers. Il donne des bouquets de jolis fruits pyriformes, qui sont comestibles.

Terrain : terre franche, un peu fraîche ; il redoute les terres calcaires, qui le rendent chancreux.

Cytise aubours, Faux-ébénier (*Cytisus laburnum*). — Arbre de troisième grandeur, qu'on plante autant en arbrisseau qu'à haute tige. Il produit beaucoup d'effet, au printemps, par ses fleurs jaunes en longues grappes pendantes.

Les contusions et les suppressions faites à ses racines lui sont fort nuisibles.

Terrain : le Cytise réussit bien dans les terres sèches, calcaires et pierreuses.

Variétés : Cytise faux-ébénier, C. à feuille sessile, C. à grande fleur, C. odorant, C. bifère.

Cytise d'Adam, hybride des Cytise aubours et C. pourpre.

Nous parlerons à propos des arbustes d'une autre série de cytises.

Érable (*Acer*). — Les Érables sont d'un grand secours dans l'aménagement des jardins paysagers. La plupart sont de première grandeur, poussent vigoureusement et ont un très-beau feuillage.

Terrain : presque tous les terrains leur conviennent ; ils préfèrent néanmoins les terres calcaires, sèches, pierreuses.

Variétés : Érable sycomore, É. plane, É. à large feuille, É. rouge de Virginie, E. négundo ; puis les suivantes, qui ne sont que de deuxième ou troisième dimension : É. sycomore à feuille panachée, É. velu, É. de la Colchide, É. jaspé, É. négundo à feuille panachée.

Févier (*Gleditschia*). — Bel arbre à feuillage très-léger, d'un aspect gracieux et élégant. A l'aisselle des feuilles sont attachées de longues épines, trifurquées, acérées, vénéneuses ; la tige en porte également qui mesurent jusqu'à 0m,40 de longueur. Les accidents que peuvent causer ses épines le font placer dans les endroits peu fréquentés.

Terrain : le Févier aime une terre calcaire ou siliceuse, plutôt sèche qu'humide.

Variétés : Févier d'Amérique, F. de la mer Caspienne, F. sans épine, F. à très-grosse épine.

Frêne (*Fraxinus*).—Le Frêne est très-répandu dans nos forêts ; ses variétés sont de beaux arbres d'ornement de deuxième ou de troisième grandeur.

Terrain : tout terrain.

Variétés : Frêne à feuille d'aucuba, F. à bois doré, F. à bois jaspé, F. remarquable, F. crépu, F. à fleur.

Gaînier, Arbre de Judée (*Cercis siliquastrum*). — De deuxième grandeur. Il donne fin avril, avant le développement de ses feuilles, une grande quantité de fleurs, en bouquets attachés sur le vieux bois.

Terrain : terrain sec, pierreux, profond.

Variétés : Celle à fleur rose est la plus répandue et la plus jolie ; on en plante aussi à fleur carnée.

Hêtre (*Fagus*).— Le Hêtre commun est un habitant de nos forêts. Ses variétés sont très-ornementales par la diversité de leur feuillage.

Terrain : il affectionne une terre douce, légère, un peu fraîche et profonde ; néanmoins il réussit encore dans des endroits assez arides.

Variétés : Hêtre à feuille pourpre, H. à feuille panachée, H. à feuille de fougère.

Kœlreutérie paniculée, Savonnier (*Kœlreuteria paniculata*). — Arbre de petite taille, robuste et précieux dans les terrains légers, peu profonds. Sa tête se forme en boule ; elle est d'un aspect gracieux et coquet, par son feuillage agréable et ses nombreuses fleurs en larges panicules jaunes qui s'épanouissent en juillet.

Liquidambar (*Liquidambar*). — Bel arbre à cime pyramidale régulière. Il gèle parfois sous le climat de Paris, où on doit le placer à une position chaude et abritée.

Terrain : riche, profond.

Variétés : Liquidambar copal, L. du Levant.

Magnolier (*Magnolia*). — Le groupe des Magnoliers se compose d'arbres et d'arbrisseaux à feuillage caduc, d'arbres et d'arbrisseaux à feuillage persistant. Parlons ici des premiers.

Leurs fleurs printanières, qui s'épanouissent en mars-avril, avant la pousse des feuilles, ont l'aspect de grosses tulipes, et répandent une odeur suave.

Terrain : terre de bruyère un peu humide, ou tout au moins une bonne terre franche, sableuse et un peu fraîche.

Variétés : Magnolier glauque, M. bicolore, M. Yulan, M. de Cachet, M. de Soulange, M. de Thompson.

Marronnier d'Inde (*Æsculus hippocastanum*). — Le Marronnier d'Inde est le plus bel arbre d'ornement parmi ceux de grande taille, par son port majestueux, ses belles feuilles en palme, ses forts thyrses de magnifiques fleurs printanières.

Terrain : il vient à peu près partout, néanmoins il préfère une terre profonde, substantielle et un peu fraîche.

Variétés : Marronnier à fleur blanche simple, M. à fleur blanche double, M. à fleur rouge.

Merisier (*Cerasus avium*). — Le Merisier est un arbre utile, en raison de son service dans l'ébénisterie et de l'emploi de ses fruits pour la fabrication du kirsch. Il est en outre d'un bel effet dans les parties boisées d'un parc.

Terrain : il lui faut un terrain profond, qui ne soit pas trop humide.

Variétés : Merisier commun, M. à fleur double.

Micocoulier (*Celtis*). — Arbre de deuxième grandeur, à bois souple et dur, à branche longue et divariquée, servant à la fabrication des manches de fouet dits *perpignans* et des fourches à moisson. Il est très-répandu dans le midi de la France.

Terrain : terre saine, profonde, non argileuse.

Variétés : Micocoulier de Provence, M. de Virginie, M. à feuille en cœur.

Mûrier (*Morus*). — Le Mûrier est employé comme arbre et comme arbrisseau d'utilité et d'ornement. Tout le monde sait que ses feuilles servent de nourriture aux vers à soie, et que l'on fait un sirop utile avec ses fruits.

Variétés : Mûrier blanc ou commun, M. Moretti, M. Lhou, M. à très-grande feuille ; M. d'Espagne à gros fruit noir.

Le **Mûrier à papier** ou **Broussonétie** est un bel arbre par la forme arrondie qu'il prend naturellement et l'ampleur de ses feuilles irrégulièrement découpées.

Variétés : M. à papier, M. à feuille en capuchon.

Terrain : l'un et l'autre se plaisent en terrain chaud et léger, siliceux ou calcaire ; ils redoutent les terres argileuses et froides.

Noyer (*Juglans*). — C'est un bel arbre, à cime large et majestueuse, très-propre aux avenues comme à l'isolement. C'est en même temps un arbre fruitier assez important ; son bois est fort recherché.

Variétés : Noyer commun, N. à feuille simple, N. à feuille laciniée.

Le **Noyer d'Amérique** pousse plus rapidement que les autres ; c'est un grand arbre au bois dur, mais ses fruits ne sont pas comestibles.

Terrain : tout terrain profond, peu humide.

Orme (*Ulmus*). — L'Orme commun est moins recherché pour l'ornementation des jardins paysagers que pour border les routes et les avenues. Mais ses variétés sont d'un bel effet.

Terrain : tout terrain de bonne nature ; de préférence un sol calcaire et profond. L'Orme redoute un sous-sol imperméable, qui retient l'eau.

Variétés : Orme tortillard, O. à large feuille, O. à feuille pourpre, O. fauve, O. pyramidal (plusieurs sous-variétés), O. monumental, O. d'Amérique, O. d'Amérique à feuille panachée.

Paulownia (*Paulownia*). — Bel arbre, ressemblant au Catalpa par son port et son feuillage. Ses fleurs violacées s'épanouissent au commencement de mai, avant la pousse des feuilles.

A haute tige, il demande l'isolement ; à basse tige, il est beau surtout dans une pelouse, quand on le recèpe chaque année à sa base.

Une déplantation trop hâtive fait pourrir ses racines, ainsi que la moindre meurtrissure lors de l'arrachage.

Terrain : riche, léger, un peu frais, mais non mouillé. Une terre d'alluvion lui est aussi favorable que l'humus tourbeux.

Pavier (*Pavia*). — Le genre Pavier offre beaucoup de ressemblance avec le Marronnier, dont cependant il diffère par certains caractères botaniques qui l'en font séparer. Il est composé d'arbres de deuxième et de troisième grandeur, ainsi que d'arbrisseaux. On les multiplie par leur semence ou par le greffage sur le Marronnier.

Peuplier (*Populus*). — La croissance des Peupliers est excessivement rapide. Ils font des arbres élancés, à tige haute et droite, atteignant des dimensions remarquables.

Leur multiplication est on ne peut plus facile au moyen du bouturage, et d'une réussite telle, qu'on met souvent à demeure des branches entières, nommées plançons ou plantards.

Terrain : humide, marécageux.

Variétés : Peuplier de Virginie (très-vigoureux et robuste), P. d'Italie (pyramidal ou en fuseau), P. de la Caroline (à très-grande feuille persistant longtemps), P. Ontario (très-beau feuillage large), P. Eugène (belle espèce encore peu répandue), P. blanc de Hollande ou Ypréau (feuille duveteuse en dessous); sa sous-variété, appelée P. cotonneux, est encore plus jolie.

Planère (*Planera*). — Arbre tenant de l'Orme et du Charme par son port, sa taille, la forme de ses feuilles, l'aspect de son bois, etc.

Platane (*Platanus*). — Grand et bel arbre, au port majestueux et au feuillage superbe; très-convenable pour les grandes avenues.

Il croît promptement et atteint de magnifiques proportions. Il est encore remarquable par la bigarrure de son écorce, qui se détache en grandes plaques irrégulières, d'un gris noir, mettant à nu des parties d'un vert clair jaunâtre.

Terrain : tout terrain qui a beaucoup de profondeur.

Variétés : Platane d'Occident (à très-grande feuille), P. d'Orient (port pyramidal).

Robinier, vulgairement appelé **Acacia** (*Robinia pseudo-acacia*). — Arbre de deuxième grandeur, à branches très-cassantes, épineuses, à feuillage léger. Il se charge en mai et juin de grappes de fleurs blanches odorantes.

Terrain : le Robinier pousse partout, sauf dans la craie.

Variétés : Robinier faux-acacia ou Acacia blanc, R. sans épine ou A. boule, R. visqueux, R. rose, R. pyramidal, R. à feuille simple.

Saule (*Salix*). — Le Saule, par la légèreté de son feuillage et sa teinte argentée, est l'un des plus gracieux arbres d'ornement, soit isolé ou groupé, et surtout en bordure de rivière. Il n'a qu'un défaut, si c'en est un; c'est d'être trop répandu.

Au point de vue de l'utilité, tout le monde connaît son importance, soit en saulsaie, soit en oseraie.

Terrain : sol humide, submergé.

Sophora (*Sophora*). — Grand arbre à large tête. Son écorce est d'un vert très-foncé. Son feuillage clair et léger fait diversion avec d'autres genres.

Terrain : terre franche, profonde.

Sorbier (*Sorbus*). — Arbre de moyenne taille, se couvrant de gros bouquets de fruits rouge-corail, qui persistent jusqu'à la saison des fortes gelées.

Terrain : tout terrain plantable.

Variétés : Sorbier des oiseaux, S. hybride, S. d'Amérique, S. nain de Laponie; ce dernier n'est qu'un arbrisseau.

Tilleul (*Tilia*). — Les Tilleuls sont de beaux arbres au port et au feuillage agréables.

Ils conviennent en avenue, en rideau, en quinconce, en salle de repos.

Terrain : sain et substantiel ; un sol léger, un peu frais, est préférable aux argiles froides.

Variétés : Tilleul de Hollande, T. argenté, T. argenté pleureur ; T. d'Amérique (plusieurs variétés).

Tulipier de Virginie (*Liriodendron tulipifera*). — Arbre superbe, autant par l'élégance de son port et la régularité de sa forme que par la beauté de ses larges feuilles. Sa fleur ressemble à une tulipe, de couleur verte et jaune.

Ses racines charnues et spongieuses pourrissent promptement dans un milieu froid ; aussi est-il préférable de ne le transplanter qu'au printemps, et d'en soigner l'arrachage pour ne pas meurtrir son chevelu.

Il souffre autant de la suppression de quelqu'une de ses branches que de ses racines ; lorsqu'une taille est rigoureusement nécessaire, on la lui fait en mars quand la sève commence à se mettre en mouvement, ou en septembre avant la chute des feuilles.

Terrain : bonne terre franche, profonde, sableuse, fraîche, particulièrement les terrains d'alluvion.

ARBRES A FEUILLAGE PERSISTANT.

Les arbres à feuillage persistant varient tellement dans leur grandeur, qu'ils pourraient être considérés généralement comme arbrisseaux, car le plus souvent ils n'atteignent sous notre climat que les dimensions de cette catégorie. Néanmoins nous citerons les suivants comme étant susceptibles de faire des arbres dans un terrain favorablement situé.

Chêne vert (*Quercus sempervirens*). — Parmi les chênes à feuillage persistant, il en est, comme dans ceux à feuillage caduc, qui ne s'accommodent guère des climats français; nous ne nous en occuperons pas.

Terrain : préférablement rocheux et incliné.

Variétés : Chêne vert, C. liége ou kermès, C. pyramidal de Fordi.

Houx commun (*Ilex aquifolia*). — C'est un arbre de moyenne grandeur, susceptible de vivre plusieurs siècles et d'acquérir d'assez belles dimensions, surtout quand il est en plein bois.

Ses feuilles épaisses, luisantes et épineuses, ainsi que ses petits fruits ronds, rouge corail, qui restent sur l'arbre jusqu'à la fin de l'hiver, en font un très-bel arbre d'ornement.

Terrain : argilo-sableux, ou humus tourbeux, un peu frais.

Variétés : nous considérons comme arbre le Houx commun seul. Nous retrouverons ses variétés en traitant des arbrisseaux et arbustes.

Magnolier (*Magnolia*). — Le Magnolier à feuillage persistant est l'un des plus beaux arbres connus, autant par l'ampleur et la beauté de son feuillage que par l'élégance de ses larges fleurs blanches, répandant un suave parfum. Malheureusement, dans une bonne partie de la France, il reste à l'état d'arbrisseau plus ou moins bien portant.

Il lui faut généralement une exposition abritée, puis quelques précautions contre les rigueurs de l'hiver, surtout contre les givres du printemps.

Terrain : bonne terre franche, profonde, légère et un peu fraîche ; la terre de bruyère pure et humide lui convient assez, mais une humidité stagnante ferait pourrir ses racines.

Variétés : Magnolier à grande fleur, M. de la Galissonnière, M. de la Mayardière, M. à fleur double, M. de Nantes à fleur double.

QUELQUES BEAUX ARBRES DU MIDI ET DE L'OUEST, GELANT EN PARTIE SOUS LE CLIMAT DE PARIS.

Maclure épineux, Oranger des Osages (*Maclura aurantiaca*). — Arbre à belle feuille ovale, luisante, donnant un fruit de la forme d'une orange. Terrain un peu frais, de bonne qualité, surtout siliceux.

Plaqueminier (*Diospyros*). — Arbre ornemental par la beauté de son feuillage. Bonne terre franche, légère, un peu fraîche.

Laurier sassafras (*Sassafras officinale*). — Bel arbre de la famille des Lauriers ; il exige la pleine terre de bruyère et le climat du Midi.

Sterculia à feuille de platane (*Sterculia platanifolia*). — Beau et large feuillage. Cet arbre ne supporte le plein air que dans quelques départements méridionaux.

ARBRES PLEUREURS.

Les arbres à branches retombantes ont une végétation particulière, et leur effet pittoresque demande une place spéciale dans les jardins.

Nous ne parlerons que des plus recommandables.

Aubépine à rameau pendant. — Ses branches retombent nonchalamment le long de la tige; il est bon de les en éloigner par un cerceau mis à l'intérieur. Cette espèce se couvre de fleurs blanches, et fait bien dans le voisinage d'un rocher.

Bouleau pleureur. — Quelques-unes de ses branches s'élèvent verticalement, tandis que les autres se courbent gracieusement vers la terre.

On sait que le feuillage du Bouleau s'agite et tremble au moindre vent, ce qui augmente le bel effet de cette espèce.

Chêne très-pleureur. — A branches s'élançant presque verticalement sur la terre.

Son feuillage est celui du Chêne pédonculé.

Cytise à rameau pendant. — On cultive deux espèces de Cytise pleureur : l'une, le Faux-ébénier pleureur, a de longues branches pendantes et donne de belles grappes de fleurs jaunes; il est maigre et dégarni dans son ensemble ; l'autre, le C. pourpre pleureur, beaucoup moins vigoureux, a ses branches très-fines excessivement ramifiées, qui se couvrent de fleurs solitaires, d'un rose purpurin.

Févier pleureur de Bujot. — Ses rameaux retombent naturellement, mais ses branches en se fortifiant se relèvent vers la direction horizontale, ce qui les distance et en rend le port fort élégant. Son feuillage très-fin et léger en fait un arbre des plus gracieux à isoler sur la pelouse, ou à planter en avant des massifs de grands arbres.

Frêne pleureur. — C'est l'un des plus vigoureux et des plus robustes; aussi l'emploie-t-on ordinairement à la formation d'une salle de repos. Dans sa jeunesse, ses branches se prêtent à la forme qu'on veut leur donner.

Les sujets à tige élevée sont les plus recherchés.

Hêtre à rameau pendant. — D'une forme irrégulière qui le rend plus singulier que beau. Sa place est près d'un rocher. On le greffe en pied et en tête.

Noyer pleureur. — Bel arbre à forme élégante, joignant à ses qualités ornementales celle de produire de bons fruits. Malheureusement, sa multiplication est des plus difficiles; aussi n'est-il pas aussi répandu qu'il le mérite.

Orme pleureur. — Plusieurs espèces d'Orme pleureur sont cultivées; leurs branches sont surtout horizontales et n'ont pas l'élégance de certains arbres du même genre.

Peuplier blanc pleureur. — D'un très-bel effet par son bois vert cendré, ses jolies feuilles vertes en dessus, duveteuses et blanchâtres en dessous, ainsi que par ses nombreuses fleurs en chatons soyeux qui couvrent les rameaux avant la pousse des feuilles.

Saule pleureur. — C'est le plus gracieux et le plus élégant des arbres pleureurs. Ses longs rameaux très-effilés, très-souples, retombent jusqu'à terre en s'éloignant suffisamment de la tige. Ses feuilles, lancéolées-linéaires, d'un vert tendre, annoncent les premières l'arrivée du printemps, quoiqu'elles persistent longtemps à l'automne.

Pour jouir de tout son effet, il faut le planter au bord d'une eau limpide.

Variétés : Saule pleureur ordinaire ou de Babylone, ou de Sainte-Hélène, S. à feuille contournée (branche moins effilée); S. d'Amérique (rameau fin, violet pourpre); S. Marsault pleureur (feuille plus grande).

Sophora pleureur. — Le Sophora pleureur est magnifique par ses branches qui se dirigent irrésistiblement vers le sol, ainsi que par son feuillage abondant, propre et luisant.

Sa place est sur une pelouse ou pour former une salle de repos.

Outre les sujets greffés sur haute tige, on en cultive encore de greffés rez terre : la branche principale monte et l'on établit avec ses ramifications des étages superposés, offrant l'aspect des vasques d'un château d'eau.

Sorbier des oiseaux pleureur. — Il donne de longs rameaux dénudés qu'il est bon de tailler, surtout dans la jeunesse de l'arbre, pour les faire ramifier.

Le Sorbier produit un bel effet par ses ombelles de fleurs blanches auxquelles succèdent de jolis fruits rouges en bouquets.

ARBRISSEAUX.

Les arbrisseaux sont, par leur développement, intermédiaires des arbres et des arbustes. Ils se composent généralement de quelques branches principales, partant du pied, et ils atteignent plusieurs mètres de hauteur.

Habituellement on les dissémine dans les plantations d'arbres, surtout vers les limites des propriétés pour en dissimuler la fin. Dans les grands parcs, on les plante encore par massifs homogènes, par groupes de même espèce. Dans les petits bosquets, on les entremêle afin de les varier suffisamment; il est alors nécessaire de placer dans le milieu ceux qui doivent acquérir un plus grand développement et de les entourer par des arbustes.

Les arbrisseaux à feuillage blanchâtre, pourpre ou de toute autre nuance tranchant avec le vert, feront bien groupés par variétés et plantés sur une pelouse dont la verdure les fera ressortir. S'ils ont une tige dénudée de branches, il vaudra mieux les mettre sur la lisière des massifs du bois, devant un feuillage compacte.

Les arbres de deuxième et de troisième grandeur peuvent, dans certains cas, être employés comme arbrisseaux, de même que les arbrisseaux vigoureux font de petits arbres dans un bon terrain. Pour obtenir ce dernier résultat, on choisit de beaux sujets, munis d'une seule tige droite, que, plusieurs années après sa plantation, on dégarnira successivement de ses branches jusqu'à la hauteur voulue, en conservant toujours une tête suffisante pour appeler la sève.

On comprend aussi que dans un mauvais terrain des sujets bien ramifiés ressembleront à des arbustes.

Pour la taille à appliquer aux arbrisseaux, on pourra suivre les préceptes indiqués aux arbustes, en la pratiquant toutefois plus longue, puisqu'on n'a pas à les maintenir en buisson.

ARBRISSEAUX A FEUILLAGE CADUC.

Ailante (*Ailantus glandulosus*). — Nous avons parlé de l'Ailante comme arbre. Il est aussi employé avantageusement à basse tige sur les talus et les coteaux, parce que ses racines traçantes, aidées des drageons qui s'en échappent, soutiennent les terres en même temps qu'elles les boisent. Sa feuille est utilisée pour la nourriture d'un ver à soie qui s'accommode de notre climat.

Il entre également dans la composition des bosquets. Planté isolément ou en petits groupes, et recépé à sa base chaque année ou tous les deux ans, il donne de vigoureuses pousses très-ornementales.

Amorpha (*Amorpha*). — Arbrisseau vigoureux se dénudant promptement.

Terrain : sec; les pierres ne l'empêchent pas de prospérer.

Variétés : Amorpha frutescent; A. glabre.

Angélique (*Aralia*). — Beau végétal à tige épineuse; ses feuilles sont grandes, tripennées; ses fleurs en très-grosse panicule blanchâtre. Dans les hivers rigoureux, il est prudent d'empailler la dernière pousse.

Terrain : terre riche, très-légère, un peu fraîche, avec ou sans profondeur.

Variétés : Angélique épineuse, A. du Japon.

Argousier rhamnoïde, Griset (*Hippophae rhamnoïdes*). — Grand arbrisseau d'une prompte croissance, à branches épineuses, de couleur gris cendré comme son feuillage; fruit orange cocciné, venant le long de la branche.

Terrain : il s'accommode à peu près de tous les terrains; il préfère toutefois ceux qui sont légers.

Baguenaudier (*Colutea arborescens*). — Grand arbuste très-rustique, fleurissant tout l'été.

Terrain : profond, léger, surtout calcaire.

Variétés : Baguenaudier ordinaire (à fleur jaunâtre), B. à fleur orangée, B. à fleur pourpre.

Bourgène (*Rhamnus frangula*). — Arbrisseau se ramifiant bien et faisant une très-grosse touffe; beau feuillage.

Terrain : tout terrain, pourvu qu'il n'y ait pas excès d'humidité.

Cerisier (*Cerasus*). — Nous en citerons deux espèces bien différentes :

1° Le **C. à fleur double** (*Cerasus vulgaris flore pleno*), dont nous avons déjà parlé aux arbres. Greffé en pied sur Mahaleb, il forme une pyramide bien ramifiée, et donne au commencement de mai des fleurs blanches doubles ressemblant à de petites roses;

2° Le **C. de Virginie** (*Cerasus padus Virginiana*), petit arbre ou arbrisseau vigoureux, dont les jolies grappes de fleurs blanches s'épanouissent à la fin de mai.

Chalef (*Elæagnus*). — Grand arbrisseau; aux feuilles blanchâtres, étroites et allongées, restant sur la branche jusqu'aux gelées.

Terrain : quoiqu'il pousse à peu près dans tous les sols, le Chalef préfère une terre siliceuse et chaude.

Variétés : Chalef à feuille argentée (Olivier de Bohême), et ses sous-variétés à feuille étroite et à large feuille.

Cornouiller (*Cornus*). — Nous ne voulons pas parler ici des Cornouillers à fruits comestibles, mais bien de ceux qu'on emploie à l'ornementation des bosquets, soit pour la couleur sanguine de leurs branches, soit pour la beauté de leurs fleurs ou celle de leurs fruits.

La taille leur est contraire.

Terrain : léger, crayeux, à mi-ombre autant que possible.

Variétés : Cornouiller mâle à feuille panachée, C. sanguin, C. sanguin à feuille panachée, C. de la Floride. Ce dernier préfère la terre de bruyère un peu fraîche.

Forsythie (*Forsythia*). — On cultive deux belles variétés de Forsythie; elles sont en même temps très-rustiques :

1° La *F. très-verte*, qui n'est souvent qu'un arbuste. Elle demande un peu d'ombre et une bonne terre franche, non mouillée;

2° La *F. sarmenteuse*, plus vigoureuse, à tige grêle et rameuse.

Les fleurs de l'une et de l'autre viennent en mars, avant les feuilles; elles sont de forme campanulée et d'un jaune vif.

Fusain (*Evonymus*). — Arbrisseau très-robuste, ornemental par l'effet brillant de ses capsules rouges en forme de bonnet de prêtre, enveloppant chacune trois fruits d'un beau jaune orange.

Terrain : tout terrain lui est bon, comme toute exposition.

Lilas (*Syringa*). — Le Lilas est le plus bel arbrisseau de pleine terre. Quoi de plus ornemental que ces grands buissons se couvrant au printemps de magnifiques thyrses de fleurs odorantes? Il offre encore l'avantage de prospérer partout.

Terrain : les terrains secs et pierreux lui sont particulièrement favorables.

Variétés : ses variétés offrent la graduation des nuances du blanc au rouge violacé et au lilas bleuâtre pourpré. Dire quelles sont les plus belles est chose embarrassante, mais on pourra planter en confiance les suivantes:

Lilas Charles X, L. docteur Lindley, L. Philémon, L. rouge de Trianon, L. blanc virginal, L. de Perse à fleur carnée, L. Sauget, L. Varin.

Magnolier (*Magnolia*). — Nous ne répéterons pas ici ce que nous en avons dit aux arbres; nous prendrons la liberté d'y renvoyer le lecteur.

Merisier. — Comme arbrisseaux, on cultive :

1° Le **M. à fleur double** (*Cerasus avium flore pleno*), que l'on écussonne en pied sur Mahaleb. Il se couvre au printemps de fleurs blanches doubles magnifiques, venant par bouquets;

2° Le **M. à grappes** (*Cerasus padus*), grand arbrisseau qui peut devenir arbre. Ses grappes pendantes de fleurs blanches printanières en font un des beaux ornements de cette saison.

Noisetier (*Corylus*). — Les noisetiers se plantent en bosquets ombragés ou dans le fourré du bois. Ils sont très-robustes.

Terrain : tout terrain qui n'est pas trop compacte ou marécageux.

Variétés : Noisetier à feuille et fruit pourpres, N. à feuille laciniée, et toutes celles que l'on cultive pour leurs fruits.

Pavier (*Pavia*). — Il y a des Paviers arbres et des Paviers arbrisseaux. Parmi ces derniers, nous recommandons le P. à longs épis, dont les fleurs blanches, en épis dressés, sont un magnifique ornement au commencement du mois d'août.

Pommier (*Malus*). — La série des pommiers d'agrément se recommande par la beauté des fleurs ou des fruits. Ces derniers, qui viennent en baie, font appeler baccifères les arbres qui les portent.

Terrain : tout terrain qui n'est pas exclusivement silice, craie ou argile.

Variétés : on distingue surtout les Pommiers baccifère cerise, B. violet, B. de Rouen. Celles que l'on cultive pour leurs fleurs sont les P. à fleur double, P. odorant, P. très-fleurissant.

Saule (*Salix*). — On cultive comme arbrisseaux plusieurs beaux saules.

Terrain : tout terrain, mais préférablement un sol mouillé.

Variétés : Saule à feuille de laurier, S. à feuille de romarin, S. à bois violet, S. Marceau tricolore.

Seringa (*Philadelphus*). — Le Seringa est un des végétaux les plus rustiques. Il donne en juin de belles fleurs blanches, plus ou moins larges ou odorantes, selon l'espèce.

Terrain : sec et pierreux.

Variétés : Seringa odorant, S. à fleur semi-double, S. blanchâtre, S. élégant, S. pubescent, S. très-fleurissant, S. à large fleur.

Staphylée, Faux-Pistachier (*Staphylea pinnata*). — Bel arbrisseau à floraison printanière.

Terrain : il n'est pas difficile quant au terrain; il aime un peu de fraîcheur.

Variétés : Staphylée à feuille pennée, S. à feuille ternée, S. de la Colchide.

Sumac (*Rhus*). — On classe sous ce nom divers arbrisseaux d'aspects différents. Nous citerons entre autres les :

Sumac de Virginie, S. amarante (*Rhus Typhinum*). — Grand arbrisseau à racines traçantes et drageonnantes, venant bien partout. Feuilles longues, composées de nombreuses folioles, vertes en été, devenant à l'automne d'un rouge aurore éclatant. Ses fleurs rouges, en panicules serrées, font aussi un bel effet.

Sumac fustet, Arbre à perruque (*Rhus cotinus*). — Arbrisseau recommandable, à belles feuilles simples, serrées, arrondies. Floraison singulière, en fortes et larges panicules de filets grisâtres.

Sureau (*Sambucus*). — Tout le monde connaît la robusticité du Sureau, ainsi que ses larges ombelles de fleurs blanches qu'on récolte en juin pour les besoins de la médecine.

Terrain : les terres les plus sèches lui conviennent.

Variétés : Sureau à grappes rouges, S. du Canada, S. à feuille argentée, S. à feuille bordée de jaune, S. hétérophylle.

Tamarix (*Tamarix*). — Arbrisseau gracieux et élégant, aux branches souples et élancées, au feuillage léger, menu. Ses fleurs, en épis grêles, sont rosées; elles viennent en mai sur le bois de l'année précédente.

Terrain : sans être difficile sur la nature du terrain, il aime un peu de fraîcheur.

Variétés : Tamarix de Narbonne, T. d'Allemagne, T. d'Afrique, T. de l'Inde.

ARBUSTES.

On nomme arbustes les végétaux ligneux restant généralement en touffes ou buissons. Ce nom s'applique aussi, par extension, à ceux dont les branches sarmenteuses ne sauraient s'élever sans un point d'appui quelconque; ce sont les arbustes grimpants et les volubiles.

Nous plantons les arbustes proprement dits en massif, suffisamment rapprochés les uns des autres pour qu'ils puissent couvrir tout le terrain après quelques années de plantation.

L'abondance de leurs fleurs dépend surtout de l'époque à laquelle on les taille et de la manière dont l'opération est faite. Il en est de même des arbrisseaux.

On doit tailler aussitôt après leur floraison ceux qui la donnent au printemps sur le bois de l'année précédente. Cette époque est surtout rigoureuse pour ceux dont les fleurs viennent aux extrémités des branches, comme les lilas. En plus de cette taille, un écimage d'hiver à mi-bois est favorable aux espèces qui donnent des fleurs tout le long de leurs branches, comme les tamarix; on évite ainsi l'énervement du sujet. Ceux qui fleurissent en été et à l'automne seront taillés pendant le repos de la végétation.

En général, pour des arbustes jeunes et vigoureux, nous nous servons du sécateur, et nous supprimons les branches gourmandes pour utiliser toute la sève au profit des ramifications florifères. Plus tard, la végétation se modérant, nous coupons uniformément avec des cisailles.

ARBUSTES A FEUILLAGE CADUC.

Althéa (*Hibiscus Syriacus*). — Végétation tardive; hauteur moyenne; fleurs ressemblant à celles de la Mauve, s'épanouissant à la fin de l'été.

Terrain : terre franche, légère, chaude.

Variétés : toutes ses variétés à fleurs simples et à fleurs doubles sont jolies; les premières sont plus robustes.

Amandier nain (*Amygdalus nana*). — Hauteur moyenne; floraison abondante et printanière.

Terrain : chaud et léger.

Variétés : Amandier de Chine à fleur double blanche, A. de Chine à fleur double rose.

Azalée (*Azalea*). — Nous ne parlerons ici que des Azalées rustiques, vulgairement nommées Azalées d'Amérique; celles de l'Inde exigent la serre presque partout en France.

Elles devront être mises en massifs spéciaux afin de pouvoir leur donner une terre convenable et en obtenir un bel effet.

Jolies fleurs printanières, des diverses nuances du jaune, souvent mélangé de blanc, de rose et de rouge. Elles s'épanouissent un peu trop tôt, avant le développement des feuilles, et répandent une odeur qui porte à la tête.

Terrain : terre de bruyère marécageuse de première qualité; à mi-ombre.

Variétés : elles sont trop nombreuses et pas assez tranchées pour être décrites.

Bois-joli (*Daphne mezereum*). — Arbuste de petite dimension, se couvrant, à la fin de l'hiver, avant l'apparition des feuilles, de fleurs très-odorantes.

Terrain : sableux, à demi ombragé; la terre de bruyère lui convient.

Variétés : à fleur rouge, à fleur blanche.

Calycanthe (*Calycanthus*). — Floraison hivernale ou printanière, remarquable par son odeur de melon et de pomme. Cet arbuste réussit mieux s'il est transplanté au printemps, lorsqu'il se met en végétation.

Terrain : léger et frais; la terre de bruyère lui est favorable.

Variétés : elles offrent peu d'intérêt de comparaison.

Céanothe (*Ceanothus*). — Arbuste de petite taille, très-joli par ses thyrses élégants de fleurs blanchâtres, rosées ou bleuâtres, selon l'espèce, l'ornant presque tout l'été. Il demande une position un peu abritée, à mi-soleil.

Terrain : léger; la terre de bruyère est très-favorable.

Variétés : Céanothe d'Amérique, C. à fleur rose, C. azuré, C. azuré à large feuille, C. bleu à grande fleur, C. à feuille divariquée, C. Président-Réveil. Quelques-uns conservent leur feuillage sous un climat favorable.

Chamécerisier (*Chamæcerasus*). — Végétation et floraison des plus hâtives; taille assez grande.

Terrain : tout terrain.

Variétés : C. de Tartarie à fleur blanche, C. à grande fleur rose, C. tricolore, C. de Standish (floraison hivernale), C. de Ledebour (floraison estivale).

Coignassier du Japon (*Cydonia Japonica*). — Floraison très-hâtive, avant le développement des feuilles; hauteur moyenne.

Terrain : terre franche sablonneuse ou terre de bruyère. Un peu d'humidité, sans eau stagnante, lui est favorable.

Variétés : C. du Japon à fleur rouge simple, C. rouge semi-double, C. à fleur blanche simple, C. blanc semi-double, à fleur rose (le plus vigoureux), C. de Maillard, C. de Mœrloose.

Corète du Japon, Kerria du Japon (*Corchorus Japonica*). — Arbuste de moyenne taille, qu'on peut mettre en massif ou palisser à l'ombre; mais il fait vilaine figure dans beaucoup d'endroits. Ses fleurs viennent irrégulièrement, du printemps à l'automne; elles sont d'un jaune foncé.

Terrain : bonne terre légère et fraîche.

Variétés : Corète à fleur simple, C. à fleur double.

Coronille des jardins (*Coronilla emerus*). — Rustique et d'assez grande taille. En mai-juin, fleurs nombreuses, d'un jaune foncé taché de rouge terne.

Terrain : léger et chaud.

Cytise (*Cytisus*). — Floraison printanière abondante.

Terrain : un terrain sec convient au Cytise; il s'accommode des pierrailles et du calcaire.

Variétés : parmi celles qui entrent dans la catégorie des arbustes, nous citerons les Cytise trifolium, C. à fleur en tête, C. à fleur pourpre, C. pourpre à grande fleur, C. à fleur blanche. Les variétés délicates, comme celle à fleur blanche, demandent l'ombre.

Deutzie (*Deutzia*). — Gracieux arbuste rameux et touffu, se chargeant en juin de jolies grappes de fleurs blanches.

Terrain : tout terrain.

Variétés : Deutzie à feuille rude, D. à feuille crénelée, D. crénelée à fleur double, D. à rameau grêle (arbuste nain, à mettre en bordure, et qui se force très-bien en serre).

Épine-vinette, Vinettier (*Berberis*). — Des plus robustes; se chargeant au printemps de grappes de fleurs jaunes, auxquelles succèdent des fruits qui ornent les bosquets pendant l'hiver.

Terrain : tout terrain, plutôt sec et rocailleux qu'humide. Le Vinettier exige peu de profondeur.

Variétés : Vinettier commun, V. à fruit blanc, V. de la Chine, V. du Népaul, V. à feuille pourpre.

Genêt (*Genista*). — Genre composé de nombreuses espèces, différant par leur aspect, leur culture et leur rusticité. Les suivantes sont préférées pour la pleine terre.

G. d'Espagne. — Rameaux effilés, vigoureux; fleurs jaunes, en épis, d'une odeur suave. Il demande un terrain chaud, léger, profond; il s'accommode de toute exposition.

G. multiflore. — Beau petit arbuste rameux, un peu délicat, se couvrant au printemps de fleurs blanches ou roses, selon la variété. On le cultive franc de pied ou greffé sur tige de Cytise faux-ébénier.

Groseillier (*Ribes*).— Assez grande taille. Floraison printanière, en grappes retombant élégamment tout le long de la branche.

Terrain : sec et profond, non mouillé.

Variétés : Groseillier à fleur rouge simple, G. à fleur rouge double, G. à fleur très-rouge, G. de Gordon, G. à fleur blanche, G. à fleur de mauve, G. à fleur de fuchsia.

Hydrangée (*Hydrangea*). — Arbuste sous-ligneux, à grande feuille, dont l'inflorescence forme une magnifique ombelle. Chaque bouquet est composé de petites fleurs blanchâtres au centre, entourées d'un rang de fleurs plus grandes et rosées. On le plante habituellement en massif, à l'ombre, au nord d'un bâtiment, par exemple.

Terrain : terre de bruyère entretenue fraîche en été. Point de terrain calcaire.

Variétés : Hydrangée de Virginie, H. du Japon, H. du Japon à feuille panachée, H. à involucre, H. hortensia, magnifique fleur rose clair, devenant bleue dans un sol ferrugineux.

Indigotier (*Indigofera*). — Charmant arbuste à feuillage léger, donnant, pendant une bonne partie de l'été, de jolies grappes de fleurs rose purpurin. Son seul défaut est de perdre souvent ses tiges pendant l'hiver; mais le tronc reste bon et donne de nouvelles pousses qui fleurissent la même année.

Terrain : terre légère, surtout sablonneuse et un peu fraîche.

Variétés : la plus rustique est l'Indigotier dosua.

Lilas (*Syringa*). — Nous avons parlé des lilas arbrisseaux; il est des espèces qui forment naturellement des buissons, et avec lesquelles on fait encore de charmants petits arbres à têtes arrondies en les greffant sur la tige des espèces vigoureuses.

Terrain : tout terrain, les terres sèches surtout.

Variétés : Lilas de Perse et ses sous-variétés à feuille laciniée et à fleur blanche, L. Saugel, L. Varin, L. de Chine à fleur carnée.

Toutes les espèces indiquées aux arbrisseaux font de grands arbustes.

Millepertuis (*Hypericum*). — Très-rustique; donnant, de juin à septembre, des fleurs simples d'un beau jaune brillant, très-ouvertes et remplies de longues étamines de même couleur.

Le Millepertuis se plante en massif, en bordure, sur les talus et les rocailles des jardins paysagers.

Terrain : tout terrain.

Variétés : Millepertuis fétide ou à odeur de bouc, M. à grande fleur. Ce dernier, qui est nain et traçant, est utilisé pour soutenir les terres en pente.

Pêcher (*Persica*).— Très-joli au printemps lors de sa floraison.

Il doit être suffisamment aéré pour bien se porter et fleurir abondamment.

Terrain : selon que le pêcher est greffé sur amandier ou sur prunier, il demande un terrain sec ou frais, profond ou non.

Variétés : Pêcher à fleur double rose, P. d'Ispahan à fleur double, P. de la Chine à fleurs doubles rouge, blanche et à fleur d'œillet.

Pivoine en arbre (*Pæonia arborea*). — La Pivoine en arbre est l'arbuste qui donne les plus fortes fleurs printanières. Dans les hivers rigoureux, il est prudent de les couvrir de paille ou de feuilles sèches, et d'élever une petite butte de terre sur la souche.

Terrain : non mouillé, sableux, profond, riche en humus. L'entretenir très-frais à l'approche de la floraison, et sec quand la végétation est suspendue.

Variétés : elles sont trop nombreuses pour être mentionnées ici.

Prunier (*Prunus*). — Les pruniers que nous allons citer sont de charmants arbustes à floraison printanière. Greffés sur tige, de hauteur variable, ils forment de jolis petits arbres à tête en boule.

Terrain : léger, bon et un peu frais, sans être humide, pour les sujets francs de pied; ceux qui sont greffés demandent la terre favorable à leur porte-greffe.

Variétés : Prunier à feuille trilobée, P. de Chine à fleur blanche et de Chine à fleur coccinée, se forçant l'un et l'autre admirablement bien; Prunellier à fleur double.

Ronce odorante, Framboisier du Canada (*Rubus odoratus*).— Très-rustique et traçant. Large feuillage; fleur ressemblant à une rose simple.

Terrain : à peu près tout terrain, surtout frais et ombragé.

Variétés : Ronce à fleur rouge, R. à fleur blanche.

Spirée (*Spirea*). — Groupe composé d'espèces nombreuses, différant par leur port et leur aspect; aussi est-ce le genre qui offre le plus de ressources pour l'ornementation des jardins d'agrément.

Terrain : généralement peu difficiles sur le terrain et la position, les Spirées ont néanmoins quelques variétés plus exigeantes; telles sont celles de Billard, de Douglas, à feuille de saule, à feuille de prunier, à grande fleur, qui demandent une terre un peu fraîche et ombragée.

Variétés : Spirée à feuille d'obier, S. à feuille d'orme, S. à feuille de saule, S. à feuille de sorbier. S. à feuille de prunier, S. à feuille d'aria, S. à feuille de millepertuis, S. lancéolée à fleur simple et à fleur double, S. callosa, S. à grande fleur, S. de Lindley, S. de Thunberg, qui sont toutes à fleurs blanches; S. de Billard, S. de Douglas, S. de Regel, S. de Fortune, S. de Noble, qui sont à fleur rose.

Symphorine (*Symphoricarpos*). — Très-rustique; recherché surtout par l'abondance de ses fruits qui ornent une partie de l'hiver.

Terrain : presque toutes les terres lui conviennent, particulièrement les légères.

Variétés : Symphorine à grappe (fruit blanc), S. à petite fleur (fruit rouge).

Viorne (*Viburnum*). — D'un bel effet au mois de juin, par ses gros bouquets de fleurs blanches, en corymbes ou en boules. Elle demande le soleil.

Terrain : un peu frais.

Variétés : Viorne à grande fleur, V. à grosse tête, V. boule de neige.

Weigélie (*Weigelia*). — L'un des plus jolis arbustes par l'abondance de ses fleurs rosées en mai.

Terrain : bonne terre légère ou terre de bruyère un peu fraîche.

Variétés : Weigélie à fleur rose, W. agréable, W. de Desbois, W. de Van Houtte, W. à fleur rouge, W. blanc de neige.

ARBUSTES ET ARBRISSEAUX A FEUILLAGE PERSISTANT.

Ajonc (*Ulex*).—Arbuste rameux, très-épineux, à mettre en plein soleil. Il se couvre, dès la fin de l'hiver, de nombreuses fleurs jaunes, très-brillantes.

Terrain : tout terrain, plutôt sec et pierreux, sauf la craie qu'il redoute.

Variétés : Ajonc commun (pour les haies et les talus en terre aride), A. d'Europe à fleur double.

Alaterne (*Rhamnus alaternus*). — Arbrisseau vigoureux qui souffre des fortes gelées dans la France septentrionale, où il préfère l'exposition du nord, moins sujette aux contrastes subits du givre et du soleil.

On l'emploie généralement pour masquer les murs, et l'on en fait encore des haies dans le Midi.

Terrain : à peu près tout terrain.

Variétés : Alaterne ordinaire, A. à feuille panachée de jaune, A. à feuille argentée (plus délicat).

Aucuba (*Aucuba*). — Grand et beau feuillage ovale, qui préfère l'ombre au soleil.

Terrain : terre franche, conservant une fraîcheur régulière, non trop humide, l'hiver surtout.

Variétés : Aucuba du Japon, A. à feuille verte, A. bicolore, A. à large macule.

Buis (*Buxus*).—Tout le monde connaît le Buis. La variété naine borde les allées, tandis que le Buis en arbre est précieux pour regarnir les massifs comme pour former une haie.

Il vient aussi bien sous les grands arbres qu'en plein soleil.

Terrain : le Buis réussit dans les sols les plus arides ; ses racines excessivement chevelues préfèrent une terre légère.

Variétés : Buis en arbre, B. nain, B. de Mahon.

Buisson ardent (*Cratægus pyracantha*). — Arbrisseau à fleurs blanches en bouquets, donnant de jolis fruits d'un rouge corail, produisant beaucoup d'effet à l'automne et à l'entrée de l'hiver.

Il convient sur une pelouse, comme en massif, au mur et en palissade.

Terrain: profond et léger.

Cotoneaster (*Cotoneaster*). — Arbuste à branche tortueuse et à petite feuille luisante, se couvrant au printemps de fleurs blanches solitaires, puis de fruits rouges en automne et assez tard en hiver. Greffé sur une tige d'aubépine, il forme un joli petit parasol.

Il est convenable vers les rochers et les rocailles, ainsi que sur les talus.

Terrain : léger, ordinaire.

Variétés : Cotoneaster à feuille de buis, C. à petite feuille, C. à feuille de thym, C. du Népaul.

Daphné (*Daphne*). — Charmant arbuste, un peu délicat, demandant une position à demi ombragée, fleurissant abondamment à la fin de l'hiver.

Terrain : terre saine, sableuse, un peu fraîche, non pourrissante.

Variétés : Daphné lauréole, D. pontique, D. thymélée des Alpes (ce dernier peut être employé pour bordure, en terre de bruyère).

Épine-vinette (*Berberis*). — L'Épine-vinette, nous l'avons déjà dit, est précieuse par sa robusticité quant au climat et au terrain.

Terrain : plutôt léger que compacte.

Variétés : parmi les plus rustiques sont celles du Népaul, glauque, à large feuille, à fruit doux. Celle de Darwin est un petit arbuste charmant, mais pas assez rustique.

Filaria (*Phillyrea*). — Arbrisseau très-rameux, convenable pour massif, et qu'on emploie encore quelquefois en haie.

Terrain : terre sèche, légère.

Variétés : Filaria à large feuille, F. à feuille étroite.

Fusain (*Evonymus*). — Arbuste touffu, très-ornemental. Placé à l'abri des grands froids, il vit encore longtemps.

Terrain : préférablement un terrain sec, qu'il soit ou ne soit pas pierreux.

Variétés : Fusains du Japon à feuille verte, à feuille argentée, à feuille dorée, à feuille largement marginée de blanc, à feuille tricolore.

Hélianthème (*Helianthemum*). — Petit arbuste quasi rampant, à floraison estivale, que l'on plante en bordure ou en talus au soleil.

Terrain : sec et poreux.

Variétés : à fleurs carnée, rose, coccinée, jaune, simple et double.

Houx (*Ilex*). — Nous avons dit que le Houx commun atteint les dimensions d'un arbre ; mais ses espèces à feuilles diversement grandes, contournées ou panachées, ne sont que des arbustes ou des arbrisseaux qui affectent naturellement la forme pyramidale. Ces houx se chargent en hiver de fruits rouges, qui sont encore un ornement.

Ils demandent une position à demi-ombrée.

Les espèces panachées se placent devant les feuillages d'un vert épais, pour faire ressortir leurs diverses nuances.

Terrain : sableux, un peu frais.

Variétés : le nombre en est grand ; on les désigne généralement par les caractères de leur feuille.

Kalmia (*Kalmia*). — Très-bel arbuste à fleurs corymbiformes très-élégantes. Il lui faut un climat tempéré, ainsi qu'une position ombrée.

Terrain : pleine terre de bruyère, un peu humide.

Variétés : Kalmia à large feuille, K. à feuille étroite, K. à feuille de myrte, K. glauque, K. nain de Miklon.

Laurier d'Apollon, L. sauce (*La*[illegible]*lis*). — Le Laurier d'Apollon, appelé encore Laurier franc, Laurier commun, atteint dans le Midi les dimensions d'un arbre. Sous le climat de Paris, c'est un arbrisseau que l'on couvre, l'hiver, de paille, de feuilles sèches ou de terre. Une position abritée, pas trop chaude, lui est favorable ; ainsi, il gèlera moins étant exposé au nord que s'il était exposé au midi.

Terrain : terre franche, légère et sèche.

Variétés : Laurier à large feuille, L. à feuille de saule, L. à petite feuille.

Laurier-cerise, L. amande, L. au lait (*Cerasus laurocerasus*). — Arbrisseau à beau feuillage, qui craint les hivers rigoureux dans le nord de la France.

On lui réserve une place à l'ombre, si le sol est chaud et léger ; quand il est frais, cela n'a pas d'importance.

Terrain : tout terrain, pourvu qu'il y ait un peu de fraîcheur.

Variétés : ordinaire, de la Colchide (le plus rustique), du Caucase (le plus beau), toutes trois très-méritantes.

Laurier du Portugal, Azarero (*Cerasus lusitanica*). — Bel arbrisseau, se garnissant bien et affectant naturellement la forme pyramidale.

Il faut aussi le mettre à l'ombre et à l'abri des fortes gelées ; ainsi, il se plaît bien sous les grands arbres.

Le Laurier du Portugal exige de grands soins dans sa transplantation.

Laurier-tin, Viorne Laurier-tin (*Viburnum tinus*). — Superbe arbuste ou arbrisseau, se couvrant de bouquets de fleurs qui s'épanouissent successivement durant tout l'hiver. Sous un climat rude, il faut le rentrer en orangerie, si l'on veut jouir de sa fleur; dans le Midi, il ne souffre pas en plein air.

Terrain : bonne terre légère, non pourrissante.

Variétés : Laurier-tin ordinaire, L. à feuille ronde, L. à large feuille.

Lierre en arbre (*Hedera arborea*). — Les Lierres grimpants, étant greffés, ne grimpent plus et forment de jolis arbustes à beau feuillage très-persistant.

Terrain : tout terrain et toute exposition.

Variétés : on en peut faire autant qu'il y en a de grimpantes.

Mahonia (*Mahonia*). — Arbuste des plus rustiques, donnant, à l'arrivée du printemps, des fleurs jaunes en grappes, et ensuite des fruits noirs-bleus, ressemblant à de petits raisins. Ses racines traçantes le rendent utile dans les talus.

Il faut, lors de sa transplantation, éviter toute meurtrissure aux racines, puis l'abriter contre le hâle et le plein soleil; car on voit très-souvent les mahonias perdre toutes leurs feuilles, parce qu'on n'a pas pris assez de précautions.

Variétés : les plus robustes sont celles à feuille de houx et les sous-variétés, qui poussent en tout terrain; puis les M. de Fortune, du Japon, intermédiaire, trifurqué, qui préfèrent la terre de bruyère.

Photinie (*Photinia, Cratægus*). — Arbrisseau remarquable par la beauté de ses grandes feuilles épaisses et luisantes, rougeâtres au moment de leur développement et en automne, vertes en été. Malheureusement il ne supporte guère plus de 10° de froid; aussi doit-il être abrité des fortes gelées.

On le greffe sur aubépine et sur coignassier; ce dernier donne des sujets plus vigoureux.

Terrain : il demande le terrain favorable au sujet qui le porte.

Variétés : glabre, à feuille dentée.

Rhododendron (*Rhododendrum*). — Le genre Rhododendron renferme des espèces nombreuses, remarquablement belles par leur feuillage et leur grande fleur printanière.

Nous ne recommanderons que les plus rustiques, celles qui végètent et fleurissent en plein air sous le climat de Paris.

Terrain : on doit les planter en pleine terre de bruyère, sableuse et fraîche, reposant sur une couche siliceuse.

Variétés : les plus robustes sont le pontique et ses variétés.

Romarin (*Rosmarinus*). — Le Romarin se cultive autant pour ses qualités aromatiques que pour son effet. On l'emploie quelquefois en bordure. Il demande une position chaude et craint les hivers rudes.

Terrain : terre légère, fine ou rocailleuse.

Troëne (*Ligustrum*). — Les Troënes sont ornementaux par leur feuillage et leurs fleurs blanches en grappes.

Terrain : tous terrains, mieux les secs.

Variétés : Troëne à feuille ovale (espèce très-florifère), T. de Chine.

Yucca (*Yucca*). — Bel ornement des pelouses, à isoler ou à grouper au soleil. Du milieu de son tronc, entouré de longues feuilles lancéolées, s'élance la tige florale, portant plusieurs centaines de fleurs blanches campanulées, pendantes, disposées en pyramide.

Terrain : sablonneux et chaud.

Variétés : Yucca filamenteux, Y. filamenteux à feuille glauque, Y. à feuille molle, Y. magnifique blanchâtre, Y. magnifique à feuille pendante.

ARBUSTES ET ARBRISSEAUX A FEUILLAGE PRESQUE PERSISTANT.

Nous classerons, dans cette catégorie, des végétaux qui perdent leurs feuilles lors des froids prolongés. Ils restent feuillus pendant les hivers exceptionnellement doux; aussi les classe-t-on souvent parmi les arbustes à feuillage persistant.

Andromède (*Andromeda*). — Sa floraison a lieu irrégulièrement de mai à septembre, le long des rameaux, en petites grappes blanchâtres. Il est des variétés naines que l'on plante en bordure.

Terrain : pleine terre de bruyère, à l'ombre, au levant ou au nord.

Variétés : Andromède axillaire, A. pulvérulente, A. de Hollisson, A. très-fleurissante.

Bourgène (*Rhamnus frangula*). — Arbrisseau rustique, à feuillage luisant.

Terrain : terre ordinaire, un peu fraîche.

Variétés : Bourgène du Canada, B. de Billard.

Budléïée de Lindley (*Budleya Lindleyana*). — Arbuste assez touffu, à rameaux grêles, se terminant par des fleurs tubuleuses en épis, violet-pourpre à l'intérieur, plus pâles à l'extérieur.

Terrain : terre légère, de bruyère par exemple.

Cytise velu (*Cytisus pilosus*). — Grand arbuste buissonneux, à feuilles petites et nombreuses. En juillet-août, fleurs terminales, en bouquets jaune terne.

Terrain : terre sèche.

Jasmin à feuille de Cytise, Jasmin jaune (*Jasminum fruticans*). — Arbuste à branches rameuses, très-effilées, à mettre surtout au soleil et en lisière de massif.

Terrain : quoiqu'il préfère une terre légère, il vient à peu près partout.

Troëne (*Ligustrum*). — Nous en avons cité deux variétés qui conservent leurs feuilles toute l'année. Le Troëne commun et celui de Californie sont très-vigoureux et presque toujours verts. On les plante en massif comme en haie.

Terrain : ils viennent partout et à toute exposition.

ARBRISSEAUX ET ARBUSTES POUR LE MIDI ET L'OUEST DE LA FRANCE, DEMANDANT L'ORANGERIE SOUS LE CLIMAT DE PARIS.

Dans une position abritée, il n'est pas rare de voir ces espèces réussir en plein air pendant plusieurs années; mais elles ne peuvent résister à nos hivers rigoureux.

Espèces à feuillage caduc.
Azédarach bipenné (*Melia azedarach*).
Chionanthe (*Chionanthus*)
Lagerstrémie (*Lagerstrœmia*).
Leycestérie élégante (*Leycesteria formosa*).
Poincillade de Gillies (*Poinciana Gilliesii*).
Wolkameria de Bunge (*Wolkameria Bungei*).

Espèces à feuillage persistant.
Arbousier (*Arbutus*).
Bibacier ou Néflier du Japon (*Eriobotrya Japonica*).
Chalef (*Eleagnus*).
Chêne vert (*Quercus sempervirens*).
Ciste (*Cistus*).
Coronille (*Coronilla*).
Escallonie (*Escallonia*).
Fabienne imbriquée (*Fabiana imbricata*).
Gaulthérie (*Gaultheria*).
Genêt (*Genista*).
Laurier du Mississipi (*Cerasus Caroliniana*).
Lierre d'Alger (*Hedera Algeriensis*).
Pittospore (*Pittosporum*).
Troëne du Japon (*Ligustrum Japonica*).
Viorne (*Viburnum*).

ARBUSTES SARMENTEUX, VOLUBILES ET GRIMPANTS.

Les arbustes sarmenteux sont ceux dont les rameaux, longs et grêles, ne peuvent se soutenir d'eux-mêmes.

On les nomme *grimpants* s'ils se fixent naturellement, par de petites racines, sur les objets qui les portent, et *volubiles* si l'on est obligé de les y maintenir par des liens.

Ils sont employés pour couvrir les murs comme pour garnir les berceaux, les tonnelles, la tige des grands arbres, etc. Dans ce dernier cas, on ne doit employer que les espèces volubiles, car les grimpantes sont nuisibles à l'arbre en l'enserrant fortement et en se nourrissant à ses dépens.

Généralement on les taille peu, mais on dirige leurs rameaux de manière à garnir uniformément l'endroit qu'ils doivent couvrir.

Plusieurs d'entre eux, notamment les lierres, sont employés avantageusement en bordure d'allée.

Aristoloche (*Aristolochia*). — Grimpant. Vigoureux; bois vert et très-grand feuillage; fleur de couleur vert brunâtre, en forme de pipe.
Terrain: terre franche, légère, un peu fraîche.
Position: à demi-ombre.
Variété: A. siphon.

Bignone (*Bignonia*). — Grimpante. Se charge, en été, de bouquets de fleurs tubuleuses, rouge orangé, cocciné ou pourpre, selon l'espèce.
Terrain: assez profond et poreux.
Position: au midi.
Variétés: Bignone grimpante, B. à grande fleur, B. à vrille (feuillage persistant, gèle parfois), B. sanguine précoce (non grimpante).

Chèvrefeuille (*Lonicera*). — Volubile. Se recommande surtout par sa floraison abondante et suave.
Terrain: tout terrain.
Position: sur les berceaux, palissades, corps d'arbres.
Variétés: Chèvrefeuille des jardins, C. toujours vert, C. de Brown, C. de Toscane, C. de la Chine (à odeur de vanille), C. à court pédoncule (très-vigoureux), C. à court pédoncule et à nervure dorée (panachure élégante).

Clématite (*Clematis*). — Volubile. Beau genre que nous diviserons en deux groupes:

1° Les espèces très-vigoureuses, propres aux berceaux et aux murailles, à fleurs abondantes, moyennes ou petites. Elles demandent une taille annuelle;

2° Celles à larges fleurs, plus délicates et moins vigoureuses.
Terrain: terre légère, sableuse.
Position à la chaleur.
Variétés: premier groupe: Clématite blanche odorante, C. bleue simple, C. bleue double, C. deuxième groupe: bleue veinée, C. des montagnes; C. azurée, C. bicolore, C. Hélène, C. laineuse, C. Louise à fleur pleine, C. Sophie, C. Sophie à fleur double.

Forsythie sarmenteuse (*Forsythia suspensa*). — Volubile. Décrite aux arbrisseaux.

Glycine de la Chine (*Wistaria Sinensis*). — Volubile. La Glycine peut atteindre de grandes dimensions. Elle est admirable au printemps lorsqu'elle se couvre de longues grappes pendantes de fleurs à odeur suave. Elle refleurit accidentellement à l'automne.
Terrain: léger, sableux, fertile; pas de calcaire.
Position: à la chaleur. Très-convenable contre une maison.
Variétés: G. à fleur violette, G. à fleur blanche.

Jasmin (*Jasminum*). — Volubile. Les espèces de ce genre sont toutes employées dans les massifs. Quelques-unes peuvent aussi être palissées, mais elles atteignent rarement à une grande hauteur.
Terrain: léger et chaud.
Position: au midi.
Variétés: Jasmin blanc, J. à fleur nue.

Lierre (*Hedera*). — Grimpant. Le Lierre s'emploie partout et sous diverses formes; il est précieux dans les endroits arides, où l'air et l'espace sont mesurés.

On en couvre les murailles, les rochers, le corps des arbres morts, etc., de même qu'on le fait ramper en bordure où pour cacher la terre sous les grands arbres et dans les talus.

Terrain : tout terrain.

Position : partout, plutôt au nord.

Variétés : Lierre commun, L. d'Irlande, L. de Ragner.

Ronce (*Rubus*). — Volubile. Floraison abondante pendant l'été.

Terrain : à peu près tout terrain.

Position : mi-soleil.

Variétés : Ronce à fleur blanche double, R. rose double, R. biflore.

Rosier (*Rosa*). — Volubile. Les rosiers sarmenteux sont magnifiques au printemps, par leur floraison abondante ; quelques-uns refleurissent en été, mais leur fleur laisse à désirer sous le rapport de la forme.

Terrain : on sait que le Rosier végète partout.

Position : surtout au soleil ; la floraison est plus abondante.

Variétés : il en existe plusieurs, plus ou moins vigoureuses ou rustiques, groupées sous les noms de bancks, multiflores, ayrshires, michigans, sempervirens, à feuille de ronce ; toutes celles-là sont exclusivement grimpantes. On emploie aussi avantageusement certaines variétés de *noisettes* comme Chromatella, ou de *thés* comme Belle de Bordeaux, qui donnent de grands rameaux et ne demandent qu'un léger abri pour résister à nos rudes hivers.

Vigne-vierge (*Cissus quinquefolius*). — Grimpante. Très-vigoureuse et robuste ; à feuillage vert, devenant rouge à l'automne.

Terrain : tout terrain.

Position : au mur ou autour d'un berceau.

VÉGÉTAUX POUR BORDURES.

Les bordures des massifs et des allées, dans les jardins d'agrément, ne doivent pas être uniformes ; elles varient selon la place, selon l'entourage, selon l'effet à obtenir.

Autrefois on ne rencontrait guère que le Buis nain le long des allées ; empressons-nous de reconnaître qu'il était bien digne de cette faveur, par les résultats qu'il donne avec le peu de soins qu'il réclame. Mais la vue continuelle de cette lisière verte devient monotone ; on aime la diversité, le changement, et maintenant on s'ingénie à utiliser les arbustes sarmenteux et les sous-arbustes de petite dimension, donnant qui des fleurs, qui un feuillage propre et élégant.

Nous le répétons, le Buis nain réclame peu de soins ; conservons-le donc dans les jardins vulgaires, pour envelopper les plates-bandes, dont il soutient la terre en ne la laissant pas envahir par la grève des allées.

Dans un parc, un ruban de gazon borde les allées devant les parties boisées ; mais chaque massif gagne à être enveloppé d'une espèce naine ayant quelque analogie avec les végétaux qui le composent. Ainsi, le *Rosier minima* encadre bien une corbeille de rosiers en buissons ; le *Daphné Thymélée des Alpes*, le *Kalmia de Miklon* s'harmonisent avec les végétaux de terre de bruyère ; l'*Hélianthème*, avec ceux à feuillage persistant ; le *Seringa nain*, la *Deutzie à rameau grêle*, la *Spirée de Thunberg*, font de gracieux entourages à d'autres arbustes variés. Sous les arbres à haute futaie, dans les grandes parties, les variétés de *Pervenches* s'y plaisent. Les *Lierres* vont partout : au soleil ou à l'ombre, le long des plates-bandes ou autour de la pelouse, ils sont toujours d'un très-bon effet quand on les entretient convenablement. Pour cela, on en couche les rameaux sur la terre et on les fixe avec de petits crochets de bois ; ensuite, on coupe ceux qui poussent verticalement ou qui s'écartent de la ligne tracée pour la bordure.

Nous avons encore vu des *Clématites*, des *Rosiers*, couchés horizontalement sur un fil de fer, à la façon des petits pommiers, et qui donnaient une guirlande de fleurs durant toute la belle saison.

CONIFÈRES.

Les Conifères, appelés vulgairement Arbres verts résineux, composent une grande famille de végétaux, la plupart forestiers, tous ornementaux et précieux à divers titres, pour les plus grands parcs comme pour les plus petits jardins d'agrément. Nous dirons même qu'ils sont indispensables dans l'agencement d'un jardin paysager.

On trouve en effet dans ce groupe des arbres de toutes tailles, de toutes formes, d'aspects pittoresques les plus variés. Aussi, on les plante en sujet isolé, en petit groupe, en bordure, en plein carré.

Il est impossible de préciser une nature de terre convenable pour tous les Conifères ; nous dirons cependant qu'ils aiment en général un terrain poreux, chaud, ni trop humide, ni trop sec, plutôt maigre que trop riche. Les engrais leur sont nuisibles quand ils sont donnés en profusion ou mis en contact immédiat avec les racines.

Leurs racines traçantes exigent qu'on ne les enterre pas trop profondément.

Presque tous conservent leurs feuilles ; il n'y a guère que les Mélèzes, les Gingko et les Taxodiers qui les perdent chaque année. Or, ils réclament les soins particuliers que nous avons recommandés pour les végétaux à feuillage persistant.

Le planteur choisira des sujets bien portants, trapus, de forme régulière, garnis de branches depuis leur base et munis de leur tête. Il devra plutôt tenir à la grosseur qu'à la hauteur.

Dans certains genres, comme les sapins, les cèdres, les sujets venus de graines sont toujours préférables aux arbres greffés, qui se garnissent mal ; lors même que ces derniers se développeraient vigoureusement, leur aspect général n'approchera jamais de la beauté des sujets de semis. Il n'en est pas de même des thuyas, sequoias, qui, venus de semence, de bouture ou de greffe, sont également beaux.

Généralement, on laisse toutes leurs branches

aux arbres verts. Cependant, il est des cas où il vaut mieux enlever celles de la base; par exemple lorsqu'ils sont groupés en grand nombre de la même espèce et qu'ils couvrent de grands espaces, on peut les élaguer jusqu'à 1m,50 environ de hauteur. Cet ébranchage produit le meilleur effet en laissant voir la partie inférieure de leur tige et le terrain qu'ils couvrent, tout en masquant la vue à hauteur d'homme. Ailleurs, on n'en supprimera que quelques-unes pour entrevoir une prairie, une rivière, un rocher, etc. Le bon goût est le seul guide en ces circonstances. Il faut apporter beaucoup de prudence et de circonspection dans ces suppressions. Ce n'est que plusieurs années après la plantation des arbres, lorsqu'ils ont déjà atteint une belle force, qu'on les élague successivement et en n'enlevant qu'une couronne de branches par an.

Lorsqu'un arbre résineux perd sa flèche, on redresse, à l'aide d'une baguette servant de tuteur, l'un des plus forts rameaux du sommet, bien constitué et pris sur la tige même, tandis que l'on rabat l'extrémité de ceux qui l'environnent. La position verticale donnée à cette branche lui favorise l'accès de la sève, et après quelques années son développement vigoureux ne laisse plus de traces de l'accident.

Araucarier (*Araucaria*). — L'Araucarier du Chili (*Araucaria imbricata*), le seul qui offre quelque chance de succès sous notre climat, est le plus pittoresque et le plus remarquable de tous les conifères.

Les plus beaux spécimens que nous en ayons vus sont en Angleterre, le pays par excellence des arbres verts. Ce sont d'admirables pyramides coniques, à l'aspect imposant. Autour de la tige, très-droite, s'écartent les branches garnies de rameaux horizontaux, qui sont couverts de feuilles d'un vert sombre, très-serrées, solitaires, ovales, lancéolées, épaisses, raides, piquantes à leur extrémité.

L'Araucarier demande l'exposition du nord, et, quoiqu'il supporte assez bien nos hivers, il est très-sensible aux grands vents et aux changements de température. Il se plaît dans une atmosphère brumeuse et tempérée. Il aime un terrain profond, sablonneux, exempt d'eau stagnante.

Cèdre (*Cedrus*). — Les cèdres sont de grands et magnifiques arbres toujours verts au port très-gracieux et élégant.

Cèdre du Liban (*Cedrus Libani — vel Larix cedrus*). — Ce bel arbre, d'une croissance rapide, est susceptible d'atteindre de très-fortes dimensions. Ses branches, redressées dans la jeunesse de l'arbre, s'étalent ensuite horizontalement par étages, et font du Cèdre du Liban un des arbres les plus pittoresques et les plus majestueux.

Cèdre de l'Atlas, C. d'Afrique, C. argenté (*Cedrus Atlantica*). — Dans sa jeunesse il ressemble au Cèdre du Liban; mais ensuite il s'en éloigne en se caractérisant par son port pyramidal, ses branches élancées, son feuillage glauque et presque argenté. En un mot, il devient superbe.

Cèdre Déodara, C. de Déodar, C. de l'Inde, C. de l'Himalaya (*Cedrus Deodara*). — Arbre magnifique, à branches très-rameuses, gracieusement inclinées et retombantes. Feuillage glauque argenté.

Ses sous-variétés nommées *robuste, à feuille verte, à feuille épaisse*, sont recommandables.

Céphalotaxus. — Les Céphalotaxus sont des arbrisseaux à forme plus large que haute; à branches étalées, horizontales; au feuillage ressemblant à celui de l'If, néanmoins plus grand et plus écarté. On cultive avec succès les :

Céphalotaxus de Fortune (*Cephalotaxus Fortunei*), **C. drupacé** (*C. drupacea*), **C. pédonculé** (*C. pedunculata*).

Cunninghamie (*Cunninghamia*). — Nous ne parlerons que de la Cunninghamie de la Chine (*Cunninghamia Sinensis vel Araucaria lanceolata*), qui est un bel arbre toujours vert, d'un aspect tout particulier; de forme irrégulière par suite du développement inégal de ses branches; feuilles d'un vert gai, lisses et luisantes, terminées par une pointe raide et aiguë.

Terre sèche, très-perméable. Exposition abritée.

Les forts exemplaires de cet arbre magnifique sont rares dans nos pays, parce qu'il est assez difficile de le conserver. Il est plus sensible à la nature du terrain ou à l'exposition qu'aux froids.

Cyprès (*Cupressus*). — Arbres toujours verts, de hauteur et de forme différentes. Conséquemment on les utilise sous divers aspects.

Ils demandent un sol léger, sec, chaud, plutôt calcaire qu'argileux; une exposition chaude et un climat tempéré. Ils préfèrent les contrées méridionales, car ils ne résistent pas aux rudes hivers du nord et de l'est de la France; aussi faut-il les y abriter, soit par un capuchon de paille, soit en les rentrant dans une orangerie, où ils sont un bel ornement.

Seule, l'espèce suivante a constamment bravé les froids dans nos cultures.

Cyprès de Lawson (*Cupressus Lawsoniana*). — Ce bel arbre a plutôt l'aspect d'un *Thuiopsis* que d'un *Cyprès*. D'un port pyramidal gracieux, il conserve sa belle verdure, argentée sous les rameaux.

Nous ne saurions trop le recommander.

Genévrier (*Juniperus*). — Les genévriers sont toujours verts. Ils s'accommodent de presque tous les terrains; ils préfèrent les secs, pierreux, légers, et redoutent les marécageux. L'exposition leur est indifférente.

Leur transplantation réclame les plus grands soins, car ils sont très-difficiles à la reprise, surtout quand ils sont déjà forts.

Genévrier commun (*Juniperus communis*). — Arbrisseau buissonneux, croissant naturellement dans presque toutes les bruyères et les terrains arides. Ses branches sont dressées, très-ramifiées; ses feuilles, piquantes, d'un vert glauque à reflet argenté.

Genévrier commun d'Irlande (*Juniperus communis Hibernica*). — Bel arbuste, en forme de colonne. Ses branches sont dressées et resserrées; son feuillage, touffu, est d'un vert gris sombre.

Sa sous-variété *compacte* est encore plus naine et plus resserrée ; elle n'atteint guère plus de $0^m,60$ de hauteur.

Genévrier commun de Suède (*Juniperus communis Suecica*). — Quoique ayant quelque analogie avec le Genévrier d'Irlande, il en diffère par une forme un peu plus large à sa base et un feuillage glauque jaunâtre.

Genévrier de Chine (*Juniperus Sinensis*). — Arbrisseau formant une pyramide étroite de couleur vert clair et glauque.

Les deux sexes, dans cette espèce, ont un aspect différent; les individus femelles ont les branches un peu plus lâches, les feuilles plus petites, moins épineuses et d'une teinte plus claire.

Genévrier drupacé (*Juniperus drupacea*). — Arbre buissonneux, singulier, à rameaux courts et retombants, à feuilles longues et épineuses ; il est aussi remarquable par son fruit, gros comme une noix, qui, dit-on, est mangé par les habitants de la Syrie septentrionale, où il croît spontanément.

Genévrier élevé, G. d'Orient (*Juniperus excelsa*). — Très-bel arbre, formant une gracieuse pyramide étroite et élancée, à branches régulièrement distancées. Son feuillage glauque blanchâtre le fait trancher sur les autres conifères.

Il craint les vents arides et le trop grand soleil.

Genévrier à encens (*Juniperus thurifera*). — Bel arbre, affectant une forme pyramidale conique. Ses branches, lorsqu'on les froisse, émettent une odeur d'encens.

Genévrier du Mont-Gossainthan, G. de Bedfort (*Juniperus Gossaintheanavel J. Bedfortiana*). — Port élancé et pyramidal. Feuillage d'un vert-bleuâtre clair, vif et agréable.

Genévrier à très-gros fruit, G. à large baie (*Juniperus macrocarpa*). — Arbrisseau ne dépassant pas 2 à 3 mètres de hauteur ; il est parfois bien touffu, plus souvent dégarni ; ses feuilles sont grandes, pointues et argentées.

Genévrier cèdre (*Juniperus oxycedrus*). — Arbrisseau buissonneux, à branches dressées, ayant l'extrémité des rameaux légèrement retombante. Feuillage épineux, glauque, blanchâtre. Terrain chaud et sableux.

Genévrier de Phénicie (*Juniperus Phœnicea*). — Petit arbre de forme gracieuse par ses branches pendantes; il est d'un bel effet près des rocailles.

Genévrier de Virginie, Cèdre rouge de Virginie (*Juniperus Virginiana*). — Le Genévrier de Virginie varie dans ses dimensions, sa forme et sa couleur, selon le terrain, le climat, l'exposition où il se trouve. Sa semence, du reste, ne reproduit pas fidèlement le type ; aussi certaines personnes en font-elles des sous-variétés que l'on rencontre dans tous les semis de cette espèce.

Ordinairement, c'est un arbre pyramidal, à rameau rouge violacé, à feuillage plus ou moins glauque, rougeâtre ou argenté.

Genévrier à fruit globuleux (*Juniperus sphærica*). — Arbre ayant la forme du Genévrier de Virginie. Sa belle verdure ne change pas pendant l'hiver.

Genévrier sabine (*Juniperus sabina*). — Arbrisseau de forme variable, généralement buissonneux et à branches étalées. Il est convenable pour les plantations de terrains rocheux et montagneux, où l'on cherche à produire un effet de nature sauvage.

Variété à feuille panachée.

Nous citerons encore quelques genévriers à végétation singulière :

Genévrier blanchâtre hérissé (*Juniperus oxycedrus echinœformis*). — Arbuste très-nain et très-compacte, formant une petite boule dure, épineuse, qui ressemble à un hérisson.

Quoique d'une croissance extrêmement lente, il est très-rustique.

Genévrier contourné, G. pleureur du Népaul (*Juniperus recurva*). — Cette espèce vient rarement belle en France, parce qu'elle demande une atmosphère constamment humide, ou au moins non desséchante. En Belgique et en Angleterre on en voit de beaux sujets, formés généralement de plusieurs tiges ressemblant chacune à un petit arbre pleureur.

Il a aussi une variété naine.

Genévrier couché, G. rampant du Missouri (*Juniperus prostrata*). — **G. rampant de l'Himalaya, G. à écaille** (*J. squamata*). — **G. sabine naine** (*J. tamariscifolia*).

Ces trois espèces ont les tiges couchées et rampantes ; elles sont employées avec avantage dans les rocailles.

Ginkgo (*Salisburia*). — Grand arbre à tige élancée, à cime pyramidale. Ses feuilles sont caduques ; ce sont les plus larges du groupe des conifères.

Ginkgo à deux lobes, Arbre aux quarante écus (*Ginkgo biloba, vel Salisburia adiantifolia*). — Bel arbre rustique, susceptible de vivre très-longtemps et d'atteindre des dimensions respectables. Ses feuilles sont d'une forme particulière, à deux lobes, et d'un vert tendre contrastant agréablement avec les autres genres.

Citons également ses belles variétés à grande feuille laciniée, à feuille striée, à branche pendante.

Terre poreuse, franche, profonde, légèrement humide et non pourrissante. Position à demi ombragée.

If (*Taxus*). — L'If est un arbre vert qui pousse lentement et vit longtemps; il est des plus robustes. Il se plaît dans tout terrain, au grand air et à l'ombre.

If commun (*Taxus baccata*). — Il est d'une grande ressource dans les jardins, car il se laisse tailler et palisser à volonté. On en profite pour le conduire sous les formes les plus variées. On en fait surtout des pyramides, des rideaux et des haies compactes que le regard ne peut traverser, des abris impénétrables au vent et au soleil.

Ses branches très-serrées et sa verdure sombre en font un des arbres verts les plus ornementaux.

If commun à branche pendante (*Taxus baccata Devastonii*). — Variété à branches horizontalement étalées, puis retombantes, formant un arbrisseau pleureur très-élégant.

If à feuille serrée (*Taxus adpressa*). — Il est d'une forme particulière, plutôt aplatie et en arête de poisson. Il est lent à monter.

If pyramidal d'Irlande (*Taxus baccata fastigiata vel Taxus Hibernica*). — Branches strictement dressées et serrées, formant une colonne verte, qui reste garnie depuis sa base, et est souvent plus large à sa partie supérieure.

Planté isolément ou en petit groupe de trois sujets, il produit un effet pittoresque.

Mélèze (*Larix*). — Grand arbre à croissance très-rapide, de forme pyramidale élancée. Son feuillage léger, élégant, est caduc.

Quoique très-rustique, le Mélèze préfère un air vif, comme celui des montagnes, et l'exposition du nord (le froid lui est favorable).

Une terre légère, siliceuse ou calcaire, pourvu qu'elle ait assez de profondeur, lui convient.

Mélèze d'Europe (*Larix Europæa*). — C'est le plus vigoureux et le plus grand des mélèzes.

Sa variété *glauque* est très-ornementale.

Celle à *branche pendante* produit un effet pittoresque quand elle est greffée sur une tige de mélèze ordinaire. Sa place est auprès d'un rocher.

Mélèze de Griffith (*Larix Griffithiana*). — Arbre moins grand que le Mélèze d'Europe. Son feuillage est aussi plus touffu et plus glauque.

Mélèze de Kæmpfer (*Larix Kæmpferi vel Abies Kæmpferi vel Pinus Kæmpferi*). — Arbre superbe, à feuillage encore plus élégant que celui du Mélèze d'Europe. Il est d'introduction moderne, et peu répandu parce que la graine en est excessivement rare.

Pin (*Pinus*). — Les Pins sont, en général, de grands arbres résineux toujours verts, qui se dégarnissent de feuilles sur le vieux bois. Ils ne conservent pas toujours un port pyramidal régulier, et les branches de la base finissent par se dénuder, surtout quand l'arbre n'est pas suffisamment aéré. Leur importance pour les forêts est plus grande que pour les jardins d'agrément.

Les feuilles des pins sont longues et en forme d'aiguilles; elles ne sont pas solitaires, comme chez les sapins, mais toutes insérées régulièrement, selon l'espèce, en faisceaux de 2 à 5 feuilles.

Les pins, comme les sapins et les picéas, grandissent tous les ans d'une flèche verticale, se terminant par un groupe de bourgeons; celui du milieu doit faire la flèche l'année suivante, et ceux qui l'accompagnent donneront naissance aux branches latérales, qui sont conséquemment disposées par couronnes annuelles.

Ces arbres sont généralement dépourvus de chevelus; ils sont d'une reprise assez difficile; donc leur transplantation exige beaucoup de soins.

Voici les plus recommandables, sous le rapport de la robusticité et de l'ornementation.

Variétés pour les terrains secs et calcaires, et tous les terrains plantables.

Pin Sylvestre, P. d'Écosse (*Pinus Sylvestris*).

Pin Mugho, P. nain (*Pinus Mugho, vel P. uncinata*).

Pin Laricio, P. de Corse (*Pinus Laricio*).

Pin noir d'Autriche (*Pinus Austriaca*).

Pin de Pallas, P. de la Tauride (*Pinus Pallasiana*).

Pin de Coulter, P. à très-gros cône (*Pinus Coulteri vel P. macrocarpa*).

Pin de Sabine (*Pinus Sabiniana*).

Pour les terres sablonneuses, tout à fait exemptes de pourriture :

Pin des Pyrénées, Pin de Montpellier (*Pinus Salzmani, vel P. Pyrenaica, vel P. Monspeliensis*).

Pin de Lémon (*Pinus Lemoniana*).

Pin de Beardsley (*Pinus Beardsleyi*).

Pin lourd (*Pinus ponderosa*).

Pin de Bentham (*Pinus Benthamiana*).

Pin de Jeffrey (*Pinus Jeffreyi*).

Pin élevé (*Pinus excelsa*).

Espèces pour les terrains argilo-siliceux, substantiels sans être trop compactes ni pourrissants ; le calcaire leur est nuisible. Elles préfèrent l'exposition du nord, ou au moins l'ombre.

Pin du lord Weymouth (*Pinus strobus*).

Pin du lord à feuille argentée (*Pinus strobus nivea*).

Pin Cembro (*Pinus Cembro*).

Pin de Lambert, P. gigantesque (*Pinus Lambertiana*).

Pin des montagnes (*Pinus monticola*).

Parmi les variétés que leur petite taille ou leur forme particulière rend intéressantes, nous recommandons les :

Pin Sylvestre de Bujot (*Pinus Sylvestris Bujoti*). — Ses branches et ses feuilles sont excessivement serrées ; elles forment une touffe étroite et compacte.

Pin du lord nain (*Pinus strobus tabulæformis*). — Arbuste très-branchu, formant un petit buisson à tête plate.

Retinospora. — Les Retinospora sont de délicieux petits arbres verts, élégants et coquets, que l'on cultive avec succès en plein air comme en vase.

Ils ne sont pas exigeants sur le terrain; néanmoins ils préfèrent un sol sablonneux, qui s'égoutte bien. La terre de bruyère leur convient.

Retinospora à feuille de bruyère (*Chamæcyparis ericoïdes, vel Wildringtonia ericoïdes*). — Charmant arbuste à feuillage persistant, formant une petite pyramide conique régulière et compacte. Il est d'un vert clair et gai pendant l'été, et d'un rouge bleu violacé durant l'hiver.

Les *Retinospora squarrosa* et *R. lycopodoïdes* sont de petites plantes analogues à la précédente.

Sapin (*Abies*). — Les sapins sont des arbres toujours verts, remarquables en général par leur port élancé, le fourré des branches qui cachent la tige depuis sa base et leur croissance rapide.

Ils se divisent en trois genres, qui sont souvent confondus par les horticulteurs :

1° Les sapins proprement dits ;

2° Les picéas;

3° Les tsugas.

Sapins. — Ils ont, comme caractères généraux, les cônes droits, à écailles se détachant lors de la maturation des graines; les feuilles planes, rangées sur les côtés ou éparses autour des rameaux.

Sapin argenté, S. à feuille d'If, S. de Normandie. (*Abies pectinata*). — Grand arbre pyramidal, élancé, souvent dénudé à sa base et dans quelque autre partie de sa tige; branches horizontales; feuilles blanchâtres en dessous.

Terrain léger, mais substantiel et profond, frais sans être pourrissant.

Sapin à bractées (*Abies bracteata*). — Arbre d'introduction récente, qui a tenu jusqu'alors ses promesses de rusticité. Il paraît qu'il forme une pyramide allongée, parfois un peu grêle; d'autres fois, lorsqu'il est isolé, il est touffu et garni de branches jusqu'à terre. Ses cônes, dit-on, sont couverts de globules de résine et garnis de bractées, qui les font ressembler à des porc-épics.

Sapin agréable (*Abies amabilis*). — Arbre grand et superbe, à branches horizontales. Ses feuilles, argentées en dessous, sont disposées sur deux rangs de chaque côté du rameau.

Il s'accommode de notre climat et d'un terrain sablonneux.

Sapin baumier (*Abies balsamea*). — Ce Sapin n'est que de moyenne taille, il est très-ramifié et forme de belles pyramides; ses branches sont horizontales; ses feuilles argentées sont serrées et disposées sur plusieurs rangs de chaque côté du rameau.

Exposition du nord ou ombragée; terre profonde, légère et substantielle.

Sapin de Nordmann (*Abies Nordmanniana*). — L'un des plus beaux arbres verts de grande taille, vigoureux et très-robuste. Branches longues, serrées, horizontales, régulièrement étagées. Feuilles planes, abondantes sur le rameau, longues, d'un beau vert clair, argentées en dessous.

Il se plaît à toute exposition et dans tous les terrains favorables aux arbres résineux.

Sapin élancé, Sapin géant (*Abies grandis*). — Très-grand et beau sapin, croissant rapidement. Ses branches sont écartées, étalées, garnies de feuilles d'un vert luisant en dessus et argentées en dessous.

Sapin noble (*Abies nobilis*). — Arbre superbe quand il est dans des conditions favorables. Nous en avons admiré de magnifiques exemplaires en terre sablo-argileuse et dans un air constamment brumeux. Dans nos cultures, en terrain composé de sable et de calcaire, il dépérit. Est-ce le climat, est-ce le sol qui ne lui plaît pas ici? Nous ne saurions le dire.

Ses branches sont assez nombreuses; ses feuilles, argentées dessus et dessous, sont très-nombreuses et se recourbent vers la partie supérieure.

Sapin pinsapo (*Abies pinsapo*). — C'est l'un des arbres verts les plus précieux, autant par sa robusticité que par sa beauté. Il forme une pyramide à large base, excessivement branchue. Ses feuilles, d'un vert foncé, sont roides, pointues, hérissées tout autour du rameau.

Dans sa première jeunesse, il est lent à grandir, mais ensuite il se développe vigoureusement. Il supporte nos plus grands froids et s'accommode de tout terrain.

Sapin de Céphalonie (*Abies Cephalonica*). — Ce sapin ressemble sous plusieurs points au S. pinsapo; son feuillage est un peu plus glauque. Nous n'en connaissons pas de forts exemplaires qui aient pu nous fixer sur son compte.

Sapin de Cilicie (*Abies Cilicica*). — D'introduction récente. On nous le dit pyramidal, de moyenne taille, à branches très-serrées. Jusqu'alors, il a supporté les rigueurs de notre climat.

Picéas. — Caractères généraux : feuilles linéaires, éparses autour des rameaux. Cônes pendants, solitaires, terminaux, à écailles persistantes.

Picéa commun, Épicéa (*Picea excelsa*). — L'Épicéa est, de tous les arbres conifères, le plus répandu dans les jardins, parce qu'il est à la fois l'un des plus beaux et des plus rustiques.

On le plante partout : en massifs pour couvrir des vues ou former des brise-vents; en avenues, en petits groupes ou isolément. Il supporte la tonte, et forme de belles haies, ainsi que nous le verrons tout à l'heure.

Toutes les expositions, tous les terrains lui sont bons. On comprend qu'en sol riche, perméable et profond il acquiert de plus fortes dimensions.

Picéa pyramidal (*Picea excelsa pyramidata*). — On cultive plusieurs sous-variétés de picéa pyramidal, plus ou moins ramassées ou élancées, mais toutes d'un bel effet.

Picéa de Menziès (*Picea Menziesii*). — Arbre touffu, pyramidal. Il est d'une verdure argentée.

Il se plaît surtout le long des rivières, en terre d'alluvion plutôt substantielle que trop creuse.

Picéa de Smith (*Picea Khutrow, vel P. Morinda*). — Bel arbre pyramidal à branches un peu pendantes, ce qui lui donne l'aspect d'un épicéa pleureur.

Il a le défaut d'être trop longtemps en végétation, ce qui le rend sensible aux premiers froids; aussi vaut-il mieux le planter en terrain léger et un peu maigre, où il pousse avec moins d'abondance.

Picéa d'Orient (*Picea orientalis*).— Joli sapin, à aiguilles fines et courtes, couchées le long des rameaux. Il est de couleur vert foncé bleuâtre à reflets métalliques.

Sapinette blanche (*Picea alba*). — Arbre moyen, formant le plus souvent une pyramide ventrue. Rameaux très-serrés. Feuilles courtes, d'un vert glauque argenté, augmenté parfois d'une teinte bleuâtre ou violacée.

Il n'est pas difficile sur le terrain, mais il craint l'excès d'humidité. Il préfère une situation un peu ombragée, exempte des vents arides.

Tsugas. — Les sapins tsugas ont les feuilles planes, disposées sur deux rangs peu réguliers; les cônes pendants, à écailles persistantes.

Ils demandent une situation saine, où l'air soit vif, mais exempte des brusques changements de température, soit par sa position, soit par le voisinage de grands arbres.

Terrain léger, sablonneux, frais sans être pourrissant.

Sapin du Canada, Hemlock-spruce (*Tsuga Canadensis*). — Arbre de moyenne taille, à forme légère, très-élégante. Branches souples et pendantes. Feuillage léger, d'un vert clair grisâtre.

Sapin de Douglas (*Tsuga Douglasii*). —Grand et bel arbre pyramidal, à tige droite et glabre. Branches étalées, légèrement retombantes. Feuilles d'un vert pâle en dessus, glauques en dessous.

Il ne vient pas bien partout; il lui faut un terrain siliceux, graveleux, légèrement humide, sur un sous-sol caillouteux. Il redoute autant l'aridité qu'une humidité pourrissante, à sa partie aérienne comme à ses racines.

Sapin de Brown (*Tsuga Brunoniana, vel T. Browneana*). — Arbrisseau buissonneux, d'une belle végétation, fort élégant par sa verdure glauque argentée.

Il est toujours prudent de lui donner un abri.

Sequioa. — Les Sequoia sont des arbres gigantesques, qui nous viennent de la Californie. Ils peuvent être classés dans les beaux ornements de nos jardins, et leur robusticité nous fait espérer pour eux un bel avenir forestier en Europe.

Sequoia gigantesque (*Sequoia gigantea, vel Wellingtonia gigantea*).— On ne peut trop vanter ce géant du règne végétal, joignant à la robusticité une vigueur et une beauté incomparables (1).

Il forme une magnifique pyramide à large base, régulièrement garnie de branches jusqu'à terre. Ses branches sont horizontales et surmontées de rameaux verticaux. Son feuillage est petit, appliqué sur les rameaux, d'un vert tendre un peu glauque, rougissant légèrement pendant l'hiver, et devenant au printemps d'une nuance terne qui n'en fait paraître que plus frais les jeunes rameaux qui se développent. Il s'allonge très-souvent de 1 mètre par an, et la flèche est ramifiée au fur et à mesure de sa pousse.

Quant au sol, le Sequoia gigantesque n'est pas difficile; il nous a réussi en terrains calcaire, caillouteux, sablonneux, argilo-sableux.

Sequoia toujours vert (*Sequoia sempervirens, vel Taxodium sempervirens*). — Très-grand arbre vert poussant avec rapidité. Sa végétation se prolonge trop, car souvent sa flèche n'ayant pu s'aoûter est atteinte par les premiers froids. Aussi

(1) On en voit en Californie qui ont 100 mètres de haut et 25 mètres de circonférence près de terre.

doit-on lui préférer les terrains secs, perméables et profonds, avec une situation un peu abritée.

Ses branches sont éparses, étalées; ses feuilles, planes, sur un rang de chaque côté des rameaux, sont d'un vert propre et gai.

Il se développe parfois à la base du tronc plusieurs tiges qui rendraient l'arbre buissonneux, si l'on n'avait le soin de les supprimer.

Taxodier (*Taxodium*). — Les Taxodiers sont des arbres élégants par leur beau port et la légèreté de leur feuillage, qui tombe chaque année.

Taxodier distique, Cyprès chauve de la Louisiane (*Taxodium distichum*). — Grand et bel arbre rustique, à cime pyramidale, demandant à être planté sur le bord des rivières, des mares et des étangs. Feuillage léger, d'un vert tendre et frais.

Sur les racines de cet arbre et en divers endroits, il pousse des excroissances ou exostoses qui sortent de terre et produisent un singulier effet.

Taxodier distique nain (*Taxodium distichum nanum*). — Il forme un arbrisseau très-branchu, plus compacte et moins élancé que le précédent. Son feuillage, plus serré, est aussi élégant.

Taxodier à feuille pennée (*Taxodium pinnatum, vel Taxodium Mexicanum*). — Cette espèce est à végétation plus prolongée que le T. distique; conséquemment, elle conserve ses feuilles plus longtemps, et serait plus sensible à une gelée précoce.

Taxodier pleureur de Chine (*Taxodium Sinense pendulum, vel Glyptostrobus pendulus*). — Arbrisseau ou petit arbre élégant, de forme gracieuse par ses branches étalées et retombantes. Il n'est que de moyenne vigueur.

Thuia. — Les thuias sont des arbres verts de tailles différentes; isolés, ils forment généralement des pyramides. On en fait aussi des abris et des haies, car ils supportent bien la tonte.

Ils sont peu délicats sur la nature du sol, mais ils redoutent les terres mouillées.

Les botanistes divisent les thuias en deux catégories, d'après leurs cônes ou strobiles : les Biotas et les Thuias proprement dits.

Les Thuias proprement dits sont des arbres très-rustiques, peu délicats sur la nature du terrain et sur l'exposition. Les terres sèches et assez profondes leur sont particulièrement favorables.

Thuia d'Occident, T. du Canada (*Thuia occidentalis*). — Arbre des plus robustes, vert en été, mais prenant en hiver une teinte roussâtre peu agréable.

Thuia gigantesque (*Thuia gigantea, vel T. craigiana, vel Libocedrus decurrens*). — Arbre atteignant de grandes proportions, supportant nos froids les plus intenses. Il pousse avec vigueur et forme une pyramide élégante.

On cultive aussi une variété à feuille glauque.

Thuia de Lobb (*Thuia Lobbi*). — Quoique vigoureuse et rustique, cette espèce n'a pas l'air aussi robuste que la précédente. Leur feuillage se ressemble.

Thuia de Warren (*Thuia Warreana*).—Arbre ne s'élevant que modérément, mais formant une large pyramide conique à l'air robuste. Il n'est difficile ni sur le terrain ni sur l'exposition.

Les Biotas ont leurs branches plus dressées et resserrées; leur ensemble est généralement plus compacte.

Thuia de la Chine (*Biota orientalis*). — C'est le plus convenable pour faire des rideaux de verdure et des abris contre le vent et le soleil. On le plante aussi sur les tombes.

Isolé, il forme une pyramide élancée, à branches dressées, rapprochées, garnies de rameaux et de ramules sur deux faces opposées, ce qui les rend très-plates.

Nous l'avons vu quelquefois perdre des branches par de fortes gelées.

Il aime un terrain sablonneux. Il ne pousse pas dans l'argile et jaunit dans le calcaire.

Nous recommandons ses variétés nommées naine, compacte, glauque, à feuille panachée.

Thuia nain à pointes d'or (*Biota aurea, vel Thuia aurea*). — Charmant arbuste nain, formant une boule verte ne dépassant guère 1m,50 de hauteur.

Il est très-rustique et va à toute exposition.

Thuia pyramidal, Thuia de Tartarie (*Biota Tartarica, vel Biota stricta pyramidalis*). — Arbrisseau buissonneux, restant vert en tous temps, ayant le feuillage moins serré que le T. de la Chine. Il se comporte mieux que ce dernier dans les sols calcaires.

Thuia de la Chine à rameau pendant (*Biota pendula, vel Thuia filiformis pendula*). — Cette variété n'acquiert jamais un grand développement; elle est curieuse et originale par ses rameaux effilés et pendants.

Thuia de Meaux (*Biota Meldensis*). — Arbrisseau de forme irrégulière, charmant par sa verdure glauque, contrastant agréablement avec tous les autres arbres verts.

Il affectionne une situation à demi ombragée.

Thuiopsis. — Arbre vert d'une grande vigueur, se développant naturellement en large pyramide. Son feuillage, qui a de l'analogie avec celui du Thuia, ne change pas de couleur en hiver.

Thuiopsis boréale (*Thuiopsis borealis*). — Arbre vigoureux, de forme pyramidale buissonneuse, à branches déliées et à beau feuillage vert gai à reflets bleuâtres.

Il pousse dans tous les terrains et ne souffre pas de nos hivers.

Thuiopsis dolabriforme (*Thuiopsis dolabrata*). —Il est très-beau, ainsi que ses variétés, panachée et naine. Ne les cultivant que depuis peu, nous ne sommes pas encore fixés sur leur rusticité.

Torreya. — Les Torreyas forment des pyramides étroites, élancées. Ils tiennent de l'If par le feuillage.

Nous recommandons les suivants :

Torreya élevé (*Torreya grandis*).

Torreya nucifère (*Torreya nucifera*).

Torreya à fruit de muscade (*Torreya myristica*).

CONIFÈRES DU MIDI. — On cultive encore un nombre considérable d'autres espèces ou variétés, que nous n'avons pas cru devoir recommander pour le climat moyen de la France; car elles ne supportent l'hiver que dans quelques départements privilégiés. Il leur faut un site favorisé, soit par un climat tempéré, soit par un abri naturel; avec cela un terrain très-perméable. On peut encore les conserver dans le Nord si on les rentre en orangerie, ou en recouvrant la partie aérienne d'un capuchon de paille, tout en répandant des feuilles ou de la mousse sur le sol qui cache les racines.

Nous citerons, entre autres espèces ornementales, les Cyprès funèbre de Chine (*Cupressus funebris*).

Cyprès de Lambert ou C. à gros fruit (*Cupressus Lambertiana, — vel C. macrocarpa*).

Cyprès de l'Himalaya (*Cupressus torulosa*).

Cyprès pyramidal (*Cupressus fastigiata, vel C. sempervirens*).

Cyprès de Goven (*Cupressus Goveniana*).

Dacrydion (*Dacrydium*). Plusieurs variétés.

Genévrier (*Juniperus*). Plusieurs variétés.

Libocedrus du Chili (*Libocedrus Chiliensis*).

Libocedrus de Doni (*Libocedrus Doniana*).

Pin maritime, ou Pin des Landes, ou Pin de Bordeaux (*Pinus pinaster*).

Pin de Jérusalem (*Pinus Alepensis*).

Pin remarquable (*Pinus insignis*).

Pin de Montézuma (*Pinus Montezumæ*).

Pin de Winchester (*Pinus Wincesteriana*).

Pin pignon (*Pinus pinea*).

Pin à longue feuille (*Pinus longifolia*).

Pin de marais (*Pinus palustris, vel Pinus australis*).

Podocarpe (*Podocarpus*). Plusieurs variétés.

Sapin de l'île de Jezo (*Abies Jezoensis*).

HAIES VIVES DE CLÔTURE.

La formation des haies vives se fait avec diverses essences végétales, appropriées au climat et à la nature du sol.

Il est essentiel que ces végétaux soient très-rustiques, ramifient suffisamment leurs branches, n'étendent pas trop leurs racines, et puissent supporter des tontes réitérées.

Les sujets sont de jeunes plants de semis faits en pépinière, et leur plantation s'opère à la même époque que celle des arbres.

On les met sur une ou deux lignes, selon la place. Une haie défensive, le long d'un chemin, se plante généralement sur deux rangs, distancés de 0m,15, et les plants sont espacés de 0m,15 sur chaque rang; de plus, on les dispose en échiquier pour que la base de la haie soit bien garnie.

Une simple palissade de séparation s'établit sur un seul rang; mais on ne laisse entre les plants qu'un intervalle de 0m,10.

Préparation du terrain. — Pendant l'été, pour que le tassement puisse s'opérer avant la plantation, nous ouvrons une tranchée d'environ 1 mètre de largeur sur 0m,50 de profondeur, que nous emplissons de bonne terre. A moins qu'elle ne soit très-ingrate, on se sert de celle qui s'y trouvait, en la débarrassant de l'excès de pierres, des racines ou autres corps nuisibles à la végétation. Nous aplanissons ensuite la surface et n'y touchons plus avant la plantation.

Choix des espèces. — Pour choisir l'essence la plus convenable, on doit tenir compte du climat et de la nature du sol; nous l'avons déjà dit.

Voici la liste des espèces à employer.

Pour les climats froids; c'est-à-dire le nord et l'est de la France :

Aubépine ou *Épine*. — Sols calcaires, sableux, argileux. Redoute l'excès de craie, de silice, de tourbe, ainsi que les terrains submergés.

L'Aubépine doit être préférée à toute autre espèce partout où elle peut prospérer, car elle réunit toutes les conditions exigées pour faire une haie bonne et durable. D'ailleurs, les jeunes plants n'en sont pas rares.

Ajonc. — Tout terrain, sauf la craie.

Buis en arbre. — Tous terrains, même les plus arides. Précieux dans les lieux privés d'air, sous les grands arbres, par exemple.

Charme. — Sol argileux.

Cytise faux-ébénier. — Terrain pierreux.

Épine-vinette. — Terrain sableux ou calcaire.

Érable champêtre. — Sol argileux.

Févier. — Terrain calcaire ou siliceux, de médiocre qualité afin de modérer sa vigueur.

Genévrier commun. — Terrain sableux ou calcaire; profond ou non; en côte ou en plaine; plutôt sous les grands arbres.

Hippophaé rhamnoïde. — Terrain calcaire, ou terrain sableux et salant des bords de la mer.

Houx commun. — Sol argilo-sableux, ou humus tourbeux; situation abritée.

Lyciet. — Terrain pierreux, léger, sableux; notamment sur les côtes.

Mahaleb ou *Sainte-Lucie*. — Sol siliceux ou calcaire, fût-il de médiocre qualité.

Orme. — Tout terrain, dans les parties boisées.

Poirier sauvage. — Sol profond, assez substantiel.

Pommier sauvage. — Terrain à base de calcaire ou d'argile, mais bien aéré et non humide pour éviter les pucerons. Éloigner des autres plantations de pommiers.

Prunellier sauvage. — Tout terrain.

Prunier myrobolan. — Croissance rapide en terrain pierreux, calcaire.

Robinier vulgairement *Acacia.* — Pour les terrains de médiocre qualité, afin de modérer sa vigueur, et suffisamment profonds pour faire pivoter les racines qui, sans cela, traceraient à la surface et pourraient nuire aux emblaves environnantes.

Sapin épicéa. — Sol calcaire ou sableux.

Saule Marceau. — Seulement pour les terrains humides, submergés.

Troëne commun. — Tout terrain.

Sous les climats tempérés, c'est-à-dire le centre et l'ouest de la France, on pourra employer les mêmes espèces que dans le nord, et y ajouter les suivantes :

Buisson-ardent. — Terrain frais et léger; à mi-ombre.

Érable de Montpellier. — Tous terrains.

Maclure épineux. — Sol poreux, un peu frais.

Olivier de Bohême. — Sol siliceux.

Paliure épineux. — Tous terrains.

Enfin, on peut joindre les espèces qui suivent pour les climats chauds du sud et du sud-est :

Alaterne. — Tous terrains.

Chêne kermès. — Tous terrains.

Filaria. — Terre légère.

Grenadier. — Sol argilo-siliceux.

Laurier de Portugal. — Terrain non desséchant; demande l'ombre.

Laurier-tin. — Terrain léger, non submergé.

Mûrier blanc. — Tous terrains.

Olivier sauvage. — Tous terrains.

Pourpier de mer. — Pour les bords de la mer.

Choix des plants. — Nous ne planterons que des sujets sains et bien portants, ayant été élevés en pépinière ; ceux qui sont arrachés dans les forêts, doivent être invariablement rejetés, parce qu'ils n'ont pas de racines suffisantes.

Leur âge varie avec l'essence employée, selon sa croissance plus ou moins rapide. Ainsi, les plants d'un an, quand ils sont vigoureux, bien entendu, doivent être préférés pour le Robinier, le Mahaleb, le Prunier Myrobolan, etc.; tandis que les Buis, Genévrier, Houx, Sapin, et autres, doivent avoir au moins trois ans.

Nous préférons presque toujours ceux qui ont été repiqués; c'est-à-dire qui ont déjà subi en pépinière une transplantation. Cette condition est de rigueur pour les espèces à feuillage persistant, comme le Sapin, le Houx, le Genévrier, etc., tandis qu'elle n'est pas nécessaire pour le Marceau, le Faux-ébénier.

Plantation des haies. — Dans la plupart des terrains, la plantation doit être faite en automne pour les espèces à feuillage caduc; en mars-avril pour celles à feuillage persistant; et invariablement à cette dernière époque dans les sols compactes, froids, humides, submergés pendant l'hiver.

On procède d'abord à l'habillage des jeunes plants. Cette opération consiste à couper, avec une serpette ou un sécateur, l'extrémité de leurs racines, en supprimant les parties déchirées lors de la déplantation. Et pour rétablir l'équilibre entre la tête et le pied, on retranche environ le tiers de celle-là.

Que l'on se rappelle bien ceci : les espèces à feuillage persistant ne subissent aucune amputation quand on les transplante, ni aux branches ni aux racines.

Sans perdre de temps, pour éviter le dessèchement du chevelu, on les plante aux distances que nous avons indiquées, en scellant bien la terre.

Une palissade morte est nécessaire en avant des plants, pour les garantir de toute avarie.

L'année suivante, on remplace les sujets qui auraient manqué, avec de beaux plants, de force au moins égale à ceux plantés l'année précédente.

Formation des haies. — On donne habituellement aux haies une hauteur de 1m,30 à 2 mètres, sur 0m,40 d'épaisseur.

C'est au moyen de la taille qu'on les obtient bien fourrées dans toutes leurs parties.

Cette taille diffère selon qu'on a affaire à une espèce qui garde ou qui perd ses feuilles.

Taille des espèces à feuillage caduc. — Voici la méthode la plus simple, qui est généralement adoptée :

Quand les plants sont bien repris, ce qui a lieu généralement à la fin de la seconde année, exceptionnellement la première (dans les très-bons terrains), on recèpe, au printemps, tous les plants à environ 0m,10 du sol. Sur chaque sujet, il se développe alors plusieurs rameaux formant un petit buisson. Au printemps suivant, on taille ces jeunes branches à une hauteur variant de 0m,25 à 0m,35, selon que l'espèce se ramifie bien et qu'elle s'est bien développée. Un an après, on opère une taille plus courte, à 0m,10 ou 0m,15, qui fait fortifier les ramifications de la base. On alterne annuellement la taille longue et la taille courte, jusqu'à ce que la haie soit à la hauteur voulue. On taille aussi les côtés, en allongeant successivement, pour obtenir l'épaisseur convenable.

On taille plus long dans un bon sol que dans un de médiocre qualité. Les espèces à branches nombreuses et ramifiées seront moins raccourcies que celles à longues branches dénudées.

Si l'on veut une haie plus mince et qui soit assez défensive, on ne plantera que sur un rang, on recépera de même les plants la seconde année, et, un an après ce travail, on attachera, une à une, les jeunes branches sur la palissade morte, en les inclinant sur un angle d'environ 45°, et en les entre-croisant, par nombre égal, de gauche à droite et de droite à gauche, de manière à former des losanges superposés. Pendant l'hiver, on rognera les plus longues branches à la hauteur des plus courtes, qu'on laissera intactes. Puis, chaque année, on attachera et l'on rognera de même, jusqu'au moment où la clôture arrivera à la hauteur voulue. Les tontes verticales, sur les côtés, seront aussi pratiquées tous les ans, pour empêcher la haie de trop envahir et forcer les ramifications à se multiplier.

Toute taille aux végétaux à feuillage caduc doit être faite quand la sève est en repos, si l'on veut avoir une haie vigoureuse et de longue durée. Les tontes exécutées pendant la végétation, énervent les sujets qui les supportent.

Taille des espèces à feuillage persistant. — Nous venons de dire que les tontes exécutées pendant la végétation énervent les sujets qui les supportent; or, les espèces à feuillage persistant, étant constamment en végétation, devront n'en pas subir de trop rigoureuses. Cependant, la taille est indispensable pour refouler la sève dans les branches inférieures et les maintenir suffisamment fortes; on devra donc les tailler plusieurs fois par an, pour n'enlever que peu à la fois, de manière à ne pas paralyser subitement le cours de la sève, ce qui amènerait inévitablement la mort. Disons encore que, dans le même but, il vaudra mieux ne pas rogner ensemble les côtés et la tête.

On comprend que les suppressions, sur ces végétaux, ne doivent être commencées qu'après plusieurs années de plantation, quand les sujets sont devenus vigoureux. On doit aussi les pratiquer préférablement au printemps et pendant l'été, pour que la végétation reprenne promptement son cours.

Entretien des haies. — Dès la première année de plantation, pendant chaque été, on bine ou on pioche superficiellement le terrain sur une largeur d'au moins $0^m,30$ de chaque côté de la haie. Cette opération a pour but de détruire les mauvaises herbes qui se nourrissent au détriment des plants, et de conserver la fraîcheur du sol en l'empêchant de former un seul corps qui se dessèche du fond à la surface.

Ces binages doivent être continués malgré la complète formation de la haie, car les herbes envahiraient bien vite ses branches inférieures qu'elles affaibliraient.

On continue également tous les ans les tailles au sommet et sur les deux faces latérales, en rabattant continuellement sur la taille précédente.

Disons ici que toutes ces tontes se pratiquent sur les trois faces à l'aide des ciseaux. On emploie aussi le croissant pour tailler les côtés.

Lorsque, soit par suite d'accident ou de manque d'air, des sujets viennent à périr, il faut les remplacer sans retard, avant que les racines des sujets voisins aient envahi l'espace. Ces remplacements n'ont de succès que lorsqu'ils sont opérés sur une longueur d'au moins $0^m,75$. On ouvre une tranchée, comme s'il s'agissait d'une plantation neuve; à chaque extrémité on place verticalement contre la paroi une petite planche destinée à empêcher l'envahissement du terrain par les racines des voisins; puis on remplit la tranchée de terre nouvelle et l'on plante des sujets aussi forts que possible.

Quand les trous à boucher ont moins de $0^m,75$ de largeur, on rapproche les branches voisines, qu'on entre-croise pour emplir l'espace vide.

Rajeunissement des haies. — Après un certain laps de temps, plus ou moins long, selon la qualité du terrain, selon l'espèce employée, selon les soins appliqués, il arrive que la haie devient chétive dans son ensemble, les sujets ont l'air de ne plus recevoir assez d'aliment des racines; il faut alors, pour leur rendre leur vigueur, recéper à quelques centimètres du sol toute la haie à la fin de l'hiver.

En même temps, il est bon d'amender ou de fumer le terrain pour faire sortir sur les vieilles racines de nombreuses radicelles qui seront autant de bouches nourricières; puis, on recommencera sa formation comme nous l'avons indiqué.

ERNEST BALTET.

CHAPITRE LVII

DES ARBRES A CIDRE.

Considérations générales. — Nos lecteurs vont se demander pourquoi nous avons attendu jusqu'à ce moment pour parler des arbres à cidre; nous allons le leur apprendre. Il est évident que ceci n'est point le fait du hasard et que nous avons eu nos raisons, bonnes ou mauvaises, pour choisir cette place plutôt qu'une autre.

Nous avons eu d'abord la pensée de mettre nos arbres à cidre à la suite des arbres de verger, mais nous nous sommes dit que, dans le chapitre consacré au verger, on n'avait eu, en définitive, d'autre but que de grouper et de cultiver de la manière la plus simple les diverses espèces fruitières de table étudiées séparément. Le jardin fruitier qui comprend les autres modes de groupement et de culture, c'est-à-dire une distribution plus compliquée et plus artistique des espèces en question, devait suivre nécessairement et n'autorisait aucune interruption en faveur des arbres à cidre. L'organisation du jardin fruitier où figurent des carrés de légumes nous forçait naturellement d'aborder de suite la culture potagère, et, une fois dans le jardin, nous ne pouvions en sortir qu'après avoir épuisé la série des cultures qui s'y rencontrent ou doivent s'y rencontrer. Des légumes, il fallait passer aux plantes médicinales, de celles-ci aux fleurs, du parterre au parc, des plantes herbacées aux arbres et arbustes d'ornement. Tout cela s'enchaînait si bien; l'ordre des choses s'établissait de lui-même si naturellement, que nous n'avons pas cru devoir déranger la moindre disposition. C'est ainsi que nous sommes arrivé à placer les arbres à cidre entre ceux des jardins et ceux des forêts, presque à égale distance des uns et des autres.

Ces arbres à cidre, qui comprennent surtout des pommiers et des poiriers, ont une importance capitale que nous ne nous dissimulons pas et que nous ne voulons pas amoindrir. Ils sont à treize de nos départements ce qu'est la vigne à certains autres. La Normandie, la Picardie et la Bretagne leur demandent la boisson habituelle de leurs populations, boisson connue sous le nom de *cidre*. C'est le jus fermenté de pommes ou de poires qui ont été d'abord pilées, puis pressées. On distinguait autrefois les cidres en *pommé* ou cidre de pommes et en *poiré* ou cidre de poires; la première appellation a presque entièrement disparu; la seconde s'est maintenue dans quelques contrées, mais le plus ordinairement on dit cidre de pommes et cidre de poires.

Chez les anciens, comme on peut s'en convaincre à la lecture du livre III de l'*Économie rurale* de Columelle, on connaissait très-bien ces deux boissons sous les noms de *Vin de poires* et *Vin de pommes*. — « Pour faire du vin de poires, écrivait-il, écrasez ces fruits, mettez-les dans un sac à mailles serrées, et comprimez-les avec des poids ou à l'aide du pressoir. Cette boisson se conserve en hiver, mais s'aigrit au printemps. » Plus loin, cet auteur ajoute qu'on fait du vin avec les pommes par les mêmes procédés qu'il a indiqués en parlant des poires.

Autrefois, on écrivait *Sidre* ou *Sitre*, comme on le voit dans Furetière. Ce mot dérive ou du latin *Sicera* ou de l'hébreu *Shêkar* ou *Sichar*, ou du bas-breton *Sistr*, trois expressions qui signifient un breuvage de nature enivrante, autre que le vin, à ce qu'on assure. Les Espagnols ont dit *Sizra*, et les Basques *Sidra*. Or, il paraît établi que les Normands ont eu de fréquents rapports avec les Basques, qu'ils ont tiré de la Biscaye les greffes de leurs pommes les plus estimées, qu'ils y achetaient jadis leur cidre dans les années de disette, et il n'est pas étonnant, après cela, qu'ils aient emprunté aux Basques un mot de leur vocabulaire.

Nous n'avons à nous occuper ici ni du climat, ni des terrains, ni des expositions qui conviennent aux pommiers à cidre, puisqu'il en a été parlé dans la monographie du pommier cultivé. Pour ce qui est de la culture de ces variétés à cidre, nous ne voyons pas en quoi elle diffère essentiellement de celle des pommiers de verger. Les moyens de multiplication, les procédés de plantation et d'entretien sont les mêmes dans un cas que dans l'autre. On dispose une pommeraie à cidre comme un verger de pommes à couteau, ou bien on se contente souvent de planter les arbres au bord des chemins et des routes, ou de chaque côté des avenues, ou enfin, de loin en loin, parmi les champs. Ce qui nous intéresse surtout dans ce chapitre, c'est le choix des variétés, la cueillette et l'emploi des fruits.

Variétés de pommiers à cidre. — En 1588, un Normand, Julien le Paulmier, publiait en latin un remarquable petit livre sur le vin et le cidre (*de Vino et Pomaceo*). Ce petit livre fut traduit l'année suivante en français par Jacques Cahagne, autre Normand. Il y est dit : « Toutes sortes de pommes douces meslées ensemble, font de *bon sidre*; mais, il s'en trouve de plusieurs espèces, lesquelles séparément sidrées, le font *très-excellent*. Davantage, plusieurs ont observé certaine proportion de meslange en quelques espèces, qui rend le sidre *admirable*. »

Ces remarques sont justes et admises de notre temps. On n'ignore pas que, rien qu'avec des pommes douces, on peut fabriquer un cidre agréable, mais on n'ignore pas non plus qu'il est de courte durée et qu'il passe vite à l'aigre, comme celui dont parle Columelle. Dans certaines localités, on s'accorde à reconnaître qu'un mélange de pommes douces et de pommes sures donne un cidre préférable à celui dont il vient d'être parlé et se conservant mieux; enfin, on admet également que le cidre par excellence provient d'un mélange de pommes sures, de pommes douces et de pommes amères, en proportions variables. Toutefois, le plus ordinairement, on conseille une partie de pommes sures pour deux parties de chacune des autres variétés (1).

Il va sans dire que les pommes à cidre ne se distinguent pas seulement entre elles par la saveur; elles se distinguent en outre par l'époque de leur maturité. Ainsi, nous avons des pommes de 1re saison, de 2e saison et de 3e saison. Les premières mûrissent ordinairement en septembre, les secondes en octobre, les troisièmes en novembre.

M. Dubreuil a donné une liste très-considérable de ces variétés. Parmi celles de première saison, il indique 18 variétés amères, 27 douces et 4 acides; parmi celles de seconde saison, 20 variétés amères, 45 douces et 9 acides; parmi celles de troisième saison, 17 variétés amères, 44 douces et 6 acides. Nous remarquons dans cette liste des noms cités avec éloge au seizième siècle par Julien le Paulmier, comme, par exemple, la pomme Muscadet et la pomme d'Épice qui sont des fruits amers de première saison, le cul-noué, qui est une pomme amère de deuxième saison; la Barberie, le Marin Onfroy et la pomme de Chevalier qui sont des fruits doux de deuxième saison.

Les variétés les plus répandues et qui, par cela même, ont souvent le plus de synonymes, sont les suivantes :

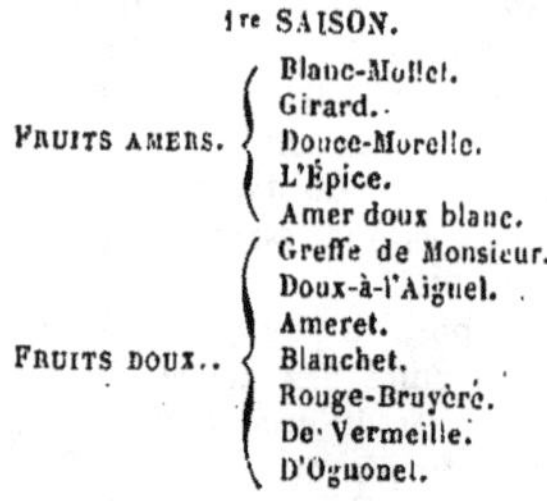

1re SAISON.

FRUITS AMERS. { Blanc-Mollet. Girard. Douce-Morelle. L'Épice. Amer doux blanc.

FRUITS DOUX. { Greffe de Monsieur. Doux-à-l'Aiguel. Ameret. Blanchet. Rouge-Bruyère. De Vermeille. D'Oguonel.

(1) Dans la vallée d'Auge, où cependant le cidre est de première qualité, on ne le fabrique qu'avec des pommes douces et des pommes amères. Les pommes sures sont exclues du mélange.

FRUITS ACIDES.	Bonne-Ente. Camoise.

2e SAISON.

FRUITS AMERS.	Petit Ameret. Gros-Amer doux. Ozanne. Cul-Noué.
FRUITS DOUX.	Doux aux Vespes. Gallot. De Sonnette. Rambour doux. Peau-de-Vache précoce. De Rouget. De Blangy. De Binet. De Long-Bois.
FRUITS ACIDES.	Feuillard. Fleur d'Auge. Petit Soulange. De Rennes.

3e SAISON.

FRUITS AMERS.	De Mounier. Hamelait blanc. Pré-Petit. Bec-d'Ane.
FRUITS DOUX.	Gros-Doux de passé. Gros Bedang. Roquet blanc. Fausse Moussette. Camière. Marin-Onfroy. Peau-de-vache tardive.
FRUITS ACIDES.	Glane-d'Oignon. Surette. Douce Morelle rouge.

Le meilleur cidre, nous le répétons, se fait avec un mélange de pommes douces, amères et acides de la même saison. Les pommes douces seules produisent une boisson agréable, mais faible en couleur et de courte durée ; les pommes amères seules produisent de la force, mais elles épaississent trop le cidre ; les pommes acides ou sures seules produisent une boisson faible, très médiocre et sujette à brunir hors du tonneau. On constate en outre que les pommes amères sont celles qui donnent le moins de jus ; seulement il a de la force et de la durée ; que les pommes douces en donnent davantage ; que les pommes acides en donnent le plus ; que les pommes trop mûres affaiblissent le cidre ; que les pommes à couteau, à l'exception de la *Reinette de Caux*, donnent un cidre de basse qualité ; que les pommes des vieux arbres fournissent un cidre plus corsé que celui des jeunes arbres.

On voit par ce qui précède que le mélange des pommes est de nécessité pour une bonne fabrication.

Toutefois, pour être juste, nous devons constater ici que M. Morière proscrit du mélange les pommes acides. Il ne veut que des pommes amères et douces.

— « Voici, dit-il, dans l'*Encyclopédie pratique de l'agriculteur*, quelques exemples de mélanges raisonnés de diverses variétés de pommes qui fournissent les meilleurs cidres dans chaque saison :

CIDRES DE 1re SAISON.

1.	Doux à l'Aignel	1/3
	De Vermeille	1/3
	Gros Amer doux	1/3
2.	Doux à l'Aignel	1/4
	Rouge-Bruyère	1/2
	Blanc-Mollet	1/4
3.	Rouge-Bruyère	1/3
	D'Ognonet	1/3
	Douce-Morelle	1/3

CIDRES DE 2e SAISON.

1.	De Rouget	2/5
	De Sonnette	1/5
	Gros Amer doux	1/5
	Ozanne	1/5
2.	Peau-de-Vache précoce	1/3
	Gallot	1/3
	Doux Amer	1/3
3.	Doux aux Vespes	1/3
	Rambour doux	1/3
	Petit Ameret	1/3

CIDRES DE 3e SAISON.

1.	Peau-de-Vache tardive	1/2
	Roquet blanc	1/4
	Bec-d'Ane	1/4
2.	Peau-de-Vache	1/3
	Mariu-Onfroy	1/3
	Bec-d'Ane	1/3
3.	Peau-de-Vache	1/3
	Gros Redang (1)	1/3
	Hommelait blanc (2)	1/3

Cueillette des pommes à cidre. — Il en est des pommes à cidre comme des raisins à vin ; il ne suffit pas d'avoir de bons plants, des terrains et une exposition particulièrement favorables pour obtenir des produits de haute qualité, il faut encore, avec cela, le concours d'une température convenable et faire la cueillette en temps opportun. Les pommes qui ne sont pas assez mûres, manquent de parfum et de sucre, et produisent un cidre faible qui a de la tendance à *se tuer*, c'est-à-dire à *brunir dans le verre*, particularité bien connue et que l'on a trop souvent l'occasion d'observer. On vous apporte sur la table une carafe de cidre bien limpide et de couleur ambrée ou de couleur rougeâtre ; vous versez de ce cidre dans un verre, et, tout aussitôt, il perd sa limpidité dans la carafe aussi bien que dans le verre et prend une couleur foncée désagréable. Pour prévenir cet inconvénient, il importe donc d'abord d'attendre que les pommes soient mûres à point, et ensuite d'opérer le mélange des variétés comme nous l'avons indiqué.

Les pommes qu'on laisse trop mûrir, et même pourrir un peu, ne produisent qu'un cidre de mauvais goût qui se gâte promptement.

— « Il y a donc, a écrit M. J. A. Grimaux avec grande raison, un moment précis pour faire la cueillette.

(1) M. Dubreuil écrit *gros Bedang*.
(2) M. Dubreuil écrit *Hammelait*.

« Lorsqu'on jugera que les fruits sont arrivés à ce point, ce qui se reconnaît facilement à la couleur jaunâtre que prennent les pommes, à l'odeur qu'elles exhalent, et particulièrement à l'abondance des fruits sains qui tombent tous les jours, on pourra alors procéder à la récolte.

« On choisira autant que possible un temps sec; car les pommes mouillées, accumulées en tas un peu considérables, s'échauffent vite et pourrissent bientôt.

« On devra, bien entendu, recueillir séparément les pommes de chaque saison et faire un tas spécial des pommes acides, un autre des pommes douces, et un troisième des pommes amères. Cependant, il est d'usage que les *Quétines* ou pommes tombées les premières par suite de la piqûre des insectes, soient réunies dans un seul et même tas, quelles que soient leur essence, leur époque de maturité, et confondues avec les pommes de première saison pour être pilées et pressurées ensemble.

« Le cidre fabriqué avec ces pommes devant être consommé peu de temps après sa préparation, il n'y a nul inconvénient à agir ainsi.

« A Jersey, certains cultivateurs, sachant par expérience que le rendement des pommes est d'autant plus considérable et le cidre d'autant meilleur que les pommes sont plus mûres, attendent que celles-ci tombent d'elles-mêmes et les ramassent tous les jours sous les arbres. — Il nous paraîtrait plus judicieux de faire plusieurs lochages légers à sept ou huit jours d'intervalle, car il est bien certain que tous les fruits ne tombent pas juste à l'instant précis où la dernière phase de la maturation vient de s'accomplir; il en est beaucoup qui, bien que mûrs, restent à l'arbre et y pourrissent si on ne les retire pas, ce qui occasionne une perte notable pour les cultivateurs Jersais.

« Tous n'agissent pas ainsi cependant; il en est qui font monter dans les arbres et secouer les branches les unes après les autres, soit avec les mains, soit avec les pieds, suivant la situation; seulement on oblige les garçons de ferme, chargés de cette opération, à retirer leurs souliers ferrés pour qu'ils n'endommagent pas l'écorce des pommiers.

« Ce mode est également suivi chez nous dans quelques fermes. »

Très-souvent, pour ne pas dire le plus ordinairement, il est d'usage de gauler les pommiers à cidre. « Cet usage, » écrivait-on, il y a un siècle, dans le *Gentilhomme cultivateur*, « porte beaucoup de préjudice aux arbres, en ce qu'on abat les bourgeons, altère le cidre, en ce que le suc du fruit n'ayant pas eu le temps de mûrir, il rend cette liqueur dure, âpre et aigre. » Ces reproches sont mérités, cependant nous sommes tenté de croire que le gaulage est plutôt favorable que nuisible à la fructification, mais il est évident que cette opération abrége la durée de la vie des arbres, et qu'elle doit amoindrir la qualité des fruits dont elle augmente le nombre. Quand nous avons deux arbres d'une même variété, du même âge, dans un même terrain et à la même exposition, l'un se portant bien, l'autre se portant mal, il est certain que les fruits du premier sont toujours supérieurs en qualité à ceux du second. Or, les arbres à cidre ne sauraient faire exception à la règle. Donc, tout bien examiné, il serait convenable de s'abstenir du gaulage; il vaudrait mieux procéder par secousses des branches fructifères, non pas au moyen de perches terminées par un crochet, mais avec des perches terminées en fourches. Au lieu de secouer de haut en bas, on secouerait de bas en haut, et de cette façon on ne s'exposerait point à faire éclater les parties trop chargées. Le gros inconvénient du gaulage est d'abattre les fruits verts en même temps que les fruits mûrs; l'avantage des secousses, pratiquées de quinzaine en quinzaine ou de huitaine en huitaine, est de n'abattre que les fruits mûrs à point.

Dans quelques contrées, on a conservé la vieille habitude de former des tas de pommes sur le terrain de la pommeraie. Ailleurs, on les enlève de suite pour les conduire et les entasser dans la cour de la ferme sur de la paille; et dans le cas où le temps se met à la gelée, on recouvre les tas avec de la paille, et l'on conseille de recouvrir cette paille à son tour avec une toile mouillée qui se glace et empêche l'action du froid. Mais le mieux est de mettre les pommes sous des hangars ouverts et de prendre contre la gelée les précautions que nous venons d'indiquer. L'emmagasinage des pommes en lieu clos leur fait contracter un goût de moisi, et l'on assure que le cidre qui en provient, fermente mal et se clarifie très-difficilement.

La mise en tas en lieu sec et aéré complète la maturation des fruits. On les abandonne ainsi à eux-mêmes pendant un temps plus ou moins long, selon la nature des pommes et l'état de l'atmosphère. Huit jours sont le délai le plus court; certaines pommes restent en tas quinze jours, trois semaines, un mois et davantage. Il faut nécessairement les surveiller de près, soulever la paille qui les recouvre, s'assurer qu'elles ne s'échauffent pas trop, qu'elles ne mûrissent pas trop vite et qu'elles ne sont pas exposées à pourrir. Dans le cas où l'on ne serait point en mesure de piler et de presser, il faudrait ralentir la fermentation en changeant les tas de place, c'est-à-dire en les aérant. Il serait plus simple encore de les aérer sans les changer de place, et l'on y réussirait en ménageant des vides sous les tas et dans l'intérieur de ces tas, ainsi que cela a été démontré dans le *Livre de la Ferme*, à l'occasion de la conservation des pommes de terre en cave. M. Grimaux nous apprend qu'il connaît des personnes qui placent leurs pommes sur une aire faite avec des tuyaux de drainage juxtaposés, que l'on recouvre de paille. Des claies soutenues à quelques centimètres du sol et des cheminées d'appel dans les tas vaudraient beaucoup mieux. Mais on ne prendra pas de sitôt cette peine, car il existe encore un grand nombre de cultivateurs qui ne dédaignent pas l'emploi des pommes pourries dans la fabrication du cidre et ne voient par conséquent pas la nécessité de prendre de grandes précautions contre la pourriture. On comprend très-bien qu'il en soit ainsi quand on se souvient de ce que de Brébisson écrivait il n'y a guère plus d'un demi-siècle :

— « Quelques écrivains célèbres, disait-il, prétendent que ce dernier état des pommes (la pourriture) est très-préjudiciable à la qualité du cidre. Il y a bien quelques apparences, même quelques probabilités qui semblent venir à l'appui de cette assertion. Il semblerait encore que l'on ne peut la révoquer en doute, puisque quelques-uns assurent qu'elle est le résultat d'expériences réitérées et suivies avec le plus grand soin. Cependant comment croire aussi que les mêmes essais n'ont pas été faits dans le pays d'Auge, dans le Bessin, le Cotentin, l'Avranchin, une partie de la Bretagne, le Bocage, le pays de Caux, le pays de Bray, le Roumois, la Picardie, etc., où l'on est dans l'usage de ne faire écraser les pommes que lorsqu'il y en a au moins un dixième, un quart, et souvent la moitié de pourries. En effet, outre ma propre expérience, je pourrais citer celle de plus de trente propriétaires riches et instruits des différentes contrées que je viens de nommer, qui regardent comme indispensable, lorsqu'ils font piler leurs pommes, qu'il y en ait une quantité de pourries, laquelle est relative à la différence des crus et à l'espèce des pommes. Celles d'un mauvais cru, ainsi que les tendres, exigent presque moitié de pommes pourries; les moyennes, un peu moins. Quant aux bons crus et surtout les pommes dures, il suffira qu'il y en ait un quart et même souvent un peu moins qui soient pourries. »

Quoi qu'en ait dit de Brébisson et malgré l'opinion de certains paysans de la Normandie, qui prétendent que les pommes gâtées améliorent le cidre, on nous permettra d'en douter ou mieux de n'en rien croire.

Du pilage des pommes. — Lorsque les pommes assorties ont achevé leur maturation en tas, il s'agit d'en exprimer le jus. Pour cela, on commence par les piler ou les écraser. Pour ce qui est des moyens de piler ou d'écraser, ils varient nécessairement selon les contrées.

Autrefois, on se contentait généralement de broyer les pommes dans des auges en bois, à l'aide de pilons en sorbier, en poirier ou en charme, et la besogne que l'on faisait ainsi passait pour excellente, mais elle était lente, pénible et coûteuse, et à mesure que les prix de la main-d'œuvre se sont élevés, il a fallu y renoncer et chercher des procédés mécaniques plus expéditifs. Le pilage à bras d'homme ne s'exécute réellement plus que dans des localités très-arriérées et chez quelques petits cultivateurs.

— « Dans la basse Normandie, écrit M. Morière (1), on fait généralement usage du tour à piler qui se compose d'une grande auge circulaire de 18 à 20 mètres de circonférence, en granit, en bois ou en pierre de taille, ayant une profondeur de 0m,30 à 0m,35, à bords évasés, et dans laquelle tourne une meule verticale en granit, en bois ou en pierre calcaire dure, de 1m,62 de diamètre sur 0m,16 d'épaisseur : cette meule

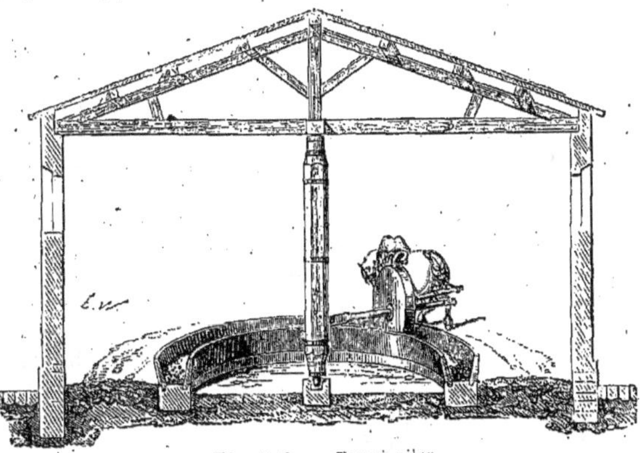

Fig. 1418. — Tour à piler.

est mise en mouvement par un cheval. La marche de la roue faisant remonter les fruits et leur marc le long des parois de l'auge, le conducteur du cheval le suit par derrière, et avec un bâton fait continuellement retomber ce marc au fond de l'auge. Quelquefois ce travail est fait par une barre de bois fixée à l'arbre horizontal, derrière la meule, et marchant comme celle-ci en appuyant sur la partie supérieure de l'auge. La quantité de fruits suffisante pour garnir l'auge du tour et faire ce qu'on nomme une *pilée* est habituellement de 100 kilogrammes.

« Les tours en bois donnent un cidre plus délicat que les tours en granit, et surtout que les tours en pierre calcaire, parce que le bois n'introduit aucun principe étranger dans le jus, et qu'il n'en est pas de même avec les substances minérales plus ou moins attaquables par l'acide des pommes. En outre, les tours en bois n'écrasent pas les pepins, ce qui est un très-grand avantage. Quelques personnes soutiennent que l'écrasement des pepins fait du bien au cidre : c'est une erreur; les pepins communiquent au jus un principe amer, une huile d'un goût fort peu agréable et du mucilage qui tend sans cesse à se détériorer. »

Arrêtons-nous un moment sur ce point. L'opinion émise par M. Morière, concernant l'influence des pepins écrasés, est celle de M. Girardin ; mais elle a été combattue dans un mémoire couronné en 1862 par la Société d'agriculture et de commerce de Caen. M. Isidore Pierre, rapporteur de la commission, a dit à ce propos : — « Nous croyons pouvoir partager l'opinion de l'auteur, que l'huile fixe contenue dans les pepins ne peut communiquer aux cidres un mauvais goût, et qu'elle peut, dans beaucoup de cas, contribuer à leur bonne conservation. » Le savant rapporteur ajoutait : « Nous ne comprenons pas davantage en quoi la matière gommeuse que l'eau peut extraire des pepins écrasés serait capable de nuire à la qualité du cidre; cette matière ne pourrait,

(1) *Encyclopédie pratique de l'Agriculteur*, t. V, p. 512.

tout au plus, que lui donner un peu plus de corps, ce qui ne saurait être un désavantage. M. Isidore Pierre ne redoute que l'huile essentielle des pepins qui pourrait masquer ou dénaturer la finesse de goût des cidres fins et renommés, mais il ne la redoute pas, au contraire, dans les cidres de seconde qualité et de qualité inférieure. M. Girardin n'entendait parler que de l'huile fixe et non de l'huile volatile, dont l'existence n'était pas même soupçonnée avant 1862.

Les meules ou tours à piler, dont il était question tout à l'heure, ne sont point irréprochables et ne marquent pas l'extrême limite des progrès dans la fabrication du cidre. On reproche à ces tours de n'être pas assez expéditifs, de prendre beaucoup de place, de coûter cher, d'occuper un homme et un cheval, de mettre la pulpe trop en bouillie et de rendre le jus difficile à éclaircir. On

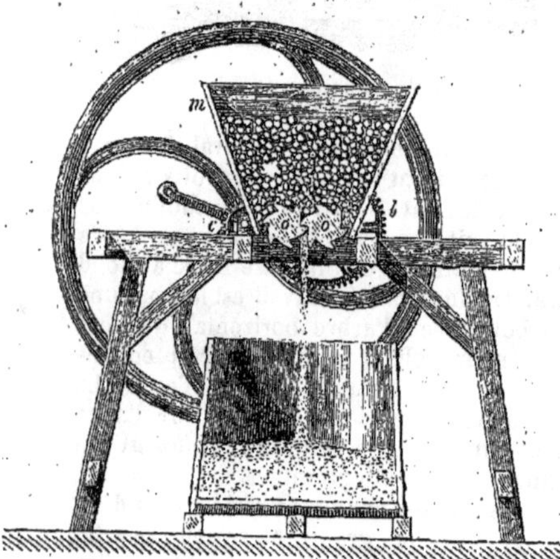

Fig. 1419. — Moulin à pommes.

conseille donc de les remplacer par le moulin à pommes dont on se sert dans la haute Normandie. Ce moulin n'occupe guère plus de place qu'un coupe-racines ordinaire, ne coûte pas plus de 160 à 200 francs, peut être manœuvré par un seul homme et écrase, selon M. Morière, 10 hectolitres de pommes à l'heure.

Le pilage des pommes par les meules se fait sans eau quand on se propose de conserver le cidre très-longtemps ou de le convertir en eau-de-vie, mais lorsqu'on veut du cidre ordinaire, du cidre de commerce, on ajoute de l'eau pendant le pilage, à raison de 1 litre par 15 kilogrammes de pommes environ. On s'accorde à reconnaître que la meilleure eau, pour faire le cidre, est celle de mare; puis vient celle de rivière; celle de puits est la plus mauvaise de toutes. Nous voulons bien croire aux propriétés que les praticiens attribuent à l'eau de mare, mais il serait fortement à désirer qu'on ne la prît point dans des mares boueuses, malpropres, infectes. Malheureusement, on n'y regarde pas toujours de bien près. Cependant, reconnaissons que presque partout il y a des mares destinées à la fabrication du cidre et qui ne sont point malpropres.

De la macération des pommes pilées. — Lorsqu'on veut donner au cidre une couleur rougeâtre, on met les pommes pilées dans des cuviers, et on les y laisse de douze à vingt-quatre heures, en ayant soin de remuer cette pulpe plusieurs fois par jour afin d'empêcher la fermentation. La pulpe devient rougeâtre. M. de Brébisson n'était point partisan de ce procédé. — « Nous ne conseillons à personne, disait-il, l'usage de la méthode indiquée par quelques auteurs, de laisser pendant quelque temps les pommes écrasées, dans une cuve, avant de les presser, pour colorer davantage le cidre. Nous croyons, au contraire, que plus on met de célérité dans cette opération, mieux on réussit à avoir un cidre généreux et de bonne séve. »

Du pressurage des pommes pilées. — Qu'on pratique la macération ou qu'on ne la pratique pas, il n'en faut pas moins presser la pulpe des pommes pour en extraire le jus ou moût. A cet effet, on la prend avec une pelle et on la dépose sur la maie ou tablier du pressoir, où un homme la prend au fur et à mesure et en forme une couche de 0m,10 à 0m,15 d'épaisseur. Sur cette couche de pulpe, on étend un mince lit de paille de seigle ou glui qui déborde d'environ 0m,08, ou bien, au lieu de paille de seigle, un tissu de crin bien propre, ou bien encore, comme le conseille M. Brassart, de Saint-Pôl, une claie de branches de hêtre ou de chêne, récemment coupées et qui puisse donner au cidre le principe conservateur (tannin). Sur cette paille de seigle, ce crin ou cette claie, on étend une seconde couche de pulpe, que l'on recouvre comme la première, et ainsi de suite jusqu'à ce qu'il y en ait une quantité suffisante pour le pressurage, quantité qui doit représenter à peu près un cube. Après cela, on place une table sur la motte, des madriers ou des billots sur la table. Il ne reste plus qu'à exercer la pression.

On attend quelques heures avant d'opérer, et l'on obtient de l'égouttage le cidre de mère goutte, ensuite on presse. On se sert le plus ordinairement, à cet effet, du vieux pressoir à arbre, pareil à celui que nous avons vu en Bourgogne et qui tend chaque jour à disparaître. Il en est de même en Normandie; les gros arbres y deviennent rares aussi et d'un prix inabordable.

Avec le pressoir primitif, on obtient, au premier pressurage, de 30 à 40 litres de gros cidre par hectolitre de pommes. Avec le pressoir à percussion de Révillon, qui commence à se répandre et dont le prix n'est pas élevé, on peut augmenter le rendement d'un tiers. M. Morière recommande aussi le pressoir de M. Salomon, mécanicien à Caen. Avec ce pressoir, on met la pulpe dans des sacs en grosse toile de Bretagne sur une épaisseur de 0m,05 à 0m,06. Pour le premier pressurage, on opère deux fois par jour, le matin et le soir; puis, quand il ne sort plus de gros cidre de la motte, on songe au second pressurage qui donne le *petit cidre* ou *cidre de ménage*. Cette seconde opération est connue sous le nom de *rémiage*. Elle consiste à enlever le marc de la première pressée, à le broyer de nouveau sous la meule avec une certaine quantité d'eau (au moins

20 litres par hectolitre de pommes employées), à laisser macérer en cuve pendant vingt-quatre heures environ, à remettre ce marc sous le tablier du pressoir, à le disposer comme au moment du premier pressurage et à en obtenir le jus.

— « Le jus provenant de ce deuxième pressurage, dit M. Brassart dans son *Guide complet pour la fabrication du cidre*, etc., doit avoir de 3 à 5 degrés à l'aréomètre. (Le gros cidre marque de 6 à 8°.) S'il en avait moins, il devrait être consommé de suite ou remplacer l'eau dans le premier pressurage qu'on fait ensuite avec d'autres pommes; on pourrait encore le réunir en mélange au produit du premier pressurage pour obtenir un cidre moyen de 4 à 5° au moins.

« Trois hectolitres de pommes donnent ordinairement par l'ancien système, au premier pressurage, un hectolitre de gros cidre et plus dans les bonnes années. Le deuxième pressurage en donne autant, soit un total de 200 litres ou 66 litres de cidre moyen par hectolitre de pommes. »

Quelquefois, dans les années où les pommes sont très-rares, on fait un troisième pressurage, en *rémiant* le marc du second pressurage, mais la boisson que l'on obtient ainsi est de qualité si inférieure, qu'on ne s'en soucie point. Pour ce rémiage, on n'emploie plus que 10 à 12 litres d'eau par marc d'un hectolitre de pommes.

Mise en tonneaux et fermentation du cidre. — Le jus de pommes, qui tombe de la rigole du pressoir, passe sur un tamis qui retient la pulpe et les pepins, et va dans une cuve; ce jus est au cidre fermenté ce que le vin blanc doux est au vin blanc prêt à boire. C'est une liqueur fade et sucrée, indigeste et laxative. Il s'agit de la mettre en tonneaux et de l'y laisser fermenter. Il va sans dire que les tonneaux préparés pour recevoir le cidre, doivent être lavés avec soin et débarrassés de tout mauvais goût. Parfois on y met des copeaux de hêtre ou quelques pincées de fleurs de sureau dans un sachet, soit afin de tannifier la boisson, soit afin de l'aromatiser un peu en attendant le premier soutirage.

A propos de soutirage, il y a des personnes qui n'en admettent pas la nécessité. Elles disent qu'il est d'expérience que le cidre n'est jamais meilleur que lorsque, mis dans un tonneau, on ne l'en tire que pour le boire. Il est aussi d'expérience, ajoute-t-on, que plus le tonneau est grand, mieux le cidre s'y conserve. Il nous semble, — et nous ne sommes pas seul de cet avis, — que le cidre demande à être traité comme le vin, qu'il y a de l'inconvénient à le laisser sur lie, qu'il gagne à être soutiré avec soin, c'est-à-dire en dehors du contact de l'air, et qu'il doit, en effet, mieux se conserver dans les grandes futailles que dans les petites.

Le cidre doux mis dans des tonneaux débondés, comme nos vins blancs, fermente sous l'influence de l'air qui pénètre par la bonde ouverte, mais par cela même que sa richesse en sucre est inférieure à celle des vins blancs, la fermentation a souvent de la peine à s'établir dans les années froides ou pluvieuses. On dit alors que le cidre *bout mal* et qu'il ne s'éclaircira que très-difficilement. On s'est demandé par conséquent s'il n'y aurait pas avantage à précipiter l'*ébullition* ou mieux la fermentation en offrant à l'air une plus grande surface de contact, en imitant, par exemple les cultivateurs de Jersey qui attendent que le cidre ait fermenté quatre ou cinq jours dans les cuves ouvertes et à une température de 12 à 15°, avant de le mettre en tonneaux.

Quand les pommes sont pauvres en matière sucrée, on pile avec elles des poires ou des betteraves cuites, ou bien encore on ajoute au moût du jus de poires réduit sur le feu, jusqu'à consistance de sirop. Ces trois procédés ont pour but et pour résultat d'augmenter la quantité de matière sucrée, et par conséqent la richesse alcoolique.

Le cidre fait avec des pommes précoces est « buvable du quatrième au sixième mois, dit M. Morière; celui d'automne du sixième au dixième, et celui d'hiver du dixième au quinzième. »

D'ordinaire, on tire le cidre au tonneau. Or, l'état de vidange prolongé détermine l'acétification, autrement dit la boisson devient aigre. — Ce cidre acide est connu sous le nom de *cidre paré*, ou de *cidre fort*. Il a le double inconvénient d'être désagréable à boire et d'occasionner des coliques. On peut prévenir cette acétification en pratiquant le conseil donné par M. Thierry, il y a plus de trente ans. Il recommandait de verser 30 grammes d'huile d'olives par hectolitre. Depuis, M. Girardin a renouvelé la recommandation.

« Lorsque le cidre a fermenté et qu'il est clarifié, dit de Brébisson, s'il est mis en bouteilles, il y devient plus spiritueux, plus agréable et susceptible de se conserver longtemps. J'en ai bu qui avait huit ans; c'était du gros cidre, mais qui n'était plus spiritueux; il était généreux et bienfaisant. C'est ordinairement au mois de mars ou d'avril que l'on met le cidre en bouteilles. Celles de terre sont préférables aux bouteilles de verre. »

Maladies du cidre. — Nous avons cité tout à l'heure le cidre paré qui est évidemment un cidre malade. On ne guérit point cette maladie; on la prévient, en soustrayant la liqueur au contact prolongé de l'air.

Il y a aussi des cidres *acides* qui n'ont rien de commun avec le cidre paré. Chez eux, ce n'est pas le vinaigre qui se forme, c'est l'acide malique qui domine. Le cidre paré est au cidre acide ce que le vinaigre est au vin trop vert. On a des cidres acides ou trop verts quand les années ont été mauvaises et que les pommes n'ont pas mûri convenablement. On ne peut pas dire que ces cidres soient malades; ils ont été fabriqués dans de mauvaises conditions, voilà tout, et, quoi que l'on fasse pour masquer leurs défauts, on n'arrivera jamais à des résultats bien satisfaisants. M. Morière recommande d'administrer à ces cidres verts 100 grammes de tartrate de potasse par hectolitre.

Il y a des cidres *filants* ou *gras*, toujours comme nos vins blancs qui ne sont pas assez riches en alcool et en tannin. On les traite comme ces vins blancs, en les soutirant, en les filtrant sur de la paille, en leur ajoutant du trois-six et du tannin sous forme de cachou.

Il y a des cidres qui *se tuent*, et nous les connaissons pour en avoir bu à Laigle. Ceux-là prennent une couleur brune-verdâtre dans la carafe ou dans le verre et constituent une boisson de très-médiocre qualité. Quelles sont les causes de cette affection? On en accuse la malpropreté des tonneaux et aussi les terrains ferrugineux où les pommiers ont été plantés. Il paraîtrait même que certaines pommes, indépendamment de la culture et de la fabrication, fournissent un cidre sujet à se tuer. Ainsi, au temps où Julien le Paulmier écrivait, on se plaignait de la facilité avec laquelle le cidre de pommes de Barberie se *noircissait au verre*, et, pour lui enlever cette tendance, on mélangeait ces pommes avec d'autres de nature acide. De notre temps, on recommande de verser 30 grammes d'acide tartrique par hectolitre, ou bien encore un peu de poiré dans ces cidres disposés à *se tuer*.

Des diverses qualités de cidre. — Dans les cidres comme dans les vins, il y a des premiers crus, des seconds et des troisièmes crus, et enfin des qualités tout à fait inférieures. Cela tient aux différences dans la composition du sol et dans les expositions plus qu'à toute autre raison. Pour les vins, le plant de vigne a une influence très-marquée: ainsi, par exemple, on ne peut pas attendre du gamais ce que donne le pineau, en Bourgogne, et on ne peut pas cultiver l'un partout où on cultive l'autre. Pour ce qui est des cidres, c'est une autre affaire; on n'est pas en peine d'introduire partout les mêmes plants de pommier, mais il se passe ici ce qui se passe dans les vignobles où les mêmes cépages peuvent être adoptés aussi. De même que l'on n'arrive point en Champagne, avec le pineau de Gevrey, à fabriquer du vin de Chambertin, on n'arrive pas davantage, avec les pommiers du pays d'Auge, à fabriquer du côté de Paris, à Sannois, par exemple, du cidre se rapprochant de celui de ce même pays d'Auge.

« Le jus de la même espèce de pomme, cueillie au pays d'Auge ou au Bessin, dit M. Morière, donne souvent une différence de 2° au pèse-sirop. Il n'est pas rare de trouver dans la même localité deux vergers voisins dont l'un fournit du cidre d'une qualité supérieure, tandis que l'autre n'en donne que de très-médiocre. Le pèse-sirop accusera encore un excès de sucre dans le cidre du premier.

« L'inégale proportion des matières contenues dans le jus de la pomme et qui donnent naissance à la fermentation, est la seule cause de la différence observée entre les cidres obtenus.

« Des deux vergers voisins qui reposent sur les matières minérales, ce n'est pas toujours celui dont la couche de terre végétale est la plus grasse et la plus abondante qui donne le meilleur cru. Gardez-vous donc, lorsque les produits d'un sol sont excellents, d'altérer la nature de la terre végétale.

« Être avare d'engrais animaux, surtout de fumier de cheval et de mouton pour les pâturages plantés, ne placer au pied des pommiers qu'un compost de marc de pommes de terre et de chaux qui est aussi très-bon pour l'herbage, c'est là une des principales conditions et peut-être la plus importante de toutes à remplir pour ne pas altérer ou pour améliorer la qualité des fruits à cidre et par suite celle de la boisson qui en provient (1). »

M. de Brébisson reconnaît trois crus dans les pays à cidre :

« Le premier, dit-il, est un sol gras, profond, et dont toutes les productions annoncent la richesse. On peut citer pour exemple la contrée connue sous le nom de pays d'Auge. Les pommiers ont le double avantage d'y être plus féconds, et de donner un cidre beaucoup plus fort que partout ailleurs. Distillé, il donne une plus grande quantité d'alcool. Sa couleur est très-rembrunie. Il serait impossible de boire ce cidre pur. Pour l'usage habituel, il faut qu'il soit étendu dans beaucoup d'eau. Pur, il se conserve quatre ou cinq ans.

« Le second est également un sol très-gras et très-riche, mais cependant inférieur au précédent. Il est voisin des bords de la mer. Une partie du département d'Ille-et-Vilaine, l'Avranchin, le Cotentin, le Bessin, le pays de Bray, le Roumois, le pays de Caux (seulement dans quelques-unes de ses parties), nous fournissent un exemple du second cru. Le cidre de ces contrées se ressemble beaucoup. Il faut cependant mettre en première ligne celui du Bessin et du Cotentin, et excepter de toutes ces contrées la partie la plus voisine de la mer, dont le cidre est en général d'une qualité inférieure à celui qui croît un peu plus au milieu des terres. Ce dernier est très-bon, et a le double avantage d'être aussi flatteur à l'œil qu'au goût. Sa couleur est celle de l'ambre jaune ou succin; mais il n'est pas susceptible de s'étendre dans une aussi grande quantité d'eau que celui du pays d'Auge.

Il donne moins d'alcool. Il ne se conserve pas plus de deux ou trois ans.

« Le troisième est pauvre, pierreux, etc., et est propre à la contrée de la Normandie connue sous le nom de Bocage, à une grande partie de la ci-devant Bretagne, etc. Il fournit une liqueur qui se ressent de la pénurie de son sol. Elle est claire, assez agréable au goût, mais elle donne peu d'alcool, se conserve mal, et a toujours une grande tendance à devenir aigre. Cette espèce de cidre, que l'on peut boire pur, se garde un an, rarement deux. »

Eau-de-vie de cidre. — Dans les années d'abondance et de qualité, on convertit une grande quantité de cidre en eau-de-vie. « On admet généralement en Picardie et en Normandie, nous dit M. A. Pouriau, que 1,000 kilogrammes de pommes bien mûres, donnent 8 hectolitres de cidre de bonne qualité, contenant 6 pour 100 en volume d'eau-de-vie à 20 ou 21° Cartier, ce qui fait 5 litres d'eau-de-vie pour 100 kilogrammes de pommes. »

(1) *Encyclopédie pratique de l'Agriculteur*, t. V, p. 530.

Du cidre de poires. — Ce que nous venons de dire sur la fabrication du cidre de pommes s'applique exactement à la fabrication du cidre de poires ou *poiré*. — « On prépare le *poiré* comme le cidre, dit M. Girardin (1), mais en bien moins grande quantité. On lui attribue généralement une action fâcheuse sur le système nerveux; il est moins nourrissant, plus irritant que le cidre; il est très-capiteux lorsqu'il est vieux, et il enivre promptement ceux qui n'en font pas un usage habituel.

« Les poires fournissent presque moitié plus de jus que les pommes, et leur jus est bien plus sucré; voilà pourquoi le poiré est plus alcoolique que le cidre. Le poiré de première qualité ressemble beaucoup aux petits vins blancs de l'Anjou et de la Sologne. Mis en bouteilles, après une bonne préparation, il devient complétement vineux; mousseux, il prend souvent le masque des vins légers de la Champagne. Il est très-propre à couper les vins blancs de médiocre qualité, qu'il rend plus forts et même meilleurs; c'est ce que savent fort bien les marchands de vins de Paris, qui font entrer dans leurs caves une grande partie des poirés de la Normandie, et notamment du Bocage. Souvent même, à Paris comme à Rouen, les détaillants vendent le poiré pur comme vin blanc. »

Variétés de poiriers à cidre. — Les poiriers à cidre ou à poiré sont très-nombreux. M. Dubreuil, dans son *Cours élémentaire d'arboriculture*, en fournit une liste de cent vingt-huit variétés, parmi lesquelles nous citerons le carisi rouge, le carisi blanc, le gros carisi, le petit carisi, le catelet, le saugier, le moque-friand, la poire d'Ivoie, la longue queue, le roguenet, la poire de troche et la rouge-Vigny. A notre connaissance, il n'y en a pas de supérieures à la longue queue qui est une toute petite poire grise en forme d'oignon, à long pédoncule, et à la rouge-Vigny qui est un peu plus longue et plus grosse que le rousselet de Reims, et qui est grise d'un côté et rouge de l'autre.

P.-J.

CHAPITRE LVIII

DE L'EAU DE VIE DE CIDRE

Il a été parlé plus haut du vin et du cidre. L'eau-de-vie de vin a été l'objet d'un travail intéressant; mais il n'en a point été ainsi du produit de la distillation du pommé et du poiré. C'est cette lacune que nous venons remplir ici.

Les contrées de la France, plantées de pommiers et poiriers, sont nombreuses et importantes; les fruits à cidre représentent une valeur considérable, non-seulement comme fournissant une boisson saine, qu'on apprécie de plus en plus et qui forme une branche de commerce du plus haut intérêt pour les pays producteurs, mais aussi en raison des eaux-de-vie qu'on obtient par la distillation.

La fabrication de l'eau-de-vie se généralise. Pour répondre aux besoins d'une énorme consommation, on monte partout des distilleries où s'engouffrent les grains, la betterave, la pomme de terre, etc.

Les affreux produits de cette métamorphose envahissent la place, s'infiltrent, bon gré mal gré, dans les caves des consommateurs, et, en présence de ces concurrents, il est tout naturel que le *Livre de la Ferme* n'oublie pas cette modeste mais bonne et saine liqueur qu'on nomme l'*eau-de-vie de cidre*.

La fabrication avait compromis sa réputation en la dotant d'un goût étranger d'empyreume, qu'elle n'a point quand elle est distillée avec attention dans un appareil convenable; aussi l'exposé des soins à donner à la fabrication de l'eau-de-vie de cidre sera l'objet principal de ce travail.

Il ne s'agit donc point d'une distillerie à monter, de dépenses énormes à faire pour obtenir un outillage qui se détériore facilement; nous exposerons simplement, à l'usage de tous, du riche comme du pauvre, les avantages et les modes de la distillation du cidre et du poiré en faisant connaître les appareils qui donnent les résultats les plus satisfaisants.

Le cultivateur trouvera dans ces lignes une sûre pratique pour transformer en eau-de-vie des boissons dont il n'aurait pas l'écoulement en nature ou qui, pour une cause ou pour l'autre, ne pourraient être livrées au commerce. Des cidres gras, par exemple, dont le rendement en eau-de-vie est très-considérable, ne seraient plus pour leur détenteur une cause d'embarras et de perte, la distillation en faisant une avantageuse transformation en alcool.

Eaux-de-vie de cidre. — On nous permettra de dire quelques mots de l'eau-de-vie de cidre, si estimée en Normandie et si décriée ailleurs. Nous ne doutons pas qu'après un simple examen, le lecteur ne délaisse les préjugés qui font considérer ces sortes d'eaux-de-vie comme un breuvage repoussant et fabriqué tout exprès pour le gosier dépravé de Normands ivrognes et gloutons.

Tel est le reproche; cependant rien ne le motive. L'eau-de-vie de cidre et de poiré, sortant d'un alambic convenable, conduit par un bouil-

(1) *Leçons de chimie élémentaire*. Édition de 1861, t. II, p. 344.

leur soigneux et consciencieux, est une liqueur qui, comme toute boisson de ce genre, porte au début, indépendamment de son goût de terroir, le cachet d'une récente fabrication ; mais on n'y trouve pas ce prétendu goût de fumée allégué par tous ceux qui rejettent l'eau-de-vie de cidre — sans la connaître.

Nous ne cesserons de répéter que, si les eaux-de-vie de cidre et de poiré sont en discrédit, c'est en raison de leur fabrication défectueuse, car le goût particulier, qui les rend désagréables à beaucoup de gens, diminue et s'efface au moyen d'une bonne fabrication, et fait place à la véritable saveur du fruit, à un arôme particulier, qui flatte à juste titre le palais des connaisseurs.

Loin d'être inférieure aux eaux-de-vie de grain, de riz, de fécule, de betterave, etc., l'eau-de-vie de cidre, bien faite, présente une supériorité incontestable, qui se révèle non-seulement par le goût, mais surtout par la propriété, commune entre elle et l'eau-de-vie de vin, de s'améliorer en vieillissant. Ce point est capital et tranche une démarcation profonde entre l'eau-de-vie de cidre et celles dont nous venons de parler; comme celle de vin, elle acquiert en qualité à mesure qu'elle prend de l'âge, tandis que les autres en partie perdent non-seulement leur force, mais encore la rectitude passagère de leur goût.

Il ne faut pas oublier de mettre en ligne de compte les soins qui sont donnés aux eaux-de-vie avec lesquelles nous comparons ici celles qui sont l'objet de cet article. Les premières sont le produit d'une fabrication en grand, avec des appareils perfectionnés; rien n'est négligé, je ne dirai pas pour les rendre bonnes, mais pour les soustraire au vice de leur nature et pour les rapprocher, à force de travail, de soins, de capitaux et de science, des eaux-de-vie dont elles ne sont que la contrefaçon; pour effacer en elles, au moyen d'apprêts et de mélanges, la différence d'origine, pour mettre enfin le mensonge à la place de la vérité.

L'eau-de-vie de vin est inimitable dans sa pureté; elle porte un cachet indélébile de terroir et de fruit. Il en est de même de l'eau-de-vie de cidre; pour révéler ses bonnes et durables qualités, elle se contenterait d'une bien faible part des attentions qui, pour les eaux-de-vie de la famille des trois-six du Nord, sont dépensées à en masquer les défauts et à en cacher l'origine.

Nous ne nous étendrons pas davantage sur ce parallèle. Il suffit, nous osons le croire, pour engager le lecteur à suivre attentivement ce que nous aurons à dire sur ce sujet et, pour faire voir que l'eau-de-vie de cidre, comme tous les produits agricoles, comporte en elle les éléments de progrès qui peuvent lui donner une véritable importance au point de vue des besoins généraux et en particulier des cultivateurs dont le sol est planté de pommiers et poiriers.

Des alambics. — Nous n'avons point à nous occuper de la distillation des liquides autres que le *pommé et le poiré,* et encore nous n'envisagerons, dans tous les détails qu'il comporte, que le côté économique et éminemment pratique de la question.

La fabrication de l'eau-de-vie consiste dans l'extraction de l'alcool que contiennent les boissons fermentées, à base sucrée. Cette extraction produit de l'alcool étendu d'eau et qui porte, suivant la quantité de ce dernier liquide, les noms d'*eau-de-vie* ou d'*esprit-de-vin.* L'eau-de-vie, pesée à la température de 15 degrés centigrades, contient de 45 à 65 p. 100 d'alcool; l'esprit-de-vin en contient de 70 à 90 p. 100.

Telles sont les conditions ordinaires de toutes les eaux-de-vie, et elles sont communes à l'eau-de-vie de cidre.

C'est au moyen de l'alambic que se fait la distillation, et nous allons consacrer ce chapitre à faire passer sous les yeux du lecteur quelques détails sommaires sur les appareils divers dont on se sert pour distiller les eaux-de-vie en général, nous réservant de nous arrêter davantage sur l'alambic, plus spécialement usité pour fabriquer celles qui nous occupent.

Il y a deux sortes d'appareils : ceux à travail discontinu, et ceux à travail continu. Les premiers, qu'on nomme par abréviation appareils *discontinus,* se vident, se nettoient et se remplissent à chaque bouillée, c'est-à-dire que l'alcool contenu dans le liquide de la chaudière étant extrait, on éteint le feu, on démonte en partie l'alambic, pour recommencer une nouvelle *chauffe.* L'appareil *continu,* au contraire, est celui dont la marche n'est arrêtée que par l'achèvement total de l'opération, l'encrassage ou l'usure de l'instrument.

L'appareil discontinu, on le conçoit, est celui de la culture moyenne; il se recommande par sa simplicité, la facilité de le conduire et la modicité de son prix. Il n'encombre point, se détériore peu, se monte et démonte facilement, se transporte de même, et, en raison de ces avantages, il est appelé à rendre de grands services; nous le décrirons avec soin.

Des modifications, plus nombreuses qu'importantes et réellement utiles, ont été apportées à ce système; presque toutes, elles ont eu plus spécialement pour objet le serpentin, et, nous ne voyons pas cependant que le serpentin à hélice ordinaire ait pu de la sorte être remplacé sans se faire regretter.

Pourtant, d'heureuses innovations ont été appliquées à l'ensemble du système; une seconde chaudière, dite de rectification, a été interposée entre la première et le serpentin. Cette disposition ménage le combustible en permettant d'obtenir de premier jet et sans transvasement, des eaux-de-vie du degré désiré, et, comme la température sous l'influence de laquelle se fait la condensation des vapeurs alcooliques est très-basse, on gagne ainsi en qualité et en quantité.

L'alambic discontinu a été l'objet de beaucoup d'autres tentatives d'amélioration; elles n'ont pas également atteint le but qu'elles se proposaient, et, si elles présentent des avantages, elles offrent aussi presque toutes l'inconvénient grave d'altérer la simplicité et la rusticité du système primitif; nous ne nous y arrêterons pas davantage.

Avant de faire connaître plus spécialement les qualités et les défauts de l'appareil discontinu, il ne nous semble pas inutile d'entretenir un moment le lecteur des appareils *continus*. Dans les courtes explications dont ils seront l'objet, on trouvera des bases élémentaires et cependant suffisantes pour établir un choix entre les deux systèmes, et n'eussent-elles d'autre résultat que de mieux faire ressortir ces différences, et par cela même d'établir un point de comparaison, les quelques considérations qui vont suivre trouveront encore utilement leur place dans ce livre.

Le système *continu* a pour mission d'utiliser le temps, le calorique, la vaporisation, en vue de la distillation et de la rectification en grand de l'alcool. Il donne, sans repassage, l'eau-de-vie au degré voulu, depuis le plus faible jusqu'au plus fort, en ménageant tout à la fois, comme nous venons de le dire, le temps, le combustible, la quantité et la qualité du produit. Le liquide entre en nature dans cet appareil et sort en alcool réglé, sans autres temps d'arrêt que ceux imposés par le besoin de nettoyage qui, bon gré mal gré, devient indispensable après un certain service.

Ces avantages précieux devraient le rendre préférable à l'appareil discontinu; mais sa complication, sa direction difficile et son prix l'excluent pour ainsi dire des exploitations du plus grand nombre.

Il n'est pas moins à regretter qu'un système offrant les avantages que nous venons de signaler sans présenter d'aussi lourdes charges ne puisse prendre une place intermédiaire et donner ainsi à la distillation des liquides alcooliques un essor si désirable au point de vue de l'agriculture et de l'industrie.

Inconvénients des appareils discontinus. — Si les appareils continus, bien que supérieurs, ne conviennent point, dans la majeure partie des cas, à tous les cultivateurs, il n'en est pas moins vrai que l'alambic discontinu est loin de remplir toutes les conditions. C'est un outillage forcément imparfait et dont le principal mérite, nous l'avons dit, réside dans la simplicité et la rusticité.

Nous croyons utile, justement en raison de la préférence que nous lui accordons cependant, de nous montrer sévère à son endroit et d'en signaler au lecteur les difficultés et les imperfections dans le double but de l'éclairer dans son choix et de corriger autant que possible dans la pratique les effets de ces mêmes imperfections.

Il exige d'abord une grande attention dans la conduite du feu et une grande expérience chez le bouilleur. Nous ne parlerons pas du refroidissement de l'eau dans laquelle plonge le serpentin; cette condition est essentielle et nous la ferons mieux ressortir encore lorsque nous décrirons la manipulation de l'alambic le plus en usage en Normandie. Quant à la direction de la *chauffe*, elle est d'une importance capitale en ce sens qu'elle commande la vaporisation du liquide et que, pour être normale, elle doit être régulière dans sa marche, c'est-à-dire vive au début, puis soutenue mais modérée jusqu'à l'épuisement de l'alcool dans la *bouillée*. Un coup de feu peut en effet porter le liquide à l'ébullition et l'engager dans le chapiteau et son bec, de sorte qu'il passe à l'état de nature en même temps que les vapeurs alcooliques. L'eau-de-vie contenue dans le récipient serait ainsi gâtée et il faudrait recommencer l'opération.

Il faut ajouter que, même sans éprouver l'accident dont nous venons de parler, les coups de feu ont pour effet de produire plus de vapeur que le réfrigérant n'en peut condenser, et ces vapeurs produites en excès s'échappent et diminuent d'autant la quantité d'eau-de-vie. Si l'on précipite trop le travail, si, pour une cause ou pour l'autre, la chauffe est disproportionnée avec la masse du liquide et le refroidissement du serpentin, ce grave inconvénient se produit, non plus alors sous forme d'accident, mais à l'état normal, cas plus grave encore et dans lequel tombent souvent les bouilleurs inexpérimentés ou peu scrupuleux.

L'alambic discontinu n'épuise pas totalement le liquide de son alcool; il en reste dans la chaudière une portion qui, pour ne pas augmenter la perte, est reportée à la bouillée suivante. Enfin, et c'est là un point sérieux, à chaque bouillée il faut recommencer la chauffe et perdre ainsi en combustible, en temps, transvasement et évaporation, une quotité qui, reproduite à chaque opération, pendant la durée d'une distillation longue, serait loin d'être sans importance. D'ailleurs, l'eau-de-vie ne peut être livrée à son degré par le bouilleur qu'au moyen d'un double travail, l'*ébauchage* et le *repassage*. Nous trouvons là un autre élément de perte.

Quoi qu'il en soit, malgré l'influence fâcheuse de ces inconvénients, l'opération est cependant assez satisfaisante dans la pratique pour que les appareils discontinus demeurent en possession de la fabrication des neuf dixièmes de l'eau-de-vie de cidre fournie par les pays de production. Hâtons-nous d'ajouter qu'il ne faut pas trop sacrifier aux exigences théoriques, que ces inconvénients sont en partie conjurés par le bouilleur et que, d'ailleurs, ils sont plus accidentels et nominaux que réels et constants.

Finissons-en avec les reproches faits à ce genre d'alambic en signalant encore le mauvais goût des premières comme des dernières vapeurs fournies par chaque chauffe; aussi les bouilleurs soigneux mettent-ils à part les premiers produits de la distillation au début de l'opération, et savent-ils arrêter à temps la condensation de la *petite-eau* avant qu'elle soit trop basse en degrés. On évite de la sorte les émanations empyreumatiques, et le produit de la distillation en est préservé. Quant aux premières vapeurs, c'est surtout de l'appareil qu'elles prennent leur mauvais goût, surtout après le nettoyage de la chaudière et de ses accessoires.

Outillage du bouilleur. — Notre cadre ne comporte point la description des appareils assez nombreux de distillerie; nous nous renfermerons dans les limites que nous nous sommes posées au début, à savoir l'exposé simple et pratique des connaissances utiles aux propriétaires d'arbres à fruits, en vue de la fabrication de l'eau-de-vie.

Quel que fût notre soin à restreindre le choix des objets composant l'outillage, à donner une préférence justifiée aux instruments, et surtout à les décrire, l'exposé dans ces conditions n'étant pas le résultat de notre expérience propre, pourrait être sans fruit pour le lecteur.

On voudra bien nous permettre de choisir un exemple, et la question, ainsi simplifiée, sera plus commode pour nous et plus utile à ceux qui chercheront dans cette notice non pas un exposé théorique plus ou moins brillant, mais des données pratiques sur lesquelles ils puissent sûrement s'appuyer.

Un bouilleur intelligent, consciencieux et ami de son métier, le sieur L. P. Cholet, de la Chapelle-Mont-Ligeon, canton de Mortagne (Orne), fabrique d'excellente eau-de-vie de cidre. Depuis longtemps il distille dans nos fermes Percheronnes et ne laisse rien à désirer dans son travail et pour la rectitude et pour l'abondance des produits alcooliques qui sortent de son alambic. C'est de cet alambic que nous allons faire la description le plus succinctement mais le plus clairement possible.

Il nous semble résumer, à l'œuvre, les avantages que recherche d'ordinaire le propriétaire, la qualité et la quantité des eaux-de-vie et, à défaut d'autre mérite, notre exposé aura du moins celui de la sincérité, reposant sur une longue expérience, répétée chaque jour dans nos exploitations et sous nos yeux.

Il est entendu que c'est un appareil, promené de ferme en ferme toute l'année par le bouilleur, et personne ne s'étonnera qu'avant tout, il soit simple et portatif.

Un trépied en fer proportionné à la chaudière qu'il supporte est au-dessus du foyer.

Un cerceau en forte tôle, haut de 0m,50 environ et d'un diamètre suffisant pour entourer le trépied, s'adapte au-dessous de la chaudière. Le joint est luté avec de la terre glaise. Ce cerceau est de deux morceaux formant charnière et se démonte. Il est percé de trois ouvertures : la première et la plus grande sert à alimenter et régler le feu sous la chaudière ; elle est garnie d'une porte à registre; la seconde ouverture placée à droite de la porte, reçoit le tube de vidange de la chaudière; enfin, à l'opposé de la porte, la troisième ouverture reçoit un tuyau de poêle, long de 2 mètres environ et portant à sa partie supérieure un appareil pour protéger la sortie de la fumée contre les changements du vent.

Au-dessus du cerceau et sur le trépied repose la chaudière; elle contient environ 250 litres. Elle est en cuivre rouge, et toute la partie supérieure, ainsi que le chapiteau et son bec, sont tenus comme l'intérieur propres et brillants.

Cette chaudière a la forme d'une cornue un peu aplatie; elle se compose de trois pièces : la chaudière proprement dite, le chapiteau et le bec du chapiteau. Chacune de ces pièces s'adapte hermétiquement à l'autre et se lute avec de la farine délayée d'eau.

A la partie inférieure de la chaudière est soudé un tuyau de cuivre de 0m,10 environ de diamètre et traversant le cerceau du foyer, avec une inclinaison d'environ 45°. Il se nomme tuyau de vidange et, comme l'indique son nom, sert à lâcher les résidus du cidre dépouillé de son alcool.

Le haut de la chaudière s'étrangle au-dessus de la tubulure et reçoit la pièce dite le *chapeau*, ou par corruption le *chapiteau*, nom consacré. Le point de jonction entre la chaudière et le chapiteau se nomme le *collet*. L'ouverture du collet est d'environ 0m,30. C'est par cette ouverture, dégarnie du chapiteau, qu'on introduit le liquide et qu'on rince ou fourbit l'intérieur de la chaudière.

Au-dessus de la chaudière sont le *chapiteau* et le *bec du chapiteau*, imitant le col et le bec d'une cornue. Le chapiteau, aplati à sa partie supérieure s'allonge en col et vient recevoir le bec qui, en diminuant insensiblement de grosseur depuis 0m,12 jusqu'à 0m,05, relie la chaudière au serpentin.

Aucune autre ouverture ne se trouve dans l'appareil, ni au sommet du chapiteau, ni dans la paroi de la chaudière pour éprouver le degré du liquide en ébullition. L'appareil ne perd rien selon nous à cette simplicité; l'eau-de-vie est aussi facile à éprouver au sortir du serpentin et, moins il y a d'ouvertures à luter, plus l'instrument ferme hermétiquement et mieux il fonctionne. Plus la surface de la chaudière est unie, au dedans comme au dehors, plus le nettoyage est facile et, pour ceux qui comprennent l'importance de la propreté dans la fabrication des eaux-de-vie, les tubes, soupapes et autres appendices quelque ingénieux qu'ils soient, ne sont nullement à regretter dans la chaudière et les pièces qui la complètent.

Le serpentin ou réfrigérant se compose lui-même de plusieurs pièces :

1° Le serpentin ou tube de cuivre en spirale de 0m,05 de diamètre, se repliant cinq fois sur lui-même, de manière qu'il y ait environ 0m,10 d'espace entre les replis du tube. Il s'adapte en douille à sa partie supérieure, avec le bec du chapiteau. A la partie inférieure il verse l'eau-de-vie refroidie dans le baquet ou *bassiot*. Le serpentin doit être régulier dans sa forme pour permettre l'écoulement facile de la vapeur condensée et surtout le nettoyage qu'il faut fréquemment lui faire subir.

2° La cuve en bois, cerclée en fer, recevant environ à 0m,30 du bord supérieur le bec du chapiteau et laissant sortir immédiatement au-dessus du fond le bec d'écoulement des vapeurs condensées. Cette cuve est de la dimension d'une pipe de 600 litres; elle est garnie d'une sorte de siphon en fer battu qui s'adapte dans la cuve dont nous allons parler ci-après, et porte l'eau à la partie inférieure du réfrigérant de sorte qu'elle remonte, refroidissant le serpentin dans son parcours et sort à la partie supérieure du serpentin par un orifice correspondant à un auget par lequel elle retourne à la mare où on la puise. Dans l'ébauchage, l'eau sort tiédie à 50° centigrades; dans le repassage au contraire elle n'a plus à sa sortie que 12 à 15°; elle est presque froide.

3° Une cuve-entonnoir, fixée au-dessus de la première et d'une capacité suffisante pour fournir le siphon au moins pendant une demi-heure.

Ce système fort simple est une très-heureuse

innovation, il augmente puissamment l'action condensatrice du serpentin et réalise de la sorte aussi simplement que sûrement le problème de la condensation des vapeurs à température extrêmement basse. En effet, pendant chaque bouillée, il est versé cent seaux d'eau dans la cuve supérieure, et cette eau conduite, au moyen du siphon à la partie inférieure du serpentin, y entretient une température très-basse et tout à fait convenable pour le succès de l'opération.

En plongeant la main dans la cuve du serpentin, on reconnaît que l'eau baisse de température à mesure que l'on descend vers le fond, et encore à la partie supérieure, au moment où elle passe par le trop-plein, elle est à peine tiède.

La baquet, ou *bassiot*, est un vase en bois à double fond; celui du dessus est percé d'une échancrure que l'on met sous le bec du serpentin. Ce même fond est muni d'une douille recourbée et qui permet de vider, sans en perdre, l'eau-de-vie contenue dans le vase.

Voilà, avec quelques seaux, une guérite et un aréomètre, ce qui achève de composer l'outillage du sieur Chollet, dont l'excellent travail tend à généraliser dans le Perche la fabrication de l'eau-de-vie de cidre.

Rien de plus simple que cette monture et de plus facile à établir sur place. Pourvu qu'il y ait une mare, un puisard, une source, les conditions sont remplies; car le point important c'est le voisinage de l'eau dont il est fait un si grand débit pour refroidir le serpentin. Quelque temps qu'il fasse, l'opération marche sans cesse; le bouilleur s'abrite sous sa guérite s'il pleut. Cet appareil est tellement simple que, lorsqu'il est en travail dans une ferme, rien n'en est encombré; à peine si l'on s'en aperçoit.

Distillation. — Avant de rechercher s'il ne serait pas plus avantageux pour le cultivateur de faire distiller tous ses cidres en spéculant sur l'eau-de-vie, disons en quoi, dans tous les cas, la distillation est plus spécialement utile dans les fermes plantées.

La pomme et la poire mûrissent et se cueillent surtout en octobre et novembre; mais il y a des espèces hâtives qu'il faut utiliser en septembre sous peine de les voir perdues si l'on retarde la récolte ou l'emploi. Ces fruits, qui rendent de grands services, dans les années où la boisson fait défaut, sont, dans les années d'abondance, une cause d'embarras plutôt que de profits.

Les fruits hâtifs d'ailleurs, indépendamment de ce qu'ils exigent un travail immédiat, au moment même où le cultivateur est le plus surchargé de besogne, ne donnent qu'une boisson de peu de garde et de médiocre qualité. Joignez à cela qu'ils se brassent avec les fruits tombés avant maturité, et vous comprendrez l'infériorité des cidres qu'ils fournissent. Aussi, quand l'année présente une certaine abondance, iil sont l'objet des dédains du propriétaire; peu ou mal recueillis, ils sont donnés en nature aux bestiaux ou laissés en tas trop longtemps; ils mollissent, pourrissent, et quand il s'agit de les cidrer, ils ne sont plus propres à être pressurés.

La distillation vient faire disparaître ces inconvénients en apportant au cultivateur un débouché certain et rémunérateur : au lieu d'un liquide sans valeur, il obtient, en donnant ses soins aux fruits hâtifs, des cidres et poirés qui, transformés en eau-de-vie, sont une source nouvelle de bénéfices et, quand le bénéfice est en vue, on sait que le cultivateur ne ménage ni son temps ni ses soins. Inutiles, les fruits mal mûrs et ceux hâtifs étaient délaissés; désormais profitables par leur transformation en alcool, ils seront l'objet de l'attention de chacun et, si l'on veut penser que, dans les fermes, un cinquième de la récolte des fruits était ainsi abandonné parfois, on peut se rendre compte de l'importance de la distillation appliquée en grand et vulgarisée dans nos exploitations agricoles.

Les cidres et poirés donnent en eau-de-vie, à 55° centigrades, de 6 à 10 pour 100; mais le rendement commun se rapproche plus de 7 à 8 p. 100. Il varie selon la pureté des cidres, leur fabrication, leur âge, les essences des fruits d'où ils sortent, les crus qui les produisent, le mode de distillation et le bouilleur.

Comme pour le vin, le moment de distiller le cidre et le poiré est venu quand la saveur de la boisson n'est plus sucrée; quand ils sont *parés*, c'est-à-dire lorsque le principe saccharin s'est alcoolisé. Suivant les natures de cidre, ce phénomène arrive de deux à quatre mois après leur fabrication. Les fruits hâtifs donnent un jus qui fermente, se *pare* plus vite et permet la distillation quelques semaines après sa façon. Les bons gros cidres et poirés en nature veulent au contraire que mars soit venu pour donner en alcool tout le rendement qu'on doit en attendre. Les cidres et poirés qui ont bouilli sous douelle et ont été faits avec des fruits pas trop mûrs, sont ceux qui donnent, toutes choses égales d'ailleurs, la meilleure et la plus abondante eau-de-vie.

Par contre, les cidres fabriqués avec des fruits mous ou pourris; ceux éventés, vieux et aigres donnent moins d'alcool; il arrive même que lorsque l'acétification est avancée, la distillation serait sans profit. Les boissons gâtées, à mauvais goûts, donnent des eaux-de-vie qui conservent toutes les qualités défectueuses du cidre et surtout le mauvais goût. Il faut donc soigner ses futailles si l'on veut des eaux-de-vie de bonne nature et *nettes de goût*.

Le bouilleur a monté son appareil le plus près possible de l'eau; il ménage le retour du trop-plein du réfrigérant vers le réservoir où il la puise et prend soin que la vidange de la chaudière n'aille pas altérer les eaux de ce réservoir, si les bestiaux s'y abreuvent, car cette vidange rendrait en peu de temps l'eau noire, fétide et malsaine pour le bétail.

Avant de commencer, le bouilleur, armé de bouchons de paille, nettoie avec de la cendre et du charbon pilé l'intérieur de la chaudière; il lave à grande eau, et cette chaudière est propre et claire comme une tasse d'argent. Il gorge le serpentin de poussière de charbon humectée d'eau, puis il ajuste les pièces de l'appareil et donne un premier coup de feu. La vapeur chasse avec force le charbon dans toute la course du serpentin qui se trouve de la sorte nettoyé et *dégoutté*. Alors l'appareil est prêt et peut recevoir le cidre.

Le bouilleur, après avoir versé 250 litres de cidre ou poiré dans la chaudière, la couvre de son chapiteau, ajoute le tube qui la relie au serpentin et lute avec soin toutes les jointures avec de la colle composée de farine délayée. Il s'agit alors d'*ébaucher*, c'est-à-dire de retirer la *petite eau* qui, étant repassée par le même procédé, donnera l'eau-de-vie au degré désiré.

Il faut avoir soin qu'il reste environ 2 décimètres vides entre le niveau du liquide dans la chaudière et le col du chapiteau. Sans cela l'effet d'une ébullition un peu vive entraînerait infailliblement ce liquide dans le serpentin et gâterait ainsi l'opération qui serait à recommencer. Ce vide doit être plus grand encore quand il s'agit de distiller des lies; elles sont plus sujettes à se gonfler sous l'action du feu, et il faut leur ménager un champ plus vaste et conduire le *chauffage* avec précaution.

Il va sans dire que le serpentin plonge dans l'eau et que le réservoir supérieur est plein. Pour commencer, le bouilleur donne un feu vif entretenu avec du menu bois sec, puis, quand la vapeur commence à se produire et à se condenser, il modère le feu et met le réservoir en communication avec la cuve du serpentin en ouvrant le siphon qui les relie. L'appareil alors est en marche, et le rôle du bouilleur est de régler le feu et d'entretenir plein le réservoir qui alimente d'eau le réfrigérant.

Si, pour une cause ou l'autre, le feu était trop vif et que le filet de vapeur condensée augmentât de volume et d'intensité, il faudrait se hâter de refroidir directement le chapiteau de la chaudière et diminuer le feu, car il serait à craindre que le liquide en ébullition ne vînt à faire irruption dans le col et le bec du chapiteau, ce qui perdrait le travail.

Cette opération dure environ quatre heures. La *petite eau*, qui d'abord marquait 55° centigrades n'en offre plus que 20, devient trop faible pour être recueillie à part. On continue encore l'opération pour obtenir le reste des vapeurs alcooliques, mais on ajoute ce dernier produit à la bouillée qui va suivre sans la réunir à la *petite eau* que le bouilleur met à part dans un tonneau spécial pour être repassée et donner l'eau-de-vie de bon goût. La première bouillée d'ébauchage étant finie, on retire le chapiteau et son bec; on ouvre le tuyau de la chaudière pour donner passage à la vidange, résidu du liquide que l'on vient de distiller; puis on rince à grande eau la chaudière et le chapiteau; on la remplit et l'opération recommence jusqu'à ce que tout le cidre soit ébauché.

Il est bon de dire ici que le bouilleur a soin de goûter préalablement les cidres qu'il doit travailler; il les classe par ordre de qualité et ne mêle pas les produits de leur distillation; c'est ainsi qu'il peut réussir à obtenir des eaux-de-vie de meilleure qualité et pouvant correspondre à la nature des boissons qui les fournissent.

L'ébauchage du liquide étant fini, il s'agit de procéder à la seconde opération qui est le *repassage*. Préalablement la chaudière et ses accessoires sont lavés, fourbis et passés au charbon comme au début, puis, quand tout est clair et net, le bouilleur verse 250 litres de *petite eau* dans la chaudière, il lute comme devant et commence le travail qui doit se faire avec plus d'attention et de lenteur. La bouillée d'ébauchage dure quatre ou cinq heures, celle de repassage se prolonge pendant neuf heures. Dans ce dernier cas, l'eau doit être prodiguée sur le réfrigérant, de manière à ce qu'elle sorte à peine tiède par le trop-plein et surtout à ce que l'eau-de-vie arrive froide à la partie inférieure du serpentin.

Chaque bouillée de 250 litres donne en moyenne 50 litres de petite eau de 5° centigrades à 53, et ces 50 litres fournissent au repassage 18 litres d'eau-de-vie de 53 à 77° centésimaux de l'alcoomètre de Gay-Lussac, ce qui la réduit à 68°, ou 25 1/4 de l'aréomètre Cartier. Le cidre ou poiré de bonne nature donne donc ainsi environ 1/13e de bonne eau-de-vie.

Frais et prix de revient. — Nous allons maintenant mettre sous les yeux du lecteur les frais de la distillation des eaux-de-vie de cidre et poiré. La connaissance du prix de revient exact servira de guide à ceux qui, n'ayant pas pratiqué, seraient désireux de se rendre compte avant de se mettre à l'œuvre. Nous essayerons de ne rien oublier dans ce détail et nous y comprendrons les moyennes de la matière brute, du temps, de la nourriture, du salaire du bouilleur, du combustible et du magasinage.

Nous supposons que, dans une ferme dont la récolte en cidre est de 1,000 hectolitres, dont deux tiers de gros et un tiers de petit, le cultivateur fasse deux parts de celui qu'il a l'habitude de vendre. D'un côté, il mettrait les cidres inférieurs sous différents rapports : ceux plats ou défectueux de goût, gras, troubles, montés, etc... Les autres de meilleure qualité seraient selon l'usage destinés à être vendus. Nous ne parlons pas des petits cidres réservés pour la consommation.

Voyons approximativement la différence que produirait la distillation au profit du cultivateur. Prenons pour l'évaluation du liquide une moyenne en rapport avec les faits. Le cidre, quand il est de bonne qualité et sans eau, se vend de 50 à 70 francs la pipe contenant environ 7 hectolitres.

Il a fallu, pour obtenir ce prix, que le cidre ait été soutiré en temps utile, que le fût ait été rempli au moment de la vente ; ces deux conditions équivalent à la perte d'un dixième.

Le charroi à un myriamètre, pour arriver à la ville ou à la gare voisine, lieu de livraison, la dépense des hommes et des chevaux, l'abandon des fûts à la bonne foi et à l'attention justement suspectée des marchands ou débitants, les avaries de mille sortes éprouvées par les futailles jusqu'à leur retour à la ferme, quand elles y rentrent, les frais de retour et les réparations ne laissent pas que de grever encore sérieusement le bénéfice net de la vente.

De plus, et c'est le point capital, le commerce des cidres varie constamment : tantôt le cultivateur pourra vendre, tantôt, quels que soient ses besoins et son facile accommodement, il ne trouvera pas un acheteur. Il lui faut donc attendre pratique, reculer les échéances ou emprunter quoique ses caves soient pleines. N'oublions pas non plus, au nombre des inconvénients de la vente du cidre, les termes longs nécessaires aux débitants pour en solder le prix et les risques de ce commerce. Si les denrées de la ferme donnent presque toutes de l'argent au cultivateur aussitôt qu'il les vend, comme le grain, le bétail, les pommes, etc., il n'en est pas de même pour le cidre : c'est la marchandise soumise au plus grand nombre d'éventualités avant comme après la vente; elle laisse attendre son prix et parfois même le compromet.

Ce que nous disons des cidres est vrai à plus forte raison pour les poirés, dont le prix vénal est inférieur de plus de moitié à celui des cidres; mais, sauf à reprendre plus tard cette face de la question, nous poursuivrons notre examen de la comparaison entre la vente en nature et la distillation des cidres, pour arriver à établir le prix de revient de l'eau-de-vie et par suite les avantages qu'elle offre aux cultivateurs.

Dans l'hypothèse que nous avons choisie, 333 hectolitres de cidre à 8 fr. 50 produiraient 2,830 fr. 50, dont il faut déduire d'abord 1/10 pour remplissage et soutirage, soit 283 fr., puis 1/10 pour charroi à destination, soit encore 283 fr., enfin 1/10 pour intérêts des fonds, usure, réparations et accidents des futailles et surtout risques et pertes, soit 283 francs. Nous avons à déduire ainsi 1,049 francs. Les 333 hectolitres ne présenteront plus qu'un chiffre de vente de 1,781 fr. 50, soit 5 fr. 95 par hectolitre.

Voyons maintenant quels seront le rendement, les frais et le produit net au moyen de la transformation de ces 333 hectolitres de cidre en eau-de-vie, avec l'appareil Cholet, que nous avons décrit.

Le cidre aura bouilli sous douelle, et n'aura eu besoin ni de soutirage ni de remplissage; aussitôt paré, il aura pu être livré au bouilleur et produire 1,560 litres d'eau-de-vie à 68° centigrades. Cette eau-de-vie très-forte, toute verte, vaut dans le pays 1 fr. 50 le litre, ce qui donnerait un produit brut de 3,840 fr. sur lequel il convient de précompter, par pipe de cidre : pour honoraires du bouilleur 8 francs, pour nourriture 1 fr. 50, pour le combustible 3 fr. 75, futailles et faux frais 1 fr. 75, soit 15 fr. 50 par pipe et par hectolitre de cidre 2 fr. 15 ; formant 716 francs pour les 333 hectolitres dont nous nous occupons. Diminuant d'autant la somme de 3,840 francs, on obtient celle de 3,124 francs. Rapprochant cette somme de 1,781 fr. 50, produit de la vente du même cidre en nature, on trouve une différence considérable et qui devra toujours frapper le lecteur, quelques changements qu'il apporte dans les évaluations dont se compose ce calcul.

Ici nous avons comparé le prix net de la distillation avec celui de la vente du cidre de choix, mais si, comme nous en avons le désir, nous comparions avec le second choix, la différence deviendrait encore plus grande et le résultat pour l'agriculteur serait à l'abri de toute réduction ou objection. En présence de la fréquente difficulté de vendre les bons cidres à des marchands loyaux et solvables, on devine facilement l'impossibilité de l'écoulement rémunérateur des cidres de rebut ou de choix inférieur, et c'est dans ce cas surtout, nous le répétons, que la distillation des cidres devient une immense ressource pour les détenteurs de ce produit.

Si l'on nous objectait que pour être vendue de manière à en retirer tout le fruit, il faut conserver l'eau-de-vie longtemps, nous répondrions que quel que soit l'intérêt du capital, l'évaporation dans les futailles et la gêne du cultivateur, la valeur acquise ainsi par l'eau-de-vie supplée à tout et récompense largement ses soins et sa patience.

Quant aux poirés, dont nous ne dirons que peu de mots, non pas qu'ils fournissent moins et de moins bonne eau-de-vie que les pommés, mais en raison de la trop grande évidence de l'utilité de leur distillation, nous nous bornerons à rappeler qu'ils sont généralement d'une vente difficile et peu profitable. Ils ont tous les inconvénients du pommé, et quant au prix, ils lui sont tellement inférieurs que discuter leur transformation en eau-de-vie, ce serait prêcher des convertis et perdre son temps et sa peine.

L'eau-de-vie de poiré, d'ailleurs, dépouillée de son goût de fabrication récente, perd promptement son odeur et sa saveur originelles, et mieux encore que celle de cidre, elle se rapproche en vieillissant des bonnes eaux-de-vie de vin. Cependant, à nos yeux, elle n'est pas pour cela supérieure à l'eau-de-vie de pommé : celle-ci offre plus de douceur et son arôme, gage de sa pureté, n'offre rien de désagréable. Comme celui de l'eau-de-vie de poiré, il tend aussi à s'effacer en vieillissant.

Conclusion. — Nous venons de traiter, non pas à fond, mais le plus longuement que nous le permettait le cadre de cet ouvrage, la question des eaux-de-vie de cidre, sujet nouveau pour les lecteurs d'encyclopédies agricoles. Ce n'est pas parce qu'une industrie est circonscrite dans des limites territoriales assez restreintes qu'elle manque d'importance, et veut être laissée dans l'oubli. Nous avons dit quel intérêt s'attache à la distillation des cidres et poirés, nous avons cherché à faire connaître les procédés simples au moyen desquels on la pratique, et si nous réussissons à augmenter le nombre des essais, nous nous trouverons suffisamment récompensé de nos efforts.

Pour terminer, qu'il nous soit permis, prenant la question dans son acception la plus large, de résumer l'état de cette question, le progrès qu'elle comporte, la pratique servant de base à nos avances.

Il n'y a qu'un moment, nous avons mis en présence la distillation et la vente des cidres en nature. Quelques mots encore sur ce point pour compléter l'examen, nous feront, je l'espère, toucher du doigt le but proposé, à savoir l'avantage qu'auraient les cultivateurs et propriétaires à faire en grand la spéculation pleine d'avenir de la distillation de leurs cidres et poirés.

Nous avons montré les inconvénients du commerce du cidre; nous n'y reviendrons pas. Les pommes, de leur côté, sont l'objet de nombreuses et fructueuses transactions pour la Bretagne, la Normandie et le Perche; mais, selon nous, chacun gagnerait à les transformer en eau-de-vie au lieu de les vendre en nature.

Vendant ses fruits, le cultivateur reçoit, il est vrai, son argent comptant, au moment de la livraison, mais il perd de la sorte, sans compensation de prix, son marc, si précieux pour le bétail s'il était l'objet des soins que l'on prend pour les pulpes de betteraves à la sortie des distilleries; il fait le sacrifice de ses petits cidres, qui, en l'entretenant gratis de sa boisson annuelle, l'indemnisent de la fabrication des cidres qu'il encave pour vendre ou distiller; il éprouve, à cause de la livraison, un surcroît fort lourd de travail au moment même où les semailles de blé réclament toutes les forces vives de la ferme; il brise les chemins qui sont pour tous et pour le cultivateur en particulier, une véritable fortune, en transportant à la ville ou aux gares les lourds chariots de fruits à cidre. Le pressurage les eût déjà allégés des trois quarts, mais la métamorphose du fruit en eau-de-vie les supprime comme par enchantement.

Encourager ou préférer la vente des fruits à cidre en nature, c'est conseiller ou accepter des résultats funestes pour le cultivateur. Le commerce des pommes ne comprend que celles en maturité, de premier choix et surtout celles tardives.

Surchargé de la sorte d'un excès de travail, puisque, sans compter ses semailles, il lui faut répondre aux exigences du commerçant qui veut la livraison à jour fixe, le cultivateur met un empressement anormal dans la poursuite de son travail multiple, et délaisse forcément les branches les moins importantes, les moins urgentes. Tout vient à la fois : les labours, les fumures, les semailles, la cueillette des fruits, leur mesurage, leur livraison, leur charroi. Dans la bagarre, ces mêmes travaux souffrent et l'on sait que, dans la ferme, s'il y a quelque chose de négligé, c'est par là que le profit s'en va. Les fruits précoces, se gardant peu, supportant mal les longs voyages, ne sont pas recherchés des acheteurs et sont délaissés par le cultivateur; les poires étant d'un moindre prix, éprouvent le même sort. Celles qui, trop précoces pour attendre, mollissent avant la commodité du cultivateur, sont perdues pour lui ou récoltées dans de mauvaises conditions. La vente des fruits n'offre donc pas que des avantages : si elle est pour le fermier une source de profit immédiat en lui donnant ainsi un encaisse, dont il a souvent besoin, elle n'est pas non plus sans une influence fâcheuse et pour le présent et pour l'avenir.

Nous voyons pour résultat définitif de l'exportation des fruits à cidre, la préférence donnée aux espèces abondantes, tardives et aux grosses pommes, sans souci pour la qualité du jus. Les fruits hâtifs ou ceux dont le jus délicat donnait au cru de l'endroit sa distinction et sa valeur, sont délaissés; les pourris éprouvent le même sort, et, tout compte fait, le commerce des pommes, quand il est l'objet d'un plan arrêté chez un cultivateur, n'est pas, selon nous, de nature à le faire bénéficier dans les plus larges limites de la récolte fruitière.

Dans cette situation, qu'attend le fermier de ses fruits à cidre? une vente qui rémunère largement et sa cueillette et son charroi. Les fruits de premier choix seuls remplissent ce but. Ceux mal mûrs, ceux hâtifs et les poires sont dédaignés par le commerce; ils le sont par contrecoup par leur propriétaire, et il ne leur demande plus que sa boisson de l'année.

Si, au contraire, de tous ses fruits soigneusement recueillis, le cultivateur entrevoyait la sûre transformation en argent, les soins afflueraient, et ce qui, par le passé, était l'objet d'une négligence quasi méritée, serait entouré de toutes les attentions qu'on sait toujours porter vers les sources certaines de profits. La distillation est le nœud de cette énigme, la solution de ce problème.

Ramassons soigneusement tous les fruits à cidre quels qu'ils soient, tels que nous les envoie la Providence, et, par la distillation, nous les métamorphoserons en beaux écus sonnants. L'objet de nos rebuts sera une source nouvelle et abondante de bénéfices; elle sera même un enseignement pour l'emploi de notre récolte entière; une fois l'attention éveillée par le gain, nous aurons tous soin de n'en pas tarir la source, et nous saurons demander à la distillation ce que nous demandions aux marchands, au moyen d'un escompte trop lourd pour les faibles profits qu'il présente. Nous aurons ainsi évité de nombreux inconvénients que nous avons essayé de signaler.

La question de l'eau-de-vie de cidre comporte en elle un gage de vitalité pour la plantation des terres arables et des pâtures, véritable fortune publique, quoi qu'en aient pu dire les partisans à tout prix du progrès théorique en agriculture. L'extension de la fabrication des eaux-de-vie serait une garantie pour la conservation et l'amélioration de nos plantations fruitières en créant, là où elle n'est pas pratiquée, une mine riche et d'autant plus féconde qu'elle est inexplorée. Dans un autre ordre d'idées, elle offrirait encore cet immense avantage de faire une rude concurrence au trois-six du Nord, cet affreux breuvage devenu presque partout la consommation générale dans ces débits où une grande part de la population laisse à la fois et son argent et sa santé.

Peu étudié et peu professé, ce sujet intéressant tient, on le voit, par bien des points à la prospérité du pays et, si ce travail qui se recommande à l'attention du lecteur, par son caractère simple et pratique, peut être utile, je m'applaudirai d'avoir osé l'aborder et, si modeste qu'elle soit, je serai heureux d'avoir pris ici ma part à l'œuvre intarissable et essentiellement humanitaire du progrès agricole.

ÉMILE PELLETIER.

CHAPITRE LIX

DE LA SYLVICULTURE.

Généralités préliminaires. — L'arboriculture forestière s'occupe principalement de la production, de la culture, de l'exploitation et du débit de certains végétaux ligneux, appelés essences forestières.

Lorsque ces essences forment de grands massifs d'arbres, vivant en famille, sur une étendue plus ou moins considérable, ces massifs prennent d'après leur importance le nom de bois ou de forêts.

Ces forêts sont appelées à fournir aux populations des campagnes et de la ville des bois de chauffage et de construction que produisent également les bouquets d'arbres, les arbres isolés de haute tige ou les têtards garnissant les pâturages, la banquette des chemins, la mardelle des champs, ou le franc-bord des rivières et des ruisseaux.

Indiquer les moyens de retirer des boisements existants la plus grande somme de produits utiles, en assurant leur rapport soutenu, faire connaître les méthodes à l'aide desquelles il sera possible de convertir en forêt productive, même et surtout les terrains qui ne se sont jusqu'ici prêtés à aucune culture, tel est le but de la sylviculture. Envisagée sous ces différents points de vue, cette science traite :

1° De la création de nouvelles forêts et de l'entretien améliorateur de celles existantes;

2° De la plantation de tout terrain, quelque restreint qu'il soit, du moment qu'il ne peut donner un autre produit rémunérateur;

3° De la formation des clôtures, haies vives, abris, etc., en un mot, de toute plantation où il entre des essences forestières proprement dites.

Influence exercée par les sols boisés sur le climat, les cours d'eau, etc. — L'origine des forêts remonte au delà des derniers cataclysmes qui ont bouleversé notre planète. Leur première fonction a été de la rendre habitable et de la préparer à recevoir son maître. Quand il parut, les forêts avaient déjà brisé le roc sous l'étreinte de leurs racines et fourni à ses éléments désagrégés les détritus qui devaient former la terre végétale. Elles avaient dépouillé l'atmosphère de l'énorme quantité d'acide carbonique qu'elle renfermait et l'avaient transformée en air respirable. Les arbres entassés sur les arbres avaient déjà comblé des lacs et des marais, et enfoui avec eux, dans les entrailles de la terre, pour nous les rendre, des milliers de siècles plus tard, sous forme de houille et d'anthracite, ce même carbone qui devenait, par cette merveilleuse condensation, une richesse immense mise en réserve pour l'avenir.

Grâce aux forêts, l'homme trouva donc sa demeure prête et sa subsistance assurée. Elles l'ont précédé comme une avant-garde indispensable. Car partout où elles n'ont pas pris pied, il n'a jamais pu lui-même se fixer d'une manière permanente. Les vastes déserts de l'Afrique, les steppes de l'Asie, les pampas de l'Amérique méridionale et les solitudes glacées des pôles, restés rebelles à la végétation forestière, ont également résisté jusqu'à ce jour à toute tentative d'habitation (1).

Les motifs de cette dernière apparition s'expliquent facilement ; ils sont basés sur l'influence que les forêts exercent au point de vue climatologique, notamment sous le rapport de la température, sous celui des courants atmosphériques, des météores, etc. Elles ont donc encore pour l'agriculture en particulier, une importance autre que celle des produits directs et matériels qu'elles fournissent. Toutefois, on doit, comme dans tout, se garder des extrêmes. En effet, il peut y avoir excès de forêts, de même que trop souvent il y a pénurie de ces mêmes forêts. La Gaule et surtout la Germanie du temps de César et de Tacite étaient des pays froids, humides, couverts de marais et de forêts. Les déboisements successifs les convertirent en plaines fertiles, et il n'y a plus que quelques contrées de l'Allemagne, où, comme le dit le poëte Heine, les étés sont peints en vert. Mais si d'un côté l'influence des forêts peut être néfaste, on doit de l'autre côté, reconnaître qu'un déboisement démesuré est du plus grand préjudice pour la fertilité du sol. Les immenses travaux de cultures forestières décrétées dans ces derniers temps, par le gouvernement français, s'appuyant sur les observations faites à ce sujet, dans toutes les contrées où les forêts ont, pour une cause ou l'autre, été détruites, méritent d'être signalés tout spécialement. Ils confirment l'importante nécessité du sol boisé, en même temps qu'ils deviennent un grand enseignement pour les défricheurs, passés, présents et futurs. L'histoire de la décadence des empires, dans l'antiquité, justifierait d'ailleurs déjà les mesures prises dans l'occurrence, si les débordements du Rhône, de la Loire, etc., ne venaient, par suite du déboisement ravager, pour ainsi dire périodiquement, les plus belles et les plus fertiles contrées de la France. Les faits suivants expliqueront suffisamment l'influence du sol boisé tant sous le rapport du régime des eaux que sous celui du climat.

(1) Jules Clavé. *Etudes sur l'économie forestière.* Paris, 1862, p. 12.

Par la mise sur étoc des forêts, on diminue d'abord la quantité des sources d'une région, elles se perdent même tout à fait; la terre se dessèche et s'effrite. Les îles des Canaries, de Madère et tant d'autres contrées, étaient de vrais paradis terrestres lors de leur découverte, et devinrent plus tard, alors qu'on eut détruit les forêts, des plaines arides et incultes. Les steppes de la Russie ont la même origine. Madère cependant n'a rien perdu au change : les châtaigniers, les citronniers, la vigne ont remplacé les forêts qui la couvraient lors de l'arrivée des Portugais dans l'île; toutefois on a défendu d'en abattre les arbres aux environs des sources, parce que l'île souffre tous les jours davantage du manque d'eau. Le Bocage, dans la Vendée, souffrait d'un excès d'humidité. A partir de 1808, on fit de nombreux défrichements, et depuis lors les sources disparaissent ou ne livrent plus autant d'eau. La Provence possédait également, avant 1821, de nombreuses sources et beaucoup de ruisseaux. En 1822, les oliviers, qui y formaient pour ainsi dire des peuplements complets, gelèrent; on dut par suite les abattre et depuis lors le régime des eaux est tellement changé, que l'exercice de l'agriculture y est difficile, sinon impossible.

L'histoire est pleine de faits analogues. Au temps d'Homère, la Grèce, la Sicile, et toutes les îles environnantes étaient garnies de bois épais. Il en était de même de l'Italie. Mais les innombrables événements qui se sont succédé sur ce point du globe, ont fini par consommer la destruction des plus grandes forêts. Les suites ne s'en sont pas fait attendre. Ces lieux étaient alors renommés pour leur agriculture; aujourd'hui, on n'y voit plus que quelques arbres de loin en loin; les sources jadis célèbres n'existent plus, des fleuves jadis navigables ont de la peine à porter dans de petits canots les populations pauvres de ces contrées, dont la stérilité est devenue proverbiale.

De pareilles apparitions ont également lieu de nos jours. En Russie, notamment, le niveau des fleuves navigables s'est abaissé depuis les nombreux défrichements des cinquante dernières années.

Boussingault et Humboldt le prouvèrent d'une manière positive, en établissant l'étiage de plusieurs lacs de l'Amérique, avant et après le déboisement, suivi d'un nouveau repeuplement. Si notre génération a vu le tarissement de beaucoup de petits ruisseaux et l'abaissement de grands fleuves, il lui a aussi été donné de connaître l'effet contraire. En effet, Marmont constata qu'en Égypte la quantité de pluies y a augmenté depuis que sur les ordres de Méhémet-Ali on a planté près du Caire environ 20,000,000 d'arbres. Avant ces plantations, il ne pleuvait que tous les trois ou quatre ans, aujourd'hui on compte de trente à quarante jours de pluie par an. Les îles de Malte, de l'Ascension, de Sainte-Hélène ont été gagnées pour la culture par suite de leur boisement. Mais qu'avons-nous besoin d'aller si loin lorsque nous avons entre autres sous les yeux, la belle ferme de M. Trochu de Bruté, à Belle-Isle-en-mer.

Le déboisement d'un pays influe non-seulement sur le climat; il modifie encore la flore et la faune d'une contrée; sur les bords du Rhin, il y a de cela des siècles, on cultivait la vigne où elle ne réussit plus maintenant, parce qu'elle a perdu, comme disent les vignerons, « l'abri des forêts. »

Dans les temps modernes, l'État prend les forêts sous sa protection, autrefois elles étaient sous celle des dieux. Certains arbres étaient l'objet d'un culte divin, et beaucoup de forêts étaient considérées comme des remparts naturels contre les ravages des avalanches et des ravines. Elles n'en préviennent pas seulement la formation, mais elles l'arrêtent même, de sorte que l'on ne trouve encore rien de mieux pour rendre certains endroits habitables, par exemple Baréges, que de reboiser les montagnes environnantes. De cette manière, les forêts contribuent souvent à conserver à l'agriculture des terrains immenses, qui, sans elles, eussent été envahis par les sables, stérilisés par les vents de la mer ou rendus improductifs par le souffle glacé du nord (1). Ce sont les plantations qui, seules, ont pu fixer les dunes de la Gascogne. Ce sont les mêmes plantations qui empêchent les montagnes de se dénuder par le haut, et de remplir, avec le temps, les vallées de terres et de galets. Ce sont elles aussi qui retiendront les eaux dans leur cours désordonné et rapide et s'opposeront aux inondations. Le lac Maelar, en Suède, est retenu dans ses limites, depuis que les montagnes qui l'environnent ont été reboisées.

Les motifs de ces apparitions sont connus depuis longtemps. Alex. de Humboldt dit à ce sujet dans son *Cosmos* : « Le défrichement des montagnes amènera deux grandes afflictions pour les générations futures : *le manque de calorique et le manque d'eau.* » Il ajoute que la forte transpiration des feuilles répand dans l'air une grande humidité, qui est portée par les vents dans les grands espaces. Les forêts donnent en outre aux terrains qu'elles abritent un couvert protecteur, et retardent l'écoulement des eaux de pluie : les sources sont par là entretenues dans leur état normal; les fleurs ne se dessèchent pas, et le cultivateur de la plaine peut compter sur les montagnes qui l'avoisinent pour l'irrigation de ses terres. »

Quant au second effet signalé comme suite du déboisement, Alex. de Humboldt dit : « Les lits des rivières, qui restent secs pendant une partie de l'année, se changent en torrents lorsqu'il pleut. Le gazon, les mousses disparaissent avec la végétation ligneuse, les millions de feuilles qui buvaient l'humidité, s'en vont avec les arbres, et l'eau de pluie n'est plus retenue dans son cours. Au lieu d'augmenter successivement, très-lentement, et par infiltration, l'eau provenant de la fonte des neiges ou de la pluie, se précipite des montagnes, forme des torrents qui amènent dans les vallées la terre qu'ils charrient, et cause ainsi les nondations. »

Enfin, le rôle des arbres sous le rapport hygiénique est très-important. L'influence des feuilles vertes sur la composition des gaz respirables est connue. Ce qui est moins connu, c'est que les superficies boisées égalisent les extrêmes de la température et en empêchent les changements brus-

(1) J. Clavé, *loc. cit*, p. 19.

ques, les variations subites. Il en résulte que celles-ci ont moins de prise sur l'organisme et que par suite ses dérangements morbides doivent être et sont moins fréquents que dans les contrées où il n'y a pas de forêts. L'influence des vents est dans ce dernier cas pernicieuse. En effet, le simoun du Sahara perd de sa chaleur torride et de ses propriétés desséchantes chaque fois qu'il passe au-dessus d'un important massif forestier, dont il enlève une partie de l'humidité pour lui laisser de sa chaleur. Il en est de même du vent d'est, qui chez nous est surtout préjudiciable aux poitrines faibles par son âpreté et sa sécheresse. Le mistral qui sévit dans la vallée du Rhône n'exerce ses ravages que depuis le déboisement des Cévennes, qui eut lieu sous le règne d'Auguste.

En présence de cette utilité multiple du sol boisé, il devient presque superflu de rappeler qu'il fournit à certaines régions de la litière pour le bétail, des pâturages pour les troupeaux, des essarts pour en tirer la nourriture de l'homme. Nous voyons enfin l'importance des forêts dans leur faculté de pouvoir prospérer sur les terrains les plus mauvais, de les améliorer et de les rendre avec le temps propres à la culture agricole. Elles deviennent ainsi, entre les mains du cultivateur progressiste, le moyen de retirer un revenu des landes et autres terres vagues qui déparent encore les pays les plus avancés en agriculture.

Parallèle entre l'agriculture et la sylviculture. — L'agriculture et la sylviculture sont des enfants de la même mère, qui ont grandi ensemble, ont reçu la même éducation et ont profité l'une de l'autre. Cette proche parenté n'a toutefois pas su empêcher les petites altercations qui s'élèvent d'ordinaire entre sœurs du même âge. Il arrive même quelquefois que, l'amour-propre s'en mêlant, elles se jalousent et se contre-carrent. La circonstance toutefois *qu'il ne peut y avoir de forêts sans culture, ni de culture sans forêts* fait qu'elles ne se gardent pas rancune, quoique l'extension de l'une ne puisse, dans l'ordre ordinaire des choses, avoir lieu qu'aux dépens de l'autre. En effet, en agriculture, aussi bien qu'en sylviculture, la terre et les richesses qu'elle renferme sont les premiers agents indispensables de la production végétale. La première, toutefois, y joint encore les produits de l'organisme animal, pour autant que le bétail n'est pas séparé de la culture des plantes. Il y a de plus, dans ce dernier cas, une différence marquée dans l'activité du sol, attendu qu'avec la production agricole, les récoltes ont lieu, sauf quelques rares exceptions, dans un espace de temps restreint, tandis que le rendement du terrain boisé se fait attendre pendant une série plus ou moins longue d'années. Cette circonstance est, il est vrai, cause que les phénomènes atmosphériques de chaud et de froid, de sécheresse et d'humidité ont peu ou pas d'influence sur le revenu moyen annuel des forêts, parce qu'il s'établit une sorte de compensation entre les bonnes et les mauvaises années pendant lesquelles le bois reste sur pied, avant d'atteindre à l'époque fixée pour son exploitation; mais la production forestière n'en est pas moins en désavantage, parce qu'elle doit le plus souvent se contenter du sol que l'agriculture, dont toutes les aspirations se résument dans l'utilisation du meilleur terrain, répudie complétement. Au surplus, et cela est un trait caractéristique particulier à la production boisée, moins le sol des forêts est propre à la culture des autres biens de la terre, plus est grand le revenu forestier, attendu que, dans ce cas, le capital foncier engagé est moins élevé.

La plus grande divergence existant entre la production agricole et la production sylvicole, réside toutefois dans le rôle différent qu'y jouent les deux facteurs économiques : le *travail* et le *capital*. L'agriculture repose principalement sur une augmentation progressive de la production; celle-ci est elle-même basée sur l'ameublissement et la fumure du sol; la production naturelle et artificielle des fourrages, l'élève du bétail réclament une plus grande somme de travail, et nous ne pourrons être taxé d'exagération en posant en fait que le travail nécessité par l'exercice de l'agriculture, dans les conditions ordinaires, et à superficie égale, est plus que le centuple de celui nécessité par la culture sylvicole. La valeur des produits agricoles repose par suite en grande partie sur le prix du travail qu'ils ont nécessité, de sorte que le cultivateur touche principalement et en même temps que le prix de ses produits la valeur de sa main-d'œuvre.

Le capital proprement dit joue également un rôle plus actif dans le faire-valoir agricole que dans l'exercice de l'art forestier, et son usage y est moins limité. D'abord, ce dernier peut se passer d'inventaire, de bâtiments, d'instruments, de machines, etc., ce qui n'est pas possible en agriculture. De plus, la fertilité du sol, ses forces productrices peuvent être augmentées par l'emploi judicieux du capital d'exploitation. — On peut de même faire servir fructueusement ce dernier à l'amélioration des bâtiments d'exploitation, à l'achat de machines et instruments aratoires perfectionnés, à l'entretien d'un bétail d'élite, etc. Les intérêts de ce capital se retrouvent alors dans le placement d'autres produits du sol, et ne se font d'ordinaire pas attendre. Cette dernière circonstance parle surtout en faveur de l'agriculture, et fait que le travail et le capital voués à cette dernière revirent facilement, et cela par suite de l'espace relativement court que les plantes cultivées demandent pour atteindre tout leur développement.

En sylviculture, ces circonstances favorables ne se présentent pas. En effet, soit qu'on crée un nouveau bois, soit qu'on en exploite un ancien, en bon père de famille, et eu égard à son rapport soutenu, le capital engagé (ici le bois de divers âges se trouvant sur la superficie) sera considérable, le revenu s'en fera en outre attendre et sera le plus souvent réparti sur une période plus ou moins longue d'années.

L'agriculture est donc ici en avantage; mais cet avantage n'est pas toujours de la même importance, et il disparaît même quelquefois, notamment où il y a absence de main-d'œuvre, de capital et surtout de débouchés. Là, le sol boisé l'emporte, et c'est à cette circonstance surtout qu'il y a lieu d'attribuer la convenance du boisement pour le défrichement et la mise en culture des terres vagues, des landes et des bruyères improductives jusqu'ici. Elles parviendront ainsi à la période forestière de certains économistes, pour passer ensuite, avec le changement progressif des conditions de production, à la culture intensive, à laquelle elles apporteront un sol amélioré, riche des détritus végétaux de plusieurs générations, et la ressource du capital ligneux croissant sur la superficie.

DES ARBRES ET ARBUSTES FORESTIERS.

Les essences qui entrent dans la composition des forêts n'y profitent que pour autant qu'elles peuvent vivre en massifs serrés. Leur nombre est donc limité ; mais il est encore suffisant pour permettre un choix souvent difficile sous le rapport du climat, du sol, de l'exposition et de la station. Le choix présente toutefois moins de difficulté qu'en agriculture, parce que les arbres et arbustes sont moins délicats que les plantes cultivées, et qu'ils ne sont pas liés à la composition minéralogique du terrain. En effet, *la sylviculture ne connaît aucune essence ne profitant pas dans un sol profond, suffisamment meuble, humide et riche en humus, du moment que les conditions climatériques de la station lui conviennent.* Comme toutefois ces conditions ne se trouvent réunies qu'exceptionnellement, il est important de connaître plus particulièrement les terrains recherchés par les différentes essences. Nous indiquerons par suite les diverses conditions dans lesquelles celles-ci se rencontrent, et les divers usages auxquels elles peuvent être employées.

Description. — Les arbres et arbustes forestiers appartiennent aux différentes classes de végétaux que dans la pratique on réduit aux *espèces à feuilles caduques*, *décidues* ou *essences feuillues*, et aux *espèces résineuses* ou *conifères*. Les premières sont à feuilles à limbe simple ou composé, larges, membraneuses, ordinairement caduques ; les secondes sont à feuilles aciculaires ; mais leur caractère distinctif réside dans la constitution du bois qui est uniquement formé de fibres et de rayons médullaires, contenant d'ordinaire des canaux résinifères, toujours dépourvu de vaisseaux et de parenchyme ligneux. Les résineux perdent d'ailleurs également leurs feuilles, mais en général seulement après plusieurs années.

ARBRES FEUILLUS.

Ajonc (*ulex europæus*). — L'ajonc est un arbrisseau épineux, plus connu sous le nom de *landier, jonc marin*. Il est propre aux landes sablonneuses de la France occidentale, de la Bretagne, de Bayonne, de la Normandie, de la Beauce, etc. Outre l'emploi déjà indiqué de ses jeunes pousses comme fourrage (1), il sert encore de litière aux animaux. Son bois, blanc-jaunâtre, dur, lourd, est une ressource précieuse comme combustible, pour le chauffage des fours surtout. L'ajonc forme des haies impénétrables, d'une conduite et d'une taille faciles ; il prospère dans les terres sablonneuses, les argiles siliceuses, caillouteuses les plus stériles, du moment que l'humidité atmosphérique ne lui fait pas défaut, car il craint plus la sécheresse que le froid. Au nord de Paris, il gèle rarement avant l'âge de quatre ans, mais il réclame alors une terre franche et meuble.

Fig. 1420. — Ajonc.

Argousier (*hippophae rhamnoïdes*). — Cet arbrisseau appartient à la flore des parties moyennes et sud-est de l'Europe, surtout des sables maritimes. Il croît dans les sables humides des dunes, et dans les terres fortes de la formation calcaire et crayeuse. Des bords de la mer il descend le cours des grands fleuves, et fixe les atterrissements de ces cours d'eau par ses nombreux rejets de souche. Son bois est assez dur, brun-jaunâtre, mais peu estimé comme chauffage. Il est recherché pour les raffineries de sel et est riche en potasse.

Fig. 1421. — Argousier (*hippophae rhamnoïdes*).

(1) *Livre de la Ferme*, I. 325.

L'importance forestière de l'argousier réside dans sa propriété de fixer les sables mouvants des

Fig. 1422. — Aubépine commune.

dunes et les rivages des courants rapides. Il fournit de plus de bonnes clôtures dans tous les terrains excepté les sables maigres et secs et les argiles de même qualité. Comme pour l'ajonc, sa bonne venue dépend moins de la qualité du sol que de l'état hygroscopique de sa station. Plus l'atmosphère de celle-ci est humide, mieux l'argousier réussit.

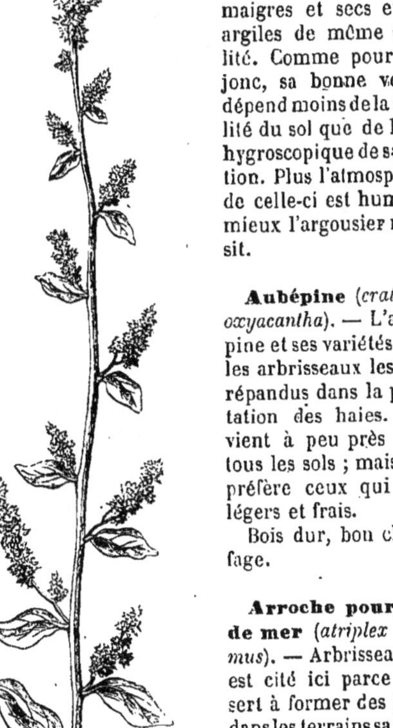

Fig. 1423. — Arroche pourpier de mer.

Aubépine (*cratægus oxyacantha*). — L'aubépine et ses variétés sont les arbrisseaux les plus répandus dans la plantation des haies. Elle vient à peu près dans tous les sols ; mais elle préfère ceux qui sont légers et frais.

Bois dur, bon chauffage.

Arroche pourpier de mer (*atriplex halimus*). — Arbrisseau qui est cité ici parce qu'il sert à former des haies dans les terrains salants, sablonneux, mélangés d'argile. Le pourpier de mer appartient plus spécialement aux régions maritimes de l'Europe, et gèle souvent sous le climat de Paris, dans les hivers rigoureux.

Aulne commun (*alnus glutinosa*). — L'aulne *verne* ou *vergne*, est un arbre de moyenne grandeur, aimant les terrains humides et même aqua-

Fig. 1424. — Aulne commun.

tiques des plaines et des montagnes peu élevées. Il est l'essence des marais et des sols alternativement submergés, mais tous les terrains de cette catégorie ne lui conviennent pas. C'est ainsi qu'une couche de limonite (fer limoneux) dans le sous-sol arrête sa végétation. Celle-ci est pour ainsi dire nulle dans les tourbières non assainies, ainsi que dans les terres fraîches peu profondes, à sous-sol imperméable, riche en humidité stagnante ou constamment sous eau.

Le bois d'aulne est mou, très-cassant, d'une combustion rapide et produisant une vive chaleur. Il donne du bois d'œuvre recherché pour les travaux constamment sous eau, tels que conduites d'eau, boisages de puits. A l'air libre, par contre, il se détériore bien vite. On en fabrique des meubles communs, des sabots. Le bois marbré des broussins de sa tige sert à la confection de pipes à fumer très-recherchées. Son écorce sert à la tannerie des cuirs dits de Russie. Elle teint en noir lorsqu'on la mélange avec du sulfate de fer.

L'aulne forme de bons taillis, et est d'un grand rapport dans les terrains qui lui conviennent. Il sert à planter les bords des eaux, à les fixer et à arrêter la force des inondations; il est de même un bon arbre d'avenue dans les sols tourbeux assainis. Enfin il forme de belles et fortes haies, très-fourrées, lorsqu'on les émonde convenablement.

L'aulne commun est, comme nous l'avons déjà dit, l'arbre des plaines et des montagnes peu élevées, il est remplacé dans les contrées du Nord et les régions montagneuses par l'aulne blanc.

Aulne blanc (*alnus incana*). — Celui-ci réclame les terres plutôt fraîches qu'humides, et croît alors même dans les sables. Son port est plus gracieux que celui de l'aulne commun, et s'il ne donne pas un produit aussi considérable en matière, cette matière est meilleure et a par suite une plus grande valeur. Il sert aux mêmes usages que la variété commune. Comme l'aulne

Fig. 1425. — Aulne blanc.

blanc donne des rejets de racines, son taillis devient plus fourré et supporte aussi l'adjonction d'autres essences.

Alizier blanc (*cratægus aria*). — Le principal mérite forestier de cet arbre est de préférer les

Fig. 1426. — Alizier blanc.

sols calcaires ou argileux des marnes irisées aux autres, sur lesquels il croît également. Sur les montagnes arides il ne forme qu'un arbuste; mais dans les sols plus riches il devient un bel arbre dont le feuillage rappelle celui du peuplier blanc. Son bois est dur, lourd, très-homogène et recherché pour les pièces de machines soumises à des frottements, les manches d'outils, etc. Son fruit donne une eau-de-vie recherchée.

L'alizier blanc vient à une altitude élevée et supporte les climats froids des hautes montagnes.

Alizier des bois (*cratægus torminalis*). — L'alizier des bois, est d'ordinaire un arbre de taillis, recherchant les terrains frais et légers, calcaires et sablonneux, mais redoutant les sols humides ou secs. C'est un arbre de plaine et des pays accidentés. Dans la jeunesse, le bois est très-fragile, mais avec le temps il devient dur, lourd, homogène, et est recherché par les graveurs, mécaniciens, tourneurs, luthiers. Il fournit de plus un bon bois de feu.

Les fruits de l'alizier des bois, connus sous le nom d'alosses et d'alizes, sont bons à manger lors-

Fig. 1427. — Alizier des bois.

qu'on les a laissés blettir. On en fait de l'eau-de-vie et du vinaigre.

Bouleau (*betula*). — Le bouleau se rencontre en forêts sous deux formes différentes, mais

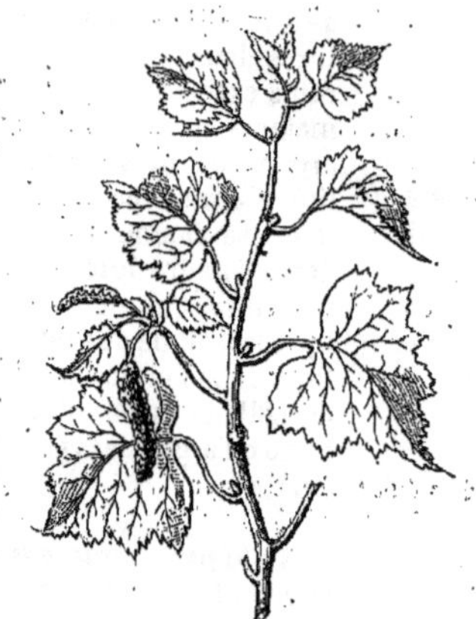

Fig. 1428. — Bouleau blanc.

n'ayant qu'une valeur scientifique. C'est l'arbre des sables gras, ou pour mieux dire de tous les terrains, du moment qu'ils ne sont pas compactes à l'excès. Il supporte les climats les plus froids, mais il préfère les régions tempérées; c'est pourquoi il ne réussit pas dans le Midi, et qu'il n'y vient qu'à des altitudes élevées, où il ne peut souffrir de la chaleur.

Le bois de bouleau est blanc, léger; il est employé pour menuiseries, charronnages, et est assez résistant lorsqu'il n'est pas exposé aux variations atmosphériques. On en fait des sabots, des cercles, des échelles, des harts notamment pour le flottage. Les jeunes rameaux donnent des balais, l'écorce sert au tannage des cuirs de Russie, à la fabrication de tabatières, de toitures, de semelles de souliers. Avec la sève, on fabrique une boisson alcoolique, mousseuse, très-recherchée dans le Nord.

Cerisier merisier (*cerasus avium*). — Arbre très-connu, venant bien dans les terrains secs, calcaires, lorsqu'ils ne sont pas stériles ou compactes; il craint également les sous-sols imperméables et les sols humides. Les régions montueuses, accidentées, les expositions chaudes lui conviennent.

Fig. 1429. — Merisier.

Le bois du merisier est recherché par les ébénistes, luthiers, tabletiers, tourneurs. Il peut servir avec avantage là où il n'est pas exposé aux alternatives du sec et de l'humide. Muni de son écorce, il donne les meilleurs corps de pompe, parce qu'alors il ne se gerce pas. Lorsqu'il est jeune, on en fait des cercles très-forts et résistants. Son écorce sert à faire des tabatières et autres boîtes analogues; son fruit donne le kirsch le plus estimé de la forêt Noire.

Cerisier bois de Sainte-Lucie (*cerasus mahaleb*). Le bois de Sainte-Lucie, *Quénot*, *Malagué*,

Fig. 1430. — Bois de Sainte-Lucie.

est un arbrisseau recommandable par la faculté qu'il possède de prospérer dans les terres les plus sèches et jusque dans la fente des rochers. Il forme de bonnes clôtures. Son bois dur et odorant est recherché pour les menus ouvrages d'ébénisterie et de tour. Les jeunes rameaux donnent des tuyaux de pipe et font l'objet d'un grand commerce en Orient.

Charme commun (*carpinus betulus*). — Arbre forestier de la plaine et des pays de coteaux du

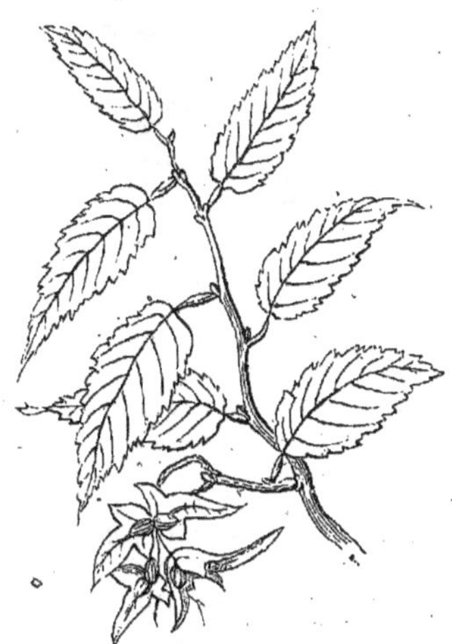

Fig. 1431. — Charme commun.

nord et de l'est. Il vient bien dans toutes les terres qui ne sont pas maigres ou marécageuses, préfère celles qui sont fraîches sans pourtant péricliter dans les sables secs. On en forme des haies, des charmilles, des avenues, etc.

Le charme, croissant lentement, donne un bois dur, dense. Il est de toute première qualité comme bois de feu et est excellent comme bois d'œuvre, là où il ne souffre pas des variations de la température ; mais il est surtout précieux comme bois de travail. On en fait des dents d'engrenages, des cames, des manches d'outils, des leviers, des fléaux, etc. Les feuilles servent à la nourriture du bétail.

Charme houblon (*ostrya vulgaris*). — Cet arbre ressemble au

charme commun par le port et le feuillage. Quoique appartenant à la flore de la Croatie, de l'Italie et de l'Europe méridionale où il remplace le charme commun, il est très-rustique, et vient même dans les terres médiocres dans lesquelles celui-ci n'a qu'un accroissement très-lent. Son bois est excellent pour le foyer et peut être employé comme celui du charme.

Fig. 1432. — Charme houblon.

Châtaignier (*castanea vesca*). — Cet arbre de première grandeur, aime un sol substantiel, pro-

Fig. 1433. — Châtaignier.

fond et riche en silice, et se plaît particulièrement dans les stations accidentées, granitiques, sablonneuses et schisteuses. Par contre, il croît mal dans les sols calcaires, trop secs, trop compactes, marécageux et humides. Il est particulièrement commun dans le Centre et le Midi et est un arbre des contrées chaudes de la zone tempérée. Il ne se rencontre pas spontanément dans les plaines, et craint les grandes hauteurs aussi bien que les fonds humides. — Le bois de châtaignier ressemble à première vue à celui du chêne, mais comme il n'est jamais maillé, il est facile de l'en distinguer. Il est médiocre comme chauffage et pétille au feu. Comme bois d'œuvre il n'a de la durée que pour autant qu'il est à couvert et à l'abri des alternatives de sécheresse et d'humidité. Il fournit un merrain estimé, des échalas et des cercles de futailles de qualité supérieure. Son fruit est recherché et d'une importance majeure pour certaines régions.

Chêne (*quercus*). — Le genre chêne renferme un grand nombre d'espèces dont les plus importantes peuvent seules trouver place ici. D'ailleurs, si elles diffèrent par leur port, elles se rencontrent toutes sous le rapport de la longévité, de la force et des emplois multiples auxquels leur bois est propre. Toutes sont, en général, des arbres de plaines ou de coteaux, et si elles ont des exigences spéciales, c'est sous le rapport du terrain, comme nous le verrons dans le relevé suivant, où nous les distribuerons entre les *chênes à feuilles caduques* et les *espèces à feuilles persistantes*.

Chêne pédonculé (*quercus pedunculata*). — Le chêne pédonculé, *chêne à grappes*, *gravelin*, *chêne blanc* (Gironde, Landes, Picardie); *chêne noir* (Blésois) *Châgne* (France centrale) *chêne femelle* (Ardennes).

Chêne rouvre (*quercus robur*). — *Chêne mâle* (Ardennes), *Drille* ou *Daillard*, *chêne blanc* (Provence), *Durelin*; *Roure*. Le précédent et celui-ci se rencontrent le plus souvent en mélange et se complètent d'ordinaire l'un l'autre. C'est ainsi que le chêne pédonculé s'avance bien plus vers le Nord, bien moins vers le Midi que le chêne rouvre. Il reste toutefois en arrière de 3 à 400 mètres dans les régions montagneuses. Habituellement mé-

Fig. 1434. — Chêne à glands pédonculés.

langé avec ce dernier dans les pays accidentés de collines et de coteaux, il devient dominant ou se

Fig. 1435. — Chêne rouvre.

rencontre seul dans les plaines : dans les montagnes, le rouvre le dépasse et pénètre à peu près seul jusque dans la région des sapins.

Le chêne pédonculé se plaît particulièrement dans les terres argileuses et y prospère encore, lors même que par leur situation elles sont humides et marécageuses ; le chêne rouvre, en retour ne s'accommode ni de cette compacité, ni de cette humidité, et préfère les sols graveleux, sablonneux ou même calcaires, du moment qu'ils sont doués d'une certaine fraîcheur. Le bois de ces deux espèces ainsi que ses usages nombreux sont connus. Il occupe sans contredit le premier rang dans les constructions de toute nature. Le charronnage, la tonnellerie et la menuiserie l'emploient à des usages nombreux, rais de roues, ages de charrues, bâtis de herses, sciages, meubles, cercles, merrain, lattes, échalas, treillages, etc. L'écorce, surtout celle du rouvre, donne un tan recherché ; ses glands servent à la nourriture des porcs, etc.

Chêne chevelu (*quercus cerris*).—Connu aussi sous les noms de *chêne de Bourgogne*, *chêne d'Autriche*, *chêne lombard*, *chêne crinite*. Il est très-répandu dans toute la partie sud et les régions les plus favorables des contrées froides de la zone tempérée. Il est moins exigeant sur la nature du sol que les chênes rouvre et pédonculé, donne un meilleur chauffage, mais du bois d'œuvre moins précieux. Il se fend facilement et produit un tan supérieur à celui de tous les chênes connus. Son fruit demande 18 mois pour mûrir.

Fig. 1436. — Chêne chevelu.

Chêne tauzin (*quercus tozza*). — Cette essence s'appelle en outre *chêne angoumois*; *chêne noir* (Landes), *chêne bossu* (Anjou), *chêne doux*, *chêne des Pyrénées*, etc. C'est le plus souvent un arbre tortueux, sans fût élevé. Il est très-répandu dans les terrains sablonneux, même les plus ingrats, de l'ouest de la France, et ne quitte jamais le littoral, où il rend de grands services pour le boisement des landes. Son bois n'est recherché que comme combustible. Le tan fourni par son écorce est supérieur à celui du rouvre. Ses glands sont préférés pour l'alimentation du bétail.

Fig. 1437. — Chêne tauzin.

Chêne blanc (*quercus alba*). — Le chêne blanc vient de l'Amérique du Nord. Il est parfaitement rustique au nord de Paris et se montre peu difficile quant au sol ; cependant il vient mal dans les terres très-arides, et ne supporte que très-peu d'humidité. Son développement est assez rapide. Pris jeune, son bois sert à faire des cercles. On s'en sert pour la marine et le charronnage ; mais ses planches se voilent, fendent, de sorte que la menuiserie ne l'emploie guère. Par contre, on en fabrique de bon merrain. Son écorce peut servir au tannage.

Chêne blanc des marais (*quercus prinos*). — Cet arbre qui nous vient des endroits humides des États-Unis et du Canada s'accommode de toutes les natures de terrain, depuis les plus secs jusqu'à ceux qui sont humides; il préfère toutefois une terre franche, profonde et fraîche, et même humide. Son bois sert pour le charronnage, les constructions et le feu.

Chêne yeuse ou *vert* (*quercus ilex*). — Ce chêne, ainsi que ses nombreuses variétés, se plaît dans les localités sèches des départements méridionaux. Aussi aime-t-il les coteaux et les montagnes de moyenne hauteur, à terrains chauds et calcaires.

Fig. 1438. — Chêne yeuse.

Son bois sert aux mêmes usages que celui du chêne rouvre. Son écorce donne du tan de toute première qualité. Les glands, lorsqu'ils sont doux, servent à l'alimentation de l'homme.

Chêne liége (*quercus suber*). — Cette essence se cultive avec succès dans les parties méridionales de la France. On le trouve dans les départements du bassin de la Méditerranée. Les sols feldspathiques et schisteux lui sont favorables ; viennent ensuite ceux contenant du calcaire, tandis qu'il craint les sols compactes et humides. Le bois du chêne liége, quand même il donnerait de fortes pièces nécessaires aux constructions, ne conviendrait pour cet usage que dans des conditions exceptionnelles. Il produit un beau bois de menuiserie et un chauffage estimé. Son écorce donne le liége dont on fabrique les bouchons. Enfin son fruit est quelquefois mangeable.

Fig. 1439. — Chêne liége.

On confond souvent, avec l'arbre ci-dessus, le

Chêne corsier (*quercus occidentalis*). — On le rencontre le long du golfe de Gascogne et dans les landes du littoral de l'Ouest. Le corsier se plaît dans les terrains de transport, siliceux ou argilo-siliceux des landes, aux expositions chaudes et abritées des vents. On le cultive également pour le liége qu'il produit. Quant à son bois, il donne un bon chauffage.

Chêne kermès (*quercus coccifera*). — Arbuste très-commun dans les lieux secs, pierreux ou sablonneux de la région méditerranéenne (notamment Bouches-du-Rhône et Var). Son bois est très-compacte et très-homogène, et ne donne que des bourrées et des fagots propres au chauffage. L'écorce sert à tanner les cuirs. Une espèce de cochenille, le kermès du chêne vert, vit sur ses jeunes rameaux, et était autrefois récoltée pour en tirer une couleur rouge, qui a été abandonnée pour le kermès du cactus-nopal. Une espèce très-voisine de la précédente est le chêne garrigue.

Fig. 1440. — Chêne kermès.

Chêne garrigue (*quercus auzandri*). — Il forme des buissons dans les terrains secs et arides de la Provence qui portent son nom. Il sert aux mêmes usages que le chêne rouvre.

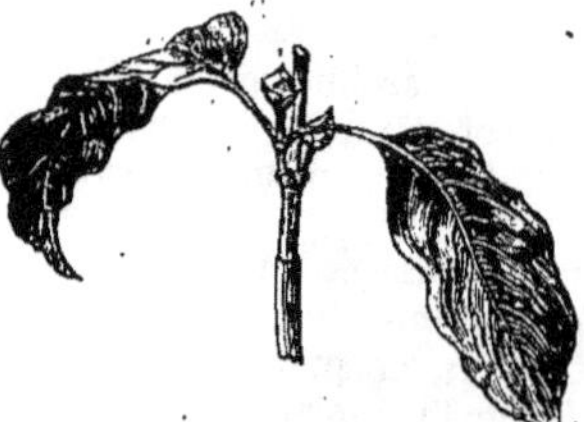

Fig. 1441. — Cornouiller.

Cornouiller (*cornus mas*). — Cet arbrisseau ou petit arbre est commun dans les bois des terrains calcaires, où il croît lentement. Son bois est un des plus durs, des plus denses de nos forêts. Il est très-recherché pour manches d'outils, menues pièces de machines, échelons, cercles, cannes, gaules, fourches, bobines, etc. Ses baies sont comestibles. Le cornouiller forme de belles haies.

Coudrier (*corylus avellana*). — Le coudrier ou noisetier est un arbrisseau fort connu et très-répandu. Son bois diffère peu de celui du charme, mais il brûle difficilement. Ses jeunes rejets donnent des tuteurs recherchés; plus âgé, on en fait des cercles, des claies, des *chines* pour ruches. Son fruit est comestible, mais l'arbuste n'en donne généralement que dans une exposition ouverte, en plein soleil. Le noisetier vient bien dans la plupart des terrains, qui ne sont pas trop pauvres, et prospère mieux dans les stations fraîches que dans les sols secs.

Fig. 1442. — Coudrier.

Épine-vinette (*berberis*). — Cet arbuste convient à l'établissement de clôtures dans les terrains sablonneux, sablo-argileux et calcareux. Il aime le soleil, mais n'en vient pas moins à l'ombre.

Fig. 1443. — Épine-vinette.

Son bois sert à teindre en jaune; ses fruits confits sont recherchés.

Érables (*acer*). — Les érables ont le bois dur, blanc, lourd, homogène. Les espèces les plus communes et les plus utiles sont :

Fig. 1444. — Érable sycomore.

L'*érable sycomore* (*acer pseudoplatanus*), *faux-platane* (grand érable).

L'*érable plane* (*acer platanoïdes*), *plane* ou *plaine*.

Fig. 1445. — Érable plane.

L'*érable champêtre* (*acer campestre*), *mazeralle* (Lorraine).

Ces trois érables ne font pas de différence sous le rapport du sol et de l'exposition. Ils préfèrent tous les sols profonds, divisés, frais et meubles, sans pourtant rejeter les terrains de moyenne fertilité. Le plane supporte beaucoup d'humidité; le sycomore recherche les sols plus secs, calcareux; le champêtre, par contre, se contente des sols argileux, marneux. Une quatrième variété,

L'*érable de Montpellier* (*acer Monspessulanum*) a le précieux avantage de venir dans les sols les plus secs, dans les moindres fissures des rochers.

Les deux premières variétés sont des arbres

Fig. 1446. — Érable champêtre.

forestiers et d'avenue; les deux dernières fournissent en outre de bonnes et belles haies. Ils donnent tous un bon chauffage, un mauvais bois de

Fig. 1447. — Érable de Montpellier.

charpente, recherché d'autre part par les ébénistes, menuisiers, tourneurs, armuriers, luthiers, layetiers, etc. L'érable champêtre fournit en outre des manches d'outils, de fouets, des attelles et du bois de charronnage. Les feuilles sont recherchées par les bêtes à laine.

Frêne commun (*fraxinus excelsior*). — La terre qui convient le mieux au frêne est une terre légère et limoneuse, mêlée de sable et traversée par des eaux courantes; il aime aussi les terres franches. Il se contente des sols peu profonds, mais il vient fort mal dans les terres fortes, légères, marécageuses ou sèches. Il réussit surtout bien dans les vallées ombreuses et fraîches. Son bois donne un bon chauffage, mais il ne convient pas pour la charpente. Il est, en retour, recherché pour la menuiserie et l'ébénisterie. Le charronnage l'estime également, surtout pour brancards, timons, rames, avirons, etc. On en fait de bons

Fig. 1448. — Frêne commun.

manches d'outils, des cercles de tonneaux. Enfin ses feuilles constituent un très-bon fourrage.

Frêne à fleurs (*fraxinus ornus*) ou *arbre à la manne.* — Il est indigène à l'Italie méridionale et contribue au peuplement des maquis de la Corse. Cet arbre aime surtout les terres argileuses, riches en humus, et vient très-bien aux expositions sèches. Ses usages sont les mêmes que ceux de l'espèce commune. Il donne la meilleure manne, employée dans les officines comme purgative.

Hêtre (*fagus sylvatica*). — Le hêtre, *fau, foyard*, est trop connu pour nous y arrêter longtemps. Il s'accommode de presque toutes les natures de terre; mais il prospère le plus dans les

Fig. 1449. — Hêtre des bois.

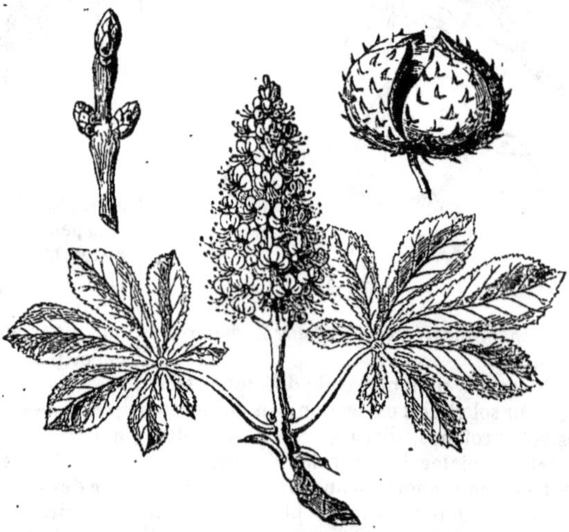

Fig. 1451. — Marronnier d'Inde.

terres argilo-sableuses constamment fraîches sans être humides; de plus il vient dans les sols crayeux, tuffeux ou très-pierreux, ce qui ne l'empêche pas de craindre les sables secs, l'argile compacte et les fonds marécageux. Le bois de hêtre est apprécié comme chauffage; mais il n'est bon que pour les constructions continuellement sous eau. Tous les métiers travaillant le bois l'emploient. On en fait des jantes, des essieux, beaucoup de pièces d'instruments et d'outils agricoles, des attelles, selles, bâts, cuvelles, sabots, etc. Enfin les mille et un objets en bois qui se rencontrent dans les ménages. La faîne donne une huile bonne à manger lorsqu'elle est pressée à froid; pressée à chaud, elle sert dans les arts et l'industrie.

Houx (*ilex aquifolium*). — Cette plante, qui devient un arbre dans les contrées méridionales, aime les sols argilo-siliceux, et les expositions

Fig. 1450. — Houx commun.

sèches mais ombragées. Son bois est dur, dense et homogène; il sert à différents usages, notamment pour cannes, manches d'outils, dents d'engrenages, etc. Son écorce sert à fabriquer la glu.

Le houx forme de belles et bonnes haies.

Marronnier (*æsculus hippocastanum*). — Arbre d'avenue venant dans les terres légères, un peu fraîches, et craignant l'humidité et la compacité. Le bois est mauvais sous tous les rapports; son fruit donne de la fécule et peut être employé dans l'alimentation du bétail.

Micocoulier (*celtis australis*). — Cette plante ligneuse, qui ne devient un arbre que dans le Midi, où on l'appelle *fabrecoulier*, *fabreguier*, réussit bien dans tous les terrains, du moment où ils ne sont ni trop légers, ni humides, ni marécageux. Il vient en plaine, en coteaux et sur montagnes peu élevées. Son bois, qui ressemble à celui du frêne, est estimé comme chauffage. Il donne des avirons, gournables (chevilles) de vaisseaux, cercles, échalas, baguettes de fusils, fourches bi-dents et tri-dents naturelles, attelles, manches d'outils, et surtout des manches de fouet, connus sous le nom de *bois de Perpignan*.

Fig. 1452. — Micocoulier de Provence.

Fig. 1453. — Mûrier blanc.

Le fruit du micocoulier est comestible; ses feuilles donnent un bon fourrage, et l'écorce de ses racines une couleur jaune.

Mûrier blanc (*morus alba*). — Cet arbre recherche les sols légers, et craint ceux qui sont humides et tenaces. Dans le Nord, il craint la gelée pendant sa jeunesse, ce qui n'empêche pas qu'on ne parvienne à en faire d'excellentes haies. Son bois est dur, propre à l'ébénisterie, au charronnage, à la boissellerie, et donne de bons échalas.

Nerprun (*rhamnus cathartica* ou *épine de cerf noireprun*, *bois puant*). — C'est un arbrisseau très-propre à faire des haies dans les terrains frais et même humides. Son bois, qui sert aux ébénistes, est un chauffage médiocre. Ses fruits sont purgatifs et servent, en pharmacie vétérinaire, à la préparation du sirop de nerprun, préventif de la maladie des chiens. Ils donnent de plus la couleur connue sous le nom de *vert de vessie*.

Fig. 1454. — Nerprun cathartique.

Noyer (*juglans regia*). — Le noyer est précieux pour son bois, pour son fruit en nature, pour l'huile qu'on extrait de sa graine. Les terres qui lui conviennent le mieux sont celles de nature argilo-sableuse, même pierreuse, mais se maintenant toujours fraîches. Il aime aussi les terres profondes, et alors il vient encore bien dans les sables. Son bois est recherché par les menuisiers, ébénistes, tourneurs, tabletiers; on en fait des meubles, des crosses de fusil, etc. Les usages de la noix sont connus.

Olivier sauvage (*olea europæa*). — Arbre de la flore méridionale, recherchant les sols secs, légers et les expositions chaudes des pays de collines

Nous le signalons ici comme essence propre à former des haies vives. Son bois est très-dur, com-

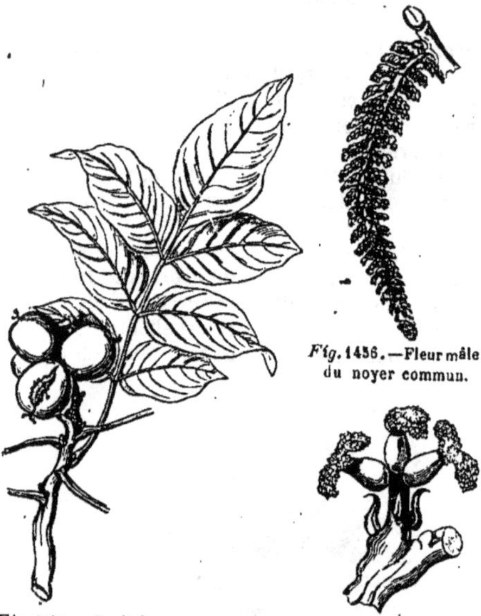

Fig. 1455. — Fruit du noyer commun.

Fig. 1456. — Fleur mâle du noyer commun.

Fig. 1457. — Fleur femelle du noyer commun.

pacte, lourd. On le recherche pour la sculpture, la xylographie, la marqueterie, le tour, etc. Son fruit

Fig. 1458. — Olivier sauvage.

donne (comme baie) de l'huile de moyenne qualité.

Orme (*ulmus*). — L'orme est un arbre des climats tempérés, nullement difficile sur le choix du terrain. Il ne craint que les sols argileux, marécageux ou trop arides. *L'orme champêtre* (*ulmus campestris*) et sa variété, l'*orme tortillard* (*ulmus minor*), croissent dans les sols fertiles, frais ou humides des vallées ou des plaines de nos lati-

Fig. 1459. — Orme champêtre.

Fig. 1460. — Orme tortillard.

Fig. 1461. — Orme diffus.

tudes, donnent le bois le plus recherché et connu sous le nom de *bois rouge*. Celui-ci est élastique, dur, tenace, résistant à l'humidité des puits, des galeries des mines. Le charronnage l'emploie pour jantes de roues, moyeux, affûts de canons, construction de machines, etc. Son bois laisse à désirer comme combustible. Il en est de même de celui de l'*orme diffus* (*ulmus effusa*), orme pédonculé, orme blanc, qui vient aussi bien sur les sables secs que dans les marécages, que l'on rencontre dans la vallée du Rhin et dont les produits sont classés parmi les bois blancs. Le liber de l'orme sert à faire des cordes grossières; ses feuilles sont bonnes pour fourrage. Les excroissances ou broussins, dont il est couvert, donnent du placage, etc.

Peuplier (*populus*). — En général, le bois de peuplier est léger, blanc, mou et flexible. Il est re-

Fig. 1462. — Peuplier blanc.

cherché pour doublure de meubles, panneaux, etc. Il y a plusieurs variétés de peupliers ; elles se dis-

Fig. 1463. — Peuplier d'Italie.

tinguent, en général, par leur croissance rapide et leur peu d'exigence sous le rapport du sol. C'est ainsi que le *Peuplier blanc* (*ypreau, populus alba*) vient dans tous les terrains qui ne sont pas trop secs. Le *Peuplier d'Italie* (*populus fastigiata*), supporte les terrains inondés (flégards) périodiquement, les terres humides, mais riches, et y

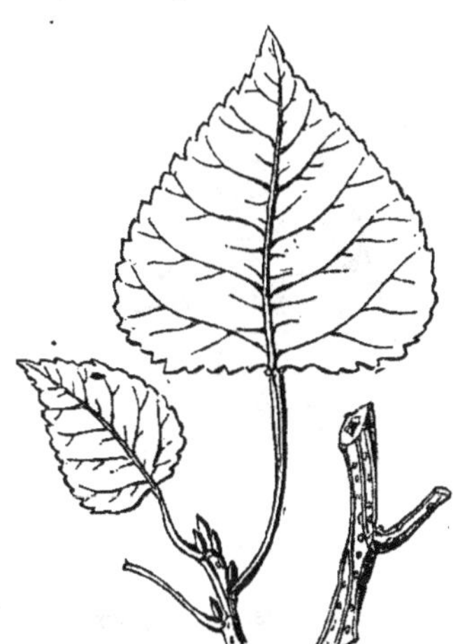

Fig. 1464. — Peuplier de Canada.

Fig. 1465. — Peuplier de Virginie.

Fig. 1466. — Peuplier tremble.

prend un accroissement extraordinaire. Le *Peuplier du Canada* (*populus canadensis*) se maintient également dans les sols secs, lorsqu'ils sont profonds. Le *Peuplier de Virginie* (*populus molinifera*),

Fig. 1467. — Peuplier grisard.

ne craint que les sols compactes. Le *Peuplier tremble* (*populus tremula*) se rencontre même dans les

Fig. 1468. — Peuplier noir.

tourbières, en bon état de croissance, mais déteste l'humidité. Le *Peuplier grisard* (*p. canescens*), supporte par contre l'humidité, mais n'y résiste pas à la longue. Enfin, le *Peuplier noir* (*populus nigra*), vient dans les sables secs et les terres maigres humides.

Ajoutons que le peuplier n'est recherché comme combustible que par les boulangers, mais qu'il n'est néanmoins pas à dédaigner.

Planère (*planera Richardii*) ou *Zelkoua*. — Cet arbre d'une croissance rapide a le port du charme. Il aime une terre un peu fraîche, et vient dans les mêmes lieux que l'orme. Son bois est dur, homogène, flexible, et sert aux mêmes usages que le frêne.

Platane (*platanus acerifolia*). — Le platane est un arbre de plaine, demandant un sol frais, fertile et argilo-sableux. Sa croissance est presque aussi rapide que celle du peuplier. Son bois est lourd, dur, ressemblant à celui du hêtre, qu'il égale pour le chauffage. Il donne du bois de me-

Fig. 1469. — Platane d'Occident.

nuiserie et d'œuvre. On l'emploie principalement comme arbre d'avenue.

Poirier (*pyrus communis*). — Le type des variétés de poires cultivées dans nos jardins, se ren-

Fig. 1470. — Poirier sauvage.

contre disséminé dans les bois de plaines et de collines de nos latitudes. Les qualités de son bois sont connues. Il est recherché pour la gravure sur bois, pour la sculpture, la menuiserie, l'ébénisterie, le tour, etc. Ses fruits font la nourriture de la fauve et donnent, dans certains pays, de la piquette. On fait des haies avec cet arbre, et c'est pour ce motif qu'il en est question ici. Il en est de même du pommier.

Pommier (*malus communis*). — Celui-ci aime

une exposition fraîche, et craint les sols maigres aussi bien que ceux qui sont exposés aux inondations.

Fig. 1471. — Pommier sauvage.

Prunellier (*prunus spinosa*). — Cet arbrisseau connu sous le nom d'*Épine noire*, *Prunier épineux*, forme de très-bonnes haies dans les terres fertiles, fraîches, profondes et calcareuses, aux expositions méridionales. Par ses longues racines, il prévient les éboulements et est par suite d'un excellent effet dans les talus en remblais et déblais. Son bois est dur, coloré et sert à la marqueterie. Son fruit donne l'eau-de-vie recherchée de prunelles.

Fig. 1472. — Prunellier.

Robinier faux acacia (*robinia pseudo-acacia*). — Arbre plus généralement connu sous le nom d'Acacia. Il vient bien dans tous les terrains, ce qui n'empêche pas qu'il ne donne la préférence aux sols légers et un peu frais. Son bois est dur, nerveux et élastique, mais il n'est pas durable dans les constructions. Il donne, toutefois, un bon bois à brûler, et est employé même comme échalas, tuteurs, cercles, gournables, poignées d'outils et surtout rais (rayons) de roues. L'acacia sert à fixer les dunes, les terrassements, à confectionner des clôtures, etc. Ses feuilles sont recherchées par les animaux.

Fig. 1473. — Robinier faux acacia.

Saule (*salix*). — Ligneux de toute taille, dont les variétés nombreuses se rencontrent à toutes les stations et dans tous les terrains. Les plus importantes pour nous sont : 1° le *Saule marceau* ou *marsaul* ou *marsault*, qui est très-commun dans les bois et dans toutes les haies de l'Europe, depuis les Pyrénées et les Alpes jusqu'au nord de la Laponie. Il réussit dans presque toutes les terres, même dans celles qui sont crayeuses, les carrières abandonnées, les ruines, etc. Son bois est tendre, rosé ; il donne de la menue charpente et un combustible passable. On l'emploie comme le bois de peuplier pour doublure de meubles, etc. Il fournit des manches de fourches, de râteaux, des fourches, et autres pièces semblables auxquelles on demande surtout de la légèreté. Son écorce est employée au tannage du cuir de Russie; ses feuilles servent à l'alimentation du bétail;

Fig. 1474. — Saule marceau.

2° Le *Saule blanc* (*salix alba*) est un arbre à grandes dimensions, très-fréquent dans toutes les parties de l'Europe et aussi un des plus utiles du genre. Il croît dans presque toutes les terres,

Fig. 1475. — Saule blanc.

mais celles qui lui conviennent le mieux sont les terres légères, fraîches et humides, particulièrement les alluvions du bord des rivières. Il craint par contre les sols compactes et froids. On le cultive d'ordinaire en têtard, et alors il donne du bois à brûler. Toutefois son bois léger, tendre et blanc, est préférable à celui du peuplier et sert aux mêmes usages. Une variété de ce saule,

3° Le *Saule osier* (*salix vitellina*), *osier jaune* ou *amarinier*, *vitellin*, est recherché comme osier

Fig. 1476. — Saule osier.

pour la vannerie et les liens; c'est pour cela qu'il est cultivé dans les oseraies.

4° Le *Saule viminal*, (*salix viminalis*), *saule des vanniers*, *osier blanc*, *osier vert* ou *franc*, est, comme le précédent, cultivé pour ses rameaux, longs et flexibles, donnant d'excellents liens et de la matière première pour la vannerie. Il aime les berges sablonneuses des rivières et les plages de l'Europe moyenne, mais il donne de mauvais résultats dans les sols compactes.

5° Le *Saule pourpre* (*salix purpurea*), *osier rouge*; *osier bleu*; *verdiau*, croît sur le bord des eaux de la plaine et des montagnes peu élevées, dans les

Fig. 1477. — Saule viminal.

terres d'alluvion sablonneuses, ce qui ne l'empêche pas d'être peu difficile sous le rapport du ter-

Fig. 1478. — Saule pourpre.

rain. Il est surtout recherché par les vanniers et les tonneliers, parce qu'il se fend facilement et bien droit; d'où son nom de *Saule fendu*, qu'on lui donne quelquefois, mais qui revient surtout à une autre variété :

6° Le *Saule rouge* (*salix rubra*), dit *osier noir*, *houssine*, dont la culture est analogue à celle de l'espèce précédente. Il en est de même du suivant.

7° Le *Saule pourpre hélice* (*s. helix*) atteint dans le plus court espace de temps les plus fortes dimensions.

8° Le *Saule fragile* (*salix fragilis*), *romarin*, *queue de renard*, vient dans les prairies humides, sur les rives des rivières et des lacs, et dans les endroits marécageux, et supporte le mieux les terres fortes et froides. Il est très-répandu dans les oseraies, et lorsqu'on l'exploite comme osier;

il produit des jets longs, souples et flexibles, et n'ayant pas la fragilité qui lui a valu son nom

Fig. 1479. — Saule pourpre hélix.

et qui caractérise les rameaux venus sans culture.

Sorbier des oiseleurs (*sorbus aucuparia*) ou *cochène*. — Il croît dans tous les terrains, pourvu qu'ils

Fig. 1480. — Sorbier des oiseleurs.

ne soient pas humides; il ne prospère toutefois que dans ceux qui sont frais et légers. Il croît également dans les fentes des rochers, sur les ruines, et est plus commun dans les pays de coteaux que dans ceux de plaines. Son bois est dur, homogène et très-compacte. Il sert à la fabrication des outils de menuiserie, tels que valets, varlopes; on en fait des engrenages, cames, vis, écrous, chevilles, manches d'outils, etc., de sorte que ce n'est qu'exceptionnellement qu'il est employé pour le chauffage. Son fruit sert d'appât pour prendre les grives, draines, etc., et sert à fabriquer de l'eau-de-vie. Une seconde variété moins rustique, le *Sorbier domestique* (*sorbus domestica*) ou *cormier*, recherche les plaines et les vallées abritées. Son bois est également de toute première qualité,

Fig. 1481. — Sorbier domestique.

tandis que son fruit est recherché lorsqu'il a bletti sur la paille.

Tilleul (*tilia*). — Le tilleul est un arbre très-rustique, que l'on rencontre dans les plaines et surtout dans les pays à collines et à sol calcaire. Il aime les terrains frais, réussit encore dans les terrains humides, mais redoute ceux qui sont secs, compactes ou marécageux. Nous connaissons 1° le *Tilleul des bois* (*tilia parvifolia*), dit aussi *Tilleul sauvage*, à *petites feuilles*, qu'on rencontre parfois dans les terrains les plus ingrats, tels que rocailles et sables quartzeux;

2° Le *Tilleul de Hollande* (*tilia grandifolia*), à

Fig. 1482. — Tilleul de Hollande.

grandes feuilles, employé surtout dans les plantations d'alignement.

3° Le *Tilleul argenté* (*tilia argentea*) appartenant à l'Europe méridionale, est recherché par les abeilles et fournit le miel célèbre de Lithuanie.

Le bois du tilleul est tendre, blanc, à grain fin; il n'est pas employé à la charpente, mais il sert à la menuiserie, à la xylographie et à l'ébénisterie. Il donne un chauffage médiocre; le liber sert à faire des cordes à puits, des nattes, des filets, des chapeaux, des liens, etc. — Les feuilles peuvent servir de fourrage.

Troëne (*ligustrum vulgare*). — Cet arbuste, connu sous le nom de *Raisin de chien, bois nain, frésillon, sauvillot*, forme de belles haies dans les terrains secs et pierreux; il supporte bien l'ombre, et donne un bois de bonne qualité. — Avec les jeunes pousses on fait de la vannerie fine : son fruit rehausse la couleur des vins.

Vernis du Japon (*ailantus glandulosa*). — Le vernis du Japon est un arbre de grande dimension,

Fig. 1483. — Vernis du Japon.

dont le bois blanc-jaunâtre est de qualité moyenne, mais de longue durée. Il prospère dans les terres légères, siliceuses, mais il préfère les sols argilo-sableux, dans lesquels il est d'une croissance rapide; ses feuilles nourrissent un ver à soie spécial.

ARBRES RÉSINEUX.

Épicéa (*picea excelsa*). — Cet arbre, que l'on rencontre aussi sous les noms de *sapin gentil, sapin rouge, sapin épicéa, pesse, serenté, fie*, est de très-grande dimension, et n'est pas difficile sous le rapport du terrain; du moment où celui-ci est frais et meuble, l'épicéa prospère, ce qui n'empêche pas qu'il ne préfère les sols argileux, mélangés de pierraille et frais. Il prend, il est vrai, un fort accroissement dans les terrains très-gras, riches en humus, calcaires ou argilo-sableux humides, mais il y contracte volontiers la carie rouge. Il vient bien en plaine et dans les régions montagneuses, entre 800 et 1,800 mètres d'altitude supramarine. Son bois fournit de la charpente, du sciage, du charbon de bonne qualité. Il produit la résine connue dans le commerce sous le nom de *poix jaune* ou *de Bourgogne*. Son écorce sert au tannage, là où le tan de chêne manque, mais rend le cuir cassant et rude.

Genévrier (*juniperus communis*). — Le genévrier est un arbrisseau très-commun sur les sols sablonneux et pierreux, particulièrement calcaires, des plaines et collines, et même des mon-

Fig. 1484. — Genévrier commun.

tagnes. Son bois est compacte, tenace et donne des manches d'outils, des cannes indestructibles. Ses baies sont recherchées en médecine vétérinaire et servent à aromatiser l'eau-de-vie de seigle, le gin. Enfin, il doit être placé au premier rang pour l'établissement des haies vives.

If (*Taxus baccata*). — Cet arbre vient bien dans tous les terrains, mais il préfère un peu d'humidité, de l'ombrage et les terres consistantes, mélangées de marne, et où l'argile domine. Sa croissance est surtout lente dans les terrains secs. S'élevant dans les montagnes jusqu'à une altitude de 1,500 mètres, il ne dédaigne pas la plaine, où il forme de belles haies. Son bois dur est très-recherché par l'ébénisterie, la sculpture, les fabricants d'instruments, etc.

Fig. 1485. — If.

Mélèze (*larix europæa*). — Le mélèze appartient à la flore des Alpes et des Carpathes, et était, voilà à peine cent ans, encore étranger aux forêts de la plaine. Sa croissance rapide dans la jeunesse et son port élégant le firent enfin rechercher, et peu de végétaux réunirent en aussi peu de temps autant d'amis. La réaction ne s'est toutefois pas fait attendre, et il a été reconnu qu'aucun des arbres introduits jusqu'ici ne s'accommodait aussi difficilement des régions plus tempérées que sa station naturelle. En effet, sa croissance s'y ralentit bientôt, et, si dans un sol divisé, profond et surtout frais, il va jusqu'à 60-70 ans, il se tient à peine à 30-40 ans dans les terrains argileux et compactes, siliceux et légers ou marécageux et trop substantiels. Il permet par suite de jouir vite, mais pas longtemps. Le bois de mélèze fournit un chauffage ordinaire. Il donne du bois de charpente, de menuiserie, du merrain,

Fig. 1486. — Mélèze d'Europe.

des bardeaux, etc. Ce bois est aussi résistant sous l'eau que le bois de chêne; toutefois, ces qualités ne sont pas toujours inhérentes au bois cultivé dans les régions tempérées.

Le mélèze produit la térébenthine de Venise; ses feuilles excrètent une matière blanchâtre, connue sous le nom de *manne de Briançon*. Comme celle d'épicéa, son écorce donne un tan recherché là où le chêne n'est pas connu.

Pins. — *Pin d'Alep* (*pinus halepensis*). — Le *pin blanc*, *pin de Jérusalem*, appartient à la région mé-

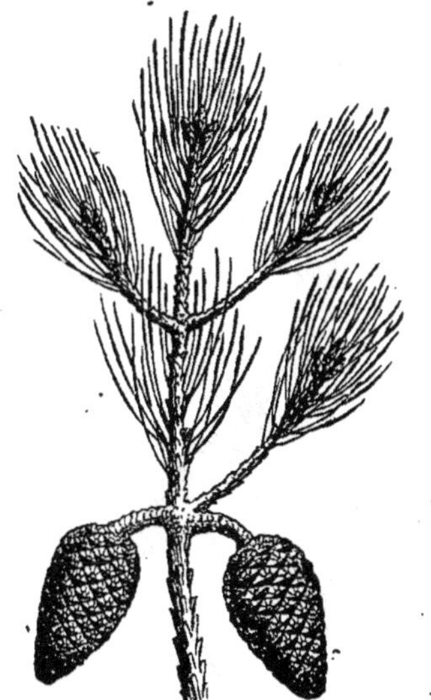

Fig. 1487. — Pin d'Alep.

diterranéenne. Il vient dans les sols très-médiocres, plutôt calcaires que siliceux, sur des rochers entièrement nus, à l'exposition du plein midi. Son bois dur, résistant, est employé en charpente, en menuiserie, etc. Il donne de la résine, dont on fabrique de la térébenthine, du brai, du goudron, etc.

Pin cembro (*pinus cembro*). — Ce pin, originaire des mêmes régions que le mélèze, où il vit plus haut que celui-ci, est connu sous le nom de *haiou*, *couve*, *ceinbrot*, *auvier*, *tinier*, etc.; il préfère les sols un peu substantiels, frais, profonds et divisés, légèrement humides, mais non pierreux ou calcareux. La croissance du cembro est très-lente; son bois est employé dans les constructions, la sculpture, et c'est avec cette essence que les montagnards tyroliens fabriquent des jouets et autres produits similaires. La menuiserie en fait des meubles recherchés, parce qu'ils chassent les mites et autres insectes. Comme combustible, il n'est pas à rejeter, quoiqu'il donne beaucoup de fumée, lorsqu'il provient de peuplements de la plaine. Le fruit est une amande douce, très-recherchée par ceux qui ne rebutent pas le goût térébenthineux qu'elle exhale. A l'automne, on la rencontre même sur les marchés de Munich, d'Augsbourg, etc.

Pin laricio (*pinus laricio*). — Sous ce nom, nous comprenons le pin de *Corse* ou de *Calabre*, le pin noir d'Autriche ou de *Romanie*, qui ne se distinguent entre eux que par leur port différent, à partir de l'âge adulte.

Le *pin de Corse* se trouve en Corse et en Calabre, où il prospère dans les graviers argileux et

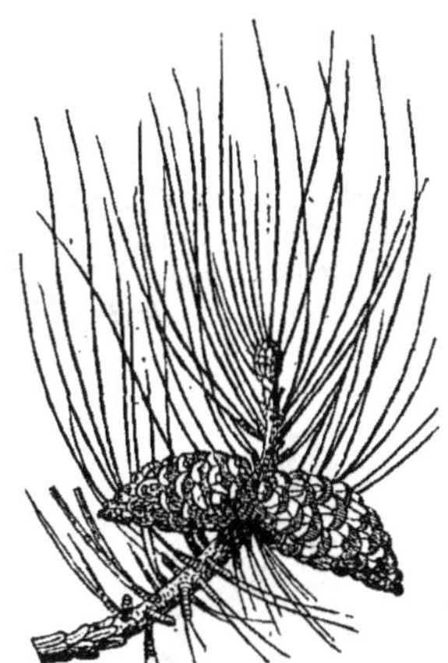

Fig. 1488. — Pin de Corse.

les terres grasses, provenant de la décomposition des roches granitiques. Son bois donne un bon chauffage. On l'emploie dans les constructions navales, la menuiserie, la sculpture, etc. On pourrait probablement en extraire de la résine et autres produits analogues.

Le *pin d'Autriche* croît dans les régions montagneuses de la Carinthie, de la Styrie, de la Dalmatie, etc., où il affectionne les sols légers, secs, pierreux et calcaires. Son principal mérite réside dans sa facilité de croître sur les terrains les plus stériles, les rochers nus des montagnes calcareuses dolomitiques. En retour, il souffre dans les sols argileux et humides. Son bois est recherché pour le chauffage à l'égal du hêtre. Ce pin donne également un bon bois d'œuvre. On en ex.

trait une résine abondante. Ses aiguilles nombreuses fournissent une litière recherchée, et améliorent le sol où cet arbre croît.

Pin du lord Weymouth (*pinus strobus*). — Cet arbre d'Amérique croît en plaine et sur les col-

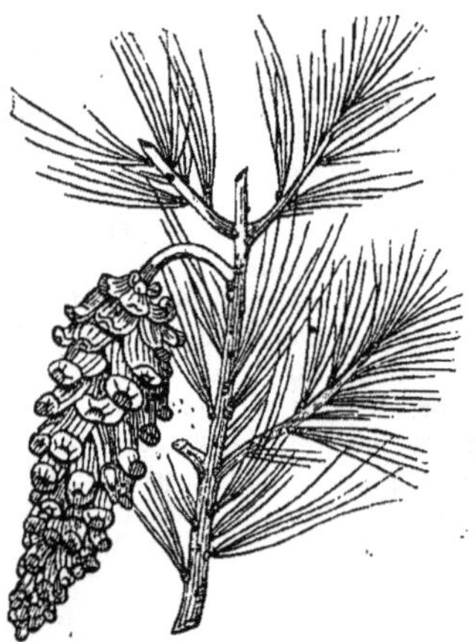

Fig. 1489. — Pin de lord Weymouth.

lines des régions froides de la zone tempérée. Il aime les terrains légèrement humides, profonds et substantiels, et se plaît encore le long des cours d'eau et dans les sols tourbeux et marécageux assainis. Le pin du Lord est d'une croissance rapide, et donne du bois ressemblant à celui du peuplier. Il paraît que dans sa patrie ce produit est meilleur et est employé dans les diverses constructions, tandis qu'en Europe on en fait surtout des échelles légères et des pièces de charpente à l'abri des variations de la température.

Pin maritime (*pinus pinaster*); aussi *pin des Landes, pin du Maine, pin à crochets, pin de Bordeaux.*

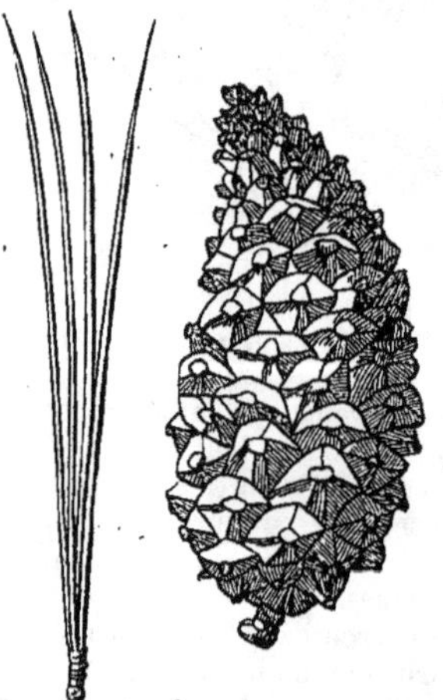

Fig. 1490. — Pin maritime.

— Cet arbre est commun dans les landes de l'Ouest, en Provence, en Languedoc, en Corse, etc. Il recherche particulièrement les sols légers, siliceux, du moment qu'ils sont profonds. Sa croissance est rapide, dans les sols et les climats qui lui conviennent. Il donne un bois de moyenne qualité, propre au feu et aux constructions. On en fait des échalas, des pilotis, des sciages; il est recherché par les layetiers. On extrait du pin maritime de la résine, dont on fabrique de l'essence de térébenthine, de la poix-résine, de la poix noire, etc.

Pin pinier (*pinus pinea*) désigné aussi sous les noms de *pignon, pin parasol, pin de pierre, pin franc, pin cultivé.* — Il est disséminé dans la région

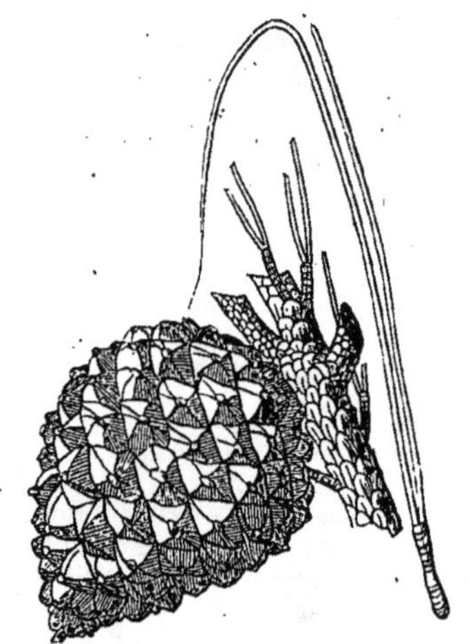

Fig. 1491. — Pin pinier.

méditerranéenne et vient bien jusque sous la latitude de Paris. Il demande un sol poreux, profond et frais. Son bois est léger, souple, résistant. On en fait des charpentes, des sortiments de marine, etc. C'est un combustible médiocre. Son fruit, le *pignon*, est recherché.

Pin sylvestre (*pinus sylvestris*). — Cet arbre est très-répandu; on le connaît sous les noms de *sapin*

Fig. 1492. — Pin sylvestre.

sauvage, pin du Nord, de Haguenau, de Riga, de Genève, d'Écosse, etc., qu'on attribue à des variations provoquées par le climat, le terrain et l'exposition. Le sylvestre vient en plaine et en montagne, quoique dans ces dernières localités il souffre du givre et des frimas. Il réclame un sol profond, léger et siliceux; il vient encore bien dans les sables des dunes, mais les terrains compactes et calcaires ne lui conviennent pas. Son bois est en général bon, mais sa qualité est subordonnée à l'âge et à la station. Il convient pour le foyer; il est recherché pour les constructions navales et civiles; il donne des sciages excellents, fournit des poteaux, des bois propres à la fente. On extrait de la résine du tronc, du goudron des souches, de la laine végétale des aiguilles. L'écorce renferme de la fécule dont on fait du pain dans les années de disette.

Pin à crochets (*pinus uncinata*). — Cet arbre, qu'on nomme aussi *suffin*, *pinerin*, *torche-pin*, croît dans les climats froids et sur les plus hautes montagnes. Il vient dans tous les terrains, même sur les rochers. Son accroissement est très-lent, surtout dans les sols qui ne sont pas légers et frais. Son bois est doux et homogène, donne un bon chauffage et peut être employé dans les constructions et l'industrie, parce qu'il est d'une fente et d'un travail faciles.

Une variété de ce résineux est le :

Pin chétif (*pinus pumilio*), *mugho*, etc., dont les branches rampantes et entrelacées atteignent quelquefois 10 à 15 mètres de long. Il vient le plus souvent dans les tourbières et les marais des hautes montagnes qu'il permet ainsi de maintenir boisées. Son bois est un bon combustible, mais ses dimensions permettent tout au plus d'en fabriquer des meubles rustiques. Au surplus, la propriété de ses branches de s'entrelacer et de former ainsi des fourrés inextricables, le rend dans certaines occasions propre à la fixation des dunes et des sables mouvants.

Sapin (*abies pectinata*), *sapin argenté*, *blanc*, *à feuille d'if*, *des Vosges*, *de Normandie*, *commun*. —

Fig. 1493. — Sapin commun.

Arbre propre aux contrées montagneuses de l'Europe centrale. Le sapin demande un terrain un peu profond, frais, gras et granitique. Il n'est au surplus pas délicat et s'accommode volontiers de toute espèce de terrain, sauf des sols marécageux ou aquatiques et des sables très-légers. Son bois est recherché pour les constructions civiles; on en fait des planches, des douves, des cercles pour la boissellerie, des bardeaux, etc. Il donne un chauffage moyen. On en extrait de la résine, d'où l'on retire la térébenthine de Strasbourg.

Sapinette blanche (*picea alba*). — Cet arbre, qui est d'une croissance rapide lorsqu'il est placé dans un bon fonds, donne un bois blanchâtre, élastique et léger, très-recherché pour les constructions navales, notamment pour faire des vergues de navire; on en débite aussi des planches pour l'exportation. Son principal mérite pour nous réside toutefois dans la circonstance qu'il forme de bons abris dans les expositions balayées par les vents de la mer, sous l'influence desquels la plupart des autres arbres souffrent.

Thuia (*thuia occidentalis*). — Arbre d'Amérique, recherché pour abris et haies. Il vient bien dans les terres franches et fraîches, et ne craint pas les sols humides et marécageux, lorsqu'ils sont riches en humus. Sa croissance est lente dans les terrains secs, et alors son bois est excellent pour le tour et d'une durée illimitée, d'où lui vient son nom d'*arbre de vie*.

ARBORICULTURE FORESTIÈRE.

Généralités. — L'arboriculture forestière indique les moyens dont la science et l'art disposent pour boiser les terrains vagues ou incultes, pour repeupler les clairières ou les vides dans les peuplements naturels, et enfin pour modifier les essences des bois existants, afin de les rendre plus productifs et plus parfaits. Les gens du métier la nomment *culture artificielle*.

Le repeuplement artificiel a lieu de différentes manières: ou bien on élève les plants nécessaires sur l'espace même à boiser, ou bien on les extrait des lieux où ils se trouvent, pour les faire servir à l'usage dont il s'agit. Dans le premier cas, on procède par *semis*; dans le second, par *plantation*.

La plantation peut se faire avec des *plantes entières* ou bien à l'aide de tronçons de jeunes branches, de racines, par *bouture*. Celle-ci dépasse-t-elle 1 mètre de hauteur, alors nous avons affaire à la *bouture en plançon*. Mais il arrive que ces racines et ces branches sont couchées en terre, ou y restent sans être complétement détachées de l'arbre, qui les nourrit jusqu'à enracinement complet. C'est ce qu'on nomme *marcotte*.

Le repeuplement artificiel est très-souvent précédé de travaux préparatoires indispensables, notamment de l'assainissement du sol, de sa fixation par des travaux d'art, etc., qui sont communs à toutes les méthodes de culture forestière. Nous allons donc en traiter ici.

Fixation des sables mouvants (dunes). — Le sable mouvant est composé de grains très-fins, ressemblant même à la poussière; il manque de cohésion, par suite de l'absence complète d'argile. Il se trouve déposé sur les rivages de la mer, où il forme des collines et des monticules, connus sous le nom de *Dunes*. Ce manque de cohésion, joint à l'absence de toute végétation, fait que ces sables sont très-mobiles; mais l'humidité de la température ambiante, et celle retenue dans le sol, les empêchent d'être stériles. Si les dunes ne produisent rien, ou si elles sont difficiles à cultiver, c'est que l'action impétueuse des vents de mer les agite, les pousse, les tourmente, et leur donne le caractère envahissant qui est une menace permanente pour les cultures voisines. Moins les vents ont d'action sur elles, plus faciles elles sont à fixer. Aussi, les travaux nécessaires pour y parvenir diffèrent-ils suivant qu'on a affaire aux dunes de la plage ou aux dunes de l'intérieur. Voici d'ailleurs comment on procède : On commence par fixer les sables de la plage, du côté où les vents régnants (d'ordinaire ceux d'est ou d'ouest) soufflent. On passe ensuite aux endroits d'où l'ensablement s'étend, soit des sommets et des rampes des dunes le plus directement exposés à la fureur des vents dominants. En même temps on cherche à conserver la surface aussi unie que possible, parce que c'est précisément des cavités qui se trouvent aux pieds des dunes que part le plus de sable mouvant. Le meilleur moyen pour y parvenir consiste à défendre la circulation des bestiaux et des voitures dans les travaux exécutés et en aval de ceux-ci.

Les moyens de fixation consistent d'abord en palissades continues qui sont établies soit avec des planches, soit avec des clayonnages. Les palissades de la première espèce se composent de planches, chons, ou doses de pins de $1^m,60$ de longueur, de $0^m,03$ d'épaisseur et de $0^m,15$ à $0^m,25$ de largeur, espacées entre elles de $0^m,02$. Ces planches sont enfoncées à $0^m,60$ de profondeur et ensuite affermies avec du sable. Ces palissades forment le premier obstacle à l'envahissement des sables de la plage. Plus en arrière, sur le haut des dunes, le long des rampes, viennent les clayonnages de 1 mètre à $1^m,60$ de hauteur, établis avec du bois, des roseaux et même de la paille. Ces clayonnages sont fixés au sol à l'aide de poteaux en vieux bois de chêne, de pin ou de peuplier vert, ayant $0^m,06$ à $0^m,12$ d'épaisseur et espacés entre eux de 1 mètre à $1^m,30$. Quoiqu'ils soient enfoncés dans le sol à $1^m,50$ de profondeur, ils n'en sont pas moins munis d'arcs-boutants placés une fois à droite, l'autre fois à gauche du clayonnage. On tresse entre ces poteaux des branchages, du genêt, etc., de telle sorte que, tout en brisant l'action du vent, ils n'empêchent pas les sables de les traverser. On dirige ces palissades de manière à ce qu'elles donnent un abri contre les vents dominants, le plus souvent dans la direction du sud au nord; mais ceci n'empêche pas d'en faire rentrer les extrémités en fer de cheval, afin de briser en même temps l'action des vents du nord-est, nord-ouest et est. L'espace à laisser entre ces palissades dépend de la conformation du terrain; plus la surface du sol est accidentée, plus le sable est mobile et fin, moins la palissade a d'élévation, plus on devra rapprocher les palissades.

Un second moyen de fixation du sable est de recouvrir l'espace entre les palissades avec des branchages de pins et d'autres arbustes. Cette couverture n'est toutefois nécessaire que là où il s'agit de semer le pin sylvestre ou maritime, avant la croissance des herbes qui viennent naturellement à l'abri des palissades. On l'exécute en tournant les gros bouts des branchages contre la direction des vents régnants, et dans les pentes rapides les extrémités vers le bas. Le long des côtes de la Baltique, on couvre aussi avec le *fucus nodosus* rejeté par les eaux de la mer, et on remplace les palissades par des mottes de gazons, étendues sur le sol. Ces mottes sont extraites des tourbières, posées à plat sur le sable et foulées avec le pied. On les dispose d'ordinaire en cadre, de sorte que le terrain est partagé en carrés de $0^m,60$ à 2 mètres de superficie, au milieu desquels on pose une motte de $0^m,30$ carrés. Plus on doit couvrir, moins on donne de contenance à ces carrés. Dans des situations très-exposées, on recouvre même le sol complétement. Cette dernière méthode qui donne dans certains cas de meilleurs résultats et ne coûte pas aussi cher que la construction des palissades, présuppose les gazons à une distance peu éloignée, car pour couvrir un hectare, il faut de 50 à 80 voitures à deux chevaux de mottes. La construction des clayonnages réclame par contre 50 voitures, et les branchages pour la couverture de lieux abrités 24 à 30, dans les lieux exposés, 120 à 160 charges à deux colliers.

Derrière les premières palissades, et sur une zone d'environ 300 mètres de largeur, où la végétation ligneuse est détruite par les émanations salines de la mer, on doit se borner à fixer la surface en y plantant ou semant des végétaux herbacés, croissant d'ordinaire à l'état spontané dans les sables, dès qu'ils sont quelque peu stables, notamment le gourbet (*elymus arenarius*) et le roseau des sables (*arundo arenaria*). Cette plantation a lieu soit par semis à la volée à raison de 5 kilogrammes de graine à l'hectare, soit par tronçons enracinés. Ces derniers sont extraits des *lettes* (vallons fertiles entre les dunes), et introduits dans des trous de $0^m,25$ à $0^m,30$ de profondeur, distants de $0^m,50$, disposés en quinconces. Ou bien on les sème et les plante en lignes non interrompues, parallèles aux palissades. Avec cette dernière disposition, on obtient des enceintes de défense, qui continuent à croître avec les dunes et atteignent une grande hauteur. On ne doit jamais négliger de remplacer les plants dépérissants ou morts. Dans les zones plus éloignées du bord de la mer, on associe à ces graminées des plants forestiers dont le fort enracinement brave mieux les efforts des vents. En première ligne vient le saule des sables (*salix arenaria*). Dans les sables fixés, suivent l'argousier, l'ajonc, le caragana, etc.

A côté de ces essences, on a recommandé les peupliers, le bouleau, le robinier faux-acacia, le vernis du Japon, le rhus, typhina, etc.; mais aucune d'elles n'améliore le sol aride des dunes et ne donne des produits aussi certains que le pin sylvestre dans les dunes du Nord, et le pin maritime dans les dunes du Sud et de l'Ouest.

La fixation définitive des dunes a lieu de deux

manières : par semis et à l'aide de plantations, toujours derrière les abris que nous venons de décrire. Le semis est fait du 1er octobre au 30 avril, et a lieu en mélange. C'est ainsi qu'on sème par hectare :

Graine de pin maritime......	18 kil.	de pin sylvestre.	15
— de genêt............	6	—	6
— de gourbet..........	4	—	4

Ces graines sont semées à la volée et en lignes. On recouvre immédiatement avec des branches couchées à plat sur le sol, et qu'on ancre avec du sable jeté à la pelle de place en place. Ces branches sont orientées comme nous l'avons dit plus haut.

Les dunes de l'ouest et du sud ont été jusqu'ici presque exclusivement fixées à l'aide du semis de pins maritimes. Dans le nord, on préfère les plantations de pins sylvestres. Ces plantations, qui sont moins coûteuses que les semis, réussissent, en outre, plus régulièrement. La plantation s'exécute avec des brins à longs pivots et même encore avec des mottes. (Voir ci-après : Plantation à la Pfeil.)

Dans le premier cas, les plants sont âgés de un à deux ans; dans le second, de quatre à six ans. On espace tout au plus à 1 mètre dans tous les sens; on plante aussi en allées très-serrées dans les lignes, qui sont orientées en travers des vents régnants. On plante avant la couverture du sol, avec des branches ou des mottes, ou l'année d'après, mais toujours au premier printemps ou à l'automne.

Assainissement. — L'éloignement des eaux nuisibles à la végétation demande une étude approfondie du sol et des exigences des ligneux à cultiver. C'est ainsi qu'il y a des terrains, par exemple les tourbières, qui par un assèchement complet deviennent improductifs. C'est ainsi aussi qu'un sol trop humide pour le chêne, le pin sylvestre et le mélèze, ne l'est pas pour l'orme et le frêne, et devient trop sec pour l'aulne et les saules. Cette dernière circonstance permet, au surplus, de recourir aux essences de cette dernière catégorie, là où l'assainissement deviendrait impossible, ou occasionnerait des dépenses hors de proportion avec le résultat final.

L'assainissement des terrains humides a lieu à l'aide de fossés à *ciel ouvert*, parce que les racines des arbres s'introduisent trop facilement dans les drains couverts. Ces fossés doivent avoir une pente uniforme, afin d'éviter leur envasement et leur détérioration. Les mêmes raisons réclament aussi leur projection dans une même direction horizontale.

Les talus des fossés ne sont perpendiculaires que dans les terrains tourbeux et à une faible profondeur, soit exceptionnellement. En général, ils doivent être plus ou moins inclinés. Dans les terres fortes, cette inclinaison est de 35 à 45°; dans les terres argileuses, de 45 à 50°; dans les terres sablonneuses, cette inclinaison doit encore être plus forte. La quantité d'eau à débiter influe également sur le degré de déclivité, attendu que plus le volume de liquide est puissant, plus les bords des tranchées doivent s'éloigner de la perpendiculaire.

La largeur et la profondeur des fossés se déterminent d'après le volume d'eau à évacuer et la pente du fond; plus cette dernière est forte, plus l'eau s'écoule vite, et moindres peuvent être les dimensions des fossés, et *vice versa*.

La pente des fossés doit être suffisante pour vaincre les résistances qui s'opposent au mouvement de l'eau, et pour permettre à celle-ci de couler avec une rapidité convenable. La situation du terrain donne d'ailleurs des indications précises à ce sujet, car c'est de cette pente que dépend la possibilité de l'opération. Aussi est-il de règle générale que là où la pente le permet, il y a avantage d'évacuer les eaux stagnantes, parce que le terrain occupé par les fossés n'est pas perdu pour la production.

La direction à donner aux fossés dépend non-seulement de la situation du terrain, mais encore du régime des eaux et de leur provenance. Ainsi, qu'on ne l'ignore pas, l'humidité des terrains cultivés provient des sources, des eaux de fond, qui s'élèvent du sous-sol vers la surface. L'humidité qui se montre dans les marécages, les fondrières, les bas-fonds, doit d'ordinaire son origine à la première de ces causes. Elle provient encore de l'accumulation des eaux météorologiques dans des couches ou sur des couches compactes, imperméables. Elles viennent alors le plus souvent à jour dans les terrains élevés, à certaines époques de l'année, notamment dans les saisons pluvieuses, pendant et après l'hiver.

Dans l'un, comme dans l'autre cas, les fossés de dessèchement doivent, pour autant que possible, être établis de manière à prendre l'eau à son origine et à la conduire au dehors. Par suite de ce principe, les terrains plats, les tourbières par exemple, seront entourées d'un fossé de circonvallation (*fig.* 1494) empêchant l'eau du dehors de s'y rendre. L'humidité de la superficie sera ensuite conduite par les fossés secondaires (1) dans les drains collecteurs (2). Le terrain à assainir est-il par contre dans un bas-fond entouré de parties plus élevées (*fig.* 1495), le drain collecteur sera tracé dans le fond du thalweg et les fossés d'assèchement (2) sillonneront la superficie à assainir et déverseront leur eau dans le premier, avec lequel ils formeront un angle de 45°. L'eau vient-elle à jour par suite de l'infiltration à travers les couches supérieures du terrain plus élevé, on établira un fossé de ceinture (*fig.* 1496), qui évacuera son contenu dans le fossé principal (2). Enfin, lorsqu'il n'y aura pas moyen d'établir des fossés de décharge, on cherchera à se débarrasser des eaux surabondantes par des puits perdus, système auquel on a dans les derniers temps donné le

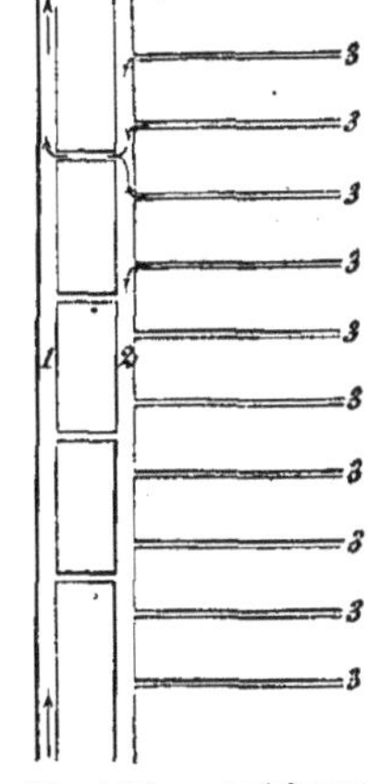

Fig. 1494. — Assèchement de tourbière.

nom de drainage par perforation. Si l'épaisseur de la couche imperméable ne permettait pas de recourir à ce moyen, il resterait encore la confection de fossés sur toute la surface du terrain à boiser. La terre extraite de ces fossés serait rejetée sur les espaces vides et l'on y placerait l'essence choisie (*fig.* 1497). L'espacement des fossés entre eux doit être fixé d'après la quantité d'eau surabondante. Toutefois, plus ceux-ci seront profonds, moins il en faudra.

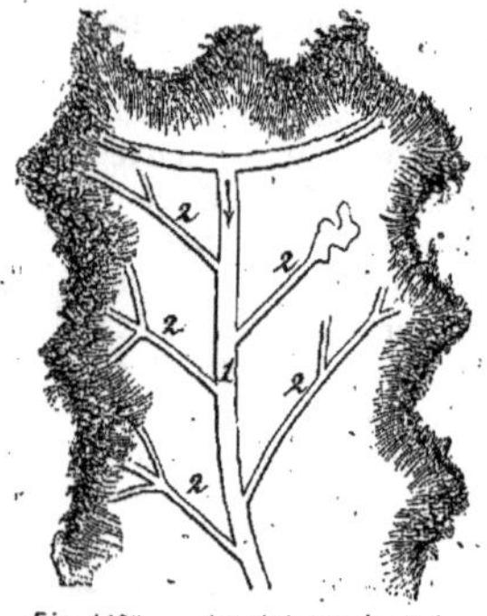

Fig. 1495. — Assainissement d'un bas-fond.

Irrigation, Colmatage. — L'irrigation a été essayée en forêt et a donné, outre une croissance plus rapide, une augmentation de produits. Dans les terrains secs, on fera donc bien de l'employer lorsque l'occasion se présentera de le faire sans trop de frais. Il en est de même du colmatage. En déversant des eaux riches en calcaire sur les tourbières assainies, on est parvenu à en retirer un rendement rémunérateur. Ces opérations étant plus spécialement du domaine agricole, nous devons y renvoyer.

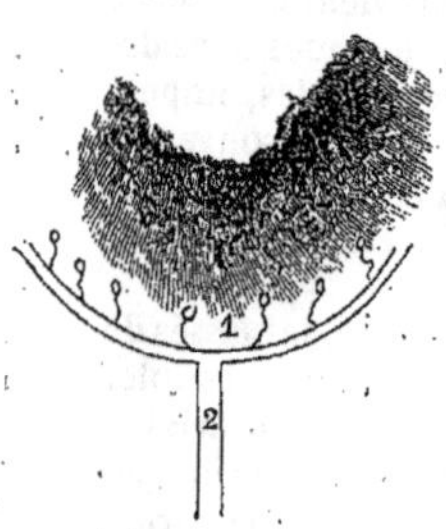

Fig. 1496. — Assainissement de terrain riche en sources.

Défoncement. — Les végétaux ligneux développant des racines proportionnées à leur tronc, il s'ensuit que plus un sol est profond, plus les arbres gagnent en sortiments utiles. Dans la plupart des cas, les racines parviennent sans le secours de personne, par leur propre force, à la profondeur qu'elles recherchent. Toutefois, il se présente des circonstances où cela ne peut pas être et où il n'y a pas moyen d'y remédier. C'est lorsque les obstacles à vaincre occasionnent des dépenses hors de proportion avec le profit à en retirer. Cette considération n'est heureusement pas applicable dans tous les cas, et nous connaissons des cultures de tous les âges, dont l'avenir a été assuré par un défoncement du sous-sol. Nous voulons parler des landes sablonneuses et des dunes, dans lesquelles on rencontre, à une profondeur plus ou moins grande, une couche continue, de puissances diverses, ayant nom de tuf ferrugineux, et plus connue sous celui d'*alios*. Dans les marnes irisées, on rencontre des bancs dolomiteux dans des conditions identiques. Lorsqu'on voudra cultiver ces terres, il sera de toute nécessité de détruire la continuité de ces couches. A cette fin, on les attaquera avec la charrue sous-sol, ou bien avec le pic. Dans le premier cas, on détruira l'alios dans le fond des lignes où l'on voudra cultiver des plantes; dans le second, on fera le trou où l'on se propose de planter à travers la couche tufeuse. Il est à remarquer que l'alios, une fois foncièrement détruit, ne tend à regagner son gisement primitif que là où il n'y a pas de culture arborescente. On fera donc toujours bien de ne pas lésiner sur les travaux de défoncement, en même temps qu'on n'oubliera pas de ramener à la superficie les pierres extraites du fond, soit de la ligne, soit du trou.

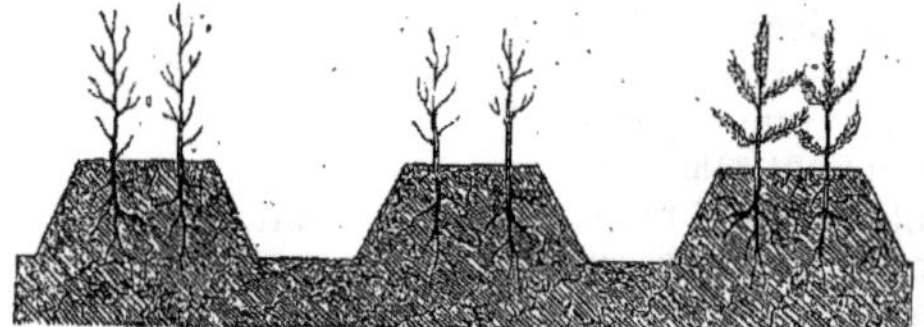
Fig. 1497. — Plantation dans la terre humide.

Essences propres aux forêts. — Le nombre des arbres que l'on rencontre dans les bois, ou les *essences forestières*, est limité par la faculté de vivre en massif serré qui est plus développée chez une plante que chez l'autre. C'est ainsi que parmi celles-ci il y en a qui forment d'immenses forêts et s'y maintiennent indéfiniment. D'autres ne s'y rencontrent d'ordinaire que parsemées entre les autres bois, et ce n'est qu'exceptionnellement, et toujours pour un temps très-limité, qu'elles composent des peuplements complets. Dans l'état qui va suivre (page 886), nous désignerons les premières sous le nom d'*essences dominantes*, les secondes sous celui d'*essences secondaires*.

Ces données s'appliquent aux conditions de croissance préférées par les diverses essences forestières, c'est-à-dire à celles où elles prospèrent le mieux. Elles viennent toutes également, mais plus ou moins bien, dans les terrains indiqués précédemment. En résumé, eu égard à leurs exigences vis-à-vis du *sol*, les principales essences forestières viennent dans l'ordre suivant : hêtre, sapin, orme, frêne, érable, charme, chêne, épicéa, aulne, tilleul, coudrier, saule marceau, mélèze, peuplier tremble, bouleau, pin. En règle générale, ces dernières prospèrent également dans les sols réclamés par celles qui se trouvent en tête de cette liste, tandis que le contraire n'a pas lieu. Ceci concerne la richesse du sol. Quant à son état *d'ameublissement et de division*, les essences viennent dans l'ordre suivant : orme, frêne, charme, aulne, pins sylvestre, maritime et laricio, chêne, tilleul, hêtre, sapin, bouleau, peuplier-tremble, mélèze, épicéa. Pour sa profondeur, suivent : chêne, orme, frêne, hêtre, sapin, aulne, charme, mélèze, bouleau, coudrier, peuplier-tremble, épicéa. Enfin, le degré d'humidité que réclament ou supportent ces arbres se trouve indiqué dans la gradation ci-après : aulne, pin mugho, frêne, pin du Lord, saule blanc, orme, épicéa, charme, chêne, saule marceau, érable, sapin, hêtre, mélèze, peuplier-tremble, bouleau, pin.

ESSENCE.	TERRAINS.	CLIMAT.	SITUATION.	EXPOSITION.	EXTENSION dans les bois.	VIENT EN :	CROISSANCE.
Alizier blanc........	Calcaire ou argileux profond..	Tempéré....	Plaines et coteaux......	Ouest, est, sud-est.....	Secondaire..	Taillis....	Lente.
— torminal........	Calcaires, sablonneux, frais et légers.....	Id........	Id........	Id........	Id........	Id......	Id.
Aulne commun.......	Humide et aquatique........	Indifférent..	Indifférente.	Nord.......	Dominante..	Taillis et futaie....	Rapide.
— blanc..........	Plutôt frais que humide......	»	Id........	»	Id........	Id......	Id.
Bouleau............	Sables gras....	Froid et tempéré.......	Id........	Sud-est, sud-ouest......	Secondaire..	Id......	Id.
Charme commun......	Frais, argilo-siliceux........	Id........	Plaines et coteaux......	Nord et est..	Dominante..	Id......	Lente.
— houblon......	Siliceux, calcaire argileux.	Tempéré....	Id........	»	Id.......	Id......	Moyenne.
Châtaignier.........	Substantiel, profond, siliceux.	Tempéré et chaud......	Plaines, coteaux et montagne moye.	Est, nord-est.	Id........	Id......	Id.
Chêne pédonculé......	Argileux très-profond, riche.	Tempéré....	Id........	N.-E., ouest.	Id........	Id......	Id.
— rouvre........	Id., mais peut être moins profond.........	Id., mais plus rustique...	Id........	Id........	Id........	Id......	Id.
— chevelu........	Argilo-siliceux.	Tempéré....	Id........	Id........	Id........	Id......	Id.
— tauzin........	Léger et frais..	Doux et tempéré.......	Plaines......	Chaude.....	Id........	»	Lente.
— yeuse..........	Calcaire, sec..	Chaud......	Coteaux et montagne..	Id........	Id........	»	Id.
— liége..........	Feldspathique et schisteux, léger.........	Id........	Moyenne....	Méridionale..	Id......	»	Id.
— corsier.........	Alluvion siliceuse et argilo-siliceuse.......	Id........	Plaines et coteaux......	Id........	Id.......	»	Id.
Chêne kermès........	Sablonn.-pierreux.........	Id........	Partout.....	Partout.....	Id........	»	Très-lente.
— garrigue.......	Pierreux......	Id........	»	»	Secondaire..	»	Id.
Coudrier............	Frais et riche..	Tempéré...	Id........	N.-E., ouest.	Id........	Taillis....	Rapide.
Epicéa..............	Frais, meuble, humide, tourbeux, etc.....	Id........	Plaine et montagne......	Nord, est...	Dominante..	Futaie....	Id.
Erable plane........	Profond, divisé, frais.........	Id........	Plaine et vallon........	Ombreuse et fraiche.....	Secondaire..	Futaie, taillis.......	Moyenne.
— sycomore.......	Id.	Id........	Id........	Id........	Id........	Id......	Id.
— champêtre......	Id., calcaire...	Id........	Id........	Id........	Id........	Taillis....	Id.
Frêne commun.......	Id., bord des eaux.........	Tempéré ou froid......	Id........	Id........	Id........	Futaie, taillis.......	Id.
— à fleur.........	Argileux, riche.	Tempéré et chaud.....	Plaine et alluvion.....	Chaude......	Id........	Id......	Id.
Hêtre..............	Argilo-sableux et frais......	Tempéré....	Plaine et montagne......	Nord, nord-est, est....	Dominante..	Futaie....	Id.
Mélèze.............	Divisé, froid, profond.......	Sec et froid.	Montagne...	Toutes......	Id........	Id......	Tr.-rapide dans la jeunesse.
Merisier............	Sec, profond, calcaire......	Tempéré....	Plaine et coteau......	Midi, ouest..	Secondaire..	Id., taillis.	Moyenne.
Micocoulier..........	Léger, frais et profond......	Id........	Id........	Chaude.....	Dominante..	Taillis....	Lente.
Ormes..............	Ne craignent que les terrains argileux, marécageux, trop humides.....	Id........	Plaine et montagne......	Nord et est..	Secondaire..	Futaie, taillis.......	Moyenne.
Peuplier-tremble.....	Léger, un peu humide.......	Id........	Id........	Id........	Id........	Id.....	Rapide.
Pin sylvestre.........	Profond, léger.	Id........	Id........	Toutes......	Dominante..	Futaie....	Moyenne.
— maritime.........	Sableux, profond.......	Tempéré et chaud......	Plaine et colline.......	»	Id........	Id......	Id.
— d'Alep...........	Sec, léger, calcaire.......	Chaud.....	Plaine et coteau......	»	Id........	Id......	Id.
— Cembro..........	Frais, profond, divisé.......	Froid.......	Haute montagne......	Toutes......	Secondaire..	Futaie....	Très-lente.
— de Corse.........	Léger, argileux, graveleux....	Tempéré....	Plaine et montagne......	Id........	Dominante..	Id......	Moyenne.
— d'Autriche........	Léger, sec et calcaire......	Id........	Id........	Id........	Id........	Id......	Id.
— à crochets........	Tous.........	Froid.......	Haute montagne......	Sud........	Id......	»	Lente.
— mugho..........	Tous, même les tourbeux.....	Id........	Id........	»	Id........	»	Id.
— pinier..........	Léger, frais et profond......	Chaud.....	Plaine et vallée.......	»	Id........	»	Id.
— du Lord.........	Id., marécageux.......	Tempéré....	Plaine et coteaux......	»	Id........	Futaie....	Rapide.
Robinier faux Acacia..	Léger et un peu frais.........	Id........	Id........	Chaudes et abritées...	Id........	Taillis...	Id.
Sapin..............	Sols frais, perméables......	Id........	Plaine et montagne......	Nord et est..	Id........	Futaie....	Moyenne.
Saule Marceau.......	Tous.........	Tous.......	Toutes......	Toutes......	Secondaire..	Taillis....	Rapide.
— blanc..........	Humide et divisé.........	Tempéré....	Plaine et vallées.......	»	Id........	Id......	Id.
Sorbier des oiseleurs..	Secs et divisés.	Tempéré et froid......	Plaine et montagne......	Toutes.....	Id........	Taillis et futaie....	Lente.
— domestique.....	Calcaire, argileux, frais....	Tempéré....	Plaine et coteaux......	Fraîche.....	Id........	Id......	Id.
Tilleuls............	Frais, profond, léger.......	Tempéré et froid......	Plaine, colline et montagne.	Nord et nord-ouest.....	Id........	Taillis....	Moyenne.
Vernis du Japon......	Siliceux, léger, argilo-sableux.	Tempéré....	Plaine et colline........	»	»	»	Rap. dans la jeunes.

Ces données faciliteront le choix des essences à employer dans les cas ordinaires. Pour les terrains stériles, où le boisement est le plus profitable et le plus nécessaire, ce choix est plus difficile; c'est pourquoi nous nous en occuperons spécialement.

Sols compactes, argile plastique. — Épicéa, aulne blanc et commun, frêne; peuplier blanc, de Canada, tremble; chênes pédonculé et rouvre, acacia, tilleul à petites feuilles.

Sols tourbeux inondés. — Aulne commun, bouleau, peuplier noir, sorbier des oiseleurs, saules et pin mugho.

Sols marécageux assainis. — Les espèces ci-dessus, plus les peupliers, les tilleuls et le pin du Lord.

Sables mouvants. — Pin maritime, pin sylvestre, acacia, argousier.

Sables secs mais fixes. — Vernis du Japon, bouleau, bois de Sainte-Lucie, mûrier blanc, pins maritime, mugho, du Lord, sylvestre; peuplier tremble, sorbier des oiseleurs, acacia, saule marceau, tilleul, orme champêtre, etc.

Sols calcaires et crayeux. — Pins noir, de Corse, sylvestre, hêtre, alizier, chêne yeuse, cormier, argousier, saule marceau.

Ajoutons enfin que les arbres améliorent eux-mêmes le terrain qu'ils occupent, et cela par leur feuillage et l'humidité du sol qu'ils entretiennent. Sous ce rapport, viennent graduellement, après le hêtre, les pins noir, de Corse, sylvestre; mélèze, sapin, épicéa, coudrier, charme, érable, aulne, frêne, marceau, chêne, tremble, bouleau.

Pour ce qui est du *climat* et de la *situation*, les essences se placent comme suit, en commençant par les moins sensibles: bouleau, pin cembro, sorbier des oiseleurs, pin mugho, pin à crochets, mélèze, épicéa, pin sylvestre, peuplier tremble, aulne, saule marceau, coudrier, tilleul, frêne, chêne, érable, hêtre, charme, sapin, orme, etc.

Nous nous trouvons finalement en présence de l'*exposition* que réclament les arbres. La plupart de ceux-ci aiment la chaleur et le soleil, ce qui ne les empêche toutefois pas de souffrir dans leur jeunesse, et, lorsqu'ils sont isolés, dans leur âge mûr, de l'insolation directe.

C'est ainsi que le sapin, le hêtre et ensuite le frêne, les érables, l'orme, l'épicéa, se plaisent sous de frais ombrages. Par contre, le pin sylvestre, le chêne, le bouleau, le mélèze, etc., aiment mieux la lumière. Sous ce rapport, les essences peuvent être classées comme suit. Supportent le mieux l'ombre : sapin, épicéa, hêtre, pins noir et de Corse; tilleul, noyer, châtaignier, charme, frêne, chêne, érable champêtre, plane, aulne, pin du Lord, bouleau tremble, mélèze.

DES SEMIS.

Cas où l'on doit préférer le semis à la plantation. — On a été longtemps de l'avis que les semis méritaient la préférence sur la plantation, parce qu'ils semblent se rapprocher le plus de la marche adoptée par la nature, et qu'en même temps, ils étaient plus simples, moins coûteux et d'une application plus facile en grand. L'expérience n'est venue que plus tard constater que la plantation n'était pas à dédaigner, et que dans un grand nombre de circonstances données, elle méritait le pas sur le semis. Vouloir accorder la préférence à l'un de ces procédés, à l'exclusion de l'autre, ne paraît donc pas chose justifiable. En effet, on ne peut se passer d'aucun d'eux parce qu'ils se complètent l'un l'autre, qu'ils conduisent tous deux au but, et cela suivant les circonstances, avec des avantages plus ou moins marqués. C'est ainsi que le semis doit être recommandé :

1° Lorsque la main-d'œuvre fait défaut, ou manque à l'époque la plus favorable aux plantations;

2° Lorsqu'il n'est pas possible de se procurer des plants réunissant les qualités indispensables pour garantir la réussite;

3° Lorsque le terrain ne réclame aucune préparation particulière, notamment lorsqu'on sème dans une céréale; lorsque la graine est à bon compte, que les jeunes plants ont un long pivot, ou présentent toutes les chances de réussite;

4° Dans les sols peu profonds, très-pierreux, et tellement remplis de racines, de souches, ou d'autres obstacles, qu'il est impossible, ou bien très-coûteux d'y planter;

5° Lorsque, dans l'intérêt de l'amélioration du sol ou par suite de sa qualité, les peuplements doivent être fourrés, et qu'on désire créer un revenu par des nettoiements dans la jeunesse;

6° Lorsqu'il s'agit de profiter d'une récolte abondante de semences, notamment pour la production de plants propres à des boisements ultérieurs;

Enfin, 7° dans tous les cas où, à chances égales de réussite, le semis coûte moins que la plantation.

De la semence nécessaire aux semis. — L'opération la plus importante et la plus indispensable de toute culture est la production de semences aptes à reproduire l'espèce, à l'améliorer et à la rendre de plus en plus propre au but qu'on se propose. Les arbres dont on récoltera la semence devront donc faire l'objet d'un choix rationnel et raisonné. C'est dire que cette récolte devra avoir lieu avec discernement, et être soumise à une surveillance toute spéciale. On accordera la préférence aux arbres sains, vigoureux, d'âge à fournir en abondance de bonnes graines. On négligera par suite les arbres trop vieux aussi bien que les brins trop jeunes, ou rabougris, qui donnent des semences vaines, ou portant en elles le germe de maladies génériques. Un arbre présentant dans son ensemble tous les caractères de l'essence fortement accusés, une cime normalementdéveloppée, un tronc bien filé, non vicié, méritera la préférence sur les arbres mal venus, qui produisent d'ordinaire le plus de graines. Cette dernière circonstance fait que ce sont eux aussi qui fournissent d'ordinaire une grande partie des graines du commerce. Pour ce motif, il y a donc lieu de procéder soi-même et chaque fois que l'on aura des porte-graines à sa disposition, à la récolte de sa provision de semence. Par ce moyen, on parviendra non-seulement à se procurer de la graine de bonne qualité, mais on aura, en outre, l'assurance qu'elle est fraîche, germéable, en même temps qu'elle coûtera en général moins cher que celle du commerce.

Récolte de la semence. — La maturité de nos principales essences forestières a lieu à l'automne, et leur dissémination suit cette saison de près. Il s'ensuit que la récolte ne peut commencer avant cette époque. De plus, elle doit avoir lieu par un temps sec ou qui, du moins, ne soit pas pluvieux, car les graines trop humides s'échauffent facilement et ne se conservent pas sans peine. La récolte des semences lourdes présente le moins de difficultés; on fait gauler les arbres et tendre des toiles pour les recevoir, lorsqu'on ne veut pas attendre leur chute naturelle. Quant aux semences légères et aux cônes des conifères, on doit les cueillir à la main. Le tableau ci-après donnera, d'ailleurs, les renseignements nécessaires pour tout ce qui concerne cette opération :

ESSENCES.	DATE DE LA		OBSERVATIONS.
	MATURITÉ.	CHUTE NATURELLE.	
Aulne commun	Octobre, novembre.	Pendant l'hiver jusqu'au printemps.	La couleur brune des écailles des cônes est un signe de la maturité.
— blanc	Septembre, octobre.	Novembre et Déc...	
Bouleau	Septembre	Oct. et Novembre..	En juillet et en août il y a déjà de la semence qui s'échappe des cônes; mais celle-ci est stérile. La maturité se reconnaît à la couleur brune des cônes.
Charme	Octobre	Nov. et plus tard...	La graine peud longtemps à l'arbre.
Châtaignier	»	»	Les premiers glands tombés sont d'ordinaire mauvais et piqués des vers. On ne récolte que lorsque la chute est très-forte.
Chêne pédonculé	Id	Octobre	
— rouvre	15 jours plus tard..	15 jours plus tard..	
— chevelu	Au mois d'octobre de la 2e année...	Octobre.	
Coudrier	Septembre, octobre.	Id.	
Erable plane	Octobre	Oct. et novembre..	Est mûr lorsque les samares sont brunes.
— sycomore	Sept. et octobre...	Sept. et octobre ...	La graine tombe dès qu'elle est mûre.
— champêtre	Id	Id	
Épicéa	Octobre	Hiver jusqu'au printemps	Dissémination par le vent d'est. Les cônes vides restent encore longtemps sur l'arbre et se referment.
Frêne	Id	Pendant l'hiver....	La graine se voit sur l'arbre jusqu'aux nouvelles feuilles, mais elle est alors de mauvaise qualité.
Hêtre	Id	Octobre	Même observation que pour le chêne.
Melèze	Octob. et novembre.	Mars et avril	Les cônes sont longtemps sur l'arbre.
Ormes	Mai, juin	Mai, juin	La graine s'envole immédiatement après la maturité, beaucoup de stérile.
Pin sylvestre	Automne de la 2e année	Vers le printemps..	La graine ne mûrit que dix-huit mois après la floraison. Les cônes vides restent encore longtemps sur l'arbre.
— maritime			
— laricio			
— noir			
— cembro			
— du Lord			
Robinier faux-acacia	Octobre	Pendant l'hiver....	Les gousses restent encore longtemps sur l'arbre.
Sapin	Sept. et octobre...	Octobre	Il ne reste sur l'arbre que l'axe du cône.
Sorbier, alizier	Octobre	Hiver.	
Tilleul	Id	Pendant l'hiver....	La semence est souvent très-longtemps sur l'arbre.

Ces données ne peuvent être qu'approximatives, — attendu que la station de l'arbre, la température de l'année peuvent y amener des variations plus ou moins considérables.

Extraction de la graine. — La semence étant récoltée, il reste à la nettoyer et à la séparer des gousses, cônes, etc., qui la renferment. La graine des essences feuillues ne réclame pas de soins particuliers. On bat tout au plus les cônes de bouleaux, tandis que ceux de l'aulne sont étendus sur un grenier sec où on les retourne jusqu'à ce que la graine se sépare d'elle-même.

Quant aux essences résineuses, il n'y a que la graine du sapin qui ne demande pas de manipulations difficiles pour son extraction du cône; elle tombe avec l'écaille. Il suffit pour cela de l'étendre sur un grenier sec, de retourner les cônes avec un râteau, et cela aussi longtemps que la graine n'est pas tombée à terre. Le cône du pin du Lord, traité de la même manière, laisse également échapper la graine, mais les écailles ne font que s'entr'ouvrir. Quant au cembro et au pinier, il suffit de les étaler au soleil, ou de les placer dans un appartement tempéré, pour que les amandes qu'ils contiennent s'échappent facilement.

Pour les autres pins et l'épicéa, il en est tout autrement. On ne parvient à extraire la graine des cônes qu'à l'aide de la chaleur artificielle d'un fourneau, ou de la chaleur du soleil. Dans le premier cas, les grainiers ont des bâtiments spéciaux appelés séchoirs; mais un particulier peut s'aider en utilisant la chaleur qu'il a sous la main. C'est ainsi que nous avons fait notre provision à l'aide de la chaleur qui s'échappait du tuyau d'une serre. D'autres pendent au plafond d'une chambre chauffée des claies sur lesquelles ils étendent les cônes. Enfin, on étale les mêmes cônes (toujours sur des claies) au soleil. Dans l'un comme dans l'autre cas, ces claies sont doublées de toiles, afin que la graine qui s'échappe des cônes chauffés et passe à travers les claies puisse être récoltée sur ces toiles.

Arrivées à cette période, les graines devront être désailées. Pour cela, il suffit, le plus souvent, de les frotter entre les mains, ou de les renfermer dans un sac à demi plein, où elles sont battues avec des bâtons.

Enfin, il nous reste à parler de la graine de mélèze; mais son extraction réclame des appareils et des soins dont la description nous éloignerait de notre cadre.

Conservation des semences. — La conservation et l'hivernage des graines n'exigent guère moins de soins que leur récolte. C'est ainsi que celles des essences feuillues, sans distinction, doivent être étendues en couches minces, dans un lieu sec et aéré, assez longtemps pour leur laisser le temps de se ressuyer, et remuées afin d'empêcher qu'elles ne s'altèrent. Quant aux semences résineuses, aussi longtemps qu'elles sont dans les cônes, elles causent moins d'embarras et peuvent être entassées davantage; mais lorsqu'elles sont extraites des cônes, elles réclament également des soins minutieux de conservation. Elles sont surtout sensibles à l'humidité. Il en est de même de la graine des érables, bouleaux, aulnes, ormes. Quant à celles du frêne, du charme, du tilleul et de l'aulne recueillie sur l'eau, elles craignent la sécheresse. Par contre, les glands des chênes, la faîne du hêtre et la châtaigne doivent être protégés contre la gelée, la sécheresse et s'échauffent facilement.

Pour prévenir ces causes de détérioration, on conserve la graine des érables, bouleaux, aulne, orme et conifères dans des greniers frais et aérés où elle est étendue en couches de 0m,30 à 0m,45. Lorsqu'elle est sèche, on la met en sacs, excepté celle des conifères qu'on renferme dans des caisses de 0m,60 à 1 mètre de hauteur, percées de trous afin d'établir un courant d'air. Les cônes de bouleau peuvent aussi être pendus, avec les branches qui les portent, dans un grenier. On peut conserver à l'air libre, avec ou sans couverture, la semence de charme, frêne, tilleul, chêne, hêtre et aulne (pêchée sur l'eau). Les semences de frêne, tilleul et chêne sont alors d'ordinaire stratifiées dans du sable, soi sur soi dans le sol, et peuvent y rester jusqu'au second printemps, lorsqu'on les met en terre. Les glands et les faînes sont montés en silos ou trous, dont on recouvre le fond et la superficie avec des feuilles, ou de la paille et une faible couche de terre. Celle-ci est augmentée lorsque l'on craint la gelée. On les stratifie également dans du sable fin et sec. Enfin, les glands, faînes et châtaignes, aussi bien que toutes les autres semences forestières, se conservent très-bien en *silos secs* de 0m,50 à 3 mètres de profondeur sous terre.

Dans tous les cas et malgré tous les soins, les semences ne maintiennent leur faculté germinative que pendant un temps déterminé. C'est ainsi que *les graines des arbres suivants ne restent d'ordinaire bonnes que jusqu'au printemps qui suit leur récolte:*

Chênes, hêtre, châtaignier, coudrier, sapin, ormes, érables, aulnes, pins cembro et pinier, micocoulier, sorbiers, aliziers, peuplier, saule et bouleau. Encore faut-il bien des soins pour maintenir les graines de chênes, châtaignier, hêtres, sapin, pins pinier et cembro, jusque-là.

Se conservent deux à trois ans :

Frêne, charme, tilleuls, robinier faux acacia.

Se conservent de trois à six ans :

Les pins, épicéa et mélèze.

Il nous reste à appeler l'attention sur la nécessité de préserver les semences contre les ravages des souris et des rats qui sont surtout friands des graines de résineux.

Moyens de reconnaître la qualité des semences. — Les moyens de pouvoir apprécier la qualité des semences propres aux cultures forestières sont indispensables pour déterminer la quantité de semences à employer, et aussi pour empêcher l'exécution de travaux préparatoires toujours plus ou moins coûteux. En effet, quand la semence n'est pas de bonne qualité, le terrain se couvre de mauvaises herbes, on perd l'accroissement de plusieurs années, et les travaux sont à recommencer.

On ne s'en tient pas aux caractères propres à chaque essence et signalés plus loin, on fait germer la graine à employer. A cette fin, on prend un vase quelconque, que l'on remplit de terre meuble et légère. On y sème 10 à 20 graines prises au hasard, dans la provision à éprouver, et on les recouvre de terre ou d'un morceau de drap. Si on place le vase dans une atmosphère tempérée, et qu'on humecte la terre qu'il renferme avec de l'eau tiède, les graines germeront bientôt; le nombre de plants levés indiquera la proportion des bonnes graines dans la provision essayée. On peut aussi faire germer la semence à éprouver entre deux morceaux de laine que l'on tient également humides.

Outre ces essais généraux, on constatera la qualité des graines à employer, en les ouvrant avec un couteau, afin d'examiner si l'amande et le germe sont en bon état.

Les graines devront alors présenter les caractères suivants :

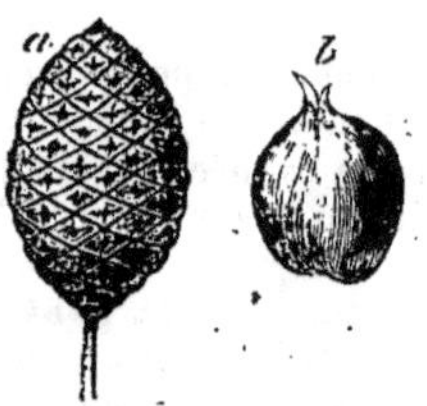

Fig. 1498. — Aulne. a, cône. — b, semence grossie.

Aulne. — La couleur de la semence est brun-marron. L'amande écrasée sur l'ongle doit être farineuse, légèrement humide, et dégager une odeur fraîche et agréable. Les pinsons ne mangeant que les bonnes graines, on reconnaîtra la qualité d'après celles qu'ils laissent. Poids du litre de semences, 320 à 340 grammes. — 20 à 30 pour 100 sont seulement de bonne qualité.

Bouleau (*fig.* 1499). — La semence est brune et l'amande jaune-paille. Écrasée, cette dernière donne un suc laiteux. Poids du litre 90 à 100 grammes, 5 à 15 pour 100 de graines germables.

Charme. — L'amande doit remplir complétement son enveloppe et être blanche et fraîche.

Poids du litre avec ailes (*a*), 50 à 60 grammes; sans

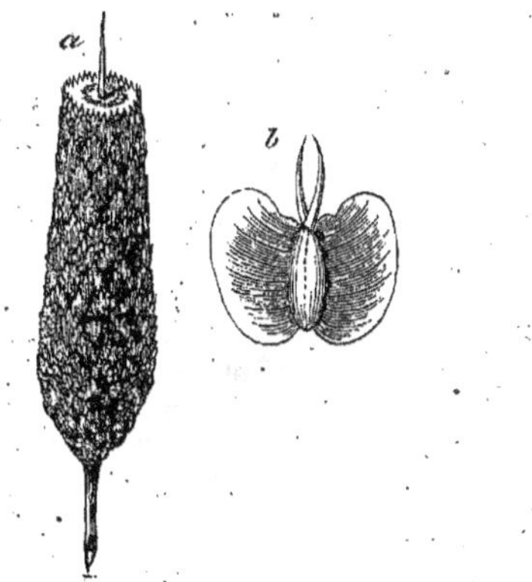

Fig. 1499. — Bouleau. — *a*, cône. — *b*, graine grossie.

ailes (*b*), 410 à 420 grammes; germination, 50 à 80 pour 100.

Châtaignier. — Les châtaignes doivent être sai-

Fig. 1500. — Charme. — *a*, semence ailée. — *b*, graine grossie.

Fig. 1501. — Châtaigne.

nes, fermes et bien remplies, avec germe intact et

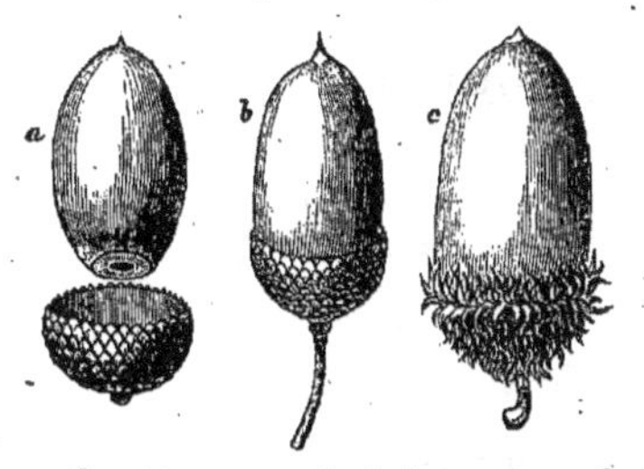

Fig. 1502. — Chêne. — *a*, gland de rouvre. — *b*, id. du pédonculé. — *c*, id. du chevelu.

de bon goût. Poids du litre, 5 à 600 grammes.

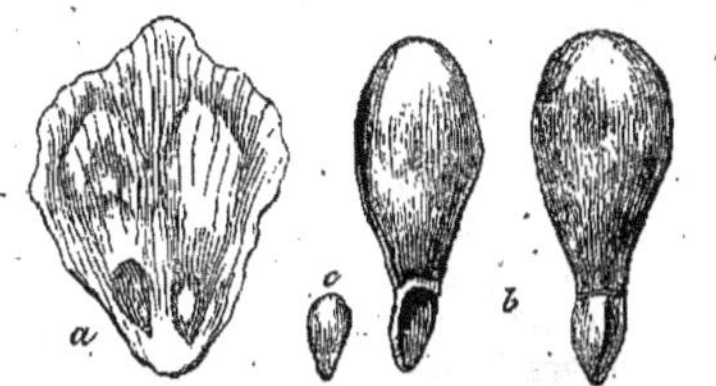

Fig. 1503. — Epicéa — *a*, graine sous l'écal. — *c*, désailée. *b*, ailée.

Chêne. — Le gland doit remplir son enveloppe extérieure, être blanc, frais, et le germe non détérioré. Une couleur bleuâtre, moisie, est le signe d'une mauvaise qualité. Poids du gramme, 550 à 600 grammes. Germination, 80 à 90 pour 100.

Epicéa. — L'amande doit remplir l'enveloppe extérieure qui est brune-rougeâtre. Son odeur est fraîche, résineuse. Poids du litre de semence ailée (*b*), 125 à 140 grammes. Désailée (*c*), 400 à 430 grammes. Germination 70 à 80 pour 100.

Érable. — L'amande dépouillée de son écorce doit montrer un noyau vert, séveux et frais. Poids

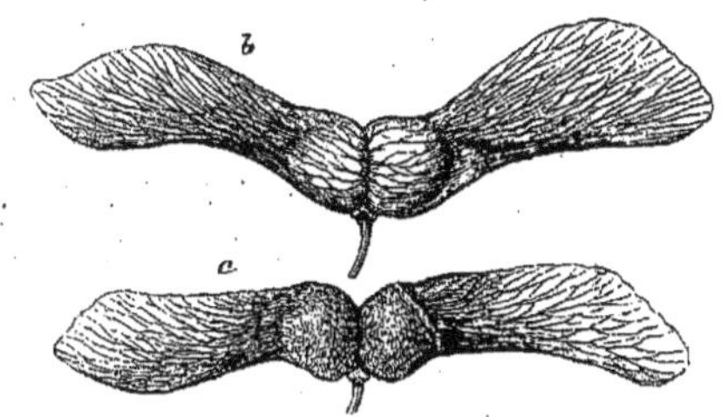

Fig. 1504. — *b*, Erable sycomore. — *c*, Erable plane.

du litre, 120 à 130 grammes. Germination, 50 à 80 pour 100.

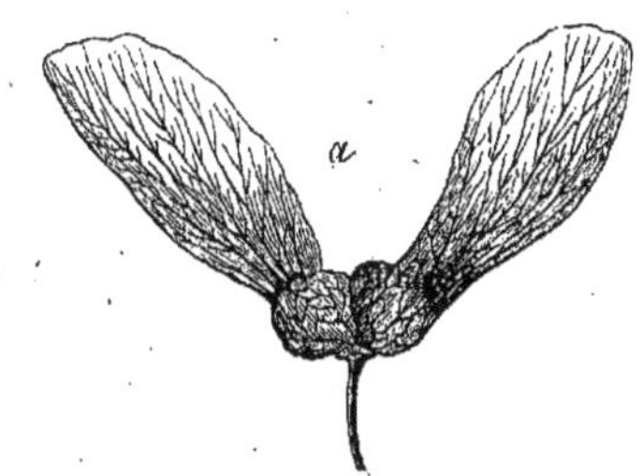

Fig. 1505. — *a*, Erable champêtre.

Frêne. — L'amande doit avoir l'apparence de la cire, être fraîche et de couleur blanc-bleuâtre.

Fig. 1506. — Frêne. *Fig.* 1507. — Hêtre. — *a*, fruit. — *b*, faine.

Poids du litre, 170 à 180 grammes. Germination, 50 à 80 pour 100.

Hêtre. — En général, comme pour le gland, l'amande doit de plus avoir un goût doux de noisette; lorsque la saveur est huileuse, rance, la faine est suspecte. Poids du litre, 400 à 425 grammes. Germination, 80 à 90 pour 100.

Mélèze, comme pour l'épicéa. — La graine est jaunâtre-brique. Le litre pèse, graine ailée, 160 à 175 grammes; désailée 500 à 550 grammes. Germination, 20 à 40 pour 100.

Orme. — La graine placée au milieu de la membrane doit être proéminente. Coupée transversalement, elle sera, en outre, farineuse, humide, et dégagera une odeur acerbe et oléagineuse. Poids d'un litre, 40 grammes. Germination, 30 à 50 pour 100.

Fig.1508. — Mélèze.

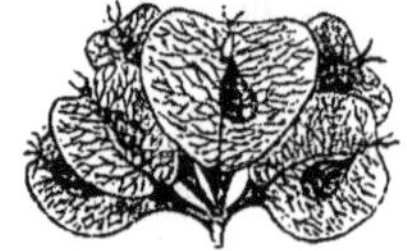

Fig. 1509. — Orme champêtre.

Pin sylvestre. — Semence noire ou blanchâtre à l'intérieur comme l'épicéa. Poids d'un litre de graine ailée (*a*), 120 à 140 grammes; désailée (*b*), 440 à 500 grammes. Germination, 70 à 85 pour 100.

Fig. 1510. — Orme diffus. *Fig*. 1511. — Pin sylvestre. — *a*, graine ailée. — *b*, aile. — *c*, désailée.

Pin maritime. — Comme pour le précédent. Semence grosse, brune, mate d'un côté, noire de l'autre.

Pin Laricio. — Couleur-jaune terre. Voir pour le surplus épicéa.

Pin du Lord. — Couleur grise. Pour le surplus voir épicéa.

Pin Cembro. — Couleur jaune foncé. Amande blanchâtre, germe verdâtre.

Robinier faux acacia. — Fève brun luisant ressemblant à la graine du genêt. Intérieur blanc et frais. Germination, 80 à 90 pour 100.

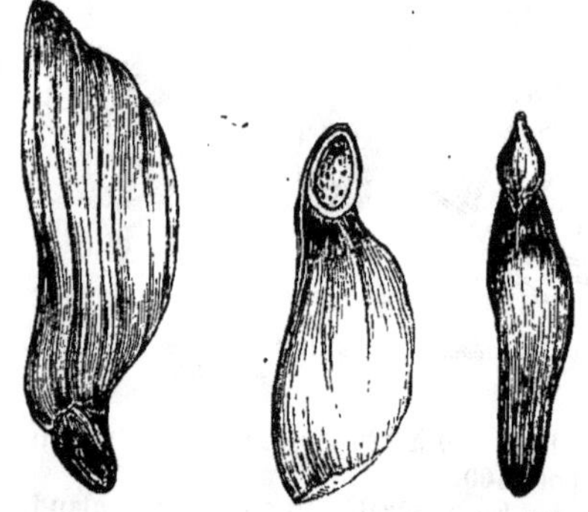

Fig. 1512. — Pin maritime. *Fig*. 1513. — Laricio.

Sapin. — Comme pour le cembro; sa couleur est brune-feuille morte. Germination, 20 à 40 pour 100.

Fig. 1514. — Sapin avec aile.

Tilleul. — La coque doit être molle, l'amande blanche-verdâtre, huileuse et de bon goût.

On falsifie quelquefois les graines des résineux en les humectant avec de l'eau. On le constate, lorsqu'en en serrant une poignée dans la main sèche, elles s'y attachent. D'autres fois on mélange de la graine d'épicéa avec celle de pin sylvestre, et cela parce que cette dernière coûte une et même deux fois plus que la première. Un homme du métier ne s'y laissera pas prendre, parce que la graine du sylvestre est plus courte, plus ovoïde que celle d'épicéa; celle-ci est plus longue, brune, tandis que l'autre est noire-grise. Enfin, l'aile de l'épicéa entoure la graine et la recouvre, tandis que cette partie de celle du sylvestre a la forme d'une pince.

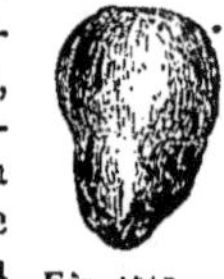

Fig. 1515. — Cembro.

Enfin, on nettoie mal les semences, de sorte qu'on y rencontre du sable, des ailes, des écailles, etc. L'inspection du sac permettra de reconnaître cette fraude assez commune, contre laquelle on se prémunira le mieux en faisant sa provision chez un grainetier honnête, et vous garantissant au moins le minimum de germination indiqué plus haut. Nous répéterons toutefois que pour les essences feuillues surtout, il y aura toujours avantage à faire sa graine soi-même, parce que par là on parviendra à conserver la faculté germinative, qui est d'ordinaire assez limitée, et qui ne pourrait que souffrir des transports et des voyages, même faits dans les conditions les plus favorables.

PRÉPARATION DU TERRAIN.

Les façons que l'on fait subir au terrain avant de l'ensemencer, n'ont pas seulement pour but de mettre la graine dans les conditions les plus favorables possibles pour une rapide et complète germination, elles sont encore destinées à protéger le semis, dès qu'il sera levé, contre l'envahissement de mauvaises herbes qui pourraient lui nuire, comme aussi à faciliter aux plants naissants la recherche de la nourriture dont ils ont besoin.

La préparation du sol est déterminée par sa constitution, par les plantes qui le recouvrent, et d'après les exigences de l'arbre à cultiver. Elle est, suivant le cas, précédée des travaux d'assainissement nécessaires, de l'extraction des souches, de l'éloignement des matériaux étrangers déposés sur le terrain, lorsqu'ils doivent en être éloignés. De plus, lorsque le sol est envahi par de mauvaises herbes, telles que myrtillier, bruyère, etc., on fera bien de les arracher pendant l'année qui précède la culture. Enfin on tracera les chemins de vidange nouveaux, on redressera les anciens, tandis qu'on n'oubliera pas l'établissement des fossés de clôture nécessaires, afin de préserver les jeunes semis des dangers auxquels ils sont exposés.

Suivant le mode de semis à adopter, l'ameublissement du sol a lieu par :

1° *Labour entier ou en plein.* Il consiste à travailler la totalité de la surface du terrain à ensemencer;

2° *Labour par bandes ou rigoles alternées.* Dans ce cas, on ouvre des rayons dans lesquels on sème, et qu'on alterne avec des bandes laissées incultes ;

3° *Labour par places, trous, poches, pots ou poquets.* Ici on se borne à travailler plus ou moins régulièrement des espaces circonscrits de différentes grandeurs, sur toute la surface à boiser.

Le **labour en plein,** étant le plus souvent très-coûteux, n'est employé qu'exceptionnellement, et cela parce qu'on peut facilement s'en passer. On ne l'applique que 1° comme façon superficielle, avec le râteau en fer, et, là où la nature du sol s'y oppose, avec la herse, la herse à ramilles. Cette opération peut avoir lieu dans un sol léger, meuble, privé de mauvaises herbes, où il ne se trouve ni souches, ni grosses pierres gênant la marche de l'outil, et pour des semences ne réclamant qu'une légère couverture : Aulne, bouleau, orme, mélèze, sylvestre, etc.

Fig. 1516. — Râteau en fer de Hartig.

2° Concurremment avec une culture agricole à l'aide de la charrue, dans des terrains et à des expositions permettant cette culture, avant ou simultanément avec celle du bois. Dans ce cas, la récolte en céréales est censée devoir couvrir les frais du labour en plein. Nous y reviendrons plus loin, lorsqu'il s'agira du semis des glands et de la graine de sylvestre.

3° Lors de l'écobuage ou du sartage de la surface, soit à feu couvert, soit à feu courant.

Le **labour par bandes alternées ou en rigoles** est le mode de culture le plus répandu, parce que, tout en assurant un boisement complet, il permet d'économiser sur la semence, la main-d'œuvre, etc. Avec lui on peut en outre labourer plus foncièrement et à une plus grande profondeur les bandes cultivées, et recouvrir avec plus de soins la semence répandue. Enfin les espaces non cultivés servent de dépôt aux matériaux extraits des rayons labourés et peuvent le plus souvent être employés comme abris.

Fig. 1517. — Coupe en travers des bandes alternées dans un terrain en pente.

En montagne, dans les terrains en pente, les bandes doivent être parallèles à l'horizon (*fig.* 1516). Les gazons de la superficie sont entassés en contre-bas de ces bandes et forment ainsi des espèces d'escalier dont le giron est soutenu par des bandes incultes empêchant la terre de s'ébouler. En plaine, on trace ces rayons dans la direction de l'est à l'ouest, quand on veut protéger les semis contre les ardeurs du soleil; du nord au sud, lorsque les vents et la gelée sont à craindre. On élève les terres retirées de ces rayons sur la mardelle d'où vient l'élément dont on veut prévenir les ravages. Quant à la largeur des bandes, plus un terrain est plat, fertile et propre à s'engazonner, plus les bandes devront être larges; il en sera de même lorsque la semence réclame une grande profondeur pour germer, ou que le plant à en provenir supporte mal l'ombrage. Elles ont alors de 0m,50 à 1 mètre de largeur. Dans les pentes rapides et les terrains peu sujets à produire de mauvaises herbes, cette largeur sera de 0m,15 à 0m,45. Les bandes qui restent incultes doivent, en règle générale, avoir le double de la largeur des rayons dans lesquels on sème et aller de 1 mètre à 1m,30. Toutefois, dans les terres pauvres demandant de l'ombrage dans un bref délai, cette dimension peut descendre à 0m,60 ou 0m,75.

Les rayons sont creusés de diverses manières, et avec des instruments différents. Dans les terrains sablonneux et argilo-sableux de la plaine, dont la couche supérieure permet de tracer un sillon net et tant soit peu bien conditionné, on établit les bandes alternées à la charrue; celle-ci doit toutefois avoir peu d'entrure et verser la terre des deux côtés. Cette méthode économique, n'étant en usage que pour les semis de chêne et de sylvestre, nous y reviendrons plus tard.

Dans les terrains en pente surtout, le labour des bandes se fait à la houe (*fig.* 1517). Le plus souvent, il se borne à la suppression des mauvaises herbes, à un pelage. Celui-ci s'exécute le mieux en hiver, lorsque la terre est gelée, parce qu'alors la houe glisse sur le sol, et n'enlève que peu ou pas de terre. Ou bien on donnera une façon plus profonde, afin d'extraire les grosses racines. Dans tous les cas, on s'arrangera de manière à ce que la terre végétale reste à la surface, et l'on n'y ramènera jamais celle du sous-sol. De plus, on aura soin que le rayon ne soit pas en pente dans le sens de sa largeur, ou qu'il soit tellement encaissé que l'humidité y devienne stagnante. Ce labour superficiel suffira dans bien des occasions; dans tous les cas, on pourra se borner à ameublir la semelle de la bande à l'aide de la binette trident et, lorsque sa largeur le permettra, avec le râteau. Lorsque sous cette couche superficielle, il se trouvera un gisement d'humus aigre ou d'autre terre défavorable à la végétation, on l'éloignera avec peu de frais, en se servant d'une pelle spéciale avec laquelle on pourra aussi égaliser le fond des rayons.

Fig. 1518. — Houe.

Fig. 1519. — Binette trident.

Une modification du mode de culture par bandes alternées consiste dans le labour en rigoles. Avec cette dernière méthode, que l'on emploie là où la première n'est plus exécutable, on trace des rayons de 0m,06 à 0m,12 de largeur, écartés les uns des autres à 1 mètre de distance, à l'aide de la houe ou à la pelle. Les rigoles sont établies

Fig. 1520. — Pelle à rigoler.

dans les sols peu infestés de mauvaises herbes, ou recouverts de mousse, notamment en pente rapide, où les bandes larges ne sont pas exécutables, et pour les plantes qui supportent une position abritée : hêtre, épicéa, sapin, etc. Elles permettent de mieux recouvrir la semence, restent plus humides, et favorisent ainsi la germination. Il arrive quelquefois qu'on réunit les deux méthodes, ce qui se fait en traçant des rigoles dans les bandes superficiellement pelées.

La réussite des semis forestiers étant bien plus chanceuse que celle des autres plantes cultivées, et cela parce que les jeunes brins ne se développent pas aussi vite dans leur âge tendre, on a recherché les moyens de diminuer ces chances aléatoires. A cette fin, Cotta a adopté le semis par bandes alternées, mais en les soumettant à

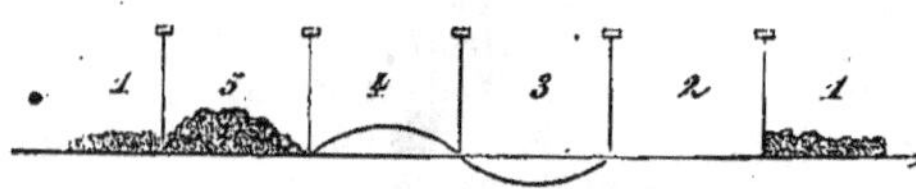

Fig. 1521. — Bandes alternées de Cotta.

une préparation différente. C'est ainsi qu'il partage le terrain à boiser en bandes d'environ 1 mètre de largeur. La première reste sans culture, la seconde est labourée à plat, la troisième est creusée dans le sol, et avec la terre qui en provient, il est fait un ados sur la quatrième. Enfin, sur la cinquième, on dépose les gazons retirés de la superficie des trois précédentes, pour former un abri. On sème ensuite la semence en 2, 3, 4, et, quelle que soit la température qui survienne, il y aura toujours une bande qui prospérera et amènera son recru à bien. S'il fait sec, ce sera le n° 2; s'il fait trop humide, le n° 3, etc. Reste à voir jusqu'où les frais à résulter de cette méthode permettent son emploi.

Un avantage du labour par bandes consiste encore dans la facilité qu'il présente de hâter la germination de la semence par l'emploi dans les rayons cultivés d'une terre meilleure que celle du fonds. Toutefois cette facilité est encore augmentée par le labour par *places, trous*, etc., qui permet de plus de ne cultiver le terrain que là où il peut produire des plants.

Ce dernier labour s'exécute en formant des places ou trous de différentes dimensions, de 0m,15 à 0m,60 environ de côté et séparés les uns des autres de 0m,60 à 1m,60. On l'exécute dans les terrains presque nus, souffrant peu de la croissance des mauvaises herbes, là où des arbres, de vieilles souches, des pierres, etc., ne permettent qu'une culture partielle du sol. On les fait à la houe ou au râteau, en ayant soin de déposer les déblais sur le bord méridional lorsqu'on est en plaine, sur le bord inférieur lorsqu'on se trouve sur un terrain incliné. La besogne est toutefois beaucoup simplifiée par des instruments spéciaux connus sous le nom de cultivateurs (*fig.* 1522 et 1523). Avec eux, on fait les

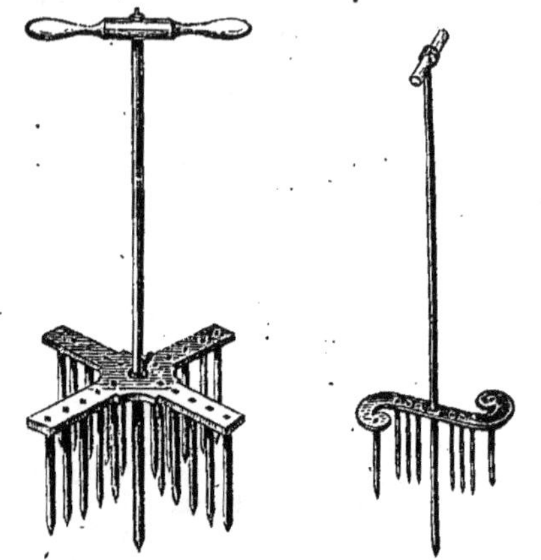

Fig. 1522. — Cultivateur Kuttler. *Fig.* 1523. — Cultivateur Haanscheid.

places en leur imprimant un mouvement de rotation, d'abord dans un sens, ensuite dans l'autre. On obtient ainsi un ameublissement uniforme, qui mérite de fixer l'attention.

La culture en trous, par poches, poquets, etc., diffère de celle par places, en ce que les trous ont en général une profondeur de 0m,20 à 0m,30 sur un diamètre de 0m,15 à 0m,30. Ce mode est peu dispendieux, parce que les trous se font à l'aide de quelques coups de houe, ou avec des instruments spéciaux, notamment les plantoirs, les bêches circulaires, etc. (*fig.* 1530). Il est employé dans les terrains secs, meubles, ayant souffert de l'enlèvement des feuilles mortes, dans les expositions méridionales des montagnes effritées, comme aussi dans les régions froides. Dans les sables stériles, les craies de la Champagne pouilleuse, c'est même le plus souvent le seul moyen de procéder avec certitude de succès au boisement. Pour cela, on dépose dans chaque trou une poignée de bonne terre, dans laquelle le jeune bois s'ancre la première année, et résiste à l'ombre projetée par les bords du trou, dans lequel il trouve d'ailleurs l'humidité qui lui est nécessaire, et acquiert assez de vigueur pour supporter la condition peu favorable qui lui est faite.

Une dernière forme de culture par places est celle qui consiste à ne faire les trous que de la dimension de la graine à semer, et qu'on nomme *repiquement*. Elle a lieu à l'aide d'instruments spéciaux que nous décrirons lorsqu'il sera traité des divers modes de semis.

Les travaux préparatoires, indiqués plus haut, peuvent être exécutés en toute saison, c'est-à-dire chaque fois que le temps le permettra. Dans les terres compactes, ces travaux devront toujours se faire pendant l'été ou l'automne qui précède l'ensemencement ; la gelée les divisera et les rendra ainsi plus meubles. Quant aux sols légers, leur culture n'a pas besoin d'être faite aussi longtemps à l'avance; mais ils y gagneraient également, parce qu'ils auraient le temps de se raffermir. Au surplus, il y a lieu de remarquer que tous les labours peuvent se faire convenablement, sans pour cela devoir présenter l'apparence d'un champ régulièrement labouré et hersé. La culture forestière ne dédaigne ni les mottes ni les inégalités de terrain, parce qu'elle y voit le plus souvent un abri, sous la protection duquel la semence germe, pour donner une plante vigoureuse et saine.

Saison des semis. — En théorie, la saison la plus convenable au semis des essences forestières, coïncide avec l'époque de la dissémination naturelle de leurs graines. Dans la pratique, on fera toujours bien de s'en tenir au principe de l'agriculture d'après lequel on procède à la semaille, à l'époque assurant le mieux la réussite des plantes. Ce qui revient à dire que c'est une question de temps et de localité qui ne peut pas recevoir une solution générale. C'est ainsi qu'il ne peut être question de confier, par exemple, les glands, les faînes, les châtaignes à la terre, à l'automne, là où ces fruits sont exposés aux déprédations des rats, des souris, de la fauve. On ne le fera pas non plus dans les situations où les gelées du printemps, de même que les inondations, sont à craindre, là où les ouvriers sont rares à l'automne, etc.

Avant de se décider sur l'époque à choisir pour opérer les semis, on se renseignera donc d'abord sur la marche ordinaire de la température du lieu où il s'agit d'opérer. Ainsi, qu'on ne l'ignore pas, les semis ont avant tout à souffrir de la sécheresse, de la gelée et des oiseaux. On sait de plus que l'humidité est surtout nécessaire à la semence à l'époque de la germination. Or, la première partie du printemps étant en général plus humide que la seconde, on donnera la préférence au mois d'avril, parce que l'évaporation du sol n'est pas encore aussi forte que pendant les mois de mai et de juin. En général, il y a rarement avantage à retarder l'époque de la semaille; du moins l'expérience s'est prononcée dans ce sens. Les époques critiques pour les jeunes plants sont sans contredit les mois de juillet et d'août. Si alors ils ont déjà de fortes racines, ils résistent mieux à la sécheresse que ceux semés tardivement. On fera toutefois une exception pour les faînes, les glands, la graine de sapin, d'érable, qu'on ne devrait jamais mettre en terre que dans le dernier tiers d'avril et le commencement de mai, afin qu'ils ne germent pas avant la mi-mai.

Lorsque les semis sont faits de bonne heure, les plantes résineuses ont jeté leur calotte, avant que les oiseaux granivores indigènes n'élèvent leur première couvée, c'est-à-dire lorsqu'ils occasionnent le moins de dégâts. Mais ceci n'empêchera pas de retarder la semaille, là où l'on peut craindre le passage des ramiers et des pinsons d'Ardennes. Enfin, si dans les terres humides on est forcé de retarder les semis, on doit par contre les avancer le plus possible dans les terres très-sèches. On conseille même, dans ce cas, de semer le sylvestre à l'automne.

En résumé, il est donc impossible d'assigner une époque fixe pour les semis. Tout ce qu'on peut dire, c'est que là où l'avenir de la semence est assuré, et où elle peut être mise en terre sans augmentation de la dépense, on préférera les semis d'automne, parce qu'ils réduiront les peines, les dépenses et les dangers qu'occasionne son hivernage. Par contre, là où les semis de printemps présenteront plus de sécurité, et où la semence ne coûte pas plus en terre qu'au grenier, on choisira le premier printemps.

Quantité de semences à employer. — La quantité de semences, nécessaires pour les semis, dépend tout d'abord du mode adopté pour la préparation du sol. C'est ainsi qu'il faudra plus de graines pour une culture en plein, que pour une culture par bandes alternes; cette dernière nécessitera également plus de graines qu'un labour par places ou poches, etc. Toutefois ces dernières réclameront, toute proportion gardée, plus de semences que la culture en plein, parce qu'elles doivent être plus drues que dans celle-ci. En outre, on aura besoin de moins de semences sous un climat tempéré, dans un sol chaud, meuble, de bonne qualité, activant la végétation, que dans les terrains mal exposés, compactes, froids, sujets au déchaussage et à l'engazonnement, sous les climats froids et les altitudes élevées. De plus, mieux un terrain sera préparé et travaillé, moins son emblavement réclamera de semence. Enfin la qualité, le prix, la grosseur, la finesse de celle-ci, le but du peuplement à venir, les circonstances plus ou moins propices de réussite, doivent être portés en ligne de compte, lorsqu'il s'agit de fixer la quantité de graines à employer. C'est pourquoi les chiffres ci-dessous ne peuvent être qu'approximatifs et doivent nécessairement laisser de la marge entre les extrêmes indiqués pour un hectare.

Préparation de la semence. — Il n'est pas d'usage de faire subir une préparation particulière aux semences avant de les confier à la terre. On néglige également d'activer leur germination, lorsqu'on se sert de graine fraîche, et qu'on sème à l'automne ou au premier printemps.

Cependant, lorsqu'on est obligé d'employer des semences douteuses ou un peu vieilles, on ravive la force germinative en les trempant dans de l'eau de chlore. Quelques acides étendus d'eau, par exemple l'acide sulfurique, oxalique, etc., exercent également une forte influence sur la germination; mais leur emploi exige de grandes précautions. Un moyen plus simple, recommandable surtout lorsqu'on fait usage de graines de la récolte d'une année antérieure, et qu'on les confie tardivement à la terre, consiste à jeter, la veille, dans de l'eau tiède, la semence qu'on répandra le lendemain. Ne dispose-t-on pas d'eau chauffée, on pourra se servir d'eau froide, mais la semence devra y séjourner pendant vingt-quatre heures consécutives. Dans tous les cas, cette semence devra être répandue le jour même où elle sera retirée de l'eau, et ne séjourner alors que quelques heures dans les sacs.

ESSENCES.	POIDS DE L'HECTOL. DE SEMENCE en kilogrammes.	KILOGR. DE SEMENCES A EMPLOYER POUR SEMER			NOMBRE DE 1000 GRAINES contenues dans 1 kilogram.
		EN PLEIN.	EN BANDES alternées.	EN PLACES.	
Aulne, graine nette	33-34	10-12	6-8	4-6	740-1160
Bouleau	11-12	40-50	25-30	20-25	1200-2000
Charme, graine ailée	5-6	50-70	35-40	25-40	24-40
— graine désailée	46-49	45-50	30-35	22-25	80-120
Châtaignier	60-70	»	450-650	325-450	8-12
Chêne	55-60	650-800	430-500	325-400	14-24
Épicéa, graine ailée	13-15	20-25	13-15	10-12	108-112
— graine désailée	45-50	10-15	8-10	5-8	122-154
Érable, graine ailée	12-15	60-8	40-45	30-31	160-300
Frêne, graine ailée	17-19	40-45	25-30	20-22	240-400
Hêtre, graine ailée	42-50	300-320	200-215	150-160	78-100
Mélèze, graine ailée	18-20	18-25	12-16	9-12	120-128
— graine désailée	52-55	14-16	9-11	7-8	140-200
Orme	33-45	30-36	18-22	15-18	300-700
Pin sylvestre, graine ailée	12-14	12-14	8-9	6-7	132-152
— — graine désailée	51-53	9-11	6-8	4-5	150-176
— maritime, graine ailée	10-15	15-18	10-12	7-9	»
— — graine désailée	52-54	12-14	8-10	6-7	110-140
— de Corse, graine ailée	14-16	14-16	9-11	7-8	»
— — graine désailée	51-53	12-14	8-9	6-7	160-170
— noir, graine ailée	14-16	14-16	9-11	6-7	»
— — graine désailée	51-53	12-14	8-10	6-7	160-170
— d'Alep, graine désailée	»	12-14	8-10	6-7	»
— Pinier, graine nette	38-40	»	»	»	15-20
— Cembro, graine nette	40-45	»	»	»	16-18
— du Lord	51-52	»	»	»	64-76
Robinier faux-acacia	60-65	20-25	14-15	10-12	100-150
Sapin, graine ailée	26-22	45-50	30-35	22-25	14-18
— graine désailée	26-28	35-40	22-27	17-20	16-24
Tilleul	»	»	»	»	»

Manière de semer et de recouvrir la graine. — Le semis s'opère à la main ou à l'aide d'instruments. Dans l'un et l'autre cas, il est nécessaire que la graine soit répandue le plus également possible et distribuée uniformément sur toute la surface à emblaver. A cette fin, on divisera cette surface en plusieurs compartiments d'égale contenance, et on partagera la graine en autant de tas qu'il y aura de parcelles à semer. De cette manière on ne se trouvera jamais à court, et il sera plus facile de juger de ce qu'il faut, d'après ce qu'on aura déjà employé.

Le semis a lieu a. à *la volée*, ou à la main, lorsqu'on éparpille la semence sur toute la surface travaillée en plein, b. *en ligne* lorsqu'on sème sur rigoles ou bandes alternées, c. *en poche, potée, trous*, *dibellage*, ou *repiquement*, lorsqu'on ouvre des trous çà et là, avec un instrument, pour y mettre la graine.

Le semis à la volée et à main d'homme s'opère comme en agriculture ; il a le mérite d'être expéditif, mais il est d'une exécution difficile. On prévient les fautes chez un jeune semeur en lui conseillant d'épandre la moitié de la semence d'abord en longueur et l'autre moitié en travers. En faisant attention de bien suivre les virées, de prendre la semence en levant le pied gauche et de la disséminer en abaissant le pied droit, on parviendra bientôt à la régularité désirable. Ajoutons qu'avec les machines employées en agriculture, nous n'y sommes pas parvenu, d'abord parce que la préparation irrégulière du sol suffisante et souvent même nécessaire pour la culture forestière, empêche les semoirs à roues de marcher d'un même pas. Le semoir centrifuge américain (*fig.* 1523) a seul fait exception jusqu'ici. Étant porté à dos, son fonctionnement n'est pas lié à un moteur inanimé. Tout le mécanisme consiste au surplus en une boîte en fer blanc, au bas de laquelle se trouve une espèce de turbine, qui reçoit la graine et la distribue dans toutes les directions tangentielles nécessaires. Le porteur se borne à marcher comme un semeur à la volée et à tourner en même temps la manivelle de la mise en mouvement.

Le semis en lignes se fait également à la main, en suivant les rigoles et se baissant plus ou moins suivant la grosseur de la graine et le vent. On répand généralement la semence, que l'on tient dans la main fermée, en la faisant passer entre

Fig. 1524. — Semoir centrifuge américain.

le pouce et l'index, et en imprimant au bras un mouvement de va-et-vient. Nous, au contraire, nous tenons le bras raide, et laissons passer la semence directement de la main, par-dessus le pouce arrondi, ce qui nous permet de régler l'épaisseur du semis d'après l'allure de la marche. Dans l'un comme dans l'autre cas, la semaille est très-fatigante, surtout lorsqu'on opère en pente ou sur de vastes contenances. L'emploi de machines paraît donc aussi, ici, être d'autant plus désirable, qu'il est plus facile que dans les semis en plein. Mais les semoirs à roues ne nous ont pas non plus satisfait, même lorsqu'ils étaient dans les cas de pouvoir être employés. C'est pourquoi nous nous sommes arrêté définitivement au semoir à canette (*fig.* 1525), qui coûte peu, qui est facile à manier, et qui sert à répandre les graines de toute grosseur, depuis le gland jusqu'à celle du bouleau. A cette fin, le goulot est muni de tubes d'ouvertures variables, fixés les uns aux autres, à l'aide de crochets à manche de baïonnette (*fig.* 1525, *a*), et qu'on ôte ou qu'on ajoute suivant les besoins.

Fig. 1525. — Semoir à canette.

Le semis des *places* se fait à la main. Quant aux semis en *trous*, *poches*, *poquets*, *repiquement*, etc., il s'opère en même temps qu'on procède à la préparation du terrain, et permet d'économiser la semence et les frais de préparation pour la mise en terre des graines lourdes: glands, faînes, pignons, cembros, etc. D'ordinaire on ouvre un trou à la houe, dans lequel on laisse tomber une ou plusieurs graines, que l'on recouvre ensuite avec le même instrument, ou seulement d'un coup de talon, lorsque le sol est bien meuble. D'autres fois on emploie le plantoir au même usage et d'une façon analogue. Enfin on se sert d'instruments spéciaux, notamment du plantoir Gwinner (*fig.* 1526, *a*). Avec le petit bout de cet outil on ouvre le trou nécessaire à la semence, que l'ouvrier porte dans un sac devant lui, et on la recouvre à l'aide de plusieurs coups du gros bout. Ceci concerne les terres légères. Dans les sols liants, compactes on ouvre les trous avec quelques coups du tranchant des plantoirs Oelmayer (1526, *b*),

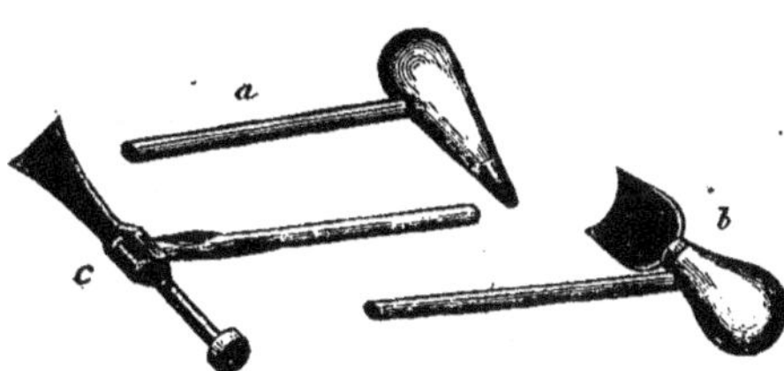

Fig. 1526. — Plantoirs. — *a*, Gwinner. — *b*, Oelmayer. — *c*, Marz.

Marz (1526, *c*), ou bien à l'aide du plantoir à nervure qu'on fait fonctionner par un mouvement de

Fig. 1527. — Plantoir à nervure.

rotation. La terre ainsi ameublie reçoit la graine, qui est recouverte soit avec la tête du plantoir, soit avec le pied.

Les graines semées à la volée, en lignes ou en places, doivent être également recouvertes, afin de les protéger contre les intempéries des saisons et les ravages des oiseaux et des rongeurs. Pour les graines fines, telles que celles de l'aulne, du bouleau, il suffit de les mélanger légèrement avec la terre; les résineux réclament déjà une plus forte couverture, soit de $0^m,007$ à $0^m,015$; il en est de même du charme, des érables et du frêne; la faîne demande de $0^m,03$ à $0^m,04$, tandis que la châtaigne et les glands veulent être enterrés de $0^m,06$ à $0^m,08$. Toutefois, l'épaisseur de la couverture des graines se détermine principalement d'après le degré d'ameublissement de la couche végétale, l'exposition du terrain et les matériaux formant le couvert. Ainsi, elle n'aura pas besoin d'être aussi épaisse dans les terres fortes que dans les terres légères, dans les expositions fraîches que dans les expositions froides, etc.

Dans les semis à la volée, on enterre la semence avec la herse, la herse à ramille, le fagot d'épines, le rouleau, même la charrue; toutefois, en règle générale, on recouvre avec le râteau ou on plombe avec les pieds, notamment pour les semis de résineux que l'on fait parcourir par les moutons ou le bétail, ainsi que nous l'expliquerons plus spécialement, lorsque nous nous occuperons en particulier de chaque essence.

Semis d'aulne. — L'aulne se sème au printemps, dans les fonds humides, marécageux, d'ordinaire recouverts d'un fort tapis d'herbes, et souffrant du soulèvement pendant les gelées. Ce dernier défaut fait qu'on ne peut donner qu'une façon superficielle aux terrains à ensemencer, de sorte que le jeune semis souffre bientôt des herbages qui l'étouffent; aussi établit-on le plus souvent le peuplement d'aulne par plantation.

Si, malgré ces défauts, on désire semer sur place, on se bornera, comme nous l'avons dit, à une façon superficielle du sol. Il suffira le plus souvent d'arracher les herbes et de peler le gazon avec une herse très-tranchante. La semence est répandue à la volée et plombée, afin de prévenir le ravage des oiseaux. Dans les terres inondées, on sème en outre sur billons plus ou moins élevés ou sur butte. A cet effet, on extrait la terre dans les environs, et on l'élève soit en dos d'âne continus; soit en monticules dépassant le plus haut niveau des eaux; mais ces travaux sont coûteux, sans pour cela fournir des résultats qui atteignent ceux donnés par la plantation.

Semis de bouleau. — La semence demande un terrain ouvert, mais elle craint un sol meuble ou trop remué. Aussi dans le semis en plein, répandra-t-on la graine sans autre préparation, lorsque la superficie sera dépourvue de mauvaises herbes, et se bornera-t-on dans les autres cas à un hersage au râteau, ou à la herse à ramille. Ceci aura toutefois lieu quelque temps avant la semaille.

Dans les semis en bandes ou en places, on se contentera également de lever le gazon, d'extraire les mauvaises herbes, ou de racler les rigoles avec un râteau et les places avec le cultivateur circulaire. Le semis a d'ordinaire lieu à l'automne; quelquefois en hiver sur la neige, mais seulement dans les terrains plats. On recouvre avec le râteau, la herse à ramille, un fagot d'épines, ou par le piétinement des moutons, etc., sans jamais oublier que la semence ne doit être que superficiellement enterrée. Comme il arrive souvent qu'une partie de la graine ne lève que la seconde année, on attendra jusque-là pour juger de la réussite de la culture.

Semis de charme, d'érable, de frêne, d'orme et de tilleul. — Ces essences ne conviennent nullement à la création de peuplements purs, et n'y réussissent en réalité que dans des positions isolées ou en mélange. Dans ce cas, ils n'y viennent d'ordinaire qu'à la suite de plantation. Leur semence ne lève que la seconde année, et on la conserve jusque-là en fosses de dimensions suffisantes, sous une couche de terre de quelques centimètres d'épaisseur.

Le *charme*, cultivé en plein, est semé dans une terre hersée profondément, dans le sens de la longueur et de la largeur. En bandes alternées et places, on ameublit la terre à une grande profondeur, afin de détruire les mauvaises herbes que le plant redoute, puis on plombe le tout. La semence répandue après la cueillette ne réussit pas toujours, tandis que celle conservée comme il est dit ci-dessus, semée le second automne, lève au printemps suivant. On l'enterre à une profondeur de 0m,04.

Les *érables* sont traités comme le charme. On ne les sème néanmoins à l'automne que là où les gelées printanières ne sont pas à craindre, attendu qu'ils sont très-sensibles au froid. On enterre la semence à une profondeur de 0m,02 à 0m,05.

Le *frêne* ne fait pas d'exception quant à la culture qui vient d'être indiquée. Il demande seulement un peu d'ombre dans sa jeunesse et vient bien dans une céréale. Épaisseur de la couverture, 0m,015 à 0m,02.

L'*orme* se sème, le plus souvent, immédiatement après la récolte, en juin; dans ce cas, il lève la même année, et le jeune plant a encore le temps de s'aoûter lorsqu'il a été semé à l'ombre, dans un sol frais, mais propre. On ne recouvre que superficiellement et pour empêcher la semence de s'envoler. Le semis par bandes alternées ou en place mérite la préférence sur le semis en plein. Il en est de même du *tilleul*, qu'on enterre de 0m,015 à 0m,02 de profondeur.

Nous ferons finalement observer que la semence de ces essences (l'orme excepté) répandue immédiatement après la récolte, lève au printemps suivant. Mais comme cela a lieu très-irrégulièrement, on préfère à ce semis, la stratification en terre.

Semis de châtaigniers. — Le châtaignier ne se cultive qu'en bandes alternées, ou en pots; dans tous les cas, le terrain doit être bien meuble et bien nettoyé. On fait à la charrue ou à la houe les bandes, dans lesquelles on place les châtaignes. On bine, la première année, les bandes cultivées, tandis qu'on peut livrer à la culture agricole celles qui se trouvent entre chaque ligne de plants. La châtaigne est enterrée de 0m,03 à 0m,06 de profondeur.

Semis de chêne. — Les semis en plein ont d'ordinaire lieu sur une récolte agricole. Dans les sols de plaine d'une nature compacte, dont le labour ne rencontre aucun obstacle, on prépare le terrain en cultivant soit des céréales, soit des pommes de terre, pendant une ou deux années, afin de le nettoyer et de l'ameublir. Cette culture peut même être continuée quatre ou cinq ans de suite, lorsque le sol est fertile et de bonne nature. Après avoir profité de ce produit, on donne un dernier labour à la charrue et l'on répand les glands, de préférence en automne, avec une demi-semaille de grains durs; si cela ne pouvait avoir lieu, on remettrait l'emblave au printemps, et dans ce cas on emploierait un tiers de semence de marsages. Les glands sont semés sous raie ou bien recouverts de 0m,03 à 0m,04 de terre par un hersage convenable. Il ne faudra toutefois pas négliger de couper les chaumes à une certaine hauteur, afin de ne pas écimer les jeunes plants.

Lorsque les semis en plein devront être exécutés en montagne, on aura recours au sartage ou à l'écobuage pour la préparation du terrain; la semence sera dans ce cas traitée comme en plaine. Dans ces conditions, on devra toujours donner la préférence au semis en lignes sur labour partiel. On plantera alors le gland au plantoir ou au marqueur (*fig.* 1528).

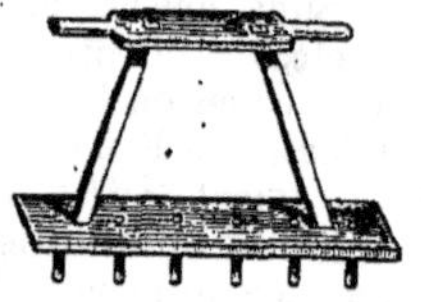
Fig. 1528. — Plantoir marqueur.

Dans les sols meubles, sablonneux et sablo-argileux, on sème avec succès dans des sillons tracés à l'aide d'une charrue à double versoir. Dans les sols fortement gazonnés, où la charrue ne peut fonctionner ou fonctionnerait mal, on creuse les bandes à la houe. Celles-ci ont une largeur de 0m,30 à 0m,45 et sont ameublies à la houe ou à la bêche à 0m,30 de profondeur au moins. Les glands sont plantés dans ces sillons et bandes comme il est dit plus haut, et cela à une profondeur de 0m,06 à 0m,09.

Les semis en rigoles se font dans les sols recouverts d'une faible couche de mauvaises herbes. On leur donne 0m,09 à 0m,12 de largeur et une profondeur à peu près égale. Les sols dont on vient d'abandonner la culture agricole se traitent de la même manière, lorsqu'on ne sème pas en plein.

Quant au semis par places, on l'exécute dans les terrains où un labour continu n'est pas possible. Les espaces labourés reçoivent alors au moins 0m,30 de surface, et sont ameublis à 0m,12 de profondeur au moins.

Enfin, le gland est planté, comme nous l'avons dit en parlant des semis en général, à l'aide des plantoirs, de la houe, etc.

Avec l'un comme avec l'autre de ces procédés, on doit ne pas oublier qu'une condition indispensable pour la réussite de tout peuplement de chênes réside dans l'ameublissement du sol à une grande profondeur, et que toute méthode exécutée sans y avoir égard ne donnera que des chênaies de médiocre accroissement.

Semis d'épicéa. — Règle générale, la graine

d'épicéa est semée au printemps, et ne demande qu'une faible couverture.

Le semis à la volée n'est pas habituel; on peut l'appliquer dans une céréale, notamment dans le seigle. On sème au printemps, et on enterre la semence au râteau, qu'on fait suivre d'un roulage. On n'aime pas l'avoine, parce que les mauvaises herbes y sont plus communes que dans toute autre graminée.

Les semis en bandes alternées sont d'un usage journalier, là où il doit être procédé à une préparation plus soignée du sol. Il en est de même des semis en places; toutefois, comme il a été remarqué que les jeunes plants viennent mieux sur les mardelles des espaces labourés, on a modifié, et cela avec succès, le mode de préparation adopté pour les autres essences. C'est ainsi qu'on se borne à racler l'intérieur des places et des bandes et qu'on confie la semence à deux rigoles tracées sur la limite des labours. On usera toutefois de précaution pour que ces sillons ne soient pas placés à une profondeur telle que l'ombre leur fasse du tort.

Semis de hêtre. — Le repeuplement de terres vagues, entièrement nues, par le semis du hêtre n'est qu'exceptionnellement couronné de succès. Aussi doit-on lui préférer la plantation comme plus sûre. On n'emploiera donc le semis que sous la protection d'autres essences, et comme mesure complémentaire de sa culture naturelle; nous y reviendrons alors.

Semis de mélèze. — Les peuplements de mélèze ne sont qu'exceptionnellement créés à l'aide du semis, et plus rarement encore par semis en plein. Comme la semence présente toujours plus de la moitié de graines stériles, il est nécessaire de semer dru. Le terrain ne doit être ni trop meuble, ni préparé nouvellement. La graine, qui est répandue au printemps après avoir été trempée, ne doit être recouverte que très-superficiellement, à l'aide du triplage ou du piétinement des moutons.

Semis de pin sylvestre. — Il n'y a guère d'essence qui se prête aussi bien à toutes les exigences de la culture que le pin sylvestre. Aussi le cultive-t-on partout, et à l'aide de divers procédés plus économiques les uns que les autres. Ainsi, par exemple, on ne donne aucune façon préparatoire au sol à peupler, lorsqu'il n'est pas engazonné, et l'on se borne à y répandre au printemps des cônes à la volée, à raison de 8 à 12 hectolitres à l'hectare.

Avec l'arrivée des journées sèches, ces cônes s'ouvrent, laissent échapper la graine, et sont ensuite retournés à l'aide d'un hersage ou d'un raclage. On peut également déposer les cônes dans des rigoles, et dans ce cas on les travaille à l'aide d'un balai ou d'un râteau. Ce semis, qui ne peut avoir lieu que là où les cônes sont abondants, ne donne pas toujours de bons résultats. Dans les années pluvieuses notamment, les jeunes plants sont battus par la pluie et ensablés, ce qui les fait périr. Les frais de manipulation des cônes sur le terrain sont d'ailleurs considérables, de sorte qu'on accorde la préférence à la graine nette et aux procédés de culture suivants :

1° On combine le semis en plein partout où la situation et le sol le permettent, avec la culture d'une céréale. A cet effet, le terrain est travaillé comme pour cette dernière, et reçoit une légère emblave de seigle, sur lequel on sème de bonne heure, au printemps, la graine de sylvestre, que l'on roule ensuite; ou bien on sème du seigle de mars ou de l'avoine, en même temps que la graine de conifère, et on recouvre le tout par un hersage suivi d'un roulage.

2° On donne un labour complet sans culture agricole. Ce mode, adopté dans les grandes étendues de bruyères sablonneuses des pays plats, est suivi d'un résultat satisfaisant, surtout lorsque pendant l'année qui précède le labour, on a enlevé ou brûlé la bruyère, et fait suivre cette opération d'un ou deux labours, donnés à l'aide d'un araire léger. Ces façons, qui ont lieu avant l'hiver, sont complétées au printemps par un hersage énergique, qui a pour but d'égaliser le tout et de réduire les mottes; on sème après quelque temps et on recouvre légèrement, soit à l'aide d'un coup de herse, d'un fagot d'épines, ou par le piétinement des moutons.

3° Là où le terrain est peu gazonné, on se borne même à herser vigoureusement la surface à boiser, et ensuite à semer et à enterrer la graine, comme il vient d'être indiqué au deuxième procédé.

4° Le semis sur bandes alternées peut avoir lieu de différentes manières. Dans les terres légères de la plaine, on laboure, on travaille et on sème, comme nous venons de le décrire, des bandes ayant environ $2^m,60$ de largeur; la bande inculte n'a, de son côté, que $1^m,60$ de largeur.

On laboure trois sillons, on en laisse trois sans culture, et ainsi de suite sur toute la surface. On herse cette dernière complétement et on sème en plein, sans faire de distinction entre les bandes ameublies et celles qui ne le sont pas. D'autres fois, on travaille les sillons labourés au râteau et on n'ensemence que ceux-ci, ou bien on se borne à tracer un sillon de mètre en mètre, à semer la graine sur celui-ci et à la recouvrir ensuite avec le râteau.

5° Les rayons sont établis à la houe, là où la charrue ne peut fonctionner. Comme les terres où l'on cultive le sylvestre demandent à être ombragées le plus tôt possible, la bande inculte ne pourra avoir au delà de 1 mètre de largeur. Les rayons labourés devront être d'autant plus larges que le sol environnant sera plus recouvert de mauvaises herbes ($0^m,45$ à $0^m,75$); ils devront également être ameublis à une grande profondeur. Comme le sylvestre n'aime pas à être gêné, on ne sèmera pas en ligne continue, mais on éparpillera la semence sur toute la largeur du rayon. L'enterrement de la semence demande des soins; elle peut être recouverte d'une couche de $0^m,01$ à $0^m,015$ de terre. Mais si l'on avait à craindre la sécheresse, on ferait bien de renforcer cette couverture de paille, de mousse, d'aiguilles de pin, etc.

6° La culture en poches plates a lieu dans des conditions analogues, et le terrain est ameubli à l'aide des cultivateurs de Kuttler et de Hannscheid, comme aussi de la houe. Ce dernier procédé est toutefois le plus dispendieux, parce qu'il réclame plus de main-d'œuvre.

Les autres pins, à l'exception des pins pinier, Cembro et du Lord, sont traités comme le pin sylvestre. Quant à ces trois derniers, on les élève en pépinière, à cause de la cherté de la semence ou de la difficulté de la réussite.

Semis de robinier faux-acacia. — Il se fait à la volée, mais on lui préfère le semis partiel. Le sol doit être très-propre, et les bandes cultivées doivent avoir, au moins, 0m,30 de largeur. La semence ne réclame qu'une légère couverture. Le jeune plant souffre de la gelée et de l'ardeur du soleil, de sorte qu'il y a avantage à le protéger dans sa jeunesse.

Semis de sapin. — Le semis à découvert se comportant comme celui du hêtre, nous renvoyons à celui-ci. Dans tous les cas, on préférera la semaille d'automne, parce que la graine est de mauvaise conservation.

Semis mélangés d'essences feuillues. — Nous avons déjà dit que le charme, les érables, le frêne, les ormes, n'étaient qu'exceptionnellement cultivés seuls, et formaient l'essence dominante des peuplements. Le chêne ne profite également bien que lorsqu'on l'associe à d'autres essences. Ces mélanges ont déjà souvent lieu lors de la mise en culture, et s'exécutent à peu près de la manière suivante :

1° *Semis en plein.* — Les glands, à peu près la moitié ou les deux tiers de la quantité indiquée pour un semis pur, sont d'abord enterrés à la charrue, comme nous l'avons dit. On sème ensuite par-dessus, à la volée, par hectare, environ 50 kilogrammes de graines de charme, ou 24 kilogrammes de frêne, ou 20 kilogrammes d'orme, et, dans les terres sèches, aussi 24 à 30 kilogrammes de bouleau. La graine de charme et de frêne est recouverte à la herse; celle d'orme et de bouleau est roulée, etc. Dans tous ces cas, il ne peut être question de production agricole.

2° *Semis en bandes alternées, rigoles, etc.* — On alterne avec les essences, de manière, par exemple, qu'il y ait une bande qui reçoive du gland, une autre de la faîne, ou bien deux de la faîne, une du chêne, etc.; dans les terrains secs, on fait même alterner le pin sylvestre avec le chêne, et alors le premier est un bon abri pour le second.

3° *Semis par places, etc.* — On alterne avec les essences, comme nous venons de l'expliquer pour le semis en bandes.

Semis mélangés d'épicéa, de mélèze et de sylvestre. — Ce mélange est d'une grande utilité dans les cas suivants :

1° Dans les sols secs où l'épicéa pousse mal dans la jeunesse, le mélange du sylvestre et du mélèze couvre vite le sol et y retient l'humidité; 2° pour couvrir le sol dans les expositions et les terres où le sylvestre ne donne pas assez d'ombrage : l'épicéa y reste, il est vrai, à l'état de buisson, mais n'en est pas moins d'une grande utilité au pin, en même temps qu'il empêche le terrain de se détériorer; 3° dans les terrains où l'on ne peut pas désigner d'avance l'essence qui y prospérera le mieux.

Ces semis s'exécutent de la manière suivante :

1° Dans la plupart des cas où l'épicéa est associé au pin, on choisit la culture en lignes et on alterne avec les essences, soit en semant dans une ligne le pin, dans l'autre l'épicéa, etc., soit en semant deux lignes de pin, une ligne d'épicéa, ou deux lignes d'épicéa, une ligne de pin, etc., suivant que l'on voudra donner la prépondérance à l'une ou à l'autre.

2° Là où l'épicéa ne doit servir que comme abri, on mélangera 4 à 8 kilogrammes de semence de celui-ci à celle du pin; il en sera de même du mélèze. Enfin :

3° Dans les semis en plein ou à la volée, on pourra répandre la graine de ces trois essences ensemble, ou bien chacune d'elles séparément. Quoique ces trois graines aient les mêmes exigences quant à la couverture, on parviendra néanmoins, dans ce dernier cas, à une répartition plus uniforme de la semence, attendu qu'elles ne sont pas du même poids.

Conservation et entretien des semis. — Il va de soi que dans la culture en grand il n'est qu'exceptionnellement possible d'accorder des soins de propreté aux semis. Aussi se borne-t-on à éclaircir les recrues trop fourrées et à regarnir d'ordinaire avec de jeunes plants les endroits où le semis n'a pas réussi.

Quant aux dangers qui menacent les peuplements pendant les premières années, il y a été pourvu par des travaux préparatoires indiqués. C'est ainsi qu'on a assaini le terrain trop humide, qu'on a ouvert des fossés de clôture pour mettre un obstacle aux déprédations du gibier à poil, du bétail, etc.

Quant aux oiseaux qui sont friands de la graine, on les éloignera à l'aide d'épouvantails, ou de coups de fusil chargé à poudre.

DES PLANTATIONS.

Cas où l'on doit préférer la plantation au semis. — Les circonstances dans lesquelles les semis devront être préférés aux plantations sont indiquées. Il ne nous reste donc plus qu'à mentionner les cas où il y a lieu de recourir à ce dernier mode de boisement. On donnera la préférence à la plantation :

1° Là où les semis souffrent du déchaussage, dans les terres légères, calcaires, crayeuses, humeuses, sablonneuses, etc.;

2° Dans les terres humides et exposées aux inondations, ainsi que dans les sables mouvants des dunes;

3° Dans les sols recouverts de mauvaises herbes, ou tellement infestés que le jeune plant en souffrirait;

4° Lorsqu'un terrain n'a plus été cultivé depuis longtemps et que chaque couche végétale est durcie et effritée;

5° Dans les expositions en pente et en montagne, où la terre qui entoure les racines peut être entraînée par les eaux;

6° Dans les climats rudes et les lieux exposés aux gelées tardives, où la germination de la semence et l'avenir du jeune plant sont mis en jeu ;

7° Là où il s'agit de cultiver à l'air libre une essence ne venant bien que sous l'ombrage d'autres arbres ;

8° Lorsque la semence est en danger d'être mangée par les oiseaux, les souris, etc. ;

9° Lorsque les plantules ont à souffrir des ravages du ver blanc, du gibier, etc. ;

10° Lorsqu'il s'agit de récolter sans danger des feuilles mortes, ou d'y mettre les animaux en pâturage ;

11° Pour remplacer ou regarnir les vides et clairières existant dans les semis ou les coupes, et pour remplacer les souches mortes dans les taillis, tous cas où la réussite de la sémination est en question ;

12° Lorsqu'il s'agit d'introduire une essence à l'état isolé dans les bois ;

13° Lorsqu'une essence réclame beaucoup de soins dans sa jeunesse, et que la semence en est rare et chère ;

14° Là où le terrain nécessite une préparation soignée, ou demande l'adjonction de terre préparée pour la réussite de la plantation ;

15° Lors de la composition de peuplements où il entre différentes essences en mélange.

Les avantages du boisement par plantation sont d'ailleurs nombreux. C'est ainsi qu'il en résulte un avantage dans l'accroissement, répondant non-seulement à l'âge des plants employés, mais encore au développement plus rapide qu'ils prennent dans une terre mieux préparée. De plus, par cela que la reprise est mieux assurée, le peuplement reste parfait, croît également et nécessite moins de remplacement et de regarnis. Enfin, les étés secs, qui exercent une influence funeste sur les jeunes semis, ont moins de prise sur les plantations, et, en outre, celles-ci souffrent moins du givre et de la neige, attendu que les plants, moins serrés, sont plus trapus et plus vigoureux.

Manière de se procurer les plants nécessaires à la plantation. — Les plants sont placés à demeure à racines nues ou en mottes, c'est-à-dire avec la terre qui entoure leurs racines. La manière de se procurer les brins nécessaires au boisement, dépendant du mode de plantation adopté, est donc essentiellement variable, suivant qu'on plante en mottes ou à racines nues. On les extrait, soit de recrues naturelles, soit de semis à demeure, exécutés comme nous l'avons dit, ou bien ils proviennent de rejets sevrés de racines ou de souches, comme aussi et avant tout de pépinières.

Plants provenant de peuplements naturels ou de semis à demeure. — Il arrive que dans les jeunes coupes, ou lieux ouverts, il se trouve des plants convenables et présentant toutes les conditions de réussite. On pourra les employer utilement, avec profit, lorsqu'on aura soin de ne prendre que les brins isolés et trapus. Le hêtre, le chêne, le sapin, l'aulne et le bouleau se prêtent surtout à cette opération. L'épicéa vient moins bien et les pins réussissent rarement. Toutefois ces jeunes plants, ayant crû sous la protection de grands arbres, souffrent beaucoup lorsqu'on les isole au grand air.

Il n'en est pas de même des plants extraits de semis naturels. Ceux-ci se comportent pour ainsi dire comme ceux élevés en pépinière, s'ils sont déplantés avec soin. Comme on ne les prend que dans des semis fourrés, leur extraction sera en même temps profitable aux brins restants et produira le plus souvent un effet semblable à leur éclaircissement. Pour pouvoir utiliser ces plants, recommandables par leur bon marché et leur rusticité, on procède de la manière suivante :

1° Les brins doivent se trouver à proximité des districts à repeupler, parce qu'on plantera avec des mottes, et qu'au cas contraire les frais de transport seraient trop onéreux.

2° On recherchera les terrains argilo-sablonneux, frais, de bonne qualité, parce que les plants y font de meilleures racines, et conservent mieux leurs mottes que dans les sols légers, à des expositions méridionales ou en pente.

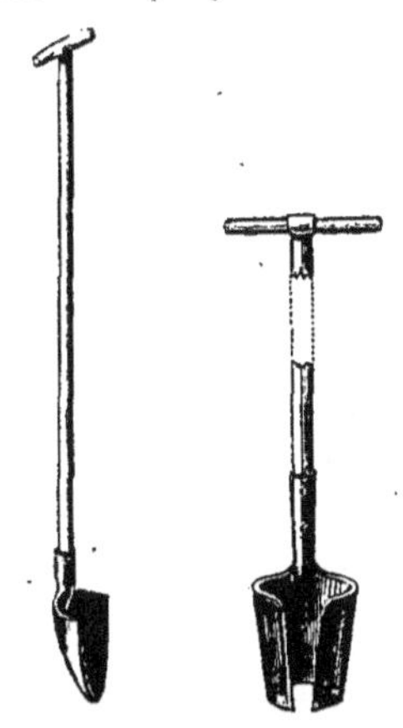

Fig. 1529. — Bêche demi-circulaire. *Fig* 1530. — Bêche circulaire.

3° Les plants seront âgés : les conifères, de 3 à 4 ans ; les arbres feuillus, de 4 à 6 ans. On les extraira dans les sols compactes et pierreux à l'aide de bêches, fortes, étroites et tranchantes, et on formera des mottes carrées ayant de 0m,12 à 0m,18 de côté ; dans les sols argilo-sableux, on procédera avec la bêche demi-circulaire, à l'aide de laquelle on fera en deux temps, des mottes cylindriques de 0m,15 à 0m,18 de diamètre ; enfin, dans les sols légers, pour les sapins et les sylvestres, on se servira de la bêche circulaire qui fournira les mottes par un mouvement de rotation.

4° Les plants devront être vigoureux, trapus, avoir la cime saine, le feuillage vert foncé pour les résineux, brun foncé pour le chêne et le hêtre. Le brin n'a pas besoin d'être isolé sur la motte ; il peut s'y trouver en touffe (*fig.* 1531), sauf à recéper plus tard ceux qui seraient de trop. Pour lever ces mottes, on prend des hommes robustes, assez intelligents pour juger des qualités des plantes.

Fig. 1531. — Motte *a*, à la bêche demi-circulaire ; — *b*, à la bêche ordinaire ; — *c*, à la bêche circulaire.

5° Les plantes, extraites comme nous venons de le dire, sont transportées à leur destination avec toutes les précautions nécessaires pour empêcher l'endommagement des mottes et de la cime. Ces mottes sont conservées dans un lieu abrité jusqu'à leur mise en terre.

L'extraction de ces plants devra toutefois n'être qu'un éclaircissement et ne jamais nuire à l'avenir du peuplement du lieu d'où on les tire. C'est pour ces motifs qu'on fera boucher par des enfants les trous résultant de la confection des mottes.

Une autre manière de se procurer des plants dans les coupes consiste à y extraire des rejets de souches. Mais, comme il n'arrivera pas toujours qu'ils se trouvent munis de racines, on cherche à en provoquer la production à l'aide du marcottage par cépée (1). A cette fin, on butte les souches entourées de rejets, lorsque ceux-ci sont encore à l'état herbacé. Pendant le premier été, ces rejets émettront quelques racines, mais on attendra le troisième printemps pour arracher les plants. (Le chêne et le hêtre réclament encore plus de temps pour s'enraciner.) On ne choisira que les meilleurs brins, et, après les avoir séparés de la souche avec une hache très-tranchante, on rechaussera ceux qui seront encore trop faibles pour être mis en place.

Les rejets de racines servent au même usage que les rejets de souche; ils sont extraits en coupant la racine mère des deux côtés du rejet. On peut aussi butter celui-ci, et alors on aura des cépées abondantes et bien constituées. Ce dernier mode de multiplication est surtout employé pour l'aulne blanc, dont il est difficile de se procurer de bonne graine. On se rappellera néanmoins que les plants de semis mériteront toujours et dans tous les cas la préférence, comme donnant la végétation la plus vigoureuse et la plus naturelle.

Éducation des plants dans les pépinières. — Là où le boisement est exécuté sur des superficies considérables, comme aussi là où il ne sera pas possible de se procurer dans les environs les plants dont on aura besoin, il y aura profit et même nécessité de les produire soi-même. Ceci a lieu dans une pépinière dont l'importance sera proportionnée à celle du boisement à entreprendre, tandis que son établissement se réglera sur la méthode adoptée pour l'exécution des cultures. En effet, les pépinières devront être autrement traitées pour la production des jeunes brins à planter à racines nues que celles où on les élèvera pour les planter en mottes. Il en sera de même, suivant que les plantes doivent être mises en place dans un terrain profond ou dans un sol superficiel, etc. Nous reviendrons sur toutes ces modifications après avoir traité des pépinières en général et dans ce qu'elles ont de commun pour toutes les méthodes de plantation.

DES PÉPINIÈRES FORESTIÈRES.

Établissement; soins à leur donner; exploitation. — La pépinière doit être établie dans un terrain qui réponde aux exigences des essences à élever. Le *sol* doit en être de bonne qualité et à une *exposition* convenable. Il sera, dans tous les cas, défoncé pendant l'automne qui précédera sa transformation en pépinière, et on en éloignera toutes les souches, racines et pierres qui pourraient s'y rencontrer. On le réduira ensuite en billons grossiers, motteux, laissant aux intempéries et aux frimas de l'hiver le soin de l'ameublir et de l'améliorer.

Une bonne terre franche, douce et fraîche, convient à toutes les essences; les pins sylvestres et maritimes font seuls exception, chaque fois qu'ils ne doivent rester qu'une année en pépinière et y développer leur pivot. Dans ces cas, ils réclament absolument un sol léger et sablonneux.

Lorsque la pépinière doit être établie dans un terrain ne répondant pas à ces conditions, on l'améliorera par l'adjonction de cendres préparées comme dans le sartage à feu couvert, qu'on emploiera de la manière indiquée plus loin.

Un terrain trop frais produit beaucoup de mauvaises herbes qui nécessitent des binages fréquents. Comme le contraire a d'ordinaire lieu dans un sol nouvellement défriché, on donnera, à conditions égales, la préférence à celui-ci.

L'emplacement à consacrer à la pépinière ne doit souffrir ni de la gelée, ni de la chaleur, ni des vents. Une pente légère est à préférer à un terrain plat, les expositions nord-est et est valent mieux que les autres. Néanmoins, les bas fonds où la gelée n'a pas d'accès ne sont point à rejeter, parce que le sol y est d'ordinaire profond et fertile.

Les frais de transport, étant insignifiants du moment où l'on n'emploie au boisement que de jeunes plants et où on ne les enlève pas avec les mottes, il n'est pas besoin d'avoir égard à la distance qui sépare la pépinière du lieu à boiser.

Un *abri* au sud et au sud-est convient à toutes les essences. Dans les situations mal exposées, on cherchera à préserver les hêtre, sapin et épicéa contre les vents froids du nord et de l'est.

Les terrains ombragés par les branches et la cime des arbres qui les surmontent, ne conviennent pas pour pépinière, parce que le couvert nuit à tous les plants, même aux brins de hêtre. On cultivera donc ceux-ci hors des atteintes des gouttières, sans pour cela les mettre en plein soleil.

L'*étendue* des pépinières est déterminée par le nombre de plants dont on a besoin, et par l'âge auquel on les emploie. En général, on peut admettre que, excepté le chêne, 25 mètres carrés donnent les plants suffisants au boisement de 1 hectare.

La *préparation du sol* demande beaucoup de soins; on ameublit et on défonce de 0m,20 à 0m,40 de profondeur. Là où le terrain s'y prête, on se trouve bien d'aller jusqu'à 1 mètre. Dans ce cas, on ouvrira à un bout de la pépinière un fossé de 1 mètre, qu'on remplira avec la terre qui l'avoisine et l'on continuera ainsi jusqu'à l'autre bout. On parviendra de la sorte à empêcher la venue des mauvaises herbes. Si la terre ramenée à la surface n'est pas aussi fertile que celle qui s'y

(1) *Livre de la Ferme*, II, p. 144.

trouvait et qui a été jetée au fond du fossé, elle n'en conserve que mieux l'humidité. Le labour profond présente en outre l'avantage de permettre à l'eau de pluie de pénétrer plus profondément dans le sol et de prévenir le déchaussement.

Le terrain, ainsi préparé l'année qui précède le semis, reçoit, au printemps suivant, dès que la terre quitte l'outil, un léger labour. On fait en sorte que le gazon enterré l'année précédente ne soit pas en cette occasion ramené à la surface, et on ameublit celle-ci au râteau avec autant de soin qu'une planche de jardin.

On divise ensuite la superficie en plates-bandes de $1^m,25$ de largeur, que l'on sépare les unes des autres par des sentiers ordinaires de $0^m,30$; la terre qui se trouve dans ceux-ci est enlevée jusqu'à $0^m,21$ de profondeur, et rejetée sur la plate-bande.

On enclôt les pépinières avec des fossés dont les côtés ont le moins de pente possible, afin de fermer le passage aux souris, courtilières, etc. Les clôtures, sèches ou vives, ne sont nécessaires que là où l'on doit craindre les dégâts du gibier.

Le semis se fait au printemps et en lignes. Ces lignes sont parallèles à la largeur des plates-bandes, et ont par suite $1^m,25$ de longueur; elles ont $0^m,025$ d'ouverture, $0^m,01$ de profondeur, et sont espacées entre elles de $0^m,10$ (*fig.* 1532). L'avantage principal de ces lignes consiste en ce que les plantes qui y viennent n'ont pas besoin

Rainure de grandeur naturelle.

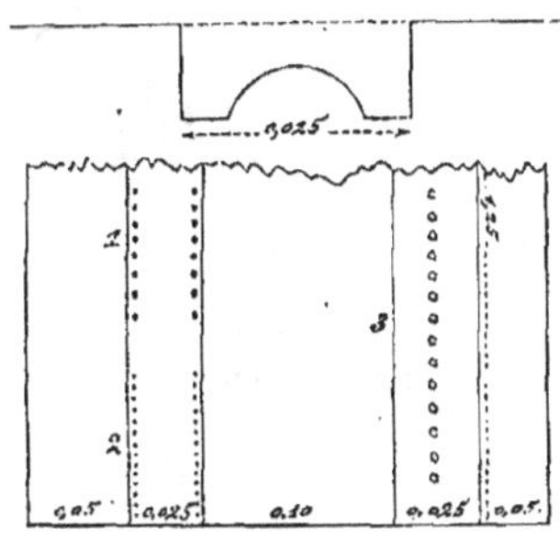

Fig. 1532. — Plate-bande rayonnée et semée. — 1, faines. — 2, résineux. — 3, glands.

d'être repiquées et peuvent y rester jusqu'à leur mise définitive en place. De plus, les plantes peuvent se développer sur les côtés, et il n'est pas difficile de biner les espaces vides.

Pour les graines légères et celles des résineux,

Fig. 1533. — Coupe en travers du marqueur.

on trace ces sillons à l'aide d'une planche sous laquelle on a cloué deux rainures (*fig.* 1533). Cette planche est appuyée sur le sol, et les lignes y sont enfoncées par le poids du semeur qui se place dessus. Quant aux lignes pour semer les glands, les faines, on les trace avec l'aide d'un râteau marqueur dont les dents ont $0^m,03$ d'épaisseur et sont éloignées les unes des autres de $0^m,10$.

La graine doit être disséminée d'une manière uniforme, mais pas trop dru. Suivant la bonté du terrain, le plus ou moins de douceur du climat, on emploiera, pour une plate-bande ayant $7^m,25$ de longueur sur $1^m,25$ de largeur, la quantité de semence suivante :

200 à 250	grammes de semence	d'épicéa.
170 à 200	—	de sylvestre. de lord Weymouth. de pin laricio.
150 à 200	—	de pin maritime.
225 à 260	—	de mélèze.
1000 à 1300	—	de sapin.
18	litres de glands.	
7	— de faines.	
1000	grammes de semences	de frêne et d'érable.
375	—	d'orme.

La semence destinée aux semis doit être de bonne qualité. Avant de la répandre, on la met tremper dans l'eau de pluie tiède. Les glands y restent quelques heures, les faines deux ou trois jours, les graines d'épicéa et de pin une nuit, celles de mélèze quinze jours et même trois semaines.

Les planches semées avec des graines ainsi préparées doivent être tenues constamment humides jusqu'à leur levée. Là où il n'y a pas d'eau dans les environs, on ne sèmera que par un temps humide, ou immédiatement après une bonne pluie.

Dès que les résineux et les semences légères seront semés, on les recouvrira jusqu'à ce qu'on ne les aperçoive plus. On accordera, pour cette opération, la préférence soit à des cendres provenant du sartage, soit à de la terre mélangée avec de la cendre de bois, soit encore à des résidus très-meubles de composts, comme aussi à de la terre tamisée provenant d'anciennes places à charbon. S'il arrivait que la pluie dispersât la couverture, on devrait la rétablir de la manière indiquée. La terre, ainsi distribuée, est plombée à la planche ou au rouleau.

Lorsqu'on juge à propos d'arroser, on le fait avant de donner la couverture, et avec un arrosoir à pomme. L'arrosage superficiel doit nécessairement être abandonné, parce qu'il pourrait en résulter la mise à jour de la semence, la formation d'une croûte, et qu'il devrait être continué jusqu'à l'apparition du jeune plant.

Dès que la couverture est plombée, on protége la surperficie du semis avec des ramilles ou des branches de pins, contre la voracité des oiseaux, le dessèchement; ces branchages ont en outre l'avantage d'activer la germination, d'assurer une levée régulière, en un mot, de contribuer à la réussite des semis.

Cet abri est retiré dès que les semis sont complétement sortis de terre. On emploie alors les branchages disponibles pour protéger les sapin, hêtre, épicéa et autres essences qui réclament l'ombre, et, à cet effet, on les plante le long des sentiers de manière à ce qu'ils forment un berceau au-dessus des plates-bandes. Ces berceaux sont maintenus et complétés pendant tout l'été; on ne les éloigne que successivement, dès l'arrivée des jours brumeux ou des pluies d'automne.

On peut faire la même chose, lorsqu'il arrive un temps couvert pendant l'été, parce qu'on augmente par là la rusticité des jeunes brins. Cet abri n'est nécessaire que pendant le premier été.

Les soins ultérieurs à donner aux pépinières consistent en sarclage et binages qui se font avec la binette bident. Le premier a lieu après la pousse de la Saint-Jean, les autres s'exécutent dès que le besoin s'en fait sentir, c'est-à-dire lorsque la superficie se durcit ou se couvre de mauvaises herbes. Toute négligence sous ce rapport compromet l'avenir des jeunes plantes et amène souvent la perte complète du semis. Le sarclage ne doit avoir lieu qu'après une ondée, lorsque la terre s'est en partie ressuyée; les binages au contraire se font par un temps sec.

Il arrive quelquefois qu'un certain temps après la levée du semis, la terre ameublie à une grande profondeur, se tasse subitement et que par suite les racines tendres et succulentes des jeunes plantes se trouvent hors de terre et souffrent de la chaleur ou de la gelée. On remédie à cet inconvénient en recouvrant avec de la terre fine, qu'on plombe ensuite par un léger bassinage.

Afin d'éviter une végétation trop active au printemps suivant, comme aussi pour procurer un abri contre les froids intenses de l'hiver et les ravages des lièvres, chevreuils, etc., on formera une forte couverture avec des branches, des genêts, mais seulement lorsque le sol sera durci par la gelée. Cette précaution est surtout importante pour le semis estival de l'orme.

Il arrive que les plants sont trop serrés dans les rigoles. On les éclaircira au second printemps et on obtiendra ainsi de bons sujets pour le repiquage. Les plates-bandes qui laisseraient à désirer sous le rapport de la vigueur, seraient alors aussi recouvertes d'une couche de bonne terre végétale. On raffermirait également à la même époque les plants déchaussés.

Les plants ne sont qu'exceptionnellement repiqués, de sorte qu'ils occupent la même platebande jusqu'à leur mise en place. C'est ainsi que les pins y restent une année, les chênes un an ou deux; l'épicéa, le mélèze, le hêtre, trois ans. Dans les climats rudes, ce délai est même quelquefois porté à quatre ans.

Pendant cette année et les suivantes on bine et on butte les plantes à l'aide d'un buttoir portatif, (*fig.* 1534), et on égalise la terre entre les lignes au

Fig. 1534. — Buttoir portatif.

moyen d'un râteau pouvant être également placé dans une gibecière, (*fig.* 1535). C'est dire qu'ils sont construits pour l'usage du garde ou du surveillant de la pépinière.

L'extraction des plants hors des semis s'opère avec toutes les précautions nécessaires pour ména-

Fig. 1535. — Râteau portatif.

ger les racines. On les enlève à la bêche, et on les trie avec le plus grand soin, toujours en vue de conserver les racines intactes. Tous les brins mal venants ou endommagés sont mis de côté; ceux qui ont été conservés sont liés en paquets de 25 à 50, et leurs racines trempées dans un bain composé de terre argileuse délayée dans de l'eau. Par cette dernière opération, les racines, le chevelu sont entourés d'une couche protectrice qui les empêche de se dessécher. On emballe alors les plants dans des paniers que l'on recouvre de mousse humide lorsqu'ils doivent supporter un long transport.

Les règles que nous venons de donner sont applicables dans les cas ordinaires et résument tous les progrès faits dans les derniers temps dans la culture forestière. Néanmoins elles ne sont pas applicables partout et doivent être modifiées, suivant les principes adoptés pour la plantation. C'est pourquoi nous allons donner un résumé de ces procédés particuliers.

Emploi des cendres de gazons dans l'éducation des plants (*système Biermanns*). — Ce système repose sur l'éducation de plants ayant de nombreuses racines, à l'aide des cendres de gazons préparées à peu près comme dans le sartage à feu couvert. (*Livre de la Ferme*, I, 159.) — La pépinière s'établit aux endroits mêmes où la plantation doit être exécutée et a 14 mètres de superficie. On choisit un lieu abrité, un sol frais, mais peu sujet à se salir. On pèle le terrain, qu'on travaille à la houe à une profondeur de 0m,18 à 0m,24, et qu'on nettoie convenablement. Il est ensuite recouvert d'une couche de gazon brûlé de 0m,06 à 0m,09 d'épaisseur, qu'on mélange au soussol à l'aide de râteaux en fer, qu'on égalise et qu'on plombe ensuite. On donne une nouvelle couche de cendres de 0m,06 à 0m,09, que l'on plombe également après l'avoir nivelée. Après que la surface a été partagée en deux ou quatre plates-bandes, on sème à la volée, mais tellement dru qu'une semence touche l'autre. Aussi faut-il les quantités suivantes de semence pour emblaver 14 mètres.

Pin et épicéa	2k,0
Mélèze	2 ,5
Sapin	8 ,5
Érable, frêne	7 ,5
Orme	1 ,5
Aulne	1 ,0
Glands	54l ,0
Hêtre	27 ,0

La semence est recouverte avec une couche de cendre pure, ou mélangée avec de la terre, ce qui a lieu à l'aide d'un tamis. Cette couverture est également plombée, et peut être humectée par un bassinage léger. On forme un abri avec des branches fichées en terre.

Le semis lève déjà au bout de huit jours, et il est tellement serré que les mauvaises herbes ne peuvent se montrer. Si, malgré cela, il s'en présentait, on devrait les couper avec un couteau. — Dans les premiers temps il y aura aussi nécessité de protéger les semis contre les ravages des oiseaux.

On repique les jeunes brins dans des terrains préparés comme pour les semis. Ce repiquage se fait en lignes éloignées les unes des autres de 0m,18 pour les résineux, de 0m,27 pour les essences à feuilles caduques. Les résineux sont également très-rapprochés dans les lignes, tandis qu'on distance les plants feuillus de 0m,06 à 0m,12. On supprime alors les jeunes pivots aux jeunes chênes. Ce repiquage commence au printemps et peut être continué sans inconvénient jusqu'à la Saint-Jean. Les plants repiqués doivent aussi être tenus très-proprement.

Avec cette méthode, les plants deviennent d'une vigueur remarquable, et font un magnifique chevelu, qui n'est pas endommagé lors de l'extraction. (A la rubrique *Plantation*, nous verrons comment ils sont employés.) Son principal avantage consiste toutefois à produire des quantités prodigieuses de plants (1) dans un court espace de temps, et cela sans trop de peine et de frais. Aussi mérite-t-elle d'être employée là où la nature du terrain le permet.

Pépinières pour l'éducation de plants à longs pivots (*système Pfeil, de Buttlar*). — La plantation des terres légères, sèches et arides à la surface, nécessite la production de plants allant chercher leur nourriture à une grande profondeur. Les sylvestres à y cultiver doivent par suite avoir de longs pivots munis de chevelu jusqu'à leur extrémité, et la pépinière est traitée de telle sorte qu'on les obtient. Pour l'établir, on choisit une terre sablonneuse, ni trop fraîche, ni trop argileuse et dont la superficie ne soit pas trop aride. On défonce à 0m,60 de profondeur en ayant soin de jeter la terre de la superficie dans le fond. On sème en lignes éloignées les unes des autres de 0m,18 à 0m,21, et tracées à l'aide du manche du râteau à 0m,03 de profondeur, à raison de 1kil,02 à 1kil,06 de graine de pins par are. On donne ensuite une forte couverture. Au printemps suivant les pivots ont acquis de 0m,30 à 0m,50 de longueur, et on met les plantes en place à l'aide d'un procédé spécial de plantation. L'extraction du brin doit être exécutée de manière à ce que la racine ne soit pas endommagée et reste fraîche. A cet effet, on ouvre le long de la ligne, un fossé un peu plus profond que la longueur des racines. On passe ensuite de l'autre côté de la ligne avec la bêche et on couche les plants dans le fossé. Ici les plants sont assortis à la main, et après en avoir rejeté les rabougris et les blessés, ils sont liés en paquets, et l'on enduit les racines avec de l'argile en bouillie et ayant à peu près la consistance de la purée de pois.

(1) 14mq de semis donnent : 10 à 15,000 pins, sapins, ou mélèzes; 15 à 25,000 épicéas; 10 à 12,000 hêtres, érables, frênes, ormes; 7 à 8,000 chênes.

Ce procédé a été étendu aux autres essences. Dans ce cas, on donne la préférence à une bonne terre franche, qui est ensuite travaillée à une grande profondeur. A l'exception du mélèze, de l'aulne et de l'orme qu'on sème à la volée, on répand la graine dans des lignes très-étroites faites au marqueur (*fig.* 1533). Les plants y deviennent très-vigoureux et sont extraits avec toutes les précautions nécessaires pour ménager leur pivot. Ils peuvent être mis en place :

Les pins et le hêtre, à un an;

Les chêne, hêtre, aulne blanc, à un et deux ans;

Les érables, à deux ans;

Les épicéas, frêne, orme, à deux et à trois ans;

Les sapins, à trois ans.

Pépinières pour l'éducation de plants à forts chevelus. — Il nous est arrivé d'avoir à rechercher des plants munis de racines latérales très-développées, soit pour le repiquage d'essences à long pivot, soit pour la plantation de terres riches à leur surface, peu profondes ou ayant un sous-sol imperméable. Nous avons établi nos plates-bandes comme il a été dit à l'article sur les pépinières en général; mais nous avons ouvert sur 0m,05 de largeur une rigole profonde de 0m,08, que nous avons remplie de bonne terre végétale mélangée avec de la cendre de gazon, du compost. L'épandage de la semence se fait dans des rigoles tracées au marqueur (*fig.* 1533), tandis que la couverture, le plombage et les autres soins sont les mêmes que ceux indiqués plus haut.

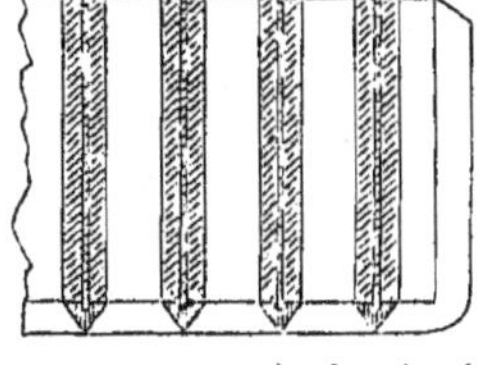

Fig. 1536. — Plate-bande préparée pour élever des plants à fortes racines latérales.

Nous avons ainsi obtenu de magnifiques pins du Lord, pins laricios, chênes, qui, mis en place dans des trous bien ameublis, donnent des résultats remarquables, dans des conditions où jusqu'ici nous n'avions jamais réussi à boiser.

Pépinières pour l'éducation des brins à planter en mottes et en touffes. — Jusqu'ici la pépinière n'était destinée qu'à fournir des brins pour être plantés à racines nues et un à un. L'éducation des plants destinés à la plantation en mottes, dont nous avons déjà parlé lors de l'extraction des plantes hors des semis à demeure, mérite d'autant plus d'être mentionnée que cette méthode présente des avantages, surtout par la réussite certaine des plantations de résineux effectuées d'après elle.

Les terrains plats, à expositions abritées, fraîches, ne redoutant pas les gelées ou les froids brumeux, conviennent surtout pour l'établissement de ces pépinières dont le sol doit être riche, quelque peu compacte, pas trop pierreux ni disposé à produire de mauvaises herbes. On préfère par suite les terres franches, douces; par contre, on néglige celles qui sont riches en calcaire, parce que les plantes s'y déchaussent facilement et que les mauvaises herbes y foisonnent.

L'emplacement destiné à être converti en pépinière est bêché à l'automne après qu'on en a éloigné les souches, les pierres et les broussailles se trouvant à la surface. On le laisse hiverner en cet état, et au printemps suivant on le travaille superficiellement avant de l'égaliser au râteau. Ce qu'il est essentiel d'éviter alors, c'est une façon trop profonde et un ameublissement tel, qu'il devienne impossible de conserver des mottes. Le sol ainsi préparé est divisé en plates-bandes et la semence répandue en lignes. Celles-ci sont tracées au cordeau et espacées à 0m,30 ou 0m,40 de distance; elles reçoivent une largeur de 0m,015 à 0m,10; et sont faites soit à la latte, soit au marqueur. Lorsqu'on leur donne une grande largeur, on les fait à la houe, ou avec une brouette chargée, dont la roue trace le rayon. Dans les climats froids de montagne, et là où l'on craint les mauvaises herbes, on emploie de 25 à 30 grammes de semence d'épicéa par mètre carré; dans les climats tempérés des forêts de la plaine et des collines on n'en use que la moitié. La semence est recouverte superficiellement au tamis, avec de la terre très-divisée. Les plates-bandes doivent être aussi sarclées et binées très-souvent, lorsque l'intervalle entre les lignes n'est pas recouverte de mousse. On éclaircit les semis trop drus au second printemps.

Les plants vigoureux peuvent être mis en place à l'âge de deux ans; mais on remet d'ordinaire la plantation à trois ans. Sous les climats froids elle ne peut même avoir le plus souvent lieu avant quatre ans. Ceci pour l'épicéa; quant aux pins et au mélèze, leur traitement présente les différences suivantes :

1° Les semis de ces essences craignent l'ombrage et doivent en conséquence se faire hors de l'abri des grands arbres; 2° on a affaire à des terres moins consistantes et il s'agit d'entraver chez les pins le développement du pivot. Il est donc nécessaire d'éviter l'ameublissement foncier du sol. C'est pourquoi on se bornera d'ordinaire à un léger pelage, qu'on fera suivre d'une façon exécutée avec la herse ou le râteau. Les sols maigres sont de plus souvent recouverts d'une faible couche de terre meuble ou de cendres de gazon, que l'on mélange au fond à semer; 3° la dissémination a lieu à la volée à raison de 5 à 10 grammes de semence de pin et de 10 à 20 grammes de graine de mélèze par mètre carré. Cette semence est enterrée avec râteau et ensuite légèrement plombée. On recouvre avec des branchages, notamment de pins; mais on éloigne cet abri dès la levée, et on le plante alors le long des plates-bandes.

La mise en place a lieu dès la seconde et la troisième année.

Les essences feuillues venant très-bien, à racines nues, on n'emploie tout au plus la plantation en mottes que pour le hêtre. Le plant se fait alors comme celui du pin.

Pépinières pour l'éducation de forts plants, hautes tiges, etc. — Quoique toute l'économie des systèmes modernes de plantation réside dans la possibilité d'employer de jeunes plants de semis au reboisement, il arrive que, pour regarnir les peuplements non réussis, ou dans des conditions exceptionnelles de terrain, d'exposition, de saleté du sol, de couvert, on doit employer des plants de forte taille. On élève ces plants en pépinière, en les repiquant à une distance en rapport avec le temps qu'ils doivent y rester, soit de 0m,10 à 0m,30 en tous sens.

Le repiquage se fait très-expéditivement, mais pour cela il est nécessaire de n'employer que des plants de l'année.

Après avoir préparé le terrain comme pour le semis, on ouvre une rigole le long du cordeau, à la houe ou à la bêche. On pose le jeune plant contre le bord supérieur de cette rigole et on la referme à la main avec la terre qui en a été extraite. On repique aussi au plantoir, à la bêche, etc., mais la méthode la plus expéditive restera toujours le repiquement en rigole ou le rigolage, surtout lorsqu'on lèvera cette rigole avec une planche coupée en biseau.

DE LA MISE EN TERRE DES PLANTS OU PLANTATION PROPREMENT DITE.

Généralités.— La réussite de toute plantation présuppose des plants sains, répondant au but que l'on se propose d'atteindre; leur plantation doit en outre être faite dans une forme convenable, être espacée suffisamment; enfin il est indispensable de choisir l'époque la plus favorable à leur mise en terre, et d'observer lors de leur extraction de la pépinière, de leur habillage et de leur mise en terre toutes les précautions nécessaires pour assurer leur bonne venue.

Qualités que doivent offrir les plants. — Nous venons d'indiquer les moyens de se procurer et de produire des brins réunissant les qualités voulues. En nous y conformant, nous ferons remarquer que chaque plant, quels que soient son âge et sa provenance, se distinguera avant tout par des racines parfaites, nombreuses, fraîches, unies, rameuses, ainsi que par des radicelles et un chevelu très-développés. Le tronc doit être droit, vigoureux, proportionné à sa hauteur et surmonté d'une cime formée d'un nombre suffisant de branches ayant elles-mêmes des bourgeons sains et bien conformés. Lorsqu'on voudra planter, on recherchera toutes ces qualités, et on rejettera les brins rabougris, abroutis, délicats, étiolés, d'une reprise et d'un avenir douteux, parce que l'emploi de mauvais plants augmenterait en pure perte les frais de premier établissement.

La taille et l'âge les plus convenables pour la reprise des plants dépendent :

1° De la *situation*. — Un climat rude, un sol prompt à s'engazonner et à produire de mauvaises herbes, une exposition sujette à la gelée, des inondations, etc., exigent des brins de forte taille.

2° De l'*essence*.—Les essences réclamant un abri, de l'ombre et le couvert dans la jeunesse, ou qui sont très-sensibles, doivent avoir eu le temps de se fortifier avant d'être mises à demeure fixe.

3° Le *but qu'on se propose*. — Dans les pâturages, pour la plantation de routes, d'allées, d'abris, etc., on ne peut employer que des tiges de grande dimension.

Ces considérations ne peuvent toutefois être admises que comme exception à la règle ; nous ne saurions trop le répéter. Par l'emploi de jeunes plants, la réussite du boisement est plus assurée, parce qu'ils se laissent extraire avec moins de lésions aux racines, qu'ils se transportent plus aisément, et qu'ils se plantent avec plus de facilité. Ajoutez à cela que cette plantation se fait à meilleur compte, et vous aurez un motif de plus pour recourir le moins possible aux plants de forte taille.

Espacement à donner aux plants. — Une qualité propre aux essences forestières réside dans leur faculté de vivre en famille, de croître en massif. C'est dans cette situation qu'elles acquièrent les plus belles proportions, et améliorent le sol, en lui conservant de la fraîcheur par leur couvert et leur ombrage. Il en résulte que, lors de la plantation, il faudrait, en théorie, rapprocher assez les brins, pour constituer le plus tôt possible le massif; mais la pratique se basant sur le résultat des observations positives, a constaté que les plantations très-serrées coûtent proportionnellement cher et ne permettent par conséquent pas d'avancer rapidement avec le peuplement. En outre, les plants se gênent bientôt mutuellement dans leur croissance, et nécessitent des éclaircies coûtant plus qu'elles ne rapportent. Dans les plantations trop espacées, par contre, le couvert se forme très-tard; il s'ensuit, qu'entre temps le sol se dessèche et s'effrite; de plus, les jeunes sujets étendent leurs branches, se contournent, se déjettent, deviennent fourchus, et l'on perd, outre le produit des éclaircies, une partie du revenu définitif, et cela non-seulement parce qu'il se compose de pièces couvertes de nodosités et mal filées, mais encore parce que l'accroissement en volume est moindre. En dernière analyse, il vaut donc mieux planter trop serré que trop espacé, ce qui n'empêche pas de subordonner la distance à observer aux conditions suivantes :

L'espacement se fixe 1° d'après la *force des plants*. —Les plantations exécutées avec de très-petits brins doivent être plus rapprochées, d'abord parce qu'elles coûtent moins, ensuite parce qu'elles ne se fourrent pas aussi vite, et qu'on doit compter sur plus de pertes; plus les plants sont forts, plus on peut les espacer.

2° D'après l'*essence*. — Les essences croissant lentement dans la jeunesse, ne supportant pas les expositions libres, par exemple le chêne, le hêtre, le sapin, développant de trop longues branches latérales et se déjetant volontiers (chêne, pin) ou réclamant un terrain ombragé (hêtre), veulent être plantées serrées.

3° Suivant l'*exposition*. — Dans les expositions chaudes et les terrains pauvres, on espace moins, parce que, dans ces conditions, les plantes croissent moins vite, et se forment très-tard en massif; tandis que l'arbre réclame alors un ombrage fortifiant et protecteur; par contre un sol frais, riche et fertile supporte un espacement plus fort.

4° Eu égard au *traitement futur*. — Lorsqu'on se propose de créer une futaie, on plante serré; le massif se formant alors de bonne heure, les arbres filent mieux et restent plus droits; pour le taillis, l'espacement n'a pas tant d'importance attendu qu'avec lui il s'agit moins de produire du bois d'œuvre, que de donner de bons et nombreux rejets de souches.

D'après ces considérations, l'espacement peut se placer entre 0m,60 et 4 mètres ; en nous réservant d'y revenir en particulier, nous poserons comme principe général :

L'espacement de 0m,60 à 1 mètre est admis pour de jeunes brins de une à deux années, ou dans les lignes quand la distance entre elles est considérable, ou lorsqu'une couverture du terrain est nécessaire dans un court délai.

L'espacement de 1 mètre à 2 mètres ou la moyenne de 1m,30 à 1m,60 convient le mieux pour les plants, les résineux surtout, âgés de deux à cinq ans.

Une distance de 2 mètres à 2m,60 est la plus employée pour les hautes tiges d'arbres feuillus. On ne la dépasse que pour de très-fortes plantes et dans des cas particuliers, par exemple dans les plantations de têtards.

Forme à donner aux plantations. — On donne une forme régulière aux plantations non-seulement afin d'assurer un égal espacement aux plants, mais encore et surtout pour faciliter et hâter le travail, et permettre un contrôle plus efficace des travaux et des ouvriers qui les exécutent. Cette régularité permet finalement de récolter sans danger pour la plantation, les herbages, la litière croissant dans les espaces libres, et facilite les coupes de nettoiement. Au surplus, la forme régulière à donner aux plantations ne doit pas déroger en une minutie dispendieuse, et ne peut pas empêcher de préférer une place fertile et propre à une autre moins bonne, pour le seul plaisir de ne pas gâter l'alignement choisi.

On distingue quatre formes à donner aux plantations. 1° En carrés (*fig.* 1537);

2° En allées ou files (*fig.* 1538);

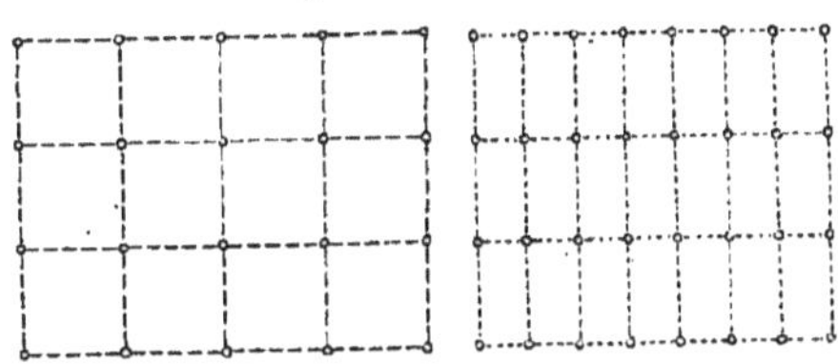

Fig. 1537. — Plantation en carrés. *Fig.* 1538. — Plantation en allées ou files.

3° En triangles équilatéraux (*fig.* 1539), ou plantation liée;

4° En quinconces ou triangles isocèles (*fig.* 1540).

On reproche à la plantation en carrés de gêner le développement régulier de la tête de l'arbre, ce qui n'est pas le cas pour la forme en triangle équilatéral et en quinconce. Ces dernières présentent, d'ailleurs, peu de différences entre elles, et peuvent être employées avec des avantages égaux. Elles sont toutefois, aussi bien que la plantation en carrés, primées par la plantation

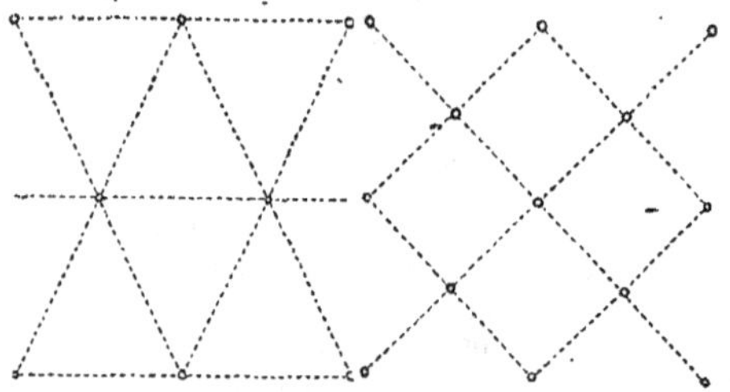

Fig. 1539. — Plantation en triangles équilatéraux. *Fig.* 1540. — Plantation en quinconce.

en allée ou file, qu'on a adoptée généralement pour les reboisements, et cela pour les motifs suivants.

1° Lorsque l'espacement est rapproché, on remplace le creusement de trous par des tranchées, d'où résultent une plus grande facilité de travailler la terre, et son ameublissement sur une plus grande étendue, tandis que l'humidité séjourne plus longtemps dans les tranchées. Enfin, les lignes sont plus faciles à tracer, et la place à occuper par chaque plant, se déterminesans beaucoup de peine.

2° Les cimes forment une surface plus ondulée, produisant une plus grande masse de feuilles et par suite d'organes nourriciers.

3° Les plantes s'atteignent plus vite dans les lignes et y forment alors massif; il en résulte non-seulement une augmentation de l'accroissement en hauteur, mais encore une forme facilitant les éclaircies.

4° Les plantations en allées supportent mieux le poids de la neige et du givre; elles résistent plus facilement aux vents, surtout lorsqu'elles sont orientées de telle sorte (de l'est à l'ouest) que le vent les traverse.

5° Les mélanges s'opèrent plus facilement, attendu que chaque ligne vit plus pour soi seule et est moins incommodée par sa voisine.

6° On peut enfin récolter pendant plus longtemps les herbages, la litière qui croissent entre les allées, et celles-ci favorisent la vidange du produit des coupes de nettoiement et par éclaircie.

Il est vrai que la croissance normale des plants est contrariée par la plantation en allées; mais cet inconvénient n'a pas de suite fâcheuse, surtout parce qu'avec le temps, les exploitations par

Fig. 1541. — Cordeau à nœuds et à navette.

éclaircie viennent rétablir la proportion entre les racines et la cime des arbres restant sur pied.

Quant au tracé de ces diverses formes, il s'exécute au piquet, et à l'aide d'un cordeau sur lequel on marque au moyen de nœuds ou de chevilles (*fig.* 1541) l'espace à laisser entre les plants. Lorsque le terrain est étendu, on établit les alignements avec l'équerre d'arpenteur. On se borne alors le plus souvent à construire un canevas jalonné sur lequel on rapporte les lignes intérieures avec le cordeau et le piquet.

Quant au nombre de plants à employer, il se calcule, pour la plantation en allées, sur la connaissance qu'on a des plants se trouvant sur une ligne. Pour les plantations en triangles équilatéraux et en carrés, elles sont l'objet du tableau suivant, dont la seconde colonne s'applique également à la forme en quinconces :

ESPACEMENT.	NOMBRE DE PLANTS A PLACER PAR ARE.	
	EN TRIANGLES équilatéraux.	EN CARRÉS
0m,30	1000	950
0 , 45	490	420
0 , 60	275	240
0 , 75	175	150
1 , 00	120	100
1 , 15	90	75
1 , 30	70	60
1 , 45	55	40
1 , 60	45	40
2 , 00	29	25
3 , 00	13	11
4 , 00	7	6
5 , 00	5	4

Saison convenable pour la plantation. — La plantation peut s'exécuter pendant tout le temps du repos de la végétation, soit pour les arbres à feuilles caduques depuis le temps de la chute des feuilles jusqu'au moment où les boutons commencent à s'ouvrir; comme toutefois, en hiver, la terre est recouverte de neige ou gelée, on ne connaît, dans la culture en grand, que deux saisons pour planter, soit l'automne et le printemps.

En général, on accorde la préférence aux plantations du printemps, parce que les plants nouvellement confiés à la terre s'enracinent plus facilement au contact de l'humidité qu'ils rencontrent dans le sol, et à cause de la force végétative qui se réveille alors; en outre, ils hivernent mieux à l'endroit où ils ont végété jusqu'alors que lorsqu'ils sont récemment plantés, et ils sont plus en état de supporter la sécheresse continuelle de l'automne, et les fortes gelées de l'hiver. Enfin les journées de travail sont plus longues au printemps qu'à l'automne. Au surplus, il existe des circonstances où la plantation automnale est à préférer. Ceci est surtout vrai pour les contrées où l'hiver est doux et peu rigoureux, et là où le printemps est très-tardif, par exemple, dans les hautes montagnes, où la neige fond seulement lorsque les plants sont déjà feuillés. On plante également à l'automne les essences qui entrent de bonne heure en végétation, par exemple, le bouleau, le mélèze, de même que les plants de grandes dimensions, et lorsqu'on prévoit ne pas pouvoir faire tout au printemps. Dans tous les cas, il ne faut pas négliger de faire ouvrir les trous à l'automne, afin que la gelée puisse ameublir leur surface et la terre qui en provient. On ne fait exception que dans les terrains humides, où les trous se rempliraient d'eau, et dans les sols secs et arides.

Répartition du travail occasionné par les plantations. — Comme dans l'industrie, la division méthodique du travail nécessité par l'exécution des plantations, facilite la besogne, en diminue les frais et assure sa bonne exécution, attendu que chaque chose est faite en son temps. L'expérience a, sous ce rapport, admis les règles suivantes :

1° Lors de l'exécution de cultures considérables, on se formera un atelier d'ouvriers peu nombreux, mais entendus;

2° Les travaux importants, tels que, par exemple, l'extraction des plants, leur taille, etc., ne seront exécutés que par les ouvriers auxquels on peut se fier;

3° Aucune main-d'œuvre n'est à négliger parce qu'elle rend des services lorsqu'on sait l'employer. C'est ainsi que le repiquage, la mise des brins en place, etc., se font par des enfants, la plantation est confiée aux femmes, les travaux pénibles comme la confection de grands trous, la plantation de hautes-tiges, sont exécutés par les hommes, etc.

4° La plus grande partie des travaux occasionnés par les plantations se font à la journée; on ne donne à la tâche que ceux qui sont d'un contrôle facile, notamment la confection des trous, le transport des plants;

5° Les chantiers doivent être organisés de façon que les travaux ne puissent jamais s'arrêter, que, par exemple, les ouvriers chargés de faire les trous n'attendent pas après ceux qui doivent en déterminer l'emplacement, que les planteurs ne soient pas forcés de s'arrêter faute de trous ou de plants, etc.

6° Enfin, il doit y avoir une direction et une surveillance active des travaux.

Précautions à prendre lors de la plantation. — La réussite d'une plantation et sa prospérité future, dépendent des précautions prises pour n'apporter aucun changement brusque dans la végétation des plants et pour éviter toute lésion des organes de la nutrition des plantes. C'est ainsi que lors de

1° *L'extraction* des brins, on fera en sorte de ménager le plus possible les racines et les tiges. Cette condition est surtout plus facile pour les jeunes plants; par contre, elle présente de grandes difficultés pour les essences à longs pivots.

2° L'extraction des plants, quelles que soient les précautions prises, occasionne toujours la lésion des racines. Pour rétablir l'équilibre existant entre ces organes souterrains et la plante, on doit *tailler* les plants, tant pour restaurer les racines brisées, que pour rétablir la proportion des branches avec celles-ci.

3° Le *transport* et la *conservation* des plants réclament les mêmes soins que l'extraction. On doit donc surtout faire attention aux racines et préserver les radicelles de l'action desséchante de l'air et du soleil.

4° Lors de la *plantation*, on doit avoir soin que la plante soit d'aplomb, et ne soit enterrée ni trop superficiellement ni à une trop grande profondeur. En outre, les racines devront se trouver dans leur position naturelle, dans des trous ayant des dimensions suffisantes, et recouvertes de terre meuble ou divisée.

Ces règles générales, se modifiant suivant la taille du plant et les divers modes de plantation, nous allons nous en occuper en décrivant la plantation avec :

1° De jeunes brins à racines nues;
2° Des plants en mottes et en touffes;
3° De fortes plantes et de hautes tiges.

Plantation à racines nues avec de jeunes brins. — La plantation à racines nues de petits brins, âgés de un à trois ans, et élevés à cette fin dans les pépinières, gagne tous les jours en extension; elle n'est toutefois pas applicable dans les situations rudes, souffrant beaucoup de la gelée et du froid, et dans les terrains se gazonnant, se couvrant de mauvaises herbes, qui sont trop compactes ou pierreux, et n'ont pas de profondeur ou sont remplis de racines. Ces jeunes plants doivent être suffisamment protégés contre la dent du bétail et du gibier. On les met en terre à une distance de $0^m,60$ à 1 mètre dans tous les sens, afin d'obtenir le plus tôt possible un massif serré. Nous possédons de nombreux procédés pour la plantation de ces brins; mais nous devons nous borner à indiquer les principaux, en faisant observer qu'ils reviennent plus ou moins au *repiquement* indiqué pour la plantation des semences.

Plantation à la Biermanns. — Les trous sont faits, à l'automne, à l'aide d'un plantoir en forme d'S, nommé par l'inventeur *Plantoir spiral* (*fig.* 1542). Chaque fois que la nature du terrain l'exige, on fait précéder cette opération du pelage superficiel du gazon, ou bien on enlève celui-ci par bandes dans la longueur des lignes à planter, et on met ces bandes l'une sur l'autre la face en bas (*fig.* 1543). Les trous sont, dans ce cas, faits sur la ligne même. Toutefois, quel que soit le mode adopté pour la préparation du terrain, on se borne, à l'automne, à enfoncer le plantoir perpendiculairement à $0^m,10$ ou $0^m,12$ de profondeur, à lui imprimer deux ou trois mouvements rotatoires, et à laisser la terre ainsi ameublie dans le trou même, et cela jusqu'au printemps suivant. On procède alors à la plantation, après avoir de nouveau ameubli la terre avec le plantoir. Cette opération a lieu de la manière suivante : l'ouvrier est chargé d'un panier plat, contenant les plants cultivés dans la cendre de gazon, et dont on a enduit les racines avec cette cendre lors de l'extraction, après avoir retranché

Fig. 1542. — Plantoir spiral de Biermanns.

les pivots trop longs avec un couteau bien affilé. L'ouvrier commence d'abord par enlever avec la main la terre meuble restée dans le trou, ensuite il presse contre un des bords de celui-ci une bonne

Fig. 1543. — Plantation Biermanns sur gazon retourné.

poignée de cendres de gazon (*fig.* 1544, *a*). Le jeune plant est maintenant appuyé d'aplomb contre cette cendre, et affermi d'une seconde dose de la même substance (*fig.* 1544, *b*), laquelle doit entourer toutes les racines. Vient ensuite la meil-

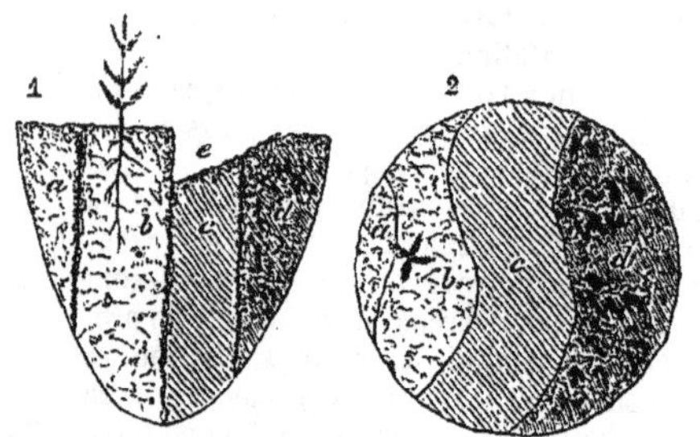

Fig. 1544. — Plantation Biermanns. — 1, coupe d'un trou planté. — 2, coupe en travers.

leure terre extraite du trou (*fig.* 1544, *c*), et enfin la plus mauvaise (*fig.* 1544, *d*) jusqu'à ce que le trou soit complétement fermé. On foule le tout avec le pied à l'aide duquel on forme une petite cavité à la base du plant (*fig.* 1544, *e*).

Dans les terrains d'excellente qualité, on simplifie le travail en se bornant à ouvrir une entaille à l'aide du plantoir. La plante est placée contre l'une des murailles de celle-ci, et l'excavation remplie avec de la cendre.

Cette méthode est surtout applicable aux hêtre, aulne, épicéa, sapin, etc., dans les terrains convenant à ces essences, dont la surface est recouverte de mauvaises herbes, bruyère, dont l'incinération fournit le moyen de se procurer de la cendre à bon compte. Pour les essences formant de longues racines, par exemple, pins, mélèze, la plantation à la Biermanns ne donne que des résultats peu satisfaisants, surtout dans les terres arides et sèches, où les jeunes plants, habitués à une nourriture abondante dès leur plus tendre jeunesse, ont bientôt absorbé les éléments nutritifs renfermés dans la cendre des trous.

Fig. 1545. — Plantoir Lange.

Comme le plantoir spiral ne fonctionne pas ou fonctionne mal dans les sols pierreux ou compactes, M. Lange a cherché à y remédier en lui donnant la forme d'un pas de vis (*fig.* 1545). Ce nouveau plantoir accélère beaucoup la besogne, et peut être employé avec succès à la confection de trous, quand bien même on adopterait un autre mode de plantation.

Plantation en butte, à la Manteuffel. — La plantation en butte est connue depuis longtemps. Du Hamel la recommandait déjà ; mais il appartient à M. de Manteuffel de l'avoir simplifiée à tel point qu'il est aujourd'hui possible de l'employer en grand. Les plants nécessaires à cette plantation sont élevés en pépinière. L'épicéa en est extrait à deux ans, et ne demande pas à être repiqué; le sapin, par contre, et les essences feuillues doivent l'avoir été et être âgés de trois à quatre ans.

La méthode nouvelle repose sur l'emploi d'une espèce de compost qui est préparé de la manière suivante : on recherche sur la surface à planter les endroits où se trouve la meilleure terre, surtout ceux sur lesquels de forts dépôts de détritus végétal se trouvent amoncelés. On en enlève le gazon, qui est mis de côté; puis on travaille le sol, et, dès qu'il est bien divisé, on l'extrait de la place où il se trouve pour le monter à côté sous la forme d'un parallélogramme ayant de 0m,15 à 0m,20 d'épaisseur. Cette couche de terre est ensuite travaillée au trident recourbé (*fig.* 1546)

Fig. 1546. — Trident Manteuffel.

et on en rejette toutes les racines ou autres corps étrangers qui pourraient s'y rencontrer. Après cela on prend une partie du gazon qui a été mis de côté, on le place sur le tas et on le bat jusqu'à ce que toute la terre qu'il retient en soit séparée. Cette terre est mélangée à la première, et les restes des gazons sont jetés sur un tas. On forme une nouvelle couche de terre sur le tas, qu'on fait suivre de celle gagnée par le battage du gazon, qui est de même mélangée à la première, et ainsi de suite jusqu'à ce que le tas cube 2m,50 à 3 mètres. Ce tas reçoit une légère excavation à sa partie supérieure, dans laquelle on brûle toutes les racines et les gazons extraits de son brassage. La cendre en provenant est finalement mélangée au tas, et celui-ci dressé en forme de prisme quadrangulaire. Ce compost est préparé d'août en octobre, afin d'être employé au printemps suivant. Un ouvrier travaille un jour pour monter

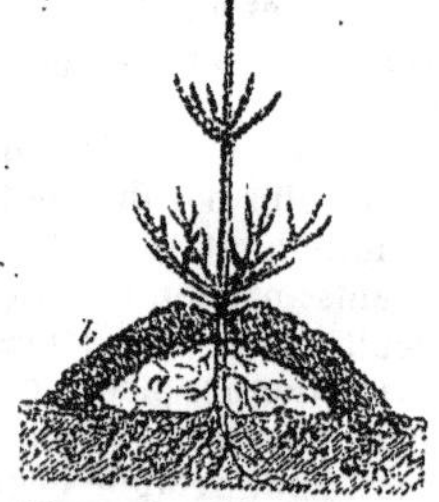

Fig. 1547. — Plante sur butte âgée de trois ans. Coupe en travers.

un tas de 2m,50 à 3 mètres, qui fournit la terre nécessaire au buttage de six cents plants.

Le terrain ne subit aucune préparation lors de la plantation. On se borne à en extraire les hautes bruyères, l'année qui précède celle-ci. Lorsqu'il s'agit de planter, un ouvrier distribue la terre préparée en petits tas. Une femme, qui le suit, ouvre la butte avec la main, jusqu'à ce qu'elle rencontre la surface du sol. C'est sur celle-ci qu'elle place le plant, en ayant toutefois soin que les racines conservent leur position naturelle. Elle recouvre ensuite le tout avec la terre de la butte, en s'abstenant cependant de trop la tasser. Il est vrai que le plant est placé à une plus grande profondeur que celle qu'il occupait dans la pépinière; mais ceci est nécessaire, attendu que la terre de la butte s'affaissera encore. Cette butte est en dernier lieu recouverte par deux morceaux de gazon ayant la forme d'un croissant, et dont l'herbe est tournée vers l'intérieur de la butte. Le côté nord de celle-ci est recouvert le premier, afin que le gazon de côté puisse quelque peu recouvrir le premier. Lorsqu'il n'y a pas moyen de se procurer des gazons, on les remplace par de la mousse, de la bruyère, etc. On peut butter de la même manière les hautes tiges des plantes en mottes et en touffes.

Cette méthode est surtout recommandable pour les terres compactes, humides, qu'il n'y a pas moyen d'assainir.

On en augmente dans ce cas l'efficacité par l'emploi de la houe demi-circulaire Lange (*fig.* 1548)

Fig. 1548. — Houe Lange.

pour extraire le gazon à employer à la couverture du tas. Un ouvrier robuste lève, avec cet outil, au pied de la plante même, le gazon nécessaire, et creuse ainsi une cavité qui se remplit de l'eau qui se trouve en excès à la surface du sol même.

La plantation en butte n'est guère plus coûteuse que la plantation en trous. En effet, avec des ouvriers entendus, au courant de la besogne, le buttage de cent plants de résineux revient en moyenne à 0f,90; celui de la même quantité de plants d'essences feuillues, à 1f,10.

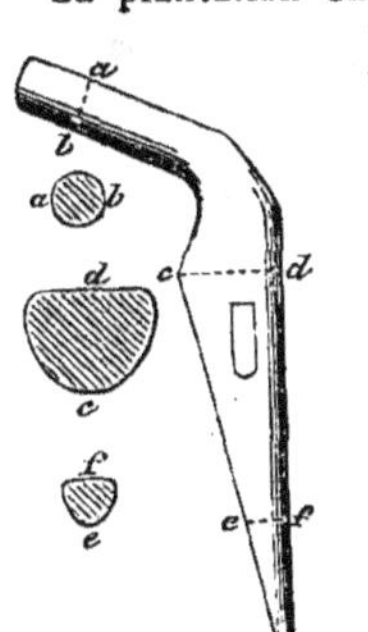

Fig. 1549. — Plantoir Buttlar.

Plantation à la Buttlar. — Les plants sont élevés en pépinière et habillés comme nous l'avons dit, afin d'empêcher le dessèchement des racines.

La plantation s'effectue au moyen d'un plantoir en fonte, du poids de 3 kilogrammes environ, qui est manié comme suit : l'ouvrier tient de la main gauche un paquet de plants, de la droite le plantoir; il le lance (1) ou le fiche la pointe en avant en terre, de sorte que son effet utile est recherché dans son poids plutôt que dans la force du planteur. L'ouvrier laisse ce plantoir à la place où il est fiché, prend de la main droite, maintenant libre, une plante hors du paquet, la place entre le pouce et l'index de la main gauche, retire le fer hors du trou, qui a de 0m,18 à 0m,22 de profondeur, et laisse la racine prendre, par le poids de la glaise qui l'entoure, une position parallèle au côté plat du trou. Par un second trou, fait de la main droite, à 0m,03 de distance du premier, on recouvre la racine de la plante que l'ouvrier tient toujours de la main gauche, à la même hauteur qu'elle se trouvait en pépinière. Le recouvrement de la racine réclame beaucoup d'attention et d'expérience; c'est la partie la plus difficile de l'opération. On réussira toujours en entamant par la pointe le premier trou et en faisant basculer la terre avec beaucoup de force sur toute l'étendue de celui-ci. Quelques coups de la pointe du fer servent à refermer l'ouverture faite en dernier lieu. Lorsque le sol est gazonné ou recouvert de mousses, on nettoie avec le pied la surface où l'on veut lancer le fer. Quelques pierrailles dans le sol n'empêchent pas l'emploi du plantoir. Pour parvenir à une certaine régularité dans l'espacement des plants, on jalonne des lignes droites sur la surface à planter. Les ouvriers, qui doivent alors être au moins au nombre de six, se dirigent entre les jalons, et ont bientôt acquis le coup d'œil nécessaire.

Fig. 1550. — Plantation à la Buttlar.

La célérité avec laquelle on procède et qui permet à un ouvrier tant soit peu expérimenté de mettre en terre de mille à mille cinq cents plants, autorise à ne pas trop les espacer. C'est pourquoi on plante d'ordinaire à 1 mètre 1m,30 de distance, ou en lignes à 1m,30 entre les lignes, et à 0m,60 dans les lignes.

La plantation à la Buttlar réclame un terrain convenable. Le sol, la jeunesse et la vigueur des sujets, ainsi que leur racine verticale, riche en chevelus, aussi bien que l'emploi rationnel du plantoir, doivent compenser ce qu'ils perdent par le défaut d'ameublissement du sol. Le sable pauvre et sec de la plaine ne lui convient pas plus que le terrain herbageux, aride des montagnes. Un sol fortement gazonné, sujet au déchaussement, très-argileux, rocailleux et pierreux, de vieux gazons ne lui vont pas non plus. Il n'en est pas de même d'un bon terrain, frais, doux, meuble, labouré en bandes ou en places, du regarnissage de jeunes semis manqués, de mélanges d'essences dans des expositions convenables, etc. Toutes les essences peuvent être plantées d'après la méthode Buttlar, et, s'il y avait une exception, elle aurait lieu avec l'emploi de vieux plants de pins.

(1) Dans ce cas, l'ouvrier lève le bras à la hauteur de la tête, et lance le fer en l'abaissant vivement pendant qu'il se penche un peu en avant, à peu près comme s'il avait affaire à une toupie.

Plantation d'après le procédé Pfeil. — Ce procédé n'est applicable qu'à la plantation de pins dans les sables secs et pauvres de la plaine. Les plants qu'ils réclament sont cultivés, comme nous l'avons dit, en pépinière, dans le but d'avoir de longs pivots, allant chercher l'humidité à une grande profondeur.

La plantation a lieu au premier printemps. A cette fin, on creuse les trous immédiatement avant la plantation à l'aide d'une bêche. Ils ont 0m,36 de côté, sont carrés et doivent avoir une profondeur dépassant de quelques centimètres la longueur des pivots (0m,36 à 0m,54). Après que le plafond de ces trous a été ameubli, on rejette la terre dans le trou; de manière à ce que celle de la superficie aille au fond. Pendant le remplissage, cette terre est foulée de façon qu'en dernier lieu, il reste une cavité d'à peu près 0m,03 à la superficie. Ces trous sont espacés dans tous les sens, de 1 mètre à 1m,30. Lorsqu'ils sont remplis, les planteurs arrivent, munis chacun d'un long bâton ferré, terminé en pointe, et gros de 0m,04. Ils l'enfoncent d'aplomb, au centre du trou, à une profondeur suffisante pour que le pivot ne se recourbe pas et que son extrémité arrive bien au fond. Ceci est d'ailleurs facilité par la préparation du plant lui-même. En effet, avant de le placer dans le trou, on trempe sa racine dans de l'eau et on la traîne à diverses reprises dans le sable de la superficie, d'où il résulte qu'elle cherche d'elle-même la perpendiculaire. Pour fermer ce trou, on fiche le plantoir à 0m,03 ou 0m,04 de celui-ci et on le pousse obliquement, comme nous l'avons indiqué pour la méthode Buttlar, afin de presser la terre contre la racine du plant voisin. Le procédé Pfeil a donné de bons résultats dans les terrains indiqués; les frais de boisement s'élèvent à 30 francs par hectare.

Jusqu'ici nous n'avons eu affaire qu'à la plantation au plantoir plus ou moins modifié. Nous allons maintenant nous occuper des plantations à la bêche, en commençant par la suivante.

Fig. 1551. — Bêche Alemann. — a, vue de face. — b, profil. — c, trou pour planter.

Plantation d'après la méthode Alemann. — Cette méthode a également vu le jour dans les sables profonds et meubles de la plaine. Elle s'exécute avec des plants de pins et de chênes âgés de deux ans et élevés en lignes. Le terrain est tout d'abord labouré en billons. Sur ces billons, on enfonce perpendiculairement tous les 1 mètre ou 1m,30, une forte bêche en bois, garnie de tôle (*fig.* 1551), et on élargit le trou en cherchant à imprimer à cet outil un mouvement de rotation. Il en résulte un trou ayant environ 0m,03 vers son milieu, et 0m,08 à ses deux extrémités (*fig.* 1551 *c*). La femme qui suit le planteur, tient le plant d'aplomb dans le trou, place les pieds sur les deux côtés de celui-ci, et le ferme en appuyant de dehors en dedans. Cette plantation est recommandable par son bon marché, mais elle est particulière aux terres légères.

Plantations aux plantoirs. — Les plantoirs Martz et Oelmayer, recommandés pour le repiquement des graines, servent également à la plantation de jeunes brins de un à deux ans. On fait le trou avec le tranchant de l'instrument, et on le referme en frappant sur le sol avec la tête. D'aucuns se servent, pour parvenir aux mêmes fins, d'une hache, de bêches, de houes, etc. Observons, toutefois, qu'il n'y a pas d'instrument universel et que celui dont l'ouvrier se sert le mieux doit, dans bien des cas, être préféré.

Plantations à trappe. — Nous avons étendu, dès 1853, une méthode suivie dans les pépinières, pour la mise en place des sujets, à la plantation forestière des arbres feuillus. A cette fin, nous faisons labourer des bandes aussi profondes que possible, de 0m,15 à 0m,30 de largeur et distantes les unes des autres de 1 mètre à 1m,30. Le planteur tend son cordeau, donne un premier coup de bêche parallèle à celui-ci (*fig.* 1552, *ab*), ensuite un second à angle droit sur le premier (1552, *cd*), mais de manière à ce qu'il puisse soulever la terre qui se trouve dans cet angle (*acd*), en appuyant le manche de la bêche sur le genou gauche, pendant qu'il place le plant au point d'intersection de l'angle. Il retire finalement la bêche et foule la terre soulevée avec le pied. On attend que le sol soit ressuyé pour planter. En prenant cette précaution, on peut planter dans tous les terrains, du moment qu'ils sont convenablement ameublis. Un ouvrier plante de 800 à 1,000 plants par jour et la plantation d'un hectare, tous frais compris, revient à 15 ou 20 francs.

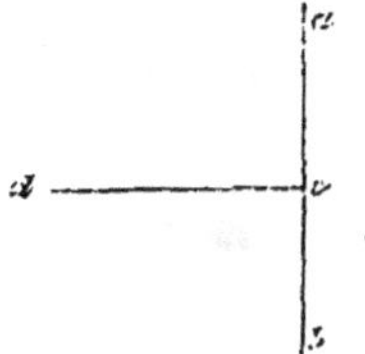

Fig. 1552. — Plantation en trappe.

M. Alemann a appliqué un procédé analogue aux terrains marécageux, où les plants se déchaussent, lorsqu'on ameublit leur surface. Il fait planter des aulnes en soulevant le gazon avec la bêche, sauf à le laisser retomber en place après que le plant a été introduit dans la fente.

Plantations en mottes et en touffes. — On dit que les plants sont en mottes lorsqu'ils sont extraits du sol avec la terre qui entoure leurs racines, et qu'ils sont remis en place dans le même état. La plantation en mottes présente les avantages suivants sur celle à racines nues :

1° Les racines sont moins en danger d'être endommagées aussi bien lors de l'extraction que pendant le transport des plants.

2° Comme ils conservent leur entourage habituel, ils souffrent moins du déplacement, supportent mieux la sécheresse et les mauvaises herbes, etc.

3° Ils demandent moins de soins lors de leur

mise en place, ne peuvent être plantés plus profondément qu'ils ne l'étaient, en sorte que leur réussite est moins dépendante de l'intelligence de l'ouvrier.

Ces avantages font que les partisans de la plantation en mottes sont nombreux, et cela surtout parce que l'éducation des plants est moins difficile, et qu'elle donne le moyen le plus parfait d'utiliser les brins surabondants des peuplements naturels aussi bien que des semis à demeure. Nous avons indiqué, en parlant de ces opérations, les méthodes adoptées pour l'extraction de ces plants. Il ne nous reste donc plus qu'à indiquer leur habillage.

Lorsque, comme cela a lieu le plus souvent, il se trouve plusieurs plantes dans une même motte, on commence à en élaguer les plus faibles, et les mal-venantes; on réforme également celles qui sont mal placées ou qui pendent sur les bords de la motte; enfin, on éloigne autant que faire se peut les mauvaises herbes croissant sur la superficie. Passant ensuite aux racines, on retranche celles qui sortent hors de la motte, et on raccourcit les branches qui pourraient être trop étalées. Après ces diverses manipulations, il arrive d'ordinaire qu'il ne reste qu'un seul plant vigoureux sur chaque motte (plant isolé), — ou qu'il en reste deux, cinq, et même davantage (touffe). Dans ces derniers temps, on a accordé la préférence au plant isolé, tandis qu'autrefois on préférait les touffes. Les motifs de cette préférence sont basés d'abord sur la circonstance que la racine et la tige d'un plant isolé se développent mieux et prennent un accroissement plus vigoureux, tandis que dans les touffes les plants se gênent mutuellement, et souffrent surtout dans leur système radiculaire. Ceci peut être vrai pour les touffes composées d'un grand nombre de brins; mais il a été reconnu que pour celles formées de 2, de 3, au plus 5 plants, l'avantage restait souvent aux touffes. En effet, dans les terrains froids, les plants s'abritent les uns les autres; ils souffrent moins des mauvaises herbes et des ravages du gibier; enfin, ils permettent des éclaircies à un âge plus tendre, ce qui, joint aux avantages indiqués pour la plantation en mottes, n'est pas à dédaigner.

Fig. 1553. — Bêche circulaire-Heyer.

La plantation des mottes a lieu de deux manières: *en trous* et *en places*. Les trous se font le plus souvent avec le même instrument qui a été employé à extraire les mottes. Ceci étant très-difficile et prenant beaucoup de temps avec les bêches ordinaires et les bêches demi-circulaires, M. Heyer fit construire une bêche circulaire (*fig.* 1553) à l'aide de laquelle on fore des trous de mêmes dimensions que la motte, et cela par un seul mouvement circulaire. Ces trous sont faits par des ouvriers, le long d'un cordeau divisé (*fig.* 1541); des femmes suivent, portant les plants dans un panier, et introduisent la motte dans les trous; pour l'y fixer, elles appuient le pouce et l'index de chaque côté du pied de la plante, et remplissent, où cela est nécessaire, les vides restants avec de la terre préparée, qui se trouve au fond du panier.

Dans le second mode de plantation, on pèle des places de $0^m,30$ à 1 mètre carré, et on en ameublit le centre par un houage approfondi.

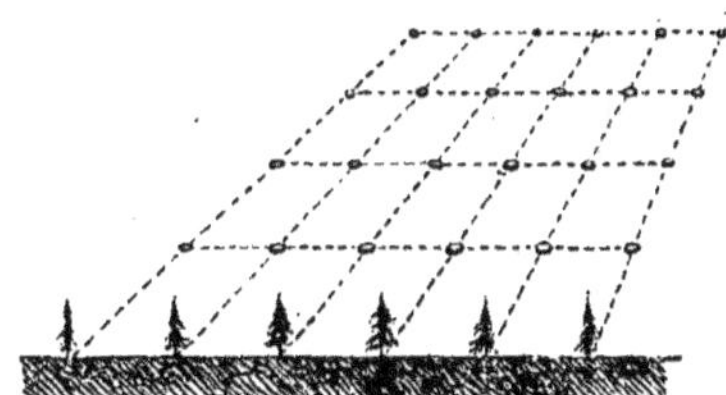

Fig. 1554. — Plantation à la bêche de Heyer.

Les femmes viennent avec les mottes, font sur ces places et avec la main une cavité proportionnée à la grosseur de la motte, l'y enterrent et égalisent la place, la plombent avec les pieds sans pourtant marcher trop près du plant.

La plantation en mottes coûte, tous frais compris, lorsqu'on fait les trous à la bêche circulaire, $0^f,50$ à 1 fr. le 100. Les trous sont-ils faits sur place, alors les frais sont augmentés de 20 à 30 pour 100.

Le sol met le plus grand obstacle à l'extension méritée de la plantation en mottes; en effet, elle ne peut être appliquée dans les sols peu profonds, très-légers, pierreux, et sur les pentes rapides. Elle n'en est pas moins utile dans les terrains exposés, dans les climats rudes, et là où le déchaussement est à craindre. Mais, alors, elle doit être modifiée en ce sens que les plants doivent être plus forts. Dans ce cas, on emploiera des sapins et des épicéas âgés de trois à six ans, des pins et des mélèzes de deux à cinq ans. Il en sera de même quant aux essences feuillues, pour lesquelles on préférera la plantation en place.

Plantation de hautes et de basses tiges. — Les plants ayant moins de 1 mètre de hauteur sont dits être *à basse tige*; ceux au-dessus de cette taille sont appelés *à haute tige* ou haut vent. Les derniers ne donnent de bons résultats que lorsqu'ils sont plantés avec soin et dans un bon terrain. De plus, ils sont très-coûteux, de sorte qu'ils ne peuvent être employés dans des reboisements considérables. On s'en sert pour les plantations d'alignement, pour le complétement de cultures âgées, ou pour servir de réserves dans les taillis composés. Dans tous ces cas, leur espacement est en moyenne de 2 à 3 mètres. Les plantations de basses tiges sont moins coûteuses, mais elles sont encore toujours beaucoup plus chères que celles de petits brins à racines nues ou en mottes. Aussi, ne devrait-on plus les rencontrer qu'exceptionnellement, et notamment dans les cas suivants:

1° Le regarnissage de vieilles cultures;

2° Les climats rudes, là où les inondations, le froid et la fauve sont à craindre, et de plus pour fixer le terrain ;

3° Les terrains herbageux, etc.;

4° Les plantes qui veulent être abritées dans leur jeune âge, ou qui alors sont très-sensibles aux intempéries des saisons.

Les plants d'une certaine force doivent être élevés en pépinière et avoir été repiqués plus ou moins souvent. Ils acquièrent ainsi de nombreuses racines, assurant leur reprise future. On supprime alors aussi le pivot du chêne, tandis que les basses-tiges de hêtre peuvent être tirées des peuplements. Elles sont d'une bonne réussite lorsqu'on les prend sur la mardelle ou la lisière des coupes.

On doit accorder les mêmes soins à l'extraction et aux transports de plants d'une certaine grandeur qu'aux jeunes brins. Quant à leur taille, elle s'étend aux racines, aussi bien qu'aux branches, et se borne au rabattage des parties lésées ou endommagées.

Les trous doivent être assez spacieux, pour contenir sans gêne toutes les racines; plus on leur donnera d'étendue, plus les racines se trouveront en contact avec de la terre ameublie, plus la réussite sera certaine. Dans les terrains secs et meubles, ces trous seront plus profonds que dans les sols humides et froids. Soit qu'on leur donne une forme ronde, soit qu'on leur donne celle d'un carré, il faudra en séparer la terre extraite, suivant sa qualité. Lorsque le sol est bon, doux, meuble ou sec, on ouvrira les trous peu de temps avant la plantation; si, au contraire, le terrain est humide, compacte et froid, on les fera dès l'automne, afin qu'ils hivernent. On ne fait d'exception que là où l'eau pourrait s'accumuler dans les trous.

Le planteur jette d'abord de la terre fertile dans le fond du trou, de manière à y former un exhaussement vers le centre. Lorsqu'on a affaire à une haute tige, un aide la soutient dans une position droite, au milieu du trou, pendant que le planteur recouvre les racines avec de la bonne terre et s'arrange de manière à ce qu'elles conservent leur position et qu'il ne s'y forme pas de vide. Pour obtenir ce résultat, il arrive qu'on soulève et secoue la plante, mais on doit le faire avec attention, sans brusquerie et sans saccades. On remplit ensuite le restant du trou et on le foule doucement avec les pieds, lorsqu'on n'a pas d'eau dans les environs pour l'arroser. On ne perdra pas de vue que l'arbre ne doit pas être placé trop profondément en terre, et qu'il réussira surtout lorsqu'on lui rendra l'assiette qu'il avait en pépinière. Lorsque le plant reçoit un tuteur, on fiche celui-ci en terre, avant de commencer à planter.

Après ces données générales sur les méthodes les plus usitées de plantation, il nous reste à indiquer leur application aux principales essences. C'est ce que nous allons faire.

Aulne. — L'aulne se prête très-bien à la plantation. On emploie des plants de trois à cinq ans, là où l'herbe est grande. Elle se fait d'ordinaire à l'automne, parce que les terrains où cette essence prospère sont le plus souvent submergés au printemps. La plantation en butte doit être préférée là où le déchaussement est à craindre; dans tous les autres cas, on applique celle qu'on veut, ou pour mieux dire celle qu'on peut. C'est ainsi que dans les terrains submergés, on place l'aulne sur les remblais des fossés. D'autres fois, on le recèpe; d'autres fois, pas. Cette opération est toutefois très-profitable, mais seulement lorsque le plant est déjà depuis deux ou trois ans en place.

Bouleau. — On plante au printemps avec des brins âgés de deux à quatre ans, à racines nues. Dès que l'écorce devient blanche, la plantation ne réussit plus qu'en motte. Le bouleau craint l'écimage dans sa jeunesse et périclite lorsqu'on le met en terre à une grande profondeur.

Charme. — Il est, comme le bouleau, rarement cultivé en pépinière. On le plante comme le hêtre, mais un peu plus profondément.

Châtaignier. — Lorsqu'il est cultivé pour former des taillis destinés à produire des échalas et des cercles, on le sème sur place; mais on regarnit avec des plants élevés en pépinière. Dans les autres cas, on emploie des hautes-tiges.

Chêne. — Dans la culture en grand, on préfère toujours le semis à la plantation, et on bornera l'emploi de cette dernière au regarnissage de semis non réussis, ou dans les coupes, toujours avec des plants de forte taille, élevés en pépinière. Si le pivot n'avait pas été supprimé, on devrait faire les trous très-profonds.

Le chêne peut être rabattu; il doit même l'être lorsque les plants sont mal-venants, ou qu'ils ont souffert.

Épicéa. — Les plantations d'épicéa sont d'une réussite assurée, quel que soit le mode adopté pour les exécuter; les plants doivent être placés en terre, aussi superficiellement que faire se pourra, et jamais au-dessous de leur position primitive. On plante avec des brins âgés de deux à cinq ans. Dans les hautes montagnes, on donne la préférence à ceux de cinq à dix ans, parce qu'ils supportent mieux les frimas. On peut commencer à planter en août, et continuer jusqu'à ce que les bourgeons s'ouvrent. Tailler le moins possible.

Érables. — Les érables doivent être cultivés en pépinière, repiqués à un an et mis en place à l'âge de trois à cinq ans. Ils supportent bien la taille. Les plants pris dans les bois supportent mal le plein air, une exposition ouverte, et périssent presque tous. Il n'y a que le champêtre qui soit moins sensible.

Frêne. — Comme pour les érables. On plante le frêne plus fort, parce qu'il souffre beaucoup des mauvaises herbes et du gibier. Il aime un sol ameubli et le voisinage d'autres essences. C'est pourquoi on le plante dans les sols humides, en compagnie de l'aulne, dans les cultures de hêtre et de charme.

Hêtre. — On plante le hêtre avec ses cotylédons c'est-à-dire tout petit et jusqu'à l'âge de quinze ans. Il y a profit de l'élever en pépinière, quoique les plants provenant de peuplements naturels s'emploient avec succès. On ne recherchera toutefois que ceux qui conservent leur feuillage en hiver. Plus celui-ci sera brun foncé, mieux ils réussiront. Comme le hêtre ne croît bien qu'en massif serré, on fera bien de planter dru. On espacera par suite les brins de 1 mètre à 1m,30; les basses-tiges de 1m,30 à 1m,60; les hautes-tiges de 2m,60 à 4 mètres.

Mélèze. — La plantation prime le semis. On plante à l'automne et au premier printemps. Il supporte très-bien la taille.

Orme. — La plantation a lieu avec des brins élevés en pépinière. On les met en place à partir de l'âge de trois ans; il se laisse planter jusqu'à l'âge de quinze ans.

Pins. — On a soutenu bien longtemps que la plantation des pins ne donnait pas de bons résultats, et il y a encore beaucoup de sylviculteurs qui sont de cet avis. Le motif est que l'on oubliait trop souvent que les pins réclament des précautions spéciales, à cause de leurs longs pivots, et qu'on opérait avec des plants âgés et mal-venus. Chaque fois qu'on ne perdra pas de vue que les pins sont très-sensibles à la moindre lésion des racines, et surtout du pivot; qu'il ne sera employé à la plantation que des brins de un à deux ans, à racines nues, on n'aura qu'à se louer du résultat obtenu. Toutefois, pour regarnir les vides dans les cultures plus âgées, il faudra employer des plants plus forts, ce qui se fera alors avec la motte. Il en sera de même dans les terrains couverts de mauvaises plantes, dans les sols humides, dans les sables mouvants, etc. La plantation en touffe va le moins au sylvestre. On n'emploiera que des plants sains, non attaqués du roussi (*schutte*), et on plantera à une distance ne dépassant pas 1m,30 à 1m,50. Le pin du Lord peut être espacé à une plus grande distance. Il en est de même du pin maritime.

Ajoutons que le cembro et le mugho, après avoir été repiqués à l'âge de deux ans, restent en pépinière jusqu'à cinq, huit, et sont alors seulement mis en place.

Robinier faux-acacia. — Il réussit soit qu'on le sème ou qu'on le plante, à partir de l'âge d'un an.

Sapin. — Sa plantation, comme celle du pin, a été pendant longtemps considérée comme impossible, parce qu'on oubliait trop souvent que le sapin réclame de l'ombre dans sa jeunesse. Repiqué en pépinière, au second printemps, on attend la troisième année, lorsqu'il a émis une branche de côté, pour le mettre en place. On peut également l'extraire des peuplements naturels clairiés, et replanter en motte jusqu'à dix ans et même plus. Ceux qui auraient souffert du couvert se remettent le mieux, lorsqu'ils sont plantés en touffe.

Tilleul. — Comme le charme, il supporte la transplantation à tout âge.

Plantations mélangées. — A l'exception du hêtre, du charme, de l'aulne, du châtaignier, de l'épicéa, du sapin et des pins, les essences forestières, même le chêne, ne viennent bien qu'en mélange avec d'autres ligneux. Ces mélanges activent l'accroissement, permettent l'établissement d'éclaircies précoces, conservent et augmentent la bonté du sol et fournissent le moyen de créer un abri aux essences craignant la chaleur et la gelée dans leur jeunesse. C'est pourquoi on plante en mélange avec le *chêne* : le hêtre, le sapin, le charme, l'orme, le frêne, l'aulne, les saules, le sorbier.

Avec le *hêtre* : le chêne, le frêne, les érables et l'orme, le sapin, le sylvestre et le mélèze, le châtaignier.

Avec le *pin sylvestre* : l'épicéa, le bouleau, le mélèze, le pin du Lord.

Avec l'*épicéa* : le sapin et le hêtre, le chêne, le sylvestre et le mélèze.

Avec le *mélèze* : l'épicea.

Avec l'*aulne* : le frêne, les saules, le bouleau.

On plante ces diverses essences suivant leurs exigences et dans la proportion nécessaire pour faire dominer l'essence que l'on préfère. C'est ainsi qu'en plantations liées, et lorsqu'on voudra avoir autant de plants de chêne que de hêtre, par exemple, on plantera : chêne, hêtre, chêne, hêtre, etc.

Lorsqu'on voudra plus de chêne que de hêtre, on tiendra l'ordre suivant : chêne, chêne, hêtre, chêne, chêne, hêtre, etc.

Dans les plantations en allées, il sera possible d'accorder une ligne à chaque essence.

Enfin viennent les mélanges irréguliers, ou en taches. Avec eux on ne se laisse guider que par la qualité du sol et sa situation, et on plante par exemple des massifs purs de chêne, là où cette essence vient le mieux, etc.

Ces mélanges demandent, pour réussir, une connaissance exacte des habitudes et de la croissance à venir de chaque essence. C'est ainsi que lorsqu'on voudra planter le chêne avec le hêtre, les plants de ce dernier devront être beaucoup plus faibles que ceux du chêne. La même chose aura lieu avec le pin sylvestre et l'épicéa, etc.

DES BOUTURES.

La plupart des plants se multiplient par boutures; mais en sylviculture on n'applique cette méthode qu'à la multiplication des saules, des peupliers, du platane et quelquefois de l'if, de l'acacia et de l'ailante. Ces deux derniers viennent surtout de bouture de racines.

Les plantations de boutures sont employées à la fixation des terres sur les pentes rapides, sur les bords des eaux, et les terrains humides, en un mot dans toutes les conditions où l'on veut repeupler avec l'une ou l'autre de ces essences. Les boutures se font d'ordinaire avec du bois de deux ans, des rameaux bien vigoureux, qu'on divise en tronçons de 0m.30 à 0m.40. La section inférieure se coupe en biseau, celle du haut doit être un peu oblique à 0m.02 d'un œil.

D'ordinaire, on plante ces boutures en les enfonçant obliquement dans la direction du Sud-Est au Nord-Ouest, de manière qu'au moins les 2/3 de leur longueur soient en terre. Dans les sols bien meubles on plante à la main, dans les terres compactes, liantes, où l'on risquerait de les casser ou de déchirer l'écorce, on prépare d'abord des trous à l'aide d'un plantoir, un peu plus fort que les boutures. Dans l'un comme dans l'autre cas, le planteur se blesse facilement la main, et l'opération est souvent compromise, parce que l'écorce du gros bout qui doit être mis en terre, est lésée ou détachée du bois. Pour prévenir ces inconvénients, nous avons fait construire un plantoir à rainure, de la forme et de la dimension d'un foret de charpentier (*fig.* 1555). La bouture placée dans la rainure entre en terre en même temps que le plantoir, qui est ensuite retiré du trou par un simple mouvement de côté.

Fig. 1555. — Plantoir à boutures.

On plante également en trous et tranchées faits à la houe ou à la bêche. Toutefois, quel que soit le mode de plantation adopté, on n'oubliera pas de bien raffermir la terre autour des boutures.

Les boutures en plançons sont formées de branches de saule de grande dimension (osier blanc, etc.) ayant 3 à 4 mètres de long sur 0m.04 à 0m.06 de diamètre au gros bout. On les taille en biseau après leur avoir enlevé toutes les ramilles. Dans les sols fermes, abordables, on les plante dans des trous faits à la bêche; dans les terrains marécageux, au contraire, on les enfonce à une profondeur de 0m.50, après avoir formé le trou au préalable, avec une pince ou un pieux ferré. Nous avons vu dans le Nord de l'Europe des boisements de marais faits en hiver sous la glace avec des plançons de saule. Les ouvriers ouvraient d'abord un trou dans la glace, formaient à l'aide d'un plantoir (*fig.* 1556) une cavité profonde dans le fond du marais et faisaient immédiatement suivre celui-ci d'un plançon de saule blanc ou fragile, de taille suffisante pour dépasser le niveau de la glace de 0m.30 à 0m,45. L'hectare de ces plantations qui étaient espacées de 1m.30 en tous sens coûtait 28 francs. Ajoutons toutefois que l'emploi des plançons en forêt n'est qu'exceptionnel, et qu'ils ne servent le plus souvent qu'à former des têtards.

Fig. 1556. — Pieu ferré pour la plantation de plançons sous la glace.

Les peupliers et le platane viennent mal en plançons, tandis que le saul marceau et le peuplier tremble sont toujours d'une reprise difficile.

Les boutures d'ailante et d'acacia se font par tronçons de racines de 0m.06 à 0m.10 de long que l'on sème dans des rigoles fraîches et ombragées comme cela se fait avec la semence.

Les boutures se font en général au printemps, mais elles peuvent être préparées pendant l'hiver, à la condition d'être tenues fraîches ou d'être mises en jauge.

DES MARCOTTES.

Le marcottage peut s'appliquer à toutes les essences, mais pour nous il doit se borner aux arbres produisant rarement de la graine, et aux expositions où la plantation de brins ou de boutures n'est pas assurée ou est impossible. C'est dire que le marcottage n'est employé dans la pratique forestière que sur les hautes montagnes, les terrains rocailleux, pierreux et aux expositions méridionales. Dans le Nord, on l'exécute pour compléter et regarnir le peuplement des taillis, notamment de charme, d'orme, d'érable, de tilleul, d'aulne et quelquefois de hêtre, de sorbier, mais très-rarement de chêne et de bouleau.

Le marcottage a lieu par couchage simple comme il est dit p. 142 de ce volume. On hâte la production des racines en enlevant une parcelle de l'écorce de la branche, là où elle est mise en terre, et on sèvre à 2-3 ans.

Conservation et entretien des plantations. — Les plantations, quelle que soit la méthode suivie pour les exécuter, doivent être l'objet d'une sollicitude constante pendant les cinq ou six premières années de leur existence. Outre les soins ordinaires de propreté, on fera attention :

1° De couper avec un instrument tranchant les branches dépérissantes, les gourmands, les branches mal placées;

2° De redresser les plants déjetés par le vent, la neige, le givre, de leur donner un tuteur, etc.

3° De couvrir les trous avec de la mousse, de recouvrir les racines dénudées, pendant les années sèches;

4° De remplacer tous les plants dépérissants, morts et de regarnir la plantation avec des brins ayant les dimensions un peu plus fortes que ceux qui la composent. Enfin 5° de nettoyer le sol entre les plants. Cette dernière opération quoique d'une grande utilité, est rarement exécutée en grand, à cause des dépenses qu'elle occasionnerait. Là où le terrain le permet, et où les plantations sont faites régulièrement en allées, on continue de profiter du terrain par la culture agricole. C'est ainsi que dans plusieurs contrées de l'Allemagne, lorsque la plantation a lieu sur une terre dont on a tiré une ou deux récoltes, on ne néglige jamais de cultiver aussi longtemps que possible entre les lignes, soit des pommes de terre, soit d'autres plantes. La façon nécessitée par ces dernières cultures, est également utile au peuplement, et provoque une augmentation sensible dans l'accroissement en ligneux. Tous ces avantages réunis recommandent cette pratique à l'attention et font désirer qu'elle prenne l'extension qu'elle mérite sous tous les rapports.

ENTRETIEN ET EXPLOITATION DES FORÊTS

Généralités. — Les soins à donner aux bois nouvellement créés ainsi qu'à ceux existant déjà, sont basés sur leur *régénération naturelle* ou, en d'autres termes, sur leur reproduction indéfinie, à l'aide de l'action seule de la nature, secondée ou provoquée par les moyens que l'art enseigne. Cette régénération des forêts, connue sous le nom de culture naturelle, a lieu de deux manières, savoir : par le *réensemencement* avec les graines tombant des arbres en âge d'en produire, au moyen de *drageons* sur racine de tremble, d'acacia, d'aulne blanc et d'orme diffus et de *rejets de souches* des autres essences feuillues. — Ces différents modes de régénération nécessitent naturellement diverses méthodes de traitement des bois. Le repeuplement pratiqué à l'aide des graines tombant des arbres, s'appelle *futaie*; lorsqu'il provient de rejets ou de drageons, on le nomme *taillis*. Enfin, lorsqu'il doit son existence à ces deux modes réunis, on a affaire au *taillis composé*, dit aussi *taillis sous futaie*, ou *futaie sur taillis*.

Les *essences feuillues* qui possèdent, outre la propriété de produire des rejets ou drageons, celle de donner des semences, se prêtent à tous les modes d'exploitation. Les *essences résineuses*, en retour, ne se régénérant que par graines, ne peuvent être traitées qu'en futaie. Ceci n'empêche pas toutefois qu'il y ait des circonstances de localité où ces dernières essences ne répondent pas à l'idée qu'on se fait généralement de la chose d'après le nom qui, pour la grande majorité, est synonyme d'arbre de fortes dimensions, ayant atteint un âge avancé. En effet, les peuplements de pin chétif, qui couronnent la cime des hautes montagnes, ressemblent plus à un taillis qu'à une des autres formes adoptées dans la pratique.

Des futaies. — Le réensemencement naturel des forêts est intimement lié à la faculté que doivent posséder les arbres de produire des graines fécondes, en quantité suffisante pour assurer la recrue. Cette mise à fruit, n'ayant lieu qu'à une époque assez reculée, il s'ensuit que la futaie donne des bois de fortes dimensions, de qualités excellentes, et cela avec la quantité de travail relativement la plus minime; enfin elle conserve et améliore plus que tout autre mode la fertilité du sol, en même temps qu'elle produit le plus fort volume ligneux sur la plus petite superficie. C'est donc à elle qu'il y a lieu de recourir dans les contrées où la contenance du sol boisé tend à diminuer, où les bois de certaines dimensions ont le plus de valeur, et lorsqu'on a à opérer sur les essences indiquées plus haut. Ajoutons que le système de futaie, quoique se rapprochant le plus de la marche suivie par la nature dans la reproduction des ligneux, réclame toute l'habileté du sylviculteur, et est pour celui-ci l'idéal de la culture intensive des forêts, l'expression la plus avancée de son art. Sous ce rapport la futaie mérite la préférence sur toutes les autres méthodes de traitement des forêts. Toutefois, elle réclame une grande abnégation de la part du propriétaire, attendu que ses produits les plus précieux sont réservés pour un avenir plus ou moins éloigné. Aussi, n'est-ce qu'exceptionnellement que le particulier consent à travailler pour les générations futures, et alors même qu'il s'y décide, rien ne lui garantit que son œuvre sera poursuivie et menée à bonne fin. Il n'y a que l'État, les communautés qui ne meurent pas, les riches propriétaires qui soient en position de créer des futaies et d'assurer ainsi la production de sortiments nécessaires à tous. Le désir de réaliser le plus souvent possible empêchera le propriétaire placé dans des conditions ordinaires de créer ces ressources de l'avenir. Il n'admet la futaie que 1° pour les arbres résineux, et dans certains cas donnés pour le hêtre;

2° Dans les expositions où les peuplements souffrent du givre et des gelées tardives, et là où l'exploitation ne peut se faire que pendant l'été;

3° Que dans les régions où le hêtre ne prospère plus et 4° là où le défaut de communication, l'absence de main-d'œuvre, la densité de la population, la concurrence, ne donnent de la valeur qu'aux arbres de fortes dimensions.

Il existe plusieurs modes de traitement de la futaie. Ils se réduisent pour nous aux deux méthodes les plus usitées, savoir à la futaie soumise au mode de *jardinage*, et à la *futaie pleine*.

Futaie jardinée. — Le *jardinage* ou *furetage* est le mode le plus ancien d'exploiter la futaie. Il consiste à exploiter, çà et là, les arbres les plus vieux, les bois sur le retour, et même en pleine croissance, dès qu'ils sont réclamés pour le commerce ou la consommation locale. Dans ce cas on le dit *irrégulier* ou *non réglé*. Il est au contraire *régulier* lorsque le jardinage a lieu d'après un plan, arrêté en vue des réensemencements complets de la superficie et de la bonne conservation de la recrue.

Le furetage ne convient que pour les essences longévives, supportant longtemps l'ombrage, notamment le sapin, l'épicéa, le hêtre. Dans ces derniers temps, bon nombre de praticiens ont prétendu même que l'avenir du sapin, dans sa station naturelle, est lié à ce mode d'exploitation, comme semble le démontrer un grand nombre de coupes de conversion que nous avons observées dans la Forêt-Noire. Quoi qu'il en soit, le jardinage du résineux peut être considéré comme une espèce de futaie composée, où les arbres de tout âge se touchent, où les arbres dominants étouffent les plus faibles, ou du moins ralentissent leur croissance, jusqu'à ce que l'enlèvement des gros arbres leur permette de s'élancer et d'atteindre au niveau des autres. Il faut avoir vu des futaies jardinées de sapin pour se faire une idée de ce combat continuel et des résultats extraordinaires qui en sont la suite. L'accroissement total est ici moins élevé que dans les futaies pleines; mais les arbres y acquièrent individuellement, dans un temps moins long, une plus grande force de diamètre.

Le jardinage convient surtout aux petites étendues de forêts, et là où le propriétaire peut vaquer avec le personnel de la ferme, aux divers travaux de l'exploitation. On assurera dans ce cas le rapport soutenu de la propriété boisée en la partageant en plusieurs séries d'exploitation, ayant à peu près la même contenance. Soit, par exemple, une forêt à exploiter à l'âge de 120 ans, on la divisera en 3 à 4 lots. Chaque lot sera successivement jardiné à partir de l'âge de 30-40 ans, de manière qu'à la fin de la révolution, la recrue soit complètement fourrée et d'égale croissance. La reproduction est ainsi complètement assurée, puisqu'on n'enlève nécessairement qu'un nombre limité des plus gros arbres, et que les jeunes brins restent suffisamment ombragés.

Futaie pleine ou **régulière.** — Ce mode de traitement n'a pas été établi d'un seul jet. Il est la suite d'études et de tâtonnements, ce qui ne l'empêche pas d'être basé sur les phénomènes naturels de la végétation. En effet, avec lui, il s'agit, par des coupes successives, de procurer à la graine germée sous l'influence de l'humidité, de la chaleur et de l'air, la lumière nécessaire au développement du jeune plant, sans pour cela l'exposer à l'influence pernicieuse des rayons solaires, et provoquer l'envahissement du sol par les plantes parasites et les mauvaises herbes. Il arrive toutefois une époque où les plants n'ont plus besoin de l'ombre protectrice des vieux arbres, mais où la transition subite du clair-obscur à l'action directe des rayons solaires leur deviendrait fatale. On leur donne alors l'air qu'ils réclament, pour (dès qu'ils n'auront plus d'ennemis à craindre, qu'ils résistent à toutes les alternatives du chaud et du froid), leur ôter le reste d'un abri qui deviendrait sans cela une cause de perte et de ruine pour le repeuplement. De là, diverses séries de coupes appelées : a, *coupe préparatoire* ou *coupe d'ensemencement*, b, *coupe secondaire* ou *coupe claire*, c, *coupe définitive* ou *coupe pleine*.

Le mode d'opérer ces coupes doit naturellement se modifier suivant la nature du climat, du sol et des essences, les divers besoins de la jeune recrue, les travaux d'exploitation, etc. Il a encore été simplifié dans ces derniers temps, par l'emploi plus général des repeuplements artificiels, d'après les méthodes économiques indiquées précédemment, et à l'aide desquelles on a cherché à remédier à l'incertitude résultant de la production régulière de la semence et aux pertes qu'occasionne son attente. Nous allons au surplus examiner la futaie sous ses rapports les plus essentiels.

Les essences qui se prêtent avec avantage à la culture en futaie sont :

1° Les résineux, principalement le sapin, l'épicéa, le pin sylvestre, de Corse, noir et maritime;

2° Le hêtre;

3° Le chêne;

4° Le châtaignier.

Lorsque les futaies se composent d'une seule de ces essences, on dit qu'elles sont pures; mais il arrive le plus souvent, et ceci est encore un progrès des derniers temps, de les cultiver en mélange. Les avantages qui en résultent sont positifs et se traduisent par une augmentation de produit. Pour n'en citer qu'un exemple, nous dirons que le chêne cultivé seul détériore le sol par l'ombrage imparfait qu'il projette, et le rend acide par la composition chimique de ses feuilles. Ces inconvénients disparaissent complétement dès qu'on lui associe le hêtre. En outre, comme celui-ci a des racines traçantes et que celles du chêne pivotent, il en résulte que sur une même superficie on peut élever avec succès un plus grand nombre d'arbres.

Les mélanges les plus fréquents sont :

1° Le hêtre avec le chêne, ou avec d'autres bois durs, orme, frêne, érable, charme;

2° Le hêtre avec le sapin et l'épicéa;

3° L'épicéa, le pin sylvestre, le pin du Lord, le mélèze;

4° Le chêne, avec le charme, le bouleau, le sylvestre, etc., ces derniers, plus spécialement pour garantir le terrain du desséchement.

Le caractère principal de la futaie réside dans l'uniformité d'âge et de croissance des arbres qui la composent et qui doivent former des massifs serrés, en rapport avec la gradation de leur âge. Toutes les opérations qui y sont faites, doivent tendre à ce but. L'exploitation, le transport du bois, aussi bien que le mode et le choix des lieux où les coupes doivent se faire, exigent pour ce motif la plus stricte surveillance, en même temps qu'ils sont d'une importance absolue pour assurer la réussite du réensemencement naturel, et l'amélioration du peuplement.

Les règles générales à observer sous ce dernier rapport se résument comme suit :

1° Les arbres porte-graines ou servant d'abris, doivent, autant que possible, être protégés contre les dégâts à résulter éventuellement des vents dominants ou violents. C'est pourquoi les forêts seront attaquées par la limite opposée à ces météores, soit le plus souvent du côté nord-ouest, ouest ou sud-ouest, afin que les coupes soient protégées contre les vents du nord-est, sud-est, sud-ouest par les bois encore sur pied. Cette direction des coupes vers tel ou tel des points cardinaux est surtout recommandable en montagne, avec des essences à tiges élancées, à racines traçantes, à feuillage persistant en hiver, notamment l'épicéa. De cette manière, les jeunes plants souffriront également moins des intempéries et des frimas, et l'ensemencement naturel pourra être plus complet sur toute la surface de la coupe.

2° Les coupes doivent avoir une forme aussi régulière que possible et être disposées de manière à éviter que le bois d'une coupe en exploitation soit transporté à travers de jeunes peuplements ou de coupes en voie de régénération. En un mot, l'exploitation doit correspondre à un bon système de vidange.

3° Le bois le plus âgé doit être exploité le premier. A condition égale, on attaquera celui qui a donné le plus récemment de la graine ou qui promet d'en fournir incessamment.

4° Les peuplements irréguliers, sur le retour, d'un accroissement faible, en mauvais état de croissance, tomberont les premiers sous la cognée.

Si de ces règles générales nous passons au traitement spécial des principales essences, nous constaterons qu'elles doivent être traitées de la manière suivante :

Futaie de hêtre. — La futaie de hêtre devait, d'après Hartig, être tenue sombre et être régénérée avec lenteur. Aujourd'hui on ne donne plus dans ces extrêmes, et l'expérience a démontré que dans la *coupe d'ensemencement*, les cimes des arbres pouvaient être éloignées les unes des autres de 1 à 3 mètres dans les cas suivants (cet espacement peut même être augmenté) :

1° Lorsqu'il s'y trouve déjà des jeunes brins;

2° Lorsqu'il y a eu une fainée immédiatement avant la coupe;

3° Lorsque le peuplement se trouve à l'exposition du nord-ouest, nord-est, nord, parce que dans ce cas l'humidité est plus constante et que les alternances de chaud et de froid sont moins rigides;

4° Lorsqu'on n'a rien à craindre des mauvaises herbes.

La coupe secondaire commence, lorsque les brins ont une à deux années d'âge, et doit être terminée lorsqu'ils ont deux à trois ans. On éclaircit souvent, mais lentement, soit trois ou quatre fois à des intervalles de deux à trois ans.

La coupe définitive a lieu lorsque la recrue est assurée.

Futaie de chêne. — Cette essence se rencontre rarement à l'état pur. Lorsque cela a lieu, on espace les porte-graines de manière à ce que leur couronne reste distancée de 1 à 1 mètre 50.

La coupe secondaire se fait l'année suivante ou au plus tard dans deux ans. Lorsque les brins ont trois à cinq années, on procède à la coupe définitive.

Futaie de sapin. — Comme pour le hêtre. L'époque pour commencer la coupe secondaire est indiquée par la branche latérale que fournit le jeune plant de cette essence à trois ans.

Futaie d'épicéa. — Comme pour le sapin; toutefois la coupe définitive n'a lieu que lorsque le plant a de 0^{m},30 à 0^{m},50 de hauteur.

Futaie de pin sylvestre. — Lors de la coupe préparatoire, les arbres sont espacés de manière à ce que les extrémités des branches de la couronne restent à 3 ou 4 mètres de distance. On ne fera d'exception à cette règle que dans les terrains où les mauvaises herbes sont à craindre. — La coupe secondaire a lieu lorsque les jeunes pins ont deux à trois ans, la coupe définitive lorsqu'ils ont 0^{m},25, à 0^{m},40 de hauteur.

Futaie mélangée de chêne et de hêtre. — Comme pour le hêtre, sauf à hâter, autant que l'état de la recrue le permettra, la série des coupes indiquées.

Futaie mélangée de sapin et d'épicéa ou de hêtre. — Les coupes préparatoires ne sont assises que lorsqu'on peut compter sur un ensemencement en sapin. On tiendra alors les coupes secondaires très-fourrées, afin d'empêcher l'épicéa de se reproduire. On traitera le tout comme une futaie pure de sapin. — Le hêtre cherchant comme l'épicéa à dominer le sapin, on provoquera par tous les moyens la production anticipée de jeunes plantes de ce dernier, en établissant les coupes préparatoires lorsqu'on ne peut pas prévoir de récolte de faînes.

Outre tous les travaux, esquissés ci-dessus, on aura soin d'aider la nature en ameublissant le parterre des coupes préparatoires. Les porcs sont dans ce cas d'un grand secours, attendu que là où il n'est pas possible de les mettre au bois, on devra recourir à des façons à la houe, au scarificateur. Enfin on répandra de la semence, là où les arbres réservés ne pourraient le faire, on extraira les souches des arbres exploités, etc.

Coupes d'amélioration. — L'âge, relativement avancé, auquel les arbres élevés en futaie donnent la semence nécessaire à la régénération des peuplements, est cause qu'ils ne peuvent être exploités que dans un avenir fort éloigné. Ce reproche fait au mode de traitement qui nous occupe, ne serait toutefois fondé que pour le cas où l'on négligerait les coupes d'améliorations consistant dans les *nettoiements* et des *éclaircies périodiques* à l'occasion desquels on exploite les bois trop serrés et étouffés, ainsi que les bois blancs et autres, qui par leur croissance trop rapide portent dommage aux essences précieuses et longévives. Ces coupes qui s'appliquent aussi bien aux peuplements artificiels qu'aux peuplements naturels ont une double utilité, d'abord en ce qu'elles favorisent la croissance et la bonne venue des arbres, et ensuite en ce qu'elles donnent des produits qui ne sont pas à dédaigner; donc elles ne peuvent plus être négligées aujourd'hui. Aussi reçoivent-elles une application continue et sont-elles d'un usage de plus en plus commun.

Les nettoiements se bornent à l'élimination des bois blancs et autres, dominant les essences dont doit se composer le peuplement. Quant aux éclaircies, elles consistent dans l'exploitation des plants dominés, après la suppression des bois blancs. Elles s'opèrent ainsi à toutes les époques de la constitution du peuplement.

L'époque à laquelle on doit commencer les nettoiements est indiquée par l'état du peuplement. L'extraction des bois blancs se fait naturellement dès qu'ils gênent la croissance des essences dures. Les coupes, par éclaircie, succèdent aux coupes de nettoiement. Les jeunes brins en prenant de la taille commencent à se gêner mutuellement. Les tiges faibles, mal venantes, sont dominées par les brins vigoureux, et c'est pour aider la nature dans la suppression des premiers qu'on procède aux éclaircies. La mesure dans laquelle celles-ci doivent avoir lieu est indiquée par la règle que les couronnes des arbres doivent se toucher sans pourtant que leurs branches s'entrelacent. Dans cette proportion, on exploitera donc tous les brins dominés, c'est-à-dire dont la taille n'atteint pas à la hauteur de celle de la majorité du peuplement. Ajoutons toutefois que les premières éclaircies réclament le plus d'attention, attendu que les plants croissant en massifs serrés, n'ont pas toujours la rigidité nécessaire pour résister aux frimas. Dans cette période, on se trouvera bien de faire revenir les éclaircies tous les cinq à dix ans. Plus tard, on pourra y procéder tous les dix à vingt ans. Au surplus, la périodicité, la force des éclaircies sont intimement liées à la qualité du sol et de l'exposition, en ce sens que plus celles-ci sont défavorables, moins on devra distancer la couronne des arbres.

Les éclaircies et nettoiements s'opèrent d'ordinaire pendant le temps où la sève n'est pas en activité. Il n'y a exception que pour les pins dans les régions froides et souffrant du givre et des neiges. Là on commence à opérer au printemps, pour cesser dès l'apparition des premiers jets.

Des taillis simples. — Le mode de traitement des taillis est basé sur la faculté de produire des rejets ou des drageons que possèdent les souches des essences feuillues, après l'abatage du tronc. Ces drageons et rejets devenant par la suite le produit principal du bois, tous les soins doivent tendre à en provoquer la production et à en hâter l'accroissement. C'est pourquoi on ne conserve qu'exceptionnellement, et alors encore en petite quantité, du bois de plusieurs âges dans la même coupe, et qu'ainsi on exploite à blanc-étoc.

Le taillis simple se recommande surtout pour les terrains peu profonds, où la futaie ne pourrait atteindre toute sa hauteur. Ces terrains néanmoins doivent être fertiles, parce que sans cela la force reproductrice des souches perdrait trop tôt la vitalité qui lui est nécessaire.

Outre les essences feuillues qui se cultivent en futaie, telles que le chêne, le charme, le châtaignier, les grands érables, le frêne, l'orme, le tilleul, l'aulne, le bouleau, etc.; on y rencontre le coudrier, les saules, le cormier, le micocoulier, l'érable champêtre, etc.; le produit qu'ils y donnent n'est à la vérité pas aussi précieux que celui de la futaie, mais il n'en est pas moins lucratif, attendu qu'il se renouvelle plus souvent et que le capital engagé n'est par cela même pas aussi considérable. En effet, il est nécessaire, pour la bonne reproduction des souches, de ne pas retarder la récolte au delà de quarante ans, tandis qu'elle ne sera pas inférieure à dix années. Dans les bons sols, et pour les essences dures : chêne, châtaignier, frêne, érable, etc., on pourra aller sans danger jusqu'à quarante ans; les essences à bois tendre : aulne, bouleau, saule, etc., doivent être exploitées entre seize et vingt-cinq ans, tandis que les arbrisseaux ou arbustes : coudrier, bourdaine, viorne, épine, etc., le seront entre dix et seize. Il est à remarquer que le hêtre ira le mieux avec les essences tendres, attendu que ce n'est qu'exceptionnellement qu'il donne de bons rejets de souches à un âge plus avancé. Le motif de cette observation est que l'écorce de cette essence est trop dure pour permettre l'émission de cépées vigoureuses. Aussi le hêtre est-il considéré comme l'essence feuillue la moins productive en taillis. Ajoutons encore que le taillis est rarement pur. C'est d'ordinaire un mélange des diverses essences, dans lequel on doit chercher à faire dominer les plus précieuses.

La saison la plus convenable pour l'exploitation des taillis est encore l'objet de discussions entre les hommes du métier. En règle générale, c'est la température qui décide. L'exploitation d'automne, de la chute des feuilles en décembre, donne plus de qualités aux produits et doit être préférée pour les bois de cercles, de clayonnages, etc. Il n'y a pas d'écoulement de sève, mais là où les gelées sont intenses, les souches souffrent tellement qu'elles ne produisent plus de rejets. L'exploitation du printemps, de mi-février à la fin de mars, soit de quatre semaines avant l'apparition des feuilles, est dans des cas ordinaires, et surtout pour le hêtre, la plus favorable, parce qu'alors on n'a rien à craindre des grands froids et de l'écoulement trop abondant de la sève. Font exception à cette règle : l'aulne croissant dans les terrains aquatiques, qu'on doit couper pendant que le sol est pris par la gelée; le chêne à écorcer, qu'on exploite après la première sève; les bois de vannerie, qu'on récolte vers la fin de juin.

L'abatage des taillis doit se pratiquer avec le plus grand ménagement pour les souches. Il n'aura donc lieu qu'avec des instruments bien tranchants, le plus près possible de terre, avec une section nette, inclinant dans le même sens. La souche ne devra pas avoir d'éclat, fente ou taille. Sur les vieilles souches on devra couper dans le jeune bois, afin que la vieille écorce n'apporte pas d'obstacle au développement des cépées.

Les règles que nous avons données pour l'assiette des coupes dans les futaies régulières s'appliquent en général à celle des taillis. On disposera toutefois la coupe de manière que les rejets de souches soient à l'abri des vents du nord et de l'ouest. Ce résultat est obtenu, soit en abritant la superficie à exploiter du côté du nord et de l'ouest au moyen de la partie du bois qui reste debout; soit, quand cela n'est pas praticable, en donnant le moins de prise possible aux vents contraires. L'assiette des coupes ne sera donc pas toujours la même; elle variera suivant l'exposition et la situation de la forêt à aménager. Si, par exemple, le taillis a une forme allongée dans la direction du sud au nord, et trop étroite pour y asseoir deux coupes convenables dans la direction de l'est à l'ouest, il faudra, autant que possible, les ouvrir à l'ouest, surtout si elles ne doivent avoir d'autres abris que le taillis lui-même. Si, au contraire, le bois forme une bande étroite dans la direction de l'est à l'ouest, on devra chercher à donner le moins de prise possible à la bise du nord. On obtiendra un bon résultat quand les coupes qui sont à exploiter au commencement de la révolution se trouvent placées du côté du nord ou de l'est, et les dernières du côté du sud ou de l'ouest.

Le produit des taillis doit rester le moins longtemps possible dans les coupes, attendu que leur vidange occasionne la destruction d'un grand nombre de cépées.

Un taillis bien conduit est d'une durée pour ainsi dire illimitée. Chaque exploitation est suivie d'une nouvelle émission de rejets et de drageons, surtout si le terrain est de bonne qualité et si les essences qui le couvrent sont aptes à produire des cépées abondantes. Il suffira pour cela de suivre les règles déjà indiquées ci-dessus, de ne pas permettre l'enlèvement des feuilles mortes et d'empêcher le pâturage, surtout celui des moutons. On remplacera de plus, à chaque exploitation, les souches dépérissantes par des plants que l'on recépera ensuite. Dans les terrains moins favorables, où il existe des vides et des clairières, on fera même plus, on favorisera la production de cépées en buttant les souches avec de la terre, en découvrant les racines sur quelques endroits, en marcottant par couchage les rejets environnants, enfin en recourant au peuplement artificiel.

Un dernier moyen de maintenir la production du taillis ou de le régénérer, consiste à réserver par ci par là, surtout aux abords de la coupe, le long des chemins, quelques arbres destinés à devenir des porte-graines qui ne sont exploités qu'après plusieurs coupes de taillis. Cette mesure n'est pas à dédaigner, en ce qu'elle donne aussi des pièces de valeur comme bois d'œuvre, de charronnage, etc.

Si de ces règles générales nous passons aux cas particuliers, nous nous trouverons d'abord en présence du *taillis de chêne*. Le chêne est une des essences qui se prêtent le mieux à la croissance en taillis. Sa souche donne de nombreux rejets d'une grande vigueur végétative; son écorce, employée dans les tanneries, lui assure une valeur exceptionnelle que ne présente aucune autre essence. Plus les cépées sont jeunes et plus leur croissance a été rapide, mieux vaut l'écorce, qui est surtout recherchée lorsqu'elle provient du chêne rouvre. L'exploitation du bois à écorcer a lieu en pleine sève, parce que l'écorcement ne peut se faire avant cette époque. Celui qui ne donnerait pas de produits pour la tannerie est abattu l'année avant le pelage du chêne afin de donner plus de corps au liber de celui-ci.

Taillis de châtaignier. — Le châtaignier fournit de beaux produits en taillis, dès qu'il ne présente que du bois d'un âge. Les cépées fournies par les souches sont nombreuses, abondantes et vigoureuses. Exploité à l'âge de dix à quinze ans, il fournit des échalas et des cercles de futaille très-recherchés. Pour obtenir ce résultat, on cultive après chaque exploitation le terrain entre les souches et on détruit ainsi les arbustes et mauvaises herbes nuisant au développement des rejets de souches. Enfin on élague les branches mal placées, on supprime les bois tords, fourchus, mal conformés afin de ne produire que des jets bien droits et bien filés.

Taillis de micocoulier. — Dans les départements méridionaux et notamment dans les environs du Vigan (département du Gard), on cultive le micocoulier en taillis afin de produire des fourches-tridents, des attelles, des manches de fouet, très-recherchés et faisant l'objet d'un commerce assez étendu. Ce ligneux qui réussit encore très-bien sous le climat de Paris, fournit dans les bons terrains tous les trois à quatre ans, dans les terrains pierreux tous les dix à douze ans, des cépées ayant les dimensions requises pour donner de bonnes fourches. La nature ne produit pas toutefois d'elle-même les trois branches qui doivent former les dents de la fourche; on doit lui venir en aide pour l'y forcer. A cette fin, lorsque la tige a atteint une hauteur de 1m,50, on choisit à l'automne un bouton trifide, qui, comme on dit dans le pays, *fasse bien la fleur de lis*, et on supprime tout ce qui se trouve au-dessus de ce bouton. Ces boutons se développent au printemps et sont ensuite soumis au pincement afin de forcer les branches à se développer avec une égale vigueur. Plus tard on supprime toutes les branches croissant le long de la tige au-dessous de la fourche. On exploite dès que les bras des fourches ont acquis 0m,50 à 0m,60 de hauteur. Comme tous les rejets ne donnent pas de fourches, on convertit ceux qui ne réussissent pas en attelles et manches de fouets.

Des taillis anglais. — Dans plusieurs contrées, on exploite les cépées provenant de souches en plusieurs fois. Cette dernière méthode qui, dans l'ancien Morvan, est appliquée au hêtre et qu'on appelle *furetage*, consiste à n'enlever à chaque souche que les rejets les plus forts et à réserver les autres pour les coupes subséquentes. De cette manière, les nouveaux rejets croissent sous l'ombrage tutélaire des perches restantes, qui servent en même temps à l'élaboration de la sève qui se trouve dans la souche. Il en résulte que le sol n'est jamais dénudé, mais le bois croissant en taillis est souvent de trois à quatre âges différents. Les forestiers anglais soumettent toutes les essences à cette méthode et ont surtout soin d'opérer comme nettoiement et éclaircie, c'est-à-dire de supprimer d'abord tous les brins malvenants, dominés, étouffés et de ne s'attaquer en général qu'à ceux qui gênent la croissance des rejets vigoureux pouvant atteindre un âge avancé. Ajoutons que l'exploitation du bois dans ces taillis exige beaucoup de soins, afin de ne pas endommager les rejets réservés pour l'avenir. Ce furetage et ces nettoiements s'exécutent à des époques très-rapprochées, au plus tard tous les dix ans, de sorte que les produits ne se font pas trop attendre.

Des taillis composés. — Le *taillis composé*, *taillis sous futaie*, *futaie sur taillis*, est la réunion, sur une superficie, de la futaie et du taillis. Il s'ensuit que le peuplement provient partie de rejets ou drageons, partie de semence, d'où résulte le système mixte qu'entre les cépées du taillis croissent les arbres formant la futaie et que l'on nomme *réserve*. Ces réserves atteignant l'âge nécessaire pour produire des semences, il s'ensuit de plus que, contrairement à ce qui a lieu pour la futaie et le taillis purs, nous avons affaire à du bois de différents âges. C'est donc un peuplement *à deux fins*, dans lequel on désire produire des bois de service de fortes dimensions, en même temps qu'on s'assure un revenu répété par l'exploitation des taillis.

Toutes les essences sans exception peuvent entrer dans la formation du taillis composé. Le taillis, ici *sous-bois*, doit toutefois être exclusivement peuplé de bois feuillus. Plus une essence peut supporter de *couvert*, plus elle est apte à entrer dans la composition du sous-bois; par contre, moins elle occasionne de couvert, plus elle convient comme *réserve*. Il ne faut pas néanmoins oublier que les arbres supportent mieux l'ombre à une exposition convenable, dans les climats chauds et dans un terrain frais et humide, que là où ils ne trouvent pas toutes ces circonstances favorables réunies. Il est donc impossible de donner la valeur relative exacte de toutes les essences pour l'usage indiqué; toutefois, à conditions égales, on peut admettre l'ordre suivant pour la formation du *sous-bois* : hêtre, charme, frêne, érable champêtre, merisier, plane, orme, châtaignier, chêne, tilleul, aulne blanc et noir, bouleau, tremble, saule.

Réserve : Bouleau, frêne, saule, tremble, aulnes, chêne, orme, érables, pin du Lord, épicéa, charme, sapin, mélèze, pin sylvestre, hêtre, tilleul. Ces deux derniers forment des cimes trop amples, tandis que le pin sylvestre ne file pas dans une situation isolée et que le mélèze y devient venteux.

L'exploitation du taillis composé se complique des exigences diverses des deux éléments, sous bois et réserve, qui entrent dans sa formation. Aucune méthode de traitement n'a donné lieu à autant de calculs théoriques, notamment sur la surface de couvert projeté par les réserves et leur distribution sur toute l'étendue de la coupe. Dès qu'on est appelé à en faire l'exploitation, on reconnait bientôt que tous ces théorèmes sont des hochets de cabinets et qu'ici, pas plus qu'autre part, il n'y a de règles générales, encore moins absolues. Tout ce que l'on peut dire, c'est que le nombre des arbres à réserver dépend tout d'abord de celui qui se trouve en forêt, qu'il doit être réglé de manière que le couvert qui en résulte ne puisse compromettre la croissance et la reproduction du taillis. Il doit par suite varier suivant la nature de l'essence, le sol, le climat et la station, souvent même suivant les besoins du commerce.

Nous avons donné plus haut une échelle graduée par rapport aux exigences des essences. Nous avons déjà à cette occasion fait pressentir les effets des autres facteurs de la production sur le rôle joué par le taillis et les réserves qui le dominent. Nous ajouterons que plus le sol sera fertile, plus les réserves pourront être multipliées et acquérir un âge avancé, et celà parce que la végétation du taillis est d'autant plus assurée que le terrain présente plus de ressources. En outre, dans un terrain répondant aux exigences du peuplement, les arbres s'élancent et leur cime placée sur une tige plus élevée met moins d'obstacle à la circulation des météores sur le taillis. Il restera au surplus toujours de règle de ne jamais réserver des arbres sur le retour, ce qui revient à dire que dans les sols médiocres où l'accroissement cesse plus vite, on conserve moins de futaie ancienne que dans les bons terrains.

Quant aux besoins du commerce, il est clair que là où le bois de chauffage n'a pas de grande valeur, on négligera le taillis pour produire le plus possible de sortiments mieux payés et plus précieux, à fortes dimensions. Dans ce cas, la perte causée à la croissance du taillis par une forte réserve est compensée par les produits plus considérables de cette dernière.

Le choix et la distribution des réserves présentent toujours des difficultés et exigent dans tous les cas la plus scrupuleuse attention. En fait de réserve, on donnera la préférence aux arbres venus de graines, et ce ne sera qu'en leur absence qu'on choisira les rejets de souches les plus sains et les plus élancés sans pourtant être trop grêles, eu égard à leur élévation. On ne recherche d'ordinaire que les tiges très-droites, et l'on néglige celles qui ont quelque courbure ou qui forment des fourches à la naissance des branches. Cette coutume est toutefois d'autant moins justifiée que les bois courbes sont vivement réclamés par l'industrie et payés en conséquence. Aussi y aura-t-il profit à les conserver du moment que la couronne n'est pas trop étalée et que l'arbre est sain et vigoureux.

La réserve doit se composer, autant que faire se pourra, d'essences précieuses choisies dans celles indiquées plus haut, et sa répartition devra avoir lieu de façon que le taillis ne soit pas trop sacrifié ou que son existence ne soit pas compromise. En général, on peut poser en principe que les arbres ne doivent couvrir que du tiers au sixième du terrain immédiatement avant l'exploitation, et du cinquième au dixième immédiatement après celle-ci. Il y a donc ici aussi beaucoup de marge.

Lorsque la coupe sera située sur un même plan, on répartira ces réserves le plus également possible sur toute la surface de la coupe, en ayant soin de conserver partout une égale proportion dans les réserves de différentes tailles. Dans les terrains accidentés, au contraire, la répartition devra naturellement s'adapter aux exigences du sol et de l'exposition de chaque partie. Là où le terrain le permet et où le peuplement n'y met pas d'obstacle, on fera bien de réserver des massifs parfaits et complets d'essences précieuses. Quant aux arbres à fortes dimensions, à cimes très-amples, on les reléguera sur la lisière, le long des chemins, où ils nuisent le moins au taillis.

L'âge auquel on peut exploiter le taillis composé doit se baser sur le sous-bois et sur la futaie qui le surplombe. Les chiffres admis pour le taillis peuvent s'appliquer au sous-bois. Quant à la futaie, elle doit être conservée plus longtemps, parce qu'elle est destinée à produire du bois de service. On est d'accord sous ce rapport. La divergence d'opinions se rencontre ici sur l'âge auquel on doit exploiter le sous-bois. Les Allemands disent qu'il y a désavantage à conserver le taillis au dessus de 20 ans, parce qu'une trop longue révolution empêche les bois sous le couvert de repousser aussi facilement que ceux exposés en plein soleil, et que par suite d'une recroissance irrégulière, il y a trop grande perte dans l'accroissement. M. Parade, au contraire, est d'avis qu'il y a lieu de l'abattre à 30, 35 ou 40 ans, afin de pouvoir faire choix des réserves ayant une hauteur proportionnée à leur diamètre, condition qu'elles ne remplissent que lorsqu'elles ont été élevées en massif serré.

Les deux opinions en présence étant basées sur les inconvénients que présente le système mixte du taillis composé, la solution de la question dépend du facteur de la production auquel on doit accorder la préférence. Veut-on ou doit-on produire de menus bois, on s'arrêtera au système allemand. Le but du propriétaire est-il par contre d'avoir des bois de fortes dimensions et de meilleure qualité, il y aura lieu de s'arrêter aux chiffres indiqués par M. Parade.

Quant à l'âge des réserves, il dépend des dimensions qu'on veut leur voir acquérir, de leur accroissement et de la qualité du sol et de l'exposition. On les désigne, d'après le nombre des coupes du sous-bois qui les entoure sous les noms suivants :

Baliveaux, réserve ayant l'âge du sous-bois.
Moderne, réserve, ayant deux fois l'âge du sous-bois.
Ancien de 2e classe, réserve ayant trois fois l'âge du sous-bois.
Ancien de 1re classe, réserve ayant quatre fois l'âge du sous-bois.
Vieilles écorces, réserve ayant plus de quatre fois l'âge du sous-bois.

Les baliveaux sont d'ordinaire les plus nombreux dans les taillis, parce qu'un certain nombre d'entre eux ne parviennent, par suite d'accidents, jamais à un âge plus avancé; ensuite ils doivent former le fonds de réserve de l'avenir. Quant aux réserves plus âgées, on admet, suivant l'état du peuplement et la plus ou moins grande quantité de bois de forte dimension que l'on veut obtenir, les chiffres proportionnels suivants :

Vieilles écorces	1	2	3
Anciens de 1re classe	2	3	4
— de 2me classe	5	4	6
Modernes	4	6	8
Baliveaux	5	6	8

L'exploitation du taillis composé a lieu d'après les règles développées pour la futaie et le taillis.

Le taillis composé réclame peu de soins de culture dans un bon fonds, et lorsque les coupes y sont faites avec soin. Les souches dépérissantes sont chaque fois remplacées par des sujets nés des semences produites par la réserve. S'il arrivait néanmoins qu'il se formât des clairières, ou que les bois blancs prissent le dessus, on devrait provoquer un ensemencement naturel, soit avec les arbres de réserve qui existent déjà, en n'exploitant ceux-ci que quelques années après le sous-bois, soit en plantant dans les vides des arbres d'essences précieuses de 3 à 4 mètres de hauteur.

Comme tous les systèmes mixtes, où deux facteurs ayant des exigences contraires se rencontrent, le taillis composé a ses inconvénients. On les préviendra autant que possible, en suivant la marche indiquée pour le traitement, surtout si l'on a recours à l'élagage.

Élagage des arbres de réserve. — Les règles à suivre pour l'élagage des arbres forestiers ne diffèrent pas de celles adoptées pour les autres essences. Leur application seule est modifiée, suivant qu'on opère dans le massif serré de la futaie, ou sur les arbres isolés de la réserve des taillis composés.

Lorsque les jeunes arbres ne sont pas trop rapprochés les uns des autres dans les peuplements, leur tige est couverte de branches sur presque toute leur hauteur. Dès que ces branches se touchent, la lumière n'arrive pour ainsi dire plus aux ramifications inférieures, qui se dessèchent alors successivement, de manière que les branches latérales disparaissent à mesure que la tige s'allonge. De la sorte, les arbres élevés en massifs serrés forment en général et naturellement, sans aucun élagage, un tronc droit, bien filé et exempt de nœuds ou de grosses ramifications. Le massif est-il ensuite détruit par l'exploitation d'une partie du bois qui le forme, les arbres réservés sont de nouveau placés sous l'influence immédiate de la lumière. Leur tronc se couvre alors de branches gourmandes qui disputent à la cime une partie de la sève et amènent son dépérissement. De plus, ces branches donnent naissance à des excroissances, à des broussins, ôtant à l'arbre sa valeur comme bois d'œuvre. La recroissance du sous-bois fait, il est vrai, disparaître avec le temps une partie de ces gourmands, mais la dépréciation n'en existe pas moins, et augmente encore avec le développement anormal des branches latérales de la cime. En effet, celles-ci étendent leurs ramifications volumineuses au-dessus du taillis, et aggravent ainsi les inconvénients du couvert. Il en résulte la nécessité d'un élagage rationnel, appelé à modifier l'action naturelle de la sève, en même temps qu'il donnera aux arbres la forme indispensable pour maintenir leur valeur.

Toutefois, pour ne pas devenir nuisible, l'élagage doit être exécuté avec entendement, réflexion et en temps utile. On l'appliquera aux jeunes arbres, afin de leur imposer une forme convenable, et parce qu'alors la suppression des branches n'occasionnera pas des blessures aussi graves et que leur cicatrisation sera plus facile. De plus, on n'enlèvera jamais trop de branches à la fois. En un mot, on procédera par la méthode de l'élagage progressif, telle qu'elle s'est développée par la pratique raisonnée des dernières années.

La saison la plus favorable pour l'élagage des arbres, est celle où la végétation est suspendue, soit de novembre en mars pour les essences feuillues. Quant aux résineux, on opérera à l'automne, parce que les écoulements de sève seront alors moins à craindre.

Cet élagage devra être conduit de façon que les tiges restent garnies de branches latérales sur leur moitié supérieure. De cette manière, le tronc conservera un diamètre plus égal sur toute sa longueur, et on ne le privera pas d'une trop grande quantité de ses organes nourriciers. Les branches à supprimer sont donc toutes celles qui se trouvent au-dessous de la moitié de la hauteur totale de l'arbre (*fig.* 1557 C), celles qui s'emportent et prennent un accroissement hors de proportion avec leur voisinage (*fig.* 1557 B), les plus faibles de celles naissant sur un même point, ou apparaissant à une même hauteur et y formant une sorte de verticille (*fig*, 1558), enfin la moins développée des branches de la flèche, afin d'empêcher la croissance d'arbres fourchus (*fig.* 1560).

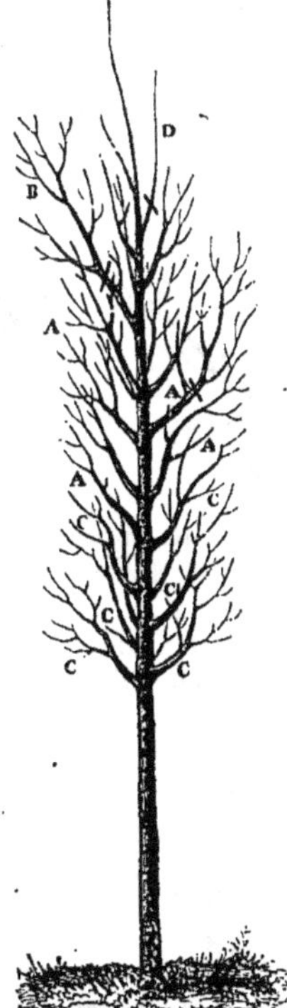

Fig. 1557. — Jeune arbre soumis à l'élagage progressif ou en tête.

Ces suppressions ne seront pas faites en une seule fois. En règle générale, on ne coupe que trois à cinq branches à la fois, en commençant toujours par le bas. Lorsqu'on doit en supprimer davantage, on ne retranche qu'une partie, soit la moitié ou les deux tiers de celles qui dépassent ce nombre.

Cette amputation se pratique alors immédiatement au-dessus d'une petite ramification (*fig.* 1559 A),

Fig. 1558. — Suppression des branches verticillées.

sauf à retrancher le reste, lors d'un élagage ultérieur.

L'ablation des branche se fait toujours rez-

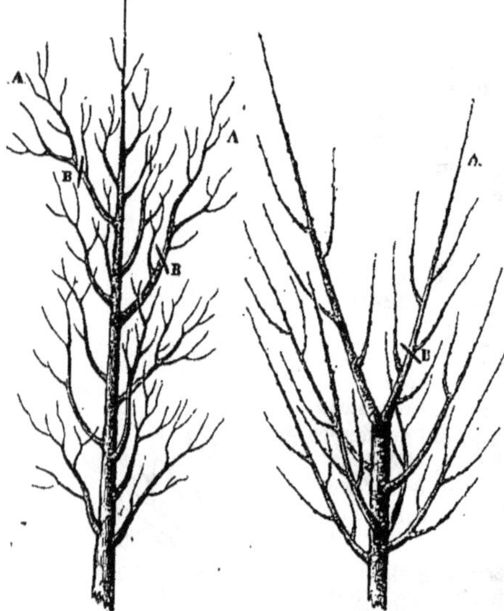

Fig. 1559.—Suppression partielle des branches trop vigoureuses.

Fig. 1560.—Suppression des branches rivales du rameau terminal.

tronc, perpendiculairement à l'axe de la ramification à supprimer (*fig.* 1561 et 1562). La section

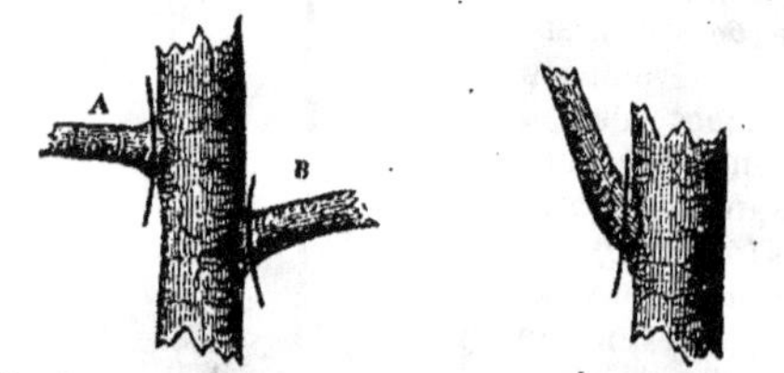

Fig. 1561. — Mode de suppression des branches formant un angle droit ou peu aigu avec la tige.

Fig. 1562.—Mode de suppression des branches formant un angle très-aigu avec la tige.

aura lieu de manière qu'en se détachant, la branche ne déchire pas l'écorce de l'arbre (*fig.* 1563). On commencera donc par faire une entaille à la partie inférieure de la branche à couper, et quand celle-ci aura atteint la moitié ou au plus le tiers du diamètre, on pratiquera une entaille correspondante dans la partie supérieure. Si la branche était très-développée, on en supprimerait l'extrémité jusqu'à près d'un mètre du tronc, même avant toute autre opération, et sauf ensuite à couper le chicot restant, comme il est indiqué à la figure 1562.

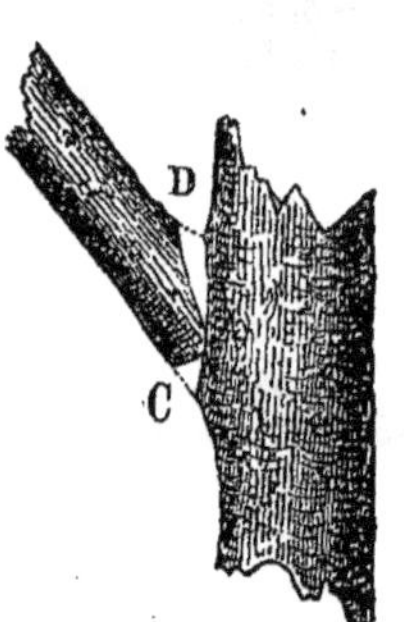

Fig. 1563. — Mode de section des branches.

Les plaies qui résultent de la suppression des branches, pouvant devenir une cause de dépréciation pour l'arbre et compromettre son avenir, il importe de prendre toutes les précautions nécessaires pour en hâter la cicatrisation. A cette fin, on donnera le moins d'étendue possible à la plaie, une forme ovale plutôt que longue, et on égalisera sa superficie de manière à ce qu'elle forme une légère proéminence vers son centre. De plus, pour neutraliser l'influence de l'air et de l'humidité sur les plaies, on les recouvrira d'un onguent quelconque. M. Dubreuil recommande dans ce but un mélange formé par parties égales, de poix noire et de poix de Bourgogne, assez chaud pour être liquide, mais pas assez pour altérer les tissus avec lesquels on le met en contact. On l'applique deux ou trois jours après l'élagage, afin que le mastic adhère plus complétement à la surface alors desséchée de la plaie. M. le comte de Courval et beaucoup de praticiens avec lui, emploient le goudron de gaz ou coaltar. Le succès est assuré chaque fois qu'on se borne à la surface de la plaie, sans toucher à l'écorce. Le coaltar doit également être tenu chaud pour rester liquide. Nous confectionnons un engluement liquide, à employer à froid, en faisant fondre sur le feu 1 kilogramme de poix de Bourgogne, à laquelle nous ajoutons 190 grammes d'esprit-de-vin jusqu'à ce que le tout forme une masse homogène et liquide. Renfermé dans des boîtes de fer-blanc, cet onguent se conserve indéfiniment, est d'un usage facile, et durcit immédiatement à l'air.

Tout instrument tranchant, bien affilé, permettant de faire des sections nettes, peut être employé pour l'élagage. Celui au maniement duquel l'ouvrier est habitué mérite la préférence, parce qu'il s'en sert avec plus d'habileté, d'adresse et de précision. Pour ceux qui voudraient employer des outils spéciaux, nous recommandons particulièrement l'ébranchoir à crochet. Cet instrument est d'une utilité incontestable pour l'élagage et la suppression des branches gourmandes qui se forment à la partie inférieure des jeunes arbres. Pour s'en servir, on place la lame au point où la branche doit être coupée, puis, en frappant sur l'extrémité inférieure du manche à l'aide d'un maillet, on la détache facilement. Des joints, placés à l'extrémité de ce manche, permettent, en outre, de l'allonger comme l'indique au surplus notre dessin (*fig.* 1564). Un second outil recommandable est la serpe d'élagueur de M. le comte de Courval (*fig.* 1565). Son poids élevé (1,500 grammes), donne beaucoup d'assurance dans la direction des entailles, tandis que sa forme permet de l'employer des deux mains, et pour l'ablation des plus fortes branches. On recommande aussi l'emploi de la scie ou égohine pour l'élagage des branches; mais comme elle ne forme pas de plaie nette, on l'abandonne pour les essences feuillues. Pour les essences résineuses par contre, la scie doit être préférée aux autres instruments tranchants. C'est, du moins, ce que les élagages des sapins de la forêt Noire en Wurtemberg et dans le pays de Bade, et nos propres expériences paraissent démontrer.

Fig. 1564. — Ébranchoir à crochet.

Outre les instruments nécessaires pour couper les branches, les ouvriers doivent être munis d'une série d'échelles doubles ou simples pour monter sur les arbres, attendu que les griffes (*fig.* 1566), employées dans certaines contrées pour le faire, occasionnent des lésions pernicieuses à ces arbres.

L'élagage des réserves a lieu l'année qui suit

Fig. 1565. — Serpe d'élagueur de M. de Courval.

chaque coupe du sous-bois. A cette occasion, on supprime sur les arbres toutes les branches mortes, dépérissantes, les nœuds vicieux: de plus, on nettoie toutes les plaies faites à l'arbre. Enfin, on bouche les cavités qui s'y trouvent avec des chevilles de bois sec, et on recouvre le tout avec l'onguent servant à l'englument adopté pour recouvrir les plaies de l'élagage. Ces soins peuvent paraître minutieux, mais ils sont largement couverts par le résultat final. Témoin les travaux de M. le comte de Courval dans son domaine de Pinon (Aisne).

Fig. 1566. Griffe d'élagueur.

Changements dans la méthode d'exploitation.— Les diverses méthodes de traitement des forêts, dont les règles viennent d'être résumées, s'appliquent à ce qui existe; mais il doit arriver que, les conditions primitives de la production ou les besoins du propriétaire venant à changer, il y a lieu de rechercher, s'il n'y a pas avantage à abandonner le traitement adopté. Pour n'en citer qu'un exemple, nous admettons que par suite de l'introduction de la houille dans les usines d'une contrée, le bois de charbon perde en valeur, il y aura par suite nécessité de rechercher s'il ne serait pas plus avantageux de produire du bois de service, et par conséquent de recourir au système de futaie ou de taillis composé. Au contraire, si la production d'écorces à tan, de cercles de cuves, promettait un revenu rémunérateur, on examinerait s'il n'y a pas avantage de créer des taillis simples. Ce passage d'une méthode d'exploitation à une autre est trop intimement lié au revenu de la propriété boisé, pour ne pas mériter l'attention, parce qu'à côté de la question d'économie, il y a encore celle de l'avenir, avec laquelle le forestier doit toujours compter. En effet, quel que soit le système d'exploitation adopté, le résultat se fera toujours attendre de longues années, pendant lesquelles la relation cherchée entre l'offre et la demande, peut changer plus d'une fois, et mettre ainsi en question le résultat de l'opération la mieux combinée. On procédera donc à ces opérations avec prudence, et on n'oubliera jamais que dans les circonstances actuelles, avec les tendances de l'époque, la diminution progressive de la propriété boisée, la futaie présente encore toujours le plus d'avenir. Ceci ne nous empêchera pas cependant d'indiquer la manière de convertir la futaie en taillis.

Conversion de la futaie en taillis simple. — Cette opération n'est d'ordinaire pas difficile pour les parties où les arbres sont encore en âge de pouvoir se reproduire de rejets de souches. Là où ce n'est pas le cas, on devra établir des coupes d'ensemencement, dont on mettra le produit en coupe réglée, dès qu'il aura atteint l'âge adopté pour son exploitation. En combinant ce moyen avec le repeuplement artificiel, on parviendra au but, surtout si l'on s'est assuré, par de petites coupes d'essais, jusqu'à quel point on peut compter sur la reproduction des souches.

Conversion de la futaie en taillis composé. — Outre le taillis qu'on obtiendra, comme nous venons de le dire, il s'agit d'établir la réserve. Comme dans une futaie régulière, il n'y a des arbres que d'un seul âge, il arrivera nécessairement que cette réserve se composera exclusivement de *baliveaux*, de *modernes* ou d'*anciens*. Mais comme on a procédé dans les vieilles coupes à des coupes préparatoires, une partie des porte-graines devra composer la réserve. Dans les jeunes coupes, par contre, on marquera des *baliveaux* nécessaires pour pourvoir les générations futures de *modernes* et d'*anciens*, en nombre suffisant.

Conversion du taillis simple en taillis composé. — La réserve sera choisie dans le taillis et se composera autant que possible de brins de semences, de rejets vigoureux de souches, en nombre suffisant pour former la futaie. En l'absence de brins et de rejets suffisamment vivaces, il y aura souvent avantage à planter des essences précieuses de 3 à 4 mètres de hauteur, et à se créer ainsi une ressource pour les balivages futurs.

Conversion du taillis simple en futaie. — On cherche tout d'abord à maintenir le peuplement existant en massif serré et on n'y opère que des éclaircies, des nettoiements à l'occasion desquels on supprime les bois blancs et ceux qu'on ne veut pas voir dans la futaie. Lorsque les essences restantes se mettent en graine, on établit la série de coupes de régénération indiquée, lesquelles seront suivies d'un succès complet, si l'on n'oublie pas d'extraire les souches.

Conversion du taillis composé en futaie. — Les arbres de réserve aident au réensemencement de la coupe et sont donc un facteur de plus pour la bonne réussite de la conversion du sous-bois, qui sera traité comme il vient d'être dit pour le taillis simple. On commencera les coupes de conversion dans les parties les plus âgées, et pour amener le plus possible l'uniformité d'âge dans les peuplements, on éclaircira, non-seulement le jeune bois, mais on abattra encore les réserves dépérissantes, ou qui ne sont plus nécessaires au réensemencement. En conduisant ces coupes avec entente et en recourant à temps aux semis et aux plantations, on parviendra au but cherché. Mais pour cela il y aura nécessité de ne pas oublier que toute opération de l'espèce correspond à une diminution momentanée de revenu, et qu'il est dans l'intérêt bien entendu de la chose de la conduire avec toute l'attention possible. En conservant de fortes réserves, en les espaçant convenablement, avec quelques autres petites mesures culturales, on parviendra par exemple à convertir le taillis composé en futaie et à augmenter ainsi le produit en bois de semis, sans pour cela trop grever le présent au profit de l'avenir.

Aménagement. — Le boisement d'après les règles de l'art est fait en vue de la production d'un revenu, et ce n'est pas la moindre tâche du forestier que de déterminer l'époque et la manière dont il usera de la valeur créée par lui, mais qui n'est encore qu'en voie de formation. En effet, si pour l'agriculture l'usage du produit est déterminé par l'époque de sa maturité, il n'en est pas de même pour les produits forestiers. La raison en est bien simple. La maturité des arbres est indéterminée, ou pour mieux dire, il y a autant de maturités différentes qu'il y a d'années dans la vie des arbres. Dans aucun cas elle n'est assez rapprochée pour permettre, comme pour la pomme de terre par exemple, que celle qui est plantée au printemps donne une récolte à l'automne. Car ce n'est guère avant l'âge de dix ans qu'un semis aura acquis de la valeur et donnera un produit. L'art et la science sont impuissants pour changer cet état de choses reproché à la sylviculture ; tout ce qui peut être fait, c'est de créer le revenu le plus en rapport avec l'état actuel du peuplement, sans pour cela toucher aux ressources de l'avenir, à l'aide d'un *aménagement* convenable.

On appelle *aménagement* l'opération qui consiste à régler pour une ou plusieurs révolutions, le mode de culture d'une forêt, ainsi que la marche et la quotité de ses exploitations.

Son but doit tendre à faire traiter une forêt de manière à ce qu'elle donne des produits périodiques annuels et sensiblement égaux d'une année à l'autre, et en outre que ce revenu soit en rapport avec l'intention du propriétaire ou les besoins que ce dernier est appelé à couvrir. Ce sont ces considérations qui déterminent l'âge auquel les bois doivent être abattus ou en style forestier leur *exploitabilité.*

Cette exploitabilité est :

A. absolue ou économique. — Lorsqu'on laisse croître le bois jusqu'à ce qu'il atteigne son plus grand accroissement moyen, et qu'il donne la plus grande quantité de produits utiles et les produits les plus recherchés par le consommateur, c'est-à-dire ayant à volume égal, la plus grande valeur en argent.

b. Mercantile, ou *relative à la plus grande rente.* — Lorsqu'elle assure la rente la plus élevée. Avec cette dernière on ne voit dans la forêt qu'un placement d'argent, dont les éléments sont :

1. Le sol du bois tout entier, ce qu'on appelle le *capital* foncier ou le *fonds ;*

2. L'ensemble des peuplements que l'on désigne sous le nom de *capital superficiel ;*

3. La somme nécessaire pour fournir les frais annuels d'administration, de garde, d'entretien et d'imposition avec les intérêts accumulés.

c. Naturelle ou *physique.* — Lorsqu'on laisse arrêter les bois jusqu'à ce qu'ils aient acquis tout le développement dont ils sont susceptibles, eu égard à l'essence, au sol et au climat. Elle ne se rencontre le plus souvent que là où, par suite de la nature de l'essence et de la mauvaise qualité du sol, le peuplement entre en décroissance à un âge peu avancé.

La solution de la question peut donc avoir lieu d'une manière différente suivant les facteurs de la production qu'on veut faire prévaloir, ou en d'autres termes, suivant qu'on veut produire le plus de bois, ou retirer le plus d'argent.

Cette solution, ainsi que l'essence, la méthode de repeuplement et d'exploitation, le sol et le climat, influe également sur la fixation de la durée de la *révolution,* ou de l'espace écoulé entre une coupe et la précédente, laquelle est aussi déterminée lors de l'aménagement des bois.

La futaie, devant se régénérer de semence, il s'ensuit que la révolution à laquelle elle est soumise doit au moins atteindre cette période. Les arbres qui la forment n'acquièrent d'ailleurs que beaucoup plus tard les dimensions qui les rendent propres aux usages les plus importants, et plus tard encore l'époque du maximum d'utilité absolue ; il s'ensuit que ce mode de traitement comporte toujours l'idée d'une révolution élevée. Aussi le terme de l'exploitabilité absolue de chaque essence se meut entre les extrêmes suivants :

ESSENCES.	RÉVOLUTION.
Chêne	140 à 200 ans.
Châtaignier	90 — 120 —
Hêtre	80 — 120 —
Erables (grands)	80 — 100 —
Ormes	80 — 90 —
Frêne	80 — 100 —
Tilleul	60 — 80 —
Tremble	60 — 70 —
Bouleau	50 — 70 —
Sapin	100 — 140 —
Epicéa	90 — 120 —
Mélèze	60 — 80 —
Pin sylvestre	70 — 80 —
— maritime	100 — 120 —
— de Corse et noir	70 — 120 —

L'âge du taillis simple est d'ordinaire placé entre 10 et 40 ans suivant l'usage auquel on destine le produit. C'est ainsi par exemple que la révolution des taillis à écorces ne peut être fixée qu'approximativement, attendu qu'on doit exploiter le *tan*, dès que l'épiderme du pied des cépées se fendille. Les extrêmes se coordonnent d'ailleurs entre les données qui vont suivre :

ESSENCES.	RÉVOLUTION.
Chêne	16 à 30 ans.
Châtaiguier	15 — 20 —
Hêtre	30 — 35 —
Charme	30 — 35 —
Tremble	25 — 30 —
Tilleul	20 — 25 —
Aulne	20 — 30 —
Coudrier	15 — 18 —
Micocoulier	10 — 12 —
Bouleau	20 — 30 —
Saule	8 — 16 —

Lorsqu'on a affaire à des peuplements formés de diverses essences, on fixe toujours le terme de la révolution d'après l'essence la plus précieuse ou que l'on veut avantager.

Le taillis composé a deux révolutions distinctes. Celle des sous-bois se fixe comme pour le taillis, en diminuant ou augmentant le terme de la révolution de la manière indiquée précédemment. L'âge de la futaie comporte 1, 2, 3, 4, 5 fois celui du taillis, toujours suivant les sortiments de bois à produire.

Il nous reste maintenant à parler de l'aménagement par rapport à la méthode à adopter pour l'assiette des coupes soit de la *possibilité*, ou de la quantité de bois à exploiter périodiquement.

Dans le taillis simple et le taillis composé la possibilité se fonde sur l'étendue. Elle s'obtient donc en divisant la surface totale de la propriété boisée, par le nombre des années de la révolution ; le produit fait connaître la contenance de la coupe annuelle. Cette méthode de coupes d'*égales contenances* se distingue par sa simplicité et la régularité qu'elle imprime à la marche des exploitations ; mais elle présente l'inconvénient de ne donner qu'exceptionnellement des produits annuels suffisamment égaux. En outre, elle n'est pas applicable à la futaie, pour laquelle on adopte la *possibilité par volume*, et cela parce que celle basée sur l'étendue seule présente de nombreux obstacles provenant surtout de la diversité des coupes dont cette possibilité doit être composée.

Cette méthode par volume se fonde *sur la division du temps et la production matérielle en portions égales et correspondantes*.

Créée en Allemagne en 1765 et plus spécialement connue sous le nom de *Méthode des compartiments*, sa mise en pratique réclame des développements que ne comporte pas un livre destiné aux cultivateurs. En résumé, elle a pour base le volume total du bois tombant sous la cognée dans le cours de la révolution. Ce volume, divisé par le nombre d'années de celle-ci, fait connaître au quotient la quotité exploitable pour chaque coupe annuelle. C'est, à la première vue, fort simple; mais, pour trouver le volume total du bois exploitable, il ne faut pas seulement évaluer la masse de bois présente, il faut encore pouvoir apprécier l'accroissement successif pendant toute la révolution ; il s'ensuit donc que les travaux nécessaires pour déterminer le volume sont très-importants et malgré cela encore problématiques. C'est pour équilibrer ces résultats et éviter, autant que faire se pourra, le résultat de calculs aléatoires, qu'on partage la superficie à aménager en plusieurs divisions de contenance égale ou à peu près, et qu'on exploite ensuite dans le nombre d'années indiqué, le volume trouvé. La contenance forme donc encore ici le point de repère de tout le système, auquel elle donne la stabilité nécessaire pour ne pas entamer les ressources de l'avenir, le rapport soutenu en faveur du présent.

ARBORICULTURE AGRICOLE.

Considérations générales. — La production de bois, sur des surfaces exclusivement abandonnées aux forêts, trouve un allié naturel, un suppléant, dans les plantations isolées sur des terrains réservés à l'agriculture, ou qui, par leur position et leur usage, ne permettent pas d'emploi plus lucratif. Ces plantations deviennent de plus, dans des cas donnés, outre une ressource précieuse pour la consommation de ligneux, des auxiliaires bienfaisants de la culture du sol. Il suffira de jeter un regard sur la végétation vinicole et agricole, soumise à l'influence des abris arborescents, sur les prairies du pays de Herve, les champs clôturés des contrées flamandes, et de la comparer à celle des plaines ouvertes, pour concevoir toute l'efficacité de tels abris et leur utilité. Mais la formation de ces abris n'est pas la seule occasion qui se présente pour cultiver des essences forestières. Nous avons encore les mardelles des rivières et des canaux, leurs francs-bords, les abords des chemins et des habitations, les talus en remblais ou déblais, en un mot ces mille et une surfaces improductives ou à peu près, qu'on rencontre partout et toujours, et qui, avec les tourbières et carrières abandonnées, les marécages, etc., donneraient un rapport soutenu, si nous parvenions à y faire croître des ligneux. Considérant ce problème comme un complément forcé de la création et de l'administration des bois, c'est pour le résoudre que nous allons nous en occuper.

Des haies de clôture. — Le principal avantage des haies vives est de protéger les produits de la terre contre les agressions des tiers et de les garantir contre la dent du bétail. Dans les sols secs, exposés aux vents contraires, elles forment en outre des abris, en même temps qu'elles hébergent les petits oiseaux qui de ce perchoir naturel font la guerre aux insectes se nourrissant des plantes cultivées. Elles occupent, il est vrai, du terrain et gênent quelquefois la circulation ; mais les produits qu'elles donnent ne sont pas à dédaigner, et compensent le plus souvent les embarras qu'elles causent.

Les haies vives sont établies de différentes manières, suivant le but que l'on veut atteindre et l'essence employée. Dans les conditions ordinaires, elles sont soumises à une tonte plus ou moins régulière, et ont en moyenne de 1m,20 à 1m,30 de hauteur sur une épaisseur variable. Les profils que nous donnons indiquent les principales formes qu'on peut leur appliquer (*fig.* 1567, 1568, 1569

Fig. 1567. — Haie plantée à 0m,05 du bord d'un talus.

Fig. 1568. — Haie plantée sur le bord d'un fossé.

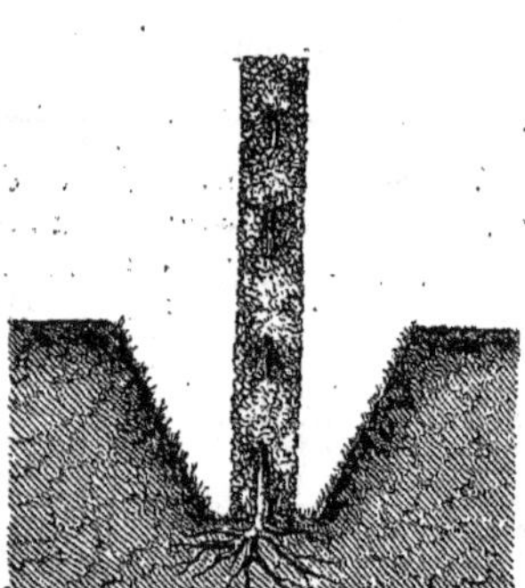

Fig. 1569. — Haie plantée au fond d'un saut de loup.

et 1570). Le plus souvent on rencontre de ces clôtures formées d'arbustes dont les branches se sont étendues à leur gré et ont ainsi fourni des haies impénétrables, il est vrai, mais d'un aspect désagréable après la chute des feuilles et ayant une largeur de 0m,40 à 0m,50 (C, *fig.* 1571). Cette dimension occasionne une perte de terrain à laquelle on a cherché à remédier par l'application

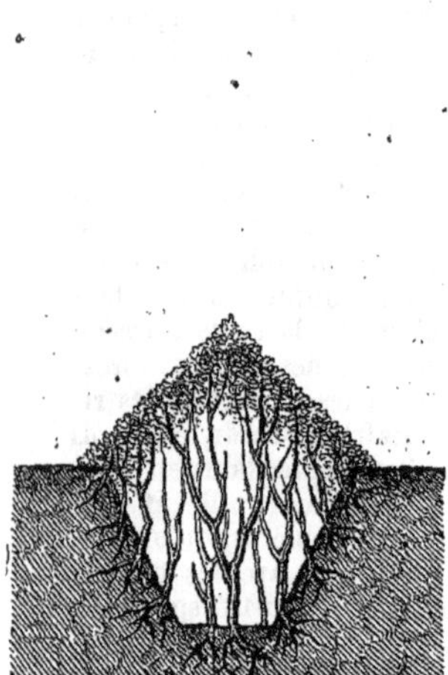

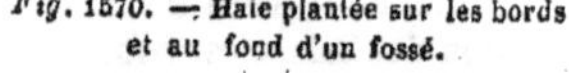

Fig. 1570. — Haie plantée sur les bords et au fond d'un fossé.

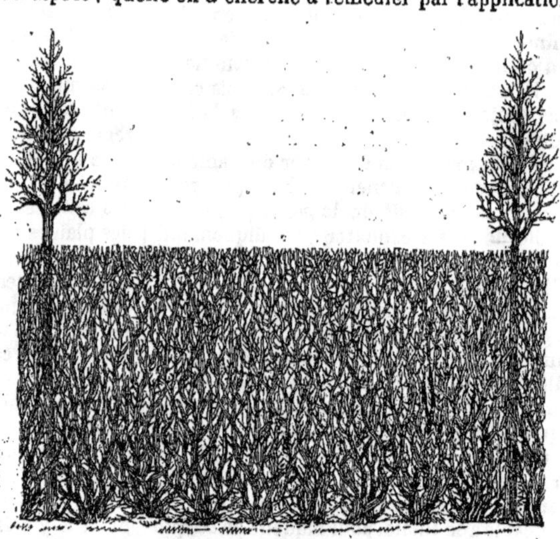

Fig. 1571. — Haie irrégulière conduite d'après l'ancienne méthode.

d'une taille raisonnée et régulière. Voici d'ailleurs comment on procède.

Le terrain sur lequel on veut établir une haie est labouré à une profondeur de 0m,60 à 0m,80 sur une largeur de 0m,60 à 1 mètre, pendant l'été qui précède la plantation projetée. Dans les sols compactes, on défonce la terre ainsi remuée sur les bords de la tranchée, et on l'y laisse jusqu'au moment de la plantation, afin qu'elle s'améliore au contact de l'atmosphère. On fera même bien de la remplacer par une terre plus substantielle, s'il était possible de s'en procurer à peu de frais.

Pour tous les terrains autres que les sols humides et argileux, on plante à l'automne. Les plants à employer devront être âgés de deux ans, dont un an de repiquage. Les jeunes plants de Sainte-Lucie devront seuls être âgés d'un an. Les saules et le troëne seront plantés au printemps en bouture, tandis que l'ajonc sera semé en ligne.

Quant aux plants enracinés, on devra procéder à leur habillage lors de leur mise en terre. Ce qui revient à dire qu'on supprimera les racines déchirées ainsi que les branches blessées. La plantation aura lieu au milieu de la tranchée sur une seule ligne, dans lequel cas les brins seront espacés entre eux de 0m,10. Pour des haies plus épaisses, on plantera sur deux lignes, en échiquier et on espacera dans tous les sens à 0m,15.

Dès le premier été qui suit la plantation de la haie, on la défend contre l'influence de la sécheresse par le paillage du sol, ou par des binages sur une largeur de $0^m,30$ de chaque côté de la

Fig. 1572. — Taille au deuxième printemps.

haie. Ces binages sont répétés deux ou trois fois et exécutés avec les outils ordinaires de la ferme.

On donnera dans le courant de la deuxième année les mêmes soins à la plantation, et lorsque

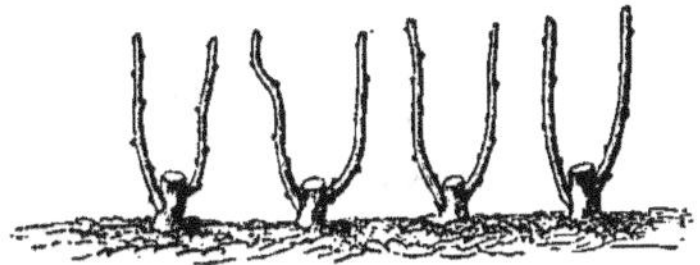

Fig. 1573. — Taille au troisième printemps.

les jeunes plants seront parfaitement repris, soit au commencement ou au plus tard à la fin de la deuxième année, on procédera au recepage des essences feuillues (*fig.* 1572). Cette opération devra avoir lieu à environ $0^m,06$ du sol, immédiatement au-dessus de deux yeux latéraux. La troisième année les rejets provoqués par ces recepages seront supprimés à l'exception de deux, et ceux-ci raccourcis aux deux tiers environ de leur longueur (*fig.* 1573). Après les binages nécessaires pour détruire les mauvaises herbes, on procédera, le quatrième printemps, au raccourcissement des deux branches émises après la deuxième taille (*fig.* 1574). Le temps est maintenant venu de dresser la haie. A cette fin, on enfonce dans le sol, au milieu de cette haie, une série de pieux ayant une hauteur égale à celle que l'on veut donner à celle-ci. Ces pieux distancés à 3 mètres les uns des autres sont reliés entre eux au moyen d'une perche transversale affermie au tiers environ de leur hauteur. Les branches latérales développées sur les plants sont, après cela, enlacées les unes dans les autres, de telle sorte qu'il y ait une parfaite égalité entre les brins inclinés à droite et à gauche (*fig.* 1575). Les branches continuent à s'allonger et sont au fur et à mesure enlacées dans la même position verticale, jusqu'au moment où la haie a atteint une hauteur suffisante. On maintient le tout par de nouvelles perches verticales, et cela jusqu'à ce que la haie puisse se supporter toute seule.

La haie étant complétement formée (*fig.* 1576), les travaux d'entretien consistent à en maintenir le pied libre par des binages et en une tonte annuelle sur les deux faces verticales et au sommet de la haie. De cette manière on la forcera à se ramincir davantage en même temps qu'on l'empêchera de prendre trop d'épaisseur. Ces tontes auront lieu au croissant (*fig.* 1577) ou aux ciseaux à tondre (*fig.* 1578).

Avec le temps, et en dépit de ces tontes répétées, les haies prennent trop d'épaisseur. On rabat alors les branches jusque sur la charpente et on obtient bientôt de nouveaux rejets. Mais il arrive que malgré tous ces soins, les haies dépérissent et se dégarnissent du bas. Il ne restera alors qu'à les receper à quelques centimètres du sol et à recommencer à les rétablir avec les nouvelles cépées comme cela a eu lieu lors de l'établissement primitif. On opérera de la même manière la restauration des haies à brins verticaux du système primitif. Tous ces recepages, tontes, élagages se feront toujours vers la fin de l'hiver.

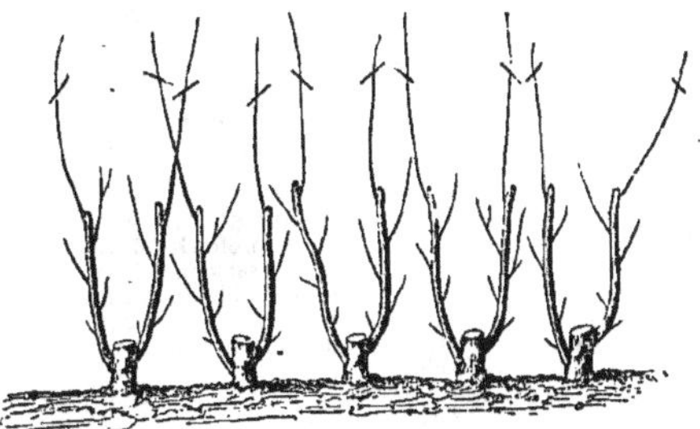

Fig. 1574. — Taille au quatrième printemps.

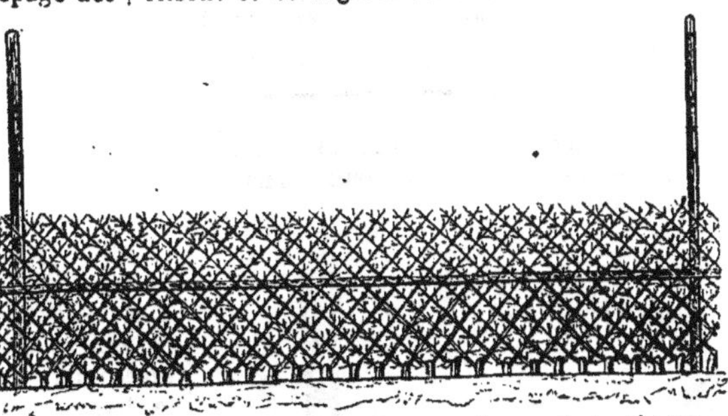

Fig. 1575. — Haie croisée, vers la fin de sa quatrième année de plantation.

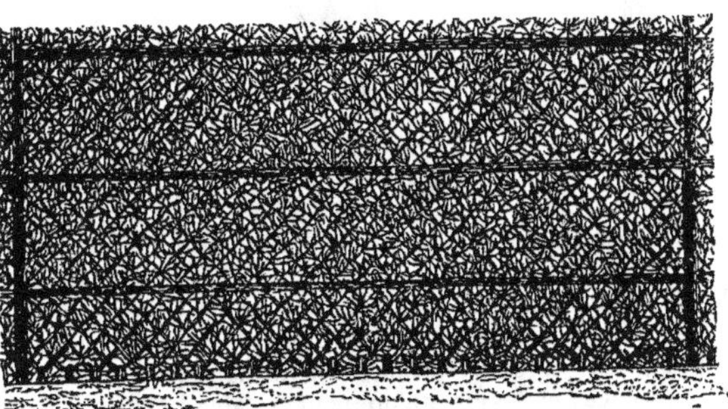

Fig. 1576. — Haie croisée, vers sa sixième année de plantation.

Les espèces de végétaux qui conviennent le mieux à la confection des haies soumises à la tonte sont :

ESSENCES.	SOL.	CLIMAT
Ajonc	Sablonneux, aride, salant	Centr.
Argousier	Sablonn., salant, humide	Tous.
Aubépine	Calcaire, sablonn., argileux	Tous.
Arroche pourpier de mer	Salant, sableux, argileux	Centr.
Aulne	Humide, franc	Nord.
Cerisier bois de Ste-Lucie	Sablonneux, sec	Tous.
Charme	Argileux, sablonneux, frais.	Nord.
Coudrier	Argileux, sablonneux, frais.	Tous.
Cornouiller	Argileux, calcaire	Nord.
Epine-vinette	Calcaire, sablonneux	Nord.
Erable champêtre	Argileux, calcaire, sablonn.	Nord.
— de Montpellier	Sablonneux, sec, argileux.	Centr.
Grenadier	Argileux	Centr.
Hêtre	Argileux, frais, profond	Nord.
Houx	Argileux, calcaire, ombragé	Nord.
Micocoulier	Calc., argil., sable argileux.	Centr.
Mûrier blanc	Sablonn., chaud, profond.	Centr.
Nerprun	Argileux, calcaire, sablonn.	Tous.
Olivier sauvage	Argileux, calcaire, sableux.	Centr.
— de Bohême	Id	Centr.
Orme	Calcaire, argileux, sablonn.	Tous.
Oranger des Osages	Sable	Centr.
Paliure épineux	Argileux	Centr.
Poirier sauvage	Calcaire, argileux	Tous.
Pommier sauvage	Id.	Tous.
Prunellier	Calcaire, argileux, sablonn.	Tous.
Robinier faux acacia	Id.	Tous.
Saule marceau	Tous, mais surtout frais	Tous.
Saule pour vannier	Humides	Nord.
Tamarix	Salants	Centr.
Troëne	Argileux, calcaire, humide.	Tous.
Epicéa	Frais, argilo-calcaire	Nord.
Genévrier	Aride, sablon., en pl. soleil.	Nord.
If	Argileux, calcaire, ombrag.	Nord.
Thuia	Calcaire, sablonneux	Tous.
Cèdre de Virginie	Argileux, sablonneux	Tous.

Ces haies régulières ne sont pas les seules clôtures faites avec des végétaux ligneux. Dans les

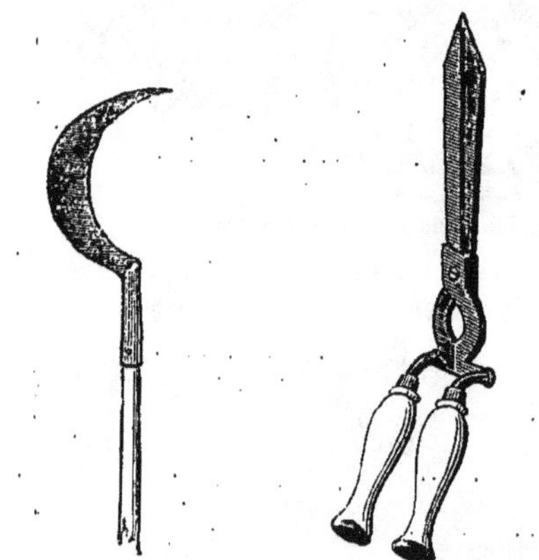

Fig. 1577. — Croissant. *Fig.* 1578. — Ciseaux à tondre.

pays de pâturage on en établit en outre avec de grands arbrisseaux, aussi bien comme séparation d'héritages qu'en vue de la production du bois. Outre les essences ci-dessus qu'on peut y faire entrer comme sous-bois, on y trouve surtout les essences feuillues qui se reproduisent le plus facilement de rejets de souches. Ainsi entre autres :

Acacia, Aulne, Charme, Chêne, Coudrier, Érables, Frênes, Micocoulier, Orme, Tilleul, Saule, etc. On laisse ces haies s'élancer en liberté et on les met tous les quatre ou six ans sur souches. Cette coupe se fait d'ordinaire à l'automne et au premier printemps, soit à 0m,60 ou 1 mètre de hauteur du sol, soit rez-terre.

Des abris. — Les abris sont des espèces de clôtures faites dans le but de créer des obstacles naturels ou artificiels à l'action des vents dominants, contre laquelle ils protégent le terrain environnant. Leurs avantages et leurs inconvénients résultent de la discussion de la question de leur utilité pour la grande culture. Mathieu de Dombasle, comme la plupart des écrivains habitant les contrées où les vents violents sont rares, nie l'utilité des plantations pour abri. Tout en reconnaissant que les champs qui sont abrités par des bois et des haies élevées jouissent d'une température plus douce, il prétend qu'ils sont moins productifs et ont une moindre valeur que ceux qui sont en rase campagne. De Gasparin, qui écrivait dans une localité souffrant des fortes rafales de bise, était convaincu de l'utilité des abris. Il explique leur effet de la manière suivante : « Le vent qui passe par-dessus la crête « de l'abri ne se mêle pas immédiatement avec « l'air échauffé par le soleil qui est à son pied : « ce mélange ne se fait que lentement, et ainsi « le calorique des couches inférieures de l'air ne « se trouve pas enlevé. » Sinclair assure que dans les seules îles Hébrides, on a, par des clôtures bien entendues, augmenté infiniment le rapport de 800,000 acres de terre.

Les abris sont plus ou moins larges et plus ou moins étendus et nombreux, suivant la force des vents qu'il s'agit de mitiger. Leur direction doit toujours être perpendiculaire aux vents dominants.

Les essences propres à faire des abris diffèrent suivant la nature des vents qu'il s'agit de combattre. C'est ainsi que là où règnent les vents de mer, avec leur cortége salant et corrosif, on emploiera, dans les régions où il vient bien, le pin maritime. Si c'est sur un sable de dunes, on le fixera comme nous l'avons déjà indiqué. Si c'est dans un sol déjà fixé on sèmera la graine derrière une plantation d'ajonc, de sureau, de tamarix, ou d'argousier. Là où le climat ne va pas au pin maritime, on le remplace par le pin à crochet, le pin sylvestre, la sapinette bleue, le peuplier blanc, toujours derrière un abri primitif de sureau. Ces abris ne pourront jamais avoir moins de 0m,20 à 0m,30 de profondeur et être espacés de plus de 200 à 300 mètres.

Pour les vents de terre et dans les climats méridionaux on donnera la préférence au cyprès que l'on plantera sur une seule ligne à un mètre de distance ou sur deux lignes croisées, espacées de 1 mètre à 1m,50. On pourra également employer les essences indiquées plus spécialement pour la formation des haies, dans lesquelles on plantera les essences forestières à haute tige. De cette manière on aura une espèce de taillis composé dont on exploitera le sous-bois tous les six ou huit ans, et les autres arbres dès qu'ils auront acquis les dimensions recherchées. Dans tous les cas ces exploitations devront avoir lieu avec prudence et seront conduites de telle sorte qu'une partie des abris subsiste toujours, afin que le terrain ne soit jamais dégarni que partiellement.

Plantations d'alignement le long des routes, chemins, canaux, dans les champs, prairies, pâturages, etc. — Les plantations d'alignement ont cela de commun entre elles, qu'elles permettent de produire des bois de service et autres, sur des emplacements où il est le plus souvent impossible de retirer d'autres produits. Cette raison d'être générale n'est toutefois pas la seule qui recommande ces plantations à l'attention des propriétaires. Elles présentent encore toutes des avantages particuliers qui compensent d'ordinaire tout le mal qu'on serait tenté de croire d'elles. C'est ainsi que les plantations le long des voies de communication abritent en été les voyageurs et leurs attelages contre l'ardeur du soleil; pendant la nuit et en hiver, lors des neiges abondantes, elles servent de guide et rendent les communications plus sûres, et toujours plus agréables. Le long des canaux et rivières elles servent d'abris contre la violence des vents et des eaux, et diminuent très-notablement les effets de l'évaporation.

Quant aux plantations dans les champs, les prés, les pâturages et autres terrains abandonnés à l'agriculture, le pays de Waës, la vallée d'Auge en Normandie, le Würtemberg, etc., démontrent les avantages qu'elles produisent surtout dans les terres d'une nature sèche, quartzeuse, ayant besoin d'abri pour les hommes et le bétail. Ce résultat ne sera pas aussi favorable dans les situations basses, plates, humides, mais, même dans ces conditions, il y a toujours lieu d'examiner si des plantations de l'espèce ne compenseraient pas le dommage qu'elles occasionnent, et dans l'affirmative, d'y procéder, ne serait-ce déjà que comme ornement du paysage et pour le bien-être des troupeaux.

Ces plantations ne diffèrent pas quant à l'exécution, ou travaux complémentaires et d'entretien, de ceux indiqués au chapitre XLVII, p. 621 du présent volume du *Livre de la Ferme*. Nous y renvoyons donc, sauf à compléter le tout par l'indication du choix des essences à employer. C'est ce qui a lieu dans le tableau qui va suivre où nous indiquerons par la lettre N', celles qui prospèrent le mieux au nord de Paris et par la lettre C celles qu'on préférera dans le Midi. L'absence de ces lettres dira qu'elles viennent également bien partout.

ESSENCES.	SOL.	CLIMAT.	DISTANCE entre les arbres. sur 1 lign.	sur plus de 1 ligne.
			m	m
Alizier	Calcaire	...	7	8
Aulne commun	Humide, tourbeux	...	5	6
Charme commun	De consistance moy., humide	...	»	»
Châtaignier	Léger, substantiel et humide, prof., sec.	...	8	10
Chêne rouvre	Argileux, compacte, glaiseux, de consistance moyenne	...	8	10
— pédonculé	Idem	...	»	»
— blanc	Idem	...	»	»
— tauzin	Humide, de consist. moyenne, léger	C.	»	»
Cyprès pyramidal	Idem	C.	»	»
Epicéa	Argil., compacte, glaiseux, de consistance moyenne, humide, léger, tourbeux	N.	7	8,50
Erable plane	Consistance moyenne; humide, léger	...	6	8
— sycomore	Id. léger et sec, calcaire	...	6	8
Frêne commun	Profond, frais, consistance moy., divisé.	...	5	7
— à fleurs	Léger, sec	...	5	7
Hêtre des bois	Compacte, argil., glaiseux	N.	8	10
Marronnier d'Inde.	Léger, frais et substantiel	...	7	8
Micocoulier	Consistance moyenne, humide, léger	C.	5	6
Noyer	Argileux, compacte, humide, glaiseux, de consistan. moy.	...	8	10
Orme champêtre	Argileux, compacte, humide, glaiseux, de consist. moyen. et léger	...	7	91
— pédonculé	Idem	...	8	10
— tortillard	Idem	...	8	»
Planère Zelkoua	Idem	...	»	»
Platane d'Occident	Consistance moyenne, silico-humid., tourbeux	...	»	10
Peuplier argenté	Consistance moyenn., humide, léger, sec, tourbeux	...	8	7,50
— blanc	Idem	...	6	7,50
— d'Italie	Idem	...	6	5
— de Canada	Idem	...	4	7,50
— de Virgin.	Idem, moins sec	...	6	7,50
Pin du lord Weymouth	Consistance moyenne, humide, tourbeux, léger	N.	5	6,50
Robinier faux acacia	Consistance moyenne, humide, léger	...	»	»
Sapin commun	Argileux, compacte, léger, humide, sec.	N.	7	8,50
Saule blanc	Humide, tourbeux	...	5	6
— Marceau	Dans tous	...	»	»
Sorbier	Tous, mais calcaire de préference	N.	7	8
Tilleul à pet. feuil.	Léger, humide	...	7	8,50
— de Holland.	Idem	...	»	»
Vernis du Japon	Consistance moyenne, humide, léger, sec.	...	6	7,50

Parmi les essences ci-dessus, celles qui causent le moins de dommage aux propriétés riveraines, tant à cause de leur feuillage donnant un couvert léger qu'à cause de leurs racines pivotantes, sont : les ormes, frênes, érables, aliziers, tilleuls, noyers, sapins, épicéas, planères, platanes et sorbiers.

Les chênes, charmes, hêtres, mélèzes et pins ne conviennent que pour les plantations sur plusieurs lignes, attendu qu'ils sont habitués à la vie de famille et que les chênes supportent mal la taille. Les peupliers que l'on rencontre partout, ne devraient être employés qu'exceptionnellement comme arbres de bordure le long des champs cultivés. En effet, par leurs racines traçantes, ils épuisent le sol, tandis que leurs feuilles, en se décomposant, communiquent à la terre les principes acides qu'elles contiennent, et contribuent ainsi à rendre encore plus désastreux l'effet, déjà si nuisible, que produiront les racines.

Les soins à donner aux plantations sont peu nombreux et se bornent aux élagages, qui sont exécutés tous les deux ans pendant les dix premières années de la plantation. On n'y procédera plus que tous les trois ans pendant les quinze années suivantes, et tous les quatre ans jusqu'à ce que l'arbre ait atteint de quarante à cinquante ans, c'est-à-dire jusqu'à ce que sa croissance en hauteur se ralentisse. Cette opération aura lieu d'après les principes développés pour l'élagage des réserves du taillis composé et les arbres qui y sont soumis devront finalement présenter l'aspect de la figure 1579.

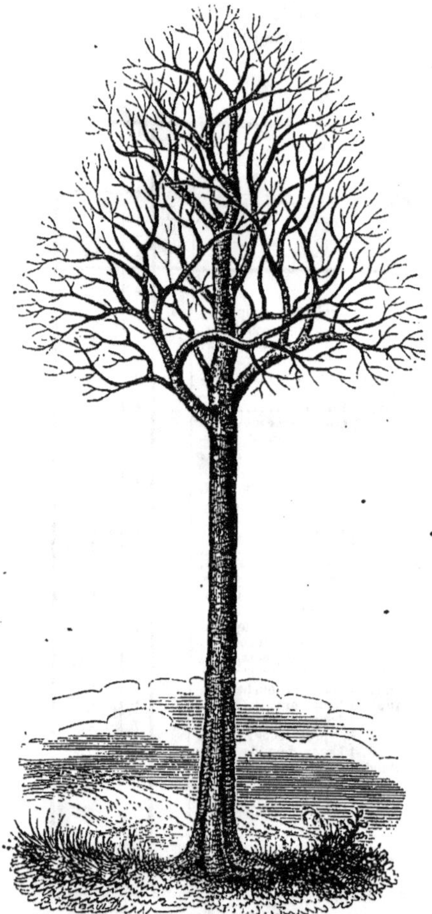

Fig. 1579. — Arbre élagué suivant la méthode progressive ou en tête.

Les arbres ainsi traités sont exploités dès qu'ils ont acquis les dimensions requises par le propriétaire ou qu'ils ne profitent plus. Un autre mode d'en retirer un produit est de les exploiter en *têtard* (*fig.* 1580).

Les arbres destinés à être traités de cette dernière manière sont écimés, et les rejets qui surgissent autour de la plaie utilisés périodiquement. On les rencontre toujours avec profit dans les pâ-

Fig. 1580. — Arbre d'émonde exploité en têtard.

turages et les prairies, le long des fleuves, pour arrêter le ravage des inondations et de la glace. Les essences qui s'y prêtent le mieux sont les saules blanc et fragile, le charme, le tilleul, le peuplier de Canada, le peuplier noir, le platane et l'acacia dans les lieux abrités, ensuite les ormes, chêne, érable et frêne. L'âge auquel on exploite les têtards dépend tout d'abord de l'accroissement plus ou moins rapide des cépées, ensuite de l'usage auquel on les destine. En général on exploite à trois ans les cépées de saule, à cinq et six ans celles d'acacia, platane, peuplier, orme, chêne. Les branches de saule sont employées comme liens, cercles de cuve, vannerie, celles de charme donnent les meilleures rames de pois. Toutes fournissent un bon chauffage pour le four et souvent un fourrage recherché dans les années de disette.

On les exploite aux mêmes époques que le taillis, à l'automne ou au printemps. Quant aux bourrées pour fourrage, on les coupe pendant le mois d'août. La taille a lieu soit rez le tronc (*fig.* 1581 A), soit sur chicots (*fig.* 1581 B) de $0^m,30$ à $0^m,60$ de longueur qu'on ménage dès la première exploitation. Ces chicots ont l'avantage de présenter une plus grande surface à la production des cépées, de leur donner plus d'air et d'en faciliter l'abatage.

La suppression des cépées a lieu en une seule fois, ou en furetant annuellement les rejets les plus forts. Ce furetage n'est d'ordinaire appliqué qu'aux saules, et alors encore il est modifié en ce sens qu'on élimine la première et la seconde année les brins propres à la vannerie et qu'on réserve les autres pour la troisième.

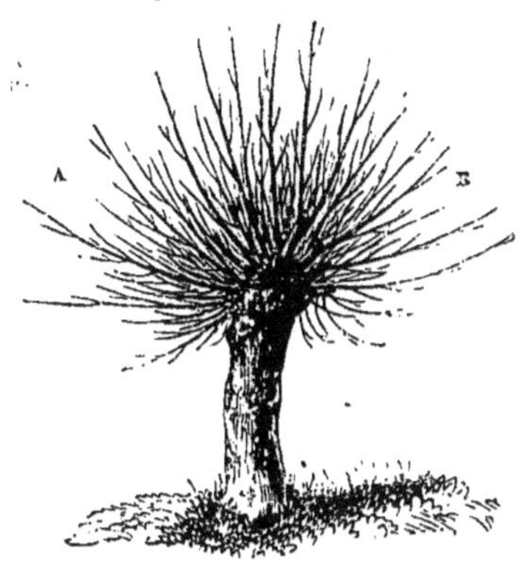

Fig. 1581. — Arbre en têtard.

Une modification du têtard est l'arbre d'*émonde*. Avec lui on récolte des branches sur toute la longueur de l'arbre après que l'écimage a eu lieu à une grande hauteur. Les avantages que présente ce mode d'exploitation sur celle en têtard sont assez importants. Leur tête étant moins fourrée, ils donnent moins d'ombrage. En outre, leur tronc plus élancé donne des bois noueux recherchés dans l'ébénisterie. Enfin, ils fournissent une plus grande quantité de fourrage.

Les essences qui se prêtent à l'exploitation comme arbres d'émonde sont celles qui conviennent au têtard. Toutefois, les chênes, les ormes, les érables, le frêne, l'aulne, le peuplier d'Italie, préfèrent cette dernière forme à la première. On abat les branches à l'âge de trois à six ans, avec la serpe et on laisse d'ordinaire d'assise en assise des chicots, afin de faciliter l'ascension sur l'arbre.

Plantation des francs-bords et marchepieds des rivières et canaux, des talus en remblais et en déblais, des routes et chemins de fer, des digues, des ravins, etc. — La plantation des terrains indiqués a principalement pour but d'empêcher les éboulements, le ravinage, et enfin toute dégradation des talus, provenant de l'action combinée du gel et du dégel, de la pluie, et d'autres causes mécaniques. Ceci est surtout vrai pour les sols très-friables, siliceux et calcareux où il n'existe aucun moyen naturel moins coûteux pour en opérer la fixation.

Les essences à employer dans ces plantations doivent avoir avant tout des racines vigoureuses, traçantes et nombreuses. De plus, elles doivent rejeter des souches, attendu qu'on exploite les plantations de talus en taillis.

Le boisement s'opère le plus souvent à l'aide de la plantation. On n'a recours au semis que pour l'ajonc, le cytise, l'acacia, et le genêt. Les saules et peupliers se plantent au moyen de boutures. Pour les autres essences on emploie des plants de deux à trois ans.

Le semis se fait à la volée, en pochets ou par bandes alternées. Ce dernier mode ne peut être employé que là où il n'y a pas d'entraînement ou d'éboulement du sol à craindre. Dans ce dernier cas on procédera au semis en pochets placés en échiquier à 0m,50 de distance dans tous les sens. La plantation aura lieu à la même distance et dans une forme analogue. Toutefois, tous ces travaux devront être précédés, là où les éboulements et le ravinage sont à craindre, de travaux assurant la stabilité du sol. A cette fin, on fichera en terre des rangées de piquets qu'on reliera entre eux à l'aide d'un clayonnage, assez fort pour durer jusqu'à ce que la racine des arbres employés se soit emparée du terrain. D'autres fois on recourra avec succès à des plantes ligneuses telles que ronces, clématites, buis, genévriers. Elles aideront à fixer le sol plus économiquement qu'à l'aide de pieux et retiendront les berges des ravins en même temps qu'elles garniront les sols infertiles ou trop secs.

Dans tous les cas, on donnera la préférence aux ligneux suivants :

ESSENCES.	TERRAIN.	CLIMAT.
Ajonc	Sablonneux	Midi.
Argousier	Id. calcaire	»
Aulne commun	Humide, argile, sablonneux	»
— blanc	Id., sablonneux	»
Alizier	Calcaire	»
Cerisier bois de Ste Lucie	Id., sablonneux	»
Chêne kermès	Sec, pierreux	Midi.
Coudrier	Frais, léger, argileux	»
Cytise des Alpes	Calcaire, siliceux	»
Epine-vinette	Sable, calcaire	»
Erable champêtre	Argileux, calcaire	Nord.
— de Montpellier	Sec, sablonneux, aride	Midi.
— sycomore	Argileux, calcaire	»
Frêne commun	Frais, humide, argileux	»
Genêt	Sablonneux	Nord.
Genévrier	Sablonneux, aride	»
Micocoulier	Argileux, calcaire	Midi.
Nerprun	Frais, humide	»
Orme champêtre	Argileux, calcaire	»
Peuplier tremble	Humide, argileux	»
— blanc	Sablonneux	»
— grisard	Argileux	»
Prunellier	Calcaire, frais, argileux	»
Robinier faux acacia	Siliceux, frais	»
Saule Marceau	Tous	»
Saule pour vannerie	Humide	»
Sureau	Sablonn., argileux, humide	»
Tilleul commun	Argileux, sablonneux	»
Viorne	Argileux, calcaire	»

Les soins à donner aux jeunes plantations consistent surtout dans le regarnissage des vides qui pourraient se former dans les peuplements. Au printemps de la troisième année on procédera au recepage des jeunes plants à 0m,03-0m,05 du sol afin de favoriser la formation de cépées. On exploitera tous les huit à dix ans comme il a été dit pour le taillis simple.

Ajoutons que les francs bords des rivières, fleuves, et canaux sont la station favorite des essences que nous avons indiquées pour les sols humides et qu'on s'en tiendra par suite pour ceux-ci aux aulnes, saules et peupliers.

Plantation de carrières. — Sablonnières. Cronières (1). **— Tourbières, etc., abandonnées.** — La nécessité de se procurer les matériaux indispensables pour les constructions et autres usages de l'exploitation est cause que très-souvent

(1) D'où on extrait le *cron*, sorte de carbonate de chaux aussi connu sous le nom de tuff calcaire.

des surfaces plus ou moins considérables sont privées de la couche végétale qui les recouvrait et qu'on doit en abandonner la culture. Outre qu'elles ne donnent alors aucun produit, elles deviennent un danger pour la contrée, par ce fait qu'étant creusées à une grande profondeur, elles sont envahies par les eaux, qui y deviennent stagnantes et y répandent des effluves malfaisants.

Le boisement des terrains dont il s'agit est difficile, souvent coûteux. Mais, comme c'est le seul moyen de les utiliser, il s'ensuit qu'on ne doit jamais négliger d'y avoir recours. Le revenu qui en résultera viendra d'ailleurs encore augmenter la satisfaction qu'on éprouvera d'avoir réussi à convertir en terrain productif des surfaces offrant toujours un aspect désagréable.

Les essences qui conviennent le mieux à ces terrains sont les suivantes :

ESSENCES.	TERRAIN.	CLIMAT.
A. — Terrains secs.		
Ajonc	Caillouteux	Midi.
Aulne blanc	Calcaire	Nord.
Bouleau commun	Gravier siliceux, calcaire	»
Cerisier-mérisier	Idem	Midi.
Charme houblon	Calcaire	Midi.
Chêne garrigue	Pierreux	Midi.
— kermès	Pierreux, siliceux	Midi.
— tauzin	Idem, aride	Midi.
— yeuse	Calcaire	»
Erable champêtre	Rocailleux, calcaire	Midi.
— de Montpellier	Id	Midi.
Micocoulier	Gravier siliceux	»
Peuplier (hors celui d'Italie)	Gravier siliceux	»
Pin de Corse	Calcaire, crayeux	»
— noir d'Autriche	Idem	Midi.
— maritime	Sable, crayeux	Nord.
— sylvestre	Siliceux, calcaire, crayeux	Midi.
— d'Alep	Gravier, calcaire, crayeux	»
Prunier Sainte-Lucie	Siliceux, calcaire	»
Robinier faux acacia	Gravier siliceux	»
Sorbier des oiseleurs	Id. calcaire	»
Saule Marceau	Id.	»
Vernis du Japon	Gravier siliceux, calcaire	»
B. — Terrains humides, inondés périodiquement ou submergés.		
Aulne commun	Argileux, silic., calc., stérile	»
Argousier	Id	»
Bouleau	Id	»
Erable rouge	Id	»
Peupliers	Id	»
Pin de lord Weymouth	Id	»
— à crochet	Id	»
Saule Marceau	Id	»
Saule pour vannerie	Id., mais fertile	»

Le boisement aura lieu par plantation. Le semis se bornera aux essences résineuses. Dans les terrains pierreux, où les façons préparatoires sont impossibles, on sèmera à la volée, en plein ; on préférera par contre, là où il sera possible, le semis sur bandes alternées.

Pour la plantation on emploiera des plants élevés en pépinières et repiqués de deux à trois ans. On les mettra en terre d'après l'une et l'autre des méthodes décrites pour les boisements ordinaires. Mais la plantation en butte sera surtout applicable, parce qu'elle permettra même de planter sur le rocher le plus abrupt. Ceci pour les terrains secs.

Quant aux terrains humides, submergés, il y aura tout d'abord nécessité de soustraire, autant que faire se pourra, les plantations à l'influence continue de l'humidité stagnante. On recourra donc aux plantations sur ados. (*Livre de la Ferme*, II, p. 85.) Les terrains de l'espèce sont en général plus productifs que les sols secs. Ils donnent même des produits extraordinaires et un revenu lucratif chaque fois qu'ils sont assez fertiles pour être transformés en oseraies. Les variétés qui conviennent le mieux pour ces derniers ont déjà fait l'objet d'une description détaillée (II, p. 876). On les plante en boutures, que l'on doit tenir très-propres à l'aide de binages répétés pendant les premières années. Plus tard on ne donne plus qu'une façon printanière, mais on ne perdra jamais rien en y procédant plus souvent et en donnant tous les deux ou trois ans une fumure avec de l'engrais humain.

Les oseraies sont exploitées tous les ans dans le courant de l'hiver, en février-mars, lorsqu'on se sert des osiers avec l'écorce ; en juin, lorsqu'ils doivent produire des osiers blancs. — La première année elles ne donnent que des liens, mais on ne doit pas moins les couper. Ce n'est qu'à partir de la troisième année qu'elles fournissent des jets de 2 à 3 mètres de longueur. On les exploite à $0^m,01$-$0^m,03$ du tronc, lequel devient ainsi une espèce de têtard.

Quant aux autres essences employées dans les boisements dont nous venons de parler, elles seront traitées le plus souvent en taillis, parce que la qualité du sol ne permet qu'exceptionnellement aux arbres d'y acquérir de fortes dimensions. On ne perdra toutefois jamais de vue qu'en découvrant le moins possible le sol, c'est-à-dire en tenant les plantations dans un état serré, on améliorera les conditions de la production et on préparera ainsi la transition à des essences plus précieuses et partant à un revenu plus certain.

RÉCOLTE DES PRODUITS FORESTIERS OU EXPLOITATION DES BOIS.

Considérations générales. — Les produits donnés par les terrains plantés d'arbres sont nombreux. Ils ne se bornent pas à ceux qu'on considère généralement comme *principal*, savoir : le bois d'œuvre et le bois de chauffage. Ils s'étendent aussi aux *produits accessoires* consistant en écorces, fruits, sèves, feuilles, etc. La récolte de ces produits est connue sous le nom d'*Exploitation des bois*, tandis que leur préparation, façonnage et classement pour l'usage auquel ils doivent servir s'appelle *débit des bois*. La valeur des produits forestiers dépendant de ces opérations et étant intimement liée avec le plus ou moins de soins apportés à leur récolte et à leur débit, il s'ensuit que nous ne pouvons nous dispenser d'en parler ici.

Produits principaux. — Abatage des bois. — *Exploitation des taillis.* — L'abatage se fait avec des instruments bien tranchants, afin de ne pas faire éclater la souche et l'écorce qui la recouvre. Les brins ayant moins de $0^m,10$ de tour sont coupés à la serpe, afin d'éviter l'ébranlement et la rupture des racines. Les cépées ayant une plus forte dimension sont abattues à la hache.

On coupe les brins de semence le plus près possible de terre et même entre deux terres. Les rejets de souches sont exploités dans le jeune bois. Les étocs auront la surface très-unie, oblique, inclinant dans le même sens. Le bois abattu devra être dirigé de manière à ne pas gêner l'exploitation de celui qui est encore sur pied.

Exploitation des futaies. — L'abatage des bois dans les futaies a lieu aux différents âges du peuplement. La première coupe, dite de nettoiement, se fait à l'aide de la serpe, du sécateur forestier, (*fig.*1582), ou du couteau à receper (*fig.* 1583). Avec ce dernier, on abaisse le brin à couper vers la terre en appuyant du pied sur les racines. Les coupes par éclaircies venant ensuite sont exploitées comme le taillis, sans qu'il soit nécessaire de ménager les souches. La hache ou la scie sont ici d'un usage constant. Quant aux autres coupes, on les continue avec les mêmes instruments. On donne toutefois la préférence à la scie, parce que l'on évite avec elle la perte qui résulte de l'entaille par l'emploi de la hache et qui est d'autant plus forte que l'arbre est plus gros. Un mode encore plus économique et profitable, surtout pour les essences précieuses, est l'abatage *en pivotant*. Dans l'espèce, les racines de l'arbre sont déchaussées et séparées du tronc à leur base. Mais cette pratique nécessite des ouvriers entendus, et à même de diriger l'arbre dans sa chute. Elle cause en outre plus de dommage dans les coupes définitives, où l'on se trouvera bien de faire ébrancher les arbres tombants afin de les empêcher de s'encrouer ou d'endommager le recrû et les réserves.

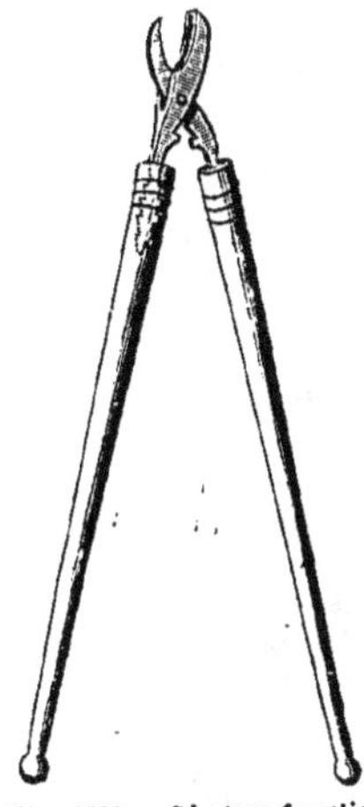

Fig. 1582. — Sécateur forestier.

On a recommandé un grand nombre de machines pour servir à l'abatage des arbres. Jusqu'ici une seule d'entre elles a donné des résultats pratiques satisfaisants. C'est le diable forestier, qui nous vient de la Suisse (*fig.* 1584). Cet instrument se compose d'un levier A, muni de deux chaînes en fer B. On attache vers le milieu de l'arbre qu'il s'agit d'abattre une corde C munie à son extrémité d'une chaîne en fer, dont les anneaux correspondent à ceux du levier. Le point d'appui peut être un autre arbre, une souche qui communique au levier par une chaîne D. Une des chaînes du levier étant accrochée en C', on la tend à l'aide d'un mouvement circulaire sur *a-b*. Par là, la seconde chaîne peut être assujettie quelques anneaux plus loin, et ainsi de suite jusqu'à ce que l'arbre soit complétement à terre. Il suffira de le maintenir dans cette position le temps nécessaire pour couper les racines qui pourraient encore tenir au sol. L'économie de temps est encore augmentée de la valeur du bois gagné et de l'extraction simultanée des souches, qui est le plus souvent une opération coûteuse et réclamant du temps.

Fig. 1583. — Couteau à receper.

Fig. 1584. — Diable forestier (Waldteufel).

Débit des bois. — Le bois coupé doit être façonné et assorti suivant l'usage auquel on le destine et auquel il se prête. Débité en *bois de chauffage*, il peut être bois de cordes ou fagots.

Les arbres, tiges et branches, que l'on veut convertir en bois de feu, sont débités, soit en bûches de quartiers ou de rondins, destinées à entrer dans les cordes, soit en rames propres à former des fagots.

Les bûches de quartiers ou de rondins sont divisées en sections longues de 1 mètre avec l'aide de la hache ou de la scie. On accorde la préférence à cette dernière, parce qu'elle permet d'utiliser la totalité du tronçon, dont une partie est convertie en copeaux par l'emploi de la hache. Il est évident que ces bûches ne sont pas toutes de la même grosseur. Celles qui ont un diamètre au petit bout de $0^m,06$ à $0^m,12$, sont appelées rondins et conservent cette forme. Lorsque leur diamètre dépasse $0^m,12$, les bûches sont refendues et donnent du bois de quartier.

Le bois ainsi façonné est, autant que possible, empilé sur des places vides rapprochées des chemins et sur un terrain plat, sec et uni. On le monte en cordes renfermant un nombre exact de fois l'unité de mesure de bois, qui est le stère. Ces cordes sont ou composées soit exclusivement de bois de quartiers, soit de bois de rondins. D'autres fois on les monte en mélange, le tout suivant les usages locaux et les convenances du commerce.

Les fagots sont des bottes de bois composées de branches, de ramilles et de petits rondins. Les bourrées sont des fagots formés exclusivement de brindilles et de menu bois. On les fabrique sous le pied et sur le chevalet. Dans le fagotage sous le pied, l'ouvrier place par terre une ou deux harts, sur lesquelles il arrange le bois, les branches les plus longues en dehors, les menus bois au centre. Le bois étant ainsi arrangé, l'ouvrier serre le nœud coulant des harts en prenant le gros bout de celles-ci par la main et en appuyant avec le pied sur la lumière. De cette manière il comprime le fagot et il lui donne une forme aussi régulière que possible, sans pour cela être parfaite. C'est pour y parvenir et aussi pour en faciliter la conservation et le transport qu'on adopte le chevalet (*fig.* 1585).

Fig. 1585. — Chevalet pour fagotage.

Le bois à fagoter est monté dans les branches du chevalet comme sur les harts, mais celles-ci sont serrées à l'aide du levier, comme l'indique d'ailleurs la figure ci-dessus. Les harts se fabriquent avec toutes les essences qui se prêtent à la torsion, comme le charme, le chêne, le coudrier, le bouleau, le hêtre, le cornouiller, l'osier, etc. On les prend dans la coupe exploitée ou dans les peuplements environnants, notamment là où il y a lieu de faire des nettoiements.

Les fagots ont d'ordinaire 1 mètre de tour sur 1^m,30 de longueur. On les dresse par tas de 25, 50, 75 ou 100, en empilant alternativement 3 dans la longueur et 2 en hauteur.

Pour les bois qu'on ne destine pas au chauffage et qu'on désigne sous le nom de *bois d'œuvre*, le bûcheron commence, après l'abatage, par retrancher à la hache ou à la scie, toutes les parties du tronc et de la cime qui ne peuvent donner que du bois de feu. Le restant est laissé en grume pour être ensuite travaillé en un seul bloc ou débité en billots de diverses longueurs suivant l'usage auquel on le destine. En règle générale, les bois de construction sont réservés dans toute leur longueur utile. C'est pour les grandes constructions et les constructions navales, le chêne, le châtaignier, le sapin, le sylvestre. On y ajoute pour les constructions ordinaires l'épicéa, le mélèze, l'orme, le sorbier, le tremble, les peupliers, etc. On les laisse d'ordinaire en grume et on ne les équarrit que lorsqu'ils doivent être expédiés au loin. Les résineux sont toujours écorcés afin de prévenir les ravages des insectes.

Les bois de marine sont classés sous différentes rubriques suivant leur dimension et leur forme. Quant aux charpentes de chêne, on appelle grosse charpente celle dont la circonférence au milieu dépasse 1^m,30. Les autres se nomment petite charpente.

Les bois de sapin reçoivent différents noms, selon les localités, et selon leur diamètre et leur longueur. Les plus communs sont :

	DIAMÈTRE au gros bout.	DIAMÈTRE au milieu.	LONGUEUR.
Chevron	0^m,16 - 0^m,22	0,14	9 m
Panne simple	0 ,24 - 0 ,32	0,18	12-14
— double	0 ,32 - 0 ,36	0,23	15
Poutre	0 ,38 - 0 ,42	»	»
Hollandais	0 ,42 et au-dessus	»	»

Outre ces sortiments, on débite dans les coupes des bois dits de travail et d'industrie et qu'on distingue sous les noms de bois de fente et de sciage. Ceux-ci sont débités à la scie et donnent des planches de dimensions diverses. Les douves, merrains, échalas, cercles, lattes, attelles, etc., par contre, sont des bois de fente.

Les essences employées le plus souvent à la confection de sciages sont : le chêne, le sapin, l'épicéa, le sylvestre, le hêtre et les peupliers. Les sciages du chêne et des hêtres ont d'ordinaire lieu en forêt, sur le parterre de la coupe en exploitation, par les scieurs de long. La pièce à transformer en planches est d'abord équarrie légèrement sur quatre, six ou huit faces. Après, on trace au cordeau trempé dans de l'eau noircie avec le résidu de paille d'avoine brûlée, les traits que doit suivre la scie. Comme cette opération influe sur la qualité et la beauté de la planche, il y aura lieu de tenir à ce que les planches soient sciées sur *maille*, c'est-à-dire dans la direction des rayons médullaires. De cette manière on a aussi moins de déchets, et les planches se gercent et se tourmentent moins.

Les dimensions à donner aux sciages de chêne diffèrent suivant la contrée et les localités où on les vend. En général, les dimensions varient avec les arbres à scier. Toutefois, la planche *marchande*, dans laquelle on laisse subsister une partie de l'aubier, a le plus souvent 0^m,27 à 0^m,28 de largeur, sur 0^m,03 d'épaisseur et 3 à 4 mètres de longueur. A Paris, le commerce a adopté les dimensions fixes que l'on rapporte dans les transactions à deux types, l'*échantillon* et l'*entrevous*. Voici d'ailleurs, ces dimensions :

	LARGEUR.	ÉPAISSEUR.	VALANT Échantillon	VALANT Entrevous.
Grand battant	0^m,333	0^m,11	4 ou	6
Petit battant	0 ,25	0 ,83	2	3
Doublette	0 ,333	0 ,06	2	3
Echantillon	0 ,25	0 ,04	»	»
Membrure	0 ,265	0 ,03	1	»
Entrevous	0 ,25	0 ,03	3/4	»
Chevron	0 ,08	0 ,08	»	1
Membrette	0 ,18	0 ,06	1/2	1
Frise	0,18 - 0,13	0 ,03	»	1/2
Panneau	0 ,22	0,020 - 0,022	»	»
Volige	»	0,013 - 0,015	»	»

Le hêtre est débité en madriers et en planches, employés dans la menuiserie et pour la fabrication de meubles ; en général ce débit n'est soumis qu'à l'usage local. Dans ces derniers temps le commerce de Villers-Cotterets a adopté, pour le commerce de Paris, les dimensions suivantes :

	LARGEUR.	ÉPAISSEUR.
Entrevous ou feuillet....	0^m,216-0^m,243	0^m,031-0^m,033
	0,165	0,110
Membrure.	0,180	0,100
	0,200	0,080
Doublette ou trappe.....	0,33	0,075-0,081
Quartelot.	0,236	0,056
Petits sciages...........	0,11-0,25	0,015

Ces planches, aussi bien que celles de chêne, n'ont pas de longueur déterminée. On les vend au mètre courant.

Les sciages de sapin ont d'ordinaire une longueur de 3^m,66 à quatre mètres (11 à 12 pieds) sur une largeur de 0^m,244 (9 pouces et une épaisseur de 0^m,027 (1 pouce). On les classe de la manière suivante :

Dose ou *dousseau*, première planche détachée du tronc ; *chons*, planche venant après la dose, et dont les côtés sont encore flacheux et en biseau, largeur moyenne 0^m,162 à 0^m,189.

Rebut, planche trouée, fendue, etc.

Planche ordinaire ou 12/9 et 11/9, planche ayant 4 mètres de longueur sur 0^m,244 d'épaisseur.

Planche réduite ou 12/8 et 11/8 planche ayant la même longueur sur 0^m,216 de largeur.

Planche large ou 12/12 et 11/12, planche ayant 0^m,324 de largeur.

Le *bois de fente* se travaille en forêt, parce qu'alors il est encore vert et se débite plus facilement. On emploie principalement à cet usage, le chêne, le hêtre et le sapin, lorsqu'ils ont les fibres droites, qu'ils sont exempts de nœuds, et ont une texture égale. La tonnellerie surtout fait une grande consommation de bois de fente appelé *merrain*. Ce merrain est converti en douves, qui, lorsqu'elles servent à construire le corps du tonneau, se nomment longailles, douelles, merrains, et fonçailles, fonds ou traversins dès qu'elles servent à la confection des fonds de cuves.

Le bois employé dans la tonnellerie ne doit pas avoir d'aubier. Il provient d'ordinaire de chêne rouvre, quelquefois de jeune châtaignier, rarement de mûrier blanc.

La longueur et l'épaisseur du merrain sont toujours déterminées d'avance ; mais sa largeur est variable. Dans le commerce, le merrain assorti se compose de 2/3 de longailles et 1/3 de fonçailles ; il se vend au millier avec une certaine proportion de douves n'ayant en moyenne que 2/3 de la largeur des autres et que pour ce motif on nomme tricage de longaille de merrain ou de douelle et tricage de fonçailles, fonds ou traversins. Le millier de merrain compte un nombre variable de pièces suivant leurs dimensions et suivant les usages de la localité. Dans les Vosges il se compose de 2,917 pièces, dont 2/3 en longailles et 1/3 en fonçailles. Ces 2917 pièces réduites à deux types principaux, la bonne douelle et le bon fond, ne représentent plus que 2500 pièces, ayant les dimensions et se trouvant dans les proportions suivantes.

	LONGUEUR	LARGEUR	ÉPAISSEUR	NOMBRE
Bonnes douelles......	0^m,873	0^m,126	0^m,025	1112
Tricage de douelles (833, puis réduites aux 2/3...........	0 ,873	0 ,082	0 ,025	555
Bonne espèce de fond.	0 ,660	0 ,162	0 ,024	555
Tricage de fond (417, puis réduit aux 2/3).	0 ,660	0 ,110	0 ,024	278
TOTAL........................				2500

En Champagne, le merrain se vend à la *treille* représentant le nombre de longailles, fonçailles et chanteaux nécessaires à la construction de 50 tonneaux de 200 litres.

On fabrique encore du merrain avec des bois tendres, tels que peuplier, sapin, mais ces douves ne sont propres qu'à faire des tonneaux destinés à l'emballage des marchandises sèches. Sous ce rapport on est toutefois aussi en progrès. En effet, on a employé, dans ces derniers temps, le hêtre dans la fabrication des douves pour tonneaux à bière, et on s'en trouve, paraît-il, très-bien.

Après le merrain viennent les *échalas*. Les essences qui s'y prêtent le mieux sont, dans l'ordre de leur mérite, chêne, acacia, châtaignier, pin sylvestre, saule marceau, peuplier noir, sapin, pin maritime, saule blanc, peuplier tremble et blanc. L'échalas varie en longueur suivant le cépage ; on le vend à la botte renfermant une quantité donnée suivant les usages locaux. Ce que nous venons de dire pour les échalas s'applique aux tuteurs pour arbres, aux tringles d'espaliers, etc.

Les cercles pour cuves sont confectionnés avec du bois de fente élastique, résistant et fort. Les jeunes perches de châtaignier, de coudrier, de chêne, de micocoulier, de charme, de tilleul, de merisier, de bouleau, de saule, sont fendues en deux à trois ou quatre parties, suivant leur grosseur ; on les plane du côté du cœur, et on les tourne dans des parcs faits de grandeurs conformes aux besoins locaux, sans endommager l'écorce. Ils sont livrés au commerce en bottes de 24 cercles réunis.

Quant aux autres bois de fente, servant à des usages agricoles, surtout pour le charronnage, nous les signalerons d'après l'ordre suivant :

Aubépine. — Engrenage, cames, manches d'outils.

Alizier blanc. — Comme aubépine.

Bouleau. — Échelles de voitures, timons, balais.

Charme. — Engrenage, cames, manches d'outils, leviers, fléaux, vis, mancherons.

Châtaignier. — Manches d'outils.

Chêne. — Ages de charrue, corps de machines,

de chariots ; enfin il convient à la grande majorité des usages de la ferme.

Cornouiller. — Cames, bobines, échelons, menues pièces de machines.

Érables. — Manches d'outils, de fouets, attelles, cercles, etc.

Frêne. — Corps de charrue, timons, brancards, manches d'outils.

Hêtre. — Instruments de transport, essieux, rais, etc., jantes de roues, boissellerie et raclerie, etc.

Houx. — Comme aubépine.

Micocoulier. — Manches de fouets, fourches.

Orme. — Roues, surtout leurs moyeux ; corps de charrue, de défonceuse, herse.

Pommier et poirier. — Comme aubépine.

Robinier faux-acacia. — Manches d'outils, pièces soumises au frottement.

Saule, aulne, coudrier, peuplier. — Manches de fourche, fourches, et autres pièces analogues.

Sapin, épicéa et pin. — Manches d'outils, pièces de machines fatiguant peu, doublure.

Tilleul. — Pour doublure, caisses, panneaux.

Les essences méritant la préférence resteront toutefois : le chêne, le charme, le frêne, l'orme et le hêtre. Les constructeurs anglais emploient de préférence les bois de frêne et de chêne, tandis que les Américains préfèrent le noyer blanc (*Heekory*), le chêne pédonculé et l'érable.

Produits accessoires. — Les produits autres que le bois fournis par les arbres sont nombreux et ont de l'importance au double point de vue des services qu'ils rendent et du résultat qu'ils fournissent comme revenu ou comme agent de transformation. Les principaux sont : les écorces, la sève, les fruits, les feuilles, les herbages, les produits agricoles. On y ajoute encore la chasse, la pêche, les carrières, les minières, dont nous n'avons pas à nous occuper ici :

Écorces. — Les essences forestières dont on utilise l'écorce dans les arts et l'industrie sont le chêne, le cerisier-merisier, le bouleau, l'aulne, le tilleul, l'orme et l'épicéa. L'écorce des chênes, de l'épicéa et du saule, du bouleau, de l'aulne, sert au tannage des cuirs. Celle des deux dernières est surtout employée à la préparation des cuirs de Russie, des Juchten du nord de l'Europe. Dans plusieurs parties de l'Allemagne, où les écorces de chêne manquent, on fait servir au tannage des cuirs l'écorce des résineux, surtout celle de l'épicéa, ensuite celle du saule. L'écorce du tilleul et de l'orme sert à faire des nattes, des tapis et surtout des cordes, après qu'on l'a fait macérer dans l'eau pour en détruire les parties ligneuses. Celle du bouleau, du merisier est employée à la fabrication des tabatières, semelles de souliers, harnais de chevaux, dans les pays pauvres. Mais tous ces produits présentent peu d'importance, si on les compare à ceux donnés par le chêne fournissant des écorces propres au tannage et à la fabrication du liége. Aussi ne nous arrêterons-nous qu'à ces derniers.

L'écorce des chênes rouvre, chevelu, pédonculé et tauzin fournit le tan le plus recherché. Pour le produire, on élève le chêne en taillis que l'on traite en vue de l'écorcement. Une opération indispensable et qui doit précéder toutes les autres, consiste à exploiter, l'année avant la récolte du tan, tous les ligneux autres que le chêne. Il en résulte d'abord que l'écorce soumise aux influences de l'air et du soleil gagne en qualité et en poids ; ensuite rien n'empêche de commencer l'écorcement dès que la sève apparaît et de le terminer san sarrêt et avec promptitude.

On reconnaît qu'il est temps de procéder à l'écorcement quand on voit que les boutons commencent à gonfler, à s'ouvrir et à laisser apparaître les premières feuilles. A la rigueur l'opération peut être continuée jusqu'à l'entier épanouissement des feuilles, mais alors l'écorce se détache moins facilement, elle est moins riche en tannin et elle perd par conséquent en valeur. — Ce qui n'a pu être pris jusque-là est écorcé à la deuxième sève ; mais les rejets ne pouvant mûrir suffisamment leur bois avant l'hiver, il en résulte une perte pour l'avenir.

Dès que l'époque où l'on peut procéder à l'écorcement est arrivée, on a soin de rassembler le plus d'ouvriers possible et on les met promptement à la besogne. L'opération se fait de différentes manières, soit qu'on écorce sur pied, soit qu'on abatte les arbres avant leur décortication. Dans ce dernier cas, on commence par inciser dans le sens de la circonférence, à $1^m,23$ de distance ; on fait ensuite d'autres incisions dans le sens de la longueur, de manière à former des lanières ne dépassant pas $0^m,30$ de largeur. On insinue ensuite l'*écorceur* (*fig.* 1586) dans les incisions qui ont été faites, et on détache ainsi l'écorce. Cet écorceur a de $0^m,40$ à $0^m,45$ de longueur et $0^m,02$ à $0^m,04$ d'épaisseur à la pointe ; il est en fer, avec manche en bois.

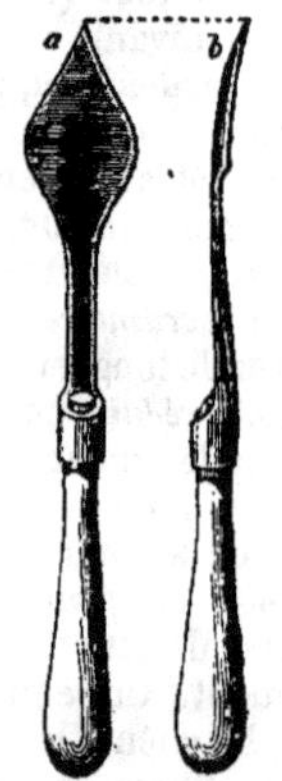

Fig. 1586. — Écorceur : — *a*, vu de face. — *b*, de profil.

A l'aide de cet instrument, si surtout on est favorisé par une pluie chaude ou par un vent du sud ou du sud-ouest, on avancera rapidement la besogne. Si l'écorce adhérait en quelque endroit de l'arbre, on la détacherait en donnant de petits coups avec un instrument contondant. — Dans l'écorcement sur pied, l'ouvrier commence par cercler, c'est-à-dire par faire au pied de l'arbre une entaille circulaire assez profonde pour arriver jusqu'à l'aubier. Après avoir ébranché le sujet aussi haut que possible, il pratique dans l'écorce avec la pointe d'une serpe, suivant le diamètre du sujet, une ou deux entailles longitudinales de quelques centimètres, et il la détache en la soulevant de bas en haut, au moyen de l'écorceur. Les écorces ainsi détachées restent quelquefois suspendues à l'arbre pendant quelques jours pour sécher ; d'autres fois on les enlève immédiatement. Un second bûcheron suit le premier ouvrier et abat, à l'aide d'une hache très-tranchante, les arbres décortiqués. Le pelage des parties que l'on n'a pu atteindre avant l'abatage s'opère quand l'arbre est à terre. Dans ce cas aussi bien que dans celui où la décortication ne devra s'opérer qu'après l'abatage, on aura soin de n'abattre à la fois que ce qui pourra être pelé le même jour.

Les écorces étant enlevées, on les étend en couches minces, le liber en dedans, soit sur un lit de menu bois, soit en forme de toit contre des chevalets. On les y laisse ainsi quelques jours pour sécher, en ayant soin de les retourner de temps à autre. On se hâte ensuite de les rentrer sous un hangar ouvert, afin de les mettre à l'abri de la pluie et de la rosée qui nuisent à leur qualité.

Dès que l'écorce est complétement desséchée, on la met en bottes ou en fagots. Le parement des bottes est monté avec des écorces ayant de $1^m,30$ à 2 mètres de longueur, et l'intérieur est rempli de *veaux*, nom qu'on donne aux lanières d'écorce provenant des branches et liées en grosses poignées. Cette botte pèse d'ordinaire 25 kilogr. avec 1 ou 2 kilogr. en sus pour les harts.

Après les écorces de chêne vient sans contredit l'exploitation du liége dont on fait un grand commerce dans la région méditerranéenne. L'enveloppe des chênes liége et corsier qui le produisent, commence à se développer dès l'âge de 5 ans. On peut l'enlever dès que l'arbre a atteint une circonférence à hauteur d'homme de $0^m,20$ à $0^m,25$. Cette opération, que l'on appelle démasclage, doit être conduite de manière à laisser intact le liber. Ce premier produit est sans valeur et ce n'est que le liége des récoltes suivantes, qui se succèdent tous les huit, neuf ou dix ans, qui fournit la matière avec laquelle on fabrique les bouchons. La décortication a lieu en mai-juin et s'opère à l'aide d'incisions faites dans la hauteur et la largeur de l'arbre, comme pour l'écorçage du tan commun.

Sève des arbres. — La sève de l'érable donne du sucre et celle du bouleau une boisson alcoolique très-recherchée dans le Nord, où elle remplace souvent le vin mousseux. Depuis la levée du blocus continental on ne pense plus à la première substance; quant à la deuxième, elle est préparée de la manière suivante. On récolte la sève sur les souches des vieux bouleaux abattus, dans lesquelles on creuse une cavité à cette fin. 20 litres de cette sève auxquels on ajoute 4 kilogrammes de sucre sont réduits au quart par la cuisson dans un vase étamé. On écume, on passe au crible et on soutire dans un tonneau propre. Dès que le tout est refroidi, on ajoute 3, 4 cuillerées de levûre et 3 litres d'eau-de-vie de France. Le liquide entre en fermentation, et c'est seulement après que celle-ci est terminée qu'on met en bouteilles, et qu'on bouche comme pour les vins mousseux. Ce breuvage ne se garde qu'une année. Pour les contrées où le vin est rare, cette boisson peut avoir de la valeur, mais elle n'atteindra jamais l'importance de la sève résineuse des conifères.

C'est ainsi que l'épicéa produit la résine, connue dans le commerce sous le nom de *poix jaune* ou *de Bourgogne*. Pour l'obtenir, on ouvre sur deux ou trois faces de l'arbre exposé au soleil des cavités longitudinales (*quarres*) de 1 mètre à $1^m,30$ de hauteur jusque sur l'aubier. Cette cavité, qui est ouverte au premier printemps, avant la circulation de la sève, se couvre jusqu'en juillet-août d'une couche de résine qu'on récolte à l'aide d'une ravalle (*fig.* 1587). C'est cette résine qui est distillée et fournit de la térébenthine, de la poix jaune, de la colophane, etc.

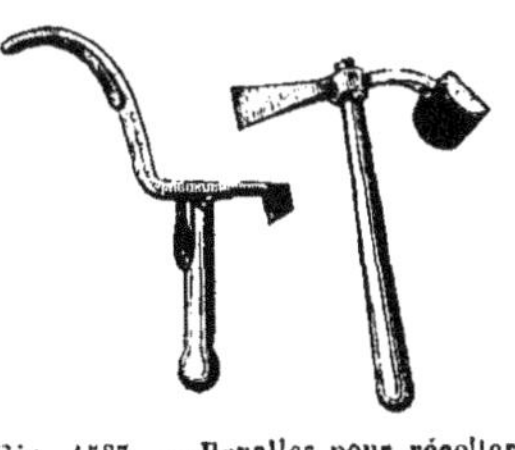
Fig. 1587. — Ravalles pour récolter la résine.

Le mélèze donne la térébenthine de Venise. On la récolte en formant au pied de l'arbre, toujours au premier printemps, un trou jusqu'à travers l'aubier. Ce trou est muni d'un tuyau déversant le liquide dans un vase placé au-dessous. Dès que l'écoulement se ralentit, on bouche le trou avec une cheville.

Le sapin commun fournit la térébenthine de Strasbourg. Celle-ci se trouve dans des proéminences de l'écorce, et l'ouvrier qui la récolte perce cette proéminence et reçoit le liquide qui en découle dans des cornes de bœuf.

Mais ce sont surtout les pins qui sont riches en produits de cette nature. La résine en est également extraite à l'aide de lésions faites à l'écorce du tronc. Le pin sylvestre est traité comme nous l'avons dit pour l'épicéa. Le pin maritime, le pin d'Autriche reçoivent de plus larges blessures. On commence dès l'âge de 25 ans à les *gemmer*. A cet effet, on opère d'avril à septembre, en procédant d'abord à l'écorçage du tronc sur une largeur de $0^m,12$ à $0^m,16$, depuis le pied de l'arbre jusqu'à $0^m,30$ à $0^m,50$ de haut. On attaque en même temps l'aubier en rafraîchissant la plaie toutes les semaines. Ces entailles se prolongent les années suivantes et ne s'arrêtent qu'aux premières branches. Dans la méthode ordinaire, on récolte la résine dans un *quarre* fait au pied de l'arbre, et on l'y laisse au contact de la terre et de l'air. Pour remédier aux déprédations qui en sont la suite on emploie des vases en terre cuite qu'on enlève dès qu'ils sont remplis. L'économie qui en résulte doit être importante et se traduit par une augmentation de produits.

La résine ainsi récoltée donne la poix noire, le galipot, la térébenthine, du brai, du goudron, etc., tous produits qui sont d'un usage constant dans l'industrie, la médecine et les arts, etc. Il est vrai que le gemmage occasionne des pertes dans la quantité des bois, mais leur qualité doit en devenir meilleure.

Fruits. — Les graines forestières sont l'objet d'un commerce très-actif. Leurs récolte, conservation, préparation ayant été indiquées p. 888, nous n'y reviendrons plus. Nous ajouterons que le fruit du hêtre donne une huile de table excellente lorsqu'elle est faite à froid et transvasée tous les deux ou trois mois, aussi longtemps qu'elle forme un dépôt. A chaud, elle donne de l'huile pour la lampe, mais ses tourteaux sont dangereux pour les animaux auxquels on serait tenté de les donner.

Les glands forment une nourriture recherchée pour les porcs. Ils vont les chercher au bois et préparent ainsi l'ensemencement naturel du terrain. Il y aura aussi avantage à les faire ramasser pour en nourrir le bétail et les chevaux à l'écurie. En les passant au concasseur après les avoir séchés au four, on obtient un aliment très-nutritif mais échauffant. C'est pourquoi on devra toujours les donner mélangés à d'autres aliments.

Finalement, les merises, les myrtilles sont employées à la fabrication d'une eau-de-vie recherchée.

Feuilles. — Les feuilles des arbres peuvent être employées comme *fourrage* ou comme *litière*. Dans le premier cas, on les récolte lorsqu'elles sont encore vertes, dans le second, on les recueille après leur chute. Dans beaucoup de pays, notamment en Silésie, on cultive des arbres d'émonde uniquement pour faire servir leur feuillage à l'alimentation du bétail. Les bois qui s'y prêtent le mieux sont : le frêne, l'orme, les érables, le charme, les peupliers, le chêne. On coupe les extrémités des branches en août et on les met sécher en petites bottes à l'ombre pour les rentrer comme le foin. On les donne hachées soit seules, soit mélangées aux autres aliments.

Les feuilles mortes employées pour litière forment dans les bois la couverture du sol et protégent les racines contre les influences contraires du soleil et de la gelée. Leur décomposition engendre l'humus, qui, dans la plupart des cas, possède les qualités favorables, toutes particulières, de maintenir l'humidité de la terre, en même temps qu'elle augmente son activité et par suite sa fertilité. La forêt est-elle privée de cet amendement naturel, il en résulte des inconvénients graves de différentes espèces. Le défrichement et l'effritement du sol, qui sont la suite de l'usage des feuilles mortes, provoquent d'abord une perte dans l'accroissement du capital ligneux. Lorsque l'enlèvement de ces feuilles est continu, les peuplements restent rabougris, ne croissent pas en hauteur, les arbres se couronnent avant l'âge, parce que le sol est trop pauvre pour les nourrir. Ce sont ces motifs qui sont cause des restrictions apportées depuis des siècles par la législation, à l'usage des feuilles mortes.

Il est vrai qu'ils ne sont pas toujours appréciés du cultivateur, et ceci est d'autant plus regrettable que cette litière a peu de valeur comme engrais, surtout dans les terres légères. En outre 100 kilogrammes de feuilles n'équivalent qu'à 32 kilogrammes de paille de dur grain et encore n'est-il pas tenu compte de la différence de la force d'absorption des deux matières? C'est ce qui a fait dire à un cultivateur saxon que *l'usage des feuilles mortes est un des plus grands obstacles apportés à l'amélioration de l'agriculture.*

Ceci ne nous empêchera cependant pas de constater qu'il se présente des cas où l'usage des feuilles mortes peut avoir lieu sans trop de danger et devient même une nécessité. Il sera possible d'y recourir avec le moins d'inconvénients dans les chemins creux, les ravins, etc., où le vent les rassemble en tas. Dans les expositions ombragées, en plaine ou en pente douce où le soleil n'est pas ardent, on pourra également enlever des feuilles mortes. Il en sera de même sur un sol fertile, profond, frais, avec un peuplement vigoureux, à racines pivotantes. En aménageant la récolte, de manière à ce qu'elle ne se répète pas trop souvent sur la même surface, que ces surfaces soient épargnées, les années qui précèdent les coupes et celles qui les suivent, il sera possible de contenter plus d'un besoin pressant, sans pour cela mettre la production forestière en péril.

Produits agricoles. — Dans certaines contrées, notamment les Ardennes, les coupes de bois, celles des haies à écorces surtout, sont l'occasion d'une ou plusieurs récoltes successives de seigle ou de sarrasin. Ceci s'opère à l'aide de l'essartage préalable de la superficie, lequel a lieu à *feu couvert* et à *feu couvrant*. Le premier ayant été décrit p. 159, t. I du *Livre de la Ferme*, nous ne nous arrêterons qu'au second, qui se recommande par sa simplicité et son bon marché. Après l'exploitation et la vidange de la coupe, on répand sur la surface du sol, entre les souches, et aussi régulièrement que possible, les ramilles, broussailles et tout le menu bois qui n'a pas été mis en corde ou en fagots. On les laisse sécher pendant une quinzaine de jours; puis, par un *temps calme et serein*, sur l'heure de midi, on y met le feu. On dirige l'opération de façon que le feu se propage aussi lentement que possible, pour que le bois se consume alors entièrement et que la chaleur pénètre plus avant dans le sol. Pour obtenir plus facilement ce résultat, si le terrain est incliné, on dirigera la flamme du sommet de la pente vers sa base, sans avoir égard au vent dominant; en plaine, au contraire, on fera avancer le feu contre le vent. Ces précautions empêcheront le feu de se propager dans les taillis environnants ; on pourra d'ailleurs encore les séparer au moyen de petits fossés, sur les bords desquels on disposera des hommes armés de longues perches ou de branches, et qui seront tout spécialement chargés d'éteindre le feu et d'empêcher sa propagation au delà des limites qui lui sont assignées.

Quel que soit le mode d'essartage qu'on ait employé, dès que le feu est éteint et le sol refroidi, on procède à l'épandage régulier de la cendre et des autres résidus de l'incendie. On pioche légèrement la terre et on l'emblave en sarrasin ou en seigle, suivant l'époque plus ou moins avancée à laquelle on a opéré l'essartage. La récolte du sarrasin se fait en août, en sorte que l'on peut procéder à l'ensemencement de l'aire de la coupe en seigle d'hiver. On doit couper la récolte avec la faucille et prendre toutes les précautions possibles pour ne pas endommager les rejets.

La culture du sarrasin et du seigle n'est pas le seul produit agricole qu'on puisse retirer des forêts. On a tenté, dans ces derniers temps, d'y cultiver simultanément avec les essences forestières, certaines plantes alimentaires. On n'a pas seulement obtenu de bons résultats de ce procédé, il a encore été constaté un plus grand accroissement et une meilleure venue des bois. Voici la méthode que l'on suit : Quand le terrain à repeupler est préparé par une culture agricole, on y plante l'essence qu'on veut y introduire et entre les lignes on cultive des plantes sarclées, telles que pommes de terre, betteraves, etc. Cette culture peut être continuée pendant plusieurs années consécutivement, comme le démontrent par exemple les bois des environs de Francfort-sur-le-Mein, où les coupes sont toutes traitées de cette manière. Ce procédé présente l'avantage de faire profiter les arbres des différentes façons que reçoivent les plantes agricoles, en même temps qu'il cède aux journaliers des terrains à bon compte. Ces cultures intercalaires, couvrent le plus souvent les frais de premier établissement, et donnent même un excédant, là où la population agglomérée ne trouve pas abondance d'autres champs.

CONSERVATION DES BOIS.

Considérations générales. — Les forêts sont exposées pendant le long espace qui sépare leur création de leur exploitation, à un grand nombre de dégradations et de dégâts. La conservation des forêts nous apprend à les protéger contre tout ce qui pourrait leur porter préjudice, en dehors de leur exploitation légale et rationnelle, et notamment contre les dommages occasionnés par :

1° Les météores ;

2° Les hommes et les animaux.

Dommages occasionnés par les météores. — Ces dommages sont de différentes sortes. Ils peuvent venir du vent, du givre, de la neige, des inondations, de l'ensablement, etc. Il est donc nécessaire de prendre des mesures pour prévenir ces dégâts. Pour empêcher le déracinement des arbres par le vent, les coupes seront établies comme nous l'avons indiqué, afin que les vents dominants aient le moins de prise sur eux.

Le givre et la neige causent surtout du dommage dans les jeunes peuplements d'arbres résineux. Dans les cultures restreintes on fera secouer les arbres, et on préviendra autant que faire se peut les dégâts à en résulter en mélangeant les essences feuillues aux résineuses.

La détérioration du sol, son ravinage par les eaux de pluie sont prévenus par des plantations d'arbustes à racines longues, empêchant les éboulements de la terre végétale. Sous ce rapport les inondations sont souvent désastreuses, en ce qu'elles couvrent le sol de sable et de pierres. Ces inondations peuvent provenir du mauvais état du lit des cours d'eaux et des entraves qui s'y trouvent accumulées. On y remédiera en le curant, en l'élargissant ou en le redressant.

La formation de marécages et l'entourbement des parties de bois, proviennent de l'accumulation d'eaux stagnantes sur un sous-sol imperméable et ne trouvant pas d'issue. Des fossés larges et profonds, présentant assez de pente pour l'écoulement des eaux, suffisent d'ordinaire pour empêcher l'envahissement des éléments destructeurs.

Le sable mouvant a déjà détruit beaucoup de forêts. C'est pour ce motif qu'il y a lieu, là où ce danger est à craindre, de conserver avec le plus grand soin, la lisière des peuplements et de ne jamais y remuer le sol. Si, malgré ces précautions, l'ensablement était à craindre, on devrait y remédier par les travaux préparatoires que nous avons indiqués pour le boisement des dunes.

Dommages occasionnés par les hommes et les animaux. — L'homme peut nuire aux forêts,

1° En s'emparant illicitement des produits forestiers et en anticipant sur le sol boisé.

Une surveillance active jointe à la facilité de se procurer les produits forestiers à des prix raisonnables, diminue considérablement le nombre des délits, surtout si le propriétaire ne s'oppose pas à l'enlèvement par les indigents du bois mort. Le bornage, la clôture au moyen de fossés préviendront les anticipations.

2° En dégradant et endommageant les bois par ignorance, par négligence ou par méchanceté.

L'exploitation irrationnelle des produits forestiers peut amener la destruction et la dévastation des bois. Celui qui est chargé de les administrer doit donc posséder les connaissances nécessaires pour asseoir les coupes de manière à maintenir la fertilité du sol et à empêcher les ravages occasionnés par les phénomènes de la nature.

Les incendies dans les bois devront être le plus souvent attribués à la négligence, rarement à la méchanceté et presque jamais au feu du ciel. On devra tout d'abord ne pas permettre d'allumer du feu dans les bois, avant que les feuilles et herbes mortes environnantes n'aient été éloignées. Cette précaution ne sera pas non plus négligée le long des chemins de fer, surtout au printemps. Si malgré cela l'incendie éclatait, il faudrait chercher avant tout à le concentrer sur une même place, soit en balayant les feuilles, soit en pelant le sol et en coupant le bois environnant. Un dernier moyen qui réussit également consiste à battre le feu avec une perche branchue.

Les animaux nuisibles aux forêts sont nombreux, ils sont répartis parmi les quadrupèdes, les oiseaux et les insectes.

En tête des quadrupèdes se placent les animaux domestiques. Le plus dangereux d'entre eux est la chèvre, après elle viennent les bêtes ovines, chevalines, bovines et porcines. Ces dernières ne sont toutefois nuisibles que dans les jeunes peuplements où il y a pénurie de graines.

Le gibier, lorsqu'il est nombreux, est très-nuisible aux forêts. Pour en devenir maître, il faut recourir au fusil, et où cela n'est pas permis, enclore les districts qui souffrent le plus.

Les rongeurs, tels que les écureuils, les souris, les campagnols, etc., recherchent les graines avec avidité et rongent souvent les bourgeons. On prévient leur propagation en tuant les premiers et pour les autres en ménageant les buses, les hiboux, les hérissons, les renards, etc., qui en font curée.

Quant aux oiseaux granivores, pinson, chardonneret, verdier, bec-croisé, coq-de-bruyère, pigeon, etc., on cherchera à les éloigner des semis par des épouvantails, des coups de fusils chargés à poudre. Ces moyens ne réussissant pas toujours complétement, on différera les semailles jusques après l'époque du passage des amours. Enfin on enterrera bien la semence.

Les ennemis les plus redoutables des forêts se trouvent sans contredit dans la classe des insectes. Les plus dangereux d'entre eux font l'objet du chapitre XLIV, II, 118, du *Livre de la ferme.* On préviendra les ravages qu'ils occasionnent en cherchant par tous les moyens possibles à maintenir les peuplements en bonne santé. C'est ainsi qu'on fera abattre sans délai tous les arbres dépérissants. On videra sans retard les coupes, et on hâtera l'extraction des souches de résineux. Enfin on réduira l'enlèvement des feuilles mortes à sa plus simple expression. Un autre moyen préventif consiste à épargner les animaux insectivores, notamment les oiseaux, les insectes qui se nourrissent de leurs congénères ou qui vivent sur eux en parasite. — Enfin une grande vigilance sera ici à sa place, parce qu'elle permettra de découvrir le mal dès son apparition et de le combattre avant que leur nombre ne devienne légion.

Les meilleurs moyens de destruction sont : recherche des œufs, des larves et des insectes parfaits pour les jeter au feu ; construction de fossés profonds à bords verticaux, etc. En général, l'époque de la plus grande multiplication correspond à celle où les insectes commencent, faute de nourriture, à disparaître. Aussi n'est-ce qu'exceptionnellement que leur ravage dure plus de trois ans.

ESTIMATION DES FORÊTS.

Considérations générales. — L'estimation des forêts a pour objet de déterminer les produits en bois qu'elles peuvent fournir périodiquement et leur valeur en argent. Cette estimation se fait :

1° Pour fixer la quantité à exploiter lors de la *possibilité par volume*, que nous avons signalée en parlant de l'aménagement de la futaie;

2° Pour la vente sur pied des produits exploitables;

3° Pour connaître la valeur des terrains boisés mis en vente sans distinction de fonds et de superficie.

Cette opération importante a lieu d'après différentes méthodes revenant toutes à indiquer plus ou moins exactement le volume des bois exploités et exploitables.

Estimation des bois exploités. — *Bois d'œuvre.* Le volume des bois gisants sur la coupe se trouve tout naturellement lors de leur débit en bois de corde ou en fagots. Les arbres et toute pièce de bois ronde, avec ou sans écorce, sont cubés, c'est-à-dire qu'on mesure la longueur de la pièce et sa circonférence, et qu'on en déduit le volume en la considérant comme un cylindre de hauteur égale à la longueur de la pièce, et ayant pour base la surface du cercle mesuré au milieu, ou une moyenne proportionnelle entre les cercles mesurés au petit et au gros bout. La longueur de la pièce et la circonférence se mesurent avec un ruban gradué ; il arrive aussi qu'on se sert du compas forestier et dans ce cas on prend le diamètre moyen (*fig.* 1588). Le résultat du

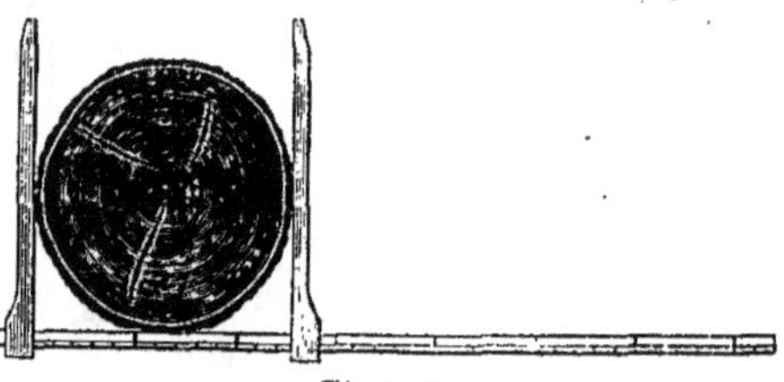

Fig. 1588.

cubage effectué d'après cette méthode s'exprime en mesures décimales, ce qui n'empêche pas, dans les transactions ordinaires, de le réduire en *solive.*

Cette unité qui nous a été léguée par une longue suite de générations, représentait un parallélipipède rectangle ayant 12 pieds de long et 6 pouces de côté. Son cube était passant de 3 pieds pleins ou en mètres cubes, $0^{m3},102830$. Aujourd'hui cette unité ne vaut qu'un décistère ($0^{m3},10$) ou la dixième partie du mètre cube, soit la différence insignifiante en moins de $0^{m3},002830$.

La pratique que nous venons de développer donne le *volume réel* ou en *grume* des bois ronds, avec ou sans écorce. Elle est la moins suivie, parce que les bois d'œuvre s'emploient rarement sous cette forme dans l'industrie. En effet, ils doivent d'ordinaire être à vives arêtes, plus ou moins équarris, afin de les débarrasser de leur aubier. Aussi est-il généralement admis dans le commerce de cuber les bois d'œuvre comme s'ils étaient équarris, d'où il résulte que leur circonférence varie d'ordinaire suivant les localités.

Les méthodes les plus usitées sont les suivantes :

Au quart sans déduction, laquelle consiste à prendre le quart de la circonférence pour côté du carré.

Au sixième déduit, laquelle consiste à retrancher le 1/6 de la circonférence et à en prendre 1/4 du reste pour côté de carré.

Au cinquième déduit, laquelle se calcule comme la précédente, mais en prenant le cinquième au lieu du sixième.

Ces diverses manières d'opérer sont entre elles dans les rapports suivants :

Au 1/5 déduit....................	1,0000
Au 1/6 déduit....................	1,0851
Au 1/4 sans déduction..........	1,5625
En grume..........................	1,9894

de sorte que le volume réel d'un arbre est presque double du volume trouvé au 1/5 déduit.

Dans le commerce on a encore l'habitude de

négliger les centimètres impairs dans la mesure de la circonférence et de la longueur. On possède aussi sur chaque place un peu importante des tarifs avec lesquels on calcule le volume des pièces d'après les mesures prises. Ces tarifs sont souvent sujets à caution et peuvent devenir une cause de pertes sensibles pour l'acheteur et pour le vendeur novices.

Il y a donc nécessité de prendre ses mesures en conséquence, et c'est pour fournir un point de comparaison que nous allons donner les chiffres suivants du volume pour 1 mètre de longueur pour la circonférence trouvée.

Diamètre.	Circonfér.	Volume réel.	Au quart sans déduction	Au 6e déduit.	Au 5e déduit.
0,10	0,32	0,00814	0,00640	0,00444	0,00409
0,11	0,35	0,01031	0,00810	0,00562	0,00518
0,12	0,38	0,01149	0,00902	0,00626	0,00577
0,13	0,41	0,01403	0,01105	0,00765	0,00705
0,14	0,44	0,01540	0,01210	0,00840	0,00774
0,15	0,47	0,01833	0,01440	0,01050	0,00911
0,16	0,50	0,01989	0,01562	0,01034	0,01050
0,17	0,53	0,02320	0,017	0,012	0,011
0,18	0,57	0,02677	0,020	0,014	0,013
0,19	0,60	0,02864	0,022	0,016	0,014
0,20	0,63	0,03259	0,025	0,017	0,016
0,30	0,94	0,07031	0,055	0,039	0,036
0,40	1,26	0,12633	0,099	0,069	0,063
0,50	1,57	0,19865	0,156	0,107	0,099
0,60	1,88	0,28125	0,221	0,154	0,142
0,70	2,20	0,38515	0,303	0,210	0,184
0,80	2,51	0,50534	0,396	0,275	0,253
0,90	2,83	0,63283	0,497	0,347	0,318
1,00	3,14	0,78460	0,616	0,428	0,394

Bois de chauffage. — Le bois de chauffage se mesure à l'aide de la membrure en bois. Celle-ci est un châssis se composant d'une sole et de deux montants que soutiennent deux courtes fiches placées obliquement; deux sous-traits horizontaux de niveau avec la sole maintiennent l'appareil horizontalement. Là où la bûche a 1 mètre de longueur, les montants ont la même hauteur; mais comme il arrive que la bûche diffère de longueur suivant les localités, ces montants doivent avoir une élévation variable. C'est ainsi qu'ils auront :

Longueur des bûches.	Hauteur du montant.	Longueur des bûches.	Hauteur du montant.
0,62	1,61	1,00	1,00
0,66	1,52	1,02	0,98
0,70	1,43	1,06	0,96
0,74	1,36	1,10	0,91
0,78	1,28	1,14	0,88
0,82	1,22	1,18	0,85
0,86	1,16	1,22	0,82
0,90	1,11	1,26	0,79
0,94	1,06	1,30	0,77
0,98	1,02		

Le bois monté dans la membrure n'y forme pas une masse homogène; il s'y trouve des vides qu'il est nécessaire de porter en compte lorsqu'il s'agit de connaître ce qu'un arbre dont on a le volume en grume donnera de bois empilé. Les proportions moyennes suivantes aideront à le trouver.

			Solidité pleine.
Bois de quartier ayant plus de $0^m,20$ de grosseur	Gros quartiers		76 — 88 p. %
	Quartiers ordinaires	droits	66 — 76 —
		courbes	60 — 74 —
		noueux	56 — 68 —
Rondins ayant plus de $0^m,20$			70 — 90 —
Rondins et branches de $0^m,10$ à $0^m,20$	de tronc		62 — 70 —
	droit de branches		53 — 66 —
	courbe de branches		49 — 57 —
Rondins et branches de $0^m,3$ à $0^m,10$	de tronc		48 — 55 —
	droit de branches		40 — 49 —
	courbe de branches		33 — 44 —
Bois de souches.	Extrait en pivotant		49 — 58 —
	avec les racines.	d'arbres	40 — 50 —
		de perches.	30 — 40 —
Ecorces	de gros arbres		37 — 46 —
	branches de taillis		23 — 32 —

Estimation des bois sur pied. — Le volume des arbres sur pied peut à la rigueur être trouvé en opérant comme sur le bois abattu; mais pour cela il faudrait les escalader pour prendre leur dimension. Cette pratique n'étant pas sans danger et occasionnant une perte considérable de temps, on a recours pour trouver la hauteur des arbres sur pied à des instruments dits *dendromètres*, dont il y a un grand nombre plus ou moins compliqués, mais ils reviennent tous au principe de l'équivalence des angles. Le plus économique consiste en un simple bâton d'un mètre de longueur, muni à son extrémité inférieure d'une pointe en fer de 5 à 6 centimètres de longueur (*fig.* 1589); à l'autre bout est adaptée

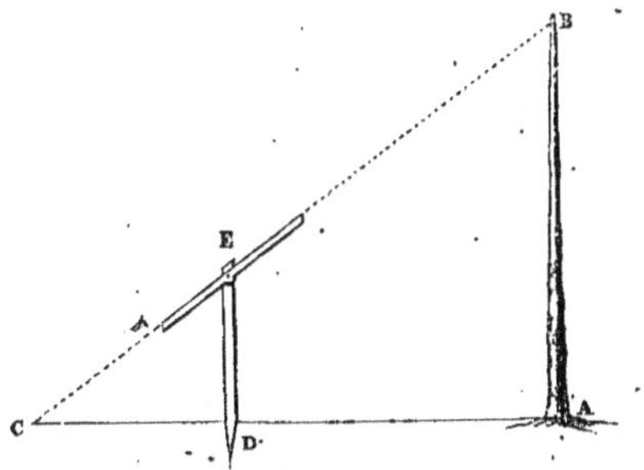

Fig. 1589. — Dendromètre.

une règle de 25 à 30 centimètres de longueur, tournant sur un axe.

Comme on ne l'ignore pas, les côtés de deux triangles semblables sont entre eux comme ces triangles; or le triangle CDE, dont la base DE est parallèle à la base AB du triangle CAB, est semblable à celui-ci, et l'on a AC : AB :: DC : DE ou DC : DE :: AC : AB. — Soit AB l'arbre dont la hauteur (x) est inconnue, DE le dendromètre, dont la hauteur (1 mètre) est connue, C le point où le prolongement de la ligne visuelle vient frapper le sol, les distances AC (100 mètres) et CD (5 mètres), sont également connues; or, $1 : 5 :: x : 100$ ou bien $5 : 1 :: 100 : x$ la hauteur $AB = 20$ mètres.

A l'aide de cette hauteur et de la circonférence ou du diamètre pris à partir de 1 mètre à $1^m,30$ du sol, on obtient la base d'un cylindre idéal, que l'on réduit au volume réel à l'aide d'un facteur de conversion qu'on obtient en analysant un arbre à peu près semblable. A cette fin, on divise celui-ci en tronçons de 1 à 2 mètres qu'on cube chacun séparément. On fait l'addition du résultat trouvé, et l'on obtient avec une très-grande approximation le volume réel de la tige. Ce volume divisé par le volume conique donne le facteur de réduction, soit celui par lequel il faut multiplier le volume géométrique, pour avoir le volume réel de la tige. Pour éviter ces calculs, nous allons donner les facteurs de réductions approximatifs pour les principales essences.

HAUTEUR.	Hêtre.	Chêne.	Epicéa, sapin	Pin.
10 mètres.	0,61	0,62	0,52	0,58
25 —	0,57	0,60	0.50	0.55
40 —	0,54.	0,57	0.48	0,53

Au surplus, pour éviter tout tâtonnement, faciliter le calcul et suppléer à l'absence de table, nous allons donner un exemple de l'application du mode de cubage au volume réel.

Soit la circonférence d'un arbre.................. = 1,52
Elle est multipliée par elle-même = 1,52 × 1,52 = 2,3104
Ensuite par le facteur $\left(\frac{\pi}{4}\right)$, ou 0,079578, ou
0,08.................................... = 0,183857
Enfin, par la longueur de l'arbre............... = 1,470886
ou... 1mc,471.

Il existe des tarifs donnant le volume réel sans tous ces calculs et celui que nous donnons ci-avant, p. 942, *peut servir à cette fin*. — D'autres fois on se borne à l'estimation, au jugé ou à vue d'œil, mais ce moyen exige une grande habitude et beaucoup de pratique. Encore n'est-on jamais sûr de son fait et doit-on recourir au cubage lorsqu'il s'agit d'avoir un résultat positif. L'habitude est dans l'espèce mise en défaut parce que la forme des arbres est soumise à trop d'influences pour rester constamment la même.

Ce qui précède s'applique au tronc de l'arbre. Il s'agit maintenant d'apprécier le rendement de son houppier ou branches. Le volume de ces dernières est estimé à vue d'œil ou par analogie avec le rendement obtenu par des arbres étalons qu'on fait abattre à ce sujet. Ceci occasionne également des calculs que nous résumerons dans le tableau suivant :

ESSENCES.	PROPORTION ENTRE LE VOLUME DE TRONCS.		
	Peu branchus en massifs serrés	Moyennement branchus dans un massif ordinaire.	Très-branchus en massif clair ou arbre isolé.
	0/0	0/0	0/0
Chêne, hêtre, orme, frêne, érable......	25-53	35-45	60-100
Pin, épicéa, sapin, aulne............	15-25	30-36	50-80
Bouleau, saule, peuplier, mélèze......	10-17	20-30	40-60

Après avoir indiqué le rendement en bois aérien, il nous reste à parler du bois de racines, se trouvant dans le sol. Ici aussi nous résumerons les chiffres moyens des rendements en observant que dans les terres fortes, compactes, les produits sont plus faibles que dans les sols légers et arides. C'est pourquoi nous donnons une série de chiffres proportionnels, en p. cent au volume du tronc.

ESSENCES.	RENDEMENT DES ESSENCES.		
	Minimum.	Moyen.	Maximum
Epicéa, sapin........	15 à 20	à	25 à 28
Pin et mélèze........	10 16		21 25
Chêne..............	12 17		20 25
Hêtre..............	5 12		16 23
Aulne..............	18 12		15 18
Bouleau...........	5 8		10 13

Estimation des peuplements. — Après avoir résumé les méthodes d'estimation d'arbres isolés, il nous reste à indiquer les moyens adoptés pour procéder à l'estimation de peuplements ou de massifs importants de forêts. Ces moyens sont : 1° Estimation à vue d'œil ou au jugé *a* du volume total se trouvant sur la superficie *b* du volume moyen sur un hectare; *c* du volume de chaque arbre pris isolément.

2° Cubage de tous les arbres, *a* sur une partie de la superficie, *b* sur la totalité.

3° Comparaison, tables d'expériences.

Ce n'est que par exception qu'on emploie ces moyens isolément. Dans la pratique, ils se suppléent les uns les autres et aident à venir au but, sans occasionner des pertes de temps et d'argent.

L'*estimation à vue d'œil* exige, nous le répétons, une grande habitude, beaucoup de pratique, un exercice constant et de la justesse de coup d'œil. Pour acquérir ces qualités indispensables à tout estimateur forestier, il est nécessaire de faire de temps à autre des estimations parcellaires par un cubage exact avant l'exploitation, et ensuite comparer celui-ci avec l'estimation et le produit obtenu.

L'estimation à vue d'œil d'un peuplement donné, sans en connaître la contenance, ne s'exécute avec facilité que sur des ensembles restreints, permettant de saisir en une seule fois le bois qui occupe la superficie. Elle n'est donc employée qu'exceptionnellement.

Par contre, l'estimation au jugé d'une superficie connue, comme unité de comparaison, est d'un usage constant, parce qu'elle permet de faire l'inventaire de la superficie dans un bref délai et d'approcher même de la réalité dès que l'expert n'en est plus à son coup d'essai.

Toutefois, on obtiendra un résultat encore plus positif et plus exact, en évaluant, à vue d'œil, le volume de chaque arbre composant le peuplement. Dans cette méthode on divise la surface du bois à évaluer en bandes étroites parallèles, dites *virées*, que l'estimateur parcourt successivement en se tenant à égale distance de la limite des virées. Ces limites sont tenues par deux aides dont l'un suit la ligne de démarcation déjà faite, et l'autre en trace une nouvelle en cassant de menues branches, ou en marquant les arbres se trouvant sur son chemin à la griffe, au marteau, ou à la chaux. Dans les sapinières où il y a beaucoup de mousses il peut également tracer la limite en enlevant la mousse qui recouvre le sol avec le pied. Tous les moyens sont bons au surplus du moment que l'aide retrouve sa virée. Ces virées ont, suivant l'état plus ou moins fourré des bois, 10 à 30 mètres de largeur. Dans les futaies, plusieurs estimateurs peuvent marcher de front dans les virées. Dans ce cas, ils avancent sur une ligne et n'estiment que les arbres se trouvant par exemple à leur gauche. Pour plus de sûreté ils peuvent marquer d'une manière convenue les arbres sur lesquels ils opèrent, et alors il sera superflu de délimiter chaque virée.

Ce mode d'estimation à vue d'œil étant intimement lié à l'aptitude individuelle, il s'ensuit que ses résultats ne peuvent être qu'approximatifs. Aussi n'y a-t-on le plus souvent recours que pour l'évaluation des taillis. Quant à l'estimation de la futaie, dont la possibilité est fixée par volume, on emploie des moyens moins sujets à caution.

L'*estimation par cubage individuel des arbres* répond surtout à cette condition et donne des résultats plus certains. Elle réclame, il est vrai, plus de temps, mais elle est plus expéditive qu'on ne serait tenté de l'admettre à première vue. En effet, on ne cherche pas ici la hauteur au dendromètre, on la trouve au jugé, et à cette fin on divise en classes les arbres du peuplement. Si par exemple on fait trois classes, on placera dans la première les arbres de 22 à 25 mètres, dans la deuxième ceux de 18 à 22, et dans la troisième ceux de 15 à 18. Il y a plus : dans les futaies pleines on peut admettre que tous les arbres sont à peu d'exceptions près à diamètre égal d'égale hauteur, de sorte qu'on calcule celle-ci d'après cette dimension.

La circonférence ou le diamètre se prend au compas forestier ou au ruban métrique, à hauteur d'épaule, ou ce qui est géométriquement plus vrai à un vingtième de la hauteur totale. Toutes ces dimensions sont prises par des aides marchant comme nous l'avons dit pour l'estimation à vue d'œil dans la virée. Après que tous les arbres sont cubés, on cherche pour chaque classe un arbre répondant le mieux à l'idée qu'on s'en est faite, on le fait abattre et on le cube le plus exactement possible. Les chiffres trouvés fournissent alors les facteurs nécessaires pour obtenir le cube cherché.

Dans bien des cas le comptage et le cubage individuels de tous les arbres deviennent trop dispendieux et trop longs. Il peut y être alors suppléé par l'*estimation par place d'essai*. Avec elle, on recherche dans chaque peuplement différent, une place répondant le plus exactement possible à l'état général de la surface à estimer, et on cube et compte tous les arbres qui s'y trouvent. La contenance de cette place étant connue en fond et en superficie, on pourra bientôt déterminer le volume ligneux se trouvant sur la contenance totale.

Dans les taillis, on obtiendra le résultat cherché en exploitant cette place d'essai et en débitant le produit obtenu.

Cette dernière méthode est surtout recommandable pour ceux qui n'ont pas l'habitude des estimations et qui désirent acquérir l'expérience nécessaire. Elle est même nécessaire pour servir de repère aux estimateurs les plus autorisés, lorsqu'ils sortent par exemple du centre habituel de leur action, lorsqu'ils passent pour opérer des bois feuillus dans des forêts de résineux et *vice versâ*, enfin après un long chômage.

Venant au dernier mode d'*estimation par comparaison*, nous nous trouvons devant une modification du système de l'évaluation au coup d'œil. La différence réside ici dans la circonstance qu'on estime le bois d'après les résultats obtenus dans des peuplements analogues. A cette fin on se sert soit des chiffres relevés directement par le taxateur, soit de ceux trouvés autre part et qui sont consignés dans des *tables d'expériences*. Lorsque ces dernières sont confectionnées avec soin, et qu'elles donnent des renseignements exacts sur la nature du sol, du peuplement d'une contrée limitée, on peut parvenir à une évaluation d'une approximation suffisante dans la plupart des cas. Si donc nous indiquons les quelques chiffres qui vont suivre, c'est plutôt comme moyenne et pour donner une idée plus exacte de la construction de ces tables :

A. — RENDEMENT DE LA FUTAIE EU ÉGARD A L'AGE ET A LA RÉVOLUTION.

RÉVOLUTION. ans.	MÈTRES CUBES DE BOIS SE TROUVANT SUR UN SOL DE QUALITÉ : Bonne.		Moyenne.		Mauvaise.	
	(a) Chêne.					
40	103 à	144	68 à	104	28 à	66
60	212	280	136	174	52	104
80	304	412	200	280	64	184
100	376	588	280	392	94	224
120	468	748	360	460	120	280
140	480	908	416	584	136	348
160	480	952	416	668	»	»
	(b) Hêtre.					
40	132 à	210	80 à	134	28 à	104
60	212	318	132	180	53	180
80	320	494	200	347	67	290
100	387	653	230	402	94	280
120	547	800	317	507	162	320
140	547	921	347	573	»	»
	(c) Epicéa.					
20	83 à	128	43 à	66	13 à	40
40	63	560	138	240	47	109
60	380	773	266	393	92	198
80	614	1000	370	574	120	255
100	775	1202	464	735	128	454
120	921	1563	548	962	»	»
	(d) Pin sylvestre et mélèze.					
20	73 à	132	50 à	86	20 à	53
40	172	360	122	208	53	106
60	292	574	196	360	80	173
80	314	775	260	484	120	212
100	467	948	305	580	133	233
120	377	1082	347	593	133	230
140	377	1150	347	601	»	»
	(e) Sapin.					
20	91 à	140	47 à	72	14 à	44
40	69	616	151	264	51	120
60	418	850	292	423	101	280
80	675	1100	405	631	131	365
100	852	1322	510	803	140	499
120	1013	1719	602	1058	»	»

Les chiffres extrêmes de chaque classe de terrains indiquent l'état plus ou moins serré du peuplement. Les minima s'appliquent par suite aux massifs clairiés, défectueux, tandis que les maxima se rapportent au peuplement normalement fourré. Quant aux autres essences se rencontrant dans la futaie et pour lesquelles nous n'avons pas établi de table d'expérience, on pourra prendre pour point de départ les données suivantes :

Érable, dans la jeunesse, plus élevé que hêtre; de 80 à 100 ans, comme hêtre; au-dessus, moindre que chêne.

Frêne comme chêne et hêtre. *Orme* jusqu'à cent ans comme hêtre et 25-33 0/0 plus élevé que chêne; de cent à cent vingt ans, comme chêne. *Charme* 5-25 0/0, et de soixante-dix à cent vingt ans 21-25 0/0, inférieur au hêtre. *Tremble* et *tilleul* jusqu'à soixante ans comme *sylvestre*.

B. — RENDEMENT DU TAILLIS EU ÉGARD A L'AGE ET A LA RÉVOLUTION.

RÉVOLUTION ans.	MÈTRES CUBES DE BOIS SE TROUVANT SUR UN SOL DE QUALITÉ : Bonne.	Moyenne.	Mauvaise.
	(*a*) **Chêne.**		
10	30 à 54	26 à 30	7 à 20
20	80 121	53 70	17 30
30	92 174	66 80	33 50
40	93 186	90 125	40 66
	(*b*) **Charme.**		
10	27 à 60	23 à 33	17 à 27
20	63 90	53 70	33 53
30	98 160	80 100	41 80
	(*c*) **Aulne.**		
10	67 à 84	40 à 53	7 à 17
20	99 172	88 112	10 66
30	192 282	129 209	16 60
40	264 387	160 224	16 99
	(*d*) **Hêtre.**		
10	26 à 53	23 à 30	7 à 19
20	56 113	50 66	17 48
30	92 180	80 104	33 60
40	99 240	94 134	40 80
	(*e*) **Coudrier, saule et tremble.**		
5	23 à 26	16 à 20	2 à 3
10	41 53	33 36	16 20
15	46 71	45 46	23 26
20	76 80	53 54	23 26

Ces chiffres peuvent servir pour les âges correspondants de la futaie, après une déduction de 13 à 17 0/0. Le rendement des autres essences peut être établi comme suit : *Érables* 30-50 0/0 supérieur au hêtre. *Orme* 25 0/0. Tilleul, le double du chêne, etc.

Les chiffres des tableaux qui précèdent confirment tout ce que nous avons dit sur le rapport du sol et du peuplement, et expliquent aussi pourquoi le produit forestier est minime. Dans un terrain, convenant à l'essence, à l'état serré, le rendement pourra soutenir la comparaison avec toute autre production. Il en découle encore la règle de l'accroissement des ligneux, laquelle est d'une importance principale sous le rapport de la solution de la question de l'exploitabilité. Ainsi, qu'on ne l'ignore pas, les arbres croissent en longueur et en épaisseur. Chaque année, un jeune plant, un arbre, se revêt du dehors en dedans depuis la souche jusqu'à l'extrémité du plus petit rameau, d'une nouvelle couche ligneuse ; c'est ce qu'on nomme l'*accroissement annuel*. Le volume total de cette couche varie, il est vrai, avec l'essence et l'âge du peuplement, la nature du sol, le traitement cultural, auquel a été soumis le massif; toutefois, les résultats des recherches nombreuses faites à ce sujet ont donné la règle que

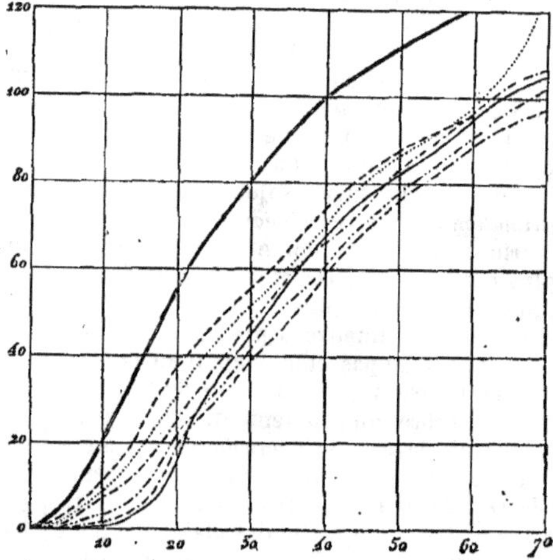

Fig. 1590. — Figure graphique de l'accroissement en hauteur = du mélèze, - - - du bouleau, ···· du weymouth, -·-·- du sylvestre, -······- du chêne, -·-·- du hêtre et du sapin, — de l'épicea.

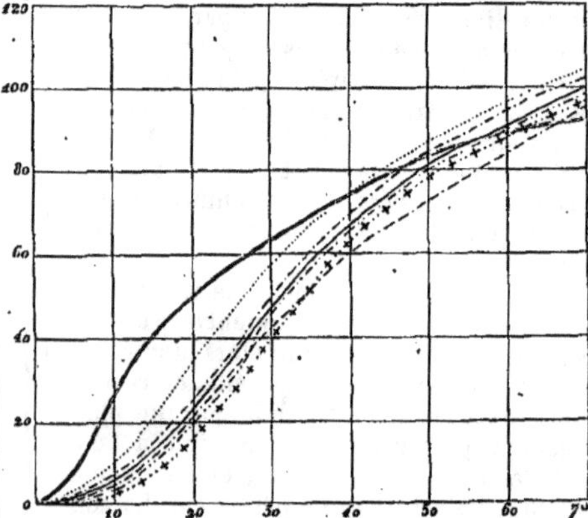

Fig. 1591. — Figure graphique de l'accroissement en hauteur = du pin maritime, ··· du tremble, -·- de l'aulne, — de l'orme, -····- de l'érable sycomore, -·-·- de l'érable champêtre, ··+··+ du frêne.

« *dans* un massif quelconque, traité conformé- « ment aux principes de la sylviculture, l'accrois- « sement annuel est très-faible pendant les pre- « mières années, surtout chez les essences longé- « vives, telles que le chêne, le hêtre ; mais il va

« toujours en augmentant ; à une certaine époque, il atteint son maximum ; puis il diminue « constamment jusqu'à l'entier dépérissement des « arbres constituant le peuplement (*fig.* 1590 « 1591). »

Il y aurait donc déjà intérêt majeur à connaître ces diverses phases de l'accroissement, quand bien même on ferait abstraction de la question du revenu en nature, qui en découle. Aussi, allons-nous donner des tables à l'aide desquelles il sera possible de se fixer à ce sujet.

AGE.	FUTAIE 0/0.						Taillis 0/0
	Chêne.	Hêtre.	Aulne	Bouleau.	Pin.	Epicéa.	
20	6,6 à 7,0	7,5 à 8,2	4,5 à 5,1	5,0 à 6,8	6,3 à 6,7	6,3 à 9,1	0 à 6,3
30	4,3 4,7	5,2 5.5	2,8 3,4	2,5 3,7	4,2 4,4	4,2 5,4	0 3.4
40	3,2 3,6	3,6 3,7	2,0 2,6	1,2 3,0	3,2 3,3	2,6 4.0	0 2,5
50	2,5 2,9	2,4 2,9	1,5 2,1	0,0 2,2	2,0 2,6	2,5 3,2	» »
60	2,2 2,4	2,0 2,4	1,2 1,7	0,0 1,7	1,5 2,5	2.0 2.4	» »
80	1,5 2,0	1,7 2,0	» »	» »	0,9 1,5	1,1 1,8	» »
100	1,3 1,5	1,3 2,0	» »	» »	0,6 1,2	0,3 1,2	» »
120	1,0 1,5	1,3 2,0	» »	» »	0,4 1,0	0,0 1,0	» »
160	0,5 1,2	0.0 1,7	» »	» »	0,0 0.8	» »	» »
200	0,0 1,0	» »	» »	» »	» »	» »	» »

Ces chiffres sont proportionnels au volume se trouvant sur la superficie, et doivent être entendus dans ce sens. Avec eux, on calcule l'accroissement futur des bois, pour parvenir à fixer la possibilité par volume dans la futaie.

Estimation par sortiments.— Le bois comme tout autre denrée n'ayant de valeur que par l'usage qui en est fait, sa valeur dépend naturellement de cet usage même. Aussi, y a-t-il profit pour le vendeur et l'acquéreur à pouvoir évaluer le bois d'œuvre sur pied en produits fabriqués. C'est même pour beaucoup le seul moyen employé pour déterminer le prix de l'offre et de la demande.

Ainsi que nous l'avons vu, le produit des forêts se débite en bois d'œuvre, de cordes, de fagots et de souche. Dans l'estimation par sortiment, on néglige d'ordinaire ces deux derniers, parce qu'ils sont dans bien des cas d'une valeur minime. Quant au bois d'œuvre, on admet, suivant la bonne qualité du bois et la facilité du placement, les proportions suivantes, du chiffre total de l'estimation au volume réel :

ESSENCES.	Défavorables.	Ordinaires.	Favorables.
Résineux, et parfois tremble et peuplier.......	10 à	30 à	50 à 80
Chêne, orme, frêne, érable................	5	20	30 65
Bouleau, charme, acacia.	1	4	10 25
Hêtre, tremble et peuplier................	2	5	10 15
Aulne et saule..........	1	2	3 5
Taillis et raspes........	1	3	4 8

Pour procéder à l'estimation de la valeur des bois eu égard à l'usage auquel on peut les employer, il faut être au courant des besoins de la contrée et des centres de consommation dans lesquels on veut ou on peut les placer. Il faut, de plus, pouvoir juger des défectuosités dont les arbres sont atteints, et qui les déprécient plus ou moins. Les principaux défauts qu'on reconnaît au premier aspect sont :

La *gélivure*, reconnaissable à une fente longitudinale dans le bois, rendue visible à l'extérieur par un bourrelet plus ou moins prononcé. On ne peut plus en retirer que des bois de fente, merrain, etc.

Les *bois tors* ou *bois virants* dont les fibres, au lieu d'être parallèles à l'arbre, décrivent autour de lui des hélices plus ou moins allongées. A peu de valeur comme usage.

Les *gouttières*, *grasette*, *nœuds*, *œils*, *taches*, etc., provenant de lésions extérieures soit par la suppression des branches, soit d'une autre manière, lesquelles donnent naissance à des excavations, cavernes, etc.

Les *loupes*, *broussins*, etc., et autres excroissances.

Ces défauts peuvent ne pas occasionner de pertes en matière ; mais comme ils déprécient la marchandise, et que dans les produits d'une coupe il y a encore des vices cachés, on fera toujours bien de ne considérer les arbres défectueux que comme bois de feu.

Quant à ceux propres à d'autres usages, ils ont été énumérés plus haut (p. 936). Nous ajouterons seulement qu'en moyenne, on a besoin du volume suivant pour la quantité des produits indiqués.

Sciages chêne.
- 1^{m3} bois en grume, donne 50 mètres courant de planches, dites *échantillons*.
- 100^{m3} planches demandent $2^{m},3$ bois en grume.
- $1^{m3},300$ à $1^{m3},50$ bois rond fournit 100^{mc} d'*entrevous*.

Sciages sapin. 1^{m3} donne 26 à 27 planches ordinaires.

Bois de fente.
- Merrain, le millier des Vosges, 6 à 7^{m3}.
- La treille de Champagne, 4^{m3}.
- Le millier de Bourgogne, $6^{m3},40$.

Sabots. ..... La grosse de 156 paires, 1^{m3}.

On ne doit pas perdre de vue que la longueur des pièces, leur épaisseur presque sur toute cette longueur déterminent une augmentation notable des bois d'œuvre. Pas n'est besoin pour cela qu'ils soient tous droits ; au contraire, les bois courbés sont très-recherchés pour faire des roues d'usine, des cintres, des pièces de marine, etc., et sont très-bien payés.

Estimation des produits en argent. — Jusqu'ici, nous ne nous sommes occupés que de l'évaluation en matière des produits. Il nous reste donc encore à parler de la fixation de leur valeur en argent. Celle-ci diffère suivant que la vente a lieu sur le parterre de la coupe, ou que les produits sont transportés à distance. Dans ce dernier cas, le prix est augmenté des frais de chargement, de transport, etc. Quant au bois lui-même, sa valeur dépend naturellement des circonstances locales, du commerce sur place, d'exportation, que tout trafiquant doit connaître s'il veut se livrer à la spéculation avec profit.

Estimation en fonds et superficie. — La détermination de la valeur d'un bois en fonds et superficie est faite dans le but de connaître la valeur en argent qu'il représente aujourd'hui, comme placement d'argent en nature de terre. Pour y parvenir, il est nécessaire de connaître le taux auquel se font les placements en fonds des bois de la localité; et la valeur-nette du revenu à l'âge où les bois doivent être exploités, eu égard à la plus grande valeur de leur produit en argent.

Ainsi que cela est suffisamment connu, les placements en fonds de terre présentent le moins de chances aléatoires. Si leur revenu était aussi élevé que celui des capitaux engagés dans l'industrie, ils seraient surtout préférés par leur solidité; mais tel n'est pas le cas; tandis que l'intérêt légal est de 5 0/0, l'intérêt commercial de 6 0/0, celui des fonds en terre s'élève à 2, 3, 4 0/0, suivant la contrée, les besoins de consommation, les circonstances commerciales et politiques, qui affectent le revenu des propriétés. Ce dernier taux diffère donc essentiellement d'une région à l'autre, mais il est identique pour les terres cultivées et les propriétés boisées. Dès que celui-ci est connu, il suffit de déterminer le terme de l'exploitabilité (p. 925), et le produit net qu'il est possible de retirer de chaque coupe à cet âge, pour, à l'aide d'un simple calcul, fixer la valeur de la propriété boisée. C'est ce qui va être démontré.

Le revenu peut être soit uniforme, annuel et continu, soit uniforme et périodique. Dans le premier cas, on déterminera la valeur de la propriété par la capitalisation du produit net, c'est-à-dire le produit en argent diminué des frais d'administration, d'impôt, etc. Dans le second cas, il y aura d'abord lieu de faire une différence entre les jeunes peuplements, ne permettant pas encore d'en retirer des produits utiles, et ceux qui pourront être exploités immédiatement.

La valeur des jeunes peuplements répond à un capital qui, placé à perpétuité, serait susceptible de fournir, lors de l'exploitation, une somme d'intérêt équivalente au revenu net de ce bois. D'où il suit que, connaissant ce revenu net, il suffit de le capitaliser comme une rente périodique à toucher tous les x ans pour avoir la valeur réelle de la propriété. *Nanquette. Exploitation, débit et estimation des bois.* Pour y parvenir, il est nécessaire d'estimer le bois se trouvant sur la superficie, d'y ajouter l'accroissement jusqu'à la fin de la révolution, de calculer sa valeur en argent, et d'en défalquer les frais d'administration, de garde, etc. A-t-on, par exemple, trouvé qu'une forêt âgée de quinze ans, exploitable à vingt-cinq ans, aura alors une valeur de 30,000 fr. En prenant l'intérêt de l'argent à 5 0/0, ce bois ne vaudrait aujourd'hui que 18,417 francs, somme que nous avons trouvée à l'aide de la formule:

$$x = \frac{30000}{(1,05)^{10}} = 0,61391 \times 30000 = 18417.$$

Ceci pour la superficie. Quant à la valeur du fonds, elle correspond à la valeur de l'accroissement des bois pendant la première année suivant la coupe, nommée *feuille* et augmentée de ses intérêts pendant les vingt-quatre années de la révolution, plus la valeur de la deuxième feuille, augmentée de son intérêt pendant vingt-trois ans, et ainsi de suite pour les vingt-cinq feuilles dont se compose la coupe. Soit le peuplement de 30,000 francs que nous avons pris plus haut, pour exemple, à vendre, une feuille (y) correspondant au revenu annuel équivaudra à :

$$y = 30000 \times \frac{0.15}{(1,05)^{25} - 1} = 628 \text{ f.}$$

La feuille représentant une valeur de 628 francs, le fonds vaudra 12,000 francs. Toutefois, le bois n'étant âgé que de quinze ans, et ne devant rien rapporter jusqu'à vingt-cinq, il en résulte que si cette somme devait être escomptée immédiatement, on ne pourrait payer, toujours avec la formule des intérêts composés :

$$\frac{9030,60}{(1,05)^{10}} = 12560 \times 0,61391 = 7711 \text{ fr.}$$

Ce peuplement vaudra donc aujourd'hui, fonds et superficie :

$$18417 + 7711 \text{ ou } 26128 \text{ f.}$$

Nous nous trouvons finalement en présence de peuplements exploitables. L'estimation du volume du bois s'en fait à l'aide d'une méthode indiquée précédemment, tandis que celle du terrain se calcule en divisant la valeur en argent du volume trouvé par le nombre d'années de la révolution, comme nous l'avons d'ailleurs expliqué dans l'exemple précédent. Ajoutons toutefois, que pour éviter toute perte, on défalquera d'abord les intérêts du prix de vente et du capital d'exploitation, de la valeur trouvée, et cela jusqu'à l'accroissement de la valeur totale.

Admettons que le prix à payer pour une forêt ayant atteint la fin de la révolution, s'élève à 50,000 francs, que les frais d'exploitation, de facteurs, se montent à 15,000 francs, tandis que le placement des produits n'aurait lieu que pendant trois ans. L'acquéreur devra calculer les intérêts de 55,000 francs pour la première année, de 50,000 pour la deuxième, et de 45,000 pour la troisième année, attendu que les frais d'exploitation ne rentreront dans sa caisse qu'à la fin de cette dernière.

Nous avons jusqu'ici considéré le sol boisé comme tel, et comme devant être conservé à la production forestière. Il peut arriver et il arrive toutefois souvent qu'il est converti en terre arable et en pré. Cette opération, qui demande beaucoup d'entente, a causé bien des déboires, et est parfois devenue la source de grands profits. Dans ce cas, l'estimation de la superficie seule appartient au forestier, tandis que celle du fonds arable est du ressort de l'estimateur de biens-fonds.

Un dernier facteur qui influe sur la valeur des forêts est celui de la convenance, de l'utilité spéciale ou de l'agrément qui en résulte pour l'acquéreur et le vendeur, et qui fait que, considérée au point de vue individuel, toute propriété quelconque gagne en valeur relative.

La valeur de cette convenance ne peut toutefois être fixée par des règles et dépend de chaque cas particulier, et se compense souvent par d'autres avantages. C'est ainsi que la construction d'une route, d'un chemin de fer, à travers un massif forestier, le morcelle et augmente les causes de délits; mais d'un autre côté, les facilités de transport qui en résultent compensent d'ordinaire ces inconvénients. Aussi, tout propriétaire comprenant ses intérêts, s'abstiendra-t-il, dans ce cas, d'élever des prétentions de convenances exagérées. Par contre, il ne lésinera pas avec son voisin, lorsqu'il lui sera possible de faire disparaître des embarras et d'arrondir de la sorte son domaine, attendu que les avantages indirects qui en résulteront ont une valeur qui, il est vrai, n'est pas cotée à la bourse, mais qui n'en est pas moins réelle.

KOLTZ.

QUATRIÈME PARTIE

CONNAISSANCES DIVERSES

S'il nous fallait, dans le LIVRE DE LA FERME, traiter de toutes les choses qui, à un point de vue quelconque, peuvent être utiles aux personnes de la campagne, nous serions fort en peine d'établir nos lignes de limite. Nous ne voulons ni dépasser le but ni rester trop en deçà, et nous croyons répondre assez largement aux exigences de cette publication en la terminant par un exposé de connaissances diverses qui comprendront : 1° l'hygiène de l'homme; 2° l'hygiène du bétail; 3° la comptabilité agricole; 4° la chasse et la pêche; 5° enfin, les recettes les plus utiles à tous égards. Un moment, nous avons eu la pensée de consacrer un chapitre spécial à la législation rurale, mais, comme il est question de la modifier dans un temps très-rapproché, nous avons dû abandonner cette idée puisqu'elle n'avait plus sa raison d'être.

CHAPITRE PREMIER

HYGIÈNE DE L'HOMME.

Notions préliminaires.— Considérée comme l'art de maintenir la santé, l'hygiène est la portion des sciences médicales qui intéresse avant tout le cultivateur. Aux champs, plus encore qu'à la ville, la santé représente la force, l'activité, le travail et le principe de toute prospérité, tandis que l'inertie, la dépense et la ruine sont le fait de la maladie. Préserver de ce fléau les populations laborieuses est donc un devoir de premier ordre pour qui s'intéresse à la prospérité des campagnes.

Le jour où, dans un pays comme la France, l'hygiène sera connue et pratiquée, l'éducation physique sera en mesure de doubler la force des hommes et la beauté des femmes, les maladies diminueront des trois quarts et des journées de grosses dépenses seront remplacées par des journées de gain : la production et la richesse s'accroîtront d'autant, amenant l'instruction et le bien-être dans l'intérieur des familles.

Dire plus sur ce sujet est fort inutile; les gens intelligents ont compris. Quant aux autres, c'est peine perdue d'écrire à leur intention, on y perd son encre, comme *à blanchir la tête d'un nègre, on perd son savon.*

Depuis trente ans l'hygiène a fait de grands progrès, sous l'impulsion de la physique et surtout de la chimie. L'analyse de l'air, de l'eau, des boissons et des aliments a fait découvrir une foule de principes nuisibles dont la science ancienne ne soupçonnait pas l'existence; l'action des fluides sur le corps humain a été mieux étudiée et mieux connue; des milliers d'observations ont décelé les causes d'insalubrité des professions diverses, ainsi que les moyens de les combattre.

De tout cela s'est formée une science compliquée et difficile, dont l'ensemble n'est accessible qu'aux médecins. Mais les préceptes les plus utiles peuvent être compris et appliqués par tous, moyennant un travail de simplification qui est toujours possible dans une certaine mesure. C'est ce travail que nous avons entrepris et que nous livrons aux lecteurs de la *ferme*, avec la conviction que vulgariser la science est rendre un grand service à l'humanité.

Dans l'hygiène, deux termes sont en présence, d'une part le corps humain et vivant, d'une autre part les agents extérieurs qui maintiennent ou attaquent la vie. L'ordre adopté peut donc se fonder tantôt sur la nomenclature des substances qui concourent au maintien de la vie, tantôt sur la nomenclature des actes vitaux. Ces deux principes de classification offrent leurs avantages respectifs. Nous essaeyrons de les combiner en faisant 1° l'hygiène des fonctions qui utilisent à l'intérieur les solides, les liquides, les gaz et les fluides impondérables; 2° l'hygiène des fonctions qui utilisent les mêmes agents à l'extérieur.

Viendront ensuite les fonctions qui appartiennent en propre à l'organisme, comme les mouvements, les sensations et les instincts. Enfin nous traiterons de l'hygiène des âges, des sexes, des tempéraments et des climats.

ACTIONS INTÉRIEURES. — Circulation. — On peut considérer la vie comme un mouvement qui use la machine humaine et la répare en même temps, consolidant et agrandissant les rouages pendant une période de force, les laissant se détériorer et s'amoindrir pendant la période de faiblesse, jusqu'au moment où ils se brisent dans la mort. Une fonction capitale retire les vieux matériaux de l'organisme et les remplace par des matériaux tout neufs : c'est la circulation. Elle comprend : 1° un liquide renfermant tous les éléments du corps, c'est le sang; 2° un moteur qui imprime au sang un mouvement énergique, c'est le cœur; 3° des conduits qui se ramifient à l'infini et distribuent le sang dans tous les organes, ce sont les vaisseaux. Parmi ces derniers, les artères se dirigent du cœur à la périphérie, tandis que les veines se dirigent de la périphérie vers le cœur, les premières conduisant dans tous les tissus un sang chaud, rouge et réparateur, les secondes ramenant vers le centre ce sang devenu brun et impropre à la vie. Il retrouve ses propriétés vitales dans la respiration qui puise, dans l'air atmosphérique la chaleur et l'épuration; il se répare encore avec les fonctions digestives qui lui cèdent une partie des solides et des liquides soumis à l'action des intestins. On comprend dès lors que la circulation est impuissante à donner au corps force, nutrition et santé si la respiration et la digestion ne se font pas bien. Un air altéré ne peut porter dans le poumon que des principes d'altération, des aliments malsains ne peuvent former un sang riche et généreux. Si bien, que l'homme mal nourri ou vivant dans une atmosphère viciée est également menacé de maladie. Il est bien plus exposé encore si l'air respirable et les aliments sont également mauvais.

Avec les diverses conditions d'une nutrition intacte, on obtient les éléments principaux de la santé, mais on ne les a pas tous ; à côté des fonctions qui réparent se trouvent les fonctions qui éliminent et retirent de l'organisme les molécules qui menacent ruine. Si l'élimination n'est pas en rapport avec la nutrition, les sucs altérés s'accumulent dans les chairs et produisent les engorgements, d'où naissent les maladies.

C'est ainsi que la science, en nous montrant l'ordre et l'enchaînement des fonctions qui composent la vie, nous trace la route que nous devons suivre en faisant l'hygiène des fonctions qui relèvent de la circulation.

Respiration. — A l'état de pureté, l'air respirable contient en volume 21 d'oxygène, 79 d'azote et des traces d'acide carbonique; en poids 23 d'oxygène et 77 d'azote. Cet air, mis en contact avec le sang veineux, au moyen des vaisseaux pulmonaires dont les parois sont d'une minceur extrême, cède à la circulation de quatre à six pour cent de son oxygène, et ne reçoit à la place que trois ou cinq pour cent d'acide carbonique. Aussi l'air expiré est-il moindre que l'air inspiré. Outre l'acide carbonique, le poumon élimine de la vapeur d'eau et les divers principes volatils que peut contenir le sang, comme l'alcool, l'éther, le musc, les huiles essentielles. Il suffit, pour acquérir la certitude de ces faits, de constater les odeurs variées que peut contracter l'haleine.

Un adulte a, en moyenne, 15 inspirations et expirations d'un demi-litre d'air dans une minute. En estimant à 0,05 l'acide carbonique expiré, on trouve qu'en un jour il altère gravement 10,800 litres d'air. Supposons-le enfermé dans une pièce hermétiquement close et jaugeant 11 mètres cubes, il sera, vers la fin du jour, dans l'impossibilité de respirer une atmosphère viciée par l'acide carbonique, par une énorme quantité de vapeur d'eau et par tous les gaz exhalés du corps humain. Pour que l'air qui l'entoure contienne seulement un trentième d'acide carbonique, ce qui est déjà une altération notable, il faudra quintupler la capacité de l'appartement et lui donner 55 mètres cubes.

L'air qui a pénétré une première fois dans le poumon, s'il est respiré de nouveau perd une nouvelle quantité d'oxygène et reçoit une nouvelle dose d'acide carbonique, mais ce dernier, mélangé à l'atmosphère dans la proportion de 9 centièmes, le rend impropre à la respiration. C'est pour cela que l'on a vu, à diverses reprises, mourir les personnes accumulées dans un espace étroit. 60 émigrants renfermés dans l'entre-pont d'un navire, pendant une tempête, sont morts, il y a quelques années, en vue des côtes d'Angleterre.

Ceci nous explique combien est pernicieuse l'habitude trop répandue dans les campagnes de faire coucher cinq ou six personnes dans une même pièce ; ceci nous dit pourquoi les épidémies de fièvres typhoïdes visitent si souvent la maison du cultivateur. Il est également malsain de coucher dans l'écurie, dans l'étable et dans la bergerie, parce que l'air y est altéré par la respiration et les excrétions des animaux. L'expérience a montré que les vaches maintenues à l'étable, dans l'intérieur de Paris et des grandes villes, deviennent tuberculeuses dans un espace de temps qui varie de 12 à 18 mois; la moitié des moutons, quand ils sont conduits à l'abattoir, portent dans les poumons des tubercules contractés pendant le long séjour dans la bergerie qui leur est imposé par l'hiver; or il n'est pas étonnant de voir se produire chez l'homme ce qui se produit chez les animaux, mêmes causes engendrent mêmes effets. Le fermier qui voudra préserver de la maladie sa famille et ses serviteurs doit veiller à ce que chaque personne dispose, pendant sa nuit, de

25 mètres cubes de bon air. Si la maison est trop étroite, il y a la grange et le grenier; il y a surtout des moyens de ventilation qui seront indiqués en temps et lieu.

Ces moyens dont l'objet est de renouveler l'air contenu dans la maison, sans produire un abaissement considérable de température, sont utiles en tout temps, mais ils servent surtout lorsque les voisins se sont réunis pour la *veillée* dans la chambre à coucher de la ferme; l'air alors n'est pas seulement vicié par la respiration de dix ou quinze personnes, il s'altère encore sous l'influence de l'éclairage artificiel. Une chandelle vicie environ 500 litres d'air, par heure, autant que le ferait la respiration humaine. Une de ces lampes imparfaites dont on se sert dans les campagnes donne autant d'acide carbonique qu'une chandelle, et produit en outre de la fumée. Les lampes Carcel pourvues d'une cheminée en verre ne produisent pas de fumée, mais elles consomment trois fois autant d'oxygène qu'une bougie, enfin un bec de gaz absorbe dans une heure 234 litres d'oxygène, produit 128 litres d'acide carbonique et 169 grammes d'eau. L'altération dans ce dernier cas égale à peu près celle qui résulterait de 16 bougies brûlant simultanément, ou de six hommes respirant à plein poumon. L'éclairage au gaz n'est pas usité dans les campagnes, mais il suffit des 38 grammes d'eau que chaque adulte exhale dans une heure, sous forme de vapeur, pour rendre très-humide et malsain l'air contenu dans l'habitation du cultivateur. Quand la famille est réunie pendant les longues soirées d'hiver, l'eau ruisselle sur les vitres et sur les murs, toute surface froide et polie se charge de vapeur, les étoffes sont lourdes et imprégnées d'humidité, enfin les parois de la chambre se couvrent de petits cristaux de glace, pendant les grands froids. Il ne faut donc pas s'étonner si le rhumatisme désole la vieillesse de l'ouvrier des campagnes, et si les humeurs froides atteignent si souvent ses enfants.

On s'étonnerait à meilleur droit de voir vivre des hommes dans un air altéré par la respiration, par l'éclairage, par les vapeurs de charbon et de graisse que produit la préparation des repas, par le blanchissage, par les gaz qui surgissent de tonnelets à moitié pleins de salaisons, de racines comestibles, de choucroute, etc.

Nul doute que l'état sanitaire des campagnes ne s'améliore sensiblement si, quelque jour, la maison du fermier réserve à chaque membre de sa famille les 25 mètres cubes d'espace accordés à chaque homme valide ou malade dans la construction des casernes et hôpitaux. Le logement de six personnes devrait ainsi comprendre 150 mètres cubes, autrement dit trois pièces de grande dimension. Ceci, au temps actuel, représente un loyer que ne peut supporter la grande majorité des laboureurs. Mais, s'ils ne peuvent faire une provision suffisante d'air respirable, ils peuvent renouveler constamment celui que renferme leur chaumière et conjurer le méphitisme à très-peu de frais. Tel est l'objet de la ventilation.

De tous les agents de ventilation inventés, jusqu'à ce jour, le plus simple consiste en des ouvertures pratiquées, à travers les murs, au niveau du plancher et du plafond. Pendant la saison froide, l'air des habitations étant plus chaud et moins dense que celui du dehors s'échappe par les ouvertures supérieures, tandis que l'air extérieur comble le vide en pénétrant par les ouvertures d'en bas. Dans la belle saison, le sens du courant est renversé par les changements de proportion dans la densité de l'atmosphère intérieure et extérieure.

On va demander pourquoi ces ouvertures et s'il ne vaudrait pas mieux ventiler la maison en ouvrant simplement portes et fenêtres.

A cette question la réponse est que l'on ne peut agir de la sorte, pendant la saison froide sans changer brusquement la température intérieure et sans provoquer les accidents qui résultent des refroidissements subits. Ajoutons que l'air le plus altéré se trouve dans les régions supérieures et inférieures de l'appartement, précisément à la hauteur des ouvertures dont il vient d'être question. Supposons à ces dernières un diamètre de 20 centimètres, supposons-les munies de registres qui permettront de graduer le courant d'air, supposons-les loin des lits et masquées par une pièce d'étoffe et voyons ce qu'elles produisent en temps ordinaire où la température extérieure est moindre que la température intérieure. Il faut estimer que deux ouvertures bien établies expulseront, par heure, 5 mètres cubes d'air altéré et les remplaceront par 5 mètres cubes d'air sain, ce qui fera 120 mètres cubes en 24 heures. Une pareille somme de gaz, en traversant l'habitation, s'échauffera de quelques degrés, prendra une nouvelle avidité pour la vapeur d'eau et fera disparaître l'humidité, ce qui compensera un abaissement de température inévitable. Ce mode de ventilation doit suffire en été, et, pendant une partie du printemps et de l'automne, l'expérience a même démontré son efficacité dans les cités ouvrières de Mulhouse, où l'architecte M. E. Muller en a fait un emploi très-habile. En hiver, il faut prendre d'autres mesures. Le problème à résoudre consiste à échauffer l'air extérieur avant de le verser dans l'appartement que l'on veut ventiler, et la solution a été trouvée dans les calorifères. Voici le système sur lequel ils reposent.

Supposons un poêle en terre cuite, en tôle ou en fonte dont le fourneau soit entouré par une cavité sans communication directe avec lui. Supposons cette cavité communiquant par sa partie inférieure avec l'air du dehors et par sa partie supérieure avec l'appartement, sitôt qu'on allumera le feu du foyer, l'air contenu dans la cavité environnante s'échauffera, perdra de sa densité, prendra un mouvement ascendant, se répandra dans l'appartement et sera remplacé par de l'air venu du dehors. Celui-ci subira les mêmes changements et prendra la même direction, un courant continu sera vite établi. On obtient le même effet en substituant à la cavité périphérique une série de tubes en fer traversant le foyer, communiquant par une de leurs ouvertures avec l'air extérieur, et par l'autre ouverture avec l'intérieur de la maison.

Le volume de l'air fourni par les calorifères et l'élévation de la température sont toujours en raison inverse. Donnez aux tubes d'appel et aux bouches de chaleur un très-petit diamètre, l'air séjournera près du foyer et deviendra brûlant; il ne fera que passer, au contraire, et n'aura pas le temps de s'échauffer beaucoup si on agrandit la prise d'air, les bouches de chaleur et les tubes qui viennent y aboutir. Des deux systèmes, celui qui donne une ventilation abondante est préférable comme moyen d'assainissement.

Pour un appareil de chauffage qui brûle en une heure 500 grammes de houille ou 1 kilogr. de bois, le tube qui communique avec la ventouse extérieure doit avoir $0^m,06$ de diamètre. Il fournira, en 12 heures, 500 mètres cubes d'air chaud, ce qui est suffisant et au delà pour chauffer et ventiler toute l'habitation du fermier.

Ce n'est pas ici le lieu d'expliquer comment il est facile de modérer l'abondance du courant ventilateur et même de l'intercepter complétement au moyen de registres ou de clefs fermant les tubes d'appel ou d'émission. Ceci est un détail dérivant directement des principes exposés et relevant de la sagacité des constructeurs. Mieux vaut indiquer par quelle voie s'échappe cette grande quantité d'air introduit du dehors : une partie est absorbée par le tirage qui alimente le foyer du calorifère et s'échappe au dehors sous forme de fumée; l'autre partie sort par les ouvertures pratiquées au niveau du plafond.

Dans un pays aussi grand que la France un seul modèle de calorifère ventilateur ne saurait convenir aux divers climats, mais on peut affirmer avec certitude que les cultivateurs, sans augmenter sensiblement leur dépense de combustible, peuvent assainir beaucoup leur habitation en se servant de poêles disposés, à la fois, pour la cuisson des aliments, pour le chauffage et pour la ventilation. Il existe dans le commerce plusieurs appareils en fonte qui remplissent ce triple objet, mais ils ne seront adoptés généralement que si les hommes autorisés par leur instruction en démontrent les avantages. Les mêmes hommes doivent faire comprendre aux ménagères qu'il n'y a pas d'air sain dans la maison que remplissent les vapeurs de lessive, de charbon, de fruits en fermentation, de viandes altérées, de déjections et d'immondices; on peut affirmer que tout ce qui est sale, que tout ce qui est méphitique et puant se range parmi les choses malsaines.

Quand une famille nombreuse se presse dans un espace étroit, les meubles, les tentures, les murs et le plancher s'imprègnent vite d'une couche sordide d'où s'exhalent des gaz pernicieux.

Le remède à tout cela consiste à cirer les meubles et à les essuyer chaque jour, à laver les rideaux et le plancher, à blanchir les murs à la chaux, à nettoyer d'une façon incessante. Si la Hollande avec ses marais est une contrée relativement salubre, la cause en est dans les lavages continuels que subissent les habitations, de la cave au grenier. En France, où le climat rend les lavages faciles, et où la sécheresse de l'air fait disparaître bien vite l'humidité qui les suit, les ménagères auraient grand avantage à faire un usage continuel de l'eau et de la brosse. Leur maison deviendrait plus saine en même temps qu'elle prendrait un air d'aisance et de prospérité; leur mari serait moins disposé à fuir son intérieur et à dépenser au cabaret ce qui doit pourvoir aux besoins du ménage; leurs filles prendraient l'habitude de l'ordre, leurs garçons deviendraient sains et robustes.

Plus on réfléchit sur l'influence bienfaisante de la propreté, et plus on se persuade qu'elle doit être estimée à l'égal d'une vertu. Mais il ne suffit pas de l'estimer, il faut l'encourager d'une façon efficace et continue, il faut la récompenser aux yeux de tous et lui acquérir le concours de l'opinion. Quelques prix adressés aux ménagères les plus méritantes feraient avantageusement partie d'un concours agricole; ils auraient le mérite de relever la femme du cultivateur et de montrer la part qu'elle peut prendre dans la prospérité de l'agriculture.

Étant ainsi connus les moyens de conserver la pureté de l'air confiné, il reste à exposer comment peut s'obtenir la pureté de l'air extérieur. C'est lui qui renouvelle sans cesse l'atmosphère de la maison; s'il est altéré, il portera, quoi qu'on fasse, la maladie dans les organes respiratoires.

Énumérer toutes les causes d'altération de l'atmosphère terrestre est au-dessus des forces de la science actuelle; mais il suffit à l'objet de ce livre d'énumérer les altérations principales. La plus redoutable de toutes est le miasme qui, sous forme de vapeur, s'exhale des marais, du bord des rivières, des lacs et des étangs, des terres humides et argileuses, des défrichements, des fumiers, des charniers, des cimetières, des abattoirs, des tanneries, des fosses d'aisance et de tous les lieux où des matières organiques subissent la fermentation putride.

Des miasmes que certains auteurs désignent sous le terme générique d'effluves naissent les fièvres intermittentes et pernicieuses, la fièvre jaune, la peste et la plupart des épidémies.

Deux causes activent la fermentation putride: l'humidité d'une part, la chaleur de l'autre; aussi les contrées chaudes et humides sont-elles plus exposées que les autres à l'influence pernicieuse de l'effluve et du miasme. Ces gaz n'agissent pas à toutes les heures avec la même intensité. Au milieu du jour, quand l'air est sec et la surface du sol échauffée par le soleil, ils montent dans les régions supérieures de l'atmosphère, à mesure qu'ils s'exhalent de leur foyer, et sont peu redoutables pour la respiration; mais le soir, quand tombe la rosée, quand les couches d'air qui avoisinent le sol deviennent brumeuses, froides, douces et humides, l'effluve ne monte plus vers le ciel, il se concentre vers la terre, il devient un véritable poison pour la respiration. C'est ainsi que des voyageurs ont perdu la vie pour avoir traversé les marais Pontins, pendant la nuit, tandis que ceux qui les traversent, pendant le jour, n'éprouvent aucune incommodité. Plusieurs départements de France, entre autres la Charente-Inférieure, la Gironde, les Landes, l'Ain, les Bouches-du-Rhône et l'Hérault sont désolés par l'effluve. Les fièvres qui en résultent font de nombreuses victimes et imposent à ceux qui échappent des fiinrmités souvent incurables, comme le gonflement du foie et de la rate, ainsi que les hydropisies, qui en sont la conséquence. Un des grands services que peut rendre l'hygiène est donc de détruire l'effluve ou d'en neutraliser les effets. Voici les moyens dont dispose la science pour atteindre un but si désirable. Ne pouvant neutraliser la chaleur, qui est l'un des éléments de la fermentation putride, elle s'attache à détruire l'humidité et à donner un écoulement à toutes les eaux stagnantes. Sous ce rapport, le drainage et le desséchement des marais ont l'influence la plus heureuse. Pour les terres humides qui ne peuvent être desséchées on utilise l'impuissance des eaux profondes à produire le miasme; de grands fossés servent de réservoir pour les eaux tandis que les terres recueillies, pendant le creusement, exhaussent le sol du voisinage et le transforment en terres arables. Un autre moyen d'empêcher l'action malfaisante de la vase consiste à la préserver du contact des rayons solaires par des plantations d'arbres. La surface d'un marais couvert d'arbres, de saules et de peupliers, s'échauffe rarement assez pour produire l'effluve : si des gaz putrides s'échappent de quelques points du sol, ils sont décomposés par l'action des feuilles, qui représentent les poumons des plantes et s'emparent du carbone de l'air, en même temps qu'elles exhalent de l'oxygène pur. Les arbres résineux ont, plus que les autres, le don de purifier l'atmosphère. Ils ont, en grande partie, banni la fièvre de la Sologne et des Landes; ils rendraient de bien plus grands services encore, si leur plantation se faisait méthodiquement. Telle ferme ou tel village, que le voisinage d'un étang condamne aux fièvres périodiques, se préserverait de l'épidémie avec un rideau de sapins dont le feuillage épais et persistant pourrait détourner les vents pernicieux ou leur faire subir une filtration bienfaisante.

Le danger des défrichements diminue beaucoup quand ils s'opèrent en hiver. Alors le manque de chaleur enlève tout caractère pernicieux aux gaz qui s'élèvent des terres remuées. Quand vient la saison chaude, un lavage s'est produit avec les pluies du printemps et les fermentations ultérieures ne sont guère à redouter. De même on peut neutraliser l'action malfaisante des fumiers en les concentrant, ainsi que les purins qui en découlent, dans des fosses maçonnées, et en les arrosant fréquemment, pendant les grandes chaleurs, toutes choses qui concordent avec les prescriptions des sciences agricoles.

Au temps de la canicule, lorsque le sol est sillonné de profondes crevasses et semble s'ouvrir pour exhaler tous les miasmes qu'il renferme, le cultivateur doit redoubler de précautions contre la maladie ; il doit éviter le travail en plein air, pendant la nuit, il doit fuir les brumes qui s'amassent, le soir, sur les vallons et les prairies : s'il ne s'efforce de respirer un air pur, son corps, épuisé par la chaleur et par les grands travaux de l'été, ne pourra résister à la maladie.

Assimilation. — Son objet est de réparer les dépenses de la circulation à l'aide des matériaux pris au dehors et élaborés par le tube intestinal; elle agit à la fois sur les solides et sur les liquides; ces derniers, quand ils doivent être ingérés, prennent le nom de boissons. La base de toute boisson est l'eau dont les qualités ont une influence marquée sur l'état des populations. Où l'eau est mauvaise l'homme ne peut être ni sain ni fort, il est au contraire bien rarement chétif et malsain où l'eau est excellente. C'est à l'abondance, à la fraîcheur et à la limpidité des sources qu'il faut attribuer, en bonne partie, la belle constitution des montagnards; de même que l'usage des eaux stagnantes explique la débilité des hommes de la plaine.

Ces vérités qui semblent méconnues, au temps où nous vivons, étaient admises par les peuples de l'antiquité, aussi ne craignaient-ils pas de s'imposer des travaux énormes pour la construction des citernes et des aqueducs. Les médecins de la Grèce et de Rome, bien que privés des ressources que donne l'analyse chimique, savaient admirablement reconnaître les qualités de l'eau potable. Ils la voulaient limpide, aérée, légère, fraîche et d'une saveur agréable; ils exigeaient que l'ébullition ne dégageât aucun gaz odorant, que l'évaporation laissât un minime dépôt calcaire, et que la cuisson des légumes se fît sans difficulté. Hippocrate, dans son *Traité des eaux* dit souvent qu'elles doivent être chaudes en hiver et froides en été. Il reconnaît cette double propriété aux sources qui sortent des collines exposées au levant. Il met au second rang celles qui coulent *entre le lever et le coucher d'été du soleil, surtout celles qui se rapprochent le plus du lever, au troisième rang celles qui coulent entre le coucher d'été et celui d'hiver. Sont très-mauvaises celles qui coulent vers le midi, le lever et le coucher d'hiver : par les vents du sud elles sont funestes; par les vents du nord elles sont meilleures.*

La latitude sous laquelle vivait Hippocrate explique sa prédilection pour les versants exposés à l'est et son antipathie pour les versants exposés au midi. En France, les assertions de l'illustre médecin seraient trop absolues. Partout, du reste, il faut considérer comme qualité essentielle de l'eau la fraîcheur qui désaltère, qui tonifie l'estomac et lui donne une plus grande aptitude à digérer. Celui qui boit frais, dans les grandes chaleurs de l'été, sent sa circulation et sa transpiration se modérer, il reprend la force et le courage. Mais, s'il n'a que de l'eau tiède à sa disposition, sa soif ne se calme pas : bientôt la sueur l'inonde, il perd, en même temps, la force et l'appétit. Après la fraîcheur il faut tenir compte de la couleur. Toute eau qui n'est pas limpide contient des corps étrangers et peut être soupçonnée d'insalubrité; celle qui a de l'odeur contient des gaz plus ou moins malfaisants, celle dont la saveur est fade, salée, atramentaire, ou sulfureuse est chargée de sels qui en altèrent la qualité. La présence de ces sels est encore démontrée par la mauvaise cuisson des légumes et par la dissolution incomplète du savon, si bien que tout homme, étranger à la chimie, peut avec l'aide de ses sens et de quelques signes dire si l'eau qui lui sert de boisson est de bonne ou de mauvaise qualité.

Les meilleures sources, abstraction faite de l'exposition, se trouvent dans les terrains sablonneux, granitiques, siliceux et argileux. Celles qui sortent des roches ont, en général, une eau dure et mal aérée, surtout s'il se trouve dans le voisinage des bancs de sel gemme, de plâtre ou gypse; celles qui sortent des marais ou des tourbières, celles qui passent au-dessous des cimetières, des fumiers, des bergeries et des fosses d'aisances sont souvent très-malsaines.

Des sources procèdent les ruisseaux, et des ruisseaux procèdent les rivières; et l'eau, à mesure qu'elle s'écoule vers la mer, acquiert certaines qualités en même temps qu'elle perd la limpidité et la fraîcheur si précieuses en été. Ces qualités acquises ont une plus grande pureté chimique et une aération plus complète. Diverses plantes qui tapissent le lit des rivières s'emparent des portions de chaux ou de silice tenues en dissolution dans l'eau, émettant, en même temps, des bulles d'oxygène qui s'incorporent au liquide. Les mêmes herbes, courbées par le courant et balancées comme de longs filaments, opèrent une sorte de filtration et débarrassent l'eau de ses molécules terreuses. Sans cette action bienfaisante des végétaux aquatiques, les rivières qui reçoivent les égouts des villes, les déjections des fabriques et les résidus des marais, qui recèlent les cadavres d'une multitude de végétaux et d'animaux, ne donneraient, après dix lieues de cours, qu'une eau corrompue et infecte, tandis que l'on voit des fleuves, dans un cours de plusieurs centaines de lieues, fournir aux cités bâties sur leurs rives une eau excellente. Lorsque le courant se ralentit et lorsque le fleuve acquiert une grande profondeur, les herbes deviennent rares et n'opèrent plus leur filtration. Mille impuretés sont, dès lors, tenues en suspension dans une eau qui diffère peu de celle des étangs et des marais, où la végétationa quatique ne manque pas, mais, comme elle n'est plus aidée par le courant, elle perd son efficacité; c'est ce qui a lieu dans les étangs, les mares et les marais, dont le lit est constamment tapissé par la vase, c'est-à-dire par l'agent producteur de l'effluve et du miasme.

Jamais l'homme ne doit faire usage des eaux stagnantes et marécageuses. A ceux qui invoquent la nécessité et le caractère impérieux de la soif on peut répondre que, dans tous les lieux où se forment les mares et étangs, les puits sont faciles à pratiquer. Pour que l'eau, obéissant aux lois de la pesanteur, ne s'enfonce pas dans le sein de la terre, il faut qu'elle soit retenue par une couche imperméable d'argile; dès lors une excavation de quelques mètres de profondeur se remplit du liquide que les pluies versent incessamment à la surface du sol. Il est vrai que cette eau est mal aérée et chargée des sels calcaires et autres qui entrent dans la composition du sol, mais si elle cuit mal les légumes, si elle est lourde à l'estomac, on ne peut lui refuser la fraîcheur. Quelques puits sont placés sur le trajet des sources et donnent une eau excellente; mais un grand nombre, recevant les infiltrations des égouts, des fosses d'aisances et des fumiers, deviennent une cause d'empoisonnement pour les personnes qu'ils abreuvent. Dans beaucoup de fermes on sait que l'eau du puits devient *malade* pendant la canicule; on sait, par expérience, qu'elle propage la maladie chez les hommes et les animaux, mais on attribue son aspect vaseux et son odeur repoussante à une fermentation développée par la chaleur. La vérité est que le niveau du liquide, baissant avec la sécheresse, forme un vide dans lequel la pente entraîne les mille déjections qui imprègnent le sol d'une ferme. Un moyen simple de préserver les puits de ces infiltrations est d'éloigner les fumiers, les écuries et les fosses à purin; c'est encore de concentrer toutes les impuretés liquides dans des excavations maçonnées avec la chaux hydraulique et le béton. Beaucoup d'engrais sera économisé de la sorte, en même temps qu'on évitera les maladies d'automne et les chômages ruineux qu'elles entraînent.

Certaines contrées, par la disposition d'un sol très-perméable, sont privées de sources, de puits, de mares et de ruisseaux; d'autres sont privées d'eau potable, par l'abondance du sel marin : il ne reste dès lors qu'à recueillir la pluie et à pratiquer des citernes. Ces dernières, pour devenir excellentes, doivent être construites avec des matériaux ne cédant à l'eau qu'une minime quantité de substance minérale; elles doivent être assez spacieuses pour contenir toute la provision d'eau nécessaire aux habitants et aux bestiaux de la ferme pendant un été sec et chaud, elles doivent être mises à sec une fois par an et nettoyées avec soin, sous peine de devenir le réceptacle de quantité d'insectes et de vers aquatiques. Où il y a des citernes il faut supprimer les pigeons, qui couvrent les toits d'immondices, il faut enlever les feuilles et la poussière des gouttières, enfin il faut munir le conduit capital d'un déversoir destiné à jeter au dehors et à diriger du côté des fumiers l'eau qui, au début de l'ondée, lave les toits et se charge d'impuretés. Après une demi-heure de forte pluie, le déversoir change de direction et il conduit dans la citerne un liquide d'excellente qualité.

Grâce à ces précautions, toute ferme peut se procurer une boisson plus pure et mieux aérée que celle de la plupart des sources et des ruisseaux les plus limpides. Dans les contrées où les sources ne coulent que pendant l'hiver, ou bien sont insuffisantes pendant l'été, on peut faire une grande provision d'eau potable au moyen de réservoirs voûtés et maçonnés, tels que les construisaient les Romains. Dans d'autres régions, des puits artésiens pourront être forés et donner au milieu des plaines basses et marécageuses une excellente boisson.

En somme, l'eau douce et pure est une nécessité de premier ordre pour le campagnard comme pour le citadin, et l'argent dépensé pour se la procurer est toujours placé avantageusement. Voilà ce qu'il est difficile de persuader à des hommes peu soucieux des commodités de la vie et disposés à suivre l'exemple de leurs ancêtres; ils espèrent échapper à la maladie, et, quelque jour, elle consomme leur ruine en s'attaquant à leur famille ou à leurs bestiaux; à ceux qui s'obstineront à faire usage d'eau de mare, d'étang ou de puits altérés par les fumiers, l'hygiène actuelle offre plusieurs moyens d'épuration. Le plus généralement adopté est une fontaine filtrante en pierre ou en grès dans laquelle on introduit environ un kilogramme de charbon de bois concassé. Cet agent, s'il est renouvelé deux fois par mois, a la précieuse propriété d'absorber les gaz contenus dans les eaux corrompues, de décolorer les liquides, de leur enlever toute mauvaise odeur et de rendre inoffensive une boisson naturellement malsaine. D'une fontaine ainsi disposée, l'eau trouble d'un puits ou d'un étang peut sortir limpide, bonne et fraîche. Il est vrai que les appareils de filtration sont coûteux et d'un transport difficile, mais un homme industrieux peut se les procurer à peu de frais. Il lui suffit de prendre un tonneau de la capacité de deux hectolitres, environ; de le placer verticalement, d'enlever le fond supérieur qui sera fixé horizontalement vers la partie moyenne du fût et divisera ce dernier en deux compartiments d'égale capacité. Cette cloison, percée préalablement d'une multitude de petits trous, sera recouverte d'une couche de menu charbon de bois, recouverte elle-même de gravier bien lavé. Le tout sera fixé et comprimé par quelques pierres plates, des tuiles, ou des ardoises. L'eau, versée dans le compartiment supérieur, ne tombera dans le compartiment inférieur qu'en traversant les couches de gravier et de charbon dans lesquelles resteront les diverses impuretés. Un robinet adapté au compartiment inférieur permettra d'en retirer une boisson très-assainie.

Dans chaque village, de pareils filtres peuvent être construits, à peu de frais, par le tonnelier, modifiés et perfectionnés de mille manières, nettoyés et entretenus par tout valet de ferme qui en comprendra le mécanisme. Si leur usage devenait populaire, des milliers de maladies d'entrailles seraient supprimées et la culture serait délivrée d'un fléau véritable. Mais, pour en arriver là, il faut du soin et de la persistance, deux choses qu'il est toujours difficile d'obtenir des hommes. C'est ainsi que les faucheurs, faneurs et moissonneurs, pendant des chaleurs torrides, ne boivent que des liquides échauffés par le soleil et incapables de calmer leur soif, quand ils pourraient facilement se procurer une boisson très-fraîche : il leur suffirait, pour cela, d'entourer d'un linge mouillé les bouteilles, bidons, ou autres vases contenant leur eau ou leur vin, de suspendre le tout à un arbre au moyen d'une petite corde et d'imprimer à l'appareil un mouvement simultané de rotation et de balancement. Pour bien comprendre ce qui doit se passer, il faut se rappeler que tout liquide, pour se vaporiser, doit absorber une énorme dose de chaleur, ce qui est prouvé par la quantité de feu nécessaire aux machines à vapeur, ou par le refroidissement rapide que subit un homme quand il s'expose à un courant d'air ayant ses vêtements et sa peau imprégnés de sueur. Un liquide que le courant d'air sollicite à la vaporisation prend la chaleur de tout ce qui le touche; c'est pour cela qu'une bouteille entourée d'un linge mouillé, exposée au vent ou balancée dans un air tranquille, doit prendre une grande part de son calorique et devenir glacée dans une atmosphère de 30 degrés. A mesure que le linge se sèche, la vaporisation et le refroidissement deviennent moins actifs, aussi l'appareil, pour avoir toute son efficacité, doit-il être arrosé de temps à autre, et pourvu d'un nouveau balancement. Les forces et l'intelligence d'un enfant de dix ans suffisent à ce mince travail, dont le résultat sera de procurer à des hommes qui agissent sous un soleil ardent les moyens de rafraîchir leur sang et d'éteindre leur soif sans altérer la puissance digestive de l'estomac. Certains vases, que l'on rend poreux en pétrissant l'argile dont ils se composent avec du sel marin tamisé, dispensent d'employer un linge mouillé. L'eau qu'ils contiennent suinte constamment à leur surface et se présente à la vaporisation. Si la boisson est un peu diminuée, elle se maintient toujours fraîche et la qualité est une compensation avantageuse de la quantité; c'est au moins l'opinion des Arabes, des Espagnols et des peuples qui habitent les rives de la Méditerranée. Chez eux l'usage des vases poreux est admis par toutes les classes sociales : il devrait en être de même dans l'Europe entière, car les chaleurs de la canicule sont aussi pénibles à supporter à Saint-Pétersbourg qu'à Séville ou à Palerme. Mais les habitudes des populations agricoles sont difficiles à changer, et l'usage des vases poreux ne deviendra général dans les campagnes que préconisé par les hommes intelligents et favorisé par le bas prix de ces poteries qui se vendent trois fois plus cher à Paris qu'à Séville.

Boissons fermentées. — Si l'homme n'avait cherché dans l'usage intérieur des liquides que les moyens d'apaiser sa soif, l'eau pure eût suffi à tous ses besoins; mais dans l'action de boire il a prétendu trouver à se rafraîchir, à s'alimenter et à flatter sa sensualité; il a donc inventé les boissons fermentées, en tête desquelles il faut placer le vin. Cette liqueur est le produit de la fermentation du raisin; elle est très-composée et contient des substances albuminoïdes, de l'alcool, du sucre, des huiles essentielles, des matières colorantes, des sels variés de potasse, de soude ou de chaux, des phosphates, des sulfates, des silicates, etc. Quelques vins des contrées chaudes contiennent de 18 à 20 pour 100 d'alcool, on ne peut les boire qu'en petite quantité. Ceux de la Gironde et du Lyonnais sont de force moyenne et renferment de 12 à 14 pour 100 d'alcool, ceux des environs de Paris et des climats analogues ne contiennent, en fait d'esprit, que 7 ou 8 pour 100.

Toutes choses égales d'ailleurs, les vins rouges sont moins spiritueux que les vins blancs : ils sont moins stimulants, mais nourrissent davantage en raison des principes azotés et colorants qui entrent dans leur composition. Ajoutons que le tartre et le tannin, dont ils sont amplement pourvus, ont pour résultat de favoriser la digestion et de conjurer l'ivresse; ils doivent être préférés pour l'usage des travailleurs.

L'imagination populaire, toujours prompte à personnifier, a fait du vin un être vivant, ayant ses qualités physiques ou morales et susceptible de santé comme de maladies. Ces dernières sont nombreuses ; une des plus fréquentes résulte de l'exposition des fûts à une température dépassant 15 ou 16°. La chaleur provoque une nouvelle fermentation dont l'effet est de troubler le liquide, de le rendre amer et de lui faire perdre sa qualité par la précipitation de certains principes tenus d'ordinaire en dissolution. Il faut en pareil cas se hâter de mettre le vin au frais, puis on le transvase dans un fût où l'on vient de brûler une mèche soufrée. Un collage, avec quelques blancs d'œufs battus, aura ensuite pour résultat de clarifier le liquide, tandis que le soufrage arrêtera la fermentation.

Quand un excès de fermentation produit un excès d'acide, on neutralise ce dernier en dissolvant dans chaque hectolitre de vin 100 grammes de tartrate neutre de potasse. Les vins gras et visqueux se corrigent avec 10 grammes de tannin par hectolitre. On obtient le même résultat avec 500 grammes de baies ou fruits très-astringents, comme les sorbes, les cormes, les prunelles ou même l'écorce de jeune chêne. Le goût de fût provenant ordinairement de moisissure disparaît par le soutirage et par une agitation prolongée avec 500 grammes d'huile d'olives, qui absorbe et entraîne l'huile essentielle, cause première de l'altération.

Dans les contrées où le raisin ne mûrit pas, on se procure une boisson qui peut contenir jusqu'à 7 pour 100 d'alcool avec le jus des poires fermenté. Le poiré qui vient d'être fabriqué est clair et sucré. Sa fermentation se fait lentement; elle transforme successivement en alcool la plus grande partie du sucre tenu en dissolution et peut même transformer l'alcool en acide. Ceci explique comment le poiré, d'abord doux et mousseux, devient ensuite sec et piquant, pour passer, en dernier lieu, à l'état de vinaigre. Il contient en petite quantité les principes qui font du vin un aliment très-réparateur.

Le cidre résultant de la fermentation du jus des pommes est, plus que le poiré, favorable à la santé. Comme ce dernier il fermente longuement et devient facilement acide s'il n'est mis dans une cave fraîche et disposé dans des fûts de petite capacité, où la consommation journalière ne le maintient en vidange que pendant un petit nombre de jours. Au reste ces précautions empêchent rarement la formation d'acides qui attaquent les métaux et surtout le zinc, le cuivre et le plomb. Des pots ou gobelets fabriqués avec ces métaux sont donc d'un mauvais emploi pour qui fait usage de cidre ou de poiré ; il faut préférer les vases en verre ou en grès; ils sont inaltérables sous l'action des liquides et ne risquent pas de leur céder certains principes nuisibles à la santé.

Il est encore une boisson fermentée dont la consommation dépasse à elle seule dans le nord de l'Europe la consommation du vin, du cidre et du poiré réunis : c'est la *bière*. En France, son prix reste élevé et hors de la portée des classes pauvres, parce que sa fabrication se maintient dans les brasseries au lieu de devenir domestique comme dans certaines régions de l'Angleterre et des États-Unis d'Amérique. Une instruction simple, claire et détaillée qui indiquerait à chaque fermière les moyens 1° de faire germer l'orge, de la torréfier légèrement et de la débarrasser des germes pour produire le malt ; 2° de convertir le *malt* en *drèche* par une mouture grossière ; 3° d'extraire de la *drèche* le principe sucré par une infusion dans l'eau chaude et par le brassage ; 4° de concentrer le *moût* et de le faire bouillir avec le houblon ; 5° enfin de provoquer la fermentation alcoolique avec la levure ou le levain de pâte, une telle instruction pourrait rendre de grands services aux classes agricoles ; mais elle dépasse ce qui concerne l'hygiène. Cette dernière doit se borner à indiquer les moyens de conserver la qualité des boissons. Or, la bière s'altère vite sous l'influence de la chaleur, qui provoque la fermentation acide ou même la décomposition ; elle s'altère encore lorsque les fûts qui la contiennent recèlent la moindre impureté. Nettoyer scrupuleusement les tonneaux ou barils qui doivent contenir la bière, puis maintenir celle-ci dans une cave fraîche : tel est le double préservatif des principales altérations.

Une fabrication plus simple et plus facile que celle de la bière produit l'hydromel. Cette boisson résulte de la fermentation de l'eau miellée et parfumée avec diverses substances aromatiques. Les Gaulois faisaient grand usage de l'hydromel, et on se demande pourquoi les Français actuels n'imitent pas l'exemple de leurs pères. Avec 30 grammes de miel et autant de sirop de dextrine et quelques graines d'anis ou de cumin ils obtiendraient une boisson saine et très-capable de remonter leurs forces, pendant les chaleurs.

Mais le grand nombre préfère les piquettes. Elles se fabriquent, soit avec les marcs de raisins sur lesquels on jette de l'eau qui entraîne un reste de parties vineuses, soit avec les fruits du sorbier ou cormier, du cornouiller, du prunellier, du pommier et du poirier sauvages que l'on écrase et mêle à une certaine quantité d'eau.

Au mois de mars, en pratiquant avec une vrille une ouverture dans le tronc des bouleaux, on extrait un liquide capable de fermenter et de produire une boisson très-saine ; elle est surtout apppréciée dans le nord de l'Europe, où le peuple la considère comme un sudorifique souverain contre les rhumatismes. Sans nous porter garants des vertus curatives de la séve de bouleau, nous en recommandons l'usage aux forestiers qui peuvent en extraire jusqu'à trois et quatre litres d'un arbre de belle venue sans lui nuire sensiblement.

Toutes les boissons dont le sucre s'est transformé par la fermentation produisent de l'eau-de-vie quand elles sont distillées. L'action de l'alambic les rend, sous un volume déterminé, quatre, six et même huit fois plus riches en principe alcoolique. L'eau-de-vie par excellence résulte de la distillation du vin. Celle que l'on obtient avec les résidus de la canne à sucre et les mélasses porte le nom de rhum ; le kirsch provient des cerises et des prunes fermentées, le rack est le produit de la fermentation du riz, il y a enfin les eaux-de-vie de grains, de pommes de terre, de betteraves, de sorgho, etc. Toutes mêlées à du sucre et à diverses substances aromatiques servent à fabriquer les liqueurs considérées par ceux qui les aiment comme de puissants stomachiques et par les sociétés de tempérance comme de véritables poisons. La vérité est que les boissons contenant plus de 14 ou 15 pour 100 d'alcool sont généralement nuisibles à la santé. Sous un petit volume elles produisent dans la bouche et dans l'estomac une agréable sensation de chaleur, elles portent dans le sang un principe d'excitation qui galvanise les forces et dispose à l'ivresse. Jusqu'ici le mal produit n'est pas grand, et les partisans de l'eau-de-vie considèrent même comme un bien l'abondante sécrétion de sucs qu'elle provoque dans l'estomac.

Sans nier l'utilité des sucs gastriques dans la digestion, on peut se défier de leur surabondance. L'expérience montre encore que l'estomac, agissant sous l'action habituelle des stimulants, devient paresseux, perd sa puissance d'assimilation, et ne peut digérer qu'un nombre restreint d'aliments. Son affaiblissement et celui de l'organisme entier qui en est la conséquence font qu'une dose plus forte d'eau-de-vie est appelée par les instincts digestifs.

L'homme ne résiste pas aux appels de son estomac, surtout quand ils deviennent la soif alcoolique. Bientôt la consommation quotidienne de l'eau-de-vie se trouve décuplée. L'alcool devient l'aliment sans lequel l'ouvrier des bras et celui de la pensée ne peuvent plus travailler. Alors le corps se dessèche, les membres deviennent tremblants, la face se couperose, l'haleine est fétide, alors la raison se perd sous le délire des ivrognes (*delirium tremens*). Mortelle est la maladie qui s'attaque à ces corps usés, soit qu'elle envahisse le foie, soit qu'elle s'adresse au poumon. Et ce n'est pas seulement le corps que détruit l'alcool, il abrutit l'âme, il engendre la paresse, il appelle la misère et tout un cortége de maux. Vainement celui qui en fait un usage quotidien se promet de ne pas dépasser les doses inoffensives; il fera comme ses devanciers qui ont pris les mêmes résolutions et ne les ont pas tenues : que l'on consulte, à cet égard, la longue expérience des débitants de liqueurs, ils prédisent avec une sûreté désespérante l'avenir des consommateurs. *Celui-ci*, nous disent-ils, *n'en est qu'à son cinquième petit verre, il vivra encore quelques années, mais celui-là en est au dixième, le cimetière l'attend.*

L'eau-de-vie n'est vraiment salutaire que lorsqu'elle se mêle à l'eau pure et sucrée, ou à diverses infusions aromatiques. Alors elle permet à celui que baigne la sueur de puiser sans danger à une source glacée, alors elle transforme les infusions chaudes et sucrées en utiles auxiliaires du repas de l'ouvrier, surtout quand ce dernier travaille dans une atmosphère froide et humide. Le grog, mélange d'eau, de sucre et d'eau-de-vie, n'est pas assez employé par les classes ouvrières; il pourrait utiliser fructueusement les alcooliques dont l'absorption à l'état de concentration n'engendre que des maux.

Grâce à une composition très-variée, les vins sont loin d'agir sur l'organisme comme l'eau-de-vie et les liqueurs : l'action de l'alcool, quand il ne dépasse pas 12 ou 13 centièmes, est neutralisée, au moins en partie, par le tartre et le tannin, tandis que les matières colorantes et azotées des crus rouges représentent un excellent aliment. Il ne faut donc ni s'étonner ni gémir si le laboureur aussi bien que le vigneron cherche dans la bouteille la vigueur nécessaire à ses rudes travaux, la gaieté qui rit devant les peines et jusqu'à cette verve gauloise dont l'entrain semble s'affaiblir à mesure que l'on s'éloigne des coteaux de la Bourgogne ou du Médoc. Un philosophe chagrin, un fanatique, un puritain quelque peu suspect d'hypocrisie peut proscrire le vin, mais celui qui sait par quels moyens se maintiennent les forces et la santé est tout disposé à aimer une boisson qui apaise la soif, nourrit la chair, modère la transpiration, donne de l'activité aux muscles, stimule l'intelligence et peut devenir le préservatif de plusieurs maladies. L'abus seul est blâmable, car, par une sorte d'ironie de la nature, ses effets sont tout contraires à ceux de l'usage modéré. Tel qui trouve au fond d'un verre de vin la fraîcheur du gosier, l'activité et la verve, trouve au fond d'une vaste bouteille une soif inextinguible, la débilité, l'hébétude et le bégaiement. Il faut noter, cependant, que l'ivresse du vin est moins funeste, physiquement, que l'ivresse de l'eau-de-vie; quant aux effets moraux, ils sont toujours les mêmes. Partout l'ivrogne est ennemi du travail, de l'ordre et de la propreté, partout il laisse son bien se détruire, partout il perd le respect de sa femme et de ses enfants, partout il est un objet de scandale pour ses voisins.

Le cidre et le poiré sont loin d'avoir les merveilleuses propriétés du vin. Leur composition peu variée explique leur infériorité. Ils ne sortent guère les hommes de leur indolence physique ou morale, ils ne donnent pas la rapidité d'action, d'intelligence et de sentiment qui se remarque dans les contrées où prospère la vigne. Mais s'il est juste de leur attribuer un peu de la lenteur des Normands, on doit convenir qu'ils ne sont nullement contraires à un beau développement de l'organisme.

Il en est de même de la bière. Le mucilage qu'elle contient à plus haute dose encore que le cidre fait qu'elle alimente le corps et le charge même de graisse. C'est à la bière qu'il faut attribuer, en partie, la vaste corpulence des Hollandais et des Flamands, qui de la brasserie font leur domicile habituel, remplissant et vidant tour à tour leur pipe et leur pot de grès. En sa qualité de boisson mousseuse et pétillante, la bière apaise parfaitement la soif, tandis que le principe amer qu'elle contient représente un tonique favorable à l'organisme. Le travailleur peut donc lui demander la force et l'alimentation, quitte à chercher ailleurs les principes plus subtils d'où procèdent l'entrain, la gaieté, la faconde et l'esprit.

On peut de même trouver dans les piquettes une boisson rafraîchissante, moins débilitante pour l'estomac que l'eau pure, capable même d'exercer une action légèrement tonique au moyen de ses principes astringents. Mais elle alimente peu et répare bien incomplétement les forces du travailleur; à certains égards, les piquettes se rapprochent des boissons acides dont nous avons à entretenir nos lecteurs.

De tous les acides le plus généralement employé à l'intérieur est le vinaigre. Le meilleur s'obtient avec du vin soumis à une nouvelle fermentation dans le but de transformer son alcool en acide acétique. Une chaleur de 20° aidée d'un peu de levain de pâte suffit pour opérer cette transformation en quelques jours. Beaucoup de ménagères se munissent ainsi d'un tonnelet de vinaigre excellent. Chaque fois qu'elles en tirent une bouteille, elles la remplacent par une bouteille de vin qui subit, en quelques heures, la transformation acétique. Le même tonnelet peut suffire ainsi, pendant des années, aux besoins du ménage : il donne un produit bien supérieur aux vinaigres du commerce, qui représentent de l'acide acétique étendu d'eau et sont dépourvus des principes variés d'où le vinaigre de vin tire ses propriétés digestives aussi bien que son exquise saveur.

Pendant les grandes chaleurs on peut préparer une boisson très-saine et très-agréable avec trois cuillerées de miel et autant de vinaigre dissoutes dans un litre d'eau fraîche; on obtient ainsi l'oxycrat dont les Grecs et les Romains faisaient grand usage. Le miel peut être remplacé par du sucre ou du sirop sans que le goût et la santé aient à en souffrir; quant à l'eau simplement vinaigrée, son usage est peu avantageux aux hommes qui travaillent sous un soleil ardent; l'estomac s'en trouve débilité pendant que la transpiration prend des proportions énervantes. Mieux vaut certainement l'eau rendue tonique avec quelques cuillerées de rhum ou d'eau-de-vie.

Parmi les boissons acides il faut ranger les limonades, qui s'obtiennent avec l'eau sucrée et le jus de l'orange, du citron, des groseilles et des framboises; toutes sont tempérantes et agréables, toutes calment très-bien la soif et les ardeurs internes qui résultent d'un soleil caniculaire, mais toutes sont impuissantes à relever les forces. Elles conviennent aux femmes et aux enfants, mais le travailleur ne les apprécie qu'après sa journée faite. Dans les moments de fatigue il préfère ce qui relève ses forces et maintient la vigueur de ses bras. Sous ce rapport, certaines boissons aromatiques telles que le café et le thé ont certainement l'avantage.

Il y a bien des manières de préparer le café; toutes peuvent donner un bon produit si on respecte les préceptes qui suivent. 1° Mener la torréfaction lentement et arrêter l'opération sitôt que le grain a pris une belle couleur brune et commence à devenir luisant. 2° Ne moudre le café torréfié et conservé en vase clos qu'au moment de l'employer. 3° Faire infuser le café moulu dans de l'eau, non pas bouillante, mais aussi voisine que possible de l'ébullition. Si le liquide n'est pas suffisamment chaud, il ne peut dissoudre les principes résineux; s'il est trop chaud, il provoque l'évaporation ou la décomposition des huiles essentielles; dans les deux cas l'opération est manquée et ses produits sont de qualité inférieure.

Aucune boisson, à volume égal, ne soutient autant les forces du travailleur que l'infusion de café, aucune ne remédie aussi bien à l'insuffisance et à la mauvaise qualité des aliments, aucune ne permet autant de braver les intempéries et de supporter le chaud ou le froid, le sec ou l'humide. Dans les expéditions où le soldat subit d'extrêmes fatigues, ce qu'il préfère à tout, c'est le café; avec cette précieuse infusion il ne sent pas seulement renaître ses forces musculaires, il reprend courage et gaieté, il devient plus actif et plus intelligent, il dispose de toute l'énergie que comporte sa constitution. Lorsque l'eau contenue dans les outres ou les bidons est échauffée, battue et impuissante à calmer la soif, elle se transforme en une boisson confortante et agréable par l'addition d'un peu de sucre et de café.

Pendant les grands travaux de la campagne, alors que le cultivateur épuisé est livré sans défense à l'action des intempéries, l'usage habituel du café deviendrait un préservatif contre la maladie. Le prix de cette boisson serait compensé et au delà par la continuité des travaux; il pourrait encore être considéré comme une assurance contre la fièvre, la perte de forces qui la suit, ainsi que les mémoires du médecin et du pharmacien. Nul argent ne peut être plus fructueusement employé ni rapporter d'aussi gros bénéfices.

Après le café, la boisson aromatique la plus importante est le thé. Il se prépare par infusion dans l'eau voisine de l'ébullition et représente une boisson d'une belle couleur d'or bruni qui doit être bue chaude et sucrée. Il y a plusieurs espèces de thés variant de saveur et de prix; on obtient une sorte de moyenne dans leurs propriétés diverses en les mélangeant, en relevant la saveur des qualités communes avec deux ou trois dixièmes des qualités supérieures. L'infusion de thé représente un liquide très-composé, tenant en dissolution des substances azotées fort nourrissantes et des huiles essentielles qui stimulent énergiquement le système nerveux. C'est une boisson qui convient également pendant et après le repas, car elle active la digestion, rend plus complète l'assimilation des aliments et remédie à leur insuffisance ou à leur mauvaise qualité. Quelques gouttes de lait lui donnent un parfum de vanille fort apprécié des palais délicats; un peu de rhum ou d'eau-de-vie ajoute grandement à sa saveur et à ses propriétés sudorifiques. Cette espèce de grog est donc surtout utile aux hommes qui travaillent dans l'humidité et le brouillard.

Moins cher que le café, le thé peut rendre de grands services aux classes laborieuses, et son usage se répandrait rapidement dans les campagnes si l'exemple venait des cultivateurs d'élite. De pareilles boissons lutteraient avec avantage contre l'eau-de-vie et les habitudes de cabaret; elles seraient excellentes pour l'enfance condamnée, trop souvent, à ne boire que de l'eau de mauvaise qualité; à défaut de thé les ménagères pourraient employer certaines plantes indigènes comme le tilleul, la menthe, la mélisse, l'absinthe, l'origan, etc., etc. Leur infusion est toujours stomachique, elle porte à la peau et peut prévenir bien des rhumes, angines et courbatures chez des populations appelées à travailler sous la pluie, dans le brouillard, ou parmi des courants d'air glacé.

Assimilation des solides. — De même que la soif représente un besoin de l'organisme et s'apaise par l'introduction des liquides dans l'estomac, de même la faim exige une réparation efficace des éléments plastiques du sang et s'adresse, d'ordinaire, aux substances qui, sous un volume déterminé, contiennent la plus grande somme de substance nutritive, ou bien contiennent les principes dont manque la circulation. Ce choix fait par le goût ou l'appétit est presque toujours excellent quand il n'est pas altéré par l'habitude ou par les maladies ; il dirige fort bien les digestions et les met en rapport avec les saisons, les âges et les tempéraments.

La portion nutritive des diverses substances alimentaires peut, au point de vue chimique, se rattacher à quatre éléments, l'un azoté et nommé albuminoïde, par suite des analogies que présente sa composition avec le blanc d'œuf. Il est représenté par la fibre rouge et charnue des animaux, par leurs tendons, leurs ligaments et leurs membranes, par le gluten et d'autres principes immédiats qui se trouvent dans les végétaux. Le second élément est représenté par les graisses et les huiles, le troisième embrasse les fécules et les sucres, le quatrième comprend des sels dont les bases se trouvent dans le fer, le phosphore, la chaux, la soude et la potasse. On peut estimer la puissance de ces nutriments divers d'après l'ordre qui vient de leur être assigné, si bien qu'il suffit d'apprécier leur proportion dans un aliment pour savoir quelle est sa force de nutrition.

Chez l'homme qui travaille, qui se fatigue et qui subit les intempéries, il est facile de prévoir que la faim s'adressera de préférence aux substances alimentaires les plus riches en principes albuminoïdes, autrement dit au *régime animal*. Il comprend la chair d'une série d'animaux domestiques tels que le bœuf, le veau, le mouton, la chèvre, le porc, le lapin et même le cheval (1). Viennent ensuite le gibier, la volaille, le poisson, quelques reptiles, mollusques et crustacés, puis certains produits animaux tels que le lait, le beurre, le fromage et les œufs.

Plusieurs circonstances peuvent faire varier la puissance alimentaire de la chair d'un même animal. S'il est jeune, sa viande contient bien plus de parties aqueuses que s'il est arrivé à l'état adulte ; de même le poisson nourrit moins que la volaille et surtout que le gibier, parce qu'il contient plus d'eau. Le bétail élevé sur la pente des montagnes et nourri dans des herbages aromatiques donne une viande meilleure que celle du bétail élevé dans des prairies marécageuses ; le poisson d'eau vive est meilleur que le poisson d'eau stagnante, le lapin sauvage est meilleur que le lapin domestique ; toujours les animaux malades donnent une chair de qualité inférieure, mais n'ayant pas les propriétés malfaisantes qu'on lui attribue généralement. On a vu des armées entières nourries de bœufs atteints d'épizootie, sans que l'état sanitaire ait été moins bon qu'à l'ordinaire. Il faut cependant s'abstenir de la viande des animaux atteints de charbon ou d'autres maladies contagieuses et de la chair du porc atteint de ladrerie.

Une échelle dans la digestibilité des substances composant le régime animal est impossible à établir. L'assimilation varie avec les estomacs, et tel digère une côtelette de porc qui ne peut digérer une aile de volaille ou un filet de sole. Il est cependant permis d'établir en thèse générale que le moment où les viandes fraîches conviennent surtout au goût et à l'estomac n'est pas celui où elles sortent de l'abattoir. Une attente qui varie de 1 à 8 jours, selon la saison, est nécessaire pour combiner les éléments divers et pour faire disparaître une rigidité désagréable sous la dent. Mais si la fermentation va jusqu'à la putridité dans le poisson, la volaille et la viande de boucherie, on n'a plus qu'un aliment détestable pour le goût et la santé. Certains gibiers supportent cependant une fermentation avancée, sans perdre de leur qualité ; il en est de même de quelques fromages ; mais l'état qui en résulte diffère complétement de la pourriture. Un faisan et un morceau de roquefort qui sont à point représentent ce que la table d'un gourmet peut offrir de mieux, mais qu'ils fermentent d'un degré au delà, ils ne sont plus bons que pour les chiens. La facilité avec laquelle se gâtent les aliments du régime animal a fait rechercher les moyens de conservation. De tous le plus simple est l'abaissement de la température. A 0° la fermentation des matières organiques est complétement arrêtée, c'est au point que les Lapons et les Esquimaux gardent indéfiniment leur poisson dans des magasins de glace et le retrouvent, au bout d'un an, aussi frais que le premier jour. En Russie, on profite du froid pour accumuler, sur les marchés, une énorme quantité de viande qui reste fraîche et excellente, tant que dure la gelée. Mais vienne un dégel prématuré, et de grandes richesses peuvent se perdre en quelques heures. C'est pour cela que le froid est bien inférieur, comme moyen de conservation, à la dessiccation qui, en retirant l'eau des matières organiques, rend leur décomposition impossible. Dans l'Amérique du Sud, les viandes se dessèchent à peu de frais et sur une grande échelle. Quand un bœuf est abattu, sa chair est découpée en lanières minces et longues qui sont exposées au soleil. Elles perdent bientôt 77 centièmes de leur poids, se racornissent et se couvrent de matières huileuses qui sont absorbées par de la farine de maïs dont on a soin de les saupoudrer. Alors elles sont roulées comme un ruban et peuvent se garder pendant fort longtemps dans un endroit sec. Cette préparation, qui porte le nom de *tajaso*, pourrait devenir, en France, l'objet d'une importation considérable et fournir un aliment excellent aux classes industrielles et agricoles.

Dans d'autres contrées de l'Amérique, plus riches en forêts que les pampas de la confédération

(1) Des savants très-compétents sous le rapport de la gourmandise, ont expérimenté sur leur propre estomac la chair de cheval. Ils déclarent qu'elle produit un bouillon excellent et un rôti très savoureux.

Argentine, la dessiccation des viandes se fait au moyen de la fumée qui, passant à travers des quartiers de bœuf, de porc ou de sanglier suspendus à des perches, leur enlève une grande quantité d'eau et leur cède de la créozote. Or cette dernière substance a la propriété de s'opposer à l'action de l'oxygène de l'air et à la fermentation. La dessiccation par la fumée, qui porte le nom de boucanage, a été appliquée au poisson, surtout au saumon et au hareng ; elle se combine journellement, pour la conservation des bandes de porc et de bœuf à un autre moyen de dessiccation résultant d'une propriété du sel marin qui, étendu en couches minces sur les produits organiques, retire de leurs tissus l'eau qui lui est nécessaire pour passer à l'état de solution ou de saumure. C'est ainsi que des quartiers de lard ou de jambon baignent dans le saloir au milieu de l'eau qu'ils contenaient ; tandis qu'ils sont séchés à l'intérieur, ils sont préservés, à l'extérieur, du contact de l'air et se trouvent à l'abri de toute fermentation. Il faut noter, cependant, que les viandes ne peuvent rester longtemps dans le sel sans se durcir et sans perdre de leur qualité : c'est pour cela qu'il est avantageux de les boucaner quand elles ont subi l'action du saloir.

Appert a trouvé, en 1809, un admirable moyen de conserver les viandes et les légumes. Ce moyen consiste à introduire, dans un vase de verre, de grès ou de fer-blanc, les mets que l'on veut conserver, à remplir, autant que possible, avec les substances solides, puis à combler les interstices avec le liquide destiné à servir de sauce. On bouche ensuite hermétiquement, avec du liége, du plomb ou de la soudure. Malgré toutes les précautions, un peu d'air reste toujours dans le vase, or une seule bulle d'oxygène suffit pour déterminer la fermentation putride. Cette difficulté se surmonte en maintenant, pendant une heure, le vase fermé dans l'eau bouillante. Il en résulte une cuisson pendant laquelle le peu d'air resté dans le vase se combine aux aliments abrités désormais de toute fermentation.

Dans la confection des boudins et des saucisses, on préserve le sang et la chair du porc du contact de l'air, en les enfermant dans des boyaux préparés convenablement.

Les œufs se conservent frais, pendant plusieurs mois, quand ils sont disposés, immédiatement après la ponte, dans de l'eau de chaux maintenue à la cave, afin que sa température ne dépasse pas 12°, mais, jusqu'ici, toutes les tentatives pour conserver le lait ont été infructueuses. On peut l'empêcher de s'aigrir, pendant un ou deux jours, en le maintenant au frais dans des vases parfaitement propres et en lui incorporant du bicarbonate de soude dans la proportion d'un gramme pour deux ou trois litres de liquide. Mais toutes ces précautions n'empêchent pas le lait de s'aigrir. Alors il se sépare en deux parties, l'une séreuse et transparente, qui ne contient guère de matière nutritive, l'autre blanche, épaisse et demi solide, c'est le fromage, qui représente un aliment des plus substantiels. Il est formé en partie de caséum, dont la composition chimique se rapproche de celle de la fibre charnue, et en partie de beurre dont la composition est celle des graisses animales.

Il existe bien des espèces de fromages. Les uns se conservent à peine quelques jours et se mangent frais, d'autres sont salés et doivent subir un commencement de fermentation avant de paraître sur la table, d'autres enfin ont subi une cuisson plus ou moins prolongée. Plusieurs se conservent pendant des mois et même pendant des années.

Les fromages sont souvent employés comme condiment, mais ils sont moins usités dans les préparations alimentaires que les graisses extraites du porc, de l'oie et même des pieds de bœuf ou de mouton. Il suffit, pour conserver ces aliments, de les mettre dans un vase de grès et de les maintenir au frais, mais le beurre, qui représente la matière grasse du lait, exige plus de précautions. On ne le maintient frais qu'en le pétrissant longuement dans l'eau très-pure, qu'en le tassant dans des pots de grès et qu'en le recouvrant d'une couche d'eau tenant en dissolution deux ou trois grammes d'acide tartrique. Le sel empêche aussi, pendant deux mois et plus, la fermentation du beurre de qualité supérieure. Mais le meilleur moyen de conserver les qualités médiocres est de leur faire subir la cuisson prolongée qui élimine, sous forme d'écume, une partie des matières fermentescibles, tandis que le surplus se dépose, avec de l'eau, au fond du vase servant à l'opération.

Régime végétal. — Tandis que les substances albuminoïdes caractérisent le régime animal, le régime végétal est surtout caractérisé par les fécules et les sucres : les corps gras se trouvent répartis de part et d'autre, là sous forme de graisse proprement dite, ici sous forme d'huile ; et de même des sels qui se retrouvent à la fois dans la chair des animaux et dans la pulpe des végétaux.

Depuis un demi-siècle, le sucre a pris place parmi les aliments, et son usage doit s'accroître encore à mesure que son prix s'abaissera : le commerce en fournit de deux espèces, celui qui cristallise et provient de la canne ou de la betterave, celui qui reste sous forme de sirop et provient de la fécule transformée en glucose par l'action de l'acide sulfurique ou de l'orge germée. De ces deux espèces la première est de beaucoup la meilleure, comme moyen d'alimentation ; sa conservation est des plus faciles et ne demande qu'un air sec. Les sucres de lait, de raisin et d'autres fruits sont fort peu employés ; ils sont plus chers que celui de canne et ne le valent pas. Quant au miel, qui est à la fois une production végétale et animale, puisqu'il représente le sucre des fleurs recueilli par les abeilles, il peut remplacer le sucre à beaucoup d'égards, et même prendre le pas sur lui pour la confection de certaines pâtisseries, entre autres du pain d'épices. Il est vrai que des propriétés laxatives constatées bien souvent dans le miel pur restreignent son usage alimentaire. Les dix mille compagnons de Xénophon, pendant leur fameuse retraite, prétendirent en vain apaiser leur faim avec le produit de nombreux ruchers ; loin de relever leurs forces, ils les perdirent et l'on vit mettre en déroute, par le plus doux des aliments, l'armée que n'avait pu vaincre ni la fatigue ni le fer de l'ennemi.

Des fécules, la plus répandue dans le commerce est certainement celle de pommes de terre. Cuite dans le lait et transformée en bouillie, elle forme un excellent aliment. Viennent ensuite l'*arrow-root*, extraite des racines de batates, d'ignames et du Maranta arundinacea ; le *tapioca*, composé du même produit, germé et séché sur des plaques chaudes de cuivre ou de fer étamé ; le *sagou*, composé de petits grains extraits de la moelle d'un palmier, enfin le *salep*, composé de tubercules de l'orchis mascula lavés à l'eau bouillante, séchés, broyés et tamisés. Toutes ces fécules, cuites dans le bouillon, ajoutent aux propriétés nutritives des potages, mais leur prix relativement élevé empêche qu'elles ne soient consommées abondamment par les classes agricoles. Il n'en est pas de même des fécules qui entrent dans la composition des céréales, telles que le blé, le seigle, l'orge, l'avoine, le maïs et le riz. Ces graines renferment, dans leurs tissus, les quatre classes de principes alimentaires, mais en des proportions variées et que ce tableau mettra sous les yeux du lecteur.

	FÉCULES et dextrine.	MATIÈRES grasses.	MATIÈRES azotées.	MATIÈRES minérales.
Blé demi-dur de Brie........	77,05	1,95	18,25	2,75
Seigle..........	79,55	2,25	15,60	2,60
Orge..........	76,43	2,76	17,71	3,10
Avoine........	69,84	5,50	21,45	3,25
Maïs..........	71,55	8,80	18,40	1,25
Riz............	90,15	0,80	8,15	0,90

On voit, par ce tableau, que la fécule compose les trois quarts du *nutriment* contenu dans les céréales; elle est surtout abondante dans le riz qui est, en revanche, presque dépourvu de substances grasses et minérales ; il forme cependant l'élément principal, sinon unique, de populations considérables dans l'Asie et dans l'Océanie. La théorie, qui voit dans les substances azotées l'aliment le plus efficace, met le riz au dernier rang des céréales ; elle le considère même comme moins nourrissant que le maïs. L'expérience et le fait semblent donner des indications contraires. C'est que l'aliment ne nourrit qu'en cédant ses principes à l'assimilation ; s'il est très-facile à digérer, il peut soutenir les forces plus qu'un autre riche en nutriment, mais d'une digestion difficile. Or, si on excepte le riz, toutes les céréales ne deviennent propres à la cuisson et à l'assimilation qu'en subissant des préparations variées dont la plus importante est la mouture. Lorsque le grain a été trituré par la meule, le blutage sépare la farine ou produit intérieur, du son qui représente la pellicule extérieure et résiste énergiquement aux forces digestives de l'homme ; aussi est-il réservé pour l'usage des animaux domestiques.

De toutes les farines la meilleure est celle de froment. Viennent ensuite les farines de seigle, d'orge, d'avoine, de maïs et de sarrasin, mais les quatre dernières subissent difficilement la panification, autrement dit la préparation qui livre immédiatement à la consommation de l'homme la plus grande somme de céréales. Le pain se fait en délayant, dans l'eau, des farines et du levain, jusqu'à consistance de pâte, en malaxant énergiquement cette dernière, de manière à la rendre très-homogène et à lui incorporer de l'air qui deviendra nécessaire à la fermentation provoquée par le levain. Après le pétrissage, la pâte est disposée dans de petits vases de bois ou d'osier; elle ne tarde pas à lever, surtout quand la température dépasse 15°, et à doubler de volume, dilatée qu'elle est par une multitude de bulles d'acide carbonique développées dans son sein par la fermentation. Quand cette dernière est suffisante, la pâte est mise au four où la chaleur lui donne, avec la cuisson, une belle couleur dorée. Ainsi se fait le pain. Le meilleur est celui de froment dont la farine blanche et fine contient, à une dose qui peut aller jusqu'à 0,21, un principe fermentescible, le gluten, dont la présence se constate en malaxant, sous un filet d'eau, un morceau de pâte qui perd peu à peu toute sa fécule et ne laisse, dans les mains, qu'une substance grise, élastique, ayant une odeur spermatique et une composition chimique analogue à celle de la viande.

Le gluten est un excellent aliment. Il s'assimile avec facilité, il est surtout précieux comme moyen de fermentation ; c'est parce qu'il se trouve en quantité insuffisante dans les farines d'orge, d'avoine et de maïs qu'elles ne peuvent produire un pain levé et sain ; la farine de seigle, elle-même, donne un produit lourd, noir et indigeste. Partout les habitants des campagnes, même les plus pauvres, auront avantage à faire entrer, pour moitié ou pour un tiers, la farine de blé dans la composition de leur pain. Ils auront alors, au lieu d'un aliment compact, dur et difficilement assimilable, une nourriture appétissante, savoureuse et qui se conservera plus longtemps fraîche que le pain de pur froment.

Ce n'est pas seulement sous forme de pain que se consomment les farines de céréales : elles s'emploient encore dans la confection des pâtisseries et dans la préparation d'une quantité de mets. Cuites avec du lait et converties en bouillie, elles forment un aliment recherché de l'enfance et même des adultes de certaines contrées.

La bouillie d'orge ou d'avoine est un mets national de l'Écosse et de l'Irlande, la bouillie de maïs est fort appréciée dans le sud-est de la France et dans toute l'Italie du nord.

Les céréales n'ont même pas besoin d'être converties en farine pour se prêter à une série de préparations culinaires : le grain de riz débarrassé simplement de son enveloppe ligneuse se cuit parfaitement dans l'eau ou le lait, ainsi font les gruaux d'orge et d'avoine qui s'obtiennent en concassant le grain sous la meule et en le débarrassant de sa capsule. Dans toute l'Afrique du nord le mets national, le couscoussou, se prépare avec le gruau de blé qui s'obtient en mouillant le grain, en le mettant en tas, au soleil, sous des étoffes humides, en le laissant s'échauffer pendant deux ou trois heures, puis en le découvrant et en le disposant en couches minces pour qu'il se sèche rapidement. Dans ces diverses opérations il subit des alternatives de gonflement et de retrait qui décollent la pellicule et font qu'elle se détache lorsque le grain est concassé par l'action de la meule.

Le blutage sépare ensuite le son et la farine qui a pu se produire pendant la fabrication des gruaux.

Ces derniers mis en sacs se conservent très-longtemps. Ils se cuisent bien dans l'eau ou même dans la vapeur qui s'élève du pot-au-feu et pénètre dans des vases de bois percés en-dessous d'une multitude de petits trous.

Avec la farine de froment la plus riche en gluten se prépare toute la série des pâtes d'Italie qui se cuisent surtout dans le potage. Mais le prix élevé de ces préparations empêche qu'elles ne deviennent une véritable ressource alimentaire pour les cultivateurs. Ils préfèrent les mets d'une préparation simple et sont, sous ce rapport, parfaitement servis par la pomme de terre, tubercule contenant 0,20 de fécule, 0,02 de substances azotées et une quantité minime de matière grasse. Cette analyse succincte montre que la pomme de terre n'est pas très-nourrissante, mais elle forme un aliment sain et d'un prix très-modique. Elle peut remplacer le pain et se combine avantageusement à la viande, aux graisses et au sucre. L'igname, dont la culture n'a pas, en France, une importance suffisante, forme un aliment qui ressemble beaucoup à la pomme de terre, tant sous le rapport du goût que sous celui de la composition chimique. Son assimilation est certainement plus facile que celle de la châtaigne, aliment lourd à l'estomac et peu réparateur. C'est à tort que certaines populations du midi de la France en font la base de leur alimentation; mieux vaudrait une nourriture plus coûteuse mais plus capable de maintenir les forces et la santé.

Sans sortir du régime végétal, on peut trouver des aliments très-réparateurs, tels sont les fèves, les haricots, les pois et les lentilles. Ces graines, qui toutes appartiennent à la famille des Légumineuses, contiennent jusqu'à 0,30 de matière azotée et 0,50 de fécule. Leur préparation peut varier à l'infini, offrir de nombreuses ressources à la table du cultivateur et entrer pour une bonne part dans son alimentation.

La production des légumineuses appartient surtout à la petite culture qui utilise en leur faveur les morceaux de terrain échappant à la charrue; aussi devraient-elles former la ressource alimentaire du vigneron, du maraîcher, du forestier et des journaliers des campagnes; avec un peu d'industrie, tous pourraient se procurer le terrain nécessaire et utiliser leurs moments perdus à produire une notable quantité de légumes. De même, chaque famille devrait avoir son potager et cultiver les carottes, navets, panais, choux, chicorée, laitue, oseille, épinards, concombres, citrouilles, etc. Ces diverses substances ne sont pas très-nourrissantes, mais elles entretiennent les forces digestives, et leur influence sur la santé est des plus avantageuses. Sans elles l'homme est exposé à contracter les maladies scorbutiques ou autres qui désolent les équipages des vaisseaux quand ils sont privés de légumes; avec elles l'estomac assimile une foule de principes variés qui, tout en réparant les forces, purifient le sang et entretiennent les sécrétions diverses. Dans le potager, la ménagère pourrait trouver des provisions pour l'hiver en préparant, comme cela se fait généralement en Allemagne, un baril de choucroute, en salant des concombres comme font les Russes qui s'en trouvent bien, ou en séchant au four des haricots verts passés préalablement à l'eau bouillante.

Outre les légumes, le potager fournit des fruits dont l'influence sur la santé est toujours avantageuse quand leur maturité est complète et quand ils sont l'appoint d'une nourriture plus substantielle. Tous sont riches en principes sucrés et en principes acides dont l'action tempérante ou rafraîchissante neutralise l'influence des grandes chaleurs sur le foie et les intestins. Beaucoup se cuisent comme des légumes et le grand nombre se conserve séché ou sous forme de confiture.

Les graisses comestibles tirées du règne végétal sont les huiles d'olives, de noix, d'œillettes et de faînes. Leur composition chimique est très-peu dissemblable, mais leur goût varie comme celui des fruits d'où elles sont extraites. Aucun corps gras n'est supérieur pour le goût et les propriétés alimentaires à l'huile d'olives; préparée convenablement, elle se conserve fraîche pendant une année et au-delà. Celle d'œillettes est loin d'avoir la même valeur, bien qu'elle soit douce et limpide; celle de noix et celle de faînes ne restent douces que pendant quelques semaines, elles rancissent vite et communiquent un goût désagréable aux aliments.

Condiments. — En tête des condiments il faut placer le sel. C'est un excellent dépuratif et il mérite tous les éloges qui lui ont été donnés. Des esprits chagrins l'ont accusé de prédisposer à la gravelle et aux calculs vésicaux, mais ceci est pure calomnie. Loin de favoriser de telles maladies, il les combat par la soude qui fait la base de sa composition. Vient en seconde ligne le poivre, qui augmente les forces digestives et empêche les flatuosités.

Il est surtout utile pendant les grandes chaleurs, alors que l'estomac est rendu paresseux par l'abus des boissons. Sans prodiguer le poivre comme font les créoles, l'habitant des campagnes pourrait l'employer à corriger les propriétés indigestes de la plupart de ses aliments.

Si la cherté met ce condiment hors de sa portée, il peut très-bien le remplacer par le piment rouge que chacun est libre de cultiver dans son jardin. Deux plants de ce végétal donneront 15 ou 20 gousses qui réduites en poudre suffiront à la consommation de plusieurs mois.

La moutarde, le cresson, le raifort et les radis relèvent la saveur des viandes. Ils sont utiles aux constitutions molles, languissantes ou disposées aux humeurs froides; un peu de soin les met à la portée de tous les cultivateurs. Par le cerfeuil, le persil, le thym et la sarriette, les intestins sont préservés de la sécrétion des gaz, tandis que la sécrétion des urines est sensiblement augmentée; l'ail, l'oignon et la ciboule donnent de la saveur aux mets les plus fades; le citron, le vinaigre et l'orange amère relèvent avantageusement le goût des viandes bouillies et surtout du poisson.

A cette nomenclature de condiments déjà fort respectable se peuvent ajouter le fenouil, le cumin, l'anis, la sauge, la mélisse, les graines de genièvre, le safran, la cannelle, le girofle, la muscade et le macis dont les propriétés chaudes et aromatiques sont fort appréciées. On voit que les assaisonnements ne manquent pas à la ménagère, mais la difficulté est moins de se les procurer que de les employer. De tous il faut user avec tact, sous peine de rendre mauvais ce que plus de de prodigalité ou de parcimonie aurait fait excellent.

En général, on ignore trop dans les campagnes que la nourriture assaisonnée et apprêtée convenablement est autrement profitable que la nourriture mal préparée, et incapable, par ce fait, de flatter le goût et l'odorat. Les mets qui répugnent se digèrent mal, ils ne cèdent à l'assimilation que la minime partie de leur nutriment; mais, quand la ménagère est habile dans l'art de la cuisine, l'estomac trouve dans le sens du goût un utile auxiliaire et parvient à extraire des substances qui lui sont offertes jusqu'à la dernière parcelle assimilable. Or dans l'art de la cuisine un point capital est la cuisson.

Son objet est de rendre les aliments plus agréables au goût et plus favorables à la digestion. Il y a deux modes de cuisson, l'un qui concerne la chaleur sèche, l'autre qui concerne la chaleur humide; au premier se rattache l'action du four, du gril et de la broche qui s'applique au pain, à la pâtisserie et à la viande. Dans ce dernier cas, la chair, saisie par la chaleur, se durcit à la surface; elle s'enferme dans une enveloppe d'albumine et de fibrine concrétées; elle cuit ensuite dans son jus et ses graisses, gardant ainsi sa saveur et ses principes alimentaires. Mais, lorsque le rôti subit l'action du feu au-delà du temps strictement nécessaire, il se couvre de fissures qui laissent échapper tous ses trésors et bientôt ne forme plus qu'un assemblage de fibres coriaces et à demi desséchées.

Le rôti ne saurait attendre; aussi, malgré son excellence, est-il peu profitable à des hommes que les travaux des champs retiennent souvent au dehors. Ajoutons que le campagnard aime le ragoût et la sauce où il peut tremper son pain. Une quantité déterminée de viande rôtie fait toujours un plat moins copieux que cette même viande accommodée avec force légumes et racines. Telles sont les raisons pour lesquelles la cuisson par la chaleur sèche est moins usitée en France que la cuisson par la chaleur humide. La viande de bœuf est consommée par les campagnards surtout sous forme de pot-au-feu. Elle produit ainsi un potage excellent et un bouilli qui peut se manger chaud, froid et accommodé de diverses manières. Le veau se prépare en ragoûts de même que le mouton dont la saveur prononcée combat avantageusement la fadeur des racicines et des tubercules, tandis que sa graisse les pénètre et ajoute à leurs propriétés alimentaires.

Mais la viande qui se plie le mieux à l'alimentation des campagnes est certainement celle de porc. Conservée dans le saloir elle est toujours sous la main de la ménagère et dispense des courses à la boucherie; préparée en ragoûts, mise au pot-au-feu, servie froide ou chaude, elle est toujours nourrissante. La graisse dont elle est amplement pourvue économise le beurre et se prête parfaitement à la préparation des légumes. La conclusion est que les familles des cultivateurs ne seront bien nourries que le jour où chacune d'elles aura constamment un porc dans le saloir. Alors, mais alors seulement, la fermière aura sous la main les moyens d'accommoder tous les légumes de son potager et de les transformer en une nourriture excellente avec une dépense minime.

Lorsque l'aliment a été convenablement préparé et servi, lorsque la cuisson l'a rendu sapide et tendre, il ne reste plus qu'à utiliser ses propriétés nutritives. Ici commence un art plus difficile que l'on ne pense, celui de manger. Il a pour objet de favoriser la digestion en procurant à la fois repos et plaisir. Une nourriture solide, quelle qu'elle soit, ne cède au sang ses principes alimentaires qu'à la condition de se dissoudre dans l'estomac. La dissolution est d'autant plus facile et complète, que les dents ont trituré plus complétement les particules solides et les ont pénétrées plus abondamment de salive. Cette dernière jouit de propriétés quasi merveilleuses; elle dissout et émulsionne les graisses, elle transforme presque instantanément la fécule en sucre; si bien que du pain et de la viande mastiqués convenablement arrivent à moitié digérés dans l'estomac : on comprend dès lors combien ses fonctions deviennent faciles. Mais si les aliments lui arrivent mal préparés, à la suite d'une mastication et d'une déglutition rapides, il s'épuise en efforts superflus et rejette les substances qu'il n'a pu dissoudre. La conséquence de tout ceci est qu'il faut manger longuement et à loisir, savourer chaque bouchée et se garder d'avaler ce qui n'a pas été minutieusement trituré. On ne doit pas oublier non plus que les fonctions du corps se plaisent dans la périodicité et que le repas à heure fixe est le plus profitable : il favorise les actes digestifs tout en économisant le temps des ouvriers qui ne laissent l'ouvrage qu'au dernier moment quand ils savent l'instant précis où la soupe est servie.

Si le repas est profitable, c'est surtout au moment où l'estomac concentre les forces de l'organisme sur la digestion. Alors les membres sont languissants et ne se livrent à un exercice violent qu'au détriment de l'action intestinale. Après une heure de digestion faite à loisir, un sang plus riche circule dans les veines, les muscles ont acquis une nouvelle vigueur, le travail reprend avec une nouvelle énergie, compensant et au delà un loisir réparateur.

En résumé, l'objet de l'alimentation est de fournir à l'homme tous les éléments nécessaires à son développement, quand il est jeune; et à son entretien, quand il est adulte. Or ces éléments ne peuvent se rencontrer tous que dans une nourriture variée.

L'homme pas plus que les animaux ne peut se

maintenir en force et en santé avec une seule substance alimentaire ; il finirait même par mourir de faim à côté d'un monceau de sucre, ou de fécule, ou de fibrine, etc. C'est pour cela que l'estomac rejette ou digère mal le nutriment dont les organes sont saturés, tandis qu'il est avide des principes qui font défaut à l'organisme. On s'explique de la sorte pourquoi les aliments les plus composés, comme le potage, le pain, le vin et le café, sont ceux dont on ne se dégoûte jamais, pourquoi les préférences du goût changent avec les âges, les climats et les saisons.

Une même ration ne peut convenir à des êtres qui varient de tempérament, de force, de sexe, d'âge et d'occupation ; aussi l'hygiène ne peut-elle indiquer, en fait de nourriture, que des quantités moyennes. L'adulte perd par la respiration, les urines, les sueurs et les sécrétions diverses environ 300 grammes de carbone, une portion d'hydrogène et d'oxygène qui n'a pu être appréciée et 30 grammes d'azote. Supposons que l'on veuille obtenir ce dernier avec le pain seulement, il faudra en consommer plus d'un kilogramme. Mais une pareille dose fournira un excès de carbone qui deviendra dans le sang un principe d'inflammation, s'il ne se transforme en graisse. Supposons, au contraire, que l'on veuille obtenir le carbone nécessaire aux diverses fonctions exclusivement avec de la viande, il faudra trois kilogrammes de cette substance, tandis que 500 grammes suffiront pour fournir la quantité normale d'azote. De là l'excès d'un nutriment qui, sous peine de maladie, devra être éliminé par la peau disposée aux dartres, par les reins disposés à la gravelle, par les intestins disposés à la diarrhée et même à la dyssenterie. Si ces moyens d'élimination sont insuffisants, on verra surgir la goutte, le rhumatisme et les divers accidents qu'ils traînent à leur suite.

La ration de l'ouvrier doit être en moyenne de 700 grammes de pain, de 250 grammes de viande, de 300 grammes de légumes verts ou 150 grammes de légumes secs, de 20 grammes de beurre ou de lard, de 50 grammes de fromage, d'un demi-litre de vin ou d'un litre de bière, cidre, poiré, etc. Quand la viande fait défaut, elle peut être remplacée par le poisson ou des végétaux très-azotés comme les fèves, les haricots, les pois et les lentilles. En cas d'excès de fatigue, une tasse de café viendra relever les forces et empêcher le dépérissement.

Si l'alimentation des classes agricoles était organisée en France selon les principes qui viennent d'être exposés, la maladie diminuerait de moitié et la race croîtrait vite en taille, en force et en beauté. En général, le cultivateur fait, sur sa nourriture, des économies déplorables; il s'exténue avant l'âge, il ne donne pas à ses enfants ce qui serait nécessaire à leur complet développement. Le jour où il comprendra qu'en allant chez le boucher, il se dispense d'aller chez le médecin et se donne les moyens de travailler un tiers en plus sans en souffrir, il saura vite s'alimenter convenablement. Sa grande activité musculaire et la transpiration qui en résulte le mettront à l'abri de la goutte qui désole les paresseux trop bien nourris ; il prendra des membres athlétiques et transmettra une constitution saine autant que robuste à ses enfants.

ACTIONS EXTÉRIEURES. — Fonctions de la peau. — Dans le tégument qui recouvre la surface du corps se remarquent deux ordres de fonctions, l'un qui rejette au dehors certains principes de l'organisme et porte le nom générique de sécrétions, l'autre qui s'empare de certains agents extérieurs sous leur forme fluide, gazeuse ou liquide, ce sont les absorptions. Sécrétions et absorptions ont une extrême importance : elles ne peuvent être empêchées ou supprimées sans préjudice grave pour la santé.

La chaleur spécifique de l'organisme ne peut s'accumuler et dépasser 36,50 ou 37° sans devenir une cause de fièvre, d'inflammation et de mort. Sitôt qu'elle excède sa quantité normale, la peau se met en devoir de l'éliminer soit par le rayonnement direct, soit en transformant l'eau du sang en vapeur qui trouve issue au dehors par des millions de pores. Telle est l'efficacité de la transpiration, qu'elle maintient le corps humain à la température de 36° quand l'atmosphère reste, pendant plusieurs jours, à 48°, comme cela se remarque souvent au Sénégal et dans les déserts africains. Il est vrai que la vapeur exhalée par le poumon contribue à ce résultat et fait comprendre que la servante d'un boulanger ait pu séjourner un quart d'heure dans un four chauffé au point de cuire de la viande et du pain. Cette fille buvait un litre d'eau qui se transformait en transpiration absorbant ainsi une grande quantité de calorique et maintenant la peau à sa température normale.

Avec la vapeur d'eau le tégument externe élimine de l'acide carbonique et d'autres gaz souvent fort odorants, des graisses et des huiles dont les unes assouplissent la peau, tandis que d'autres protégent les ouvertures naturelles, telles que les narines, la bouche et les paupières, contre les liquides qui pourraient les excorier, tandis que d'autres encore lubréfient les régions du corps exposées aux froissements, comme l'aisselle et le pli de l'aine. Au nombre des sécrétions normales de la peau il faut placer des substances azotées. Quant aux sécrétions anormales, le nombre en est considérable. La plupart sont représentées par les dartres qui résultent d'un effort de la circulation pour rejeter au dehors les principes azotés qui se trouvent en excès dans l'organisme. C'est pour cela que les populations vivant surtout de poisson deviennent facilement dartreuses.

Outre ces sécrétions qui forment une véritable élimination, la physiologie reconnaît comme une véritable production de la peau les organes destinés comme l'épiderme, les cheveux, les cils, les sourcils, les ongles et les poils à protéger diverses fonctions. La tête privée de cheveux est exposée à l'action du soleil, de la pluie et des violences extérieures ; l'œil privé de cils et de sourcils ne tarde pas à perdre la faculté de voir; les doigts et les orteils privés d'ongles perdent une partie de leur tact et de leur puissance de préhension.

Parmi les absorptions l'une des plus importantes est celle des fluides, calorique, lumière et électricité. Pour en juger, il suffit de considérer l'état des enfants qui sont élevés dans des caves, dans les sous-sols, dans les rues étroites des grandes villes où le soleil ne pénètre guère, où l'air chargé d'humidité est dépourvu de fluide électrique ; partout apparaissent de petits malheureux ayant les membres contournés par le rachitisme, la peau décolorée, les traits bouffis, le ventre volumineux et les articulations gonflées. Mais que ces êtres dévolus à toutes les infirmités soient transportés dans une habitation exposée en plein soleil, qu'ils puissent se rouler dans le sable des plages, ou se baigner dans l'atmosphère électrique des coteaux pierreux, on voit leurs membres se redresser et prendre de la vigueur, leur peau se colorer des tons de la santé, leur ventre perdre son volume et leur bouffissure diminuer de jour en jour. Ceux qui veulent doter leur enfant de vigueur et de santé doivent veiller à ce qu'il soit entouré de soleil et de lumière ; ils doivent redouter surtout l'action de l'humidité qui empêche l'absorption du fluide électrique et produit le rhumatisme chez l'adulte après avoir produit le rachitisme et la scrofule pendant le jeune âge.

Des expériences nombreuses et variées ont montré que la peau de l'homme peut absorber en quantité notable les gaz et les vapeurs. Il se fait même à la surface du corps un travail analogue à celui du poumon, c'est-à-dire une absorption de l'oxygène de l'air en même temps qu'une sécrétion d'acide carbonique ; la conséquence est qu'il est impossible de recouvrir tout l'épiderme d'un enduit imperméable sans produire l'asphyxie cutanée dont est mort l'enfant qu'on avait imaginé de dorer pour lui faire jouer le rôle d'un personnage allégorique dans l'une des fêtes données à Rome pendant le seizième siècle. Cette puissance d'absorption de la peau fait comprendre combien il est dangereux de la mettre en contact prolongé avec des vapeurs malfaisantes, comme les miasmes, les effluves et même beaucoup de gaz produits par l'industrie. La peau absorbe encore les liquides et les graisses, quelle que soit leur composition : c'est pour cela que tant de maladies virulentes se transmettent d'un individu à l'autre soit sous la forme épidémique, soit sous la forme contagieuse. On ne peut empêcher toujours l'absorption des gaz et des liquides qui ont le triste privilége de propager le mal, mais l'obéissance aux lois de l'hygiène fournit les moyens de diminuer singulièrement le nombre des accidents qui dérivent de l'altération des fonctions de la peau.

De tous les moyens employés pour provoquer les sécrétions cutanées, le plus efficace est certainement le bain. Sous ses diverses formes la transpiration peut expulser de l'organisme une série de principes qui deviendraient, en s'accumulant, une cause de maladie. Les bains s'administrent sous forme de liquide et sous forme de vapeur : le liquide généralement employé est l'eau douce qui de 24 à 28° représente le bain frais, devient le bain tiède de 28 à 32°, enfin produit le bain chaud de 32 à 36°.

Pris dans une baignoire et prolongés pendant une heure, ces divers bains ont pour effet de laver parfaitement la peau, de dissoudre les substances étrangères qui adhèrent à sa surface, d'ouvrir ses pores et de l'assouplir ; plus l'eau est chaude et plus le lavage est efficace ; il va jusqu'à enlever les plaques et les callosités de l'épiderme. Le bain frais est, avant tout, un calmant du système nerveux, le bain tiède enlève la courbature et la fatigue, le bain chaud attire vivement le sang à la surface du corps et provoque une transpiration abondante. Au-dessous de 25° le bain devient froid : il ne se prend que dans les piscines, la mer et les rivières où l'on peut lutter contre l'abaissement de la température par l'exercice de la natation. Alors l'action de l'eau est tonique, surtout à la mer.

Sous forme de douche, l'eau douce ou salée agit non-seulement par sa température, mais encore par son impulsion et par le froissement qu'elle fait subir à la surface du corps. La douche froide provoque une réaction très-vive et attire le sang à la peau ; elle soulage les organes intérieurs qui subissent une congestion chronique ; la douche chaude produit un effet inverse et diminue la congestion des régions du corps où elle est dirigée.

Si dans chaque ferme il existait une baignoire et si chaque ouvrier pouvait prendre un bain tiède, le dimanche, on verrait bien vite disparaître la série de maladies qui tiennent à l'accumulation des sécrétions à la surface de la peau. L'habitude de la propreté donnerait de l'élégance aux mœurs et rendrait plus attrayantes les femmes, dont l'influence morale est généralement insuffisante dans les campagnes.

Quant aux bains de vapeur, ils se divisent en deux classes. Les uns sont humides et s'obtiennent en maintenant autour du corps une couche de vapeur qui échauffe la peau, attire le sang à la périphérie, ramollit l'épiderme, et produit à peu près les effets du bain chaud. On peut ajouter à l'action de la vapeur des frictions énergiques sur tout le corps avec une brosse imbibée d'eau de savon, puis des percussions avec une poignée de verges de bouleau munies de leurs feuilles, enfin une douche froide qui enlève l'eau de savon et les débris de feuilles de bouleau, en même temps qu'elle fait cesser l'espèce de suffocation produite par une température très-élevée. Tel est le bain russe. Il a été adopté avec grand bénéfice par toutes les classes de l'empire moscovite. Dans les fermes importantes de ce pays il y a des étuves, à l'usage des ouvriers ; et, quand ils ont séjourné une demi-heure et plus dans de la vapeur portée à 45°, on les voit sortir et se rouler dans la neige sans que la transition subite de l'extrême chaleur à l'extrême froid ait aucun effet désavantageux. A Paris, où les bains russes se multiplient, la douche froide qui succède à l'action de la vapeur portée jusqu'à 50° ne fait que ramener le corps à sa température normale, tout en rendant l'énergie aux organes débilités. Les douches de vapeur luttent avec avantage contre les rhumatismes. Elles assouplissent les muscles et les articulations roidis par l'excès du travail, par les intempéries et par des maladies variées.

Il y a plusieurs espèces de bains de vapeur sèche. La plupart ont pour objet de porter à la surface du corps des principes médicamenteux, et rentrent dans la thérapeutique. Le bain qui doit nous occuper spécialement se compose d'air chauffé à une température qui varie de 50° à 60°. Il s'obtient de la façon la plus simple et la plus économique en plaçant sur un siége de bois le baigneur enveloppé de couvertures, partant du cou et retombant jusqu'à terre, puis en plaçant sous le siége un petit fourneau rempli de charbon allumé, ou une forte lampe à esprit-de-vin. Bientôt l'air intercepté par les couvertures s'échauffe et provoque à la surface du corps une transpiration que l'on doit maintenir pendant une demi-heure environ, après quoi le baigneur est essuyé et frictionné avec un linge un peu rude, puis couché pendant quelques instants dans son lit. On peut de même obtenir un bain mixte, en plaçant sur le fourneau ou sur la lampe à esprit-de-vin, un vase contenant un demi-litre d'eau; la vapeur qui s'en élève se mêle à l'air chauffé, et rend son action plus énergique.

Avec un agent aussi simple, les habitants de la plus pauvre chaumière pourraient neutraliser l'action des refroidissements et des pluies glacées qui sont le fléau des campagnes; les personnes atteintes de rhumatismes pourraient également se débarrasser des douleurs qui les paralysent et leur enlèvent la ressource du travail. Dans les classes supérieures de la société, l'hydrothérapie devient une chose de mode, et pénètre, chaque jour, plus avant dans les mœurs. Ses succès sont expliqués par la fréquence des rhumatismes que l'abandon des étuves, si chères aux anciens, accumule depuis plusieurs siècles dans les générations. Jamais les eaux thermales ne furent aussi recherchées, et jamais elles ne furent plus nécessaires; elles luttent efficacement contre les douleurs, les scrofules, les rachitismes et les autres affections héréditaires qui ont envahi la plupart des familles : mais les cultivateurs sont trop souvent hors d'état de supporter les frais qu'exige le séjour dans un établissement thermal. Leur unique ressource est d'employer pour eux-mêmes les bains de vapeur avec la lampe à esprit-de-vin, et, pour leurs enfants rachitiques ou scrofuleux, des bains d'eau tiède dans laquelle on fera fondre 300 grammes de sel marin, ou dans laquelle on aura fait bouillir une poignée de feuilles de noyer.

Les douches froides, si efficaces lorsque la constitution est débilitée, s'obtiennent à peu de frais en suspendant sous le toit d'une grange un baril ou un baquet rempli d'eau et percé vers le fond d'une ouverture à laquelle s'adapte un conduit en toile imperméable. En dirigeant l'extrémité libre de ce conduit vers les parties malades, on les couvre d'un jet de liquide dont on peut varier le volume et l'intensité par une simple pression des doigts. Une douche froide ne doit pas durer plus de deux minutes.

Quand les notions qui concernent les bains seront vulgarisées dans les campagnes, on verra la race croître en vigueur et en beauté. L'enfance sera délivrée des dartres qui souvent couvrent toute la tête, des scrofules et des affections des appareils des sens, l'adolescence sera débarrassée des crises qui l'énervent et la rendent pénible, surtout pour les jeunes filles; l'âge adulte et la maturité garderont leur énergie; ils empiéteront sur la vieillesse qui ne sera pas torturée par les infirmités.

Après les bains qui ont une action générale, viennent les ablutions, dont l'action, pour être locale, n'exerce pas moins une influence très-salutaire sur les fonctions de la peau. Des gens que les travaux de la terre couvrent chaque jour de poussières diverses, d'insectes, et de mille impuretés se collant à la surface du corps au moyen de la transpiration épaissie, ces personnes, disons-nous, ont besoin de se laver fréquemment avec l'eau fraîche en été et chaude en hiver, les ouvriers de tout âge et de tout sexe doivent se nettoyer, au sortir du lit, la face, les yeux, les oreilles, le cou, les mains, les bras, les jambes et les pieds. C'est le moyen d'éviter une foule d'éruptions, de préserver les organes des sens contre les inflammations diverses, d'empêcher les ulcérations des jambes et les ampoules déterminées par le froissement des chaussures. Les bains de pied seront principalement utiles aux ouvriers qui curent les fossés et travaillent dans la vase : quand les extrémités inférieures sont parfaitement nettoyées, il est bon de les frictionner avec un peu d'eau-de-vie ou de graisse. Ce sera un moyen de les préserver, pour le jour suivant, contre l'action du marais. Certaines régions du cœur, telles que les aisselles, les aines et les régions sexuelles, en raison des sécrétions huileuses et odorantes dont elles sont le siége, demandent encore des lotions fréquentes, sous peine de dartres et d'infirmités de plus d'un genre. La loi de Mahomet fait de pareilles ablutions un acte religieux, et il serait fort à désirer que, sous ce rapport, les chrétiens imitassent les musulmans; mais, loin qu'il en soit ainsi, on voit certaines femmes, par une piété mal entendue, s'abstenir des soins de propreté que les infirmités de leur sexe rendent nécessaires. Leur incurie, sous ce rapport, va jusqu'à offenser l'odorat et jusqu'à provoquer des démangeaisons peu compatibles avec les exigences d'une pudeur exagérée. Ces démangeaisons sont surtout redoutables chez les enfants : elles deviennent trop souvent le principe d'habitudes vicieuses, que les soins les plus attentifs ne peuvent combattre.

Pour bien comprendre l'action bienfaisante de la propreté et des ablutions quotidiennes, il faut se rappeler que les excrétions de la peau, comme toutes les autres, sont malsaines et ne peuvent rentrer dans le corps humain sans jouer le rôle de poison : collées contre l'épiderme, elles sont résolvées en partie, elles le sont encore chez celui qui porte pendant plusieurs jours du linge imbibé de transpiration. Un blanchissage fréquent est donc l'auxiliaire indispensable d'ablutions fréquentes pour qui veut garder ses forces et échapper aux épidémies. Quand on voit les divers membres d'une famille couverts par du linge gras et sordide, on peut être assuré que la maladie n'est pas loin et que le malheur visitera la maison. La conclusion est que le lavoir doit être mis partout à la portée des classes laborieuses, et que les communes rurales, en le faisant construire, s'imposent la dépense la plus favorable à l'hygiène. Il serait même avantageux de joindre au lavoir les appareils inventés par l'industrie moderne, appareils qui rendent le blanchissage plus prompt et moins coûteux. Chaque ménagère pourrait s'en servir à tour de rôle, moyennant une légère rétribution, et multiplier des lessives qui, à l'avantage d'user peu le linge joignent l'avantage de se faire promptement.

Les soins de propreté qui viennent d'être énumérés suffisent en général, avec l'action du peigne, pour éloigner les parasites du genre pédiculus. On en reconnaît trois espèces, ceux de la tête, ceux du corps et ceux du pubis. Les derniers ne peuvent être détruits que par l'action des préparations mercurielles et surtout de la pommade; les autres sont tués rapidement par la poudre de cévadille et celle de staphysaigre. Les puces, qui dans certaines parties du midi de la France sont un véritable fléau, disparaissent également sous l'action de la poudre de pyrèthre, dont l'usage connu depuis longtemps dans la Perse et la Russie se répand dans tout l'ouest de l'Europe.

Vêtements. — Il reste maintenant à indiquer comment le vêtement, que la nudité naturelle de l'homme rend indispensable, peut être un moyen efficace d'assurer les fonctions de la peau. Le problème n'est cependant pas facile à résoudre, car le même agent doit préserver du froid et de l'action trop intense des rayons solaires, de l'humidité extérieure et de celle qui résulte de la transpiration, de la poussière et des impuretés venues du dehors, tout en permettant l'accès de la chaleur atmosphérique. Après des essais multipliés à l'infini et des expériences qui comprennent plusieurs milliers d'années, voici les conditions d'un bon vêtement telles que les a reconnues l'hygiène. L'étoffe doit être composée de filaments très-souples et très-mauvais conducteurs du calorique, afin d'éviter les brusques changements de température. La couleur doit être celle qui absorbe et émet le moins de rayons calorifiques; les qualités hygrométriques doivent être négatives, afin de résister à l'humidité; le tissu doit être assez clair pour donner passage aux exhalaisons de la peau et à l'air atmosphérique, assez serré pour intercepter les poussières, le vent et la pluie; la forme et la coupe doivent faciliter les mouvements les plus étendus; le poids doit être minime, tandis que la solidité doit être considérable. C'est pour réaliser ces propriétés diverses, que l'industrie a mis à profit les produits des règnes de la nature. Aux végétaux, elle a demandé les fils du chanvre, du lin, du coton, de l'ortie, de l'aloès, du bananier, de l'ananas, du phormium, etc., dont elle a composé des étoffes minces et résistantes, très-propres à absterger la sueur et à subir des lavages fréquents. De telles qualités font des toiles un vêtement précieux, quand il est appliqué immédiatement sur la peau et joue le rôle du linge : mais il doit être recouvert par un autre tissu sous peine de glacer le corps en s'imbibant de pluie, de rosée et de sueur. Le préservatif vraiment efficace des intempéries est le vêtement confectionné avec la fourrure des animaux, avec les étoffes de laine et de poil de chèvre, de chameau, de castor, de lapin, d'alpaca, et qui toutes, au point de vue de l'hygiène, offrent les conditions les plus avantageuses. Réfractaires à l'humidité, mauvais conducteurs du calorique, élastiques, résistantes, flexibles et légères, elles réunissent la plupart des qualités présentées comme utiles à la santé. Sans opposer d'obstacle à l'issue de la transpiration, elles ne permettent cependant qu'une évaporation lente et progressive, elles donnent accès à l'air extérieur tout en le tamisant et en le séparant des poussières ou même des miasmes qu'il transporte.

Il est encore un produit animal, la soie, dont les fils, fournis par un insecte, servent à fabriquer des étoffes magnifiques; mais qui ne réunissent pas toutes les qualités réclamées par l'hygiène. Le tissu très-dense et très-serré de ces étoffes intercepte à la fois le passage de l'air et celui de la transpiration, n'admet guère le lavage et présente en outre les inconvénients d'une grande cherté. Ses avantages sont d'être électrique et d'empêcher la pénétration de la pluie. Il pourrait être employé sous forme de vêtement flottant, de blouse ou de manteau, si l'industrie moderne parvenait à livrer pour un prix modique les produits des divers bombyx ou vers à soie qu'elle cherche à introduire en France.

On peut ranger les tissus qui servent à vêtir l'homme dans trois catégories : Ceux qui s'obtiennent sous l'action de la navette et représentent des fils entre-croisés de diverses manières, ceux qui s'obtiennent par l'aiguille ou le métier à tricoter, enfin ceux qui s'obtiennent par le feutrage. Les premiers sont résistants, mais ils manquent d'élasticité; les tricots sont très-élastiques et se moulent sur les régions du corps humain qu'il faut recouvrir exactement sans opposer de gêne aux mouvements; les feutres, si on en croit des expériences récentes, se fabriquent avec toutes les laines et fourrures; ils pourraient remplacer avantageusement le drap dont ils dépasseraient, à la fois, la résistance et la légèreté, si l'industrie pouvait les livrer à bas prix; mais ce dernier progrès reste encore à réaliser.

Grâce aux trois espèces de tissus, les vêtements peuvent être très-complets et s'appliquer à toutes les régions du corps; mais, avant d'en déterminer la forme et la coupe, il est bon d'en déterminer la couleur. Les expériences de Franklin, continuées par Davy et d'autres physiciens, montrent qu'une surface noire s'échauffe ou se refroidit huit fois plus vite qu'une surface blanche. Si donc le rôle des vêtements est d'éviter à l'organisme les brusques changements de température, les étoffes noires sont peu avantageuses. Il en est tout autrement des étoffes blanches, aussi ont-elles été adoptées de toute antiquité par les Arabes, les Perses, les Grecs et les habitants des contrées brûlantes. Les tissus couleur de neige sont encore ceux qui conviennent le mieux pour vêtir les peuples qui avoisinent le cercle polaire; cela ressort directement des indications de la science et même de la nature, qui revêt d'une livrée blanche les mammifères et les oiseaux exposés aux fortes gelées.

Des expériences très-curieuses du docteur Stark démontrent que l'influence de la couleur dépasse la température et s'étend sur l'aptitude des étoffes pour l'absorption ou la perte de l'humidité. Une étoffe noire absorbe un tiers plus d'humidité qu'une étoffe blanche. Le même fait se représente pour les odeurs; si bien que leur maximum de concentration et d'émission étant représenté par le noir et leur minimum par le blanc, la gradation intermédiaire est remplie par le bleu, le rouge, le vert et le jaune.

Après avoir déterminé la composition du vêtement, l'hygiène doit en déterminer la forme, qui trop souvent ne relève que de la mode et du prix de revient quand elle devrait être fixée par la commodité et l'intérêt de la santé. Ici doivent être passées en revue les diverses parties du corps.

La tête, en raison de la chevelure et du jeu des organes des sens, ne saurait être vêtue, elle doit simplement être couverte et chercher une protection contre la pluie et le soleil. Chez l'homme, qui porte ses cheveux courts, le meilleur couvre-chef est le chapeau de feutre gris à larges bords et à forme surbaissée; il pare la voute du crâne, la face, le cou et les épaules des rayons solaires, de la grêle, de la neige, de la pluie et de la poussière; il se lave et se dégraisse avec facilité, il pèse peu et ne blesse jamais le front, enfin il protége contre les violences extérieures, et reçoit mille chocs sans éprouver de déformation sensible. Dans l'intérieur de la ferme, l'homme ne doit se couvrir la tête que s'il est chauve ou atteint d'infirmités; un bonnet en tricot est, en pareil cas, ce qu'il peut avoir de plus sain et de plus commode.

Chez la femme, qui porte ses cheveux longs, et qui tient non sans raison à les conserver tels, un bonnet d'étoffe blanche et légère devient nécessaire à la maison pour soutenir les nattes et les préserver de la poussière pendant les travaux du ménage. Ces derniers terminés, il est bon que le beau sexe, surtout quand il est jeune, se coiffe et se pare de ses cheveux; il en résulte des habitudes d'élégance et de propreté toujours favorables. Mais dans bien des contrées de la France, la mère de famille et même la jeune fille, craignent de montrer leurs cheveux; l'une et l'autre bâtissent à grands frais sur leur tête un monument ridicule de mousseline et d'empois, quand elles pourraient se rendre jolies avec les nattes et les boucles qui leur ont été données par la nature. Dans les travaux des champs, les femmes doivent porter les larges chapeaux de paille, ou mieux des capuchons d'étoffes variant selon les saisons et protégeant, contre les intempéries, la face, les oreilles et le cou.

Avant de parler des vêtements qui conviennent au corps, il est bon de rappeler que le problème à résoudre est de l'isoler, pour ainsi dire, au milieu de l'atmosphère et de le soustraire à l'action du chaud et du froid, du sec et de l'humide. Le meilleur moyen d'isolement est une couche d'air interceptée entre l'épiderme et les vêtements: elle empêche tout brusque changement de température, étant fort mauvais conducteur du calorique; elle assure les fonctions de la peau, par sa capacité pour la vapeur d'eau. Mais une couche d'air ne peut être interceptée que par des habits larges ou flottants, tels, en un mot, que les portent les Orientaux. Ici se présente une difficulté: ce que demande l'hygiène s'accorde mal avec ce que demande le travail, peu soucieux de tous les embarras créés par les étoffes flottantes. Un compromis devient nécessaire. La chemise, qui représente le vêtement placé immédiatement sur la peau, doit être large et intercepter une notable quantité d'air dans ses replis; elle doit être recouverte d'une étoffe en laine assez ample pour ne brider ni les épaules, ni la poitrine, ni le bassin, assez juste pour ne pas créer un empêchement aux travaux variés du cultivateur. Il est bon pour la commodité de diviser les vêtements du corps en deux parties, l'une qui comprendra les extrémités supérieures, la poitrine et une partie du ventre, l'autre qui couvrira les extrémités inférieures et le bassin; le gilet et la veste s'uniront au caleçon et au pantalon au moyen d'une large ceinture qui, à l'avantage de soutenir le ventre, pourrait joindre l'avantage de supporter des poches et des outils. L'équipement du soldat devrait, à beaucoup d'égards, servir de modèle au cultivateur. Dans l'armée tout a été calculé, sans aucun souci de la mode, pour que les hommes obtinssent les meilleures conditions de force et de santé au milieu des fatigues de l'état militaire. La marche est un point capital pour l'infanterie, aussi tout ce qui peut préserver la jambe et le pied a-t-il été l'objet de soins minutieux. Au soulier de cuir d'un poids peu considérable on a joint la guêtre de toile qui protége les malléoles, le coude-pied et le tendon d'Achille, puis la jambière en basane qui recouvre le mollet. Avec ce triple vêtement les extrémités inférieures sont préservées de la pluie, de la poussière, des morsures des insectes et des reptiles, des piqûres d'épine et surtout de la stagnation du sang d'où naissent les varices. Une amélioration consiste à porter des chaussettes et à les changer chaque jour, c'est le meilleur moyen d'éviter les ampoules et les écorchures qui naissent de la macération de l'épiderme dans la transpiration. Le soulier et la jambière sont surtout nécessaires au cultivateur, pour les longues marches: mais quand le travail est sédentaire, comme il arrive pendant l'hiver, le sabot est préférable. Pourvu, à l'intérieur, d'une natte de paille, il protége admirablement contre le froid et l'humidité. S'il blesse le coude-pied, on peut remédier à cet inconvénient avec une bride en cuir ou un morceau de peau de mouton pourvu de sa laine. Une moitié est clouée sur la partie supérieure du sabot, tandis que l'autre moitié est repliée en dedans servant ainsi de coussin à toute la voûte du pied.

La différence d'organes et d'occupations doit amener de nombreuses modifications dans le vêtement des femmes. Leurs mains et leurs avant-bras qui fréquemment baignent dans l'eau ne sauraient s'accommoder des manches longues ; leur gorge doit être fixée et soutenue par un corsage, sous peine d'embarras et de flétrissure précoce. Mais autre chose est un corsage d'étoffe perméable à l'air, prenant son point d'appui sur la ceinture et sur les épaules, ou bien le corset pourvu de baleines, déplaçant la gorge, et repoussant les entrailles dans les régions inférieures de l'abdomen. Toute compression du ventre, chez la femme, est une chose mauvaise en ce qu'elle dispose aux hernies, aux avortements et aux maladies utérines. La robe flottante est ce que l'art et l'hygiène ont inventé de mieux. Si le travail réclame la ceinture elle doit être large, peu serrée et prendre son point d'appui sur les hanches.

Habitations. — Lorsque le campagnard fait bâtir une maison, il recherche rarement autre chose que la proximité de sa terre, de la route ou de ses voisins ; peu lui importe la disposition du sol, il ne regarde guère à la présence d'un ruisseau, d'un étang ou d'un marais, il ne songe pas à consulter l'hygiène. Cette science lui répondrait, cependant, à la première interrogation : « Si tu t'obstines à construire dans ce lieu insalubre, tu perdras la force et la santé, tes enfants s'élèveront mal, ils ne seront pas vigoureux, et la première épidémie qui régnera dans le pays décimera ta famillle. Rien ne prospérera dans ta maison et, si tu atteins la vieillesse, tu ne verras que des ruines. Mais en élevant ton habitation cent pas plus loin, tu peux espérer force, santé et prospérité pour tous ceux qui t'environnent. »

De telles paroles ne seraient que l'expression de la vérité, car trois mille ans d'expérience ont montré à l'hygiène ce qui fait l'insalubrité des habitations et ce qui les rend vraiment saines.

En général, il est mauvais de construire dans le fond de la vallée et sur un terrain tourbeux, argileux et imperméable à l'eau. On est sûr, en pareil cas, que l'habitation ne sera jamais sèche, qu'elle sera enveloppée de brouillards et de miasmes pendant la saison des fièvres. Construire sur le plateau ou sur le sommet de la montagne est moins mauvais pour la santé, mais il faudra redouter les vents violents et fatigants pour la poitrine, les brusques changements de température et le manque d'eau potable. Quand on bâtit en plaine, il faut rechercher les terrains sablonneux, calcaires et rocheux, qui sont rarement humides, il faut éviter avec soin de se placer sous le vent de toute terre marécageuse et capable de produire des miasmes, sous peine de voir la fièvre arriver d'une lieue de distance (1). Si le sol est accidenté, il faut bâtir à mi-côte d'un versant tourné vers l'est, le sud-est, ou le nord-est : l'exposition la plus défavorable est l'ouest, le nord-ouest et le sud-ouest. Dans presque toute la France les grandes pluies et les grands vents viennent du couchant. Quand les terres sont inclinées de ce côté, elles sont souvent battues par la tempête et reçoivent plus d'eau que si elles sont inclinées vers le levant où l'eau tombe en plus grande quantité, le sol est plus froid et plus humide, où règne l'ouragan, la poitrine s'irrite, les arbres fruitiers se brisent et les jardins sont dévastés. Ajoutons que les coteaux qui regardent le couchant et le nord sont visités par les gelées printanières bien plus que les coteaux inclinés vers l'est et le sud. Le voisinage des bois est presque toujours avantageux, surtout quand ils contiennent des essences résineuses dont les émanations odorantes semblent combattre les miasmes (1). Que nul ne redoute la proximité du chêne, du châtaignier, du hêtre, de l'orme, du noyer et de toutes les espèces qui viennent en terrain sec ; mais il faut se défier des espèces qui prospèrent dans les marais. Plusieurs nourrissent les larves des mouches les plus incommodes aux hommes et aux bestiaux. Il faut faire une exception pour le cyprès chauve ; il croît dans les tourbières et dans les terres submergées qu'il parfume de ses émanations résineuses.

L'emplacement de la maison étant marqué, il faut choisir les matériaux : les meilleurs sont la brique et la pierre, en exceptant le grès qui s'imbibe d'eau et maintient constamment l'humidité dans les murs : on peut cependant remédier à ses fâcheuses propriétés hygrométriques en le trempant, quand il est sec et taillé, dans le goudron ou le coaltar. Le bois a l'avantage d'être mauvais conducteur du calorique et de l'humidité, mais il attire les insectes, favorise les incendies, et n'offre qu'une durée limitée ; le pisé, quand il est employé avec habileté, produit à très-peu de frais des maisons bien closes et favorables à la santé ; son usage, en se généralisant, pourrait rendre plus spacieuses et plus saines les habitations des classes industrielles et agricoles ; il réduit de moitié et souvent des deux tiers les frais de construction, tout en produisant des murs assez solides pour supporter deux étages et une toiture en tuiles. L'essentiel est qu'il repose sur des fondations en maçonnerie.

Dans toute maison, une cave est avantageuse. Elle combat l'humidité, surtout si le rez-de-chaussée est élevé d'un mètre et plus au-dessus des terres environnantes. Des fosses d'aisances maçonnées, à la façon des citernes, et pouvant se vider avec facilité, sont également fort utiles. Elles empêchent que l'urine et les autres excréments disséminés dans les cours et les jardins n'empoisonnent l'atmosphère ; elles favorisent la décence, elles économisent une somme d'engrais qui ne doit pas être estimé annuellement à moins de 25 francs par individu, enfin elles empêchent les déjections de s'infiltrer dans le sol et d'altérer

(1) En Algérie, on voit souvent le vent de terre apporter le miasme de la fièvre à des navires qui sont ancrés à 5 et 6,000 mètres du foyer d'infection. Des remarques analogues ont été faites pour les villes et les campements.

(1) Les grandes plantations de pins ont diminué des trois quarts les fièvres de la Sologne.

l'eau des sources ou des puits. Les quelques centaines de francs dépensés à la construction des privés représentent de l'argent placé à très-gros intérêts : le jour où les gens des campagnes comprendront cette vérité, l'air et l'eau des fermes seront singulièrement assainis, pendant que la France recueillera chaque année une somme d'engrais qui doit dépasser trois ou quatre cent millions de francs.

Il est bon que dans toute maison de cultivateur, outre le rez-de-chaussée consacré à la cuisine, à l'atelier et à la laiterie, à la buanderie, au fournil, etc., il y ait un premier étage consacré entièrement aux chambres à coucher. L'habitude de mettre plusieurs lits dans une même pièce et de leur attribuer des personnes d'un sexe différent est aussi nuisible à la santé qu'aux bonnes mœurs. Dans une famille un peu nombreuse il doit y avoir, outre la chambre du père et de la mère, la chambre des filles et celle des garçons. S'il faut, pour se conformer à cette nécessité, des constructions plus considérables et plus coûteuses, le père de famille ne doit pas hésiter, il trouvera dans la santé physique et morale de ses enfants une compensation avantageuse de ses dépenses.

L'habitation étant ainsi bien construite et bien close, il est bon qu'elle soit tenue avec une extrême propreté et même ornée à l'intérieur comme à l'extérieur. Des rideaux bien blancs, des meubles cirés et luisants, des murs couverts d'un papier ou blanchis récemment au lait de chaux ; un plancher savonné, la peinture des boiseries, le pot d'œillets sur la fenêtre, la treille qui encadre joyeusement la porte et les fenêtres, tout cela est sain au physique et au moral. Un préjugé veut que le lierre et les plantes grimpantes mangent le plâtre et entretiennent l'humidité des habitations; loin qu'il en soit ainsi, les feuilles du lierre, qui sont disposées généralement comme les tuiles sur un toit, empêchent l'ondée de fouetter les murs et de détruire le crépissage; si quelques gouttes pénètrent profondément, elles sont bientôt bues par les crampons ou petites racines qui fixent les branches et les font adhérer à la pierre ou aux écorces. C'est au point qu'il suffit bien souvent de garnir de lierre un mur naturellement humide pour le dessécher et l'assainir.

Ces soins d'ornement, de propreté et d'assainissement sont du ressort de la ménagère. En rendant sa maison saine et avenante, elle détruira les charmes du cabaret, elle retiendra son mari et ses fils autour du logis, quand ils auront quelques loisirs, elle les amènera peu à peu à trouver leur plaisir dans les mille soins de l'intérieur, dans l'étude des beaux livres et dans la culture du jardin.

Travaux. — Aucune profession ne comporte des occupations aussi variées que celles du cultivateur; nulle n'exige plus de dextérité et d'intelligence, nulle ne demande un corps plus robuste et une santé plus éprouvée ; c'est pour cela que les populations agricoles donnent les meilleurs soldats. Mais les hommes de la campagne sont loin d'avoir toutes les qualités du bon cultivateur; le grand nombre ne peut les obtenir qu'en observant, dès l'enfance, les lois de l'éducation physique. Un corps ne devient robuste que par l'action des intempéries, des travaux pénibles et une gymnastique variée de tous les exercices du corps; mais il faut que les efforts soient proportionnés à l'âge, à la constitution et à la somme de nourriture accordée. Imposer des mouvements pénibles ou prolongés à qui n'est pas suffisamment nourri, c'est engendrer non pas la force, mais la maladie. Il est d'observation que les travaux variés et demandant une série de mouvements différents épuisent moins que les travaux qui comportent sans cesse les mêmes efforts : la conséquence est que les maîtres employant des ouvriers doivent disposer leurs travaux pour que chacun puisse varier sa besogne. Si cette dernière devient pressante et exige, chaque jour, plus de dix heures d'activité, un supplément de nourriture et surtout de bière, de vin et de café, empêche qu'il n'y ait dépérissement et disposition à la maladie. L'homme surmené résiste bien moins aux intempéries que celui dont les forces ne sont pas dépassées par le travail; c'est pour cela que les ouvriers des campagnes doivent, au temps de la fenaison, de la moisson et des semailles, se défendre du miasme, du chaud et froid plus que dans aucun autre temps. S'ils veulent s'habituer aux intempéries, braver la pluie, le soleil et la gelée, ils doivent choisir le moment où ils ont réparé leurs forces; alors ils supporteront sans danger ce qui, au temps de la fatigue, leur donnera une fièvre pernicieuse ou une pleurésie.

On comprend, d'après cela, que le repos du dimanche est une action bienfaisante sur les campagnes. Ceux qui travaillent en ce jour n'en retirent pas grand profit, leurs bras ont moins d'élasticité pour le lundi et les jours qui suivent, ils s'appesantissent par un labeur continu, et la maladie vient trop souvent leur apprendre que le corps humain n'est pas de fer. Du reste, le paysan arrivé à la maturité se plaît, le dimanche, à s'asseoir et à s'entretenir avec quelques amis des affaires de la commune; il éprouve une sorte de volupté à sentir son sang nourrir ses membres immobiles. Si la jeunesse moins épuisée et plus turbulente réclame l'action, il y a mille jeux qui lui permettent de déployer sa force et son agilité. Parmi ces jeux, il faut citer la paume, les barres, la lutte, la danse et l'escrime, qui toutes excitent l'émulation et rendent les hommes agiles, adroits et vigoureux.

Dans la saison des loisirs, le campagnard doit entretenir ses forces avec les travaux du maréchal, du charron, du vannier, du menuisier, etc., rien n'est mauvais pour lui comme de passer des semaines entières assis près d'un poêle dont il respire les émanations malsaines. Qu'il apprenne de bonne heure à se servir d'une scie, d'un rabot, d'une enclume, d'une lime et même d'une navette, il n'y aura plus de morte saison pour ses gains, ni de temps d'amollissement pour son corps. Il ne sera pas exposé à passer brusquement de la chaude atmosphère de la maison au souffle glacé des brises de mars; ni de l'indolence de l'hiver à l'action fiévreuse du printemps. Ses bras n'auront pas perdu l'habitude de la fatigue, pas plus que sa peau n'aura perdu l'habitude des intempéries.

Sommeil. — L'homme ne saurait être constamment actif. Sous peine de maladie et de mort prochaine, il doit, chaque jour, réparer ses forces par le repos complet qui caractérise le sommeil. Bien dormir est donc une chose de première nécessité, mais elle est plus difficile à se procurer que l'on ne pense. Un sommeil, vraiment réparateur, doit être suffisant sans être trop prolongé, il demande la tranquillité physique, un lit convenable et une atmosphère vraiment saine, soit sous le rapport de la température, soit sous le rapport de la composition chimique. En général, l'homme adulte doit dormir sept heures, la femme et l'adolescent huit, l'enfant neuf. Le lit doit être spacieux, et se composer d'une paillasse ou sommier, d'un matelas, d'une paire de draps blancs et d'une ou de deux couvertures; il doit être remué, aéré et fait chaque jour. Dans les familles très-nombreuses où l'on est obligé de multiplier les lits, sous peine de faire coucher dans le même lit cinq ou six enfants de sexe différent, on pourrait adopter, pour la jeunesse, le hamac tel que l'emploient les matelots : ce lit, fort peu coûteux, devient facilement frais en été et chaud en hiver; il peut se placer partout au moyen de deux crochets de fer, scellés dans les poutres ou les murs; il peut se plier et se serrer pendant le jour, de manière à laisser libre l'espace qu'il occupe pendant la nuit; ajoutons qu'il est à l'abri des puces, se lave tout entier avec facilité et peut se disposer instantanément à l'étable, à la grange ou au grenier.

Mais il ne suffit pas, à un sommeil vraiment réparateur, que le lit soit convenable, il faut que l'air respirable soit pur; sans cette condition le réveil est marqué par du mal de tête, des nausées et un abattement général. Nous avons dit ailleurs comment la chambre à coucher doit être ventilée et la quantité de mètres cubes nécessaires à chaque personne dans l'espace d'une nuit, il est donc inutile d'y revenir. Mieux vaut parler des dangers que courent les campagnards dormant en plein champ, sous le soleil de l'été et dans les brumes du soir. Une heure ou deux de sommeil à l'ombre n'est pas chose mauvaise, pendant les chaleurs énervantes de l'été; mais si les rayons solaires frappent pendant quelques instants la tête du dormeur, il peut être pris de fièvre cérébrale, il peut être pris d'érysipèle si ces rayons frappent à nu son corps ou ses membres. Les brumes du soir font courir d'autres dangers à ceux qu'engourdit le sommeil. Sous la rosée viennent les refroidissements subits, ou bien la respiration s'altère avec le miasme qui porte dans le sang le principe de la fièvre. Plus le sol est humide, bas et marécageux, et plus il est dangereux de dormir en plein air après le coucher du soleil. Ajoutons que le dormeur est sans défense contre la piqûre des insectes, qui souvent sont des ennemis dangereux. Certains peuvent s'introduire dans les oreilles et les narines où ils provoquent de vives douleurs; d'autres s'enfoncent dans les replis de la peau, déposent des œufs et font naître des démangeaisons insupportables; d'autres, tels que les mouches, se posent sur la face ou les mains, après avoir sucé le sang d'animaux charbonneux, et inoculent à l'homme un virus qui peut devenir mortel. La plupart des tumeurs charbonneuses qui, chaque été, causent des accidents graves dans les contrées du centre de la France, proviennent de la piqûre des mouches. Le vinaigre parfumé avec des plantes aromatiques ou le jus de citron est ce qui éloigne le mieux ces dangereux insectes, c'est également ce qui calme les démangeaisons, et l'irritation cutanée résultant de l'abondance des sueurs. Le cultivateur peut très-bien user d'un cosmétique qu'il peut fabriquer lui-même, ou se procurer à vil prix; en prenant le soin de s'en frotter la figure, le cou et les mains, quand il se rend à ses travaux, il est certain d'éloigner une foule d'insectes.

Des âges. — Avec chaque période de la vie, le corps humain subit des modifications importantes et change ses conditions de santé. Pendant la première enfance, la tête et le ventre ont un volume disproportionné, et, en raison de leur grande activité, sont plus exposés à la maladie que les autres organes. Les tissus ont la mollesse et l'état gélatineux qui correspondent à une croissance rapide, les pulsations du cœur et les mouvements du sang sont précipités, si bien que tout devient rapide dans l'existence. Tel enfant qui joue avec entrain s'arrête, frappé de lassitude, et, deux minutes après, s'endort profondément. La faim et la soif lui viennent d'un moment à l'autre, et prennent vite le caractère de la passion; tous ses besoins organiques, tous ses sentiments, toutes ses pensées arrivent et partent comme un éclair; le rire et les larmes se suivent sans transition.

Diriger un pareil être n'est pas chose facile, aussi rien n'est plus rare qu'une bonne hygiène de l'enfance. Dans l'alimentation, il faut trouver les moyens de suffire à un accroissement rapide, sans durcir les tissus et sans leur donner une énergie qui accroîtrait une turbulence déjà trop grande. Ce résultat s'obtient avec le laitage, les farineux, les fruits, les légumes, les graisses, les viandes blanches et le poisson. Trop souvent les parents croient faire merveille et préparer une belle taille à leur enfant en le nourrissant copieusement, en lui servant force consommés et viandes rôties, en lui versant du vin pur et des liqueurs. Un tel régime amène en effet un débordement de vie qui se traduit par un excès de force, d'activité et d'intelligence. Pendant un temps la vanité paternelle est satisfaite; mais les fièvres cérébrales, les angines couenneuses et les maladies des entrailles lui préparent de cruelles déceptions. Si l'enfant échappe à tout cela, il est surpris par les orages d'une puberté trop hâtive : à seize ans les garçons ont de la barbe et des moustaches, leurs membres sont robustes, leur poitrine est large; mais ils sont courts de taille et leur fibre est trop ferme pour qu'il y ait espoir de les voir grandir : les filles réglées à treize ans sont dans une situation analogue : elles deviennent prématurément de petites femmes qui subissent les passions de l'âge adulte, en conservant le caractère de l'enfance. Une nourriture insuffisante a des inconvénients en sens inverse. Elle entretient la langueur physique et morale dans le jeune âge, elle fait que la poitrine reste étroite, que les membres s'effilent, que la force manque partout.

Après la nourriture convenable, rien n'importe plus à l'enfance que la bonne qualité de l'air. L'activité de la respiration, pendant les premières années de la vie, rend l'action du miasme et de l'effluve particulièrement dangereuse; c'est pour cela que l'atmosphère des pays chauds, après avoir épargné les adultes, surtout les femmes, sévit cruellement sur le jeune âge. Presque tous les voyageurs ont remarqué l'état chétif des enfants en Grèce, en Algérie, en Roumanie et dans d'autres contrées chaudes. Le même fait se représente en France dans la Sologne, dans la Bresse et près de l'embouchure de la Charente ou du Rhône. Or ces contrées diverses sont surtout ravagées par le miasme des marais.

La peau de l'enfance n'est pas moins susceptible que le poumon. Quand le froid humide empêche la transpiration, quand l'épiderme se recouvre d'un vernis de saleté ; quand les vêtements ne sont pas organisés selon les lois de l'hygiène, quand le linge ne subit pas des lavages répétés, quand la lumière et le soleil n'enveloppent pas le corps de rayons bienfaisants, il n'y a pas de santé possible pour l'enfant. Les scrofules et le rachitisme s'emparent de lui ; ses membres se contournent, sa colonne vertébrale se dévie, ses glandes se gonflent et suppurent ; il devient un objet de pitié et de dégoût.

Si l'éducation physique était mieux dirigée, les trois quarts des infirmes et des estropiés disparaîtraient des campagnes en même temps que la vigueur et la beauté de l'espèce augmenteraient sensiblement. La gymnastique fournirait les moyens de développer et d'équilibrer les diverses parties du corps ; appliquée aux bras, elle élargirait les épaules et donnerait un plus grand volume de poitrine aux enfants nés de parents pulmoniques ; appliquée aux membres inférieurs, elle grossirait les jambes et les cuisses trop faibles ; appliquée au buste, elle produirait les reins et les dos carrés qui annoncent l'abatteur de besogne. Chaque école primaire devrait avoir ses gymnases comme chaque commune devrait avoir ses jeux dirigés par les anciens. La paume, la balle, le ballon et le mât de cocagne exerceraient les bras ; les barres, les quatre coins, le chat perché, et cent jeux analogues exerceraient les jambes ; enfin la lutte développerait le buste. En tout ceci, la gymnastique a pour auxiliaire l'amour-propre, et le gars qui agit sous tous les yeux de son village ne s'épargne pas à l'action.

La gymnastique des filles doit être différente, son objet étant, non pas de produire des commères capables de rosser leur mari, mais bien des femmes douées d'agilité, d'adresse et de belle prestance. Ces qualités diverses s'obtiennent surtout par la danse, qu'une piété fort mal entendue interdit à l'adolescence des campagnes. La crainte de rapprocher la jeunesse des deux sexes provoque sans cesse les accidents que l'on veut éviter. Laissez garçons et filles danser, chaque dimanche, sur la place de leur village ; et empêchez-les d'aller ensemble cueillir des fraises et des cerises. Ils ne feront pas de mal, quand ils agiront devant tout le monde, ils auront la part de plaisir qui est le pain de la jeunesse, ils connaîtront vite leurs bonnes et mauvaises qualités, enfin, s'ils viennent à s'aimer, ils s'épouseront en connaissance de cause. C'est ainsi que se font les bons ménages et non pas quand une fille séquestrée dans l'église ou chez ses parents prend le premier garçon qu'on lui présente. Trop souvent alors, après un an de mariage, elle s'aperçoit qu'elle en aime un autre.

Dans la période comprise entre 25 et 45 ans (âge adulte), l'homme jouit de toute sa force et de toute son activité. C'est le moment où il supporte les plus rudes travaux et où il court les plus grands risques d'accidents, de blessures et de maladies, c'est le temps, également, où il est le soutien principal de la famille et où il est très-important de maintenir sa santé. L'adresse acquise par la gymnastique du jeune âge est le meilleur préservatif contre les accidents, les soins de la ménagère sont le meilleur préservatif contre la maladie. Quand un homme est bien nourri, bien logé, bien vêtu, pourvu de linge propre et d'air sain, il résiste aux plus grandes fatigues et ne tombe pas malade ; mais si sa nourriture est mauvaise, si sa maison est humide ou trop mal aérée, si ses vêtements manquent de propreté, il s'épuisera vite et sera contraint de s'aliter. Voilà une vérité qu'il faut faire entrer dans la tête de toutes les fermières, afin qu'elles veillent à la cuisine, à la chambre à coucher et au lavoir. Elles-mêmes, pendant l'âge adulte, sont exposées aux dangers qui résultent des grossesses, des couches et de l'allaitement. Pendant la gestation, elles doivent éviter les travaux pénibles, surtout ceux qui les retiennent longtemps debout, sous peine de varices et d'engorgements des extrémités inférieures. L'accouchement venu, il faut garder le lit, pendant une dizaine de jours, et s'entourer d'une extrême propreté.

Un préjugé veut que l'accouchée passe la première semaine sans changer de chemise et de draps, sans se laver les mains et la figure ; ce qui est tout bonnement stupide. Il est bon, au contraire, de changer souvent le linge imprégné de lochies, de faire le lit, d'aérer les draps et la chambre, de laver à l'eau tiède toutes les parties du corps qui ne sont pas parfaitement nettes. C'est le moyen d'éviter les fièvres graves des femmes en couches. Les ablutions, qui sont ici une prescription médicale, deviennent bonnes en temps de santé ordinaire : elles rendent le sexe plus sain et plus attrayant, elles remédient aux infirmités périodiques et aux irritations locales qui peuvent en être le résultat, elles empêchent que la nourrice ne porte avec elle l'odeur du lait aigri, elle font que le mari trouve sa femme attrayante et s'attache à elle au lieu de la délaisser.

Si les ménagères savaient ce que du linge blanc et un bain ajoutent à leurs attraits, elles n'en laisseraient pas le bénéfice aux filles perdues qui effacent, devant la passion, les souillures de leur cœur par l'extrême propreté de leur corps.

La maturité, qui commence à 45 ans et finit vers 65, marque une période décroissante dans les forces physiques. L'homme mûr n'a plus l'énergie musculaire de l'adulte, mais il est résistant à la fatigue et aux privations, il connaît ce que peut la persévérance, il fait toute chose en temps opportun, et ses travaux, pour être moins rapides, n'en sont pas moins profitables. Quand il parvient à se préserver des infirmités, il prospère et gagne de l'argent, mais la difficulté est précisément d'éviter la maladie. L'âge de retour est destiné à payer toutes les folies de la jeunesse : il a les rhumatismes nés d'anciennes chasses au marais ; il a les tremblements, la goutte, la gravelle et la couperose nés de l'abus de la bouteille ; il a les sciatiques et les névralgies nées de vêtements mouillés, gardés sur le corps quand le sang était assez chaud pour tout braver. Le préservatif de ces maux divers est le bain de vapeur qui convient admirablement à la maturité. S'il enlève quelque peu de la richesse du sang, il préserve des apoplexies ; il active aussi la circulation et maintient sous ce rapport l'un des privilèges de la jeunesse.

La tempérance est encore une vertu particulièrement nécessaire à l'âge mûr : elle contribue efficacement à organiser ces santés égales et robustes qui se maintiennent exemptes d'infirmités et semblent défier le cours du temps.

Chez la femme, la maturité ou l'âge de retour débute par des orages qu'il faut calmer sous peine de douleurs et d'infirmités permanentes. Au physique, la cessation des menstrues amène des hémorrhagies diverses, des maux de tête, la disposition aux inflammations et tout un cortège de douleurs, de fièvres ou d'accablement.

Le moral n'est pas mieux traité : l'âme est en proie au chagrin, à la tristesse, à la crainte, aux impatiences... La moindre contrariété suffit pour amener une crise de nerfs et pour provoquer un déluge de larmes. A cet état, que la raison la plus saine ne domine pas toujours, il faut opposer le calme, la douceur, la patience et une grande tendresse. Quand l'âme est tranquille, on peut soigner facilement le corps qui demande une nourriture légère, un exercice varié, mais non pénible, des bains, sauf le cas d'hémorrhagies, et souvent le changement d'air. L'intervention du médecin peut être nécessaire, et il est bon de l'invoquer avant que les accidents aient pris de la gravité.

Rarement le retour d'âge dure plus de deux ou trois ans. S'il est bien dirigé, il laisse après lui une santé et une force supérieures à ce qui se rencontre dans la jeunesse de la femme ; souvent une ménagère de cinquante ans est plus active qu'un homme du même âge : elle conserve la fraîcheur du cœur, la vivacité des impressions, l'entrain et la gaieté qui manquent trop souvent à la maturité du sexe fort.

L'hygiène de la vieillesse consiste à mener une vie régulière, à s'interdire tous les actes qui supposent la passion, à fuir l'ivresse du vin autant que celle de l'amour. Ce n'est pas qu'un verre de bordeaux ou de bourgogne soit nuisible à celui dont le sang se refroidit ; les médecins disent volontiers que le vin est le lait du vieillard ; mais, quand le verre est vide, on le remplit de nouveau, pour le vider encore, on boit aux merveilles du temps passé, et l'on finit par y voir trouble. Alors gare l'attaque d'apoplexie. Que le vieillard ait une nourriture substantielle, mais qu'il la prenne peu copieuse, qu'il reste maigre s'il veut vivre longtemps, qu'il entretienne avec soin les fonctions de la peau et veille à ce qu'elle ne devienne pas semblable à du parchemin, qu'il cherche le soleil et la lumière, qu'il préfère les vêtements de laine, qu'il évite de dormir après son repas, qu'il maintienne son activité par des travaux légers, qu'il exerce toutes les facultés respectées par les ans ; et la vie lui sera bonne jusqu'au dernier jour. Il restera peut-être un siècle sur la terre, et s'endormira du sommeil éternel entouré de quatre générations qui lui devront l'existence et la prospérité.

Des climats. — Les climats représentent les conditions atmosphériques des différentes régions. Ils sont chauds, tempérés ou froids, selon qu'ils comprennent : 1° l'espace compris entre l'équateur et le 35° de latitude ; 2° l'espace compris entre le 35° et le 50° ; 3° l'espace compris entre le 50° et le pôle. La France entière appartient à la zone tempérée, et cependant son climat varie avec une série de circonstances qu'il est bon d'indiquer.

Sous une même latitude, l'élévation ou l'abaissement du sol produisent de grandes variations dans l'atmosphère, c'est au point que le sommet d'une montagne peut rester couvert de neige et de glace pendant toute l'année, tandis que la plaine, située au-dessous, est plantée d'oliviers, d'orangers et de lauriers-roses qui ont à peine à craindre des gelées blanches, au cœur de l'hiver. Il est dès lors évident que l'homme vivant sur la montagne, a un autre climat que l'homme de la plaine, bien que tous deux soient situés sous la même latitude.

L'élévation du sol n'a pas seulement pour effet de rendre l'air plus froid ; elle le raréfie et fait qu'il contient moins de gaz sous un volume déterminé. La conséquence est que chaque inspiration introduit moins d'oxygène dans la poitrine, autrement dit, que la respiration est moins efficace. Telle est la cause de l'essoufflement et de l'espèce d'asthme qu'éprouvent les voyageurs qui tentent l'escalade du mont Blanc. Ceux dont la poitrine est étroite ont mille peines à gagner le sommet, tandis que ceux dont les poumons sont volumineux paraissent à peine incommodés. Parmi ces derniers, il faut, en général, placer les montagnards. Leur respiration, s'exerçant sur un air raréfié, ne devient suffisante que par le grand volume des organes respiratoires ; c'est pour cela que l'homme de la montagne a la poitrine plus large que l'homme de la plaine, s'essouffle moins que ce dernier, dans les exercices violents, est plus agile et plus résistant aux intempéries. Mais, si les montagnards doivent certaines ressemblances à des conformités de climat, ils tiennent de nombreuses dissemblances des variations climatériques. L'atmosphère, en effet, diffère sur les versants de la même montagne selon qu'ils sont tournés au nord, au sud, à l'est ou à l'ouest, selon qu'ils appartiennent à des vallées plus ou moins étroites. Orientés vers le levant ou le midi, ils sont plus chauds et plus secs, orientés vers le couchant ou le nord, ils sont plus humides et plus froids. Ceux-ci ont moins de soleil et de lumière que les autres, ils favorisent davantage les engorgements lymphatiques, les scrofules, le goître et le crétinisme. On a cherché dans la composition de l'air ou de l'eau une cause à des maladies qui désolent certaines contrées montueuses, mais sans arriver à de grands résultats. Les causes sont probablement complexes et peuvent tenir simultanément à l'usage d'eaux mal aérées, séléniteuses ou chargées de magnésie, à la respiration d'un air humide et brumeux, à une vie trop sédentaire dans des habitations bloquées par les neiges, enfin à des mariages entre parents et au manque de croisement dans la race. Si la science est impuissante jusqu'ici à trouver la cause directe du goître, elle a découvert le remède de cette maladie, c'est l'iode qui, administré chaque jour, à petite dose, réussit très-bien aux enfants goîtreux. Mais la puissance du remède ne doit pas faire négliger les préceptes de l'hygiène, et l'habitant des vallées étroites doit, autant que possible, bâtir sa maison sur le versant tourné à l'est ou au midi, rechercher l'air sec et le soleil, s'approcher des sources les plus pures, construire une citerne si l'eau du vallon est mauvaise, faire de l'exercice en plein air, courir sur la neige pendant les froids les plus vifs, enfin prendre femme dans les villages éloignés. Quand le fond de la vallée est marécageux, il faut s'élever sur les pentes et bâtir la maison au-dessus des brumes qui s'élèvent chaque soir, pendant l'été et l'automne.

On peut trouver dans la végétation un moyen efficace d'assainir certaines vallées, soit en purifiant l'air, soit en détournant son cours. Les arbres résineux jouissent sous ce double rapport d'une grande efficacité, surtout le mélèze, qui croît dans les sols arides et pierreux, qui perd ses feuilles en hiver et cesse d'intercepter les rayons solaires quand ils se raréfient, qui crée une couche d'humus sur les versants dénudés en même temps qu'il fournit de la térébenthine et un bois excellent.

Après la montagne viennent les plateaux. Ici l'air est vif, les vents sont violents et les changements de température très-rapides. Les populations qui vivent dans de telles conditions sont rudes et fortes parce que la maladie enlève, avant la virilité, ceux qui n'ont pas des organes digestifs et respiratoires parfaitement sains. Cette part faite à la mort explique aussi pourquoi les populations sont clair-semées.

Sur les plateaux l'air n'est pas seulement nuisible par sa vivacité et ses brusques changements de température, il se charge souvent de miasmes, par suite du manque d'écoulement des eaux pluviales et par la fréquence des marais. Le creusement des fossés, le drainage et les canaux deviennent ici un puissant moyen d'assainissement, mais ce qui appartient surtout à l'hygiène des plateaux, c'est la création des forêts, ou plutôt la plantation de zones de bois selon un plan scientifique et tracé à l'avance. Des observations météorologiques, si elles étaient faites avec soin, montreraient vite quels vents apportent la fièvre et la grêle dans les diverses localités; elles indiqueraient où doivent être placés les bois destinés à rompre l'effort de l'ouragan, à intercepter le miasme, à attirer l'orage et à préserver les cultures ou les maisons voisines. La santé publique s'améliorerait en même temps que la production du sol, la population deviendrait plus dense, le climat perdrait une grande partie de son âpreté. Par malheur l'initiative individuelle est impuissante pour de telles améliorations qui demandent le concours de l'administration des eaux et forêts. Si cette administration veut utiliser les plantations dont elle sera chargée prochainement et l'organisation d'un vaste système d'irrigation à l'amélioration de la culture et de la santé publiques, il ne faut pas douter d'une augmentation notable de la moyenne de la vie et de la richesse des classes agricoles.

Dans la plaine, l'air est tiède, dense, humide, brumeux et souvent chargé de miasmes. Le soir il dépose d'abondantes rosées, il se refroidit considérablement pendant la nuit, dans le milieu des jours d'été il peut devenir suffocant. Sa densité fait qu'il développe peu la poitrine et les forces respiratoires; son humidité fait qu'il favorise les rhumatismes, les douleurs, les maladies des os et du système lymphatique, ses miasmes grossissent le foie et la rate au point d'augmenter sensiblement le volume de l'abdomen. Telles sont ses mauvaises qualités : elles empêchent que l'homme de la plaine, sauf dans les régions froides, présente ces types de vigueur et d'agilité créés par l'atmosphère des montagnes. Mais, tandis que l'air âpre et vif des régions élevées raréfie les populations, en même temps qu'il les épure, par la destruction de toutes les organisations délicates; l'air doux de la plaine conserve la vie aux plus débiles, et remplace par le nombre ce qu'il enlève à la force et à la beauté.

Les bords de la mer, les vents du large et les émanations toniques des plages rendent l'air de la plaine plus vif, plus frais, plus actif et plus semblable à celui des montagnes. Les bords des fleuves, au contraire, mêlent à l'air des miasmes qui le rendent débilitant. Une influence encore plus mauvaise résulte des étangs et des marais : quant aux forêts, celles surtout qui jettent dans l'atmosphère des émanations résineuses, leur voisinage est constamment favorable. Les populations Celtiques et Germaniques, dont la force est attestée par leurs immenses conquêtes, sont filles de la forêt; dans une même contrée, les populations forestières sont toujours plus robustes et plus saines que les autres; c'est ce qui s'observe, non-seulement en France, mais en Allemagne, en Italie, en Espagne, en Suède et en Écosse. Il est vrai que l'air n'est pas seul à produire ce résultat; la chasse peut y contribuer quelque peu.

Parmi les causes qui peuvent agir sur les climats et les modifier, il ne faut pas oublier la culture. Les rivières multiplient les miasmes, sauf le cas où elles s'alimentent d'eaux vives et distribuées constamment sur le sol, par couches de 25 centimètres d'épaisseur, pendant la durée de la saison chaude. Les prairies abaissent la moyenne de la température, surtout quand elles sont entourées d'arbres et pourvues de moyens d'irrigation; c'est pour cela que le raisin ne mûrit plus dans la Normandie, qui possédait des vignobles avant le système de culture apporté par les hommes du Nord. La même cause a dépouillé l'Angleterre et la Belgique de leurs vignes. Au contraire les labours, le drainage et tout ce qui favorise la sécheresse du sol élèvent la moyenne de la température de l'air, diminuent son humidité et contribuent à l'assainir. Telle contrée dévorée par les épidémies devient salubre après quelques labours; telle autre ravagée par un air ardent se tempère par les irrigations et les prairies. C'est ainsi que les bras et l'intelligence de l'homme ont mille moyens d'agir sur la nature, de fertiliser et d'assainir les contrées les plus rebelles.

PREMIERS SECOURS EN ATTENDANT LE MÉDECIN.

Empoisonnement. — Il faut expulser ou neutraliser le poison. L'expulsion s'obtient en faisant avaler quelques tasses d'eau chaude ou mieux d'eau albumineuse, et en provoquant les vomissements avec des émétiques tels que le sulfate de cuivre, le tartre stibié, etc.; on peut même obtenir un effet immédiat en chatouillant le gosier avec les barbes d'une plume.

Provoquer un vomissement rapide est la première chose à faire dans les empoisonnements par les préparations métalliques, et entre autres celles d'arsenic, de mercure, d'antimoine, de cuivre, d'étain, etc. C'est encore ce qu'il faut faire dans les empoisonnements par les végétaux ou les préparations qui en proviennent.

L'empoisonnement par les acides se combat avec l'eau de chaux, de magnésie, de soude, de potasse, de cendres et même avec l'eau de savon. Par contre, l'on neutralise les empoisonnements par les alcalis, tels que la potasse, la soude, l'ammoniaque, la chaux, la baryte et l'eau de Javelle avec des boissons fortement vinaigrées, ou avec les limonades tartrique, citrique, sulfurique, nitrique, etc.

Morsures et piqûres venimeuses. — La morsure des serpents se traite en pratiquant une ligature entre le point mordu et le cœur, en lavant et en suçant la plaie, en la faisant saigner autant que possible, en introduisant ensuite dans les ouvertures faites par les crochets de la vipère une goutte d'ammoniaque pure. A l'intérieur, on administre une potion contenant quinze à vingt gouttes d'ammoniaque, ou bien du vin chaud et même du punch. Un grog au rhum ou à l'eau-de-vie est également utile. Des moyens semblables sont opposés à la piqûre des scorpions et des mouches qui transmettent le charbon.

Morsure faite par des animaux enragés. — Elle se traite en lavant la plaie, en la faisant saigner, puis en la cautérisant fortement avec le fer rouge, la potasse caustique ou l'acide nitrique concentré.

Asphyxie. — Produite par les vapeurs du charbon, des fosses d'aisances, des fours à chaux et de la vendange, elle exige que le malade soit exposé au grand air, soit frictionné énergiquement sur tout le corps. Sa respiration doit être provoquée par des gouttes d'eau froide lancées à la figure, par le chatouillement des narines, par la compression et le relâchement alternatifs de la base de la poitrine, qui se trouve ainsi transformée en soufflet, expulsant et aspirant mécaniquement l'air extérieur. Le même traitement s'applique aux pendus.

Pour ce qui concerne les noyés, il faut, avant toute chose, les coucher sur le côté droit, débarrasser leurs narines et leur bouche des mucosités qui les remplissent, essuyer tout leur corps, les placer dans un lit chaud et commencer les frictions comme il a été dit, sans se laisser décourager par l'insuccès du premier moment.

L'asphyxie par le froid exige des frictions avec de la neige, auxquelles succèdent des lotions d'eau froide, puis dégourdie, puis tiède. Réchauffer rapidement les personnes gelées, c'est les vouer à une mort certaine.

Brûlures. — Se traitent par l'eau froide appliquée pendant plusieurs heures sur le membre brûlé. Des compresses imbibées d'eau blanche viennent ensuite; puis, quand il y a plaie, un pansement avec du coton cardé sur lequel on étend du savon de chaux fait avec huit parties d'eau de chaux et une partie d'huile d'olives battues dans une bouteille.

Contusions. — Compresses d'eau salée, d'eau blanche ou de teinture d'arnica.

Foulures et Entorses. — Même traitement que pour les contusions, dans le premies moment; les jours qui suivent, massage prolongé de la région blessée avec la graisse de porc ou l'huile d'olives.

Fractures et Luxations. — Laisser le blessé reprendre ses esprits, remettre doucement le membre brisé dans sa situation naturelle, glisser sous lui une planchette ou mieux une gouttière de zinc, qui rendra facile le transport sur un brancard ou une civière. Il faut recouvrir ensuite la région fracturée de linges imbibés d'eau blanche.

En cas de luxation, des soins analogues doivent être pris en se gardant de vouloir remettre le membre dans sa situation normale, avant l'arrivée du chirurgien.

Blessures. — Ici l'accident redoutable est l'hémorrhagie. Légère, elle n'exige qu'une plaque d'amadou, de charpie ou de coton appliquée sur la plaie et maintenue par quelques tours de bande; mais si la perte de sang est considérable, la plaque doit devenir un tampon que l'on recouvre de poudre d'alun, de tanin, d'extrait de saturne ou de perchlorure de fer, que l'on introduit fortement dans la plaie, que l'on recouvre de charpie et de compresses, le tout étant maintenu et comprimé par la main ou par un bandage.

Les coupures se traitent en rapprochant les lèvres de la plaie et en maintenant leur contact avec du taffetas d'Angleterre recouvert ensuite d'une bande. A défaut de taffetas, on peut employer un timbre-poste ou même des feuilles d'orpin et de joubarbe dont on enlève l'épiderme.

Syncopes.— Quand une personne qui perd connaissance a la face pâle, les yeux enfoncés et les lèvres décolorées, il faut la coucher sur le dos, sans lui élever la tête, lui frotter les tempes et le front avec de l'éther ou du vinaigre, lui faire respirer des odeurs pénétrantes, lui frictionner les membres et lui lancer de l'eau glacée à la figure. Mais si la face est rouge, si les yeux sont saillants, si la langue est épaisse, il faut maintenir le malade assis et attirer le sang vers les extrémités inférieures au moyen de sinapismes, de pédiluves et de ventouses.

PHARMACIE DE CAMPAGNE.

Médicaments pour l'usage externe. — *Teinture d'arnica.* — S'emploie pure ou étendue d'eau.

Extrait de saturne. — S'emploie rarement pur, se mélange à dix fois son poids d'eau (eau blanche).

Perchlorure de fer. — Solution pure sur de l'amadou contre les hémorrhagies.

Alun. — En poudre ou en solution : contre les hémorrhagies.

Potasse caustique. — En crayons qui, appliqués sur la peau ou une plaie, cautérisent fortement.

Ammoniaque. — Liquide également caustique.

Acide nitrique. — Liquide très-caustique.

Taffetas d'Angleterre et *sparadrap.*

Médicaments pour l'usage interne. — *Tartre stibié.* — Vomitif énergique à la dose de 5 à 10 centigrammes dans un peu d'eau.

Sulfate de cuivre. — Mêmes doses, mêmes effets.

Magnésie calcinée. — Purgatif doux de 20 à 40 grammes.

Éther sulfurique. — De huit à dix gouttes.

Laudanum de Sydenham. — Dix à vingt gouttes dans les grandes douleurs.

Huile de ricin. — 30 à 50 grammes dans du bouillon gras très-chaud. Effet purgatif. CLAVEL.

CHAPITRE II

HYGIÈNE DU BÉTAIL.

Dans le livre consacré à la zootechnie, nous nous sommes occupé de l'hygiène de chacune des espèces animales faisant partie du bétail de la ferme. Nous nous sommes efforcé de réunir, sous la forme la plus concise possible, les indications de ce genre relatives aux diverses conditions dans lesquelles ces espèces sont exploitées. Il n'y a donc pas lieu d'y revenir en ce moment. Là, ces choses étaient mieux à leur place, rapprochées des considérations physiologiques et économiques auxquelles elles se rapportent directement. Nous n'avions pas seulement à enseigner comment les animaux domestiques se produisent et s'améliorent, il fallait encore faire connaître les moyens d'arriver à ces résultats en conservant leur santé. Notre tâche était aussi, dans une certaine mesure, de formuler quelques préceptes destinés à mettre le lecteur en mesure de remédier aux accidents maladifs qui peuvent atteindre les animaux. Mais ici une insurmontable difficulté se présentait, quant aux grandes espèces. Même en se tenant aux limites dans lesquelles l'intervention de l'homme étranger à la connaissance de l'art est possible, un examen particulier des principales maladies qui s'observent sur les espèces chevaline, asine et bovine, nous eût entraîné au delà du cadre qui nous était tracé. Pour être utile, en pareil cas, il ne faut être ni trop court ni trop complet. Il n'y avait donc pas de place pour un travail de ce genre : nous devions nous borner à l'essayer pour ce qui se rapporte au menu bétail, en réservant un chapitre spécial aux grandes espèces considérées dans leur ensemble. C'est ce chapitre que nous plaçons ici, et qui sera principalement consacré à des notions générales sur les soins à donner aux grands animaux, en cas de maladie. Notre but doit être surtout d'indiquer ce qui peut mettre à même de faire appel aux lumières du vétérinaire en temps opportun. En vue de la destination de ce livre, nous y joindrons en outre des notions relatives à la médecine du chien.

MALADIES DES GRANDS ANIMAUX.

Les affections aiguës de tous les animaux s'accusent d'abord par des signes généraux, qui sont les mêmes ou à peu près pour tous, puis par des signes spéciaux dont la connaissance permet de les diagnostiquer, c'est-à-dire de discerner en même temps l'organe ou les organes atteints et le genre d'altération qu'ils ont subie. Ce discernement est la partie difficile de la médecine, et dans tous les cas la condition nécessaire de son efficacité. L'on ne saurait prétendre à l'enseigner ici. Il exige des études persévérantes et des connaissances préalables, que possède seul l'homme qui s'y est consacré particulièrement. A cet égard, les demi-connaissances sont plus nuisibles qu'utiles. Il importe de se tenir en garde contre leur danger. Par conséquent, nous devons surtout nous occuper des signes généraux, qui témoignent d'un état maladif quelconque, et dont l'apparition avertit qu'il faut avoir recours aux lumières de l'homme de l'art et demander ses conseils ou ses soins. Quant aux signes spéciaux, la prudence commande de s'en tenir seulement à ceux qui caractérisent les cas très-urgents.

Signes généraux des maladies. — L'état maladif, chez les animaux des espèces chevaline, asine et bovine, s'accuse d'abord par les attitudes, puis par les changements survenus dans le mode d'exécution ou d'exercice des grandes fonctions. Parmi celles-ci, deux sont toujours les plus manifestement impressionnées. Nous voulons parler de la digestion et de la circulation. On y peut joindre aussi, dans la plupart des cas, la respiration. Nous allons donc passer en revue ces fonctions pour y noter les modifications caractéristiques de l'état pathologique; mais auparavant il faut nous occuper des attitudes, parce que c'est là ce qui frappe d'abord l'attention dans l'examen de l'animal malade.

Chez tous les animaux, le début d'une maladie aiguë s'accuse par une expression de tristesse dans la physionomie. Celle-ci, au lieu d'être caractérisée par la vivacité du regard, qui appartient à l'état de santé, par un air de gaieté et d'impressionnabilité rendant l'animal attentif à tout ce qui se passe autour de lui, montre au contraire des signes d'une indifférence plus ou moins complète. Suivant l'espèce, les attitudes varient d'ailleurs, à part cela.

Le cheval, l'âne et le mulet, à l'écurie ou au repos, portent habituellement la tête basse; ils se tiennent éloignés de la mangeoire, à bout de longe, et manifestent une certaine répugnance à se déplacer, lorsqu'on les y excite. Au lieu de se tenir dans cette station aisée qui est le propre de l'état de santé, et dans laquelle le corps ne porte que sur trois membres, chacun étant alternativement soustrait en partie à l'appui, ils affectent au contraire ce qu'on appelle la station forcée et l'appui est toujours effectué par les quatre membres à la fois. Si l'on pince entre les doigts l'épine dorsale, au niveau des reins, l'animal ne la fléchit pas, elle demeure roide, ce qui n'arrive point quand il est bien portant. Lorsqu'on le force à se déplacer, la marche est pénible et elle s'accompagne quelquefois de plaintes. Le plus ordinairement le malade ne se couche pas, ou du moins il ne demeure pas couché.

C'est le contraire qui arrive pour les animaux de l'espèce bovine. Ceux-ci, dans l'état normal, restent, comme on sait, habituellement dans le décubitus à l'étable, hormis le temps des repas. Dès qu'ils sont malades, ils préfèrent précisément cette attitude et manifestent une grande répugnance à se lever. Et c'est lorsqu'on a réussi à vaincre cette répugnance que se manifeste un signe certain de leur état maladif. A l'état de santé, ils ne manquent jamais, en se levant, d'exécuter ce qu'on appelle des pandiculations; ils allongent leur corps en fléchissant la colonne vertébrale, après avoir enflé le dos, et projettent souvent, la queue levée, l'un ou l'autre de leurs membres postérieurs en arrière par une succession de petites ruades saccadées. L'absence de ces pandiculations indique donc, à ne s'y pas tromper, l'existence d'une indisposition plus ou moins grave. A cela se joint le plus souvent la manifestation d'une vive sensibilité lorsqu'on pince l'épine dorsale en arrière du garrot. L'animal malade s'affaisse alors brusquement et se laisserait choir si l'on insistait.

Tout le monde connaît la manière de se coucher des ruminants. On appelle même cela « se coucher en vache », et l'on applique l'expression aux chevaux qui, repliant leurs membres antérieurs sous la poitrine, se couchent suivant ce mode vicieux pour eux. Quand un bœuf ou une vache demeurent, au contraire, couchés à la façon du cheval, sur l'un des côtés du corps et avec les membres étendus, on doit les considérer comme étant atteints d'une maladie grave.

Ce premier coup d'œil jeté sur l'habitude extérieure, voyons maintenant ce qui concerne les grandes fonctions en particulier. Prenons les signes qui se présentent et essayons d'en indiquer la signification.

Le plus saillant de tous est la diminution ou la perte de l'appétit. Dès qu'il se présente, le trouble de la fonction digestive n'est plus douteux. Il s'agit de savoir si ce trouble est la conséquence d'un phénomène purement local ou l'indice d'un état général de souffrance. Pour s'éclairer à cet égard, il convient d'abord d'examiner attentivement la bouche, afin de constater son état. Un obstacle à la préhension des aliments peut s'y rencontrer. L'irrégularité de l'appareil dentaire produisant des déchirures de la muqueuse bucale, une plaie de la langue, une parcelle de fourrage introduite dans l'un ou l'autre des orifices des conduits excréteurs de la salive situés de chaque côté du frein de la langue et produisant l'engorgement de ces conduits, le gonflement du palais si commun chez les jeunes chevaux et vulgairement connu sous le nom de *lampas* : l'existence d'une seule de ces lésions dans la bouche suffit pour empêcher l'animal de prendre des aliments. Dans ce cas, l'absence d'appétit, on le comprend sans peine, n'est pas un symptôme général de maladie; elle témoigne seulement de la lésion locale, à laquelle il y a lieu néanmoins de remédier par des soins d'ailleurs assez faciles, et dont les principaux consistent à rendre l'alimentation possible en administrant des boissons nutritives, des grains bouillis et des farineux, tout en faisant disparaître la cause qui produit la lésion, lorsque cette cause est physique.

C'est donc seulement quand la bouche est intacte, ou seulement chaude, sèche ou humide d'ailleurs, que l'inappétence a de la valeur à titre de signe pathologique général. Cependant, si ce signe vaut par lui-même, il n'en faut point conclure absolument que la conservation de l'appétit soit un indice certain de l'état de santé. Il y a des cas dans lesquels les animaux continuent de manger, bien qu'ils soient gravement malades. D'autres signes que nous verrons tout à l'heure accusent cet état. Ce qu'il faut retenir toutefois, c'est que les maladies aiguës plus ou moins dangereuses débutent le plus ordinairement par la perte de l'appétit. Cela doit donc éveiller l'attention.

A côté de cela, l'on observe en général une exagération de la soif, ce qui est toujours un signe de fièvre.

Chez les ruminants, bœuf, mouton et chèvre, l'inappétence est toujours précédée, dans le cas du mouvement fébrile même le plus léger, d'un autre signe extrêmement important à notre point de vue actuel. Je veux parler de l'arrêt de la rumination. Le moindre trouble extérieur qui survient pendant cet acte nécessaire de la fonction digestive suffit pour l'entraver. S'il n'est pas symptomatique d'un état général, l'administration de quelques breuvages chauds, stimulants et aromatiques, tels que des infusions de sauge, de romarin ou de camomille dans du vin, répétée à de courts intervalles, ne manque point de rétablir la rumination. Un peu de diète remet ensuite tout en ordre. Mais si, au contraire, le trouble digestif est dû à la fièvre causée par quelque lésion d'un organe ou d'un appareil d'organes important, cela devient différemment significatif. Les moyens qui viennent d'être indiqués sont impuissants et il y a lieu de porter son attention vers les autres fonctions, ce qu'il est bon de faire d'ailleurs dans tous les cas.

Pour procéder dans l'ordre habituel, c'est la circulation qui doit être d'abord examinée. Le mieux à la portée de tout le monde, parmi les moyens de constater l'état de cette fonction, est celui fourni par la température du corps. Entre l'état de la circulation du sang et la chaleur animale il existe un rapport constant. Une circulation plus rapide élève la température du sang; une circulation plus lente l'abaisse. Ces différences en plus ou en moins se perçoivent surtout facilement aux extrémités, au bout du nez, à la bouche, aux oreilles, aux cornes, aux régions inférieures des membres. Une chaleur anormale de ces régions est un symptôme de fièvre. L'activité surabondante de la circulation du sang se montre en même temps sur les muqueuses apparentes, dont les vaisseaux sont distendus, ce qui, au lieu de la coloration rosée normale, leur fait prendre une teinte rouge plus ou moins intense, à fond jaunâtre quelquefois. Celle de l'œil, que l'on observe en écartant les paupières avec le pouce et l'index appliqués à leur surface et pressant le globe oculaire, de manière à faire saillir le corps clignotant, celle du nez que l'on voit après avoir soulevé la narine, enfin celle de la bouche, fournissent des signes non équivoques.

La même relation dans le sens inverse existe nécessairement. Le refroidissement des extrémités s'accompagne de la pâleur des muqueuses apparentes. Et lorsque ces deux signes se montrent tout à coup, ils sont des plus graves que l'on puisse observer. Ils présagent une mort prochaine, par suite d'hémorrhagie intérieure, de rupture d'un organe interne important ou de congestion subite et intense de quelque viscère principal. Le temps presse alors ; il y a urgence d'agir en même temps que l'on appelle le vétérinaire. Il faut en tout cas essayer par les moyens les plus énergiques de rétablir la circulation. Des frictions irritantes sur tout le corps avec des bouchons de paille rudes imprégnés d'essence de térébenthine ou de vinaigre bouillant, qu'on a plus souvent à sa disposition ; l'application de sinapismes sur les membres si l'on a sous la main de la farine de moutarde, auquel cas on applique celle-ci détrempée dans de l'eau tiède à la manière d'un crépissage à la face interne des cuisses principalement ; des breuvages aromatiques comme ceux dont nous avons parlé plus haut : tous ces moyens, administrés promptement, peuvent conjurer une terminaison funeste, lorsque le mal n'est pas irréparable, et font au moins gagner du temps en attendant l'arrivée du vétérinaire, qui les complète ensuite, s'il y a lieu, d'après le diagnostic particulier qu'il a pu porter. Ils sont indiqués par les signes généraux, et, mis en œuvre énergiquement dès le début, ils suffisent souvent.

Dans les deux hypothèses que nous venons de voir, l'état de la circulation s'accuse en outre par un phénomène sur lequel nous devons appeler l'attention. Pour l'homme de l'art, ce phénomène est même celui qui fournit les indices les plus certains. Il s'agit de ce qu'on appelle le pouls. Mais, avant d'en parler au point de vue de ses caractères les plus facilement saisissables, il convient d'indiquer d'abord en peu de mots les procédés à suivre pour l'explorer, puis son état normal.

On sait sans doute que le phénomène du pouls est l'impulsion qui se produit dans les canaux artériels lorsque l'ondée sanguine y est chassée par la contraction du cœur. En appuyant la pulpe d'un ou de plusieurs doigts sur le trajet d'une artère, on sent cette impulsion qui se traduit par une sorte de bondissement des parois élastiques du vaisseau. L'intensité de cette impulsion et sa répétition plus ou moins fréquente dans un temps donné, fournissent les principaux caractères du pouls considéré comme moyen d'apprécier l'état de la fonction.

Nécessairement on a dû choisir, pour explorer le pouls, les régions où se trouvent des artères à la fois superficielles, immédiatement en rapport avec la peau, et appliquées directement sur une surface osseuse, ce qui permet de mesurer plus facilement au toucher la tension du liquide qui circule dans leur intérieur. Ces régions ne sont pas les mêmes chez tous les animaux.

Chez ceux de l'espèce chevaline, ou plutôt chez les solipèdes, c'est au bord tranchant de la mâchoire inférieure, un peu au-dessous du muscle de la joue, que s'explore le pouls. En appliquant le pouce sur la partie inférieure de ce muscle et en cherchant avec la pulpe de l'index et celle du médius à la face interne de l'os maxillaire, on trouve bientôt sous la peau un cordon élastique et roulant qu'il suffit de presser légèrement en le fixant pour sentir le pouls.

Chez les animaux de l'espèce bovine, le pouls s'explore plus commodément que partout ailleurs à la face inférieure de la base de la queue. Saisissant celle-ci à pleine main, de manière à ce que la pulpe des doigts appuie près de la ligne médiane occupée par le corps des os coccygiens, on sent en ce point très-nettement les battements de l'artère, qui peuvent être explorés avec plus de sécurité que ceux plus énergiques se manifestant dans la gouttière du cou, préférée cependant par quelques vétérinaires.

Il serait assez difficile de décrire exactement le battement normal du pouls, quant à ses qualités d'intensité. La pratique seule apprend à le connaître. On peut dire cependant qu'il se caractérise par une élasticité douce et une plénitude ou tension moyenne du tube artériel. Le mieux est du reste de s'exercer, pour l'apprécier, sur des animaux notoirement bien portants. Je ne saurais trop engager à le faire. Mais rien n'est plus aisé que d'indiquer les nombres extrêmes de pulsations pour les diverses espèces adultes. Ces nombres sont plus élevés chez les jeunes.

Le cheval a de 36 à 40 pulsations par minute.

L'âne et le mulet en ont de 46 à 50.

Le bœuf en a de 45 à 50.

Au-dessous du second chiffre, le plus élevé, le pouls est accéléré, et sa signification est différente suivant que l'artère est plus ou moins pleine qu'à l'état normal, que l'ondée sanguine est plus ou moins volumineuse. La plénitude et l'accélération du pouls sont un indice de fièvre. C'est ce qu'on appelle le pouls fort et accéléré. Il accompagne habituellement les signes plus haut indiqués, l'augmentation de la chaleur animale et la rougeur des muqueuses. Il indique l'utilité de la saignée et doit déterminer à la pratiquer en attendant le vétérinaire, si celui-ci tarde à venir, en même temps que sont prescrites la diète et les boissons rafraîchissantes.

Le pouls petit et vite, ou encore faible et accéléré, est au contraire une contre-indication formelle des émissions sanguines. Il coïncide le plus souvent avec la pâleur des muqueuses et le refroidissement des extrémités. Plus l'animal approche de la mort, et plus il s'accélère en perdant de son intensité, au point de devenir à peine perceptible et même tout à fait inexplorable. Le doigt sur l'artère, l'homme expérimenté peut alors mesurer exactement l'heure certaine où le malade expirera. Plus le pouls baisse, et plus il y a lieu d'insister sur les moyens révulsifs préconisés plus haut.

Il est bien rare que les modifications produites dans l'état de la circulation et qui s'accusent, ainsi que nous venons de le voir, par des changements dans la température du corps, dans la coloration des muqueuses apparentes, le nombre et la force des pulsations, ne soient pas accompagnés de troubles correspondants de la fonction respiratoire. Dans la fièvre, la respiration est accélérée ; elle l'est également, et même davantage, lorsque se produit cette grave perturbation dont il vient d'être question, et qui est caractérisée par le refroidissement des extrémités, la pâleur des muqueuses, la faiblesse et l'accélération du pouls. Il importe de pouvoir joindre aux autres éléments du diagnostic général celui que donne l'état de la respiration. Indiquons donc les caractères de la respiration normale, qui fourniront le point de comparaison.

L'entrée et la sortie alternatives de l'air dans le poumon par la dilatation et le retour de la cavité thoracique, qui constituent l'acte respiratoire, s'apprécient à l'extérieur par des mouvements successifs d'élévation et d'abaissement du flanc. En parfaite santé, chacun de ces mouvements s'exécute d'une manière lente et continue, et n'est bien saisi par l'œil que dans le repos complet de l'animal. Ils s'accompagnent de mouvements correspondants des narines, au moment où l'air les franchit pour entrer ou pour sortir. La collision produite par cet air sur les orifices mobiles des narines, à peine perceptible dans la respiration normale, à moins d'un silence complet, s'accentue davantage quand l'acte respiratoire est altéré, et le bruit qu'elle fait entendre pourrait au besoin servir pour apprécier ses modifications.

Quoi qu'il en soit, sans parler des altérations de forme que peuvent subir les mouvements d'inspiration et d'expiration, bien qu'elles aient une importance pour le diagnostic spécial, ne nous occupant en ce moment que des signes généraux de maladie, disons maintenant quel est le nombre normal des respirations dans un temps déterminé. Il est entendu qu'une respiration se compose des deux mouvements d'élévation et d'abaissement du flanc dont nous venons de parler. Ce nombre varie suivant l'âge ; il est plus grand chez le jeune animal et plus petit chez le vieux, que chez l'adulte.

Le cheval, l'âne et le mulet adultes respirent neuf ou dix fois à la minute. Les jeunes solipèdes respirent quatorze ou quinze fois ; les vieux ordinairement pas plus de huit ou neuf fois.

Dans l'espèce bovine, l'adulte a de quinze à dix-huit respirations ; le jeune de dix-huit à vingt-une, et le vieux seulement de douze à quinze.

Ces nombres s'appliquent, on n'a sans doute pas besoin de le faire remarquer, à l'état de repos. L'exercice précipite la respiration comme la circulation. Lorsqu'ils sont dépassés en l'absence de cette dernière circonstance, la respiration est accélérée par un état maladif. Et dans ce cas, l'expiration est souvent bruyante et même plaintive. L'expiration s'accompagne d'une dilatation des narines, qui est un indice d'autant plus grave, qu'elle est plus prononcée et plus convulsive. C'est l'état de la circulation qui indique alors le mieux ce qu'il faut faire en attendant la venue de l'homme de l'art, s'il ne s'est produit aucun des signes spéciaux dont nous allons passer en revue les plus urgents.

Mais, auparavant, résumons en quelques lignes les caractères généraux de l'état de maladie les plus propres à frapper l'attention. Ces caractères sont la tristesse de la physionomie, les attitudes forcées, l'absence d'appétit, l'arrêt de la rumination et l'absence des pandiculations chez les animaux de l'espèce bovine, la chaleur exagérée ou le froid des extrémités, la rougeur ou la pâleur des muqueuses apparentes, la force ou la faiblesse et l'accélération du pouls, et enfin l'accélération de la respiration. La plupart de ces signes se présentent ensemble. Lorsqu'ils existent, l'animal est malade. L'efficacité des remèdes dépendant presque toujours de leur application en temps opportun, on ne saurait jamais trop se hâter, une fois que l'état maladif est constaté, de faire appel aux lumières du vétérinaire, sauf à donner soi-même les soins plus haut indiqués pour les cas urgents, dont il nous reste à présent quelques autres à signaler particulièrement.

Signes spéciaux de maladie. — Chez les grands animaux domestiques, l'intervention médicale des personnes qui les gouvernent n'est nécessaire et même utile, en attendant la venue du vétérinaire, que dans un nombre très-restreint de cas. Il importe extrêmement de se garder d'une immixtion intempestive dans les choses que l'on ignore et qui ne peuvent être apprises que par des études longues et suivies. C'est rendre un très-mauvais service aux agriculteurs ou gens de campagne, de leur faire croire qu'ils peuvent le plus souvent se passer du concours de l'homme de l'art. Un sentiment d'économie fort mal entendue pourrait seul les entraîner dans cette erreur. Le plus qu'on puisse faire est de les mettre en mesure de seconder son action, lorsqu'on donne à ce sujet tous les développements qu'il peut comporter, et c'est ainsi que nous l'avons nous-même compris ailleurs. Le meilleur conseil qui puisse être donné, c'est celui de tenir en suspicion complète les manuels et recueils de recettes applicables à tous les cas. Inutiles aux gens de bon sens qu'ils laissent dans l'embarras par le vague de leurs prescriptions, ils font à coup sûr faire fausse route aux autres, trop confiants dans leur savoir d'emprunt.

Nous ne voyons ici à signaler que quelques symptômes très-saillants et connus de tout le monde par leur nom, ce qui rend inutile une définition ou une description. Chacun sait en effet ce que c'est que la *colique*, le *gonflement* ou *météorisation*, le *coup de chaleur*, la *toux*, le *cornage* et le *jetage*. Nous allons donc prendre ces divers symptômes de maladie à part, en indiquant les premiers soins qu'ils nécessitent en attendant l'arrivée du vétérinaire, et aussi la signification probable de chacun d'eux.

Colique. — Il n'est guère de cas plus urgent que celui-là, surtout lorsque la colique est violente et se manifeste par des mouvements désordonnés, dans lesquels l'animal se laisse tomber sur le sol, se roule, se relève brusquement et se laisse retomber de nouveau. Il n'y a pas un moment à perdre, car on ne sait jamais, au début d'une telle affection, si elle ne sera pas promptement mortelle.

La colique est la manifestation, chez les solipèdes, d'une vive douleur causée par un trouble fonctionnel quelconque des organes de la digestion. Chez les ruminants, elle accuse souvent aussi la rétention d'urine, à laquelle seul le vétérinaire peut remédier. Dans tous les cas, le traitement à lui opposer chez les diverses espèces, varie dans quelques-unes de ses parties, suivant l'organe atteint et le mode d'altération survenu; mais il est des premiers soins généraux qui conviennent pour toutes les circonstances, et qu'il faut se hâter de mettre en pratique, pour peu que l'arrivée du vétérinaire auprès du malade doive tarder.

Le premier de tous consiste à éviter les chutes violentes de l'animal sur le sol, en le faisant marcher constamment et le stimulant au besoin avec le fouet ou l'aiguillon. On prévient ainsi les ruptures de l'estomac ou de l'intestin remplis d'aliments dans le cas d'indigestion. En second lieu, quelle que puisse être l'altération qui produit la colique, il ne peut jamais y avoir d'inconvénient et il y a au contraire toujours avantage à faire une forte saignée, puis à pratiquer sur tout le corps des frictions énergiques avec des bouchons de paille imprégnés de vinaigre bouillant ou d'essence de térébenthine, jusqu'à ce que le calme soit revenu. Il ne faut pas s'effrayer de la perte de sang, dût-elle aller en plusieurs fois jusqu'à 10 et même 15 kilogrammes. En même temps que l'on donne ces soins, quelques lavements avec de l'eau tiède ne peuvent être nuisibles et sont souvent utiles.

A ce sujet, nous devons mettre en garde contre le préjugé qui attribue une influence fâcheuse à la saignée dans le cas d'indigestion. Il est bien vrai qu'une émission sanguine, pratiquée chez l'homme et chez les animaux qui vomissent, lorsqu'ils viennent de manger, peut provoquer l'indigestion; mais cela n'a aucun rapport avec les circonstances dont nous nous occupons. Chez les herbivores, l'indigestion une fois produite, les matières alimentaires arrêtent leur cours dans le point du tube digestif où elles se trouvent, et cet arrêt y détermine bientôt une congestion, un afflux sanguin qui par lui-même rend le cas infailliblement mortel si le cours des matières n'est pas bientôt rétabli. Alors la saignée a pour but et souvent pour résultat, surtout si elle est assez tôt pratiquée et assez abondante, de prévenir cette congestion. Il en est de même des frictions, qui attirent le sang à la peau. C'est pour ces motifs que dans nos *Notions usuelles de médecine vétérinaire*, faisant partie de la *Bibliothèque du cultivateur*, publiée avec le concours du ministre de l'agriculture, nous avons conclu de la manière suivante sur le chapitre des coliques :

« Le traitement général des coliques doit donc toujours commencer par la saignée, les frictions irritantes et la promenade. Il faut y avoir recours dès l'apparition des premiers signes, en même temps que l'on envoie chercher le vétérinaire. Si ces moyens doivent être suffisants pour triompher du mal, le vétérinaire à son arrivée trouve le malade guéri, et tout est pour le mieux. Son concours n'a cependant pas été invoqué inutilement, car il lui reste toujours à donner quelque bon conseil pour prévenir le retour de l'accident. Si, au contraire, les symptômes ont persisté, une partie des soins qu'il eût lui-même donnés est accomplie, on a gagné du temps, et il peut tout de suite attaquer directement l'affection, dont il établit le diagnostic différentiel. »

Ajoutons que presque toujours, dans le traitement des coliques, le succès dépend de la promptitude, de la hardiesse et de la persistance avec lesquelles ces premiers soins sont administrés. Mais, répétons-le en terminant, de quelque espèce qu'il s'agisse, le vétérinaire doit toujours être appelé, parce qu'il n'est pas possible de discerner sûrement les cas dans lesquels d'autres soins, non moins urgents, sont nécessaires pour triompher du mal. Nous citerons par exemple ceux de hernie chez les solipèdes, et de rétention d'urine chez les ruminants. Une heure de retard suffit souvent alors pour rendre la mort inévitable.

Météorisation. — Les fourrages verts fortement aqueux et sucrés, consommés dans certaines conditions, fermentent dans la panse des ruminants et y déterminent un dégagement de gaz qui, en s'accumulant, peuvent rendre la respiration impossible et tuer l'animal par asphyxie. Il règne sur la cause occasionnelle de cet accident, vulgairement connu sous les noms de *gonflement* et de *ballonnement*, un préjugé très-répandu. On croit assez généralement qu'il est dû à la présence de la rosée sur le trèfle, la luzerne et les légumineuses vertes en général, qui produisent le plus souvent la météorisation. C'est là une erreur qu'il importe de dissiper en l'expliquant. On s'en est à cet égard laissé imposer par de simples apparences. Des expériences bien faites, notamment par M. Reynal, ont éclairci cette question, et les faits acquis à la science rendent d'ailleurs parfaitement raison des conclusions auxquelles l'expérience a conduit.

La météorisation se produit avec toutes sortes d'aliments. C'est que sa production dépend de deux ordres de causes fort distinctes. Les aliments, quels qu'ils soient, ne peuvent séjourner dans la panse au delà d'un certain temps sans y fermenter. Si la rumination ne s'établit pas aussitôt après la fin du repas, les matières fermentescibles qu'ils contiennent tous, et particulièrement les matières sucrées, se décomposent en produisant des gaz qui distendent le réservoir et paralysent l'action de ses parois. De là une première cause de météorisation uniquement due aux dispositions de l'animal lui-même. C'est la moins commune. La plus fréquente et aussi la plus redoutable est celle qui tient à la qualité des aliments. A ce titre, les fourrages verts dont il vient d'être parlé sont ceux qui présentent ordinairement la qualité la plus propre à favoriser la météorisation, et cette qualité est celle qui les rend le plus facilement fermentescibles.

Ce n'est point l'humidité seule qui peut disposer les légumineuses vertes à fermenter promptement dans la panse. Ce qui produit cet effet, c'est l'élévation de leur température au delà d'un certain point. Jamais ces plantes fraîches ne météorisent un animal bien portant. Elles sont par conséquent d'autant plus inoffensives, qu'elles ont été plus rafraîchies par la rosée du matin. Mais il en est tout autrement quand elles ont subi pendant un certain temps l'action du soleil. Il faut donc bien se garder de les faire consommer sur pied lorsque le soleil paraît. Par un temps couvert ou avant que l'astre soit un peu haut, il n'y a donc aucun danger. Ce qui est vraiment à redouter, c'est la consommation de ces mêmes fourrages un peu flétris par le soleil quand ils y ont été exposés après leur coupe, ou lorsqu'ils se sont un peu échauffés en tas; et cela arrive souvent quand on les fait consommer à l'étable après avoir recueilli la provision de la journée. Il est prouvé précisément que dans ce cas le plus sûr moyen de les rendre inoffensifs est de les étendre et de les arroser avec de l'eau froide. Celle-ci abaisse leur température et arrête ainsi la fermentation déjà commencée. C'est la meilleure preuve que la rosée a été incriminée à tort.

Ces courtes explications indiquent suffisamment les précautions à prendre pour prévenir la météorisation. Quoi qu'il en soit de la cause qui l'ait produite, il est toujours urgent d'y remédier sans retard, et nous allons maintenant faire connaître les meilleurs moyens à mettre en pratique pour cela. La préférence à leur donner dépend de l'intensité de l'accident et par conséquent de l'imminence du danger. Ils ont pour objet, ou de donner issue aux gaz qui distendent la panse, ou d'arrêter leur développement en condensant ceux qui sont déjà produits. C'est l'état de la respiration qui décide du choix, et cet état dépend de l'intensité du gonflement même qui refoule le diaphragme en avant et comprime plus ou moins le poumon.

Nous supposons donc la maladie prise au début et alors qu'il n'y a pas urgence, sous peine d'asphyxie immédiate, d'évacuer les gaz. Dans ce cas, c'est par l'introduction dans la panse, par les voies digestives ordinaires, de substances capables d'agir sur la fermentation des matières alimentaires, qu'il faut agir. La plus généralement préconisée est l'ammoniaque, connue de tout le monde. Nous n'hésitons pas à déclarer par expérience que c'est à la fois la moins efficace et la moins commode de toutes, en même temps que la plus coûteuse. Elle est depuis longtemps abandonnée par les vétérinaires instruits, et n'est plus recommandée que par quelques agriculteurs bien intentionnés, mais insuffisamment au courant des progrès de l'art. Ils entourent son application d'un luxe de précautions et de moyens qui ne peut manquer de faire sourire ceux qui savent combien il est facile de remplacer cette substance médicamenteuse par une autre plus efficace que l'on a toujours et partout sous la main.

Nous en dirons autant de tous ces moyens plus ou moins compliqués qui sont préconisés, exemple : l'eau de lessive, ou l'œuf pourri que l'on doit faire avaler à l'animal après le lui avoir écrasé dans la bouche. Il faut avoir pour cela cet œuf pourri à point nommé. Ce n'est pas un objet d'usage courant que l'on ait intérêt à produire. Quant à l'eau de lessive, pour la préparer, il faut du temps, et l'animal peut mourir avant qu'elle soit prête et refroidie. Aucun de ces moyens, en admettant leur efficacité, ne peut supporter la comparaison avec celui que nous allons indiquer et dont nous garantissons la puissance pour l'avoir bon nombre de fois constatée.

Ce moyen consiste à administrer à l'animal météorisé des breuvages d'eau salée. Une bonne poignée de sel de cuisine, qui se trouve dans toutes les maisons, dissoute dans un litre environ d'eau froide, suffit pour chaque breuvage. On le fait avaler à grandes gorgées, de manière à ce qu'il tombe directement dans la panse. Si la météorisation ne cède pas à la première dose, on en administre une seconde, puis une troisième, et l'on continue ainsi jusqu'à disparition du gonflement, à moins que celui-ci n'aille en augmentant et ne menace la vie de l'animal, auquel cas il y a lieu de recourir à la ponction, dont nous parlerons tout à l'heure.

On ne contestera point la simplicité et la facilité d'application de ce procédé de traitement; son efficacité égale sa simplicité. L'action en est d'ailleurs secondée par des aspersions d'eau froide sur les lombes, les flancs et le ventre, que l'on peut encore recouvrir d'un drap mouillé plié en plusieurs doubles.

Dans une pratique de plusieurs années à la campagne, au milieu d'un pays où les animaux de l'espèce bovine sont les plus communs, les breuvages d'eau salée nous ont toujours suffi pour triompher des météorisations les plus redoutables, sans qu'il nous ait jamais été nécessaire de recourir à la ponction.

Celle-ci, cependant, a sa raison dans les cas extrêmes, alors que tout a échoué et qu'il n'y a plus d'autre chance de salut pour l'animal. Elle est aussi le seul moyen possible lorsqu'on se trouve loin des habitations en présence d'une météorisation intense et faisant de rapides progrès. Il y aurait alors imprudence à perdre du temps pour se procurer du sel et de l'eau. C'est d'ailleurs une opération des plus simples. Si l'on a un troquart à sa disposition, — ce qui est le mieux, — il suffit, pour la pratiquer, d'enfoncer avec force l'instrument dans le flanc gauche, au point le plus saillant qui correspond au centre du triangle limité en haut par les lombes, en avant par les fausses côtes et en arrière par l'os de la hanche. Le troquart ayant pénétré dans la panse, on retire la tige en laissant la douille dans la plaie. Aussitôt les gaz s'échappent avec impétuosité par le conduit en entraînant parfois des matières alimentaires qui l'obstruent. Il y a lieu dans ce cas d'introduire de nouveau la tige pour le désobstruer. On attache ensuite la douille pour qu'elle demeure en place, à l'aide de cordons passés dans les œils de son pavillon et faisant le tour du corps. En l'absence de troquart, un coup de lame de couteau dans le flanc en fait l'office. Mais il est bon dans ce cas de remplacer si l'on peut la douille par un tube de roseau, de canne ou de sureau, également fixé, afin de maintenir l'ouverture béante et d'éviter que la plaie de la panse et celle de la peau ne soient plus en rapport. Une fois les gaz évacués et le danger immédiat ainsi conjuré, si la rumination ne s'établit pas toute seule, il convient de la provoquer par l'administration des breuvages excitants qui ont été précédemment indiqués. Après quoi le repos et la diète font le reste. Un animal qui a été météorisé ne doit être remis à son régime habituel que progressivement et avec précaution.

Nous ne dirons rien des sondes œsophagiennes qui ont été recommandées pour faire évacuer les gaz accumulés dans la panse. Ce sont là des moyens d'une efficacité douteuse et d'ailleurs d'un emploi trop compliqué et trop coûteux. En un tel cas, du moment qu'ils conduisent au but, les plus simples sont à tous égards les meilleurs.

Coup de chaleur. — Cet état, dans lequel on dit aussi que l'animal est *pris de chaleur*, se constate particulièrement sur le cheval ayant fait en été une course forcée au soleil. Il arrive lorsque cet animal a été mis hors d'haleine. C'est un commencement d'asphyxie, auquel on a donné le nom scientifique d'*anématosie*. L'espèce bovine en est également atteinte, et on l'observe aussi dans l'intérieur des écuries et des étables lorsque l'air y est raréfié et la température trop élevée, surtout par les temps d'orage. Pour qu'il n'y ait pas d'erreur possible, nous allons reproduire ici la description sommaire que nous en avons donnée dans le petit ouvrage précédemment cité.

« L'animal qui en est atteint s'arrête immobile sur ses quatre membres tendus, la tête basse et allongée en avant. Il a les yeux fixes, brillants, largement ouverts, et sa physionomie prend une expression d'angoisse profonde. Les narines, largement dilatées, semblent en convulsion. La respiration, tellement précipitée que le flanc se soulève à peine et que les côtes demeurent presque immobiles en apparence, tant le champ de leurs mouvements est limité, fait entendre un sifflement aigu. L'artère est encore pleine, mais les pulsations sont si précipitées, qu'on ne peut les compter. Les battements du cœur sont tumultueux et retentissants. Toutes les muqueuses apparentes sont fortement injectées et d'une teinte bleuâtre. Les veines qui rampent sous la peau sont gonflées, et la sueur ruisselle à la surface du corps. Tous ces symptômes augmentent parfois avec une telle rapidité, que bientôt l'animal ne peut plus se tenir debout; il chancelle, tombe et meurt immobile ou après avoir manifesté des convulsions. Quelques-uns expulsent du sang par le nez; cela se montre surtout chez le bœuf et le mouton. »

On comprend l'urgence d'un pareil cas. Il n'y a pas un moment à perdre. Si le vétérinaire ne peut pas être immédiatement auprès du malade, voici la conduite à tenir en l'attendant.

A l'instant où les animaux sont pris de chaleur, il faut autant que possible les mettre à l'abri sous un arbre, près d'un mur, sous un hangar, mais non pas dans un lieu clos. Il est important que l'air circule librement autour d'eux. Cela fait, on leur jette à larges ondées de l'eau froide sur le corps pendant trois à quatre minutes, puis on les sèche avec des éponges ou des linges, et en l'absence de ces moyens avec un couteau de bois qui exprime l'eau du poil par la pression. Une petite saignée au début est ensuite renouvelée avec avantage, si les frictions irritantes qui doivent suivre l'emploi des moyens précédents provoquent la réaction. A mesure que la respiration se rétablit, si l'état de somnolence persiste, c'est alors qu'il faut administrer à l'intérieur des breuvages excitants avec du vin chaud et des infusions de plantes aromatiques; cela rentre dans le cas général que nous avons mentionné précédemment.

Ces moyens ont été préconisés par M. le professeur H. Bouley, qui en a fait une étude spéciale et qui garantit leur efficacité lorsqu'ils sont employés au moment opportun.

Toux. — Nous n'avons pas à passer en revue les diverses significations du symptôme appelé toux. Cela nous conduirait trop loin sans une réelle utilité. Nous en parlons ici seulement pour dire que, s'il peut être sans danger, il est aussi souvent la manifestation d'un état capable de devenir promptement grave. Il doit donc toujours attirer l'attention et faire sentir la nécessité de recourir au vétérinaire.

Lorsque la toux n'est due qu'à un simple rhume, si l'on est sûr qu'il en soit ainsi, le repos, de bonnes couvertures pour entretenir la chaleur du corps, des boissons tièdes et blanchies avec de la farine d'orge, des électuaires avec du miel et des poudres adoucissantes de réglisse ou de guimauve, des vapeurs émollientes respirées par les naseaux, suffisent pour en triompher en peu de jours ; mais il est toujours plus prudent de ne pas s'en rapporter à soi-même pour apprécier sa gravité. Sous des apparences bénignes, elle peut être la manifestation du début d'une grave maladie de poitrine à laquelle il ne sera plus temps de remédier.

Cornage. — Il n'est pas question ici de ce qu'on appelle le cornage chronique. Celui-ci n'est pas ordinairement le symptôme d'une maladie, mais le résultat d'un vice de conformation ou d'une paralysie de quelque partie des premières voies respiratoires. Nous voulons parler seulement de cette respiration sifflante et anxieuse qui se montre tout à coup au début des affections aiguës de ces mêmes voies et qui atteste un danger imminent d'asphyxie. Il n'entre pas dans notre plan non plus d'indiquer les moyens à lui opposer. Ce que nous croyons plus immédiatement utile, c'est d'avertir que la moindre manifestation de ce symptôme est l'indice toujours d'un cas très-grave, dans lequel il faut sans aucun retard appeler le vétérinaire. L'angine qu'il accuse le plus souvent marche avec une très-grande rapidité; elle est de ces maladies que l'on appelle sur-aiguës. Pour que le vétérinaire arrive à temps et puisse en conjurer la terminaison fatale par l'asphyxie, il est de toute nécessité de ne pas perdre un instant.

Jetage. — Au sujet de celui-ci, c'est à un autre point de vue que nous nous plaçons. Le jetage se montre à la fois comme symptôme principal de l'affection la plus bénigne et de la plus redoutable, de la gourme et de la morve. Sans donc chercher à établir des distinctions dans lesquelles on a toujours des chances de se tromper et qu'il faut laisser à la compétence spéciale du vétérinaire, on doit poser en règle de conduite sage que tout animal solipède, cheval, âne ou mulet, qui jette par le nez des matières purulentes doit être avant tout considéré comme suspect, et par ce fait aussitôt isolé des autres animaux. A cela, il n'y a que des avantages et pas un seul inconvénient. La gourme, d'ailleurs, est contagieuse comme la morve; et quant aux autres affections qui s'accompagnent de jetage, telles que la carie des dents et celle des os du nez, l'odeur que répandent les animaux qui en sont atteints ne peut qu'incommoder au moins leurs voisins. La mesure d'isolement est donc seule urgente, mais elle l'est dans tous les cas. C'est surtout ce qu'il importe de savoir. Quant au reste, il y va d'un arrêt de mort. On ne saurait prendre trop de garanties. Il convient d'en laisser dans tous les cas la responsabilité au vétérinaire consulté.

MALADIES DU CHIEN.

Ce n'est pas un traité, même fort abrégé, de pathologie canine, que nous voulons entreprendre ici. Plusieurs essais de ce genre ont été tentés déjà pour l'usage des chasseurs et des gentilshommes campagnards. Ceux-ci n'ont pas eu, croyons-nous, à s'en applaudir. C'est qu'on ne s'improvise point médecin par la lecture d'un livre. L'art médical, qu'il s'applique à la plus noble créature ou bien au plus humble animal, indépendamment de la connaissance complète de leur organisation et de celle des sciences fondamentales qui s'occupent des agents à mettre en œuvre pour arriver au diagnostic des maladies et apprécier les propriétés thérapeutiques des médicaments, cet art nécessite une initiation pratique, un apprentissage long et difficile.

Pour être réellement utile, nous devons donc nous en tenir à formuler les préceptes relatifs aux cas les plus simples et les plus communs, à ceux qui sont à la portée de tout le monde. En restreignant ainsi notre cadre, nous serons en apparence incomplet, mais en réalité les services que nous rendrons auront le mérite d'être effectifs.

A de légères modifications près, les signes généraux de maladie, chez le chien, sont les mêmes que ceux précédemment indiqués pour les grands animaux. Nous n'avons donc pas à y revenir. Le chien est sujet à toutes les affections aiguës qui se montrent sur l'homme. Les maladies du poumon, de l'estomac, de l'intestin, du cœur, du foie, du système nerveux, etc., l'atteignent assez fréquemment. Leur traitement est du ressort du vétérinaire. Il se modifie au jour le jour et souvent même d'heure en heure, suivant les indications individuelles. Ce n'est pas de cela, par conséquent, que nous pouvons nous occuper. L'état maladif une fois constaté, il faut avoir recours à l'homme de l'art. On nous saura plus de gré de bonnes prescriptions pour les cas usuels, comme celui par exemple de cet état que l'on appelle la *maladie des chiens*, si fréquente qu'aucun jeune animal n'y échappe, ou encore le *chancre des oreilles* et le *catarrhe auriculaire*, plus incommodes que dangereux, mais dont le traitement, pour être minutieux, n'est cependant pas difficile à suivre. Quant aux nombreuses maladies de peau auxquelles le chien est sujet et qui sont si tenaces, nous indiquerons le traitement qui convient à leur début sous forme de *dartres*. Enfin, nous terminerons par un aperçu des symptômes qui caractérisent le début de la *rage*. La connaissance de ces symptômes, de la physionomie du chien enragé, est le moyen prophylactique le plus efficace contre les dangers auxquels cette redoutable affection expose l'espèce humaine. La rage étant jusqu'à présent incurable et fatalement mortelle, c'est seulement à ce point de vue que nous devons l'envisager.

Maladie des chiens. — Le plus souvent bénigne, mais quelquefois très-grave par le fait des complications qu'elle présente, cette maladie est toujours un sujet d'inquiétude pour les éleveurs de chiens. Chacun est en possession de quelque recette traditionnelle, qu'il tient de quelque garde-chasse, piqueur ou valet, et qu'il proclame infaillible. La vérité est que la plupart de ces remèdes de commères, qui ont en général des propriétés vomitives, purgatives ou apéritives, présentent pour moindre inconvénient de ne réussir que dans les cas où le malade aurait guéri sans eux. Ils sont en opposition formelle, par leur mode d'action, avec les indications rationnelles fournies par ce que l'on sait de l'état pathologique qui caractérise la maladie des chiens. Toutes ces poudres simples ou composées, toutes ces mixtures bizarres d'agents les plus disparates, tous ces emplâtres, ont en général des effets débilitants. Or, ce qui domine dans le groupe de symptômes et même d'affections locales par lesquelles se manifeste la maladie des chiens, c'est précisément le défaut de ton de l'économie. Ce qu'on en peut attendre de mieux, c'est donc que le mal s'en aille malgré leur emploi.

Nous pouvons ici donner aux amateurs de chiens les résultats d'une expérience déjà longue d'une quinzaine d'années, et dont les résultats heureux ne se sont jamais démentis. Nous sommes en mesure de mettre à leur disposition un moyen simple et facile à l'aide duquel ils préserveront leurs élèves de toute manifestation de la maladie, ou la feront avorter dès que les premiers signes s'en laisseront apercevoir.

On sait fort bien, pour peu qu'on ait eu l'occasion d'élever un chien, que le début de la maladie se manifeste par une diminution de la vivacité naturelle au jeune âge. Bientôt les yeux deviennent chassieux, un peu de jetage se montre aux narines, l'animal éternue fréquemment, tousse quelquefois et vomit ses aliments. Dans les cas bénins, la maladie se borne à cette forme catarrhale, et elle disparaît spontanément après quelques jours. C'est ce qui a fait la réputation des panacées. Mais il ne faut pas s'y fier. A ces premiers symptômes peuvent venir se joindre ceux d'une affection du poumon ou de l'intestin, ou, ce qui est encore plus grave et même plus commun, ceux de cette affection du système nerveux que l'on appelle la danse de Saint-Guy ou chorée.

Lorsque ces complications existent, il appartient au vétérinaire seul d'en saisir les indications et de leur opposer un traitement approprié ; mais il dépend de l'éleveur attentif d'en rendre l'apparition impossible. Il lui suffira pour cela d'administrer au jeune chien, dès le début des premiers signes, une cueillerée à café de teinture de quinquina dans deux ou trois cueillerées à bouche de vin rouge vieux, matin et soir, jusqu'à ce que ces signes aient disparu. Cela ne tarde jamais guère au delà de deux ou trois jours.

Une dose de ce vin de quinquina, véritable spécifique de la maladie des chiens, administrée de temps en temps vers l'âge où cette maladie se montre habituellement, est même un préservatif à peu près infaillible. Et si nous nous en rapportons aux faits observés par nous, cette épithète n'aurait point besoin d'atténuation. La pratique dont il s'agit est suivie depuis quelques années, d'après nos conseils, dans une certaine localité connue à la ronde pour la très-belle race de chiens d'arrêt qu'elle fournit. Il nous a été affirmé naguère qu'on n'y voit plus la maladie.

On n'ignore point sans doute combien il est facile de faire prendre au chien les médicaments liquides. Il suffit, après l'avoir fait asseoir, de lui tenir le bout du nez levé ; puis, saisissant entre les doigts de la main gauche l'une des babines, de manière à l'écarter des gencives correspondantes et à faire ainsi de la joue une sorte d'entonnoir, de verser dans cet entonnoir le vin de quinquina par petites portions. L'animal l'avale sans en perdre une goutte.

Chancre des oreilles. — Affection peu grave en elle-même, mais gênante parce que l'animal qui en est atteint se bat presque constamment les oreilles contre la tête et se couvre de sang. C'est ce qui précisément rend la guérison difficile. La petite plaie située sur l'un ou l'autre des bords de l'oreille ne devient ulcéreuse et rongeante, que par le fait de l'irritation causée à sa surface par ces mouvements que provoque la démangeaison. Le premier soin doit donc être d'y mettre obstacle en entourant la tête du malade d'un filet qui maintienne les oreilles en place. Si ce résultat peut être obtenu, c'est-à-dire si le chien ne cherche pas à se débarrasser du filet avec ses pattes, la cicatrisation de la plaie se produit spontanément en peu de jours, à moins qu'elle ne soit ancienne et ulcéreuse ou dégénérée, auquel cas il faut enlever la surface avec l'instrument tranchant, pour en faire une plaie simple, ou la cautériser avec le fer rouge. La grande difficulté du cas est donc d'obtenir que le chien résiste aux velléités d'agitation des oreilles que fait naître le prurit causé par la lésion. C'est une affaire d'attention et de soins minutieux.

Catarrhe auriculaire. — Ceci est une affection très-fréquente et souvent très-tenace, qui se manifeste d'abord par des battements d'oreilles analogues à ceux qui viennent d'être signalés pour la précédente. Son symptôme essentiel est un écoulement de liquide plus ou moins épais, mais toujours d'une odeur infecte, par l'un des conduits auditifs ou pour les deux à la fois, dont la membrane est rouge et gonflée au début.

Le catarrhe auriculaire est quelquefois une conséquence de la maladie des chiens. Il passe alors très-facilement à l'état chronique et résiste au traitement local qu'on lui oppose. Il faut dans ce cas joindre au traitement local l'administration à l'intérieur du vin de quinquina préconisé plus haut.

Quant à ce qui concerne le catarrhe, il faut d'abord fixer les oreilles à l'aide du filet, afin de les tenir en repos. Si l'affection est au début de l'état aigu, avec rougeur du conduit et augmentation de la chaleur, injections d'eau tiède savonneuse mêlée avec décoction de tête de pavot, pour calmer la douleur et nettoyer les parties malades. Cela suffit quelquefois pour obtenir la guérison après quelques jours. Les symptômes inflammatoires ayant cédé, si l'écoulement persiste, c'est aux injections astringentes qu'il faut recourir. Ces injections peuvent être pratiquées, suivant l'ancienneté du mal, avec des solutions de sulfate de zinc (15 grammes par litre d'eau), de sulfate de cuivre (mêmes proportions), ou de nitrate d'argent (1 de nitrate pour 100 d'eau). Elles sont renouvelées deux ou trois fois dans la journée.

Dartres. — Les maladies de la peau, qui se présentent chez le chien d'abord sous forme de dartre, finissent presque toujours par se généraliser et gagner toute l'étendue du corps. On appelle dartres, en effet, les affections cutanées, par cela seul qu'elles sont circonscrites et s'accompagnent de prurit. C'est un vieux mot passé dans le vulgaire, et sur lequel nous n'avons pas à discuter. Mieux vaut faire remarquer que les travaux modernes des dermatologistes ont établi des classifications basées sur les caractères du parasite, animal ou végétal, sarcopte ou cryptogame, qui produit ou accompagne l'affection, et sont arrivés à cette conclusion générale que la base de tout traitement des dartres doit être un agent parasiticide.

Cela fait sentir la nécessité d'agir avec vigueur et résolution, dès l'apparition d'une dartre sur un point quelconque de la peau du chien, qui est peut-être de tous les animaux le plus sujet à ce genre d'affection. Le premier soin doit être de raser de très-près les poils de la partie malade, puis de la nettoyer avec de l'eau tiède savonneuse. Une fois sèche, il faut l'enduire avec l'agent parasiticide. Cet agent peut beaucoup varier. Celui qui est usité depuis le plus longtemps, c'est la fleur de soufre sous la forme de pommade soufrée, pour les cas de dartre locale, et le bain de sulfure de potasse ou bain de barèges, pour celui de maladie de peau généralisée. Le goudron minéral, l'huile de cade et beaucoup d'autres préparations plus énergiques encore sont employées en pareil cas. Mais chez les vieux chiens surtout, la diathèse herpétique rend ces affections d'une ténacité extrême ; elles disparaissent pour reparaître bientôt après.

Rage. — Quand on songe au risque de mort par le fait de rage auquel nos rapports avec le chien nous exposent, à présent surtout que ces rapports sont devenus plus intimes que jamais par la multiplication considérable des chiens d'appartement — importation anglaise ; — quand on pense à cela, l'on frémit. La rage du chien est incurable et nécessairement mortelle. Elle pousse à mordre et se communique par la morsure. Tout ce qu'il y a de si effrayant dans ces mots ne saurait se rendre !

Ce n'est donc pas de la thérapeutique qu'il y a lieu de faire au sujet de la rage. Ce n'est pas non plus de l'étiologie. On ne peut à cet égard que se lancer dans les hypothèses et les opinions préconçues. Au moment où nous écrivons — mai 1864, — personne ne sait absolument rien des causes ou de la cause de la rage.

La seule manière d'être utile, c'est de propager la connaissance du danger, de mettre chacun en garde contre la rage en l'initiant aux signes qui caractérisent son apparition. C'est là le vrai moyen prophylactique et le seul efficace. Toutes les mesures administratives ne peuvent rien de bon ; leur effet le plus sûr est d'endormir la vigilance des intéressés. A moins d'impossibilité flagrante, il faut faire ses affaires soi-même ; elles ne sont jamais mieux faites qu'ainsi.

Au début de la rage, il est extrêmement rare que le chien soit dangereux pour ceux qui vivent avec lui et qu'il se décide à les mordre. La fureur irrésistible ne vient qu'après. Supposez que ceux-là sachent saisir les premiers signes qui annoncent l'apparition de la rage. Ils séquestrent l'animal suspect et le rendent par ce fait inoffensif. Le mal est coupé dans sa racine.

Il serait injurieux pour le lecteur d'insister. La chose est trop évidente. Nous allons donc résumer ici les signes caractéristiques de la physionomie du chien enragé dès le début de la terrible affection. Mais, auparavant, nous considérons comme un précepte de la plus élémentaire sagesse, d'avertir ceux qui douteraient de leur perspicacité pour reconnaître ces signes, qu'il y a un moyen certain d'éviter les accidents, et ce moyen le voici : que tout chien triste, inquiet, soit tenu pour suspect de rage et en cette qualité mis à l'attache et isolé, jusqu'à ce qu'un homme de l'art ait prononcé sur son état, ou jusqu'à ce qu'il soit revenu à l'état normal. En cas de rage, le doute n'est pas long. L'animal devient sous peu paralysé et meurt. La rage ne pardonne pas.

La première chose dont il importe de se bien pénétrer, c'est qu'ici rage n'est pas du tout synonyme de fureur. Le mot vulgaire par lequel la maladie a été de tout temps désignée est basé sur le signe le plus saillant de ceux qui la caractérisent une fois qu'elle est confirmée ; mais ce signe est précédé par d'autres non moins caractéristiques. Et ce sont précisément ceux-ci qui sont les plus utiles à connaître, car ils permettent de diagnostiquer l'existence du mal avant que le malade soit devenu dangereux. On observe même le plus souvent, au début de la rage, une exagération de témoignages affectueux de la part de l'animal qui en est atteint. Il semble solliciter de son maître ou des personnes avec lesquelles il vit, par des caresses multipliées, comme une sorte de secours contre les terreurs vagues dont il est tourmenté.

Le premier changement qui se manifeste dans sa manière d'être s'accuse en effet par une inquiétude et une agitation sans motif. Il ne peut tenir en place ; il va sans but d'un lieu dans un autre, se retire dans un coin, où il tourne sur lui-même sans pouvoir trouver une place qui lui convienne. Si on l'observe alors de près, on voit une expression de tristesse sombre dans son regard. Il semble absorbé par une idée fixe, et il faut l'appel d'une voix connue pour l'en tirer. Et c'est alors qu'il prodigue des caresses exagérées. Revenu à ses penchants de tristesse, on le voit souvent se lancer d'un bond contre un ennemi imaginaire, en donnant de la voix d'une façon qui est tout à fait caractéristique de la maladie et que nous définirons tout à l'heure.

Dans cette période, l'animal ne refuse pas habituellement les aliments ; lorsqu'on les lui présente, il se jette au contraire dessus et les avale gloutonnement. C'est même un signe ordinaire de la rage que la dépravation de l'appétit. Le chien enragé avale en général même des matières non alimentaires, telles que du bois, de la paille, etc. On en a vu manger leur propre fiente, et cela a été considéré par des auteurs très-compétents comme un signe certain de l'affection.

C'est une grave erreur et le plus dangereux de tous les préjugés de croire que le chien enragé ne boit pas et manifeste même une véritable horreur pour l'eau. La détestable appellation d'*hydrophobie*, prétendue scientifique, et donnée à la rage pour ce motif, contribue malheureusement à entretenir cette erreur. Il est au contraire certain que le chien enragé, tant qu'il n'a pas encore de symptômes de paralysie des muscles de la gorge, boit avidement toutes les fois qu'il en trouve l'occasion. Croire qu'il ne peut pas être enragé par cela seul qu'on l'a vu boire, c'est donc se tromper beaucoup. Nous appelons sur ce point incontestable et incontesté la plus sérieuse attention. Ici comme pour ce qui concerne les aliments solides, le seul changement qui se manifeste habituellement, c'est une exagération. Au lieu donc de se rassurer lorsque, présentant de l'eau à un chien que l'on peut croire suspect, on le voit se précipiter dessus et boire avec avidité, il convient de considérer cela comme une forte présomption de rage.

Mais les caractères de la voix sont de nature à lever tous les doutes, quand on a pu les constater. A cet égard il n'y a pas d'erreur possible une fois que l'on est éclairé sur la signification de ce que l'on a justement appelé le *hurlement rabique*. Voici comment il a été décrit par Youatt, dont la description a été confirmée par tous les auteurs et par tous ceux qui ont une seule fois entendu la voix du chien enragé produisant ce hurlement.

« L'animal, lorsqu'il le fait entendre (dit Youatt traduit par M. le professeur H. Bouley) est le plus ordinairement debout, quelquefois assis, le museau porté en l'air. Il commence par un aboiement ordinaire, qui se termine tout à coup et d'une manière tout à fait singulière, en un hurlement à cinq, six ou huit tons plus élevés que le commencement.

« On entend quelquefois les chiens hurler, ajoute le vétérinaire anglais, mais dans le cas de rage, le son produit est un aboiement parfait, auquel succède tout à coup, brusquement, un hurlement prolongé. »

Il ne sera pas difficile, pensons-nous, de se faire une juste idée de cette association de sons discordants. Ils présentent quelque analogie avec certains chants du coq, au moins par le timbre rauque et un peu fêlé. C'est pour cela que certains auteurs disent que le chien enragé a la *voix de coq*.

Ainsi donc, inquiétude et agitation sans motif, timidité sombre, exagération des caresses quand une personne connue et aimée les sollicite, exagération et dépravation de l'appétit et de la soif, mais surtout manifestation du hurlement rabique plus haut décrit, tels sont les principaux signes qui caractérisent le début.

L'un ou l'autre des premiers, constaté seul même, doit suffire pour faire considérer comme suspect de rage l'animal qui le présente. Lorsqu'ils se montrent ensemble, les présomptions s'en trouvent augmentées ; mais dès que le hurlement rabique s'est produit, il n'y a plus de doute, le chien est décidément enragé. C'est une bonne action, en même temps qu'une mesure de sécurité, de mettre le pauvre animal immédiatement à mort.

Il serait sans objet de pousser plus loin la description de la rage. Lorsque les symptômes furieux ont apparu, personne ne peut plus s'y méprendre. Le point important était de consigner ici l'indication sommaire, mais claire et précise, de ce qui peut mettre chacun en mesure de discerner les signes du début de la maladie et de reconnaître un chien enragé avant qu'il soit devenu dangereux.

Ajoutons en terminant, toutefois, que la morsure n'est point nécessaire pour communiquer la rage : il suffit que de la salive de chien enragé, en si petite quantité que ce soit, ait été déposée sur quelque partie de la peau dépouillée de son épiderme. Si peu qu'un chien soit suspect, il est donc sage d'éviter ses caresses. Elles seraient même plus sûrement mortelles que la plus cruelle des morsures, si la langue du pauvre animal rencontrait une simple écorchure ou une petite plaie.

Nous empiétons ici sur le domaine de l'hygiène humaine, mais notre collaborateur voudra bien nous le pardonner. Il est difficile de parler de la rage sans songer aux risques qu'elle fait courir à l'humanité.

A. Sanson.

CHAPITRE III

DE LA COMPTABILITÉ AGRICOLE.

La comptabilité agricole présente des difficultés de toutes sortes, et avec elle il n'y a pas lieu d'espérer l'exactitude rigoureuse que l'on obtient dans une comptabilité industrielle ou commerciale ordinaire. Nous ne devons donc nous attendre qu'à des résultats approximatifs, à des à peu près. Le mode de comptabilité le plus irréprochable, et le plus convenable, par conséquent, consisterait dans l'application à l'économie rurale de la tenue des livres en partie double, mais elle n'est réellement possible que dans des exploitations très-importantes, où l'on charge de ce travail un employé spécial; pour ce qui est des petites et moyennes exploitations qui se partagent la plus grande partie de notre territoire, il n'y faut guère songer. Quelques personnes, bien intentionnées d'ailleurs, ont pensé que l'instituteur communal était appelé à rendre sous ce rapport de grands services, mais on n'a point remarqué que son intervention ne pourrait se produire que dans une circonscription très-restreinte, au chef-lieu de la commune, difficilement dans les hameaux. On n'a pas remarqué non plus que les cultivateurs, pour la plupart, font mystère de leurs opérations et n'entendent pas qu'un tiers reçoive la confidence de leurs profits ou de leurs pertes. Ce dernier obstacle est capital et ne sera pas levé de sitôt. Ce n'est pas tout : le défaut d'instruction est également un obstacle avec lequel on doit compter; et puis, l'extrême fatigue des travailleurs du sol à la fin de leur journée, ne leur permet pas de se livrer à cette besogne avec tous les soins voulus; enfin, beaucoup sont découragés par une situation mauvaise et ne sont pas d'humeur à faire quelques efforts d'intelligence.

Il n'y a donc de comptabilité possible qu'à la condition de la mettre à la portée de ceux qui sont en mesure de la tenir eux-mêmes. Or, on voudra bien reconnaître que les dix-neuf vingtièmes de nos cultivateurs, pour ne pas dire plus, sont et resteront longtemps étrangers au mécanisme de la tenue des livres en partie double. C'est regrettable sans doute, mais il faut accepter la situation qui nous est donnée, et nous nous estimerions heureux de faire admettre d'abord une comptabilité dégagée d'expressions incomprises en dehors du monde commercial, et qui nous donnât, autant que possible, le contrôle de toutes nos opérations. Ainsi nous n'emploierons pas, avec le cultivateur, les mots *débit, crédit, débiter, créditer, actif, passif*, etc., nous ne lui ferons pas établir de comptes de *profits et pertes*, *d'effet à recevoir*, *des traites et remises*, nous chercherons des formules qui aient cours dans le public auquel nous nous adressons plus spécialement, et qui n'exigent aucun effort d'esprit pour être saisies de suite.

Serons-nous plus heureux que nos devanciers dans la tentative que nous allons faire pour vulgariser la comptabilité agricole? Nous l'espérons, mais nous n'en répondons pas.

Pour obtenir quelque chose dans cette voie, il faut se contenter de peu; ainsi, ne demandons d'abord au petit cultivateur que de faire un inventaire tous les ans à la fin de l'année, quand toutes les récoltes sont rentrées, alors qu'il est plus libre.

L'inventaire consiste à établir l'estimation au plus bas prix du jour, de tous les objets mobiliers et immobiliers qu'on possède, et à prendre note de ce qu'on doit et de ce qui est dû. De cette manière, le cultivateur connaîtra sa situation, et, en répétant cette opération chaque année, il saura ce qu'il a gagné ou ce qu'il a perdu. S'il est en perte, il se tiendra sur ses gardes, et cherchera quelque moyen de produire plus à meilleur compte ; s'il a du bénéfice, il en éprouvera de la joie, il redoublera évidemment d'ardeur et d'intelligence pour augmenter ce bénéfice, et, dans les deux cas, il se convaincra de l'utilité de déterminer le prix de revient de ses divers produits, ce qu'il ne pourra faire qu'en ouvrant des comptes à chacune des branches de son exploitation.

Sans plus de préambule, donnons tout d'abord le modèle d'un inventaire, et déclarons bien haut que nous n'entendons pas cautionner l'exactitude de nos chiffres d'estimation, attendu que ces chiffres varient avec les localités, et qu'en les adoptant plus ou moins à la légère, nous n'avons eu d'autre but que d'indiquer une marche à suivre.

Notre inventaire se divisera en deux parties :

1° Ce que possède le cultivateur, savoir :

Les immeubles ;

Le mobilier et les instruments de culture;

Les animaux de basse-cour ;

Les denrées à vendre ou à consommer;

Les récoltes en terre;

Les sommes qui sont dues, et l'argent restant en caisse;

2° Tout ce que doit le cultivateur.

INVENTAIRE du sieur M....., cultivateur à A.. ..

ARRÊTÉ AU 31 DÉCEMBRE 18..

Immeubles.

Une maison de ferme avec écuries, caves, grenier, cour, laiterie, porcherie et poulailler	25,000	»		
Une grange	6,500	»		
32 hectares de terre à 2,500 fr.	80,000	»	170,010	»
12 hectares de prairies naturelles, à 4,000 fr.	48,000	»		
3 hect. 66 ares luzerne, à 2,500 fr.	9,150	»		
Jardin potager de 34 ares, à 4,000 f.	1,360	»		

Mobilier et instruments de culture.

Une armoire	120	»		
Un lit complet (bois de lit, paillasse, 2 matelas, 2 couvertures, 2 oreillers)	150	»		
Un autre lit (bois de lit, paillasse, matelas, oreiller, 2 couvertures)	80	»		
Deux lits d'enfant	100	»		
Une horloge	50	»		
Deux tables	50	»		
Douze chaises	24	»		
Un fourneau à cuisine	80	»		
Batterie de cuisine	50	»		
Assiettes, verres, plats, cuillers, fourchettes, etc.	14	»		
Deux seaux en bois	6	»		
Un baquet	3	»		
Paniers	5	»		
Pelles à four, bouche-four, etc.	10	»		
Maie	15	»		
Balance et poids	8	»		
Douze paires de draps	144	»		
Douze chemises d'homme	70	»		
Douze chemises de femme	48	»		
Quinze chemises d'enfant	30	»		
Vingt torchons et essuie-mains	8	»		
Douze serviettes	12	»		
Un réchaud	1	50		
Deux fers à repasser	4	»	1,880	»
Corbeilles pour le pain et l'avoine	7	»		
Deux lanternes	4	»		
Un arrosoir	3	»		
Râteaux en bois	4	»		
Une charrette en bon état	160	»		
Deux brouettes	14	»		
Une charrue	50	»		
Harnais	300	»		
Herses	30	»		
Rouleau	25	»		
Faucilles	5	»		
Crible	3	50		
Tarare	5	»		
Double décalitre	6	»		
Bêches et pioches	15	»		
Faulx montée	8	»		
Binette et râteau	3	»		
Pelles en bois et fourches	7	»		
Sacs en toile	10	»		
Chaînes à vaches	25	»		
Deux grands seaux pour le lait	8	»		
Moules à fromages, écrémoir, table de laiterie, terrines, etc.	70	»		
Baratte	25	»		
A REPORTER			171,890	»

REPORT 171,890

Animaux de basse-cour.

Quatre chevaux	1,300	»		
Vingt vaches	7,000	»	8,520	»
Deux porcs	160	»		
Deux coqs et quarante poules	60	»		

Denrées à vendre ou à consommer.

4 hectolitres vin rouge	90	»		
60 hectolitres orge, à 11 fr.	660	»		
100 kil. farine	34	»		
30,000 kil. paille, à 40 fr.	1,200	»		
55,000 kil. carottes	825	»		
40,000 kil. foin, à 50 fr.	2,000	»	9,907	»
18,000 kil. pommes de terre, à 50 f.	900	»		
120 hectolitres froment, à 18 fr.	2,160	»		
56 hectolitres avoine, à 8 fr.	448	»		
100,000 kil. betteraves, à 12 fr.	1,200	»		
60,000 kil. fumier, à 6 fr. 50 (1)	390	»		

Récoltes en terre.

11 hectolitres avoine, à 8 fr.	88	»		
16h,80 froment, à 18 fr.	302	40	2,310	40
240,000 kil. fumier (transporté et étendu), dont 2/5 seront consommés pour la récolte de l'année, à 8 fr.	1,920	»		

Il m'est dû.

Pour une vache vendue à Jean	260	»		
50 hectolitres froment, à 18 fr. 50.	925	»	1810	»
Il me reste en argent	625	»		
TOTAL GÉNÉRAL			194,437	40

Je dois.

Mon billet payable le 15 janvier, souscrit à Benoit, marchand de vaches	2,000	»		
Au charron, sa facture	92	50		
Au maréchal, —	63	25	2,288	25
Au bourrelier, —	75	»		
Pour journées de travail à Z.	32	50		
A Jean, mon charretier, sur ses gages	25	»		
TOTAL de ce que je dois			2,288	25

Il résulte de cet inventaire, que le cultivateur possède en biens meubles et immeubles	194,437	40
Déduction faite des dettes	2,288	25
Il lui reste au 1er janvier	192,149	15

(1) Nous estimons le fumier dans la cour à 6 fr. 50 et à 8 fr. lorsqu'il est transporté et épandu.

Il n'est pas nécessaire d'ajouter qu'en établissant de nouveau son inventaire l'année suivante, le cultivateur devra tenir compte de l'usure de son mobilier et en baisser par conséquent l'estimation. Ainsi, par exemple, les chaises ne vaudront plus ce qu'elles valaient l'année précédente; sa literie aura également perdu de son prix; ses chevaux de 7 ans ne vaudront plus ce qu'ils valaient à 6 ans; certaines de ses vaches auront diminué de valeur; en retour, d'autres auront acquis plus de prix, les terrains seront améliorés, et il devra mettre en compte la plus-value.

Après l'inventaire, qui est le point de départ de toute comptabilité, vient naturellement la question de l'emploi de l'argent. Il faut que le cultivateur sache où va et d'où vient l'argent qui sort de sa bourse ou qui y entre, et pour cela il doit tenir note de tout ce qu'il paye et de tout ce qu'il reçoit. Nous lui faisons donc ouvrir ce qu'on appelle un compte de caisse, dont le grand mérite est non-seulement de lui montrer à toute heure le montant de sa dépense, et de l'arrêter dans le cas où elle lui paraîtrait excessive, mais surtout de lui offrir un moyen de vérifier, chaque fois qu'il le voudra, s'il ne s'est glissé aucune erreur dans la manipulation de ses fonds. A cet effet, il établira ce compte sur deux pages, comme dans le modèle que nous lui soumettons; il inscrira aux *dépenses* toutes les sommes déboursées dans le courant de la semaine, aux *recettes*, et en première ligne, ce qu'il possédait en numéraire au moment de l'inventaire, puis toutes les sommes qu'il aura reçues. Après cela, il additionnera lesdites *dépenses* et *recettes*, et la différence entre les deux totaux lui donnera le montant de la somme qui lui reste disponible, ce dont on s'assure en comptant les espèces. S'il y avait une erreur en plus ou en moins, il se demanderait s'il n'a pas oublié d'inscrire une dépense ou une recette, et réparerait son omission.

Il ne s'agit pas seulement de se rendre compte de l'emploi de son argent en tenant une caisse, il convient, en outre, pour s'éclairer sur sa situation, de savoir ce que l'on doit et ce qui est dû; pour cela, deux comptes suffiront au cultivateur, qui, le plus ordinairement, n'a pas affaire à un grand nombre de personnes. Dans les cas exceptionnels, rien ne s'opposerait à ce qu'il ouvrît des comptes particuliers. Chaque dimanche, il inscrira les dettes qu'il a contractées, et les sommes qu'il a payées, et, en comparant les deux totaux, il saura s'il doit, et combien il doit.

En ce qui regarde les produits de la ferme, denrées ou animaux vendus à crédit, le cultivateur prendra note sur un compte spécial des sommes qui lui seront dues et de celles qu'on lui payera.

Ces trois comptes donneront à première vue au cultivateur le chiffre exact de ses ressources et de ses dettes. Une simple soustraction lui fera connaître : 1° le montant de ce qu'il doit avoir en espèces dans le tiroir; 2° le montant de ce qu'il doit; 3° le montant de ce qui lui reste dû. Ainsi, dans les tableaux de la page 990, nous voyons :

1° Qu'au 5 janvier, après avoir soustrait les dépenses des recettes il restait au cultivateur une somme de..........	948	50
2° Qu'à la même époque, devant.......	2,585	25
et ayant payé....................	417	75
il redoit encore....................	2,167	50
3° Enfin qu'il lui est redû........	745	»

On voit par là que chaque semaine, en consultant les trois tableaux, le cultivateur peut savoir ce qu'il a en espèces, ce qu'il doit et ce qui lui est dû.

La comptabilité agricole ne se borne pas à éclairer le cultivateur sur sa situation, elle se propose en outre de lui faire connaître le prix de revient et le rendement de ses cultures, ainsi que les frais d'entretien et le rapport de son bétail. Les renseignements qu'elle lui donnera le mettront à même de trouver les causes de profits ou de pertes, de s'attacher aux unes et d'éviter les autres. A cette fin, nous ouvrons un compte à chaque branche de l'exploitation.

Nous supposons que le cultivateur ait adopté un assolement de quatre ans. La rotation s'ouvre par une culture sarclée, composée de racines fourragères ou de tubercules, avec forte fumure. La seconde année, nous semons à la place et sans engrais deux céréales de printemps : de l'orge et de l'avoine, dans lesquelles nous répandons de la graine de trèfle. La troisième année, ce trèfle nous fournira deux coupes, après quoi nous fumerons légèrement le gazon avant de le rompre et d'y semer du froment d'automne, qui terminera la rotation.

En dehors de cet assolement, nous avons une pièce de luzerne, des prairies naturelles et un jardin. L'ensemble de la propriété se compose de 48 hectares.

Nous avons donc à ouvrir des comptes pour chaque récolte, c'est-à-dire pour les diverses racines et tubercules, l'orge et l'avoine, le trèfle, le froment d'automne, la luzerne, les prés et le potager.

Contrairement aux usages reçus, nous n'avons pas cru devoir mettre en ligne de dépense l'intérêt du capital foncier notamment, parce que nous considérons la terre comme une sorte de métier à fabriquer des récoltes, métier qui ne s'use point quand il est traité convenablement. D'ailleurs, nous ne pensons pas qu'il soit nécessaire de décourager le cultivateur en amoindrissant en apparence son bénéfice dans des proportions trop fortes. Après tout, il lui est toujours facile d'estimer son domaine et de se demander s'il aurait profit à l'aliéner pour placer son argent à intérêt, ce qu'il aura la sagesse de ne point faire, attendu qu'un capital terrien est toujours plus solide qu'un capital en espèces exposé à toutes les chances de la fortune.

On pourra remarquer, que la quantité d'engrais produite ne suffit pas aux besoins de l'exploitation, mais cette lacune sera comblée facilement par la création de composts aux heures de loisir. Ainsi on ramassera les boues de la cour, les mauvaises herbes, les cendres lessivées, la suie, les fumiers de porc et de volaille que nous n'avons pas comptés, les vieux chiffons, etc., et on arrosera le tout avec les urines, les eaux de savon, de lessive, d'évier, etc.

Il va sans dire que nous n'entendons pas recommander, à l'exclusion de tout autre, l'assolement qui sert de base à nos calculs, et que nous ne garantissons pas non plus, nous le répétons, l'exactitude de nos chiffres d'estimation. Il est évident que dans les contrées où un autre assolement paraîtra plus convenable, on devra le suivre sans hésiter. Ainsi, il arrivera souvent que les cultures du maïs, du chanvre, du lin, de la vigne, de l'olivier, du mûrier, etc., feront partie de l'exploitation, et, le cas échéant, on ouvrira tout simplement un compte à chacune de ces cultures.

Dépenses *et* *Recettes.*

			fr.	c.				fr.	c.
Janvier	2	Pour achat de viande de boucherie, épiceries....	4	25	Janvier	1	Il me reste au 1er janvier 18	625	»
—	3	Payé au serrurier sa facture..............	22	»	—	2	Reçu de M....., pour vente de 25 hectol. froment..	450	»
—	4	Une paire de souliers.....	12	»					
		Épiceries et balais........	2	25			TOTAL DES RECETTES.	1075	»
—	5	Achat d'une charrue......	60	»			TOTAL DES DÉPENSES.	126	50
		Payé une visite de médecin..................	6	»					
		Avancé à la servante.....	20				Il me reste en caisse...	948	50
		TOTAL DES DÉPENSES...	126	50					

Je dois à *J'ai payé à*

			fr.	c.				fr.	c.
Janvier	1	Pierre Legros, pour une vache................	350	»	Janvier	1	Pierre Legros, une vache.	350	»
		H. Martin, 3 hectol. de plâtre, à 1 fr. 50.......	4	50	—		Martin, pour 3 hectol. de plâtre............. ..	4	50
		Benoit, mon billet payable le 15 janvier...........	2000	»	—	6	Antoine, maréchal, sa facture........	63	25
		Ravin, charron, sa facture.	92	50					
		Antoine, maréchal, sa facture.................	63	25			TOTAL.....	417	75
		Nicolas, bourrelier, sa facture................	75	»					
		TOTAL.....	2585	25					

Il m'a été payé par *Il m'est dû par*

			fr.	c.				fr.	c.
Janvier	5	Bernard, en à compte sur le froment vendu.......	300	»	Janvier	1	Jean, pour une vache.....	260	»
	6	Jean, pour une vache.....	260	»			Bernard, 50 hectol. de froment, à 18 fr. 50......	925	»
		TOTAL.....	560	»		5	M. Magdelein, distillateur, 10,000 kilos betteraves à 12 francs..........	120	»
							TOTAL.....	1305	»

POMMES DE TERRE

Dépenses.

	fr.	c.
Sur une étendue de 2 hectares de terrain, 30,000 kil. d'engrais par hect., ou 60,000 kil., dont 3/5 sont employés (1), à 8 fr.	288	»
Plants : 25 hectol. par hectare, ci, 50 h. ou 3,750 kilos, à 5 fr. les 100 kilos.....	187	50
Un premier labour à 20 fr. par hectare..	40	»
Plantation à la charrue et transport.....	60	»
Hersage des 2 hectares en végétation....	8	»
Binage, à 15 fr. par hectare.............	30	»
2e binage et buttage....................	40	»
Récolte et ramassage, à 35 fr. par hectare.	70	»
Transport de 500 hectol. ou 37,500 kilos.	60	»
TOTAL......	783	50

(1) Les 3/5 de l'engrais seulement sont portés à la dépense, parce que les deux autres cinquièmes serviront à la nourriture de l'orge, de l'avoine et du trèfle.

Produit.

	fr.	c.
Récolte : 500 hectolitres ou 37,500 kilos de pommes de terre, à 5 fr. les 100 kilos.........	1875	»

BETTERAVES

Dépenses.

	fr.	c.
Sur une étendne de 4 hectares de terrain, 3 labours à 60 fr par hectare..........	240	»
30,000 kilos d'engrais par hectare, ci, 120,000 kilos, 3/5 pour la première année (1), à 8 francs..................	576	»
4 kilos semence par hectare, 16 kilos à 1 fr.	16	»
3 binages à 54 fr. par hectare...........	162	»
Arrachage et décolletage, à 30 fr. par hect.	120	»
Transport à la ferme de 120,000 kilos de betteraves et travaux complémentaires.	100	»
TOTAL.....	1214	»

(1) Même observation que pour la pomme de terre. Les 2/5 d'engrais restent au compte des céréales de printemps et du trèfle.

Produit.

	fr.	c.
Récolte : 35,000 kilos de betteraves par hectare, ci, 140,000 kilos à 12 fr. les 1,000 kilos (1).	1680	»

(1) Nous laissons les fanes pour couvrir de petits frais imprévus.

CAROTTES

Dépenses.

	fr.	c.
Sur une étendue de 2 hectares de terrain, 30,000 kilos d'engrais par hectare, ci, 60,000 kilos (transport et épandange) dont 3/5 employés (1), à 8 francs......	288	»
Graines pour semis en lignes : 2kil,500 par hectare, ci, 5 kilos, à 2 fr. le kilo.....	10	»
Un labour avant l'hiver..................	40	»
Un labour après l'hiver......	40	»
Semaille au semoir à brouette..........	8	»
Roulage..............................	5	»
Un éclaircissage, 2 sarclages et binages..	30	»
Arrachage des carottes et rupture des fanes.	70	»
Transport de 80,000 kilos de carottes....	90	»
TOTAL.....	581	»

(1) Même observation que pour la betterave et la pomme de terre, les 2/5 d'engrais sont réservés aux céréales de printemps et au trèfle.

Produit.

	fr.	c.
Récolte : 40,000 kilos de carottes par hectare, ci, 80,000 kilos (en les estimant d'après leur valeur alimentaire, comparée à celle du foin, c'est-à-dire à 15 fr. les 1,000 kilos) (1)........................	1200	»

(1) Nous laissons les fanes pour couvrir de petits frais imprévus.

ORGE

Dépenses.

	fr.	c.
Sur une étendue de 4 hectares, 6,000 kilos engrais (c'est le 1/5 restant) par hectare ou 24,000 kilos à 8 francs............	192	»
Un labour, à 20 fr. par hectare.........	80	»
Semence : 24 décalitres par hectare, ou 9 hect. 6 décalitres, à 11 francs.......	105	60
Hersage des 4 hectares.............. ..	15	»
Roulage.......	9	»
Sarclage........................... ..	24	»
Récolte, à 30 fr. par hectare.......	120	»
Transport......	40	»
Battage et nettoyage du grain..........	80	»
Total.. ..	665	60

Produit.

	fr.	c.
Récolte :		
25 hectolitres d'orge par hectare, ci, 100 hectolitres, à 11 francs..............	1100	»
11,000 kilos paille, à 35 francs..... .. .	385	»
Total.....	1485	»

AVOINE

Dépenses.

	fr.	c.
Sur une étendue de 4 hectares de terrain, un labour à 20 fr. par hectare.........	80	»
24,000 kilos engrais (ou 1/5 sur les 2/5 restant de la première année) à 8 francs..	192	»
Semence : 25 décalitres par hectare, ou 10 hectol., à 8 fr. l'hectolitre....... .	80	»
Hersage...........	15	»
Roulage.............................	9	»
Sarclage............................	24	»
Moisson et liage, à 30 fr. par hectare....	120	»
Transport...........................	40	»
Battage et nettoyage..................	80	»
Total.....	640	»

Produit.

	fr.	c.
Récolte :		
35 hectol. par hectare, ou pour les 4 hectares 140 hectol. à 8 francs...........	1120	»
3,250 kilos paille par hectare, ou 13,000 kilos paille, à 40 francs...............	520	»
Total	1640	»

TRÈFLE

Dépenses.

	fr.	c.
Sur une étendue de 8 hectares de terrain, 6,000 kilos engrais par hectare (1/5 restant en terre), ci, 48,000 kilos, à 8 francs.	384	»
15 kilos de graine par hectare ou 120 kilos, à 1 franc..............................	120	»
1re Coupe. { Fauchage, à 8 fr. par hectare.	64	»
1re Coupe. { Fanage, à 6 fr. par hectare.	48	»
2e Coupe. { Fauchage, à 8 fr. par hectare.	64	»
2e Coupe. { Fanage, à 6 fr. par hectare.	48	»
Bottelage et transport des deux coupes : 6,500 kilos par hectare, à 25 francs....	200	»
Total.....	928	»

Produit.

	fr.	c.
Rendement :		
1re Coupe, 4,500 kilos de trèfle.		
2e Coupe, 2,000 —		
6,500 kilos par hectare, ou 52,000 kilos à 80 francs.	4160	»

FROMENT

Dépenses.

	fr.	c.
Sur une étendue de 8 hectares de terrain, sur défriche de trèfle :		
Fumure sur gazon : 15,000 kilos par hectare, ou 120,000 kilos engrais de ferme ou compost, à 8 francs	960	»
Labour du trèfle, à 50 fr. par hectare	400	»
Semence : 2 hectol. 10 litres par hectare, ou 16 hectol. 80 litres, à 30 francs	504	»
Hersage et roulage	32	»
Sarclage, à 6 fr. par hectare	48	»
Entretien des rigoles, à 5 fr. par hectare	40	»
Récolte, 40 fr. par hectare	320	»
Transport à la ferme, à raison de 10 fr. par hectare	80	»
Battage et vannage de la récolte des 8 hect., c'est-à-dire de 200 hectol. de grain	140	»
Mise au grenier	10	»
Entretien du grain	15	»
TOTAL	2549	»

Produit.

	fr.	c.
Rendement :		
25 hectol. de grains par hectare, ou 200 hectol., à 18 francs	3600	»
3,000 kilos de paille par hectare, ou 24,000 kilos, à 40 francs	960	»
TOTAL	4560	»

PRAIRIES NATURELLES

Dépenses.

	fr.	c.
Sur une étendue de 12 hectares de terrain, 6,000 kilos engrais par année et par hectare, ou 72,000 kilos engrais de ferme ou compost, à 8 francs	576	»
Entretien des fossés et rigoles, à 20 fr. par hectare	240	»
Soins pour l'irrigation	80	»
Étaupinage	40	»
Sarclage	80	»
Fauchage des 12 hectares	120	»
Fanage à 5 fr. 50 les 1,000 kilos de foin	264	»
Bottelage par bottes de 6kil,500, formant 7,385 bottes	60	»
Transport	80	»
TOTAL	1540	»

Produit.

	fr.	c.
Rendement :		
4,000 kilos de foin par hectare, ou 48,000 kilos, à 50 francs	2400	»

LUZERNE

Dépenses.

	fr.	c.
Sur une étendue de 1 hectare 66 ares, semence : 34 kilos à 1 fr. 40	47	60
Hersage	4	»
Engrais (cendres, suie, etc.) par année	40	»
Plâtre, 4 hectol., à 1 fr. 50	6	»
Fauchage de 3 coupes	48	»
3 fanages, à 8 fr. l'un	24	»
Transport et mise en meule	30	»
TOTAL	199	60

NOTA. — En admettant que la luzernière soit conservée pendant huit ans, on devra retrancher des dépenses les 47 fr. 60 de semence employée la première année; les frais se trouveront donc réduits à 152 francs.

Produit.

	fr.	c.
Rendement moyen par année :		
7,000 kilos, à 40 francs	280	»

Dépenses. **JARDINAGE** *Produit.*

	fr.	c.
Achat de graines.		
1 litre bulbes d'ail	»	75
15gr arroche ou belle-dame	»	20
30gr betterave rouge pour salade	»	20
60gr carotte rouge demi-longue	»	70
60gr cerfeuil frisé	»	60
30gr scarolle ordinaire	»	40
15gr chou d'York, hâtif	»	50
15gr — de Saint-Denis	»	50
15gr — de Milan des Vertus	»	50
15gr — de Vaugirard	»	40
15gr chou-rave blanc	»	40
10 touffes ciboulette	1	»
10gr cresson alénois	»	05
1 litre bulbes d'échalottes	1	»
125gr épinard d'Angleterre	»	50
1 plante d'estragon	»	25
1 litre fèves de marais	»	60
1 litre haricots noirs de Belgique	1	50
1 litre — sabres	2	»
1 litre — prédomme	2	25
15gr laitue grosse brune paresseuse	»	40
15gr — Batavia, blonde	»	40
15gr — romaine blonde, maraîchère	»	40
60gr mâche	»	50
30gr navet long des Vertus	»	30
30gr — rose, plat	»	25
15gr — noir, long	»	20
30gr oignon rouge, plat	»	40
15gr graine d'oseille	»	10
15gr panais rond	»	10
30gr persil frisé	»	40
10gr pimprenelle	»	10
30gr poireau, gros, court	»	30
1 litre pois Michaux, de Hollande	1	20
1 litre — d'Auvergne	1	30
1 litre — de Knight	1	30
1/2 litre — mange-tout	»	90
10 litres pommes de terre Marjolin	2	»
10gr pourpier doré	»	20
60gr radis rond, rose	»	50
15gr — gris, d'été	»	20
15gr — noir, d'hiver	»	20
60gr scorsonère	»	70
Labour, sarclage et binage	40	»
20,000 kilos fumier ou compost, à 8 fr.	160	»
Frais divers et arrosage	45	»
16 arbres fruitiers (achat et plantation)	30	»
TOTAL	301	»

	fr.	c.
85 planches de légumes divers rapportent approximativement (en admettant deux récoltes par planche et par année), 5 fr.	425	»
400 choux, à 0,10	40	»
90 litres pommes de terre, à 0,20	18	»
Fruits à partir de la 8e année de plantation jusqu'à la 15e, en moyenne 2 fr. 50 par arbre	40	»
TOTAL	523	»

CHEVAUX

Dépenses.

		fr.	c.
Par jour de travail et par cheval :			
10 litres d'avoine	0,85		
8 kilos foin	0,40	1	45
3 — paille	0,12		
2 — 1/2 litière	0,08		
Et pour 4 chevaux		5	80
Par jour de demi-repos et par cheval :			
5 litres d'avoine	0,43		
8 kilos foin	0,40	1	03
3 — paille	0,12		
2 — 1/2 litière	0,08		
Et pour 4 chevaux		4	12
Par journée de repos et par cheval :			
2 litres 1/2 d'avoine	0,22		
8 kilos foin	0,40	»	82
3 — paille	0,12		
2 — 1/2 litière	0,08		
Et pour 4 chevaux		3	28

		fr.	c.	fr.	c.
Nourriture dans l'année et pour 4 chevaux pendant					
215 j. de travail complet.	5,80	1247	»		
90 jours de demi-repos..	4,12	370	80	1814	60
60 jours de repos	3,28	196	80		
Ferrure et médicaments : par cheval	20,00	80	»		
Gages (1) pour 2 charretiers		560	»	780	»
Entret. des harnais, à raison de 20 %		140	»		
Total				2594	60

(1) La nourriture des charretiers a été comprise dans les dépenses de ménage, le cultivateur l'estimera à son gré.

Produit.

	fr.	c.
Produit du travail de chaque cheval (1), estimé 4 fr. par journée de travail complète : 215 journées à 4 fr. = 860 fr.		
— pour 4 chevaux	3440	»
90 journées de demi-repos à 2 fr. = 180 fr.		
— — pour 4 chevaux.	720	»
36,000 kilos fumier, à 8 fr. le mille	288	»
45 jours de travail faits par chaque charretier inoccupé aux attelages pendant l'année, à raison de 2 fr. 18 par homme et par jour	196	20
Total	4644	20

(1) Le travail du cheval représente une valeur et nous devons nécessairement l'estimer quand il est fait au profit du maître comme s'il l'était au profit d'autrui.

VACHERIE

Dépenses.

Nourriture pour 20 vaches en stabulation pendant 6 mois (d'oct. à fin mars).

	fr.	c.	fr.	c.
Foin, 5 kilos par vache et par jour, ou 100 kilos, à 50 fr. le mille	5	»		
Betteraves, 30 kilos par vache et par jour, ou 600 kilos, à 12 fr. le mille.	7	20		
Menue paille, 2 kilos par vache et par jour, ou 40 kilos, à 30 fr. le mille	1	20	15	
Sel, $0^k,025$ par vache et par jour, ou $0^k,500$ à 20 cent.	»	10		
Paille pour litière, $2^k,500$ par vache et par jour, ou 50 kilos à 30 fr. le mille.	1	50		

Nourriture pour 20 vaches en stabulation pendant 6 mois (d'avril à fin sept.).

	fr.	c.	fr.	c.
Foin, 13 kilos par vache et par jour, ou 260 kilos, à 50 fr. le mille	13	»		
Menue paille, 2 kilos par vache et par jour, ou 40 kilos à 30 fr. le mille	1	20	16	80
Sel, $0^k,025$ par vache et par jour, ou $0^k,500$ à 20 cent.	»	10		
Paille pour litière, $2^k,500$ par vache et par jour, ou 50 kilos à 30 fr. le mille.	1	50		

Nota. — En supposant qu'un hectare de pâturage suffise pour une tête et demie de bétail, et que le rendement soit de 5,000 kilos de foin, estimé à 30 fr. les 1,000 kilos (puisqu'il n'y a aucuns frais pour le fauchage, le fanage et le transport), chaque vache restant au vert pendant 9 mois, coûtera en moyenne 2 fr. 57 par semaine.

5 veaux, nourris pendant 8 semaines, coûtent par jour :

		fr.	c.
1re semaine, 20 lit. lait par jour =	140 lit.		
2e — 25 —	175 —		
3e — 30 —	210 —		
Pendant les 5 autres semaines : 45 lit. par jour =	1575 —		
Pendant 8 semaines	2100 —		
de lait à $0^f,125$		262	50
Litière, 1 kilo paille par jour et par veau, ou 280 kilos, à 30 francs		8	40
Total		270	90

Produit.

	fr.	c.
20 vaches en stabulation donnent en moyenne par semaine :		
5,000 kil. fumier, à 6 fr. 50	33	»
Rapport de 10 vaches donnant par jour 12 lit. de lait = 120		
10 — 7 — 70		
20 donnent ensemble 190 lit.		
ou par semaine 1,330 lit., à $0^f,125$	166	25
Total	199	25
1,330 litres de lait donnent 221 lit. crème.		
1,105 litres de lait écrémé donnent 244 fromages blancs, à $0^f,05$	12	20
221 litres crème produisent $55^k,250$ beurre, à 2 fr. 50	138	12
Et 163 litres lait de beurre (pour la porcherie), à $0^f,025$	4	08
Total	154	40
5 veaux vendus à l'âge de 8 semaines :		
Dont 3 à 60 francs	180	»
Et 2 à 65 francs	130	»
500 kilos fumier, à 5 francs	2	50
Total	312	50

PORCHERIE

Dépenses.

	fr.	c.
Deux porcs prêts à engraisser, achetés 65 fr. l'un	130	»
Ces deux porcs devant être nourris pendant 90 jours, coûteront ensemble :		
Pendant les deux premiers mois. { 20 kil. pommes de terre cuites par jour, à 5 fr. les 100 kil. 1^{f},00		
2 litres avoine, grossièrement moulue, par jour, à 8 fr. l'hectolitre............... 0,16		
2 litres lait écrémé......... 0,20		
Eaux grasses (dont la valeur n'est pas comptée).		
Nourriture par jour......... 1^{f},36		
Pendant le troisième mois :		
16 kilos pommes de terre cuites, à 5 francs...................... 0^{f},80		
3 litres farine d'orge, à 18 francs.. 0,54		
3 litres lait écrémé............... 0,30		
Nourriture par jour................ 1^{f},64		
D'où il résulte, 60 jours à 1 fr. 36 = 81 fr. 60, et 30 jours à 1 fr. 64 = 49 fr. 20 .... = 130^{f},80		
L'engraissement des deux porcs coûtera donc..................................	130	80
Litière : 1 kil. 1/2 par porc et par jour : — pendant 90 jours = 70 kil., à 30 francs............ 8.10	8	10
Total.....	268	90

Produit.

	fr.	c.
Les deux porcs pesant ensemble 250 kilos, donnent :		
$87^{k}500$ viande { dont 42 kil. jambon, à 1 fr. 20........	50	|0
et $45^{k}500$ viande, à 1 franc........	45	50
102^{k},500 lard, à 1 fr. 30.............	133	25
22^{k},500 saindoux, à 1 fr. 60.........	36	»
Ens. $212^{k}500$		
8 pieds, à 40 cent........................	3	0
4 rognons, à 50 cent.....................	2	»
2 têtes, à 2 fr. 50......................	5	»
Le reste non compté.		
Total.....	275	3̃5

VOLAILLE

Dépenses.

40 poules et 2 coqs :
0^{f},025 nourriture par jour et par tête de volaille = 1^{f},05 par année.................. 3[illegible]3f,25

Dépenses pour 1 semaine.		fr.	c.
Du 1er au 7 juin.	4 lit. avoine ou criblures par jour, à 8 fr. 25, Par semaine..........	2	31
Du 5 au 12 octob.	4 lit. avoine ou criblures par jour, à 8 fr. 25, Par semaine..........	2	31
Du 9 au 16 janv.	8 lit. avoine ou criblures par jour, à 8 fr. 25, Par semaine..........	4	62
Du 6 au 13 avril.	4 lit. avoine ou criblures par jour, à 8 fr. 25, Par semaine..........	2	31
	Total pour 4 semaines.....	11	55

Produit.

Produit moyen :
70 œufs par année et par chaque poule = 2,800, à 7 francs.......................... 19[illegible]f,00
80 poulets vendus, à 1 fr. 25 .... 100^{f},00

Produit.		fr.	c.
Du 1er au 7 juin.	90 œufs recueillis pendant la semaine, à 6 fr. 00 le cent.	6	07
Du 5 au 12 octob.	57 œufs recueillis pendant la semaine, à 7 fr.......	3	99
Du 9 au 16 janv.	14 œufs recueillis pendant la semaine, à 7 fr. 50....	1	05
Du 6 au 13 avril.	56 œufs recueillis pendant la semaine, à 7 fr.......	3	92
	Total pour 4 semaines.....	15	03

MÉNAGE

DATES		DÉPENSES DE LA MAISON		TOTAL PAR JOUR fr.	c.	TOTAL PAR SEMAINE fr.	c.
Janvier	2	Nourriture pour 8 personnes (1) :					
		7 kilos pain, à 0f,24	1f,68				
		2 — viande de boucherie, à 1f,20	2,40				
		2 litres haricots, à 0f,40	0,80				
		3 — pommes de terre, à 0f,15	0,45				
		1 kilo 1/2 lard, à 1f,40	2,10				
		Légumes verts	0,80	10	73		
		Beurre et saindoux, pour la cuisine	0,50				
		Sel et poivre	0,10				
		4 litres lait	0,50				
		Épiceries	0,20				
		6 litres vin, à 0f,20	1,20				
		Dépense moyenne par semaine pour la nourriture		....	....	75	11
		Gages de la servante, à 15 fr. par mois	3f,75				
		Entretien et blanchissage du linge, par semaine.	1,15				
		Chauffage et bois pour la cuisine et le foyer —	2,76				
		Éclairage —	0,38				
		Entretien des meubles et ustensiles de ménage —	1,00				
		Habillement —	7,50	....	....	29	19
		Frais éventuels (visites de médecin, voyages, etc.) —	4,00				
		Menus frais (balais, cire, brosses, cirage, etc.) —	0,50				
		Contributions, assurances : 425 fr. environ par an, ou —	8,15				
		DÉPENSE TOTALE PAR SEMAINE		....	....	104	30

(1) Le personnel de la ferme se compose du père, de la mère, d'un enfant, de deux charretiers, d'une servante et en moyenne de deux journaliers.

P. JOIGNEAUX ET AD. LESNE.

CHAPITRE IV

DE LA CHASSE A TIR

La chasse est, de tous nos plaisirs, le plus salutaire, le plus fortifiant et le plus sain. Sans remonter à ces âges primitifs où tout homme devait demander à la chasse sa nourriture de chaque jour, il nous faut rendre hommage à cet excellent exercice qui fait le corps robuste et l'âme contente.

La chasse est un de ces délassements naturels et modestes à la portée de tous, et qui réjouit le fermier comme le grand propriétaire.

Le premier, son fusil à la main, visitera ses cultures, le second entretiendra à grands frais de nombreux équipages.

Parlons d'abord de la chasse à tir. Surtout sachons avant de chasser de quelles pièces se compose une arme de chasse.

Le fusil. — Nous ne ferons point l'historique de cette arme dont le nom vient du mot italien *focile*, qui s'applique tout à la fois au caillou et au briquet d'acier qui tire l'étincelle.

Nous ne décrirons pas les arquebuses *à rouet* et à systèmes divers; nous nous contenterons d'établir que les premiers fusils doubles à canons soudés datent de 1738, époque à laquelle Jean Leclerc de Paris fabriqua ces sortes d'armes.

Le fusil se compose de deux pièces principales :

Le canon,

La platine.

Le canon se compose de *l'âme*, ou vide intérieur, de la *bouche*, extrémité du canon, du *tonnerre*, partie renforcée du canon où est placée la charge, de la *culasse*, sorte de vis qui ferme le tonnerre, enfin de la *cheminée*. (Nous parlerons plus tard des fusils qui se chargent par la culasse).

La platine ne compte pas moins de douze pièces, savoir : le chien, la *noix* qui communique le mouvement au chien. La noix a deux crans, « le

Fig. 1592. — Platine.

cran de repos ou de sûreté et celui d'armement, petites entailles dans lesquelles s'engage le bec de la gâchette. »

On démonte et l'on monte le grand ressort de la platine à l'aide d'un instrument spécial qui se nomme monte-ressort.

Mais ce dernier détail est inutile au chasseur, nous donnerons uniquement les notions sommaires et indispensables.

Il y a trois espèces de canons de fusils : les uns dits de pacotille dont le prix est de 30 à 50 francs.

Puis les canons ordinaires provenant des fabriques de Liége et de Saint-Étienne qui coûtent de 70 à 250 francs.

Puis les armes de luxe dont les canons sont fabriqués par les armuriers de Paris.

Ces fusils reviennent au prix de 350 à 600 francs.

En vous faisant connaître les divers procédés de fabrication employés, vous apprécierez facilement les qualités de solidité et même de sécurité que possède chacune de ces armes.

« Le canon de fusil dit *de pacotille* s'obtient, selon M. d'Houdetot, à l'aide d'une barre de fer, de la longueur du canon et de la largeur du pourtour, que l'on soude au blanc en l'enroulant sur elle-même dans le sens de sa longueur. »

Le canon du fusil *ordinaire* diffère du premier « en ce qu'on enroule en spirale sur un moule une ou plusieurs petites bandes de fer ou même de fils de fer qui sont soudées par le procédé indiqué ci-dessus. »

Le canon de fusil *de Paris* est fabriqué avec le meilleur fer possible, c'est-à-dire « avec du fer de riblons provenant de rognures de tôle et vieux fers à cheval. » *Ce paquet* « est étiré au marteau en bandes de 1 mètre de long sur 4 centimètres de large, et 2 millimètres d'épaisseur. On forme un faisceau avec 25 de ces rubans, » que l'on étire de nouveau en une seule barre qui, repliée en double, est étirée pour la dernière fois en une bande plus ou moins étroite.

Cette barre, longue de 10 à 11 mètres, est partagée en deux parties égales que l'on roule sur un mandrin en spirales serrées.

S'il suffit d'essayer la couche d'un fusil de Paris et d'en faire sonner les platines, il n'en est pas de même du fusil de pacotille que l'on doit examiner attentivement avant d'en faire l'acquisition.

Notre chasseur en besogne d'acheter une arme agira sagement en faisant déculasser le fusil, afin d'examiner le tonnerre, l'épaisseur du canon et de se rendre compte qu'il n'existe ni fente, ni pailles dans le fer. Il regardera si les canons sont droits, bien polis et d'épaisseur égale à l'intérieur; si la cloison qui les sépare n'est pas d'une ténuité excessive.

Il est préférable de ne pas se montrer trop exigeant sur la monture du fusil, sur *la mise en bois* qui ne peut être d'un travail achevé à cause de la modicité du prix.

Donnez la préférence au fusil lourd sur le fusil trop léger; il est plus solide, n'en doutez pas, on épaule mieux une arme d'un certain poids.

D'ailleurs, tous les fusils provenant des principales fabriques de France, telles que celles de Saint-Étienne, Charleville, Tulle et Châtellerault, sont essayés sous les yeux d'un contrôleur délégué par l'État, au moyen d'une charge de poudre égale au tiers du poids de la balle de calibre.

Par exemple, le fusil dit du calibre seize, c'est-à-dire portant seize balles à la livre ou demi-kilogramme, recevra une charge d'essai de dix grammes quatre dixièmes, autrement dit deux cents grains de poudre, à peu près deux charges et demie ordinaires.

Les fabriques de Saint-Étienne et de Liége ont des marques que nous donnons ici :

Saint-Étienne porte au canon deux palmes croisées, .

Liége marque ainsi, (LG).

Les canons de Paris comme les autres armes de luxe se divisent en plusieurs catégories : canons tordus, canons à ruban et canons damassés.

Le canon tordu est fabriqué comme le canon ordinaire, avec cette seule différence qu'à mesure qu'on le forge on le serre à l'étau.

Le canon à ruban est de fabrication plus dispendieuse. Voici comment on procède : Après avoir façonné un canon mince et léger qu'on appelle la *chemise*, on roule en spirale autour de cette chemise une barre que l'on fait chauffer à plusieurs reprises. Quand le ruban est ainsi tourné, on le soude soigneusement et l'on fore le canon jusqu'à ce que la chemise soit complétement enlevée par les forêts.

« Le ruban moiré et le ruban dit anglais sont considérés comme les plus solides, parce qu'ils sont corroyés au marteau, ce qui conserve à l'étoffe tout son nerf. »

Les canons damassés sont faits d'une étoffe composée d'acier et de fer à peu près en parties égales. Afin d'obtenir un beau damas, on est obligé d'employer de très-petites baguettes, « que l'on tord extrêmement fin, ce qui rompt le nerf et lui ôte un peu de sa tenacité. » En somme, on s'accorde à préférer le canon à ruban au canon de damas.

Nous terminerons ces indications en transcrivant les marques des principaux canonniers de Paris :

Albert Bernard marque ainsi .

Léopold Bernard (LB).

André Godet .

Gastinne Renette (AR).

La monture du fusil, nous l'avons déjà dit, n'est que secondaire. Elle mérite toutefois une mention. Le meilleur de tous les bois employés à la confection des crosses de fusil est le noyer; il faut cependant que le bois destiné à cet usage soit découpé dans le droit fil et non dans la largeur, autrement la crosse serait facilement brisée.

La longueur de la crosse doit être proportionnée à la taille du tireur. Cependant, en principe, les crosses longues sont préférables aux courtes, et nous partageons l'avis des maîtres en cette matière qui recommandent les crosses droites, bien qu'il soit reconnu que les crosses recourbées amortissent le recul du fusil.

Ajoutons qu'un fusil lourd, long et de gros calibre est toujours supérieur à un fusil léger, court et de petit calibre.

Malgré notre prédilection pour le vieux fusil à baguette qui est le fusil du plus grand nombre des chasseurs, et qui, selon nous, pour bien des raisons, doit l'emporter sur tous les autres systèmes nouveaux, nous décrirons certains fusils à culasse mobile.

Pauly fut le premier qui fabriqua un fusil à culasse mobile, c'est-à-dire que la culasse faisant bascule découvre le tonnerre dans lequel on introduit les cartouches. Ensuite on remet en place la culasse qui recouvre hermétiquement le tonnerre.

Les fusils Robert et Pottet reposent, sauf de légères modifications, sur le même principe, c'est-à-dire sur la bascule de la culasse et la fixité du canon.

Le fusil Lefaucheux est le plus répandu. Dans cette arme la culasse reste adhérente à la crosse

Fig. 1593. — Fusil Lefaucheux.

et le canon fait bascule. Sous le tonnerre est une sorte de charnière qui se ferme ou s'ouvre au moyen d'un levier fixé à un boulon.

Le fusil Beringer ne diffère que fort peu du fusil Lefaucheux, et le levier, au lieu de se placer au-dessus de la garde, n'est autre que la garde elle-même qui tourne sur le boulon.

Le système Beringer est tout entier dans la façon dont est amorcée la cartouche.

Celle-ci, au lieu d'être à broche ou enflammée par le feu de la capsule placée sur la cheminée, porte un culot au milieu duquel est l'amorce.

Il serait trop long de décrire tous ces systèmes, ainsi que le fusil Édouard dont le canon tourne sur lui-même et se dégage de la culasse sans s'abaisser comme dans les fusils Lefaucheux ou Beringer.

Quoi qu'il en soit, tous ces perfectionnements, dont le principal avantage consiste dans l'usage de la cartouche, portent avec eux de grands désagréments.

En vain, nous objectera-t-on que la cartouche prévient de nombreux accidents occasionnés par l'inadvertance des chasseurs qui chargent leur arme avec la baguette.

En vain, nous fera-t-on remarquer la célérité avec laquelle on remplace les cartouches vides par de nouvelles tout amorcées.

Nous répondrons que tout chasseur expérimenté préférera toujours le fusil à baguette : 1° Parce qu'il aura plus de confiance dans le coup de fusil chargé par lui que dans la cartouche confectionnée par des femmes ou des enfants avec de la poudre de qualité douteuse ; 2° parce qu'il apprécie peu les quelques secondes qu'il perdra en chargeant son fusil au moyen de la baguette.

Nous ne voulons compter pour rien l'ennui de se faire suivre en tous lieux d'une provision énorme de cartouches, et nous conseillons au chasseur rustique qui ne possède qu'un fusil de le choisir à baguette et non à culasse mobile.

Il est évident que le fusil à système est préférable pour les commençants ou dans les chasses en battue où l'on tire très-souvent. Nous ne voyons donc pas d'inconvénient à ce que le fusil à bascule figure dans l'équipement d'un chasseur dont le budget comporte plusieurs fusils, quoique toutes nos sympathies, répétons-le encore, soient acquises au vieux fusil à baguette.

Les munitions.—Il nous faut à présent charger notre arme et nous occuper des objets nécessaires pour l'emploi du fusil.

Ces objets sont la poudre, le plomb, les bourres et les amorces ou capsules.

La poudre est un mélange de charbon, de soufre et de salpêtre (nitrate de potasse). Le salpêtre entre dans la composition de la poudre pour 78 parties, le charbon pour 12 et le soufre pour 10.

Que la poudre ait été connue dans l'antiquité et que les Orientaux et les Chinois l'aient possédée avant nous; peu nous importe; mais on s'accorde généralement à attribuer à Bacon, en 1216, la première notion de cette composition dont la découverte certaine date de 1320, et fut irrévocablement trouvée par le moine allemand, Berthold Schwartz.

La meilleure poudre de chasse est celle qui s'enflamme instantanément sans laisser le moindre résidu. La poudre commune a moins de force que la poudre superfine, mais cette dernière encrasse davantage le fusil. Selon les indications d'Elzéar Blaze, nous avons obtenu d'excellents résultats en mélangeant soigneusement en parties égales la poudre commune et la poudre superfine.

Nous préférons même ce mélange aux poudres anglaises ou suisses.

La poudre-coton ne saurait être employée soit à la chasse soit à la guerre.

Vous choisirez la poudrière qui vous semblera la plus commode, mais autant que possible celle dont le dé ou récipient contenant la charge sera bien gradué afin que vous sachiez toujours exactement la quantité de poudre dont vous vous servez.

La qualité du plomb est facile à constater. Le plomb le plus rond et le plus uniforme sera le meilleur, les fabricants ont donné un numéro d'ordre correspondant à chaque diamètre de plomb. Quoique le numérotage du plomb varie selon les pays, nous donnerons le mode le plus usité.

Ainsi le plomb du plus gros diamètre après les balles et les chevrotines est désigné sous le numéro triple zéro (000). Viendra ensuite le double zéro, puis le zéro, le 1, le 2, le 3, qui sont d'un diamètre plus petit à mesure que le chiffre s'élève.

Les numéros ci-dessus, ne sont employés que pour tuer les loups, les chevreuils ou les oies et canards sauvages.

Le plomb numéro 4, est le plomb dont on se sert à la chasse du lièvre.

Les numéros 5 et 6 sont en usage dans l'arrière-saison pour la perdrix.

Les numéros 7, 8 et 9 sont préférables en primeur pour toute espèce de gibier de plume.

Le 9 est un numéro excellent pour tirer la bécassine et même la bécasse sous bois.

Les 10, 11 et 12, que l'on appelle aussi *cendrée*, sont réservés aux petits oiseaux, grives, alouettes, moineaux, etc.

Inutile d'ajouter que le gros plomb a une portée plus grande que le petit, mais ce dernier fournissant plus de grains et laissant moins de vide, il y a avantage à se servir de petit plomb toutes les fois que la distance du tir n'est pas trop éloignée.

On proportionne la quantité de poudre et de plomb selon le calibre du fusil. M. d'Houdetot nous fournit le renseignement suivant sur la charge qui doit être employée.

CALIBRES.	POUDRE.	PLOMB.
24	55 grains ou 2g,08	23g,00 ou 3/4 d'once
20	65 — 3 ,03	30 ,05 ou 1 once
18	70 — 3 ,07	32 ,03 ou 1 once 1/3
16	75 — 3 ,09	37 ,00 ou 1 once 2/8
14	80 — 4 ,02	40 ,09 ou 1 once 3/8
12	90 — 4 ,07	45 ,07 ou 1 once 1/2

Si au lieu de plomb vous faites usage de grenaille de fonte, vous saurez que cette fonte de fer moins dense que le plomb a moins de portée, en outre, qu'elle détériore les armes en les rayant.

Peu importe de quel système soit votre sac à plomb, pourvu qu'il vous plaise et que vous connaissiez la charge que contient le dé.

Les bourres ont aussi leur importance; elles devront remplir hermétiquement le canon du fusil et être assez épaisses pour maintenir une séparation complète entre la poudre et le plomb. Les meilleures bourres que nous ayons expérimentées et que nous recommandons, sont les bourres de feutre découpées à l'emporte-pièce et légèrement grasses que nous plaçons sur la poudre. Nous nous contentons de tasser le plomb avec une simple bourre de papier brouillard.

La bourre, dite grasse, a l'avantage d'entraîner la crasse du fusil, elle est épaisse et empêche le plomb de se mêler à la poudre ; la bourre de papier qui consolide la charge de plomb n'offre pas une trop grande résistance et complète cet excellent système.

Il faut savoir aussi que la filasse et les bourres de papier qui adhèrent à la poudre, ont l'inconvénient de s'enflammer et de causer quelquefois des incendies. Le feutre et surtout les bourres grasses ne s'enflammeront jamais.

Les capsules de cuivre qui contiennent la poudre fulminante, autrement dit, le fulminate de mercure, doivent être de bonne qualité. Souvent des éclats de cuivre lancés par la poudre fulminante causent de cuisantes blessures, soit au visage, soit aux mains. Afin de prévenir ces accidents, il faut d'abord que le chien du fusil recouvre entièrement la cheminée, puis que la capsule sorte d'une bonne fabrique.

La carnassière mérite d'être mentionnée, non pour sa forme mais à cause des menus objets qu'elle doit renfermer par précaution. Placez en première ligne le tourne-vis avec une ou deux cheminées de rechange, une boîte d'amorces, un couteau et surtout en temps chaud le flacon d'ammoniaque liquide, plus connue sous le nom d'alcali volatil, indispensable dans les pays où abondent les vipères.

Le permis de chasse, le chiffon de laine enduit de suif, la tasse de cuir bouilli, tout cela doit avoir sa place dans le carnier, et si vous ajoutez le pain et le jambon, vous serez complétement équipé. Mais avant d'ouvrir le feu, il s'agit de charger son fusil et de connaître les premiers éléments du tir.

Le tir. — Si vous êtes muni d'un fusil à bascule, vous introduisez deux cartouches dans le tonnerre, et l'opération est terminée. Quand vous le déchargerez, à l'aide d'un crochet vous retirez les cartouches, mais il faut prendre plus de précautions pour charger ou décharger un fusil à baguette.

Avant de partir, vous *flamberez* votre fusil, c'est-à-dire vous glisserez une demi-charge de poudre dans chaque canon, vous amorcerez et vous tirerez votre arme afin de vous assurer que l'orifice des cheminées n'est pas bouché.

Puis vous mettrez, selon le calibre de votre arme, la charge indiquée en ayant soin de ne pas fouler trop les bourres, même celles qui compriment la poudre. Car par cette pression les grains de poudre sont réduits en pulvérin qui s'enflamme difficilement. Quant à la bourre qui retient le plomb, il suffit de la tasser doucement.

Le fusil étant chargé, il convient seulement à ce moment de placer les capsules sur les cheminées. Les fusils amorcés avant que d'être chargés ont causé de graves accidents à maints chasseurs inexpérimentés.

De même, lorsque vous voudrez décharger votre arme au moyen du tire-bourre, ayez soin non-seulement d'ôter les capsules, mais de retirer soigneusement la poudre fulminante adhérente aux cheminées et même par excès de précaution placez un chiffon de laine ou de papier entre les cheminées et les chiens abaissés.

Tirer le fusil n'est pas chose bien difficile, mais le premier précepte que nous croyons devoir donner au commençant est de *bien épauler* son arme, c'est-à-dire d'appuyer avec force le fusil contre l'épaule. Dans ce but, un grand nombre de chasseurs se servant de fusils lourds et de gros calibres font adapter un peu en avant de la sous-garde une sorte de champignon ou de poignée nommée *béquille*, qui, tout en préservant la main dans le cas où les canons viennent à éclater, affermit l'arme dans les bras du tireur. Quand vous aurez mis le fusil en joue, il faut, pour atteindre le but, que quatre points soient sur la même ligne savoir : l'œil droit, le tonnerre, le guidon ou bout du fusil, puis le but, c'est-à-dire la pièce de gibier.

Ces quatre conditions étant remplies, pressez la détente graduellement et sans secousse, vous avez des chances de ramasser un lièvre, un perdreau ou un moineau.

Il y a certaines indications sûres qui vous feront connaître quand le gibier est à portée. Si vous distinguez facilement une partie quelconque d'un lièvre, faites feu, vous le roulerez, pourvu que votre plomb le couvre.

Si vous pouvez remarquer la couleur du plumage d'un perdreau, tirez, l'oiseau est à portée.

Quand une pièce de gibier passe de droite à gauche, c'est-à-dire en travers, visez à la tête ou à quelques centimètres en avant. Selon la distance plus ou moins éloignée, vous viserez plus ou moins en avant. En battue par exemple, lorsque les perdreaux volent à tire-d'aile, visez un demi-mètre en avant de la tête.

Lorsqu'un lièvre file devant vous, visez entre les deux oreilles ; lorsqu'il arrive sur vous, ajustez l'extrémité des pattes de devant.

Une perdrix ou une caille que l'on tire *en cul* doit être visée en plein corps. D'ailleurs, faites comme il vous plaira, et si, sur vingt coups de fusil bien comptés, vous abattez quinze pièces, vous n'avez pas besoin de conseils, vous êtes un vrai chasseur.

Nous compléterons ces renseignements en disant quelques mots du tir à balle. Il est démontré qu'un fusil de chasse ordinaire chargé d'un demi-coup de poudre porte la balle avec plus de précision que s'il eût reçu la charge entière employée pour le plomb. Dans les armes rayées où la balle forcée glisse sur des rainures pratiquées dans le canon du fusil et intercepte l'air, il suffit d'une quantité de poudre beaucoup moindre. « Si la charge était égale à celle du fusil de chasse, le recul serait insupportable. » Quand on emploie à la chasse des balles trop petites pour le calibre, on les enveloppe de papier ou de linge plutôt que de laisser le projectile ballotter dans le canon.

Mais de toutes les recommandations énoncées jusqu'ici, la plus importante a pour but de vous engager à prendre le plus grand soin de votre arme et de l'entretenir en bon état.

Ainsi, il faut poser en principe qu'un chasseur ne doit pas tirer plus de vingt à vingt-cinq coups sans laver son fusil, c'est-à-dire les canons du fusil.

Après avoir ôté la coulisse qui assujettit le canon dans la monture, on plonge le fusil dans un vase plein d'eau chaude. On introduit dans les canons une baguette en bois dont l'extrémité est enveloppée d'un tampon de laine, on passe plusieurs fois cette baguette dans l'intérieur des canons, puis on laisse égoutter en mettant la bouche en bas. On essuie ensuite avec des linges secs.

Puis on frotte l'extérieur des canons avec un chiffon gras imprégné de suif plutôt que d'huile. M. d'Houdetot recommande la composition suivante.

« Prendre un demi-kilogramme d'huile d'olives de bonne qualité et un quart de kilogramme de graisse de mouton, faire fondre la graisse, la passer à travers un linge un peu clair, la mêler immédiatement après avec l'huile jusqu'à ce qu'elle ait la consistance d'une pommade blanche. »

Si quelques taches de rouille piquent le canon, on se sert pour enlever ces taches d'émeri pulvérisé ou de grès pilé imbibé d'huile et placé sur de petites spatules de bois tendre.

Contentez-vous, si les batteries ne font pas entendre un bruit net et sonore, de les essuyer afin d'enlever l'huile vieillie, puis de passer sur les platines une brosse enduite d'huile de pied de bœuf.

Surtout ne démontez jamais les cheminées, vous usez le pas de vis inutilement.

Quant à vous indiquer de quelle façon vous devez vous vêtir, je m'abstiens. Faites choix de la veste ou de la blouse, c'est votre affaire.

LE CHIEN D'ARRÊT.

Un bon chien d'arrêt est le plus utile auxiliaire du chasseur à tir.

Les chiens d'arrêt reçoivent aussi la dénomination de chiens *couchants* et de chiens *fermes*, pour les distinguer des chiens courants qui poursuivent au galop le gibier de poil, tandis que le chien d'arrêt éventant le plus petit oiseau signale la présence du gibier en demeurant immobile, pétrifié, cherchant pour ainsi dire à fasciner sa victime.

On reconnaît aujourd'hui quatre races primitives de chiens d'arrêt, l'épagneul, le braque, le griffon et le barbet, qui descendent d'après certains auteurs des chiens d'*oysel*.

Nul ne sait exactement comment ont été créées ces races précieuses. Elles sont cependant d'origine toute moderne, car l'usage du chien d'arrêt n'a pu commencer qu'avec les premiers fusils et sous le règne de Louis XIII, le premier chasseur qui tira le gibier au vol.

Nous verrons plus loin la formation des premières races de chiens courants dont parle Xénophon lui-même, et après lui une longue suite de veneurs. Quant à nos chiens d'arrêt, le plus grand mystère plane sur leurs ancêtres.

On s'accorde généralement à dire que les chiens d'arrêt nous sont venus d'Espagne, et cependant les races françaises ont été de tout temps les plus célèbres.

Les Anglais, eux aussi, qui ont conservé purs nos vieilles et excellentes races, prétendent, à cause de son nom, que l'épagneul est originaire d'Espagne.

L'épagneul. — L'épagneul est ce beau chien aux longues soies souples et luisantes, à l'oreille longue et soyeuse, au museau allongé, à l'œil doux, aimable, intelligent.

L'épagneul est docile et moins emporté que le braque, il croise en quêtant devant le chasseur, il aime à buissonner et ne craint pas l'eau. Toutefois son épaisse fourrure le surcharge et le fatigue au point d'altérer son odorat pendant les grandes chaleurs des beaux jours de septembre.

L'épagneul convient principalement dans les pays couverts, boisés et marécageux.

Il y a plusieurs variétés d'épagneuls.

Ceux venant d'Espagne ne sont nullement recherchés.

Les épagneuls français sont moins renommés que les braques, ils sont de taille moyenne, sous poil blanc marqué de taches couleur marron.

Certains épagneuls français ont le nez fendu par une forte gouttière, et sont dits *chiens à double nez*. Cette famille ne jouit d'aucune supériorité sur la race commune.

Fig. 1594. — Setter anglais.

Les épagneuls d'outre-Manche, connus sous le nom de *Setters*, probablement parce qu'ils ont coutume de marquer l'arrêt en se couchant, se sont acquis une réputation méritée.

On remarque en Angleterre cinq races de setters bien distinctes, savoir :

Le setter dit anglais, blanc et noir marqué de petites taches noires sur les pattes et sur le museau.

Le setter d'Irlande, dont la couleur primitive était rouge (*red colour*), c'est-à-dire fauve.

Le setter d'Écosse, aux longues soies blanches

et orangées et dont le corps disparaît sous une épaisse toison.

Le setter noir et feu (*black and tan*), qui forme une famille séparée.

Enfin le petit setter blanc et orangé, de taille très-exiguë et en tout gros comme un basset; c'est la race des *Cockers* spécialement destinés à chasser la bécasse (*Woodcock*) et le faisan.

Le braque. — Le braque est de plus haute taille que l'épagneul de grande race; il a le poil

Fig. 1595. — Braque français.

ras, la tête forte, les oreilles petites, souples et pendantes, l'œil vif, mais petit, le museau carré, les narines ouvertes, la gueule large et bien armée, le cou peu allongé, le corps compacte, la poitrine large, le rein court et bombé, les pattes larges et solidement attachées.

Le braque brille par sa légèreté et sa vigueur, sa finesse d'odorat et sa quête magnifique d'ardeur.

Sa taille varie de dix-huit pouces à deux pieds et demi, c'est-à-dire de $0^m,50$ à $0^m,83$. La chaleur ne l'incommode point, et c'est dans les plaines qu'il faut l'employer de préférence.

Les braques français de race pure sont blancs, marqués de nombreuses taches brunes.

La plus estimée de toutes les races de braques est celle dite *Dupuy*, qui est pour ainsi dire introuvable aujourd'hui. On reconnaît les rares animaux de la race Dupuy à leur grande taille, à l'oreille papillotée, à la couleur marron foncé des taches et à certaines petites mouchetures placées sur les pattes.

Il y avait aussi autrefois les braques à double nez et les braques sans queue dont on faisait grand cas; mais nos chasseurs insoucieux, en croisant les races de chiens à l'aventure, n'ont pas su conserver dans sa pureté une seule variété.

Depuis plus de trente ans, il s'est formé dans les environs de Paris une certaine race de braques, dite race de Saint-Germain. Ces chiens blancs et orangés ont pour ancêtres deux chiens anglais, l'un nommé *Néron* appartenant à M. Rieussec, célèbre éleveur de chevaux de pur sang, l'autre à M. le comte de Girardin, premier veneur sous le règne de Charles X.

Aujourd'hui, la race dite de Saint-Germain est déjà dégénérée; la plupart de ces chiens étriqués

Fig. 1596. — Pointers anglais.

ont les membres grêles, les reins longs et mal attachés. Les uns ont le museau allongé, les autres l'ont carré.

Les Anglais possèdent une excellente race de braques qu'ils désignent sous le nom de *pointers*, parce que ces chiens arrêtent de pointe, *los de punta*, ceux de pointe, dit Alonzo de Espinar, en parlant des braques. Ces mots espagnols prouveraient que les Anglais eux-mêmes ont importé d'Espagne leurs fameux pointers. D'ailleurs, d'après Blaine, le pointer aurait reçu un croisement et serait sorti de l'accouplement d'un chien braque et d'une chienne à renard (*fox hound*); le fameux pointer Dash, peint par Gilpin, provenait de ce croisement. On raconte que le colonel Thornton consentit à vendre à sir Richard Symons, l'illustre Dash, moyennant cent soixante livres sterling (4,000 francs) payables en vin de Champagne et de Bourgogne, de plus une pièce de vin de Bordeaux, un excellent fusil et un pointer.

Le colonel s'engageait, en cas d'accident survenu au chien, à le reprendre pour 50 guinées. A quelque temps de là, Dash se cassa la patte et le colonel reprit son chien avec joie. Dash est, dit-on, le père d'une famille de pointers très-renommée en Angleterre. Quant à nous, nous pensons que le pointer n'est autre que l'excellent braque français conservé pur par nos voisins. C'est dans le but d'exalter et non de diminuer l'intelligence pratique des chasseurs anglais que nous faisons cette remarque. Nous le reconnaissons avec plaisir, les chasseurs anglais ont bien mérité de tous leurs confrères.

Les pointers anglais sont divisés en trois races : la grande race, la moyenne et la petite. La couleur la plus en vogue est la couleur marron, mais il y a d'excellents chiens dont le poil est blanc et noir ou même fauve.

Le chien griffon. — Le griffon ressemble beaucoup au chien de berger dont il est, dit-on, un dérivé. Il a le poil long, peu frisé et peu touffu, les oreilles à demi pendantes et plus courtes que celles des braques. Ses yeux intelligents brillent au milieu des longues mèches qui les cachent presque entièrement. Sa tête est plus ronde que longue.

Il est fidèle, mais difficile à dresser; protégé par sa forte toison, il pénètre au milieu des ronces et des ajoncs les plus redoutables, il excelle à la chasse au marais. Les griffons sous poil fauve ou blanc et fauve sont les plus recherchés, et cependant nous avons vu un certain griffon noir nommé Saladin, dont la carrière fut une brillante carrière de chien. Il aurait pu rivaliser avec le plus célèbre setter des trois royaumes.

Le barbet. — Le barbet n'est autre que le

Fig. 1597. — Barbet.

chien caniche. Il a la tête ronde, le museau court, les poils frisés, le corps gros, court *et près de terre*, les oreilles larges et pendantes. Il est très-intelligent et rapporte fort bien; mais il quête lourdement, et quoique doué d'un odorat exquis, il arrête difficilement. Il est particulièrement propre à la chasse au marais.

Quoiqu'en disent certains auteurs anglais, nous estimons que le *retriever* n'est autre qu'une variété du barbet.

Le retriever est un chien en tout semblable au barbet, et que les chasseurs d'outre-Manche dressent uniquement à rapporter le gibier. On prétend que le retriever, traduisez *le retrouveur*, a pour ancêtres l'épagneul et le chien de Terre-Neuve, ou bien l'épagneul et le chien caniche. Il vaut mieux dire naïvement que le retriever est le barbet perfectionné et façonné au point de vue de la chasse.

Dressage des chiens d'arrêt. — Le chien d'arrêt est beaucoup plus facile à élever que le chien courant. On trouvera plus loin le mode d'élevage et quelques notions générales sur le choix des lices, sur l'accouplement, l'hygiène et les maladies des chiens.

La seule nourriture qui convienne aux chiens d'arrêt est la soupe faite soit de pain d'orge, soit de pain de meilleure qualité. Il faut éviter de donner de la viande et surtout des os aux chiens d'arrêt, on prétend que cette habitude de ronger les os les dispose à serrer le gibier en le rapportant, autrement dit, leur rend la *gueule dure*.

Le dressage du chien d'arrêt est chose de longue durée et requérant beaucoup de patience Tous les chasseurs s'accordent pour diviser l'éducation du chien en deux parties. La première consiste à apprendre de bonne heure au jeune élève à marcher en laisse, à revenir promptement au commandement du maître, finalement à rapporter.

La seconde ne commence qu'à l'âge d'un an révolu, époque à laquelle on mène le chien dans la plaine pour lui faire connaître le gibier, le faire quêter et ensuite arrêter.

On habitue le jeune chien à marcher en laisse très-facilement; afin de le faire revenir au commandement, on l'appelle souvent par son nom, et chaque fois qu'il obéit on lui donne quelques menues friandises. Lorsqu'il refusera d'arriver à votre appel, s'il est en plaine, gardez-vous de vouloir le saisir et de lui courir sus, il vous évitera et saura du même coup qu'il peut vous fuir et se mettre hors de votre atteinte. Il s'agit enfin de dresser le jeune chien à rapporter, et autant que possible il faut lui faire prendre cette habitude dès le plus jeune âge, et presque en jouant.

On jette au petit chien une grosse pelote de coton qui étant ronde roule devant lui. Le petit chien court sur cette pelote, s'en saisit, et lorsqu'il la tient on l'appelle par son nom en criant *apporte*. On renouvelle plusieurs fois par jour cet exercice, en ayant soin de ne pas trop le répéter et de ne pas lasser le jeune chien, puis on passe à l'épreuve du *chevalet* qui, malgré son nom, n'a aucune analogie avec les tortures de l'inquisition.

Le chevalet est un morceau de bois de la grosseur du pouce, long de $0^m,45$ à $0^m,50$, traversé à chaque extrémité par deux chevilles également en bois qui le soutiennent à $0^m,06$ de terre afin que le chien puisse le saisir facilement avec la gueule. On a soin d'envelopper le bois du chevalet de linge ou d'étoupe. Si le chien montrait quelque répugnance à se saisir du chevalet, il faut alors introduire le bâton dans la gueule du chien, le retenir de la main, ensuite lui dire « apporte ». De cette manière, votre élève comprendra ce que vous lui demandez. Dans le cas où la désobéissance et l'entêtement du chien opposeraient une vive résistance à vos leçons, vous aurez recours aux grands moyens, c'est-à-dire au collier de force.

Le collier de force est garni de pointes en fer à l'intérieur; ces pointes pénètrent dans la peau du cou lorsque par une saccade on veut infliger au chien un châtiment. De tous les colliers de force, le meilleur et le moins dur est celui qu'Hartig nomme en allemand le *collier de corail*, formé de petites boules en bois traversées de pointes aiguës, mais courtes. Ces boules, percées au milieu, sont réunies entre elles par une corde comme les balles d'un épervier.

Dès que le chien aura pris l'habitude de rapporter sans hésiter le chevalet, on lui fait rapporter du gibier mort, des perdrix, des lapins, des cailles.

Mais la leçon la plus efficace que l'on puisse donner à un jeune chien auquel il faut apprendre à rapporter est de faire rapporter, en sa présence, le chevalet ou la pelote à un chien déjà dressé. Le jeune voudra imiter le vieux, il essaiera de devancer son maître d'école et arrivera toujours trop tard pour saisir le chevalet; on retiendra alors le moniteur, et l'élève prendra et rapportera triomphalement, par imitation, l'objet qu'on lui aura jeté. Certains chasseurs désirent que leurs chiens, après avoir rapporté, s'asseyent et leur remettent ainsi le gibier dans la main, cela est inutile. Ce qui est bien autrement important, c'est que le chien n'ait pas la *dent dure*, qu'il ne serre pas entre ses dents les cailles ou les perdreaux au point d'en faire sortir les intestins. Pour corriger ce défaut, on recommande de placer des épines ou des aiguilles à tricoter qui traversent la pièce de gibier de manière à piquer le chien qui voudrait étreindre dans sa gueule le perdreau ou la caille ainsi accommodé. La leçon des aiguilles n'a jamais corrigé beaucoup de chiens.

Il est plus facile d'empêcher un chien de manger le gibier que d'avoir la dent dure. Il suffit lorsque le chien se précipite sur le gibier pour le manger de lui donner plusieurs corrections sévères, et l'on parvient à lui faire perdre cette déplorable habitude. Mais le chien qui serre le gibier comprendra difficilement le défaut qu'on lui reproche, les coups de fouet lui indiqueront qu'il ne doit pas rapporter, et faute de moyen de s'entendre, il continuera à *s'assurer si les perdreaux ont du jus* comme disent les chasseurs. Quelques auteurs prétendent qu'en faisant rapporter aux chiens beaucoup de gibier d'eau, l'habitude qu'ils ont de ne saisir ce gibier qu'avec répugnance et du bout des lèvres fera qu'ils rapporteront les perdreaux avec plus de délicatesse. Il faudrait donc, afin que les chiens eussent la *dent douce*, commencer leurs premières leçons en leur faisant rapporter du gibier d'eau. Pour nous, nous conseillons à tout chasseur possédant un chien qui endommage le gibier, d'empêcher ce chien de rapporter, c'est plus simple. Mais, supposons que notre élève soit déjà très-fort sur la théorie, que son éducation première soit faite, qu'il sache obéir, revenir à la voix de son maître, rapporter et surtout que sur le mot *à terre*, il se couche sur-le-champ.

Ce commandement, que les Anglais affectionnent et auquel tous leurs chiens obéissent instantanément au mot « *down* » qui veut dire « à terre », est d'une utilité indispensable, nous ne saurions trop le recommander.

Enfin, nous allons commencer l'éducation pratique et conduire notre chien dans la plaine. Il est inutile de dire que déjà, plusieurs fois, nous avons traversé quelques champs en compagnie du jeune chien. Il a déjà fait lever quelques alouettes et même quelques perdrix, et nous avons vu que le fumet du gibier excitait son ardeur. Si, ce qui arrive assez souvent, le jeune chien arrête d'instinct soit les alouettes, soit les petits oiseaux, le dressage sera de beaucoup abrégé, et nous n'aurons plus qu'à lui apprendre à « connaître son gibier, à quêter et arrêter *à patron* ». Si, au contraire, il se plaît à faire voler les oiseaux et à les poursuivre, procédons sagement et avec lenteur.

Il faut prendre une perdrix vivante, et après l'avoir attachée avec une ficelle, la faire courir au milieu d'un champ soit en labour, soit nouvellement dépouillé de sa récolte. Lorsque la perdrix aura tracé plusieurs voies, elle se blottira et vous irez chercher votre jeune élève et votre fusil. Vous l'amènerez non loin de la place où vous avez déposé la perdrix, et vous l'encouragerez à quêter en lui disant, *allez, cherche*. Si vous remarquez qu'il court inconsidérément sur la piste sans prudence ni précaution, vous lui mettrez le collier de force et vous prendrez, dans la main, le cordeau qui pend au collier. Aussitôt que le chien indiquera qu'il a connaissance de la voie de la perdrix, vous lui crierez « bellement », et s'il persiste à vouloir courir, vous donnerez une saccade en répétant *tout beau, tout beau*. Enfin, lorsque vous verrez que le chien n'est plus qu'à quelques pas de la perdrix, vous redonnerez une saccade en criant une seconde fois *tout beau*, afin de clouer en place le chien et de lui faire marquer l'arrêt. Puis, tournant tout autour du chien, vous prendrez la perdrix et la lui ferez voir et sentir. Ensuite, vous cacherez la perdrix dans une de vos poches, vous vous éloignerez de la place où vous avez donné cette première leçon, et, laissant tomber à terre la perdrix à l'insu de votre chien, vous recommencerez la même manœuvre jusqu'à ce qu'il arrête sans avoir été prévenu par la saccade donnée au collier de force. Sitôt qu'il aura arrêté de lui-même, vous aurez soin de le récompenser en tuant la perdrix devant son nez, et en la lui faisant rapporter.

Après cet exploit il vous est permis de vous élancer à travers la campagne, mais à bon vent, c'est-à-dire le vent en face. Afin de laisser votre chien dans une crainte salutaire, vous ne le débarrasserez pas du collier de force dont le cordeau, au lieu d'être dans votre main, traînera sur le sol.

Vous modérerez l'ardeur de votre élève en lui disant de temps en temps « doucement ! » puis, s'il persiste à s'emporter, vous l'arrêterez en mettant le pied sur le cordeau. Enfin Médor est en arrêt. Appelons-le Médor, ce nom est classique. Il s'agit de tuer la pièce de gibier, afin de prouver au chien que, si c'est lui qui trouve le gibier, c'est vous qui le tuez, c'est vous qui lui donnez le plaisir de prendre ce perdreau dans sa gueule, de jouir dessus et de le rapporter. Il est même préférable au premier arrêt de tirer le gibier par terre; cela *confirme* le chien et le rend plus ferme; mais si, du moins, vous ne pouvez découvrir le perdreau ou le lièvre à terre, ne le manquez pas au vol ou au déboulé. « Le bon chasseur, dit le proverbe, fait le bon chien. » Vous avez tué un ou deux perdreaux, votre chien les a rapportés. Alors vous vous servez du gibier encore chaud pour donner une nouvelle leçon à Médor. Vous laissez tomber un perdreau, puis vous revenez vers cette pièce toujours à bon vent en encourageant votre chien. Celui-ci marque un nouvel arrêt, vous tirez en l'air et vous dites « apporte » ; le chien en effet trouve et apporte le perdreau, il est de plus en plus content de lui et content de vous. Médor arrête bien, et quand le perdreau part et tombe, il le rapporte comme un vieux chien, mais si, au lieu d'un perdreau, c'est une compagnie qui s'envole, Médor s'emporte et court sus aux perdrix ou même, dès que la pièce s'enlève, il se précipite et se permet de *courir sous l'aile*. On le corrigera de ce défaut d'abord en le rappelant sévèrement, puis en marchant sur le cordeau et en imprimant une saccade au collier de force. Si cela ne suffit pas, après l'avoir arrêté avec le collier de force, on le châtie à coups de fouet; enfin les gardes et certains chasseurs prétendent que le moyen le plus sûr d'empêcher le chien de courir sous l'aile, autrement dit de le *raccourcir*, est de lui tirer en cul un coup de fusil chargé de cendrée. Ce moyen est souvent dangereux et toujours cruel, nous ne l'approuvons pas. Il est du reste des chiens de caractères divers, les uns turbulents, indomptables, qu'on ne peut réduire que par la violence et à l'aide du collier de force, d'autres au contraire sont timides, craintifs et même boudeurs, il faut les traiter avec douceur et éviter de les rudoyer. Quand le chien est en arrêt et que le gibier tient au point de ne pas vouloir s'enfuir, gardez-vous, à l'exemple de certains chasseurs, de commander à votre chien d'avancer en lui criant *prends, pille*. C'est ainsi que l'on apprend au chien à *forcer* l'arrêt et à courir après le gibier sur lequel il s'est précipité. Si le gibier (cailles ou perdreaux) est encore éloigné du chien, si le gibier court devant lui, le chien doit le pister avec prudence en rampant et en arrêtant de temps à autre; il faut calmer l'ardeur du chien par ces mots « bellement, tout beau », et non l'exciter. A la chasse au marais, après avoir marqué l'arrêt, il est bon que le chien poursuive brusquement le gibier qui, surtout en primeur, filerait dans l'épais fouillis de plantes aquatiques et ne prendrait pas son vol. Aussi conseillerons-nous à nos lecteurs de ne conduire au marais qu'un vieux chien sage et bien dressé. Un jeune chien y serait inutile ou y contracterait l'habitude de forcer.

Médor, notre élève, *est ferme à l'arrêt comme un pieu*, et ne s'emporte plus en courant soit après les perdrix soit après les lièvres; il revient au premier coup de sifflet. Il devient opportun de lui apprendre à quêter, c'est-à-dire à chercher le gibier en battant la plaine devant le chasseur. Il faut craindre que le chien ne s'habitue à marcher tout droit en avant sans fouiller à droite et à gauche et ne prenne ce que l'on appelle la *quête de loup;* afin d'indiquer au chien la manœuvre qu'il doit faire, de la main le chasseur lui fait signe d'aller tantôt d'un côté tantôt de l'autre, il le rappelle et lui montre un buisson, quelques fougères, que le chien flaire et où il trouve du gibier. Joignant l'exemple au précepte, le dresseur aura soin de fouler le champ en tous sens, d'aller, de revenir sur ses pas; le chien imitera son maître et finira par s'accoutumer à battre la plaine en zigzags et à croiser, comme il convient, à quinze ou vingt pas devant le chasseur. Les uns veulent que le chien quête le nez haut, comme les pointers ou les braques français, afin de saisir le moindre fumet que le vent apporte, d'autres au contraire préfèrent que le chien quête le nez près de terre comme le *choupille* ou l'épagneul français. Chaque système a ses défauts et ses avantages. Les chiens qui chassent le nez haut battent plus de terrain et trouvent plus de gibier que ceux qui ont le nez en terre et croisent sous le canon du fusil de leur maître. Mais les premiers, dans leur quête, s'éloignant d'ordinaire du chasseur, font lever souvent le gibier hors de portée, tandis que les seconds, ne marqueraient-ils point l'arrêt, sont toujours assez près du chasseur pour que celui-ci puisse tirer. Je couperai court à ces considérations qui seraient interminables en disant que, pourvu que le chien quête avec ardeur et soit d'une obéissance parfaite, il faut donner la préférence au chien qui chasse le nez haut et qui l'a bon, parce qu'il trouvera toujours plus de gibier, ce qui est le point important. D'ailleurs, il faut savoir distinguer le chien qui convient à chaque pays. Le pointer aux grandes allures sera improprement employé au bois ou au marais, le griffon ou l'épagneul fera triste figure en plaine par une chaude journée d'ouverture. « Vérité en deçà, erreur au delà : » c'est surtout à la chasse qu'il faudrait appliquer cette phrase de Montesquieu.

Néanmoins tous les chasseurs s'accordent à dire que, pour faciliter la quête du chien, on doit marcher à bon vent, c'est-à-dire contre le vent. De cette façon, les émanations du gibier arriveront avec la brise à l'odorat du chien, tandis que si le chasseur et le chien s'avançaient ayant le vent dans le dos, le fumet du gibier enlevé par l'air serait insaisissable.

En Angleterre ou dans les provinces de l'ouest de la France où chaque chasseur mène plusieurs chiens, il est indispensable que l'on dresse ces chiens à *arrêter à patron*, c'est-à-dire à imiter dans son immobilité celui qui a trouvé le gibier et qui l'a arrêté. Le premier mouvement du chien qui voit un de ses semblables en arrêt est de courir s'assurer si en effet le gibier est là sous le nez de son camarade; mais, en courant, il éxcite le premierà forcer, ou bien il fait lever le gibier; c'est pour cela qu'il est utile, qu'aussitôt qu'un des chiens du même chasseur est en arrêt, tous les autres de confiance l'imitent sans faire un pas. Il est très-facile d'ailleurs d'arriver à ce résultat soit en disant simplement « tout beau » au chien qui s'apprête à courir à l'arrêt, soit en le châtiant à coups de fouet, s'il n'obéit pas à ce commandement, soit enfin en employant le collier de force.

Afin d'accoutumer le chien à ne pas craindre l'eau, le chasseur doit donner l'exemple; il traversera à gué une petite rivière et son chien le suivra ; puis, quand l'élève saura barboter sans répugnance, on lui fera rapporter le chevalet dans l'eau, puis quelques pièces de gibier. C'est en conduisant les chiens dès leur premier âge sur le bord des rivières qu'il sera facile de dresser même les braques à la chasse au marais. D'après toutes les observations précédentes, on peut sinon dresser un chien, du moins connaître s'il est bien dressé. D'ailleurs, nous résumerons ainsi les qualités que doit posséder le chien d'arrêt. Elles sont au nombre de sept : *Numero Deus impare gaudet.*

1° Il doit être très-docile à la voix de son maître ;

2° Quêter d'une manière vive, assurée, en prenant le vent ;

3° Tenir l'arrêt ferme jusqu'à ce que le chasseur arrive ;

4° Quitter l'arrêt soit à la voix ou au sifflet du maître ;

5° Cesser de poursuivre le lièvre dès que le chasseur le rappelle ;

6° Rapporter soit sur terre soit dans l'eau toute pièce abattue ou blessée, sans la meurtrir, sans la plumer ou la déchirer ;

7° Ne pas courir au coup de fusil d'un autre chasseur que son maître.

Ainsi vous êtes prévenu: si vous achetez un chien, essayez-le et faites-lui passer un examen sérieux, après quoi faites votre choix ; cependant il ne suffit pas de l'essayer durant deux ou trois heures en compagnie du garde ou du dresseur qui vous présente le chien, il faut mettre à l'épreuve sa vigueur, sa docilité, et vous ne le pourrez faire qu'en chassant seul et à votre guise. Si le vendeur ne veut pas vous confier son chien à l'essai pendant plusieurs jours, renoncez à l'acquérir, même à un prix minime. Chevaux et chiens de chasse ne peuvent être justement appréciés qu'à l'œuvre.

LA CHASSE EN PLAINE.

Vous êtes équipé, armé et possesseur d'un bon chien, nous pouvons commencer le feu, si toutefois la loi et la saison le permettent et si vous êtes muni d'un permis de chasse.

Ouverture de la chasse. Ces mots magiques apparaissent au chasseur éclairés de tous les feux de Bengale dont la passion les colore. Certes, quelle joie quand, la joue rouge d'insomnie, l'œil enfiévré, la tête en feu, après avoir endossé le harnais, il voit lever l'aurore toute radieuse d'éclairer ce beau jour. Cependant une petite pluie rafraîchissante est préférable à une chaleur trop grande et trop éclatante.

La perdrix, la caille, le lièvre, le râle et quelques autres oiseaux composent tout le gibier de plaine; nous vous parlerons brièvement de ces diverses espèces.

La perdrix. — La perdrix est connue de tous. Cet oiseau, de l'ordre des Gallinacés, renferme un grand nombre de variétés, dont quatre ou cinq seulement fréquentent nos contrées.

La perdrix grise est la plus commune. Le mâle se distingue de la femelle par sa tête d'un roux plus foncé, par un cercle rouge plus large et plus vif autour des yeux, par un rudiment d'ergot sans ongle, et une tache d'un brun marron en forme de fer à cheval sur la poitrine, tandis que la femelle ne porte à cette même place que quelques plumes brunes irrégulièrement semées.

Les jeunes coqs ne prennent le fer à cheval qu'à l'arrière-saison.

Les perdrix, après s'être accouplées deux à deux vers le mois de janvier ou de février, ce que l'on appelle la *pariade*, font leurs nids de la fin d'avril au commencement de mai, dans les blés verts ou de préférence dans les prairies artificielles, telles que les trèfles, les luzernes, les ray-grass, qui offrent un couvert plus épais que les blés. Ces plantes fourragères étant le plus souvent fauchées avant l'éclosion des perdreaux, les cultivateurs détruisent à leur insu une grande quantité de ce gibier de plume.

Nous conseillerons, en passant, à ceux de nos lecteurs qui désirent conserver des perdreaux, de battre ou faire battre souvent avec des chiens les champs de trèfle et autres plantes fourragères au moment de la pariade. Les perdrix, levées sans cesse et troublées dans ces champs qu'elles croyaient être une retraite paisible, choisiront d'autres pièces pour y placer leur nid. Cette manœuvre nous a maintes fois réussi.

Le nid des perdrix est posé à terre. La femelle pond de quinze à vingt-deux œufs de couleur verdâtre, parsemés de petites taches grises ; l'incubation est de vingt et un jours. La femelle couve seule ses œufs.

Pendant ce temps, le mâle se tient auprès du nid et suit sa compagne lorsqu'elle va chercher sa nourriture. Les perdreaux courent comme les poulets aussitôt qu'ils sont éclos à la suite du coq et de la femelle qui les mènent *en traîne* et les protégent contre les chiens et les chasseurs, en voletant devant l'ennemi qu'ils attirent en feignant d'être blessés. Si vous voyez quelque perdrix partir en criant et s'abattre à une petite distance, respectez cet intéressant oiseau qui se dévoue pour la conservation de sa couvée, et, autant par compassion que par calcul, ne tirez pas sur les seuls protecteurs d'une nombreuse famille encore en bas âge.

Quand la perdrix
Voit ses petits
En danger et n'ayant qu'une plume nouvelle
Qui ne peut fuir encor par les ailes le trépas,
Elle fait la blessée, et va traînant de l'aile,
Attirant le chasseur et le chien sur ses pas,

Détourne le danger, sauve ainsi sa famille;
Et puis, quand le chasseur croit que son chien la pille,
Elle lui dit adieu, prend sa volée, et rit
De l'homme qui, confus, des yeux en vain la suit.

A la fin de juin les perdreaux commencent à voler, d'où vient le proverbe : « à la Saint-Jean, perdreaux volants. » Au commencement d'août, les petites plumes de la queue tombent et repoussent plus drues et plus larges ; on dit alors que les perdreaux sont *relevés de queue*. Peu à peu les plumes jaunâtres de la gorge et du jabot sont remplacées par d'autres mouchetées de gris ; lorsque ces dernières sont complétement poussées, ce qui a lieu du 1er au 15 septembre, on dit que les perdreaux sont *maillés*. Puis viennent les plumes rousses sur la tête et le rouge qui entoure l'œil, ce qu'on appelle *pousser le rouge*. Enfin, le fer à cheval se dessine vers le mois d'octobre, et tous les chasseurs répètent « qu'à la Saint-Rémy, tous les perdreaux sont perdrix. »

A cette époque, on ne distingue plus les jeunes perdrix d'avec les vieilles que par la plume du fouet de l'aile qui finit en pointe aiguë chez les jeunes, et s'arrondit chez les vieilles. On les reconnaît encore à la couleur des pieds. Les jeunes les ont jaunâtres et unis, les vieilles les ont gris et rugueux.

On trouve assez souvent après l'ouverture de

Fig. 1598. — Perdrix grises.

la chasse de jeunes perdreaux, qui ne sont ni relevés de queue, ni maillés, et que l'on nomme *pouillards*. Ce sont les produits d'une seconde couvée, la première ayant été détruite par les animaux nuisibles ou dans les prairies artificielles. Ces secondes couvées se nomment des *recoquées* ou recoquetages. Tout chasseur qui se respecte épargne les pouillards. Les perdreaux en traîne se nourrissent d'œufs de fourmis, d'insectes et de vermisseaux.

On rencontre quelquefois en France une variété de la perdrix grise commune, dont elle ne diffère que par sa petite taille, et la couleur de son plumage qui est plus brun. Cette petite perdrix, que l'on nomme la *roquette*, est un oiseau de passage au vol rapide, voyageant par compagnies de trente à quarante individus. Dans la chasse au bois, nous parlerons de la perdrix rouge ; quant à la perdrix blanche des Alpes, elle est l'objet d'une chasse spéciale. Chasser la perdrix, que de félicité dans ces trois mots ! Au plaisir de voir avec quel instinct votre chien s'acquitte de sa tâche, vient s'ajouter l'émotion sans cesse renaissante du tireur. La perdrix fait en prenant son vol un tel bruit d'ailes que plus d'un chasseur, même des plus vieux, ne peut vaincre son trouble. C'est afin que le tireur se puisse mieux posséder que les professeurs répètent sans cesse : « Ne vous pressez pas. »

Attendre quelques secondes avant d'épauler son arme est une fort bonne précaution, lorsque le gibier part à belle portée, mais dès que vous aurez la pièce au bout du fusil, serrez la détente, croyez-moi.

Avant tout, il faut que le chasseur marche autant que possible contre le vent, et, sans vouloir battre la plaine pied à pied, ne perce pas droit devant lui. En primeur, il saura que le matin les perdreaux se tiennent dans les chaumes de blé, d'avoine et autres céréales ; à mesure que la rosée s'évaporera, il se rabattra sur les couverts. Enfin voici une compagnie de perdreaux qui se lève à vingt pas. Visez le premier et ne tirez pas dans le tas, quelque épais qu'il soit, c'est le moyen de ne rien ramasser.

Mais les perdreaux, l'aile encore humide de rosée, n'ont *pas tenu* l'arrêt et se sont envolés à grande distance ; tirez quand même, le bruit les effrayera, ils se disperseront ; regardez la remise, et vous irez les cueillir les uns après les autres. Si, après quelques tours et détours, vous avez perdu l'espoir de retrouver les débris de la compagnie déjà décimée, sachez qu'à l'ouverture les perdreaux retournent dans le champ d'où ils sont partis et qui les a vus naître ; puis là, afin de se réunir, ils font entendre un cri rauque, ils *rappellent*. Averti par ces voix imprudentes, attendez quelques minutes encore et dirigez-vous vers la pièce d'où s'est élevé ce signal, vous relèverez votre compagnie déjà effrayée et fatiguée par plusieurs vols successifs. Passez et repassez plusieurs fois dans les mêmes champs, et vous y trouverez toujours un traînard, et n'oubliez pas que *la remise du perdreau est la mort du levraut*. Si vous chassez dans un pays très-giboyeux, il n'est peut-être pas nécessaire de vous acharner avec persistance à la destruction de la première compagnie de perdreaux que vous rencontrerez, mais si par malheur vous battez un de ces terrains trop fréquentés où le gibier est rare, suivez mon conseil, ne quittez point, sans l'avoir largement moissonnée, la compagnie que vous aurez levée : on lâche trop souvent la proie pour l'ombre.

Dans les premiers jours de septembre, c'est de neuf à onze heures que l'on tire le plus. Passé cette heure, les perdreaux se mottent, ils ne veulent plus s'envoler, il faut marcher dessus.

De plus, la chaleur est accablante, les chiens quêtent mollement ; chasseur, repose-toi. A deux heures il sera temps de reprendre ton fusil, et jusqu'à six heures la fusillade recommencera plus fréquente et plus vive.

Dans l'arrière-saison, dès trois heures du soir, les perdrix ne tiennent plus, on ne peut chasser qu'à partir de dix heures du matin. La perdrix en primeur se pelote facilement avec du plomb n° 8 et même n° 9 ; en hiver, il faut se servir du plomb n° 6 et même du 5, lorsqu'on chasse en battue.

Avant d'aller plus loin, nous signalerons les différents modes de braconnage exécutés, soit à l'aide du fusil, soit au moyen des filets, collets et autres engins de destruction.

Dans les pays boisés ou couverts de clôtures et de haies, les braconniers se rendent le matin avant l'aurore ou le soir avant le coucher du soleil dans les champs hantés par les perdrix. Ils entendent alors les pauvrettes *rappeler*, c'est-à-dire jeter, soit en se levant, soit en se couchant, leur cri strident bien connu; ils les épient, les approchent en rampant derrière une haie, et là, embusqués, ils assassinent une compagnie toute entière.

D'autres chassent la nuit et au feu. Deux braconniers s'associent, l'un porte le fusil, l'autre un boisseau. Après s'être assuré qu'une compagnie de perdrix a l'habitude de passer la nuit dans un champ, le porteur du boisseau allume une ou plusieurs lumières qu'il place dans sa lanterne d'un nouveau genre, et dirigeant les rayons dans la longueur des sillons, il en explore chaque raie et finit par découvrir la compagnie assoupie la tête sous l'aile. Le porteur du fusil fait alors son office et détruit d'un seul coup une couvée nombreuse. Quelquefois les perdrix, réveillées par le bruit ou par l'éclat de la lumière, lèvent toutes la tête et saluent d'un *kirrh-ric* cette fausse aurore. A ce moment, le plomb du voleur est encore plus meurtrier, s'égrenant sur toutes ces têtes fragiles et rassemblées.

Tous les auteurs de traités de chasse parlent de la *vache artificielle*, sorte de hutte ambulante à l'aide de laquelle on approche le gibier sans l'effrayer. Nous signalerons sans le décrire ce genre de chasse grotesque, qui ne pourrait être vraiment utile que pour la chasse aux oiseaux d'eau. Parlons plutôt de la chasse à la chanterelle que l'on fait, soit au fusil, soit au filet. On a observé que, dans une compagnie de perdrix, les coqs sont toujours plus nombreux que les femelles ou poules. Aussi, au moment de la pariade, rencontre-t-on un certain nombre de coqs ou bourdons restés célibataires forcément qui se disputent la même poule; c'est alors que l'on se sert de la chanterelle, perdrix femelle renfermée dans une cage, et qui, par son cri, attire les mâles. Dès l'aurore ou à la tombée de la nuit, caché derrière une haie ou blotti au fond d'un trou, le chasseur tire les coqs qui s'empressent d'accourir à la voix de la chanterelle.

On emploie aussi les filets nommés *halliers* que l'on tend autour de la cage. A défaut de chanterelle, on se sert d'un appeau. Les perdrix rouges accourent plus facilement à la chanterelle que les perdrix grises. Mais de tous les engins, le plus destructeur est la *pantière* ou *traîneau*, sorte de grande seine de pêcheur que les braconniers traînent pendant la nuit à travers les plaines. Deux ou plusieurs hommes placés à chaque extrémité halent le filet, et sitôt qu'une compagnie de perdreaux, réveillée par les mailles qui les frôlent, se prépare à s'envoler, le filet tombe et la compagnie toute entière est la proie des maraudeurs.

Les chasseurs appellent cette pantière le *drap mortuaire* à cause des ravages qu'elle exerce dans les plaines. On conseille, afin d'empêcher les braconniers de traîner ce filet, de planter à travers les champs, de distance en distance, des pieux armés de crochets de fer qui déchirent les filets. On jette aussi des fagots de broussailles ou d'épines.

On se sert encore de plusieurs autres filets, tels que la tirasse, la tonnelle. Le premier est une large nappe que deux hommes traînent en marchant vers un chien qui, par son arrêt, indique où sont les perdreaux. Les oiseaux placés entre le filet et le chien restent blottis, et l'on réussit quelquefois à les couvrir avec la nappe faite de mailles assez larges.

La tonnelle est une sorte de rets qui de ses ailes barre tout un champ et qui se termine par une longue bourse. Les bergers se servent plus particulièrement de ce filet. Lorsqu'une compagnie de perdreaux s'abat dans la plaine, les tendeurs dressent la tonnelle, puis, à l'aide de leurs moutons qu'ils poussent devant eux, essayent de refouler les perdreaux vers le filet. Les perdreaux cherchent à passer à travers les mailles; ne réussissant pas, ils s'introduisent dans la bourse faite comme celle d'un verveux; l'on s'en empare alors facilement. Les lacets de crin tendus durant les temps de neige à travers de petits sentiers, où les oiseleurs, après avoir enlevé la neige, ont répandu des menus grains mêlés de balle et de paille, détruisent un grand nombre de perdrix. Nous faut-il parler des *logettes*, piéges bien connus dans les départements de l'Ouest, qui consistent en une espèce de corbeille de bois à claire-voie. La logette n'est efficacement employée qu'en temps de neige; elle est placée sur la terre dont la neige a été balayée; une longue traînée de grains aboutit sous la logette qu'un petit cerceau muni d'une chevillette tient levée. Les perdrix, suivant la traînée, se précipitent sous la logette, elles piquent le grain à l'envi, l'une d'elles fait jouer le ressort, la cage tombe et le tour est fait.

Certains grands propriétaires ont tenté d'acclimater une espèce de perdrix originaire de l'Amérique du Nord, et que l'on nomme *Colin-houi*: elle tient le milieu entre la perdrix grise et la caille, elle fait deux couvées par an, son plumage est plus beau que celui de la perdrix, le mâle porte une aigrette, son vol est très-rapide et très-irrégulier. Cette description sommaire est suffisante, car cette variété de perdrix est encore très-rare, et nous savons que plusieurs de ceux qui avaient essayé de la répandre ont reconnu qu'il était préférable de conserver ou même d'élever des perdrix communes plutôt que des perdrix d'Amérique.

La **Caille** a beaucoup de rapports avec la perdrix, mais elle est sensiblement plus petite. La femelle se distingue du mâle en ce que sa gorge, au lieu d'être d'un brun foncé, ou presque noir, est blanche. Les cailleteaux avant la mue ressemblent à la femelle.

Le cri du mâle que l'on a traduit en français par ces mots : *paye tes dettes*, ne se fait entendre qu'à l'époque de la pariade. Le mâle de la caille est polygame, il a le caractère querelleur, et souvent l'ardeur qui le fait accourir au premier cri que pousse la femelle lui est fatale, car les oiseleurs et les braconniers imitent très-facilement avec l'appeau le cri de la femelle.

Comme la perdrix, la caille fait son nid à terre, elle pond de douze à quinze œufs d'un gris verdâtre. L'incubation dure vingt et un jours.

Les cailleteaux peuvent suivre leur mère presqu'en sortant de la coque. Dès qu'ils ont la force de voler, ils se séparent, tout en restant dans les mêmes parages.

Les cailles préfèrent les pays chauds et tempérés, elles arrivent en France en avril et mai, et couvrent de leurs bandes nombreuses les côtes du Languedoc et de la Provence. Avant la dernière loi sur la chasse, les chasseurs et les oiseleurs du Midi détruisaient la plus grande partie de ces pauvres voyageuses fatiguées; aujourd'hui, protégées par le législateur, les gendarmes et les gardes champêtres, elles peuvent se répandre en toute sécurité dans l'intérieur du pays et toutes fondantes de graisse dorée réjouir les chasseurs et les gourmets, le jour de l'ouverture de la chasse.

Fig. 1599. — Caille.

Pendant le jour, la caille se tient dans les chaumes de blé et dans les couverts, le long des fossés. Elle se laisse familièrement approcher, elle court souvent devant le chasseur et ne voudra pas s'envoler, tournant sans cesse, allant, venant, traversant la pièce en tous sens et mettant à une rude épreuve la patience du chien; une autre fois blottie au soleil, elle est immobile et tient l'arrêt sans bouger, on peut même la prendre à la main.

La caille part d'assez près, presque sans bruit d'ailes, en faisant entendre un petit cri d'effroi, elle vole souvent en rasant la terre, et ne s'élève pas à plus de trois à quatre pieds du sol; elle file en ligne droite et n'est pas difficile à tirer.

Blaze ne craint pas d'affirmer qu'un bon chasseur doit tuer vingt-huit cailles sur trente qu'il tire. Évidemment c'est exagéré, mais de tous les oiseaux, le tir de la caille est le plus facile; j'ajouterai qu'il est dangereux..... pour les voisins. En effet, la caille vole à hauteur d'homme, et souvent les jeunes chasseurs, emportés par l'ardeur et ne voyant pas plus loin que le bout de leur fusil, envoient en plein corps à leurs camarades une charge de plomb n° 8 ou 9, destinée à une caille.

Le besoin de voyager est tellement inné chez ces oiseaux, que les cailleteaux, que l'on élève facilement en cage, sont tourmentés d'une sorte d'inquiétude voyageuse qui revient au printemps et à l'automne. Ils frappent de la tête contre la toile qui leur sert de couverture. C'est de la fin d'avril à la mi-septembre que les cailles regagnent les pays méridionaux : on a remarqué qu'elles voyagent toujours la nuit.

Les halliers et autres filets employés à la destruction des perdrix servent également à prendre les cailles; nous ne reviendrons donc pas sur ce sujet.

Le **Râle de genêt**, que l'on appelle aussi le roi des cailles, peut-être parce que les Grecs l'ont baptisé du nom d'*ortygometra*, conducteur de cailles, est moins gros que la perdrix, mais plus gros que la caille. Son corps est plus allongé, le bec est long et ses jambes un peu hautes et grêles l'ont fait ranger dans l'ordre des échassiers. Son plumage est roux, rayé de brun sur le dos, et blanc sous le ventre.

Il vit solitaire, on le rencontre dans les couverts, dans les champs de trèfle, de luzerne, et surtout dans les genêtières où il trouve en abondance les insectes dont il se nourrit. Il arrive dans nos contrées à la même époque que la caille, fait son nid dans le même temps et pond de huit à dix œufs.

Le râle ne s'envole que très-difficilement et fort lourdement devant le chasseur, il court avec rapidité, ruse comme un lièvre, fait voie sur voie et ne se décide à se lever qu'à la dernière extrémité. Ses ruses sont souvent funestes aux jeunes chiens qui s'emportent sur sa piste comme sur celle d'un lièvre. Il faut surveiller avec soin un chien qui *travaille* un râle. Mais, lorsqu'il frappe l'air de ses ailes maladroites, quel est le chasseur qui puisse manquer un râle? ce ne peut être qu'un conscrit.

Blaze prétend qu'un salmis de râles de genêt assaisonné aux truffes doit être mangé à genoux. La chair de cet oiseau est très-délicate et très-grasse en automne, elle est comme on voit prisée très-haut par certains gourmets.

Le **Lièvre** que nous trouvons en plaine à l'ouverture, n'est point l'objet d'une chasse spéciale, on le tire, on le roule en cherchant des perdreaux. Dans la chasse aux chiens courants, nous consacrerons au lièvre un chapitre spécial. Cependant, si vous désirez offrir un civet à vos invités sans découpler vos bassets, sachez que, s'il fait chaud, vous rencontrerez le compère à l'abri du soleil, dans un champ de betteraves, de pommes de terre, de luzerne, de trèfle; s'il pleut, le lièvre se gîtera dans les guérets, dans un chaume bien ras. Dans l'arrière-saison, orientez-vous selon la direction du vent et apprenez à chercher le lièvre dans les ravins ou dans les plis de terrain à l'abri du vent. Au moment de la chute des feuilles, le lièvre quitte le bois et les fossés; quand il gèle, il retourne au fourré, d'ailleurs on trouvera plus loin les coutumes du lièvre. Il convient néanmoins de rappeler aux novices de viser entre les deux oreilles un lièvre qui déboule, car

Perdrix en tête, lièvre en cul,
C'est autant de plomb de perdu.

rappelez-vous que, pour rouler un lièvre, il suffit d'employer du plomb n° 5 ou du petit 4.

En battant la plaine, le chasseur tirera à portée

soit un pluvier, une bécassine, un vanneau, un guignard, une tourterelle, et même quelquefois, mais rarement, la canepelière ou petite outarde, sorte de caille énorme et plus grosse qu'un faisan.

Le hasard seul préside à ces coups heureux, mais si vous chassez l'alouette, c'est en plaine que vous devez aller chercher ce gibier dont la chair est très-estimée. A l'ouverture de la chasse, les chasseurs dédaignent ces petits oiseaux, mais au commencement du mois d'octobre, quand les perdreaux défiants deviennent inabordables, alors la chasse au miroir a quelquefois son charme.

L'Alouette, d'une fécondité extrême, fait plusieurs couvées. Dès le mois de septembre et à la première gelée blanche, les alouettes se réunissent par bandes, et dans l'hiver, lorsque la neige couvre la terre, soit par le fusil, soit au moyen de grands filets ou de collets, il en est fait dans les plaines des abatis considérables.

Voici de quelle manière on procède pour la chasse au miroir.

Fig. 1600. — Chasse aux alouettes.

Par une belle matinée toute resplendissante de soleil, deux chasseurs se mettent en campagne armés de leurs fusils et du miroir.

Ce petit engin se compose d'un morceau de bois en forme de chapeau de gendarme, il est peint en rouge et couvert de petits morceaux de glace. Certains chasseurs préfèrent les miroirs que l'on fait tourner au moyen d'une ficelle, d'autres font plus de cas du miroir qui se meut au moyen d'un ressort de tournebroche. Tous sont d'accord pour proclamer que la gelée blanche est le temps le plus favorable à ce genre de chasse.

Quand le miroir est placé au milieu de la plaine et bien en vue, l'un des chasseurs caché par des broussailles, derrière une haie, un talus, ou blotti au fond d'un trou se tient à bonne portée de l'instrument qui scintille aux rayons du soleil. L'autre chasseur bat la plaine et fait lever les alouettes, qui, dès qu'elles ont aperçu le miroir dont les facettes brillent, viennent aussitôt contempler le piége resplendissant. Alors on les voit planer au-dessus du miroir, s'abaisser, se relever et se rapprocher encore, comme si elles voulaient se mirer. C'est alors que le chasseur les tire presque à coup sûr. La détonation du fusil semble en ce moment ne point les effrayer, et l'alouette manquée à vingt-cinq pas continue à battre des ailes jusqu'à ce qu'elle ait payé de la mort sa folle coquetterie. Le petit plomb depuis le n° 12 jusqu'au n° 9 est prescrit par l'usage. Avant que la chasse aux filets fût interdite, on prenait des quantités considérables d'alouettes, on plaçait le miroir au milieu de grandes nappes à mailles serrées, qui en tombant retenaient captive la coquette imprudente; les braconniers seuls se livrent encore à cette chasse qui est très-productive. La pantière, les collets, les gluaux détruisent aussi un grand nombre d'alouettes. On compte plusieurs variétés de cet oiseau, les chasseurs n'en reconnaissent que deux, l'alouette commune et l'alouette huppée nommée *cochevis*.

On fait aussi en plaine, dans l'arrière-saison, un genre de chasse peu fatigant pour les tireurs au moyen de rabatteurs, c'est la chasse en battue. Pour cela on range, au-dessus du vent, une troupe de jeunes garçons qui, échelonnés de distance en distance, marchent en poussant des cris vers les chasseurs embusqués, les uns dans un fossé, les autres derrière un arbre, une haie. Le gibier effrayé par les clameurs des rabatteurs fuit devant eux et passe toujours à portée des tireurs. Cette chasse est funeste aux lièvres, les perdrix volant à tire-d'aile par-dessus la tête des chasseurs succombent en petit nombre. Il faut une grande pratique du tir en battue pour atteindre une perdrix passant en plein vol; on recommande toujours de viser à plusieurs pieds en avant de la tête de la perdrix, sinon le plomb étant presque toujours en retard, on tire derrière.

Il importe, lorsque l'on commence la battue, de poster les tireurs la face dans le vent, et les rabatteurs, au contraire, le vent au dos. De l'exécution de cette règle dépend le succès de la journée.

Il existe encore une autre manière d'opérer une battue à peu de frais. Après que les chasseurs ont pris leurs places, cinq ou six traqueurs, munis de longues cordes auxquelles sont attachés des grelots, des morceaux de papier, trainent à travers la plaine cet épouvantail qui fait lever le gibier et le pousse vers les tireurs.

On fait aussi des battues au bois et dans les taillis; mais, avant de parcourir les futaies, parlons de la chasse dans les vignes, et des oiseaux qu'on y trouve plus ordinairement.

LA CHASSE DANS LES VIGNES.

Ce n'est qu'après la vendange que le chasseur peut battre librement les coteaux couverts de ces beaux pampres aux teintes richement nuancées par le soleil d'automne. Le propriétaire, il est vrai, lorsque la chasse est ouverte, a certes le droit de parcourir ses vignes, et même d'octroyer cette permission à ses amis. Mais peu de privilégiés obtiennent cette faveur, et le chasseur à l'ouverture, battant la plaine qui borde les vignes encore chargées de raisins, subit l'affreux supplice de voir tous les perdreaux qu'il lève chercher un refuge dans cette *remise* inviolable.

On rencontre dans les vignes du gibier de toute sorte. Le lapin et la perdrix rouge, la tourterelle et le ramier y demeurent comme au bois, et de plus, certains oiseaux, tels que la grive, les becfigues, se tiennent aux vignes de préférence.

Bien que l'on compte un grand nombre d'espèces de grives, nous ne possédons en France que quatre variétés de cet oiseau, savoir : la grive commune, la draine, la litorne, et le mauvis.

La **Grive** commune, de l'ordre des passereaux, est presque de la grosseur d'une caille, mais elle a le corsage plus allongé, le bec brun et long, les pattes plus longues, de couleur brune avec quelques taches roussâtres sur le dos, elle a le ventre blanc parsemé de petites mouchetures brunes; la grive est considérée comme un oiseau de passage, elle arrive au mois de septembre, habite les bois et se répand dans les vignes où elle s'engraisse de raisin. A cette époque, la chair de la grive est un excellent mets, la grive commune est la plus estimée.

La draine, que l'on nomme aussi grive de gui, jacasse, claque, à cause de son cri, et en Provence, sère, est la plus grosse des grives.

Elle est très-défiante, on l'approche difficilement.

La litorne est plus grise et plus petite que la précédente, elle arrive du Nord par bandes nombreuses dans le mois de novembre. On ne peut les tirer qu'à l'affût, et alors, si on parvient à les surprendre au moment où elles s'abattent sur un merisier ou un alizier dont elles recherchent avidement les fruits, on peut faire un beau coup de fusil.

Le mauvis, ou grive des Ardennes, se distingue des autres variétés par la couleur orangée du dessous des ailes. Elle arrive après la grive commune et avant la litorne. C'est la plus petite de toutes. Lorsque les grives sont abondantes, écrit Blaze, la chasse en est fort agréable. Mais il est bien entendu que le chasseur doit tuer la grive au vol, ce qui n'est point facile, la grive ayant un vol brusque, saccadé, irrégulier et plongeant au bout de dix pas dans la vigne. Quelquefois lorsqu'il y a un arbre à petite distance de l'endroit d'où la grive s'est envolée, elle va se poser sur l'arbre, mais il est très-difficile de la distinguer au milieu du feuillage. En Provence et principalement dans les environs de Marseille, on chasse les grives à l'*arbret*. L'arbret est un petit arbre planté tout exprès pour la chasse dont il s'agit, appelée aussi *chasse au poste*. Au milieu d'une vigne attenante à une de ces maisons de campagne que dans le pays on appelle des bastides, on plante sur un petit monticule naturel ou artificiellement amoncelé un petit bouquet de jeunes pins.

Au centre on place un arbre haut de 4 à 5 mètres; l'amandier est de tous les arbustes celui qui convient le mieux à cause de son feuillage clair et peu touffu. A défaut d'amandier on plante un arbre sec. Parmi les jeunes pins on mêle de petits arbrisseaux, tels que myrtes et genévriers dont les grives recherchent les baies. Puis des grives captives et en cage, placées à terre au milieu des pins, servent d'appeaux ou d'appelants. A quelque distance de l'arbre on construit une cabane masquée par des plantes vertes et feuillues. Plusieurs de ces huttes sont fort commodes et très-richement meublées. Le chasseur se tient caché dans la cabane et découvrant l'arbret par de petites ouvertures habilement ménagées, il tire soit les grives, soit les becfigues, soit même les ortolans qui viennent s'offrir à ses coups. L'ortolan ne se perche jamais sur l'amandier, il préfère se poser sur les arbres verts. Cette manière de chasser au poste ou à l'affût est quelquefois très-fructueuse, mais le chasseur de nos plaines du Centre ou du Nord, habitué à marcher droit devant lui et à poursuivre le gibier, ne comprendra pas le plaisir de cette chasse cuisinière.

On prend les grives au moyen de collets, de lacets, faits de crins noirs et blancs comme en Bourgogne, soit encore dans des piéges auxquels on donne le nom de raquettes ou bien à la pipée. Nous décrirons ces deux genres de petite chasse à la fin du chapitre suivant.

C'est dans le voisinage de la mer Baltique, dans le Sleswig-Holstein par exemple, que l'on voit aux époques des passages les bandes de grives les plus nombreuses. Les chasseurs de ces pays tuent des quantités effrayantes de ces oiseaux qui sont très-gras et fort bons.

Le **Becfigue**, très-recherché à cause de la délicatesse extrême de sa chair, fait l'objet d'une chasse en règle. Ce petit oiseau, en tout gros comme une linotte, s'abat dans les vignes à l'époque des vendanges. On le tue en chassant la grive, mais il faut avoir soin de ne se servir que du plomb le plus petit, de la plus fine cendrée numéro 12. En Bourgogne, sous le nom de chasse *à la vinette*, c'est ainsi que l'on désigne le becfigue, on abat un grand nombre de ces petits oiseaux. Le chasseur armé de son fusil et muni d'un miroir plus brillant et plus plat que ceux dont on se sert pour attirer les alouettes, choisit un arbre au milieu des vignes. Cet arbre est presque toujours un pêcher d'où se dresse une longue perche à laquelle est attaché un rameau de branches mortes que l'on nomme *ramée*. L'affûteur se place sous un autre pêcher, puis à l'aide d'un appeau formé d'un tuyau de plume et d'un noyau de cerise percé d'un trou, il commence par faire entendre plusieurs petits cris qui peuvent se noter ainsi : *pi-pi-pi, pi*. Le becfigue le plus rapproché arrive, puis un, puis deux, le miroir tourne et jette ses rayons lumineux, l'oiseau perché sur la ramée se mire complaisamment, et la vinette grasse, blanche et dodue tombe sous le plomb du chasseur. On emploie aussi les gluaux et les lacets.

L'ortolan est très-souvent confondu avec le becfigue, nous ferons brièvement la description de ces deux oiseaux à la chair délicate qui ne se ressemblent nullement par leur plumage.

Le becfigue a le bec effilé et noir, les pieds et les ongles noirs, la queue noire, le dessus du dos et des ailes gris-brun, la gorge et le ventre blanchâtres.

L'ortolan, au contraire, à peu près pareil au bruant, a le bec gros, court et jaunâtre, la gorge jaune, la poitrine et le ventre roux, le dos brun foncé, la queue de couleur foncée tirant sur le noir. Comme le becfigue, l'ortolan est un oiseau de passage. La finesse de la chair n'est due qu'à un engraissement qu'il n'acquiert jamais à l'état sauvage. Les oiseleurs de Provence le prennent à l'aide de grandes nappes ou de trébuchets, puis l'engraissent de la manière suivante. On le place dans une vaste chambre où le jour ne pénètre point, une lampe seulement éclaire la mue; les oiseaux reçoivent une nourriture abondante d'avoine, de millet et de pain. On a soin de tenir l'eau toujours fraîche et propre, on dispose de nombreux perchoirs dans la mue, et huit jours de ce régime suffisent pour engraisser à point, c'est-à-dire pour couvrir de graisse cette poularde fine, exquise et microscopique.

LA CHASSE AU BOIS.

Le chasseur ayant durant la primeur battu la plaine, puis parcouru les vignes, se jette au bois à l'arrière-saison. C'est dans les taillis qu'il trouvera désormais à tirer à belle portée la perdrix rouge, le faisan, le lapin, le lièvre, la bécasse, le ramier, car nous parlons toujours du chasseur au chien d'arrêt. Quiconque chasse au bois sait de quelle importance est un chien docile, obéissant. Si quelquefois en plaine vous vous êtes accommodé d'un braque quelconque souvent affligé de nombreux défauts, je vous conseille de ne point vous faire suivre au bois de cet animal qui serait plus nuisible qu'utile. L'épagneul français ou le setter anglais est le chien de bois par excellence, pourvu qu'il soit obéissant. D'une ardeur que l'air vif d'automne entretient, il pénètre dans les fourrés, il fouille toutes les broussailles, et surtout il ne perd pas un instant de vue son maître. C'est au bois et pour chasser la bécasse et le faisan que les Anglais se servent de ces petits épagneuls, gros Kings-Charles, blancs et orangés qu'ils nomment *cockers*. Ce sont des choupilles qui vont et viennent, tournent sans cesse autour du chasseur, ne s'écartent pas à plus de dix pas du tireur et font lever le gibier à petite distance. En effet, les arbres, les gaulis, les cépées, dérobent promptement aux yeux du chasseur le lièvre ou le faisan, et sitôt que le gibier est éloigné on ne peut plus tirer.

On rencontre quelquefois en plaine la perdrix rouge, mais elle préfère les terrains accidentés coupés de haies, couverts de broussailles, et surtout le voisinage des bois.

La **perdrix rouge** est plus grosse que la perdrix grise et moins élancée. Son bec, ses pattes et ses pieds de couleur de carmin sont les seules parties de son corps qui soient teintées de rouge. Elle a le dos et la couverture des ailes de couleur brun-verdâtre, la poitrine gris-cendré pâle, la gorge blanche bordée d'un collier noir, les flancs ornés de plumes noires, blanches et orangées; c'est un très-bel oiseau.

La perdrix rouge fait plus de bruit en se levant que la perdrix grise et se jette promptement au bois. Elle court plus vite et tient moins sûrement l'arrêt, elle est plus sauvage.

Les perdreaux de la même couvée vivent en compagnie, mais sous l'arrêt des chiens ils ne partent pas tous à la fois, prennent souvent leur essor de différents côtés et montrent beaucoup moins d'empressement à se rappeler. Les compagnies se tiennent plus éloignées les unes des autres. En temps de pluie et à l'arrière-saison, les perdrix rouges perchent sur les arbres, parfois même, lorsqu'elles sont serrées de près par un chien, elles se blottissent dans les trous ou les terriers.

Fig. 1601. — Perdrix rouges.

On distingue plusieurs variétés de perdrix rouges, la plus grosse est la bartavelle, originaire de Grèce et habitant les montagnes du midi de la France. Elle ne diffère de la perdrix rouge ordinaire, qu'en ce que le collier noir de celle-ci est remplacé chez la bartavelle par un liséré noir.

On prétend que la chair de cette dernière est plus délicate que celle de la perdrix rouge.

Bien que nous n'ayons trouvé dans aucun auteur la description de la petite perdrix rouge voyageuse, espèce de *roquette,* nous n'hésitons point à consigner ici le fait dont nous avons maintes fois été témoin.

Souvent au mois de novembre en Sologne, non loin de Beaugency, dans les plaines aujourd'hui fertiles des Bordes, qui, il y a dix ans à peine, étaient couvertes de bruyères, nous avons rencontré de véritables passages de petites perdrix rouges. Des compagnies composées de trente à quarante de ces oiseaux nous faisaient arpenter les extrémités de cette propriété immense. Ces perdrix, beaucoup plus petites que les perdrix rouges communes, ont un vol rapide et peu bruyant, elles ne se dispersent jamais, ou presque jamais, et on ne peut guère les approcher que dans les hautes bruyères ou dans les jeunes taillis. Mais il faut se hâter de profiter de leur passage, car d'un jour à l'autre elles disparaissent aussi vite qu'elles sont venues. Nous n'avons d'ailleurs jamais constaté qu'en Sologne ce passage accidentel des perdrix rouges, et nous sommes certain de voir confirmer notre assertion par tous les chasseurs de ces contrées privilégiées.

A la forme pointue de la première plume de l'aile et à la teinte blanchâtre qui existe chez les jeunes, on distingue les perdreaux rouges des perdrix. Le mâle se distingue de la femelle par une sorte de protubérance qu'il porte à chaque pied au-dessus de la naissance des doigts. Les perdrix rouges, sont plus difficiles à élever que les grises et se fixent rarement dans un parc ou dans le lieu où on les a placées, elles se cantonnent tantôt dans un endroit, tantôt dans l'autre et sont plus sauvages encore que le faisan.

Cet oiseau est à coup sûr le plus « bel hôte » de nos bois; son plumage étincelant des couleurs les plus vives, sa longue queue dorée, sa taille élevée, le placent au-dessus de toute espèce de gibier.

Le mâle seul porte cette brillante parure, la femelle est grise comme la perdrix ou la caille; le mâle a les yeux entourés d'une membrane de couleur écarlate, la tête et le cou d'un vert doré changeant, aux reflets bleus et violets, la poitrine, le ventre et les flancs d'un rouge brun foncé et luisant avec des mouchetures violettes, le dos et la queue d'un rouge brun parsemé de taches noires.

Le **faisan**, originaire de la Colchide, aujourd'hui Mingrélie, tire son nom du Phase, fleuve du pays. Acclimaté en Europe, le faisan s'y reproduit à l'état sauvage. Cependant, si l'on cessait de l'élever dans les volières et d'en repeupler certaines forêts, il ne tarderait point à disparaître complétement. Les faisans se plaisent, de préférence, dans les bois ou broussailles, les taillis environnés de champs cultivés et de prairies. La Touraine et la Sologne passent pour être les pays les plus peuplés de faisans sauvages.

Dès que le soleil se couche, cet oiseau gagne les gaulis et les grands arbres sur lesquels il se branche. En se perchant à la manière des poules domestiques, il fait entendre un cri sonore; en sorte que les braconniers, aux aguets dans les bois, sont avertis par le faisan lui-même de l'arbre où il se branche, et le soir, au clair de lune, ils reviennent armés de leurs fusils assassiner l'imprudent. Ils nomment cela *descendre* des *comètes*, comparant ingénieusement le faisan orné de sa queue à ces astres au long appendice.

La femelle construit son nid sous un buisson, elle y dépose de dix à douze œufs d'un vert clair qui, après une incubation de vingt-un à vingt-trois jours, donnent naissance aux faisandeaux. A l'état sauvage, la poule faisane conduit sa couvée au gagnage, mais lorsqu'on élève les faisandeaux dans les parquets, on commence par distribuer, dans les huit premiers jours, des œufs de fourmis. Ensuite, on prépare une pâtée composée d'un mélange d'œufs durs, de mie de pain rassis et de feuilles de laitue, le tout haché menu. A la fin du premier mois, on ajoute des grains de blé que l'on alterne de temps en temps avec les œufs de fourmis. Pendant le premier mois, on évalue la

Fig. 1602. — Faisan.

nourriture à distribuer, par jour, à quinze faisandeaux, à quatre litres d'œufs de fourmis et 0gr,70 de mie de pain émiettée avec un œuf dur. Dans les quinze premiers jours de l'éclosion des faisandeaux, on leur apporte, d'heure en heure, de la nourriture fraîche; puis, après cette époque, de deux heures en deux heures. On regarde les jeunes faisandeaux âgés de deux mois comme sauvés de toutes les maladies. Plusieurs traités conseillent l'emploi des vers blancs de viande qui constituent une nourriture plus économique. Mais il est souvent difficile de se procurer la quantité de vers de viande suffisante, et l'on est forcé de revenir aux œufs durs et aux larves de fourmis.

Nous aurions dû commencer par décrire les parquets où ordinairement sont élevés les faisans. Ce sont de petits enclos entourés de treillages, de lattes ou de planches afin que les faisandeaux ne puissent sortir de l'enceinte. Il est nécessaire que ce petit enclos soit planté d'arbres, de genêts et autres arbustes qui protégent les faisandeaux des rayons du soleil. D'ailleurs, si jeunes qu'ils soient, ils aiment déjà à se cacher et à se blottir.

La poule domestique qui a couvé les faisandeaux, et l'on choisit à cet effet les poules de petite taille, réchauffe sous ses ailes la jeune nichée, mais afin de mettre les faisandeaux plus efficacement à l'abri contre la fraîcheur des nuits, on les place dans une caisse, sorte de grande cage faite de bois. Pendant les premiers jours, la poule est retenue captive dans la boîte dont la porte est à claire-voie; par les interstices des barreaux les faisandeaux peuvent sortir de la caisse et courir au soleil, puis revenir se placer sous l'aile de la mère couveuse. Peu de temps après, on laisse la poule libre dans le parquet pendant le jour, on ne la rentre dans la boîte que pendant la nuit.

Les jeunes faisans sont sujets à plusieurs maladies, mais lorsqu'ils ont atteint l'âge de deux mois, ils peuvent se passer de mère, et l'on a coutume de les considérer comme étant sauvés. C'est à cette époque que les premières plumes de leur queue tombent et font place à d'autres. Quelques temps après, dans le mois d'août, les coqs quittent la livrée, et quelques plumes de couleur rousse et verdâtre pointent sur le cou et font distinguer les coquelets des jeunes poules, ce que les gardes appellent *marquer* coq. Quand on élève des faisans destinés à peupler un domaine, dès qu'ils sont assez forts pour voler au dehors du parquet, on ne les retient plus, on se contente de répandre, tous les jours, du menu grain dans le parquet autour duquel ils prennent l'habitude de venir se brancher le soir, et quelquefois même ils répondent au sifflet du garde qui les a élevés et qui les appelle ainsi pour leur donner leur nourriture.

Dans les bois où l'on entretient des faisans, il est nécessaire, durant l'hiver, de jeter sur les anciennes places à fourneaux ou dans les diverses clairières des balles de blé mêlées de sarrasin ou autre graine. Non-seulement par ce moyen on conserve les faisans élevés dans le bois, mais on attire ceux des forêts voisines.

La chasse du faisan ne commence pas avant le mois d'octobre. Les coquelets sont alors revêtus presque en entier de leur brillant plumage, ils ont atteint leur complet développement. Soir et matin, le faisan se rend en plaine, au gagnage, et ne s'attarde pas longtemps loin du bois. Le chasseur le trouvera le plus souvent dans les gaulis et sous les hautes futaies. Attention! votre chien est en arrêt, il piste, il va, il vient, soyez prévenu, c'est un faisan.

Cet oiseau court beaucoup et ne s'envole qu'à la dernière extrémité. Il faut un chien connaissant bien la chasse du faisan pour démêler vivement ses ruses et le faire lever. Enfin, le coq prend son vol jetant à l'écho du bois son cri sonore; le bruit étourdissant de ses ailes que dominent encore deux ou trois *koc*, *koc*, *koc* éclatants, fait perdre au chasseur novice son sang-froid. Débutant ou vétéran manque le premier faisan qu'il tire. Son cœur bat à se rompre, sa vue se trouble, il voit dans un nuage une grande queue qui monte, il tire précipitamment ses deux coups de fusil, et le faisan calme et majestueux continue son vol. Certains chasseurs conseillent de ne point tirer le faisan au moment où il s'élève en montant, nous ne combattons pas cette opinion, mais quiconque a tenu un fusil et a vu deux ou trois faisans se lever devant lui ne doit plus laisser échapper un seul de ceux qu'il vise. Cet oiseau est trop gros pour qu'il soit permis de le manquer, quand une fois on est habitué au tapage qu'il fait en se levant. Dans les bois abondants en faisans, on ne doit tuer que les coqs et épargner les poules. Les gardes, qui au premier coup d'œil distinguent le mâle de la femelle, ont coutume de crier : « *poule* » lorsque celle-ci s'envole, leur silence désigne le coq, avis aux conscrits. Lorsqu'il pleut, les faisans se lèvent plus difficilement encore. Ils courent devant le chien et gagnent la plaine où il n'est pas aisé de les approcher.

Les braconniers se servent aussi de filets et de collets pour détruire ce gibier; mais c'est le soir, en tuant à coups de fusil les faisans branchés, qu'ils exercent le plus de ravages. On les prend aussi au trébuchet.

Il y a, comme on sait, plusieurs variétés de faisans : le faisan blanc, le panaché, le cendré, le doré, etc. On obtient aussi, en croisant cet oiseau avec les poules domestiques, un métis que l'on nomme *coquard ;* mais l'élevage de ces espèces d'oiseaux relève plutôt de la basse-cour que de la chasse, et nous passons à la description des habitudes et des passages de la bécasse.

La **bécasse** est de la grosseur d'une perdrix, mais produisant moins de chair et de poids. Son bec long de $0^m,08$ est flexible, effilé, un peu renflé vers la pointe et de couleur brune. Ses pattes sont grises et ses pieds brun-rouge. Son plumage est marron nuancé de noir et de gris sur le dos avec de larges bandes transversales et noires, sous le ventre gris, marqué de taches noires et de bandes de même couleur. La femelle est plus grosse que le mâle et de nuance plus pâle.

Il y a trois variétés de bécasses qui diffèrent de couleur et de grosseur. On les distingue sous le nom de grosse, moyenne et petite bécasse. La grosse a le plumage plus foncé, plus brun; la moyenne est celle que nous avons décrite ci-dessus; la petite a le bec plus long, le plumage plus roux et les pieds de couleur bleuâtre.

La bécasse arrive dans nos contrées dès le mois

Fig. 1603. — Bécasse.

d'octobre, puisque l'on dit : *A la Saint-Remi les perdreaux sont perdrix, et les bécasses en tout pays.* L'époque durant laquelle on rencontre le plus grand nombre de bécasses est le mois de novembre. La plupart des auteurs prétendent qu'elles viennent de l'est, puisque c'est le vent d'est qui nous les amène. M. d'Houdetot prétend que les bécasses, au contraire, volent contre le vent, et viennent du nord-ouest. Il fait valoir à l'appui de son opinion que les bécasses sont plus nombreuses en Bretagne et sur les côtes de Normandie que partout ailleurs, et de plus que toutes les bécasses, qui chaque année se brisent le crâne contre les vitres du phare de la Hève viennent de l'ouest. Qu'il nous suffise de savoir que les bécasses voyagent durant les nuits sans lune et se répandent dans les bois à l'approche de la Toussaint lorsque souffle le vent d'est.

Elles se tiennent dans les beaux jours sur les hautes montagnes, et à mesure que le froid se fait sentir, elles descendent dans les taillis. Pendant l'hiver, elles se réfugient dans les bruyères ou fougères au milieu des bois. La gelée les oblige à rechercher les lieux humides et marécageux où elles vérotent. Elles se nourrissent des limaçons, escargots, vers et insectes qui pullulent dans les fientes d'animaux. Mais le moindre changement de vent ou de température motive leur déplacement : durant la pluie, elles se retireront dans les taillis secs et situés sur les hauteurs, et le bois où vous les trouverez en temps de gelée sera désert si le lendemain la brise a changé. On chasse la bécasse au chien d'arrêt, à l'affût, en battue; les collets et autres engins sont employés aussi pour saisir ce gibier fort estimé.

Tous les chiens n'arrêtent pas la bécasse et surtout ne la rapportent pas quand elle est tombée. Les chasseurs ont coutume d'attacher un grelot au collier de leurs chiens. Le grelot indique la direction où se trouve le chien, et dès que la sonnette a cessé de retentir, c'est l'indice que le chien est en arrêt. Il faut avoir soin de *raccourcir* le chien autant que possible, c'est-à-dire de l'empêcher de s'écarter hors de la vue du chasseur. La bécasse cependant tient bien l'arrêt; après avoir couru quelques instants devant le chien, elle se rase le bec contre terre et s'envole sous les pieds du chasseur. Il est nécessaire, selon l'épaisseur des bois ou la hauteur des gaulis, de choisir une position commode sans trop se rapprocher du buisson d'où la bécasse est sur le point de s'envoler. Dès qu'elle s'enlève, tirez vite et même au jugé, car le plus petit arbre lui servira pour se dérober à votre vue. Comme presque toujours, dans le cours de cette chasse, on tire la bécasse à de petites distances, il convient de se servir de petit plomb, la plus petite blessure faisant d'ailleurs tomber ce gibier. Nous préférons le plomb nº 8 à tout autre. De plus, comme il est très-rare au bois de doubler la bécasse d'un second coup de fusil, on peut glisser dans l'un des canons une charge de gros plomb, nº 3 ou nº 4, destiné soit au renard, soit au lièvre, soit au faisan que le hasard placerait sur votre chemin.

Lorsqu'une bécasse a été levée, elle se pose à peu de distance, et il est de règle de la suivre toujours à la remise. Il est vrai qu'après un ou deux vols, la bécasse court davantage et tient moins l'arrêt, mais il est néanmoins plus facile de l'atteindre que d'en retrouver une nouvelle.

La chasse à l'affût que tout vrai chasseur doit répudier, s'il s'agit de surprendre perdreaux ou lièvre, est très-loyale et très-permise lorsque l'on guette les oiseaux de passage, tels que bécasses, canards, sarcelles, etc. L'affût aux bécasses a lieu le matin et le soir, au crépuscule; la *passée* du soir dure pendant une demi-heure, c'est le moment le plus propice. On pratique cette chasse lorsque les bécasses arrivent au mois de novembre, ou lorsqu'elles quittent nos parages au mois de mars. Ce dernier passage est le meilleur.

On se place, soit dans un vallon, soit sur la lisière du bois, non loin des mares ou des cours d'eau, où les bécasses viennent se laver le bec et les pieds. Au printemps, saison des amours et de la pariade, cette chasse se nomme la *Croule*, parce qu'alors les bécasses font entendre un petit cri de joie qui avertit le chasseur à l'affût.

A la fin de mars, le passage est fini et les bécasses ont disparu, regagnant les contrées inconnues où elles se retirent pendant l'été. Cependant plusieurs chasseurs et gardes fréquentant les forêts durant toute l'année, ont rencontré au mois d'août des bécasses qui avaient fait leur couvée. La femelle dispose par terre au pied d'un arbre, son nid simplement formé de quelques feuilles sèches et de brins de bois. Elle y dépose quatre ou cinq œufs oblongs, un peu plus gros que ceux du pigeon commun, d'un gris roussâtre et marbrés d'ondes des plus foncées et noirâtres. On dit que ces œufs sont un mets exquis. Quand la femelle couve, le mâle est presque toujours couché près d'elle. Après dix-sept à dix-huit jours d'incubation, les petits éclosent et suivent leur mère aussitôt après être sortis de l'œuf. La femelle et le mâle défendent courageusement leurs bécasseaux. On prétend même que ces vaillants oiseaux saisissent quelquefois un de leurs petits en péril, le chargent sur leur dos et le transportent ainsi à plus d'un kilomètre. Certains collecteurs adroits réussissent à prendre la bécasse dans les lacets qu'ils tendent autour des mares où ces oiseaux ont coutume de se rendre.

En Amérique, dans la Louisiane, on chasse la bécasse au feu. Pendant la nuit, des nègres portent de vastes lanternes qui éclairent le terrain et font découvrir les bécasses qui vérotent à terre. La chair de la bécasse est très-estimée des gourmets qui recommandent de la faire rôtir sans ôter les entrailles.

Le lapin, durant cette chasse au bois, a jailli plus d'une fois sous nos pieds, un coup de fusil jeté à la hâte l'a quelquefois arrêté dans sa course rapide. Mais, passons, nous consacrerons plus loin, en parlant de la chasse aux chiens courants, un chapitre entier à ce petit animal, fléau de nos campagnes.

Le **pigeon ramier.** — Disons quelques mots du pigeon ramier, qui fait du bois sa demeure habituelle. On le considère comme un oiseau de passage, quoiqu'il en reste un grand nombre durant l'hiver; cependant, c'est depuis le mois de juillet jusqu'en septembre que l'on voit ces bandes innombrables de ramiers qui s'abattent sur les moissons versées par les pluies d'orage. En cette saison, on peut les surprendre, bien qu'ils soient en général très-méfiants. A l'époque de la chasse, on rencontre sur la lisière des bois un ramier qui passe quelquefois à portée, mais on ne peut guère tirer cet oiseau fuyard qu'à l'affût : les ramiers ont coutume de choisir les grands arbres pour y passer la nuit, et lorsqu'ils ont adopté certain bouquet de bois, ils y reviennent chaque soir au crépuscule; alors le chasseur se cache sous les arbres en attendant que tous les pigeons soient rassemblés, il tire ses deux coups de fusil vers les branches les mieux peuplées, et réussit quelquefois à ramasser plusieurs de ces oiseaux dont la chair, d'ailleurs, n'est pas très-recherchée. On se sert généralement de plomb n° 3 pour tirer les pigeons, car leur plumage très-serré et très-abondant offre une grande résistance. Dans le Midi, et surtout dans les pays qui avoisinent les Pyrénées, les ramiers connus sous le nom de *Palomes* sont l'objet d'une chasse au filet très-compliquée. Dans une gorge, on dresse des filets hauts de 19 à 20 mètres que l'on attache à la cime d'arbres plantés et disposés à cet effet. Les filets sont cachés par un second rideau d'arbres, et quand un vol de palomes se dirige vers la gorge, les chasseurs, par divers moyens, essayent de faire donner les ramiers dans les filets qui s'abattent sur leur proie. On appelle ces gorges barrées par les filets des palomières, plusieurs sont établies de toute ancienneté. Puisque nous avons indiqué ce mode de chasse au filet, nous arriverons à la *pipée* et aux *tendues de raquettes* que l'on pratique au bois pour prendre les petits oiseaux.

LA PIPÉE.

Cette chasse, ainsi que son nom l'indique, est une espèce de chasse à l'appeau, à l'aide duquel on attire les oiseaux. La saison la plus favorable est l'automne. On choisit dans un taillis ou même dans une grande forêt une vallée dans le voisinage d'un ruisselet. La pipée ayant lieu le soir, un peu avant le crépuscule, le pipeur doit faire ses préparatifs dans la journée. Il choisira une jeune taille de cinq ou six ans, non loin de la lisière du bois, et dans une place où se trouvera un baliveau assez touffu, qui ne sera pas trop élevé, mais qui, autant que possible, sera isolé et éloigné des grands arbres. A quelques pas du baliveau, et non pas immédiatement sous cet arbre, on construit une cabane faite de branches vives et de fougères pour lui donner l'apparence d'un buisson naturel. Puis on pratique plusieurs avenues en pliant les brins de taillis qui seront chargés de gluaux; car dans la pipée, la glu a remplacé le fusil. Le pipeur dispose ensuite l'arbre, l'élague, le taille, afin de le couvrir de gluaux. Il commence par la cime qu'il coupe, car c'est sur les branches les plus élevées que se perchent les corbeaux, les pies et autres oiseaux de ce genre. Mais il ne doit pas trop dégarnir l'arbre et lui ôter trop de feuillage, car les oiseaux, voyant de loin les gluaux, éviteraient de se poser sur ces branches. On fixe les gluaux en faisant une légère entaille entre le bois et l'écorce de manière à retenir l'extrémité de la brindille enduite de glu. Les meilleurs gluaux sont faits de petites cimes de saules ou de bouleau, ils ont de 0m,43 à 0m,45 de longueur, on préfère les branches les plus flexibles. Lorsque l'arbre, la cabane et les avenues sont préparés, on pose les gluaux. Mais tous les temps ne conviennent pas pour la pipée, la trop grande chaleur fait fondre la glu, la pluie ou le brouillard l'empêchent de s'attacher aux plumes. Un grand vent fait tomber les gluaux. Un ciel sans nuages et sans brise est nécessaire. Dès que les gluaux sont tendus, le pipeur, qui se fait accompagner d'ordinaire d'un ou de deux aides, imite au moyen soit d'une feuille de lierre trouée, soit d'une feuille de chiendent ou même avec un appeau, les cris de divers oiseaux. Tapi dans la cabane, il fait entendre les cris de détresse que poussent les petits oiseaux, il imite les clameurs bruyantes du geai, de la pie. Dès qu'il s'aperçoit que les oiseaux répondent à son appel, il redouble de force, mais quand il entend les geais et les pies s'approcher, il baisse le ton.

Le premier oiseau qui se pose sur les gluaux et tombe enlacé, sert d'appelant; on le fait crier, et c'est le meilleur moyen d'appeler ses pareils. On a constaté que le cri du rouge-gorge attire presque toutes les autres espèces d'oiseaux. La chouette fait merveille, et les oiseaux se précipitant de toutes parts sur l'arbre et les avenues de la cabane, s'abattent sur les gluaux et jonchent la terre. Il est imprudent de sortir de la hutte au début de la pipée; cependant tous les oiseaux qui tombent à proximité doivent être soigneusement ramassés. Les corbeaux, les geais, les pies, les merles, les grives, les fauvettes et autres petits oiseaux se prennent en grand nombre à la pipée.

Lorsque l'on veut conserver vivant un oiseau pris au gluau, on recouvre de cendre les parties de son plumage englué. Puis le lendemain, on l'enduit de jaune d'œuf; le jour suivant, on graisse le plumage avec du beurre fondu et enfin on le lave avec de l'eau tiède pour enlever complétement la glu.

Cette substance très-tenace est toute végétale et provient de l'écorce du houx ou du genêt. Nous indiquerons succinctement la manière de la préparer. Au mois de mai, lorsque la sève monte, on écorce de jeunes branches de houx ou de genêt. On fait bouillir l'écorce dans l'eau, puis on ôte la pellicule noire de l'écorce, sorte d'épiderme qui la recouvre. Ensuite, on pile cette écorce amollie, on la réduit en pâte et on la met à fermenter dans un vase recouvert de terre. Après quinze jours de fermentation, on lave la glu à l'eau courante en ayant soin de ne la saisir qu'avec les mains enduites de beurre ou de graisse. Quand la glu est prise et débarrassée de tous filaments, elle peut servir alors à enduire les gluaux. Il faut environ six ou sept livres d'écorce pour obtenir une livre de glu. Lorsque cette substance vieillit, elle perd de sa ténacité et de sa force.

LES TENDUES DE RAQUETTES.

Elles sont très-répandues en Champagne, en Bourgogne et en Lorraine; ces piéges, connus aussi sous le nom de *rejet*, *sauterelle*, *repuce* sont destinés à prendre les petits oiseaux. Voici comment on procède pour cette chasse : En septembre et octobre, on pratique dans les taillis de longs sentiers en relevant les cépées de chaque côté, on lève les mottes de gazon afin d'attirer les oiseaux qui viennent véroter dans la terre fraîchement remuée; les abords des ruisseaux et des sources sont autant de places favorables qu'il faut utiliser. On préfère les parties de bois exposées à l'est et au midi, à celles qui regardent le nord et le couchant. On garnit de mille raquettes, et quelquefois plus, les sentiers préparés et les lisières du bois, et il n'est pas rare de prendre en moyenne six à huit douzaines d'oiseaux gros ou petits, grives et merles, rouges-gorges et becfigues.

Certains jours, lors des grands passages, car tous les petits oiseaux à becs fins comme les grives, rouges-gorges, etc., ne sont autres que des hôtes passagers, on rapporte de vingt à quarante douzaines de cet excellent petit gibier.

La raquette est un piége primitif et d'exécution facile. C'est simplement un brin de chêne ou de coudrier de la grosseur du pouce qui, au moyen d'une ficelle, maintenu courbé à chaque extrémité, fait ressort. Ce brin de coudrier, long de 1 mètre à 1m,50, est élagué. A 0m,10 de l'extrémité la plus grosse de cette baguette aiguisée en pointe, on pratique une légère entaille et on y perce un trou suffisant au passage d'une ficelle double. On ploie le brin de bois en lui donnant la forme d'un U majuscule, et à l'autre extrémité on retient la ficelle par un cran fait dans la baguette.

On passe dans le trou une ficelle double retenue par un petit bâton qui vient s'appliquer dans l'entaille. Pour tendre la raquette, on attire la corde et l'on place une petite marchette qui est maintenue par un demi-nœud, et qui laisse comme un collet de corde débordant de chaque côté de la marchette. C'est sur cette marchette que se pose l'oiseau, la chevillette tombe et, la raquette faisant ressort, le collet retient les pattes de l'oiseau serré par le petit bâton sur l'entaille ou mentonnet qui servait d'appui à la marchette. D'ailleurs les deux figures suivantes, mieux que notre plume, donneront une idée plus complète du piége.

La première représente une raquette détendue, la seconde le piége tendu et la corde enveloppant

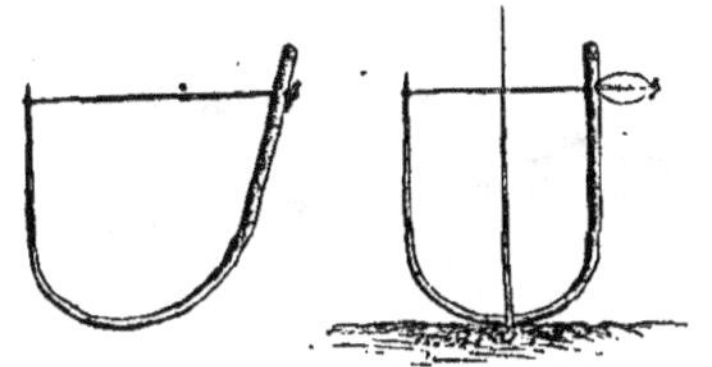

Fig. 1604. — Pieges.

la marchette. On assujettit la raquette à l'aide d'une baguette qui sert de tuteur et passe à travers la ficelle double. On visite les tendues trois fois par jour afin de recueillir les oiseaux et de retendre les piéges. On est quelquefois obligé, lors des grands passages, de ne point quitter le bois et de parcourir sans cesse la tendue dont les raquettes retiennent presque toutes un oiseau, les renards et les oiseaux de proie fréquentant souvent les tendues dont ils s'adjugent les prémices. Il faut arriver avant les voleurs.

LA CHASSE EN BATTUE.

Nous avons déjà décrit le mode de battue pratiqué en plaine, celui en usage dans les bois est assujetti aux mêmes règles. On distingue plusieurs battues au bois selon les espèces d'animaux que l'on veut détruire; car la battue n'est guère qu'un moyen de destruction; dans les battues aux loups, par exemple, on observe une discipline plus sévère que dans les simples battues aux lièvres ou aux lapins.

Quels que soient d'ailleurs les animaux traqués, il est de règle que le tireur soit placé *le ventre au bois* faisant face aux rabatteurs, et ne tire qu'à la rentrée afin d'éviter d'envoyer des coups de fusil à ses voisins; il est défendu aussi de tirer tout animal sous bois dans l'enceinte occupée par les rabatteurs, de peur de blesser ces derniers qui marchent vers les chasseurs. On doit d'abord rassembler un nombre de traqueurs suffisant et assez considérable pour que durant la battue chaque rabatteur ne soit pas éloigné de plus de cinq à six pas de ses voisins. Les traqueurs étant placés au-dessus du vent, on poste les tireurs sous le vent, on les échelonne à distances égales, et par exemple dans les battues pour loups ainsi que pour les grands animaux il est utile d'assigner à chaque tireur un numéro d'ordre qu'il sera obligé de garder pendant toute la durée de la chasse. A un signal convenu qui d'ordinaire est un cri ou un coup de fusil, les rabatteurs se mettent en marche, poussant des clameurs bruyantes et frappant de leurs bâtons les gros buissons et les halliers. Dans les battues aux loups on a coutume de placer un ou deux tireurs qui suivent les rabatteurs afin de leur prêter main-forte et d'envoyer un coup de fusil à un animal qui voudrait forcer la ligne des traqueurs et se dérober. De même qu'il est défendu de tirer sous bois tout animal quel qu'il soit, les chasseurs ne doivent point envoyer un chien d'arrêt pour rapporter une pièce de gibier même blessée qui aurait rebroussé chemin et serait retournée dans l'enceinte foulée par les rabatteurs.

Lorsqu'on procède à la destruction des loups, il est utile de poster des tireurs sur les côtés du bois ou de l'enceinte. Il faut surveiller les fossés, les canaux et tous les accidents de terrain qui peuvent servir de refuge à ces roués compères.

Dans toute espèce de battue on doit éviter de faire suivre les rabatteurs de chiens d'aucune espèce qui sont toujours plus nuisibles qu'utiles. Quand les rabatteurs ont rejoint la ligne des tireurs et ont achevé de parcourir l'enceinte, il est permis, au chasseur muni d'un chien d'arrêt docile, d'explorer la lisière de l'enceinte suivante à la recherche d'un lapin, d'un lièvre ou d'une perdrix blessés.

Ordinairement c'est le garde chargé de conduire la battue qui, avec un chien dressé à cet effet, ramasse les morts et les blessés. Souvent, lorsqu'on fouille un bois isolé ou placé sur la lisière de la plaine, une bécasse se dirige vers les chasseurs; sachez que la bécasse, plutôt que de prendre la plaine, retombera dans le fossé qui longe le bois ou sur la lisière; si donc l'oiseau vient vers vous, ne le tirez pas d'abord, parce que dix fois sur douze vous le manquerez, ensuite parce que vous êtes presque sûr de le voir se poser à quinze pas de vous. On ne fait guère de battues qu'en hiver dans les mois de décembre et de janvier, et surtout, comme nous l'avons dit, lorsqu'on veut procéder à une destruction. En effet, le bruit et le vacarme que mènent les traqueurs causent une telle frayeur au gibier qu'il quitte les bois où l'on a coutume de faire souvent des battues. Nous avons maintes fois déjà décrit l'affût et nous le décrirons assez souvent en parlant de chaque espèce de gibier, pour en faire ici une mention spéciale. Attendre le soir et le matin pour l'assassiner, le gibier qui sort du bois et se rend au gagnage, est le fait du braconnier, néanmoins le code des chasseurs permet l'affût pour certains animaux. Mais *affûter* le cerf, le chevreuil, le lièvre, la perdrix, est une action qui est flétrie unanimement. Le vrai chasseur au contraire doit conserver soigneusement son gibier.

Aussi conseille-t-on de détruire les animaux ennemis du gibier. Frères en saint Hubert, tuez sans pitié buses, faucons, éperviers, émouchets, pies, chouettes, renards, blaireaux, fouines et putois; en diminuant le nombre des maraudeurs vous augmentez les couvées de perdrix et les portées de levrauts. Quelques sociétés formées pour réprimer le braconnage ont offert des primes aux gardes champêtres, particuliers et forestiers, qui détruisent les animaux nuisibles. Ces sages mesures récemment prises ont porté déjà d'heureux fruits.

LA CHASSE DANS LA MONTAGNE.

Les plaines et les bois nous ont fourni leur gibier, les montagnes recèlent, elles aussi, des ressources

Fig. 1605. — La chasse en battue.

précieuses pour le chasseur vaillant et rustique qui ne craint pas de gravir les hauts sommets.

Au robuste montagnard qui, d'un pied ferme et agile, cotoie les précipices et franchit les glaciers sont réservés les plus fortifiantes fatigues et le plus beau gibier. C'est d'abord l'isard ou chamois, puis le coq de bruyère, la gelinotte, le lagopède ou perdrix blanche et la bartavelle. Quelques mots sur chacune de ces chasses ne seront peut-être pas inutiles.

Nous n'entreprendrons point de parler de l'ours, cet hôte presque introuvable dans les montagnes qui limitent la France, mais les isards ou les chamois sont encore assez nombreux pour faire l'objet d'une chasse régulière.

L'isard. — Cet animal qui, dans les Pyrénées, a conservé le nom d'isard et qui, dans les Alpes, se nomme chamois, est du genre des Antilopes, et de la variété de la chèvre et du bouquetin. Il a la taille et la grosseur du bouc commun, cependant ses jambes sont plus hautes et son corps plus court et plus agile, sa longueur est de $1^m,33$ (4 pieds) et sa hauteur de $0^m,83$ (2 pieds et demi). Il n'a point de barbe sous le menton; mais sa tête et son corps sont chargés de longs poils. Le mâle et la femelle sont pourvus de cornes droites à la base, recourbées en arrière et finissant en pointe. Elles sont noires, creuses, marquées d'anneaux qui indiquent par leur nombre l'âge de l'animal. Les cornes de la femelle sont plus petites et plus droites, le pied a beaucoup de ressemblance avec celui de la chèvre, quoique plus régulier et plus étroit, les côtés sont plus tranchants, le poids du chamois est de 20 à 25 kilogrammes et atteint quelquefois 30 kilogrammes.

Son poil change de couleur avec les saisons, gris au printemps, il est d'un brun roux en été et plus foncé en automne. L'isard ou le chamois habite les montagnes les plus abruptes et les régions voisines des glaces et des neiges éternelles. Cependant, en hiver, il se retire dans les forêts de pins. Les chamois ont coutume de vivre par bandes. Chaque harde reconnaît un chef, qui veille à la sûreté de tous et qui les avertit par un sifflement du danger imminent; à ce signal, la harde se disperse et s'enfuit, franchissant les rochers les plus escarpés, sautant d'un pied sûr par-dessus les abîmes, les corniches et les aiguilles les plus tenues. On les voit suspendus aux cimes inaccessibles où les oiseaux seuls semblent devoir se poser.

On ne peut espérer tirer les chamois qu'en les surprenant dans les vallées désertes où ils viennent au gagnage. Le chien, ce fidèle compagnon du chasseur, ne sert de rien ou plutôt, il entrave la marche du montagnard qui ne compte que sur sa vigueur et son adresse. Munis d'un bâton ferré, de crampons qui s'adaptent aux souliers pour marcher sur la neige durcie, et de semelles de drap pour ne pas glisser sur les rochers unis et sans aspérité, les hardis enfants de la montagne, le fusil à la main, explorent les retraites les plus sauvages et les plus inconnues. On raconte même que tel de ces chasseurs ayant à passer sur le penchant d'un rocher presque à pic s'est vu obligé de se scarifier le talon à l'aide d'un couteau afin que son sang en se figeant, l'empêchât de glisser sur la roche.

Quand, après bien des peines difficiles à dépeindre, le chasseur de chamois a découvert une harde de ces animaux, paissant dans une gorge retirée, il lui faut des prodiges de force et de ruse pour se rapprocher à portée de la bande qui, au plus léger bruit, disparaît instantanément. Enfin voici notre persévérant guetteur au moment solennel, la crosse à l'épaule, le canon de son fusil simple assujetti entre deux rochers, il vise le chef de la harde. L'écho de la montagne a retenti et l'isard palpitant est bientôt chargé sur les épaules du chasseur qui redescend les cimes ardues avec ce lourd fardeau.

Quelquefois, mais rarement, les chasseurs d'isards et de chamois se rassemblent et pratiquent une sorte de battue. Les uns escaladent les roches les plus élevées où pendant le jour se tiennent les animaux, les autres occupent les passages et les refuges connus. Les rabatteurs qui ont trouvé une harde de chamois, avertissent les tireurs par leurs cris et l'on réussit par ce moyen à en tuer plusieurs.

Cette chasse est aussi parfois très-dangereuse : par exemple, un chasseur placé sur un pan de rocher ou sur une corniche voit arriver dans l'étroit sentier un chamois effrayé par les clameurs des traqueurs. L'animal arrive à toutes jambes, il ne peut plus reculer, et s'il aperçoit le moindre intervalle entre le rocher et le chasseur, il n'hésitera pas et s'élancera pour passer entraînant dans sa chute le chasseur inexpérimenté. On recommande alors au chasseur de se coucher et de se coller au rocher; c'est la seule chance de salut, car le chamois essayera de sauter et se précipitera de lui-même dans l'abîme; ou bien, voyant le passage complétement intercepté, il arrêtera peut-être son élan et retournera sur ses pas, ce qui toutefois est très-rare.

La chasse du coq de bruyère offre moins de dangers.

Le **coq de bruyère** ou grand tétras habite plus particulièrement les hautes montagnes des Alpes. C'est le plus gros gallinacé qu'il soit donné au chasseur de tirer. Le grand coq de bruyère est de la grosseur d'une dinde et pèse de 5 à 7 kilogrammes; il a la tête d'un bleu tirant sur le noir, le bec fort, recourbé et effilé vers la pointe, les yeux entourés d'une membrane rouge, le cou et la poitrine de même couleur que la tête et nuancés de vert lustré, les ailes d'un brun foncé avec quelques plumes blanches, le ventre noir, les jambes garnies de plumes jusqu'aux doigts qui sont très-forts, la queue droite et longue.

La poule est beaucoup plus petite que le mâle et de couleur rousse assez semblable à celle de la bécasse.

Le **petit coq de bruyère** ou petit tétras se distingue du précédent par sa queue fourchue et une taille en tout pareille à celle du faisan. Sa tête, son cou et sa poitrine sont noirs avec des reflets violets, sa queue est noire, ses yeux sont surmontés d'une membrane rouge, et ses jambes couvertes de plumes.

La femelle est beaucoup plus petite que le mâle et de couleur grise.

Les grands tétras se nourrissent de glands, de faînes, de baies de genièvre ; la petite variété à queue fourchue est très-friande des bourgeons du bouleau et on la rencontre presque toujours dans les bois de cette essence, ce qui l'a fait surnommer par quelques chasseurs *coq de bouleau*. On chasse les coqs de bruyère grands et petits à l'aide du chien d'arrêt comme les perdrix. On trouve les tétras dans les broussailles, dans les bruyères. Ces oiseaux tiennent bien l'arrêt du chien, et la compagnie part presque toujours à portée du chasseur, qui cependant doit faire usage du plomb numéro 4. On peut aussi quelquefois tuer des coqs de bruyère en se servant de la chanterelle pour les attirer, mais comme la saison de leurs amours ne commence qu'en avril et mai, il devient inutile en France, depuis la loi du 3 mai 1844, qui défend le colportage du gibier, de détruire ces beaux tétras en temps prohibé. Les montagnards se servent des filets déjà décrits, tels que la tonnelle et la tirasse, ils les surprennent aussi la nuit, lorsqu'ils les ont vus se brancher. La chair des tétras est très-estimée.

La **gelinotte** est une sorte de variété du coq de bruyère et appartient au genre *tétras* dont elle possède les jambes couvertes de plumes. La gelinotte tient le milieu entre le faisan et la perdrix ; son plumage est roux, son bec court, noir et très-peu recourbé, ses yeux sont entourés d'une membrane rouge marquée aux bords de trois taches blanches, les plumes de la tête sont longues et se dressent en forme de huppe. Le mâle se distingue de la femelle par le rouge plus vif de ses sourcils et par une plaque noire sous la gorge.

La gelinotte se trouve en petit nombre dans les montagnes de France, mais elle est assez commune dans les Apennins, en Suisse et surtout en Hongrie. Sa nourriture se compose de boutons d'arbres, de baies de sorbier, de genévrier et autres arbustes. Dans un nid très-simple la femelle pond de huit à seize œufs couleur de rouille. Les gelinottes, comme les coqs de bruyère conservent la *livrée*, pendant presque tout le cours de la première année. On chasse les gelinottes au fusil; on les prend aussi à l'aide des filets et des collets.

La chasse au fusil est la même que celle des coqs de bruyère, il faut chercher les gelinottes dans les bois mêlés de taillis de chênes et de sapins.

Ce sont des oiseaux sédentaires qui ne s'écartent pas loin du lieu où ils sont nés. La gelinotte est un mets exquis. Les montagnes d'Écosse sont abondamment peuplées de cet oiseau, que les Anglais nomment « red grouse. » Cette chasse, très-vantée pour le nombre considérable de gibier que l'on y abat, a lieu dans les contrées du nord de l'Écosse. Les « grouses » ne se laissent facilement approcher qu'au mois d'août, et à cette époque on fait des chasses splendides. Il n'est pas rare de voir un bon tireur tuer cent cinquante pièces dans un jour.

Afin d'éviter la fatigue d'escalader sans cesse les montagnes couvertes de bruyères, chaque chasseur monté sur un poney est suivi de deux hommes qui portent les fusils et dirigent une paire de *pointers*.

Lorsque les chiens sont en arrêt, le tireur descend, fait feu sur la compagnie, puis continue sa marche sans s'occuper du gibier abattu.

Un garde muni d'un chien nommé « retriever » ramasse les morts et les blessés.

Dès le mois de septembre les « grouses » se réunissent par bandes nombreuses et deviennent inabordables.

Le **lagopède**, ou perdrix blanche, est encore du genre des tétras et de l'ordre des gallinacés. La couleur de son plumage varie selon les saisons. Cet oiseau, complétement blanc en hiver, revêt au printemps une teinte moins éclatante. Il ne reste de blanc que les ailes et l'extrémité de quelques plumes, le dos et la poitrine sont noirs rayés de roux, le bec est noir et bordé de rouge vif. Le lagopède habite les plus hautes cimes voisines des neiges, et la chasse de cet oiseau est périlleuse. On le trouve sur les montagnes les plus élevées des Alpes, en Écosse et en Sibérie. Les couvées du lagopède excèdent rarement le nombre de dix aussi.

Enfin, en descendant les pentes des Alpes et des montagnes méridionales, nous trouverons la bartavelle, sorte de grosse perdrix rouge.

La **bartavelle** a toutes les habitudes de la perdrix rouge ordinaire, elle se distingue de cette dernière par des couleurs moins vives et par son volume qui est double. Le dos est gris cendré, la poitrine brune avec une grande plaque blanche sur la gorge, bordée d'un demi-collier noir. Le ventre est roux, les pieds et le bec sont d'un rouge pâle.

La bartavelle dépose ses œufs, au nombre de huit à seize, sur les feuilles ou sur l'herbe, sans prendre le soin de construire un nid. Elle couve comme la perdrix, pendant vingt et un jours. A l'époque de la chasse, les compagnies de bartavelles se tiennent toujours sur les lieux élevés, plus accessibles toutefois que les retraites où se trouvent les gelinottes et les lagopèdes. Cependant la chasse de la bartavelle à travers les coteaux escarpés est très-fatigante. Certains chasseurs profitent de l'ardeur avec laquelle les mâles répondent au cri de la femelle pour appeler les coqs au moment de la pariade. Soit en se servant de la chanterelle qui est rare, car la bartavelle périt promptement en captivité, soit à l'aide de l'appeau, on parvient à tuer ces beaux oiseaux aussi rares qu'estimés pour la délicatesse de leur chair. On emploie pour la bartavelle le même plomb que pour la perdrix rouge, soit le plomb numéro 5, ou le numéro 6.

LA CHASSE AU MARAIS.

Nous avons chassé en plaine, dans les bois et sur les montagnes, il nous reste à poursuivre le gibier d'eau, sur la terre et sur l'onde. La chasse au marais compte des fanatiques qui raffolent du plaisir de faire sans fatigue le coup de fusil. Car on tire beaucoup au marais. Assis dans de petites barques, ces tranquilles tireurs suivent les rives des étangs et des rivières, pendant que l'ardent et infatigable chasseur rustique fouille les marais, entre carrément dans la bourbe, s'enfonce dans le fourré de jonc, affrontant les mollières et les sources.

A nul autre rendez-vous on ne trouvera des accoutrements plus divers. Tel chasseur est chaussé de ces fameuses bottes de marais assez semblables à celles des cureurs d'égouts. Certes, ces bottes imperméables tiennent le pied sec, mais à condition que le chasseur prendra mille précautions et ne s'aventurera pas au milieu du marécage. En effet, s'il tombe dans un trou, de quoi lui servent ces chaussures, si ce n'est à traîner deux kilogrammes d'eau qui clapote dans ses bottes. Je préfère ce rustique et expérimenté campagnard, qui, en primeur au mois de juillet, vêtu d'un pantalon de laine ficelé à la cheville et chaussé de souliers troués qui ne retiennent point l'eau, chasse droit devant lui tout à son aise sans peur et sans crainte. En hiver, ou lorsqu'on parcourt seulement des prairies inondées, la botte peut être utile, mais il faut avoir soin avant de s'en servir de recouvrir ces bottes d'une forte couche de suif.

La chasse au marais varie selon les saisons. En primeur, c'est-à-dire du 15 juillet au 15 août, c'est une précieuse ressource qui permet de décrocher le fusil à une époque où la chasse en plaine est fermée, et c'est à vrai dire le plus beau moment de cette chasse barbotante. L'eau est tiède et propice, les halbrans sont jeunes et le gibier part sous les pieds. La chasse d'automne est déjà moins attrayante, à moins qu'il ne vous arrive de rencontrer un de ces passages trop rares de bécassines. Alors on tire cent et deux cents coups de fusil durant cinq ou six heures, et le lendemain tout est fini, les inconstantes ont fui vers d'autres rives.

Pendant l'hiver la chasse est parfois très-fructueuse, mais il faut le plus souvent se résigner à employer l'affût, alors les rigueurs de la saison éloignent plus d'un chasseur. On n'est pas toujours disposé à guetter des canards pendant plusieurs heures, lorsque le thermomètre marque dix degrés au-dessous de zéro.

Tout chasseur au marais qui se met résolûment à fouiller les marécages, doit, sous peine de faire quelques formidables plongeons, regarder soigneusement la place où il marche. Tant que vous êtes sur le terrain où poussent les joncs ou les herbes hautes, vous pouvez avancer en toute confiance, mais lorsque vous rencontrez un petit espace où la verdure est plus foncée et plus vivace, où les feuilles de nénuphar s'étalent larges et luxuriantes, lorsque vous apercevez quelques flaques d'eau rouillée et jaunâtre, faites un circuit, évitez cet écueil qui n'est autre qu'une source profonde ou une tourbière dans laquelle vos pieds, vos jambes et votre corps disparaîtront. Les îles flottantes au sol peu solide n'offrent aucun danger, la surface de l'île tremble et remue à chaque pas, elle semble à chaque instant sur le point de s'abîmer sous votre poids, ne craignez rien, le plancher est mobile et élastique, mais il ne se dérobera pas sous vos pieds. D'ailleurs, si l'ardeur vous a emporté, et si par mégarde vous êtes tombé dans un trou, n'oubliez pas de vous mettre tout de suite à genou et d'étendre les bras en travers; c'est là le seul moyen de ne pas vous enfoncer plus avant dans le bourbier.

Les oiseaux aquatiques sont très-nombreux, mais le canard sauvage et ses variétés forment la plus grande partie du gibier d'eau. Or, ces oiseaux ayant un plumage lisse, épais, doublé d'un duvet impénétrable, on a coutume d'employer du gros plomb, tel que le numéro 5 en primeur et quelquefois les numéros 3, 2, et même le double zéro en hiver. Il est préférable, lorsqu'on tire à grande portée des canards ou autres oiseaux de cette espèce, de les faire lever, le plomb pénètre mieux, les plumes étant écartées dans le vol. Si l'on tire un canard sur l'eau, il faut viser non le dos de l'oiseau, mais le ventre, ce que les chasseurs appellent *tirer en dessous*; le plomb qui touche la surface de l'eau ricoche à de longues distances, faites donc attention à vos voisins.

Le gibier d'eau tient en primeur très-longtemps devant le chien.

Le *halbran*, nom que l'on donne au jeune canard, ne s'envole qu'après avoir filé quelque temps dans les herbes et à la dernière extrémité; on doit donc battre les marais avec soin et sans trop de hâte.

L'épagneul et le griffon sont d'excellents chiens d'eau, mais il faut les tenir constamment sous le canon du fusil. On commence par faire chasser les chiens sur les bords des marais; là il est plus facile de les dresser et de les châtier s'ils s'emportent et courent après le gibier. La première qualité d'un chien d'eau est de rapporter; de plus, comme nous l'avons déjà expliqué, il ne doit pas tenir trop longtemps l'arrêt, mais après l'avoir marqué se mettre vivement, mais toujours à dix pas de son maître, à pister le gibier, afin de le faire lever.

Le canard sauvage est le gibier d'eau le plus nombreux comme le plus agréable à chasser, à l'exception toutefois de la bécassine.

Le **canard sauvage** ressemble beaucoup au canard de basse-cour; cependant l'oiseau sauvage a le col et le corps plus élancés et plus alertes; de plus les ongles du canard sauvage sont noirs et brillants, mais quand vous aurez tiré sur une bande de canards appartenant au meunier voisin, il sera trop tard de reconnaître, en examinant les morts, qu'ils n'ont point les ongles noirs et brillants. Les émeraudes qui brillent sur la tête et la pourpre violacée qui orne le cou du canard mâle, le distinguent facilement de la femelle qui est grise.

D'ailleurs, il y a un grand nombre de variétés de canards sauvages que l'hiver nous ramène en France, nous dirons quelques mots de chaque espèce.

Le **pilet**, plus répandu en Picardie et sur les bords de la Somme, tient autant de la sarcelle que du canard. On le nomme aussi *canard pointu*, à cause de sa queue effilée, retroussée et terminée par deux filets étroits. Son bec moins large, son cou plus aminci et sa tête plus petite le font ressembler à la sarcelle. Son plumage est blanc et noir divisé par bandes, ses ailes sont ornées d'une plaque couleur de cuivre.

Le **milouin** a le corps plus court et plus gros que celui du canard sauvage proprement dit, il a le dos gris rayé de noir, la tête et le cou brun, noir, ou roux selon la variété. Le milouin se trouve dans le voisinage de la Méditerranée.

Le **tadorne** est plus grand que le canard commun dont il diffère par la couleur du cou qui est noir lustré de vert et par une large bande jaune-cannelle qui couvre sa poitrine et borde ses ailes. Ses pieds sont couleur de chair, son bec rouge pâle ayant à sa base un petit tubercule rougeâtre.

Le **morillon** est de taille plus petite que le canard, son plumage est d'un beau noir lustré, à reflets pourprés et verdâtres, son bec recourbé, et ses pieds sont bleuâtres, sa tête est ornée d'une huppe qui retombe sur le cou.

Le **vingeon ou canard siffleur** est de teinte grisâtre, avec la tête de couleur marron, tacheté de noir; le bec est très-court, étroit et recourbé, on le trouve par bandes nombreuses dans les provinces de l'Est, et surtout en Picardie.

Le **canard garrot**, est une sorte de plongeon blanc et noir, qui arrive par troupes pendant les grands froids, ils ne se mêlent point aux canards. Leur vol est rapide, mais rasant presque toujours la surface de l'eau et ne s'élevant pas à de grandes hauteurs.

La **sarcelle** est de la grosseur du canard *garrot*, son plumage ne diffère que fort peu de celui du canard sauvage commun; elle a les mêmes habitudes que le canard, et voyage par bandes. Dans nos marais de l'Ouest on trouve assez souvent en primeur des couvées de jeunes sarcelles.

La chair de cet oiseau est très-délicate et très-recherchée.

On peut voir, du reste, toutes ces diverses familles de canards sauvages, au jardin d'acclimatation, dont elles peuplent les bassins. Inutile d'ajouter que pour ôter à ces oiseaux toute pensée de reprendre le cours de leurs migrations, on a soin de couper les plumes de leurs ailes voyageuses.

Bien que presque tous les canards quittent au printemps nos étangs et nos lacs de France, plusieurs couvées de canards sauvages communs, naissent chaque année dans la plupart des grands marais de Bretagne et du Nord, et nous donnent le plaisir de chasser et de tuer de jeunes *halbrans* au 15 juillet, ouverture de la chasse d'eau.

On dit que ce vocable est emprunté de l'allemand, étant composé des deux mots : *halbe Ente*, qui signifient demi-canard.

La pariade a lieu de la fin de février au commencement de mars; ces oiseaux si méfiants deviennent très-confiants dans le temps des amours, et se laissent facilement approcher. C'est ordinairement dans une touffe de joncs que la femelle dépose ses œufs, elle fait aussi son nid au milieu des bruyères, assez éloignées de tout cours d'eau. Cette habitude de la cane de pondre dans les champs, est funeste à sa couvée, car les enfants, remarquant ses fréquentes visites, cherchent son nid et dénichent les œufs.

La ponte est de dix à seize œufs, plutôt ronds que longs et à coquille blanchâtre.

L'incubation dure trente jours; tous les petits sortent de la coque le même jour et suivent aussitôt leur mère sur l'eau. Ils se nourrissent d'insectes et de mouches qui pullulent sur les herbes aquatiques.

Ils restent longtemps couverts de duvet et ne peuvent se servir de leurs ailes qu'au bout de trois mois. Dès qu'ils commencent à voler, on dit que *leurs ailes sont croisées*, ou plus brièvement qu'ils sont *croisés*. Ils n'atteignent ce développement qu'au mois de juillet.

On doit épargner tout halbran non croisé. Lorsqu'ils sont encore en bas âge, la cane, comme la perdrix, défend courageusement ses petits; sitôt qu'elle croit un caneton en péril, elle se lève en criant, essayant d'attirer vers elle le chasseur ou le chien. Respectez cette bonne mère, éloignez-vous; la couvée, d'ailleurs, est trop jeune et indigne de vos coups. Les ennemis des jeunes canards sont les oiseaux de proie, les putois, les belettes, et le dirons-nous, les brochets eux-mêmes, qui engloutissent facilement dans leur gueule énorme un caneton nouvellement éclos. Outre les halbrans, on rencontre quelquefois des canards mâles, qui ont perdu les plumes des ailes et ne peuvent s'envoler devant les chiens. Ne pouvant voler, ils plongent merveilleusement, mais ils sont faciles à retrouver. Les femelles ne sont point sujettes à cette mue complète, elles perdent leurs plumes une à une et à mesure qu'elles poussent. La nature ayant investi la femelle du privilége de veiller sur la couvée, lui a laissé ses ailes pour défendre et protéger ses petits.

On chasse les halbrans en primeur au chien d'arrêt en fouillant les joncs et les rives des étangs. En cherchant les halbrans on rencontre la poule d'eau, la macreuse ou foulque, le râle, la bécassine, la marouette, le butor, et même le héron. Nous décrirons ces divers oiseaux avant d'indiquer les autres modes de chasse employés pour approcher les canards, soit en automne, soit durant l'hiver.

La **poule d'eau**, est de la grosseur d'un poulet de six mois. Ses jambes grêles et assez longues, l'ont fait placer dans l'ordre des échassiers. Son bec est court et renflé vers la pointe, de couleur jaunâtre, surmonté d'une plaque rouge chez le mâle et verte chez la femelle. Le plumage qui recouvre la tête et le dos est brun-noir, le ventre tire sur le gris blanc.

La poule d'eau fait mille détours et mille ruses avant de s'envoler et ne prend ce parti que pressée par le chien. Souvent, quand elle est blessée ou à bout d'expédients, elle plonge et va se cacher sous une feuille de nénuphar, laissant passer son bec seul hors de l'eau. Le canard démonté emploie aussi cette ruse. La chair de la poule d'eau n'est pas très-estimée, et à moins d'une grande pénurie de gibier, nous serions disposé à recommander au chasseur en marais d'éviter la poule d'eau qui rend les chiens musards.

La **macreuse ou foulque**, qui, selon les pays, se nomme encore *morelle* ou *judelle*, est une sorte de grosse poule d'eau, dont elle possède la plaque frontale, rouge pour le mâle, et blanche pour la femelle. Son plumage est peut-être d'un noir plus foncé que celui de la poule d'eau. La macreuse arrive dès le mois d'octobre. On les trouve par bandes sur les étangs; il est assez facile de les approcher. La macreuse ne plonge pas. Souvent une troupe de macreuses chassée sur l'eau et ayant essuyé le feu de plusieurs tireurs, se disperse, et ces oiseaux débandés vont se remettre dans les fossés, et même dans les bruyères avoisinant l'étang. Les chiens alors les prennent sans qu'elles aient fait un mouvement pour s'envoler.

Le plus souvent on chasse les macreuses pour ainsi dire en battue; au moyen d'un bateau on les pousse vers les tireurs embusqués derrière les roseaux de la rive. Le plomb n° 6 ou 5 suffit pour tirer la macreuse.

Le **râle d'eau** est plus petit que le râle de

genêt, dont il diffère encore par la couleur de son plumage, qui est brun noirâtre. Les chasseurs novices le confondent avec la poule d'eau. Comme elle et à l'instar du râle de genêt, il file toujours et tourne sans cesse autour des joncs, il ruse de mille façons, tantôt il plonge, tantôt il se perche, même sur un brin de jonc ou de saule, et fait le désespoir du chien qui le piste. Le râle d'eau n'a point une chair assez délicate pour qu'on doive tenir beaucoup à le faire lever. Surpris, s'il consent à s'envoler, on peut le tuer, mais sitôt qu'à la quête tournante et tenace de votre chien, vous vous apercevrez qu'il poursuit un râle, fuyez soigneusement ces lieux, ou vous perdrez votre temps pour tirer simplement un gibier « que les cuisinières donnent au chat. »

La **marouette**, de la grosseur d'une grosse alouette, est une variété du râle d'eau. Son plumage vert foncé est parsemé d'un nombre infini de petites taches blanches.

On vante la délicatesse de sa chair, mais comme le râle, la marouette est très-difficile à faire lever. Il convient de n'employer pour tirer les râles, que de très-petit plomb, tel que les numéros 8 et 9. Il en est de même pour la bécassine.

Cet oiseau est digne d'une mention spéciale, sa chair est exquise. Son vol rapide et irrégulier exige un coup d'œil exercé, une main habile et sûre, de la part du chasseur qui la sait abattre.

La **bécassine**, comme son nom l'indique, est le diminutif de la bécasse, avec laquelle elle a beaucoup de ressemblance. Son bec est long et effilé, son plumage est sillonné de bandes longitudinales noires et grises; sa couleur est moins rousse et plus grise que celle de la bécasse.

On compte trois variétés de bécassines : la commune, qui est de la grosseur d'une grive, hante les prairies inondées et les bords des marais, où l'eau, haute de 0m,03 ou 0m,04, recouvre à peine la bourbe qu'elle fouille de son grand bec. Elle arrive avec les vents d'est, les grands passages ont lieu au printemps et en automne, et jamais durant les hivers rigoureux. Néanmoins, les grands marécages recèlent toujours quelques bécassines, qui souvent y élèvent leurs couvées. La bécassine ne pond pas plus de quatre à cinq œufs.

Fig. 1606. — Bécassine.

La seconde variété est la sourde, dite *jacquot* ou *bicot*, beaucoup plus petite que la première, au plumage plus foncé et au bec plus court. Elle tient bien l'arrêt et ne s'envole que sous le nez du chien, elle ne jette aucun cri en partant.

La grosse sourde ou bécassine double, compose la troisième famille. Elle est plus grosse que la commune, se laisse approcher d'aussi près que la petite sourde et ne crie point en prenant son vol.

Le tir de la bécassine n'étant point familier à beaucoup de chasseurs, et la plupart d'entre eux manquant très-facilement ce petit gibier, chaque livre de chasse contient un grand nombre de conseils adressés aux inhabiles. M. d'Houdetot est le seul, selon nous, qui prouve par ses récits techniques et charmants, qu'il connaît la chasse de la bécassine. Comme lui, nous étant livré souvent à ce plaisir ineffable, nous conseillerons au chasseur qui a découvert cette heureuse fortune, que l'on appelle un passage de bécassines, de laisser le chien à la maison, à moins que celui-ci ne quitte pas les talons de son maître, si ce n'est pour rechercher une pièce perdue. Car il est très-rare de ne point retrouver de suite la bécassine abattue, que la moindre blessure jette à terre, palpitante et sans mouvement. Le meilleur chien est plutôt nuisible qu'utile à la chasse à la bécassine, le bruit qu'il fait en barbotant, effraye ce gibier qui part le plus souvent hors de portée.

Certains auteurs prétendent qu'il faut chasser la bécassine en ayant le vent dans le dos « sous prétexte, dit M. d'Houdetot, que cet oiseau piquant dans le vent, est forcé par cela même, de revenir dans la direction du chasseur et de se croiser avec lui. En théorie, c'est un superbe raisonnement, venons à la pratique. En effet, la bécassine revient prendre le vent... mais à quelle distance? à plus de cinq cents pas du chasseur, en s'élevant parfois à perte de vue et parcourant un long circuit qui la met à l'abri de ces coups huit fois sur dix. »

Nous préférons, au contraire, marcher à bon vent, c'est-à-dire contre le vent; par ce moyen la bécassine a moins promptement connaissance du bruit occasionné par le chasseur, elle se laisse plus facilement approcher et part de plus près. On a également disserté longuement sur la question de savoir si l'on devait tirer la bécassine avant ou après les crochets qu'elle dessine aussitôt après s'être enlevée. Les uns prétendent qu'il faut la tirer au cul levé, les autres, au contraire, affirment qu'il faut attendre, avant de presser la détente, qu'elle ait terminé les trois crochets de rigueur. Nous disons, nous : dès que la bécassine a pris son vol en faisant entendre son petit cri d'effroi, épaulez promptement, visez vite, et tirez aussitôt que vous aurez trouvé l'oiseau au bout du fusil; peu importe que ce soit avant, pendant, ou après les crochets.

Sur les bords des rivières, rarement dans les marais, on trouve le bécasseau ou cul-blanc, que certains chasseurs confondent avec la petite bécassine sourde.

Le **bécasseau ou cul-blanc.** Son plumage gris cendré et sa méfiance le font facilement distinguer de la sourde; on donne aussi au cul-blanc, le nom de *chevalier guignette*. Quelquefois le chasseur au marais surprendra une bande de vanneaux, de pluviers, de chevaliers, mais ces oiseaux sont très-difficiles à approcher. Il faut savoir que lorsqu'on a tué l'un de ces oiseaux, la bande entière reste à tournoyer autour du mort. Ainsi, en lançant en l'air l'oiseau blessé, les vanneaux, pluviers ou chevaliers viennent le frôler de leurs ailes, et on peut alors en tuer plusieurs autres.

Le **vanneau,** dont la chair est très-estimée, répond très-bien à l'appeau. Le chasseur ou plutôt l'affûteur, caché dans une hutte située près d'un terrain inondé ou d'une flaque d'eau d'une certaine étendue, imite le cri du vanneau dès qu'il voit passer une bande de ces oiseaux. Aussitôt les vanneaux suspendent leur vol et viennent s'abattre sur les bords de l'eau.

C'est en octobre que se pratique ce genre de chasse.

Nous décrirons ci-dessous divers modes d'affût à la hutte.

Mais auparavant nous continuerons de donner la nomenclature des oiseaux que l'on rencontre dans les marais.

Le **butor,** nommé aussi héron étoilé, se trouve assez fréquemment en primeur. Il se lève à quelques pas du chasseur. Cet oiseau au vol lourd et embarrassé ne saurait échapper aux coups des tireurs les plus inexpérimentés. La chair du butor est de mauvais goût, et s'il ne faisait pas autant de ravages dans les étangs en mangeant le frai du poisson, peu de chasseurs daigneraient envoyer un coup de fusil à cet oiseau, d'autant plus que le butor blessé est très-courageux et se défend avec vigueur. « Son grand bec emmanché d'un long cou » fait de cruelles blessures aux chiens et même aux hommes qui le veulent imprudemment saisir.

Le **héron** se tient rarement dans les roseaux et dans les marais, il attend les poissons sur les rives des fleuves et le bord des étangs et ne se laisse pas facilement approcher. Le héron est de plus haute taille que le butor, son plumage est gris cendré et non jaune, rayé de noir comme celui des précédents. Le héron, qui était naguère gibier de roi ou de prince, ne figure même plus aujourd'hui sur la table du garde; ce mets jadis royal est universellement dédaigné à cause de l'odeur d'huile et de poisson qu'exhale la chair de cet oiseau, le plus noble selon les règles de la fauconnerie.

Le **grèbe,** sorte de gros plongeon au plumage noirâtre sur le dos et d'un beau blanc nacré sous le ventre, est loin d'exciter par la délicatesse de sa chair la gourmandise des chasseurs. Comme tous les membres de la famille du plongeon, c'est un détestable ragoût.

Le grèbe se distingue par sa grosseur égale à celle d'une oie sauvage et par son bec étroit, rond, long et terminé par une pointe recourbée; il est très-défiant et ne peut être tiré qu'à l'affût.

L'**oie sauvage** est plus petite que l'oie domestique et ressemble à cette dernière par son plumage, un peu plus foncé toutefois. On ne rencontre les oies sauvages en France, que par troupes nombreuses pendant les hivers les plus rigoureux.

Ces oiseaux essentiellement voyageurs ne séjournent pas au delà de deux à trois jours dans les mêmes marais. On ne peut surprendre leur vigilance qu'en se cachant dans des huttes ou autres abris soigneusement dissimulés parmi les joncs ou les oseraies.

Mais puisque nous parlons sans cesse de la chasse à l'affût ou à la hutte, tant pour approcher les canards que pour tuer les autres oiseaux aquatiques, il est temps de traiter ce sujet.

Les canards, dès leur premier passage qu'ils effectuent à la fin de septembre, ont coutume, le soir au crépuscule, de quitter l'étang ou le marais où ils ont passé la journée, afin d'aller au gagnage en s'éparpillant, soit dans les champs ensemencés, soit vers les mares et les rivières ombragées par des chênes dont les glands leur fournissent une excellente nourriture. Le matin, dès l'aube, les canards rentrent en tournoyant dans le marais qu'ils ont choisi pour lieu de rendez-vous. L'affût consiste donc à se placer le soir près des mares, rivières et sources fréquentées par les canards. Une demi-heure après le coucher du soleil, ils arrivent battant l'air de leurs ailes bruyantes qui font entendre un sifflement strident bien cher à l'oreille de l'affûteur. Certains chasseurs préfèrent tirer les canards quand ils sont posés, mais souvent l'obscurité est telle que l'on ne peut plus apercevoir le gibier, soit dans l'eau, soit à terre, tandis qu'un reste de clarté, un rayon de la lune illuminant un coin du ciel permet de pouvoir jeter un coup de fusil sur la bande qui décrit avant de s'abattre plusieurs cercles autour de l'affûteur. Celui-ci peut presque toujours rester à découvert au pied d'un arbre; l'ombre de la nuit qui vient, suffit pour le dérober aux regards défiants des palmipèdes. Le matin la passée est moins favorable et plus courte, il est opportun de se placer cette fois aux abords du marais où se réunissent les diverses bandes de canards.

La chasse à l'affût ne peut être vraiment fructueuse, qu'à partir du 1er novembre et pendant l'hiver. Lorsque les étangs et les cours d'eau sont couverts de glace, s'il existe dans le voisinage une source où l'eau ne gèle que rarement, il est certain que les canards y arriveront en masse le soir au crépuscule. Là il est facile de tirer plus d'un beau coup de fusil.

La **chasse à la hutte** avec ou sans appelants, est celle qui détruit le plus grand nombre de canards. La hutte est une petite cabane couverte de joncs ou autres plantes aquatiques et située tantôt sur les rives d'une rivière, d'un étang, ou même au milieu d'un marais. La hutte est donc construite soit à terre, soit sur pilotis. D'ordinaire le guetteur place dans l'eau à quelque distance de la hutte deux ou trois appelants, c'est-à-dire un canard et deux canes, qui en criant attirent et font descendre les canards sauvages. On se sert à cet effet de canards de l'espèce sauvage élevés et apprivoisés avec les autres volailles de la ferme. Dès le début on a coutume d'attacher les appelants à des piquets cachés sous l'eau. Mais aux environs d'Angers, sur les rives de la Loire, nous avons vu des appelants dressés merveilleusement, qui non-seulement faisaient par leurs cris arriver les canards sauvages à portée de l'affûteur, mais encore prenaient leur vol, allaient se joindre aux bandes de canards sauvages qu'ils amenaient et attiraient près de la hutte.

L'époque la plus propice à ce genre d'affût est le mois de novembre et les mois suivants, jusqu'au mois de mars. C'est la nuit que cette chasse est le plus fructueuse, quoique cependant on la pratique quelquefois au milieu du jour. Alors il faut avoir soin de choisir les premières journées où commencent la gelée ou le dégel. A ce moment les canards sont sans cesse en mouvement. Lorsque les appelants ont réussi à faire abattre à portée de fusil une bande de canards, on recommande de tirer aussitôt que ceux-ci ont touché l'eau, car ils sont encore rassemblés et serrés les uns contre les autres, quelques instants après ils se séparent et se mêlent aux appelants. Le hutteur est pourvu d'un barbet fidèle qui à chaque décharge rapporte les morts et les blessés ; ce chien docile est un auxiliaire indispensable.

Quelquefois sur les bords de la mer on remplace par un trou dans le sable, la hutte qui par

Fig. 1607. — La chasse à la hutte.

son volume serait un épouvantail; au milieu des grèves dénudées, l'affûteur creuse une large fosse dans laquelle il se blottit et attend les bandes innombrables de canards de toutes sortes.

Dans certaines contrées, les chasseurs s'affublent, afin d'approcher ces canards, d'une carcasse d'osier peinte ayant l'apparence d'une vache. On nomme cet appareil la *vache artificielle*. Mais le chasseur ainsi costumé doit avoir soin de ne pas arriver en droite ligne sur le rivage; il doit, au contraire, faire des détours et des zigzags, et gagner graduellement le bord de l'eau.

On emploie aussi la *hutte ambulante*, sorte de cabane légère que l'affûteur transporte de côté et d'autre. Il y a des chasseurs qui, au moyen de petits bateaux plats recouverts d'un fagot, parviennent, durant l'automne, à surprendre les canards. Ces barques sont très-légères, étroites et pointues, on les nomme, en Bourgogne, *fourquettes*, *arlequins* ou *huquerets* selon leurs dimensions. La partie essentielle de l'équipement de ces batelets est un fagot de même bois, placé sur l'avant où il est fixé par deux chevilles. Ce fagot dérobe aux yeux du canard le tireur qui les observe par un trou pratiqué au milieu de l'abri, et qui, au moment favorable, passe le bout du fusil à travers la meurtrière. Le fusil le plus en usage pour cette chasse est la canardière au canon long et de gros calibre qui, recevant une forte charge de poudre et de gros plomb, atteint le gibier à de grandes distances. Le chasseur doit toujours nager en présentant l'avant du bateau, il conduit son esquif à la godille, c'est-à-dire au moyen d'une rame placée à l'arrière, quelquefois il manœuvre à l'aide d'une perche, mais, en tout cas, il faut une grande habitude et une grande précision. Les uns assurent que ce genre de chasse réussit mieux pendant la nuit, d'autres la pratiquent en plein jour.

La chasse de nuit par excellence, est la chasse au feu ou au réverbère. Ainsi, après avoir couvert de roseaux un bateau léger à l'avant duquel est fixée une longue perche, dont l'extrémité porte un vase rempli de suif et garni de trois mèches, les chasseurs descendent une rivière au fil de l'eau, ou parcourent les étangs. Les canards sont attirés par la lumière qui les éclaire et les désigne aux coups des chasseurs. Parfois, sur les rives des étangs, on attache, sur des piquets, un chaudron garni de plusieurs mèches allumées. L'affûteur placé dans l'ombre, à quelques pas de ce réverbère, attend l'effet de sa ruse. Les canards surpris se rassemblent et se rapprochent de la lumière. Cette curiosité leur devient fatale.

On raconte aussi que ces oiseaux, qui ont voué au renard une haine instinctive, ont l'habitude de narguer ce compère quand ils l'aperçoivent rôder sur la rive. Certains chasseurs ayant fait cette observation l'ont mise à profit, voici comment. On coupe tous les joncs et les roseaux qui couvrent les bords d'un étang, puis on construit à peu de distance de la rive, des abris ou des haies couverts de feuillage; on se munit d'un chien, de ceux que l'on nomme *lous-lous*, aux oreilles droites, au museau pointu. Si le chien est de couleur blanche, ce qui arrive le plus souvent, on le peint en jaune avec de l'ocre. Ainsi pourvus, les chasseurs se placent avant la pointe du jour derrière les abris, et dès que l'aurore a jeté dans le ciel sa première lueur, ils donnent l'ordre au chien de quêter sur la rive. A ce moment, ils imitent le cri du canard en faisant retentir quelques coups d'appeau. Les canards se réveillent, aperçoivent le chien lou-lou, s'imaginent que c'est un renard, viennent le braver, s'avancent vers le rivage, puis peu après regagnent le large. Alors, les chasseurs choisissent le moment où les canards tournent le dos pour leur envoyer une décharge meurtrière. Cette espèce de chasse se nomme la *chasse au badinage*, le nom est bien trouvé. Elle a été décrite dans le *Journal des Chasseurs*, par M. le comte de Reculot qui, dit-on, avait habillé un de ses chiens avec des peaux de renard afin de mieux tromper les canards.

Les collets, les piéges, les filets, et même les hameçons, font périr force canards. Les collets placés sur une large tuile, et assujettis par un fil de fer, sont fort vantés sous le nom de tendue *à la glanée*.

Les collets étant fortement attachés aux fils de fer qui entourent la tuile, on recouvre cette dernière de terre glaise sur laquelle on place du blé cuit dans l'eau. On jette du blé cuit autour de la tendue et l'on pose la tuile au fond du marais, de manière, toutefois, à ce que l'appât placé à 0m,10 ou 0m,12 de profondeur soit facilement aperçu par les canards. Ceux-ci en plongeant engagent leurs têtes dans les boucles des collets et y restent attachés.

Les piéges à rats et à lièvres que l'on tend dans les roseaux fréquentés par les canards ont été aussi employés avec succès.

Les hameçons amorcés avec des grenouilles, de petits poissons, des fèves, des glands, de la viande, et retenus à des piquets par une ficelle noyée dans l'eau, prennent plus de canards domestiques que de canards sauvages.

Les oiseleurs se servent encore de grands filets à nappes, semblables à ceux en usage pour la chasse au miroir. On tend ces filets dans les marais, et l'on place des appelants au milieu des nappes. Le tendeur est caché dans la hutte, et dès qu'il voit des canards engagés dans les nappes, il fait jouer le ressort et saisit les imprudents.

On pratiquait sur l'étang d'Armainvilliers, et peut-être le pratique-t-on toujours, un mode de tendue très-productive que l'on nomme la *nasse* ou le grand piége. « Sur un des côtés de cet étang, « raconte M. Baudrillart, l'eau forme une anse « enfoncée dans le bocage et comme un petit port « ombragé où règne toujours le calme; de ce « port, on a dérivé des canaux qui pénètrent dans « l'intérieur d'un petit bois qui ombrage la rive. « Ces canaux nommés cornes, assez larges et pro- « fonds à leur embouchure dans l'anse, vont en « se rétrécissant et en diminuant de largeur et « de profondeur à mesure qu'ils s'enfoncent dans « le bois, où ils finissent par un prolongement en « pointe, et tout à fait à sec.

« Le canal, à peu près à moitié de la longueur, « est recouvert d'un filet ou berceau d'abord assez « large et élevé, mais qui se resserre et s'abaisse « à mesure que le canal se rétrécit, et finit à la « pointe en une nasse profonde et qui se ferme « en poche. Tel est le grand piége où des troupes « nombreuses de canards, mêlés de garrots et de « sarcelles, viennent s'engloutir... Pour les atti- « rer vers l'anse et les fatales cornes, voici com- « ment on s'y prend : au centre du bois et des « canaux, on bâtit une petite maison où loge un « garde que l'on nomme le *Canardier*. Cet homme « va trois fois par jour répandre le grain dont il « nourrit, pendant toute l'année, plus de cent ca- « nards demi-privés, demi-sauvages, qui ne man- « quent pas à l'heure accoutumée, et au coup de « sifflet d'arriver à grand vol en s'abattant sur « l'anse pour enfiler les canaux où leur pâture « les attend. Ce sont ces oiseaux que le canardier « appelle *traîtres*, qui, dans la saison, se mêlant « sur l'étang aux troupes des sauvages, les amè- « nent dans l'anse, et les attirent alors dans les « cornes. Alors le canardier se montrant effraye « ceux qui se sont avancés sous le berceau de filets « et qui se jettent dans le cul-de-sac, d'où ils vont « pêle-mêle s'enfoncer dans la nasse : on en « prend ainsi jusqu'à soixante à la fois, et par « milliers dans le cours d'une saison. Il est rare « que les demi-privés entrent dans la nasse; ils « sont faits à ce jeu et retournent sur l'étang re- « commencer leur manœuvre et engager une « nouvelle capture. »

Le même auteur nous apprend qu'en tendant à fleur d'eau, dans les marais, une corde enduite de glu, on parvient encore à prendre des canards. De toutes ces différentes chasses, la meilleure et la plus productive est l'affût à la hutte.

La chasse sur les bancs dure toute l'année. Lors des grands passages, les oiseaux aquatiques pullulent sur les bancs, l'air en est obscurci, mais on ne peut les approcher à portée, il faut se résigner à passer la moitié de la nuit à l'affût. On tire dans ces chasses de mer : le bernache, le cravan, le goëland, le courlis et autres oiseaux qui ne se rencontrent que rarement dans les marais de l'intérieur.

Le *cravan* tient le milieu entre l'oie et le canard. Son plumage est d'un gris brun uniforme, à l'exception du ventre et des ailes qui sont blancs comme le demi-collier qui orne sa gorge. Son bec est assez court, et ses pieds sont noirs.

Le *bernache* est plus gros que le cravan, et presque du volume de l'oie sauvage. Il est blanc et noir par plaques, c'est un gibier très-estimé.

Le *courlis*, au plumage gris et blanc, au long bec recourbé, est assez connu des habitants des plaines dans lesquelles il se repose poussé par les vents du nord. On approche difficilement les courlis que l'on ne peut tirer qu'en les affûtant.

Pluviers et vanneaux foisonnent sur les bancs ainsi que toutes les variétés de plongeons. Les pêcheurs qui tendent leurs filets près des falaises prennent souvent des canards et autres oiseaux aquatiques qui se sont engagés dans les mailles.

Dans nos chasses au marais, nous aurions dû peut-être parler de la loutre, ce fléau des étangs, mais cet animal ayant été autrefois jugé digne d'être chassé à force de chiens, trouvera une place parmi les bêtes de meute qui font l'objet de la chasse à courre que nous allons aborder maintenant.

CHAPITRE V

DE LA CHASSE AU CHIEN COURANT.

L'origine du chien courant se perd dans la nuit des temps. Nous ne remonterons point cependant à travers l'antiquité jusqu'aux deux races décrites par Xénophon, nous arriverons de suite à l'énumération de ces belles familles de chiens français qui ont peuplé le monde de leurs célèbres rejetons.

Les chiens de la Gaule ont de tout temps été fameux, et les auteurs latins racontent que les Gaulois obtenaient leurs races excellentes en les croisant avec le loup.

La race des chiens noirs dits de Saint-Hubert est la première qui, dans la Vénerie royale, reçut un nom distinct et resta en usage jusqu'au règne de saint Louis; à cette époque les chiens gris remplacèrent les chiens noirs; ces deux races aujourd'hui ont disparu, il en est de même de la race des chiens, *dits du Greffier*, créée par Louis XII et qui était fort estimée. De toutes les races anciennes, celle des *Grands Chiens blancs du roi*, formée sous Louis XI d'un chien blanc qui fut donné à ce prince par un pauvre gentilhomme vendéen et d'une chienne du nom de Baude appartenant à Anne de Bourbon, a été conservée jusqu'à nous et n'est autre aujourd'hui que la race des chiens Vendéens.

Aux beaux temps de la vénerie française il existait un grand nombre de races de chiens courants, et d'après les recherches les plus récentes on en comptait treize principales dont plusieurs et des plus illustres sont à jamais perdues. Cette perte de nos races doit être attribuée à la funeste habitude qu'ont les Français de croiser leurs chiens, sans s'occuper des familles diverses auxquelles ils appartiennent.

« Si nous avions pris pour la conservation de nos chiens les mêmes soins que les Arabes et les Anglais ont prodigués à leurs chevaux et à leurs chiens, il nous serait plus facile de retrouver des vestiges de ces belles races types qui s'en vont; mais trop souvent en France la reproduction, abandonnée au hasard, ou ce qui ne vaut guère mieux à des gens ignorants, a dû se ressentir de cette incurie. Il serait à désirer, au moins, que les amateurs daignassent quelquefois présider aux soins que ces bons et utiles animaux réclament à bon droit; car sans eux le meilleur équipage dépérit et la chasse devient un travail si pénible et si infructueux qu'elle a bientôt dégoûté les plus intrépides chasseurs.

« Il ne suffit pas de placer une meute dans un chenil somptueux et d'avoir des hommes galonnés sur toutes les coutures, il faut encore, si l'on tient à la conserver et à l'utiliser, non-seulement la bien soigner, mais encore la bien nourrir, malheureusement et trop souvent ces deux conditions ne sont pas mieux observées l'une que l'autre. A quoi serviront du reste ces réflexions! elles auront le sort de celles de Le Verrier de la Conterie qui n'ont malheureusement converti ni les soi-disant chasseurs ni les piqueux ignorants et paresseux. » (Le Masson.)

La France est la patrie du veneur par excellence, et autant par fierté française que pour l'instruction de nos lecteurs, nous énumérerons les nombreuses races de *Chiens d'ordre* connues; nous arriverons ensuite aux sous-races anglo-françaises dont on se sert plus communément aujourd'hui. Il importe donc de faire connaître tout d'abord les treize races types et originaires d'où proviennent toutes les autres.

Voici du reste, d'après l'excellent ouvrage de M. le comte Le Couteulx de Canteleu, le tableau des races de chiens courants, indiquant le pays où elles ont pris naissance.

Chiens courants, originaires de			
Midi.	1° Chien de Gascogne.	} 3° Chien bleu.	
	2° — de Saintonge.		
Ouest	4° — fauve de Bretagne.		
	5° — de Vendée.	{ poil ras. griffon.	
	6° — du haut Poitou.		
	7° — Ceris.		
Nord.	8° — normand.		
	9° — d'Artois.		
	10° — de Sajut-Hubert.		
Est. .	11° — de Bresse.		
	12° — gris, de Saint-Louis.		
	13° — basset.		

Il nous faut à présent retracer la nature et les qualités de chacune de ces races.

Chien de Gascogne. — « Cette race est fort ancienne », dit M. le comte Le Couteulx de Canteleu, « les anciens auteurs en font mention sans la décrire bien exactement. Phœbus appuie sur leur mérite. Henri IV en avait dans ses meutes dont il faisait cas principalement pour le loup; aussi son équipage de loup, conduit par M. d'Andrezzi, était-il presque exclusivement composé de chiens de cette race et de chiens de Saint-Hubert. »

Le chien de Gascogne a conservé de nos jours toute la pureté primitive de sa race; les deux magnifiques chiens du baron de Ruble ont fait à l'exposition canine qui a eu lieu au Jardin d'acclimatation en mai 1863 l'admiration des connaisseurs.

C'étaient bien les purs descendants de la race de Gascogne, tête longue un peu forte, oreille longue, souple, mince et retombant roulée en papillote, œil rouge et enfoncé, poitrine ample et descendue, côte bien faite, rein droit et bombé, fanon peu développé, jarret écrasé et cuisse plate, —deux défauts héréditaires— patte de lièvre, gorge retentissante. Les deux gascons Magor et Fortuno présentaient des types hors ligne : très-haute taille, 24 pouces environ de robe blanche et bleue marquée de nombreuses taches noires et couleur lie de vin. « Ces chiens un peu trop lents sont extrêmement droits dans leur voie, mais presque toujours trop collés, ce qui les rend musards dans les défauts, où ils manquent un peu d'intelligence, ce que les bons rachètent par leur finesse de nez, mais ils sont alors presque toujours obligés de débrouiller les voies pied à pied.

« Ils chassent surtout le loup dans la perfection ; c'est ce qu'on peut appeler une race de chiens de loup, le chassant naturellement, et comme le loup fait rarement de défaut, ils excellent à cette chasse. Par une bizarrerie assez singulière, beaucoup de chiens de cette race ont l'allure du loup et un pied qui s'en rapproche extrêmement.

« Ils ont beaucoup de fond et une excellente santé. Leurs plus grands défauts, déjà mentionnés, sont d'être trop collés, de manquer d'intelligence dans les défauts et d'être un peu trop lents. Pour les croisements ils ne réussissent pas aussi bien que les Saintongeois ou les Poitevins, car les chiens Anglais ne sachant pas bien eux-mêmes débrouiller des voies, leurs bâtards s'en ressentent. En somme criant beaucoup et bas, d'un ton trop sourd et trop lent pour aller vite, ces chiens ont d'assez belles façons, peuvent plaire pour la chasse à pied et sont incapables de folies, mais leur tête trop grosse est trop long coiffée, ils ont l'épaule ronde et chargée de chairs, ils manquent d'énergie et d'activité, mais non de fond et de légèreté, ils ont encore le défaut d'être trop sujets aux humeurs; on en trouve encore dans les Landes et auprès de Bordeaux; mais depuis plusieurs années, il s'est formé en Gascogne une autre race croisée de celle-ci et de briquets, race qu'on dit excellente pour lièvre et loups. » (Le Couteulx de Canteleu.)

Le principal mérite des chiens de Gascogne est d'avoir formé avec la race de Saintonge une sous-race dont la réputation était déjà établie dans le courant du siècle dernier ; mais qui aujourd'hui occupe le premier rang parmi les chiens français ; nous parlerons en détail de cette sous-race et de ses brillantes qualités immédiatement après avoir mentionné la race de Saintonge.

Chien de Saintonge. — C'est, avec la précédente, une des dernières races de chiens conservée pure par quelques rares amateurs parmi lesquels il convient de citer M. de Saint-Légier près de la Rochelle. Cette magnifique race offre le type parfait du chien d'ordre français.

Fig. 1608. — Chien de Saintonge.

Elle diffère sous beaucoup de rapports de la race de Gascogne, et bien qu'elle ait un certain air de famille avec cette dernière, il est facile aux moins connaisseurs de la distinguer. Ces chiens sont presque entièrement blancs avec quelques taches noires ou de feu pâle, non-seulement dans le poil, mais sur la peau ; ce qui les fait ranger dans la catégorie des chiens bleus. Ils sont de haute taille, de vingt-quatre à vingt-huit pouces, ou soixante-six à soixante-dix-sept centimètres; ils ont la tête sèche et décharnée, le nez long et légèrement retroussé, la paupière tombante, l'œil rouge, l'oreille fine assez longue et bien *papillotée*, le rein mince et arqué, le flanc grand, la poitrine profonde, la patte de lièvre ou de renard dont parle du Fouilloux; ils unissent à un fond et à une tenue remarquables une bonne vitesse, sont de haut nez, ont une gorge superbe et fournissent de loin en loin; ils chassent bien loup et toute espèce de bêtes, mais préfèrent lièvre et cerf; leur principal défaut est de ne pas se bien nourrir pendant les chasses, d'être délicats et très-difficiles à élever et de se ressentir plusieurs jours des fatigues d'une journée trop dure.

D'ailleurs ils sont très-disciplinables et remarquables par leur intelligence, peu mordants, ils ne se hâtent pas, mais ne mettent jamais bas, chassant plutôt sur les arrières jusqu'à ce que dans un débucher après douze heures de courre et voyant l'animal sur ses fins ils déploient la vitesse du lévrier auquel ils ressemblent par certains côtés et se placent en tête comme le cheval qui prudemment ménagé par son jockey durant la course fait un dernier effort et arrive premier au but.

La race saintongeoise est peut-être la race la plus pure qui existe en France, mais elle est extrêmement rare à rencontrer et elle n'existe dans toute sa pureté que dans le département de la Charente, où même il est très-difficile de s'en procurer.

C'est cependant la race qui convient le mieux pour obtenir avec l'étalon anglais ce qu'on appelle le bâtard. Nous reviendrons en son temps sur ce produit du croisement anglo-français qui compose aujourd'hui la majorité des équipages de France.

Chien bleu, dit de Foudras. — Cette sous-race, fixe et stable à présent, a été formée par le croisement du chien de Gascogne avec une chienne de Saintonge dans le courant du dix-huitième siècle en même temps que la race du haut Poitou. Ce fut M. de Foudras-Chateautiers, évêque de Poitiers, ancien capitaine de dragons et grand chasseur, qui créa cette race dans son chenil de Lissay. Elle fut en grande renommée et très-appréciée par le duc de Bourbon. Elle existe encore de nos jours et a brillé d'un vif éclat à l'exposition universelle des chiens en 1863 où elle a obtenu le grand prix d'honneur réservé au plus bel équipage de chiens français. C'est la meute de M. Joseph de Carayon-Latour composée de chiens bleus issus du croisement gascon-saintongeois qui a obtenu cette récompense. Voici comment M. de Carayon-Latour fut amené à reconstituer cette sous-race : « J'ai fait, dit-il, mon apprentissage de vénerie sous les auspices de MM. de Saint-Légier et de Ruble. Ces deux veneurs, fidèles conservateurs des anciennes traditions, ont aimé la chasse comme une science qui a ses préceptes et ses lois. Le comte de Saint-Légier possédait une race de chiens de Saintonge qu'il conserva précieusement pendant sa longue carrière. Quelques individus de cette famille existent encore chez son petit-fils. Le baron de Ruble s'était attaché à la race des chiens de Gascogne, aussi ancienne que la première et dont il est encore aujourd'hui l'heureux possesseur.... A mes débuts, je fus donc en présence des races de chiens français les meilleurs et les plus purs, ayant eu l'occasion de chasser souvent avec les plus beaux équipages du nord de la France et de juger à l'œuvre un grand nombre de meutes de chiens anglais et bâtards, il me fut permis d'apprécier les qualités de ces différentes races. Je n'hésitai pas à donner toute ma préférence aux chiens français. *Droit dans la voie* fut ma devise d'équipage, et je me livrai avec persévérance au développement de la race qui prit le nom de *Virelade*. C'est à la suite d'accouplements judicieux aidés par une fortifiante éducation, que les chiens formant aujourd'hui mon équipage ont été obtenus. Par l'union des deux races de Gascogne et de Saintonge, le sang de ces deux familles s'est vivifié, la force et la santé se sont trouvées alliées avec l'élégance et la légèreté. Ces chiens baptisés du nom de *Virelade* ne sont autres que les *chiens bleus, dits de Foudras*. La création de l'équipage de Virelade date de 1851. »

Chien fauve de Bretagne. — Du Fouilloux ne connaît pas l'origine des chiens fauves de Bretagne qui composaient les meutes si célèbres de l'amiral d'Annebauld et de ses prédécesseurs; il mentionne à l'honneur des chiens bretons que l'amiral donna un de ces chiens fauves au roy François, *le père des veneurs*.

Du Fouilloux se contente de citer les vers suivants trouvés dans un manuscrit et célébrant les exploits des chiens fauves de Huet, de Nantes, le digne rival de Gaston Phœbus :

Tes chiens fauves, Huet, par les forêts,
Prennent à force, chevreux, biches et cerfs,
Toi par futayes emportes sur tous prix
De bien parler aux chiens en plaisans cris.

Jehan du Bec parle ainsi de cette race : « Les chiens fauves eslavez sont aussi bons chiens et après les chiens blancs (vendéens) ce sont ceux qui ont le plus d'odorat et j'en ay veu beaucoup d'excellens chiens ; ils durent longtemps.

« J'ay veu une lyce poil soupe de lait jaune, venue de Bretaigne, sur les fins d'un lièvre vous l'eussiez veu relever tous les défauts et je luy ay veu souvent garder change d'un lièvre. »

Du Fouilloux ajoute : « Ces chiens fauves sont de grand cœur, d'entreprinse et de haut nez, gardans bien le change ; et sont presque de la complezion des blancs (vendéens) excepté qu'ils n'endurent pas si bien les chaleurs, ni la foule des picqueurs ; mais ils sont plus vistes, communs et plus ardans.

« Et si d'adventure il advient qu'vne beste se forpaisse par les campagnes, ils ne la cuident pas abandõner. Leur cõplexion est forte, car ils ne craignent ne les eaux ne le froid, et courent seurement et de grande hardiesse, ils sont beaux chasseurs, aymans communément le cerf sur toutes aultres bestes, et sont plus opiniâtres et mal aisez à dresser que les blancs (vendéens) et de plus grande peine de travail. Les meilleurs qui sortent de la race de ces chiens fauves, sont ceux qui ont le poil vif tirant sur le rouge et pareillement ceux qui sont tous fauves et y en a quelques vns ayans la queuë espiée qui se trouvent bons et vistes. »

Ces chiens sont devenus très-rares, mais on assure qu'on peut en trouver en Bretagne principalement dans les environs de Morlaix.

Chien de Vendée (*Griffon ou Poil ras, Grands Chiens blancs du roi*). — Du Fouilloux pense que ces chiens sont venus de Barbarie ; d'ailleurs il raconte que Gaston, sénéchal de Normandie, forma la race des grands chiens blancs en accouplant un chien nommé Souillard, donné au roi Louis XI par un gentilhomme vendéen, avec une chienne du nom de Baude appartenant à Anne de Bourbon. « Le sénéchal Gaston, dit du Fouilloux, cognoissant bien que le roy n'aymoit poins ce chien (en parlant de Souillard), le supplia de le lui donner *pour en faire présent à la plus sage dame de son royaume*, et le roy luy demanda qui elle estoit: C'est, dist-il, *Anne de Bourbon, vostre fille. Je vous reprend*, respond le roy, *sur ce point de l'avoir nommée la plus sage; mais dittes, moins follē que les autres, car de sage fem̄e n'y en a point au mōde.* »

Cette race de chiens dans laquelle on mêla à plusieurs reprises le sang de la race des chiens fauves, est restée célèbre dans les annales de la vénerie.

Ces chiens sont beaux chasseurs, requêtant et de haut nez, ils gardent mieux le change que toute autre espèce; les plus estimés étaient les blancs ; ils n'atteignaient leur entier développement et toute leur bonté qu'à l'âge de trois ans.

« Ils chassent de meilleure grâce que les anglais, dit Goffet de la Briffardière dans son *Traité de vénerie*, ont une menée bien plus belle et font bien plus grande diligence dans les forts et les fourrés, enfin ils gardent bien plus rigoureusement change, pourvu qu'ils soient par exemple bien formés et bien conduits ; ils requêtent bien mieux ; leur seul défaut est peut-être de s'emporter en chassant et de s'écarter plus que les anglais, parce qu'ils ont aussi plus de feu. Au reste ils vont partout également vite et à toutes jambes ; quand ils sont sur un retour, ils reviennent la

Fig. 1609. — Chien de Vendée.

queue sur le rein et requêtent avec toute l'ardeur possible pour retrouver les voies de leur cerf, et lorsqu'ils sont sur la voie ils crient et chassent à grand bruit. Je les ai vus démêler de quantité d'autres cerfs dont il s'était accompagné, un cerf qu'ils avaient chassé tout au plus pendant deux heures, et après l'avoir démêlé, le suivre sans le perdre un instant, le pousser à bout et le prendre. J'ai vu à Compiègne, où le change est difficile à garder, sur soixante chiens ou environ, plus de quarante garder le change ; quoiqu'il bondît à tous moments quantité de cerfs devant eux, ils ne faisaient que tourner le nez et passaient outre sans se tromper de voie. »

La race des chiens de Vendée est peut-être de toutes nos races, malgré son ancienneté, celle qui est le plus répandue en France et jouit encore parmi les chasseurs d'une grande et légitime célébrité. Le chien vendéen est superbe ; blanc souvent marqué de fauve, il a la tête petite et intelligente, l'oreille souple et tombante, le rein court et droit, la queue effilée; il est de taille moyenne, d'une belle menée; il crie cependant moins que les autres races françaises. Le vendéen est très-vif, surtout au début de la chasse où il ne le cède en rien au chien anglais, mais quelquefois il met bas pendant la chasse, faiblit à la fin, et malgré ses allures brillantes il manque de fond et de tenue, deux qualités qui font le bon chien. Le vendéen est de très-haut nez, mais d'un naturel querelleur qui se réduit cependant assez facilement, il ne vit pas vieux et s'use promptement. On a souvent croisé dans ces derniers temps la chienne de Vendée avec le chien anglais, et l'on a obtenu d'excellents bâtards ; le célèbre équipage de MM. de Danne près d'Angers est composé de bâtards anglo-vendéens qui ont hérité de la race vendéenne la merveilleuse qualité de garder le change; aussi la meute de MM. de Danne est-elle regardée à juste titre comme la meilleure de France pour le chevreuil.

Le chien griffon vendéen ne forme point une race à part, c'est une variété de la race, il est de même couleur et de même construction que le chien à poil ras ; quelques-uns cependant de ces vendéens à poil rude et frisé atteignent une taille énorme, ce qui n'est qu'une bizarrerie dans la race.

Le chien griffon est généralement destiné à la chasse du loup et du sanglier, et surtout fort recherché pour rapprocher une voie qu'il sait promptement débrouiller dans les bas-fonds, sur un terrain marécageux et même couvert d'eau.

Nous avons vu à l'exposition universelle des chiens en 1863 de magnifiques spécimens de ces griffons de Vendée appartenant les uns à un savant veneur de Normandie, M. le comte Le Couteulx de Canteleu, les autres à M. Frossard, grand chasseur de loups et de sangliers.

Les dix chiens de M. le Couteulx de Canteleu étaient admirables, tous de même taille et de même couleur, blancs et fauves ou orangés, à l'œil intelligent et hardi. C'est bien là le type du chien français à la gorge retentissante qui réveille les échos de nos vieilles forêts à la poursuite d'un louvart et le porte bas après dix heures de chasse. D'ailleurs les nombreux pieds de loups appendus dans le chenil de ces excellents Vendéens prouvaient aux plus incrédules les exploits de ces braves chiens à la figure franche et loyale et qui ne doivent pas savoir mentir.

Il se fait en Vendée un grand commerce de chiens; c'est surtout dans l'arrondissement de Napoléon-Vendée que l'on rencontre les plus beaux. Les fermiers et même les propriétaires se livrent à l'élevage du chien d'ordre et en tirent grand profit, car ils vendent un jeune chien d'un an n'ayant jamais chassé, plus cher qu'un poulain ou une vache.

Afin de faciliter les transactions entre l'acheteur et le vendeur, deux foires à chiens se tiennent annuellement à Napoléon-Vendée, l'une pour le deuxième lundi du mois de mai, l'autre pour le deuxième lundi du mois de juillet.

Mais on remarque chaque année que les bâtards anglo-vendéens sont plus nombreux que les vendéens de race pure.

Chiens de Poitou. — Cette race est toute moderne, et cependant très-rare pour ne pas dire perdue; elle se rapproche beaucoup de la race de Saintonge dont elle est sortie et avec laquelle les moins exercés peuvent la confondre.

Le chien du Poitou a été formé par M. de Larye, gentilhomme limousin, grand chasseur de loups des environs de l'île Jourdain où l'on voit encore le manoir de Larye, non loin du Vigean.

On ne peut affirmer d'une manière précise de

Fig. 1610. — Chien de Poitou.

quel croisement ou de quelle souche est sortie la race de Poitou : est-ce de la race du pays améliorée par la sélection ? est-ce dans le croisement avec des chiens d'Écosse, patrie de M. de Larye ? Mais ce qui est certain et connu de tous, c'est que les chiens de Poitou s'étaient acquis une brillante renommée pour la chasse du loup, à la fin du siècle dernier.

La révolution de 1789 emporta et les chasseurs et les chiens; les quelques rejetons de la race du Poitou que l'on possède aujourd'hui descendent d'un chien de la race pure de M. de Larye et d'une chienne de Saintonge ayant quelques gouttes de sang de Larye ; on lit une autre version dans une notice sur Jacques du Fouilloux par M. P. D. M. (de Pressac). « Il ne restait, dit la notice, pendant « la révolution qu'un couple de ces chiens, et le « gentilhomme poitevin qui les possédait, crai- « gnant au moment de partir pour l'émigration « que la mine aristocratique de ces animaux ne « leur portât malheur, ne trouva pas de meilleur « moyen, pour les soustraire au sort qu'il redou- « tait, que de leur couper les oreilles et la queue. « Les pauvres bêtes purent ainsi traverser sans « encombre les orages de la révolution. Le gen- « tilhomme revint dans sa patrie; il avait tout « perdu, fors l'honneur et ses chiens bien-aimés « qu'il eut la joie d'embrasser, ainsi que la sœur « dévouée qui les avait conservés : l'âge les avait « rendus caducs, il est vrai, mais autour d'eux « était une progéniture jeune et vigoureuse que « la bonne sœur avait élevée dans l'ombre. Avec « elle il put recommencer son exercice chéri ; « avare d'un trésor dont la conservation lui avait « causé de poignantes angoisses, le bon gentil- « homme se garda de le prodiguer; il ne donna « qu'à de rares amis des descendants des chiens « de Larye. »

Bien que tout chasseur de loup prétende posséder dans son équipage au moins un chien de Poitou de race pure, il est presque impossible aujourd'hui de s'en procurer, et nous n'avons entendu citer que MM. de la Besge qui ont su conserver dans leur pureté primitive quelques descendants de cette fameuse race avec laquelle ils ont créé une superbe famille de bâtards anglo-poitevins.

Le chien de Poitou est tricolore; c'est-à-dire, blanc, noir et feu, sa taille est assez grande, vingt-trois pouces ou 0m,62 environ; sa tête est longue, fine, un peu busquée et attachée à une grande et belle encolure; l'oreille est courte mais bien roulée, le rein long mais bombé, la poitrine descendue et profonde; toutefois il est enlevé et haut sur jambes, et à sa construction et à sa démarche pesante on s'aperçoit facilement qu'il n'est pas vif. Il brille principalement par son fond et sa tenue inépuisables, par la finesse et la puissance de son odorat qui lui permet de suivre les voies les plus froides et de vieux temps. Comme tout chien de haut nez, il est très-collé à la voie et un peu musard; sa voix est retentissante, claire et prolongée, c'est le premier rapprocheur de loup du monde, capable de chasser d'un soleil à l'autre et souvent de recommencer le lendemain. Nous répétons d'après M. le comte Le Couteulx de Canteleu « qu'il est avéré que M. de Larye, après avoir chassé un loup tout le jour, le rattaquait souvent le lendemain et le relançait après un rapprocher de plusieurs lieues. »

Les bâtards anglo-poitevins présentés à l'exposition universelle des chiens en 1863 par MM. de la Besge ont été fort admirés des connaisseurs. MM. de la Besge, grands chasseurs de loup du Poitou, se préoccupent surtout de conserver chez leurs bâtards anglo-poitevins la finesse de nez et la gorge puissante de la race française pure; et l'on assure qu'en mêlant avec une sage mesure le sang anglais au sang poitevin, ils sont parvenus à créer des bâtards de très-haut nez, criant bien, collés à la voie, très-vites et surtout faciles à élever et à nourrir; car le poitevin est délicat, se nourrit mal et s'élève difficilement.

D'ailleurs tout le monde s'accorde à dire que le chien de Poitou et le saintongeois sont de tous les chiens français les plus propres à recevoir le croisement anglais.

Le Chien Ceris. — Cette race possède tous les signes inhérents aux races anciennes, la finesse, la distinction et l'élégance des formes; elle est incomparable pour la chasse du lièvre, et nous ne saurions trop la recommander. D'ailleurs nous laisserons à M. le comte Le Couteulx de Canteleu le soin de la décrire avec son expérience et son autorité magistrales.

« Cette race, dit-il, peu connue, excepté de « quelques veneurs charentais et limousins et « presque perdue aujourd'hui, date d'une époque « fort reculée, et l'origine de son nom m'est « inconnue malgré les recherches que j'ai faites.

« Quoique ayant les qualités et le chasser du « chien d'ordre, ces chiens en diffèrent un peu à « l'œil, ce qui provient peut-être de la dégénération « ou de croisements mal entendus, leur « taille est d'ailleurs petite, et quoiqu'ils aient « de la finesse et de l'élégance, ils manquent un « peu de *branche*. Leur taille est d'environ vingt « pouces ou 0m,54; leur robe est blanche et « orange fauve, la couleur orange presque tou- « jours par plaques rondes et larges sur le dos, « aux oreilles et de chaque côté des joues, le poil « toujours ras, fin et luisant, la peau fine et sou- « ple, le rein droit, large et râblé, la poitrine très- « profonde, le corps rond et un peu levretté, « les pattes et les jarrets très-secs et évidés, le « pied allongé comme celui du lièvre, la tête « osseuse, le front large, les yeux gros et à « fleur de tête, vifs et expressifs, le museau fin et « allongé, les oreilles très-bien tournées et en « tire-bouchons, d'une finesse et d'une transpa- « rence extrêmes; la queue forte à la nais- « sance et mince au bout; ils la portent bien et « un peu retroussée.

« Leur voix est très-sonore, un peu flûtée, mais « bien fournie. Légers sur la voie et de haut nez, « ces chiens forment souvent d'excellents rap- « procheurs; ils étaient très-remarquables pour « lièvre et excellents au loup.

« Cette race est donc assez précieuse pour mé- « riter d'être plus connue, puisqu'ils unissent le « nez au fond et à la vitesse; malheureusement, « comme pour bien d'autres races, le croisement « avec le chien anglais les a presque fait dispa- « raître, et les amateurs qui en possèdent encore « les estiment extrêmement; aussi je crois qu'on « en trouverait difficilement. » La rareté du chien Ceris est d'autant plus fâcheuse qu'il serait d'un utile secours à nos chasseurs de lièvre. Les briquets et les autres chiens de lièvre tendent chaque jour à disparaître. Il serait à souhaiter qu'un disciple de saint Hubert quelconque, veneur ou marchand de chiens, entreprît de multiplier et de répandre l'excellente race des chiens Ceris.

Chien normand. — Le chien normand, dans sa pureté primitive, était remarquable par son fond et son odorat exquis; un peu lent, il avait une gorge retentissante et forte, ce qui le faisait rechercher dans la vénerie royale. Mais on prétend que sous le règne de Louis XV, la mode des chiens vites s'étant déjà introduite en France, on croisa les chiens anglais avec la race normande avec tant d'engouement qu'il devient aujourd'hui fort difficile de la rencontrer pure de tout croisement.

Le chien normand a un type accusé et distinct. Sous poil tricolore, blanc, noir et orangé, il a la tête forte, courte, ridée et marquée de deux proéminences dont la plus prononcée au sommet du front. Le nez est large, la face plissée, les yeux sont rouges et gros, les lèvres pendantes, l'oreille est souple, mince et roulée.

Le corps est compacte et long tout à la fois, les épaules sont chargées, le rein bien fait, la cuisse forte et musclée, les pattes grosses, il est de haute taille, manque de légèreté et de vitesse, il chasse bien toute espèce de bête, il est très-mordant et se créance aisément

Nous citerons comme les plus purs ceux qui proviennent de la race de M. Dary et ceux qui

Fig. 1611. — Chien Normand.

venaient de chez M. Le Moyne, près de Coutances. Un marchand de chiens avait exposé au Jardin d'acclimatation en 1863 quelques sujets de la race normande, mais aucun de ces chiens n'avait atteint cette haute stature de l'ancien normand ni son ampleur de formes si vantée.

Chien d'Artois. — Cette race connue sous le nom de briquets d'Artois était fort estimée pour la chasse du lièvre. Elle a été ainsi dépeinte par Selincourt dans son *Parfait Chasseur :* « Ces chiens

Fig. 1612. — Chien d'Artois.

bien avalés, de poil gris et fauve que tenaient les seigneurs de Picardie étaient les meilleurs chiens qu'on aie jamais vus, courre le lièvre en tout pays, car ils étaient justes à la voie, requêtant merveilleusement et rapprochant un lièvre passé d'une heure dans les sécheresses; ils avaient de belles gorges et des voix hautaines qui se faisaient entendre d'extrêmement loin; c'étaient des chiens qui chassaient le loup comme le lièvre et ne voulaient point de renard. Ils sont très-beaux, de belle taille, ont la gaillardise des chiens français et la sagesse des chiens anglais, tournent bien, sont justes, et par leur manière de chasser très-plaisante, donnent plus de plaisir à un rapprocher que tous les autres chiens en une chasse entière. »

Les briquets d'Artois, autrefois blancs et fauves sont aujourd'hui tricolores et très-dégénérés. De taille moyenne, dix-huit à vingt pouces, ($0^m,49$ à $0^m,54$) environ, ils ont la tête courte, le nez large, l'oreille plate, le corps compacte et près de terre, et la queue recourbée en faucille. Ces chiens sont de haut nez, très-collés à la voie et très-récriants; avec une gorge superbe, ils ont beaucoup de fond et beaucoup de tenue, et comme tous les briquets ils sont assez difficiles à mener, mais moins ils sont disciplinables, moins ils sont purs, car l'indiscipline est le défaut capital des briquets.

Les chiens d'Artois sont l'objet d'un commerce considérable dans le Nord et dans le Pas-de-Calais.

Chien noir de Saint-Hubert. — Les chiens que nous appelons de Saint-Hubert, dit du Fouilloux, doivent être communément tout noirs : toutesfois on a tant meslé leur race qu'il en vient aujourd'huy de tous poils; ce sont les chiens dont les abbez de Saint-Hubert ont toujours gardé de la race, en l'honneur et mémoire du saint qui estoit veneur avec saint Eustache, dont est à conjecturer que les bons veneurs les ensuiveront en paradis avec la grâce de Dieu.

« Pour revenir au premier propos, cette race de chiens a été semée par le pays de Haynault, Lorraine, Flandres et Bourgogne. Ils sont puissants de corsage : toutesfois ils ont les jambes basses et courtes : aussi ne sont-ils pas vistes, combien qu'ils soient de haut nez, chassant de forlonge, ne craignant les eaux ne les froidures, et desirent plus les bestes puantes comme sangliers, renards et leurs semblables ou autres : parce qu'ils ne se sentent pas le cœur ne la vitesse pour courir et prendre les bestes légères. Les limiers en sortent bons, principalement pour le noir (sangliers, etc.). Mais pour en faire race pour courir je n'en fais pas grand cas : toutesfois j'ay trouvé un livre qu'un veneur adressoit à un prince de Lorraine qui aymoit fort la chasse où il y avoit un blason qu'iceluy veneur donnoit à son limier nommé Soüillard qui estoit blanc :

De Saint-Hubert sortit mon premier nom ;
fils de Soüillard, chien de très-grand renom.

Dont est à présumer qu'il en sort quelques-uns de blancs, mais ils ne sont de la race des greffiers (chiens blancs du roi), que nous avons pour le jourd'huy. » D'après cette citation, on voit que « les chiens de l'abbaye de Saint-Hubert » étaient fort estimés comme limiers, mais déjà du temps de du Fouilloux on les trouvait trop lents. Ce sont ces chiens noirs tirant sur le roux qui, transportés en Angleterre du temps de la conquête et lors de l'envoi de chiens fait par Henri IV à Jacques Ier, ont, selon certains auteurs, été conservés purs par nos voisins et ont formé les deux races du Talbot et du Blood-Hound; voici ce que dit du Talbot le docteur Richardson :

« Le Talbot est peut-être la plus ancienne race parmi celles de nos chiens courants. Il n'est pas vite, il a la gueule large, les lèvres très-pendantes, les oreilles très-longues et grandes, le ventre dégarni de poils rudes, une belle robe habituellement d'un blanc pur : c'était le chien courant connu autrefois sous le nom de race de Saint-Hubert. » Si le Talbot semble descendre du chien blanc de Saint-Hubert, le Blood-Hound fauve et tisonné est sorti de la variété noire. Ce sont donc ces excellents chiens de Saint-Hubert que les Américains ont emportés d'Angleterre et façonnés à cette terrible chasse de l'homme. Il appartenait à ces sauvages demi-civilisés d'Amérique de pervertir nos braves limiers français et d'en faire des *rapprocheurs* d'esclaves.

Il est plus facile de trouver encore des chiens de Saint-Hubert en Angleterre ou en Amérique sous le nom de Blood-Hounds qu'en France et même dans les Ardennes.

Chien de Bresse. — Cette race, originaire de Bourgogne, de Franche-Comté et de Bresse, est comme la précédente à peu près perdue de nos jours. On assure qu'elle est une des plus anciennement connues, on prétend même qu'elle a été décrite par Arrien : Chiens à longs poils, pas très-grands, assez mal faits, gris ou jaune sale, pas très-vites, beaucoup de nez et très-criants. Tels étaient les *Segusii* vantés par Arrien et très-renommés chez les Romains; ces chiens, dont on rencontre aujourd'hui de très-rares rejetons dans le pays, sont excellents pour lièvre.

Certains auteurs ont affirmé que les *Segusii* formaient une race de bassets, d'autres qu'ils provenaient du croisement d'un basset et d'un épagneul; ce qui est certain, c'est qu'ils existaient dans toute leur pureté au dix-huitième siècle tels qu'Arrien nous les a dépeints.

Fig. 1613. — Bassets

Chiens gris dits de Saint-Louis. — « Nos chiens gris, dit Jacques du Fouilloux, sont ceux desquels se servaient anciennement les roys de France et les ducs d'Alançon. Ils sont chiens communs parce qu'ils savent faire plusieurs mestiers, à cette cause ils sont accommodés pour gentilshommes. Car leur naturel et complexion est telle qu'ils courent toutes les bestes qu'on leur voudra faire chasser. Les meilleurs de cette race sont ceux qui sont gris sur l'eschine, estant quatrouillés de rougé et les jambes du mesme comme de la couleur de la jambe d'un lièvre. Ces chiens furent emportés en France par le roi saint Louis. »

« Le roy saint Louis, d'après la CHASSE ROYALE de Charles IX, estant allé à la conqueste de la terre saincte fut fait prisonnier; et comme entre autres bonnes choses, il aymoit le plaisir de la chasse, estant sur le point de sa liberté, ayant sceu qu'il y avoit une race de chiens en Tartarie qui estoit fort excellente pour la chasse du cerf, il feit tant qu'à son retour il en amena une meute en France : ceste race de chiens sont ceux que l'on appelle gris, la vieille et ancienne race de cette couronne. »

De cette illustre famille naquit sous Louis XII le fameux chien « Relais » qui, le jour même de sa mort, dans sa treizième année, força sous les yeux du roi un dix-cors jeunement et arriva le premier à l'hallali.

D'ailleurs du Fouilloux ne paraissait pas les avoir en grande estime, à cause de leur trop grande ardeur qui les faisait s'emporter sur la voie et prendre change aux cris des hommes. Il reconnaît d'ailleurs qu'ils joignaient à un excellent tempérament une docilité parfaite et qu'ils étaient surtout incomparables une fois qu'ils avaient approché de la bête de meute, car ils ne l'abandonnaient jamais qu'elle ne fût portée bas.

On considère cette race de chiens comme à jamais perdue ou à peu près.

Bassets à jambes droites et à jambes torses. — Le basset est le compagnon indispensable du chasseur rustique, de celui qui, son fusil sur l'épaule, n'a d'autre ambition que de tirer un lièvre et quelques lapins dans sa matinée. En effet, les bassets, avec leur perfide lenteur qui laisse le gibier en pleine sécurité jouer et muser devant eux, sont les plus utiles auxiliaires du chasseur à tir. La race des bassets est fort ancienne, puisqu'Arrien l'a dépeinte et s'exprime ainsi sur son compte:

« Les peuples sauvages de la Bretagne qui se peignent le corps de couleurs variées, élèvent ces animaux avec soin et les nomment *agasses* en leur langage. »

Il y a deux sortes de familles de bassets : le basset à jambes droites et le basset à jambes torses, mais ces deux variétés appartiennent à la même race, avec cette seule différence que le basset à jambes torses est peut-être plus lent encore que l'autre.

Tout le monde connaît cette race au long corsage, au rein large, aux oreilles longues, aux pattes courtes. Sa couleur est tantôt blanche et orangée, tantôt noire marquée de feu. Certains chasseurs donnent le nom de bassets de Saint-Hubert à cette variété noire et feu, peut-être à cause de leur ressemblance avec la grande race de ce nom. Il y a des bassets griffons, mais généralement ceux-ci sont à jambes droites.

Le basset est très-collé à la voie et possède une très-belle gorge; il chasse toute espèce de bête, y compris le loup et le sanglier. Mais c'est dans la chasse du lapin que triomphe le basset. Le défaut capital du basset est d'être musard.

On emploie aussi les bassets à fouiller les terriers de renards de et blaireaux. Ces braves chiens donnent de la voix lorsqu'ils y trouvent une de ces bêtes puantes; ils poursuivent ces animaux, les combattent jusqu'à ce que le chasseur puisse percer le terrier et s'emparer de l'ennemi commun.

Les bassets français ont été remplacés dans cet office de chiens de terre, comme les appelait du Fouilloux par de petits bull-dogs anglais très-mordants, qui ont reçu le nom de *Bull-terriers* et dont nousnous occuperons plus bas.

Fig. 1614. — Bâtard.

Bâtard. — Après avoir énuméré les différentes races pures de chiens courants français, nous dirons quelques mots du chien d'ordre, issu du croisement des races anglaises avec les races françaises, connu sous le nom de *Bâtard*, qui compose aujourd'hui la plus grande partie des équipages de France. Le bâtard anglais est le produit de l'étalon de la race dite Fox-hound (chien à renard) et d'une lice de race française, soit de Vendée, soit de Saintonge ou de toute autre famille.

Par ce croisement on a obtenu un chien plus vite que le chien français de race pure, mais criant moins, moins collé à la voie et n'ayant plus la finesse d'odorat du chien français. Avec ces chiens, qui ont un peu de sang de lévrier dans les veines, l'animal de meute, plus fortement poussé, ruse moins et succombe plus vite, mais le principal défaut des bâtards est de donner peu de voix, et ce défaut s'augmente à mesure que le sang anglais domine dans le croisement.

A ce sujet il n'est peut-être pas hors de propos de relater en passant comment les veneurs anglais ont créé leur race de chiens à renard (fox-hounds) qui chaque jour tendent à prendre plus de faveur en France.

Chiens anglais, fox-hounds, chiens de renards. — Le fox-hound a pour ancêtre le Talbot ou Blood-Hound qui n'est autre que le chien de Saint-Hubert, comme nous l'avons déjà vu. Le descendant du Blood-Hound a été croisé avec le lévrier d'Écosse (deer-hound) et a produit le fox-hound dont on a développé la vitesse au détriment de l'odorat, et principalement de la gorge, car il n'est pas rare de rencontrer dans un équipage anglais un grand nombre de chiens muets et ne faisant pas entendre le moindre cri.

Cette manière de chasser à la sourdine n'offre pas de grands inconvénients dans les champs découverts de l'Angleterre, mais elle ne saurait être importée sans danger dans nos vieilles forêts de France, où les veneurs, pour suivre la chasse, ont besoin d'être guidés par « la superbe harmonie » et la gorge retentissante de la meute.

Sans conseiller le croisement anglo-français, nous dirons que les meilleurs bâtards sont ceux issus de l'étalon anglais et des races de Vendée, de Saintonge et de haut Poitou.

Plusieurs équipages de bâtards ont acquis dans ces derniers temps une grande renommée. Parmi les plus connus, on cite la meute de MM. de Danne, composée de bâtards vendéens, la meute de MM. de la Berge, composée de bâtards poitevins; mais, dans ce dernier équipage qui chasse spécialement le loup, on a introduit le sang anglais avec infiniment de réserve. Après avoir décrit la race de chiens connue sous le nom de fox-hounds, nous mentionnerons quelques autres races de chiens anglais.

Les Harriers. — Ces chiens de lièvres tirent leur nom du mot lièvre (*hare*); ils chassent aussi le renard. De plus petite taille que le fox-hound, le harrier, comme le fox-hound descend du Talbot.

Il y avait autrefois trois familles, trois variétés de harriers : les vieux chiens du sud, le harrier moderne proprement dit et le beagle.

Le harrier moderne dont on se sert aujourd'hui, est un petit fox-hound avec lequel il a beaucoup de ressemblance et dont il ne diffère que par la taille. Sa tête est peut-être un peu plus effilée que celle du fox-hound, il est moins vite que ce dernier. C'est dans le comté de Sussex que l'on trouve les harriers les plus purs, et principalement aux environs de Brighton.

Les Beagles. — Tous les chiens courants d'Angleterre ont une origine commune et pour ancêtre le vieux chien français le Talbot.

Le beagle, dont la taille ne dépasse point celle de nos bassets français, est le diminutif du chien d'ordre. Ses jambes droites et agiles, ses oreilles longues, sa gorge retentissante, tout en lui rappelle le chien français.

Ce charmant basset est doué d'une vitesse remarquable et surtout d'un odorat très-fin; il chasse bien le lièvre et convient admirablement à la chasse à pied. Nous avons vu souvent chasser en Angleterre des meutes de beagles. En moins de deux heures ces excellents petits chiens ont coutume de prendre un lièvre.

Il y a plusieurs variétés de beagles : l'une est à poil ras et de plus haute taille et ne sert qu'à la chasse à courre; l'autre à longs poils et à jambes très-courtes est employée pour chasser le lapin. Ces beagles griffons sont parfaits et très-criants. Ils peuvent remplacer sans désavantage les bassets français dont la race devient chaque jour plus rare.

Les Bull-Terriers. — Cette race de bull-dogs, à la mâchoire cruelle et forte, est la terreur des renards et des blaireaux. Au lieu de sacrifier nos bassets français, qui sont si précieux pour la chasse à tir, il est préférable d'employer les bull-terriers, chiens de combat par excellence et de plus petite taille encore que les bassets.

Les *chiens de terre* anglais sont de plusieurs races bien distinctes.

La première, originaire d'Écosse et de l'île de

Fig. 1615. — Bull-Terriers.

Skye, une des Hébrides, est à longs poils. Ces griffons ont le corps très-allongé et les jambes très-courtes; ils chassent bien sous terre, mais avec moins de vigueur et d'intrépidité que les terriers à poil ras issus du croisement bull-dog.

Pour dresser les jeunes chiens, on commence à leur faire fouiller les terriers dans le printemps lorsque les renards ont des petits. On fait précéder le débutant par un vieux chien, et on a soin de faire écouter à l'élève les aboiements du maître d'école, puis, lorsque les vieux renards seront pris et qu'il n'y aura plus dans le trou que les petits, on excite par des cris les jeunes chiens à couler dans le terrier; si le jeune élève peut saisir et étrangler un ou deux renardeaux, la leçon sera complète.

Il faut éviter avec soin de faire pénétrer un jeune chien dans un terrier où se trouverait un grand renard dont il pourrait recevoir des morsures, car ces blessures inspireraient au commençant un effroi invincible. On trouvera tous les détails de cette chasse au chapitre que nous consacrerons à la destruction des renards.

Lévriers. — Afin de compléter ce travail très-succinct sur les races de chiens servant à la chasse à courre, nous dirons quelques mots des lévriers et de leur emploi à la chasse.

Le lévrier, suivant Buffon, est une variété du mâtin. Jacques du Fouilloux nous le montre faisant partie dans les grands équipages d'autrefois des relais composés de dogues et de molosses que l'on découplait sur le loup et le sanglier pour arrêter, coiffer et combattre ces animaux.

De nos jours, les lévriers d'Écosse et les lévriers d'Afrique, nommés Sloughi, sont employés : les premiers à porter bas les cerfs des Highlands; les seconds, à poursuivre chacals et sangliers. Mais c'est à la chasse du lièvre que le lévrier est le plus communément réservé.

Les variétés de cette race de chiens sont très-nombreuses. Nous avons vu à l'exposition canine le lévrier kurde, syrien, circassien, russe, écossais (deer-hound), anglais (grey-hound), le lévrier espagnol, italien, et le lévrier d'Afrique, le Sloughi.

Pour être bref, nous dirons que le lévrier à longs poils est plus courageux et plus mordant que le lévrier à poil ras. Le plus beau spécimen de cette dernière variété est le *Grey-Hound*, ou lévrier de course perfectionné et amélioré par les Anglais.

Le lévrier de course est le plus vite de tous les chiens de cette race. Il est vrai qu'une nourriture fortifiante et des soins constants ont développé ses qualités depuis deux siècles.

Le lévrier de course reçoit une préparation spéciale, une sorte d'entraînement comme le cheval de course. Cet entraînement consiste dans des exercices quotidiens et dans une alimentation vigoureuse.

Aussi tous les matins, lorsque ces chiens sont dressés à porter le collier et à marcher au couple, on les mène à la promenade, l'entraîneur les enveloppe d'une couverture assez semblable de forme à celles que portent les chevaux, puis suivi des lévriers, il parcourt au trot assez allongé d'un bon cheval, six à sept milles anglais environ, autrement dit neuf à dix kilomètres.

Les lévriers sont nourris de viande de cheval rôtie, de viande de bœuf, de gelée et de pain de froment rôti.

Les courses de lévriers prirent naissance sous le règne d'Élisabeth ; elles jouissent encore en Angleterre d'une grande vogue.

Le coursing, comme le turf, a ses règles et ses patrons. Il est d'usage de ne faire courir que deux lévriers dans la même épreuve ; on choisit une grande plaine, puis, après avoir donné une avance de cinquante à cent pas au lièvre qui doit servir de but à l'ardeur des lévriers, on découple les chiens. Le juge de la course le suit à cheval, et proclame vainqueur, non pas le lévrier qui tue le lièvre, mais celui qui a le plus de bons points. Voici comment se comptent les points. Le chien qui fait faire un crochet au lièvre gagne deux points, et les

Fig. 1616. — Lévrier circassien.

divers avantages sont évalués ainsi. Dans les courses auxquelles prennent part un certain nombre de lévriers, les concurrents luttent deux par deux, puis les gagnants luttent entre eux toujours par couple, jusqu'à ce qu'il ne reste plus qu'un seul vainqueur. Les proportions de notre travail nous obligent à ne pas entrer dans de plus grands développements.

Du choix d'une lice portière. — « Si vous voulez avoir de beaux chiens, dit Jacques du Fouilloux, il faudrait avoir une bonne lice, qui soit de bonne race, forte et proportionnée de ses membres, ayant les costes et les flancs grands et larges. » Cette description est complète, on n'a rien à y ajouter. La chienne entre en chaleur deux fois par an, au printemps et à l'automne ; elle commence, à un an, à entrer en chaleur, mais on ne doit guère lui donner le mâle avant l'âge de dix-huit mois. La chienne n'ayant atteint son entier développement qu'à cet âge, il importe beaucoup de ne pas élever des chiens de la première portée d'une chienne trop jeune. Outre les graves désordres qui peuvent résulter pour la lice de cet état de gestation prématurée, on ne parviendrait à former que des chiens de petite taille et portant des signes certains de dégénérescence.

La chaleur de la lice est facile à reconnaître au gonflement et à l'humidité des parties de la génération ; elle dure généralement de douze à quinze jours.

Tous les traités de vénerie, y compris du Fouilloux, s'accordent à dire qu'il faut éviter avec le plus grand soin que la lice portière ne soit couverte, surtout pour la première fois, par un chien d'une race différente de celle dont on voudra plus tard élever des produits : car, pendant tout le cours de sa vie, elle donnera des chiens, semblables de couleur, de forme et d'instinct au premier chien qui l'a couverte; « car si elle a esté mastinée, les autres laictées en tiendraient, » dit notre vieux veneur que nous citons si souvent. Une fois que l'on aura fait couvrir une chienne par un étalon (et il sera autant que possible grand, beau, âgé de trois à quatre ans), on ne devra plus en changer pendant le temps que durera la chaleur. En effet, lorsque plusieurs chiens ont couvert une chienne, il n'est pas rare de voir dans la même portée des chiens ressemblant aux divers étalons.

Il suffit de faire couvrir la lice deux fois à douze heures d'intervalle, et surtout vers la fin des *chaleurs*, quand la vulve ne laisse plus couler de liquide sanguinolent; en ce moment-là la lice retiendra plus sûrement.

On doit exercer la plus grande surveillance sur les chiennes en chaleur, les tenir enfermées et ne pas négliger de leur donner souvent de l'eau fraîche, de peur qu'elles ne deviennent enragées. Il est bon de les faire sortir, mais de les tenir en laisse, tant elles sont rusées et disposées à fuir.

Quand on s'est servi pour l'accouplement d'un étalon du chenil, il faut l'éponger et le laver soigneusement avant de le remettre parmi la meute, parce que les autres chiens flairant l'odeur de la chienne pourraient le mordre et l'étrangler. Le temps de la gestation de la lice est de soixante-deux à soixante-cinq jours; on ne reconnaît sûrement si la chienne est pleine qu'après le premier mois, pendant ce temps il n'y a aucun inconvénient à la faire chasser.

« Quand les lyces sont pleines, dit du Fouilloux, et qu'elles commencent à avaller leur ventre, on ne doibt pas les mener à la chasse, on les doibt seulement laisser aller par la court et maison, sans être renfermées dedans le chenin, d'autant qu'elles sont ennuieuses et dégoutées, et leur faut faire du potage une fois le jour pour le moins. »

Le gonflement des mamelles chez la lice n'indique pas qu'elle soit en état de gestation, car les mamelles des chiennes qui même n'ont pas été couvertes, enflent à l'époque où celles-ci auraient dû mettre bas. Quelques jours avant la parturition, le ventre de la chienne s'avale selon l'expression consacrée, se porte en arrière, la vulve est gonflée et il s'en écoule une matière visqueuse.

La parturition est rarement laborieuse, elle s'accomplit très-facilement et sans accident le plus souvent.

Si cependant on remarque que la chienne soit souffrante, il faut la surveiller, lui donner des injections émollientes, ou si elle est vieille ou amaigrie, lui administrer un breuvage fortifiant et tonique composé d'un verre de vin chaud et sucré dans lequel on ajoutera de la cannelle et un peu de thériaque. Caresser la chienne, lui faire pour ainsi dire oublier sa douleur, est un mode facile à employer et qui réussit le plus souvent. Ensuite il y a des lices qui dévorent leurs petits; celles-ci doivent être surveillées soigneusement. Dans le cas où un petit chien mort ou vivant serait arrêté au passage de la matrice, on se sert d'un crochet pour faciliter la parturition, en ayant soin de le tirer avec précaution; mieux vaudrait laisser agir la nature que d'occasionner par une opération maladroite des désordres toujours graves dans les organes génitaux.

La chienne fait jusqu'à dix ou quinze petits, ils naissent ordinairement à un quart d'heure d'intervalle les uns des autres. Cependant on voit des chiennes n'effectuer qu'en deux jours leur complète délivrance, et M. le Couteulx de Canteleu assure avoir vu une chienne faire un petit huit jours après la naissance des autres et cela sans superfétation, « quoiqu'il soit reconnu, dit-il, que la superfétation existe dans la chienne et que de nombreux exemples le confirment. » Avant de remettre la lice au chenil pour lui faire passer le lait on frotte les mamelles avec de l'argile délayée dans du vinaigre. Les jeunes chiens ne réclament aucun soin à leur sortie du ventre de la lice, à moins, comme nous l'avons dit, qu'ils ne soient nés d'une chienne habituée à manger ses petits. Alors, à mesure qu'ils naissent, on les porte sous une autre chienne qui devient leur nourrice, ce qui vaut mieux que de tenter de les élever à la bouteille ou au biberon comme on fait pour la plupart des enfants de notre époque.

Accouplement. — De l'accouplement pratiqué sans soin comme sans intelligence, vient la dégénérescence ou la disparition des races. La plupart des chasseurs, convaincus de l'influence mauvaise de la consanguinité sur les produits de deux individus d'une même race, plutôt que d'accoupler deux reproducteurs consanguins, préféreront faire saillir une chienne par un étalon métis et issu d'un croisement.

Quoiqu'il ne nous appartienne pas de juger ici l'influence de la consanguinité, nous pensons d'après l'exemple si souvent répété par les éleveurs et chasseurs anglais que l'on ne doit pas craindre d'allier entre eux des parents consanguins, quand toutefois les deux reproducteurs sont doués d'une constitution vigoureuse et des qualités que l'on recherche dans la race. De nombreux exemples prouvent que les unions consanguines ne sont pas à réprouver, et l'on trouvera d'ailleurs dans le premier volume du *Livre de la Ferme* cette question traitée dans tout son développement.

Quant à l'influence du mâle sur les produits, elle semble égale à celle de la femelle, et nous ne saurions affirmer, à l'exemple de certains auteurs, quels sont les qualités, les organes ou la constitution transmis par l'un des deux reproducteurs.

C'est pourquoi nous recommandons aux chasseurs et maîtres d'équipages qui procèdent à un accouplement de choisir deux reproducteurs également forts, vigoureux et doués de bonnes qualités. Malgré les doctrines diverses établies jusqu'ici, on ignore le rôle que le mâle ou la femelle joue dans la formation des produits; nous sommes disposé à croire que l'éleveur ne peut corriger à la première génération et comme à sa volonté sur les petits les défauts de conformation dont les ascendants sont affectés. C'est en choisissant avec soin dans la même race les reproducteurs les plus parfaits de forme que l'on parviendra sinon à obtenir l'amélioration, du moins à conserver le cachet primitif de la race.

Il est un principe sur lequel tous les éleveurs et les zootechniciens sont d'accord, c'est celui qui consiste à ne pas livrer à la reproduction un animal avant l'âge adulte. D'ailleurs les qualités essentielles du chien sont la force, la vigueur, le fond, « l'endurance ; » il faut donc n'accoupler que des reproducteurs, mâle ou femelle, qui aient atteint leur entière croissance. Il faut que les reproducteurs engendrent dans toute la plénitude de leur force afin de procréer des sujets d'un tempérament robuste et au moins égal au leur.

Lorsque les veneurs ont éprouvé le besoin de créer une race de chiens plus vites et plus rapides, ils ont eu recours au croisement, en accouplant l'étalon anglais à la chienne de race française. Chacun sait que les produits issus de croisement ressemblent davantage à celui des reproducteurs dont la race est la plus ancienne et la plus pure. Aussi les chiens anglo-français nommés bâtards tiennent dès le premier croisement plutôt de la race française qui est une vieille race que de l'anglaise qui est nouvellement formée; nous répéterons donc en ce qui concerne les croisements, sans approfondir l'opinion de certains chasseurs qui préfèrent opérer le croisement anglais en se servant de l'étalon français et de la lice anglaise, que, quel que soit le sexe du reproducteur, les produits, selon la règle observée, ressembleront toujours davantage au producteur dont la race est la plus ancienne.

De la manière d'élever et de dresser les jeunes chiens. — Le chien au moment de sa naissance a les yeux fermés, lesquels ne s'ouvrent que dix jours après; son corps est empâté et bouffi, et l'on ne distingue qu'avec peine les couleurs claires dont sera marqué son poil ; il devient dès lors fort difficile de faire un choix entre les jeunes chiens d'une même portée.

C'est à l'âge de six semaines que les jeunes chiens prennent une certaine forme, et c'est à cet âge qu'il est d'usage de les sevrer. Une chienne ne peut guère nourrir plus de trois à quatre petits, cependant nous avons vu des races abondamment nourries et de viande et de soupe à la viande, allaiter jusqu'à six ou sept chiens. Quand on veut faire élever et adopter par une mâtine des jeunes chiens d'une autre lice, on recommande de les frotter du sang d'un des petits de la nourrice. Sans avoir jamais employé cette recette cruelle, nous avons souvent fait allaiter de jeunes chiens par des nourrices. Comme nous l'avons dit plus haut, on peut nourrir les jeunes chiens au biberon avec du lait de vache ou de chèvre, mais rien ne peut remplacer la « tetine » de la mère ; « car, dit du Fouilloux, quand une lyce a des petits chiens, faites-en nourrir la moitié à une mastine, vous trouverez qu'ils ne seront jamais si bons que ceux que la mère aura nourris. » Ce qui est certain, c'est qu'ils ne seront jamais aussi beaux, aussi forts et aussi bien portants s'ils sont élevés au biberon.

Quand les petits chiens auront été nourris six semaines ou deux mois sous la mère et qu'on verra qu'ils mangent déjà bien, beaucoup de veneurs et parmi eux les anciens conseillent de les envoyer dans quelque ferme au milieu de la campagne près d'un cours d'eau et loin de toute garenne. Ils recommandent de les nourrir de laitage et de pain, de les laisser courir et endurcir au froid, à la pluie, dès l'âge de trois mois.

Cette façon d'élever les chiens est meilleure selon nous que celle qui consiste à les tenir réunis autour des chenils où ils sont sujets à être tourmentés par les puces et toute sorte de vermine. On prescrit il est vrai de changer tous les deux jours la paille qui leur sert de litière et de les frotter d'huile mêlée de safran, de plus on a soin depuis l'époque du sevrage de les purger soit avec du sirop de nerprun, soit avec une once d'huile de ricin afin de les préserver de cette terrible maladie connue sous le nom de *Maladie des chiens*.

Quelques veneurs élèvent leurs chiens en les nourrissant de viande de cheval; cette nourriture leur fait atteindre un grand développement, mais nous ne recommanderons jamais ce mode d'élevage surtout pour des chiens de lièvre ou de chevreuil.

« On doit retirer les chiens de nourrice à dix mois, selon du Fouilloux, et les faire nourrir au chenin tous ensemble afin qu'ils se connaissent et entendent. Il y a bien différence de voir une meute de chiens nourris ensemblement et d'un aage, et de chiens amassés. Après qu'aurez retiré les chiens au chenin, il leur faut pendre des billots de bois au col pour leur apprendre à aller en couple. Le pain qu'on leur doit donner, doit être tiers orge, ou baillarge (sorte d'orge), et tiers seigle : d'autant qu'ainsi mixtionné, il les entretient frais et gras, et garantit de plusieurs maladies. » Ces préceptes, les meilleurs encore que l'on puisse donner, sont universellement en usage.

Du Fouilloux conseille de ne donner des *carnages* aux chiens, c'est-à-dire les nourrir à la viande crue, que pendant l'hiver, et encore aux chiens qui courent le cerf, mais non aux chiens de lièvre.

Après avoir habitué les jeunes chiens à marcher au couple soit en les menant en laisse, soit en les couplant avec un vieux chien, on les met au chenil, on les conduit à la promenade où se fait leur premier dressage avant de les mener à la chasse, car il faut toujours les ménager pendant la première année de peur de les *effiler*, autrement dit de nuire à leur développement.

« Il faut que les chiens dont on commence l'éducation pratique aient de dix à douze mois, » dit M. d'Houdetot, un des maîtres modernes en vénerie, car nous préférons toujours céder la parole aux auteurs connus plutôt que de donner pour nôtre ce qu'ils nous ont appris, et de substituer notre récit à leurs excellentes descriptions; « il faut que les chiens connaissent leurs noms, soient habitués à marcher couplés, à changer de main comme au manége, à reprendre leur contre-pied, ce qu'on a dû leur apprendre en les conduisant à l'*ébat*.

« On les promène le long des chemins (toujours couplés deux à deux) en leur répétant à chaque instant les termes usités pour leur en faire comprendre la signification, et empêcher toute confusion avec leurs noms : *bellement, tout beau, au conte, au retour, allons mes beaux, derrière, fi! les vilains!*... voilà à peu de chose près le fond de la langue, y compris la caresse comme récompense et comme châtiment le petit coup de fouet donné à propos, mais avec modération et sans colère : celui qui frappe avec fureur ne punit pas, il se venge, dit un sage.

« L'intonation est la clef, la note pénétrante, le secret du métier. Il faut bien se garder de prononcer oh! comme on prononcerait ah! Dans les grands équipages, ne pouvant suffire seul à l'éducation de la jeune meute, le piqueur se fait accompagner de plusieurs valets de chiens. Pour rendre la tâche plus facile encore, il a l'attention de coupler les chiens les plus fous avec les plus sages, c'est-à-dire, avec de vieux chiens chargés de les diriger. Privé naturellement d'un personnel aussi nombreux, le modeste chasseur ne doit opérer que sur deux ou trois couples de chiens à la fois.

« La première leçon se donne en rase campagne, alors que sont rentrées les moissons. Le professeur fait décrire à ses jeunes chiens des demi-cercles à droite et à gauche en leur disant : *Au retour!* simulant comme dans les défauts des devants et des arrières pour faciliter la rencontre de la voie perdue, il finit peu à peu par leur faire accomplir des cercles entiers, ce qu'on nomme les grands retours; puis des retours sur place en les arrêtant et les forçant de prendre sans hésitation et sans décrire de cercles leur contre-pied.

« Le plus difficile est évidemment de se faire obéir de ses chiens, sans être au milieu d'eux, et par la seule autorité du commandement; ce qui peu à peu leur apprend à se servir eux-mêmes. S'il fallait à chaque retour courir après ses chiens, les arrêter, les ramener sur le lieu du défaut, la bête de meute aurait le temps de prendre une avance considérable, ses voies seraient rafraîchies, et tout le succès compromis.

« L'essentiel n'est donc pas de faire chasser les chiens, leur instinct naturel ne les y dispose que trop, mais bien de les empêcher de chasser, ainsi que cela a lieu dans les grands équipages, indistinctement tous les animaux.

. . . .

« Dans un équipage, les jeunes suivent les vieux. Il en est enfin d'une meute comme d'un régiment; sous les armes, on ne doit pas distinguer les conscrits. »

Il est donc important d'habituer de bonne heure ses chiens à opérer de loin comme de près et d'eux-mêmes ces précieux retours dont on a l'occasion de faire un fréquent usage.

Pour les affermir dans cette manœuvre, on les laisse s'éloigner de quelques pas, puis on leur crie *tout beau!.. Derrière!* afin de les arrêter; et *au retour!* pour leur indiquer qu'ils doivent changer de direction.

De cette première leçon, on passe à la seconde, qui consiste à découpler les chiens et à leur faire exécuter, en liberté et sans confusion, tous les mouvements qu'ils ont exécutés à la harde. Le reste est du ressort de la chasse. Les noms des chiens courants accrédités par l'usage sont courts et sonores.

Bellant.
Briffaut.
Finaut.
Coquette.
Vitesse.
Nicanor.
Polidor.
Stentor, etc., etc.

Tels étaient les vieux noms français, mais depuis l'importation des chiens anglais bon nombre des chiens d'équipage et bâtards s'appellent :

Lancer.
Gaylad.
Garland, etc.

Mais on aura beau faire, nous préférons toujours nos bons vieux noms français.

Du soin et de la nourriture à donner aux chiens. — « Si votre *piqueux* est sage et habile, dit Leverrier de la Conterie, vous aurez des chiens sages, excellents et un équipage bien tenu. Si, au contraire, il est libertin, paresseux, ignorant et ivrogne, votre équipage fera mal à voir. »

« La première chose que doit faire un piqueux après estre levé, ordonne du Fouilloux, est d'aller voir ses chiens, les nettoyer et accoustrer comme l'estat le requiert. C'est-à-dire qu'il doit secouer la paille, la changer, en mettre de la nouvelle, si elle est brisée et mal-propre, balayer le chenil et la cour, puis panser les chiens. »

Le pansement des chiens est indispensable, il se fait à l'aide d'une brosse de chiendent; d'ailleurs les chiens s'accoutument facilement au pansement et y prennent plaisir.

Le piqueur en procédant à cette opération examinera si les chiens ont des piqûres d'épines, arrachera les épines ainsi que les tiques, genre d'insectes de bois qui s'attachent aux animaux et sucent leur sang. Dans le cas où le nombre des tiques serait trop considérable, il les frottera d'huile, et ainsi en débarrassera promptement ses chiens; il versera sur les dartres du vinaigre très-fort dans lequel il aura mis fondre une grande quantité de sel.

Il doit aussi examiner les oreilles qui sont souvent attaquées par des chancres, laver les yeux, la tête et les jarrets.

Le pansement terminé, il mènera les chiens à l'ébat comme nous l'avons dit plus haut, et fera ainsi faire à la meute une promenade quotidienne de deux à trois heures.

On a coutume de ne donner aux chiens de meute qu'un repas par jour, le soir, de cinq à six heures. Ce repas consiste en une sorte de soupe nommée MOUÉE, qui est composée de mille façons différentes.

La meilleure nourriture pour les chiens est la

soupe faite avec du pain d'orge ou de froment et de la graisse que l'on remplace par du suif appelé pain de creton, ou des résidus de boucherie. Le pain le plus nourrissant est le plus économique, la ration d'un chien est de une livre et demie à trois livres de pain par jour.

Certains chasseurs font avec de la farine d'orge, de l'eau et du suif une sorte de mouée assez peu coûteuse et suffisante pour nourrir les chiens pendant la morte saison, mais qui constitue un mauvais régime en temps de chasse.

La soupe préparée avec du bouillon de viande de cheval est préférable à l'emploi de la chair de cheval; cette dernière nourriture est très-fortifiante, mais outre que les meutes nourries de chair crue, exhalent une odeur répugnante et très-désagréable, elles sont disposées surtout pendant l'été à contracter des maladies cutanées, telles que la gale ou le rouvieux. Du Fouilloux pense, avec bien d'autres veneurs, que le chien *nourri au carnage* perd plus vite l'odorat.

L'instant pendant lequel les chiens prennent leur nourriture est le moment de la journée, où la présence du maître d'équipage est à peu près indispensable; car il est bon de surveiller attentivement les repas de la meute, non-seulement pour s'assurer si la ration est suffisante, mais pour reconnaître si tous les chiens sont en santé. « Chien qui ne mange pas est bien près de tomber malade, » dit le proverbe.

Voici comment dans les grands équipages on procède au repas des chiens. Les auges remplies sont rangées dans la cour du chenil. On ouvre la porte à l'entrée de laquelle se tient le piqueux un fouet à la main. Les chiens se pressent anxieux, dévorant d'avance leur repas des yeux, mais craignant de faire un mouvement sans permission. Le piqueux fait d'abord sortir les chiens les plus faibles, les plus timides ou ceux qui mangent le moins vite, il les appelle chacun par leur nom, et les élus sortent des rangs chacun à leur tour, il contient toujours les plus gloutons, puis abaissant son fouet, sur ces mots : *soupe! soupe!* la meute se jette sur les auges dont le contenu est bientôt dévoré; pendant ce temps, il se tient autour des auges, surveille encore, afin d'empêcher les querelles et les batailles. Cet exercice, cette obéissance continuelle et de chaque jour assouplit singulièrement la meute, et ne contribue pas peu à la rendre docile en chasse.

Un bon piqueux doit savoir traiter les affections ordinaires auxquelles les chiens sont sujets.

Il compose lui-même la mixture suivante qui guérit radicalement les chiens de la gale : on fait dissoudre dans deux litres d'eau bouillante 500 grammes (une livre) de sulfure de potassium, on ajoute ensuite un litre de fort vinaigre on frotte trois fois avec ce mélange le chien galeux, en ayant soin de laisser un jour d'intervalle entre chaque friction, et la gale disparaît sur-le-champ. Inutile d'ajouter qu'un piqueux doit savoir purger ses chiens à propos avec le sirop de nerprun ou l'huile de ricin, guérir l'*aggravée* en frottant les pattes de l'animal, avec un mélange composé de suie détrempée dans le vinaigre. Il doit savoir pratiquer une saignée, soit à la queue, soit à la jugulaire, arrêter les progrès du *catarrhe auriculaire* par une injection au nitrate d'argent, faite à plusieurs reprises dans l'oreille du chien, administrer une dose de sel de nitre (10 grammes) au vieux limier atteint de cystite ou rétention d'urine. En un mot, il connaît maintes recettes et nargue le vétérinaire.

Connaissance de l'âge du chien. — Comme dans toutes les espèces d'animaux, c'est par l'inspection des dents que l'on peut connaître l'âge du chien d'une manière à peu près sûre, pendant la première partie de sa vie : les dents du chien jusqu'à deux ans sont blanches et effilées, les incisives sont aiguës et forment une pointe affectant la fleur de lis; terme qui a passé dans l'usage, et les chasseurs disent qu'un chien marque encore la *fleur de lis* pour désigner un chien âgé de deux ans au plus.

Les dents du chien sont rasées à trois ans, mais la nourriture modifie sa denture d'une étrange façon; et tel chien d'équipage nourri de soupe possède à sept ans toutes ses dents bien rangées, tandis que tel autre, âgé de trois ans et nourri au carnage, n'a plus une incisive et seulement quelques morceaux noirs et cassés.

Les crocs s'émoussent et jaunissent, s'ébrèchent à mesure que les chiens avancent en âge; à cinq ans le poil blanchit sur le museau et autour des yeux, qui ont perdu leur brillant et leur vivacité.

« A six ou sept ans, il commence à marcher « sur le talon. Il lui vient ensuite de la callosité « à la pointe des jarrets, les ongles creux et plats « s'allongent et font le demi-cercle comme ceux « d'un blaireau. » (Le Couteulx de Canteleu.)

De plus à leur obésité on reconnaît presque toujours les vieux chiens, qui d'ailleurs ont une vie très-courte et ne vivent pas au delà de quinze à seize ans.

Du chenil. — « Le chenin, dit Jacques du Fouilloux, doit être situé en quelque lieu bien orienté, où il y ait une grande cour bien aplanie, ayant quatre-vingts pas en quarré, selon la commodité et puissance du seigneur. Mais d'autant qu'elle est spacieuse et grande, elle en est meilleure pour les chiens; parce qu'ils veulent avoir du plaisir pour s'esbatre et vuyder. Par le milieu du chenin y doit y avoir un ruisseau d'eau vive, ou une fontaine près laquelle faut mettre un beau grand tymbre de pierre pour recevoir le cours de la source qui aura un pied et demi de haut, afin que les chiens y boivent plus à leur aise; et faut qu'iceluy tymbre soit percé par un bout, afin de faire évacuer l'eau, et qu'on le nettoye quand on voudra.

« Sur le hault de la cour, doit estre basty le logis des chiens, auquel faut qu'il y ait deux chambres, dont l'une sera plus spacieuse que l'autre, et en icelle doit auoir une cheminée grande et large pour y faire du feu quand mestier sera. Les portes et fenêtres d'icelle chambre doivent être situées entre le soleil leuant et le midy. La chambre doit être eslevée de trois pieds plus haut que le plan de la terre et y faut faire deux coïs, afin que l'urine et immondicité des chiens se puissent vuyder. Les murailles doivent être bien blanchies et les planchers bien collez, de peur que les araignées, pulces, punaises et leurs semblables s'y engendrent et nourrissent. Les fenestres doivent être bien vitrées, de peur que les mouches y entrent. Il leur faut tousjours laisser quelque petite porte ou huysset, afin qu'ils s'aillent vuyder et esbattre quand ils voudront. »

Cet aménagement d'un grand chenil est encore le meilleur que l'on puisse conseiller et le mieux approprié aux soins que l'on doit avoir des chiens.

A cette excellente disposition on peut ajouter que dans l'intérieur du chenil on doit établir un banc fait de bois de chêne et haut d'un pied, avec un rebord pour empêcher la paille de tomber. Du Fouilloux prescrivait au lieu du banc que l'on voit communément dans les chenils des sortes de bancs à claire-voie et roulants pour qu'on puisse, après une chasse d'hiver, approcher les chiens du feu. Il ne décrit pas dans son texte, mais il a eu soin, dans la gravure grossière dont il a dessiné le modèle, de faire figurer dans la cour du chenil des poteaux en bois afin d'engager les chiens à pisser. Aux chasseurs qui ne peuvent se donner le luxe de bâtir un vaste chenil et d'entretenir un nombreux équipage, il conseille de ne pas « négliger de mettre toujours près des chiens un vase plein d'eau qui ne soit fait ni d'airain ni de cuivre, parce que ces deux espèces de métaux sont vénéneuses de leur nature et font tourner et empunaiser soudainement l'eau qui leur serait grandement contraire. »

Nous ajouterons qu'il faut autant que possible

Fig. 1617. — Le chenil.

enfermer les chiens dans une pièce quelque petite qu'elle soit, sans les enchaîner. Attacher un chien est de tous les systèmes le plus mauvais et souvent le plus dangereux.

De la meute et de la formation d'un équipage. — Puisque nous avons indiqué comment on doit nourrir, élever et loger les chiens, nous allons nous occuper de la meute et des règles qui doivent présider à la formation d'un équipage.

Définir le mot meute est peut-être superflu, cependant il n'est jamais oiseux de s'entendre sur le sens des mots.

La meute proprement dite est la réunion d'un certain nombre de chiens courants, destinés à chasser un animal depuis le lancé jusqu'à l'hallali, et par suite ce mot désigne tous les chiens courants du même chef d'équipage. Nous ferons voir la différence qui existe et surtout qui existait entre ces deux mots meute et équipage.

On ne peut appeler meute la réunion de moins de douze chiens; mais avec ce nombre, s'ils sont tous de même pied, bien criants, sages et collés à la voie, on peut chasser et prendre un animal aussi bien qu'avec quatre-vingts chiens.

D'ailleurs, excepté pour forcer le sanglier, qui a coutume de tenir tête aux chiens, de les charger, de les *bourrer* et d'éventrer les plus hardis, on a reconnu que vingt-cinq à trente chiens, bien dressés, de même taille, de même race et même pied, étaient plus faciles à conduire, formaient un équipage plus compacte, plus docile, portaient bas et prenaient plus souvent leur animal qu'un grand nombre de chiens toujours malaisés à contenir et à tenir ameutés.

La meute doit se composer de chiens de même race, de même taille autant que possible, plus grands pour cerfs et sangliers; vingt à vingt-deux pouces, (0m,60 environ), et mesurant dix-huit à dix-neuf pouces (0m,50 environ) pour chevreuils, daims et lièvres. Mais ni la taille ni la couleur de la robe auxquelles certains chasseurs, amateurs des formes et du *chic*, comme on dit, attachent beaucoup d'importance, ne doivent être sérieusement prises en considération.

Tout veneur qui désire posséder un bon équipage tiendra par-dessus tout à ne conserver que des chiens sages, de haut nez, criant bien et surtout de même pied, afin qu'au lancé ou dans *un à vue* toute la meute ne formant qu'un groupe compacte, « semblable à un troupeau de moutons en fuite, » on puisse la couvrir tout entière sous un filet, « sous un épervier ».

Afin d'atteindre ce résultat, le chef d'équipage réformera sans pitié tout chien ou trop vite ou trop lent, quelque qualité qu'on lui reconnaisse; à plus forte raison se défera-t-il des mauvais chiens capables d'égarer le reste de sa meute.

Quand on veut acheter un équipage, ou même un seul chien, on doit l'essayer au moins deux fois et par des temps différents. Car tel chien, telle meute, chasse bien lorsque *la terre est bonne*, c'est-à-dire par un vent favorable, sur un terrain frais et suffisamment trempé de pluie, se décourage et *met bas* par un temps sec ou trop pluvieux.

Si les connaisseurs jugent sûrement d'un coup d'œil et par la conformation du chien, de sa race, ils jugent moins sûrement de ses qualités, et nous ne saurions trop recommander de bien essayer les chiens avant de les acheter.

Comme nous l'avons dit précédemment, le nez, la gorge, la vitesse, telles sont les principales qualités d'une meute.

Mais outre ces considérations, le chasseur voulant former un équipage devra adopter, selon le pays dans lequel il se trouve et selon les animaux qu'on y rencontre, les races les plus propres à ce pays et à ses chasses.

Ainsi, dans les plaines, sur un terrain sec et facile, on peut se servir de chiens de taille moyenne, lesquels chasseraient à grand'peine dans un pays couvert de bois, de fourrés, d'ajoncs et de grandes bruyères, où les chiens de haute taille galopent plus aisément.

On divise les chiens en plusieurs groupes, dont chacun a sa tâche et sa spécialité. Dans un équipage, terme général, qui comprend l'ensemble de tous les chiens aussi bien que le personnel et le matériel employé à la chasse, en première ligne se place le limier, chargé de préparer la besogne à la meute, de *détourner* l'animal qu'on veut chasser et d'indiquer dans quelle partie de la forêt la bête est *rembuchée*.

Ensuite vient la meute que l'on amène et découple sur la brisée que le piqueur, garde ou valet de chien, a placée en faisant le bois sur le chemin pour désigner la rentrée de l'animal dans l'enceinte. De là est venue l'expression *frapper aux* brisées, pour désigner l'action de découpler la meute.

Enfin les relais sont une autre partie de l'équipage et se composent généralement des meilleurs chiens, sinon des plus vites, et qui viennent donner une nouvelle impulsion à l'attaque et hâter le dénoûment, l'hallali.

Nous ne nous occuperons en ce moment que de la meute pour ne pas avoir à y revenir, et nous arriverons ensuite au limier qui prépare la chasse et aux relais qui la finissent.

La meute aujourd'hui joue le principal rôle, car l'usage des relais est tombé en désuétude, et presque tous les veneurs chassent maintenant de *meute à mort*, c'est-à-dire sans relais, laissant aux chiens qui ont lancé l'animal le mérite de le prendre sans aucun auxiliaire.

Plusieurs maîtres d'équipages, principalement pour la chasse du chevreuil, attaquent même sans le secours d'un limier, dont cependant on peut rarement se passer dans la chasse du cerf.

Du limier et de la manière de le dresser. — Le limier est le premier chien de l'équipage, destiné comme nous l'avons dit à détourner les grands animaux, tels que cerfs, sangliers, loups,

Fig. 1618. — Le limier.

daims, chevreuils; les renards, blaireaux et lièvres ne se détournent pas.

Le limier est tenu en laisse par le piqueur, valet de chiens, ou même quelquefois par le maître d'équipage lui-même. Il *porte la botte*, il est dressé à *se rabattre* sur la voie de l'animal qu'on a coutume de lui permettre de suivre. Les principales qualités du limier sont la taille 0m,60 (22 pouces) environ, une finesse d'odorat remarquable, la docilité, un mutisme complet; peu importe qu'il soit lourd et que sa conformation ne soit pas accomplie. Autrefois les chiens noirs de Saint-Hubert et plus tard les chiens normands étaient les deux races d'où sortaient les meilleurs limiers.

La première leçon à donner au limier est de lui apprendre à marcher devant le veneur et à porter gaillardement son trait; on appelle trait une espèce de corde de crin que le valet de chiens tient à la main; le trait est attaché à la botte, collier en cuir de 0m,12 à 0m,14.

A cet effet on fera précéder le jeune limier d'un plus vieux et le jeune chien, voulant suivre le vieux, oubliera sa botte, tirera sur le trait, s'habituera à marcher en laisse, et sera bientôt en état de commencer son apprentissage.

On conduit alors le limier par les sentiers du bois, et sitôt que l'on aperçoit un *volcelest*, ou trace de la bête que l'on veut détourner, on encourage le chien sur la voie, en ayant soin de le gronder doucement s'il veut se rabattre et goûter une autre voie.

Quand il sera à peu près confirmé et qu'il aura fait quelques belles suites, on lui apprendra à tourner l'enceinte pour savoir si l'animal est sorti.

A l'endroit où la bête sera entrée au fort le piqueur fera une haute et basse *brisée* de la manière suivante : il rompra une branche grosse comme le petit doigt, qu'il placera sur la voie en dirigeant le gros bout de la brisée vers la direction suivie par l'animal, voilà pour la basse brisée, puis il rompra à demi à hauteur d'homme une autre branche, c'est ce qu'on appelle briser haut. Il prendra ensuite de grands devants et quand le chien n'ayant pas trouvé la voie sortant de l'enceinte et que le piqueur aura tout lieu de croire que l'animal est relaissé dans un fort, il fera une nouvelle brisée et ira au rapport si l'on doit chasser ce jour-là. Si au contraire on veut dresser le limier, on le ramènera à la première brisée, on lui fera reprendre la voie et toujours au trait on lui donnera le plaisir de lancer l'animal.

Afin d'accoutumer le limier à être muet, on donne une saccade au trait dès qu'il veut se récrier, on se retire en lui disant, « *tout coi*, *l'ami*, *tout coi*, » puis on le ramène sur le contre-pied, on le calme, on diminue son ardeur.

C'est surtout pour le dressage du limier que le piqueur doit faire preuve de douceur et de persévérance.

Le **relais** est un certain nombre de chiens tenus en réserve pour être découplés sur la voie de l'animal; chaque relais doit être composé non pas des chiens les plus vites de l'équipage, mais des meilleurs, des plus sages, des sujets du plus haut nez.

De la manière dont un relais a été donné dépend souvent le sort de la chasse, et il n'est pas accordé au premier venu de savoir donner un relais à propos. « En effet si l'on découple de trop loin « sur le passage de la bête, on risque de rendre « le relais inutile ou de faire bondir le change « dans l'espace qui sépare le relais de la meute, « mieux vaut donc attendre pour découpler, que « le gros de la meute soit passé sans tenir compte « des traînards. »

La vénerie royale d'autrefois faisait trois relais pour la chasse du cerf. Le premier se nomme la vieille meute, et se compose des chiens les plus vigoureux après ceux de la meute.

Le second relais se nomme la seconde vieille meute.

« Le troisième relais se nomme les six chiens et « se compose des plus vieux, des plus sûrs et des « plus sages. Il se donne quand le cerf est mal- « mené et redouble de ruses pour tâcher de se « sauver. »

On se servait aussi d'un relais volant, qui selon l'occasion et la refuite prise par l'animal changeait de place et n'était confié qu'à un valet de chiens intelligent et sachant le conduire et le donner à propos.

Les relais se composent de quatorze chiens au plus, on les place en général dans les carrefours, sur les hauteurs, on les échelonne sur les refuites ordinaires que prennent les animaux.

Les chiens d'un relais sont couplés et une corde nommée harde, passant dans les couples et attachée de haut à un pied d'arbre, retient ce groupe de chiens.

Quand le valet de chiens veut donner le relais, il déboucle successivement les couples, le plus promptement possible, pour que tous les chiens puissent aussitôt rallier la meute.

Des qualités nécessaires à un bon chien courant. — Les qualités du chien courant ne sont pas plus appréciables à l'œil que celles d'un chien d'arrêt, on ne peut les juger qu'à la chasse. Toutefois du Fouilloux fait ainsi le portrait du bel et bon chien. « Il faut qu'un chien pour estre beau et bon, ait les signes qui s'ensuivent : Premièrement, je commencerai à la teste, laquelle doit être de moyenne grosseur, et plus à estimer quand elle est longue que camuse. Les nazeaux doivent être gros et ouverts, les oreilles larges et de moyenne épaisseur, les reins coubez, le rable gros, les hanches aussi grosses et larges, la cuisse troussée et le jarret droit et bien herpé, la queue grosse près des reins et le reste gresle jusques au bout, le poil de dessous le ventre rude, la jambe grosse, la partie du pied sèche et en forme de celle d'un regnard, les ongles gros. Le masle doit estre court et courbé, et la lyce longue.

« Or, pour vous déclarer la signification des signes, il est à savoir que les nazeaux ouverts signifient le chien de haut nez. Les reins coubez, et le jarret droit, signifient la vitesse. La queue grosse près des reins, longue et déliée au bout, signifie bonne force aux reins et que le chien est de longue haleine. Le poil rude au dessous du ventre dénote qu'il est pénible, ne craignant pas les eaux ni le froid. La jambe grosse, le pied de regnard et les ongles gros, démontrent qu'il n'a point les pieds faibles, et qu'il est fort sur les membres pour courir longuement sans s'aggraver. »

Le *Dictionnaire des chasses*, par Baudrillart et Quingery, fait le portrait suivant du chien courant, et pour avoir été écrit de nos jours par Quingery, chef de division à l'administration de la vénerie du roi Charles X, il n'est pas supérieur à celui du vieux maître.

« Il faut, » d'après le *Dictionnaire des chasses*, « que le chien courant ait la tête bien attachée, « et plus longue que grosse, le front large, l'œil

« gros et gai, les naseaux ouverts et humides ; « l'oreille mince, large, tombante, plus longue « que le nez, le corps d'une grosseur proportionnée à sa longueur, les épaules ni droites ni « charnues, les hanches hautes et larges, la queue « forte et velue à son origine, longue, déliée, « presque dégarnie de poil à son extrémité et recourbée d'un demi-cercle ; la cuisse bien troussée et gigotée, le jarret droit, la jambe nerveuse, « le pied petit, sec et pointu, les ongles gros et « courts. Il doit être en général plus haut du derrière que du devant; les chiens qui ne sont pas « conformés ainsi courent mal et ne sont bons « qu'à faire des limiers. »

Telle est la conformation que l'on recherche dans un chien courant, mais nous plaçons avant tout l'obéissance, l'odorat et l'intelligence de la chasse.

Pour nous un bon chien est toujours beau.

Le bon chien est celui qui, doué d'un odorat exquis, ne laisse point passer les voies les plus froides, et sait en reconnaître dans les chemins les plus secs et les plus battus.

Il doit savoir quêter le nez à terre, être collé à la voie sans cependant être ni *chaud de gueule* et s'emporter en criant, ni chiche de voix, c'est-à-dire suivre l'animal sans crier.

Un bon chien doit savoir, dans un défaut, prendre ses retours en arrière, ce qui s'appelle les arrières, en avant, c'est-à-dire prendre les grands devants, enfin tourner en cercle jusqu'à ce qu'il ait retrouvé la voie.

Il ne doit pas chasser le contre ou rebattre ses voies, à moins que l'animal n'ait fait voie sur voie, c'est-à-dire ne soit revenu sur ses pas.

Il ne doit être ni paresseux, ni musard, mais il doit se hâter de relever un défaut.

Il doit avoir du fond, de la tenue, chasser sans quitter sa voie ni *mettre bas.*

Il doit être prompt à rallier, c'est-à-dire au premier coup de gueule d'un chien dans un défaut, accourir pour goûter et reprendre la voie.

Enfin l'obéissance, seule qualité que le chien peut acquérir par le dressage, doit être complète; il doit s'arrêter, revenir au gré du maître, et au premier son de la trompe.

De plus il ne doit pas bricoler, être ambitieux, couper la voie ou la dérober : un chien *bricoleur* ne peut rester dans une meute et n'est bon tout au plus qu'à chasser seul.

On voit donc par cette longue énumération combien de qualités doit posséder un bon chien courant, et l'on serait tenté de croire que nul ne saurait les posséder toutes; cependant, quoique le bon chien soit rare, nous pourrions citer par leurs noms un grand nombre de ces animaux doués de toutes ces qualités.

LE VENEUR.

Des qualités d'un bon veneur. — Le bon veneur est cet homme pour qui la chasse est le premier de tous les biens. Libre de tout souci, vivant au grand air, à l'abri des servitudes du monde, il va chercher dans la profondeur et à l'ombre des grands bois une émotion simple et vraie qui lui emplit le cœur et suffit à son bonheur.

Le vrai chasseur au bois est rustique et campagnard. Le plus souvent il cultive son domaine, passe sa vie sobrement et durement au milieu de sa meute, et s'il connaît tous les baliveaux de la forêt, il n'ignore pas la hutte de l'indigent.

Il est vrai que l'on compte deux variétés de veneurs bien distinctes. Les uns jeunes, turbulents, brillants, qui ne cherchent dans la chasse à courre qu'une occasion de plus d'user leur vie et de faire du bruit autour d'eux ; mais ceux-là, follement étourdis, ne peuvent nous intéresser. Nous nous occuperons du veneur sérieux toujours occupé de sa noble passion et qui préférerait chasser avec un seul chien que de ne pas s'adonner à son plaisir favori.

Le veneur est calme, persévérant, maître de soi, et fort de son expérience, et de la science puisée dans les bois et dans les vieux traités; il sait dompter et la fougue et l'ardeur de ses chiens.

D'une prudence étudiée au début de la chasse, il examine avec soin tous les chiens qu'il appelle, qu'il calme, qu'il appuie à propos, et enfin qu'il sait encourager et auxquels il communique sa passion et le feu sacré qui l'anime pour triompher, après un dernier effort, de l'animal épuisé et près de lui échapper.

Ne quittant jamais la meute, il sait qu'il ne faut jamais enlever les chiens; si le change vient à bondir, il sait quels chiens il doit rallier, et surveillant les jeunes et les libertins, il fait travailler sagement les vétérans et les chiens sûrs.

Le bon veneur est passé maître dans la connaissance du pied des animaux et dès qu'il a pu voir le *volcelest* de la bête qu'il chasse, il distinguera ce volcelest entre mille. Aussi chaque fois que dans un défaut le *revoir* est facile, il met pied à terre, redressant la meute et relevant tout seul le défaut jusqu'à l'entrée des bois où alors les chiens reprennent sentiment de la voie et continuent la chasse.

Il a soin de retenir toujours les chiens sur la voie, hâtant les traînards et retardant les chiens de tête. Quelquefois même, afin de rallier toute la meute, de calmer l'ardeur des trop emportés, de les rendre souples et dociles et en même temps de leur faire reprendre haleine, d'un seul mot, il les arrête, et étendant son fouet il les contient et suspend pour un moment la chasse.

Le veneur suit ses chiens partout et s'efforce de ne jamais les perdre de vue; ni gaulis, ni fourrés, ni haies, ni clôtures, ne peuvent arrêter notre héros, il perce en avant avec la meute.

S'il est obligé soit pour gagner un pont soit pour toute autre raison d'enlever les chiens, il sait qu'en ce moment, il ne doit pas presser sa marche; précédant la meute sagement au trot, le fouet à la main, il amène les chiens à la place où ils doivent retrouver la voie, les encourage, les fait quêter et leur donne tout le temps de travailler.

Enfin le bon veneur ne fait qu'un usage modéré de la trompe dont nous parlerons en son temps, il sonne rarement, toujours derrière les chiens et à ce propos nous recommanderons à tout chasseur amateur, invité à suivre une chasse, de se montrer fort chiche de fanfares, de ne sonner que fort peu, de ne point parler aux chiens, de se contenter de donner les renseignements qu'on lui demandera, sans questionner le veneur ou vouloir lui donner des conseils ; c'est à l'amateur inexpérimenté suivant une chasse à courre que doit s'appliquer ce mot connu : « Surtout, monsieur, pas de zèle. »

Costume du veneur. — L'uniforme de la vénerie royale était l'habit français galonné à la Bourgogne avec les boutons argentés au cerf, la veste écarlate, la culotte de velours bleu, le chapeau galonné appelé lampion, les bottes à chaudrons, le ceinturon deux tiers or sur un tiers argent et la trompe en sautoir.

Les grandes maisons princières avaient des livrées et des couleurs distinctes ; mais presque tous les veneurs français avaient adopté et ont conservé encore l'uniforme royal.

Il est vrai que de nos jours la toque de velours a remplacé le lampion, les bottes fortes, molles, jaunes, à revers, ont remplacé les bottes à chaudrons, cependant la botte à revers a prévalu et même dans certains équipages la tenue anglaise a été adoptée, et nos chasseurs ont revêtu les culottes blanches ou grises, l'habit rouge, la cravate bleue ou blanche du chasseur de renards du Leicestershire.

La trompe. — La trompe et la musique de la chasse, de tout temps en usage dans la vénerie, ne reçurent leur forme dernière et complète que sous le règne de Louis XV. A cette époque le marquis de Dampierre inventa la grande trompe qui porte son nom et composa le recueil de fanfares dont on se sert aujourd'hui.

Fig. 1619. — La quête.

Outre les tons pour chiens, c'est-à-dire les *requêtes*, les *bien-aller*, les *appels*, les fanfares désignent l'animal, son âge, son sexe, son espèce, annoncent le lancé, la vue, le hourvari (quand l'animal fait voie sur voie), le relancé, le volcelest (quand on voit l'empreinte du pied de l'animal chassé), le débucher (quand il gagne la plaine), le bas-l'eau (quand l'animal suit un cours d'eau), son entrée, sa sortie ; l'hallali sur pied, l'hallali par terre, la retraite manquée ou prise.

On compte une fanfare pour chaque âge ou tête de cerf depuis le daguet jusqu'au dix-cors, depuis le daim jusqu'au lièvre. Rossini dans ces derniers temps a composé une fanfare pour le faisan, il est vrai que c'est une fanfare pour rire.

Chaque maître d'équipage a une fanfare qui porte son nom, composée par lui ou dont on lui a fait hommage. Jadis on sonnait la Royale, la Bourbon, la Penthièvre, nous avons aujourd'hui la Puységur, la Danne, la Carayon-Latour que l'on a coutume de sonner au moment du lancé ou au lieu et place de la fanfare de la *vue* pour faire honneur au maître d'équipage.

Le rendez-vous, l'attaque, le laissez-courre, l'hallali. — Par une de ces matinées riantes et ensoleillées du mois d'octobre, dans le carrefour d'une de nos belles forêts de France trente chiens couplés, à la harde, muets sous le fouet du piqueur, attendent l'arrivée des veneurs. Les chevaux de chasse enveloppés dans leurs couvertures sont déjà au rendez-vous, tenus en main ils suivent au pas les longues allées de la forêt. Enfin les chasseurs arrivent, les uns en voiture, les autres, selon la coutume anglaise, montés sur leur hack de chasse, cheval destiné spécialement à porter le veneur au rendez-vous, d'autres enfin, et le plus souvent ce ne sont pas les moins hardis passeurs, se rendent au bois, prennent ou chevreuil ou cerf, et font ensuite leur retraite sur le même cheval.

Toute la bande est au complet, elle s'ébranle et se disperse, le piqueur s'avance et frappe aux brisées ou, d'après un usage qui chaque jour tend à se répandre, on découple la meute toute entière et l'on foule l'enceinte à la billebaude. Ce dernier mode d'attaque ne peut être employé dans la chasse du cerf, comme nous le verrons plus bas.

Après une attente que l'ardeur des chasseurs trouve toujours trop longue, un grand vacarme se fait entendre, la meute tout entière a jeté un long cri, c'est l'attaque, c'est le lancé.

Peu après l'animal bondit et traverse une allée; on sonne la vue, et la chasse commence ardente, haletante, éperdue; c'est dans ce moment entraînant que l'on reconnaît le vrai veneur. Pendant que le jeune chasseur emporté par son ardeur galope de côté et d'autre et dès le début fatigue son cheval, le bon veneur avant de s'élancer in-

Fig. 1620. — Le débucher.

considérément juge d'après l'espèce de la bête s'il doit de suite suivre les chiens ou si l'animal, tel que sanglier ou chevreuil, se fera battre quelque temps dans l'enceinte avant de la quitter.

Mais alors, quand l'heure de piquer sera arrivée, il se placera derrière la meute et ne la quittera plus; et en effet sa présence est utile, car bientôt les chiens tombent en défaut, et il faut un homme du métier pour les redresser, les appuyer. Dans le cas où un jeune chasseur se trouverait le premier avec la meute lors d'un défaut, nous lui conseillons de s'abstenir de toute démonstration. « La parole est d'argent, mais le silence est d'or; » qu'il médite le proverbe arabe, qu'il laisse les chiens faire leur métier; notre apprenti veneur fera sagement; sa voix inconnue de la meute viendrait troubler la quête, puis nous l'engagerons à rester en place et à ne pas passer et repasser autour des chiens; il pourrait rencontrer la voie, la fouler et encourir les reproches des veneurs.

Enfin le défaut est relevé, la chasse continue et l'animal relancé débuche à travers la campagne. Le débucher! Sonnez le débucher, trompes joyeuses, sonnez cette brillante fanfare annonçant les plus beaux moments que puisse goûter le veneur. Le débucher! la scène est alors des plus animées! Heureux les chasseurs qui, suivant de près la meute, sortent du bois avec elle! alors la poursuite commence dans toute sa fougue vertigineuse, les cavaliers suivent à toute bride, et, vive Dieu! il faut piquer! la troupe dévore l'espace, les obstacles sont un attrait de plus, et c'est dans ce moment suprême que l'on juge et les hommes et les chevaux. Le gris pommelé paraît plus beau que jamais, et comme celui qui le monte, il est tout ardeur, tout feu. L'alezan, vieux cheval de chasse qui s'est trouvé à plus d'un hallali, est aussi calme et aussi prudent que son cavalier, mais sa prudence ne retarde pas son allure; il est en tête. « Garde à vous! De ce côté, » dit un vétéran à un jeune conscrit, le fossé est large, et le jeune chasseur disparaît, culbute et roule, mais tenant ses rênes d'une main ferme il se relève, arrête le cheval, et remontant aussitôt il continue sa course enfiévrée.

Les chasseurs ne doivent jamais galoper à la suite les uns des autres, il vaut beaucoup mieux qu'ils s'étendent dans la plaine. Il arrive trop souvent que les jeunes gens prennent pour guide quelque vieux chasseur que l'on sait connaître le pays, sans songer aux conséquences que peut entraîner cette conduite. En effet, cette dangereuse confiance a souvent occasionné des accidents très-graves, et le veneur du premier rang venant à faire une chute, les autres cavaliers ou culbutent sur lui ou lui passent sur le corps. Mais bientôt on aperçoit la sombre verdure d'une forêt, l'animal est rentré au bois, le débucher est fini, pourquoi ne dure-t-il pas toujours? Le débucher, voilà tout le charme de la chasse à courre d'Angleterre qui n'est qu'un long et continuel débucher.

Quand la bête de meute est de nouveau rentrée sous bois, on peut laisser reprendre haleine aux chevaux, car il est probable que le change ou le défaut n'est pas éloigné. Cependant l'animal est sur ses fins, et bientôt l'hallali résonne sous la voûte sonore des grands bois et frappe jusqu'aux échos les plus éloignés.

De la température la plus favorable à la chasse.—Tous les temps ne sont pas favorables à la chasse, et il n'est peut-être pas inutile d'indiquer en passant quelle est la température la plus convenable, et quels sont les vents qui sont propices entre tous.

Quiconque a l'expérience de la chasse ne se contente pas d'un ciel sans nuage, ce qui au contraire est presque toujours fâcheux. La pluie serait préférable. La sécheresse est le temps le plus abhorré du chasseur au chien courant, et si ses souhaits étaient écoutés, il demanderait une humidité perpétuelle.

D'ailleurs les vents sont pour beaucoup dans le succès de la chasse; c'est pourquoi les chasseurs les consultent toujours. Ainsi, quand le vent est violent, outre que le chasseur entend difficilement les cris de la meute, la voie promptement ressuyée s'évanouit; il en est de même par un vent trop chaud ou trop froid.

Les meilleurs vents sont les vents frais et tempérés, mais d'ailleurs telle brise venant du midi, qui est favorable au mois de janvier, serait contraire au mois d'avril ou au mois de septembre, quand toutefois on peut chasser en septembre.

Voici du reste la rose des vents que nous

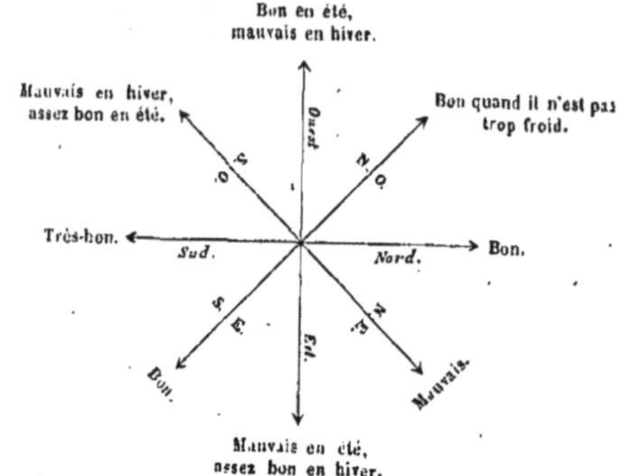

Fig. 1621. — Rose des vents du chasseur.

avons prise dans l'excellent ouvrage de M. le comte Le Couteulx de Canteleu, elle pourra servir à plus d'un chasseur.

La Saint-Hubert. — Saint Hubert est le patron des chasseurs, et chaque année petite et grande meute célèbrent le 3 novembre la fête du bienheureux petit-neveu de Dagobert Ier. Certains veneurs entendent encore aujourd'hui, avant la chasse, la messe en l'honneur du fameux saint converti non sur le chemin de Damas, mais au fond de la forêt des Ardennes, au moment où daguant un cerf il aperçut une croix flamboyante rayonner entre les bois terribles d'un dix-cors aux abois.

Tous les chasseurs fêtent la Saint-Hubert, et quelque temps qu'il fasse, les uns décrochent leurs fusils, les autres enfourchent leurs *hunters*, et contre vent et marée, tiennent à honneur de se mettre le jour en campagne et de témoigner dans la soirée le verre en main le culte pour le saint ou pour la tradition.

Le jour de la Saint-Hubert, il était d'usage dans la vénerie royale de décorer d'une rosette rouge le plus vieux piqueur, le plus vieux cheval et le plus vieux chien de l'équipage.

« Autrefois, dans la campagne, dit Le Verrier de la Conterie, à la chapelle du vieux manoir ou au fin fond des forêts, sur l'autel en ruine élevé par la piété d'un pèlerin ou d'un chasseur en péril, à saint Hubert ou à Notre-Dame des Bois, un clerc lisant un missel enfumé dépêchait la messe du bienheureux patron; autour se pressaient les veneurs debout et découverts, la trompe au col, le couteau de chasse à la ceinture; les valets de limier tenant les limiers à la botte; les piqueux contenant sous le fouet la docile impatience des chiens couplés; plus loin, les chevaux attachés frappant la terre en frémissant et complétant le tableau que couvrait de son ombre religieuse la grande voûte de la futaie. A la consécration les trompes faisaient entendre la Saint-Hubert; à ce bruit tant aimé, les chevaux hennissaient; les chiens se récriaient, et cet éclat allait troubler la tranquille solitude de la forêt. Cependant le clerc bénissait le pain des veneurs qui devait, pendant l'année, préserver les chiens de la rage; puis, quand la dernière prière s'envolait des lèvres, les veneurs étaient en selle, car la brisée était bonne et le succès certain pour les pieux disciples du grand saint Hubert. La forêt s'animait alors d'une vie nouvelle aux cris des veneurs et des chiens; l'animal bondissait de la reposée et la chasse partait entraînante, acharnée. Oh! c'était une belle chasse que la chasse de saint Hubert. Puis le soir, à l'entour du foyer, on disait les merveilleuses histoires de chasse, les naïves légendes; on se transmettait les traditions, les enseignements du noble art de la vénerie; on lisait les grands maîtres, le chevaleresque Phœbus, le bon du Fouilloux, curieux et naïf témoin des mœurs de son temps. Oh! c'était une belle fête que la fête de saint Hubert, telle que la célébraient nos pères!

Sur cette joyeuse fête des chasseurs nous terminerons le paragraphe; mais avant de décrire les divers animaux et les différents modes employés pour chasser chacun de ces animaux, nous dirons quelques mots du cheval de chasse, des qualités essentielles que l'on cherche dans cet indispensable compagnon du veneur.

LE CHEVAL DE CHASSE.

Quiconque a suivi une chasse sait de quelle importance est un cheval solide, bon sauteur, adroit et fort sur le fond duquel le veneur peut compter, et qui a porté maintes fois son maître à l'hallali. Mais cette merveille d'adresse et de force est rare à trouver, et combien ne doit-on pas essayer de chevaux avant de rencontrer un vrai cheval de chasse!

D'ailleurs en France peu de veneurs possèdent dans leurs écuries des chevaux, spécialement destinés à servir à la chasse. La plupart des chasseurs achètent avant la saison le premier cheval venu. A l'exception des champs accidentés du Maine, de la Bretagne et de l'Anjou, nos plaines de France offrent, il est vrai, peu d'obstacles, et dans un grand nombre de laissez-courre, il suffit de galoper dans les larges avenues d'une forêt bien percée, ou de fournir aux grandes allures un débucher à travers des brandes ou des guérets à l'horizon sans fin.

Un cheval de pur sang trop lent pour l'hippodrome, pourvu qu'il ne soit pas trop irritable ou trop taré par les rudes fatigues de l'entraînement, fera un assez bon cheval de chasse dans les pays de plaines; il aura toujours la force, la résistance, l'*endurance* et la vitesse nécessaires; mais si vous changez le théâtre de vos exploits et que vous vouliez suivre la meute en franchissant les haies et les talus, vous apprécierez les qualités d'un cheval de chasse dressé, adroit et solide, vous ne donnerez plus au hasard le soin de vous procurer ce compagnon fidèle qui porte votre vie et votre plaisir, vous le choisirez avec soin, et dès que vous aurez éprouvé les qualités de quelque bon cheval, au grand cœur, au caractère droit et franc, bien planté et adroit sur ses jambes, aimant la chasse et suivant les chiens pour ainsi dire d'instinct, avec joie et intelligence, peu vous importera la couleur de cet excellent animal qui deviendra votre ami; vous lui prodiguerez les soins les plus tendres, et sinon par reconnaissance, du moins par suite de cet égoïsme brutal qui domine l'homme plus encore que la brute, vous ménagerez votre vaillant cheval de chasse comme un de vos biens les plus précieux.

Ainsi il nous faut ranger les chevaux de chasse en deux classes; la première comprendra les chevaux qui sont appelés à suivre les laissez-courre dans un pays de plaines, la seconde contiendra les véritables chevaux de chasse, c'est-à-dire ceux qui volent par-dessus les haies, les rivières et les fossés et que rien n'arrête dans les contrées coupées par les plus formidables obstacles.

Le premier cheval de selle venu quelque peu en haleine, *en condition*, peut chasser et suivre une chasse dans une grande forêt ou à travers la plaine. Aussi presque tous les veneurs habitant ces pays préfèrent avec raison le cheval de pur sang au galop régulier, allongé, soutenu, aux grandes allures, au fond inépuisable. Le cheval de pur sang, outre les qualités inhérentes à l'élevage, à la préparation qu'il a reçue, à sa constitution, à son ossature puissante, possède sur le cheval de demi-sang l'avantage d'être d'un prix peu élevé. Chaque année les poulains âgés de trois et quatre ans, peu ou point tarés, mais trop lents, incapables de gagner la plus petite course et qui sont réformés pour cette raison, passent au prix de mille francs et quelquefois moins dans les écuries des veneurs.

Évitez surtout d'acheter des chevaux dont les tendons sont rompus, et qu'en argot technique on désigne par abréviation sous le nom de chevaux *broke-down*. Les chevaux boiteux à la suite d'une rupture de tendon ne sont pas susceptibles de faire un travail pénible et régulier. Si le cheval de pur sang est le type du cheval de chasse tel que nous le comprenons sur un terrain plat, il est moins apte que le cheval de demi-sang à se plier à toutes les exigences du métier et à donner ces preuves d'adresse et de souplesse qui distinguent les poneys et les chevaux « près de terre ».

Il faut donc choisir le cheval de chasse selon le pays dans lequel on doit chasser, et si le terrain est difficile et coupé d'obstacles rechercher le cheval fort *près de terre*, paraissant *petit pour sa taille*, parce que ses proportions régulières trompent l'œil. Ne vous laissez pas trop séduire par une jolie tête, placez l'utile avant l'agréable, mais repoussez le cheval à l'œil bête et inerte, au front étroit et déprimé. Faites cas avant tout des qualités essentielles du cheval qui sont : les épaules obliques et fortement musclées, les hanches larges, les cuisses épaisses et développées. Ne craignez pas les hanches saillantes et cornues, elles déplaisent aux amateurs des formes arrondies, mais elles sont solides et résistantes.

Les jambes courtes, les membres secs, larges et plats, les jarrets osseux, les boulets forts et gros, les paturons courts sont les meilleurs; préférez de bons pieds, d'assez grande dimension sans être plats, à des pieds étroits et resserrés qui, en outre des inconvénients auxquels sont assujettis les pieds contractés, s'enfoncent dans la boue et dans un terrain mou plus profondément que les pieds larges, et ajoutent un surcroît de fatigues à celles que le cheval de chasse est obligé de surmonter.

Quand vous trouverez un cheval joignant à une construction régulière, un caractère facile, calme et froid, une adresse remarquable à franchir les obstacles, payez d'une forte somme cet animal rare et presque introuvable.

Ne repoussez pas à première vue et sans examen le cheval dont les jambes sont sillonnées par les raies trop apparentes du feu guérisseur, ne vous laissez pas dominer par les préjugés trop répandus en France. Parce que ce brave cheval de chasse est tombé en sautant une rivière profonde; parce que son genou porte la trace de sa chute et la cicatrice d'une blessure reçue au champ d'honneur, en conclurez-vous que notre routier soit indigne de porter de nouveau un veneur; voyez au contraire ce vieux camarade, comme il vole à travers la campagne, et si vous avez l'heureuse occasion de l'acquérir, n'hésitez pas et sachez qu'il est supérieur mille fois au brillant conscrit dont les jambes et les genoux sont exempts de tares.

D'ailleurs c'est à la chasse que l'on pourra le mieux essayer le cheval destiné à cet usage et non à la promenade ou dans le trottoir d'un marchand de chevaux. A la chasse le meilleur cheval est celui qui, infatigable, ne se lasse jamais et arrive le premier à l'hallali; aussi le vrai veneur finit généralement par conclure que le meilleur cheval est celui qui, serait-il aussi laid qu'un cheval de fiacre, suit de plus près les chiens en débucher comme sous les gaulis.

Dressage du cheval de chasse. — Sans entrer dans les détails du dressage ordinaire, nous mentionnerons l'éducation particulière nécessaire pour former le cheval de chasse et lui apprendre son rude métier. Nous supposerons que le poulain sait déjà marcher et porter l'homme; qu'à l'aide du caveçon le dresseur a déjà guidé ses premiers pas, qu'après avoir porté un surfaix il a souffert la selle maintenue par une croupière; puis enfin, qu'il a eu sur le dos un homme ou plutôt un enfant doux et patient, qui a su lui faire sentir avec tact et délicatesse, soit le bridon à la forte embouchure, soit le mors sans articulation en forme de segment de cercle, pourvu au centre de petites pendeloques en fer, avec lesquelles joue le poulain, comme un bébé avec un hochet. Enfin, notre élève sait marcher le pas, trotter, galoper, s'arrêter, tourner et obéir à la pression du mors et des aides du cavalier.

Il ne nous reste plus qu'à lui enseigner à sauter doucement ou à franchir de volée de sérieux obstacles. Il est d'abord indispensable de mettre le cheval sur les hanches et de le rendre maniable, puis on commence à le faire sauter en le tenant à la longe et à l'aide du caveçon.

Comme aux premières leçons de dressage ordinaire, on attache une longe solide et souple à l'anneau du chanfrein du caveçon, le dresseur tient la longe, et un aide suit le cheval, une *chambrière*, autrement dit un grand fouet, à la main. On conduit le cheval près d'un fossé ou d'un talus d'accès facile, le dresseur flatte son élève de la main, se place au delà de l'obstacle et encourage le cheval à le franchir. A la première hésitation, l'aide menace le cheval de la chambrière, et au besoin, se sert du fouet, mais avec modération. On répète plusieurs fois ces leçons sur de petits obstacles, puis, lorsque le cheval saute franchement, on renouvelle l'essai en lui faisant porter un cavalier, mais en laissant le caveçon à la tête et le grand fouet menaçant l'arrière-main.

Le cheval docile prend goût peu à peu à cet exercice, le poulain rebelle finit par se laisser dompter, et même il n'est pas inutile que plusieurs chutes viennent lui apprendre à réfléchir sur les blessures et les dangers que sa paresse ou sa négligence lui occasionneraient. Les leçons doivent être courtes, et l'on ne fait dans chacune d'elles franchir que huit à dix obstacles au cheval de peur de le fatiguer et de le dégoûter. Mais sachez avant tout qu'on ne doit jamais céder à un caprice du cheval; la moindre faute à ce sujet aura des conséquences immédiates; et si, ne fût-ce qu'une fois, le poulain résiste victorieusement à son maître, refuse de sauter et n'est pas contraint sur-le-champ d'obéir, il est plus que probable qu'il renouvellera sa boutade et deviendra rétif. Quand le cheval aura graduellement appris son métier, on finira son dressage à la queue des chiens. Car à la chasse il imitera l'exemple que lui donneront les autres chevaux, et tentera de les suivre. Après quelques essais de ce genre, il acquerra l'expérience et l'adresse nécessaires.

Entraînement du cheval de chasse. Des soins à lui donner. — L'usage de faire subir au cheval de chasse une préparation, une espèce d'entraînement quelque temps avant la saison des laissez-courre n'est pas assez répandu en France. Trop de chasseurs font passer le cheval d'un repos presque absolu aux rudes fatigues de la chasse. Ce changement brusque, sans transition, est souvent fatal et toujours nuisible.

Il faut proportionner la rigueur de la préparation à la nature du pays de chasse. Aussi en Angleterre l'entraînement des *hunters* ou chevaux de chasse, est, à quelques exceptions près, le même que celui des chevaux de steeple-chase. Suées, *medicines*, c'est-à-dire purgations, galops de quatre à cinq mille mètres, promenades au pas, rien n'y manque. En hiver, même lorsque la neige couvre la terre, on tient les chevaux en condition. On répand dans un champ ou sur une allée une couche de fumier pailleux, et tous les matins les chevaux galopent et font une longue promenade au pas.

Nos veneurs de France sont loin d'exiger des chevaux aussi entraînés. Mais il est très-utile, un mois avant l'ouverture des chasses à courre, de commencer la préparation en prescrivant de longues promenades au pas pendant trois ou quatre heures, quelquefois et rarement en donnant un galop. On augmente progressivement la ration d'avoine, et l'on arrive ainsi graduellement par des exercices suivis à mettre le cheval en condi tion, en haleine, et à le débarrasser de l'embonpoint nuisible qu'il a pris durant l'été.

Il est absolument nécessaire de tondre ou de brûler le poil de la plupart des chevaux de chasse, si l'on veut les mettre parfaitement en état. Dans la saison d'hiver, ces chevaux ont toujours le poil épais et long qui, facilement mouillé de sueur, sèche imparfaitement, affaiblit les chevaux et les prédispose aux rhumes. La lampe au gaz enlève le poil d'une manière supérieure et remplace avantageusement et à meilleur marché les ciseaux du tondeur. Nous ne décrirons pas cet instrument que l'on se procurera chez tous les selliers, cependant il faut une certaine expérience avant de se servir de la lampe souvent dangereuse entre les mains d'un novice.

Enfin nous supposerons le cheval de chasse en bon état et à point à la veille des chasses et nous recommanderons au veneur, le matin même du laissez-courre, de surveiller les repas du hunter. Il convient de ne point charger l'estomac du cheval d'une trop grande quantité de nourriture. Deux rations d'avoine à trois heures d'intervalle suffisent avant le départ, puis il importe surtout de ne donner que quelques gorgées d'eau, le foin surtout doit être soigneusement prohibé. Tel est du moins le régime adopté invariablement par les Anglais et que nous avons expérimenté avec succès.

La sellerie. — Nous compléterons ces indications en disant quelques mots de la selle, de la bride et autres accessoires dont on équipe un cheval de chasse.

La selle que doit porter le cheval, souvent pendant sept ou huit heures, doit être faite avec soin et bien ajustée afin de ne blesser ni le garrot ni le dos du brave serviteur.

Il est préférable pour le cheval comme pour le cavalier que la selle soit large et spacieuse et n'affecte pas des proportions rétrécies. Une selle étroite et mince, tout en allégeant le poids total de 1 à 2 kilogrammes aurait l'inconvénient de blesser le cheval et de faire subir mille gênes au cavalier.

Les sangles de la selle doivent être larges, fortes et souvent renouvelées, car, outre les accidents qui peuvent survenir par suite de la rupture des sangles, cette déconvenue ôte au veneur tout espoir de suivre la chasse.

Il est important que les rênes de la bride et la têtière soient larges et bien confectionnées en cuir de bonne qualité; quant aux mors, c'est au veneur à savoir choisir celui qui embouche le mieux son cheval.

Il y a plusieurs sortes de mors, dont nous empruntons la liste au manuel du *Sport*, par Stonehenge.

1° Le bridon simple ou tordu, grand ou petit, avec une ou deux paires de rênes;

2° La bride ordinaire accompagnée d'un filet avec un mors d'une puissance variable, selon la longueur des branches et l'élévation de la liberté de langue;

3° Le pelham commun, réunissant les deux actions de la bride et du filet avec une force ordinaire;

4° Le pelham hanovrien, plus fort que le précédent parce que les branches sont plus longues et l'échancrure plus profonde;

5° Le filet-bâillon (*gag-snaffle*) qui agit avec une double puissance sur les chevaux qui tirent outre mesure, en raison de la rêne attachée en poulie, et aussi parce que son effet se fait contre l'angle de la bouche encore plus haut que les autres filets.

Les chasseurs jeunes et élégants ont adopté le bridon simple, mais il sera toujours plus sûr et plus commode d'employer la bride ordinaire.

Le *poitrail* fait de sangle ou de cuir qui retient la selle a pour objet d'empêcher la selle de glisser en arrière quand le cheval monte un talus escarpé surtout à la fin de la journée, alors que les sangles sont relâchées. Cet accessoire est indispensable. La martingale est moins utile à la chasse, mais les guêtres qui sont employées pour prévenir les blessures que le cheval se fait en se coupant ne sont point objets de luxe.

Un fer de rechange, préparé pour le pied de devant, devrait toujours être en réserve dans quelque poche afin de parer à tout événement, mais nos bouillants veneurs riront de tant de prévoyance.

Écuries. — Après la chasse, le cheval est soigneusement pansé. S'il est couvert de boue, il est lavé à l'eau tiède, puis vigoureusement séché et massé. En tout cas, il faut laver les jambes et les pieds avec une brosse trempée d'eau tiède. Dès que le lavage est terminé, on met la couverture et l'on enveloppe les jambes du cheval avec des bandes de flanelle.

On le rentre ensuite à l'écurie et on lui donne sa ration d'avoine.

Il est très-important que l'écurie des chevaux de chasse soit bien saine, élevée, aérée et largement éclairée. Ce qu'en Angleterre, on appelle une « box », c'est-à-dire une petite écurie où le cheval repose seul en liberté, est l'installation la meilleure que l'on puisse adopter pour les chevaux de chasse.

LE LOUP.

Quoiqu'en vénerie le cerf soit reconnu le plus noble et le premier de tous les animaux, nous nous occuperons d'abord de la chasse du loup, ce hardi voleur qui porte le ravage dans les fermes et dont les cultivateurs réclament en vain, depuis longtemps, la destruction complète.

Le loup est beaucoup plus gros et plus musculeux que le chien, auquel il ressemble puisqu'il est de la même race. Le loup a la tête longue, le nez effilé, les oreilles étroites et pointues, ses yeux placés obliquement sont étincelants et d'une couleur fauve. Le poil gris-jaunâtre varié de noir qui couvre son corps est très-long, rude et foncé, il augmente ainsi la grosseur apparente de son volume, sa queue est longue et touffue. Il mesure de la tête à la naissance de la queue environ trois pieds et demi, autrement dit 1m,16. Lorsqu'il a atteint son entier développement, il pèse de 35 à 45 kilogrammes, il dépasse rarement le poids de 50 kilogrammes. Il est doué de sens très-fins; il possède une vue perçante, un odorat exquis, une ouïe d'une délicatesse infinie, une vigueur de muscles formidable, et une mâchoire redoutable; il répand la terreur dans nos forêts et dans les plaines, et cause les plus grands dégâts; il fait sa proie des cerfs et des chevreuils, attaque chevaux, vaches, poulains qu'il égorge et consomme, sans compter force moutons, oies et autres animaux domestiques.

On distingue en France deux variétés de loups, l'une beaucoup plus forte que l'autre. La petite race est de couleur plus fauve que la grande.

Dans le Nord, on trouve des loups blancs et des loups noirs; on remarque quelquefois aussi, en France, des loups de couleur bizarre, mais ils proviennent d'un croisement avec le chien, et j'ai vu chez un de mes amis les peaux d'une portée de grands louvarts, pris par lui, dont la plupart étaient roux et blancs, et qui ne pouvaient être que des métis.

Cette supposition, d'ailleurs, est conforme aux expériences faites au Jardin des Plantes; car il résulte de ces expériences que le chien et la louve, le loup et la chienne s'accouplent fort bien, et que les produits de cet accouplement sont féconds et se multiplient entre eux, ce qui a prouvé, à n'en pas douter, que le loup est une variété de l'espèce canine. La louve comme la chienne porte soixante-deux à soixante-cinq jours, et quoique les anciens auteurs prétendent que les loups ne *lapent* pas, mais boivent à la façon du cheval, on peut assurer que le loup lape comme le chien. Ce qui le distingue du chien, c'est qu'il n'aboie pas; il fait entendre un grondement sourd comme le chien qui rêve, ou bien il hurle. C'est principalement le soir, pendant l'hiver, qu'il fait retentir les bois de son lugubre et sinistre hurlement.

En naissant, les petits du loup se nomment louveteaux, et comme la louve entre généralement en chaleur en janvier ou février, elle met bas dans le courant d'avril. Moins féconde que la chienne, la louve n'a d'ordinaire que trois à six petits qui naissent les yeux fermés.

Si la louve songe que l'endroit choisi par elle n'est pas assez sûr, elle emporte ses louveteaux de bonne heure. Elle les nourrit de gibier ou de menues volailles qu'elle leur fait étrangler, puis elle les dresse à chasser eux-mêmes et à marcher à la file les pattes les unes dans les autres quand ils vont boire ou lorsqu'ils regagnent leur demeure. Il est à remarquer que dans le voisinage du lieu où elle a mis bas, la louve, comme d'instinct, dissimule sa présence en n'exerçant aucun ravage, et va chercher sa proie à 8 ou 10 kilomètres de son liteau (on donne ce nom à la place où le loup passe la nuit).

Quand la louve est tuée avant que ses petits soient assez forts pour faire proie et vivre de leur chasse, ils périssent; le loup n'y pourvoit pas, il ne s'occupe pas plus de ses louveteaux que le chien de ses petits. Les anciens croyaient que le loup se repaissait de la chair que la louve apporte à ses petits. Voici ce qu'à ce sujet on lit dans Gaston Phœbus :

« Quelquefois il arrive que la louve cache les captures qu'elle a pu faire; le loup, surpris de ce qu'elle ne rapporte rien, va lui flairer au nez. S'aperçoit-il qu'elle sente la chair, il la maltraite assez vivement jusqu'à ce qu'elle l'ait mené à l'endroit où est la cachette. La mère louve, une autre fois, use de plus de finesse et va se laver la gueule dans une mare à la fin de chaque repas pour ne pas conserver l'odeur de ce qu'elle a mangé. »

Le loup, outre ses déprédations trop fréquentes au préjudice de la ferme, se nourrit de châtaignes, il visite les collets et s'empare du gibier qui s'y trouve pris, il mange des rats, des mulots, des grenouilles, se nourrit d'immondices, et l'hiver parcourt les taillis en exploitation où travaillent les bûcherons. Quoique ennemis de toute société, les loups marchent quelquefois par groupes; mais dans ce cas, ils s'associent pour attaquer ou chasser un gros animal, ils ne se rassemblent que dans le but de faire un mauvais coup. Malgré le proverbe qui affirme que les loups ne se mangent pas entre eux, tous les chasseurs sont d'accord pour dire que les loups dévorent fort bien un des leurs blessé ou incapable de se défendre.

Les *louveteaux* à six mois prennent le nom de *louvarts*, qu'ils conservent jusqu'au mois de mars ou d'avril de l'année suivante, c'est-à-dire jusqu'à l'âge d'un an.

Dès lors on les distingue, lorsqu'ils ont atteint leur complet développement, en jeunes loups, vieux loups et grands vieux loups. La durée de la vie du loup est comme celle du chien de quinze ans environ.

La *voie du loup* se nomme aussi la *piste*. La fiente se nomme *laissée*, les endroits ou plus communément les carrefours où le loup s'arrête pour la jeter, portent l'empreinte de profondes égratignures, semblables à celles que font les chiens. Ces égratignures se nomment *déchaussures*, leur profondeur indique l'âge de l'animal. En général, jamais une louve ne se déchausse dans l'endroit où elle a ses louveteaux.

Les *laissées* du loup sont mieux formées que celles de la louve, et sont déposées le plus souvent sur une motte ou élévation quelconque, ce qui aide beaucoup à les faire reconnaître; les *laissées* de la louve sont au contraire au milieu du chemin, molles, et pour ainsi dire en plateaux.

L'empreinte du pied d'un loup ressemble au premier aspect à celle d'un chien de grande taille. Pour ne pas s'y méprendre, il faut observer que le pied du loup est plus allongé que le pied du chien; son talon est moins rond, affecte la forme d'un cœur, et forme pour ainsi dire trois fossettes bien marquées en terre; ses ongles sont plus courts, ses allures plus espacées, plus régulières que celles de quelque grand chien que ce soit.

Un vieux loup en marchant *d'assurance*, autrement dit sans être pressé et sans crainte, ne se méjuge pas, c'est-à-dire pose le pied de derrière dans celui de devant, tandis que le chien se méjuge complétement. Si le loup trotte, le pied de derrière se trouve placé à trois doigts de celui de devant qui est considérablement plus grand que celui de derrière.

La louve a le pied encore plus long et plus étroit, elle est bien mieux chaussée que le loup, ses ongles sont plus petits, elle a le talon plus petit et plus serré.

Le louvart a le pied un peu plus ouvert, presque aussi rond que large, il se méjuge souvent et a les ongles plus pointus que ceux du grand loup.

De la chasse du loup. — On chasse cet animal malfaisant, nuisible et souvent, même terrible par tous les moyens, et nous passerons rapidement en revue les nombreux modes employés pour se défaire de cet hôte dangereux. Envers cet ennemi commun tout est de bonne guerre, les armes, les piéges, le poison. Des primes ont été accordées depuis Henri IV, afin d'encourager la destruction des loups.

D'ailleurs, le montant des primes a subi bien des modifications depuis leur origine.

D'abord fixées à :

300f pour louve,
250 pour loup,
100 pour louveteau,

les primes sont actuellement de :

18f pour louve pleine,
15 pour louve non pleine,
12 pour loup,
6 pour louveteau.

Sur une moyenne de 25 ans on a établi qu'il est détruit annuellement en France environ 1,200 loups ainsi répartis :

Vieux loups	300
Louves	200
Louveteaux	700

On voit par le relevé précédent combien est nombreuse cette engeance maudite, et combien il serait à désirer qu'en dépit des louvetiers, conservateurs officiels plutôt que destructeurs de loups, on employât les moyens par lesquels l'Angleterre a su opérer la destruction radicale de cette race.

Chaque village a été soumis à un impôt annuel d'une certaine quantité de têtes de loups, et aujourd'hui il ne se trouve pas un seul de ces animaux sur tout le territoire de la Grande-Bretagne.

Quand les loups exercent de trop grands ravages dans un canton, on a recours aux classiques battues, c'est-à-dire, qu'après avoir garni de tireurs une allée ou la lisière d'un bois, on fait fouiller le bois par de nombreux rabatteurs qui, par leurs clameurs et un vacarme épouvantable en marchant sur les tireurs, essayent de refouler les loups sur la troupe armée. Ce moyen réussit quelquefois, lorsque les tireurs sont placés sous le vent, mais les loups éventent l'homme de si loin qu'ils se replient le plus souvent sur les rabatteurs et se soustraient au danger qui les menace. Il est bon de prévoir cette ruse du loup et de faire marcher au milieu des rabatteurs, plusieurs chasseurs prêts à tirer les loups qui cherchent à se dérober et à percer la ligne des traqueurs.

La hutte, la traînée, l'affût et les piéges, le poison, sont autant de modes de détruire les loups.

La hutte est une espèce d'abri fait de branches d'arbres dans lequel le tireur, après avoir placé à demi-portée de fusil une proie vivante ou morte, se blottit, afin de surprendre les loups durant les plus rigoureuses nuits d'hiver.

La traînée est un appât, comme son nom l'indique, que l'on tire sur le sol à travers les bois jusqu'à la place de l'affût. On se sert, soit d'une charogne, soit, le plus souvent, d'un chat rôti enduit de miel.

Les piéges, dits piéges à loups, sont connus de tout le monde, mais il est rare de prendre le loup au piége. Le piége allemand, dit traquenard, est le meilleur. Tout tendeur de piéges doit souvent aller les visiter, car on cite de nombreux exemples de loups se trouvant pris et se rongeant, se coupant la patte avec leurs dents pour recouvrer la liberté.

Un piége à loups très-en usage consiste en une fosse recouverte de légères branches qui, cédant sous son poids, le laissent choir au fond du trou dont il ne peut plus sortir.

On se sert aussi de poison. Deux ou trois onces de noix vomique ou même davantage introduites dans le corps de lapins, lièvres, oies, corbeaux et autres petits animaux que l'on jette dans les bois fréquentés par les loups suffisent pour empoisonner un de nos carnassiers.

Ces diverses manières de détruire ces animaux étant mentionnées, nous analyserons la chasse proprement dite, celle qui se fait à l'aide des chiens.

Outre qu'il est fort difficile pour ne pas dire impossible de forcer de vieux loups, il n'est pas donné à tout le monde d'avoir un équipage complet pour loup, ce qui nécessite des relais fort dispendieux en chevaux et en chiens.

La vigueur et le fond de l'animal, la difficulté d'une bonne attaque à heure convenable et l'habitude qu'ont les loups de percer toujours et de se forlonger en suivant les chemins, sont des obstacles le plus souvent invincibles ; et bien que quelques chasseurs aient forcé des loups, on regarde ces prouesses isolées comme d'heureux accidents.

Quoi qu'il en soit, en mai 1863, le duc de Beaufort, l'un des chasseurs de renards les plus renommés de l'Angleterre, entreprit de venir en Poitou avec l'élite de ses chiens, espérant forcer de grands loups. Il fut reçu avec une courtoisie parfaite par les veneurs poitevins qui s'empressèrent de faire le bois avec leurs limiers et de donner des loups à courre à Sa Grâce. Mais la meute ne voulut pas d'abord empaumer la voie, puis, ayant une fois chassé un loup pendant deux heures, elle mit bas, et le duc de Beaufort retourna en Angleterre convaincu qu'un loup n'est pas aussi facile à prendre qu'un renard du Leicestershire. Pendant le séjour du duc en Poitou, l'équipage de MM. de la Besge réussit à forcer un gros louvart ; c'était un beau succès, il est vrai, pour la meute française, mais qui ne prouvait pas cependant que forcer un loup fût chose aisée.

La chasse du loup, telle que la pratiquent de nos jours les louvetiers départementaux qui routaillent quelques grands loups, et prennent de temps à autre des louveteaux au mois de juillet ou d'août n'exige pas un grand équipage.

Huit à dix bons chiens suffisent. Dès l'aube du jour, en automne et en hiver, quelques heures plus tard en été, parce que les loups, pouvant se cacher dans les blés, rentrent au bois de moins bonne heure, on découple dans un carrefour bien connu pour être hanté par les loups deux ou trois vieux *chiens de récri*, et l'on fait suivre la meute en harde volante, prête à être donnée dès que l'animal est sur pied. Les tireurs s'échelonnent le long des lignes de la forêt, en ayant soin de se placer sous le vent et tâchent d'envoyer une balle au rusé maraudeur.

Nous ferons remarquer que le loup évente moins facilement un chasseur à cheval que le tireur à pied; mais, en tout cas, le moindre bruit suffit pour éloigner le loup, et on ne saurait trop recommander l'immobilité et le silence au chasseur une fois rendu à son poste.

Dans certains équipages on détourne encore le loup en se servant d'un limier, mais ce mode fait perdre un temps infini, et souvent, quelque précaution que le valet de limier ait prise pour savoir où est rembuché son loup, celui-ci l'évente dans sa quête, vide l'enceinte, et lorsque la meute arrive, celle-ci ne trouve plus qu'une voie froide et vieillie.

Dresser un bon limier pour loup est chose fort malaisée; d'abord, il faut choisir un chien de bonne race, soit vendéenne, saintongeoise, normande ou poitevine. « Il faut que les chiens que l'on destine à la chasse du loup soient issus de père et de mère ayant chassé le loup, » a dit du Fouilloux. Le meilleur moyen de dresser un jeune limier est de le faire accompagner d'un vieux chien habitué à rapprocher le loup. Mais si l'on ne peut disposer de cette ressource, il faut rassurer le jeune chien lorsqu'on lui fera goûter la voie du loup, car son premier mouvement est de donner des signes de frayeur, tant l'antipathie du chien pour le loup est instinctive.

Si, après avoir caressé le chien, il se met à suivre la voie, on l'appuie, on lui parle, on l'encourage en criant : « Harlou! harlou! chien! » On lui donne quelques morceaux de venaison renfermés dans une peau de loup, et on conduit sur le contre-pied, en commençant, afin de l'habituer à suivre les voies froides et de haut temps.

Puis, s'il se rabat franchement et qu'il accuse les qualités d'un bon limier, on finit par le laisser suivre la voie jusqu'au liteau du loup et à le mettre en présence de l'animal bondissant sous ses yeux.

En hiver, il faut chercher les loups dans les fonds de forêts. Souvent on fait abattre un cheval ou tout autre bête et l'on commence la quête en passant aux alentours de ce carnage où les loups ne se décident à se rendre qu'après deux ou trois nuits et après que les mâtins y sont allés avant lui.

Enfin, quand l'animal est debout, les piqueux suivront leurs chiens de près en répétant, « Harlou chiens, harlou! » car les chiens chassent d'autant plus hardiment qu'ils se sentent appuyés et soutenus de près.

Il est bien rare de voir des défauts dans la chasse du loup, cet animal va droit devant lui, perce toujours, et si quelquefois il se fait relancer, il repart calme et tranquille, trottant ce grand trot soutenu si connu, et consentant à regret à fuir devant la meute. Après avoir lutté de ruse, il lutte de force et de vitesse. Parfois il suit un chemin, se forlonge et met fin à la chasse; souvent il se laisse rejoindre par la meute qui l'enveloppe et lui souffle au poil, mais qu'il tient en respect en lui montrant ses dents redoutables.

Si le loup est étranger au pays, il fera en droite ligne 30 à 40 kilomètres d'une seule traite, et s'il est toujours poursuivi il continuera sa marche sans fatigue et sans épuisement : on estime qu'il peut faire 160 kilomètres dans une nuit. Voilà du moins un vaillant adversaire et dont il est glorieux de triompher!

A cause de toutes les difficultés dont la chasse du loup est hérissée, certains chasseurs passionnés déclarent que la chasse du loup est la plus belle de toutes; en tout cas c'est la plus pénible et la plus difficile. Les louvarts ou louveteaux sont moins durs à la fatigue, ils peuvent être forcés. Le plus souvent on chasse les louveteaux au mois d'août, car une fois qu'ils ont mis le pied dans les chaumes ils prennent une vigueur telle qu'ils tiennent des heures entières devant les meilleurs équipages. Le louvart se fait battre, tourne autour du buisson où il a été attaqué, il ne faut pas alors presser les chiens, car on leur ferait outre-passer la voie.

Il est bien plus facile de faire le bois pour louveteaux que pour grand loup. En août ou septembre, époque à laquelle on chasse ces jeunes animaux, le piqueux doit aller en quête dans les boqueteaux autour des plaines, et dans le cas où il trouverait à plusieurs reprises deux voies entrant et sortant dans le boqueteau, il est probable qu'il y a là une portée de louveteaux.

D'ailleurs, en pénétrant dans le fort, il verra l'herbe foulée, la terre grattée, les buissons mordillés et cassés, non loin du liteau, les os, les carcasses et les plumes du gibier dont sont nourris les louveteaux. Afin que la louve n'ait pas vent de cette découverte et ne vide pas l'enceinte, il faut traverser ce fourré sans chien. La louve établit ainsi son domicile non loin d'un cours d'eau où elle mène boire ses petits. Quand ceux-ci ont pris de la force, la louve ne se rembuche plus dans le buisson avec ses louveteaux, et il faut souvent prendre son contre-pied pour trouver les petits.

Dès que la louve a entendu quelques bruits et compris que ses louveteaux courent quelque danger, au lieu de fuir et de se dérober comme le vieux loup, type de bas égoïsme, elle accourt en hâte au secours de sa progéniture, elle coupe la voie, essaye de se donner aux chiens dans des à-vue successifs et d'entraîner la meute loin du buisson où demeurent ses louvarts. Aussi les chasseurs agiront sagement en tenant en réserve une partie de la meute, afin, dans le cas où la

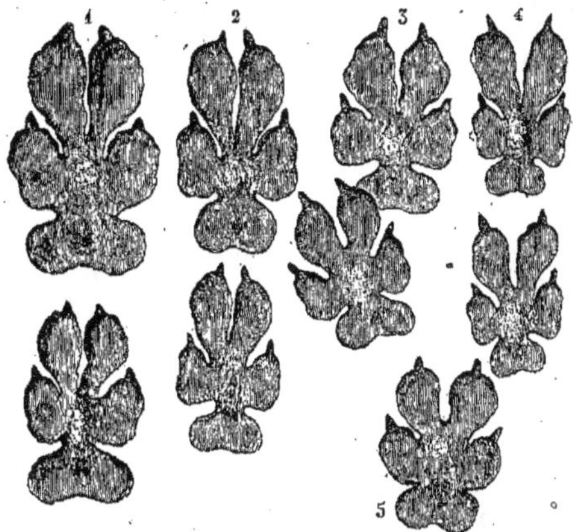

Fig. 1622. — 1. Pied de loup. — 2. Pied de louve. — 3. Pied de jeune loup. — 4. Pied de jeune louve. — 5. Pied de chien.

louve parviendrait à enlever les chiens découplés, de pouvoir chasser les louvarts avec la réserve.

En terminant nous conseillerons aux chasseurs de loup de mettre le plus souvent leurs chiens en curée, ce qui est le meilleur moyen d'avoir de bons chiens. Les chiens refuseront d'abord de faire curée du loup, mais on les fait jeûner jusqu'à ce qu'ils mangent du loup, et bientôt ils s'accoutumeront à en faire curée chaude comme d'un autre animal et le chasseront avec passion.

La peau du loup est une belle fourrure. On dépouille le loup en le suspendant par les cuisses, on fend la peau des pattes de devant et celle des pattes de derrière en ayant soin de dégager les pattes de devant avant celles de derrière, puis de couper les cartilages des oreilles pour les rendre adhérentes à la peau, souvent même on laisse la tête attenante au reste de la peau.

LE LIÈVRE.

De tous les animaux chassés par l'homme, le lièvre est le plus nombreux et le plus en

Fig. 1623. — Lièvre.

butte aux poursuites de toutes sortes, car si peu de veneurs se livrent à la chasse du cerf, du loup, du sanglier, il n'y a pas un chasseur qui ne le puisse donner le plaisir soit *de fouetter* un lièvre et de le prendre à force de chiens, soit de le tuer à coups de fusil devant un ou deux bassets.

La chasse du lièvre que le grand propriétaire comme le petit fermier peut pratiquer dans les vastes forêts aussi bien que dans les boqueteaux et sur les plus modestes métairies, est la chasse la plus savante et la plus agréable, « la clef enfin de toutes les chasses, » selon l'heureuse expression de Le Verrier de la Conterie.

Il est inutile de décrire le lièvre, ce petit animal roux de l'ordre des rongeurs que chacun connaît et dont la fécondité surprenante peut seule combler les vides faits sans cesse dans l'espèce par les chasseurs, les braconniers, les bêtes puantes, renards, chats, belettes et même par les grands oiseaux de proie, y compris le corbeau.

La couleur du pelage du lièvre varie selon les climats et même selon le terroir. Les lièvres de montagne sont plus bruns, les lièvres de plaine plus rouges, les premiers plus gros et plus forts atteignent le poids de 6 kilogrammes, tandis que les autres pèsent fort rarement 5 kilogrammes.

Les lièvres du Nord deviennent blancs pendant l'hiver, ceux d'Algérie sont très-petits et plus noirs que les lièvres de France. Le lièvre mâle ou bouquin est plus court et moins gros que la femelle, que l'on nomme hase. La tête du bouquin est plus grosse, plus ronde, plus *joffue* (joufflue), dit du Fouilloux, « les oreilles sont courtes, larges et blancheatres, qui est au contraire de la femelle, car elle a la teste longue et estroite et les oreilles grandes, le poil de dessus l'eschine gris tirant sur le noir. » Comme il est très-important à la chasse de relever les ruses et les défauts du lièvre de meute, de connaître son sexe, nous donnerons toutes les indications qui peuvent faire arriver à cette connaissance : « les crottes ou repaires du mâle sont plus petites, plus aiguillonnées au bout que non pas la femelle, laquelle les fait grosses et rondes. On connaît le mâle en le voyant partir du gîte, parce qu'il a le derrière tout blanchâtre et comme s'il avait été plumé. »

On reconnaît aussi le mâle en défaisant sa *nuit*, on entend par la nuit les allées et venues de l'animal à travers la campagne pendant la nuit. Le mâle bat plus de terrain que la femelle qui fait ses ruses plus courtes dans les couverts. La hase tient au gîte avec moins de hardiesse que le mâle. Lorsque celui-ci est lancé, il fait une ou deux randonnées autour de son gîte, puis une pointe à travers pays de plusieurs lieues; la hase au contraire ne fait que tourner, passant sept ou huit fois par un même lieu, rebattant ses voies et se relaissant souvent au bout de son dernier retour; cependant, lorsqu'elle allaite encore ses levrauts, elle fait le plus souvent une longue suite afin d'attirer les chiens loin du canton où sont ses petits. Le lièvre engendre en toutes saisons ; néanmoins les hases sont plus particulièrement en chaleur en janvier, février et mars. Pendant cette époque les mâles, allant chercher les femelles jusqu'à sept ou huit lieues du pays où ils vivent, les suivent à la piste dans les chemins et l'on voit ainsi plusieurs bouquins pourchasser une hase.

La femelle porte durant un mois. Une jeune

hase fait au moins trois portées par an, une vieille de quatre à cinq, chaque portée se compose de deux et rarement de quatre levrauts.

Le lièvre vit de sept à huit ans, mais il n'atteint pas souvent cet âge en dépit de sa finesse, de ses ruses et de sa précaution inquiète de dormir les yeux ouverts. La connaissance du pied du lièvre est indispensable, et nul chasseur ne doit la négliger, car non-seulement on pourra, à l'inspection du pied empreint sur la poussière ou dans la boue, distinguer le bouquin de la femelle, mais encore distinguer deux lièvres de même sexe, et le lièvre de meute du lièvre de change. Le bouquin, soit qu'il marche d'assurance ou qu'il s'élance par bonds, appuie plus de la pince que du talon et couvre toujours avec ses pieds de derrière l'empreinte de ceux de devant; il a le talon large, le pied serré, étroit, pointu, les ongles gros, courts et usés ; quand il marche dans la boue, on voit qu'il a peu de poil sous le pied.

« La forme du pied du lièvre est aiguë et faite à la semblance d'une pointe de couteau, ayant ses petits ongles fichés tous droits en terre qui marqueront tout autour, venant toujours en appointissant, d'autant que jamais, quand le lièvre fuit, n'ouvre les ongles comme font les bêtes puantes, mais tient toujours sa patte serrée en forme d'une pointe de couteau. »

La hase a la voie plus ouverte et plus longue que le bouquin, les ongles menus pointus et moins usés, le talon étroit garni de beaucoup de poil; elle appuie plus du talon que de la pince parce qu'elle est plus forte et plus grosse que le bouquin, et qu'ensuite étant souvent pleine, le poids de son corps lui fait encore élargir le pied.

Le lièvre dort le jour, va au gagnage et se repaît pendant la nuit; il se gîte et cantonne selon le temps et les saisons. Par la pluie il gagne les coteaux pierreux, les guérets, les bruyères courtes, les chaumes. Pendant l'hiver, quand le froid est rigoureux, il cherche un abri dans les gros buissons et se rapproche des habitations et des fermes; les hases principalement se réfugient dans les jardins où elles trouvent plus facilement leur nourriture.

Au printemps le lièvre quitte les forêts et se relaisse dans les terres labourées et les blés verts. Dans les pays coupés de champs et de petits bois, le lièvre rentre au bois après la chute des feuilles et ne le quitte plus qu'au printemps, époque à laquelle il va gîter dans les champs, mais en tout temps il fait les ruses les plus savantes, les plus embrouillées et prend les précautions les plus adroites en se rendant à son gîte afin de dérober aux chiens et à ses ennemis de toutes espèces la connaissance de sa demeure. On a remarqué qu'avant de se gîter, le lièvre de bois embrouille ses dernières voies en plaine, le lièvre de plaine fait le contraire. D'ailleurs nous ne saurions mieux faire que de citer l'auteur le plus estimé qui ait écrit sur la chasse du lièvre.

« Le lièvre à sa sortie du gagnage, dit le Verrier de la Conterie, tire d'abord dans ses voies, puis il dessine d'endroit en endroit quelques lignes courbes qui ne causent que de très-petits embarras ; mais lorsqu'il se sent bien ressuyé et qu'il voit l'heure et le moment de se gîter, alors il gagne un chemin et le suit jusqu'au premier carrefour ; s'il est composé de trois ou quatre autres chemins, il va et vient dans tous, puis sort du dernier où il se trouve pour entrer dans le champ voisin où il fait mille allées et venues, après quoi il rentre dans le même chemin, par la même brèche et retourne à son carrefour, d'où il revient sur ses voies jusqu'au milieu de celles qu'il a formées dans le premier chemin qu'il a pris en sortant de son ressui ; là, il s'arrête à réfléchir un instant, et tout à coup il se jette de côté pardessus la haie et traverse en droite ligne le champ où il est entré jusqu'au fossé, même jusqu'au bois, de l'autre part, s'il y en a un ; mais, au lieu d'y demeurer, il revient sur lui dans ce fatal chemin, qu'il abandonne enfin en passant du côté opposé à celui où il a fait ses dernières ruses, pour aller se gîter en lieu convenable au temps qu'il a prévu qu'il ferait ce même jour. »

Puisque nous connaissons les ruses du lièvre qui se rend à son gîte, il nous faut commencer l'attaque et passer en revue les divers obstacles à vaincre pour réussir à la chasse du lièvre.

Les voies du lièvre sont si légères et si facilement ressuyées, que les meilleurs chiens par la chaleur ou la gelée, par un temps sec et de vent furieux ou même après une pluie assez forte, ne peuvent en reconnaître et sur-allent les voies. La chasse du lièvre est celle qui dépend le plus du temps et à laquelle on ne doit employer que des chiens de très-haut nez, aussi entendrez-vous souvent dire au chasseur de lièvre qu'il n'a pas même lancé parce que la terre était *mauvaise*, et en effet, cette excuse n'est pas aussi mauvaise qu'elle paraît; car une terre en poussière est trop sèche, une terre gelée, ou bien une terre trempée de pluie après une longue sécheresse, une terre ressuyée par un vent violent rend la chasse du lièvre presque impossible ou du moins fort difficile même avec de bons chiens.

Les meilleurs chiens de lièvre sont les briquets d'Artois, les chiens de Vendée, les anciens chiens céris et les bassets; les Harriers et surtout les Beagles, qui depuis quelques années ont été importés d'Angleterre, chassent fort bien le lièvre.

Tout chasseur qui voudra posséder de bons chiens, un véritable équipage de lièvre, ne leur fera chasser que cet animal. Il ne faut jamais accoutumer les chiens à chasser la matinée à cause de la rosée et fraîcheur de la terre. C'est cependant ainsi que procèdent à tort trop de chasseurs qui préfèrent sortir le matin afin de trouver des voies de meilleur temps. « Si vous accoustumez les chiens, dit du Fouilloux, à telles fraischeurs et humiditez, et qu'après vous les voulussiez mener à la chasse sur le haut du jour et qu'ils sentent la chaleur du soleil ou la rousée tombée ou quelque petit vent arre, ils ne voudroient chasser ne quester, mais s'en iroient chercher les ombres pour se cacher; et par ainsi il est besoing d'accoustumer et dresser les chiens sur le haut du jour et non aux matinées. » De plus il importe de ne jamais dresser les chiens à lièvre au bois mais en plaine, car s'ils sont habitués à travailler les voies aux portées, à la branche, dans les bois où le corps du lièvre a touché partout, ils seront fort étonnés en plaine où la voie est plus légère et fugitive, n'en auront pas connaissance et pourront la sur-aller.

On découple ordinairement à quelque distance du lieu où l'on veut attaquer afin de laisser aux chiens le temps de se dégourdir, et il est inutile d'ajouter que l'on attaque toujours le lièvre à la Billebaude.

Une fois en quête, on appuie, on encourage les chiens en les conduisant à bon vent, c'est-à-dire le nez dans le vent, afin qu'ils aient plus de sentiment de la voie.

Les chiens et surtout les jeunes aiment à s'attarder sur les voies chaudes et nombreuses du gagnage; si le chasseur s'aperçoit qu'ils ne débrouillent pas la voie, il doit leur faire prendre les devants, manœuvre que les bons et vieux chiens exécutent d'eux-mêmes. Quand les chiens ont retrouvé la voie qui sort du gagnage, loin de s'échauffer, ils semblent donner plus mollement, car bien que la voie se rapproche du lièvre, elle est plus froide que celle du gagnage où le lièvre s'asseyant et viandant a laissé beaucoup plus de son odeur aux herbes et à la terre. Si la voie devient rare, saccadée, interrompue, c'est la preuve que le lièvre va par bonds et par sauts et qu'il est près de se gîter. C'est le moment de persévérer et non pas de se décourager et surtout d'avoir l'œil attentif afin d'apercevoir le rusé compère soit au gîte et ne voulant pas partir, soit au contraire *partant d'effroi* et se dérobant le long d'un chemin. Il faut fouler avec persistance, battre tous les buissons; soyez bien persuadé que presque toujours le lièvre n'est pas loin de vous, vous regardant au contraire du haut du talus ou du sillon où il est gîté, et qu'il ne se lèvera pas si vous ou vos chiens ne marchez pour ainsi dire sur lui.

Si cependant, après avoir battu le terrain où il a fait ces grands bonds, on ne peut le trouver, il faut faire les grands devants, puis les arrières, longer le chemin le plus voisin surtout en plaine et dans les temps pluvieux.

Dans le cas où le chasseur voit son lièvre se dérober ou bien tenir au gîte, il doit éviter de tayauder ses chiens et de leur donner le lièvre à vue, car cette charge à fond que les chiens exécutent au début de la chasse les met hors d'haleine, épuise les vieux chiens qui, au premier défaut haletants et tirant la langue, sont plus disposés à se coucher et à souffler qu'à travailler la voie et à faire les retours.

Enfin le lièvre est lancé et les chiens collés à la voie font entendre cette musique si harmonieuse et si chère à l'oreille du chasseur. Nous avons déjà vu que la hase une fois debout tourne sans cesse autour de son gîte, rusant dans les jardins et dans les villages, faisant hourvari sur hourvari et se relaissant à tout moment. Elle suit moins les chemins que les bouquins, et lorsqu'elle est sur ses fins, elle se laisserait plutôt prendre au gîte que d'en sortir. En un mot, elle fait une chasse moins belle et moins suivie que le bouquin qu'il est préférable d'attaquer sous tous les rapports. Il faut aller chercher le bouquin loin des habitations; au fond des campagnes, au bas des coteaux dénudés et pierreux, vous rencontrerez alors le malicieux compère, plus roux que gris, tenant au gîte, en sortant sans hâte les oreilles couchées, puis relevant et rabaissant alternativement une oreille, et prenant peu après une course impétueuse; soyez certain que vous chassez un bouquin. S'il est étranger au pays, il fera une ou deux courtes randonnées, puis se relaissera après avoir rusé dans les chemins; mais si les chiens le relancent, il se décidera à prendre son parti et à retourner en son pays. Alors la chasse sera belle et les chiens, suivant une voie droite et facile, auront bientôt pris l'amoureux bouquin.

Cependant si vous lancez un lièvre habitant du canton, celui-ci prendra tout de suite une grande randonnée, puis quelquefois une seconde encore plus grande; c'est alors qu'il commencera à ruser, à faire des retours, un hourvari, puis, après avoir fait un grand bond, il se relaissera. Le chasseur, voyant ses chiens en défaut doit prendre d'abord les devants et les arrières, c'est-à-dire former un cercle dont le défaut est le centre. Quand il aura pris les devants et les arrières fort petits en commençant, ensuite plus grands, il mènera la meute sur le terrain le plus humide et le plus favorable, il longera les chemins, faisant souvent des retours de chaque côté, afin de trouver la sortie. A ce propos nous répéterons qu'il ne faut pas confondre le retour avec le hourvari. Le retour a lieu quand l'animal tourne à droite ou à gauche; il fait un hourvari quand il revient sur ses voies.

C'est en ce moment que le chasseur doit avoir recours à toute son expérience, regarder dans les chemins s'il ne peut revoir et redresser le défaut en suivant le *volcelest* de l'animal de meute.

Puis il observera ses chiens, et saura, si le vent est faible, que le lièvre peut avoir pris sa route le nez dans le vent, mais si le vent est fort, le lièvre l'aura côtoyé ou aura fui sous le vent. Si le temps est sec, le lièvre reviendra au bois, si le temps est pluvieux, le lièvre battra les chemins. Enfin, le chasseur examinera de quel côté le lièvre avait la tête tournée, lorsque le défaut a été consommé, afin de prendre les devants de ce côté. Si le lièvre est sur ses fins, les ruses sont presque toujours des hourvaris, si le lièvre est encore vaillant, on peut présumer qu'il fuit en avant, si le terrain du défaut est humide et propice, il faut croire que le lièvre a rebattu ses voies. Si, au contraire, le terrain est sec et pierreux, il y a tout lieu de penser que les chiens n'ont pas sentiment de la voie, et il faut prendre les devants.

Quand les chiens tombent en défaut près d'une rivière, le chasseur doit d'abord s'assurer que le lièvre n'est pas revenu sur ses arrières ou qu'il ne s'est pas remis dans les joncs ou sur les rives comme font de préférence les lièvres ladres ou de marais. « Qu'un défaut de trois heures ne vous étonne pas, dit un auteur célèbre. Cherchez votre lièvre en terre, sur terre et dans l'eau. »

Les ruses du lièvre sont variées à l'infini et les traités de vénerie sont remplis des malices et des bons tours qu'il fait aux chasseurs.

« J'ai vu un lièvre si malicieux, dit du Fouilloux, que, depuis qu'il oyoit la trompe, il se levoit du gîte et, eust-il été gisté à un quart de lieue de là et s'en alloit nager en un étang, se relaissant au milieu d'iceluy sur des joncs sans estre aucunement chassé des chiens. Puis à la fin je descouvry sa finesse, car je m'en allai cacher secrètement au long de l'étang pour savoir qu'il devenoit, lors allay faire découpler les chiens là où je le pensais trouver, et, incontinent qu'il ouït la trompe, il se leva d'effroy et s'en vint devant moi se relaisser au milieu de l'étang, et pour pierre ou motte que je lui susse jetter, ne voulut bouger de là : alors je fus contraint de me despouiller pour le faire desloger, et attendit presque à être pris à la main premier que vouloir bouger : me voyant près de lui, il se met à la nage et sortit devant les chiens où il courut encore l'espace de trois heures, premier que d'être pris, nageant et faisant toutes ses ruses dedans les eaux.

« J'en ai vu courir d'autres qui nageaient deux ou trois estangs, dont le moindre avoit quatre-vingts pas de large. J'en ai veu d'autres après avoir esté bien courus l'espace de deux heures, entroient par-dessous la porte d'un tect à brebis et se relaissoient parmi le bestail. J'en ay vu, quand les chiens les courroient, qui s'alloient mettre parmi un troupeau de brebis qui paissoient par les champs, ne les voulant abandonner ne laisser : dont fus contraint de coupler mes chiens et faire toucher les brebis à la bergère jusques dedans le tect : et alors qu'il vit les maisons, se départ et s'en va : là je découple mes chiens et le pris. J'en ai vu d'autres et quand ils oyoient les chiens courants se cachoient en terre.

« J'en ai vu d'autres qui alloient par un côté de haye et retournoient par l'autre, en sorte qu'il n'y avoit que l'épaisseur de la haie entre les chiens et le lièvre. J'en ai veu d'autres, quand ils avoient couru demye heure, s'en alloient monter dessus une vieille muraille de six pieds de haut, et s'alloient relaisser en un pertuis de chauffaut couvert de lierre ; j'en ai vu d'autres qui nageoient une rivière, qui pouvoit avoir huit pas de large : et la passoient et repassoient, en la longueur de deux cents pas plus de vingt fois devant moi. »

J'ai préféré citer ces exemples donnés par le véridique et naïf du Fouilloux que de raconter des histoires plus récentes qui me sont personnelles, mais que le lecteur incrédule aurait traitées de billevesées et de contes de chasseur.

Lorsque le défaut sera enfin levé, les chiens chasseront avec ardeur, le chasseur pourra les appuyer ne les approchant pas plus près de cinquante pas, et veillant à ce qu'ils ne se laissent pas emporter sur le change. « Le défaut n'est rien, le change est tout, » car rien ne ressemble plus au lièvre de meute que le lièvre de change, et si vos chiens, après trois heures de chasse, empaument la voie d'un lièvre frais et vigoureux, au lieu de suivre les erres du lièvre de meute, vous courez risque de ne pas sonner l'hallali.

Dès que le chasseur croit s'apercevoir que les chiens chassent le change, il doit arrêter la meute et chercher d'où est parti le lièvre. S'il trouve un gîte bien formé, chaud encore, il peut être assuré qu'il y a change, attendu qu'un lièvre chassé se flâtre, mais ne se gîte pas ou quelquefois se blottit dans un vieux gîte humide et froid. Souvent par la manière dont chassent les vieux chiens, on peut constater le change, car tel chien marquera le change en donnant mollement sur la nouvelle voie, et redoublera d'ardeur et de gorge s'il retrouve le lièvre de meute. Puis le chasseur qui, dans le cours de la chasse, aura eu l'occasion de juger le pied de l'animal de meute pourra promptement redresser l'emportement des chiens si le revoir est facile, car l'empreinte du pied du lièvre sur ses fins se distingue, par sa profondeur, de celle du lièvre frais et dispos qui marque à peine.

Plus un lièvre multiplie ses moyens de défense, plus il ruse, plus il indique qu'il est sur ses fins. C'est alors qu'un relancé suivi de la prise de l'animal est la meilleure leçon que puisse recevoir la meute, qui, pour être bonne, devra rester collée à la voie, et que sous aucun prétexte on ne doit enlever pour courir à un à-vue ou à un taïaut. Lorsque les chiens sont habitués à être ainsi tayaudés, ils sont attentifs au moindre cri, et, au lieu de travailler la voie dans les défauts, ils lèvent toujours la tête pour écouter.

Enfin, quand le lièvre fourbu, long, efflanqué, noir de sueur, *portant la hotte*, autrement dit ayant le dos courbé et haut, donne dans les chevaux ou au milieu des travailleurs, il est permis de sonner l'hallali sur pied, car avant peu les chiens le prendront dans un dernier à-vue ou le happeront dans la flâtrière qu'il s'est faite et d'où il ne bouge plus.

Alors, après avoir laissé fouler le lièvre principalement aux jeunes chiens, on procède à la curée chaude avec le cérémonial obligé. On lève le pied droit de devant du lièvre, ce que l'on fait en pratiquant une incision au coude et le dépouillant jusqu'à la première jointure, puis on présente ce trophée à l'un des chasseurs que l'on veut honorer; mais jamais à un chasseur ayant des chiens chassant avec l'équipage. On déshabille le lièvre, on le coupe en plusieurs parts que l'on distribue aux chiens avec du pain trempé dans le sang de l'animal. Les chasseurs qui tirent le lièvre devant les chiens courants se contentent d'ouvrir le lièvre et de donner aux chiens les dedans, les pattes et les oreilles. On termine la curée en menant la meute se désaltérer à la mare la plus voisine.

Le lièvre n'est pas seulement poursuivi par le chasseur aux chiens courants, il tombe encore sous les coups du chasseur à tir, de l'affûteur et du tendeur de collets.

La chasse à l'affût a lieu au printemps, le matin et le soir, à l'entrée ou à la sortie du bois et dans les carrefours des chemins situés au milieu des champs. Caché derrière une haie, un talus, l'affûteur guette le lièvre et l'assassine en cachette.

C'est presque toujours un fait de braconnage comme les tendues de collets. Ces collets sont faits de fils de laiton noircis au feu, frottés d'herbes aromatiques et disposés dans les passées, coulées ou *musses* fréquentées par les lièvres. Le collet ou les piéges détruisent plus de lièvres que le fusil. Les grands propriétaires qui veulent transporter les lièvres d'un lieu à un autre se servent du panneau, grand filet de 100 mètres de long sur 1 mètre et demi de hauteur.

« Les mailles en trois fils ont ordinairement 0m,07 à 0m,08 de largeur, les cordes qui l'encadrent en haut et en bas, beaucoup plus fortes que le reste du filet, sont soutenues aux deux extrémités par des pieux, et dans l'intervalle par des piquets légers nommés fiches, qui maintiennent le filet tendu. Ce panneau à poches, disposé dans la direction d'une battue, est très-efficace. Entre les mains d'un chasseur, c'est un engin plus conservateur que destructeur. Les panneaux à l'usage des grands animaux ne diffèrent de ceux pour le lièvre que par la largeur des mailles et la résistance du filet. Ce dernier est remplacé avantageusement par des toiles très-fortes. Le plus sûr est de faire usage des deux à la fois.

LE CERF.

« Le cerf est un de ces animaux innocents, doux et tranquilles qui ne semble être fait que pour embellir, animer la solitude des forêts, et occuper loin de nous les retraites paisibles de ces jardins de la nature. Sa forme élégante et légère, sa taille aussi svelte que bien prise, ses membres flexibles et nerveux, sa tête parée plutôt qu'armée d'un bois vivant, et qui, comme la cime des arbres, tous les ans se renouvelle; sa grandeur, sa légèreté, sa force, le distinguent assez des autres habitants des bois..... » Cette description du cerf faite par Buffon vaut bien celle que nous pourrions ébaucher, et si nous sommes forcé d'ajouter quelques détails techniques à ce magnifique morceau, nous le faisons à regret. Le cerf, arrivé à son entier développement, mesure 1m,13 à 1m,30 (3 pieds 1/2 à 4 pieds) de hauteur, et environ 1m,95 à 2m,25 de longueur, depuis le museau jusqu'à la pointe de la fesse. Il pèse en moyenne de 100 à 200 kilogrammes, les plus gros atteignent quelquefois, mais rarement, les poids de 250 à 350 kilog., et les vieux cerfs, au contraire, ne pèsent souvent que 90 à 100 kilogrammes.

Le cerf a le rein droit mais étroit, les cuisses plates, mais peu charnues, les jambes longues, les pieds fendus comme ceux des animaux d'espèce bovine, et au-dessus des pieds un os que l'on nomme jambe dont on ne voit la trace que sur la terre humide. Le cou du cerf est long et recourbé en arrière, à l'encontre de l'encolure du cheval. Cependant, la plupart des chevaux limousins possédaient cette encolure renversée, dite encolure de cerf.

A l'époque du rut, le cou du cerf grossit et se couvre de longs poils roides et dures.

La femelle ou biche, de plus petite taille que le cerf, se reconnaît facilement, sa tête est toujours dépourvue de bois et son cou est mince et dégarni de poil rude. Elle a quatre mamelles.

Le cerf est de l'ordre des Ruminants, et vit de 30 à 40 ans et non pas 100 ans et plus selon la légende racontée par du Fouilloux d'après les anciens historiographes qui affirmaient : « Qu'il fut prins un cerf dans les Gaules ayant un collier au col, bien trois cents ans après la mort de César, où ses armes étaient engravées et y aurait écrit dessus : *Cesarus me fecit,* dont est venu le proverbe latin : *Cervinos annos vivere.* » Le cerf est en état d'engendrer à l'âge d'un an et demi. La biche porte huit mois et quelques jours, met bas à la fin de mai et n'a jamais qu'un faon. Le cerf change de nom tous les ans jusqu'à l'âge de huit ans. En naissant on l'appelle *faon*, sa peau alors est parsemée de taches blanches jusqu'à l'âge de six mois, époque à laquelle elle devient brune et où il quitte la *livrée*. A un an il prend le nom de *hère*. Alors paraissent sur l'os frontal des mâles deux bosses qui croissent, poussent, se développent et forment deux cornes longues et minces que l'on nomme *dagues*, de là lui est venu le nom de *daguet*, qu'il conserve jusqu'à deux ans.

Au mois de mai de la troisième année, les deux dagues tombent et font place à deux perches *semées* de trois ou quatre branches, nommées *andouillers*, un ou deux andouillers sur chaque perche. On dit alors que le cerf pousse sa seconde tête, et il prend le nom de cerf à sa *seconde tête.*

A quatre ans, il est dit à sa *troisième tête*, et les deux bois portent sept ou huit andouillers. A cinq ans, il pousse sa *quatrième tête* qui peut porter dix ou douze andouillers, mais l'extrémité de la perche quoique divisée ne forme pas *empaumure*. A six ans, le cerf est dix-cors jeunement et porte douze, quatorze, et jusqu'à seize andouillers, dont le sommet forme l'empaumure. A sept ans, il devient *dix-cors*, mais le nombre d'andouillers n'augmente pas. A huit ans, il est connu sous le nom de *vieux cerf*. Puis, passé cet âge, il devient *grand vieux cerf*, sa tête compte un nombre d'andouillers qui pourra varier chaque année; mais, en vieillissant, le merrain devient plus gros, et les andouillers plus forts.

Les andouillers ont pour base ce qu'on appelle la meule ou la couronne qui pose sur le pivot; de

Fig. 1624, — Bois de cerf dix-cors.

la meule sort la perche ou merrain d'où saillit un andouiller recourbé en montant et appelé maître andouiller. Le second, près du premier, se nomme le sur-andouiller, le troisième chevillure; enfin la réunion des deux ou trois cors qui terminent le merrain reçoit le nom d'empaumure. Quelquefois, il existe entre le troisième andouiller et l'empaumure un quatrième andouiller qui s'appelle trochure. On dit d'une tête de cerf qu'elle est bien chevillée quand le merrain est gros, et les andouillers réguliers et forts. Quand on veut énoncer le nombre d'andouillers que porte une tête de cerf, on compte les andouillers de la perche la mieux garnie, puis on double le nombre. Par exemple, si d'un côté on compte cinq andouillers et de l'autre six, on ne s'occupe que des six andouillers que l'on double, et l'on dit que le cerf porte douze.

Soit par accidents, soit par bizarrerie de la nature, quelques têtes de cerfs sont étranges et poussent des andouillers irréguliers; on les nomme *têtes bizardes;* tout chasseur doit savoir que le merrain est sillonné de gouttières plus ou moins profondes selon l'âge du cerf, qu'il est recouvert d'aspérités rugueuses qui se nomment perlures, et que les inégalités qui entourent la couronne ou meule prennent le nom de pierrures. Le cerf perd ses bois de la fin de janvier au commencement de mars. Une sorte de sève monte à la naissance de la perche, amollit la couronne qui se détache et tombe.

Quelques jours après, une pellicule recouvre la meule, et peu après s'élève une bosse qui se divise et marque plusieurs bifurcations. Enfin, les andouillers se développent, et deux à trois mois après la chute des bois, le cerf a refait sa tête qui est entièrement poussée à la fin de juin.

Mais le *refait* est encore enveloppé d'une peau noirâtre et veloutée, quelquefois veinée de blanc qui se dessèche, et dont le cerf se débarrasse en frottant ses bois contre les branches légères et les jeunes arbres. Quand le cerf a achevé d'enlever la peau qui recouvre ses bois, et lorsque sa tête, d'abord blanchâtre, a pris une belle couleur brune, on dit qu'il a *frayé bruni.*

Les gouttières, les perlures et les pierrures que l'on remarque sur le merrain de la tête du cerf ne sont autres que les vaisseaux qui ont alimenté le refait et ont laissé leur empreinte sur le bois. Les biches, comme nous l'avons déjà dit, sont dépourvues de cet ornement, mais selon leur âge comme le cerf elles reçoivent des noms différents. Jusqu'à six mois la biche s'appelle faon, ensuite jeune biche, grande biche et enfin biche *brehaigne* quand elle est devenue stérile.

Il y a plusieurs variétés de cerfs dont la couleur et la taille changent suivant le climat et l'alimentation.

Les cerfs qui habitent les pays de plaines et fertiles en grains atteignent une taille plus élevée et sont de corsage plus gros que ceux qui font des montagnes arides leurs demeures habituelles. Ces derniers, trapus et plus petits, sont moins vites que les grands cerfs, mais ils ont plus de fond et de tenue.

Le pelage du cerf est le plus souvent de couleur fauve, cependant il n'est pas rare, selon la saison et l'âge de la bête, de rencontrer des cerfs bruns et même quelquefois rouges ou plutôt roux; ceux-ci ont toujours passé pour être très-vigoureux. Les cerfs changent de demeures selon les saisons; à l'époque du rut, qui a lieu de la mi-septembre à la mi-octobre, ils n'ont aucune demeure fixe et donnent fort peu au gagnage, suivant les routes à la poursuite des biches et se tenant en tout lieu.

Quand un grand vieux cerf a su rassembler, au prix de mille combats, par sa force et son courage, une harde de biches, il la garde d'un œil jaloux jusqu'à ce qu'un plus vaillant champion vienne le vaincre et lui enlever son précieux butin. C'est à cette époque que l'on entend depuis le coucher du soleil jusqu'au lever de l'aurore tous les cerfs *raire* et emplir les forêts de leurs cris amoureux.

Lorsque le temps du rut est passé, en novembre, les cerfs se rassemblent, s'attroupent et se retirent dans les grands forts et à fond de forêt, ils se nourrissent alors de bruyères.

Un mois plus tard ils mangent les pointes des branches de saules, de ronces et de sureaux, les feuilles de lierre, se réunissent aux biches et vont dans les grands fourrés et au pied des coteaux s'abriter du froid. Pendant le mois de janvier ils *donnent* aux blés verts, se recèlent à l'abri des coteaux, mais abandonnent les biches. Dans les deux mois qui suivent, les cerfs se débandent, se rapprochent des champs, où ils vont aux gagnages, et habitent les bordures des forêts.

Pendant avril et mai, époque du refait, le cerf vit solitairement, il choisit près d'un jeune taillis un buisson épais, et ne sort pas de sa retraite tant il semble honteux de se montrer sans sa fière ramure. Les cerfs ne sont jamais si gras et chargés de venaison que depuis le mois de juin jusqu'en septembre, pendant lesquels les blés mûrs leur fournissent un abondant gagnage.

Après avoir essayé de résumer brièvement les habitudes du cerf qu'il est indispensable de connaître pour chasser ce roi des forêts, nous arrivons à la chasse elle-même. Mais, avant de découpler la meute et de faire bondir le cerf de sa reposée, il nous faut avoir quelque connaissance du pied et savoir sinon juger le cerf, du moins ce que l'on entend par manières de juger le cerf par les fumées, les foulées, les portées, le frayoir et les abattures.

Les *fumées* sont les fientes du cerf ou de la biche, que doit examiner tout chasseur ou piqueux, afin de tirer connaissance du cerf qu'il chasse, principalement dans les temps de sécheresse, où la terre ne garde pas l'empreinte du pied. Les fumées diffèrent selon les saisons, les pays et surtout selon l'âge du cerf. En avril et mai les fumées sont dites *en bousards;* un peu plus tard *en plateaux;* en juin et juillet elles sont *en troches,* c'est-à-dire à demi formées; en avril elles sont formées et jaunes, on les appelle fumées *dorées* et *formées.* Ainsi les fumées *entées,* autrement dit unies entre elles, ne sont jetées que par les jeunes cerfs, les fumées *ridées* par les vieux cerfs et les vieilles biches. Les fumées de biches sont toujours *aiguillonnées* des deux bouts, terminées par une petite pointe; lorsqu'elles mettent bas, leurs fumées sont mêlées de glaires sanguinolentes. Les gros cerfs jettent, quand ils sont gras, des fumées dites *en chapelet.* En général, les fumées des dix-cors et vieux cerfs sont plus grosses ou plus larges selon la saison, plus lourdes que celles des biches et jeunes cerfs. Durant l'hiver et à l'époque du rut on ne peut tirer aucune connaissance des fumées, qui sont dures et sèches.

Les *foulées* sont les empreintes que laisse le pied

du cerf sur les feuilles, sur l'herbe ou la mousse. Cette empreinte doit être consultée en mettant le doigt sur les cavités; elle peut faire juger de la profondeur des pinces, et indiquer toujours la direction qu'a suivie l'animal.

Les *portées* sont les branches retournées et heurtées par la tête ou le corsage du cerf, et d'après lesquelles le chasseur peut juger la largeur et la hauteur des bois d'un cerf, et à ce propos il faut avoir soin de ne consulter les portées qu'à la hauteur de deux mètres au moins, là où atteint toujours la ramure.

Le *frayoir* est la branche ou le baliveau à laquelle le cerf heurte son bois afin de le dépouiller de la peau velue qui le couvre; « communément les vieux cerfs, dit du Fouilloux, font leur frayouer aux jeunes arbres qu'on laisse dedans les tailles; et tant plus les cerfs sont vieux, et plutôt vont frayer et à plus gros arbres lesquels ils ne pourront plier avec leurs têtes. Et quand le veneur trouvera le frayouer, il doit regarder la hauteur où les bouts de la paumure auront touché et là où les branches seront heurtées et rompues. Alors connaîtra la hauteur de sa tête. Les jeunes cerfs ne vont jamais frayer aux gros arbres, s'ils ne sont dix-cors. » Le frayoir ne dure pas plus de huit à dix jours.

Les *Abattures* sont les plantes et le bois sec renversés et cassés par le corps du cerf; elles indiquent dans quelle direction marche l'animal, et quelle est sa grosseur, en mesurant de l'œil la trouée qu'il a faite dans le taillis ou dans les bruyères.

Mais toutes ces indications sont plus ou moins vagues et de peu d'importance quand on les compare à la connaissance du pied, dont l'empreinte révèle à un bon veneur le sexe, l'âge et la taille de l'animal.

Le pied du cerf est composé de plusieurs parties : pour être plus clair et plus précis, nous les décrirons toutes sous cette seule dénomination du *pied*. Il est composé des pinces, des côtés, de la sole, du talon et des os : les pinces sont les deux extrémités antérieures du pied, le talon l'extrémité postérieure; les côtés, la circonférence; la sole le dessous du pied renfermé entre les pinces, le talon et les côtés; les os sont les ergots dont nous avons déjà parlé.

Séparément, ils se nomment os, ensemble on les nomme la jambe, ils sont placés à environ $0^{m},027$ au-dessus du talon. Il y a de plus la comblette, qui est l'intervalle des deux parties du talon à la naissance de la fourchette. On concevra aisément comment toutes ces parties font juger un cerf; elles s'usent toutes, à proportion que l'animal acquiert de l'âge. Les pinces deviennent plus rondes, quoique la totalité du pied prenne plus de volume; le talon diminue, les côtés, les os s'usent en devenant plus gros; par le poids de l'animal, la jambe se rapproche du talon.

On dit qu'un cerf a le pied paré quand le pied est usé par le sol pierreux sur lequel l'animal a vécu. Le pied est creux ou encore dit *pied de gondole*, quand il est long et profond comme le pied des cerfs qui habitent les pays marécageux. On appelle *allure* la façon de marcher des cerfs et des biches. Les cerfs croisent leurs allures plus ou moins, selon leur âge, les biches ont les allures droites. La biche a le pied plus étroit et plus pointu que le cerf, elle a les os tournés en dedans et marche les pinces ouvertes, et on peut tout au plus confondre son pied avec celui d'un jeune cerf. Cependant les vieilles biches bréhaignes marquent à peu de chose près comme une quatrième tête ou un dix-cors jeunement, et bien des veneurs y sont trompés; mais, en faisant grande attention, on trouvera que les allures de ces biches sont courtes et se méjugent de distance en distance, que les os sont mal tournés et les côtés moins usés que ceux d'un cerf de même taille.

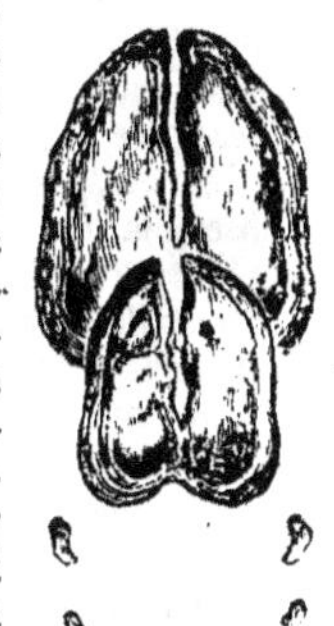

Fig. 1625 — Pied de dix-cors.

Le cerf, au contraire, a les os gros, courts et

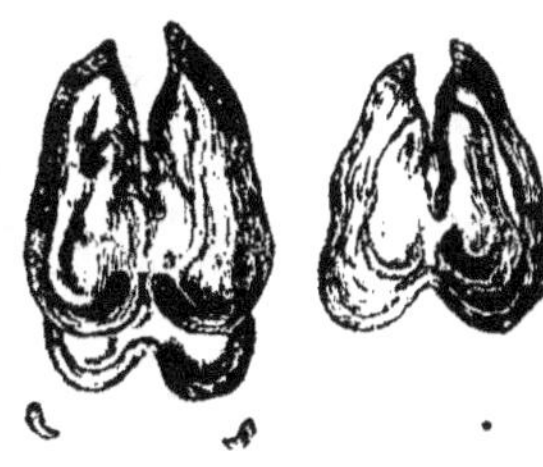

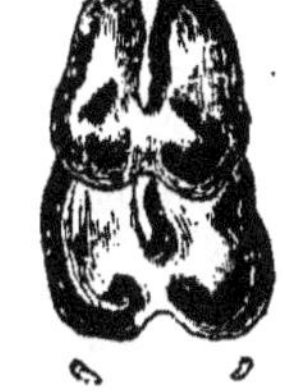

Fig. 1626.

Pied de biche. Pied de faon. Pied de jeune cerf.

tournés en dehors, il croise ses allures, lorsqu'il marche d'assurance, il met les pieds de derrière dans ceux de devant ou près du talon; les gros cerfs ont les pinces fermées, les jeunes ouvrent les pinces davantage en marchant. Les piqueux ou les chasseurs expérimentés distinguent sans peine le pied d'un daguet du pied d'une seconde, d'une troisième ou d'une quatrième tête d'après des règles que nous croyons inutile de développer ici.

Il est d'usage, avant de chasser le cerf, de le détourner, c'est à-dire de travailler la voie de l'animal jusqu'à ce qu'on l'ait trouvé restant dans une enceinte, et, qu'après avoir pris le devant de l'enceinte, on se soit assuré qu'il n'en est pas sorti. Cette manœuvre se fait le matin à trait de limier.

« Le valet de limier, d'après d'Yauville, auteur du meilleur traité de vénerie sur la chasse du cerf, arrive à sa quête à peu près au lever du soleil ou un peu avant, prend les grands devants le long de la plaine; il déploie le trait, caresse bien son chien, lui parle pour lui donner de l'action; casse une branche dont le bout cassé indique le côté par lequel il s'en va...... » Ensuite continue sa quête, ne suit que la voie d'un cerf dont il a pu revoir le pied, et, après avoir levé les fumées, pris les grands devants et les précautions nécessaires pour s'assurer que le cerf n'a pas vidé l'enceinte, il brise haut et va faire son rapport.

Jadis, au temps où chassait du Fouilloux, et même encore sous le règne de Louis XV, il était d'usage d'attaquer le cerf à trait de limier après l'avoir détourné, mais l'attaque était toujours longue et ne réussissait pas toujours. On essaya ensuite de découpler toute la meute aux brisées, mais ce mode n'eut pas plus de succès que le premier, les chiens faisant souvent bondir plusieurs cerfs et se séparant sur plusieurs voies.

Enfin, d'Yauville, premier veneur et commandant de la vénerie du roi Louis XV, fit découpler quelques vieux chiens lents et fouler l'enceinte avec eux. Dans le cas où ces vieux chiens attaquaient quelque biche, il était facile de les rompre, de les reprendre et de les faire rentrer de nouveau dans l'enceinte jusqu'à ce que le cerf fût lancé; alors quand on avait vu par corps le dix-cors traverser une allée, on arrêtait les vieux chiens et l'on découplait la meute en ayant soin de commencer par les meilleurs chiens. Cette attaque préférable à toutes les autres est restée la meilleure, et est encore en usage aujourd'hui.

Quelques équipages seulement emploient encore de nos jours les trois relais prescrits par l'ancienne vénerie, mais la plupart chassent de meute à mort, c'est-à-dire sans relai, car le cerf, qui est le plus grand et le plus agile des hôtes de nos bois, est aussi le plus facile à prendre à force de chiens. Comme nous l'avons déjà vu, il était d'usage de placer trois relais pour prendre le cerf dans toutes les règles. Le premier relai se nommait la vieille meute, le second, la seconde vieille meute, le troisième, les six chiens.

Enfin, tous les préliminaires étant accomplis et les relais placés, les chasseurs entourent l'enceinte, afin de voir bondir l'animal; on découple les vieux chiens, l'attaque commence. Maintes fois, au lieu d'un cerf on voit plusieurs biches suivant un dix-cors vider l'enceinte et s'enfoncer dans les gaulis; alors il faut attendre, avant de découpler la meute, que le cerf ne soit plus accompagné, et que, l'ayant vu seul traverser une allée, on soit certain de ne point chasser plusieurs animaux.

C'est à ce moment que chasseur ou piqueux doit examiner le pied du cerf, étudier la forme des pinces, de la jambe, afin de l'avoir toujours présente à la mémoire durant la chasse et distinguer le pied du cerf de meute de celui du cerf de change.

C'est parce que le change est aussi fréquent à la chasse du cerf qu'à celle du chevreuil qu'on attache une aussi grande importance à la connaissance du pied. Car la principale ruse du cerf, lorsqu'il se sent fatigué, consiste à faire lever un autre cerf ou une harde de ces animaux qu'il chasse devant lui. Le chevreuil, au contraire, lorsqu'il bat le change, précède les animaux qu'il vient de mettre sur pied, et ces animaux, foulant la voie du chevreuil chassé, la rendent plus difficile à emporter par les chiens; tandis que le cerf, suivant les bêtes de change, laisse une voie plus facile à redresser et à débrouiller. Le cerf ne fait guère de hourvaris; les défauts ne sont pas fréquents, et quand les chiens balancent, le premier devoir du chasseur est de prendre les grands devants. Souvent dans la chasse du cerf les bons chiens où les plus vigoureux tendent à prendre l'avance, il faut avoir soin de les arrêter et de rallier la queue à la tête. *Là bas, tout là bas! là haut, au cout, rallye là haut!* tels sont les cris du veneur à la chasse du cerf et qui sont bien plus fréquents que ceux *au retour* dont on se sert à tout moment à la chasse du lièvre et du chevreuil.

Lorsque le cerf est sur ses fins, il se rase et ne part que lorsque les chiens ou les chasseurs sont sur le point de le toucher; il bondit, mais, en passant l'allée à la vue des chasseurs, le cerf tout épuisé relève encore la tête avec fierté, il ne souffle pas, il paraît frais, mais à cent pas plus loin, il tire la langue, tient la tête basse et gagne enfin l'étang fatal qu'il a choisi pour y livrer son dernier combat; il succombe alors noyé par les chiens. Dans le cas où il a pu se traîner hors de l'eau, il s'accule à un arbre, à une cepée, tient les abois, et de ses andouillers terribles s'apprête à vendre chèrement sa vie. Les foulures de ses pieds ne sont pas moins à craindre que les coups de ses andouillers « au sanglier le mière, au cerf la bière, » dit un vieux proverbe de vénerie. Aussi la superbe agonie du pauvre dix-cors se termine-t-elle le plus souvent par un coup de carabine et non plus, comme autrefois, par le couteau de chasse. Certains veneurs ont conservé l'usage de servir le cerf avec la dague et de lui couper le jarret lorsqu'il tient les abois, mais cet usage va se perdant de jour en jour. C'est une erreur de croire que le cerf pleure à sa dernière heure, et, bien que l'on nomme larmier une fente qu'il a au-dessous de chaque œil, ce que l'on appelle ses larmes n'est que « la sueur de ses yeux. »

Après avoir achevé le cerf, le mieux est de faire curée chaude.

Avant de déshabiller le cerf, le piqueux lève le pied droit de devant à la jointure du genou et le présente à un des chasseurs invités qui l'attache à son couteau de chasse, et remet discrètement, selon la coutume que chacun connaît, un pourboire au premier piqueux. On déshabille le cerf, pour cela on le traîne dans une clairière, on le couche sur le dos, les quatre pieds en l'air, et, après avoir enlevé les daintiers (testicules), le piqueux fait une incision autour des quatre jambes, à la jointure des genoux et des jarrets, la prolonge jusqu'à la poitrine, coupe la peau de l'entre-deux des cuisses, détache le *massacre* ou tête du cerf, et achève d'enlever la nappe à laquelle le massacre reste attaché. Puis il lève les menus droits, qui sont les daintiers, la langue, les filets petits et grands, le gros des lombes, de sorte qu'on n'abandonne aux chiens que le cœur, le foie, les rognons, les boyaux et la carcasse. Cette opération, pendant laquelle le piqueux doit garder son habit et son couteau de chasse, étant terminée, on recouvre le cerf de sa nappe, puis on sonne la vue, et, après avoir donné une baguette à tous les chasseurs, qui, selon la tradition, ôtent leurs gants, on lève la nappe en criant : *Hallali!* et les chiens fondent sur leur proie.

Dans certains équipages on fait encore ce que l'on appelait jadis le forhu, vieux mot français qui signifie appeler.

Pour faire forhu, on met les boyaux et la pressure au bout d'une perche, puis, lorsque la curée est faite, un valet de chiens porte la perche à quelque distance et sonne de la trompe jusqu'à ce que la meute soit arrivée : les chiens, voyant cette nouvelle proie, font des efforts pour l'atteindre, et, n'y parvenant pas, crient comme aux abois, alors on leur jette ce dernier lambeau de chair qui est dévoré en un instant. Aussitôt après on mène boire les chiens, et le piqueux reprend le chemin du chenil, sonnant *la retraite prise*. La nappe du cerf appartient au piqueux, le bois au maître d'équipage. La viande de cerf n'est point estimée, quoique celle du faon et de la jeune biche ait une certaine délicatesse. Quelquefois on fait curée froide le soir ou le lendemain de la chasse ; on a entendu parler de ces curées aux flambeaux qui terminent les chasses d'apparat. Ce spectacle peut récréer quelques curieux ou quelques princes peu habitués aux plaisirs de la chasse, mais il n'a aucun charme pour les vrais chasseurs. C'est au milieu des bois, sur la rive d'un étang profond et encaissé, dans une gorge sauvage, que, la joue rouge de fatigue et de plaisir, l'œil enfiévré, excité par l'émotion d'une chasse ardente, entouré de ses chiens qui hurlent et tiennent les abois, le veneur aime à livrer à la meute les dépouilles du cerf et faire la curée à la place même où est tombé le vaincu.

LE DAIM.

Le daim, originaire du Levant et des pays méridionaux, a été importé en France à une époque assez reculée ; nos anciens veneurs, y compris Jacques du Fouilloux, faisaient peu de cas de cet animal, et ne décrivent que fort brièvement la chasse du daim, qui est comme une annexe de la chasse du cerf.

Le daim est moins gros que le cerf, mais est plus grand et plus fort que le chevreuil ; sa taille atteint 1 mètre de haut, et son corps mesure $1^{m},33$ de long ; son poids est en moyenne de 125 kilogrammes.

Le pelage du daim est très-varié, et change selon la saison. Pendant l'hiver, à partir de novembre, la tête et le reste du corps sont de couleur brune, les côtés d'un gris foncé, et le ventre d'un gris plus clair ; les cuisses sont couvertes de petites taches blanches.

En été, dès le mois de mai, le daim prend sa robe d'été ; la tête et la partie supérieure du cou restent d'un brun noir, le dos prend une teinte brune, rougeâtre, piquée de petites taches blanches, les côtés sont rayés d'une large bande blanche, à partir des épaules jusqu'à la queue, qui est un peu plus longue que celle du cerf, et qui est blanche en dessous et noire en dessus.

Le ventre est blanc, les jambes sont d'un roux clair et lavé.

Cette description ne concerne que le daim blanc de France ; cet animal est élevé de préférence dans les parcs, car on le rencontre rarement dans les forêts à l'état sauvage. On trouve des daims de toutes couleurs, des blancs, des noirs, et même certains nuancés de gris, de jaune. Ils sont sensibles au froid, et atteignent une taille plus élevée dans les pays méridionaux ; en Espagne, ils sont presque aussi grands que nos cerfs. Le daim préfère les bois secs et clairs ; moins robuste que le cerf, il lui faut de bons pâturages ; il broute de plus près, et cause plus de dommage que le cerf ; il est moins sauvage, et ne s'écarte jamais à de longues distances de sa demeure ; il possède un flair exquis, et, après le loup, c'est l'animal qui sait le mieux éventer le chasseur. Sans être fort recherchée, la chair du daim est plus estimée que celle du cerf, mais bien inférieure à celle du chevreuil.

La femelle du daim, que l'on appelle daine, se distingue du mâle par sa taille plus petite et sa tête dépourvue de bois. La daine porte huit mois et quelques jours ; comme la biche, elle met bas un et quelquefois deux faons, du mois de juin au mois de juillet, car les daims entrent en rut plus tard que les cerfs, d'octobre en novembre.

Les jeunes daims portent en naissant la livrée jusqu'à l'âge de quatre à cinq mois. A huit mois, le daim, plus précoce que le cerf, commence à faire son bois, qui consiste en deux dagues de $0^{m},16$ de longueur, et recouvertes d'une peau velue. Ces deux dagues étant tombées, le daim, à l'âge de deux ans, c'est-à-dire vers le mois de juin de l'année suivante, refait sa seconde tête. A trois ans, il pousse sa troisième tête, sur laquelle les empaumures commencent à se dessiner. Enfin, d'année en année, le bois prend plus de développement, et le daim est réputé dix-cors au même âge que le cerf.

Le bois du daim est moins long et plus large que celui du cerf ; il se termine par une empaumure plate que l'on nomme *palette*. Ses andouillers sont plus nombreux et plus saillants. *Le pied, les portées, les fumées, les abattures* font juger le daim. Son pied, pour être beaucoup plus petit, ressemble beaucoup à celui du cerf. Un daim dix-cors marque comme un daguet, et les mêmes règles que nous avons données sur les allures et la structure du pied peuvent s'appliquer au daim.

On peut détourner le daim, comme le cerf, à trait de limier, mais d'ordinaire, comme il se tient toujours en troupe, on a coutume d'attaquer avec quelques chiens lents, et de découpler la meute sur l'animal ainsi *déhardé*. Le daim s'éloigne fort peu du lancé, rebat ses voies et ruse comme un chevreuil ou un cerf sur ses fins ; il n'a d'autre but que de battre le change et de se mêler aux diverses hardes de ses pareils. Aussi ne doit-on chasser le daim qu'avec des chiens bien collés à la voie, car il ne laisse qu'une empreinte très-légère. Il débuche rarement, et, s'il entre dans une rivière ou un étang, il ne s'aventure pas dans un endroit profond, ne traverse que rarement le cours d'eau, et ressort du côté où il est entré. En outre, il ne se vautre pas dans les souilles, comme le cerf, mais il se défend mieux, et, quoique moins fort et moins robuste, il sait mieux embrouiller ses voies et échapper aux chiens.

Ce que nous avons dit de la curée du cerf est applicable à celle du daim.

LE CHEVREUIL.

Le chevreuil tient tout à la fois du cerf et de la chèvre dont il tire son nom; quoique plus petit, il ressemble cependant plus au cerf qu'à la chèvre. Sa taille n'atteint pas plus de 0m,83 à 0m,88 de hauteur, et la longueur de son corps ne mesure pas plus de 1m,13 à 1m,33; son poids varie de 20 à 40 kilogrammes.

Le chevreuil n'a point de queue, comme le cerf, mais une touffe de poils remplace cet appendice; il existe des chevreuils de pelages différents, bruns et roux, sans qu'ils soient plus estimés les uns que les autres.

Le mâle, que l'on nomme brocard, porte des bois; la chevrette a la tête dépourvue de dagues; cependant un célèbre auteur allemand, Hartig, prétend que certaines chevrettes bréhaignes portent des bois. « La chevrette n'a point la tête ornée de bois, dit-il, mais elle porte, plus souvent que les autres femelles du genre cerf, de petites dagues qui se renouvellent comme celles du brocard. » Les chevreuils vivent de douze à quinze ans; ils préfèrent les bois accidentés et plantés d'arbres à feuilles caduques aux forêts d'arbres résineux; ils se nourrissent de l'herbe des clairières, donnent peu aux gagnages, et sont très-friands des jeunes pousses de ronces et de bourdaine, au point de s'enivrer du brout de cet arbrisseau.

La chevrette porte cinq mois et demi, et met bas, dans le courant de mai, deux faons, mâle et femelle, et quelquefois trois, qui, en naissant, portent la livrée; leur pelage est de couleur brune tachetée de points blancs.

A six mois, sur la tête du chevrillard, poussent deux bosses qui se développent et s'allongent en dagues vers la fin de sa seconde année, époque à laquelle il prend le nom de daguet. A sa troisième année il est dit brocard, nom qu'il porte toute sa vie. Chaque perche ou dague de la tête du chevreuil porte ordinairement deux andouillers, et quatre par exception, et cependant il n'est réputé dix-cors que par la longueur et la grosseur du merrain de son bois, et non par le nombre d'andouillers qu'il porte. Passé l'âge de six ans, le bois du chevreuil devient plus court et plus gros.

Les chevreuils refont leur tête durant l'hiver, après l'époque du rut, qui a lieu une fois par an vers la fin d'octobre. Le refait du chevreuil, comme celui du cerf, est recouvert d'une peau velue dont l'animal se débarrasse en frappant son bois contre les branches des arbres, ce que l'on appelle *toucher au bois*. En mars, les chevreuils ont entièrement refait leur tête. Ils ne se livrent pas, dans le moment du rut, aux emportements furieux qui distinguent les amours des cerfs. Le brocard choisit une compagne à laquelle il reste fidèlement attaché, ne courant après aucune autre femelle; il ne raie que fort rarement, et chasse à cette époque d'auprès de sa chevrette les chevrillards de l'année qui l'accompagnaient jusqu'alors. Reconnaître l'âge et le sexe du chevreuil par le pied n'est pas chose aisée, surtout les jours où la terre est sèche et le revoir mauvais. Peu de veneurs possèdent le talent de distinguer, non-seulement le pied d'un brocard à sa quatrième tête, du pied d'une chevrette, ce qu'il est permis d'ignorer, mais encore le pied d'un brocard, fût-il dix-cors, d'un pied de chevrette. « Cependant un chevreuil dix-cors a plus de pied devant que derrière; il a les pinces plus rondes, le talon gros, la jambe plus large, les os plus gros et plus tournés en dedans que la chevrette, qui a le pied creux, les côtés tranchants, les pinces pointues et les os moins tournés en dehors. Quand un chevreuil est dix-cors et qu'il habite une forêt pierreuse et sablonneuse, il a le pied gros et usé, le talon gros à proportion, les pinces rondes, les os gros, usés et bien tournés en dedans, et les côtés usés au niveau de la sole; devenu vieux chevreuil, il se ravale et la jambe lui rétrécit, proportion gardée, comme aux très-vieux cerfs. »

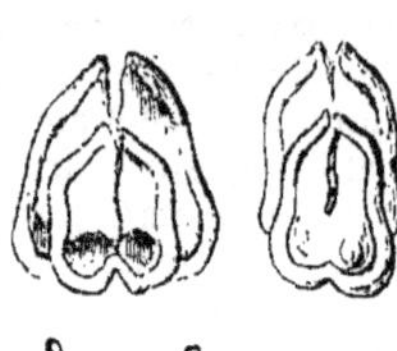

Fig. 1627. — Chevreuil. Faon.

On remarque à certains pieds de chevreuils ce que l'on appelle des *connaissances*; tantôt c'est une des pinces plus courte que l'autre, tantôt une pince croisée et autres signes particuliers qui sont très-utiles en chasse pour distinguer le pied de l'animal de meute du pied des chevreuils de change.

Les régalis, ou traces laissées par le chevreuil en grattant la terre de ses pieds de devant, sont aussi des indices précieux pour le veneur, car si l'on trouve des régalis près de la reposée du chevreuil attaqué, il est à présumer que l'on a lancé un brocard, la chevrette n'ayant pas ainsi l'habitude d'égratigner le sol. On n'attache généralement aucune importance, ni aux fumées du brocard, qui se nomment moquettes, ni aux portées. Aussi, tout piqueux prudent ou veneur sage, voulant sur le pied désigner le sexe du chevreuil, ne se prononce que sous forme dubitative, et se borne à dire : Je le crois, je le soupçonne brocard.

Les chevreuils changent de demeures selon les saisons. Au printemps, ils fréquentent les jeunes taillis, afin de se nourrir des jeunes pousses. C'est le temps du brout et des folles ivresses, pendant lesquelles le brocard quitte souvent sa compagne et s'égare. En été, ils s'établissent à portée des regains et des champs de pois et d'avoine et donnent aux mares où ils vont boire, sans toutefois se souiller de fange comme les cerfs. L'hiver, ils se retirent au milieu des bois, dans les grandes bruyères exposées au midi, qui leur fournissent tout à la fois un abri contre le froid et leur nourriture de chaque jour. Comme le cerf, à l'époque des refais, il fuit les grands bois et les forts dont il craint le contact.

La chair du chevreuil est très-estimée, mais celle de la chevrette est plus délicate; d'ailleurs, on prétend que la qualité de la venaison dépend en grande partie de l'essence du bois dont le chevreuil se nourrit. Les chevreuils des pays montagneux passent pour fournir une viande plus savoureuse.

On chasse le chevreuil à tir et à courre. Le plus sûr moyen de tirer le chevreuil est de ne se servir que de chiens très-lents, qui laissent à cet animal tout le temps de ruser; un ou deux bassets suffisent pour dépeupler de chevreuils la forêt la plus *vive*, autrement dit la plus abondamment pourvue de ce fauve. Le chevreuil a des refuites connues, et par lesquelles il passe invariablement; le chasseur qui aura assisté à un ou deux laissez-courre dans la même forêt saura bientôt toutes les coulées, tous les passages hantés et probables, et n'aura plus rien à apprendre, les animaux prenant toujours les mêmes refuites. On tue le chevreuil avec une charge de plomb n° 4, soit au déboulé, soit en battue, soit devant les chiens. Ce plomb est préférable aux chevrotines, petites balles qui s'écartent en sortant du canon du fusil, et atteignent plus souvent les tireurs voisins que l'animal visé.

Autrefois on procédait, pour forcer le chevreuil, de la même manière que pour prendre le cerf, c'est-à-dire qu'après avoir détourné l'animal à trait de limier, on plaçait les relais. Aujourd'hui, presque tous les équipages, pour ne pas dire tous, attaquent le chevreuil à la billebaude et de meute à mort, c'est-à-dire sans relais.

Une bonne meute pour chasser le chevreuil est très-difficile à former; car cette chasse réclame non-seulement des chiens vites et de haut nez, mais encore d'une obéissance exemplaire. Quoique tous les chiens aient un goût prononcé pour la voie du chevreuil, il en est peu qui réussissent à relever toutes les ruses de cet animal, et surtout à marquer le change. La voie du chevreuil est si douce, si légère et si fugitive, que les meilleurs chiens la surallent parfois. Les Gascons-Saintongeais de M. de Carayon-Latour sont les seuls chiens français de race pure ayant jusqu'ici réussi à forcer le chevreuil de meute à mort. Mais la plupart des veneurs de nos jours préfèrent les bâtards anglais, issus, comme nous l'avons vu, du croisement de l'étalon de la race des foxhounds avec la lice française. Les veneurs sont d'accord pour affirmer qu'il faut tout d'abord, et dès le lancé, poursuivre rondement et vivement le chevreuil et le mener bon train afin de l'empêcher de ruser, de rebattre ses voies, de prendre l'avance et de se forlonger. Aussi, dans ce but, ont-ils adopté les bâtards anglais beaucoup plus vites que les chiens de race française pure. Ces bâtards peuvent, il est vrai, essouffler un chevreuil, le prendre même quelquefois en débûcher, mais font, en fin de compte, plus de curées que les chiens français purs, beaux rapprocheurs, criant bien, emportant des voies de vieux temps, et faisant l'admiration des connaisseurs, mais trop lents pour prendre régulièrement un chevreuil. En effet, ce n'est qu'après six à sept heures de chasse que, le plus souvent, il est possible de porter bas un vigoureux brocard, et, pourvu que l'attaque ait eu lieu à une heure avancée de la matinée, on court risque de voir la nuit mettre un terme à la lutte entre la meute et l'animal, sauver le brocard sur ses fins et dérober aux chiens une proie certaine.

S'il nous était permis de donner notre avis, nous dirions que tout veneur devrait bannir soigneusement les bâtards d'un équipage de cerf, puisque nos belles races de chiens français peuvent seulement forcer cet animal dans tout l'éclat, la magnificence et le bruit de la vieille vénerie; mais nous ne nous indignerions pas si un chasseur de chevreuils, désireux avant tout de prendre et de sonner souvent l'hallali, employait, dans les pays coupés d'obstacles et d'un accès difficile, des bâtards tels que les anglo-vendéens de MM. de Danne et de la Valette qui ont formé le meilleur équipage de chevreuil connu jusqu'ici en France.

Dès que le chevreuil a bondi, il faut s'assurer s'il n'est pas accompagné, afin de surveiller les chiens et les arrêter aussitôt qu'ils se sépareront, les uns suivant la chevrette, les autres le brocard. Ensuite, après avoir rallié toute la meute, le premier devoir du veneur est de suivre les chiens partout et toujours, le plus près qu'il lui sera possible, car la chasse du chevreuil est pour ainsi dire tout en hourvaris, défauts et voies sur voies.

Au premier balancé, le veneur doit faire exécuter aux chiens un retour en arrière, puis prendre les devants, mais tout cela sans perdre beaucoup de terrain, de peur de faire bondir le change. Garder le change est une des plus précieuses qualités d'un chien de chevreuil, et on peut affirmer qu'un équipage qui ne possède pas au moins un ou deux chiens de change, dans lesquels le piqueux peut, en quelque sorte, avoir confiance, ne forcera jamais un chevreuil.

Nous citerons à ce propos un exemple de la sûreté avec laquelle la meute de MM. de Danne garde le change. Cet équipage chassait un chevreuil dans la forêt de Berset, près du Mans; l'animal avait battu l'eau et s'était forlongé, cependant quelques chiens de tête se récriaient encore et suivaient la voie, quand tout à coup, à vingt pas des chasseurs, un brocard traverse une allée, une douzaine de jeunes chiens, empaumant la voie, s'élancent à sa poursuite entraînant la meute; les jeunes chiens passent l'allée, mais nous voyons alors les anciens, après avoir goûté la voie, s'arrêter dans la charroyère sans faire nulle attention à la chasse qui continuait. Les chiens flânaient, sentaient aux branches, plusieurs même, avouons-le, profitaient de ce temps d'arrêt pour lever la patte contre les baliveaux, enfin, il était clair que la voie n'était pas trouvée bonne par Garland et l'élite de l'équipage. Il y avait change; après avoir fait arrêter les jeunes chiens, on reprit la voie, où les vieux l'avaient laissée alors, nous vîmes le même Garland se réjouir et remuer la queue; pendant plus de trois cents pas il se contenta de cette manière d'agir, tout en suivant sa voie, puis peu à peu s'échauffant, il fit entendre un léger gémissement, comme un bruit sourd, puis enfin il *causa*, il ouvrit la gueule, et, en effet, le piqueux au même instant revoyait sur la terre, plus humide à cet endroit, le pied de notre chevreuil. Sur ce, un vigoureux bien-aller retentit sous la futaie profonde, la chasse repartit dans toute son entraînante ardeur, et au bout d'une heure nous sonnions l'hallali.

Règle générale : quand les chiens tombent en défaut, la tête couverte, autrement dit sous bois, on doit penser que le chevreuil a fait voie sur voie un hourvari, puis un bond, et après s'est flâtré comme un lièvre. C'est alors qu'il faut prendre les arrières, puis fouler l'enceinte avec persistance, car le chevreuil se laisserait plutôt fouailler que de repartir, surtout lorsqu'il est sur ses fins.

Dans le cas où le défaut a lieu en plaine dans les chemins où les chiens peuvent sur-aller la voie, le piqueux prendra les grands devants, cependant il agira sagement en refaisant les arrières dans la crainte que le chevreuil, feignant de déboucher, ne soit rentré au bois d'où il est sorti.

Certains chasseurs croyant voir bondir le change à chaque pas tiennent leurs chiens trop en crainte : ils arrêtent la meute à chaque instant, et veulent s'assurer par le pied si les chiens sont sur la bonne voie, mais à force de maîtriser les chiens, on les abrutit, on les empêche de prendre les retours et de requêter vivement. Il faut appuyer, encourager, et parler aux chiens quand ils sont à bout de voie, mais il faut aussi les lais-

Fig. 1628. — L'hallali.

ser travailler à leur guise. Lorsqu'un chevreuil bat l'eau et suit le cours d'un ruisseau, il ne faut pas enlever ni presser les chiens, car si quelquefois le chevreuil a rusé dans l'eau pour se forlonger ensuite, le plus souvent il se relaisse dans les roseaux, dans les fossés, dans le ruisseau même, et il ne se décide à bondir que sous le nez des chiens. Une autre fois, si vous êtes à bout de voie, ne vous tenez pas pour battu, reprenez vos arrières, et vous retrouverez la voie ; le chevreuil n'entendant plus de bruit s'est dérobé et regagne son canton, vous le rapprochez quelque temps, puis viendra le relancé et après l'hallali.

Le chevreuil se fait battre et ruse après chaque randonnée, mais les chevreuils étrangers à la forêt, et que l'on nomme *pèlerins*, débuchent au plus vite, se dirigent vers leurs demeures, volent à travers la campagne et fournissent les plus belles chasses.

« On juge qu'un chevreuil est sur ses fins, lorsqu'il n'appuie plus que du talon, qu'il donne partout des os en terre, qu'il se méjuge et que ses allures sont entièrement déréglées. Quand, après l'avoir jugé ainsi, on lui voit faire une chasse de lapin se faisant relancer à chaque instant, on peut sonner l'hallali. »

On procède à la curée du chevreuil comme à celle du cerf, on lève le pied droit qui est offert à un chasseur désigné par le maître d'équipage.

A la chasse à tir, aussitôt qu'un brocard est tué, il faut avoir soin de détacher les parties génitales, afin de préserver la chair de toute odeur, on le vide et d'aucuns conservent le mou dont on fait un civet fort en renom chez les piqueux et les gardes.

LE SANGLIER.

La chasse du sanglier, surtout la chasse à tir, lorsque l'homme le fusil au poing attaque à la bauge le sauvage et cruel animal, n'est vraiment pas un jeu d'enfant. Qui n'a vu un sanglier en fureur, charger avec rage les chiens ou l'homme, ne peut se figurer le danger et le mâle attrait de cette chasse, image de la guerre, dans laquelle le sang du chasseur coule souvent sur le terrain où meurt sa terrible victime. Le sanglier exerce de grands ravages dans les champs cultivés et cause d'immenses dommages aux cultivateurs ; c'est l'ennemi du fermier, il est utile de le détruire. On chasse le sanglier à tir, soit en le faisant mener par quelques chiens, ce qu'on appelle routailler le sanglier, soit en battue ; on le chasse aussi à courre afin de le prendre à force de chiens.

Le sanglier n'est autre que le porc sauvage ; toutefois son dos est plus arqué, ses défenses sont plus longues et plus aiguës, ses pieds, qui se nomment traces, sont plus gros et plus courts, son pelage est noir mal teint, plus roux que noir, ses soies sont roides et dures et se hérissent lorsque l'animal tient aux abois, fait tête aux chiens ou charge son ennemi. Son boutoir n'est pas moins terrible que ses défenses ; et si le boutoir, qui n'est autre que le groin de cet animal, heurte, culbute et foule, les défenses, dents de la mâchoire inférieure que le sanglier aiguise contre les dents correspondantes de la mâchoire supérieure nommées grès, décousent et pourfendent.

La laie n'est point armée de défenses, mais sa morsure est cruelle, elle a une sorte de piétinement féroce et mortel dont elle foule le corps de son ennemi tombé.

La laie porte durant quatre mois et fait, dans le courant d'avril ou de mai, ses petits ou marcassins ; ces derniers naissent avec toutes leurs dents et avec la livrée, pelage fond blanc rayé de taches longitudinales de couleur fauve ou brune. A six mois le marcassin quitte la livrée, son poil devient plus foncé et comme d'un gris sale, il prend le nom de bête rousse. A un an il est dit bête de compagnie, à deux ans ragot, à trois ans sanglier à son tiers ans, à quatre ans quartanier, à cinq ans et au delà vieux, grand vieux sanglier, solitaire jusqu'à vingt-cinq ou trente ans, limite de sa vie. Les défenses des sangliers se recourbent et deviennent moins tranchantes avec l'âge. Les vieux solitaires, dont les défenses en croissant se retournent vers les yeux, prennent le nom de sangliers *mirés* et même *contre-mirés*. Le sanglier a les sens de l'ouïe, de l'odorat et de la vue très-développés, il recherche les grandes forêts où il ne peut être inquiété par la présence de l'homme, il aime à se souiller dans les marais et dans la fange. Il se nourrit de racines, de céréales, de fruits, de faînes, de châtaignes, de glands et de noisettes, il est très-friand de ces deux derniers fruits. Il dévore aussi lapereaux, levrauts, jeunes faons de cerfs ou de chevreuils, les jeunes oiseaux et les œufs de faisans et de perdrix. Il ne dédaigne pas non plus les charognes ou carnages. Le soir il sort de sa bauge et va faire dans les gagnages, ou champs voisins, ses *mangeures* selon l'expression consacrée et non plus ses viandis. Quand il se trouve près des marais, il vit d'anguilles, et il est préférable d'ajouter qu'il fait curée de tout. La chair du sanglier est assez estimée, celle des jeunes laies est délicate, le filet d'une bête de compagnie n'est pas un mets à dédaigner. Le morceau le plus recherché et le plus digne d'être offert est la hure ; le sanglier a sur le porc l'avantage de n'être jamais ladre.

Longtemps avant le jour il a coutume de rentrer dans un hallier composé d'épaisses broussailles, dans le plus gros buisson à sa portée, il s'y couche à la manière des cochons et y creuse sa *beauge*. On appelle *souille* l'endroit bourbeux où il se vautre, *boutis* les fouillures qu'il pratique en terre afin d'y chercher des racines, *vermillis* les légères excavations dont il a festonné le sol pour y trouver des vers. Le sanglier change souvent de forêt ou de demeure, « aussi dit-on que le sanglier n'est qu'un hôte. »

Le rut du sanglier a lieu en décembre ; à cette époque, les vieux exhalent une odeur désagréable et si forte, que souvent les limiers se rebutent et se refusent à suivre cette voie nauséabonde.

Le pied du sanglier se nomme *trace*, il diffère peu de celui du porc ; cependant celui-ci ne pose pas comme le sanglier la trace de derrière dans celle de devant, le porc se méjuge complétement. Ses pinces sont plus écartées et plus rondes, ses côtés plus usés, et ses gardes ou ergots touchent à peine à terre. Le sanglier appuie davantage de la pince que du talon, contrairement à ce que fait le porc, celui-ci en somme a le pied plus rond, plus court, les pinces ouvertes, ses allures sont courtes et mal réglées.

Le sanglier et la laie ont tous les deux la trace de devant plus forte que celle de derrière, on reconnaît le pied du mâle à ses pinces larges, à ses côtés tranchants, au talon carré, aux gardes dont l'empreinte en arrière du pied se rapprochent ou s'éloignent selon l'âge de l'animal qui est plus bas-jointé en vieillissant.

Ainsi les sangliers *mirés* et *contre-mirés* ont les gardes plus larges, plus grosses, et plus près du talon que les jeunes, ils marchent les quatre pieds fermés.

La laie a la trace plus étroite que celle du mâle, elle pose le pied de derrière dans celui de devant, mais à gauche un peu en dedans, contrairement au mâle qui le pose en dehors ; ses pinces sont plus pointues et plus ouvertes, et indices certains, elle laisse rarement l'empreinte de ses gardes.

Le pied des jeunes sangliers se distingue par une empreinte plus petite, des côtés plus tranchants et moins usés.

Certains de ces animaux ont une pince plus

longue que l'autre, soit à la trace antérieure ou postérieure; ces pieds, portant une connaissance précieuse en chasse, se nomment pieds *pigaches*.

On peut aussi juger de la taille du sanglier par les *boutis*, la *souille* et la *bauge*, parce que plus les boutis seront profonds et larges, plus l'animal sera fort et gros; il en sera de même quant à la largeur et à la longueur de la souille et de la bauge.

Quand on chasse le sanglier au fusil, on tire à balle franche; une seule balle sous tous les rapports est préférable au lingot ou aux balles mariées, autrement dit eux balles superposées l'une sur l'autre et rendues adhérentes par la pression et la torsion exercées en sens contraire. Les griffons de Vendée, ou mieux certains bassets, suffisent pour routailler le sanglier; les chiens chassant le renard ou le loup se mettent facilement dans cette voie fort facile à suivre. On chasse le sanglier à l'affût, à la sortie du bois ou à la rentrée; dans ce cas il faut arriver à l'affût le matin bien avant le jour, et le soir à la tombée de la nuit, cet animal ne sortant du bois qu'à la nuit noire. On chasse le sanglier en battue, comme les autres animaux que les traqueurs mettent sur pied et conduisent vers les chasseurs, comme nous l'avons vu en son temps. Quand on tire le sanglier, il faut viser à la tête et non au-dessous de l'épaule, la balle frappant à l'épaule pourrait rencontrer l'*armure*, cuir très-épais qui recouvre ce membre, ne pas pénétrer, s'aplatir même et n'occasionner qu'une blessure sans gravité. Le sanglier est souvent frappé à mort sans que le tireur en ait connaissance. M. Hartig a indiqué par la couleur du sang, que perd cet animal, la nature et la gravité de la blessure. Le sang qui s'échappe du poumon est d'un rouge orangé mêlé d'écume; le sang d'un rouge brun, jaillissant de tous côtés, indique une blessure au foie ou à la rate; le sang rouge foncé une blessure au cœur; beaucoup de sang, mais de couleur ordinaire, une blessure au cou; peu de sang se répandant dans la trace même de la bête, une blessure à la cuisse; le sang se répandant des deux côtés selon sa hauteur indique une blessure de part en part; des lambeaux de chair, mêlés de poil et de sang, sont la preuve que l'animal n'a été qu'effleuré ou fortement égratigné par la balle.

On chasse aussi dans les parcs et les forêts très-peuplées le sanglier, à l'aide de forts panneaux en filet et en toile. Cette chasse est peu pratiquée. Peu d'équipages chassent à courre le sanglier, non parce qu'il est difficile à prendre, mais à cause des frais énormes que nécessite cette chasse. En effet, quand les chasseurs sont armés du fusil, sitôt que le sanglier a pris le parti de *tenir au ferme*, et de charger les chiens, si quelque tireur n'est pas éloigné du lieu où se passe cette scène, il peut arriver à temps et loger une balle dans la tête du farouche animal, avant qu'il n'ait ensanglanté l'arène, mais dans un laissez-courre, lorsque l'équipage est découplé sur un robuste quartanier et qu'il s'enfonce dans une broussaille inextricable, où les jeunes sapins, les bruyères et les fougères enlacés font un fourré impénétrable aux chevaux, alors le terrible et courageux lutteur tient tête à la meute, s'accule à un arbre ou à une cépée, laisse approcher les chiens les plus

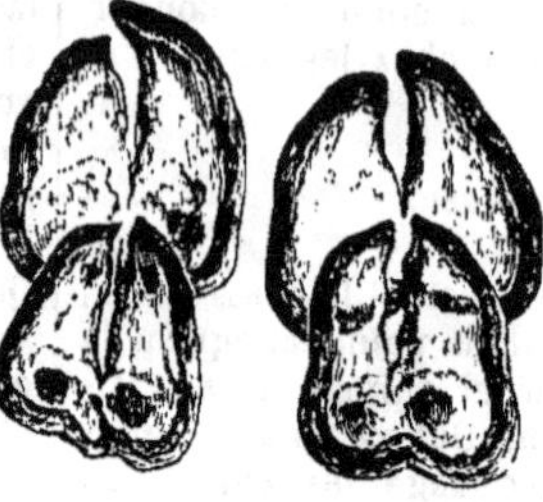

Fig. 1629.

Pied de tiers ans. Pied d'un ragot. Pied d'un vieux sanglier.

vaillants et en fait un carnage affreux; il frappe, piétine, décout, fait rage des pieds et des défenses et immole à sa fureur l'élite de la meute. « Iltournait sa hure de vers les chiens, dit du Fouilloux, en parlant d'un sanglier, et donnait dedans le milieu de la meute de telle sorte qu'il tuait, aucunes fois, six ou sept chiens, d'une venue; et des cinquante chiens courants, il n'en fut pas ramené dix sains aux logis. »

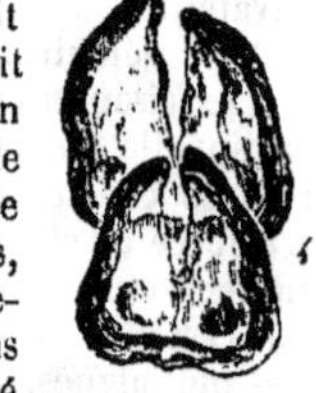

Fig. 1630. — Pied d'une laie.

Comme on le voit, un équipage de sangliers doit se composer d'un très-grand nombre de chiens; les chiens anglais pur sang, les Fox hounds sont très-propres à cette chasse, ils peuvent facilement suivre cette voie; forts et étant le plus souvent très-mordants et très-braves, ils tiennent fort bien les abois.

On appelle *vautrait* l'équipage spécial destiné à chasser le sanglier, du nom d'une ancienne espèce de chien qui se vautrait dans la fange, et que de là on nommait *vautre*. Il est d'usage de détourner le sanglier à trait de limier; le valet de limier ou piqueux, chargé de cette besogne, doit arriver au bois à la pointe du jour, car le sanglier se rembuche de meilleure heure que tout autre animal; le piqueux doit se tenir sous le vent, et éviter que le sanglier ne puisse l'éventer, de peur qu'il ne se dérobe. Les laies sont encore plus méfiantes. Du Fouilloux et certains auteurs de traités de vénerie nous indiquent plusieurs signes auxquels on peut reconnaître le caractère plus ou moins féroce du sanglier détourné. Ainsi celui qui ne gagne sa bauge qu'au lever du soleil, qui fait des boutis tout frais et profonds et donne des coups de boutoirs contre les arbres, celui-là est un animal hardi et méchant; au contraire, le sanglier se rembuchant avant le jour, se souillant souvent aux mares, et longeant les chemins, est poltron et prêt à fuir; les laies qui ont des marcassins se font toujours accompagner d'un mâle.

Nous ne recommanderons pas plus à cette chasse qu'à toute autre de placer des relais, ce qui gêne et embarrasse tout laissez-courre; mais s'il était permis de se servir de chiens auxiliaires, nous serions plutôt disposé à faire exception en faveur de la chasse du sanglier. Plus d'une déception est réservée aux veneurs quand ils frappent aux brisées, souvent l'animal a vidé l'enceinte et l'attaque est manquée. Mais en tout cas, dès que la meute est découplée sur la voie, piqueux et chasseurs ne doivent plus quitter leurs chiens, mais sont tenus de les appuyer et sonner de la trompe fréquemment afin d'effrayer le sanglier et lui faire quitter son fort; car souvent il ne veut pas sortir de sa bauge ou de ses broussailles, charge et décime la meute. Il faut piquer carrément et se trouver toujours à la queue des chiens.

Quelques auteurs recommandent d'essayer les jeunes chiens sur les bêtes de compagnie moins dangereuses parce qu'elles ne portent pas de défenses. Cette coutume est mauvaise, et nous sommes de l'avis du spirituel auteur de la *petite vénerie*, M. d'Houdelot, qui fait remarquer que les jeunes chiens, ainsi enhardis par leurs succès faciles sur les sangliers dépourvus de défenses, se ruent étourdiment sur les grands sangliers et sont exposés à se faire éventrer à la première rencontre.

Le sanglier chassé, se souille dans tous les ruisseaux, mares et ornières qu'il rencontre sur son passage, il débuche rarement et se fait battre dans les fourrés. Ce n'est guère qu'après une heure de chasse que le sanglier déjà fatigué se décide à faire tête aux chiens. Il s'arrête, fait claquer ses dents avec fureur, et charge la meute. C'est en ce moment que les veneurs doivent sonner, faire grand bruit, et accourir au secours des chiens; ce sont toujours les plus mordants qui sont tués ou foulés. Une bête de compagnie ou un ragot dure plus longtemps devant les chiens qu'un cerf dix-cors, et il ne faut pas moins de sept à huit heures d'une chasse ardente pour le réduire et le forcer. Le sanglier, comme toute bête, cherche le change, mais réussit rarement à se débarrasser des chiens; car, lorsqu'il est échauffé par la course, le sentiment et l'odeur qu'il laisse sont si forts, que les chiens prennent change très-rarement. D'ailleurs peu de défauts et de retours signalent une chasse au sanglier; la voie est toujours droite et chaude. Lorsqu'on voit le sanglier par corps, on ne doit pas, en appelant les chiens, crier *Taïaut*, mais dire *Vloo, vloo*: c'est l'expression consacrée, le mot propre.

On juge que le sanglier est sur ses fins à la manière dont il se fait battre dans les fourrés, s'arrêtant souvent et faisant tête aux chiens. Les chasseurs doivent alors suivre de près la meute en menant grand bruit et modérant les chiens au lieu de les exciter. Si le sanglier, immobile, haletant, acculé à un baliveau, tient les abois, attendant les chasseurs et refusant de prendre la fuite, c'est le moment d'en finir et de servir l'animal, soit en lui logeant une balle dans la tête, soit en lui portant un coup de couteau de chasse dans la région du cœur tout en évitant de frapper l'*armure*.

Quelques veneurs doués d'une force prodigieuse ont attaqué le sanglier face à face; après l'avoir saisi par la trace, ils le renversaient à terre et lui coupaient la gorge; de semblables exploits sont rares, et peu d'hommes sont dignes de les accomplir. Nous recommanderons au contraire de ne s'approcher du sanglier qu'avec la plus grande défiance, lors même qu'il semble mort; on reconnaîtra à ses pattes roides et allongées que le sanglier n'a plus un souffle de vie et qu'il ne peut plus, par un retour soudain, terrasser un chasseur trop confiant. Alors on coupe les *suites* ou testicules afin de préserver la viande de l'odeur nauséabonde qu'elle prendrait; on laisse les chiens fouler la bête, on lève la trace droite et l'on procède à la curée avec les dedans, le cœur, le foie, la rate et les entrailles, le tout mêlé de pain et arrosé de sang. Pendant ce temps, les trompes sonnent l'hallali, puis on visite les chiens et l'on panse les blessés. Dans ce but, le piqueux et le maître d'équipage doivent être munis d'une trousse contenant les choses indispensables au premier pansement, savoir: des bandes de toile, de longues aiguilles, du fil, un flacon de teinture d'aloès et de petits morceaux de lard. Si les entrailles d'un chien éventré sont pendantes et surtout si elles ne sont pas coupées, on les lave soigneusement, on les replace, puis on recoud. Dans le cas, au contraire, où il s'agit de panser une simple estafilade, une boutonnière de quelques centimètres de longueur, on introduit dans la plaie un lardon, on verse quelques gouttes de teinture d'aloès, puis on recoud avec du fil double, et à chaque point de suture, on fait un gros nœud. Il est à remarquer en finissant que tout chien décousu devient plus mordant et plus agressif; en effet, il a une revanche à prendre, une vengeance à exercer. Le chien, quoique supérieur à l'homme sous tous les rapports, ne pratique pas toujours l'oubli des injures.

LE RENARD.

Le renard est de la famille du chien. Il a la tête un peu large, le museau pointu, les oreilles petites et droites, la queue longue et touffue. La longueur totale de son corps est en moyenne de deux pieds ou 0m,66, et la hauteur de son train de derrière est de quatorze pouces ou 0m,39; le renard est de couleur fauve plus ou moins foncée, il a les lèvres, le tour de la gueule, la poitrine, le ventre et le bout de la queue blancs, les oreilles et les pieds noirs. Les jeunes renards sont de couleur rouge, les vieux deviennent gris. Dans les pays du Nord, on rencontre des renards noirs, gris, bleus et blancs.

La finesse de cet animal, l'excellence de sa vue, de son ouïe, de son odorat, sont connues. Les anciens auteurs lui prêtent de nombreux tours d'adresse et affirment que jamais il n'exerce de larçins autour de son terrier: d'où vient le proverbe: « Jamais renard n'a chassé sur son terrier. »

« Quand un renard se trouve incommodé par des puces, nous conte Le Verrier de la Conterie, il prend dans sa gueule gros comme les deux poings de mousse et va se mettre sur le cul dans l'eau; il s'y enfonce peu à peu afin de leur donner le temps de gagner le poil sec, de sorte que, se plongeant ainsi par degrés jusqu'au bout du nez, toutes ses puces se retirent dans cette mousse qu'il laisse tomber à l'eau pour aller ensuite se lécher au soleil. Ceci n'est point une fable, ajoute-t-il. »

Le renard préfère en général les forêts de bois à feuilles aux forêts d'arbres résineux, il se creuse en terre un long terrier pourvu de plusieurs issues, ou se tient dans un creux d'arbre ou dans un trou de rocher; il partage souvent la demeure du blaireau.

Il se nourrit des jeunes faons des cerfs et des chevreuils, de lièvres, de lapins, de taupes, de mulots, de rats, d'oiseaux de toute espèce, de grenouilles, de poissons, d'écrevisses même, de limaçons, du miel des ruches, de raisins et autres fruits. Il donne aussi au carnage, mais il préfère les volailles et le menu gibier dont il est le plus cruel ennemi. C'est à ce titre de destructeur acharné de perdreaux, de lièvres, faisans, lapins, et oiseaux de basse-cour que nous conseillons à tout chasseur comme à tout cultivateur de purger de renards ses champs et ses bois.

La femelle du renard entre en chaleur une fois l'an, au mois de février. On entend alors des cris rauques qui annoncent l'époque du rut. Neuf semaines après, elle dépose dans la galerie de son terrier de sept à huit renardeaux qui naissent les yeux fermés. Lorsque les petits ont atteint la grosseur d'un chat, ils ont coutume de sortir du terrier le matin, à midi et le soir, pour attendre leur mère et prendre leurs ébats. Les chasseurs à l'affût connaissent ces habitudes, guettent les renardeaux à leur sortie du terrier et en tuent un grand nombre de cette manière.

On détruit le renard de plusieurs façons : en battues, à l'affût, aux chiens courants, avec des chiens bassets dits *terriers* en le prenant sous terre, en lui tendant des piéges, puis enfin en le chassant à courre à force de chiens.

On affûte le renard le matin ou le soir soit devant son terrier, soit sur son passage dans un sentier hanté, soit près d'une bête morte ou carnage, soit enfin près d'un appât que l'on a eu soin de traîner à travers un fourré fréquenté par les renards. On appelle ce mode *affût à la traînée.*

Peu de chasseurs en France entreprennent de forcer les renards, mais beaucoup les tuent à coups de fusils devant les chiens, car il n'est pas un fermier ou un petit propriétaire qui ne puisse entretenir un ou deux briquets, les mêmes chiens chassant le lièvre, chasseront également le renard. Avant de découpler les chiens dans un bois où l'on veut lancer un renard, il est à propos de boucher tous les terriers aux environs. Sans cette précaution l'animal se terre et la chasse finit trop brusquement. Si le renard n'est pas mené vite par les chiens, il tiendra cinq ou six heures dans un même fort, passant et repassant par le même endroit, ce qui le fait tuer infailliblement; mais s'il est trop lestement promené par les chiens, il percera en avant et il ne restera pas à se faire battre dans un petit bocqueteau. Les postes les meilleurs à cette chasse varient selon les bois, cependant on peut conseiller à tout chasseur d'éviter soigneusement de se mettre au-dessus du vent, c'est-à-dire à vau-vent, car le renard, dont l'odorat est exquis, évente l'homme de très-loin. Il faut avoir soin de se placer sur les doubles voies, parce qu'un renard qui a passé par un endroit sans être tiré ou effrayé, y passera toujours tant qu'il ne changera pas de canton. On peut aussi avoir chance de tirer le renard en se plaçant dans une gorge qui sert de communication d'un bois à un autre, car le renard traverse fort rarement les terres et se dérobe le plus souvent par les coulées couvertes de broussailles ou le long des fossés.

Quand une fois à son poste le chasseur entend les pies, les geais et autres oiseaux agacer et crier, il doit se tenir sur ses gardes, car les cris des oiseaux décèlent la présence du renard. Si, faute d'avoir bouché les terriers, le renard se terre et si les chasseurs ne sont pas pourvus de *chiens de terre*, ni d'outils propres à déterrer le compère, il faut recoupler les chiens courants et les éloigner de plusieurs centaines de pas, puis venir se mettre à l'affût. En effet, le renard, ayant couru longtemps et étant échauffé, ne tardera pas à sortir du terrier. Quelquefois on enferme le renard en bouchant toutes les gueules du terrier, à l'exception d'une seule que l'on emplit de paille et dans laquelle on introduit un morceau de drap soufré, après quoi on met le feu, et lorsque les matières inflammables dégagent de grosses bouffées de fumée, on ferme hermétiquement la gueule du terrier, et le lendemain on trouve le renard mort à l'entrée de l'une des issues. Le renard porte bien un coup de fusil et, après avoir roulé à terre, se relève et cherche encore à fuir; il ne faut donc pas craindre de lui envoyer un second coup de fusil, ou, si l'arme est déchargée, de courir sur lui, de le tenir en respect en lui mettant le pied sur la gorge et de l'achever en le frappant sur la tête ou sur l'extrémité du nez, il faut surtout éviter de le saisir tant qu'il donne signe de vie; ses morsures sont cruelles. On se sert, pour tirer le renard, de plomb n° 2 ou n° 3; le plomb de cette grosseur est le plus convenable.

La chasse du renard sous terre est, de tous les modes employés pour détruire les animaux de cette espèce, le plus sûr et certes d'autant meilleur qu'il arrive souvent que l'on prend père, mère, enfants et toute la famille dans un terrier où l'on ne cherchait qu'un seul renard. Quoique durant l'hiver les renards habitent plus sûrement leurs terriers, c'est en été principalement que l'on pratique cette chasse souterraine toujours permise et autorisée dans le moment où les disciples fervents de saint Hubert ne peuvent s'adonner à de plus bruyants plaisirs. Voici donc les chasseurs se dirigeant vers la garenne, suivis de deux couples de ces bons chiens de terre que nous avons déjà décrits, et munis de l'attirail nécessaire, savoir :

1° D'une hache pour couper les bois et les racines;

2° De deux pelles et de deux pioches;

3° De trois tarières, une pointue, une ronde et une plate;

4° D'une paire de tenailles à dents;

5° D'un sac de forte toile afin d'emporter vivants les renards ou blaireaux.

Aussitôt arrivés sur le terrier, les chasseurs mènent grand bruit, frappent du pied et à coups de gaule sur la garenne, ce qui empêche le renard de sortir de son trou. On introduit ensuite les bassets après avoir bouché toutes les gueules du terrier, à l'exception d'une seule que l'on recouvre néanmoins d'une légère couche de branches, afin de faire obstacle à la sortie du renard sans gêner la circulation de l'air.

Pendant que les chiens fouillent le terrier, on fait silence jusqu'à ce qu'on entende les chiens crier; lorsque ceux-ci ont, par leurs aboiements précipités, marqué la présence d'un renard dans le terrier, on encourage les bassets en les appuyant et en leur criant : « Houla! houla! A moi renard! à moi! » On frappe alors à coups redoublés sur la garenne, afin d'effrayer le renard et de le faire reculer jusqu'à l'accul du terrier. Il est bon à ce propos de faire la description intérieure d'un terrier de renard ou de blaireau, composé de galeries nombreuses qui se croisent en tous sens et dont les principaux compartiments se nomment *maire*, *fusée* et *accul*. La maire précède l'accul, et c'est dans la maire que renards et blaireaux tiennent d'abord aux chiens. La maire est une place plus ovale que ronde; sorte de chambre de 2 à 3 pieds de diamètre. A l'extrémité de la maire est un trou étroit, long de 3 pieds environ qui communique à l'accul et qui se nomme fusée. La fusée est quelquefois droite, mais presque toujours courbe. L'accul est une cavité ronde sans issue, une impasse.

Avant d'introduire les bassets, il faut examiner la situation de la garenne, parce que, si elle est placée sur un coteau, il faut faire entrer les bassets par les trous qui sont les plus bas, afin de forcer les renards d'aller s'acculer au sommet de la garenne où les acculs sont peu profonds. Lorsque les chiens ont donné quelques coups de gueule, il n'est pas inutile qu'un chasseur se tienne prêt à tirer dans le cas où un renard viendrait à sortir du terrier, ce qui arrive quelquefois. Quand après bien des vicissitudes et des combats les chiens sont parvenus à refouler le renard dans l'accul, les chasseurs cherchent à bien se rendre compte de l'endroit où se trouvent les chiens et commencent une tranchée d'environ 0m,99 de large et 1m,66 de long, en ayant soin de rejeter la terre et d'éviter tout éboulement. Dès que la galerie souterraine est mise à jour, on introduit la tarière plate afin d'empêcher les renards de s'élancer par ce trou ; puis on découvre le renard et on le saisit par le cou soit à la main, soit à l'aide des tenailles.

Cette chasse a de tout temps été considérée « comme fort amusante pour les dames, dit Le Verrier de la Conterie ; assises sur la fougère, elles en prennent le plaisir à leur aise et par leur présence en inspirent de biens vifs aux véritables chasseurs. » Avant lui notre vieux du Fouilloux avait écrit sur la chasse du blaireau ce passage si souvent cité de ceux même qui n'ont jamais ouvert ce précieux livre. « Plus pour revenir au propos, le seigneur doit avoir sa petite charrette, là où il sera dedans, avec la fillette, âgée de seize à dix-sept, laquelle lui frottera la tête par les chemins. Toutes les chevilles et paux de la charrette doivent être garnis de flacons et bouteilles et doit avoir au bout de la charette un coffre de bois, plein de coqs d'Inde froids, jambons, langues de bœufs et autres bons *harnois de gueule*..... » Ces trois mots sont souvent les seuls qu'un grand nombre d'écrivains cynégétiques ont lu de toutes les doctes leçons du savant *bonhomme*.

Outre les panneaux et filets, on emploie, pour détruire les renards, les piéges de fer dont le plus connu est le traquenard. On a coutume de tendre ces piéges en hiver et de les amorcer soit avec des morceaux de viande, des oiseaux ou des entrailles de volailles.

M. d'Houdetot recommande l'appât suivant avec lequel il a vu prendre trente-trois renards dans la même semaine. Cet appât n'est autre que celui recommandé par Hartig, qui lui-même l'a trouvé inscrit tout au long dans le dernier chapitre de la *Chasse du renard*, par Le Verrier de la Conterie.

Nous donnerons donc cette recette merveilleuse.

« Prenez 1 kilogramme de graisse de porc mâle, coupez-la par petits morceaux, faites-la fondre sur le feu dans une terrine neuve en faïence ou en terre vernie, et, sans vous donner la peine de la passer, retirez seulement les résidus de la panne, ajoutez à la graisse, alors qu'elle est encore brûlante, 62 grammes de la seconde écorce de bois de morelle (solanum dulcamara), lorsque cette écorce est frite, vous la retirez et la remplacez par un oignon blanc coupé en tranches, un morceau de camphre de la grosseur d'une noix, et la valeur de cinq petites cuillerées à café d'iris de Florence.

« Après avoir retiré (à l'aide d'une fourchette neuve en fer) l'oignon que vous avez laissé cuire durant quelques minutes, vous faites frire dans la susdite graisse environ une livre (500 grammes) de mie de pain (au levain doux) coupé en petits morceaux carrés gros comme le pouce. Lorsqu'ils ont pris la couleur dorée des petites croûtes qui décorent les épinards, vous les enduisez de miel, tandis qu'ils sont encore chauds ; puis vous renfermez soigneusement ces croutons dans un pot neuf de faïence bien couvert pour éviter toute évaporation. Ainsi composé, cet appât peut conserver toute sa vertu l'espace de trois semaines.

« Quant à la graisse, on la met en réserve pour servir à préparer de nouveaux croutons et à entretenir les piéges.

« Le choix du jour, autrement dit de la température, est d'une grande importance quand on veut tendre les piéges. La pluie fait perdre aux croutons leur odeur, la gelée plus nuisible encore durcit les ressorts, le vent découvre les piéges. Il faut un temps tout exceptionnel : ni pluie, ni vent, ni gelée.

« On amorce le traquenard avec les croutons de la manière suivante : au lieu de les semer au hasard autour du piége, on en dépose deux ou trois seulement sur une couche de balle de froment dans la direction du piége.

Cette couche de $0^m.50$ à $0^m.60$ d'épaisseur est destinée à masquer le piége. On doit faire en sorte que les deux ou trois appâts servant d'amorces et placés à 2 mètres de distance les uns des autres dans la direction du piége qu'ils précèdent, ne diffèrent en rien de l'appât principal, afin d'engager le renard à y mordre avec plus de confiance. On visitera les piéges plusieurs fois dans la soirée, ainsi que le matin dès la pointe du jour, afin de s'emparer des renards qui, à force de se débattre dans le piége, finiraient par recouvrer la liberté au prix d'un membre. On a vu de ces animaux se trancher eux-mêmes la patte prise avec leurs dents pour se dégager.

On complète les dispositions préliminaires en traînant des boyaux de bœufs ou autres animaux depuis le terrier jusqu'au piége, et en semant des croûtons de distance en distance disposés sur la balle de froment. On aura soin d'éviter de toucher les piéges avec la main et de remplacer les souliers par des sabots. Enfin il n'y a pas jusqu'au poison que l'on emploie à la destruction des renards, et ce moyen est peut-être un des plus efficaces signalés jusqu'à présent. Il consiste à introduire 62 grammes de noix vomique dans le corps d'une taupe, d'une pie, d'un geai, et à jeter ces appâts autour des terriers des renards. Ceux-ci dévorent les pilules, et le tour est fait. Le seul inconvénient de ce mode d'empoisonnement est de pouvoir causer la mort des chiens qui trouveraient ces appâts. Mais c'est au garde ou fermier à prendre quelques précautions lorsqu'il a répandu les appâts empoisonnés. Après toutes les digressions plus ou moins longues sur les diverses manières de détruire le rusé voleur de poules et de gibier, nous arrivons enfin à la chasse à courre, pratiquée fort rarement en France. Cette chasse est en grand honneur chez nos voisins d'outre-Manche. Un vieux renard est pour le moins aussi vigoureux qu'un cerf et fournit un magnifique laisser-courre, quand, trouvant tous ses terriers bouchés, il se voit obligé de prendre son parti et de jouer des jambes. Aussi est-il nécessaire pour forcer un renard de boucher les terriers, non-seulement ceux des environs, mais ceux de plusieurs lieues à la ronde.

Presque tous les chiens se mettent facilement dans la voie du renard, d'autant plus que l'odeur est très-forte et augmente encore après plusieurs heures de chasse. La trace du renard ne peut être confondue avec celle d'aucun autre animal; le pied est sec et allongé, et le talon est fort petit, le pied de devant est plus grand que celui de derrière, et en marchant le pied de derrière se pose régulièrement dans la trace du pied de devant, autrement dit, il ne se méjuge point.

On attaque le renard à la billebaude en ayant soin de commencer la quête sur les terrains que ces animaux ont dû visiter le matin pour y rentrer.

Dès que le renard est lancé, la tâche du piqueux est faite, il suffit de suivre les chiens de près, car il est rare que la meute ne relève seule les défauts qui ne sont que de simples retours sans ruses ni finesse. Cette chasse ne réclame aucune science en vénerie. Quand l'animal a enfin reconnu que tous les terriers sont bouchés, il se décide à débucher. Alors la chasse s'anime, et le renard, sur ses fins, n'ayant plus de ressources, se décide à battre l'eau et à gagner les rives d'un étang ou d'une rivière qu'il traverse. C'est à ce moment que le plus souvent se déclare le défaut le plus difficile. Il faut dans ce cas chercher dans toutes les cavités du rivage, sous les racines d'arbres, sur les petites îles; on le trouvera presque toujours dans quelque cavité, de façon qu'il ait le corps abrité et le museau à découvert; alors on le fait sortir de sa retraite, puis étrangler par les chiens, après quoi on sonne l'hallali, et on présente le pied comme de toute autre bête. En Angleterre on offre la queue à l'invité que le maître d'équipage veut honorer.

Les Anglais se servent pour la chasse du renard d'une race spécialement formée à cet effet, la race des Fox-hounds, chiens à renards; ils emploient aussi les harriers qui sont de plus petite taille. Pour la masse des chasseurs anglais, l'unique attrait de la chasse est ce débucher, cette charge à fond de train à travers la campagne et par-dessus les obstacles les plus formidables, course folle et vertigineuse dont le vainqueur est celui qui a suivi la meute de plus près et s'est trouvé le premier à l'hallali.

Aussi, le plus souvent arrive-t-il dans la plupart des chasses du renard d'Angleterre, que l'animal lancé est apporté par le piqueux dans une boîte ou dans un sac. Le renard ainsi dépaysé perce avant, droit devant lui, et fournit toujours un brillant courre. C'est d'ailleurs un beau spectacle que de voir s'élancer sur les prairies, « sur le grass-land » du Leicestershire quatre-vingts à cent chiens suivis de nombreux et intrépides chasseurs en habits rouges. Mais la chasse muette traverse l'espace avec la rapidité du cheval de course : pas un cri ne se fait entendre, pas un son de cette joyeuse trompe française ne vient égayer la scène; la petite trompette du piqueux ou des valets de chiens (huntsman ou whippers in) jette de temps à autre une note aigre et criarde. La meute docile reprend son élan, et la poursuite recommence folle et désordonnée, jusqu'à ce que maître renard, noir de boue et de sueur, épuisé de fatigue, mette fin à cette scène soit en se laissant imprudemment étrangler par les chiens, soit en gagnant un trou où alors le piqueux arrivant à propos peut lui sauver la vie et le remettre en sac pour servir après quelques jours de repos à une chasse nouvelle.

LE BLAIREAU.

Le blaireau, que l'on appelait aussi le *tesson*, est rangé par les naturalistes dans la famille des ours. Le blaireau est plus gros, plus allongé et plus râblé que le renard, il a quelque ressemblance avec l'ours, le cochon et le hérisson. Sa tête a la même forme que celle du renard avec cette différence que le museau plus gros se rapproche de celui du chien, la longueur de son corps est d'un pied neuf pouces ou $0^m.57$ environ, ses jambes courtes ne mesurent pas plus d'un pied ou $0^m.33$ de haut.

Sa gueule est armée de dents aiguës et très-fortes, il a les yeux petits et d'un brun noir, les oreilles courtes et arrondies. Sa queue forte, large, garnie de poils fournis est longue de neuf pouces ou 0m.25 environ; les ongles sont très-longs et blancs; il pèse en moyenne dix-huit à vingt livres (9 à 10 kilogrammes), fort rarement 12 ou 16 kilog.

Le pelage du blaireau est nuancé de brun et de gris; sa tête est blanchâtre avec une bande noire sur chaque œil, son ventre est d'un brun noirâtre et ses poils sont tout à la fois rudes et soyeux. La femelle est plus petite que le mâle; le blaireau préfère les bois de peu d'étendue aux grandes forêts; il se creuse un terrier comme le renard et le partage souvent avec cet animal. Le blaireau reste tout le jour dans le repos le plus parfait et ne sort de son trou que la nuit, afin d'aller chercher sa nourriture. Comme il a les jambes très-courtes et fort peu agiles, il s'éloigne rarement à plus de 1 kilomètre de son terrier. Il se nourrit de toute sorte de racines, de fruits, de légumes, d'insectes et aussi des œufs d'oiseaux, de lapereaux, de faisans et autres gibiers de plume. D'ailleurs, il rend quelques services à l'agriculture en détruisant les mulots, les taupes, les hannetons, les guêpes, et beaucoup d'insectes; c'est donc sans un motif réel qu'il a été compris au nombre des animaux nuisibles par l'arrêté du 19 pluviôse, an V, et le règlement du 1er germinal, an XIII. Le blaireau durant le printemps et l'été atteint à un degré de graisse étonnant, dont il fait, pour ainsi dire, provision, et dont il se nourrit pendant les mauvais jours d'hiver. Il arrive souvent, par les temps de neige ou de fortes gelées, qu'il passe plusieurs nuits de suite dans son terrier, il se repaît de sa propre graisse qui suinte d'une espèce de poche, située entre l'anus et la queue. Les blaireaux entrent en chaleur dans le mois de novembre, et, à cette époque, on trouve quelquefois plusieurs mâles dans le terrier d'une femelle. Celle-ci porte pendant dix à douze semaines, met bas en janvier ou février depuis trois jusqu'à six petits qui naissent les yeux fermés, la mère les allaite et les nourrit pendant dix mois, et à partir de cet âge ils pourvoient eux-mêmes à leur nourriture. Ils n'atteignent leur entier développement qu'à l'âge de deux ans.

On distingue facilement le pied, certains auteurs disent la trace du blaireau, il a l'allure courte, la sole large, les ongles allongés, et l'empreinte de son pied a beaucoup de ressemblance avec celle du chat.

On chasse cet animal soit à l'affût, soit avec des chiens terriers ou bassets qu'on introduit dans les trous hantés par les blaireaux; on procède pour déterrer ces blaireaux de la même façon que pour prendre les renards; nous ne reviendrons pas sur ce sujet, déjà traité précédemment; mais nous devons ajouter toutefois que le blaireau se défend plus courageusement et avec plus de vigueur que le renard, ne cédant le terrain que pied à pied, et livrant aux chiens un combat acharné.

La chasse à l'affût lasse la patience de plus d'un constant amateur, d'autant plus que le blaireau quitte son terrier à une heure fort avancée de la nuit, et rentre bien avant l'aurore; de plus, il est fort rare d'étendre mort d'un coup de fusil ce robuste animal qui parvient à gagner le plus souvent son terrier, dans lequel il se traîne et expire. On recommande d'achever le blaireau d'un coup de bâton sur le nez ou sur la nuque, et d'éviter avec soin de se mettre à portée de sa gueule terrible; car il se précipite parfois sur les jambes des chasseurs, et sa morsure est cruelle. On prend aussi le blaireau au moyen de piéges et de collets, mais cet animal est fort rusé et sait éventer les embûches les mieux dressées.

On fait en Allemagne la chasse au blaireau pendant la nuit avec un limier dressé à cet effet. Après avoir bouché les terriers et pendant qu'un chasseur armé d'une fourche attend le blaireau devant la garenne, d'autres suivent le limier chargé de lancer l'animal, et, sitôt ce dernier lancé, découplent plusieurs chiens courants qui atteignent bientôt le blaireau, l'arrêtent et donnent aux chasseurs le temps d'arriver et de mettre à mort d'un coup de fourche cette terrible bête puante.

LE LAPIN.

Le lapin, que du Fouilloux et les anciens auteurs désignent sous le nom de connil, est de l'ordre des rongeurs et de la famille du lièvre. Plus petit que le lièvre, il est d'un pelage plus gris, ses jambes sont plus courtes, il court vite environ deux cents pas, mais se fatigue, et peut être facilement pris en plaine par un chien d'arrêt.

Le lapin est originaire du midi de l'Europe et préfère les terrains sablonneux, où il creuse plus

Fig. 1630. — Lapins.

facilement son terrier, sa demeure, son refuge, dans lequel il passe la plus grande partie du jour. Le lapin ne sort de son trou que par le beau temps, et se tient toujours à proximité de sa garenne, qu'il regagne dès qu'il est lancé. Il se nourrit d'herbes, de grains, de fruits, et dans l'hiver exerce de grands ravages dans les blés verts; il mérite à juste titre d'être mis au nombre des animaux nuisibles, tant à cause des dégâts qu'il occasionne aux récoltes, que par la rapidité avec laquelle il se multiplie. Dans une *rabouillère*, sorte de trou de peu de profondeur qu'elle creuse à cet effet, et non dans un terrier, la femelle fait chaque année de cinq à six portées composées de huit à dix petits, qui, eux-mêmes, sont en état d'engendrer dès l'âge de cinq à six mois, et comme le lapin vit environ huit ou neuf ans, on peut se rendre compte de la grande multiplication de ce petit rongeur. « Pline et Varron, dit le *Dictionnaire* de Baudrillart, rapportent qu'une ville entière de l'Espagne fut détruite par le nombre incroyable de lapins qui s'étaient logés dans ses fondements. » Un voyageur anglais assure qu'une paire de lapins ayant été transportée dans une île, il s'en trouva six mille au bout de l'année. Bien que ces récits soient exagérés, il n'est pas moins vrai que, dans l'intérêt de l'agriculture, la destruction du lapin est autorisée durant toute l'année et pendant l'époque de la fermeture de la chasse. Dès l'année 1669, la multiplication des lapins dans les forêts royales était telle, qu'une ordonnance prescrivit la destruction de ces animaux, et enjoignit aux officiers des chasses, de faire fouiller et renverser tous les terriers de lapins qui se trouvaient dans lesdites forêts. En 1676, le 21 janvier, le Conseil d'État rendit un arrêt ordonnant la destruction des lapins, et accordant une indemnité aux propriétaires des terres dévastées. Il y a plusieurs manières de chasser et de détruire le lapin, soit au fusil, à l'aide de bassets, soit au moyen du furet, que l'on introduit dans les terriers et qui fait déguerpir le lapin de la garenne, soit à l'affût, au piége, au panneau, en battue.

La chasse du lapin aux chiens courants ressemble à toutes les autres chasses à tir. Dans un bois bien peuplé, elle offre un plaisir toujours certain et peu fatigant, car le lapin, avant de se terrer, tourne quelque temps dans la même enceinte sans s'écarter au loin comme le lièvre. Les chiens les plus estimés pour chasser le lapin sont les bassets français à jambes droites ou à jambes torses, et cette petite race de Beagles griffons connus en Angleterre sous le nom de « Rabbit Beagles » Beagles à lapins. A peine entrés dans le bois, les chiens ont aussitôt lancé, et alors commence cette chasse au petit pied, où la vue, le défaut, le hourvari, le relancé, se renouvellent dix fois en une heure. Le chasseur immobile dans une clairière, ou placé au passage d'une allée le ventre au bois, attend en silence le rusé petit drôle. Ne vous lassez pas de rester ferme à votre poste, évitez de courir pour prendre les devants, car souvent le lapin revenant sur son contre-pied écoute, vous entend, et s'éloigne. Du reste, cette chasse, assez agréable, est toujours utile, et convient à tous les âges.

On peut aussi chasser le lapin au chien d'arrêt, dans les taillis clair-semés, ou dans les broussailles peu couvertes. Il est souvent difficile d'apercevoir ce petit animal lorsqu'il sort du gîte, et il sait si bien se couvrir d'un arbre, faire un crochet, suivre une coulée, qu'il faut presque toujours tirer au *jugé*, c'est-à-dire jeter son coup de fusil à l'endroit où l'on présume qu'il se trouve. Les gardes excellent dans le tir du lapin, et nous avons connu en Sologne un de ces tireurs, tellement habile, qu'avant même que nous ayons pu soupçonner qu'un lapin fût déboulé, il l'avait ajusté, tiré et roulé. Le coup d'œil de ces gardes est merveilleux; il est vrai que le lapin qu'ils ont la permission de détruire, est le seul gibier dont ils fassent leur nourriture; cette raison explique suffisamment leur adresse.

On chasse le lapin à l'affût, le matin et le soir, comme tous les animaux. L'affûteur se cache ordinairement dans un fossé ou derrière un buisson, dans une clairière ou sur la lisière du bois, non loin d'une garenne; souvent il monte et s'établit dans un arbre, attend patiemment les lapins en ayant soin de mettre un morceau de papier blanc sur le point de mire de son fusil, afin d'ajuster plus sûrement dans l'obscurité du clair de lune.

Mais nous ferons remarquer à ce sujet qu'il y a un grand inconvénient à tirer les lapins à peu de distance de leurs terriers, car le lapin blessé peut regagner son trou, il y meurt et l'infecte, ce qui en éloigne ceux qui fréquentaient cette garenne et les obligent à creuser de nouveaux terriers.

De tous les moyens employés pour la destruction du lapin, le plus efficace est à coup sûr la chasse au furet, avec des bourses.

Le furet est un petit quadrupède de la famille des martes; il a quatorze ou quinze pouces de long, c'est-à-dire 0m,38 à 0m,40. Le furet a été apporté d'Afrique en Espagne où on l'a employé à la destruction des lapins dont il est l'ennemi déclaré. La nourriture du furet consiste en une mouée faite de pain et de lait. On donne peu de nourriture au furet avant la chasse. On le transporte dans un sac de toile sur les garennes que l'on veut fureter, et avant de l'introduire dans les terriers, on commence par tendre des bourses à chaque gueule. Les bourses ou poches sont de petits sacs à grandes mailles dont l'orifice est muni d'une ficelle passée en coulisse, qui glisse et en ferme l'entrée. Les bourses doivent être bien tendues en débordant les trous, sans qu'aucune branche ou racine les empêche de se fermer; elles doivent être attachées assez solidement par la ficelle qui leur sert de cordon, soit à une branche, soit à un petit piquet que l'on fiche en terre.

On attache au cou du furet un gros fil retenant quelques petits grelots, indiquant par leur bruit la direction que suit le furet quand il sort du terrier. Lorsque les bourses sont ainsi tendues, on met le furet dans le terrier par une des gueules les plus fréquentées, et l'on raffermit la bourse. Il faut exécuter ces manœuvres sans bruit, autrement le lapin effrayé ne sortirait pas du terrier et s'y laisserait plutôt étrangler. Souvent, dès que le furet est introduit, les lapins fuient avec précipitation, donnent dans la bourse qui se ferme, et où ils sont pris; il faut aussitôt saisir le lapin et retendre une autre bourse à la même gueule, car il est rare qu'il n'y ait qu'un seul lapin dans un terrier.

Si le furet revient pour sortir et qu'on pense que tous les lapins n'ont pas quitté le terrier, on souffle au nez du furet, on lui jette du sable, afin de le faire rentrer dans la profondeur de la garenne.

On est exposé souvent à fureter des terriers vides; afin d'éviter cet inconvénient, on se fait suivre d'un vieux chien d'arrêt, qui *marque au terrier*, soit en grattant dans les trous fréquentés, soit en arrêtant sur une des gueules.

Quelquefois le furet ayant atteint dans un trou soit un lapin effrayé, soit un lapereau, suce le sang, et, repu, s'endort sur le corps de sa victime. Dans ce cas, on cherche à tirer le furet de sa torpeur par un coup de fusil à poudre déchargé dans une gueule de la garenne, soit en frappant du pied et en faisant grand bruit; mais toutes ces tentatives sont le plus souvent infructueuses, et alors il faut attendre le retour du furet, ou bien boucher fortement tous les trous et revenir le lendemain matin, dès l'aube, déboucher les trous et appeler le furet. Ce moyen nous a plusieurs fois réussi. On conseille, afin d'empêcher le furet d'étrangler les lapins, de museler ce furet, ce qui est un mauvais moyen; il est mieux de scier les crochets les plus gros.

On chasse aussi le lapin au moyen du furet, mais en laissant les gueules du terrier ouvertes, afin de tirer les lapins au sortir du trou, ce qui s'appelle *fureter à blanc*.

On chasse au furet depuis trois heures environ après le lever du soleil, jusqu'à deux ou trois heures avant son coucher, parce que pendant ce temps, les lapins sont dans leurs terriers. Dans le cas où l'on veut commencer à fureter dès le matin, on découple quelques bassets qui mettent les lapins sur pied et les forcent à se terrer.

Nous devons encore mentionner les battues dans lesquelles un grand nombre de rabatteurs foulant une enceinte frappent chaque buisson, jettent des cris et font grand bruit, afin de lever le gibier et de le conduire sous les coups des chasseurs placés à la lisière du bois ou au passage d'une allée. On procède de la même façon lorsque l'on emploie les grands filets appelés panneaux, vers lesquels on rabat les lapins et dans lesquels on les prend vivants. Ce mode de panneauter est en usage pour les lapins, les lièvres et les grands animaux.

On se sert, en outre, de collets en fil de laiton afin de détruire le lapin; on place ces collets près des embouchures des terriers dans les coulées ou sentiers fréquentés, dans les passages des haies où plus d'un chasseur les découvre, soit en s'y faisant prendre le pied, soit en voyant son chien d'arrêt hurler de détresse, la patte serrée dans le fatal nœud coulant.

On prétend qu'en Espagne les chasseurs sifflent les lapins au moyen d'un appeau; cette chasse merveilleuse nous semble quelque peu chimérique. Cependant Labruyère, ancien braconnier devenu garde du comte de Clermont, affirme aussi que certains de ses camarades pipaient les lapins, non toutefois en imitant leur cri, mais en reproduisant le bruit qu'ils font lorsque ceux-ci frappent la terre de leurs pattes de derrière

Nous consignerons en finissant quelques modes usités, afin de faire sortir les lapins de leur trou sans l'aide du furet. Signalons d'abord le moyen qui consiste à enfumer le lapin de la même manière que le renard, puis la chasse à l'écrevisse. Ce crustacé remplace le furet, plus lentement, il est vrai, mais il a l'avantage de ne laisser aucune odeur dans la garenne et de ne pas étrangler les lapins.

LA LOUTRE.

La loutre. — La loutre est de la famille des martes; de la taille et de la grosseur d'un renardeau ou d'un blaireau, elle se rapproche davantage de ce dernier par sa conformation. Elle a les jambes courtes, la tête plate, le museau large, les dents fortes et aiguës, les oreilles courtes et rondes, la queue grosse, les pieds palmés. Son pelage est d'un gris brun, mais le duvet épais qui forme la base du poil est de couleur jaunâtre.

Le poil de la loutre, de même que les plumes des oiseaux aquatiques, tant que l'animal est vivant, ne s'imprègne pas d'eau. La loutre nage plus vite qu'elle ne marche. Elle plonge avec une adresse extrême et reste plusieurs minutes sous l'eau, où elle va saisir le poisson dont elle fait une consommation prodigieuse. « Elle fait grand dommage es viviers et estangs, » dit du Fouilloux, mais elle se nourrit aussi d'insectes, de grenouilles, d'écrevisses, de rats d'eau et d'oiseaux. Elle mange les petits poissons tout entiers, elle laisse la tête et les écailles des gros.

Les loutres sont en chaleur dans le mois de février « en même saison que les furets, » rapporte Leverrier de la Conterie, qui répète les remarques consignées par du Fouilloux à ce sujet. La femelle porte neuf semaines et dépose ses petits, au nombre de deux à quatre, dans un trou qu'elle se creuse sous quelque souche ou racine d'arbre au bord de l'eau.

La trace de la loutre est un peu plus forte que la voie d'un renard, on reconnaît facilement l'empreinte de son pied palmé, mais on ne distingue jamais la marque de son talon.

La loutre habite sur les bords des lacs, des rivières et des étangs, se retire dans les creux des rives sous les racines des arbres, et ne séjourne jamais longtemps dans le même canton.

On prend la loutre au piége ou dans des filets de pêche, on la tire à l'affût, mais on ne pratique plus de nos jours cette chasse comme on la faisait jadis avec des chiens courants, selon la description que nous donnent du Fouilloux, et après lui la Conterie. Il existe encore en Angleterre quelques meutes pour loutre, mais ces équipages deviennent de plus en plus rares.

Les pêcheurs capturent un grand nombre de loutres dans leurs filets tendus entre deux eaux; mais, quand on veut chasser la loutre et la prendre au filet, on tend à travers un ruisseau ou une petite rivière en amont et en aval, deux solides panneaux à grosses et fortes mailles; deux chasseurs veillent à chaque filet, d'autres battent la rive avec des chiens et font sortir la loutre de sa retraite. Dès qu'elle part, la loutre s'élance dans l'eau, plonge, et de refuites en refuites donne dans un des filets. Alors le chasseur, sentant la secousse produite par la loutre, lèvera promptement le filet et se hâtera de tuer l'animal.

L'affût pour la loutre est une tâche fort ingrate ; cependant, comme cet animal a coutume d'aller déposer ses *épreintes* sur la même pierre, en choisissant toujours la plus blanche, l'affûteur, en se postant près de cette pierre, après plusieurs nuits d'attente vaine, finit enfin par tirer cette bête énergique et vivace entre toutes.

Car, s'il est difficile de la tuer, il est encore plus difficile de l'arrêter sur place. Tant qu'elle possède une étincelle de vie, elle plonge et disparaît sans retour.

Nous croyons inutile de mentionner la chasse de la loutre que jadis on pratiquait à force de chiens ; cependant les anciens chasseurs de loutre n'entendaient pas réduire et forcer la loutre, mais la lancer et la tuer à coups d'épieux ,et plus tard à coups de fusils.

Toutes les fois qu'une loutre poursuivie par les chiens se retire dans un de ses terriers, il faut bien se garder d'appuyer les chiens, mais on doit les retirer aussitôt, car les dents et les ongles de la loutre ont le tranchant du fer et mettraient en pièces les plus hardis bassets. On bouche l'entrée du trou et l'on déterre cette bête de la même manière que le renard, et d'autant plus aisément que le terrier est peu profond.

La loutre se prend aussi au piége : on se sert de l'assiette de fer et du traquenard attaché solidement à une forte chaîne de quatre pieds de long. Baudrillart, en son *Dictionnaire des chasses*, conseille l'emploi d'un appât composé de la manière suivante : quatre onces de graisse d'oie ou de porc, trois grains de camphre, quatre grains de castoreum, et un demi-grain de musc, le tout fondu et bien amalgamé. Nous copions cette recette à tout hasard.

L'ÉCUREUIL.

Ce petit animal, capricieux et coquet, cause des dégâts considérables, principalement dans les forêts de pins ; il perce les cônes des arbres, coupe les rameaux et de préférence ceux qui portent les boutons des fleurs, mange et les fleurs et les graines.

Il est très-friand de noix, de fruits. Chasseurs et fermiers ont coutume de le détruire partout où ils le rencontrent. D'ailleurs la fourrure de l'écureuil, assez peu estimée en France et en Allemagne, est très-appréciée dans le nord de l'Europe. La chair de cette petite bête est assez délicate, malgré un goût de résine fort prononcé qu'il est impossible de dissimuler.

L'écureuil fait une ou deux portées par an. La femelle dépose dans un nid construit à la cime des arbres, de trois à six petits qui naissent les yeux fermés et qui, dès l'âge de cinq à six semaines, pourvoient à leur nourriture.

La trace des écureuils est facile à reconnaître à l'écartement des doigts. Les pieds sont empreints à côté l'un de l'autre de deux pas en deux pas et placés l'un derrière l'autre. On chasse l'écureuil au chien d'arrêt ou au chien courant ; sitôt lancé, l'écureuil, qui court fort mal, séjourne peu sur terre et grimpe sur un arbre, puis, sautant de branches en branches, il s'esquive, tantôt se cachant et disparaissant derrière le tronc, tantôt se faisant un abri d'une feuille, et désespère le chien qui aboie et le chasseur qui cherche en vain son invisible proie.

LA MARTE, LA FOUINE, LE PUTOIS ET LA BELETTE.

Nous ne saurions trop conseiller la destruction de ces petits carnivores qui désolent les basses-cours des fermiers et détruisent aussi le menu gibier.

La marte de France est de la grosseur d'un chat parvenu à la moitié de sa taille. Le fond de son poil est brun lustré, sa gorge est marquée d'une tache jaune clair. N'habitant que les grandes forêts, elle est devenue fort rare de nos jours, mais elle a avec la fouine une si grande ressemblance que les cultivateurs et plus d'un chasseur les confondent.

La fouine ne diffère de la marte que par la couleur de la tache placée sous la gorge, qui est blanche chez la fouine et jaune chez la marte. La fouine pullule l'hiver dans les granges des fermes, ravageant les poulaillers ; durant l'été elle parcourt les bois, dévorant les œufs de perdrix, de faisans, les jeunes perdreaux à la traîne, et commet autant de dégâts qu'un renard.

Le putois est moins grand que la fouine, son pelage est plus brun, sa gorge, sa bouche, son menton, sont encadrés d'un petit liséré blanc ; il est aussi redouté et exerce autant de ravages que la fouine parmi la gent emplumée de la basse-cour. C'est un grand destructeur de volailles, un consommateur effréné d'œufs de toutes sortes.

La belette, au corps allongé et fluet, est de couleur fauve ; moins forte que la fouine et le putois, elle a les mêmes instincts carnassiers que les précédents, mais tous ces petits animaux, toute cette vermine trouvant l'été dans les bois une nourriture abondante, ne regagnent les granges et les hangars des fermes que durant l'hiver. C'est dans cette saison que l'on peut sûrement les trouver et se livrer à leur poursuite. On procède à la destruction de ces bêtes puantes de différentes manières ; on les tue à l'affût, on les prend aux piéges, on les chasse aux chiens bassets.

C'est une distraction utile et charmante pendant une journée pluvieuse que cette chasse d'une fouine vigoureuse et rusée poursuivie à travers les greniers et les granges, sur les toits, dans les trous, par ces petits chiens tenaces, qui grimpent aux échelles comme des chats, et prennent leurs retours derrière une meule de paille, comme un équipage de cerf autour d'un boqueteau. Bien qu'il soit plus honorable de forcer et de prendre la bête de meute, nous sommes d'avis d'abréger la chasse par un coup de fusil. Ainsi, dès que vous verrez distinctement ou fouine ou putois, tirez sans remords, mais après avoir pris certaines précautions, telles que de vous servir de bourres en feutre ou en poils de chevreuil, et non de bourres en papier qui s'enflamment et causent de nombreux sinistres.

Il nous resterait encore peut-être à parler de la destruction des souris et des rats, mais cette chasse n'est plus de la vénerie et appartient aux chats.

LOUIS BIGOT.

CHAPITRE VI

DE LA PÊCHE

La petite pêche est une distraction et un simple amusement à l'usage des gens oisifs ; elle devient aussi un métier exercé par certains artisans. Nous n'avons point la prétention ici de donner des conseils aux pêcheurs de profession, nous nous estimerons asez heureux si nous pouvons fournir aux novices quelques observations claires, justes, précises, capables de guider leurs premiers essais.

On a vu, à la fin du premier volume de cet ouvrage, tout ce qui concerne l'exploitation, l'aménagement, l'empoissonnement des étangs, nous n'aurons donc qu'à nous occuper des divers engins dont se servent les pêcheurs et de la pêche proprement dite.

Fig. 1632. — Perche, Canne à pêche.

Nous commencerons par traiter de la pêche à la ligne, comme étant la plus simple, puis nous nous occuperons des filets et autres instruments de pêche, et enfin, passant en revue les espèces diverses de poissons, nous essayerons de retracer les meilleures recettes, les appâts les plus estimés, les filets les plus connus à l'aide desquels on fait passer des profondeurs des eaux, brochets, carpes, gardons et autres dans la poêle à frire.

Lorsque vous aurez fait ample provision de patience, vous serez à moitié équipé. Vous trouverez facilement ligne, perche ou canne à pêche ensuite.

La perche est un brin de coudrier, de saule, pour le campagnard ; l'amateur ou le pêcheur de la ville est toujours muni d'une canne à pêche, c'est-à-dire d'un gros roseau dans lequel sont renfermées deux ou trois pièces qui se vissent les unes au bout des autres et composent tantôt une canne, tantôt une gaule longue de 3 à 5 mètres. Toute gaule, quelle qu'elle soit, doit se terminer par un *scion* flexible naturel ou adapté à l'extrémité. Ordinairement les pêcheurs confectionnent leurs perches en emboîtant les unes au bout des autres plusieurs pièces dans des viroles de ferblanc ou bien en les reliant entre elles au moyen de cordelettes cirées et enduites de goudron.

Les cannes à pêche faites de roseau, de bambou, de jonc, etc., sont plus commodes à porter, mais elles n'offrent aucune solidité et sont abandonnées par les vrais et rustiques pêcheurs. D'ailleurs, selon le genre de pêche à laquelle on se livre, il faut connaître la perche qui convient.

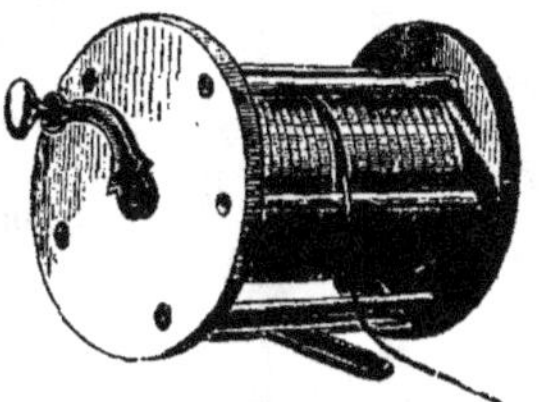

Fig. 1633. — Moulinet.

Une gaule légère et flexible est indispensable pour pêcher à la ligne volante la truite et le juerne. Au contraire, lorsqu'on vise à prendre de gros poissons comme saumons, brochets, carpes, etc., la perche doit être solide et munie d'anneaux et d'un moulinet. Elle se compose de trois pièces pleines. Les deux premières sont en bois de frêne très-sec, et la troisième qui forme le scion est un bambou garni à son extrémité d'une tige de baleine ; des anneaux espacés à $0^m,22$ de distance servent à conduire la ligne le long de la canne jusqu'au moulinet qui est placé sur le *pied de ligne*, c'est-à-dire à la jonction de la première virole. On roule la ligne sur le moulinet qui sert à allonger ou à raccourcir la soie selon les mouvements brusques du poisson enferré à l'hameçon.

La ligne est cette ficelle tantôt de crin, de

soie, de *pite*, de *racine*, à laquelle on attache l'hameçon. Chacun connaît la soie et le crin, disons tout de suite quelles sont les matières nommées pite et racine. Le *pite* ou fil de pite est extrait en filaments très-minces, très-longs et très-souples, d'une espèce d'aloès d'Amérique. On se sert particulièrement du fil de pite pour *empiler l'hameçon*, autrement dit, pour nouer l'hameçon à l'extrémité de la ligne. Par *racine, poil de Florence, mors à pêche*, on désigne une sorte de cordelette formée de la liqueur gluante dont le ver à soie fabrique son cocon. Voici de quelle manière on prépare ce fil : on prend les plus gros vers à soie prêts à filer leurs cocons, puis on les fait infuser pendant vingt-quatre heures dans du vinaigre ; ensuite, après avoir ouvert la chenille, on saisit le sac qui contient la matière, sorte de glu liquide que l'on étire en fil jusqu'à 0m,30 à 0m,40 de longueur. Lorsque ce fil est desséché, il est très-souple et très-solide, il a l'aspect d'une corde à boyau, et plus de force que douze crins de cheval réunis en faisceau. On emploie la racine ou mors à pêche surtout à empiler les hameçons ; on en fait aussi des lignes tout entières. Mais presque toutes les lignes faites de crin, de soie et autres menus fils sont destinées à pêcher de petits poissons et reçoivent le nom de lignes volantes ou flottantes. Il y a aussi les lignes dormantes que l'on attache à des corps fixes. Ce sont des cordeaux ou autres ficelles solides destinés à prendre les plus gros poissons.

Les lignes volantes sont faites ordinairement de crin légèrement tordu. On choisit les plus longs crins de la queue d'un cheval, on réunit huit ou dix brins de même longueur que l'on roule les uns sur les autres, puis on ajoute par un nœud double les pièces les unes au bout des autres, en ayant soin que l'une des extrémités soit plus mince que l'autre. A cette extrémité est attaché l'hameçon, crochet en métal armé d'un petit dard barbelé. A 0m,08 ou 0m,10 environ au-dessus de l'hameçon on fixe sur la ligne un ou deux grains de plomb de chasse fendu, dont la grosseur varie selon l'espèce de poisson que l'on veut prendre. Afin que le pêcheur puisse se rendre compte si le poisson *mord* à l'appât qui recouvre l'hameçon, on place au-dessus du plomb un bouchon de liége, ou un tuyau de plume qui, se tenant à la surface de l'eau, s'agite et tremble à chaque saccade imprimée à la ligne par le poisson. D'ailleurs le bouchon, se plaçant à volonté sur un point ou un autre de la ligne, selon la profondeur de l'eau, soutient l'hameçon à une certaine distance du fond. Ce bouchon de liége ou ce tuyau de plume se nomme *flotte*. On donne généralement à ce liége une forme sphérique et peu volumineuse. On le perce d'un trou dans lequel passe la ligne qui est maintenue au point voulu par une petite cheville de bois ou mieux par un tuyau de plume qu'on peut retirer aisément et qui fait l'office d'un coin.

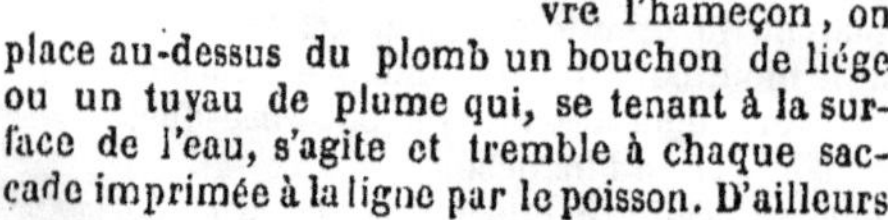

Fig. 1634. — Flotte.

Il ne reste plus qu'à attacher l'*haim* ou hameçon. Il y a deux sortes d'hameçons ; les uns terminés par un anneau, les autres par un aplatissement qui retient la garniture. Il est toujours facile d'attacher un hameçon à anneau, mais savoir bien assujettir un hameçon à queue n'est pas si aisé. On recommande, en ce cas, « de plier en deux l'extrémité de la ligne, ou *empile*, puis de la fixer sur l'hameçon au moyen de fil de soie fine et poissée. On commence la ligature en arrêtant le petit bout sous le pouce et en montant trois ou quatre tours ; on enjambe ensuite sur les tours que l'on vient de faire, on ligature en descendant et en serrant fortement jusqu'à la moitié de la queue, on ouvre la boucle que fait l'empile sur l'hameçon et on passe dedans le bout de soie qui a tourné ; alors tirant fortement, sans précipitation sur l'empile, en tenant l'hameçon fermé, la boucle coule et rejoint la ligature ; tout est alors arrêté et on n'a plus qu'à couper au ras le bout de la soie. »

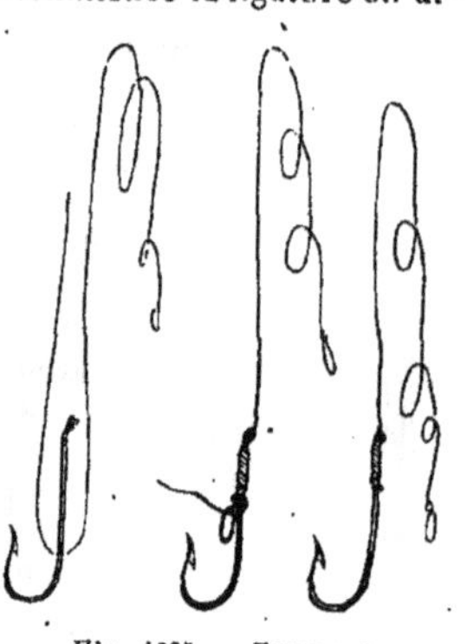

Fig. 1635. — Hameçons.

Il y a des hameçons de toutes les grosseurs qui sont indiquées par des numéros depuis les n°s 00000 jusqu'au n° 16 ; les plus gros hameçons portent les n°s 0 et vont s'amincissant et s'échelonnant jusqu'au n° 16, on se sert pour la pêche du brochet d'hameçons doubles à deux branches affectant la forme d'une ancre.

On ne fabrique pas d'hameçons en France, les meilleurs viennent d'Angleterre, ceux provenant d'Allemagne sont très-cassants et très-mauvais. Il faut essayer les hameçons avant de les acheter en accrochant l'un d'eux à un clou et en tirant avec force. Si l'acier se casse ou s'allonge, l'haim ne vaut rien ; si au contraire le métal montre une certaine élasticité et que la pointe soit très-acérée, l'hameçon est de bonne qualité.

Ceci énoncé, il est indispensable de savoir fixer la ligne à la perche ou à la canne. On recommande surtout de ne point entailler d'une coche l'extrémité du scion à laquelle on attache la ligne, car par ce moyen on diminue la force du scion. Presque toujours on roule autour de la perche la ligne à 0m,50 ou 0m,60 de l'extrémité, puis on fixe-

par un nœud coulant le cordonnet de crin ou de soie au bout du scion. Quelquefois on attache la ligne par un nœud à boucle à une cordelette de soie forte qui pend à cet usage au bout du scion.

Quand la perche est munie d'anneaux et d'un moulinet, on fait passer la ligne dans les anneaux, puis on enroule l'excédant sur le moulinet.

Les pêcheurs bien outillés se servent encore d'autres ustensiles tels que les *plioirs*, l'*épuisette*, le *grapin*, etc.

Le **plioir** est une planchette longue de $0^m,25$ à $0^m,30$, cochée à chaque extrémité et sur laquelle on plie les lignes, ficelles ou cordeaux.

L'**épuisette**, que l'on nomme aussi trouble ou troublette, est un petit filet en forme de poche, monté sur un cerceau auquel est attaché un long manche en bois. Elle est fort utile au pêcheur pour enlever un gros poisson pris à la ligne. En effet, au moment de tirer le poisson de l'eau, souvent il se détache, l'hameçon se casse ou la ligne se rompt. Lorsque le pêcheur est muni d'une épuisette, il attire le poisson sur la rive, puis, prenant ce petit filet de la main droite, il le place sous le poisson qu'il enlève très-facilement.

Le **grapin** est un petit crochet à quatre branches dont on se sert pour arracher les herbes aquatiques dans lesquelles l'hameçon serait engagé. Le grapin attaché à une corde est lancé au milieu des herbes et attire la ligne avec les nénuphars ou autres racines perfides qui retiennent l'hameçon.

En outre, les pêcheurs sont munis d'une trousse garnie d'hameçons, de passants, de plombs, de mouches artificielles, d'un panier de pêche qui est la carnassière du pêcheur, et enfin de boîtes en fer-blanc de diverses formes soit pour emporter les petits poissons vivants qui servent d'amorces, soit pour contenir les vers ou les asticots.

DES AMORCES OU APPATS.

C'est en effet dans l'amorce ou *aiche* que réside le grand secret de la pêche à la ligne ; bien que les poissons soient très-gourmands, il s'agit de stimuler encore leur appétit par des mets exquis et choisis, présentés à propos selon les heures de la journée et la configuration des lieux.

Les *appâts naturels* le plus communément employés à la pêche des poissons d'eau douce sont les vers, les insectes et toutes espèces de larves. Il est facile de se procurer les vers de terre ou de fumiers nommés *achées* dont les pêcheurs ont formé le verbe *aicher* qui signifie *amorcer*. Dans les ruisseaux on trouve des racines d'iris aquatiques qui renferment des vers blancs ou jaunes dont les poissons sont très-friands. Les vers de viande ou asticots sont aussi très-estimés. Il est bon, si l'on veut se pénétrer des principes, de faire dégorger les vers avant de s'en servir; à cet effet on les place dans un sac plein de mousse humide. Quand on veut conserver les vers, il faut avoir soin de renouveler la mousse tous les trois ou quatre jours : quand on s'aperçoit que les vers maigrissent, on arrose la mousse avec une cuillerée de crême ou de lait ou mieux encore avec du bouillon non salé. Lorsque les vers sont malades, le nœud que l'on remarque au milieu du corps de cet insecte commence à se renfler ; si on ne réconforte pas au moyen de lait ou de bouillon les vers ainsi malades, ils ne tardent pas à mourir. On trouve dans la vase une espèce de petite lamproie, grosse comme un tuyau de plume, dont on fait un appât auquel M. Baudrillart donne le nom de *chatouille* et qui est employé avec avantage pour prendre l'anguille, le brochet et la lotte. Les petits poissons, tels que vérons, petits gardons, petites perches dont on tranche l'arête du dos, et autres menus fretins, sont d'excellents appâts.

On fait usage, pour la pêche dans les rivières, de la chair de toutes sortes d'animaux ; le chat et le lapin et surtout leur foie ont été très-vantés.

Les entrailles d'animaux et le sang caillé attirent les poissons qui vivent au fond des eaux.

Les moules de rivière tirées de leurs écailles, les limaces, les sauterelles, les différentes espèces de scarabées, les fourmis ailées, plusieurs mouches et papillons, les grenouilles, les rats, les petits canards qui viennent d'éclore servent aussi d'amorces.

On fait avec de la mie de pain de petites boulettes que l'on jette dans l'eau pour attirer les poissons. On amorce même les hameçons avec du pain auquel certaines personnes ajoutent soit du miel, soit de l'assa fœtida. On recommande aussi le fromage pendant l'été; il faut choisir le plus décomposé par la fermentation. Le fromage de gruyère est un excellent appât pour le barbillon.

On emploie différentes espèces de graines. Les fèves de marais cuites à demi et enduites de miel servent aussi d'appât. Mais, pour attirer les poissons de fond, on a coutume de faire un mélange de pain, de chènevis, de sang caillé, de fumier de cheval ; on habitue aussi les poissons à fréquenter certaine place en jetant de l'orge bouillie mêlée à de l'argile compacte qui entraîne l'orge au fond de l'eau.

Les carpes sont particulièrement attirées par le fumier de vache, de cheval, de mouton. Les brêmes sont friandes d'une certaine mouée grossière faite d'orge concassée et bouillie. On jette le soir des pelotes de cet appât, et le lendemain à la pointe du jour on trouvera un grand nombre de brêmes cherchant encore à cette place les reliefs du festin.

La loi (art. 25) défend sous peine d'amende et même d'emprisonnement l'emploi d'appâts *qui sont de nature à enivrer le poisson ou à le détruire*.

La coque du Levant et la noix vomique sont la base de ces appâts malfaisants.

Certains auteurs recommandent de mêler aux appâts du musc, de l'ambre, de l'assa fœtida, du camphre, de l'huile d'aspic et autres substances d'une odeur forte. Cependant on a reconnu que ces compositions sont non-seulement inutiles, mais nuisibles.

Plusieurs poissons parmi les plus recherchés, tels que le saumon, la truite, le chevaine, préfèrent à tous autres appâts les mouches et insectes de diverses espèces; on a imaginé d'imiter la forme de ces insectes et les pêcheurs ont adopté avec empressement les appâts artificiels.

Les **appâts artificiels** sont d'un usage beaucoup plus agréable que les insectes vivants que l'on se procure difficilement et avec peine. De plus pendant plusieurs mois de l'année ces insectes disparaissent.

On trouve chez tous les marchands d'ustensiles de pêche des portefeuilles garnis d'hameçons amorcés d'appâts artificiels.

Voici d'après Kresz, l'auteur du *Pêcheur français* les noms des insectes avec l'indication du temps auquel il convient de les employer.

« N° 1. Petit paon (tout le jour).
N° 2. Chenille verte (le matin).
N° 3. Papillon jaspé (au soleil).
N° 4. Papitte (toute la journée).
N° 5. Nymphe (au petit jour).
N° 6. Bibet (temps orageux).
N° 7. Araignée rouge (au soleil).
N° 8. Papillon des genêts (le matin).
N° 9. Chenille jaune (*id*).
N° 10. Charançon (temps couvert).
N° 11. Sauterelle (le matin).
N° 12. Mouche factice (le soir). »

Kresz indique la manière suivante de confectionner ces insectes artificiels.

« Pour le corps des insectes on choisit du camelot, de la moire et autres étoffes fines de différentes couleurs; la laine filée, la soie torse ou plate et des fils d'or et d'argent conviennent encore à cet usage.

« Pour imiter le velu de certains insectes, on emploie le crin teint ou le poil de certains animaux tels qu'écureuils, chiens, chats, renards, lièvres, cochons, etc., en observant de mélanger avec les poils fins qui s'affaissent quand ils sont mouillés, ceux qui ont une certaine consistance pour pouvoir les soutenir.

« On peut former les ailes avec des plumes étroites du cou et de la tête des coqs, canards, pluviers, paons et autres oiseaux; on leur donne, avec des ciseaux, la forme qui leur est convenable.

« Si le corps de l'insecte doit être gros, on le forme avec une petite bande d'une étoffe mince que l'on assujettit avec de la soie; s'il doit être petit, on le fait avec de la soie torse ou plate dont on nuance la couleur et on mélange un fil d'or ou d'argent, si l'insecte a un brillant semblable à l'un de ces métaux.

« Pour rendre le corps velu, on assujettit le poil ou le duvet que l'on emploie au moyen de ces mêmes fils de soie, et on en coupe ensuite l'extrémité pour qu'ils aient la longueur convenable.

« Pour les ailes on choisit des plumes fermes et étroites, et avec des ciseaux on leur donne la grandeur et la forme de celles de l'insecte qu'on veut imiter; on les attache solidement par plusieurs révolutions de fil de soie, et on croise plusieurs fois ces révolutions sous les ailes, pour leur faire prendre la position qui leur convient; on continue ensuite de former la partie postérieure de l'insecte en la composant d'une étoffe rare, en la rendant velue si cela est nécessaire; mais on observe que le corps de l'insecte ne doit couvrir que la branche la plus

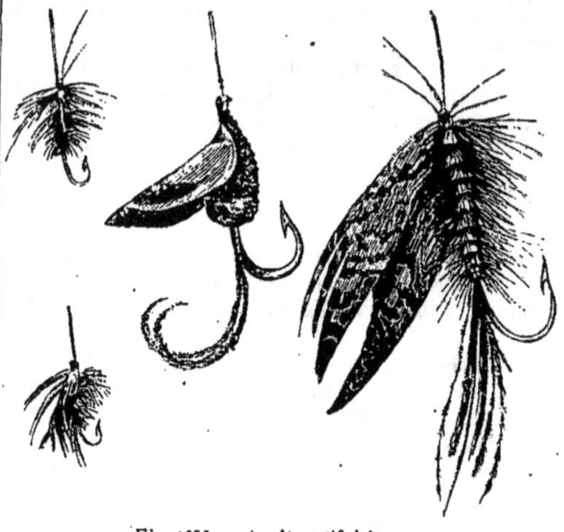

Fig. 1636. — Appâts artificiels.

longue de l'hameçon et que la plus courte ainsi que le dard doivent être à découvert comme on peut le voir sur les figures ci-dessus. »

Ceci posé, il convient d'indiquer de quelle manière les haims ou hameçons doivent être amorcés. Quand on amorce avec de petits insectes il faut les traverser jusqu'à ce qu'ils aient passé le barbillon. Lorsque les insectes sont trop petits, on les pique par le travers du corps et on en met plusieurs de façon à ce que le dard soit recouvert.

On enfile les vers de terre ou achées par la queue et on laisse pendre une partie du ver qui

Fig. 1637. — Appâts.

se tord et attire le poisson. Il faut toujours avoir soin que le dard de l'hameçon soit recouvert.

Quand on amorce les hameçons avec de petits poissons, l'opération exige plus de précaution, afin de ne point trop blesser l'appât et de le conserver vivant plus longtemps.

Lorsque l'hameçon a deux crochets, on fait passer la tête de l'haim dans la bouche du poisson et on la fait sortir par l'ouïe : on lie ensuite la queue du patient sur la ligne en ayant soin que les deux crochets de l'haim soient adhérents à la bouche du poisson.

L'hameçon à simple crochet s'amorce de même que l'autre. Cependant, dans ce cas, on peut employer de plus petits poissons. On fait passer l'hameçon par la bouche et on le fait sortir par l'ouïe. Certains pêcheurs traversent l'appât de part en part, mais on blesse davantage le poisson, et il ne vit que quelques heures, ce qui est d'autant plus fâcheux que l'on sait que les poissons se jettent avec moins d'avidité sur les appâts morts que sur les vivants.

On conseille la manière suivante d'amorcer les hameçons avec des poissons vivants. On fait une petite ouverture entre la tête du poisson et le premier aileron du dos. Au moyen de cette incision on passe le fil de métal qui retient l'hameçon entre la peau et l'épine du dos et on le fait sortir un peu au-dessus de la queue. On entoure ensuite le corps du poisson de plusieurs fils de soie qui empêchent la peau de se déchirer; de cette façon le poisson qui sert d'appât vit longtemps.

Pour rendre l'appât plus frétillant, on coupe une nageoire des ouïes; alors le poisson ne pouvant se tenir que d'un côté, pirouette sans cesse sur lui-même, et ces mouvements attirent les dévorants.

On amorce aussi avec des grenouilles que l'on attache à l'hameçon par la peau du dos.

Du temps et des places les plus favorables pour la pêche. — Chacun, nous l'avons dit, peut pêcher à la ligne flottante dans les fleuves et rivières, canaux navigables et flottables dont l'entretien est à la charge de l'État; la pêche, cependant, dans ces cours d'eau est prohibée pendant l'époque du frai, c'est-à-dire du 15 avril au 15 mai. Dans les ruisseaux et rivières non navigables ainsi que dans les étangs, les propriétaires riverains seuls ont le droit de pêche et de louer ou d'octroyer le droit à des tiers.

Les propriétaires des étangs ou cours d'eau non navigables peuvent en tout temps exercer leur droit de propriété, même à l'époque du frai; il ne s'agit pas en ce moment de traiter de la loi sur la pêche mais d'indiquer la température qui convient le mieux pour pêcher.

L'hiver et l'automne offrent rarement au pêcheur à la ligne de ces belles journées favorables à la pêche, qui se rencontrent bien plus souvent au printemps et durant l'été; en effet, lorsque les vents froids rident la surface de l'eau, les poissons se retirent dans les profondeurs de leurs demeures liquides; au contraire la brise attiédie qui ramène les insectes et les moucherons sur les cours d'eau, invite les poissons à sortir de leurs retraites, pour chercher une nourriture plus appétissante que la vase ou les détritus des végétaux aquatiques. Ainsi pendant l'hiver, à l'exception de quelques jours ensoleillés et tout brillants de lumière qui sont très-favorables à la pêche au brochet, il ne faut point espérer se servir de la ligne. Lorsque le frai est terminé, c'est-à-dire au milieu de mai, commence à vrai dire la saison de pêche. Les vents du sud et du sud-ouest soufflent légèrement et amènent par myriades des insectes de toutes espèces qui voltigent et dansent à la surface des eaux. La pêche à la ligne est alors facilement heureuse. Le temps qui précède l'orage est très-propice, car le poisson s'agite, remue et cherche à manger. Durant les grandes chaleurs d'été, on ne doit pêcher que le matin au lever du soleil, et le soir après son coucher. Enfin lorsque vous verrez les insectes voltiger au-dessus de l'eau, ou mieux quand vous remarquerez que les hirondelles rasent le sol ou volent très-bas, à ce signe vous reconnaîtrez qu'il est opportun de saisir la ligne et de se mettre à la besogne.

Lorsqu'il pleut, on peut faire quelque bonne pêche en amorçant pour les poissons de fond. Mais après une petite pluie douce la pêche à la mouche sera fructueuse.

Nous résumerons ainsi les indications faites ci-dessus.

En janvier, si le soleil luit, on peut pêcher à la ligne le brochet qui est toujours affamé en cette saison.

En février, outre le brochet, la perche commence à mordre.

En mars, avril et mai le gardon, le goujon, la truite, la carpe et le barbillon qui frayent, se prendront facilement, mais la pêche est interdite dans les rivières qui font partie du domaine de l'État.

En mai, toutes les espèces de poissons mordent aux appâts.

En juin, le poisson fatigué par le frai se jette avidement sur les appâts, mais à cette époque sa chair n'est pas estimée.

En juillet et en août, il ne faut pêcher que le matin et le soir, et la pêche est aussi très-fructueuse.

Septembre est le plus beau de tous les mois pour le pêcheur, comme pour le chasseur. Du matin au soir le temps est propice et toutes les pêches sont abondantes.

En octobre cesse la pêche à la mouche. Il faut amorcer la ligne avec *le vif*, c'est-à-dire avec des petits poissons vivants, car les poissons commencent à gagner les eaux profondes.

Novembre et décembre sont encore moins favorables que le mois de janvier à la pêche du brochet.

Il ne suffit pas d'ailleurs que le temps soit clément, il faut encore savoir choisir les places les plus convenables à l'espèce de poisson que l'on veut pêcher.

Ainsi les remous ou les haïs sont presque toujours très-fréquentés par les poissons blancs, tels que carpes, gardons, ablettes, etc.

Sur les rives d'un courant profond, on trouve perches et brochets.

Les carpes aiment l'eau dormante. Les truites et goujons préfèrent les eaux vives courantes et peu profondes.

L'écrevisse habite les ruisseaux.

Nous compléterons ces renseignements en nous occupant de chaque espèce de poisson. Auparavant il nous reste à parler des diverses pêches à la ligne.

L'on a défini par ces mots la ligne volante : « une ligne qui suit le cours de l'eau et qui impose au pêcheur l'obligation de guetter l'instant où le poisson mord. » On pratique quatre espèces de pêches, savoir, la pêche à *rouler* ou au coup, la pêche à fouetter, la pêche au lancé, et la pêche à la grande volée.

La *pêche à rouler* ou au coup est la plus facile et la plus commune. Elle consiste, après avoir jeté quelques appâts à une certaine place, à laisser tomber la ligne tout amorcée dans l'eau. Le plomb entraîne l'hameçon entre deux eaux et le bouchon ou la flotte est l'indicateur qui vous révélera la scène qui se passe près de vous, mais que vous ne pouvez entrevoir.

Dès que la plume ou le liége a remué, votre œil inquiet en suit tous les mouvements. Sachez que le frissonnement de la flotte indique que le poisson déguste votre appât; si le bouchon s'enfonce, c'est que le poisson cherche à avaler ou à rejeter l'appât; il faut alors que le pêcheur donne à la ligne une saccade rapide afin de piquer ou *ferrer* le poisson.

La *pêche à fouetter* réclame une plus grande habileté : on se place près d'un courant rapide, et après avoir amorcé avec des vers blancs, du son et du fumier de cheval, on se sert d'une longue ligne de crin sans plomb ni bouchon, et armée de plusieurs hameçons.

On lance la ligne en amont, et, à mesure que le courant la fait descendre, on l'attire, et on la laisse aller par petites saccades. Cette manœuvre dextrement faite pique les poissons qui viennent sucer le ver et souvent, quand on retire la ligne, à chaque hameçon est attaché un dard ou un gardon.

La *pêche au lancé* ressemble à la précédente en ce que la ligne ne porte ni plomb ni flotte, mais la perche doit être pourvue d'un moulinet. Le pêcheur placé sur un pont, sur une berge élevée, ou dans un bateau, laisse aller sa ligne au courant en tenant la perche élevée, et en ayant l'œil fixé sur la soie de la ligne. En effet, aussitôt que le poisson a mordu, la ligne se tend; alors le pêcheur, tirant la perche vivement en arrière, doit ferrer d'un coup sec.

La *pêche à la grande volée* n'est autre que celle qui se pratique pour prendre la truite ou le saumon, au moyen de la mouche artificielle; c'est la plus attachante comme la plus difficile des pêches à la ligne; à cet effet le pêcheur doit être muni d'une perche à moulinet et d'une longue ligne sans plomb et sans flotte. Il se tient assez loin de la rive et lance sa ligne dans le courant, en ayant soin de tenir l'hameçon à la surface de l'eau, et la perche haute, de façon qu'à la plus petite tension du crin ou de la soie, il puisse par un coup rapide du poignet ferrer le poisson qui s'est élancé sur l'appât. Quand le poisson est pris, alors on se sert du moulinet pour allonger la ligne et éviter les premières saccades que fait la truite pour se détacher. Puis, lorsque le poisson s'est épuisé en vains efforts, on le tire de l'eau avec ou sans l'épuisette.

La *pêche à la ligne à soutenir à la main* a été une fois rangée, par un règlement du préfet de Seine-et-Oise, au nombre des lignes flottantes, mais le plus souvent elle est prohibée.

Voici ce que l'on entend par cette manière de pêcher. On se sert d'une ligne à l'extrémité de laquelle est un plomb assez fort, puis viennent l'hameçon ou les hameçons qui sont attachés en remontant. Le pêcheur lance la ligne qui est dépourvue de flotte, et, au lieu de tenir une canne, il retient de la main la ligne elle-même sans trop la tendre. Dès que le poisson mord, le pêcheur en est averti soit par une petite saccade, soit par la tension de la ligne. Il ferre vivement et attire lentement le poisson près de la rive.

Ce genre de pêche est employé par les délinquants qui veulent se servir dans les rivières de la ligne de fond dont l'usage est prohibé. Assis sur la rive, ce solitaire sans canne ni perche, n'attire pas l'attention des gardes, et en cas de surprise il laisse emporter par le courant la ligne, et avec elle toute trace de délit.

La **pêche à la ligne de fond** est simple et productive, car l'hameçon prend seul et en l'absence de l'homme les plus beaux poissons. La ligne de fond est faite de soie ou de ficelle; dans ce cas elle reçoit le nom de *cordeau*. On attache la ligne ou le cordeau soit à un piquet, soit à une branche d'arbre, soit à une pierre; l'hameçon ou les hameçons, selon l'espèce de poisson que l'on veut prendre, sont amorcés et lancés le soir ou le matin. Plusieurs heures après les avoir tendus, le pêcheur visite les cordeaux, et saisit les poissons qui ont été victimes de leur gloutonnerie. La ligne de fond rentre dans la catégorie des lignes dormantes.

La **traînée** est une ligne de fond pourvue de distance en distance sur sa longueur d'un grand nombre d'hameçons. On tend ces traînées au travers des rivières, et deux pierres placées à chaque extrémité maintiennent la traînée au fond de l'eau ; de plus quelques gros plombs ou des pierres de moyenne grosseur attachés de loin en loin empêchent la ficelle d'être déplacée par le courant.

On amorce les hameçons de vers rouges ou de petits poissons vivants. Cette ligne ne sert ordinairement qu'à prendre des anguilles, des perches, de gros gardons et rarement des carpes. On a coutume de lever la traînée au point du jour, car à ce moment les anguilles en se débattant, et en se roulant autour des ficelles, tentent un dernier effort pour se détacher, et souvent réussissent à le faire, ou à jeter le plus grand désordre dans la traînée. Si la rivière dans laquelle on a tendu est large, on se sert d'un ou de plusieurs bateaux pour lever cette ligne.

La **pêche aux jeux** est fort productive. Le *jeu* est une ligne de fond ou ligne dormante que l'on fixe au fond de l'eau au moyen d'un plomb du poids d'une livre, à la tête duquel on attache une forte ficelle pour le descendre à fond et pouvoir le relever. A l'autre extrémité du plomb pend une ligne de 4 mètres de long garnie de six hameçons n° 3 empilés sur double racine et placés entre eux à une distance de 0m,66. On change les hameçons suivant les amorces que l'on emploie. On se sert de vers rouges, de fromage de Gruyère, ou de viande crue si le temps est froid, et l'on prend, pendant le jour, des poissons de toute espèce, et principalement des anguilles pendant la nuit.

Quand on pêche aux jeux, on se sert d'un certain nombre de ces sortes de lignes, de huit à dix par exemple, et, dès que le dernier jeu est tendu, on lève le premier et ainsi de suite.

Le plus grand inconvénient de la pêche à la ligne de fond est que le poisson, après avoir avalé l'hameçon, parvient à se détacher à force d'efforts. On a essayé de paralyser les efforts que tente le poisson pour se détacher en n'attachant pas sur les étangs les cordeaux à un point fixe, mais en les liant, soit à une planchette, soit à un gros morceau de liége, soit enfin à des torches de paille qui suivent tous les mouvements du captif. En rivière le courant emporterait ces flottes mobiles, mais dans les étangs, on est toujours sûr de retrouver les planches ou les liéges qui n'offrent plus un point d'appui aux saccades violentes des brochets ou aux contorsions des anguilles. Nous préférons par expérience à toutes les autres cette manière de tendre les cordeaux dans les étangs.

Nous avons indiqué les différentes pêches à la ligne les plus connues. Nous entrerons dans des détails plus précis, en parlant de chaque poisson, et des appâts qui conviennent à chacun d'eux, mais auparavant nous aborderons la pêche aux filets, et la description de divers engins que nécessite la pêche fluviale, car la maritime est hors de notre cadre.

LA PÊCHE AUX FILETS.

Tous les auteurs sont d'accord pour répéter que la pêche à la ligne précéda de beaucoup la pêche aux filets qui constitue un progrès immense sur ce mode primitif.

Un petit nombre de pêcheurs même parmi les hommes du métier, fabriquent eux-mêmes leurs filets, mais la plupart des amateurs achètent les filets tout prêts.

Quand on fait l'acquisition d'un filet, on doit examiner le fil dont il est fait, car pour que le fil soit solide, il doit être retors et composé de filasse très-fine. D'ailleurs afin de conserver longtemps les filets, on recommande de ne pas les laisser séjourner plus de deux ou trois jours dans l'eau. Après quoi on les fait soigneusement sécher, surtout si on veut les plier et ne plus s'en servir. Les pêcheurs Contesenne, afin de protéger les filets, ont signalé une excellente recette qui consiste à les *tanner*, c'est-à-dire à les tremper dans une chaudière remplie par parties égales d'eau et de *tan* de chêne. Lorsque l'eau a bouilli pendant deux heures et s'est imprégnée de tan, on verse cette composition sur les filets placés dans une grande cuve, on les laisse tremper pendant trente-six heures, puis on les retire et on les fait sécher. Tous les ans on plonge les filets dans une semblable préparation, ce qui empêche le chanvre de pourrir. On peut faire de même pour les grosses lignes de fond et les cordeaux.

Nous décrirons la forme et l'usage des principaux filets.

Le **carrelet** ou carreau, carré, échiquier, est une nappe simple et carrée qui mesure de 1m,50, à 2m,50, sur chaque côté. Une corde forte et solide de la grosseur d'un tuyau de plume borde le filet. Les mailles du centre sont plus serrées que celles des bords afin de retenir les menus poissons qui servent d'appâts pour amorcer les hameçons. On fait les mailles plus ou moins larges selon les poissons que l'on veut prendre, mais plus les mailles sont grandes, plus il est facile de tirer promptement le carrelet de l'eau. La nappe de ce filet, qui autrefois était plate, se creuse aujourd'hui en poche, afin de retenir le poisson qui saute lorsqu'on l'enlève. On forme à chaque coin de la nappe un œillet pour recevoir le bout des perches courbes qui tiennent le filet tendu. Ces deux perches légères et pliantes sont plus longues que la diagonale du carrelet, on les plie afin de passer les extrémités dans les œillets de la nappe. On lie ensuite ces perches courbes au point où elles se croisent, et la même corde sert aussi à attacher le carrelet à l'extrémité d'une autre perche qui est faite d'un bois léger, et plus ou moins longue suivant la profondeur de l'eau où l'on veut pêcher. On tend généralement le carrelet dans les rivières où l'eau est peu profonde. Les poissons se rassemblent ordinairement dans une anse où il y a peu de courant et où l'eau est échauffée par le soleil. Quand le filet est tendu, si l'on voit des poissons qui nagent au-dessus, il faut relever promptement le carrelet. Car lorsque les poissons aperçoivent le mouvement des perches, ils veulent plonger et ils se précipitent dans le carrelet dont ils finiraient par sortir si l'on ne tirait pas le filet de l'eau avec célérité.

Les pêcheurs tiennent la perche du carrelet de différentes manières.

La plupart saisissent le gros bout de la perche de la main gauche, et le posent contre la cuisse; puis prenant la perche plus loin avec la main droite, ils sont en force pour relever le filet. D'autres posent la perche sur le bras gauche et font levier en pesant de la main droite sur l'extrémité de la perche pendant qu'ils l'élèvent du bras gauche.

Le meilleur mode est de mettre la perche entre les deux cuisses en l'appuyant sur le côté de l'une d'elles. Puis quand on veut retirer de l'eau le filet, on saisit la perche des deux mains, on plie les jarrets en même temps que les bras enlèvent le carrelet. La pêche au carrelet est plus productive quand l'eau est trouble.

Il y a des pêcheurs qui mettent un appât de sang caillé ou autre au fond de la poche du carrelet. Ce filet est fort en usage dans la Loire, pour prendre les saumons. Mais ce sont d'énormes nappes que le pêcheur ne peut tirer de l'eau qu'à l'aide d'un appareil mécanique bien simple, il est vrai. Un poteau soutient la perche vers le milieu, l'extrémité est chargée de pierres qui maintiennent l'équilibre, alors le pêcheur n'a plus qu'un effort assez faible à faire pour enlever le filet qu'il attire sur le bord, en se servant du poteau comme d'un pivot. Afin d'être prévenu de la présence du saumon sur le carrelet, le pêcheur croise plusieurs ficelles au-dessus du filet, il tient l'extrémité de ces cordes et, sitôt qu'il s'aperçoit par une saccade qu'un poisson a heurté les ficelles, il lève promptement la nappe.

L'épervier. — Ce filet est de forme conique, il commence en pointe, et finit par une embouchure fort large. Une corde garnie de balles de plomb percées borde l'embouchure. Toute cette plombée

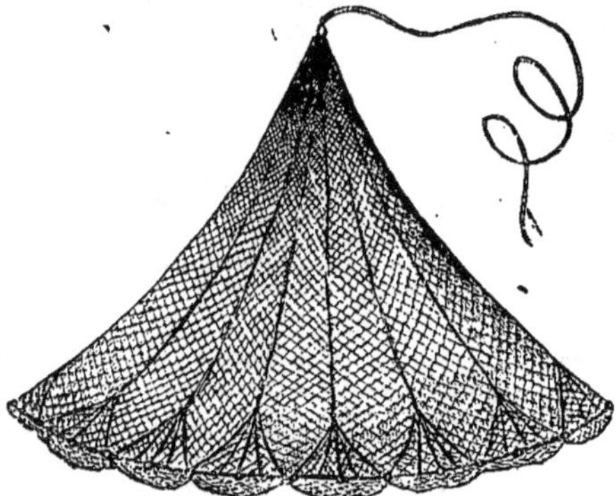

Fig. 1638. — Épervier.

pèse environ de vingt à vingt et un kilogrammes pour les grands filets, et de dix à douze pour les autres. Le bord du filet plus long que la corde plombée est retroussé à l'intérieur du cône et retenu par des ficelles; cette portion du filet forme tout autour de l'embouchure des bourses dans lesquelles le poisson s'engage et demeure pris.

Afin de diminuer le poids de l'épervier, on a coutume de tenir plus larges les mailles qui terminent le cône. La largeur des mailles de l'embouchure et des bourses ne doit pas mesurer moins de 8 millimètres, lorsque l'on pêche dans les rivières de l'État. Plus bas nous dirons quelques mots de la loi et des règlements sur la pêche fluviale.

On se sert de l'épervier de deux manières, en le traînant et en le jetant.

Il faut, quand on veut traîner l'épervier, attacher deux cordes à l'embouchure qui est bordée de plomb de manière à ce que le courant soit entièrement barré par l'orifice de l'épervier. D'un côté l'embouchure traîne sur le fond, de l'autre elle apparaît à fleur d'eau, la queue ou culasse de l'épervier flotte entre deux eaux, elle est soutenue par l'un des pêcheurs qui suit par derrière, ceux qui halent le filet. Quand, par suite des secousses que le poisson imprime à l'épervier, les pêcheurs jugent convenable de terminer l'opération, les hommes qui tirent l'épervier laissent tomber l'embouchure au fond de l'eau; alors les plombs se rapprochant forcent les poissons à remonter vers la culasse et à se réfugier dans les bourses. En ce moment l'un des pêcheurs retire fort doucement l'épervier de l'eau en ayant soin de ne point enlever perpendiculairement le filet mais bien en l'attirant tantôt à gauche et tantôt à droite, jusqu'à ce que toute la circonférence soit réunie en masse compacte. Afin de rendre cette pêche plus fructueuse, on barre quelquefois le cours d'eau au moyen d'un tramail qui arrête le poisson, et le force à se jeter dans l'épervier.

On ne peut pêcher en traînant l'épervier que dans des courants d'eau qui ont peu de largeur ou peu de profondeur, et sur les fonds où il ne se trouve point de roches ou même de pierres d'une certaine grosseur. L'épervier dont on se sert pour traîner s'appelle aussi le *gille.*

La manière de pêcher en jetant l'épervier peut se pratiquer dans les grandes rivières, dans les étangs, entre les roches, même à quelque distance du rivage, pourvu que la nappe d'eau ne soit pas trop profonde. Pour cette pêche on jette l'épervier sur les places où l'on voit, où l'on juge qu'il y a du poisson.

Nous empruntons les indications suivantes pour lancer l'épervier au *Parfait Pêcheur :*

« Supposez votre épervier en tas sur le pré :

« 1° Vous passez par un nœud coulant la corde dans votre bras.

« 2° Vous brassez cette corde à votre facilité, de manière cependant à ne pas trop remplir la main; ne brassez pas trop court, c'est-à-dire ne formez pas un trop grand nombre de brasses dans la main gauche, car cela arriverait infailliblement; quand vous aurez brassé la corde, vous brasserez de la même façon le filet en trois parties.

« 3° Vous prenez le filet par l'extrême gauche et vous le jetez sur l'épaule gauche en levant le coude du bras gauche pour l'empêcher de glisser.

« 4° La plus petite moitié de ce qui reste quand votre épaule est chargée doit pendre devant vous en tablier.

« 5° Vous saisissez alors de votre main droite la plus forte moitié.

« 6° Vous balancez votre élan de gauche à droite.

« 7° Vous lancez alors et lâchez tout en avançant les bras.

« L'épervier est lancé à l'eau, vous le laissez descendre au fond, ce qui demande encore un certain temps. Quand vous jugez que cette dernière opération est accomplie, vous tirez à vous doucement la corde qui est restée au bras, afin de vous assurer que rien n'accroche et ne retient l'épervier. Puis tirant tantôt sur la droite, tantôt sur la gauche sans trop de précipitation, vous facilitez ainsi la réunion des balles de plomb si parfois quelque entrave s'opposait à leur jonction.

« Quand vous arrivez à fleur d'eau, gardez-vous bien d'agir avec précipitation; retirez doucement le filet, sans cela vous courriez risque de laisser échapper le poisson..... »

Il faut se garder de porter un habit dont les boutons puissent accrocher les mailles de l'épervier, car on a vu souvent le pêcheur ainsi entraîné par le filet suivre celui-ci au fond de l'eau.

Les pêcheurs habiles à jeter l'épervier, et qui ont soin de bien tordre le filet avant de le charger de nouveau sur leurs épaules, ont l'avantage de n'être point trop trempés d'eau. Quelques-uns ont coutume de jeter des appâts de fond, tels que du son, du grain bouilli, aux places qu'ils couvrent ensuite de leur épervier. Quand on pêche à l'aventure, on recommande, si les eaux sont rapides et turbulentes, de jeter l'épervier dans les endroits où le courant languit et dort; si les eaux sont tranquilles et dormantes au contraire, dans les endroits où le courant est le plus fort, dans les coudes où l'eau tournoie avec rapidité. Quand la pêche est terminée, on lave le filet à l'eau claire, on le tord et on l'étend pour le faire sécher; sans cette précaution les filets pourrissent et durent peu de temps.

L'épervier d'un poids léger et d'un usage prompt et facile, est le filet des maraudeurs, aussi conseille-t-on aux propriétaires et fermiers d'étangs poissonneux de protéger leurs poissons contre les visites nocturnes des jeteurs d'éperviers, en plantant à quelque distance des bords des piquets garnis de crochets et de clous qui accrochent et rompent les filets des voleurs.

Le **guideau** est un filet qui a la forme d'un grand bas très-long, dont l'embouchure est large et qui va toujours en diminuant. L'embouchure est fixée sur un châssis, le filet se termine par une pointe. D'ailleurs, afin de s'emparer plus

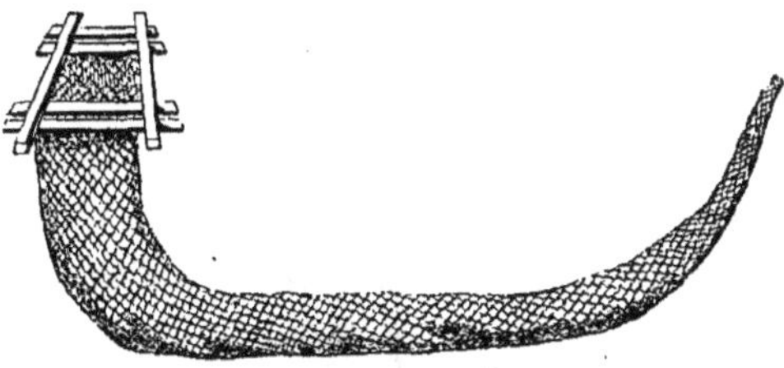

Fig. 1639. — Guideau.

aisément du poisson pris dans le guideau, on ferme l'extrémité de ce filet par une corde qui reste nouée autour, pendant que le guideau est tendu, et que l'on délie pour le vider.

On ne se sert de ces filets que dans les courants rapides.

On place la bouche du guideau contre le courant qui entraîne dans le filet les poissons qui suivent le fil de l'eau, tels que les anguilles et le poisson blanc. On a coutume de tendre les guideaux sur un châssis d'assemblage que l'on attache sur des piquets solidement plantés; les meuniers emploient principalement les guideaux qu'ils tendent aux portes de décharge de leurs biefs.

Le **verveux ou vervier** (*Verriculum*). — C'est un filet en forme de manche comme le guideau, mais

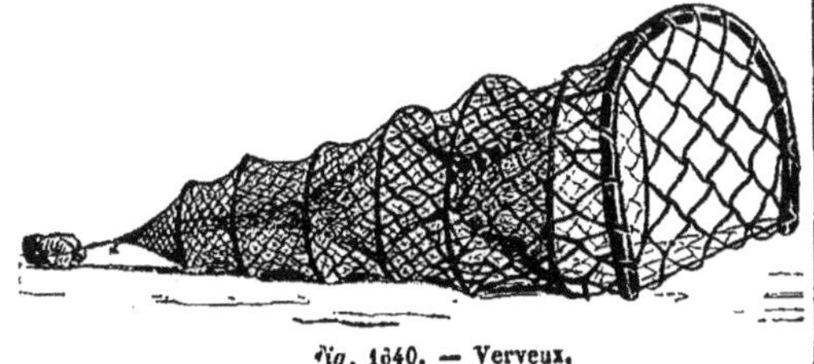

Fig. 1640. — Verveux.

moins long. Il y a des verveux simples et doubles. Le verveux simple affecte la forme d'un cône; l'entrée est beaucoup plus large que le fond. Le corps du filet est maintenu par plusieurs petits cerceaux de bois léger que l'on passe entre les mailles. En avant du premier cerceau est une embouchure évasée et que tient ouverte un arc de cercle. Un piquet qui s'adapte près de l'embouchure assujettit le verveux au fond de l'eau; le poisson qui entre dans le verveux en sortirait facilement si les pêcheurs n'avaient point ajouté un goulet qui conduit le captif dans le fond du verveux d'où il ne peut s'échapper. En effet il a suivi le goulet et passe entre les ficelles qui en rétrécissent l'extrémité, mais, à moins d'exceptions rares, il ne pourra retrouver le chemin par où il est entré.

Il reste donc pris dans le verveux et le pêcheur peut le saisir vivant, ce qui constitue l'avantage du verveux sur le guideau dans lequel le poisson entassé dans la vase et battu par le courant meurt promptement.

On fait aussi des verveux à plusieurs entrées, quelquefois jusqu'à quatre. Ces filets sont d'égale dimension dans toute leur étendue et on les nomme *louves* ou *verveux à tambour*. Chaque entrée est pourvue d'un goulet. Certains *verveux à tambour* ont cinq entrées, mais alors la forme varie, et de cylindrique devient cubique; ces filets prennent le nom de *quinque-porte*. Dans tous les filets de ce genre on ménage une porte qui sert à retirer le poisson. Dans les rivières les pêcheurs ont coutume de n'employer que le verveux simple. Ils choisissent pour le tendre les places voisines des herbiers. Voici de quelle manière ils tendent ce filet. On attache une pierre à la corde qui termine le cône du verveux, puis deux autres pierres à chaque extrémité du cercle de la coiffe. Ensuite à l'aide d'une perche on donne au filet la position la meilleure. Dans les grands courants on tourne l'embouchure du verveux contre le fil de l'eau. Afin de maintenir le filet malgré les efforts du courant, on passe une perche dans les mailles qui tiennent le demi-cercle de la coiffe, on fiche cette perche au fond de l'eau et elle suffit pour que le filet résiste au courant.

Quand on tend le verveux en sens contraire, c'est-à-dire lorsque le fond du filet est opposé au courant, on introduit dans l'œillet qui termine le filet une perche que l'on plante dans le sable, tandis que deux pierres placées à chaque extrémité de la coiffe maintiennent le verveux tendu.

On recommande dans les rivières rapides de placer presque toujours les verveux, l'entrée faisant face au courant.

Dans les cours d'eau où le courant est très-lent, on tend les verveux l'embouchure tournée en descendant, parce qu'alors les poissons ayant coutume de remonter le fil de l'eau pénètrent dans le filet.

Dans les eaux dormantes on préfère employer les louves ou les verveux cylindriques à plusieurs entrées; c'est au milieu des herbes que l'on tend les louves. On coupe ces herbes au moyen d'un croissant, et l'on fait une place où l'on puisse tendre la louve. Ensuite on pratique dans les herbes plusieurs routes ou passées. Après quoi la louve qui a été préparée, c'est-à-dire sur un des bâtons de laquelle on a fixé plusieurs pierres, est déposée au fond de l'eau. Les pierres maintiennent le filet tendu. Il faut avoir soin de visiter les verveux, vingt-quatre heures après l s avoir tendus, pendant l'été, et quarante-huit heures au

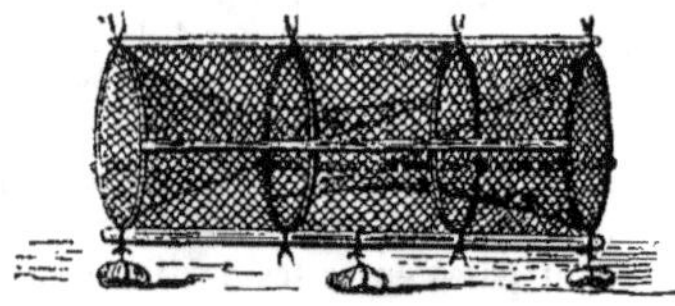

Fig. 1641. — Louve.

plus tard en hiver. L'hiver on place les verveux dans les endroits exposés au soleil ; l'été les poissons recherchant l'ombre, on tend les verveux dans les endroits abrités du soleil. Afin d'engager les poissons à donner dans le filet, les pêcheurs ont coutume de déposer dans les verveux soit des appâts, soit des poissons vivants. Si l'on se propose de prendre des tanches, perches ou autres poissons, on introduira dans le verveux quelques individus de l'espèce de ceux que l'on désire attirer. On suspend aussi aux cerceaux, au milieu du verveux, des appâts qui consistent en os de porc salé, tourteau de chènevis, vers de terre et autres amorces déjà mentionnées.

Certains pêcheurs conseillent d'attacher dans le verveux des fleurs de couleurs vives qui excitent la curiosité des poissons. Les menus gardons et autres petits poissons attirent le brochet.

Quand on tend des verveux simples, des louves ou des guideaux dans les rivières, on ajoute à la coiffe ou au châssis des ailes qui, formant une sorte d'entonnoir, dirigent les poissons vers l'entrée fatale.

La **nasse** est une espèce de verveux faite d'osier et non de fil. Sa forme est à peu près celle d'une bouteille énorme.

Presque toutes les nasses ont un ou plusieurs goulets qui laissent les poissons pénétrer dans l'intérieur de ce panier, mais qui s'opposent à ce qu'ils sortent. Ces goulets sont tressés de brins

Fig. 1642. — Nasse.

d'osier souples, fins et flexibles qui se rapprochent aussitôt que le poisson est entré, et l'extrémité de ces menues baguettes étant taillée en pointe, le poisson ne peut sortir par le chemin qu'il a pris pour entrer.

Les nasses sont pourvues d'ouverture pour retirer le poisson. On ferme cette ouverture qui est placée à l'extrémité opposée du goulet au moyen d'une petite trappe assujettie par une cheville ; il est bon de suspendre au milieu des nasses des appâts tels que vers de terre, limaçons, viande, etc. On se sert aussi de nasses à plusieurs entrées que l'on nomme aussi des louves. Les nasses destinées à prendre les anguilles doivent être faites à mailles très-serrées, car sitôt qu'une anguille peut introduire sa queue ou sa tête entre les barreaux, elle fait plier les osiers et réussit toujours à s'échapper.

Les pêcheurs de Nantes se servent de nasses en forme de cône pour prendre les lamproies, ils tendent ces nasses dans les courants rapides vers lesquels ils tournent le goulet. On maintient les engins au fond de l'eau en attachant des pierres à la partie inférieure de la même manière que pour les verveux.

La **senne** est le plus grand des filets en usage pour la pêche fluviale. Les anciens s'en servaient déjà et il était connu en latin sous le nom d'*Everriculum*. On comprend quelquefois sous la dé-

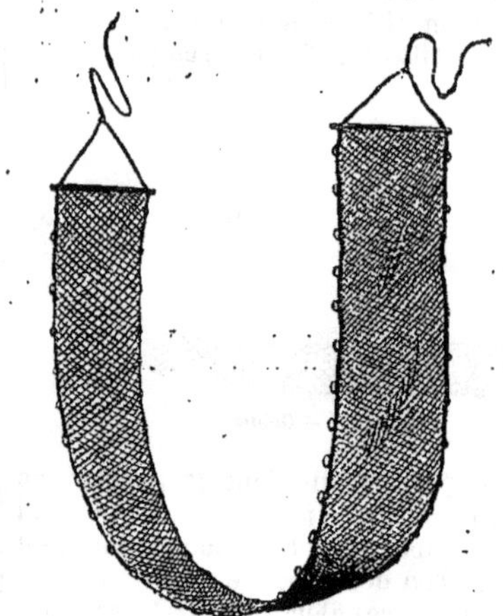

Fig. 1643. — Senne.

nomination de *senne* toutes les espèces de filets à nappes; nous nous proposons de dire plus bas quelques mots du tramail et des manets, nous ne nous occuperons en ce moment que de la senne proprement dite. Ce filet est plus ou moins long suivant la largeur du courant qu'on essaye d'embrasser tout entier. Quant à la hauteur ou à la *chute* des sennes, on la proportionne à la profondeur des eaux. Cependant il est avantageux que le filet fasse une poche, il vaut mieux que la chute soit plutôt longue que trop courte. On tient les mailles plus ou moins grandes suivant la grosseur du poisson que l'on se propose de prendre.

Ce filet devant être placé verticalement dans l'eau, la corde qui borde la tête du filet et que l'on nomme *ralingue*, est garnie de flottes de liége ou de bois, et la corde du pied qui porte sur le fond de la rivière est chargée de balles de plomb ou de lest. On nomme *bras* de la senne les cordes qui sont attachées à chaque extrémité de la ralingue de tête et à l'aide desquelles on tend ou on hale le filet.

Toutes les pêches à la senne se faisant en traîne, on ne peut les pratiquer que sur des fonds unis: la senne diffère du tramail et du manet en ce que le poisson ne s'y emmaille point, il faut regarder la senne comme un crible qui laisse passer l'eau et arrête le poisson, ce que l'on ne peut faire qu'en joignant l'une à l'autre les deux ralingues pour enfermer les poissons dans l'espace, sans cesse rétréci, occupé par le filet.

Si le cours d'eau est de peu de largeur, on peut ne pas se servir de bateau. Les pêcheurs occupent les deux rives, tendent le filet par le travers du courant et le halent. Lorsqu'on a traîné la senne dans une anse de peu de profondeur, les pêcheurs de l'un et l'autre bord se réunissent et, prenant le filet par la ralingue du pied et celle de la tête afin d'envelopper le poisson, ils tirent tout l'appareil.

Quand la rivière ou la nappe d'eau a trop de largeur pour que l'on puisse jeter sur l'une des rives la corde de la senne, on place le filet dans un bateau sur lequel s'embarquent trois hommes, tandis que trois autres pêcheurs restent à terre tenant un des bras du filet; des trois hommes embarqués deux rament, et le troisième jette à l'eau le filet pli à pli.

Quand le bateau a touché la rive, les pêcheurs mettent pied à terre et tous les six joignent leurs efforts pour haler la senne à travers le courant, après quoi les trois hommes remontent en barque et regagnent la rive où sont leurs compagnons en décrivant une ligne circulaire. Lorsque les six hommes sont réunis, ils tirent alors le filet à terre, mais doucement et avec maintes précautions.

Souvent on pêche à l'aide de deux sennes que l'on tire successivement de façon que le poisson qui s'est échappé de la première est saisi par la seconde.

Le **tramail** ou trémail est un filet composé de trois rangs de mailles les unes sur les autres dont celles de devant et de derrière sont fort larges et faites d'une petite ficelle. La toile du milieu

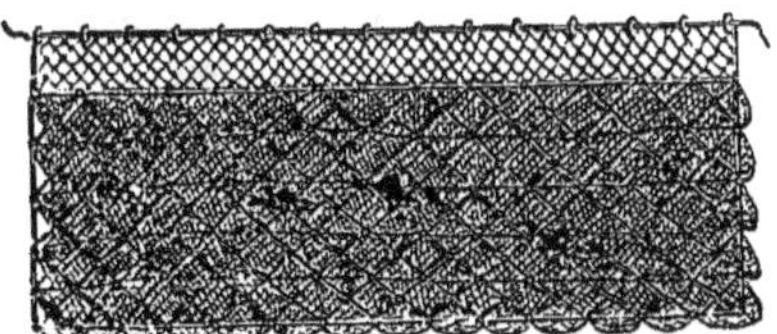

Fig. 1644. — Tramail.

qui s'appelle *nappe* est faite à mailles plus petites qui s'engagent dans les grandes mailles et retiennent les poissons qui y sont entrés.

Le tramail est formé de trois nappes posées les unes sur les autres et montées sur une ralingue qui est commune à toutes. Les deux nappes qui renferment entre elles la nappe intermédiaire s'appellent *hamaux* ou *entremeaux*. Le filet qui est enfermé entre les deux hamaux se nomme *la flue*, *la carte*, ou *la nappe*; on tient la flue ou nappe devant flotter entre les hamaux toujours plus grande que ceux-ci. On se sert du tramail pour arrêter les poissons qui se prennent dans ce filet de quelque côté qu'ils le rencontrent: dans les rivières ou étangs garnis d'herbes et de plantes aquatiques on entoure d'un tramail ces places inaccessibles aux autres filets, puis les pêcheurs *boulent* ou *brouillent* à l'aide de longues perches, c'est-à-dire fouillent et battent les herbes; les poissons effarouchés sortent de leur retraite et se jettent dans le tramail. Cette pêche au tramail a l'avantage d'être pratiquée avec succès par les temps froids, époque où il est difficile de se servir d'autres filets.

En remontant la Seine au-dessus de Quillebœuf, on voit des tramaux tendus à demeure; on les nomme des *rets dormants*.

On fait un grand usage du tramail pour la pêche en mer et plus encore du manet.

Le **manet** est un filet à simple nappe employé à la pêche en mer, les mailles du manet sont proportionnées à la grosseur du poisson que l'on veut prendre; ceux-ci y introduisent la tête, mais sont arrêtés par le corps et, en voulant se dégager, ils sont pris par les ouïes.

La **trouble** est le plus simple et le plus élémentaire des filets qui sert le plus souvent à prendre le poisson dans les réservoirs et quelquefois dans les rivières. La trouble commence par une large ouverture, montée sur un cercle

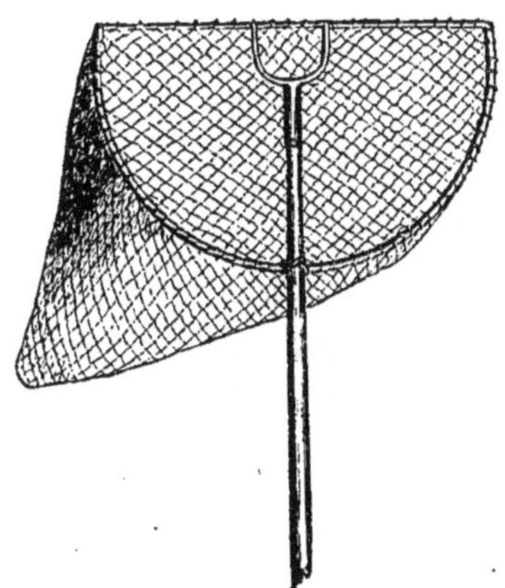

Fig. 1645. — Trouble.

ou un châssis ovale, et se termine par une longue queue. La plupart des troubles sont rondes, cependant on en fait de carrées qui sont préférables pour pêcher dans les boîtes parce qu'elles s'appliquent mieux sur les planches qui forment le fond de ces sortes de réservoirs.

Quand on se sert de ce filet pour la pêche en rivière, on procède de la manière suivante: on visite les cavités souterraines de la rive où se tient habituellement le poisson, on essaye de fermer le mieux possible au moyen de la trouble l'issue de ces excavations, puis on fouille la rive et l'on trouble l'eau avec des perches, autant afin d'effrayer le poisson que pour lui dérober la vue du filet. Le poisson épouvanté se précipite dans la trouble; alors le pêcheur, fermant l'ouverture en repliant le châssis sur le filet, parvient à lever le poisson qui s'est blotti dans l'engin.

Outre les filets que nous avons essayé de décrire, il y a d'autres modes de pêche que nous signalerons en passant afin de rendre ce travail moins incomplet.

La pêche aux fascines. — Dans les rivières et étangs, elle était défendue naguère par l'ordonnance de 1669, elle est permise aujourd'hui, et voici, d'après le *Parfait Pêcheur* de M. Renaut, en quoi elle consiste : « On choisit une place à fond uni, profonde de 2 à 3 mètres, et dont le carré mesure environ de 7 à 10 mètres sur chaque face. Les quatre coins se marquent par de forts pieux enfoncés dans le lit de la rivière et dont la tête doit s'élever d'au plus 0m,15 au-dessus de la surface de l'eau.

« A leur extrémité s'attachent des cordes, et l'intervalle des pieux se garnit à deux mètres de distance. Il faut laisser cependant l'intervalle nécessaire pour l'entrée des bateaux chargés de fascines de bois mince qu'on fait descendre au fond de l'eau au moyen de pierres dont on les charge. On en remplit le carré ou à peu près en les plaçant les unes sur les autres. Une fois que ces fascines ont servi et qu'elles se sont imbibées d'eau, on n'a plus besoin de les charger de pierres, elles descendent d'elles-mêmes au fond sans qu'il faille recourir à aucun autre poids que le leur.

« On laisse ces fascines séjourner tranquillement au fond de l'eau pendant les mois de mars, avril et mai : dès le mois de juin, le poisson y a pris domicile en grande quantité.

« On entoure alors le carré de filets; on retire les fascines, et alors le poisson reste prisonnier; on le pêche, comme l'on veut, à l'épervier. »

La **pêche à la bouteille** « ressemble, dit le même auteur, à celle dite à la nasse, mais elle a un agrément de plus. En effet, on assiste à l'emprisonnement de chaque poisson que sa curiosité et sa gourmandise entraînent dans le piége.

« Les efforts qu'il fait pour sortir de sa prison, la pétulance de chaque nouvelle victime et qui ranime la vivacité de celles qui l'ont précédée, présente un spectacle qui n'est pas sans attrait.

« Les bouteilles ou carafes qu'on emploie pour cette pêche, doivent être grandes, larges et en verre blanc. Elles doivent avoir 0m,50 y compris le goulot qui sera court et aura un diamètre de 0m,055. Le corps de la bouteille doit avoir 0m,22. Le fond est un cône de 0m,082 d'enfoncement et présente à son extrémité une ouverture de 0m,025 à 0m,027.

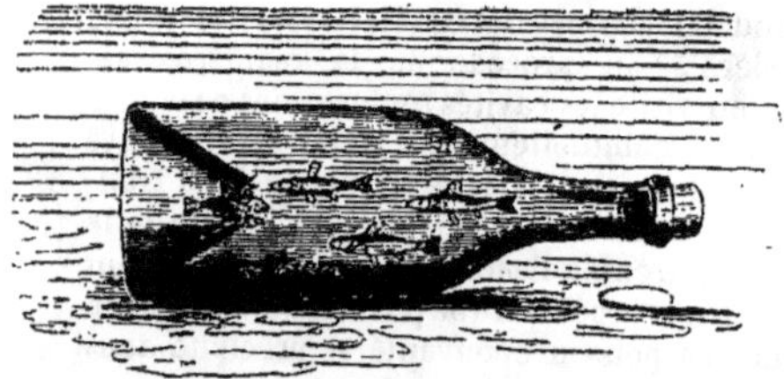

Fig. 1646. — Pêche à la bouteille.

« On bouche le goulot avec du liége à travers lequel on passe un petit tuyau de plume que l'on coupe ras. Ce petit tuyau a pour but de donner à l'air la facilité de s'échapper lorsque l'eau s'introduit par le bas.

« On attache à l'anneau du goulot une longue ficelle ; on met dans l'intérieur quelques pincées de son et on la lance à quelque distance du bord de manière qu'elle descende sur un fond de sable fin ou de vase 0m,70 de à 1 mètre au-dessous de la surface de l'eau.

« La bouteille étant de verre blanc et transparent, l'on peut, surtout si l'eau est claire, voir tout ce qui se passe dans l'intérieur et assister au drame dont elle va être le théâtre.

« Quelquefois il faut attendre assez longtemps l'entrée de la première victime ; mais celle-ci, une fois dans la bouteille, tous les autres poissons, entraînés par l'exemple et nouveaux moutons de Panurge, ne tardent pas à s'y précipiter à l'envi, et l'on est certain de voir en peu de temps la bouteille se remplir de toutes sortes de petits poissons.

« Chaque fois que la bouteille est garnie de prisonniers, on la retire, on enlève le bouchon et on la vide dans un seau ou dans un petit baquet que l'on a préalablement rempli d'eau.»

N'ayant jamais pratiqué ni vu pratiquer cette pêche à la bouteille à laquelle les goujons et vérons se prêtent de bonne grâce, nous avons préféré citer textuellement le *Parfait Pêcheur*.

La **pêche à la fouane** est surtout en usage sur les plages et les rivages de la mer ; cependant on la pratique aussi dans les rivières et dans les étangs. La fouane, fouène, ou fouine, est un instrument propre à percer le poisson. Il y a beaucoup de formes de fouane; les unes sont une broche terminée par un dard, les autres une lame barbelée ; la plupart affectent la forme d'une fourche de petite dimension armée de deux ou trois dents. Ces instruments sont emmanchés d'une perche ou d'un bâton plus ou moins long et servent à prendre les poissons que les pêcheurs aperçoivent immobiles au fond de l'eau ; dans les étangs peu profonds, pendant les plus beaux jours de l'été, on peut réussir à prendre à la fouane un grand nombre d'anguilles endormies sur la vase. Mais ordinairement cette pêche à la fouane a lieu durant la nuit à la lueur des torches; c'est une des variétés de la pêche au feu.

La **pêche au feu** est prohibée dans les rivières à cause de son caractère clandestin, car elle n'est pas plus destructive que les autres modes employés pendant le jour. On se sert tantôt de filets, tantôt de la fouane, tantôt même on prend simplement le poisson à la main.

Pendant qu'une partie des pêcheurs promènent à la surface de la rivière des torches ou des flambeaux qui éclairent le fond de l'eau, les autres alors aperçoivent le poisson et le saisissent soit avec la main, ou le dardent d'un coup de fouane,

DES DIVERSES ESPÈCES DE POISSONS.

Le **brochet**, que l'on a surnommé « le requin des eaux douces », dévore tous les autres poissons, n'épargne pas même son espèce et ravage les rivières et les étangs : la gueule cruelle du brochet est armée de 700 dents; elle déchire et avale toutes sortes de proies, depuis la grenouille

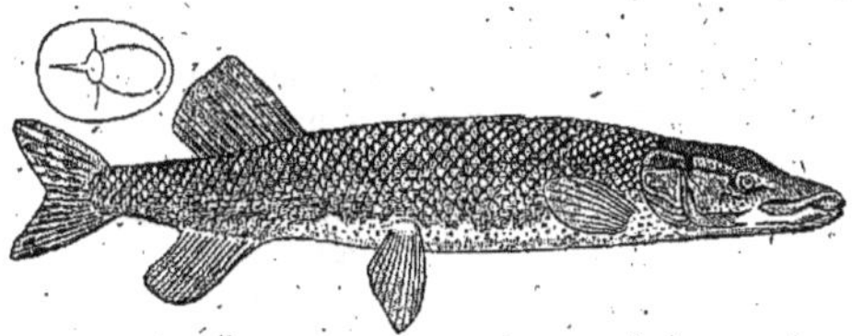

Fig. 1647. — Brochet.

jusqu'aux canards et même jusqu'aux jeunes chiens.

Pendant la première année, le brochet se nomme *lançon* ou *lanceron*, il est de couleur verte; la seconde année, cette couleur devient grise et présente une nuance plus pâle, qui elle-même prend un ton jaune très-marqué; puis, lorsque ce poisson est parvenu à une certaine grosseur, il a presque toujours le dos noirâtre et le ventre blanc. Le brochet nage avec rapidité et remonte les courants les plus forts avec une vigueur sans égale. Le sens de l'ouïe est très-développé chez ce poisson.

Grâce à tous ces avantages, le brochet atteint promptement un poids énorme, et il n'est pas rare de voir des brochets pesant de 10 à 15 kilos. Généralement les gros brochets sont aveugles.

On cite qu'en 1497 il fut pris à Kaiserslautern, près de Manheim, un brochet long de 6 mètres, pesant 180 kilogrammes. L'empereur Frédéric Barberousse l'avait fait marquer à l'aide d'un anneau de cuivre doré, ce qui fit constater que ce monstre avait vécu près de trois siècles.

Fig. 1648. — Amorce du brochet.

La chair du brochet est ferme, blanche, feuilletée et très-délicate; celle provenant d'un poisson de grosseur moyenne est la plus estimée.

Le brochet grandit et grossit avec une promptitude exceptionnelle, et l'on assure qu'il double chaque année son poids.

La voracité si connue du brochet lui est fatale. Ce poisson mord très-facilement à la ligne, soit volante, soit dormante, et même aux cordeaux que nous avons déjà décrits. Il préfère les amorces vivantes, telles que les gardons, le dard ou vandoise, la perche et même les grenouilles. On attache ces amorces de la façon que nous avons indiquée. Les meilleurs hameçons sont les hameçons doubles. On pêche aussi le brochet à l'aide d'une certaine amorce artificielle qui a la forme d'une cuiller. Cette cuiller, faite de métal blanc et brillant, reluit et tourne au milieu des eaux; lorsque le brochet glouton l'aperçoit, il se précipite sur cette fausse proie, croyant saisir une

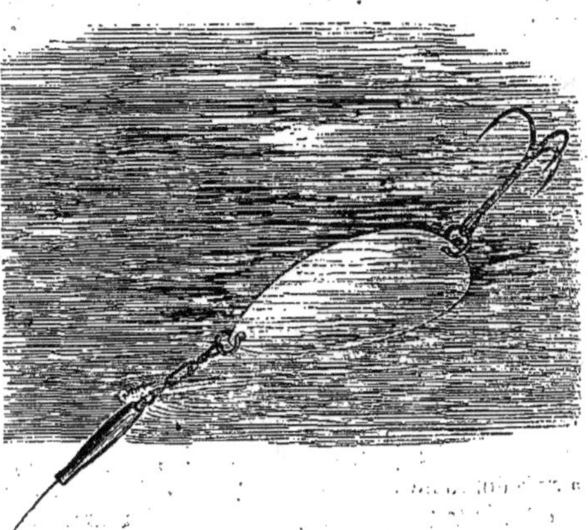

Fig. 1649. — Pêche à la cuiller.

ablette ou tout autre poisson blanc. L'hameçon à trois branches, qui termine la cuiller, fait alors son office et le saisit à son tour. C'est en Irlande que nous avons vu, il y a dix ans, employer pour la première fois cette perfide cuiller; elle fut ensuite importée en Amérique et enfin nos pêcheurs français l'ont maintenant adoptée. Elle fait merveille dans les chutes d'eau et les courants rapides. On s'en sert aussi dans les étangs, les lacs, mais il faut savoir lancer la ligne et la retirer par saccades, en ridant la surface de l'eau pour simuler les petits bonds du gardon en liesse.

Les filets sont aussi employés avec succès à la pêche au brochet; l'épervier, le verveux, la nasse, la senne, sont les plus usités, la fouane et le collet et même le fusil servent en maintes occasions. La fouane n'est autre qu'un trident dont on frappe le poisson immobile à la surface de l'eau. Dans les beaux jours du mois de mai, lorsque le brochet se tient à fleur d'eau, on réussit à l'aide d'un collet fait en fil de laiton à prendre un grand nombre de lancerons ou petits brochets. Le collet est fixé à l'extrémité d'une longue perche, et, dès que le pêcheur aperçoit un brochet, il glisse avec précaution dans l'eau le nœud fatal qui forme un O parfait; lorsque le corps du poisson est engagé par le milieu dans le collet, une saccade violente fait serrer le fil de laiton qui enlève le brochet sur la rive. Quand on tue les brochets à coups de fusil, il faut avoir soin de viser au-dessous du corps du poisson qui semble toujours moins enfoncé dans l'eau qu'il ne l'est réellement. On charge le fusil soit à plomb, soit à balle ou même en introduisant un dard, espèce de javelot de $0^m,28$ de long, dont le manche s'engage dans le canon. « Quand le coup part, dit M. d'Houdetot, l'excellent auteur du *Chasseur rustique*, la corde à laquelle le javelot est attaché, se dévide par le centre intérieur du peloton. Mais le moindre retard suffisant pour faire revenir le javelot sur lui-même, on ne saurait prendre trop de précautions. On a un mandrin sur lequel on pelote la ficelle d'une manière toute particulière et toujours en tournant, c'est ce bout intérieur qui communique au harpon. Si le peloton traînait à terre, il serait emporté; aussi a-t-on soin de l'attacher sous le canon du fusil un peu en avant de la main gauche.

« Ce genre de pêche au fusil est fort usité dans l'Anjou; on ne doit jamais tirer à plus de douze pas. Je prends acte, ajoute-t-il, d'une nouvelle découverte destinée à remplacer aussi bien le harpon que le porte-amarre. Je veux parler d'un petit appareil en caoutchouc de la forme d'un dé à coudre; ouvert à son extrémité et s'adaptant extérieurement au bout du canon. La ligne (corde), attachée à cet appareil, est emportée par le projectile qui, une fois engagé dans l'intérieur du dé, ne peut plus s'en séparer et accomplit ainsi sa plus grande portée. Mieux expérimenté, cet appareil est appelé à rendre de grands services dans les naufrages et les incendies. Quant aux pêcheurs-chasseurs, ils peuvent, dès à présent, s'en servir en guise de harpon. »

C'est surtout dans les rivières de la Sarthe et la Mayenne que l'on fait usage du dard, à la pêche de la carpe. Comme on peut employer le harpon contre tous les gros poissons qui se montrent entre deux eaux, nous avons préféré de suite et en commençant indiquer ce mode de pêche au fusil.

La perche. — Ce poisson, comme le brochet, habite les rivières et les étangs; il est facile à reconnaître à ses nageoires dorsales armées de rayons piquants et de couleur violette. Son dos est jaune coupé de larges bandes noires, sa bouche est large et garnie de dents pointues. La perche est très-vorace et dévore même les poissons de son espèce; elle fraye au commencement du printemps et produit dès sa troisième année. La chair de la perche est très-délicate.

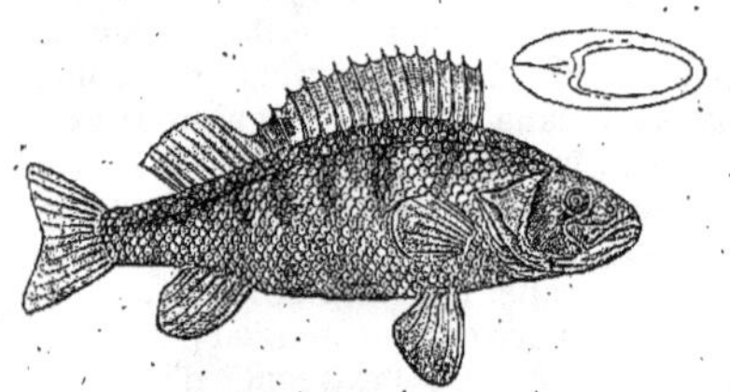

Fig. 1650. — Perche.

On pêche ce poisson dans les étangs, à la senne, à l'épervier et au verveux. Dans les rivières, on le prend également au tramail.

La pêche à la ligne est très-facile. On amorce de plusieurs manières, soit avec les vers de fumier bien purgés dans la mousse, soit avec de petits poissons tels que vérons, goujons, gardons, soit avec une patte d'écrevisse dont la perche est très-avide. Il faut, dans cette pêche, observer le plus grand silence; on recommande de ne pas ferrer aussitôt que la perche a saisi l'amorce, mais d'attendre que la perche l'ait avalée entièrement. De plus, il est nécessaire que le dernier des cinq hameçons, dont la ligne est ordinairement garnie, touche le fond, car les perches se tiennent sur le sable et la vase dans les endroits profonds, près du bord, près des ponts, des buissons, des haïs. La grosseur des hameçons, en usage pour la pêche de la perche, varie du n° 3 au n° 7.

L'anguille. — La forme cylindrique et allongée de l'anguille lui a fait aussi donner le nom de serpent d'eau. C'est un poisson du genre des *murènes*, dont la peau est si glissante qu'on ne peut le retenir dans la main. Dans les eaux bourbeuses, l'anguille est d'un brun noir en dessus et jaunâtre en dessous. Dans les eaux claires, et coulant sur le sable, elle est d'un vert varié, rayé de brun en dessus et d'un blanc argenté en dessous. On distingue cinq variétés d'anguilles : la première se nomme *acerine* et habite les marais de Chiozza, près de Venise; la seconde vient de la mer et se trouve dans la Seine et les autres rivières, c'est l'anguille commune; la troisième, qu'on appelle *pimperneau*, est une anguille de rivière; la quatrième, qui reçoit le nom de *guiseau*, est plus courte et plus grosse que l'anguille commune; la cinquième est l'*anguille-chien* dont la chair est moins estimée. Pendant le jour, les anguilles se tiennent presque toujours enfoncées dans la vase ou dans des trous creusés dans le rivage. On prétend qu'elles vivent très-longtemps. On a vu nombre de ces poissons enfermés dans la vase d'étangs desséchés ou dans les trous de rivières dont on a détourné le cours, ainsi privés d'eau et même de nourriture, exister dans cet état durant plusieurs années. L'anguille est très-vorace, et, pour cette raison, il ne faut pas la laisser trop se multiplier dans les étangs. Il paraît constaté aujourd'hui que les anguilles font des œufs qui le plus souvent éclosent dans leur ventre, ce qui les ferait ranger parmi les *ovipares* comme les serpents.

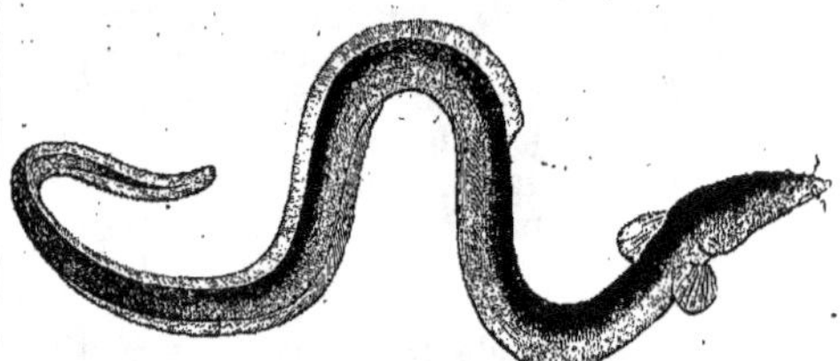

Fig. 1651. — Anguille.

La chair de ce poisson, quoique lourde et difficile à digérer, est très-recherchée. On pêche les anguilles à la main, à la fouane, à la ligne, à la nasse et autres filets, ainsi que dans des pêcheries, sortes de barrages établis dans les rivières ou les étangs.

La traînée, les jeux et les cordeaux, sont les lignes les plus utiles pour la pêche à l'anguille. Nous avons déjà mentionné ces lignes dormantes que l'on a l'habitude de tendre à la nuit tombante. On conseille de varier les amorces suivant les saisons de l'année. Depuis le 1er juin, jusqu'à la fin de juillet, on emploie les vers de terre en préférant les plus gros et les plus fermes, et on amorce les hameçons de manière à ce que les pointes soient bien cachées.

Pendant le mois d'août, on amorce les hameçons avec des goujons de moyenne grosseur. A la même époque, si l'on peut se procurer de petites lamproies, leur usage est préférable.

Dans les mois de septembre et d'octobre, l'eau commençant à devenir froide, il convient d'amorcer avec des ablettes. Nous avons déjà parlé de la pêche à la nasse et au guideau, ce dernier filet doit être tendu au moment de la chute des feuilles, lorsque, suivant l'expression des pêcheurs, les anguilles *se relâchent*, c'est-à-dire quittent leurs trous, se groupent en pelote et se laissent entraîner au fil de l'eau.

Dans les étangs ou dans les petites rivières non navigables, on établit des pêcheries qui consistent en de simples grillages qui empêchent les anguilles de passer. Au pied du grillage sont placées des corbeilles faites de planches percées de petits trous. Les anguilles qui, au mois de novembre, s'abandonnent au courant, viennent se heurter contre le grillage et tombent dans les corbeilles dont elles ne peuvent plus sortir, grâce à la force du cours d'eau. A l'embouchure des grands fleuves, à l'aide des filets nommés *seine-drue* ou *dranguet-dru*, les pêcheurs prenaient autrefois des quantités énormes d'anguilles. Aujourd'hui cette pêche est devenue moins fructueuse par suite du petit nombre d'anguilles qui se trouvent dans ces fleuves.

La lotte. — Ce poisson s'écarte de ses congénères, les *gades*, pour se rapprocher des anguilles par sa forme et ses habitudes. La lotte a le corps très-allongé et présente l'aspect d'un poisson plutôt que celui d'un serpent; elle est de couleur jaune, marbrée de brun en dessus, et blanchâtre également marbrée en dessous. Sa bouche

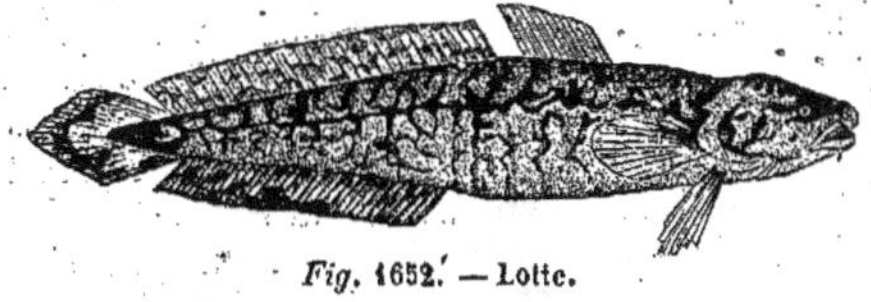

Fig. 1652. — Lotte.

est grande et sa tête forte. Elle habite la mer et les rivières dont les eaux sont claires et courantes. On trouve, dit-on, un grand nombre de lottes dans l'Isère et la Saône; la Loire aussi en est peuplée. La chair de la lotte, plus blanche et plus légère que celle de l'anguille, est très-délicate. Et le proverbe si souvent cité par les gourmets,

> Pour manger de la lotte,
> Madame vendit sa cotte...

prouverait à quel point ce poisson est recherché et estimé.

On prend rarement la lotte dans les nasses et autres filets; on se sert principalement de la ligne de fond amorcée de gros vers ou de petits coquillages de marais pour enlever les plus belles. On fait aussi usage de la trouble que l'on promène sur les bords des rivières en même temps qu'on en fouille les inégalités avec un bâton.

La lamproie. — Le corps allongé et cylindrique de ce poisson le rapproche plus de l'anguille que de la lotte; sa peau est lisse, visqueuse, sans écailles, de couleur verdâtre sur le dos et blanche sous le ventre, sa tête est étroite et effilée, elle habite les mers d'Europe et d'Asie, et remonte au printemps dans les rivières. Elle s'attache avec tant de force aux corps solides, qu'on prétend avoir enlevé avec une lamproie, pesant 1 kilogramme et demi une pierre de 6 kilogrammes à laquelle elle se tenait cramponnée par la bouche.

La lamproie, ne faisant que sucer ses aliments, ne peut être prise à l'hameçon. La fouane, les nasses, les louves et la *lampresse* sont les engins

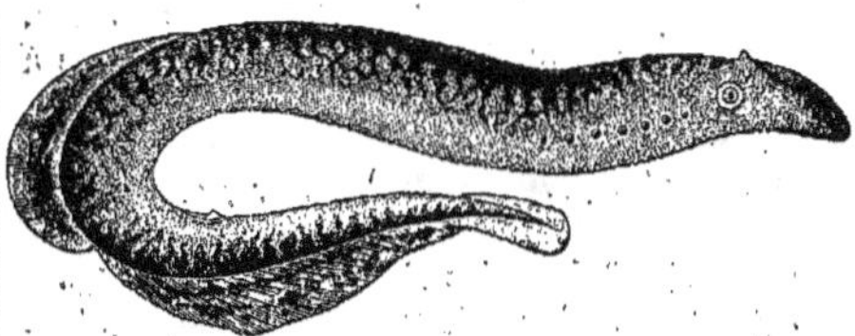

Fig. 1653. — Lamproie.

employés pour la pêche de la lamproie. La lampresse est un filet composé d'une seule nappe montée sur deux perches; le pêcheur s'avance dans l'eau tenant un des manches du filet dans chaque main et, sitôt qu'un poisson a donné, il ferme les deux extrémités du filet qu'il lève aussitôt. La chair de la lamproie est délicate quoique lourde et indigeste quand le poisson est gras; on prétend que les lamproies prises dans les lampresses sont d'un goût plus fin que celles prises dans les nasses, parce que les poissons retenus dans les nasses se fatiguent par les efforts qu'ils font pour sortir et maigrissent extrêmement.

Le saumon. — Ce roi des poissons d'eau douce, comme l'appelle Walton, naît dans les rivières et les fleuves, descend dans la mer à la fin de l'automne pour remonter au printemps vers les rives qui l'ont vu grandir : le saumon parvient à une grosseur considérable, il affectionne les eaux fraîches et franchit les courants et les chutes d'eau les plus rapides; les insectes, les vers et les jeunes poissons forment la nourriture du saumon; il fraye au printemps, et la femelle a coutume de creuser un trou dans le lit de rivière pour y déposer ses œufs. Le mâle accompagne la femelle qu'il aide à enfouir ses œufs dans la *frayère* après les avoir fécondés. On suppose qu'un saumon pesant de 3 à 4 kilog. est âgé de deux ans, et qu'à cinq ans il pèse de 5 à 6 kilog. ; c'est à cinq ans seulement que les saumons se reproduisent et commencent à frayer. La chair de ce poisson réjouit les yeux par sa belle couleur rose avant de flatter le palais par son exquise saveur; quoique nourrissante et parfaite elle est difficile à digérer; celle des mâles est plus estimée.

On pêche le saumon à la ligne et au moyen de filets de toutes sortes.

La pêche à la ligne est la plus savante et la plus

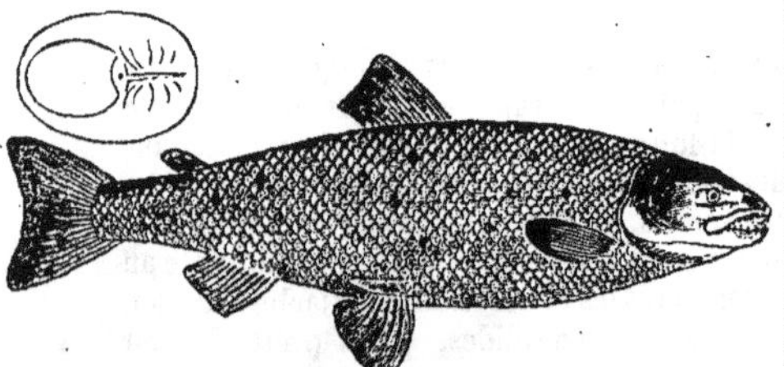

Fig. 1654. — Saumon.

attrayante de toutes les pêches à la ligne, il ne suffit pas de connaître les appâts en usage, de posséder en portefeuille les mouches les plus belles et les plus séduisantes, et de s'armer d'une ligne bien solide et d'une canne pourvue d'un moulinet irréprochable, tel qu'un de ces *rills* anglais si appréciés, il faut savoir jeter cette ligne en maintenant la mouche à la surface, il faut savoir imiter, par des mouvements étudiés, les efforts que fait l'insecte naturel cherchant à se dégager et à reprendre son vol. Il faut savoir fixer le ver dont on se sert de préférence le matin, il faut savoir ferrer avec rapidité lorsque le saumon saisit la mouche et attendre, si au contraire il attaque le ver. Puis lorsque l'on a senti que le poisson est piqué, il faut se hâter de dérouler le moulinet et laisser le saumon filer et épuiser ses forces; après cela on attire sans saccade le poisson fatigué sur la rive, puis on l'enlève à l'aide de l'épuisette. Le petit paon et la libellule sont employés de préférence pour la pêche au saumon.

Nous avons déjà décrit les carrelets dont se servent les pêcheurs de la Loire pour prendre les saumons; les sennes, et les nasses sont aussi employées avec quelque succès.

La truite appartient au genre *Salmone*; ses écailles de couleur argentée et dorée sont marquées de points noirs sur le dos et de taches rouges sur les côtés, sa tête est grosse et sa bouche est garnie de dents pointues, elle ne fréquente que les lacs ou les rivières dont l'eau est froide, claire et qui coule sur un fond pierreux. Elle nage avec une rapidité étonnante et franchit les cascades les plus impétueuses. Les grandes chaleurs qui rendent les eaux des lacs presque tièdes font périr un grand nombre de truites, lorsqu'elles ne peuvent se réfugier dans des cours d'eau plus frais. Ce poisson se nourrit de petits poissons, de crustacés, de vers, de coquillages, d'insectes, d'éphémères, de demoiselles et de phryganes qu'il saisit avec adresse à la surface de l'eau. Le frai de

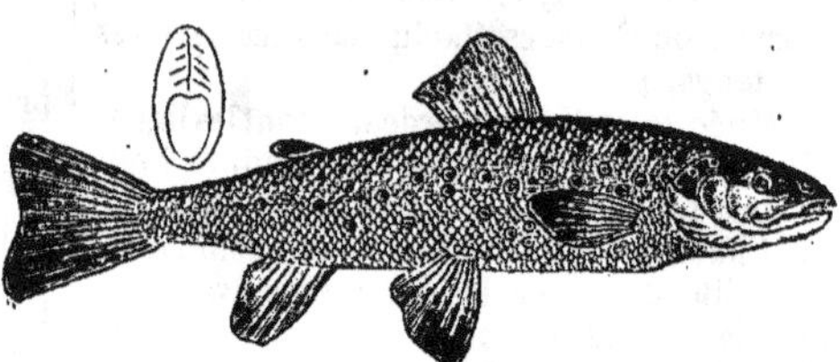

Fig. 1655. — Truite.

la truite commence avec l'automne, les œufs sont de la grosseur d'un pois.

La chair de la truite est blanche ou rosée, tendre et d'un goût très-fin ; il y a plusieurs variétés dont la plus estimé est la *truite saumonée* qui n'est point comme on l'a considéré longtemps un métis provenant d'un œuf de truite fécondé par un saumon, mais qui constitue une famille certaine se reproduisant avec fixité.

La truite saumonée a la tête plus petite et en forme de coin, le nez et le front noirs et les côtés parsemés d'un plus grand nombre de taches.

Il y a une variété de truite qui peuple les lacs, les rivières et les torrents situés sur les plus hautes

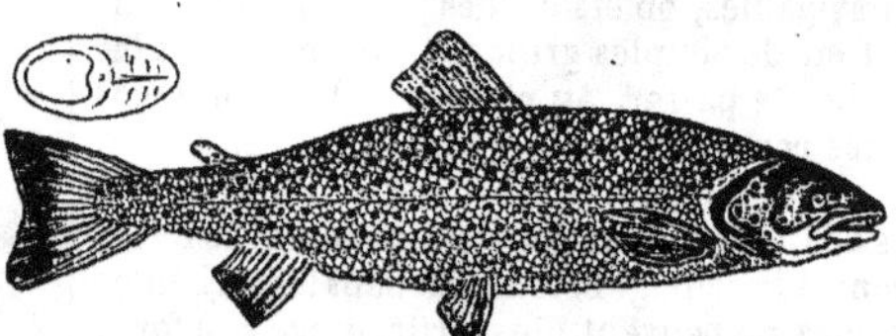

Fig. 1656. — Truite saumonée.

montagnes, elle diffère des autres variétés par sa taille très-exiguë et la couleur plus foncée de ses écailles. Nous devons à cette occasion mentionner un fait bizarre constaté depuis longtemps dans les Pyrénées. Pendant l'été certaines sources isolées, certaines flaques d'eau sont mises à sec par les pâtres qui font une copieuse cueillette de petites truites ; cette pêche se répète tous les ans et tous les ans ces sources se repeuplent de truites. D'où viennent ces poissons sans cesse renaissants? Nous constatons ce mystère sans chercher à le pénétrer. Les gourmets font grand cas de la chair de la truite; après la saumonée viennent les truites de Palluel en Normandie et des montagnes du Vivarais.

Les truites savent éviter presque tous les filets; on en prend cependant quelques-unes au tramail, dans les nasses, ou au moyen de la trouble. La pêche à la ligne est la plus fructueuse surtout dans le mois de juillet et d'août par un temps brumeux, soit de grand matin, soit au coucher du soleil. La ligne doit être forte, en soie et attachée comme pour la pêche du saumon à une canne munie d'un moulinet; la grosseur de l'hameçon varie selon l'amorce dont on fait usage, les n°s 5 jusqu'à 9 sont employés pour les mouches, le n° 1 pour les vers, hannetons, etc.

Lorsque l'eau est trouble on dispose la ligne de manière que l'hameçon soit soutenu à 0m, 5 ou 0m, 6 du fond, on amorce avec un gros ver de terre, ou une sangsue, ou une patte d'écrevisse. Si l'eau est claire on amorce avec une mouche naturelle, une demoiselle, un hanneton, ou avec des mouches artificielles. On jette alors la ligne à l'eau en ayant soin de maintenir l'amorce à la surface, et de garder le plus grand silence, tout en changeant de place sans cesse. D'ailleurs la pêche à la ligne est la même pour la truite et le saumon, on la ferre de même, de même il faut la laisser filer.

On amorce encore avec un véron soit vivant, soit artificiel. Certains pêcheurs recommandent l'usage d'un certain appât nommé *diable* qui n'est autre qu'une chenille artistement imitée avec un corps de crin ou de soie, et une queue de fer-blanc, le tout relié et rendu brillant par du fil d'or ou d'argent et entourée de petits hameçons.

L'ombre-chevalier est du genre Salmone ; il tient le milieu entre la truite et le saumon ; son corps est à peine tacheté, son dos verdâtre, son ventre blanc et sa queue fourchue. On le trouve dans le lac de Genève et de Neufchatel et rarement en France. Mais M. Coste, le pisciculteur, en ayant peuplé nos lacs et nos étangs, il est opportun de songer à l'avenir et d'avertir nos neveux que les mêmes engins et les mêmes amorces employés pour la truite et le saumon sont en usage pour l'Ombre-Chevalier qui, d'ailleurs, est un poisson dont la chair est excellente et très-recherchée.

La carpe. — Ce poisson rangé dans le genre des *Cyprins* habite toutes les eaux douces d'Europe. Sa couleur change selon la nature des eaux ; ses écailles sont jaunes et dorées, lorsque les rivières ou les lacs qu'il fréquente sont limpides et

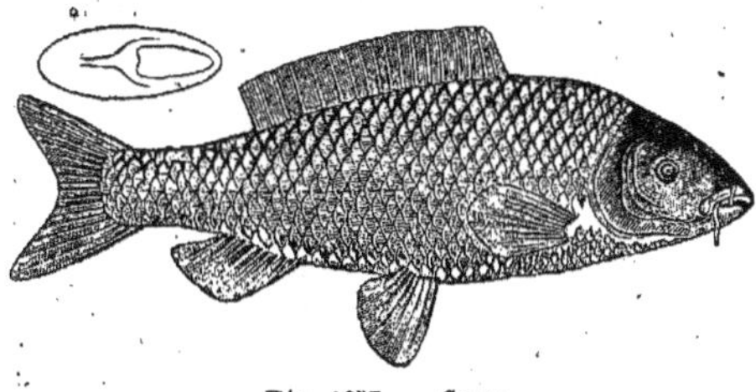

Fig. 1657. — Carpe.

coulent sur un fond de sable ; dans le cas au contraire où la carpe hante les eaux bourbeuses, elle revêt une nuance noirâtre particulière. Elle se nourrit de larves d'insectes, de graines et d'une certaine graminée aquatique que l'on nomme *herbe à carpes*. Leur fécondité est extrême et le frai a lieu en avril et mai. Les carpes vivent plusieurs siècles, celles que l'on voit à Chantilly et à Fontainebleau, ont changé bien souvent de maîtres et portent fort gaiement leur grand âge.

La croissance des carpes est rapide et on a calculé qu'un de ces poissons qui, à l'âge de trois ans, pèse en moyenne 1 kilog. ½ pèsera le double c'est-à-dire 3 kilog. dans sa dixième année. Il n'est pas rare de pêcher en France des carpes pesant 6, 7, 8 kilog. et plus. La Mayenne et la Sarthe fournissent un assez grand nombre de ces beaux poissons. En Allemagne on prétend que les carpes atteignent le poids de 25 kilog. Bloch cite une carpe pesant 35 kilog.

On distingue plusieurs variétés de carpes. L'une d'elles n'a que deux ou trois rangs de larges écailles sur le dos et sur le ventre, on l'appelle reine des *carpes* ou *carpe à miroir* et dans certains pays *carpe-tanche*.

Une autre variété qui se nomme *carpe à cuir* est dépourvue entièrement d'écailles, il en est une qui est dite carpe saumonnée dont la chair est rougeâtre et très-délicate.

On a imaginé de châtrer les carpes, c'est-à-dire de leur enlever les ovaires ou la laite afin de hâter leur engraissement et de le rendre plus complet. On agit de même sur les brochets. Ce procédé n'est pas encore très-répandu.

De tous les poissons la carpe est celui qui est le plus généralement employé à peupler les étangs ; il donne le produit le plus sûr et le plus avantageux. On le transporte facilement d'un lieu dans un autre sans qu'il souffre aucunement du voyage. N'ayant point à traiter de l'empoissonnement des étangs, puisque cette question a été exposée avec clarté à la fin du premier volume nous revenons à la pêche. La carpe est très-rusée, elle évite avec adresse les piéges qu'on lui tend. Tantôt elle s'élance en l'air et saute par-dessus le filet, tantôt voyant approcher les mailles ou sentant le fil, elle plonge la tête dans la vase et laisse glisser le filet sur sa queue. Néanmoins on parvient à la prendre dans les sennes, les nasses, les verveux et les éperviers. La carpe mord difficilement à la ligne. D'ailleurs de quelque manière qu'on se propose de pêcher la carpe, soit à la ligne, soit au filet, on recommande avant de tendre, de jeter des appâts afin d'attirer ce poisson. Comme nous l'avons dit, ces *appâts de fond* se composent de fèves de marais, de blé, d'orge, de chènevis cuits, de sang de boucherie, de vers coupés, le tout mêlé de terre glaise.

La ligne à carpe doit être forte et solide pour résister aux efforts violents que fait ce poisson lorsqu'il se sent pris. On amorce les hameçons avec de gros vers ou des fèves de marais cuites ou du blé, ou de la mie de pain. L'hameçon n° 2 est le plus en usage ; quelques pêcheurs possèdent des appâts composés de mie de pain et de miel, d'autres frottent l'hameçon avec de l'huile d'aspic et du camphre.

Nous devons à l'obligeance d'un vrai sportsman, d'un agriculteur renommé, notre excellent ami, M. Charles de la Valette, la recette d'un merveilleux appât pour les carpes. C'est une pâte composée de farine de seigle pur, d'une dose de Jalap, de miel et d'une très-petite quantité de graisse de héron.

Voici la formule exacte :

4 livres de farine de seigle pur, bien passée.
2 onces de jalap en poudre.
2 onces de miel.
1 cuillerée (cuiller à café) de graisse de héron.

Quand ce mélange est bien amalgamé et rendu compacte, avant de se servir de la pâte on la plonge dans un vase plein d'eau et saturée de serpolet. On fait jeter un ou deux bouillons à la préparation qui, alors devient un appât exceptionnel. Un ou deux jours avant de pêcher on jette des boulettes de l'appât afin d'attirer les carpes vers la place où l'on veut jeter la ligne ou l'épervier. On amorce ensuite les hameçons avec des boulettes de la pâte ci-dessus mentionnée.

Le pêcheur doit observer constamment la flotte et sitôt que la carpe commence à filer il faut ferrer, mais ne pas enlever le poisson qui en se débattant casserait la ligne. On laisse la carpe dépenser d'abord toute sa vigueur, puis on attire la tête hors de l'eau, le poisson boit et *se noie*, il s'affaiblit aupoint de se laisser, sans résistance, attirer sur la rive; enfin l'épuisette met fin à cette lutte.

Avant l'époque du frai, dans les étangs, il faut chercher la carpe à l'eau basse, après le frai à l'eau haute près des vannes ou des chaussées où le courant est sans force.

La tanche est aussi classée dans le genre Cyprin, c'est le poisson d'étang par excellence; elle préfère les eaux bourbeuses et sans courant; elle se nourrit des mêmes substances que la carpe. Sa couleur varie suivant son âge, son sexe et la qualité de l'eau, mais elle est communément verdâtre sur le dos, ses nageoires sont violettes, ses écailles sont couvertes d'une mucosité visqueuse, qui rend la tanche presque insaisissable comme

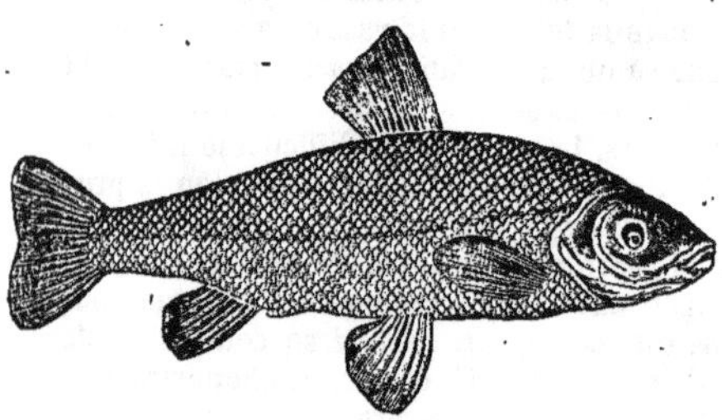

Fig. 1658. — Tanche.

l'anguille. Elle se multiplie avec rapidité et fraye au milieu de l'été. Sa chair est blanche, grasse mais lourde et indigeste. Elle dépasse rarement le poids de 2 kilog. Ce poisson était considéré naguère comme guérissant un nombre infini de maux, tels que la jaunisse, la peste, etc., mais ses vertus admirables ont disparu.

On prend très-aisément les tanches dans les verveux et les nasses au milieu desquels on place des intestins de lièvre ou de lapin; l'épervier s'employe avec moins de succès dans les étangs vaseux, où se tient la tanche. Ce poisson n'accepte que le ver de terre, ou après la pluie la petite limace blanche que le pêcheur lui offre au bout d'un hameçon n° 2, traînant sur la vase. Il faut savoir aussi qu'avant d'avaler l'amorce, la tanche aime à l'attaquer et à la toucher, c'est pour cela qu'elle a l'habitude de faire remuer la flotte quelque temps avant de l'entraîner. Mais, dès que la flotte aura filé il sera temps de piquer. On la tire de l'eau de la même manière que la carpe.

Le barbeau, autre cyprin est connu aussi sous le nom de *barbiau* et de *barbillon*, lorsqu'il est petit. Ce poisson a le corps allongé et arrondi comme le brochet, olivâtre en dessus et bleu sur les côtés avec le ventre blanc et des nageoires teintées de rouge. Il habite les rivières et les fleuves d'Europe

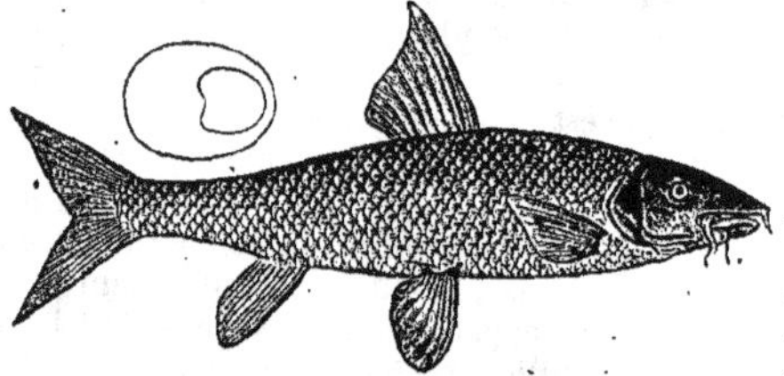

Fig. 1659. — Barbeau.

et particulièrement les fleuves d'Asie. Il recherche les bassins profonds et pierreux et au moindre bruit se réfugie sous les pierres et les rochers. Il marche par bandes de dix ou douze et quelquefois plus. Il se nourrit de limaçons, de vers, d'insectes, de petits poissons et de plantes aquatiques. Il parvient rarement au poids de 4 à 5 kilog. et sa longueur moyenne est de 0^m,30 à 0^m,50. C'est à l'âge de 5 ans seulement qu'il commence à frayer et toujours au printemps. Sa chair est blanche et de bon goût.

Le barbeau donne très-facilement dans tous les filets; on le prend le plus communément dans les verveux ou sous l'épervier.

La ligne dont on se sert pour le barbillon est toute spéciale, on la désigne sous le nom de *ligne à soutenir*. Elle doit être faite de soie écrue n° 4; longue de 8 mètres environ elle porte un hameçon n° 1, empilé sur deux brins de boyau de vers à soie, et à 0^m,08 de l'hameçon est placé un plomb.

La ligne doit être attachée à un scion de baleine, elle est amorcée soit avec des vers de terre et de viande, des queues d'écrevisse, des sangsues, de la viande cuite, du fromage de Gruyère, et des insectes vivants. Ce dernier genre d'amorce est indiqué comme étant le meilleur, surtout si l'on employe le bombyx du saule qui est blanc et se voit de loin. On attire les barbillons en plaçant au fond de l'eau un sachet de toile contenant un mélange composé de vieux fromage de Gruyère, de jaunes d'œufs et de camphre.

Cette pêche à la ligne a lieu après le coucher du soleil et durant la nuit: il faut rechercher une eau courante, vive et profonde où l'on jette le plomb le plus loin possible en tenant de la main gauche le scion de baleine. La ligne est ainsi plutôt tendue que flottante, au moindre mouvement que l'on ressent il faut se tenir sur ses gardes afin de saisir à propos le moment de piquer le poisson. Tant que l'on ne ressent que des secousses légères et à intervalles égaux, il faut attendre; mais dès que l'on sent que le brin de baleine est tiré d'une façon constante ou qu'il éprouve un tremblement continuel et sans saccades, c'est l'instant de ferrer brusquement et avec force pour percer la lèvre épaisse et dure du barbeau. Ce poisson est très-vigoureux et fait des efforts violents, mais la ligne à soutenir est très-solide, on peut donc tirer le barbeau hors de l'eau sans précaution et de vive force.

On pêche encore le barbeau au moyen de la *ligne à pêcher dans les pelotes*, qui est la même que la précédente à l'exception de l'hameçon qui doit être empilé sur la soie de la ligne et du plomb qui n'en est éloigné que de $0^{m},05$ à $0^{m},06$, parce que l'on enferme l'un et l'autre dans une pelote de terre grasse garnie de vers. On forme ces pelotes avec de la terre que l'on trouve sur le bord des rivières, on la pétrit de façon qu'elle ne soit pas trop dure, et qu'elle ait néanmoins assez de consistance pour descendre au fond de l'eau sans s'émietter. On choisit un grand fond d'eau dont on mesure la profondeur, si cette profondeur est de 3 mètres, la ligne aura 7 mètres de longueur.

Muni d'appâts et ayant choisi une place dans un courant profond, le pêcheur commence par faire descendre au fond de l'eau une pelote de terre grosse comme les deux poings et qu'il a eu soin de garnir d'une quantité suffisante de vers. A six heures du soir environ, il jette sa ligne et pour cela il prend une pelote de terre de la grosseur d'un œuf, également garnie de vers, dans laquelle il place l'hameçon amorcé de vingt à trente vers. La pelote se dissout et se sépare au bout de dix minutes; à mesure que la terre se désagrège, les vers se détachent et font monter les poissons qui attaquent ensuite ceux qui enveloppent l'hameçon. Les mêmes règles que nous avons indiquées pour ferrer le barbillon sont applicables en cette occasion. Il arrive quelquefois, dit l'auteur du *Pêcheur Français*, que l'on pêche durant trois ou quatre heures sans prendre un barbeau. On pêche aussi ce poisson avec des jeux et des lignes de fond lestés de plomb pesant au moins 500 grammes, et amorcés avec des morceaux de fromage de Gruyère ayant trempé pendant une demi-heure dans l'urine avec deux ou trois gousses d'ail.

La Brème est un cyprin, *cyprinus brama*, que l'on trouve dans les rivières et les lacs d'Europe. Son corps est beaucoup plus aplati que celui de la carpe, les écailles aussi sont plus

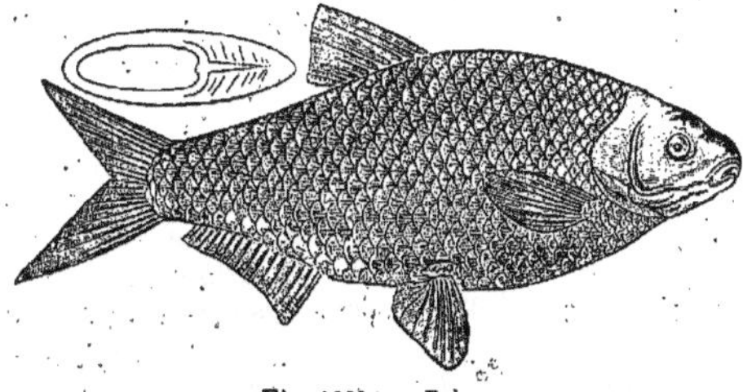

Fig. 1660. — Brème.

grandes. La tête petite et pour ainsi dire tronquée est de couleur bleue, le dos est noir et les côtés sont marqués de points de même couleur. On trouve quelquefois en Allemagne, des brèmes marquées de points rouges; on les nomme *chefs des Brèmes*. Cette variété est très-peu nombreuse.

A l'époque du frai, les mâles comme dans les autres familles de ce genre, ont les écailles couvertes de petits boutons qui disparaissent après le temps de la fécondation des œufs. Les femelles portent un nombre considérable d'œufs. Bloch en a compté jusqu'à 137000, dans le corps d'une brème pesant 3 kilog. En France les brèmes ne sont pas aussi abondantes que dans le nord, et surtout qu'en Suède où elles pullulent, et, où il n'est pas rare de voir certains poissons de cette espèce atteindre le poids de 10 kilog.

La chair de ce poisson quoique blanche n'est pas très-estimée; elle prend un goût et une odeur désagréables, dans les rivières coulant sur un fond vaseux. La senne, le tramail, l'épervier, la nasse, et tous les autres engins ordinaires sont funestes aux brèmes que l'on prend aussi très-rarement à la ligne.

Il faut dans cette pêche jeter la ligne le plus loin du bord qu'il est possible, en ayant soin de faire un silence profond, car la brème a l'ouïe très-fine. On amorce l'hameçon avec des vers rouges ou des asticots. On prétend que pendant les grandes chaleurs de juillet, août, et septembre, il est préférable d'employer du riz ou du blé cuit. Dès que la flotte a par la plus légère oscillation indiqué qu'une brème attaque l'amorce, on doit ferrer avec célérité; les plus grosses brèmes saisissent l'hameçon en n'imprimant à la flotte qu'un imperceptible mouvement.

C'est pendant l'hiver qu'on prend le plus facilement les brèmes; elles arrivent en grand nombre respirer l'air, au trou qu'on a pratiqué dans la glace, et en se servant d'une trouble, on emplit promptement le filet.

Le gardon est encore du genre cyprin; il est moins compacte que la carpe et moins plat que la brême, il atteint rarement le poids d'une livre, et sa chair n'est point recherchée. Les gardons se rencontrent dans la mer comme dans les mares les plus petites et les plus bourbeuses, ils se multiplient en grand nombre. On les prend dans tous les filets.

Le gardon mord avec empressement à l'hameçon amorcé soit de pain, soit de vers de terre ou de viande, de blé cuit, de sauterelles vertes, de certaines mouches aux ailes verdâtres qui se tiennent sur les feuilles de la fougère et enfin d'*épine-vinette*.

Les pêcheurs appellent de ce nom le ver de viande converti en nymphe rouge comme une cerise et ressemblant assez au fruit de l'épine-vinette.

On a coutume d'employer cet appât dès que les cerises et les groseilles rougissent. On se procure ces nymphes de la manière suivante : on place dans un sac de peau deux tiers de son de blé et un tiers de vers de viande, on ferme le sac hermétiquement, et il suffit de dix à douze jours pour que les vers soient métamorphosés en nymphes rouges.

Une ligne formée de six brins de crin et armée d'un hameçon n° 10 ou 12, est assez forte pour enlever les plus gros gardons. Ce poisson mord légèrement, il faut donc savoir ferrer promptement, et dès qu'il a communiqué à la flotte le plus petit tressaillement.

Le chevaine ou meunier appartient aussi au genre cyprin, on le nomme dans différents pays, *meunier, juerne, chevesne, têtard, vilain, barboteau*. Le chevaine a le corps gros et allongé, la tête forte, la bouche arrondie, le dos bleu et le ventre blanc. Il parvient quelquefois à une grosseur considérable, son poids est quelquefois de 3 à 4 kilogrammes. Ce poisson est très-vigoureux et remonte les courants les plus rapides, il multiplie beaucoup et fraie dès le mois d'avril. Sa chair est d'assez bon goût, quelquefois elle prend une teinte jaune qui ressemble à celle de la truite; d'ailleurs, le chevaine a quelques points de ressemblance avec la truite et le barbillon.

On prend les chevaines dans les nasses en plaçant du sang caillé dans ces engins, d'ailleurs, comme le chevaine est d'une gourmandise proverbiale, on le prend facilement à toutes les lignes et avec toutes sortes d'appâts : on pêche les petites à la ligne à fouetter comme les ablettes, les moyennes à la même ligne que les gardons, enfin les plus grosses à la ligne à la volée. Les jeux et les cordeaux en prennent aussi. Avant de déployer et de jeter la ligne, les pêcheurs conseillent d'attirer les chevaines en jetant du sang caillé.

On amorce l'hameçon avec des boulettes de sang caillé, avec des sauterelles, des hannetons, des grillons, des chenilles, des mouches noires, des cerises ou des grains de raisin, selon la saison. D'ailleurs, on recommande de ne se livrer à cette pêche que le matin et le soir et jamais au milieu du jour.

Le dard ou **vandoise.** — Ce poisson est de la nombreuse catégorie des cyprins. Son corps est allongé comme celui du hareng. Il a le dos brun, le ventre blanc, la queue fourchue. Le nom de *dard* lui a été donné à cause de la rapidité avec laquelle il nage. Sa chair est agréable au goût, mais elle est extrêmement chargée d'arêtes.

On prend le dard à la ligne à fouetter, qui, on le sait, ne porte ni plomb ni flotte. L'appât, préféré par la vandoise, est l'insecte connu sous le nom de *porte-bois*, sorte de ver vivant au fond de l'eau dans une coque en forme de petit tuyau. *Les porte-bois* se tiennent dans les ruisseaux aboutissant à une rivière. Quoi qu'il en soit, à défaut de cette amorce, on prend les vandoises avec tous les autres appâts employés pour la pêche du chevaine.

Le goujon, que l'on range dans la même famille que les précédents, est connu de tous; inutile d'en faire la description. Les deux barbillons, qui pendent à ses lèvres, et ses taches bleues le font distinguer facilement du véron par les plus novices. Le goujon fréquente surtout les rivières dont le fond est pierreux, l'eau claire et limpide. Ce poisson, placé si haut dans l'estime des gourmets, devient très-souvent la proie des brochets, des truites, des perches et des anguilles. C'est un excellent appât pour amorcer les lignes de fond ou les jeux.

On prend le goujon dans les nasses, les verveux, et surtout avec l'épervier nommé *goujonnier* à cause de ses mailles serrées. Il suffit d'une ligne formée de quatre brins de crin près de la perche, et de deux crins à l'extrémité où pendent les hameçons n° 12. Deux petits plombs fendus maintiennent la ligne au fond de l'eau où se tient le goujon toujours sur le gravier ou les pierres. Les petits vers rouges de fumier

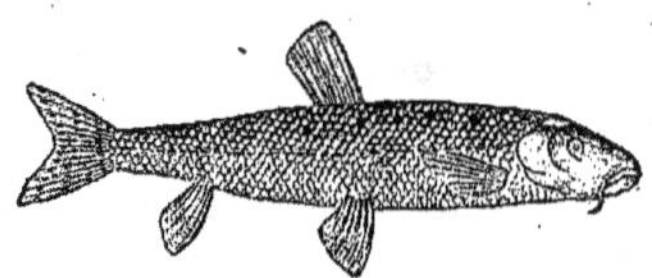

Fig. 1661. — Goujon.

sont les amorces les plus sûres auxquelles on doit donner la préférence; viennent après les vers de viande.

Il ne faut pas se hâter de tirer la ligne quand le goujon a mordu; on doit attendre qu'il ait entraîné la flotte. Août et septembre sont les mois les plus favorables à la pêche du goujon; mais lorsque l'eau est trouble, il est inutile de déployer la ligne.

Outre la pêche, au moyen de la nasse et des autres filets, on prend aussi les goujons *à la bouteille*.

Nous avons déjà mentionné ce genre d'amusement que l'on appelle *pêche des dames*, nous n'y reviendrons pas.

L'able ou **ablette** est un petit poisson dont les écailles sont plus recherchées que la chair. La matière nacrée, qui entoure les écailles blanches et argentées de ce cyprin, produit l'*essence d'Orient*, employée dans la fabrication des perles fausses.

On prend facilement l'ablette dans les sennes, les [illegible]x, les troubles, et surtout dans les carrelets nommés *abliers*. La ligne à ablette doit être

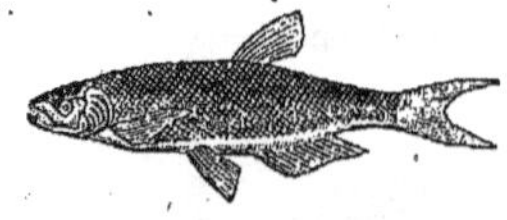

Fig. 1662. — Ablette.

fixe, faite d'un seul crin de Florence, sans flotte et garnie de plusieurs hameçons; c'est ce qu'on nomme une ligne à fouetter. Cette pêche exige une grande patience et le plus grand silence.

On attire les ablettes en jetant des vers blancs avant de pêcher. Lorsque l'on sent que l'ablette touche à l'amorce, on la pique par un coup sec et cependant assez mesuré pour ne pas lui arracher la bouche. Les endroits les plus propices à cette pêche, sont ceux où l'eau est peu profonde et courante. Les vers de viande et les mouches communes sont les seuls appâts que l'on ait l'habitude d'offrir aux ablettes qui à leur tour servent à amorcer les lignes de fond.

Il suffit de mentionner le véron et de noter que cette excellente amorce pour la truite, la perche et l'anguille ne se trouve que dans les rivières, et qu'on le prend facilement à la ligne avec le ver rouge, l'asticot ou même avec un morceau de drap rouge comme la grenouille.

Le chabot et **la loche** sont aussi de petits poissons très-estimés des gourmets et qui servent aussi d'appâts pour prendre les anguilles.

Il nous reste encore à décrire certains pois-

Fig. 1663. — Loche.

sons qui fréquentent momentanément les grands fleuves dans lesquels ils remontent à époque fixe. De ce nombre sont les aloses et les éperlans.

L'alose, du genre des *clupées*, est un poisson assez plat et qui a quelque ressemblance avec le hareng, ce qui lui a fait donner le nom de *mère des harengs*, les mâles sont plus petits et plus délicats que les femelles. L'alose habite les mers du

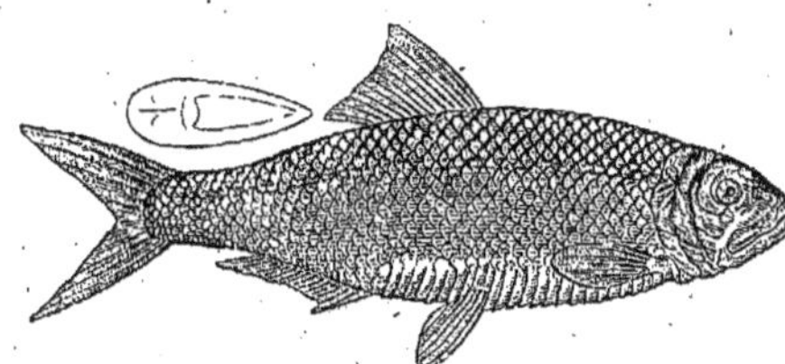

Fig. 1664. — Alose.

nord et la Méditerranée, elle remonte dans les fleuves tels que la Seine, la Loire, le Rhône pour y frayer et s'y engraisser après le frai. En juin, elle redescend vers la mer, et c'est à cette époque que sa chair est du goût le plus fin.

On pêche ce poisson dans les nasses, les troubles, le tramail et la senne appelée *alosière*. Les nuits obscures, et l'eau trouble, favorisent la pêche de l'alose; pendant la chaleur et l'orage, elle se retire dans les eaux les plus profondes. L'alose ne mord point à l'hameçon, on ne la prend point à la ligne.

L'éperlan, du genre *esmère*, affecte la forme d'un fuseau et brille des plus vives couleurs depuis le blanc jusqu'au vert de mer. Il répand une odeur que l'on a comparée à celle de la violette. Il y a deux variétés d'éperlan, savoir : l'éperlan des lacs qui habite les grands bassins d'eau douce, dont le fond est sablonneux, l'éperlan de mer qui est plus gros que le précédent et qui remonte les fleuves, et de préférence la Seine. Ce poisson est considéré comme le plus délicat de tous ceux qui sont destinés à être mangés en friture ; l'éperlan vert est préférable à l'éperlan blanc. On le pêche à l'embouchure de la Seine, dans les nasses, les guidaux, et, avec les sennes, jamais à la ligne.

Il ne faut pas confondre l'éperlan, proprement dit, avec une espèce d'ablette, que les pêcheurs de Paris décorent du nom d'éperlan bâtard.

L'écrevisse appartient aux genres de crustacés, de la division des *pédiocles à longue queue*. La queue de l'écrevissse forme la moitié du corps de l'animal, elle est garnie de petits fils mobiles qui retiennent les œufs jusqu'à ce que les petits éclosent; car les écrevisses ne se reproduisent point de la même manière que les poissons, mais, par l'accouplement. La queue est terminée par cinq pièces plates, minces, ovales, un peu convexes en dessus et concaves en dessous, qui sont de véritables nageoires. Les pattes antérieures de ce crustacé lui servent de pinces pour saisir sa proie et présentent un phénomène curieux à observer; quand ces pattes ou pinces sont rompues ou arrachées à la suite de quelque accident, de nouvelles repoussent à la même place.

Les écrevisses, comme tous les autres crustacés, dépouillent au printemps leur enveloppe dure et verdâtre, que l'on nomme le *test*. D'ailleurs, elles croissent avec lenteur, et en effet les pêcheurs rapportent qu'une écrevisse, âgée de sept à huit ans est à peine digne d'être mangée. L'écrevisse hante les eaux vives, et courant sur un fond pierreux, elle habite rarement les lacs et les étangs, elle se cache pendant le jour, dans les trous du rivage, sous les pierres et les racines d'arbres. Elle ne se nourrit que de substances animales même les plus corrompues.

On prend les écrevisses soit à la main, soit dans des filets que l'on nomme *balances* à cause de leur forme. Dans le premier cas, le pêcheur descend dans l'eau et cherche les écrevisses qui se tiennent dans les trous ou sous les pierres, ou bien la nuit à la lueur des torches ou des flambeaux. Il aperçoit les écrevisses se promenant au fond de l'eau et les saisit facilement.

La *balance* ou *pêchette* n'est autre qu'un filet rond comme le fond d'un verveux et que l'on attache au pourtour d'un cercle de fer. Le cercle est attaché à un long bâton au moyen de trois ficelles, on fixe au milieu du filet un morceau de viande en putréfaction, et l'on a coutume de tendre à la brune et pendant la nuit, moment où les écrevisses ayant quitté leurs retraites cherchent leur nourriture. Bientôt après, on lève la balance, sorte de carrelet, et, après avoir choisi les plus grosses écrevisses, on rejette les petites. Afin de faire une pêche productive il faut être muni de vingt à vingt-cinq balances que l'on lève alternativement. Certains pêcheurs se servent de paniers plats ou d'un morceau de toile.

Un moyen plus primitif consiste à placer des entrailles de lapin, ou de chat, ou même de volailles, au milieu d'un fagot d'épines. Après avoir laissé le fagot dans l'eau, pendant vingt-quatre heures au plus, on le retire rempli d'écrevisses qui se sont embarrassées dans les branches. Le sel est si fort du goût de ces crustacés, que quelques pêcheurs se contentent d'appâter les écrevisses en se servant de vieux sacs qui ont renfermé du sel. La morue salée, remplace aussi les intestins de lièvre et de chat.

D'autres prennent des écrevisses de la manière suivante : armés de bâtons larges de deux mètres environ, et de $0^m,25$ de diamètre, ils fendent l'extrémité la plus petite de ces baguettes. Dans cette fente, ils introduisent comme appât une grenouille ou un morceau de viande corrompue que l'on place à l'entrée des trous, où se retirent les écrevisses. Celles-ci sortent et s'attachent à l'appât. Pour s'emparer de l'écrevisse, le pêcheur glisse une petite trouble ou un panier près de l'écrevisse, puis lève la baguette qui porte l'appât de façon à ce que l'écrevisse en lâchant prise, tombe dans le filet ou le panier.

On peut conserver les écrevisses vivantes pendant plusieurs jours, lorsque la température n'est pas trop élevée. On les place dans un baquet, au fond duquel se trouve une mince couche d'eau, qui rafraîchit les écrevisses sans les submerger entièrement, car, dans ce cas, elles périraient en peu d'instants. On les maintient encore en vie dans des paniers garnis d'herbes fraîches telles que de l'ortie.

On prend aussi les écrevisses dans les nasses amorcées de débris de viande ou au moyen d'un bâtardeau qui met le ruisseau à sec et permet aux pêcheurs de saisir les écrevisses à la main.

La grenouille. — Nous avons passé en revue différents poissons d'eau douce qui peuplent nos cours d'eau. Il nous reste à dire quelques mots de la pêche de la grenouille. Tout le monde a mangé ou connaît du moins ce batracien coassant, dont les cuisses nouées paraissent sur les tables les plus somptueuses. Il y a deux variétés de grenouilles : la commune, qui est verte avec quelques taches brunes, et la rousse qui est jaunâtre, avec une grande tache noire entre les yeux. Cette dernière, que l'on appelle aussi *la muette*, parce qu'elle coasse moins que la commune, est la plus estimée des mangeurs de grenouilles.

Elles se reproduisent comme les poissons par des œufs que les mâles fécondent, au moment même où ces œufs sortent du corps de la femelle; l'accouplement du mâle et de la femelle dure plusieurs jours, et l'on voit souvent nager celle-ci portant le mâle accroupi sur le dos. Peu après la ponte, l'œuf s'allonge, prend une queue et devient *têtard*. Pendant l'hiver, les grenouilles ne prennent aucune nourriture, et à l'époque des grands froids, elles s'enfoncent dans la vase et vivent de leur graisse. On prend les grenouilles soit avec une trouble, soit avec un râteau qui les ramène avec la vase sur le bord des ruisseaux; mais la pêche à la ligne est très-amusante. On amorce l'hameçon avec un pétale de coquelicot ou un morceau de drap rouge que l'on fait danser à la surface de l'eau en imitant l'allure d'un papillon; si les grenouilles semblant indifférentes, regardent l'appât sans le saisir, il ne faut pas l'approcher trop près des dédaigneuses, mais l'éloigner en le faisant voltiger. Une peau de grenouille, des vers, des papillons, des scarabées peuvent aussi servir d'appât.

On pêche aussi les grenouilles au flambeau. On choisit une nuit obscure, deux pêcheurs entrent dans le marais pendant que d'autres portent des torches. La lumière attire les grenouilles que les pêcheurs prennent à la main sans qu'elles cherchent à fuir.

Mais après la trouble qui détruit un grand nombre de batraciens, le mode le plus productif pour prendre les grenouilles est l'arbalète. Cette arbalète, qui a la forme d'un fusil, est faite de bois de sapin, afin d'être plus légère; elle est longue de trois à quatre mètres. Le conducteur ou la flèche qui glisse dans les rainures, est armé d'un dard. Ce conducteur est projeté en avant par la détente de l'arc en fer qui est placé au milieu de l'instrument. On arme l'arbalète en tirant la corde qui passe à l'extrémité de la flèche et qui la retient. Une gachette, semblable à celle d'un fusil, soulève la corde qui s'échappe et fait détendre l'arc. Il est inutile d'épauler l'arbalète, il suffit de la tenir comme une lance, le doigt sur la gachette et d'approcher la pointe du dard le plus près possible de la grenouille. On presse la détente et le dard transperce la grenouille que l'on enlève et que l'on décroche ensuite.

Quand on veut pratiquer cette chasse, il faut choisir une belle journée d'août, resplendissante de soleil où le ciel est sans nuages et l'eau calme et sans rides. On approche de la rive lentement avec précaution, et l'œil exercé du chasseur va chercher la rusée cachée sous la feuille du nénuphar comme l'imprudente qui se prélasse au soleil.

Dès que la grenouille est décrochée, il convient de lui couper les cuisses qui, dépouillées et formant un petit nœud fort appétissant, figureront au repas du soir.

LOIS ET ORDONNANCES SUR LA PÊCHE.

Nous avons déjà eu occasion de mentionner dans le cours de ce traité plusieurs prohibitions portées par la loi et les ordonnances sur la pêche fluviale; il convient, en finissant, de donner un exposé de la législation que tout pêcheur doit connaître.

Les ordonnances royales de 1407 (art. 2), de 1554 et de 1572, ont déclaré que les fleuves et rivières navigables appartenaient au domaine de l'État. L'ordonnance de 1669, titre 27, art. 41, avait fait la même déclaration et contenait en outre une nombreuse série de bonnes dispositions sur la pêche.

La loi du 15 avril 1829, actuellement en vigueur, reproduit en partie l'ordonnance de 1669.

Voici les principaux articles de cette loi :

TITRE I. — DU DROIT DE PÊCHE.

« ARTICLE 1er. Le droit de pêche sera exercé au profit de l'État :

1° Dans tous les fleuves, rivières, canaux et

contre-fossés navigables ou flottables avec bateaux, trains ou radeaux, et dont l'entretien est à la charge de l'État ou de ses ayants cause;

2° Dans les bras, noues, boires et fossés, qui tirent leurs eaux des fleuves et rivières navigables et flottables dans lesquels on peut en tout temps passer ou pénétrer librement en bateau de pêcheur et dont l'entretien est également à la charge de l'État.

Sont toutefois exceptés les canaux et fossés existants, ou qui seraient creusés dans des propriétés particulières et entretenues aux frais des propriétaires. »

« Art. 2. Dans toutes les rivières et canaux autres que ceux qui sont désignés dans l'article précédent, les propriétaires riverains, auront chacun de leur côté le droit de pêche jusqu'au milieu du cours de l'eau, sans préjudice des droits contraires établis par possession ou titre.

« Art. 3. Des ordonnances royales insérées au *Bulletin des lois*, détermineront, après une enquête *de commodo et incommodo*, quelles sont les parties des fleuves et rivières, et quels sont les canaux désignés dans les deux premiers paragraphes de l'art. 1er où le droit de pêche sera exercé au profit de l'État. »

« De semblables ordonnances fixeront les limites entre la pêche maritime dans les fleuves et rivières affluant à la mer. »

L'article 4 stipule que toutes les contestations, entre l'administration et les adjudicataires de la pêche, seront portées devant les tribunaux.

« Art. 5. Tout individu qui se livrera à la pêche sur les fleuves et rivières navigables ou flottables, canaux, ruisseaux ou cours d'eau quelconques sans la permission de celui à qui le droit de pêche appartient, sera condamné à une amende de vingt francs au moins et de cent francs au plus, indépendamment des dommages-intérêts.

« Il y aura lieu, en outre, à la restitution du prix du poisson qui aura été pêché en délit, et la confiscation des filets et engins de pêche pourra être prononcée.

« Néanmoins, il est permis à tout individu de pêcher à la ligne flottante, tenue à la main, dans les fleuves, rivières et canaux désignés dans les deux paragraphes de l'art. 1er de la présente loi, le temps du frai excepté. »

Ce paragraphe octroye à chacun le droit de pêcher à la ligne flottante dans les fleuves et rivières dépendant du domaine de l'État.

Le titre II traite des gardes-pêche, et le titre III, des adjudications des cantonnements.

TITRE IV. — CONSERVATION ET POLICE DE LA PÊCHE.

« Art. 23. Nul ne pourra exercer le droit de pêche dans les fleuves et rivières navigables ou flottables, les canaux, ruisseaux ou cours d'eau quelconques, qu'en se conformant aux dispositions suivantes :

« Art. 24. Il est interdit de placer dans les rivières navigables ou flottables, canaux et ruisseaux, aucun barrage, appareil ou établissement quelconque de pêcherie, ayant pour objet d'empêcher le passage du poisson.

« Les délinquants seront condamnés à une amende de 50 francs, et, en outre, aux dommages-intérêts, et les appareils, ou établissements de pêche, seront saisis et détruits.

« Art. 25. Quiconque aura jeté dans les eaux des drogues ou appâts qui sont de nature à énivrer le poisson ou à le détruire, sera puni d'une amende de 30 francs à 300 francs, et d'un emprisonnement d'un mois à trois mois.

« Art. 26. Des ordonnances royales détermineront :

1° Les temps, saisons et heures, pendant lesquels la pêche sera interdite dans les rivières et cours d'eau quelconques;

2° Les procédés et modes de pêche, qui étant de nature à nuire au repeuplement des rivières, devront être prohibés;

3° Les filets, engins et instruments de pêche, qui seront défendus comme étant aussi de nature à nuire au repeuplement des rivières;

4° La dimension de ceux dont l'usage sera permis, dans les divers départements pour la pêche, des différentes espèces de poissons;

5° Les dimensions au-dessous desquelles les poissons de certaines espèces qui seront désignées, ne pourront être pêchés et devront être rejetés en rivière;

6° Les espèces de poissons avec lesquelles il sera défendu d'appater les hameçons, nasses, filets et autres engins.

« Art. 27. Quiconque se livrera à la pêche, pendant les temps, saisons et heures prohibés par les ordonnances, sera puni d'une amende de 30 à 300 francs.

« Art. 28. Une amende de 30 à 100 francs sera prononcée contre ceux qui feront usage en quelque temps, en quelque fleuve, rivière, canal ou ruisseau que ce soit, de l'un des procédés ou modes de pêche, ou de l'un des instruments ou engins de pêche prohibés par les ordonnances;

« Si le délit a lieu pendant le temps du frai, l'amende sera de 60 à 200 francs. »

« Art. 29. Les mêmes peines seront prononcées contre ceux qui se serviront pour une autre pêche de filets permis seulement pour celle du poisson de petite espèce;

« Ceux qui seront trouvés porteurs ou munis, hors de leur domicile, d'engins ou instruments de pêche prohibés, pourront être condamnés à une amende qui n'excédera pas 20 francs, et à la confiscation des engins ou instruments de pêche, à moins que ces engins ou ces instruments ne soient destinés à la pêche dans des étangs ou réservoirs.

« Art. 30. Quiconque pêchera, colportera ou débitera des poissons qui n'auront point les dimensions déterminées par les ordonnances, sera puni d'une amende de 20 à 50 francs et à la confiscation des poissons;

« Sont néanmoins exceptées de cette disposition les ventes de poissons provenant des étangs ou réservoirs;

« Sont considérés comme des étangs ou réservoirs, les fossés et canaux appartenant à des particuliers, dès que leurs eaux cessent de communiquer avec les rivières.

« Art. 31. La même peine sera prononcée contre les pêcheurs qui appâteront leurs hameçons, nasses, filets ou autres engins, avec des poissons des espèces prohibées qui seront désignées par ordonnances.

« Art. 32. Les fermiers de la pêche et porteurs de licence, leurs associés, compagnons et gens à gage, ne pourront faire usage d'aucun filet, ou engin quelconque, qu'après qu'il aura été plombé ou marqué par les agents de l'administration de la police de la pêche;

« La même obligation s'étendra à tous autres pêcheurs compris dans les limites de l'inscription maritime pour les engins et filets dont ils feront usage dans les cours d'eau désignés par les paragraphes 1er et 2e de l'article de la présente loi;

« Les délinquants seront punis d'une amende de 20 francs pour chaque filet ou engin non plombé ou marqué;

L'article 33 défend aux mariniers sous peine d'une amende de 50 francs et de la confiscation des filets d'avoir dans leurs bateaux des instruments ou engins de pêche.

« Art. 34. Les fermiers de la pêche et les porteurs de licences et tous les pêcheurs en général dans les rivières et canaux désignés par les paragraphes de l'article 1er de la présente loi, seront tenus d'amener leurs bateaux et de faire l'ouverture de leurs loges et hangars, bannetons, huches et autres réservoirs ou boutiques à poisson, sur leurs cantonnements, à toute réquisition des agents et préposés de l'administration de la pêche, à l'effet de constater les contraventions qui pourraient être par eux commises aux dispositions de la présente loi.

« Ceux qui s'opposeront à la visite ou refuseront l'ouverture de leur boutique à poisson seront pour ce seul fait, punis d'une amende de 50 francs. L'article 35 dit que les fermiers de la pêche ne pourront user pour retirer leurs filets que du chemin de halage ou du marche-pied et qu'ils devront s'entendre avec les propriétaires riverains s'ils veulent occuper une place ou avoir droit de passage sur les rives. »

Le titre V traite des poursuites exercées au nom de l'administration. L'article 40 défend formellement aux gardes-pêche de s'introduire sous aucun prétexte dans les maisons et enclos y attenant pour la recherche des filets prohibés.

D'ailleurs, toutes les dispositions contenues dans le code forestier, touchant la procédure, la constatation des délits, la répression et les peines ont été transportées dans cette partie de la loi, (voir le code forestier de l'article 163 à l'article 212).

A la loi du 15 avril 1829 nous devons ajouter l'ordonnance du roi, relative à la pêche en date du 15 novembre 1830. Cette ordonnance complétant la loi, nous la citerons toute entière.

« Art. 1. — Sont prohibés, sous les peines portées par l'art. 28 de la loi du 15 avril 1829 :

1° Les filets trainants;

2° Les filets dont les mailles carrées, sans accrues, et non tendues, ni tirés en losange auraient moins de 30 millimètres de chaque côté après que le filet aura séjourné dans l'eau;

3° Les bires, nasses, ou autres engins dont les verges en osier seraient écartées entre elles de moins de 30 millimètres.

« Art. 2. Sont néanmoins autorisés pour la pêche des goujons, ablettes, loches, vérons, vandoises et autres poissons de petite espèce, les filets dont les mailles auront 15 millimètres de largeur et les nasses d'osier ou autres engins dont les baguettes ou verges seront écartées de 15 millimètres. Les pêcheurs auront aussi la faculté de se servir de toute espèce de nasses en jonc, quelque soit l'écartement de leurs verges.

« Art. 3. Quiconque se servira, pour une autre pêche que celle qui est indiquée dans l'article précédent, des filets spécialement affectés à cet usage sera puni des peines portées par l'article 28 de la loi du 15 avril 1829.

« Art. 4. Aucune restriction ni pour le temps de la pêche ni pour l'emploi des filets ou engins, ne sera imposée aux pêcheurs du Rhin.

« Art. 5. Dans chaque département, le préfet déterminera, sur l'avis du conseil général et après avoir consulté les agents forestiers, les temps, saisons et heures pendant lesquels la pêche sera interdite dans les rivières ou cours d'eau.

« Art. 6. Il fera également un règlement dans lequel il déterminera et divisera les filets et engins qui, d'après les règles ci-dessus, devront être interdits.

« Art. 7. Sur l'avis du conseil général, et, après avoir consulté les agents forestiers, il pourra prohiber les procédés et modes de pêche qui lui sembleront de nature à nuire au repeuplement des rivières.

Les règlements du préfet devront être homologués par ordonnance royale. »

Une loi du 6 juin 1840 modifie les articles de la loi du 15 avril en ce qui concerne l'adjudication des cantonnements de pêche, qui est réglée ainsi qu'il suit par une ordonnance du roi (28 octobre 1840).

« Art. 1. A l'avenir, les adjudications du droit de pêche à exercer, au profit de l'état, dans les fleuves, rivières et cours d'eau navigables et flottables, pourront se faire, par adjudication au rabais ou par adjudication aux enchères et à l'extinction des feux.

« Art. 2. Lorsque l'adjudication publique aura été tentée sans succès, l'exercice du droit de pêche pourra être concédé par licence à prix d'argent, sur l'autorisation du directeur général des eaux et forêts.

Enfin le 28 février 1842 une ordonnance royale modifia celle du 15 novembre 1830 en ce qui concerne la pêche des ablettes.

« Art. 1. L'article 2 de notre ordonnance du 15 novembre 1830 est modifié en ce qui concerne la pêche des ablettes seulement, dans ce sens que la largeur des mailles de filets et l'écartement des baguettes ou verges des nasses d'osier, ou autres engins employés à cette pêche pourront être réduits à 8 millimètres.

« Art. 2. Les préfets, dans chaque département détermineront dans quels lieux et à quelles conditions ce mode spécial de pêche pourra être pratiqué. »

Les règlements des préfets auxquels renvoie l'ordonnance sont très-contradictoires et varient selon chaque département.

Cependant le temps du frai est presque toujours fixé du 1er avril au 15 juin pour tous les poissons et pour la truite du mois d'octobre au mois de janvier.

Quant à la grosseur du poisson qu'il est permis de prendre, l'article 3 du règlement du préfet de la Seine est ainsi conçu : « ne pourront être pêchés et seront rejetés en rivière : 1° Les truites, carpes, barbeaux, ombres, brèmes, brochets, meuniers ou chevannes ayant moins de 160 millimètres entre l'œil et la naissance de la nageoire de la queue ;

2° Les tanches, perches, gardons, lottes et autres ayant moins de 135 millimètres également entre l'œil et la naissance de la queue ;

3° Et les anguilles ayant moins de 76 millimètres de tour au milieu du corps. »

Les règlements proscrivent aussi la pêche de nuit, la pêche au feu, la pêche à la main, la pêche à la fouane et au trident, la pêche au moyen de corbeilles ou de cages placées aux vannes des moulins et enfin le tir au fusil. Nous avons décrit ces divers modes de pêche ; nous ne reviendrons donc pas sur ce sujet.

Toutefois nous ajouterons l'article 453 du code pénal qui assimile les poissons des étangs et des réservoirs aux animaux domestiques.

Art. 453. Ceux qui sans nécessité auront tué, soit chevaux ou autres bêtes de voitures, de monture ou de charge, soit bestiaux à cornes, moutons, chèvres ou porcs, soit *poissons dans des étangs, viviers ou réservoirs* seront punis ainsi qu'il suit : La peine sera de deux mois à six mois d'emprisonnement, le maximum de la peine sera toujours prononcé en cas de violation de cloture. »

Enfin en terminant nous ferons connaître la jurisprudence adoptée par la cour de Paris, qui interprète le troisième paragraphe de l'article 5 de la loi de 1829 octroyant à tout individu le droit de pêcher sans licence à la ligne flottante dans les fleuves et rivières du domaine de l'État.

Certains fermiers de pêche ayant prétendu que le législateur en permettant l'usage de la ligne flottante avait entendu proscrire toute ligne pourvue de plomb, un arrêt de la cour de Paris, en date du 21 mai 1851 statua sur cette matière et adopta les considérants suivants :

« Considérant que, dans leur sens naturel, les mots de *ligne flottante*, indiquent une ligne que le mouvement seul de l'eau rend mobile et fugitive et qu'il faut que le pêcheur ramène sans cesse à lui ; qu'un usage a consacré cette interprétation ;

« Qu'il n'est résulté de l'usage de la ligne flottante ainsi définie, aucune conséquence de nature à faire croire que l'intention du législateur a été de la prohiber, soit dans un intérêt d'ordre public, soit dans l'intérêt des fermiers de la pêche, quand elle serait garnie de quelques plombs ajustés au poids de l'hameçon pour le maintenir perpendiculairement au liége où flotteur indicateur, à une profondeur déterminée ;

« Qu'il suffit pour que la ligne ne cesse pas d'être flottante qu'elle soit constamment soumise au mouvement du flot et du courant de l'eau et, par conséquent, que l'appât ne repose pas au fond et n'y reste pas immobile.

« Que la loi exige seulement que le pêcheur tienne à la main la canne destinée à rejeter la ligne en amont, toutes les fois que le courant la fait flotter en aval à une trop grande distance ; que décider qu'une ligne n'est flottante que lorsqu'elle ne flotte qu'à la superficie de l'eau par le seul poids de l'hameçon serait donner un sens restrictif aux expressions de l'article 5 ci-dessus et rendre illusoire la permission de pêche à la ligne flottante dudit article, etc., etc. »

La même jurisprudence reconnaît que la ligne flottante peut être garnie de plusieurs hameçons et de plusieurs plombs, pourvu que le poids du plomb n'empêche pas la ligne de flotter dans le courant.

« On peut pêcher aussi bien en bateau que sur les bords de l'eau avec une ligne flottante, pourvu toujours qu'on la tienne à la main. »

Certains règlements préfectoraux proscrivent les amorces vives telles que petits poissons, car un ver ou un insecte vivant ne peut d'après la décision du tribunal d'Arcis sur Aube du 13 septembre 1844 être considéré comme amorce vive.

Le règlement du préfet de la Seine ne prohibe point les appâts vivants et l'on peut amorcer la ligne flottante avec une ablette ou un goujon pour prendre le brochet, la perche et autres poissons, outre ces indications générales chaque pêcheur agira sagement avant de se livrer à son métier ou à son plaisir en prenant connaissance du règlement de pêche en vigueur dans le département où il se trouve, et surtout en se faisant indiquer les limites exactes du département, car souvent ce qui est permis dans l'un est défendu dans l'autre.

Louis Bigot.

CHAPITRE VII

RECETTES DIVERSES

Nous avons dépassé nos limites ; il est temps de nous arrêter. Nous les avons dépassées en donnant à certains chapitres importants du *Livre de la Ferme,* une extension que nous n'avions pas prévue, mais dont personne ne se plaindra. Les développements auxquels nous avons été conduit, valent mieux, après tout, que les travaux d'utilité secondaire ou de simple curiosité qui, dans notre plan, devaient terminer ce grand ouvrage, et qui peuvent être ou supprimés ou réduits sans aucun inconvénient. La portée de notre publication n'en sera certainement pas amoindrie. Si nous maintenons ce chapitre VII, c'est parce que, de loin en loin, nous avons pris, avec nos lecteurs, des engagements que nous devons tenir, engagements relatifs à l'emploi de divers fruits ou de divers légumes.

Au lieu de consacrer un chapitre à la cuisine des campagnes et un autre chapitre à diverses recettes économiques, ce qui nous eût entraîné fort loin, peut-être même beaucoup trop loin, nous avons pensé qu'il était convenable de nous borner à la réalisation des promesses faites dans le cours de cette publication, d'appliquer nos recettes aux nouveautés ou aux choses peu connues, et de rappeler sommairement celles qui se trouvent déjà indiquées dans le livre.

Nous commencerons par les soupes qui occupent une place considérable dans la cuisine de nos villages, mais qui d'ordinaire n'y sont point assez variées et laissent encore quelque chose à désirer d'ailleurs. Ainsi nous pourrions ajouter à nos soupes maigres les suivantes : P. J.

Soupe aux fanes de pois. — Cette préparation, connue en Belgique, n'est point que nous sachions, usitée en France. On prend les fanes, c'est-à-dire les tiges et les feuilles des pois verts très-tendres, alors qu'elles ont au plus de $0^m,20$ à $0^m,25$ ou bien encore les extrémités des fanes des pois en fleurs que l'on pince ; on en hache une bonne poignée avec un peu de cerfeuil ; on fait cuire dans le beurre avec du sel, on ajoute de l'eau, on laisse bouillir une demi-heure, on trempe le pain et l'on blanchit avec de la crème. C'est une soupe de printemps très-recommandable.

Soupe au bouillon de haricots blancs. — On entend par haricots blancs, les graines vertes de ce légume fraîchement *écossées.* L'eau qui a servi à les cuire fait une très-bonne soupe, pourvu que l'on y ajoute un peu d'oseille hachée, un bon morceau de beurre et du poivre.

Soupe au bouillon de haricots verts. — Quand les haricots verts sont cuits et retirés de l'eau, gardez-vous bien de perdre le bouillon qui reste. Mettez-y une poignée d'oseille et de persil haché fin ; poivrez ; ajoutez de la crème ou du lait et versez sur votre pain. Si vous vous servez de lait au lieu de crème, vous devez ajouter un peu de beurre.

Si nous ne parlons pas du sel, c'est que les eaux qui ont servi à cuire les légumes ont été salées d'avance.

Soupes au bouillon de salsifis, de scorsonères, de choux-fleurs, de chervis, de scolyme d'Espagne, de bette à cardes. — La soupe au bouillon de chacun de ces légumes se fait exactement de la même manière que celle au bouillon de haricots verts ; seulement, nous ferons observer qu'il convient de bien nettoyer les légumes d'abord, chaque fois que l'on se propose d'utiliser leurs bouillons.

Soupe à la julienne. — Mettez dans une marmite un demi-litre d'eau ; puis prenez sept ou huit carottes moyennes, coupées en petits dés, autant que possible des carottes de Hollande et d'Altringham, un quart de litre de pois verts, deux ou trois navets des Vertus ou noir d'Alsace, un panais coupé menu, une poignée d'oseille, une laitue, du cerfeuil, de la ciboule, du pourpier, de l'arroche belle-Dame, le tout haché bien fin.

Ajoutez du sel, gros de beurre comme une noix et autant de sucre blanc. Laissez cuire une heure et demie à petit feu, et quand le tout sera bien cuit, vous ajouterez du lait ou bien du bouillon gras, s'il s'agit d'une julienne grasse. Après cela, laissez bouillir à volonté et mettez de la crème ou du beurre en servant. Il va sans dire qu'on n'emploie pas de tranches de pain pour la préparation de cette julienne.

Soupe au riz et à l'oseille. — Faites roussir un bon morceau de beurre. Quand il sera roux, mettez-y une poignée d'oseille et un poireau, le tout haché, puis tournez toujours. Une fois l'oseille cuite, versez dessus un litre d'eau dans laquelle vous ferez crever un demi-litre de riz. Laissez cuire et ajoutez de la nouvelle eau à mesure que le riz crèvera. Quand il sera tout à fait cuit, vous ajouterez de la crème ou du lait.

Soupe à la courge. — Mettez un demi-litre d'eau dans une marmite ; prenez, pour six personnes, par exemple, une tranche de courge d'un demi-kilogramme, enlevez la peau et les graines; coupez cette tranche par morceaux assez menus, jetez-les dans l'eau avec sel et force poivre.

Quand la courge sera cuite, écrasez-la en purée; ajoutez un litre et demi de bon lait, quelques tranches de pain et laissez bouillir un quart d'heure. Aussitôt la soupe versée, jetez dessus un oignon haché roussi dans le beurre, afin d'en relever la saveur.

Soupe verte. — Prenez de l'oseille, du pourpier, du cerfeuil, de la belle-dame rouge ou blonde, du poireau, de la ciboule, de la laitue et de la bette-poirée. Hachez le tout bien fin; faites cuire avec un morceau de beurre et tournez avec soin. Quand ce mélange sera à peu près cuit, vous verserez dans la marmite la quantité d'eau nécessaire, de l'eau bouillante plutôt que froide; vous salerez et laisserez bouillir une demi-heure; après quoi vous tremperez le pain, et ajouterez deux jaunes d'œufs délayés dans de la crême.

Soupe au bœuf. — Tout le monde connaît la soupe au bœuf, mais peu de personnes savent la faire convenablement. Nous ferons observer d'abord que les pots en terre sont préférables aux marmites en fonte pour la préparation d'une soupe au bœuf, et que, parmi ces pots en terre, ceux qui ont servi valent mieux que ceux qui sont neufs. Nous ferons observer ensuite qu'on n'obtiendra jamais un bouillon aussi riche en mettant la viande dans l'eau bouillante, qu'en la mettant dans l'eau froide ou à peine tiède. En voici la raison : — La viande de boucherie contient un liquide de même nature que le blanc d'œuf. C'est ce que les savants appellent de l'*albumine*. Si vous le saisissez brusquement par la chaleur de l'eau, il *se prend*, il s'épaissit comme le blanc des œufs que vous faites cuire au dur, et une fois épaissi, il empêche le jus de la viande de sortir, de se mêler à l'eau et de former ainsi un excellent bouillon. Si, au contraire, vous plongez la viande dans l'eau froide ou seulement tiède, l'albumine de cette viande s'en va dans l'eau en question et finit par former l'écume que vous connaissez, et que vous enlevez au fur et à mesure qu'elle se produit. Le jus sort par conséquent de la viande en toute liberté, et vous êtes sûr que le bouillon n'en vaudra que mieux. Sur ce point, la pratique des ménagères s'accorde avec la théorie des savants. Nous dirons enfin que la viande grasse qui donne de gros yeux, ne vaut pas la partie maigre d'un animal gras.

Maintenant que nos observations sont faites, parlons du pot au feu.

Pour six litres d'eau, mettez un kilo et demi de bœuf ou de vache. Si vous avez un morceau de foie, un bout de jarret de veau et un os à la moëlle, votre soupe n'en vaudra que mieux. Ayez soin de mettre cette viande dans le pot de terre ou la marmite en même temps que l'eau, ainsi que nous vous le disions plus haut. Dès que l'écume commencera à se produire, salez et jetez dans la marmite deux gousses d'ail. Lorsque la soupe aura bien jeté son écume et bouillira, mettez-y deux carottes, un gros navet, un panais, un bouquet garni, composé de poireau, de céleri, persil et ciboule; mettez y aussi un oignon brûlé pour donner de la saveur et de la couleur, ou bien, à défaut d'oignon brûlé, un oignon que vous aurez fait noircir sur la braise au moment de vous en servir.

Une fois les légumes dans le pot ou la marmite, faites bouillir à gros bouillons pendant environ dix minutes, puis éloignez le pot du feu, et laissez cuire doucement pendant quatre heures au moins, et trempez. Il va sans dire qu'il y aurait tout à gagner à laisser bouillir plus longtemps.

Quand on trouve que le bouillon se réduit trop et que l'on juge à propos de l'allonger avec de l'eau, il faut bien se donner garde d'employer à cet effet de l'eau froide; il importe qu'elle soit très-chaude.

Certains légumes, connus depuis longtemps, ne se propagent qu'avec une lenteur extrême et perdent même parfois du terrain au lieu d'en gagner. Cela vient uniquement de ce qu'on ne sait pas la plupart du temps en tirer parti dans nos campagnes. Et, en effet, si la culture des aubergines, des cardons, des concombres, des pâtissons, des choux rouges, des choux-raves, du crambé, par exemple, reste limitée à un petit nombre de potagers, c'est parce que nos ménagères ignorent les procédés de préparation qui leur conviennent. En en signalant quelques uns, nous rendrons évidemment service :

Aubergines farcies. — On cueille les aubergines avant qu'elles soient tout à fait mûres; on les divise en deux parties, on en vide l'intérieur en partie, et on hache cette partie grossièrement. On met l'aubergine hachée sur une assiette, on la sale; puis au bout d'une heure environ, on la presse dans les mains pour la dégager d'un excès d'eau. On y ajoute alors, selon la recommandation de madame Millet-Robinet, du lard, de la mie de pain trempée dans du bouillon ou du lait tiède, et des fines herbes telles que cerfeuil, un peu d'estragon, et civette. On sale et on poivre; on hache le tout bien menu et l'on remplit l'intérieur des aubergines avec cette farce, que l'on saupoudre de chapelure. Il ne reste plus qu'à les faire cuire avec un peu de beurre dans un vase couvert, avec du feu dessus et dessous.

Aubergines frites. — On divise les aubergines par tranches; on les passe dans la farine, on les fait frire et on les sale au moment de les retirer de la friture.

Cardons au maigre. — Épluchez vos cardons, coupez-les par morceaux, et jetez-les dans l'eau bouillante avec du sel et une cuillerée de farine, pour les empêcher de noircir. Aussitôt cuits, retirez-les et faites égoutter, servez dessus une sauce blanche ou une sauce blonde.

Cardons au jus. — Faites cuire les cardons comme les précédents; puis mettez une cuillerée de graisse dans une casserole, une cuillerée de farine ; laissez roussir, ajoutez tout doucement un peu de bouillon gras, un petit bouquet de persil, du sel, du poivre ; faites bouillir vingt minutes environ, mettez vos cardons dans le roux, et un peu de jus ; laissez réduire la sauce et servez.

Cardons au gratin. — Faites cuire vos cardons. Après cela, beurrez un plat, saupoudrez-le de chapelure, arrangez-y lesdits cardons ; saupoudrez encore de mie de pain, arrosez de beurre fondu ; salez un peu, mettez le plat sur de la cendre très-chaude, recouvrez-le d'une tôle chargée de braise, faites prendre une belle couleur et servez. On peut également obtenir un excellent gratin en ajoutant à la mie de pain du fromage de Hollande ou de Gruyère râpé.

Conservation des concombres et emploi. — Prenez des concombres un peu plus verts que ceux que l'on sert sur les tables, pelez, et coupez-les en tranches minces, comme pour faire de la salade. Placez les tranches dans un pot, couche par couche, avec un peu de sel, et ayez soin que l'eau de végétation recouvre constamment les concombres. Au bout de quelques semaines, vous pourrez en retirer du pot au fur et à mesure des besoins ; mais il faut avoir soin de bien les laver avant de les assaisonner, autrement ils seraient trop salés.

Concombres à la maître d'hôtel. — On commence par faire cuire les concombres dans l'eau bouillante et salée convenablement. Ensuite, on leur donne le temps d'égoutter, on les apprête dans une casserole, avec du beurre, du persil haché, du sel, du poivre et un filet de vinaigre.

Concombres à la poulette. — On met les concombres cuits dans du beurre fondu et l'on ajoute une cuillerée de farine, un peu de lait, du sel et du poivre, et même des fines herbes hachées. On lie après cela la sauce avec des jaunes d'œufs.

Concombres farcis. — Nous empruntons ce qui suit au Manuel de cuisine de madame Millet-Robinet : — « Pelez-les entiers ; coupez un des bouts ; videz-les jusqu'au fond avec une cuiller de bois, puis remplissez-les avec une farce composée de lard, de viandes cuites ou crues et assez fortement assaisonnées, auxquelles il faut mêler un ou deux œufs, blancs et jaunes, selon la quantité de farce. Remettez le bout enlevé à côté dans la casserole.

« Ainsi préparés, faites-les cuire dans de l'eau, mieux dans du bouillon, avec du jambon ou du salé, des carottes, des oignons, du sel, du poivre et un bouquet garni ; lorsqu'ils bouillent, découvrez le vase qui les contient, parce qu'ils rendent beaucoup d'eau qui doit s'évaporer. Lorsqu'ils sont à moitié cuits, faites un roux, mouillez-le avec la sauce, ajoutez-le au ragoût ; laissez achever la cuisson. »

Pâtissons en purée. — Les pâtissons, appelés vulgairement artichauts de Jérusalem, artichauts d'Espagne, bonnets d'électeur, sont d'excellentes petites courges, de formes très-bizarres, très-originales. Ils peuvent servir, comme les courges ordinaires, à faire de la soupe ; mais c'est à l'état de purée que nous les affectionnons. Pour cela, on pèle les pâtissons, on les coupe par morceaux et on les fait cuire avec très-peu d'eau et de sel. Quand ils sont cuits, on les laisse égoutter, on les réduit en purée, et l'on met cette purée dans une casserole où l'on a fait roussir de l'ognon avec du beurre.

Chou rouge au lard ou au jambon. — Prenez des choux rouges communs, coupez-les menu, mettez du saindoux dans une casserole, puis un lit de chou rouge, une mince tranche de jambon ou de lard, un peu de saindoux, un second lit de choux, puis le jambon ou le lard et le saindoux, et ainsi de suite jusqu'à quantité suffisante ; salez peu, poivrez et laissez cuire à petit feu pendant trois heures. Un filet de vinaigre, au moment de servir, est toujours d'un bon effet sur les choux rouges.

Choux rouges au maigre. — Coupez menu, jetez le chou dans l'eau bouillante avec du sel, faites cuire, retirez et laissez égoutter. Après cela, mettez dans la casserole un bon morceau de beurre, et quand il sera roux, faites-y frire un ognon coupé bien fin. Versez le chou dans la casserole, avec sel, poivre, une cuillerée de vinaigre ; mouillez d'un peu d'eau chaude ou de bouillon, si vous en avez ; laissez quelques minutes sur le feu et servez.

Salades de choux rouges. — Autant que possible, prenez des choux d'Utrecht ou têtes de nègre, bien que les choux communs puissent servir à défaut des premiers. Coupez-les en lanières minces, jetez-les dans l'eau bouillante et les y laissez pendant deux ou trois minutes. Retirez, faites égoutter et assaisonnez avec huile, vinaigre, sel, poivre. On peut également faire de la salade avec du chou cru.

Choux-raves à la sauce blanche. — Pelez la pomme, coupez-la par tranches et la jetez dans l'eau bouillante avec du sel et une pincée de farine. Laissez cuire, servez sur le plat et versez dessus une sauce blanche préparée de la manière suivante : Mettez bouillir dans une casserole deux verres de lait, ou, à défaut de lait, deux verres d'eau. Délayez dans un autre vase de la farine avec lait, poivre, sel, demi-cuillerée de vinaigre, et jetez le tout dans la casserole aussitôt que le lait ou l'eau bouillira, en ayant soin de toujours tourner. Après dix minutes de cuisson, vous ajouterez un bon morceau de beurre frais. Laissez fondre, retirez du feu et liez avec deux jaunes d'œufs.

Choux-raves à la crème. — Préparez et faites cuire vos choux-raves comme précédemment, puis mettez-les sur un plat et saupoudrez-les de persil haché très-fin. — Après cela, mettez dans une casserole une jatte de crème, une pincée de farine, un morceau de beurre, du poivre et peu de sel. Chauffez pendant cinq minutes et versez votre sauce sur les choux-raves.

Choux-raves au beurre blanc. — Les choux-raves étant cuits comme il a été dit précédemment, mettez-les sur un plat, saupoudrez de persil haché et versez dessus du beurre fondu, salé et poivré.

Si vous tenez à ce que les choux-raves n'aient pas une saveur forte, coupez-les avant leur développement complet. Dans le cas contraire, laissez-les grossir et ne récoltez qu'à l'automne.

Crambé au blanc. — La préparation de ce délicieux légume, presque généralement ignoré, a été indiquée, p. 699 et 700 du tome II.

Dans certains cas, les laitues, soit pommées, soit romaines, et pour des raisons que nous n'avons pas à examiner ici, ont une grande tendance à monter à fleurs et ne peuvent former leurs têtes. Or, il est bon de savoir, qu'en pareille circonstance, on peut tirer un excellent parti des tiges de ces plantes.

Tiges de laitues au blanc. — Très-souvent nos laitues montent, et alors elles sont considérées comme de nulle valeur. C'est ce qui nous arrive principalement avec les romaines. Au lieu de les jeter ou de les donner aux bêtes, servez-vous-en pour la cuisine. A cet effet, dépouillez les tiges montées de leurs feuilles, épluchez ces tiges, coupez-les par morceaux et les jetez dans de l'eau bouillante avec du sel. Une fois cuites, égouttez-les avec soin, et les mettez dans une casserole avec un morceau de beurre, un peu de farine, du poivre, du sel et un peu de persil haché. Mouillez avec de la crème; laissez bouillir dix minutes et servez, après y avoir ajouté une liaison de jaunes d'œufs.

Cuisson des pommes de terre. — On se plaint quelquefois de la mauvaise qualité des pommes de terre. On ne les trouve pas assez farineuses, on leur reproche de contenir trop d'eau. Or, voici un moyen que l'on nous signale comme propre à corriger ces défauts jusqu'à un certain point. Il consiste à ne jamais plonger les tubercules dans l'eau froide pour les livrer à la cuisson. On doit les mettre de suite dans l'eau bouillante. Nous ne garantissons rien, nous nous faisons tout simplement l'écho d'un bruit qui paraît fondé.

Emploi du radis de Madras. — En traitant de la culture potagère, nous avons oublié de mentionner le radis de Madras; nous saisissons donc l'occasion d'en dire quelques mots : — On sème ce radis au printemps et le plus clair possible. On le laisse aller à graine, et quand ses siliques vertes sont bien formées, d'ordinaire en juillet, on récolte ces siliques et on les mange en hors-d'œuvre. C'est tendre et plus délicat que la racine.

Conserves de haricots verts. — L'un des moyens le plus souvent employés dans les villes, consiste à prendre des haricots verts très-tendres, à les blanchir à l'eau bouillante, à les placer dans des bouteilles que l'on soumet ensuite au bain-marie. C'est le procédé d'Appert, que l'on applique à des conserves de toutes sortes et dont il sera parlé plus loin à propos des conserves de pois. Dans les campagnes, et surtout dans les petits ménages, ce procédé n'est accepté qu'exceptionnellement; on le trouve trop minutieux, on s'en exagère les difficultés. Là, on a recours à des moyens plus simples en apparence. On choisit les haricots verts les plus tendres, on les fait blanchir à l'eau bouillante pendant un quart d'heure environ; après cela, on les retire pour les jeter dans l'eau froide, afin de les saisir, pour nous servir d'une expression vulgaire. On les retire tout aussitôt de cette eau froide, et on les met en chapelets avec du fil. On pend ces chapelets en plein air et à l'ombre pendant quarante-huit heures. On les pend ensuite au soleil pendant quarante-huit heures aussi, et le cinquième jour, on étend lesdits chapelets de haricots sur des claies d'osier que l'on porte au four, après que le pain en a été sorti, c'est-à-dire lorsqu'il est plutôt tiède que chaud. Cette exposition au four achève de les ressuyer, et il suffit, après cela, de les renfermer dans des sacs de papier ou dans des caisses, que l'on a soin, bien entendu, de tenir dans un lieu sec. Les haricots, ainsi préparés, se conservent fort longtemps. Pour les manger, il suffit de les mettre tremper pendant vingt-quatre heures dans de l'eau tiède, avec un morceau de beurre. Ce temps écoulé, on les met sur le feu sans changer d'eau.

On nous assure qu'en Alsace on borne l'opération à faire dessécher à l'ombre les haricots blanchis à l'eau bouillante, et que la dessiccation se fait d'une manière très-satisfaisante.

Autre part, on prend les haricots blanchis, puis saisis à l'eau froide, on les met en chapelets, et l'on pend ces chapelets sur les côtés des larges cheminées de village, où la dessiccation se fait également bien.

Un mot maintenant sur le procédé hollandais. Il consiste à prendre ces longs haricots verts, connus sous le nom de haricots sabre, et à les découper en fines lanières dans le sens de la longueur. Une fois découpés, on les étend couche par couche dans un pot avec quelques poignées de sel, de loin en loin.

Pour notre compte, nous procédons différemment. Nous prenons de préférence à toute autre variété, le haricot beurre, appelé aussi translucide ou d'Alger; nous le passons à l'eau bouillante, dans laquelle on a jeté une poignée de sel. Après quelques bouillons, nous retirons nos haricots et les laissons parfaitement égoutter. Après cela, nous les plaçons, soit entiers, soit rompus en deux, selon qu'ils sont petits ou gros, dans un pot en grès ou en terre, et nous avons soin de les rapprocher le plus possible les uns des autres, de les presser légèrement avec la main, afin qu'il reste très-peu de vide dans la masse. Une fois le pot rempli à 0m,05 ou 0m,06 du bord, nous versons du beurre fondu par-dessus, afin d'empêcher tout contact de l'air atmosphérique avec la conserve.

Conserve de pois verts. — C'est en chassant l'air que l'on conserve en bouteilles des pois verts, des haricots verts et d'autres légumes. On prend, à cet effet, des bouteilles en verre solide et à large goulot; on les remplit de petits pois choisis, que l'on tasse convenablement.

Lorsque les bouteilles sont remplies jusqu'à la moitié du col ou à peu près, on prend des bouchons neufs et des meilleurs, on les bat au maillet et on les fait entrer de force, comme s'il s'agissait de boucher du vin. On ficelle ensuite, puis on met chaque bouteille dans un sac de toile qu'on lie au-dessous de la bague, ou bien encore on roule du long foin tout autour de la bouteille, par mesure de précaution, pour n'avoir rien à craindre en cas d'éclat. Après cela, on met les bouteilles debout dans un chaudron garni de foin au fond et sur les côtés; on remplit d'eau jusqu'à la bague des bouteilles, et l'on chauffe jusqu'à ébullition. On laisse bouillir pendant un quart d'heure, on retire le chaudron du feu et avant de toucher aux bouteilles, on donne à l'eau le temps de se refroidir.

Aussitôt les bouteilles retirées, on les goudronne et on les couche dans la cave.

Conserve de cornouilles. — Nous empruntons au *Dictionnaire des ménages* cette manière de préparer les cornouilles comme ailleurs on prépare les olives : — « Quand les fruits du cornouiller commencent à prendre sur l'arbre une couleur un peu rougeâtre, on fait cueillir les plus gros et les plus longs; on les nettoie avec un linge doux et blanc, et on les laisse se faner un peu à la maison; après quoi, on prend un vase comme un petit baril, et on l'emplit d'eau de rivière ou de pluie, dans laquelle on jette autant de sel de cuisine que l'eau peut en dissoudre. Alors on met les cornouilles dans cette eau, et on répand sur elles du fenouil et des feuilles de laurier. On laisse le vase dans un lieu tempéré jusqu'à ce que les cornouilles aient pris le goût et la couleur des olives du Midi; puis, on les met dans des vases que l'on dépose dans un lieu frais. A défaut de fenouil, nous croyons que l'on pourrait employer quelque autre plante aromatique, comme le cumin, par exemple. Est-il besoin d'ajouter que le cornouiller ne se trouve abondamment que dans les terrains calcaires et montagneux?

Poires tapées. — On prend des poires de rousselet, de messire-jean, de martin-sec, et même de doyenné, ou de beurré d'Angleterre. On enlève la peau qui les recouvre, puis on les met dans l'eau bouillante, où on leur donne un ou deux bouillons; après quoi, on les retire du vase, on jette leurs pelures dans la même eau bouillante, et on les laisse cuire jusqu'à ce qu'on puisse exprimer tout le jus qu'elles contiennent, en les pressant soit dans un linge assez fin et bien propre, soit dans une passoire. Ce jus ainsi obtenu est remis sur le feu, et on le fait bouillir lentement jusqu'à ce qu'il passe à l'état de sirop. Ce sirop, une fois préparé, est mis de côté pour servir plus tard. Ceci fait, on revient aux poires, on les place sur des claies et on les porte, trois jours de suite, dans un four que l'on chauffe un peu moins que si l'on voulait y faire cuire du pain. Mais, le troisième jour, avant de les enfourner, on les aplatit légèrement entre les mains, et on les trempe une fois seulement dans le sirop de pelures, que l'on a eu soin de mettre de côté. En retirant les poires du four, la troisième journée, l'opération est terminée, et il ne reste plus qu'à mettre ces poires tapées dans des boîtes bien garnies de papier. On peut ensuite les livrer au commerce ou les conserver pour l'usage de la maison.

Cerises sèches. — Nous commencerons par faire observer que les cerises douces, telles que les guignes, les bigarreaux, ne conviennent point pour la dessiccation; les meilleures pour cela sont les cerises aigres à petits noyaux. On attend qu'elles soient bien mûres pour les cueillir. Après cela, on enlève les queues et les noyaux, et on enfile les cerises une à une au moyen d'une paille de seigle bien ferme et longue de $0^m,15$ à $0^m,20$, environ. Une fois ces petits chapelets de cerises formés, on les met sur des claies que l'on place au four aussitôt après la cuisson du pain. Au bout de vingt-quatre heures on retire les claies en question; on retourne les cerises, puis on chauffe légèrement le four, de façon que la température soit moindre que la première fois. On enlève la braise avec soin, on enfourne de nouveau les claies, et de temps en temps l'on donne un coup d'œil aux fruits. Les cerises sont desséchées à point lorsqu'elles sont parfaitement ridées sans être dures. On les retire alors et on les expose directement au soleil ou dans une chambre placée au midi et dont les fenêtres sont ouvertes. Au bout de quelque temps, la dessiccation est complète, et il ne reste plus qu'à les mettre en caisse ou dans un panier garni de papier et à les conserver en lieu sec.

Marmelade d'abricots. — Prenez des abricots bien mûrs, ôtez-en les noyaux, puis coupez-les par tranches et mettez-les dans une terrine avec du sucre grossièrement écrasé, à raison, par exemple, de 2 kilogr. de sucre pour 3 kilogr. d'abricots. Remuez de temps en temps, afin que le sucre fonde dans le jus d'abricots, et au bout de vingt-quatre heures, versez le tout dans une bassine et faites cuire rapidement en agitant sans cesse. La marmelade convenablement cuite doit prendre une consistance ferme en se refroidissant. Aussitôt enlevée du feu, on y ajoute une partie des amandes que l'on a séparées d'abord et dont on a soin d'enlever la pellicule. On mélange bien, puis on met en pots.

On peut de la même manière préparer des marmelades de prunes et de pêches; seulement il ne faut pas ajouter les amandes de ces fruits qui leur donneraient une saveur désagréable.

Cerises à l'eau-de-vie. — Pour mettre à l'eau-de-vie, on choisit ordinairement des cerises aigres; celles dites de Montmorency, qui sont belles et grosses, conviennent très-bien pour cet usage. On les prend bien colorées, mais, cependant, avant qu'elles aient atteint toute leur maturité, car alors elles s'écraseraient. On coupe la moitié de leur queue, on les pique en tous sens, et on les place dans un vase. Puis, comme pour les prunes, on fait un sirop avec 500 grammes de sucre et deux verres d'eau, si l'on a 1 kilogr. de cerises, par exemple, à mettre à l'eau-de-vie. Le sirop fait est versé sur les fruits que l'on maintient enfoncés dans la liqueur pendant vingt-quatre heures; puis, le lendemain, on met les cerises et le sirop sur le feu; on fait bouillir pendant deux ou trois minutes et on arrête l'ébullition. On enlève ensuite les cerises avec une écumoire, on les fait égoutter sur un plat ou sur des assiettes. On les dispose ensuite dans le bocal qui doit les recevoir. On remet le sirop sur le feu, on le laisse cuire à 37 degrés, comme nous l'avons dit pour les prunes, et on le jette tout chaud sur les cerises. On peut, dès le lendemain, mettre l'eau-de-vie dans la proportion de 1 litre pour la quantité de 1 kilogr. de fruits.

Les vases qui contiennent les fruits à l'eau-de-vie doivent être bouchés avec du liége que l'on recouvre de parchemin mouillé; ce parchemin est ensuite attaché solidement avec une ficelle autour du goulot du vase.

Prunes à l'eau-de-vie. — On prend des prunes de reine-claude avant leur maturité, c'est-à-dire lorsqu'elles ont acquis tout leur développement et qu'elles sont encore dures et bien vertes. On choisit les plus belles et on a soin qu'elles aient la peau nette et lisse; on coupe la queue à moitié environ de sa longueur et on les pique dans tous les sens avec une forte épingle ou une aiguille. Les piqûres doivent être profondes, et à mesure que les fruits sont piqués, on les place dans un vase plein d'eau bien claire et froide. Cette opération terminée, on met les prunes sans les empiler dans un vase en terre assez profond, puis on fait fondre 2 kilogr. de sucre dans un litre d'eau pour préparer un sirop. Lorsque ce sirop est en ébullition, on le retire du feu et on le verse sur les prunes. Celles-ci viennent à la surface du liquide; mais on les force à s'enfoncer dans le sirop, en les couvrant avec une assiette qui a un diamètre un peu plus petit que le vase qui les contient. Cette assiette est chargée, si son poids ne suffit pas, d'une pierre ou de tout autre corps lourd, que l'on a la précaution de bien laver auparavant; sans cela les fruits prendraient une couleur noire désagréable à l'œil et ils seraient, en outre, de moins bonne qualité. On laisse reposer le tout pendant vingt-quatre heures. Après cet intervalle de temps, on retire le sirop que l'on fait bouillir pendant un quart d'heure environ, plutôt un peu plus que moins, et on le verse de nouveau sur les prunes qui doivent toujours être maintenues dans le liquide, comme nous l'avons dit plus haut. Vingt-quatre heures après, les fruits sont devenus jaunes; alors on les met avec le sirop sur un feu vif. Lorsqu'elles prennent une belle couleur verte et qu'elles reviennent à la surface du sirop, on les retire avec une écumoire et on les fait bien égoutter, soit dans un plat, soit, ce qui est préférable, sur un tamis en crin, en les plaçant les unes à côté des autres sans qu'elles se touchent. Quand il ne reste plus que le sirop, on le laisse bouillir jusqu'à ce qu'en soufflant à travers les trous de l'écumoire, il s'en sépare de l'autre côté sous la forme de petites ampoules qui voltigent dans l'air. Le sirop marque alors 37 degrés au pèse-sirop. Il est bien entendu que pour ne rien perdre, le sirop qui s'est égoutté des prunes doit être cuit avec l'autre. Cela fait, on dispose les fruits dans un bocal en verre dans lequel on verse le sirop aussitôt qu'il est retiré du feu : quinze jours ou trois semaines après, on ajoute l'eau-de-vie qui doit être choisie de bonne qualité et à 21 degrés, et on agite doucement le bocal pour opérer le mélange sans endommager les prunes. La quantité d'eau-de-vie à employer varie suivant que l'on tient à avoir un jus plus ou moins fort. En général, pour cinquante à soixante de ces fruits, on met trois quarts de litre ou un litre d'eau-de-vie. Si l'on tient à ce que cette préparation n'ait pas une couleur jaune, il faut se servir au lieu d'eau-de-vie qui est presque toujours colorée, d'esprit de vin à 33 degrés que l'on coupe avec moitié d'eau bien claire. La dose de ce mélange est aussi de trois-quarts de litre à un litre.

Les abricots et les pêches à l'eau-de-vie se font exactement de la même manière; seulement, il faut avoir soin d'enlever le duvet qui recouvre toujours ces dernières. Cette opération peut se faire soit avec un linge doux et fin, soit avec une brosse, et elle doit être conduite assez doucement pour ne pas détériorer les fruits.

On peut, du reste, conserver parfaitement les fruits dans le sirop et n'ajouter l'eau-de-vie que sur la table même. Chaque personne peut alors en mettre la quantité qui lui convient; cependant nous croyons que la première méthode est préférable et que les fruits, en séjournant dans le mélange de sirop et d'eau-de-vie, acquièrent de la qualité, et que la liqueur elle-même est alors au bout d'un certain temps plus agréable au goût et mieux fondue, comme on dit vulgairement.

Confitures de rhubarbe. — La rhubarbe est appelée à remplir un rôle important dans nos préparations culinaires; plus nous allons, plus sa culture se propage, et sous peu d'années, vraisemblablement, elle figurera dans les jardins du pauvre comme dans ceux du riche, par la raison toute simple qu'elle est précieuse à divers titres, que sa culture ne présente aucune difficulté, qu'elle dure de longues années et ne redoute pas les climats rudes. Afin d'encourager cette propagation d'une plante utile, nous avons déjà eu l'occasion de parler de ses usages; mais on nous permettra d'y revenir en ce qui touche la préparation des confitures.

D'après un auteur belge qui recommande tout particulièrement la confiture de rhubarbe, on doit, pour la faire, s'y prendre de la manière suivante : — Lorsque les côtes ou pétioles sont bien développées, on les pile délicatement ; puis on les divise par petits morceaux que l'on fend ensuite en trois ou quatre parties.

Après cela on les met sur le feu dans une bassine avec un peu d'eau, très-peu d'eau, attendu que la plante en cuisant en fournira toujours assez. Dès que la rhubarbe est cuite, on la verse dans une passoire pour l'égoutter ; après quoi on la met de nouveau sur le feu avec du sucre. On la laisse cuire ainsi jusqu'à ce que le sucre soit bien fondu ; on ajoute quelques gouttes d'eau de fleurs d'oranger, et on la met en pots. Cette confiture peut être préparée au fur et à mesure de la pousse des feuilles de rhubarbe, qui a lieu jusqu'aux gelées.

Confitures de Bar-le-Duc. — Prenez des groseilles blanches ou rouges à grappes, mais surtout blanches ; détachez les grains un à un et jetez les râfles. Ensuite enlevez de chaque grain les pepins au moyen d'une plume taillée en curedent et en prenant soin de ne pas déchirer l'enveloppe.

Cela fait, pesez vos groseilles, et pour chaque demi-kilo prenez 750 grammes de beau sucre. Faites d'abord fondre ce sucre sur le feu dans un quart de litre d'eau pour 500 grammes de sucre ; clarifiez ce sirop avec du blanc d'œuf battu dans un demi-verre d'eau ; agitez, écumez et laissez cuire jusqu'à 40 degrés. Pour reconnaître ce degré de cuisson, on trempe d'abord son doigt dans l'eau froide, puis dans le sirop, puis encore dans l'eau froide, et si alors le sirop en question prend une consistance de colle, le degré convenable est atteint. Il ne reste plus qu'à y mettre les groseilles, à retirer le tout après un premier bouillon et à mettre en pots. Si dans cette opération, quelques grains remontaient à la surface, on aurait soin de les faire plonger dans le sirop.

Confitures de cerises. — On prend des cerises bien mûres, mais pas *tournées;* on supprime les pédoncules (queues) et les noyaux, on les pèse et on les met sur le feu avec une quantité de sucre égale à leur poids.

On remue fréquemment pour empêcher les cerises de s'attacher au fond de la bassine. Quand elles ont bouilli une demi-heure environ, on peut les retirer du feu et les verser dans les pots. On peut mettre moins de sucre, mais dans ce cas, il est nécessaire de maintenir l'ébullition plus longtemps, et de réduire davantage les confitures.

Lorsqu'on associe aux cerises du jus de groseilles rouges, la préparation gagne en qualité.

Confitures de myrtilles. — On prépare avec ces fruits des confitures très-agréables.

Prenez des myrtilles parfaitement mûres ; mettez-les dans une bassine sur le feu, après les avoir pesées, et dès que l'ébullition commencera ajoutez 375 grammes de sucre pour 500 grammes de fruits. Laissez bouillir pendant trois quarts d'heure ou une heure en remuant de temps en temps, puis mettez en pots. Ces confitures ont le mérite de se conserver parfaitement, nous le savons par expérience.

Il va sans dire que pour rendre la conservation des confitures, en général, plus sûre, il convient de les recouvrir d'une rondelle de papier blanc trempée dans de bonne eau-de-vie.

Confitures de fraises. — Prenez des fraises ananas ou des caprons bien mûrs, enlevez les queues et les calices et pesez-les. Après cela, mettez dans une bassine du sucre en morceaux et en poids égal à celui des fraises, avec un verre d'eau par kilogramme de sucre ; faites fondre sur le feu et cuire ce sirop jusqu'à ce que, le prenant avec une écumoire et soufflant dessus, il forme en passant à travers les trous de petites bulles ou ampoules voltigeant dans l'air. On dit alors que le sirop est cuit au soufflé, à la petite plume ou au petit boulé. A ce moment, mettez vos fraises dans la bassine et laissez-les cuire convenablement, de manière à ce qu'elles ne s'écrasent pas. On reconnaît le degré de cuisson à leur transparence. On les sort de la bassine avec l'écumoire, et l'on en remplit des pots à moitié seulement. Après cela on remet sur le feu le sirop affaibli par le jus des fraises; on pousse de nouveau la cuisson de ce sirop jusqu'au petit boulé et on verse sur un petit tamis placé au-dessus des pots de fraises, que l'on soulève avec précaution pour que le jus pénètre bien partout.

Confitures de pastèques. — On cultive, sous le nom de melon du Malabar ou de pastèque à confire, une cucurbitacée qui réussit en pleine terre, même sous le climat de Paris. Dans le Midi, on s'en sert pour fabriquer d'excellentes confitures, en l'associant aux poires, aux coings ou même en la faisant cuire seule dans du vin doux. On procède avec cette pastèque comme on procède en Bourgogne pour préparer le raisiné, dont nous allons vous entretenir de suite.

Raisiné de Bourgogne. — La confiture connue sous le nom de raisiné de Bourgogne jouit d'une grande réputation, réputation qui n'est pas méritée, si l'on en juge sur le raisiné vendu à la halle de Paris, mais qui l'est assurément, si l'on tient compte des qualités du raisiné fabriqué au cœur de la Bourgogne même. Voici comment nous procédons : Nous prenons du moût de raisin blanc, c'est-à-dire du vin doux recueilli au moment de la première pressée ; nous mettons ce vin doux dans un chaudron de cuivre parfaitement nettoyé, et le faisons bouillir à petit feu pendant huit ou dix heures, jusqu'à ce qu'il soit réduit des trois quarts. A ce moment nous prenons des poires de messire-Jean ou de Martin-Sec et quelques coings; nous pelons ces fruits, nous les divisons par tranches ou quartiers ; nous enlevons les pepins ou les parties pierreuses; puis, ainsi divisés, nous les faisons cuire dans le moût réduit. Dès que la cuisson est complète, autrement dit dès qu'on peut faire pénétrer facilement un fétu de paille dans la chair de ces quartiers de fruits, le raisiné est cuit à point et il ne reste plus qu'à le mettre en pots pour le soigner et le conserver ainsi que les autres confitures.

En procédant de la sorte, il arrive souvent que le raisiné est acide et désagréable; aussi beaucoup de personnes ont soin d'y ajouter du sucre. On peut cependant se dispenser de l'addition de cette substance par le moyen que voici : avant de mettre le vin doux sur le feu, on le divise en deux parties égales, et l'on fait bouillir l'une de ces parties pendant un quart d'heure ou une demi-heure, soit avec une cuillerée de marbre en poudre par huit ou dix litres de jus, soit, ce qui est plus simple et plus pratiqué, avec une demi-pelletée de cendres de bois. Le carbonate de chaux du marbre ou le carbonate de potasse des cendres est décomposé par les acides libres du jus de raisin et le moût se trouve ainsi parfaitement adouci. Alors, on le tire au clair, autrement dit on le décante, et après l'avoir décanté, on le verse dans l'autre moitié de vin doux, et l'on fait bouillir le tout jusqu'à la réduction que nous avons indiquée.

Il va sans dire que, pendant cette opération, il convient de remuer sans cesse le vin doux bouillant, ainsi que le raisiné, afin de les empêcher de brûler, de s'attacher au fond du chaudron et de communiquer à la confiture une saveur désagréable.

Quant aux quantités de quartiers de fruits à mettre dans le vin doux bouillant, nous nous en rapportons à madame Millet-Robinet, et nous lui empruntons les lignes suivantes : — « Il est difficile de préciser la proportion des fruits à mettre relativement à la quantité de jus, parce qu'il y a des poires plus ou moins fondantes; cependant il faut, lorsqu'on les jette dans le jus, qu'elles s'élèvent à peu près à moitié de la hauteur qu'occupait le jus dans le chaudron lorsqu'il a commencé à entrer en ébullition.

« On peut mettre des coings avec les poires; ils parfument agréablement le raisiné; mais il n'en faut pas mettre plus de la valeur d'un huitième des poires; leur goût dominerait trop, si l'on en mettait davantage. On les met une heure avant les poires parce qu'ils sont plus longs à cuire.

« Les pommes ne peuvent guère remplacer les poires dans le raisiné; elles sont trop acides à l'époque où l'on fait le raisiné, et d'ailleurs elles fermentent plus facilement que les poires; cependant on pourrait en mettre dans une faible proportion, en choisissant de bonnes espèces, comme les reinettes et les calvilles.

« A défaut de fruits, on peut ajouter au moût des légumes mêlés ou d'une seule espèce, et le raisiné est presque aussi bon. Le meilleur légume pour cet usage est la citrouille de l'espèce appelée *bonnet turc*, dont la chair est compacte, farineuse, exempte de filaments et très-sucrée. On la pèle, on la coupe par morceaux et l'on agit comme pour les poires. Si l'on employait une autre espèce de citrouille qui n'aurait pas les qualités du *bonnet turc*, il conviendrait de la faire cuire à l'avance et de la jeter sur un tamis afin d'en extraire l'eau avant de joindre la pulpe au raisiné; alors il faudrait moins de cuisson. Si l'on adopte la citrouille *bonnet turc*, il en reste, lorsque le raisiné est cuit, quelques morceaux qui sont agréables; mais les autres espèces, trop molles, se dissolvent entièrement.

« Lorsqu'on met des betteraves dans le raisiné, il faut en choisir de bonne qualité, de l'espèce appelée *blanche de Silésie*, la plus sucrée et la meilleure pour la fabrication du sucre. Elle demande plus de temps de cuisson que la poire, il lui faut au moins cinq heures. On la pèle avec soin et on la coupe par morceaux de la grosseur des quartiers de poires ou bien en tranches minces. »

Nous ajouterons à ce qui précède que le raisiné dans la préparation duquel entrent des pommes, des betteraves et de la citrouille, est de très-médiocre qualité et se vend à bas prix sur la place de Paris, où il représente à peu près cette autre confiture grossière qu'en Belgique on nomme poiré.

Le véritable raisiné ne contient que du vin réduit, des poires de Martin-Sec ou de messire-Jean et un peu de coings.

Gelée de coings. — Procurez-vous, par exemple, trois kilos de coings qui ne soient pas très-mûrs; frottez chacun d'eux avec un linge de toile, afin d'enlever l'espèce de duvet blanchâtre qui les recouvre; coupez-les ensuite en quatre; enlevez les graines et les cloisons qui entourent ces graines; après cela coupez les quartiers par morceaux dans une terrine pleine d'eau qui empêche le fruit de prendre une teinte jaune. Cela fait, enlevez les morceaux de coings avec une écumoire et mettez-les dans une bassine avec deux litres et demi d'eau; faites bouillir jusqu'à ce que les fruits soient bien cuits; filtrez à travers une étoffe de laine, n'exprimez pas et ajoutez au jus ainsi filtré deux kilos de beau sucre blanc. Faites bouillir, clarifiez avec un blanc d'œuf battu d'abord dans un peu d'eau; écumez et laissez la cuisson se faire jusqu'à ce que le liquide se prenne en gelée par le refroidissement, ce dont vous vous rendez compte en en faisant tomber quelques gouttes sur une assiette. Alors il ne reste plus qu'à mettre en pots. Cette gelée, l'une des plus délicates que nous connaissions, doit être transparente, d'un jaune clair et exhaler une excellente odeur de coings qui provient de la peau que l'on n'a point enlevée aux fruits avant de les mettre dans la bassine.

Eau de coings. — Les coings ou fruits du cognassier peuvent, outre leurs autres emplois, servir à faire une liqueur de table estimée, dont nous croyons devoir donner la préparation. Elle est facile, et un grand nombre de nos ménagères savent ainsi tirer un bon parti de ces fruits. — On pèle d'abord les coings, on les râpe, on laisse la pulpe ou partie râpée pendant trois jours; on l'exprime ensuite fortement en la pressant dans un linge pour en retirer le jus; on ajoute à ce jus une égale quantité de bonne eau-de-vie ou beaucoup moins, si l'on tient à avoir une liqueur très-douce; on met après, dans ce mélange, 180 grammes de sucre par litre avec un peu de cannelle et quelques clous de girofle, on laisse reposer pendant deux mois; on passe et l'on met en bouteilles. On peut boire cette liqueur de suite, mais il vaut mieux attendre une année avant d'en faire usage, car elle devient alors beaucoup meilleure.

Quelques personnes ne mettent pas de sucre dans l'eau de coings; elle est, dans ce cas, plus forte et sent mieux son fruit. Nous connaissons certaines ménagères qui ont l'habitude d'ajouter du macis à la cannelle et aux clous de girofle. On peut varier à volonté la dose de ces aromates, suivant les goûts des individus.

Eau de noyaux de pêches et de cerises. — Cette excellente liqueur de table est des plus faciles à préparer. Dans la saison des fruits, prenez, par exemple, une soixantaine de noyaux de pêches ou d'abricots, à votre choix, un litre d'eau-de-vie et 150 grammes de sucre. Cassez les noyaux et mettez le tout, amandes et coques, dans l'eau-de-vie. Laissez tremper pendant un mois au moins, puis passez à travers une étoffe de laine; mettez le sucre dans la liqueur, laissez-le bien fondre et filtrez sur du papier.

Ratafia de cerises. — Rien n'est plus simple que cette préparation : Prenez, par exemple, cinq kilos de belles cerises aigres à courte queue; enlevez les queues et écrasez les cerises avec leurs noyaux. Dès qu'elles sont dans cet état, mettez-les dans un bocal avec cinq litres d'eau-de-vie à 21°; laissez tremper pendant un mois, filtrez sur un linge et pressez les cerises de votre mieux. Vous n'aurez plus qu'à ajouter 180 grammes de sucre par chaque litre de liqueur, et une fois le sucre fondu, vous filtrerez de nouveau si bon vous semble et mettrez en bouteilles. Vous pouvez préparer exactement de la même manière d'excellents ratafias de framboises et de groseilles.

Ratafia d'œillets. — Cette liqueur peu connue ne laisse cependant pas que d'être agréable à certaines personnes. On la fabrique de la manière suivante : on prend des pétales d'œillets rouges, autrement dit les feuilles des fleurs, dont on enlève les parties blanches ou onglets; on met ces pétales dans un vase et on verse de l'eau-de-vie par-dessus. On ajoute 60 centigrammes de girofle et autant de cannelle par litre d'eau-de vie employée; on laisse le tout en repos pendant quinze jours; après quoi l'on filtre et l'on exprime. On sucre la liqueur filtrée à raison de 180 grammes de sucre par litre.

Ratafia de cassis. — Voy. t. II, p. 764.

Brou de noix. — Voy. t. II, p. 769.

Ratafia d'angélique. — Voy. t. II, p. 757.

Ratafia de fenouil. — Voy. t. II, p. 763.

Ratafia de genévrier. — Voy. t. II, p. 764.

Sirop de vinaigre. — Vous commencerez d'abord par faire du vinaigre framboisé, opération des plus simples et des plus faciles. Elle consiste à mettre, par exemple, dans une cruche 2 kilogrammes de framboises épluchées et un kilogramme de vinaigre. Au bout de quinze jours de macération, vous jetez le tout sur un linge et filtrez, sans presser le marc. Vous obtenez ainsi le vinaigre framboisé. Or, une fois ce vinaigre obtenu, il vous suffira d'y faire dissoudre du sucre blanc à une douce chaleur, dans la proportion de 940 grammes ou près de 1 kilogramme de sucre, pour 500 grammes ou une livre de vinaigre framboisé.

Sirop de groseilles. — Prenez des groseilles rouges à grappes, et le neuvième de leur poids de cerises aigres. Égrenez les groseilles afin de les séparer des râfles, et d'autre part, enlevez les noyaux des cerises. Cela fait, mettez le tout dans une terrine de grès ou dans un vase de porcelaine ou de faïence, écrasez bien avec les mains, puis portez le vase à la cave et l'y laissez pendant vingt-quatre heures, c'est-à-dire le temps nécessaire pour développer un commencement de fermentation. Au bout de ces vingt-quatre heures, versez le contenu sur une toile ou sur un morceau de molleton et faites couler le jus; pesez votre jus, puis vous mettrez environ un kilog. de sucre pour 500 grammes de ce jus que vous chaufferez à feu doux dans une bassine de cuivre bien propre, jusqu'à ce qu'il ait la consistance de sirop. On filtre de nouveau à travers un linge ou le molleton, et le plus ordinairement, on aromatise en y ajoutant du sirop de framboises, à raison de 64 grammes pour demi-kilog. de sirop de groseilles.

Sirop de chou rouge. — Le chou rouge est tenu en grande estime parmi les populations du Nord. On l'y considère non-seulement comme un légume de bonne qualité, mais aussi comme un remède excellent sur la fin des maladies de poitrine et surtout dans les catarrhes chroniques. Ce n'est pas un préjugé, nous devons le reconnaître. Cette plante a, en effet, une partie des propriétés qu'on lui accorde; à ce titre donc, le sirop de chou rouge est une préparation bonne à faire connaître. La manière la plus simple d'obtenir ce sirop consiste à prendre soit le chou rouge ordinaire de Frise, soit le chou rouge d'Utrecht ou tête-de-nègre, à les débarrasser des feuilles larges et coriaces du bas et à piler les parties pommées dans un mortier avec 180 grammes d'eau, par exemple, pour 1 kilog. de chou. Une fois le légume bien pilé, on en exprime le jus que l'on filtre, puis on fait fondre au bain-marie une certaine quantité de sucre dans ce jus filtré. La dose de sucre employée ordinairement est à peu près le double en poids de celle du liquide; en sorte que si vous avez 3 ou 4 kilog. de jus de chou, vous devez y faire fondre 6 ou 8 kilogrammes de sucre.

Dans le cas où l'on voudrait préparer des quantités assez importantes de ce sirop, on devra le mettre en bouteilles, le cacheter avec soin et le placer dans un endroit frais, un cellier ou une cave.

Sirop de carottes. — Voy. t. I, p. 288.

Sirop de navets. — Voy. t. II, p. 768.

Sirop de pointes d'asperges. — Voy. t. II, p. 757.

Sirop de coings. — Voy. t. II, p. 762.

Sirop de cerises. — Voy. t. II, p. 761.

FIN DU DEUXIÈME ET DERNIER VOLUME.

TABLE DES MATIÈRES

DU DEUXIÈME ET DERNIER VOLUME

DEUXIÈME PARTIE (SUITE). — ZOOTECHNIE ET ZOOLOGIE AGRICOLE

TROISIÈME PARTIE. — ARBORICULTURE ET HORTICULTURE

QUATRIÈME PARTIE. — Connaissances diverses

FIN DE LA TABLE DES MATIÈRES DU DEUXIÈME ET DERNIER VOLUME.

LE

JOURNAL DE LA FERME

ET

DES MAISONS DE CAMPAGNE

REVUE COMPLÉMENTAIRE DU LIVRE DE LA FERME

Paraissant le Samedi de chaque semaine

A DATER DU 7 JANVIER 1865.

La publication du LIVRE DE LA FERME ET DES MAISONS DE CAMPAGNE est terminée ; le but que nous nous proposions a été atteint, le succès que nous ambitionnions a été dépassé. Ce grand et beau travail formera date dans l'histoire de l'économie rurale et rendra d'immenses services aux diverses branches qui s'y rattachent. Tout ce qui est solidement acquis à la théorie et à la pratique s'y rencontre exposé avec une méthode parfaite, avec un ensemble de vues qu'il est difficile d'obtenir dans les livres en collaboration, avec une concision qui n'enlève rien au fond des choses, et dans un style élégant de simplicité qui efface les aspérités choquantes, qui séduit et entraîne le lecteur. Il n'y a qu'une voix sur le *Livre de la Ferme*, et cette voix n'est qu'un éloge. Il a donné plus qu'il n'avait promis, et cependant nos souscripteurs lui demandent quelque chose encore, un complément, une suite qui les tienne au courant des progrès qui peuvent se produire dans le large domaine des connaissances rurales.

Nous cédons à ce désir et nous annonçons pour le premier samedi de 1865 le premier numéro du *Journal de la Ferme et des Maisons de campagne.* Ce Journal paraîtra toutes les semaines par feuille de seize pages, illustrée de charmantes gravures sur bois et dans un format plus grand que celui du Livre. Il sera rédigé nécessairement par les écrivains du *Livre de la Ferme* et aussi par de nouveaux collaborateurs d'un mérite reconnu. Ce qui n'a pu être dit ou fait dans le livre le sera dans le journal. Le livre comporte une sévérité extrême; il s'empare des questions résolues et se défie plus ou moins des choses problématiques. Le journal, dont chaque numéro n'a point la prétention de parcourir une longue carrière, prend nécessairement plus de marge et s'autorise de plus de hardiesse, parce qu'il a moins de responsabilité. Le livre ne tient pas compte des bruits qui passent; le journal prête l'oreille, les saisit au passage et les discute. Le livre ne s'aventure pas légèrement dans les questions d'inventions ou de découvertes, parce que la plupart vieillissent vite et disparaissent sans laisser de traces, et qu'il n'entend pas vieillir et disparaître avec elles. Le journal n'a point de ces soucis; il parle aujourd'hui de ce qui est, il parlera demain de ce qui ne sera plus; il enregistre les naissances parce qu'il a la faculté d'enregistrer aussi les décès. Le livre est sobre d'hypothèses, parce que la science marche rapidement et peut lui donner des regrets; le journal est plus libre dans ses mouvements, parce que s'il concède un jour quelque chose au hasard, il a la ressource de le lui reprendre le jour d'après; le livre brûle ses vaisseaux et ne bat pas en retraite; le journal qui s'est un peu trop avancé est toujours en position de reculer et de racheter ses imprudences.

Les distinctions que nous venons d'établir ont pour but de démontrer que le LIVRE DE LA FERME appelle le JOURNAL DE LA FERME, que celui-ci a sa raison d'être et qu'il répondra à des désirs auxquels il n'était pas permis au livre de donner satisfaction. Les sujets traités seront les mêmes dans l'un que dans l'autre, variés autant que possible, écrits avec soin, dégagés des violences et des personnalités qui offensent le bon goût plus qu'elles ne piquent la curiosité, et qui obscurcissent presque toujours les questions au lieu d'en dégager la vérité. Le LIVRE DE LA FERME a été une œuvre de conscience et de probité rigoureuse; le JOURNAL DE LA FERME entrera dans le sillon ouvert et n'en sortira pas.

PRINCIPALES SUBDIVISIONS DU JOURNAL :

AGRICULTURE PROPREMENT DITE.

ANIMAUX DE LA FERME.

POISSONS.

VIGNES ET VINS.

JARDIN FRUITIER.

JARDIN POTAGER.

FLEURS D'APPARTEMENT.

JARDIN MÉDICAL.

ÉCONOMIE DOMESTIQUE.

VARIÉTÉS.

Le Journal de la Ferme et des Maisons de Campagne sera publié par livraisons hebdomadaires de 16 pages imprimées sur deux colonnes, et illustrées de nombreuses vignettes.

D'un format sensiblement plus grand que celui du *Livre de la Ferme* (30/22 centimètres au lieu de 28/18), il formera de magnifiques volumes de bibliothèque, où seront traitées toutes les matières qui intéressent l'agronome et le villégiateur.

Les pages qui précèdent, extraites du premier numéro, indiquent l'esprit dans lequel notre recueil est conçu, et le plan que nous avons l'intention de suivre.

Nous mettons cette nouvelle publication sous le patronage des souscripteurs du *Livre de la Ferme*, pour lesquels elle est principalement créée.

On peut dès à présent s'inscrire soit comme abonné, soit pour recevoir à titre d'essai le premier numéro.

PRIX DE L'ABONNEMENT :

Un an.	24 francs.
Six mois.	13 francs.
Trois mois.	7 francs.

Les communications concernant la rédaction doivent être adressées à la librairie VICTOR MASSON ET FILS, sous le couvert de M. P. JOIGNEAUX.

CORBEIL, typographie et stéréotypie de CRÉTÉ.

www.ingramcontent.com/pod-product-compliance
Lightning Source LLC
Chambersburg PA
CBHW052005230326
41598CB00078B/2001